2024 ZHONGGUO YOUQI KAIFA JISHU
NIANHUI LUNWENJI

2024中国油气开发技术年会论文集

徐凤银　宋　宁　黄　凌　等◎编著

中国石化出版社
·北京·

图书在版编目(CIP)数据

2024中国油气开发技术年会论文集/徐凤银，宋宁，黄凌编著．—北京：中国石化出版社，2024.3
ISBN 978-7-5114-7483-4

Ⅰ.①中… Ⅱ.①徐… ②宋… ③黄… Ⅲ.①油气田开发-中国-2024-文集 Ⅳ.①TE3-53

中国国家版本馆CIP数据核字(2024)第062480号

中国石化出版社出版发行
地址:北京市东城区安定门外大街58号
邮编:100011 电话:(010)57512500
发行部电话:(010)57512575
http://www.sinopec-press.com
E-mail:press@sinopec.com
北京富泰印刷有限责任公司印刷
全国各地新华书店经销
*
880毫米×1230毫米 16开本 58印张 1737千字
2024年3月第1版 2024年3月第1次印刷
定价:238.00元

《2024 中国油气开发技术年会论文集》

编 委 会

序

为全面贯彻落实党的二十大和中央经济工作会议精神，石油企业始终牢记总书记“能源的饭碗必须端在自己手里”的嘱托，坚守保障国家能源安全、稳固油气供给的重要职责。全行业深入推进能源革命新部署，持续加大油气勘探开发增储上产力度，全面贯彻落实国家油气增储上产“七年行动计划”，同时加快了我国油气勘探开发向深水、深层及非常规领域进军步伐，以及油气开发与新能源融合发展步伐，保供能力进一步稳固提升，保障国家能源安全的“压舱石”更稳更牢。特别是关键核心技术的不断创新和突破，为推动行业高质量发展，培育新质生产力提供了新动能。

中国石油学会认真贯彻中国科协“科创中国”行动计划，充分发挥全国一级学会的桥梁纽带作用和平台优势，为提高我国油气开发的整体效能，展示近几年在理论、技术、管理、机制以及核心技术与装备方面的创新成果，联合中国石油、中国石化、中国海油、延长石油等单位共同举办“2024 中国油气开发技术年会暨油气开发新成果及新技术展示会”，着力加快我国油气开发的理论创新和关键技术突破。

本次大会组委会经过认真梳理、系统总结，配套编辑出版了会议论文集，旨在展现近年来在老油气田提高采收率、非常规油气藏评价及开发、深层及深水油气藏高效开发、油气钻采及地面工程、智能化油气田建设及国产高端设备、油气开发与新能源融合等技术方面的新进展，形成了一系列具有广阔应用前景的先进技术，分享了油气开发技术创新、管理创新等方面的成功经验，对于推动我国油气资源清洁高效开发利用、保障国家能源安全将起到积极推动作用。

袁士义

中国工程院院士

2024 年 4 月 2 日

前　言

习近平总书记多次指示批示"能源的饭碗必须端在自己手里"，保障油气增储、稳产、上产已经成为保障国家能源安全的迫切需要。2023 年国内油气产量当量超 3.9 亿吨，连续 7 年保持千万吨级快速增长势头，年均增幅达 1170 万吨油当量，形成新的产量增长高峰期。其中，原油产量达 2.08 亿吨，同比增产 300 万吨以上，较 2018 年大幅增产近 1900 万吨，国内原油年产 2 亿吨长期稳产的基本盘进一步夯实。

海上大幅上产成为关键增量，产量突破 6200 万吨，连续四年占全国石油增产量的 60%以上。页岩油勘探开发稳步推进，年产量突破 400 万吨，其中新疆吉木萨尔、大庆古龙、胜利济阳 3 个国家级示范区及庆城页岩油田加快建设，苏北溱潼凹陷多井型试验取得商业突破。陆上深层–超深层勘探开发持续获得重大发现，高效建成多个深层大油田，2023 年产量 1180 万吨，我国已成为全球陆上 6000 米以深超深层油气领域引领者。

从目前油气产量构成来看，深水、深层、非常规等已成为我国油气增产、上产的重要组成部分。"两深一非"油气资源在开发过程中对新理论、新方法和新技术的需求更为迫切，这是实现其安全高效开发的关键。为此，我国油气行业正不遗余力地推动油气开发领域的理论和技术创新。同时，与大数据、人工智能等先进技术相结合，为油气开发注入新的活力，推动其提质增效，取得了令人瞩目的成绩，充分展现了我国在油气开发领域的实力与潜力。

为全面深入剖析当前油气开发领域和新型能源领域所面临的新形势与新挑战，分析探讨当前制约油气田开发技术瓶颈，积极交流新理论与新技术的应用进展及效果，中国石油学会联合中国石油油气和新能源分公司、中国石化油田勘探开发事业部、中国海洋石油有限公司勘探开发部等单位共同召开"2024 中国油气开发技术年会暨油气开发新成果及新技术展示会"。

本届大会以"常非并举，海陆并重，提质增效"为主题，召集行业内的院士、专家学者、技术骨干以及企业代表，共同展开深入研讨。相信通过大家的共同努力和不懈探索，一定能够找到破解难题和瓶颈切实可行的对策，并将这些前沿技术和理论更好地应用到实际工作中，一定能够有效推动技术进步和产业升级，为我国油气能源事业的发展培育新质生产力新动能。

本次大会得到了国家有关部委、中国石油、中国石化、中国海油、延长石油、高等院校和科研院所等各单位广大油气开发专家和科技工作者的大力支持，共征集论文500余篇。会议论文是一笔宝贵的精神财富，需要广泛交流、传承与推广，中国石油学会学术交流部特此组织专家组认真筛选出127篇优秀论文集册成集并公开出版发行。全集共分三篇，分别为非常规油气藏开采技术篇，油气藏开采与提高采收率技术篇，信息化、智能化、装备和新能源篇，内容涵盖油气高效开发的新理论、新方法与新技术，老油气田提高采收率、页岩油气和致密油气效益开发新技术，深层深水油气建产与稳产新技术，智慧油气田建设、清洁能源利用和CCUS等绿色低碳技术等领域。

本论文集由中国石油学会统一组织形成编委会，徐凤银整体策划，宋宁、黄凌等负责审稿，徐凤银最终审定。在本届会议组织和论文稿梳理、编辑出版过程中，得到广大科技工作者、专家和教授的积极参与，在此深表感谢。期望论文集的出版能够惠及更多同行科技工作者和相关人士。

由于时间仓促及编者水平有限，论文集中难免存在不妥之处，恳请读者批评指正。

本书编委会

2024年4月

目　　录

第一篇　非常规油气藏开采技术篇

第二篇　油气藏开采与提高采收率技术篇

第三篇 信息化、智能化、装备和新能源篇

第一篇　非常规油气藏开采技术篇

随着世界范围内常规油气资源日益枯竭和勘探难度不断增大，页岩气、致密油、煤层气等非常规油气资源开采逐渐成为了行业发展的重点方向。由于该类资源具有储层物性差、埋藏深等特点，非常规油气开采较于常规油气存在更大挑战性。近年，水平井钻井、多级压裂、微地震监测等技术的广泛应用，大大提高了非常规油气资源开采效率和经济效益。然而，非常规油气开采技术的发展仍面临着赋存状态和开采机理复杂、开采成本高和效益差等诸多挑战，需要更深入开展地质研究和工程技术创新。本篇将围绕非常规油气开采技术的最新进展和关键问题进行深入探讨，希望能有助于广大读者对非常规油气开采技术全面认识和深入理解，为推动非常规油气资源可持续开发和利用贡献智慧和力量。

吐哈油田深层页岩油效益开发技术实践

钱 峰 何海波 王 静 张田田 郭杨栋 冯雪钢

（中国石油吐哈油田公司）

摘 要 吉木萨尔凹陷吉28块页岩油是吐哈油田在准东流转区域勘探开发的主要领域，针对吉28块芦草沟组页岩油油藏埋深达3000~4500m，区块储集层致密且非均质性强、甜点不集中、原油成熟度低、地层压力系数低等特征。勘探开发历经了水平井单井提产、平台井组试验、立体井网效益开发三个阶段，在考虑经济效益的前提下，主体开发技术不断创新和迭代升级，形成了一体化立体井网布井技术、长水平段钻完井技术、体积压裂2.0组合技术、压后合理排采制度优化技术为核心的技术体系。通过以上关键技术的应用，大幅提高了吉木萨尔页岩油单井产量，降低了投资成本，单井产能提升75%，投资下降32.7%。2023年吐哈油田吉木萨尔页岩油建成年产油20×10^4t的生产能力，单井EUR达到3.0×10^4t，阶梯油价内部收益率6.4%，建立了深层页岩油规模效益开发新模式。成为吉木萨尔国家级陆相页岩油示范区建设的重要组成部分，配套形成的技术系列为陆相页岩油高效开发提供了有益借鉴。

关键词 吉木萨尔页岩油；水平井；压裂开发；体积压裂2.0；工厂化压裂

1 前言

随着常规油气资源的日渐衰竭，页岩油等非常规油气已成为国内外勘探开发的重点。我国页岩油储量丰富，主要以陆相页岩油为主，相比其他国家，我国页岩油具有地质条件复杂，地层压力系数低，原油黏度高等特点，采用水平井体积压裂衰竭式开发模式，实现了储量的有效动用。2010年，吐哈油田引进页岩油水平井体积压裂技术理念，在三塘湖盆地马56块推广应用，通过不断深化页岩油地质综合研究、持续加大关键技术攻关力度，探索出了一条提高页岩油单井产量、实现区块储量动用的新途径。在3年内快速建成了第一个全部由水平井开发的马56块国家级页岩油有效开发示范基地，累计动用储量2045.4×10^4t，储量动用程度47.6%，建设产能40×10^4t，生产水平井106口，日产油400t/d，开发效果较好。随着勘探开发的不断推进，油田面临衰竭式开采导致一次采收率只有2.5%的问题，为实现效益的开发和产量的接替，积极转换开发方式，在分析页岩油现场生产特征的基础上，结合大量的室内研究和矿场试验效果评价，逐步完善页岩油井网形式和开发关键技，探索实践合理的开发方式，逐步形成了针对基础井网衰竭式开发、转变开发方式、井网加密等不同开发形式下的技术系列，有效提高油田页岩油区块整体采收率。形成的技术系列，为吐哈油田吉木萨尔页岩油后期的开发提供了有益借鉴。

2019年，中国石油天然气股份有限公司实施矿权内部流转，优化配置后，吉28区块页岩油由吐哈油田继续进行评价工作。与北美海相页岩油和国内其他陆相页岩油相比，吉木萨尔页岩油具有相变快、非均质性强、热演化程度低、甜点规模小的特征。储集层埋深达3000~4500m，与新疆油田主体区块相比，吉28块甜点区以Ⅱ类、Ⅲ类为主，资源品质更差，前期开发效果差异性大，需攻关低成本高效开发技术。

按照“直井平面控藏，水平井提产，平台井组降本”的思路，吉28块页岩油采取上下甜点两套层系开发，借鉴在三塘湖页岩油的成功经验和国内外页岩油开发的先进做法，吉28块页岩油开发关键技术经历了“探索、实践、认识、升级”的转变，关键技术迭代升级，形成了“立体井网+长水平段细切割+高强度+前置CO_2”的提高一次改造程度和首年累计产量的体积压裂2.0技术系列，效益动用技术路线基本成熟。区块新增探明含油面积27.45km^2，石油地质储量1356.56×10^4t，2023年吉28块页岩油产量达到20×10^4t，达到相对高效开发的目的，并且节省成本，阶梯油价下实现效益开发，内部收益率达到6.4%。

2　油藏地质特征

吉木萨尔凹陷吐哈矿权区的吉 28 块二叠系芦草沟组页岩油主要分布在主体凹陷周缘，与三塘湖盆地具有相似的盆地结构和沉积建造，二叠系均以湖相沉积为主、烃源岩及岩性岩相序列整体相似，局部存在一定差异，区域上均发育源内页岩油藏，储层岩性多样，但均发育多套甜点储层。

吉 28 区块二叠系芦草沟组页岩油纵向发育上、下两套甜点体。上甜点油层厚度 3.5m，有效孔隙度分布在 5.0%～14.0%之间，平均值 9.3%，渗透率中值 $0.005\times10^{-3}\mu m^2$，含油饱和度 65%。下甜点油层厚度 4.2m，有效孔隙度分布在 1.1%～20.3%之间，平均值 9.6%，渗透率中值 $0.005\times10^{-3}\mu m^2$，含油饱和度 69%。具有典型的中低孔、特低渗特征，与新疆油田主体区块相比，具有油层厚度薄、孔隙度低、含油饱和度低等特点。有机质成熟度 0.5%～1.1%，属于中低成熟度。上甜点原油密度 0.876g/cm^3，50℃黏度 30.3mPa・s，凝固点 23.1℃；下甜点原油密度 0.894g/cm^3，50℃黏度 124.6mPa・s，凝固点 4.5℃，具有“中密度、中低凝固点、高含蜡、高黏度”特点。同时，储层润湿性表现为中性－弱亲油，脆性指数 42.4%，应力差大于 10MPa，体积改造不易形成复杂裂缝网络，给勘探开发带来更大的挑战。吉 28 块页岩油与国内外页岩油藏地质条件对比，见表 1。

表 1　吉 28 块页岩油与国内外页岩油藏地质条件对比

区块/层位	鹰滩(产油区)	巴肯油田	长庆油田	新疆主体	吉 28	吉 36	加拿大都沃内
		Bakken 组	延长组	芦草沟组	芦草沟组	芦草沟组	都沃内
沉积环境	浅海相	浅海相	湖泊三角洲	咸化湖	咸化湖	咸化湖	海相
渗透率/mD	0.004～1.0	0.01～1	0.01～0.1	0.001～0.284	0.002～0.009	0.046	0.0001～0.0003
地层压力系数	1.35～1.80	1.2～1.8	0.7～0.85	1.31	1.29	1.3～1.5	1.8～2.1
Ro/%	1.0	1.0	0.6～1.2	0.6～1.3	0.7	0.5～0.7	0.6～2.9(1.2)
TOC/%	2.0～6.5	5～10	发育	2～4.5	2～4.5	2～5.0	2～6.0(3.5)
原油黏度/(mPa・s)	0.15～0.25	0.15～0.45	1.5	50	50～200	150	1～5

3　勘探开发历程

吉木萨尔凹陷吉 28 块页岩油开发经历了水平井单井提产、平台井组试验、立体井网效益开发三个阶段，逐步配套了页岩油有效开发技术系列。

(1) 2019 年，水平井单井提产阶段。2019 年在吉 28 区块开展了“水平井+体积压裂”开发试验方案，针对芦草沟组上下甜点各完钻一口水平井(上甜点：吉 2801H；下甜点：吉 2802H)。探索“水平段+体积压裂”开发主体技术，实施水平井细分切割大排量压裂改造，平均入液强度 30.8m^3/m，加砂强度 2.9t/m 压后初期日产油分别达到 23.2t 和 25.2t，第一年累产油 7318t 和 5686t。

(2) 2020 年，平台井组试验阶段。在芦草沟组上甜点有利区部署 3 个平台 6 口井，以上甜点为主，开展提产降本试验，进行单段不同簇数，不同液量对比等 5 项试验，分析影响效果的主控因素，确定最优参数。一是降低高黏液体用量试验，在吉 2805－1H 井增大滑溜水用量 10000m^3；二是细分切割分段分簇试验，在吉 2807H、吉 2807-1H 试验 20 级，每级 10 簇细切割压裂；三是微地震裂缝监测，在吉 2805H 井对吉 2805-1H、吉 2805-2H 压裂过程进行微地震监测；四是同位素井间干扰监测，在吉 2807 平台实施同位素产液剖面监测，落实产层供液及井间干扰；五是可溶桥塞试验，吉 2807 平台实施可溶桥塞试验，桥塞和钻塞总费用保持不变。通过现场试验，认识到控制压裂规模，降低投资，对初期产量影响不大，但累产明显偏低，因此有必要提高体积压裂改造规模。

(3) 2021 年，立体井网效益开发阶段。采取“平台立体井网、密切割、高强度改造、前置二氧化碳提产”的思路，推广完善连续加砂工艺，开展压裂参数强化、前置 CO_2 压裂技术、纳米驱油剂等提产试验。由于在 2020 年不同技术参数对比试验，认识到水平段长度和改造规模是影响效果的主控因素，因此，2021 年水平段长度由 1272m 提高到 1643m，最长达到 1837m，入液强度由 23m³/m 提高到 30.7m³/m，最高达到 43.6m³/m，加砂强度由 2.9t/m 提高到 4.0t/m，最高达到 4.7t/m。通过实施，初产日产油从 18.7t/d 提高到 23.8t/d，最高达到 30t/d，自喷累计产量由 2759t 提高到 5075t，最高达到 9199t，首年累产油由 4811t 提高到 6597t，最高累产达到 8137t，开发效果明显提升。2022—2023 年，经过 3 年技术攻关与先导试验，体积压裂技术 2.0 技术已经定型，形成参数优化设计模板和压裂配套工艺技术，实现了效益开发。2022 年开始进入规模效益开发阶段，按水平井距 200m，水平井段 1500m 设计每个平台 2~3 口水平井进行页岩油试验区建设，在上下甜点部署 2 平台 6 口水平井，采取平台立体井网+长水平段+200m 井距的布井方式，推广前置 CO_2 蓄能压裂技术，开展了多簇射孔+绳结暂堵、逆混合+连续加砂工艺等组合技术试验，提高一次改造效果。2023 年，为进一步提高单井控制储量，在吉 2813、2814 平台两套层系采取大平台立体井网+长水平段+300m 井距的布井方式，上、下甜点共完钻 7 口井，水平段长进一步提升，整体改造强度与 2022 年基本相当，开展不同组合技术提产试验对比，压后单井初产达到 28t/d，并且压力保持稳定，单井 EUR 由 1.6×10^4t 提高至 3.0×10^4t。

吐哈油田吉木萨尔页岩油勘探开发历程，如图 1 所示。

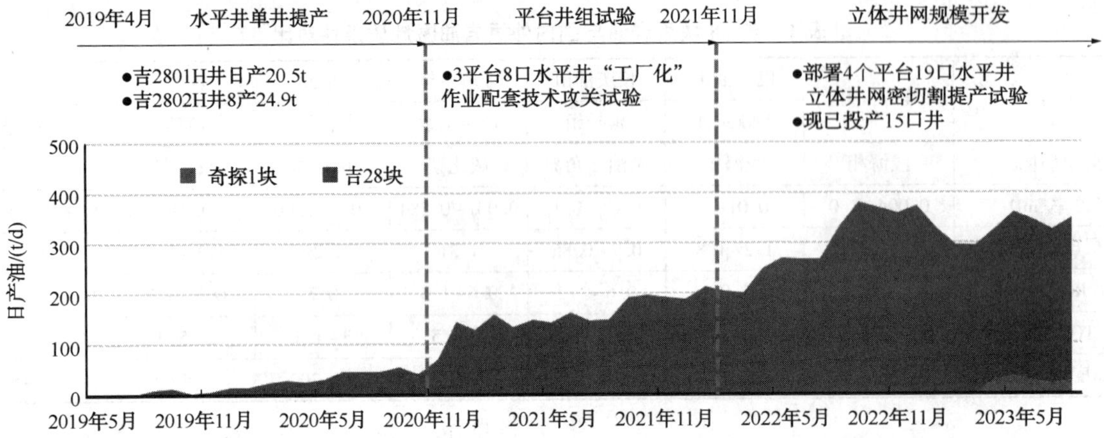

图 1　吐哈油田吉木萨尔页岩油勘探开发历程

4　吉 28 块页岩油有效开发技术

针对吉 28 块页岩油埋藏深、储层薄、原油黏度大、两向应力差大、甜点差异性大等开发难题，开发技术主要以提高储层甜点钻遇率、压裂改造体积最大化、低成本技术配套为攻关目标，以地质工程一体化为指导，将油藏地质设计、钻完井设计、压裂工艺设计的单向接力向一体化设计转变，围绕提高单井产量和降低成本两条主线，创新集成了“优质甜点钻遇率+细分切割+高强度改造”的主体技术系列，页岩油水平井产量得以充分的释放，同时配套合理的排采制度，维持长期稳产的需求。通过地质工程一体化攻关和技术的迭代更新，构建了页岩油有效开发技术体系，快速推动吉 28 块页岩油规模效益建产。

4.1　一体化立体井网布井技术

吐哈油田吉木萨尔区块页岩油储层岩性复杂，油层薄，甜点不集中，埋藏深度最大可达 4700m，两向应力差大，不易形成复杂缝网。由于井距是页岩油体积压裂衰竭式开发的重点，核心是要跟压裂的裂缝缝长匹配。井距偏小，有利于提高采油速度，但是单井的控制储量就会偏小，在大规模压裂改造的过程中就会出现压窜的现象，不利于发挥单井的最大产能，导致产量递减快，稳产周期短。部署的井距偏大，这样单井的控制储量变大，但是采油速度变低、井间还会存在未动用储量、区块的整体采收率变低，因此井距优化需以动用储量最大、采收率最高、经济效益最优为目标，以压裂缝长与可动基质范围为依据，实现地质工程一体化技术与经济的平衡。

结合吉 28 区块储层“薄互层”和压裂裂缝形态，确定两套层系立体开发。布井方式综合考虑砂体结构、储集层性质和流体参数来确定“甜点区”，综合考虑单井产能和 EUR 预测、单井控制储量合理、压裂改造需求等原则。利用 FrSmart 软件模拟吉 28 区块页岩油不同井距、不同水平段长度下单井的生产动态。从图2可以看出，随着井距的增大，单井EUR呈上升趋势，但当井距大于一定值后，增长趋势变缓，为此，优化上甜点一类区最优井距260m；下甜点一类区最优井距200m。在此基础上，设计水平段长度分别为600m、1000m、1500m、2000m，根据图3的模拟结果表明，在不考虑井筒流动摩阻的情况下，单井的日产油量和累计产油均随着水平井段长度增长而增加。因此，在地质条件允许情况下，建议适当增加水平段长度，考虑上下甜点在平面上的层系发育情况及目前工程技术能力，优化水平段长度1800~2000m。

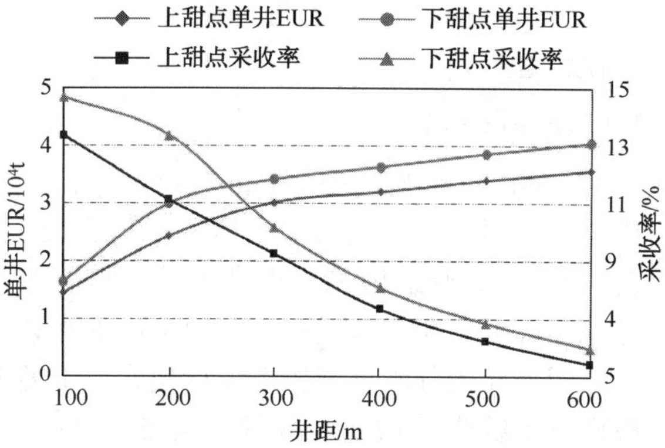

图2　不同井距采收率与单井EUR关系曲线

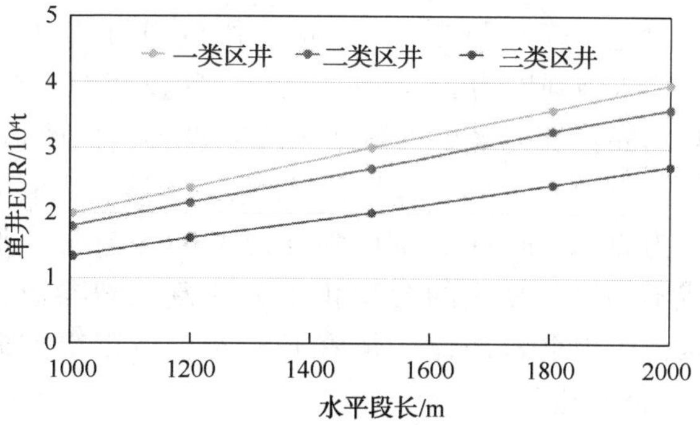

图3　不同水平段长度单井EUR对比曲线

4.2　长水平段钻完井技术

钻井技术针对吉木萨尔页岩油地层可钻性差、摩阻扭矩高、井眼轨迹控制难度大、事故复杂防控困难等难题，开展了钻头优化改进、钻具组合优化和井眼清洁技术、井眼轨迹控制技术、现场施工实时调整技术等研究。

为实现最大程度动用储量的目标，基于钻具力学分析，开展了大偏移距三维水平井轨迹优化研究，用两层套管序列的井身结构，优化大平台功能区布局，保证单平台连续、交叉作业安全同步进行，实现6口井以上平台、双钻机同时作业；采用“浅层造斜、小井斜角走偏移距、造斜段二维轨迹入靶”思路，将三维轨迹二维化，优选“直-微增斜-稳斜-扭方位-增斜-水平段”六段制井眼轨迹剖面，确保井眼轨迹平滑，为后续完井作业和采油作业奠定良好基础；在钻井提速工具方面，钻头选型以4/5刀翼国产PDC为主，形成全井段个性化PDC钻头序列，平台井平均机械钻速可达12.8m/h，其中吉2815平台通过三轮技术攻关，机械钻速由7.84m/h提高至14.22m/h；通过全面应用高造斜螺杆+CGDS地质导向钻具，采用“多靶点、宽靶框、动态靶盒”轨迹设计，完善页岩油箱体模型，地质工程一体化紧密结合，进一步提高优质储层钻遇率，优质储层钻遇率由67%提高至70%；开展基于岩屑床清除的钻井参数、井眼清洁工具、环空ECD控制等技术研究，降低摩阻扭矩，提高水平段延伸能力；复合盐水基钻井液体系逐步完善，突出“化学抑制+物理封堵+密度平衡”，严控钻井液密度，实现低密度条件下安全钻进，通过提高钻井液润滑和携岩能力，实现长水平段的井眼净化和高效延伸；针对长水平段在实钻过程中轨迹调整频繁、摩阻扭矩大、通井遇阻等问题，开展套管串优化与旋转下套管模拟分析，实现了三维井大偏移距条件下水平井套管安全高效下入，同时研发了高强韧性水泥浆体系，为大井丛水平井快速钻完井系列技术完成最后一环。应用该技术后，平台井数、钻井速度、施工的偏移距不断增加，效果显著。

吐哈油田接转吉木萨尔流转区块矿权以来，吉28块页岩油钻井提速先后历经“先导试验—技术完善—成熟推广”三个阶段，形成了“个性化PDC+旋导+近钻头CGDS+复合盐钻井液”的技术模板，平均钻井周期由108d缩短至46.9d，水平段长度由1456m提升至1847m，钻遇率由90.2%提升至94%，形成了钻井提速提效学习曲线。

吉28块页岩油水平井历年钻井参数对比，如图4所示。

4.3　体积压裂2.0组合技术

水平井大规模体积压裂技术是页岩油储层改造的主要技术。自2011年开始，中国石油引进北美页岩油开发成功经验、不断探索创新，实现体积压裂技术从1.0到2.0的全面升级。其中在页岩油储集层改造机理、缝控压裂技术、地质工程化一体化储集层改造设计平台、低成本压裂材料及大平台立体式开发方面取得了重要的进展。水平井体积压裂技术进步，助推了非常规页岩油单井产量的快速提升，是实现页岩油效益开发的关键技术。

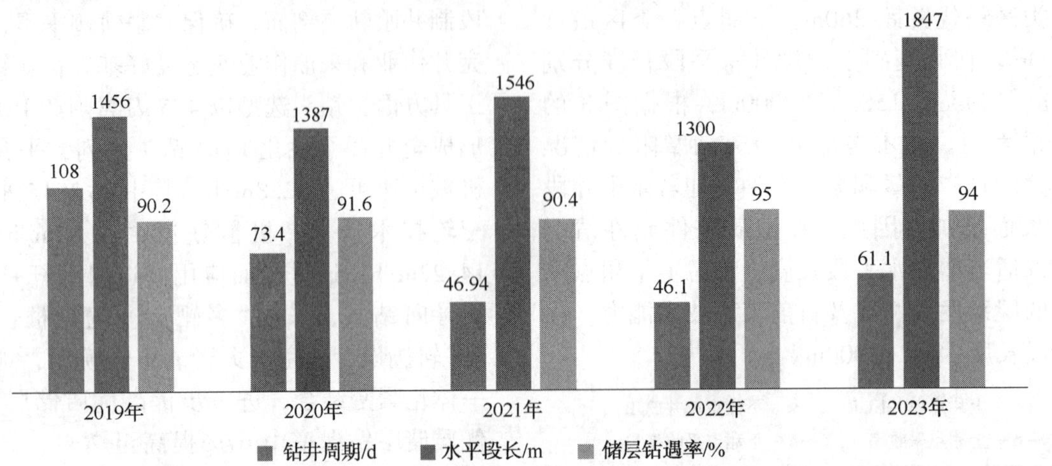

图 4　吉 28 块页岩油水平井历年钻井参数对比

4. 3. 1　地质工程一体化精细压裂设计技术

由于吐哈油田吉 28 块页岩油埋藏深、两向应力差大，导致体积压裂形成复杂缝网的难度大，需要人造裂缝数量。因此在布缝的时候需要重点优化簇间距和段间距，多射孔和缩短裂缝间距，可以提高多簇裂缝复杂性，增大与储层接触面积，但过小又会大幅增加作业成本；少射孔和增加裂缝间距，可提升裂缝质量，但过大又会导致裂缝对储层控制程度不够。针对吉 28 块页岩油储层特征，建立芦草沟组页岩油复杂缝网模型。综合考虑地质力学特征、天然裂缝发育程度、储集层层理发育特征，以及各簇裂缝的均匀开启程度，依据储层甜点类型差异化分段分簇。

吉 28 块页岩油储集层物性差，原油黏度高，压裂裂缝需要保持一定的导流能力。由表 2 所示，通过岩石力学实验分析吉 28 块页岩油平均杨氏模量 28. 82GPa，泊松比 0. 203，两向应力差大(14～20MPa)，脆性中等(46%～52%)，不易形成复杂缝网，需通过密切割体积压裂手段“剁碎”储层，增大改造体积，提高单井产量。综合考虑地质甜点、开发效益、压裂施工难度等因素，采用差异化分段分簇压裂设计模式：Ⅰ类水平段密集布缝强化改造，簇间距为 5～10m，段内设计为 5～6 簇，入液强度为 30～35m^3/m，加砂强度为 4. 0～4. 5t/m；Ⅱ类水平段均衡布缝充分改造，簇间距为 10～15m，段内设计为 4～5 簇，入液强度为 25～30m^3/m，加砂强度为 3. 5～4. 0t/m；Ⅲ类水平段精准布缝来进行辅助改造，簇间距为 15～20m，段内设计为 3～4 簇，入液强度为 20～25m^3/m，加砂强度为 3. 0～3. 5t/m。形成不同储层品质的合理化细分切割压裂参数模板，实现页岩油储集层在长、宽、高三维方向“立体改造”。

表 2　吉 28 块页岩油岩石力学实验数据表

井号	井深	层位	密度/(g/cm^3)	围压/MPa	抗压强度/MPa	杨氏模量/GPa	泊松比	差应力/MPa	脆性指数/%
吉 2807	3116. 1 3446. 6	P_2L	2. 37	0	173. 12	23. 6747	0. 185	14. 4	52
			2. 36	10	248. 157	30. 2288	0. 243		
			2. 42	20	293. 518	29. 1783	0. 207		
			2. 35	30	318. 588	35. 5651	0. 288		
			2. 51	20	245. 20	27. 59	0. 191		

4. 3. 2　前置 CO_2 增能降黏+全裂缝支撑+绳结暂堵压裂技术

针对前期吉 28 块页岩油压后单井产量低，稳产周期短，无法实现效益开发的问题，攻关页岩油水平井压裂提高单井产量组合技术，主要是在增加原油的流动性、提高裂缝导流能力、增大储集层改造体积等三个方面开展研究工作。

一是前置二氧化碳增能降黏压裂技术，吉木萨尔页岩油原油黏度高，微纳米孔隙发育，地层压力系数低，通过二氧化碳+压裂的注入方式，可以满足增能和降黏的目的，利用压裂数值模拟软件开展不同工艺的裂缝扩展模拟，在相同改造规模下，前置CO_2+体积压裂 2.0 组合压裂技术与常规体积压裂改造主缝长度基本相当，但支缝和微缝形成的裂缝网络更复杂，改造裂缝 SRV 也更大。通过现场实践和室内实验确定技术方案，主要是先将液态CO_2前置，后采用滑溜水、冻胶或一体化变黏压裂液进行压裂，利用CO_2在储层中的理化性质，实现裂缝复杂、井组增能、混相降黏等增产效果。确定段 2～4m^3/min 的排量注入CO_2的量为 200～300t，前置CO_2+压裂工艺压力保持水平最高，较其他增产工艺提高 3～5MPa，说明CO_2溶解于原油后增大了弹性系数，起到了蓄能的作用。通过室内实验确定吉木萨尔页岩油的最小混相压力为 25.5MPa，而吉 28 块页岩油储层埋深在 4000m 左右，地层压力 45MPa 左右，说明地层条件下，是可以实现混相的，表明CO_2与原油混相后，地层原油的黏度就大幅度下降。

二是通过全裂缝的支撑技术增加裂缝的导流能力，结合岩心加砂压裂 CT 扫描结果，明确“支撑剂可进入最小裂缝宽度为粒径 2.7～3 倍”的匹配原则，将初期前置液中的 3%～9%低砂比段塞式加砂的方式优化为为 3%～9%连续加砂的方式，裂缝前端得到有效支撑。通过“低黏滑溜水湍流携 70/140、40/70 目小粒径充填次缝、高黏液体携 30/50 目大粒径支撑主缝”构建“乡村小道+高速公路”的全裂缝支撑模式。在压裂泵注的第一阶段采用低黏的滑溜水携带大量的小粒径支撑剂，连续性输送至裂缝的远端铺置，充填微裂缝和天然裂缝；第二阶段主要以中黏液体携带中粒径支撑剂，连续铺置支撑分支裂缝；第三阶段用高黏液体携带大粒径支撑充填主裂缝，提高主裂缝的导流能力，形成了“早加砂、加小砂、连续加砂”的泵注模式，实现“微缝+支缝+主缝”全裂缝高效支撑的目的。

三是利用暂堵转向技术使射孔簇均匀开启、裂缝复杂化，增加人工缝网与油藏接触面积，提高单井产量。采用地质工程一体化软件模拟，结合地质油藏，建立地质压裂工程一体化模型。通过数值模拟对吉 28 块页岩油水平井射孔参数和暂堵参数进行优化。如图 5 所示，模拟单段段长 55m，单段 8 簇，单段 24 孔，不同绳结暂堵剂加量，即 1/3 总孔数、1/2 总孔数、2/3 总孔数的裂缝扩展情况，从模拟结果看，单段 1/3 总孔数的暂堵剂加量，裂缝扩展更加均匀；模拟不同暂堵时机，即 40%加砂量、50%加砂量、60%加砂量时加入暂堵剂的裂缝扩展情况，从模拟结果看，在 50%加砂量时加入暂堵剂，裂缝扩展更加均匀，说明过早或过晚加入暂堵剂，均不利于裂缝的均匀扩展。综合考虑数值模拟结果和现场实施，优化单段暂堵剂加量 1/3～1/2 总孔数，暂堵时机优化为 50%～60%加砂量时添加暂堵剂。2022 年在上甜点吉 2811A-1H 首次试验绳结暂堵压裂技术，与改造长度基本相当吉 2815 平台对比，一年半累产提高 35%，证明了该技术在上甜点的提产效果显著。

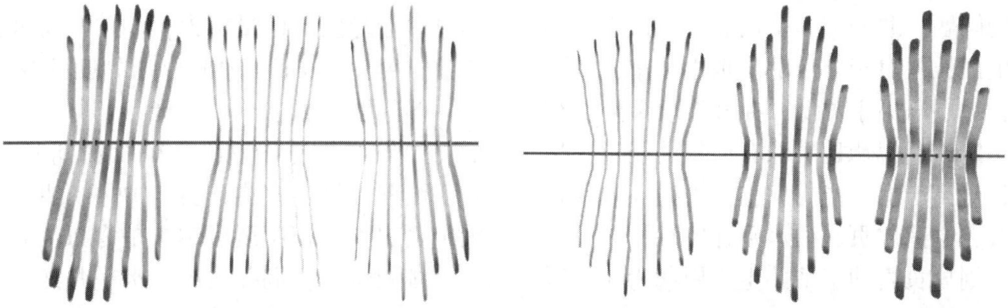

图 5　不同暂堵剂用量与不同暂堵时机裂缝扩展情况

4.3.3　工具设备材料降本与参数经济优化

吐哈油田吉木萨尔页岩油通过对标新疆吉木萨尔页岩油、长庆鄂尔多斯页岩油、大庆古龙页岩油等国内主体区块，在单井钻井、压裂等关键环节费用上，还存在投入和产出的矛盾，充分利用市场化自主经营、自主招标权限，钻井和压裂由乙方整体大包施工，坚持“市场配置、效率优先、提升质量”的原则，逐步建立多个市场主体共同参与、平等竞争的市场机制，初步建成市场化竞争平台，对钻井、压裂成本进行专项管控。

针对体积压裂提质增效需求，通过参数优化、液体升级、石英砂替代陶粒以及“电代油”压裂，并配套平台井工厂化和大包作业模式，2023 年每千米压裂费用相较于 2022 年下降 11.7%。研制了高性能全金属可溶球座、多功能滑溜水压裂液等压裂新工具、新材料，价格相比国外类似功能产品降低 60%以上，单井压裂成本降低 20%。以经济效益和储量动用最大化为目标，关键技术不断的迭代升级，压裂理念由单井提产向平台整体缝控跃升，吉 28 块逐年持续优化水平段长度及压裂关键参数基本达到开发效益标准，区块压后整体产油量不断提升，形成了页岩油体积压裂 2.0 技术参数模板(表 3)。2023 年吉 28 块单井投资 3519 万元，单井 EUR 达到 3.0×10^4t，内部收益率达到 6.4%。

表 3　吉 28 块页岩油体积压裂 2.0 参数模版

优化项目	前期体积压裂 2.0 模板	升级体积压裂 2.0 模板	变化
水平井段长/m	1200~1700	1800~2000	增加
单段段长/m	55~75	45~50	缩短
单段簇数	3~5	5	增加
簇间距/m	10.7	9.5	缩短
入液强度/(m^3/m)	25~30	30~35	增加
加砂强度/(t/m)	2.5~3.5	4.0~4.5	增加
施工排量/(m^3/m)	12~14	14~16	增加
射孔方式	均匀射孔	非均匀射孔	升级
液体体系	60%滑溜水+低浓度瓜胶	在线变黏压裂液	升级
支撑剂组合	70/140+40/70+30/50 目石英砂，比例 4∶3∶3	70/140+40/70+30/50 目石英砂，比例 3∶3∶4	增加
加砂方式	段塞式加砂	逆混合+连续加砂	升级
分段工具	速钻桥塞、可溶桥塞	国产化可溶桥塞	升级
作业模式	2 井拉链作业	2 井拉链作业、3 井拉链作业	升级
配套工艺	/	前置 CO_2 压裂、绳结暂堵压裂	增加

5　压后合理排采制度优化技术

“初期高产快速收回投资，还是合理控制采油速度最终获得更高采油量”一直是非常规油气业内争论的问题。北美基本采用快速收回投资的方式组织生产，但对于吉木萨尔页岩油来说，资源品质差、地层压力系数低，在开发政策上，初期应控制一定产量，让地层保有充足的能量，尽可能延长相对高产的生产周期，努力提高单井采出量。结合吉木萨尔页岩油水平井体积压裂开发实践认识，划分页岩油水平井生产周期为 3 个阶段：焖井阶段、排液阶段和采油阶段。形成吉 28 块页岩油全周期最优生产制度，有效预防出砂及应力敏感带来的产量影响。

焖井阶段：主要目的是实现人工裂缝和基质的压力与温度平衡、压裂液与原油的充分渗吸置换，提高压裂液的补能作用，降低见油返排率。该阶段主要任务是确定合理焖井时间，通过吉 28 块页岩油渗吸置换实验和数值模拟研究，确定焖井时间为 15~20d。矿场统计表明，焖井时间过短会导致出砂量增大，焖井时间过长会导致原油黏度变大(正常地面原油黏度的 3 倍以上)、结垢等问题，影响单井产能，焖井 10~30d 投产后见油较快、每 100m 水平段初期日产油量最高。因此，结合室内研究与现场效果综合考虑，确定页岩油体积压裂后焖井是为 20~30d。

排液阶段：焖井结束后水平井开始返排，该阶段主要任务是确定合理日排液量，控制压降速率，使油井尽快见油、降低含水率并防止出砂。生产动态表现为高液量、高含水、低含盐的特征，定义排液阶段结束的标志为采出水矿化度近似等于原始地层水矿化度。通过吉 28 块页岩油已投产井的生产数据显示，当水平井的含水率下降至80%左右时，含盐值上升速度变慢，基本等于原始地层水的含盐量，排液阶段结束。

采油阶段：页岩油水平井初期返排阶段结束后进入采油阶段，当井口油压下降到2MPa以下时，水平井自喷能力转弱，此阶段的生产特征主要是产液量递减、含水稳定、地层压力持续下降，需要及时实施转抽以充分发挥水平井生产能力。转抽后的水平井主要依赖于基质储层供液能力，制度过大必将造成井筒和裂缝系统内压力下降。石英砂抗破碎能力评估表明石英砂破碎压力为28MPa。当流压降低、有效闭合应力大于28MPa时，支撑剂破碎形成的应力敏感性将难以恢复，对水平井最终采收率产生不利影响。因此，转抽期井底流压下限应控制有效闭合应力小于28MPa。为提高机采效率，转抽后的日产液能力应略等与地层的实际供液能力，以保持较长的稳产期，现场根据水平井的实际供液能力，采取分类控制。

6　区块开发效果

通过应用以上关键技术，实现了吉28块页岩油的规模效益开发。吉28块实施水平井体积压裂35井，其中上甜点14口井，平均首年日产油13.7t，首年累产油5004.6t；下甜点21口井，平均首年日产油15.7t，首年累产油5738.4t。

通过一体化立体井网布井技术，实现了两套层系一次井网的充分动用，动用储量2257.2×10^4t，提升了12%，采油速度由0.8%上升至1.86%。通过大平台长水段钻完井技术、体积压裂2.0组合技术、工厂化作业模式，实现了提速增效、降低成本，实现了单井钻井投资控制到1598万元，同比下降2.9%，压裂费用每千米压裂费下降11%，单井压裂费控制到1890万元，同比下降3.1%，通过关键技术的攻关和低成本材料的应用，单井投在控制在3800万元。通过应用合理的生产制度优化技术，单井EUR由1.6×10^4t提高至3.0×10^4t。形成了吐哈油田特色页岩油全生命周期高效建产新模式，为吉木萨尔国家级陆相页岩油示范区建设任务做出积极贡献。

7　结论

（1）结合吐哈油田吉木萨尔页岩油储集层特征，对纵向上、平面上和水平段“甜点”定量分析，立体优选，形成了一体化立体井网布井技术，实现了两套层系一次井网部署的充分动用，储量动用程度显著上升。

（2）依据页岩油的开发特征，确定吉木萨尔页岩油体积压裂后全生命周期焖井、排液和采油三大阶段，考虑渗吸置换、地层保压、支撑剂回流等因素，提出页岩油水平井“有效焖井、高效返排、稳压采油”全生命周期技术政策，最大限度保持地层能量，延长稳产时间。

（3）针对吐哈油田吉木萨尔页岩油埋藏深，资源品质差和成熟度低等问题，通过大平台长水段钻完井技术、体积压裂2.0组合技术、工具设备材料降本和参数经济优化，实现了提速增效、降低成本、提高单井EUR的目的，形成了具有吐哈油田特色的页岩油全生命周期规模效益建产新模式。

参　考　文　献

[1] 侯冰，常智，武安安，等．吉木萨尔凹陷页岩油密切割压裂多簇裂缝竞争扩展模拟[J]．石油学报，2022，43(1)：75-90.

[2] 陈海宇，王新东，林晶，等．新疆吉木萨尔页岩油超长水平段水平井钻井关键技术[J]．石油钻探技术，2021，49(4)：39-45.

[3] 曹元婷，潘晓慧，李菁，等．关于吉木萨尔凹陷页岩油的思考[J]．新疆石油地质，2020，41(5)：622-630.

[4] 翁定为，雷群，胥云，等．缝网压裂技术及其现场应用[J]．石油学报，2011，32(2)：281-282.

[5] 吴奇，胥云，张守良，等．非常规油气藏体积改造技术核心理论与优化设计关键[J]．石油学报，2014，35(4)：706-714.

[6] 何小东，李建民，王俊超，等．吉木萨尔凹陷页岩油高效改造理论认识、关键技术与现场实践[J]．新疆石油天然气，2021，17(4)：28-35.

[7] 雷群，杨立峰，段瑶瑶，等．非常规油气“缝控储量”改造优化设计技术[J]．石油勘探与开发，2018，4(4)：719-726.

[8] 慕立俊，赵振峰，等．鄂尔多斯盆地页岩油水平井细切割体积压裂技术[J]．石油与天然气地质，2019，40(3)：627-635.

[9] 石道，张兵，等．鄂尔多斯长7致密砂岩储层体积压裂可行性评价[J]．西安石油大学学报(自然科学版)2014，29(1)：52-55.

[10] 石道，翁定为，等．缝网压裂技术及其现场应用

[J]. 石油学报，2011，32(2)：281-282.
[11] 车明光，王永辉，彭建新，等．深层-超深层裂缝性致密砂岩气藏加砂压裂技术[J]．天然气工业，2018，38(8)：63-68.
[12] 白晓虎，齐银，陆红军，等．鄂尔多斯盆地致密油水平井体积压裂优化设计研究[J]．石油钻采工艺，2015，37(4)：83-86.
[13] 郎东江，伦增珉，吕成远，等．页岩油注二氧化碳提高采收率影响因素核磁共振实验[J]．石油勘探与开发，2021，48(3)：603-612.
[14] 吴承美，许长福，陈依伟．吉木萨尔页岩油水平井开采实践[J]．西南石油大学学报(自然科学版)，2021，43(5)：33-41.
[15] 李国欣，朱如凯．中国石油非常规油气发展现状、挑战与关注问题[J]．中国石油勘探，2020，25(2)：1-13.
[16] 吴宝成，李建民，邬元月，等．准噶尔盆地吉木萨尔凹陷芦草沟组页岩油上甜点地质工程一体化开发实践[J]．中国石油勘探，2019，24(5)：679-690.
[17] 高阳，叶义平，何吉祥，等．准噶尔盆地吉木萨尔凹陷陆相页岩油开发实践[J]．中国石油勘探，2020，25(2)：133-141.

致密砂泥岩储层压裂方案优化方法探索与实践

伍健莹　武绍杰　董功鑫　杨　光　徐　影

（大庆油田有限责任公司）

摘　要　自大庆油田进入高含水开发后期以来，重点措施对象逐步向“薄、差、低、散”等储层以及非常规致密储层转变。为了提升整体资源开采效率，采用了工程地质一体化改造思路。通过对不同区块压后措施效果与工程和地质因素相关性的深入分析，本文提出了聚类综合评价系数的概念。以T30区块为例，该区块储层呈现出物性致密、特低渗透的特点。将区块整体改造与大数据分析相结合，建立了多因素线性回归曲线。同时，对砂体展布特点、基础井网条件、储层基础条件、采油强度等主控因素进行了分析。提出了区块整体缝网压裂工艺改造思路方案，探索了适用于油田开发中后期效益开发改造工艺的优化设计方法。通过对16口井的现场施工压裂措施的开展，初期平均日增油达到了4.3t，较同类型提高了4.5倍，实现了对特低渗透、致密区块采油井的增产。这证实了大数据分析方法改造思路的可行性。这种方法有效动用了特低渗致密区块，为致密储层效益开发提供了理论支撑与技术支持。通过优选潜力储层以及按需调整改造规模，能够实现缝控砂体的最优化，同时，证明缝网压裂工艺仍然是大庆扶余特低渗透致密储层增产改造的主体技术。这项研究深入探索了特低渗致密区块的开发潜力，提出了一套系统的优化设计方法，为油田后期的效益开发提供了重要的理论指导和技术支持。

关键词　致密储层；工程地质一体化；大数据分析；缝网压裂

大庆油田进入高含水开发后期以来，措施对象逐步转向“薄、差、低、散”等储层及非常规致密储层转变，外围低渗透油藏逐渐成为油田开发的重点，这类油层的有效开发是油田持续稳产的保障。致密低渗透砂岩储层的形成和分布通常受沉积条件、埋藏过程、成岩改造以及构造活动等多种地质因素的控制，具有孔喉细小，渗流阻力大，连通性较差，油井自然产能很低等特点。

许多研究对低渗透油田的开采工艺和压裂方案进行优化，但由于低渗透砂岩油藏孔隙结构的复杂性和研究技术的局限性，仍难以制定有针对性的开发措施，现有压裂方案采收率低、剩余油预测及挖潜困难，限制了低渗透率砂岩油藏利用和开发潜力。因此，制定有针对性、有效的压裂优化方案对于低渗透油藏的规模化、经济化开发具有重要意义。

本文以T30区块为例，该区块属特低渗透油藏，区块内有探明未开发石油地质储量841.79×10^4t，前人试验发现有相似储层物性的区块整体改造效果并非特别理想（采出程度仅18.9%）。实现T30区块能源的有效开发有助于改善能源结构，为提升区块整体动用程度，开展区块整体缝网压裂试验，用工程地质一体化改造思路不断探索，即将地质因素（压力系数、储层敏感性、储层物性特征、区块应力分析、储层流体性质、遇钻情况等）与工程因素（相似/相同区块效果、影响产量关联系数、试油情况、测井曲线、改造厚度等）结合分析，形成个性化区块方案优化设计，提出适用于油田开发中后期效益开发改造工艺优化设计方法。通过平面优选井点控制砂体，纵向上优选层位实现立体改造，通过配套对不同区块压后措施效果与工程、地质因素相关性分析，创新提出聚类综合评价系数概念，建立多因素线性回归曲线，为致密储层效益开发提供理论支撑与技术支持，实现低效油气的高效、长效动用和规模有效开发。

1　地质因素

1.1　区块基本概况

T30区块位于大庆长垣东侧太平屯构造，整体表现为中间高、两侧低的背斜形态。区内东西两侧发育两条断裂密集带，断层主要呈近南北向和北北东向展布，发育少量近东西向展布断层。延伸长度在0.25~7.2km，断距约5~90m，为断层-岩性类型油藏。T30区块扶余油层岩石类型为岩屑砂岩或长石岩屑砂岩，黏土矿物以伊利石为主，其次为绿泥石。区块主要含油层段为扶一、扶二油层组，采用 500m×300m 矩形井网，天然裂缝不发育，地温梯度 4.98℃/100m，平均孔隙度 13.8%，空气渗透率 1.04mD，地层油黏度 6.6mPa·s，地面原油黏度平均为 45.2mPa·s，凝固点 36℃，属于低孔、特低渗透正常压力油藏。该区块具有强水敏及极强酸敏的特性。

1.2 砂体展布特征及遇钻情况

T30 区块共完钻直井 16 口井，砂岩发育主力层 FⅠ5 层，砂岩钻遇率为 53.3%，平均有效厚度 2.7m；钻遇油层以致密油Ⅱ-1 类层为主，层数占比 82.9%，本区主要受北部沉积体系的控制，由北向南延伸，砂体平面上相变快、连续差，呈条带状或断续条带状展布。

1.3 岩石力学数据分析

室内实验和现场应用结果表明，储层水平最大、最小主应力差的系数以及脆性指数可作为判断压裂是否有利于形成复杂缝网的充要条件。T30 区块 T30-1 井平均最大与最小水平主应力差值为 3.9MPa，应力差系数小于 0.3，方向为最大主应力方向 NE95°，理论计算表明区块可以形成复杂裂缝。

通过 T30 区块岩石数据研究发现区块脆性指数主要分布在 45%左右，脆性指数满足缝网压裂工艺改造需求可以形成复杂裂缝。

结合大庆油田外围特低渗储层缝网压裂工艺选井选层标准(泊松比：0.0191～0.235；水平应力差值：2.5～4.52MPa；应力系数<0.3)以及周边区块裂缝监测实际情况，综合石英含量、脆性指数、应力差、微地震等几方面预测 T30 区块实施缝网压裂工艺能够形成缝网体系。因此，区块改造工艺可采用缝网压裂工艺。

1.4 区块试油情况分析

T30 区块共有 4 口井常规压裂试油井均达到工业油流，有效厚度平均为 11.6m，4 口井加液强度与采油强度呈现明显正相关性(图 1)，T67 井由于改造厚度小制约储层改造程度，试油效果相对差些，从整体压后效果看使用石英砂即可满足地层支撑及导流需求。

T30 区块试油施工井参数统计，见表 1。

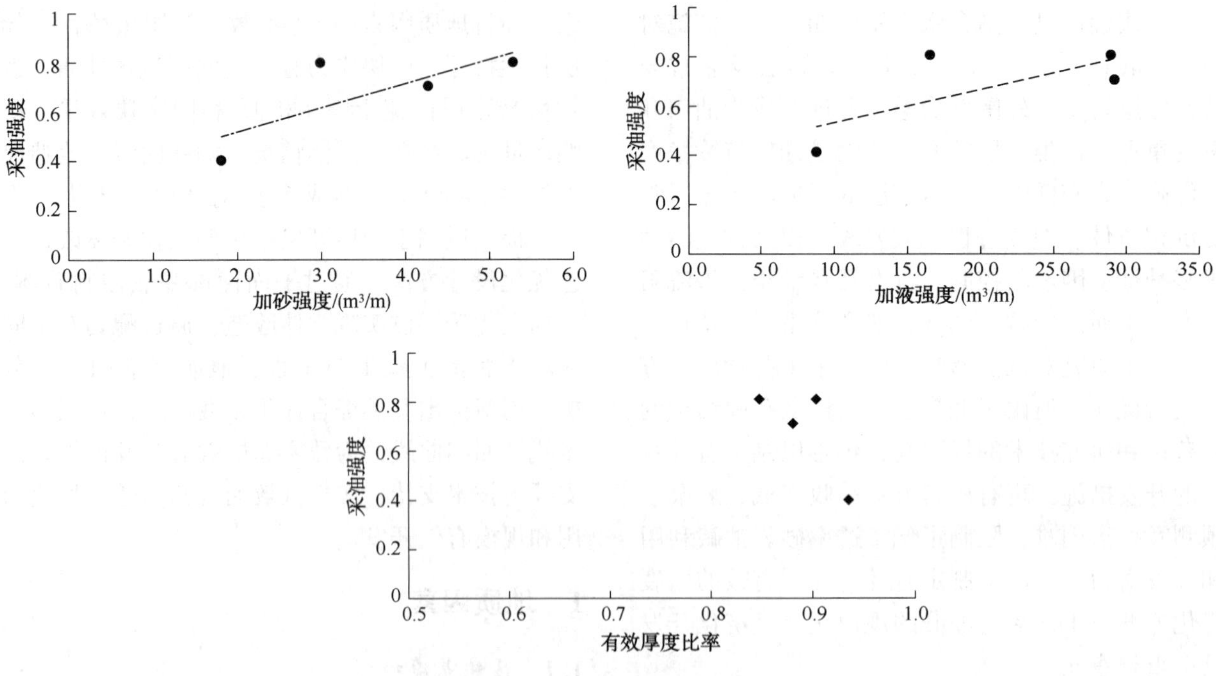

图 1　试油井规模强度相关性分析

表 1　T30 区块试油施工井参数统计

序号	井号	压裂层位	深度	压裂层数/个	储层厚度/m	压裂液量/m^3	加液强度/(m^3/m)	加砂量/m^3	加砂强度/(m^3/m)	试油产量/(t/d)
1	T59	F5 F2	1667.0～1672.0 1639.8～1642.8	2	8.0	232.4	29.1	42	5.3	6.336

续表

序号	井号	压裂层位	深度	压裂层数/个	储层厚度/m	压裂液量/m^3	加液强度/(m^3/m)	加砂量/m^3	加砂强度/(m^3/m)	试油产量/(t/d)
2	T67	F10 F9 F7	1699.4~1701.4 1667.8~1670.0 1649.4~1652.0	3	6.8	200	29.4	29	4.3	4.56
3	T2	FⅡ22-21 FⅠ62	1705.6~1694.2 1665.2~1661.6	2	9.4	156.3	16.6	28	3.0	7.08
4	TX1	F12 F17 F18 F20 F22 F23	1694.6~1617.0	5	22	193.5	8.8	40	1.8	9.20
平均				3	11.6	195.6	16.9	35	3.0	6.79

1.5 产能分析预测

根据低渗透油藏的实际情况，选用 Prats 公式和修正后的大规模压裂产能公式，并进行了单位换算。

Prats 公式：

$$\frac{J}{J_0}=\frac{q_f}{q_0}\cdot\frac{q}{q_f}=\frac{\ln\left(\frac{r_e}{r_w}\right)}{\ln\left(\frac{2r_e}{L}\right)+\frac{4h_{leak}}{\pi L}\left(\frac{k}{k_d}-1\right)}$$

根据区块大规模压裂实际生产数据对上述公式进行修正，得出大规模压裂井的产能公式为：

$$J_d=\lambda J=\frac{1.4\ln\left(\frac{r_e}{r_w}\right)}{\ln\left(\frac{2r_e}{L}\right)+\frac{4h_{leak}}{\pi L}\left(\frac{k}{k_d}-1\right)}$$

式中，J 为采油指数，m^3/d · MPa；J_d 为大规模压裂井的采油指数，m^3/d · MPa；k 为油藏渗透率，mD；k_d 为污染带的渗透率，mD；h_{leak}为裂缝表面污染带的厚度，m；L 为裂缝半长，m；r_e 为泻油半径，m；r_w 为井眼半径，m。

根据上述公式计算，大规模压裂后，半缝长为 200m 的情况下，预测直井初期稳定产量可达 2.43t/d 左右。

根据产能预测结果，初期采油强度 0.3t/(d · m)，生产时间 300d，区块预计建成产能 3.36×10^4t，累计产油 17.31×10^4t。

太平屯油田 T30 区块扶余油层开发设计方案动态指标预测表见表 2。

表 2　太平屯油田 T30 区块扶余油层开发设计方案动态指标预测表

年份/年	井数/口	区块日产油/(t/d)	年产油/(10^4t)	年产液/(10^4t)	综合含水/%	累产油/(10^4t)	采油速度/%	采出程度/%	递减率
1	47	112.10	1.12	2.40	53.30	1.12	0.30	0.30	
2	47	112.10	3.36	7.20	53.3	4.48	0.91	1.22	
3	47	71.74	2.15	3.93	45.2	6.64	0.58	1.80	0.3600
4	47	52.35	1.57	2.63	40.3	8.21	0.43	2.22	0.2751
5	47	42.82	1.28	2.01	36.1	9.49	0.35	2.57	0.1820
6	47	36.26	1.09	1.68	35.3	10.58	0.29	2.87	0.1532
7	47	31.45	0.94	1.44	34.4	11.52	0.26	3.12	0.1327
8	47	28.26	0.85	1.28	33.6	12.37	0.23	3.35	0.1015
9	47	26.18	0.79	1.17	32.7	13.16	0.21	3.57	0.0736
10	47	24.81	0.74	1.09	31.9	13.90	0.20	3.77	0.0521

续表

年份/年	井数/口	区块日产油/(t/d)	年产油/(10^4t)	年产液/(10^4t)	综合含水/%	累产油/(10^4t)	采油速度/%	采出程度/%	递减率
11	47	23.75	0.71	1.03	31.1	14.61	0.19	3.96	0.0429
12	47	22.97	0.69	0.99	30.2	15.30	0.19	4.15	0.0329
13	47	22.51	0.68	0.96	29.4	15.98	0.18	4.33	0.0200
14	47	22.17	0.67	0.93	28.5	16.64	0.18	4.51	0.0151
15	47	22.11	0.66	0.92	27.7	17.31	0.18	4.69	0.0025

2 可借鉴区块改造效果评价分析

2.1 相似(邻)区块效果分析

T30 区块与 F50 区块相邻，区块储层条件以及物性基础基本一致，F50 区块在扶余油层开展直井缝网压裂现场试验，投产油井 17 口井，平均加液强度 490.1m^3/m，加砂强度 21.7m^3/m，2020 年 12 月油井陆续投产后，压裂后初期产油较低，研究分析发现 F50 区块砂体为条带式窄小河道砂，储层裂缝延砂体展布方向发育，横向波及范围小，影响措施效果；当砂体延展与应力方向一致时，改造效果相对较好。计算缝长 240m 情况下未发生压窜现象，说明规模设计在合理范围(图 2)。

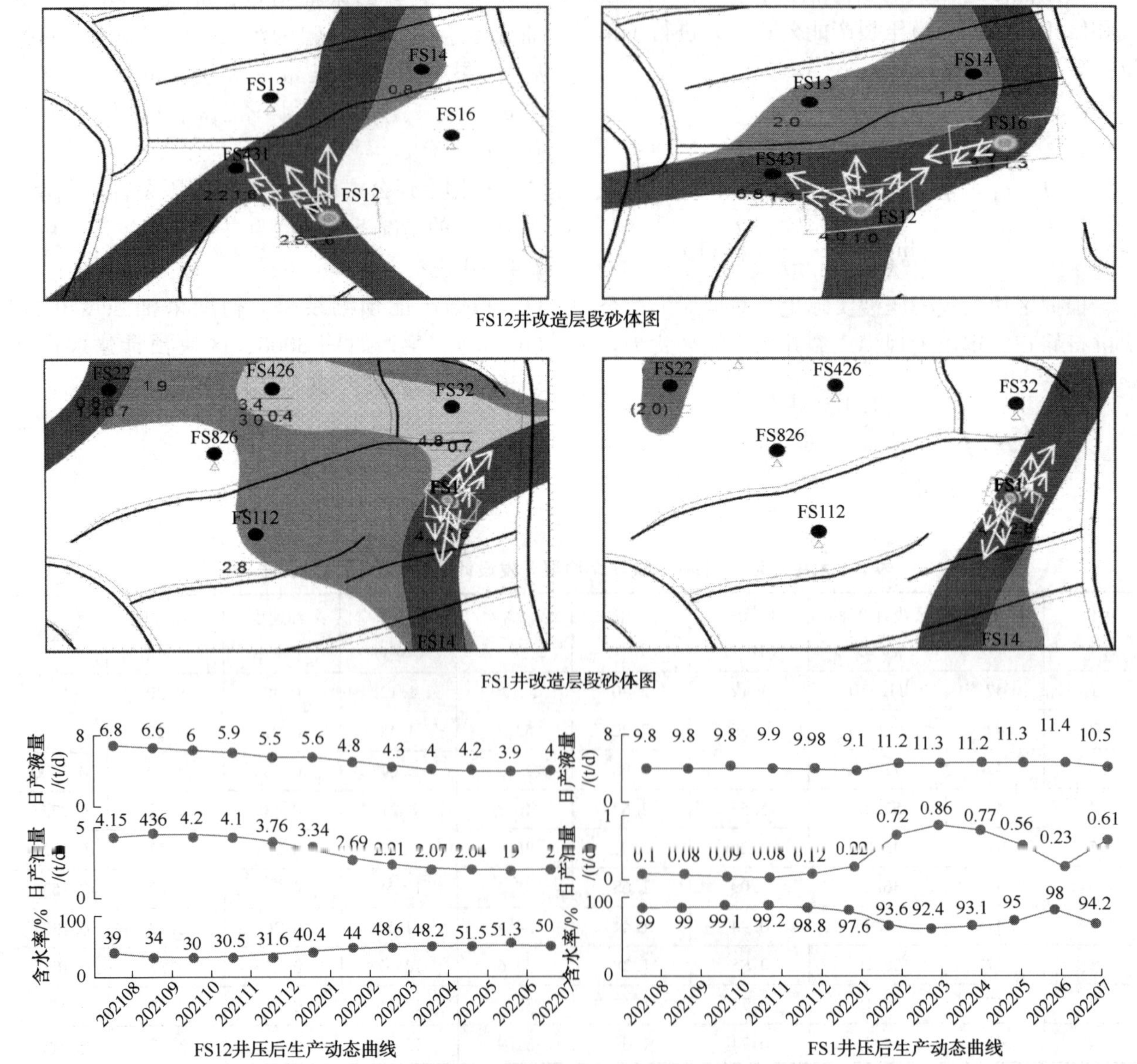

图 2　F50 区块典型井措施后生产情况

综合对比T30区块与F50区块储层品类、物性、原油性质等参数(表3)，结果表明两区块除砂体展布区别，其他储层条件均接近。

表3　T30区块与临近F50区块储层情况对比表

区块	T30区块	F50区块
地质储量/(10^4t)	145	137.8
动用含油面积/km^2	3.3	3.4
平均砂岩厚度/m	12.1	12.9
平均有效厚度/m	6.4	5.3
钻遇层数	22	12
Ⅰ类油层占比/%	16.1	39.8
Ⅱ类油层占比/%	82.9	60.2
本次压裂段砂岩厚度/有效厚度/m	12.1/6.4	12.9/5.3
本次压裂单井平均层数	3.9	3.6
加砂/加液强度/(m^3/m)	21/420	21.7/490.1
平均孔隙度/%	13.8	13.2
平均渗透率/mD	1.04	0.7
地层原油黏度	6.6	
地温梯度/(℃/100m)	4.98	
地层压力系数	1.01	
井网	500*300	

统计分析F50区块压裂井效果(表4)，在平均用液强度490.1m^3/m，加砂强度21.7m^3/m范围内，增油强度可达50×10^{-3}t/(d·m)以上，平均单井缝高30m的条件下，计算缝长可达240m。区块改造井平均计产471d，长期效果有待进一步评价。

表4　F50区块17口井效果统计表

序号	井号	厚度/m		规模/m^3		强度/(m^3/m)		压后初期			目前			效果		
		砂岩	有效	液量	砂量	用液强度	加砂强度	日产液/(t/d)	日产油/(t/d)	含水/%	日产液/(t/d)	日产油/(t/d)	含水/%	计产期/d	阶段累计增油/t	平均日增油强度/$\times10^{-3}$t/(d·m)
1	F50-1	13.5	6	6394.5	273	474	20	13.6	0.16	98.8	6.4	0.42	93.4	347.15	297	63.4
2	F50-2	11.6	5.6	5666	250	488	22	6.9	0.53	92.3	6.6	0.72	89.1	557.92	353	54.5
3	FS22	9.3	3.1	4331.8	182	466	20	3.5	0.33	90.5	6.6	2	69.7	557.92	552	106.4
4	FS426	14.6	5	7444	350	510	24	16.2	1.41	91.3	8.9	1.29	85.5	557.82	558	68.5
5	FS826	12.9	5.2	6197.5	266	480	21	9.3	2.46	73.5	7.2	1.91	73.5	582.82	1309	174.1
6	FS1	19.6	10.9	9185.5	383	469	20	9.8	0.09	99.1	10.5	0.61	94.2	361.08	143	20.2
7	FS32	14.2	5.4	7146	330	503	23	3.5	0.26	92.7	泵况关井			337.43	134	28.0
8	FS112	16.1	1.7	7412.3	305	460	19	6.5	0.56	91.4	7.3	0.85	88.4	572.78	409	44.4
9	FS14	17	8.2	8660	408	509	24	18.2	1.55	91.5	措施关井			457.29	505	65.0
10	FS13	16.5	7.6	7601.5	312	461	19	4.4	0.11	97.5	4	0.04	98.9	578.57	59	6.2
11	FS16	12.8	4.8	6408	293	501	23	3.3	1.32	60	4.8	0.9	81.3	565.52	449	62.0
12	FS12	9.9	3.1	4844.5	217	489	22	7.1	3.02	57.5	4	2	50	575.41	1573	276.1
13	F50-13	7.2	3	3678	173	511	24	5.9	0.88	85	5.7	0.44	92.2	397.94	240	83.8

续表

序号	井号	厚度/m		规模/m^3		强度/(m^3/m)		压后初期			目前			效果		
		砂岩	有效	液量	砂量	用液强度	加砂强度	日产液/(t/d)	日产油/(t/d)	含水/%	日产液/(t/d)	日产油/(t/d)	含水/%	计产期/d	阶段累计增油/t	平均日增油强度/$\times10^{-3}$t/(d·m)
14	F50-14	10.7	3	5027.8	215	470	20	6.2	1.24	80	3.7	0.92	75	476.44	531	104.2
15	F50-15	9.4	5.4	4745	220	505	23	5	0.94	81.2	10.7	0	100	135.74	115	90.1
16	F50-16	8	5	3921	174	490	22	7.8	2.69	65.5	4.1	0.37	91	473.7	691	182.3
17	F50-17	16.8	6.7	9197	386	547	23	7.5	1.16	84.5	3.9	1.05	73	476.55	925	115.5
平均		12.9	5.3	6344.7	278.6	490	22	7.9	1.1	84.3	6.3	0.9	83.7	471.3	520.2	85.2

2.2 相似区块措施效果影响因素关联性分析

分析F50区块不同阶段规模强度与采油强度关系(图3)，以Ⅱ类储层为主的有2口井强度较小压后效果不理想，整体上看初期规模的不同导致与采油强度关系差异化明显，Ⅱ类储层受储层条件约束且加液强度较为集中，初期与采油强度关系较Ⅰ类储层效果差距较大，12个月后采油强度明显不足，需适当提高储层改造强度以达到储层能量补充减缓采油强度的下降。

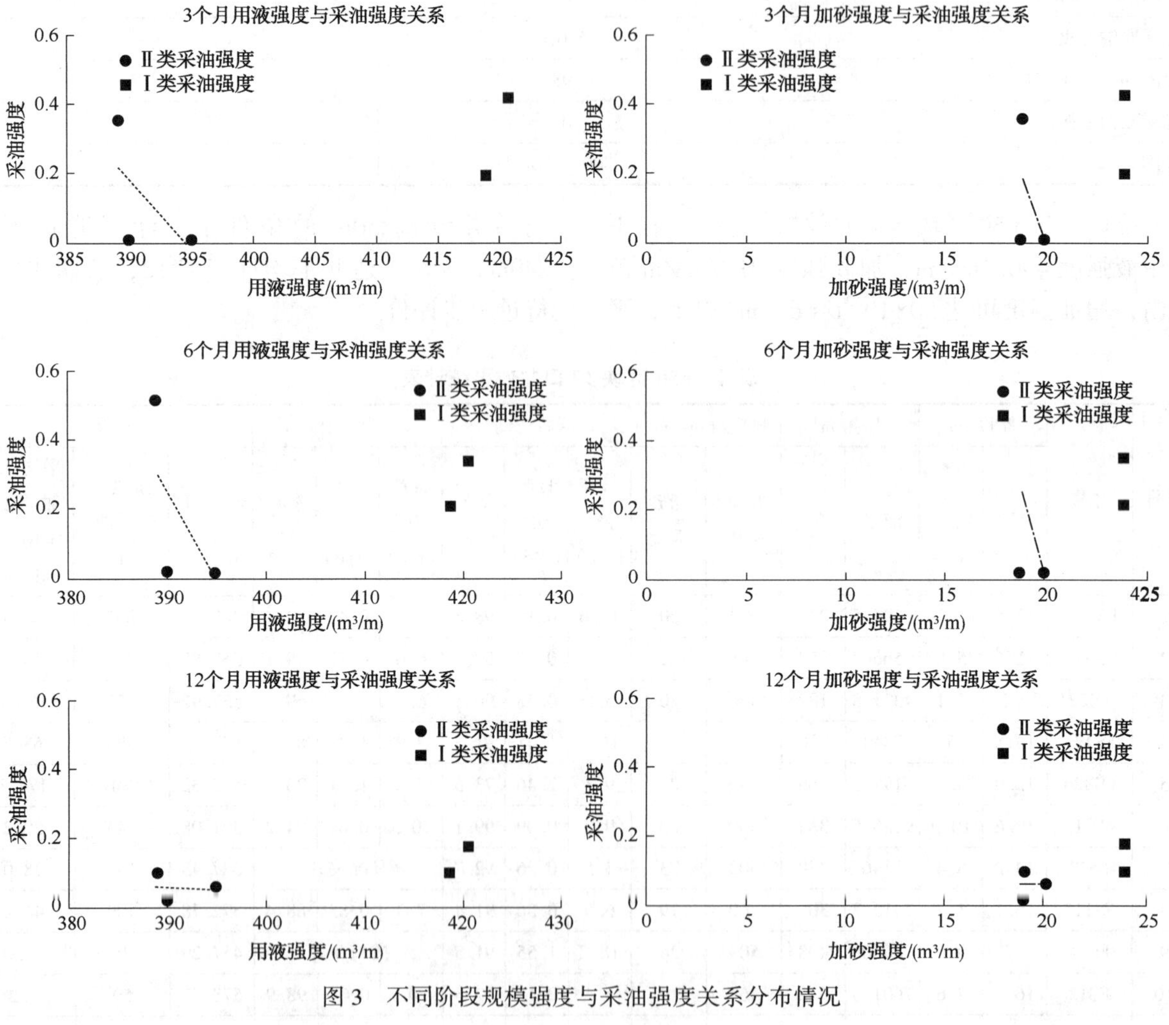

图3 不同阶段规模强度与采油强度关系分布情况

分析F50区块17口缝网压裂井1~6个月的初期及1年的平均采油强度趋势(图4、图5)，可以看出储层能量补充决定压后采油强度，对于窄小河道12个月后的采油强度降幅较大，说明对于窄小河道的整体补能规模仍有提升空间。

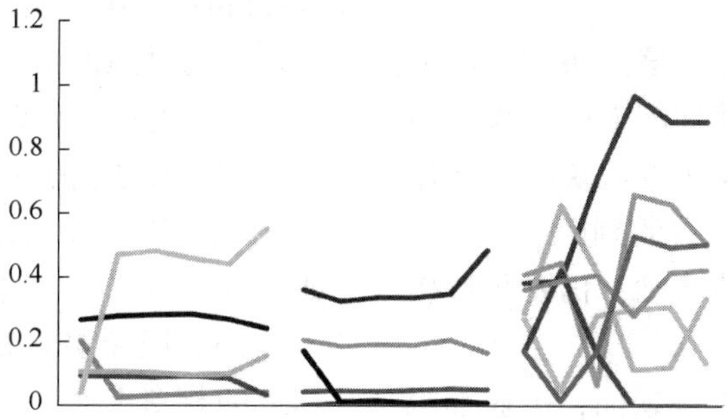

图 4　F50 区块投产初期(1~6 个月)不同井平均采油强度趋势

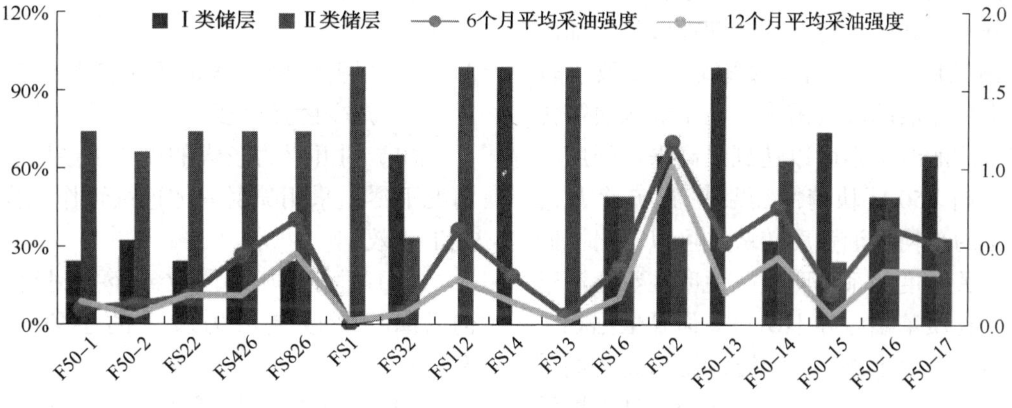

图 5　F50 区块不同阶段储层与采油强度变化情况

分析各评价参数与采油强度关联系数(图 6)，结果表明：采油强度在地质上与不同类储层占比关联度关系不明显，说明在窄小河道内两类储层物质基础差异不明显，F50 区块地质物性基础对压后产量不起决定作用；在工程上初期与加液强度关联度较高，说明加液量是保证初期高产的主要因素，投产一年后两类储层采油强度基本持平，说明加砂强度关联度较高，说明有效支撑是稳产的关键。

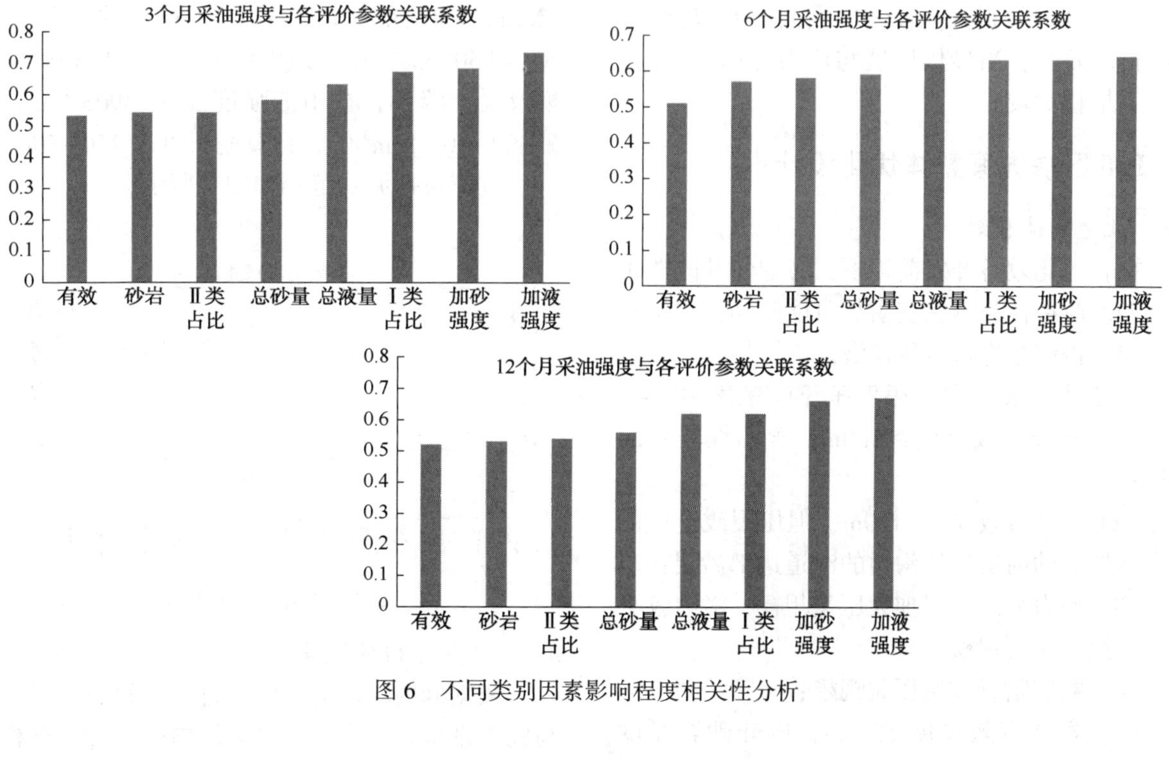

图 6　不同类别因素影响程度相关性分析

2.3 取得的认识

（1）岩石力学分析结果显示该区块压裂后可以形成缝网；不同类型储层井加液强度与采油强度间相关性不明显；但是根据 T30 区块砂体连片的特征，依据聚类分析关联系数的判断，T30 区块整体物性基础应是效果改造基础，仍要坚持按需分类改造

（2）T30 区块普压试油 4 口试油，工业油流井平均日产油 6.79t，采油强度平均 0.62t/(d·m)，有效厚度发育较厚，具有较好的产量基础

（3）分析 F50 区块缝网井初期加液强度加砂强度与采油强度关系，两口规模较小井效果较差，无法满足储层的改造需求，在 T30 区块需优化选取相适应的改造强度以达到最高采油强度

（4）分析 F50 区块缝网压裂井 1~6 个月的初期及 1 年的平均采油强度趋势，可以看出不同类储层占比关联度关系不明显，说明在窄小河道内两类储层物质基础差异不明显，但是依据相关性关联分析，可以推测 I 类储层占比越高初期采油强度较高，II 类储层受储层条件约束且加液强度较为集中，初期与采油强度关系较为平缓

（5）利用关联分析法确定影响产量的关键参数，结果表明：在 T30 区块加强改造物性较好储层是提产的关键，加液强度是保证初期高产的主要因素，有效支撑是稳产的关键

（6）F50 区块砂体为条带式窄小河道砂，储层裂缝延砂体展布方向发育，横向波及范围小，影响措施效果；当砂体延展与应力方向一致时，改造效果相对较好

3 T30 区块方案整体优化设计

3.1 改造总体原则

在合理化效益开发前提下，考虑邻井改造距离，初次改造让裂缝在基质尽可能延伸，在主应力方向上得储量进行有效挖潜。

3.1.1 选层原则：最大限度压开具有潜力的层

（1）压开有效厚度≥1.0m，含油性较好的砂层；

（2）压开有效厚度<1.0m，但压裂改造后能与含油性好的河道砂体沟通的河道边部砂层；

（3）潜力大的砂层加大压裂规模，潜力较小的砂层控制压裂规模；

（4）断层附近控制压裂规模；

（5）本井有效厚度<5.0m，压开砂岩厚度≥1.5m且周围发育河道的干层。

3.1.2 分段原则：尽量单层单卡压裂，适当兼顾压开厚度

（1）压裂井段固井质量良好；

（2）压裂段数控制在 5 段以内，段数较多时如条件符合可考虑采用连续管作业模式；

（3）压裂层数较多时，潜力相对较小、物性相近的相邻层可考虑 2~3 层合并后采用化学分层；

（4）各卡段之间预留 2m 以上较稳定泥岩隔层。

3.1.3 射孔原则：满足压裂需要的前提下尽量减少射孔厚度

（1）射开潜力较大的可压裂层段，条件符合情况下尽量采用喷射一体连续管作业模式，提高施工时效；

（2）射开受压裂段数或经费制约暂不压裂，但后期压裂改造潜力较大的层段，节省补孔费用；

（3）目的层射开厚度在 1.0m 以上，部分层可适当放宽；合压薄互层可采用限流射孔方式；

（4）断层边部定方位射孔、对于储层酸敏特征，在薄差储层处提前考虑布孔数量。

3.2 施工参数优化

3.2.1 施工规模优化

T30 区块改造 16 口井，平均砂岩厚度 12.5m（F50 区块 12.9m），预测单井平均缝高 20m（F50 区块 30m），借鉴 F50 区块压裂改造规模及设计缝长，在用液强度 340~390m^3/m，加砂强度 10~13m^3/m，计算缝长可在 250~300m。

数值模拟波及范围如图 7 所示。

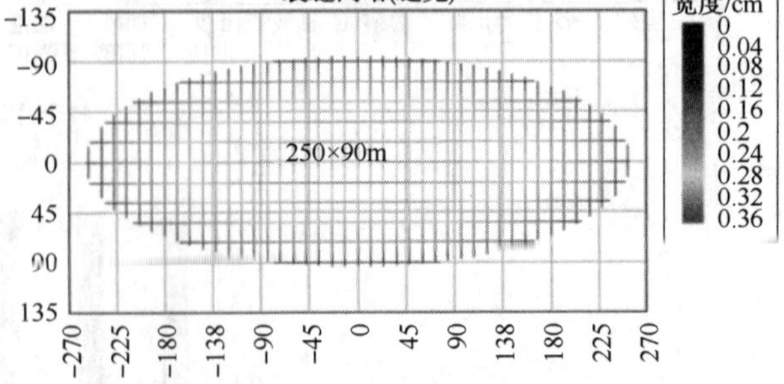

图 7 数值模拟波及范围

3.2.2 施工排量优化

依据缝内净压力和施工排量之间的关系，提高施工排量，能有效提高裂缝内净压力，有利于

裂缝体系形成。综合考虑管柱承压能力和设备状况，确定最高施工排量为 8m³/min。

不同排量缝口净压力预测曲线如图 8 所示，三寸半油管压裂不同液性摩阻图版如图 9 所示。

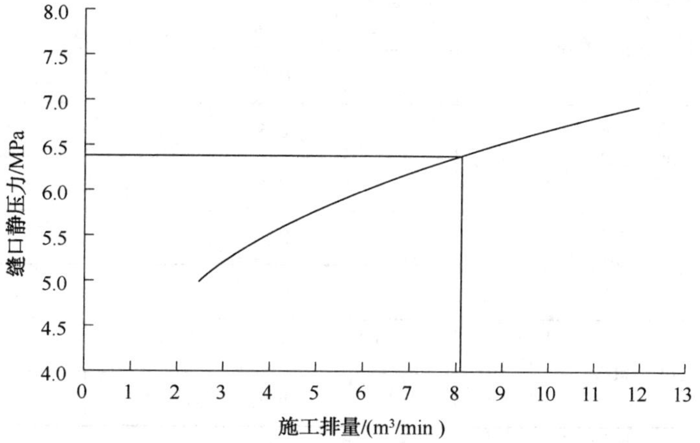

图 8　不同排量缝口净压力预测曲线

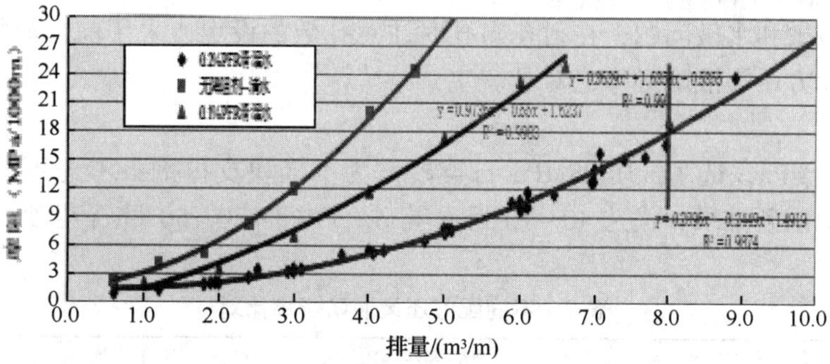

图 9　三寸半油管压裂不同液性摩阻图版

3.3　配套技术优化

3.3.1　压裂工艺管柱优化

依据扶余油层井深结构、井底温度、油藏流体特性以及现场施工控制参数等要求，结合单井改造层段数量。采用缝网多层坐压管柱，配合 3½″N80 钢级外加厚油管。

配套工艺管柱组配情况如图 10 所示。

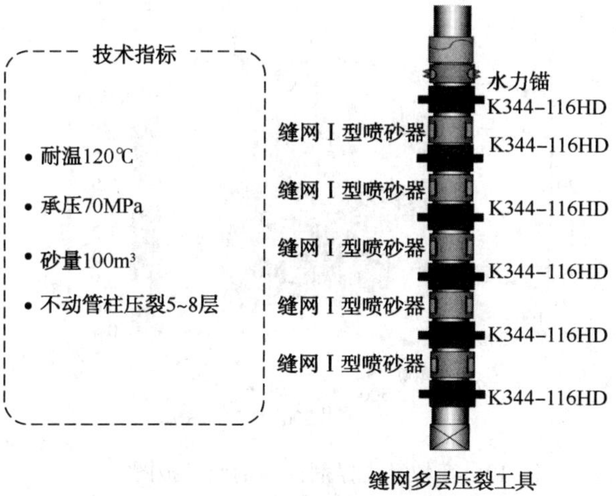

图 10　配套工艺管柱组配情况

3.3.2　压裂液优选

优选降阻携砂一体化压裂液，进一步提速提效，简化压裂液配制流程，降低综合施工成本，通过实时调整配比，实现减阻、携砂一剂多效。一体化携砂滑溜水压裂液技术指标评价结果见表 5。一体化携砂滑溜水压裂液不同阶段配方表见表 6。

表 5　一体化携砂滑溜水压裂液技术指标评价结果

评价项目	技术指标	评价结果
表观黏度/(mPa·s)	≥50	60
黏度释放率/%	≥80	82.5
剪切/(mPa·s)	≥35	48.5
破胶性能/(mPa·s)	4h，≤5	破胶液黏度 3.27
携砂性能/%	20min，砂高≥70	70
减阻率/%	≥60	65
表面张力/(mN/m)	≤28	27.2
防膨率/%	≥50	72
破乳率/%	≥96	97.5

表 6　一体化携砂滑溜水压裂液不同阶段配方表

序号	不同砂比阶段	产品名称	用量
1	滑溜水、10%以下砂比	Z 剂	0.2%
		B 剂	0.2%
2	10%~20%	Z 剂	0.4%
		B 剂	0.2%
3	20%~30%	Z 剂	0.5%
		B 剂	0.2%
4	30%~40%	Z 剂	0.6%
		B 剂	0.2%

3.3.3　敏感性针对性措施

T30 区块黏土矿物以伊利石为主，其次为绿泥石。根据储层矿物组成看，评价酸敏和水敏为主要敏感性，针对储层酸敏和水敏问题，在射孔布孔时注意孔数的设定，采用前置液加入防膨剂的方法进行水敏处理。不同配方压裂液防彭率比对见表 7。

3.4　支撑剂优化

闭合压力 26~30MPa，选用抗压 28MPa 石英砂作为本区块支撑剂；考虑不同主缝与分支缝有效支撑，依据数值模拟铺砂结果，优选 40~70 目石英砂(30%)+30~50 目石英砂(70%)组合支撑方式(图 11~图 13)。

表 7　不同配方压裂液防彭率比对

序号	配方	黏度/(mPa·s)	黏度损失率/%	防膨率/%
配方 1	0.4%Z 剂	39	—	—
配方 2	0.4%Z 剂+0.2%B 剂	39	0	50
配方 3	0.4%Z 剂+0.2%B 剂+0.5%A 剂	27	30.7	75
配方 4	0.4%Z 剂+0.2%B 剂+1%A 剂	22.5	42.3	80
配方 5	0.4%Z 剂+0.15%C 剂	39	0	—
配方 6	0.4%Z 剂+0.15%C 剂+0.1%X 剂	37.5	3.8	59
配方 7	0.4%Z 剂+0.15%C 剂+0.2%X 剂	33	15.3	73
	指标	≥30	—	≥50

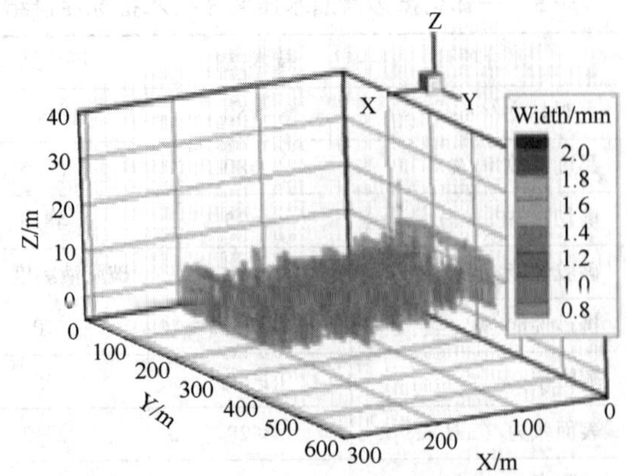

图 11　单粒径支撑剂铺砂剖面模拟图

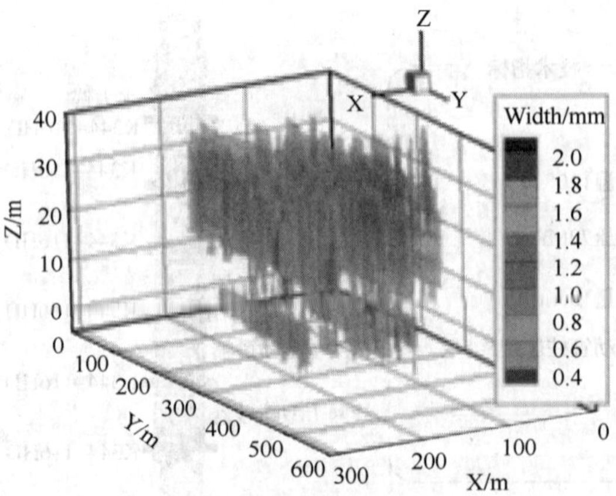

图 12　变粒径支撑剂铺砂剖面模拟图

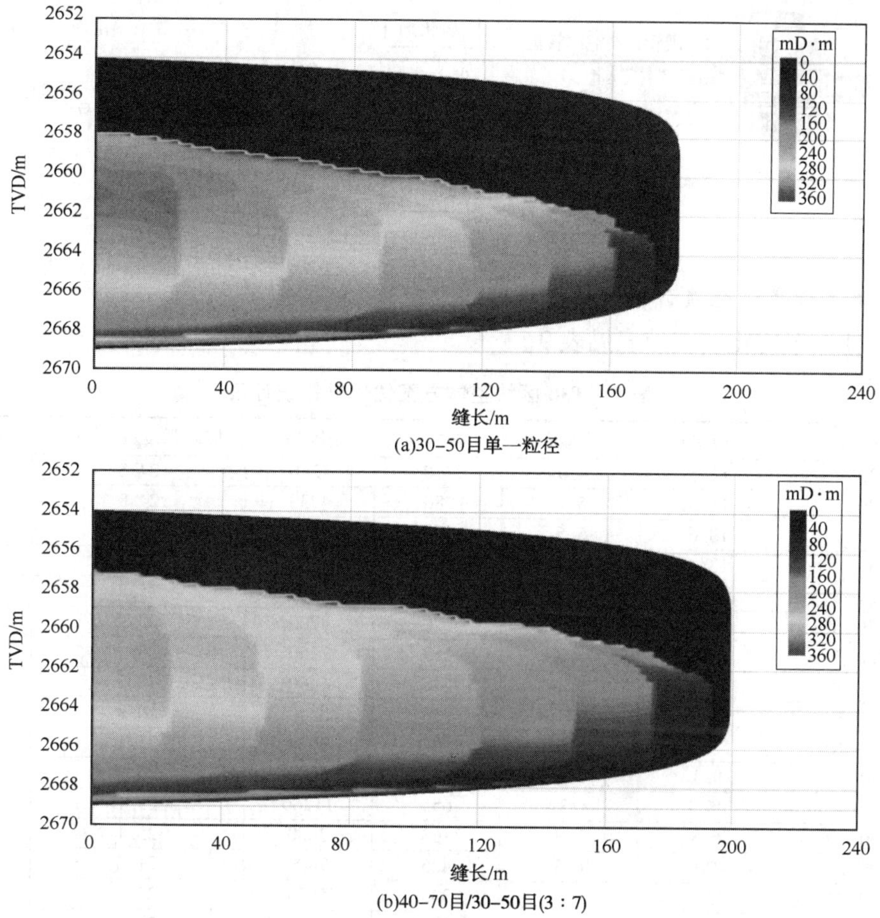

图 13　不同支撑剂组合支撑效果对比

3.5　工厂化施工布置

共 16 口井，其中 12 口井分 5 个平台，3 口独立井组织施工，1 口常规压裂施工井单日最大液量 3000m^3，排量 8m^3/min，8 台压裂车速配能力 8m^3/min 以上；缓冲大罐 1 个，每天施工 2~3 段；采用远程供水，蓄水池蓄水。T30 区块一对照表见表 8，工厂化施工压裂液配制流程图如图 14 所示。

表 8　T30 区块平台井号对照表

序号	井区	井号	平台号
1	T30	T30-1	1#(3 口井)
2		T30-2	
3		T30-3	
4		T30-4	2#(2 口井)
5		T30-5	
6		T30-6	3#(2 口井)
7		T30-7	
8		T30-8	4#(2 口井)
9		T30-9	
10		T30-10	6#(4 口井)
11		T30-11	
12		T30-12	
13		T30-13	
14		T30-14	单井
15		T30	单井
16		T30-15	单井

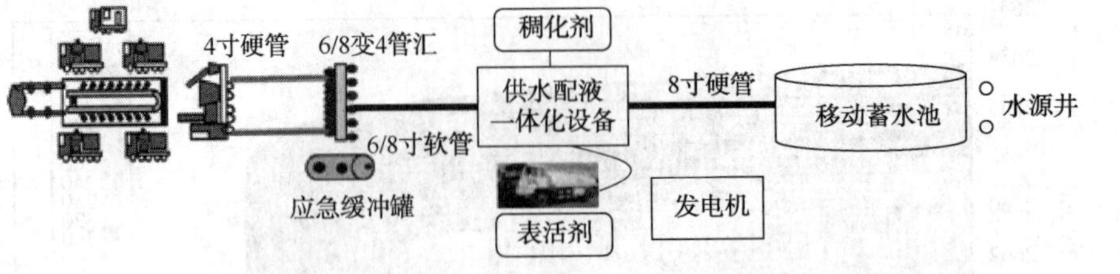

图14　工厂化施工压裂液配制流程图

3.6　区块压裂施工方案优化设计汇总

T30区块整体方案优化一统计表见表9。

表9　T30区块整体方案优化规模统计表

序号	井号	砂岩/m	有效/m	支撑剂/m³	液量/m³	加砂强度/(m³/m)	用液强度/(m³/m)
1	T30-2	12.5	4.9	310	5260	24.8	420.8
2	T30-3	11.3	5.1	280	4930	24.8	436.3
3	T30-1	10.6	5.5	270	4400	25.5	415.1
4	T30-4	13.4	11.7	310	5600	23.1	417.9
5	T30-5	7.7	4.4	195	3200	25.3	415.6
6	T30-6	11.3	6.7	270	4700	23.9	415.9
7	T30-7	6	3.3	153	2550	25.5	425
8	T30-8	13.8	9.1	348	6100	25.2	442
9	T30-9	12.1	5	253	5350	20.9	442.1
10	T30-10	7.3	2.8	183	3020	25.1	413.7
11	T30-11	9.1	8.2	230	3800	25.3	417.6
12	T30-12	26.1	13	655	11260	25.1	431.4
13	T30-14	6.5	3.2	163	3000	25.1	461.5
14	T30	20	6.5	425	7800	21.3	390
15	T30-15	13.4	6.7	343	5635	25.6	420.5
15口井平均(未计常规)		12.1	6.4	292.5	5107.0	24.4	424.4

4　现场实施效果及效益

2022年区块改造实施以来，完成了16口井的现场施工压裂井措施，目前已计产6口井，初期平均日增液6.5t，日增油4.3t。平均计产180d累计增油3083.7t。

T30区块措施投产井效果情况见表10，T30区块15口井开发效益预测见表11。

表10　T30区块措施投产井效果情况

区块	平台序号/独立井	文字井号	投产日期/年月	截至目前(2023.10.19)								
				油压/MPa	套压/MPa	日产液/(t/d)	日产油/(t/d)	日产水/(t/d)	管式泵沉没度/m	累产液/t	累产油/t	累产水/t
T30	1	T30-2	2023年6月	1.5	1.5	4.0	0.1	3.9		2457.0	940.6	1516.4
		T30-3	2023年6月	1.0	0.1	5.0	0.2	4.8	1458.1	2627.3	567.2	2060.1
		T30-1	2023年6月	1.1	0.1	4.0	0.5	3.5	84.9	1984.3	170.8	1813.5
	2	T30-4	2023年6月	1.0	0.7					2098.3	643.9	1454.4
		T30-5	2023年6月	1.1	0.8					1031.8	63.6	968.2
	3	T30-6	2023年6月	1.4	0.6	5.0	0.3	4.7	658.5	2127.2	240.9	1886.3
		T30-7	2023年6月	1.3	1.3					2315.1	237.1	2078.0
	4	T30-8	2023年6月	1.3	1.3	5.0	3.3	1.7		1784.6	558.1	1226.5
		T30-9	2023年6月	1.3	1.3					2213.3	960.0	1253.3
	6	T30-10	2023年6月	1.3	0.3					1190.0	12.2	1177.8
		T30-11	2023年6月	1.4	0.1	4.0	3.6	0.4		1379.8	453.6	926.2
		T30-13	2023年6月	0.0	0.0					104.0	23.1	80.9
		T30-12	2023年6月	1.3	0.4					3673.6	364.9	3308.7
	独立井	T30-14	2023年6月	1.3	0.2					1170.7	20.1	1150.6
	独立井	T30	2023年6月	1.6	1.3	8.0	5.8	2.2	343.5	2987.3	1137.5	1849.8
	独立井	T30-15	2023年6月	1.2	0.5	10.5	6.3	4.2	696.3	2919.4	732.5	2186.9
	平均小计			1.2	0.7	5.7	2.5	3.2	648.3	2004.0	445.4	1558.6

表 11　T30 区块 15 口井开发效益预测

井号	平台	层数	厚度/m		规模强度		施工前预算费用(万元) 缝网基础标准：2 层 $90m^3$ 砂、清水 $750m^3$、滑溜水 $1800m^3$，价格 188.61 万元 (单井费用按照同平台施工费用计算)		
			砂岩	有效	加砂强度	加液强度	实际结算费用/万元	五年累计增油/t	最终投入产出比(50 美元)
T30-2	#1	3	12.5	4.9	24.8	420.8	171.29	1137	1.57
T30-3		4	11.3	5.1	24.8	436.3	148.24	1183	1.89
T30-1		4	10.6	5.5	25.5	415.1	166.49	1276	1.82
T30-4	#2	3	13.4	11.7	23.1	417.9	183.48	2714	3.51
T30-5		2	7.7	4.4	25.3	415.6	124.35	1021	1.95
T30-6	#3	4	11.3	6.7	23.9	415.9	198.52	1554	1.86
T30-7		3	6	3.3	25.5	425	146.29	766	1.24
T30-8	#4	6	13.8	9.1	25.2	442	162.02	2111	3.09
T30-9		4	12.1	5	20.9	442.1	161.04	1160	1.71
T30-10	#6	3	7.3	2.8	25.1	413.7	212.08	650	0.73
T30-11		3	9.1	8.2	25.3	417.6	144.41	1902	3.12
T30-12		10	26.1	13	25.1	431.4	144.61	3016	4.95
T30-14	单	3	6.5	3.2	25.1	461.5	188.47	742	0.93
T30	单	5	20	6.5	21.3	390	180.51	1508	1.98
T30-15	单	4	13.4	6.7	25.6	420.5	164.25	1554	2.24
平均		4.1	12.1	6.4	24.4	424.4	166.40	1486.3	2.17

通过缝网压裂进行整体改造的 T30 区块较同类型(F50 区块)初期日增油提高 4.5 倍(T30 区块平均初期日增油 4.3t，F50 区块平均初期日增油 0.95t)，此类区块整体优化方法对有效挖潜区块整体的剩余油动用水平提供了新的技术思路。

5　结论与认识

(1) 将区块整体改造与大数据人工智能相结合，对于主控因素的分析及筛选，对于区块整体改造提供新的分析手段，现场试验进一步证实此类区块整体改造优化方法对特低渗致密区块有效动用尽可能达到井控储量的最大化。

(2) 针对不同砂体展布特点，在基础井网条件下，依据储层的基础条件，按照不同时期采油强度变化情况优选潜力储层，按需调整改造规模，此种方法最大限度达到缝控砂体最优化。

(3) 特低渗透、致密区块通过缝网压裂工艺改造，可实现采油井增产的开发目的，说明缝网压裂改造方式仍是大庆扶余特低渗致密储层增产改造的主体技术，而针对区块整体改造引入的人工智能大数据分析方法，在实践中证实改造思路切实可行，该类方法有很大的推广应用空间。

参 考 文 献

[1] 操应长，杨田，宋明水，等．陆相断陷湖盆低渗透碎屑岩储层特征及相对优质储层成因——以济阳坳陷东营凹陷古近系为例[J]．石油学报，2018，39(07)：727-743.

[2] 贾承造，郑民，张永峰．中国非常规油气资源与勘探开发前景[J]．石油勘探与开发，2012，39(2)：129-136.

[3] Yuan G，Gluyas J，Cao Y，et al. Diagenesis and reservoir quality evolution of the Eocene sandstones in the northern Dongying Sag，Bohai Bay Basin，East China[J]. Marine & Petroleum Geology，2015，62：77-89.

[4] Xu S，Guo J，Feng Q，et al. Optimization of hydraulic fracturing treatment parameters to maximize economic benefit in tight oil[J]. Fuel，2022，329：125329.

[5] 刘文苹，冯立，蒋国斌，等．葡萄花油田葡 42-5 井区致密储层开采工艺优化设计与实施[J]．采油工程，2021(04)：70-75+91-92.

[6] 孙志成．大庆致密油藏应用的三种压裂液适用指标研究[J]．采油工程，2021(03)：62-67+87.

[7] 杨玉才，汪玉梅，李明．葡萄花储层 A1 井组整体压裂方案优化[J]．采油工程文集，2017(02)：25-29+83.

[8] 崔建，沈贵红，商琳，等．低渗透储层油水相对渗透率最优目标函数处理方法[J]．特种油气藏，2022，29(01)：85-90.

[9] 何辉，周永强，龙卫江，等．低-特低渗透储层微观孔喉结构特征及对水驱油特征的影响——以鄂尔多斯盆地渭北油田长 3 油层组储层为例[J]．油气地质与采收率，2021，28(04)：23-34.

陆相页岩可压性评价新方法

江　枫　许文俊

（长江大学）

摘　要　陆相页岩储层具有低孔、低渗特性，必须借助水力压裂改造形成复杂的裂缝系统，增加渗流通道才能实现商业开采价值。其中，陆相页岩裂缝的起裂与扩展的可压裂性是压裂改造核心问题。而现有的可压性评价方法基本针对海相页岩储层建立，通常以水力裂缝网络复杂程度为评价标准，且评价标准通常单一，难以准确表征陆相页岩储层的可压性。本文基于国内外研究进展以及国内页岩气勘探开发实践经验，总结现有陆相页岩储层压裂改造成功经验以及陆相页岩储层水力裂缝扩展规律，认为决定压裂改造效果的关键所在是平面缝网复杂程度、水力裂缝垂向扩展程度和多簇水力裂缝均衡扩展状态三大指标。基于此三大指标，优选可压性评价参数，采用层次分析方法确定了各评价参数的权重系数，进而构建了陆相页岩储层可压性评价模型，用于评价陆相页岩压裂井的储层品质。应用该方法对川东地区凉高山组一口页岩油井进行可压裂性评价，指导页岩油井工程甜点选择，并将评价结果与现场微地震监测结果进行吻合度对比，可压性指数和现场裂缝监测结果吻合度较高。结果表明该研究成果原理可靠，操作性强，准确度较高，为陆相页岩油气藏压裂选井、选层提供了一种新的决策方法。

关键词　页岩；可压性评价；缝网建造；层次分析

1　引言

随着勘探开发进程的加快，陆相页岩油气逐渐成为页岩油气增储增产的战略接替区域。我国陆相页岩油气资源潜力巨大，对我国原油自己供应的长期安全具有重大的战略意义。由于陆相页岩储集层具有低孔、低渗的特性，必须借助水力压裂改造形成复杂的裂缝系统，增加渗流通道才能实现商业开采价值。其中页岩裂缝的起裂与扩展是压裂的核心问题，与钻井中岩石的可钻性相类似，陆相页岩压裂也存在岩石的可压性问题。目前应用较多的页岩可压性评价方法是基于脆性矿物含量或岩石力学参数计算脆性指数，但这两种计算方法是针对北美 Barnett 海相页岩的岩石矿物和力学参数建立的。与海相页岩储层相比，陆相页岩储层具有纵向多岩性夹层，非均质性强，黏土含量高，脆性低，不易形成复杂缝网，缝高受纹层、层间岩石力学性质差异、层间应力差影响显著等特点，难以有效评价陆相页岩可压性。鉴于此，笔者提出了一种全面、科学的陆相页岩储层可压性评价方法，以期提高陆相页岩油气的压裂水平及勘探开发效益。

2　可压性影响因素

可压性是页岩地质、储层特征的综合反映，影响因素众多。唐颖等认为可压性的影响因素除了页岩脆性、天然裂缝、石英含量、成岩作用外，还受到地应力差异、沉积环境等其他因素的影响。Xu 等认为岩石脆性、断裂韧性、天然裂缝和地应力是页岩储层可压性的关键影响因素。翟文宝等考虑了页岩脆性指数、矿物组成、含气性、断裂韧性等因素对可压裂性影响。廖东良等认为泥质含量、脆性指数、钙质含量和应力差异系数为主要的工程甜点参数。李玉伟等则认为弹性模量、泊松比、抗拉强度和断裂韧性 4 种岩石力学参数对储层可压性的影响较重要。Wu 等则考虑了页岩脆性、石英含量、成岩作用和天然裂缝等因素的影响。基于四川盆地涪陵北部拔山寺向斜针对侏罗系凉高山组实施的第一口页岩油气探井——泰页 1 井和川东北古中央凹陷的平安 1 井勘探开发实践，本文总结现有陆相页岩油储层压裂改造成功经验发现平安 1 井、泰页 1 井天然裂缝、层理发育，压后裂缝形态复杂，效果好，平安 1 井页-砂产出贡献基本相当，应保证水力裂缝垂向充分扩展沟通多套储层，多簇裂缝非均衡扩展，部分射孔簇无产能，压后效果差。因此，结合国内外研究进展及国内页岩气勘探开发实践经验，认为平面缝网复杂程度、水力裂缝垂向扩展程度和多簇水力裂缝均衡发育状态是决定压裂改造效果的关键所在。

2.1 平面缝网复杂程度

平面缝网复杂程度主要受控于影响压裂裂缝的起裂、扩展行为特征的天然裂缝发育特征、地层脆性指数和地应力差。其中天然裂缝密度和脆性指数越大，形成的缝网越复杂，属于正向指标；水平应力差越小，形成的水力裂缝网络越复杂，属于负向指标。考虑影响可压性参数量纲不同，为对比各因素对可压性的影响，需将各参数归一化处理，归一化公式如下：

$$\rho_{nf}=\begin{cases}\dfrac{\rho_{NF}}{10} & \rho_{NF}<10\\ 1 & \rho_{NF}\geqslant 10\end{cases} \tag{1}$$

$$\begin{cases}YM_{BRIT}=\dfrac{YM-YM_{\mathrm{cmin}}}{YM_{\mathrm{cmax}}-YM_{\mathrm{cmin}}}\\ PR_{BRIT}=\dfrac{PR_{\mathrm{cmax}}-PR}{PR_{\mathrm{cmax}}-PR_{\mathrm{cmin}}}\\ B_{rit}=\dfrac{YM_{BRIT}+PR_{BRIT}}{2}\end{cases} \tag{2}$$

$$\Delta\sigma=\begin{cases}\dfrac{12-\Delta\sigma_{H-h}}{12} & \Delta\sigma_{H-h}<12\\ 0 & \Delta\sigma_{H-h}\geqslant 12\end{cases} \tag{3}$$

式中，ρ_{nf}为归一化后的天然裂缝密度，无因次；$\Delta\sigma$为归一化后的水平应力差，无因次；B_{rit}为归一化后的力学脆性指数，无因次；ρ_{NF}为天然裂缝线密度，条/m；$\Delta\sigma_{H-h}$为水平应力差，MPa；YM为杨氏模量，GPa；YM_{cmax}与YM_{cmin}为区域最大、最小静态杨氏模量，GPa；YM_{BRIT}为归一化后的杨氏模量，0~1；PR为泊松比，无因次；PR_{cmax}与PR_{cmin}为区域内最大、最小静态泊松比，无因次；PR_{BRIT}为归一化后的泊松比，0~1。

其中，基于测井资料可获得纵波、横波和密度数据，计算得到岩石动态杨氏模量和泊松比。若横波速度数据缺失，则根据纵波速度采用式(6)计算得到。

动态杨氏模量：

$$E_d=9.29\times10^4\frac{\rho_b(3\Delta t_s^2-4\Delta t_p^2)}{\Delta t_s^2(\Delta t_s^2-\Delta t_p^2)} \tag{4}$$

动态泊松比：

$$\mu_d=\frac{\Delta t_s^2-2\Delta t_p^2}{2(\Delta t_s^2-\Delta t_p^2)} \tag{5}$$

$$\Delta t_s=\frac{\Delta t_p}{1-1.15\left[\dfrac{(1/\rho_b)+(1/\rho_b)^3}{e^{(1/\rho_b)}}\right]^{1.5}} \tag{6}$$

静态杨氏模量与静态泊松比则基于实验测量得到的同地层邻井岩芯样品的静态岩石力学参数和测井得到的动态岩石力学参数的回归方程拟合得到，如下所示：

$$YM=a\times E_d+b \tag{7}$$

$$PR=c\times\mu_d+d \tag{8}$$

式中，E_d是动态杨氏模量，GPa；μ_d是动态泊松比，无因次；Δt_s是横波时差，μs/m；Δt_p是纵波时差，μs/m；ρ_b是岩石密度，g/cm³；a、b、c、d为回归系数，与区域地质背景有关，不同区域取值不同。

水平地应力差则通过考虑到构造应力等因素的影响，得到最大、最小水平地应力分别为：

$$\begin{cases}\sigma_{H\max}=\dfrac{1}{2}\left[\dfrac{\xi_1E}{1-v}-\dfrac{2\nu(\sigma_z-\alpha p_s)}{1-v}+\dfrac{\xi_2E}{1+v}\right]+\alpha p_s\\ \sigma_{H\min}=\dfrac{1}{2}\left[\dfrac{\xi_1E}{1-v}-\dfrac{2\nu(\sigma_z-\alpha p_s)}{1-v}-\dfrac{\xi_2E}{1+v}\right]+\alpha p_s\end{cases} \tag{9}$$

式中，$\sigma_{H\max}$，$\sigma_{H\min}$为最大最小主应力，Pa；ξ_1，ξ_2为水平应力构造系数，可由室内试验测试结果推算，无因次；v为泊松比，无因次；E为岩石弹性模量，Pa；α为毕奥特(Biot)系数，无量纲。

2.2 水力裂缝垂向扩展程度

裂缝纵向穿层延伸有效沟通邻近储层是裂缝有效高度最大化与改造体积最大化的关键，主要受层间地应力差、层间界面强度、抗拉强度差以及垂向应力差的影响。层间界面抗剪强度与垂向应力差越大，水力裂缝穿层能力越强，属于正向指标；层间应力差与层间抗张强度差越大，水力裂缝穿层能力越弱，属于负向指标，归一化处理公式为：

$$\mu=\begin{cases}\dfrac{\mu_I}{0.6} & \mu_I<0.6\\ 1 & \mu_I\geqslant 0.6\end{cases} \tag{10}$$

$$\Delta\sigma_{in}=\begin{cases}\dfrac{8-\Delta\sigma_{G-C}}{8} & \Delta\sigma_{G-C}<8\\ 0 & \Delta\sigma_{G-C}\geqslant 8\end{cases} \tag{11}$$

$$\Delta T_{in}=\begin{cases}\dfrac{8-\Delta T_{G-C}}{8} & \Delta T_{G-C}<8\\ 0 & \Delta T_{G-C}\geqslant 8\end{cases} \tag{12}$$

$$\Delta\sigma_{v}=\begin{cases}\dfrac{\Delta\sigma_{v-h}}{12} & \Delta\sigma_{v-h}<12\\ 1 & \Delta\sigma_{v-h}\geqslant 12\end{cases} \tag{13}$$

式中：μ 为归一化后的层间界面摩擦系数，无因次；μ_I 为层间界面摩擦系数，GPa；$\Delta\sigma_{in}$ 为归一化后的层间界面抗剪强度，无因次；$\Delta\sigma_{G-C}$ 为层间应力差，MPa；ΔT_{in} 为归一化后的层间抗张强度差，无因次；ΔT_{G-C} 为层间抗张强度差，GPa；$\Delta\sigma_v$ 为归一化后的垂向应力差，无因次；$\Delta\sigma_{v-h}$ 为垂向应力差，MPa。

其中，层间应力差计算将考虑到垂向应力与水平地应力，而垂向地应力等于上覆岩层的自重，可结合密度测井资料进行计算：

$$P_{SU}=\int_0^z \rho_z g\mathrm{d}z \tag{14}$$

式中，ρ_z 为岩石体积密度，kg/m^3；g 为重力加速度，9.8m/s^2；z 是垂直深度，m。

其他参数本文则利用岩石弹性模量、泥质含量计算岩石抗压强度，岩石抗张强度为抗压强度的函数，公式如下：

$$SC=10^3\cdot E_d\cdot(0.00816V_{sh}+0.00459(1.0-V_{sh})) \tag{15}$$

$$ST=SC/12.0 \tag{16}$$

其中，泥质含量采用自然伽马测井估算泥质含量：

$$I_{sh}=\frac{GR-GR_{\min}}{GR_{\max}-GR_{\min}} \tag{17}$$

$$V_{sh}=\frac{2^{GCUR\times I_{sh}}-1}{2^{GCUR}-1} \tag{18}$$

式中，SC 为岩石单轴抗压强度，MPa；ST 为抗压强度，MPa；V_{sh} 为自然伽马曲线计算的泥质含量，小数；I_{sh} 为泥质指数；$GR_{\max}$ 为自然伽马测井最大值；$GR_{\min}$ 为自然伽马测井最小值；GR 为估算井段自然伽马测井值；GCUR 为计算泥质体积的经验系数，一般老地层取值 2，第三纪地层取值 3.7。

2.3 多簇裂缝均衡发育程度

多簇水力裂缝的均衡开启延伸状态主要受到地层应力非均质性、断裂韧性非均质性和弹性模量的影响。当水平最小地应力差、断裂韧性差和杨氏模量越大时，压裂段内多簇水力裂缝发育越不均衡，均属于负向指标，归一化处理公式为：

$$\Delta\sigma_{h}=\begin{cases}\dfrac{5-\Delta\sigma_{h-h}}{5} & \Delta\sigma_{h-h}<5\\ 0 & \Delta\sigma_{h-h}\geqslant 5\end{cases} \tag{19}$$

$$\Delta K=\begin{cases}\dfrac{5-\Delta K_{IC}}{5} & \Delta K_{IC}<5\\ 0 & \Delta K_{IC}\geqslant 5\end{cases} \tag{20}$$

$$YM=\left\{\frac{YM_{\mathrm{cmax}}-YM}{YM_{\mathrm{cmax}}-YM_{\mathrm{cmin}}}\right. \tag{21}$$

式中，$\Delta\sigma_h$ 为归一化后的压裂段内水平最小地应力差，无因次；ΔK 为归一化后的压裂段内断裂韧性差，无因次；$\Delta\sigma_{h-h}$ 为待待评价点水平最小地应力与评价点所处压裂段内水平最小地应力的最小值的差值，MPa；ΔK_{IC} 为待评价点断裂韧性与待评价点所处压裂段内断裂韧性的最小值的差值，MPa。

其中，在页岩油气储层缝网压裂过程中，裂缝破坏以Ⅰ型和Ⅱ型为主，根据金衍和陈治喜等的研究，2 种断裂韧性(K_C)的计算公式为：

$$K_{\mathrm{I}C}=0.2176P_c+0.0059S_t^3+0.0923S_t^2+0.517S_t-0.3322 \tag{22}$$

$$K_{\mathrm{II}C}=0.0956P_c+0.1383S_t-0.082 \tag{23}$$

$$P_c=\sigma_h-\alpha P_P \tag{24}$$

$$P_p=9.80655\times10^{-3}\times1.137\times H \tag{25}$$

式中，K_{IC} 为Ⅰ型裂缝断裂韧性，$MPa\cdot m^{1/2}$；$K_{\mathrm{II}C}$ 为Ⅱ型裂缝断裂韧性，$MPa\cdot m^{1/2}$；S_t 为岩石抗拉强度，MPa；P_c 为围压，MPa；α 为有效应力系数（biot 系数），0～1；P_p 为孔隙压力，MPa；σ_h 为水平最小地应力，MPa，H 为采样点深度值。

3 可压性评价模型建立

3.1 影响参数权重求取

3.1.1 影响因素主次关系

为进一步揭示影响平面缝网建造，水力裂缝垂向扩展和多簇裂缝均衡发育的各参数主次关系，许文俊基于缝网形成机理和压后评价指标充分考虑天然裂缝的影响，分析得到岩石脆性、水平应力差和天然裂缝发育情况对平面缝网建造的影响主次顺序为：天然裂缝>水平应力差>脆性指数。赵彦昕等通过数值模拟实验发现影响裂缝穿层扩展效果的 4 项参数的主次顺序为：界面抗剪强度>层间应力差>抗张强度差>垂向应力差。通过对比影响多簇水力裂缝均匀扩展的各因素值的均匀发育指数极差（图 1），得到主次顺序为：应力非均质性>断裂韧性非均质性>弹性模量。

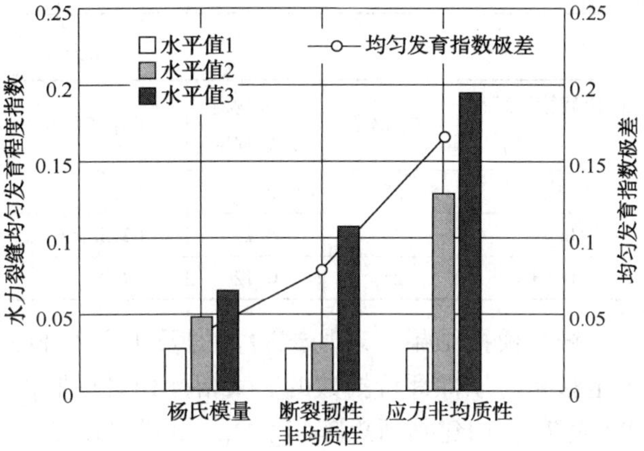

图 1　各因素值的均匀发育指数极差对比图

3.1.2　构建判断矩阵

根据前述排序结果，确定各影响因素的相对重要程度（表 1），根据"1~9"标度法，构建平面缝网复杂程度、水力裂缝垂向扩展程度、多簇水力裂缝均衡扩展程度影响因素判断矩阵（表 2~表 4）。矩阵通过一致性检验，得到平面缝网复杂程度，水力裂缝垂向扩展程度和多簇水力裂缝均衡扩展程度各影响因素相对权重表（表 5）。

基于此，得到平面缝网建造复杂能力指数、水力裂缝垂向扩展能力指数和多簇裂缝均衡扩展能力指数计算模型，如式（26）~（28）所示。

$$F_{net}=0.5396\rho_{nf}+0.297\Delta\sigma+0.1634B_{rit} \quad (26)$$

$$F_{cc}=0.5195\mu+0.2598\Delta\sigma_{in}+0.14\Delta T_{in}+0.0808\Delta\sigma_{v} \quad (27)$$

$$F_{jh}=0.5584\Delta\sigma_{h}+0.3196\Delta K+0.122YM \quad (28)$$

式中，F_{net} 为平面缝网建造能力指数，无因次；F_{cc} 为水力裂缝垂向扩展能力指数，无因次；F_{jh} 为水力裂缝垂向扩展能力指数，无因次。

表 1　可压性指标影响因素相对重要程度表

指标类型	影响因素	重要程度	指标类型	影响因素	重要程度	指标类型	影响因素	重要程度
平面缝网建造复杂程度	天然裂缝发育情况	★★★	水力裂缝垂向扩展程度	界面抗剪强度	★★★★★★	多簇裂缝均衡扩展程度	应力非均质性	★★★★
	水平应力差	★★		层间应力差	★★★		断裂韧性非均质性	★★
	脆性指数	★		抗张强度差	★★		弹性模量	★
				垂向应力差	★			

表 2　平面缝网复杂程度影响因素判断矩阵 A

	天然裂缝发育情况	水平应力差	脆性指数
天然裂缝发育情况	1	2	3
水平应力差	1/2	1	2
脆性指数	1/3	1/2	1

表 3　水力裂缝垂向扩展程度影响因素判断矩阵 B

	界面抗剪强度	层间应力差	抗张强度差	垂向应力差
界面抗剪强度	1	2	4	6
层间应力差	1/2	1	2	3
抗张强度差	1/4	1/2	1	2
垂向应力差	1/6	1/3	1/2	1

表 4　多簇水力裂缝均衡扩展程度影响因素判断矩阵 C

	应力非均质性	断裂韧性非均质性	弹性模量
应力非均质性	1	2	4
断裂韧性非均质性	1/2	1	3
弹性模量	1/4	1/3	1

表 5　可压性评价指标影响因素相对权重计算结果表

指标类型	影响因素	相对权重	指标类型	影响因素	重要程度	指标	影响因素	重要程度
平面缝网建造复杂程度	天然裂缝发育情况	0.5396	水力裂缝垂向扩展程度	界面抗剪强度	0.5195	多簇裂缝均衡扩展程度	应力非均质性	0.5584
	水平应力差	0.2970		层间应力差	0.2598		断裂韧性非均质性	0.3196
	脆性指数	0.1634		抗张强度差	0.1400		弹性模量	0.1220
				垂向应力差	0.0808			

3.2　陆相页岩可压性模型

为确定三大指标相对重要程度，利用 CMG 软件对比分析不同指标下的三年累计产油量。采用段内裂缝密度(裂缝条数/段长)表征平面缝网建造复杂程度，缝高表征水力裂缝垂向扩展程度，簇均衡发育指数(段内最短簇/段内平均裂缝长度)表征多簇裂缝均衡发育程度，设计三因素四水平正交实验方案(表 6)，利用灰色关联法分析结果(图 2)确定各指标主次关系排序。

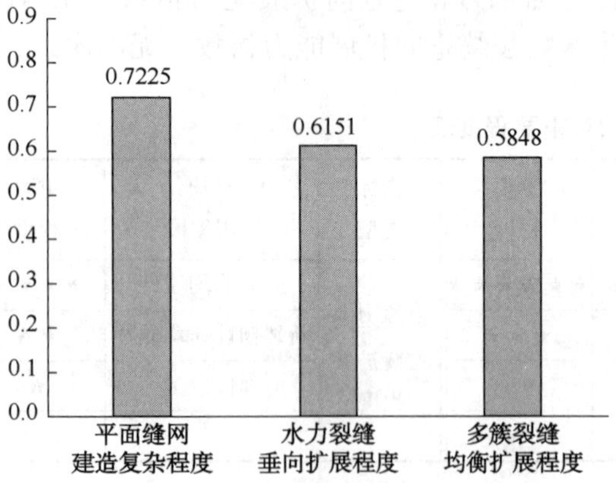

图 2　灰色关联度分析结果

表 6　不同指标下的三年累计产油量

段内裂缝密度/(条·m^{-1})	缝高/m	多簇均衡开启程度	累计产量/t
0.58	20	0.86	6913.979
0.58	15	0.49	6730.669
0.41	15	0.86	5937.032
0.5	20	0.27	6145.496
0.5	15	0.72	5908.516
1.25	25	0.86	11178.49
1.25	15	0.27	10574.48
1.25	30	0.49	11551.01
0.5	30	0.86	6703.622
1.25	20	0.72	10805.97
0.41	20	0.49	6203.998
0.41	30	0.72	6394.991
0.58	30	0.27	7137.586
0.5	25	0.49	6555.988
0.41	25	0.27	6215.366
0.58	25	0.72	6952.383

结合模拟结果、现场试验数据及工程经验，确定影响可压性评价指数的三大指标相对重要程度(表 7)，构建判断矩阵(表 8)，得到如式(29)所示的可压性评价指数 FI 计算模型。

$$FI=0.5396F_{net}+0.297F_{cc}+0.1634F_{jh} \quad (29)$$

表 7　可压性评价指数影响因素相对重要程度表

指标	影响因素	相对重要程度
可压性评价指数	平面缝网建造能力指数	★★★
	水力裂缝穿层扩展能力指数	★★
	多簇裂缝均衡发育能力指数	★

表 8　可压性评价指数判断矩阵

	平面缝网建造能力指数	水力裂缝穿层扩展指数	多簇裂缝均衡发育指数
平面缝网建造能力指数	1	2	3
水力裂缝穿层扩展指数	1/2	1	2
多簇裂缝均衡发育指数	1/3	1/2	1

4　实例井验证分析

利用本文所建立的可压性评价方法计算一口页岩油水平井 H1 井可压性指数，并结合微地震监测结果验证该方法可靠性，可压性指数计算流程如图 3 所示。H1 井目的层为凉高山组凉二段、凉一段，压裂段分段情况如表 9 所示。基于前述公式，利用测井资料(图 4a)得到影响参数结果(图 4b)，并结合 H1 井压裂分段情况，计算得到 H1 井各压裂段三大指标以及可压性指数(表 10)。其中天然裂缝数量源于 NGI 成像测井分析成果图中各压裂段的天然裂缝数量统计结果(图 5)。

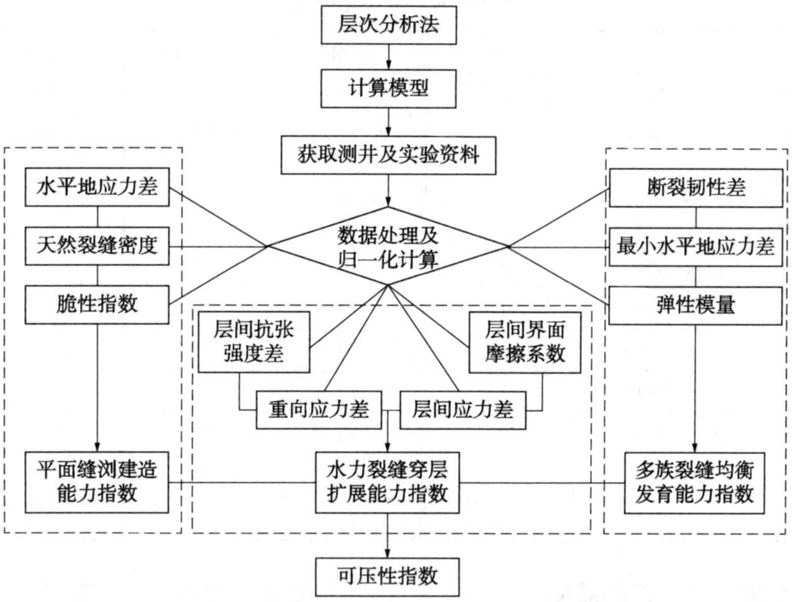

图 3　可压性指数计算流程

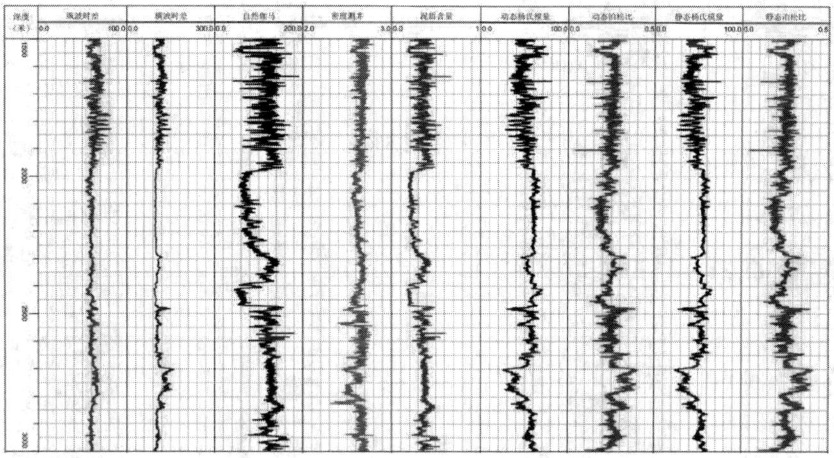

(a) H1井测井曲线

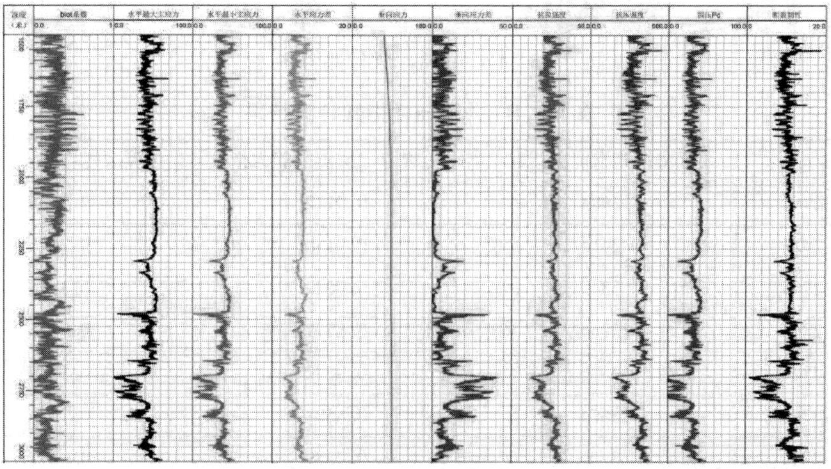

(b) 影响参数全井段计算结果

图 4　测井资料与参数计算结果

表 9　H1 井分段情况

压裂段	起始/m	结束/m	段长/m	压裂段	起始/m	结束/m	段长/m
1	2926	2954	28	12	2503	2545	42
2	2905	2926	21	13	2471	2503	32
3	2866	2905	39	14	2426	2471	45
4	2824	2866	42	15	2375	2426	51
5	2789	2824	35	16	2278	2375	97
6	2744	2789	45	17	2230	2278	48
7	2695	2744	49	18	2165	2230	65
8	2650	2695	45	19	2125	2165	40
9	2616	2650	34	20	2083	2125	42
10	2585	2616	31	21	2034	2083	49
11	2545	2585	40	22	2002	2034	32

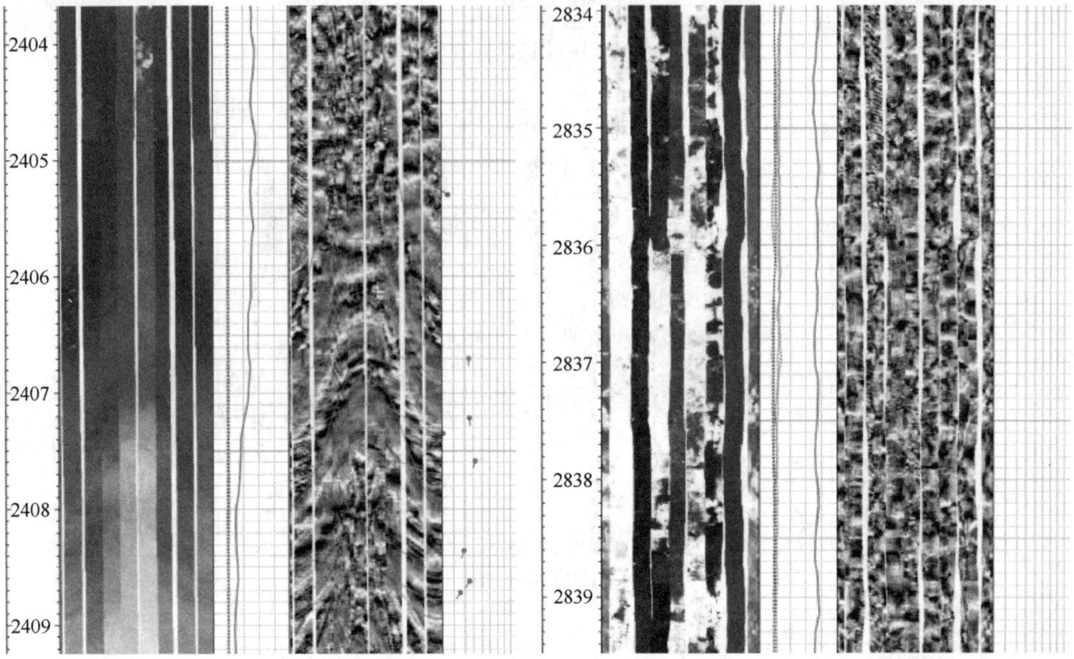

图 5　H1 井 NGI 成像测井图

表 10　H1 井可压性指数计算结果

段号	井深/m	平面缝网建造能力指数	水力裂缝穿层扩展能力指数	多簇裂缝均衡发育指数	SRV
1	2926~2954	0.3984	0.9172	0.1682	200.3
2	2905~2926	0.3414	0.9130	0.2546	297.6
3	2866~2905	0.3345	0.9029	0.3240	309.3
4	2824~2866	0.3955	0.8797	0.1176	310.7
5	2789~2824	0.3036	0.9642	0.1512	315.0
6	2744~2789	0.3564	0.8508	0.1479	292.9
7	2695~2744	0.3700	0.7389	0.1116	305.9
8	2650~2695	0.3671	0.9193	0.1842	—
9	2616~2650	0.3380	0.5814	0.0862	—
10	2585~2616	0.3011	0.6227	0.1832	—

续表

段号	井深/m	平面缝网建造能力指数	水力裂缝穿层扩展能力指数	多簇裂缝均衡发育指数	SRV
11	2545~2585	0.3265	0.6753	0.1387	—
12	2503~2545	0.3093	0.6811	0.1520	—
13	2471~2503	0.2595	0.6115	0.0790	—
14	2426~2471	0.3205	0.5554	0.5250	258.9
15	2375~2426	0.3033	0.5759	0.4432	253.4
16	2278~2375	0.7394	0.6224	0.0989	465.9
17	2230~2278	0.3684	0.5913	0.4570	294.4
18	2165~2230	0.2971	0.5789	0.3652	263.1
19	2125~2165	0.3317	0.7421	0.6791	347.8
20	2083~2125	0.3252	0.8258	0.6211	358.3
21	2034~2083	0.3341	0.8295	0.3414	326.3
22	2002~2034	0.3209	0.7579	0.3474	304.4

以可压性评价指数为横坐标，现场裂缝监测SRV结果为纵坐标，采用相关系数 R^2 来衡量吻合度(图6)。其中H1井设计压裂22段，但在第7段压裂完成后发现套管形变，实际完成压裂16段(1~7，14~12)。该可压性评价方法计算得到的指数与现场裂缝监测结果吻合度≥80%，具有较强现场应用价值。表明该方法可为陆相页岩油气藏压裂选井、选层提供了一种新的决策方法。

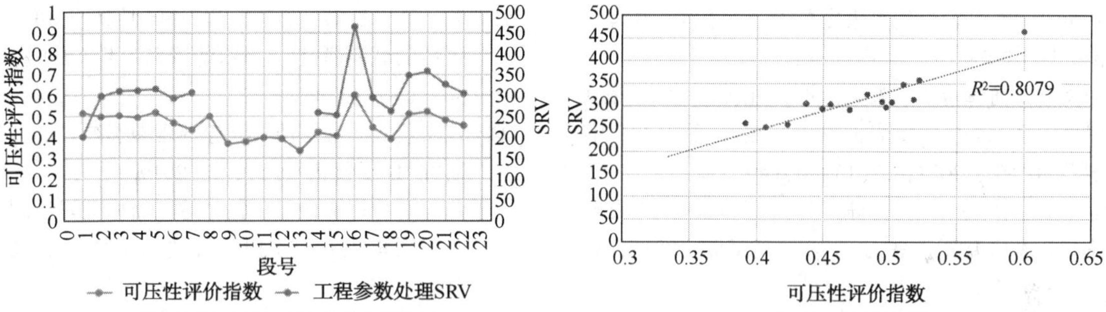

(a) 计算结果与现场实际监测结果对比 (b) 吻合度结果对比

图6 模型验证结果

5 结论

(1) 基于国内外研究进展及国内页岩气勘探开发实践经验，认为决定压裂改造效果的关键所在是平面缝网复杂程度、水力裂缝垂向扩展程度和多簇水力裂缝均衡扩展状态三大指标。

(2) 利用测井资料可计算地层的弹性模量、泊松比、地应力以及抗拉强度等参数，从而评价储层的平面缝网建造能力、水力裂缝穿层扩展能力和多簇水力裂缝均衡扩展能力。

(3) 评价了川东地区凉高山组的一口页岩油井的可压性，可压性指数和现场裂缝监测结果吻合度较高。该方法可为陆相页岩油气藏压裂选井、选层提供了一种新的决策方法。

参考文献

[1] 赵金洲，任岚，蒋廷学，等．中国页岩气压裂十年：回顾与展望[J]．天然气工业，2021，41(08)：121-142.

[2] 任岚，李逸博，彭思瑞，等．基于综合可压性的深层页岩气压裂经济效益预测方法[J]．石油钻采工艺，2023，45(2)：229-236.

[3] 蒋廷学，肖博，沈子齐，等．陆相页岩油气水平井穿层体积压裂技术[J]．石油钻探技术，2023，51(5)：8-14.

[4] 邹才能，赵群，丛连铸，等．中国页岩气开发进展、潜力及前景[J]．天然气工业，2021，41(01)：1-14.

[5] 蒋廷学，卞晓冰，苏瑗，等．页岩可压性指数评价新方法及应用[J]．石油钻探技术，2014，42(05)：16-20.

[6] 唐颖，邢云，李乐忠，等．页岩储层可压裂性影响因素及评价方法[J]．地学前缘，2012，19(05)：356-363.

[7] Xu W，Zhao J，Xu J. Fracability evaluation method for tight sandstone oil reservoirs[J]. Natural Resources Research，2021，30：4277-4295.

[8] 翟文宝，李军，周英操，等．基于测井资料的页岩储层可压裂性评价新方法[J]．岩性油气藏，2018，30(3)：112-123.

[9] 廖东良，路保平．页岩气工程甜点评价—以四川盆地焦石坝页岩气田为例[J]．天然气工业，2018，38(02)：43-50.

[10] 李玉伟，李子健，邵力飞，等．基于物理信息约束的页岩油储层可压性评价新方法[J]．煤田地质与勘探，2023，51(10)：37 81351.D 3 3 1

[11] Wu J，Zhang S，Cao H，et al. Fracability evaluation of shale gas reservoir-A case study in the Lower Cambrian Niutitang formation，northwestern Hunan，China[J]. Journal of Petroleum Science and Engineering，2018，164：675-684.

[12] 胡东风，魏志红，刘若冰，等．四川盆地拔山寺向斜泰页 1 井页岩油气重大突破及意义[J]．中国石油勘探，2021，26(2)：21-32.

[13] 何文渊，何海清，王玉华，等．川东北地区平安 1 井侏罗系凉高山组页岩油重大突破及意义[J]．中国石油勘探，2022，27(1)：40-49.

[14] 赵金洲，任岚，沈骋，等．页岩气储层缝网压裂理论与技术研究新进展[J]．天然气工业，2018，38(03)：1-14.

[15] 王鹏，纪友亮，潘仁芳，等．页岩脆性的综合评价方法——以四川盆地 W 区下志留统龙马溪组为例[J]．天然气工业，2013，33(12)：48-53.

[16] 张琪．采油工程原理与设计[M]．中国石油大学出版社，2006.

[17] 闫相祯，宋根才，王同涛，等．低渗透薄互层砂岩油藏大型压裂裂缝扩展模拟[J]．岩石力学与工程学报，2009，28(07)：1425-1431.

[18] 赵海峰，陈勉，金衍．水力裂缝在地层界面的扩展行为[J]．石油学报，2009，30(03)：450-454.

[19] 雍世和，张超谟．测井数据处理与综合解释[M]．中国石油大学出版社，2007.

[20] 陈铭，张士诚，胥云，等．水平井分段压裂平面三维多裂缝扩展模型求解算法[J]．石油勘探与开发，2020，47(01)：163-174.

[21] 申峰，任相彦，周雷，等．储层非均质性对水力压裂裂缝扩展的影响研究[J]．地下空间与工程学报，2021，17(05)：1444-1456.

[22] 金衍，陈勉，王怀英，等．利用测井资料预测岩石Ⅱ型断裂韧性的方法研究[J]．岩石力学与工程学报，2008，(S2)：3630-3635.

[23] 陈治喜，陈勉，金衍．岩石断裂韧性与声波速度相关性的试验研究[J]．石油钻采工艺，1997，(05)：56-60+75-114.

[24] 许文俊．非常规油气藏缝网压裂裂缝扩展数值模拟研究[D]．西南石油大学，2019.

[25] 赵彦昕，许文俊，王雷，等．陆相页岩储层水力裂缝穿层扩展规律[J]．石油钻采工艺，2023，45(01)：76-84.

致密油气恒定砂浓度加砂压裂支撑剂运移铺置规律研究与应用

仝少凯　岳艳芳　郭春峰　齐加德　李少云

(中国石油集团川庆钻探工程有限公司)

摘　要　中国致密油气压裂改造和规模效益开发是确保国内油气增储上产的重要举措之一，直接影响国内油气供给格局。目前，国内致密油气压裂改造通常采用常规阶梯升砂浓度和尾追高黏液体方式，来实现比较均匀的裂缝内铺砂，但是消耗了大量的液体，有时还不能达到设计的加砂量。为此，提出了一种新的恒定砂浓度加砂压裂工艺。为了验证该工艺的有效性和可靠性，基于 Petrel 地质-工程一体化软件，采用数值模拟方法对比探讨了真实压裂条件下恒定砂浓度和常规阶梯加砂方式下裂缝中支撑剂运移铺置规律及改造效果，并在此基础上评价了压裂井的产能和新工艺的适用性；同时，在长庆苏里格致密气田和延长致密(页岩)油田开展了恒定砂浓度加砂压裂新工艺现场试验。分析结果表明，采用"小粒径支撑剂+低黏滑溜水高强度加砂+高排量"中高砂比恒定砂浓度加砂压裂工艺在致密油气藏增产改造中是可行的、有效的；与常规阶梯加砂压裂相比，致密油气压裂改造采用恒定砂浓度加砂压裂方式，可以改善铺砂剖面，提高裂缝趾端铺砂浓度，有效支撑缝长；采用恒定砂浓度加砂压裂方式，可以显著降低入地总液量，减少压裂砂堵风险，降低压裂成本，提高整体压裂作业效率。研究结果为中国非常规油气资源规模效益开发提供新技术支撑。

关键词　致密油气；恒定砂浓度；压裂改造；支撑剂运移；数值模拟

中国致密油气储层压裂改造和规模效益开发是确保国内油气增储上产的重要举措之一，直接影响国内油气供给格局。国内致密储层在压裂施工泵注程序设计上，通常采用常规阶梯升砂浓度和尾追高黏液体方式，来实现比较均匀的裂缝内铺砂，但是消耗了大量的液体，有时还不能达到设计的加砂量。因此，针对非常规致密油气储层，考虑低压、致密和难返排等问题，控液增砂显然是非常规储层体积压裂增产提效的主要技术解决方案。

水力压裂后形成的复杂裂缝网络中支撑剂运移过程非常复杂，会受到裂缝几何形态与网络结构、支撑剂密度、粒径及种类、携砂液性质以及施工条件等多种参数的影响。研究支撑剂在复杂裂缝网络中的运移以及铺置规律，是影响非常规油气有效开发的重要理论础。对于支撑剂在复杂裂缝网络中的运移、沉降及铺置规律，国内外许多学者已经进行了大量研究，取得了一定的认识。根据国外压裂资料调研，恒定加砂浓度(恒定砂比)压裂是非常规油气储层滑溜水压裂的一种创新方式。但是，考虑到国内外油田非常规储层地质、成藏条件的差异，在国内该技术相关基础问题还有待进一步解释和验证。因此，笔者提出率先在国内各油田开展致密和页岩油气储层恒定砂浓度(恒定砂比)加砂压裂技术研究与矿场试验。结合国内非常规储层地质-工程实际条，利用 Petrel 地质-工程一体化软件中地质建模、Kinetix 压裂以及 Intersect 产能模拟模块，基于真实油气井的地质-工程基础资料，建立压裂井的地质模型和压裂井筒模型，结合压裂施工设计，测试真实压裂条件下恒定砂浓度和常规阶梯加砂压裂支撑剂运移铺置及裂缝参数情况，并在此基础上开展单井产能评价，从压裂裂缝扩展和不同工艺下产气量对比，评价新工艺的适用性。为中国非常规油气资源高效规模开发提供强有力的技术支撑。

1　压裂参数选取及压裂方案设计

考虑到研究不同泵主注入程序下压裂改造效果之间的差异，因此模拟仅考虑施工参数的影响，将排量、砂量和支撑剂类型作为主要变量，模拟过程中对于同一种加砂方式其泵注阶数和压裂液总液量等参数不变，以研究常规阶梯加砂和恒定砂浓度加砂方式压裂改造效果的差异性。此外，考虑到压裂模拟对象为单井模型，且侧重分析主缝支撑剂运移和铺置规律，研究中地质模型参数均取自参考文献中相似区块参数，如表 1 所示。

表 1　压裂模拟主要地质参数与取值

主要参数	储层	隔夹层
杨氏模量	35GPa	30GPa
泊松比	0.2	0.35
水平主应力差	3MPa	3MPa
地层压力	21MPa	21MPa
渗透率	0.1mD	0.0001mD
含气饱和度	60%	0%
孔隙度	5%	1%
层厚	5m	50m

压裂施工参数参考苏里格致密气试验井组压裂改造参数设计，将单井压裂排量范围设为 5~8m^3/min，单段砂量范围设为 30~60m^3，支撑剂选用 40/70 目石英砂。对于常规阶梯加砂模拟加砂阶数设为 6 阶，单段总液量设为 300m^3，而对于恒定砂浓度方式，加砂阶数设为 3 阶，单段总液量设为 250m^3。模拟方案见表 2。

表 2　恒定砂浓度与常规升阶加砂方式施工参数对比

加砂方式	石英砂	砂量/m^3	排量/(m^3/min)	压裂液量/m^3
常规阶梯加砂	40/70 目	30、40、50、60	5、6、7、8	300
恒定砂浓度加砂	40/70 目	30、40、50、60	5、6、7、8	250

需要说明的是，恒定砂浓度并不意味着整个压裂过程砂浓度均恒定，这种方式与实际压裂作业并不相符，这里的恒定砂浓度是指在加砂初期，迅速升高砂浓度，此后一致维持着该浓度直至加砂结束。此外，对于恒定砂浓度加砂方式，设定的单段总液量小于常规加砂方式，以此来阐明恒定砂浓度加砂方式的潜在优势。以排量为 8m^3/min 条件下，常规阶梯加砂和恒定加砂泵注程序示意图(图 1)来阐明两者之间差异性。

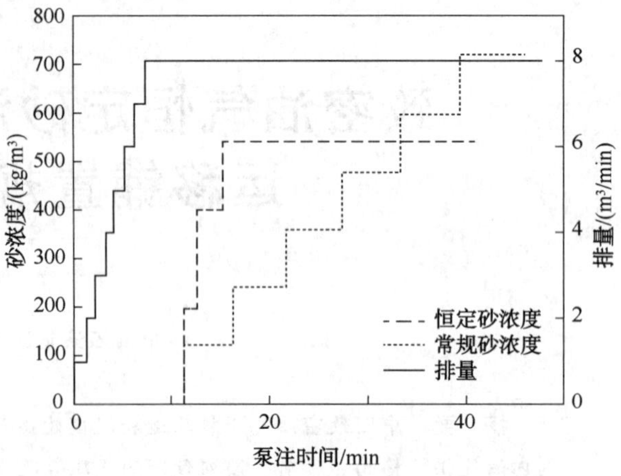

图 1　常规阶梯加砂和恒定砂浓度加砂压裂泵注程序示意图

2　恒定砂浓度和常规阶梯加砂压裂方式下支撑剂铺置规律及改造效果

在保持其他地质力学和施工参数不变的条件下，以 40/70 目石英砂为例，研究了四种不同砂量条件下，排量对不同加砂方式下裂缝扩展的影响，并以单段砂量为 60m^3为例，绘制了两种加砂压裂条件下的裂缝缝长、改造体积、裂缝导流能力和支撑剂支撑比例的差异，如图 2 所示。

由图 2a 可知，在 40/70 目支撑剂体系下，裂缝半长均随着施工排量的增大而增大，且常规阶梯加砂方式压裂的改造缝长始终大于恒定砂浓度加砂压裂，造成这一现象的原因是，常规阶梯加砂方式压裂液总液量大于恒定砂浓度方式 45m^3。在排量为 6m^3/min 时，两者差异最大，达到 16.67%；而在排量为 7m^3/min 时，两者差异最小，仅为 5%。类似地，裂缝改造体积变化规律与裂缝半长规律类似。在同样滤失系数条件下，压裂液用量越大，压裂改造体积也越大，但常规阶梯加砂压裂与恒定砂浓度加砂方式差异不超过 8%(图 2b)。图 2c 表明，在不同排量条件下，恒定砂浓度加砂压裂改造形成的裂缝导流能力均优于常规阶梯加砂方式，其中在中等排量条件下，两者差异最大。进一步从图 2d 可知，在支撑剂铺置比例方面，恒定砂浓度加砂压裂改造效果也好于常规阶梯加砂方式。为进一步解释造成以上结果的差异，绘制了压裂施工结束后的不同条件下的支撑剂浓度和缝宽分布，见表 3。

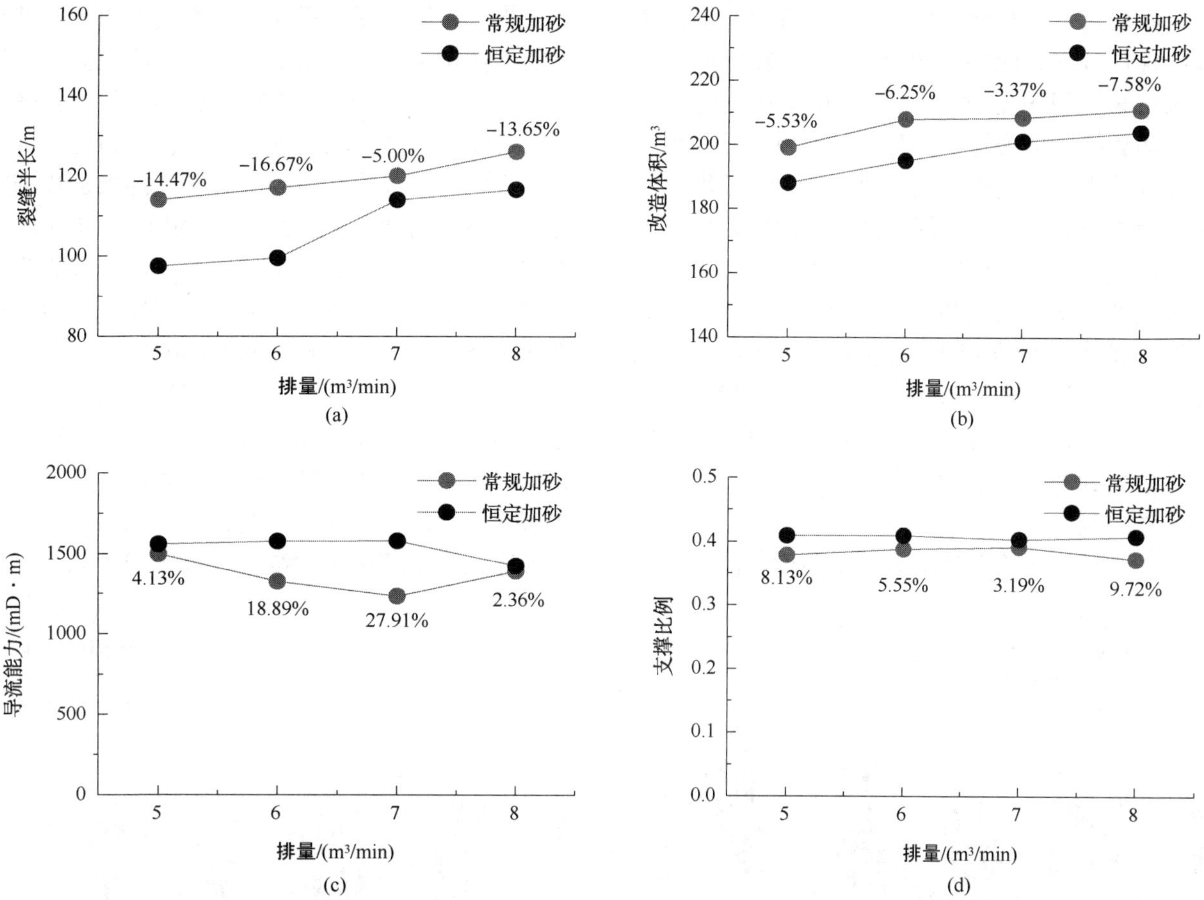

图2　单段砂量为60m^{3}条件下，两种加砂方式下裂缝半长、裂缝改造体积、导流能力和支撑剂支撑比例随排量变化关系(40/70目支撑剂)

表3　施工结束后不同排量条件下裂缝支撑剂铺置和缝宽分布(40/70目支撑剂)

排量/(m³/min)	加砂方式	支撑剂铺置	缝宽分布	图库
5	常规		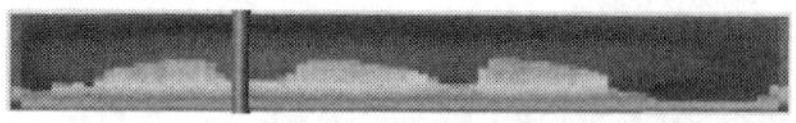	支撑剂浓度/(kg/m²) 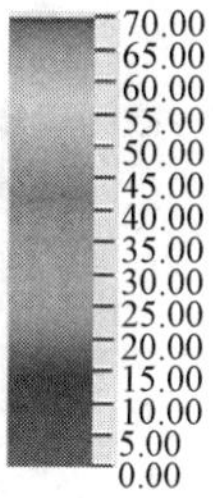
	恒定		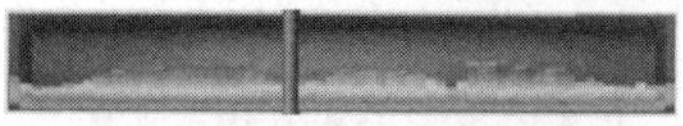	
6	常规	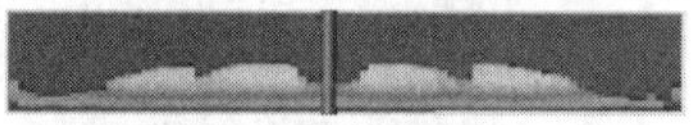	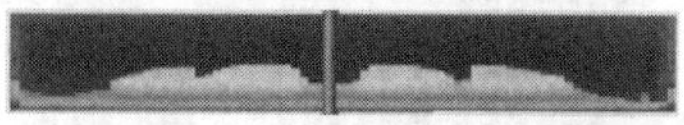	
	恒定	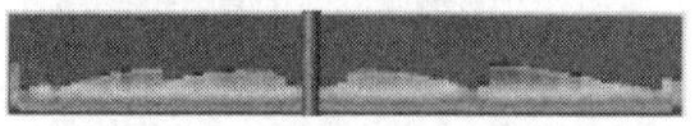	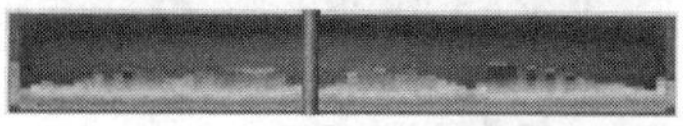	
7	常规			缝宽/mm 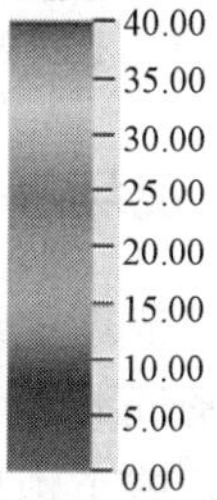
	恒定		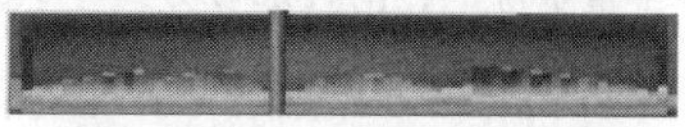	
8	常规	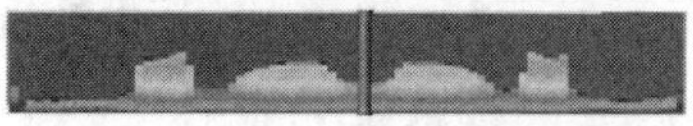	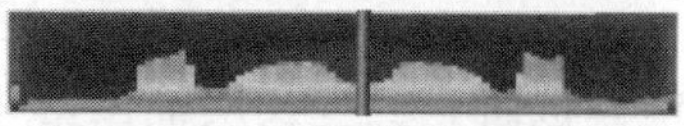	
	恒定	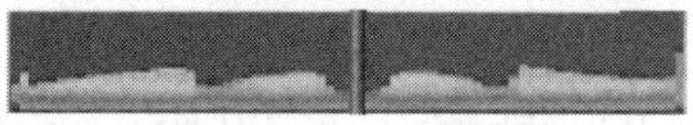	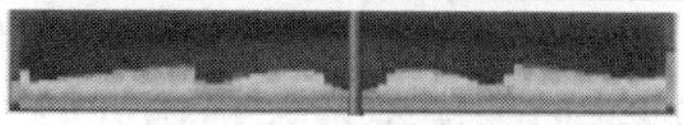	

由表 3 可以看出，尽管同样排量条件下，常规阶梯加砂方式能够实现更大的裂缝改造规模，缝长更长。但恒定砂浓度加砂方式形成的双翼缝，两翼扩展更为均衡和对称。常规阶梯加砂压裂方式明显在裂缝中形成了两个连续的砂堆，而裂缝远端只有少量的支撑剂铺置，浓度较低。然而，该现象在恒定砂浓度加砂压裂条件下，得到了极大的缓解，从近井筒位置到裂缝远端，均有支撑剂铺置，且支撑剂浓度分布更加均匀，因此，裂缝总体导流能力和支撑剂比例均优于常规阶梯加砂压裂，这种支撑剂铺置方式对于压裂施工来说也为非常理想的结果，有利于油气运移和产能的提高。

图 3 展示为不同砂量和排量条件下的压裂改造效果。结果发现，不同加砂方式下压裂裂缝导流能力随排量的增加呈现不同的变化规律。在砂量为 30m³的条件下，常规阶梯加砂方式裂缝导流能力随排量增加先增加后减小，而恒定砂浓度加砂方式裂缝导流能力则随着排量的增加逐渐降低。在砂量为 40m³条件下，恒定砂浓度加砂压裂裂缝导流能力随着排量的增大，经历了先降低后增加而又减小的过程，说明裂缝导流能力变化规律复杂，受多种影响因素的影响。支撑比例同样随着排量和砂量的变化，呈现出复杂的变化规律，但总体上同条件下，支撑比例分布于 0.3～0.45 之间，恒定砂浓度压裂在大多数条件下优于常规阶梯加砂方式。因此，对于 40/70 目支撑剂而言，更推荐恒定砂浓度加砂压裂工艺。

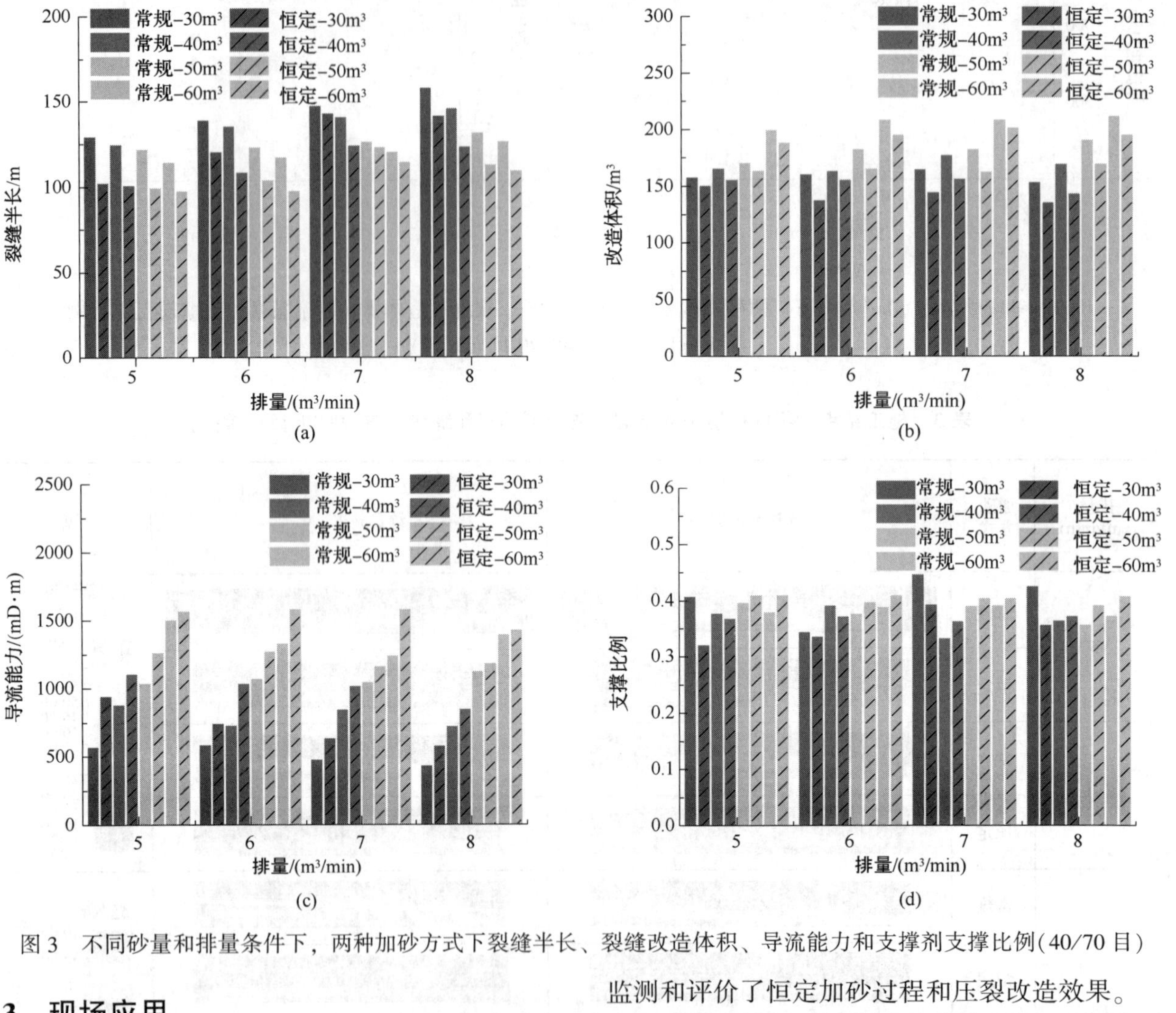

图 3　不同砂量和排量条件下，两种加砂方式下裂缝半长、裂缝改造体积、导流能力和支撑剂支撑比例(40/70 目)

3　现场应用

根据上述数值模拟研究，在长庆油田苏里格致密气藏和延长油田致密(页岩)油藏储层改造中开展了恒定砂浓度加砂压裂技术现场试验，并监测和评价了恒定加砂过程和压裂改造效果。

3.1　苏里格气田致密气恒定砂浓度加砂压裂试验效果分析

双 43-XX 井组是长庆油田苏里格气田部署的产能建设开发井组，该井组部署 7 口小井眼定向井，采用4-1/2″套管桥塞分段体积压裂工艺，分4段、3段或2段改造。在该井组盒8层、山2层等压裂试验过程中，采用VSW低黏滑溜水压裂液，支撑剂采用40/70目石英砂，加砂方式采用恒定砂浓度加砂模式进行压裂改造施工。2022年，在苏里格致密气藏双43-XX井组首次完成了恒定砂浓度加砂压裂技术现场先导性试验，恒定加砂施工过程中，加砂正常，施工压力平稳，一次性完成压裂施工。双43-XX井组主体改造排量8.0m^3/min，个别压裂层施工排量6.0m^3/min，平均施工压力35~37MPa，平均停泵压力25.89MPa，平均用液量285.72m^3，平均用砂量42.47m^3，平均用液强度84.04m^3/m，平均加砂强度19.20t/m。图4~图7展示为试验井组与邻井储层改造典型压裂施工曲线对比图。对比分析结果表明，采用恒定砂浓度加砂压裂技术，显著减少加砂台阶2~3个，提高了整体压裂作业效率，达到了先导性试验目的。

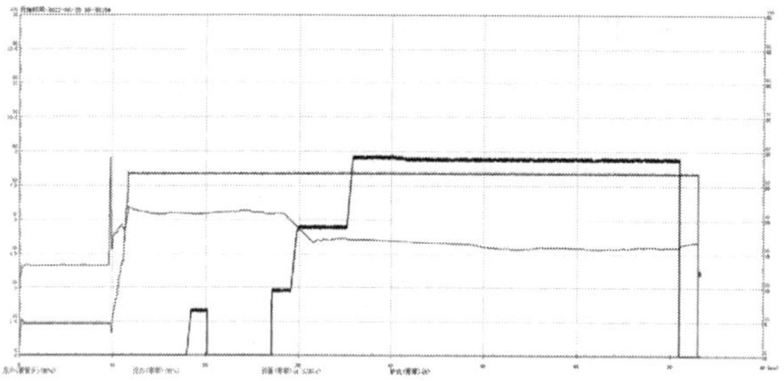

图4　双43-X1井盒8层恒定砂浓加砂压裂曲线

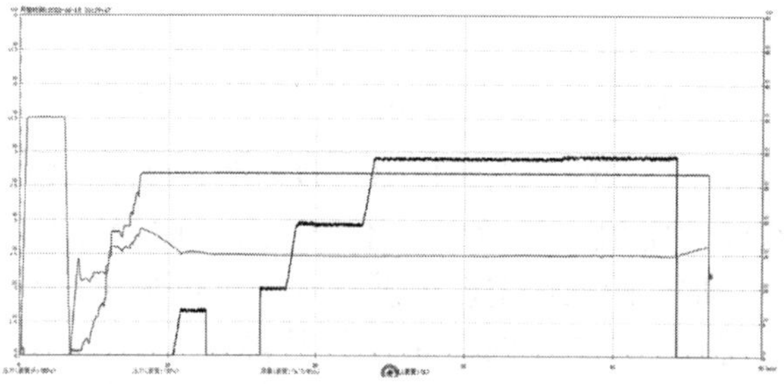

图5　双43-X3井山2层恒定砂浓加砂压裂曲线

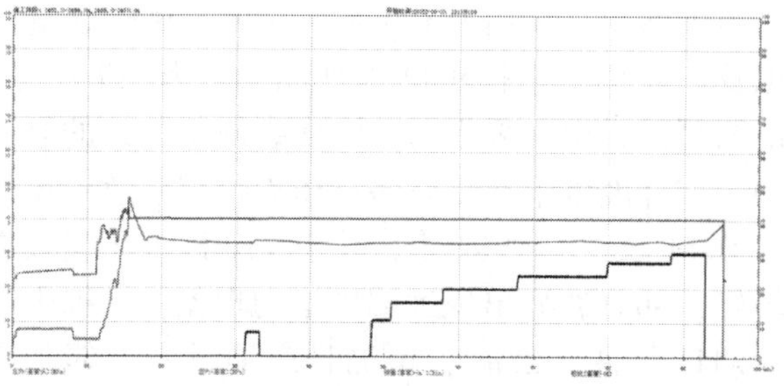

图6　邻井双41-Y1井盒8层常规阶梯加砂压裂曲线

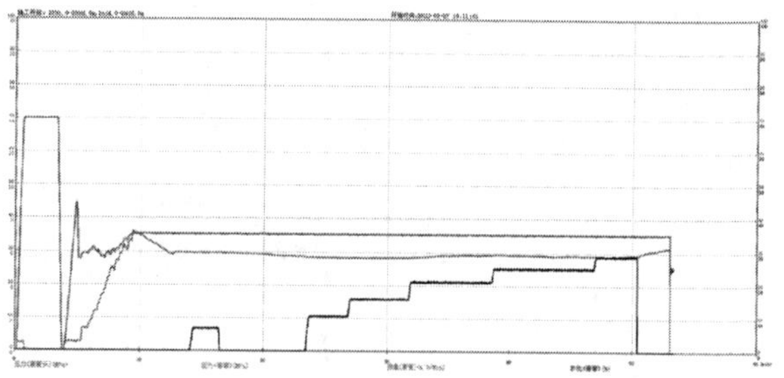

图7　邻井双41-Y3井山2层常规阶梯加砂压裂曲线

同时，根据双43-X1井和双43-X3井地质-工程数据与施工参数，采用Petrel软件开展了压裂裂缝模拟及产能模拟，得出结果如图8~图11所示。由图可以看出，双43-X1井测试日产气为4.08×104m^3，预测日产气量与测试日产气量接近。第一段压裂效果较差支撑剂在远端分布较密，出现了远端封堵现象，其他段有远端得不到有效支撑的情况，造成这种现象的原因除了泵注程序外，还有储层层间差异以及层间应力干扰。双43-X3井测试日产气为2.83×10^4m^3，预测日产气量与测试日产气量接近。第一段有缝堵现象，说明采用恒定砂浓度加砂效果可能不好，实际施工时采用的是常规阶梯加砂压裂。

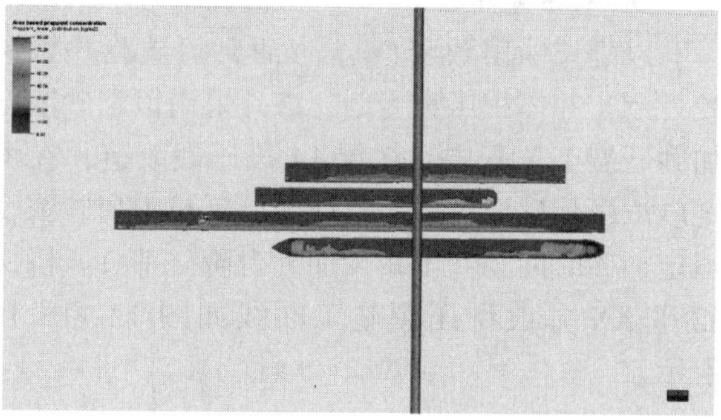

图8　双43-X1井压裂模拟结果图

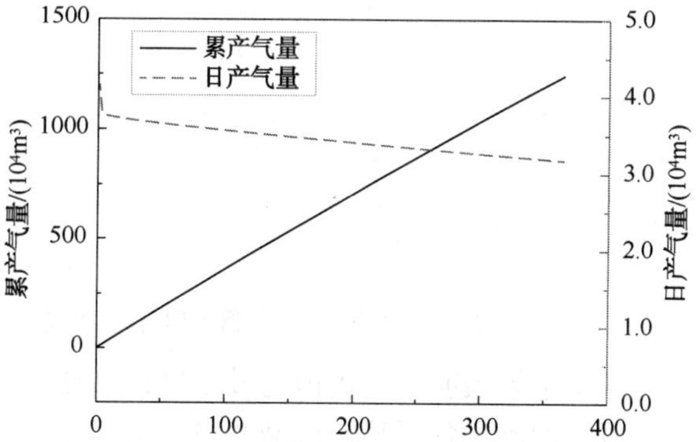

图9　双43-X1井产能模拟结果图

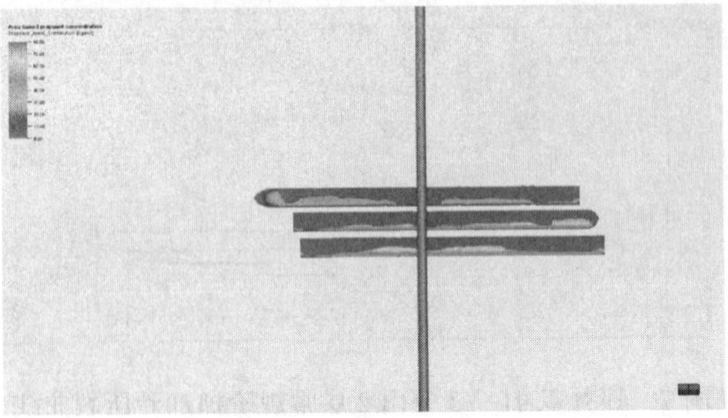

图 10　双 43-X3 井压裂模拟结果图

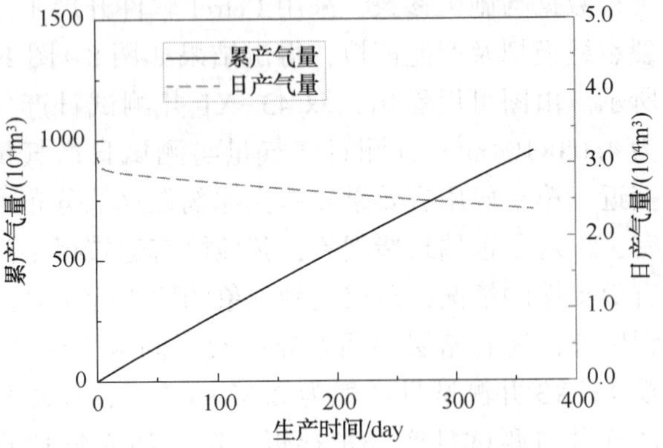

图 11　双 43-X3 井产能模拟结果图

3.2　延长致密(页岩)油恒定砂浓度加砂压裂试验效果分析

以延长油田致密(页岩)油典型试验井桥探 32 平 XX 井体积压裂为例。该井采用恒定砂浓度加砂压裂工艺开展长 7 层 14 段压裂改造，在恒定砂浓度加砂压裂施工设计中，延长中高砂浓度恒定加砂时间，并不减少加砂台阶(6 阶)。桥探 32 平 XX 井典型压裂施工曲线如图 12～图 15 所示。

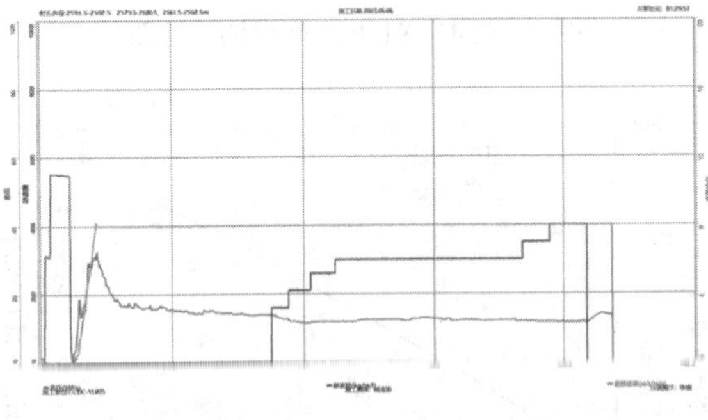

图 12　桥探 32 平 XX 井长 7 层第 1 段压裂曲线

试验结果表明，利用恒定砂浓度加砂压裂工艺，恒定加砂过程平稳，压裂井口压力稳定，单段压裂作业效率提高 15%以上，达到了现场试验目的。在实际压裂作业过程中，采用恒定砂浓度加砂泵注程序，需要前几个阶梯的注入砂量比

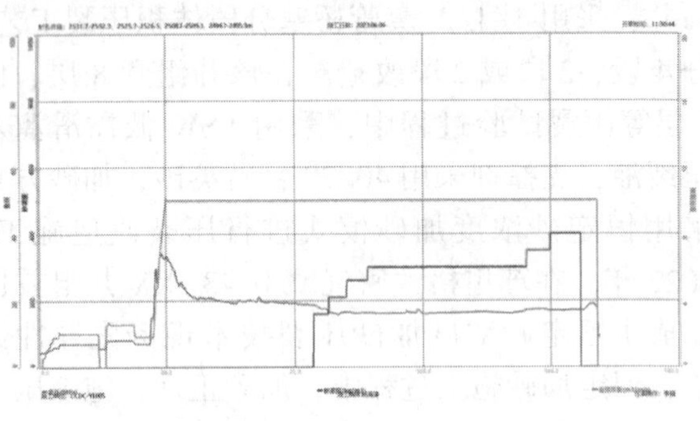

图 13　桥探 32 平 XX 井长 7 层第 2 段压裂曲线

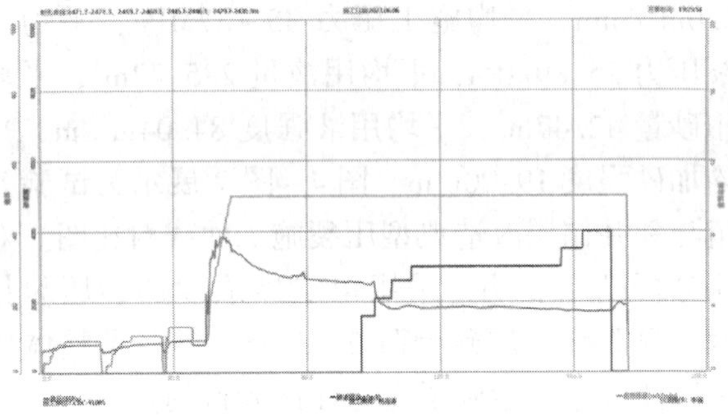

图 14　桥探 32 平 XX 井长 7 层第 3 段压裂曲线

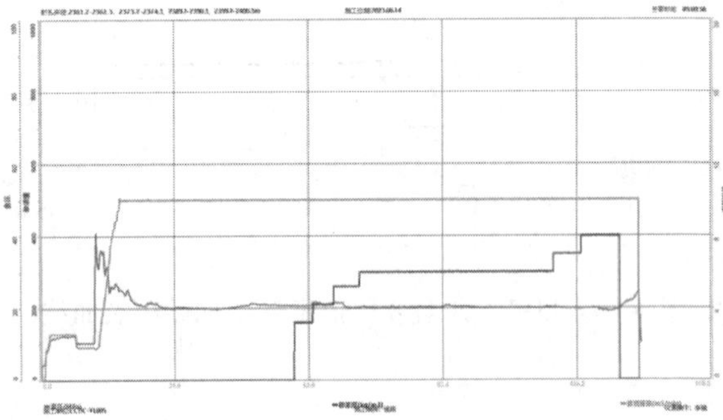

图 15　桥探 32 平 XX 井长 7 层第 4 段压裂曲线

例较小，短时间内快速提高砂浓度到最高恒定砂浓度预定值，然后保持不变，这样前置液量较少，加砂阶段恒定砂浓度过程中可以加剩余(设计需要)的更多的砂量，但是降低了注入总液量，显著提高了现场压裂施工效率。

此外，根据桥探 32 平 XX 井地质-工程数据与施工参数，采用 Petrel 软件开展了压裂裂缝模拟及产能模拟，得出结果如图 16、图 17 所示。由图可以看出，采用与实际压裂施工一致的泵注程序，开展水平井多段多簇压裂模拟，总计压裂段数 14 段，压裂 52 簇，其中 90%以上压裂效果较好，部分裂缝出现远端砂堵的现象；模拟生产初期日产油量 28m^3，预测日产油量高于邻井产能，达到了预期的压裂效果。

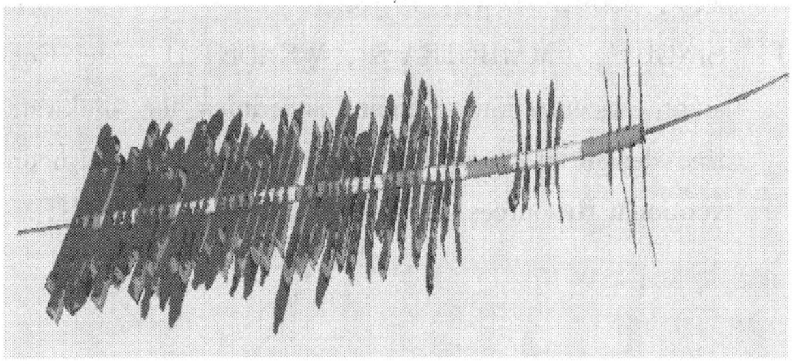

图 16　桥探 32 平 XX 井压裂模拟结果图

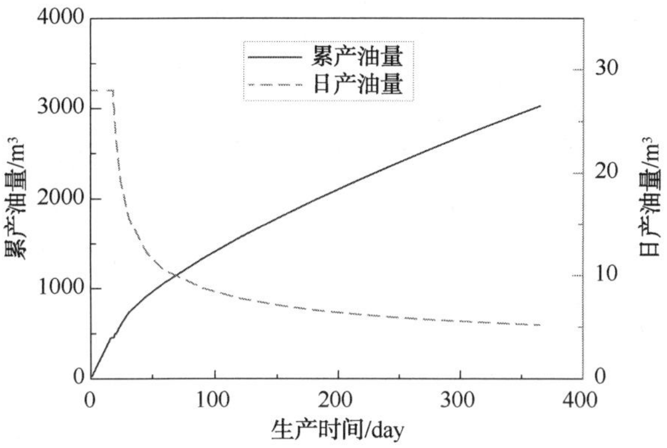

图 17　桥探 32 平 XX 井产能模拟结果图

需要强调的是，利用恒定砂浓度加砂压裂，地面泵注排量恒定，则地面-井筒系统摩阻也恒定，地面施工压力的变化就能直接反映井底压力的变化，更方便判断压裂施工状况，也为后续压裂精确分析指挥奠定基础。因为精确计算不同液体、不同支撑剂类型在不同管径下不同砂浓度的摩阻是极其困难的。

4　结论与建议

（1）针对深部致密油气储层，与传统阶梯升砂浓度加砂方式相比，采用“小粒径支撑剂+低黏滑溜水高强度加砂+高排量”中高砂比恒定砂浓度加砂压裂模式，不仅能形成复杂的裂缝网络，实现均匀改造，而且能够改善裂缝中支撑剂的铺置形态，有效支撑缝长，提高整体(单段)压裂作业效率。因此，优选合适的区块井组，建议积极开展致密油气恒定砂浓度(恒定砂比)加砂压裂技术矿场试验，以提高整个区块的压裂时效和产量。

（2）与常规阶梯加砂压裂相比，致密油气储层压裂改造采用恒定砂浓度加砂压裂方式，可以显著降低缝内砂提平衡高度，提高裂缝远端铺砂浓度，减少压裂砂堵风险，同时能降低入地总液量，降低压裂成本，提高压裂时效。

（3）采用常规阶梯加砂压裂方式，容易出现支撑剂无法有效铺置裂缝远端的现象，而采用恒定砂浓度加砂压裂方式，支撑剂从缝口到远端均能实现有效铺置和运移，裂缝中支撑剂砂提的铺置形态更加均匀，有效支撑缝长。

（4）对于 40/70 目石英砂支撑剂，两种加砂方式下裂缝长度、改造体积、导流能力和支撑剂支撑比例差异变化存在一定的规律；裂缝半长随压裂液黏度的增大而增大，适度提高黏度有助于携带更多砂粒，增加裂缝的宽度和长度。在提高携砂液黏度时，采用恒定砂浓度加砂压裂可能并不合适，初步分析认为，恒定砂浓度加砂压裂适合低黏滑溜水。

（5）恒定砂浓度加砂压裂全程采用低黏滑溜水压裂液，在实际高施工排量下，能够确保小粒径支撑剂(≤40/70 目)在裂缝中有效运输，并获得预期的输砂距离。因此，在页岩和致密油气储层恒定砂浓度加砂压裂泵序设计中，建议全程使用低黏滑溜水压裂液，而不再尾追高黏液。

参　考　文　献

[1] 林啸，杨兆中，胡月，等．页岩体积压裂支撑剂铺置运移模拟及其应用[J]．大庆石油地质与开发，2021，40(6)：151-157.

[2] 温庆志，段晓飞，战永平，等．支撑剂在复杂缝网中的沉降运移规律研究[J]．西安石油大学学报(自然科学版)，2016，31(1)：79-84.

[3] 潘林华，王海波，贺甲元，等．水力压裂支撑剂运移与展布模拟研究进展[J]．天然气工业，2020，40(10)：54-65.

[4] 沈云琦，李凤霞，张岩，等．复杂裂缝网络内支撑剂运移及铺置规律分析[J]．油气地质与采收率，2020，27(5)：134-142.

[5] 张珈铭，任宗孝，邱茂鑫，等．压裂水平井支撑剂运移规律研究进展[J]．世界石油工业，2020，27(1)：58-62.

[6] 张矿生，张同伍，吴顺林，等．不同粒径组合支撑剂在裂缝中运移规律模拟[J]．油气藏评价与开发，2019，9(6)：72-77.

[7] 狄伟．支撑剂在裂缝中的运移规律及铺置特征[J]．断块油气田，2019，26(3)：355-359.

[8] 蒋廷学，卞晓冰，侯磊，等．粗糙裂缝内支撑剂运移铺置行为试验[J]．中国石油大学学报(自然科学

版)，2021，45(6)：95-101.
[9] 战永平，温庆志，段晓飞．压裂支撑剂运移和铺置虚拟仿真装置的应用[J]．实验室研究与探索，2016，35(6)：74-76.
[10] 郭建春，曾凡辉，余东合，等．压裂水平井支撑剂运移及产量研究[J]．西南石油大学学报(自然科学版)，2009，31(4)：79-82.
[11] SINGH A.，MAIHOTRA S.，WEHUNT D.，etc. Constant concentration proppant schedules for slickwater frac design in unconventional resources[C]. Unconventional Resources Technology Conference，2021.

大尺度高承压暂堵规律矿场试验研究

谢勃勃

（中国石油新疆油田公司）

摘　要　绳结式暂堵剂暂堵技术指利用合适尺寸的绳结式暂堵剂封堵射孔孔眼，提高套管内压力，迫使打开新射孔孔眼，增大体积改造。受到温压条件影响及射孔孔眼尺寸的影响，前人的实验研究条件有限，无法实现高温、高压、大尺度环境，不能有效指导现场暂堵施工。本文设计大尺度高承压暂堵规律的实验装置，可以考虑绳结式暂堵剂尺寸，温度、压力的影响，研究暂堵剂封堵规律，进一步通过实验明确了射孔孔眼与绳结式尺寸的对应关系以及温度压力对暂堵剂的影响。研究结果表明：有效封堵射孔孔眼 Φ12mm 需绳结式暂堵剂 Φ15~22mm；有效封堵射孔孔眼 Φ10mm 需绳结式暂堵剂 Φ13~14mm；即绳结式暂堵剂球结直径应大于射孔孔眼直径 3~4mm；绳结式暂堵剂能够对破裂盘和滑套进行有效封堵，且能够在 25MPa 压力下维持有效封堵；20MPa 压力，温度在 40、60、80、95℃下，绳结式暂堵剂能够有效封堵 5~7 天，满足实验要求。

关键词　绳结式暂堵剂；高承压；暂堵规律；矿场试验

目前非常规油气储层具有深层、致密、难开采等特点，常规的体积压裂技术产生双翼对称裂缝，难以有效的连通天然裂缝，因此储层体积改造效果受限。暂堵剂暂堵技术是通过向压裂液中添加暂堵剂，暂堵剂随流体到达孔眼，并封堵在孔眼位置，提高管内压力迫使开启新的裂缝。该技术是改造非常规油气资源储层，产生裂缝网络，连通天然裂缝形成复杂裂缝网络的重要技术手段。

目前关于暂堵剂的材料配方、尺寸、投放方式以及物理模型实验已有很多。Lu 等人研究了暂堵球的作用机理，提出暂堵球的最大截面积为孔眼直径的 2.6 倍，同时保证了暂堵后，暂堵球能够顺利返排。Zheng 针对投球暂堵剂在流体中的运移过程、受力情况、影响暂堵球作封的关键性因素进行分析研究，得出流体排量、密度差、射孔孔眼数目等参数对暂堵球封堵效率的影响。Liu 等人分析水平井桥塞分段压裂技术，借鉴国外技术提出具有耐高温高压、高强度的可溶性桥塞，目前需要结合国内特点进行研究。Chen 等人通过开展暂堵模拟试验，研究了聚酯纤维、单一粒径暂堵剂、多粒径暂堵剂、纤维+多粒径暂堵剂的裂缝暂堵试验，得到多粒径结合聚酯纤维暂堵剂，暂堵压力高，液体漏失量小，暂堵时间长。Mehdi 等人采用数值模型研究自动可降解纤维暂堵剂在碳酸盐岩油气藏的压裂施工应用，得到纤维暂堵剂能够增加沟通缝洞体的机率，可有效暂堵裂缝，迫使裂缝转向，施工压力增加 5.0MPa 以上。Kefi 等人和 Gomaa 等人采用含槽圆盘模拟水力裂缝，研究了暂堵剂形状、浓度和粒径分布对裂缝封堵能力的影响规律。Kang 等人通过在长条的金属面上绘制凹槽用于模拟粗糙的水力裂缝，并且考虑了不同硬度和形状的暂堵剂的封堵性能。这些试验不能真实反映裂缝壁面形态的影响，而且裂缝模型的尺寸太小。Zhang 等人和 Yuan 等人采用水力压裂造缝方法，借助激光扫描和 3D 打印技术制作裂缝模型，开展了暂堵剂高承压封堵能力评价实验。该方法能够有效考虑缝口裂缝形态的影响，为暂堵剂封堵规律研究及暂堵剂配方优化提供了可行手段。Hou 等人基于室内真三轴压裂的物模试验，研究页岩暂堵转向、压裂裂缝起裂与扩展规律，分析了地应力及注入速率等因素对水力裂缝延伸行为的影响，并通过油藏改造面积定量表征暂堵转向压裂缝网改造效果。Xue 等人在 SPE 会议上提出混合封堵材料的封堵机理与性能评价，并测试单一材料的承压能力，可用于指导实验选用暂堵剂材料。

随着暂堵剂暂堵技术深入研究，关于具体射孔孔眼尺寸下，暂堵剂尺寸、施工参数、温度压力等参数尚未形成精细化的设计施工方案，开展的物模实验尺度小，不能承受较高压力温度，与现场实验结果存在较大的误差。投球暂堵剂易堆积、易脱落降低了封堵效率；段内桥塞射孔施工时间长、桥塞成本高，水平段利用率低。本文在前人的研究基础上开展绳结式暂堵剂暂堵 Φ10mm、Φ12mm 射孔孔眼大尺度高承压实验，研究孔眼的封堵规律及绳结式暂堵剂尺寸及性能。

1　绳结式暂堵剂暂堵技术原理

绳结式暂堵剂暂堵技术的核心是选用合适尺寸的绳结式暂堵剂，绳结式暂堵剂的特殊结构，双翼摆动，具有很好的悬浮作用，提高暂堵剂在流体中的运移速度，更容易进入孔眼，牢固封堵射孔孔眼，且可以承受高温高压环境，能够在设定的时间内达到完全降解，恢复射孔孔眼的流通通道。绳结式暂堵剂可替代段内暂堵、桥塞分段技术，且施工时间短，施工费用低，没有桥塞及连续油管钻磨费用，能够实现所有射孔簇的有效利用。绳结式暂堵剂暂堵技术原理如图 1 所示。

图 1　绳结式暂堵剂暂堵技术原理

2　实验设计

2.1　实验装置

自主设计了大尺度高承压段内暂堵矿场试验装置如图 2 所示，包括泵注系统、暂堵剂投放装置、加热系统、数据采集系统以及模拟暂堵剂封堵装置。泵注系统由供水罐和泵车组成，其排量可达 600L/min，压力达到 30MPa，采用 18m^3 供水容器，可确保充足供液不间断；暂堵剂投放装置用于投放绳结暂堵剂；在套管外加保温套装置，可得暂堵模型温度达到 90℃；模拟暂堵剂封堵装置中射孔套管直径 Φ139.7mm，壁厚 9.17mm，套管长 22m，两种射孔孔眼分别为 Φ12mm×12 个(60°相位角)、Φ10mm×12 个(60°相位角)，能够真实地反映矿场暂堵剂封堵裂缝形态；数据采集系统能够实时记录泵注压力、泵注排量和滤失速率等参数。

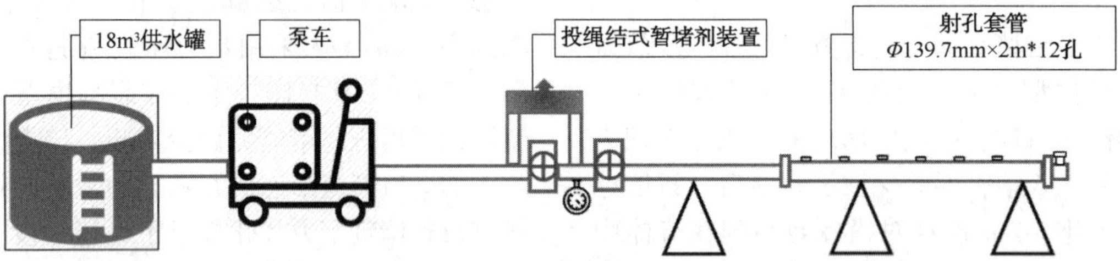

图 2　实验装置模拟图

2.2　实验材料

(1) 绳结式暂堵剂

封堵实验研究表明，炮眼尺寸是影响暂堵剂成功封堵的关键因素。本文为突出绳结式暂堵剂尺寸、形态、施工压力对炮眼封堵的影响，采用控制变量的方法，将射孔炮眼分别设置为 Φ12mm、Φ10mm 两种尺寸。为成功封堵射孔炮眼，本文选用直径为 Φ13mm 至 Φ22mm 不同尺寸绳结式暂堵剂(图 3)分别进行炮眼封堵试验。

(2) 破裂盘

试验过程中，套管射孔易破坏套管外的光纤，造成监测系统故障。本文采用破裂盘装置，即直径 Φ139.7mm、壁厚 9.17mm、5 个孔眼的套管内安装破裂盘 Φ10mm，破裂盘布置与管外光纤对面，射孔时能够有效避开光纤，通过投放暂堵剂，套管内升压，分析不同压力对破裂盘的影响及绳结式暂堵剂对孔眼的封堵规律。

(3) 滑套装置

研究在滑套射孔装置下，绳结式暂堵剂对于

滑套的封堵情况以及承压效果。本文采用滑套装置 16mm×26mm 椭圆孔 3 个（单周孔），为实现孔眼的成功封堵，投放 3 个 20mm×28mm 绳结式暂堵剂对孔眼进行暂堵研究。

(a) (b) (c) (d)

图 3 不同尺寸绳结式暂堵剂

（a、b）为八字绳结，（c、d）为球形绳结

3 实验结果与分析

本文采用大尺度高承压的实验设备，共设计六组实验。其中三组实验研究不同尺寸的绳结式暂堵剂对不同尺寸射孔炮眼的封堵规律（表 1）；二组实验研究破裂盘及滑套对射孔孔眼的封堵状态；最后一组实验研究高温高压静态封堵暂堵剂性能评价。

表 1 暂堵剂实验方案设计

实验组	序号	射孔孔眼直径/mm	绳结式暂堵剂直径/mm	射孔孔眼数/个	暂堵剂个数/个
一	1	12	13～14	12	12、14、16、18
	2		15～16		
	3		15～22		
二	1	10	13～14	12	12、14、16、18
	2		15～16		
三	1	12	25	12	12、14、16、18

3.1 绳结式暂堵剂对射孔炮眼封堵影响的实验研究

基于上文实验装置，设定泵注速度为 100～600L/min，实验压力 20MPa，射孔套管直径 Φ139.7mm，壁厚 9.17mm，套管长 22m，射孔炮眼直径分别为 Φ10mm×12 个（60°相位角）、Φ12mm×12 个（60°相位角），分别投送 12、14、16、18 个不同大小绳结式暂堵剂，共设计三组实验，研究不同球结尺寸的绳结式暂堵剂对于不同射孔孔眼的封堵实验规律。

第一组实验研究不同球结尺寸绳结暂堵剂对于射孔孔眼直径为 Φ12mm×12 个孔眼的封堵情况。第 1 个实验，采用球结直径 Φ13～14mm 的绳结暂堵剂，在暂堵剂投放装置中依次投送 12～18 个。图 4(b)表明绳结式暂堵剂依次进入射孔孔眼，能够依次封堵 11 个射孔孔眼，剩余 1 个射孔孔眼未被封堵；增大排量，继续投放暂堵剂，图 4(c、d)所示，最后的 1 个射孔孔眼被暂堵剂成功封堵，但瞬间其中 1 个已被封堵的射孔孔眼处的绳结式暂堵剂存在飞出现象，导致封堵失败；第 2 个实验，增大绳结式暂堵剂的球结尺寸，采用球结直径 Φ15～16mm 的绳结式暂堵剂，依次投放 12～18 个绳结式暂堵剂，实验结果与图 4 一致，11 个射孔孔眼被成功封堵，1 个射孔孔眼的绳结式暂堵剂飞出，导致暂堵失败。第 3 个实验，继续增大绳结式暂堵剂的尺寸，采用八字结直径 Φ15～22mm 的绳结式暂堵剂，依次投放 12～18 个绳结式暂堵剂，图 5 所示，绳结式暂堵剂能够成功封堵射孔孔眼。

第二组实验研究不同球结尺寸绳结暂堵剂对于射孔孔眼直径为 Φ10mm×12 个孔眼的封堵情况。第 1 个实验，采用球结直径 Φ13～14mm 的绳结暂堵剂，在暂堵剂投放装置中依次投送 12～18 个。图 6 表明绳结式暂堵剂依次进入射孔孔眼，能够依次封堵 12 个射孔孔眼，认为能够实现成功封堵；第 2 个实验，增大绳结式暂堵剂的球结尺寸，采用球结直径 Φ15～16mm 的绳结式暂堵剂，依次投放 12～18 个绳结式暂堵剂，实验结果与图 6 一致，绳结式暂堵剂能够成功封堵 12 个射孔孔眼。

(a)　(b)　(c)　(d)

图 4　Φ13-14mm 绳结式暂堵剂封堵 Φ12mm 孔眼实验

(a)　(b)　(c)

图 5　Φ15-22mm 绳结式暂堵剂封堵 Φ12mm 孔眼实验

图 6　射孔孔眼 Φ10mm 绳结式暂堵剂封堵实验图

考虑到投放暂堵剂的方式，为了避免投送绳结式暂堵剂时，暂堵剂在流体中的双翼摆动发生互相缠绕的现象。第三组实验采用带球壳的绳结式暂堵剂，图 7(a)所示，将绳结式暂堵剂放置可溶球壳内，球壳直径达到 Φ25.82mm，在实验过程中，图 7(c、d、e)发现可溶性球壳绳结式暂堵剂能够在到达射孔孔眼之前发生破裂，释放绳结式暂堵剂，避免绳结式暂堵剂发生缠绕的现象，同时能够实现很好的封堵效果。

(a)　(b)　(c)　(d)　(e)

图 7　球壳绳结式暂堵剂封堵实验

分析结果表明，当射孔孔眼直径为 Φ10mm，选择直径 Φ13~14mm 及直径 Φ15~16mm 绳结式暂堵剂均可实现成功封堵；当射孔孔眼直径为 Φ12mm，直径 Φ13~14mm 及直径 Φ15~16mm 绳结式暂堵剂具有一定暂堵耐压能力，但是压力超过一定值后，绳结暂堵剂飞出射孔孔眼，暂堵失效；因此，选用绳结式暂堵剂球结尺寸应大于射孔孔眼 3~5mm 为宜；可溶球壳绳结式暂堵剂能够提高暂堵剂的运移速度，避免暂堵剂双翼的缠绕问题，且能够实现有效封堵。

3.2　破裂盘破裂封堵规律研究

基于上文实验装置，设定实验泵注排量为 100~600L/min，实验压力 30MPa，射孔套管直径 Φ139.7mm，壁厚 9.17mm，破裂盘尺寸直径为 Φ10mm×5 个，破裂盘破裂压力为 10MPa、10MPa、20MPa、20MPa、30MPa，分别投送 5 个合适大小的绳结式暂堵剂，研究破裂盘破裂及封堵实验规律。

开启泵注系统，投送 5 个绳结式暂堵剂，套管内升压，如图 9 所示，套管内压力达到 8.25MPa，图 8(a)第一个 10MPa 破裂盘破裂，套管内压力降低；绳结式暂堵剂迅速封堵破裂盘孔眼，图 8(b)所示，黄色标位置破裂盘孔眼被暂堵剂封堵，随压力升高至 13.75MPa，第二个 10MPa 破裂盘(红色标位置)发生破裂，压力降低；图 8(c)所示，绳结式暂堵剂封堵 10MPa 破裂盘，压力上升 9.98MPa，第三个 20MPa 破裂盘发生破裂，压力降低；图 8(d)所示，绳结式暂堵剂封堵 20MPa 破裂盘，压力上升 23.04MPa，第四个 20MPa 破裂盘发生破裂，压力降低；图 8(e)所示，绳结式暂堵剂封堵 20MPa 破裂盘，压力上升 29.13MPa，第五个 30MPa 破裂盘发生破裂，压力降低；图 8(f)所示，绳结式暂堵剂封堵 30MPa 破裂盘，压力上升后并保持稳定。

实验结果表明，增大实验压力，破裂盘被打开，套管内压力降低，绳结式暂堵剂能够迅速封堵破裂盘孔眼，套管内升压，新的破裂盘被依次压破。最后 10MPa、10MPa、20MPa、20MPa、30MPa 破裂盘能够被依次打开，绳结式暂堵剂能够依次封堵破裂盘孔眼，且随着压力增大，能够保持良好的封堵效果。破裂盘的应用避免了套管射孔时管外光纤的破坏，同时能够实现破裂与封堵。

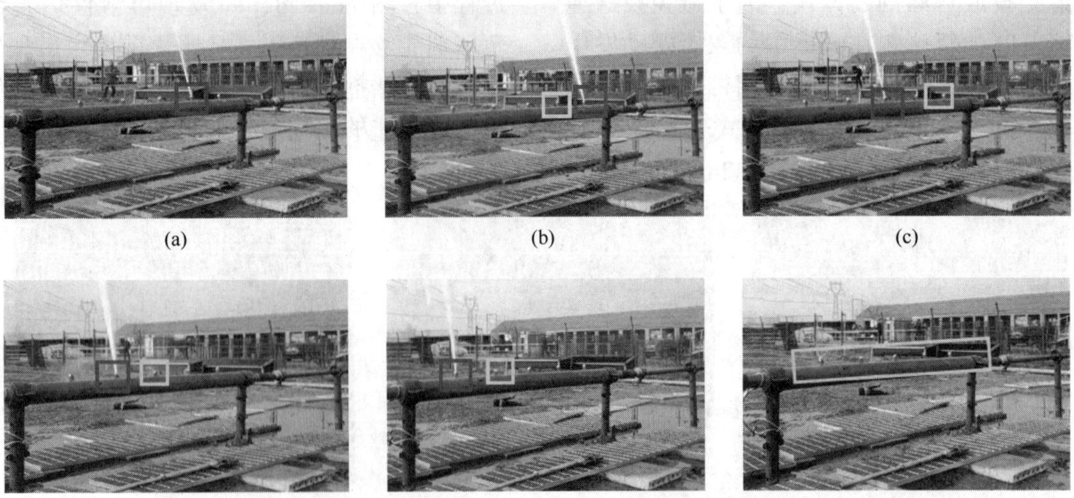

(a) (b) (c)

(d) (e) (f)

图8 破裂盘破裂封堵实验

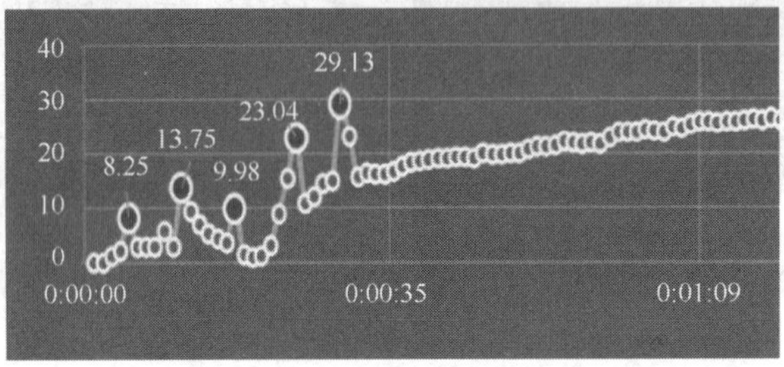

图9 破裂盘破裂封堵实验压力曲线

3.3 滑套孔眼封堵实验

基于上文实验装置，设定泵注速度为0~600L/min，实验压力20MPa，射孔套管直径Φ139.7mm，壁厚9.17mm，滑套16mm×26mm椭圆孔3个单周孔(图10a)，打开泵注系统，投送3个20mm×28mm绳结式暂堵剂，图10(b)表明绳结式暂堵剂能够很好的封堵滑套的3个单周孔，升高套管内压力，并维持在24MPa，观察绳结式暂堵剂能够很好的密封孔眼图10(c)。

(a) (b) (c)

图10 滑套封堵实验

3.4 暂堵剂高温高压静态封堵性能评价

基于上文实验装置，设定泵注速度为0~600L/min，实验压力20MPa，射孔套管直径Φ139.7mm，壁厚9.17mm，射孔炮眼直径分别为Φ10mm×12个、Φ12mm×12个，分别投送12~18个适合封堵尺寸的绳结式暂堵剂，该组实验共设计4个，实验温度分别设计为40℃、60℃、80℃、95℃，研究高压20MPa条件，不同温度下的绳结式暂堵剂静态封堵实验规律。

投送绳结式暂堵剂成功封堵射孔孔眼后，采用套管外加热装置，提高实验温度分别至40℃、60℃、80℃、95℃，进行泵注打压，实验压力达到20MPa左右，打压试验20min，实验测试5d(共计120h)，通过压力表观察压力保持程度，获得泵注漏失量。实验结果见图 11，实验温度达到 95℃时，套管内压力 23MPa 左右，能够维持 108h，在 120h，套管内压力降为 0MPa，3 个孔眼发生漏失，其余 9 孔封堵很好；实验温度达到 80℃时，套管内压力 23MPa 左右，能够维持 120h，在 132h，压力降为 14MPa，表明孔眼存在微量漏失的情况，仍可认为有效封堵，暂堵时间 144h，套管内压力降为 0MPa，1 个孔眼严重漏失，其余 11 孔封堵很好；实验温度达到 60℃时，套管内压力 23MPa 左右，能够维持 132h，暂堵 144h，套管内压力降为 3MPa，2 个孔眼严重漏失，其余 10 孔封堵很好；实验温度达到 40℃时，套管内压力 25MPa 左右，能够维持 168 小时，在 180h，压力降为 15MPa，表明孔眼存在微量漏失的情况，仍可认为有效封堵，暂堵时间 192h，套管内压力降为 2MPa，2 个孔眼严重漏失，其余 10 孔封堵很好。

分析实验结果表明，在高温环境下，静态下高承压 20MPa，绳结式暂堵剂能够承压 5~7d，在 120~180h 内很好的封堵射孔孔眼。因此该绳结式暂堵剂在高温高压环境下具有很好的封堵性能，能够满足矿场试验要求。

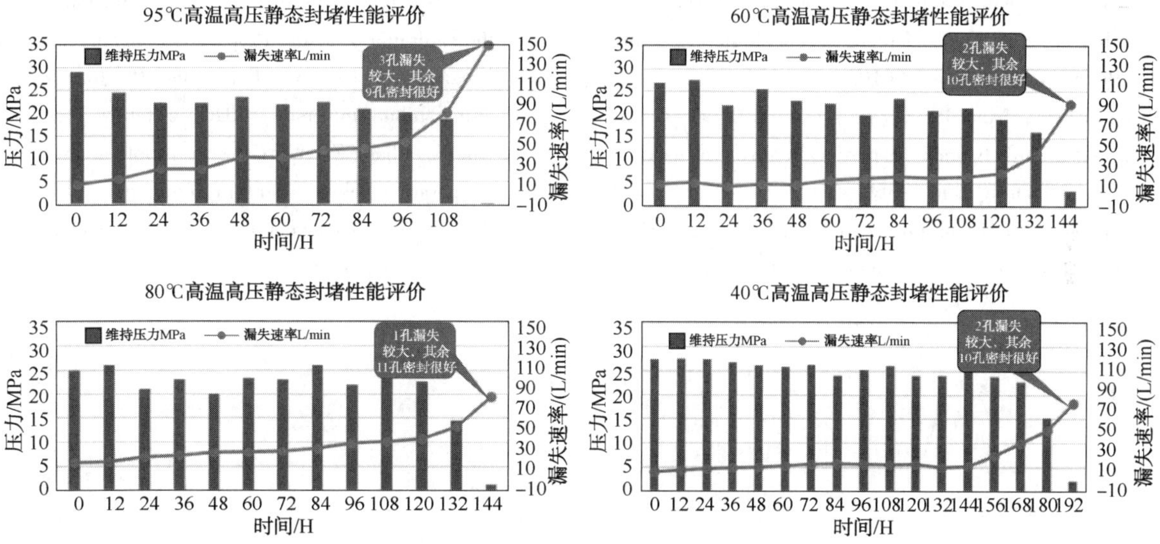

图 11 高温高压静态暂堵剂封堵性能评价

4 结论

本文设计搭建了大尺度高承压段内暂堵矿场实验装置，研究了绳结式暂堵剂的不同尺寸对射孔孔眼封堵的影响规律以及破裂盘破裂及滑套射孔孔眼封堵实验，进一步开展了绳结式暂堵剂在高温高压下静态封堵性能实验研究，主要结论如下：

（1）针对直径 Φ10mm 射孔孔眼，选择球结直径 Φ13~14mm 及 Φ15~16mm 绳结式暂堵剂均可成功实现封堵；针对 Φ12mm 射孔孔眼，选择球结直径 Φ15~22mm 绳结式暂堵剂可成功封堵射孔孔眼；选择球结直径 Φ13~14mm 及 15~16mm 绳结式暂堵剂，存在 1 个射孔孔眼不被封堵，认为暂堵失效；

（2）绳结式暂堵剂球结尺寸大于射孔孔眼 3~5mm 为宜；

（3）可溶球壳绳结式暂堵剂能够提高绳结式暂堵剂运移效率，避免绳结双翼互相缠绕，能够在短时间内破裂，成功实现绳结式暂堵剂封堵；

（4）根据套管内压力大小能够实现破裂盘依次打开，绳结式暂堵剂能够实现有效封堵，且升压后绳结式暂堵剂依然保持良好的封堵状态。

（5）滑套射孔装置封堵状态良好，绳结式暂堵剂能够承压 24MPa，并维持良好的封堵状态

（6）绳结式暂堵剂在高温高压条件下的封堵性能与降解实验结果较一致，显示绳结式暂堵剂在高温高压下可以承压 5~7d。

参 考 文 献

[1] Lu X，Liu F. Theoretical verification and case analysis of pitching partial pressure [J]. Oil drilling and production technology，1994，16(3)：4.

[2] Zheng Z. Analysis on influencing factors of plugging effect and its application in Z oilfield[J]. Petrochemical technology，2017，24(2)：2.

[3] Mehdi，Ghommem，Mustapha，et al. Modeling of fiber

bridging in fluid flow for well stimulation applications [J]. Petroleum Science, 2020, v. 17(03): 107-122.

[4] Liu T, Shi J, Feng D, et al. Technical Status and Development Trend of Staged Fracturing with Dissoluble Bridge Plug in Horizontal Well[J]. China petroleum machinery, 2020, 48(10): 8.

[5] Chen B, Li Y, Liu F, et al. Temporary plugging test of polyester fiber-multi-particle temporary plugging agent [J]. Journal of Yangtze University, 2020, 17(4): 39-45.

[6] Kefi S, Lee J C, Shindgikar N D, et al. Optimizing in four steps composite lost - circulation pills without knowing loss zone width[C]//IADC/SPE Asia Pacific Drilling Technology Conference and Exhibition. Society of Petroleum Engineers, 2010.

[7] Gomaa A M, Nino-Penaloza A, Castillo D, et al. Experimental investigation of particulate diverter used to enhance fracture complexity [C]//SPE International Conference and Exhibition on Formation Damage Control. Society of Petroleum Engineers, 2016.

[8] Kang Y, Yu H, Xu C, et al. An optimal design for millimeter-wide facture plugging zone[J]. Natural Gas Industry B, 2015, 2(1): 113-119.

[9] Zhang L, Zhou F, Mou J, et al. An Integrated Experimental Method to Investigate Tool-Less Temporary-Plugging Multistage Acid Fracturing of Horizontal Well by Using Self-Degradable Diverters[J]. SPE Journal, 2020.

[10] Yuan L, Zhou F, Li B, et al. Experimental Study on the Effect of Fracture Surface Morphology on Plugging Efficiency during Temporary Plugging and Diverting Fracturing[J]. Journal of Natural Gas Science and Engineering, 2020, 81: 103459.

[11] Hou B, Ye E, Fu W, et al. Experimental Study on the Hydraulic Fracture Propagation for Shale Temporary Plugging and Diverting Fracturing[J]. Journal of Liaoning shihua university, 2020, 40(4): 7.

[12] Xue S, Zhang Z, Wu G, et al. Application of a novel temporary blocking agent in refracturing[C]// SPE Asia Pacific unconventional resources conference and exhibition. OnePetro, 2015.

迭代式更新地质建模方法在页岩油水平井地质导向中的应用

李志宏[1] 雷启鸿[2] 章海宁[1] 李 震[1] 吴迎彰[1] 周静萍[1] 赵 毅[1] 银 谦[1] 李 宁[1] 康志强[1]

(1. 中国石油集团测井有限公司地质研究院；2. 中国石油长庆油田陇东油气开发公司)

摘 要 鄂尔多斯盆地延长组长7段为典型的夹层型页岩油，页岩油储层存在厚度薄，横向变化快，储层非均质性强等地质特征。水平井作为页岩油的主要开发手段，目前已全面推广应用，目前针对长7段夹层型页岩油水平井产能建设，尚未形成有效的水平井地质导向方法，优质储层钻遇率低，导致单井产量低，制约了页岩油后期勘探开发进程。针对上述问题，提出迭代式更新地质建模方法，主要在井震结合建模的基础上，结和水平井地质分层和虚拟井，利用随钻测井、录井资料多次迭代更新三维构造、岩相模型和地质导向模型，提高井间优质储层预测精度，精准预测钻头前地质甜点，优化水平井设计轨迹，指导水平井高效钻进。以庆城页岩油HH区块HHX-1井为例，应用迭代式更新地质建模方法地质导向技术方法，完钻后测井Ⅰ+Ⅱ类储层遇率94.8%。现场应用实践表明，应用迭代式地质建模地质导向，有助于提高页岩油水平井优质储层钻遇率和单井产量，后期对庆城页岩油水平井地质导向具有指导和借鉴意义。

关键词 页岩油；水平井；迭代式建模方法；伽马模型

地质导向钻井技术是当今国际钻井界的一项高新技术，体现了钻井、测井和油藏工程的结合，对提高勘探开发和钻井总体效益具有重要意义和作用，应大力促进这一高新技术在我国的研究与应用进展。随着国内外复杂油气藏的深入开发以及非常规油气资源的兴起，水平井地质导向技术得到了快速的发展，相继于国内大港、胜利、长庆等油气田开展了规模化应用实施。当前，致密砂岩油气藏、页岩油气藏正成为中国油气勘探开发的主流和热点，这些非常规油气资源只有通过水平井开采才能获得更好的经济效益。目前水平井地质导向主要依据二维油藏剖面，二维导向剖面定性、半定量预测井间微构造和含油气储层，精度较低，无法有效指导水平井高效钻进；部分水平井利用三维地质建模进行地质导向，但是地质导向人员在建立构造、岩相模型时，建模资料应用不全，地质导向模型选择不合理，导向模型更新不及时，井间储层预测精度整体偏低，无法有效的为水平井地质导向提供有价值的参考。

本文重点针对以上存在的问题，将地质导向理念和和三维地质建模技术相结合，实现三维空间下地质导向功能。具体技术方法是，利用petrel软件，综合应用地震、测井、录井和随钻资料，在井震结合建模技术基础上，通过数据对比分析，优选最合理的资料建立地质导向模型，同时在水平井随钻过程中，利用随钻资料，迭代式更新地质导向模型，实时预测水平井即将钻遇的储层和夹层，高效指导水平井过程中钻遇更多优质储层，提高水平井钻遇率。

1 地质概况

鄂尔多斯盆地三叠系延长组长7段是一套典型的陆相淡水湖盆沉积，整体以深色泥页岩生油岩系为主，中-上段发育多套砂泥互层的细粒含油薄砂。自下而上可细分为三段，其中长7^3亚段为最大湖侵期，发育一套厚层油页岩，厚度一般在5~30m，最厚可达40m，横向、纵向连续性好；长7^2亚段和长7^1亚段沉积期随着湖盆的萎缩，因河流注入，受重力流沉积作用，形成一套以三角洲前缘的水下分流河道、砂质碎屑流以及浊流砂体为主的细粒沉积，整体岩性为粉砂-细砂岩，砂体厚度主要分布在3~5m，其中单套油层厚度主要以2~3m为主，横向油层连续性差、纵向上呈砂泥岩互层模式(图1)。目前页岩油正处于建产阶段，研究区主要探、评井为主，井距主要分布在 1500~2500m 之间，井控程度低，井间微构造预测难度大，又因油层厚度薄、横向连续性差，导致以水平井开发页岩油随钻导向难度非常大。

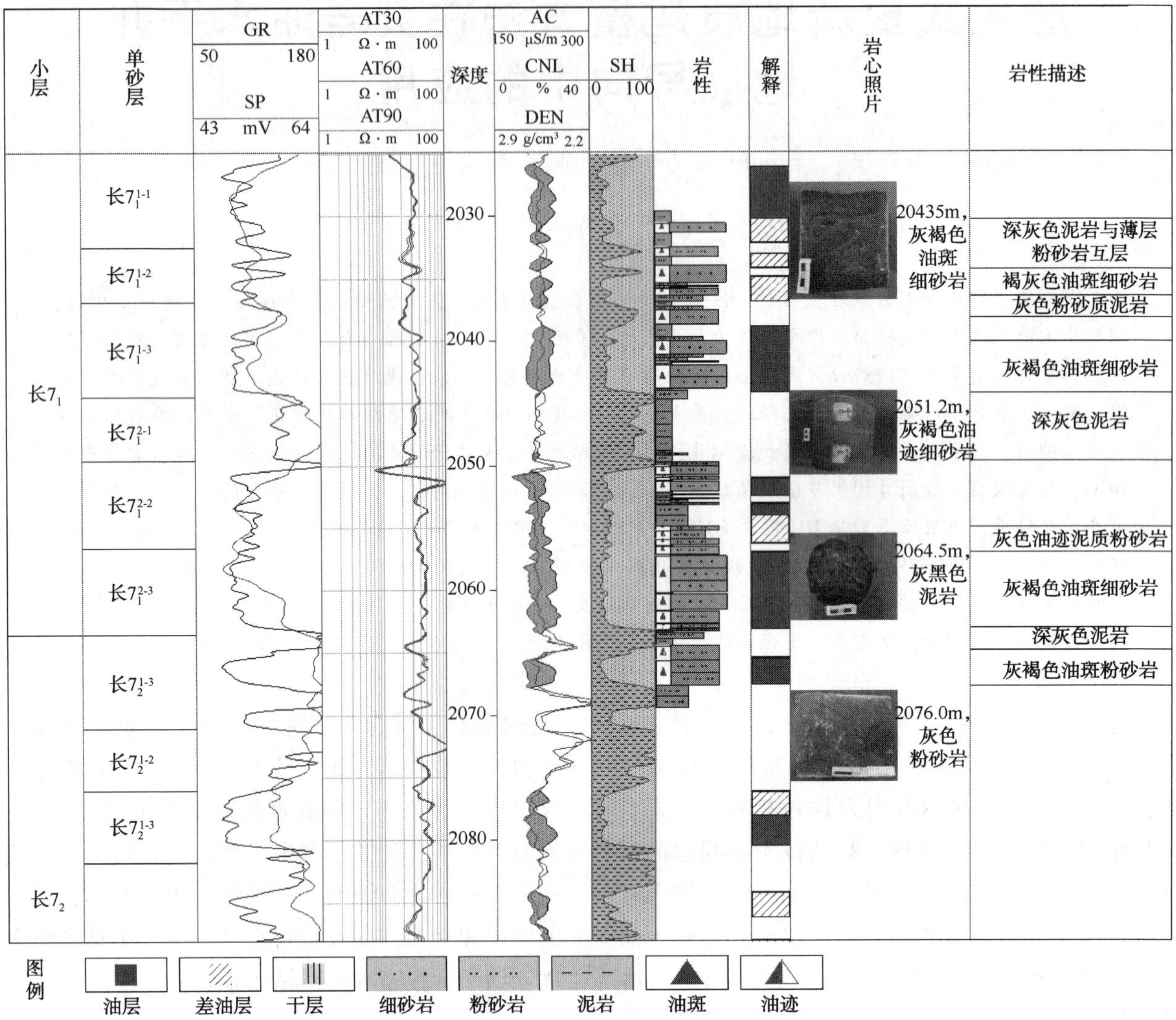

图 1　陇东页岩油长 7 段储层特征

2　页岩油储层三维地质建模

页岩油"迭代式更新地质建模"方法的核心是考虑所有影响地质模型精度的因素，同时利用测、录井资料迭代式更新地质模型，使所建立的模型符合地质信息和具有更高的精度。目前页岩油处于开发阶段，井距较大，井间微构造、优质储层和隔夹层预测难度大。因此，在提高井间微构造精度方面，利用高分辨率层序地层学分层结果校正层三维地震解释层位，作为井间微构造协同约束变量，建立精细的构造模型，同时利用完钻水平井和随钻测、录井资料分层迭代修正构造模型，提高构造模型精度；在井间储层预测方面，结合三维地震反演砂体平面厚度图与地层厚度建立平面砂泥岩概率分布图，作为井间储层砂体预测协同变量，精确预测井储层展布特征；在隔夹层预测方面，利用三维地震反演数据体和三维测井粗化数据分析结果，作为井间隔夹层预测协同变量，预测井间隔夹层分布，同时利用完钻水平井和随钻测录井岩性资料迭代修正隔夹层模型。在精细构造和岩相模型基础上，结合页岩油水平井随钻资料特征，建立伽马模型进行水平井随钻地质导向，同时利用钻井平台完钻和随钻过程中的测井、录井资料迭代更新随钻导向模型，高效指导水平井钻遇更多优质储层。

2.1　基于三维地震解释和测井迭代式构造建模

三维地质构造模型是储层模型的框架，可以直观反映研究区地层的空间展布和局部微构造形态，也是地质导向能否成功的关键因素之一。针对无断层发育区块的，构造建模核心是建立高精度的地层构造面，常规的做法是利用地质分层数据，采用高斯随机算法，建立各小层地层构造面，从而建立构造模型，这种做法不足之处，建立的构造模型井间微构造精度较低；研究区若有三维地震数据，可以利用三维地震解释层位数据作为井间约束，建立精度较高的地层构造面，从而建立精度较高的构造模型；针对页岩油钻井平台高精度构造建模，本次采用做法是在三维地震解释层位约束下，利用测井数据迭代式更新地层构造面，提高构造模型精度，具体做法是，在三维地震约束下建立的构造模型基础上，利用水平井入窗造斜段分层数据，修正构造模型，另外水平井在随钻的过程中，钻遇高伽马碳质泥岩(碳质泥岩一般发育在储层的顶部或者底部)，利用碳质泥岩海拔数据再次修正构造模型，进一步提高水平段构造模型精度。下一口水平井钻井过程中，再利用测井、录井资料不断迭代更新构造模型，模型精度不断提高，对提高页岩油水平井Ⅰ+Ⅱ类储层钻遇率，会起到至关重要的作用。考虑到研究区，纵向泥岩夹层厚度主要分布在0.2~2.0m之间，所以地质模型网格精度，纵向设置为0.2m，横向网格设置为10×10m(图2)。

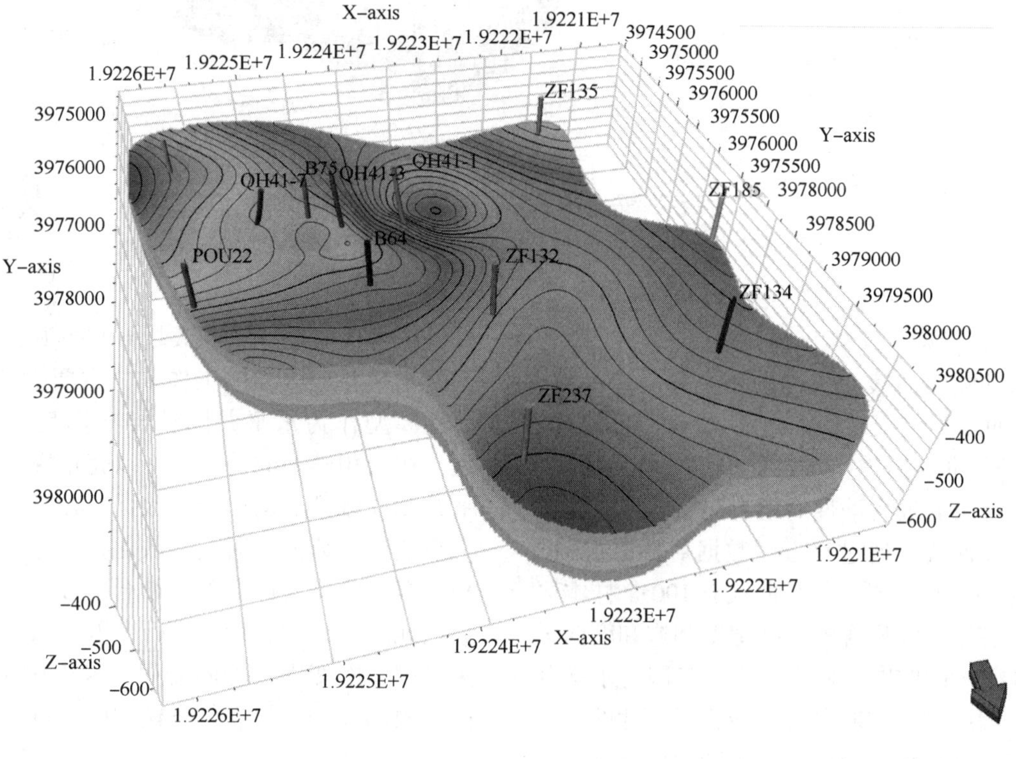

图2　QHX平台目的层段三维构造模型

2.2　迭代式岩相、伽马属性建模

2.2.1　岩相模型

庆城长7段页岩油目前处于开发建产阶段，研究区主要以探评井为主，井距较大，储层非均质性强，砂体连续性较差，如何建立高精度地质模型精细表征三维空间下优质储层分布特征，高效指导水平井部署、随钻地质导向显得尤为重要。结合研究区内地质、物探资料的利用情况，本次岩相建模中使用目的层三维地震 v_p/v_s 反演数据作为岩相三维空间约束条件，同时采用序贯高斯随机模拟方法建立岩相模型。三维地震 v_p/v_s 反演数据，对砂体较为敏感，是页岩油进行储层预测时最常用的地震属性之一。序贯指示模拟方法的特点为忠实于原数据、保持数据相关性，可以满足井上的数据，但也存在一定的局限性，难以模拟出明显的边界相，模拟出来的结果在空间上规律性不强，因此在采用三维地震 v_p/v_s 反演数据作为约束条件后，可以很好地解决岩相边界的问题(图3)。在上述建立岩相模型基础上，水平井在随钻过程中，充分利用第一口水平井随钻测井、录井岩性数据，迭代更新岩相数据，提高岩相模型精度，指导水平井高效钻进，同时为下一口水平井随钻地质导向奠定基础。

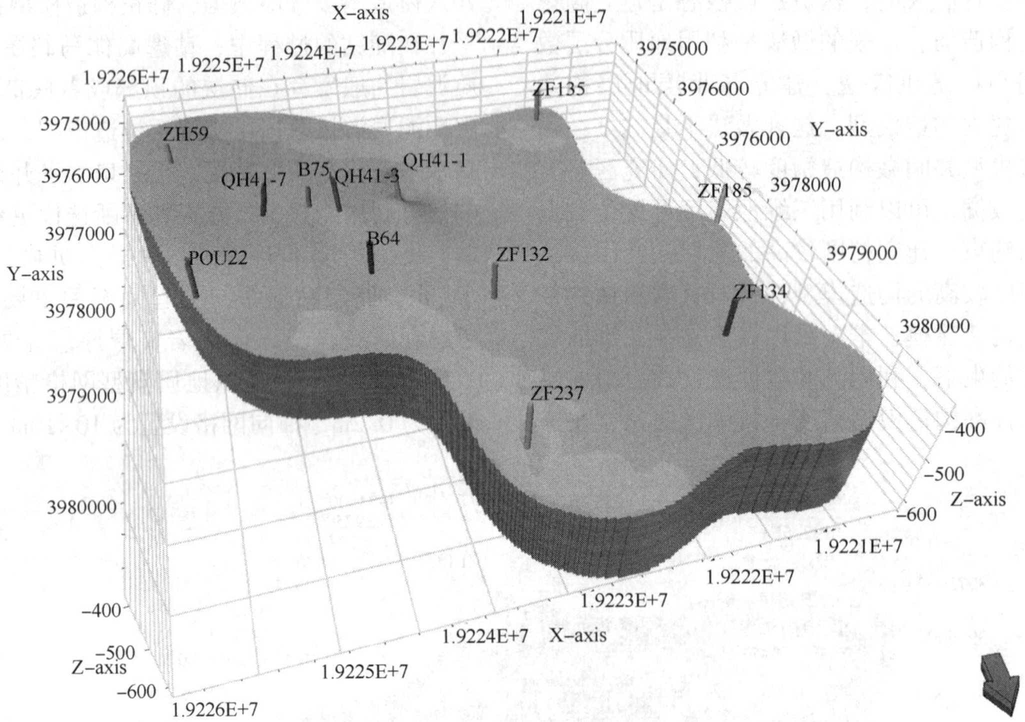

图 3　QHX 平台目的层段岩相模型

2.2.2　伽马模型

页岩油随钻曲线包含 GR 和录井全烃曲线，其中 GR 曲线不仅用来识别砂泥岩，而且可以间接表征页岩油含油气情况，结合邻井测录井资料，能表征页岩油含油性的还有泥质含量、孔隙度和饱和度曲线，通过直方图数据对比分析(图 4)，针对同一套砂岩，伽马曲线有 100 个样本区间表征含有性，泥质含量、孔隙度和饱和度曲线分别有 42、16 和 75 个样本数据，又因为水平井在随钻过程中测有实时伽马曲线，对岩性的区分更为精细，利用伽马曲线迭代更新导向模型能更好表征含油气变化，高效指导水平井钻井。因此开展水平井地质导向工作前，主要立研究区 GR 属性模型作为水平井随钻导向模型。具体做法是，在岩相模型的约束下，以完钻探、评井和水平井测井伽马数据作为硬数据，在岩相模型约束下粗化伽马数据，通过离散化数据分析，确定伽马数据平均值与标准差，结合 petrel 软件对伽马数据地质统计学分析，进行变差函数分析，明确主变程、次变程及垂向变程，采用确定性+随机性建模的方法，建立伽马模型(图 5)。

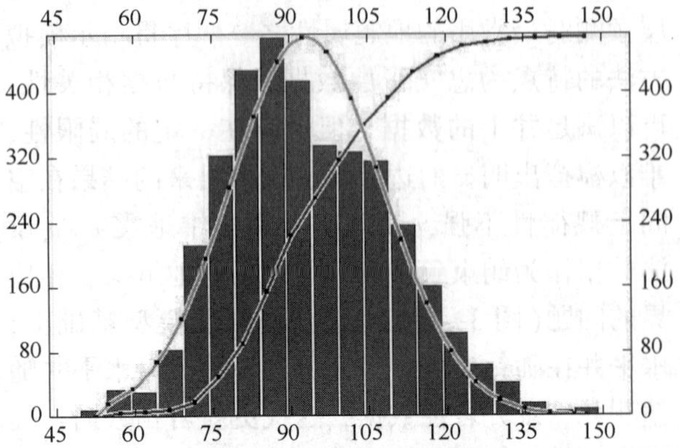

(a) 页岩油长7段砂岩伽马直方图

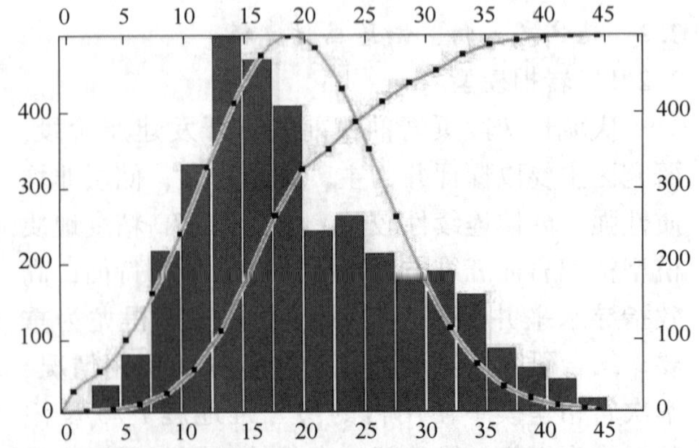

(b) 页岩油长7段砂岩泥质含量直方图

图 4　页岩油地质导向模型数据分

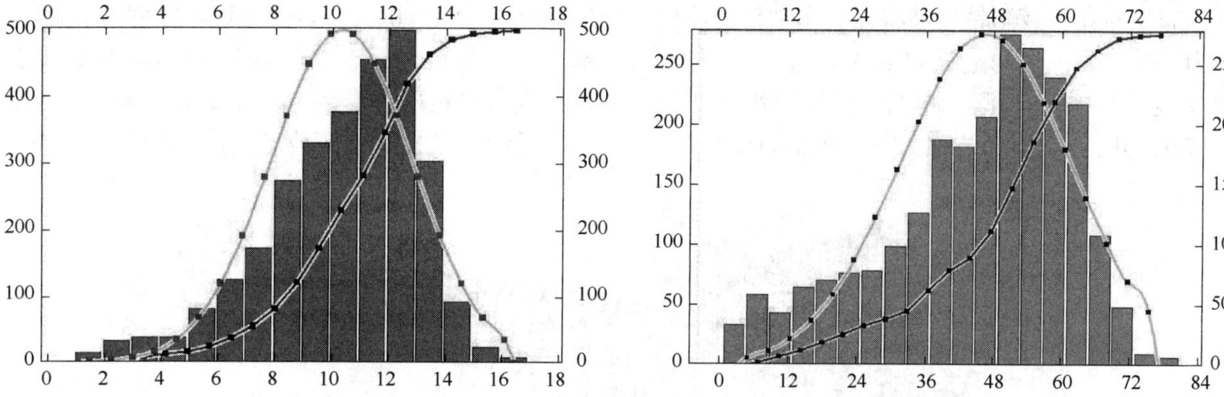

(c) 页岩油长7段砂岩孔隙度直方图　　(d) 页岩油长7段砂岩孔隙度直方图

图 4　页岩油地质导向模型数据分(续)

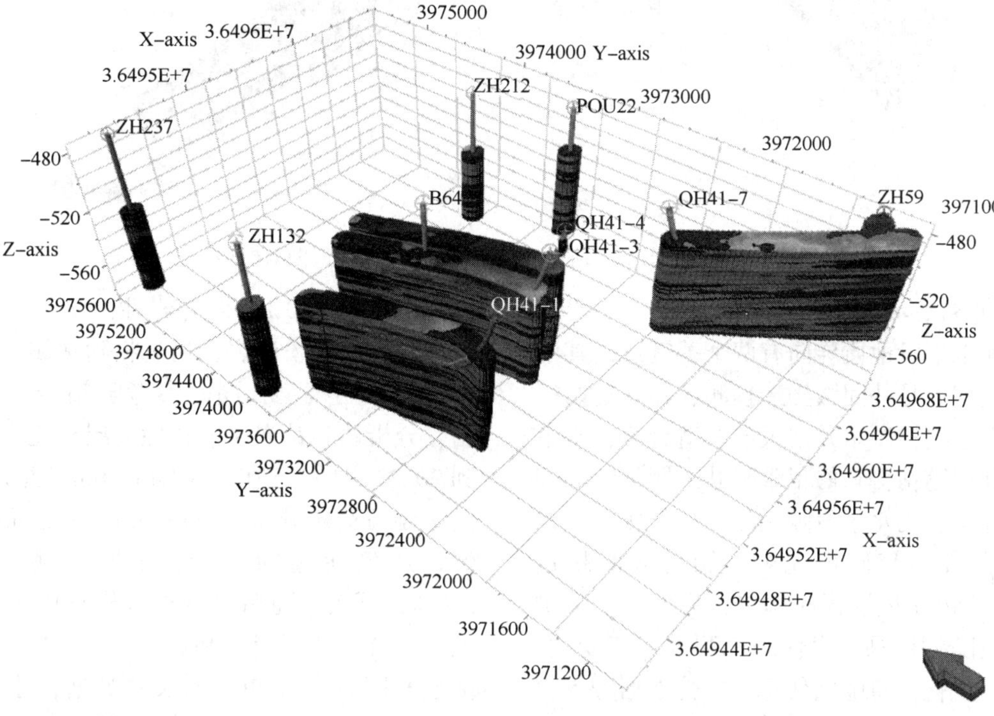

图 5　QHX 平台目的层段伽马模型

3　三维地质建模导向分析

3.1　水平井入靶地质导向

水平井地质导向主要分为两个阶段，第一阶段为水平井入靶过程地质导向，第二阶段为水平段钻进过程中的地质导向。水平井入靶跟踪调整，主要分为三个步骤：(1)在前期区域地质认识基础上，已经明确了目的层顶部至少 2~3 套区域性标志层(砂岩、泥岩、碳质泥岩、页岩)伽马、岩性、厚度及气测等特征，水平井入靶时通过随钻伽马、岩性、气测与区域上标志层对比，明确入靶位置构造抬升或者下降，指导钻井现场控制好井斜、钻速，做好入靶准备；(2)水平井入靶前顶部，目的层顶部一般都会发育较为明显泥岩、碳质泥岩，一般为局部标志层，伽马曲线具有明显的响应，另外通过计算邻井局部标志层距油层中部位置深度以及厚度，计算水平井入靶深度，入靶深度控制 0.3m 以内，井斜误差控制在 0.2°；(3)模型更新，利用随钻伽马确定地层顶底构造，迭代更新构造模型，另外根据水平井入靶时油层伽马、岩性和气测等特征，更新岩相模型和伽马模型，为下一步水平段地质导向提供指导意见。

QHX-1 水平井目的层顶部发育 3 套碳质泥岩，电信特征为典型的高伽马、高声波和高电阻，周围临井均发育，平面上连续性好，利用随钻伽马易对比分析，水平井入靶前，三维地质模型预测目的层顶部构造深度为-501.8m，结合局部标志层对比，及随钻伽马特征，实钻目的层构造为-501.5m，微构造误差0.3m，参考邻井油层厚度、伽马、气测，本井实际入靶深度为2117m，井斜89.8°，岩性为灰褐色油斑细砂岩，气测显示为12.0%，入靶深度对应邻井油层中部。结合随钻伽马、岩性和气测等数据对比分析，重新修正构造模型、岩性和伽马模型，为水平段后续钻进提供重要技术支撑(图6)。

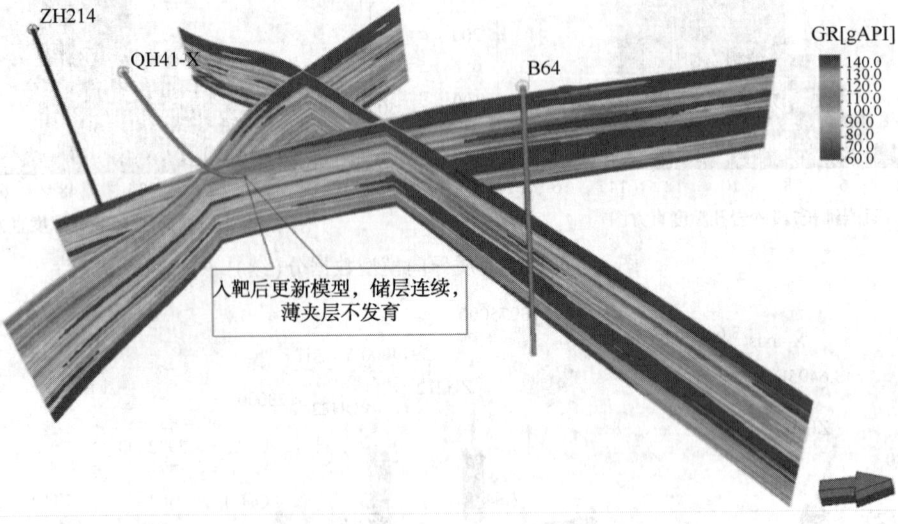

图6　QHX-1水平井地质导向剖面(入靶后修正伽马模型)

3.2　水平井钻进地质导向

水平井水平段地质导向有两个关键点，其中最重要的关键点是井间微构造预测，建立初始模型时用地震数据控制了井间大的构造趋势，水平井入靶时利用随钻伽马修正水平井入靶位置局部构造，另外是利用水平段随钻伽马(长71、长72储层顶底发育多套碳质泥岩，伽马数值超过170API)再次落实地层顶底构造；另外一个关键点，水平段随钻伽马、岩性和气测数据等变化，预示着储层变化，将随钻伽马和岩性数据加入模型粗化、离散化后，重新给定新的变差函数，迭代修正岩相模型和伽马模型，重点是储层中泥岩、物性夹层预测，结合水平井轨迹在模型中的空间位置，为水平井下一步钻进给出指导意见。

QHX-1水平井钻进过程中，在井深2231m，井斜90.54°，随钻伽马由80~88API，上升到105~115API，录井气测由15.0%~20.0%，降低到1.0%~3.0%，录井岩性由灰褐色油斑细砂岩，变为灰色粉砂岩，通过将随钻伽马加入模型中更新伽马模型，同时参考随钻岩性、气测数据，分析认为钻遇层内物性夹层，建议轨迹下调到90.3°(图7)；在井深2452.0m，井斜90.24°，随钻伽马整体分布在95~100API之间，录井岩性为灰色油迹细砂岩，录井气测在5.0%~8.0%，再次将随钻伽马加入模型中更新伽马模型，综合录井资料分析，认为层内发育薄物性夹层，同时参考B64测录井数据，建议轨迹下调到89.5°(图8)；水平段钻遇到3158m后，随钻伽马达到130API以上，岩性为灰黑色泥岩，井斜由89.3°，降至88.9°后，仍连续钻遇泥岩，利用随钻伽马更新模型后，层内夹层厚度增加，储层顶底泥岩更为发育，结合模型，以及录井数据分析，建议完钻，完钻井深3198m(图9)。

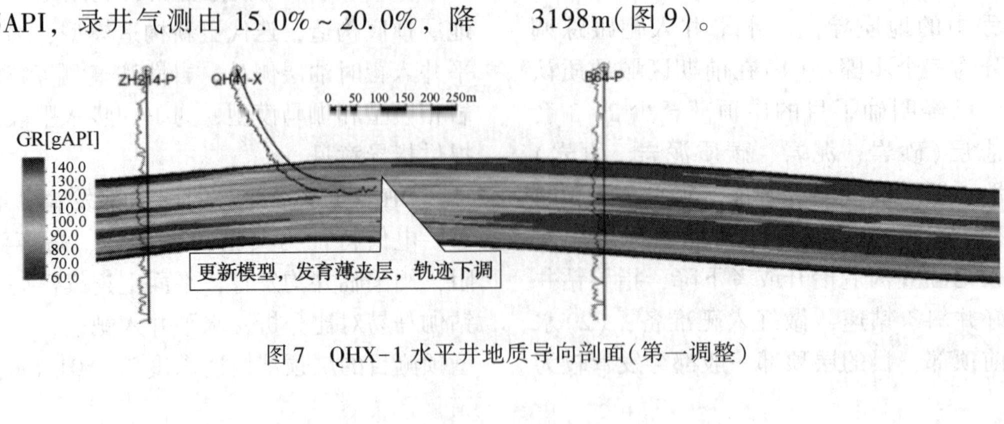

图7　QHX-1水平井地质导向剖面(第一调整)

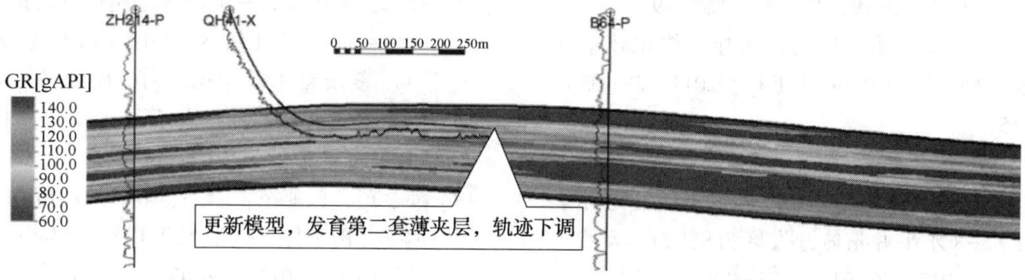

图 8　QHX-1 水平井地质导向剖面(第二次调整)

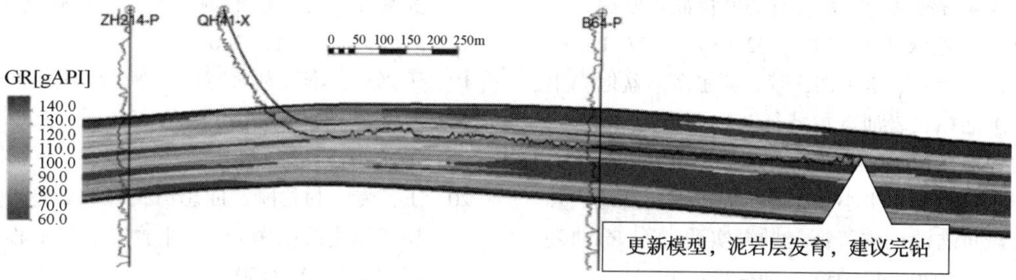

图 9　QHX-1 水平井地质导向剖面(第三次调整)

4　应用效果分析

QH41-X 利用三维地质建模导向，水平段完钻井深 3198m，水平段长度 1081m，录井油层钻遇率 95.6%，测井油层 Ⅰ+Ⅱ 类油层钻遇率 93.4%，模型建立之前，该平台利用二维剖面导向完钻的 4 口水平井，完钻 4 口水平井，水平段平均长度为 1262m，录井平均油层钻遇率 78.7%，测井平均 Ⅰ+Ⅱ 类油层钻遇率 73.4%。目前完钻的同一平台 5 口水平井，沉积环境均为重力流沉积，砂体发育程度和油层厚度、规模相似，利用三维地质建模导向，油层测、录井钻遇率明显提高。综合利用地质、地震、随钻测、录井建立的模型，精度更高，在水平井地质导向方面已取得较好的应用效果，目前正在庆城油田大力推广和应用。

5　结论

(1) 结合页岩油开发阶段，井距较大，井间微构造、储层预测难度，认为在三维地震约束下，采用序贯高斯随机建模方法，建立较精细的构造、岩相模型，再利用水平井随钻过程中测井、录井资料迭代式更新地质模型，可建立高精度的三维地质模型。

(2) 综合伽马、泥质含量、饱和度和孔隙度曲线数据分析，优选伽马曲线作为导向模型原始数据。在迭代式岩相模型约束下粗化伽马数据，通过离散化数据分析，确定伽马数据平均值与标准差，明确主变程、次变程及垂向变程，采用确定性+随机性建模的方法，建立伽马模型，再利用随钻测录井资料迭代式更新伽马模型，精细预测水平井下一步钻遇储层分布特征，指导水平井高效钻井，提高 Ⅰ+Ⅱ 类油层钻遇率。

参 考 文 献

[1] 苏义脑．地质导向钻井技术概况及其在我国的研究进展[J]．石油勘探与开发，2005(01)：92-95.

[2] 荣海波，贺昌华．国内外地质导向钻井技术现状及发展[J]．钻采工艺，2006(02)：7-9+121.

[3] 韩大匡．中国油气田开发现状、面临的挑战和技术发展方向[J]．中国工程科学，2010，12(05)：51-57.

[4] 吴宗国，梁兴，董健毅，李兆丰．三维地质导向在地质工程一体化实践中的应用[J]．中国石油勘探，2017，22(01)：89-98.

[5] 李一超，王志战，秦黎明．水平井地质导向录井关键技术[J]．石油勘探与开发，2012，39(05)：620-625.

[6] 滕先林．三维地质建模技术在水平井地质导向中的应用——以苏丹 F 油田为例[J]．石油地质与工程，2023，37(04)：72-758.

[7] 杨志会，赵海波，黄勇，等．地震信息约束的三维建模技术及其在松辽盆地古龙页岩油地质工程一体化中的应用[J]．大庆石油地质与开发，2022，41(03)：103-111.

[8] 李炜．三维地质模型在吴起油田水平井导向中的应

用[J]. 辽宁化工，2019，48(07)：689-691.

[9] 赵兰. 基于三维地质建模的定录导一体化技术在J58井区中的应用[J]. 录井工程，2017，28(03)：36-41+156.

[10] 庞强，冯强汉，马妍，等. 三维地质建模技术在水平井地质导向中的应用——以鄂尔多斯盆地苏里格气田X3-8水平井整体开发区为例[J]. 天然气地球科学，2017，28(03)：473-478.

[11] 刘显阳，李士祥，郭芪恒，等. 鄂尔多斯盆地延长组长7_3亚段泥页岩层系岩石类型特征及勘探意义[J]. 天然气地球科学，2021，32(08)：1177-1189.

[12] 付锁堂，姚泾利，李士祥，等. 鄂尔多斯盆地中生界延长组陆相页岩油富集特征与资源潜力[J]. 石油实验地质，2020，42(05)：698-710.

[13] 付金华，李士祥，牛小兵，等. 鄂尔多斯盆地三叠系长7段页岩油地质特征与勘探实践[J]. 石油勘探与开发，2020，47(05)：870-883.

[14] 付金华，牛小兵，淡卫东，等. 鄂尔多斯盆地中生界延长组长7段页岩油地质特征及勘探开发进展[J]. 中国石油勘探，2019，24(05)：601-614.

[15] 乔辉，王志章. 三维构造建模在复杂构造油藏中的应用——以尼日尔X油田sokor1含油层系为例[J]. 复杂油气藏，2017，10(01)：39-44.

[16] 傅志明. 高台子油田井震结合构造建模技术研究[D]. 浙江大学，2012.

[17] 郝兰英，郭亚杰，李杰，等. 地震沉积学在大庆长垣密井网条件下储层精细描述中的初步应用[J]. 地学前缘，2012，19(02)：81-86.

[18] 姜贻伟，刘红磊，杨福涛，等. 震控储层建模方法及其在普光气田的应用[J]. 天然气工业，2011，31(03)：14-17+106.

[19] 于兴河，李胜利，赵舒，等. 河流相油气储层的井震结合相控随机建模约束方法[J]. 地学前缘，2008(04)：33-41.

[20] 王云专，付检刚，曲忠勇，等. 变差函数在储层地质建模中的应用[J]. 科学技术与工程，2010，10(29)：7147-7150.

[21] 周游，程时清，张敏. 储层建模中变差函数参数的设置[J]. 西安石油大学学报(自然科学版)，2010，25(05)：25-27+32+107.

玛湖A井区致密砾岩油藏超前注CO_2数值模拟研究

郑　强　谭　龙　崔晨光　赵秋霞　张连斌

（中国石油新疆油田公司）

摘　要　玛湖A井区二叠系上乌尔禾组为强水敏砾岩致密油藏，前期开展的多种防膨措施和水平井加体积压裂技术，提高了初期产量，但递减率达大，需要探索有效开发方式。CO_2混相驱有明显的膨胀、增能、降黏的作用，注入CO_2气体可以有效改善该类油藏开发效果，玛湖A井区第一轮CO_2集团吞吐也证实吞吐井及其邻井生产效果较好。为了试验CO_2驱油效果，开发方案制定了在该井区P_3w_2段，采用280m注采井距6注12采五点法直井井网，平均单井注入量50t/d进行超前注CO_2混相驱先导试验。根据18口新钻井资料和6口试注井结果，将目的层细分为4套小层，通过建立试验区高精度非均质数值模拟模型，优化超前注CO_2的射孔及注入参数。模拟结果表明，未进行储层改造条件下分层注气无明显优势，建议在试验区AXX04井组只射开4口生产井P_3w_{22}中下部两个层位，以对比其他井四层合采的效果。2023年10月进行超前注CO_2，截止2024年2月，平均单井注入量50t/d，注入压力平稳，计划3月中旬生产井投入生产。若先导试验成功，可为实现致密砾岩油藏有效开发方式提供技术上的突破。

关键词　玛湖；CO_2驱；超前注气；射孔；注入参数

玛湖A井区二叠系上乌尔禾组油层主要发育在$P_3w_2^2$，平均渗透率0.1mD，储层黏土矿物总量5.6%，水敏性强，水敏伤害后渗透率损失80%以上。在有效应力变化过程中，P_3w_2层渗透率损失可达61%，为强应力敏感储层。前期开展的多种防膨措施抑制储层水敏，有效期短，直井递减率84%。采用水平井加高强度体积压裂技术开采，提高了初期产量，但产量递减率达50%。国内外矿场试验表明，通过注入CO_2气体可以有效改善致密油藏开发效果。玛湖A井区第一轮CO_2集团吞吐后，吞吐井及其邻井生产效果较好，井组日产油量由1.8t/d上升到18.4t/d，为改善致密油藏生产效果提供了借鉴。为了探索新该类油藏经济有效开发方式，试验CO_2驱油效果，在玛湖A井区上乌尔禾组P_3w_2段，采用280m注采井距6注12采五点法直井井网，进行超前注CO_2开发先导试验。18口新井完钻后，需对地质进行再认识，通过建立试验区精细地质模型，根据试注效果优化超前注CO_2射孔及注入参数。

1　气驱开发试验以CO_2作为注气介质更优

1.1　CO_2有明显的膨胀、增能、降黏作用

在温度高于临界温度31.26℃和压力高于临界压力7.29MPa状态下的CO_2，会以超临界态的形式存在，它的性质发生显著变化，密度接近液体，黏度接近气体，扩散系数是液体的100倍，因此具有极高的溶解能力。PVT实验和相态模拟结果表明，CO_2密度0.810～0.815g/cm³，CO_2黏度0.079mPa·s。

玛湖A井区二叠系上乌尔禾组$P_3w_2^2$，地层条件下试验区地层压力44.2MPa，压力系数1.28，温度86.4℃，CO_2注入地层后可达到超临界状态。地层条件下原油密度0.716～0.825g/cm³，原油与CO_2密度差异小。细管实验表明：地层状态下烃气最小混相压力38.0MPa，CO_2最小混相压力为26.20MPa，地层状态下原油更易与CO_2实现混相，混相后可大幅降低驱替压力。实验证实CO_2有明显的膨胀、增能、降黏作用（表1）：（1）每增加10%体积CO_2，体积系数增加0.17，地层条件下体积系数增加至2.28，膨胀系数增加至1.83，注CO_2具有显著的膨胀增能作用；（2）随着CO_2的注入，饱和压力线性增加，每增加10%体积CO_2，饱和压力增加4.5MPa，混相压力及地层压力下，原油气油比从原始的63m³/m³快速增加至264m³/m³和475m³/m³，原油溶解气油比的显著增加，为后续采收率的提高提供了充足的溶解气驱能量，有助于注CO_2过程中原油的有效动用；（3）地层压

力条件下，原油黏度由4.5mPa·s降低至1.58mPa·s，降黏幅度65%，可以有效改善原油流动能力。综上所述，气驱开发试验以CO_2作为注气介质更优。油藏饱和压力15.63MPa，地饱压差28.66MPa，注气后暂不考虑地层脱气影响。

表1　注CO_2膨胀实验相态参数变化汇总表

储层条件	压力/MPa	CO_2溶解量/%	溶解气油比/(m^3/t)	体积系数	膨胀系数	黏度/(mPa·s)
泡点压力	11.72	0	63	1.136	1	2.07
混相压力	26.20	30.96	264	1.62	1.37	1.87
地层压力	44.01	70.17	475	2.28	1.83	1.58

1.2　CO_2驱油效率可达50.7%

CO_2驱替实验是评价储层内注CO_2原油动用能力和驱油效率的重要手段。为了评价CO_2驱油效率，采用直径3.8cm的短岩心进行评价。柱塞岩样取自工区内克044井上乌尔禾组地层，长度4.8cm，孔隙度12.5%，气测渗透率6.3mD。实验过程中恒温87.5℃，夹持器回压设置26.5MPa，高于最小混相压力，岩心加压饱和原油，待驱替压力稳定后，老化1d，以0.04mL/min的速度注CO_2，间隔一定时间记录压力、产油、气量，CO_2驱替原油至出口端产油量不增加为止，最终测定实验的驱油效率为50.7%。

1.3　玛湖A井区上乌尔禾组油藏适宜CO_2驱

对比国内外技术、经济上已取得成功适合CO_2混相驱的储层筛选标准(表2)：玛湖A井区上乌尔禾组油藏裂缝不发育、无固相沉积、油层厚度24.6m、原油饱和度54%、沉积韵律为正韵律、渗透率0.1mD、地面油密度0.84g/cm^3、地层水类型为氯化钙、地层压力高于最小混相压力17.8MPa，这些地质条件适宜CO_2混相驱；地层原油黏度1.26~3.23mPa·s、C5+分子量259、溶解气油比75m^3/m^3、油藏温度86.4℃，这些地质条件较适宜CO_2混相驱，但储层类型为砾岩、地层倾角1.5°~5.6°、油藏埋深3343m、油层压力44.01MPa、有效孔隙度4.5%~6.5%，这些地质特征不利于开展CO_2混相驱。

表2　适宜注CO_2的储层筛选标准

指标	评语					玛湖A井区	
	好	较好	中等	较差	差	地质特征	适应性
地层油密度/(g/cm^3)	0.80~0.85	0.85~0.88	0.88~0.90	0.90~1	>1	0.84~0.85	好
原油黏度/cp	0~1	1~2	2~3	3~4	>4	1.26~3.23	较好
C5+分子量	<220	220-240	240-280	280-300	>300	259	中等
气油比/(m^3/m^3)	100~200	200~300	300~360	360~450	>450	75	中等
			50~100		<50		
固相沉积	无固相沉积		固相沉积在井中	固相沉积在储层中		无	好
地层水类型	碳酸氢钠、氯化钙		氯化镁	硫酸钠		氯化钙	好
油藏温度/℃	55~65	65~80	80~100	100~120	>120	86.4	中等
油层压力/MPa	15~20	20~25	25~30	30~35	>35	44.01	差
油藏深度/m	1500~2000	2000~2500	2500~3000	3000~3500	>3500	3343	较差
油藏倾角/°	>30	20~30	15~20	10~15	<10	1.5~5.6	差
裂缝发育程度	无裂缝	有限裂缝	中等裂缝	大裂缝	超大裂缝	无	好
沉积韵律	正韵律/均质韵律		复合韵律	反韵律		正韵律	好
渗透率/mD	0.1~10	10~50	50~200	200~500	>500	0.1	好
有效孔隙度/%	10~15	8~10	6~8	4~6	<4	4.5~6.5	较差

续表

指标	评语					玛湖 A 井区	
	好	较好	中等	较差	差	地质特征	适应性
油层厚度/m	0~10	10~20	20~30	30~40	>40	24.6	较好
原油饱和度/%	>40	30~40	25~30	20~25	<20	54	好
岩石类型	砂岩	白云岩	石灰岩	硅藻岩	砾岩	砾岩	差
地层压力高于最小混相压力的差值/MPa	≥1.4	1~1.4	1~0.6	0.6~0.4	<0.4	17.8	−好

与玛湖 A 井区储层相同的玛湖 03X 井组，三口水平井进行 CO_2 集团吞吐，第一轮累注 CO_2 11068t，井组日产油量由 1.85t/d 上升到 18.4t/d，含水大幅下降，阶段累增油 3099t，每吨 CO_2 阶段换油率 3.57t。从吞吐井及其邻井生产情况来看，CO_2 吞吐生产效果较好，可以为 CO_2 混相驱提供借鉴。为试验 CO_2 混相驱的适应性，前期设计了立足无水、保压开发，采用 280m 注采井距五点法井网开展注 CO_2 先导试验，部署直井 18 口(6 注 12 采)，油井生产前超前注 CO_2 三个月，平均单井日注 50t，累注 2.7×10^4t，为 0.018HCPV。

2 精细表征先导试验区非均质性

根据新钻 18 口直井测井资料和解释成果，将目的层 $P_3w_2^2$ 进一步细分为 $P_3w_2^{2-1}$、$P_3w_2^{2-2}$、$P_3w_2^{2-3}$、$P_3w_2^{2-4}$ 四个小层(图 1)，平均孔隙度分别为 6%、6.7%、7.9%、8.1%，平均渗透率分别为 0.04mD、0.06mD、0.14mD、0.12mD。

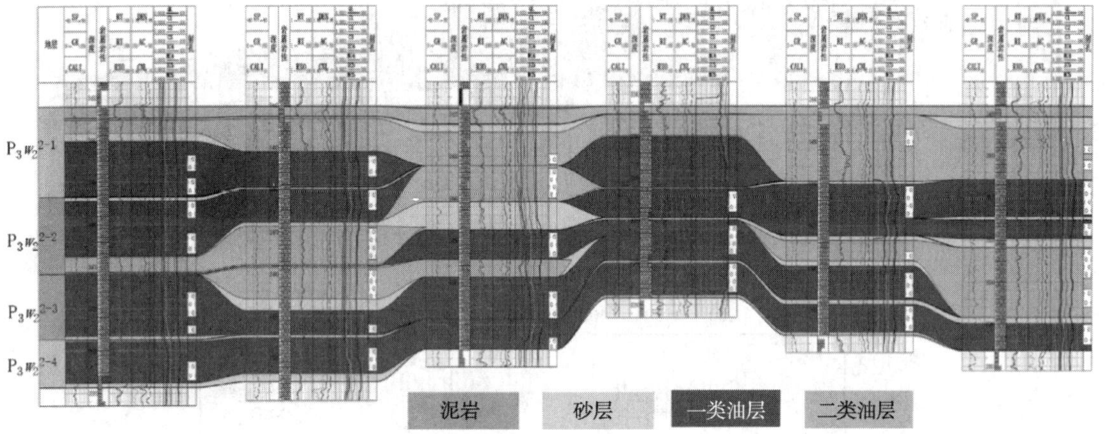

图 1　过 AXX15-AXX04 井油层分类剖面图

气测全烃比为储层全烃值与标准泥岩全烃比值，按照孔隙度与气测全烃比交互关系，将油层分为类：一类油层孔隙度大于 0.024 且气测全烃比大于 5.5，二类油层孔隙度大于 0.016 且气测全烃比大于 1.2 的非一类油层区域。一类油层在 $P_3w_2^{2-3}$、$P_3w_2^{2-4}$ 层发育且连续。

为精细刻画储层非均质性，模拟三维空间 CO_2 驱的波及特征和原油动用规律，建立了试验区强非均性高精度三维数值模拟模型(图 2)，X、Y、Z 方向的网格步长分别为 25m、25m、0.25m，网格数分别为 136 个、73 个、400 个，总网格数 397120 个。通过修改井周射孔层渗透率和等效于吸气指数、采液指数的井指数，试采、试注井的采液量和注气量得到较好拟合。AXX12 井注气后 AXX15 井检测到 CO_2，说明气驱前缘已波及到 AXX15 井，两井间存在高渗通道(图 3)。将两井间高渗层渗透率扩大 100 倍后，

图 2　试验区三维地质模型渗透率分布图

CO_2气驱前缘到达 AXX15 井。设置渗透率大于 1.5mD 门限值，得到试验区可能气窜通道分布。

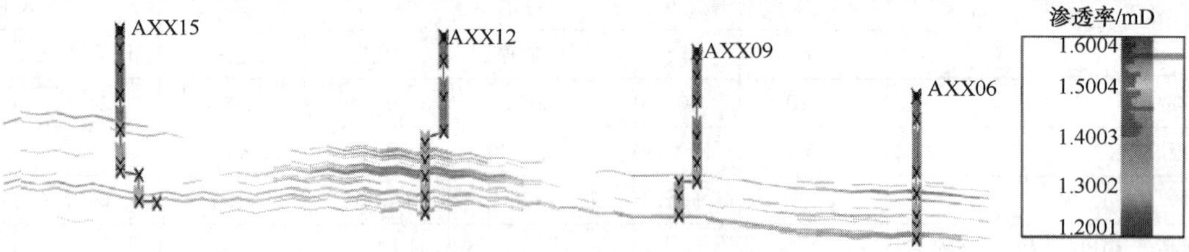

图 3　试验区可能气窜通道分布图

3　射孔优化

目的层划分为 4 套小层，层间级差 3.5 倍，注 CO_2驱替后宜产生层间矛盾。模拟结果表明：因目的层为正韵律储层，笼统注入 CO_2 十年后，吸气剖面极不均匀(图 4)，气体在油层下部 $P_3w_2^{2-3}$、$P_3w_2^{2-4}$ 层流动快，油层下部 $P_3w_2^{2-3}$、$P_3w_2^{2-4}$层的吸气量和产油量明显高于油层上部 $P_3w_2^{2-1}$、$P_3w_2^{2-2}$ 层（图 5），油层下部 $P_3w_2^{2-3}$、$P_3w_2^{2-4}$层初期吸气量占总吸气量的 86%，累计注气量占总注气量的 71%；采用分层注气后，注气不能立刻见效，单井产液剖面未发生变化，但油层上部 $P_3w_2^{2-1}$、$P_3w_2^{2-2}$层吸气量有所增加，但仍未根本改变剖面吸气不均衡，油层下部 $P_3w_2^{2-3}$、$P_3w_2^{2-4}$层初期吸气量占总吸气量的 77%，累计注气量占总注气量的 62%。

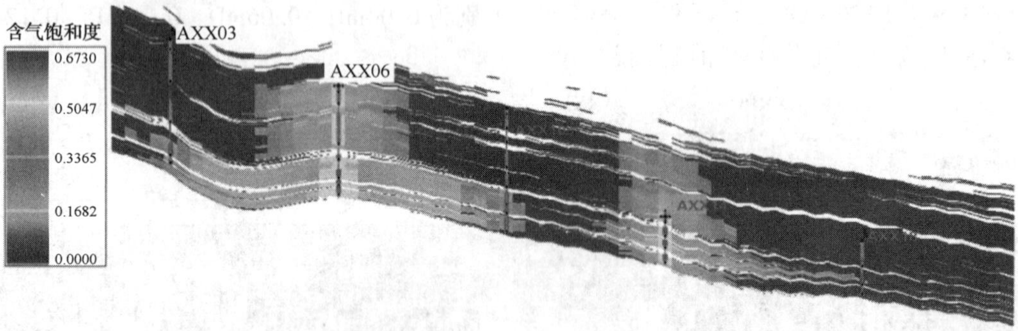

图 4　注入 CO_2 十年后含气饱和度剖面分布模拟图

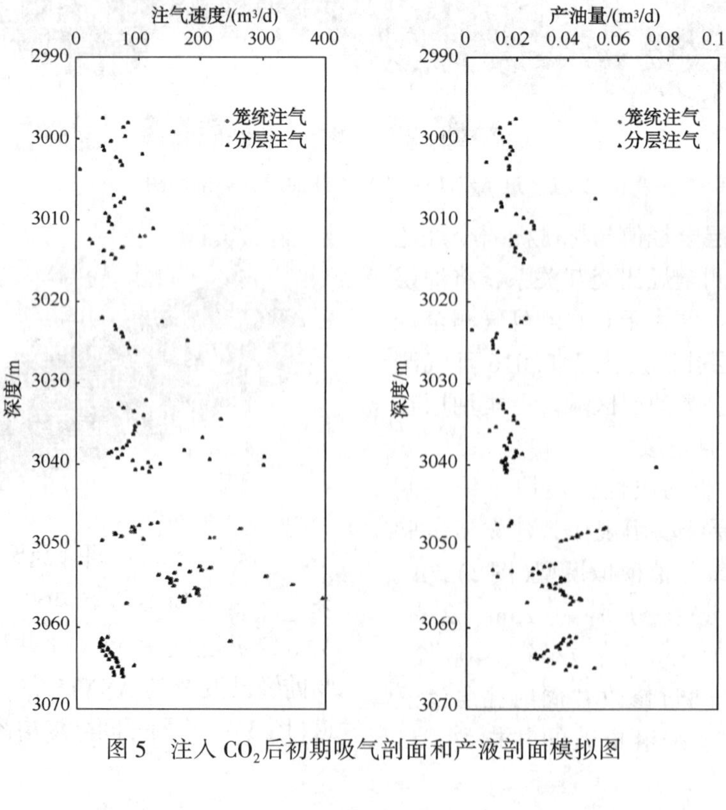

图 5　注入 CO_2后初期吸气剖面和产液剖面模拟图

因采出端产量差异小，造成分注无优势。$P_3w_2^{2-3}$、$P_3w_2^{2-4}$生产能力和吸气能力好，生产井射开 $P_3w_2^{2-3}$、$P_3w_2^{2-4}$层即可达到产量目标，可提高注采对应率，改善层间目的。建议 AXX14 井组的 AXX10、AXX11、AXX17、AXX18 四口采油井射开 $P_3w_2^{2-3}$、$P_3w_2^{2-4}$层，以对比其他笼统合采井效果。同时以油层分类作为吸气剖面平衡参数，采用差异化孔密设计来平衡油层纵向吸气量，一类油层射孔密度为 16 孔/m、二类油层射孔密度为 20 孔/m。

4　注入参数优化

2023 年 10 月 12 日开始在试验区实施超前注 CO_2，单井平均注入速度 50t/d。根据数模历史拟合结果(图 7)：超前注入 CO_2四个月后，地层压力升高，除 AXX01、AXX04、AXX18 还未被波及到，其他生产井压力都有所上升；除 AXX12 井注入 CO_2已波及到 AXX15 井，驱替半径达到 280m，其他注气井驱替半径最大 195m。

根据压力监测资料，各注入井井口油压稳步上升，上升幅度 0.6～2.56MPa，视吸气指数稳步下降(图 6)，下降幅度小于 1t/MPa，说明注入量可适当提高。在注入井井底流压限制在 57MPa 时，模拟不同注入率，结果表明(表 3)：若超前注 CO_2至 2024 年 3 月，6 口井最优注入速度在 50～80t/d。考虑存在气窜通道，建议初期增注量不超过 10t/d，后期根据生产井投产后生产动态进行再优化。

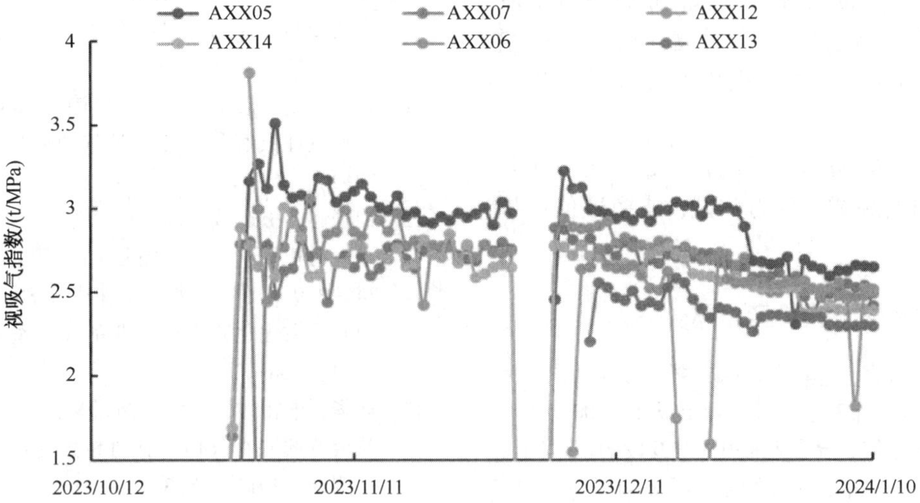

图 6　各井视吸气指数变化曲线

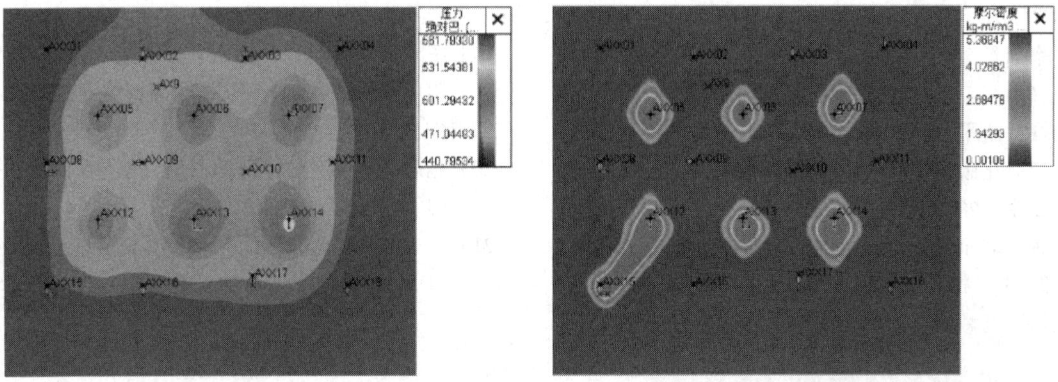

(a) 地层压力　　(b) CO_2摩尔密度

图 7　超前注入 CO_2四个月波及范围图

表3　注入量优化结果

井号	注入速度/(t/d)		
	实际	超前注 CO_2 至3月	建议
AXX05	50	80	80
AXX06	50	70	65
AXX07	50	60	70
AXX12	50	50	50
AXX13	50	55	55
AXX14	50	60	60

5　结论及建议

（1）建议AXX14井组的AXX10、AXX11、AXX17、AXX18四口采油井射开 $P_3w_2^{2-3}$、$P_3w_2^{2-4}$ 层主力产层试验，对比笼统合采效果；

（2）根据目前超前注气效果，最优注入速度50~80t/d，考虑到存在气窜通道，建议初期增注量不超过10t/d，后期根据生产井投产后生产动态进行再优化；

（3）为了做好超前注气试验，建议进行压降试井、吸气剖面测试、压力测试，支撑数值模拟优化注采参数。

参考文献

[1] 沈平平，廖新维. 二氧化碳地质埋存与提高油气采收率技术[M]. 北京：石油工业出版社，2009.

[2] 何秋轩，王志伟. 低渗透油田注气开发的探讨[J]. 油气地质与采收率，2002，9(6)：38-40.

[3] 李士伦，周守信，杜建芬，等. 国内外注气提高石油采收率技术回顾与展望[J]. 油气地质与采收率，2002，9(2)：1-5.

[4] 曹学良，郭平，杨学峰，等. 低渗透油藏注气提高采收率前景分析[J]. 天然气工业，2006，26(3)：100-102.

[5] 杜朝锋，武平仓，邵创国，等. 长庆油田特低渗透油藏二氧化碳驱提高采收率室内评价[J]. 油气地质与采收率，2010，17(4)：63-65.

[6] 罗二辉，胡永乐，等. 中国油气田注 CO_2 提高采收率实践[J]. 特种油气藏，2013，20(2)：1-7.

[7] 何应付，高慧梅，周锡生. 改善低渗透油藏注二氧化碳驱油效果的方法[J]. 断块油气田，2011，18(4)：512-515.

[8] 吴永鑫. 二氧化碳驱最低混相压力影响因素分析[J]. 采油工程文集，2016(2)：74-77.

[9] 计秉玉，王凤兰，何应付. 对 CO_2 驱油过程中油气混相特征的再认识[J]. 大庆石油地质与开发，2009，28(3)：103-109.

[10] 陈涛平，赵斌，贺如. 特低渗透油层 CO_2 与 N_2 驱替方式[J]. 大庆石油地质与开发，2018，37(4)：127-132.

[11] 刘华，李相方，李朋，高云丛，夏俊，于鹏亮. 特低渗非均质油藏 CO_2 驱注气速度对采出程度的影响[J]. 石油钻采工艺，2016，38(1)，105-108.

[12] 钟张起，薛宗安，刘鹏程，等. 吉林油田低渗复合油藏 CO_2 驱数值模拟研究[J]. 石油地质与工程，2012，26(6)：94-96

[13] 廖海婴，吕成远，赵淑霞，等. 用数值模拟研究低渗透油藏 CO_2 驱影响因素[J]. 新疆石油地质，2011，32(5)：520-522.

[14] 吴忠宝，甘俊奇，曾倩. 低渗透油藏二氧化碳混相驱油机理数值模拟[J]. 油气地质与采收率，2012，19(1)：67-71.

[15] 钟张起，史运芳，刘鹏程，等. 低渗透油藏 CO_2 驱注入时机研究[J]. 断块油气田，2012，19(3)：346-349. [16] 史华. 正理庄高89-1区块 CO_2 混相驱参数优化数值模拟研究[J]. 海洋石油，2008，28(1)：68-73.

[17] 刘华，李相方，李朋，高云丛，夏俊，于鹏亮，腰英台特低渗油田 CO_2 驱油参数优化研究[J]. 油气井测试，2016，25(3)，7-11.

[18] 宋兆杰，李治平，赖枫鹏，张继龙，李佳，张磊. 水驱油藏转注 CO_2 驱油参数优化与效果评价[J]. 西安石油大学学报：自然科学版，2012，27(6)：42-47.

[19] 庄永涛，刘鹏程，郝明强，薛展. 低渗透油藏 CO_2 驱井网模式数值模拟[J]. 断块油气田，2013，20(4)：477-480.

[20] 苑志旺. 低渗油藏 CO_2 驱合理技术注采井距探讨[J]. 钻采工艺，2018，48(3)：45-47.

[21] 张勇. 苏北低渗透油藏 CO_2 混相驱油方案优化研究[D]. 青岛：中国石油大学(华东)，2012.

基于声波测井的海上页岩油压裂效果评价研究

梁云祥　王晓飞　杨福林　刘　琪　岳　铖　余绵涛

（中海油田服务股份有限公司）

摘　要　随着油气田勘探开发的不断深入，页岩油等非常规储层逐步成为海上油气田的重要增产领域，但仅依靠其自身的产能很难形成工业油气。而通过储层压裂改造创造出油气运移的缝网体系，进而释放页岩油等非常规储层油气层产能是切实有效的手段，因此储层压裂改造的效果成为用户普遍关心的问题。当前压裂效果评价主要涉及压裂缝位置、延伸高度和延伸距离、压裂缝宽度及改造空间规模等，目前国内外已有的水力压裂裂缝检测技术很难在检测精度和储层保护等方面做到兼顾。我们通过对声波测井资料的深入挖掘，可以利用声波测井资料来综合评价压裂缝高度、压裂缝发育方位及压裂缝延伸距离等裂缝参数，主要是通过检测地层压裂前后各向异性、径向速度剖面及远探测的变化，对压裂缝的位置、延伸高度以及径向延伸情况进行评价，进而实现对页岩油储层压裂改造效果的评价。通过以上方法，可以实现在定量评价压裂效果的同时，保护井筒及储层的完整性。

关键词　页岩油储层；声波测井；压裂效果；压裂缝参数评价

页岩油等非常规储层由于其低渗致密、非均质性强等特点，储层压裂改造是产能释放的有效手段，对压裂效果的评价则显得十分重要。目前国内外有多种压裂裂缝检测技术，包括井温法、放射性示踪剂法、微地震法及光纤法等，井温法通过测量压裂液注入导致的局部低温异常来实现裂缝检测；放射性示踪剂法通过施工后伽马测井检测放射性元素展布来检测裂缝高度；微地震法则通过检测压裂过程中诱发的微地震波检测裂缝规模变化。以上这些方法在定量评价方面、储层保护以及作业条件等方面有较大局限，如井温法精度低，放射性示踪剂法危险高、储层污染严重，微地震法海上作业难度大等，造成这些评价方法的实用性差、可操作性难度较大以及准确性较差等问题，因此需要寻找新的压裂效果评价方法。

1　声波测井裂缝评价技术

阵列声波测井是目前很成熟的商业化测井项目，能够测量地层纵波、横波及斯通利波时差等，在均质地层能够得到单一的地层速度信息。但当地层由于应力条件、钻井过程及压裂作业等发生机械破损造成弹性参数改变时，会造成井壁附近地层环向声波速度存在差异，即波速信息在环向上存在各向异性；同时井壁附近的地层波速信息也会发生变化，这时地层的径向速度也会发生变化；而声波信息在井外向外传播时在遇到地质体后会发生发射，反射回来的声波可被探测器接收并用来确定地质体的位置。因此我们可以利用声波测井信息测量得到的地层在压裂前后径向速度、各向异性及远探测等方面的差异来评价压裂缝的高度、发育方位及径向延伸距离等，进而对储层的压裂改造效果进行准确评价。

本文基于页岩油储层改造效果评价的需求，在传统压裂裂缝检测技术方法存在诸多局限的情况下，通过引入声波径向速度剖面、各向异性及远探测技术，实现对压裂缝方位、高度及延伸距离等参数的准确评价。

1.1　声波各向异性技术

沉积岩地层多存在各向异性特征，这使得声波的传播问题变得复杂，但大多情况下，这种各向异性可以用最简单的形式来模拟，即横向各向异性。这种各向异性有一个对称轴，与该轴相垂直的任何方向上的介质性质都相同，而与该方向垂直方向即沿对称轴的方向上的介质性质有所不同。储层在压裂改造后，如果受地应力控制产生单一方向的裂缝，在与裂缝走向平行的方向上偏振的横波对应的地层弹性模量较高，因此传播速度较快；而在裂缝开裂方向（垂直裂缝表面方向）上偏振的横波对应的弹性模量较低，因而传播速度较慢。这就造成了横波在两个偏振方向上的的各向异性，压裂前后各向异性的变化能评价裂缝高度，快横波的偏振方位能得出裂缝的走向。

图 1 是针对实际井情况的模拟结果。图 1a 是裸眼井情况下的模拟计算波形数据，接收器阵列共有八个接收器，从模拟的测井理论波形图上可以清晰的看到横波的各向异性，平行裂缝方向偏振的横波（实线）传播速度大于垂直裂缝方向偏振的横波（虚线）传播速度，两者之差是由输入模型中的弹性模量差别决定的。图 1b 是套管井情况下的模拟计算波形数据（地层弹性模型参数与裸眼井一致，模型增加了套管和水泥环），与裸眼井的情形相比，虽然波形及波的到时（提前了一些）都发生了变化，但平行裂缝方向的横波（实线）仍然比垂直裂缝方向的横波（虚线）传播的快，而且快慢横波测量计算得到的各向异性与裸眼井中的结果一致。这表明在套管井中偶极子声波的传播还是主要受地层横波的弹性性质控制，即对于套管井，我们还是能够测量横波各向异性。图 1c 模拟了正交裂缝地层中的偶极子声波测井问题，假设正交的两个裂缝体系裂缝强度相同（其他参数与裸眼井情况一致），这种情况下横波各向异性消失，原因是两个裂缝体系方向上的横波传播速度一致。这也就为我们在套管井中做压裂效果评价奠定了理论基础。

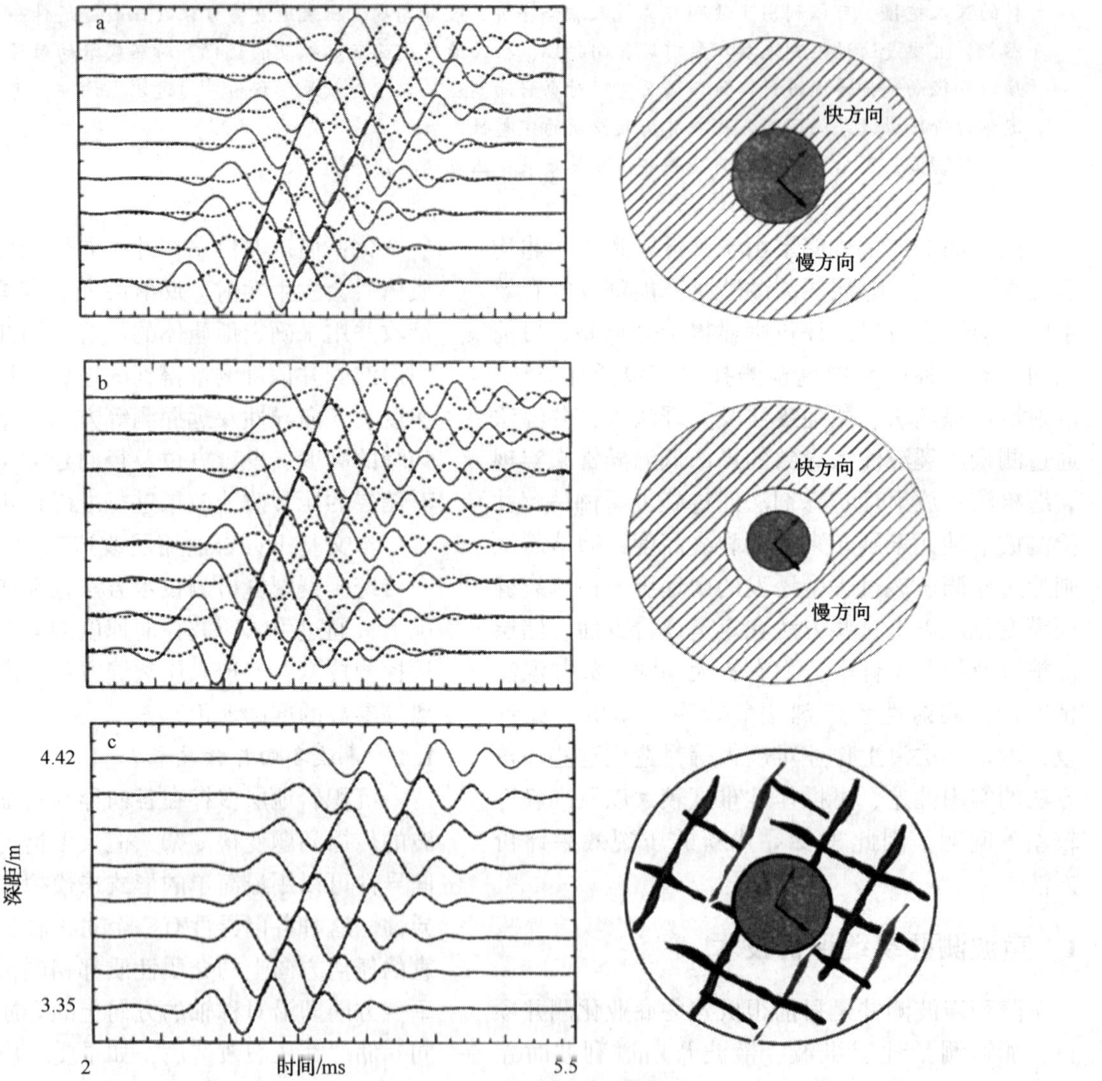

图 1　裂缝地层中偶极子声波测井的理论模拟

1.2　径向速度剖面技术

地层为均质地层时，井壁附近地层径向速度无变化，纵波是沿着井壁传播的滑行纵波，纵波走时代表地层真实地层速度信息（图 2）。当地层因受到应力条件、钻井过程及压裂作业等造成机械破损时会引起井壁附近地层的弹性参数发生变化，进而造成井壁附近地层波速发生变化，声波射线由浅及深折射进入地层，然后以滑行纵波传播后再由深至浅折射传回接收器(图3)，纵波的传播路径依次途径了探测深度内速度有变化的地层，且探测深度随着源距变长而增大。因此传回接收器的纵波信息包含了探测深度内地层速度变化的信息，进而可以利用纵波走时重建井壁附近地层的径向速度变化剖面，长源距由于包含的地层速度变化信息更多，更适合用来重建井壁附近地层的径向速度剖面。

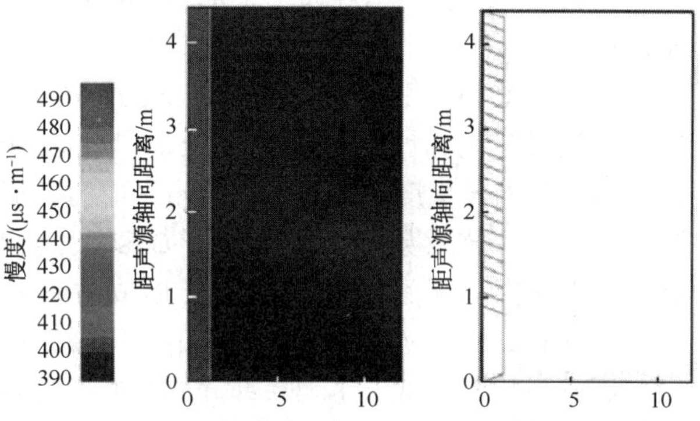

(a) 均质地层模型　　(b) 首波射线传播路径

图2　均匀地层首波传播路径

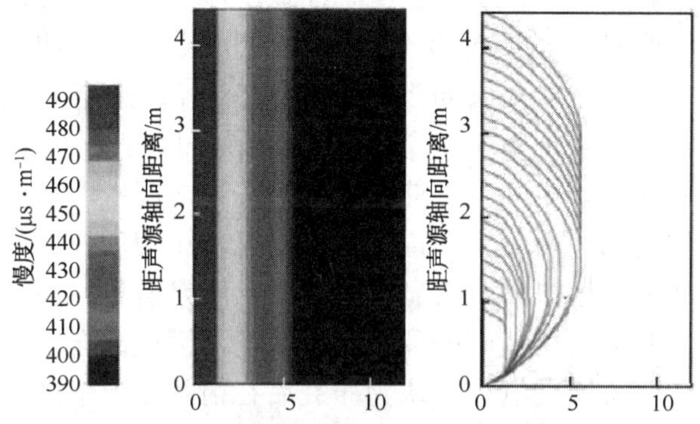

(a) 径向速度变化地层模型　　(b) 首波射线传播路径

图3　径向速度变化地层首波传播路径

1.3　远探测技术

井旁地层存在裂缝、孔洞、断层及倾斜地层界面等声波阻抗界面时，声波测井传播到地层中的能量在经过地层中这类声阻抗界面后能够反射回井筒内被接收器接收，随后利用反射声波信息进行井周声波成像反映裂缝等地质体的位置、大小及倾角等信息的技术即声波远探测技术。其探测深度在几米至几十米之间，在识别井外裂缝、地层界面及溶蚀孔洞等方面有独特优势，能够为油气层综合评价及储层改造提供重要信息。

图4~图7是针对单个裂缝界面可能发育情况的模拟。采用单一变量的方法，对裂缝长度、张开度及倾角等各个因素对声波远探测结果的影响进行了数值模拟。图4模拟了裂缝其他参数固定的情况下，远探测成像对裂缝长度变化的响应，可以看出裂缝长度越大，成像结果越清晰。图5则模拟了裂缝张开度变化的影响，裂缝张开度越大，成像结果越清晰。图6模拟得出裂缝倾角越大，声波远探测成像结果越清晰。图7模拟反映裂缝离井距离越近，成像结果越清晰。图8则模拟了裂缝带随几何参数变化的成像规律，看出裂缝整体倾角越大，裂缝带成像越清晰。

从上述结果看出，声波远探测对于高角度裂缝具有很好的识别能力，对于低角度缝的识别能力较弱，因此需要结合其他手段综合评价。

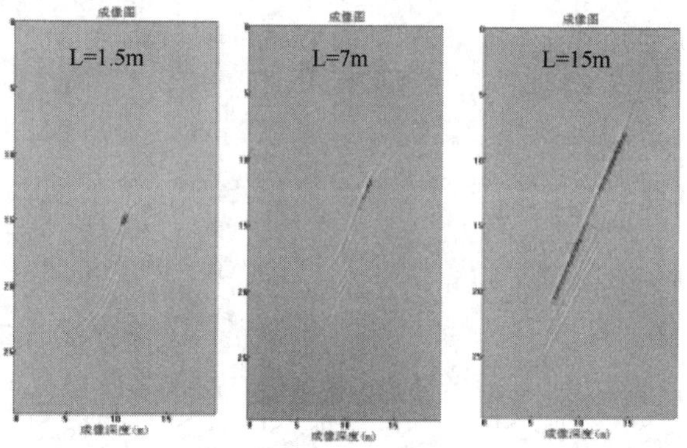

图4　裂缝长度变化

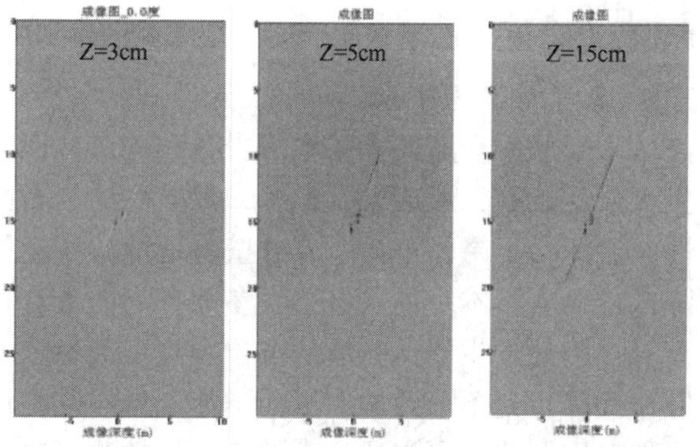

图5　裂缝张开度变化

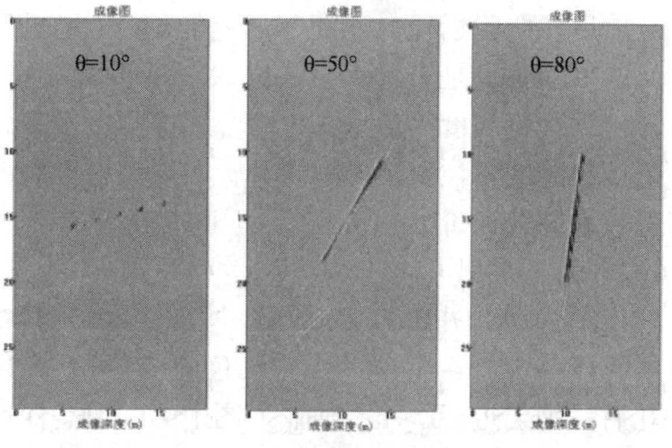

图6　裂缝倾角变化

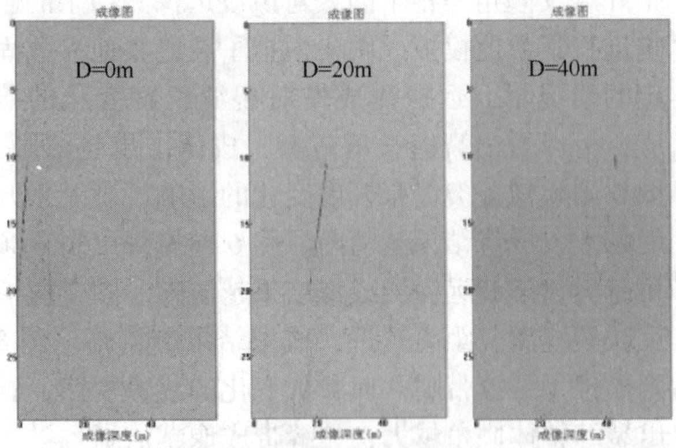

图 7　裂缝离井距离变化

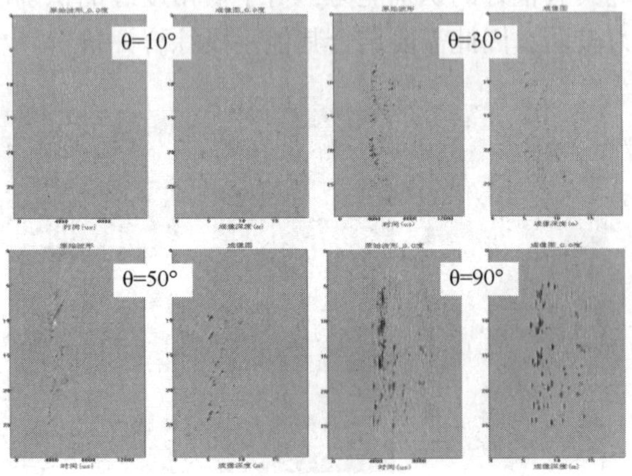

图 8　裂缝带倾角变化模拟

2　应用研究

2.1　压裂效果评价

由于压裂会造成井壁周围岩石破碎，从而产生大量压裂缝，形成岩石扩容，扩容后的岩石弹性波波速会下降，进而造成井壁附近地层波速的降低；而岩石本身的岩石力学参数在周向上存在差异，因此产生的压裂缝的方位及高度等参数在井壁周围也是不一致的，进而增加了地层的各向异性。因此我们可以通过声波各向异性测量来评价压裂前后地层的压裂缝的发育情况，并利用压裂前后井壁附近径向速度剖面差异信息（包括径向速度变化量是否增大、径向深度是否增加）来评价压裂缝高度等信息，再结合远探测技术来评价压裂缝的方位及延伸距离等，实现储层压裂改造效果综合评价。

2.2　应用实例

图 9 是 X 井 2970～3060m 井段综合图，其中射孔段为 3031～3049m（图中红色虚线框），在射孔后对地层进行了压裂作业。图中第一道是深度道，第二道是伽马及井径道，第三道是电阻率道，第四道是中子密度及声波道，第五道至第七道为本井各向异性道（裸眼井、下套管后压裂前及压裂后各一道），第八道是射孔段标注道，第九道至第十一为径向速度剖面道（裸眼井、下套管后压裂前及压裂后各一道），第十二道为下套管后压裂前及压裂后径向速度剖面差异结果道，第十三道为声波远探测结果道。本井段主要岩性为油页岩，底部有砂岩薄层发育，利用底部薄砂岩层作为射孔段，对射孔段上下油页岩进行压裂作业。

从第六道和第七道可以看出，3029～3050m 压裂后地层各向异性度更低了，3050～3058m 压裂后地层各向异性度更高了，结合水平应力数据（水平应力差异系数越小，利于形成复杂网状缝；水平应力差异系数大，倾向于形成主缝），3029～3050m 水平应力差异系数较小，压裂后更倾向形成网状缝，抵消了地层部分原有的各向异性导致压裂后各向异性度有所降低；3050～3058m 水平应力差异系数较上部高，分析压裂后产生了主缝，压裂后地层各向异性度增加。第十道和第十一道径向速度剖面显示压裂后地层径向速度发生了明显变化，1 号射孔层向上延伸了 2m，3 号射孔层向下延伸至 3058m（声波有效数据仅测量到 3058m），2 号射孔层明显与 1 号和 3 号射孔层之间有延伸，三个射孔段之间压裂后整体连通。而第十三道远探测道显示压裂后 3029～3058m 远探测声波显示团簇弧状反射信号，判断为井旁复杂缝网的裂缝响应特征。因此综合上述各个方面的响应，认为压裂后在射孔段上下产生了井旁复杂缝网。而压裂后地层测试日产油 19.5m^3/d，日产气 1589m^3/d，说明压裂对储层的改造效果良好。

图 10（a）是 A 井 1435～1495m 井段综合图，射孔段为 1466～1470m。本井为砂岩储层，录井有良好显示，但显示段储层较致密。图中第一道是伽马道，第二道是深度道，第三道是中子密度及声波道，第四道是压前各向异性道，第五道是压后各向异性道，第六道是压前压后各向异性差异结果道，第七道是压前径向速度剖面道，第八道是压后径向速度剖面道。图 10（b）为射孔段声波远探测放大图。从图 10（a）中可以看出，射孔段在压裂前后各向异性和速度剖面均有明显变化，显示压裂缝高度约 10m；压裂后远探测图 10（b）在离井 25～50m 范围内看到了明显反射界

面，推断为压裂缝。压裂前气量太小无法计量，压裂后日产气 $20880m^3/d$，求产结果显示压裂改造效果较好。

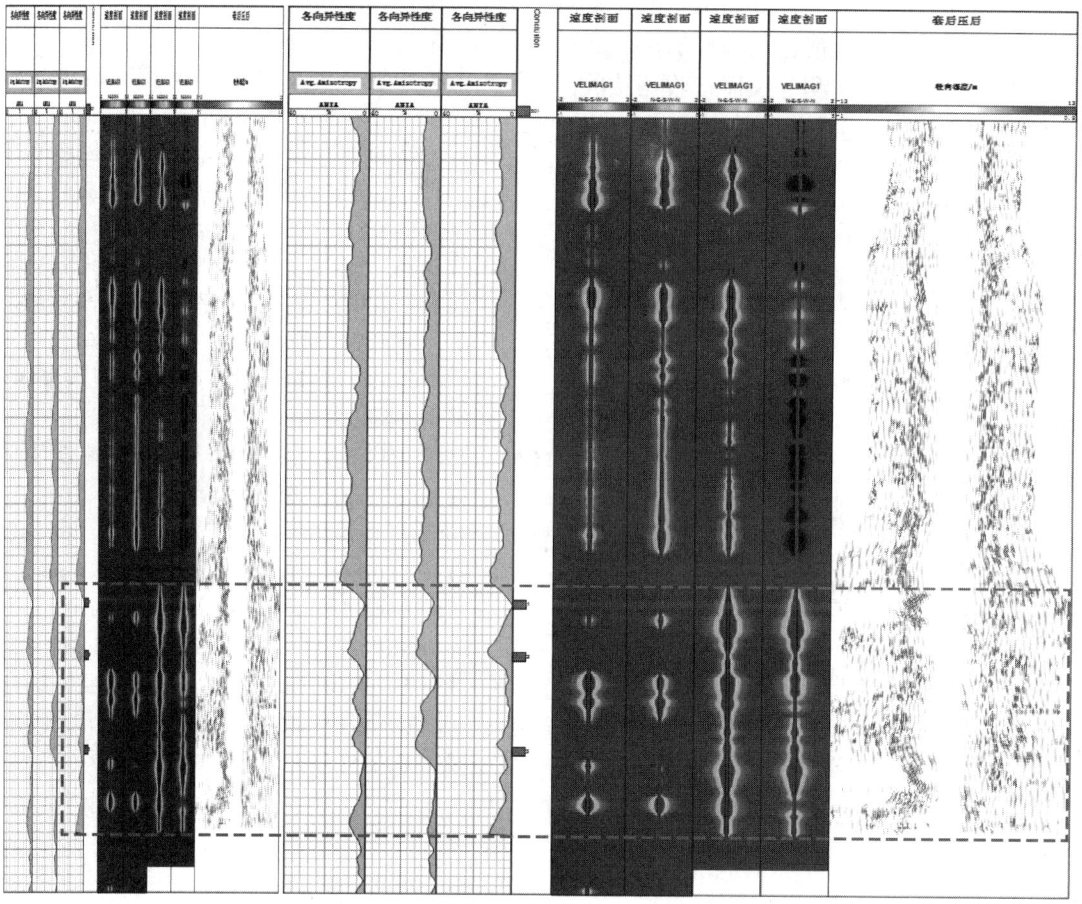

图 9　X 井压裂前后各向异性、径向速度剖面及远探测成果图

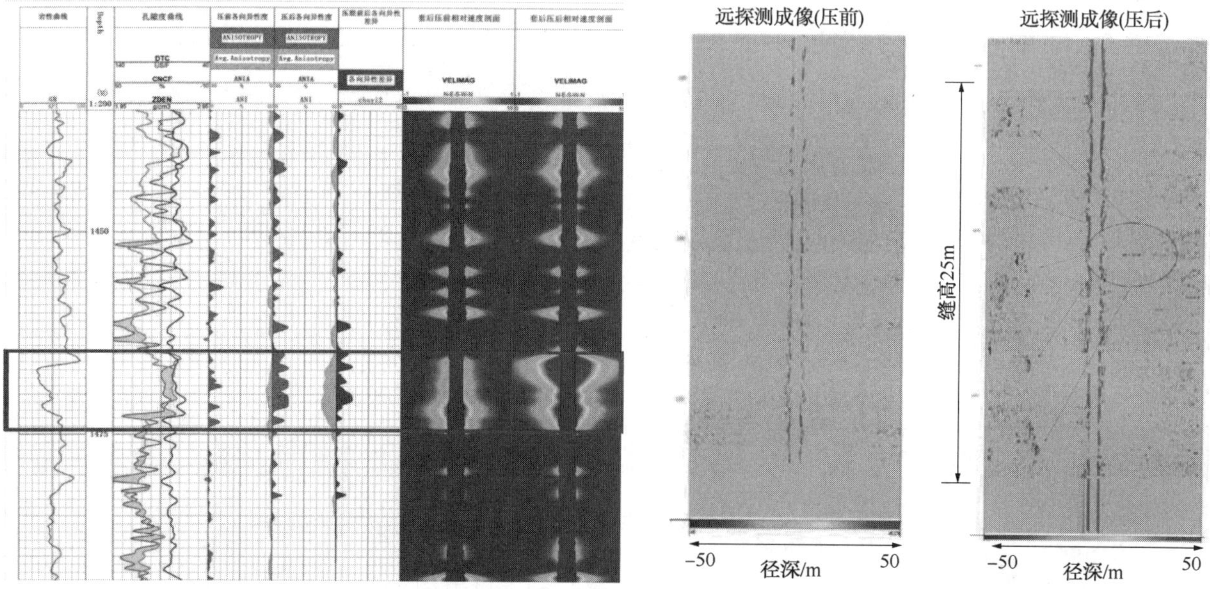

(a) 压裂前后各向异性、径向速度剖面成果图

(b) 压裂前后远探测剖面成果图

图 10　A 井压裂前后声波处理面成果图

3 结论

由于受到钻井，压裂等工程方面的影响，井壁附近地层岩石形成机械破损，造成地层声波弹性参数发生变化，使得声波测井仪器接收器接收到的声波信息发生改变。正是由于声波信息对岩石机械破碎响应灵敏，因此我们可以通过对声波测井信息的精细提取分析来进行储层压裂改造效果评价。

（1）利用压裂前后地层的径向速度剖面差异信息(径向速度变化量是否变大，深度是否加深)，可以定性半定量评价地层的压裂缝高度，而且可以通过周向各个方向径向速度剖面差异判断裂缝发育方位。

（2）通过对压裂前后地层的各向异性进行对比(各向异性度是否变化)，能够半定量评价压裂缝高度发育情况，并通过周向各向异性变化情况判断裂缝发育方位。

（3）通过对长源距探测器声波数据进行声波远探测成像，能够反映压裂缝等构造(高角度)的位置、大小及倾角等信息，进而判断储层压裂改造是否有效。

参考文献

[1] 唐晓明，郑传汉．定量测井声学[M]．石油工业出版社，2004.

[2] 李盛清．声波远探测成像处理方法及地质应用研究[D]．中国石油大学(华东)，2019.

[3] 古希浩，唐晓明，苏远大．井中偶极声源在横向各向同性地层中的辐射波场[J]．地球物理学报，2022(004)：065.

[4] 钱玉萍，王文文，侯振学，等．纵波走时层析成像技术在非常规储层压裂评价中的应用[J]．测井技术，2018，42(4)：6.

[5] 丁小磊．地层各向异性分析与压裂效果评价[D]．荆州：长江大学，2016.

[6] 赵龙，唐晓明，苏远大，等．横波速度径向层析成像方法及应用研究[J]．应用声学，2014(1)：7.

[7] Tang X M ，Patterson D J．Mapping formation radial shear-wave velocity variation by a constrained inversion of borehole flexural-wave dispersion data[J]．Geophysics，2010，75(6)：4453. DOI：10.1190/1.3502664.

[8] 魏周拓，唐晓明，庄春喜．慢速地层中具有方位指向性的偶极纵波远探测测井[J]．石油学报，2013，34(005)：905-913.

黏土矿物及转化对湖相页岩油储层的意义
——以鄂尔多斯盆地长7页岩为例

王冠平[1,2,3]　张　谦[4]　王濡岳[1,2,3]

（1. 页岩油气富集机理与高效开发全国重点实验室；2. 中国石化页岩油气勘探开发重点实验室；
3. 中国石油化工股份有限公司石油勘探开发研究院；4. 北京大学能源研究院）

摘　要　在富含有机质的页岩中，与黏土矿物有关的孔隙为碳氢化合物提供了重要的储存空间。然而生油窗阶段湖相页岩的孔隙结构演化及其相关影响因素尚不清楚。本研究试图通过薄片观察、有机岩石学、扫描电镜、能量分析和矿物学分析，结合气体吸附和高压压汞的孔隙结构表征，揭示了黏土矿物及其转化对鄂尔多斯盆地长7页岩孔隙结构的控制作用。结果表明，微孔（<2nm）和中孔（2~50nm）是长7页岩富含有机质层段的主要储集空间。在富含有机质的湖相页岩中，黏土总含量与中孔体积相关。中孔体积与不同黏土矿物之间的多元逐步线性回归模型表明，直径在2~5nm之间的孔隙受伊利石、绿泥石和高岭石的控制，直径在5~10nm和10~20nm之间的孔隙受伊利石的控制，而20~50nm的孔隙则依赖于伊蒙混层和伊利石。鄂尔多斯盆地长7页岩中黏土矿物的转化主要有三种类型，包括蒙脱石向伊利石的转化、蒙脱石-伊利石-绿泥石转化以及钙长石/钠长石-高岭石/伊利石转化。这些黏土矿物的转化都对孔隙体积产生了积极影响，尤其是正长岩/橄榄石到高岭石/绿泥石的转化，而蒙脱石向伊利石的转化则对孔隙系统的连通性产生了一些负面影响。此外，绿泥石对大孔隙体积、孔隙度和孔喉半径的控制也不容忽视。本研究的发现有助于清楚地了解湖相页岩的孔隙结构演化。

关键词　鄂尔多斯盆地长7段；湖相页岩；黏土矿物；成岩作用；孔隙演化

1　引言

页岩油气革命正在影响全球能源供应格局和许多国家的能源独立性，引起了广泛关注。页岩油气资源广泛分布于我国的海相页岩、湖相页岩和过渡页岩中。在湖相页岩油气资源中，鄂尔多斯盆地长七页岩显示出巨大的页岩油气勘探潜力。储层孔隙结构是影响湖相页岩油气发生状态、运移和聚集的关键因素。与北美海相页岩相比，湖相页岩的孔隙结构具有复杂性高、异质性强、有机孔隙发育差等特点。湖相页岩的这些特殊性限制了储层的深入评价。因此，要在中国成功开发湖相页岩油气，需要对孔隙结构进行更有针对性的科学研究。

关于页岩孔隙结构的大量研究表明，孔隙结构受多种因素的影响，如岩相、热成熟度、矿物组成、有机质（OM）含量、OM组成、矿物转化和成岩作用等。其中，有机物的影响及其热演化对孔隙结构起着重要作用。例如，Mastalerz等人（2013年）指出，页岩孔隙结构会随着热成熟度的增加而演变。固体沥青中有机物孔隙的增加会导致孔隙率的增加，因为随机玻璃光泽反射率（VRr）值在0.65%~1.15%之间。Guo等人（2018年）提出，石油窗口期迁移到页岩中的碳氢化合物会全部或部分填充孔隙，从而降低孔隙度。而Deng等人（2021年）提出，碳氢化合物产生的超压将保护孔隙系统。Zhou等人（2020年）提出了孔隙系统的突变，成熟值VRr为1.3%。Gao等人（2021年）通过扫描电子显微镜得出结论，在热演化过程中没有形成大于10nm的孔隙。此外，有机成分的差异也会极大地影响这些演化过程的程度。不同类型的角砾岩在上覆压力下生成和排出碳氢化合物时产生的孔隙也不同。因此，有机质含量和有机质成熟程度对页岩孔隙结构的影响仍不明确，需要进一步研究。

黏土矿物及其转化是影响页岩孔隙结构的另一个重要因素。许多研究表明，黏土矿物含量与孔隙体积呈正相关。然而，受黏土矿物影响的孔隙大小区间还存在争议。例如，Wang等人（2015年）以长7页岩为例，提出黏土矿物的含量控制着中孔（10~50nm）的发育。Shan等（2019）也以长7页岩为例，间接指出黏土矿物的含量通过分形维度控制了孔隙小于 5nm 样品的总孔隙体积(TPV)。Chen 等(2020)以海相龙马溪页岩为研究对象，认为黏土矿物主要影响页岩中 2~5nm 和 20~100nm 的孔隙发育。Yuan 等(2020)将纯黏土矿物与页岩进行对比，认为 2~17nm 的孔隙主要由伊利石控制。Li 等人(2017 年)研究了不同类型的纯黏土矿物，发现黏土矿物主要控制 2~50nm 孔隙的发育。黏土矿物对页岩中孔隙大小的影响尚不十分清楚。此外，湖相页岩中孔隙的形成和演变还与黏土的转化有关。例如，将直闪石转化为伊利石会导致孔隙体积和比表面的减少。这是因为与伊利石相比，直闪石具有更大的内比表面积和孔隙体积。同时，在直闪石转化为伊利石的过程中排除的层间水可以抵抗孔隙压实，保护孔隙。然而，Kuila 和 Prasad(2013 年)提出，基本单元堆积形成的陶粒内孔隙(约 3nm)不受压实的影响，而黏土矿物团聚体内孔隙(20~100nm)受压实的影响较小。由此可见，黏土矿物及相关转化对孔隙的影响仍需深入研究。本研究需要解决一个问题：黏土矿物含量和不同黏土矿物转化对湖相页岩孔隙结构的影响。该研究从成因、类型、转化等方面系统研究了有机质和黏土矿物对早期油窗页岩孔隙结构的影响，为研究湖相页岩储层孔隙网络的形成和保存机理提供了依据。

2　地质背景

鄂尔多斯盆地位于中国北部，是一个多周期叠加盆地(图 1)。鄂尔多斯盆地蕴藏着丰富的常规和非常规油气资源。根据构造历史，鄂尔多斯盆地经历了从早古生代到早白垩世的多个演化阶段。根据鄂尔多斯盆地的现今形态，确定了六个构造单元，包括天环沉降带、沂蒙隆起带、西缘推覆带、山西西部褶皱带、沂山斜坡带和渭北隆起带(图 1)。在晚三叠世延长组沉积时期，盆地是一个坡度平缓、多源、构造稳定的大型陨石坑凹陷湖盆。长 7 系沉积期为鄂尔多斯盆地中生代最大的湖相洪积期，沉积了一套半深至深的湖相页岩(图 1)。热液活动在这一时期达到顶峰，湖中藻类和浮游生物大量繁殖，为富有机质页岩的形成提供了丰富的有机质。长七单元由富含有机质的黑色页岩组成，夹有部分凝灰岩、碳质泥岩、泥岩、粉质泥岩和霰质粉砂岩(图 1)。长 7 组有机质含量较高，是鄂尔多斯盆地中生代储层的主要源岩。非常规资源勘探实践也表明，长 7 组页岩油气潜力巨大。

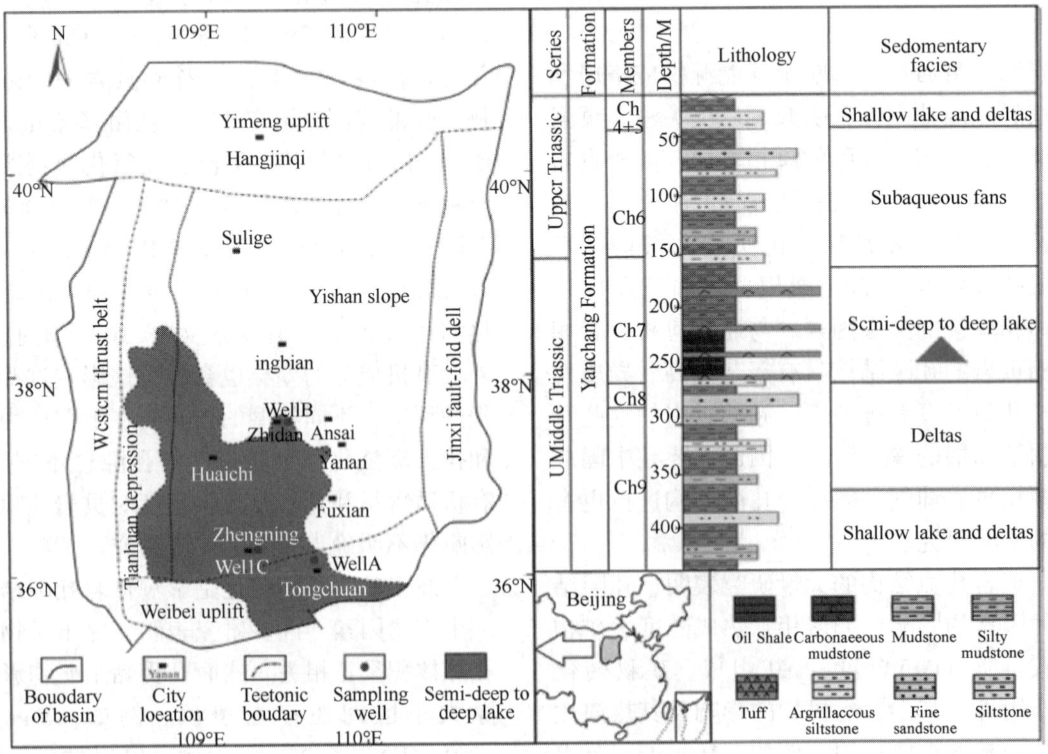

图 1　鄂尔多斯盆地的构造划分及延长地层的钻探位置和综合地层柱

3 样本和分析方法

在这项研究中，选择了三口以上三叠统地层长7组半深至深湖面为目标的油井作为研究对象。这些样品均为黑色页岩。首先进行了总有机碳、VRr、薄片观察和X射线衍射分析，以选择用于孔隙结构研究的样品。共选择了12个富含有机质的页岩样本进行孔隙结构测试，以确保样本涵盖不同的成熟度和黏土矿物含量。在这12个样本中，10个来自A井，2个来自B井和C井(图1)。薄片观察用于确定沉积结构和成分特征。使用MSP200显微分光光度计按照IOS标准进行VRr实验。根据国际公认的宏观分类系统对蛭石、惰性石和硫铁矿进行了鉴定。为了测定富含有机质的情况，将样品粉碎成粉末状(100目)，然后根据中国国家标准GB/T 19145—2003，用LECO CS230碳/硫分析仪测定总有机碳含量。使用D8A25 X射线衍射仪测定了这些样品的块状矿物和黏土矿物成分。根据样品衍射峰的面积估算各种矿物的质量含量，并用洛伦兹方法进行校正。这些样品在场发射扫描电子显微镜(美国希尔斯伯勒公司生产的Helios 5CX)上进行观察，以获得孔隙形态图像，并配备能量色散光谱仪进行矿物鉴定。低压CO_2气体吸附实验由JWBK-200C比表面积和孔径分析仪按照SY/T 6154—2019标准进行。低温N_2气体吸附等温线是使用ASAP 2460比表面积和孔径分析仪在77K温度下按照相同标准测定的。在准备这些实验时，先将样品粉碎至60~80目(250~180μm)，然后在真空下脱气至少12h，以确保样品干燥并除去挥发性物质。根据二氧化碳气体吸附实验，采用非局部密度泛函理论(NLDFT)测量微孔的PV和PSD。根据IUPAC的分类，微孔是指直径小于2nm的孔，2~50nm的孔为中孔，大于50nm的孔为大孔。采用AutoPore Ⅳ 9510自动注汞孔隙仪采集孔喉数据和大孔隙(>50nm)结构。本研究按照SY/T 6385—1999标准，使用PoroPDP-200型氦气孔隙度仪测试了12个岩心样品的孔隙度。MSLR分析是一种比单纯线性回归分析更实用的统计方法。它通常用于分析多个自变量的最佳组合，并预测或估计因变量。MSLR分析通常使用方差分析(ANOVA)中的方差膨胀因子(VIF)、调整R方、F值和P值等参数来检验拟合方程的合理性。VIF是衡量多重共线性严重程度的指标，通常以10为临界值，小于10表示不存在多重共线性，可以进行MSLR分析。F统计量可以表示拟合方程的显著性；显著性越大，拟合效果越好。P值表示因变量和自变量之间是否存在线性相关。它们通常小于0.05，表示回归模型中包含的自变量有助于预测因变量。P值小于0.001表示得出错误结论的概率为0.1%，得出正确结论的概率为99.9%。调整后的R平方表示拟合的质量，代表自变量对解释因变量的贡献。

4 实验结果

4.1 岩石学特征

薄片观察表明，长7页岩中层理发育，主要类型为OM层理和黏土矿物层理，其形状多为透镜状、水平状和波浪状(图2c、2d和2e)。黄铁矿、石英和长石的大颗粒大多分布在层状中，在层状中还可以发现由石英和长石组成的透镜状层理(图2e)。所有样本的有机质含量都大于10%，平均为17.4%(表1)。这些样本主要由黏土矿物、黄铁矿和石英组成(表1和图2)。黏土矿物所占比例最大，从29.3%到74.9%不等。在所有黏土矿物中，伊利石/直闪石混合层的含量最高(平均值为28.49%)，其次是伊利石(平均值为11.51%)、绿泥石(平均值为1.64%)和高岭石(平均值为0.98%)。S/I为35%~40%，表明长七页岩的成岩演化处于成岩中期A阶段。黄铁矿和石英的含量分别为1%~41.0%和12%~30.7%。在这些样本中，碳酸盐和斜长石的含量相对较低。黄铁矿化程度(DOP)表明，这些样本沉积在缺氧和缺氧环境中(图2b)。有机岩石学显示，在总有机碳含量较高的选定样本中，黝帘石和薄片岩是最常见的有机质类型。在藻层中还观察到少量的钾长石和钾长石。在长7页岩样品中，玻璃光泽石是OM成分的一个次要组成部分。玢岩大多呈不规则形状的直边。迁移的沥青通常出现在页岩层理附近的裂缝中。在这些样本中，锂辉石类是最OM的矿物。这些样本的VRr值在0.65%~0.85%之间，表明这些样本处于早期油窗阶段。

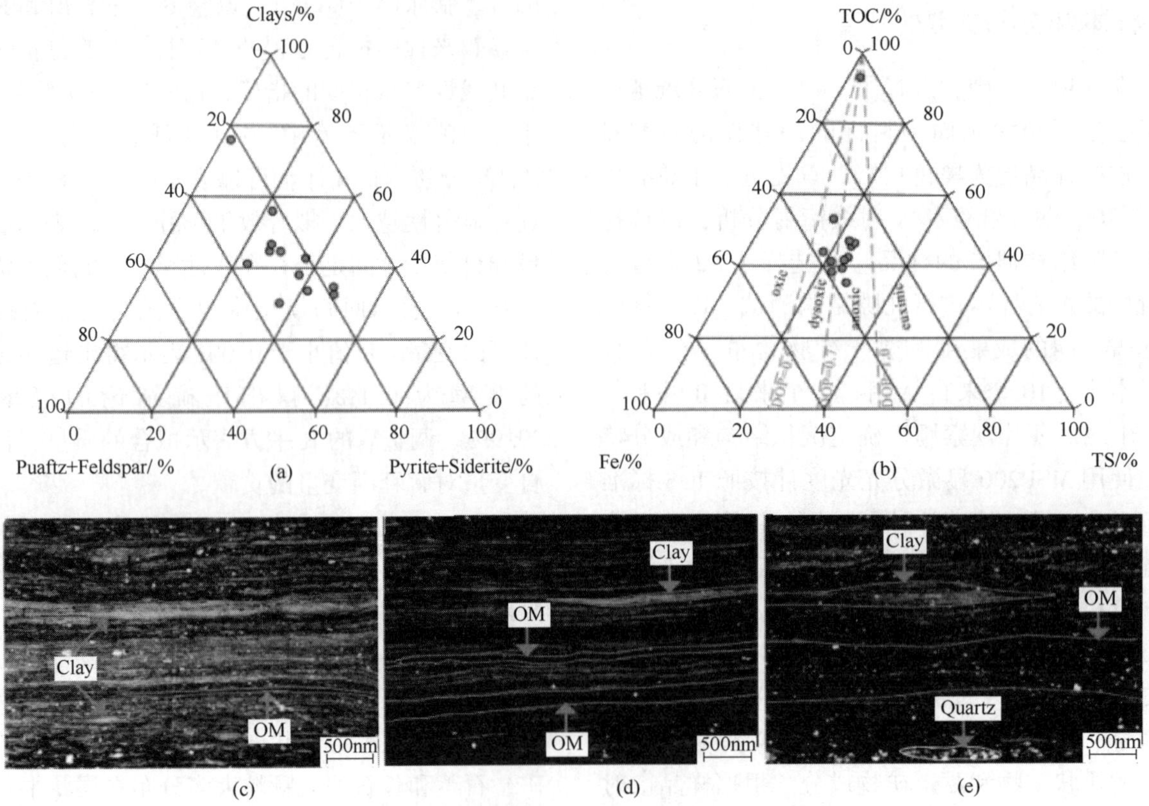

图 2　长 7 富有机质页岩的三元矿物组成图

(a)三元 Fe-TOC-TS；图(b)；显微照片(c、d 和 e)(c)富黏土层理与少量有机层理混合，样品 A-1；(d)黏土层理与有机层理混合，样品 A-8；(e)有机层理与黏土层理交错，少量石英颗粒随层理分布，样品 C-1

表 1　测试页岩样本的总有机碳、玻璃光泽反射率(VRr)和矿物成分

Well name	Samples ID	Depth/m	VRr			TOC/wt%	TS/wt%	Bulk mineralogical composition/%											Clays series minerals/%				S/I/%
			No. of counting	Std	Value/%			Quartz	Clays	K-feldspar	Plagioclase	Calcite	Dolomite	Siderite	Pyrite	Barite	Plaster	Anhydrite	K	I/S	I	C	
A	A-1	209.60	20	0.05	0.72	12.2	7.4	19.8	43.8	1.0	4.2	2.1	0.6	4.4	23.5	/	/	0.6	0.4	25.0	15.3	3.1	40
A	A-2	220.00	9	0.05	0.67	32.5	8.9	14.0	31.8	/	4.4	1.4	2.2	4.4	41.0	/	0.3	0.5	1.3	20.4	8.6	1.6	35
A	A-3	221.58	50	0.06	0.77	10.1	4.2	17.5	55.4	0.3	3.7	1.0	0.2	2.9	18.4	/	/	0.6	/	38.8	15.0	1.7	40
A	A-4	221.63	16	0.07	0.69	24.0	11.5	14.6	42.4	0.4	5.2	1.6	/	2.9	32.5	/	/	0.4	0.8	25.9	12.7	3.0	35
A	A-5	221.73	16	0.07	0.69	15.2	7.6	30.7	40.3	/	3.3	1.5	2.0	1.6	20.1	/	/	0.5	0.4	28.2	10.9	0.8	40
A	A-6	222.81	35	0.06	0.69	12.8	7.7	24.9	43.6	/	2.2	1.6	1.2	4.4	20.8	1.3	/	/	0.4	25.3	17.4	0.4	40
A	A-7	228.76	50	0.05	0.68	16.9	13.0	19.5	32.0	/	3.8	1.8	2.1	1.3	36.2	3.3	/	/	/	26.2	5.4	0.3	40
A	A-8	229.91	50	0.04	0.71	15.5	7.7	19.4	44.4	/	6.1	3.7	2.2	3.2	21.0	/	/	/	/	36.4	7.5	0.4	40
A	A-9	230.47	28	0.06	0.67	22.5	13.7	14.8	33.3	/	2.7	2.7	1.4	5.0	40.1	/	/	/	0.3	22.3	10.0	0.7	40
A	A-10	233.65	50	0.04	0.76	17.0	8.8	21.7	37.4	0.3	2.0	1.7	1.0	4.0	31.9	/	/	/	0.4	27.7	8.2	1.1	40
B	B-1	1064.20	50	0.03	0.79	14.8	0.3	12.0	74.9	1.7	7.7	0.5	0.8	0.8	1.0	/	/	0.6	4.5	44.9	19.5	6.0	40
C	C-1	1651.00	14	0.08	0.85	15.5	9.8	25.6	29.3	1.1	5.5	2.5	1.3	1.0	33.4	/	/	0.3	0.3	20.8	7.6	0.6	35

4.2　孔隙类型和形态

4.2.1　通过 FE-SEM 观察到的与 OM 有关的孔隙

根据 OM 形态特征和来源，OM 孔隙可分为四类：海绵状孔隙、复杂孔隙、收缩 OM 孔隙和 OM 气泡孔隙。其中，复杂的 OM 孔隙通常由清晰可辨的子部分组成，并由分区隔开。如图 3 所示，海绵状、复杂、收缩的 OM 孔隙很发达，而 OM 气泡孔隙则不太发达。海绵状 OM 孔隙主要发育在固体沥青中，复合 OM 孔隙主要发育在毛细管中，而收缩 OM 孔隙的发育不依赖于有机大分子。有机质中矿物颗粒之间边缘平直的孔隙大多不发育(图 3a 和图 3b)。在条纹状有机质条带的多个矿物颗粒之间，局部发育有少量海绵状有机质孔隙和复杂的有机质孔隙(图 3c、图 3d、图 3e 和图 3f)。海绵状孔隙通常分布在纳米级的

OM孔隙中(图3c)。相比之下,复合孔隙大多发育得不规则,子部分清晰可辨,且大小不一(图3d、图3e和图3f)。沿矿物边缘在有机物和矿物之间收缩形成的OM孔隙非常发达。这些OM孔隙与烃排出或封闭压力下降后OM收缩有关。这些矿物主要是黄铁矿和黏土矿物,可促进碳氢化合物的生成。在有机-黏土复合材料中,相关孔隙不太发达(图3a和图3e)。总的来说,有机质孔隙空间中只有收缩孔隙比较发达,这是石油窗口期页岩中烃类生成和排泄的结果。

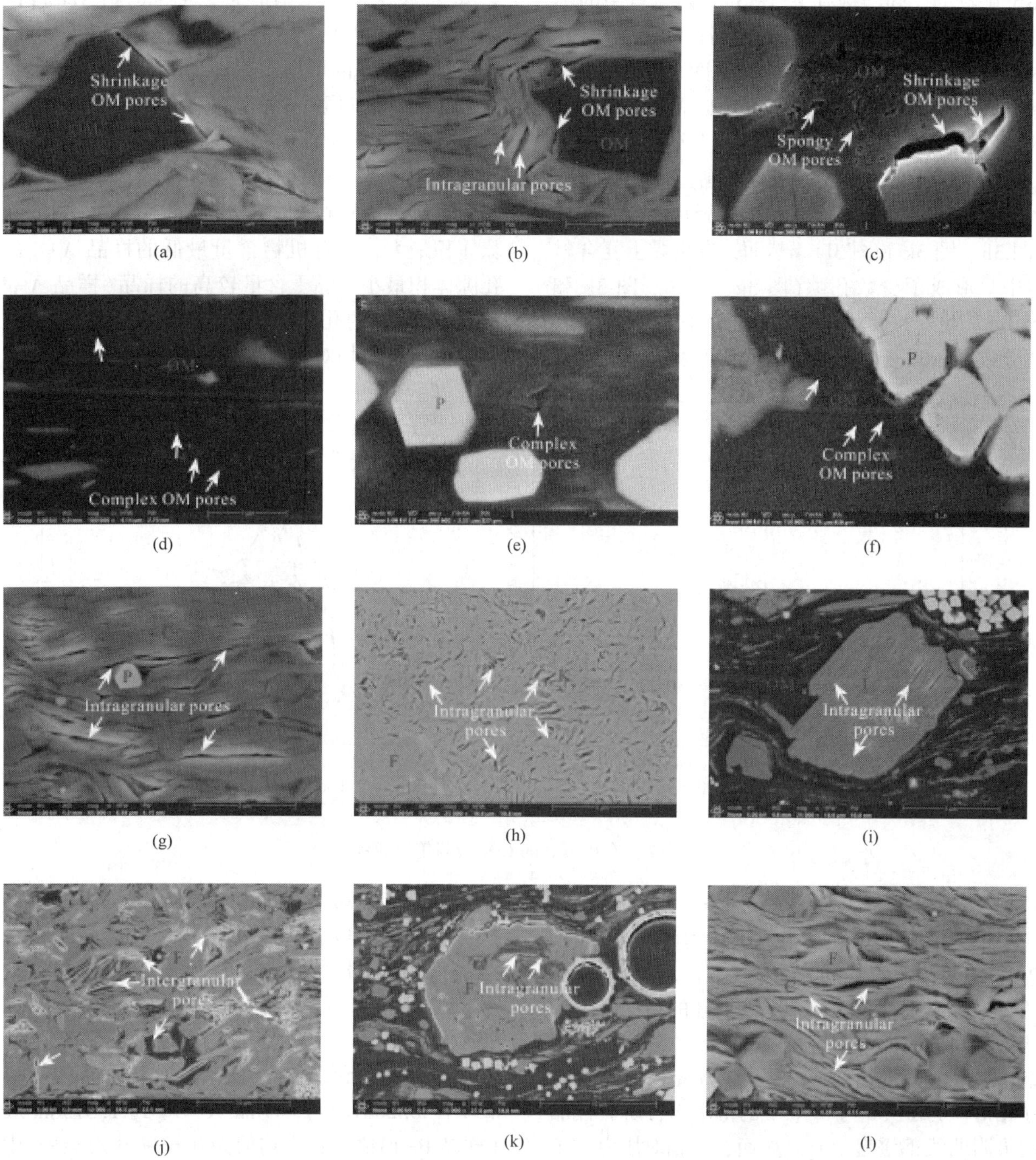

图3 Chang 7富有机页岩样品中的OM孔隙和黏土矿物孔隙

(a)OM内部无可见孔隙,收缩OM孔隙发育。样品A-1;(b)黏土矿物中的粒状孔隙和收缩的OM孔隙。样本A-8;(c)海绵状OM孔隙分布紧密,收缩OM孔隙沿刚性矿物颗粒的边缘分布。样品A-8;(d)复杂的OM孔隙形态不规则。样品A-8;(e)形态不规则的复杂OM孔隙。样品A-8;(f)复杂OM孔隙和收缩OM孔隙。样品A-8;(g)条纹状黏土矿物中的狭缝状晶内孔隙。样品A-8;(h)高岭土中形态不规则的粒内孔隙。样品A-8;(i)蒙脱石向伊利石转化,形成狭缝状孔隙。样品A-8;(j)黏土矿物与其他矿物之间的晶间孔隙。样品A-1;(k)长石溶解促进了黏土矿物的转化,黏土矿物中出现了具有狭缝形态的粒内孔隙。样品A-1;(l)蒙脱石向伊利石转化,粒间和粒内形成狭缝状孔隙。样品A-10。

4.2.2　通过 FE-SEM 观察与黏土相关的孔隙

根据 Slatt 和 Loucks 的建议，与黏土相关的孔隙被确定为两个子类别：黏土矿物中的粒内孔隙和黏土与其他矿物之间的粒间孔隙。在这些样品中，黏土矿物中的缝隙状孔隙非常发达，这与黏土矿物的层间结构有关(图 3)。高岭石中的不规则粒内孔隙非常发达，而伊利石中的狭缝状粒内孔隙非常发达(图 3g、图 3h、图 3i 和图 3l)。黏土矿物与其他硬质矿物(黄铁矿和长石)之间的粒间孔隙形态主要受矿物颗粒大小的限制(图 3g、图 3j 和图 3l)。长石可以为黏土矿物的形成和转化提供条件，从而有利于裂缝状孔隙的形成(图 3h、图 3k 和图 3l)。然而，有机黏土复合材料中只形成了少数孔隙(图 3g、图 3j、图 3k 和图 3l)。此外，硬质矿物对黏土矿物的压实和破坏导致原始黏土矿物的狭缝状孔隙发生不规则变化(图 3b、图 3g、图 3j 和图 3l)。

4.3　孔隙结构的定量表征

4.3.1　二氧化碳吸附等温线

所有样品的二氧化碳吸附等温线都呈现典型的 I 型曲线(图 4)。二氧化碳吸附量在 2.1～2.74cm^3/g 之间，平均值为 2.32cm^3/g(STP)(图 4a 和表 2)。黏土含量高的样品吸附气量低。吸附容量随 TOC 的增加而逐渐增大(图 4a)。根据 NLDFT 方法，计算了样品的微孔体积。这些样品中孔径为 0.5～1.2nm 的微孔贡献了大部分的孔隙体积，其曲线具有多模态特征(图 4b)。在四个样品中，有机物含量最高的样品 A-7 的孔隙体积最大，而有机物含量最低的样品 A-4 的孔隙体积最小。黏土含量较高的样品(样品 A-4 和样品 B-1)的孔隙体积低于其他样品。实验结果验证了有机物对微孔的促进作用。

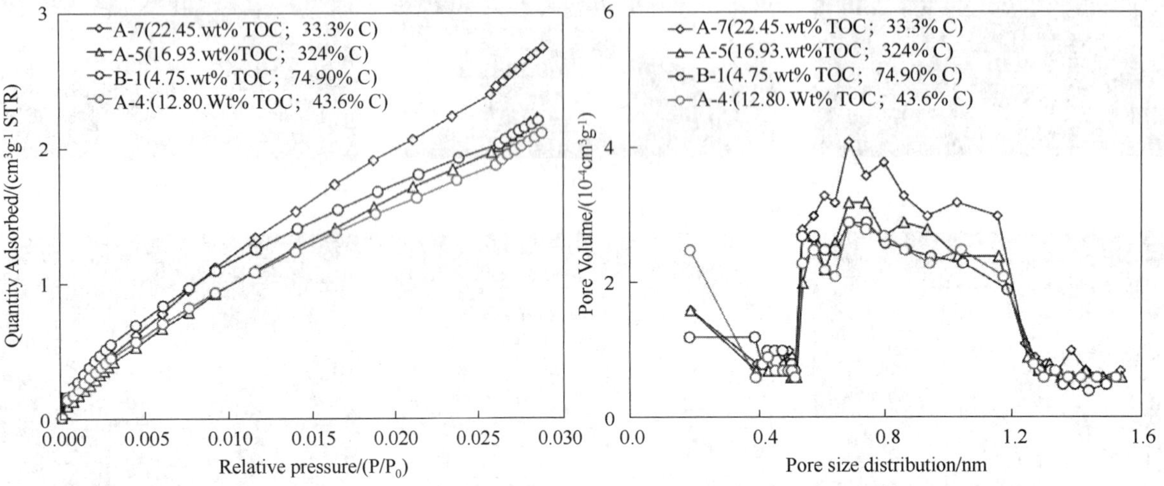

(a)　　　　(b)

图 4　长 7 富有机页岩的 CO_2 吸附等温线和 PSD

4.3.2　N_2 吸附等温线

根据国际理论化学和应用化学联合会(IUPAC)对吸附等温线的分类，图 5 所示 12 个样品的吸附等温线都呈现出带有滞后环的Ⅳ型吸附形状。这些样品的吸附容量随黏土矿物的增加而逐渐增大，吸附量在 2.1～5.82g/cm^3 STP 之间。在相对压力 P/Po 为 0～0.9 的范围内，所有样品的吸附曲线都缓慢上升。然而，当相对压力大于 0.9 时，吸附曲线上升很快(图 5a、图 5b 和图 5c)，这表明这些样品中存在一些大孔。在相对压力 P/Po 为 0.45～0.55 的范围内，吸附和解吸分支闭合，这表明由于拉伸强度效应，样品中存在大量直径小于 4nm 的小中孔。滞环面积随着黏土含量的增加而逐渐增大。根据 IUPAC 的磁滞环分类法，这些样品的磁滞环类型可分为两种：H2 型和 H3 型，表明这些页岩样品中存在墨水瓶状孔隙和平行狭缝状孔隙。

通过低压 N_2 吸附-解吸实验分析了 BET SSA、PV 中孔、PV 大孔、平均孔径(APD)和 PSD，见表 2 和图 5d。所有 12 个样品的 BET SSA 在 0.2681m^2/g(样品 A-9)到 1.5736m^2/g(样品 B-1)之间，平均值为 0.6690m^2/g。PV 中孔的范围为 0.8658×0^{-3} cm^3/g(样品 A-9)至 4.6861×$10^{-3}$$cm^3/g$(样品 B-1)，而 PV 大孔的范围为 2.3228×10^{-3} cm^3/g(样品 A-9)至 4.1763×$10^{-3}$$cm^3/g$(样品 B-1)。APD 的结果从 22nm(样品 B-1)到 50nm(样品 A-9)不等。孔径分布曲线呈单峰状，直径在 20～50nm 之间的孔占据了

主要的孔隙空间。随着黏土矿物含量的增加，几乎所有尺寸的孔隙体积都在增加，尤其是在孔隙体积分布曲线的峰值处。

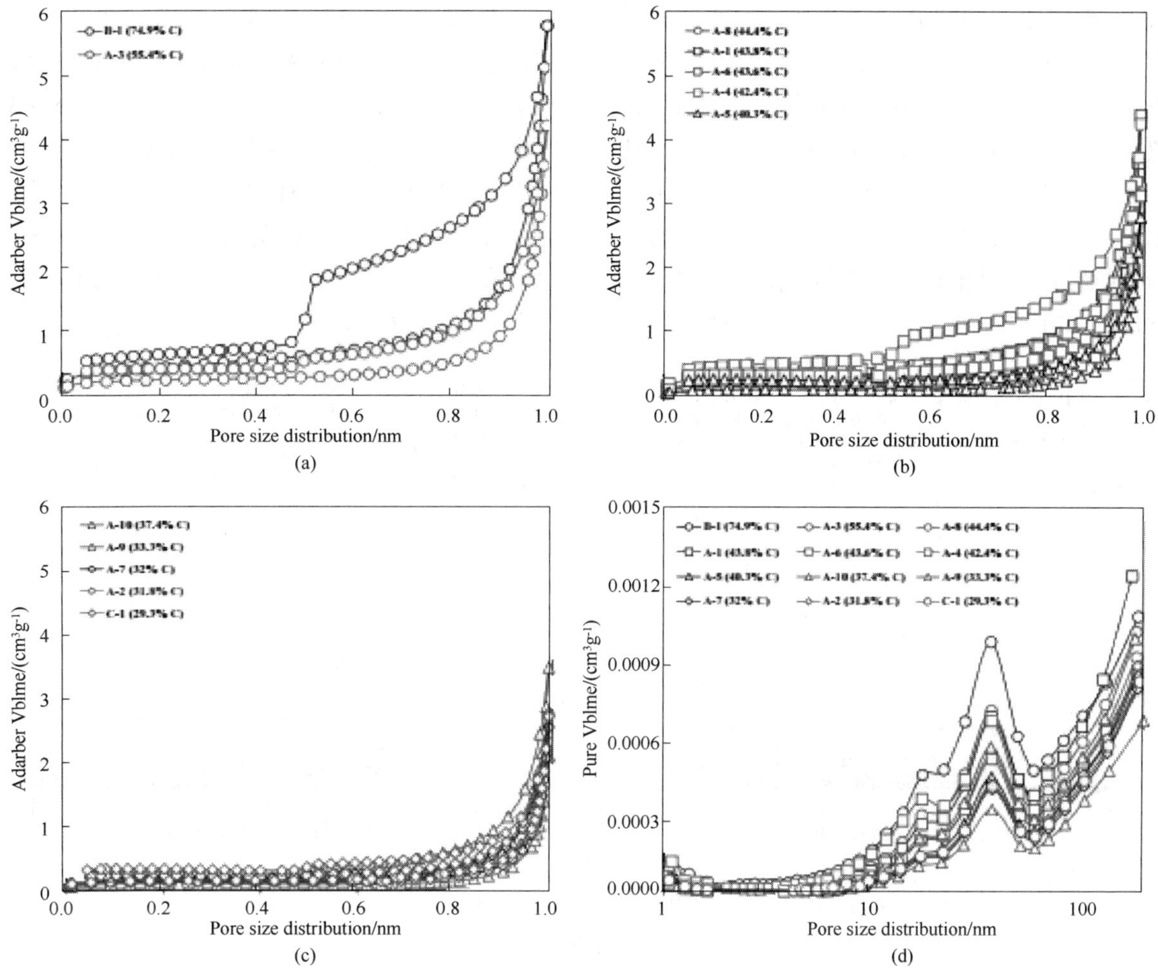

图5　长7号富含有机质页岩的N2吸附等温线和PSD

C指黏土

表2　湖相长7富含有机质页岩样本的氦孔隙度、MICP、低温 N_2 和 CO_2 吸附分析结果

Sample ID	CO_2		N_2					Helium porosity/ %	MICP			
	PV_{micro}/ ($10^{-3}cm^3/g$)	Adsorption amount/ (cm^3/g)	SSA/ (m^2/g)	Adsorption amount/ (cm^3/g)	PV_{meso}/ ($10^{-3}cm^3/g$)	PV_{macro}/ ($10^{-3}cm^3/g$)	APD/ nm		PV_{macro}/ ($10^{-3}cm^3/g$)	Mercury withdrawal efficiency/ %	Mercury intrusion amount/ ($10^{-3}cm^3/g$)	Pore throat radius/ nm
A-1	/	/	0.75	4.44	2.66	4.09	39	2.136	1.735	49.22	9.18	11
A-2	/	/	0.38	2.76	1.14	3.07	49	1.977	0.857	36.59	4.66	10
A-3	/	/	0.84	4.25	2.86	3.58	36	3.097	1.41	54.20	8.49	11
A-4	/	/	0.62	3.16	1.68	3.11	39	1.042	0.298	46.35	2.33	8
A-5	/	/	0.39	2.83	1.26	3.04	47	0.899	0.328	42.65	2.05	9
A-6	3.96	2.10	1.26	4.30	2.98	3.46	24	0.661	0.137	41.71	1.11	8
A-7	4.23	2.22	0.42	2.55	1.10	2.76	49	0.35	0.073	53.98	0.59	7
A-8	/	/	0.56	3.32	1.66	3.39	41	1.202	0.349	43.86	2.46	9
A-9	5.14	2.74	0.27	2.10	0.87	2.32	50	0.899	0.335	43.26	1.88	10
A-10	/	/	0.51	3.48	2.06	3.25	42	1.826	0.676	44.77	4.19	10
B-1	4.13	2.20	1.57	5.82	4.69	4.18	22	0.675	0.145	61.02	1.08	11
C-1	/	/	0.46	2.71	1.23	2.89	43	3.001	0.615	63.82	7.07	8

4.3.3　MICP 和氦气孔隙度

鄂尔多斯盆地长 7 号富含有机质页岩的 MICP 累积汞侵入量和 PSD 见图 6。大部分样品的汞侵入量小于 5×10^{-3}ml/g(图 6a)。毛细管压力曲线显示，当相对压力 P/Po 小于 30MPa 时，累积汞侵入曲线呈现近似水平的断面，表明大孔的孔喉分布狭窄，孔隙连通性差(图 6a)。小于 30MPa 的高压段迅速上升，表明随着压力的增加，汞颗粒侵入到连通性较小的孔隙中，这意味着发达的大孔隙较少，而小于 50nm 的孔隙较为发达。图 6b 显示，样品的孔隙主要分布在小于 100nm 的孔隙中，小于 50nm 的孔隙占 80% 以上，孔隙呈 7~10nm 和 10~50nm 的双峰分布。在这些样品中，汞的喷射曲线突然下降，显示出回缩效率(36.59%~63.82%，平均为 48.45%)(图 6a 和表 3)。这一现象说明汞并不能完全从孔隙系统中排出，约有 36.18%~63.41%的汞仍滞留在孔隙网络中，证明页岩样品中存在大量墨水瓶孔隙。这些样品的孔隙率从 0.35%~3.1%不等，平均为 1.48%(表 3)。

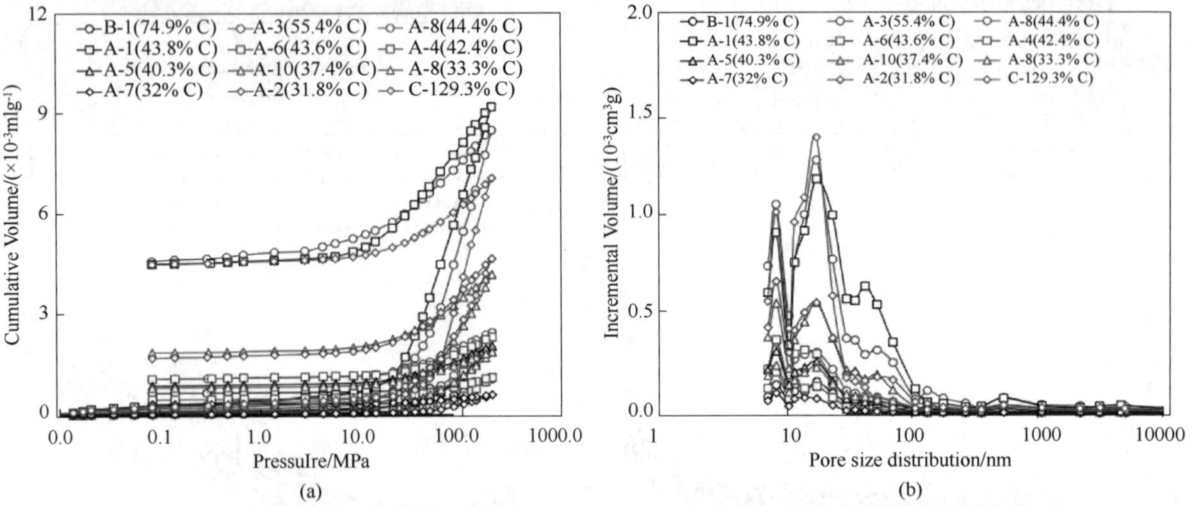

图 6　长 7 号富含有机质页岩的累积汞入侵和 MICP 的 PSD

C 指黏土

4.4　全孔隙孔径分布和 MSLR 分析

4.4.1　全孔径孔径分布

结合 CO_2 吸附、N_2 吸附和 MICP，分别对微孔、中孔和大孔的 PSD 和 PV 进行了定量表征。微孔和中孔之间的交界处直径为 2nm，而中孔和大孔之间的交界处直径为 50nm。这些交界处根据孔径分布曲线(图 8)进行归一化处理。如图 7 所示，连接了 CO_2 吸附、N_2 吸附和 MICP 的孔体积增量曲线和 dV/dD 曲线。富含有机质页岩的孔隙分布以双峰模式为主，0.5~1.3nm 和 20~50nm 的孔隙相对发达，是主要的孔隙体积。富黏土质有机页岩(样品 A-1 和 B-4)的中孔多于贫黏土质有机页岩(样品 B-7 和 B-5)，而贫黏土质有机页岩(样品 B-7 和 B-5)的微孔多于富黏土质有机页岩(样品 A-1 和 B-4)。不同样品中孔的孔径分布如图 8 所示。

4.4.2　基于多种黏土矿物的中孔体积回归模型

MSLR 分析结果见表 3。所有 VIF 值均小于 10，表明模型不存在严重的协方差问题，构建的模型是良好的。所有 P 值均小于 0.001，表明逐步回归中选择的黏土矿物类型对孔隙体积有很大影响，拟合模型正确的概率大于 99.9%。此外，五个回归模型的 F 值表明，所有这些模型都通过了方程的显著性检验。回归模型表明，2~5nm 孔隙的孔隙体积由高岭石、绿泥石和伊利石控制，5~10nm 和 10~20nm 孔隙的孔隙体积由伊利石控制，伊利石和 I/S 控制 20~50nm 孔隙的孔隙空间。对黏土矿物的逐步回归分析还表明，高岭石对直径为 2~5nm 的孔隙体积的贡献率为 62.6%，而伊利石对直径为 20~50nm 的孔隙体积的贡献率为 67.4%(表 3)。

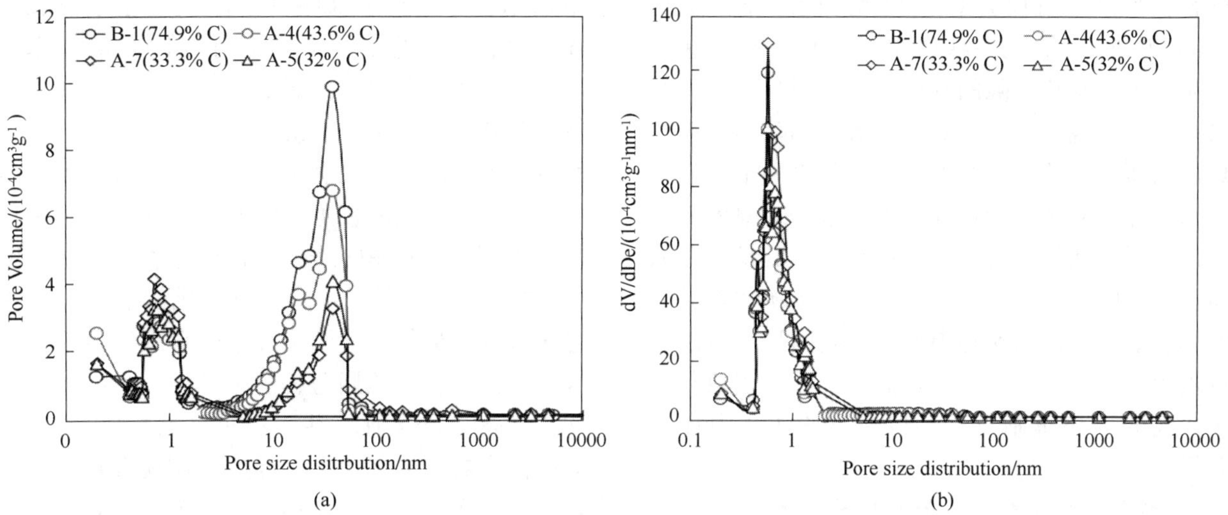

图7　长7号湖相富含有机质页岩样品孔隙体积与孔隙直径的关系图

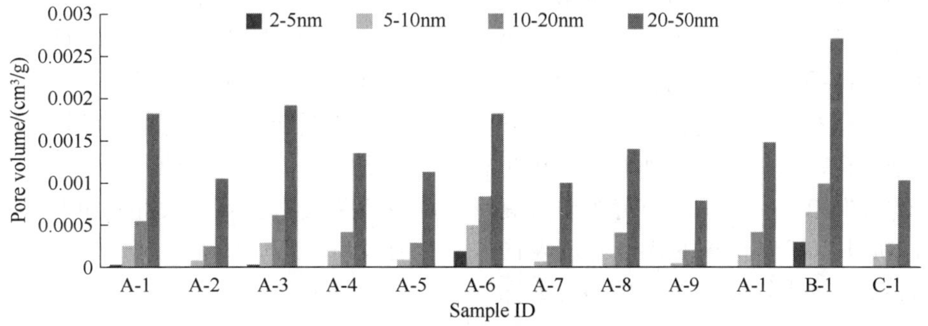

图8　不同样品中孔的孔径分布

表3　中孔体积多元逐步线性回归分析模型

Pore classification of mesopore	VIF	P	F	Fitting equation of mesopore volume	Pore volume contribution (R-squared)
2~5nm	K：4.008；C：5.101；I：1.882	0.000	22.865	$V_{2\sim5nm}=0.079K-0.042C+0.015I-0.113$	K：62.6%；K, C and I：89.6%
5~10nm	I：1.952	0.000	33.134	$V_{5\sim10nm}=0.037I-0.209$	I：76.8%
10~20nm	I：1.000	0.000	35.86	$V_{10\sim20nm}=0.05I$	I：78.2%
20~50nm	I：1.303；I/S：1.303	0.000	32.181	$V_{20\sim50nm}=0.074I+0.034I/S$	I：67.4%；I and I/S：85%

5　讨论

5.1　湖相长7号富含有机质页岩的孔隙网络

长7页岩的孔隙大小分布呈双峰型，直径0.5~1.3nm和20~50nm的孔隙占孔隙网络系统孔隙体积的大部分(图7)。这些结果与Wang等人(2015年)的研究结果一致。这是由于页岩样品的非均质性。此外，根据孔径分布的形态特征，将中孔详细分为2~5nm、5~10nm、10~20nm和20~50nm，并对这些样品的孔体积进行了统计(图7a)。结果表明，中孔中直径为20-50nm的孔体积最大(图8)。一些学者认为大孔隙的发育程度并不亚于微孔和中孔，而另一些学者则提出长7页岩一般不发育大孔隙，与本研究结果一致。Yang等(2020)的研究也表明，浅层和半深层湖相泥岩中大孔隙发育较差。原因可能是这些样本中发育了一定数量的大孔隙，其数量超过了MICP的测量值。MICP可测量最小孔喉的直径，这可能是造成这种差异的原因之一。

通过滞后环分析，可以得出长7页岩的孔隙

形态主要分为两种类型：H2 型和 H3 型，这与 Wang 等和 Liu 等的一些研究成果相一致。这些样品中墨水瓶状孔隙的发育与之前对长七页岩的研究一致，也与对海相龙马溪页岩和陆相自流井页岩的研究一致。更有趣的是，随着黏土矿物含量的增加，滞环面积逐渐增大。这一现象表明黏土矿物对中孔的发育有很大影响，尤其是对孔隙体积的影响。本研究发现，随着黏土矿物含量的增加，磁滞环的大小逐渐增大，孔隙形态也由平行板状狭缝形逐渐变为墨水瓶形。这一现象与黏土矿物的堆积机制有关，将在第 5.2 节中详细介绍。

5.2　湖相页岩中黏土矿物的起源与转化

黏土矿物的类型和转化是控制富有机质页岩孔隙结构的关键因素。图 9 和图 10 中的相关性和扫描电镜图像显示，湖相页岩中的黏土矿物主要有两种来源：一种是沉积形成的，另一种是矿物转化形成的。沉积黏土矿物通常与有机质一起沉积或杂乱地分布在陆相碎屑中，如有机质包裹的絮状黏土矿物（图 10a）、图 10c 中有机质包裹的绿泥石、图 10i 中有机质包裹的伊利石以及图 10e 中石英和长石中杂乱分布的黏土矿物。如图 10 所示，可以断定这些页岩样本是在缺氧和缺氧环境下沉积的。B-1 样本可能比其他样本受到了更多的土著碎屑的影响。不过，这些样本都是富含有机质的页岩，沉积环境几乎相似。在这种情况下，有机质和黏土矿物通常具有某种共生关系。矿物转化的黏土矿物通常会显示出异常形态，或与其他矿物有异常接触关系。例如，图 10a 中的伊利石含有一些长石转化的痕迹，其中还残留有少量长石。图 12b 中的自生绿泥石铁元素含量较高，挤压周边的黏土矿物，长石转化后形成的高岭石含有一些 Na 和 K 元素（图 10b），形态仍为规则的多边形。此外，还观察到由黏土矿物转化而来的自生石英，进一步嵌入黏土矿物中（图 10d 和图 10e）。图 10g~l 显示了许多长石向黏土矿物转化的证据。黏土矿物总含量与 OM 和 TS 之间的负相关关系还表明，长 7 号富含有机质页岩中的大量黏土矿物并非源于陆相碎屑岩（图 9a 和图 9b）。不同黏土矿物之间的相互关系也说明了这一点。例如，伊利石与 I/S 之间良好的负相关关系表明，大部分伊利石与黏土矿物转化有关（图 9c）。

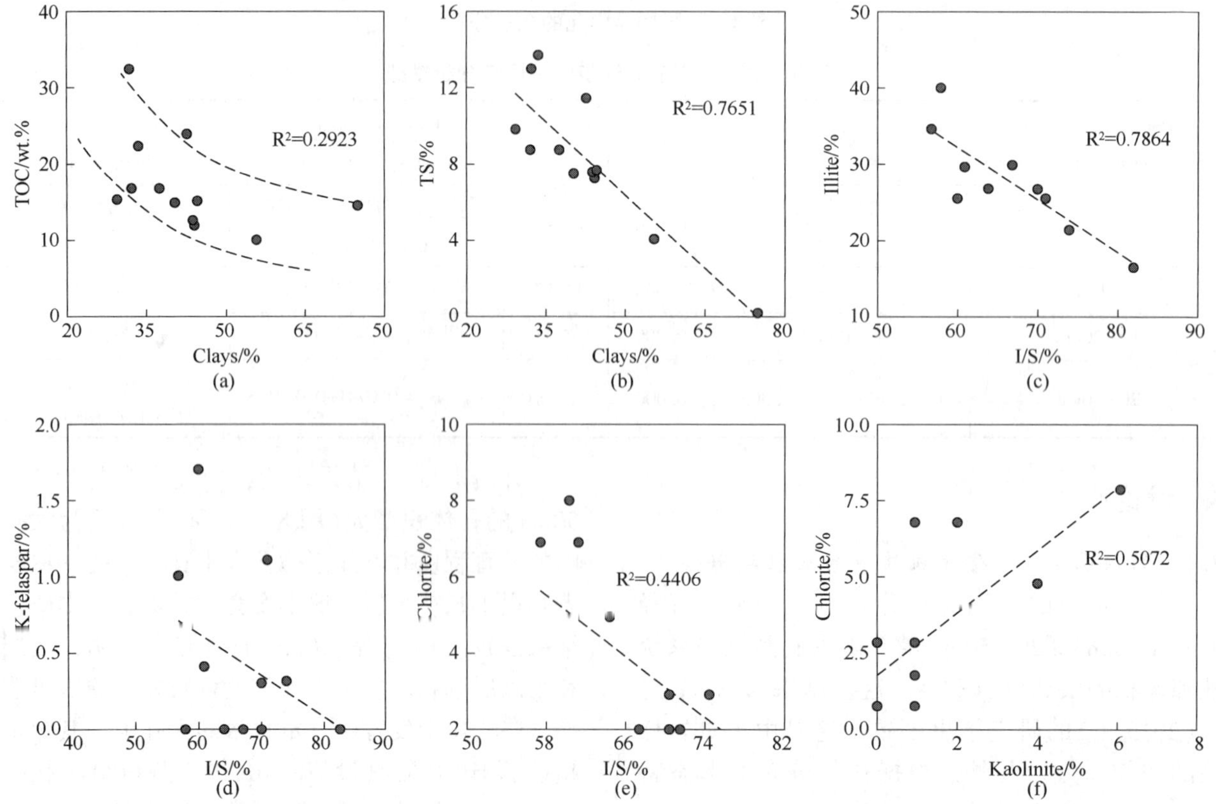

图 9　长 7 号富含有机质页岩的黏土、I/S 和高岭石 VSTOC、TS 和不同黏土矿物的线性图

注：根据表 1 中每种黏土矿物的体积百分比，将四种黏土矿物归一化为 100%，并投影到本图中

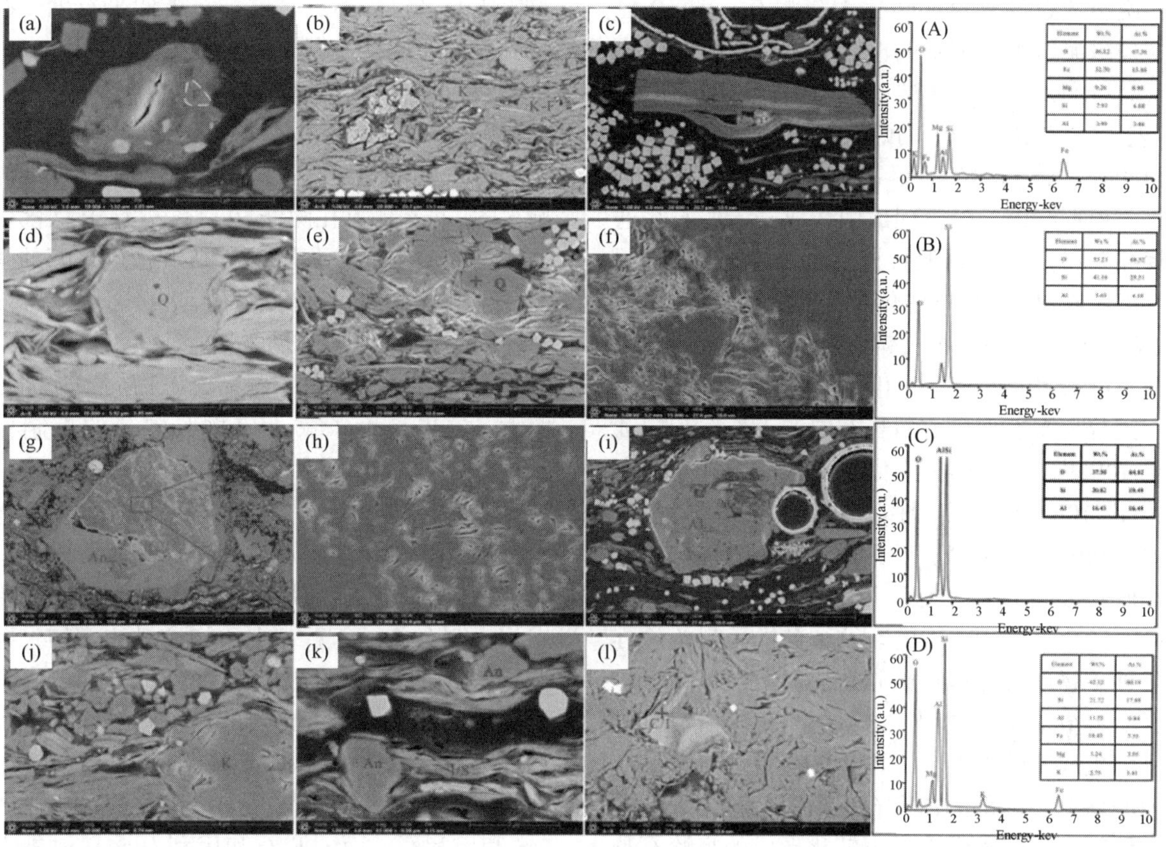

图 10　扫描电镜/电子显微镜分析显示的黏土矿物及其自生衍生物的图像

(a)带有长石转化痕迹的伊利石，样品 A-1；(b)富含铁和镁的绿泥石、由钠长石转化而来的高岭石以及未转化为黏土的 K 长石，样品 A-3；(c)对图片 b 中标有红色+号的点进行的 EDS 分析；(d)嵌在黏土矿物中的自生石英，样品 A-3；e：e：自生石英，黏土矿物转化过程中残留的少量铝，根据形态推测为 I/S 黏土矿物，样品 A-3；(f)正长石和白云石转化为高岭石，为自生石英的形成提供了二氧化硅，样品 A-10；(B)对图像 e 中标有红色+号的点进行 EDS 分析；(g)正长石逐渐转化为高岭石聚集体，样品 A-8；(h)作为絮状高岭石大量生长的阳起石，图片 g 的放大图；(i)白云石逐渐转化为伊利石和高岭石，样品 A-1；(C)对图像 h 中标有红色+号的点进行 EDS 分析；(j)白云石转化后形成的高岭石，样品 A-3；(k)白云石逐渐被分解并转化为缕状黏土矿物，样品 A-3；(l)绿泥石和伊利石的混合物，颜色较亮的是绿泥石，样品 A-1；(D)注：I：伊利石；C：绿泥石；K：高岭石；K-F：K-长石；I/S：伊利石/直闪石混合层；Q：石英；An：Al：白云石

湖相页岩中的黏土矿物有三种重要的转化序列：直闪石-伊利石转化、直闪石-伊利石-绿泥石转化和正长石/白云石-高岭石/伊利石转化(图 9 和图 10)。富含有机质的长 7 号页岩中的黏土矿物主要包括 I/S，以及少量绿泥石和高岭石。这些结果表明所研究的样本处于成岩中期。在这一阶段，蒙脱石向伊利石的转化是黏土矿物转化的重要类型。图 9c 中伊利石与 I/S 之间良好的负相关关系也证明了这一点。直闪石-伊利石的转化可表示为：直闪石+Al^{3+}+K^{+}→伊利石+Si^{4+}+Na^{+}+nH_2O。

这是一个溶解-再沉淀过程，是黏土矿物转化的重要类型。I/S 与 I 之间的负相关关系表明，随着 I/S 的消耗，伊利石大量生成。同时，这一过程也会消耗一定量的 K^{+}，K 长石与 I/S 之间的负相关关系也说明了这一点(图 9d)。此外，孔隙水也为转化过程提供了一定量的 K^{+}。当硅离子的浓度大于石英的饱和度时，就会形成自生石英(图 10d 和图 10e)。我们的 XRD 结果证明，将铁闪石转化为伊利石会促进石英含量的增加(表 1)。

此外，在湖相页岩中也发现了 I/S 中的直闪石向绿泥石的转化。图 9d 和图 9f 显示，绿泥石分别与 I/S 和高岭石呈负相关和正相关，表明绿泥石部分是由闪长岩转化为绿泥石，部分是由陆相碎屑沉积而成。

蛭石+Al^{3+}+K^{+}+Fe^{3+}→叶腊石

蛭石+$Fe(OH)_3$+$Al(OH)_3$→绿泥石。

有三个有力的证据可以用来解释这一转化过程：(1)长 7 富有机页岩中没有绿泥石/蛭石矿

物，说明蛭石没有直接转化为绿泥石，图 10 显示的是绿泥石和伊利石的混合物；(2) 矿物组成中重晶石的发育显示了这些样品中强烈的热液活动(表 1)，转化序列中的蛭石通常是低温热液蚀变的产物；(3) 高岭石不参与向绿泥石的转化。因此，根据绿泥石的不同成因，成岩绿泥石是通过辉绿岩-绿泥石-绿泥石转化而成的。

正长石/橄榄石向高岭石/绿泥石的转化是长 7 富有机页岩中另一个关键的黏土转化序列，可在图 10 中观察到。长石组可以从斜长石和 K 长石中区分出来，但只有斜长石中的正长石和白云石显示出向黏土矿物转化的迹象(图 10b、图 10g、图 10h、图 10i、图 10j、图 10k 和图 10l)。图 10g 和图 10h 显示了正长石向高岭石转化的过程，矿物之间的接触关系也表明正长石正逐渐向高岭石转化。图 10g 中的裂纹是在样品制备过程中两种矿物的转化区域破碎造成的。图 10k 还显示了溶解成黏土的过程，这可能与阳起石与有机酸反应生成高岭石有关。图 10i 表明，随着热成熟度的增加，内部的白云石逐渐向外转化为高岭石和伊利石。此外，白云石转化形成的高岭石具有一些类似长石的规则形态，反映了早中期成岩阶段(图 10j)。在斜长石向黏土矿物转化过程中形成的自生石英也被发现(图 10f)。随着黏土矿物的转化，沉淀的硅质物质逐渐聚集形成自生石英。这种自生石英的形成与海相页岩中生物石英的形成不一致。不过，这种石英似乎有助于孔隙的发育，即使它占据了一定的孔隙空间。

5.3 黏土矿物对孔隙发育的影响

5.3.1 黏土总含量对孔隙结构的影响

为了更好地理解黏土对页岩孔隙结构的影响，图 11 绘制了孔隙结构参数与黏土总含量之间的相关关系。中孔体积与黏土总量之间的强相关性表明，在富含有机质的长 7 页岩中，中孔主要与黏土矿物有关(图 11a)。第 4.4.2 节中氮吸附曲线的滞后环面积随着黏土矿物的增加而逐渐增大，这也揭示了黏土矿物对中孔的控制作用(图 11a、图 11b 和图 11c)。此外，随着黏土矿物含量的增加，中孔形态也从狭缝状孔逐渐转变为墨水瓶状孔。这说明黏土不仅控制着中孔的体积，还控制着中孔的形态。这与黏土矿物的混乱堆积机制有关：随着黏土矿物含量的增加，即使页岩中形成了大量的中孔，但外部堆积的黏土形成的孔隙空间控制着页岩的整个孔喉系统。黏土总含量与 SSA 呈正相关(图 11b)。这有两个原因：一个原因是研究样品中最主要的黏土矿物是 I/S 和伊利石，而蒙脱石和伊利石比其他黏土矿物具有更多的内比表面；另一个原因是这些样品中最主要的存储空间是微孔和中孔。此外，黏土总丰度与 APD 呈良好的负相关也不足为奇(图 11c)。这是因为与黏土矿物有关的孔隙容易被压实，从而减小了整个孔隙系统的孔径。

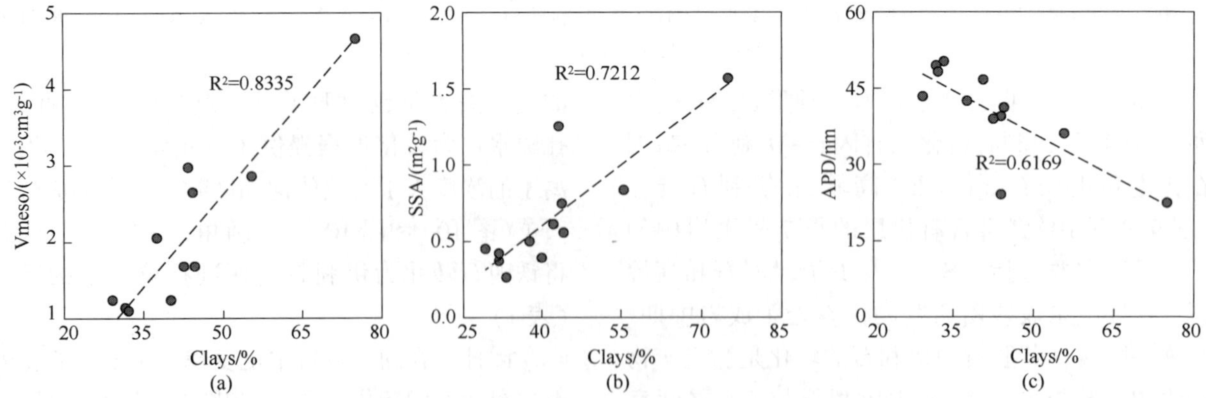

图 11 Chang 7 富有机页岩的孔隙结构参数和黏土的线性图

5.3.2 不同黏土矿物及其转化对孔隙体积的影响

为了进一步研究黏土矿物的堆积机制对中孔孔隙体积的影响，使用 MSLR 方法建立了黏土矿物与孔隙体积之间的几个计算模型(表 3)。直径为 2~5nm 的孔隙由伊利石、绿泥石和高岭石控制，其中高岭石占孔隙体积的 62.7%。这就不难理解，扫描电镜/电子显微镜分析发现，长石向高岭石/伊利石的早期转化阶段是长 7 富有机质页岩中重要的矿物转化序列(图 10)。一些转化后的黏土甚至保留了长石的形状，形成的孔隙大多很小(图 10c)。更有趣的是，绿泥石在模型中的系数为负，这是因为自生绿泥石含有更多的铁元素，会轻微挤压周缘黏土矿物形成的孔隙(图10b)。直径为5~10nm和10~20nm的孔隙主要由伊利石控制，它们占孔隙体积的76%以上(表3)。这说明黏土矿物在堆积过程中产生的5~20nm的孔隙主要是由伊利石本身造成的，而不是由与其他矿物的晶间孔隙造成的。此外，直径为10~20nm的孔隙与伊利石的关系比直径为5~10nm的孔隙更为直接。Yuan等人根据对纯矿物的研究提出了类似的结论，即伊利石控制着直径为2~17nm的孔隙的发展。他们进一步模拟了伊利石对湖相页岩中直径为5~20nm的孔隙的影响。直径为20-50nm的孔隙是中孔和I/S的主要孔隙空间，伊利石提供了85%的孔隙体积(表3)。伊利石对直径20~50nm孔隙的影响小于对5~20nm孔隙的影响，而I/S对20~50nm孔隙的影响更大。这与I/S中混合层的分布有关，这些样品中的S/I值为35%~40%，表明混合层分布高度有序。有序混合层的高I/S有利于孔隙的形成(图12)。此外，蒙脱石转化为伊利石的过程会排出层间水，这也进一步增加了混合层的刚性，有利于孔隙保护。对直径为5~10nm、10~20nm和20~50nm的孔隙体积方程的比较也表明，I/S更有利于大型中孔的形成。根据之前的研究，大于20nm的孔隙有利于碳氢化合物的循环。因此，更多的I/S可能会改善整个孔隙网络的连通性。当然，伊利石对孔隙体积的影响也不容忽视。

结合黏土矿物的起源和转化分析，发现大多数矿物转化对孔隙发育有积极影响(图12)。首先，无孔的斜长石转化为多孔的高岭石和伊利石，无疑有利于提高湖相页岩的储水能力。在闪长岩-伊利石-绿泥石转化过程中形成的伊利石有利于孔隙体积的发展，这是由伊利石本身的结构特性决定的。然而，转化的最终产物似乎对2~5nm直径范围内孔隙体积的发展有负面影响，但对孔隙率有正面影响，这将在5.3.3中详细讨论(图13)。在蒙脱石到伊利石的转化序列中，伊利石对孔隙体积也有积极影响，但I/S对孔隙连通性以及大介孔体积的积极影响也不容忽视。随着热演化的增加，I/S的含量逐渐减少。在伊利石含量逐渐增加的同时，湖相页岩整个孔隙系统的孔径可能进一步减小，连通性降低(表3)。因此，应谨慎看待蒙脱石转变为伊利石对湖相页岩孔隙储层和连通性的影响。

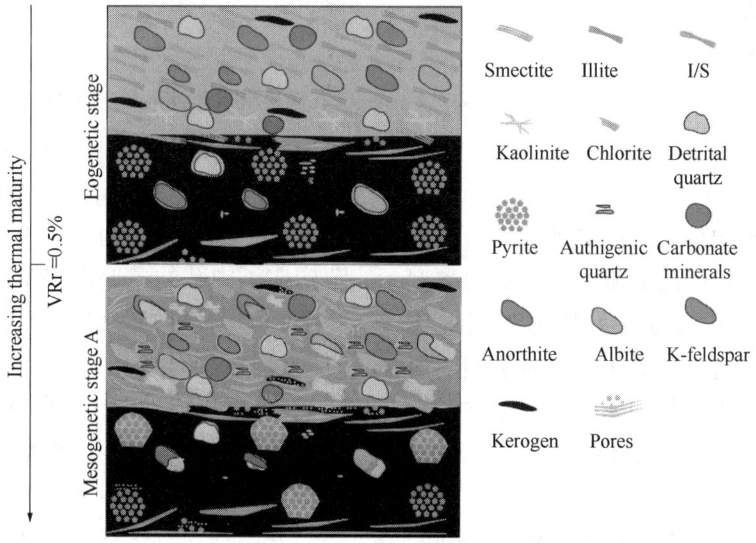

图12　早期油窗富含有机质湖相页岩的孔隙形成模式

5.3.3　绿泥石随埋深对孔隙系统的影响

随着埋藏深度的增加，绿泥石含量、Vmeso、Vmacro、孔隙度和孔喉半径的变化如图13所示。这些相同的趋势表明，Vmicro、孔隙度和孔喉半径可能受绿泥石控制，尤其是几个参数随埋深的变化趋势明显相反(图13a、图13c、图13d和图13e)。其原因与绿泥石的形成和出现特征有关。如图10b、图10c和图10l所示，与其他黏土矿物和有机质相比，有机质中的绿泥石和黏土团聚体中的绿泥石似乎显示出更坚硬的粒状矿物特性。这些绿泥石可以承受该区域具有晶间孔隙的岩石的一定强度，以抵抗埋藏成因带来的致密化。富含铁元素的绿泥石嵌入黏土矿物组合中，对周围的黏土矿物产生轻微挤压，同时为整个孔隙网络系统提供支撑(图 10b 和表 3)。有学者认为，绿泥石对孔隙的影响体现在砂岩中衬孔绿泥石对孔隙的保护和渗透率的降低。Yang 等人也提出，绿泥石颗粒对致密储层的孔隙具有良好的保护作用。尽管绿泥石在砂岩和页岩中的堆积机制不同，但我们同样认为绿泥石对页岩中的孔隙度具有积极作用。在湖相页岩中，绿泥石的作用与黄铁矿、石英等脆性矿物类似，控制着孔隙度、孔隙连通性和大孔隙体积，对抵抗埋藏成因效应有积极作用。此外，黏土矿物转化特征表明，绿泥石含量的增加也意味着自生石英含量的增加，这将导致脆性矿物含量的增加，进一步抵消埋藏成因效应。成岩作用的程度随着埋藏深度逐渐增加。埋藏成因似乎对中孔体积影响不大(图 13b)。结合第 5.3 节中对黏土矿物的基因分析，可以得出结论：总黏土含量的丰富程度控制着中孔体积的发展。此外，应该提到的是，这些埋藏深度是当前的埋藏深度，根据以往的研究，该层段的历史最大埋藏深度可达 2000m，所总结的结论也适用于其他湖相页岩的类似成岩阶段。虽然本研究显示了相反的趋势，但这很可能是由于样本数量较少造成的。因此，我们鼓励使用更多样本进行进一步研究，以验证我们的结果。

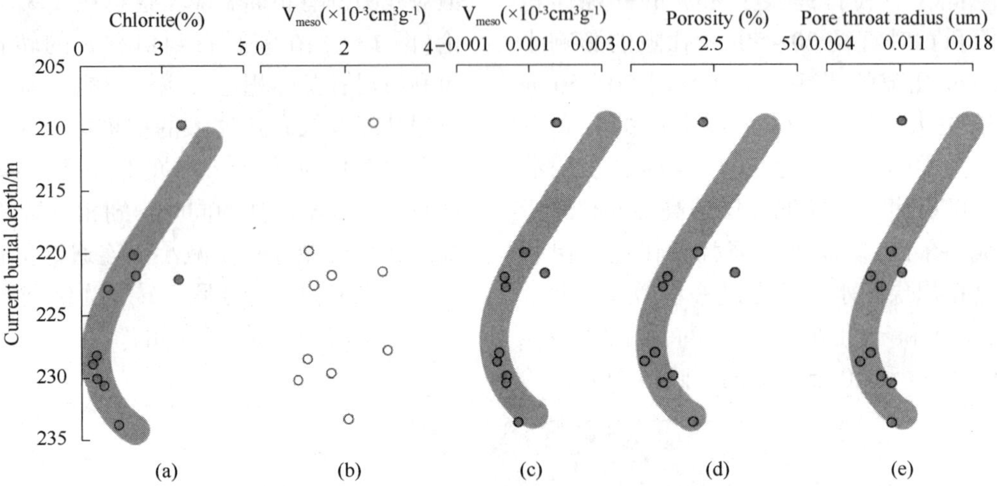

图 13　A 井中绿泥石含量及 Vmeso、Vmacro、孔隙度和孔喉半径随当前埋深的变化

6　结论

有机质和黏土矿物是关键的热敏矿物，是影响页岩孔隙结构演化特征的关键因素。不同类型和黏土矿物在孔隙演化过程中发挥着不同的作用。本研究探讨了有机质和黏土矿物对早期油窗阶段湖相页岩孔隙结构演化的影响，并建立了不同黏土矿物与不同孔径孔隙体积之间的 MSLR 模型。

(1) 根据 CO_2 吸附、N_2 吸附和 MICP 实验，长 7 页岩样品的孔隙空间主要由微孔和中孔构成。黏土矿物中的粒内孔隙和黏土与其他矿物之间的粒间孔隙是主要的无机孔隙类型。

(2) 湖相页岩中的黏土矿物可分为两类：沉积黏土矿物和转化黏土矿物。黏土总含量控制着中孔的发育，并建立了多种中孔体积的 MSLR 模型。直径在 2~5nm 范围内的孔隙主要由伊利石、绿泥石和高岭石控制，而直径在 5~10nm 和 10~20nm 范围内的孔隙主要由伊利石控制。伊利石和 I/S 控制着直径为 20~50nm 的孔隙，这些孔隙构成了中孔的主要储层空间。

(3) 湖相页岩的黏土矿物转化有三种类型：直闪石-伊利石转化、直闪石-伊利石-绿泥石转化、正长石/白云石-高岭石/伊利石转化。三种黏土矿物的转化对孔隙体积有积极影响，而直闪石-绿泥石转化对孔隙系统的连通性有一定的负面影响。此外，绿泥石还控制着大孔体积、孔隙率和孔喉半径。

参 考 文 献

[1] Anbuselvan, N., Nathan, D. S., 2020. Clay Minerals and Organic Matter in Shelf Sediments Off Coromandel Coast of India: Implications for Provenance, Transportation and Depositional process. Cont Shelf Res. 198, 104097.

[2] Bjørg, A., Torbjørn, T., Tanja, B., Johanne, Bolstad., 1994. Thermal generation of carbon dioxide and organic acids from different source rocks, Org. Geochem. 21(12), 1229-1242.

[3] Boles, J. R., Franks, S. G., 1979. Clay diagenesis in Wilcox sandstones of southwest Texas: implications of smectite diagenesis on sandstone cementation. J. Sediment. Res. 49 (1), 55-70.

[4] Bourdelle, F., Cathelineau, M., 2015. Low - temperature chlorite geothermometry: a graphical representation based on a T-R2+-Si diagram. Eur. J. Mineral. 27, 617-626.

[5] Bruce, C. H., 1984. Smectite dehydration-Its relation to structural development and hydrocarbon accumulation in Northern Gulf of Mexico Basin. Am. Assoc. Petrol. Geol. Bull. 68, 673-683.

[6] Brunauer, S., Emmett, P. H., Teller, E., 1938. Adsorption of gases in multimolecular layers. J Am Chem Soc. 60, 309-19.

[7] Chalmers, G. R. L., R. M. Bustin, 2008, Lower Cretaceous gas shales in Northeastern British Columbia, part I: Geological controls on methane sorption capacity. Bulletin of Canadian Petroleum Geology. 56 (1), 1-21.

[8] Chang, J. Q., Fan, X. D., Jiang, Z. X., Wang, X. M., Chen, L., Li, J. T., Zhu, L., Wan, C. X., Chen, Z, X., 2022. Differential impact of clay minerals and organic matter on pore structure and its fractal characteristics of marine and continental shales in China. Appl Clay Sci. 216, 0169-1317.

[9] Chen, F. W., Zheng, Q., Ding X., Lu, S. F., Zhao, H. Q., 2020. Pore size distributions contributed by OM, clay and other minerals in over-mature marine shale: A case study of the Longmaxi shale from Southeast Chongqing, China. Mar. Petrol. Geol., 122, 104679.

[10] Chen, X., Zhong, J. H., Yuan, J., Nie, K. K., Yang, Y. P., 2009. Development and formation of Paleogene kaolinite, Bonan subsag. Petrol. Explor. Dev. 36(004), 456-462.

[11] Doner, Z., Kumral, M., Demirel, I. H., Hu, Q. H., 2018. Geochemical characteristics of the Silurian shales from the central Taurides, southern Turkey: Organic matter accumulation, preservation and depositional environment modeling. Mar. Petrol. Geol. 102, 155-175.

[12] Deng, H. C., Fu, M. Y., Zhou, W., Zhang, L. Y., Xie, X. H., Li, Y., B., Wang, D. L., 2021. The pores evolution of lacustrine shale induced by smectite-to-illite conversion and hydrocarbon generation: upper Triassic Yanchang Formation, Ordos Basin, China. J. Pet. Sci. Eng. 202. 1008460.

[13] Essene, E. J., Peacor, D. R., 1995. Clay mineral thermometry; a critical perspective. Clays Clay Miner.

[14] Fan, L., Ziegler, T., 1992. Nonlocal density functional theory as a practical tool in calculations on transition states and activation energies. Applications to elementary reaction steps in organic chemistry. J. Am. Chem. Soc. 114 (27), 10890-10897.

[15] Fu, J. H., Li, S. X., Niu, X. B, Deng, X. Q., Zhou, X. P., 2020. Geological characteristics and exploration practice of the self - sourced reservoir in Chang 7 Member of Triassic Yanchang Formation, Ordos Basin, NW China. Petrol. Explor. Dev. 47(5), 1-14.

[16] Gao, Z. Y., Xuan, Q. X., Hu, Q. H., Jiang, Z. X., Liu, X. X., 2021. Pore structure evolution characteristics of continental shale in China as indicated from thermal simulation experiments. AAPG (Am. Assoc. Pet. Geol.) Bull. 105(11), 2159-2180.

[17] GB/T 19145—2003. 2003. Determination of total organic carbon in sedimentary rock.

[18] Ghazwani, A., R. Littke, G. Gaus, C. Hartkopf-Fr €oder, 2018. Assessment of unconventional shale gas potential of organic-rich Mississippian and Lower Pennsylvanian sediments in western Germany. Int J Coal Geol. 198, 29-47.

[19] Gregg, S. J., Sing, K. S. W., 1982. Adsorption, Surface Area, and Porosity. Academic Press, New York, pp. 303 (London).

[20] Guo, H. J, Jia, W. L., He, R. L., Yu, C L., Song, J. Z., Peng, P. A., 2020. Distinct evolution trends of nanometer-scale pores displayed by the pyrolysis of organic matter-rich lacustrine shales: Implications for the pore development mechanisms. Mar. Petrol. Geol., 121.

[21] Guo, H. J., He, R. L., Jia, W. L., Peng, P. A, Lei, Y. H., Luo, X. R., Wang, X. Z. Zhang, L. X. Jiang, C. F., 2018. Pore characteristics of lacustrine shale within the oil window in the Upper Triassic Yanchang Formation, southeastern Ordos Basin, China. Mar. Petrol. Geol. 91, 279-296.

[22] Han, H., Pang, P., Li, Z. L., Shi, P. T., Guo, C., Liu, Y., Chen, S. J., Lu, J. G., Gao, Y., 2018. Controls of organic and inorganic compositions on pore structure of lacustrine shales of Chang 7 member

from Triassic Yanchang Formation in the Ordos Basin, China. Mar Petrol Geol. 100, 270-284.

[23] ICCP, 1998. The new vitrinite classification (ICCP System 1994). Fuel. 77, 349-358.

[24] ICCP, 2001. The new inertinite classification (ICCP System 1994). Fuel. 80, 459-471.

[25] ISO 15901-3. 2007. Pore size distribution and porosity of solid materials by mercury porosimetry and gas adsorption-Part 3: analysis of micropores by gas adsorption.

[26] ISO 7404-5. 2009. Methods for the petrographic analysis of coals. Part 5: Method of determining Microscopically the Reflectance of Vitrinite.

[27] IUPAC. 1994. Physical chemistry division commission on colloid and surface chemistry, subcommittee on characterization of porous solids: recommendations for the characterization of porous solids (technical report). Pure Appl Chem, 66, 1739-58.

[28] Ji, L. M., Li, J. F., Zhang, M. Z., Lu, H., He, C., Jin, P. H., Ma, B., 2021. Effects of lacustrine hydrothermal activity on the organic matter input of source rocks during the Yanchang period in the Ordos Basin. Mar Pet Geol. 125, 104868.

[29] Jiao, S. J., Zhang, H., Xue, D. C., Huang, Z. L., Liu, G. H., 2018. Morphological structure and identify method of organic macerals of shale with SEM. J. Chin. Electr. Microsc. Soc. 37 (2). 137-144.

[30] Jin, Z. J., Wang, G. P., Liu, G. X., Gao, B., Liu, Q. Y., Wang, H. L., Liang, X. P., Wang, R. Y., 2021. Research progress and key scientific issues for organic-rich continental shale oil. Acta Petrolei Sinica, 42 (7), 821-835 (in Chinese with English abstract).

[31] Jin, Z. J., Bai, Z. R., Gao, B., Li, M. W., 2019. Has China ushered in the shale oil and gas revolution? Oil Gas Geol. 40 (3): 451-458. (in Chinese with English abstract).

[32] Kondla, D., Sanei, H., Embry, A., Ardakani, O. H., Clarkson, C. R., 2015. Depositional environment and hydrocarbon potential of the Middle Triassic strata of the Sverdrup Basin, Canada. Int. J. Coal Geol. 147-148, 71-84.

[33] Ko, L., Loucks, R., Zhang, T. W., Stephen, C. R., Shao, D. Y., 2016. Pore and pore network evolution of Upper Cretaceous Boquillas (Eagle Ford-equivalent) mudrocks: Results from gold tube pyrolysis experiments. AAPG (Am. Assoc. Pet. Geol.) Bull. 100 (1-11), 1693-1722. Kuila, U., Prasad, M., 2013. Specific surface area and pore-size distribution in clays and shale. Geophys. Prospect. 61, 341-362.

[34] Lewan, M. D., Fisher, J. B., 1994. Organic Acids from Petroleum Source Rocks. In: Pittman, E. D., Lewan, M. D. (eds) Organic Acids in Geological Processes. Springer, Berlin, Heidelberg.

[35] Li, Q. Z., Cai, Y. L., Hu, H. Y., 2017. Characteristics of nano-pore structure of clay minerals in shale and its effects on methane adsorption capacity. Journal of the China Coal Society. 42 (9): 2414-2419.

[36] Li, K., Xi, K. L, Cao, Y. C., Niu, X. B, Wu, S. T., Feng, S. B., You, Y., 2021. Chlorite authigenesis and its impact on reservoir quality in tight sandstone reservoirs of the Triassic Yanchang Formation, southwestern Ordos Basin, China. J. Pet. Sci. Eng. 205(1), 108843.

[37] Li, Y., Wang, Z. S., Pan, Z. J., Niu, X. L., Yu, Y., Meng, S, Z., 2019. Pore structure and its fractal dimensions of transitional shale: A cross-section from east margin of the Ordos Basin, China. Fuel. 241, 417-431.

[38] Liang, J. H., Sun, B. L., 2016. Research on clay minerals during diagenesis of argillaceous rock. Contributions to Geology and Mineral Resources Research. 31 (4), 543-549 (in Chinese with English abstract).

[39] Liu, B., Schieber, J., Mastalerz, M., 2017. Combined SEM and reflected light petrography of organic matter in the New Albany Shale (Devonian-Mississippian) in the Illinois Basin: a perspective on organic pore development with thermal maturation. Int. J. Coal Geol. 184, 57-72.

[40] Liu, X., Xiong J., Liang, L., 2014. Investigation of pore structure and fractal characteristics of organic-rich Yanchang formation shale in central China by nitrogen adsorption/ desorption analysis. J Nat Gas Sci Eng. 22(7), 62-72.

[41] Loucks, R. G., Reed, R. M., Ruppel, S. C., Hammes, U., 2012. Spectrum of pore types and networks in mudrocks and a descriptive classification for matrix-related mudrockbpores. AAPG (Am. Assoc. Pet. Geol.) Bull. 96 (6), 1071-1098.

[42] Mastalerz, M., Schimmelmann, A., Drobniak, A., Chen, Y., 2013. Porosity of Devonian and Mississippian New Albany Shale across a maturation gradient: Insights from organic petrology, gas adsorption, and mercury intrusion: AAPG (Am. Assoc. Pet. Geol.) Bull. 97(10), 1621-1643.

[43] Mathia, E. J., Bowen, L., Thomas, K. M., Aplin, A. C., 2016. Evolution of porosity and pore types in organic-rich, calcareous, Lower Toarcian Posidonia Shale. Mar. Petrol. Geol. 75, 117-139.

[44] Milliken, K. L., Esch, W. L., Reed, R. M., Zhang, T. W., 2012. Grain assemblages and strong diagenetic overprinting in siliceous mudrocks, Barnett Shale (Mississippian), Fort Worth Basin, Texas. AAPG (Am. Assoc. Pet. Geol.) Bull, 96(8), 1553-1578.

[45] Milliken, K. L., Rudnicki, M., Awwiller, D. N., Zhang, T., 2013. Organic matter - hosted pore system, Marcellus formation (devonian), Pennsylvania. AAPG (Am. Assoc. Pet. Geol.) Bull. 97, 177-200.

[46] Misch, D., Mendez-Martin, F., Hawranek, G., Onuk, P., Gross, D., Sachsenhofer, R. F., 2016. SEM and FIB-SEM investigations on potential gas shales in the Dniepr-Donets Basin (Ukraine): pore space evolution in organic matter during thermal maturation. Iop Conf. 109 (1), 01201.

[47] Rippen, D., Littke, R., Bruns, B., Mahlstedt, N., 2013. Organic geochemistry and petrography of Lower Cretaceous Wealden black shales of the Lower Saxony Basin: the transition from lacustrine oil shales to gas shales. Org. Geochem. 63, 18-3.

[48] Ross, D. J. K., R. M. Bustin, 2008. Characterizing the shale gas resource potential of Devonian-Mississippian strata in the Western Canada sedimentary basin: Application of an integrated formation evaluation: AAPG (Am. Assoc. Pet. Geol.) Bull, 92 (1), 87-125.

[49] Slatt, R. M., O' Brien, N. R., 2011. Pore types in the Barnett and Woodford gas shales: contribution to understanding gas storage and migration pathways in fine-grained rocks. AAPG Bull. 95, 2017-2030.

[50] Shan, C. A, Zhao, W. W., Wang, F. Q., Zhang, K., Zhao, F., Guo, L. L., Ma, X. L., Liao, T., 2019. Nanoscale pore structure heterogeneity and its quantitative characterization in Chang7 lacustrine shale of the southeastern Ordos Basin, China. J. Pet. Sci. Eng. 187, 106754.

[51] SY/T 6385—1999. 1999. The porosity and permeability measurement of core in net confining stress.

[52] SY/T 6154—2019. 2019. Rock specific surface area and pore size distribution determination Static adsorption capacity method.

[53] Tang, X., Zhang, J. C., Jin, Z. J., Xiong, J. Y., Lin, L. M., Yu, Y. X., Han, S. B., 2015. Experimental investigation of thermal maturation on shale reservoir properties from hydrous pyrolysis of Chang 7 shale, Ordos Basin. Mar. Petrol. Geol. 64, 165-172.

[54] Tang, X., Zhang, J. C., Wang, X. Z., Yu, B. S, Ding, W. L., Xiong, J. Y., Yang, Y. T, Wang, L., Yang, C., 2014. Shale Characteristics in the Southeastern Ordos Basin, China: Implications for Hydrocarbon Accumulation Conditions and the Potential of Continental Shales. Int. J. Coal Geol. 128 - 129, 32-46.

[55] Tanja, B., Knut, B., 1993. Organic acids from source rock maturation: generation potentials, transport mechanisms and relevance for mineral diagenesis, Appl. Geochemistry, 8(4), 325-337.

[56] Wang, C., Wang, Q., Chen, G., He, L., Xu, Y., Chen, L., Chen, D., 2017. Petrographic and geochemical characteristics of the lacustrine black shales from the upper Triassic Yanchang Formation of the Ordos Basin, China: implications for the organic matter accumulation. Mar. Petrol. Geol. 86, 52-65.

[57] Wang, GP., Zhang, Q., Zhu, RK., Tang, X., Liu, KQ., Jin, ZJ., 2022. Geological controls on the pore system of lacustrine unconventional shale reservoirs: The Triassic Chang 7 member in the Ordos Basin, China. J. Pet. Sci. Eng. In Press, 111139.

[58] Wang, Q. Y., Yang, W., Ge, Y. J., Song, Y., Jiang, Z. X., Luo, Q., Zuo, R. S., Li, Y. H., Liu, D., Zhang, F., Wang, Y. H., Lu, J. K., 2021a. Diagenetic Responses to Delta Front-Lacustrine Depositional Microfacies and Implications for Tight Reservoir Quality Differences in the Yanchang Formation, Western Ordos Basin, ACTA SEDIMENTOLOGICA SINICA, 39 (4): 841-862 (in Chinese with English Abstract).

[59] Wang, Y., Zhu, Y. M., Wang, H. Y., Feng, G. J., 2015. Nanoscale pore morphology and distribution of lacustrine shale reservoirs: Examples from the Upper Triassic Yanchang Formation, Ordos Basin. J. Energy Chem. 24, 512-519.

[60] Wang, M., Guo, Z. Q., Jiao, C. X., Lu, S. F., Li, J. B., Xue, H. T., Li, J. Q., Chen, G. H., 2019. Exploration progress and geochemical features of lacustrine shale oils in China. J. Pet. Sci. Eng. 178, 975-986.

[61] Wang, X. Z., Gao, S. L., Gao, C., 2014. Geological features of Mesozoic continental shale gas in south of Ordos Basin, NW China. Petrol. Explor. Dev. 41 (3), 294-304.

[62] Wang, X. Z., Zhang, L. X., Jiang, C. F, Yin, J.

T., Gao, C., Sun, J. B., Yin, N., Xue, L. H., 2018. The effect of differential uplift on Pore development of Chang7 shale in Ordos Basin: Case studies of Ganquan area and Weibei uplift area. Nat. Gas Geosci. 29 (5), 597–605.

[63] Wang, X. Z., Ren, L. Y., 2016. Advances in theory and practice of hydrocarbon exploration in Yanchang exploration area, Ordos Basin. Acta Petrolei Sinica. 37 (S1), 79–86 (in Chinese with English abstract).

[64] Wang, Y., Cheng, H., Hu, Q., Liu, L., Hao, L., 2021b. Diagenesis and pore evolution for various lithofacies of the Wufeng–Longmaxi shale, southern Sichuan Basin, China. Mar. Petrol. Geol. 133(12), 105251.

[65] Wilson, M. J., Shaldybin, M. V., Wilson, L., 2016. Clay mineralogy and unconventional hydrocarbon shale reservoirs in the USA. I. Occurrence and interpretation of mixed-layer R3 ordered illite/smectite. Earth Sci Rev. 158, 31–50.

[66] Xie, X. H., Deng, H. C., Fu, M. Y., Hu, L. X., He, J. H., 2021. Evaluation of pore structure characteristics of four types of continental shales with the aid of low-pressure nitrogen adsorption and an improved FE–SEM technique in Ordos Basin, China. J. Pet. Sci. Eng. 197, 108018.

[67] Xu, H., Zhou, W., Hu, Q. H., Yi, T., Ke, J., Zhao, A. K., Lei, Z. H., Yu, Y., 2021. Quartz types, silica sources and their implications for porosity evolution and rock mechanics in the Paleozoic Longmaxi Formation shale, Sichuan Basin. Mar. Petrol. Geol. 128. 105036.

[68] Wei, Y., Wang, Q. Y., Wang, Y. H., Jiang, Z. X., Song, Y., Li, Y. H., Liu, D., Zuo, R. S., Guan, X. M., Zhang, F., 2020. Pore characteristic responses to categories of depositional microfacies of delta–lacustrine tight reservoirs in the Upper Triassic Yanchang Formation, Ordos Basin, NW China, Mar. Petrol. Geol, 118: 104423.

[69] Yuan, Y. J., Rezaee, R., Yu, H. Y., Zou, J., Liu, K. Q., Zhang, Y. H., 2021. Compositional controls on nanopore structure in different shale lithofacies: A comparison with pure clays and isolated kerogens. Fuel, 303.

[70] Zhao, C. J., Jiang, Y. L., Liu, J. D., Liu, M., Wang, L. J., 2022. Occurrence and origin of chlorite and associated impact on tight sandstone reservoir quality: A case study of the Xujiahe Formation (NE Sichuan Basin, China), J. Pet. Sci. Eng. 209, 109859.

[71] Zhang, K., Liu, R., Liu, Z. J., Li, B., Han, J. B., Zhao, K., G., 2019. Influence of volcanic and hydrothermal activity on organic matter enrichment in the Upper Triassic Yanchang Formation, southern Ordos Basin, Central China – ScienceDirect. Mar. Petrol. Geol. 112, 104059–104059.

[72] Zhang, Q., Littke, R., Zieger, L., Shaban, M., Zhang, J., 2019. Ediacaran, Cambrian, Ordovician, Silurian and Permian shales of the Upper Yangtze Platform, South China: Deposition, thermal maturity and shale gas potential. Int J Coal Geol, 216, 103281.

[73] Zhang, W. Z., Yang, H., Yang, Y. H., Kong, Q. F., Wu, K., 2008. Petrology and element geochemistry and development environment of Yanchang Formation Chang 7 high quality source rocks in Ordos basin. Geochimica. 37, 59 – 64 (in Chinese with English abstract).

[74] Zhou, S. D., Yan, D. T., Tang, J. G., Pan, Z. J., 2020. Abrupt change of pore system in lacustrine shales at oil – and gas – maturity during catagenesis. Int. J. Coal Geol. 228, 103557.

[75] Zhu, R. K., Jin, X., Wang, X. Q., Liu, X. D., Li, J. M., Sun, L., Wu, S. T., Su, L., Jiao, H., Cui, J. W., 2018. Multi-Scale Digital Rock Evaluation on Complex Reservoir. Pet. Explor. Dev. 43, 1773–1782.

[76] Zieger, L., Littke, R., 2019. Bolsovian (Pennsylvanian) tropical peat depositional environments: the example of the Ruhr Basin, Germany. Int. J. Coal Geol. 211, 103209.

数据群集原位成像技术在页岩气高效开发中的应用

李宏伟

（中国石油勘探开发研究院）

摘　要　数据群集是基于多维度离群点的交集来检测异常、发现甜点区的大数据分析技术，可用于页岩气甜点段的识别与甜点区分布研究。该技术方法的原理是批量、同步开展数据集中各个数据点在不同维度上的邻近度及其相似度计算，计算结果取各个维度上离群点的交集，利用原位成像手段刻画离群点在纵向和横向上的分布及其变化规律。研究流程以都沃内页岩气为例，首先对页岩气产层的测井数据开展群集分析，识别离群点形成的异常井段，发现异常井段正是页岩气甜点段集中发育的部位；其次，针对甜点段开展沿层地震数据群集分析，识别离群点在横向上的分布，发现井上的甜点段在地震上表现为高频衰减、振幅增强的地震响应特征。据此利用数据群集原位成像技术在横向上重新刻画了页岩气甜点区的分布，为都沃内页岩气的高效开发指明了方向。

关键词　数据群集；原位成像；页岩气；高效开发；甜点

1　问题的提出

近年来，国内外页岩气的勘探开发方兴未艾，页岩气勘探开发技术取得长足进步，带来了页岩气储量与产量的大幅增长。页岩气勘探开发中面临的一个问题是，同一套页岩气产层，不同井区的页岩气产量存在差异；同一水平井的不同压裂段的岩气产量存在差异。勘探开发实践表明，虽然页岩层大面积连续分布，但页岩气仅在局部的甜点段、甜点区最为富集，页岩气的勘探开发需要识别甜点段、预测甜点区的分布。

页岩气属于原位生烃、原位聚集、原位成藏，因此，页岩层总有机碳含量与有机质的热演化程度决定了一个地区页岩气资源的丰度以及页岩气产量的高低。甜点往往发育于总有机碳含量高且有机质的热演化程度高的部位。在页岩气勘探开发初期，在钻井数量较少的情况下，如何利用少量井点的信息来发现页岩气甜点区在横向上的分布，是页岩气勘探开发初期最为关注的问题。为此，引入了数据群集原位成像技术，以都沃内页岩气高效开发研究为例，开展了页岩气甜点段和甜点区的检测。

2　地质背景

研究区位于加拿大卡阿尔伯达省西南部的西页岩次盆，面积 420km^2，目前该区钻井 123 口，三维地震满覆盖。页岩气的烃源岩、储层及产层均为上泥盆统都沃内组海相页岩。从研究区中部向盆地周边的台缘带，都沃内组页岩由海相深水页岩沉积相变为台缘礁滩相沉积，二者同期异相，都沃内组沉积厚度由薄增厚。页岩气产层顶面构造形态表现为由北东向南西方向倾覆的单斜（图 1）。

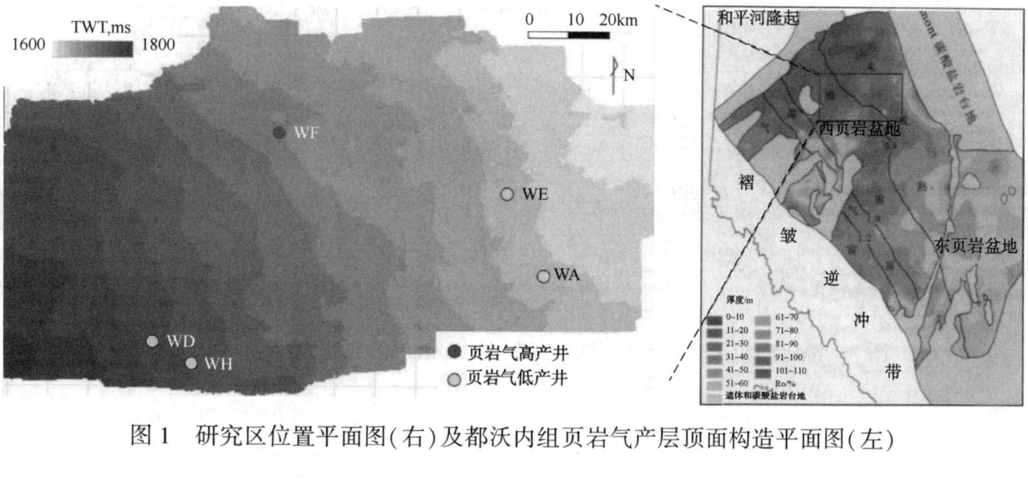

图 1　研究区位置平面图（右）及都沃内组页岩气产层顶面构造平面图（左）

前人在此做了大量研究工作。黎茂稳等(2019)在此开展了页面油气富集特征的研究工作，指出甜点高有机碳页面发育于热演化程度高的深水海盆沉积中心一带；王鹏威等(2019)研究了西加盆地页岩的总有机碳含量，提出总有机碳含量越高，页岩吸附页岩气的能力越强；赵文光等(2013)总结了加拿大页岩气勘探开发新进展，指出都沃内页岩气富集于资源量丰度高、但页岩厚度却较薄的局部地区。地球物理人员在此开展过测井解释与总有机碳含量、泊松比等地震反演工作，但结果并不理想，页岩气甜点的刻画有待细化。

3　数据分析

为了搞清高产井区的测井与地震响应特征，利用研究区内有限的5口井的测井解释结果开展了甜点成因分析。搞清了甜点的成因之后，充分利用三维地震沿层振幅数据和瞬时频率数据，开展了页岩气甜点的地震震响应特征研究工作。

3.1　甜点成因分析

不同井区的页岩气产量与页岩总有机碳含量、页岩有效厚度、页岩物性的关系，开展了数据分析工作。

通过不同井区页岩气产量与页岩层有效厚度的相关性分析发现，二者呈负相关关系，都沃内组页岩气产量高的部位并不在页岩有效厚度大的部位，而是在页岩有效厚度较薄的部位；进一步分析发现，都沃内组页岩总有机碳含量与其有效厚度也呈负相关关系，都沃内组沉积厚度薄的部位，总有机碳含量反而高，甜点区发育于页岩有效厚度薄的部位；页岩气产量与总有机碳含呈强相关(图2)。

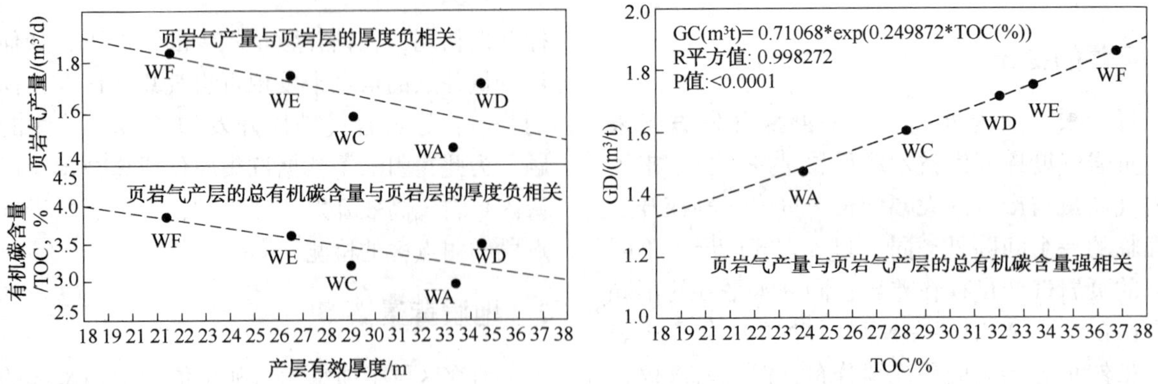

图2　都沃内组页岩气产量与有机碳含量、页岩有效厚度之间的关系

3.2　甜点地震响应特征

利用沿层振幅数据、沿层瞬时频率数据，通过数据成像手段可以直观地显示甜点区的地震响应特征，揭示出高产区与低产区在地震响应特征上的差异。

通过地震数据沿层信息提取发现，页岩气高产井区的地震响应特征表现为强振幅、低频，而页岩气低产井区的地面响应特征则表现为弱振幅、低频(图3)。显然，这种单一地利用振幅信息或频率信息识别甜点区的方法难以清晰反映页岩气甜点区的分布，都沃内页岩气甜点区的识别，需要有新的技术方法和手段。

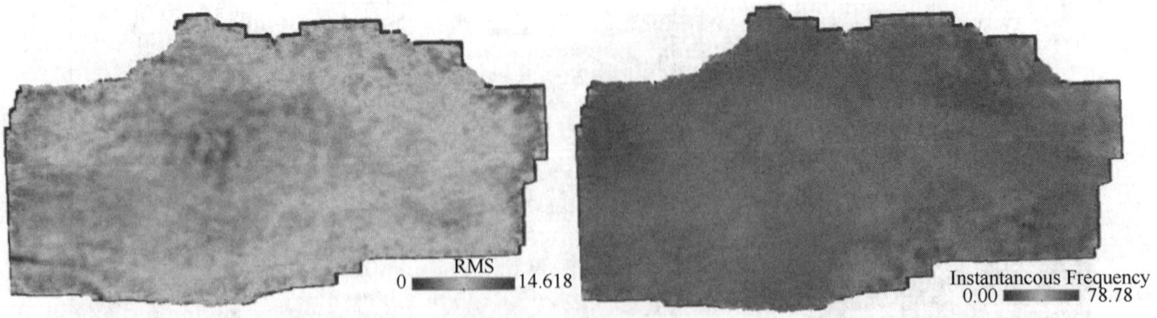

图3　都沃内组页岩气产层沿层振幅(左)、沿层瞬时频率(右)信息提取

4 数据群集

数据群集是利用多个维度上的度量信息，从多个角度协同研究数据点在横向上的综合响应与变化。无论是测井数据，还是地震数据，都是地层岩性、物性及其含油气性的综合响应，对于多因素控制下的页岩气甜点区，可以利用多维度的测井数据、三维地震数据，通过数据群集技术预测页岩气甜点区的分布。

4.1 原理方法

数据群集是数据分析中用于异常检测的一种技术方法，原理是对数据集中不同维度上的数据点同步开展邻近度与相似度的批量计算，计算结果取各个维度上数据点中离群点的交集，同一群集内数据点在邻近度和度量值上相近，而不同数群集之间的数据点，在邻近度和度量值上存在显著差异。

具体方法是首先将不同量纲、极差悬殊的测井数据和地震数据通过 Z-Score 转化为无量纲的标准分数，标准化后的数据在各个维度上具有可比性；其次，对不同数据点开展邻近度和相似度计算（计算均值、标准差、协方差），通过不断地迭代、优化，在找出各个数据点的质心的同时，还要找出不同维度上的数据点与数据点之间、数据点与质心之间在度量特征上的相似度与邻近度，如此反复，有 K 个质心，就有 K 个群集。同一群集内的数据点在邻近度、相似度以及变化规律方面相近，而与背景数据的普遍特征存在不同（图 4）。

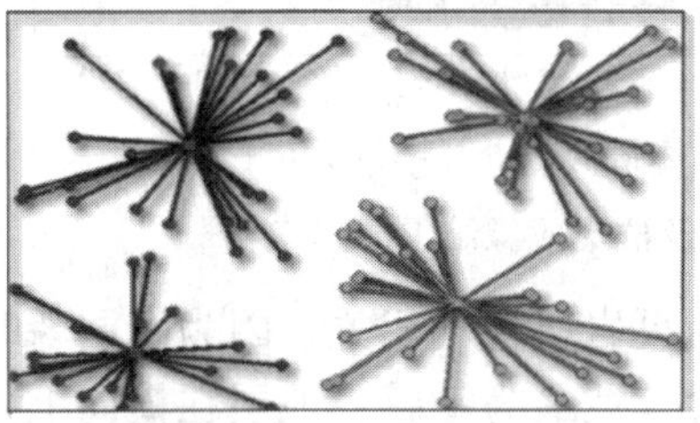

数据点上的维度和度量

$$\text{distance}(x,y)=\left(\sum_{k=1}^{n}(|Xk-yk|)^{r}\right)^{1/r}$$

$$\text{sim ilarity}(x,y)=\frac{\sum_{k=1}^{n}\delta_k S_k(x,y)}{\sum_{k=1}^{n}\delta_k}$$

$$CH=\frac{SS_B}{SS_W}\times\frac{(N-k)}{(k-1)}\quad SS_B=\sqrt{\frac{\sum_{i=1}^{k}(x_i-\bar{x})^2}{k-1}}\quad SS_W=\sqrt{\frac{\sum_{i=1}^{n}(x_i-\bar{x})^2}{n-1}}$$

邻近度与相似度计算

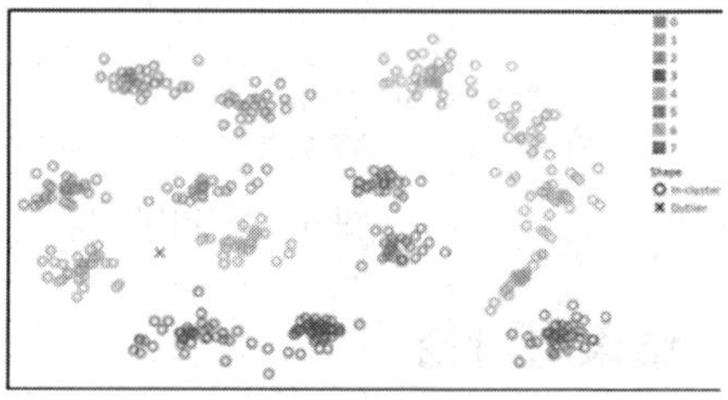

数据群集成像结果

图 4 数据群集原理与方法示意图

4.2 甜点段群集成像

在页岩层中，群集成像可以直观地显示页岩气甜点段的分布。以研究区 WF 井为例，高产井的甜点段在标准化后的电阻率、自然电位、声波时差、电导率等维度的测井综合响应上，明显与上、下的围岩不同。页岩气甜点段在群集后的测井综合响应上表现为更高的电阻率值、更低的电导率值以及更低的声波时差值、更低的自然电位值；而页岩气低效井的测井数据群集结果却没有检测出甜点段（图 5）。

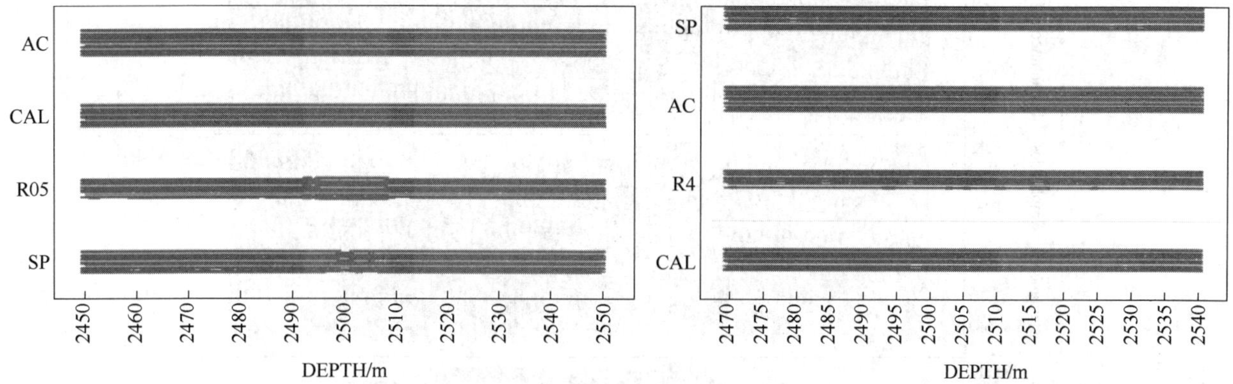

图 5 页岩气高产井与低效井测井数据群集结果对比

4.3 甜点区群集成像

借助数据群集分析与箱线分析技术，可以发现数据集中离群点的分布。研究区都沃内页岩层的平均厚度在 24m 左右，其在地震上表现为与上覆泥岩之间形成的强波峰反射，在时间厚度上对应于最大波峰到峰谷转换零相位之间的四分之一波长。沿页岩气产层顶面的地震最大波峰反射界面提取了 574465 个数据点的对含气响应敏感的瞬时振幅数据、瞬时频率数据。

在开展数据分析前，首先要对这些瞬时振幅数据、瞬时频率数据进行数据标准化处理，在此基础上，运用数据群集技术、箱线分析技术开展数据离群点分布分析，可以发现页岩层背景数据(蓝色数据点)中与异常相关的离群点(红色数据点和橙色数据点)的分布；进一步通过质心查找，发现数据点分别围绕着红、橙、蓝三个不同的质心分布，每个质心内的数据点代表一个群集，不同的群集之间，数据点的邻近度以及振幅响应特征和频率响应特征存在差异，而同一个群集内的数据点则具有相近的邻近度以及振幅响应特征和频率响应特征，其中，蓝色的背景数据点表现为弱振幅、高频率的地震综合响应特征；通过数据点群集原位成像，可以发现，叠置于蓝色背景数据点之上的红色数据点与橙色数据点的叠置区，就是我们要找的页岩气甜点区(图 6)。

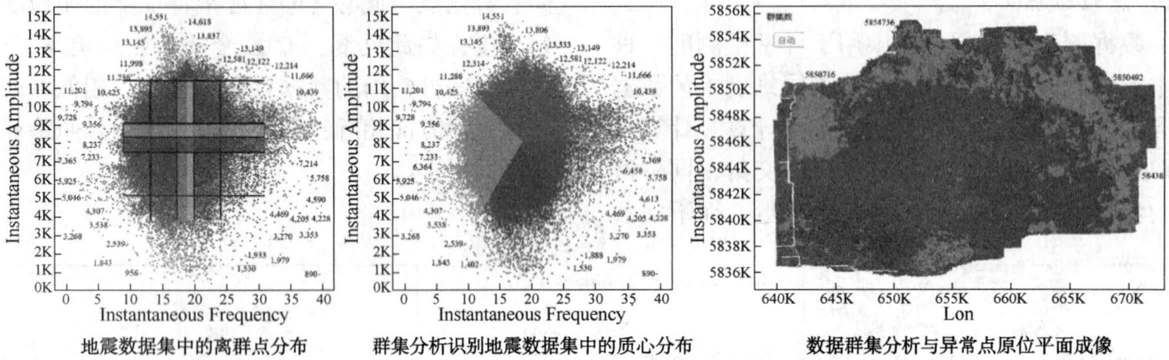

图 6　都沃内页岩气产层地震数据离群点分布、质心查找及群集成像结果

5　结果与讨论

红色数据点与黄色数据点的叠置区之所以被认为是页岩气的甜点区，除了有研究区内的钻井证实之外，还因为在页岩气的甜点区，出现了沿层的高频信息发生了衰减，而振幅响应却出现了增强。

高频衰减与页岩层含气相关，因为沿层瞬时频率对地层的含气性最为敏感，地层在横向上一旦出现含气层段，瞬时频率将出现衰减；地层振幅增强与薄层的地震波调谐有关，当页岩层厚度薄到小于四分之一地震波波长时，薄层的振幅响应就会加强。页岩厚度减薄处正是总有机碳含量更高的甜点区发育的最有利部位(图 7)。

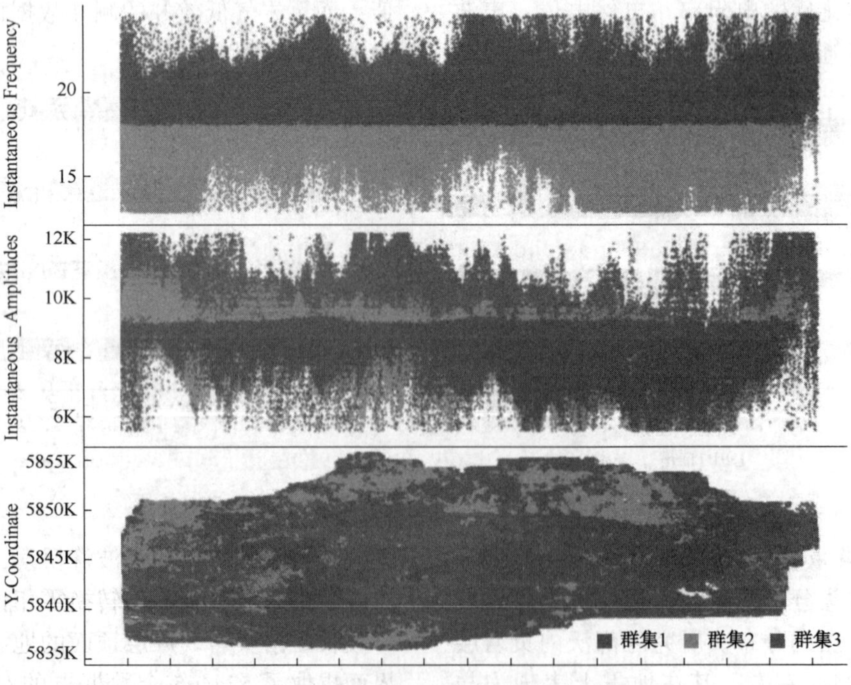

图 7　都沃内页岩气甜点区高频衰减、振幅增强及甜点区分布(红色区)

6 结论与建议

综合以上研究，得出结论和建议如下：

（1）页岩气甜点区主要发育于厚度薄、但有机碳含量高的沉积中心部位，而非厚度大的盆地边缘部位；

（2）页岩气甜点区在地震响应上表现为高频衰减、振幅增强，与页岩含气性及薄层的调谐有关；

（3）该甜点检测技术之所以能够快速检测并发现数据集中与背景值不同的异常信息，原理是数据群集的结果利用的是多维度的、标准化后的度量值进行了邻近度和相似度的计算、质心的查找以及数据点原位成像；

（4）该方法检测速度快、识别精度高、可拓展、可推广，既可应用于页岩气、煤层气甜点的识别，也可用于其他常规天然气甜点区的检测，由于降低了多解性，因而也就减小了勘探开发风险。

参 考 文 献

[1] 黎茂稳，马晓潇，蒋启贵，李志明，庞雄奇，张采彤．北美海相页岩油形成条件、富集特征与启示[J]．油气地质与采收率，2019，26(1)：13-28.

[2] 谌卓恒，黎茂稳，姜春庆，钱门辉．页岩油的资源潜力及流动性评价方法——以西加拿大盆地上泥盆统 Duvernay 页岩为例[J]．石油与天然气地质，2019，40(3)：459-468.

[3] 赵文光，夏明军，张雁辉，杨福忠，张兴阳．加拿大页岩气勘探开发现状及进展[J]．国际石油经济，2013，7：41-46.

[4] 王鹏威，谌卓恒，金之钧，郭迎春，陈筱，焦姣，郭颖．页岩油气资源评价参数之“总有机碳含量”的优选：以西加盆地泥盆系 Duvernay 页岩为例[J]．地球科学，2019，44(2)：504-511.

[5] 邹才能，等．非常规油气地质[M]．北京：地质出版社，2014.

[6] 邹才能，陶士振，袁选俊，等．连续型油气藏形成条件与分布特征[J]．石油学报，2009，30(3)：324-331.

[7] 傅成玉，等．非常规油气资源勘探开发[M]．北京：中国石化出版社，2015.

[8] 邹才能，董大忠，王玉满，等．页岩气地质评价方法：GB/T 31483—2015[S]．北京：中国标准出版社，2015.

[9] 潘继平．对促进中国页岩气勘探开发若干问题的思考[J]．国际石油经济，2012(1-2)：101-106.

[10] 李登华，李建忠，王社教，等. 页岩气藏形成条件分析[J]. 天然气工业，2009，29(5)：22-26.

四川盆地龙马溪组深层页岩气孔隙结构表征及渗流场特征研究

万成祥[1,2,3]　申宝剑[1,2,3]　杜　伟[1,2,3]

(1. 页岩油气富集机理与有效开发国家重点实验室；2. 中国石油化工股份有限公司石油勘探开发研究院；3. 中国石化页岩油气勘探开发重点实验室)

摘　要　深层页岩气是四川盆地龙马溪组页岩气增储上产的重要攻关方向，但与中浅层页岩气在储层特征和渗流特征方面都有差异，一定程度上限制了深层页岩气的勘探和开发工作进展。为了明确深层页岩气的储层孔隙结构特征及页岩游离气传输特征，本文以川南深层龙马溪组优质页岩为例，开展了页岩储层孔隙结构观察和定量表征实验，并基于体相气体传输机理探讨了页岩游离气的传输特征、临界条件及动态演化规律。实验和计算结果表明：①深层页岩储层孔隙形态特征与中浅层差别不大，但中孔的孔隙结构特征更加明显，孔体积占比为 62.5%~69.7%；②深层页岩游离气传输方式分为过渡流、滑脱流和达西流三类，永川地区页岩游离气划分三种传输方式的临界孔径分别为 4.2nm 和 420nm，在此基础上建立了全盆地页岩游离气传输图版；③从浅层到深层，页岩游离气不同传输方式对应的临界孔径随之变小，游离气传输方式从以过渡流为主(最高占比达 63.0%)转变为以滑脱流为主(最高占比达 67.3%)，达西流占比不超过 2%；页岩游离气传输能力从浅层到中层随埋深增加快速下降，中深层页岩游离气传输能力随埋深增加基本保持稳定。通过分析和对比深浅层页岩储层孔隙结构特征及游离气传输特征，本研究可有力支撑深层页岩气乃至浅层页岩气下一步高效勘探开发方案的部署工作。

关键词　孔隙结构特征；游离气传输特征；深层页岩气；龙马溪组；四川盆地

经过十余年的勘探开发，我国页岩气已取得突破性的进展，尤其是对四川盆地龙马溪组页岩气形成了一系列的成果与认识，先后在涪陵、长宁、威远、昭通、丁山、威荣和永川等四川盆地及周缘地区发现了多个商业气田，页岩气累计产量超 $240\times10^8m^3$。近年来，在丁山、威荣、永川和泸州等地区的深层页岩气(3500m 以深)勘探开发方面也进行了积极的探索并取得了很好的效果，成功钻获了如丁页 2HF 井、威页 1HF 井、永页 1HF 井和泸 203 井等一大批高产井。预计可探明页岩气地质储量达 $10\times10^{12}m^3$，2025 年页岩气产量预计超 $300\times10^8m^3$，展示了四川盆地良好的页岩气勘探前景。

页岩气主要以吸附气和游离气的形式赋存在页岩纳米孔隙中。页岩纳米孔气体传输机理表明，游离气和吸附气在页岩中会以不同的方式发生运移，其类型可以根据克努森数进行划分，具体受到温度、压力和孔径的影响。一方面，在实际地层条件下，吸附气主要在微孔中以表面扩散的方式进行传输，游离气则是在中孔和宏孔中主要以连续流的方式发生运移；另一方面，受页岩气赋存状态及转化机制的控制，深层页岩气含气结构与中浅层页岩气差异明显，具体表现为以游离气赋存为主，其占比可高达 90%。因此，对于深层页岩气而言，游离气传输特征的研究显得尤为重要。而目前对于页岩气传输机制的研究多局限在低压条件或油气井开发条件下，缺少从实际地质条件和页岩孔隙结构的角度探讨页岩气的渗流场特征。

因此，本文以川南深层龙马溪组优质页岩为例，分析深层页岩孔隙结构特征，基于克努森数明确深层页岩游离气不同传输机制的临界条件。进一步地，在四川盆地龙马溪组页岩典型地层温压条件的基础上，建立了全盆地页岩纳米孔游离气传输模板。最后充分考虑页岩纳米孔气体传输微尺度效应，动态讨论了不同埋深的、地质条件下页岩纳米孔隙游离气传输能力的变化情况。本文研究成果从地质角度论述了页岩纳米孔游离气的传输机制，可为中国南方海相页岩气地质-工程一体化提供理论指导和技术支持。

1　深层页岩储层孔隙结构特征

1.1　样品信息

本论文选取川南深层X2井龙马溪组龙一1亚段优质页岩样品进行研究(表1)，对应的埋深约4000m。页岩样品TOC为3.56%~5.05%，平均为4.26%，整体都大于4%，显示了其丰富的有机质含量。页岩样品硅质矿物含量为45.2%~65.3%，平均为53.9%，黏土矿物含量为10.4%~39.1%，平均为23.8%，碳酸盐矿物含量为8.2%~20.0%，平均为12.5%。根据页岩岩相划分方案，本次选区的优质页岩样品以富有机质硅质页岩为主。总的来说，石英矿物含量占比最高，碳酸盐矿物含量占比最低，页岩脆性矿物含量介于58.2%~85.3%，平均高达66.3%，显示该地区深层优质页岩良好的脆性，对后期水力压裂改造十分有利。

表1　川南深层龙马溪组龙一1亚段优质页岩样品基本信息表

井号	样品编号	小层	TOC/%	硅质矿物含量/%	黏土矿物含量/%	碳酸盐矿物含量/%	岩相类型
X2	1	③	3.56	45.2	39.1	14.1	混合质页岩
X2	2	②	4.39	50.6	32.3	7.6	硅质页岩
X2	3	②	5.04	65.3	13.2	20.0	硅质页岩
X2	4	②	4.06	54.3	10.4	8.2	硅质页岩

1.2　孔隙类型及形态特征

通过FE-SEM实验可以直观地对页岩孔隙类型及形态特征进行观察。页岩作为有机-无机复合体，其孔隙类型可划分为有机孔、无机孔和微裂缝。

龙马溪组优质页岩中广泛发育有机质孔隙，其中以蜂窝状气泡孔最为常见(图1a)，是连通性最好的一种孔隙类型。有机质-黏土复合体在页岩样品中也能见到，表现为有机质吸附在黏土矿物的狭缝孔隙中，并在层间结构内顺层发育连续的椭圆状孔隙(图1b)，与黏土相关的有机质孔隙往往非常发育，这与黏土矿物在生烃过程中的催化作用有关。另外黄铁矿常常与有机质孔隙共生，表现为有机质在多个黄铁矿集合的粒间孔中被包围起来，由于黄铁矿具有良好的支撑性，因此此类有机质孔隙能够很好的保存，多呈圆状(图1c)。

无机孔隙主要包括粒间孔、粒内孔和微裂缝等。黏土矿物多为层状结构，在镜下经常见到层间粒内孔隙，在层间缝隙之中，有时被有机质充填(图1d)。可见无机矿物中的溶蚀孔(图1e)，此类孔隙通常对页岩气的储集和传输能力贡献较小。另外，在一些矿物颗粒之间以及有机质与矿物的接触界面处可以观察到微裂缝的发育(图1f)，通常是由于矿物颗粒之间未紧密接触以及有机质生烃收缩后引起的。

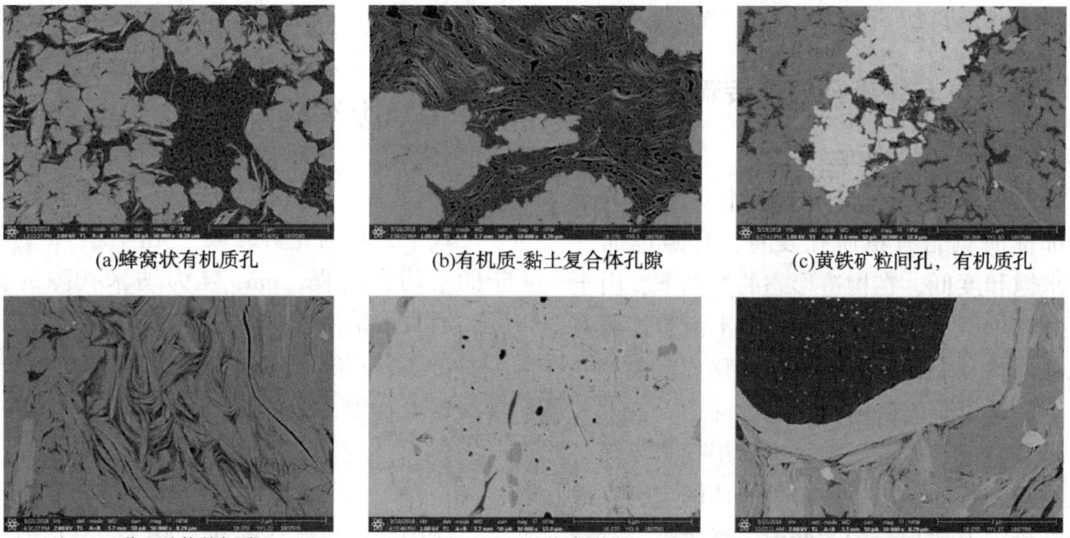

(a)蜂窝状有机质孔　(b)有机质-黏土复合体孔隙　(c)黄铁矿粒间孔，有机质孔

(d)黏土矿物粒间孔　(e)无机矿物溶蚀孔　(f)有机质收缩缝

图1　川南深层龙马溪组龙一1亚段优质页岩储层孔隙不同类型孔隙发育形态

1.3　孔隙结构特征

联立 CO_2、N_2和高压压汞实验可对页岩储层孔隙结构进行全孔径表征。实验结果表明，龙一1 亚段深层优质页岩样品的微孔孔径分布具体表现为三峰的特征，纳米孔隙主要发育在 0.5～0.6nm、0.8～0.9nm 和 1.6～1.7nm 三个孔径区间内(图 2a)，以 0.9nm 以下的微孔为主；中孔的孔径分布具体表现为双峰的特征，纳米孔隙主要发育在 2～20nm 和 30～40nm 两个孔径区间内(图 2b)，以 20nm 以下的中孔为主；宏孔的孔径分布具体表现为三峰的特征，纳米孔隙主要发育在在 50～70nm、130～150nm 和 200～230nm 三个孔径区间内，以 150nm 以下的宏孔为主(图 2c)。其中，微孔孔体积占比介于 19.1%～23.5%，平均占比为 21.8%，中孔孔体积占比介于 62.5%～69.7%，平均占比为 66.4%，宏孔孔体积占比介于 7.0%～18.4%，平均为 11.8%(图 2d)，由此可见，川南深层优质页岩样品的孔体积主要由中孔提供，其次是微孔，宏孔的贡献占比最少。前人研究指出，深浅层页岩气的含气结构存在明显差异，深层页岩气中游离气的占比会更高，大致介于 60%～90%，使得深层页岩气的赋存以游离气为主。因此，对页岩气渗流场特征的研究尤为重要。

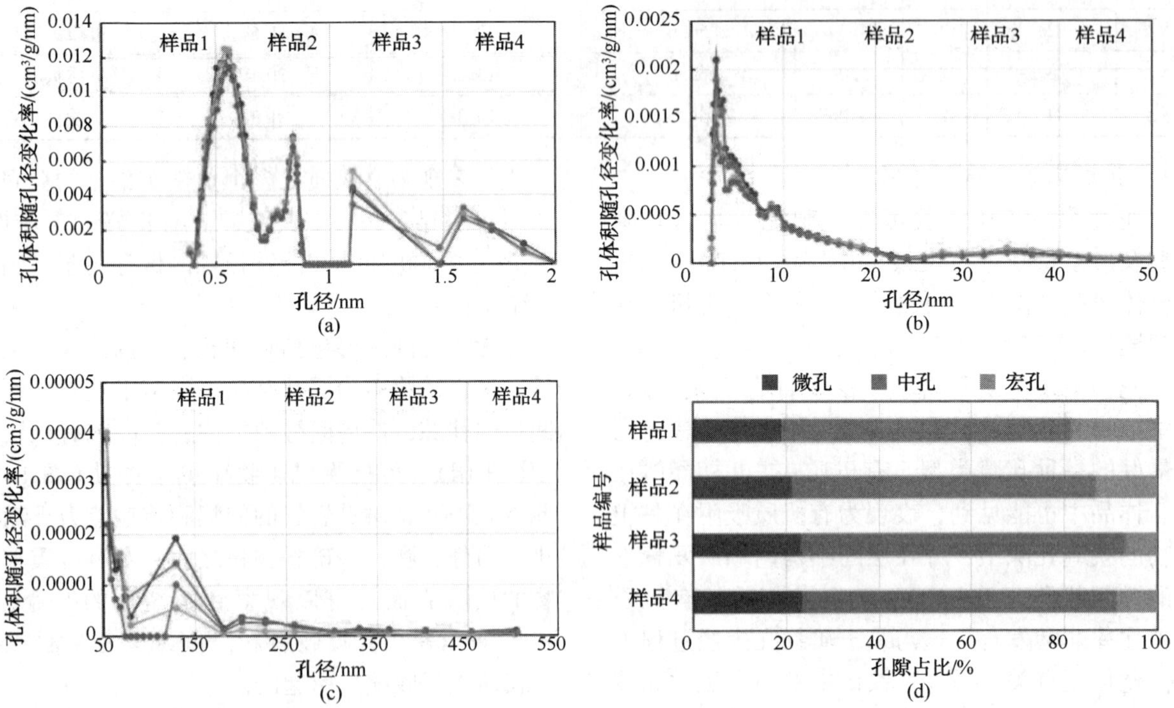

图 2　川南深层龙马溪组龙一 1 亚段优质页岩微孔(a)、中孔(b)和宏孔(c)孔径分布特征及孔体积占比(d)

2　龙马溪组页岩纳米孔气体传输特征

2.1　页岩游离气传输机理

页岩气通常可以在侧向上发生短距离的运移。下部优质页岩有机质孔发育，孔隙连通性好，含水饱和度低，在构造形态的控制下，由于温压差的作用，页岩气可以在侧向上沿着连通有机质孔隙网络和层理缝短距离的运移或散失，一定程度上影响了页岩气的富集。

根据页岩气气体分子与页岩储层孔隙界面碰撞作用的强烈程度，可以按甲烷气体的克努森数将页岩气传输方式划分为达西流、滑脱流、过渡流、克努森扩散等。克努森数的大小由气体分子的平均自由程和纳米孔的特征长度的比值确定，克努森数的计算公式为：

$$K_n = \frac{\lambda}{d} \tag{1}$$

式中，K_n为克努森数，无因次；λ 为气体分子的平均自由程，nm；d 为纳米孔隙的特征长度，通常取纳米孔隙的直径，nm。

考虑到真实气体效应，真实气体的分子平均自由程表示为：

$$\lambda = \frac{\eta}{P}\sqrt{\frac{\pi ZRT}{2M}} \tag{2}$$

式中，η 为气体黏度，Pa · s；P 为气体压力，MPa；Z 为气体压缩因子，无因次；R 为气体常数，8.314J/(mol·K)；T 为地层温度，K；M 为气体摩尔质量，g/mol，本研究取 16g/mol。

根据克努森数的划分标准，当 K_n 小于 10^{-3} 时，孔隙内部的相互作用以气体分子间的碰撞占绝对主导，即孔隙直径明显大于气体的平均分子自由程，流动方式为达西流；当 $10^{-3}<K_n<10^{-1}$ 时，气体分子与孔隙壁面的碰撞频率增大，导致壁面吸附的气体分子速度不再为零，发生滑脱作用，为滑脱流；当 $10^{-1}<K_n<10$ 时，气体分子之间的碰撞频率约等于气体分子与孔隙壁面的碰撞频率，气体流动方式为过渡流；当K_n大于 10 时，气体分子与孔隙壁面频繁碰撞，即孔隙直径小于气体的平均分子自由程，此时气体分子主要发生努森扩散。前两者为连续流范畴，通常发生在中孔及更大空间中，后两者为非连续流范畴，通常发生在微孔等较小的空间中，不满足连续性假设，纳维–斯托克斯方程无法模拟其流动状态。值得注意的是，在过渡流状态下，滑移效应和气体分子间碰撞作用同样重要，既要考虑气体滑移，也要考虑气体分子扩散。

2.2 深层页岩游离气传输特征

页岩纳米孔隙中的甲烷气体的体相传输机理主要受地层温压条件和孔径的影响，其中气体分子的平均自由程主要受甲烷气体压力的控制。根据典型页岩气藏开发过程中的纳米孔隙范围（2~1000nm）和地层压力（1~50MPa）可计算出对应克努森数的范围为 0.0002~6，从而将页岩游离气在有机质纳米孔隙中的主要传输机理划分为达西流、滑脱流和过渡流（图 3）。

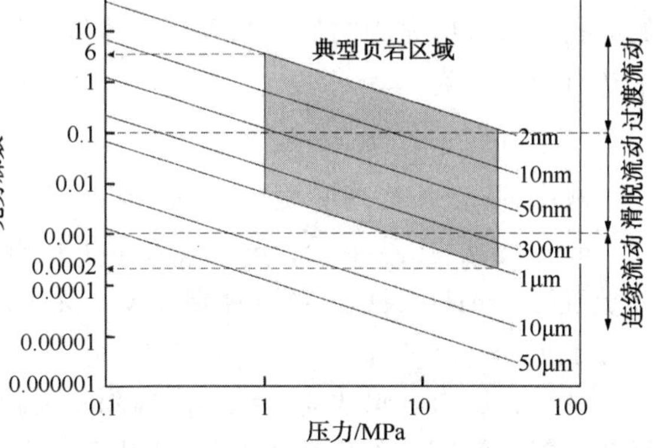

图 3　四川盆地龙马溪组典型页岩气藏开发条件下的主要传输机理

在开发条件下的气体传输机理图版中，由于气藏压降的原因，仅气体压力作为变量，影响了气体在不同尺度孔隙中的传输机理。但是在地质条件下，温压条件主要受地层埋深和保存条件的影响，因此地质条件下的页岩气传输机理应着重关注地层原位温压条件以及不同传输机理在页岩中存在的临界孔径。以川南永川—丁山深层区块为例，分析深层页岩游离气传输特征。永川—丁山地区龙马溪组优质页岩地层埋深主要为 3700~4500m，压力系数主要介于 1.7~2.2。地温梯度取 30℃/km，取地层埋深 4000m，压力系数取 2.2，则地层温度为 408.15K，地层压力为 88MPa。在此地层条件下计算了不同孔径中真实甲烷气体的体相传输特征。如图所示，该温压条件下页岩游离气传输特征表现为：4.2nm 以下为过渡流，4.2~420nm 为滑脱流，420nm 以上为达西流（图 4）。因此，川南深层页岩游离气渗流特征主要表现为过渡流、滑脱流和达西流。

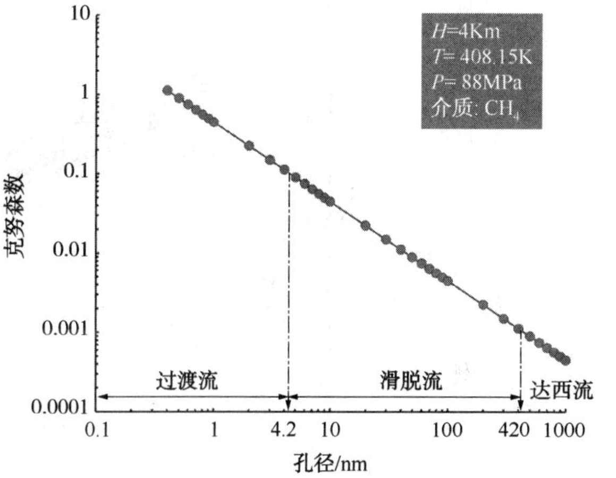

图 4　永川地区页岩纳米孔甲烷游离气流动方式与孔径的关系

2.3 全盆地页岩游离气传输特征

通过文献调研，本文统计了四川盆地龙马溪组 60 口页岩气井的埋深及地层压力系数。总的来说，随着地层埋深的增加，地层压力系数呈现随之增高的趋势，龙马溪组地层埋深的统计范围为 763m~5969m，地层压力系数涵盖 0.9~2.3。

页岩气藏可以划分为多种类型，比如根据埋藏深度可以划分为四种类型：浅层页岩气（埋深小于 2000m）、中层页岩气（埋深介于 2000~3500m）、深层页岩气（埋深介于 3500~4500m）和超深层页岩气（埋深大于 4500m）；根据压力系数可以进一步划分为低压页岩气（地层压力系数小于 0.9）、常压页岩气（地层压力系数介于

0.9~1.3)、超压页岩气(地层压力系数介于1.3~1.8)和超高压页岩气(地层压力系数大于1.8)。根据统计的页岩气井数据来看，目前四川盆地龙马溪组主要的页岩气藏有以下8类：浅层常压页岩气藏、中层常压页岩气藏、浅层超压页岩气藏、中层超压页岩气藏、深层超压页岩气藏、中层超高压页岩气藏、深层超高压页岩气藏和超深层超高压页岩气藏。这8类页岩气藏的平均埋深和压力系数如表5.1所示，常压页岩气的平均地层压力系数在1.0~1.1之间，超压页岩气的平均地层压力系数在1.4~1.5之间，超高压页岩气的平均地层压力系数在2.0~2.1之间。

在页岩游离气传输机理与储层孔径分布的基础上，建立了全盆地页岩游离气传输图版(图5)。与开发条件下的页岩游离气传输图版(图3)相比，图3更多的是关注某一具体气藏在开发过程中，由于生产压降的影响，强调了压力的变化对不同孔径纳米孔中游离气传输方式的控制。但是在地质条件下，某一深度页岩气层的温压条件是不变的，只需要关注不同传输方式对应的临界孔径，比如图4给出的具体埋深和温压条件下页岩游离气存在的传输方式及临界孔径，因此图5集合了从浅层到超深层、从常压到超压全盆地页岩气层的情况，建立了从地质角度动态分析全盆地页岩游离气传输特征的图版。

如图所示：①全盆地页岩游离气的传输方式均为过渡流、滑脱流和达西流这三类；②浅层页岩气可能只存在滑脱流和过渡流，这与浅层页岩气温压较低有关；③随着地层埋深和压力系数的不断升高，三种传输方式对应的临界孔径逐渐下降。

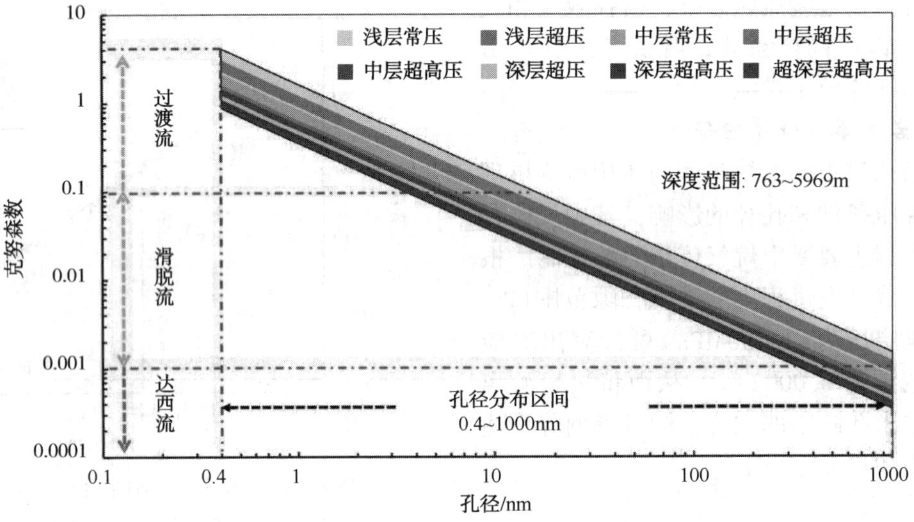

图5　四川盆地龙马溪组页岩全盆地页岩游离气传输模板

3　页岩气传输能力动态表征

3.1　纳米孔气体传输微尺度效应

纳米孔微尺度效应对页岩气传输具有不可忽略的影响，具体包括真实气体效应、吸附层效应以及应力敏感效应。其一，高压条件下，气体分子间作用力导致理想气体的行为与真实气体的行为有较大差异，需采用气体压缩因子对气体行为进行校正，实际地层温压条件下的该参数可以通过美国气体物性软件REFPROP计算得到。其二，甲烷气体吸附层会占据游离气的传输空间，从而降低游离气传输的有效孔径，在微孔和较小的中孔中该效应尤为明显，则真实气体传输的纳米孔有效半径为：

$$r_1 = r - d_m \theta \tag{3}$$

式中，r_1表示考虑吸附效应的纳米孔有效半径，m；r表示孔隙半径，m；d_m表示甲烷气体分子直径，m；θ表示真实气体覆盖度，无因次，约等于1。

其三，压力敏感效应导致不同埋深的页岩孔径在上覆有效应力的作用下被不同程度的压缩，考虑应力敏感效应的页岩有效孔径的计算公式为：

$$r' = r(p_e/p_0)^{0.5(q-s)} \tag{4}$$

式中，r'表示考虑应力敏感效应的纳米孔有效半径，m；r表示孔隙半径，m；p_e表示有效应力，MPa；p_0表示大气压，MPa；q表示页岩孔隙度系数，无因次，取0.04；s表示页岩渗透率系数，无因次，取0.08。

在考虑微尺度效应后，页岩游离气不同传输方式对应的临界孔径也有所变化。同样以川南永川地区地层温压条件为例，页岩游离气不同传输机理对应的实际临界孔径为4.2nm和420nm时，根据微尺度效应反推可以计算得到，页岩游离气体传输方式的边界条件为：孔径小于1.34nm时，孔隙全部被吸附气堵死，为非渗流空间；发生过渡流的孔径范围为1.34～5.79nm；滑脱流的孔径范围为5.79～491nm；大于491nm的孔径为达西流方式传输(图6)。由此可见，考虑微尺度效应之后，页岩整体的游离气传输空间下降，大部分微孔变成了非渗流空间，只能发生吸附气的表面扩散，不同传输方式对应的孔径范围也发生了改变，总的来说游离气的传输空间为压缩了。

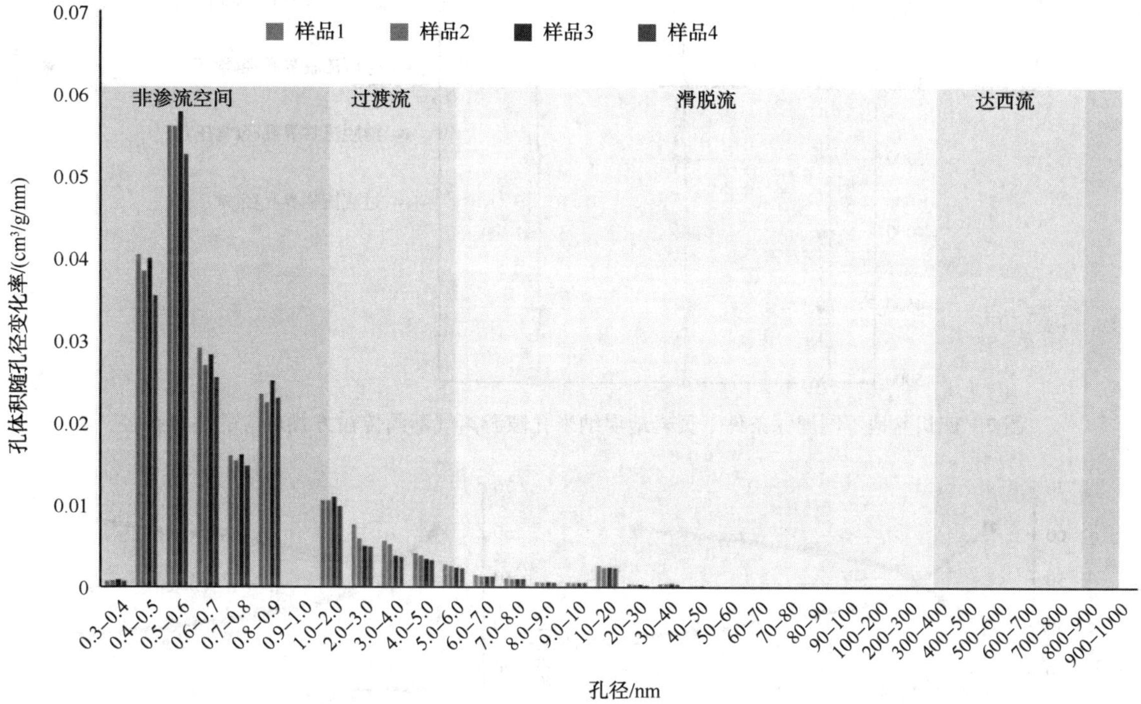

图6　考虑微尺度效应后的四川盆地页岩游离气不同传输方式对应的孔径范围

3.2　页岩气传输方式动态演化

随着埋深的增加，地层温压条件不断增大，页岩游离气不同传输方式对应的临界孔径也随之发生变化。在前文统计的井数据基础上，首先建立了不同埋深条件下不同游离气传输方式对应临界孔径的动态演化图(图7)。如图所示，随着地层埋深增加，不同传输方式对应的临界孔径随之降低，具体表现为三个阶段：0～1000m，该阶段临界孔径迅速降低；1000～3500m，该阶段临界孔径缓慢降低；3500m以深阶段，临界孔径平缓不变。此外还可以注意到，在接近地表条件下，页岩纳米孔隙中以滑脱流和过渡流为主，几乎没有达西流发生。另外，超压情况下不同传输方式的临界孔径会进一步下降。

在临界孔径随埋深动态变化的基础上，本文进一步计算了页岩游离气不同传输方式占比随埋深变化的动态演化情况(图8)。如图所示，在1500m以浅的地层条件下，页岩纳米孔隙中游离气传输以过渡流为主，最高占比可达63.0%，其次是滑脱流，几乎无达西流；中深层(埋深大于2000m)游离气传输则是以滑脱流为主，最高占比可达67.3%，其次为过渡流，达西流占比不超过2%。虽然孔隙结构和临界孔径的计算结果表明有一部分百纳米级的孔隙可以发生达西流，但该区间孔隙体积占比非常少，且深层页岩的孔隙体积主要由中孔和微孔提供，因此在页岩纳米孔隙中很难发生达西流。

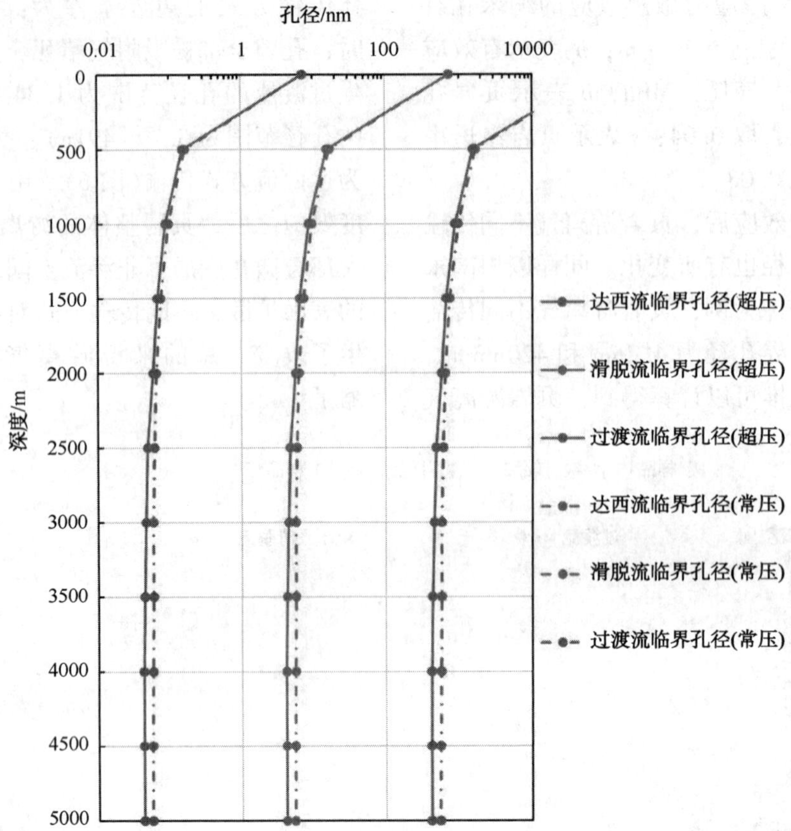

图 7　四川盆地不同埋深条件下页岩地层纳米孔隙游离气不同传输方式对应的临界孔径

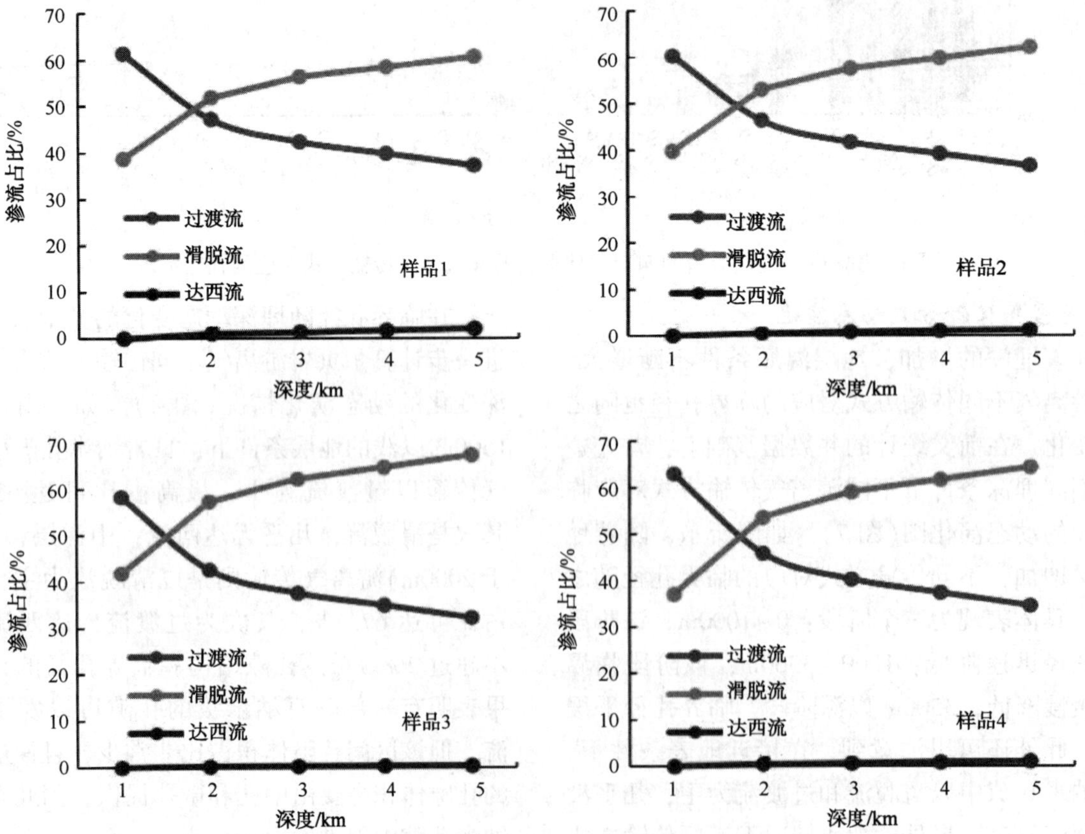

图 8　四川盆地不同埋深页岩纳米孔游离气不同传输方式占比

3.3 页岩气传输能力动态演化

由前文分析可知，深层页岩气传输方式中连续流占比明显增加，一定程度上增加了页岩游离气的传输能力，而同时由于微尺度效应，深层页岩气的传输能力又可能会受到抑制。本小节参考页岩气纳米孔游离气传输模型，结合页岩样品孔隙结构数据，计算并探讨了不同埋深条件下页岩游离气传输能力的动态演化规律。为方便对比，单孔游离气连续流、扩散流、过渡流传输量均简化为无因次量，最后根据孔隙结构数据进行加权求和得到总的无因次传输量，具体计算过程参考文献12。

计算结果如图所示，页岩游离气传输能力随埋深的增加先迅速降低，之后保持平缓不变。具体表现为中深层(埋深大于2000m)页岩游离气的传输方式以滑脱流为主，但传输能力相对更低，浅层页岩游离气(埋深小于2000m)的传输方式以过渡流为主，更加接近于气体扩散，但传输能力相对更高，这可能主要是上覆有效应力的变化造成的，大量的页岩覆压渗透率实验正好与本文的计算的动态演化规律相吻合，也证实了这一点(图9)。

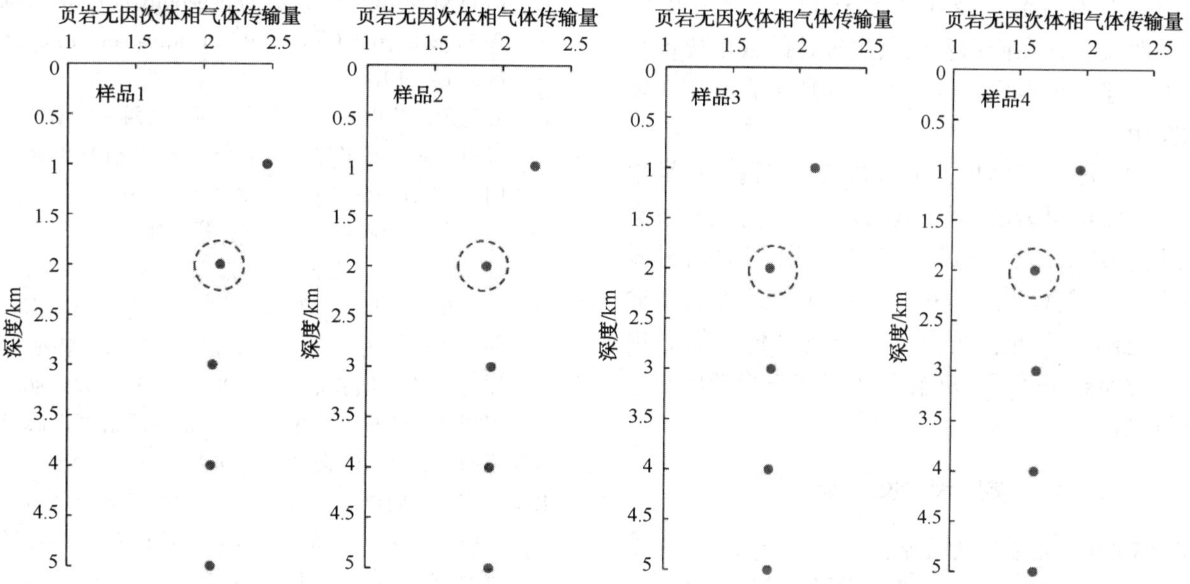

图9　四川盆地不同埋深条件下页岩游离气传输能力动态演化规律

4 讨论

深层页岩气和常压页岩气具有巨大的资源潜力，是页岩气勘探开发未来的攻关方向。本文分析了川南深层页岩的孔隙结构，明确了深层页岩的中孔更加发育，展现出良好的孔隙结构特征和储气能力，同时也揭示了深层页岩游离气的传输特征及从深层到浅层过渡的动态演化规律，对深层页岩气乃至浅层常压页岩气的勘探和开发工作均具有一定的启示作用。

从勘探的角度来说，深层页岩发育良好的游离气储集空间，含气结构好，游离气占比高，同时页岩游离气传输能力较弱，对浅层相比，深层游离气散失速度更慢，川东南綦江丁山区块DY2、DY4、DY3、DY1井埋深逐渐变浅，页岩气传输速率依次增强，游离气散失量越来越大，导致页岩含气性越来越差，总的来说深层页岩气资源丰度更高，理论上具备更好的勘探前景。与深层页岩气相比，浅层页岩游离气传输能力更强，散失速度更快，这也是导致浅层页岩气游离气占比低以及页岩气藏多发育常压或弱超压的原因之一。川东南盆缘常压页岩气藏经历多期复杂构造运动，保存条件式影响页岩含气性差异的关键因素，目前已形成的常压页岩气富集模式均是在有利于页岩气保存的构造样式上建立的，因此浅层页岩气的勘探要更加注重保存条件的评价。

从开发的角度来讲，深层页岩气传输方式以滑脱流为主，渗流特征更加明显，是压裂后形成高产的原因之一，但由于埋藏深，上覆岩石压力大，生产压降快，因此工程施工难度更高，需要合理控制地层压力，防止早期大压差生产对后期带来的不利影响。浅层页岩游离气虽然传输能力较强，但传输方式以更接近扩散的过渡流为主，同时以吸附气为主，因此从该方面很难提升开发效果，建议针对吸附气的吸附/解吸机理，从动用更多吸附气的角度设计浅层页岩气开发方案。

5　结论

（1）深层页岩储层类型及形态特征与浅层区别不大，但深层页岩储层的中孔相对更加发育，孔体积占比为 62.5%~69.7%。

（2）深层页岩游离气传输方式为过渡流、滑脱流和达西流，永川地区页岩游离气传输对应的临界孔径为 4.2nm 和 420nm，即孔径在 4.2nm 以下的孔隙发生过渡流，孔径为 4.2~420nm 的孔隙发生滑脱流以及孔径大于 420nm 的孔隙发生达西流。并在四川盆地页岩气井的数据统计基础上，建立了地质条件下的全盆地页岩游离气传输图版。

（3）随埋深增加，页岩游离气传输方式发生转变：浅层页岩游离气传输以过渡流为主，最高占比达 63.0%，中深层页岩游离气传输以滑脱流为主，最高占比达 67.3%；页岩游离气传输能力也随之降低：浅层页岩游离气传输能力更强，过渡到中浅层，传输能力迅速下降随后基本保持稳定。

参 考 文 献

[1] 郭旭升，胡东风，李宇平，等．涪陵页岩气田富集高产主控地质因素[J]．石油勘探与开发，2017，44(4)：481-91.

[2] 郭旭升，腾格尔，魏祥峰，等．四川盆地深层海相页岩气赋存机理与勘探潜力[J]．石油学报，2022，43(4)：453-68.

[3] 姜振学，梁志凯，申颖浩，等．川南泸州地区页岩气甜点地质工程一体化关键要素耦合关系及攻关方向[J]．地球科学，2023，48(1)：110-29.

[4] 苏海琨，聂海宽，郭少斌，等．深层页岩含气量评价及其差异变化——以四川盆地威荣、永川页岩气田为例[J]．石油实验地质，2022，44(5)：815-24.

[5] 王鹏万，焦鹏飞，贺训云，等．昭通示范区太阳-海坝浅层页岩气富集模式[J]．中国石油大学学报(自然科学版)，2023，47(3)：45-54.

[6] 国家能源局．2022 年全国油气勘探开发十大标志性成果[Z]．2023http://www.nea.gov.cn/2023-01/20/c_1310692197.htm.

[7] 邹才能，赵群，王红岩，等．中国海相页岩气主要特征及勘探开发主体理论与技术[J]．天然气工业，2022，42(8)：1-13.

[8] 李倩文，唐令，庞雄奇．页岩气赋存动态演化模式及含气性定量评价[J]．地质论评，2020，66(2)：457-66.

[9] 吴克柳，陈掌星．页岩气纳米孔气体传输综述[J]．石油科学通报，2016，1(1)：91-127.

[10] 聂海宽，李沛，党伟，等．四川盆地及周缘奥陶系-志留系深层页岩气富集特征与勘探方向[J]．石油勘探与开发，2022，49(4)：648-59.

[11] 王国臻，姜振学，唐相路，等．四川盆地焦石坝地区龙马溪组页岩气不同传输类型的临界孔径与传输能力[J]．地质学报，2023，97(1)：210-20.

[12] 吴克柳，李相方，陈掌星．页岩气纳米孔气体传输模型[J]．石油学报，2015，36(7)：837-48+89.

[13] KLINKENBERG L J. The Permeability of Porous Media To Liquids And Gases [M]. Drilling and Production Practice，1941.

[14] 袁竞舟，叶玥豪，徐昉昊，等．渝西—川南地区五峰组—龙马溪组深层页岩气储层岩相及孔隙特征[J]．矿物岩石，2022，42(4)：104-15.

[15] 余和中，谢锦龙，王行信，等．有机黏土复合体与油气生成[J]．地学前缘，2006，(4)：274-81.

[16] 刘伟新，卢龙飞，魏志红，等．川东南地区不同埋深五峰组—龙马溪组页岩储层微观结构特征与对比[J]．石油实验地质，2020，42(3)：378-86.

[17] 王羿文．泸州区块深层五峰-龙马溪组页岩储层特征[D]；中国矿业大学，2022.

[18] 魏富彬，刘珠江，陈斐然，等．川东南五峰组—龙马溪组深层、超深层页岩储层特征及其页岩气勘探意义[J]．石油实验地质，2023，45(4)：751-60.

[19] 石学文，吴伟，胡海燕，等．泸州地区深层五峰-龙马溪组页岩气储层全孔径表征及其主控因素[J]．地球科学，2023，48(1)：158-72.

[20] ZHANG K，JIANG Z，XIE X，et al. Lateral Percolation and Its Effect on Shale Gas Accumulation on the Basis of Complex Tectonic Background [J]. Geofluids，2018，2018：5195469.

[21] 冯动军，胡宗全，李双建，等．川东盆缘带龙马溪组关键保存要素对页岩气富集的控制作用[J]．地质论评，2021，67(1)：144-58.

[22] 王玉满，黄金亮，王淑芳，等．四川盆地长宁、焦石坝志留系龙马溪组页岩气刻度区精细解剖[J]．天然气地球科学，2016，27(3)：423-32.

[23] FIROUZI M，ALNOAIMI K，KOVSCEK A，et al. Klinkenberg effect on predicting and measuring helium permeability in gas shales [J]. International Journal of Coal Geology，2014，123：62-8.

[24] MUKHERJEE M，VISHAL V. Gas transport in shale：A critical review of experimental studies on shale per-

meability at a mesoscopic scale [J]. Earth - Science Reviews，2023，244：104522.

[25] 李亚雄，刘先贵，胡志明，等．页岩气滑脱、扩散传输机理耦合新方法[J]．物理学报，2017，66(11)：230-40.

[26] WU K，LI X，WANG C，et al. Apparent Permeability for Gas Flow in Shale Reservoirs Coupling Effects of Gas Diffusion and Desorption；proceedings of the Unconventional Resources Technology Conference，F，2014 [C].

[27] 曹海涛，詹国卫，余小群，等．深层页岩气井产能的主要影响因素——以四川盆地南部永川区块为例[J]．天然气工业，2019，39(S1)：118-22.

[28] 郭彤楼，熊亮，雷炜，等．四川盆地南部威荣、永川地区深层页岩气勘探开发进展、挑战与思考[J]．天然气工业，2022，42(8)：45-59.

[29] 倪楷，王明筏，李响．四川盆地东南缘页岩气富集模式——以丁山地区上奥陶统五峰组—下志留统龙马溪组页岩为例[J]．石油实验地质，2021，43(4)：580-8.

[30] 魏祥峰，刘珠江，王强，等．川东南丁山与焦石坝地区五峰组—龙马溪组页岩气富集条件差异分析与思考[J]．天然气地球科学，2020，31(8)：1041-51.

[31] 董大忠，高世葵，黄金亮，等．论四川盆地页岩气资源勘探开发前景[J]．天然气工业，2014，34(12)：1-15.

[32] 董大忠，施振生，管全中，等．四川盆地五峰组—龙马溪组页岩气勘探进展、挑战与前景[J]．天然气工业，2018，38(4)：67-76.

[33] 吴克柳，李相方，陈掌星．页岩气有机质纳米孔气体传输微尺度效应[J]．天然气工业，2016，36(11)：51-64.

[34] 吴克柳，李相方，陈掌星．页岩纳米孔吸附气表面扩散机理和数学模型[J]．中国科学：技术科学，2015，45(5)：525-40.

[35] 胡东风，张汉荣，倪楷，等．四川盆地东南缘海相页岩气保存条件及其主控因素[J]．天然气工业，2014，34(6)：17-23.

[36] 魏祥峰，李宇平，魏志红，等．保存条件对四川盆地及周缘海相页岩气富集高产的影响机制[J]．石油实验地质，2017，39(2)：147-53.1[37] 袁玉松，方志雄，何希鹏，等．彭水及邻区龙马溪组页岩气常压形成机制[J]．油气藏评价与开发，2020，10(1)：9-16+21.

[38] 魏祥峰，赵正宝，王庆波，等．川东南綦江丁山地区上奥陶统五峰组—下志留统龙马溪组页岩气地质条件综合评价[J]．地质论评，2017，63(1)：153-64.

[39] 胡东风．四川盆地东南缘向斜构造五峰组-龙马溪组常压页岩气富集主控因素[J]．天然气地球科学，2019，30(5)：605-15.

深水环境高气油比高含 CO_2 碳酸盐岩油藏驱油和埋存方式研究

李云波[1,2]　刘成彬[3]　杨朝蓬[1,2]　余　洋[1,2]　李　剑[1,2]

[1. 中国石油国际勘探开发有限公司；2. 中国石油勘探开发研究院；3. 中油国际(巴西)公司]

摘　要　M 油田属于高气油比高含 CO_2 的深水碳酸盐岩油藏，油藏开发过程中根据环保要求需要将产出的天然气回注地层进行驱油和埋存，同时根据补充油藏能量的需要向地层注水，为保障油藏开发效果有必要研究该油藏的驱油和埋存方式。本研究制备了与实际储层物性参数相似的裂隙-溶孔-粒间孔隙型碳酸盐岩人造长岩心模型，建立了连续注气、注水和水气交替驱油和埋存实验平台。基于该实验平台，分别开展了连续注气、水驱和水气交替驱实验，并分析了主要影响因素。研究结果表明，相比连续气驱，气水交替注入可充分发挥气水相互抑制作用，达到延缓气窜和控水的效果，其驱油效率可比气驱提高约 15 个百分点。对于深水环境高气油比产出气需要回注地层情况下，推荐采用水气交替驱，一方面可以提高采收率，另一方面也可以延缓气油比上升，增加存气率和埋存率。岩心非均质性、注气速度、注入压力对气水交替驱效果具有较大影响：非均质性越强，气水交替驱控水和延缓气窜效果逐渐减弱，见气时刻呈提前趋势，见气时刻与气窜形成时刻的采出程度均降低；随着注气速度增加，见气时刻提前，且见气时刻、气窜形成时刻和最终的采出程度均显著降低；合理的注入压力对气水交替驱油效果产生影响，混相驱比近混相驱可提高采收率。研究结果对该深水环境下油藏开发方案制定和优化具有重要指导意义。

关键词　气水交替驱；物理模拟；相似准则；驱油效果；埋存

1　引言

M 油田属于深水碳酸盐岩油藏，具有高气油比特征且气体中 CO_2 含量超过 40%，直接排放不符合减碳降碳的世界潮流，如何采取更为高效的埋存提高采收率方式需要进一步研究。高含 CO_2 烃类气体驱可以提高驱油效率，但在气体注入过程中，由于高流动性容易发生气窜降低波及系数，尤其是深水油田普遍采取浮式生产储卸油平台(FPSO)进行全海式开发，注气开发易引起气油比持续升高，平台气体处理能力受限情况下将制约原油产量。围绕高气油比高含 CO_2 碳酸盐岩油藏如何提高 CCUS-EOR 的协同效应，搭建了驱替实验平台，对比了连续注气、注水、水气交替驱等不同驱替方式的效果，进一步揭示了影响驱油和埋存效果的主要影响因素，可为埋存方式优选提供支撑。

2　实验材料和条件

2.1　实验设备

实验所需设备(图 1)主要有：恒温烘箱(图 2)、高压高精度驱替泵、耐高压长岩心夹持器、配样器、中间容器、全自动气体计量仪、真空泵、耐高压回压阀、电加热带等。

图 1　实验仪器

图 2　温控烘箱

2.2 岩心样品

采用碳酸盐岩岩屑(平均粒径200μm)、环氧树脂胶结剂、直径3mm的圆形铝箔片、粒径2mm的NaCl颗粒,制备了裂隙-溶孔-粒间孔隙型碳酸盐岩人造岩心。人造岩心的制作将基于目标储层的渗透率纵向分布模式和渗透率级差变化范围。根据实际储层物性,设计制作物性参数相似的长岩心模型。已知B层平均孔隙度为11.04%,平均渗透率为131mD;I层ITP平均孔隙度为13.19%,平均渗透率为222mD。实际岩心在图3中展示。

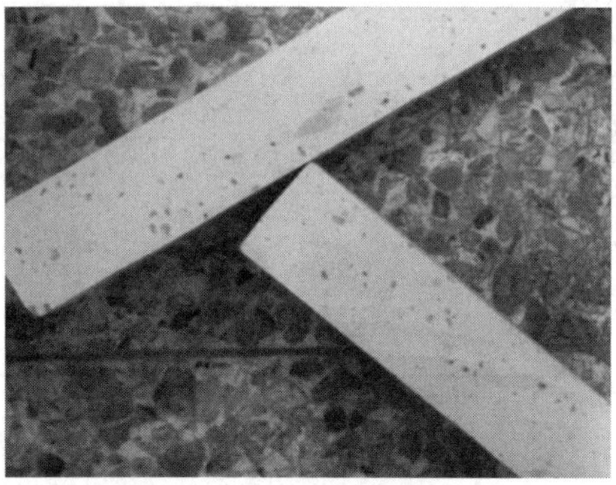

图3 实验室中岩心的制备

2.3 实验流体

实验中使用的天然气和脱气原油的组成分见表1,表2。

表1 复合天然气的组成

组成	mol/%	组成	mol/%
CO_2	44.06	NC4	1.47
N_2	0.28	IC5	0.38
C1	42.69	NC5	0.59
C2	5.55	C6	0.39
C3	3.7	C7	0.22
IC4	0.57	C8	0.1

表2 死油成分及组成

Components	mol/%
C2	0.75
C3	0.87
IC4	1.53
NC4	2.31
IC5	1.65
NC5	0.48
C6	3.48
C7	1.74

续表

Components	mol/%
C8	6.50
C9	8.36
C10	7.53
C11	6.53
C12	6.14
C13	6.23
C14	5.06
C15	5.28
C16	3.74
C17	3.67
C18	3.80
C19	3.54
C20+	20.81

使用压力相似性准则,在相对较低的压力条件下进行气驱、水驱和WAG驱油实验时,调整了模拟油和注入气体的组成。根据满足要求的模拟油和注入气体的组分和组成,配置实验流体。其中,实验模拟油和注入气体的组成不包含实际储层条件下的地层原油和注入气体中的CH_4组分,这有效地降低了实验操作的安全风险,同时确保了实验结果的指导价值。

3 高含CO_2油藏不同驱油和埋存方式实验结果对比

根据搭建的实验平台,按照表3的实验参数,分别开展连续注气、注水和水气交替等不同驱油和埋存方式的实验对比。

表3 储层条件下WAG实验参数统计表

参数	取值
实验岩心	4.5cm×4.5cm×30cm
渗透率级差	5(250mD/50mD)
注气/水速度/(mL/min)	0.2
WAG驱时气水交替周期/PV	0.05
出口端回压/MPa	25(混相驱)
实验温度/℃	84

3.1 连续注气驱实验结果

如图4所示,连续注气驱在0.3PV左右开始见气,最终采出程度为56.83%。注气驱油时,气油比没有上下波动,一旦气窜,气油比急剧上升。说明正韵律碳酸盐岩油藏注入气体后,一旦发生气窜，驱油效率极剧降低，应立刻停止注气。

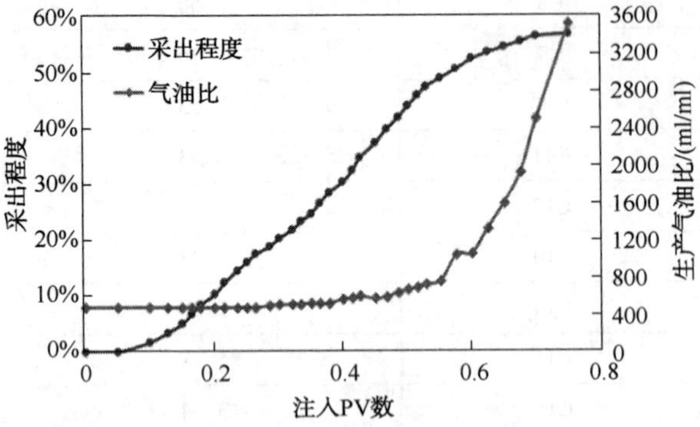

图 4 连续气驱采出程度曲线

如图 5 所示，从每个阶段对最终采出程度的贡献率来看，在注入体积为 0.45PV 左右时，气体逐渐由非连续相变为连续相，气窜通道逐渐形成，驱油效率呈直线下降的趋势。

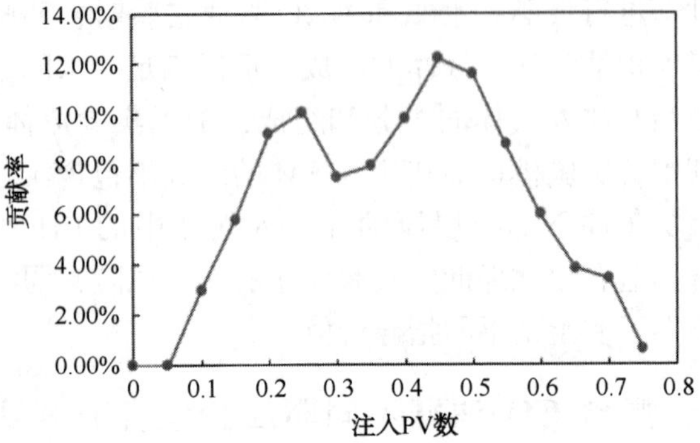

图 5 连续气驱中注入体积与贡献率的关系曲线

3.2 水驱实验结果

如图 6 所示，连续水驱过程中，在整个开采过程三分之一的时间，含水率便高达 80%，而采收率占最终采收率的 90%以上，中后期开采全部处于高含水阶段，采出程度上升幅度不大。整个过程中，一旦出口端见水，含水率急剧上升。从每个阶段对最终采出程度的贡献率(图 7)看，连续水驱过程中，无水采油阶段的贡献率最高。表明在实际生产过程中，应该尽可能的延缓油井见水的时间。

3.3 水气交替驱实验结果

如图 8 所示，整个 WAG 过程可以分为四个生产阶段。0~0.1PV 是第一个阶段，主要是补充地层能量和气体溶解降黏的过程，该阶段采收率为 0.42%；0.1~0.26PV 是无水采油阶段，该过程产出的油中不含水和气，采收率为 21.77%；第三个阶段(0.26~0.6PV)是油、气、

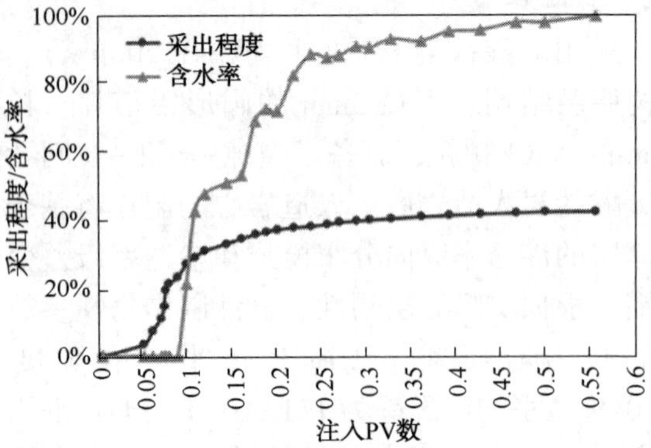

图 6 水驱采出程度曲线

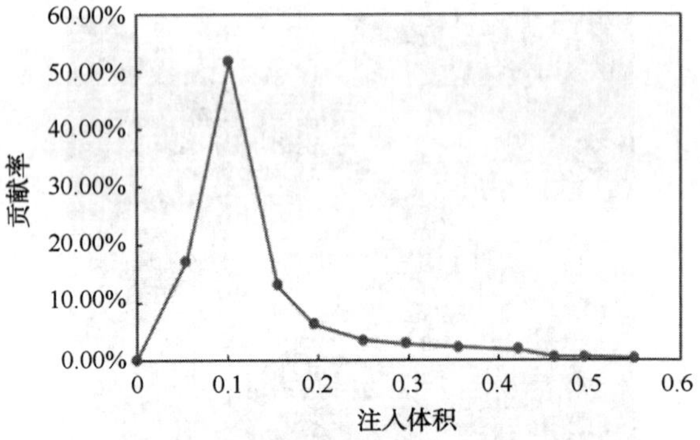

图 7 连续水驱中注入体积与贡献率的关系

水同产阶段，也是整个 WAG 过程中采收率最高的一个阶段。由于气的流动能力比水强，气比水优先产出，并维持在一个较低的产气范围内上下波动。而注入体积到达 0.307PV 后，开始有水产出，且含水率呈波浪式曲折上升。此阶段气和水相互作用，有效延长了气窜和水窜的时间，是 WAG 过程中，最高产、最重要的一个采油阶段。第四阶段属于气窜阶段，气和水相互作用的能力失效，气油比和含水率急剧上升，不再上下波动，采收率变化幅度微弱，基本趋于稳定。

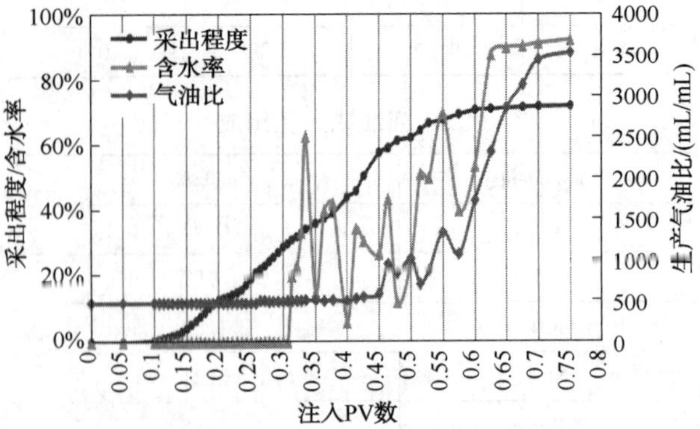

图 8 气水交替驱采出程度曲线

Ⅰ阶段：主要是补充地层能量和气溶解降黏阶段(t=0.1PV，R_o=0.42%)；

Ⅱ阶段：无水、含伴生气采油阶段（$t=0.1\sim0.26PV$，$R_o=21.77\%$）；

Ⅲ阶段：油气水同产阶段，含水率成波浪式曲折上升（$t=0.26\sim0.6PV$，$R_o=48.44\%$）；

Ⅳ阶段：气窜阶段（$t=0.6\sim0.75PV$，$R_o=1.25\%$）。

3.4 气驱、水驱及水气交替驱对比分析

（1）气油比变化规律对比

如图9所示，WAG驱气油比的上升阶段（$R_o=60\%$）明显滞后于连续注气驱（$R_o=40\%$），大量原油在低气油比条件下被采出，表明水的注入起到了延缓气窜的效果。但是，气窜一旦形成，气水交替驱失效。这也说明，气水交替驱可以有效延缓气窜，提高采出程度，但不能完全抑制气窜的发生。

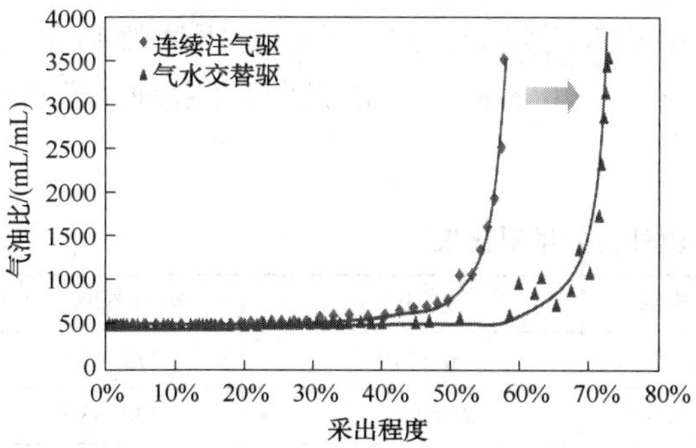

图9　不同注入方式采出程度和气油比的关系曲线

（2）含水率变化规律对比

如图10所示，WAG驱见水时间（$t=0.3PV$）远远晚于水驱（$t=0.05PV$），且含水率的上升速度远远低于纯水驱，含水上升规律由S型向凹型过渡，表明气体的注入起到了控水的效果。在WAG过程中，含水率呈先上升后下降，往复波动上升的趋势（S型-凹型）。注入气体聚集在近井地带，降低水沿大孔道的窜流作用，达到控水效果（图11）。

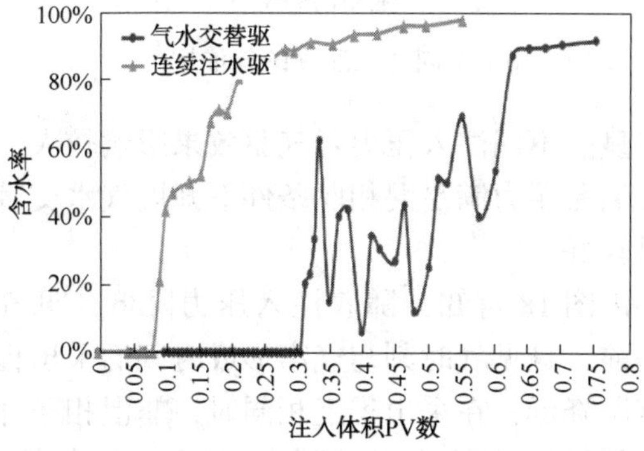

图10　不同注入方式含水率随注入体积变化曲线

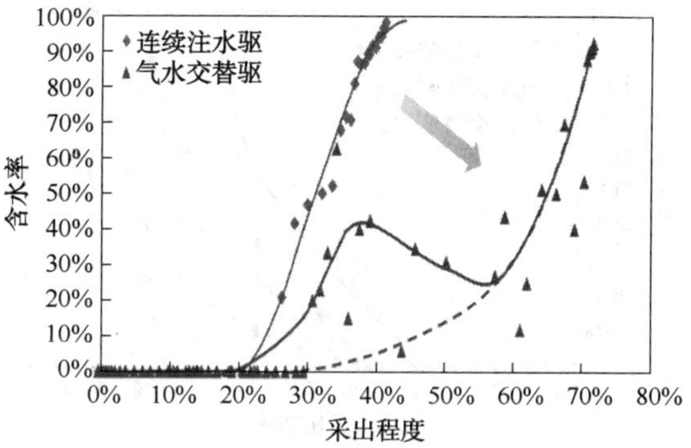

图11　同注入方式采出程度随含水率的变化曲线

（3）采出程度的对比

如图12所示，气驱采收率优于水驱，气水交替采收率明显优于气驱，可提升约15个百分点；由于注入水压缩系数小，补充能量效果较强，因此前期提高采收率效果明显；气驱中期提高采收率作用较为明显；气水交替驱综合了水驱和气驱二者的优势，提高采收率幅度最为明显。

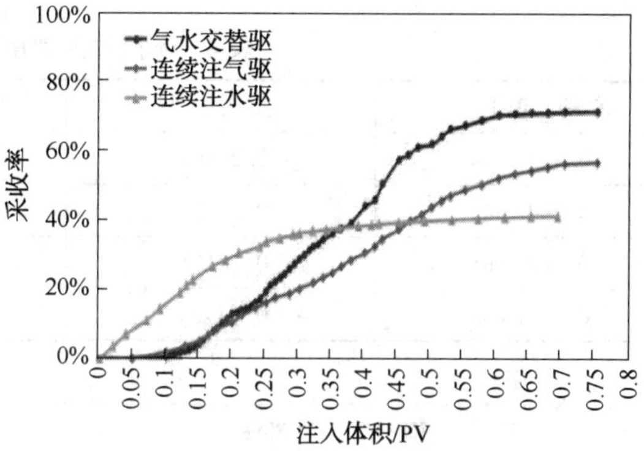

图12　不同注入方式采收率曲线图

4　高含CO_2油藏水气交替埋存和驱油影响因素分析

4.1 非均质性

实验模拟渗透率级差分别是5、10、15情况下水气交替驱效果。如图13所示，随渗透率级差增加，中含水（$fw=60\%$）时，驱油效率分别由70.63%降至60%和49.18%；如图14所示，气油比1500mL/mL时，驱油效率分别由70.63%降至60.91%和50%。可见，随渗透率级差增加，见气时刻呈提前趋势，见气时刻与气窜形成时刻的驱油效率均降低。非均质性越强，最终驱油效率越低，水气交替驱控水和延缓气窜效果减弱。

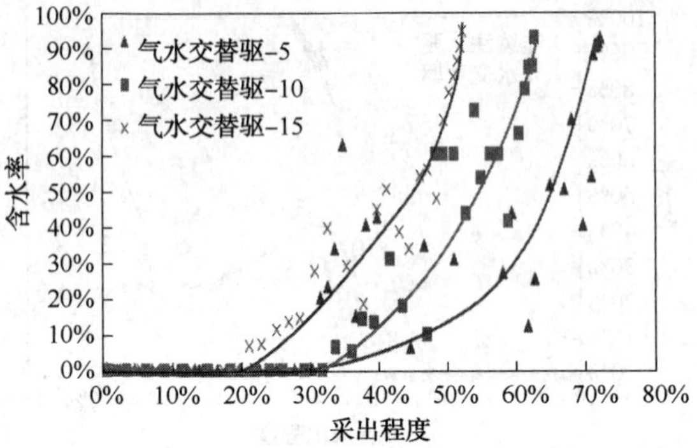

图 13　不同驱油效率对应含水率(级差 5/10/15 倍)

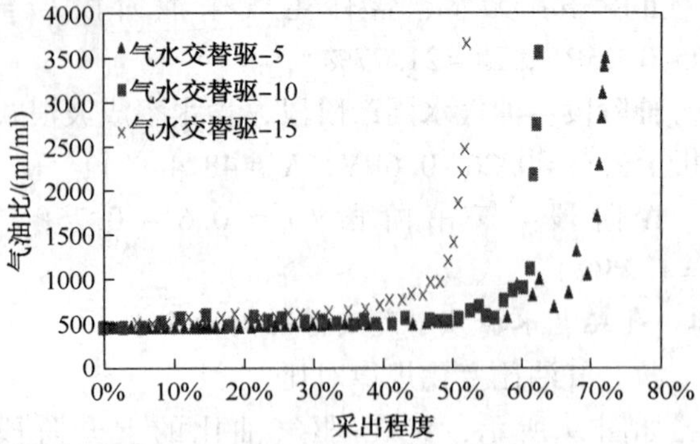

图 14　不同驱油效率对应气油比(级差 5/10/15 倍)

4.2　注入速度

实验模拟注入速度分别是 0.1mL/min、0.2mL/min、0.3mL/min 和 0.4mL/min 情况下水气交替驱效果(表 4)。如图 15 所示，当注入速度为 0.1mL/min 时，驱油效率最高，可达到 72.93%左右；当注入速度为 0.4mL/min 时，驱油效率最低，约为 63.77%。注入速度越大，见气时间越早。

如图 16 所示，注入速度越大，见气和见水的时间越早；注入速度越大，最终驱油效率则越低。但综合考虑到采收率与生产周期，认为 Q = 0.2mL/min 时效果较好；进一步增加注入速度，见气时刻提前，且见气时刻与气窜形成时刻的驱油效率均有所降低；注气速度对驱油效率和气窜时刻存在一定影响，开发方案存在合理注气速度。

表 4　不同注入速度下水气交替驱开发效果对比表

注入速度	见气时刻	见气时刻驱油效率	气窜时刻	气窜时刻驱油效率
0.1mL/min	0.275PV	25.6%	0.65PV	72.93%
0.2mL/min	0.264PV	22.19%	0.6PV	70.63%
0.3mL/min	0.181PV	17.11%	0.665PV	66.49%
0.4mL/min	0.175PV	8.83%	0.65PV	62.47%

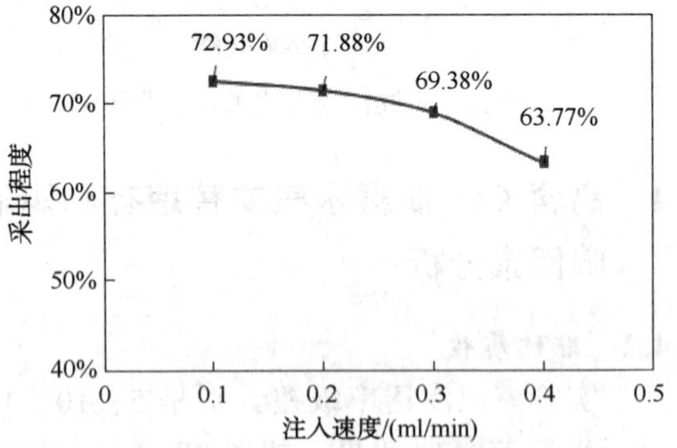

图 15　驱油效率与注入速度关系

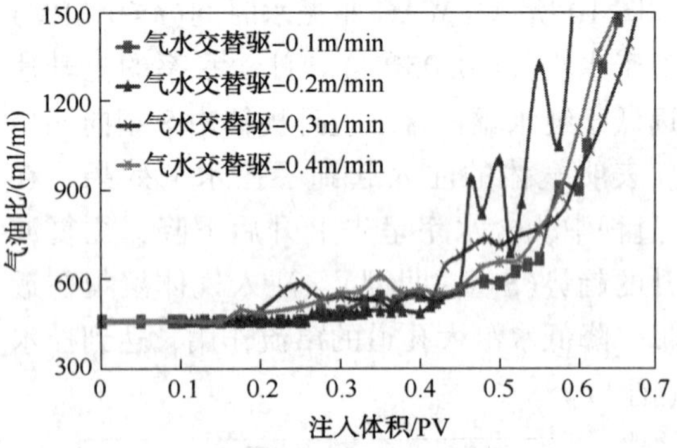

图 16　不同注入速度的气油比

4.3　注入压力

实验模拟注入压力分别是 25MPa、21MPa 和 17MPa 情况下水气交替驱效果。如图 17 所示，随着注入压力降低(尤其非混相时)，驱油效率明显降低；混相驱替时最终驱油效率最高，可达到 71.88%；非混相驱前期阶段补充地层能量较好，但混相驱后期阶段提高驱油效率效果更为明显。不同注入压力对气驱效果影响较大，建议在油藏压力满足混相驱条件下开展气水交替驱效果较好。

由图 18 可知，随着注入压力降低，见气时刻提前，且见气时刻与气窜形成时刻的采出程度均有所降低；在采出程度相同时，非混相条件下产出的气油比较高。说明在(近)混相条件下，

WAG控制气窜的能力更强，且在低气油比的状态下，采出程度也更高。

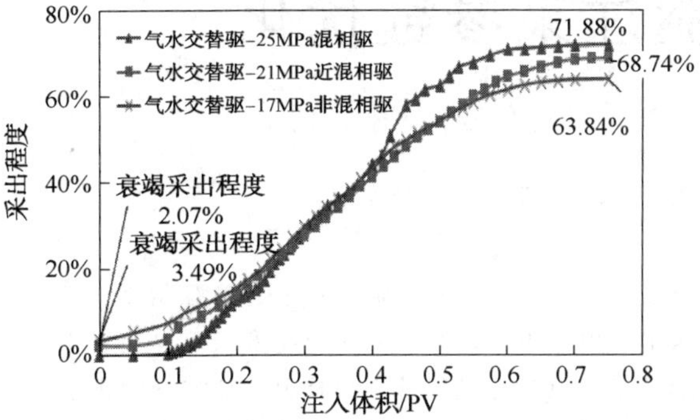

图17　不同压力条件下驱油效率曲线

（混相/近混相/非混相）

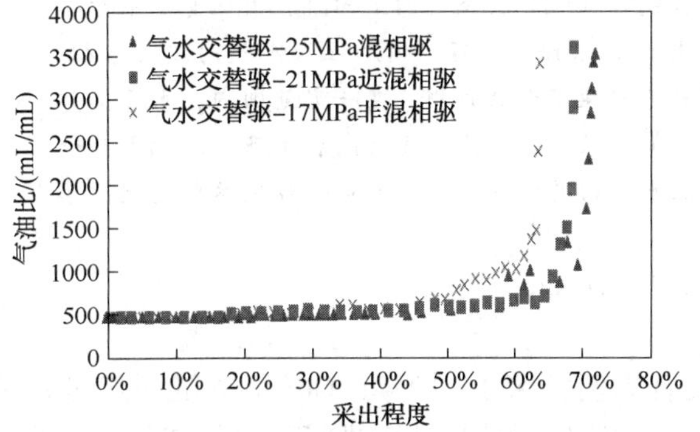

图18　不同驱油效率对应气油比

（混相/近混相/非混相）

5　结论

（1）针对双碳背景下某深水高气油比高含CO_2碳酸盐岩油藏面临的埋存压力，本研究制备了与实际储层物性参数相似的裂隙-溶孔-粒间孔隙型碳酸盐岩人造长岩心模型，搭建了的连续气驱、水驱和水气交替驱油和埋存实验平台。

（2）连续气驱、水驱和水气交替驱油和埋存实验表明，连续注气驱在0.3PV左右开始见气，一旦气窜出现气油比急剧上升。气水交替注入可充分发挥气水相互抑制作用，达到延缓气窜和控水的效果。与气驱相比，水气交替驱的驱油效率可以提高15%，推荐采取水气交替驱方式进行埋存并提高采收率。

（3）针对高含CO_2烃类气体回注埋存实施水气交替驱，评估影响驱油效果的因素。岩心非均质性、注气速度、注入压力对气水交替驱效果具有较大影响：非均质性越强，气水交替驱控水和延缓气窜效果逐渐减弱，见气时刻呈提前趋势，见气时刻与气窜形成时刻的采出程度均降低；随着注气速度增加，见气时刻提前，且见气时刻、气窜形成时刻和最终的采出程度均显著降低；合理的注入压力对气水交替驱油效果产生影响，混相驱比近混相驱可提高采收率。

参　考　文　献

［1］罗二辉，胡永乐，李保利，等．中国油气田注CO_2提高采收率实践［J］．特种油气藏，2013，20（2）：17-42.

［2］谷丽冰，李治平，欧瑾．利用二氧化碳提高原油采收率研究进展［J］．中国矿业，2007，16（10）：66-69.

［3］白索，宋考平，杨二龙，等．CO_2驱水气交替注入参数正交试验设计参数［J］．特种油气藏，2011，18（1）：105-108.

［4］张俊，周自武，王伟胜，等．葡北油田气水交替驱提高采收率矿场试验研究［J］．石油勘探与开发，2004，31（6）：85-88.

［5］尚宝兵，廖新维，卢宁，等．CO_2驱水气交替注采参数优化——以安塞油田王窑区块长6油藏为例［J］．油气地质与采收率，2014，21（3）：70-72.

深水油田水气交替驱注采参数优化

杨朝蓬[1,2] 李云波[1,2] 罗 强[1,2] 余 洋[1,2] 刘章聪[1,2] 李 剑[1,2]

（1. 中国石油国际勘探开发有限公司；2. 中国石油勘探开发研究院）

摘 要 水气交替驱是一种得到矿场成功应用实践的开发方式。与陆上油田常规水气交替驱相比，深水油田采用水气交替驱开发有一定的特殊性，主要体现在深水油田采用稀疏井网大井距高采强注以及基于产出气循环回注的水气交替驱模式开发。水气交替驱开发的注采参数对开发效果影响较大，目前针对深水油田水气交替驱开发注采参数优化的相关研究较少。本文根据所研究的深水油田的油藏地质特征和流体性质，建立了矿场尺度下水气交替混相驱开发的机理模型。通过数值模拟开展了深水油田水气交替驱的注水时机、压力维持水平、水气比、注采比、水气交替周期等注采参数优化。结果表明，与水驱和气驱相比，水气交替驱不仅可以控制含水和生产气油比上升速度，在提高注入流体波及范围上同样具有优势。基于产出气回注方式的水气交替驱，提高累计水气比，不仅可以增加注采比，还可以增加注入水气的波及体积。累计水气比过高情况下，会加速水的推进和含水上升，对开发产生不利的作用。在一定范围内，水气交替周期对开发效果影响不大。但是如果交替周期过大，注气时间过长，会加快见气时间和生产气油比上升速度，从而降低水气交替驱的开发效果。本研究的结果可为深水油田的水气交替开发提供注采参数优化的参考依据。

关键词 深水油田；水气交替驱；水气比；压力保持水平；注采比

1 前言

水气交替驱（WAG）结合了气驱和水驱两种方法的优点，通过同时注入气体和水来提高驱替效率和采收率，并维持油藏压力。其中，注入水可以控制注入气体的流动性并稳定其驱替前缘，实现良好的流动性控制效果，延缓气体的推进速度。同时，注入气体（通常为 CO_2）对地下原油具有抽提溶解作用，可以改善原油的流动性。另外，由于重力分异作用，气体倾向于顶部聚集，而水倾向于底部聚集，因此油藏顶部的油主要被气相驱替，而油藏底部的油主要被水相驱替，从而增加了未波及区域的接触。

水气交替驱的研究通常以矿场试验、室内实验和数值模拟为主，合理的参数对水气交替驱开发效果影响至关重要，是研究中最为关注的部分。油藏数值模拟技术由于其参数调整灵活，成本低方便快捷和可控再现性好等优势，常用于开发方式优选、参数敏感性分析和最佳开发参数优化研究。

2004年，Nabil等人针对阿尔及利亚Hassi-Messaoud油田进行了水气交替动态研究，通过敏感性分析研究得到了最佳水气交替比2和水气交替周期（1年）；同年，Guo等人通过组分数值模拟方法针对黄场油田进行了水气交替氮气非混相驱的注入方式、注入周期、注氮量和注入水气比等参数优化研究，得到了最优参数结果；2011年，Fu等人针对茨34块进行稠油注 CO_2-WAG驱数值模拟研究，优化得到注入周期、注入压力、注入水气比、油井排液量等参数的最优值并预测了最佳开采方案；同年，Bai等人建立了榆树林特低渗透油藏数模模型，依据正交试验方法评价了水气交替注气量、段塞大小、水气比、注气速度和后续水驱注入速度5个参数，并得到了水气交替注入参数的最佳组合；2012年，Guo等人以芳48断块 CO_2 驱油先导试验区为研究对象，对水气强度比、段塞大小、注入强度、水气段塞比等参数进行优选，并对影响水气交替效果的因素进行排序，进而优选出最佳方案参数；2014年，Shang等人以安塞王窑区块长6特低渗油藏为研究对象，开展 CO_2-WAG驱数值模拟研究，得到最优注采参数；同年，Wang等人以安塞王窑区块长6特低渗油藏为研究对象，通过地质建模和数值模拟技术优选了适合该试验区的 CO_2 驱开发方式，并且进一步优化了地层压力、采油速度、水气交替时间、关井气油比和总注气量等参数；2021 年，Li 等人以特低渗油藏为研究对象，通过数值模拟和经济评价方法，对 CO_2-WAG 驱的水气比、注气速度、水气交替时间和水气交替时机等参数进行了优化；同年，Abdurrahman 等人针对苏门答腊轻质油田开展 CO_2-WAG 驱最佳 WAG 比研究，结果表明最佳 CO_2-WAG 比为 1∶2；2022 年，Mohammad 和 Ajay 建立层状非均质油藏模型，研究了水平渗透率非均质、纵向渗透率各向异性和油藏倾角变化对水气交替增油效果的影响，结果表明油藏倾角的增加会增加垂向和驱替波及效率，提高 Kv/Kh 和降低 WAG 比有利于提高原油采收率；同年，Mohammad 和 Ajay 通过数值模拟研究了渗透率各向异性、高渗条带、基质渗透率、白云岩和薄而密的缝合线层等渗透率非均质性引起的水气交替驱替的优缺点，模拟结果表明，与均质油藏相比，非均质油藏具有更快的初始水气交替响应、更低的预期最终采收率（EUR）、更快的气窜、更高的气油比和含水率；同年，Arman 通过数值模拟研究各向异性系数和注入参数对水气交替驱的影响，结果表明，无论各向异性系数如何变化，石油采收率随着井距与储层厚度之比的增加而增加；同年，Mayur 以中东的碳酸盐岩巨型油藏为研究对象，开展水气交替驱注入参数研究，得到了水气交替周期长度、水气交替比、生产约束条件、注入气组成、水气交替持续时间和水气交替段塞尺寸的优化结果。

水气交替驱于 1957 年在加拿大得到首次应用，现已在深层、海上、陆上和不同岩石类型的各类油藏中得到成功应用。对于深水油田，由于气体外输受限，为了提高油田的采收率并满足环保要求，故采用基于产出气循环回注的水气交替驱开发方法。水气交替驱开发的注采参数对开发效果影响较大，目前针对深水油田水气交替驱开发注采参数优化的相关研究较少。本文基于采用数值模拟方法对海上水气交替驱开发注采参数开展研究。

2 水气交替驱机理模型建立

2.1 模型基础参数设置

为明确深水巨厚碳酸盐岩油藏水气交替驱的注采参数影响，实现驱替过程中油气水运移规律的精细刻画和产出气的实时回注，根据目标油藏地质参数，建立如下两注两采井组机理模型（图 1）：x、y、z 三个方向网格步长分别为 50m、50m、10m，模型的总网格数为 $30\times30\times20=18000$ 个。为精细描述流体在纵向上的运移情况，纵向上共分为 20 层，地层渗透率为 300mD，平均孔隙度为 15%，原始地层平均压力为 50MPa，泡点压力 30MPa，最小混相压力 35MPa。

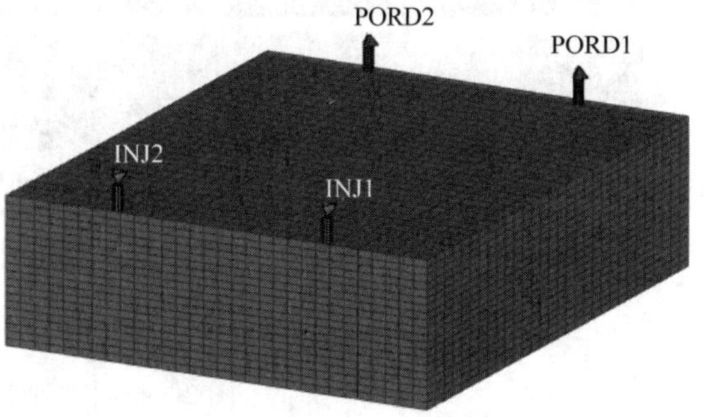

图 1　两注两采机理模型

为使模型能精确模拟油藏中的不同组分的流体行为，以目标油藏产出的轻质原油作为参考油样，根据 PVT 分析，原油的 API 为 30°，原始溶解气油比为 $200m^3/m^3$，饱和压力下原油黏度为 0.6cp。通过气相色谱仪得到参考油样中的 24 个组分的摩尔分数，为进一步提高模型计算效率，减少模拟组分总数和模型所需运算时间，将 24 个组分劈分合并后得到 7 个拟组分，针对流体气油比、黏度、相对体积和液相饱和度精细拟合。

综合考虑油田开发实际状况，注入井设定交替注入周期为注气注水分别 6 个月，产出气全部回注，设定以经济极限气油比 $1400m^3/m^3$、经济极限含水率 85%及生产年限 20a 的定生产压差生产模式为控制条件。

此模型的回注策略设定为：两口注入井交替注入水和产出气，其余各项指标均相同，即当其中一口注入井注水时，另一口井注气，注入气源为两口生产井的产出气总和，进而实现了产出气全部回注。

2.2 气驱、水驱、WAG 对比

基于所建立的数模模型，模拟气驱、水驱、和水气交替驱的开发效果。如图 2 所示，同时刻数值模拟含水和含气饱和度场所示，与气驱和水驱相比，水气交替驱可有效降低气驱和水驱前缘推进速度，延缓含水和气油比上升速度。

图 3 为同时刻水驱、气驱和 WAG 的在模型中注水、注气波及到的网格图，可见在重力分异作用下，气驱主要波及油层的中上部区域，水驱

主要波及油层的中下部区域，而水气交替驱不仅可以波及到油层的中上部，也可以波及到油层的中下部。统计水驱、气驱和WAG驱替过程中波及的网格数量，WAG驱替波及到的网格数量最多，波及范围最大。

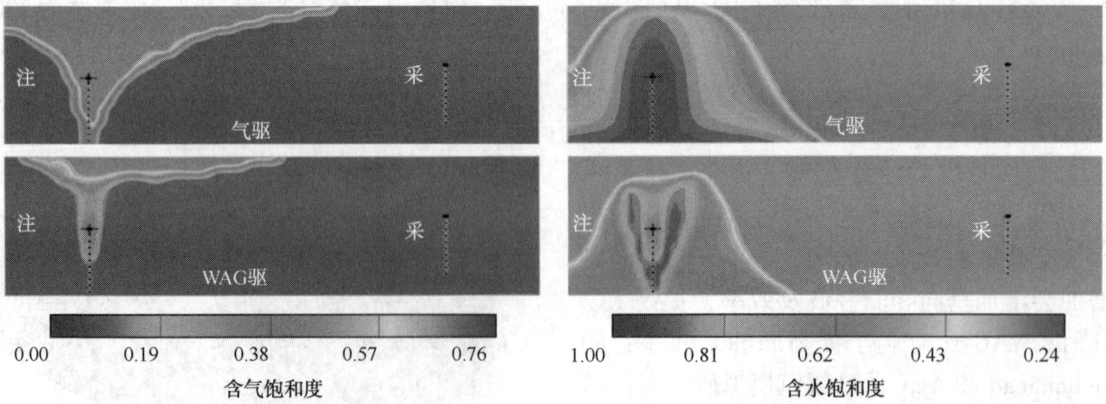

图2　相同时刻水驱、气驱和WAG饱和度场

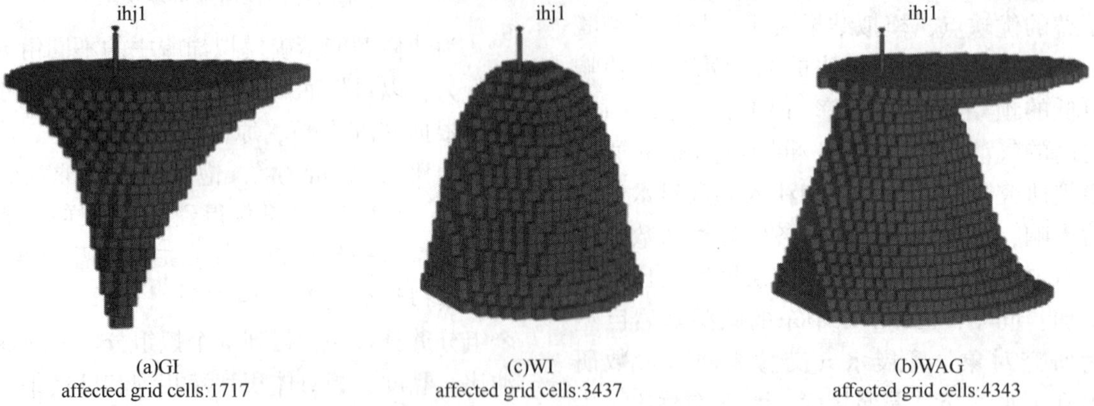

图3　相同时刻水驱、气驱和WAG驱波及网格体积

气驱、水驱、WAG生产气油比、含水率和采出程度曲线如图4所示，与气驱相比，水气交替驱过程中，由于注入水和注入气的交互影响，抑制了气驱前缘的推进速度，降低了生产气油比的上升速度。与水驱相比，交替注入气体和水，可以有效延缓水驱前缘的推进速度，降低含水上升的速度。

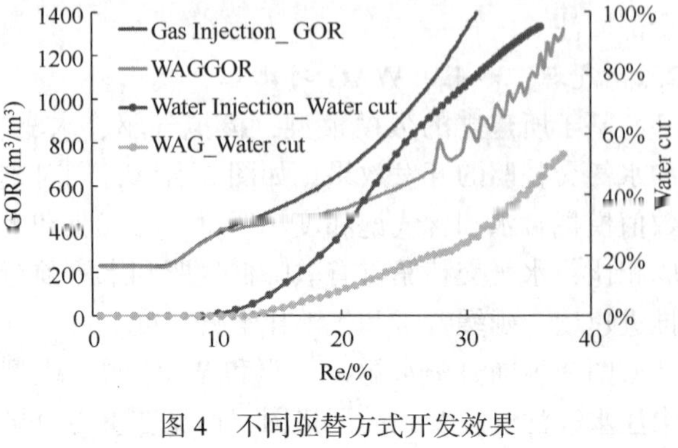

图4　不同驱替方式开发效果

图4也可以看出气驱、水驱和WAG在模拟结束时的采出程度，采出程度最高的是WAG，其次是水驱，生产时间最短、采出程度最多的是气驱。

3　水气交替驱注采参数优化

3.1　注水时机和压力保持水平

深水油田开发，由于环保要求和外输条件限制，产出气需要回注地下，然后再进行注水实施水气交替驱开发。注水的目的一是为了实施水气交替驱，另外是为了补充地层能量。注水时机早，意味着能够较早的补充地层能量，压力保持水平较高。注水时机和压力保持水平是影响水气交替驱开发效果的关键参数。采用数模模型模拟当压力保持水平分别为100%、90%、80%、70%、60%情况下注水实施水气交替驱。

图5所示，水气交替驱过程中，随着注水时机的延后和地层压力保持水平的下降，同时刻情况下，气驱前缘推进速度增加，这是因为地层压

力保持水平越高，越容易实现注气混相驱，随着压力保持水平降低，注气混相程度降低，气驱前缘会加速到达生产井，造成生产井过早见气。

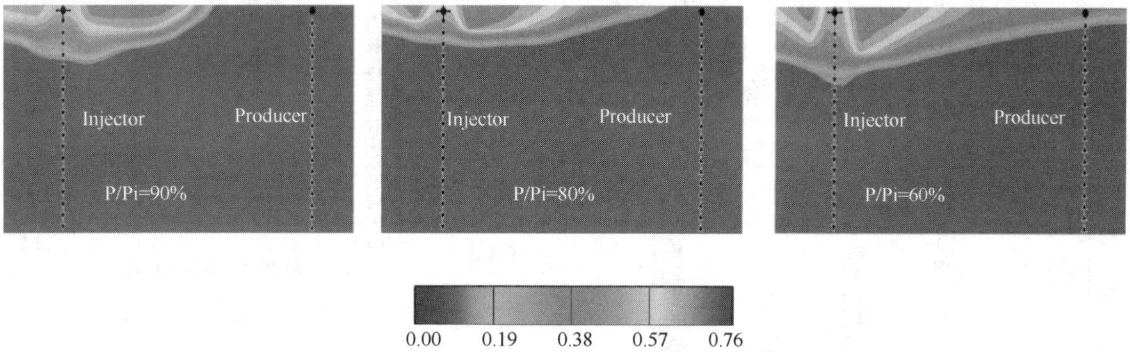

图 5　同时刻不同压力保持水平 WAG 驱含气饱和度场图

图 6 为不同注水时机和压力保持水平情况下水气交替驱的采出程度，可见随着注水时机延后和压力保持水平降低，水气交替驱采出程度降低。

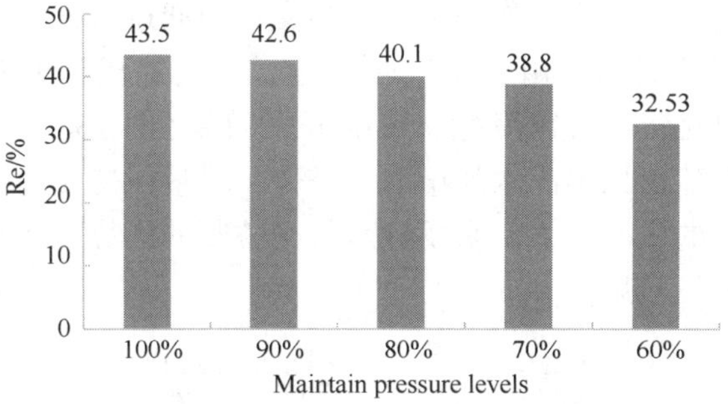

图 6　不同压力保持水平 WAG 采出程度

图 7 所示不同累计水气比情况下水气交替驱含水率曲线，可见，随着累计水气比增加，含水上升速度增加，无水采油期缩短。

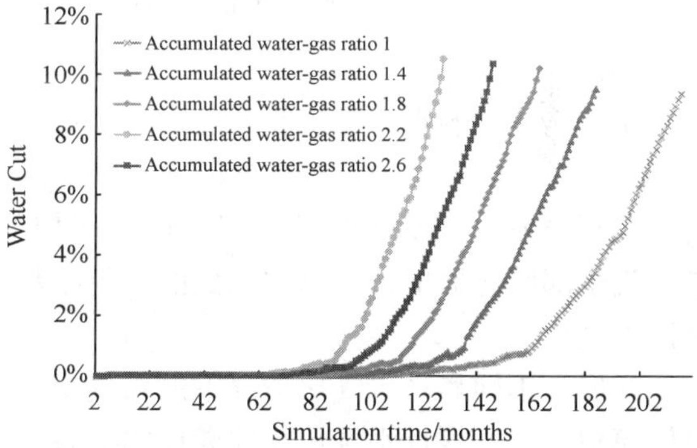

图 7　不同累计水气比水气交替驱含水率曲线

3.2　水气比

累计水气比为水气交替过程中，累计注入地下水的体积与累计注入地下气体体积的比值。模拟累计注入水气比分别为 1.0、1.4、1.8、2.2、2.6 情况下水气交替驱开发效果。

图 8 可见，累计水气比为 1.0 和 2.2 情况下，同时刻水气交替驱波及网格分别为 4148 和 5174。累计水气比增加后，注入水和气的波及范围相应地增加。

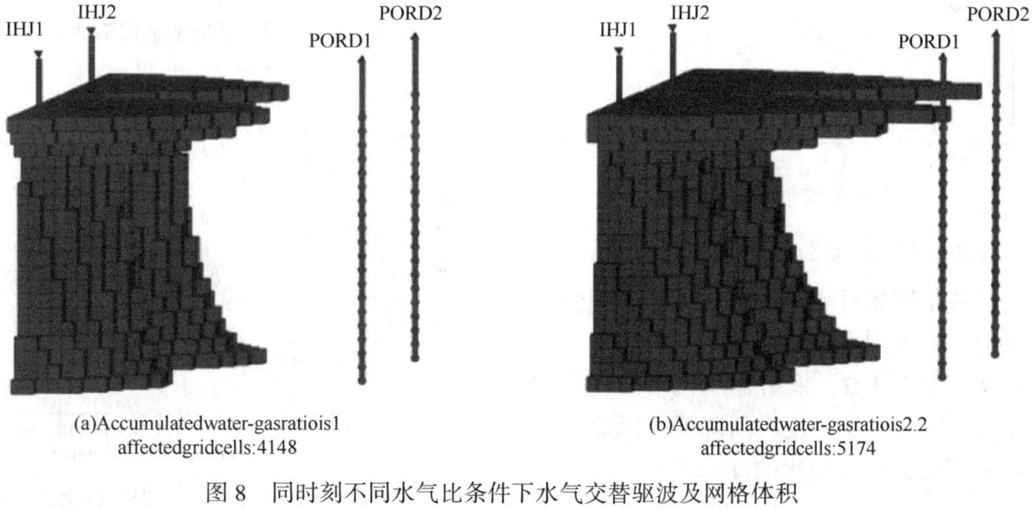

(a)Accumulatedwater-gasratiois1
affectedgridcells:4148

(b)Accumulatedwater-gasratiois2.2
affectedgridcells:5174

图 8　同时刻不同水气比条件下水气交替驱波及网格体积

水气交替驱过程中，增加累计水气比，含水上升速度增加，水气交替驱波及范围也有所增加，当累计水气比增加到一定程度，会造成生产井过早水淹，影响开发效果。图 9 可见，累计注入水气比在 1.8~2.2 的最佳取值范围内，合同期末采出程度最高。

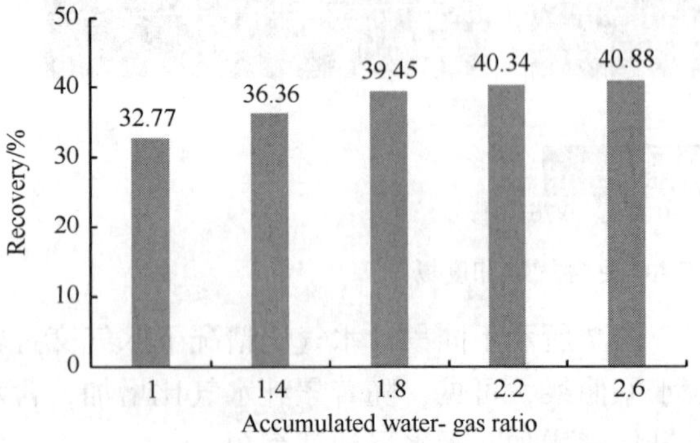

图 9　不同累计水气比情况下采出程度

3.3　注采比

注采比是影响水气交替驱开发效果的重要参数之一。对于深水油田，产出气回注方式下的水气交替驱开发，产出气的量与产油量密切相关，产出气全部回注地下，影响注采比的关键参数是累计水气比。

开展了不同累计水气比情况下的水气交替驱数值模拟，建立累计水气比与注采比的关系，如图 10 所示，可见，累计水气比与注采比呈正相关关系。

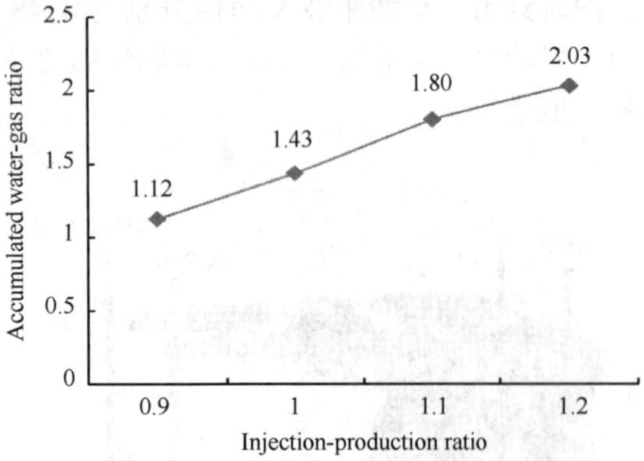

图 10　不同水气比情况下的注采比

通过设置不同累计水气比，来模拟不同注采比情况下的水气交替驱开发，如图 11 所示，注采比由 0.9 增加至 1.2，采出程度先增加，当注采比超过 1.1 时，采出程度有所降低。因此对于水气交替驱开发，存在最优的注采比。

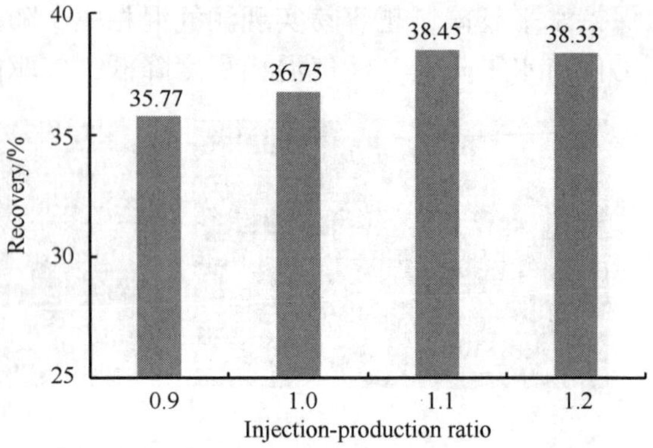

图 11　不同注采比情况下采出程度

3.4　水气交替周期

对于水气交替驱开发，交替周期也是值得关注的参数。模拟注水注气交替周期分别为 6 个月、9 个月、12 个月、18 个月、36 个月情况下水气交替驱的开发效果。如图 12 所示，当水气交替周期在 18 个月范围之内，交替周期对水气交替驱的影响作用不大，当交替周期过长，达到 36 个月时，由于注气时间过长，会造成油井过早见气和气窜发生，影响开发效果(图 13)。因此建议根据深水油田海工条件，尽量保持相对活跃的交替注入，来发挥水气交替驱的优势，提高开发效果。

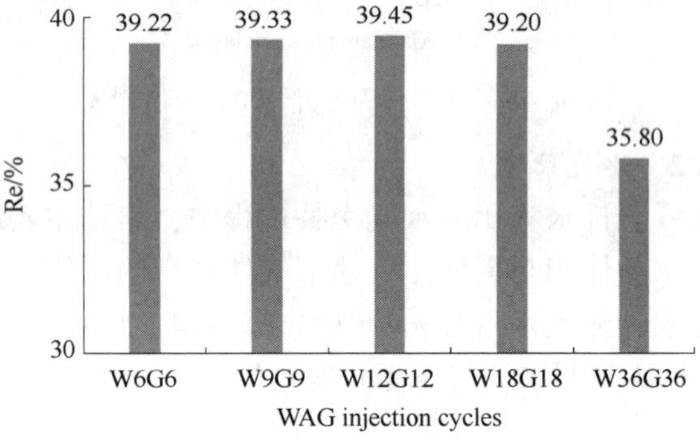

图 12　不同交替周期情况下的采出程度

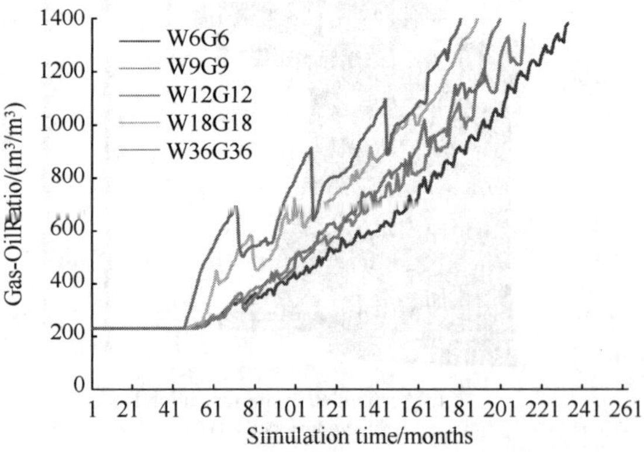

图 13　不同交替周期情况下的生产气油比

4 结论

1）数值模拟结果表明，与水驱和气驱相比，水气交替驱不仅可以控制含水和生产气油比上升速度，在提高注入流体波及范围上同样具有优势。

2）基于产出气回注方式的水气交替驱，提高累计水气比，不仅可以增加注采比，还可以增加注入水气的波及体积。累计水气比过高情况下，会加速水的推进和含水上升，对开发产生不利的作用。

3）在一定范围内，水气交替周期对开发效果影响不大。但是如果交替周期过大，注气时间过长，会加快见气时间和生产气油比上升速度，从而降低水气交替驱的开发效果。

参考文献

[1] Afzali, S.; Rezaei, N.; Zendehboudi, S. A Comprehensive Review on Enhanced Oil Recovery by Water Alternating Gas (WAG) Injection. Fuel 2018, 227, 218-246, doi: 10.1016/j.fuel.2018.04.015.

[2] Christensen, R.; Stenby, E. H.; Skauge, A. Review of WAG Field Experience. 2001, 10, doi: 10.2118/71203-PA.

[3] Drid, N.; Tiab, D. The Performance of WAG in a Stratified Reservoir, Hassi-Messaoud Field, Algeria.; OnePetro, October 18 2004.

[4] 郭庆安，刘尧文，付春华，等．黄16井区水气交替注氮参数和注氮方案优化研究[J]．江汉石油学院学报，2004，(03)：104-105+8.

[5] 付美龙，叶成，熊帆，等．茨34块CO_2驱参数优化与方案设计[J]．钻采工艺，2011，34(01)：56-58+116.

[6] 白素，宋考平，杨二龙，等．CO_2驱水气交替注入参数正交试验设计模拟[J]．特种油气藏，2011，18(01)：105-108+141.

[7] 郭平，霍丽君，姜彬，等．芳48 CO_2驱油先导试验区水气交替参数优化[J]．中国石油大学学报(自然科学版)，2012，36(06)：89-93.

[8] 尚宝兵，廖新维，卢宁，等．CO_2驱水气交替注采参数优化——以安塞油田王窑区块长6油藏为例[J]．油气地质与采收率，2014，21(03)：70-72+77+115-116.

[9] 王欢，廖新维，赵晓亮．特低渗透油藏注CO_2驱参数优化研究[J]．西南石油大学学报(自然科学版)，2014，36(06)：95-104.

[10] 李敏，关华，胡世勇，等．特低渗透油藏CO_2混相驱和非混相驱水气交替注采参数优化[J]．非常规油气，2021，8(01)：60-66.

[11] Abdurrahman, M.; Hidayat, F.; Husna, U. Z.; Arsad, A. Determination of Optimum CO_2 Water Alternating Gas (CO_2-WAG) Ratio in Sumatera Light Oilfield. Materials Today: Proceedings 2021, 39, 970-974, doi: 10.1016/j.matpr.2020.04.495.

[12] Khan, M. Y.; Mandal, A. Analytical Model of Incremental Oil Recovery as a Function of WAG Ratio and Tapered WAG Ratio Benefits over Uniform WAG Ratio for Heterogeneous Reservoir. Journal of Petroleum Science and Engineering 2022, 209, 109955, doi: 10.1016/j.petrol.2021.109955.

[13] Khan, M. Y.; Mandal, A. The Impact of Permeability Heterogeneity on Water-Alternating-Gas Displacement in Highly Stratified Heterogeneous Reservoirs. J Petrol Explor Prod Technol 2022, 12, 871-897, doi: 10.1007/s13202-021-01347-3.

[14] Darvish Sarvestani, A.; Rostami, B. Impact of Proper Design of Operating Parameters on the Performance of CO_2-Water Alternating Gas (CO_2-WAG) Injection: A Simulation Study. Petroleum Science and Technology 2022, 40, 1258-1277, doi: 10.1080/10916466.2021.2017454.

[15] Pal, M. Water Alternating Gas (WAG) Recovery Process Evaluation through Simulation for a Giant Middle-Eastern Carbonate Reservoir. Petroleum Science and Technology 2022, 40, 1233-1257, doi: 10.1080/10916466.2021.2016829.

[16] Samba, M. A.; Elsharafi, M. O. Literature Review of Water Alternation Gas Injection. J. earth energy eng. 2018, 7, 33-45, doi: 10.25299/jeee.2018.vol7(2).2117.

[17] Rosa, M. B.; Cavalcante, J. S. D. A.; Miyakawa, T. M.; Freitas, L. C. S. D. The Giant Lula Field: World's Largest Oil Production in Ultra-Deep Water Under a Fast-Track Development. In Proceedings of the Day 1 Mon, April 30, 2018; OTC: Houston, Texas, USA, April 30 2018; p. D011S012R001.

[18] De Moraes Cruz, R. O.; Rosa, M. B.; Branco, C. C. M.; De Sant' Anna Pizarro, J. O.; De Souza Silva, C. T. Lula NE Pilot Project - An Ultra-Deep Success in the Brazilian Pre-Salt. In Proceedings of the Day 1 Mon, May 02, 2016; OTC: Houston, Texas, USA, May 2 2016; p. D011S007R001.

陆相页岩油水平井段簇产出监测技术探索与展望

李大建[1,2]　杨义兴[1,2]　郑　刚[1,2]　陈春坤　杨海涛[1,2]　赵春雨

(1. 中国石油长庆油田公司；2. 低渗透油气田勘探开发国家工程实验室)

摘　要　庆城陆相页岩油主要采用水平井方式开发，开发油井水平段长、压裂改造段簇多，投产水平井生产过程中井口液量变化大(10~40m³/d)、平均单井液量低(10~15m³/d)、含水波动明显(20%~50%)，段簇产出贡献规律特征不明确，对生产制度、人工举升以及开发政策的优化调整带来了巨大挑战；为了有效监测页岩油水平井段簇产出规律特征，在现有水平井产液剖面监测技术适应性分析基础上，通过技术集成与创新，设计了两种适应长井段、低液量、多段簇、复杂井况油井高效产出监测工艺管柱(水平井连续油管、套内分布式光纤产出监测工艺)，通过研发配套关键装置、工具，现场探索试验取得成功，初步实现了 1500m 水平段、13 段 80 簇、10m³/d 左右液量页岩油水平井油水产出监测；在此基础上，总结刻画了技术特点、应用边界，从技术扩大应用与发展方向的角度，结合目前技术发展，进一步提出了低成本快速产出监测技术设想，从而构建了水平井产出监测技术系列，为陆相页岩油水平井高效开发，尤其是全生命周期内开发政策、生产制度优化调整提供了新的技术手段，生产实践意义重大。

关键词　陆相页岩油；水平井；产液剖面；连续油管；分布式光纤；产出监测

水平井产液剖面的准确监测，了解掌握水平井各产层段产出贡献能力及产出特征，对于低渗透油田水平井压裂改造参数优化设计、提升储层改造效果，以及后期水平井开发过程中生产动态调整、措施实施具有重要的指导意义，在油田开发中是一项重要的监测内容。

相对常规低渗透、高渗透油藏，陆相页岩油储层渗透率极低，叠加物性差、非均质性强、孔隙度低等综合因素，常规直井、定向井方式无法实现经济效益开发，目前主要采用长水平井、多段多簇大规模体积压裂方式开发生产；以长庆油田庆城页岩油为例，平均水平段长度超过 2000m、改造段数 30 段、井口液量 10-15m³/d；但在生产初期，表现出井口液量变化、含水波动幅度大的生产问题，给生产制度、开发政策优化调整提出了新挑战，为此急需开展页岩油水平井段簇产出规律特征监测，为油井高效生产提供基础资料。

陆相页岩油水平井，受到水平井段长、改造段数多、单井液量低的井况特征影响，常规产液剖面监测技术无法实现高效、准确监测，主要表现在两个方面问题：一是采用分段生产产出监测效率低、周期长、成本高、卡钻风险大；二是常规生产测井方法，如采用爬行器+测井仪方式，受到低液量影响，常用的 MAPS/FSI 等测井仪器测试响应信号微弱、甚至没有信号影响(5½套管井井筒流量需 30m³/d 以上)，监测结果偏差大；同时页岩油水平井低液量条件下主要采用抽油机管杆泵方式生产，油套环空空间受限，采用测井电缆+爬行器方式测井不适应，尤其是爬行器在长水平井段作业时通过性也受到很大影响。针对以上页岩油水平井产出监测技术难点，调研了目前分布式光纤监测、连续油管作业、井下油水相示踪剂监测技术进展，分析论证技术在页岩油水平井上应用可行性。

光纤作为一种集高灵敏传感器、信息传输介质为一体的特殊材料，近年来在油气井测井技术领域发挥出越来越重要的作用，是油气井测井新的技术发展方向。文献调研显示，采用连续油管布放分布式光纤方式，已经成功实现气田水平井产气剖面测试与解释：徐帮才指出通过连续油管光纤在涪陵页岩气井成功开展了产气剖面测试试验，清晰地找出了主力产层；胡艳芳报道了中国石化集团公司实现了光纤产气剖面的测试；楚华杰等指出用光纤作为传感器实现了水平井产层段温度压力的监测试验；林清金等指出通过连续油管内穿分布式光纤测井技术在塔里木油田成功开展高液量油井产出剖面试验；郭道凡等就油气井分布式光纤技术应用提出了认识建议；罗红文等基于分布式光纤测温研究，建立了致密油水平井

产出剖面解释方法，为分布式光纤在油井产出监测提供有益借鉴。

连续油管作业技术近年来进步很快，在长水平井压裂改造、井下作业等方面显示出了巨大的高效作业技术优势；尤其是为了探索水平井高效快速找水技术，支撑控水措施，白田增、徐昊洋、姜广彬等提出了水平井连续油管找水测试找水技术的攻关研究思路，通过现有技术集成、融合，为页岩油长水平井产出监测技术设计研发提供了思路。

油水两相化学、量子示踪剂或豁免源放射性同位素技术，基于示踪剂单相可溶、溶解扩散性能稳定、检测精度高等技术性能与优势，目前逐渐应用到水平井压裂改造过程中产能评价及产出监测领域，通过技术迭代升级，完全具备开展页岩油水平井产出监测能力。

本文基于前期技术调研，结合技术特点、页岩油水平井井况特征，创新设计了适应长水平井段、多层段压裂改造特征、低液量井筒条件的套内分布式光纤产出监测、内穿承载电缆连续油管+电潜泵+FSI 测井仪水平井产出监测工艺管柱，现场试验取得初步成功；在次基础上，为实现现场扩大应用、降低成本、提高技术可操作性，进一步设计了水平井低成本高效分段示踪剂产出监测工艺技术，从而建立陆相页岩油水平井产出监测工艺技术体系，为油井动态监测、后期高效生产提供了技术手段。

1 陆相页岩油水平井生产特征与技术需求

1.1 生产特征

鄂尔多斯盆地页岩油主要分布在延长组长 7 段，为一套半深湖~深湖相的细粒沉积，地层厚度约 110m，纵向上划分为长 7_1、长 7_2、长 7_3 三套小层。页岩油水平井主要采用分段多簇细分切割体积压裂改造方式完井，采用人工举升方式生产，平均水平段长 1500m、压裂改造 20 段、95 簇以上，平均入地液量 $2.5\times10^4m^3$，井口液量 15~$40m^3/d$；投产后，表现出井口液量递减大、含水变化不稳定等特征(图 1)。

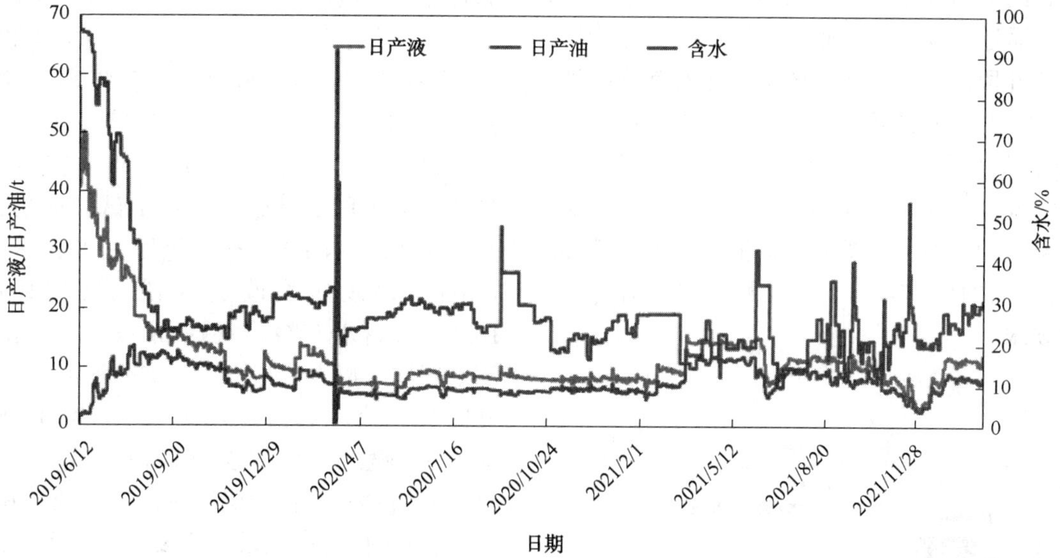

图 1　华＊井投产后生产动态曲线

1.2 技术需求与主要矛盾

针对长水平段、多段多簇压裂改造、准自然能量开发页岩油水平井，如何有效监测明确各段各簇产出、产能贡献状况，对分析确定水平井投产初期液量递减大、含水变化快原因提供重要依据，同时对压裂改造参数的优化设计有重要的参考意义。

目前水平井产液剖面主要采用阵列式涡轮流量计、持水率仪、爬行器输送方式进行(MAPS 测井)监测，国外油服公司近年来主要开展井筒流体扫描成像监测产液剖面(FSI 测井)，但这些技术主要在液量较大的油井上应用($30m^3$以上)，针对低渗透油田，尤其是页岩油开发水平井，平均液量不足 $20m^3/d$，技术适应性不足，急需建立页岩油低液量多段压裂改造水平井产液剖面监测技术手段。

2 页岩油水平井产出监测工艺设计与现场试验

2.1 工艺设计思路

基于页岩油水平井产出监测技术难点矛盾，结合技术调研情况，提出了两种工艺设计思路：一是建立了通过有效改善井筒流量条件提升监测仪器响应、多层段连续测试方式提高监测效率、连续油管作业提升作业效率以及测井仪器在长水平井段通过性技术路线；二是突破常规，充分借鉴分布式光纤传感器技术优势特点，通过全井筒布放光纤实现产出监测，有效率克服常规测井仪器受流量条件、长水平井段通过性的限制。在以上技术思路启发下，分别设计水平井连续油管+电潜泵+FSI 测井仪产出监测工艺、套内分布式光纤产出监测工艺。

2.2 水平井连续油管+电潜泵+FSI 测井仪产出监测工艺

通过技术集成，设计了基于连续油管作业、电潜泵举升、测井仪监测为核心、多项配套技术协调融合的页岩油水平井产出监测工艺技术管柱（图 2），通过连续油管作业，上提下放工艺管柱完成水平井段产层段的产出监测，相对常规产液剖面测试工艺，测试效率显著提升，连续油管作业实现了长水平井段（大于 1500m）连续高效监测作业，提高了技术适应性。优选配套小直径宽幅电潜泵，通过电潜泵提升井筒液流速度有效提高，满足了常规 MPAS、FSI 等测井仪器对井筒排量的要求。

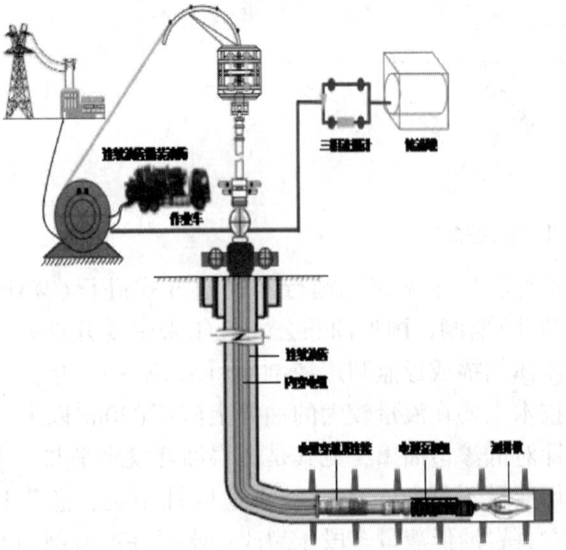

图 2 连续油管+电潜泵+测井仪产出监测工艺管柱图示

研发配套工艺技术相匹配的电潜泵系统、连续油管系统、测井仪器系统。电潜泵扬程 1600～1800m，排量范围 20～80m^3/d 可调，电机运行频率调整范围 50～70Hz；选配国内外最小外径电潜泵机组多级离心泵外径 85mm、潜油电机外径 95mm、额定功率 46.3kW、额定交流电压 875V，集成电潜泵控制、变压、变频、防爆系统，设计加工了地面撬装式控制柜，提升装置现场作业可操作性及技术适应性。依据电潜泵功率、额定电压以及电缆电压压损、承载能力要求，研发了外径 25.3mm、5 芯（3 根动力电源线、2 根信号传输线）承载铠装复合电缆，电缆抗拉 12t，满足垂直井深 2000m 水平井找水测试作业电缆悬挂承载要求；综合考虑复合电缆外径、井筒排量技术要求，配套了长度 3700m、Φ60mm 型号连续油管，采油连续油管加工预置方式完成承载电缆内穿，加工了专用连续油管撬装滚筒，通过改进滚筒马达+减速器+链条传动结构，实现了撬装滚筒能够独立运行，便于现场吊装运输。选配多参数 FSI 测井仪，在拖动连续油管测井工具串起、下钻作业过程中，同步监测水平井段含水、流量、压力、温度等参数，流量监测范围 20～80m^3/d、持水率监测范围 50%～100%。

累计开展 2 口井页岩油水平井连续油管电潜泵产出监测现场试验，获得了试验成功，以 LP 井为例采用 Φ139.7mm 套管完井，水平井段 1339m，多段压裂改造 8 段，平均日产液量 15.6m^3，含水 97%，动液面 93m。根据产出监测解释图可以看出（图 3），测井温度、压力和伽马曲线一致性好，该井喷点 2、喷 3、喷点 4、喷点 5、喷点 6 位置温度监测曲线变化幅度明显，表明对应位置产层段有产出特征；其中喷点 3、喷点 4 位置产层段为主要产出位置。

2.3 水平井套内分布式光纤产出监测工艺

分布式光纤产出监测原理：井筒内布放分布式光纤，光纤内打入高频脉冲激光，激光沿光纤展布空间传播过程中，因环境温度、压力、声波振动的微弱变化，干涉激光向前传播过程中，从而会产生沿光纤反向不同类型的散射光波；其中拉曼散射光波中，斯托克斯、反斯托克斯光波受环境温度影响敏感，通过对斯托克斯与反斯托克斯光波强度比值的解析，从而实现光纤展布空间内不同位置环境温度的连续监测解释，形成不同时间阶段内光纤展布空间上的温度剖面；反向散射瑞利光波对井底声波震动敏感，通过解释反向散射光波相位变化，实现产层段不同时刻声波振动幅度、频率信息，从而可以全面了解掌握引起井筒内不同位置温度、声波振动变化事件及演变过程。

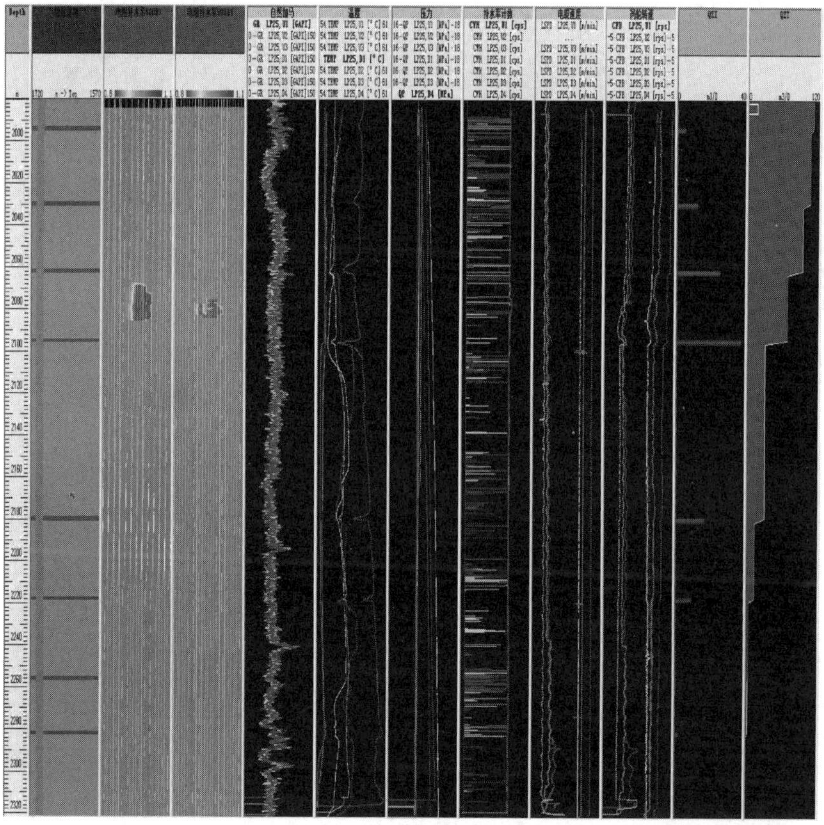

图3　LP井连续油管产液剖面解释分析结果图示

为了满足长水平段井井筒分布式光纤布放要求，设计了采用套内普通油管外置光纤（铠装光缆）方式进行布放（图4）；同时为了考虑水平井段工艺管柱通过性，工艺管柱设计为直井段采用$2\frac{7}{8}$″油管、水平井段采用$2\frac{3}{8}$″油管组合，在水平井段布放压力计实现产层段压力实时连续监测，了解掌握产层段压力差异以及井筒内流型流态特征。

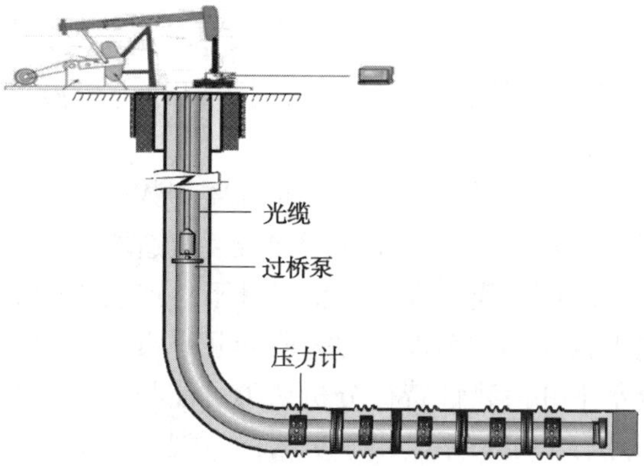

图4　页岩油水平井分布式光纤产液剖面监测工艺管柱图

先后在徐平＊、安平＊上开展了套内分布式光纤产出监测现场试验，均获得试验成功。其中安平＊井深3860m，水平井段长1500m，生产层位长7，速钻桥赛分段多簇压裂，改造段13个；日产液24.5m^3，含水100%。分别完成三个生产制度阶段（开井、关井、开井）全井筒温度剖面实时连续监测与数据采集，从水平井段温度剖面监测曲线看（图5），关井、生产阶段稳定温度曲线存在明显的差异（曲线呈现正向或负向偏移，或局部井段产生一定正向或负向偏移），反映了产层段产出类型特征、产出贡献能力存在的差异变化，温差变化在0.2~1.0℃范围之间。

3.2　*声波振动监测*

从采集声波振动曲线看（图6），泵挂以上井筒内声波振动受到抽油泵泵抽作用影响，声波振动幅度较大，整体在2.0dB幅度以内；但产层段声波振动幅度较小，主要在0.3dB幅度以内。水平井段井筒内声波振动幅度较小（图7），沿水平井段高峰值幅度声波产生位置有一定变化，但仍表现出一定的重复性，分析认为与井筒内产出位置或套外流动有一定关系。

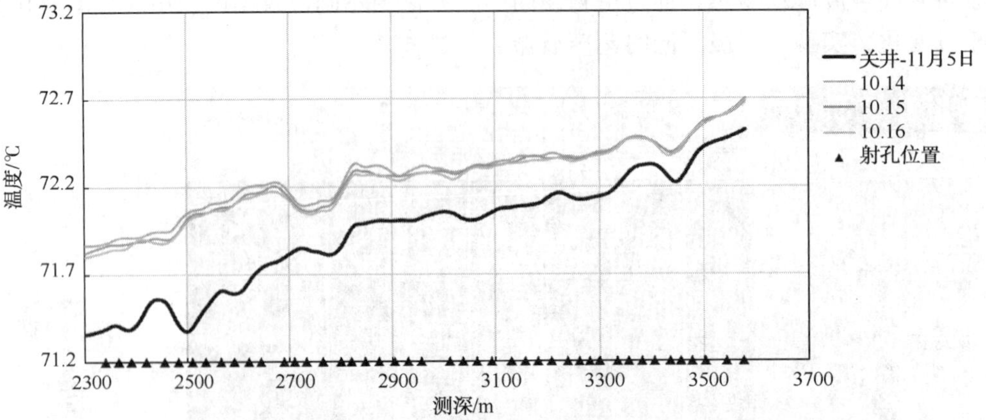

图5 安平＊井关井、生产稳定阶段温度剖面差异变化对比

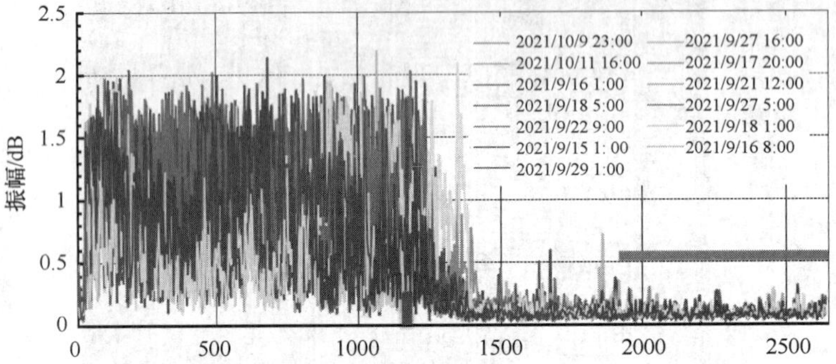

图6 徐平＊井全井筒不同时刻声波震动幅度对比曲线

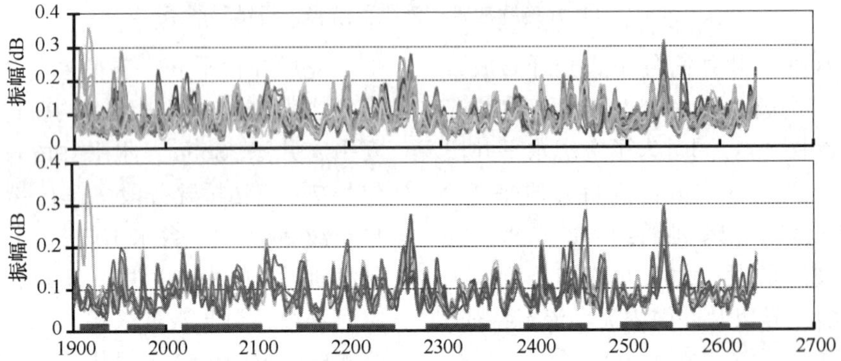

图7 徐平＊井水平井段不同时刻、不同强度声波震动幅度对比曲线

以安平＊井为例，对测试数据进行了综合解释分析，解释形成该井产液剖面(图8)：生产阶段整体上水平井段趾部温度较高，这与该井趾部为主要出水层段基本吻合：主要出水段在第6段，平均产水贡献率>40%；次要出水在第4、5段，平均产水贡献率>15%；第2、12段也存在一定产水量，贡献率5%左右；从声波振动(DAS)数据看，局部声波高能量带与层段产出特征对应性较差，3000~3100m、3250~3350m井段温度分布与DAS响应、产出特征存在较好对应关系，所以DAS监测数据可以作为产液剖面解释分析的辅助手段。

根据安平＊井分布式光纤监测数据及产液剖面综合解释结果，发现不同压裂改造段，在相同压裂改造规模、强度前提条件下，产层段产出表现出较大不均衡性，部分段簇几乎没有贡献；结合水平井段物性特征分析认为可能与产层段地质甜点有一定关系，由于页岩油压裂改造主要采用压裂蓄能方式，投产初期各层段、簇均能有一定产出，投产后地质甜点相对较差的层段，压裂裂缝可能出现一定程度闭合或能量补充不足，后期产出逐渐降低至不产出，这是油井投产初期液量变化的主要可能原因。

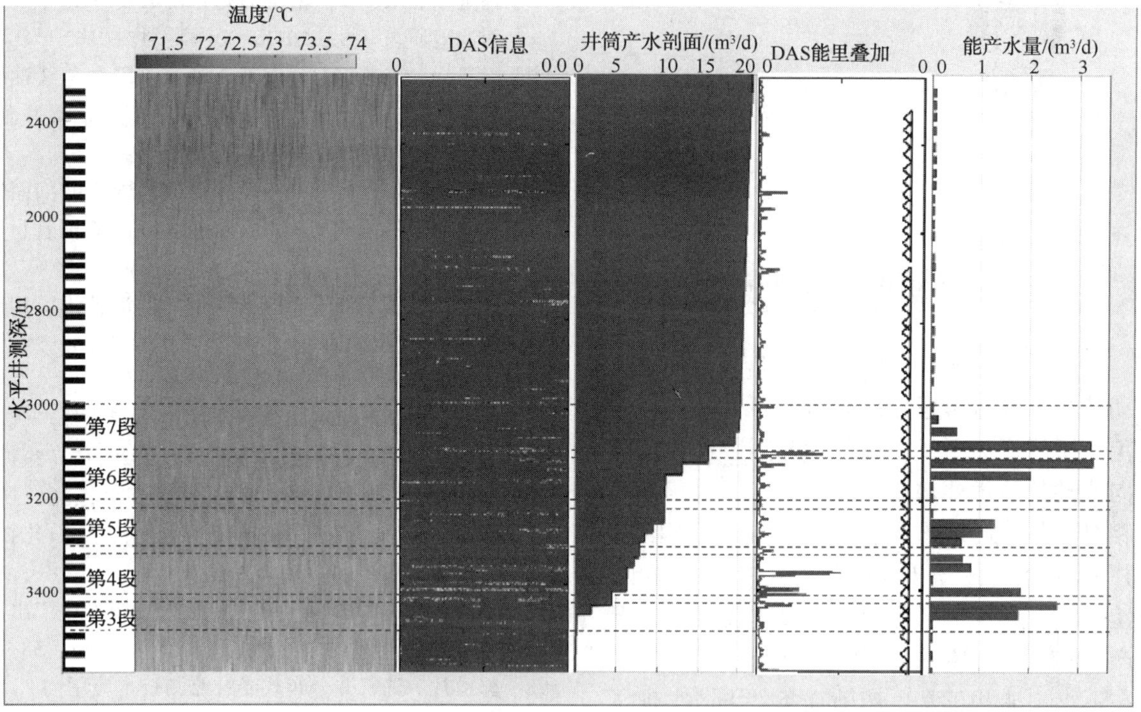

图 8　安平＊井光纤监测产液剖面解释分析结果图示

2.4　技术特点与适应性

现场试验效果表明，两种工艺满足了页岩油水平井产出监测技术要求，从技术特点看表现出不同的适应性；连续油管+电潜泵+测井仪产出监测工艺通过连续油管作业、水平井段测井仪连测、井筒电潜泵举升的有机结合，测试效率高、测井仪器响应信号好、现场作业监控方便，同时由于配套装置、车辆、设备较多，技术应用成本高，现场操作难度大的不足，主要适应于井口带压、常规测井技术无法应用的重点试验井产出监测应用。套内分布式光纤产出监测工艺系统结构简单、井况适应性强，工艺配套工具设备少，现场操作性强；但对于低液量油井，由于层段产出量较小，引起声波振动、温差变化微弱，在进行产出监测结果解释分析时难度大、准度低，急需迭代升级技术，尤其是产出解释分析系统的完善。

3　水平井低成本快速分段示踪剂产出监测技术构想

近年来，随着示踪剂监测技术的进步发展，由原来的注水井示踪剂水驱前缘监测逐渐扩展油井产出监测，例如在水平井分段压裂改造过程中，将油水两相单相可溶示踪剂(化学示踪剂、量子示踪剂)注入到地层或覆膜到支撑剂表面泵注至地层中，在生产过程中通过井口取样化验分析的方式，综合评价层段产油产水情况，实现产层段产出监测的目的。大港油田通过豁免源放射性微量物质作为标记物，成功实现了水平井出水层段的准确监测，表明示踪剂监测技术完全具备页岩油水平井产出监测工艺目的要求。

结合页岩油水平井井况特征与监测技术要求，设计了水平井低成本快速分段示踪剂产出监测工艺管柱(图 9)，主要技术思路及原理是：通过封隔器将产层段间有效封隔，对应层段布放装有油水单相可溶性示踪剂装置，产层段产液由油套环空向油管单向流动，在油井正常生产过程中，井口取样化验，定量分析层段产出类型、产出量大小。

主要技术难点是：针对页岩油水平井，水平井段长、产层段数多，需要多套封隔器进行层段封隔，工艺管柱起下钻作业遇阻、遇卡风险大，需要研发专用封隔器工具，降低工艺管柱起下钻风险；同时示踪剂性能要求高，具有显著的单相可溶性，微量检测精度可靠性高，且溶解扩散特性需要满足与层段液流量、油气水环境、井筒多

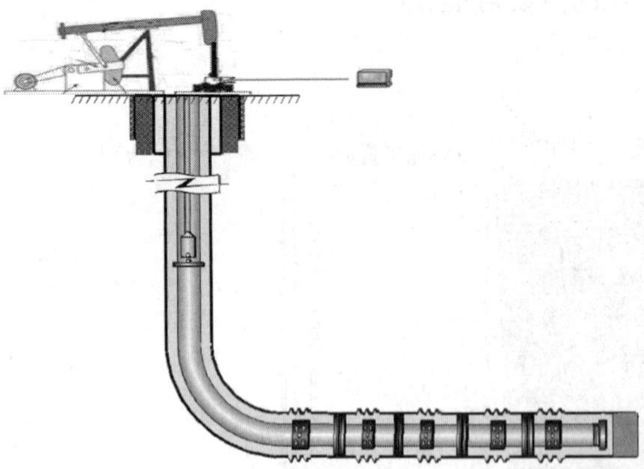

图 9 安平＊井光纤监测产液剖面解释分析结果图示

相流动特征；同时考虑到层段压力存在差异，为了避免产层段压力干扰，井下示踪剂装置需要满足单向流动的技术要求。

相对于分布式光纤、连续油管产出监测工艺，水平井分段示踪剂产出监测工艺管柱结构简单，适应性强，满足长水平井段、多段压裂改造井况油井产出监测技术要求；同时能够与生产有效结合，在不影响油井正常生产前提条件下，实现了多层段、低液量油井的产出监测，技术应用成本低、现场操作性强，具备现场扩大应用潜力条件。

4 结论与认识

（1）陆相页岩油水平井，受到复杂井况条件的限制，常规的产液剖面监测工艺技术不适应或适应性不足；

（2）创新设计了水平井连续油管+电潜泵+测井仪产出监测工艺、套内油管外置分布式光纤产出监测工艺技术，现场试验显示，能够实现页岩油水平井产出监测目的，具备不同的技术特点与技术适应性特征，为陆相页岩油水平井动态监测提供了新的技术手段；

（3）构建了页岩油水平井低成本快速分段示踪剂产出监测工艺架构，依据井况条件，分析明确了技术难点与技术适应性特征；

（4）初步建立了陆相页岩油水平井产出监测工艺技术体系，有望为油井后期动态监测、生产制度优化、开发技术政策调整提供有效技术手段，技术潜力、实践意义巨大。

参考文献

[1] 朴玉琴．水平井产液剖面测井技术及应用[J]．大庆石油地质与开发，2011，30(4)：158-162.

[2] 徐昊洋，王燕声，牛润海，等．水平井连续油管输送存储式产液剖面测试技术应用[J]．油气井测试，2014，23(3)：46-48.

[3] 胡金海，黄春辉，刘兴斌，等．国内产液剖面测井技术面临的挑战与取得的新进展[J]．石油管材与仪器，2015，1(6)：10-15.

[4] 徐帮才．连续油管光纤产气剖面监测技术应用试验[J]．江汉石油职工大学学报，2016，29(1)：26-29.

[5] 艳芳．中国石化集团公司首次过油管光纤产气剖面测试成功[J]．炼化技术与工程，2020，50(5)：36.

[6] 楚华杰，张彬奇，崔澎涛，等．多点式光纤压力、温度监测系统在水平井的成功应用[J]．石化技术，2016，23(2)：69-70.

[7] 林清金．连续油管分布式光纤测井技术在产出剖面中的应用[J]．油气井测试，2023，32(1)：58-62.

[8] 郭道凡．油气井分布式光纤监测技术应用[J]．内蒙古石油化工，2023，06：68-71

[9] 朴玉琴．水平井产液剖面测井技术及应用[J]．大庆石油地质与开发，2011，30(4)：158-162.

[10] 罗红文．页岩气水平井分布式光纤温度监测高效反演解释方法[J]．中国石油大学学报(自然科学版)，2023，47(3)：115-121.

[11] 白田增，吴德，武宗刚，何伟平，傅小勇．连续油管水平段测井找水技术研究应用[J]．油气井测试，2016，25(5)：41-46.

[12] 徐昊洋，王燕声，牛润海，郑晓培，徐克彬．水平井连续油管输送存储式产液剖面测试技术应用[J]．油气井测试，2014，23(3)：46-48.

[13] 姜广彬，张瑞霞，张化强，周景彩，刘永顺，田浩然．水平井射流举升连续油管产出剖面测试工艺技术研究与应用[J]．钻采工艺，2021，44(3)：37-40.

[14] 于永生，廖汉明，齐行涛，刘贺，张祖峰．水平井油管传输标记物分段找水技术[J]．石油钻探技术，2019，47(2)：105-108.

[15] 刘子民，李海涛，杨靖文，聂松，马欣，高素娟．智能固体示踪剂在海上水平井产液剖面测试中的应用[J]．石油钻探技术，2022，44(2)：105-108.

华庆油田元 284 区水平井前置超临界 CO_2 压裂造缝技术研究与应用

王　策　宋方新　顾九骊　林　丽　吕娜娜

（中国石油长庆油田公司）

摘　要　水平井大规模体积压裂会因其与储层发生水敏效应从而导致降低超低渗油藏开发效果。以鄂尔多斯盆地华庆油田 Y284 区转变注水开发方式试验区为例，在分析前置超临界 CO_2 具备有效降低原油黏度、补充地层能量、提高压裂液返排效率特征的基础上，通过油藏数值模拟、示踪剂监测、井下微地震和生产动态等资料，采用地质-工程-生产一体化体积压裂理念，厘清了水平井前置超临界 CO_2 压裂、极限多段多簇压裂、多级暂堵压裂技术。试验结果在现场应用后表明，水平井前置超临界 CO_2+体积压裂能够大幅度增加水平井单井产量和采收率，单井日产油达到 15t/d，华庆油田在采用 EM30S 压裂液体系，优化明确了单段 CO_2 加量在 200t，施工排量 $2m^3/min$ 以上，簇间距为 10m 时，试验井的闷井压力较邻井高 1~3MPa，返排率能提高 3 倍以上，且 CO_2 压裂事件产生效率约是水力压裂的 4.6 倍，能够实现高效储层造缝改造目标。该研究为后续其他超低渗油藏水平井前置超临界 CO_2+极限多段多簇体积压裂奠定了基础。

关键词　超低渗油藏；水平井；前置超临界 CO_2 补能；立体缝网；裂缝监测；提高采收率

1　前言

超低渗油藏是一种渗透率极低（小于或等于 0.3mD）、单井一般无自然产能或自然产能低于工业油流的非常规能源，超低渗油藏只有通过大规模体积改造才能实现三维立体改造，水平井体积压裂技术一直是华庆油田增产的重要手段之一。华庆油田长 6 砂岩储层为典型的超低渗油藏，油层厚度大 24.5m、地质储量大、储层致密，整体表现出储层物性差、天然裂缝发育、非达西渗流特征明显、低产低效井比例大的开发矛盾，导致油水井有效驱替难建立，常规直井开发单井产量低，严重制约油田开发。因此，自从 2016 年以来华庆油田 Y284 区开展了转变开发方式重大开发试验专项，按照四个转变理念，提高单井产量，然而，随着试验区的扩大，对 Y284 区储层开发特征认识逐年加深，与之对应的水平井体积压裂技术也在逐年优化更新，在近年的转方式水平井大规模体积压裂过程中有时表现出三维裂缝网络不够复杂、压裂液伤害储层等相关问题，亟需探索研究新方向，，实现高效开发。

在我国双碳目标大背景的前提条件下，开展二氧化碳驱油是贯彻落实总书记关于“碳达峰、碳中和”国家战略布局，通过研究水平井前置超临界 CO_2+极限多段多簇体积压裂，得出超临界态 CO_2 具有抑制黏土膨胀、降低破压等特点，同时由于超临界态 CO_2 具备不伤害储层的优势，因此已在各个油田适用，取得了较好的效果。鉴于目前前置超临界 CO_2 水平井体积压裂仍处于探索研究阶段，赵续荣等通过数值模拟明确影响页岩油 CO_2 吞吐与埋存效果的主控因素，邹雨时等通过压裂模拟实验明晰前置注入的超临界 CO_2 的化学溶蚀效应对于后续页岩气储层压裂裂缝扩展及岩石物性的潜在影响，但仍相对缺少矿场试验、选井依据、施工参数和试验依据，因此笔者以华庆油田 Y284 区转方式试验井为研究对象，采用地质-工程-生产一体化体积压裂理念，通过油藏数值模拟、示踪剂监测、井下微地震和生产动态等资料，研究分析了华庆油田长 6 油藏水平井前置超临界 CO_2+极限多段多簇体积压裂，以期为超低渗油藏水平井前置超临界 CO_2+极限多段多簇压裂技术的进一步研究打下基础。

2　华庆油田 Y284 区长 6 研究区储层岩石力学特征

鄂尔多斯盆地晚三叠世发育内陆坳陷湖盆，华庆油田地理位置位于陕西省吴旗县和甘肃省华池、庆阳县境内，为典型的黄土塬地貌。区域构造单元属鄂尔多斯沉积盆地陕北斜坡南部，该区块的开发层系为三叠系延长组长 6 层，主要开发层系为长 6_{31}、长 6_{32}，属于岩性油藏，该区长 6 期构造比较简单，总体为一平缓的西倾单斜，在单斜背景上由于差异压实作用，在局部形成起伏较小轴向近东西或北东向(隆起幅度 10~30m)的鼻状隆起。主力层长 6 基本上分布在海拔-535m 左右。沉积体系表现出三角洲-浊积扇组合特征，其中长 6 层属湖底滑塌浊积扇，分为内扇、中扇、外扇三个亚相，主要为中扇亚相，长 6 储层岩性主要为粉细~细粒长石砂岩，碎屑成份以长石为主，含量高达 50.4%，其次为石英 21.1%，岩屑 11.5%；研究区长 6 油层平均孔隙度为 11.7%，孔隙类型有粒间孔、溶孔(长石、岩屑溶孔)、晶间孔，其中粒间孔、长石溶孔是本区最主要的储集空间；平均渗透率为 0.34mD，属于低孔、超低渗储层，为弱水敏、弱~中等酸敏、弱盐敏、弱速敏、弱碱敏储层。

研究区 Y284 区 2008 年采用菱形反九点注采井网超前注水投入开发，其中定向井区井排方向为 NE75°，井距为 480m，排距为 130m，井网密度 16.0 口/km^2，水平井水平段长度在 500~700m 以五点井网为主，水平段长度在 700m 以上以七点井网为主，结合地形情况采用 600~800m 不等井距，排距采用 120~150m 布井，井网密度 2.0 口/km^2。2022 年底全区动用含油面积 133.61km^2，动用地质储量 10174.50×10^4t，动用可采储量 1933.15×10^4t。

3　Y284 区水平井前置超临界 CO_2 体积压裂技术

3.1　水平井前置超临界 CO_2 体积压裂技术原理

通过图 1 能够发现，小于 100nm 未启动剩余油动用程度提高至 20%~30%，对采收率的贡献约 30%，100nm~1μm 中水锁剩余油动用程度提高至 70%~80%，对采收率的贡献约 70%，而超低渗油藏中二氧化碳驱机理就是克服尺度效应进入水驱后无法启动的微小孔喉的剩余油，克服贾敏效应启动小孔喉中的剩余油。水平井前置超临界 CO_2 体积压裂技术是利用前置超临界 CO_2 自身易破岩、高造缝的能力先进行前置压裂，通过渗吸作用，有效开启微裂缝，增加人工裂缝的扩展方位和复杂程度，而后配合水平井“体积开发、流场重构、压裂驱油、综合补能”为核心体积压裂，大幅度提高单井产量，最终提高采收率(图 2)。

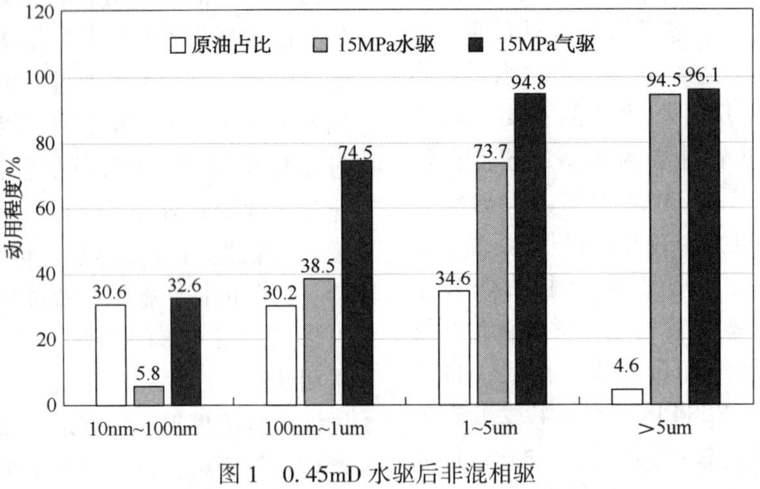

图 1　0.45mD 水驱后非混相驱

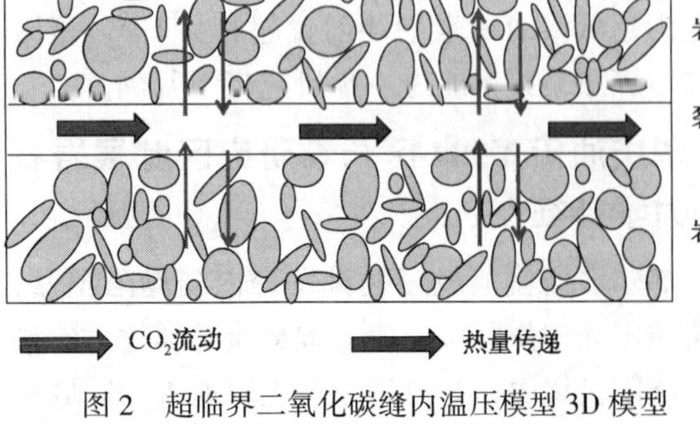

图 2　超临界二氧化碳缝内温压模型 3D 模型

3.2　水平井前置超临界 CO_2 体积压裂技术增产机理

前置超临界 CO_2 体积压裂技术综合了液态 CO_2 相态特性和水力体积压裂的优势(图 3、图 4)，通过水力压裂制造主缝、延伸主缝长度，通过注入液态二氧化碳利用其摩阻高的特性，促使复杂裂缝的形成，从而增加地层裂缝复杂程度，提高采油井产能，充分利用二氧化碳的物理化学特性，具有水基压裂无法达到的技术优势，宏观上前置超临界 CO_2+体积压裂集合了前置 CO_2 造复杂缝网和水力压裂造长宽主缝的优势，改造体积是常规水平井压裂的 8 倍。微观上前置超临界 CO_2 实现纳米孔吼驱替，大幅度提高波及范围，降低原油黏附功，改善流动性，驱替剩余油，驱油效率比水驱提高 40%。

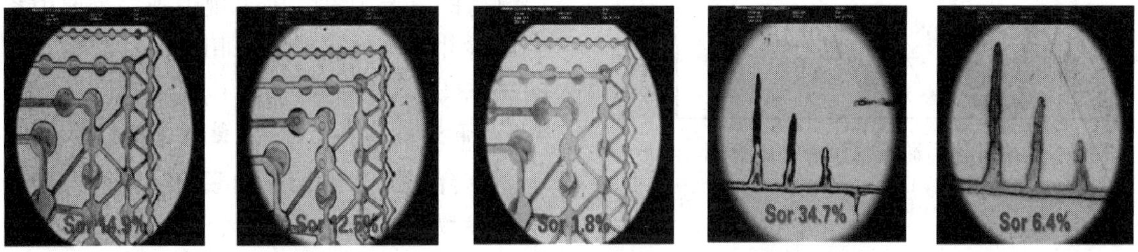

图 3　元 284 区非均质孔隙模型

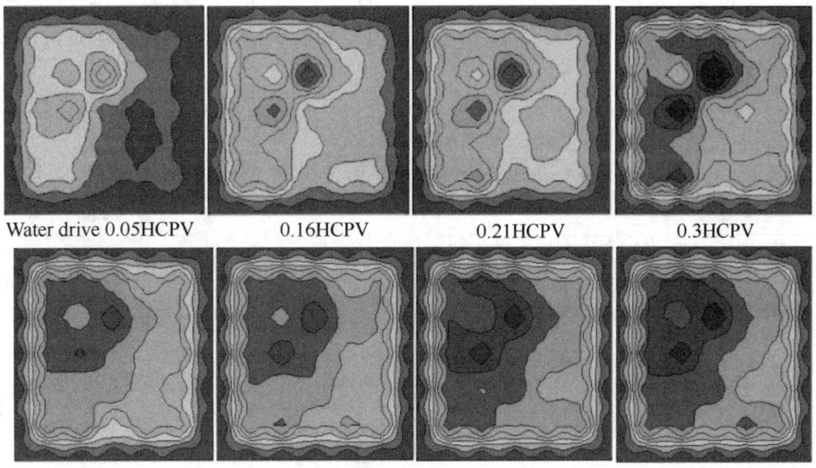

图 4　二维大模型不同驱替介质驱替状态

3.3　水平井前置超临界 CO_2 体积压裂技术增产机理

致密油藏经过大规模体积压裂后，能够有效“打碎”储层，形成复杂的三维网络裂缝，形成“人造”渗透率。流体从储层基质流向裂缝，再沿着裂缝流向井底。当裂缝的面积较小时，裂缝内的液体流速较大。

超低渗油藏液体的流动规律不符合达西定律，采用二维渗流数学模型描述油藏中流体渗流过程，利用一维渗流模型描述人工裂缝中流体向井筒的渗流过程，用交换系数描述油藏与裂缝之间的窜流关系，推导出前置超临界 CO_2 体积压裂渗流理论公式表示如下：

$$Q = \sum_{i=1}^{N}\sum_{j=1}^{N1} 2\frac{P_{l,\,ij} - P_{f,\,ij}}{\left(\dfrac{\mu L}{K_x hw} + s\right)} + \sum_{i=1}^{N}\sum_{j=1}^{N1} 2\frac{P_{r,\,ij} - P_{f,\,ij}}{\left(\dfrac{\mu L}{K_x hw} + s\right)} \tag{1}$$

式中，Q 为水平井前置超临界 CO_2 体积压裂产量，m^3；$p_{l,ij}$，$p_{r,ij}$ 为第 i 条裂缝的第 j 个网格左、右侧相邻储层网格的压力，MPa；K_x 为储层水平方向的等效渗透率，mD；8 1为黏度8，5 3 8 mPa · s；L 为网格长度的一半，m；h 为油层厚度，m；w 为网格宽度，m；S 为裂缝表皮；

根据图 5 和公式(1)，明确超低渗油藏水平井前置超临界 CO_2 体积压裂主要与两个因素有关：其一，转采井产量与主裂缝导流能力呈正相关；其二，转采井产量与改造规模相关。即转采井通过换相渗驱体积压裂后储层近井地带三维裂缝网络越发育，裂缝带宽越大，被切割的基质则越小，渗吸作用越强，流体在基质与裂缝间的驱动距离越小，启动压力梯度越小，渗吸采油速度越快。对比常规油藏，致密油藏裂缝壁面与储层基质的接触面积扩大，因此渗吸采油在开发过程中的作用也呈倍数增长。

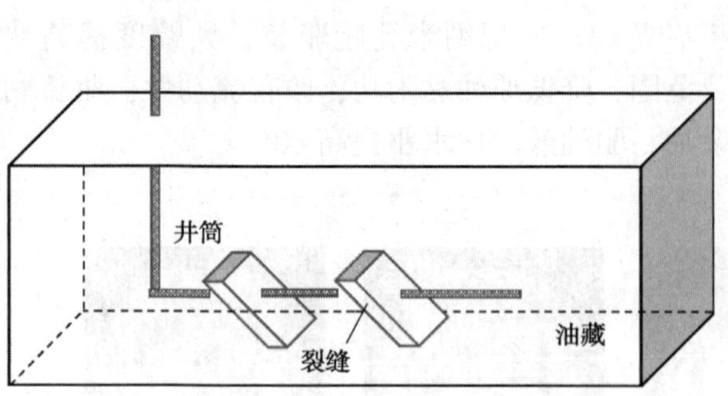

图 5　水平井压后简化模型流动示意图

4　研究内容

4.1　储层物性与日增油成正比

为分析产量的主控因素，基于随机森林(RF)回归法，究利用采神经网络算法，对试验井地质工程一体化模拟结果表明，有前置超临界 CO_2 的压裂段的产液剖面与储层及压裂缝网参数的关系表明(图 6)，高产段具有较高渗透性，较好的支撑能力，裂缝传导率较大，且可动孔隙度相对较高。结合公式(1)，明确了储层物性是储层改造的首要因素，施工规模则为重要因素，结合试验井实施效果绘制了相关储层参数与产油量的关系图。

4.2　前置超临界 CO_2 压裂改造规模参数优化

结合华庆油田长 6 油藏储层特征，压裂改造规模参数和矿场动态生产，开展了一下前置超临界 CO_2 体积压裂改造参数分析，包括单段 CO_2 加量、施工排量、簇间距等现场压裂规模参数分析，探索形成华庆转方式试验区前置超临界 CO_2 体积压裂技术模型，为后期试验区前置超临界 CO_2 体积压裂提供矿场试验依据。

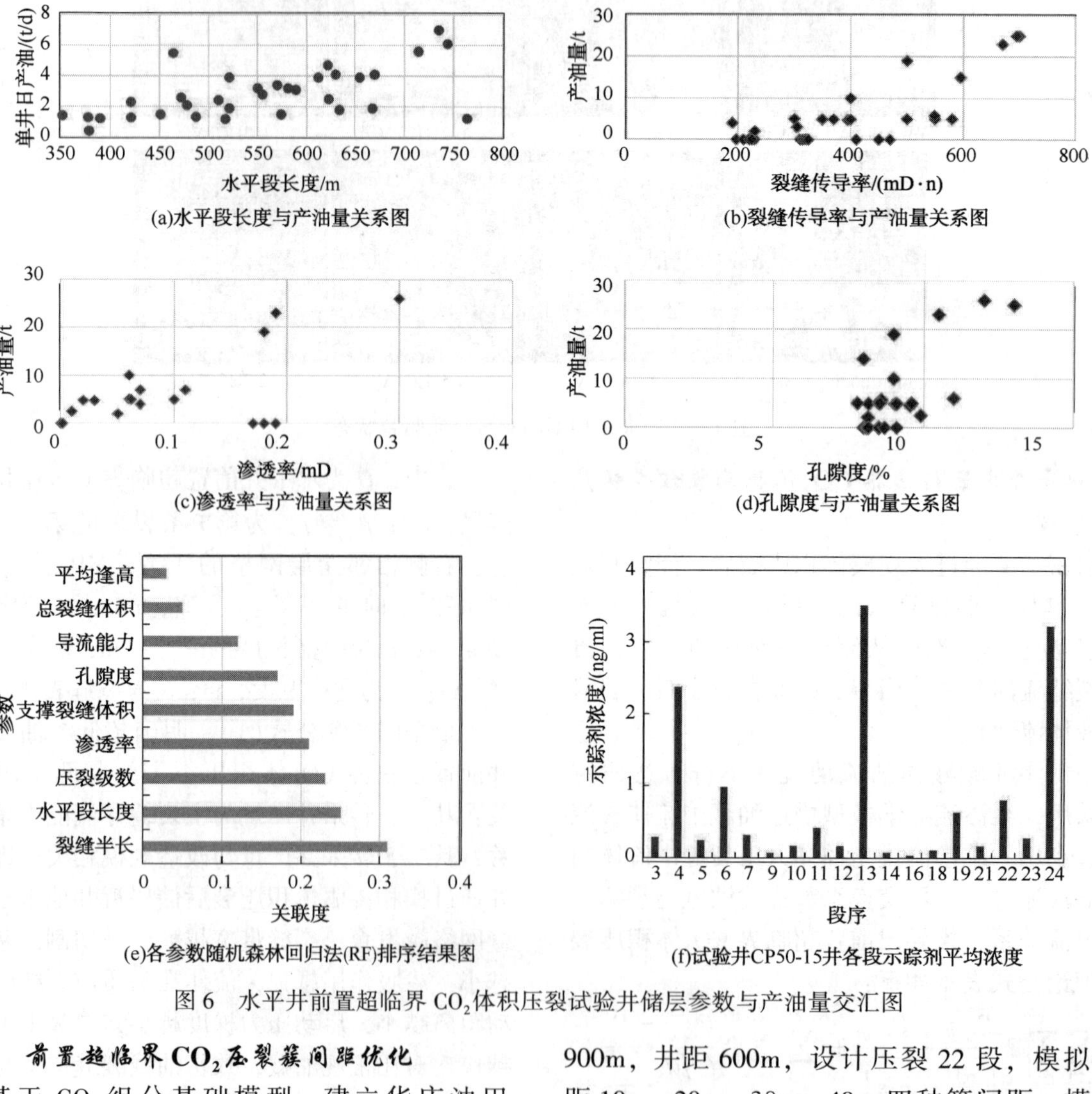

(a)水平段长度与产油量关系图　(b)裂缝传导率与产油量关系图

(c)渗透率与产油量关系图　(d)孔隙度与产油量关系图

(e)各参数随机森林回归法(RF)排序结果图　(f)试验井CP50-15井各段示踪剂平均浓度

图 6　水平井前置超临界 CO_2 体积压裂试验井储层参数与产油量交汇图

4.2.1　前置超临界 CO_2 压裂簇间距优化

基于 CO_2 组分基础模型，建立华庆油田 Y284 区水平井油藏数值模型，水平段长度 900m，井距 600m，设计压裂 22 段，模拟簇间距 10m、20m、30m、40m 四种簇间距，模拟得到试验井前置超临界 CO_2 体积压裂后裂缝形态分布，结果如图 7 和图 8 所示，数值模拟结果表明：不同物性簇间距影响存在差异，减小簇间距，不同物性累计产油量增加，前置超临界 CO_2 压裂与不加 CO_2 压裂，预测 15 年平均单段增油前置超临界 CO_2 压裂效果更加明显，当渗透率为 0.34mD 时，优化簇间距为 10m。

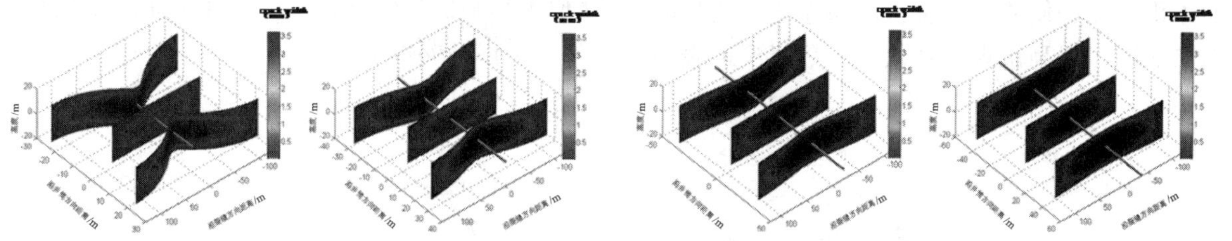

图 7　数值模拟簇间距对裂缝形态的影响

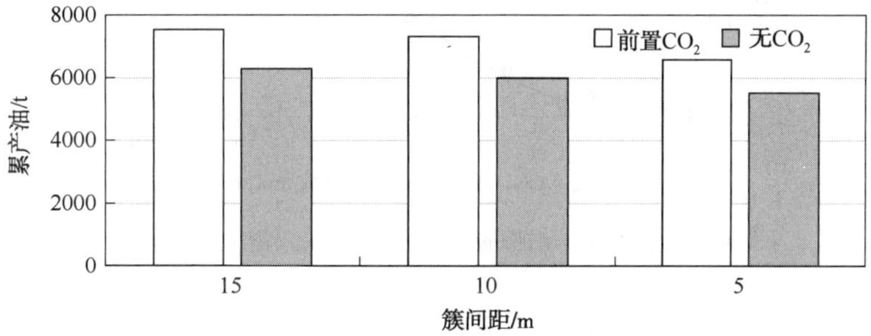

图 8　数值模拟前置 CO_2 压裂与无 CO_2 压裂累产油对比图

4.2.2　前置超临界 CO_2 压裂不同单段注入量优化

数值模型设置前置超临界 CO_2 压裂采用压裂液量 35000m^3，簇间距 10m，分别设置单段注入量 50m^3、70m^3、150m^3、200m^3、250m^3，模拟结果表明（表 1），能量波及范围与注入量正相关，随着 CO_2 注入量增加，能量波及面积和地层压力逐渐增加，并且能量波及对相邻段有一定增能与驱替作用，由于研究区是超低渗油藏，多尺度微纳米孔隙扩散流动能力相对较弱，段间相邻段未得到有效波及，当渗透率大于 0.05mD 时，每增加 50t 的 CO_2 换油率均大于 2.0，当注入 200~300m^3 CO_2 时，提升幅度显著增加，考虑产量和效益的双重因素，优化华庆油田 Y284 区前置超临界 CO_2 液量为 200m^3，改善开发效果。

表 1　不同前置超临界 CO_2 压裂液量裂缝参数表

CO_2 液量/m^3	缝长/m	缝宽/m	缝高/m
0	321	75	60
50	328	78	62.4
70	333	79	65.8
150	337	80	69.8
200	345	82	70
250	348	83	72

4.2.3　前置超临界 CO_2 压裂不同排量优化

在以上分析优化前置超临界 CO_2 注入量的基础上，数值模型分析前置超临界 CO_2 的注入排量，优化注入液量在 200m^3，模拟不同注入排量（0.4m^3/min 和 2m^3/min）下的裂缝高度，由于能量波及范围与注入排量正相关，通过图 9 可知，CO_2 注入排量越高，在相同时间内注入量越大，压力上升幅度越快，有利于 CO_2 快速向储层小孔隙扩散，提高波及范围；增能效果主要体现在注入前期，注入后期压力逐渐趋于平稳，压力上升幅度减小，华庆油田 Y284 区 CO_2 的最优注入排量为 2m^3/min。

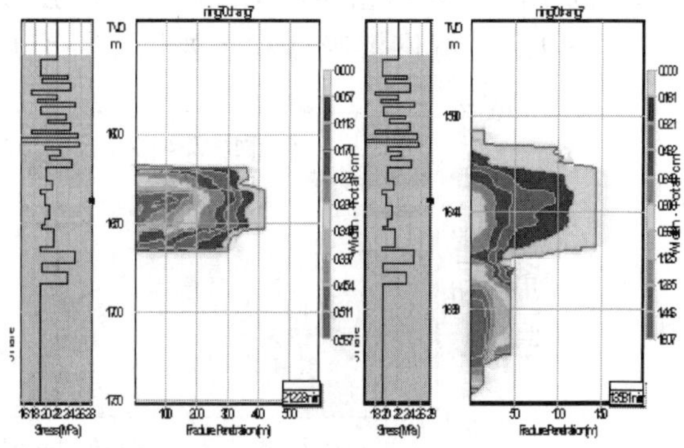

图 9　数值模拟前置 CO_2 压裂不同排量影响裂缝高度模拟图

4.2.4　前置超临界 CO_2 压裂增能体积变化规律

根据图 10，地层原油体系的体积膨胀系数与 CO_2 注入量呈正相关性；CO_2 进入原油可促使原油体积增大，使原油膨胀，从而连通死孔隙内的孤立油滴，提高微观波及效率。数值模拟表明（图 10、图 11），采用 CO_2 前置压裂比不采用 CO_2（等量 CO_2 的液体）增能效果明显，CP50-15 孔隙体积增加达到 0.32 倍，预计最终累产油量（EUR）将达到 3.5×10^4t，较前期提高 1 倍以上，有利于提高驱油效率。

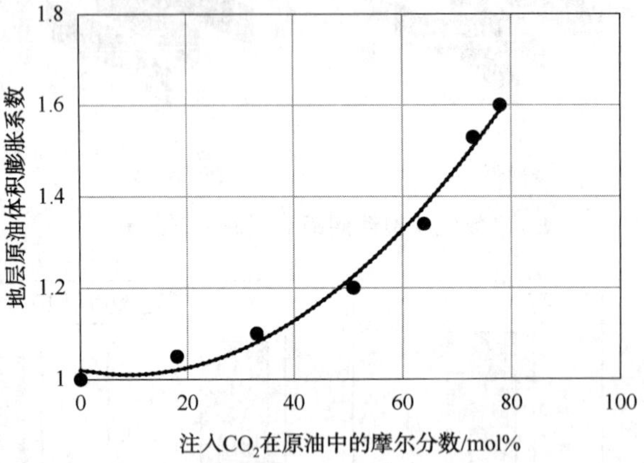

图 10　元 284 区体积膨胀系数与 CO_2 注入量关系散点图

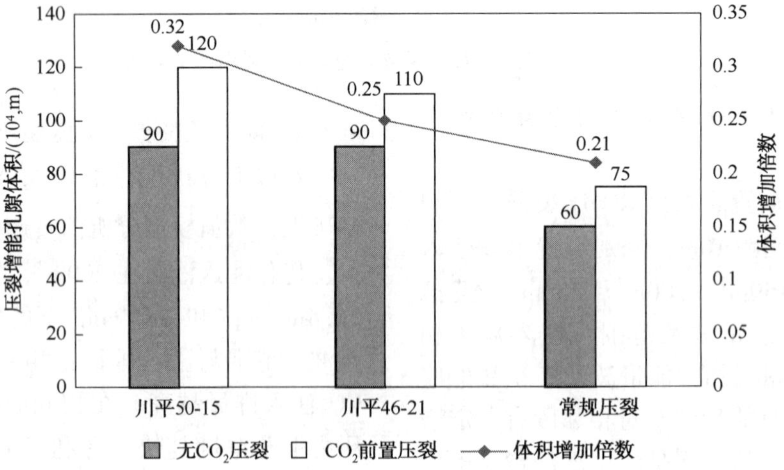

图 11　前置 CO_2 压裂与常规压裂增能孔隙体积对比图

利用渗吸模型计算华庆转方式试验 51 口井，闷井 40～60d 时，矿场尺度缝网渗吸体积介于 2940～3951m^3，平均值为 3013m^3，渗吸强度 13.9%（图 12），缝网渗吸体积主要用于补充地层能量，注入前置超临界 CO_2 压裂后明显大幅提高地层能量，平均地层压力提高了 2.2 倍（图 13），波及范围可实现缝控区域全覆盖，实现井间、段间协同一体化增能转变。

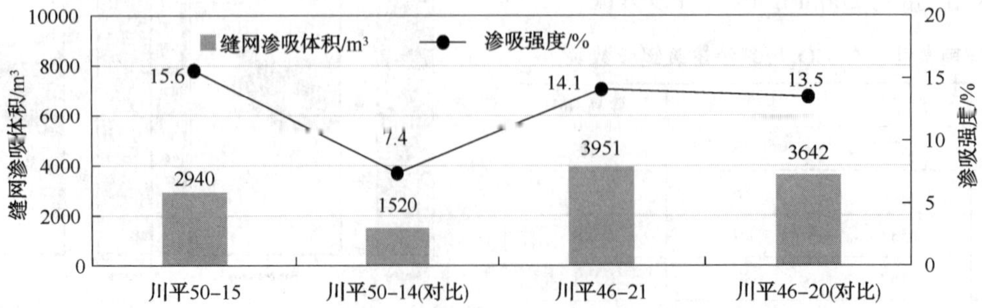

图 12　前置 CO_2 压裂缝网渗吸体积与渗吸强度对比图（闷井时间 40 天）

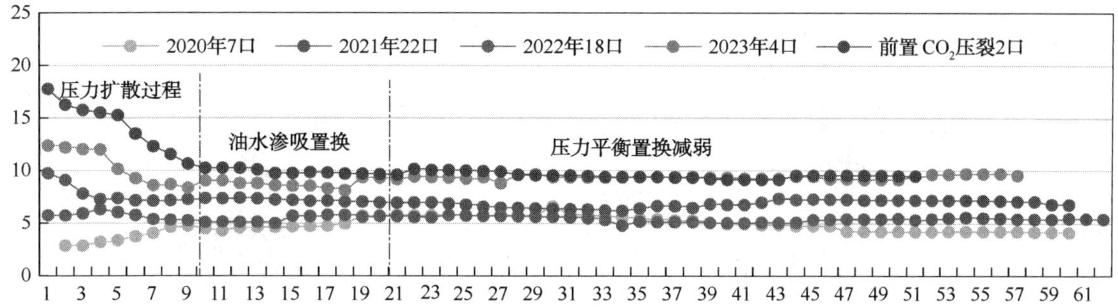

图 13　华庆转方式水平井闷井压力随时间变化规律(元 284 区块 51 口)

4.2.5　前置超临界 CO_2 压裂抑制黏土膨胀，降低储层伤害

前置超临界 CO_2 压裂具备原油降黏的特性，一旦注入 CO_2 后，地层原油的黏度就大幅度下降(图 14)，体系黏度随着加入原油中的 CO_2 量增多而降低，但减黏幅度也随 CO_2 量的增加逐渐趋小。原油饱和 CO_2 后，黏度最高可降低几十倍，提高原油流动性。

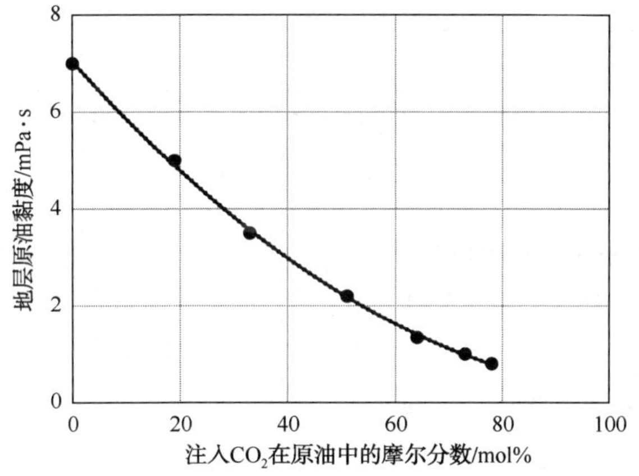

图 14　Y284 区地层原油黏度与 CO_2 注入量关系散点图

储层中 CO_2 过饱和时，可以有效改变毛细管参数，有利于压后返排。在储层条件下，液态二氧化碳在地层中汽化膨胀，从而提升地层能量，实现压裂液的快速返排，缩短投产周期。对与其他注入介质 CO_2 可在原油中溶解储能，在后续开发过程中膨胀稳能，具有良好的地层能量补能(图 15)。

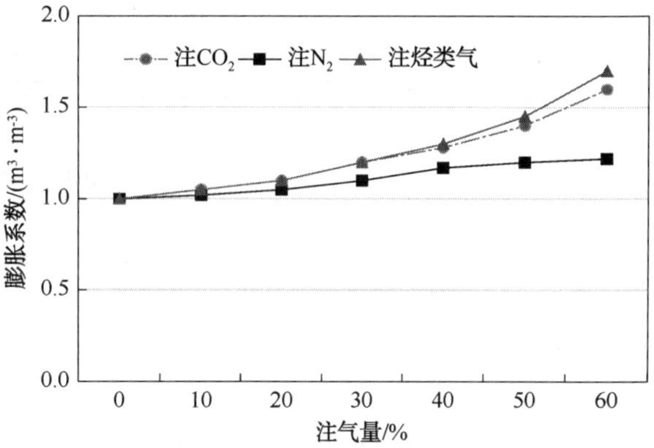

图 15　Y284 区不同注入气体的膨胀效果对比图

4.2.6　前置超临界 CO_2 压裂增加裂缝系统复杂程度

井下微地震结果显示(图 16、图 17、表 2)，压裂阶段微地震事件增多，说明前置 CO_2 有利于增加人工裂缝的扩展方位和复杂缝网的形成，提高储量动用程度。超临界 CO_2 超强的流动性在一定程度上降低应力、物性的非均质性对于流动方向的导向作用，超临界 CO_2 分子更易于进入微孔隙、天然裂缝，可进一步增加裂缝复杂程度。

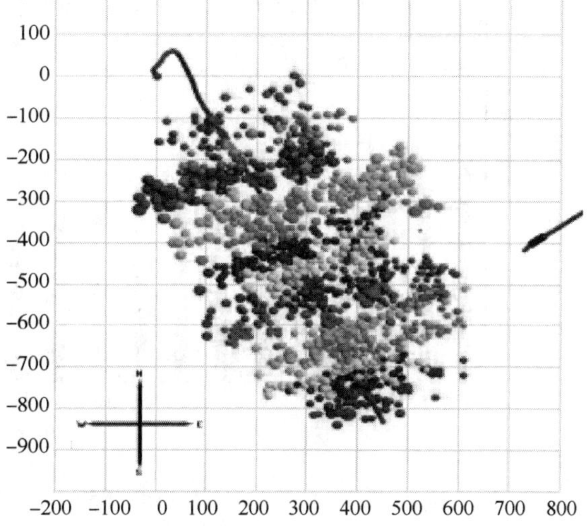

图 16　CP46-21 井井下微地震监测图

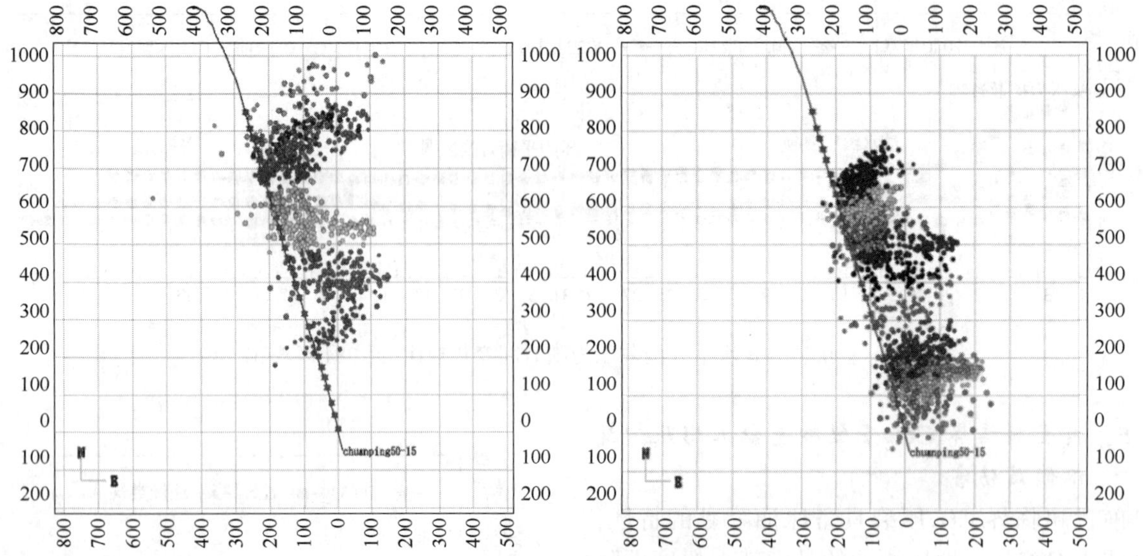

图 17　CP50-15 井井下微地震监测图

表 2　井下微地震监测裂缝结果

井号	实施年份	井下微地震测试结果				
		长/m	宽/m	高/m	方位/°	SRV/×10^4m^3
CP46-21	2022	378	79	60	NE59~79°	2940
CP50-15	2021	311	84	80	NE56~78°	3951
无 CO_2	2021	415	76	79	NE65~70°	362

以 CP50-15 井为例(图 18、图 19)，对注入 CO_2 和注入 CO_2 层段参数进行对比，第 21、23 段每段注入 CO_2 液量 110m^3，施工排量均为 2m^3/min，但是施工压力相差 3MPa，停泵压力相差近 2MPa，证明超临界 CO_2 具有较好的破岩造缝的作用。二氧化碳压裂事件产生效率约是水力压裂的 4.6 倍，表明二氧化碳产生裂缝的能力远远大于压裂液。

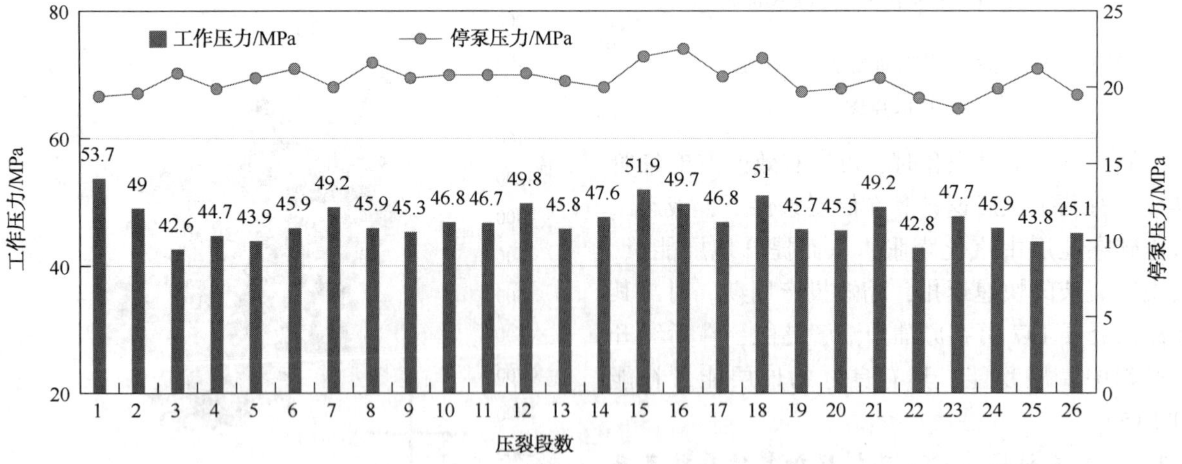

图 18　CP50-15 井施工压力与停泵压力对比图

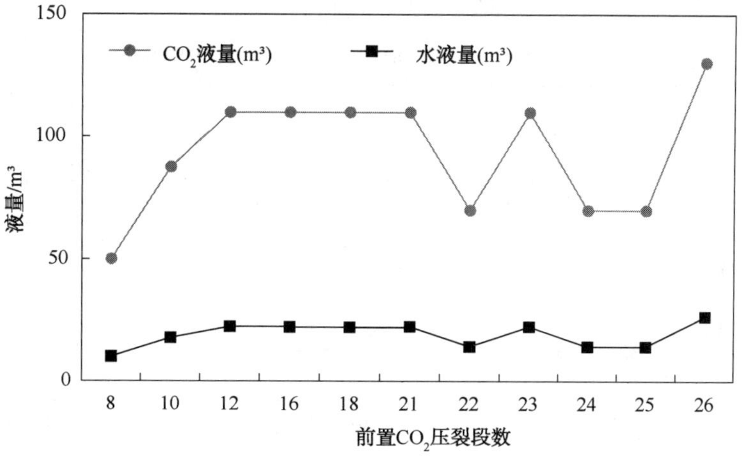

图 19　CP50-15 井 CO_2 和水力压裂单个事件所需液量对比

5　应用实例

5.1　取得效果

2021 年在 Y284 转方式试验区的基础上，选取 CP50-15 和 CP46-21 井实施前置超临界 CO_2+极限多段多簇体积压裂，探索新的改造增产技术(表 3，表 4)。试验井井均水平段长 831m，共计实施 2 井次，平均压裂段数 22 段，单段加砂量 161.0m^3，单井砂量 3551m^3，砂比 23%，排量 10L/min，百米入地液量 45m^3，入地液量 37762m^3，CO_2施工排量 2m^3/min 以上，CO_2累计注入 3828m^3。日增油 13.4t，累计增油 1.2×10^4t；注入 CO_2的试验井返排率较高(11.1%)，CO_2 增能以后返排率能提高 3 倍以上，减少压裂液对于储层的伤害。其中，CP50-15 井控压自喷生产 260d，日产油量保持在 15t 以上，累增油量 9724t，是转变注水开发方式工业化试验以来 Y284 区产量最高、稳产时间最长的标杆井。

表 3　前置超临界 CO_2压裂试验井压裂施工参数统计表

序号	井号	水平段长度/m	压裂施工参数						
			段数	单段砂量/m^3	单井砂量/m^3	砂比/%	排量/(m^3/min)	入地液量/m^3	百米入地液量/m^3
1	CP50-15	932	26	162.5	4226	21.7	10	43452	47
2	CP46-21	730	18	159.8	2877	23.5	10	32073	44
平均		831	22	161.0	3551	22.6	10	37762	45

表 4　前置超临界 CO_2压裂试验井试验效果统计表

序号	井号	投产日期	目前生产情况				日增油/t	累增油/t	有效天数/d	返排率/%	单井 EUR
			日产液/m^3	日产油/t	含水/%	动液面/m					
1	CP50-15	2021/10/26	27.1	17.4	23.3	539	15.4	9724	608	11.7	3.4
2	CP46-21	2023/2/3	25.7	14.0	35.1	井口	11.4	1893	208	10.4	1.7
平均	26.4	15.7	29.0	270	13.4	11617	448	11.1	2.6		

5.2　效果分析

试验井试验前日产油 2.3t/d，目前日产油 15.7t/d，水平井前置超临界 CO_2压裂能够增加地层能量，提高油井产能，川平 46-21 井闷井压力较邻井高 1~3MPa，在控液生产同等产量下，井底流压较高(图 20、图 21)。

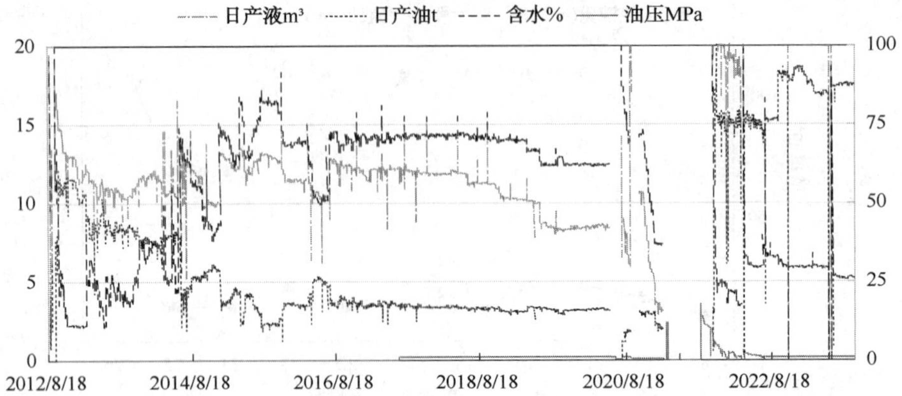

图20　水平井前置超临界CO_2体积压裂试验井CP50-15井生产曲线

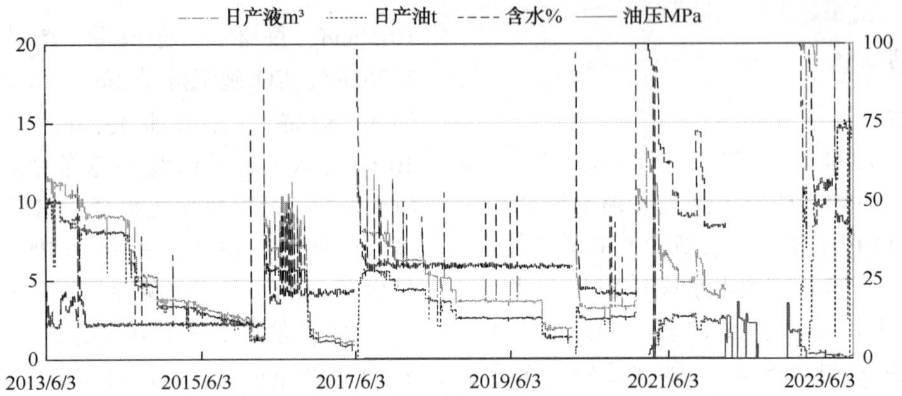

图21　水平井前置超临界CO_2体积压裂试验井CP46-21井生产曲线

6　结论与认识

（1）注水不见效、递减大、裂缝性含水上升、非均质性矛盾突出等问题是制约超低渗油藏高效开发的瓶颈，采用前置超临界二氧化碳+水平井体积压裂改造能够增加裂缝复杂程度，大幅度提高波及范围。

（2）CO_2以有效降低原油黏度、增加地层流体流动性，能够提高压裂液返排效率，前置超临界CO_2增能以后返排率能提高3倍以上，具有较好的压裂效果，取得较好的经济效益。

（3）运用信息量分析法、神经网络法，对元284油藏水平井前置超临界CO_2压裂产能影响因素进行排序。结果表明，裂缝半长、水平段长度、压裂级数和渗透率是主要影响因素。

（4）利用Fracpro软件二氧化碳压裂模型，同时模拟优化建立不同排量下缝高优化图版，华庆油田在采用EM30S压裂液体系，单段CO_2加量在200t，施工排量2m^3/min以上，优化簇间距为10m，能够实现高效储层造缝改造目标。

（5）通过裂缝监测情况可知，同等用量情况下二氧化碳比水基压裂液形成裂缝的能力更强，约是水力压裂的4.6倍，因此采用前置二氧化碳相比水力压裂液更有利于提高裂缝的复杂程度。

参　考　文　献

[1] 王策，王明瑜，陈军，等．超低渗油藏水平井大规模体积压裂技术研究与应用——以鄂尔多斯盆地华庆油田Y284区为例[J]. IFEDC. 2021.

[2] 王策，朱西柱，王明瑜，等．华庆油田致密油藏转采井换相驱渗结合体积压裂提高采收率技术与研究[J]. IFEDC. 2023.

[3] 雷群，翁定为，管保山，等．基于缝控压裂优化设计的致密油储集层改造方法[J]．石油勘探与开发．2020，47(3)：592-599.

[4] 刘浪，张子尧，杨澜，等．华庆油田长6油藏开发方式优选[J]．石油化工应用．2023，42(07)：67-70.

[5] 赵小光，林志波，黄燕，等．超低渗油藏多级喷砂射孔压裂技术研究与应用[J]．科技与创新．2021，

21(07)：165-167.
[6] 郑亚军，刘宝成，张旭泽，等．数据驱动与地质规律融合的超低渗油藏产能预测方法——以元 284 超低渗油藏为例[J]．石油地质与工程．2022，36(04)：75-81.
[7] 达引朋，薛小佳，刘明，等．超低渗油田蓄能重复压裂增能机理[J]．科学技术与工程．2021，21(33)：14139-14146.
[8] 吴俊峰，刘宝忠，刘道杰，等．二氧化碳混相压裂吞吐实验[J]．特种油气藏．2022，29(5)：126-131.
[9] 张怿赫，盛家平，李情霞，等．CO_2 吞吐技术应用进展[J]．特种油气藏．2021，28(6)：1-10.
[10] 张道伟，戴城，陈硕思，等．考虑多尺度裂缝表征的致密油藏 CO_2 吞吐智能历史拟合[J]．油气地质与采收率．2022，29(1)：160-167.
[11] 赵续荣，陈志明，李得轩，等．页岩油井缝网改造后 CO_2 吞吐与埋存特征及其主控因素[J]．大庆石油地质与开发．2023，42(06)：140-150.
[12] 邹雨时，李彦超，李四海．CO_2 前置注入对页岩压裂裂缝形态和岩石物性的影响[J]．天然气工业．2021，41(10)：83-94.
[13] 郑焰，白小丹，罗于建，等．非常规油气二氧化碳压裂技术研究进展[J]．中国石油和化工标准与质量．2019，39(17)：221-226.
[14] 朱书仪，王丽峰，廖泽，等．二氧化碳前置压裂技术在特低渗油藏中的应用[J]．中国石油和化工标准与质量．Energy China Forum. 2022.

致密砂岩气藏立体开发井网井距优化
——以西加盆地 WM 气藏为例

周谷铭　苏　聪　周建新　单学军　朱　强

（中国石化集团国际石油勘探开发有限公司）

摘　要　非常规致密砂岩气藏需要通过大规模体积压裂构建立体井网以获得工业油流，但压裂过程中出现的井间干扰会影响子井压裂效果，降低母井产能。因此，立体开发的核心是解决井网井距的优化问题，但传统方法均存在局限性。本文以西加盆地 WM 气藏为例，进行致密砂岩气藏的井网井距优化研究。首先基于离散裂缝网络模型进行立体井网模拟，其次利用现场数据开展递减规律分析，两种方法相结合解决了纯数值模拟方法与实际生产规律不匹配的问题，从机理模型和数据统计两个维度上综合检验结果。结论如下：(1)数值模拟方面，立体开发有利于水力裂缝高度的扩展，但对裂缝长度的影响与井距有关。立体开发能增加形成水力裂缝的体积，更多的天然裂缝会被激活，加大缝网与储层的接触面积。采用 400m 井距进行立体开发最有利于水力裂缝和天然裂缝的发育，开发效果提升最明显。(2)现场试验方面，井距过小有可能增加压裂干扰的风险，气井建产初期的高产量难以维持且递减过快，累产降低，井距过大会让储层中的油气资源不能被充分利用。研究表明，400m 井距分组的水平井平均五年累产气量最高且产能最大。(3)立体开发能有效减少致密砂岩气藏开发过程中的压裂干扰，提高纵向储量动用程度，400m 是 WM 气藏立体开发的最优井距。

关键词　致密砂岩气藏；立体井网；井间干扰；井网井距；离散裂缝网络模型；递减分析

1　研究背景及意义

对于非常规致密砂岩气藏，常规开发手段难以奏效，需要通过大规模体积压裂构建立体井网以提高储量动用程度，获得工业油流。同时，非常规致密油气藏的开发往往会面临靶体优化、压裂方案优化、生产制度优化等难题，而立体井网开发模式是解决这些问题的重要手段。在我国的新疆油田，非常规油气资源成藏条件复杂且储层非均质性较强，立体井网压裂设计技术是主要的开发手段。目前北美非常规油气藏多以大位移水平井立体式开发为主，压裂技术的不断优化使压裂施工井的水平段长、压裂级数和加砂量均有很大提升。在新的压裂技术条件下，显著减少的井距、簇间距导较“压窜”风险极大提升。在水平井压裂施工过程中，相邻投产的老井与新井之间经常存在一种母子井效应，也被称为压裂干扰。具体表现为子井压裂时，母井油气产量锐减，含水率快速上升，在实际生产中往往需要关停母井来以减少干扰对产量的影响。因此在进行完井设计、钻井优化以及井位部署的时候，都需要充分考虑压裂干扰的影响。压裂干扰的主要影响因素如图 1 所示。

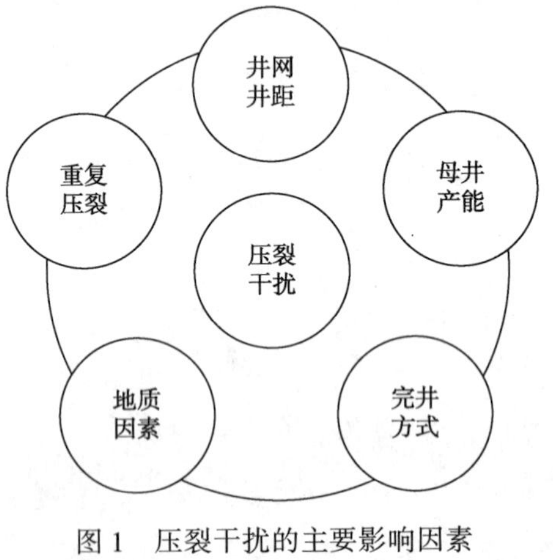

图 1　压裂干扰的主要影响因素

相比于同层布井，立体式开发通过在平面和垂向上交错布井布缝能有效降低井间的应力干扰，提高单井产能和储层动用程度，最终达到降低开发成本、提高开发效率的目的。立体开发研究的核心是解决井网井距的优化问题，提高单井、区块产能和最终采收率。因此，近年来有越来越多的学者开始关注立体井网井距的优化问题。为厘清井网井距与压裂干扰之间的具体关系，有必要开展井网井距优化研究以保证致密油气藏的高效开发。目前，井网井距优化主要有两种发展趋势，一是利用大量历史生产数据进行总结分析的现场试验法，二是基于数值模拟方法进行井距优化。现场试验方面，卢比等基于生产数据和微地震检测数据确定了井网井距是造成南川页岩气藏压裂干扰现象的重要因素，并提出优化压裂工艺、提前关井等调整对策；Cakici 等通过整合分布式光纤、微地震和示踪剂等检测资料，提出适用于 Marcellus 页岩气田的井距优化模型，并证明压力改造体积是决定产量的首要因素。但现场试验法通常需要大量的样本和数据，对于投产初期或压裂井较少的油气田适用性不强，且不能综合考虑多种地质条件，在机理上解释压裂干扰现象。数值模拟方面，一般流程是通过测井和地震等数据建立地质模型和地质力学模型，进行压裂模拟后比较不同方案的气井产能，据此选取最优井网井距。但是由于裂缝建模不确定性较强，该方法得到的结果具有多解释性，难以和气藏整体生产规律相匹配，在实际开发中应用难度较大。雍锐等利用数值模拟技术确定了川南宁 209 井区最优井距，但模拟结果没有与现场数据进行对比，结果可信度较低。

针对以上问题，本研究以西加盆地 WM 气藏为例，采用数值模拟与现场试验相结合的方法来解决非常规致密砂岩气藏井网井距的优化问题。数值模拟部分，根据已有的地质模型和地质力学模型，基于离散裂缝网络模型进行压裂模拟。离散裂缝模型可描述任意尺度的天然裂缝，准确表征非均质性较强的致密储层以提高压裂模拟精度；现场试验部分，以实际工程参数和历史生产数据为基础，统计分析气井的生产规律，同时利用 Arps 模型进行产量递减分析，比较不同井距下气井的递减趋势和累产量。Arps 模型作为最经典的递减分析模型，通用性较强，在国际油公司和评估公司中得到广泛应用。WM 气藏为典型的致密砂岩气藏，开发时间较长，历史数据较丰富。通过数值模拟与现场试验相结合的方法，解决了纯数值模拟方法与实际生产规律不匹配的问题，同时准确表征出储层中的裂缝发育特征，从机理模型和数据统计两个维度上综合检验结果，提出实践性较强的优化建议。本文的技术研究路线如图 2 所示。

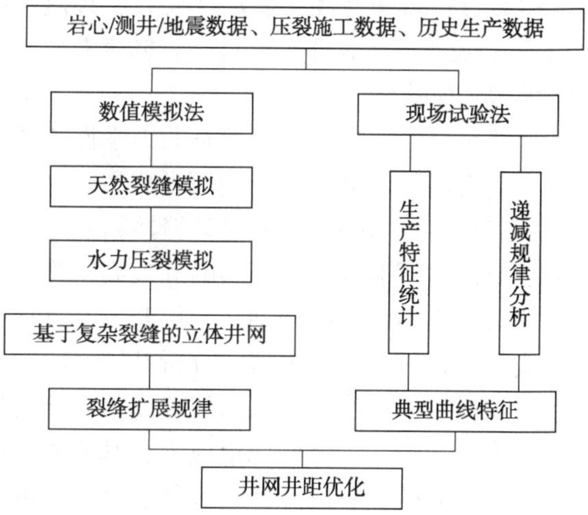

图 2　技术路线

2　基于离散裂缝网络的立体井网模型

在水力压裂过程中，井筒中注入的大量压裂液会进入储层，若储层中存在天然裂缝，其引起的局部应力场变化会改变水力裂缝的延伸方向；同时，压力施工井的破裂压力、延伸压力会减小，邻井的水淹概率极大增加，所以有必要进行天然裂缝模拟以表现其对压裂改造效果的影响。因此，立体井网模型包括天然裂缝和水力裂缝的模拟。

天然裂缝建模方法主要分为确定性建模和随机建模，确定性建模是基于已知信息（如三维地震资料、钻井资料等）搭建具有确定几何结构的裂缝网络模型，该方法一般用于建立较大规模的裂缝模型，所需资料在大部分情况下很难满足；而随机裂缝建模则是在三维地震体和应力场图等资料的约束下，基于地层裂缝的统计学特征随机模拟生成具有相同概率的裂缝模型，这种方法具有一定的随机性，但是现有的储层识别预测技术不能捕获到裂缝的所有发育特征，裂缝模拟在客观上具有较强不确定性，因此随机裂缝建模被广泛应用于未知区域的裂缝网络模拟。目前常用的随机裂缝建模方法中，离散裂缝网络建模可综合考虑多种裂缝属性和地质条件（如断层、岩性等），生成更加吻合区域地质特征的裂缝网络，同时该方法操作性较强，便于开展后续的数值模拟研究工作。与双重介质模型相比，离散裂缝模型可以表征任意尺度裂缝的非均质性和不连续性。对于储层连续性较差的非常规储层，离散裂缝模型具有较好的适用性。由于 WM 气藏缺少品质良好的地震数据以及野外地质露头等资料，对天然裂缝进行确定性建模难度较大，且储层的非均质性较强，故本研究采用离散裂缝网络建模方法模拟天然裂缝。

天然裂缝的存在会改变岩石的力学性能，破坏原地应力场的应力分布，进而影响裂缝网络结构。为表征这种影响，可通过裂缝网格粗化把天然裂缝对模型所造成的局部影响等效到网格属性中，然后采用不同井距分别在同层开发和立体开发模式下进行水力压裂模拟，分析井网井距与裂缝扩展规律的内在联系。水力裂缝模拟主要受以下几个因素影响：油藏的原地应力，基质岩石的强度、非均质性和各向异性、天然裂缝系统的几何形态和流动特征以及压裂过程的参数设置（如泵注程序、压裂液种类等）。在水力主缝的应力作用下，符合条件的天然裂缝会被激活。

2.1　离散裂缝网络建模

离散裂缝网络建模的过程大致可以简化为两步，第一步为点过程，点过程需要确定裂缝的中心位置；第二步为示性过程，需要确定点的属性，如裂缝大小、倾角、倾向等属性。在多种离散裂缝网络中，Baecher 模型是最为经典的模型，也被称为随机圆盘模型（Random-disk model），该模型假设裂缝为一圆盘，各圆盘之间可以交叉。原始 Baecher 模型有以下假设：裂缝中心的位置是随机分布的；裂缝片形状为平面圆盘；裂缝中心半径符合对数正态分布；裂缝倾角与裂缝半径在统计学上不相关；裂缝中心位置与裂缝半径在统计学上不相关。基于以上假设，Baecher 模型建立步骤如下：

1）根据裂缝极点图，分出裂缝组系。

2）基于点过程明确裂缝圆盘的中心位置，通过下式均匀分布函数确定裂缝中心位置：

$$f(x,\ y,\ z)=\frac{1}{V} \tag{1}$$

式中，V 为研究区的体积，随机数（x，y，z）为裂缝中心位置。

3）裂缝属性由示性过程确定，包括裂缝走向、倾角、开度等。相比于其他概率分布（如 Bingham 分布、均匀分布等），Fisher 分布对裂缝产状具有相对更好的拟合效果。通过不断重复上述过程，裂缝会不断生成。当裂缝密度达到终止条件时，裂缝停止生成。常用终止条件有：①单位体积中裂缝条数（P30）到达限值；②单位体积中裂缝面积（P32）到达限值；③单位体积中裂缝体积（P33）到达限值。

4）对生成的裂缝进行质量控制检查。

本次模拟中采用增强 Baecher 模型来建立天然裂缝，相对比于原始模型，增强 Baecher 模型提供了新的裂缝终止条件以及除了圆盘以外的裂缝形态。对每条新生成裂缝，模型都会检查该裂缝是否与已存在的裂缝相交，并利用终止条件来判断该裂缝是否在交点处断裂；同时，增强 Baecher 模型可以生成三到六边的多边形裂缝。

2.2　水力压裂模拟方法

在背景天然裂缝的影响下，水力裂缝主要有两种生成方式：第一种是张性破裂，当局部的水平最小主应力（σ_{min}）超过岩石的抗拉强度时，岩石将破裂产生裂缝；第二种则是在天然裂缝的两侧产生翼状裂缝，见图 3。这两种情况下产生的水力裂缝均与水平最大主应力（σ_{max}）平行。

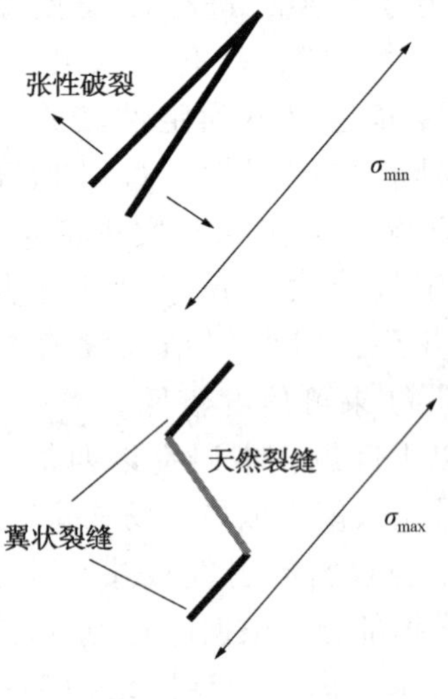

图 3　水力压裂过程中形成的两种裂缝

水力裂缝在垂向上的扩展将受到地质条件（如断层、岩性等）或应力夹层的控制，而在水平方向上的扩展将遵守物质平衡原理，如下式：

$$V_{\text{injected}}=V_{\text{HF}}+V_{\text{L}} \tag{2}$$

式中，V_{injected} 为注入的压裂液总体积，V_{HF} 为进入开启的水力裂缝的压裂液体积，V_{L} 为滤失进渗透性基质和天然裂缝的压裂液体积。

储层中存在的天然裂缝会让基质的连续性发生变化，在一定条件下，与水力裂缝直接或间接相连的天然裂缝会被激活。被激活的天然裂缝与水力裂缝相互沟通形成更为复杂的裂缝网络，增大压裂改造体积，提升压裂效果。因此，缝网体积是致密砂岩储层开发效果评价的关键指标，为有效评价立体井网相比于同层布井在开发效果上的提升，在其他条件均相同的情况下(如井数、完井参数、井距等)，定义区块上立体开发效果提升率为：

$$\eta=\frac{V_{\text{vertical}}-V_{\text{plane}}}{V_{\text{plane}}}\times 100\% \tag{3}$$

式中，V_{vertical}、V_{plane}分别为立体式布井和同层式布井压裂后形成的裂缝总体积，包括人工形成的水力裂缝以及被激活的天然裂缝。

3 案例分析

WM 致密砂岩气藏地处加拿大阿尔伯塔省，目的层为 M 组致密砂岩，储层厚度较大。岩性主要为粉砂岩和白云质石英粉砂岩，孔隙度、渗透率极低，从构造低部位向高部位，流体性质由纯干气逐渐过渡为凝析气乃至常规油气藏。按照油气储量与规模划分标准，WM 属于含硫特低孔、特低渗(非常规)大型致密砂岩凝析气藏。下面分别利用数值模拟法和现场试验法开展井网井距的优化研究。

3.1 数值模拟法

选取 WM 气藏典型井组所在区域作为研究区，基于已有的地质模型和地质力学模型，通过离散裂缝网络建模的方式构建随机天然裂缝。生成的背景天然裂缝会对岩石基质的地质力学性能产生影响，因此需要模拟等效后的地质力学模型，然后通过压裂模拟综合分析比较不同井网井距下裂缝的扩展与延伸规律。

3.1.1 天然裂缝模拟

研究区地质模型尺寸为 $1850m\times1100m\times500m$，平面网格尺寸为 $10m\times10m$，平面属性假定为二维均质，纵向上按照地质特征分为 4 个开发层系(D1～D4)，表 1 展示了各个层对应的厚度。

表 1　WM 气藏层序划分及厚度

序号	开发层系	厚度/m
1	D1	40
2	D2	40
3	D3	45
4	D4	40

地质力学模型是连通地质研究和工程施工设计的关键因素，是立体井网改造过程中的重要环节。由地质力学模型可知，垂向主应力的应力梯度是 25～26kPa/m，水平最小主应力的应力梯度为 16kPa/m，水平最大主应力的应力梯度是 27～28kPa/m，水平最大主应力方向 NE40°。地应力模拟结果如图 4 所示，其中，*Posi* 和E_d分别表示泊松比和杨氏模量，σ_1、σ_2以及σ_3分别表示垂向主应力、水平最大以及水平最小主应力的大小。

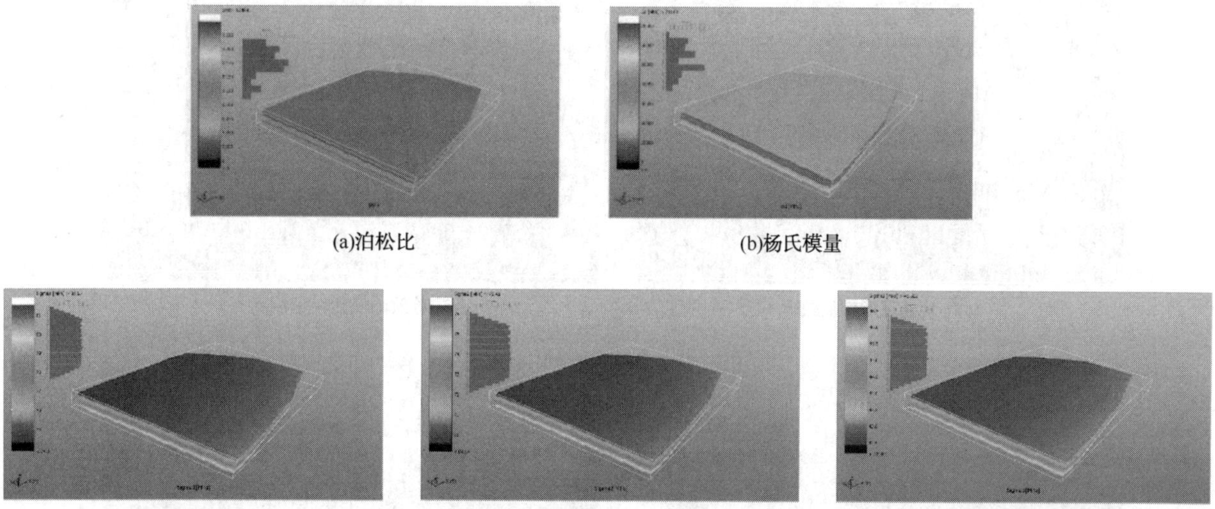

(a)泊松比　(b)杨氏模量

(c)垂向主应力　(d)水平最大主应力　(e)水平最小主应力

图 4　地质力学模型模拟结果

通过现有资料分析，本研究利用增强 Baecher 模型生成两组相互正交的天然裂缝网络，裂缝中心位置符合随机均匀分布。裂缝产状采用 Fisher 分布描述，两组裂缝法向量的平均倾向分别为 45°和 135°，平均倾角均为 15°。裂缝终止条件设为 $P32=0.0005/m$，裂缝形状为正方形，面积采用等效半径的形式表示且符合对数正太分布，平均值 30m，标准差 10m，模拟结果如图 5

所示。

天然裂缝的剪切刚度为 12.5*MPa/m*，法向刚度为 25*MPa/m*。经过裂缝网格粗化处理后，模型的泊松比和杨氏模量如图 6 所示。由图 6b 和 6d 可知，裂缝发育区域的泊松比和杨氏模量会减小，模型的力学性能发生改变。

基于等效处理后的岩石力学参数进行地应力场模拟，三个方向主应力的大小均受到了影响，见图 7。

3.1.2　立体井网模型

本研究基于已建立的地质模型、地质力学模型和天然裂缝模型，进行水力压裂模拟以构建立体井网模型。采用三口水平井共 6 个模拟方案，井距分别为 600m、400m 和 200m，水平井方向与最小主应力方向一致。如图 8 所示，方案 1～3 是三口井等间距部署在 D3 层的同层开发方案；方案 4～6 是对应井距的立体开发方案，为降低纵向上的“压窜”风险，需要增加井间的纵向空间，所以把一口井部署在 D1 层，呈“W”形的交错井网。研究表明，这种布井方式在非常规油气藏开发中具有广泛应用且可行性较高。

(a)两组相互正交的天然裂缝分别用红色和黑色表示

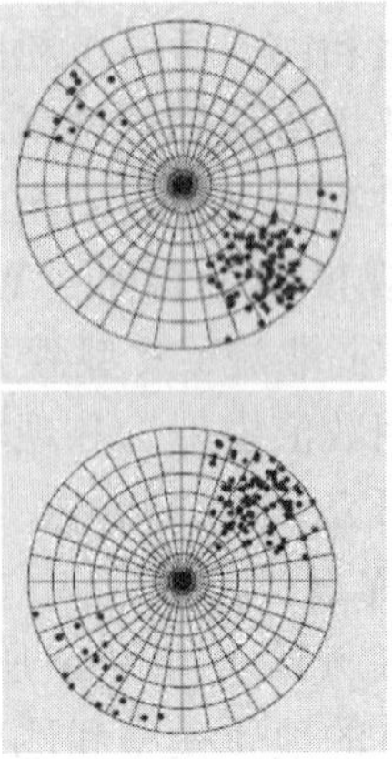

(b)两组天然裂缝倾向图

图 5　随机天然裂缝模拟结果及分布位置

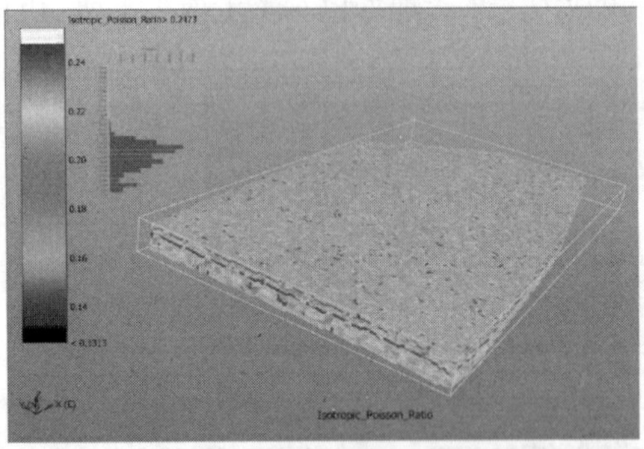

(a)等效处理后的泊松比

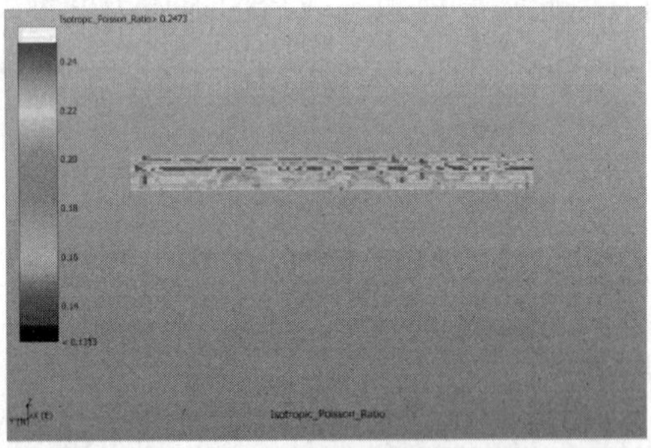

(b)等效泊松比模型截面

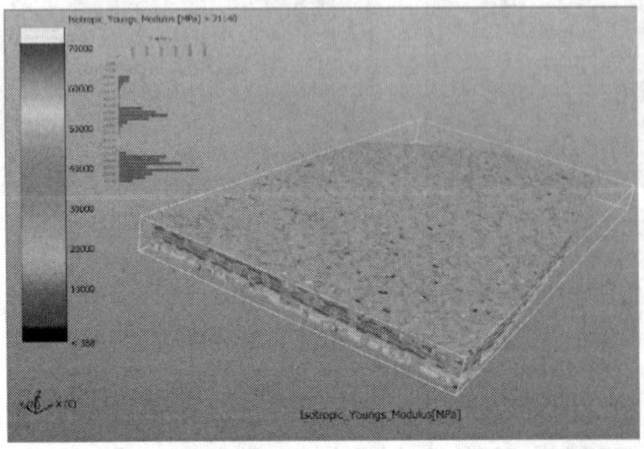

(c)等效处理后的杨氏模量

(d)等效杨氏模量模型截面

图 6　天然裂缝等效处理后的泊松比和杨氏模量

(a)垂向主应力　　(b)水平最大主应力　　(c)水平最小主应力

图 7　天然裂缝等效处理后主应力值

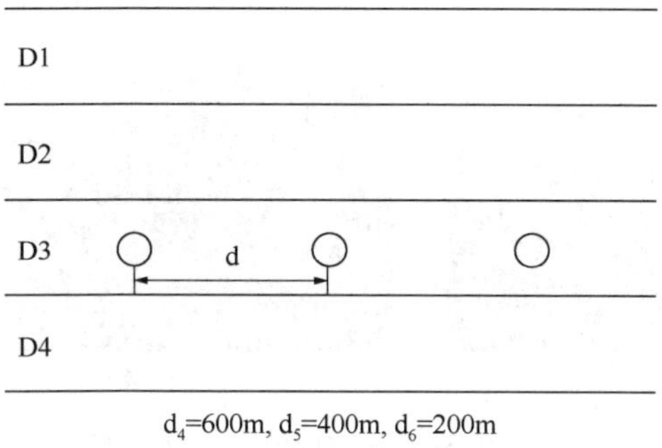

(a)同层开发方案

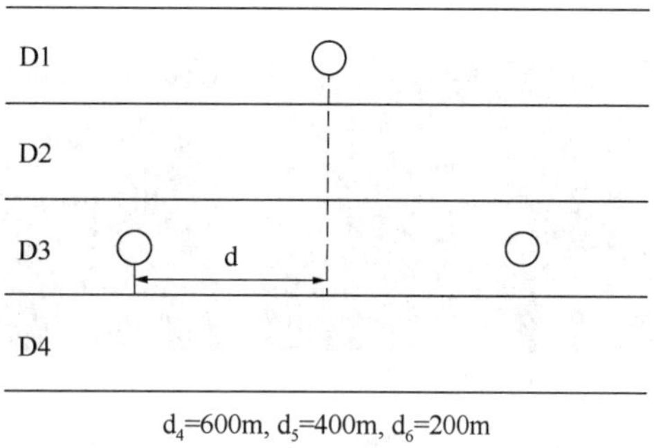

(b)立体开发方案

图 8　井网模拟方案示意简图

水平井水平段长度为 2140m，压裂级数为 23 级，在每级的中心进行射孔，射孔直径为 0.05m，排出系数为 0.9，管道摩擦系数为 0.0045MPa/m，压裂注入压力与裂缝孔隙压力差设为 0.5MPa，压裂液返流 20%，顺序压裂进行施工，泵注程序如表 2 所示。

表 2　水平井压裂泵注程序

顺序	时间/min	泥浆速率/(m^3/s)	支撑剂类型	支撑剂浓度/(kg/m^3)
1	4	0.167		0
2	2	0.167	P40	50
3	2.1	0.167	P40	100
4	2.1	0.167	P40	150
5	2.2	0.167	P40	200
6	2.1	0.167	P30	150
7	2.2	0.167	P30	200
8	2.2	0.167	P30	225
9	2.2	0.167	P30	250
10	2.8	0.167	P30	275
11	2.8	0.167	P30	300
12	2.8	0.167	P30	325
13	3.6	0.167	P30	350
13	3.6	0.167	P30	350

水力裂缝模拟结果如图 9 所示，在同层开发模式下，当井距为 600m 时，井间几乎不存在相互干扰的情况，仅有一口井出现“压窜”现象，水力裂缝主要与邻近被激活的天然裂缝相互连通形成复杂缝网；当井距为 400m 时，多个压裂段之间开始“压窜”；当井距进一步缩小为 200m 时，压裂干扰十分严重，三口水平井大部分的水力裂缝相互连通。在立体开发模式中，通过把其中一口井布置到 D1 层构建立体井网。与同层布井相比，当井距为 600m 时，不同井压裂段之间不存在水力裂缝相互连通的情况；而当井距为 400m 和 200m 时，平面上井间干扰均有所降低，部分压裂段相互连通，而且在裂缝纵向连通性变好。

图 10 展示了所有方案水力裂缝的平均长度和高度。从纵向看，与同层开发模式(方案 1～3)相比，立体开发模式(方案 4～6)的裂缝平均高度均有所增加，说明对于厚度较大的致密砂岩储层(单层厚度约 40m)，立体开发是提高储量纵向动用程度的重要手段。从水平看，当井距同为 600m 时，方案 1 和方案 4 的裂缝平均长度相近，由于井距过大，应力干扰较小，立体开发与同层开发差异不明显；当井距进一步缩小为 400m 时，使用立体开发的方案 5 形成的裂缝长度明显长于同层开发的方案 2；井距缩小为

200m 时，使用立体开发的方案 6 生成的裂缝长度却低于同层开发的方案 3。在 400m 井距下，立体井网有利于裂缝长度的延伸，过小或者过大的井距都将削弱这种增益效果。

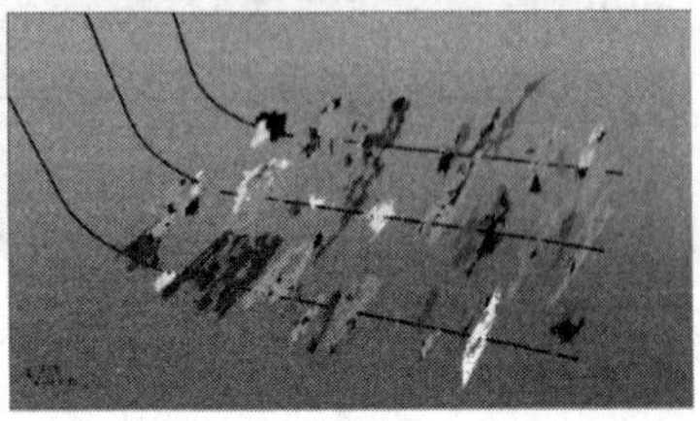

(a)方案1

(b)方案2

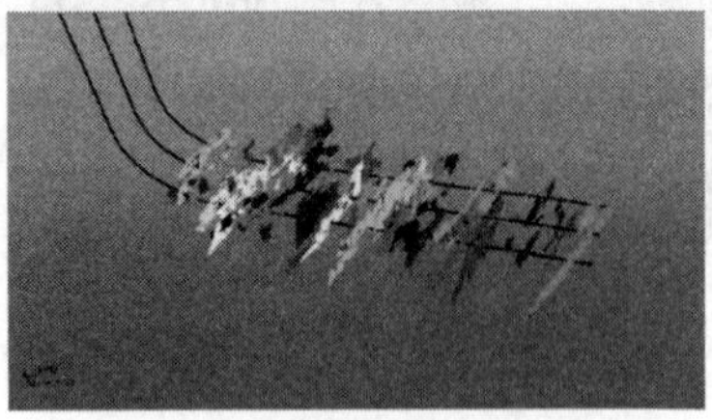

(c)方案3

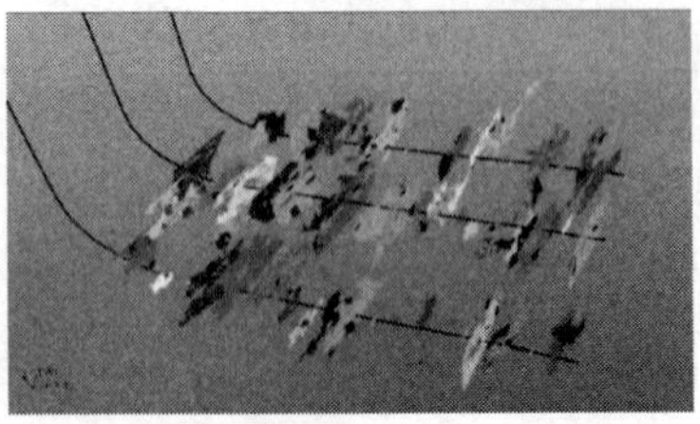

(d)方案4

(e)方案5

(f)方案6

图 9　水力压裂模拟结果，方案 1~3 为同层开发方案，方案 3~6 为对应的立体开发方案

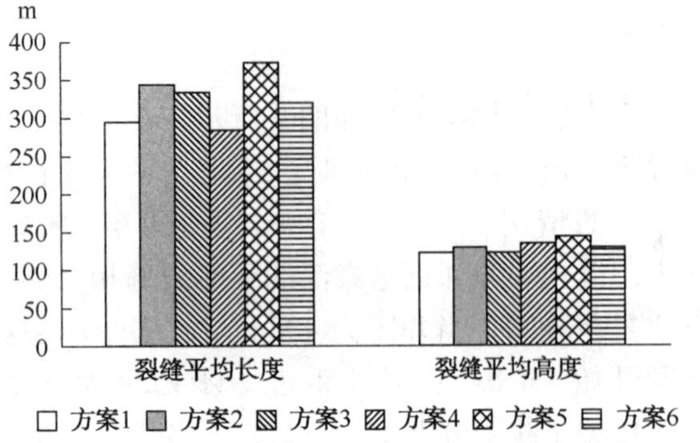

图 10　方案 1~6 水力裂缝平均扩展长度和高度

图 11 是所有方案生成的水力裂缝体积与被激活天然裂缝体积，与同层开发相比，立体开发能增加压后水力裂缝的总体积，在近井地带形成更多的高渗通道；同时更多的天然裂缝会被激活，与人工裂缝相互沟通形成更为复杂的立体裂缝网络，增加缝网与储层的接触面积，提高储量的总动用程度。与其他井距相比，采用 400m 井距立体开发的方案 5 所形成的水力裂缝和天然裂缝体积均最大，立体开发效果提升率为 27.21%，远高于井距为 600m(20.05%)和 200m(12.76%)的情况，这说明 400m 井距最有利于立体开发效果的提升。

3.2　现场试验法

本研究选取 WM 气藏中各项资料完整的 506 口水平井，根据井距大小分成 5 组，井距分别为 100m，200m，300m，400m 和大于 400m，如图 12所示，该 506 口水平井均采用立体式分层布井的方式进行开发。

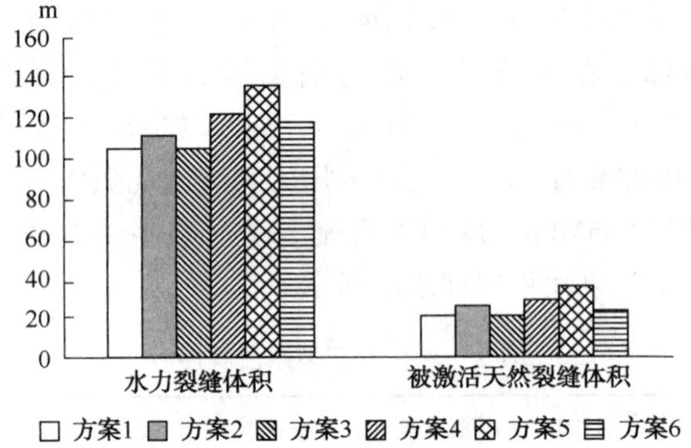

图 11　方案 1~6 水力裂缝扩展总体积与被激活天然裂缝体积

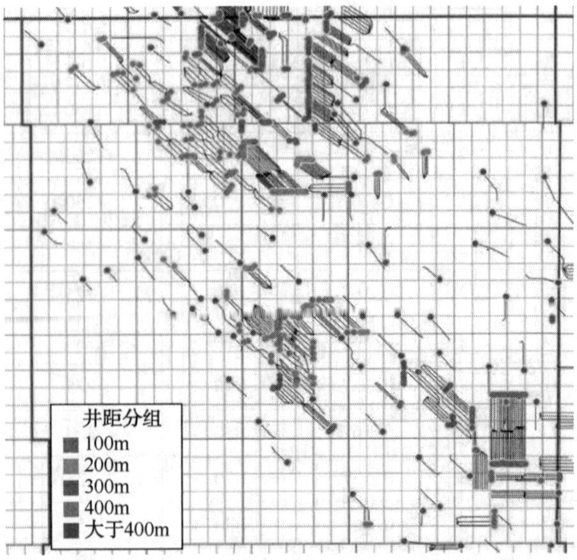

图 12　WM 气藏不同井距分组水平井井位图

水平井产量具体情况如表 3 所示，由于早期投产的气井平均水平段较短，产量需要归一到 2500m 水平段长上进行比较。由表可知，井距 200m 分组的平均初期日产气量最高，而井距大于 400m 分组最小，这是由于前者的井投产时间较晚，压裂工艺得到很大提升，储层改造效果明显，初期产量较高。但是，井距 400m 分组平均一年、三年和五年累产气量均最高，说明采用 400m 井距进行立体开发的水平井虽然初期产量低，但最终产能较高。

表 3 WM 气藏不同井距分组水平井产量统计情况

分组井距/m	井数	平均水平段长/m	平均初期日产气量/(MCF/d)	平均一年累产气量(BCF)/2500m	平均三年累产气量(BCF)/2500m	平均五年累产气量(BCF)/2500m
100	184	2826	3885	0.78	1.38	2.20
200	105	2365	6402	1.08	2.27	3.07
300	42	2729	4791	1.04	2.15	2.78
400	100	1976	4570	1.13	2.96	4.01
大于 400	75	1994	3188	0.66	2.13	3.00

为进一步探究井距与递减规律的关系，基于 Arps 模型进行产量递减分析，得到不同井距分组水平井的典型曲线，如图 13 所示。从日产曲线来看，井距 200m 和 300m 分组的井建产初期产量较高，但同时递减最快，在投产约 2 年的时候已低于井距 400m 和大于 400m 分组。从累产曲线来看，投产约 5 年时井距 400m 分组的累产气量最高，而井距 200m 和 100m 分组均较低，且后期与井距 400m 分组的差距进一步加大。综上，井距过小有可能增加压裂干扰的风险，气井建产初期的高产量难以维持且递减过快，导致累产降低，而井距过大会让储层中的油气资源不能被充分利用，所以合理的井距是发挥立体井网开发效果的重要基础。

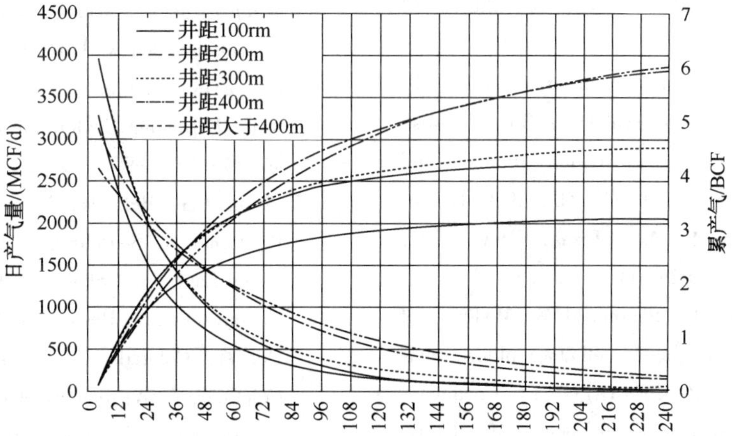

图 13 WM 气藏不同井距分组水平井日产曲线与累产曲线

4 结论

本文以西加盆地 WM 气藏为例，提出非常规致密砂岩气藏井网井距优化建议如下：

1）从数值模拟结果来看，立体开发有利于水力裂缝高度的扩展，但对裂缝长度的影响与井距有关。立体开发能增加形成水力裂缝的体积，在近井地带形成更多的高渗通道；更多的天然裂缝会被激活，与水力裂缝沟通形成复杂裂缝网络，加大缝网与储层的接触面积。研究表明，采用 400m 井距进行立体开发最有利于水力裂缝和天然裂缝的发育，开发效果提升最明显。

2）从现场试验结果来看，井距过小有可能增加压裂干扰的风险，气井建产初期的高产量难以维持且递减过快，导致累产降低，而井距过大会让储层中的油气资源不能被充分利用。分析可知，400m 井距分组下的水平井平均五年累产气量最高且产能最大。

3）综上所述，立体开发能有效减少致密砂岩气藏开发过程中井间的压裂干扰，提高纵向储量的动用程度，400m 是 WM 气藏立体开发的最优井距。

参 考 文 献

[1] 许宁. 油藏立体开发现状及研究进展[J]. 断块油气田，2014，21(3)：322-325.

[2] Kumar D, Ghassemi A. Analysis of Frac - Hits in Stacked & Staggered Horizontal Wells[C]//55th U. S. Rock Mechanics/Geomechanics Symposium. OnePetro, 2021[2024-03-04].

[3] 王俊超，李嘉成，陈希，等. 准噶尔盆地吉木萨尔凹陷二叠系芦草沟组页岩油立体井网整体压裂设计技术研究与实践[J]. 石油科技论坛，2022，41(2)：62-68.

[4] Luo G, Tian Y, Bychina M, Ehlig - Economides C. Production - strategy insights using machine learning: Application for bakken shale[C]//SPE Reservoir Evaluation and Engineering: Vol. 22. Society of Petroleum Engineers(SPE), 2019: 800-816.

[5] 陈京元，位云生，王军磊，等. 页岩气井间干扰分析及井距优化[J]. 天然气地球科学，2021，32(7)：931-940.

[6] King G E, Rainbolt M F, Swanson C. Frac Hit Induced Production Losses: Evaluating Root Causes, Damage Location, Possible Prevention Methods and Success of Remedial Treatments[C]//Day 3 Wed, October 11, 2017. San Antonio, Texas, USA: SPE, 2017: D031S034R003[2024-03-01].

[7] Gala D P, Manchanda R, Sharma M M. Modeling of fluid injection in depleted parent wells to minimize damage due to frac-hits[C]//SPE/AAPG/SEG Unconventional Resources Technology Conference 2018, URTC 2018. Unconventional Resources Technology Conference (URTEC), 2018.

[8] Manchanda R, Bhardwaj P, Hwang J, Sharma M M. Parent - Child Fracture Interference: Explanation and Mitigation of Child Well Underperformance[C]//Day 2 Wed, January 24, 2018. The Woodlands, Texas, USA: SPE, 2018: D021S005R005[2024-03-01].

[9] Zhang J, Cramer D D, McEwen J, White M, Bjornen K. Use of Far-Field Diverters To Mitigate Parent-and Infill-Well-Fracture Interactions in Shale Formations [J]. SPE Production & Operations, 2020, 35(02): 272-291.

[10] Liu Y, Luo L, Naiser S, Sylvester G, Medina M R, Zhang J, Song D, Evans G, Howard P, Thom D, Hu B, Mian T. Eagle Ford Parent Well Frac Hit(Frac Driven Interaction) Impact Characterization, Prediction, and Mitigation[C]//Society of Petroleum Engineers-SPE/AAPG/SEG Unconventional Resources Technology Conference, URTC 2023. Society of Petroleum Engineers, 2023.

[11] Mukherjee H, Poe B, Heidt H, Watson T, Barree R. Effect of pressure depletion on fracture geometry evolution and production performance[C]//SPE Annual Technical Conference and Exhibition. SPE, 1995: SPE-30481.

[12] Peza E, Kvale E, Hand R, Harper W, Jayakumar R, Wood D, Wigger E, Dean B, Al-Jalal Z, Ganpule S. 3-D Integrated Workflow for Understanding the Fracture Interference and Its Impact into the Gas Production of the Woodford Shale[C]//SPE/AAPG/SEG Unconventional Resources Technology Conference. URTeC, 2014: URTEC-1923397.

[13] 李国欣，吴志宇，李桢，等. 陆相源内非常规石油甜点优选与水平井立体开发技术实践——以鄂尔多斯盆地延长组 7 段为例[J]. 石油学报，2021，42(6)：736-750.

[14] Wang J, Jia A, Wei Y, Jia C, Qi Y, Yuan H, Jin Y. Optimization workflow for stimulation-well spacing design in a multiwell pad[J]. Shiyou Kantan Yu Kaifa/Petroleum Exploration and Development, 2019, 46(5): 981-992.

[15] Portis D H, Bello H, Murray M, Barzola G, Clarke P, Canan K. Searching for the Optimal Well Spacing in the Eagle Ford Shale: A Practical Tool-Kit[C]// Unconventional Resources Technology Conference, Denver, Colorado, 12 - 14 August 2013. Denver, Colorado, USA: Society of Exploration Geophysicists, American Association of Petroleum Geologists, Society of Petroleum Engineers, 2013: 237-244[2024-03-01].

[16] Cakici D, Dick C, Mookerjee A, Stephenson B. Marcellus Well Spacing Optimization Pilot Data Integration and Dynamic Modeling Study[C]//Unconventional Resources Technology Conference, Denver, Colorado, 12 - 14 August 2013. Denver, Colorado, USA: Society of Exploration Geophysicists, American Association of Petroleum Geologists, Society of Petroleum Engineers, 2013: 1294-1303[2024-03-01].

[17] 胡浩然，吴建发，杨学锋，等. 基于大数据分析的

深层页岩气水平井井距优化新技术——以四川盆地南部泸州区块阳 101 井区为例[J]. 天然气工业, 2022, 42(8): 202-211.

[18] 卢比, 胡春锋, 马军. 南川页岩气田压裂水平井井间干扰影响因素及对策研究[J]. 油气藏评价与开发, 2023, 13(3): 330-339.

[19] 王军磊, 贾爱林, 位云生, 等. 基于复杂缝网模拟的页岩气水平井立体开发效果评价新方法——以四川盆地南部地区龙马溪组页岩气为例[J]. 天然气工业, 2022, 42(8): 175-189.

[20] Liang B, Du M, Goloway C, Hammond R, Yanez P P, Tran T. Subsurface Well Spacing Optimization in the Permian Basin[C]//SPE/AAPG/SEG Unconventional Resources Technology Conference 2017. Unconventional Resources Technology Conference (URTEC), 2017.

[21] Pankaj P, Shukla P, Kavousi P, Carr T. Hydraulic Fracture and Reservoir Characterization for Determining Optimal Well Spacing in the Marcellus Shale[Z]. (2018).

[22] 雍锐, 常程, 张德良, 等. 地质—工程—经济一体化页岩气水平井井距优化——以国家级页岩气开发示范区宁 209 井区为例[J]. 天然气工业, 2020, 40(7): 42-48.

[23] 刘翔鹗, 张景和, 余建华, 等. 水力压裂裂缝形态和破裂压力的研究[J]. 石油勘探与开发, 1983(4): 37-44, 36.

[24] Arps J J. Analysis of Decline Curves[J]. Transactions of the AIME, 1945, 160(01): 228-247.

[25] 陈元千, 徐良. Arps 双曲线递减模型的多解性和不确定性[J]. 油气地质与采收率, 2022, 29(3): 80-84.

[26] 邹雨时, 石善志, 张士诚, 等. 致密砾岩加砂压裂与裂缝导流能力实验——以准噶尔盆地玛湖致密砾岩为例[J]. 石油勘探与开发, 2021, 48: 1202-1209.

[27] 位云生, 林铁军, 于浩, 等. 中国石油勘探开发研究院, 基于嵌入黏聚单元法的页岩储层压裂缝网扩展规律[J]. 天然气工业, 2022, 42: 74-83.

[28] 潘欣. 构造裂缝识别与建模研究[D]. 西北大学, 2010.

[29] 董少群, 曾联波, Chaoshui X, 等. 储层裂缝随机建模方法研究进展[J]. 石油地球物理勘探, 2018, 53(3): 625-641+8.

[30] 陈旭日, 杨康, 张公社. 基于页岩储层的离散裂缝网络建模技术[J]. 能源与环保, 2017, 39(10): 172-175+180.

[31] 张永振. 水力压裂裂缝形态的影响因素研究[J]. 中国科技博览, 2016.

[32] 郑松青, 姚志良. 离散裂缝网络随机建模方法[J]. 石油天然气学报, 2009, 31(4): 106-110+425.

[33] Baecher G B, Lanney N A, Einstein H H. Statistical Description Of Rock Properties And Sampling[C]//The 18th U. S. Symposium on Rock Mechanics (USRMS). OnePetro, 1977[2024-03-01].

[34] Ivanova V M. Three-dimensional stochastic modeling of rock fracture systems[D]. Massachusetts Institute of Technology, 1995.

[35] Wolfsberg A. Rock Fractures and Fluid Flow: Contemporary Understanding and Applications[J]. Eos, Transactions American Geophysical Union, 1997, 78(49): 569-573.

[36] 宋晓晨, 徐卫亚. 裂隙岩体渗流模拟的三维离散裂隙网络数值模型(Ⅰ): 裂隙网络的随机生成[J]. 岩石力学与工程学报, 2004(12): 2015-2020.

[37] 于青春, 陈德基, 薛果夫. 大西有三. 裂隙岩体一般块体理论初步[J]. 水文地质工程地质, 2005(6): 42-48.

[38] Lee C C, Lee C H, Yeh H F, Lin H I. Modeling spatial fracture intensity as a control on flow in fractured rock[J]. Environmental Earth Sciences, 2011, 63(6): 1199-1211.

[39] 章新文, 王优先, 王根林, 等. 河南省南襄盆地泌阳凹陷古近系核桃园组湖相页岩油储集层特征[J]. 古地理学报, 2015, 17: 107-118.

[40] 尹帅, 孙晓光, 邬忠虎, 等. 鄂尔多斯盆地东北缘上古生界构造演化及裂缝耦合控气作用[J]. 中南大学学报(自然科学版), 2022, 53: 3724-3737.

[41] Dershowitz W S, Cottrell M G, Lim D H, Doe T W. A Discrete Fracture Network Approach For Evaluation of Hydraulic Fracture Stimulation of Naturally Fractured Reservoirs[C]//44th U. S. Rock Mechanics Symposium and 5th U. S. -Canada Rock Mechanics Symposium. OnePetro, 2010[2024-03-01].

[42] 尹帅, 赵军辉, 刘平, 等. 裂缝性储层天然缝与水力缝开启及扩展条件研究[J]. 石油钻探技术: 1-14.

[43] 陈禹欣, 赵婷, 承宁, 等. 玛湖地区致密砾岩油藏小井距水平井立体井网开发研究与应用[J]. 特种油气藏, 2023, 30(2): 122-127.

[44] 王平, 沈海超. 加拿大 M 致密砂岩气藏高效开发技术[J]. 石油钻探技术, 2022, 50(1): 97-102.

致密储层孔喉半径在气藏评价的应用
——以西加拿大盆地 B 区块 M 层为例

马晓昌　肖　毅　高有瑞　李冬梅　薛子鑫

（中国石化集团国际石油勘探开发公司）

摘　要　研究区 B 区块位于西加拿大盆地，M 层是厚近 200m、斜坡背景的致密粉砂岩气藏，气藏高部位向常规油气藏区过渡（即“过渡带”）。为了认识致密气藏区、“过渡带”的含水饱和度变化及其主控因素，为气藏评价提供依据，首先基于取心井建立气藏地质剖面并进行纵向层间、横向井间的对比分析，认识气藏特征。其次，基于核磁共振测井研究束缚水饱和度、束缚水饱和度与孔喉半径相关性。再次基于气藏力学平衡原理，分析认识研究区孔喉半径及其变化；斜坡背景下可能气柱高度等分析认识储层的有效性。研究认为存在两种不同的因素导致含水饱和度增高，一是 U1 单元高部位“过渡带”发育孔喉半径大于 60nm，孔喉是含水饱和度增高的主控因素；二是 U2 单元以小于 25nm 细孔喉为主，导致束缚水饱和度增高。基于上述认识建立了研究区有效储层识别图版，有效储层孔喉半径在 25～60nm。该研究成果认识与研究区先导生产井生产数据具有良好一致性。

关键词　致密储层；气藏；含水饱和度；孔喉半径；评价

1　前言

西加拿大盆地呈橄榄状，长轴方向约 750km，延伸方向北西－南东。盆地 M 层西南部为致密气藏区，盆地东北部为常规气藏区（图 1）。研究区 B 区块位于盆地东南部，M 层是厚约 200m、斜坡背景、致密粉砂岩气藏，斜坡高部位向常规油气藏过渡（即“过渡带”）。M 层纵向可分为 U1、U2 两个单元，储层岩石类型主要为粉砂岩、云质粉砂岩或泥质粉砂岩。孔隙度范围值 1%～7%，渗透率小于 $0.05\times10^{-3}um^2$。含水饱和度范围值 10%～40%。

致密砂岩储层微观孔喉结构（孔喉半径）与致密油或气的理论下限、成藏下限、有效渗流下限和成储上限相关，也影响束缚水饱和度含量。基于物性上、下限计算的孔喉半径也是储层分级评价的依据。致密气藏区、“过渡带”的含水饱和度变化，含水饱和度与孔喉半径相关性等是本次研究重点，研究目的是为气藏评价提供依据。

为了分析认识致密气藏区、“过渡带”含水饱和度及与孔喉半径相关性，选取 3 口取心井建立了气藏地质剖面 AB（图 2），剖面近于垂直于斜坡走向。1#－3#共 3 口井 M 层全段取心并进行了孔隙度、渗透率及含水饱和度、高压压汞分析等，为认识气藏提供了资料基础。本文研究总体思路，首先基于 AB 剖面进行纵向层间，横向井间对比分析认识气藏。其次基于核磁共振资料分析束缚水饱和度、束缚水饱和度与孔喉半径关系等。再次基于气藏力学平衡原理，分析研究区孔喉半径，斜坡背景下可能气柱高度等认识、评价储层有效性。然后用生产井累计产量数据验证储层评价认识。

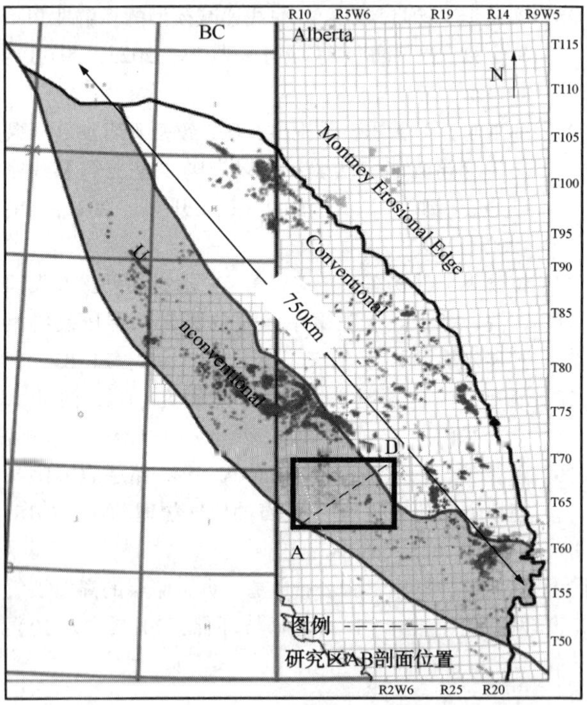

图 1　研究区及气藏剖面位置示意图

2 气藏特征

2.1 斜坡构造背景

研究区M目的层构造相对简单，斜坡构造，地层倾角3°，倾向西南，向东北方向逐步抬升，随着斜坡逐步抬升，储层物性等因素逐渐变化过渡为常规油气藏区。

2.2 储层成因单元与物性

U1单元以粉砂岩为主，夹白云质粉砂岩，泥质粉砂岩，见交错层理粉砂岩、沉积间断面或突变的层面构造，波浪改造作用对储层特征影响明显，储层黏土矿物含量一般小于20%。砂岩体具有席状或带状特征，属于临滨沉积环境砂岩体。成岩作用研究表明压实作用是导致储层致密的主控因素，孔隙类型以残余的粒间孔为主。

U2单元以深灰色、灰黑色泥质粉砂岩为主，主要沉积构造为水平纹层，偶见小型波状纹层，黄铁矿含量2%~4%，黏土矿物含量一般大于20%或近于25%，沉积环境能量较低，砂岩体稳定分布，可对比性强，具陆棚环境沉积特征。电镜观察主要孔隙类型为黏土矿物晶间孔或纳米孔。

气藏地质剖面AB列示了1#井至3#井储层孔隙度，范围值1%~7%。其中U1单元物性相对最好，储层沉积相与成岩作用研究表明，向斜坡高部位物性趋好。孔隙度由斜坡低部位3#井的2%~4.5%向高部位1#井增高至3%~7%。U2单元孔隙度一般小于3%。

2.3 气藏含水饱和度

气藏地质剖面AB列示了1#井至3#井储层含水饱和度，范围值10%~40%。其中U1单元3#井含水饱和度范围值12.6%~27.2%，至1#井增高近36%，即高部位1#井U1层孔隙度趋高（图2蓝色标注），含水饱和度趋高的“双高”现象。“双高”层厚度约20m。U2单元含水饱和度与构造位置高低关系不明显，如图2灰色层所示，往往由于储层孔隙度变低含水饱和度增高约40%（图2）。

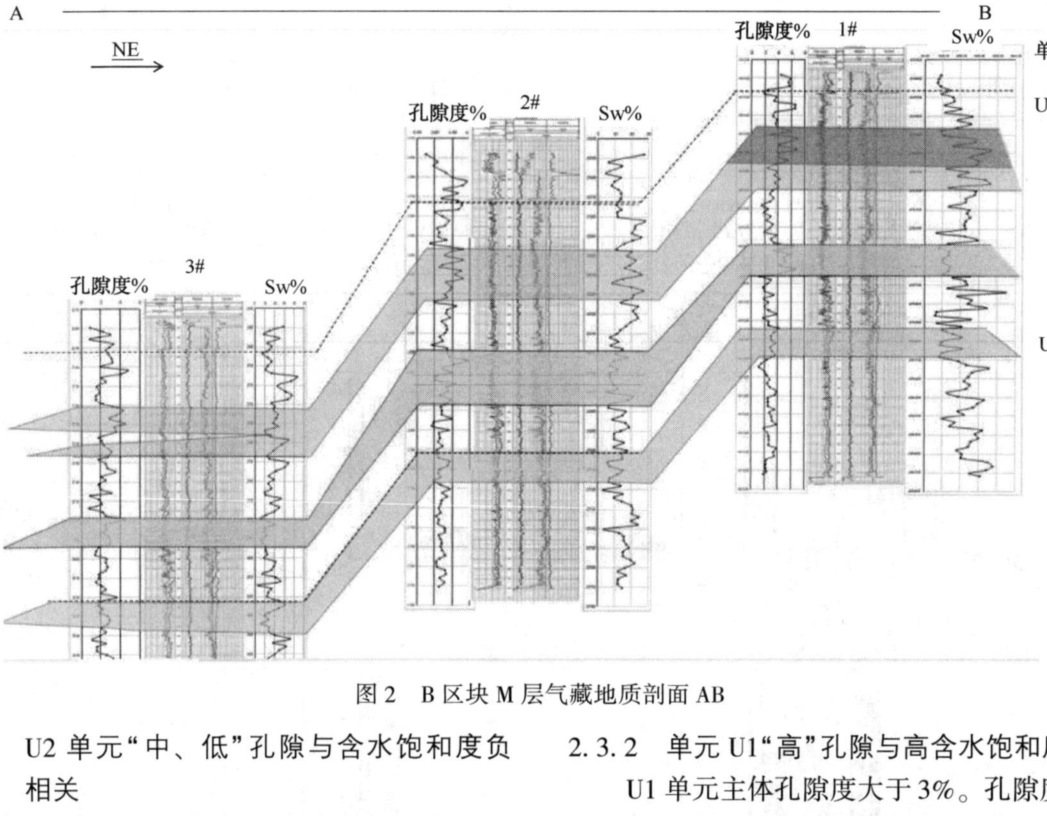

图2 B区块M层气藏地质剖面AB

2.3.1 U2单元“中、低”孔隙与含水饱和度负相关

研究区岩心地面条件下孔隙度与含水饱和度相关性如图3(a)所示。U2单元主体孔隙度小于3%。孔隙度与含水饱和度呈现良好负相关关系。

2.3.2 单元U1“高”孔隙与高含水饱和度趋势

U1单元主体孔隙度大于3%。孔隙度与含水饱和度相关性变差。需要注意“双高”现象，当孔隙度介于5%~7%时，含水饱和度约36%（图3b）。含水饱和度增高控制因素需要进一步认识。

3　储层孔喉半径

3.1　孔喉半径及其与孔隙度、渗透率相关性

图 4 列示了与气藏地质剖面对应的 3 口井 U1、U2 两个单元储层孔喉半径，可进行纵向层间或横向井间的对比分析。

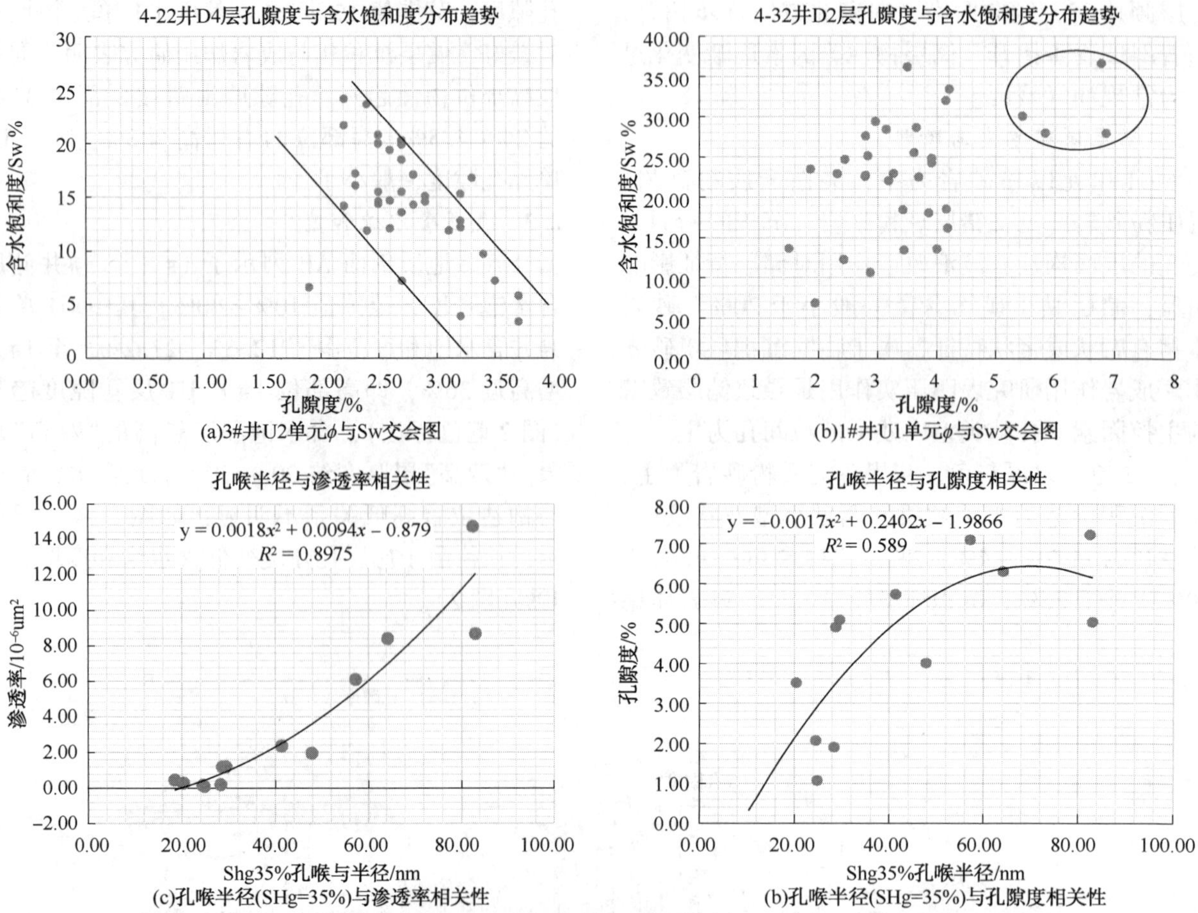

图 3　a.b 图 Φ 与 S_w 交会图，c、d 图孔喉半径与孔隙度、渗透率相关图

单元	3#(井点位置：低)	2#	1#(井点位置：高)
	样品：编号MICP03 深度2788.07m	样品：编号MICP02 深度2612.01m	样品：编号MICP01　深度2498.2m
U1	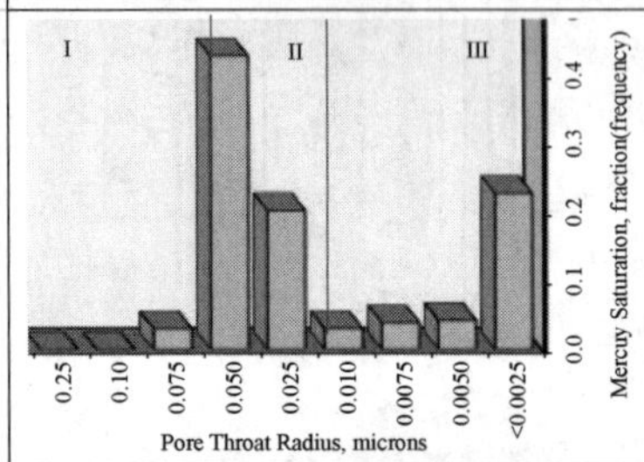	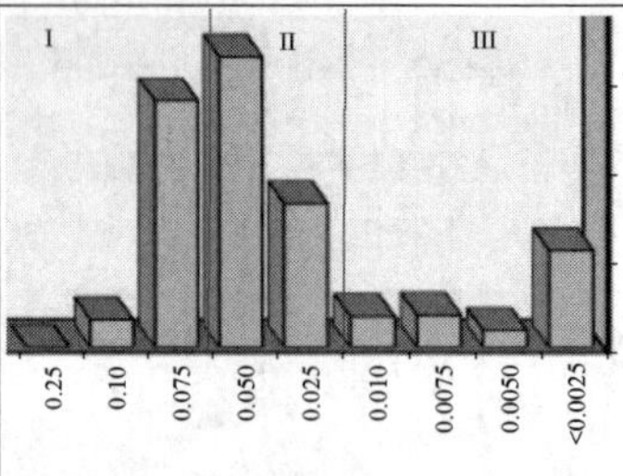	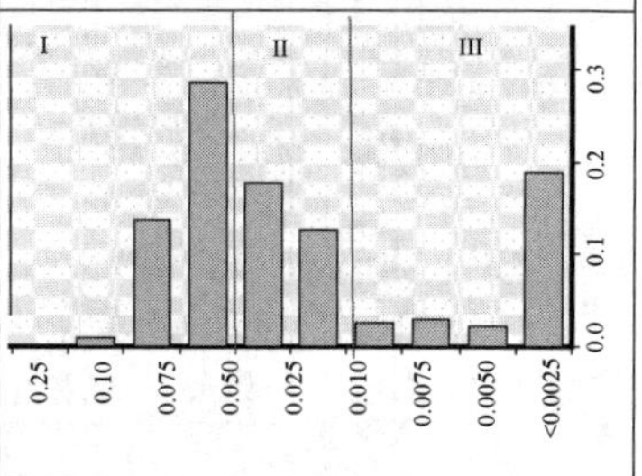
	样品：编号MICP05 深度2866.30m	样品：编号MICP04 深度2720.24m	
U2	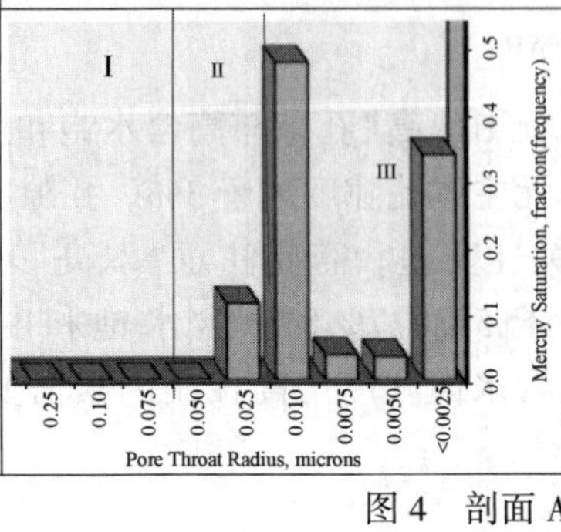	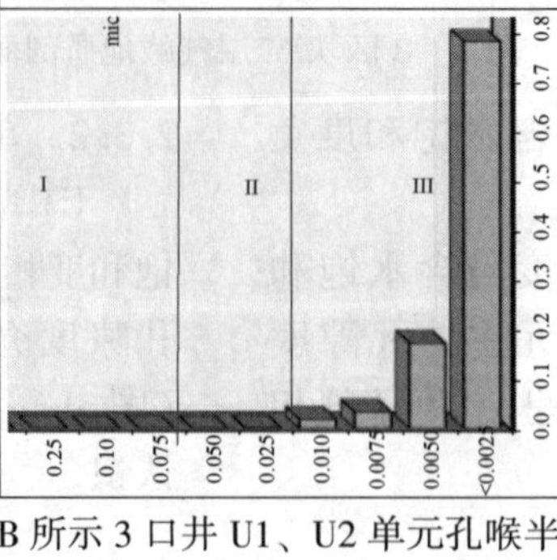	

图 4　剖面 AB 所示 3 口井 U1、U2 单元孔喉半径分布

储层孔喉以细孔喉为主，孔喉半径小于250nm。U1单元孔隙度相对最高，孔喉半径也相对较粗。其中发育孔喉半径介于250~25nm之间的孔喉，优势孔喉半径为75nm。U2单元孔隙度相对最低，孔喉半径也相对最细。其中优势孔喉半径小于25nm。

3#井位于斜坡低部，1#井位于斜坡高部位。以U1单元为例，孔喉半径自斜坡低部位向高部位增粗趋势明显，孔喉半径大于75nm的孔喉逐渐发育。

孔喉半径与渗透率具有良好相关性(图3c)，与孔隙度存在相关趋势，即存在孔隙度增大，孔喉半径增粗趋势。

3.2 核磁共振测井束缚水饱和度与孔喉半径

核磁共振是评价致密储层孔喉结构、束缚水饱和度的重要方法。研究区求取了 T_2 截止值8.37ms，基于离心法测试了束缚水饱和度，范围值25%~50.33%。测试离心力(或驱替压力)取值846psi，对应毛细管力的孔喉半径为25nm。孔喉半径与束缚水饱和度具有良好相关性，孔喉半径趋小，束缚水饱和度增高至50.33%(表1)。

表1 束缚水饱和度及求取条件

样品编号	测井深度	岩心深度/m	驱替		总孔隙度/%	束缚水占孔隙体积/%	束缚水饱和度/%	NMR求取孔喉半径/μm
			psi	MPa				
1	2573.09	2572.75	846	6.3	2.19	34.76	0.128	
14	2590.41	2589.18	766	5.278	1.51	50.33	0.025	
23	2635.48	2634.89	846	4.29	1.45	33.80	0.065	
31	2641.73	2641.14	844	5.815	4.81	1.22	25.36	0.144

3.3 成储理论下限孔喉半径

束缚水膜厚度法就是通过计算水膜受力平衡时厚度，认为当储层孔喉半径小于水膜厚度时烃类无法充注，此时储层孔喉半径即被认为成藏理论下限。曹青等研究鄂尔多斯盆地东部致密砂岩气藏求取了气体成藏理论孔喉半径下限10nm。研究区地质条件相似，取值10nm。

3.4 成储上限的孔喉半径

研究认为储层成储上限是可动指标。储层有效与否取决于两个方面地质因素，一是储层毛管力，二是天然气柱高度形成浮力。研究区1#井U1层高部位孔喉半径范围值60~90nm(图2)。基于力学平衡法求取气藏成储上限。

例如取孔喉道半径70nm，对应的毛管力Pc=2.07Mpa，地层条件下气柱高度259m，当气柱高度大于此高度时，浮力大于毛管力油气继续向上运移，粗孔喉因此充填水不能保存油气。反之，油气不能向上运移，由于毛管力得以保存成藏。

研究区储层分布范围广，在斜坡构造背景下，按地层倾角3°计算，气柱高度可远大于300m。因此储层有效性取决于气柱高度与孔喉半径形成的毛管力。

3.5 孔喉半径对含水饱和度影响

结合以上研究认为，孔喉半径的变化对含水饱和度的影响体现在两个方面，一是由于孔喉半径变细，毛管力增加导致含水饱和度增加，如U2层孔隙度或孔喉半径与含水饱和度呈现良好负相关。二是由于孔喉半径增粗毛细管力变小，当气柱浮力大于毛管力时，导致一部分粗孔喉被水柱充填，因而导致高部位含水饱和度增加。如剖面2所示1#井U1层约20m高孔隙度层含水饱和度近36%。

4 孔喉半径与有效储层识别图版

图5所示，成储理论下限孔喉半径为10nm；离心力为846psi时求取束缚水饱和度，对应孔喉半径25nm；当孔喉半径大于60nm时，研究区气柱高度大于毛管力时，油气进一步向高部位运移，孔喉为水柱充填不能形成有效储层。

以孔喉半径为主要依据对储层进行分类(表2)。1#井U1单元顶部厚度约20m储层段，图2蓝色标注层段孔隙度近于6%，其中发育孔喉半径250~25nm之间孔喉，优势孔喉半径75nm，含水饱和度大于30%。1#井区U1单元蓝色标注层段可能是致密气藏区向常规气藏区过渡层段，根据孔喉半径等参数划分为I类储层。

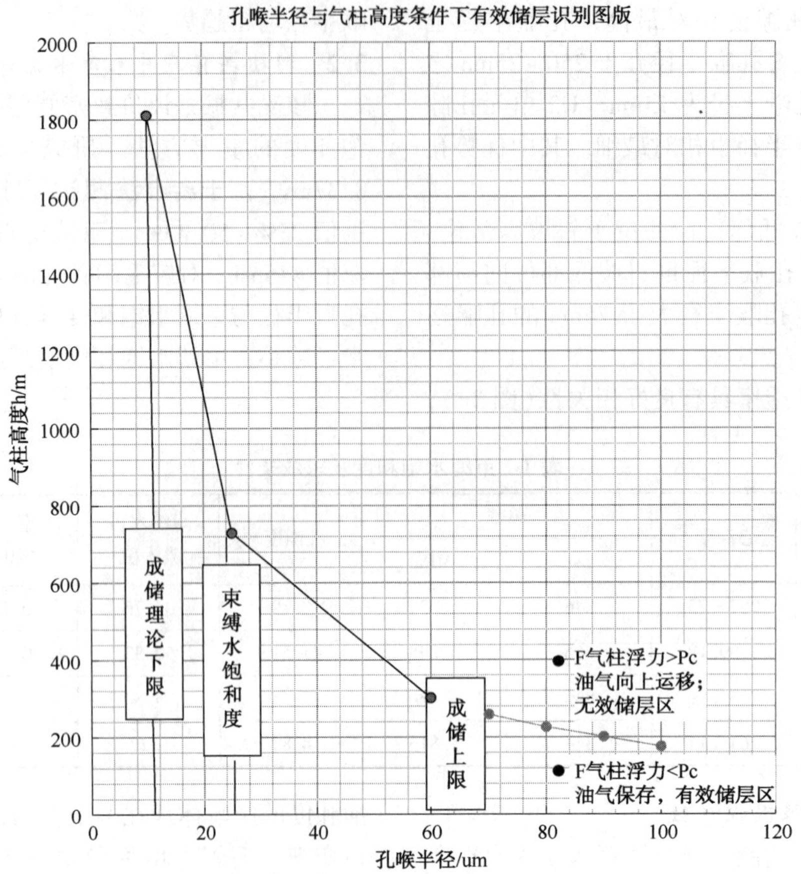

图 5　孔喉半径与储层有效性识别图版

表 2　孔喉半径与储层分类

储层分类	孔隙度/%	渗透率/$10^{-6}\mu m^2$	孔喉半径/nm	S_W/%	岩石类型	泥质含量/%	储层类别与孔喉半径对应关系
Ⅰ	大于 6	大于 10	$R>60$	大于 30	粉砂岩	小于 20	孔喉半径与成储物性上限对应
Ⅱ	$3<\phi<6$	1~10	$25<R<60$	小于 30	粉砂岩	小于 20	有效储层
Ⅲ	小于 3	小于 1	$R<25$	大于 15	泥质粉砂岩或云质粉砂岩	近于 20	孔喉半径与束缚水饱和度对应

U2 单元孔喉半径以小于 25nm 为主，束缚水饱和度含量较高，孔隙度偏低，划分为 III 类储层。

U1 单元界于 1#与 2#井以下区域，孔隙度较高，含水饱和度较低，是相对最为有利的储层区，划分为 II 类储层。也是有效储层区。

5　应用

5.1　评价储层优选甜点

首先，对比分析纵向单元潜力。图 3a、图 3b 所示，U1 单元孔隙度大于 3%占主体，U2 单元孔隙度小于 3%占主体；从孔喉半径对比分析看，U1 单元孔喉半径大于 25nm 占比明显增高，U1 单元潜力明显大于 U2 单元潜力。

其次，U1 单元向高部位孔隙度趋高(图 1)，增高至 7%，对应层段含水饱和度也增高近 36%，孔喉半径大于 60nm 孔喉逐步增加。根据图 5 有效储层识别图版，部分粗喉道可能已被水充填，高部位可能出现了致密气藏与常规油气藏物性边界。因此，高部的“高”孔隙度且“高”含水饱层段可能是气水同层或含水气层段。

5.2　应用效果

区内 3 口水平井压裂后投产时间为 4~6 年，压裂工艺、生产方式相同或相近。生产井部署位置、累计产量如表 3 所示，生产数据可以检验基于孔喉半径对储层有效性判别的认识。

U1单元无论是天然气产量、凝析油产量看，明显高于U2单元，天然气与凝析油比值(GCR)明显小于U1单元，特别是累计产水或含水率均小于U2单元。

U1单元之间2口井对比分析看，A-1井位于斜坡较高部位，天然气产量低于B-1井，凝析油产量略高，累计产水也略高，天然气与凝析油比值略低。A-1井累计产烃量对比B-1井无明显增加趋势，累计产水略高，是否与储层物性边界有关，或可能由于较高凝析油含量导致反凝析影响所致，以上认识有待进一步验证。

表3　先导试验井累计产量、含水率统计

生产井井号	生产单元	部署位置	累计生产时间/年	累计产气/BCF	累产凝析油/Mbbl	累产水/Mbbl	含水率/%	GCR/(m^3/m^3)
A-1	U1	位于1#-2#井之间	6	3.8	252.0	172.0	7.1	2686
B-1	U1	位于2#与3#井之间	6	4.5	153.6	91.0	3.3	5219
C-1	U2	位于3#井附近	4	1.7	38.2	206.0	16.9	7928

参　考　文　献

[1] 王跃祥，谢冰，赖强，等.基于核磁共振测井的致密气储层孔隙结构评价与分类[J].地球物理学进展，2023，38(2)：0759-0767.

[2] 谭礼洪，蔡明，蔡德洋，等.基于核磁实验德致密砂岩束缚水饱和度研究[J].当代化工，2022，51(5)：1066-1070.

[3] 高彦杰，张若琳等.致密砂岩储层成岩压实作用定量评价及主控因素[J].四川地质学报，2022，42(3)：412-440.

[4] 周能武，卢双舫，王民，等.中国典型陆相盆地致密油成储界限与分级评价标准[J].石油勘探与开发，2021，48(5)：939-949.

[5] 周磊，王永诗，于雯泉，等.基于物性上、下限计算的致密砂岩储层分级评价[J].石油与天然气地质，2019，40(6)：1308-1323.

[6] 程泽虎，李文浩，薛海涛，等.基于高压压汞技术和分形理论的致密砂岩储层分级评价标准[J].东北石油大学学报，2019，43(1)：50-58.

[7] 张冲，张超谟，张占松，等.致密气储层岩心束缚水饱和度实验对比[J].天然气地球科学，2016，27(2)：352-358.

[8] 陈科贵，温易娜，何太洪，等.低孔低渗致密砂岩气藏束缚水饱和度模型建立及应用[J].天然气地球科学，2014，25(2)：273-277.

[9] 曹青，赵靖舟，刘新社，等.鄂尔多斯盆地东部致密砂岩气成藏物性界限确定[J].石油学报，2013，34(6)：1040-1048.

[10] 孙军昌，杨正明，唐立根，等.致密气藏束缚水分布规律及含气饱和度研究[J].深圳大学学报理工版，2011，28(5)：377-383.

[11] 肖思和，周文，王允诚，等.天然气有效储层下限确定方法[J].成都理工大学学报(自然科学版)，2004，31(6)：672-674.

英雄岭页岩油地质工程一体化工作方法研究

姜明玉　伍坤宇　黄建红　张　娜　张梦麟　周　艳　谭武林　李义超　万有余

（中国石油青海油田公司）

摘　要　柴达木盆地英雄岭构造带在经历了“早期凹陷、晚期隆起”的地质改造演化过程，造就了复杂的地质结构和特殊的油气富集模式，成为了全球独具特色的高原山地巨厚型陆上咸化湖相页岩油藏，其具有滞留烃量大、储集性好、甜点段厚度大、地层压力系数高、原油轻质组分多、脆性矿物含量高等地质特性，缺乏完整的页岩油勘探开发理论与技术体系。由于地处青藏高原山地环境，不仅高海拔缺氧、气候寒冷且干旱缺水，地面条件复杂等条件造成地面井场建设、高效率低成本钻井、压裂改造组织施工等等困难，造成巨厚高原山地式页岩油藏勘探开发生产难度极大。针对巨厚高原山地式页岩油藏油藏勘探面临的难题，从非常规油气全生命周期管理的角度出发，认为地质工程一体化协同工作平台和组织方式是实现英雄岭页岩油高效勘探和精细开发的有力保障。围绕提高页岩油单井产量这个关键问题，开展以三维地质模型为核心、以储层综合研究为基础，以地质工程一体化协同工作为平台，研究区采取了“大井丛工厂化、立体交错布井、井间交错布缝、平台整体压裂、拉链式交错施工、整体焖井平衡、井群同步返排、控压协调生产”为主要措施的立体开发多元协同优化技术，开展了具有前瞻性、针对性、预测性、指导性和时效性的地质工程一体化研究和部署，配合高效的组织管理和作业实施，实现英雄岭高原山地复杂页岩油藏的高效勘探和规模建产。

关键词　英雄岭页岩油；高原山地巨厚型；地质工程一体化；多元协同平台

目前，随着中国油气行业进入“非常规”时代，地质工程一体化逐渐成为行业的共识和刚性需求。地质工程一体化协同工作平台和组织方式是实现地质工程一体化的有力保障。通过建立以地质力学为桥梁的地质工程一体化技术流程，并将地质研究、工程设计和现场实施人员纳入协同工作平台中充分发挥多学科优势，及时互通信息，将抽象的地质认识转化为可以在钻完井工程设计方案中直接应用的数据信息，为工程方案优化施工提供重要的定量化依据，使得地质工程一体化落地生根。

油气藏从预探、评价、开发、调整到废弃的全过程也正是油气藏模型的提出、验证、修正到最终趋于实际的连续工作过程，地质学科以油藏为中心，包括油藏表征、地质建模、地质力学、油气藏工程评价等的多学科综合研究工作，而工程科学就包括在勘探开发过程中从钻井到生产等一系列工程技术应用及解决方案筛选优化等工作(图 1)。

复杂的地质条件决定了以地质力学为桥梁的地质工程一体化是解决勘探开发中工程难题的重要途径。页岩油甜点具有互补性，较好的脆性可以弥补孔渗性的不足，相对好的孔渗性可能脆性一般等，因此地质与工程的甜点可以相互转化和弥补，甜点的评价内涵更加丰富，包容性更强。通过地质研究、地质力学和钻完井工程一体化综合研究，能够准确得出造成钻完井复杂的地质机理，并快速得到与此相关的定量化工程参数预测，确保工程方案优化成功，消除由复杂地质因素导致的工程难题，实现本质提速、提质、提产。

1　地质概况

英雄岭地区主体位于柴达木盆地茫崖凹陷西段，为典型的早期凹陷、晚期隆起构造带，该地区在古近纪为柴达木盆地西部坳陷的沉积中心，在新近纪因受喜马拉雅晚期构造运动影响反转隆起成山，受差异构造抬升影响，整体呈现向阿尔金山前抬升的斜坡。

2021 年以来，立足于源内油气形成机理研究，开展系统取心地质综合评价，转变勘探理念，首次明确英雄岭地区下干柴沟组上段发育典型页岩油，并在英雄岭构造带中段地层分布稳定的断鼻构造柴 902 井区钻探获得重大突破，该井区表现为向盆地腹部倾斜的宽缓斜坡，已落实井控含油面积 80km^2，按照沉积旋回纵向上划分为

23个箱体，通过直井试油已有14个箱体试油获得工业油流，通过水平井提产试验在上甜点段实现日初产超百吨，年累产油超过万吨的目标，展现出良好的勘探潜力和开发前景。

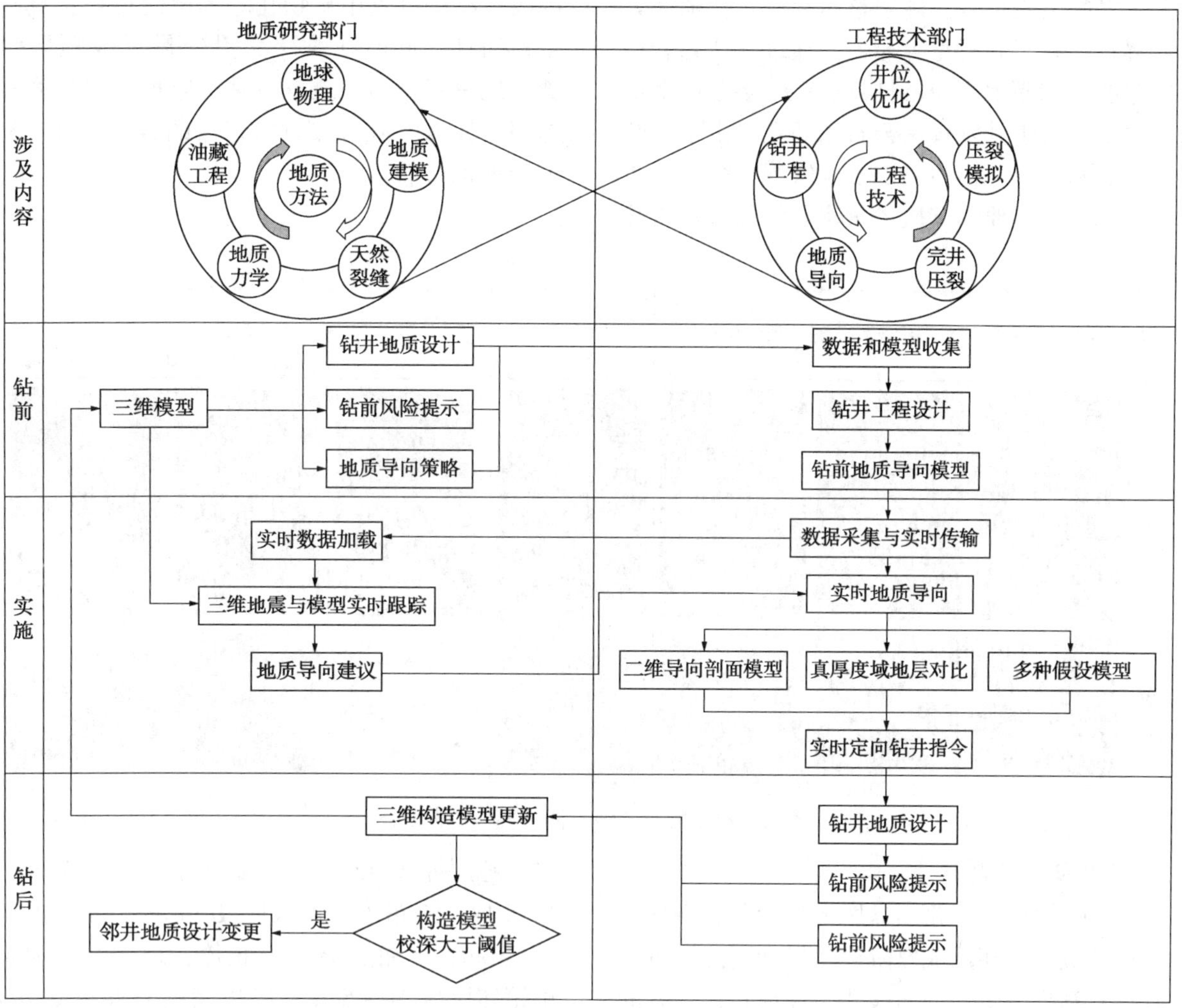

图1　地质工程一体化协同工作平台工作流程图

英雄岭构造带在经历了“早期凹陷、晚期隆起”的演化过程，喜马拉雅期较强的地质改造后形成了复杂的地质结构和特殊的油气富集模式，英雄岭页岩油具有滞留烃量大、储集性好、甜点段厚度大、地层压力系数高、原油轻质组分多、脆性矿物含量高等6项地质特性。咸化湖相背景下发育的混积体系也导致页岩层系在纵向上岩相变化快，呈多旋回高频叠置，累积厚度超过1200m。由特殊地表环境、巨厚页岩层系和强改造地下复杂构造样式形成的“多重叠加效应”造就了英雄岭页岩油藏具有发育高原山地式陆相页岩油藏的特征。

2　甜点识别与定量评价技术

2.1　岩相组合划分

英雄岭凹陷为半深湖-深湖沉积环境，下干柴沟组沉积早期为大规模湖侵期，形成封闭咸化湖盆，半深湖相页岩广泛发育为页岩油形成奠定了良好的古环境条件。基于英雄岭页岩油岩相划分利用岩性扫描确定矿物相，结合电成像确定的宏观结构，建立6类岩相划分方案，其中纹层状和层状灰云岩、云灰岩为最主要的岩相类型，占比71%。

结合各岩相矿物结构、沉积构造和元素地球化学指标的分析，明确各岩相的沉积形成环境，其中层状灰云岩/云灰岩沉积形成于干旱浅水高盐度环境，水动力有强有弱，纹层状灰云岩/云灰岩沉积形成于半干旱半深水中盐度环境，水动力总体较弱，层状黏土质页岩形成于相对潮湿深水低盐度环境，水动力较弱，纹层状黏土质页岩沉积形成于相对潮湿半深水低盐度环境，水动力中等，砂岩沉积形成于潮湿半深水低盐度环境，水动力极强(图 2)。

英雄岭页岩油储层主要为层状灰云岩、纹层状云灰岩黏土质页岩，砂岩整体致密，孔隙被大量方解石、黏土和石膏等充填。通过统计各岩相的孔隙度和渗透率认识到层状灰云岩孔隙度最高，主要是由于其发育白云石晶间孔。由于其整体上裂缝不发育，仅在局部发育宏观裂缝，其渗透率较稳定，主要为基质渗透率。纹层云灰岩孔隙度次之。纹层状云灰岩的渗透率最高，近45%的样品渗透率大于 0.1mD，主要由于其具有的纹层结构，其中矿物孔隙等定向排列，具有一定连通性，同时在纹层交界处易形成顺层微裂缝，进一步提高渗透率。黏土质页岩孔隙度和渗透率均较低，孔隙度小于 3%的样品占 81.5%，渗透率也最低。

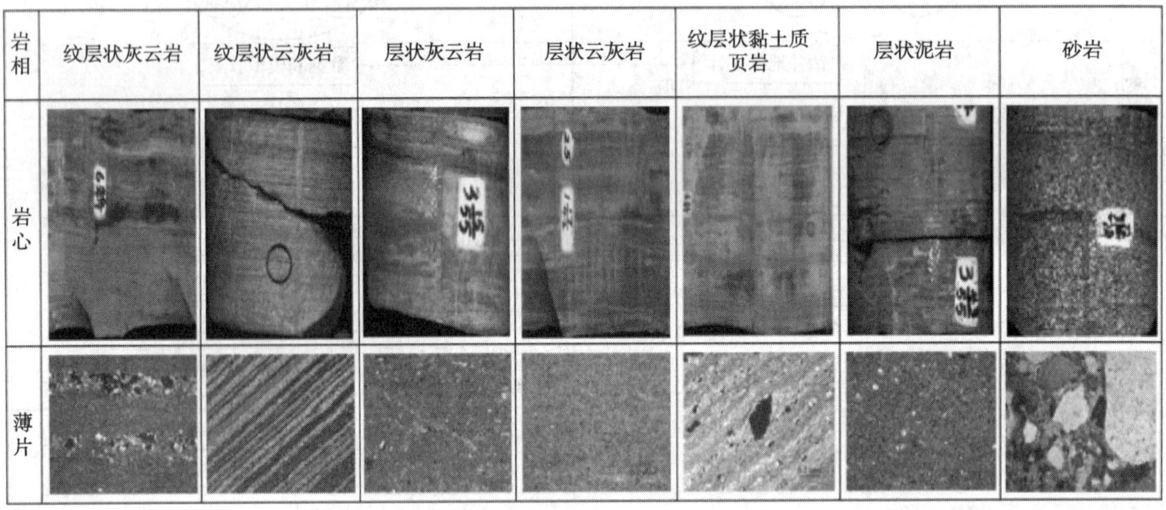

图 2　英雄岭页岩油不同岩相岩心薄片图

2.2　页岩油富集机理

英雄岭构造带咸化湖盆腐泥型烃源岩表现出可溶有机质在早期低成熟阶段生烃和不溶有机质在晚期成熟阶段生烃的两段式生油模式，二者的共同作用导致页岩具有极高的烃转化率和生烃强度。英雄岭凹陷下干柴沟组上段整体细粒碳酸盐岩和泥页岩叠置发育，生油条件最好。

英雄岭下干柴沟组地层发育纹层状灰质白云岩、纹层状白云质灰岩#纹层状黏土质页岩#层状灰质白云岩、层状白云质灰岩和层状泥岩等 6 种岩相，每种岩相的累积厚度达 200m 以上，6 种岩相呈高频互层，形成巨厚的混积体系。储集层中主要存在两类岩相组合，分别为纹层状云灰岩与层状灰云岩互层和纹层状黏土质页岩与层状灰云岩组合，储集品质好，这为油气的富集提供了储集空间。在实际含油性表征中可以清晰的看到纹层状云灰岩与层状灰云岩互层中的层状灰岩具有更好的含油性。

英雄岭下干柴沟组地层沉积厚度达 1800m，分布面积达 1500km^2，在纵向上进一步精细刻画出 7 套有效烃源岩集中段，其中上甜点 4~6 箱体，地层厚度 157m，单箱体厚度 45~56m；中甜点 14~16 箱体，地层厚度 140m，单箱体厚度 40~56m；下甜点 19~20 箱体，地层厚度 104m，单箱体厚度 50~54m，累积储层总厚度达 600m 以上，估算页岩油资源量 21×10^8t，TOC 为 0.4%~2.7%，生烃潜量 5~40mg/g，HI 为 400~600mg/g。TOC，Ro 大于 0.8%，有利于大规模生油。证实了英雄岭凹陷下干柴沟组上段具有良好的页岩油富集基础(图 3)。

2.3　甜点综合评价方法

根据油气勘探地质理论、地质统计学理论，采用专家评分法与因子分析法相结合，运用 SPSS 软件主成分分析法，分配评价指标权重系数，形成权重系数与评价指标的线性组合，定量化评价英雄岭页岩油有利区分布，从而明确页岩油的甜点(相对优势区)在空间的展布。通过相关性分析，梳理出与稳定生产阶段平均日产油量相关性较强的评价指标作为综合定量评价页岩油甜点的参数。

从定量化评价的各参数与稳定阶段日产油线性回归中，可以看出与产量相关性较好的参数有孔隙度、含油饱和度、TOC、S1、脆性矿物含量、碳酸盐含量。利用因子分析降维操作，得出英雄岭甜点评价指标主成分方差贡献率及成分矩阵，确定评价指标权重系数，根据主成分中各评价指标的系数，其数值等于评价指标数值除以对应主成分特征值的平方根。由于原有的6项评价指标由2项主成分描述，因此要对评价指标的系数进行加权平均，从而得到各评价指标的系数，再将其归一化后，得到各评价指标的权重系数（图4）。

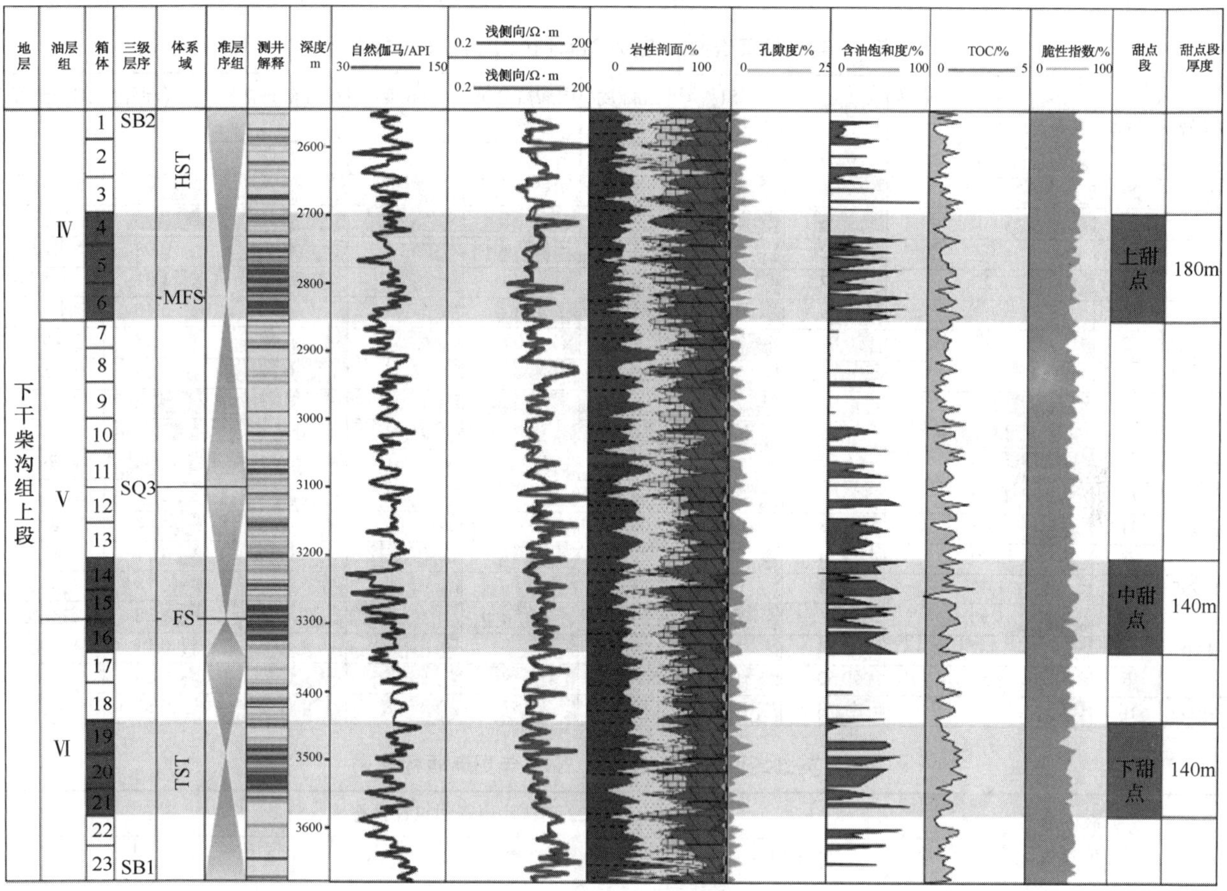

图3　英雄岭页岩油甜点段综合柱状图

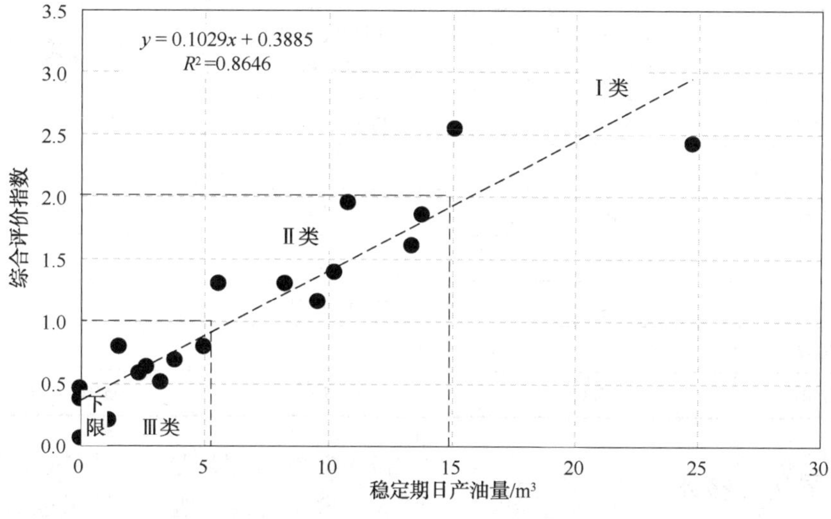

图4　英雄岭页岩油甜点段综合评价指数与产油量拟合图

利用归一化处理后的评价指标权重，计算得到英雄岭地区试油井的综合评价指数。从综合评价指数与页岩油单井产量线性关系图看，具有较好的相关性，回归决定系数达到 0.8646，表明该方法计算的综合评价指数能够较好地匹配英雄岭地区页岩油单井产量。使用参数均进行归一化处理，综合评价指数：$F=0.19\times$孔隙度$+0.15\times$饱和度$+0.20\times$TOC$+0.18\times$脆性矿物含量$+0.12\times$碳酸盐含量$+0.16\times$S1(表 1)。

甜点评价标准迭代更新：此次在以往的甜点评价标准基础上，采用地质统计学原理，优选出 7 个甜点敏感性参数，同时根据产能综合分析，增加了下限值(无产量或产量不到 1 方)，使甜点体评价技术更加符合实际生产情况(表 2)。

表 1　英雄岭页岩油甜点段综合评价因子权重分析表

井号	箱体	参数/权重系数 稳定日产油/m^3	TOC/%	Sl /(mg/g)	孔隙度/%	碳酸盐含量/%	饱和度/%	脆性矿物含量/%	综合评价指数	综合解释结论
			0.20	0.16	0.19	0.12	0.15	0.18		
柴10	20	10.26	1.05	1.78	5.39	0.55	55.26	0.76	1.40	二类层
	15	10.85	1.09	2.65	6.15	0.62	58.85	0.81	1.96	二类层
柴12	15	0	0.52	0.99	3.30	0.52	30.01	0.73	0.08	水层
	13	8.25	0.87	1.06	6.93	0.46	54.01	0.78	1.31	二类层
柴15	20	0	0.89	0.89	4.01	0.46	40.68	0.70	0.46	水层
	12	2.33	0.81	4.11	4.75	0.09	47.37	0.69	0.58	三类层
	6	0	0.76	0.70	5.42	0.47	18.15	0.70	0.39	水层
柴902	14	13.28	0.95	2.20	6.48	0.55	57.00	0.77	1.060	二类层
	5	24.67	1.06	4.36	9.55	0.55	66.23	0.74	2.43	一类层
柴906	16	15.09	1.52	3.23	7.09	0.60	59.61	0.82	2.56	一类层
柴907	16	13.58	0.90	3.20	6.31	0.63	60.51	0.79	0.79	二类层
	11	9.45	0.88	0.58	6.19	0.60	54.95	0.75	1.20	二类层
	6	3.79	0.84	0.84	5.36	0.47	54.16	0.69	0.71	三类层
柴905	16	1.42	0.74	0.89	5.00	0.53	42.94	0.76	0.78	三类层
柴907	14	5.58	0.84	1.81	4.94	0.54	67.70	0.76	1.28	二类层
	12	3.2	0.83	1.64	4.46	0.40	67.40	0.68	0.51	三类层
	6	2.51	0.50	1.34	5.40	0.49	53.38	0.72	0.63	三类层
柴909	14	5	0.73	1.56	5.34	0.51	47.18	0.72	0.81	三类层

表 2　英雄岭页岩油甜点评价 2023 年更新版标准表

分级标准 评价参数		2023 年迭代更新甜点评价标准			
		Ⅰ类层	Ⅱ类层	Ⅲ类层	下限
源岩条件	S_1/(mg/g)	>3.0	2.0~3.0	1.0~2.0	<1.0
	TOC/%	>0.8	0.6~0.8	0.4~0.6	<0.4
储层条件	岩相	层状灰云岩 纹层状灰云岩	纹层状灰云岩 纹层状黏土质页岩	层状黏土质页岩	/
	碳酸盐含量/%	>55.0	45.0~55.0	30.0~45.0	<30.0
	黏土矿物含量/%				
	孔隙度/%	>8	6.0~8.0	3.0~6.0	<3.0
油藏条件	纹/层比				
	含油饱和度/%	>60.0	50.0~60.0	40.0~50.0	<40.0
	可压性指数				
	脆性矿物含量/%	>75.0	70.0~75.0	65.0~70.0	<65.0

3　立体井网部署优化技术

3.1　三维立体交错井网整体部署技术

英雄岭构造带山高坡陡，沟壑纵横，地表覆盖松散的砂泥岩层，岩层风化严重，产状变化大，属于复杂山地、高原风蚀地貌。综合考虑高原复杂山地地面钻井施工条件，以“储量动用最大化、单井产能最大化、开发效益最优化”为原则，充分借鉴国内外页岩油气先进开发理念，参考“工厂式、大丛式”立体水平井组等，采用地面大平台、地下立体井网开发模式进行部署。同时考虑平面不同构造位置，设计双向式和单向式两种平台布井方式，长轴方向的斜坡区，采用单向布井方式，利于钻井施工；构造高部位及短轴方向斜坡，采用双向布井方式，井口集中便于集约化建设管理(图 5)。

立体井网遵循一体化部署原则，井距设计与压裂设计迭代优化，拉大井距，给缝长扩展留足空间，避免或减少井间干扰，最大限度提高单井改造体积及控制储量。立体井网遵循先导试验原则，开展不同靶层的动用效果试验；开展大井距试验，研究人工缝扩展规律。立体井网遵循经济效益原则，以追求单井产量最大化，效益达标为目标(图 6)。

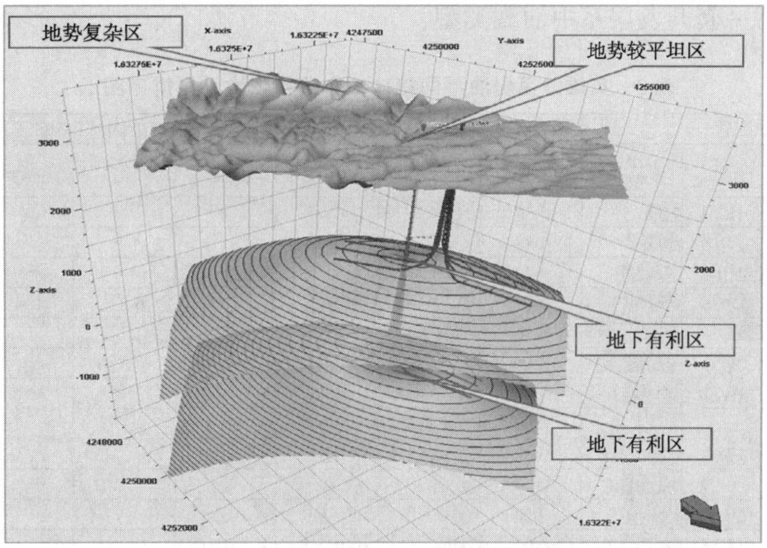

图 5　英雄岭页岩油地面平台与地下立体井网三维部署图

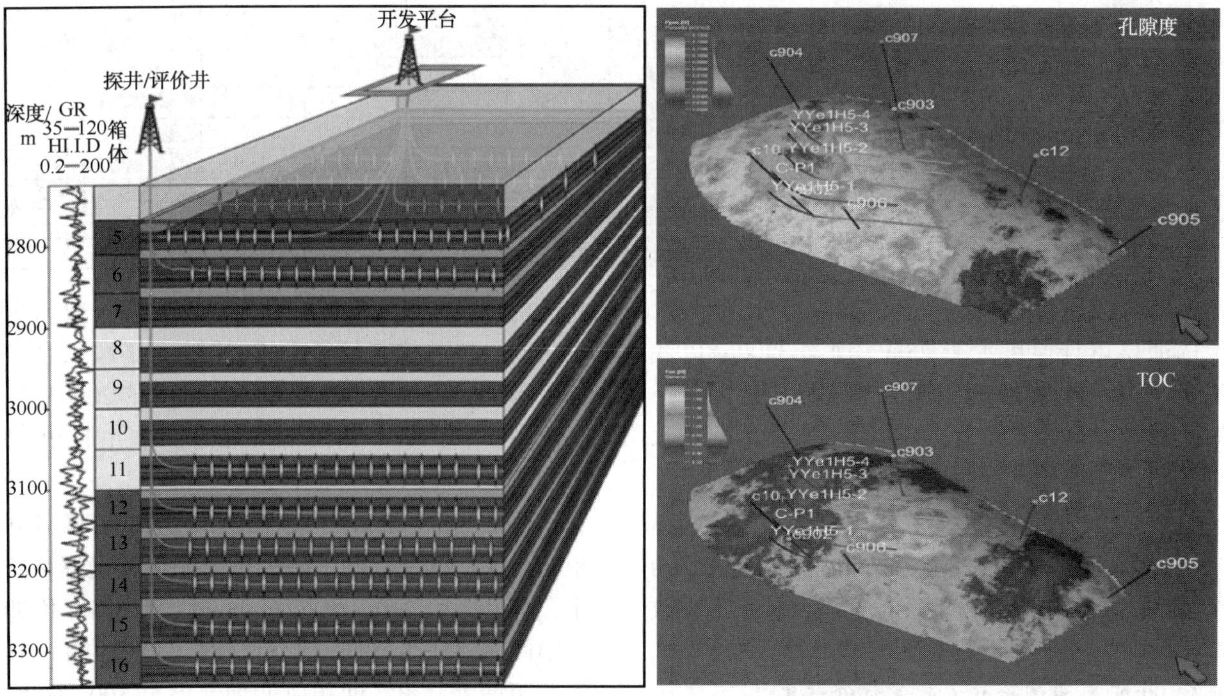

图 6　英雄岭页岩油平台式交错立体井网部署图

针对页岩储层渗流能力差、自然产能低的特点，采用大规模体积压裂改造工艺，形成人工缝网系统，焖井渗吸置换，开发初期为控压开采，中后期探索注 CO_2+低矿化度水复合吞吐补能提采，提高整体开发效果。英雄岭页岩油采用“水平井体积压裂蓄能、控压弹性开采、补充能量”全生命周期开发方式。为实现水平井单井 EUR 最大化，需优化工作制度，充分利用地层能量。

3.2　甜点段优化评价排序及依次动用技术

根据英雄岭页岩油的高原山地巨厚内陆湖相沉积的特点，开发层系划分与组合主要考虑开发层系独立原则，应具有一定的储量丰度，使层系生产具备可靠的物质基础，以保证油井能达到一定的生产能力；考虑一套开发层系中油藏类型、压力系统、流体性质等特征基本一致；考虑一套开发层系中要有一定的有效厚度和一定单井控制储量，确保油井具有一定的产能。英雄岭页岩油纵向发育多个富集层段，地层跨度大，厚度稳定，具备分层系开发的物质基础。综合考虑地质品质、工程品质、产能特征、经济因素等四要素，对 23 个箱体进行综合打分，其中上甜点的 5~6 箱体、中甜点的 14~15 箱体排名靠前，为下步优先动用目标(表 3)。

表 3　英雄岭页岩油不同箱体综合分析依次动用排序图

箱体	地质因素				工程因素			产能因素			经济因素	综合分析排序
	一类层厚度/m	二类层厚度/m	一+二类层厚度/m	一+二类层占比/%	脆性指数/%	应力差/MPa	可压性指数/%	直井产量/(t/d)	水平井产油量/(t/d)	气油比/(m^3/m^3)	埋深/m	
1	5.78	6.01	11.79	25.57	0.52	18.20	0.46				2652	18
2	6.14	11.24	17.38	34.95	0.48	18.70	0.48				2698	17
3	8.65	12.96	21.61	40.33	0.47	18.70	0.41				2748	11
4	8.66	10.3	19.26	39.53	0.46	19.60	0.42	5.70	6.80		2801	15
5	20.86	15.7	36.56	68.53	0.56	16.70	0.52	28.70	47.30	158	2850	1
6	21.26	11.25	32.51	61.37	0.59	16.70	0.55	23.50	待试油		2903	2
7	7.17	12.1	19.27	40.33	0.47	17.50	0.48				2951	12
8	3.03	11.27	14.3	24.93	0.53	17.30	0.51				3008	20
9	2.46	9.55	12.01	20.76	0.52	17.50	0.51				3066	23
10	7.03	13.96	20.99	41.51	0.57	16.60	0.53				3116	10
11	6.23	14.36	20.59	40.63	0.58	18.40	0.53	10.20			3167	13
12	8.2	11.17	19.37	41.69	0.62	417.90	0.56	5.010			3214	9
13	10.34	15.09	25.43	51.88	0.64	18.30	0.55	13.28			3263	5
14	17.39	14.7	32.09	61.15	0.62	18.60	0.55	27.80	44.10	102	3315	3
15	14.06	14.37	28.43	53.78	0.65	19.90	0.51	17.42	31.20	93	3368	4
16	11.44	12.04	23.48	48.41	0.59	19.60	0.52	15.36	26.00	少量	3416	6
17	2.37	8.62	10.99	25.73	0.54	18.10	0.48				3459	21
18	8.01	10.06	18.07	39.96	0.43	18.30	0.45				3504	16
19	8.4	11.36	19.76	40.29	0.49	17.70	0.46				3553	14
20	9.08	17.75	26.83	49.88	0.52	17.30	0.58	10.92	正返排		3607	7
21	7.77	14.03	21.8	42.77	0.52	17.90	0.57				3658	8
22	6.17	8.33	14.5	25.54	0.46	18.40	0.51				3715	19
23	4.17	10.33	14.5	25.31	0.45	16.60	0.44				3772	22

综合考虑压裂缝高、经济动用厚度等因素，优选油层累计厚度大于 25m、埋深 3300m 以浅的 4~6 箱体、14~16 箱体为部署目的层，每个箱体部署一套井网开发，共部署 6 层立体交错水平井网。立体井网遵循甜点层段优选原则：平面上优选井控程度高、地质参数评价优的区域。纵向上优选具备效益开发能力的中甜点 14、15 两个箱体。靶层选段以含油性较好、有利于工程改造层段作为水平井靶层。

3.3　开发先导试验技术政策评价技术

利用数值模拟，对不同水平段长度水平井进行模拟，同时参考不同区域页岩油水平井长度，试验区目的层埋深 3200~3400m，综合考虑技术和经济性，采用 1500m 水平井段为主。数值模拟表明，单井控制储量和 EUR 随水平段长度增加而增加，但是随着水平段增加，在 2000m 左右出现拐点，水平井段再增加时，单井 EUR 增幅变小。

按照当前形成的压裂主体工艺参数，随着井距的增大，两井之间区域的压力降低幅度逐渐减小；当井距由 200m 增至 600m 时，10 年评价期末中间网格压力降低幅度由 70% 下降至 9%。随着井距增大，累产油相应增加，增至 500~600m 井距，累产油变化不大，表明 500~600m 井距较合适。考虑裂缝扩展的非均质性，通过地质工程一体化模拟人工压裂，随着井距拉大，单井井控储量相应增大，单井 EUR 呈现增加趋势，但是区域采收率逐渐降低。综合对井距的分析，认为合理井距为 500～600m 左右。

研究区最大主应力方向为北东 30°～40°，确定水平井段部署方向为北西 30°～40°。通过模拟不同裂缝夹角应力场与供液能力关系曲线，当水平段与最大主应力方向垂直时，可获得最大的缝控体积及产能水平。当水平段与最大主应力方向近似垂直时，可获得最大的缝控体积及产能水平，确定水平井部署方位为北西 50°～60°(图 7)。

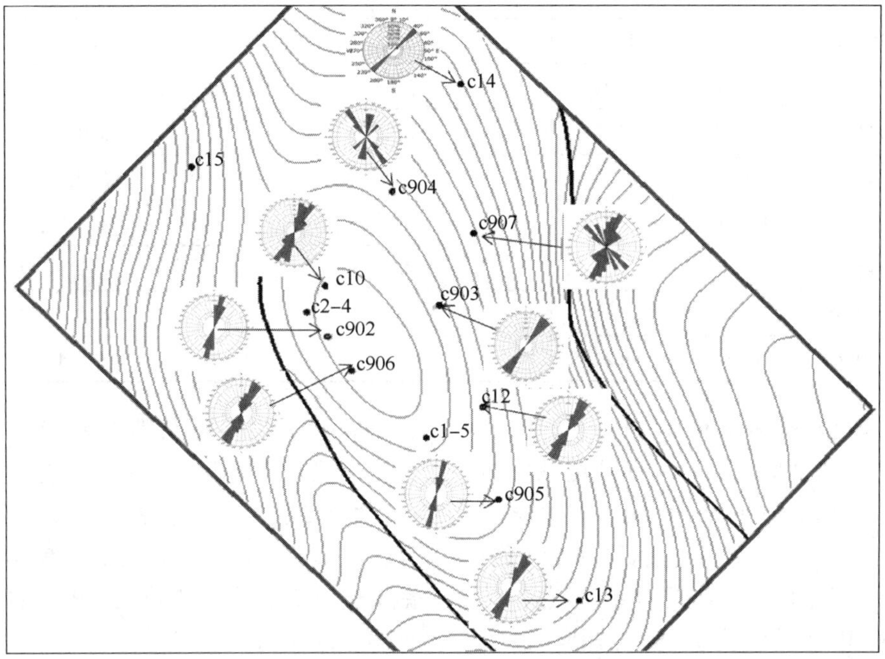

图 7　英雄岭页岩油最大主应力方向分布图

4　水平井精准钻探技术

4.1　黄金靶层精准轨迹设计技术

采用“直–增–稳–增–平”五段式双二维井眼轨迹设计，狗腿度控制在 5.0°/30m 以内，造斜点控制在 2500m 以下，避免大井眼定向慢的难题。经过轨迹统一设计，计算最小防碰距离 10m，满足安全距离要求。英页 1H 先导试验井 2 个箱体一个平台，按“8 井平台”部署，井口双排一字排开，井口间距 10m，井口排距 45m，4 部钻机同时施工，节约征地面积 47 亩，平均中完时间缩短 30%以上(表 4)。

采用勺形井眼轨迹剖面，靶前距最短为 230m，Φ311.2mm 井眼微增斜–稳斜段狗腿度控制在 2.2°/30m 以内，Φ215.9mm 井眼扭方位–增斜段狗腿控制在 5°/30m 以内，实钻过程顺利，未出现摩阻扭矩过大导致钻井、下套管困难情况，可以满足现场施工需要。结合英页 1H 平台 Φ311.2mm 大井眼造斜慢、机械钻速低及三维井眼摩阻扭矩大的难题，英页 2H 平台 4 口井采用双二维井眼轨迹，狗腿度控制在 5.2°/30m 以内，4 部钻机同时施工，实现快速建产(表 5)。

表 4　英雄岭页岩油造斜段与水平段钻井技术指标表

类别	造斜段钻井技术指标				水平段钻井技术指标			
	进尺/m	钻井时间/d	机速/(m/h)	趟钻数/趟	进尺/m	钻井时间/d	机速/(m/h)	趟钻数/趟
螺杆	421	18	2.17	3	997	22	3.24	3
常规旋导	444	9.5	2.86	2.3	1545	16.5	7.98	2.5
旋导+螺杆	447	6.5	3.92	1.5	1518	11	8.82	1.3

表5　英雄岭页岩油平台井轨迹设计参数表

井号	靶前距/m	偏移距/m	反向位移/m	311.2mm井眼狗腿度(°/30m)	215.9mm井眼狗腿度(°/30m)	造斜点/m
英页1H-1	444.96	612.63	35.36	1.8	4.3	600
英页1H-2	226.37	19.09	120.24	1.8	5.2	1500
英页1H-3	239.55	238.68	17.34	2.0	4.5	1000
英页1H-4	367.74	563.36	32.39	2.2	4.5	700
英页1H-5	357.64	136.13	17.34	2.2	5.0	1800
英页1H-6	237.51	148.07	88.01	2.0	5.2	1300
英页1H-7	234.88	402.57	141.7	2.2	5.0	1050
英页1H-8	363.11	629.15	10.52	2.2	5.0	600
英页2H-1	290.78	198.6	51.22	/	3.8/5.2	2150
英页2H-2	371.50	0	/	2.5	5.2	1300
英页2H-3	550.88	0	/	/	3.8/5.2	2200
英页2H-4	279.17	89.8	54.21	/	3.8/5.4	2400

4.2　地层复杂情况提前预测技术

参照英雄岭页岩油柴902井井区地层三压力预测。N21地层压力系数0.9~1.0，N1地层压力系数1.05~1.20，E32Ⅰ油组地层压力系数1.30~1.45，E32Ⅱ油组地层压力系数1.75~1.85，E32Ⅲ油组地层压力系数1.70~1.80，E32Ⅳ油组地层压力系数1.70~1.80，E32Ⅴ油组地层压力系数1.70~1.80。从压力系数可以看出，进入E32地层后，地层压力有一个较大提升，并且E32地层压力系数呈现出“低-高-低”趋势，钻井施工过程中要做好钻井液密度选择保障安全施工(表6)。

表6　英雄岭页岩油钻探层位压力预测表

地层	压力系数	当量泥浆密度/(g/cm³)	
		坍塌压力	破裂压力
N_2^1	0.90~1.00	1.10	2.01
N_1	1.05~1.10	1.10	2.01
	1.10~1.20		
E_3^2 Ⅰ油组	1.30~1.35	1.35	2.26
	1.35~1.45		
E_3^2 Ⅱ油组	1.75~1.85	1.65	2.25
E_3^2 Ⅲ油组	1.70~1.80	1.62	2.25
E_3^2 Ⅳ油组	1.70~1.80	1.82	2.24
E_3^2 Ⅴ油组	1.70~1.80	1.80	2.25

地层复杂情况导致的钻井难点有：①浅层地层高效钻头序列未完全建立，受N1下部地层岩石研磨性增强、可钻性变差影响，钻头磨损严重，单只钻头进尺211m，行程钻速低，目前仅1口井实现一开一趟钻，需要继续加强攻关研究，以实现N1及以上地层一趟钻。②中下甜点钻头选型需要进一步攻关，与上甜点相比，中甜点储层硅质含明显增多，钻头与地层匹配性差，英页2H平台4口井，φ215.9mm井眼累计使用4个厂家、10种型号、38只钻头，平均单只钻头进尺301m，增加起下钻次数，适用于中甜点高效钻头序列还未建立。③仪器无信号问题突出，耽误钻井周期。受定向仪器的稳定性及钻具黏滑振动影响，试验平台12口水平井造斜、水平段累计发生33次定向仪器无信号事件，损失时间47d；其中2023年英页2H平台4口井发生18次定向仪器无信号情况，平均单井损失时间损失7d，其中一口井单井损失时间长达15.9d。

4.3　随钻分析及轨迹优化技术

室内靠前支撑现场，不断提高优势甜点钻遇率。针对英雄岭甜点段“层薄、倾角变化大”的特点，成立钻井现场随钻小组，强化“五个结合”“钻、定、导、录”专业化协作，切实做好轨迹优化，平台平均甜点钻遇率92.5%，单井轨迹调整降为8次，减少70%。推行“1+1”趟钻模式，提升仪器效率。采用旋转导向完成造斜段后，全力以赴打水平段，力争一趟钻；若旋导故障，立即更换高温LWD，避免旋导因故障反复起钻，上甜点4口井实现趟钻目标，钻井时间缩短30%以上(图8)。

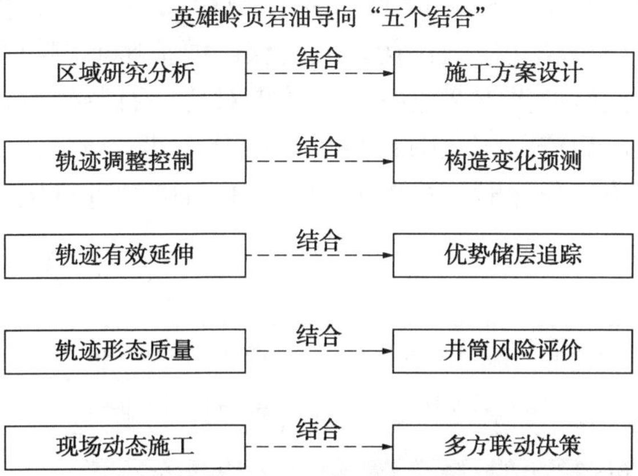

图 8　英雄岭页岩油地质导向研究工作五个结合图

综合利用钻时、近钻头伽马成像、岩屑录井和气测录井以及邻井对比分析等资料，确认沿钻进方向砂体发育的复杂性和非均质性，同时保证轨迹尽可能沿着有限的好砂体钻进；地质、钻井、录井、导向、随钻仪器多部门一体化协同全天候 24h 监控是钻井高效运行的保障。通过精细刻画压力系统分布，支撑井身结构优化。分阶段试验瘦身四开、常规三开、非标两开井身结构，最终定型为二开井身结构，节约周钻井期 43d 以上。建立钻井学习曲线，提速模板初步形成。定型水平段“旋转导向+高效 PDC 钻头”钻具组合，初步形成水平段“一趟钻”技术，同比缩短 49%。

研究区整体构造简单，但地下微幅构造、地层倾角微幅多变、小断层和薄靶层同时存在，并且薄靶层横向上相变较大，砂体分布规律性弱多个因素的同时存在构成了研究区致密油钻井的巨大挑战。全面扎实的地质分析和精确的三维地质模型地质导向是突破研究区挑战的关键点。同时，高质量的地质导向工具和随钻测量工具能从工程实施角度提高钻井效率和储层钻遇率(图 9)。

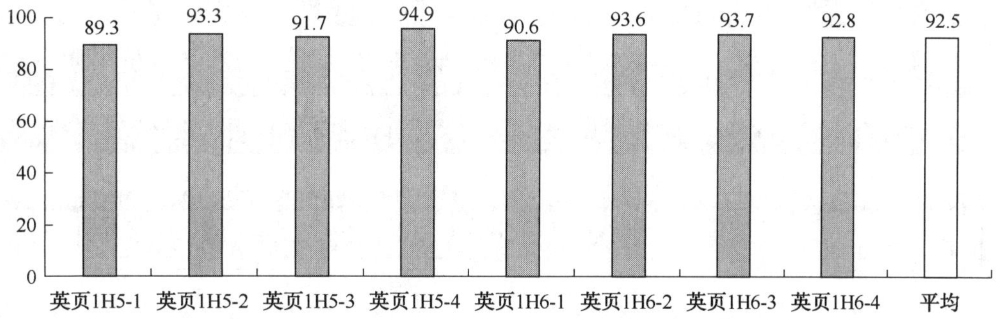

图 9　英雄岭页岩油平台井储层钻遇率统计图

5　压裂改造

5.1　压裂段簇精细化设计技术

基于英雄岭地质模型及参数，结合已施工水平井情况分析，基于水平井测井资料，结合直井甜点评价研究成果，平台井水平段甜点层主要依据孔隙度、饱和度、S1、碳酸盐含量四项参数进行综合划分，其中一类层孔隙度≥5.0%、饱和度≥50.0%、S1≥4mg/g、碳酸盐含量≥45.0%。应用 kinetix 软件进行段长优化在总体规模不变的情况下，增加段长会使裂缝长度、裂缝面积和裂缝体积逐渐减小，说明段长增加并不能起到改善裂缝参数的效果，反而会使压裂效果变差。考虑到降，推荐水平井压裂段长范围 60～80m 段长，其中 80m 段长采用暂堵转向工艺(图 10)。

英雄岭页岩油水平应力差主体为 12～19MPa，模拟显示簇间距约为 7～15m 段内裂缝扩展影响较少，因此 7～15m 可作为簇间距优选的区间范围。中甜点以簇间距 7～15m、段长 60～80m、单段 3～6 簇为主。根据不同排量方案对比，缝内体积、水力缝长及支撑缝长均随排量提升而增大，缝网随排量提升展布更为均匀复杂，推荐采用 16m^3/min 排量。

对于英雄岭页岩油而言，用液强度过小会导致裂缝面积的减小，影响最终产能。根据不同用液强度方案对比，缝内体积、水力缝长及支撑缝长均随用液提升而增大，缝网随用液提升展布更为均匀复杂，推荐用液强度范围 22～28m^3/m。对比不同加砂强度下平均裂缝体积、平均导流能力、最终 EUR 情况，推荐加砂强度范围 2.2～2.8m^3/m 强度加砂。

5.2　低成本高效改造压裂体系

以提高改造体积、减少储层伤害、降低压裂成本为目标，优选采用免混配的变黏滑溜水体系进行措施改造。在滑溜水中加入减阻剂和抗盐耐高温渗吸表活剂，实现降低界面张力、改变润湿性和微纳米空间的渗吸置换。加入具有渗析驱油的表面活性剂，提升压裂液渗析驱油效果。

支撑剂设计主要考虑不同级次裂缝与地层流度的匹配关系，而不是填砂裂缝的绝对导流能力。最小水平应力梯度 2.07MPa/100m，使用石英砂即可，以 70/140 目+40/70 目的粒径石英砂组合为主，30～50 目大粒径陶粒支撑缝口，提高小粒径支撑剂比例。通过软件模拟尾追陶粒和石英砂两类方案进行压后效果对比，石英砂封口的压后产能相比陶粒封口，EUR 降低 7.8%，压裂施工作业时，推荐使用 30/50 目陶粒进行尾追封口。

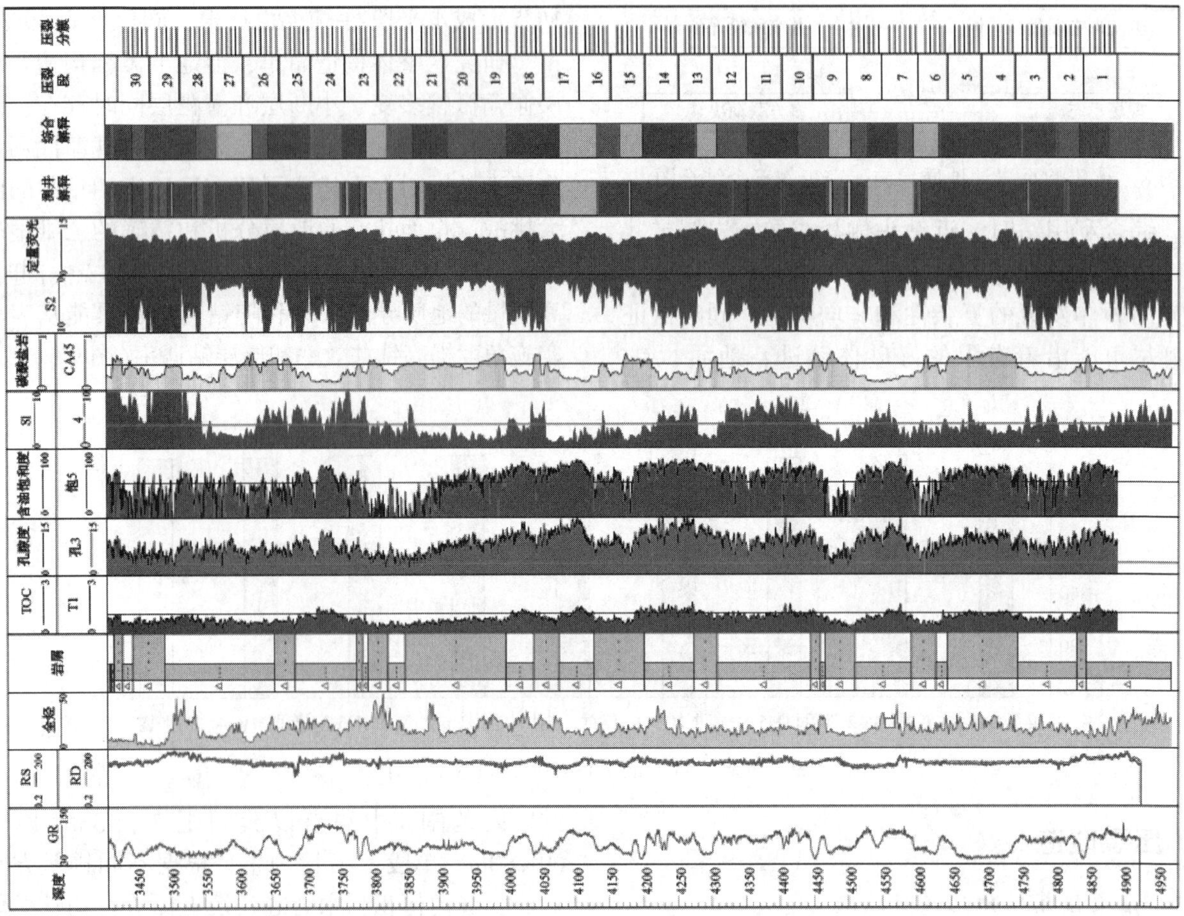

图 10　英雄岭页岩油水平井压裂精细段簇设计图

5.3　推行工厂化同步作业模式

储层改造方面，压裂方案适用性需进一步提高。“巨厚、山地式、强改造”等特征，使得英雄岭页岩具有“纵向上的力学性质差异性强、断裂发育规律复杂”的特点，仍然存在段内多簇均匀起裂困难、裂缝纵向控制范围有限、立体改造实施难度高等问题。以储层品质(RQ)与完井品质(CQ)评价结果为依据，确立“一井一策、一段一法”工程参数优化思路，达到降低段内属性差异，均匀改造的目的。

按“两套车组同步、单车组拉链、从 B 靶点向 A 靶点整体推进”的模式，实现多箱体页岩油立体改造，压裂效率力争达到 8 段/天。平台采用两个工作面同步压裂，每个工作面采用“9 台 5000 型电驱压裂车+3 台 3000 型柴油压裂车”，电驱压裂车作为主力驱动力输出主要排量，柴油压裂进行辅助并具备紧急停电状态下的顶替井筒的作用。

形成了英雄岭页岩油“井工厂”压裂九项施工管理制度，强化了各协同单位及人员的责任意识，确保了施工的连续性。为保障压裂施工、储层改造效果评价和产液情况监测等工作顺利有序开展，英雄岭页岩油平台开展流体示踪试验、井口高频高精度压力监测和地下微地震监测 3 项资料监测工作，为预防窜扰、分析人工裂缝延伸及参数、指导压裂液量、砂量及排量实时调整等提供参考(图 11)。

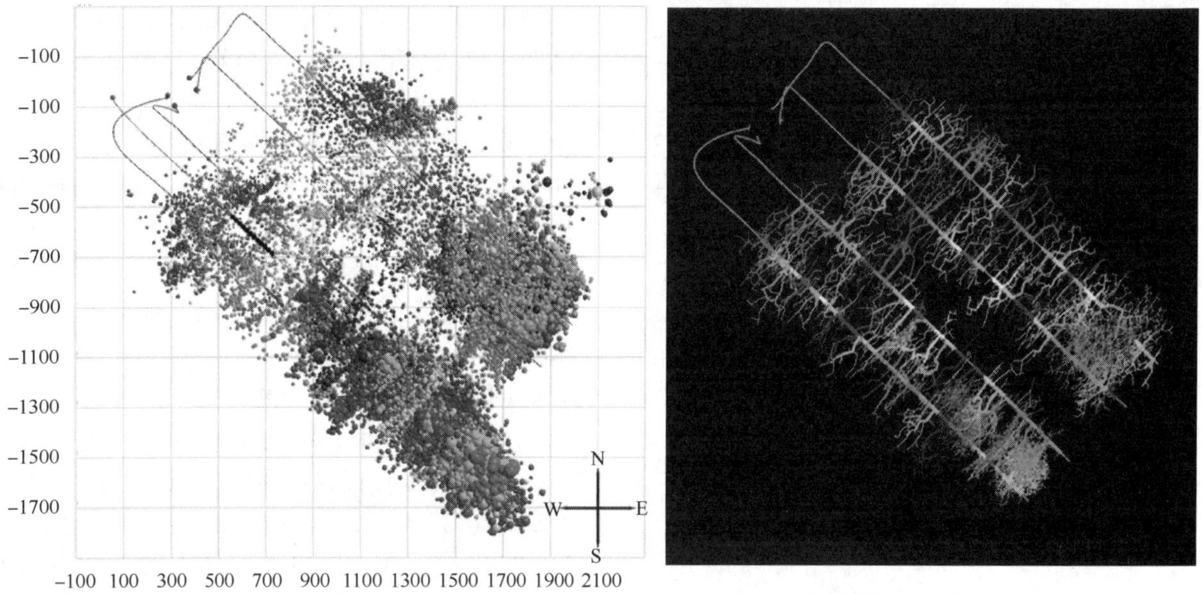

图 11　英雄岭页岩油平台井人工压裂裂缝刻画图

6　勘探开发实践

6.1　一体化协同平台

柴达木盆地英雄岭页岩油处于初期评价阶段，立足全生命周期实施管理组织、地质工程一体化工作，通过地质工程中心、综合管理中心、生产指挥中心、QHSE 监督中心等 4 个部门组成的全生命周期管理，初步探索英雄岭页岩油有效动用配套技术和开发模式(图 12)。

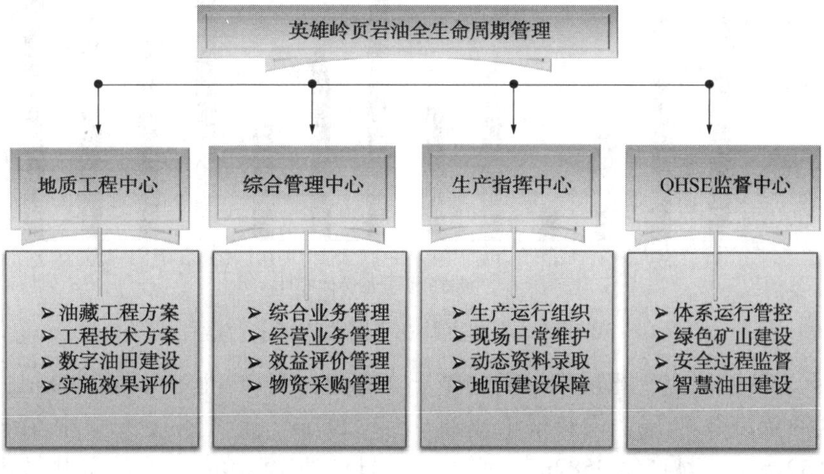

图 12　英雄岭页岩油地质工程一体化管理组织架构图

构建管理模式，提升建设效能。成立公司页岩油勘探开发专班，下设经营组、地质油藏组、钻井组、压裂改造组、地面工程组、现场运行组等 6 个专业组，打破部门界限，快速推进全生命周期管理组织、地质工程一体化工作。

优化作业方式，提升组织效能。面对社会自然资源匮乏、地上地下双复杂现状，坚持生产组织创新，形成以“四网超前建设、资源统一协调、机组同步作业、远程决策支持”为核心的工厂化作业方式，平台投产周期由 198 天缩至 140 天。平台工厂化作业按照工序统一规划、设备分区布置、物资统筹入场、施工有序衔接、工厂化钻井、工厂化压裂、水电路讯集约化保障、前后方联动机制。

探索合作模式，提升管理效能。先后探索工序切块、单井大包、框架大包模式，充分发挥参建单位主动参与方案研究设计、工具技术应用、施工质量控制的积极性，达到合作共赢目的(图 13)。

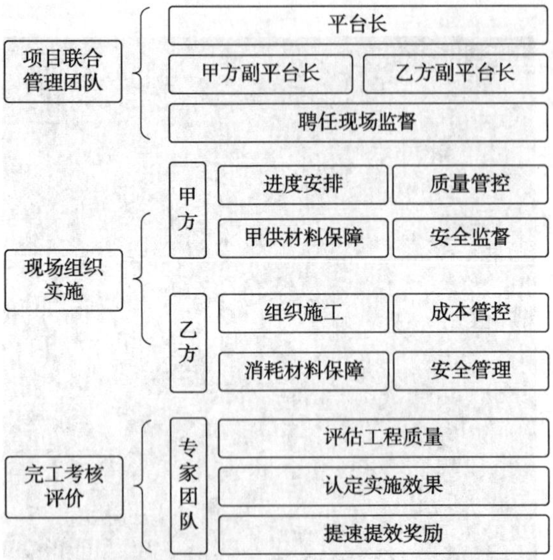

图 13　英雄岭页岩油平台现场组织管理模式图

强化室内现场一体化，提高现场实践效果。建立并多轮迭代全地层三维模型，支撑矿场实践。建立三维一体化数据平台，纵向精度 0.25m、平面精度 10m，并根据现场实施进度，已迭代更新至第五版，支撑页岩油“布好井、钻好井、压好井”，提升了水平井实施效果。建立地质复杂预警机制，降低现场钻井复杂。建立全井“地层压力、裂缝产状、漏层展布”的地质模型，精准描述“潜水面、裂缝发育带、高压层”，通过风险预警、措施防控，大幅降低了事故复杂率，浅部漏失量降低 93%、深部地层实现“零”漏失。

6.2　平面上直油井控面增储

直井整体控面，纵向 13 个箱体见油。从主体到斜坡区均有直井部署，完成 31 层/15 口直井试油均获油气流，日产油 4～45m^3，累产油 21～2700m^3，纵向上 23 个箱体中已有 14 个箱体试油获成功，证实纵向有利箱体多(图 14)。

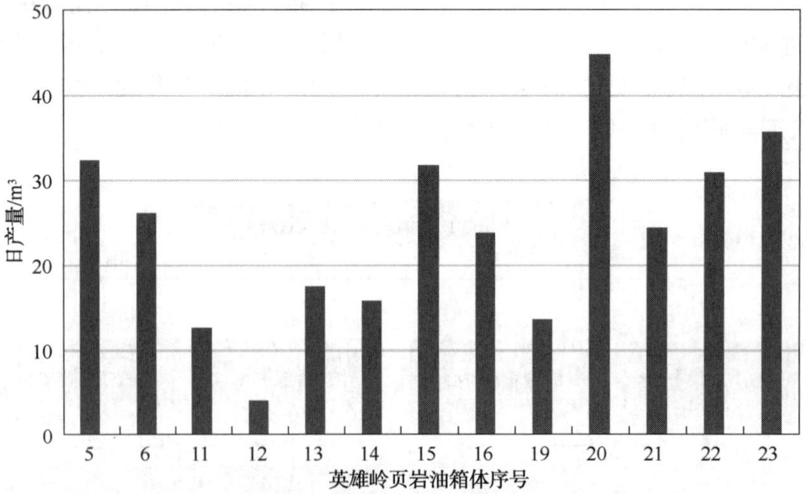

图 14　英雄岭页岩油直井在不同箱体试油产量柱状图

针对英雄岭页岩油上甜点，靶层集中段主要为 4～6 箱体，试油 4 口井/7 层，均获得工业油流，日产油 4.1～32.5m^3，日产气 2582m^3，平均初期日产油 17.16m^3，平均单井射孔厚度 6m，上甜点采油强度为 2.41t/(d·m)。

针对英雄岭页岩油中甜点，靶层集中段主要为 14～16 箱体，7 口井/9 层试油，均获得工业油流，日产油 3.7～31.9m^3，日产气微量～13297m^3，平均初期日产油 14.75m^3，平均单井射孔厚度 8.14m。

针对英雄岭页岩油下甜点，靶层集中段主要为 19～21 箱体，6 口井/6 层试油，均获得工业油流，日产油 5.4～44.9m^3，日产气 3175～13297m^3，产气井主要集中在下甜点，平均初期日产油 12.79m^3，平均单井射孔厚度 7m。

6.3　纵向上水平井开发提产

水平井提产效果明显，落实多个建产箱体。立足纵向甜点评价排序优选上、中、下甜点钻探试油 8 口井，水平段长 1000m。试采时间较长的 5 口井，控压生产表明 1000m 水平段具备首年 15～20t 稳产能力，预计 EUR 为 2.6～3.0×10^4t，展现出可效益开发的良好前景。为探索页岩油效益动用方式，针对上、中、下、三个甜点段部署实施 24 口水平井，已完钻 23 口，其中预探评价水平井 12 口，先导试验平台 12 口，目前已投产 16 口。单井平均水平段长 1322m，水平段平均储层钻遇率 88%以上。其中已完成压裂 20 井次/422 段/2715 簇，排量 16～18m^3/min，平均压裂段入液强度 33m^3/m，平均加砂强度 3.27m^3/m，段间距 44～80m，簇间距 12m 以内，破裂压力平均 78.4MPa。

对主体区内各甜点主力箱体部署水平井，各井目的层不一致，产能主控因素仍在持续深化认识中，基于现有试采资料与动态资料综合分析，具有见油早、产量达峰快、生产能力稳产。探评水平井 6 口井开井当天见油，产量达峰时间为 23～42d。不同箱体探评水平井提产试验效果好。已投产的 9 口井均获日产油 6～93t 油流，其中 6 口达产，井控压试采，1000m 水平段具备日产 15t 以上稳产能力(图 15、图 16)。

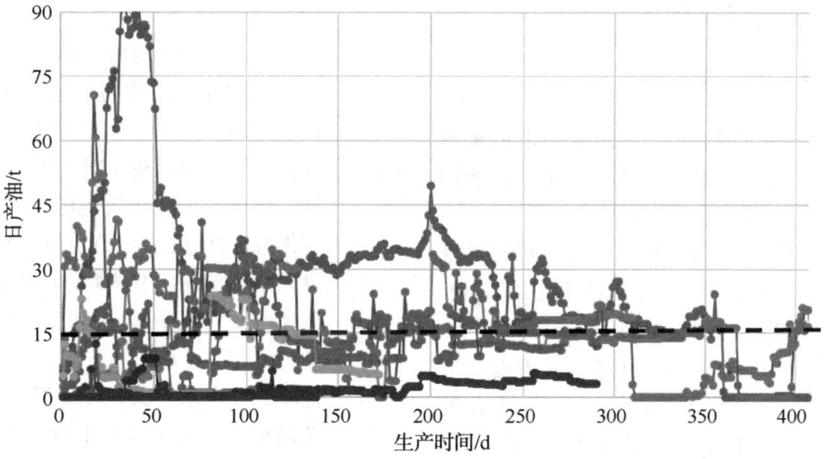

图 15　英雄岭页岩油单支水平井产油曲线图

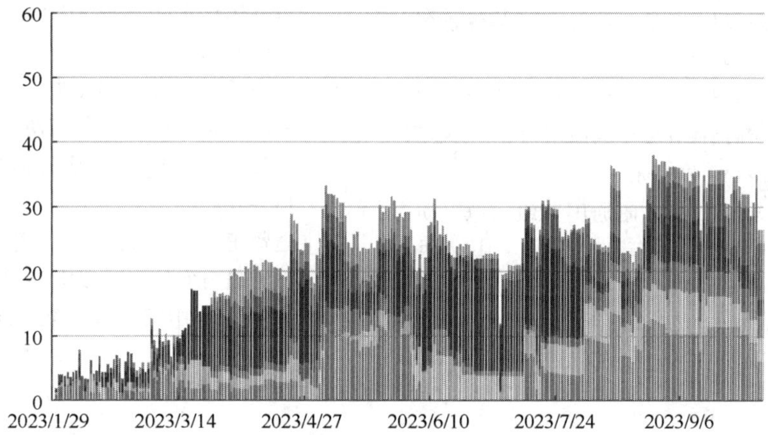

图 16　英雄岭页岩油平台水平井产油曲线图

7　结论与认识

陆相页岩油的勘探开发与常规油藏具有明显差异性，其时效性和经济性要求更高。尽管页岩油具有大面积连续分布的特点，可是资源丰度和品位却很低，与常规油藏按照勘探—评价—开发分阶段实施部署不同，勘探开发的阶段性逐步模糊化，地质与工程的配合越来越紧密，最大限度实现页岩油效益开发，特别需要提高科研的时效性，地质与工程相互配合、研究成果前移到钻井现场，工程施工在地质研究的约束下互动配合将更加紧密有序。

基于地质工程一体化研究、建模、设计平台的多尺度扎实的综合研究为优选井位和实施地质导向提供坚实基础，探索出在少打井的条件下，通过在甜点区布井、提升钻遇率及优化水力压裂来提升单井产能，在给定井区实现预定建产目标的思路。高效布井的总体思路应该是基于前期钻井和生产经验的早期油藏数值模拟，考虑单井 EUR 最大化的原则。

英雄岭页岩油勘探开发矿场实践中存在生产井初产差异大、产量递减快的问题，反映了油藏地质特征的复杂性、特殊性及开发的艰巨性。针对页岩油藏效益开发的问题和挑战，基于地质工程一体化基本理念，提出了观念、流程、责任、运行、技术和平台 6 个方面一体化整合的思路，从一体化理念、管理机制、技术攻关 3 个方面开展全方位的探索和实践，形成贯穿产能建设方案优化设计及实施全过程的地质工程一体化技术，能够实现页岩油藏的有效动用。

参 考 文 献

[1] 李国欣，朱如凯，张永庶，等. 柴达木盆地英雄岭页岩油地质特征、评价标准及发现意义[J]. 石油勘探与开发，2022，49(1)：18-31.

[2] 谢贵琪，林海，刘世铎，等. 柴达木盆地西部英雄岭页岩油地质工程一体化压裂技术创新与实践[J]. 中国石油勘探，2023，28(4)：105-116.

[3] 李国欣，伍坤宇，朱如凯，等. 巨厚高原山地式页岩油藏的富集模式与高效动用方式：以柴达木盆地英雄岭页岩油藏为例[J]. 石油学报，2023，44(1)：144-157

[4] 完颜泽，龙国徽，杨巍，等. 柴达木盆地英雄岭地区古近系油气成藏过程及其演化特征[J]. 岩性油气藏，2023，35(2)：94-102.

[5] 包汉勇，梁榜，郑爱维，等. 地质工程一体化在涪陵页岩气示范区立体勘探开发中的应用[J]. 中国石油勘探，2022，27(1)：88-98.

[6] 梁兴，王高成，张介辉，等. 昭通国家级示范区页岩气一体化高效开发模式及实践启示[J]. 中国石油勘探，2017，20(4)：1-23.

[7] 谢军，鲜成钢，吴建发，等. 长宁国家级页岩气示范区地质工程一体化最优化关键要素实践与认识[J]. 中国石油勘探，2019，24(2)：174-185.

[8] 刘乃震，王国勇，熊小林，等. 地质工程一体化技术在威远页岩气高效开发中的实践与展望[J]. 中国石油勘探，2018，23(2)：59-68.

[9] 龙国徽，王艳清，朱超，等. 柴达木盆地英雄岭构造带油气成藏条件与有利勘探区带[J]. 岩性油气藏，2021，33(1)：145-160.

[10] 胡文瑞. 地质工程一体化是实现复杂油气藏效益勘探开发的必由之路[J]. 中国石油勘探，2017，22(1)：1-5.

[11] 鲜成钢. 页岩气地质工程一体化建模及数值模拟：现状、挑战和机遇[J]. 石油科技论坛，2018，37(5)：24-34.

[12] 李国欣，王峰，皮学军，等. 非常规油气藏地质工程一体化数据优化应用的思考与建议[J]. 中国石油勘探，2019，24(2)：147-152.

[13] 刘乃震，何凯，叶成林. 地质工程一体化在苏里格致密气藏开发中的应用[J]. 中国石油勘探，2017，22(1)：53-60.

[14] 谢军，鲜成钢，吴建发，等. 长宁国家级页岩气示范区地质工程一体化最优化关键要素实践与认识[J]. 中国石油勘探，2019，24(2)：174-185.

[15] 章敬，罗兆，徐明强，等. 新疆油田致密油地质工程一体化实践与思考[J]. 中国石油勘探，2017，22(1)：12-20.

[16] 冯张斌，马福建，陈波，等. 鄂尔多斯盆地长 7 致密油地质工程一体化解决方案：针对科学布井和高效钻井[J]. 中国石油勘探，2020，25(2)：155-168.

[17] 赵贤正，周立宏，赵敏，等. 陆相页岩油工业化开发突破与实践——以渤海湾盆地沧东凹陷孔二段为例[J]. 中国石油勘探，2019，24(5)：589-600.

陆相页岩油地层脆性多元定量表征的甜点预测方法

罗红梅　王长江　杨培杰　张景涛

（中国石化胜利油田分公司）

摘　要　济阳坳陷陆相页岩油勘探潜力巨大，但页岩油气藏储层致密，物性差，需采用压裂改造以获得工业产能。页岩地层的脆性特性是影响产能的重要因素，对页岩层储集性和后期工程压裂至关重要。页岩油地层中的砂岩或灰岩含量决定了其脆性高低，这类砂质或灰质夹层可作为有效的储集层，或作为基质页岩中原油渗流进入高渗透带甚至井筒的有效渗流通道。砂岩夹层多含石英，碳酸盐岩夹层的矿物类型多为方解石与白云石，石英、方解石、白云石等脆性矿物含量较高代表脆性系数较高，岩石破裂压力相对较小，在进行大型压裂改造时易形成多分枝结构的空间体积密网，且裂缝延伸远，后期也可以作为生产渗流通道。本文通过页岩不同类型脆性矿物的岩石物理特征分析，建立了陆相页岩油地层脆性指数的地质、地球物理多元回归预测模型，并研发了先验模型约束的地层脆性指示因子叠前多参数弹性反演方程，进一步地，将得到的杨氏模量、泊松比、阻抗均值等参数应用于多元计算模型，从而实现对页岩储层脆性特征的定量评价。该方法实现了基于地层脆性特征的页岩油甜点客观、准确刻画，对页岩油勘探开发评价部署具有重要意义。

关键词　陆相页岩油；脆性指数；多元回归模型；弹性反演

1　脆性矿物的岩石物理特征

岩石的硬度或脆性很大程度上取决于岩石的矿物成分，矿物组分及其结构是评价陆相页岩油地层脆性的最主要因素，泥页岩中的脆性矿物主要包括碳酸盐岩和石英长石，这类矿物含量与地层脆性有较好的正相关关系；而黏土为塑性矿物，其与地层脆性存在较好的负相关关系。因此可应用脆性矿物含量来表征地层岩石脆性特征。分别剖析含碳酸盐岩矿物和含石英长石矿物的储层岩石物理特征，明确了相应的敏感弹性识别参数。

1.1　含碳酸盐矿物的岩石物理分析

根据罗 69、义 186、义 176 等典型井的脆性矿物及弹性参数计算结果，统计分析了碳酸盐岩含量与纵波速度、纵横波速度比、纵波阻抗、杨氏模量、体积模量、剪切模量及泊松比等 7 类弹性参数的相互关系，建立了碳酸盐岩含量与各类弹性参数的定量关系模型（图 1）。研究表明，碳酸盐岩矿物含量与纵横波速度比、泊松比的相关性较差，主要与纵波速度、纵波阻抗及三模量（杨氏模量、体积模量和剪切模量）成正比关系，相关系数由高到低依次为纵波阻抗（0.53）、纵波速度（0.52）、三模量（杨氏模量、体积模量和剪切模量）（0.51）。

1.2　含石英长石矿物的岩石物理分析

根据罗 69、义 186、义 176 等典型井的脆性矿物及弹性参数计算结果，统计分析了石英长石含量与纵波速度、纵横波速度比、纵波阻抗、杨氏模量、体积模量、剪切模量及泊松比等 7 类弹性参数的相互关系，建立了石英长石含量与各类弹性参数的定量关系模型（图 2）。研究表明，石英长石含量与纵横波速度比、泊松比的相关性较差，主要与纵波速度、纵波阻抗及三模量（杨氏模量、体积模量和剪切模量）成反比关系，相关系数由高到低依次为纵波阻抗（0.50）、纵波速度（0.50）、杨氏模量（0.48）、体积模量（0.48）和剪切模量（0.47）。

1.3　多矿物组分岩石物理模型建立

由于泥页岩地层岩性复杂、非均质性强，导致传统的岩石物理建模方法无法准确预测地层的弹性参数。为此，在传统的 Xu-White 砂泥岩模型基础上，将 K-T（Kuster-Toksoz）模型与微分等效截至模型 DEM（Differential Effective Medium）充分结合起来，实现泥页岩地层弹性参数的精细预测。

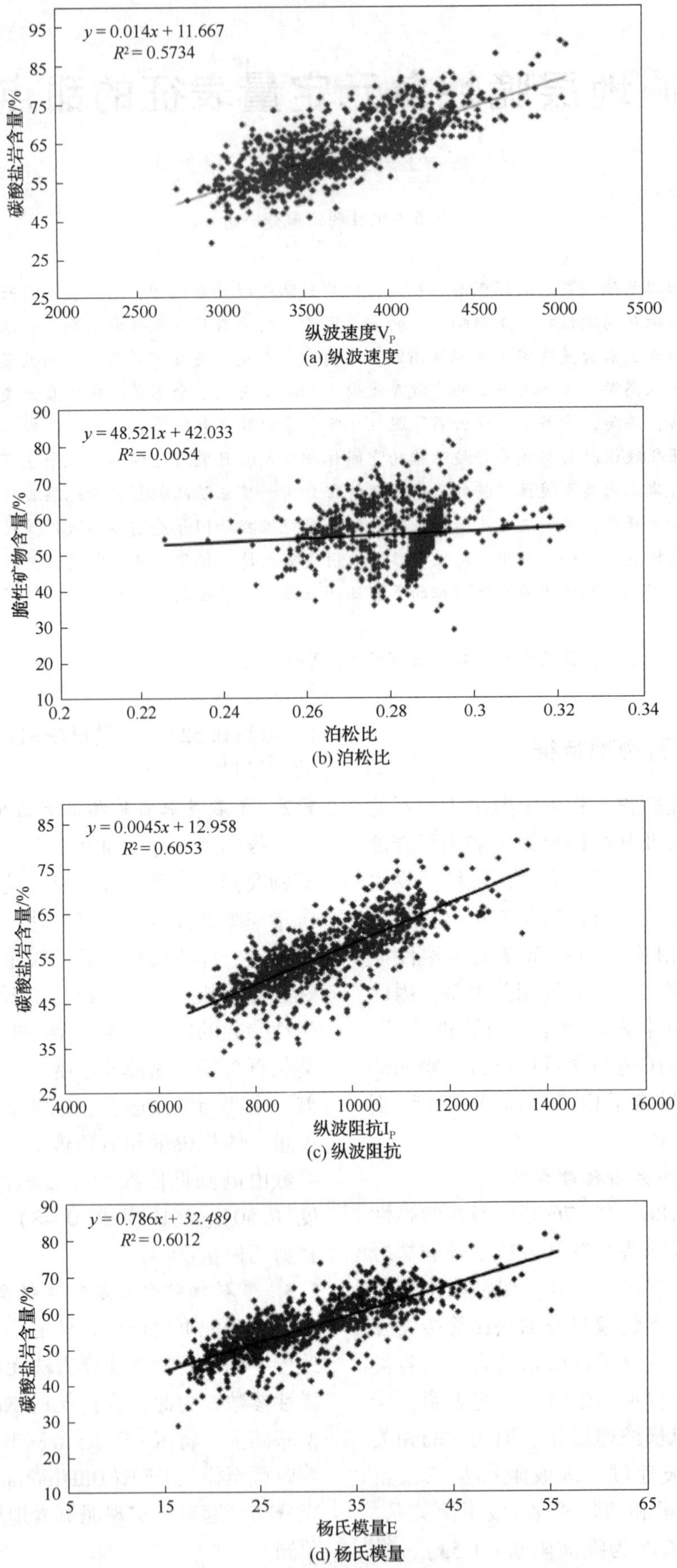

图 1　碳酸盐岩含量与各类弹性参数的统计交会图

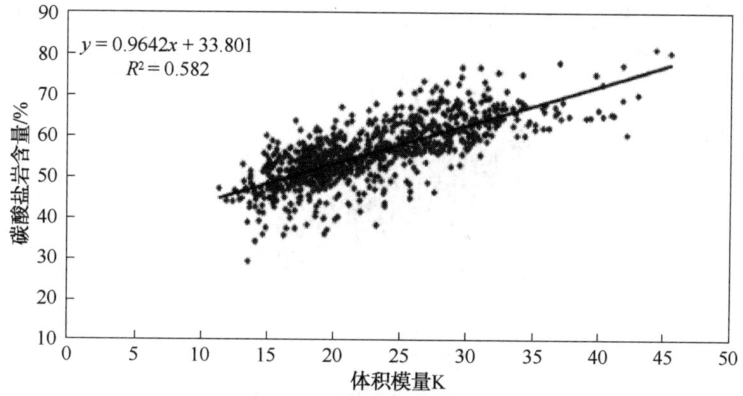

(e) 体积模量

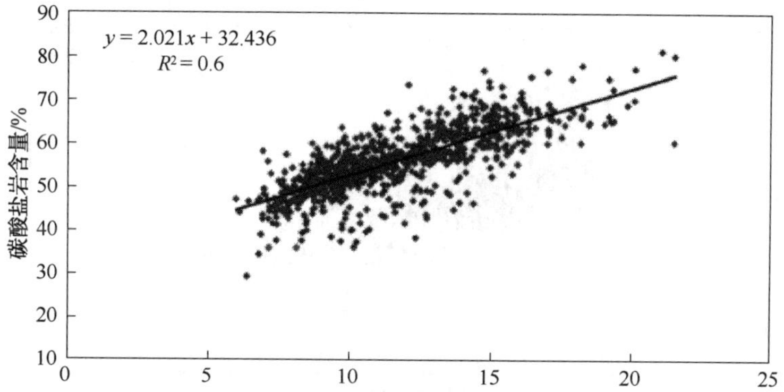

(f) 剪切模量

图 1　碳酸盐岩含量与各类弹性参数的统计交会图(续)

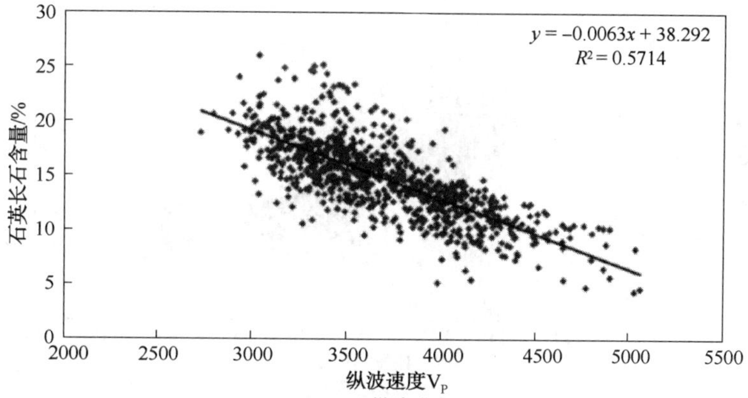

(a) 纵波速度

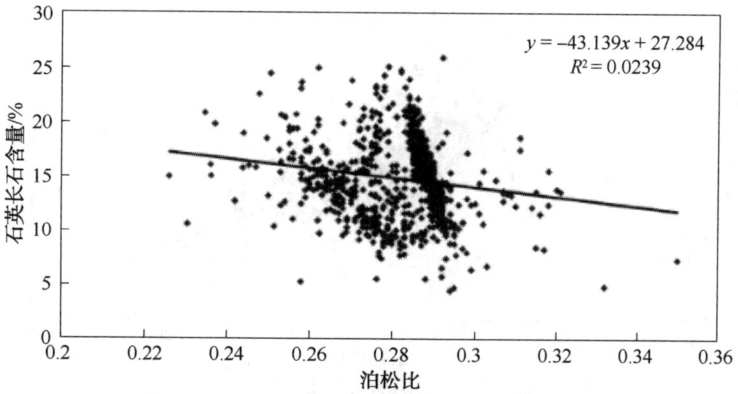

(b) 泊松比

图 2　石英长石含量与各类弹性参数的统计交会图

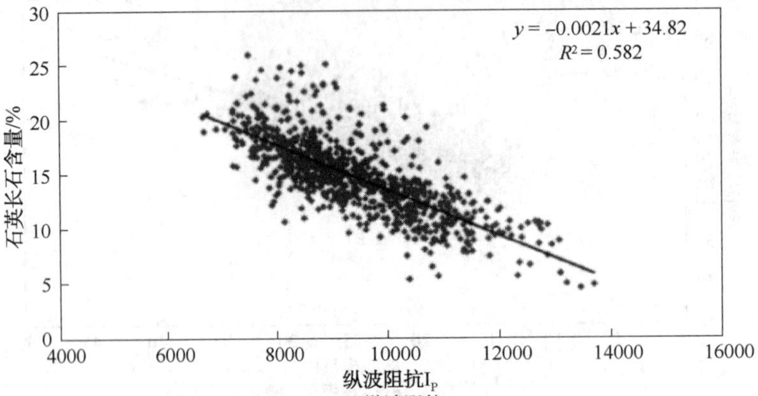

(c) 纵波阻抗

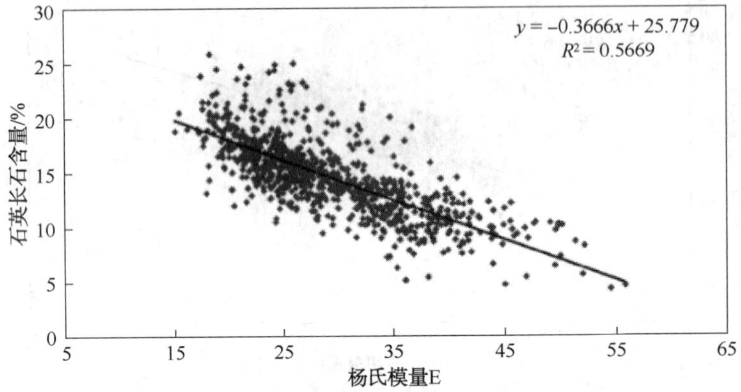

(d) 杨氏模量

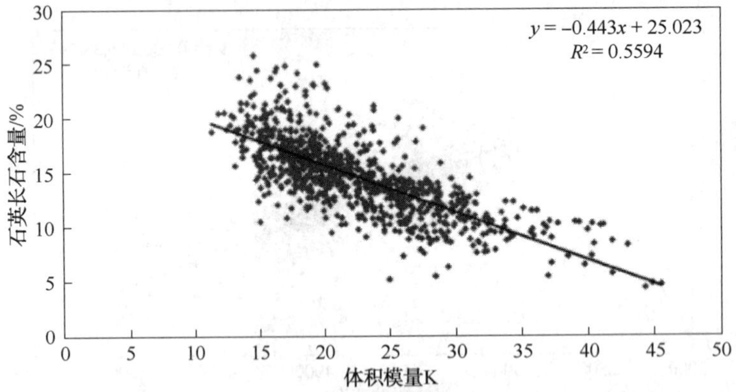

(e) 体积模量

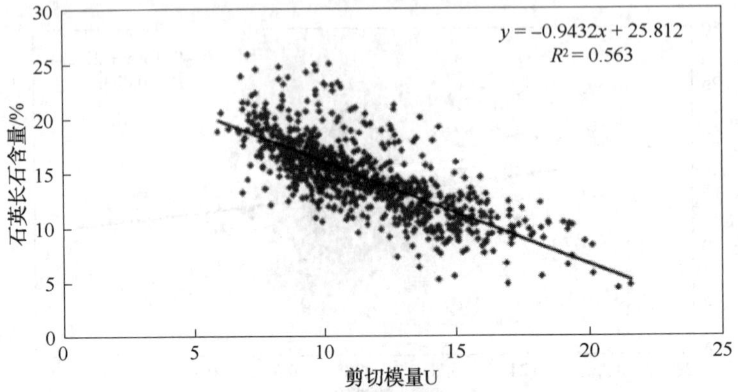

(f) 剪切模量

图 2　石英长石含量与各类弹性参数的统计交会图(续)

本文岩石物理建模采取了以 Xu-White 模型为基础，首先将岩石骨架岩性简化为石英、干黏土和方解石，岩石的总孔隙度假定只由砂岩粒间孔隙和黏土粒间孔隙(饱和束缚水)组成；然后，通过利用 K-T 模型计算岩石组分的干岩石弹性模量；进而，利用 DEM 模型将干岩模量与灰质背景组分耦合，计算泥页岩的干岩石模量；利用 Wood 方程和 Gassmann 方程计算饱和岩石的物理参数；最后，将预测的纵、横波速度与实测曲线进行对比分析，通过误差对比迭代分析，确定最佳的岩石骨架矿石的弹性参数及纵横波速度参数，以实现对泥页岩地层的精细岩石物理建模。

在岩石物理模型约束下进行敏感参数分析认为，纹层状泥质灰岩、纹层状灰质泥岩、夹灰条层状泥页岩和夹砂条层状泥页岩等 4 类优势泥页岩岩相的弹性参数中以杨氏模量、拉梅常数 * 密度差异较大，对各类岩相区分较好。

2　脆性指数多元计算模型构建

2.1　地质矿物组成法

对地层脆性特征的评价一般用脆性指数来表征。脆性指数有两大类评价方法，一是矿物组成法，即利用脆性矿物含量百分比评价脆性指数。Rickman 等人(2008)对 Barnett 页岩测量的脆性指数和矿物之间关系进行了分析总结，发现 Barnett 页岩脆性最强的部分含有大量的石英，脆性最弱的部分富集黏土矿物，而含碳酸盐岩的页岩脆性一般，进而提出地层脆性与岩石矿物组分之间的关系：

$$BI=\frac{V_{quartz}}{V_{quartz}+V_{clay}+V_{carbonate}}\times 100\% \qquad (1)$$

式中，BI 为脆性系数；V_{quartz} 为石英含量，%；$V_{carbonate}$ 为碳酸盐岩含量，%；V_{clay} 为黏土含量，%。由式(1)可知当泥质含量增加时，脆性降低；当石英含量增加时，脆性升高。

在对陆相页岩油地层脆性指数评估时，研究发现，石英等硅质矿物和碳酸盐岩对地层脆性都有较大影响，硅质矿物含量的大小是衡量脆性指数的关键指标，碳酸盐含量与脆性成正相关，在计算脆性矿物指数时，应该考虑碳酸盐相对作用。提出针对该类岩相的脆性指数计算方法，公式如下：

$$BI=\frac{V_{quartz}+V_{carbonate}}{V_{quartz}+V_{carbonate}+V_{clay}}\times 100\% \qquad (2)$$

根据碳酸盐和石英、长石含量等脆性矿物组分测井定量模型，利用测井解释曲线计算石英矿物、方解石等脆性组分含量，计算在总地层成分中的占比得到脆性指数。

2.2　改进的弹性参数多元计算法

在矿物组成法计算脆性指数的基础上，利用地球物理弹性参数计算脆性指数，可以实现利用地震信息得到地层脆性的三维空间分布特征。目前，常用的计算方法有 Rickman 脆性指数等方法，岩石的脆性与其杨氏模量和泊松比有关。杨氏模量反映了页岩被压裂后保持裂缝的能力，泊松比反映了页岩在压力下破裂的能力。对于脆性等级较高的页岩，其泊松比越低，则杨氏模量越高；而对于脆性等级较低的页岩，泊松比越高，则杨氏模量越高。Rickman 等(2008)利用杨氏模量和泊松比计算脆性系数的方法，计算公式如下：

$$BI=\frac{E+\mu}{2} \qquad (3)$$

式中，E 为杨氏模量，10^4MPa；μ 为泊松比。

Rickman 脆性指数以杨氏模量和泊松比参数为计算对象，但研究表明，地层中干酪根含量对地层脆性也有一定的影响，Rickman 脆性指数对富有机质层段还存在较大计算误差。通过对研究区渤南洼陷沙三段脆性地层测井交会分析表明，脆性地层与阻抗均值有较好的相关关系，因此综合考虑杨氏模量、泊松比、阻抗均值等参数，提出并建立脆性指数的多元回归计算模型(式 4)。

$$BI=\alpha * E+\beta * \mu+\gamma * P_{imp}+\varepsilon \qquad (4)$$

式中，α、β、γ 为回归系数，P_{imp} 为泊松比，ε 为常量因子。

应用该回归模型及前述矿物组分与弹性参数之间的相关关系，并与矿物组成法得到的脆性指数交互验证标定，各个量归一化，开展回归分析，得到适合本地区的脆性指数计算公式，实现定量预测，达到大大减小预测误差的目的(式 5，图 3)。

$$BI=1.56 * E+0.55 * \mu+1.71 * P_{imp}-3.12 \qquad (5)$$

3　脆性指数叠前多参数反演及实现

3.1　反演目标方程的建立

首先统计分析其地层岩石物理特征，建立不同弹性参数的先验参数分布模型，并将其作为约束加入到叠前弹性参数反演中。在 Aki 和 Richards 近似方程式的基础上，推导得到基于杨氏模量和泊松比的地震波反射系数为：

$$R(\theta)=\left(\frac{1}{4}\sec^2\theta-2k\sin^2\theta\right)\frac{\Delta E}{E}+\left(\frac{1}{4}\sec^2\theta\frac{(2k-3)(2k-1)^2}{k(4k-3)}+2k\sin^2\theta\frac{1-2k}{3-4k}\right)\frac{\Delta\sigma}{\sigma}+\left(\frac{1}{2}-\frac{1}{4}\sec^2\theta\right)\frac{\Delta\rho}{\rho} \tag{6}$$

以方程(式 6)为基础，通过叠前地震反演获得泥页岩地层脆性指示因子，即杨氏模量和泊松比。首先通过高保真的 CRP 道集获得叠前反演的分角度叠加数据，采用广义线性反演技术反演各个角度的地震子波，得到与入射角有关的地震子波。在每个角道集上，采用宽带约束反演方法得到弹性波阻抗，结合构造解释成果进行井震标定找到可靠的时深关系和反演子波进行叠前弹性参数反演，反演出反应地层脆性的杨氏模量和泊松比。同时，由于页岩油脆性地层(夹层)单层厚度一般介于 1～5m，3m 以下夹层占 91.76%，累计厚度在页岩层段地层厚度占比 30% 以下，受地震资料分辨率限制，无法预测单个夹层，统计分析发现，阻抗均值与脆性矿物含量具有较好正相关关系，可通过波阻抗反演得到目标层的阻抗均值。进一步地，将得到的杨氏模量、泊松比、阻抗均值等参数应用于多元计算模型，从而实现对页岩储层脆性特征的定量评价。

3.2　应用实例

研究区位于沾化凹陷渤南洼陷的中东部，泥页岩主要发育在沙三下亚段。该区沙三下可分为 10、11、12、13 层组，其中泥页岩发育段的 12～13 层组可细分为 12s，12x，13s，13x 四个层组。这四个层组形成于基准面旋回从上升拐点至最高点时期，可容空间迅速增加，属于迅速供水深水湖型，主要发育纹层状泥页岩，洼陷带发育泥页岩夹砂岩条带，仅底部发育少量块状泥页岩。

3.2.1　研究区岩相分布规律

该区为中演化-富灰质夹层型页岩油，主要发育 5 种岩相：纹层状泥质灰岩、纹层状灰质泥岩、夹灰条层状泥页岩、夹砂条层状泥页岩、块状泥质灰岩。沙三下泥页岩的分布与构造位置密切相关，在北部陡坡带主要发育砂砾岩，各类泥页岩岩相不发育；向南至洼陷带，依次出现夹砂条层状泥页岩、夹灰条层状泥页岩及少量的纹层状灰质泥岩；在南部斜坡带主要发育纹层状灰质泥岩、纹层状泥质灰岩；最南部的缓坡带以块状泥页岩为主(图 3)。

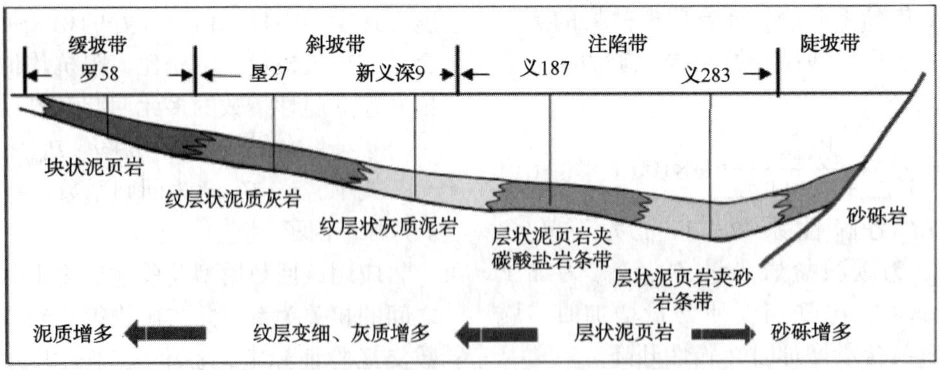

图 3　沙三下泥页岩南北岩相与构造位置关系

3.2.2　脆性指数反演与甜点预测

对渤南洼陷沙三段页岩油岩石物理特征分析认为，纹层状泥质灰岩、纹层状灰质泥岩、夹灰条层状泥页岩和夹砂条层状泥页岩等 4 类优势泥页岩岩相的弹性参数中以杨氏模量、拉梅常数 * 密度差异较大，对各类岩相区分较好。通过统计分析其地层岩石物理特征，建立杨氏模量、泊松比等弹性参数的先验参数分布模型，并将其作为约束加入到叠前弹性参数反演中，得到可以初步反应页岩油甜点特征的不同弹性参数反演结果。

分析过新义深 9-义 176 井的反演剖面可以看出，新义深 9 在沙三下 13 砂组发育富有机质层状泥质灰岩，而义 176 则发育富有机质纹层灰质泥岩夹灰条，二者在形态和边界上具有明显的不同(图4)。因此，利用本文建立的脆性指数多元计算公式，根据上述弹性参数反演结果可进一步进行页岩地层脆性特征的预测。

从沙三下13砂组的脆性指数反演平面图上看出，北部义176钻遇的纹层状灰质泥岩甜点发育区呈北西向展布，而南部的新义深9井区与其差异较大，分布特征清楚，同时，两个北西向展布及南部两个近东西向展布的页岩油甜点和裂缝耦合区得到清晰地刻画，与实钻井吻合程度高(图5)。

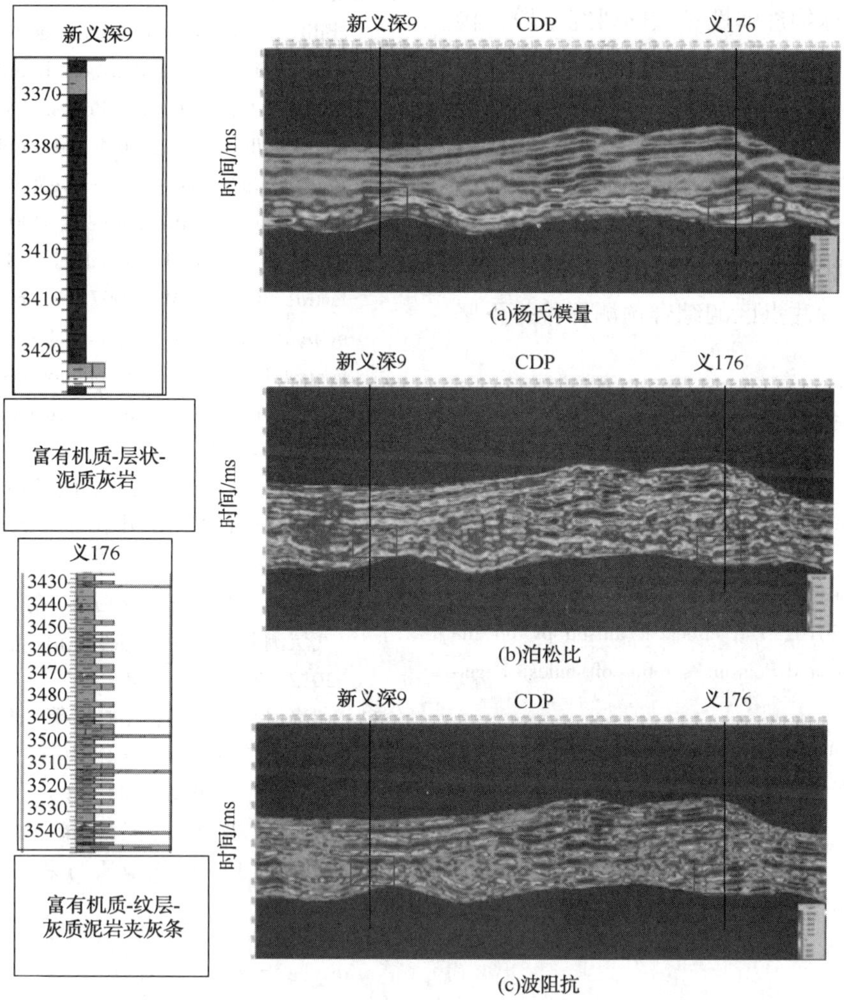

图4　渤南洼陷沙三下13砂组泥页岩弹性参数反演剖面

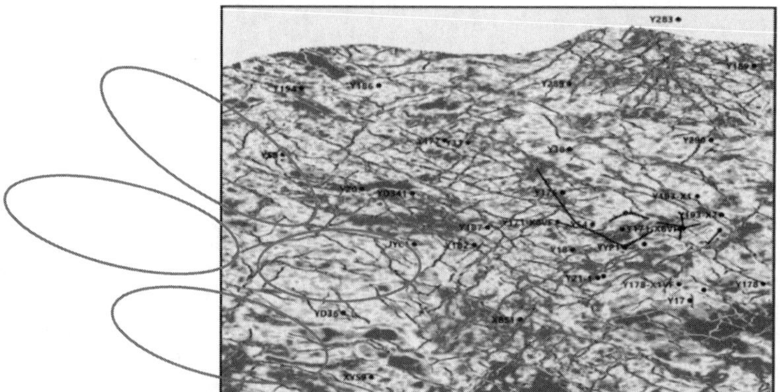

图5　渤南洼陷沙三下13砂组脆性指数预测平面图

4 结论

济阳坳陷发育基质型、夹层型和裂缝型等多种类型页岩油，这种陆相断陷盆地页岩油呈现岩相复杂、油藏复杂的特点。页岩地层的脆性特征是影响其甜点发育程度的重要因素，本文综合地质脆性矿物和地球物理弹性参数的研究手段，构建了脆性指数多元定量计算模型并实现的叠前多参数反演对陆相页岩油甜点预测具有较好的借鉴意义。在渤南地区沙三段页岩油的勘探开发应用表明，本文建立的多元弹性参数模型法得到的脆性指数结果与实钻井吻合度较高，吻合率达到90%，应用该脆性特征定量预测结果可以为页岩油地质甜点与工程甜点区的综合预测评价打下坚实的基础。

参 考 文 献

[1] Rick R, Mike M, Erik P, et al, 2008, A practical use of shale petrophysics for stimulation design optimization: All shale plays are not clones of the Barnett Shale. Society of Petroleum Engineers 115258.

[2] Sayers C M, 2010, The effect of anisotropy on the Young's moduli and Poisson's ratios of shales. Segismundo.

[3] Alemie, W., and M. D. Sacchi, 2011, High-resolution three-term AVO inversion by means of a Trivariate Cauchy probability distribution: Geophysics, 76, R43-R55.

[4] Goodway B, Perez M, Varsek J, et al. 2010, Seismic Petrophysics and Isotropic-anisotropic AVO Methods for unconventional gas exploration: The Leading Edge, 29 (12): 1500-1508.

[5] Russell, B. H., Gray, D., Hampson, D. P. Linearized AVO and poroelasticity[J]. Geophysics, 2011, 76(3): C19-C29:.

[6] Mc Cullough B J, Slatt R M, 2014, Stratigraphic variability of the Woodford shale across Oklahoma. AAPG Annual Meeting, AAPG Search and Discovery.

[7] Jarvie M D, Hill J R, Pollastro M R, 2005, Assessment of the gas potential and yields from shales: The Barnett Shale model. Unconventional Energy Resources in the Southern Midcontinent, 2004 Symposium.

[8] Jarvie M D., Hill, Ronald J., Ruble, Tim E., Pollastro, Richard M, 2007, Unconventional shale-gas systems: The Mississippian Barnett Shale of north-central Texas as one model for thermogenic shale-gas assessment. American Association of Petroleum Geologists Bulletin.

[9] 张善文，王永诗，等. 济阳坳陷渤南洼陷页岩油气形成条件研究[J]. 中国工程科学，2012，14(6)：49-55.

[10] 李师涛，张晋言，陆巧焕，等. 济阳坳陷泥页岩油气层测井响应特征研究[J]. 油气藏评价与开发，2012，2(3)：66-68.

[11] 刘惠民，张守鹏，王朴，等. 沾化凹陷罗家地区沙三段下亚段页岩岩石学特征[J]. 油气地质与采收率，2012，19(6)：11-15.

[12] 耿生臣. 罗家地区泥页岩矿物组分含量解释模型构建方法[J]. 油气地质与采收率，2013，20(1)：24-27.

陆相页岩油水平井渗吸增产机理及产能模型研究

李冠群 杨 勇 曹小朋 程紫燕 蒋 龙 刘祖鹏

（中国石化胜利油田分公司）

摘 要 济阳页岩油自2019年以来，在5个含油洼陷均获得产能突破，目前进入了快速开发阶段。页岩油水平井经大规模储层改造后，开采过程中存在复杂渗流问题，多尺度孔-缝网络中的渗吸机理、流体分布特征认识不清，导致无法准确表征济阳陆相页岩油水平井渗流规律和产能。本论文针对济阳页岩油牛庄洼陷压后渗吸效应及产能预测问题，基于室内实验确定的页岩矿物组成、孔隙结构特征等，建立了考虑微尺度效应的页岩多孔介质渗吸模型，形成了基质-裂缝渗吸置换表征方法，基于多区复合流动模型建立了考虑渗吸机理的济阳页岩油体积压裂水平井产能预测模型。结果表明：微尺度边界滑移、毛管力、渗透压和流体压差对渗吸油水置换均具有促进作用，渗吸置换区宽度越大、裂缝参数越均质，基质渗透率越高，则体积压裂水平井产能越高。本文研究成果为济阳陆相页岩油水平井压裂设计优化、开采制度确定及高效开发提供了理论支撑。

关键词 页岩油；渗吸机理；微观模型；产能模型

我国陆相页岩油储量十分丰富，资源量达到283×10^8t，高效开发页岩油是国家能源储备安全的重大需求，也是推动我国原油增产稳产的重要支撑。随着水平井和大规模体积压裂技术的发展和完善，北美页岩油开发取得了突破性发展，实现了“能源独立”，影响了世界范围内的能源格局。与北美海相页岩油相比，我国陆相页岩油在地质条件、储层物性和生产特征等方面存在很大差异。中国陆相页岩油具有分布面积较小、有机质含量差异大、非均质性强、压力系数变化范围大等特点。目前，针对我国陆相页岩油储层及开发特征，初步形成了陆相页岩油体积压裂水平井“压-闷-采”全周期一体化开发技术，并在长庆油田、胜利油田、大港油田等页岩油示范区试验成功，但尚未形成成熟有效的关键技术和基础理论体系，还需要进一步深化研究。

1 储层特征

济阳页岩为陆相沉积，具有灰质含量高、非均质性强、成岩作用弱、有机质丰度高、原油黏度高等特点，本文研究目标是东营凹陷内牛庄洼陷的某区块。牛庄洼陷是东营凹陷中南部的重要生油洼陷，其面积约为600km²，平面上呈北东向带状展布，受多期构造作用，基本形态构造为向斜，发育多条次级生长断层，已发现有13条断层，四周的地层倾角较小。

黏土矿物颗粒较小，大部分位于孔壁表面，使得渗流通道更加迂回曲折。本文采用X衍射方法进一步测试了研究区样品的黏土类型和含量，黏土矿物组成特征如图1所示。伊利石和伊/蒙混层是沙河街组页岩的主要黏土矿物类型，其中伊利石含量为26%~59%，平均约为47%；伊/蒙混层含量范围为37%~72%，平均为52%；蒙皂石、高岭石和绿泥石的含量极少。

陆相页岩储层具有典型的“源储一体”特性，成岩作用直接影响了孔隙的形成和改造，沉积环境控制着架构矿物类型，储层的矿物组成与孔隙发育程度及结构特征也有直接联系。应用FESEM技术观测牛庄洼陷页岩样品，结果如图2所示，整体上三类孔隙均有发育，但不同矿物成分对孔隙贡献程度差异较大，同时还存在层理和微裂缝。由图可知，不同矿物颗粒之间存在大量微孔，同时发育了有机纳米孔，总体上具有孔隙结构复杂的特征。

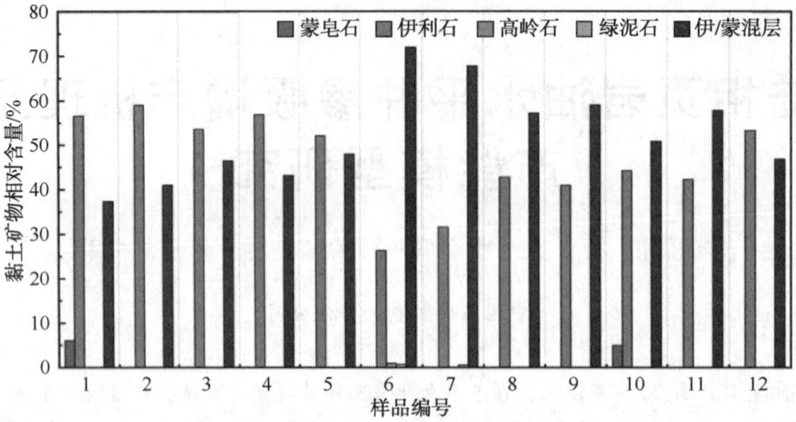

图1　黏土矿物含量分布图

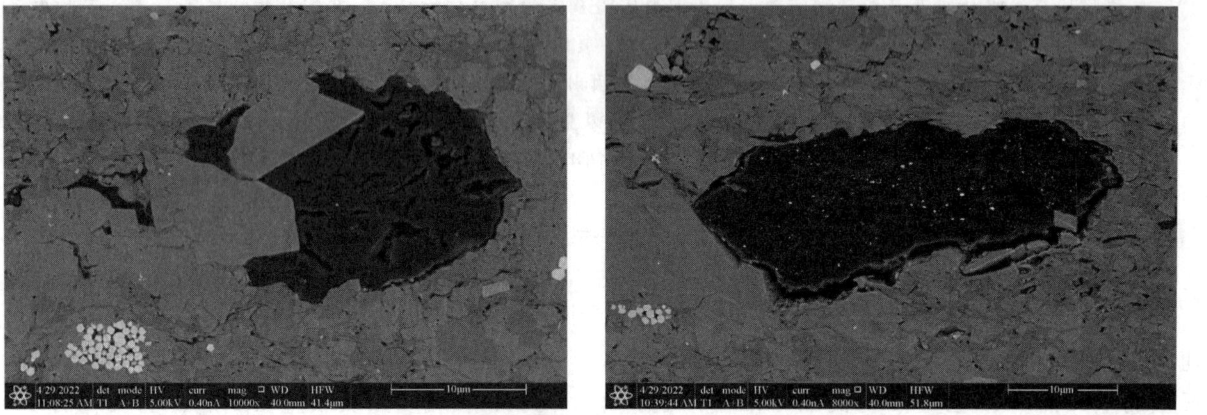

图2　FESEM 测试结果

2　页岩微观孔隙渗吸模型研究

2.1　渗吸微观模型研究

分析不同类型矿物孔隙在单一毛细管中的渗吸动力学模型是后续研究多孔介质中渗吸特性的基础工作之一。模型假设如下：(1)忽略进口效应和损失；(2)水平毛细管忽略油水重力影响；(3)毛管力考虑动态接触角的影响；(4)流体为不可压缩流体。同时，弯曲毛细管的数量和孔径均符合分形标度律，利用渗吸扩展方程模拟毛管束中的渗吸过程，如图3所示。

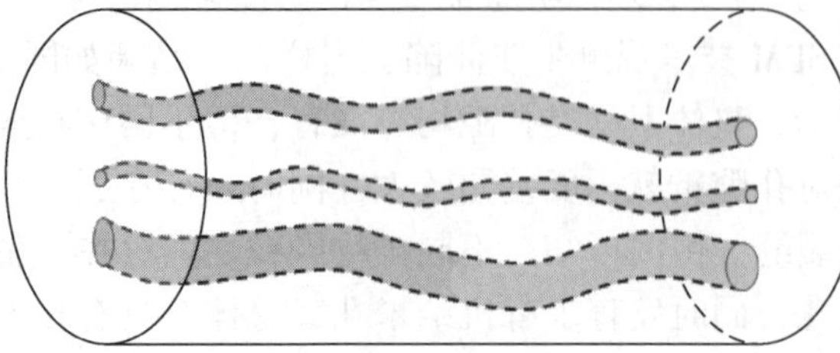

图3　毛管束模型示意图

基于分形标度理论，累积孔径分布的表征方程为：

$$N(\xi \geqslant r)=\left(\frac{r_{\max}}{r}\right)D_{\mathrm{f}} \tag{1}$$

式中，$r_{\max}$为最大孔隙的半径，m；r为孔隙的半径，m。D_{f}为孔径分布的分形维数，由下面方程计算获得：

$$D_{\mathrm{f}}=2-\frac{\ln\phi}{\ln(r_{\min}/r_{\max})} \tag{2}$$

式中，ϕ为岩心孔隙度；$r_{\min}$为最小孔隙的半径，m。本节毛管束模型是二维流动模型，其中欧几里德维数为2。

根据岩心尺度各参数的关系，可以得到毛细管的数量：

$$N_{\mathrm{p}}(\xi \geqslant r_{\mathrm{inc}})=\frac{d^2\phi}{4r_{\max}^{2-D_{\mathrm{f}}}}\frac{2-D_{\mathrm{f}}}{D_f}\frac{1}{1-\left(\frac{r_{\min}}{r_{\max}}\right)^{2-D_{\mathrm{f}}}}r^{-D_{\mathrm{f}}} \tag{3}$$

式中，d为岩心的直径，m。

假设孔隙的孔径分布是连续的，则可获得孔径分布在r至$r+dr$之间的孔隙数量：

$$-dN=D_f r^{-(D_{\mathrm{f}}+1)} r_{\max}^{D_{\mathrm{f}}} dr \tag{4}$$

因此，对于直径为 d 的岩样，考虑到不同毛细管截面形状和迂曲度的毛管数可表示为：

$$n(r_{inc}) = -dN_p = \frac{d^2}{4\tau r_{max}^{2-D_f}} \frac{(2-D_f)\phi}{1-\left(\frac{r_{min}}{r_{max}}\right)^{2-D_f}} r_{inc}^{-(D_f+1)} dr_{inc} \tag{5}$$

式中，r_{inc} 为不同形状毛细管横截面内切圆的半径，m。

毛管束模型的渗吸量的计算通式为：

$$\begin{aligned} Q &= -\int_{r_{min}}^{r_{max}} AxdN \\ &= \frac{\phi d^2}{4\tau r_{max}^{2-D_f}} \frac{2-D_f}{1-\left(\frac{r_{min}}{r_{max}}\right)^{2-D_f}} \int_{r_{min}}^{r_{max}} Axr_{inc}^{-(D_f+1)} dr_{inc} \end{aligned} \tag{6}$$

2.2　考虑微观效应的多孔介质渗吸模型

页岩多孔介质渗吸规律由脆性矿物孔、黏土矿物孔和有机孔综合决定，基于页岩多重孔隙数学模型，建立考虑孔隙形状、粗糙度、边界滑移效应和迂曲度等微观效应的多孔介质渗吸模型。

不同类型孔隙的渗吸产油量是由半径从 r_{imin} 到 r_{imax} 的毛细管渗吸量积分得到，岩心尺度自发渗吸量为脆性矿物孔和黏土矿物孔的渗吸量之和，表达式为：

$$\begin{aligned} Q_{SI} &= \sum_{i=1}^{6} Q_{s\ i} \\ &= \sum_{i=1}^{6} \frac{\phi_i d^2}{4\tau r_{imax}^{2-D_f}} \frac{2-D_f}{1-(r_{imin}/r_{imax})^{2-D_f}} \\ &\int_{r_{imin}}^{r_{imax}} Ax_{si} r_{inc}^{-(D_f+1)} dr_{inc} \end{aligned} \tag{7}$$

式中，x_{si} 为不同类型毛细管的渗吸距离。

基于上述模型的最终半解析解模型，其求解过程如下：(1)计算孔径从 r_{min} 到 r_{max} 的毛管数；(2)验证每个时间步长下每根毛细管中油水界面的位移距离；(3)计算特定时间步长下毛管束的渗吸量；(4)对所有类型孔隙的渗吸量进行求和，计算第 i 个时间步岩心尺度总渗吸量/产油量。

2.3　影响因素的敏感性分析

(1) 孔隙类型与孔隙形状：如图 4 所示，对于脆性矿物孔和黏土矿物孔的自发渗吸，相同时间和孔径下黏土矿物孔的渗吸距离比脆性矿物的长。当时间 $t=10000$s 时，比较图中虚线处可以看出，黏土矿物中直角三角形毛细管和等腰直角三角形毛细管中的水相可以到达岩心的另一端，自发渗吸过程已完成。此现象是由于黏土矿物孔中除了毛细作用力外，还存在渗透压，两种作用力共同提供了流体渗吸的驱动力。

(2) 迂曲度：研究了不同迂曲度对自发渗吸的影响，计算结果如图 5 所示。为了控制单个变量以比较迂曲度对渗吸的影响，假设岩心尺度毛管束的横截面形状均为圆形。由下图可以看出，对于岩心尺度的自发渗吸模型，迂曲度对其影响显著，尤其值得注意的是，迂曲度越大，产油量越小，迂曲度与渗吸量之间呈非线性关系。

(3) 油水界面张力：如图 6 所示，毛管力随着油水界面张力的增大而增大，在毛管力的作用下自发渗吸的流速系数($t=1$s 时的渗吸量)也随之增大。然而，在强制渗吸过程中，流体流动通道不仅包括脆性矿物孔和黏土矿物孔，还包括有机孔，因此界面张力对强制渗吸流速系数的影响大于对自发渗吸流速系数的影响。

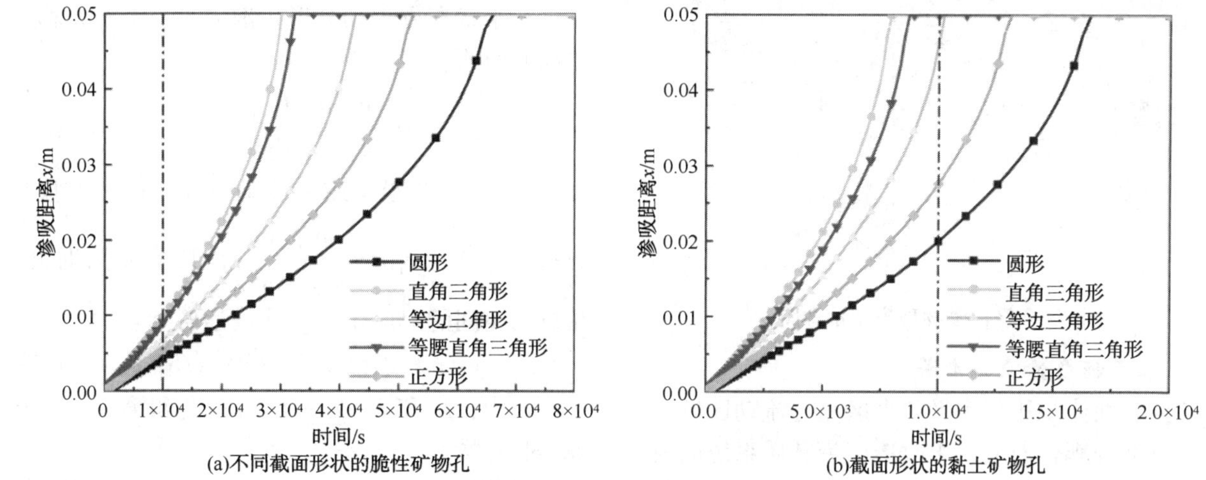

(a)不同截面形状的脆性矿物孔　　(b)截面形状的黏土矿物孔

图 4　自发渗吸距离与时间的关系

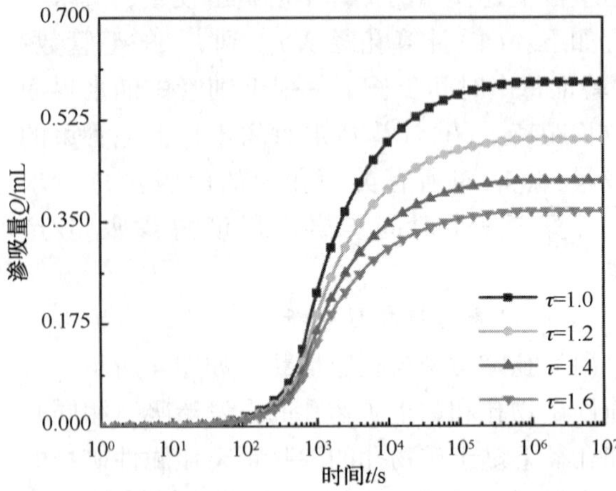

图5　不同迂曲度下自发渗吸产油量与时间的关系

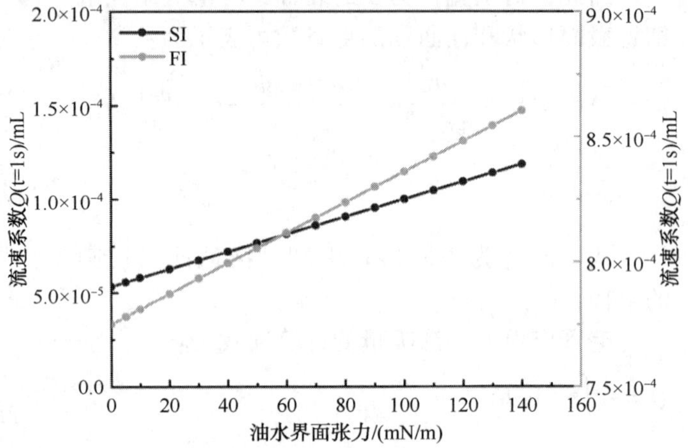

图6　不同界面张力下的渗吸流速系数

3　考虑渗吸机理的体积压裂水平井产能模型研究

3.1　模型描述

基于页岩油体积压裂的缝网介质分布规律可知，有效改造区域仅分布于主裂缝两侧地带，裂缝之间存在部分未改造区域，同时与之相连的外部未改造储层区域也为水平井产能贡献了流动区域，在渗流模型中需分别考虑。基于线性流动理论建立体积压裂水平井多区流动物理模型，如图7所示，模型由7个区域组成：区域1(主裂缝区)、区域2(发生渗吸置换的缝网改造区)、区域3(压裂液未波及的缝网改造区)、区域4-7(未改造区)。

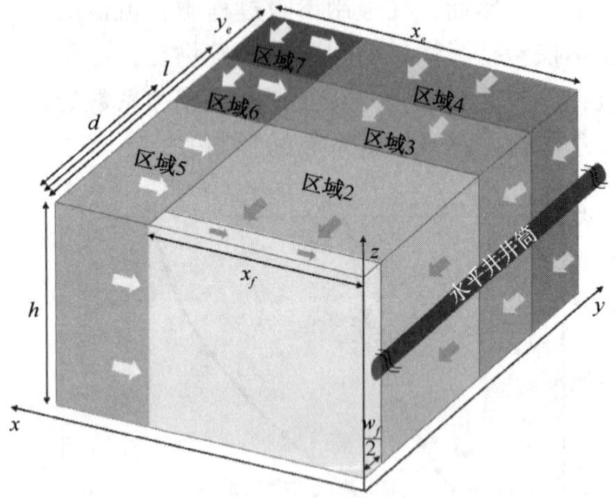

图7　多区流动物理模型示意图

3.2　数学模型建立与求解

页岩油体积压裂水平井多区复合流动区域主要由三部分耦合而成，未改造区为基质系统向改造区边界供液的流动，改造区包括基质-裂缝的窜流和改造区缝网向主裂缝供液的流动，主裂缝区为线性流动。

基于达西定律和物质平衡方程，得到微可压缩流体渗流方程：

$$0.1\frac{k_7}{\mu_7}\left(\frac{\partial^2 p_7}{\partial x^2}-G_7C_{17}\frac{\partial p_7}{\partial x}\right)=\phi_7C_{t7}\frac{\partial p_7}{\partial t} \quad (8)$$

式中，k_i 为区域 i 的渗透率，μm²；μ_i 为流体黏度，mPa·s；p_i 为区域 i 的压力，MPa；G_i 为区域 i 的启动压力梯度，MPa/cm；C_{1i}为区域 i 的液相压缩系数，MPa^{-1}；C_{ti}为区域 i 的综合压缩系数，MPa^{-1}；ϕ_i 为区域 i 的孔隙度；其中，区域 i 为1-7。

基于多线性渗流假设和方程之间的边界交互，对无因次处理后的控制方程和边界条件进行拉氏变换，得到区域7的渗流方程在拉普拉斯空间中的表达形式：

$$\frac{d^2\bar{p}_{7D}}{dx_D^2}-a_7\frac{d\bar{p}_{7D}}{dx_D}=\omega_7u\bar{p}_{7D} \quad (9)$$

基于状态方程和分形扩散方程，渗流常微分方程的通式：

$$\frac{d^2\bar{p}_{iD}}{d\xi_D^2}+\frac{D-d_f-\theta_i}{\xi_D}\frac{d\bar{p}_{iD}}{d\xi_D}-\xi_D^{\theta_i}\Omega_i\bar{p}_{iD}=0 \quad (10)$$

式中，ξ 为沿 x 或 y 流动方向；Ω 为变换后的系数，$\Omega_i=\omega_{i\theta}u+\frac{\omega_{im}u\lambda_{i\theta}}{\omega_{im}u+\lambda_{im}}$，其中 u 为时间 t 在拉氏空间的对应量。上式的通解为：

$$y=x^{i}\left[AI_{n_i}(\beta_ix^{\gamma_i})+BK_{n_i}(\beta x^{\gamma_i})\right] \quad (11)$$

式中，I_n 和 K_n 为 n 阶第一类和第二类修正Bessel函数。

根据约束条件和上述通解，可以得到沿 x 方向的渗流方程的解：

$$\bar{p}_{7D}=A_{71}e^{r_{71}x_D}+B_{71}e^{s_{71}x_D} \tag{12}$$

式中，$A_{71}=\dfrac{p_{4D}}{e^{r_{71}}+\varepsilon_{71}e^{s_{71}}}$，$r_{71}=\dfrac{a_7}{2}+\dfrac{\sqrt{a_7^2+4\omega_7 u}}{2}$，$B_{71}=\varepsilon_{71}A_{71}$，$s_{71}=\dfrac{a_7}{2}-\dfrac{\sqrt{a_7^2+4\omega_7 u}}{2}$。

其次，可以得到沿 y 方向的流动模型以及其他 6 个区域的流动模型。利用 Laplace 变换简化了求解问题，在实际非常规油藏应用中，基于油气渗流力学理论，使用 Stehfest 数值反演方法可以得到任意时刻的实际产量。

$$q_v=q\cdot q_{vD} \tag{13}$$

3.3 产能影响因素分析

（1）毛管力：基于上述所建模型，其他参数不变的条件下，计算不同毛管力下无因次压力、无因次压力导数、无因次产量和无因次产量导数，其结果如图 8 所示。由图可知，无因次压力与无因次压力导数随着毛管力的增大均呈下降趋势，但对比日产量则呈上升趋势。在现场压裂过程中可以选取合理的压裂液和表面活性剂，通过改变壁面性质和增强基质-裂缝间毛细作用而增强渗吸置换作用，以达到开发过程中提高采收率的效果。

（2）启动压力梯度：页岩油体积压裂水平井闷井后衰竭开发过程中，未改造区(区域 4-7)储层孔隙细小，流体流动过程中压差较小时渗流速度较慢，通过拟启动压力梯度项表征了这一影响。由图 9 可以看出，未改造区(区域 4-7)的油、水渗流考虑启动压力梯度作用对衰竭开发初期的井筒储集阶段和线性流动阶段的影响较小，启动压力梯度主要对晚期多区复合线性流动阶段和边界控制阶段的影响显著。

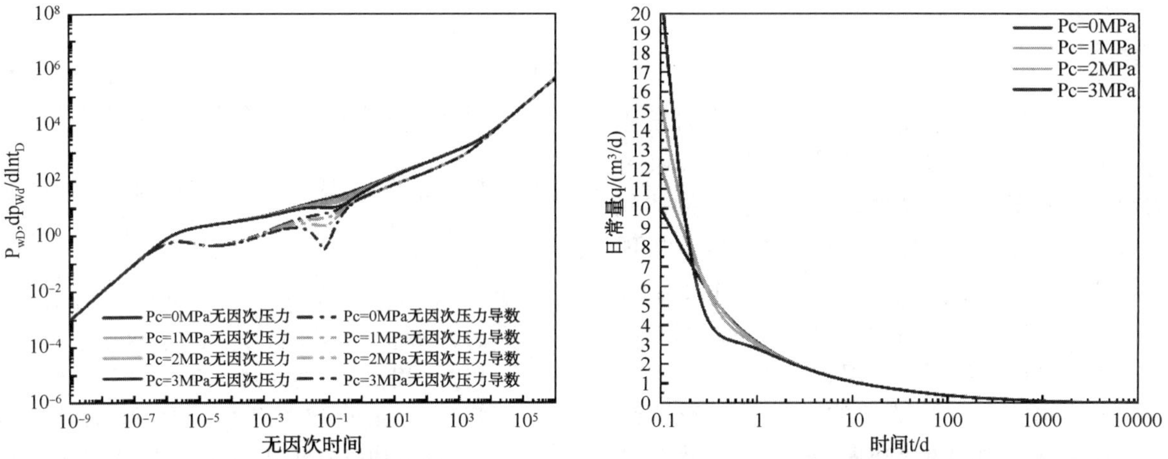

(a)无因次压力和压力导数曲线　　(b)日产量变化曲线

图 8　不同毛管力下的产能参数结果图

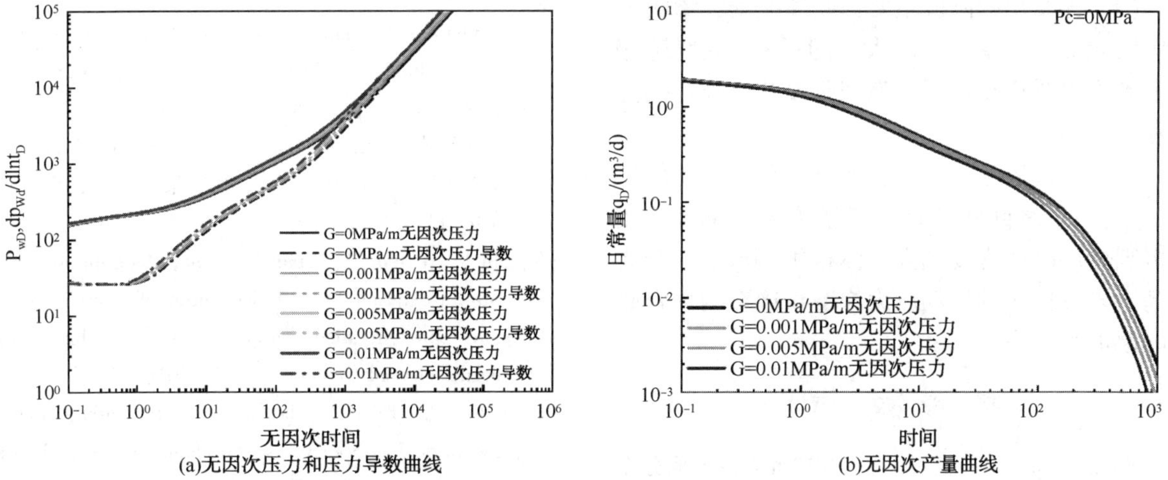

(a)无因次压力和压力导数曲线　　(b)无因次产量曲线

图 9　不同启动压力梯度下的产能参数结果图

(3) 改造区裂缝条数：假设人工裂缝均匀分布，由图 10 可知，随着裂缝条数的增多，定压生产时的无因次产量和累积产量也逐渐增大，但累积产量的增加程度逐渐降低。油井水平段长度一定的条件下，裂缝条数可以表征体积压裂的规模，裂缝条数越多，则储层改造程度越大，相应的裂缝间距越小，则近井地带的渗流能力越强，储层流体越容易流入井筒。但随着裂缝条数的增多，裂缝之间相互干扰效应越强，因此在实际应用过程中存在裂缝条数的最优值。

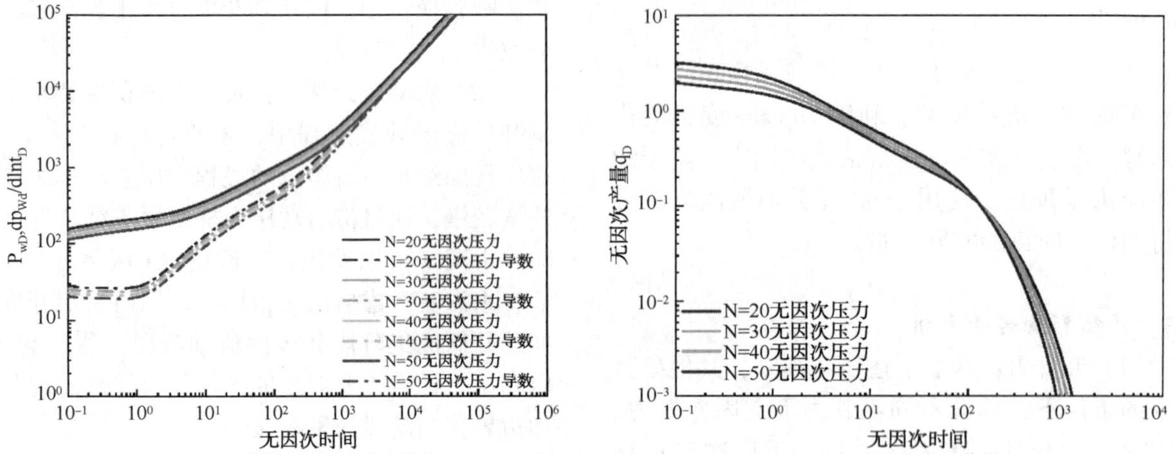

(a)无因次压力和压力导数曲线　　(b)无因次产量曲线

图 10　不同裂缝条数下的产能参数结果图

4　结论

本文基于牛庄洼陷储层特征，建立了自发渗吸微观模型，分析了多种因素对岩心尺度渗吸特征的影响。基于线性流动理论建立了页岩油体积压裂水平井分区流动模型，建立了考虑渗吸机理的页岩油体积压裂水平井产能模型，研究了渗吸置换、储层改造规模、启动压力梯度等因素对体积压裂水平井产能的影响规律，主要结论如下：

(1) 直角三角形孔隙中的自发渗吸速度最快，圆形毛细管中的渗吸速度最慢；迂曲度和分形维数越大则渗吸速度越小，油水界面张力越大则毛管力越大。

(2) 开发初始阶段主要为线性流动，渗吸置换作用的贡献程度缓慢增大，随后基质-裂缝间的窜流为主要流动特征，晚期阶段的渗吸置换贡献程度极小。

(3) 压裂液渗吸置换区毛管力和渗吸系数越大，基质-裂缝间的油相窜流量越大；裂缝条数越多则储层改造程度越大，体积压裂水平井产能越高。未改造区的启动压力梯度直接影响页岩储层的原油采收率。

参 考 文 献

[1] 邹才能，马锋，潘松圻，等. 全球页岩油形成分布潜力及中国陆相页岩油理论技术进展[J]. 地学前沿，2023，30(1)：128.

[2] 匡立春，侯连华，杨智，等. 陆相页岩油储层评价关键参数及方法[J]. 石油学报，2021，42(1)：1-14.

[3] 李阳，赵清民，吕琦，等. 中国陆相页岩油开发评价技术与实践[J]. 石油勘探与开发，2022，49(05)：955-964.

[4] 鲜成钢，李国欣，李曹雄，等. 陆相页岩油效益开发的若干问题[J]. 地球科学，2023，48(1)：14-29.

[5] 赵贤正，周立宏，蒲秀刚，等. 湖相页岩型页岩油勘探开发理论技术与实践——以渤海湾盆地沧东凹陷古近系孔店组为例[J]. 石油勘探与开发，2022，49(3)：616-626.

[6] Feng Y，Li S，Lu Y. Sequence stratigraphy and architectural variability in late Eocene lacustrine strata of the Dongying Depression，Bohai Bay Basin，eastern China [J]. Sedimentary Geology，2013，295：1-26.

[7] 张顺，刘惠民，张鹏飞，等. 东营凹陷中低成熟度富碳酸盐页岩地质特征——以牛庄洼陷沙四段上亚段为例[J]. 中国矿业大学学报，2022，51(06)：1138-1151.

[8] Shi Y，Yassin M，Yuan L，et al. Modelling imbibition data for determining size distribution of organic and inorganic pores in unconventional rocks [J]. International Journal of Coal Geology，2019，201：26-43.

[9] Warren J，Root P. The behavior of naturally fractured reservoirs[J]. Society of Petroleum Engineers Journal，1963，3(03)：245-255.

异常高盐油藏复合表面活性剂的研究与应用

朱秀雨　扈福堂　毛小倩　党杨斌　濮兰天　张　祎　李柳逸

（中国石油青海油田分公司）

摘　要　针对传统单一表面活性剂用于高矿化度油藏普遍存在驱油效果不理想、稳定性差和成本较高等问题，优选复配了低成本的复合表面活性剂，通过测定界面张力、接触角、析水率、溶蜡及驱油效果考察复合表面活性剂的影响。结果发现：复合表面活性剂在高矿化度、高钙镁离子质量浓度下可使油水界面张力降至 10^{-3}mN/m，具有明显的润湿反转作用。随着复合表面活性剂与油砂吸附次数增多，表现出良好的抗吸附能力。析水率4%~52%，溶蜡率可达92%以上，室内岩心驱替实验发现表面活性剂具有降压作用，提高采收率19.4%。同时，打破以往驱油剂应用单一工艺的做法，发挥一剂多能的作用，2022—2023年在青海油田15个区块共应用于调驱、洗井及渗吸压裂等工艺9392井次，消耗815.93t表活剂，阶段增油17684.21t，复合表面活性剂在高矿化度油藏表现良好的应用前景。

关键词　复合表面活性剂；界面张力；高矿化度油藏；提高采收率

青海油田的主力油藏经过60多年的开发，面临“水驱储量动用程度低、递减大、含水上升快、储采比低”等问题，优质资源越来越少。为保持注水开发老油田的持续稳产，效益挖潜地下剩余原油，不断提高采收率具有重大意义，表面活性剂成为注水开发油田提高采收不可缺少的助剂。表面活性剂是由亲水的极性基团和疏水的非极性基团组成的，因其能够吸附于两界面上提高界面活性，降低界面张力，提高洗油效率而广泛应用石油行业中。青海油田的尕斯深层、尕斯中浅层、英东、扎哈泉各区块的油藏矿化度均超过100000mg/L，钙镁离子含量均超过1000mg/L，单一表面活性剂用于高矿化度油藏普遍存在驱油效果不理想、稳定性差和成本较高等问题，基于上述问题，研发适合青海油田高矿化度油藏的低成本、高效的表面活性剂尤为重要。本文利用高钙镁离子的增效机理及表面活性剂之间的协同效应，优选了复合表面活性剂，在青海油田5个区块共62口井进行了降压增注、调驱、二三结合和渗吸驱油压裂措施工艺探索性的试验，获得了良好的效果，实现了降本增效，发挥了表面活性剂在油田开发中的重要作用。

1　实验

1.1　仪器与原料

主要材料：青海油田尕斯深层、尕斯中浅层、英东和扎哈泉区块的注入水和采出液，表面活性剂样品，北京华油科隆开发公司提供；天然岩心，尺寸$Φ2.5*10$cm。

主要仪器：BT4202S电子天平，德国Sartorius公司；RW20 DIGITAL电动搅拌器，德国AKI公司；离子色谱仪，CIC-D120型，青岛盛瀚色谱技术有限公司；气相色谱-质谱联用仪，GC-MS6800，江苏天瑞仪器股份有限公司；旋转滴界面张力仪，TX-500C，北京中仪科信科技有限公司；岩心驱替实验装置，DLPJ-2型，江苏海安县石油科研仪器有限公司；恒温震荡器，WHY-2，常州市金坛区环宇科学仪器厂；流变仪，HAAKE MarsⅢ，德国哈克。

1.2　实验方法

离子含量测定：根据HJ 84—2016《水质无机阴离子的测定离子色谱法》，利用离子色谱仪测定。原油组分分析：通过柱层析族组分分离将原油和原油轻质组分进行有效分离，利用GC/MS对各组分化合物种类和相对含量进行定性定量分析。界面张力测定：采用TX500旋转滴界面张力仪，在6000r/min，水相为目标的注入水配制0.3%~2%之间的不同浓度复合表面活性剂，油相为目标油藏原油，测定不同浓度复合表面活性剂在60min内的界面张力值。乳化能力：按照油相和水相1∶1比例恒温震荡器混合配制，测定不同时间析水率，析水率为乳状液水相体积与原始水相体积的比值。吸附性：按照表面活性剂溶液与80~100目油砂1∶10的比例恒温震荡器混合 12h，每隔 2h 取上层清液测定吸附量和油水界面张力值。阴离子表面活性剂含量采用 GB/T 5173—2018《表面活性剂洗涤剂阴离子活性物含量的测定　直接两相滴定法》测定。润湿性：采用天然岩心薄片，经目标油藏脱水原油浸泡 7d 后，此为一次处理；将一次处理的岩心取出擦干用注入水在岩心表面上测接触角；再取一次处理的岩心片经过一定浓度的复合表面活性剂溶液浸泡 7d，此为二次处理，将二次处理的岩心片取出擦干用注入水在岩心表面上测接触角，两次的接触角变化表征润湿性。溶蜡率：将 A3 碳钢试片采用无水乙醇擦洗后浸泡干净的无水乙醇中片刻，置于干净滤纸中，冷风吹干，置于干燥器备用，称量挂片重量 m_0，称取一定量的结蜡原油挂在挂片上称重 m_1，在目标油藏温度下浸泡到一定复合表面活性剂溶液中 4h 后称重挂片重量 m_2，溶油率 $=(m_1-m_2)*100/(m_1-m_0)$。降黏率：测定加入一定浓度复合表面活性剂前后测定原油黏度，前后黏度变化的百分数。渗吸驱油：测定加入一定浓度复合表面活性剂前后原油的渗吸驱油量，评价渗吸驱油效果。

岩心驱替试验具体步骤：(1)采用游标卡尺量人造岩心长度和直径，分析天平称重 m_0(g)将人造岩心用目的油藏地层水以 0.5mL/min 的流速驱替饱和直到压力和渗透率值平稳后，取下岩心称重 m_1(g)，利用以下计算公式，计算岩心孔隙体积 $V_p=(m_1-m_0)/m_1$，mL。(2)人造岩心以 0.5mL/min 的流速饱和模拟原油(V 目标油藏原油：V 煤油 = 1：1)，同时记录量筒中驱替出水体积 V_0，饱和油体积为 V_0，测原始含油饱和度 $S_o=V_0/V_p$。(3)用目标油藏注入水以 0.5mL/min 的流速驱油，直至出口端不出水全部出油，记录量筒中上层油体积 $Voil$，计算水驱采收率为 $Voil/V_0$。(4)用一定浓度 0.3PV-1PV 的复合表面活性剂以 0.5mL/min 的流速驱油，直至出口端不出水全部出油，记录量筒中上层油体积 $Vsur$，$Vsur$ 为复合表面活性剂体系驱油的体积，计算复合表面活性剂体系驱采收率 $Vsur/V_0$。

2　油藏流体性质

主力油藏温度 60～126℃，注入水矿化度 2615～114801mg/L，钙镁离子含量高达 3803mg/L，地层水矿化度高达 243104mg/L，属于高矿化度，高钙镁离子含量的水。原油的沥青质中的界面活性物质稠环芳香酸以及胶质中的界面活性物质脂肪酸等酸性组分会吸附在油水界面形成黏弹性界面膜从而使界面张力升高。主力油藏的饱和烷烃含量 59.7%～72.8%，芳烃含量 6.79%～13.2%，胶质含量 5.6%～9.46%，沥青质含量 2.9%～4.3%。

通过图 1 可以看出，扎哈泉油田原油饱和烃组分的主峰碳在 C27，碳数范围分布区间为 C12～C37，尕斯深层原油饱和烃组分的主峰碳在 C22，碳数范围分布区间为 C11～C34，尕斯中浅层原油饱和烃组分的主峰碳在 C20，碳数范围分布区间为 C11～C34。英东原油饱和烃组分的主峰碳在 C22，碳数范围分布区间为 C11～C35。各储层的原油中胶质、沥青质和蜡含量高，正构烷烃含量差异大，对有针对的研发表面活性剂提出更高要求。

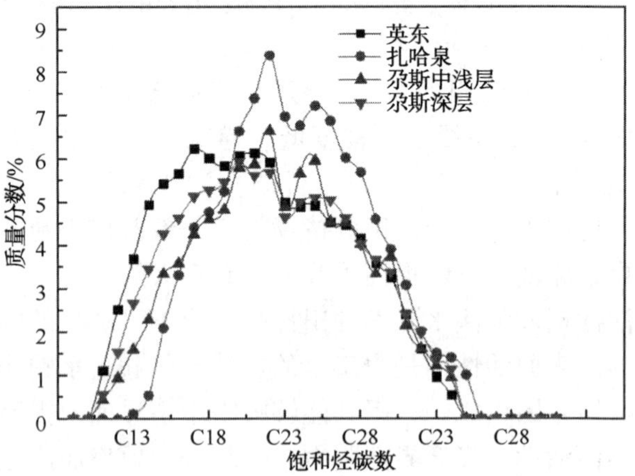

图 1　主力油藏饱和烃组分图

3　实验结果与讨论

3.1　界面活性

体系中原油和矿化度水的性质以及表面活性剂结构等因素影响低界面张力的形成。只要表面活性剂的结构和性能适应一定的物化环境，油水界面上富集的亲油亲水分子越多，亲油亲水分子与油相分子和水相分子间的作用越接近且绝对值越大，则油水界面张力 IFT 就越低。传统单一表面活性剂很难溶于高矿化度和高二价离子的地层水中。并且，和高矿化度地层水配伍的表面活性剂体系往往很难达到超低 IFT，尤其是 Ca^{2+}、Mg^{2+} 会显著增加 IFT。如果表面活性剂的疏水碳链与原油的烷烃碳链相似时，相似相容原理，疏水基和亲水基在油水界面有相反的趋势，当这两种趋势达平衡，表面活性剂分子在界面上越多，降低界面张力的效果更明显。因此综合考虑青海油田油藏特性，选择与目标油藏碳链相同的亲油部分，亲水部分为磺酸基和非离子，阴离子和非离子表面活性剂复合比例 2：1 时，由于阴离子和非离子表面活性剂的亲油基链相似，具有良好的协同效应，可在油水界面紧密吸附排列，表现阴离子良好的界面活性和非离子耐盐性，实现了优势互补，测得复合表面活性剂的界面张力值见图 2 和图 3。界面张力达到 10^{-2} ~ 10^{-3}mN/m 数量级，当驱油体系与原油间的油水界面张力降低至较低的界面张力（10^{-2} ~ 10^{-3} mN/m）时，可将岩心中残余油饱和度降至很低甚至接近零的程度，否则，驱油体系的驱油效果就不会明显。

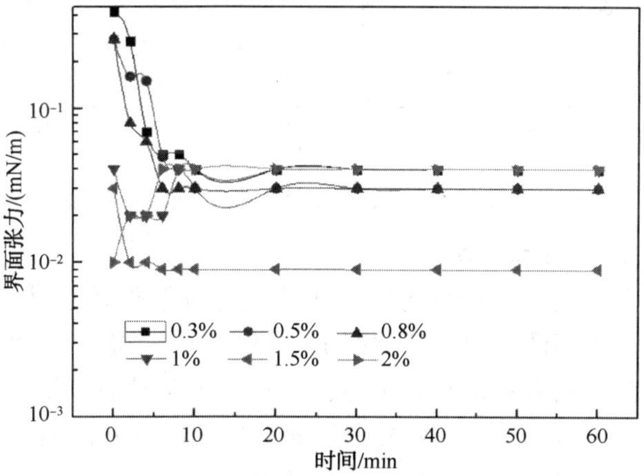

图 2　复合表面活性剂的界面张力值

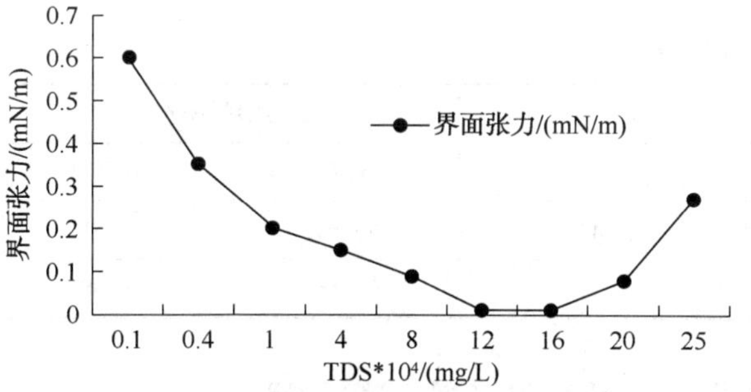

图 3　复合表面活性剂在不同矿化度条件下的界面张力

3.2　润湿性

复合表面活性剂在油层岩石颗粒表面的吸附，使亲油岩石颗粒表面向油层注入一定量的表面活性剂溶液，通过表面亲水转换，有利于“剥落”岩石颗粒表面的“油膜”，从而达到提高原油采收率的目的。通过测定接触角发现，见图 4 和图 5，无论岩石表面初始是油湿还是水湿，加入表面活性剂使岩石表面的亲水性和亲油性发生转化。经过复合表面活性剂处理后岩石亲油性转化为亲水性，亲水性岩石表面的亲水性变强几乎完全水湿。

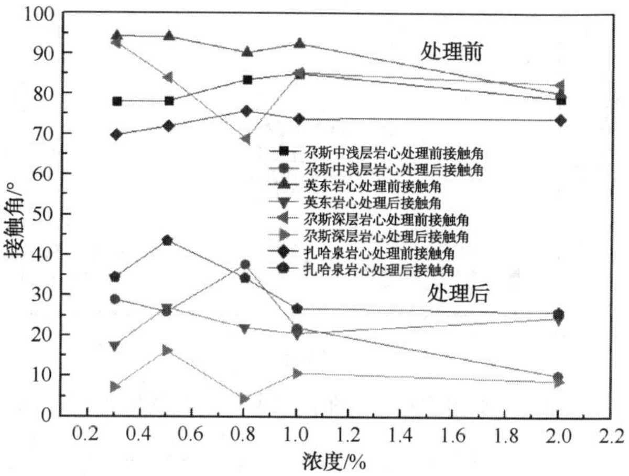

图 4　复合表面活性剂处理岩心前后的接触角变化

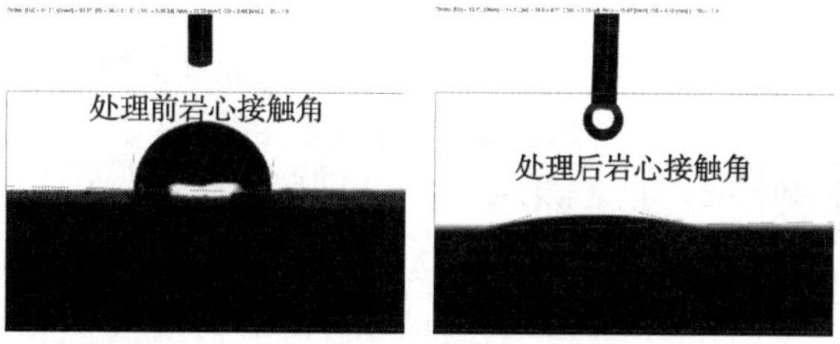

图 5　复合表面活性剂处理岩心前后的接触角测定图

3.3　乳化性

表面活性剂对原油的乳化作用是表面活性剂驱油的重要原理之一。表面活性剂能在驱油过程中分散和剥离原油，形成乳化液，控制油水流动，开采原油。表面活性剂对原油的乳化性能可以通过析水率表征。通过乳化实验，计算出析水率，实验结果见图 6，随着时间的增加，析水率随之增加，相同浓度的复合表面活性剂析水率 4%~52%。由于尕斯深层和尕斯中浅层的注入水矿化度高，钙镁离子含量高，钙镁离子使表面活性剂水溶液与油易形成稳定的乳状液，所以析水率与英东和扎哈泉相差大。

3.4　吸附性

0.3%阴离子表面活性剂和 0.3%复合表面活性剂吸附量随时间变化曲线见图 7。可以看出，吸附初期，吸附量随时间变化较快，曲线较陡，吸附一段时间后，吸附量随时间变化较慢，曲线较平缓，最终吸附平衡。单一阴离子表面活性剂的吸附量为 1.2mg/g，由于复合表面活性剂中每个组分之间的协同效应，且存在竞争吸附，所以吸附量小于单一表面活性剂的吸附量。

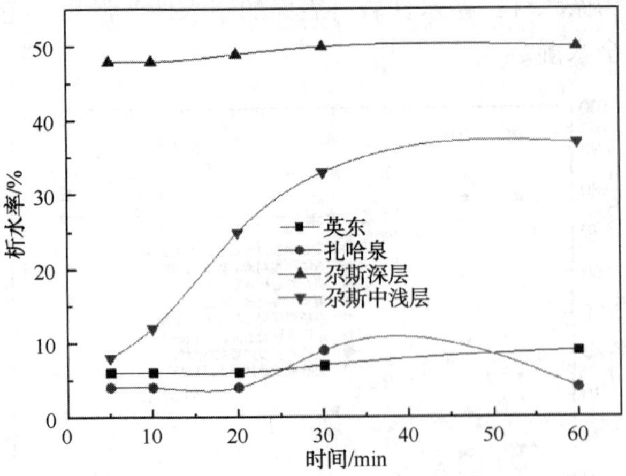

图6　不同油藏复合驱油表面活性剂的析水率

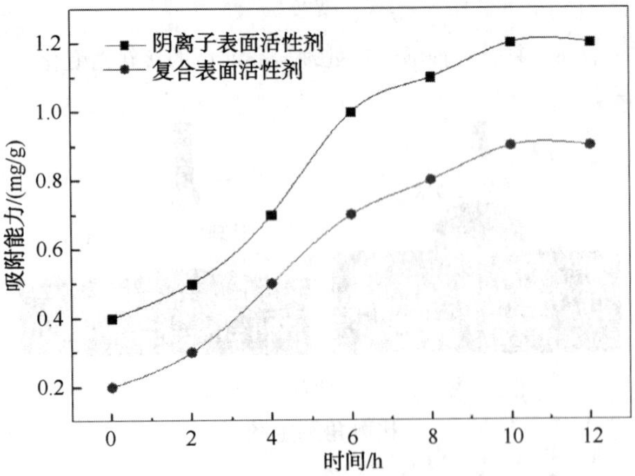

图7　0.3%阴离子表面活性剂和0.3%复合表面活性剂吸附量随时间变化曲线

将质量分数为0.3%的复合表面活性剂与油砂多次吸附，上层清液与原油的界面张力见图8。由图8可以看出，随着复合表面活性剂与油砂吸附次数增多，油水界面张力总体上呈上升趋势，但界面张力仍可保持10^{-2}mN/m，表明具有良好的抗吸附能力。

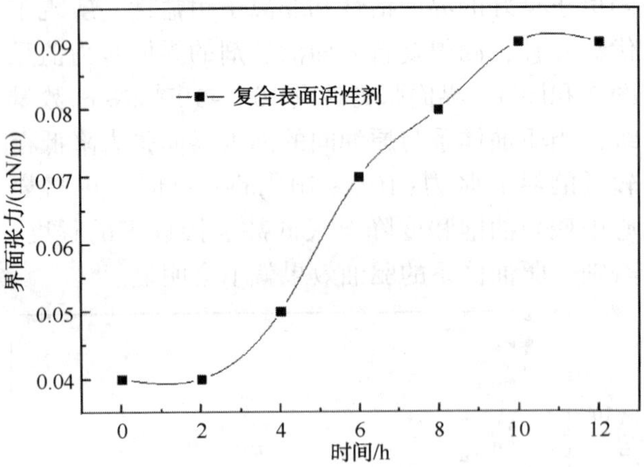

图8　复合表面活性剂多次吸附的界面张力值

3.5　静态溶蜡

表面活性剂能使原油的乳化分散作用加快，在提高清洗效率的情况下，可在油管表面形成水膜，具有一定水润湿性，起到防止含蜡油沉积的效果(图9)。加入复合表面活性剂后洗井液对不同区块油管结蜡油的剥离速度及清蜡效果优于注入水，溶蜡率可达92%以上(表1)。

表1　溶蜡实验结果

洗井液	1号溶蜡率/%		2号溶蜡率/%		3号溶蜡率/%	
	70℃	75℃	80℃	85℃	60℃	65℃
注入水	83.52	94.49	10.32	42.44	85.67	92.51
表活剂	93.71	99.26	72.45	92.38	94.56	98.58

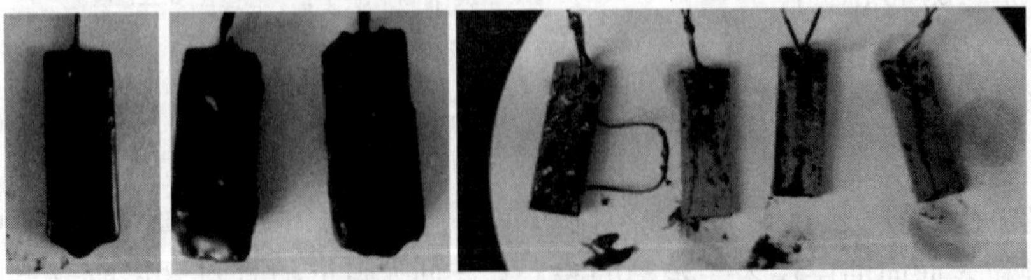

图9　复合表面活性剂对油管内结蜡静态溶蜡油前后实验

3.6　降黏作用

表活剂可有效分散和增溶地层中长链石蜡烃蜡和沥青质，也可将“油包水”型原油破乳后形成“水+油”的模式，从而达到降黏解堵效果。现场采用清水配液和采出污水配液都可以达到很好的降黏效果，建议使用浓度0.2%~0.8%。

3.7　岩心驱替实验

0.3PV-1PV的复合表面活性剂提高采收率结果见表2。

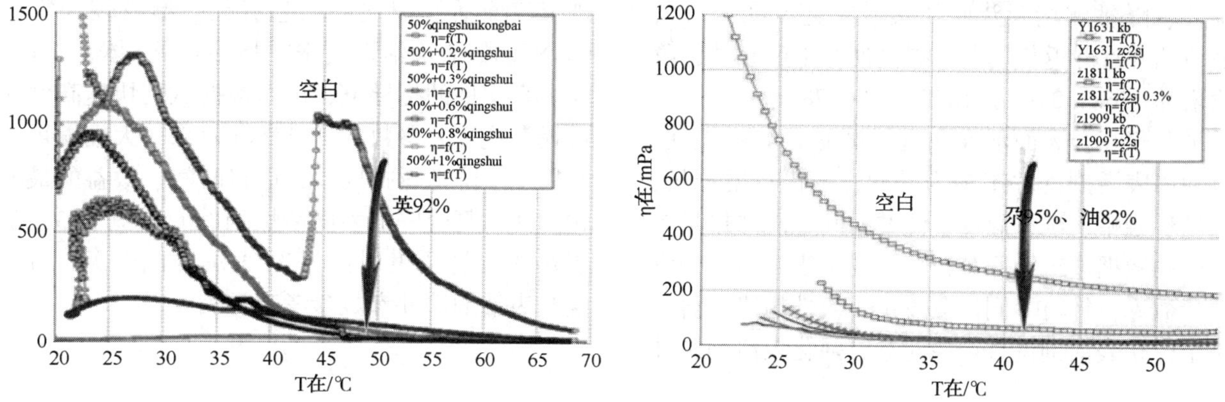

图 10 自研高盐表活剂对原油的降黏

表 2 0.3PV-1PV 的复合表面活性剂提高采收率结果

序号	岩心尺寸/cm	水测渗透率/($\times10^{-3}\mu m^2$)	孔隙体积/mL	初始饱和油/%	0.3PV 提高采收率/%	0.6PV 提高采收率/%	1PV 提高采收率/%	后续水驱提高采收率/%
1	9.79×2.53	8.4	11.87	66.13	6.4%	7.6%	9.55%	12.73
2	10×2.5	0.6	8	85	10%	11%	17.6%	22.05

驱替实验过程中，见表 2，复合表面活性剂从 0.3PV 注入到 0.6PV 过程中，在水流优势通道的岩心表面吸附滞留量较大，剥离运移油能力有限，提高采收率变化较小，随着注入 PV 的增加，复合表面活性剂逐渐吸附平衡，乳化原油，增大驱替液黏度，液流转向扩大波及岩心更多残余油，再注入复合表面活性剂 1PV 后，采收率提高幅度变大，这种变化与复合表面活性剂的吸附趋势一致。

从图 11 和图 12 可看出，在岩心驱替实验过程中，注入复合表面活性剂后，比水驱压力下降明显，驱油效率迅速提升，这是由于复合表面活性剂能够有效的降低油水界面张力，乳化原油，改变岩石表面润湿性，因此降低了残余油饱和度，致使压力下降明显。后续水驱过程中，开始水运移到残余油孔隙，形成的乳状液堵塞孔隙压力升高，随着后续水形成优势通道，压力下降。复合表面活性剂表现一定的降压作用，复合表面活性剂提高采收率可达 19.4%，且与青海油田使用过的表面活性剂相比驱油效果更好。

3.8 渗吸驱油

通过天然岩心渗吸能力评价实验，复合表面活性剂高盐表活剂具有一定的渗吸能力，使用浓度 0.5%~1.2%，随着浓度增加渗吸驱油增大后降低(图 13)。

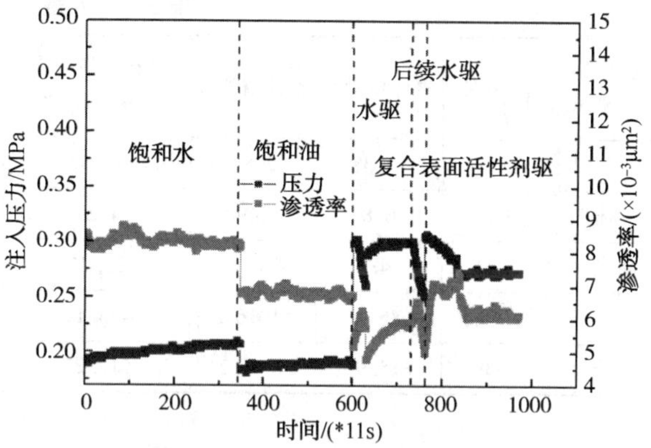

图 11 复合表面活性剂岩心驱替压力和渗透率变化曲线

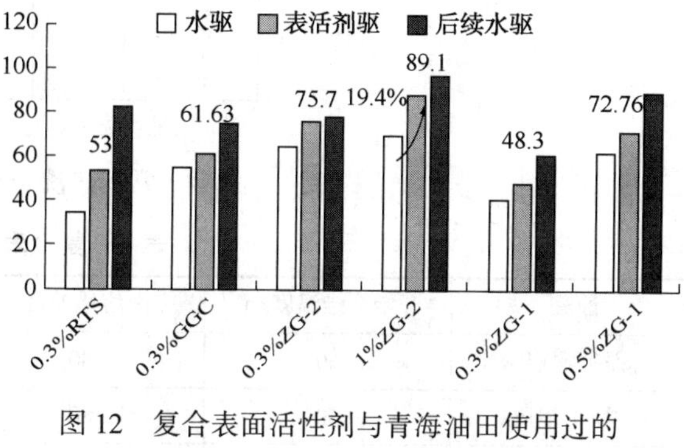

图 12 复合表面活性剂与青海油田使用过的表面活性剂 RTS、QGC 驱替效果对比

4 现场应用

2022—2023 年自主生产复合表面活性剂共

815.93t，在青海油田15个区块共应用于调驱、洗井、降黏解堵及渗吸压裂等工艺9392井次，缩短油井洗井返排周期，提高油井生产时效，阶段增油17684.21t，产出投入比6.78。

鉴于复合表面活性在现场试验和应用表现，以油田表活剂洗井工艺为基础，强化数据分析，在循环融蜡、洗井温度、洗井时间、洗井排量等方面的数据进行全面分析，形成了表面活性剂洗井参数库，针对不同油藏总结一般性规律，科学制定优化表活剂洗井调控对策，强化表活剂洗井过程管理，表活剂洗井效果分析与评价，优化和规范表面活性剂洗井工艺流程，形成较为完整《青海油田表面活性剂洗井指导意见》体系文件。在体系文件的指导下，可以根据试剂快速高效的选择最优洗井参数，提升洗井效果，大幅缩短洗井周期、降低返排周期，取得时间、效益的最大化。注入复合驱油表面活性剂的效果见表3，常规热洗与复合表面活性剂洗井对比图见图14，复合表活剂洗井参数参考表见表4。

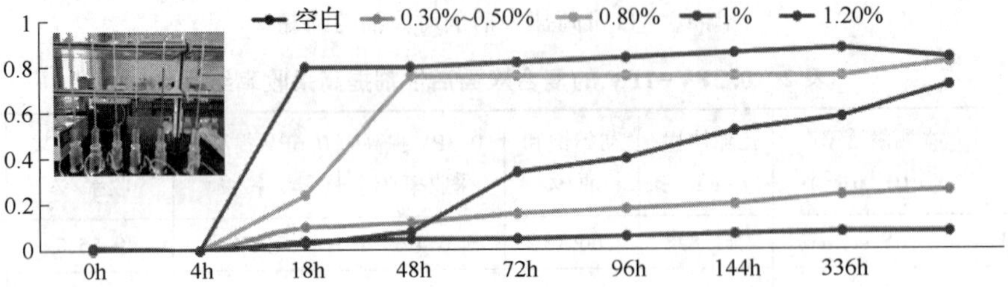

图13　复合表活剂随时间变化渗吸驱油程度对比

表3　注入复合驱油表面活性剂的效果

应用措施类型	井次	累计用量/t	累计增油/t	材料、生产及研究费用/万	注入费和洗井用车费/万	降低表活剂和洗井车费用成本/万	原油增加收益/万	产出投入比
二三结合	5	75.38	2084	53.09	150.57	48.13	521	2.79
压裂	1	6.8	249	4.27	31.8	4.35	62.25	1.84
降黏解堵	41	48	4335.01	29.76	41	30.69	1083.75	15.75
洗井	9345	685.75	11016.2	425.17	–	484.62	2754.05	7.51
合计	9392	815.93	17684.21	512.27	223.37	567.79	4421.05	6.78

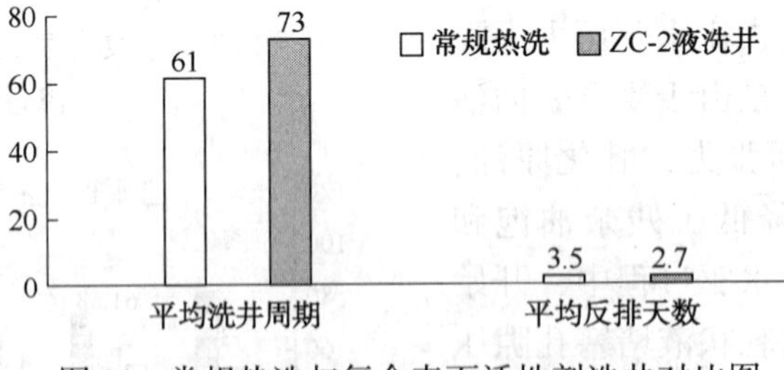

图14　常规热洗与复合表面活性剂洗井对比图

表4　复合表活剂洗井参数参考表

油藏	开始溶蜡温度/℃	完全溶蜡温度/℃	建议现场溶蜡温度/℃	最佳洗井液量/m^3	洗井浓度/%
尕斯深层	60	80	>90	60	0.2~0.3
尕斯中浅层	60	80	>90	55	0.2~0.3
油砂山	40	60	>90	45	0.2~0.3
扎哈泉	70	80	>95	26	0.3
昆北	70	80	>95	25	0.3
乌南	80	90	>95	25	0.3

续表

油藏	开始溶蜡温度/℃	完全溶蜡温度/℃	建议现场溶蜡温度/℃	最佳洗井液量/m^3	洗井浓度/%
花土沟	60	80	>90	60	0.3
七个泉	60	80	>90	55	0.3
南翼山	45	50	>90	50	0.1~0.2
英东	90	95	>95	50	0.3

5 结论

针对青海异常油藏条件下存在传统单一表面活性剂驱油效果不理想和稳定性差等问题，采用阴离子和非离子表面活性剂复配，制备了耐高盐的复合表面活性剂，该复合表面活性剂在青海油田异常高盐油藏条件下，可使油水界面张力降到 10^{-3}mN/m 数量级，在矿化度超高的尕斯深层和中浅层条件下，具有较好润湿性和乳化能力，复合表面活性剂的吸附量为 0.9mg/g，比单一表面活性剂的吸附量小，且随着吸附次数的增加，界面张力仍可保持 10^{-2}mN/m，具有良好的抗吸附能力，溶蜡率可达 92%以上，室内提高采收率可达 19.4%，现场应用 9392 井次，取得了较好的增油效果。复合表面活性剂的研究和应用实现了技术和经济的可行，在调驱、二三结合、渗吸压裂、洗井和降黏解堵工艺有广阔的应用前景，也为同类油藏稳产、增产提供了参考。

参 考 文 献

[1] 吴伟. 特高温中低渗透油藏乳液表面活性剂驱提高采收率技术[J]. 油气地质与采收率，2018，2(25)：72-76.

[2] 彭冲，李继彪，郑建刚，等. 双子表面活性剂复配体系性能评价及在陇东油田的应用[J]. 油田化学，2019，36(04)：657-661.

[3] 冷强，尚朝辉，李军，等. 桩西地区高温中低渗油藏驱油用廉价复合表面活性剂[J]. 油田化学，2008，(01)：71-73.

[4] 于浩洋，郭思汗，王精一，等. 表面活性剂在油田中的应用及展望[J]. 油田化学，2016，35(06)：10-12.

[5] 郭东红，崔晓东，杨晓鹏，等. 油气开采用表面活性剂研究的新进展[J]. 精细与专用化学品，2017，5(25)：1-5.

[6] 李佳，陈明贵，耿向飞，等. 低界面张力活性纳米流体的研制与渗析驱油机理分析[J]. 油田化学，2016：6-8.

[7] 于宏博. 表面活性剂在提高油田采收率中的应用[J]. 化工设计通讯，2021，47(05)：48-49.

[8] 郭东红，崔晓东，杨晓鹏，等. 高效、低成本耐温抗盐驱油表面活性剂的研制与应用[J]. 精细与专用化学品，2021，29(03)：4-7.

[9] 蒲万芬，季晓靖，金发扬，等. 表面活性剂与油相动态界面张力影响因素研究[J]. 化学研究与应用，2015，27(11)：1656-1659.

[10] 郭东红，李森，袁建国. 表面活性剂驱的驱油机理与应用[J]. 精细石油化工进展，2002，3(7)：3641.

[11] 阚亮，高海涛. 中原油田明 15 块表面活性剂驱油技术[J]. 石油钻采工艺，2013，35(4)：6-9.

[12] 姜振海. 表面活性剂/聚合物二元复合体系驱油效果研究[J]. 石油钻采工艺，2011，33(1)：73-75.

[13] 韩冬，彭昱强，郭尚平. 表面活性剂对水湿砂岩的渗吸规律及其对采收率的影响[J]. 石油钻采工艺，2011，33(1)：73-75.

[14] 李培华. 三采表面活性剂驱油机理及制备应用[J]. 化学工程与装备，2021，(02)：124-125.

[15] 赵国翔，张博，熊煜. 一种复合表面活性剂去油剂的性能评价[J]. 石油化工应用，2020，39(10)：117-119.

复杂构造的页岩气水平井地质导向关键技术及应用
——以鄂西H区块吴家坪组地层为例

冯亦江[1] 赵红燕[1] 石文睿[2,3] 程国良[1] 曾小林[1]

(1. 中石化经纬有限公司江汉测录井分公司；2. 香港浸会大学；3. 香港亚洲能源研究中心)

摘 要 鄂西渝东H区块勘探程度较低，作为复杂构造区，存在优质页岩储层厚度薄、横向地层产状变化快且对比性差等不利条件，对现有的地质导向技术提出了挑战。H区块的页岩气层主要为上二叠统吴家坪组，为了保证该区块的页岩气水平井能有效穿越优质气层段，本研究从该套地层的地质特征入手，分析现有地质导向技术面临挑战的主要问题，进而提出运用三维地质建模随钻跟踪、确定导向标志层(点)、优选导向工具、随钻导向轨迹控制与优化等一系列有针对性的技术方案。在随钻导向轨迹控制与优化技术中，首次建立了平均角法轨迹控制计算模型和不同造斜率约束条件下标志层(点)与井斜分段控制图版，解决了单纯利用等厚法预测靶点误差大和轨迹控制效果不理想的难题，并通过实例验证方法的可行性。研究结果能有效提高复杂构造区靶点的预测和轨迹控制精度，为今后同类型页岩气田高效开发提供重要的借鉴和参考。

关键词 页岩气；水平井；地质导向；轨迹调控；吴家坪组

1 前言

页岩气作为一种分布广泛、高效清洁的气体能源，近些年是中国能源发展战略的重点攻关方向。鄂西渝东H区块是湖北省页岩气开发的重点区域，其吴家坪组页岩是继四川盆地龙马溪组—五峰组实现规模化商业开发后最具勘探潜力的页岩气储层。目前，已投入开发的HYAHF井日稳产页岩气$6.3\times10^4m^3$，HYBHF井日稳产页岩气$6.0\times10^4m^3$。该区块新增页岩气控制储量$6.21\times10^{10}m^3$，首次实现了国内二叠系页岩气勘探重大突破。

地质导向技术作为非常规油气水平井高效勘探开发关键技术，前人做了大量的研究和探索：国内外主要页岩油气区块通常是根据储层非均质特性、水平段轨迹方向上地层产状变化、设计水平段长等情况制定导向技术优选标准，以期在满足地质甜点钻遇率的同时，实现钻井提速降本。然而，H区块面临勘探程度整体较低，微幅构造、断裂发育，给井眼轨迹的精确控制和地层界面的准确预测带来巨大挑战，因此其技术在该复杂构造区域的适应性研究存在着迫切需求。

针对上述问题，本文以吴家坪组吴二段有利页岩储层段为研究对象，分析H区块吴家坪组页岩气开发在地质导向中面临的主要问题，采取建立三维地质建模随钻跟踪、确定导向标志层(点)、优选导向工具、控制与优化随钻导向轨迹等一系列有针对性的技术方案，提高复杂构造区靶点的预测和轨迹控制精度，为今后同类型页岩气田高效开发提供重要的借鉴。

2 研究区地质概况

2.1 地层特征

H区块位于湖北省利川市、重庆市万州区和石柱县境内，构造隶属于四川盆地川东高陡褶皱带石柱复向斜，南东、北翼分别被齐岳山复背斜和方斗山背斜所夹持，包括建南构造、龙驹坝构造和三星区块(图1)，勘探面积约$3000.0km^2$，其中建南构造为箱状长轴背斜，两翼相对较陡，发育挤压构造逆断层，是H区块页岩气勘探开发的重点区域。该区二叠系沉积环境以早滨岸、晚陆棚相为主，吴家坪组吴二段发育褐色含硅质页岩，区内该套页岩平面分布较稳定、埋深和成熟度适中、气测显示良好，是较为有利的页岩气勘探新层系。

区块内已钻探HYA、HYB、HYC、HYD四口导眼井(图2)揭示：目的层吴家坪组吴二段发育灰黑色硅质页岩、含灰硅质页岩，局部夹薄层泥质灰岩，厚度约20.0m，属深水陆棚沉积环境。录井气测显示介于4.08%~12.96%，测井解释 TOC 介于 7.26%~9.00%，测井解释孔隙度介于 5.23%~6.15%，实测含气量 3.81~4.84m^3/t。矿物成份黏土矿物含量 10.92%~18.13%，长英质含量 48.81%~51.82%，碳酸盐含量 29.52%~33.13%，具有硅质和碳酸盐岩含量高、黏土含量低的特征，整体脆性指数在 60.0%~70.0%之间，处于缝网与多缝过渡区。

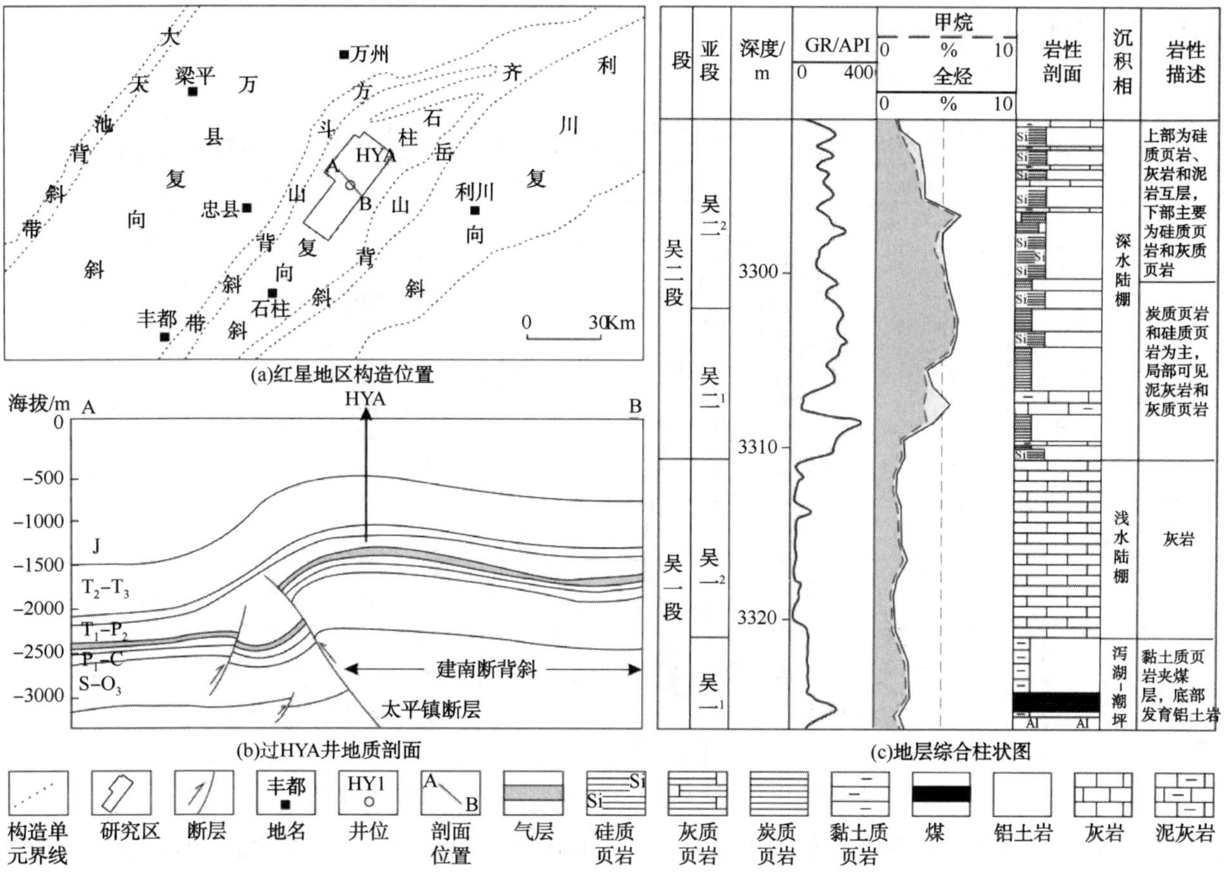

图 1 鄂西渝东 H 区块构造位置及吴家坪组地层综合柱状图(据文献[2]修改)

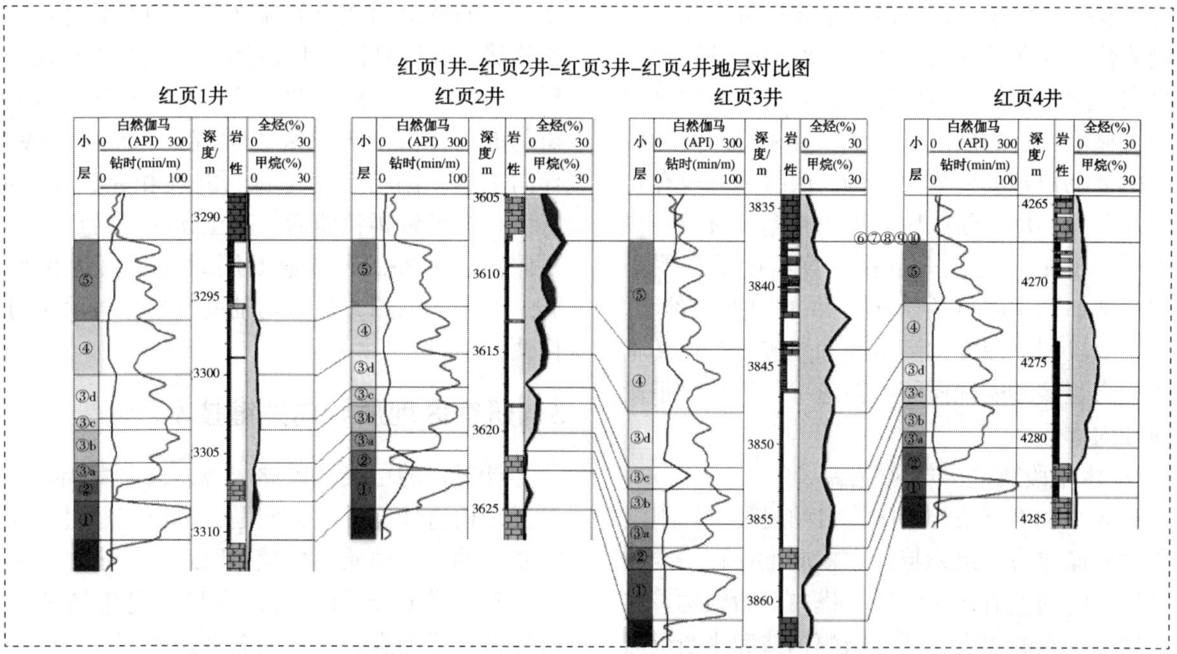

图 2 HYA、HYB、HYC、HYD 四口井地层对比图

根据岩性、电性、物性、含气性等特征，吴家坪组吴二段自上而下细分为⑤~①段（图 2、图 3）。其中③小层又可以细分为 a、b、c、d 四段，岩性为灰黑色泥页岩局部夹薄层灰岩条带、厚度一般在 5.5~8.0m 之间，地层可钻性较好、钻时比值大于 1.5，全烃见明显异常、曲线呈块状高值，伽马曲线呈齿状中高值，其值一般在 140.0~280.0API 之间；基于优中选甜的原则，HYA 井优选③小层井段 3300.0~3306.7m 为“地质+工程”最佳甜点段（图 3），厚 6.7m，适宜作为水平段优选目标靶窗。

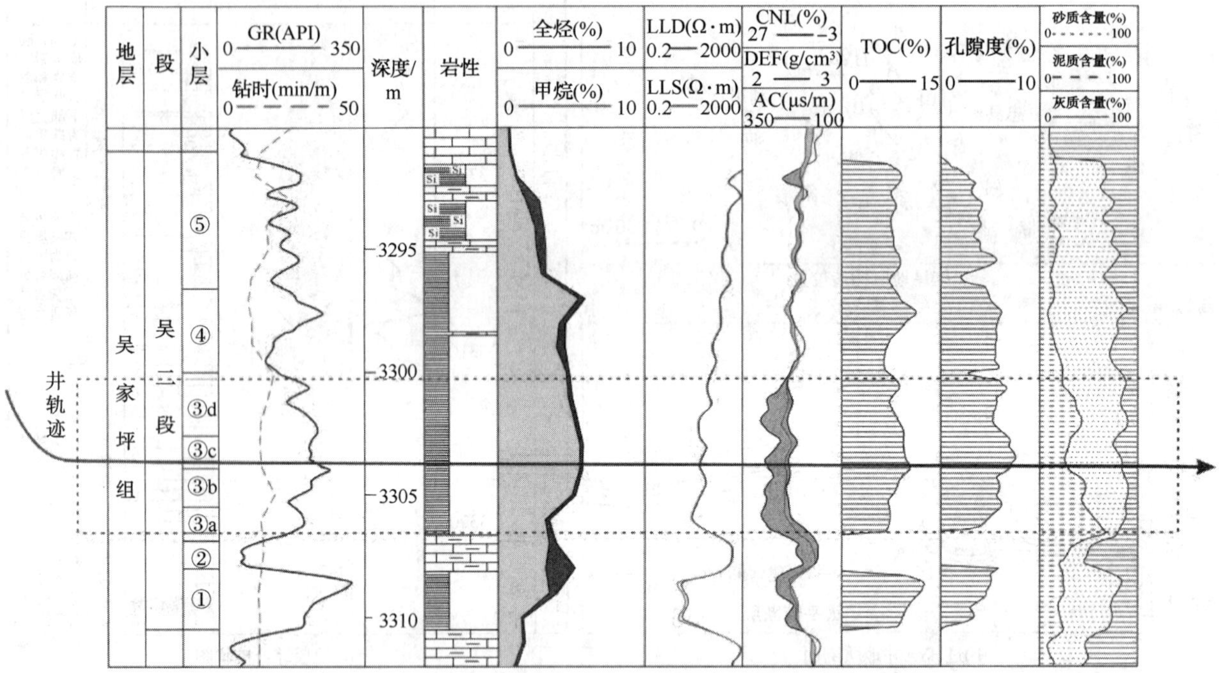

图 3　H 区块 HYA 井吴家坪组吴二段页岩小层及储层参数特征

2.2　复杂构造区地质导向面临的主要问题

2.2.1　入靶段轨迹控制难度大

因受地理条件限制，目前 H 区块水平井采用直井段—造斜段—稳斜段—增斜扭方位段—水平段的轨迹剖面类型（图 4），这种剖面设计方法一般在入靶前方位才能摆正；同时，多井实钻对比分析显示：目的层上方飞仙关组+长兴组地层在横向上沉积厚度变化大，伽马曲线形态也存在一定的差异，加上新区块物探资料精度有限，传统等厚法预测 A 靶点等量化计算精度受到明显影响，增加了预测目的层深度和 A 靶点的难度。若入靶阶段靶点深度预测不准和轨迹姿态控制不理想，会直接影响优质储层钻遇率及后续水平段地质导向作业。

2.2.2　水平段轨迹出层风险高

H 区块位于复杂构造区，目的层吴家坪组吴二段优质储层薄，沉积特征在横向上存在一定的差异性；纵向上有效靶窗窄、横向上微幅构造多且起伏大、小断层多。钻遇微幅构造和小断层时极易钻出靶窗，轨迹调整频繁，导致工程实施难度高。

当钻遇微幅构造时，地层产状常常出现急剧变化，而靶窗内地层的伽马高值和低值处均有对称趋势，在随钻测量仪器伽马辨识度差时往往表现出多解性，导致作业人员很难判断钻头所处靶窗的准确位置。若仅采用常规随钻测井（LWD）导向工具，伽马探管位置与井底相差约 15.0m，盲区长会导致调整滞后，甚至无法发现已钻出优质储层。另外，在钻遇断层时地层可识别性变弱。如果不采用方位伽马辅助判断，极易错过最佳调整窗口。

3　研究区地质导向关键技术

针对目的层吴二段储层薄、横向微幅构造多等复杂构造情况导致的问题，本研究通过建立井震联合的三维地质建模随钻跟踪、确定导向标志层（点）、优选导向工具、控制与优化随钻导向轨迹这一系列有针对性的关键技术，提高研究区复杂构造区靶点的预测和轨迹控制精度。

3.1 井震联合的地质建模方法

目前流行的建模方法是基于井震联合的三维地质建模，其核心是将地震解释层位数据与单井分层数据进行融合，通过插值技术，形成更精确的三维地层模型，提取沿待钻井轨迹的切片作为地质导向模型。另外，在钻井过程中利用随钻测井(LWD)数据和综合录井、气测录井数据，共同判断钻遇地层情况，并不断地动态校正地质导向模型和三维地层模型，从而更精准指导钻井作业。

本次研究选用 GEOS 地质导向分析系统，在油藏地质研究的基础上，对 13 口已钻井的吴家坪组小层进行细分和数据归一化处理；结合地震资料解释信息，采用普通克里金空间插值算法，建立由已知点到未知点的三维地质模型，建模面积约 625.0km^2。沿设计井轨迹切制地层剖面，生成二维地质模型；通过动态拟合对比，在待导向井增加控制点；然后，结合属性曲线对比随钻调整二维模型，及时更新区域内三维地质地层模型。通过动态三维模型反复迭代校正，对新钻井目的层轨迹方向地层倾角进行更为精准预测(图 5)。

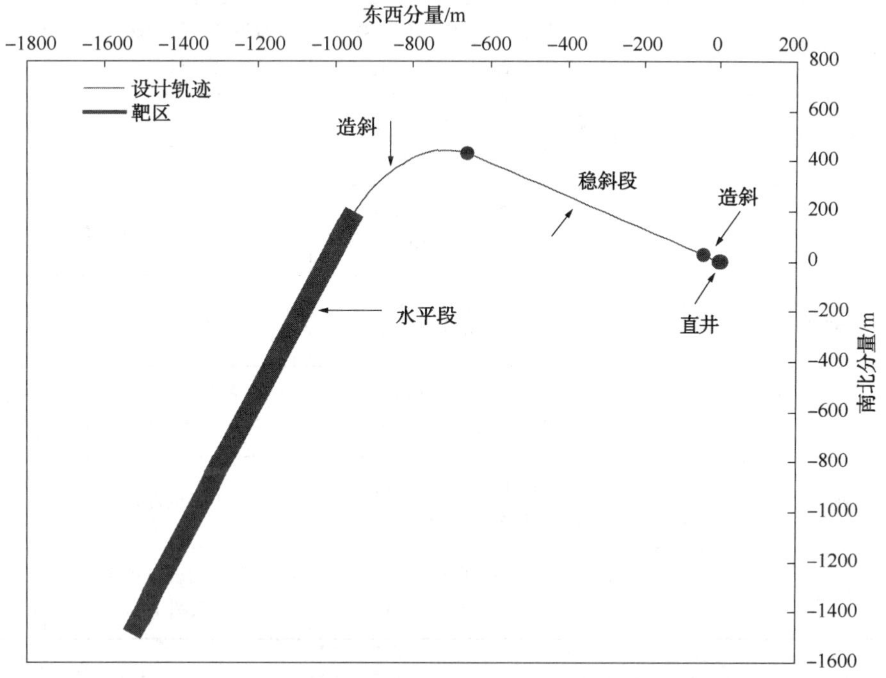

图 4　H 区块水平井轨迹剖面类型

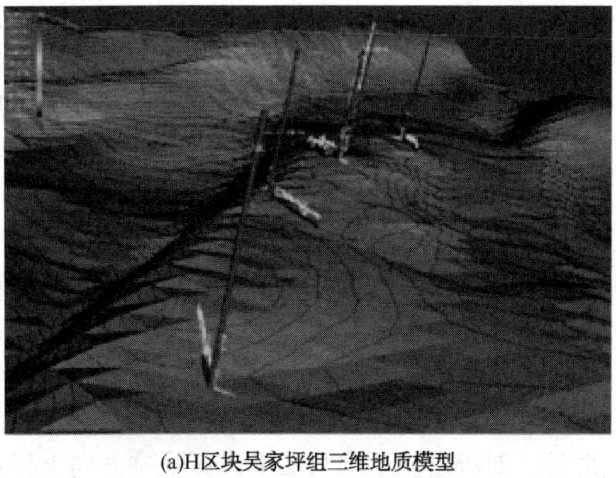

(a)H区块吴家坪组三维地质模型

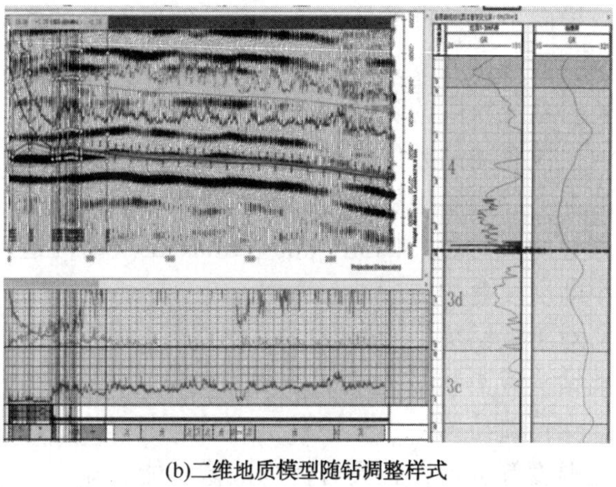

(b)二维地质模型随钻调整样式

图 5　H 区块吴家坪组地质建模示意图

3.2 确定地质导向参考标志层(点)

厘清H区块长兴组到吴家坪组吴二段目的层的地质导向参考标志层(点)，对A靶点预测、入靶前水平段轨迹控制至关重要。根据电性、岩性、气测、钻时等资料，选择井区预探井 HYA 井为标准井，利用长兴组顶部到吴家坪组吴二段共识别出的8个伽马曲线高尖或低谷组成的岩、电性变化标志层(点)(表1)，建立了H区块吴家坪组地质导向参考标志层(点)图版(图6)，明确4号、5号、7号标志层(点)为控制靶窗的关键标志层(点)。在实际导向中依据地层对比结果，为靶点预测和轨迹调整提供依据。

表1　地质导向参考标志层(点)岩电特征判断标准(标准井 HYA 井)

标志点序号	标志点名称	距靶窗垂厚/m	GR 曲线特征	岩性	气测特征
1号	飞一段部底	306.0	伽马由块状低值明显升高，值由46API↑145API。	灰色灰岩与灰褐色页岩分界	
2号	长一段顶部	221.5	伽马呈锯齿状中高值升高，值由25API↑133API。	灰黑色灰岩与灰褐色页岩区分	气测全烃基值
3号	长一段中上部	161.5	伽马呈锯齿状中高值升高，值由21API↑98API。	灰黑色灰岩与深灰色泥岩区分	
4号	长一段中下部	106.5	伽马由谷状中低值略有抬升，值由21API↑47API。	灰色灰岩，泥质含量增加	
5号	长一段下部	59.0	伽马呈锯齿状高值升高，值由25API↑170API。	灰色灰岩与泥岩区分	气测全烃基值
6号	长一段底部	20.0	伽马值略有升高，值由30API↑67API。	灰色灰岩	气测全烃基值
7号	⑤小层顶	9.0	伽马值明显升高，值由20API↑190API。	灰色灰岩与灰黑色页岩分界	气测全烃明显升高，值2.0%左右
目的层	③小层	0	伽马微齿状中高值，值在112API~259API之间。	灰黑色页岩	气测全烃明显升高，值5.0%左右
8号	①小层底	-4.5	伽马值明显降低，由310API↓25API。	灰黑色页岩与灰色含泥灰岩分界	气测全烃基值

3.3 随钻导向工具优选与轨迹调控技术

3.3.1 优选导向工具

导向工具选择的依据是在满足地质需求的条件下，促进钻井提速降本。由于常规 LWD 盲区过长，系统获取的随钻数据滞后，仅有平均伽马曲线，没有随钻方位伽马，无法及时判断钻遇地层的上下界面和地层倾角，最终降低了随钻决策和调整的及时性。因此，常规 LWD 在微幅构造和小断层发育的层段并不适用。

对于近钻头、旋转导向这类工具，均能获取距离钻头近 1.00m 左右的地层方位伽马(上伽马 GR_U、下伽马 GR_D)、井斜、方位、钻头转速、井底温度等资料，且具有伽马成像功能。

为提高轨迹控制精度，针对不同地层产状优选不同的导向工具：长水平段且地层产状连续起伏变化>10.0°的井型可选择近钻头+旋转导向工具，发挥旋转导向工具轨迹控制能力强的优势；水平段地层产状连续起伏变化在5.0°~10.0°之间的井型优先考虑近钻头导向工具；水平段地层产状连续起伏变化<5.0°的井型则可采用常规 LWD 导向工具。

3.3.2 入靶阶段轨迹调控

针对入靶阶段变方位、目的层上方地层沉积厚度变化大情况，传统等厚法带来的A靶点预测和入靶轨迹控制难的问题。针对此类问题，研究人员认为应遵循地层厚度消耗与井斜合理匹配原则，创新建立平均角法来计算轨迹方向上任意A、B两点消耗地层厚度的计算模型(图7)。

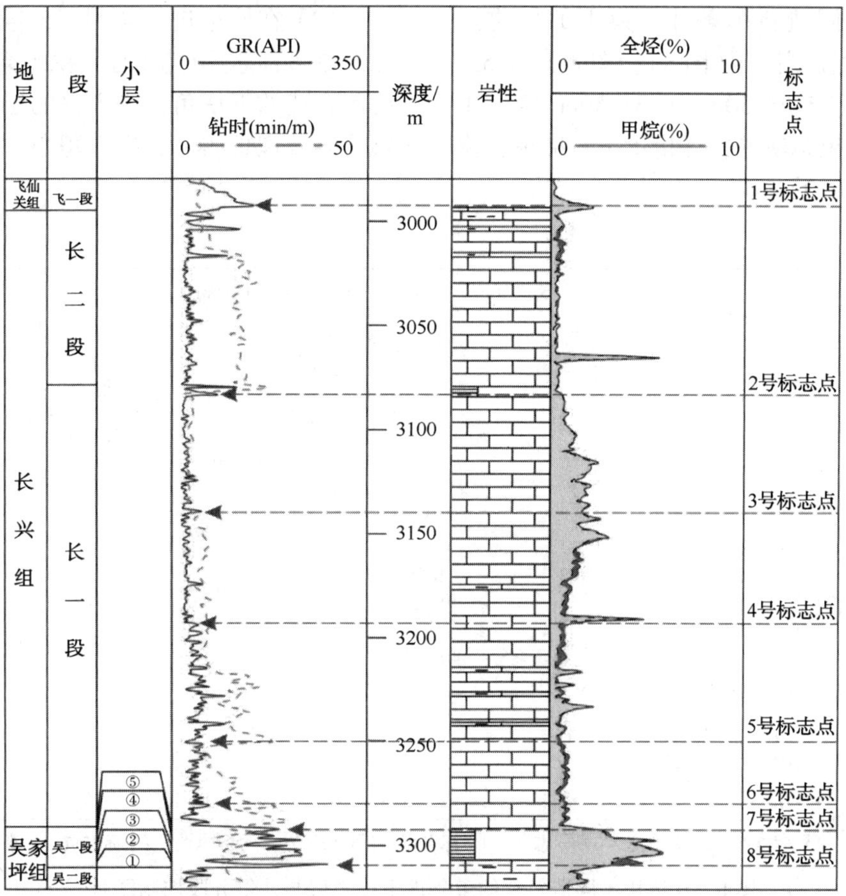

图 6　H 区块吴家坪组地质导向参考标志层(点)图版(标准井 HYA 井)

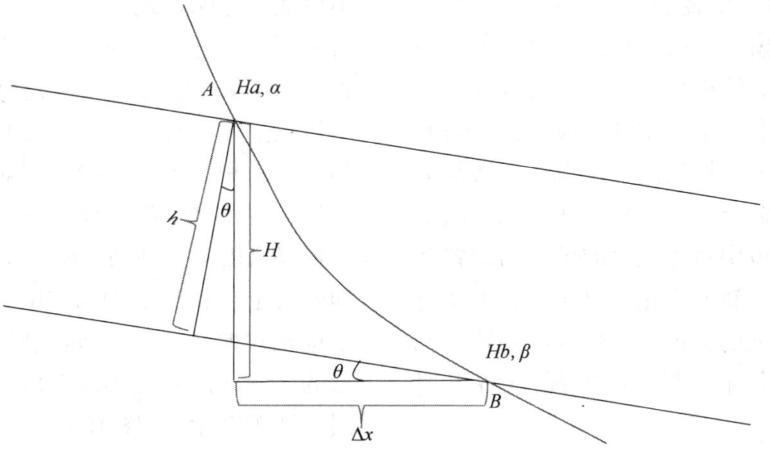

图 7　平均角法轨迹控制计算模型

其计算公式为：

$$h=(H-\Delta x\cdot\tan\theta)\cdot\cos\theta \tag{1}$$

式中，h 为 A 至 B 点正向下切厚度，m；H 为 A、B 两点垂深差，m；Δx 为 A、B 两点位移差，m；θ 为当前地层视倾角,°。

进一步推导得出：

$$h=\left[(Ha-Hb)\cdot\cos\frac{+\beta}{2}-(Ha-Hb)\cdot\sin\frac{+\beta}{2}\cdot\tan\theta\right]\cdot\cos\theta \tag{2}$$

式中，Ha 为 A 点处斜深，m；Hb 为 b 点处斜深，m；α 为 A 点处井斜,°；β 为 B 点处井斜,°。

该模型使用方法：

(1) 通过轨迹的正演、反演模拟，从而提高 A 靶点预测的和入靶前轨迹控制的精度。通过控制一定的造斜率来把控轨迹与地层的夹角，模拟正演轨迹与地层上、下切的速度；从 A 靶点反演到某一标志层时所需的合适井斜，利用到达某一标志层的井斜来控制施工轨迹。

(2) 建立不同造斜率条件约束下的标志层(点)与井斜分段控制图版(图 8)，图版按 4.5°/30m、5.1°/30m、5.7°/30m、6.3°/30m 等施工常用的造斜率来模拟轨迹，并指示出对应造斜率到达某一标志点时的井斜。

(3) 在轨迹进入 4 号、5 号、7 号关键地质导向参考标志层(点)时，视剩余靶前位移情况，控制合适的下切角，进入目的层后适时增斜确保轨迹以较理想的姿态进入靶心。

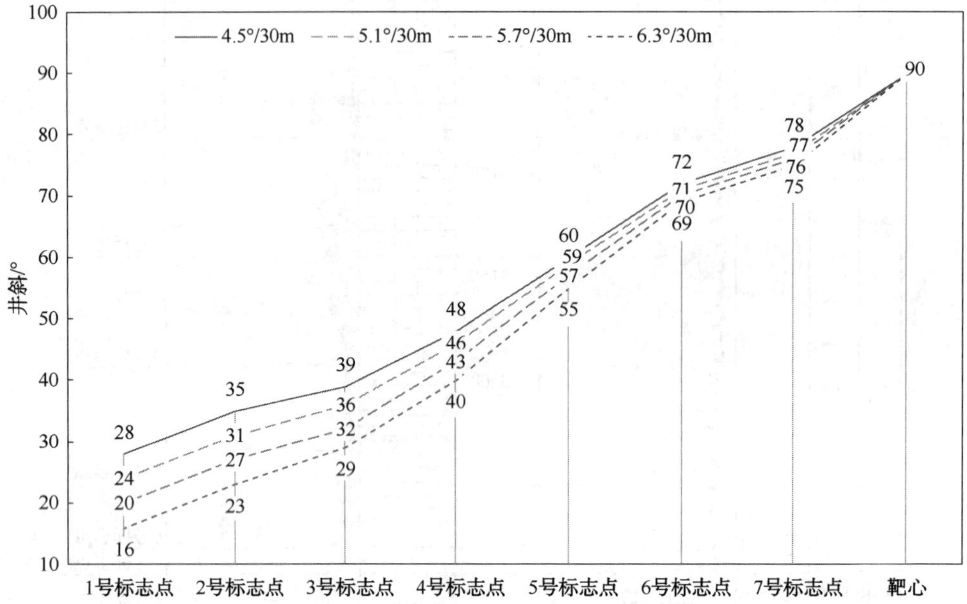

图 8　H 区块不同造斜率约束条件下标志层与井斜分段控制图版

3.3.3　水平段轨迹精准控制

针对水平段靶窗窄、微幅构造发育、小断层多等复杂地质条件导致极易钻出靶窗的难题，除了需要井震联合及时修正地质导向模型，还需要利用近钻头或旋转导向提供的方位伽马、伽马成像，以及目的层靶窗上、下地层的随钻伽马曲线特征点，判断水平段中轨迹在目的层中的位置和穿行情况。通过主动轨迹优化调整技术，将轨迹提前调整到靶窗合适的位置，避免调整频繁、调整过度和调整不及时，甚至反向操作钻出目的层。

近钻头或旋转导向工具获取的方位伽马曲线不仅能确定钻遇地层的岩性，判断轨迹是否处于目的层里，还可准确判断井眼轨迹在目的层的位置、交切关系、以何种姿态钻出目的层，即同一测量点上伽马 GR_U、下伽马 GR_D 值变化情况，可判断井斜角与地层视倾角相对关系及钻头在地层中的相对位置：如在地层伽马形态为波峰时，当上伽马 GR_U < 下伽马 GR_D，轨迹相对地层上行，即轨迹上切；当上伽马 GR_U > 下伽马 GR_D 时，井轨迹相对地层下行，即轨迹下切(图 9)；该区块目的层段使用方位伽马、伽马成像判断轨迹与地层交切关系示意(图 10)。

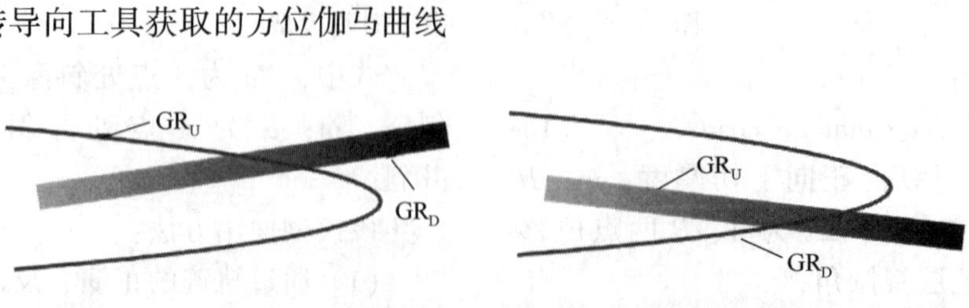

图 9　利用随钻方位加马(上伽马 GR_U、下伽马 GR_D)判断钻头在地层中的相对位置

利用方位伽马(上伽马 GR_U、下伽马 GR_D)曲线计算井眼轨迹与地层不同接触关系的夹角，及早发现地层变化、调整钻头的钻进方向，使轨迹最大限度地保持在油气藏的有利位置，为下步轨迹调整提供依据，大大降低了薄层和微幅构造易钻出目的层的风险。方位伽马实时判断地层与

井眼轨迹之间夹角计算模型可用三角关系来表示(图11)，邻边为成像上正弦曲线沿井眼轨迹方向的幅度，对边为井眼直径加上两倍的工具探测深度，其计算公式：

$$Y=\arctan\frac{D+2DOI}{\Delta d} \tag{3}$$

式中，γ为井眼轨迹与地层的相对夹角,°；D为井径，m；DOI为伽马仪器的探测深度，m；Δd为伽马成像上正弦曲线沿井眼轨迹方向的幅度，即同一地层GR_U、GR_D探测边界与地层交点沿仪器轴线的距离，m。

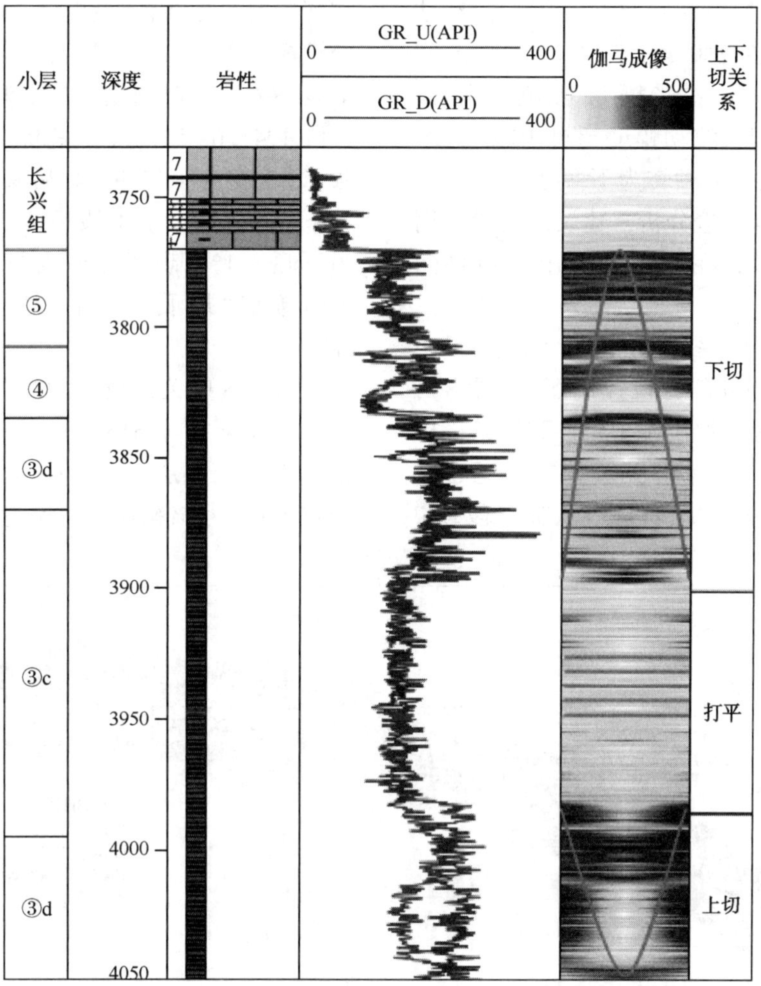

图10　随钻方位伽马、伽马成像判断轨迹与地层交切关系

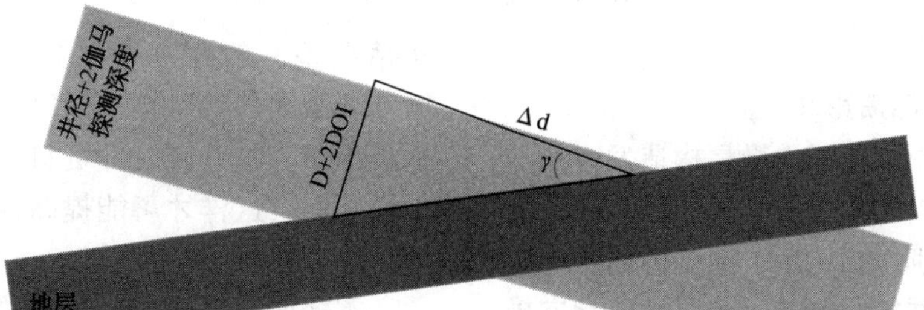

图11　方位伽马实时判断地层视倾角与井眼轨迹夹角计算模型

4 结果与讨论

4.1 实例分析

以研究区 HYCHF 井为例，该井设计水平段长 2000.0m，在建立的 H 区块三维模型上沿设计井轨迹提取二维导向剖面。通过物探资料、地质模型综合分析，明确水平段平均视倾角为整体上倾 2.63°，局部地层产状变化幅度较大，易钻出层。A 靶点前地层视倾角上倾 4.0°，过 A 靶点逐渐增至上倾 6.0°；受断层影响水平段 1000.0m 附近地层产状波动幅度超过 10.0°，水平段后 405.0m 地层由上倾转为下倾 2.0°。基于钻前地质导向条件和风险分析，建议入靶段采用常规 LWD 导向工具，在水平段采用旋转导向工具。

实际导向过程中，参照 H 区块不同造斜率约束条件下标志层与井斜分段控制图版（图 8），结合靶前距使用情况，控制施工轨迹到达某一标志层（点）时的井斜。在钻遇关键控制入靶 5 号标志层时井斜达到 60.0°，轨迹进入吴二段顶 7 号标志层（点）井斜达到 77.0°，采用平均 4.91°/30.0m 的造斜率适时增斜，控制轨迹在靶心（③小层 C 段顶）、井斜 92.0°入靶，轨迹与地层呈 2.0°夹角。

由于水平段轨迹方向上微幅构造发育，且地层产状存在局部起伏超过 18.0°的不利条件，因此采用方位伽马判断轨迹上、下切情况，并通过物探资料、地质模型和实钻参数综合判断钻头所处靶窗位置，实时获得水平段倾角变化。实钻水平段整体地层倾角主要在上倾 0.2°~4.41°之间，井段 4941.0~5180.0m 受断层影响有隆起，由上倾 0.32°变为上倾 9.34°后又逐步转为下倾，最大下倾 9.49°；水平段后 420.0m 地层由上倾转为下倾 3.1°。现场作业人员需及时调整井斜保证轨迹在“地质+工程”最佳甜点段③小层中穿行。

通过这些关键技术的综合运用，精细调控轨迹，本井于井深 6155.0m 顺利钻至 B 靶点，完钻层位③小层 C 段中部，实钻水平段长 2097.0m，考核靶窗钻遇率达到 96.7%（图 12）。

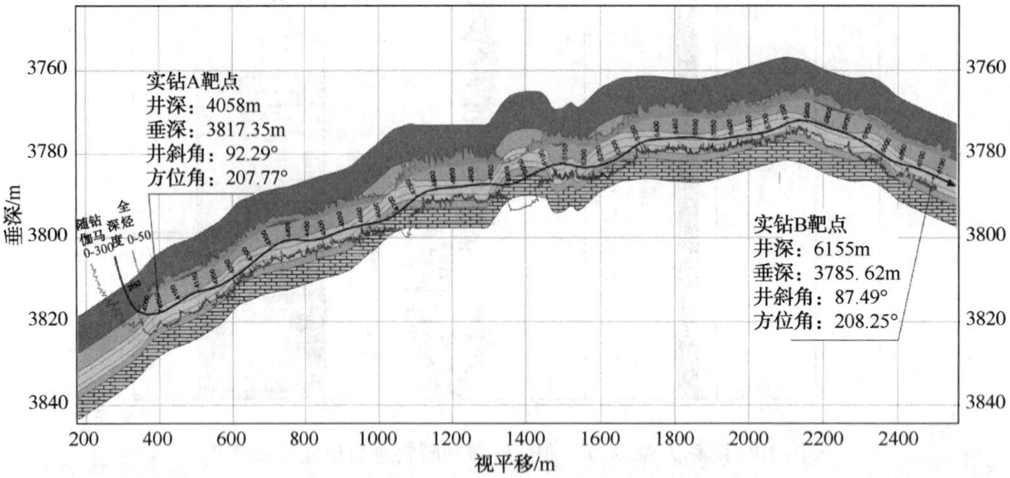

图 12　HYCHF 井水平段轨迹穿行示意图

4.2 讨论

4.2.1 地震资料的品质影响

H 区块受断裂影响，区内微幅构造发育。地表山地地震采集资料品质受限，仅依靠地震资料不能够准确有效识别微幅构造，包括微断层、微背斜和微向斜等。井震联合技术建立地质导向模型是作业人员实时轨迹调整和预测轨迹方向上地层产状变化的重要依据。研究区 HYAHF、HYBHF、HYCHF 这些实钻井显示：利用三维地质模型指导地质导向，待导向井 A 靶点设计垂深与实钻误差一般在 9.5~11.5m。对于疑似断层、微背斜微向斜等微幅构造段，需采取多角度抓取地震剖面和临井测录井资料加以验证，准确修正地层剖面，这样才可能提高预期的准确性。

4.2.2 预测手段受限

本文所述地质导向选用的关键参数来自常规随钻测井、近钻头自然伽马和旋转导向工具。这些方法所采集的地层数据，相对于钻头而言，属于“负距离”，即钻开地层后才能进行相应的测量，获取地层数据。这就像坐在飞机的尾部（非驾驶室)操控一架飞机一样，不具有前探性，从而影响地质导向的精度和优质储层穿越的实际效果。未来的发展趋势是研究钻头前探技术、随钻地震前探技术和方位电磁波前探技术。

所谓的钻头前探技术是地质导向钻井前探技术的简称，是指在随钻工程中更早得获取钻头前地层数据的一种方法和相应的设备。钻头前探技术提高了钻井地质导向的主动性，能够使作业人员更好的在水平段地质导向过程优化钻井轨迹，保证优质储层穿越率和井眼更加规则。该技术是钻井地质导向未来发展方向和和技术热点。前探技术与随钻地震前钻技术和方位电磁波前探技术三者有机融合，在现场能够提供较为完美的应用，是未来水平井导向的重点发展方向。

5 结论

通过H区块地质导向关键技术研究与应用，有效解决了该区块A靶点预测不准、入靶阶段轨迹控制不佳和水平段轨迹易出层等难题。具体结论如下：

(1) H区块吴家坪组吴二段目的层上方地质导向参考标志层(点)的确定和目的层靶窗岩性、电性、含气性等特征的综合分析，为靶点预测和轨迹调整提供了重要依据，是水平井能否顺利入靶和保障水平段在储层穿越的基础。

(2) 针对储层薄、地层产状变化大的水平井，导向工具应优先选择性能稳定的旋转导向工具，发挥旋转导向工具零长较短和轨迹控制能力强的优势，方位伽马、伽马成像能及早发现地层变化、准确判断轨迹在目的层的位置，降低了薄层和微幅构造易钻出目的层的风险，在提高储层钻遇率前提下确保轨迹控制圆滑，为后续施工创造良好的井筒条件。

(3) 针对入靶阶段变方位、目的层上方地层沉积厚度变化带来的A靶点预测和入靶轨迹控制难的问题，首次建立的平均角法轨迹控制计算模型和不同造斜率约束条件下标志层与井斜分段控制图版，能够解决传统等厚法预测靶点误差大和轨迹控制效果不理想的难题，显著提高了靶点的预测和轨迹控制精度。

(4) 钻头前探技术、随钻地震前钻技术和方位电磁波前探技术应是未来导向技术的重点发展方向。这些技术能够更好的为能够更好的保证复杂地层中优质储层钻遇率，应值得深入研究。

参考文献

[1] 胡德高，周林，包汉勇，等. 川东红星地区HY1井二叠系页岩气勘探突破及意义[J/OL]. 石油学报：1-12.

[2] 王鹏威，刘忠宝，李雄，等. 川东红星地区上二叠统吴家坪组页岩发育特征及其页岩气富集意义[J]. 石油与天然气地质，2022，43(5)：1102-1114.

[3] 王晓蕾. 四川盆地五峰—龙马溪组深层页岩气勘探开发进展及建议[J]. 科学技术与工程，2020，20(14)：5457-5467.

[4] 陈学辉，蔡进，刘莉，等. 不同地层产状下页岩气水平井地质导向策略研究[J]. 石油工业技术监督，2023，39(2)：61-64.

[5] 郑奕挺，宋红喜. 近钻头伽马响应特征及实验分析[J]. 科学技术与工程，2022，22(10)：3932-3940.

[6] 赵红燕，周涛，叶应贵，等. 涪陵中深层页岩气水平井快速地质导向方法[J]. 录井工程，2017，28(2)：29-32.

[7] 夏勇. 页岩气水平井地质导向入靶控制方法研究[J]. 江汉石油职工大学学报，2018，31(5)：32-34.

[8] 廖勇，赵红燕，杨国圣，等. 页岩气水平井连续起伏型储层水平段地质导向轨迹控制方法[P]. 中国发明专利：202110256979. 9.

[9] 梁兴，徐进宾，刘成，等. 昭通国家级页岩气示范区水平井地质工程一体化导向技术应用[J]. 中国石油勘探，2019，24(2)：226-232.

[10] Liang X, Wang L, Zhang J, et al. 100% in the sweet section: An effective geosteering approach for Silurian Longmaxi shale play in Sichuan Basin[C]//SPE Asia Pacific Unconventional Resources Conference and Exhibition, 2015, 1-8.

[11] 肖雄，何柳，黄明立. 红星地区建南区块吴家坪组优质页岩特征及水平井靶窗优选[J]. 资源环境与工程，2022，36(4)：412-419.

[12] 张东涛，呼赞同，何叶，等. 水平井地质导向难点及对策分析——以四川盆地南缘昭通页岩气国家级示范区为例[J]. 天然气地球科学，2022，33(8)：1354-1361.

[13] 杨彬，李琳艳，孔健，等. 随钻地质建模技术在水平井地质导向中的应用[J]. 特种油气藏，2020，27(2)：30-36.

[14] 吴宗国，梁兴，董健毅，等. 三维地质导向在地质工程一体化实践中的应用[J]. 中国石油勘探，2017，22(1)：89-98.

[15] Liang X, Wang L, Zhang J, et al. An integrated approach to ensure horizontal wells 100% in the right po-

sitions of the sweet section to achieve optimal stimulation: A shale gas field study in the Sichuan Basin, China[C]//Abu Dhabi International Petroleum Exhibition and Conference held, 2015, 1-8.
[16] 吴松，于继良，徐尚，等. 黔北地区窄陡型向斜页岩气水平井地质导向技术对策[J]. 地质科技通报，2022，41(4)：309-316+328.
[17] 梁斌，任瑞川，程琦，等. 水平井地质导向关键技术研究及应用[J]. 录井工程，2021，32(4)：37-41.
[18] 李增科，冯爱国，任元. 页岩气水平井地质导向标志层确定方法及应用[J]. 科学技术与工程，2015，15(14)：148-151.
[19] 张鹏云，孙建孟，成志刚，等. 随钻方位伽马成像测井在鄂尔多斯盆地 H 井区水平井地质导向中的应用[J]. 科学技术与工程，2021，21(23)：9713-9724.
[20] 林昕，苑仁国，秦磊，等. 地质导向钻井前探技术现状及进展[J]. 特种油气藏，2021，28(2)：1-10.
[21] Gao W, Sheng L, Dou X, et al. CGDS near-bit geosteering drilling system and its application in China[C]. SPE/IATMI Asia Pacific Oil & Gas Conference and Exhibition 2015, 1-9.

预测页岩气地层破裂压力的一种测录井方法

姜诚琳[1]　赵　彬[2]　石文睿[3,4]　石元会[1]　李　昂[1]　焦恩翠[5]

(1. 中石化经纬有限公司江汉测录井分公司；2. 长江大学地球物理与石油资源学院；3. 香港浸会大学；4. 香港亚洲能源研究中心(AESC)；5. 湖北紫东页岩气科技有限公司)

摘　要　为了提高页岩气储层地层破裂压力预测精度和方法的适应性，在总结前人成果的基础上，给出了顾地层孔隙度、地层脆性指数及对目标层压裂有较大施加影响的等效上覆地层压力梯度等关键因素，利用地层孔隙流体压力梯度、地层孔隙度、地层脆性指数及等效上覆地层压力梯度、上覆地层岩性系数等参数计算地层破裂压力梯度、地层破裂压力的数学模型。建南气田、涪陵页岩气田及丁山、湘鄂西、宜昌等地区390多口井的应用实践表明，本文方法克服了传统方法计算包括页岩气在内的等非常规油气储层地层破裂压力误差偏大、不适用的问题，60口井的抽样检查显示平均误差小于10%，为测录井及地质研究、储层压裂改造同仁提供了有益的参考。

关键词　页岩气；地层破裂压力；预测方法；录井；测井；应用

地层破裂压力(Fracture Pressure)系指为使地层产生水力裂缝或张开原有裂缝时的井底压力。Eaton(伊顿)、Anderson(安德森)、Matthew & Kelly(马修斯与凯利)、Stephen(斯蒂芬)和Holbrook(霍布鲁克)等传统的地层破裂压力计算方法，是在上世纪六十年代至九十年代期间形成，主要用于解决中、高孔隙度砂岩常规储层、张性盆地裂缝层的地层破裂压力参数计算。这些技术方法促进了全球油气钻井安全和高效开发的技术进步，丰富了油气录井、测井技术在地层压力检测及预测方面的应用方法，推动了全球地层压力预测技术发展。随着页岩气等非常规油气的勘探与开发，其适应性问题受到制约，需要该领域的科研人员完善相应的技术。

1　问题的提出

随着页岩气勘探开发规模的扩大和作业领域的拓展，页岩气水平井钻井和分段压裂技术难度越来越大，质量安全风险和施工成本也越来越高，施工作业中出现的地层破裂压力预测不准的问题日益突出，传统的地层破裂压力预测方法难以适应页岩气等非常规油气勘探开发需求，已经成为制约页岩气等非常规油气资源高效勘探开发的一项重要技术瓶颈。

笔者所在团队充分研究了CN103912269A公开的一种页岩气储层地层破裂压力梯度确定方法及国内行业标准SY/T 5623—2009地层压力预(监)测方法后发现：

发明专利“一种页岩气储层地层破裂压力梯度确定方法”，虽解决了传统方法计算精度不高的问题，计算值与实际获得地层破裂压力梯度误差<10%，但方法相对复杂、技术要求较高，在现场快速预测页岩气储层地层破裂压力有较大难度；SY/T 5623—2009标准规定的是砂、泥岩地层孔隙压力、破裂压力的预测方法，是建立在泥岩欠压实程度而引起的孔隙流体异常高压与泥岩欠压实程度对应的机理上，对页岩气储层不适用。

基于此，在总结实践经验的基础上，提供了一种能提高包括页岩气等非常规油气储层在内的地层破裂压力计算与预测精度，能用于指导安全钻井和水平段油气储层压裂改造的地层破裂压力录测井预测方法。

2　预测方法与理论

2.1　地层压实模型

碎屑沉积物和岩石的孔隙空间随深度增加而减小，而且存在较好的规律性(图1)。孔隙度减小量可以定量认为泥质沉积物沉积后经历压实作用量。前人描述地层压实的模型较多，主要有代表性的是Arty(1930)、Hedberg(1936)、Weller(1959)、Powers(1967)等。

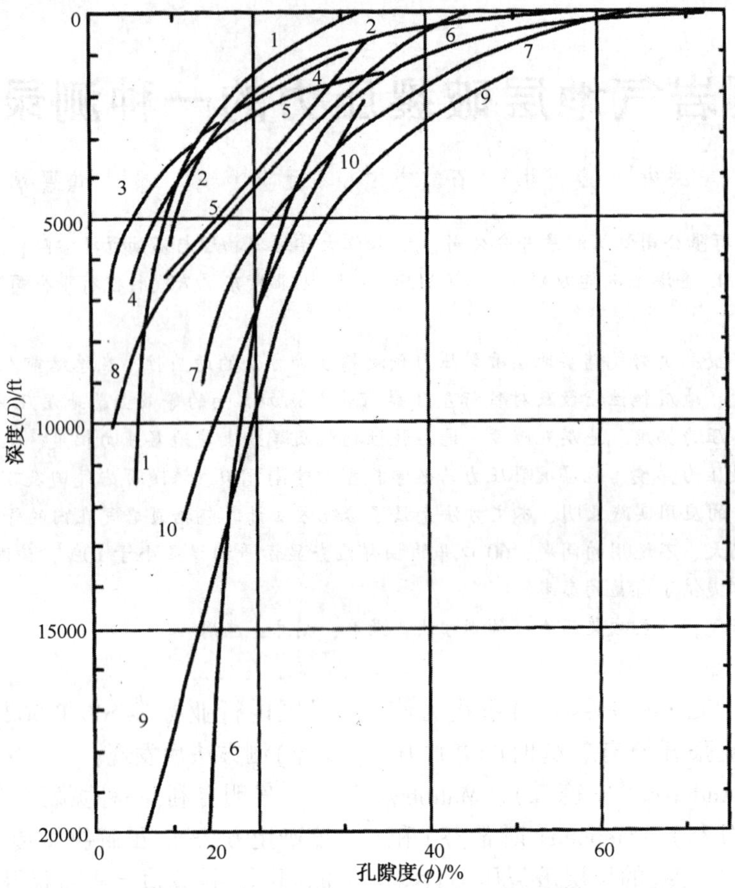

图 1　页岩和泥质沉积物孔隙度与埋深相互关系的几个压实模型

1—Proshlyakov(1960)；2—Meade(1966)；3—Athy(1930a)；4—Hosoi(1963a，b)；5—Hedberg(1936)；6—Dickinson(1953)；7—Magara(1968)；8—Weller(1959)；9—Ham(1966)；10—Foster 和 Whalen(1966)(据 Rieke 和 Chilingarian，1974，第 42 页，图 17)

根据 Arty 压实模型，压实作用反映了岩层内在流体的排出从而减小了孔隙度的简单变化过程。在岩性相对单一的页岩中，孔隙度与埋深之间存在较好的非线性定量关系。当碎屑沉积物和岩石埋深增加后，其孔隙度和密度会因为矿物颗粒变形和粒化、胶结作用、溶解作用、重结晶作用、颗粒间挤压作用等发生规律变化。持续的上覆地层压力和构造应力使岩层孔隙度变小、岩性体积密度变大(图 2)。

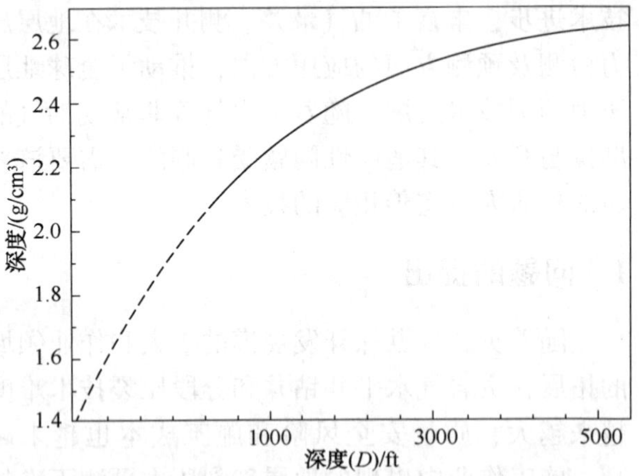

图 2　某盆地页岩体积密度与深度关系示意图

由此可见，页岩孔隙度、岩性体积密度参数是评价其地层压力，特别是地层破裂压力的重要关键变量的一部分。在地层破裂压力预测的传统方法中，忽略了页岩孔隙度的。

2.2　地层破裂模型

一定深度的地层承受流体压力的能力是有限的。当井下液体压力达到一定数值时会使承压地层破裂，这个液体压力就是我们所研究的地层破裂压力。

通常，页岩气等非常规油气水平井的水平段走向多垂直于最大水平主压力 σ_H 和垂直地应力 σ_v，沿最小水平主压力 σ_h 方向钻井，水平段井壁受基本均衡的钻井液柱压力 P_w 作用(图 3a)。在距离井筒无限远处视为受平均地应力 σ_0 作用(图 3b)，$\sigma_0=(\sigma_v+\sigma_H+\sigma_h)/3$。这样的好处在于钻井过程中能够有效避免井壁坍塌与崩落，并易于在完井后的对水平段储层实施压裂改造。

在油气井压裂作业时，地层破裂及裂缝形成模型如图 4 所示。此时，地层裂隙受地应力与压裂液共同作用。考虑深层水力压裂主要是形成垂直裂缝，且裂缝穿透整个油层。地应力与压裂液应力的最终有效合应力在裂隙壁面上是拉应力，当其合成应力强度达到临界值时，裂隙就开始失稳延伸。

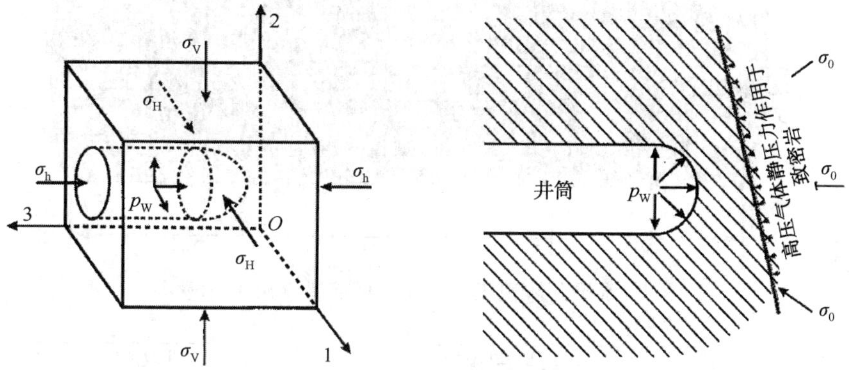

(a)　　　　(b)

图 3　水平井水平段走向与地应力关系示意图

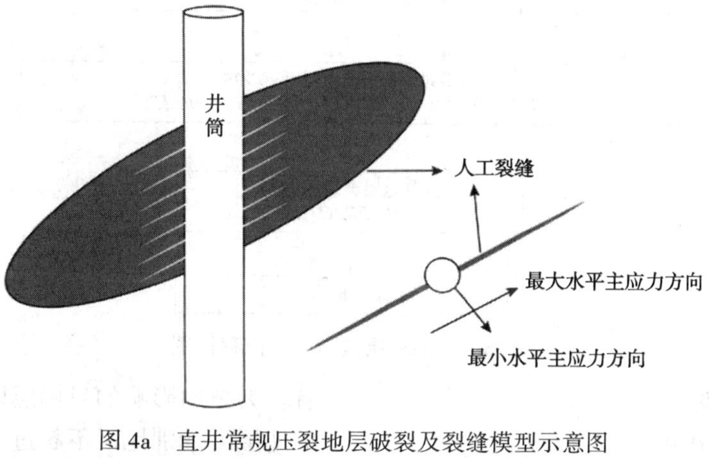

图 4a　直井常规压裂地层破裂及裂缝模型示意图

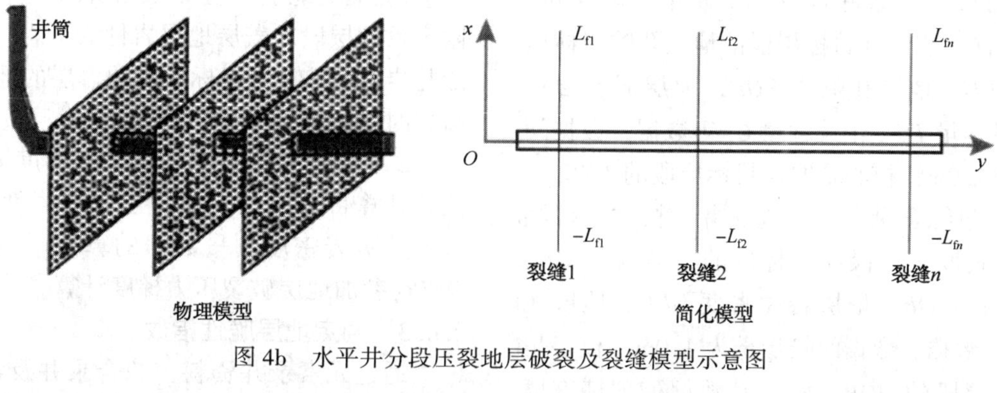

图 4b　水平井分段压裂地层破裂及裂缝模型示意图

页岩气水平井分段压裂以形成复杂的裂缝网络为最佳，沟通气层储集空间与渗流通道，有助于提高单井产能和总采收率。压裂改造体积(SRV，Mayerhofer 2006)能定量表征地层破裂效果和复杂的网络裂缝分布(图 5)。FL 页岩气田的研究成果显示，SRV 与井的累计产量成正相关。

2.3　预测模型

新的预测地层破裂压力录测井方法(图 6)，充分考虑了影响地层破裂压力梯度的地层孔隙度、得出脆性指数等关键因素，以及目标层压裂有较大施加影响的等效上覆地层压力梯度。其核心是利用地层孔隙流体压力梯度 *FPG*、地层孔隙度 *POR*、地层脆性指数 *BRIT* 及等效上覆地层压力梯度 *OFPG*、上覆地层岩性系数 α 等四项参数计算地层破裂压力梯度 *FRAC*，再通过地层破裂压力梯度 *FRAC* 和目标层垂深 *H*，计算或预测地层破裂压力 *PF*。

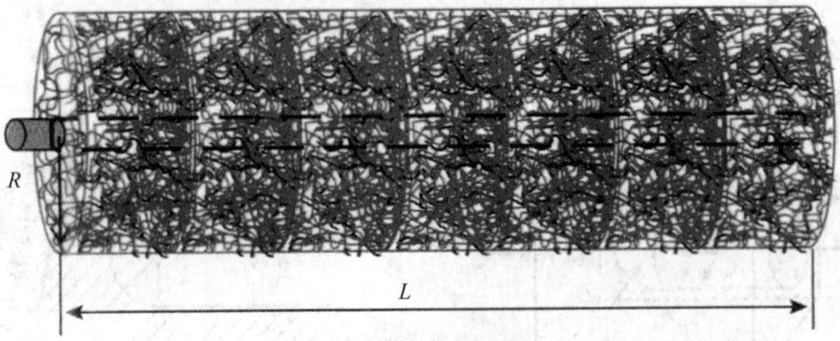

图 5　水平井体积压裂形成的复杂裂缝 SRV 示意图

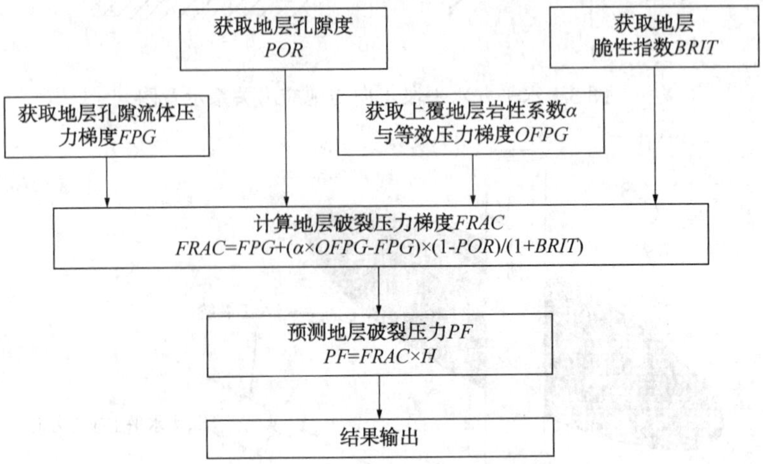

图 6　预测地层破裂压力流程框图

2.4　实现方法与步骤

2.4.1　确定 *FPG* 和 *POR*

1）通过综合录井资料，获取全井段层位、深度、垂深、岩性及目标层段的地层孔隙流体压力梯度 *FPG*、地层孔隙度 *POR*、地层泥质含量 V_{sh}、全烃含量 *TC*、甲烷含量 C_1 等数据，数据间隔步长为 1.0m，核心是取得目标层段的 *FPG*。

2）通过综合录井、常规测井、核磁共振测井资料，获取全井段即目标层的自然伽马 GR、地层孔隙度 *POR*、地层岩性密度 *DEN*、地层泥质含量 V_{sh}数据，数据间隔步长为 1.0m，核心是取得目标层段的 *POR*、V_{sh}，其数据处理精度要优于综合录井资料处理结果。

有核磁共振测井资料时，地层孔隙度 *POR* 数据选用核磁共振测井资料处理结果。

2.4.2　确定上覆地层 α 和 *OFPG*

这里，限定上覆地层为对目标层段体积压裂有较大施加影响的目标层段上方 10~30m 范围内的地层，个别地区不超过 50m。

1）上覆地层岩性系数 α 取值范围为 1~3，限定目标层段的盖层地层岩性为页岩、泥岩、碳酸盐岩时 α 取 1，目标层段的盖层的地层岩性为盐岩时 α 取 1.8；

2）计算等效上覆地层压力梯度 *OFPG*。方法是计算目标层段上覆地层测井岩性密度 *DEN* 或录井页岩密度测量数据的算数平均值，作为 *OFPG* 参加地层破裂压力梯度计算。

2.4.3　确定地层脆性指数

通过元素录井资料，综合录井及常规测井、岩石力学测井资料或地层矿物脆性指数 *BM*、地层岩石力学脆性指数 *BY*、常规测录井地层脆性指数 *BI* 参数，获取地层脆性指数 *BRIT*。

1）有元素录井资料时，利用脆性指数矿物法，选用石英、白云石、方解石、长石、黄铁矿等5种矿物的质量百分含量，计算地层矿物脆性指数 *BM*（用小数表示），同时有元素录井和元素测井资料时直接选用元素测井资料计算。计算公式如下：

$$BM=\frac{C_{quartz}+C_{dolomite}+C_{calcite}+C_{fedspar}+C_{pyrite}}{100} \tag{1}$$

式中，*BM* 为地层矿物脆性指数，无量纲；C_{quartz} 为石英质量百分含量，%；$C_{dolomite}$ 为白云石质量百分含量，%；$C_{calcite}$ 为方解石质量百分含量，%；$C_{fedspar}$ 为长石质量百分含量，%；C_{pyrite} 为黄铁矿质量百分含量，%。

2）有岩石力学测井资料时，利用脆性指数岩石力学法，选用杨氏模量、泊松比数据，计算地层岩石力学脆性指数 *BY*，用小数表示。计算公式如下：

$$BY=\frac{(E_s-E_{min})/(E_{max}-E_{min})+(\nu_{max}-\nu_s)/(\nu_{max}-\nu_{min})}{2} \tag{2}$$

式中，*BY* 为地层岩石力学脆性指数，无量纲；E_S 为杨氏模量，MPa；E_{max} 为杨氏模量上限，MPa，默认取值 5.5×10^4MPa；E_{min} 为杨氏模量下限，MPa，默认取值 0.7×10^4MPa；ν_S 为泊松比，无量纲；ν_{max} 为泊松比上限，无量纲，默认取值0.40；ν_{min} 为泊松比下限，无量纲，默认取值0.10。

3）利用综合录井、常规测井资料获得的泥质含量 V_{sh} 数据，利用泥质含量 V_{sh} 计算常规测录井地层脆性指数 BI，用小数表示。计算公式如下：

$$BI=1-\frac{V_{sh}}{100} \tag{3}$$

4）利用地层矿物脆性指数 *BM*、地层岩石力学脆性指数 *BY*、常规测录井地层脆性指数 *BI* 参数，计算地层脆性指数 *BRIT*。计算公式如下：

$$BRIT=\frac{BM+BY+BI}{3} \tag{4}$$

通常，每口井均有常规测井资料，如仅有常规录测井地层脆性指数 *BI* 数据时，可直接将 *BI* 作为地层脆性指数 *BRIT* 数据计算 *FRAC*。如有常规测录井地层脆性指数 *BI* 和地层矿物脆性指数 *BM* 时，按下述公式计算地层脆性指数 *BRIT*：

$$BRIT=\frac{BM+BI}{2} \tag{5}$$

2.4.4　预测地层破裂压力梯度

根据公式下述公式计算目标层段录井过程中或完钻测井后的地层破裂压力梯度 *FRAC*：

$$FRAC=FPG+(\alpha\times OFPG-FPG)\times\frac{1-POR}{1+BRIT} \tag{6}$$

式中，*FRAC* 为地层破裂压力梯度，MPa/hm；*FPG* 为地层孔隙流体压力梯度，MPa/hm；*OFPG* 为视上覆地层压力梯度，MPa/hm；*POR* 为地层孔隙度，小数；*BRIT* 为地层脆性指数，小数；α 为上覆地层岩性系数，取值范围为1～3。

地层破裂压力梯度计算可按层段取值计算或按步长逐点计算。按层段取值计算时，每一层段取一组算数平均值即可；按步长计算时，在同一层段内按一定步长连续取值计算，步长为数据文件间隔步长的整数倍。

在录井过程中计算与预测地层破裂压力梯度 *FRAC* 时，地层孔隙流体压力梯度 *FPG*、地层孔隙度 *POR* 和地层脆性指数 *BRIT* 利用综合录井资料，视上覆地层压力梯度 *OFPG* 可选用邻井测井密度资料计算或选用经验值。利用综合录井页岩密度测量资料计算 *OFPG* 时注意进行标准化校正。

在完钻测井后计算与确定地层破裂压力梯度 *FRAC* 时，地层孔隙流体压力梯度 *FPG* 推荐选用综合录井资料，地层孔隙度 *POR*、地层脆性指数 *BRIT* 和视上覆地层压力梯度 *OFPG* 推荐选用测井资料处理结果，包括常规测井、核磁共振测井、元素测井资料。

2.4.5　预测地层破裂压力

地层破裂压力是地层破裂压力梯度与垂深的乘积，即：

$$FP=FRAC\times\frac{H}{100} \tag{7}$$

式中，*PF* 为目标层段地层破裂压力，MPa；*H* 为目标层段中部垂深量，m。

在录井过程中预测地层破裂压力时，地层破裂压力梯度 *FRAC* 与垂深 *H* 选用综合录井资料；在完钻测井后预测地层破裂压力时，地层破裂压力梯度 *FRAC* 与垂深 *H* 以选用测井资料为主。

3　应用效果

自2010年以来，利用本文方法已在中扬子地区建南气田、涪陵页岩气田，以及丁山、湘鄂西、宜昌等地区处理测录井地层压力预测资料390多口井。验证地层破裂压力梯度、地层破裂压力计算结果60口井，与实际施工获得的地层破裂压力梯度、地层破裂压力对比，最大误差为23.5%，最新误差为0.1%平，平均误差为8.9%。

3.1 实例一

某气田S井(直井)612.0~648.0m井段气层，中部垂深 H 为630.0m，地层岩性为页岩，综合录井资料显示该气层段的地层孔隙流体压力梯度 FPG 算数平均值为1.07MPa/100m，地层孔隙度 POR 算数平均值为0.062。气层段上方盖层592.0~612.0m井段的地层岩性为页岩，其上覆地层岩性系数 α 取1，页岩上覆地层密度 ρ_b 算数平均值为2.65g/cm^3，即等效上覆地层压力梯度 $OFPG$ 为2.65MPa/100m。利用元素录井资料，依据式(1)计算该气层段的地层脆性指数 $BRIT$ 算数平均值为0.65。

依据式(6)、(7)，计算612.0~648.0m气层段的地层破裂压力梯度 $FRAC$ 为1.97MPa/hm，气层段中部地层破裂压力 $PF=12.41$MPa。

完井压裂施工，实测该气层段的地层破裂压力为12.80MPa，折算地层破裂压力梯度为2.03MPa/hm，初期日产天然气约4100m^3，压裂改造效果显著。

3.2 实例二

某页岩气田Y井是一口长水平段水平井，2443.0~4150.0m水平段页岩气层中部垂深 H 为2380.0m，综合录井资料显示该水平段页岩气层的地层孔隙流体压力梯度 FPG 为1.45MPa/100m。该井未进行元素测井和偶极声波测井，常规测井资料处理结果显示，2443.0~4150.0m水平段页岩气层孔隙度 POR 算数平均值为0.055，泥质含量 V_{sh} 算数平均值为28.0%，依据式(3)计算地层脆性指数 $BRIT$ 为0.72。

Y井2443.0~4150.0水平段页岩气层的顶部垂深为2340.0m，对应的上方直井段2320.0~2340.0m(厚20m)的岩性密度 DEN 的算数平均值为2.71g/cm^3，等效上覆地层压力梯度 $OFPG$ 为2.71MPa/hm。依据式(6)、(7)，计算该水平段页岩气层地层破裂压力梯度 $FRAC$ 为2.14MPa/hm，地层破裂压力PF为50.99MPa。

完井作业分15段压裂施工，参照本发明计算结果预设地层破裂压力为50.0~55.0MPa，施工实测地层破裂压力为50.0~58.5MPa，平均为52.3MPa，折算平均地层破裂压力梯度约为2.20MPa/hm，初期日产天然气约54.0×10^{4}m^3，压裂改造效果明显。

4 结论

(1) 利用本文方法计算的地层破裂压力梯度、地层破裂压力与实测结果接近，平均误差小于10%，能有效指导油气井体积压裂改造，能够助力安全钻井和油气田高效开发。

(2) 本文方法克服了传统方法计算包括页岩气在内的等非常规油气储层地层破裂压力误差偏大、不适用的问题，而且适用于砂岩、砂泥岩、页岩、碳酸盐岩储层与非储层。

(3) 本文方法中的计算输入参数与资料易于获取，计算方法简便，易于推广，易于实现计算机软件处理。

参 考 文 献

[1] PANG Wei, WU Qiong, HE Ying, et al. Production analysis of one shale gas reservoir in China[R]. SPE 174998, 2015.

[2] PANG Wei, DU Juan, ZHANG Tongyi, et al. Production performance modeling of shale gas wells with non-uniform fractures based on production logging[R]. SPE 181398, 2016.

[3] Holbrook P W. The Use of Petrophysical Data for Well Planning, Drilling Safety and Efficiency[R]. Houston: SPWLA 37th Annual Logging Symposium, June 16—19, 1996.

[4] Holbrook P W. Discussion of A New simple Method to Estimate Fracture Pressure Gradients[J]. SPE Drilling & Completion, March, 1997.

[5] 葛洪魁，林英松，马善洲，等. 修正Holbrook地层破裂压力预测模型[J]. 石油钻探技术，2001，29(3)：20-22.

[6] 袁俊亮，邓金根，张定宇，等. 页岩气储层可压裂性评价技术[J]. 石油学报，2013，34(3)：523-527.

[7] 朱义东，张伟，刘伟新，等. 地层破裂压力计算模型及分析[J]. 石油地质与工程，2013，27(2)：92-94.

[8] 严向阳，胡永，全李楠，等. 泥页岩地层破裂压力计算模型研究[J]. 岩性油气藏，2015，27(2)：109-112.

[9] 罗成波，孟英峰，李皋，等. 氮气钻井井底岩爆机

理及动态过程演化[J]. 天然气工业，2019，39(7)：99-105.

[10] 冯爱国，陈彦梅，邢军，等. 快速确定页岩气储层地层破裂压力梯度的一种方法[J]. 江汉石油职工大学学报，2019，32(4)：14-16.

[11] 石文睿. 焦石坝区块页岩气储层含气性测录井评价方法研究[D]. 长江大学，2016.

[12] 李刚毅. 地层压力预测技术及应用研究[D]. 成都理工大学；2009.

[13] SY/T 6365—1998 地层压力预(监)测方法[S].

[14] 张建平，冯爱国，石元会，等. 一种页岩气储层地层破裂压力梯度确定方法[P]. CN2014101233653，2014-03-28.

[15] 廖勇，刘尧文，石文睿，等. 一种确定地层破裂压力梯度的录井方法[P]. CN2019107167376，2019-08-05.

[16] 刘尧文，廖勇，石文睿，等. 一种确定地层破裂压力梯度的测井方法[P]. CN2019107171174，2019-08-05.

基于长效缓释示踪剂的油井产量分析研究

徐　刚　王孔阳　闫切海　李　进　赵克贤　张　辉　陈　彬

[中海石油(中国)有限公司天津分公司]

摘　要　监测井下产液剖面在油气藏开发中扮演着至关重要的角色，目前广泛采用的监测手段包括下入测井工具和示踪剂监测。示踪剂监测法因其广泛的适用范围、简便的工艺、低廉的费用、低风险以及长期的监测能力而在实际操作中更受青睐。然而，与传统测井工具监测相比，示踪剂监测方法存在数据延迟、井下安装难度和长期效果不稳定等缺陷。为此，渤海油田开发了一种新型固体示踪剂技术，通过改进井下筛管结构来克服安装难题。该示踪剂以高分子材料为基础，达到特定位置后能通过其内部孔道将示踪剂缓慢释放到溶剂中，以实现油井生产剖面的长期监测。2023 年，该新型示踪剂在渤海 D6 井首次应用，并在半个月的稳定生产阶段收集到了产液剖面数据。现场监测结果揭示了固体缓释示踪剂监测技术在复杂环境下持续获取产层信息的能力，证实了其在短期快速找水和长效出水监测中的应用潜力，包括识别见水时间和主要见水位置。此外，D6 井示踪剂监测揭示了测试层中存在水淹现象，特别是第 1 测试层段为主要产液段，同时第 1、6 测试层段为主要产油层段，第 1、2 测试层段为主要产水层段。这些研究成果为生产井的产油产水情况提供了准确识别，为后续开发调整提供了重要依据。

关键词　井下监测；产液剖面；示踪剂；油井出水

1　引言

在油气藏开发的过程中，井下产液剖面的监测至关重要。为了精确掌握油井产液剖面的详细信息，目前广泛采用了两种主要的监测技术：下入测井工具监测技术和示踪剂监测技术。示踪剂监测技术，由于其广泛的适用性、简便的工艺、低廉的成本、低风险以及长期的监测效果，在油田现场作业中获得了较为广泛的应用和青睐。

示踪剂技术利用特定物质或标记物的运动和扩散能力，在井下环境中追踪产液剖面的变化。选定合适的示踪剂后，通过注射装置、管道或其他合适手段，将其注入井内或特定的井下位置。示踪剂注入后，会随时间在产层中逐步扩散，其扩散速度和路径受井下环境因素如温度、压力和矿化度的影响。为获得产液剖面数据，需定期采集示踪剂样本进行分析，采样过程可通过取样管或专用采样装置完成。实验室需分析包括测定示踪剂的浓度、活性、同位素比率等参数，以此推测产液剖面情况。通过对示踪剂监测数据的详细解释和分析，可以获得关于井下产液剖面的重要信息。

示踪剂的种类繁多，包括化学物质、放射性同位素、稳定性同位素及微量物质等，其选择依据监测需求和环境条件而定。化学物质示踪剂作为一种广泛使用的监测技术，因其高精度、广泛适用性及成本效益等优势而受到青睐，尽管存在环境污染、安全性及监测持续时间短等局限。放射性同位素示踪剂以其高灵敏度、优异的时间分辨率及抗化学反应干扰的特性而突出，但需面临辐射风险、成本高及可能的环境影响等挑战。稳定性同位素示踪剂凭借其高安全性、良好稳定性及环境友好性获得认可，虽然其应用受到灵敏度限制及分析复杂性的影响。微量物质示踪剂因其高灵敏度、低成本及高安全性等优点而被考虑，但其监测范围的局限性、数据滞后问题及示踪剂采集难度等问题亦不容忽视。

近年来，针对井下产液剖面监测的挑战，渤海油田成功研发了一种新型固体示踪剂，归类于微量物质示踪剂。该示踪剂通过改良井下筛管结构，解决了示踪剂的井下安装难题，实现了对整个井段的覆盖监测，可对油水产出的同时监测。2023 年的现场应用实践显示，该新型示踪剂技术能够在复杂的地质环境中稳定地获得产层信息，有效识别见水时间以及主要的产水和产油层位，为油气藏的开发和调整提供了关键的数据支持。

2 示踪计实施方法简介

该新型示踪剂以高分子物质为基础骨架，该设计有利于长期监测油井生产剖面。当示踪剂被置入井下特定位置后，其内部通过骨架孔道的缓慢扩散机制向外释放，实现了示踪剂的缓释，从而支持了对油井生产剖面的长期监测。示踪剂下入作业前，需根据地质参数将监测层段进行细分，确立各层段所需的缓释示踪剂类型。随后，这些特定类型的示踪剂被安装于地面相对应的示踪剂短节上，以便进行下一步的井下部署(图 1)。

图 1 示踪剂短节结构示意图

针对现场回收的返排样品，首先在实验室内进行筛选与预处理，包括比对、过滤、分离及提纯等步骤，随后进行质谱分析。通过对实验数据的综合处理，获得了示踪剂浓度的具体数据。基于这些浓度值，进一步计算出不同地层段示踪剂的相对贡献率。结合井口返排液的数据信息，能够估算出各地层段的产液量，具体计算流程如下所示。

该类固体长效示踪剂的释放浓度受到冲刷速率、过流液量和时间等多重因素的影响。依据实验室的测试结果，对流量和时间对示踪剂浓度影响的计算公式进行了修正，公式(1)为修正后的浓度计算公式：

$$c(t)=c_s+c_0\cdot e^{-kQ_t} \tag{1}$$

式中，$c(t)$为时间函数的示踪剂浓度 μg/L；c_s为示踪剂与液体接触时释放的恒定浓度(稳态)μg/L；c_0为初始浓度 μg/L；Q 为目标流体流量，m^3/d；k 为修正系数；t/d 为时间。

采用修正后的示踪剂浓度数据 $c(t)$ 进行分析，首先根据单一样品中各示踪剂的贡献率计算出示踪剂的日贡献值。进一步，结合井日产液数据，应用公式(2)和公式(3)计算出压裂后各层段的日产水量和日产油量。此外，基于各层段的日产水数据，进而得出各层段的累计产水量及其在总产水中的累计贡献率。

各压裂段瞬时产液和累计产液量分别由下述公式计算：

$$q_{ij}=\frac{c_{ij}\cdot Q_j}{c(t)} \tag{2}$$

$$Q_i=\sum_{j=1}^{m}q_{ij} \tag{3}$$

式中，q_{ij}为第 i 段在第 j 天的产液量；C_{ij}为第 i 段第 j 天的平均产出浓度；Q_j为第 j 天的日产液量；Q_i为第 i 段在监测时间段的累积产液量。

3 结果与讨论

在 2023 年 9 月，渤海油田执行了一项长效固体示踪剂的现场应用可行性研究，期间在 D6 井部署了长效固体示踪剂监测管柱。从 9 月 21 日至 10 月 5 日的 15 天测试期内，共采集了 19 个混合油水样本。具体采集频率安排如下：9 月 21 日进行了一次采样；在 9 月 22 日至 9 月 25 日的含水下降阶段，每日进行两次采样；而在 9 月 26 日至 10 月 5 日含水相对稳定的阶段，每日执行一次采样。

3.1 示踪计浓度监测结果

现场测试段的分布情况如图 2 所示，覆盖了从水平井的趾端(1593m)至跟端(1287m)的区域，其中部署了编号为 1、2、3、4、5、6 的测试短节进行监测。每个测试短节使用的水溶性及油溶性示踪剂编号，以及各短节对应监测的地层小层详细信息，均在表 1 中给出。

水溶示踪剂在不同时间点的监测结果详见表 2,从中可以观察到不同地层层段之间示踪剂浓度的显著差异，这一现象表明各地层产水能力的显著不同。第 1 测试层段的示踪剂监测浓度较高，且在不同时间点上的浓度波动显著。相比之下，第 5 测试层段的监测结果明显低于其他层段，且在不同采样时间点上示踪剂浓度的波动较小，这反映出该层段的产水量较低且较为稳定。

油溶示踪剂在不同时间点的监测结果展示于表 3，其变化趋势与产水监测结果呈现相似性，表明不同测试层段间油溶示踪剂浓度存在显著差异。特别地，第 5 测试层段的示踪剂浓度在不同时间点的变化幅度较小，这与产水监测结果相似，指示该层段的产油量较低且较为稳定。

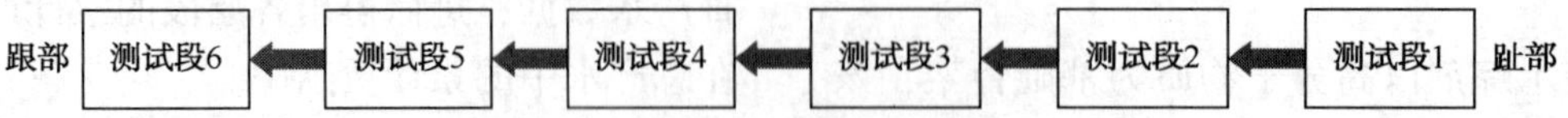

图 2　示踪剂短节分布示意图

表 1　示踪剂筛管短节实际下入位置

测试段号	小层	水溶性示踪剂	油溶性示踪剂	斜深
第 1 测试层段	L104	WS-6	OS-6	1593.2
	L102	WS-6	OS-6	1579.1
第 2 测试层段	L96	WS-1	OS-1	1543.7
	L92	WS-1	OS-1	1520.5
	L90	WS-1	OS-1	1511.7
第 3 测试层段	L86	WS-2	OS-2	1479.7
第 4 测试层段	L72	WS-3	OS-3	1439.6
		WS-3	OS-3	1425.1
第 5 测试层段	L64	WS-4	OS-4	1381.2
第 6 测试层段	L52	WS-5	OS-5	1287.1

表 2　D6 井分段水溶性示踪剂产出浓度　　μg/L

取样编号	1	2	3	4	5	6	7
取样日期	2023/9/21	2023/9/22	2023/9/22	2023/9/23	2023/9/23	2023/9/24	2023/9/24
取样时间	18：00	8：00	18：00	8：00	18：00	8：00	18：00
第 1 测试层段(WS-6)	92.71	56.84	58.47	87.10	125.45	104.55	82.92
第 2 测试层段(WS-1)	70.65	56.41	60.47	71.35	99.05	77.00	91.41
第 3 测试层段(WS-2)	53.66	28.26	35.43	38.61	44.19	44.99	37.18
第 4 测试层段(WS-3)	62.52	35.23	50.66	54.78	83.44	77.81	61.82
第 5 测试层段(WS-4)	20.15	18.41	19.54	19.80	19.15	18.89	18.50
第 6 测试层段(WS-5)	81.98	47.66	57.34	80.00	82.44	79.50	69.48
取样编号	8	9	10	11	12	13	14
取样日期	2023/9/25	2023/9/25	2023/9/26	2023/9/27	2023/9/28	2023/9/29	2023/9/30
取样时间	8：00	18：00	8：00	8：00	8：00	8：00	8：00
第 1 测试层段(WS-6)	73.96	124.70	64.65	80.61	109.37	114.13	89.29
第 2 测试层段(WS-1)	65.39	92.34	56.56	64.50	78.05	90.21	90.10
第 3 测试层段(WS-2)	24.16	42.28	26.93	30.51	36.04	28.98	30.97
第 4 测试层段(WS-3)	42.53	84.02	44.53	44.13	70.19	72.54	65.81
第 5 测试层段(WS-4)	8.91	20.96	13.63	10.64	16.73	9.19	17.40
第 6 测试层段(WS-5)	60.84	80.73	48.02	47.49	76.77	56.95	57.97
取样编号	15	16	17	18	19		
取样日期	2023/10/1	2023/10/2	2023/10/3	2023/10/4	2023/10/5		
取样时间	8：00	8：00	8：00	8：00	8：00		
第 1 测试层段(WS-6)	73.58	91.97	105.16	76.00	132.71		

续表

取样编号	15	16	17	18	19		
第 2 测试层段(WS-1)	60.02	93.45	84.04	66.54	112.98		
第 3 测试层段(WS-2)	25.21	28.48	35.19	28.65	40.01		
第 4 测试层段(WS-3)	40.94	61.07	69.67	47.37	80.42		
第 5 测试层段(WS-4)	9.17	14.94	11.49	12.58	17.17		
第 6 测试层段(WS-5)	46.48	61.67	73.69	47.85	73.39		

表 3 D6 井分段油溶性示踪剂产出浓度 μg/L

取样编号	1	2	3	4	5	6	7
取样日期	2023/9/21	2023/9/22	2023/9/22	2023/9/23	2023/9/23	2023/9/24	2023/9/24
取样时间	18：00	8：00	18：00	8：00	18：00	8：00	18：00
第 1 测试层段(OS-6)	78.56	78.18	111.28	83.17	123.13	104.74	99.72
第 2 测试层段(OS-1)	62.35	44.36	66.22	48.62	77.48	72.25	67.95
第 3 测试层段(OS-2)	27.76	18.32	37.34	25.37	27.71	40.66	30.07
第 4 测试层段(OS-3)	49.02	37.89	44.15	40.55	40.05	50.35	39.10
第 5 测试层段(OS-4)	27.99	22.41	22.98	20.48	24.60	20.29	26.02
第 6 测试层段(OS-5)	89.17	89.15	96.01	81.73	91.35	104.15	85.95
取样编号	8	9	10	11	12	13	14
取样日期	2023/9/25	2023/9/25	2023/9/26	2023/9/27	2023/9/28	2023/9/29	2023/9/30
取样时间	8：00	18：00	8：00	8：00	8：00	8：00	8：00
第 1 测试层段(OS-6)	110.35	90.67	91.41	90.34	116.19	91.39	100.60
第 2 测试层段(OS-1)	54.98	56.14	51.23	47.30	72.17	48.63	59.61
第 3 测试层段(OS-2)	35.16	29.72	44.01	23.39	25.48	31.46	31.88
第 4 测试层段(OS-3)	44.56	47.56	57.93	33.00	51.12	47.63	42.55
第 5 测试层段(OS-4)	24.50	26.58	32.26	16.66	28.33	20.57	25.79
第 6 测试层段(OS-5)	90.72	76.66	91.44	77.02	92.21	80.66	78.05
取样编号	15	16	17	18	19		
取样日期	2023/10/1	2023/10/2	2023/10/3	2023/10/4	2023/10/5		
取样时间	8：00	8：00	8：00	8：00	8：00		
第 1 测试层段(OS-6)	108.03	78.43	82.30	101.23	98.66		
第 2 测试层段(OS-1)	64.16	54.20	44.42	43.74	58.48		
第 3 测试层段(OS-2)	44.03	21.52	26.80	27.73	36.57		
第 4 测试层段(OS-3)	62.01	43.74	46.45	47.75	46.53		
第 5 测试层段(OS-4)	22.59	18.93	12.35	17.00	21.12		
第 6 测试层段(OS-5)	82.68	77.13	70.40	93.90	95.45		

3.2 产水/油剖面动态分析

利用现场流量监测数据并应用公式(1)至(3)，可以计算得出每个样本的产油/产水贡献率，以及 D6 井各小层相应的日产油/日产水量。从 9 月 21 日至 10 月 5 日，D6 井在完成压裂作业后的首周内，日产水量较高，随后日产水量逐步减少并最终稳定。计算结果展示在图 3 中，图 3显示第 1、2、4、6 测试层段作为主要的产水贡献层段，其日产水量大致在 20~35m^3/d 之间。相较之下，第 3、5 测试层段的产水贡献较低，其中第 3 测试层段的日产水量从初始的 17m^3/d 减少至大约 10m^3/d，而第 5 测试层段的产水贡献最低，从初始的 10m^3/d 减少至约 5m^3/d。

图 4 展示了 D6 井不同测试层段的产油量对比，显示从 9 月 22 日至 10 月 5 日期间，D6 井的日产油量整体上保持相对稳定。特别地，第 2、4 测试层段在初期的日产油量有轻微上升，而其他测试层段的产油量则显示出稳定性。主要产油贡献层段为位于两端的第 1、6 测试层段，其日产油量在 10~15m^3/d 范围内；第 2、4 测试层段作为中等产油贡献层段，日产油量介于 5~10m^3/d；而第 3、5 测试层段则属于低产油贡献层段，其日产油量通常不超过 5m^3/d。

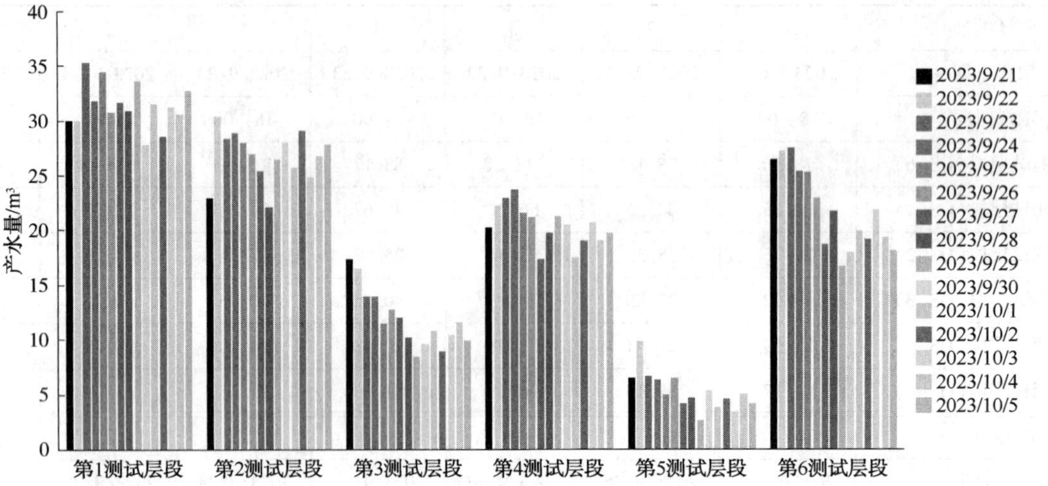

图 3　D6 井分段产水剖面图

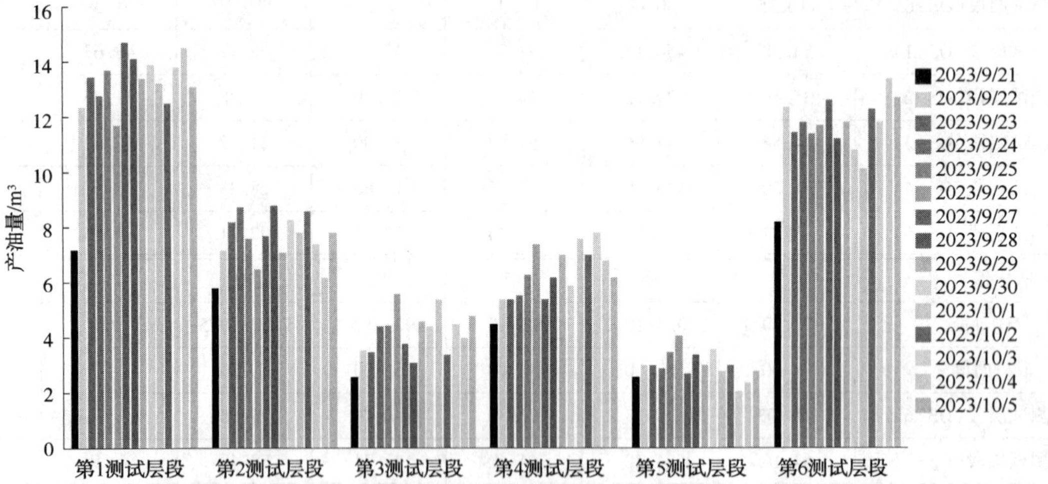

图 4　D6 井分段产油剖面

3.3　不同地层段产液能力评价

图 5 呈现了 D6 井从 9 月 21 日至 10 月 5 日的总产水量与产油量的变化趋势。在此期间，总产水量初期从 123.5m^3 增加至 136.15m^3，而后于 9 月 27 日之后稳定在 110m^3 左右，较初始阶段下降了大约 11%~14%。同一时间段内，D6 井的总产油量呈现逐步上升趋势，从 30.9m^3 增长至 46.15m^3，增幅约为 49.71%。9 月 27 日之后，产油量经过小幅上升至 46.95m^3 后，最终稳定在大约 47m^3，显示出产油量在此后基本保持不变。

结合图 3、图 4 和图 5 的数据分析，可以观察到从 9 月 27 日至 10 月 5 日的生产阶段，D6 井的产液剖面显示出较高的稳定性。在此期间，井的产水量、产油量以及含水率三个指标均展现出微小的变化。据此，使用该阶段通过固体长效示踪剂监测技术所获得的产液量数据来评估各测试层段的产油和产水情况是合理的。

图 6 展示了产量稳定期后，D6 井与各测试层段的平均产水量比较。总体而言，位于趾端附近的第 1 和第 2 测试层段的产水量最高，均超过 $25m^3$。而靠近跟端的第 6 测试层段以及位于中间位置的第 4 测试层段的产水量也相对较高，产量接近 $20m^3$。对于第 3 和第 5 测试层段，其产水量则明显低于其他层段，特别是第 5 测试层段，其产水量仅为 $4.24m^3$。

图 7 描绘了产量稳定期后 D6 井各测试层段的平均产油量，总体产油趋势与图 6 所示的各段产水趋势大体相似，即产水量较高的测试段同样展现出较高的产油量。然而，位于趾端的第 1 测试层段和靠近跟端的第 6 测试层段的产油量是其他测试层段的 2 到 4 倍，这一点与产水量的监测结果存在差异。同样，第 5 测试层段的产油量显著低于其他测试层段，仅为 $2.87m^3$。

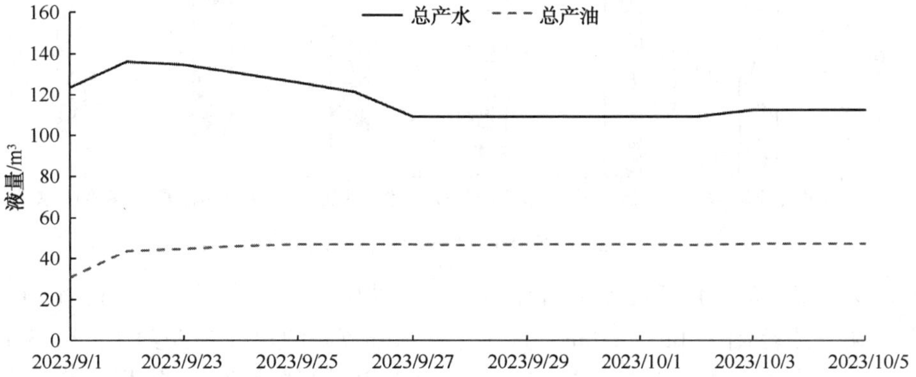

图 5 D6 井示踪监测分阶段产液剖面分布图

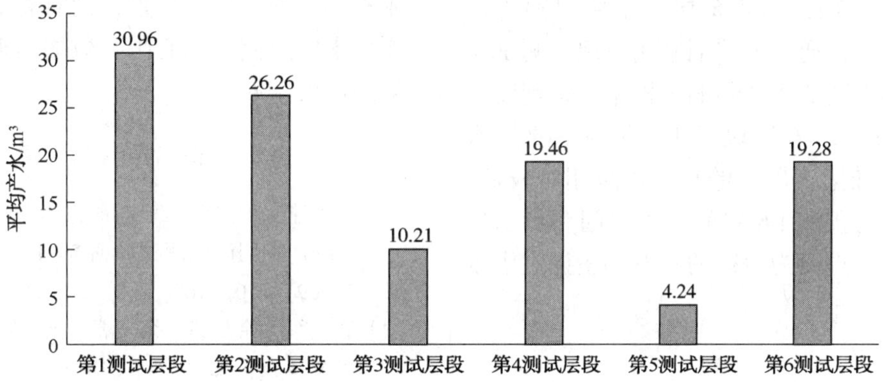

图 6 稳定生产阶段平均产水剖面图

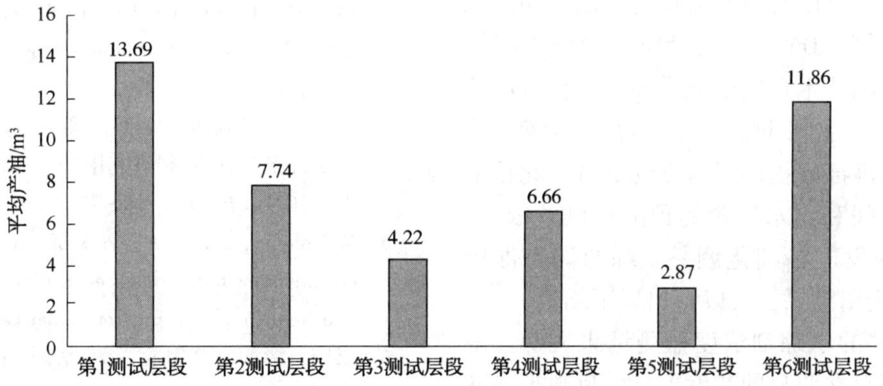

图 7 稳定生产阶段平均产油剖面图

图 8 呈现了 D6 井 6 个测试层段的含水率计算结果，根据图 8 的数据，这些测试层段的含水率变化可以划分为两个类别。第 1、2、3、4 测试层段的含水率大约维持在 70%的水平，而第 5、6 测试层段的含水率则保持在 60%左右。从含水率的角度来看，尽管靠近跟端的测试层段产水量较大，但其含水率相对较低。为了全面评估各测试层段的水淹情况，还需要结合注水井的数据和地质解释信息进行综合分析。

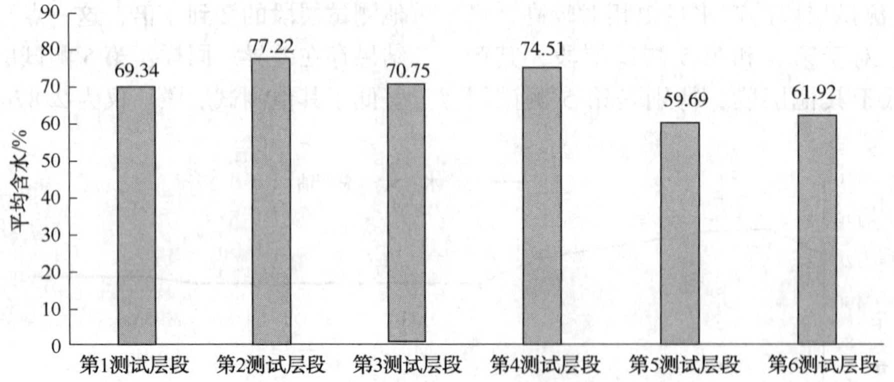

图 8　稳定生产阶段平均含水剖面图

D6 井位于该井区，与 D12 和 A4 两口注水井相对应，其注采井距范围为 180～410m，日注水量介于 192～324m^3/d。初期测井分析显示，D6 井的六个测试层段中，第 1 和第 5 测试层段被解释为弱水淹层，而其余层段主要识别为油层。压裂作业后，通过示踪剂监测发现各测试层段均受到一定程度的水淹影响。根据示踪剂监测结果，第 1、2、4、6 层段是 D6 井的主要产水层段，而第 3 和第 5 层段的日产水量相对较低。这些监测结果为预测 D6 井的见水时间和出水位置提供了依据，进而为后续的开发调整提供了重要信息。

4　结论

通过监测固体长效示踪剂的扩散浓度数据，结合理论模型，可以对不同地层的产油量和产水量进行准确计算。D6 井的实际应用验证了固体长效示踪剂监测技术在复杂地质环境中获取产液剖面信息的有效性，同时，改进的井下筛管结构为示踪剂的精准部署提供了可靠的支持。此技术为油井见水时间和出水位置的预测提供了依据，促进了油田开发的精细化调整。综合渤海油田 D6 井的现场应用结果，可以得出以下结论：

（1）D6 井的示踪剂浓度监测结果表明，不同地层层段间存在明显的浓度差异，反映了该井区不同地层的产液能力具有显著差别；

（2）根据 D6 井的监测数据，主要的产水和产油层段主要集中在 1、3、4、6 测试段，而含水率较高的层段主要为 1、2、3、4 段，说明各测试层段都受到了一定程度的水淹影响；

（3）该示踪剂技术不仅维持了高灵敏度、低成本和高安全性的优点，同时有效解决了传统监测技术中监测范围有限、数据延迟以及示踪剂采集困难的问题。

参　考　文　献

[1] 李大建，刘广胜，杜向前，等. 水平井套内分布式光纤产液剖面监测试验研究[J]. 石油机械，2023，51(09)：101-107.

[2] 高兴军，徐薇薇，余义常，等. 智能化学示踪剂技术及其在油藏监测中的应用[J]. 地球科学进展，2018，33(05)：532-544.

[3] Cao V，Schaffer M，Taherdangkoo R，et al. Solute Reactive Tracers for Hydrogeological Applications：A Short Review and Future Prospects [J]. Water，2020，12

[4] 朱洪征，常莉静，雷宇，等. 低渗透油藏水平井贴片示踪剂找水技术与应用[J]. 大庆石油地质与开发，2021，40(01)：68-73.

[5] Malcolm,S，Field. A review of some tracer-test design equations for tracer-mass estimation and sample-collection frequency[J]. Environmental Geology，2003.

[6] 梁顺，彭茜，李旖旎，等. 水平井分段压裂示踪剂监测技术应用研究[J]. 能源化工，2017，38(04)：32-36.

[7] 武波. 示踪剂技术在油田开发中的应用研究[J]. 化

学工程师，2018，32(11)：3.
[8] 刘镇江，汪小军. 放射性同位素测井技术在多层管柱配注井中的应用[J]. 特种油气藏，2021，28(04)：164-169.
[9] Yuehong C，Xiaoying L，Gang W . Application of Radiotracer in Sediment Transport Study[J]. Water Resources and Hydropower Engineering，2003.
[10] 吴柏林，魏安军，刘池洋，等. 鄂尔多斯盆地北部延安组白色砂岩形成的稳定同位素示踪及其地质意义[J]. 地学前缘，2015，22(03)：205-214. DOI：10. 13745/j. esf. 2015. 03. 018
[11] Rein E，Schulz L K . Applications of natural gas tracers in the detection of reservoir compartmentalisation and production monitoring[J]. Journal of Petroleum Science and Engineering，2007，58(3-4)：428-442.
[12] 张永飞，李育，张敏，等. 非放射性微量金属物质示踪剂研制及应用[J]. 特种油气藏，2023，30(02)：153-160.
[13] 李华洋，邓金根，冯永存等. 油田示踪剂技术的研究现状及发展趋势[J]. 应用化工，2023，52(11)：3163-3168+3174.

中亚地区老油田开发后期高质量发展策略建议

黄先雄[1]　任立新[1,2]　许安著[2]　张春雷[2]　张宸恺[2]　李轩然[2]　马鸿飞[2]

(1. 中国石油国际勘探开发有限公司；2. 中国石油勘探开发研究院)

摘　要　中亚地区老油田储量、产量分别占海外总量的30%以上。老油田油田大多处于高含水、高采出程度的"双高"阶段，面临着剩余油高度分散，产量递减速度加快，后备资源接替不足、现有提高采收率技术难以满足开发需求、成本高、效益低等难题。在分析中亚老油田开发形势、面临挑战与机遇的基础上，建议加快剩余储量有效动用和剩余油分布表征研究，尽快形成适用中亚老油田高效开发技术，充分发挥剩余储量和难采储量产能接替潜力，是实现中亚油气合作区老油田稳产的关键。同时从资源国层面完善配套机制和政策体系，包括常规油气分类分阶段差异化财税政策、持续开展重大关键技术攻关支持，以促进中亚地区老油田高效开发和"一带一路"油气业务可持续发展。

关键词　中亚；老油田；剩余油分布；一带一路；提高采收率

中亚已开发老油田储量、产量占海外总量30%以上，由于开采时间长且大部分老油田处于高含水、高采出程度阶段，持续经济有效开发难度极大。攻关中亚老油田开发后期提高采收率技术以及从资源国层面获取完善配套机制和政策体系，解决老油田未来高效开发问题，对增加中哈原油管道油气供给、保障能源安全、助力新质生产力发展具有重要意义。

1　中亚老油田开发现状

中亚大多数老油区以高含水油田为主，尤其是以PK、MMG、北布扎奇等开发老油田，44%以上地质储量和原油产量已进入高含水阶段。约20%的储量和产量进入中高含水阶段，占高含水油藏储量的1/3。滨里海盆地、北乌斯丘尔特盆地、南图尔盖盆地、曼格什拉盆地特高含水油藏（含水率≥90%）已成为开发主要对象。截至2023年底，中亚高含水老油田（含水率≥60%）动用石油储量21.1亿吨，占整个中亚石油地质储量73.5%；年产油量1027万吨，占中亚总作业产量71.7%（见图1）。其中，特高含水油田（含水率≥90%）地质储量、可采储量和年产量分别占中亚51.2%、33.6%和48.8%，平均采油速度为0.33%（见图2）。

随着含水上升，采出程度不断提高，采油速度呈大幅降低趋势（图1）。地质储量采出程度平均为13.8%；可采储量采出程度平均为36.9%，老油田地质储量采出程度21.3%，可采储量采出程度66.2%，综合含水90.3%；含水大于60%的剩余可采储量占58.2%，油田年产油量占63.4%；可采采出程度大于60%的油田剩余可采储量占55.3%，年产量占73.7%，，剩余可采储量采油速度平均为2.6%，老油田稳产面临严峻挑战。

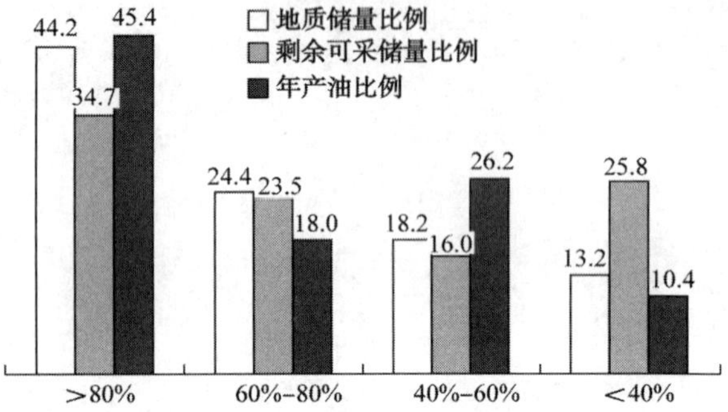

图1　综合含水分级统计

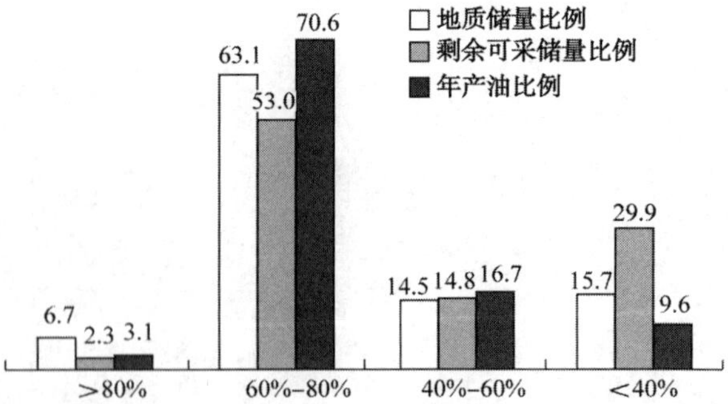

图2　可采储量分级统计

2　中亚老油田开发面临的挑战与潜力

中亚老油田经历了辉煌发展期，为中石油海外业务及资源国的发展作出了重要贡献，目前面临着开发矛盾突出和后备资源接替不足的主要矛盾。通过分析中亚老油田的开发现状，进一步明确未来发展的潜力和优势。

2.1 面临挑战

（1）后备资源接替不足矛盾突出。当前，中亚老油田技术可采储量采出程度高达66.2%。随着主力老油田综合含水逐年增高，无效注采日益严重，老油田经过多年开发，继续加密潜力减小。勘探区块陆续到期，勘探区域面临持续萎缩，构造-岩性圈闭勘探难度加大、规模优质储量发现难造成后备资源接替不足矛盾突出，新发现探明储量逐年减少，难以形成有效的资源接替。

（2）大幅度提高采收率技术难以满足高含水油田开发需求。不断提高采收率是老油田开发的永恒主题，高含水老油田经过长期高强度开采，剩余油高度分散，地下储层及流体发生复杂变化，挖潜难度大，开发效率与效益差。越来越多的中高渗透油藏进入注水开发后期阶段，后续提高采收率技术尚未成熟配套；低渗透油藏存在注水开发困难、采油速度低、产量递减幅度大等问题，需研制适合高盐、低温、高含Fe^{2+}地层水油藏的高效驱油剂体系；同时，探索储备具颠覆性的提高采收率技术，形成持续的技术接替，最大限度提高采收率，延长老油田生命周期，为中亚油气的长期稳产发挥“压舱石”作用。

（3）单井产量低、开发成本高，效益开发压力较大。中亚老油田开发已总体进入“低品位、低单井产量、高投入、高成本”阶段，油气资源开发边际效益持续递减。以阿克纠宾、PK、MMG为代表的典型老油田经历快速上产期、高产期后，整体进入高气油比、特高含水后期，液油比大幅上升，操作成本逐年攀升，降成本压力较大。一旦油价下降，油气开发效益下滑，平均投资资本回报率下降，老油田生产经营面临巨大压力。

（4）科技创新能力亟待增强，重大理论创新需要加速突破。一是多重介质碳酸盐岩油藏水驱开发、特高含水后期渗流理论研究、复杂油藏精细地质研究等方面缺少重大理论、技术创新突破，难以有效指导老油田精准开发。二是创新体系和技术支持体系不完善，导致协同攻关效能不高、科研成果转化率不高。三是油田的数字化转型和信息化建设正在推进中，在高标准高质量统筹规划与落地、数据治理体系等方面存在短板。

（5）资源国环保要求更加严格，老油田开发成本加大。资源国环保政策日趋严格，环保检查力度逐年加大，对老油田开发成本逐年加大。哈萨克政府尤其是针对淡水水资源的利用与保护、自然保护区从事矿业活动方面，具有严格的要求。2019年哈萨克政府发布了《新一版的矿产资源利用法》，在钻井方面沿用了老版中的环保要求、罚款力度等政策，在溶解气与伴生气处理方面要求极为苛刻，开发期内溶解气及伴生气严禁燃烧，归政府所有。在对注水开发老油田的注入水的利用有了进一步收紧的趋势。这些规定在一定程度上增加了油气勘探开发的成本，尤其是政府利用环保的接口，向矿税制企业频繁施压，增加社会义务工作量。这些规定一定程度上增加了油气勘探开发的作业难度和成本。

2.2 发展优势

尽管存在诸多矛盾和问题，老油田在油气储量保有量、油气产量贡献和潜力等方面仍具有一定优势，中亚地区的战略主体地位依然巩固并将长期保持。其发展优势主要表现在以下三个方面。

（1）油气资源仍有较大潜力，发展基础有保障。一是剩余油气资源依然丰富，具备可持续发展的物质基础。例如，中亚地区石油剩余可采储量达12亿吨，剩余天然气可采储量8000亿方，滨里海盆地、南图尔盖盆地、阿姆河盆地、乌斯丘尔特盆地占剩余可采储量90%，这四大盆地仍是今后老油田开发的主战场。三是国内老油田仍具较大潜力，剩余可采储量近10亿吨，仍有70%左右的剩余储量储存地下，具有进一步大幅度提高采收率的空间。

（2）老油田开发理论不断丰富，技术水平持续提升。精细勘探开发地质理论和技术进步，支撑老油区增储稳产。水驱油藏开展油藏精细描述，推进精细注水，加大测调一体化，自然递减得到有效控制；稠油热采加大组合吞吐、氮气泡沫凝胶辅助、多元热流体复合增效等技术应用，加强全过程热效管理，开发效果保持稳定，中亚稠油年产量保持在200万吨左右；高盐、高矿化度地层水油藏深部分级调驱、疏松砂岩油藏凝胶纤维调驱、纵向多层油藏不稳定注采等主导技术不断创新，提升应用效果、扩大应用规模，不断改善老油田开发效果，为中亚老油田持续稳产提供有力支撑。

3 中亚老油田高效开发的技术对策建议

老油田注水高效开发管理是一项复杂的系统工程，既要从大处着眼，把握大局，又要从小处着手，关注细节，明晰综合挖潜方向。在通过构建精干高效的精细基础地质研究工作提高油藏描述的精度，针对不同类型的油藏分类采取不同的技术对策改善老油田开发效果。

（1）开展精细油藏地质描述落实单层，提高油藏剩余油描述精度

剩余油是老油田水驱精细挖潜调整的物质基础，油藏描述是老油田水驱精细挖潜的关键技术。搞清储层的动用状况、剩余油的分布特征和调整潜力，在常规精细油藏描述的基础上，精细到单井、单层及层内，建立剩余油分析的基本流程。以精细油藏描述为基础，以油藏潜力评价为前提，以新工艺、新技术为手段，认真开展逐井、逐层小层数据、注水连通情况、储层物性参数分析，分类制定水驱调整挖潜措施，将注水调整和措施改造有机结合，将油藏工程和采油工程紧密结合，将每口井开发潜力分析、调整挖潜对策和工艺技术改造升级为一项工程，应用精细数值模拟技术描述各单元动用状况和剩余油。结合多学科研究认识，评价区块及单井开采状况，挖潜方向，有针对性的解决油藏现有开发矛盾。

（2）分类开展注水精细跟踪调整

在搞清剩余油分布潜力的基础上，按分砂体、分单井和分区块三个层次开展注采结构调整。在单砂体上，加深沉积环境认识，细分单井连通类型，计算单砂体储量大小及动用程度，精确描述剩余油的分布，确定单层挖潜方式。在单井上，在注水井明确调整方向，加强剩余油富集区和薄差层注水，在采油井明确挖潜措施，结合注水调整挖潜剩余潜力较大层位的剩余油。在区块上，以稳定区块综合含水、控制区块自然递减、提高区块开发水平为最终目的。在调整政策上，突出分阶段调整。在转注初期、受效和见水三个关键阶段，合理匹配新老井注水强度，分步实现均衡动用。在注水井投注、转注初期，针对中亚大部分老油田地层压力保持水平低的实际，加强注水优化，逐步恢复地层压力；在油井受效阶段针对主力层受效不均的实际，老井控制注水，新井提控结合，均衡平面差异；在油井见水阶段，针对非主力层受效程度低的实际，主力层控制注水，非主力层加强注水，平衡层间差异。在调整时机上，依据不同砂体受效和见水特征，重点对风险区油井采取超前调整的策略。

（3）老油田挖潜增产技术措施

注水开发的油田，随着油田开发时间的增长，见水的油层数量增多，需要采取各种堵水的技术措施，将更多的出水层位堵水，降低老油田的含水率，同时降低地面油气集输处理的能量消耗，满足油田生产的经济性要求。精细制定注水方案，通过精细的地质研究，重新划分储层，对薄差油层进行分层注水，结合数字化设备的应用，提高注入水的精准度，应用井下的智能配水器，及时调整注水压力和注水量，使其满足小层驱动的技术要求，获得最佳的水驱开发效果。在注水开发后期，老油田地面基础设施比较完备，不需要再建工程，经济效益较好，进一步探索老油田提高采收率的新思路，发展新的技术系列，通过二次开发和“二三结合”等提高采收率技术采出水驱剩余油和残余油，进一步提高采收率。

4 对老油田开发的优惠政策建议

基于中亚油气资源现状与发展趋势，要实现老油田高质量可持续发展，迫切需要从资源国层面进一步完善配套机制和政策体系。结合中亚老油田“双高”的实际，建议中亚公司从持续争取、重点争取和新争取三个层次寻求资源国政策支持。

（1）继续争取常规油气分类分阶段差异化财税政策。面对常规油气开发难度加大的问题，突出“开发时间越长越优惠、资源品质越差越优惠、开采难度越大越优惠”思想，依据油气田不同开采阶段和程度、不同开发难度和技术要求，给予差异化财税政策支持。初期（采出程度小于5%）和后期（可采储量采出程度超过60%或含水率超过90%）免征矿税，减征所得税，适度给予财政补贴；中期（可采储量采出程度为20%～60%），采用正常税率；同时针对三次采油等提高采收率新技术应用的区块建立政府专项基金，鼓励油气田应用新技术、新工艺，提高低产低效油气资源开发效益。

（2）重点争取重大关键技术攻关支持。科技创新是老油田转型升级和可持续发展的重要支撑，需要进一步争取国家科技重大专项持续投

入，在政策和资金上给予支持，借助国家级开放研发平台，充分整合利用国内外资源力量，加速破解制约老油田的“卡脖子”技术难题。围绕老油区深度开发理论与技术、老油区资源拓展与有效开发、老油田绿色开发与综合利用等方向，集中配置各专业和各学科高层次优势资源，开展基础性、前瞻性理论研究与技术攻关，破解进一步提高采收率、高质量提升现有老油田开发效果的难题。

（3）新争取国内销售低油价返还特别收益金等政策。中亚老油田原油在资源国国内销售的比例持续增加，国内销售油价是出口销售油价的40%，造成对老油田经营难度和风险持续增加，效益大幅度下滑，对油田转型升级和可持续发展形成严重制约。建议资源国政府制定国内销售特别收益金返还政策，支持上游业务良性发展，降低老油田经营难度和不可控风险。

3　结论与认识

要实现老油田高效开发，需要解放思想，突破老油田开发认识上误区和盲区，拓展了油田增储上产的空间。老油田水驱精细挖潜调整是新形势下老油田的二次创业，是对以前开发的继承、融合和创新，要走出以往认为主力油藏进入开发后期调整挖潜空间极小的认识误区，认识到通过精细刻画内层、层间非均质特征，精确表征剩余油富集状态，老油田仍有很大潜力；促进开发老区动用程度差的油层和一批以往不在经济开发目标范围内的油藏储量成为开发目标，使边际油藏开发成为可能，拓展油田增储上产空间，亟需攻关一系列老油田开发中后期水驱精细挖潜调整的配套技术。近年来，随着石油科学技术的快速发展，油藏认识手段和开发技术水平有了长足的进步，可以更好的适应油藏的地质特点以及油水关系的变化，进一步提高水驱采收率。老油田精细挖潜调整是一项以新技术、新方法的应用为重心的油田开发系统工程，石油工程新技术的发展能够给老油田带来了焕发生机的可实施性。

参　考　文　献

[1] 胡文瑞．论老油田实施二次开发工程的必要性与可行性[J]．石油勘探与开发，2008，35(1)：1-5.

[2] 许坤，胡文广，王世洪，等．低油价下我国石油企业发展策略探讨[J]．石油科技论坛，2015，34(4)：1-4.

[3] 宋新民，李勇．中东碳酸盐岩油藏注水开发思路与对策[J]．石油勘探与开发，2018，45(4)：679-689.

[4] 曲德斌，张虎俊，李丰，等．支持老油田稳定和低品位油气田开发的政策思考与建议[J]．石油科技论坛，2015，36(6)：11-15.

第二篇　油气藏开采与提高采收率技术篇

以油气为主的化石能源仍是能源安全的“压舱石”，扎实推进采收率提高工程，水驱以“控递减、控含水”为核心，化学驱后和三类油层接替技术攻关成效显著。本篇从近年国内常规和非常油气开发取得的新成果入手，依次介绍了含水期中高渗砂岩大幅提高采收率、稠油油藏绿色低成本有效开发、陆相致密油气有效动用与提高采收率、页岩油气大幅度提高单井EUR技术、钻完井技术及油气绿色低碳技术等基础理论和技术研究，实现油气规模化、效益化、绿色化开发及稳产上产。

高含水油藏 CO_2 驱及 3+2 模式提效调控技术

田 巍 李中超 郭立强 郑晶晶 唐灵英 孙 静 高玉锋 钱思平

（中国石化中原油田分公司）

摘 要 针对当前高含水油藏 CO_2 驱机理认识不清，注气后气窜调控手段缺乏的问题，采用室内试验与数值模拟相结合的方法，分别开展了 CO_2 驱机理及调控机制、选区评价及剩余油描述研究，并最终形成了基于3+2 模式的 CO_2 驱全周期调控技术，研究表明：在油水共存情况下，CO_2 主要溶解由于原油中，但在水中扩散的更快，CO_2 注入高含水油藏后，首先溶解于水中，通常 17min～7h CO_2 就能与原油接触作用，CO_2 与原油解接触很快溶解在其中，使原油体积膨胀，并伴随萃取作用的发生，表现出组分分异，将轻烃和中间烃组分萃取到流动相中而采出，CO_2 注入后使岩石的孔隙体积增加，渗流能力改善，动用 0.01μm 以上孔隙空间中的原油。在 CO_2 实施 3+2 模式调控下，提高采收率机理为“基质渗吸、溶蚀扩波、调控引效、萃取增效”，初注气和气窜发生后调控改变注入方式主要是通过扩大波及、提高驱油效率等方式提高采收率，初注气和气窜发生后调控改变注采关量参数主要是提高冲刷、携带、萃取等方式提高采收率，气窜发生后调控改变井网参数或加新井通过重塑流场、扩大波及体积等提高采收率，实施措施调控主要通过扩大波及体积、提高驱油效率等方式提高采收率。针对储层认识不清、调控选井选层不确定因素多的问题，形成了油藏“甜点”定量评价与优选技术。对于调控手段不系统、针对性差的问题，构建了 CO_2 驱“3+2”模式“五段差异调控”理念，形成“油+气+地质+工艺+其他”多方法协同作用的气驱全流程差异调控技术，研究成果已得到规模化实施，本研究成果丰富和发展了油气开发技术体系，为 CO_2 驱技术的推广提供重要的技术支撑。

关键词 高含水油藏；CO_2 驱；3+2 模式；调控；气窜；封堵

1 引言

二氧化碳大量排放导致全球气候变暖，严重威胁人类的生存环境，我国碳排放量占世界三分之一以上，经济发展和碳减排的矛盾十分突出。环保问题一直是世界各国广泛关注的话题，中国政府继巴黎协定承诺后又提出“3060”目标，碳减排的形势非常严峻。CO_2 驱技术是与环保密切相关的减排技术，成为当前研究的一个热点，也是符合我国国情的碳减排道路。目前，全球 CO_2 驱提高采收率的产量超过 $2000×10^4$t，中国由于起步晚，产量的贡献相对较小。世界各国很多油田进入了高含水期，我国 90%的储量进入高含水期。预计我国适合 CO_2 驱油的原油地质储量 $130×10^8$t，可提高采收率 8%以上，相当于又发现一个大型油田。实施 CO_2 驱的油田后期都会出现气窜的问题，这是不可避免的，有必要开展气窜的预防、控制及调控技术研究，目前国内外还没有一套针对气窜控制的系统的调控方法；本文从高含水油藏驱油机理研究入手，深入分析注气过程中实施调控的作用机制，对注气初期调控和后期调控及不同调控手段的作用机制开展了深入研究，并构建了“五段差异调控”的理论，形成了基于协同理念的调控堵一体化全流程调控技术。中原油田自 2007 年开展相关研究以来，先后在多个区块实施 CO_2 驱与调控技术的现场应用，取得了较好的效果，通过本文研究，形成适合 CO_2 驱油藏注气后见效、提效、增效相继承的系统的调控技术，是 CO_2 驱技术的重要组成部分，进一步丰富和发展了气驱技术，必将为 CO_2 驱技术的推广提供重要的技术支撑。

2 CO_2 驱增油机理及 3+2 模式调控机制研究

2.1 CO_2 驱增油机理

2.1.1 溶解扩散规律及透水渗吸增油机理

在油水共存情况下，CO_2 主要溶解于油中，在 CO_2 注入量不足的情况下，CO_2 主要溶解于原油中，当油水体积相等时，油中 CO_2 绝对溶解量是水中绝对溶解量 9.55 倍，随着油水体积比的降低，CO_2 在油水中溶解气量比逐渐减小；

油水体积比降低，对应的含油饱和度越来越低，含水饱和度越来越高，在体系中原油的绝对溶解气量越来越少，而随着含水的增加，水中 CO_2 的绝对溶解气量越来越高，所以导致油水中的溶解气量比越来越低，说明 CO_2 主要溶解于原油中，即使在含油仅为 20%的情况下，油中 CO_2 绝对溶解量仍高于水中的绝对溶解量，前者是后者 2.39 倍。

二氧化碳在水相中扩散速度远大于在油相中的扩散速度，CO_2 在油相中扩散系数为 $0.366\times10^{-8}m^2/s$，水相中为 $5.232\times10^{-8}m^2/s$，在水相中扩散系数为在油相中的 14.44 倍，正是基于该认识，奠定了高含水油藏 CO_2 驱提高采收率的理论基础。

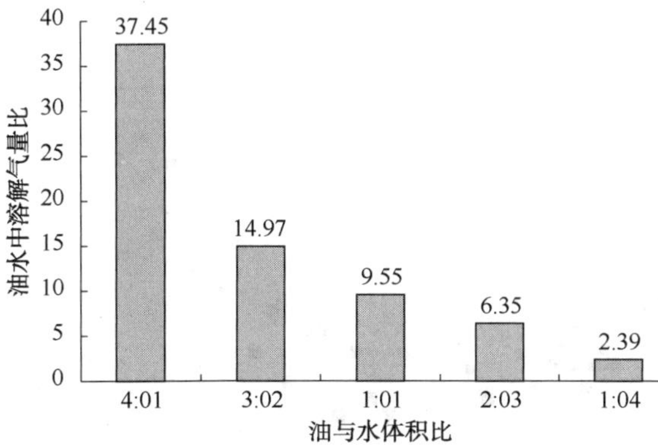

图 1　CO_2 在总体积为 1000mL 的油水中的溶解量气量比

为了进一步验证高含水情况下 CO_2 溶解后穿过水层与原油作用的机制(图 2)，设计了微观盲端实验模型，将原油置于盲端底部，油表面覆盖水层，将原油密封于盲端空间内，气驱过程中，通过微观模型可以观察到，CO_2 会透过水膜进入剩余油中，使得剩余油体积膨胀，同时将水膜顶出盲端并逐渐被 CO_2 剥离，CO_2 抽提出剩余油的轻质组分无法透过水膜进入 CO_2 中，因此在这个过程中 CO_2 的溶解作用远远大于抽提作用。随着 CO_2 的不断注入，剩余油体积膨胀最终突破了水膜与 CO_2 直接接触，二者发生明显的溶解抽提作用，轻质组分逐渐被抽提出来，剩余油颜色逐渐变深，组分逐渐变重。在抽提过程中，抽提出的轻质组分遇到盲端顶部水膜时会不断的发生凝析-抽提现象，最终将盲端水驱剩余油全部被驱出。一般穿透水膜的时间约为 17min~7h。

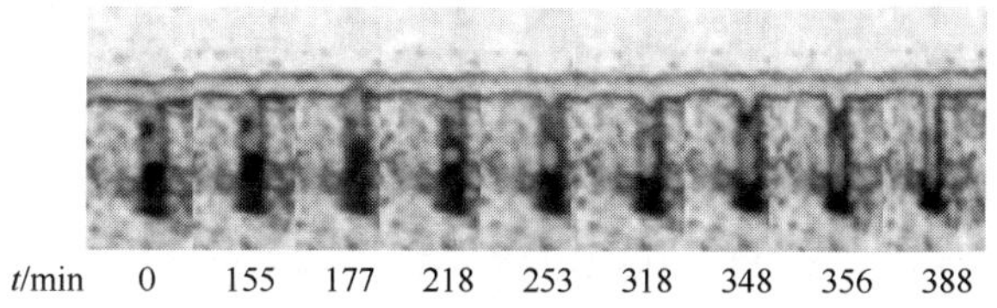

图 2　CO_2 穿透水层与原油作用机制

2.1.2　萃取增油微观作用机理

图 3 为在 30MPa 驱替压力下产出原油饱和烃组成，该条件下，原油与气体达到完全混相，驱替过程中，组分变化幅度较大，组分峰值变化范围增大到 $C_{10}-C_{20}$，最终产出流体组分峰值达到了 C_{20}，混相带产出的样品组分与突破前明显不同，采出样品中，芳烃类组分含量大幅增加，而非烃和沥青质组分含量变化不大，这也充分说明芳烃对非烃和沥青质的溶解性明显优于饱和烃，而 CO_2 主要萃取芳烃类组分。在 30MPa 下的驱替压力下，不同黏度的流体开始分别流动，如图 4 所示，轻质组分在孔道中间，被 CO_2 快速携带带走，CO_2 萃取之后发生组分分异，轻质组分和中间烃被萃取成为可动部分，高倍连续注入发挥萃取作用是已注 CO_2 储层进一步提高采收率的关键。

2.1.3　改变孔隙结构动用微观孔隙界限更小

图 5 为岩心在不同时间段的渗透率变化结果，整个渗透率变化曲线变化趋势呈现出先略微降低而后逐渐升高，即出现渗透率的数值先降低而后变大的过程，初期渗透率保持率为原始值，即为 1，而后 100h 时降低到 0.7，即渗透率只有初期渗透率的 70%，而后在约 280h 时的渗透率保持率为 0.6，即渗透率只有初期渗透率的 60%，在 600h 时渗透率保持率为 1.6，即渗透率比初期增加了 60%，为初始渗透率的 1.6 倍。可见，岩心在碳酸水作用下，岩石成分发生了变化，反映在宏观上就是渗透率的变化，这可能是伴随着新物质的生成和岩石原物质成分的溶解以及其他物理化学作用等综合作用的结果。

注气浸泡后，孔隙半径分布更加集中，而且峰值对应的孔道半径增加了，可见，溶蚀作用确实引起了储层结构的变化，增加了大孔道半径的分布，进一步增加岩石的储集空间。通过将碳酸水溶蚀前后的岩石孔隙度进行对比分析，发现充分溶蚀后的岩石孔隙度为 11.397%，比反应前的岩心孔隙度 10.433%增加了 0.964%，增加幅度为 9.24%。

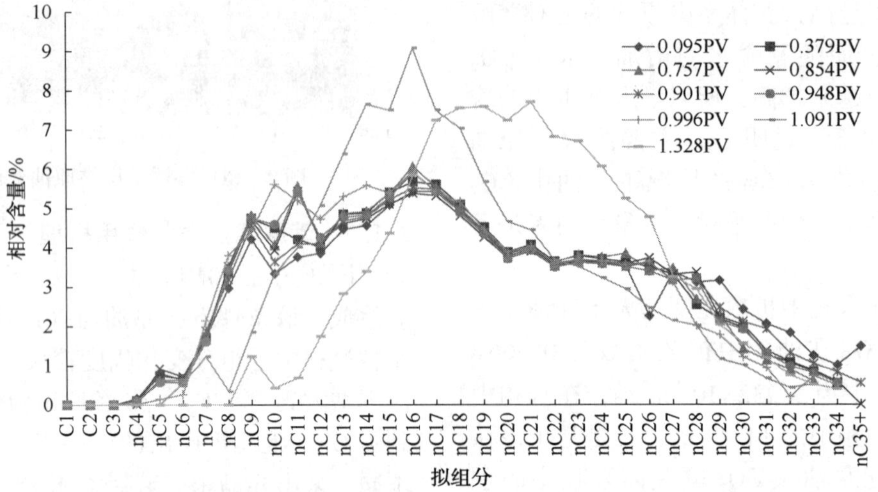

图 3　高于混相压力下 CO_2 与原油作用过程

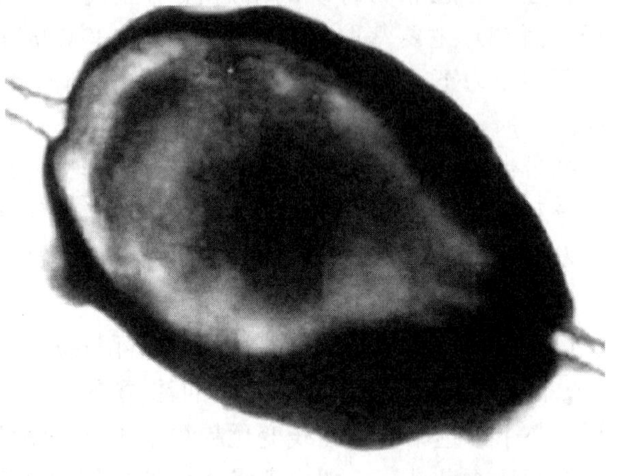

图 4　在高于混相压力下 CO_2 驱微观模拟实验

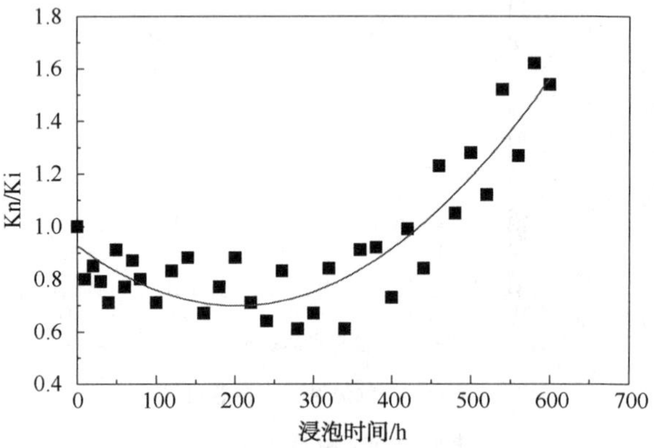

图 5　岩心不同时段的渗透率变化

图 6 中水驱后与饱和油后喉道半径分布曲线低于 $10^{-1}\mu m$ 几乎重合，在大于 $10^{-1}\mu m$ 后曲线分开，可见，水驱动用了 $10^{-1}\mu m$ 以上的孔隙中的原油，而 $10^{-1}\mu m$ 以下孔隙中的原油没有发生变化；气驱后的喉道剩余油分布曲线与饱和油后喉道半径分布曲线、水驱后的喉道剩余油分布曲线在 $10^{-2}\mu m$ 以下几乎都是重合的，而在 $10^{-2}\mu m$ 以上曲线分开，亦即 CO_2 驱动用了 $10^{-2}\mu m$ 以上所有孔隙中的剩余油，若直接采用 CO_2 混相驱开发，则可动用的 0.01 微米以上所有孔隙中的原油。因此，CO_2 驱和水驱相比，进一步动用了 $10^{-2}\sim10^{-1}\mu m$ 孔道中的原油，可见 CO_2 驱开发可在水驱基础上进一步提高采收率。

2.1.4　高压混相驱提高全程混相能力增油机理

大量研究表明在实际地层中完全混相是不存在的，这也是国内学者田巍首先提出的观点，他指出在实际地层中混相其实并不存在，对于实际的储层，即使在注入压力高于最小混相压力的情况下，地层中原油注 CO_2 的开发机理还是非混相或近混相，是萃取作用程度极强的非混相开发，即非混相下萃取作用相对较弱，高于混相压力下萃取作用极强，这也是萃取作用在非混相和高于最小混相压力下发挥提高采收率作用不同的一面。在理想状态下所测得最小混相压力也就只能作为一个参考，将不同压力下的 CO_2 提高采收率差异应归结为注入压力对注气开发效果的影响，而不是混相与否及混相程度的影响，最小混相压力只是注入压力影响的一个拐点，注入压力高更容易发挥萃取作用的一面，注入压力越高，萃取作用越明显，因此对于实际储层采用 CO_2 驱开发存在发挥萃取作用优势增油的最佳的注入压力，而这个最佳的注入压力就是能够实现所谓全程混相的最低压力，达到该压力后，驱替作用发挥作用最好，组分分异更严重，轻质组分被快速萃取采出，具有较好的驱油效果和较高的洗油效率。

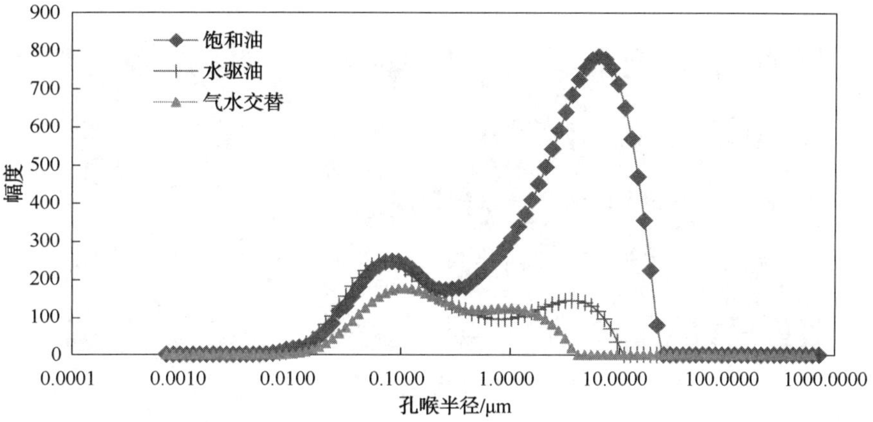

图 6　不同驱替介质下的剩余油分布

2.2　CO_2 驱 3+2 模式调控机制

2.2.1　在 3+2 模式下的 CO_2 驱提高采收率机理

经过大量的实验分析，3+2 模式调控下 CO_2 驱"基质渗吸、溶蚀扩波、调控引效、萃取增效"提高采收率机理，深化传统"降黏膨胀、补充能量"理论认识，裂缝大孔道中 CO_2 通过扩散进入基质发挥渗吸，气体波及区溶蚀作用改善储层扩大波及体积，调控手段起到引效作用，首次指出混相本质，完全混相不存在，存在萃取最佳压力(MMP 的一定倍数)，萃取作用是气体波及后进一步提高采收率的关键。

2.2.2　改变注入方式调控机理研究

调控中的改变注入方式主要是通过扩大波及体积、提高驱油效率等方式提高原油采收率。改变注入方式增油效果明显，建立不稳定压力场引起交互渗流，扩大波及、提高驱油效率(注采耦合)，重建压力场，扩大波及、萃取增强(连续转交替或焖井等)，扩大波及，提高萃取能力和冲刷能力。

转为交替驱开发效果如图 7 所示。

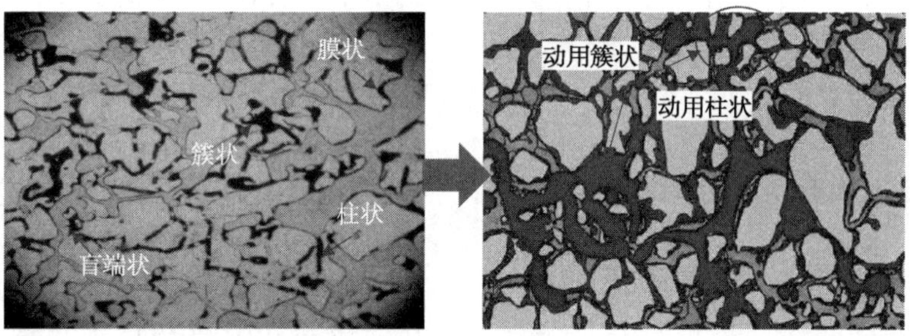

图 7　转为交替驱开发效果

2.2.3　改变注采矢量参数调控机理研究

CO_2 调控中的改变注采矢量参数主要是通过提高冲刷能力、携带能力、萃取能力等方式提高采收率。扩大波及，提高冲刷和携带，多次接触萃取(提高注入量)，重建压力场，冲刷携带强，萃取作用强(提高压力)，重建压力场，冲刷携带强(提高速度)，重建流场，扩大波及，提高萃取能力和冲刷携带能力。

变注入压力开发效果如图 8 所示。

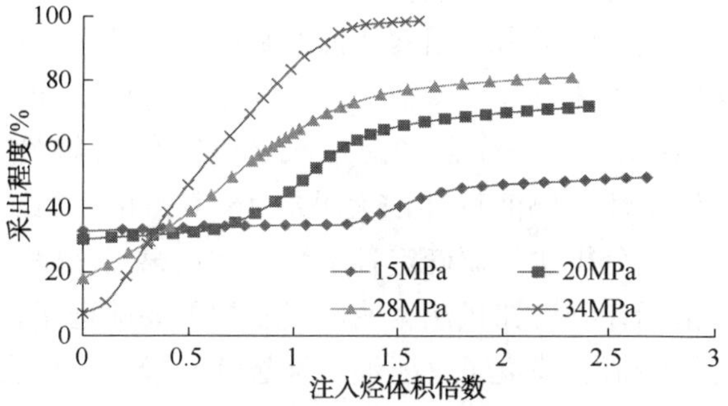

图 8　变注入压力开发效果

2.2.4　改变井网参数或加新井调控机理研究

调控中的改变井网参数或加新井通过重塑流场、扩大波及体积等提高采收率(图 9)。增油效果明显，重塑流场流线，重建压力场实现均衡驱替，扩大波及体积，动用了新区剩余油和簇状剩余油(新井)。

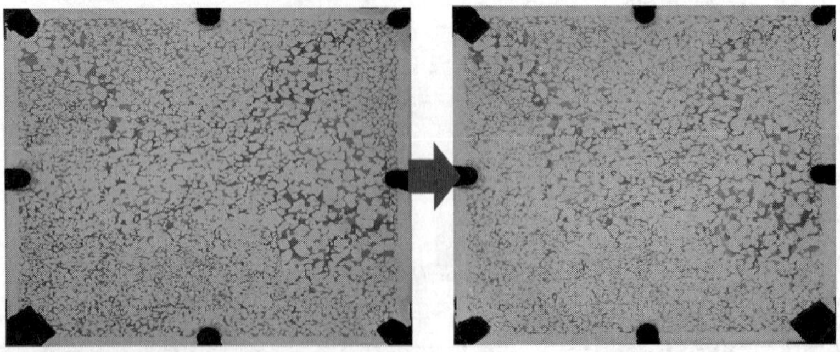

图 9　改变井网调控效果(对角注采转边缘注采)

2.2.5　实施措施调控改善开发效果机理研究

实施措施调控主要通过扩大波及体积、提高驱油效率等方式提高采收率(图 10)。注气后实施调控手段，含水下降，增油效果明显，实现液流转向，扩大了波及体积，提高地层压力，萃取作用增强，重塑流线流场，动用簇状和新区剩余油。

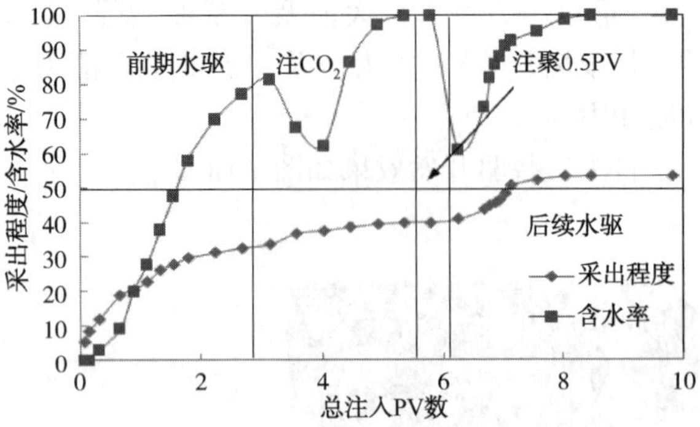

图 10　实施措施调控效果(化学驱调控效果)

3　CO_2 驱选区评价及剩余油描述技术

3.1　CO_2 驱适应性评价及区块优选

首先是多方法融合优选不同类型气驱评价指标在气驱效果影响因素评价的基础上，综合考虑储层、流体及开发特征，建立气驱筛选评价指标体系(图 11)。综合考虑油藏特性、储层特性、开发特性、原油特性四大类的 16 个指标。第二步层次分析法气驱确定各指标权重；第三步是引入指标评判惩罚机制，明确气驱的重要筛选指标的界限值，建立了气驱油藏筛选评价模型，综合指标权重、油藏单元指标取值，应用模糊评判方法，考虑重要指标惩罚机制，建立适应性评价模型。

3.2　精细化地质建模及数模技术

3.2.1　基于综合时变的三维地质建模技术

采用井震联合，相控多点地质统计学方法，采用多级控制(沉积相和岩相)，确定和随机相结合的方法，依次建立构造模型，岩相模型和沉积微相模型；在沉积微相和岩相的约束下，选取不同阶段井的孔隙度、渗透率以及测井数据，建立不同阶段的储层参数动态解释模型，分析不同相带、不同阶段的孔隙度和渗透率的变化趋势；以储层动态参数模型为依据，优选序贯指示模拟方法，建立时变相控随机地质模型，历史拟合符合率由 78%提高到 92.54%。常规模型与时变模型结果的对比如图 12 所示。

3.2.2　基于时变概念模型的渗流优势通道分级动态刻画

采用综合评判法，利用地质、开发、工艺参数的指标值及其权重系数，定量描述优势渗流通道。第一步基于油藏实际参数，创新建立时变概念模型；第二步通过正交模拟结果分析，明确优势通道主控因素的权重；第三步采用综合评判法，计算优势渗流通道的综合判别值，定量评判优势渗流通道的发育级别；第四步动静结合，分级定量刻画优势渗流通道。

3.2.3　基于多次接触混相过程相渗变化组分模型

建立基于多次接触混相过程相渗变化组分模型，提升 CO_2 混相驱模型精度(图 13)。通过界面张力关联相渗曲线，实现混相过程中相渗变化的表征，建立基于相渗变化组分模型，提升模拟精度。应用于濮城沙一下预测与实际监测符合率由 70%提高到 85%。

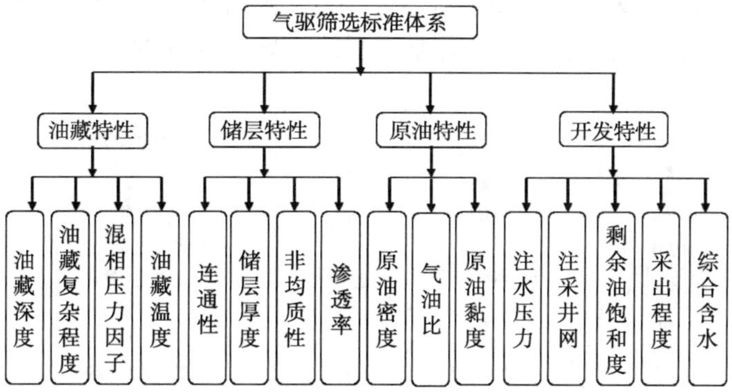

图 11 气驱筛选标准体系

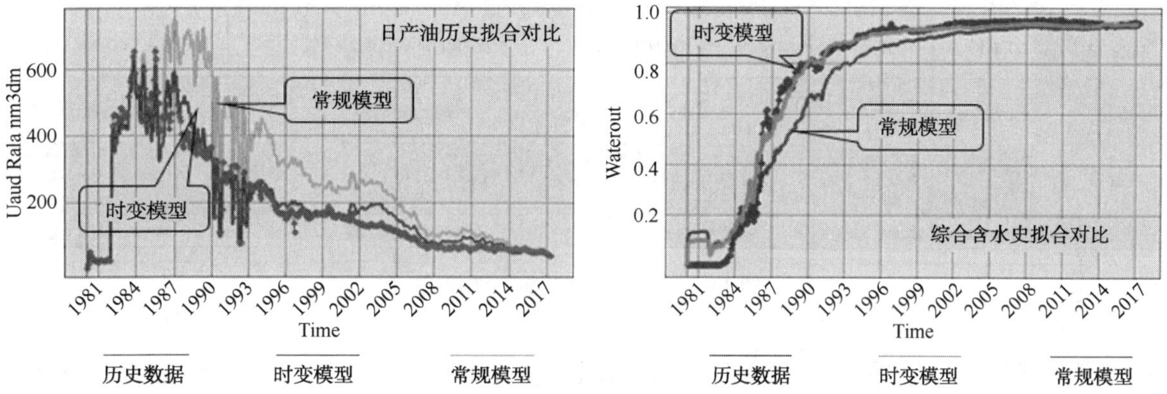

图 12 常规模型与时变模型结果的对比

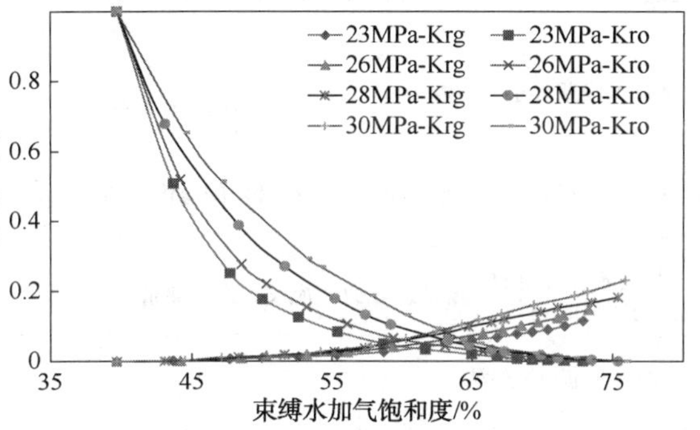

图 13 多次接触至完全混相过程中相渗变化规律

3.3 注气初期及长期注气后剩余油研究

3.3.1 剩余油分布的主控因素

应用不同开发阶段的密闭取心井、高精度碳氧比、单采油井含水对比验证剩余油资料。平面上，剩余油分布受到沉积微相、微构造等因素影响，物性好储层厚的区域剩余油饱和度低但储量丰度大。纵向上，纵向剩余油受物性、重力分异、隔夹层、高渗条带影响，以濮城沙一为例，隔夹层下部饱和度高，为48.7%，比平均高11.0%，隔夹层上部饱和度低，为28.6%，比平均低9.1%。

3.3.2 CO_2 驱后剩余油分布研究

通过优化 CO_2 混相驱模型，对水驱、CO_2 驱剩余油分布进行精细研究。CO_2 通过裂缝或优势孔道在压力梯度下向基质传递渗流过程中促进了剩余油二次富集，在注气井周围形成剩余油富集的潜力区。通过精细刻画剩余油分布，明确 CO_2 驱后注气井周围形成二次剩余油富集区，为调控挖潜指明方向。

4 CO_2 驱3+2模式全周期调控技术

4.1 在3+2模式下 CO_2 驱“五段差异调控”理念的提出

根据 CO_2 驱开发动态特征，构建 CO_2 驱基于注采耦合和工艺调堵措施的“五段差异调控”理念(图14)，形成以防为主、防控结合、促效提效延效的 CO_2 驱全流程调控技术。以“保混相、均驱替、控气窜、提效益”为目标，加强全生命周期开发基础管理，推进不同井区差异化调整，培育一批高产井、连续自喷井。

4.2 基于3+2模式的矢量优化调整技术

4.2.1 以问题为导向的开发注采调整方法

考虑构造、物性、裂缝、微相等因素对气驱效果的影响，因势利导，形成了气驱流线调控技术，结合室内试验与矿场动态分析，创建了高温

高盐油藏 CO_2 驱调-控-堵三级增产防窜技术，通过油气联动注采耦合的方式改变流线均衡流畅，概括起来四个字“调、控、转、引”。以问题为导向的开发注采调整方法如图 15 所示。

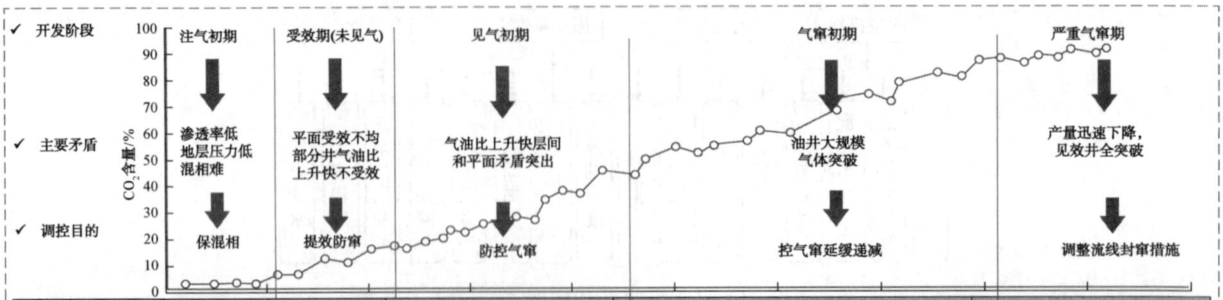

开发阶段	注气初期	受效期(未见气)	见气初期	气窜初期	严重气窜期
见气特征	CO_2浓度≤5%	CO_2浓度≤5%	气流不连续，5%<CO_2浓度≤50%	气流连续，50<CO_2浓度≤95%	气流大，CO_2浓度>95%
产油特征	无明显变化	大幅上升	大幅上升	产量稳定或小幅降低	迅速降低
调控措施	超前注气，提升混相、气井不压裂、油井压裂	周期注气，参数调整，小规模压裂吞吐	分层注气，水气交替	调剖，封窜流度调控，间歇注气，CO_2泡沫封堵	井网调控和动态调控凝胶封窜
目的	保混相，防气窜	提效果，防气窜	防控结合防气窜	控气窜，延缓递减	调整流线封窜措施

图 14　二氧化碳驱分阶段调控图

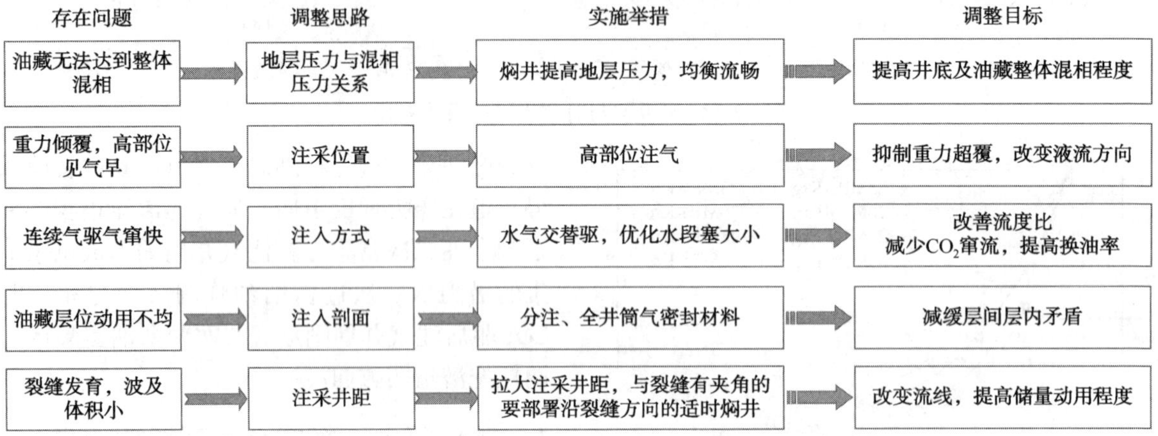

图 15　以问题为导向的开发注采调整方法

4.2.2　基于流体动力学的流线调整技术

利用老井，打破固化渗流路径，重建新渗流通道，达到调整饱和度场的目的，提高驱替均衡程度。调整途径：改变渗流速度大小方向和分布，改变注采强度、井距、位置、井型、井网，侧钻、分注、堵调等。拉大井距，重构井网，同时提高注采强度，扩大流线波及范围；部署新井，优化流线，重建流场，提高注入气体动用，见效明显。井距由 396m 拉大到 560m 前后的流场对比如图 16 所示。

4.2.3　基于经济换油率的层系调整技术

将低渗油藏物性由差变好细分三类，设计 25 个模型选取采出程度和换油率两个指标对比。层间级差增大，采出程度下降，二氧化碳驱效果变差，Ⅰ类油藏（物性差）、Ⅱ类油藏（物性较差）、Ⅲ类油藏（物性较好），依据经济换油率界限（0.27t/t），注气分层渗透率级差界限分别为 5、3、2，小于级差界限，可以采取一套层系开发。

4.3　CO_2 驱油藏工程参数设计方法

主要通过精细数值模拟方法优选注入方式、井距、注采参数等。注入方式优选中对比了注水、注气连续驱和交替驱三种方式下的换油率情况，水驱后持续注气，采收率比水驱明显提高，但注气量大，水驱后气/水交替注入提高采收率幅度最高，且注入 CO_2 量少，优选得到交替驱效果更好。井距优选中基于增油量和换油率数据，得到人士为物性差，饱和度高，小井距可提高驱替效率，物性好，饱和度低，大井距可有效抑制气窜。注采参数优选中，采用首段塞大段塞+后续密集小段塞，前期保证混相效果，后期控制突破扩大波及体积，大段塞组合：见效快，含水下降漏斗明显，CO_2 突破快；密集小段塞：见效晚，含水漏斗小；渗流阻力大，注入压力高，扩大波及体积。

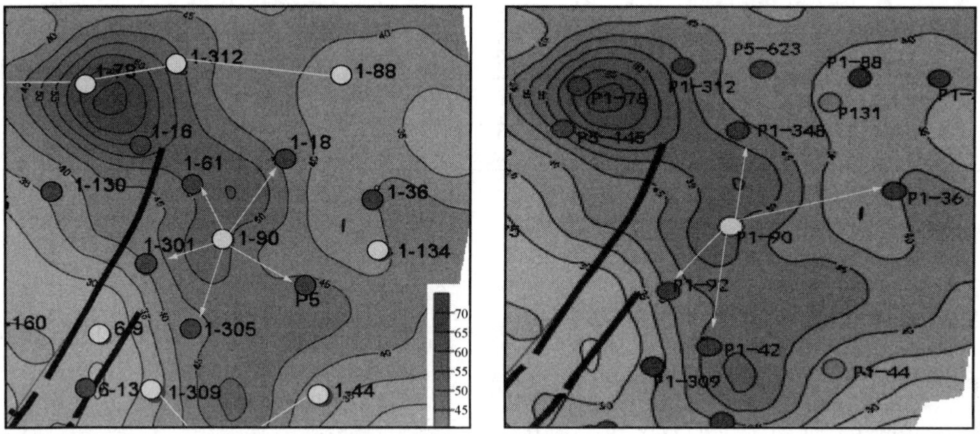

图 16　井距由 396m 拉大到 560m 前后的流场对比

4.4　不同尺度孔道措施封堵技术

研发了适于不同孔道尺度的封堵药剂，分别为：同于缝洞及大孔道封堵的交联共聚物/延缓膨胀凝胶颗粒高强度复合深部调驱体系，阻力因子 50 以上；用于中高渗层封堵的水基泡沫体系，阻力因子 4~50；用于低渗层封堵的可溶解于气体的泡沫体系，阻力因子 4 ~ 15。耐温：80 ~ 120℃抗盐：$15\times10^4 \sim 25\times10^4$ mg/l，可满足全国几乎所有油田措施调控的需要。

5　中原油田 CO_2 驱油与调控技术实施情况

中原油田 2008 年成立 CO_2-EOR 技术攻关团队以来，相关技术共实施 15 个区块 43 个井组，覆盖储量 2176×10^4t，累计注气 78.03×10^4t，累计增油 18.43×10^4t，阶段换油率 0.24t/t，具有显著经济和社会效益。

据评价，中原油田适于开展 CO_2 驱油与埋存的地质储量达 4.9×10^8t，凡是实施 CO_2 取得储层未来都需要开展调控技术应用，未来本技术的应用空间会更加广阔，十四五期间将继续加大研发和推广力度，希望通过中原油田 CO_2 驱技术的实施为国家“3060”目标的实现做出更大贡献。

中原油田 CO_2 效益驱油效果表见表 1。

表 1　中原油田 CO_2 效益驱油效果表

开发类型	油藏名称	注入井数	覆盖储量/10^4t	注入时间/口	采油井数/口	累计注气/10^4t	累计增油/10^4t	阶段换油率/(t/t)
高渗特高温高盐油藏	濮城沙一下 1	2009	1135	13	40	36	11.95	0.33
低渗油藏	胡 96 块	2011	171.73	1	1	4.97	1.53	0.31
	新霍区块	2013	180.7	3	6	6.12	0.86	0.14
	桥 90	2016	12.02	1	1	1.23	0.29	0.24
	赵庄油田	2015	34	1	1	2.32	0.29	0.13
	文 200 块	2015	158.85	3	4	1.90	0.39	0.21
	桥 58-5 断块	2022	17.45	1	2	0.79	0.10	0.13
	文 181 块	2014	32.28	1	3	4.91	0.42	0.09
	文 179 块	2014	67.67	2	4	2.57	1.10	0.43
	胡 5 块	2015	106	3	6	1.88	0.14	0.07
	卫 42 块	2016	161.05	8	32	11.04	0.68	0.06

续表

开发类型	油藏名称	注入井数	覆盖储量/10^4t	注入时间/口	采油井数/口	累计注气/10^4t	累计增油/10^4t	阶段换油率/(t/t)
稠油油藏	文 138 块	2014	30	1	2	1.19	0.18	0.15
	濮城沙一下 2	2020	22.5	3	4	2.64	0.50	0.19
新区	云 12 块	2023	24.53	1	1	0.048		
	文 153 块	2022	22.4	1	2	0.42		
小计	19		2176.2	43	109	78.03	18.43	

6 结论

（1）二氧化碳注入油藏后首先透过水膜溶解于原油中，引起原油性质变化，并与原油多次混相接触，发挥抽提作用，将油膜和盲端中的剩余原油转化为可动部分，提高了洗油效率；二氧化碳引起储层物性的变化，改善了储层条件，动用 0.01μm 以上微观孔隙中的剩余油，增加可动储量 30%以上；

（2）在 CO_2 实施 3+2 模式调控下，改变注入方式提效主要机制为扩大波及、提高驱油效率，改变注采矢量参数提效机制为提高冲刷、携带、萃取，气改变井网参数或加新井的提效机制为重塑流场、扩大波及体积等提高采收率，措施调控主要通过扩大波及体积、提高驱油效率等方式提高采收率。

（3）针对储层认识不清、调控选井选层不确定因素多的问题，形成了油藏“甜点”定量评价与优选技术。构建了 CO_2 驱“3+2”模式“五段差异调控”理念，形成“油+气+地质+工艺+其他”多方法协同作用的气驱全流程差异调控技术，现场应用取得较好效果。

参 考 文 献

[1] 胡永乐，郝明强，陈国利，等. 中国 CO_2 驱油与埋存技术及实践[J]. 石油勘探与开发，2019，46(4)：716-727.

[2] 侯大力，龚凤鸣，陈涛，等. 低渗透油藏注 CO_2 混相驱及 CO_2 埋存评价[J]. 大庆石油地质与开发，2024，43(01)：59-67.

[3] 汤勇，张超，杜志敏，等. CO_2 驱提高气藏采收率及埋存实验[J]. 油气藏评价与开发，2015，5(5)：34-40.

[4] 田巍. 老油田 CO_2 驱开发渗透性伤害机理研究[J]. 现代化工，2021，41(S1)：194-198.

[5] 田巍，邓瑞健，李中超等. 碳封存过程中溶蚀作用对岩石渗透性的影响[J]. 陕西科技大学学报，2018，36(06)：103-109.

[6] Andreas Kopp，P. J. Binning，K. Johannsen，et al. A contribution to risk analysis for leakage through abandoned wells in geological CO_2 storage[J]. Advances in water resource，2010，33(8)：867-879.

[7] 秦积舜，韩海水，刘晓蕾. 美国 CO_2 驱油技术应用及启示[J]. 石油勘探与开发，2015，42(2)：209-216

[8] 王军良，李桂璇，周义明，等. 二氧化碳在油气田地质封存中溶解物性的研究进展[J]. 油田化学，2018，35(03)：550-561.

[9] 邓瑞健，田巍，李中超，等. 二氧化碳驱动用储层微观界限研究[J]. 特种油气藏，2019，26(03)：133-137.

[10] 田巍. CO_2 在老油田地质封存中的赋存状态[J]. 地下空间与工程学报，2021，17(02)：618-625.

[11] 滕继濮. 油气开发：从“战天斗地”到科技给力[N]. 科技日报，2011-03-08(009).

[12] 张辉，李忠诚，祝孝华，等. 吉林特低渗油藏长岩心 CO_2 驱替微观动用规律研究[J]. 中国科技论文，2024，19(01)：50-56.

[13] 田巍. CO_2 驱提高采收率方法在深层低渗透油藏的应用—以中原油田胡 96 块油藏为例[J]. 石油地质与工程，2020，34(04)：50-54.

[14] 田巍. CO_2/原油的混相与混相驱问题探讨[J]. 科技通报，2020，36(12)：8-12+18.

[15] 田巍. 混相条件下油气相渗规律表征[J]. 当代石油石化，2020，28(04)：24-29.

[16] 田巍. 凝析气藏注 CO_2 提高采收率机理物理模拟[J]. 天然气地球科学，2021，32(10)：1592-1600.

大庆油田无碱三元复合驱油体系研究及参数优化设计

何金钢

（大庆油田有限责任公司）

摘　要　三元复合驱是进一步大幅度提高原油采收率的重要方法之一，目前已进入工业化推广阶段，但仍存在注采系统结垢及生产成本较高等问题。根据大庆油田三元复合驱的强碱、弱碱和无碱化战略部署，基于弱碱三元复合驱的工业化成熟技术，利用氯化钠替代碳酸钠，通过与石油磺酸盐和部分水解聚丙烯酰胺复配研发了大庆油田无碱三元复合驱油体系。通过增黏性、界面性能、稳定性、抗吸附性、驱油效果等室内实验，对比分析了无碱三元体系和弱碱三元体系之间的差异，结果表明，无碱三元体系的增黏性、黏弹性、抗剪切性、界面活性和稳定性与弱碱三元体系基本相同，抗吸附性和乳化性能略弱于弱碱三元体系。该体系具有化学剂色谱分离程度与弱碱三元体系基本一致、采出液中界面张力降低幅度小但低值持续时间长的特点，在水驱基础上能够进一步提高采收率27.31%。同时，该体系具有药剂成本低、初步效益分析效果好的优势，在解决了碱引起结垢的问题的基础上，较弱碱三元体系的化学剂成本下降17.02%。因此，研发出的大庆油田无碱三元复合驱油体系技术经济可行，并可以为其他陆相砂岩老油田的高效开发提供技术借鉴，具备广阔的推广应用前景。

关键词　三元复合体系；盐；无碱；界面性能；提高采收率

1　前言

三元复合驱油技术是在碱/聚合物驱、表面活性剂/聚合物驱基础上发展起来的一种大幅度提高原油采收率技术，三元复合体系由碱、表面活性剂和聚合物组成，在提高注入体系黏度扩大波及体积的同时降低油水界面张力提高洗油效率，最终实现大幅度提高原油采收率。美国先后在 West Kiehl 油田（1987 年）、Cambridge 油田（1993 年）、Tanner 油田（2000 年）、Lawrence（2010 年）等开展了小型三元复合驱油技术先导性试验，由于技术效果和经济效益不佳，未能工业化推广应用。我国大庆油田自 20 世纪 80 年代开始研究三元复合驱油技术，突破了低酸值原油不适合三元复合驱的理论束缚，实现了表面活性剂的自主生产，经过室内研究、先导性矿场试验、工业性矿场试验和工业化推广四个阶段，目前技术较为成熟，可以在水驱基础上提高原油采收率 20.0 个百分点以上，成为大庆油田进一步提高采收率的重要方法。三元复合驱于 2014 年在大庆油田实施规模化工业推广，当年实现产量首次跃上 200×10^4t 台阶，2016 年生产原油超过 400×10^4t，近 6 年的年产油量均在 400×10^4t 以上，为大庆油田持续高产发挥了重要作用，也使我国成为世界上唯一掌握三元复合驱工业化技术的国家。

由于三元复合驱中的碱导致注采系统结垢，给生产管理带来一定难度，同时也增加了维修工作量和操作成本，因此，大庆油田在 2005 年就确定了三元复合驱由强碱向着弱碱直至无碱化的发展战略。近年来，复合驱无碱化主要有两个研究方向，一是利用聚合物和表面活性剂复配的无碱二元复合体系的研发，二是利用其它化学剂代替碱形成新的三元复合体系。在无碱二元复合体系研发方面，目前缺少适用于大庆油田的高效稳定的表面活性剂工业化产品，先导性试验所需配套技术不成熟，还需要进一步技术攻关。同时，在提高采收率性能上，无碱二元复合体系室内岩心驱油实验比三元复合体系低 3～5 个百分点。因此，如何在保证驱油效果基础上，利用其它化学剂代替碱形成新的三元复合体系实现三元复合驱的无碱化，成为大庆油田攻关的重点方向，且具有非常重要的意义。

基于弱碱三元复合驱的工业化成熟技术，笔者团队利用氯化钠替代碳酸钠，研发了大庆油田无碱三元复合驱油体系，通过增黏性、界面活性、稳定性、抗吸附性、驱油性能等评价，对比分析了无碱三元体系和弱碱三元体系的性能差异，与弱碱三元体系相比，无碱三元体系具有相近的驱油性能，且化学剂成本进一步下降，实现了三元复合驱的无碱化，为三元复合驱的发展提供了重要的技术支撑。

2　实验部分

2.1　实验材料

化学试剂：氯化钠（NaCl），工业品；碳酸钠（Na_2CO_3），工业品，固含量>99.2%；石油磺酸盐，工业品，有效物含量 38%～42%；部分水解聚丙烯酰胺（HPAM），工业品，相对分子质量为 1600 万，固含量>88.0%。实验用水：清水、油田深度处理回注水和模拟地层水水质离子组成如表 1 所示。实验用油：脱水脱气原油取自大庆油田三元复合驱工业化推广 A 区块，45℃时密度为 847.5kg/m^3，动力黏度为 27.22mPa · s；模拟油采用脱水脱气原油与航空煤油配制，45℃时动力黏度为 10.0mPa · s。油砂：大庆油田三元复合驱工业化推广 A 区块 SII 油层组。岩心：贝雷砂岩，规格为 45mm×45mm×300mm。

表 1　实验用水离子含量

水样	离子含量/mg · L^{-1}							矿化度/mg · L^{-1}
	Cl^-	HCO_3^-	CO_3^{2-}	SO_4^{2-}	Ca^{2+}	Mg^{2+}	Na^++K^+	
清水	44.5	230.0	15.1	5.0	37.8	2.6	81.3	416.3
回注水	943.8	2821.2	301.6	5.0	42.0	5.1	1851.5	5970.6
模拟地层水	2155.8	2063.5	/	287.5	23.1	52.6	2196.5	6779.0

2.2　实验仪器

TX-500C 旋滴超低界面张力仪，美国科诺工业有限公司；Brookfield DV-Ⅱ型黏度计，美国 Brookfield 公司；多功能驱油装置，海安石油科技有限公司；T25 数显型分散机，德国 IKA 公司。

2.3　体系配制

三元复合体系采用污配污稀的方式，用回注水配制 5000mg/L 部分水解聚丙烯酰胺母液，搅拌 2.0h，熟化 2.0h，用回注水配制 5.0%的石油磺酸盐母液、5.0%的碳酸钠母液和 5.0%的氯化钠母液。按照体系配比分别加入部分水解聚丙烯酰胺、石油磺酸盐、碳酸钠或者氯化钠母液，加回注水搅拌均匀即得目的液。无碱三元体系由石油磺酸盐、氯化钠和部分水解聚丙烯酰胺组成；弱碱三元体系由石油磺酸盐、碳酸钠和部分水解聚丙烯酰胺组成。

2.4　抗剪切性能测定

以一种弱碱三元体系溶液作为基准，首先测定初始黏度，之后对其进行预剪切，使其黏度降为配制黏度的 60%，记录剪切时间，再以相同的剪切速率和剪切时间对无碱三元体系系进行预剪切，通过黏度差别进行剪切作用的影响评价。

2.5　界面张力测定

采用 2000mg/L 部分水解聚丙烯酰胺、0.05wt%～0.3wt% 的石油磺酸盐、0.2wt%～1.4wt%的氯化钠、0.2wt%～1.4wt%的碳酸钠分别配制无碱三元体系和弱碱三元体系，利用 TX500C 旋转超低界面张力仪，在 45.0℃下测定不同体系溶液与 A 区块脱水脱气原油的界面张力。通过连续测定 90 天内界面张力变化评价稳定性。

2.6　乳化析水率测定

将不同体系溶液与模拟油以 1：1（v/v）比例混合，以 10000r/min 均化 2min 形成乳状液，在 45.0℃下恒温静置，测定不同时间乳状液的析水率。

2.7　抗吸附能力测定

抗吸附能力测定采用油砂多次吸附实验方法。称取 80～120 目的油砂 20g，放入 250mL 三角瓶中，再向其中按照 1：9 的固液质量比加入三元复合体系溶液，密封置于恒温摇床中，45.0℃下振荡 24.0h，取出少量上层液体测定体系与原油间的界面张力，记录为一次吸附后体系界面张力值。多次吸附时，取上层全部液体，按照上述固液质量比，重新加入油砂，重复上述步骤得到多次吸附后体系界面张力值，对比分析三种体系中表面活性剂的抗吸附能力。

2.8　岩心驱替实验

贝雷岩心抽真空，饱和模拟地层水，并水测

渗透率；饱和模拟油，老化 72.0h，计算初始含油饱和度；水驱至出口含水率 98.0%以上，依次注入三种体系主段塞和聚合物保护段塞(岩心驱替实验方案如表 2 所示)，后续水驱至含水率 98.0%以上。在 45℃条件下，饱和油速度为 0.1mL/min，驱替速度为 0.3mL/min(约等于油层前缘驱替速度 1m/d)。

表 2　不同三元复合体系岩心驱油实验方案

驱油体系	具体方案
无碱三元体系	主段塞：0.3PV(2000mg/L 1600 万 HPAM+0.3wt%石油磺酸盐+1.2% wt NaCl) 保护段塞：0.2PV(1600mg/L 1600 万 HPAM)
弱碱三元体系	主段塞：0.3PV(2000mg/L 1600 万 HPAM+0.3wt%石油磺酸盐+1.2%wt Na_2CO_3) 保护段塞：0.2PV(1600mg/L 1600 万 HPAM)

2.9　岩心驱替实验采出液测定

对岩心驱替实验各阶段采出液中聚合物浓度、表面活性剂浓度、氯化钠浓度(无碱三元体系)、碳酸钠浓度(弱碱三元体系)和界面张力进行测定，测定标准参照《SY/T 6424—2014 复合驱油体系性能测试方法》《SY/T 5862—2020 驱油用聚合物技术要求》和《SY/T 5523—2016 油田水分析方法》。

3　结果及讨论

3.1　三元复合驱油体系无碱化可行性基础

三元复合驱中的碱的作用主要有三方面。一是碱与原油中的石油酸反应生成表面活性物质。在弱碱三元体系中，碳酸钠水溶液呈碱性，碱与石油酸反应生成的表面活性物质有助于降低油/水界面张力。但是大庆原油酸值低，异构酸在原油中的含量仅为 0.0059%，因此，表面活性物质生成量少，仅初期在油滴表面吸附起到降低动态界面张力的作用，后期扩散进入体相后失去降低界面张力作用。二是在碱性条件下，大庆原油中的胶质、沥青质中含氮杂环化合物(质量占原油的 0.16%)与碱作用形成的活性物参与界面扩散，与石油磺酸盐存在协同效应，降低油/水间界面张力，其作用与原油中有机酸贡献相当。通过采用氯化钠和氢氧化钠按不同比例复配，调节体系的 pH 值，研究 pH 值对三元体系与原油间动态界面张力影响程度，结果如图 1 所示。结果表明，随着 pH 值升高界面张力值略有下降，但下降速度较缓，测试时间到 110min，最终可以达到超低界面张力范围。因此，pH 值在 8.5~12 变化时，碱性条件对三元复合驱体系与大庆原油间界面张力影响相对较小。三是弱碱提供了 Na^+ 浓度。碳酸钠解离出来的 Na^+ 扩散到油/水界面层中，中和了表面活性剂分子之间的排斥力，压缩双电层厚度，使得表面活性剂分子在油/水界面上分布较多。Na^+ 也使复合体系中的聚丙烯酰胺分子发生蜷曲，降低了聚丙烯酰胺与石油磺酸盐分子在界面的位置竞争，间接加快了复合体系达到超低界面张力速度。因此，结合碱作用的分析，在石油磺酸盐表面活性剂性能发展的基础上，采用氯化钠代替碳酸钠实现三元复合驱的无碱化成为了可能。

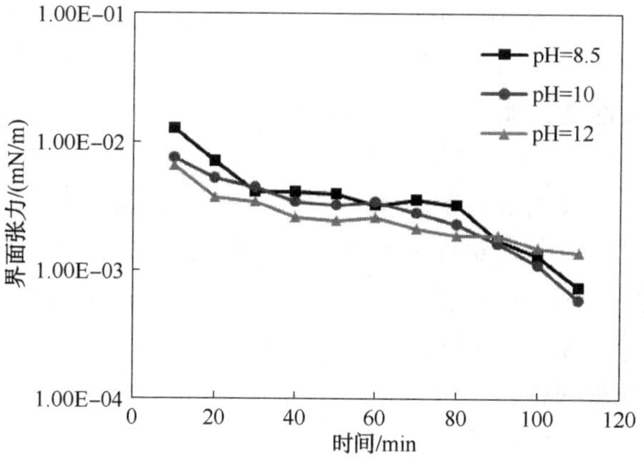

图 1　pH 值变化对弱碱三元体系油/水界面张力的影响

3.2　无碱三元体系界面性能评价

3.2.1　界面活性

界面性能是衡量体系驱油能力的最重要指标之一。两种三元复合体系的界面性能结果如图 2 所示。结果表明，当石油磺酸盐浓度范围为 0.05wt%~0.3wt%、氯化钠和碳酸钠的浓度范围为 0.4wt%~1.4wt%时，两种体系与原油都可以达到超低界面张力(10^{-3}mN/m 数量级)。当石油磺酸盐浓度范围为 0.2wt%~0.3wt%、氯化钠和碳酸钠的浓度范围为 1.2wt%~1.4wt%时，界面张力可达到 10^{-4}mN/m 数量级，其中无碱三元体系为 4.8×10^{-4}mN/m，弱碱三元体系为 2.9×10^{-4}mN/m。由于氯化钠和碳酸钠的相对分子质量分别为 58.5 和 106.0，当溶液中氯化钠和碳酸钠的质量分数一致时可以提供浓度相近的 Na^+，使得更多的石油磺酸盐紧密的分布油/水界面层，因此，两种体系的界面性能基本一致。

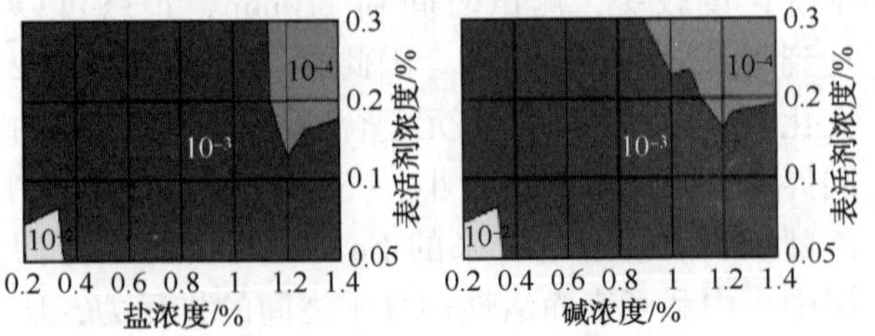

图 2　三元复合驱体系与采油一厂 A 区块原油间界面活性图（a-无碱三元体系，b-弱碱三元体系）

3.2.2　界面张力稳定性

分别测定两种体系 90d 内界面张力变化如图 3所示。无碱三元体系的界面张力值由初始时的 8.91×10^{-4}mN/m 升高至 90d 时的 3.02×10^{-3}mN/m；弱碱三元体系的界面张力值由 7.1×10^{-4}mN/m 升高至 1.3×10^{-3}mN/m。实验结果表明，90d 内两种体系界面张力稳定性基本一致，具有较好的稳定性能，始终保持在界面张力 10^{-3}mN/m 以下。

3.2.3　抗油砂吸附性能

表面活性剂在油藏岩石孔隙中运移过程时，容易吸附聚集在岩石表面，导致驱替体系中表面活性剂浓度降低，吸附量升高会影响驱油效果。选用 80~120 目油砂进行抗吸附测定实验，对比分析两种体系吸附前后界面张力值变化，结果如表 3 所示，结果表明，两种体系 3 次吸附后的界面张力值保持在 10^{-3}mN/m 数量级，第 4 次吸附后，无碱三元体系的界面张力值上升至 10^{-2}mN/m 数量级，而弱碱三元体系的界面张力值仍保持在 10^{-3}mN/m 数量级。这是由于碱性环境下岩石表面电负性增加，阴离子型表面活性剂吸附量减少，同时，弱碱三元体系中的 CO_3^{2-} 可以与岩石表面离子交换产生的 Ca^{2+}、Mg^{2+} 反应，降低了 Ca^{2+}、Mg^{2+} 含量，从而减少石油磺酸盐表面活性剂的损耗。因此，无碱三元体系抗油砂吸附性能弱于弱碱三元体系。

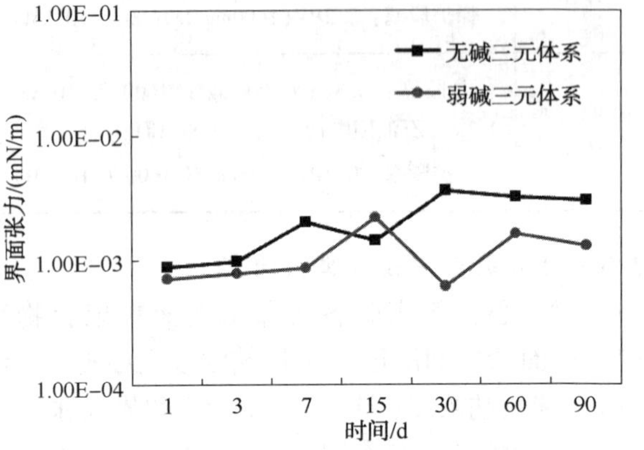

图 3　无碱三元体系和弱碱三元体系界面张力稳定性

表 3　不同三元复合体系抗吸附性能数据

体系	界面张力/($\times10^{-3}$mN/m)					
	未吸附	1 次吸附	2 次吸附	3 次吸附	4 次吸附	5 次吸附
无碱三元体系	0.9	4.78	5.51	8.77	30.5	–
弱碱三元体系	0.7	2.38	3.57	7.75	5.51	15.5

3.3　无碱三元体系增黏性能评价

3.3.1　增黏性

聚合物的增黏作用是化学驱提高采收率的重要机理之一。两种体系在不同聚合物配制浓度条件下的黏度如图 4 所示。结果表明，在聚合物浓度为 1000~2400mg/L 时，无碱三元体系的黏浓关系变化规律与弱碱三元体系基本一致。当聚合物浓度为 1600mg/L 时，无碱三元体系的黏度为 30.5mPa·s，弱碱三元体系的黏度为 31.9mPa·s，两者相差 4.4%。影响三元体系溶液黏度的主要因素是溶液中阳离子类型和浓度，由无碱三元体系和弱碱三元体系中的阳离子主要是 Na^+，当溶液中氯化钠和碳酸钠的质量分数一致时，溶液中 Na^+ 的摩尔数也就是离子含量接近。因此，氯化钠代替碳酸钠对体系的黏度基本没有影响，无碱三元体系的增黏性与弱碱三元体系基本保持一致。

3.3.2　黏弹性

黏弹性聚合物溶液产生的“拉、拽”作用对微观驱油效率的提高起到了关键的作用。通过测定两种体系溶液的第一法向应力差值评价体系的黏弹性作用发挥情况，结果如图 5 所示。两种体系在相同的角速度条件下具有基本一致的第一法向应力差值。因此，无碱三元复合体与弱碱三元体系的黏弹性基本一致。

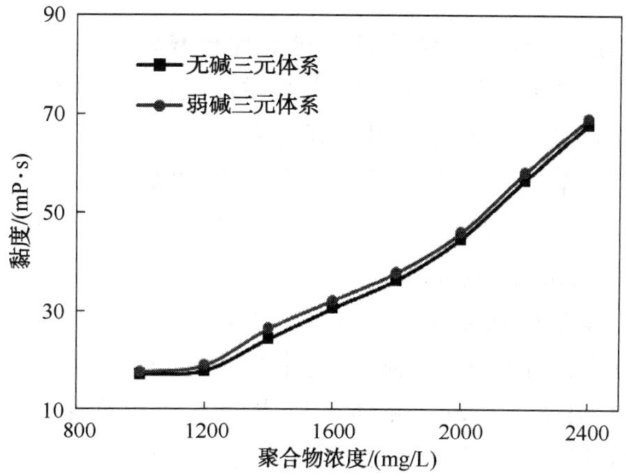

图4　无碱三元体系和弱碱三元体系黏浓曲线

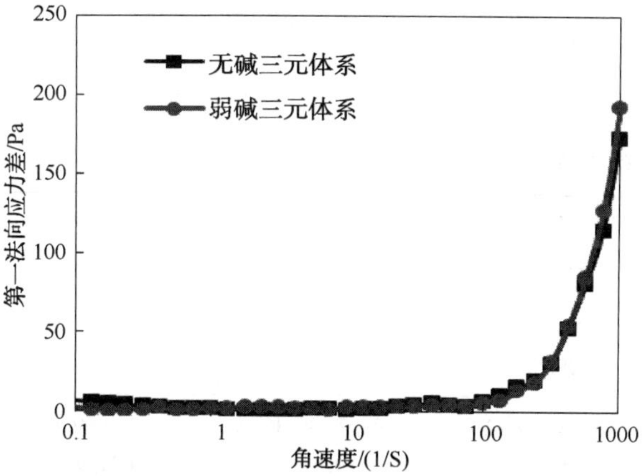

图5　无碱三元体系和弱碱三元体系黏弹性曲线

3.3.3　黏度稳定性

黏度稳定性是表征驱油体系长期稳定性的重要参数，两种体系的黏度稳定性评价结果如图6所示。无碱三元体系黏度由配制时的30.5mPa・s降低至90d时的25.2mPa・s，黏度保留率为82.62%，弱碱三元复合系黏度由31.9mPa・s降低至90d时的26.3mPa・s，黏度保留率为82.46%。无碱三元体系与弱碱三元体系的90d内黏度稳定性能基本一致，保持在80%以上。

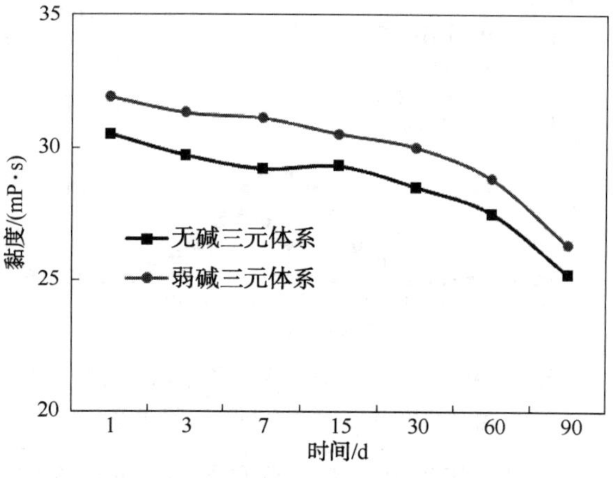

图6　无碱三元体系和弱碱三元体系黏度稳定性

3.3.4　抗剪切性

利用IKAT25数显型分散机对无碱三元体系和弱碱三元体系进行剪切处理，实验结果如表4所示，结果表明，在相同的剪切速率和剪切时间条件下，无碱三元体系与弱碱三元体系剪切后的黏度保留率基本一致。无碱三元体系初始黏度和剪切后黏度分别为36.2mPa・s、22.5mPa・s，黏度保留率为62.15%；弱碱三元体系初始黏度和剪切后黏度分别为35.3mPa・s、21.7mPa・s，黏度保留率为62.47%。剪切后体系黏度的降低主要源于聚合物分子长链的断裂，由于氯化钠和碳酸钠基本不影响体系的增黏性能，因而两种体系具有基本相同的抗剪切能力。

表4　抗剪切性能分析实验数据表

体系	初始黏度/mPa・s	剪切后黏度/mPa・s	黏度保留率/%
无碱三元体系	35.3	21.7	61.47
弱碱三元体系	36.2	22.5	62.15

3.4　无碱三元体系乳化性能评价

瓶试法得出的乳状液析水率结果如图7所示。无碱三元体系乳状液在0.67h时乳化析水率为96%，1.0h时乳化析水率为100%。弱碱三元体系乳状液在0.67h时乳化析水率为92%，在2.0h时乳化析水率为92%，未完全相分离。因此，无碱三元体系乳化性能较弱碱三元体系低。

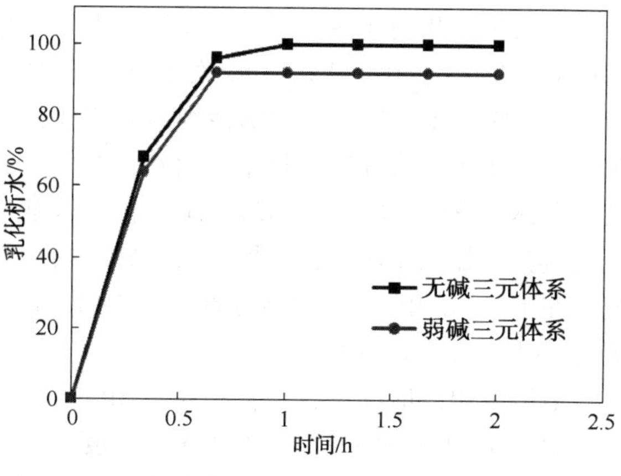

图7　无碱三元体系和弱碱三元体系乳化析水率

3.5　无碱三元体系腐蚀性能评价

由于无机盐对金属有一定的腐蚀作用，因此将20号钢挂片分别浸泡在无碱三元体系和弱碱三元体系中，测定两种体系24h后溶液中的Fe^{3+}含量。实验结果如表5所示，结果表明，无碱三元复合体系溶液中游离Fe^{3+}含量由0.61mg/L上升至 1.65mg/L，而弱碱三元复合体系溶液中游离 Fe^{3+} 含量由 0.61mg/L 上升至 0.65mg/L。碱性物质如 Na_2CO_3 与 20 号钢接触会发生钝化作用，在挂片表面生成一层钝化膜，降低了无机盐对挂片的腐蚀；而氯化钠增加了水溶液的导电性，加快了对金属电化学腐蚀的反应速率。因此，在无碱三元体系现场应用过程中，需要考虑管线等金属的防腐效果。

表 5　不同体系浸泡 20 号钢挂片后 Fe^{3+} 含量测定

体系	浸泡前 Fe^{3+} 含量/(mg/L)	浸泡后 Fe^{3+} 含量/(mg/L)
无碱三元体系	0.61	1.65
弱碱三元体系		0.65

3.6　无碱三元体系驱油性能综合评价

开展一维均质贝雷岩心驱油实验，对比分析无碱三元体系和弱碱三元体系驱油性能，其中每个方案进行了多次平行实验，结果如表 6 所示。实验结果表明，在岩心气测渗透率 366～390×$10^{-3}\mu m^2$ 的范围内，分别采用 0.3PV 的三元体系主段塞和 0.2PV 的聚合物后续保护段塞的注入方式，无碱三元体系比水驱平均提高采收率 27.31%，弱碱三元体系比水驱平均提高采收率 29.87%。无碱三元体系在化学驱阶段平均提高采收率低于弱碱三元体系 2.56 个百分点。

表 6　不同三元复合驱体系驱油效果

驱油体系	平行组数	气测渗透率分布及均值/×$10^{-3}\mu m^2$	含油饱和度分布及均值/%	水驱采收率分布及均值/%	化学驱采收率分布及均值/%	总采收率分布及均值/%
无碱三元体系	36	379～390 383	62.56～64.11 63.71	38.88～40.00 39.52	26.56～27.96 27.31	65.56～67.90 66.83
弱碱三元体系	31	366～378 372	62.97～64.05 63.59	38.05～39.82 39.12	29.02～30.12 29.87	67.12～69.85 68.99

无碱三元体系化学驱阶段采出端各组分相对浓度与注入量关系如图 8 所示，结果表明，聚合物见剂范围在 0.6～1.9PV，表面活性剂在 1.1～1.9PV，氯化钠在 0.7～1.9PV，见剂的顺序为聚合物、氯化钠和表面活性剂，聚合物与表面活性剂见剂时间相差 0.5PV。在峰值浓度出现时间上，聚合物为 1.4PV，表面活性剂为 1.5PV，氯化钠为 1.4PV，浓度峰值分布仅相差 0.1PV。弱碱三元体系化学驱阶段采出端各组分相对浓度与注入量关系如图 9 所示，结果表明，聚合物见剂范围在 1.0～1.9PV，表面活性剂在 1.3～1.9PV，碳酸钠在 1.1～1.9PV，见剂时间相差 0.3PV。在峰值浓度出现时间上，聚合物为 1.6PV，表面活性剂为 1.6PV，碳酸钠为 1.2PV，浓度峰值分布相差 0.4PV。因此，两种体系表现出了不同的色谱分离特点，无碱三元体系见剂时间差异大而见剂峰值差异小，弱碱三元体系见剂时间差异小而见剂峰值差异大，但两种体系都具有一定的色谱分离现象，且色谱分离程度基本相同。

无碱三元体系化学驱阶段采出液的界面张力与注入量关系如图 8 所示，结果表明，采出液的界面张力值最低达到 10^{-1} mN/m 数量级，从 1.2PV 持续到 1.7PV。而弱碱三元体系的采出液的界面张力值在 1.4PV 时出现最低值，达到 10^{-2}mN/m 数量级，但仅持续 0.1PV。其界面张力值达到 10^{-1}mN/m 数量级是从 1.5PV 持续到 1.7PV。因此，无碱三元体系具有采出液界面张力降低幅度小但低值持续时间长的特点。

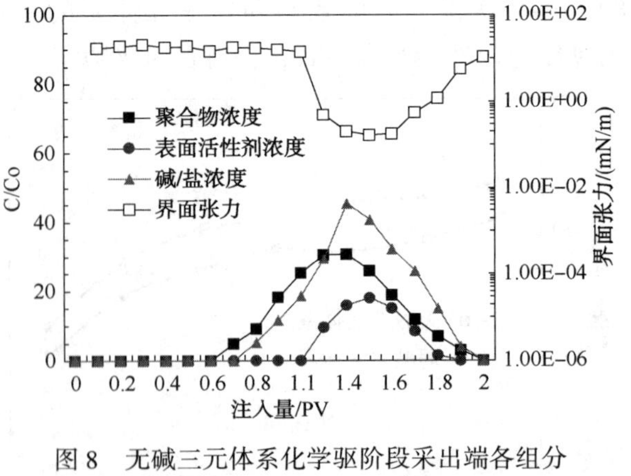

图 8　无碱三元体系化学驱阶段采出端各组分相对浓度及界面张力与注入量关系

通过分析无碱三元体系和弱碱三元体系岩心驱油实验采出液乳化现象，结果如图 10 所示。

无碱三元体系在后续水驱阶段的采出液未出现明显乳化现象。而弱碱三元体系在后续水驱阶段出现了较为明显的乳化现象，尤其是在乳化出现较为集中的后续水驱 0.4PV 时，产油量较无碱三元体系同阶段多。而大量的实验结果表明，岩心实验中出口端采出液有乳化现象的，其提高采收率幅度比未乳化的高 5%~6%。正是因为无碱三元体系的乳化能力与弱碱三元体系的差异，表现出了以上驱替实验中化学驱阶段提高采收率的差异。

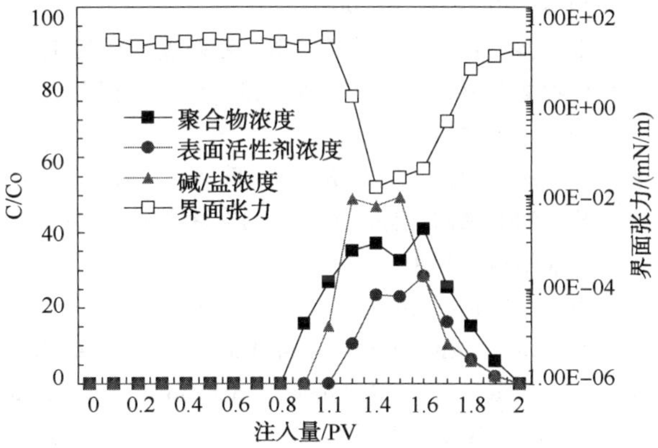

图 9　弱碱三元体系化学驱阶段采出端各组分相对浓度及界面张力与注入量关系

3.7　无碱三元复合体系初步效益评价

在推广应用前景的评价过程中，药剂成本和驱油效果的综合评判能更准确地评估一种化学驱体系的推广应用前景。两种体系初步效益分析结果如表 7 所示，由于工业氯化钠的价格仅为工业碳酸钠价格的 25.5%，因此，按照驱油实验结果计算化学驱全过程的单方驱油药剂成本，无碱三元体系为 63.17 元/m³，低于弱碱三元体系的 80.85 元/m³。综合驱油实验结果，无碱三元体系比水驱提高采收率 27.31%，弱碱三元体系比水驱提高采收率 29.87%，所以计算采收率每提高 1 个百分点的单方液成本，无碱三元体系较弱碱三元体系的成本下降 17.02%。即使与聚合物驱进行对比，在采收率每提高 1 个百分点的单方液成本计算上，由于无碱三元体系采收率大幅提高，无碱三元体系的成本也较聚合物驱成本低 9.17%。与此同时，三元复合驱的无碱化消除了碱导致注采系统结垢，降低了维修工作量和操作成本。因此，无碱三元体系具有较好的经济效益和社会效益，具备较好应用前景。

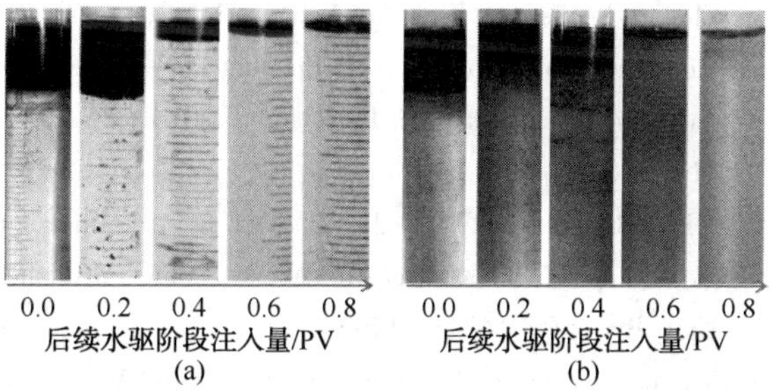

图 10　不同体系后续水驱采出液乳化情况
（A-无碱三元体系；B-弱碱三元体系）

表 7　不同体系成本分析结果

体系类型	提高采收率/%	主段塞		后续段塞		化学驱过程		采收率每提高1个百分点单方液成本/元
		段塞大小/PV	单方液成本/(元/m³)	段塞大小/PV	单方液成本/(元/m³)	段塞大小/PV	单方液成本/(元/m³)	
聚合物	10.89	0.5	27.50	/	/	0.5	27.50	2.525
无碱三元体系	27.31	0.3	86.95	0.2	27.50	0.5	63.17	2.313
弱碱三元体系	29.87	0.3	116.41	0.2	27.50	0.5	80.85	2.707

4　结论

（1）基于弱碱三元复合驱的工业化成熟技术，利用氯化钠替代碳酸钠，通过与石油磺酸盐和部分水解聚丙烯酰胺复配研发了大庆油田无碱三元复合驱油体系。

（2）无碱三元体系的增黏性、黏弹性、抗剪切性、界面活性和稳定性与弱碱三元体系基本相同，抗吸附性和乳化性能略弱于弱碱三元体系。

（3）无碱三元体系具有化学剂色谱分离程度与弱碱三元体系基本一致、采出液中界面张力降低幅度小但低值持续时间长的特点，在水驱基础上能够进一步提高采收率 27.31%。由于乳化性能弱于弱碱三元体系，化学驱阶段采收率低于弱碱三元体系 2.56 个百分点。

（4）无碱三元体系具有药剂成本低、初步效益分析效果好的优势。相比较弱碱三元体系，无碱三元体系的化学剂成本下降 17.02%，且消除了结垢带来的负面影响，降低了维修工作量和操作成本，实现了三元复合驱大幅度降低成本的目的。

参 考 文 献

[1] 王德民. 技术创新大幅度增加大庆油田可采储量确保油田长期高产[J]. 大庆石油地质与开发，2019，38(5)：8-17.

[2] WANG Demin. Technical innovation greatly increase the recoverable reserve and ensure long - term high production of Daqing Oilfield[J]. Petroleum Geology & Oilfield Development in Daqing, 2019, 38(5): 8-17.

[3] 程杰成，吴军政，胡俊卿. 三元复合驱提高原油采收率关键理论与技术[J]. 石油学报，2014，35(02)：310-318.

[4] Cheng Jiecheng, Wu Junzheng, Hu Junqing. Key theory and technology of ASP flooding for enhancing oil recovery[J]. Journal of Petroleum, 2014, 35(02): 310-318.

[5] MEYERS J J, PITTS M J, WYATT K. Alkaline-surfactant-polymer flood of the West Kiehl, Minnelusa Unit[R]. SPE 14244, 1992.

[6] Vargo J., Turner J., Vergnani B., Pitts M. J., K. Wyatt, Surkalo H., Patterson D.. [J]. SPEREE, 2000, 3(6): 552-558.

[7] Pitts M. J., Dowling P., Wyatt K., Surkalo H., Addams A.. Alkaline - surfactant - polymer flood of the Tanner Field[R]. SPE 100004, 2006.

[8] SHMARMA A. YARAND A A, CLAYTON B, et al. The design and execution of an alkaline-surfactant-polymer pilot test[R]. SPE 154318, 2012.

[9] SHENG J J. A comprehensive review of alkaline-surfactant polymer(ASP)flooding[J]. Asia-Paific Journal of Chemical Engineering. 2014, 9: 471-489.

[10] 袁士义，王强. 中国油田开发主体技术新进展与展望[J]. 石油勘探与开发，2018，45(04)：657-668.

[11] 袁士义，王强，李军诗，等. 提高采收率技术创新支撑我国原油产量长期稳产[J]. 石油科技论坛，2021，40(03)：24-32.

[12] 孙龙德，伍晓林，周万富，等. 大庆油田化学驱提高采收率技术[J]. 石油勘探与开发，2018，45(04)：636-645.

[13] 廖广志，王强，王红庄，等. 化学驱开发现状与前景展望[J]. 石油学报，2017，38(02)：196-207.

[14] 程杰成，王庆国，王俊，等. 强碱三元复合驱钙，硅垢沉积模型及结垢预测[J]. 石油学报，2016(5)：653-659.

[15] 张庆生，李晓慧. 三元复合驱投入产出要点研究与效益展望[J]. 油气田地面工程，2015，34(9)：14-16.

[16] 朱友益，侯庆锋，简国庆，等. 化学复合驱技术研究与应用现状及发展趋势[J]. 石油勘探与开发，2013，40(01)：90-96.

[17] 朱友益，张翼，牛佳玲，等. 无碱表面活性剂-聚合物复合驱技术研究进展[J]. 石油勘探与开发，2012，39(3)：346-351.

[18] 程杰成，周泉，周万富，等. 低初黏可控聚合物凝胶在油藏深部优势渗流通道的封堵方法及应用[J]. 石油学报，2020，41(08)：969-978.

[19] Demin Wang, Jiecheng Cheng, Huifen Xia, et al. Viscous-Elastic Fluids Can Mobilize Oil Remaining after Water-Flood by Force Parallel to the Oil-Water Interface[R]. SPE 72123, 2018.

[20] Cheng Jie Cheng, Bo Hai Liu, Qian Gao, et al. Study on Formulation with Lower Initial Viscosity Gel/Alkali/Surfactant/Polymer After Polymer Flooding and Scenario. [R]. SPE 205164, 2018.

[21] 刘刚，侯吉瑞，李秋言，等. 二类油层中三元复合驱体系的损耗及有效作用距离[J]. 中国石油大学学报(自然科学版)，2015，39(06)：171-177.

[22] 程杰成，夏惠芬，马文国，等. 三元体系的界面特性对驱油效率的影响机制[J]. 中国石油大学学报(自然科学版)，2014，38(04)：162-168.

[23] Demin Wang; Jiecheng Cheng; Junzheng Wu; et al. Producing by Polymer Flooding more than 300 Million Barrels of Oil, What Experiences Have Been Learnt. [R]. SPE 77872, 2002.

[24] 赵福麟. 油田化学[M]. 山东东营：石油大学出版社，2010.

[25] 苏禹，李根，陈宇豪，等. 乳化程度对复合体系提高采收率的影响[J]. 石油化工，2022，51(1)：62-68.

[26] Wang, Demin, Cheng, Jiecheng, Li, Qun, et al. Experience of IOR Practice from Large-scale Implementation in Layered Sand Stones [R]. SPE 2004178124073, 2004.

大港油田套后饱和度测井评价方法研究

李　进　刘俊东　李海燕　胡文才　常静春　徐锦峰　徐　陈　张　振

（中国石油集团测井有限公司天津分公司）

摘　要　以陆相沉积和复杂断块构造为基本特征的大港油田，经过多轮的措施改造和效益挖潜，地下剩余油分布更加的分散和隐蔽。常规裸眼测井具有一定的时效性，很难为当下地层流体分布状态的判断提供依据，必须引入套后剩余油饱和度监测技术，分析地层流体活动信息，提升油藏动态认识。然而，目前的套后饱和度测井评价方法多以统计规律为基础，经验性较强，未能充分挖掘地质信息，针对复杂岩性等储层流体识别能力不强。本研究通过对近年大港油田剩余油饱和度测井资料进行分析，以测井技术理论原理、评价方法优劣势分析为出发点，采用动静态资料相结合的方法，突破原评价技术瓶颈，在精确确定测井解释参数的基础上，根据敏感参数建立地层流体评价交会图版，从定性分析和定量计算两方面分别对中子寿命类测井(PNN、PNN+)和全谱类测井技术(PSSL)的解释方法进行完善，形成了一套针对大港油田油藏特征的饱和度测井评价体系。利用完善后的评价方法进行二次解释，评价结果与实际生产动态情况相吻合，证明了方法能有效提高了套后资料的解释精度，对大港油田饱和度的解释具有指导意义和实际应用价值。同时，研究成果及时转化为生产力应用于油田老井复查工作中，以成藏规律为指导，针对未认识的新层系、新圈闭、新砂体提出挖潜目标，提升了油藏开发水平，保障油藏的生产能力得到有效发挥。

关键词　脉冲中子测井；俘获截面指数；剩余油饱和度；中子寿命；碳氧比测井

大港油田经过 60 多年的勘探开发，目前产量和储量均呈现下滑趋势，已进入勘探程度高、储量采出程度高、综合含水高的“三高”阶段，是国内典型的老油田。由于油田断层发育，断块破碎，加上长期注水开发以及多次的措施调整，导致剩余油高度分散，仅利用裸眼井测井资料很难精确判别地层流体状态。针对这一现状，大港油田引入了多种剩余油饱和度测井技术，通过实时反映地层条件下的储层各项参数特征，监测地层动态含油饱和度变化，在准确认识油藏方面取得了一定成效。

1　大港油田剩余油饱和度测井技术现状

国内常用的剩余油饱和度监测技术主要分为电法测井和放射性测井两大类。电法类以套管电阻率测井为主，是通过监测套管井中遗漏的电流来了解地层。由于在高阻地层中测量误差较大，在套管外壁涂有防腐层的条件下无法测量，限制了该方法的规模推广。放射性类测井是通过将装有中子源和探测器的井下仪器下入井中，由中子源间歇性的向地层发射高能中子，与岩层的原子核发生碰撞、减速以及俘获等过程，通过记录在这些过程中探测器周围的中子分布状况和伽马射线强度，来评价仪器周围的岩石性质的一种测井方法。该方法具有探测深度深，能够穿透油套管及水泥环且辐射过程可控等特征，是现阶段广泛应用的方法。大港油田主要应用的就是这类测井技术，具体包括奥地利 HOTWELL 公司开发的脉冲中子测井 PNN（Pulsed Neutron Neutron）、PNN+（Pulsed Neutron Neutron Plus）和西安奥华电子公司提出的全谱饱和度测井 PSSL（Pulsed Neutron Full-Spectra Saturation Logging）。

1.1　中子寿命类测井原理及优缺点分析

PNN 测井仪是中子寿命类测井系列中较为简单的一种，是通过 me-pe 中子发射器，每秒将 2 亿个能量为 14.1Mev 的快中子发射到地层。中子与岩层原子核在 $10^{-8}\sim10^{-6}$S 时间段内发生非弹性散射，$10^{-6}\sim10^{-3}$S 时间段内发生弹性散射。高能中子不断减速，慢化成热中子，最终被地层俘获吸收。热中子的减少速率与地层宏观俘获截面成正比关系。仪器利用长、短两个不同源距的 ^{3}He 计数管记录从快中子束发射后 30～1800μs 时间内的剩余热中子计数率。解析热中子数量随时间的衰减变化关系，反映地层的宏观俘获截面，从而判断储层的含油水性质。由于该测井技术直接记录地层中未被俘获的热中子，避免了地层本底伽马射线的影响，在地层水矿化度较高的油藏中应用效果较好。此外，PNN测井仪器一次下井可同时录取温度、磁定位、长短源距计数率、宏观俘获截面、长短源距计数率比、伽马共7条连续曲线，且外径仅为43mm，能在油井正常生产时测井施工，不需要压井、洗井等工序。

PNN测井资料的解释评价主要是通过构建地层泥质砂岩俘获截面加权模型，即地层俘获截面是由骨架、流体各部分俘获截面共同作用的结果，见式(1)。根据该岩石体积模型，校正岩石骨架中泥质的影响后，按纯砂岩地层解释方法选取参数进行解释，变形得到泥质砂岩中子寿命测井饱和度计算公式，见式(2)。

$$\Sigma=\Sigma ma(1-\Phi-V_{sh})+\Sigma wS_w\Phi+\Sigma h(1-S_w)\Phi+\Sigma shV_{sh} \tag{1}$$

$$S_w=\frac{\Sigma t-\Sigma ma+\phi(\Sigma ma-\Sigma h)+V_{sh}(\Sigma ma-\Sigma sh)}{(\Sigma w-\Sigma h)\phi} \tag{2}$$

式中，S_w为含水饱和度,%；Φ为有效孔隙度,%；V_{sh}为泥质含量,%。实际处理过程中，泥质含量和孔隙度均可以从裸眼井测井评价解释成果得到。Σma为砂岩骨架的宏观俘获截面测井值，c.u.，取决于地层岩石矿物组分及含量，一般在8～12.0c.u.；Σsh为纯泥岩的宏观俘获截面测井值，c.u.，取决于地层黏土矿物成分、含量及分布形式，一般在22.0～44c.u.；Σh为油气的宏观俘获截面测井值，c.u.，取决于地层温压条件原油密度、溶解气油比等，大港油田一般选择12c.u.；Σw为地层水的宏观俘获截面测井值，c.u.，取决于地层水种类及矿化度含量，可根据区域水分析将地层水转化为等效氯化钠条件下，利用式(3)计算得到：

$$\Sigma w=22.117+0.32002*C+3.8928*10^{-4}*C^2-2.1867*10^{-7}*C^3 \tag{3}$$

式中，C为等效氯化钠矿化度。

PNN+饱和度测井仪是PNN仪器的升级版，是在利用探测热中子衰减的基础上，增加两个活化伽马探头，见图1。测量过程中，地层中氧原子吸收高能快中子，放出粒子，产生放射性同位素N^{16}，并引发一系列原子核反应，最后释放出高能伽马射线，通过测量伽马射线时间谱来反映地层含氧物质，特别是水的流动状态。PNN+测井由于集成了中子活化和俘获双核反应模式，为地层流体评价提供了多方位的判别依据，因此，PNN+测井经常用来解决地层复杂水淹和多套水系的油气水识别难题。

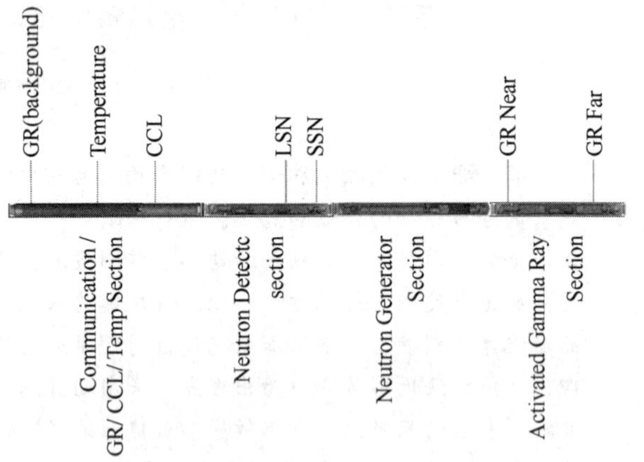

图1　PNN+测井仪器井下单元

实际资料处理过程中，中子寿命类测井解释评价的关键问题就是各地层参数的精确确定。大港油田断层发育、构造破碎，不同区块储层特征差异明显，而取芯资料较少，针对性的岩石物理实验分析更是少之又少，由于基础数据资料的缺失，严重影响了该测井方法的评价精度。图2为风A井测井解释成果图。该井于2022年10月进行裸眼井测井，2023年4月进行套后饱和度PNN测井。道1、道3、道4分别为裸眼测量岩性、不同探测深度的电性曲线和三孔隙度物性曲线，道5中为裸眼计算饱和度曲线，道6中为套后计算饱和度曲线和地层俘获截面Sigama曲线，道7为套后长、短源距接收的计数率曲线。道9、道10为裸眼和套后测井评价结果。SwPNN为利用体积模型计算的地层套后含油饱和度。可见，13#顶部裸眼含油饱和度为40.24%，底部为20.09%，评价为顶油底油水同层。套后评价含油饱和度顶底分别为30.41%、19.26%，反映地层顶部有明显水淹迹象，评价为顶中水淹底油水同层；14#裸眼含油饱和度为54.22%，评价为油层。套后含油饱和度为47.39%，含油饱和度略有降低，评价为弱水淹层。2023年6月，补孔13、14#与原射孔层合采，补孔前日产油1.34t，日产水1.41m^3，含水51.3%，补孔后日产油13.67t，水4.76m^3，含水33.3%，增产效果明显，反映地层生产以纯油为主，从而判定PNN测井评价饱和度整体偏低，解释评价方法需要进行完善。

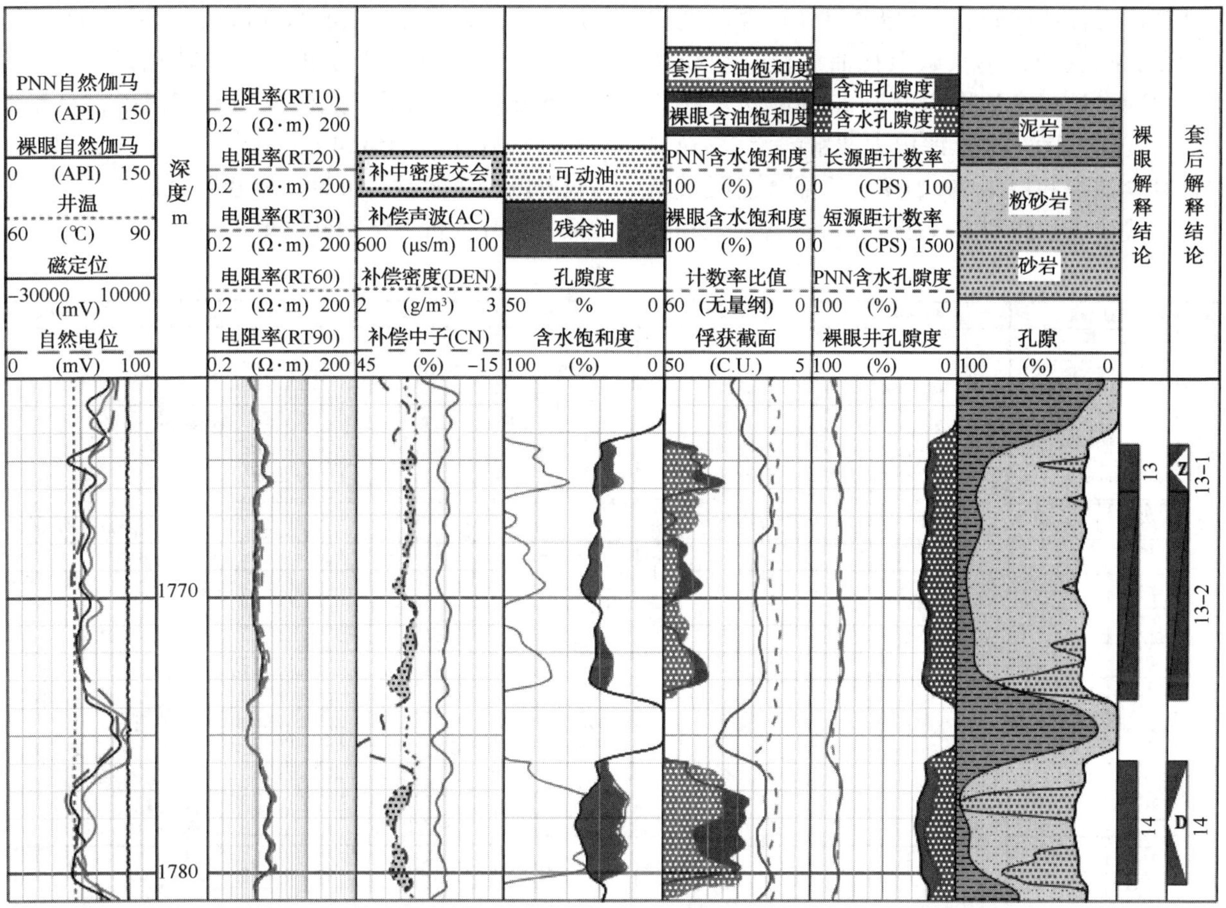

图 2　风 A 井测井解释成果图

1.2　全谱测井原理及优缺点分析

全谱测井仪器由一个脉冲中子发生器、两个 BGO 探测器，一个 HE^3 计数器构成。通过脉冲中子源向地层中发射不同频率的 14MeV 中子流，记录中子流与地层岩石原子核发生碳氧比、中子寿命、氯能谱、氧活化等模式时，生成的具有一定能量和时间分布特征的伽马谱或热中子谱。该测井技术可监测地层水流活动、剩余油变化等信息，最大程度获取地层储层变化，是理想的套后监测手段。其中碳氧比组合中子寿命模式可以满足不同地质条件下的饱和度测井；自然伽马能谱模式是划分岩性、计算泥质含量以及地层对比的有效手段；活化水流模式可以得到长、短源距活化氧 2 条曲线，可以直接显示井眼中或井眼附近水泥环、地层中的水流流动特征；中子计数率信息还可以计算地层孔隙度。

全谱测井技术的优势是集多种原子核反应模式于一体。一次下井可以同时测量碳氧比、碳氢比、俘获截面、氧活化等多种地层参数，突破了中子寿命测井对地层水矿化度的限制，扩大了应用范围，但仪器外径一般在 90cm 以上，放射性测量时间较长，故与单一模式的测井技术相比，在现场施工以及解释评价方面都有较高要求。施工上，为了缩短占井时间，一般结合地层特征，选择双模式或者三模式组合的方式进行。评价上，虽然多类参数相互印证、补充能充分反映地层信息，提高测量解释评价符合率，但要求解释人员必须具备较强的综合分析能力。

目前，大港油田全谱测井主要采用了碳氧比模式和中子寿命模式的组合方式进行测量。碳直接反应地层含碳量，是含油信息的指示，硅钙比反映地层岩性中胶结物含量的变化，俘获/非弹曲线为俘获模式测量伽马射线与非弹模式测量伽马射线比值，是地层孔隙度理想指示，图 3 为板南 B 井测井解释成果图，该井于 2022 年 10 月进行裸眼井资料测井，2023 年 4 月进行套后饱和度全谱测井。道 2、道 3、道 4 分别为裸眼测量的岩性、电性和三孔隙度曲线。道 5、6 为套后 PSSL 测量曲线。道 9、道 10 为裸眼井测井评价结果。全谱饱和度评价是通过将测得的碳氧比与水层、纯油层构建的碳氧比刻度曲线进行对比，来计算地层含油饱和度。18#裸眼计算含油饱和度为 28.6%，全谱测量碳氧比曲线位于油线和水线之间，计算含油饱和度为 26.30%，反映流体分布变化不大，综合评价为油水同层。26#裸眼计算含油饱和度为 27.21%，顶部全谱测量碳氧比曲线位于油线和水线之间，计算含油饱和度为 26.2%，底部贴合水线，计算含油饱和度为 14.8%，故评价为顶油水同层底水层。2023 年 1 月 3 日，对 18、26 层顶部进行补孔投产，日产油 5.65t，达到了工业油流的两倍以上，且稳产 78d，累计产油 451.48t，增产效果显著，取得了较好的经济效益。可见，原套后全谱解释结论偏低，解释评价方法同样需要进行完善。

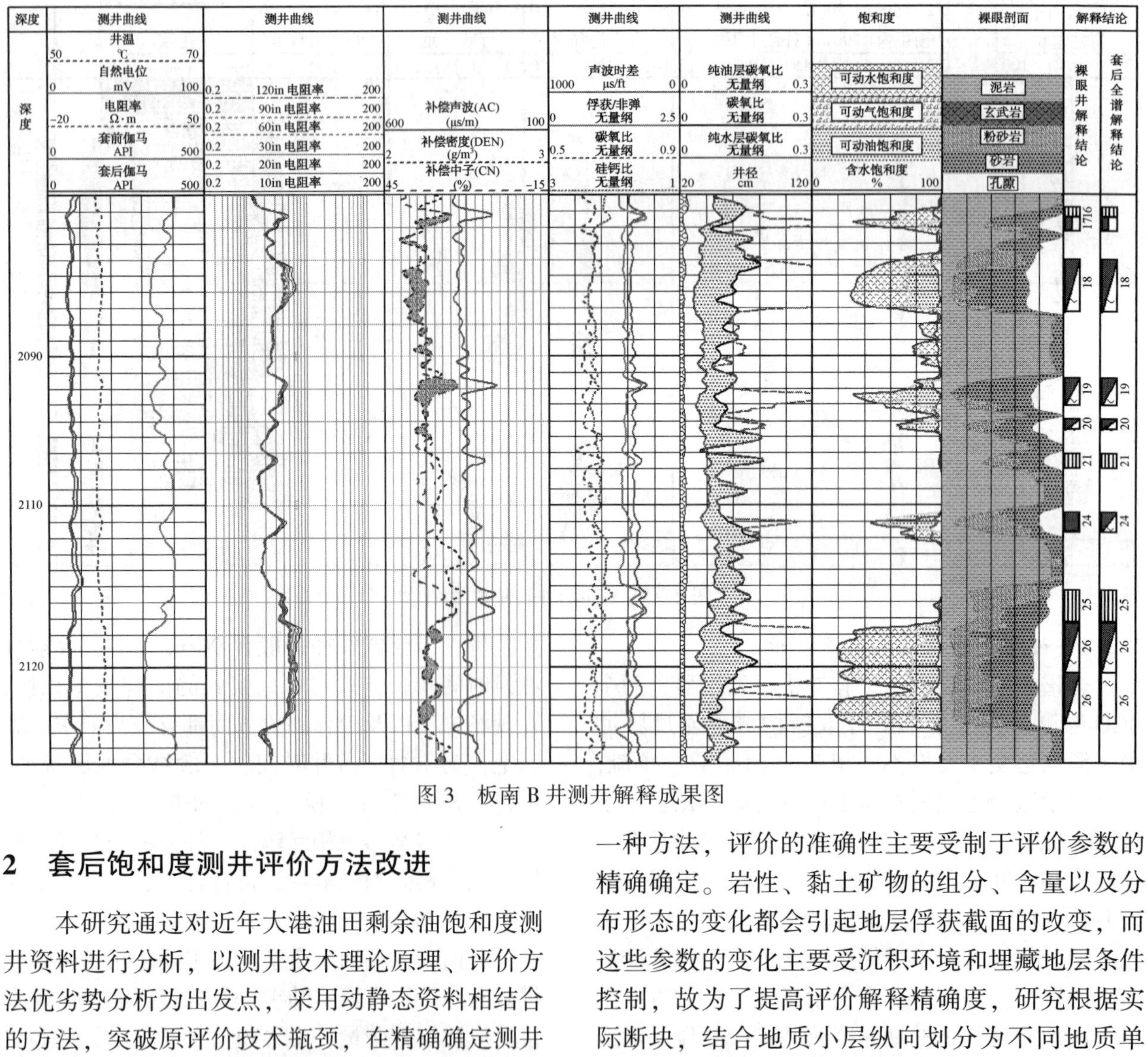

图 3　板南 B 井测井解释成果图

2　套后饱和度测井评价方法改进

本研究通过对近年大港油田剩余油饱和度测井资料进行分析，以测井技术理论原理、评价方法优劣势分析为出发点，采用动静态资料相结合的方法，突破原评价技术瓶颈，在精确确定测井解释参数的基础上，根据敏感参数建立地层流体评价交会图版，从定性分析和定量计算两方面分别对中子寿命类测井（PNN、PNN+）和全谱类测井技术（PSSL）的解释方法进行完善，形成了一套针对大港油田油藏特征的饱和度测井评价体系。

2.1　中子寿命类测井评价方法优化

中子寿命类测井技术定量分析是在建立地质模型、依据评价数据特征，地层各项指标数值的一种方法，评价的准确性主要受制于评价参数的精确确定。岩性、黏土矿物的组分、含量以及分布形态的变化都会引起地层俘获截面的改变，而这些参数的变化主要受沉积环境和埋藏地层条件控制，故为了提高评价解释精确度，研究根据实际断块，结合地质小层纵向划分为不同地质单元，采用标准层高斯分布的峰值来确定骨架宏观俘获截面进行评价。地层水俘获截面主要受地层中 B、Cl 等离子的影响，是地层水矿化度的函数。大港油田各油藏地层水属封闭性原生水，以 $CaCl_2$ 型和 $NaHCO_3$ 型占主导地位，实际处理时，结合区域水性分析资料，利用等效氯化钠矿化度可精确计算。原油的宏观俘获截面与地下条件的溶解气油比有关。溶解气油比越高，宏观俘获截面越小，反之越大。

以上参数的精细分析虽然可以提高中子寿命类饱和度定量计算准确度，但由于套后饱和度测井同时还受地学特征、井筒环境、固井水泥胶结程度以及工程条件、刻度工艺等复杂因素制约。故研究同时建立了基于区块油藏特征的裸眼测井补偿中子—套后岩层俘获截面指数的流体性质判别图版，以地质特征和测井响应变化规律分析为基础，弥补了仅以定量分析上较为片面的缺陷，提升了地质认识，多方位保障解释评价精确度。图 4 为利用完善后的测井方法评价风 A 井的 PNN 测井成果图。13-15#现计算地层含油饱和度较原计算增加 8.11%~19.98%，同时在裸眼孔隙度与岩层俘获截面指数的交会图版中，13-1、14、15、16#均落于典型油层区，13-2#落于油水同层区，可见优化后的评价方法分析结果与试油生产资料更加吻合。

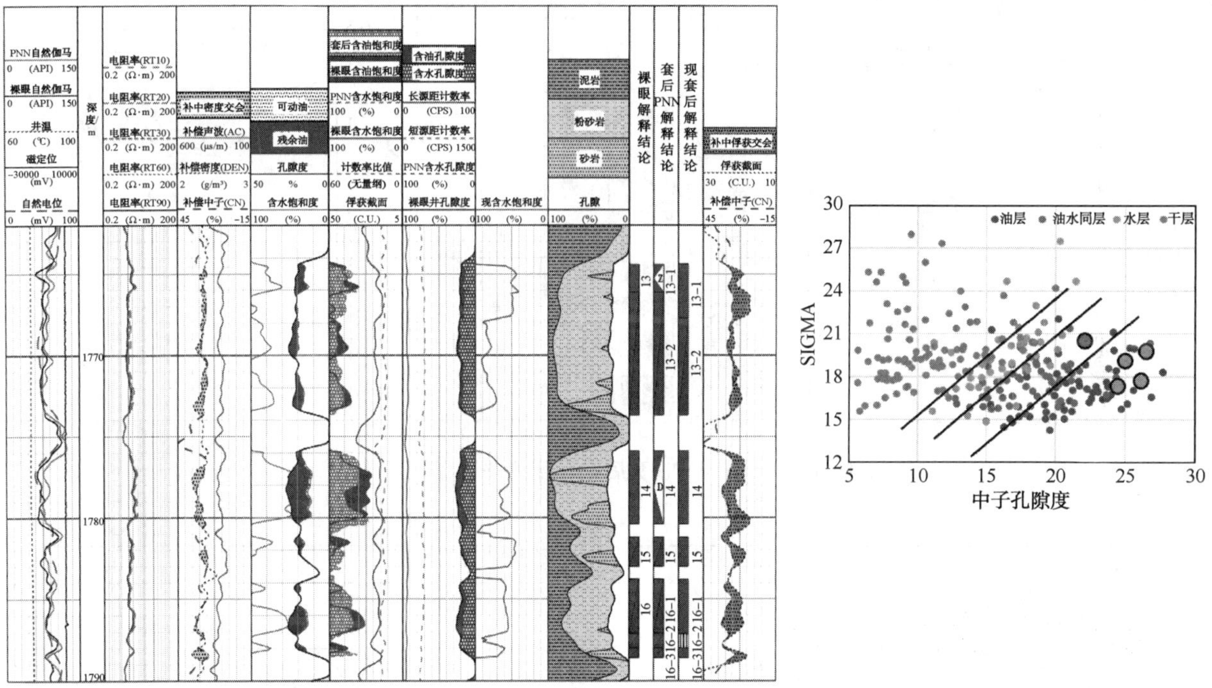

图 4　风 A 井测井重新评价成果图

针对 PNN+测井为了突出双模式测井的优势，研究在泥岩地层将孔隙度与俘获截面曲线进行重合，从而计算出砂岩地层的叠合面积，建立叠合面积与活化氧的交会图版来进行流体性质分析，多方位保障测井评价的准确性。图 5 为女 S 井 PNN+套后饱和度测井解释成果图。17#、18#裸眼井计算含油饱和度为 23.94%、23.80%，套后测井原评价含油饱和度为 21.50%、21.70%，变化较小，故评价油水同层。利用完善后的评价方法进行处理，17-1#、17-3#、18-1#含油饱和度约为 9.87%、12.32%、10.81%，活化氧与叠合面积指数的交会图版中均落于水层区，故评价为强水淹层。18-2#含油饱和度为 21.57%，位于活化氧与岩层俘获截面指数的交会图版中同层区，故评价为中水淹层。2023 年 3 月 22 日，补孔 17、18#与原射孔层合采，补孔前日产油 0.18t，日产水 24.97m^3，含水 99.3%，补孔后日产油 0.13t，水 31.21m^3，含水 99.6%，生产结果验证了优化后方法的适用性。

2.2　全谱类测井评价方法优化

依据碳氧比建立油水线计算含油饱和度的方法需结合区域统计规律确定分析参数，这种方法经验性较强，在不同区域上推广具有一定的局限性。产水率是预测储层含水级别的主要量化参数，大港油田前期基于相对渗透率实验，在微观孔隙结构参数分析条件下，对产水率关键参数束缚水饱和度、残余油饱和度进行了精细评价，从而构建了饱和度和产水率之间的关系，评价公式见式(3)~式(5)，实现了利用测井信息对储层的产液性质进行预判。本次研究采用区域试采资料反向刻度储层饱和度，刻度后的储层饱和度认为是套后测井时的即时地层饱和度。随后，横向分不同区域，纵向分不同地质单元建立即时储层饱和度和套后全谱测井原始曲线之间的相关性，分析敏感曲线(图 6)，建构建区域套后饱和度评价新模型，见式(7)。

$$F_W = \frac{1}{1+\frac{\mu W\times K_{ro}}{\mu o\times K_{rW}}} \quad (4)$$

根据 Prison 模型，

$$K_{rw} = \left(\frac{S_w - S_{wi}}{1-S_{wi}}\right)^m S_w^n \quad (5)$$

$$K_{ro} = \left(1-\frac{S_w - S_{wi}}{1-S_{wi}-S_{hr}}\right)^h \quad (6)$$

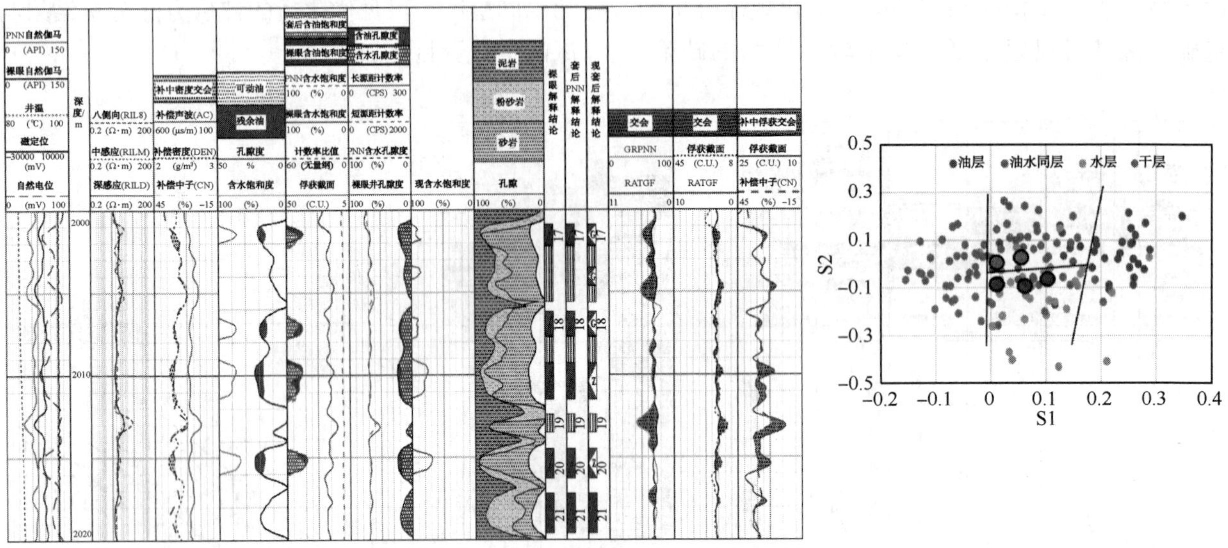

图 5　女 S 井 PNN+套后饱和度测井解释成果图

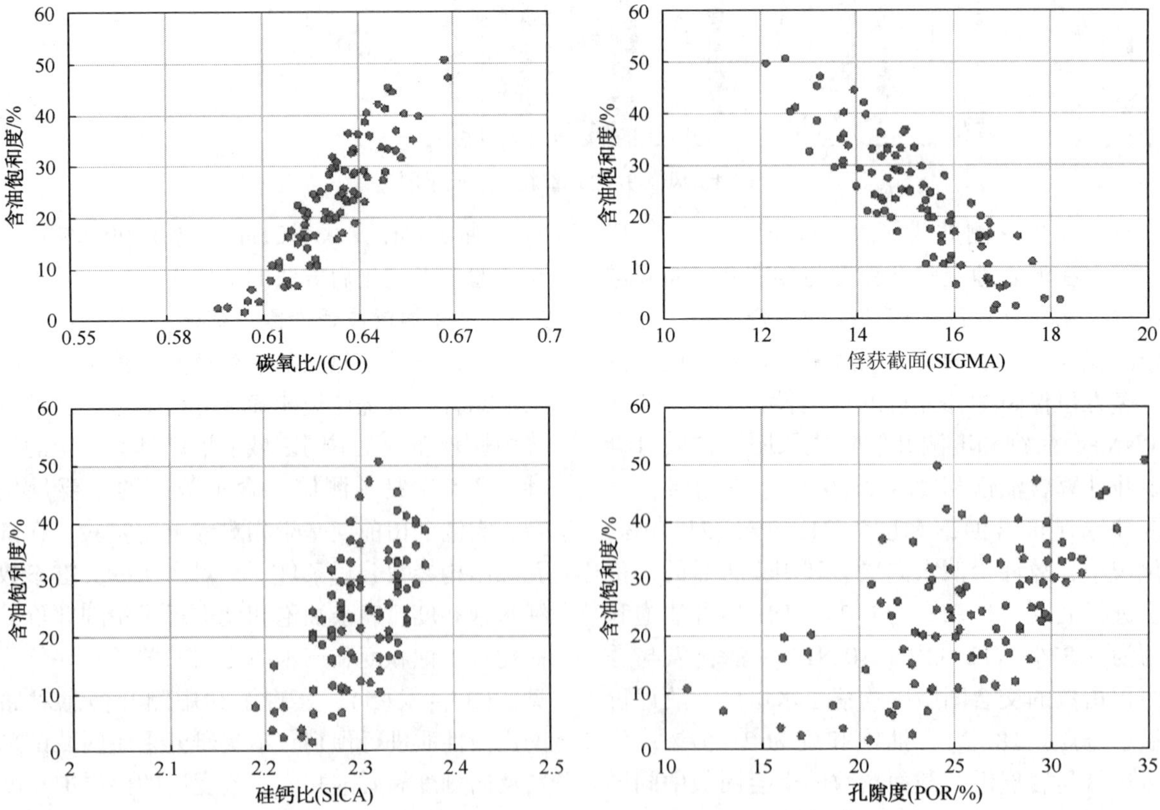

图 6　孔店构造带全谱测井含油饱和度敏感参数分析

$$S_w = 25.466 + 11.714 * Ratio + 3.639 * Sigma - 0.581 * \Phi - 3.238 * DGR \quad (7)$$

式中，Ratio 为全谱测井中长短源距计数率比值。DGR 为裸眼井自然伽马相对值，计算公式为：$DGR = \frac{GRmax - GR}{GRmax - GRmin}$，GRmax 为泥岩伽马测井值，GRmin 为纯砂岩储层测井值。

同时，建立不同地质单元地层宏观俘获截面—碳氧比曲线和孔隙度—碳氧比曲线的交会图版，配合定量分析为地层含油性的判断提供多方面的判别依据。图 7 为利用完善后的测井方法评价板南 B 井的测井成果图。由图可见，16-26#，原定量计算地层含油饱和度为 28.57%，现计算地层含油饱和度为 43.16%，增加 14.59%；地层俘获截面—补偿中子测井曲线在储层上叠合面积明显，且在碳氧比—俘获截面指数与孔隙度—碳氧比的交会图版中，26#落于典型油层区，其余层落于油水同层区，结合以上分析，故将 26# 结论提升为油层，评价结果与试油生产资料相吻合。

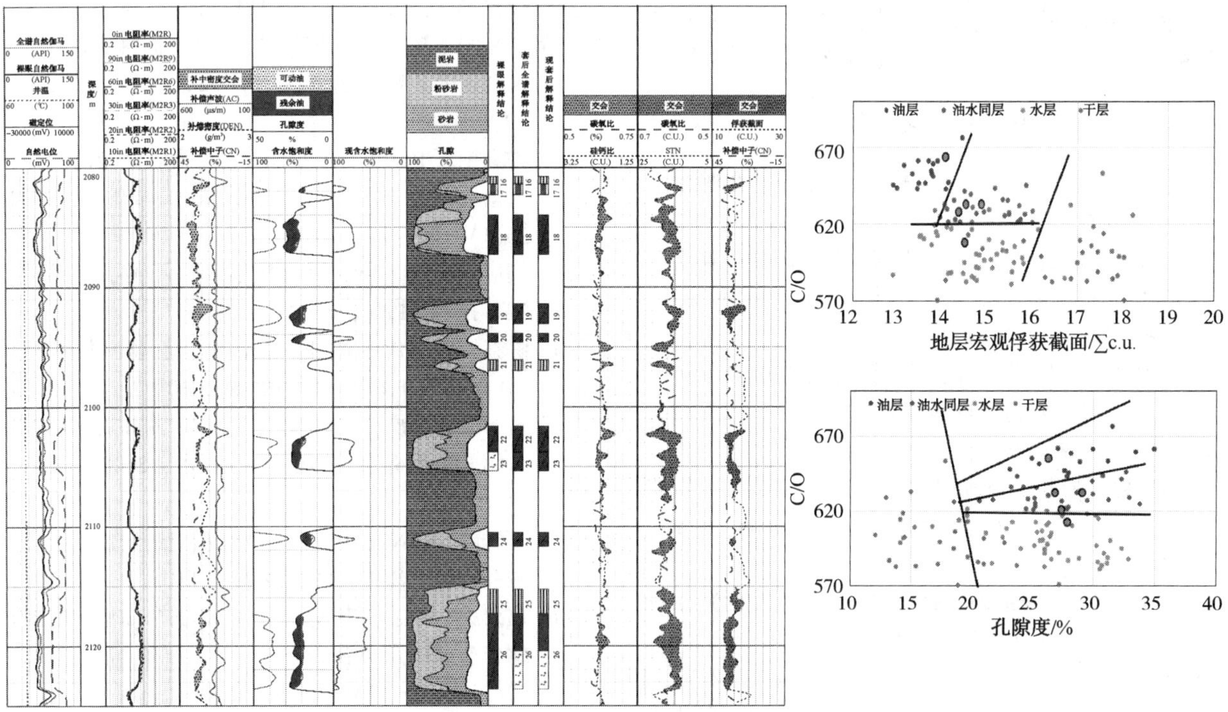

图 7　板南 B 井测井重新评价成果图

3　应用效果

及时将本研究成果转化为生产力，在大港油区范围内利用完善后的测井评价方法对 2022—2023 年 93 井次的套后饱和度测井资料进行重新评价，解释评价成果与投产结果的吻合程度有了明显提升，提高了油藏地质认识。据统计测井评价符合率从 74%提高到 82.7%，其中 PNN 测井原解释符合率为 73.2%，完善方法重新评价符合率为 85.4%。PNN + 测井原解释符合率为 78.1%，完善方法重新评价符合率为 81.8%。全谱测井原解释符合率为 73.6%，完善方法重新评价符合率为 81.1%。并对其中 14 井次的测井解释结论进行了升级，共提出了 42 层/153.2 米的潜力层，针对未认识的新层系、新圈闭、新砂体提出挖潜目标，对下步盘活老区资源发挥着重要作用。

4　结论

剩余油饱和度作为一种投资少、见效快寻找剩余油的手段已被广泛使用在许多老油田。大港油田以陆相沉积和复杂断块构造为基本特征，经过多轮的措施改造和效益挖潜，主力油田、主力含油层系均已进入双高开发时期，地下剩余油分布更加的分散和隐蔽。但由于缺乏地质模型实际生产状态参数实验标定等原因，目前的套后饱和度测井评价方法未能充分挖掘地质信息，针对复杂岩性等储层流体识别能力不强，遏制了目标油田建产。

本研究紧扣油田生产难题开展针对性的精细评价方法研究，对近年 93 井次的剩余油饱和度测井资料进行分析，在测井技术原理、优势以及局限性研究的基础上，通过动静态结合，突破原评价技术局限性，分别对 PNN、PNN+、PSSL 三种不同饱和度测井评价方法进行完善，形成了一套针对大港油田油藏特征的剩余油饱和度测井评价方法，不仅明显提升了解释评价符合率，同时将研究成果转化为生产力，开展区块精细老井潜力再评价，提出一批潜力井、潜力层，对带动老油田效益增产增储有着重要意义。

参　考　文　献

[1] 熊廷柱，刘森，刘俊霞，等. 注硼中子寿命测井的应用研究[J]. 断块油气田，2002，9(3)：80-83.

[2] 宋长伟，李刚，郭志强. 用硼中子寿命测井确定低渗透砂岩储集层剩余油饱和度[J]. 测井技术，1999，23(3)：176-179.

[3] 张国杰，张崇军，赵国瑞，等. 过套管电阻率测井在京 11 断块水淹层评价中的应用[J]. 测井技术，2008，32(5)：451-454.

[4] 袁秀婷，张书经. PND 测井在塔河油田碳酸盐岩储层中的应用[J]. 中国西部油气地质，2006，2(1)：114-118.

[5] 张予生. 一种新的确定储层剩余油饱和度的测井技术：PNN 测井仪器及其应用[J]. 石油仪器，2005，19(3)：27-31.

[6] 薛素丽，诸葛月英，闫爱华，等. 热中子成像(TNIS)测井在低矿化度储层中适用性研究[J]. 测井技术，2016，40(3)：364-370.

[7] 张予生，李康，刘春辉. 热中子成像测井技术在吐哈油田的应用[J]. 测井技术，2015，39(5)：652-655.

[8] 熊葵，杨晓东，陈菲，等. 华北油田套后饱和度测井技术优选[J]. 测井技术，2021，45(3)：260-266.

[9] 朱学娟，单沙沙，殷梓原，等. PNN 测井清污混注水淹层剩余油饱和度计算方法[J]. 物探与化探，2021，45(3)：679-685.

[10] 卢玉晓，谭茂金，庞栋铠，等. 基于 PNN 测井技术的复杂储层流体识别与饱和度计算[J]. 石油物探，2011，50(3)：310-314.

[11] 孟宪涛，夏竹君，庄玮，等. PNN 资料计算剩余油饱和度的参数优选方法[J]. 石油仪器，2013，27(3)：49-51.

[12] 许春艳，申永华，朱小丽，等. 碳氧比能谱测井在大港油田的应用[J]. 天然气勘探与开发，2007，30(1)：45-47.

[13] 刘应，汪戈壁. 低矿化度地层硼中子寿命测井[J]. 测井技术，1998，22(2)：137-141.

[14] 陈猛. 基于 PNN 测井剩余油饱和度监测技术研究[D]. 荆州：长江大学，2009. [10]

[15] 黄志浩，李疾，王林根，等. PNN 测井资料处理及应用效果分析[J]. 国外测井技术，2008，23(3)：24-27.

[16] 赵秀峰. PNN 测井在肯基亚克油田适用性分析[J]. 测井技术，2017，41(5)：606-610.

[17] 赵建鹏，陈惠，李宁，等. PNN 剩余油饱和度测井解释参数确定方法及应用[J]. 石油物探，2023，62(5)：999-1006.

基于微地震监测成果的低渗透储层压裂优化设计技术研究

白志强　彭博扬　李　鑫　胡　硕

（大庆有限责任公司）

摘　要　X 地区 F 油层属于低孔-特低渗透储层，压裂完井是储层具备产能必要条件。但由于储层油水分布复杂、非均质性较强、层间应力差异性大等因素影响，单一考虑储层厚度开展的压裂方案设计实施效果不理想，造成各层压裂造缝存在较大差异，难以保证单层压后产出效果。因此，本文充分挖掘已实施压裂井的施工曲线，结合储层“四性”特征、取心井岩石力学特征分析、微地震裂缝监测结果，开展了裂缝发育规模与储层地质特征之间相关性研究。研究结果表明：储层破裂压力呈现“双峰”态分布特征，按其大小可分为两类，即低破裂压力（≤40MPa）储层及高破裂压力储层（>40MPa）。不同类型储层地质特征存在较大差异，低破裂压力储层以河道砂体为主、有效层厚（h>1m）、物性及含油性好（Φ>16%、K>2mD、层理缝较发育、油浸为主）、电测曲线无齿化，岩石力学参数以为表征，常规压裂条件下，压裂缝长与加砂强度之间存在较好正相关关系，可以通过提高加砂强度实现较好压裂造缝效果。高破裂压力储层以溢岸砂体为主、有效层薄（h>1m）、物性及含油性差（Φ<15%、K<2mD、微裂缝不发育、油斑、油迹为主）、电测曲线齿化明显，常规压裂条件下，压裂缝长与加砂强度无相关性，无法通过提高加砂强度来实现较好压裂造缝，需要进一步优化压裂工艺设计，以达到有效改造的效果。

关键词　储层特征；微地震监测；破裂压力；加砂强度；优化设计

F 油层是松辽盆地下部重要含油组合，主要为河流-三角洲沉积体系，受沉积环境、构造演化等因素的影响，不同地质背景下形成储层特征存在较大的差异。即存在常规储层、低渗透储层，又存在致密非常规储层。X 地区 F 油层平均孔隙度 14.9%、渗透率 4.06mD，属于低渗透储层。X 地区 F 油层开发实践表明，通过压裂完井可以实现有效注水开发。但压裂完井过程中，由于成缝形态及特点认识不清，采用全油层单一考量储层厚度压裂设计方法，导致了局部井组存注水不见效或过早水淹情况。因此，为了提高 F 油层压裂方案设计可靠性和准确性，本文以储层地质特征、取心井岩石力学参数、压裂施工曲线、微地震监测结果为基础资料，分析不同地质特点储层压裂成缝响应特征，并利用不同破裂压力储层加砂强度与压裂缝之间的关系，建立了 X 地区常规压裂条件下 F 油层低破裂压力储层的优化设计模型，实现了研究区现场快速压裂设计决策，指导压裂设计方案，具有较好应用效果。

1　研究区地质及微地震监测概况

W 块 F 为 X 地区第一个工业化开发区块，位于 D 长垣 XS 构造轴部 A 含油区，目的层为 FI 组、FII 组，共有钻井 42 口，其中注水井 19 口、采油井 23 口，储层有效厚度分布在 1.7～12.7m，平均 7.18m，主要发育石英长石细砂岩、粉砂岩。油藏主要受构造、储层岩性、物性等因素影响，为构造-岩性油藏，油藏埋藏深度-1400m。根据取心资料统计，该井区储层孔隙度为 10.3%～20.6%，平均值为 14.9%，渗透率一般为 0.3～30.5mD，平均值为 2.26mD，储层致密、物性差，属于中孔低渗透储层。

微地震监测技术是评价压裂工程造缝效果的有效手段，特别是在非常规压裂改造中应用相对较为广范。根据监测检波器位置可以分为地面监测和井中监测 2 种方式，其中，井中微地震监测是在压裂井有效范围内（一般 800m 以内）选取 1 口以上监测井压裂层深度放置三分量检波器，接受压裂破裂信号，通过反演定位确定破裂发生时间及空间位置等信息，本次监测选用该方式监测。为了裂缝解释精度，进一步扩大监测视角，杏四-五区南块微地震监测目的 4 口，每口选取 3 口监测井，监测井范围 200～700m（图 1），压裂实施井加砂 40～62m^3、加液 275～400m^3

(表 1)。监测井内放置 12 级检波器、级间距为 10m 的三分量检波器、检波器采样间隔 0.25ms。

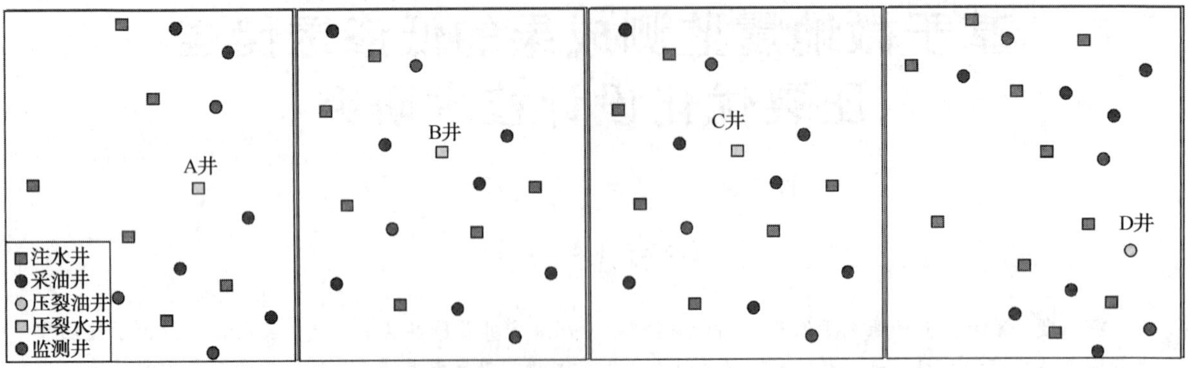

图 1　压裂井及监测井分布图

表 1　微地震监测监测目的井基本情况表

井号	砂岩/m	有效/m	加砂/m^3	加液/m^3	压裂段数/段	微地震监测/段
A	33.2	10.4	58	360	8	1
B	21.4	8.0	62	400	8	3
C	27.2	5.9	40	275	5	4
D	34.9	6.7	44	300	6	4

2　压裂造缝效果评价

2.1 微地震监测情况

W 块 4 口监测井共监测 12 段、定位 119 个地震事件。A 井进行监测 1 段，共计 10 个事件点。微地震事件沿射孔簇向井轨迹两侧延伸，形成压裂缝形态，主缝方向近似一致，裂缝形态清晰，左翼微地震事件较多且存在零星离散地震事件，监测裂缝网格长度 62.0m、网格宽度 9.0m、网格高度 7.0m；从沉积相上看，该层段发育席状砂，储层较薄、砂体规模较小，呈条带形延南北向展布，监测结果显示裂缝延展范围较小，右侧裂缝未能突破砂体边界与右侧河道沟通。A 井微地震监测结果及沉积相带图如图 2 所示。

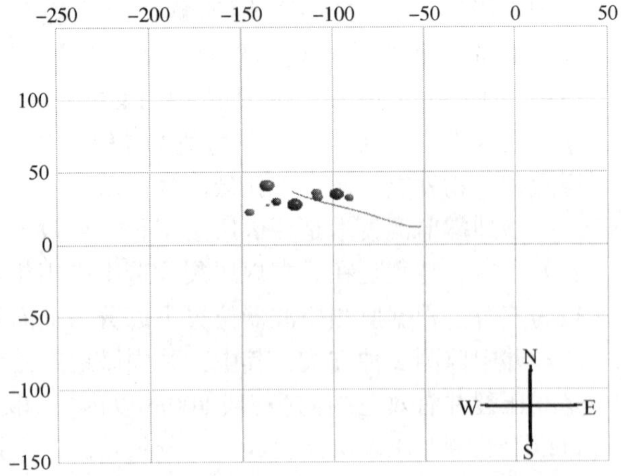

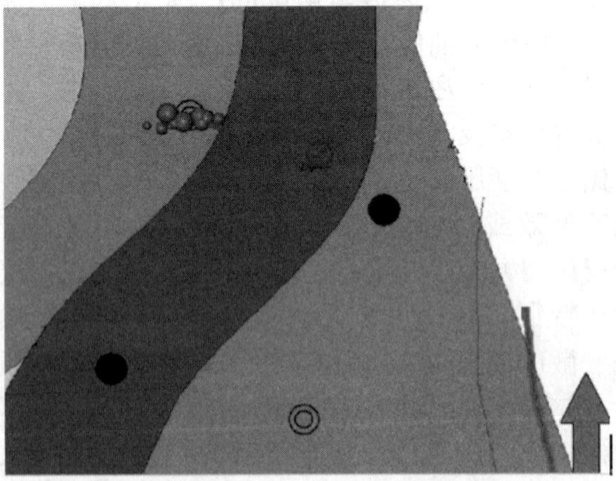

图 2　A 井微地震监测结果及沉积相带图

B 井进行监测 3 段，微地震事件沿射孔簇向井轨迹两侧延伸，形成压裂缝形态。其中第一段共有 15 个微地震事件，显示裂缝形态清晰，两翼发育对称且规模相对较大，监测裂缝网格长度 125.0m、网格宽度 29.0m、网格高度 18.0m；该层段发育席状砂，砂体呈块状分布，范围较小，监测结果显示裂缝在砂体范围内展布，未突破砂体边界沟通河道储层(图 3)。第二段共有 20 个微地震事件，显示裂缝形态清晰，右翼微地震事件分布零散、裂缝规模较小，监测裂缝网格长度120.0m、网格宽度21.0m、网格高度18.0m；该层段发育席状砂连片沉积及非主体条带形沉积，砂体边界距井筒距离较近，监测结果显示裂缝在砂体范围内展布，未突破砂体边界沟通河道储层(图4)。第三段共有13个微地震事件，显示裂缝形态清晰，左翼延展较好，监测裂缝网格长度150m、网格宽度14.0m、网格高度17.0m；该层段发育席状砂，砂体发育连片，但河道砂体边界距井筒较近，监测结果显示裂缝穿过砂体边界后继续延展，有效沟通河道储层，扩大储层改造范围(图5)。

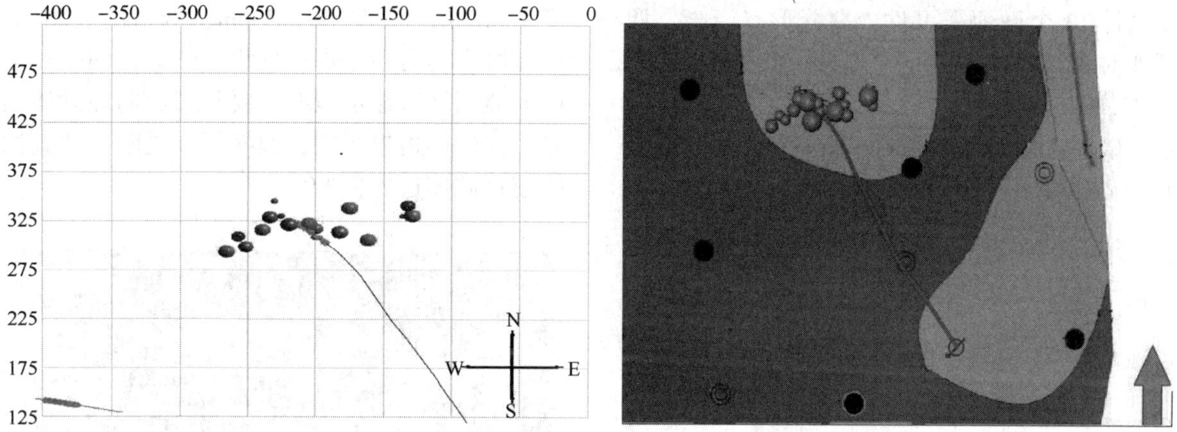

图3　B井第一段微地震监测结果及沉积相带图

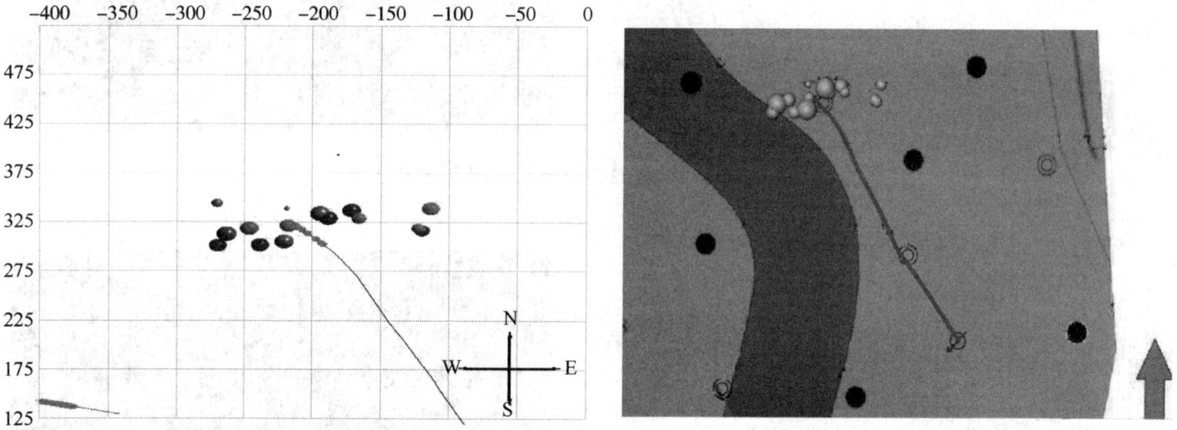

图4　B井第二段微地震监测结果及沉积相带图

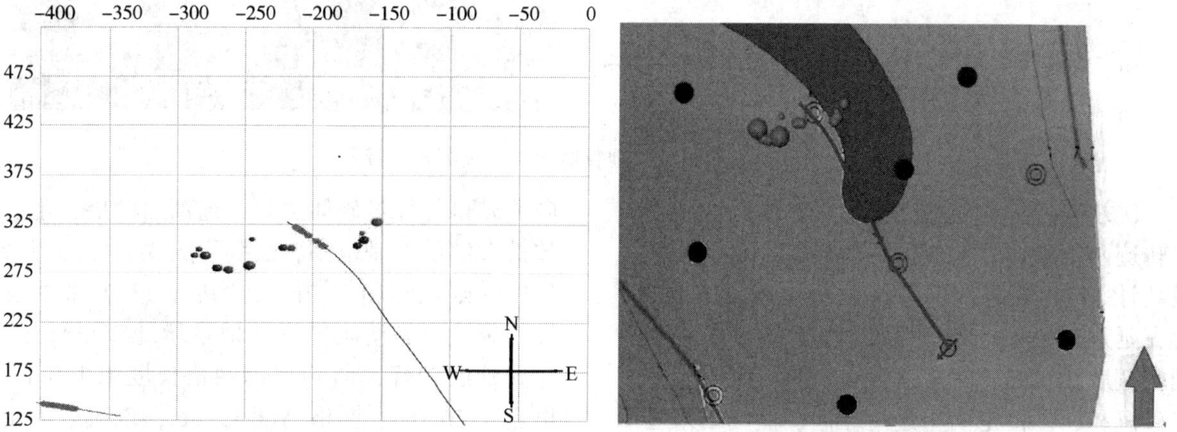

图5　B井第三段微地震监测结果及沉积相带图

C 井进行监测 4 段，微地震事件沿射孔簇向井轨迹两侧延伸，形成压裂缝形态。其中，第一段共计 15 个微地震事件，裂缝形态清晰，左翼微地震事件较多且存在零星离散现象，监测裂缝网格长度 162.0m、网格宽度 30.0m、网格高度 17.0m；该层段为河道砂连片沉积，储层发育较好，砂体范围较大，监测结果显示裂缝主要在河道内展布，裂缝形态清晰，延展较好(图 6)。第二段共计 13 个微地震事件，裂缝形态清晰，两翼延展对称，监测裂缝网格长度 141.0m、网格宽度 25.0m、网格高度 13.0m；本层段为河道砂沉积，砂体走向呈近东西向，监测结果显示裂缝主要延砂体呈东西向展布，裂缝延展较好(图 7)。第三段共计 14 个微地震事件，裂缝形态清晰，右翼微地震事件较多，监测裂缝网格长度 173.0m、网格宽度 27.0m、网格高度 14.0m；该层段为河道砂条带形沉积，砂体走向呈近南北向，监测结果显示裂缝主要延东西向在砂体内展布，受砂体边界影响，裂缝右翼延展受限(图 8)。第四段共计 13 个微地震事件，裂缝形态清晰，右翼微地震事件较多，监测裂缝网格长度 136.0m、网格宽度 27.0m、网格高度 15.0m；该层段为河道砂条带形沉积，砂体走向呈近南北向，监测结果显示裂缝主要延东西向在砂体内展布，受砂体边界影响，裂缝延展受限，两翼均未能超过砂体边界(图 9)。

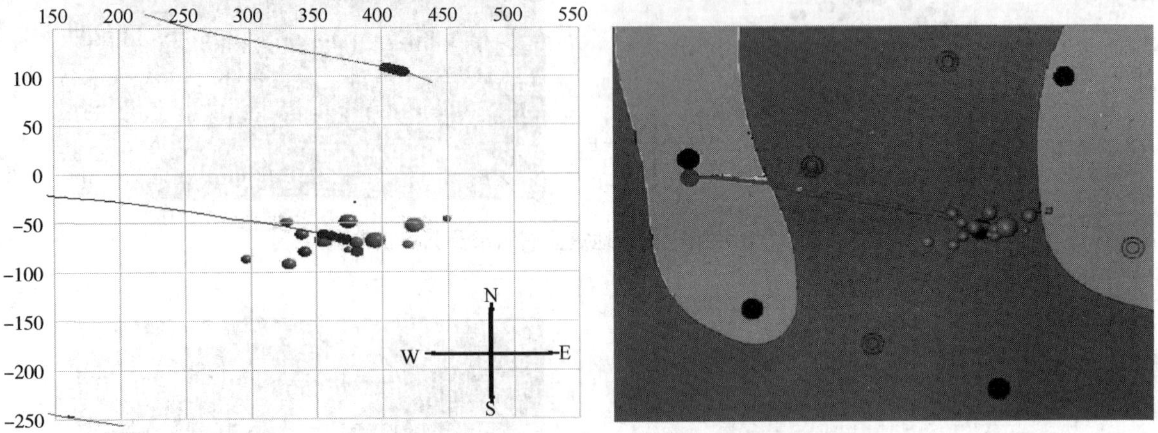

图 6　C 井第一段微地震监测结果及沉积相带图

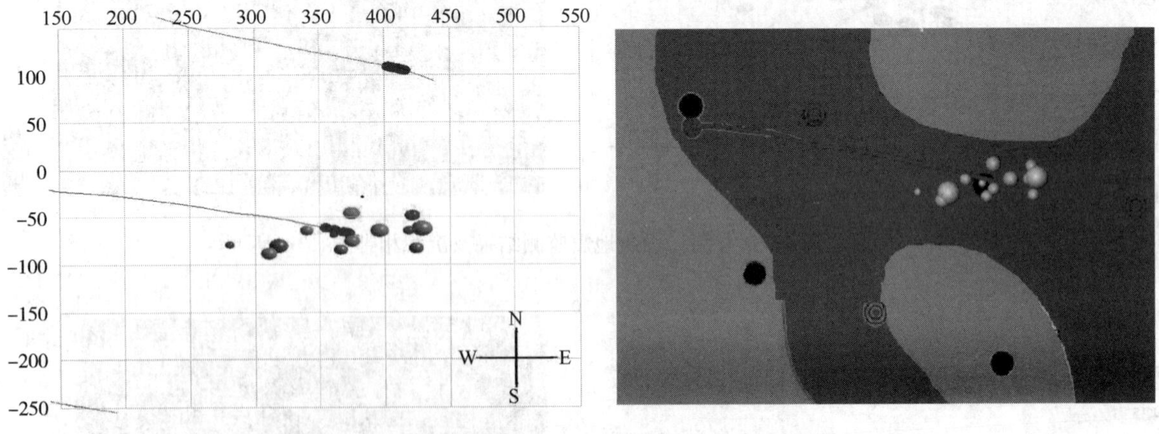

图 7　C 井第二段微地震监测结果及沉积相带图

D 井进行监测 4 段，微地震事件沿射孔簇向井轨迹两侧延伸，形成压裂缝形态。其中，第一段共计 14 个微地震事件，显示裂缝形态清晰，两翼延展较对称，监测裂缝网格长度 153.0m、网格宽度 21.0m、网格高度 20.0m；该层段为席状砂沉积，砂体走向呈近南北向，监测结果显示裂缝主要延东西向在砂体内展布，裂缝左翼部分微地震事件穿过砂体边界沟通河道储层，能够有效扩大储层控制范围，裂缝右翼受砂体边界影响延展受限(图 10)。第二段共计 13 个微地震事件，裂缝形态清晰，近井地带微地震事件较多，左翼延展较好，监测裂缝网格长度 151.0m、网格宽度 20.0m、网格高度 19.0m；该层段为主体河道砂沉积，砂体走向呈近南北向，监测结果显示裂缝主要延东西向在砂体内展布，砂体规模发育较大，裂缝延展较好(图 11)。第三段共计 11 个微地震事件，裂缝形态清晰，两翼延展较对称，监测裂缝网格长度 139.0m、网格宽度 14.0m、网格高度 9.0m；该层段为非主体砂沉积，砂体走向呈近南北向，监测结果显示裂缝主要延东西向在砂体内展布，左翼裂缝穿过砂体边界向泥岩内继续延展，分析认为砂体发育范围应有一定变化，左侧砂体范围应当比预测结果大(图 12)；第四段共计 15 个微地震事件点，显示裂缝形态清晰，两翼延展较对称，监测裂缝网格长度 162.0m、网格宽度 15.0m、网格高度 15.0m;；该层段为河道砂沉积，砂体走向呈近东西向，监测结果显示裂缝主要延东西向在砂体内展布，裂缝延展范围较大(图 13)。

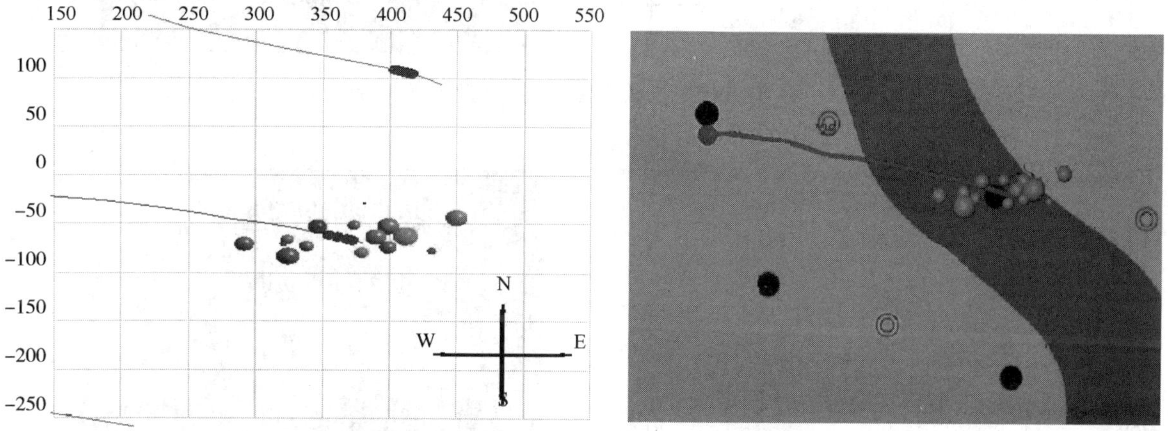

图 8　C 井第三段微地震监测结果及沉积相带图

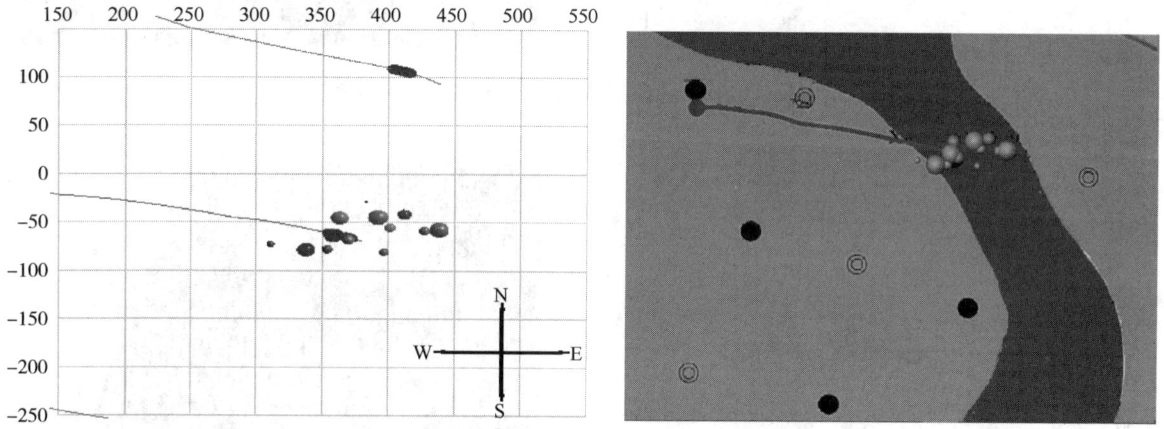

图 9　C 井第四段微地震监测结果及沉积相带图

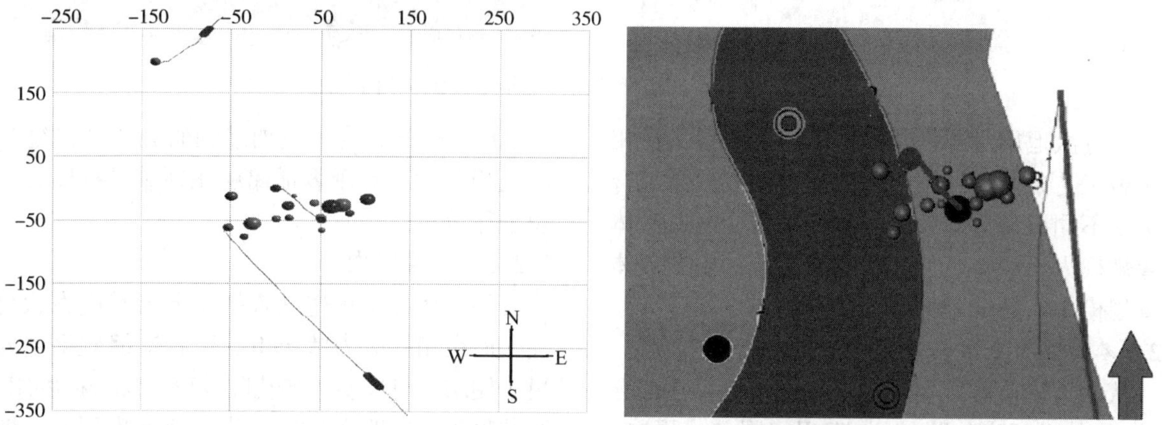

图 10　D 井第一段微地震监测结果及沉积相带图

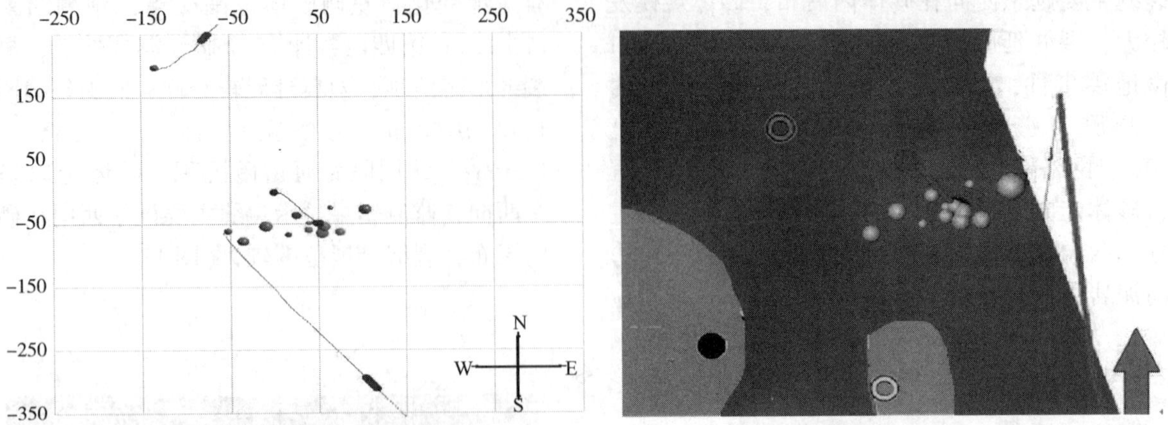

图 11　D 井第二段微地震监测结果及沉积相带图

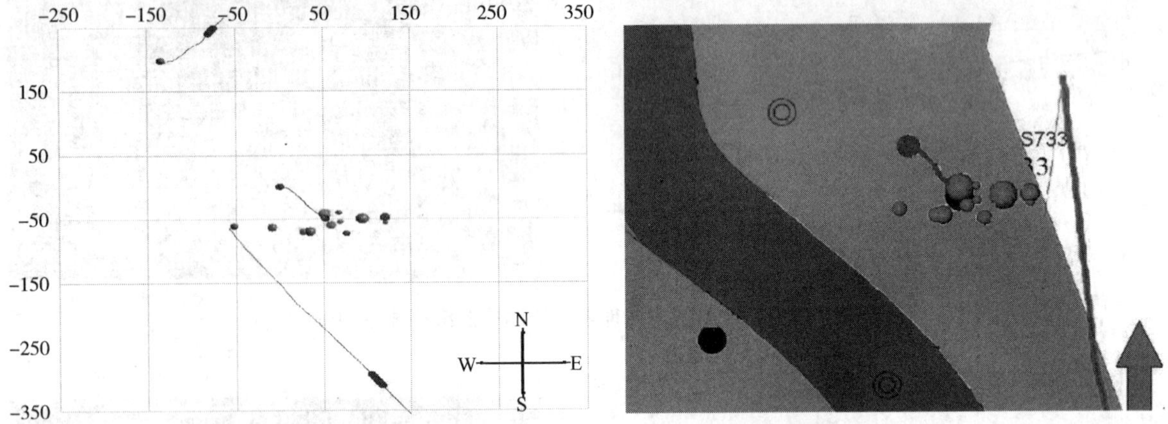

图 12　D 井第三段微地震监测结果及沉积相带图

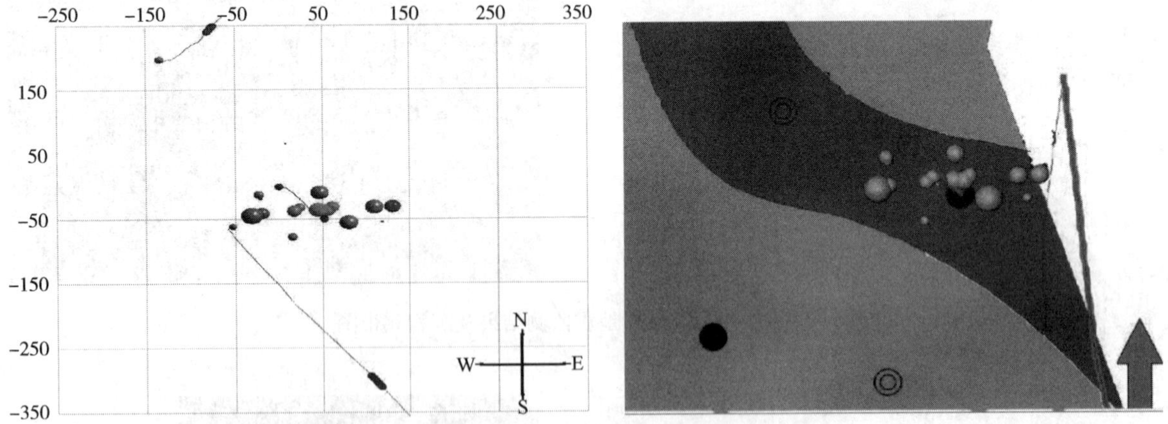

图 13　D 井第四段微地震监测结果及沉积相带图

通过微地震对 4 口井的监测结果来看，在相同压裂工艺条件下，不同的砂体类型或砂体组合显示了不同压裂造缝效果，总体来看，河道砂体发育规模大，裂缝延伸长、造缝复杂；溢岸砂体发育规模小，裂缝延伸短、造缝简单。

2.2　不同压裂效果储层分类

从微地震监测压裂缝成果来看，仍存在部分河道砂体造缝效果较差情况（图 2、图 5、图 10），因此，为了更加准确研究压裂造缝与储层之相关性，对于表征储层压裂难易程度破裂压裂进行分析。

2.2.1　破裂压力

储层压裂工程造缝效果主要与其应力状况有关，而在相同应力状况下，工程造缝效果主要取决于储层自身性质，如孔隙发育状况、矿物组成、胶结物等。X 地区 F 油层为一套开发层系，埋深及构造演化基本相似，不同单层之间压裂造缝差异性主要取决于储层自身发育特点，而其直观响应为储层被压开时临界压力—即破裂压裂。破裂压力是指地层产生水力裂缝时的井底流体压力，是岩石弹性性质、孔隙压力、天然裂缝的发育情况综合反应，是评价储层压裂难易程度的指标。

2.2.2　不同破压储层的地质特点

统计投产区块 175 个压裂层段的破裂压力分布情况(图 14)，结果表明：破裂压力主要分布在 25~45MPa 之间，具有明显的“双峰态”分布，以 30~40MPa、40~50MPa 井数居多。

在 F 储层相同压力系统、沉积背景条件下，对不同破裂压力储层特点进行了分析对比，搞清了不同破裂压力静态差异特点(图 15)。

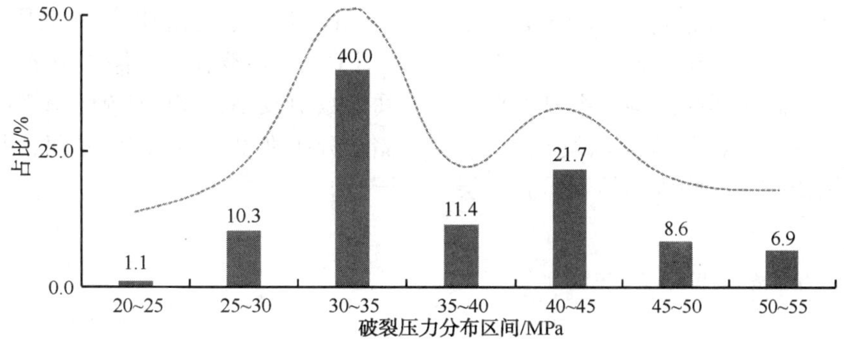

图 14　破裂压力分区统计占比分布图

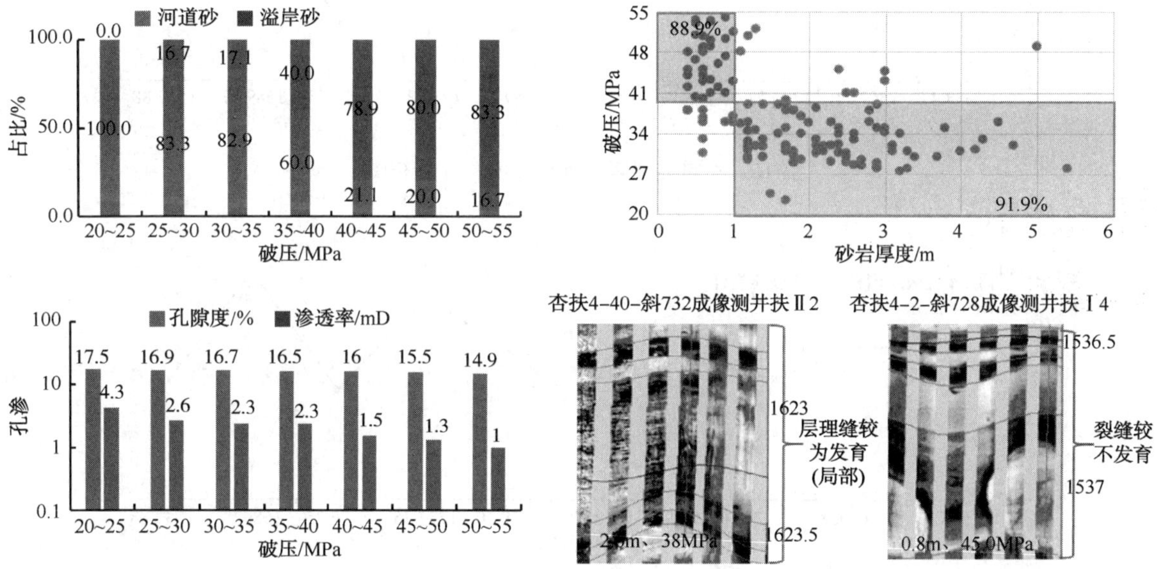

图 15　不同破压储层静态特点

一是沉积相特点，高破压(40~50MPa)储层主要发育溢岸砂沉积，低破压(30~40MPa)储层主要发育河道砂沉积；

二是砂岩厚度特点，高破压(40~50MPa)储层发育厚度以 1.0m 以上砂岩为主(占比达 91.9%)，低破压(30~40MPa)储层以 1.0m 以下储层为主(占比达 88.9%)；

三是孔渗特点，高破压(40~50MPa)储层孔隙度大于 16%、渗透率大于 2mD，低破压(30~40MPa)储层孔隙度一般小于 16%、孔隙度小于 2mD；

四裂缝发育特点，高破压(40~50MPa)储层平行层理、斜层理较为发育，低破压(30~40MPa)储层层理不发育。

为了能够直观评价不同储层的类型，考虑宏观角度应用，对于不同破压储层测井曲线(组合)特征进行了分析，主要具有以下特点：

破压小于 40MPa：有效厚度大于 1m，微电极幅度差大(1.5Ω·m 以上)，无齿化现象，密度一般小于 2.3g/cm^3，底部伴有或无高阻层破压大于 40MPa：有效厚度小于 1m，微电极幅度差小(1.5Ω·m 以下)，齿化明显，密度一般大于 2.4g/cm³，上下伴生较厚高阻层

2.2.3　不同破压储层岩石力学特点

为进一步分析不同破裂压力储层造缝差异性原因，通过取心井开展了不同储层岩石力学参数测试。测试结果表明，F 油层储层抗拉强度分布在 2.25~7.75MPa(图 16)，平均值为 4.74MPa。其中，高破压储层分布在在 6.29~7.75MPa 之间；低破压储层抗拉强度在 2.25~4.88MPa 之间。高破压储层抗拉强度高于低破压储层。进一步分析成因来看，低破压样品的构造主要以平行层理、交错层理为主，高破压样品以块状为主。低破压储层层理构造存在沉积成因的薄弱面，层理面显著减弱岩石抵抗外力作用的能力，即降低岩石的抗拉强度。表明低破压储层更容易发生径向断裂。

F 油层杨氏模量介于 10~30GPa，平均 15GPa(图 17)。其中，高破压储层杨氏模量较高，主要分布在 16.1~30.0GPa，储层破裂后维持裂缝的能力强，易形成复杂裂缝；低破压储层杨氏模量分布在 14.5~19.6GPa，不易形成复杂裂缝，压裂后造缝单一。

F 储层的泊松比主要范围在 0~0.5 之间(图 18)，高破裂压力储层分布在 0.17~0.28 之间，数值较小，储层较硬，不容易压开；低破力储层分布在 0.23~0.29 之间，数值较大，较易压开。

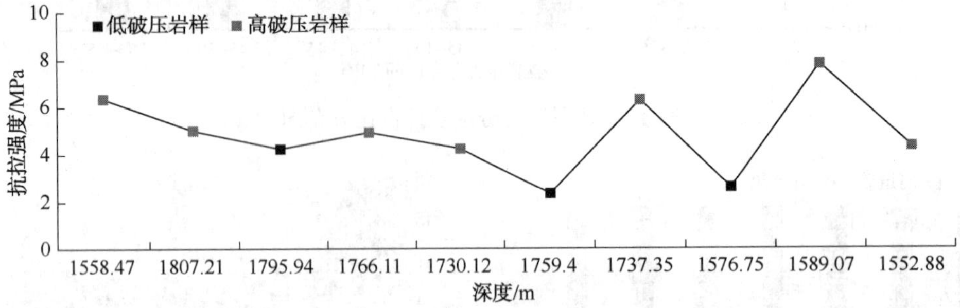

图 16　不同类型储层抗拉强度统计分布图

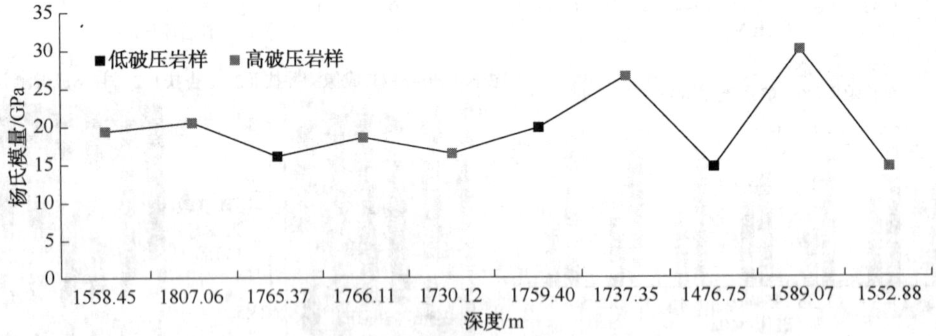

图 17　不同类型储层杨氏模量统计分布图

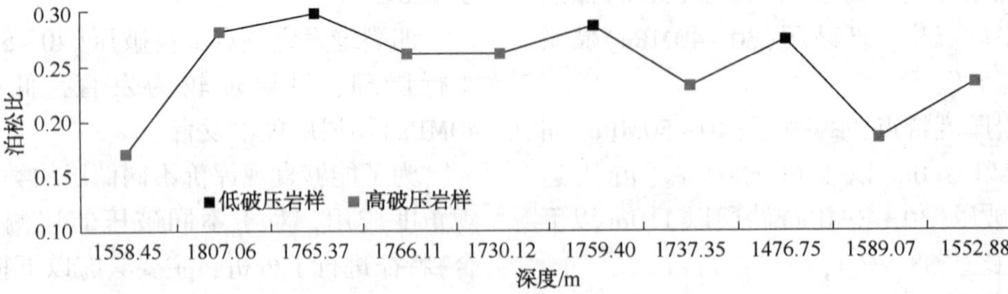

图 18　不同类型储层泊松比统计分布图

2.3　不同破压储层压裂模型分析

根据微地震监测结果，统计不同破压储层加砂强度与缝长之间的关系，结果表明，不同破压储层加砂强度与缝长之间存在较大的差异性(图19)：

破压小于 40MPa 储层加砂强度与缝长呈现正相关：缝长＝9.4×加砂强度+108.2

破压大于 40MPa 储层加砂强度与缝长呈现负相关：缝长＝-5.5×加砂强度+151.7

通过相关性分析来看，低破压储层加砂强度与造缝长度之间具有较好相关性，相关系数较高；高破压储层加砂强度与造缝长度之间相关性差。同时，结果也表明：普通压裂条件下，低破压储层可以通过提高加砂量实现压裂缝造缝增长，高破压无法通过提高少量来实现压裂缝增长。

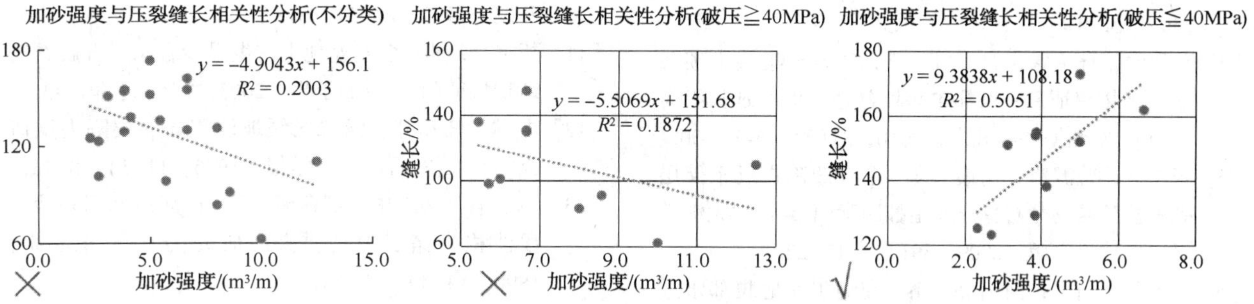

图19　不同破压储层加砂规模与裂缝长度相关性

3　压裂优化设计

通过以上研究，可为油井评价压裂效果、优化压裂方案提供便捷指导。以 M 块 F 井为例，初期按照半缝长 120m 设计，理论加砂 93m³；按照测井曲线各段储层分类及统计缝长与加砂强度之间相关关系，优化后全井累计加砂 125m³，可有效保障各层压裂成缝效果 F 井优化加砂情况对比表见表2。

表2　F 井优化加砂情况对比表

层段	层号	砂岩/m	有效/m	电测解	储层	理论计算/m³	初步设计/m³	根据微地震结果设计加砂/m³
1	F1	1.9	1.7	油水层	高破压	18.7	19	32
2	F2	0.6	0.6	差油层	高破压	11.5	12	10
3	F3	0.4	0.4	差油层	高破压	16.6	17	7
4	F4	1.5	1.3	差油层	低破压	7.2	7	25
5	F5	2.3	1.2	油水层	低破压	15.8	16	30
6	F6	0.4	0.4	差油层	高破压	11.5	12	7
7	F7	0.9	0.8	油水层	高破压	10.1	10	14
合计		8	6.4	/	/	91.44	93	125

4　结论

(1) 压裂结果显示，F 油层储层破裂压力主要分布在 25-45MPa 之间，以 30-40MPa、40-50MPa 井数居多，呈现明显的“双峰态”分布；

(2) 不同破压储层发育静态特点不同，40MPa 以下储层以河道砂沉积为主，砂岩发育厚、孔渗条件好、层理缝及裂缝较为发育，岩石力学参数表现为高泊松比、低杨氏模量、抗拉强度，储层较易压开；40MPa 以上储层反之，难以压开；

(3) 普通压裂条件下，低破压(40MPa 以下)储层的加砂强度与缝长具有较好相关性，可以通过提高单井加砂量实现造缝长度增加；高破压(40MPa 以上)储层的加砂强度与缝长相关性较差，单纯依靠提高单井加砂量实现造缝长度增加难度较大，容易形成大量无效支撑。

参 考 文 献

[1] 张立强，罗晓容. 准噶尔盆地高压带碳酸盐胶结层的分布及特征[J]. 石油实验地质，2011，33(4)：388-391.
[2] 姜秀芳. 济阳坳陷湖相碳酸盐岩沉积主控因素[J]. 油气地质与采收率，2011，18(6)：23-27.
[3] 张敏强，黄思静，吴志轩，等. 东海盆地丽水凹陷古近系储层砂岩中碳酸盐胶结物及形成机制[J]. 成都理工大学学报：自然科学版，2007，34(3)：259-265.
[4] 孙致学，孙治雷，鲁洪江，等. 砂岩储集层中碳酸盐胶结物特征——以鄂尔多斯盆地中南部延长组为例[J]. 石油勘探与开发，2010，37(5)：543-550.
[5] 张永旺，曾溅辉，高霞，等. 东营凹陷古近系储层碳酸盐胶结物分布特征及主控因素[J]. 吉林大学学报：地球科学版，2009，39(1)：17-22.
[6] 王芙蓉，何生，何治亮，等. 准噶尔盆地腹部永进地区砂岩储层中碳酸盐胶结物特征及其成因意义[J]. 岩石矿物学杂志，2009，28(2)：169-178.
[7] 王清斌，臧春艳，赖维成，等. 渤中坳陷古近系中、深部碎屑岩储层碳酸盐胶结物分布特征及成因机制[J]. 石油与天然气地质，2009，30(4)：438-442.
[8] 刘丽红，黄思静，王春连，等. 碳酸盐岩中方解石胶结物的阴极发光环带与微量元素构成的关系——以塔河油田奥陶系碳酸盐岩为例[J]. 海相油气地质，2010，15(1)：55-60.
[9] 陈程，孙义梅. 厚油层内部夹层分布模式及对开发效果的影响[J]. 大庆石油地质与开发，2003，22(2)：24-27.
[10] 郭宏莉，王大锐. 塔里木油气区砂岩储集层碳酸盐胶结物的同位素组成与成因分析[J]. 石油勘探与开发，1999，26(3)：31-33.
[11] 胡宗全. 鄂尔多斯盆地上古生界砂岩储层方解石胶结物特征[J]. 石油学报，2003，24(4)：40-43.
[12] 李琳，任作伟，曙二区缓坡浊积岩储层隔夹层研究[J]. 西安石油学院学报，1996，11(3)：8-11.
[13] 林承焰，侯连华，董春梅，等. 辽河西部凹陷沙三段浊积岩储层中钙质夹层研究[J]. 沉积学报，1996，14(3)：72-81.
[14] 宋洪亮，黄保纲，张迎春，等. 渤海海域辽东湾地区古近系钙质砂岩成因及分布—以锦州 25-1 油田 3 井区沙三段为例[J]. 油气地质与采收率，2013，20(5)55-59.

示踪剂监测技术的应用

张 影[1,2] 程 靖[1,2] 罗国涛[1,2] 罗江浩[1,2] 任保晶[1,2]

（1. 大庆油田有限责任公司采油工程研究院；2. 黑龙江省油气藏增产增注重点实验室）

摘 要 为了跟踪压裂施工效果，评价各层段的产能状况，在压裂驱油试验井施工时，将示踪剂按照指定浓度注入施工井中，开井后，取样监测各压裂层段示踪剂的采出浓度，结合监测井生产数据定量计算压裂后各压裂层段的产能贡献率、产液情况、示踪剂产出量及回采率等相关信息。该技术应用10口井，表明对于厚度相对较厚，砂体发育较好的层段，驱油液量可适当增加注入PV数，有助于后期驱油效果的提升；在周围砂体物性差且不连片的层位不建议采用压裂驱油技术。该结论为压裂施工选井选层、合理设计压裂施工规模提供依据，进一步优化压裂施工规模，提高压裂效果的同时大大降低压裂施工成本。

关键词 压裂驱油；示踪剂；回采率；采出浓度

1 引言

示踪剂监测技术是一种压裂监测技术，具有操作安全简便、成本低廉和结果准确等优势。通过将稳定性、吸附性、与压裂液配伍性良好的水溶性示踪剂或油、气体示踪剂随压裂液注入地层，返排开始后一段时间内定期对返排液进行取样，分析其中的示踪剂浓度，结合压裂液注入参数进行解析计算后得到各层产能、返排率、产液贡献率等，从而为压裂措施制定、压裂液体系优化以及返排方案制定等提供指导。

选择与压裂液配伍性良好的示踪剂进行现场试验，示踪剂随着压裂液注入采出井后，首先沿压开裂缝进入地层，通过压裂液驱动，到达裂缝最远端。在压后开井时，随压裂返排液一同产出，在此过程中，定时检测产出压裂液中示踪元素的浓度，绘制示踪剂产出曲线，分析各压裂层段的产液贡献情况，评价压裂改造效果。

2 示踪剂优选及用量优化

2.1 示踪剂的优选

目前国内研究的示踪剂主要有：非放射性同位素示踪剂、放射性同位素示踪剂、化学示踪剂、微量物质示踪剂，对常用示踪剂技术的组成、优缺点及应用情况对比如表1所示。

表1 国内油田常用示踪剂对比

示踪监测技术	主要组成	优点	缺点	应用现状
化学示踪剂	无机盐、卤代烃、荧光染料和部分醇类物质	检测技术相对成熟、方法简单	检测成本高、用量大、精度较低	应用效果一般，建议后期可继续试验
放射性同位素示踪剂	含氘化合物	检测方便、精度较高、用量少	有放射性，对人员和环境有害，现场应用受限	危害大，不宜使用，应用少
非放射性同位素示踪剂	以非放射性同位素为主	检测方便、无放射性、精度高、地层吸附小	需中子活化、分析检测程序较复杂、操作困难、费用较高	应用较少
微量物质示踪剂	储层中含量极少或没有的物质	稳定性好、无放射性、施工简单、精度高、可实现多层多井测试	耐盐性较弱、检测仪器昂贵	目前应用最广泛

示踪剂物质在选择过程中需考虑以下几个方面内容：①本地含量较低或基本为零；②性质稳定、与地层流体配伍性好；③所选示踪剂对各层段间无干扰、互不影响；④示踪剂监测仪器灵敏度高、分析精度高；⑤成本低、来源广、对环境污染小等。为了科学的开展该技术，首先进行示踪剂与压裂液和产出液的配伍性试验、示踪剂的干扰试验和地层流体背景试验确定试验用示踪剂的种类，确定了 Sm、Nd、Lu、Gd、Er 共 5 种示踪剂用于试验井监测，以满足各种施工过程的跟踪监测的需要。

2.2 示踪剂的用量优化

利用各层驱油液注入量、采出浓度计算示踪剂用量。

$$A=\frac{\mu CV}{\omega}$$

式中，V 为注入驱油液量，m^3；C 为设计最大采出浓度，μg/L；μ 为保障系数，f；ω 为有效示踪剂质量分数，f。

3 资料综合处理及压裂效果评价

3.1 资料综合处理

通过对试验井及其临井压后示踪剂产出情况进行监测，绘制产出浓度曲线(图 1～图 3)，得出结论：试验井自喷生产压驱液沿裂缝快速产出；临井见到示踪剂产出，表明施工规模达到单层的改造需求；压驱井 b 层和 c 层示踪剂产出浓度较高；邻井 d 层示踪剂浓度高；采出浓度随时间的推移呈下降趋势，说明随着地层中驱油液的量减少，连通水井注水的稀释导致浓度逐渐下降；邻井 e 层初期无示踪剂产出，后期检测到示踪剂，说明该层示踪剂是在闷井过程中扩散到该井。

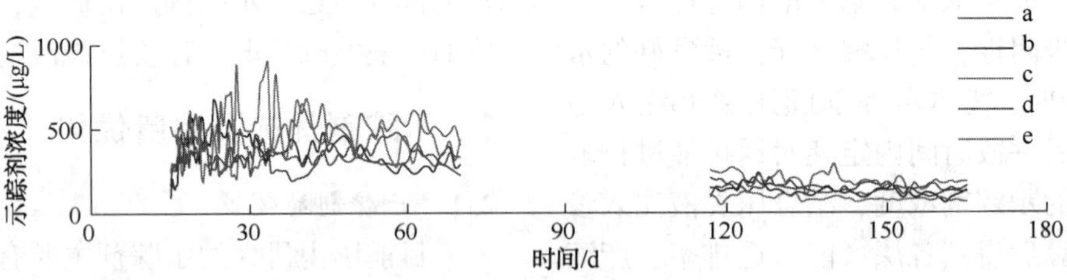

图 1　试验井示踪剂响应曲线

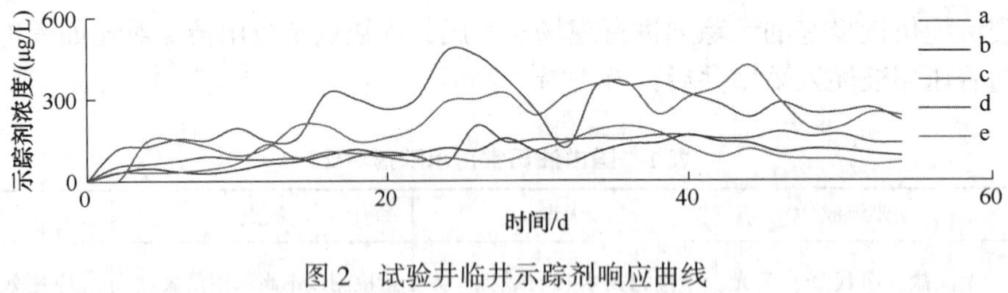

图 2　试验井临井示踪剂响应曲线

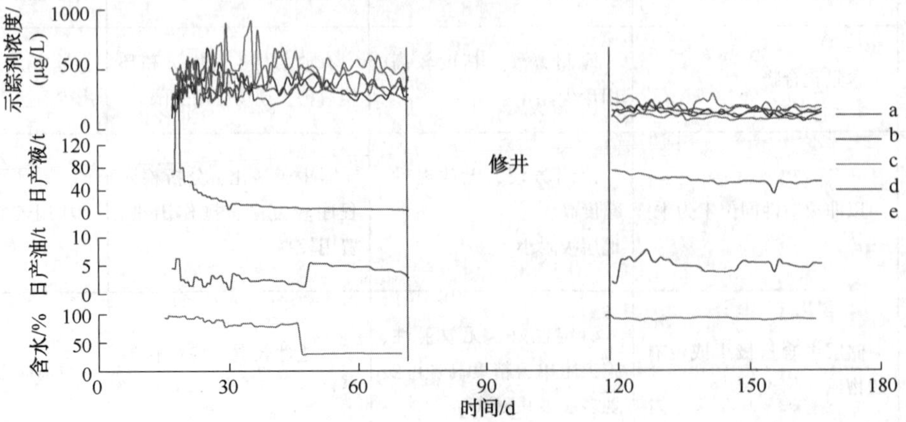

图 3　验井生产情况

结合生产动态，划分阶段。第1阶段：自喷生产—示踪剂浓度较高，增油效果明显，驱油液起到驱油作用，但各层受层间干扰严重，示踪剂浓度波动剧烈，产油不稳定，但总体呈上升趋势。第2阶段：示踪剂产出浓度下降，各层达到相对平稳，产油再次提升，日产油介于4~6t/d，增油显著。驱油液的乳化作用及聚集形成油带，推进到近井筒产出。

3.2 压裂效果评价

通过两口井示踪剂回采率数据(图4)，得到如下结论：

(1) d层与e层大部分示踪剂从临井产出，其余层段示踪剂主要从压裂井产出；

(2) 总平均回采率为59.29%，试验井示踪剂平均回采率为32.23%，截止到取样结束压裂井驱油液计量返排率为31.46%，说明压驱井目前产出全部是驱油液。

通过对试验井产能贡献率分析可知：试验井e层初期贡献率高，产液多，后期大幅度降低，产液最差，临近监测到注入该层的示踪剂多，贡献率高。b层和c层驱油液主要在压裂井产出，在临井产出少。d层驱油液在临井产出多。

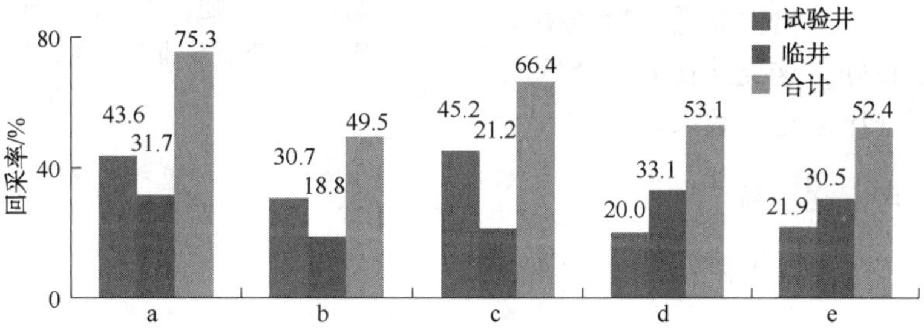

图4　示踪剂回采率柱状图

从试验井各层段产液变化曲线上看，各层产出相对稳定，无明显波动。c层产液总量最大达到了880.7m^3，其次是a层，其余层段产液量相对较低。后期各段产液稳定，且从示踪剂浓度上看各层均未消失，保持继续产出。

3.3 层段产液能力分析

结合储层发育情况和示踪剂监测结果对试验井各压裂层段压裂情况及效果进行分析：

a层段在第1阶段示踪剂浓度较高，该阶段该层驱油能力一般，驱油液作用不明显；在第2阶段示踪剂浓度快速下降后达到稳定，贡献率稳定至15%~25%，进一步增强，产液稳定在5~15m^3/d左右，压驱液发挥作用，相比于第一阶段，略微增强。说明该层段压驱液作用较好，压驱井压后该层增油效果不断提升，示踪剂整体回采率较高，作用明显，但受砂体物性影响，增油缓慢，驱油液渗入到临井较多。

b层段在第1阶段示踪剂浓度较高，驱油液作用不明显；在第2阶段示踪剂浓度快速下降后达到稳定，贡献率稳定至10%~25%，进一步增强，产液稳定在5~15m^3/d左右，压驱液发挥作用，但相对于其他层段来说，产油能力较弱，相比于第一阶段无明显变化。

c层段在第1阶段驱油液作用不明显；在第2阶段示踪剂浓度快速下降后达到稳定，贡献率稳定至20%~30%，进一步增强，产液稳定在10~20m^3/d左右，压驱液发挥作用，且明显增强，是本阶段最主要的驱油层位。

d层段在第1阶段驱油液作用不明显；在第2阶段示踪剂浓度快速下降后达到稳定，贡献率稳定至15%~25%，产液稳定在10~15m^3/d左右，压驱液发挥作用，明显增强。该层段与b层段和c层段储层发育情况接近，层段压驱液作用好，压驱井压后该层增油效果不断提升，示踪剂整体回采率较高，驱油液注入PV数大，驱油液作用明显，砂体物性也较好。

e层段在第1阶段示踪剂浓度高，该阶段该层驱油能力相比于其他层较好；在第2阶段示踪剂浓度快速下降，贡献率稳定至10%~15%，产液稳定在10m^3/d左右，压驱液发挥作用，但明显减弱，其他层段驱油能力明显增强。该层段压驱液作用较差，压驱井压后该层前期驱油能力相对较强，但整体增油不多，后期明显下降，说明裂缝未能与周围连通水井形成良好的注采关系，需要加大驱油液量。

4 结论

砂体物性，渗透率，驱油液大小均对驱油效

果产生较大影响，从驱油效果上看，试验井驱油效果较好，改善后产油能力明显增强。

（1）砂体不连片相对零散的层位需要多用驱油液，为了保证压裂效果，需要加大施工规模，这类井可作为压裂备选井。

（2）周围砂体物性差且不连片的层位试验效果较差，从提高压裂施工效益角度考虑，这类井不建议施工。

（3）压驱井与周围水井砂体连片且物性好的井普遍驱油效果较好，在节约压裂施工成本的同时保证了压裂效果，这类井可作为压裂施工选井选层依据。

（4）从地质角度看，采出程度低，渗透率高的层位普遍驱油效果较好，这类井在大大降低压裂施工费用的同时保证压裂施工效果。

参 考 文 献

[1] 梁顺，彭茜，等. 水平井分段压裂示踪剂监测技术应用研究[J]. 能源化工，2017，38(4)：32-35.

[2] 邹信芳，巩继海，等. 松辽盆地北部中浅层压裂返排液示踪监测技术[J]. 大庆石油地质与开发 2013，32(4)：86-89.

[3] 邹信芳，巩继海，等. 示踪剂监测技术在暂堵转向压裂中的应用[J]. 精细与专用化学品 2022，3(30)：7-11.

[3] 马云，池晓明，等. 用于多段压裂的微量物质示踪剂与压裂液的配伍性研究[J]. 精细石油化工，2016，33(2)：50-52.

[4] 赵政嘉，顾玉洁，等. 示踪剂在分段体积压裂水平井产能评价中的应用[J]. 石油钻采工艺 2015，37(4)：92-95.

[5] 谢建勇，王旭，等. 示踪剂在致密油水平井中的应用[J]. 新疆石油天然气 2015，11(3)：63-66.

二类 B 油层聚驱水井剖面动用规律及改善对策研究

周丛丛[1,2]　曹瑞波[1,2]

(1. 国家能源陆相砂岩老油田持续开采研发中心；2. 大庆油田有限责任公司)

摘　要　随着大庆油田化学驱应用规模的不断扩大，二类 B 油层化学驱动用储量逐年递增。针对不同地区二类 B 油层开发效果差异大的问题，基于矿场剖面数据统计分析，全面剖析了不同地区、不同阶段二类 B 油层剖面动用规律，通过室内驱油实验给出了剖面改善的对策，并在矿场选取典型井组进行了应用。结果表明：从吸水层动用情况来看，喇嘛甸地区水驱阶段油层动用比例最高，聚驱阶段动用厚度比例增加较低，萨中和萨南地区水聚驱有效厚度动用比例较低，但聚驱动用厚度比例增加 12%以上，特别中低渗透储层吸入剖面改善明显。喇嘛甸地区水井油层动用以多次重复动用为主，突进层多，吸液比例高，萨南地区油层以交替动用为主。从未吸水层动用来看，二类 B 油层聚驱层内剖面改善较好，层间未动用层厚度比例较高，在 20%以上，二类 B 油层剖面改善方向应以均衡层间动用为主。室内驱油实验结果显示抗盐聚合物驱油和抗盐聚合物高低浓度注入可延缓剖面返转时间，增加低渗透层吸液量，聚驱采收率提高值高；喇嘛甸北北块 A 区开展了抗盐聚合物和高低浓度注入试验均取得了明显降水增油效果。研究结果可为大庆油田二类 B 油层聚驱剖面改善提供技术指导。

关键词　二类 B 油层；聚合物驱；吸水剖面；室内驱油实验

化学驱已成为大庆油田稳产的中流砥柱，2022 年化学驱产油 1116×10^4t，年产油占比 37.1%，大庆油田化学驱产油已连续 21 年超过 1000×10^4t，成为油田持续发展的关键技术。随着化学驱规模不断扩大，开发对象不断变差，目前化学驱已转向油层性质更差的二类 B 油层，动用储量占正注聚储量的 38.1%。二类 B 油层与一类油层、二类 A 油层对比，储层物性变差，非均质性增强，区块间开发效果差异大，部分区块开发效果不理想，因此二类 B 油层聚驱区块如何进一步提质提效已成为原油稳产的关键。

聚驱过程中注入井吸水剖面的变化是反映驱油体系与油层是否适应最直观的资料，油层吸入状况好坏直接影响聚驱开发效果。目前国内外对于注聚井剖面返转时机、类型及影响因素等方面研究较多，大庆油田聚驱对象已经发生变化，不同类型油层聚驱水井剖面动用规律差异较大，以往基于一类油层和二类 A 油层取得的剖面动用规律认识已不足以指导现有二类 B 油层，而且不同地区、不同注聚阶段剖面的动用规律，及剖面改善方向和对策方面研究较少。因此，本文基于大庆油田二类 B 油层典型区块连续水井剖面矿场资料，研究了不同类型油层、不同地区油层、不同注聚阶段吸水层和未吸水层剖面动用特征，开展了不同注入方式室内驱油实验，明确了二类 B 油层剖面改善对策，并在喇嘛甸油田北部 A 区块选取典型井组开展了现场试验，取得了较好的应用效果。

1　大庆油田二类 B 油层地质特征

油层分类是开发效果评价和开发调整的基础，大庆油田随着开发的不断深入，根据沉积类型、砂体规模及物性特征将喇萨杏油田分为一类油层、二类油层和三类油层，其中二类油层又细分为二类 A 油层和二类 B 油层，具体地质参数细分界限和典型区块沉积相带图对比如表 1 和图 1 所示。二类 B 油层主要发育水下分流河道和内外前缘沉积相，河道砂发育规模小，厚度薄，沉积相变频繁，平面纵向非均质性增强，剩余油高度分散。目前大庆油田二类 B 油层聚驱动用储量已占正注聚储量近 40%，动用规模逐年增多，而逐渐变差的油层性质给聚驱开发带来挑战，表现为水井剖面动用不均衡，突进层多，油井产液能力不足，聚驱开发效果未达到预期。

表 1　大庆油田油层分类标准

油层类型		主要判定参数				辅助判定参数		有效渗透率范围/μm²
		主要沉积相	主要砂体沉积类型	主要砂体钻遇率/%	单层碾平有效厚度/m	油层总钻遇率/%	表外钻遇率/油层总钻遇率/%	
一类油层	ⅠA	泛滥平原	辫状河道砂体 曲流点坝砂体	≥60	≥3	≥95	≤5	≥0.5
	ⅠB	分流平原	大型高弯分流河道砂	≥60	≥1.5	≥90	≤10	≥0.3
二类油层	ⅡA	泛滥平原	分流河道砂	≥30	≥1	≥80	≤20	≥0.3
		分流平原	厚层席状砂及河道	≥50				
		内前缘	水下分流河道砂体、席状砂	≥20 ≥30		≥80	≤30	≥0.1
	ⅡB	泛滥平原	厚层席状砂及河道砂	≥40	≥0.5			
		分流平原	分流河道	≥20		≥60	≤20	0.1~0.3
		内前缘	厚层席状砂及河道砂	≥40				
			席状砂及河道砂	≥60		≥80	≤30	
			薄层席状砂	≤25				
三类油层	ⅢA	分流平原	分流河道	≥10	≥0.2	≥60	≤30	<0.1
		内前缘	河道砂体	≥20	≥0.2	≥50	≤20	
			席状砂体+河道砂	≥50		≥60	≤40	
		外前缘	席状砂+砂坝砂体					
			薄层席状砂及表外	≥60				
	ⅢB	外前缘	表外储层				>40	

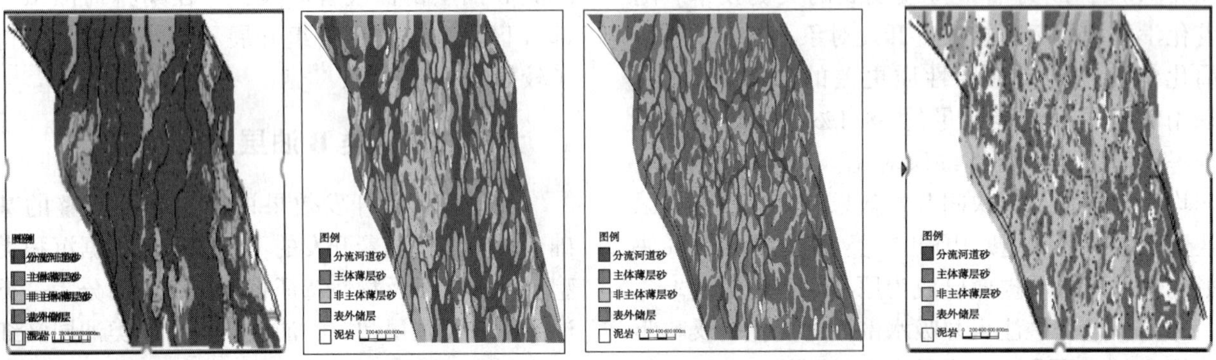

图 1　大庆油田不同油层典型层位沉积相平面图

2　二类 B 油层聚驱水井剖面动用规律

聚驱开发过程中水井注入压力上升幅度是影响聚合物驱油效果的关键因素，而水井目标层位聚驱动用程度直接影响注入压力变化，因此聚驱过程中水井油层动用状况成为聚驱矿场动态分析的一项重要工作。在大庆油田喇嘛甸、萨中、萨南地区各选取了一个二类 B 油层聚驱典型区块统计了聚驱全过程水井剖面动用状况，明确了不同地区二类 B 油层聚驱全过程剖面动用特征，搞清聚驱过程未吸水层分布规律，可为剩余油挖潜和开发调整提供指导。

2.1　二类 B 油层聚驱水井吸水层动用特征

2.1.1　大庆油田分类油层聚驱水井油层动用差异

随着聚驱开发对象逐渐向差油层转变，非均

质性增强，特别层间渗透率级差增大，驱油体系与各油层的匹配难度增大。统计了大庆油田喇萨杏不同类型油层聚驱阶段平均有效厚度动用比例，如图 2 所示。结果显示，从一类油层到三类油层聚驱水井油层有效厚度动用比例下降明显，一类油层平均有效厚度动用比例达 85%，而二类 B 油层平均有效厚度动用比例仅为 72%，油层中有近 30% 的有效厚度未得到动用。地质特征差异大是主要影响因素，一类油层大面积发育厚层河道砂，物性好，化学剂更容易进入地层，而二类 B 油层河道砂发育变薄变窄，平面纵向非均质性增强，渗透率变低，尤其化学剂在低渗透率储层中出现注入困难，导致油层动用不均衡，厚度动用比例下降。

2.1.2　二类 B 油层聚驱水井不同注聚阶段油层动用特征

在喇嘛甸、萨中、萨南地区选取了典型区块，筛选历年连续测剖面水井共计 72 口，统计不同地区二类 B 油层聚驱全程有效厚度动用比例，如图 3 所示。从不同地区来看，喇嘛甸地区水驱阶段油层动用比例最高接近 80%，而聚驱阶段动用比例仅增加了 7.4%。萨中和萨南地区虽然水聚驱有效厚度动用比例较低，但聚驱后水井剖面改善明显，有效厚度动用比例相比水驱增加 12% 以上。

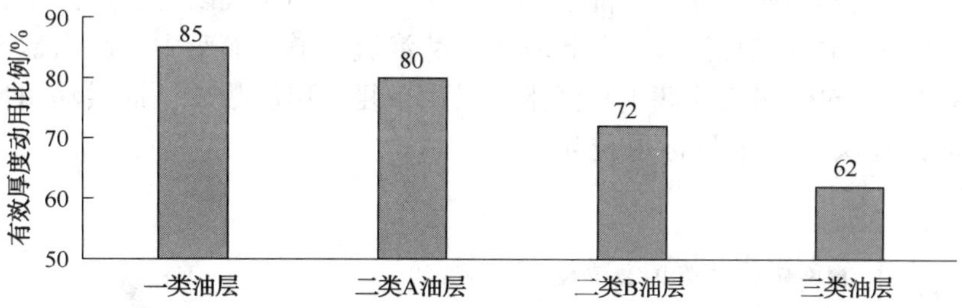

图 2　大庆油田不同类型油层有效厚度动用比例对比图

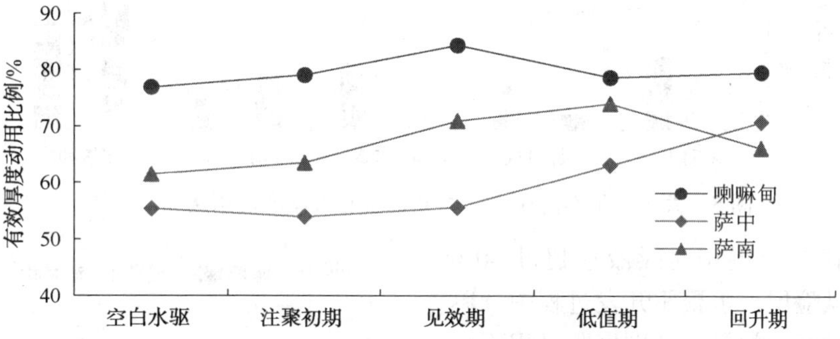

图 3　大庆油田不同类型油层有效厚度动用比例对比图

2.1.3　二类 B 油层聚驱水井不同渗透率级别油层动用状况

不同地区油层按照高、中、低渗透率进行分类，统计了喇嘛甸、萨中和萨南地区不同渗透率级别油层聚驱全程动用特征，如图 4 所示。结果显示萨中、萨南地区二类 B 油层不同渗透率级别油层均得到有效动用，特别中低渗透层聚驱过程有效厚度动用比例增加明显，而喇嘛甸二类 B 油层由于水驱阶段油层动用比例较高，除 500～700mD 油层聚驱过程油层动用比例增加明显，其它渗透率级别油层剖面改善不理想。这与不同地区油层发育有关，喇嘛甸地区在大庆油田北部靠近物源，水动力作用强，厚层河道砂发育相对多，水驱阶段油层动用比例高，容易形成优势渗流通道，聚驱之后聚合物溶液易在优势渗流通道中流动，聚驱过程油层有效厚度动用比例增加相对较少。而萨中萨南水动力作用减弱，河道砂规模小，以大面积河间砂为主，物性差，因此水驱阶段水井油层动用比例较低，聚驱之后驱替液黏度增大，驱替压差增加，使得部分水驱未动用的油层聚驱阶段在大的驱替压差下得到启动，有效厚度动用比例增加明显，但由于油层物性相对偏低，聚合物溶液注入相对困难，因此未动用油层比例还是较高。

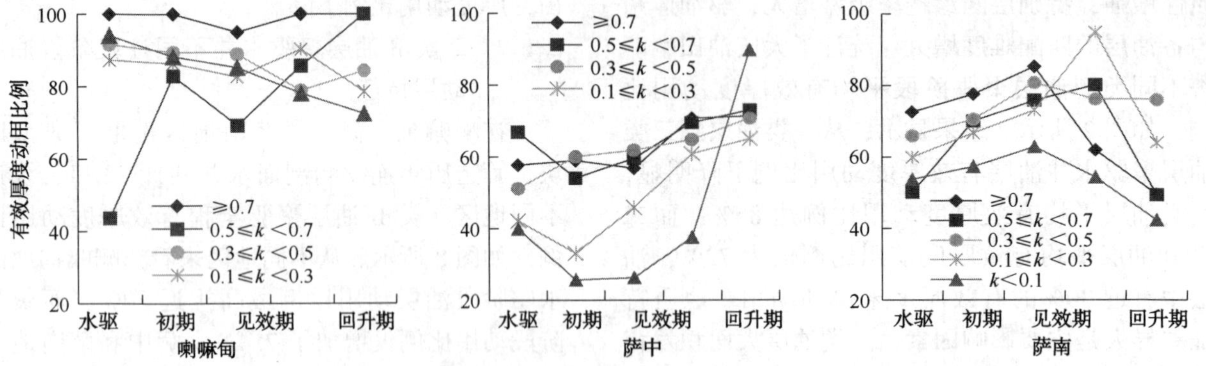

图4　大庆油田不同地区二类B油层有效厚度动用比例对比图

2.1.4　二类B油层聚驱水井油层动用次数及突进层动用特征

大庆油田二类B油层聚驱区块纵向上油层多，平均在十几个，层间非均质性强，目前多采用一种分子量聚合物一种浓度笼统注入，导致不同油层动用状况差异大。对喇嘛甸、萨中和萨南地区二类B油层逐井逐层统计了目标层位聚驱全程油层动用次数(动用少次数少的为0~1次，动用多的为5~6次)，结果如图5所示。从不同地区来看喇嘛甸地区油层动用单层多次重复动用层多，动用4次以上层数占比近71%，易形成优势渗流通道，而萨中和萨南地区水井目标层位多次重复动用层数少，油层动用特征为交替动用。

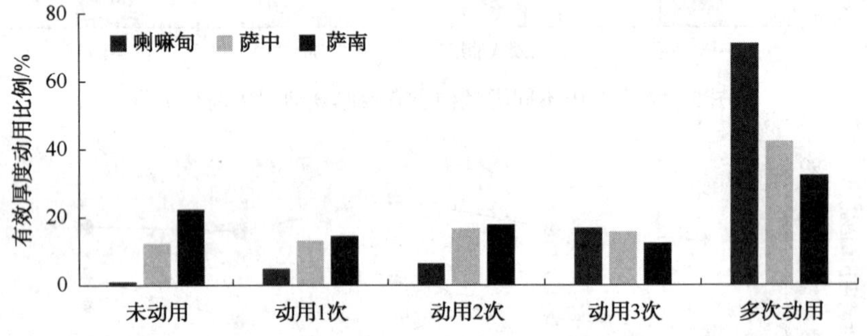

图5　大庆油田不同地区二类B油层有效厚度动用比例对比图

对于水井来说当单层相对吸液量超过40%时，定性为突进风险层，水聚驱开发过程中，单层吸液量大不利于开发效果，特别聚驱过程不利于聚合物溶液发挥扩大波及体积的作用。统计了不同地区二类B油层水/聚驱过程中单层突进风险层有效厚度动用比例及相对吸液量占比，如图6和图7所示。喇嘛甸地区由于重复动用层多，导致单层突进现象最严重，跟水驱相比，注聚初期突进层厚度动用比例不降反增，注聚全程单层突进层有效厚度占比达25%，而突进层相对吸液量近50%，说明喇嘛甸地区优势渗流通道多，聚合物溶液多在惯性层中流动，较难形成大的驱替压差，不利于聚驱开发效果。而萨南地区突进层最少，聚合物溶液能在大部分油层中交替流动，聚合物溶液能有效发挥扩大波及体积作用，利于启动薄差层中剩余油，聚驱效果较好。

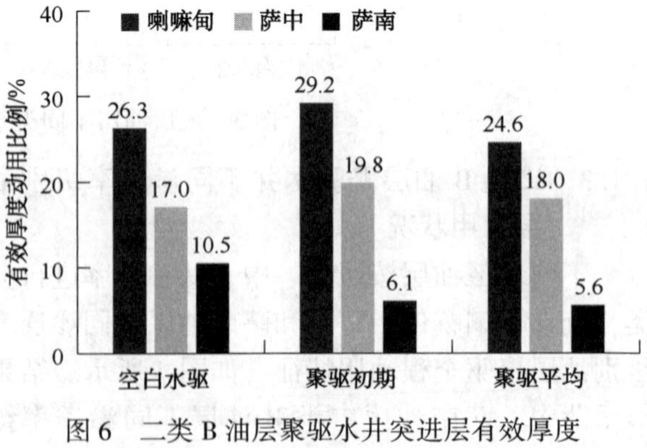

图6　二类B油层聚驱水井突进层有效厚度动用比例

2.2　二类B油层聚驱水井未吸水层分布特征及影响因素研究

2.2.1　二类B油层聚驱水井未吸水层分布特征

以往矿场动态跟踪人员在分析水井油层剖面动用时，一般只统计聚驱过程吸水层的动用状况，可以对聚驱过程剖面改善好坏有大致了解，但对层内及层间未吸水层分布状况统计较少，而未动用层正是聚合物未波及到的区域，剩余油较富集，是聚驱重点挖潜方向。对不同地区二类 B 油层水/聚驱中未动用层厚度比例按层间未动用和层内未动用进行了统计，结果如图 8 和表 2 所示。结果显示，大庆油田二类 B 油层水驱时层间未动用层有效厚度占比为 18.5%，聚驱之后未动用层有效厚度占比不降反增，增加了 2.7%，而聚驱层内未动用层有效厚度占比明显下降，与水驱比下降了 10.2%。

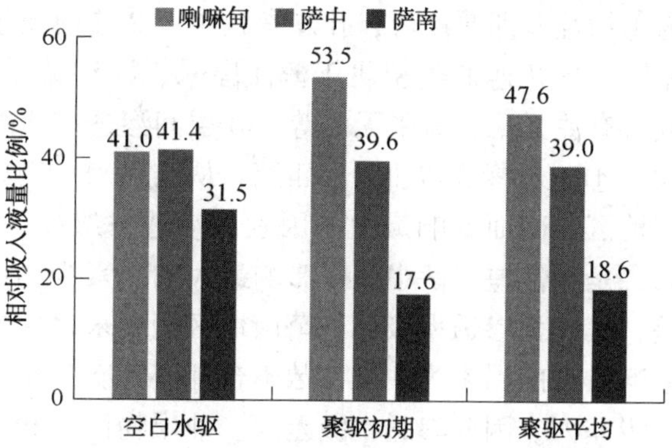

图 7　二类 B 油层聚驱水井突进层相对吸液量比例

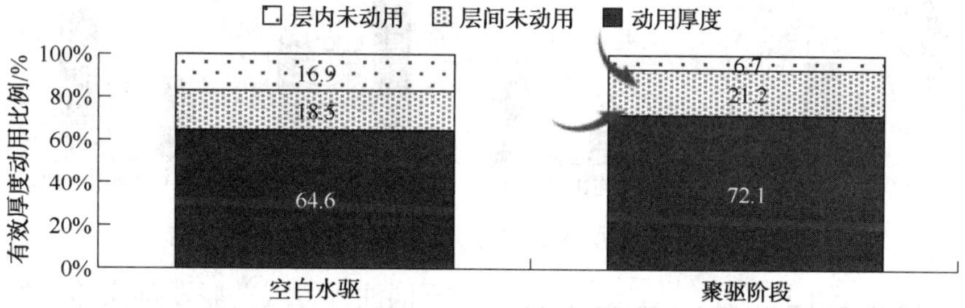

图 8　二类 B 油层聚驱水井突进层有效厚度动用比例

表 2　不同地区二类 B 油层聚驱过程水井层间和层内未吸水层分布特征

未动用油层分布	地区	不同时期未动用油层有效厚度比例/%				
		空白水驱	聚驱第一年	聚驱第二年	聚驱第三年	聚驱第四年
层间	喇嘛甸	9.1	9.7	6.8	12.4	10.8
	萨中	23.3	28.4	32.6	20	21.9
	萨南	21.1	26.2	18.6	36.8	31.6
	合计	17.8	21.4	19.3	23.1	21.4
层内	喇嘛甸	14.8	12.1	14.1	16.9	9.7
	萨中	21.6	17.9	12.9	13.9	8.5
	萨南	14.4	10.3	10.6	3.5	1.9
	合计	16.9	13.4	12.5	11.4	6.7

从不同地区来看萨中和萨南地区聚驱过程层间未动用厚度比例较高，最高增加 10% 以上，而层内未动用厚度降低明显，与水驱比降低了 12%以上，这与萨中萨南地区河道砂发育规模小，大面积发育物性较差的河间砂有关，纵向层间渗透率级差大，导致聚驱过程纵向上层间交替动用剖面动用不均衡，因此萨中萨南地区聚驱剖面改善以加强层间均衡动用为主。喇嘛甸地区聚驱层间未动用层有效厚度略有增加，而层内未动用厚度降低不明显，由于喇嘛甸地区发育较多厚层河道砂，导致厚层层内的顶部剩余油不易动用，而纵向上油层物性相对较好，聚合物溶液更容易进入，且重复动用层多，单层突进现象严重，易形成优势渗流通道，导致层间剖面改善也不理想，因此喇嘛甸地区二类 B 油层聚驱剖面改善应同时加强层间和层内均衡动用。

2.2.2　影响二类 B 油层聚驱水井未吸水层剖面动用的因素分析

对不同地区二类 B 油层聚驱过程未吸水层逐井逐层分析了未动用原因，不同影响因素层数比例统计结果如图 9 所示。二类 B 油层聚驱过程水井油层未动用的影响因素总结为四类，分别为①物性差即厚度薄，孔渗参数小；②连通质量差即注采井连通类型属于薄注厚采、厚注薄采，或者有注无采、有采无注等；③层间渗透率级差大；④注入参数与油层不匹配。从结果来看喇嘛甸地区对剖面影响最大的因素为渗透率级差大，第二是物性差，萨中地区影响最大的因素为物性差，其次为渗透率级差，萨南地区剖面未动用的影响最大的因素为注入参数不合理，其次为渗透率级差大。因此渗透率级差大、油层物性差和注入参数不合理成为了影响大庆油田二类 B 油层剖面动用的最重要因素。矿场上对于物性差、连通质量差的因素一般通过压裂措施改造油层的方式进行剖面改善，但压裂措施具有成本高、压裂效果具有时限性、压裂时机的选取主观性强，且很难改变渗透率级差带来的影响，因此需从改变注入体系性能和改变注入方式入手两方面入手，进行剖面改善对策的研究。

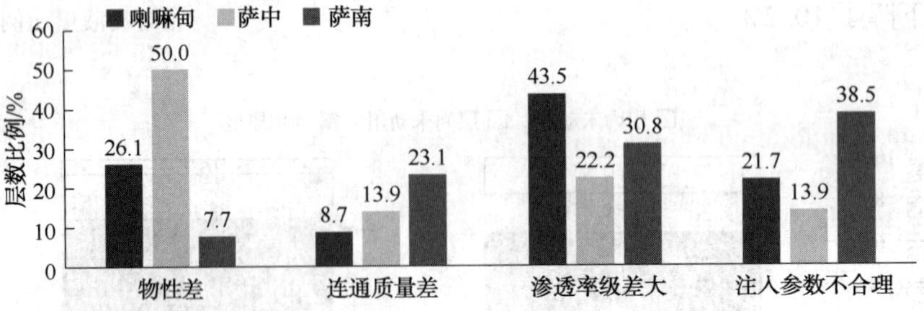

图 9　二类 B 油层聚驱水井突进层有效厚度动用比例

3　二类 B 油层剖面动用改善对策室内实验研究

近年来大庆油田研究院自主研发了适合二类 B 油层开发的 DS1200 新型抗盐聚合物，该聚合物具有经污水稀释后增黏性好、稳定性强、且注入性能和驱油效果均优于同分子量其它聚合物的优点。参考大庆油田二类 B 油层实际物性特征，选取了中等渗透率(有效渗透率为 300mD 左右)和低渗透率(有效渗透率为 150mD 左右)人造岩心，应用室内驱油实验开展了不同类型聚合物及不同注入方式并联驱油实验。实验均利用喇嘛甸油田现场清水配制质量浓度为 5000mg/L 的聚合物母液，后用现场污水稀成目标黏度聚合物溶液。方案一为普通中等分子质量聚合物并联笼统注入，方案二为 DS1200 抗盐聚合物并联笼统注入，方案三为 DS 抗盐聚合物并联岩心高低浓度注入，实验相关参数及结果如表 3 所示。结果表明，DS 抗盐聚合物并联笼统注入比普通聚合物并联笼统注入多聚驱提高采收率 3%，而 DS 抗盐聚合物高低浓度注入比 DS 聚合物并联笼统注入又多提高 3.3%采收率。

表 3　人造岩心室内驱油实验方案设计及结果表

注入方式	注入浓度/(mg/L)	注入黏度/(mPa·s)	有效渗透率/mD	含油饱和度/%	水驱采收率/%	总采收率/%	聚驱采收率/%
普通聚合物注入	1600	46.9	274	74.7	48.6	61.9	13.3
			118	75.0	45.6	63.6	18.0
	合计		196	74.8	47.1	62.8	15.5
DS 抗盐聚合物注入	1500	47.1	296	75.3	49.1	62.6	13.5
			135	74.7	47.0	70.5	23.5
	合计		215.5	75.0	48.1	66.6	18.5
DS 抗盐聚合物高低浓度注入	1800	62.2	285	74.5	46.8	61.2	14.4
	1200	33.9	140	72.6	47.7	75.6	27.9
	合计		212	75.0	47.3	68.4	21.2

统计了注入不同类型聚合物和选取不同注入方式下高低渗透层的分流率情况，如图 10 所示。可以看出，与普通聚合物笼统注入相比，抗盐聚合物由于加入刚性单体的作用，降低了分子链缠绕成团的概率，更容易通过储层较小孔吼，因此抗盐聚合物注入时低渗透层的分流率增加，聚驱效果更好。而当抗盐聚合物高低浓度注入时，低渗透率层的分流率继续增加，且含水低值期更长，有效抑制了低渗透层剖面返转，延缓含水回升时间，低渗透率层聚驱采收率达到了 27.9%，更大限度的驱替了低渗透层中较难动用剩余油，层间剖面动用得到改善，聚驱采收率提高值最高。基于上面分析，大庆油田二类 B 油层聚驱矿场可优先选用抗盐聚合物驱油，注入方式可选用高低浓度注入方式可大幅度提高聚驱采收率。

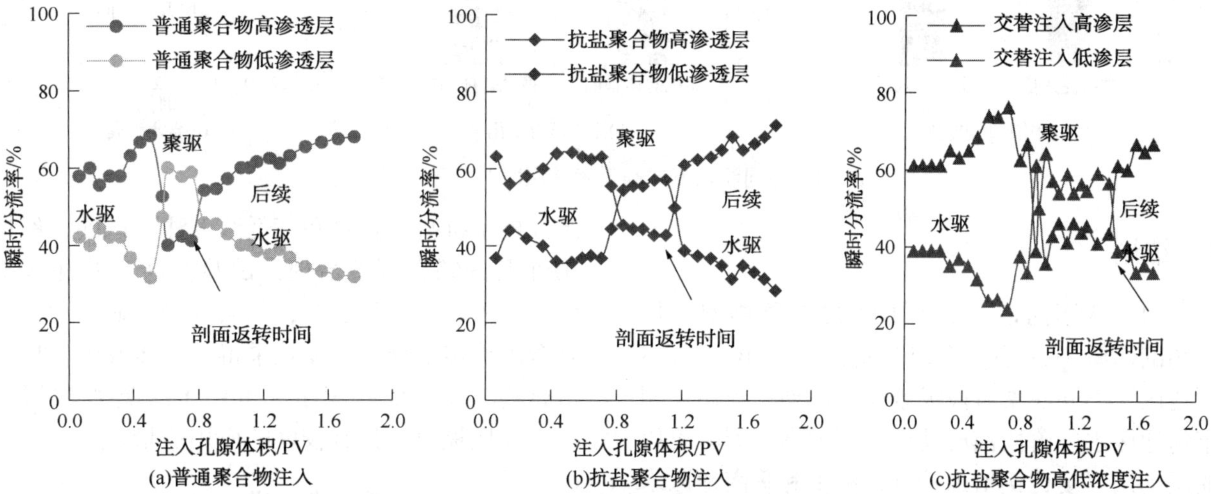

图 10　不同注入方式高低渗透层瞬时分流率对比

4　矿场应用效果

大庆油田二类 B 油层自注聚开发以来，出现了区块间开发效果差异大的问题，特别喇嘛甸油田二类 B 油层部分聚驱区块水井剖面动用不理想，油井综合含水不降，增油效果差，开发效果远低于预期。喇嘛甸北北块 A 区开采 PII7－GI4+5 油层，注采井距 150m，平均单井有效厚度 8.9m，有效渗透率 0.480μm^2，采用普通中分聚合物注入，注入 0.5PV 时，采收率提高值仅为 1.64%，开发效果不理想。针对区块剖面动用不均衡，油井降水增油不明显的问题，选取 2 个典型井组开展了换抗盐聚合物注入和高低浓度注入现场试验，试验设计方案如表 4 所示。

表 4　抗盐聚合物注入和高低浓度注入试验方案设计表

试验名称	注入井/口	采油井/口	砂岩厚度/m	有效厚度/m	渗透率/μm^2	方案设计
抗盐聚合物注入试验（喇 AS 井区）	8	15	15.8	11.3	0.459	改变注入体系，由原来注普通中分聚合物改为撬装注入中分抗盐聚合物
高低浓度注入试验（喇 PS 井区）	6	10	18.1	12.7	0.467	体系不变，采用高中浓度注入，由平均注入浓度 1700mg/L，改为 2200mg/L 和 1300mg/L 交替注入，交替周期为 3 个月

经过 10 个月的综合调整治理，试验井区水井注入平稳，注入压力稳步上升，剖面改善明显，油井综合含水稳步下降，综合调整前后重要参数指标变化如图 11 所示。其中更换抗盐体系井区见效井比例 93.3%，见效井综合含水 94.4%，与治理前相比，含水下降 2.0 个百分点。高低浓度注入试验井区见效井 9 口，见效井比例 90.0%，见效井综合含水 95.2%，与治理

前相比，含水下降 1.2 个百分点。因此大庆二类 B 油层聚驱矿场可优选抗盐聚合物注入，注入方式可选择高低浓度注入方式，该技术可大幅度提高聚驱采收率，具有广阔的应用前景。

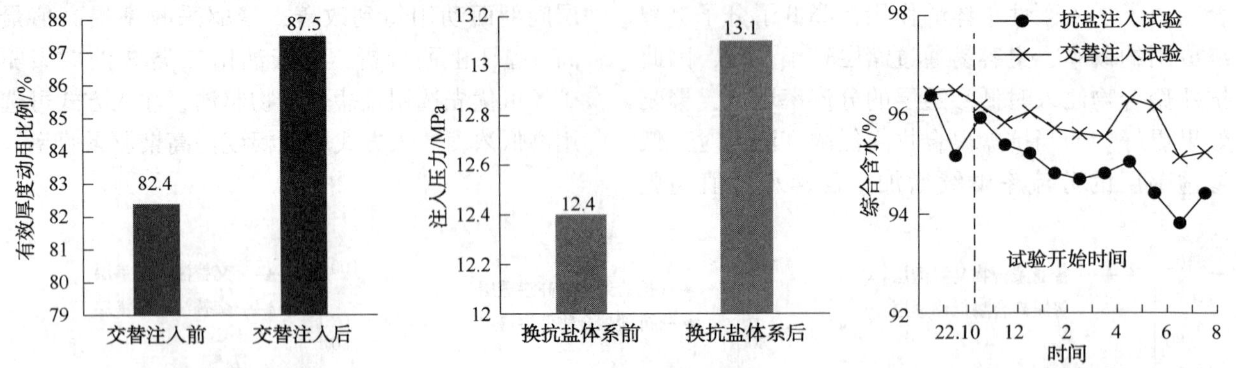

(a)剖面动用变化　(b)注入压力变化　(c)含水变化

图 11　不同注入方式高低渗透层瞬时分流率对比

5　结论

（1）从不同地区二类 B 油层聚驱典型区块矿场剖面资料入手，系统分析了二类 B 油层不同地区、不同注聚阶段吸水层剖面动用规律。喇嘛甸地区水驱阶段油层动用比例最高，聚驱阶段油层动用厚度比例增加较低，萨中和萨南地区水聚驱有效厚度动用比例较低，但聚驱动用厚度比例增加 12%以上，特别中低渗透储层吸入剖面改善明显。喇嘛甸地区水井油层动用以多次重复动用为主，突进层多，吸液比例高，萨南地区油层以交替动用为主。

（2）大庆油田二类 B 油层聚驱过程层间未动用层有效厚度占比高达 21.2%，比水驱时增加了 2.7%，层内未动用层有效厚度占比明显下降，与水驱比下降了 10.2%，聚驱剖面改善应以均衡层间动用为方向，而渗透率级差大、油层物性差和注入参数不合理是影响大庆油田二类 B 油层剖面动用的主要因素。

（3）普通聚合物、抗盐聚合物和抗盐聚合物高低浓度注入室内驱油实验结果表明与普通中分聚合物相比，DS1200 聚合物中、低渗透层分流率均大于普通中分聚合物，聚驱采收率值高 3%，特别在低渗透层，由于 DS1200 刚性单体的加入，更容易通过较小的孔喉，能显著提高驱油体系在低渗透层分流率。抗盐聚合物高低浓度注入还能再提高聚驱采收率 2.7%，且含水低值期更长，可有效抑制低渗透层剖面返转，延缓含水回升时间。

（4）在喇嘛甸北北块 A 区选取两个典型井组开展了抗盐聚合物和高低浓度注入试验，经过 10 个月的综合调整治理，试验井区水井注入平稳，注入压力稳步上升，剖面改善明显，油井综合含水稳步下降，开发效果得到明显改善，抗盐聚合物驱和高低浓度注入可用于二类 B 油层进一步提质提效，具有较好的应用前景。

参考文献

[1] 王启民，冀宝发，隋军，等. 大庆油田三次采油技术的实践与认识[J]. 大庆石油地质与开发，2001，20(2)：1-8.

[2] 牛金刚. 大庆油田聚合物驱提高采收率技术的实践与认识[J]. 大庆石油地质与开发，2004，23(5)：91-93.

[3] 王德民，程杰成，吴军政，等. 聚合物驱油技术在大庆油田的应用[J]. 石油学报，2005，26(3)74-78.

[4] 张晓芹. 大庆油田二类油层聚合物驱注入参数的优选[J]. 大庆石油学院学报，2005，29(4)：40-42.

[5] 李洁，武力军，邵振波. 大庆油田二类油层聚合物驱油技术要点[J]. 石油天然气学报，2005，27(2)：394-396.

[6] 闫亚茹，李瑞升，吴蔚. 萨中地区二类油层聚合物驱油试验的几点认识[J]. 大庆石油地质与开发，2008，23(4)：87-88.

[7] 李宜强，苏伟明，王争进，等. 二类油层不同注采类型井组聚驱最佳调整时机[J]. 石油学报，2012，33(4)：647-652.

[8] 周丛丛. 聚驱油层注采连通类型判别及开发对策[J]. 石油地质与工程，2023，37(6)：57-62.

[9] 王冬梅，韩大匡，侯维虹，等. 聚合物驱剖面返转类型及变化规律[J]. 大庆石油地质与开发，2007，

26(4)：96-99.
[10] 杨晶，朱焱，李建冰，等. 聚合物驱剖面返转时机及其影响因素[J]. 油田化学，2016，33(3)：472-475.
[11] 俞欢，周智，吴方之，等. 聚合物驱剖面返转影响因素研究[J]. 辽宁化工，2015，44(11)：1404-1406.
[12] 曹瑞波，高倩. 聚合物驱交替注入改善吸液剖面的力学机制及效果评价方法[J]. 实验力学，2016，31(2)：231-236.
[13] 侯维虹. 聚合物驱油层吸水剖面变化规律[J]. 石油勘探与开发，2007，34(4)：478-482.
[14] 徐新霞. 聚合物驱"吸液剖面反转"现象机理研究[J]. 特种油气藏，2010，17(2)：101-103.
[15] 杨森，舒政，赖南君，等. 不同浓度聚合物段塞交替注入提高采收率技术[J]. 2021，36(2)：57-61.
[16] 周丛丛，李勃，孙洪国，等. 大庆油田二类B油层DS1200新型聚合物合成与评价[J]. 2023，42(5)：116-121.

高盐油藏超高分多元聚合物驱技术研究及应用

董俊艳 王 斌 王 敏 刘文静

（中国石化中原油田分公司）

摘 要 聚合物驱是一种经济有效的提高原油采收率技术，但聚合物在高矿化度条件下黏度降低，驱油效果变差，对此研究了耐温抗盐超高分多元共聚物复合体系，评价了体系的增黏性、稳定性，抗剪切性、注入剂及驱油性能。结果表明，超高分多元聚合物体系在高矿化度条件下仍具有较好的增黏能力，且90天黏度保留率≥80%；在中渗多孔介质中具有良好的注入性，同时保证进入地层黏度保留率71.8%，能建立较高的流动阻力，达到扩大波及体积的目的，提高采收率幅度达到21.31%。在中原油田明16块高盐油藏开展聚合物驱先导试验，累计增油2116.5t，吨聚增油36.3t/t，可有效降低高含水期老油田产量递减，为中原油田可持续发展提供有效途径。

关键词 高温高盐油藏；超高分多元共聚物；热稳定性；炮眼剪切；提高采收率

中原油田东濮老区属于典型的高温高盐油藏，非均质严重，随着开发的不断深入，采油速度降低，采出程度接近水驱标定采收率，水驱开发效益越来越差。化学驱作为水驱接替或改善技术应用规模越来越大，其中聚合物驱技术应用最成功、规模最大、效果最好的化学驱技术，但聚合物在高温下存在热氧降解和水解作用，在高矿化度下存在明显的盐敏效应，使得聚合物水溶液黏度降低，驱油效果变差，故聚合驱技术在Ⅲ-Ⅴ类高温高盐油藏的应用扔处于攻关阶段，随着I-II类油藏储量逐渐减少，亟需研究能够适应于高温高盐油藏的聚合物驱技术。

本文文明寨油田明16块为试验区块，探索聚合物驱技术在高温高盐油藏的应用。文明寨油田油层温度72℃，地层水矿化度6.02×10^4mg/L，钙、镁含量0.208×10^4mg/L，常规聚合物体系在地层水中会发生絮凝沉淀，影响聚合物溶液黏度，提升聚合物与油藏的适应性是个挑战。本文通过对国内耐温抗盐聚合物性能评价优选增黏性能良好的超高分多元共聚物，并通过稳定化处理提升体系在油藏中的长期稳定性，对提高聚合物驱技术效果意义重大。

1 实验材料与方法

1.1 实验材料与仪器

实验材料：选择药剂均为部分水解聚丙烯酰胺，共收集10种样品。实验用水为文明寨油田清水及现场注入水，驱替用原油72℃下测试黏度为7. 63mPa·s。

表1 不同水质离子含量表 mg/L

分类	钙	Cl^-	SO_4^{2-}	镁	$HCO3^-$	K^++Na^+	总矿化度	水型
注入水	802	37498	80	142	121	23224	61866	$CaCl_2$
清水	60	239	230	66	382	216	1194	Na_2SO_4

实验仪器：旋转黏度计DV-II+PRO，美国博勒飞公司；注水开发油藏屋里模拟实验装置（常压至35MPa、室温至160℃），江苏海安科研仪器有限公司；天平（灵敏度0.0001g）、恒温水浴等。

1.2 实验方法

1.2.1 溶液配置

称取一定质量的清水或注入水于500mL烧杯中，开动搅拌器在(400±20)r/min下沿旋涡壁30s内慢慢加入试样，然后在搅拌速率为(500±

20) r/min 下搅拌 2h 至溶解完全，静置 24h 后备用。

1.2.2　基本性能测定

参照中国石油化工股份公司行业标准 Q/SH CG0159—2021《驱油用聚丙烯酰胺技术要求》测定聚合物固含量、分子量、水解度、表观黏度及热稳定性。

1.2.3　岩心驱替实验

（1）注入实验。岩心抽真空并饱和地层水，测定岩心的孔隙度与渗透率，模拟聚合物在地层中流度状态以恒温 6h(72℃)、恒速(0.5mL/min)注入聚合物溶液至压力稳定，测试驱替前后聚合物溶液黏度，计算黏度保留率。

（2）炮眼剪切实验。岩心抽真空并饱和现场注入水，测定岩心的孔隙度与渗透率，并恒温 6h(72℃)；通过计算炮眼聚合物流速折算岩心驱替速度，注入聚合物溶液 70PV，测试驱替前后聚合物溶液黏度。

（3）驱油实验。填 130~220 目石英砂于填砂管；饱和水并测定岩心孔隙度与渗透率(72℃)；饱和油，老化 48h；恒温下恒速(0.5mL/min)水驱油至与目标油藏近似，计算水驱采收率；以同样的注入速率注入 1PV 的聚合物溶液，并后续水驱至含水率 98%以上，计算聚驱采收率。

2　结果与讨论

2.1　复合体系研究

2.1.1　耐温抗盐聚合物优选

明 16 块属于常温常压中孔中渗油藏，其中沙二下平均孔隙度为 25.8%，平均渗透率 350mD；沙三上平均孔隙度为 23.7%，平均渗透率为 207mD，平均孔喉半径 4~5μm，原油黏度 7.63mPa·s。考虑聚合物分子量与渗透率匹配关系、合理流度比控制方法及注聚过程黏度损失，确定适应于明 16 块油藏聚合物的分子量为 1900~2200 万，聚合物黏度大于 30.52mPa·s。

目前矿场普遍应用的常规聚合物具有水溶性好、增黏性强、黏弹性大、注入性好、驱油性能较好、价格低等优点，但若水中含有高浓度的 $NaCl$、$CaCl_2$、$MgCl_2$后，会屏蔽聚合物的伸展，溶液黏度下降，直至聚合物沉淀，极大制约了聚合物驱技术在Ⅲ类高温高盐油藏矿场的应用和推广。在丙烯酰胺单体上引入抗盐单体及耐温大侧基，调控聚合度和共聚单元结构比例，可使聚合物分子链的卷曲更为困难，提高耐温抗盐、抗水解性能。据此收集 10 种聚合物样品。测试基本理化性质，BM-2、SJ-3 驱油用聚合物在文明寨油田污水中的增黏性优于普通聚合物，满足明 16 块油藏聚合物驱要求，但考虑随老化时间增加水解度增大，同种聚合物随水解度增大黏度增大，黏度近似条件下初始水解度低的聚合物黏度增大空间越大，故选择 BM-2 作为应用聚合物。不同聚合物基本性能对比表见表 2。

表 2　不同聚合物基本性能对比表

型号	固含量/%	分子量	水解度/%	黏度/mPa·s
BHY-5	89.2	2200	20.1	40.7
BM-1	90.1	1800	15.3	33.1
BM-2	90.0	2200	13.2	57.7
YS	90.3	1500	20.1	28.7
NE-1	89.1	1800	17.5	62.3
31751	88.9	2300	18.6	53.8
SJ-3	89.2	2100	16.4	56.5
M15	81	1200	32.1	31.5
B25H5	89.3	1800	25.4	37.5
SJ-2	89.2	1500	20.7	45

2.1.2　稳定剂优选

由于明 16 块地层水中 S^{2-} 含量为 6.25mg/L，远高于聚合物配置标准小于 0.5mg/L 的要求，有氧条件下 30℃ 即可产生自由基，加速对聚合物化学降解，为此采用控制氧含量和添加稳定剂的双重措施减缓对自由基破坏速度，改善 HPAM 溶液的长期稳定性。

在异抗坏血酸钠、胺类、无机盐类等 5 种体系优选适应研究聚合物的稳定剂，确定还原性钠盐作为稳定剂。评价稳定剂加量具体方法包括：①分别在注入水中加入 0.01%~0.15% 的稳定剂，考察稳定剂的除氧能力；②分别在相同浓度的聚合物溶液中加入不同浓度的稳定剂，考察稳定剂对聚合物黏度影响。稳定剂加量大于 0.07%时，水中溶解氧降低至 1mg/L(图 1)；稳定剂的加入降低聚合物初始黏度，按照中石化 Q/SH1020 1572—2006《驱油用聚丙烯酰胺》标准对Ⅱ型 HPAM 要求 7d 后黏度保留率≥90%要求，初始黏度损失率≤10%，确定稳定剂加量 0.05%~0.07%(图 2)。

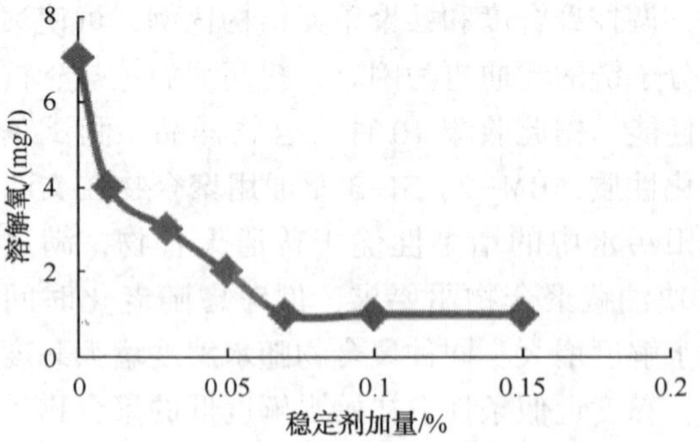

图 1　稳定剂对水中溶解氧的影响曲线

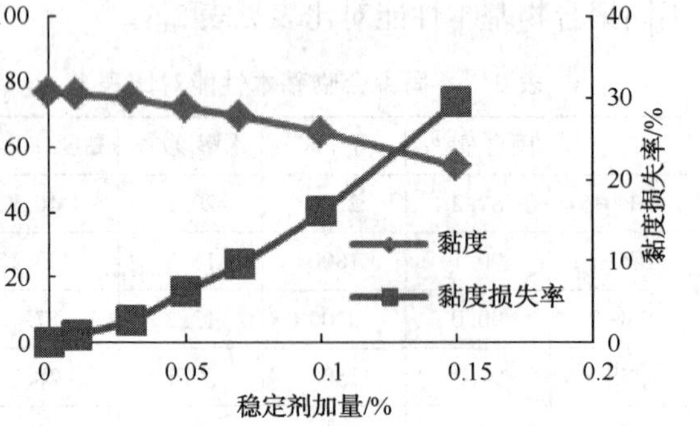

图 2　聚合物黏度随溶解氧浓度变化曲线

2.2　性能评价

2.2.1　热稳定性

分别配置成 0.3%的常规聚合物、BM-2 多元共聚物及复合体系溶液，通氮气除氧后置于 72℃烘箱中老化，定期取出样品在 6r/min 的条件下测定溶液的表观黏度，结果见图 3。相比常规聚合物，研究聚合物黏度高，加入稳定剂后黏度由 57.7mPa・s 降为 54.4mPa・s，但 90 天黏度保留率由 57.16%提高至 81.6%(图 3)，说明耐温抗盐结构单元的引入，能够抑制聚合物大分子链在长期老化过程中的卷曲或断裂，削弱了高温、高盐对聚合物溶液黏度的影响，稳定剂在一定程度上抑制了酰胺基在油藏环境下的水解反应，较高的黏度保留率保证了聚合物在地层的吸附和捕集作用。

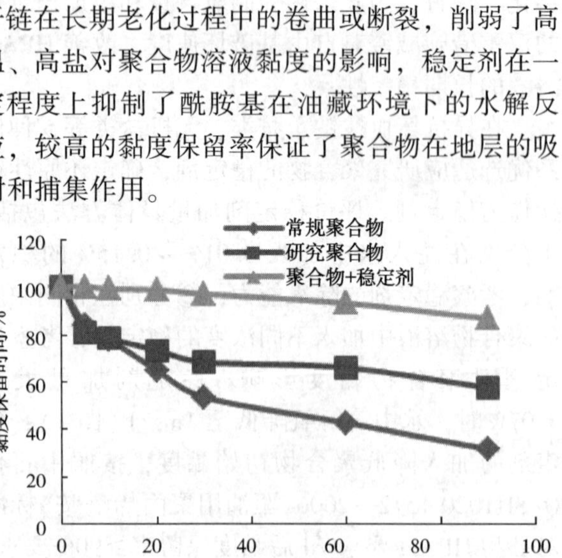

图 3　聚合物黏度保留率随老化时间变化曲线

2.2.2　在多孔介质中的注入性评价

多孔介质中聚合物注入性是有效评价现场应用与否的主要手段，可有效认识聚合物在地层的渗流规律。在实际地层温度、压力、渗透率条件下，利用物理模拟实验装置模拟多孔介质中不同浓度聚合物溶液随注入量增大压力变化情况。岩心基础数据见表 3。

表 3　岩心基础数据

编号	渗透率/ $10^{-3}\mu m^2$	孔隙体积/mL	孔隙度/%	聚合物浓度/(mg/L)
1-1	244	2.91	27.6	1000
1-2	236	3.33	28.0	1300
1-3	235	2.62	26.8	2000

由图 4 可知，随注入聚合物 PV 数增加，注入压力缓慢上升，聚合物浓度越大注入压力增加幅度越大，出口端聚合物黏度保留率越低，2000mg/L 时聚合物压力呈线性增加，聚合物对岩心孔隙逐渐形成堵塞。这是由于高浓度的聚合物溶液分子间存在着缠绕作用，分子线团的评价直径大，在流度过程中容易堵塞孔隙，造成注入压力较高，聚合物溶液受到较强剪切力的作用，黏度损失较为严重，当注入浓度足够高时，在近井地带形成堵塞，故现场应用注聚合物浓度不易过高，注入浓度小于 2000mg/L 时注入性好。

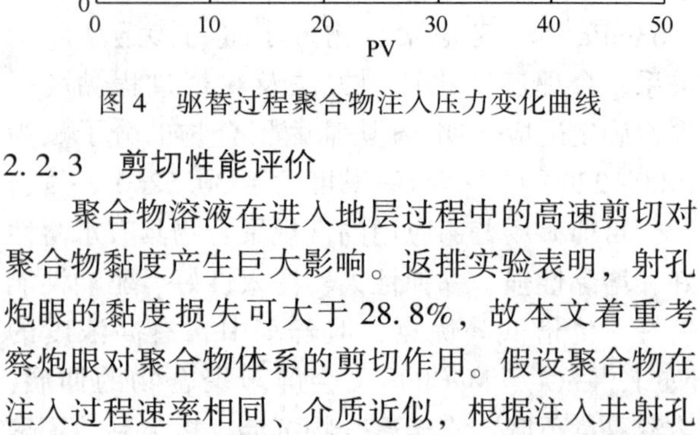

图 4　驱替过程聚合物注入压力变化曲线

2.2.3　剪切性能评价

聚合物溶液在进入地层过程中的高速剪切对聚合物黏度产生巨大影响。返排实验表明，射孔炮眼的黏度损失可大于 28.8%，故本文着重考察炮眼对聚合物体系的剪切作用。假设聚合物在注入过程速率相同、介质近似，根据注入井射孔厚度、孔密、孔径及注入速度，计算聚合物溶液过炮眼的流速，并折算岩心的驱替速度为 10.2~

27.6mL/min，设计4组试验考察聚合物抗剪切性(表4)。

表4　人造岩心聚合物剪切实验数据表

浓度/(mg/L)	渗透率/mD	孔隙度/%	孔隙体积/mL	注入速度/(mL/min)	井口黏度/mPa·s	剪切后黏度/mPa·s	黏度保留率/%
1300	223	24.9	3.097	10	46.7	38.5	82.4
	228	25	3.088	20	46.7	36.8	78.8
1500	528	23.1	2.828	20	50.2	40.6	80.9
	541	22.9	2.801	25	50.2	38.3	76.3

对比分析不同注入速度下剪切实验结果，聚合物溶液的黏度保留率受注入浓度、注入速度和渗透率的影响，注入浓度越小，剪切越明显，黏度保留率越低；注入速度越大，剪切越明显，黏度保留率越低；渗透率越低，剪切越明显，黏度保留率越低。超高分多元聚合物体系在文明寨油田炮眼及压实带黏度损失23.7%左右，据此可反推地面配置聚合物溶液所需黏度。

2.2.4　驱油性能评价

室内物理模拟驱油实验是评价聚合物驱油体系的重要指标。通过实验室模拟地层条件(包括地层温度、压力、水驱后含水、原油黏度等)，对耐温抗盐聚合物驱油体系进行驱油效果评价。在室内物理模拟实验及数值模拟基础上，设计聚合物注入量0.6PV，注入浓度1500mg/L，注入速度0.5mL/min。注入聚合物后含水漏斗下降明显，采收率较常规水驱提高21.31%，相比常规聚合物提高采收率幅度更大，应用于现场可进一步提高驱油效果。

表5　聚合物提高采收率情况对比表

项目	常规聚合物		研究聚合物复合体系	
	产油量/mL	采收率/%	产油量/mL	采收率/%
水驱油	133.96	66.98	126.9	69.34
聚驱后	162.9	81.45	165.9	90.66
水驱油	172.9	86.45	167.9	91.75
提高幅度	28.94	19.47	39	21.31

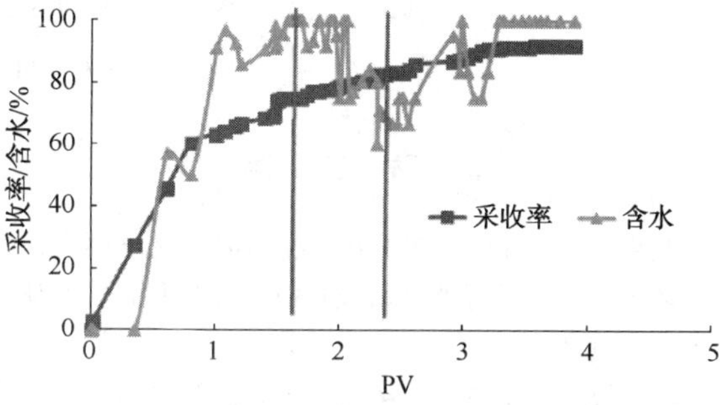

图5　聚合物驱油情况变化曲线

3　应用效果分析

2020年7月，在文明寨油田明16块优先开展聚合物驱3注4采先导试验，油水井平均井距160m，连通情况良好。截至2023年9月，累计注入聚合物48882m^3，折合干料58.3t，累计增油2116.6t，吨聚增油36.3t/t。注聚后注入井注入压力稳步上升，吸水剖面得到调整，实现了对层间非均质性的有效调控，区块自然递减由18.38%降低至3.31%。

以明469井组为例，注聚后该井注入压力由10.5MPa提升至14.7MPa，霍尔曲线斜率增加明显，驱替相渗流阻力上升，高渗部位得到封堵，有利于扩大水驱波及体积；从剖面监测看，剖面改善较为明显，动用程度由26.7%上升到40%。注入聚合物0.067PV后对应油井开始见效，目前井组日产油6.9t，日增油3.1t，含水由91.87%降低至87.6%，含水漏斗下降幅度大，符合含水下降、日产液下降、动液面下降，产油量增加的聚合物驱见效特征(图6)。

4　结论与建议

(1) 温度和矿化度决定了聚合物水解度平衡值大小，初始水解度低的BM-2超高分多元共聚物热稳定性好；

(2) 还原性钠盐作为稳定剂可降低溶解氧及二价还原性离子对聚合物黏度影响，形成复合体系90天热稳定性由57.16%提高至81.6%，达到聚合物驱标准要求；

(3) 聚合物溶液黏度是保证聚合物驱效果的关键，研究的超高分多元聚合物体系浓度1000~

2000mg/L 时满足明 16 块应用需求，在地层、炮眼及压实带黏度保留率达到 71.8%，提高采收率 21.31%。

（4）明 16 块聚合物驱先导试验取得了良好的增油降水效果，验证了聚合物驱技术在高温高盐的油藏的适应性。

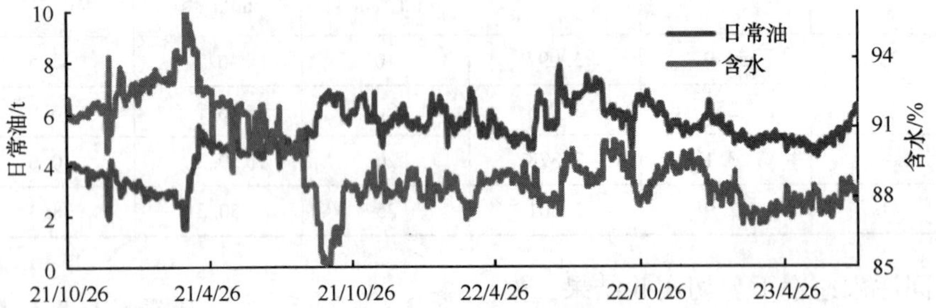

图 6　明 469 井组生产曲线

参 考 文 献

[1] 张爱美，元福卿，单联涛. 胜利油田化学驱资源分类标准及资源再评价研究[A]. 三次采油技术研讨会，2003，1-7.

[2] 李宗阳，王业飞，曹绪龙，等. 新型耐温抗盐聚合物驱油体系设计评价及应用[J]. 油气地质与采收率，2019，26(2)：106-112.

[3] 伊卓，赵方园，刘希，等. 三次采油耐温抗盐聚合物的合成与评价[J]. 中国科学，2014，44(11)：1-9.

[4] 杜春安，潘永强，徐鹏，等. 硫离子对聚丙烯酰胺黏度影响机制研究[J]. 中国石油大学学报(自然科学版)，2016，40(5)：166-172.

[5] 卢祥国，高振环. 聚合物分子量与岩心渗透率配伍性—孔隙吼道半径与聚合物分子线团回旋半径比[J]. 油田化学，1996，13(1)：72-75.

[6] 皇海权，吴天亚，孔柏岭，等. 河南油田化学驱技术的研究与应用[J]. 石油地质与工程，2012，26(1)：95-97.

[7] 韩玉贵. 耐温抗盐驱油用化学剂研究进展[J]. 西南石油大学学报：自然科学版，2011，33(3)：149-153.

[8] 崔培英，曹绪龙，隋希华等. 聚合物及其复合体系的热稳定性研究[J]. 油气地质与采收率，2001，8(3)：58-60.

[9] 杜春安，潘永强，徐鹏，等. 硫离子对聚丙烯酰胺黏度影响机制研究[J]. 中国石油大学学报(自然科学版)，2016，40(5)：166-172.

[10] 孔柏岭，丁荣辉，唐金星，等. 河南油田改善聚合物驱油效果的技术途径[J]. 油田化学，2005，22(3)：237-240.

[11] 姜其慧，裘嘉璞，赵宝柱，等. 孤岛油田中一区 Ng4 聚合物驱注采动态及效果分析[J]. 油田化学，2001，18(4)：334-337.

[12] 武建明，王洪忠，陈依伟，等. 聚合物驱提高采收率技术在昌吉油田吉 7 井区的研究与应用[J]. 石油与天然气化工，2018，47(6)：64-67.

[13] 王斌，王敏，董俊艳，等. Ⅲ类油藏聚合物驱注入参数研究与应用[J]. 精细石油化工进展，2022，23(5)：27-30.

地震地质深度融合在储层精细表征中的应用

丁　芳　段冬平　王　伟　宋刚祥　陈　波

[中海石油(中国)有限公司上海分公司]

摘　要　西湖凹陷发育大量强非均质河流相储层，砂体横向变化快、叠置样式复杂、非均质性强等问题严重制约河流相储层的精细表征，目前常用的方法是利用地震平面属性来约束地质模型的建立，但平面属性隐盖了很多地质信息，满足不了精细开发需求，本文采用多尺度数据融合的储层地质建模方法，首先基于波形指示反演技术，提高了地震数据的分辨率，使其与地质认识相匹配，该技术解决了不同尺度数据的匹配问题；其次通过多点地质统计学建模方法，在地震数据的相控约束下，利用井点硬数据，有效地结合测井和地震数据的优势，解决了不同尺度数据融合问题。通过该方法实现复杂河道相储层非均质性的精细表征，并且在A气田取得显著成效，这不仅为后续井位部署奠定了可靠的基础，而且为其他井震匹配较好的区块提供了有益参考，提高少井条件下储层的确定性和降低无井控区储层的随机性。

关键词　强非均质性；多尺度数据；波形指示反演；多点地质统计学；数据融合

海上油气田由于井网密度较低，井距多为300~1000m，仅靠少数确定的测井和岩心数据对岩相和物性内插的控制有一定难度，得到的可能是不精确的储层描述。东海西湖凹陷花港组多为河道类储层，储层横向上变化大，井间及井外砂体预测多解性强，常规的地质建模方法通常是结合测井数据(一维)和地震平面资料(二维)来描述三维储层，该方法隐盖了很多地质信息，很难真实的反映出储层的非均质性和结构性，满足不了精细开发需求，也无法达到数值模拟的要求，因此制约着气田下一步的开发。

测井数据在井点采样密集，可提供垂向上的准确数据；地震获取的资料丰富，横向上可以大范围地展现砂体变化特征，并具有大范围追踪的能力。两者有效结合可以发挥各自的优点，获取精度较高的储层物性参数。在上述背景下，近年来开始考虑加入地震体数据进行储层约束地质建模，通过地震体数据和测井数据的综合，实现井震结合，模型既能保证测井曲线上反映的储层变化，同时又可以反映出地震数据观测到的大尺度结构和储层连续性特征，平面上也可以体现出高精度的展布，从而改善岩相和孔隙度/渗透率模型的精度，最终得到逼近真实的地质模型。

目前地震体属性未进行广泛应用主要是因为存在不同分辨率、不同空间覆盖尺度数据匹配和融合问题。本文针对体约束应用中的难点，创新采用了波形指示反演提高地震分辨率匹配地质认识的方法，取得了很好的应用效果，为后续类似条件储层建模提供了很好的借鉴经验。

1　地质概况

东海陆架盆地是以新生代为主的中新生代含油气盆地，新生代地层沉积广泛，南北长度约1130km，东西宽度约220km，面积约24×10^4 km^2。东海陆架盆地内发育多个含油气凹陷，其中，西湖凹陷位于东海陆架盆地中段的浙东拗陷东部，呈北北东向展布。西湖凹陷经历了早期断陷、中期拗陷和晚期整体沉降等3个阶段，具有东西分带、南北分块的构造特征，由西往东可分为西部斜坡带、西次凹、中央洼陷-反转构造带、东次凹及东部边缘断裂带。A构造属于西湖凹陷西部斜坡带与中央洼陷-反转构造带之间的、发育于洼中隆的背斜-断背斜构造类型。各主力层的整体构造特征均表现为形态比较完整、埋藏相对较深的低幅度反转背斜构造特征(图1)。埋藏深度为3000~4000m，对于海上油气田而言，埋深相对较深，是典型低渗气田，主力层H5层发育多期叠置且连片分布的复合辫状河流相砂体，各期河道具有不同的气水系统，含气砂体主要为心滩粗粒岩相沉积，发育“一砂一藏，甜点主控”的成藏模式，孔隙度多小于15%，渗透率，是典型的低渗河流相储层。

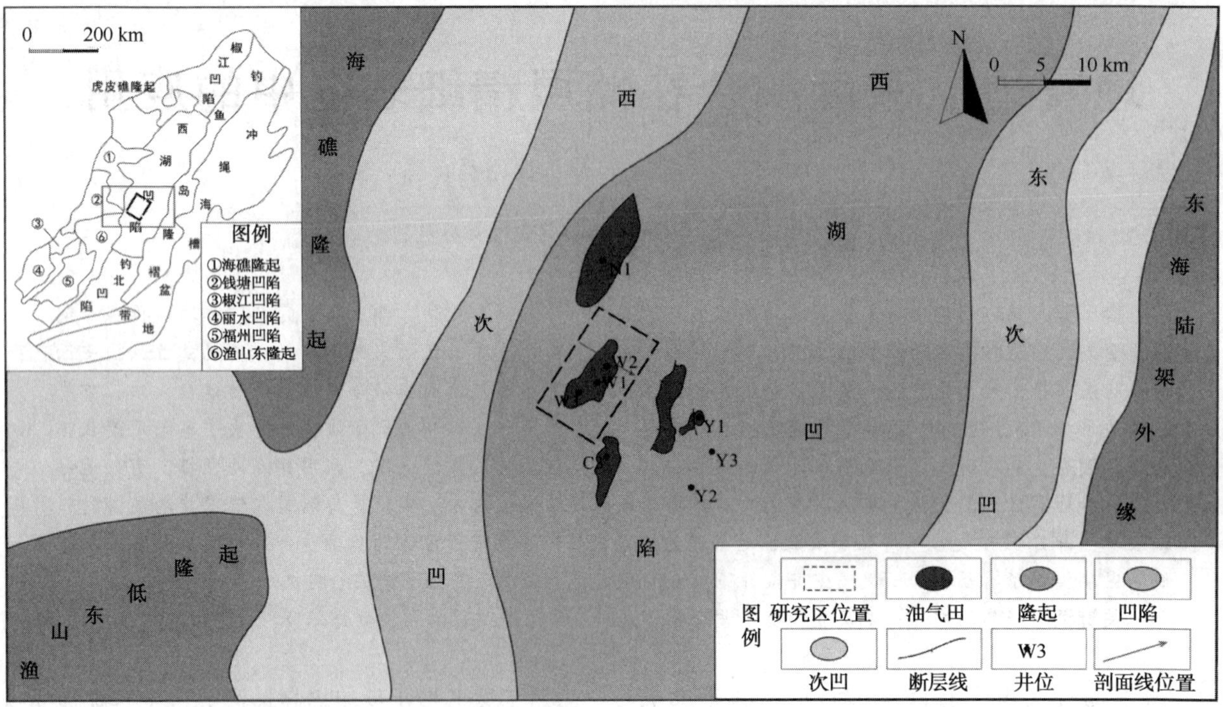

图 1　研究区构造位置图

2　方法应用

2.1　波形指示反演方法实现不同尺度数据匹配

高分辨率反演在地球科学领域中占据着至关重要的地位，为了确保反演的准确性和完整性，所需的频率信息必须覆盖低频、中频和高频三个范围。低频和中频信息通常可以通过测井信息和地震资料得到较好的获取。测井信息提供了关于地下岩石物理性质的直接测量，如密度、声波速度等。地震资料，可以揭示地下结构的中频特征，然而，地震资料由于其固有的物理限制，分辨率相对较低，无法直接提供高频信息。高频信息对于精细刻画储层内部结构和岩性组合至关重要。在这一挑战下，研究者们发现地震波形的变化实际上蕴含了丰富的地质信息。地震波形的横向变化，即波形在不同位置的变化，可以指示岩性组合的变化，而岩性组合的变化又体现为不同的地震相。地震相的变化可以反映沉积环境的变化。此外，地震波形的振幅、频率、结构和形态特征等也可以在一定程度上体现储层特征。因此，通过分析地震波形的横向变化，可以间接地预测和推断高频信息，从而弥补地震资料在高频信息获取上的不足。

地震数据与测井数据在分辨率和覆盖范围上存在显著差异，前者分辨率较低但覆盖全区，后者分辨率高却仅限于井点。因此，在储层模型构建中，地震数据约束建模的核心在于有效整合这两种尺度的数据，确保模型既具备全局性又具有局部精细特征。为应对测井和地震数据不匹配问题，本文采取迂回策略：对高分辨率测井数据进行适度粗化，同时运用波形指示反演技术增强地震数据分辨率，以实现两者在一定程度上的有效匹配。

2.1.1　粗化测井数据

A 气田为低渗气藏，岩心分析结果解释不同岩性孔渗关系具有较大的差异(图 2)，因此基于自然伽马、电阻率和三孔隙度曲线的综合考量，划分了 4 种岩相，分别为细砂岩、粉砂岩、泥质粉砂岩和粉砂质泥岩。在单井柱子上存在部分非常薄的岩相层，地震属性难以准确识别。因此，本文采取岩相粗化策略，即：在特定的纵向范围内，若岩相比例小于 50%或厚度不足 5m，将该岩相与其他相邻岩相合并，以突显该段的主要岩相特征(图 3)。

2.1.2　提高地震属性精度

通过岩石物理分析，优选出岩相敏感参数为自然伽马，从低到高依次可较好地区分出细砂岩、粉砂岩、泥质粉砂岩和粉砂质泥岩。本文以地质认识为指导，以相控为核心，建立自然伽马(GR)指示的测井相与波形指示的地震相之间的关系(图4)，选取目的层段进行波形指示反演方法，对自然伽马和波形进行协同高频模拟，利用测井高频信息来实现提高地震储层预测的分辨率。从过井反演剖面上看(图5)，通过地质地震融合后，地震资料分辨率明显提高，与测井有很好地对应关系，不同的测井相，反演数据体上有不同的响应，实现了波形的横向变化，表征了储层的空间分布。通过该方法对研究区目的层进行预测，清晰的分辨出不同岩性在研究区的分布区域。

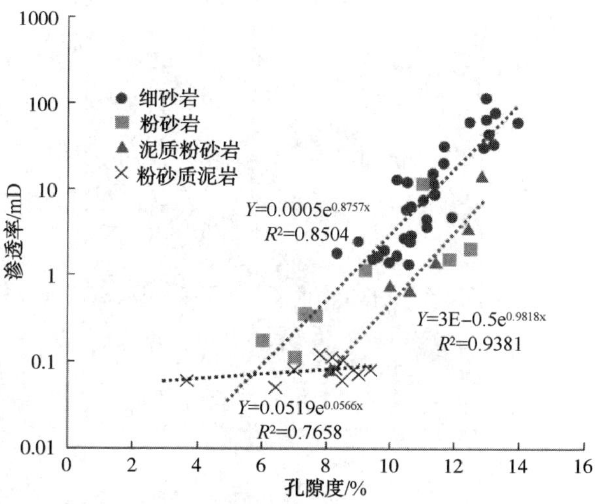

图2　不同岩性的岩心孔渗关系

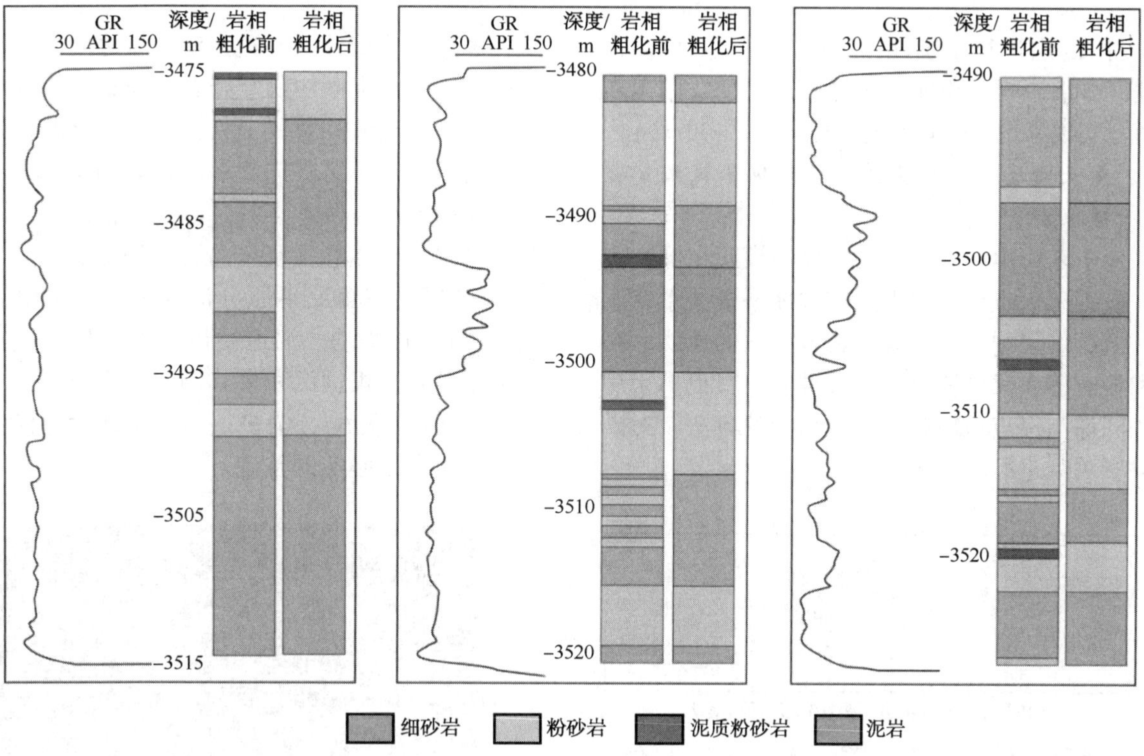

图3　岩相细分和粗化结果

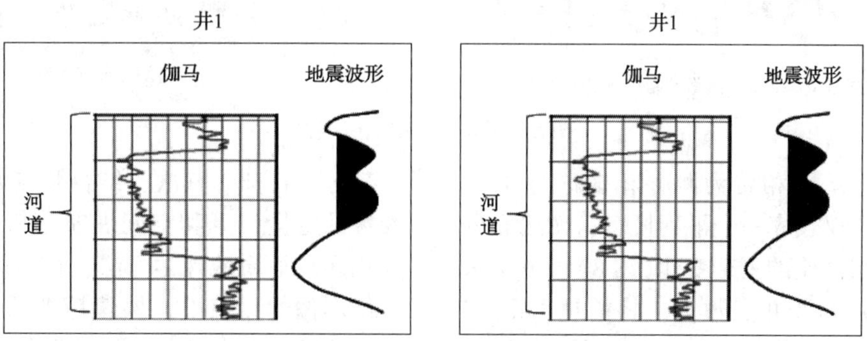

图4　地震波形与自然伽马相关性示意

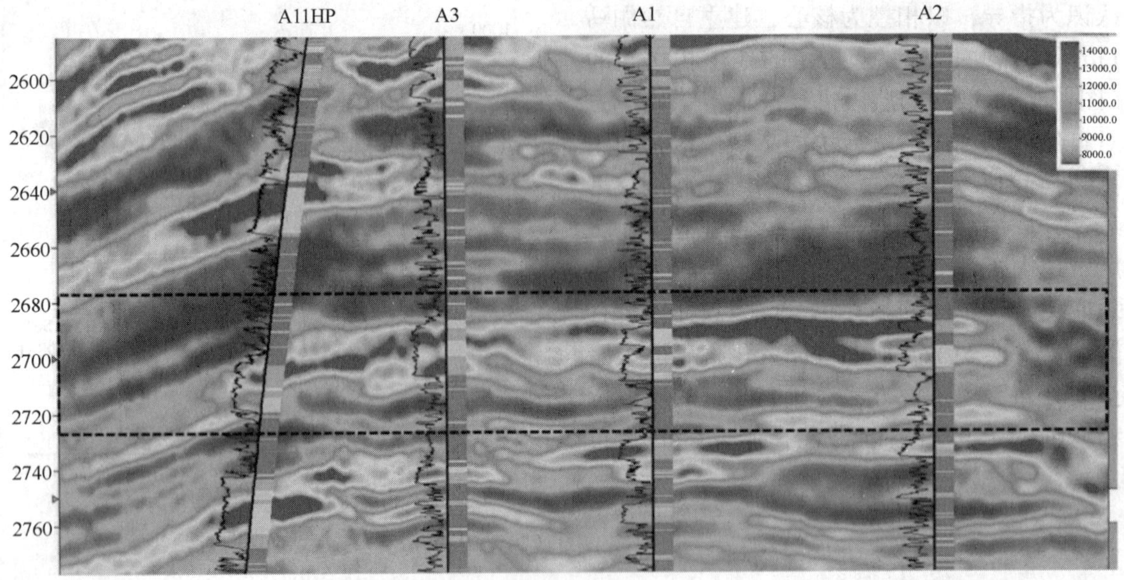

图5　波形指示反演结果

对H5层进行了统计，波形指示反演可以很好地区分细砂岩、粉砂岩和泥岩，通过数据截断赋值，实现了三维空间上地震相向测井相的转化。

2.2　多点地质统计学建模方法实现不同尺度数据融合

鉴于东海地区井位稀少，地质模式在储层表征中显得尤为重要。特别是在砂体叠置关系复杂的河流相储层中，如何有效融合有限的地质、测井和地震等多尺度信息成为关键。本文提出采用训练图像与多点地质统计学相结合的方法，对砂体叠置关系进行精细表征。

多点地质统计学通过强调多点之间的空间相关性，能够捕捉砂体的复杂叠置模式。而训练图像作为一种有效的替代工具，能够弥补井位稀少导致的样本点不足，进而揭示砂体的空间分布特征。这种方法对样本点数量没有严格限制，适合东海少井且砂体叠置复杂的河流相储层。

H5层为三角洲平原分流河道，河道多为叠置充填+迁移摆动，河道主体为细砂岩，侧翼主要为粉砂岩，根据沉积模式制作符合研究区的三维训练图像(图6)，为多点地质统计学建模方法的实施奠定了坚实的基础。

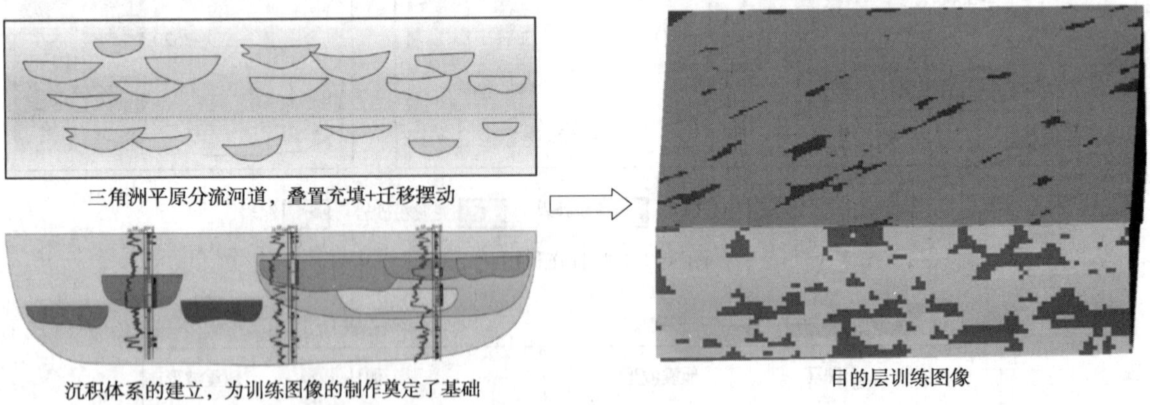

图6　研究区三维训练图像

2.1.2节中地震相转为测井相能区分10~20m储层，但这仅代表一个平均概念，无法充分揭示垂向上储层性质的复杂变化(图8)，本文采用地震相、测井相及井点数据，将前述“粗化”的测井相再进行“细化”，深入揭示垂向非均质性。首先，依据测井相分析，识别不同岩相类型及其分布特征。其次，结合井点数据，进行物性参数的定量计算和空间展布分析。在此基础上，运用多点地质统计学方法，在地震数据的相控和训练图像的约束下，构建精细的三维地质模型。该方法结合了测井与地震数据的精准性，同时引入地质模式作为关键约束，实现了不同尺度数据的融合，大幅提升了少井条件下储层表征的精确度和可靠性(图7)。

通过综合应用地震数据和测井数据的方法，建立精细沉积微相模型，在此基础上采用序贯高斯模拟方法模拟储层的物性参数(孔隙度和渗透率)。生成既符合测井数据精度要求，又能体现地震数据反映的储层分布特征的物性参数模型(图8)。

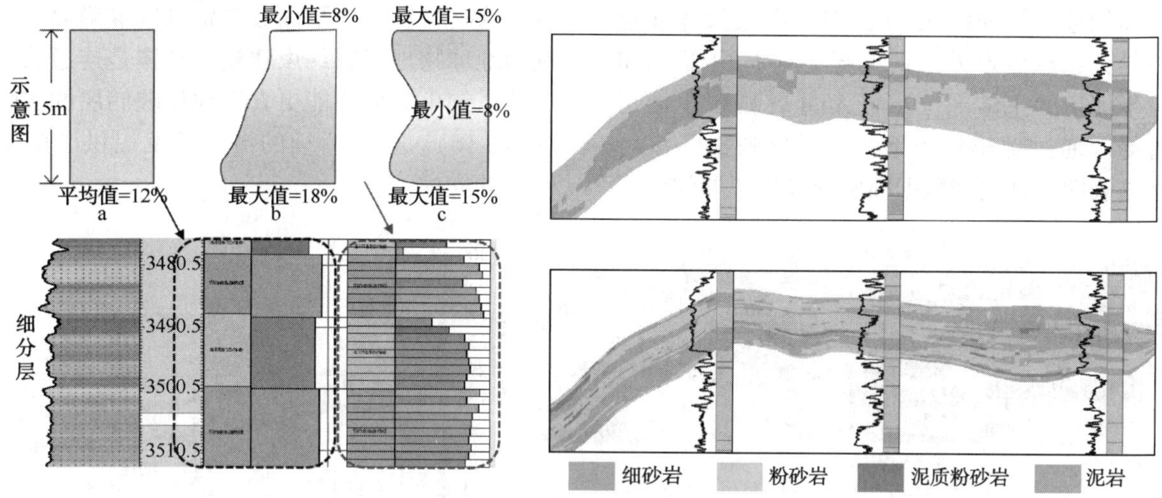

图7　地震相与测井相耦合图

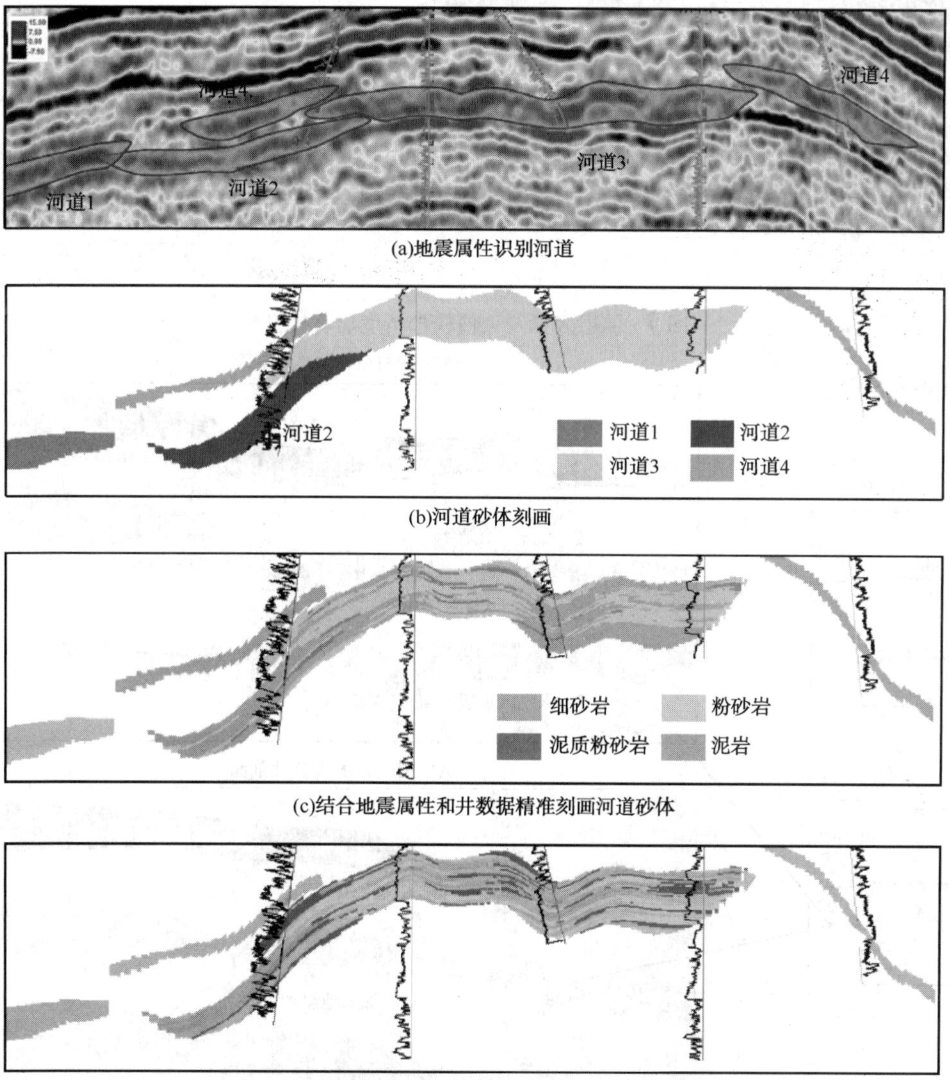

(a)地震属性识别河道

(b)河道砂体刻画

(c)结合地震属性和井数据精准刻画河道砂体

(b)结合地震属性和井数据精准刻画河道砂体物性

图8　地震地质深度融合精细刻画储层

3　应用效果

通过对比研究区 A5M 和 A6M 井两口生产井的生产效果和曲线特征分析发现，两口井在平面上距离较近，仅相距 350m，但生产效果存在显著差异，这种生产效果的差异主要是由于 A6M 井位于河道的主体部位，而 A5M 井则位于河道的边缘。通过地震约束下，储层反映出了该特征，这表明地球物理数据准确地描述了井间储层的非均质性(图 9)，从而提高数值模拟的精度。

A11HP 层共三个测压，其中底部第三套储层测压点 1.02，表示生产井未动用，在地震剖面上揭示了该井底部储层和生产井存在不连通性，这一特征仅凭平面数据是难以准确揭示，不利用地球物理资料约束建模，砂体是连通的，因此地震约束的应用能更真实地反映储层的实际情况(图 10)。这为后续的潜力开发提供了坚实而可靠的支撑。

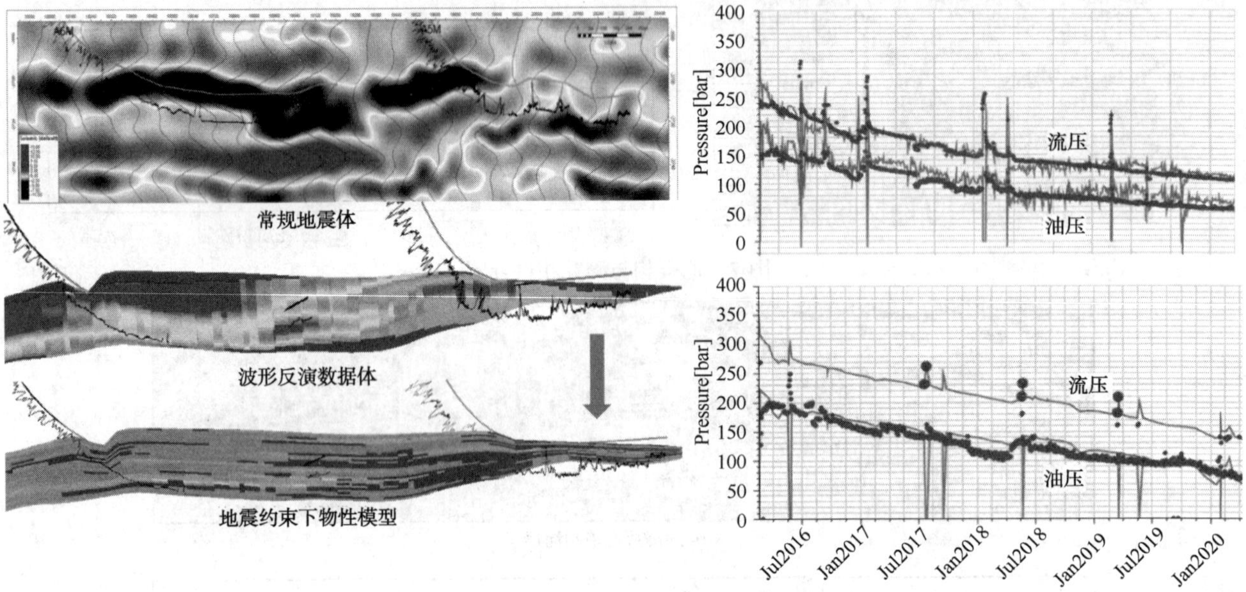

图 9　储层表征及数值模拟精度显著提升

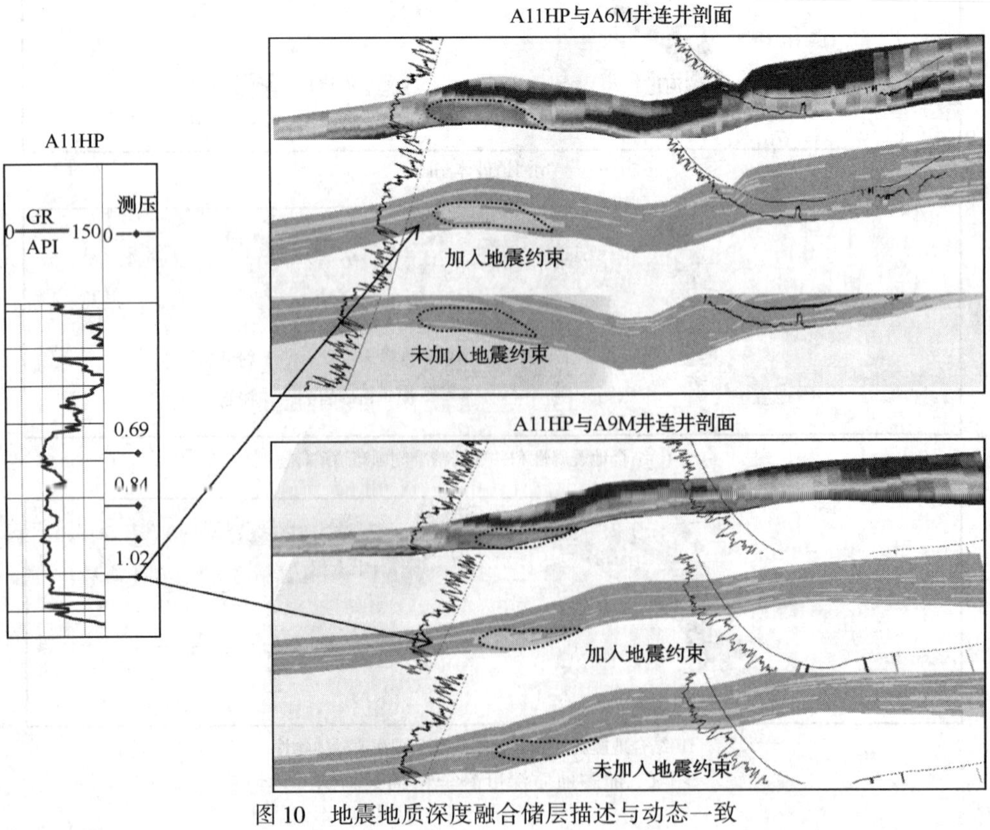

图 10　地震地质深度融合储层描述与动态一致

4　结论

（1）基于波形指示反演技术，能够有效提高地震数据分辨率，与测井、地质等数据进行匹配，解决不同尺度数据的匹配问题；

（2）多点地质统计学建模方法，能有效结合测井、地震和地质模式的优势，解决不同尺度数据融合问题；

（3）不同尺度数据匹配和融合方法实现了复杂河道相储层非均质性的精细表征，在A气田取得显著成效，为后续井位部署奠定了可靠的基础，同时为其他井震匹配较好的区块提供了有益参考，提高少井条件下储层的确定性和降低无井控区储层的随机性。

参 考 文 献

[1] 王家华，张团峰. 油气储层随机建模[M]. 北京：石油工业出版社，2001，1~25.

[2] 齐国亮. 地震约束储层建模算法的研究与实现[D]. 西安石油大学. 2010.

[3] 李桂亮. 基于地质统计学的地震约束建模方法研究[D]. 西安石油大学. 2010.

[4] 张迎朝，邹玮，陈忠云，等. 东海陆架盆地西湖凹陷中央反转构造带古近系花港组气藏“先汇后聚”机制及地质意义[J]. 石油与天然气地质，2023，44(5)：1256-1269.

[5] 解斌，刘太勋，横立群，等，地震波形指示反演在EA油田珠江组低渗储层预测中的应用[J]，海洋地质前沿，2023，39(11)：94-104.

[6] 高君，毕建军，赵海山，等. 地震波形指示反演薄储层预测技术及其应用[J]. 地球物理学进展，2017，32(1)：142-145.

[7] Smith,G. C., &Gidlow, P. M. (1987). “Integrated three-dimensional seismic-well log interpretation using structural dip and azimuth constraints.” Geophysics, 52 (1), 101-114.

[8] Marfurt, K. J., Kirlin, R. L., Farmer, S. L., Bales, R. H., & Gei, D. (1998). “Three-dimensional seismic data for reservoir characterization: Examples from the Gulf of Mexico.” The Leading Edge, 17 (3), 357-360.

[9] 王家华. 迎接油气储层建模理论、应用的大发展——从2007年国际石油地质统计学大会谈起[J]. 地学前缘，2008，15(1)：16~254.

[10] Chen, P. Y., & Journel, A. G. (1999). “Imaging conditional simulations of complex geological structures.” Mathematical Geology, 31 (7), 805-827.

[11] Armstrong, R. T., & Burden, R. J. (2007). “Multi-point geostatistics: A review of recent developments and applications.” Earth Science Reviews, 82 (3-4), 245-275.

[12] Wang, J. H. (2013). “Advances and prospects in reservoir characterization: integratinggeostatistics, geophysical inversion, and geomechanical modeling.” Earth Science Frontiers, 10(3), 1-12.

鄂尔多斯盆地南缘中生界断缝体精细描述与分类评价

伍　岳　夏东领　秦学杰　夏冬冬　何维领　于　岚

（中国石化石油勘探开发研究院）

摘　要　充分利用露头、岩心、钻录井、测井、地震、分析化验及生产动态等资料，对鄂尔多斯盆地南缘中生界延长组断缝体开展地质综合研究，阐述了断缝体的基本地质特征，形成了一套较为完整的断缝体识别与描述方法，建立了断缝体分类分级评价标准，主要认识如下：断缝体是由走滑断裂、伴生的脆性破碎带及裂缝化的致密砂岩带共同构成的复杂储集体，发育基质孔隙、裂缝、机械孔洞及空腔等不同尺度储集空间，具有多种连通模式，储层非均质性极强。研究区断缝体主要发育5种构造组合样式，剖面上构造样式有堑垒式、阶梯式、地堑式、花状和紧闭平移式，分别对应于平面上的帚状、雁列式、平行直线式、拉分地堑式和直线式，不同组合样式具有不同的应力背景。在断缝体结构样式指导下，通过模型正演，结合井震标定及地震反射特征分析，建立了断缝体井震识别模式，基于相干、倾角、曲率等地震结构属性及人工精细解释表征走滑断裂带，在走滑断裂带约束下基于分级裂缝地震相刻画断缝体外部轮廓，外部几何形态约束下基于地震结构张量属性进行内部结构划分，再结合动态信息进一步表征断缝体连通性及有效性。通过此方法，初步实现了研究区断缝体三维空间立体解剖及分布预测，有利断缝体主要分布在雁列型断裂的重叠部位、X型共轭与斜列型断裂的交叉部位、平行型与马尾型断裂的分支端部和拐点处。考虑断缝体力学性质、几何形态及发育规模，结合高产富集分析及产能评价，建立了断缝体分类分级评价标准，认为平行平移型、马尾平移型及拉分离散型断缝体是最有利类型。应用本文研究成果，在鄂南泾河油田三维区7条重点断裂带识别出50个有利断缝体目标，部署的评价井平均日产油20t/d以上，获得重大突破，证实了地质认识的准确及描述技术的适用性，对支撑鄂尔多斯盆地断缝体油藏高效开发具有重要意义。

关键词　断缝体；地质模式；油藏描述；分类评价；鄂尔多斯盆地

断裂作为油气主要运移通道而在成藏聚集过程中发挥着重要作用，断层的疏导与封闭性能研究长期以来备受重视。随着油气勘探程度不断深入，国内外不少学者发现断裂带可作为有效储集体而形成工业油气藏，极具潜力。对致密岩石而言，断层碎裂化作用及后期各种流体引起的溶蚀叠加改造，可形成大量油气储集空间，与后期盖层及同期相对塑性岩层匹配，在断裂带可以形成规模较大的断层体圈闭。近年来，塔里木盆地顺北奥陶系碳酸盐岩“断溶体”油藏、四川盆地须家河组致密砂岩“断褶体”油藏及鄂尔多斯盆地延长组致密砂岩“断缝体”油藏的勘探发现，进一步证实该类油藏的存在和潜力。

位于鄂尔多斯盆地南缘的泾河油田是典型的断缝体油藏发育区，综合利用露头、岩心、测井、地震及生产资料，对泾河油田断缝体开展了精细解剖，明确了断缝体基本地质特征，形成了针对性描述技术，结合近期评价井实施进展，建立断缝体分类分级评价标准，预测了有利断缝体目标分布。本文研究成果对深化断缝体油藏地质认识、指导目标区断缝体评价优选及有效开发具有重要意义。

1　区域地质概况

泾河油田位于鄂尔多斯盆地南缘彬长地区，地层自下而上发育寒武系、奥陶系、石炭-二叠系、三叠系、侏罗系和白垩系地层，缺失志留系、泥盆系、下石炭统、三叠系延长组长1~长3段（图1）。主力产油层为三叠系延长组长8段，为一套辫状河三角洲前缘沉积，储层主要为水下分流河道砂岩，孔隙度平均7.5%，渗透率平均0.3mD，为典型的致密储层。油源对比表明，长8油组原油来自上方的长7段泥页岩，为上生下储的成藏组合，同时长7泥页岩也是该油层区域盖层。长8油组储层与长7泥岩段有两种接触关系，即上下临近型和断层连接型，表明长

8 油层油藏的形成存在断层与砂体两种方式，构成源-储接触型与源-断层-储层型两种成藏系统结构。

研究区构造平缓，断裂十分发育，共识别出 7 条区域性主干断裂带，主体呈 NEE 走向，平面延伸距离大，最长达 30km，断面平直高陡，倾角 70°~85°，以对称、不对称地堑剖面样式为主，断裂带宽度一般不超过 2 千米，具有明显分段性，沿走向产状变化大，呈右阶雁列或辫状分布，表现为明显走滑断裂带特征。

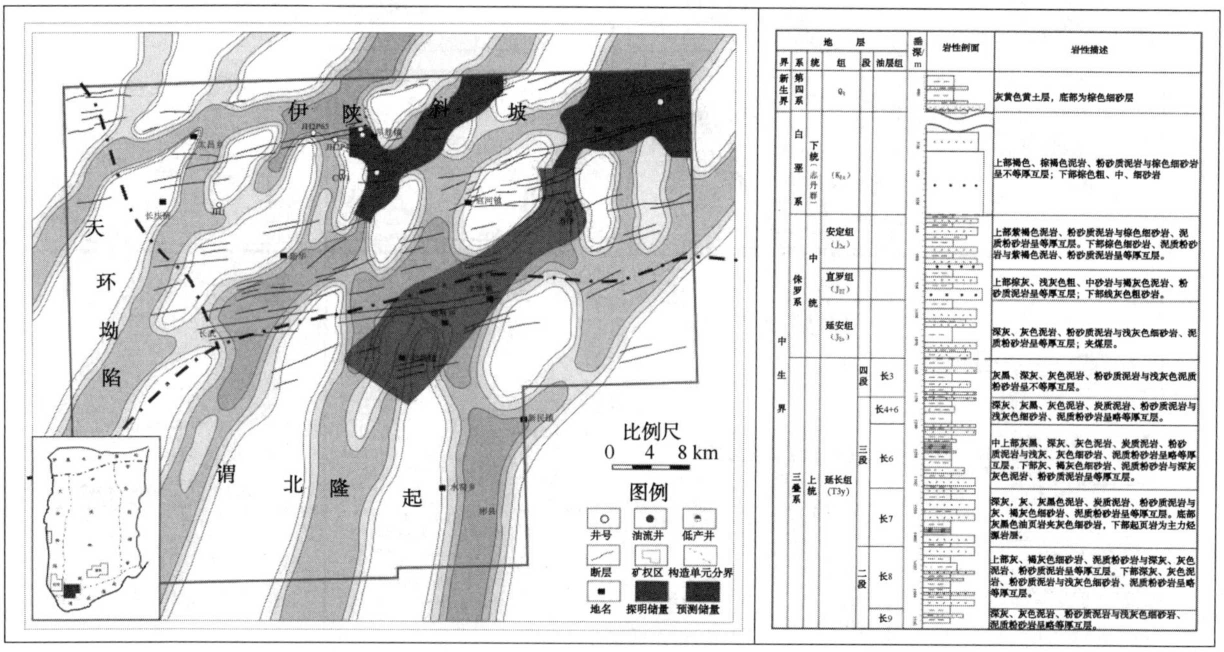

图 1　泾河油田长 8 油层砂体与油气富集区叠合分布图

2　断缝体基本地质特征

2.1　概念与地质内涵

泾河油田中生界石油勘探开发实践证实，高产井主要沿断裂带分布，裂缝是控制油井高产的关键，纯岩性区物性差、含油性差、产能低，断裂与有利砂体的叠合区是主要的油气富集区，是勘探开发“甜点”。基于该认识，2019 年，中石化华北油气分公司提出“断缝体”概念，指出断缝体是由走滑断裂、伴生的脆性破碎带及裂缝化的致密砂岩带共同构成的储集体，其上部及侧面均有非渗透泥质岩、致密层等封挡(图 2)。断缝体地质内涵主要集中在以下三方面：一是断缝体发育的背景为致密砂岩岩层；二是在断缝体内部，断层及与断层有关的中高角度裂缝大量发育；三是断缝体内部孔渗性能较好，是油气聚集的有利部位。

2.2　几何形态与样式

受印支、燕山和喜马拉雅 3 期构造活动影响，研究区断缝交切叠加，在空间上呈差异性分布。分析发现，研究区存在多种断层组合样式，

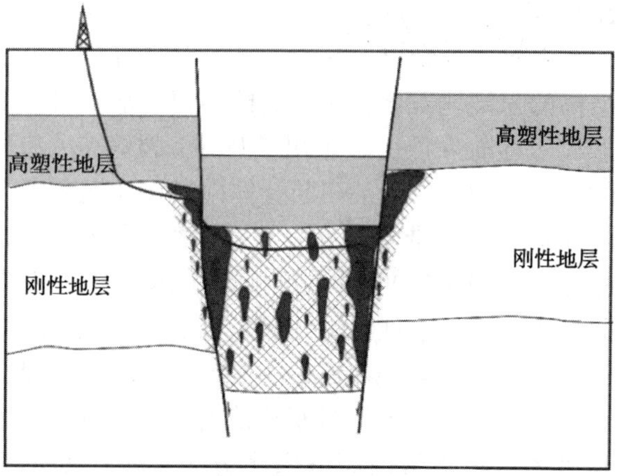

图 2　断缝体油藏地质模式图

平面样式包括平行式、斜列式、雁列式、扫帚状、豆荚状、马尾状及杂乱状等，呈现明显的走滑、扭动特征；剖面样式主要包括正花状、负花状、半花状、直立型、反转型等，具有多期走滑叠加、改造特征(图 3)。规模较大的断缝体主要分布在雁列型平面构造样式的重叠部位、X 型共轭与斜列型平面构造样式的交叉部位、平行型与马尾型平面构造样式的分支端部和拐点处，处于这些构造位置的井产量均较高，如 JH2P9 井钻

在多组平行型断层形成的断缝体上，钻井过程中存在大量的放空漏失，平均日产 28t/d，是研究区单产最高井。

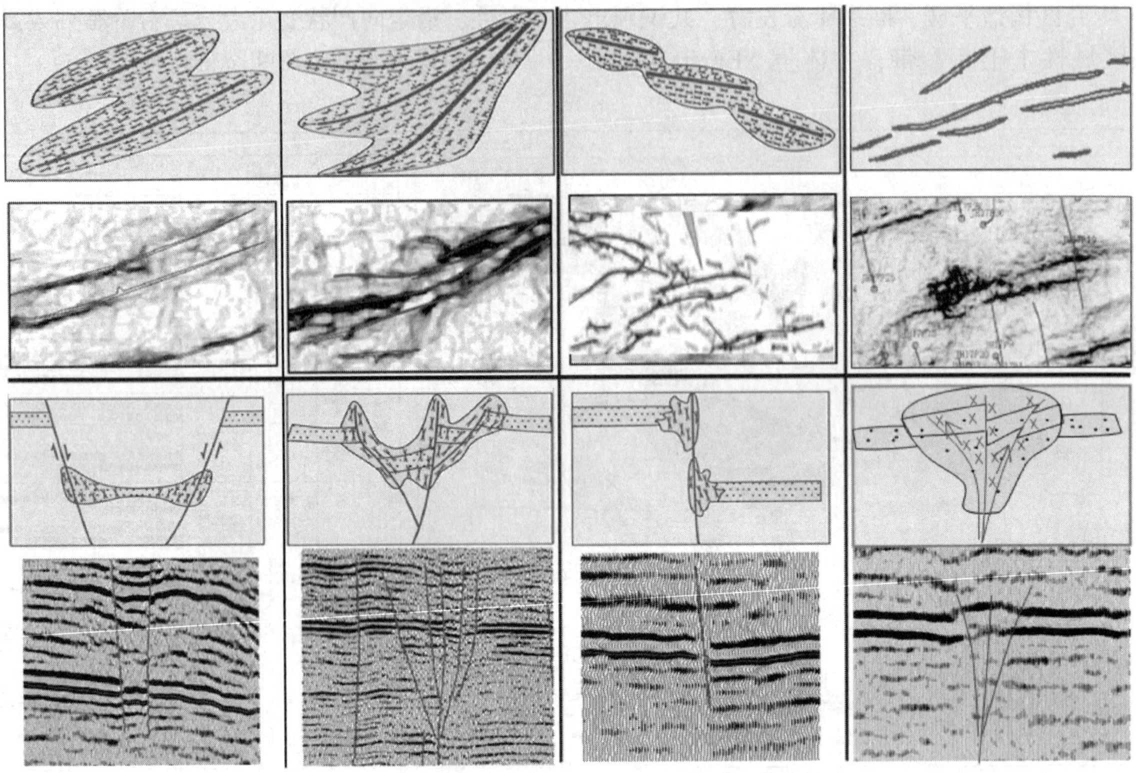

图 3　泾河油田断缝体几何形态与样式图

2.3　内部结构与储集空间

大量文献指出，断裂带是一个具有复杂内部结构的三维地质体，从断层核部到正常基岩，变形程度逐渐降低，呈现出破碎带-裂缝带-基岩的核带结构。泾河油田断缝体内部往往发育多个破碎带和裂缝带，交互发育，呈“多核窄带”结构样式，如 JH2P9 井在目标断缝体钻进过程中共发生 4 处失返性漏失，漏失量不等，表明断缝体内部发育了 4 个规模不一的破碎带。利用成像测井、取心井资料，对断裂带内部结构单元观察与描述，破碎带内裂缝密集分布，构造变形强烈，岩石碎裂不清，发育角砾岩、碎裂岩，裂缝带发育单一的 1~2 组裂缝，裂缝发育程度较破碎带明显降低。

岩心及成像测井揭示，致密砂岩经多期断裂活动改造后形成的断缝储集体十分复杂，断层角砾岩、碎裂岩和断层泥等断层岩发育，存在机械孔洞、空腔、裂缝及溶蚀孔隙等不同类型储集空间(图 4)。不同储集空间组合形成了裂缝-孔洞型、裂缝-孔隙型和孔隙型等储层类型，从断缝体到原岩，三类储层呈现渐次变化的接触关系。裂缝-孔洞型储层发育断层角砾岩、碎裂岩、断层泥等断层岩，原生基质孔隙被破坏，以机械残余孔洞、空腔及裂缝为主，易被砂泥等细粒填充或钙质胶结，储层非均质性极强，测井解释孔隙度 10%~16%，平均 11.9%；裂缝-孔隙型储层岩石类型主要为长石岩屑砂岩和岩屑长石砂岩，储集空间以基质溶蚀孔隙和微裂缝为主，测井解释孔隙度 8%~14%，平均 9.5%；原始致密砂岩孔隙型储层孔隙度 6%~10%，平均 7.7%。断缝体内部储层的空间分布受控于不同结构单元，即断裂构造控储，破碎带以裂缝-孔洞型储层为主，裂缝带以裂缝-孔隙型储层为主。

3　断缝体精细刻画与描述

3.1　技术思路与流程

在断缝体形态结构及地质模式指导下，井震结合，形成了断缝体层级控制的表征思路，先从构造学的角度明确主要断裂的展布模式，根据走滑断裂模式确立走滑断裂格架，在格架约束下优选地震属性刻画断缝体外部轮廓，在外部轮廓约束下优选地震属性开展内部结构单元的表征与预测，依次类推，实现各个层级的嵌套刻画与描述。

3.2　走滑断裂带刻画与描述

走滑断裂描述主要基于地震资料精细处理，在走滑断裂发育模式的指导下，开展关键地质层位三维解释，优选地震结构属性刻画走滑主干断裂、次级断裂分布(表1)。本次解析重点关注中生界延长组断缝体，通过地震测线逐道解释，将主干断裂及分支断进行空间组合，剖面通常表现为单支状和花状样式。其中花状结构剖面具有明显的主断面、分支断裂面组合特点，主干断裂面断穿基底，而分支断裂则呈发散状，向底部收敛合并到某一地层，导致越是浅部地层其破碎程度越明显，表现为“上宽下窄”的特征(图3)。除断裂解析之外，因走滑断穿地质层位较多，地层层状信息也是重要的因素，因此，也对较为重要的地层界面进行了三维追踪解释(T6c、T5、T3等)。

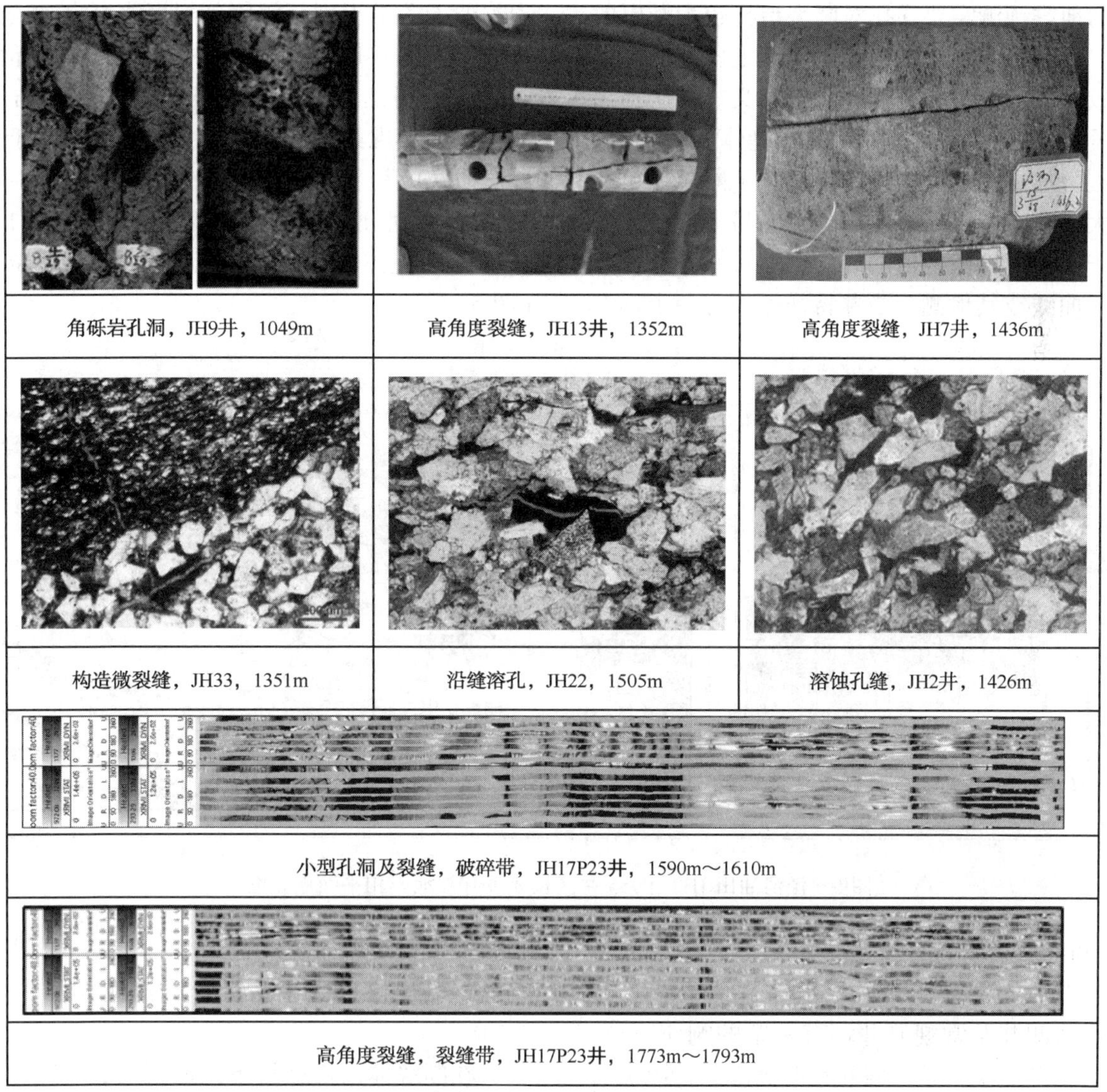

图4　断缝体储集空间岩心、薄片及成像测井照片

表1　泾河油田不同级别走滑断裂识别标准与模式

断裂类型	识别方法	地震响应特征	断距量化指标	地震属性	截断值
Ⅰ类断裂	常规地震解释即可准确识别	同相轴出现明显错段，断点断距清楚，中强-中弱反射，呈杂乱空白反射特征	断距20~30m	人工解释、相干、曲率、倾角	相干(0.5~1)曲率(0.0004~0.0013)倾角(1.2~4)

续表

断裂类型	识别方法	地震响应特征	断距量化指标	地震属性	截断值
Ⅱ类断裂	常规地震解释即可准确识别	同相轴有错段，断距断点模糊	断距 10~20m	人工解释、相干、曲率、倾角	相干(0.5~1)曲率(0.0004~0.0013)倾角(1.2~4)
Ⅲ类断裂	常规地震解释即可准确识别	同相轴出现小褶曲	断距 4~10m	AFE、蚂蚁体、最大似然	AFE(80~180)ANT(0.4~1)/最大似然(0.5~1)

3.2 外部轮廓刻画与描述

断缝体范围受断裂的控制作用明显，因此断缝体的地震预测需要寻找对断裂差异较为敏感的属性。已有研究通过结构张量或其他属性取得了相对较好的效果，具有一定借鉴意义。本次提出采用分级裂缝地震相属性刻画断缝体外部轮廓，分级裂缝地震相在一定程度上反映了断缝体可能性的大小及范围。外部轮廓预测的另一个核心问题在于地震属性门槛值的确定，通过水平井或直井钻时曲线或其他测、录井特征可作为一个标定的途径，但对于无井标定时，本过程又引入了阈值自动分割技术自动识别外部轮廓范围，技术原理类似于图像识别，阈值分割算法可自动统计某一数据集中不同数据类(即不同地震属性值)之间的分割阈值，且能够保证类间的统计方差最大，从而实现具有统计学意义的分类。基于该方法对研究区初步确定断缝体外部轮廓边界对应裂缝相4(共划分了6类裂缝相)，即裂缝相1、2、3、4为断缝体发育区，裂缝相5、6为围岩地层(图5)。

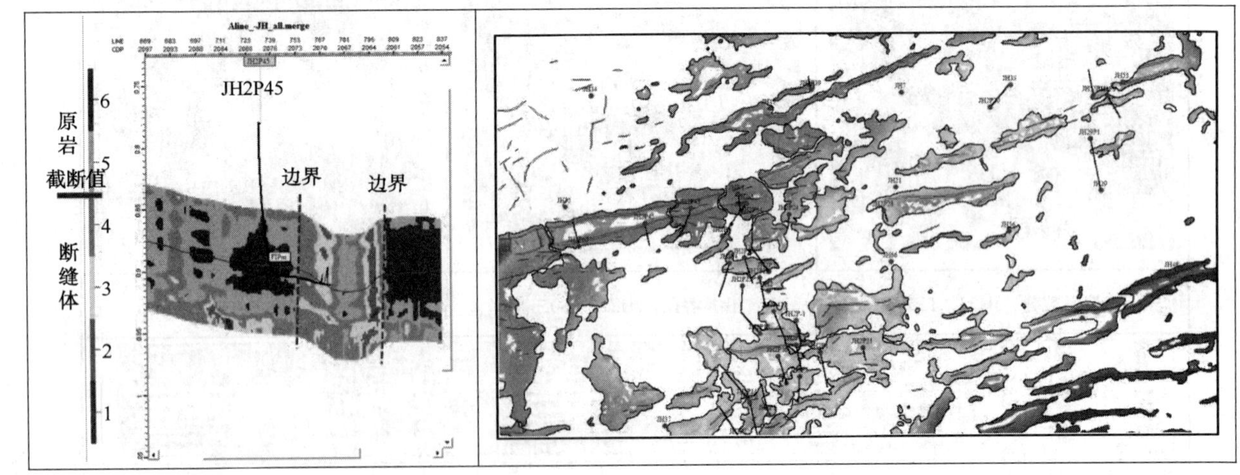

图5　泾河油田 JH2-JH55 井区长 8 段有效地震相平面展布图

3.3 内部结构刻画与描述

断缝体内部破碎带及裂缝带在岩心、钻录井、成像测井及常规测井均有一定的响应特征。当遇到钻具放空、重井漏和钻时突降的情况极有可能为破碎带，裂缝带在岩心及成像测井上能够获得较为准确的信息，标定到常规曲线上具有类似裂缝型储层的响应特征，较容易识别。结合常规测井、钻井及录井资料，建立了泾河油田断缝体内部结构单元识别标志(表2)，开展了水平井断缝体内部结构识别与划分，对划分结果统计发现，单条断层控制的断缝体规模 200~400m，其中破碎带与裂缝带宽度比约1∶3~1∶4，断层活动盘一侧规模远大于被动盘，比例介于3∶1~2∶1。

在断缝体内部结构单元地震反射特征分析基础上，本次引入地震结构张量属性(GST)预测破碎带与裂缝带分布，地震结构张量属性实质是将地震数据视为图像，通过识别地震图像中的不同结构特征或纹理单元(如层状纹理、杂乱纹理等)，图像中纹理变化实际上代表地质目标中的异常体如断层、缝洞等。对于“断缝体”，在三维空间上与邻近地震道有明显有反射差异，因此三个方向上的特征值 λ 均不同，由此取其和作为 GST 的计算结果，其值越大，反映出三个方向的混沌性越强，越有可能是断缝体的反映。对研究区地震资料去噪后提取了结构张量属性数据体，充分利用水平井，井震联合，发现断缝体不同结构单元与地震结构张量属性的强弱变化具有较好一致性，由此确定了不同结构单元对应属性门槛值，破碎带属性值>40，裂缝带属性值>20，基岩带属性值<20。在断缝体外部轮廓约束下，依据不同结构单元对应属性门限值，提取不同单元目标，雕刻断缝体内部结构分布，泾河油田 JH55 井区长 8 断缝体内部结构预测结果与 5 口井实钻吻合率达 80%以上(图 6)。

表 2　断缝体内部不同结构单元识别标志

横向结构	反射特征	储集体类型	测井特征			实钻特征	
			电阻率	声波时差	曲线特征	放空漏失	钻时(min/m)
基岩带	连续状	孔隙型	>50	200~240	平直	无	20~32
裂缝带	弱连续	裂缝-孔隙型	10~50	235~280	波动	无或槽面有显示	2.0~20
破碎带	错段 扭动 杂乱	裂缝-孔洞型	<40	>250	锯齿状/ 波动	漏失量较大或钻遇放空	1.5~8.0

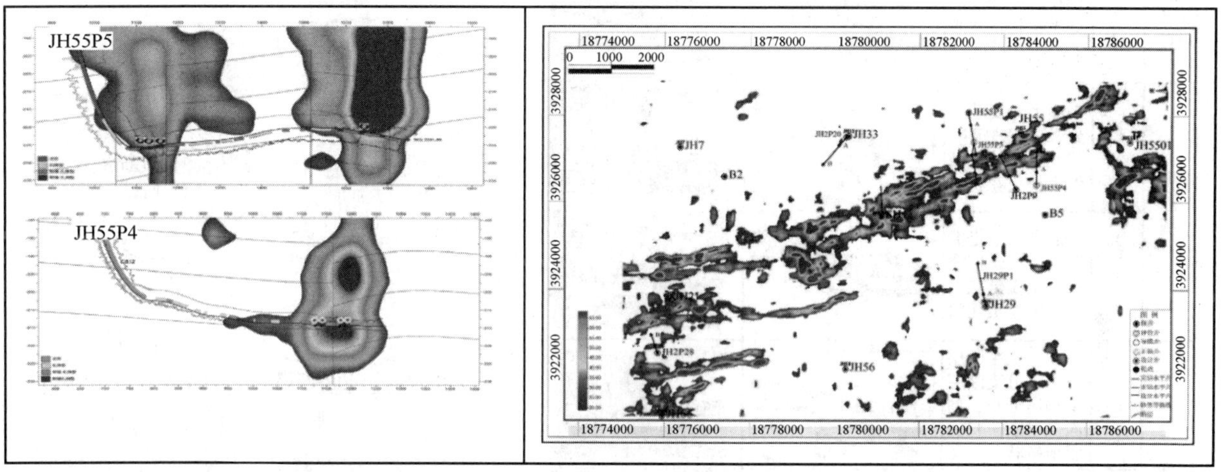

图 6　泾河油田 JH55 井区长 8 断缝体内部结构预测平面图

4　断缝体分类分级评价

4.1　断缝体成因分类

基于断缝体力学性质及几何样式差异，研究区断缝体划分为 3 大类 5 小类(图 7)，不同类型断缝体活动强度、内部结构及空间分布等存在明显差异。

离散型断缝体：位于走滑断裂拉张段，断层垂向断距大，侧向影响宽，活动强烈，发育边界主断层(一级断层)，定为断缝体边界；断缝体规模大，形成沿断层延伸的“扇形体”，内部发育多组小型破碎带，呈“张扭核带”结构，裂缝发育程度高，发育小型空腔，储集体连通性较好，易漏失。

平移型断缝体：位于走滑断裂平移段，活动中等-弱，发育多组平行的二级、三级断层，或主次级断层组合，以最外侧平移断层为断缝体边界；沿断面发育较窄破碎带，呈“栅状缝网”结构，以颗粒滚动、旋转为主，分选好，利于形成较大的空腔及孔洞等储集空间。

汇聚型断缝体：位于走滑断裂压隆段，活动强烈，发育边界主断层(一级断层)，定为断缝体边界；靠近主断面发育大量裂缝，由于压扭作用处于闭合状态，内部以挤压破裂为主，呈“压扭核带”结构，分割性强，连通性较差，储集性能较差，断缝体中部或发育撕裂小断层、孔洞，是潜在有利部位。

4.2 不同类型断缝体实钻分析

在断缝体精细刻画与成因分类基础上，针对不同类型断缝体开展了评价部署。在旱胜断裂带西段南侧离散型断缝体部署实施 JH2P43 井，钻井过程中 9 段槽面显示，2 段槽面上涨，测井识别 6 段裂缝带，目前稳定产能平均日产油 10t；在太昌断裂带汇聚型断缝体部署实施 He102H 井，实钻水平段长 541.00m，钻至 2159m 出现放空现象，累计漏失 $223m^3$，稳定日产油 5t，含水率 52.1%，累产油 2399t；在永正断裂带马尾状平移型断缝体部署实施评价井泾河 2301H，钻遇 4 条平移型断层，累计漏失钻井液 $4659m^3$，初期日产油 20t。

此外，通过对已开发榆林子和永正断裂带断缝体开展解剖，榆林子断裂带以张扭性为主，主要发育离散型断缝体，大多数油井在钻进过程大量漏失，初期高液高产，平均单井 0.51 万 t，动液面水平较高，地层能力较足，供液能力强；永正断裂带以平移型断缝体为主，钻井过程中基本没有漏失，中液中产，液油含水均稳定，平均单井 0.45 万 t，氯离子更接近地层水平，说明断缝带内流体体积小，流体交换能力较弱(图 8)。

总体来说，不同类型断缝体含油性和生产特征差异很大，平移型和离散型断缝体相对有利，该两类断缝体裂缝发育程度高、连通性和有效性更好。

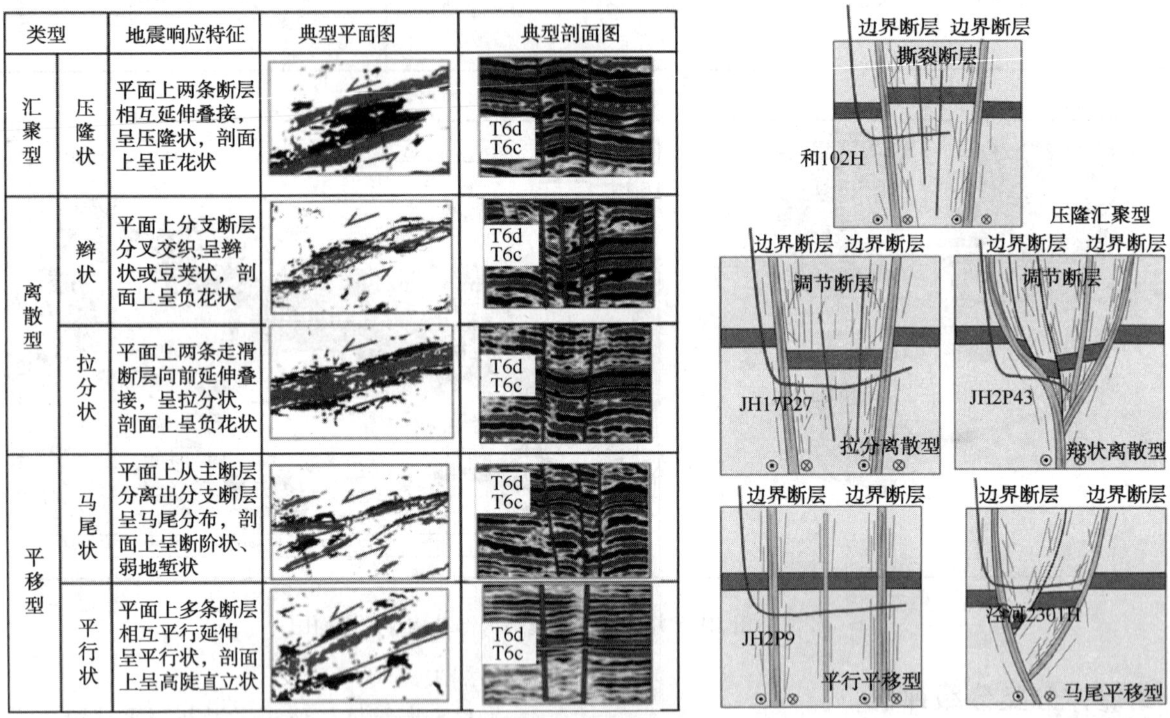

图 7 断缝体地质类型、发育模式及实钻井示意图

4.3 断缝体分类评价标准

通过单井产能分析发现，断缝体高产与断缝体类型、破碎带宽度及砂体厚度具有一定正相关关系(图 9)，连通断缝体体积控制油井产能，据此提出了断缝体油藏"成因类型优、破碎带规模大、纵向砂体厚"的控产控富规律认识。在此规律性认识基础上，以断缝体类型为分类指标，断缝体破碎带规模和纵向砂体厚度为分级指标，结合产能评价，建立了以"断裂和砂体"为核心的断缝体分类分级评价体系(表 3)。在该评价标准指导下，利用研究区断缝体井震刻画与描述结果，在旱胜断裂带东段 JH55 井区识别出Ⅰ类断缝体目标 7 个，Ⅱ类目标 3 个，Ⅲ类目标 2 个(图 10)，优先对Ⅰ类目标开展评价部署，部署的评价井平均日产油 20t/d 以上，获得重大突破。

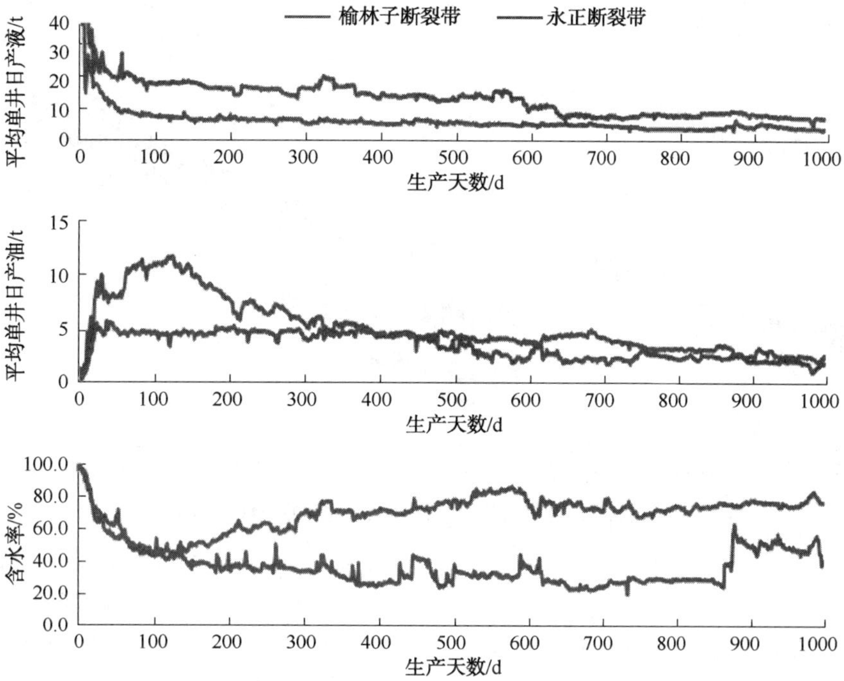

图 8 不同断裂带不同类型断缝体生产动态特征对比

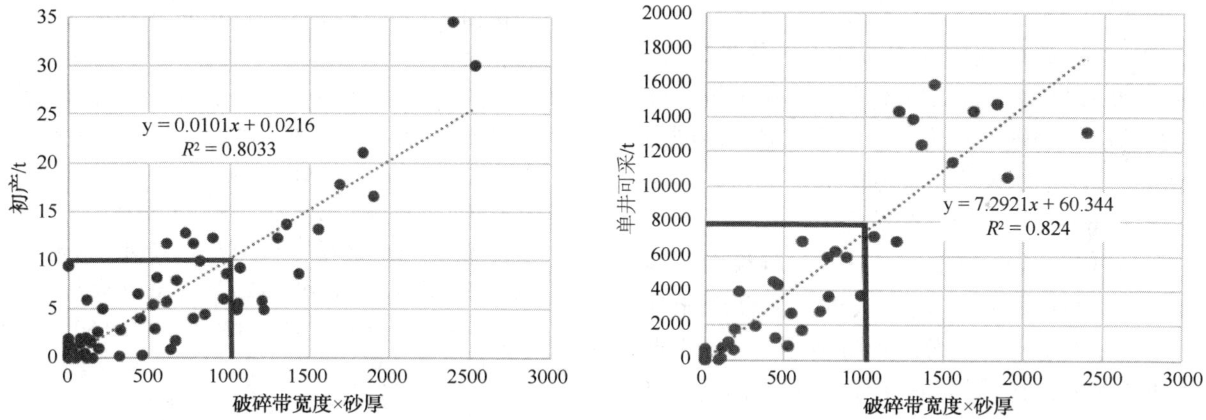

图 9 断缝体产量与破碎带宽度、砂体厚度相关性分析图

表 3 断缝体分类分级评价表

类型	断缝体类型		断缝体级别	
	力学性质	几何形态	破碎带宽度/m	砂体厚度/m
Ⅰa	平行平移型 马尾平移型 离散型	等距平行排列 负花状马尾 拉分错段带	>100	>10
Ⅰb			50~100	6~10
Ⅱ	汇聚型	正花状或地垒状	>100	>10
Ⅲ	雁(羽)列平移型	雁列(羽列)式	50~100	6~10

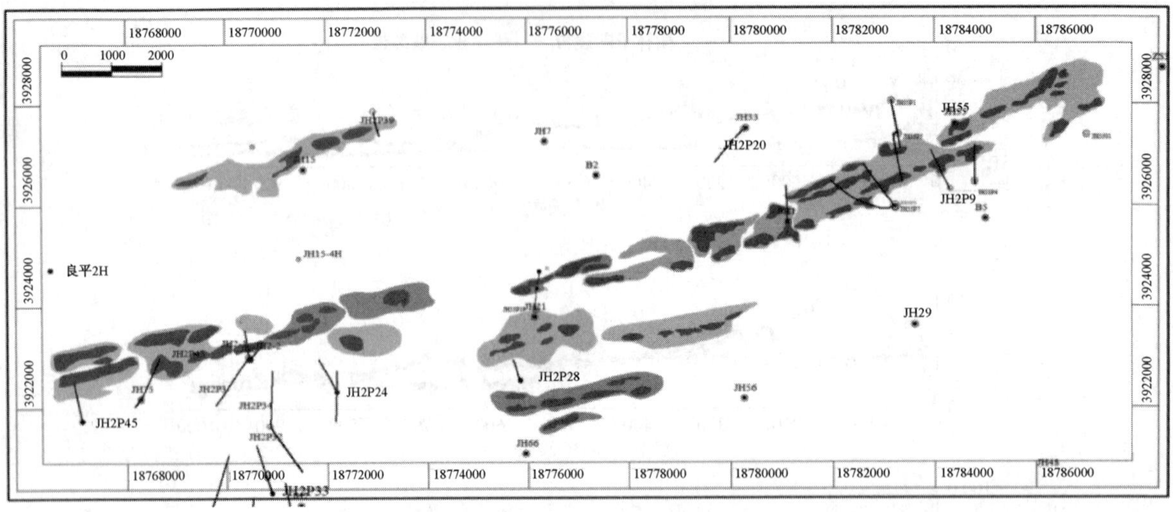

图 10　泾河油田旱胜断裂带东段 JH55 井区断缝体目标分布图

5　结论

（1）断缝体是鄂尔多斯盆地中生界致密油主要高产油藏类型，几何样式多，内部结构复杂，发育基质孔隙、裂缝、机械孔洞及空腔等不同类型储集空间，沿走滑断裂带呈线性分布，相邻单体之间差异较大，非均质性极强。

（2）在断缝体地质模式指导下，井震结合，形成了“地震结构融合属性刻画走滑断裂带、分级裂缝地震相刻画外部轮廓、结构张量属性刻画内部结构”的断缝体层级描述技术，精细刻画了断缝体三维内部构型及空间分布。

（3）基于“成因类型优、破碎带规模大、纵向砂体厚”的控产控富规律认识，结合产能评价，建立了断缝体分类分级评价标准，针对重点断裂带Ⅰ类断缝体目标部署的评价井获得重大突破，打开了鄂南致密油效益开发新局面。

参 考 文 献

[1] Knipe R J, Harris S D, Casey M, et al. Fluid-flow properties of faults insandstone: The importance of temperature history [J]. Geology, 2003, 31 (11): 965-968.

[2] Kim Y, Sanderson D J. Inferred fluid flow through fault damage zones based on the observation of stalactites in carbonate caves [J]. Journal ofStructural Geology, 2010, 32(9): 1305-1316.

[3] Kim Y, Peacock D C P, Sanderson D J. Fault damage zones[J]. Journal of Structural Geology, 2004, 26 (3): 503-517.

[4] Myers R, Aydin A. The evolution of faults formed by shearing across joint zones in sandstone[J]. Journal of Structural Geology, 2004, 26(5): 947-966.

[5] Kim Y S, Andrews J R, Sanderson D J. Damage zones around strike-slip fault systems and strike-slip fault evolution, Crackington Haven, England [J]. Geosciences Journal, 2000, 4(2): 53-72.

[6] 罗群，黄捍东，庞雄奇，等. 自然界可能存在的断层体圈闭[J]. 石油勘探与开发，2004，31(3)：148-150.

[7] 王威，凡睿. 四川盆地北部须家河组“断缝体”气藏特征及勘探意义[J]. 成都理工大学学报(自然科学版)，2019，46(5)：541-548.

[8] 刘振峰，刘忠群，郭元岭，等. “断缝体”概念、地质模式及其在裂缝预测中的应用-以四川盆地川西坳陷新场地区须家河组二段致密砂岩气藏为例[J]. 石油与天然气地质，2021，42(4)：973-980.

[9] 鲁新便，胡文革，汪彦，等. 塔河地区碳酸盐岩断溶体油藏特征与开发实践[J]. 石油与天然气地质，2015，36(3)：374-355.

[10] 吕海涛，韩俊，张继标，等. 塔里木盆地顺北地区超深碳酸盐岩断溶体发育特征与形成机制，石油实验地质，2021，43(1)：14-22.

[11] 何发岐，梁承春，陆骋，等. 鄂尔多斯盆地南缘过渡带致密-低渗油藏断缝体的识别与描述[J]. 石油与天然气地质，2020，41(4)：710-718.

[12] 工威，凡春，黎承银，等. 川东北地区须家河组“断缝体”气藏有利勘探目标和预测技术[J]. 石油与天然气地质，2021，42(4)：992-1001.

[13] 黄仁春，刘若冰，刘明，等. 川东北通江-马路背地区须家河组断缝体储层特征及成因[J]. 石油与天然气地质，2021，42(4)：873-883.

[14] 付金华，郭正权，邓秀芹. 鄂尔多斯盆地西南地区上三叠统延长组沉积相及石油地质意义[J]. 古地

理学报，2005，7(1)：135-144.

[15] 邓秀芹，付金华，姚泾利，等. 鄂尔多斯盆地中及上三叠统延长组沉积相与油气勘探的突破[J]. 古地理学报，2011，13(4)：443-455.

[16] 陈伟，吴智平，侯峰，等. 断裂带内部结构特征及其与油气运聚关系[J]. 石油学报，2010，31(5)：774-780.

[17]高君，吕延防，田庆丰. 断裂带内部结构与油气运移及封闭[J]. 大庆石油学院学报，2007，31(2)：4-7.

[18] 付晓飞，方德庆，吕延防，等. 从断裂带内部结构出发评价断层垂向封闭性的方法[J]. 地球科学：中国地质大学学报，2005，30(3)：328-336.

[19] 刘池洋，赵红格，王锋，等. 鄂尔多斯盆地西缘(部)中生代构造属性[J]. 地质学报，2005，79(6)：737-746.

[20] 王建强，刘池洋，闫建萍，等. 鄂尔多斯盆地南部渭北隆起发育时限及其演化[J]. 兰州大学学报(自然科学版)，2010，46(4)：22-27.

[21] 刘永涛，周义军，刘池洋，等. 鄂尔多斯盆地隐蔽型走滑断裂带构造特征及其油气地质意义[J]. 地质论评，2020，增刊1.

[22] 陈贺贺，朱筱敏，陈纯芳，等. 致密砂岩储层致密化与成藏史耦合关系研究—以鄂尔多斯南部镇原-泾川地区延长组长8油层组为例[J]. 沉积学报，36(2)：401-414.

[23] 张园园，任战利，何发岐，等. 克拉通盆地构造转折区中-新生界构造特征及其控藏意义-以鄂尔多斯盆地西南部镇泾地区延长组为例[J]. 岩石学报，2020，36(11)：3537-3549.

[24] 李士祥，邓秀芹，庞锦莲，等. 鄂尔多斯盆地中生界油气成藏与构造运动的关系[J]. 沉积学报，2010，28(4)：798-807.

[25] 孙少华，李小明，龚革联. 鄂尔多斯盆地构造热事件研究[J]. 科学通报，1997，42(3)：306-309.

[26] 任战利，祁凯，李进步，等. 鄂尔多斯盆地热动力演化史及其对油气成藏与富集的控制作用[J]. 石油与天然气地质，2021，42(5)：1030-1042.

塔里木盆地超深层断控型缝洞油藏动用储量思考

顾　浩[1]　郑松青[1]　李红凯[1]　张冬丽[1]　张　云[2]

（1. 中国石化石油勘探开发研究院；2. 中国石化西北油田分公司）

摘　要　塔里木盆地超深层断控型缝洞油藏已成为我国深地领域油气增储上产新的增长极，正确认识动用储量对此类油藏的高效动用与开发具有重要意义。但由于超深层断控型缝洞油藏地质特征、储层结构、开发规律的复杂性与特殊性，目前对动用储量的认识存在一定不足和偏差，基于前期研究，在动用储量的内涵、评价方法、认识等方面形成几点思考。研究表明：动用储量是油藏开发过程中地下参与流动的原油对应的地质储量，关键是要“动”，才能被“用”起来；开发前期能流动的原油到开发后期可能不再全部流动，导致部分动用储量变成“拟未动用储量”；动用储量动态变化，有增也有降；动态储量与动用储量具有高度一致性，二者本质上没区别。创建了考虑5类压缩系数随地层压力变化的超深层油藏动用储量评价方法，比传统油藏物质平衡方法应用面广；超深层断控型缝洞油藏动用储量评价存在诸多不确定性因素，需进一步深化、细化，动用储量规模不确定性大。超深层断控型缝洞油藏弹性驱阶段动用储量随地层压力下降逐渐减小，弹性驱后期动用储量规模较初期的下降幅度可高达60%；未动用储量主要分布在未井控区、完全孤立缝洞体、连通程度低的分隔体、裂缝高导流通道绕流区；后投产井初始静压低、无法自喷并不代表后投产井所在缝洞体周围的储量一定全部动用或动用程度高。

关键词　超深层；断控；缝洞油藏；动用储量；动态储量；拟未动用储量；压力；塔里木盆地

近年来我国在塔里木盆地超深层(埋深超过6000m)海相碳酸盐岩油气勘探开发上取得重大进展，先后发现顺北、富满等具有代表性的超深层断控型缝洞油气藏，目前已落实油气资源量超20×10^8t，年产油气当量约600×10^4t，成为我国深地领域油气增储上产新的增长极。但塔里木盆地超深层断控型缝洞油藏十分复杂，由深大走滑断裂主控，平面呈条带状，埋深7000～9000m、温度155～175℃、压力80～95MPa、储层厚度超过500m，储集体由不同尺度裂缝、洞穴及溶孔组成，分布高度离散，非均质性极强，高效开发难度很大。

目前整体开发规律及矛盾表现为：(1)初期产能普遍很高，油井日产油100～800t/d，短期内快速上产，单井累产油可高达10×10^4～50×10^4t。(2)井周地层能量下降快，一般2~3年后井周地层压力降至泡点压力或停喷压力，地层能量不足导致油井产能急剧下降，并伴随地层堵塞、油井出砂、见水等问题，油井稳产期短，一般不超过3年。(3)在一次采油后期，为恢复产能、延缓产量递减，矿场开始注水注气补充能量，但因前期地层亏空大、缝洞储层结构遭到破坏、注采比不合理等诸多原因导致补能效果不及预期。

之所以出现上述情况，除油藏地质条件异常复杂外，其中一个主要原因是对超深层断控型缝洞油藏动用储量的认识存在不足。储量是油田开发的物质基础，决定了井位部署、采油速度、合理配产、注水注气等重大开发技术政策的制定，不断提高动用储量是油田开发初期井位部署的核心目标，也是开发中后期井网调整、注水注气优化首要考虑因素，关系到油田能否上产稳产，其重要性不言而喻。但笔者发现，由于超深层断控型缝洞油藏复杂的地质特征、储层结构及开发过程中呈现出的特殊规律，例如：基质孔隙度一般小于2%，渗透率一般小于1mD，不具备储渗能力，有效储集空间由离散分布的洞孔缝组成，导致动用储量和未动用储量主要集中于非均质性极强的缝洞体内，分布相对零散；在油藏大幅度降压开发过程中，会出现缝洞体变形、裂缝闭合、流体组分与原油黏度变化，一方面影响流体流动能力与储量动用范围，另一方面评价动用储量的关键参数不能照搬传统砂岩油气藏的方法取值。以上这些因素导致矿场及部分学者对超深层断控型缝洞油藏动用储量的认识存在一定不足和偏差，有必要开展研究和讨论。

为此，基于前期研究，笔者在动用储量的内

涵、评价方法、认识等方面形成了几点思考，供专家学者们探讨，旨在助力我国塔里木盆地超深层断控型缝洞油气藏及同类油气藏的高效动用与开发。

1　动用储量内涵

国内学者划分了动态储量与动用储量，但不同学者在使用过程中对二者的概念理解和内涵认识存在一定偏差，易造成曲解，对下一步提高储量动用的有效措施制定和技术手段优选产生较大影响，为此，有必要先对二者开展详细讨论。

1.1　动态储量

动态储量，即动态地质储量，是指利用油井、井组、区块或油藏的生产动态数据计算得到的地质储量。基于油藏物质平衡方程评价动态储量是目前最常用、最便捷的方法之一，但由于油藏物质平衡方程中所有参数(累产油、各类压缩系数等)均与地层压力相关或是地层压力的函数，因此，计算得到的动态储量也随地层压力动态变化。

1.2　动用储量与拟未动用储量

关于动用储量，其实目前文献资料中并无明确定义，正因如此，不同学者对动用储量的理解和认识存在较大差异。笔者认为动用储量是油藏开发过程中地下参与流动的原油对应的地质储量，流动的原油对油井产量有贡献或对油藏压降起作用。动用储量关键是要“动”，即地层原油要流动，不能处于静止状态，原油只有参与流动才能被采出，才能被“用”起来。参与流动的原油对应的地质储量(动用储量)与静态地质储量之比称为储量动用程度。可从以下几个角度进一步理解动用储量的内涵：

(1) 若井周有原油参与流动或井周有原油被产出，说明井周储量被动用，井周储量动用程度一般较高，但不代表井周储量一定全部被动用。开发实践证实，超深层断控型缝洞油藏井周局部位置投产前就存在(或在开发过程中形成)大量的孤立缝洞体、分隔体(图1)，这部分储量属于未动用储量或“拟未动用储量”，需采取新井部署、老井侧钻、酸压改造等措施才能被首次动用(未动用储量)或再次动用(拟未动用储量)。需说明的是，拟未动用储量特指前期能动用但后期不能动用的储量，即前期在地下参与流动到后期因驱动力变小、流动阻力变大等各种原因不能流动的那部分原油对应的地质储量，区别于传统意义上的动用储量和未动用储量。

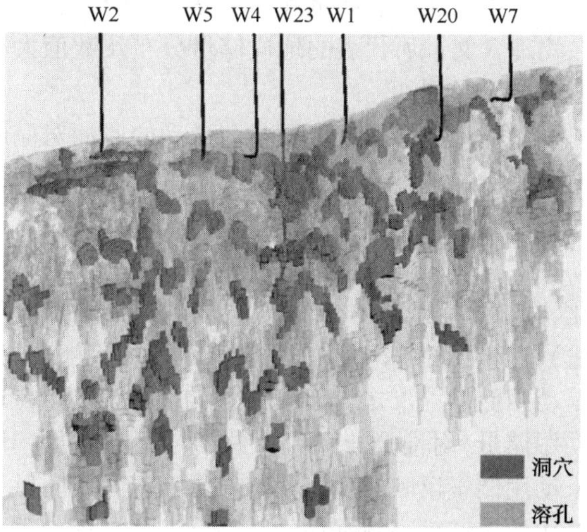

图1　塔里木盆地Y超深层断控型缝洞油藏储集体分布

(2) 若井筒外围及远端原油一直不参与流动，说明这部分原油对油井产量无贡献、对油藏压降不起作用，对应的储量属于未动用储量，这种情况最典型的油藏类型还包括特/超稠油、低渗透、致密油藏等。由于井筒外围及远端原油不流动，井周原油参与流动的范围较小，储量动用程度整体较低，需采取注蒸汽大幅度降低地层原油黏度、钻长段水平井与多分支井、体积压裂等措施才能让井筒外围及远端原油真正流动，实现储量动用程度大幅度提高。

(3) 若油藏无压降或井周无压差，则地层原油不流动，油井无产量，累产油等于0，储量不动用($N=0$)。但井周有压差，储量不一定动用，分两种情况：①原油未参与流动，储量不动用。这种情况常出现在特/超稠油、低渗透、致密油藏，由于此类油藏存在启动压力梯度，当驱动压差小于启动压力梯度时，原油无法流动，油井无产量，累产油等于0，储量不动用。②原油参与流动，储量动用。参与流动的原油对油井产量有贡献($N_p>0$)或对油藏压降起作用($\Delta p_r>0$)，基于油藏物质平衡方程可知储量动用($N>0$)，这部分原油对应的地质储量即为动用储量。

(4) 动用储量也是动态变化的，有增也有降。由于地层能量、储层结构、物性、流体组分、开发方式、注采井网、注采参数等发生变化，开发前期能流动的原油到开发后期可能不再全部流动，即部分动用储量变成“拟未动用储量”，动用储量规模和储量动用程度均下降。

1.3 动态储量与动用储量一致性

基于上述动态储量和动用储量的内涵，二者在物理含义、所代表的地质储量分布及数值大小方面并无区别。

（1）动用储量是地下参与流动的原油对应的地质储量，地下原油流动，油藏就有压降、油井就有产量(包括产水)，即动用储量反映在生产动态上一定有响应，油藏压力和油井产量有变化，此时基于变化的生产动态数据(压力、产量)评价动态储量时，评价结果本质上反映的就是动用储量。反之，地下不参与流动的原油(未动用储量)对油藏压降和油井产量不起作用，即未动用储量反映在生产动态上无响应，此时基于变化的生产动态数据评价动态储量时，评价结果与未动用储量无关；特殊地，如果地下原油均不参与流动(动用储量等于0)，则油藏无压降、油井无产量，生产动态上无响应，动态储量也等于0，这部分原油对应的地质储量全部是未动用储量。

（2）动态储量是基于生产动态数据(主要是产量、压力)计算得到的地质储量，只要油井、井组、区块或油藏的生产动态发生变化，对应的原油在地下一定是参与流动的，这部分原油对应的地质储量就是动用储量。

总之，不存在动用储量反映在生产动态上无响应(即不存在油藏压力、油井产量发生变化，动态储量等于0)，也不存在动态储量对应的原油在地下是不参与流动的(未动用储量)，动态储量与动用储量具有高度一致性，二者本质上没区别，只是国内专家学者们在研究、应用过程中不断发展和使用的两个地质储量概念。

2 超深层油藏动用储量评价方法

2.1 修正油藏物质平衡方程法

目前评价动用储量的方法包括物质平衡方程法、PDA 法、水驱特征曲线法、经验法等，其中基于油藏物质平衡方程评价动用储量是最常用的方法，尤其适合于浅层、地饱压差小的油藏类型或油藏压降低的情况。但塔里木盆地超深层断控型缝洞油藏地饱压差(50~75MPa)、油藏压降通常较大，且传统油藏物质平衡方程只考虑初始地层压力和目前地层压力两种状态，忽略地层压力变化对压缩系数影响，一般不采用微分或积分法求解，导致动用储量评价结果误差较大。为此，考虑 5 类压缩系数(地层原油、地层水、岩石孔隙体积、地层原油的两相体积、气体的压缩系数)随地层压力变化，修正 5 种不同驱动方式(弹性驱、水压驱动、气顶驱、溶解气驱、综合驱动)超深层油藏物质平衡方程，简述如下：

修正后超深层弹性驱油藏物质平衡方程：

$$N_pB_o = NB_{oi}\left[\left(e^{-\int_{p_i}^{p} c_o dp} - 1\right) + \frac{1}{S_{oi}}\left(1 - e^{\int_{p_i}^{p} c_p dp}\right) + \frac{S_{wi}}{S_{oi}}\left(e^{-\int_{p_i}^{p} c_w dp} - 1\right)\right] \tag{1}$$

修正后超深层水压驱动油藏物质平衡方程：

$$N_pB_o = NB_{oi}\left[\left(e^{-\int_{p_i}^{p} c_o dp} - 1\right) + \frac{1}{S_{oi}}\left(1 - e^{\int_{p_i}^{p} c_p dp}\right) + \frac{S_{wi}}{S_{oi}}\left(e^{-\int_{p_i}^{p} c_w dp} - 1\right)\right] + W \tag{2}$$

修正后超深层气顶驱油藏物质平衡方程：

$$N_p[B_o + (R_p - R_s)B_g] = NB_{oi}\left[\left(e^{-\int_{p_i}^{p} c_{o,t} dp} - 1\right) + m\left(e^{-\int_{p_i}^{p} c_g dp} - 1\right) + (1+m)\left(\frac{1 - e^{\int_{p_i}^{p} c_p dp}}{1 - S_{wi}} + S_{wi}\frac{e^{-\int_{p_i}^{p} c_w dp} - 1}{1 - S_{wi}}\right)\right] \tag{3}$$

修正后超深层溶解气驱油藏物质平衡方程：

$$N_p[B_o + (R_p - R_s)B_g] = N[B_o - B_{oi} + (R_{si} - R_s)B_g] + NB_{oi}\left(\frac{1 - e^{\int_{p_i}^{p} c_p dp}}{1 - S_{wi}} + S_{wi}\frac{e^{-\int_{p_i}^{p} c_w dp} - 1}{1 - S_{wi}}\right) \tag{4}$$

修正后超深层综合驱动油藏物质平衡方程：

$$N_p[B_o + (R_p - R_s)B_g] = NB_{oi}\left[\left(e^{-\int_{p_i}^{p} c_{o,t} dp} - 1\right) + m\left(e^{-\int_{p_i}^{p} c_g dp} - 1\right) + (1+m)\left(\frac{1 - e^{\int_{p_i}^{p} c_p dp}}{1 - S_{wi}} + S_{wi}\frac{e^{-\int_{p_i}^{p} c_w dp} - 1}{1 - S_{wi}}\right)\right] + W \tag{5}$$

在计算动用储量时，首先根据测试结果建立各类压缩系数与地层压力之间的函数关系，其次确定目前地层压力，最后代入相应的修正后超深层油藏物质平衡方程(1)~(5)中并结合生产动态数据即可快速计算动用储量，具体应用实例见文献[22]。图 2 为不同地层压力下 W3 井的动用储量。

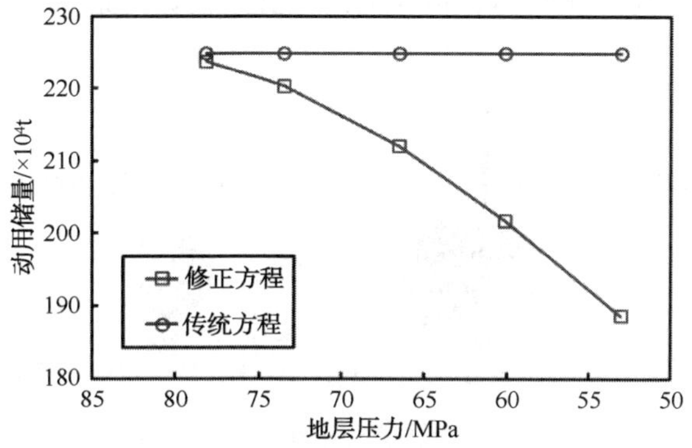

图2　不同地层压力下 W3 井动用储量计算结果对比

需强调的是，修正后超深层油藏物质平衡方程经过近似处理可简化为传统油藏物质平衡方程，因此，修正后超深层油藏物质平衡方程其实也适合于浅层、地饱压差小的油藏类型或油藏压降低的情况，比传统油藏物质平衡方程准确性高、应用面广。

2.2　动用储量评价不确定性因素

由于超深层断控型缝洞油藏极其复杂，在评价动用储量时存在诸多不确定性因素，因此，此类油藏动用储量评价需进一步深化、细化，动用储量规模不确定性大。评价动用储量不确定性因素主要包括：

(1) 缝洞储层非均质性极强，岩心样品代表性差，无法准确反映地下复杂缝洞储层真实情况；室内实验测岩石孔隙体积压缩系数不确定性大。

(2) 在高温高压条件下，随地层压力大幅度下降，地层中流体组分、物性均动态变化，需常取样开展 PVT 测试确保流体关键物性参数取值准确，但矿场通常只取一次样或不取样；室内 PVT 测试本身存在误差(如原油压缩系数、原油体积系数、泡点压力等)；不同油井投产时间、取样时间等存在差别，对后投产井动用储量评价结果影响大。

(3) 部分油井未取岩心和油样，在计算动用储量时相关参数取值直接参考邻井。

(4) 油井产量、压力等生产动态数据有时测不准，尤其是多口油井产量计量与劈分误差较大。

(5) 未考虑温度对巨厚储层动用储量评价的影响。

3　超深层断控型缝洞油藏动用储量认识

3.1　动用储量变化

基于修正后超深层油藏物质平衡方程，评价 Y 超深层断控型缝洞油藏动用储量，普遍发现：弹性驱阶段动用储量随地层压力下降逐渐减小，弹性驱后期动用储量规模较初期的下降幅度可高达 60%。但矿场及研究人员普遍认为：随地层压力下降，动用储量只增不降。认识完全相反，主要原因可归结为以下三方面：

(1) 与传统砂岩油气藏不同，塔里木盆地 Y 超深层断控型缝洞油藏地饱压差大(50～75MPa)，弹性驱阶段地层压力可从最大初始静压 87MPa 降至泡点压力 12～37MPa。在地层压力大幅度下降过程中易发生缝洞体变形、裂缝闭合、地层堵塞、原油变稠等现象，导致弹性驱初期井筒外围、远端能流动的部分原油在弹性驱开发过程中逐渐不易流动甚至不流动，储量动用范围缩小，即弹性驱初期部分动用储量在弹性驱后期变成“拟未动用储量”。在生产动态上表现为储层供液能力变差、油井产能下降、压力-累产油生产指示曲线变陡、单位压降累产油减小等，基于弹性驱后期这些生产动态数据评价动用储量时，评价结果较弹性驱初期动用储量规模大幅度减小。

(2) 以前在评价超深层断控型缝洞油藏弹性驱阶段动用储量时常采用传统油藏物质平衡方程，且在压力-累产油生产指示曲线直线段选取、关键参数取值方面(原油体积系数、油、水、岩石压缩系数)仍沿用传统砂岩油藏做法，即在弹性驱阶段，默认生产指示曲线斜率始终不变，油、水和岩石压缩系数是定值。对于常规浅层砂岩油藏，上述近似处理误差较小，主要是因为地饱压差和油藏压降较小、储层结构和流体物性不发生较大变化，地层综合压缩系数和动用储量的变化可近似忽略不计，基于传统油藏物质平衡方程 $N_pB_o=NB_{oi}c_{eff}(p_i-p)$ 可知 $dp/d(N_pB_o)=-1/(NB_{oi}c_{eff})$ 几乎不变，故生产指示曲线通常为一条直线。但对于超深层断控型缝洞油藏，由于地饱压差和油藏压降较大，弹性驱后期储层结构和流体物性变化大、地层综合压缩系数和动用储量变化明显，需采用修正后超深层弹性驱油藏物质平衡方程(1)评价动用储量，但根据方程(1)可知 $dp/d(N_pB_o)$ 是非线性的，因此，弹性驱阶段生产指示曲线不是一条直线，整体上初期平缓、后期变陡(图 3)；且压缩系数随压力变化明显，尤其是地层原油压缩系数随地层压力下降能增加 2~4 倍(表 1)。即超深层断控型缝洞油藏弹性驱后期单位压降累产油下降，但地层综合压缩系数增加，因此计算得到的动用储量随地层压力下降而逐渐减小。

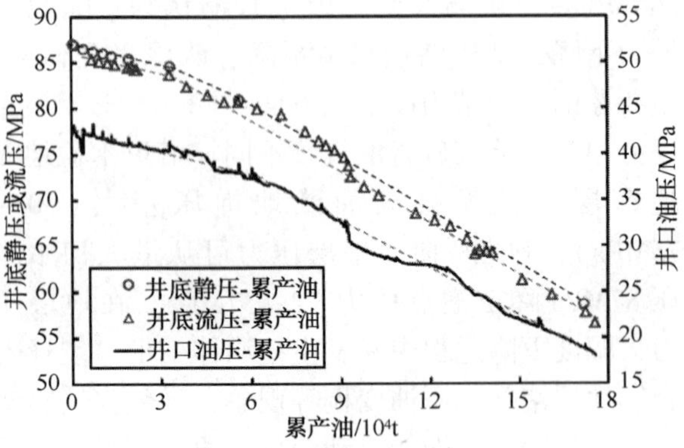

图 3　Y 超深层断控型缝洞油藏 W1 井生产指示曲线

表 1　Y 超深层断控型缝洞油藏 W15 井地层原油压缩系数

压力区间/MPa	地层原油压缩系数/$10^{-4}MPa^{-1}$
87.85~80	12.45
80~70	19.02
70~60	22.45
60~50	27.26
50~40	34.56
40~30	48.74

(3) 在矿场长期实践和研究中通常默认为动用储量只会增加不会减少，但事实上，动用储量只增不降有前提条件：一是储层岩石和流体物性不发生较大变化，确保压力波到达边界前压降区域和流体流动区域逐渐增加，二是人为采取提高储量动用的措施，例如大规模部署新井、注水、注气等，但超深层断控型缝洞油藏弹性驱后期不满足上述两个条件。

3.2　未动用储量分布

以图 4 为例说明未动用储量分布。缝洞 1 和缝洞 2 开发初期通过主裂缝连通，在弹性驱开发过程中，随地层压力大幅度下降，发生缝洞体变形、裂缝闭合、地层堵塞、原油变稠等现象，一方面，缝洞 1 和缝洞 2 内部会出现小分隔体和小孤立缝洞体，形成“拟未动用储量”，导致动用储量规模下降；另一方面，若连通缝洞 1 与缝洞 2 的主裂缝完全闭合，则开发后期缝洞 2 整体变成孤立缝洞体，内部原油无法流动、储量无法动用。

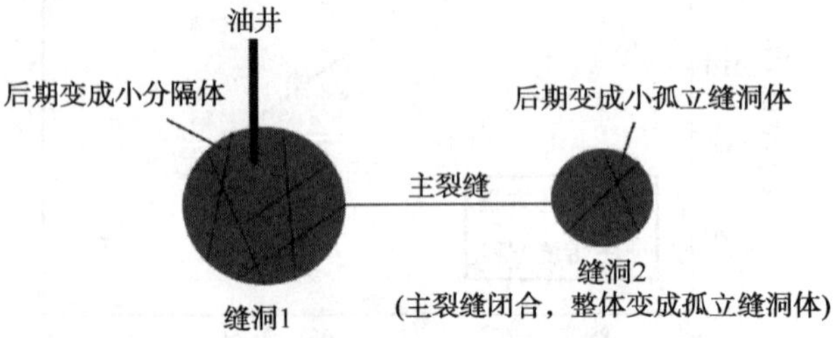

图 4　缝洞储层岩石和流体变化导致动用储量减少示意图

因此，超深层断控型缝洞油藏弹性驱后期未动用储量主要分布在未井控区、完全孤立缝洞体、连通程度低的分隔体、裂缝高导流通道绕流区。也存在开发前期是动用储量但到开发后期因储层结构、流体性质变化转变成孤立缝洞体和分隔体，这部分“拟未动用储量”在后期动用储量评价中易划归为已动用储量，在制定储层改造、注水注气等提高储量动用措施时易遗漏这部分储量。

3.3　储量动用与压力关系

一般地，在同一个区块或油藏，先投产井的地层静压高、后投产井的地层静压低，这是因为先投产井的压降传播范围广，在驱动压差作用下，远端流体参与流动，储量动用范围大，此时若后投产井部署在先投产井的动用范围(或压降范围)内，则后投产井实测初始静压低于先投产井实测初始静压、也小于初始油藏压力。但后投产井初始静压低、无法自喷并不代表后投产井所在缝洞体周围的储量一定全部动用或动用程度高。原因如下：

塔里木盆地超深层断控型缝洞储层不同尺度裂缝发育、应力敏感性强，开发实践证实，因水体能量弱又无人工补充能量，长时间高强度自喷开采会导致地层压力快速下降，引起缝洞体变形和裂缝闭合。基于不同时间压恢试井得到 W1 井在 1 年 8 个月内实测静压从 86.4MPa 降至 81.0MPa，对应裂缝导流能力从 2855mD · m 降至 1056mD · m，下降幅度高达 63.0%(图 5)。地层压力下降引起裂缝闭合，流体流动阻力增加，一方面导致参与流动的远端流体减少，先投产井的压降范围和动用范围均缩小、储量动用程度下降，但因缝洞油藏非均质性强，储层中仍存在大量局部静压高、未充分动用的缝洞体。因此，若后投产井所在缝洞体与先投产井连通性好，后投产井所在缝洞体前期压降幅度稍大，仅通过后投产井（单井点）实测井底地层静压偏低就判断后投产井所在缝洞体周围的储量一定全部动用或动用程度高不准确。事实上，缝洞油藏井筒测压结果准确地说只能反映井点的压力值，井筒外围、远端压力分布情况与井点差异较大，不能以点代面。反之，若后投产井所在缝洞体与先投产井连通性差，后投产井所在缝洞体前期压降幅度稍小，即使后投产井实测初始静压较高，但由于供液不足、地下流体流动阻力过大、所需生产压差无法满足等无法形成有效流动，在这种情况下，仅通过后投产井无法自喷就判断后投产井所在缝洞体周围的储量一定全部动用或动用程度高也不准确。总之，在超深层断控型缝洞油藏开发过程中，根据后投产井实测初始静压低、无法自喷判断后投产井所在缝洞体周围的储量一定全部动用或动用程度高，该观点值得商榷。

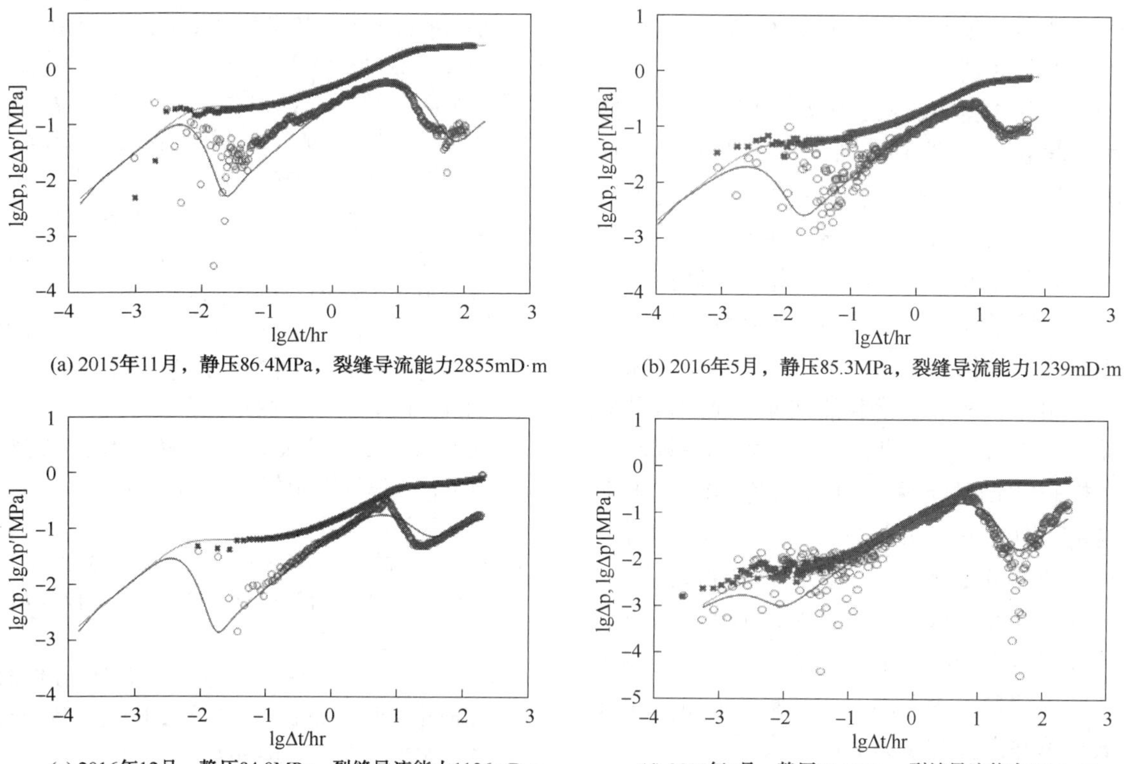

(a) 2015年11月，静压86.4MPa，裂缝导流能力2855mD·m

(b) 2016年5月，静压85.3MPa，裂缝导流能力1239mD·m

(c) 2016年12月，静压84.0MPa，裂缝导流能力1136mD·m

(d) 2017年7月，静压81.0MPa，裂缝导流能力1056mD·m

图 5　Y 超深层断控型缝洞油藏 W1 井不同时间压恢试井曲线

井周储量是否动用及油藏整体储量动用程度高低与单井点实测压力无必然关系。

首先，储量是否动用的判断标准是地下原油是否参与流动。若地下原油流动，则对应储量动用；若地下原油不流动，则对应储量不动用；若地下原油开发前期流动，到开发后期不流动，这种情况最常见的就是缝洞 2 中的储量（图 4）开发前期能被油井动用，但到开发后期由于储层结构、岩石和流体物性变化，缝洞 2 中的原油不再流动，不能再被油井动用，从有利于提高储量动用的角度，这部分储量在开发后期宜划归为“拟未动用储量”。此时若后投产井部署在缝洞 2 中，实测初始静压虽高，但由于流动阻力大、油井所需生产压差更高，无法形成有效流动，也会导致后投产井无法自喷。

其次，考虑到超深层断控型缝洞油藏强非均质性和洞孔缝储集体高度离散分布特点，仅依靠单井点实测静压大小就判断井点所在缝洞体周围的储量是否动用及动用程度高低是片面的，开发实践多次证实短半径侧钻和酸压改造等措施能有效提高井周动用储量。

以上两点在一定程度上能解释为什么 Y 油田静态地质储量高达至少 5000 万吨，弹性驱后期动用储量只有不到 2000 万吨，但后投产井大部分无法自喷、未动用储量或拟未动用储量不知在哪。不是没储量，也不是储量全部动用或动用程度很高，主要原因是弹性驱后期地下原油无法形成连续的有效流动，本质问题出在储层，导致大部分储量仍未动用或属于“拟未动用储量”。

4 结论

（1）动用储量是油藏开发过程中地下参与流动的原油对应的地质储量，动用储量关键是要“动”，地层原油只有参与流动才能被采出，才能被“用”起来；开发前期能流动的原油到开发后期可能不再全部流动，部分动用储量变成“拟未动用储量”；动用储量也是动态变化的，有增也有降；动态储量与动用储量具有高度一致性，二者本质上没区别。

（2）考虑5类压缩系数随地层压力变化，修正5种不同驱动方式(弹性驱、水压驱动、气顶驱、溶解气驱、综合驱动)超深层油藏物质平衡方程，形成超深层油藏动用储量评价方法，比传统油藏物质平衡方法应用面广；超深层断控型缝洞油藏动用储量评价存在诸多不确定性因素，需进一步深化、细化，动用储量规模不确定性大。

（3）超深层断控型缝洞油藏弹性驱阶段动用储量随地层压力下降逐渐减小，弹性驱后期动用储量规模较初期的下降幅度可高达60%；未动用储量主要分布在未井控区、完全孤立缝洞体、连通程度低的分隔体、裂缝高导流通道绕流区；后投产井初始静压低、无法自喷并不代表后投产井所在缝洞体周围的储量一定全部动用或动用程度高；井周储量是否动用及油藏整体储量动用程度高低与单井点实测压力无必然关系。

符 号 注 释

B_g——目前条件下气体体积系数，m^3/m^3；
B_o——目前条件下地层原油体积系数，m^3/m^3；
B_{oi}——原始条件下地层原油体积系数，m^3/m^3；
c_g——气体压缩系数，MPa^{-1}；
c_o——地层原油压缩系数，MPa^{-1}；
$c_{o,t}$——地层原油的两相体积压缩系数，MPa^{-1}；
c_p——岩石孔隙体积压缩系数，MPa^{-1}；
c_w——地层水压缩系数，MPa^{-1}；
m——气顶指数；
N——油藏地质储量或动用储量，m^3；
N_p——地面累产油体积，m^3；
p——目前地层压力，MPa；
p_i——原始地层压力，MPa；
Δp_r——油藏压降，MPa；
R_p——平均累积生产气油比，m^3/m^3；
R_s——目前条件下溶解气油比，m^3/m^3；
R_{si}——原始溶解气油比，m^3/m^3；
S_{oi}——初始含油饱和度；
S_{wi}——束缚水饱和度；
W——油藏存水量(地下体积)，m^3。

参 考 文 献

[1] 马永生，蔡勋育，云露，等. 塔里木盆地顺北超深层碳酸盐岩油气田勘探开发实践与理论技术进展[J]. 石油勘探与开发，2022，49(1)：1-17.
[2]王清华，杨海军，汪如军，等. 塔里木盆地超深层走滑断裂断控大油气田的勘探发现与技术创新[J]. 中国石油勘探，2021，26(4)：58-71.
[3]顾浩，王光付，杨敏，等. 超深断溶体油藏油井动用深度确定方法及其对开发的指导意义[J]. 石油学报，2021，42(9)：1202-1211.
[4]田军，杨海军，朱永峰，等. 塔里木盆地富满油田成藏地质条件及勘探开发关键技术[J]. 石油学报，2021，42(8)：971-985.
[5]韩剑发，王彭，朱光有，等. 塔里木盆地超深层千吨井油气地质与高效区分布规律[J]. 天然气地球科学，2023，34(5)：735-748.
[6]顾浩，尚根华，李慧莉，等. 基于井温的超深断溶体油藏油井动用深度计算方法[J]. 特种油气藏，2021，28(2)：57-62.
[7]顾浩，康志江，尚根华，等. 超深层断控缝洞型油藏油井合理产能优化方法及应用[J]. 新疆石油地质，2023，44(1)：64-69.
[8]韩剑发，苏洲，陈利新，等. 塔里木盆地台盆区走滑断裂控储控藏作用及勘探潜力[J]. 石油学报，2019，40(11)：1296-1310.
[9]张希明，杨坚，杨秋来，等. 塔河缝洞型碳酸盐岩油藏描述及储量评估技术[J]. 石油学报，2004，25(1)：13-18.
[10]焦方正. 塔里木盆地顺北特深碳酸盐岩断溶体油气藏发现意义与前景[J]. 石油与天然气地质，2018，39(2)：207-216.
[11]刘德华，刘志森. 油藏工程基础[M]. 北京：石油工业出版社，2004.
[12]李传亮. 油藏工程原理[M]. 北京：石油工业出版社，2011.
[13]杨胜来，魏俊之. 油层物理学[M]. 北京：石油工业出版社，2004.
[14]王晓冬，郝明强，韩永新. 启动压力梯度的含义与

应用[J]. 石油学报，2013，34(1)：188-191.

[15]熊伟，雷群，刘先贵，等. 低渗透油藏拟启动压力梯度[J]. 石油勘探与开发，2009，36(2)：232-236.

[16]冯军，张博为，冯子辉，等. 松辽盆地北部致密砂岩储集层原油可动性影响因素[J]. 石油勘探与开发，2019，46(02)：312-321.

[17]陈元千. 异常高压气藏物质平衡方程式的推导及应用[J]. 石油学报，1983，4(1)：45-53.

[18]顾浩，康志江，尚根华，等. 基于物质平衡的超深断溶体油藏弹性驱产能主控因素分析. 油气地质与采收率[J]. 油气地质与采收率，2021，28(4)：86-92.

[19]张立侠，郭春秋，蒋豪，等. 物质平衡-拟压力近似条件法确定气藏储量[J]. 石油学报，2019，40(3)：337-349.

[20]夏静，谢兴礼，冀光，等. 异常高压有水气藏物质平衡方程推导及应用[J]. 石油学报，2007，28(3)：96-99.

[21]刘道杰，刘志斌，田中敬. 改进的异常高压有水气藏物质平衡方程[J]. 石油学报，2011，32(3)：474-478.

[22]顾浩，郑松青，张冬丽，等. 超深油藏物质平衡方程修正及应用[J]. 石油学报，2022，43(11)：1623-1631.

低渗砂岩储层可压裂性定量评价分析模型建立及应用

江　锚　周　俊　吴建树　武广瑷　艾传志

（中海油研究总院有限责任公司）

摘　要　随着海上新发现的常规油气资源量越来越少，低渗油气储量的动用问题是决定海上油气增储上产的关键，低渗油气储量的动用依赖于适合岩性构造的水力压裂工艺，而地层可压裂性评价是水力压裂设计的重要基础。现有的应用于砂岩储层的可压裂性评价模型基本沿袭了页岩储层的评价模式，只是针对储层特征做出了相应的改进，由单一脆性评价模式发展为多因素综合评价模式发展，然而现存的多因素综合可压裂性评价方法对海上低渗砂岩储层的匹配性仍有待进一步研究。基于室内岩石力学特征参数测试和实际测井解释，综合考虑了储层岩石尺度的脆性特征、单条裂缝起裂延伸及多条（多簇）裂缝起裂延伸尺度，提出了针对低渗砂岩储层的多因素可压裂性定量评价模型，可直观反映岩石本身在所处应力环境下所具备的压裂改造潜能大小。结合 LF 油田测井数据，反演各典型井的力学参数剖面分布，在此基础上利用 LF 区块油藏地质模型演算目标井区可压裂性指数三维分布，指导目标井压裂选层。结合海上 BZ 区块低渗油田资料，对各井的压后产量结合生产层段含油丰度进行除权指标化计算，与可压裂性指数平均值绘制散点交汇图，验证可压裂性定量分析模型实际应用效果，应用效果表明与压后实际产能一致，表明模型的实用性及适应性更强。

关键词　岩石力学；三维地应力；可压裂指数；低渗砂岩；脆性指数

南海东部海域珠江口盆地深层古近系油气资源潜力巨大，是南海东部油田中长期发展的重要勘探新领域，10 年来，油气勘探重心逐步由浅层的新近系转向了深层古近系，文昌组和恩平组已经成为古近系油气勘探的主要层系。目标研究区块文昌组大中型油田埋深普遍在 3.5km 以上，“埋深大、油品好、构造-地层控藏、低孔低渗”需要进行储层改造以提高油田产量。目前该区块已开展微压裂、小规模爆燃压裂配合酸化的进行储层改造增产试验，取得了一定效果，然而这些方法在近井地带形成的裂缝规模较小，不使用支撑剂导致裂缝抗闭合能力较差，作用有效时间较短，压裂改造效果较差。为进一步提高储层改造后油井产能和采收率，计划对 LF 古近系深层低渗透油藏进行大规模水力压裂，建立多因素可压裂性定量评价模型对目标储层展开高效水力压裂可行性定量评价系统研究，为低渗砂岩储层压裂选层及钻完井精细化设计提供重要依据。

1　LF 油田低渗储层可压裂性影响因素

1.1　LF 油田低渗储层岩石矿物组分分析

使用多晶 X 射线衍射仪分析全岩及黏土矿物组分，将石英矿物及碳酸盐矿物作为脆性矿物，基于 50 组岩屑样品的矿物组分分析结果，完成岩样矿物脆性指数的计算及统计。实验结果表明文昌组致密砂岩的矿物主要有石英、钾长石、斜长石、方解石、石盐、方沸石、重晶石，部分岩样含有少量的白云石和菱铁矿。岩石样品矿物成分含量差异较大，其中主要矿物是石英和黏土矿物，石英含量处于 31.7%～69.9%之间，储层黏土矿物含量差异性较大，一般在 14.4%～47.3%之间，反映出目标储层存在泥岩夹层、非均质性显著。

1.2　LF 油田低渗储层天然裂缝发育分析

探究 LF 区块的目标储层的天然裂缝发育情况，对 50 块取自 LF 油田低渗储层的岩样开展 SEM 电镜扫描实验，观察岩样中天然裂缝的分布情况。试验结果可见岩石样品发育有较多微裂缝，裂缝宽度约为 1μm～30μm，目标储层岩石裂缝不发育，岩心目视观察不到明显发育天然裂缝，低放大倍数下观察也无裂缝，高放大倍数条件下可观察到一些晶间微裂缝，可压裂性评价方法中应考虑目标储层天然裂缝不发育的特征。

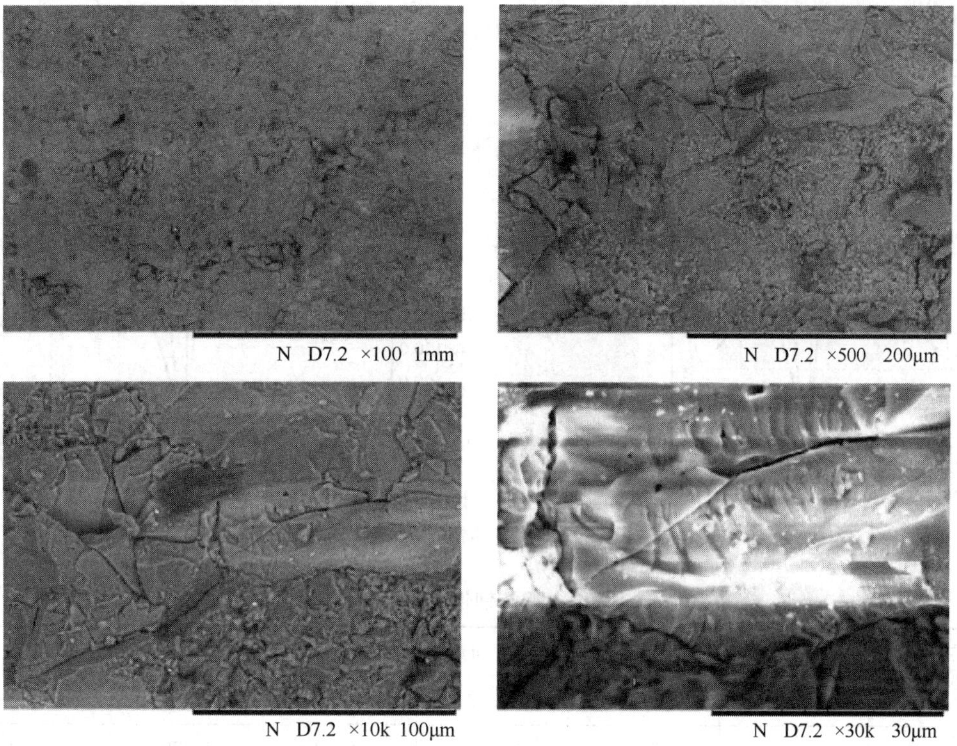

图 1　典型岩石样品不同放大倍数扫描电镜观察成像图

1.3　LF 油田低渗储层岩石力学特性

低渗储层岩石基质的力学特性，如杨氏模量、泊松比和断裂韧性等是评价岩石可压裂性的重要依据，影响着水力裂缝的起裂与延伸。本研究通过抗压强度实验获得岩心抗压强度、弹性模量、泊松比等参数，并依据莫尔-库仑破坏准则获得储层岩石的黏聚力和内摩擦角等参数，为后续的理论研究与分析提供实验基础，实验及分析结果见表 1，岩心三轴抗压强度实验的应力应变曲线如图 2 所示。目标储层岩石致密，弹性模量大 30.4~34.4GPa、抗压强度高，黏聚力 41~45MPa，内摩擦角 31.0~33.5°，在目标储层深度对应的围压条件下呈现典型的脆性变形破坏特征，有利于裂缝起裂扩展；目标储层岩石在 30MPa 围压条件下峰前塑性硬化现象仍不显著，总体仍呈现典型的脆性变形破坏特征；峰后应力应变曲线急剧下降，岩石最终破坏形式为剪切破裂。

表 1　岩石力学参数测试结果

编号	围压/MPa	弹性模量/GPa	泊松比	强度/MPa	黏聚力/MPa	内摩擦角
1	20	31.27	0.27	215.13	45.31	33.47
2	30	33.58	0.29	252.39		
3	40	33.47	0.24	262.32		
4	30	32.30	0.25	217.65	41.01	31.10
5	20	31.16	0.27	188.80		
6	20	32.72	0.24	203.86	45.08	31.00
7	30	30.82	0.23	224.10		

利用岩石力学实验装置 TAW-1000 深水孔隙压力伺服试验系统，通过断裂韧性测试实验，分别以 0°和 30°的角度对样品进行断裂韧性实验测试获得目标区块储层岩石的 I 型和 II 型断裂韧性值。目标区块储层岩石 I 型断裂韧性在 0.263~0.304MPa · $m^{1/2}$之间，平均为 0.287MPa · $m^{1/2}$，

Ⅱ型断裂韧性在0.417～0.489MPa・$m^{1/2}$之间，平均为0.459MPa・$m^{1/2}$，Ⅱ型断裂韧性与Ⅰ型断裂韧性之比大约为1.6。与其他油田比较，断裂韧性的值整体较低，利于压裂过程中裂缝的起裂延伸。对取自目标区块典型井钻遇储层的不同深度岩心的抗拉强度实验，获得目标区块储层岩石样品的抗拉强度值如表3所示，目标储层抗拉强度处于2.13MPa～4.63MPa之间，平均值为3.56MPa。

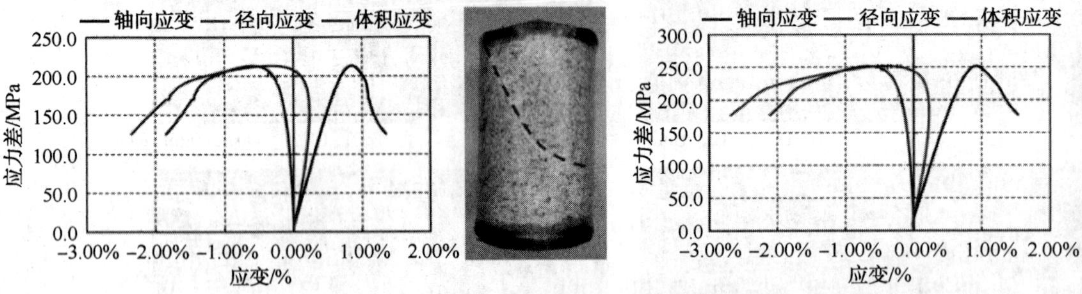

图2　岩样1、2压后破坏情况及应力应变曲线图

表2　断裂韧性测试结果

编号	断裂类型/Ⅰ，Ⅱ	夹角/°	直径/mm	厚度/mm	缝长/mm	破坏载荷/kN	断裂韧性/MPa・$m^{0.5}$
2	Ⅰ	0	38.08	10.12	11.11	1.391	0.304
3	Ⅰ	0	38.18	10.13	10.90	1.370	0.295
4	Ⅰ	0	38.13	10.00	11.66	1.164	0.263
5	Ⅰ	0	38.11	10.04	11.21	1.370	0.302
8	Ⅱ	30	38.10	10.00	11.58	1.020	0.417
9	Ⅱ	30	38.15	10.05	11.04	1.236	0.488
10	Ⅱ	30	38.09	10.16	11.61	1.082	0.436
11	Ⅱ	30	38.05	9.98	11.21	1.185	0.476

表3　抗拉强度测试结果

编号	井深/m	直径/mm	厚度/mm	径厚比	破坏载荷/N	抗拉强度/MPa
1	4151.5	24.53	13.81	0.56	2309	4.34
2			13.72	0.56	1123	2.13
3			13.65	0.56	2433	4.63
4	4166.8	24.46	13.47	0.55	1990	3.85
5			14.11	0.58	1825	3.37
6			13.61	0.56	2041	3.91
9	4172.3	24.51	13.36	0.55	2309	4.49
10			14.04	0.57	2268	4.20
11			14.03	0.57	1979	3.67

1.4　LF油田低渗储层地应力特征

采用实验与理论分析相结合的方式，将地应力反演与Kaiser地应力实验结果及现场地漏测试数据三者紧密联系，揭示LF区块单井及储层三维地应力分布情况。

在LF14-1dsa井深4157.55m处，通过声发

射 Kaiser 效应地应力实验计算得到文昌组致密砂岩的上覆岩层压力、水平最大地应力和水平最小地应力当量密度分别为 2.277g/cm³、1.904g/cm³、1.568g/cm³，LF14-1dsa 井深 4172.3m 处的上覆岩层压力、水平最大地应力和水平最小地应力当量密度分别为 2.223g/cm³，1.939g/cm³、1.572g/cm³。

以黄荣樽教授建立的七五模型预测目标靶区地应力，该模型假设地层为均质各向同性的线弹性体，并假定在沉积后期地质构造运动过程中，地层与地层之间不发生相对位移，所有地层两水平方向的应变均为常数。该模型理论基础强，能够比较好的反映地下岩层受力情况，为国内外各大油田进行地应力分析时广泛采用。

$$\sigma_H=\frac{\mu_S(\sigma_Z-\alpha P_0)}{1-\mu_S}+\frac{\omega_1\mu_S E_S}{1-\mu_S^2}+\frac{\omega_2 E_S}{1-\mu_S^2}+\alpha P_0 \quad (1)$$

$$\sigma_h=\frac{\mu_S(\sigma_Z-\alpha P_0)}{1-\mu_S}+\frac{\omega_2\mu_S E_S}{1-\mu_S^2}+\frac{\omega_1 E_S}{1-\mu_S^2}+\alpha P_0 \quad (2)$$

式中，E_s 为静态杨氏模量，GPa；μ_s 为静态泊松比，无量纲；ω_1，ω_2 为构造系数，通过地漏实验数据获得，无量纲；P_0 为地层孔隙压力当量密度，g/cm³；α 为 Biot 系数，无量纲；σ_H、σ_h、σ_z 为最大，最小以及上覆地层压力当量密度，g/cm³。

基于已钻井的钻井日志内的地漏实验数据，通过理论分析推导，确定用于目标储层地应力演算的构造系数为$\omega_1=2.44\times10^{-4}$；$\omega_2=7.07\times10^{-4}$。

根据各已钻井的单井测井数据，结合围压条件下的横纵波声波速度转换关系获取完备的单井纵、横声波数据，在 Kaiser 效应地应力实验结果的约束与标定下，预测 LF 油田共计 11 口井的单井地应力剖面：目标区块 11 口井下部井段的最小水平主应力当量密度在 1.50～1.60g/cm³ 之间，最大水平主应力当量密度 1.80～1.90g/cm³，上覆地层压力当量密度大致在 2.20～2.35g/cm³ 之间。最大、最小水平地应力大小差异较小，最大、最小水平地应力当量密度基本相差在 0.25～0.35g/cm³ 左右。基于前人物模实验及工程实例认识，水平应力差异系数介于 0.2～0.3，利于裂缝延伸形成复杂裂缝。

利用 Petrel 软件中的 Visage 有限元地质力学分析模块，基于 LF 油田目标储层的层位构造面模型完成目标储层地应力场、储层岩石力学参数三维分布预测（如图 4、图 5），目标储层整体最大水平地应力当量密度水平主要在 1.8～2.0g/cm³ 之间，最小水平地应力当量密度水平主要在 1.5～1.7g/cm³ 之间，目标储层整体动态央视模量分布在 22～38GPa 区间内，体现了较强的非均质性，但主要集中在 26～32GPa 之间，动态泊松比在 0.27～0.31 之间，与实验值及单井预测值基本吻合，总体来说，储层整体呈现较强的硬脆性特征，层间差异比较明显，储层各小层间差异明显，同层横向上非均质性较强。

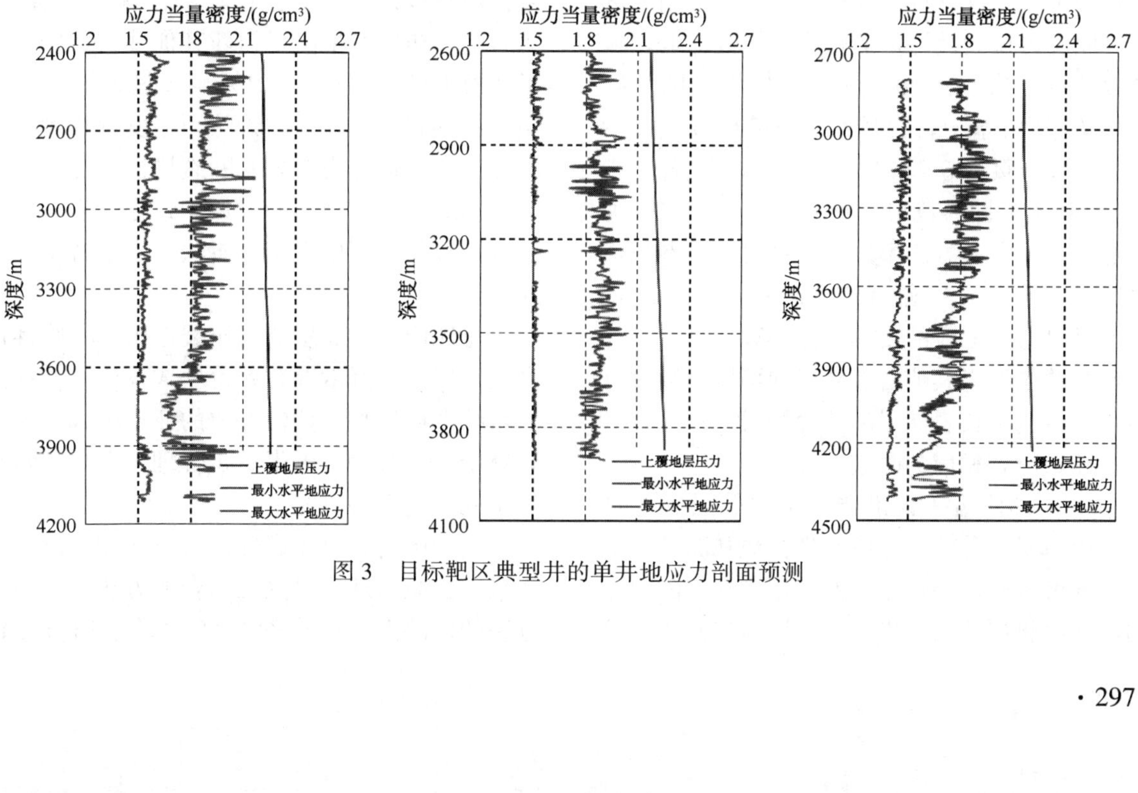

图 3　目标靶区典型井的单井地应力剖面预测

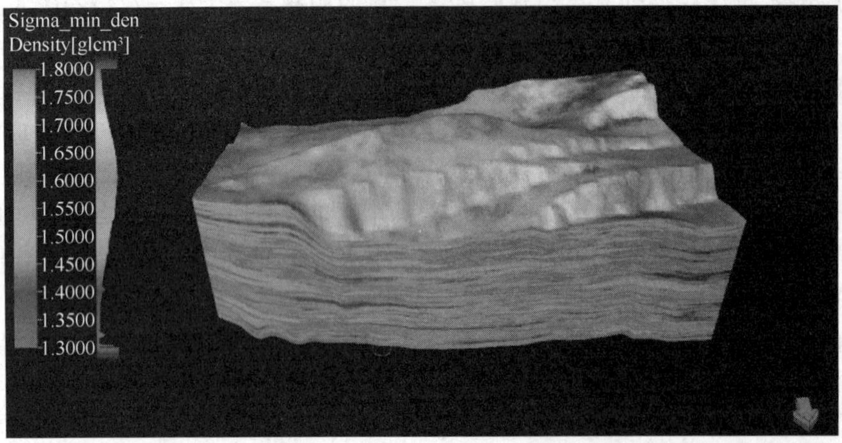

图4　LF油田文昌组地层最小水平地应力当量密度三维分布

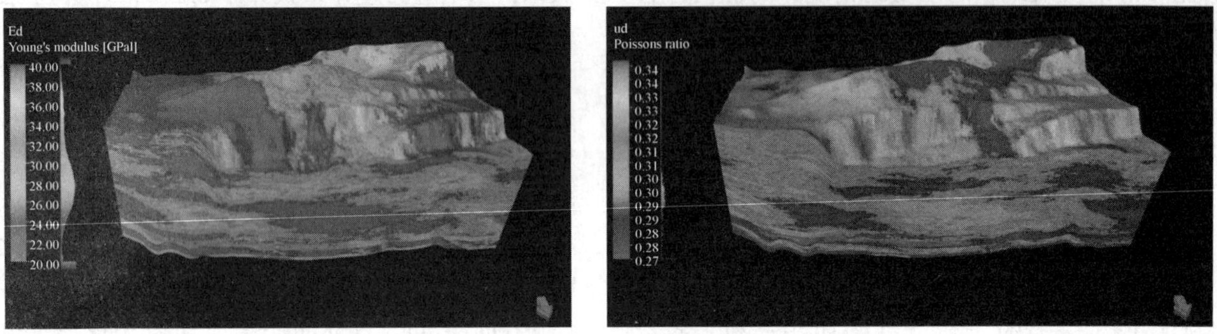

图5　LF油田文昌组地层动态杨氏模量及泊松比三维分布

2　低渗储层多因素可压裂性评价模型

影响致密砂岩可压裂性的因素同样众多，目前尚不存在统一的储层评价方法。现有的可压裂性评价方法大多也是应用于页岩储层，目前主要可以分成基于脆性的可压裂性评价以及基于多因素综合的可压裂性评价两大类方法。最早用来进行页岩储层可压裂性评价的是脆性指数，页岩脆性指数计算方法达到30余种，最常用的则主要有三大类：(1)基于岩石弹性参数的机械脆性指数；(2)基于页岩矿物组分含量的矿物脆性指数；(3)基于弹性参数与矿物组分含量的综合脆性指数。这三大类方法中涉及的页岩弹性参数与矿物组分含量既可以通过室内岩石实验实测得到，也可以通过相应的测井数据换算获得。

现存的应用于其他岩性储层的可压裂性评价模型基本沿袭了页岩储层的评价模式，只是针对储层特征做出了相应的改进。

2015年孙建孟等人沿袭了页岩储层的评价模式，提出了一种综合考虑脆性指数和断裂韧的致密砂岩可压裂性评价指数并应用到致密砂岩储层的压裂优势层位筛选中。压后微地震监测结果表明目的层段全部被压开，与可压裂性评价结果基本吻合，证实其可压裂性模型在致密气储层中同样有很好的适用性。同年，Guo等人基于实验室力学实验，以确定致密砂岩可压裂性及其影响因素之间的相关性，提出了基于岩石总脆性、断裂韧性以及内摩擦角的致密砂岩可压裂性评价模型，建立单井可压裂性指数剖面优选压裂层位，压后单井初始产量高于川西其他井，从侧面验证了新模型的可行性。2019年宋明水等人考虑影响致密砂岩可压裂性的天然裂缝发育程度、砂岩脆性、水平地应力差异、断裂韧性等因素，提出了一种综合这四种影响因素的致密砂岩可压裂性评价指数并采用层次熵分析法确定了各影响因素的权重。

总体而言，储层的可压裂性由单一脆性评价模式发展为多因素综合评价模式发展。现存的多因素综合可压裂性评价方法的评价模式，考虑因素繁杂，许多评价因素是否合理，考虑因素是否过于冗杂仍有待研究。

基于国内外可压裂性评价方法相关研究，本文采用实验与理论研究相结合的方法，总结现有方法的优缺点并充分考虑LF区块油田低渗致密储层的地质力学特征，从岩石基质、单条水力裂缝以及多条水力裂缝的起裂延伸三大尺度优选评价因素，建立以下适用海上低渗致密储层的多因素可压裂性评价模型。

基于归一化的杨氏模量和泊松比定义机械脆性指数 Bn 作为岩石基质力学性质评价指标，储层岩石的杨氏模量和泊松比等力学参数可由现场提供的测井数据通过岩石力学参数演化公式反演，实用性强，准确度高。

$$B_n=\frac{YM_{BI}+PR_{BI}}{2} \tag{3}$$

式中，B_n 为机械脆性指数，无量纲；YM_{BI} 为归一化杨氏模量，无量纲；PR_{BI} 为归一化泊松比，无量纲。

在低渗致密储层水力压裂过程中，储层岩石在高压泵入的压裂液作用下，主要产生拉伸和剪切破坏，基于 I 型和 II 型断裂韧性建立单条裂缝起裂和延伸难易程度评价指标 K_f，井下岩石断裂韧性值可通过室内实验结合测井数据反演。除岩石本身的断裂韧性外，经典压裂理论认为最小主应力是裂缝起裂延伸需要克服的阻力，最小水平主应力越小，越有利于裂缝的起裂与延伸，将最小主应力倒数作为单条裂缝起裂延伸难易程度指标 K_f 的乘数因子。

$$E_d=\rho\nu_s^2[3(\nu_p/\nu_s)^2-4]/[(\nu_p/\nu_s)^2-1] \tag{4}$$

$$\mu_d=[(\nu_p/\nu_s)^2-2]/2[(\nu_p/\nu_s)^2-1] \tag{5}$$

$$UCS=(0.0035+KV_{cl})E_d \tag{6}$$

$$S_t=UCS/C \tag{7}$$

$$K_{IC}=a+bS_t \tag{8}$$

$$K_{IIC}=c+dE_s \tag{9}$$

$$K=c+dE_s \tag{10}$$

$$Kf=\frac{1}{0.5K_{IC}+0.5K_{IIC}}\times\frac{1}{\sigma_h} \tag{11}$$

式中，E_d 为动态杨氏模量，GPa；μ_d 为动态泊松比，无量纲；v_p，v_s 为纵波、横波波速度，Km/s；ρ 为储层岩石密度，g/cm^3；UCS，S_t 为储层岩石单轴抗压与抗拉强度，MPa；K_{IC}，K_{IIC} 为储层岩石 I 型和 II 型断裂韧性，MPa · m$^{0.5}$；V_{cl} 为储层岩石泥质含量，%；K、C、a、b、c、d 为拟合经验公式的常系数，由实验结果拟合确定，无量纲。本研究基于室内实验测试 a、b、c、d 分别取 0.131、0.047、0.343、0.0037。

水力裂缝之间的相互作用以及水力裂缝沟通并激活天然缝等行为是形成复杂裂缝网络的关键，储层中的构造应力分布是主导上述行为的主要因素，水平应力差越大，越不利于形成复杂缝网。定义 K_h 为水平应力差系数定量描述目标储层的水平应力差的大小，作为多裂缝起裂及延伸尺度的评价指标。

$$K_h=1-\frac{\sigma_H-\sigma_h}{\sigma_h} \tag{12}$$

式中，K_h 为地应力差异指数，无量纲；σ_H，σ_h 为最大，最小水平地应力，MPa。

将岩石基质脆性指标、单条裂缝起裂延伸难易程度指标以及多裂缝起裂及延伸尺度的评价指标相乘得到可压性评价指标 F_I，建立多因素可压裂性评价模型。

$$FI=B_n\times\frac{1}{0.5K_{IC}+0.5K_{IIC}}\times\frac{1}{\sigma_h}\times K_h \tag{13}$$

式中，FI 为可压裂性指数，MPa^{-2} · m$^{0.5}$；σ_h 为最小水平地应力梯度，MPa/100m。

3　低渗储层多因素可压裂性评价模型应用及验证实例

在目标区块储层应用建立的低渗致密储层的多因素可压裂性评价模型：结合 LF 油田测井数据，反演各典型井的力学参数剖面分布，将剖面曲线与室内岩石力学实验测点进行比对，由图 6 可见，取自 LF14-2dsa 井目标储层深度（4155～4157m）的岩样室内实验测点均落在该井的力学参数剖面曲线上，吻合程度高。

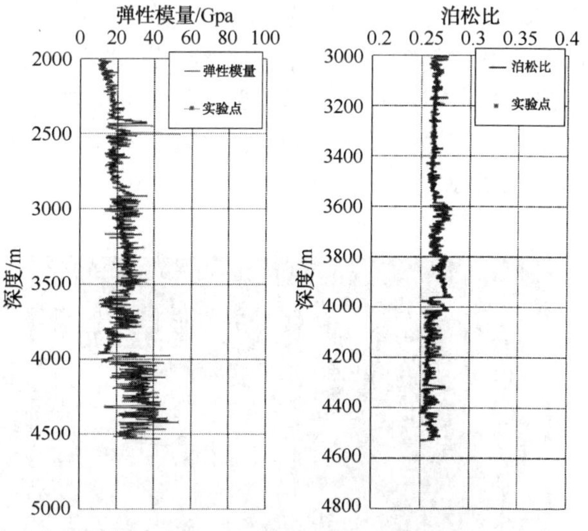

图 6　LF14-2dsa 井的单井力学参数剖面与实验测点比对

基于已钻井的弹性参数、地应力、断裂韧性以及脆性指数剖面，计算各井可压裂性指数剖面。经过在三维地质构造模型的测井数据粗化和井间插值，得到 LF14-2dsa 井周区域可压裂性评价指标三维分布如图 7、图 8 所示，在此基础上分析该井主要油层 WC220-520 层位可压裂性。

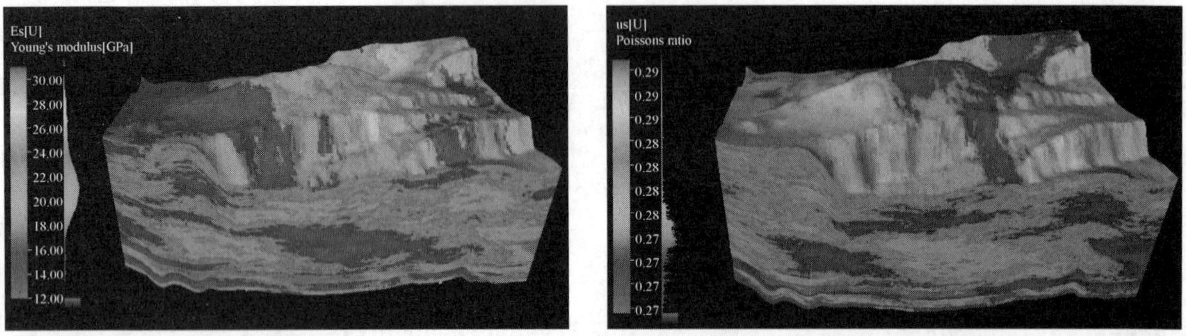

图 7　LF14-2dsa 井周静态杨氏模量(左)和静态泊松比(右)的三维分布预测

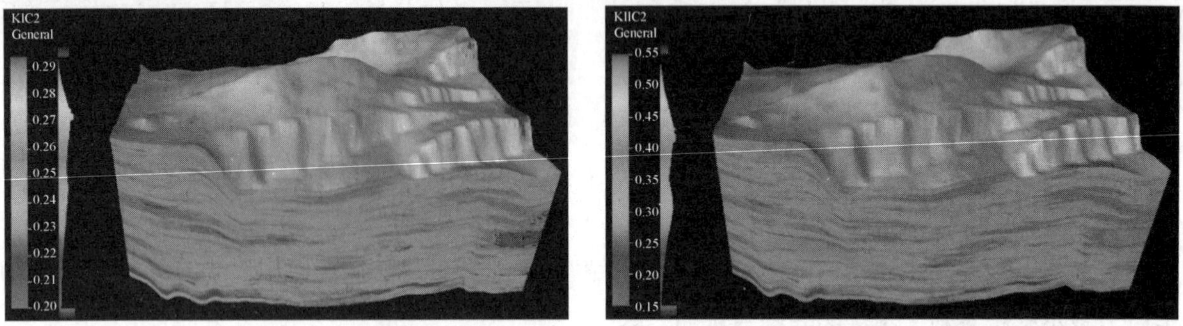

图 8　LF14-2dsa 井周静态 I 型断裂韧性(左)和 II 型断裂韧性(右)的三维分布预测

LF14-2dsa 井周储层力学参数的三维预测结果显示，储层整体的静态杨氏模量在 17～24GPa 之间，静态泊松比在 0.27～0.28 之间，体现了储层岩石较强的硬脆性，且深部层位 WC510-WC520 硬脆性尤为明显。I 型断裂韧性范围是 0.21～0.29MPa · $m^{0.5}$，II 型断裂韧性范围 0.25～0.45MPa · $m^{0.5}$，储层岩石整体断裂韧性较低，抵御张拉及剪切破坏能力弱，利于水力压裂的储层改造。

LF14-2dsa 在储层 WC220-520 的可压裂性指数三维可视化分布及数据分布如图 9、图 10 结果显示，目标储层可压裂性指数中值大约为 0.7，集中分布在 0.8～0.9 之间，所占比例达 12.5%。结合目标区块地质力学特征综合考虑，可压裂性指数>0.8 的层位属于压裂优势区，目标储层整体可压裂性较高，推荐可压裂性相对更佳的 WC510、520 层位作为压裂目标层。

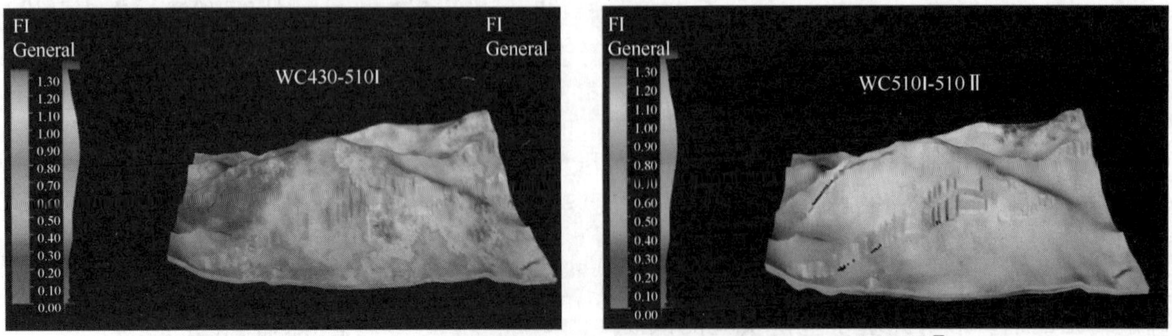

WC430-510I　　WC510I-510Ⅱ

图 9　LF14-2dsa 井周各层位可压裂性指数三维分布

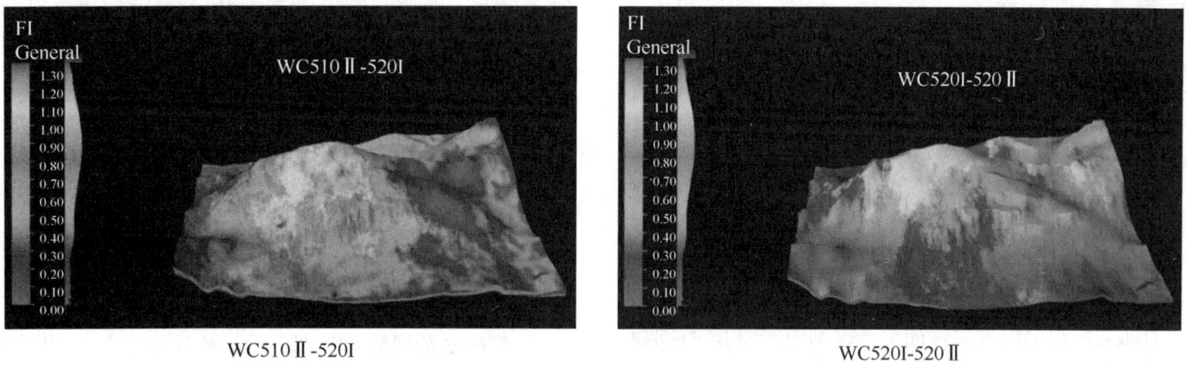

图 9　LF14-2dsa 井周各层位可压裂性指数三维分布(续)

从可压裂性评价结果与压后产能资料的匹配程度出发，验证本研究所建立的低渗致密储层的可压裂性评价模型。

基于海上 BZ 区块低渗油田压后产能测试资料，对各井的压后产量结合生产层段含油丰度进行除权指标化计算，与对应井生产段的可压裂性指数平均值绘制散点交汇图，如图 11 所示，产量对含油丰度除权指数与可压裂指数具有较好的正相关关系，说明可压裂性指数高的层段压后效果更好，验证了本文低渗储层多因素可压裂性评价模型的准确性和适用性，说明该方法对压裂工程“甜点”优选具有现场指导意义。

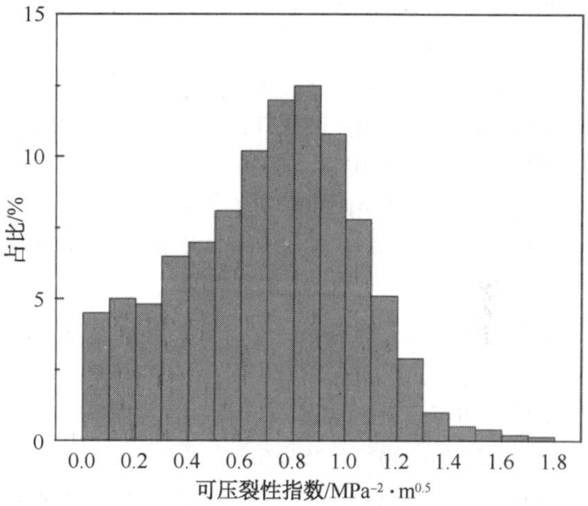

图 10　LF14-2dsa 井周文昌组储层可压裂性指数数据分布

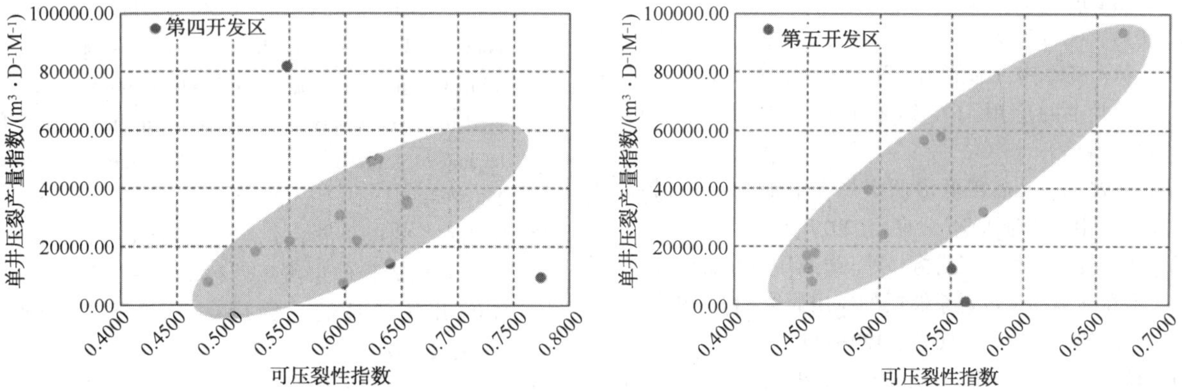

图 11　典型低渗油田单井压后产量除权指数-可压裂性指数交汇图

4　结论

本文针对南海东部 LF 区块低渗致密储层，结合理论分析与室内实验，建立了适用于目标储层的多因素可压裂性评价模型，将其应用在目标油田储层筛选压裂优势层位，并在 LX 致密气田结合压后产量和可压裂性指数交互图进行适用性验证。主要得到以下结论：

（1）目标区块储层岩石具有典型的硬脆性变形破坏特征，断裂韧性整体较低，可压裂性指数中值 0.7 左右，利于水力裂缝起裂延伸。

（2）本文建立的多因素可压裂性评价模型与三维地质力学模型结合可直接应用于目标储层压裂优势层位筛选，可对现场布井及待压裂井压裂设计方案提供指导。

(3)从单井力学参数剖面预测和压后产能除权指标-可压裂性指数交互图两个方面的验证结果表明本文建立的多因素可压裂性评价模型在低渗致密储层适用性强。

参 考 文 献

[1] 汪旭东，张向涛，何敏，等. 珠江口盆地陆丰凹陷南部文昌组储层发育特征及其控制因素[J]. 石油与天然气地质，2017，38(06)：1147-1155.

[2] 舒誉，施和生，杜家元，等. 珠一坳陷古近系油气成藏特征及勘探方向[J]. 中国海上油气，2014，26(03)：37-42.

[3] 罗东红，梁卫，李熙盛，等. 珠江口盆地陆丰13-1油田古近系恩平组突破及其重要意义[J]. 中国海上油气，2011，23(02)：71-75.

[4] 严锐涛. 珠江口盆地陆丰凹陷古近系低渗透油藏成藏机理及富集规律研究[D]. 中国石油大学(北京)，2016.

[5] 丁琳，李晓艳，周凤娟，等. 珠江口盆地珠一坳陷古近系优质储层差异发育特征及主控因素——以陆丰地区和惠州地区文昌组为例[J]. 岩石矿物学杂志，2022，41(01)：75-86.

[6] 潘石坚，刘伟新，王华，等. 南海珠江口盆地Y油田文昌组五段低渗透储层特征及物性控制因素[J]. 海洋地质前沿，2022，38(04)：71-79.

[7] 孙林，宋爱莉，易飞，等. 爆压酸化技术在中国海上低渗油田适应性分析[J]. 钻采工艺，2016，39(01)：60-62+9

[8] 孙林，杨军伟，邹信波，等. 爆燃压裂技术在近水水平井中的应用[J]. 钻采工艺，2019，42(01)：57-60+5.

[9] 蒋林宏. 陆丰油田低渗层爆燃压裂酸化应用研究[D]. 中国石油大学(北京)，2017.

[10] 邹信波，孙林，匡腊梅，等. 爆燃压裂联合酸化技术在陆丰油田古近系储层的应用研究[J]. 中国海上油气，2021，33(04)：129-134.

[11] 陈勉，金衍，张广清. 石油工程岩石力学基础[M]. 石油工业出版社，2011.

[12] 陈勉，周健，金衍，等. 随机裂缝性储层压裂特征实验研究[J]. 石油学报，2008，(03)：431-434.

[13] 赵金洲，任岚，胡永全. 页岩储层压裂缝成网延伸的受控因素分析[J]. 西南石油大学学报(自然科学版)，2013，35(01)：1-9.

[14] 张旭，蒋廷学，贾长贵，等. 页岩气储层水力压裂物理模拟试验研究[J]. 石油钻探技术，2013，41(02)：70-74.

[15] 郭建春，尹建，赵志红. 裂缝干扰下页岩储层压裂形成复杂裂缝可行性[J]. 岩石力学与工程学报，2014，33(08)：1589-1596.

[16] Huang Z X, Yang K, Peng C Y, et al. How to identify the best candidate fracturing zone: A review of current fracability evaluation method[J]. IOP Conference Series: Earth and Environmental Science, 2021, 861(6): 062071(10pp).

[17] 孙建孟，韩志磊，秦瑞宝，等. 致密气储层可压裂性测井评价方法[J]. 石油学报，2015，36(01)：74-80.

[18] 高辉，张晓，何梦卿，等. 基于测井数据体的页岩油储层可压裂性评价研究[J]. 地球物理学进展，2018，33(02)：603-612.

[19] 王英伟，王林生，覃建华，等. 致密砾岩储层岩石力学参数及地应力测井评价方法研究[J]. 测井技术，2021，45(06)：624-629.

[20] 翟文宝，李军，周英操，等. 基于测井资料的页岩储层可压裂性评价新方法[J]. 岩性油气藏，2018，30(03)：112-123.

[21] Guo, Jian-ChunLuo, BoZhu, Hai-YanWang, Yong-HuiLu, Qian-LiZhao, Xing. Evaluation of fracability and screening of perforation interval for tight sandstone gas reservoir in western Sichuan Basin[J]. Journal of natural gas science and engineering, 2015, 25: 77-87.

[22] 宋明水，刘振，张学才，等. 基于改进层次熵分析法的致密砂岩储层可压性评价——以准噶尔盆地Z109井侏罗系储层为例[J]. 地质力学学报，2019，25(04)：509-517.

[23] 黄荣樽. 水力压裂裂缝的起裂和扩展[M]. 石油勘探与开发，1981.

基于层级控制、分带约束的断缝体建模方法
——以泾河油田长8段为例

何维领　刘传喜　秦学杰　夏冬冬　于　岚　伍　岳

（中国石化石油勘探开发研究院）

摘　要　断缝体是近年来在鄂尔多斯盆地南缘中生界致密油勘探开发实践中提出的新型油藏类型。但是，受到走滑断裂分段性影响，断缝体空间分布不均，内部结构复杂，储层非均质性强，增加了油藏描述的难度和不确定性。本次研究以鄂尔多斯盆地西南缘泾河油田早胜断裂带东段泾河油田JH55井区典型断缝体为例，基于地震、测井、钻井、岩心和露头等资料系统分析，采用“层级控制、分带约束”的断缝体建模方法，开展断缝体地质建模攻关研究，分别建立断缝体结构模型和断缝体属性模型。结构模型采用层级控制的方法，从断缝体轮廓、内部结构和裂缝三个层级，分级构建约束断缝体外部轮廓空间规模、内部结构的确定性结构模型及离散裂缝模型；属性模型采用分带约束的方法，分别以指破碎带和裂缝带为目标，以测井解释数据为基础，采用“相控”约束和协同约束的方法，建立反映断缝体内部结构非均质特征的属性模型。结果显示，断缝体的破碎带占比18.2%，裂缝带占比81.8%；破碎带孔隙度主要介于9%~17%，裂缝带孔隙度主要介于6%~11%，破碎带含油饱和度75%，破碎带含油饱和度主要介于40%~65%。最后将断缝体结构模型和断缝体属性模型融合，构成断缝体双重介质模型。本次研究成果为断缝体油藏空间分布、内部结构解剖、井位优化设计等提供了重要参考和借鉴。

关键词　断缝体；地质建模；长8段；泾河油田；鄂尔多斯盆地

1　引言

致密低渗透储层油气资源量在我国油气资源中占据重要比例，是增储上产的重要接替。然而，致密低渗透储层物性差，非均质性强，基质储层动用难度大。断层是沿断裂面发生明显位移的地质构造体。随着油气勘探程度的不断深入，人们对断层在油气运聚成藏和保存中所起作用的认识也不断深入，发现断层控藏主要体现在其对油气具有输导和封堵双重作用。天然裂缝是致密低渗透储层重要的组构，有效增加了储集空间和优势渗流通道，是致密低渗透储层油气开发的“金钥匙”。主干断裂和与之伴生的裂缝形成的破碎带空间有效耦合构成断缝系统，是致密油优先聚集、规模成藏、有效动用的目标“甜点”。

断缝体是在致密油勘探开发实践中提出的新的地质概念，最早的文献记载可见于2019年。2018年以来，华北油气分公司针对鄂尔多斯盆地南缘致密油开发，将砂体、断层、裂缝等因素综合分析，创新性地提出了“断缝体”的概念，突破了大型岩性油藏的传统认识，拓展了致密油的新阵地。在鄂尔多斯盆地南部延长组等致密储层勘探开发中，断缝体油井较普通致密砂岩油井具有更高、更稳定的初期产能，同时初产含水较低。2020年，以断缝体油藏为目标，在泾河油田部署的评价井JH2P9井自然投产，获得30t/d的稳定产量；2021年，在进一步深化断缝体地质认识，加强储层预测和裂缝预测的基础之上，部署了两口评价井，不压裂自然投产，均获得20t/d的工业油流。进一步证实了断缝体油藏是鄂尔多斯盆地南缘中生界致密油开发的最优目标。

目前对断缝体内部结构的精细化、定量化研究程度不足，无法满足断缝体油藏高效开发的需求。本文聚焦断缝体地质特征，开展断缝体精细地质建模，降低井-震预测的多解性和不确定性，支撑滚动建产方案编制和井位部署。

2　区域地质概况

泾河油田位于鄂尔多斯盆地南缘，伊陕斜坡与渭北隆起带的交汇处，区域构造上位于伊陕斜坡带的西南端，西邻天环坳陷。构造活动强烈且频繁，发育一系列NE方向上的大型基底断裂，形成了“隐形”稳定的不稳定构造背景。受到基

底断裂影响，研究区主要发育NEE和NE走向的大型走滑断裂带，伴生一系列次生断裂和区域性裂缝带。目构造形态与区域构造形态基本一致，处于区域构造的中部缓坡区，区块构造比较简单，局部可见低幅度构造高点，海拔高度-440m~10m，地层倾角平均约为1°，局部发育小型低幅度鼻状隆起。

泾河油田延长组沉积阶段经历了长9段沉积期、长7段沉积期、长4+5段沉积期3次大型湖侵，而与之相对应的长8段、长6段均发育大套的优质砂体。其中长8段主要发育浅水型辫状河三角洲沉积，沉积亚相为辫状河三角洲前缘，水下分流河道砂体和分流砂坝砂体较为发育，平面上分别呈条带状和坨状发育，平面上广泛分布。后期燕山期和喜山期，构造运动活跃，地层抬升、旋转，形成大规模的走滑断裂带及不同次级的次级断裂，同时伴生发育一系列裂缝，共同构成断缝体圈闭，形成优势储集体，为泾河油田致密油勘探开发的重点目标。

3　断缝体地质模式

断缝体是指发育在走滑断裂背景下，由断裂、伴生的脆性破碎带及被其改造过的致密低渗砂岩共同构成的储集体，其上部及侧面均有非渗透泥质岩、致密层等封挡，形成了一个由物性和渗流差为边界所限制的相对独立的地质体。沿单一走滑断裂带发育形成多个独立断缝体，规模性的断缝体主要分布在应力集中的断层活动盘、断间衔接部位、次级断层发育区及断裂带端部。

从野外资料、岩心、镜下资料观察描述的断裂带宏观、微观特征，可以看出断裂并非一个简单的面，而是具有复杂内部结构的三维地质体，随着远离断裂中心，温度、压力等条件逐渐降低，变形程度也逐渐降低。由断层核部向两侧，断裂带主要可以划分为破碎带和裂缝带不同类型的结构单元。断缝体内部结构复杂，根据裂缝发育程度，依次划分为破碎带和裂缝带。破碎带特征发育多组裂缝，形成裂缝密集分布区域，构造变形强烈，地层原始层面不连续。裂缝带以层内裂缝为主，裂缝发育程度降低，原岩基本保持完整，地层连续性好(图1)。

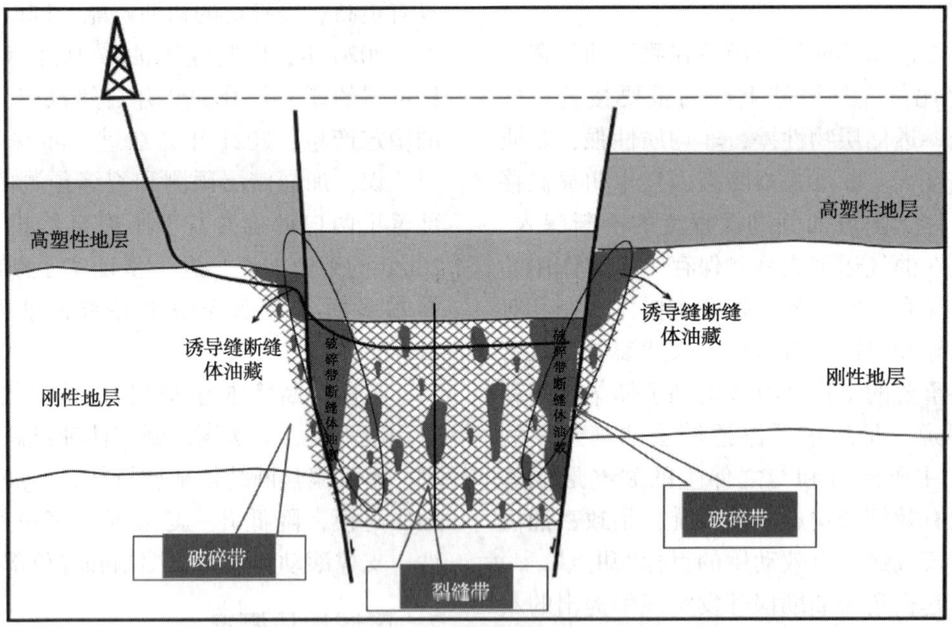

图1　断缝体油藏地质模式

4　断缝体地质建模

4.1　*技术思路*

断缝体是一种具有内部结构复杂、空间非均质性强的地质体，采用常规单级次控制或“岩相约束”建模方法难以有效表征其内部非均质特征。

本文在现有建模技术方法基础之上，针对断

缝体特殊的地质特征和面临的一系列技术难题，基于现阶段地质认识和地质模式，充分利用和挖掘现有资料信息和研究成果，综合考虑断缝体内部结构多层级的地质特征。采用确定性+随机性建模技术，地震预测和测井解释结果，分别建立断缝体空间轮廓模型、断缝体内部双带结构模型，基于双带结构模型构建不同级次的离散裂缝模型。以不同内部结构作为相控条件，构建断缝体内部结构物性模型和含油饱和度模型。本方法应用于泾河油田JH55井区长8_1断缝体描述和预测，建立的地质模型既符合现有地质认识，又反映了钻井信息，是现阶段定量表征断缝体的有效建模方法之一。

4.2 基于"层级控制"的断缝体结构建模

针对断缝体结构特征，本次主要考虑3个级次的建模层级，分别是断缝体外部轮廓、双带结构(包括破碎带和裂缝带)和裂缝(包括确定性的断层、大尺度裂缝和中尺度裂缝)。

4.2.1 断裂带确定性模型

泾河油田早胜断裂带东段走滑断裂带精细解释结果显示，断裂带发育南北两条大型走滑断裂，呈"双轨"形态，顺走向方向具有显著的分段性。将断层解释结果数字化，整合到构造模型中，建立早胜断裂带东段JH55井区断裂带模型(图2)。断层沿NEE方向发育，局部发育断层切割现象，放映了不同期次的断层发育特征。实钻水平井轨迹垂直穿过断层，和钻井认识一致。断层模型不仅指导和约束后面内部结构建模，也视作一类宏观的裂缝。

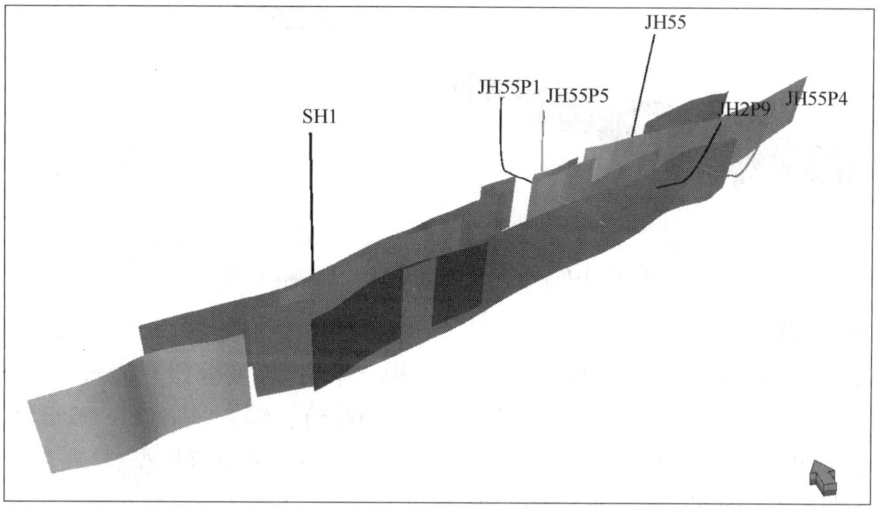

图2　泾河油田JH55井区长8_1顶面断裂平面分布特征与断层模型

4.2.2 断缝体外部轮廓模型

建立外部轮廓模型是断缝体地质模型的基础，也是断缝体结构建模的第一级次模型。根据地球物理裂缝地震相技术，雕刻断缝体外部轮廓，在早胜断裂带双轨发育条带上共划分6个断缝体[图3(a)]。可知，断缝体的平面发育与走滑断裂带具有紧密的伴生关系。基于断缝体外部轮廓雕刻，采用确定性的Geometrical modeling方法，建立断缝体确定性模型[图3(b)]。

4.2.3 断缝体双带结构模型

横向分带是断缝体裂缝建模要考虑的第一要素。在断缝体第一级次结构模型基础之上，进一步内部解剖和刻画。断缝体内部从断层向两侧不同的区带断层控制和改造作用不同，裂缝发育特征差异较大，基于岩相相控约束建模方法构建裂缝模型，则难以反映地质认识。通过研究区水平井水平段声波时差、测井解释孔隙度大小变化，结合断缝体地球物理预测统计分析，断缝体的破碎带和裂缝带在走滑断层两盘呈不对称发育，滑动破碎带宽度普遍介于断层核部向两侧50m以内，诱导裂缝带为断层核部向外延伸50m以外，整体介于50m~200m，局部可达600m以上。破碎带和裂缝带宽度比例介于1∶3~1∶4。根据地震属性强度变化和实钻井统计结果，采用确定性方法建立"双带结构"模型(图4)。结果显示，破碎带占比18.2%，裂缝带占比81.8%，模型结果与测井解释的比例吻合。

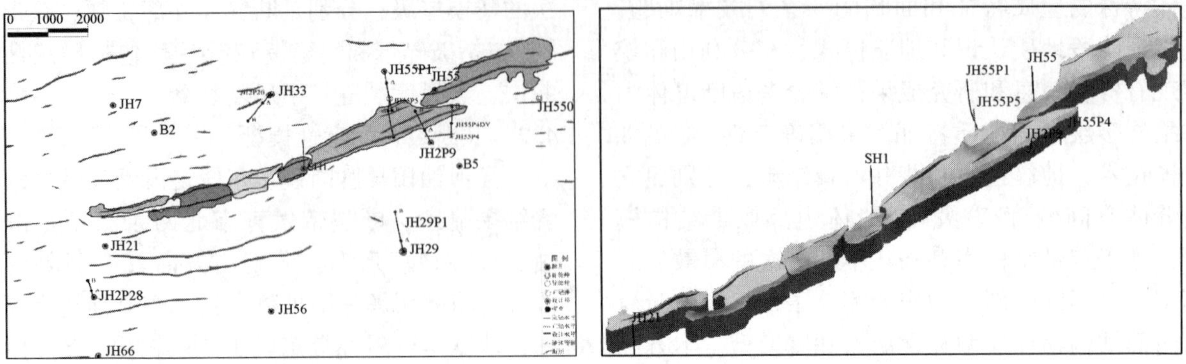

(a)　(b)

图 3　JH55 井区断缝体平面分布

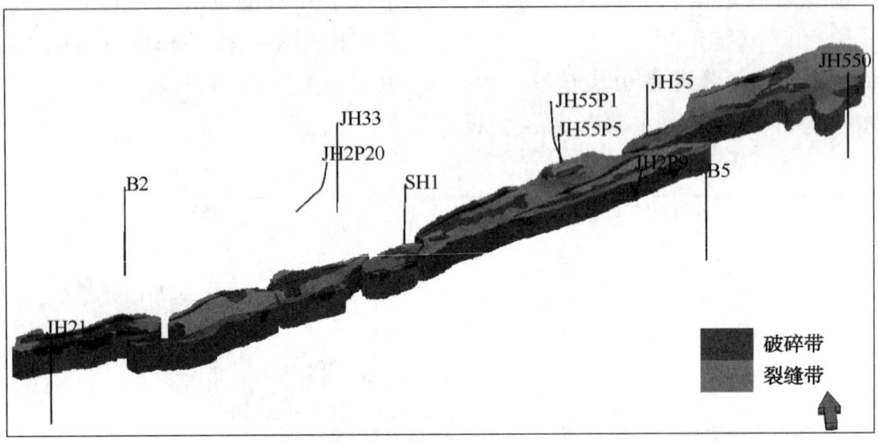

图 4　JH55 井区长 8_1 断缝体双带结构模型

4.2.4　断缝体离散裂缝模型

断缝体内部裂缝尺度和密度与走滑断裂和岩性具有密切的关系，根据野外露头和测井解释可知，由断层核部向两侧，裂缝规模尺度相对减小，裂缝密度逐渐降低。因此，基于断缝体的地质模式，分别针对破碎带和裂缝带组成的双带结构，采用“尺度分级、岩性分类”的裂缝建模策略(图 5)，综合“确定性+随机性”建模方法，构建断缝体离散裂缝模型。

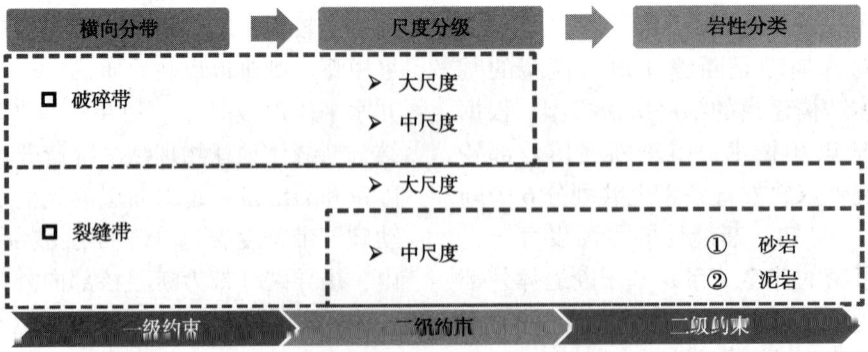

图 5　离散裂缝模型建模技术思路

(1) 尺度分级

本文主要针对表征裂缝级次的两个重要参数裂缝长度和裂缝开度，重点表征裂缝尺度大小。

裂缝长度是表征裂缝规模的重要参数，致密砂岩储层裂缝研究尺度主要可划分为 4 类，即大尺度裂缝、中等尺度裂缝、小尺度裂缝、微观尺度裂缝。根据资料的局限性和研究的可行性，结合模型网格尺度大小，本文主要建立大尺度裂缝、中等尺度裂缝，设定大尺度裂缝的延伸长度通常为百米级，最小限定100m，中尺度裂缝延伸长度通常为数十米级，最小限定10m；其中大尺度裂缝包括宏观断层尺度。

裂缝开度指充填物充填后剩余的可作储集空间的裂缝宽度。该参数与裂缝孔隙度和渗透率，特别是渗透率关系极大。同时，裂缝开度与裂缝密度具有直接的对应关系，随着裂缝开度的增加，裂缝平均间距也呈指数增加，裂缝密度大幅降低。结合岩心观测和野外露头数据，本次主要考两个尺度裂缝开度，分别为大尺度裂缝开度介于0.5～1mm和中尺度裂缝开度介于0.05～0.5mm。

（2）岩性分类

沉积作用对裂缝的控制作用表现为岩性、层厚、沉积微相等对裂缝的控制作用。岩石的矿物组分、结构、构造及力学参数的差异，影响着岩石力学层的分布，进而影响着裂缝的发育。野外露头、岩心观察及实验分析表明，裂缝的分布受岩石力学层控制，在碎屑岩(如砂泥岩互层)的地层中，不同岩性层对应不同的岩石力学层。裂缝大多数终止于层面，相同规模的裂缝呈等间距分布。在一定厚度范围内裂缝间距与层厚呈正线性关系，裂缝间距随着层厚的增加而增加，且不同岩性，裂缝发育程度不同，其裂缝间距与层厚的比值存在差异。当岩层的单层厚度大于3m或小于5mm时，裂缝一般不发育。部分裂缝可以切穿或在相邻能干性不同的地层中延伸，并发生一定的产状变化，其裂缝的延伸程度与裂缝的性质、相邻地层岩性的差异、层厚、应力大小等有关。

（3）离散裂缝建模

充分挖掘断缝体地质认识、充分利用不同尺度、不同类型资料信息是构建尽可能地再现地质实际的断缝体裂缝模型的关键。裂缝建模的约束体主要包括裂缝产状约束体和裂缝密度约束体，同时，采用岩相模型二次约束的方法，设定在裂缝带的泥岩中尺度裂缝不发育。基于反应裂缝密度的地震属性体约束，采用离散裂缝建模方法，分别构建破碎带和裂缝带的大尺度和中尺度裂缝模型。

首先，构建破碎带裂缝模型，包括确定性的断缝级别的宏观裂缝、大尺度裂缝和中尺度裂缝。宏观裂缝主要指破碎最严重的、尺度最大的理想断面，即断层面。基于断层模型，采用确定性建模方法，将断层模型裂缝化到裂缝模型中，形成一些列与走滑断层尺度、产状一致的宏观尺度裂缝。

进一步计算裂缝带的大尺度裂缝和中尺度裂缝模型。根据前文裂缝尺度数据，设定大尺度延伸长度介于100～200m，中尺度延伸长度通常为数十米级，最小限定10m；大尺度裂缝开度介于0.5mm～1mm，中尺度裂缝开度介于0.05mm～0.5mm。裂缝约束体包括裂缝密度约束体与裂缝产状约束体。裂缝密度约束体为多种地震属性筛选、融合，基于水平井裂缝测井解释标定所获得的裂缝发育密度地震属性约束体。产状约束体包括裂缝方位角属性(图6)和裂缝倾角属性(图7)。

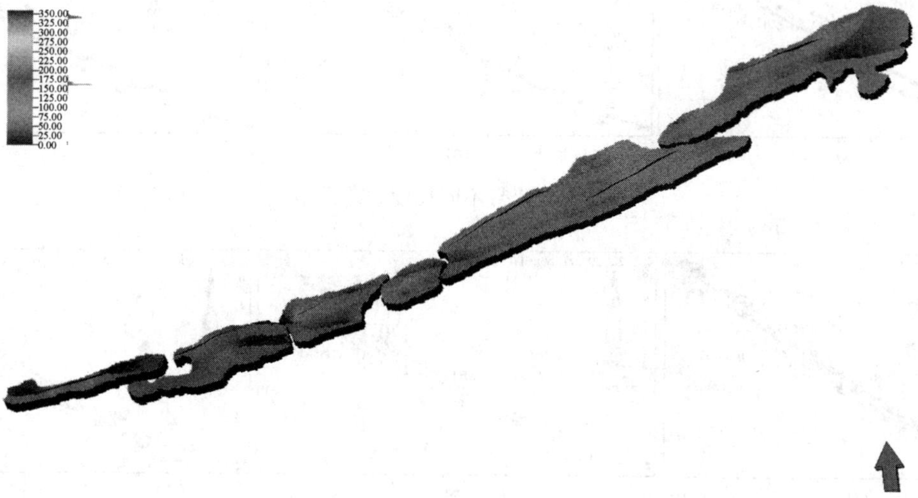

图6 裂缝方位角属性

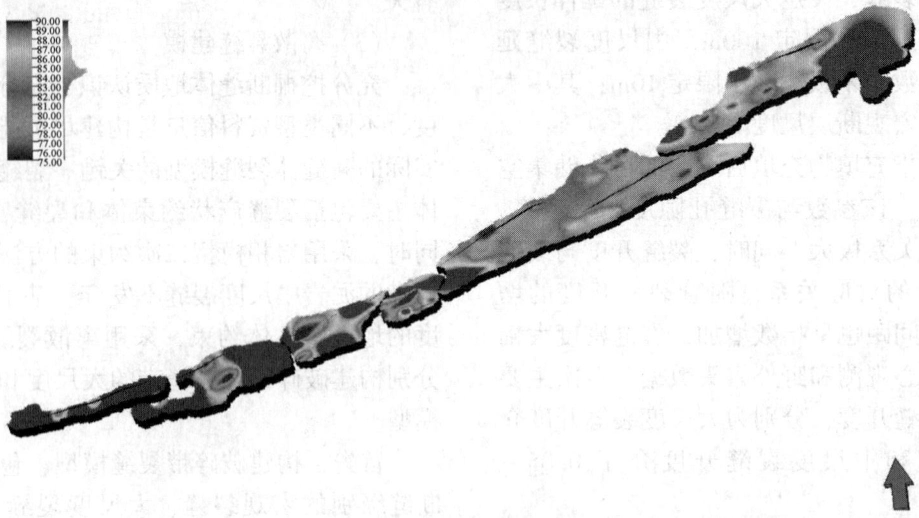

图 7　裂缝倾角约束体

基于以上参数和约束体协同约束，采用裂缝随机建模方法，分别构建破碎带大尺度裂缝和破碎带中尺度裂缝。结果显示，破碎带中尺度裂缝长度介于 100~200m，峰值介于 150~160m[图 8(a)]，产状和邻近断层一致；破碎带中尺度裂缝长度介于 10~100m，峰值介于 50~60m[图 8(b)]，产状和邻近断层一致；将宏观尺度裂缝、大尺度裂缝和中尺度裂缝融合获得破碎带裂缝模型[图 8(c)]。

相对于破碎带，裂缝带不包括宏观尺度的裂缝，只有大尺度裂缝和中尺度裂缝。裂缝密度约束体与裂缝产状约束体和破碎带一致。裂缝带与断层距离逐渐变大，断层对地层的破坏和改造程度降低，大尺度裂缝可以穿层发育，而中尺度裂缝受单砂层厚度控制，分布在砂层内，与砂层的界面垂直并终止于砂层界面上。因此，在构建裂缝带中尺度裂缝采用岩相模型进行“二级约束”，即中尺度裂缝仅在砂岩岩相中计算，泥岩岩相不参与裂缝计算。

基于以上参数和两个级次的约束体协同约束，采用裂缝随机建模方法，分别构建破碎带大尺度裂缝和破碎带中尺度裂缝。结果显示，裂缝带大尺度裂缝长度介于 100~200m，峰值介于 150~160m[图 9(a)]，产状和邻近断层一致；裂缝带中尺度裂缝长度介于 10~100m，峰值介于 50~60m[图 9(b)]，产状和邻近断层一致；将大尺度裂缝和中尺度裂缝融合获得裂缝带裂缝模型[图 9(c)]。

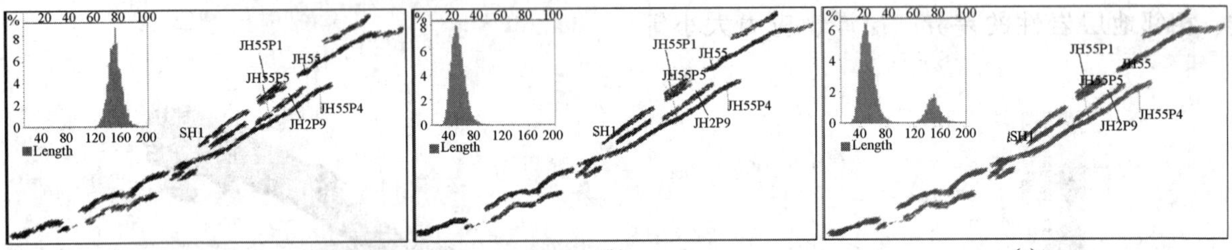

(a)　(b)　(c)

图 8　破碎带不同尺度裂缝模型

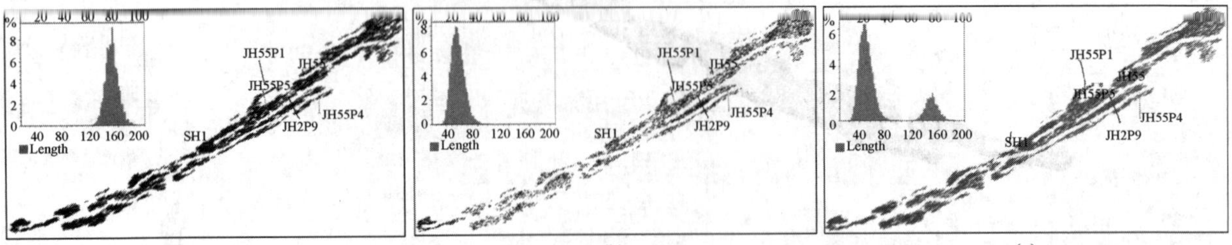

(a)　(b)　(c)

图 9　裂缝带不同尺度裂缝

最后，将破碎带不同尺度的裂缝模型和裂缝带不同尺度的裂缝模型融合，构建断缝体“双带结构”的裂缝网格模型(图 10)。统计显示，裂缝倾角介于 60°~88°，倾向介于 133°~182°和 315°~360°，和走滑断层具有高度的一致性，与地质认识相符。

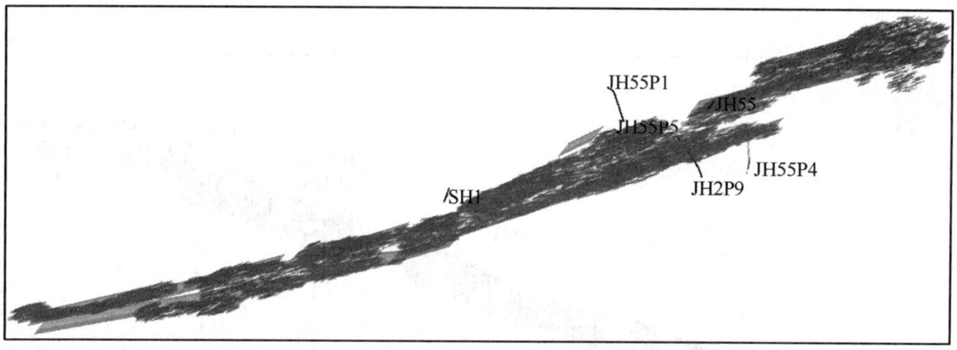

图 10　泾河油田 JH55 井区长 8_1 断缝体不同级次裂缝模型

4.2.5　基于“分带约束”的断缝体属性建模

分带约束是指在建立断缝体孔隙度模型时，类似于岩相控制的思路，破碎带和裂缝带作为两类“岩相”，分类“相控”，进一步协同约束，建立反映断缝体断缝体空间非均质性的属性模型。断缝体属性模型主要包括断缝体孔隙度模型以及含油饱和度模型。

(1) 双带结构孔隙度模型

以测井解释孔隙度数据为基础，以地震属性协同约束控制孔隙度空间分布的相对大小，采用 Sequential Gaussian simulation(SGS)方法，分别建立破碎带模型和裂缝带孔隙度模型。将两类储层融合获得断缝体双带结构孔隙度模型(图 11)。通过对模型统计结果分析可知，裂缝带孔隙度主要介于 6%~11%，破碎带孔隙度主要介于 9%~17%。在平面上，孔隙度高值区呈条带状和离散状分布，与断层走向和储层分布密切相关，即断层和内部结构控制了物性大小及分布特征。

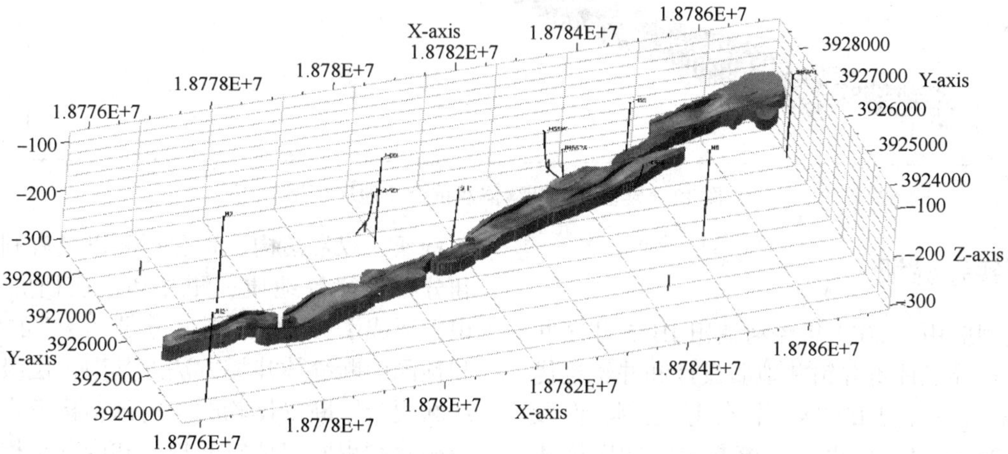

图 11　JH55 井区长 8_1 内部结构孔隙度模型

(2) 双带结构含油饱和度模型

断缝体是泾河油田最重要的致密油富集目标，受走滑断层的疏导作用控制，致密油在临近断层的甜点区富集。根据测井解释结果和动态分析，破碎带为主要产能供给的储层，其含油饱和度可达 75%，裂缝带含油饱和度主要介于 40%~60%。对于破碎带，采用确定性方法，建立含油饱和度模型；对于裂缝带，以测井解释数据为基础，基于孔隙度模型协同约束，采用 Sequential Gaussian simulation(SGS)方法，构建含油饱和度分布模型。将两类储层含油饱和度融合，获得断缝体双带结构含油饱和度模型(图 12)。

在平面上，含油饱和度高值区呈条带状离散状分布，与断层走向和储层分布密切相关，即断层和内部结构控制了含油饱和度大小和空间分布特征，该结果与产能预测结果和地质认识相符。

4.3 断缝体双重介质模型

将表征断缝体不同级次特征的断缝体结构模型和反应储层非均质性的数下模型融合，构建断缝体双重介质地质模型(图 13)。断缝体地质模型提高了储层预测的精度，实现了断缝体储层定量表征和预测。

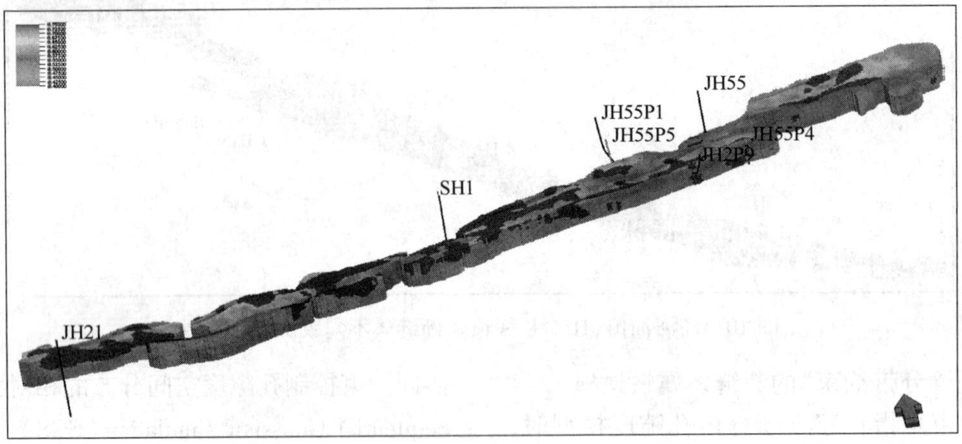

图 12　典型井区断缝体含油饱和度模型

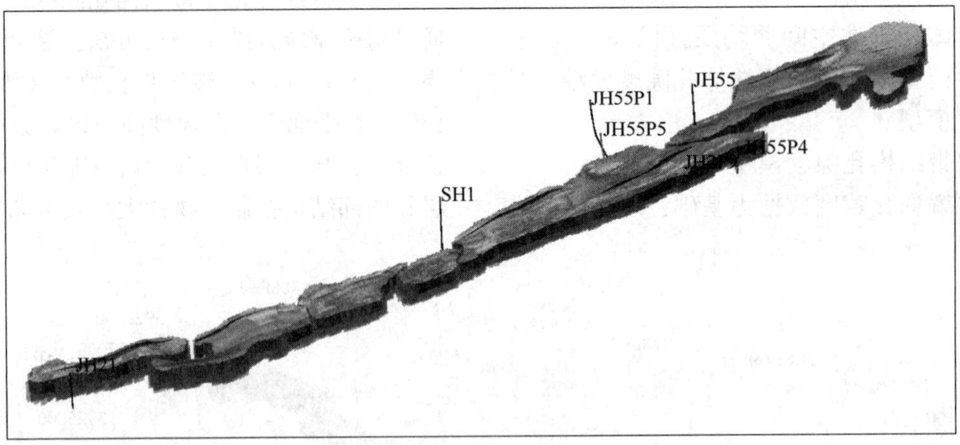

图 13　典型井区断缝体双重介质地质模型

5　模型实钻验证

本模型应用于 2021 年泾河油田 JH55 井区井位部署，指导了评价井钻井地质设计和井轨迹优化。实钻显示，JH55PX 井在钻遇水平段 1998m~2058m 时，发生大规模漏失，钻压极速下降，总漏失量达 600m^3。反映了钻遇断缝体破碎带与地质模型吻合(图 14)。该井实现了不压裂、自然投产，日产油 20t。综上可知，断缝体地质模型与地质认识和实钻井信息吻合，地质模型可靠，建模方法可行，适于在泾河油田其它区域推广使用。

6　结论

(1) 对走滑断裂控制的断缝体成因类型和分布特征、双带结构识别和预测以及有利储层评价和分布规律等地质、测井和地震研究成果和认识，形成了“层级控制、分带约束”的定量表征和预测的断缝体建模方法。其中，层级控制是指从断裂带、断缝体轮廓、内部结构三个层级，分级构建约束断缝体空间规模和内部结构分布和规模的确定性结构模型；分带约束是指以破碎带和裂缝带分别“相控”，协同约束，建立反映断缝体断缝体属性空间非均质性的属性模型。

(2) 以早胜断裂带东段 JH55 井区为例，构建了断缝体三维地质模型。结果显示，破碎带占比 18.2%，裂缝带占比 81.8%，模型结果与测井解释的比例吻合。裂缝带孔隙度主要介于 6%~11%，破碎带孔隙度主要介于 9%~17%；裂缝孔隙型储层含油饱和度主要介于 40%~

65%，破碎带含油饱和度 75%。区域性走滑断层和断缝体内部结构控制了物性和含油饱和度的大小及分布特征。

（3）断缝体地质模型指导了泾河油田长 8 断缝体新部署井位地质设计和井轨迹优化，断缝体内部结构模型均与实钻结果吻合，且符合现阶段地质认识。目前两口井均见高产工业油流。

综上，本文所形成的建模方法可以有效适用于断缝体的定量表征和预测，该模型对研究区开展滚动评价和开发、下一步目标优选和井位部署具有重要的指导意义。

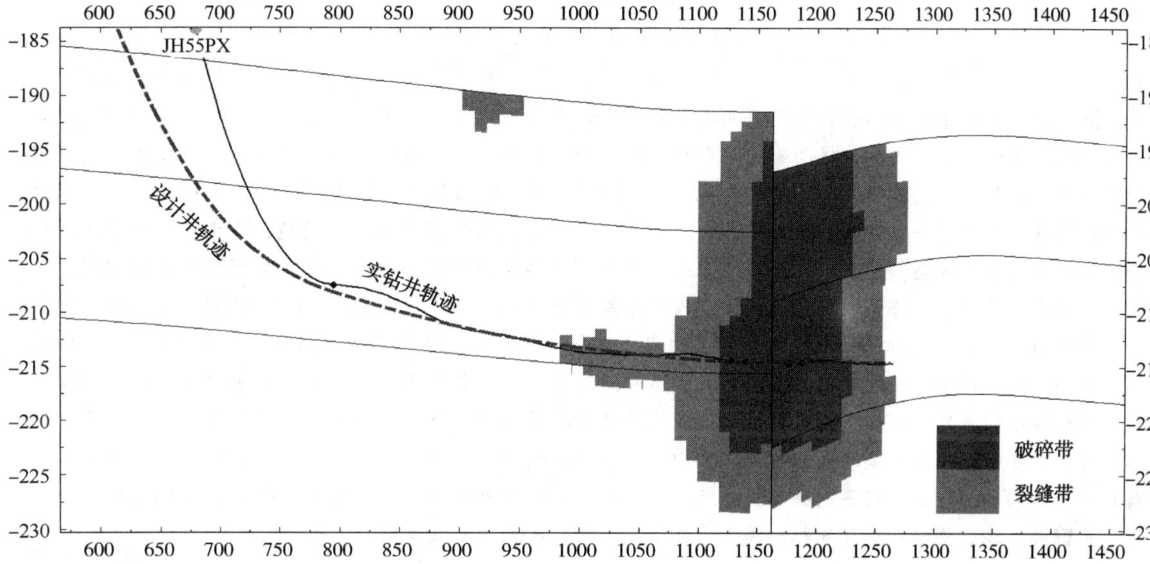

图 14　过 JH55PX 井断缝体内部结构剖面图

参 考 文 献

[1] 吕文雅，曾联波，周思宾，等. 鄂尔多斯盆地西南部致密砂岩储层微观裂缝特征及控制因素——以红河油田长 8 储层为例[J]. 天然气地球科学，2020，31(01)：37-46.

[2] 蔡勋育，邱桂强，孙冬胜，等. 中国中西部大型盆地致密砂岩油气“甜点”类型与特征[J]. 石油与天然气地质，2020，41(04)：684-695.

[3] 陈伟，吴智平，侯峰，等. 断裂带内部结构特征及其与油气运聚关系[J]. 石油学报，2010，31(05)：774-780.

[4] 董少群，曾联波，Chaoshui Xu，等. 储层裂缝随机建模方法研究进展[J]. 石油地球物理勘探，2018，53(03)：625-641，8.

[5] 董少群，曾联波，曹菡，等. 裂缝密度约束的离散裂缝网络建模方法与实现[J]. 地质论评，2018，64(05)：1302-1314.

[6] MISH K HENNINGS P et al BUSETTI S. Damage and plastic deformation of reservoir rocks: Part 2. Propagation of a hydraulic fracture[J]. Aapg Bulletin，2012，96(9)：1687-1709.

[7] 廖宗湖，陈伟伦，李薇，等. 川东北须家河组致密砂岩断缝系统 I：断层破碎带的平面分布特征[J]. 石油科学通报，2020，5(04)：441-448.

[8] 王则，商琳，龚丽荣，等. 基于地质力学方法对不同结构断层破碎带封闭性评价——以渤海湾盆地济阳坳陷车镇凹陷 M 区为例[J]. 石油实验地质，2019，41(06)：893-900.

[9] 王威，凡睿. 四川盆地北部须家河组“断缝体”气藏特征及勘探意义[J]. 成都理工大学学报(自然科学版)，2019，46(05)：541-548.

[10] 何发岐，梁承春，陆骋，等. 鄂尔多斯盆地南缘过渡带致密-低渗油藏断缝体的识别与描述[J]. 石油与天然气地质，2020，41(04)：710-718.

[11] 张园园. 鄂尔多斯盆地天环坳陷南段中生界断裂特征及其对长 8 油藏的影响作用[D]. 西北大学，2021

[12] 何发岐，齐荣，袁春艳，等. 鄂尔多斯盆地南部地区断裂构造与油气成藏关系再认识——以彬长地区为例[J]. 地球科学，2022：1-18.

[13] 何发岐，梁承春，陆骋，等. 鄂尔多斯盆地南缘过渡带致密-低渗油藏断缝体的识别与描述[J]. 石油与天然气地质，2020，41(04)：710-718.

[14] Orlando J. Ortega，R. Marrett，S. E. Laubach. A scale-independent approach to fracture intensity and average spacing measurement[J]. AAPG Bulletin，2006，90：193-208.

油藏开发过程中形变颗粒堵水机制的微观数值模拟研究

王晓宇

（中国石化石油勘探开发研究院）

摘　要　多孔介质内的含颗粒的多相流动问题广泛存在于各种自然及工程过程中，例如油田开发中采用注颗粒方式进行调剖堵水，提高驱替效率与采收率等。目前，一系列物理实验及数值模拟方法已被应用于孔隙尺度多相流动、流体-颗粒相互作用，但对于颗粒-油-水耦合流动机理及颗粒注入对两相流体驱替过程的影响还有待进一步研究。本文聚焦油田水驱开发后期注颗粒提高采收率问题，基于浸没边界法和格子玻尔兹曼两相流模型，建立多孔介质内油-水-形变颗粒体系流动数值模拟方法，有效实现了调剖堵水微观机制刻画。其中，以格子玻尔兹曼多相流模型计算水驱多孔介质油-水流动，通过耦合浸没边界法模拟了形变颗粒-流体、形变颗粒-形变颗粒相互作用，耦合模型具有既追踪颗粒运移堵塞过程又实时模拟油-水分布的优势，进而实现了多颗粒协同堵塞和剩余油动态演变的数值模拟。通过详细对比多颗粒协同堵塞与单颗粒堵塞的区别，揭示了多颗粒协同堵塞优势通道提高水驱波及效率的机制。将剩余油动用主要机理总结为：多颗粒协同加剧高渗透通道堵塞，增大低渗透区域的水驱波及范围。通过分析可形变颗粒群注入前后剩余油的动态变化，定量刻画了提高采收率效果，有助于为现场分析非均质油藏开发机理提供支持。

关键词　调剖堵水；形变颗粒；提高采收率；孔隙尺度流动数值模拟；水驱

国内部分油田水驱开发后期出现由储层非均质性和水窜等导致的水驱波效率低的问题。储层渗透率的非均质性会导致注入水倾向于流向高渗透区域而不能对低渗透区域的剩余油产生足够的波及作用。可形变颗粒已经广泛应用于特高含水油藏提高采收率中，经现场应用证明有较好的提高水驱的效果。但是形变颗粒的流动机制和提高剩余油采收率的机理尚不明确，因此多孔介质内油-水-可形变颗粒的流体规律具有研究意义。

针对可形变颗粒在多孔介质内流动与堵塞的问题，很多研究者开展了物理实验和数值模拟。一系列填砂管岩心驱替实验被用于观测注入可形变颗粒之后注入压力和流量的波动规律，注入压力及沿程压力梯度增大反应了形变颗粒深部迁移后产生堵塞的有效性。岩心驱替物理实验局限于宏观流量、压力参数的观测，可视化程度低，在解释形变颗粒流动堵塞及水驱调节内在机理方面存在很大限制。桑茜等人通过可视化模型分析了预制凝胶颗粒提高采收率的过程。Baojun Bai 等人进行了一系列可视化物理实验，分析了凝胶颗粒脱水通过规则孔隙的过程，观测了可膨胀颗粒在透明裂缝内的堵塞分布，并总结了一系列形变颗粒的制备工艺。他们通过实验定量分析了可形变颗粒对减小裂缝和高渗透区域渗透率的有效性，并分析了影响颗粒注入和堵塞效率的因素等。姚传进等人测量了单颗粒、多颗粒形变通过微通道时引起的注入流体压力上升，并分析了形变颗粒通过喉道的流体临界压差对颗粒物性参数的敏感性。微通道实验是研究颗粒堵塞机理的有效方式，但存在模型制备成本高，观测设备要求极高，可重复性低，且其中流体以单相为主等问题。因此众多学者发展了一系列微尺度数值模拟方法并被广泛应用。

苏军伟等人通过计算流体动力学方法模拟流体流动，采用离散单元法追踪颗粒运动及碰撞，通过虚拟域方法实现两相相互作用计算，提出了新的颗粒-流体流动模型，并将研究流体从单相拓展到两相，但是其中所用颗粒接近刚性颗粒，颗粒轮廓形变被简化。

目前可有效地模拟颗粒形变和流动的方法之一为格子玻尔兹曼方法和浸没边界法耦合方法，其被广泛应用于计算形变颗粒通过喉道的临界压差及分析对水流方向改变的效果。以报道的微观数值模拟结果表明，注入形变颗粒可堵塞高渗透通道，导致局部流场压力升高，促使水流进入低渗透区域，从而增大水驱波及范围。颗粒形成堵塞之后通过增加泵注压力促使堵塞颗粒形变进入储层深部区域，达到深部调驱的目的。其中周康和侯建等人通过此类方法模拟了形变颗粒堵塞-形变-通过单喉道的过程并与实验结果呈现较高的一致性。另外他们还模拟发现了形变颗粒通过并联喉道导致的交替分流现象。针对模拟中颗粒形变相关模量参数难确定的问题，王沫然等人通过原子力显微镜测量进行了解决，并进一步分析了形变颗粒通过单喉道时流场压力变化的新特征，总结了临界压力的敏感性。但是相关颗粒形变流动模拟中，剩余油分布的变化还少有报道。

综上所述，建立多孔介质内油-水-可形变颗粒流动数值模拟方法显得尤为重要。本工作拟采用格子玻尔兹曼方法与浸没边界法耦合，以格子玻尔兹曼方法模拟计算多孔介质内的油水两相流动及剩余油分布信息，以浸没边界法实现形变颗粒-流体、形变颗粒-形变颗粒及形变颗粒-壁面相互作用的模拟。研究多孔介质内油-水-颗粒流动过程，并分析多颗粒协同迁移的堵塞规律及响应的剩余油分变化规律，以期为颗粒驱提高采收率的机理分析提供参考数据。

1 油-水-形变颗粒流动数值模拟模型及验证

注形变颗粒提高采收率的过程涉及到多孔介质内非混相流体间相互作用、颗粒形变迁移、流体-颗粒相互作用等复杂问题。为实现对多孔介质内的油-水-形变颗粒流动数值模拟，笔者采用了格子玻尔兹曼方法耦合浸没边界法的方式，相关模型细节介绍如下。

1.1 两相流体模型

采用二维 MCMP SC(Multi-Component Multi-Phase Shan-Chen type)LBM 模型计算油水两相流动，以下简称为伪势模型。在伪势模型中，每一类组分的状态都分别用一组分布函数表示，本文针对两组分情况进行计算。对于组分 σ 其分布函数演变方程可以表示为：

$$f_i^{\sigma}(\vec{x}+\vec{e}_i\Delta t,\ t+\Delta t)=f_i^{\sigma}(\vec{x},\ t)-\frac{f_i^{\sigma}(\vec{x},\ t)-f_i^{\sigma,eq}(\vec{x},\ t)}{\tau_{\sigma}} \tag{1}$$

式中为 BGK 模型中的弛豫时间，其和运动学黏度的关系为 $\upsilon_{\sigma}=c_s^2(\tau_{\sigma}-0.5)\Delta t$；$f_i^{\sigma}(\vec{x},\ t)$ 为第 σ 类组分在第 i 速度方向的密度分布函数；$f_i^{\sigma,eq}(\vec{x},\ t)$ 为第 σ 类组分的平衡态分布函数，可以通过下面公式计算：

$$f_i^{\sigma,eq}(\vec{x},\ t)=\omega_i\rho_{\sigma}\left[1+\frac{(\vec{e}_i\cdot\vec{u}_{\sigma}^{eq})}{c_s^2}+\frac{(\vec{e}_i\cdot\vec{u}_{\sigma}^{eq})^2}{2c_s^4}-\frac{\vec{u}_{\sigma}^{eq2}}{2c_s^2}\right] \tag{2}$$

式中 $c_s=\frac{1}{\sqrt{3}}c$ 表示声速，且 $c=\frac{\Delta x}{\Delta t}$；$\vec{e}_i$ 表示离散速度，取值取决于所选取的离散速度模型，对于 D2Q9 模型有：

$$[\vec{e}_0,\ \vec{e}_1,\ \vec{e}_2,\ \vec{e}_3,\ \vec{e}_4,\ \vec{e}_5,\ \vec{e}_6,\ \vec{e}_7,\ \vec{e}_8]=c\begin{bmatrix}0 & 1 & 0 & -1 & 0 & 1 & -1 & -1 & 1\\ 0 & 0 & 1 & 0 & -1 & 1 & 1 & -1 & -1\end{bmatrix} \tag{3}$$

ρ_{σ} 是第 σ 类组分的密度，可以通过对分布函数求和计算：

$$\rho_{\sigma}=\sum_i f_i^{\sigma} \tag{4}$$

计算区域内此流体整体密度为：

$$\rho=\sum_{\sigma}\rho_{\sigma} \tag{5}$$

宏观流速 $\vec{u}_{\sigma}^{eq}$ 代表了流体整体的速度，可通过下公式计算：

$$\vec{u}_{\sigma}^{eq}=\frac{\sum_{\sigma}\left(\sum_i\frac{f_i^{\sigma}\vec{e}_i}{\tau_{\sigma}}\right)}{\left(\sum_{\sigma}\left(\frac{\rho_{\sigma}}{\tau_{\sigma}}\right)\right.}+\frac{\tau_{\sigma}\vec{F}_{\sigma}}{\rho_{\sigma}} \tag{6}$$

其中 $\vec{F}_{\sigma}$ 是第 σ 类组分流体受到的作用力，包括流体和流体之间的内聚力 $\vec{F}_{c,\sigma}$ 和流体与壁面之间的黏附力 $\vec{F}_{ads,\sigma}$：

$$\vec{F}_{\sigma}=\vec{F}_{c,\sigma}+\vec{F}_{ads,\sigma} \tag{7}$$

$$\vec{F}_{c,\sigma}(\vec{x},\ t)=-G_c\rho_{\sigma}(\vec{x},\ t)\sum_i w_i\rho_{\bar{\sigma}}(\vec{x}+\vec{e}_i\Delta t,\ t)\vec{e}_i \tag{8}$$

$$\vec{F}_{ads,\sigma}(\vec{x},\ t)=-G_{ads,\sigma}\rho_{\sigma}(\vec{x},\ t)\sum_i w_i s(\vec{x}+\vec{e}_i\Delta t)\vec{e}_i \tag{9}$$

式中下标 σ 和 $\bar{\sigma}$ 意指流体的两种组分；G_c 是控制内聚力强度的参数；$s(\vec{x}+\vec{e}_i\Delta t)$ 为指示函数，对于分属固体或流体计算区域节点，它取值分别等于 1 或 0；参数 $G_{ads,\sigma}$ 用于调节每种流体与壁面的接触角。

1.2 形变颗粒模型

浸没边界法在进行颗粒-流体耦合模拟时，

流体流动基于欧拉网格计算，颗粒轮廓以多个拉格朗日点表示。固体颗粒被视为一个具有一定弹性的“圆环”且颗粒的受力位置在这些边界点上(图 1)。这种方法所产生的优势在于既可以模拟颗粒形变时的轮廓变化又避免了颗粒移动之后流体网格的重新划分。本文中形变颗粒通过堵塞水驱通道而改变水驱油效果，因此只考虑了单相流体(水)和颗粒之间的相互作用。

根据牛顿第二定律，对每个颗粒边界点有：

$$m\vec{a}=\vec{F}_f+\vec{F}_c+\vec{F}_l \tag{10}$$

$$\vec{v}_p=\vec{v}_{old}+\vec{a}\Delta t \tag{11}$$

$$\vec{s}_p=\vec{s}_{old}+\vec{v}\Delta t \tag{12}$$

其中$\vec{F}_f$ 为流体作用力；$\vec{F}_c$ 为接触力；$\vec{F}_l$ 为相邻边界点的作用力；$\vec{v}_p$ 代表颗粒边界点的速度；$\vec{s}_p$ 代表颗粒边界点的位移。

通过插值计算实现流体网格与颗粒边界点之间力和速度的信息交换，然后利用含有体积力项的 LBE 计算流体流动：

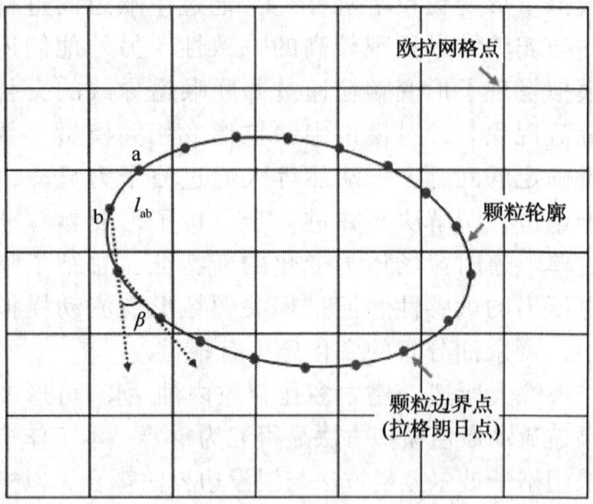

图 1　浸没边界法形变颗粒及边界点分布示意图

$$f_i(\vec{x}+\vec{e}_i\Delta t,\ t+\Delta t)=f_i(\vec{x},\ t)-\frac{1}{\tau}[f_i(\vec{x},\ t)-f_i^{(eq)}(\vec{x},\ t)]+\vec{F}_b\Delta t \tag{13}$$

$$\vec{F}_b=\left(1-\frac{1}{2\tau}\right)w_i\left[3\frac{\vec{e}_i-\vec{u}(\vec{x},\ t)}{c^2}+9\frac{\vec{e}_i\cdot\vec{u}(\vec{x},\ t)}{c^4}\vec{e}_i\right]\cdot\vec{F}(\vec{x},\ t) \tag{14}$$

$$\vec{F}(\vec{x},\ t)=2\rho\frac{\vec{U}^d-\vec{u}^{noF}(\vec{x},\ t+\Delta t)}{\Delta t} \tag{15}$$

其中$\vec{U}^d$ 表示受力情况下颗粒边界点的期望速度；$\vec{u}^{noF}$为不受力时颗粒边界点的速度。这部分详细推导可见。

接触力计算采用：

$$\vec{F}_c=\left(k_n\delta_n+c_n\frac{d\delta_n}{dt}\right)\cdot\vec{n}+\left(k_t\delta_t+c_t\frac{d\delta_t}{dt}\right)\cdot\vec{t} \tag{16}$$

其中为 $\vec{n}$ 和 $\vec{t}$ 分布代表法向量和切向量；k_n 和 k_t 分别是法向和切向接触刚度；c_n 和 c_t 是法向和切向阻尼系数；δ_n 和 δ_t 分别是法向的重叠和切线位移。

由于颗粒是有弹性的，颗粒发生形变后边界点之间存在恢复力使边界点有恢复到原来位置的趋势。恢复力的计算为：

$$\vec{F}_d=E_b(\beta-\beta^0)\cdot\vec{n}+E_s(l_{ab}-l_{ab}^0)\cdot\vec{t} \tag{17}$$

其中 E_b 和 E_s 分别代表弯曲刚度和应变刚度；β 和 β^0 分别为颗粒变形前后相邻三个边界点构成的夹角；l_0 和 l 分别为颗粒变形前后相邻两个边界点直接的距离。

2　结果分析

2.1　模型验证

本文通过分别对比两个案例的模拟结果和文献结果验证模型的有效性。

首先通过模拟了可形变颗粒通过狭窄喉道的过程，模拟结果可以明显观察到形变颗粒堵塞-形变-通过喉道的过程。模拟得到喉道入口与颗粒位置之间的流场压差变化(图 2)与参考结果规律一致，说明了本文所用浸没边界耦合格子玻尔兹曼方法对颗粒形变及颗粒-流体相互作用的计算是准确的。

进一步通过两相格子玻尔兹曼模型模拟了油滴与壁面的接触过程，并测量了不同壁面润湿情况下的油滴接触角。图 3 对比显示接触角和模拟参数的关系与理论解预测一致，说明此两相格子玻尔兹曼模型可以有效的实现对油-水两相流动的模拟。

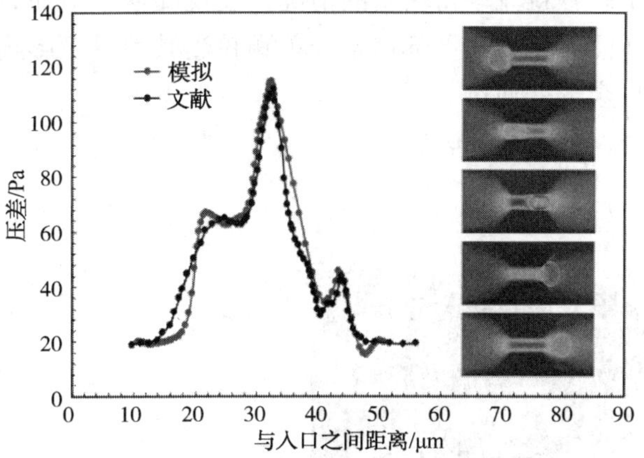

图 2　形变颗粒通过喉道时流场压力变化的模拟结果和文献结果对比

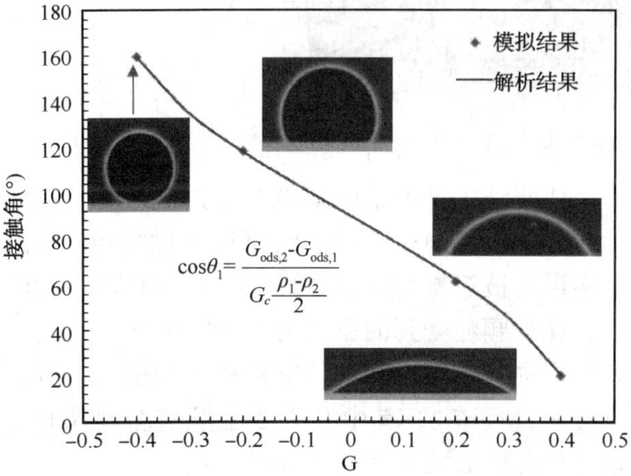

图 3　液滴润湿性模拟结果与解析结果对比
（红色：油；蓝色：水；灰色：壁面）

2.2　双颗粒通过吼道过程数值模拟

模拟分析了多颗粒通过图 4 狭窄喉道的过程，并对比了单颗粒和双颗粒通过喉道时流场压力变化的区别。如图 5 所示，红色曲线代表两个颗粒形变通过喉道前后流场压力的变化，而黑色曲线代表单个颗粒通过时的情况。

过程①-③为前导颗粒进入喉道引起堵塞憋压的过程，入口和颗粒位置压差变化规律与单颗粒情况时规律相似。③-④为后续颗粒开始进入喉道，形成两个颗粒同时堵塞憋压的情况，导致压差继续增加至高于单颗粒情况的数值。④-⑤为前导颗粒逐渐通过喉道，只有后续颗粒单独堵塞，压差部分减小。⑤-⑥中前导颗粒完全通过，后续颗粒开始从右侧通过，压差进一步减小，直至双颗粒全部为通过状态，喉道解堵，压差恢复至低值状态⑦。

模拟结果表明：双颗粒同时堵塞最显著的特点为其临界压差高于单颗粒堵塞的情况，并且在后续一段过程中，压差依旧保持在一个较高的水平。因此与单颗粒相比，双颗粒堵塞和对水流的改变能实现更高的强度。以往研究结果表明临界压差和粒径为正比关系，大粒径颗粒也能达到这种高压差的效果。相较于使用直径更大的颗粒，多个小颗粒可以作用于开度更小的吼道，更利于暂时的堵塞后继续深部运移，因此多个小颗粒连续注入方式更值得推荐。

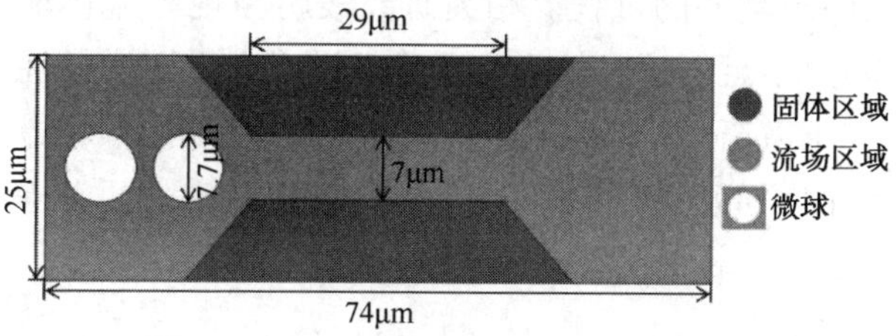

图 4　两个颗粒与狭窄吼道的几何示意图

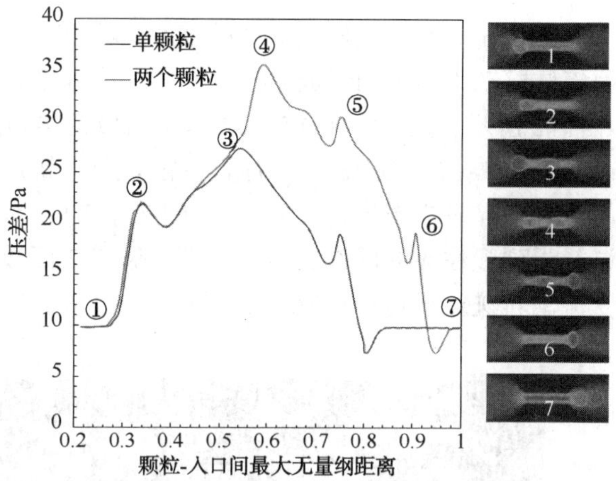

图 5　双颗粒通过喉道时流场压力模拟结果

2.3　高渗透区域内颗粒迁移与堵塞过程分析

在水驱油过程中，由于多孔介质非均质导致水流优先沿着高渗透区域流动，低渗透区域水驱波及效率较低。本文基于图 6 所示非均质多孔介质进行模拟，首先对饱和油的多孔介质进行一段时间水驱模拟并得到剩余油分布，结果显示低渗区域内的剩余油不能通过单一水驱实现完全动用。向含剩余油的多孔介质内继续注入水和颗粒，详细分析了颗粒对高渗透区域水流通道的堵塞过程，尤其分析了多颗粒协调堵塞对水流调节和剩余油驱替的影响机理。

在多孔介质研究区域 1 中，单个颗粒 a 通过喉道 1 的过程图 7 中 1 至图 7 中 5 所示，颗粒靠近喉道入口，在流体驱动下经历堵塞-形变-通过-再堵塞的过程。相关研究表明当现有流体驱动力不足以让颗粒形变通过喉道时，需要增加注入压力至高于颗粒临界启动压力才可以让颗粒继续向深部运移。本文在单颗粒模拟基础上，考虑了多颗粒流动与堵塞的情况，发现即使不增加整体注入压力，局部堵塞的单颗粒受其他颗粒影响也会形变通过。

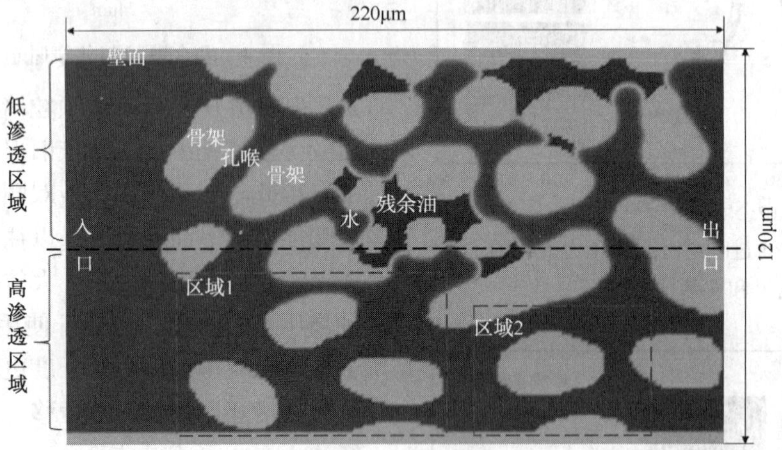

图6　非均质多孔介质结构及剩余油分布

颗粒a形变通过喉道1之后流动至喉道2并因流体驱动力不足而形成堵塞。如图7中6至图7中12所示，后续的颗粒b以与a相似的方式通过喉道1；在经过喉道2时对颗粒a产生挤压促使颗粒a发生形变通过喉道2(图7中7)；颗粒b受到颗粒a的反作用力不能进入喉道2而改变流动轨迹至喉道3形成堵塞(图7中9)。此时的流体驱动也是不足以颗粒b通过喉道3，后续的颗粒c沿与颗粒a相似的路径通过喉道1，由于喉道3被颗粒堵塞后增加了喉道2的分流能力，此处颗粒受到的驱动力增大，因此颗粒c在没有增加入口压力和其他颗粒挤压的情况下可以直接通过喉道2。其中喉道2流量增加过程的定量分析如图8所示。

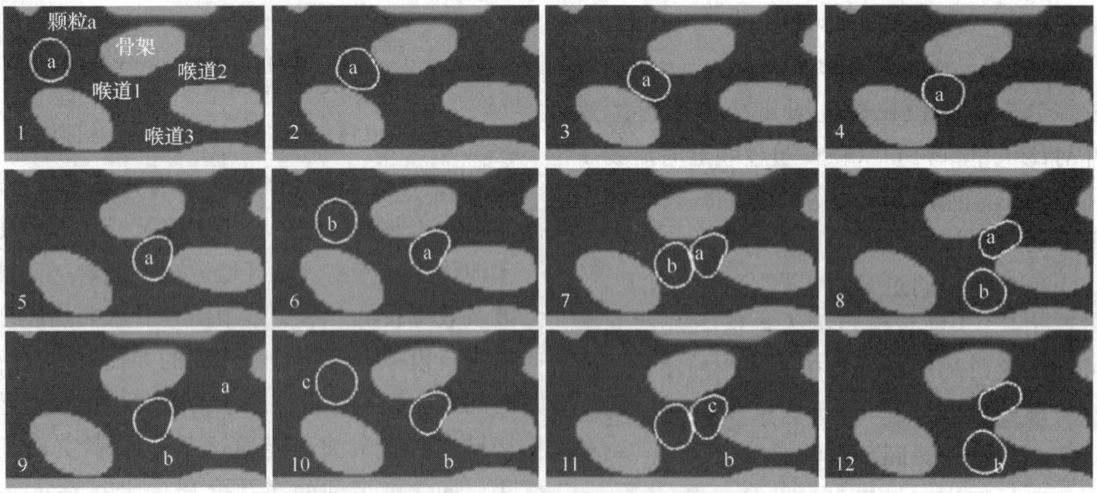

图7　多颗粒迁移堵塞过程

除了增加注入压力，本文多孔介质内多颗粒形变迁移的机制可以概括为相邻颗粒碰撞挤压和周围通道堵塞促进作用，这是以往单颗粒或不考虑多颗粒接触的模拟结果中所忽视的流动特点。

模拟还发现图6区域2中并联的两喉道会形成颗粒交替暂堵的现象。因为当上侧喉道被堵塞时，下侧喉道流量会增大，后续的颗粒会优先流向下侧喉道形成堵塞而减小下侧喉道的分流效果。此时上方堵塞颗粒受到的驱动力增

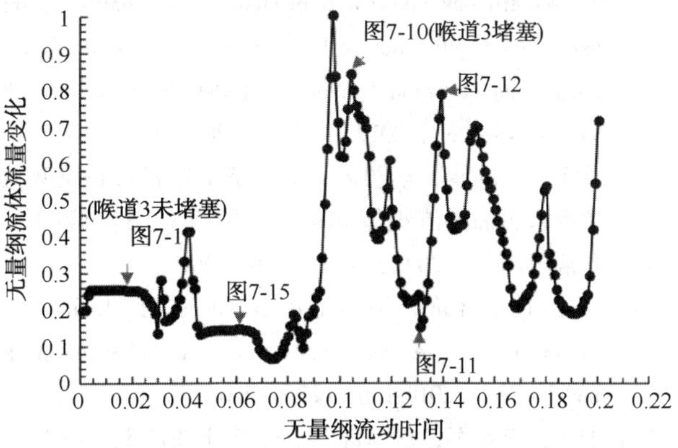

图 8　喉道 3 堵塞导致喉道 2 流体流量增加过程

大并逐渐形变通过上侧喉道，然后上侧喉道形成新的优势通道，促使后续颗粒优先流向上侧喉道，以此类推形成交替堵塞的现象。因为随着注入颗粒的增加，整体高渗区域处于被堵塞的趋势，最终其流量会逐渐减小直至不能驱动颗粒形变通过为止，所以上述的单喉道堵塞和交替堵塞过程都具有暂时性。以交替暂堵中的下侧喉道为例，通过监测并联喉道中下侧喉道的流量随时间逐渐降低(图 9)。因此在以往并联喉道交替分流结论的基础上，流动还有整体流量减小，直至完全的趋势。

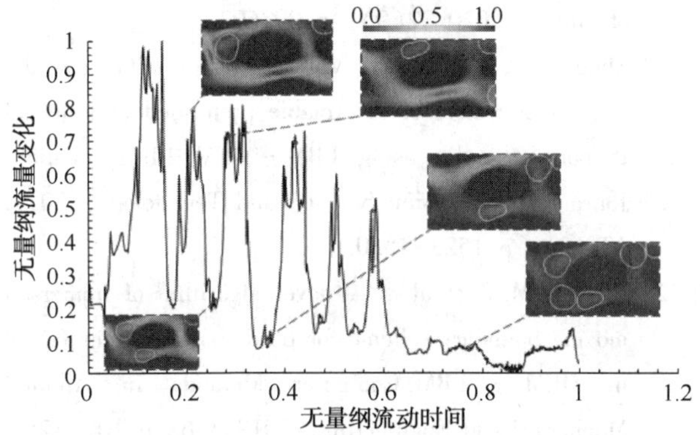

图 9　下侧吼道的无量纲流量变化

2.4　低渗透区域内剩余油减少过程分析

注入颗粒对高渗透区域形成堵塞，注入水转向低渗透区域，提高了对剩余油的驱替能力。以图 10 低渗区域中 P 点为例，定量分析得到 P 点流量增加之后维持在更高的数值(图 11)，P 点右侧的剩余油在流体驱替作用下逐渐减少。水驱结束时多孔介质内剩余油含量稳定在 9.2% 左右，注入形变颗粒一段时间后多孔介质内剩余油含量减小至 6.5%(图 12)。

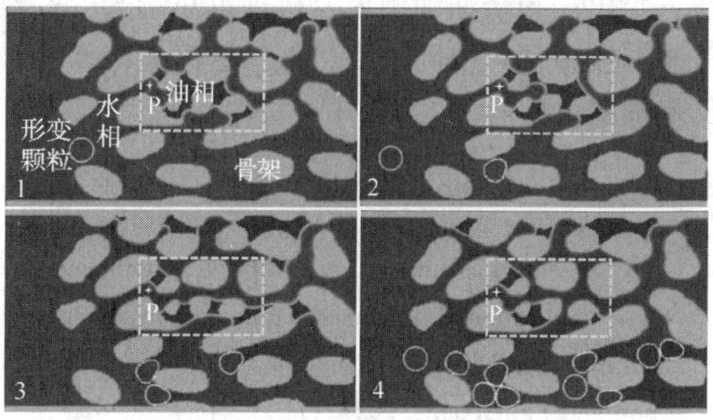

图 10　低渗透区域剩余油减少过程

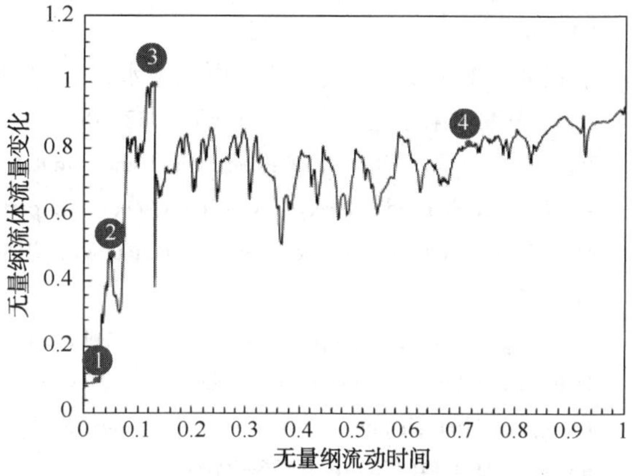

图 11　P 点水相流增加过程

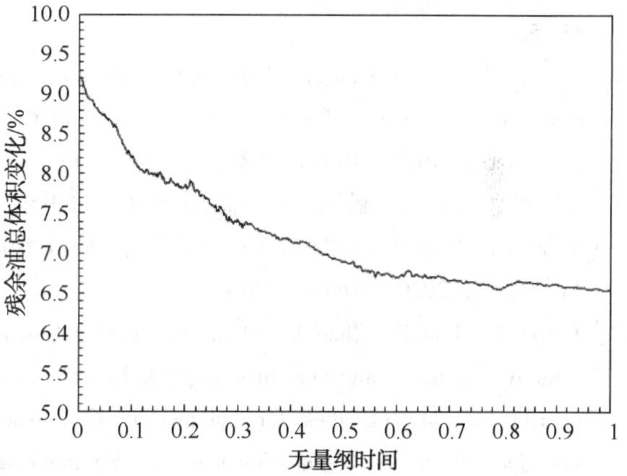

图 12　多孔介质内剩余油减少过程

3　结论

(1) 基于格子玻尔兹曼方法和浸没边界法，建立了多孔介质内油-水-形变颗粒流动数值模拟模型，实现了颗粒运移、堵塞和油水分布变化的同时模拟，刻画了调剖堵水的微观动态机制。

(2) 模型可有效应用于形变颗粒对喉道分流量影响的定量计算，有助于描述孔隙结构中多颗粒协同堵塞并形变通过的过程。

(3) 定量分析了形变颗粒群注入前后剩余油

动态变化，剩余油动用主要机理可总结为：高渗透通道被多颗粒协同堵塞，低渗透区域的水驱波及范围增大。

参 考 文 献

[1] Xu, B. and Y. Wang, Profile control performance and field application of preformed particle gel in low-permeability fractured reservoir. Journal of Petroleum Exploration and Production, 2021. 11(1): p. 477-482.

[2] 熊春明，唐孝芬．国内外堵水调剖技术最新进展及发展趋势[J]．石油勘探与开发，2007，(01)：83-88.

[3] 李宜坤，李宇乡，彭杨，等．中国堵水调剖60年[J]．石油钻采工艺，2019，41(6)：773-787.

[4] Wu, D., et al., Review of experimental and simulation studies of enhanced oil recovery using viscoelastic particles. Journal of Dispersion Science and Technology, 2020: p. 1-14.

[5] Yao, C., et al., Transport and Retention Behaviors of Deformable Polyacrylamide Microspheres in Convergent-Divergent Microchannels. Environmental Science & Technology, 2020. 54(17): p. 10876-10884.

[6] 赵帅，蒲万芬，李科星，等．聚合物微球非均质调控能力研究[J]．油气藏评价与开发，2019，9(4)：51-56.

[7] Bai, B. and H. Zhang, Preformed-particle-gel transport through open fractures and its effect on water flow. SPE Journal, 2011. 16(02): p. 388-400.

[8] 王正欣，张连锋，杨璐，等．适用于双河油田聚驱后油藏的非均相复合驱油体系研究[J]．油气藏评价与开发，2020，10(6)：78-84.

[9] Zhang A, Fan Z, Zhao L, et al. An investigation on sensitivity analysis and performance prediction of profile control by clay particles for polymer flooded reservoir. Journal of Petroleum Science and Engineering, 2021, 196: 107690.

[10] 孙焕泉，杨勇，王海涛，等．特高含水油藏剩余油分布特征与提高采收率新技术[J]．中国石油大学学报：自然科学版，2023，47(5)：90-102.

[11] Yao, C., et al., Enhanced oil recovery using micron-size polyacrylamide elastic microspheres: underlying mechanisms and displacement experiments. Industrial & Engineering Chemistry Research, 2015. 54 (43): p. 10925-10934.

[12] Yuan D, Zhao Q, Yan S, et al. Recent progress of particle migration in viscoelastic fluids. Lab on a Chip, 2018, 18(4): 551-567.

[13] Hou J, Wu D, Wei B, et al. Percolation characteristics of discontinuous phase and mechanisms of improving oil displacement efficiency in heterogeneous composite flooding. Journal of China University of Petroleum (Edition of Natural Science), 2019, 43(5): 128-135.

[14] 冯洋，杨国旗，李颖涛，等．基于砂岩岩心模型的微观水驱油渗流规律和剩余油赋存状态实验[J]．非常规油气，2022，9(4)：98-106.

[15] Sang, Q., et al., Enhanced oil recovery by branched-preformed particle gel injection in parallel-sandpack models. Fuel, 2014. 136: p. 295-306.

[16] 于龙，李亚军，宫厚健等．非均质油层聚合物驱后黏弹性支化预交联凝胶颗粒驱提高采收率技术[J]．油气地质与采收率，2016，23(01)：113-118.

[17] 白宝君，刘伟，李良雄，等．影响预交联凝胶颗粒性能特点的内因分析[J]．石油勘探与开发，2002，29(2)：103-105.

[18] Su, J., et al., Pore-scale direct numerical simulation of particle transport in porous media. Chemical Engineering Science, 2019. 199: p. 613-627.

[19] Su, J., et al., Direct numerical simulation of pore scale particle-water-oil transport in porous media. Journal of Petroleum Science and Engineering, 2019. 180: p. 159-175.

[20] Tran, S., et al., Modeling deformable capsules in viscous flow using immersed boundary method. Physics of Fluids, 2020. 32(9): p. 093602.

[21] Zhou, K., et al., Study on the flow resistance of the dispersion system of deformable preformed particle gel in porous media using LBM-DEM-IMB method. Journal of Dispersion Science and Technology, 2019. 40(10): p. 1523-1530.

[22] Wang, M., et al., A novel algorithm of immersed moving boundary scheme for fluid-particle interactions in DEM-LBM. Computer Methods in Applied Mechanics and Engineering, 2019. 346: p. 109-125.

[23] 李晓道，吴思麟，姜朋明，等．基于LBM-DEM方法的泥浆过滤微观过程[J]．科学技术与工程，2023，23(9)：3839-3848.

[24] 许菁，王骁龙，刘筠乔，等．红细胞力学特性对血小板近壁运动的影响[J]．力学学报，2013，45(6)：974-981.

[25] Zhou, K., et al., A study on particle suspension flow and permeability impairment in porous media using LBM-DEM-IMB simulation method. Transport in Porous Media, 2018. 124(3): p. 681-698.

[26] Zhou, K., et al. Study on flow diversion caused by deformable preformed particle gel. in Abu Dhabi International Petroleum Exhibition & Confer-

ence. 2018. Society of Petroleum Engineers.

[27] Lei, W., et al., Transport mechanism of deformable micro-gel particle through micropores with mechanical properties characterized by AFM. Scientific reports, 2019. 9(1): p. 1-12.

[28] Haibo, et al., Proposed approximation for contact angles in Shan-and-Chen-type multicomponent multiphase lattice Boltzmann models. Physical Review E, 2007.

[29] 陈家豪，娄钦. 考虑接触角滞后性多孔介质内非混相驱替研究[J]. 应用数学和力学，2021，42(9)：900-914.

[30] 毛佳，肖景文，赵兰浩，等. 基于浸入边界法的高解析度 CFD-DEM 流固耦合方法[J]. 上海交通大学学报，2023，57(8)：988-995.

[31] Guo, Z., C. Zheng, and B. Shi, Discrete lattice effects on the forcing term in the lattice Boltzmann method. Physical Review E, 2002. 65(4): p. 046308.

[32] Zhang, H., et al., Numerical investigation on the role of discrete element method in combined LBM-IBM-DEM modeling. Computers & Fluids, 2014. 94: p. 37-48.

CO_2 驱在低渗-特低渗砾岩油藏开发中的优化对策
——以新疆油田百21和八区530井区为例

于庆森　李　帅　罗　振　滕　梨　李　洲　孔祥帅　胡永静　罗治形

（中国石油新疆油田公司勘探开发研究院）

摘　要　砾岩油藏在国内外的油气开发中具有非常重要的地位，更是新疆油田稳产的基石。针对低渗-特低渗砾岩油藏目前“低速低效”开发的特点，本文以新疆油田百21和八区530井区为例，在建立典型砾岩油藏气驱储层分类标准的基础上，进行 CO_2 驱在各类储层中的效果以及孔喉动用下限半径的实验，以优化 CO_2 驱在低渗-特低渗砾岩油藏开发中的应用，进一步提高采收率。研究结果表明，CO_2 驱在各类储层中都能达到混相，各类储层岩心 CO_2 驱效果明显。各类储层 CO_2 驱孔喉动用下限半径同岩心渗透率与 CO_2 驱启动压差存较好的相关性，CO_2 驱可动性实质是启动压差能否克服动用下限孔喉所对应的毛管阻力。CO_2 驱可以几乎完全动用孔喉半径大于1μm区域的原油，孔喉半径大于0.1μm区域的原油随着储层物性变差和驱替启动压差升高也能逐步被动用完全。针对非均质性较高的典型砾岩油藏，建议有条件尽量做到分注分采以提高采收率。以上认识对于提高低渗-特低渗砾岩油藏采收率具有十分重要的意义。

关键词　CO_2 驱油技术；砾岩油藏；低渗-特低渗油藏；新疆油田；优化对策

随着常规油气藏的日益枯竭和开采难度的不断增大，非常规油气藏逐渐成为了油气资源开发的主战场。砾岩油藏作为一种特殊的非常规油藏，在美国的帕克斯普林斯(Park Springs)(砾岩)油田、麦克阿瑟河油田，以及国内的新疆克拉玛依油田、河南双河油田、辽河油田、大庆油田和胜利油田等都获得了重大突破。但因砾岩油藏的储层存在非均质性强、渗透率低、开采难度较大等特点，导致传统水驱开发对其适应性较差、采收率较低。近年来，新疆油田常规稀油砾岩油藏多进入开发的中后期，中-高渗砾岩油藏开采处于双高阶段，低-特低渗砾岩油藏虽存在较大开发潜力，但对其注水开发面临注不进、采不出的难题，亟需转变开发模式，提高油田采收率。

CO_2 驱技术国外对其研究起源于20世纪50~60年代，这项技术刚兴起时主要集中于对海相砂质油藏的应用开发，后因 CO_2 气体具有易流性、注入后与原油形成混相从而降低原油黏度、降低界面张力等优势，逐渐被应用于原油开采的首选措施之一。我国在江苏、新疆、大庆、胜利等油田均开展了 CO_2 驱技术的室内实验与现场试验，且多个CCUS项目均取得较好成果。

虽然 CO_2 驱技术在国内外油气田开采中已取得了较为丰硕的成果，但该技术在低-特低渗砾岩油藏开采仍缺乏实验和研究，主要体现与 CO_2 驱技术适配的低渗-特低渗砾岩油藏储层分类方案不明确，以及对 CO_2 驱在砾岩油藏各类储层中驱油效率仍不清楚。本文以新疆油田百21和八区530井区典型砾岩油藏为实验和研究对象，在建立典型砾岩油藏气驱储层分类方案的基础上，进行 CO_2 驱在各类储层中的效果以及孔喉动用下限半径的实验，给出优化 CO_2 驱在低渗-特低渗砾岩油藏开发中的应用对策，进一步提高采收率，本研究成果将为优化低渗-特低渗砾岩油藏开采方案提供重要参考依据。

1　区域地质概况

新疆油田百21井区和八区530井区位于准噶尔盆地西北部的克百断裂带东侧(图1)。克百断裂带位于造山带边缘，是一个明显的逆掩推覆断裂带，其形成和发展受西准噶尔褶皱带和准噶尔中间地块的控制，并经历了多次构造运动的作用、改造。克百断裂与其他次级断裂控制了百21井区和八区530井区地层的沉积、分布与油气成藏。

百21井区位于百口泉油田北部，距克拉玛依市区以东约70km(图1)。该井区在平面上基本为带状形态，沿克百断裂带平行展布。储集层岩性主要为灰色、深灰色砂砾岩、小砾岩、砂岩，其次为少量灰色泥质砂岩、含砾砂岩，其中三叠系白碱滩组储层孔隙度平均为12.87%，空气渗透率平均为1.79mD，为低孔隙度、低渗透率非均质性较强的孔隙型储集层。

八区530井区位于克拉玛依油田八区东北部，距克拉玛依市以东约55km(图1)。构造总体上为东南倾斜，地层倾角4°~12°，北部被克-乌断裂切割遮挡，呈单斜构造。储集层岩性以砂砾岩、砂质砾岩为主，碎屑颗粒以次棱角状为主，储层孔隙度平均为10.6%，渗透率平均为2.1mD，属低孔、特低渗的储集层。

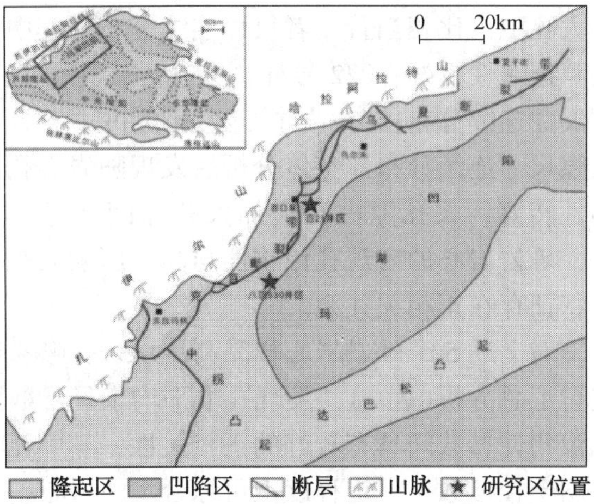

图1 研究区构造位置图(据秦国省等修改)

2 样品与方法

针对新疆油田砾岩油藏具有的低渗-特低渗的特性，需选取具有各类典型砾岩储层的代表性岩心样品，本次选取百21井区百口泉组样品38块，八区530井区克下组样品12块，合计取心50块。

首先以所选岩心为基础，开展两个井区砾岩油藏渗透率、孔隙度、核磁和压汞等基础实验，结合以往砾岩油藏储层分类重点参数，建立典型砾岩油藏气驱储层分类标准；然后结合砾岩岩心CO_2驱替实验和核磁共振测试，建立百口泉组四类储层动用下限分析方法，通过核磁T2截止值与动用下限半径r进行转换，分析典型砾岩油藏四类储层可动性特征及其动用下限；最后综合基础实验认识，开展典型砾岩油藏CO_2驱可采储量评价，并根据典型砾岩油藏剩余油分布特征，给出典型砾岩油藏CO_2驱下一步的规划部署建议。

3 砾岩油藏气驱储层分类

为明确CO_2驱技术对于不同储层类型的典型砾岩油藏的匹配程度，更好的开展典型砾岩油藏的可动性特征及其动用下限实验，需对砾岩油藏储层进行划分。本文针对所选岩心开展孔隙度、渗透率、核磁共振与高压压汞实验，并结合前人研究建立典型砾岩油藏气驱储层分类标准。

3.1 孔渗物性分析

依据GB/T 29172—2012《岩心分析方法》对所有岩心样品直接进行氦气孔隙度和氮气渗透率测试。其中岩心孔隙度测试依据波义尔原理测试进行氦气孔隙度测试，而渗透率测试采用稳态气体渗透率测试。基于实验数据对岩心的孔隙度和空气渗透率进行交会分析(图2)，发现八区530井在岩心孔渗交会相关性较差，指示其岩心的非均质性较为明显，与低渗/特低渗砾岩油藏特征相印证。

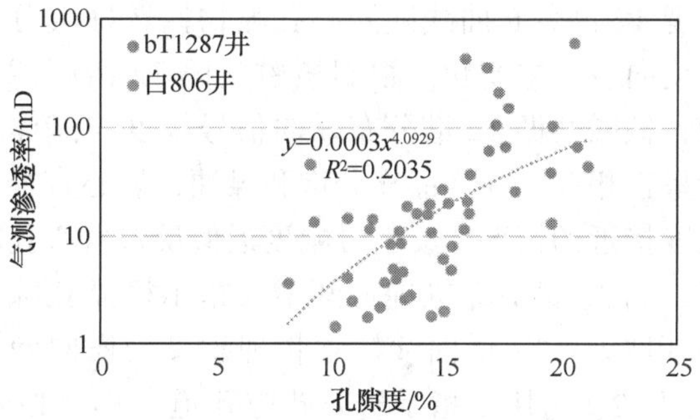

图2 岩心样品孔隙度、渗透率交会分析图

（注：bt1287井位于百21井区，白806井位于八区530井区）

深入分析典型砾岩油藏的孔渗物性分布特征发现，孔渗交会相关性虽较差，但孔渗的分布区域存在一定的区段性。百21井区百口泉组样品孔隙度和渗透率呈阶段对应分布，即低孔(小于12%)对应特低渗(小于10mD)、中低孔(小于15%)对应较低渗(小于20mD)、中孔(小于17%)对应普通低渗(小于50mD)以及高孔(大于17%)对应中渗(小于150mD)。八区530井区孔渗物性相比百21井区较差，其呈独立一类区段分布。整体分析发现样品砾岩岩心孔渗物性具有一定的区段性，这为储层分类提供了宏观物性基础支撑。

3.2 核磁共振分析

在上述孔渗分析结果的基础上，选取接近孔渗分布区段中位数孔渗与平均孔渗、较为完整的砾岩岩心样品进行核磁共振测试分析。选取百21井区百口泉组 bT1287 井编号为 007、022、026、037 四块岩心样品，八区 530 井区克下组白 806 井对应编号 040 一块岩心样品。对所选样品进行抽真空及煤油饱和预处理后，进行核磁共振测试获取 T2 分布，以分析岩心孔隙结构特征。根据上述实验数据处理分析获取这五块砾岩岩心的核磁共振 T2 谱分布(图 3)。

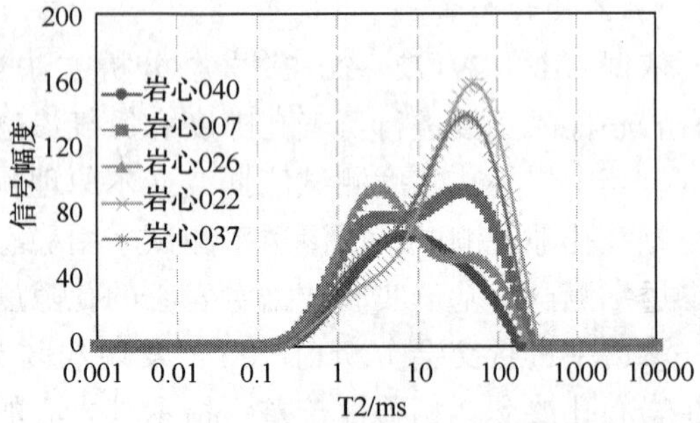

图 3　所选砾岩岩心核磁共振 T2 谱分布对比曲线

通过分析五块样品的核磁共振 T2 谱分布，发现 T2 谱分布曲线随岩心孔隙物性转好其分布曲线向右上方变化。根据核磁共振 T2 谱测试原理，核磁共振 T2 谱分布纵向信号幅度与流体含量呈正相关。在样品充分饱和煤油、岩心直径与长度接近的情况下，信号幅度近似反映岩心孔隙度，则 T2 谱分布纵向逐渐增大指示样品孔隙度逐渐增大。T2 谱曲线横轴物理意义为横向弛豫时间 T2，可用于指示岩心孔隙孔道大小，T2 谱分布横向逐渐增大反映岩心孔隙孔道尺寸增大。根据上述分析可知，岩心宏观孔渗物性与微观核磁 T2 谱分布存在紧密的联系，其实质为岩心微观孔隙孔道尺寸的核磁驰豫时间 T2 与岩心宏观孔隙度与渗透率的关系。

对 T2 分布数据进行处理获取岩心核磁共振的 T2 中值，T2 中值可以反映整块岩心的 T2 分布特征，从而将范围转化为数值用于形成对应。综合分析岩心孔渗数据与核磁共振 T2 中值(表 1)，发现随岩心孔渗物性转好，核磁共振 T2 中值不断增大。此外核磁 T2 中值单调变化也存在一定的区段性。

表 1　岩心样品孔渗数据与核磁共振 T2 中值

样品编号	孔隙度/%	渗透率/mD	T2 中值/ms	备注
007	11.74	7.458	9.30	bT1287 井
026	13.92	14.731	25.67	bT1287 井
022	16.43	22.422	48.42	bT1287 井
037	17.67	56.253	62.41	bT1287 井
040	9.33	1.272	7.22	白 806 井

3.3　高压压汞分析

为深入分析岩心孔喉特征，利用岩心样品进行高压压汞测试。根据高压压汞实验测试数据获取五块样品岩心毛管压力曲线(图 4)，分析发现样品孔隙结构典型特征分别为：040 号样，小孔隙占主导且连续分布；007 号样，小孔隙和大孔隙占比相当且尺寸连续分布；026 号样，小孔隙和大孔隙占比相当且二者尺寸连续分布，其中大孔隙连通性更好；022 号样，大孔隙占主导且整体尺寸连续分布；037 号样，大孔隙占主导且大孔隙尺寸连续分布。整体分析后发现随岩心孔渗物性转好，大孔隙占比增加大孔隙间连通性变好，砾岩岩心的宏观孔渗物性与高压压汞微观孔喉特征存在正相关关系。

对上述 5 个砾岩岩心样品高压压汞孔喉参数进行汇总分析(表 2)，发现孔喉平均半径参数同孔渗物性参数间具有较好的正相关性，其中孔喉平均半径参数在一定程度上可综合反映岩心整体的高压压汞孔喉特性。同时孔喉平均半径参数同核磁共振 T2 中值相似存在一定的区段性，即用一个数值来反映高压压汞孔喉特征分布的一个范围。

3.4　典型砾岩油藏气驱储层分类

综合分析上述实验结果，发现砾岩岩心参数具有区段性，分别对应百 21 井区百口泉组四个孔渗物性区段与八区 530 井区克下组单独一个区段。岩心样品宏观孔渗物性参数与微观核磁 T2 中值及压汞孔喉平均半径 r 具有一定的关联性，此宏微观的关联性是储层分类的重要依据。结合新疆油田砾岩油藏中高渗砾岩油藏储层分类工作与样品物性参数，参考前人在七东 1 区克下组、530 井区八道湾组与七中区克下组的储层分类，我们建立典型砾岩油藏气驱储层分类标准(表 3)。分类方案中Ⅰ类储层至Ⅳ类储层对应百 21 井区百口泉组，Ⅴ类储层只对应八区 530 井区克下组。Ⅰ类至Ⅳ类储层之间的界限是很明显，其中孔隙度的界限值分别为 17%、15%、12%，渗透率的界限值分别为50mD、20mD、10mD，核磁T2中值的界限值分别为50ms、30ms、10ms，高压压汞平均孔喉半径r的界限值分别为7μm、2μm、1μm。

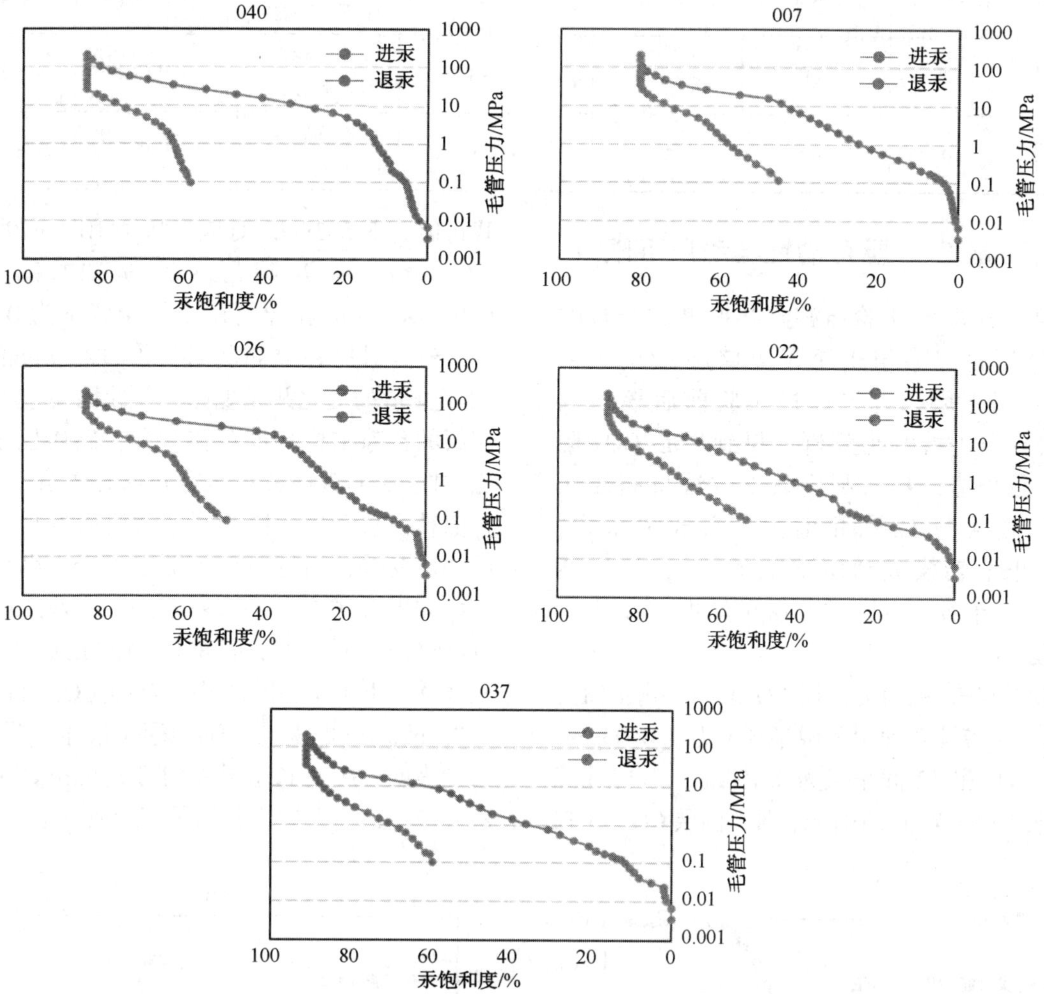

图4　砾岩岩心毛管压力特征曲线

表2　砾岩岩心高压压汞孔喉特征参数

样品编号	汞饱和度50%时压力/MPa	汞饱和度50%时孔喉半径/μm	孔喉半径平均值/μm	均质系数	变异系数
007	18.852	0.039	0.788	0.105	1.746
026	27.019	0.027	1.324	0.073	1.987
022	4.561	0.168	2.647	0.15	1.591
037	0.653	1.187	9.067	0.296	0.805
040	22.651	0.0257	0.14	0.039	2.555

表3　典型砾岩油藏气驱储层分类标准

储层类别	孔隙度/%	渗透率/mD	T2中值/ms	平均孔喉半径/μm	岩石类型	孔喉类型	对应油藏
Ⅰ	≥17	50~150	≥50	>7	砾质砂岩 砂砾岩	大孔中喉	百21井区
Ⅱ	15~17	20~50	30~50	2~7	砂砾岩 砾岩	中孔细喉	百21井区

续表

储层类别	孔隙度/%	渗透率/mD	T2 中值/ms	平均孔喉半径/μm	岩石类型	孔喉类型	对应油藏
Ⅲ	12~15	10~20	10~30	1~2	粉细砂岩 泥质砂岩	中孔微喉	百 21 井区
Ⅳ	≤12	1~10	≤10	0.5~1	粉细砂岩 泥质砂岩	小孔微喉	百 21 井区
Ⅴ	≤10	1~5	≤8	<0.5	粉细砂岩 泥质砂岩	小孔微喉	八区 530 井区

4　砾岩油藏 CO_2 驱可动性与动用下限

本文运用驱替实验与核磁共振测试结合的实验来分析百口泉组Ⅰ至Ⅳ类储层 CO_2 驱可动性及动用下限。首先通过实验前后核磁共振 T2 谱分布进行对比分析，得到岩心 CO_2 驱后的 T2 截止值，然后利用数学方法将高压压汞 r 与核磁共振 T2 截止值拟合形成关系式，将 T2 截止值转换成动用下限半径 r，最后通过动用下限半径 r 对四类储层可动性与动用下限进行分析。

实验结果表明，Ⅰ类储层 CO_2 驱 T2 截止值为 3.709ms，对应孔隙动用下限半径 r 为 0.0400μm；Ⅱ类储层 CO_2 驱 T2 截止值为 4.104ms，对应孔隙动用下限半径 r 为 0.0301μm；Ⅲ类储层 CO_2 驱 T2 截止值为 3.533ms，对应孔隙动用下限半径 r 为 0.0288μm；Ⅳ类储层 CO_2 驱 T2 截止值为 1.440ms，对应孔隙动用下限半径 r 为 0.0218μm（图 5）。对比各类储层 CO_2 驱 T2 截止值，发现 T2 截止值的变化并无规律，其原因可能在于每类储层的孔隙结构特征存在差异，高压压汞 r 与核磁共振 T2 的转换关系也存在明显差异。将 T2 截止值转换成动用下限半径 r 对比后发现，随着储层物性变差，相应的动用下限半径 r 也在逐渐变小。如果根据这实验结果分析，越差的储层采用 CO_2 驱进行开发时，其能动用的孔喉半径越小，孔喉动用下限半径就越小，这时 CO_2 可以驱动更多的孔隙空间，采收率应该更高。但实际开采结果则表明，越差的储层采用 CO_2 驱，其采收率并不会越高，与上述实验结果相矛盾。

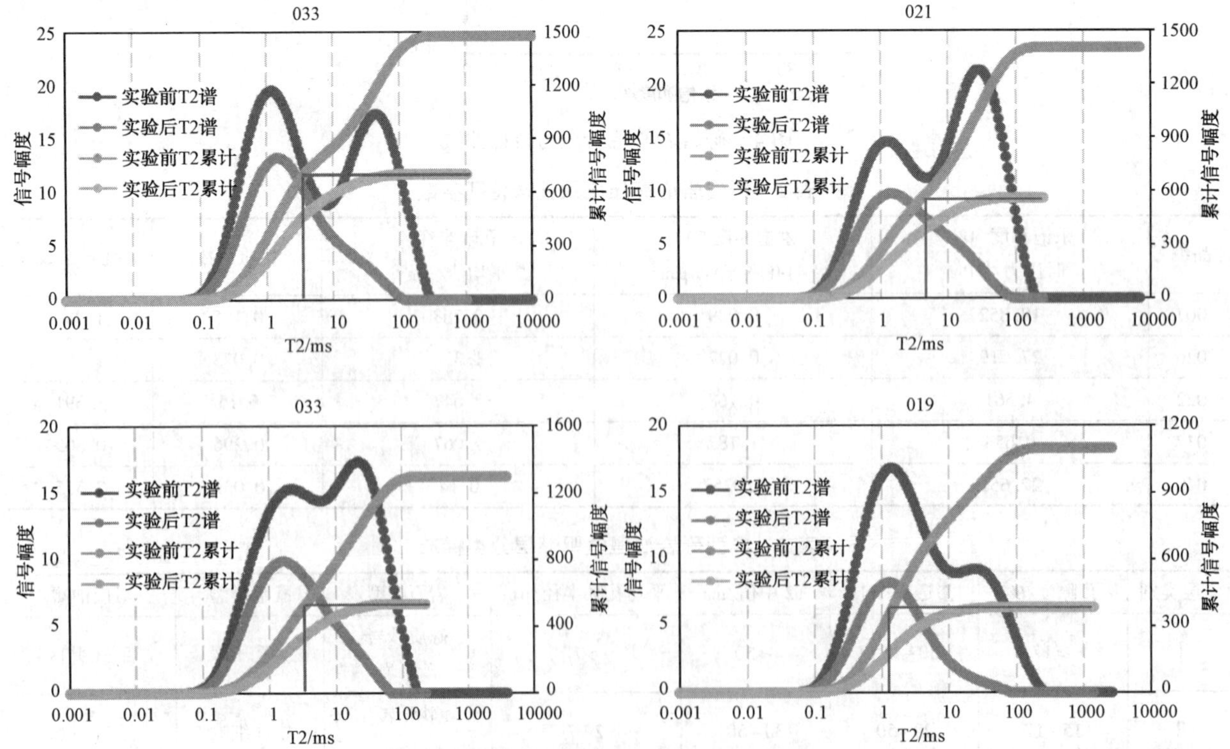

图 5　岩心 CO_2 驱实验前后核磁共振 T2 截止值

针对 CO_2 驱孔隙动用下限半径 r 与采收率之间存在的矛盾进一步分析，发现储层 CO_2 驱孔隙动用下限半径 r 与岩心 CO_2 驱实验启动压差之间具有较好的相关性(图 6)，推测二者之间存在直接物理背景联系。考虑到砾岩储层的非均质性，可以将储层等效成若干毛管束组成的多孔介质模型，根据各个毛管的半径可以计算得到其相应的毛管压力。运用 CO_2 驱动开采时，毛管压力等效为驱替需克服的阻力，当毛管半径越小时，其需克服的毛管阻力就越大；则 CO_2 驱孔隙动用下限半径 r 越小时，相应的 CO_2 驱启动压差将会更高。综合以上分析表明，储层 CO_2 驱可动性的实质是驱动压差能否克服相应孔喉对应的阻力。

5　砾岩油藏 CO_2 驱的优化对策

5.1　砾岩油藏 CO_2 驱效果及微观机理

为进一步探讨 CO_2 驱的效果，我们应用岩心 002、019、021 和 033 号样品对百 21 井区百口泉组四类储层微观孔喉动用特征进行分析，以明确 CO_2 驱动驱油效率与微观机理。实验以 0.01、0.1、1 与 10μm 作为分隔间隙点将每个孔喉分析间隔点相应的高压压汞孔喉半径 r 转换成核磁共振 T2 与信号幅度与累计信号幅度建立联系，同时对每个储层孔喉特征分布分析间隔点 r 所对应的核磁共振 T2 进行插值拟合，计算实验前后核磁共振 T2 转换点累计信号幅度。不同孔喉半径下核磁共振累计信号反映岩心中截止到该孔喉半径下所有孔隙中油相含量的响应，则可通过核磁共振信号幅度参数对不同孔喉分布的实验前后的含油量进行表征，矫正后可计算不同孔喉分布区段 CO_2 驱动的油量(图 7)。

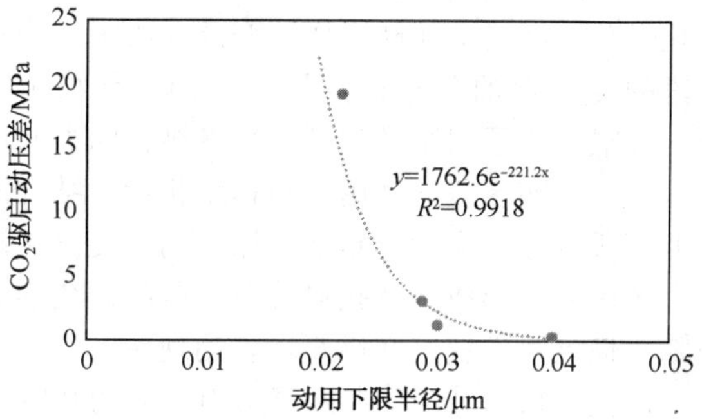

图 6　孔隙动用下限半径 r 与 CO_2 启动压差相关性

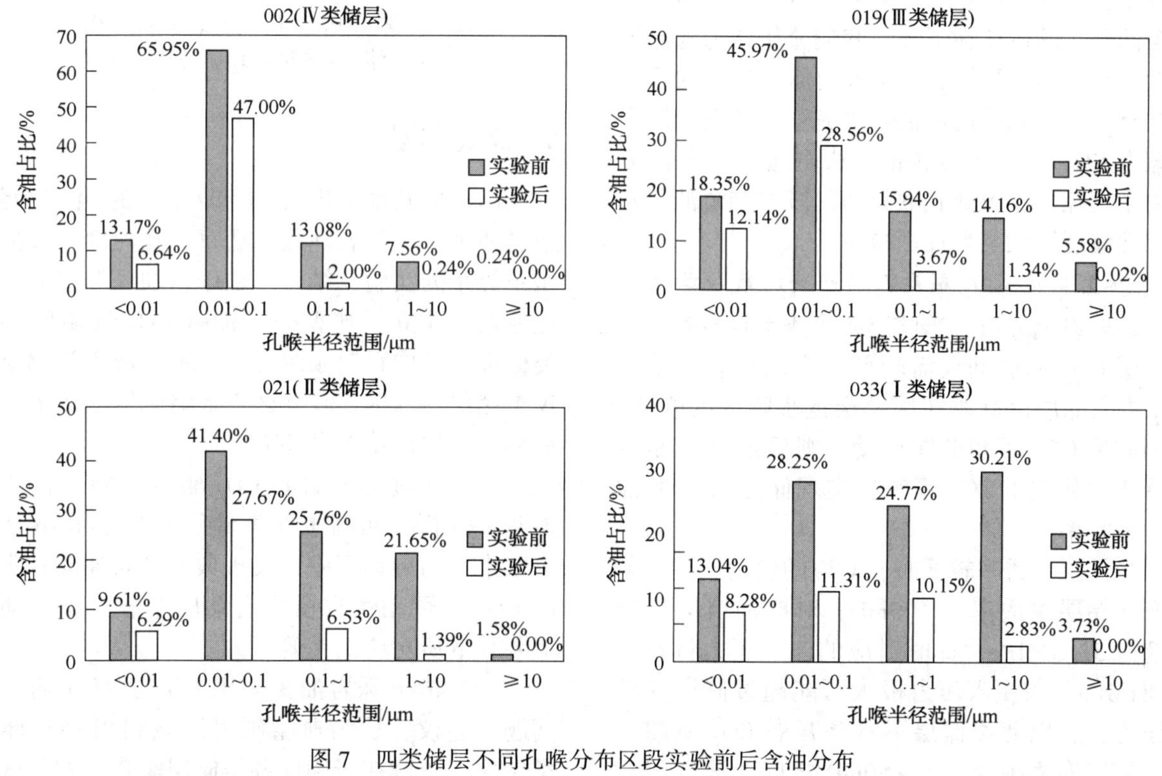

图 7　四类储层不同孔喉分布区段实验前后含油分布

综合分析四类储层不同孔喉分布区段的剩余油分布特征，发现四类储层中孔喉半径大于 1μm 的两个孔喉分布区段在 CO_2 驱之后近乎被完全动用。其中储层物性相对较好的Ⅰ类储层在孔喉半径介于 1～10μm 的孔喉分布区段会有少量的剩余油，分析认为随储层物性逐渐变好，储层大孔喉分布逐渐变多，可能会存在部分 CO_2 驱波及范围之外的大孔隙，造成大孔隙中些许剩余油分布的情况。

四类储层中孔喉半径介于 0.1~1μm 的孔喉分布区段，随着储层物性变差，该孔喉分布区段的剩余油逐渐减少，分析认为存在两个因素影响导致这一现象。首先由于储层物性变差，该孔喉分布区段原油含油分布逐渐减小。其次由于储层物性变差，CO_2 驱的启动压差逐渐增大，则 CO_2 驱在储层中波及动用的孔隙范围增大。二者共同作用导致剩余油分布较少。

对于四类储层中孔喉半径介于 0.01~0.1μm 的孔喉分布区段，随储层物性变差，该区段分布区段的原始含油分布逐渐增大。四类储层 CO_2 驱的孔喉动用下限半径为同一数量级，四类储层在该孔喉分布区段的动用绝对程度相近。结合该孔喉区段的原始含油分布随着储层物性变差逐渐变大的因素，形成了此孔喉分布区段的剩余油分布随着储层物性变差在逐渐增多的现象。

四类储层中孔喉半径小于 0.01μm 的孔喉分布区段，原始含油分布与储层物性并无直接联系。对比该孔喉分布区段的原始含油分布和剩余油分布，发现随储层物性变差，剩余油分布占原始含油分布的占比在下降。我们分析认为随储层物性变差，CO_2 驱的启动压差增加，较大的驱替压差有利于小孔隙内原油与被完全驱替动用后大孔隙内 CO_2 完全接触混相，从而通过萃取部分动用小孔隙，导致此孔喉分布区段的剩余油分布占比随储层物性变差逐渐减少。

5.2　砾岩油藏 CO_2 驱存在的一些问题和建议

综合以上分析，当储层的渗透率较高时，Ⅰ类储层 CO_2 驱启动仅需较低的启动压差，结合 CO_2 进入储层后其驱替压差会逐步降低的规律，推测如果 CO_2 驱初期能启动，则后续 CO_2 驱将能够建立稳定的驱替系统，实现储层 CO_2 驱油提高采收率。

当储层渗透率较低时，对应的启动压差显著上升。储层渗透率小于 5mD，对应的启动压差将超过 32.31MPa，此时对应的注入压力将超过 57.81MPa。该注入压力极大可能超过储层的破裂压力，所以此类储层不具备开展 CO_2 驱的条件。储层渗透率介于 5~50mD 之间，该区间对应储层分类中Ⅱ类、Ⅲ类和Ⅴ类中物性较好部分，其启动压差介于 0.74~32.31MPa，注入压力不会超过储层破裂压力，CO_2 驱可以被启动并在后期建立稳定的驱替系统，实现储层 CO_2 驱油提高采收率。因此，对于典型砾岩油藏利用 CO_2 驱各类储层，关键在于确保各类储层驱替压差与气驱启动压差相近。

岩心并联驱替实验（图 8）表明，层间非均质性对 CO_2 驱替效果存在较强干扰，CO_2 驱采收率低于单层采收平均水平。其原因可能为受层间非均质性干扰，岩心难以达到稳定 CO_2 驱动，从而相应的岩心就无法被 CO_2 驱充分动用，进而造成孔喉动用下限半径都普遍偏高。因此，在进行砾岩油藏开采时，极可能存在层间非均质性干扰，影响各类储层 CO_2 驱充分动用，建议在有条件尽量做到分注分采。

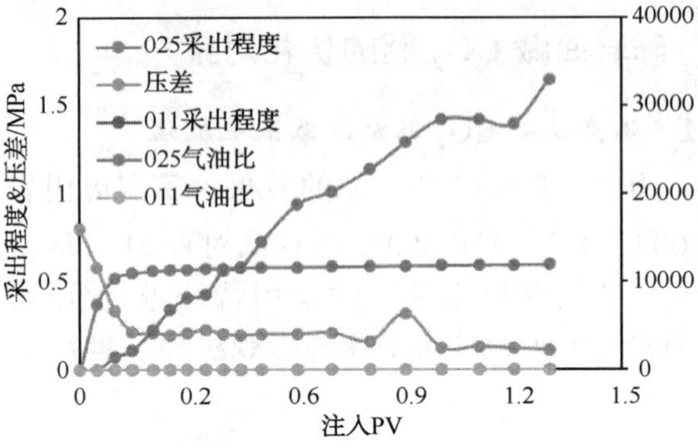

图 8　岩心 025（Ⅰ类储层）和岩心 011（Ⅳ类储层）并联 CO_2 驱替特征曲线

6　结论与认识

（1）以新疆油田百 21 和八区 530 井区为例，通过两个井区砾岩油藏渗透率、孔隙度、核磁和压汞等系列实验，结合以往砾岩油藏储层分类重点参数，建立了典型砾岩油藏 CO_2 气驱储层分类标准，其中百口泉组砾岩油藏分成Ⅰ类储层至Ⅳ类储层，八区 530 井区克下组砾岩油藏单独分成典型砾岩油藏Ⅴ类储层。

（2）通过砾岩岩心 CO_2 驱替实验和核磁共振测试分析，明确了四类储层 CO_2 驱孔喉动用下限半径与启动压差，发现典型砾岩油藏各类储层 CO_2 驱可动性实质是启动压差能否克服动用下限孔喉所对应的毛管阻力。

（3）指出砾岩油藏采用 CO_2 驱存在的一些问题和建议，认为典型砾岩油藏利用 CO_2 驱各类储层，关键在于确保各类储层驱替压差与气驱启动压差相近，同时应考虑存在层间非均质性干扰，影响各类储层 CO_2 驱充分动用，建议在有条件尽量做到分注分采。

参 考 文 献

[1] 邹才能，陶士振，白斌，等．论非常规油气与常规油气的区别和联系[J]．中国石油勘探，2015，20(1)：1-16.

[2] 孙靖，齐洪岩，薛晶晶，等．准噶尔盆地深层—超深层致密砾岩储层特征及控制因素[J]．天然气工业，2023，43(8)：26-37.

[3] Schumacher D，Leschack L A. Surface Exploration Case HistoriesApplications of Geoschemistry，Magnetics，and Remote Sensing[M]. American Association of Petroleum Geologists Society of Exploration Geophysicists，2002.

[4] 姬玉婷，杨洪．克拉玛依油田与麦克阿瑟河油田砾岩油藏钻井工艺技术对比与分析[J]．新疆石油科技，1994，2：1-5

[5]雷德文，瞿建华，安志渊，等．玛湖凹陷百口泉组低渗砂砾岩油气藏成藏条件及富集规律[J]．新疆石油地质，2015，36(6)：642-647.

[6] 陈石，郭召杰，漆家福，等．准噶尔盆地西北缘三期走滑构造及其油气意义[J]．石油与天然气地质，2016，37(03)：322-331.

[7] 黄兴龙，徐阳，曾彦强，等．玛 131 井区低渗透砂砾岩油藏水平井优化设计研究[J]．特种油气藏，2018，25(3)：97-101.

[8] 李联伍，等著．双河油田砂砾岩油藏[M]．石油工业出版社，1997，5.

[9] 郭永强，刘洛夫．辽河西部凹陷沙三段岩性油气藏主控因素研究[J]. 岩性油气藏，2009，21(2)：19-23.

[10] 袁义东，张金功，刘林玉，等．断陷湖盆致密砂砾岩储层特征与成因．地质科技情报，2018，37(2)：192-198.

[11] 齐井顺，李广伟，孙立东，等．徐家围子断陷白垩系营城组四段层序地层及沉积相[J]．吉林大学学报(地球科学版)，2009，39(6)：984-989.

[12] 杨勇，牛拴文，孟恩，等．砂砾岩体内幕岩性识别方法初探——以东营凹陷盐家油田盐 22 断块砂砾岩体为例[J]．现代地质，2009，23(5)：987-992.

[13] 龚德瑜，赵长永，何文军，等．准噶尔盆地西北缘天然气成因来源及勘探潜力[J]．石油与天然气地质，2022，43(01)：161-174.

[14] 王振鹏，陈民锋，尹承哲．砾岩油藏水驱开发潜力分级评价[J]．岩性油气藏，2018，30(5)：109-115.

[15] 徐锐，沈瑞，周体尧，等．致密油藏大注入量 CO_2 驱油机理研究[J]．天然气与石油，2023，41(04)：55-66.

[16] 张成龙，王瑞景，罗翔，等．“双碳”愿景下 CO_2 驱强化采油封存技术工程选址指标评价[J/OL]．大庆石油地质与开发，2023，https：//doi. org/10. 19597/J. ISSN. 1000-3754. 202306023.

[17] 曹小朋，熊英，冯其红，等．低渗透-致密油藏 CO_2 驱油与封存协同评价方法[J]．油气地质与采收率，2023，30(02)：44-52. DOI：10. 13673/j. cnki. cn37-1359/te. 202212015.

[18] 刘凡琪，陈如鹤，廖伟，等．准噶尔盆地西北缘克 82 井区逆掩推覆构造特征及勘探潜力分析[J]．新疆石油天然气，2014，10(04)：11-13+19+1.

[19] 郭文建，滕良娟，瞿建华，等．准噶尔盆地西北缘克-夏断裂带构造特征新认识[J]．新疆地质，2015，33(03)：373-377.

[20] 李宗浩，刘海磊，卞保力，等．准噶尔盆地西北缘掩伏带构造特征及勘探潜力分析[J]．特种油气藏，2018，25(05)：56-60.

[21] 肖萌，袁选俊，吴松涛，等．准噶尔盆地玛湖凹陷百口泉组砾岩储层特征及其主控因素[J]．地学前缘，2019，26(1)：212-224.

[22] 况军，齐雪峰．准噶尔前陆盆地构造特征与油气勘探方向[J]．新疆石油地质，2006，27(1)：5-9.

[23] 张顺存，陈丽华，周新艳，等．准噶尔盆地克百断裂下盘二叠系砂砾岩的沉积模式[J]．石油与天然气地质，2009，30(6)：741-753.

[24] 冯有良，胡素云，李建忠，等．准噶尔盆地西北缘同沉积构造坡折对层序建造和岩性油气藏富集带的控制[J]．岩性油气藏，2018，30(04)：14-25.

[25] 刘文锋，王勇，汤志意，等．百 21 井区三叠系白碱滩组油藏特征研究[J]．中国石油和化工标准与质量，2020，40(03)：191-192.

[26] 陈义才，康志宏，沈忠民，等．克拉玛依油田 530 井区下乌尔禾组储层物性及油水分布控制因素[J]．新疆地质，2002(03)：243-246.

[27] 秦国省，邹存友，赖令彬，等．准噶尔盆地西北缘百口泉地区三叠系冲积沉积体系与油气成藏[J]．石油与天然气地质，2020，41(06)：1197-1211.

[28] 吕建荣，谭锋奇，许长福，等．克拉玛依砾岩油藏储层分类特征及水驱油规律[J]．东北石油大学学报，2015，39(4)：21-30.

[29] 赵哲，罗明高，欧阳可悦，等．克拉玛依油田七中—东区克下组储层孔隙结构特征及分类[J]．特种油气藏，2011，18(05)：41-44+137.

[30] 张代燕，彭永灿，肖芳伟，等．克拉玛依油田七中、东区克下组砾岩储层孔隙结构特征及影响因素[J]．油气地质与采收率，2013，20(06)：29-34+112-113. DOI：10. 13673/j. cnki. cn37-1359/te. 2013. 06. 007.

[31] 崔玉峰．八区 530 井区克下组低渗透储层测井评价方法研究[D]．中国石油大学(华东)，2015.

基于低渗水敏储层构型约束的数值模拟技术
——以八区 530 试验区克下组为例

曹勋臣 邢源远 任 旭 闫 超 廉桂辉

（中国石油新疆油田公司）

摘 要 针对低渗水敏油藏储层非均质性强、复杂的渗流屏障及渗流差异导致的剩余油认识不清的问题。本文在沉积环境和沉积相研究基础上，确定目的区块储层构型要素，进行储层构型分级，然后以储层构型要素和测井曲线响应特征研究为基础，通过单井、剖面、平面、三维空间，多维互动，分层次、逐级开展厚层砂砾岩储层内部结构解剖，建立储层构型模式，精细刻画厚层砂砾岩储层内部结构。最后结合典型井组的注水、注气效果，确定该区块水敏效应认识和不同级次储层内部构型共同约束下的数值模拟模型落实油层空间展布，注气井组的调控对策，提高驱油效率。结果表明：(1)构型解剖，S_7^3、S_7^4 和 S_7^5 河道一般发育 1 个夹层，心滩内一般发育 1~3 个顺层夹层，定量表征了夹层规模；(2)相变对砂体连通性模式影响很大，不同相带组合，井间连通性不同，渗流屏障影响不同；(3)典型井组动态分析表明存在渗流屏障，但砂体连通性表明井间砂体连通，受水敏影响，储层物性变化导致不连通；(4)考虑低渗水敏储层构型约束的数值模拟模型更精确的确定剩余油分布。

关键词 水敏；渗流屏障；沉积相；储层构型；数值模拟

储层构型是指不同级次储层构成单元的形态、规模、方向及其叠置关系，又称储层建筑结构，包括不同级次的储层界面和由这些界面所分割的不同地质时期形成的地质体。储层构型研究是油藏描述中的核心技术，构型特征、剩余油分布特征等研究工作都可基于储层构型研究展开。研究剩余油分布的方法已有水驱特征曲线方法、物质平衡法和油藏数值模拟方法等，其中油藏数值模拟方法能够重现开发历史，定量描述油藏剩余油分布。以往常规的油藏数值模拟没有考虑储层内部结构空间关系，不能很好的表征渗流屏障和高渗通道，通过构型建模、数模一体化技术可以准确表征渗流屏障和高渗通道对流体流动的影响，准确刻画剩余油分布。本文利用测井解释成果数据，以储层构型研究成果基础，精细分析储层层间和层内非均质性，精细刻画渗流屏障，结合储层物性差异对注采分析影响，修正数值模型，进行数值模拟。基于储层构型结果，确定渗流屏障以及高渗通道，修正渗透率，单井拟合精度由原来的 80%提高到 92%。

1 工区概况

八区 530 试验区克下组距克拉玛依市约 35km，地层较稳定，西北向东南地层减薄，呈扇形，为向东南倾平缓单斜构造。主力层是 S_7^4、S_7^5 层以扇三角洲平原亚相沉积为主，辫状河道成片分布，属于低孔低渗水敏储层，原油物性好，为轻质原油。油藏内部隔夹层十分发育，前期注水导致水敏严重形成渗流屏障，2017 年转注 CO_2。目前地质储量采出程度 11.8%，综合含水 73.2%，剩余油分布复杂。

2 储层构型

采用 Miall 的 6 级层次，将试验区克下组辫状河储层砂体定义了 6 个界面，其中 1 和 2 级界面规模较小，只能通过岩心上描述识别。4~6 级界面规模较大，多数以泥岩隔夹层的形式存在，可以进行井间追踪对比。本试验区研究重点是 3 级、4 级和 5 级构型单元的解剖。在辫状河构型要素上，由于辫状河的频繁摆动，溢岸砂体欠发育，辫状河构型研究的重点是辫状水道和心滩。辫状河道沉积主要包含 6 级和 5 级单元辫状河道(辫流带)、4 级单元心滩和辫状水道，3 级单元落淤层和增生体。

2.1 单一河道构型解剖

试验区克下组 S_3、S_4 小层的 5 级构型单元解剖即单一河道解剖，S_3 小层发育扇三角洲前缘水下分流河道，S_4 小层发育扇三角洲平原辫状河道，根据单井构型要素解释结果，结合沉积微相平面分布图，采用4种单一分流河道识别方法，通过识别河道顶部高程差异、河道砂体规模差异、不连续的相变砂体以及测井曲线差异，确定每一条垂直于分流河道的多井对比剖面上的单一辫状河道位置(图1~图3)。

试验区内 S_7^{4-1} 层主要有多条单一分流河道相互交汇，河道较 S_7^{3} 宽，识别出为河道类型为：不同河道受水动力、古地形等因素影响造成河道砂体厚度上的差异、同一单层不同时期的两期河道和河道间发生沉积微相变化为两辫状河道；试验区内 S_7^{4-2} 层以扇三角洲平原辫状河道和心滩沉积为主，辫状河道成片状分布，河道砂体与心滩砂体彼此连通。试验区内 S_7^{5-1} 层以扇三角洲平原辫状河道和心滩沉积为主，辫状河道成片状分布，河道砂体与心滩砂体彼此连通；试验区内 S_7^{5-2} 层主要以2条辫状河道沉积为主，河道较宽，彼此交汇，河道间沉积薄层砂体。

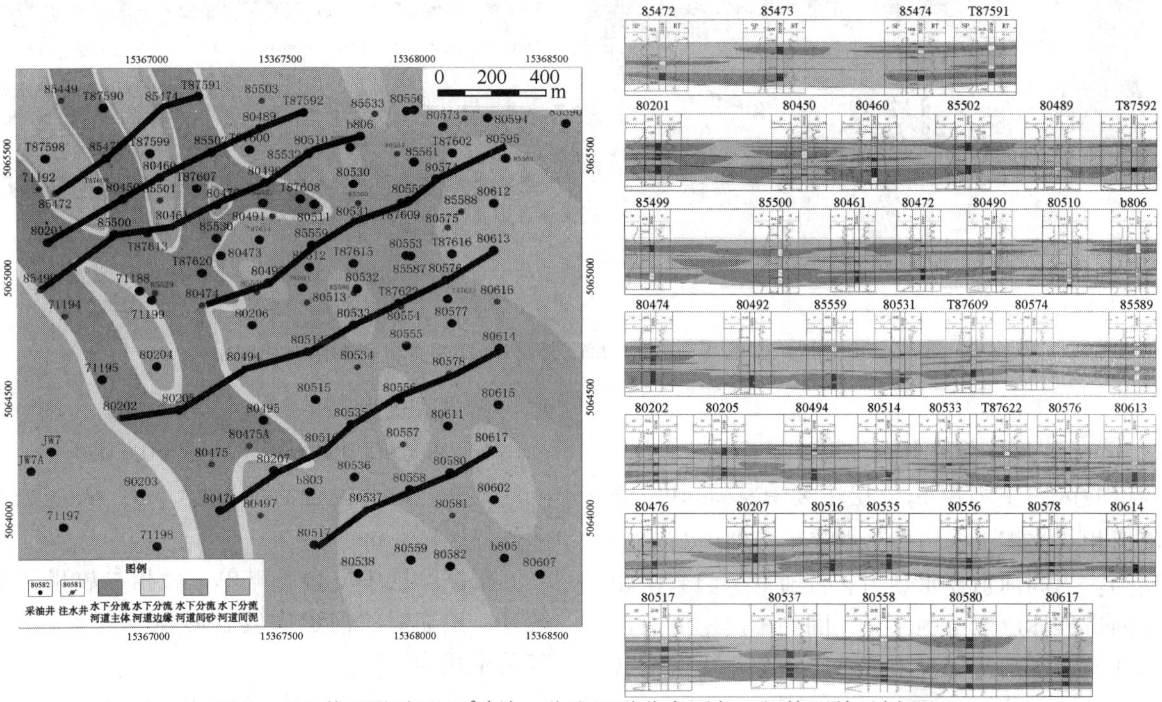

图1　530井区试验区 S_7^{3-1} 单一分流河道分布图与5级构型单元剖面组

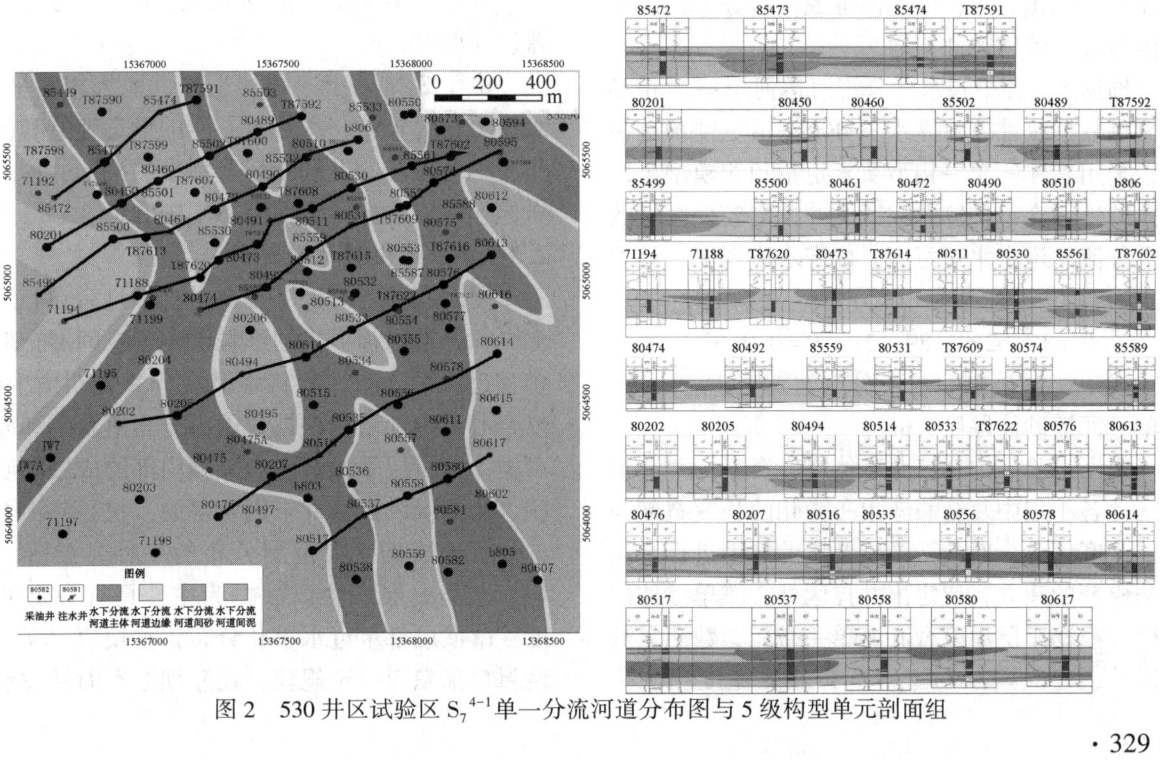

图2　530井区试验区 S_7^{4-1} 单一分流河道分布图与5级构型单元剖面组

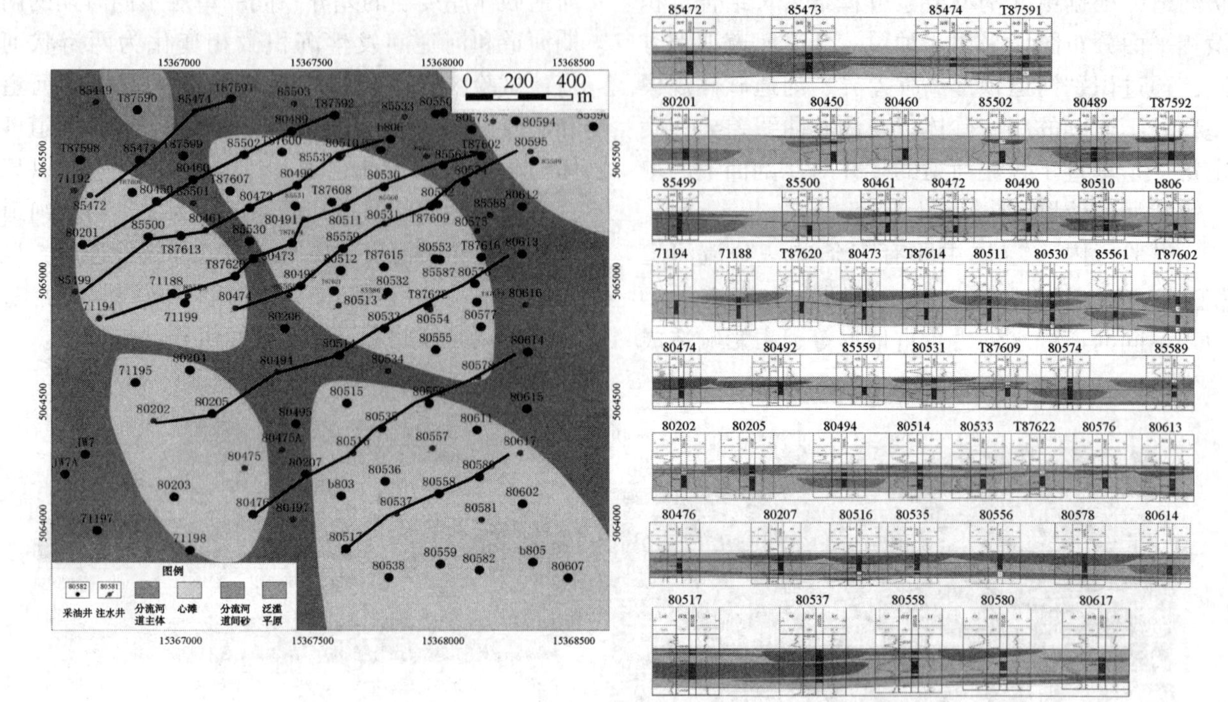

图 3　530 井区试验区 S_7^{4-2} 单一分流河道分布图与 5 级构型单元剖面组

2.2　单一微相构型解剖

试验区内主力层 S_7^{4-1} 层主要有多条单一分流河道相互交汇，河道较 S_7^3 宽，识别出为河道类型为：不同河道受水动力、古地形等因素影响造成河道砂体厚度上的差异、同一单层不同时期的两期河道和河道间发生沉积微相变化为两辫状河道；试验区内 S_7^{4-2} 层以扇三角洲平原辫状河道和心滩沉积为主，辫状河道成片状分布，河道砂体与心滩砂体彼此连通。

根据 S_7^3 各小层水下分流河道河单一微相参数测量数据统计，建立水下分流河道宽度预测模型，采用新建的单一构型要素定量预测模型可以根据砂体厚度，估算研究区受井控制较少区域的水下分流河道主水道宽度，确定水道规模。其关系式为：

$$W=12.02\times H+89.121 \quad R=0.9663$$

式中，W 为单一水下分流河道宽度，m；H 为单一河道砂体厚度，m。

根据试验区内 9 口井砂体厚度资料，并测量与统计各小层中复合心滩单一微相的长度宽度与砂体厚度信息，对单一构型要素的规模进行定量预测模型的建立，厘定出井控区外心滩单砂体的规模。根据小层中复合心滩单一微相参数测量数据统计，建立辫状河道中复合心滩宽度预测模型，其关系式为：

$$W=90.054\times e^{0.1466H} \quad R=0.7084$$

式中，W 为复合心滩宽度，m；H 为复合心滩砂体厚度，m。

根据小层中复合心滩单一微相参数测量数据统计，建立辫状河道中复合心滩长度预测模型，其关系式为：

$$L=149.13\times e^{0.1639H} \quad R=0.6762$$

式中，W 为复合心滩长度，m；L 为复合心滩砂体厚度，m。

由于 S_7^{4-2} 处于三角洲平原，地势相对平缓，水动力相对较弱，水流对心滩的形态建造和改造作用相对较弱，不利于形成标准的椭圆、梭形或橄榄形心滩，多形成形态不规则心滩。

2.3　单砂体内部构型解剖

复合心滩内的夹层主要是洪水过后在心滩坝上淤积并被保存下来的细粒沉积，空间展布形态多是近水平分布，其将心滩坝分为多期增生体。复合心滩内部结构根据成因可分为落淤层和冲沟两类。落淤层是发育在心滩坝内部的成层泥质沉积，为每次洪泛事件未期发生的、在心滩坝上垂向加积形成的、大范围分布的一种悬浮落淤沉积。这类夹层岩性以泥岩为主，具有一定的厚度，落淤层都星近水平状分布，在坝顶、坝后及两翼局部发育一定规模，在滩坝迎水面易被水流冲散，在滩坝背水面易保留，心滩低部位发育，高部位发育较少，不容易保存。岩性多为细粒的悬移质，有时质不纯，多为泥沉积，岩性与上下明显不同落淤层厚度较薄，在沉积剖面中所占比例也较小落淤层的发育和存在。在沉积过程中，部分落淤层被心滩内冲沟(或水槽)剥蚀而缺失。在辫状河低水位期心滩坝露出水面，坝顶会被冲出一些小型的坝上沟道，这些冲沟后期会充填悬浮的细粒物质因而形成坝内的夹层。这种夹层岩性以粉砂岩为主，星窄条带状在心滩坝中随机分布，夹层宽度与冲沟宽度相当，厚度薄，宽度小，滩面分布不稳定，相对易于保存。

在试验区 S_7^{4-2} 层内复合心滩内部，根据实钻井资料，通过多井剖面对比解剖复合心滩，通过测井曲线特征确定冲刷水道以及单个心滩位置与几何形态(图4)。在试验区 S_7^{4-2} 层内复合心滩内部，根据多井剖面复合心滩解剖图，通过测井曲线特征确定辫状河道内部以及单一心滩内部所发育的落淤层共6条连井剖面。试验区内 S_7^{4-2} 层的心滩内一般发育1~3个顺层的致密夹层，辫状河道一般发育1个致密夹层，顺层夹层是储层段内的主要渗流屏障。

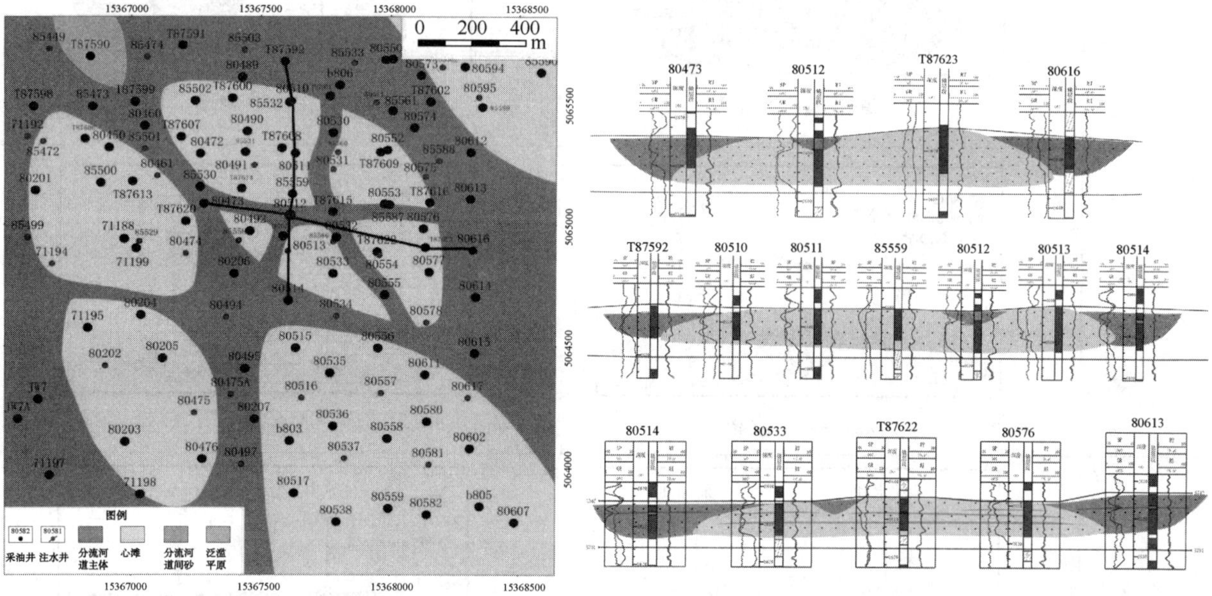

图4　S_7^{4-2} 单层3级构型单元平面分布图与连井心滩、落淤层解剖图

2.4　相变对砂体连通性分析

试验区 S_7^3 各小层注水井与采油井间相变砂体连通模式主要是河道—河道间砂—河道模式，试验区 S_7^4 和 S_7^5 各小层注水井与采油井间相变砂体连通模式主要是同一河道、同一心滩、河道—心滩模式。根据试验区 S_7^3、S_7^4 和 S_7^5 单一河道解剖结果，建立相变对砂体连通性模式(表1)，不同相带组合，井间连通性不同，渗流屏障影响不同。相变降低井间连通性，不同单一河道砂体、河道砂体与心滩之间，都会影响井间连通性，形成渗流屏障。

表1　扇三角洲平原相变对砂体连通性分析成果表

连通性	模式图	
不连通	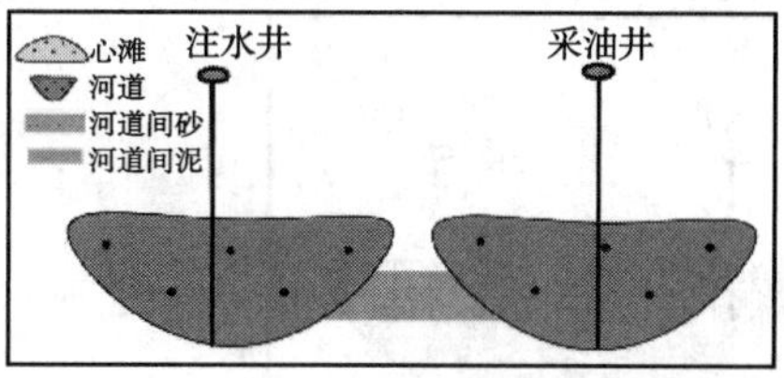	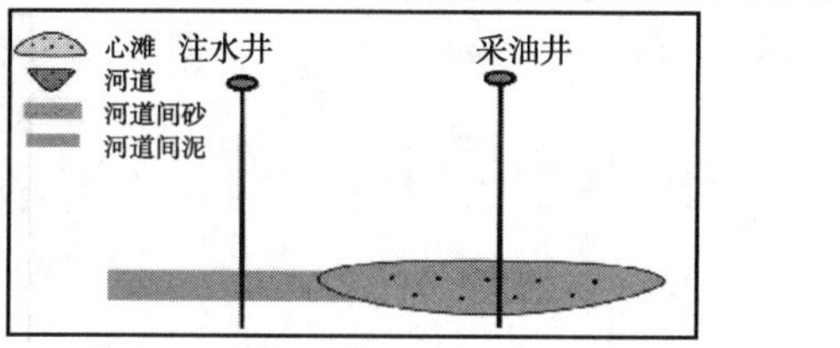
	河道—泛滥平原—河道	泛滥平原—河道间砂

续表

连通性	模式图	
差	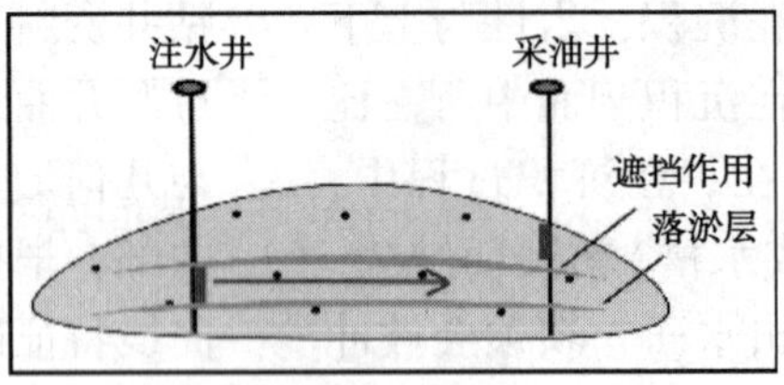 不同增生体（落淤层遮挡）	
较差	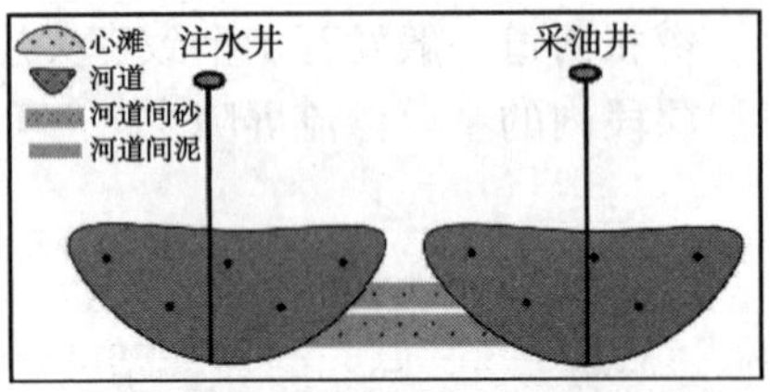 河道—河道间砂—河道	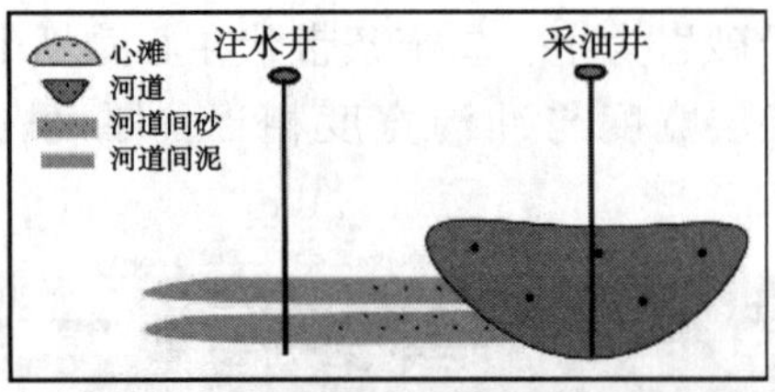 河道间砂—河道
	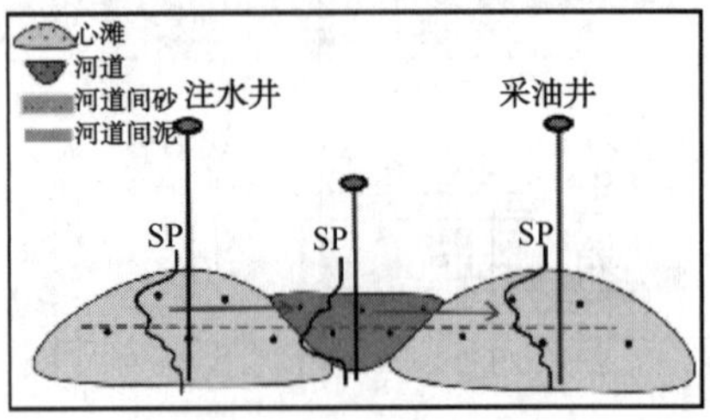 心滩—河道—心滩	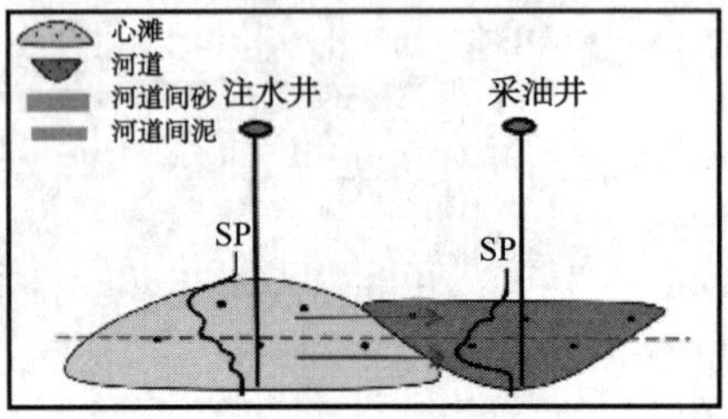 心滩—河道
较好	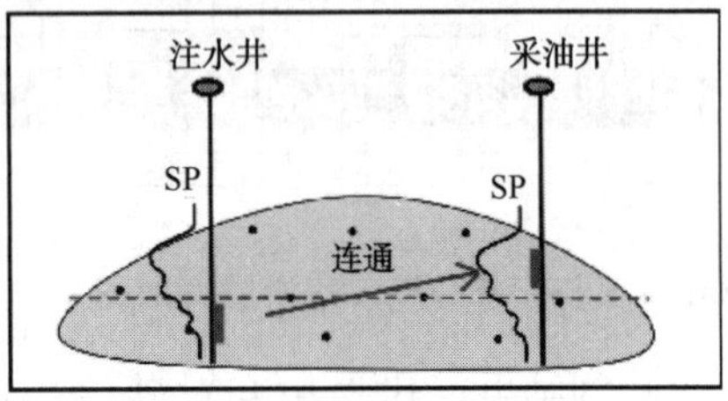 单一增生体(反韵律)	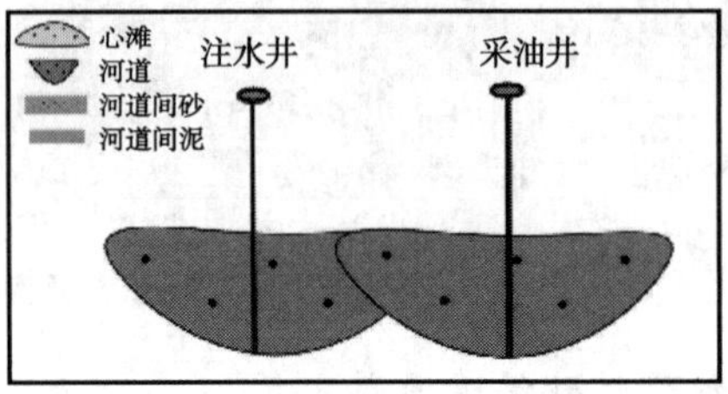 河道—河道
好	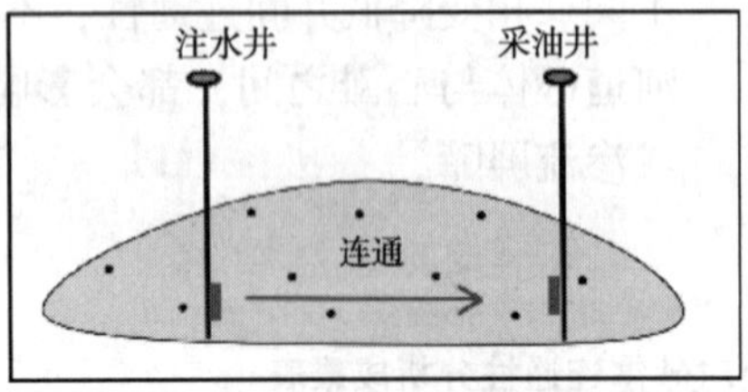 单一增生体(韵律相同)	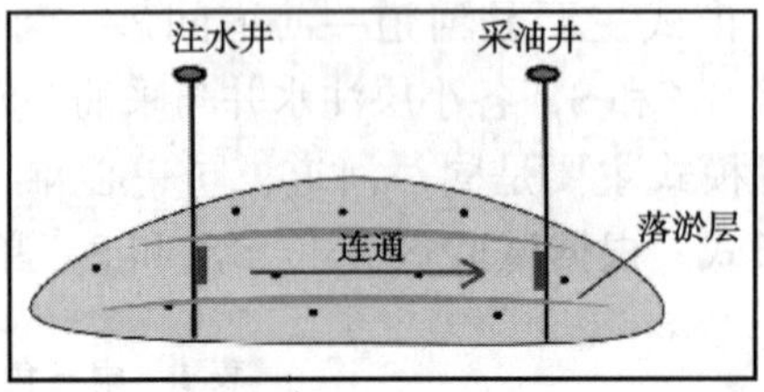 同一增生体内(落淤层不遮挡)
	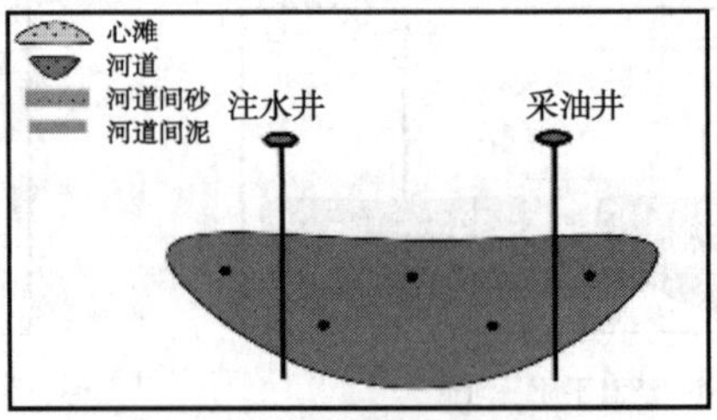 同一河道(韵律相同)	

3　基于构型约束的剩余油描述

基于扇三角洲平原相变对砂体连通性分析成果，以典型剖面80512—80513—80514在不同层的构型为例，剖面砂体主要分布于S_7^{5-1}、S_7^{4-2}、S_7^{4-1}、S_7^{3-3}层，注水井与采油井在各层存在河道—河道，河道—河道间砂，河道—心滩的组合模式。其中S_7^{3-3}层该剖面注水井与采油井之间通过河道边缘砂体连通，连通性较好(图5)。S_7^{4-1}层该剖面注水井与采油井之间位于不同砂体，80513井与80512分别位于河道和河道间砂，连通性较差(图6)。S_7^{4-2}层该剖面注水井与采油井之间位于不同砂体，80513井与80512分别位于心滩和河道，80513井与80514井位于同一心滩，井间渗透率高，连通性好(图7)。S_7^{5-1}层该剖面注水井与采油井之间通过河道砂体连通，连通性较好。其中S74-2为主要储层段，渗透率较高，砂体连通性较好(图8)。

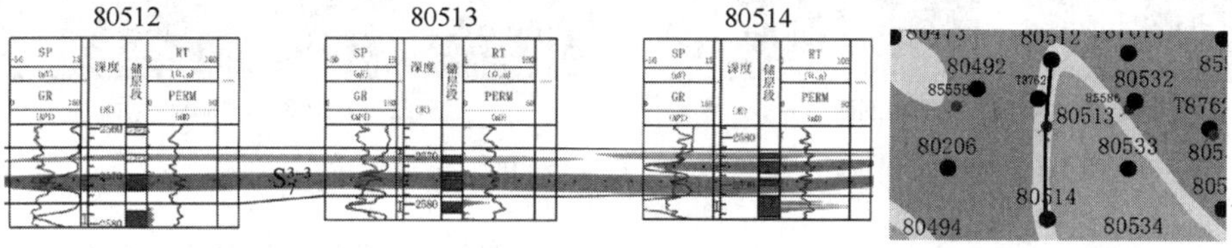

图5　试验区S_7^{3-3}河道—河道间砂模式剖面与平面组合

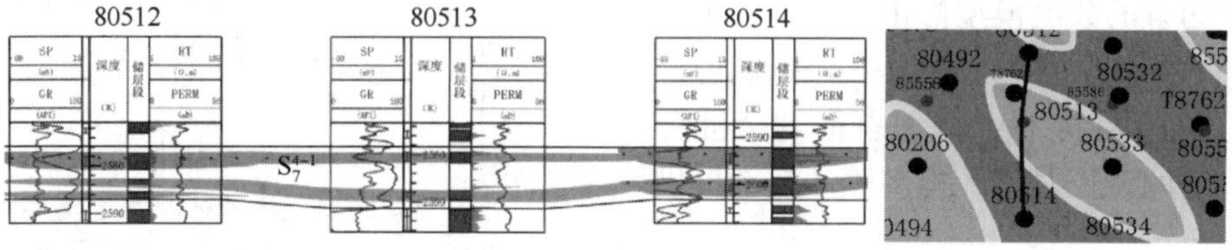

图6　试验区S_7^{4-1}同一河道模式剖面与平面组合

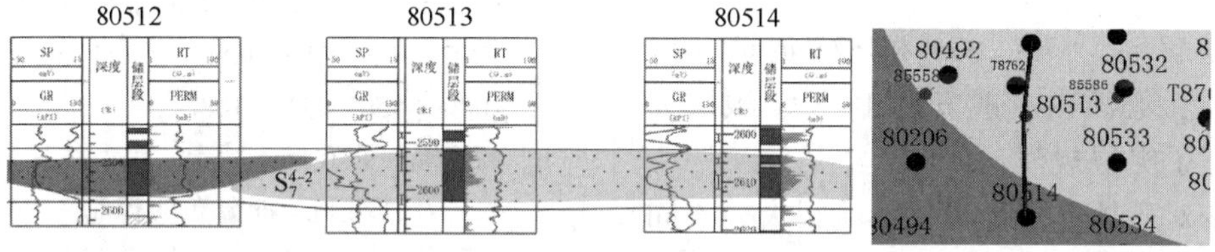

图7　试验区S_7^{4-2}同一心滩模式剖面与平面组合

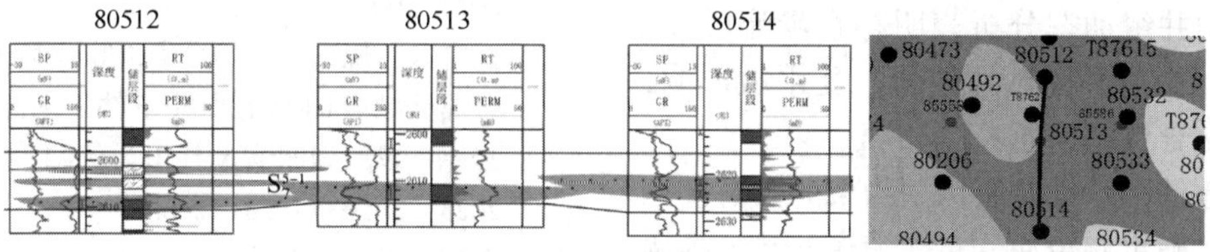

图8　试验区S_7^{5-1}河道—心滩模式剖面与平面组合

结合动态分析，试验区注水阶段，80513井注水初期吸水较均匀，后期集中到下部的S_7^{4-2}和S_7^{5-1}；80512井未见80513井注水反应，80513与80512井间存在渗流屏障，但砂体连通性表明井间砂体连通，主要是受水敏影响；80514井见水不见效，生产井80514见水后产量递减快，根据砂体剖面和注水剖面判断见水层位S_7^{4-2}，该层80512-80514渗透率增大。注汽阶段，注CO_2初期，以高渗带S_7^{4-2}、S_7^{5-1}为主，后期受水段塞影响，吸气主要以上部S_7^{3-3}、S_7^{4-1}为主。第二次注气：注CO_2初期，S_7^{3-3}、S_7^{4-1}和S_7^{5-1}动用程度大，后期集中到下部的高渗段S_7^{4-2}和S_7^{5-1}。

基于储层构型和动态分析结果，逐层修正数值模型，然后进行数值模拟(图9)。

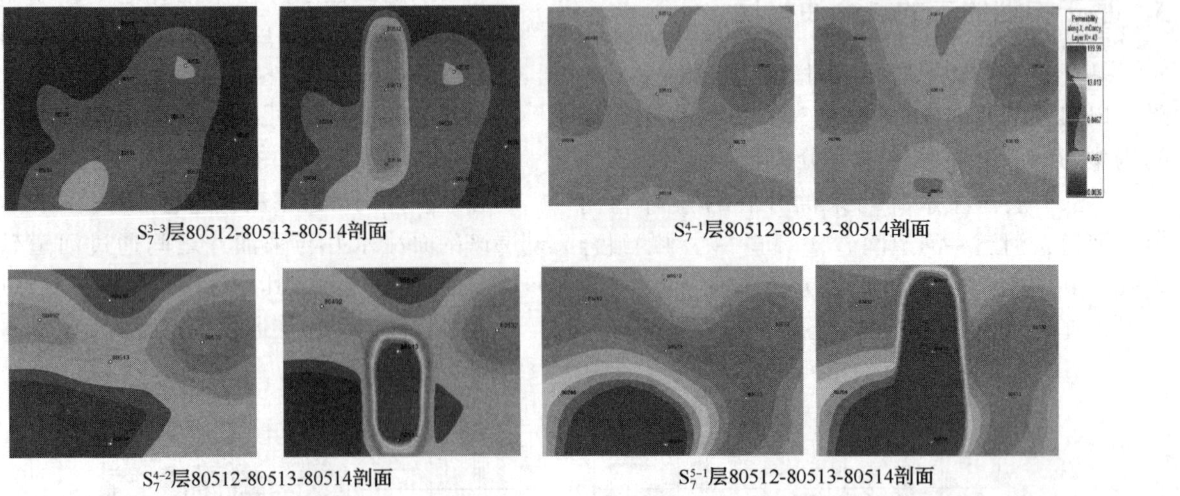

图9 试验区 S_7^{3-3}、S_7^{4-1}、S_7^{4-2}、S_7^{5-1}模型渗透率平面图(修正)

4 应用效果

基于构型约束的数值模型修正渗透率，单井拟合精度由原来的85%提高到94%；基于构型约束的油藏数值模拟技术更精细表征剩余油分布，为注气井组的调控对策，提高驱油效率提供理论依据。

5 结论

(1) 构型解剖，S73、S74 和 S75 河道一般发育1个夹层，心滩内一般发育1~3个顺层夹层，定量表征了夹层规模；

(2) 相变对砂体连通性模式影响很大，不同相带组合，井间连通性不同，渗流屏障影响不同；

(3) 典型井组动态分析表明存在渗流屏障，但砂体连通性表明井间砂体连通，受水敏影响，储层物性变化导致不连通；

(4) 考虑低渗水敏储层构型约束的数值模拟模型更精确的确定剩余油分布，为注气井组的调控对策，提高驱油效率提供理论依据。

参 考 文 献

[1] 马子麟，范洪军，王海峰，等．不连续界限地震响应与复合砂体构型研究——以渤海P油田Ⅳ-2层为例[J]．工程地球物理学报，2024，21(01)：146-155.

[2] 冯怀伟，许淑梅，王金铎，等．浅水三角洲物源、砂体构型与储层特征研究——以准噶尔盆地永进—莫西庄地区侏罗系三工河组二段为例[J]．地质论评，2024，70(01)：330-345. DOI：10.16509/j. georeview. 2023. 08. 021.

[3] 宋晓倩．三角洲前缘亚相储层构型研究——以SH油田一区沙二下亚段为例[J]．内江科技，2023，44(12)：73-75.

[4] 刘军钊，官大勇，王志萍，等．莱州湾凹陷沙三段低位域湖底扇沉积特征及水道构型[J]．科学技术与工程，2023，23(35)：14979-14987.

[5] 赵俊威，王恒，张东伟，等．海相砂质滩坝沉积构型及表征研究进展综述[J/OL]．沉积学报，1-23[2024-03-04]. https：//doi. org/10. 14027/j. issn. 1000-0550. 2023. 108.

[6] 商建霞，张乔良，叶青，等．滨岸相储层构型界面表征及其对剩余油分布的控制——以珠江口盆地A油田为例[J/OL]．沉积学报，1-12[2024-03-04]. https：//doi. org/10. 14027/j. issn. 1000-0550. 2023. 081.

[7] 王喜鑫，倪雪儿，李少华，等．基于深度学习地震多属性融合的海上少井条件下河道型砂体构型解释——以西湖凹陷X气田为例[J]．海相油气地质，2023，28(03)：261-268.

[8] 贾晨，肖枚，李敏，等．曲流河点坝构型建模方法在港东油田的应用[J]．复杂油气藏，2023，16(03)：301-307. DOI：10.16181/j. cnki. fzyqc. 2023. 03. 009.

[9] 左毅，赵腊腊，史卓丽等．曲流河点坝及其内部构型建模方法[J]．天然气勘探与开发，2023，46(01)：50-56.

[10] 冯怀伟，许淑梅，王金铎，等．浅水三角洲物源、砂体构型与储层特征研究——以准噶尔盆地永进—莫西庄地区侏罗系三工河组二段为例[J]．地质论评，2024，70(01)：330-345. DOI：10.16509/

j. georeview. 2023. 08. 021.
[11] 李永春，孙藏军，别旭伟，等．基于水平井信息的海上油田浅水三角洲储层构型研究[J]．地质论评，2023，69（S1）：258－260. DOI：10.16509/j. georeview. 2016. 07. 108.
[12] 左毅，赵腊腊，史卓丽，等．曲流河点坝及其内部构型建模方法[J]．天然气勘探与开发，2023，46(01)：50-56.
[13] 张立安，张岚，吴穹螈，等．井震约束下的浅水三角洲构型解剖及界面等效表征——以B油田1167砂体为例[J]．复杂油气藏，2021，14(04)：59-64+73. DOI：10.16181/j. cnki. fzyqc. 2021. 04. 009.
[14] 李冰娥，尹太举，王杨君．渤海海域稀井网条件下曲流河储层构型表征[J]．大庆石油地质与开发，2022，41（02）：1－10. DOI：10.19597/j. issn. 1000-3754. 202009048.
[15] 井涌泉，蔡文涛，王海峰，等．基于地震波形结构特征的浅水三角洲砂体构型预测[J]．地球物理学进展，2020，35(06)：2359-2366.
[16] 江远鹏，张岚，吴穹螈，等．渤海南部海域朵叶状浅水三角洲储层构型表征[J]．特种油气藏，2020，27(06)：88-95.
[17] 李振鹏．渤海海域分流河道型浅水三角洲储层构型表征——以歧口油田明下段地层为例[J]．中国海上油气，2020，32(01)：103-110.
[18] 李振鹏，欧银华，刘洪洲，等．浅水三角洲储层剩余油控制因素及分布模式研究——以渤海海域歧口油田明下段地层为例[J]．新疆石油天然气，2019，15(03)：41-44+57+6.
[19] 吴穹螈，陈晓明，赵汉卿，等．分流砂坝型浅水三角洲储层构型研究[J]．西南石油大学学报(自然科学版)，2019，41(02)：53-63.
[20] 宋金鹏，林承焰，任丽华，等．杏树岗油田浅水三角洲储集层构型及剩余油分布特征[J]．新疆石油地质，2018，39(02)：181-188.

钻井固废土壤化资源利用的氧化前置处理方法

孙　玉　王霞玲　熊佳豪　杜大俊

（中国石油集团川庆钻探工程有限公司）

摘　要　土地利用是磺化钻井固废有效绿色的资源利用方式之一，但由于磺化钻井固废具有化学需氧量(COD)高，组分复杂的特点，使用生物处理并土壤化的处理方法通常会面临占地面积大、处理时间长等问题。本文采用化学氧化技术作为生物处理技术的前置处理步骤，氧化降解钻井固废中的有机污染物，加快生物处理，优化土地利用过程。本文使用常见的氧化剂、氧化还原体系、Fenton 氧化体系和类 Fenton 氧化体系处理磺化钻井固废，通过 COD 和有机碳的去除率评价化学氧化过程效果，结果显示 $Na_2S_2O_8$、$Fe_2(SO_4)_3$ 和 H_2SO_4 的类 Fenton 氧化体系处理效果最佳。

关键词　磺化钻井固废；土壤化；氧化处理；类芬顿氧化

为安全、高质量地开展复杂深井开发，复杂钻井液被大量使用，三四开井深度达 7000 多米，钻井液中添加大量的磺化褐煤、磺化酚醛树脂和抗高温稳定剂等添加剂，所产生的固废特点是化学需氧量(COD)高，组分复杂，环境危害大。这类固废一般进行脱液减量后再进行资源化处置利用，包括烧结砖/免烧砖制备、制作水泥、制备路基材料、土地利用等。其中土地利用方式是通过外加自然土和特定菌群的生物降解促进固废中污染物转化，最终用于井场完井复垦。有研究表明，磺化钻井固废的元素组成上均与自然土相近，适合进行土地利用，但由于钻井现场清洁生产场地有限，生物降解固废有机污染物用时长，面临临时占地面积大时间长的问题，因此如何快速降解磺化钻井固废中有机污染物，减少生物降解时长，成为磺化钻井固废中资源化利用中值得关注的问题。

化学氧化技术常作为生物处理的前置处理，可有效提高待处理物的可生化性。一些具有强氧化性的药剂如过氧化氢对有机物有良好的氧化降解性能，广泛使用于各种废弃物的前处理过程；常见的氧化还原体系均容易产生大量的自由基，因此也可用于钻井固废的处理。Fenton 试剂是一种强氧化的氧化剂，过氧化氢在铁离子的催化下分解产生·OH，达到氧化固废中有机污染物的目的；类芬顿氧化是在芬顿氧化基础上发展起来的氧化技术，可产生高活性自由基去除污染物，能更高效地去除难降解污染物。

本文探究了各种氧化体系对磺化钻井固废中有机污染物的降解情况，包括单一氧化剂、氧化还原体系、Fenton 氧化体系、类 Fenton 氧化体系，从而探索磺化钻井固废这类钻井高 COD 废弃物的快速处理方式。

1　研究方法与实验过程

1.1　实验材料

（1）固废样品取自四川省某钻井现场磺化钻井固废，该固废 COD 为 1066.6mg/L，总有机碳含量为 16.5mg/L，含水率为 27.28%，浸出液为深黄色，且透明度较低。

（2）质量分数为 30%的 H_2O_2、$(NH_4)_2S_2O_8$ 和 $Na_2S_2O_8$，质量分数为 10%的 $NaHSO_3$、Na_2SO_3、$Na_2S_2O_3$、$Fe_2(SO_4)_3$ 和 H_2SO_4，质量分数为 5%的 $FeSO_4$，ClO_2 与 $K_2S_2O_8$ 直接投加固体。以上均为分析纯试剂，实验用水为去离子水。

1.2　实验设计

以磺化钻井固废为实验对象，氧化体系分别为：单一氧化剂、氧化还原体系、Fenton 氧化体系、类 Fenton 氧化体系，分别编号为 T1、T2、T3、T4 实验组。

（1）单一氧化剂实验

实验选取的单一氧化剂为 H_2O_2、ClO_2，分别设计了三个递增的投加量梯度 A、B、C，对单一氧化剂处理效果进行评价。取 70g 干重固废，加入如表 1 所示药剂量进行氧化处理，搅拌数十分钟后，静置 12～24h，其中每放置半小时用玻璃棒搅拌一次，然后按干重与水比为 1∶10 (kg/L)进行浸出。浸出完后，静置 12h 使固相沉降，以便于后续水相的抽滤，其中抽滤所用的滤膜孔径范围为 0.45μm，测定浸出液的 COD 和总有机碳含量。

表 1　单一氧化剂实验条件

实验组	药品	投加量		
		A	B	C
T11	H_2O_2/mL	3	6	10
T12	ClO_2/g	1	1.5	2

（2）氧化还原实验

本实验选取的氧化还原组为$(NH_4)_2S_2O_8$与$NaHSO_3$，$Na_2S_2O_8$ 与 Na_2SO，$K_2S_2O_8$ 与 $Na_2S_2O_3$，分别设计了三个递增投加量梯度 A、B、C 处理固废。取 70g 干重固废，按照表 2 加入氧化还原组药剂和相应投加量进行实验，搅拌数十分钟后，静置 12~24h，其中每放置半小时用玻璃棒搅拌一次，然后按干重与水比为 1∶10(kg/L)进行浸出。浸出完后，静置 12 小时使固相沉降，以便于后续水相的抽滤，其中抽滤所用的滤膜孔径范围为 0.45μm，测定浸出液的 COD 和总有机碳含量。

表 2　氧化还原体系实验条件

实验组	药品	投加量		
		A	B	C
T21	$(NH_4)_2S_2O_8$/mL	8	10	15
	$NaHSO_3$/mL	8	10	15
T22	$Na_2S_2O_8$/mL	8	10	15
	Na_2SO/mL	8	10	15
T23	$K_2S_2O_8$/g	1	2	3
	$Na_2S_2O_3$/mL	8	10	15

（3）Fenton 氧化试验

Fenton 氧化处理共设计三个递增梯度 A、B、C 对固废进行处理。取 70g 干重固废，按照表 3 中 T31 组进行实验，加入 H_2O_2 和 $FeSO_4$ 试剂，投加量分别为 5、6、8mL，搅拌数十分钟后，静置 12~24h，其中每放置半小时用玻璃棒搅拌一次，然后按干重与水比为 1∶10(kg/L)进行浸出。浸出完后，静置 12h 使固相沉降，以便于后续水相的抽滤，其中抽滤所用的滤膜孔径范围为 0.45μm，测定浸出液的 COD 和总有机碳含量。

表 3　Fenton 氧化体系实验条件

实验组	药品	投加量		
		A	B	C
T31	H_2O_2/mL	5	6	8
	$FeSO_4$/mL	5	6	8

（4）类 Fenton 氧化实验

类 Fenton 氧化实验分为加酸组（T41、T42、T43）和无酸组（T44、T45、T46），固定加酸组中 $Fe_2(SO_4)_3$ 和 H_2SO_4 和无酸组中 $Fe_2(SO_4)_3$，改变的氧化剂类型和添加量分别进行实验。取 70g 干重固废，按照表 4 所列试剂及其投加量进行实验，搅拌数十分钟后，静置 12~24h，其中每放置半小时用玻璃棒搅拌一次，然后按干重与水比为 1∶10(kg/L)进行浸出。浸出完后，静置 12h 使固相沉降，以便于后续水相的抽滤，其中抽滤所用的滤膜孔径范围为 0.45μm，测定浸出液的 COD 和总有机碳含量。

表 4　Fenton 氧化体系实验条件

实验组		药品	投加量		
A	B	C			
加酸组		$Fe_2(SO_4)_3$/mL	5	5	10
		H_2SO_4/mL	5	5	10
	T41	$(NH_4)_2S_2O_8$/mL	5	10	10
	T42	$Na_2S_2O_8$/mL	5	10	10
	T43	$K_2S_2O_8$/g	1	2	2
			D		E
无酸组		$Fe_2(SO_4)_3$/mL	5		10
	T44	$(NH_4)_2S_2O_8$/mL	10		10
	T45	$Na_2S_2O_8$/mL	10		10
	T46	$K_2S_2O_8$/g	2		2

1.3 分析方法

（1）采用《水质化学需氧量的测定快速消解分光光度法》（HJ/T 399—2007）对浸出液进行COD测试。

（2）用一定量的重铬酸钾-硫酸溶液在外加热的条件下，使固体废物中的有机碳氧化，剩余的重铬酸钾用硫酸亚铁铵标准溶液滴定，并以二氧化硅为添加物做试剂空白标定，根据氧化前后氧化剂消耗量，计算出固体废物中有机质的含量（以碳计）。

2 结果与讨论

2.1 单一药剂氧化体系

使用单一氧化剂 ClO_2 和 H_2O_2 对复杂钻井固废进行处理，经处理后固废浸出液的COD和有机碳降低率如表5所示。随着 ClO_2 投加量增加，有机污染物的降解增加，T11-C组的COD和有机碳降低率最高，分别为36.73%和18.35%；T12组中，增加 H_2O_2 添加量，有机污染物的降解效果提升不明显，其中T12-B组最高，COD降低率为47.98%，有机碳降低率为24.52%。两种氧化剂处理效果比较可以看出，ClO_2 相较 H_2O_2 的处理效果更低。ClO_2 通常通过电子传递的途径与污染物发生反应，H_2O_2 在氧化过程中产生羟基自由基能够将有机物氧化去除，ClO_2 在氧化过程中有高选择性，氧化效果不如 H_2O_2，其·OH是一种选择性很小的氧化剂。以上处理结果显示，单一氧化药剂对磺化钻井固废中有机污染物的去除效果有限。

表5 单种氧化剂处理后COD和有机碳的降低率

实验组	ClO_2			H_2O_2		
	T11-A	T11-B	T11-C	T12-A	T12-B	T12-C
COD降低率/%	14.23	28.45	36.73	45.93	47.98	46.75
有机碳降低率/%	8.23	16.56	18.35	22.32	24.52	23.67

2.2 氧化还原体系

使用氧化还原体系处理磺化钻井固废后浸出液的COD和有机碳降低值如表6所示，经过不同氧化剂和还原剂的组合，除T21-C组外，各组的处理效果随着投加量的增加而增加，但是提升的效果并不明显；T22组即 $Na_2S_2O_8$ 和 Na_2SO_3 组合具有最佳的处理效果，浸出液COD和有机碳的降低率最高，分别为60.58%和40.21%，高于单一药剂处理效果。T23组即 $K_2S_2O_8$ 与 $Na_2S_2O_3$ 的处理效果为三组中最低，浸出液COD和有机碳的降低率最高分别为25.78%和13.59%。

表6 不同氧化还原处理后COD和有机碳的降低率

实验组	T21-A	T21-B	T21-C	T22-A	T22-B	T22-C	T23-A	T23-B	T23-C
COD降低率/%	41.84	46.53	45.25	45.24	58.35	60.58	21.35	23.67	25.78
有机碳降低率/%	20.52	24.54	23.12	24.25	37.24	40.21	9.56	12.13	13.59

2.3 Fenton氧化体系

Fenton氧化体系处理磺化钻井固废后浸出液的COD和有机质的降低率如表7所示，加入不同配比的 H_2O_2 和 $FeSO_4$ 后，磺化钻井固废的COD和有机碳含量都有所降低，但是继续增加投加量对COD和有机碳的降低没有明显的提升作用，反而T31-C组的降低率最低。T31-A组即 H_2O_2 和 $FeSO_4$ 的加量均为5mL时，COD和有机碳的降低率最高，分别为54.82%和32.41%。在Fenton氧化体系中，Fe^{2+} 作为反应的催化剂，催化 H_2O_2 反应产生的·OH而起到氧化作用，相较单一 H_2O_2 对磺化钻井固废的处理效果更好。

表7 不同加量的Fenton氧化处理后COD和有机碳的降低率

实验组	T31-A	T31-B	T31-C
COD降低率/%	54.82	53.41	52.24
有机炭降低率/%	32.41	32.10	31.42

2.4 类Fenton氧化体系

过硫酸盐作为 H_2O_2 的一类衍生物，具有相似的过氧键（—O—O—）结构，本实验使用的类Fenton氧化体系是基于过硫酸盐的高级氧化法。不同实验组的磺化钻井固废浸出液的COD和有机碳降低率如表 8 所示。在加酸体系中，T41、T42 和 T43 三种氧化剂的处理效果相似，COD 和有机碳去除率均随着药剂投加量增加而提升；以 $Na_2S_2O_8$ 为氧化剂 T42-C 组即药剂投加量均为 10mL 的时候，COD 降低率最高 81.25%，有机碳降低率为 54.23%。以 $(NH_4)_2S_2O_8$ 为氧化剂的 T41 组中 C 组的 COD 和有机碳去除率最佳，分别为 79.15%和 53.10%；以 $K_2S_2O_8$ 为氧化剂时 COD 和有机碳的最佳去除率为 80.25% 和 53.36%；三组均表现出了较高的有机污染物降解能力。固废中存在的 Fe^{3+} 和外加 Fe^{3+} 与 $S_2O_8^{2-}$ 发生反应，生成的中间产物 $SO_4^{\cdot -}$ 与固废中的有机污染物发生反应从而达到降解的目的。$SO_4^{\cdot -}$ 具有较高的氧化性，能降解 ·OH 不能降解的物质，同时硫酸的存在降低了处理环境的 pH 值，使 $SO_4^{\cdot -}$ 能稳定存在，因此类 Fenton 氧化较 Fenton 氧化的处理效果更佳。

由于作业现场通常会限制强酸的使用，因此对无外加硫酸情况下的类芬顿氧化体系对磺化钻井固废中有机污染物的处理效果进行探究。实验结果如表 8 中无酸组所示，COD 和有机碳减少效果并不理想，COD 的去除率在 38%~45%范围内，有机碳去除率在 18~24%范围内，对有机污染物的去除效果远低于添加了硫酸的类 Fenton 氧化体系。T45-E 组即当使用 $Na_2S_2O_8$ 为氧化剂的处理，药剂加量均为 10mL 时，COD 最高去除率为 44.35%，有机碳最高去除率为 23.59%。

表 8 类 Fenton 氧化处理后的 COD 和有机碳的降低率

实验组		COD 降低率/%	有机碳降低率/%
加酸组	T41-A	69.13	48.56
	T41-B	74.51	51.86
	T41-C	79.15	53.1
	T42-A	72.12	51.45
	T42-B	76.58	52.12
	T42-C	81.25	54.23
	T43-A	71.24	50.56
	T43-B	75.23	51.93
	T43-C	80.25	53.36
无酸组	T44-D	38.58	18.75
	T44-E	40.57	19.63
	T45-D	41.12	20.24
	T45-E	44.35	23.59
	T46-D	39.8	18.76
	T46-E	41.23	20.45

3 结论与建议

（1）磺化钻井固废在资源化利用过程中常规的 Fenton 氧化体系、氧化-还原体系及常用的氧化剂无法满足对磺化钻井固废处理的要求。加酸的类 Fenton 氧化体系处理效果最佳，其次为氧化还原体系。最佳处理药剂配方为 $Na_2S_2O_8$、$Fe_2(SO_4)_3$ 和 H_2SO_4，处理后的固废 COD 降低率最高 81.25%，有机碳降低率为 54.23%。

（2）在处理钻井废弃物时，可以通过使用催化如铁基、活性炭、碳纤维等催化剂，在系统中形成强氧化性的自由基以及非自由基，提高 Fenton 反应性。钻井固废添加试剂的同时要考虑是否会引入二次污染和成本问题。

参 考 文 献

[1] 陈立荣，冯永东，张志东等．川渝地区油气勘探水基钻井固废分类资源化处置利用略论[C]//中国石油学会天然气专业委员会．第 31 届全国天然气学术年会(2019)论文集(05 钻完井工程)：286-292.

[2] 刘汉军，陈强，陈立荣等．不同钻井液体系水基钻井固废特性及土地利用价值分析[J]．石油与天然气化工，2020，49(05)：116-123.

[3] 董文艺，杜红．过氧化氢氧化法的原理及对有机物的去除[J]．中国农村水利水电，2004(02)：47-48.

[4] 王行梁，李晓良，王子等．硫酸根自由基高级氧化技术的发展及应用[J]．现代化工，2020，40(S1)：49-53.

自交联聚合物凝胶调驱剂的研制与性能评价

熊　英[1]　许红恩[1]　林　云[1]　李　冉[1]　巩　磊[1]　王阿丽[1]　郭拥军[2]

(1. 中国石油大港油田公司；2. 西南石油大学)

摘　要　延缓交联聚合物凝胶广泛应用于调剖调驱治理水窜和扩大波及体积，一般由聚合物、交联剂组成，交联剂少者含一种组份，多者2~4种组份。延缓交联聚合物凝胶各组份配成单一液体注入地层，一定时间和温度下发生交联反应生成凝胶或冻胶封堵优势通道。常用交联剂有铬交联剂和酚醛树脂类交联剂，铬交联剂中含有的重金属铬离子和酚醛树脂交联剂中的酚、醛类存在一定的环境和健康危害。同时延缓交联聚合物凝胶多组分体系的特点导致其在地层运移过程中由于色谱分离改变组分配比而存在不成胶的风险。为此，以丙烯酰胺单体为主体，与功能单体、耐温抗盐单体 AMPS 等采用低温、氧化还原-偶氮类复合引发体系，合成了自交联聚合物。该聚合物具有超高分子构型，通过物理自交联作用(非化学交联)，分子间逐渐聚集构建超分子网络结构凝胶化，成胶时间及强度可控，能够实现地层深部成胶，既实现交联聚合物凝胶去交联剂化的绿色环保升级，又克服多组分化学交联聚合物凝胶因色谱分离带来的不成胶风险。同时由于自交联聚合物凝胶是可动性凝胶，可以大剂量注入到油藏深部，本身的可逆结构便其在近井地带高压差、高速下能够顺利进入油藏，在油藏深部低压差、低流速下结构恢复，建立较高的启动压力和残余阻力系数，使后续注入水发生绕流，扩大波及体积。

关键词　聚合物凝胶；自交联；绿色环保；单组分；封堵；调剖；调驱

由于地层的非均质性，随着注水开发的深入，非均质性程度会进一步恶化，水流优势通道和高渗条带越来越发育，储层层间、层内和平面注采矛盾加剧，注水低效、无效循环日益严重，水驱效率和开发效益大幅下降。调驱是通过向地层注入化学剂，封堵油藏深部水流优势通道，调整高渗条带吸水能力，扩大水驱波及体积，改善水驱开发效果，提高水驱采收率。交联聚合物凝胶是目前最常用的一种调驱剂，一般由聚合物和交联剂等多组分组成，单液法注入地层后通过交联反应形成凝胶网络结构。该体系具有强度调节范围宽、适应油藏范围广、有效体积大、施工简单安全等优点，但最常用的交联剂主要有铬离子和酚醛类，存在一定的环境和健康危害，同时该体系含多种组分，在地层运移过程中由于色谱分离现象使体系组分配比改变，存在不成胶的风险。为此，研制一种绿色环保的单组分交联聚合物凝胶体系。

本文以丙烯酰胺单体为主体，与功能单体、耐温抗盐单体 AMPS 采用低温、氧化还原-偶氮类复合引发体系，合成了自交联聚合物。该聚合物具有超高分子构型，在一定条件通过物理自交联作用(非化学交联)，分子间逐渐聚集构建超分子网络结构凝胶化，通过控制成胶时间及强度，能够实现地层深部成胶，既实现去交联剂化绿色环保，又可以很好解决化学交联凝胶色谱分离不成胶的风险。同时由于凝胶是可动性凝胶，可以大剂量注入到油藏深部，其本身的可逆结构在近井地带高压差、高流速下能够顺利进入油藏，在油藏深部低压差下、低流速下结构恢复，建立高的启动压力。

1　自交联聚合物的合成

1.1　自交联聚合物的合成

聚合物分子结构中引入大侧基耐温抗盐疏水单体，疏水基团使得聚合物具有逃离水环境而自发聚集形成超分子聚集体特性，大幅度提高聚合物耐温抗盐性能。疏水单体中引入刚性大侧基使得聚合物热运动阻力增大，提高聚合物的高温稳定性能。疏水单体中含有温敏性结构单元，一定温度条件下聚合物分子链分子构象发生变化，分子间聚集程度显著增加，形成物理交联，具有高温增黏特性。

自交联聚合物以丙烯酰胺单体为主体，与功能单体、耐温抗盐单体 AMPS 采用低温、氧化还原-偶氮类复合引发体系，通过控制聚合反应温度、功能单体含量、溶液 pH 值等，同时通过尿素、甲酸钠、表面活性剂加量调节改善目标聚合物溶解性，合成了自交联聚合物。

1.2　功能单体对聚合物性能的影响

实验用水为取自大港油田的回注水，矿化度为 26000mg/L，钙镁二价离子含量为 240mg/L，HCO_3^-含量为 122mg/L，聚合物溶解温度 40℃，聚合物浓度为 3000mg/L，凝胶恒温温度 78℃，除氧后进行恒温老化，研究功能单体对聚合物凝胶性能的影响。

采用功能单体合成聚合物在静置条件下，聚合物溶液分子构象变化，发生物理交联形成凝胶。

结果表明，功能单体含量可有效调节聚合物成胶时间与成胶强度，当功能单体含量为 0.1%～0.5%时，随着含量增加，聚合物溶液 30d 黏度呈上升趋势；再增加功能单体含量，聚合物溶液 30d 黏度又开始下降(见图 1)。功能单体含量过高，所合成的聚合物分子量过低，难以形成分子间的物理交联。通过功能单体含量的调节可以控制凝胶的成胶特性，以适应不同需求。

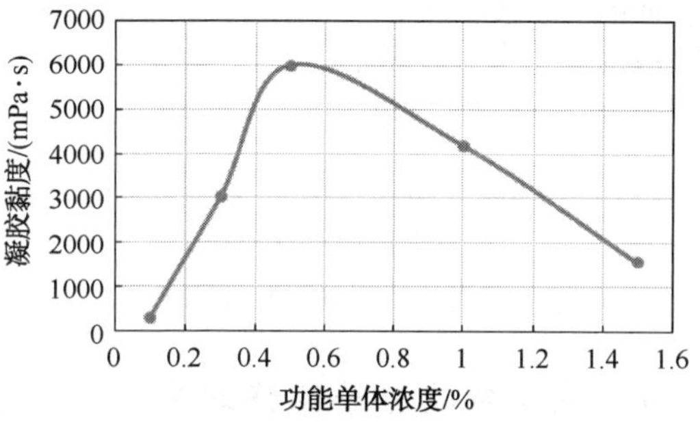

图 1　功能单体对凝胶性能的影响

1.3　丙烯酰胺单体含量对聚合物性能的影响

丙烯酰胺单体浓度增加一方面增加了单体与活性链的碰撞，利于分子量增加，另一方面浓度过高，聚合体系黏度过大，聚合热不易导出，容易导致聚合体系温度过高链转移加剧，分子量降低。

结果表明，随着单体浓度增加聚合物分子量先增加后降低，成胶性能也随之先增加后降低，实验确定单体浓度 20wt%～30wt%，聚合物具有较高的分子量与增黏性，以单体浓度 25wt%最佳。(见图 2)

1.4　耐温抗盐单体 AMPS 对聚合物性能的影响

AMPSNa 单体亚硫酸根中两个硫氧配位键，增强了 S 从羟基上吸引电子的能力，从而使亚硫

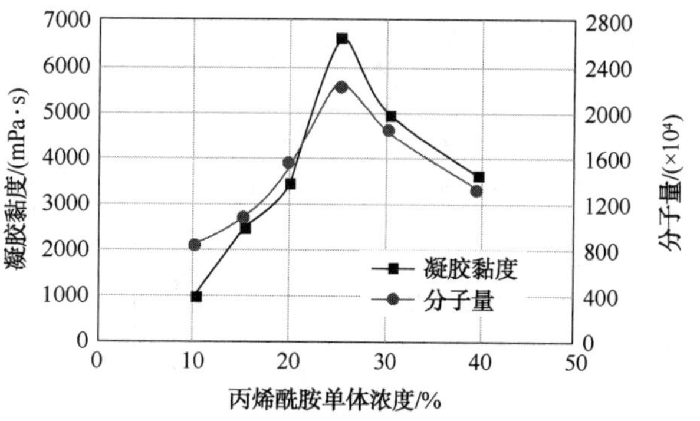

图 2　丙烯酰胺单体对凝胶性能的影响

酸根稳定，表现出对阳离子的进攻不敏感，从而使得聚合物具有良好的抗盐能力，引入 AMPSNa 单体可以提高聚合物对钙镁离子的容忍能力，不易发生沉淀，提高黏度保留率，同时其静电作用与空间位阻效应可一定程度抑制酰胺基的水解，提高聚合物的老化稳定性能。

结果表明，引入适量 AMPS 可提高聚合物在高温高盐条件下的老化稳定性能，但含量过高会导致分子量下降，溶液黏度下降。(见图 3)

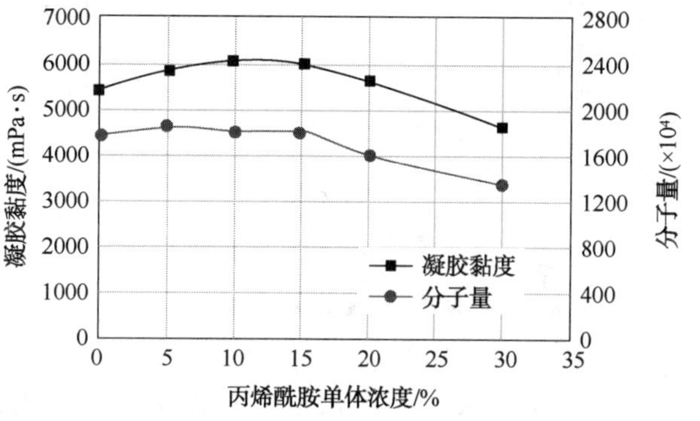

图 3　AMPS 单体对凝胶性能的影响

1.5　体系 pH 值对聚合物性能的影响

体系的 pH 值对单体活性以及引发剂活性均有影响，适宜的 pH 值利于自由基的缓慢释放，保证聚合平稳进行，提高聚合物分子量。

结果表明，随着 pH 值增加聚合物分子量和黏度先增加后降低，当溶液 pH 值为 7.0，聚合物分子量最大，聚合物高温成胶性能与稳定性最佳。(见图 4)

1.6　尿素对聚合物性能的影响

在聚合过程中添加适量的尿素，可以破坏丙烯酰胺分子内或分子间的氢键作用，有利于提高聚合物的溶解性，但同时尿素可作为还原剂参与反应，当其含量过高，会降低聚合物分子量。

结果表明，当尿素加量≤1.0%，其加量增

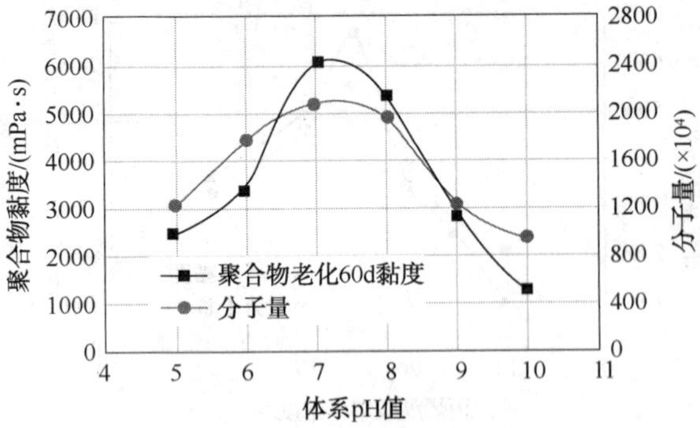

图 4　pH 值对凝胶性能的影响

加对聚合物黏度影响较小，溶解时间由 6h 降低为 3h，表现出较为优异的促溶作用(见图 5)。但尿素加量继续增加，聚合物的高温增黏性明显降低。综合尿素对聚合物黏度及溶解性能影响规律，确定尿素加量为 1.0wt%。

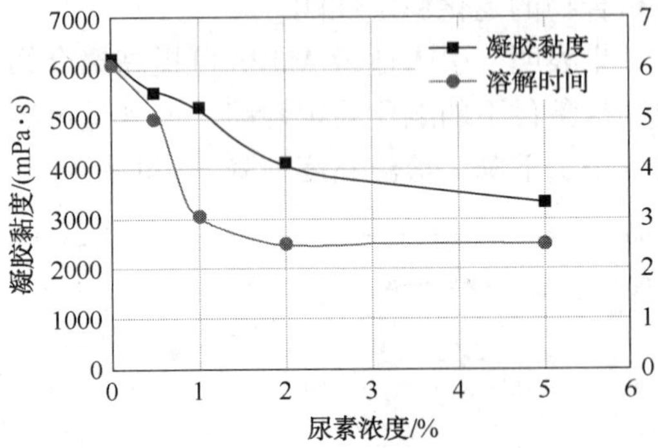

图 5　尿素对凝胶性能的影响

1.7　甲酸钠对聚合物性能的影响

在聚合反应中后期，由于转化率提高和温度的增加，活性大分子增长自由基容易发生支化、交联等副反应，因此，在反应过程中，适量添加链转移剂有利于改善聚合物溶解性，但链转移剂加量过高，聚合物分子量将大幅降低。

结果表明，聚合过程中引入甲酸钠对聚合物溶解性改善明显，当其含量为 20～50mg/L，聚合物溶解时间缩短至 3.0h，且聚合物具有良好的成胶性能，过量的甲酸钠使得聚合物黏度显著下降，高温成胶性能变差。综合甲酸钠对聚合物溶液性能影响规律，实验确定甲酸钠含量为 20～50mg/L。(见图 6)

1.8　表面活性剂对聚合物性能的影响

非离子表面活性剂不含电荷在水中不电离，与离子型表面活性剂相比，稳定性高，不易受外界环境影响。其分子结构表明非离子表面活性剂的醚氧原子排布于链的外侧，易与水分子作用形成氢键而达到亲水的目的，随乙氧基链的增长，

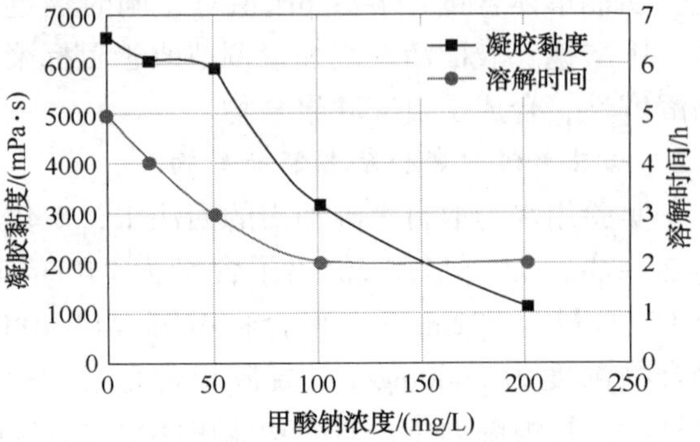

图 6　甲酸钠对凝胶性能的影响

形成的氢键越多，亲水性越强。

结果表明，随着表面活性剂浓度增加，聚合物溶解时间逐渐缩短，但表面活性剂含量过高，过于拆散聚合物分子结构，导致聚合物黏度急剧降低。综合表面活性剂对聚合物溶液性能影响规律，实验确定表面活性剂含量为 100～200mg/L。(见图 7)

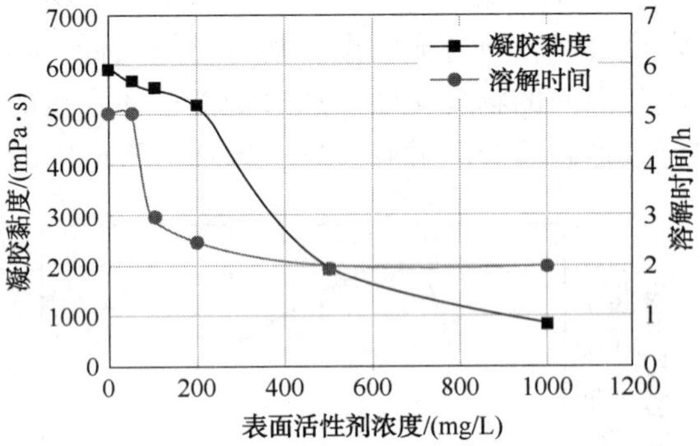

图 7　表面活性剂对凝胶性能的影响

2　自交联聚合物分子结构表征

2.1　核磁共振氢谱(1HNMR)

采用 Bruker AV－Ⅲ核磁共振波谱仪(400MHz，Buker BioSpin 公司，瑞士)对自交联聚合物样品进行核磁共振波谱扫描(以 D_2O 为溶剂)，以表征基本分子结构。

3.57ppm～3.51ppm 为功能单体侧链亚甲基(—CH_2)氢的化学位移，3.30ppm 为分子主链中丙烯酰胺 CH 氢的化学位移；3.08ppm 为 AMPS 中与磺酸基相连的—CH_2 氢的化学位移，2.11ppm 为主链上丙烯酰胺—CH_2 氢的化学位移，1.54ppm～1.37ppm 为功能单体侧链上—CH_3 氢的化学位移，1.07ppm 为 AMPS 侧链上甲基(—CH_3)氢的化学位移，证实聚合物分子结构为目标分子结构。(见图 8)

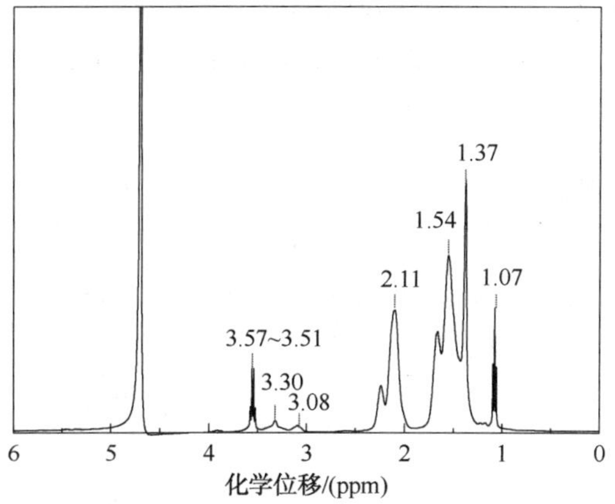

图 8　核磁共振谱图

2.2　红外光谱(FTIR)

采用 Nicolet6700 傅立叶变换红外光谱仪(美国，ThermoFisher 公司)、KBr 压片法对自交联聚合物样品进行傅立叶变换红外光谱扫描，以表征基本分子结构。

如图 9，傅里叶红外光谱图中，$3426cm^{-1}$、$3195cm^{-1}$归属于 N—H 键的反对称伸缩振动峰和对称伸缩振动峰，$2929cm^{-1}$归属于 C—H 键的反对称伸缩振动峰，$1652cm^{-1}$处归属于酰胺基中 C＝O的伸缩振动峰，$1554cm^{-1}$和 $1398cm^{-1}$分别是 C—O 的反对称伸缩振动和对称伸缩振动峰，$1315cm^{-1}$为 C—N 键的伸缩振动峰，$1112cm^{-1}$、$779cm^{-1}$、$626cm^{-1}$为磺酸基团的特征吸收峰，证实聚合物分子结构为目标分子结构。

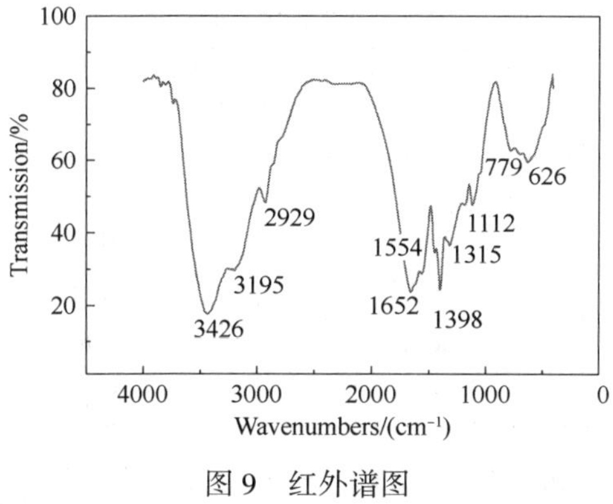

图 9　红外谱图

2.3　环境扫描电镜 SEM

用液氮处理使样品极速冷冻以保持聚合物凝胶的原始形貌，将快速冷冻后的待测样品放入 ESEM 样品室中，在低温低压下让其升华，使冰表面下的样品逐渐显露出来，后观察样品的形貌。

由图 10 可知，自交联聚合物凝胶产品的微观结构为相互交结的网状结构。

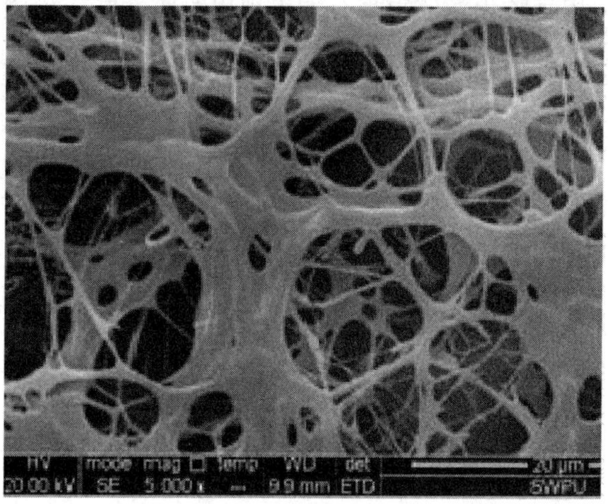

图 10　扫描电镜图

3　自交联聚合物凝胶调驱剂性能评价

3.1　自交联聚合物凝胶调驱剂的配制

用量筒量取一定体积的水倒入烧杯中，置于搅拌器下搅拌，搅拌速度控制在能使杯中水起旋涡但又不溢出杯外。按一定比例计算，称取一定量的自交联聚合物，边搅拌边缓慢加入烧杯中，继续搅拌并观察溶解情况。完全溶解后移入可密封广口瓶中，将广口瓶放入恒温干燥箱中加热，定期取出测量黏度。

3.2　溶解性

溶解性能的好坏是一种聚合物最终能否应用于油田使用的首要条件，调驱施工中一般要求聚合物的溶解时间不超过 2h。室内考察了自交联聚合物在 25℃与 50℃条件下 4 种模拟盐水中的溶解性能(表 1)。其溶解时间为 2～2.5h，能够满足现场配注需要。

表 1　溶解性评价结果表

溶解温度/℃	不同矿化度模拟盐水中溶解时间/h			
	6275mg/L	18533mg/L	26275mg/L	42596mg/L
25	2	2.5	2.5	2.5
50	2.5	2	2	2

3.3　增黏性

分别采用中高盐、高盐模拟盐水配制自交联聚合物凝胶调驱剂，测试其初始黏度后分别在 80℃、120℃下密闭除氧恒温静置 10 天、2 天，再次测试其凝胶化黏度。

由表 2 可知，当聚合物浓度小于 3000mg/L 时，聚合物黏度上升幅度较小，凝胶化程度较弱。当浓度达到 3000mg/L 后，溶液通过分子间构相凝胶化，使得聚合物表现出凝胶性能，溶液黏度大幅度上升。当浓度达到 4500mg/L，其凝胶化黏度达到 5000mPa · s 以上，已具有中弱凝胶性能，浓度达到 6000mg/L，其凝胶化黏度达到 10000mPa · s 以上，已具有强凝胶性能。

表 2　增黏性评价结果表

聚合物浓度/(mg/L)	中高温中高盐条件（温度 80℃、配制用水矿化度 26275mg/L）		高温高盐条件（温度 120℃、配制用水矿化度 42595mg/L）	
	初始黏度/(mPa · s)	凝胶化黏度/(mPa · s)	初始黏度/(mPa · s)	凝胶化黏度/(mPa · s)
1000	8.2	15.6	7.6	10.2
1500	15.1	50.2	12.2	50.6
2000	25.2	720.5	23	101.4
2500	40.2	1390	35.8	1260
3000	56.2	3834	50.4	2440
3500	82.1	5365	68.8	3452
4000	106.2	7620	76.2	4400
4500	145.1	8320	98.2	5662
5000	200.2	9020	124.2	7445
6000	278.6	13240	210.5	10370
7000	394	20420	285.2	14248
8000	582	26540	354.7	18010

3.4　抗温耐盐性

分别针对大港油田中高温油藏和高温油藏地层水矿化度，采用相对应的模拟盐水，考察 4000mg/L 自交联聚合物凝胶调驱剂在不同温度范围内的初始黏度和凝胶化黏度，考察其抗温性能。见表 3。

表 3　抗温性评价结果表

温度/℃	中高温中高盐条件（配制用水矿化度 26275mg/L）		高温高盐条件（配制用水矿化度 42595mg/L）	
	初始黏度/(mPa · s)	凝胶化黏度/(mPa · s)	初始黏度/(mPa · s)	凝胶化黏度/(mPa · s)
60	148.4	6162.2	—	—
70	126.9	6484.7	—	—
80	106.2	7620	102.5	4160
90	94.3	9280	92.2	4284
100	—	—	82.8	4540
120	—	—	76.2	4400

分别在 80℃、120℃测试 4000mg/L 自交联聚合物凝胶调驱剂在不同矿化度模拟盐水中的初始黏度和凝胶化黏度，考察其耐盐性。见表 4。

表 4　耐盐性评价结果表

盐水矿化度度/(mg/L)	中高温条件(温度 80℃)		高温条件(温度 120℃)	
	初始黏度/(mPa · s)	凝胶化黏度/(mPa · s)	初始黏度/(mPa · s)	凝胶化黏度/(mPa · s)
6275	181.2	7835	138.9	4335
26275	106.2	7620	87.5	4501
42595	86.2	6460	76.2	4400

自交联聚合物凝胶调驱剂在温度 60~120℃、盐水矿化度 6275~42595mg/L 范围内均均能凝胶化，且受温度和矿化度变化的影响较小，表现出良好的抗温耐盐性。

3.5 老化稳定性

在 120℃ 温度下，浓度分别为 4000mg/L、6000mg/L 的自交联聚合物凝胶调驱剂 5 天后黏度均达到峰值（见图 11），表现出凝胶化现象，经过 90 天黏度仍无明显变化，证明该调驱剂具有良好的老化稳定性，可保证调驱剂在地层中具有长期的封堵效果。

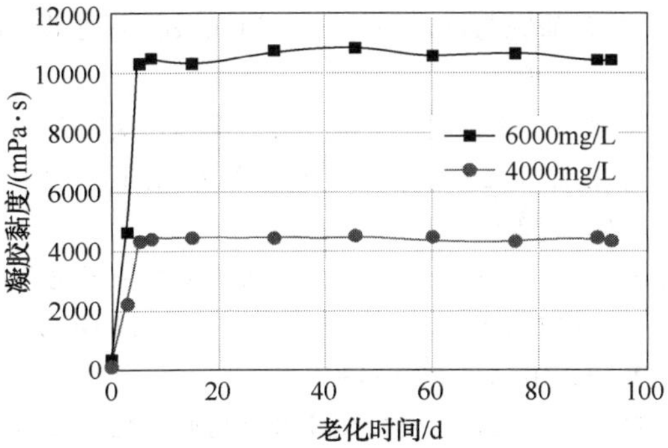

图 11　老化稳定性评价结果图

3.6 抗剪切性能

调驱剂在注入过程中会受到机械剪切和岩心剪切作用发生黏度损失，分别采用 waring 搅拌器在 3500r/min 下剪切 10s 和调驱剂以速度 300m/d 流过渗透率为 $600\times10^{-3}\mu m^2$ 人造岩心模拟调驱剂受到机械剪切和岩心剪切，通过对比浓度为 4000mg/L 的自交联聚合物凝胶调驱剂剪切前后的凝胶化黏度来研究剪切的影响规律（见表 5）。机械剪切作用对自交联聚合物凝胶调驱剂凝胶化性能影响很小，凝胶化后黏度保留率达到 98%，表现出良好的抗机械剪切性能。岩心剪切的影响大于机械剪切，但其黏度保留率仍达到 82%，表现出良好的抗多孔介质剪切的性能。

3.7 剖面改善能力

采用不同渗透率级差的三管并联填砂管岩心驱替装置，先水驱 1PV 以上至各管岩心流量稳定。注入自交联聚合物凝胶调驱剂 0.5PV 后在 80℃温度下静置 5 天，再水驱至各管岩心流量稳定。用调驱前后分流比变异系数变化率来考察调驱剂剖面改善能力。

在渗透率为 $500\times10^{-3}\sim6000\times10^{-3}\mu m^2$、渗透率极差为 5~12 范围内，自交联聚合物凝胶凝胶化前较低的黏度使其能够进入高渗透层，凝胶化后具有较强封堵特性，高渗层分流量大幅下降，中低渗层分流量上升明显，后续水驱吸水剖面得到较大程度改善（见表 6）。

表 5　抗剪切性评价结果表

剪切方式	温度/℃	矿化度/(mg/L)	初始黏度/(mPa·s)	剪切后黏度/(mPa·s)	未剪切凝胶化黏度/(mPa·s)	剪切后凝胶化黏度/(mPa·s)	凝胶化黏度保留率/%
机械	120	42595	84.2	84.6	4400	4307	97.89
岩心	120	42595	84.2	46.7	4400	3580	81.76

表 6　剖面改善能力评价结果表

渗透率极差	渗透率/($10^{-3}\mu m^2$)	调前分流比/%	调前分流比变异系数	调后分流比/%	调后分流比变异系数	剖面改善程度/%
5	2500	68.9	0.77	25.3	0.29	62.34
	1000	21.3		46.7		
	500	9.8		28		
9	4500	74.6	0.89	34.2	0.36	59.55
	1500	18.3		47.6		
	500	7.1		18.2		
12	6000	78.2	0.97	42.4	0.36	62.89
	2500	19.4		41.2		
	500	2.4		16.4		

4 结论

（1）通过在聚丙烯酰胺聚合物分子结构中引入大侧基耐温抗盐疏水单体，合成了自交联聚合物，该聚合物溶解性较好，在一定条件下可通过物理自交联发生凝胶化反应。

（2）自交联聚合物凝胶调驱剂抗温达120℃、耐盐达40000mg/L以上，老化稳定期在90天以上，机械剪切、岩心剪切后凝胶化黏度保留率分别为98%、82%，表现出良好的抗温耐盐性、老化稳定性和抗剪切性能，适用于中高温中高盐至高温高盐油藏。

（3）自交联聚合物凝胶调驱剂对渗透率为$500\times10^{-3}\sim6000\times10^{-3}\mu m^2$、渗透率极差为5～12范围内岩心的剖面改善程度在60%以上，显示出良好的剖面改善能力。

参 考 文 献

[1] 韩大匡．深度开发高含水油田提高采收率问题的探讨[J]．石油勘探与开发，1995，22(5)：47-55.
[2] 刘玉章，熊春明，罗健辉，等．高含水油田深部液流转向技术研究[J]．油田化学，2006，23(3)：248-251.
[3] 王洪关，何顺利，冯爱丽，等．插层聚合物凝胶深部液流转向剂的研制与性能评价[J]．石油学报，2014，35(1)：107-113.
[4] 孙丽娜，李军强．油田深部液流转向技术[J]．断块油气田，2009，16(3)：88-89.
[5] 姚峰，袁玉锋，曹全芳．高含水断块交联聚合物堵水调剖研究与应用[J]．西南石油学院学报，2004，26(5)：57-59.
[6] 白宝君，周佳，印鸣飞．聚丙烯酰胺类聚合物凝胶改善水驱波及技术现状及展望[J]．石油勘探与开发，2015，42(4)：481-487.
[7] 陈龙，赵修太，王增宝．聚合物冻胶在多孔介质中的动态成胶研究进展[J]．应用化工，2013，42(10)：1889-1892.
[8] 徐辉，曹绪龙，石静，等．新型物理交联凝胶体系性能特点及调驱能力研究[J]．石油与天然气化工，2018，47(1)：69-73.
[9] 韩明，马杰，陈立滇．交联聚合物应用于油田开发的机理研究与性能评价[J]．油气采收率技术，1995(2)：1-8.
[10] 王斌杰，张云宝，王威，等．聚合物凝胶在油田的应用现状及发展前景[J]．当代化工，2020，49(10)：2286-2289.
[11] 刘进祥，卢祥国，刘敬发，等．交联聚合物溶液在岩心内成胶效果及机理[J]．石油勘探与开发，2013，40(4)：474-480.
[12] 戚勇，孟兆松．复合交联聚合物调剖剂的室内实验研究[J]．精细石油化工进展，2010，11(8)：21-23.
[13] 李明远，郑晓宇，林梅钦，等．交联聚合物溶液深部调驱先导试验[J]．石油学报，2002，23(6)：72-76.
[14] 唐孝芬，李红艳，刘玉章，等．交联聚合物冻胶调堵剂性能评价指标及方法[J]．石油钻采工艺，2004，26(2)：49-53.

低渗透油藏簇滑套高效完井技术研究与应用

曲庆利 关 月 王晓梅 靳 盛 陆 辉 罗 洪

（中国石油大港油田公司）

摘 要 低渗透油藏在大港油田中占据一定比例，此类油藏高效开发是大港油田快速上产的关键。针对常用工艺存在的局限，研发设计了一种固井簇滑套分段压裂完井技术，该技术借助趾端滑套、段滑套、簇滑套组合，依照所钻储层特性所分成的若干段、段内分成的若干簇，采用一次投一个对应尺寸球，同时打开段内若干簇滑套，簇内同步进行压裂施工，后续施工同第二段，依次完成全部施工，随即可快速返排投产。该技术较其他工艺相比，施工效率大幅提高，施工费用大大降低，为今后低孔渗透储层提质增效降本高效开发探索一条途径。

关键词 低孔渗；簇滑套；水平井；分段压裂

水平井分段压裂完井是目前世界公认的油井高效增产措施，是实现低孔低渗油藏经济效益开发的必要手段。当前的水平井分段压裂完井技术经过多来发展，形成了以全通径、大排量、免钻塞、精准起裂等为特点的多种技术方案及配套工具。当前较为常用的水平井分段压裂完井方式主要包括水平井裸眼分段压裂完井技术、桥塞多簇射孔分段压裂完井技术、拖动连续油管分段压裂完井技术等。

1 分段压裂完井工艺优选

大港油田 LJF 油田 G2027 断块，中深目的层沙二段，属复杂断块油气田，该处油藏呈现出低孔低渗特点，其中孔隙度平均 15%；渗透率平均 $12.7\times10^{-3}\mu m^2$，属低孔-低渗储层。为挖掘剩余油潜力，该区块油藏分段压裂完井工艺技术应用呈现多样性，详见表 1。其中桥塞多簇射孔分段压裂完井使用范围广，该完井工艺存在工序复杂、施工时间长等局限性，不能满足低成本高效改造需求。因此，提出设计了一种采用固井簇滑套分段压裂完井工艺。

表 1 分段压裂完井工艺优选表

完井工艺	操作性及风险性	储层改造能力	井眼尺寸	适用井型	施工周期(3 段 9 簇)	单套工具/万元
球座固井滑套分段压裂完井	套管为压裂管柱，工序简单风险小	改造层位精准满足大规模压裂，级数 20 以内	非全通径	短井段水平井	2.5 天	6
拖动连续油管喷砂射孔分段压裂完井	工序复杂连续油管定位不精确	改造点精准不满足大规模压裂，无级数限制	全通径	水平井薄储层	2.5 天	6
桥塞簇射孔分段压裂完井	工序复杂下入过程存在不确定因素	改造层位不均匀满足大规模压裂，无级数限制	全通径	长井段水平井	3 天	4
固井簇滑套分段压裂完井	套管为压裂管柱工序简单风险小	改造层位精准满足大规模压裂，级数超过 20	非全通径	长井段水平井	1 天	5

2 技术原理及特点

2.1 技术原理

固井簇滑套分段压裂完井工艺中，将浮鞋、浮箍、趾端滑套、对应组的段滑套及固井簇滑套等依次下入预定位置，然后固井侯凝。水泥浆凝固后执行压裂施工，地面向井筒施压，达到设定压力，最下端趾端滑套破裂盘打开并与地层连通，来时进行第一层的压裂施工；第一段施工结束后，投入可溶压裂球，一次依次开启与所投可溶球匹配对应的多个固井簇滑套和单个段滑套，可溶球最后落座在对应的单个段滑套上，开始第二段压裂施工，第二段施工结束后，由下至上依次进行上述第二段施工步骤直至施工结束。

2.2 技术特点

固井簇滑套分段压裂完井技术主要有以下特点：

(1) 段内可同步打开多个滑套进行同时压裂，节约施工成本及提高施工时效；

(2) 不需钻磨或打捞作业，施工后可直接投产；

(3) 滑套可开关，可实现任意层段生产及找、堵水作业；

(4) 储层改造针对性强，可实现油藏选择性压裂改造。

3 完井管柱及配套工具设计

3.1 完井管柱设计

固井簇滑套分段压裂完井管柱从下至上依次是：浮鞋+套管串+浮箍+套管串+趾端滑套+套管串+第 1 组固井簇滑套(段滑套#1+套管串+簇滑套#1+套管串+簇滑套#2+套管串+簇滑套#N)+套管串+第 2 组簇滑套(段滑套#1+套管串+簇滑套#1+套管串+簇滑套#2+套管串+簇滑套#N)+套管串+……+第 N 组簇滑套(段滑套#1+套管串+簇滑套#1+套管串+簇滑套#2+套管串+簇滑套#N)+套管串至井口。管柱结构设计如图 1 所示。

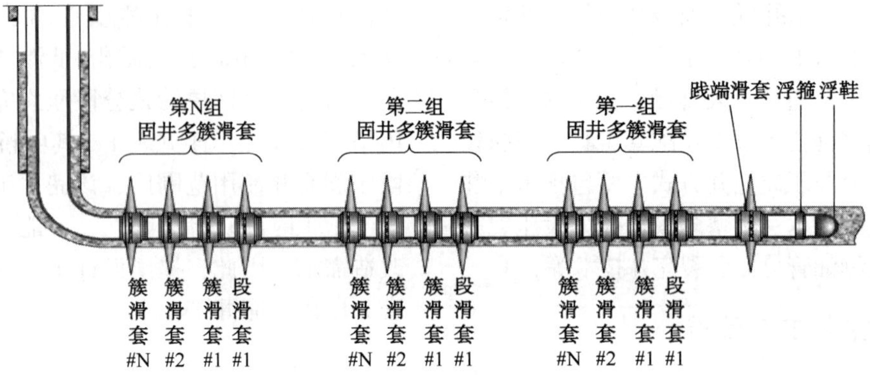

图 1　完井管柱

3.2 配套工具设计

3.2.1 趾端滑套

趾端滑套结构主要包括滑套本体、破裂盘，如图 2 所示。趾端滑套随套管串，按设计要求下入到位后固井侯凝；压裂施工时，地面给井筒施加压力，当压差超过设定值，破裂盘破碎，滑套打开，井筒与地层通道建立，可进行第一级压裂作业。趾端滑套设计技术参数见表 2。该工具特点如下：

(1) 结构简单、可靠、压裂通道耐冲蚀；

(2) 常规作业即可，无需特殊工序和专用胶塞或打开滑套专用球；

(3) 与配套使用套管内径一致；

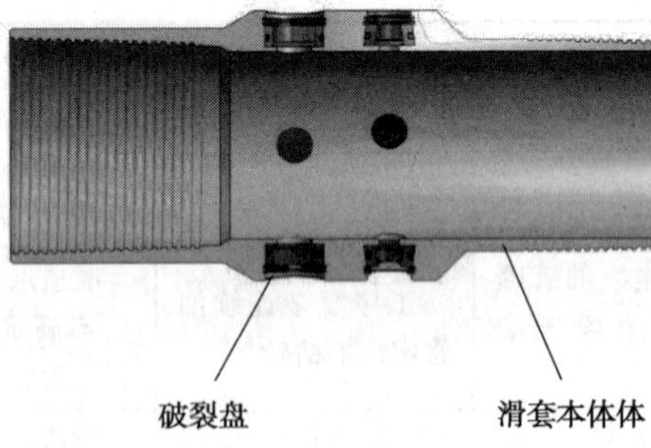

图 2　趾端滑套

3.2.2 固井压裂滑套

固井压裂滑套分为簇滑套和段滑套两种，二者配合使用，实现分段簇压裂完井。每段可实现 10 个簇滑套加 1 个段滑套，一次投可溶球打开，段内同步压裂。

簇滑套结构主要包括滑套本体、限位剪钉、压裂通道、内滑套、弹性卡箍、球座，如图 3 所示。趾端滑套随套管串，按设计要求下入到位后固井侯凝；压裂施工时，向井筒投入对应的可溶压裂球，然后开泵泵送压裂球，待球到位落座在弹性卡箍上后，给井筒施加压力，当滑套二端压差达到滑套剪断限位剪钉值，内滑套剪断剪钉推动弹性球座下行，滑套打开，漏出压裂通道，同时球挤压弹性卡箍，弹性卡箍回缩，压裂球通过球座进入滑套下端，进入本组下一个簇滑套，重复上述打开动作，直至本组簇滑套全部打开。

表 2　趾端滑套技术参数

套管尺寸/mm	套管壁厚/mm	套管内径/mm	滑套外径/mm	滑套内径/mm	滑套长度/m	滑套压裂端口/个数	滑套端口直径/mm	滑套钢级	滑套耐压级别/MPa	滑套扣型
114.3	6.35	101.6	146	101.6	0.36	8	19	P110/Q125	70	LTC
127.0	11.1	104.8	152.4	104.8	0.38					
139.7	9.17	121.4	177.8	121.4	0.41					
139.7	10.54	118.6	177.8	118.6	0.41					
139.7	12.09	115.52	177.8	115.52	0.41					

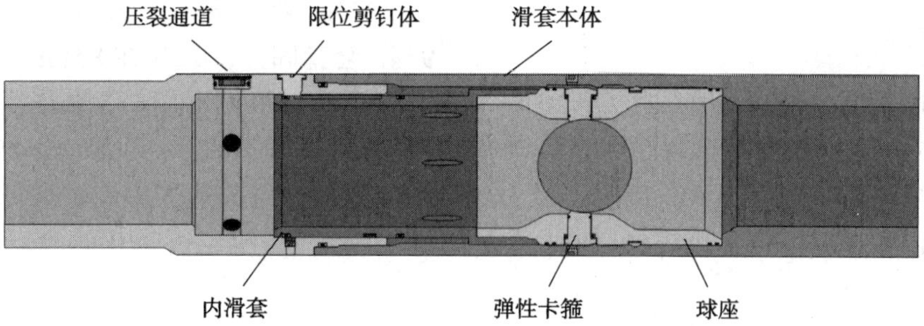

图 3　簇滑套

段滑套结构主要包括滑套本体、限位剪钉、压裂通道、内滑套、球座，如图 4 所示。当对应的本组簇滑套依次全部打开后，压裂球最后落座在本组对应的段滑套上，在压差作用下，内滑套剪断剪钉推动球座下行，滑套打开，漏出压裂通道。

簇滑套和段滑套设计技术参数见表 3，压裂球与球座对应尺寸优选设计（以 139.7mm × 10.54mm 套管为例）见表 4。

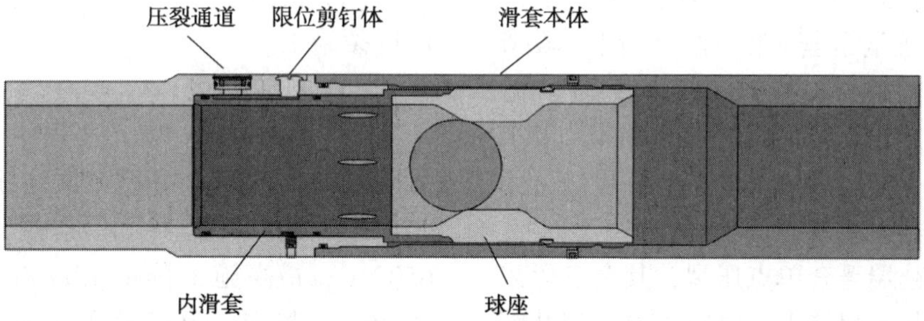

图 4　段滑套

表 3　簇滑套和段滑套技术参数

外径/mm	簇滑套压裂通道/个	簇滑套通道直径/mm	簇滑套长度/m	段滑套压裂通道/个	段滑套通道直径/mm	段滑套长度/m	对应套管尺寸/mm
146.1	4	8~19	0.71	8	8~19	0.65	114.3
146.1	4	8~19	0.71	8	8~19	0.65	127
177.8	5	8~19	0.83	8	8~19	0.65	139.7

表 4　压裂球与球座对应尺寸技术参数

级数	球座通径英制/in	球座通径公制/mm	压裂球尺寸英制/in	压裂球尺寸公制/mm	级差
2	3.583	91.02	3.667	93.13	1/12in(2.12mm)
3	3.667	93.13	3.750	95.25	1/12in(2.12mm)

续表

级数	球座通径英制/in	球座通径公制/mm	压裂球尺寸英制/in	压裂球尺寸公制/mm	级差
4	3.750	95.25	3.833	97.37	1/12in(2.12mm)
5	3.833	97.37	3.917	99.48	1/12in(2.12mm)
6	3.917	99.48	4.000	101.60	1/12in(2.12mm)
7	4.000	101.60	4.100	104.14	1/12in(2.12mm)
9	4.100	104.14	4.200	106.68	1/10in(2.54mm)
9	4.200	106.68	4.300	109.22	1/10in(2.54mm)
10	4.300	109.22	4.400	111.76	1/10in(2.54mm)
11	4.400	111.76	4.500	114.30	1/10in(2.54mm)

4　现场应用效果

簇滑套分段压裂完井技术现场应用近 20 口井，均取得较好效果，其中 FX-XL 井是位于 LJF 油田 G2027 断块的一口生产井，目的层位为沙二段，完钻井深 4088m，最大井斜 80.88°，位于 3833m 处。该井一开在 $12\frac{1}{4}$in 井眼内下入 $9\frac{5}{8}$in 套管固井，二开在 $8\frac{1}{2}$in 裸眼内下入 $5\frac{1}{2}$in 套管固井。根据 LWD 和测井复测解释，如图 5 所示，设计对 3870~3908m 及 3934~4088m 二段油层进行储层改造。

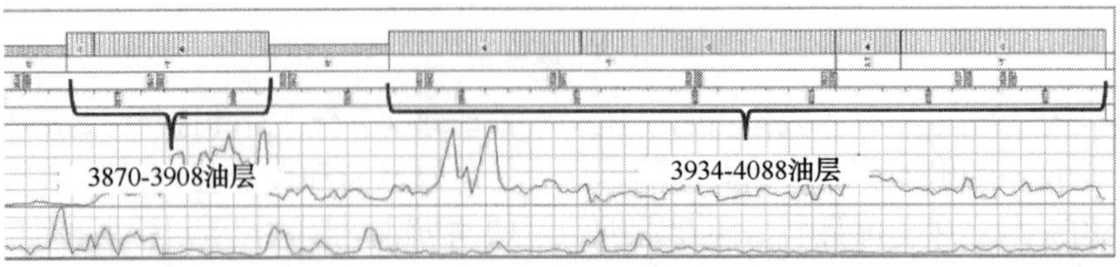

图 5　测井解释图

采用 $5\frac{1}{2}$in 套管完井，管柱串从下至上依次为：浮鞋+浮箍+趾端滑套+第一段簇滑套(段滑套#1+簇滑套#1+簇滑套#2)+第二段簇滑套(段滑套#1+簇滑套#1+簇滑套#2)+第三段簇滑套(段滑套#1+簇滑套#1+簇滑套#2)+套管串至井口。固井后侯凝，水泥凝固后进行下步压裂施工。

第一段采用趾端滑套单点压裂，其余三段采用固井簇滑套完井压裂技术，每段 3 簇，完井管柱下入深度 4082.5m，阻流环位置 4070m，段内簇滑套间隔举例 10~20m。

压裂施工过程如下：

(1) 第一段采用趾端滑套单点压裂，滑套打开后进行第一段压裂。

(2) 投入第二段的压裂胶塞，压裂车泵送，依次打开第二段的两个簇滑套，最终坐到第二段的段滑套上，打开段滑套，并实现与第一段封隔。

(3) 按照压裂设计进行加砂，实现第二段压裂，加砂过程中不同时段加入不同比例压裂暂堵剂，确保各滑套压裂点加砂均匀。

(4) 按照步骤(2)、(3)进行第三段、第四段压裂施工。

(5) 施工结束。

FX-XL 井压裂施工过程中各个滑套打开信号明显，整个施工过程中泵注压力、排量平稳，第二、三、四段共计加砂 502.1m^3，用液 6500m^3，最高施工排量 12m^3/min，最高施工砂比 26%。其中，第三段实际加砂 167.21m^3，用液 2223.36m^3，最高施工排量 12m^3/min，最高施工砂比 26%。第三段压裂施工曲线如图 6 所示。

FX-XL 井压裂后生产平稳，2mm 油嘴自喷投产，初期产油 10.5t/d，产气 4536m^3/d。自投产保持了 168 天自喷，之后连续正常生产，目前累积产油 2538.4t，累积产气 35.4×104m^3，分段压裂完井施工有效改造了储层，取得较好的经济效益和生产效果。该技术在大港油田成功实施近 20 口井，施工费用较同规模储层压裂改造工艺减少约 25%，具有广泛应用前景。

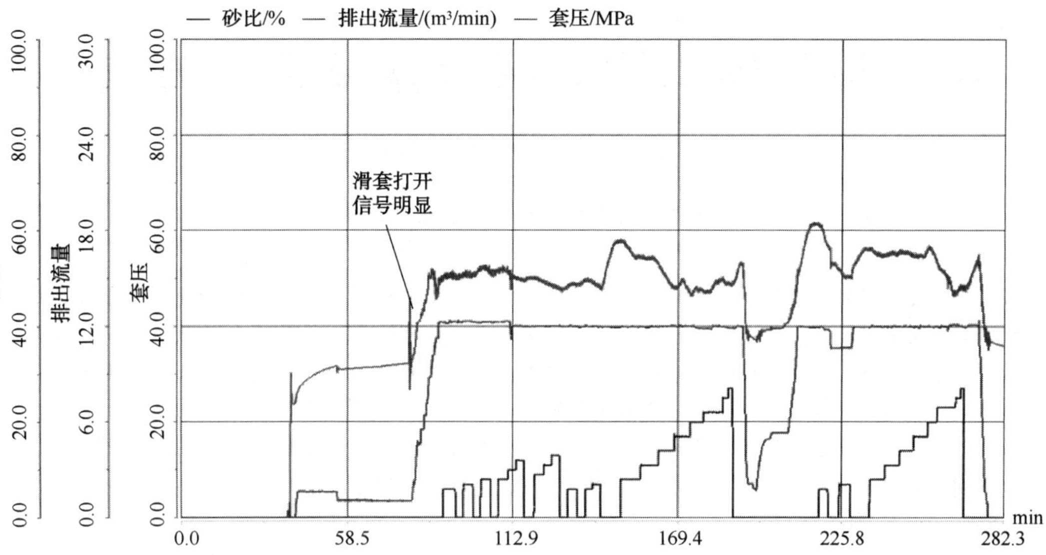

图 6　第三段压裂施工曲线

5　结论

（1）固井簇滑套分段压裂完井技术，一次可开启多个滑套，实现段内多簇压裂，储层改造针对性强，操作简便，工艺成熟，可实现大排量施工，满足储层改造需求，具有广泛应用前景；

（2）该技术较同规模储层压裂改造工艺缩短施工周期近一半，大幅提高压裂效率，同时降低施工费用，为今后低孔渗透储层提质增效降本高效开发探索一条途径。

参　考　文　献

[1] 伊伟锴，叶金胜，于学信，等．压裂完井工具高温高压性能模拟试验装置[J]．石油机械，2016，44(07)：27-30.

[2] 李敢，伊西峰，姜广彬，等．国外全通径分段压裂完井技术进展及趋势[J]．钻采工艺，2015，38(04)：41-44+8.

[3] 吕玮，张建，董建国，等．水平井固井预置滑套多级分段压裂完井技术[J]．石油机械，2013，41(11)：88-90.

[4] 王聪．胜利油区致密砂岩油藏水平井开采技术[J]．油气地质与采收率，2013，20(03)：86-88+117.

[5] 邢景宝．大牛地气田水平井分段压裂技术研究与应用[J]．钻采工艺，2011，34(02)：25-28+113-114.

[6] 白建文，胡子见，侯东红，等．新型 TAP 完井多级分层压裂工艺在低渗气藏的应用[J]．石油钻采工艺，2010，32(04)：51-53.

一种新的水驱油藏递减率预测方法

张安刚[1,2]　王进财[1,2]　赵　伦[1,2]　李轩然[1,2]　何聪鸽[1,2]　何　军[1,2]　张宸恺[1]

（1. 中国石油国际勘探开发有限公司；2. 中国石油勘探开发研究院）

摘　要　递减率对于水驱油藏开发指标预测意义重大。根据相对渗透率曲线和分流量方程，建立了水驱油藏递减率与采液速度、含水上升率之间的函数关系式，从理论上揭示了水驱油藏递减规律及其影响因素。在定液量条件下，水驱油藏的递减规律与含水上升规律一致；采液速度越大，油藏递减越快；油水黏度比越大，油藏越快进入高递减阶段；油水相对渗透率的曲线越陡，油藏的递减也就越大。另外，新模型计算的油藏递减率与数值模拟方法的结果基本一致，说明该递减率计算模型具有较强的可靠性。

关键词　递减率；相渗曲线；含水上升率；采液速度；油水黏度比

水驱油藏递减率是油藏开发指标预测及生产规划中的一项重要指标。目前常用的产量递减评价方法是对历史生存数据进行回归拟合，将回归得到的递减率用于预测未来的开发指标。但是在油藏实际开发实践中，递减率是不断变化的。目前关于递减规律的研究均是基于 Arps 递减率方程，而且递减率与时间相关。实际上，油藏的递减受制于多种因素的影响，包括生产制度的变化、含水上升、生产时率等。因此，本文基于相对渗透率曲线和分流量方程，建立了水驱油藏递减率与采液速度、含水上升率之间的函数关系式，以预测不同开发制度下的递减变化规律。

1　递减率模型的建立

利用实验数据，Willhite 计算出标准相对渗透率曲线的表达式为

$$K_{ro}=K_{ro}(S_{wi})(1-S_{wD})^{n} \tag{1}$$

$$K_{rw}=K_{rw}(S_{or})S_{wD}^{m} \tag{2}$$

$$S_{wD}=\frac{S_w-S_{wi}}{1-S_{wi}-S_{or}} \tag{3}$$

式中，K_{ro}为油相相对渗透率；$K_{ro}(S_{wi})$为束缚水饱和度下的油相相对渗透率；S_{wi}为束缚水饱和度；S_{wD}为归一化的含水饱和度；n 为油相指数；K_{rw}为水相相对渗透率；$K_{rw}(S_{or})$为残余油饱和度下的水相相对渗透率；S_{or}为残余油饱和度；S_w 为平均含水饱和度。

油田递减阶段的递减率定义为：

$$D=-\frac{dQ_o}{Q_o dt} \tag{4}$$

式中，D 为递减率，a^{-1}；Q_o 为年产油量，m^3；t 为时间，a。

而年产油量 Q_o 又可以表示为：

$$Q_o=Q_L(1-f_w) \tag{5}$$

式中，Q_L 为年产液量，m^3；f_w 为含水率，分数。

将(5)式代入(4)式中可得：

$$D=\frac{1}{1-f_w}\frac{df_w}{dt}-\frac{dQ_L}{Q_L dt} \tag{6}$$

又因为

$$\frac{df_w}{dt}=\frac{df_w}{dR_f}\frac{dR_f}{dt}=f'_w\frac{dR_f}{dt} \tag{7}$$

式中，R_f为可采储量采出程度；f'_w 为含水上升率，即 1%可采储量采出程度下的含水率增加值。

而单位时间内可采储量采出程度的变化量 dR_f/dt 可进一步表示为：

$$\frac{dR_f}{dt}=\frac{1}{N_r}\frac{dN_p}{dt}=\frac{Q_o}{N_r}=\frac{Q_L(1-f_w)}{NR} \tag{8}$$

式中，N_p为累产油量，m^3；N_r 为原油可采储量，m^3；N 为原油地质储量，m^3；R 为原油标定采收率，无量纲。

将(8)式与(7)式代入(6)式，可得递减率：

$$D=f'_w\frac{Q_L}{NR}-\frac{dQ_L}{Q_L dt} \tag{9}$$

当油藏以定液量方式生产时，产液量变化率 $dQ_L/dt=0$，因此油藏递减率可表示为：

$$D=f'_w\frac{Q_L}{NR}=\frac{f'_w v_L}{R} \tag{10}$$

式中，v_L 为采液速度，无量纲。

由(10)式可以看出，定液量生产条件下，递减率的变化规律与含水上升率的变化规律是一致的，而且为正比例关系。

利用分流量公式可计算出含水率：

$$f_w=\frac{1}{1+\frac{\mu_w B_w K_{ro}}{\mu_o B_o K_{rw}}} \tag{11}$$

式中，μ_w 为水相黏度，mPa·s；μ_o 为油相黏度，mPa·s；

令水油流度比 $\eta=\frac{\mu_o B_o K_{rw}(S_{or})}{\mu_w B_w K_{ro}(S_{wi})}$，同时将油相、水相渗透率的表达式(1)、(2)代入分流量方程(11)，可得：

$$f_w=\frac{\eta S_{wD}^m}{\eta S_{wD}^m+(1-S_{wD})^n} \tag{12}$$

根据 S_{wD} 的定义(3)式，归一化含水饱和度其实就是可采储量采出程度 R_f，并将其代入(12)式中可得：

$$f_w=\frac{\eta R_f^m}{\eta R_f^m+(1-R_f)^n} \tag{13}$$

因此，含水上升率可以表示为：

$$f'_w=\frac{df_w}{dR_f}=\frac{\eta R_f^{m-1}(1-R_f)^{n-1}[m(1-R_f)+nR_f]}{[\eta R_f^m+(1-R_f)^n]^2} \tag{14}$$

将(14)式代入(10)式，定液量条件下的递减率可进一步表示为：

$$D=v_L\frac{\eta R_f^{m-1}(1-R_f)^{n-1}[m(1-R_f)+nR_f]}{R[\eta R_f^m+(1-R_f)^n]^2} \tag{15}$$

由(15)式可以看出，定液量条件下递减率与可采储量采出程度、采液速度、水油流度比、水相指数、油相指数、标定采收率等参数相关。

根据油藏工程理论，标定采收率 R 的计算公式应该为

$$R=E_d\times E_v \tag{16}$$

其中 E_v 为波及系数，E_d 为驱油效率。波及系数和驱油效率可以进一步表示为：

$$E_v=\frac{A_s h_s}{Ah} \tag{17}$$

$$E_d=\frac{1-S_{wi}-S_{or}}{1-S_{wi}} \tag{18}$$

式中，A_s 为平面上水驱波及过的含油面积，km^2；h_s 为纵向上水驱波及过的油层厚度，m；A 为油藏总含油面积，km^2；h 为油藏总油层厚度，m。

2 模型有效性验证

Akshabulak 油田位于南图尔盖盆地 Aryskum 凹陷内，为多层状背斜型砂岩油藏。油藏埋深 1550~1950m，纵向上发育 7 套含油气储层：白垩系(M-Ⅱ-1、M-Ⅱ-2)；侏罗系(Yu-0-1、Yu-0-2、Yu-Ⅰ、Yu-Ⅱ、Yu-Ⅲ)。中 Yu-Ⅲ层以粗砂岩和中砂岩为主，为坡快速堆积型扇三角洲沉积，层厚度约 11m，平均孔隙度为 25.8%，平均渗透率为 1320md，为高孔特高渗储层。地层原油黏度 0.45mPa·s，目前综合含水 42.5%，可采储量采出程度 86.3%。油层的相对渗透率曲线如图 1 所示，束缚水饱和度 0.17，残余油饱和度 0.15。

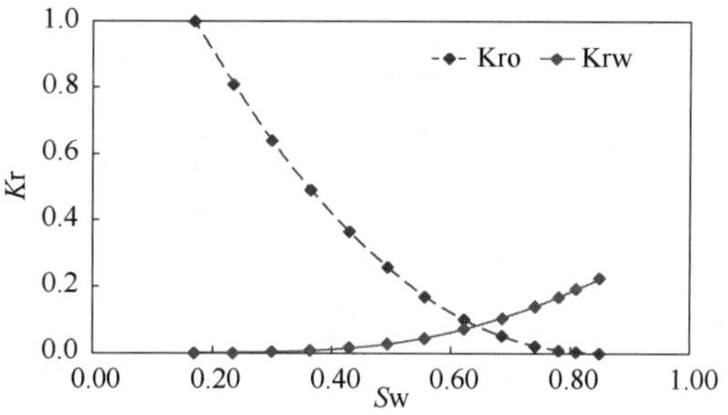

图 1　中 Yu-Ⅲ层油水相对渗透率曲线

以中 Yu-Ⅲ层地质油藏参数为基础，建立非均质性五点法井网概念模型。模型采用 22×22×8 网格系统，x 与 y 方向网格步长 50m×50m，z 方向上网格步长小于 2m，渗透率模型如图 2 所示。利用该模型分别模拟定液量生产和定压差生产两种开发制度，根据产油量的变化计算油藏递减率变化，最后将数值模拟计算的结果与新模型的计算结果进行对比，以验证新模型的有效性(图 3)。从图 3 可以看出，新模型计算的油藏递减率与数值模拟方法计算的结果基本一致，说明新模型具有较强的可靠性；而且随着含水率的不断增加，油藏递减率呈先上升后下降的变化趋势，含水率为 60%时油藏递减率达到最大值 45%。

3 递减率变化规律

不同采液速度下的递减率变化曲线如图 4 所示。从图中可以看出，在相同含水率条件下，采液速度越大，油藏递减越快；无论采液速度大小，最大油藏递减率对应的含水率相同。因此，为了防止油藏递减过快，应该控制采液速度。

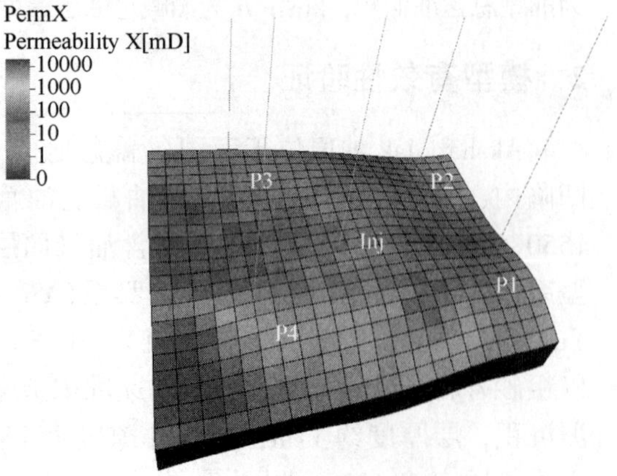

图2　五点法井网概念模型

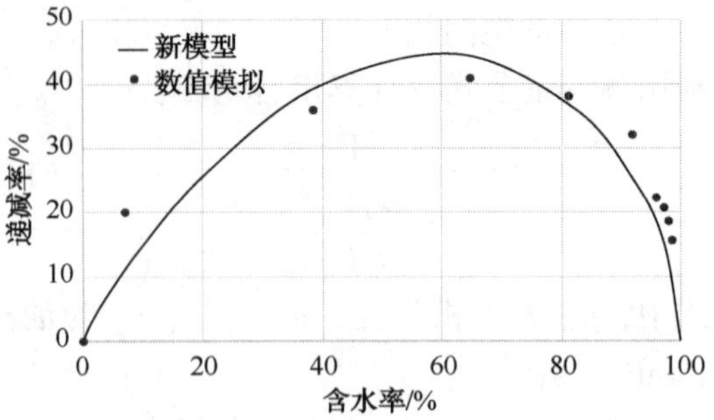

图3　新模型计算的递减率与数值模拟结果对比

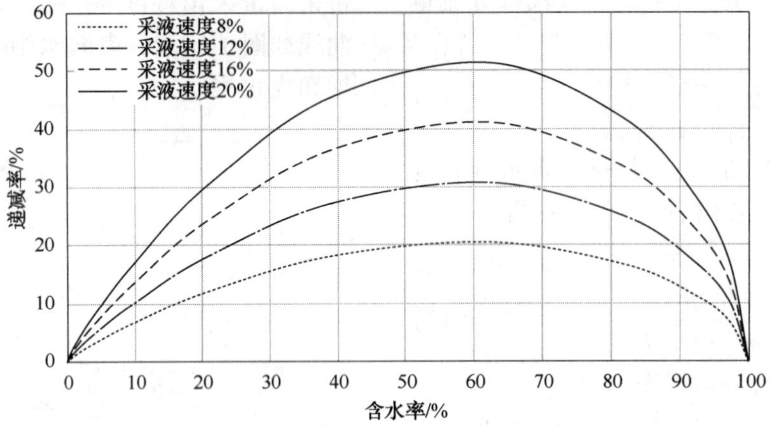

图4　不同采液速度条件下的递减率变化曲线

不同水油流度比下的递减率变化曲线如图5所示。从图5可以看出，在中低含水期，当含水率相同时，随着油水黏度比的增加，油藏递减率也逐渐增大；在中高含水期，随着油水黏度比的增加，油藏递减率反而逐渐降低。而且油水黏度比越大，油藏递减率最大值对应的含水率越小，即油藏越快进入高递减阶段。

不同水油流度比下的递减率变化曲线如图6所示。从图6可以看出，随着水相指数或者油相指数的不断增加，相同含水率条件下的油藏递减率也不断增加。因此，油水相对渗透率的曲线越陡，油藏的递减也就越大。

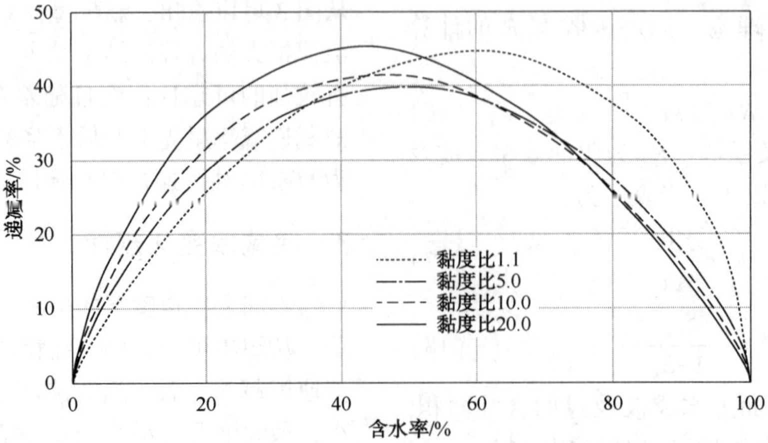

图5　不同水油黏度比条件下的递减率变化曲线

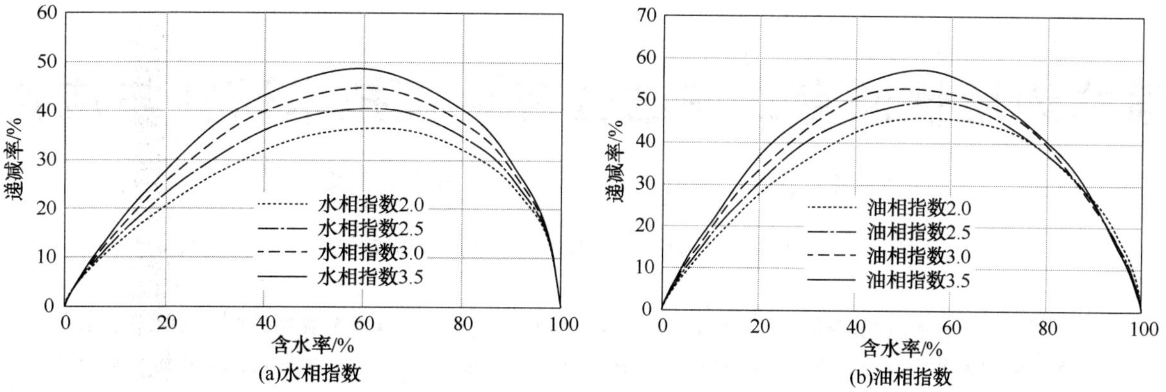

图6　不同水相指数和油相指数条件下的递减率变化曲线

4　结论

（1）定液量条件下，水驱油藏递减率的主要影响因素为含水上升率，两者的变化规律一致，即随着含水率的上升呈先上升后下降的变化趋势。新模型计算的油藏递减率与数值模拟方法计算的结果基本一致，说明新模型具有较强的可靠性。

（2）采液速度越大，油藏递减越快，且无论采液速度大小，最大油藏递减率对应的含水率相同。油水黏度比越大，油藏递减率最大值对应的含水率越小，即油藏越快进入高递减阶段。水相指数或者油相指数越大，油水相对渗透率曲线越陡，油藏递减越快。

参 考 文 献

[1] 陈元千，李剑，李云波，等．利用典型曲线拟合的递减常数预测油气藏的可采储量[J]．中国海上油气，2015，27(5)：49-54.

[2] 陈元千，胡建国．新型递减曲线方程的推导及应用[J]．新疆石油地质，1992，13(3)：251-256.

[3] 刘英宪，赵春明，马奎前，等．一种新的稠油油藏双曲递减模型[J]．中国海上油气，2012，24(5)：34-36.

[4] 王金多，刘国静，秦凯峰，等．产量自然递减类型的综合判断及构成分析[J]．断块油气田，2007，14(2)：44-46.

[5] 马奎前，刘英宪，张俊，等．考虑幂律性的稠油油藏调和递减方程[J]．油气地质与采收率，2012，19(4)：97-98.

[6] 陈元千．确定递减类型的新方法[J]．石油学报，1990，11(1)：74-80.

[7] 刘英宪．水驱砂岩油藏理论递减规律计算新方法[J]．中国海上油气，2016，28(3)：97-100.

[8] 张金庆，孙福街，安桂荣．水驱油田含水上升规律和递减规律研究[J]．油气地质与采收率，2011，18(6)：82-85.

[9] 缪飞飞，张宏友，张言辉，等．一种水驱油田递减率指标开发效果评价的新方法[J]．断块油气田，2015，22(3)：353-355.

强非均质性油藏二三结合复合驱技术研究与应用

黄　伟　王　莉　郭发军　顾玉洁　李玉琼

（中国石油华北油田分公司勘探开发研究院）

摘　要　为进一步提高深部调驱后油藏原油采收率，提出二三结合复合驱提高采收率方法，并在华北油田岔河集油田开展了先导试验。根据试验区油藏特点，细分砂体，明确主力及次主力砂体水驱动用程度，注采对应率由80%提高到95%以上，量化层系细分标准，确保吸水层厚度比例达到50%以上。以扩大波及效率为目标，研究复合驱极限井距、注采井网模式及井网均衡性，构建形成不规则变流线井网，实现渗流场全藏波及。以“高效、绿色、低成本”为目标，深化驱油机理认识，个性化设计复合驱体系配方，创新研制了非均相强化复合驱油体系纯污水体系配方。开展复合驱逐级梯次强度段塞设计，使不同级别孔喉得到有效动用，提高药剂匹配精度。2022 年 1 月，试验区开始现场注入。矿场应用效果显著：注入井平均注入压力上升 6. 1MPa，吸水剖面及产液剖面得到有效改善，水驱动用程度提高 7. 8%；试验区总产油量由 26. 5t/d 上升到 57. 1t/d，油井综合含水率下降 10. 5%。截至 2023 年 12 月，现场完成方案设计注入量的 21%，阶段累计增油 2. 13×10^4t，产出投入比 4. 05，开发效果持续向好。二三结合复合驱技术在岔河集油田取得的初步良好效果，将为华北油田深部调驱后强非均质性油藏二三结合复合驱提高采收率技术应用起到良好的支撑及借鉴作用。

关键词　强非均质性油藏；二三结合；复合驱；提高采收率；深部调驱

以可动凝胶调驱为主的深部调驱技术作为油田改善水驱开发效果的重要手段，为老油田稳产做出了积极贡献，在中外油田得到了广泛应用。多轮次调驱后，仍有大量剩余油滞留地下，且随调驱轮次增加，调驱效果逐渐变差，亟需探索多轮次调驱后提高采收率新方法。多轮次调驱后油藏非均质性更强，剩余油分布更加零散，常规井网调整、单一非均相驱、单一二元复合驱等开发方法均见效甚微，难以满足进一步大幅度提高采收率的需求。为此，针对多轮次调驱后油藏，首次提出二三结合非均相强化复合驱的提高采收率方法。研制了由驱油剂 PPG、表面活性剂和聚合物固液共存的非均相强化复合驱油纯污水体系，同时结合井网调整改变流线，可大幅度提高强非均质性油藏采收率，并在华北油田岔河集油田岔 15 断块调驱后强非均质性油藏开展了矿场先导试验，获得了显著的应用效果。

1　试验区概括

先导试验区位于岔河集油田岔 15 断块，含油面积 0. 9km^2，石油地质储量为 236. 5×10^4t。试验区含油层系为下第三系东营组，目的油组为 Ed_2、Ed_3 及 Es_1s，为中孔中渗透、低黏、浅水三角洲相沉积的亲水砂岩油藏，油藏埋藏深度较深，油藏中深 2500m，平均Ⅰ类油层有效厚度 20. 6m。试验区储层物性好，平均孔隙度 24%，平均有效渗透率 87mD，非均质性较强，渗透率级差 85。地层原油黏度为 3. 5mPa·s，地层水矿化度为 6989～28248mg/L。原始地层温度为 72℃，地层压力 23. 5MPa。

试验区岔 15-141 井区于 1981 年 1 月投入开发，形成 300m 井网及点状注水的格局。1990 年 12 月进行一次井网加密，形成 11 注 24 采井网，井距 200～250m。2013 年采取“断棱井与直井相结合”的钻井方式实施二次井网加密调整，与老井形成 120～150m 小井距井网。

二次开发后，井区的连通率明显提高，油层的钻遇情况及水淹状况认识更加清楚。通过整体部署、分层段、分阶段实施，井区注采井网得到有效完善，同时针对储层非均质强，层间、平面矛盾较突出，主力水驱段水洗后喉道增大等问题，2015～2020 年先后实施 3 轮 9 井次以微球为主的整体调驱。实施规模 9

注 27 采，3 轮次累计注入 27. 17 万方（0. 11PV），实施后井区平均综合递减率由 8. 89%下降至 1. 55%，含水上升趋势得到控制，稳产状况好，整体取得了较好效果。但随调驱轮次的增加，方剂增油量减少，有效期变短，为进一步大幅提高采收率，需探索新技术、新体系在该区块的适应性。

2　先导试验方案

2.1　细分砂体，量化剩余油潜力

岔15-141井区自上而下分为9个油组，84个小层，234个单砂体。该井区由于单砂体较多，为促进化学驱更好见效，根据井区井网密度、储量规模、物性、开发现状等因素，对单砂体进行划分，制定分类原则：①主力砂体需满足钻遇井数≥4口，含油面积>0.18km^2，地质储量>4×10^{4}t，标定采收率>30%，渗透率>40×10^{-3}μm^2；②次主力砂体需满足钻遇井数≥4口，含油面积0.05~0.18km^2，地质储量1.5×10^4~4×10^{4}t，标定采收率20%~30%，渗透率20×10^{-3}~40×10^{-3}μm^2；③非主力砂体则为钻遇井数<4口，含油面积<0.05km^2，地质储量<1.5×10^{4}t，标定采收率<20%，渗透率<20×10^{-3}μm^2。

岔15-141井区被划分为7个主力砂体、9个次主力砂体，集中分布在Ed_2Ⅲ-Ed_3Ⅳ油组。其中，主力砂体地质储量39.55万t，含油面积1.45km^2，平均注水倍数1.74，采出程度29.65%；次主力砂体地质储量21.66万t，含油面积0.81km^2，平均注水倍数1.34，采出程度29.32%，如图1所示。后续化学驱主要针对主力及次主力砂体开展研究。

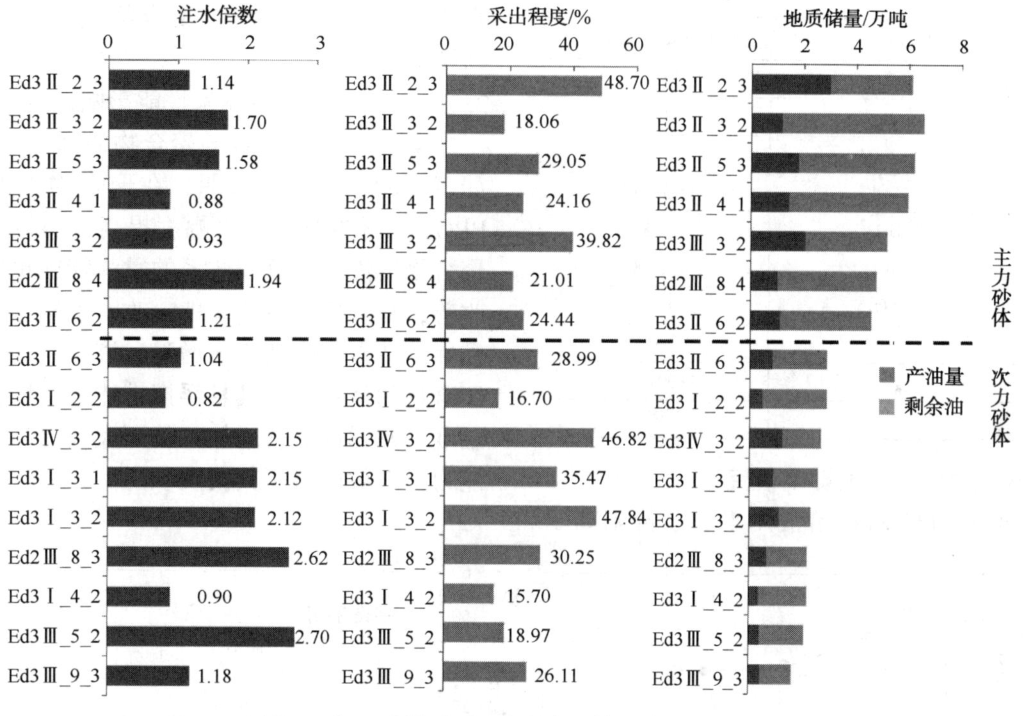

图1　岔15断块主力/次主力砂体剩余油分布图

2.2　井网调整，畅通注采通道

依据调驱后油藏剩余油普遍分布、局部富集的特点，考虑井网完善、流线改变等。岔15油藏条件下，通过计算，发现当最大注入速度0.1PV/a时，最大井口注入压力控制在21MPa以内，注采井距上限为170m。目前注采井距110~200m，基本可满足化学驱要求。但目前井网，纵向上部分井注采层位不对应，部分油井液量低，地层能量不足，平面上中部区域无水井注水，油井集中连片，50%的井为单向受效井。因此，纵向上，通过酸化、回采、转注、补孔等措施，提高油层连通率，增加双向/多向受效井，确定措施井8口，措施后注采井数比提高30.1%（1：3.25→1：2.27），多向受效井增加63.6%（11→18口），水驱控制程度提高6.4%（63.4%→69.8%）。平面上以提高储量控制程度为目标，充分利用老井，完善井网、缩小井距、进一步增加中心受益井数，以现有井网为基础，不钻新井，通过转注转采实现井网完善，措施后形成10注25采井网，平均注采井距150m，水驱控制程度在纵向调整的基础上进一步提升，提高到72.8%，多向连通厚度占比17.6%。

2.3 非均相复合驱油纯污水体系

为节约注入成本及淡水资源，岔 15 断块采用油井产出污水回注，为此，岔 15 断块化学驱油体系必须采用污水配制。污水对化学驱油体系的影响有两个方面：一是现场污水对聚合物的降解，严重制约了聚合物驱的现场应用；二是污水对碱/聚二元复合驱、碱/聚/表面活性剂三元复合驱的聚合物降解和碱结垢影响驱油效率的问题，致使油水界面张力不能有效降低。

2.3.1 水质情况概述

现场取回注污水水样，外观为黑色臭味液体，水静置后有黑色颗粒沉降，采用滤纸和脱脂棉过滤后，水质比较澄清。矿化度 11991.79mg/L，钙镁离子含量 154.36mg/L，如表 1 所示。

表 1　回注污水水质分析

检测项目		离子含量/(mg/L)
阳离子	Na^+，K^+	4204.54
	Mg^{2+}	18.43
	Ca^{2+}	135.93
阴离子	Cl^-	6909.48
	SO_4^{2-}	11.51
	HCO_3^-	711.90
	CO_3^{2-}	—
	OH^-	—
总矿化度/(mg/L)		11991.79
水型		$CaCl_2$

2.3.2 水质对体系性能影响研究

配置聚合物与 PPG 溶液用水的二价阳离子质量浓度较高，二价阳离子的存在将会压缩聚合物分子的扩散双电层，导致聚合物分子流体力学半径减小，增黏效果变差。由于部分交联结构的存在，PPG 分子结构中的网状结构对盐离子有较好的屏蔽作用。图 2 为 PPG 在不同矿化度盐水中的黏度变化曲线，可以看到，矿化度从 5000mg/L 变化到 50000mg/L 时，PPG 悬浮液黏度从 153.5mPa·s 下降到 111.5mPa·s，变化幅度很小，表明 PPG 具有优异的耐盐性能。

通过油藏温度条件下(72℃)，采用回注污水，开展的聚合物体系及聚合物+PPG 体系性能对比实验，可以看出，随聚合物浓度的增加，两种体系表观黏度均增加，在相同聚合物浓度条件下，加入 PPG 后，相比于聚合物体系，表观黏度大，说明，加入 PPG 后，相比于常规聚合物驱，可减少聚合物用量，提高聚合物抗盐性。

2.3.3 PPG 类型对体系性能影响研究

实验开展了 PPG 与聚合物的增效效果研究，如表 2 所示。结果表明，在聚合物溶液中加入 PPG，体系黏度得到大幅度提高，明显优于单一聚合物溶液，且复配体系的黏弹特征也得到明显改善，复配后体系偏弹性，改变了聚合物溶液偏黏性的特点，弹性明显增强。该体系除具有单一聚合物的优点外，其悬浮携带能力也增强，体相黏度、黏弹性显著增加，从而大大提高了其封堵能力，有效改善了其波及状况。

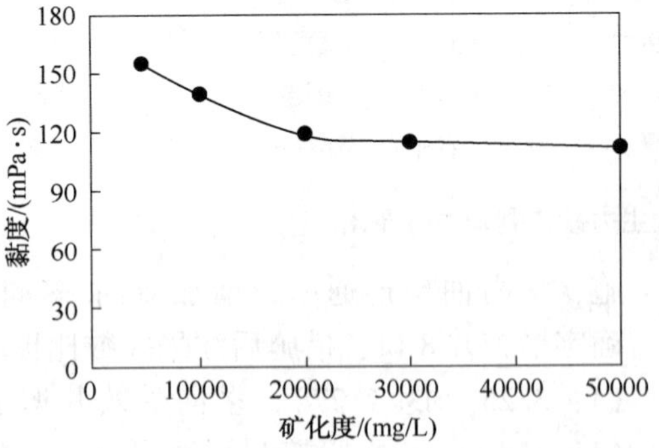

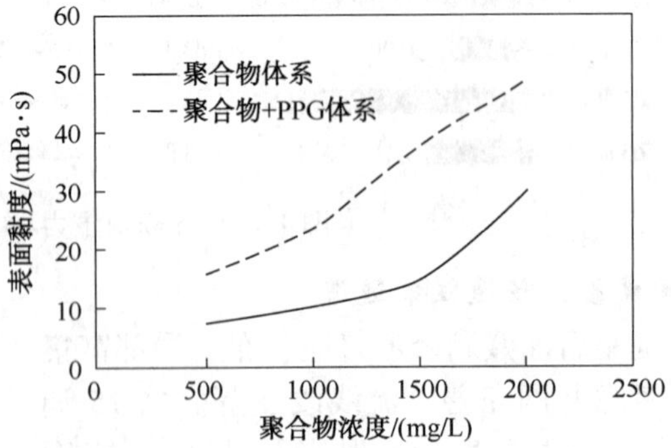

图 2　PPG 在不同矿化度盐水中的黏度变化

表 2　PPG 与聚合物增效实验结果

体系	浓度/(mg/L)	黏度/mPa·s	G'/Pa	G''/Pa	δ/°
聚合物	2500	20.42	0.077	0.13	65.5
PPG	2500	4.65	0.25	0.1	23.6
聚合物+PPG	1250+1250	65.6	0.905	0.513	28.1

由图 3 可以看出，加入 PPG 可使体系黏弹性以及热稳定性大幅度提升。通过在聚合物中加入不同浓度 PPG，可以看出，随着 PPG 浓度的增加，体系黏度和弹性模量均增加。

从 PPG 基本性能看，不同类型产品在性能上存在较大差异，如抗盐 PPG 黏度及弹性模量均较高，而抗盐 BPPG 弹性模量较高黏度较低。为此，研究不同类型 PPG 对与聚合物复配后体系性能的影响。考虑到抗盐类产品本身具有较高的黏弹性，在污水条件下，设计低于常规 PPG 产品使用浓度的配方，实验配方设计如表 3 所示，实验结果见图 4。

表 3　配方优化实验设计表

实验号	配方浓度/(mg/L)	
	聚合物	PPG 类型与浓度
1	1500	1500(Ⅲ)
2	1500	1500(Ⅱ)
3	1200	1200(抗盐 PPG)
4	1200	1200(抗盐 BPPG)

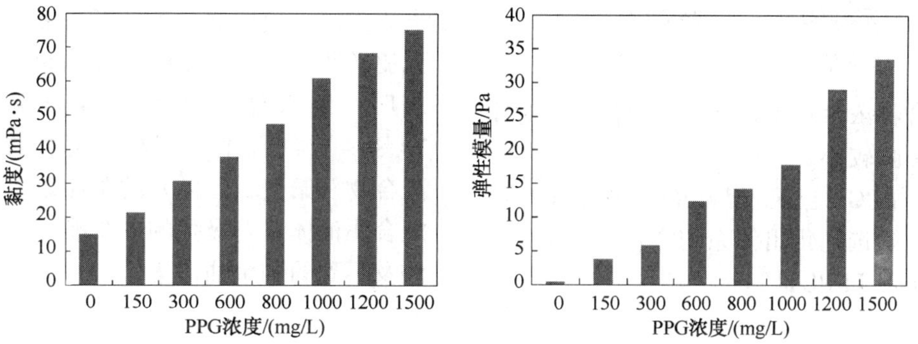

图 3　聚合物溶液中加入不同浓度 PPG 后体系性能变化图

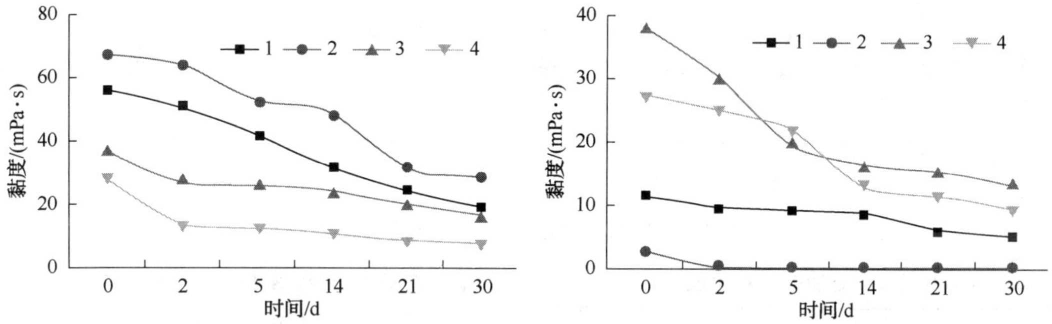

图 4　PPG 对体系性能影响曲线

实验结果表明，Ⅱ型 PPG 与聚合物复配体系黏度最高，抗盐类产品低浓度与聚合物复配，体系黏度及热稳定性无明显提升。抗盐类产品与聚合物复配体系弹性模量较高，Ⅱ型 PPG 与聚合物复配体系弹性模量最低。

2.3.4　复配体系对界面张力的影响

考察了聚合物和 PPG 同时存在的情况下对表面活性剂降低界面张力的影响，如图 5、6 所示。结果表明，PPG 和聚合物的加入延长了表面活性剂降低界面张力的作用时间，最终体系界面张力达到 1.55×10^{-3} mN/m，能够很好地发挥表面活性剂洗油能力强的特点。加入表活剂后聚合物及 PPG 体系黏度降低 8.6%，说明表活剂的加入对聚合物及 PPG 体系性能影响较小。

2.3.5　配方浓度对体系性能影响

在污水条件下，研究改变聚合物浓度对体系

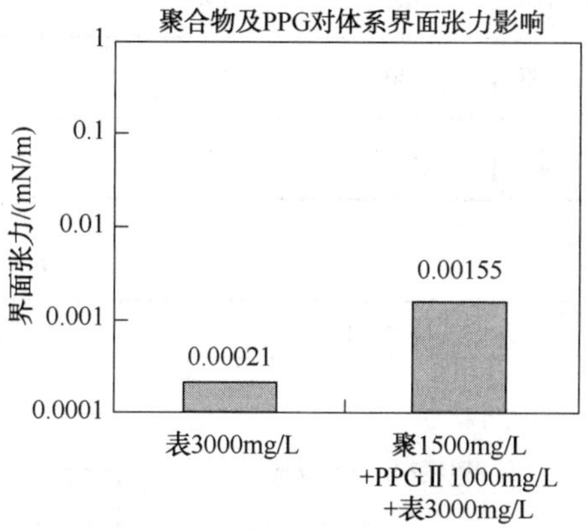

图 5　聚合物及 PPG 对体系界面张力影响

性能影响，如表 4、图 7 所示。结果表明，聚合物浓度提高 20%，体系黏度提高 45%，30 天黏度保持率提高 10.5%；体系弹性模量提高 12.6%，30 天弹性模量保持率提高 10.9%。可

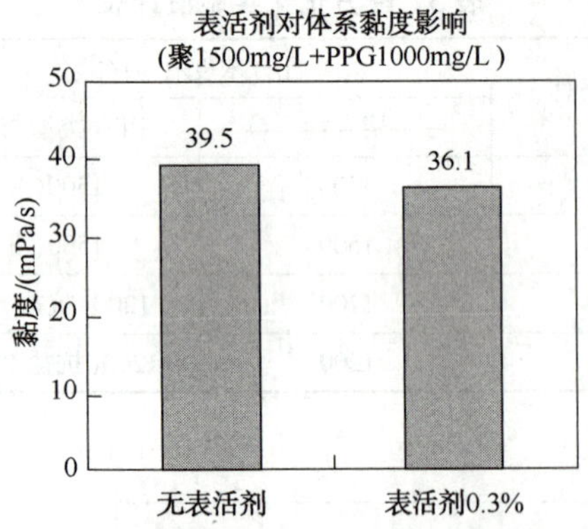

图6　表面活性剂对体系黏度影响

见，改变聚合物浓度对体系黏度影响较大，对体系弹性模量影响较小。

从水质、PPG类型、配方浓度等方面，评价体系性能，筛选优化出体系配方："1500mg/L聚合物+1500mg/LPPGⅢ"。

表4　配方优化实验设计表

实验号	配液用水	配方浓度/(mg/L)	
		聚合物	PPG类型与浓度
1	岔15-11计	1500	1500(Ⅲ)
9	岔15-11计	1800	1500(Ⅲ)

2.3.6　不同体系驱油效果对比

通过渗透率$220\times10^{-3}\sim243\times10^{-3}\mu m^2$的贝雷岩心实验，模拟油藏条件下，聚合物驱、聚表二元驱及非均相复合驱的驱油效果，见表5。结果表明：污水体系非均相复合驱采收率高达73.8%，与水驱相比提高采收率31.3%。远高于聚合物及聚表二元体系的驱油效果，说明非均相复合驱油体系有极强的波及能力，可进入聚合物波及不到的剩余油富集区。

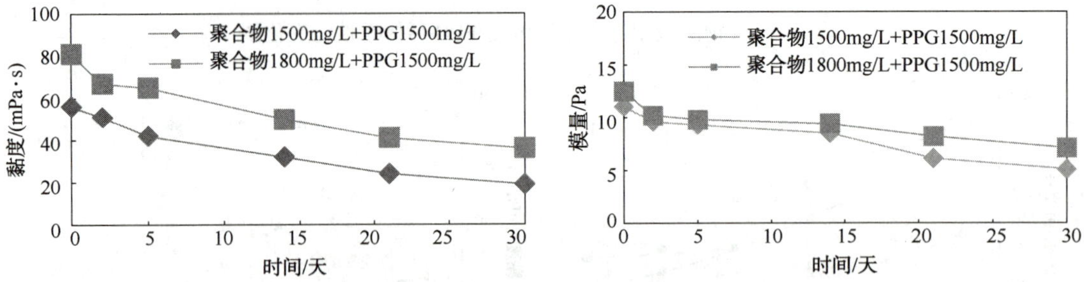

图7　不同聚合物浓度对体系性能的影响

表5　不同体系驱油效果对比表

化学驱配方	水驱采收率/%	最终采收率/%	提高采收率/%
非均相复合驱	42.5	73.8	31.3
聚表二元驱	40	61.1	21.1
聚合物驱	39.2	48	8.8

2.4　逐级梯次强度段塞设计

鉴于储层的强非均质性，为实现驱油体系的精准匹配及高效利用，开展注入段塞由单一段塞向段塞组合+段塞内细分小段塞拓展研究。设计不同PPG粒径、体系黏度、聚合物分子量的组合段塞，在岔15断块油藏温度(72℃)条件下，开展高渗+低渗双管驱油实验，具体实验参数见表6。

表6　逐级梯次强度段塞设计表

段塞设计	实验序号	段塞设计	注入体系
变PPG粒径组合段塞	1	单一粒径	PPGⅡ
	2	梯次降粒径	PPGⅡ→PPGⅠ
	3	梯次降粒径	PPGⅡ→聚合物
	4	交替变粒径	PPGⅡ→PPGⅠ→PPGⅡ→PPGⅠ
变体系黏度组合段塞	5	单一浓度	100mPa·s
	6	梯次增浓	40→70→100mPa·s
	7	梯次降浓	100→70→40mPa·s
变聚合物分子量组合段塞	8	单一大分子	聚合物2200万
	9	梯次降分子量	聚合物2200万→聚合物1900万

2.4.1 变 PPG 粒径组合段塞研究

对比单一大粒径(PPG Ⅱ)、梯次降粒径(PPG Ⅱ→PPG Ⅰ)、梯次降粒径(PPG Ⅱ→聚合物)、交替变粒径(PPG Ⅱ→PPG Ⅰ→PPG Ⅱ→PPG Ⅰ)注入方式对效率及剖面改善影响，实验结果见图 8。

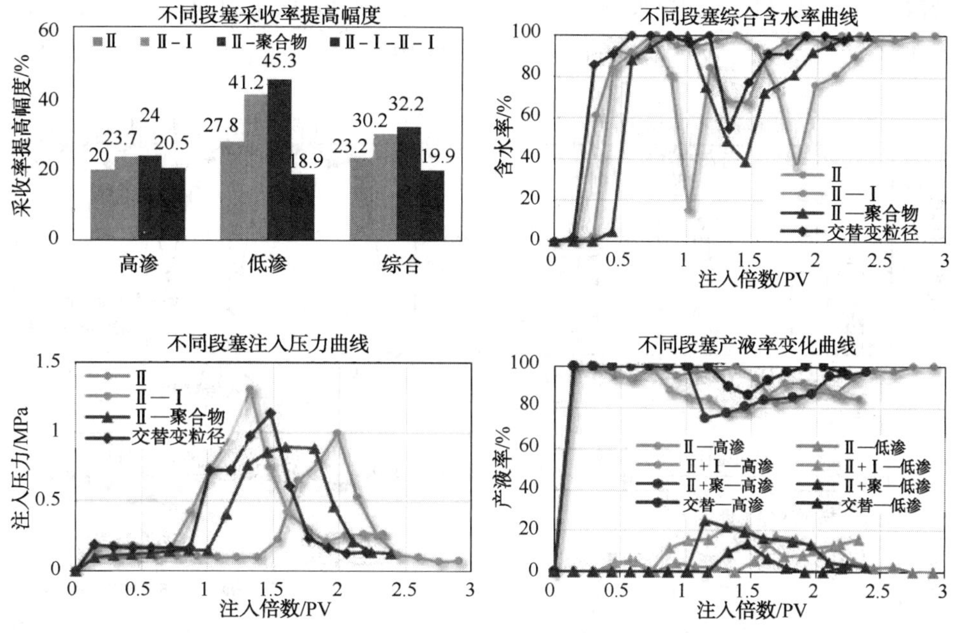

图 8　不同粒径段塞提高采收率幅度、含水率、注入压力、产液率变化对比图

两级段塞相比于单一、交替段塞，低渗采收率多提高近 20%，剖面调整幅度及持续时间较高，含水率漏斗最低点降低且低含水期延长。由于两级段塞存在低粒径体系，可更好地启动低渗层，而交替注入每级段塞量小、作用时间短，低渗受效较差，导致采出程度不高。

2.4.2 变体系黏度组合段塞研究

对比单一高黏度(100mPa·s)、梯次增加黏度(40→70→100mPa·s)、梯次降低黏度(100→70→40mPa·s)三种注入方式对驱油效率及剖面改善的影响，实验结果见图 9。

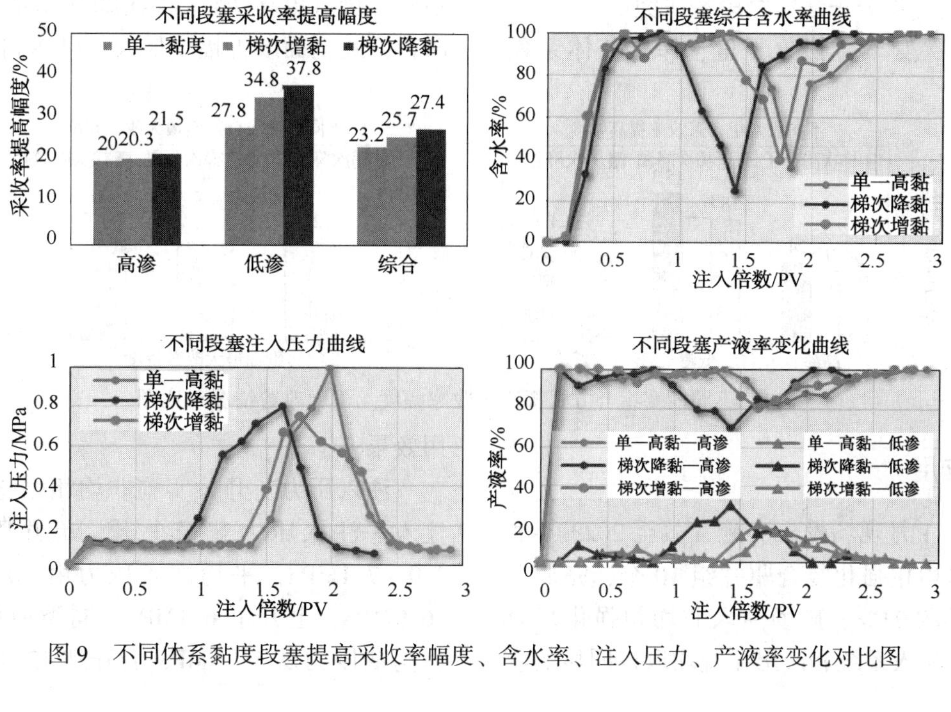

图 9　不同体系黏度段塞提高采收率幅度、含水率、注入压力、产液率变化对比图

三组实验前期水驱采收率及高渗层采收率提高值接近，相比于单一段塞，多级段塞低渗采收率提高近 10%，注入压力略低，剖面调整幅度及持续时间高于单一段塞，含水率漏斗最低点降低，由于多级段塞存在低黏体系，可使驱替前缘向低渗层扩大波及。

2.4.3　变聚合物分子量组合段塞研究

对比单一聚合物大分子量（聚合物分子量 2200 万）、梯次降低聚合物分子量（聚合物分子量 2200 万→聚合物分子量 1900 万）两种注入方式对驱油效率及剖面改善的影响，实验结果见图 10。

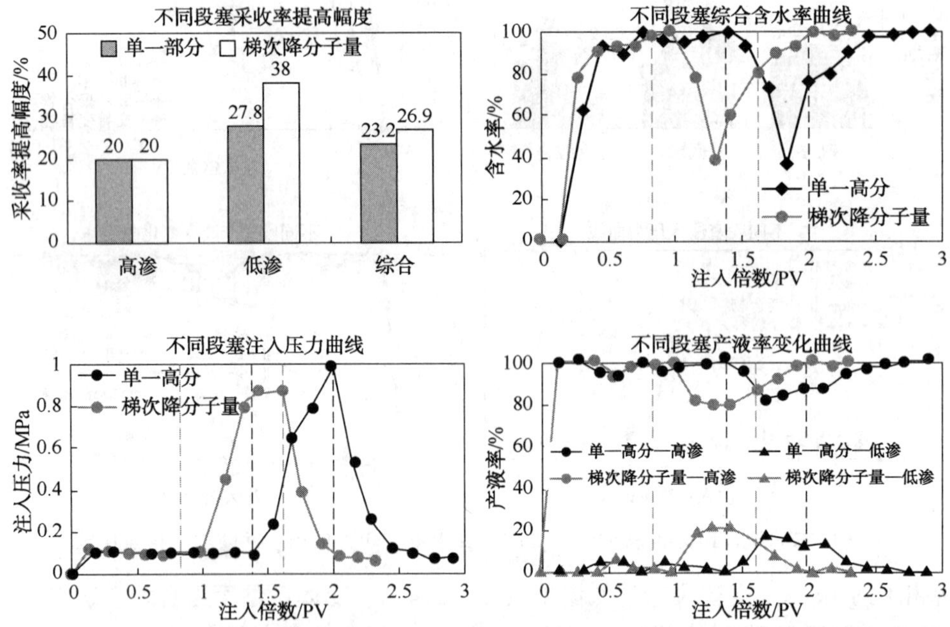

图 10　不同聚合物分子量段塞提高采收率幅度、含水率、注入压力、产液率变化对比图

梯次降低分子量的注入方式，低渗采收率多提高 10%，注入压力略低，剖面调整幅度增大，含水率漏斗最低点及低含水期接近，由于降低分子量增大了体系的可入孔隙体积，可有效启动低渗层。

2.4.4　变聚合物分子量组合段塞研究

对比梯次变聚合物分子量、梯次变体系黏度、梯次变 PPG 粒径等不同注入方式中效果最好的一种段塞组合，对驱油效率及剖面改善的影响，实验结果见图 11。梯次降低 PPG 粒径低渗层采出程度较梯次降低体系黏度、梯次降低聚合物分子量可提高 7%，梯次降低体系黏度较另外两种方式剖面改善幅度最大，可达到 30%。

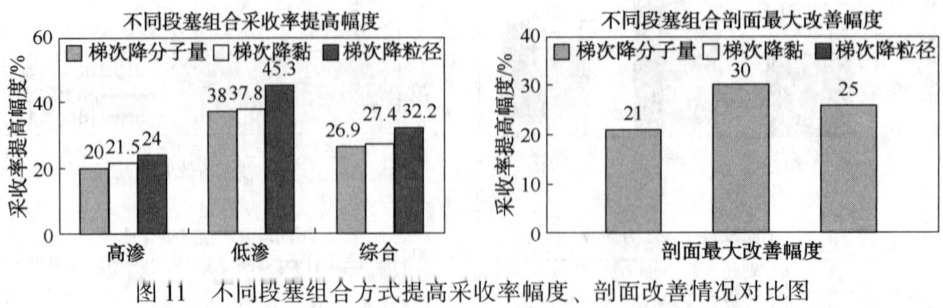

图 11　不同段塞组合方式提高采收率幅度、剖面改善情况对比图

3　矿场应用

2022 年 1 月现场投入实施，截至 2023 年底陆续实施非均相强化复合驱井组 10 个，完成总设计注入量的 21%。矿场注入非均相强化复合驱体系后，注入系统和产出系统均取得明显的应用效果。

注入压力上升　实施非均相强化复合驱后，注入井注入压力普遍上升，单井压力上升了 3.9～7.1MPa，平均注入压力由 10.8MPa 升至 16.9MPa，上升了 6.1MPa。同类油藏聚合物驱后同期压力从 11.5MPa 上升到 12.4MPa，仅上升了0.9MPa，表明非均相强化复合驱注入压力升幅高于聚合物驱。平面上注入井压力趋于均衡分布，如图12所示，复合驱前油压6.9～15.4MPa，压力差值8.5MPa，复合驱后油压13.2～20MPa，压力差值6.8MPa。

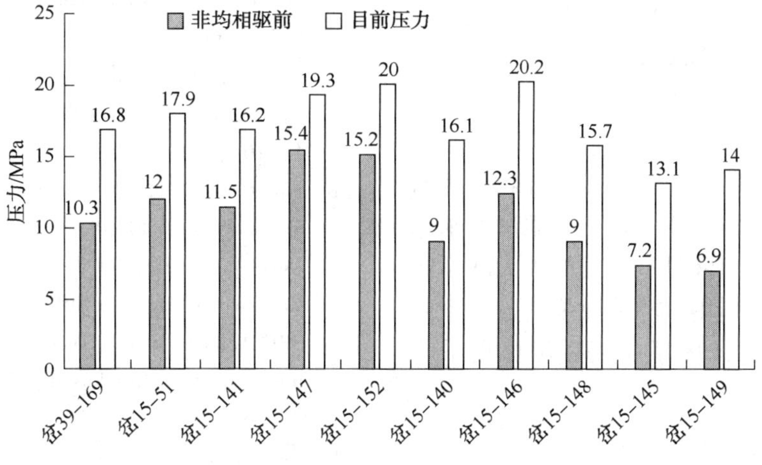

图12　注入井复合驱前后压力变化图

产吸剖面得到改善　复合驱后总吸水层增加23米/7层，水驱动用程度由36.4%增加到44.2%，增加7.8%。吸水剖面表现为层间、层内双重改善，层间表现为主吸水层得到有效控制为24.4米/4层，次吸、弱吸、不吸水层得到动用为10.6m/4层；层内改善为28.6m/9层。

见效油井产液剖面变化主要表现为原主产液层含水下降和次产层得到启动，主产液层含水得到控制为20.8m/7层，含水由98%下降至81%。弱产液层得到加强为11.6m/3层，同时增加新产液层为24.8m/10层。

增油降水效果显著　截至2023年3月，试验区对应油井25口，见效17口，油井见效率72%。日增油幅度116%，含水率下降10.4个百分点，递减法计算阶段增油11558吨，整体见效明显，如图13所示。实施“二三结合”复合驱后，产量递减率明显减缓，由二次开发后0.6%下降至-17.7%，含水上升趋势得到有效控制（0.14%→-4.7%），采油速度明显提升，提高0.19%，目前产出投入比已实现3.73。

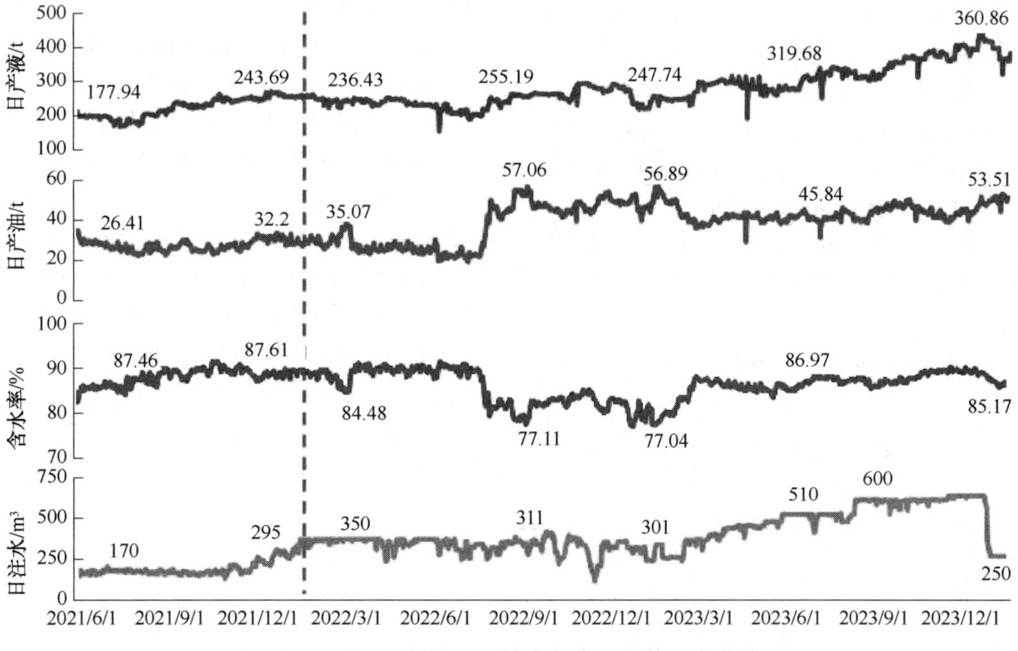

图13　岔15断块二三结合复合驱整体生产曲线

对比岔 15 断块非均相强化复合驱井组及同等储层条件的未开展复合驱井组，复合驱井组油量实现月增长（复合驱井组油量月增长速度 6.05%，未复合驱井组月递减速度 5.02%），含水上升趋势得到有效控制，稳产状况好。说明本次非均相复合驱整体取得较好效果。

4 结论

针对调驱后油藏，研发了由聚合物、PPG 和表面活性剂组成的非均相强化复合驱油污水体系，该体系比聚合物溶液具有更强的扩大波及体积和提高洗油效率的作用，驱油效果明显。室内驱油实验结果表明，该体系应用后可提高采收率 13.6%。

在华北油田岔河集油田开展调驱后二三结合非均相复合驱先导试验，矿场应用效果显著。流线发生转向，注入压力上升，渗流阻力增加，油井降水增油效果明显，说明二三结合非均相强化复合驱提高原油采收率的方法在调驱后油藏应用是行之有效的。

参考文献

[1] Zhu Y.: Current Developments and Remaining Challenges of Chemical Flooding EOR Techniques in China. Paper for SPE-174566-MS presented at the SPE Enhanced Oil Recovery Conference, Kuala Lumpur, Malaysia, 11-13 August 2015.

[2] Zhang S.: Analysis of Potential Exploitation Effect of Second Tertiary Combined in J16 Block. Inner Mongolia Petrochemical Industry, 2020, 9: 24-25.

[3] Zhao Y., Wang P., Deng C..: Evaluation of Experimental Development ofSecond Tertiary Combined in Lamadian Oilfield. Journal of Yangtze University (Nat Sci Edit), vol. 11, No. 16, pp. 103-106.

[4] 吕恒宇，胡永乐，邹存友．高含水油藏“二三结合”优化技术研究进展[J]．科学技术与工程，2018，18(4)：210-220.

[5] Sun H.: Application of Pilot Test for Well Pattern Adjusting Heterogeneous Combination Flooding after Polymer Flooding-case of Zhongyiqu Ng3 Block, Gudao Oilfield. PGRE, 2014, 21(2): 1-4.

[6] Han M., Alsofi A., Fuseni A., et al.: Development of chemical EOR formulations for a high temperature and high salinity carbonate reservoir. IPTC 17084, 2013.

[7] 赵云飞，王朋，邓彩凤．喇嘛甸油田“二三结合”试验开发评价．长江大学学报(自然科学版)，2014；11(16)：103-106.

[8] Marat S., Bolat M., Yermek O., et al.: Evaluation of Polymer Flooding Efficiency at Brownfield Development Stage of Giant Kalamkas Oilfield, Western Kazakhstan. Paper for SPE-192555-MS presented at the SPE Annual Caspian Technical Conference and Exhibition, Astana, Kazakhstan, 31st October - 2nd November 2018.

[9] Seright R. S., Zhang G., Akanni O. O., et al.: A Comparison of Polymer Flooding With In-Depth Profile Modification. Paper for SPE 146087 presented at the Canadian Unconventional Resources Conference, Calgary, Alberta, Canada, 15-17 November 2011.

[10] Abdulmohsin I., Ali G., Mojdeh D., et al.: Development of a Mechanistic Numerical Simulator for Preformed Particle Gel Applications in Non-Crossflow Heterogeneous Reservoirs. Paper for SPE-175058-MS presented at the SPE Annual Technical Conference and Exhibition, Houston, Texas, USA, 28-30 September 2015.

[11] 王占红．高含水期二三结合挖潜技术探究．内蒙古石油化工，2015；(18)：113-115.

[12] Imqam A., Bai B., Xiong C., et al,: Characterizations of Disproportionate Permeability Reduction of Particle Gels through Fractures. Paper for SPE 171531 presented at the SPE Asia Pacific Oil & Gas Conference and Exhibition, Adelaide, Australia, 14-16 October.

[13] Zhang X., Guo L., Qv Z., et al.: The Effectiveness Evaluation and Displacement Characteristics Analysis of Polymer Flooding Pilot Test in Zhong-1 Unit of Gudao Oil Field. PED, 1996, 23(6), pp. 54-57.

姬塬地区超低渗油藏表活剂驱实验技术研究

刘雄伟　李程善　饶利平　王文刚　贺彤彤　路宽一　张　维　张泽良

（中国石油长庆油田公司）

摘　要　针对姬塬地区超低渗油藏注水压力高，水驱波及体积小，采收率低等问题，通过开展生物纳米活性剂（硬脂酸酰胺类）开展界面活性、乳化性能、润湿性等性能研究和不同物性岩心表活剂驱油实验，实现对超低渗油藏表活剂驱扩大水驱波及体积和提高采收率技术探索研究。结果表明：①生物纳米活性剂（ZS-1）在浓度为0.2%~0.3%范围内有效降低油水界面的张力，可达到10^{-3}mNm数量级，改变原油的乳化特性，同时也改变了岩石表面润湿性，形成稳定的油水乳状液；②表面活性剂在强酸、强碱条件下乳状液均表现较好耐受性，高矿化度条件下也具有良好的耐受性，温度在65~75℃范围内表活剂稳定性最好；③超低渗透油层孔喉狭小，表面张力大，实施表活剂驱后，乳化洗油效果好，同时对于渗透率极差为2.0和4.3的岩心具有更好的适应性，提高采收率3.6%~4.8%。通过试验明确了影响表活剂驱油性能的因素，研究了润湿性和乳化性协同作用机理，同时揭示了表活剂在非均质岩心驱替过程运移和封堵规律，为后期该类油藏表面活性剂驱新技术提供理论支撑。

关键词　超低渗油藏；表活剂；润湿性；采收率

1　引言

鄂尔多斯盆地超低渗油藏具有低孔低渗、孔喉狭小、连通性差以及对驱替流体高敏感性等特点，同时在中国资源量丰富，开发潜力大，逐渐成为我国油气勘探领域的难点和热点。目前国内外对超低渗油藏的开发方式大多还是采取注水方式，注水效果整体较差，主要是由于油藏强非均质性，注入水沿着高渗通道或微裂缝突进，小孔隙难以波及；同时，注入水会造成储层注水敏感、水锁损害、地层堵塞和注入压力过高等问题。因此，为了进一步缓解水驱开发矛盾，提高超低渗透油藏采收率，进行化学驱试验提高采收率实验分析就显得尤为重要。

近年来化学驱技术成为提高超低渗油藏采收率的主要方法。常用的化学驱技术主要有聚合物驱、碱驱、化学复合驱和表面活性剂驱等。其中聚合物驱可增加注入水的黏度，改善油水的流度比，有效封堵高渗层，扩大水驱波及体积，但是超低渗油藏物性差，孔喉狭小，渗流阻力大，极易发生堵塞现象。碱水驱主要是能与原油中所含的有机酸（环烷酸、芳香酸、脂肪酸等）反应生成所谓的原位皂，其作用与表面活性剂相似，乳化作用形成油滴，从孔壁剥落，随注入水运移，从而提高洗油效率，但是无机碱驱过程中，在井筒和地层内，无机碱性化学物质和地层水中高金属离子会发生作用形成沉淀，从而形成水垢。复合驱体现了各类化学剂的优势，如表面活性剂和碱之间的协同作用可以降低油/水界面张力（IFT），润湿性从中湿和油湿转变为水湿。同时，高分子聚合物的加入会因驱替液的黏度增加而降低水/油迁移率：从宏观上看，它可以将指法状位移转化为活塞状位移；从微观上看，聚合物会积聚并堵塞大孔隙/裂缝，并增加流动阻力，使注入的流体转向，驱替剩余油富集的小孔隙，但是也存在吸附损失、色谱分离，聚合物堵塞、产出结垢等问题。表活剂驱油技术已成为超低渗透油藏提高采收率的重要手段之一，主要通过乳化作用使原油薄膜破裂，增加原油在驱替流体中的溶解度，降低原油的黏度，改变岩石表面的润湿性，将原油从孔壁剥落、运移，不仅能降低注入压力，还可提高驱油效率。在驱替过程中，原油和表活剂在孔喉中运移时，连续不断的剪切形成乳状液，该液体具有一定的黏度，对优势通道形成一定的调剖封堵作用，使驱替流体转向波及其他剩余油富集孔隙，提高水驱波及范围。因此，缓解超低渗油藏水驱矛盾，表活剂驱更具有不可替代优势。

本次研究在室内对生物表面活性剂进行多次性能测定和岩心驱替试验，详细分析表面活性剂各类性能，如界面张力、润湿性、乳化性能等；同时本文研究了低渗透储层非均质性对表面活性剂驱的影响，通过对比不同岩心表活剂驱油效率动态变化特征，如采收率、含水量和压力下降幅度，确定表活剂在超低渗油藏的适用性和有效性，明确了表面活性剂在超低渗透油藏提高采收率方面具有较大潜力。

2　实验样品及方法

2.1　实验样品

实验所用岩心为耿271超低渗油藏长8层标准柱塞样岩心，物性参数如下表。实验所用原油为现场取样脱水原油，温度80℃的实验条件下原油黏度6.57mPa·s，密度为0.707g/mL。所用模拟地层水矿化度为20100mg/L，是经过处理消除了固体和漂浮油滴的真实地层盐水。所用表面活性剂为生物纳米活性剂，主要成分为地衣芽孢杆菌、C_{12}~C_{14}烷基糖苷、C_{12}~C_{14}烷基酚磺基甜菜碱型表面活性剂、异丙醇、去离子水等。

表1　实验岩心基础参数表

岩心编号	长度/cm	直径/cm	渗透率/mD	孔隙度/%	含油饱和度/%	孔喉半径/μm
1	2.97	2.5	1.1	9.7	52.9	15.2
2	2.98	2.5	0.9	7.7	55.9	4.1
3	3.04	2.5	0.8	6.5	55.5	1.1
4	2.99	2.5	1.6	13.4	56.6	1.5
5	3.08	2.5	2.9	24.9	60.5	2.5
6	2.98	2.5	0.1	0.9	48.6	0.4
7	2.97	2.5	0.2	1.7	56.9	0.6
8	3.08	2.5	1.5	12.9	51.5	24.5
9	2.97	2.5	0.4	0.6	54.6	0.4
10	2.96	2.5	0.1	0.8	55.7	0.8
11	2.97	2.5	0.8	7.1	52.9	1.1

2.2　实验仪器

实验采用的仪器有Texas-500旋转液滴张力仪来测量界面张力(IFT)；乳化测量采用电动数字乳化机(SFS-S400)；恒速恒压泵，岩心夹持器及各类玻璃仪器。

2.3　实验方法

2.3.1　界面张力测试

在表活剂性驱油过程中，流体动态渗吸发生的主要动力是毛管压力，而界面张力是影响毛管力重要因素之一。前人研究表明界面张力越低，采收率提高的幅度越大。目前石油石化行业测定界面张力的方法主要分为三种：悬滴法、旋转法和杜努伊环法，本次实验主要Texas-500旋转液滴张力仪来测定界面张力(IFT)，液滴形状随油/水IFT的变化，可以在旋转液滴张力仪中显示出来。实验测定了0.025%、0.05%、0.075%、0.10%、0.20%和0.30%不同浓度的生物纳米活性剂在60℃、6000转/min条件下初始状态，以及老化30天后，表面活性剂与模拟原油之间的油水界面张力，根据实验结果选择界面性质最稳定，最合适浓度的表面活性剂。

$$A=1.2336(\rho_{-}\rho_0)^2\left(\frac{D}{n}\right)^3\left(当\frac{L}{D}\geqslant4\right) \quad (1)$$

其中A为油/水IFT，mN/m；ρ_w是水相的密度，g/cm^3；ρ_o是油相的密度，g/cm^3；w是转速，rpm；D为测得的跌落宽度，mm；L为油滴长度，mm；n是水相的折射率。

2.3.2　防膨性测试

将定量的膨润土浸泡在不同浓度的表面活性剂溶液中，通过膨胀仪测试给定压力的膨胀高度，按照以下公式可计算出膨胀率鉴定溶液的防膨性能。

$$B_1=\frac{V_2-V_1}{V_2-V_0}\times100 \quad (2)$$

其中B_1：防膨率，%；V_0：膨润土在清水中的膨胀体积，mL；V_1：膨润土在生物纳米活性驱油剂溶液中的膨胀体积，mL；V_2：膨润土在回注水中的体积，mL。

2.3.3　吸附性测试

表活剂注入地层后，由于发生一系列物理和化学发应可造成一定的损耗，导致表面活性剂损失。通过测定表活剂在岩心样品中的吸附值，指导现场实践中纳米活性剂使用量，促使效益最大化。测定注入水配制 3.0%浓度表面活性剂混合混合液在不同物性条件下岩心中的动态吸附量，每次实验记录注入端的注入体积，采出端用量筒收集流出液，同时紫外分光光度计测定纳米表活剂浓度变化；当测试流出液中纳米表活剂浓度稳定时，说明达到饱和吸附量，总的表活剂注入量与驱替出的表活剂采出量差就是岩心总吸附量；然后进行水驱，继续测试浓度变化，直到流出液中表活剂浓度降为 0mg/g，说明此刻岩心中剩余的表活剂因吸附孔壁难以驱动，即动态滞留量与总吸附量的比值即表活剂吸附率。

2.3.4　润湿性测试

为了测定岩心在表面活性剂浸润后润湿性改变的状况，本次实验采用 JC2000D 接触角测量仪测量不同温度下(60℃和 80℃)，不同浓度活性剂处理后岩心表面的接触角。具体步骤，先将岩心切成薄片，放入 110~120℃烘干箱中干燥彻底，然后用蒸馏水清洗干净，并用超声波清洗仪器彻底清除因切割磨损的粉尘。将预处理好的岩心薄片加压饱和模拟油，并放置于接触角测量平台上测试。

2.3.5　乳化性能测试

本次实验将定量的乳液放置于密闭的试管中，在不同温度(45~90℃)、pH(1~12)、盐类型和浓度($NaCl$、$CaCl_2$)条件下观察乳液脱水状况，采用析水量、析水速度来评价乳化稳定性，同时用显微镜(XSP-8CE)拍摄乳液显微照片，观察乳化油的状态析水率越小，液滴平均直径越小，表明乳液越稳定，乳化性能越好。析水率是指乳状液析出水的体积与乳状液总体积的比值，绘制不同时间的变化曲线，反映表面活性剂乳化性能。

2.3.6　岩心驱替实验

通过分析不同类型岩心在生物表面活性剂下动态渗吸驱替采出程度变化情况，探究超低渗油藏表面活性剂适应性评价和动态渗吸规律。表活剂驱油的实验整体包括四个步骤：密封试验、一次水驱、表活剂驱、二次水驱，具体实验步骤如下(图 1、图 2)：

(1) 样品预处理：岩心在岩心烘干箱 110℃条件小干燥 24h，然后抽真空 12h，去除内部杂质和各类流体，减少对实验结果的影响，同时测试渗透率、孔隙度等基本参数；将地层盐水注入岩心样品中同时在注射入口处，压力保持在 0.1MPa，测试容器的密封性。最后采用加压饱和油(压力保持 10MPa)24h 的方式对岩心进行完全饱和，完成样品预处理。

(2) 一次水驱：注入端以 0.5mL/min 的固定流速对 1 和 2 号柱塞样进行一次水驱，持续 3PV，同时记录每个样品井口压力和驱替流体体积的参数。

(3) 表活剂驱：注入端将浓度 0.2%生物纳米活性剂以 0.5mL/min 的固定流速驱替原油，持续 0.5PV，直到采出端不再采出原油。

(4) 二次水驱：采用 0.5mL/min 的固定流速对岩心进行二次水驱。

(5) 通过对不同渗透率岩心进行并联试验，进而分析不同极差岩心表活剂驱的适应性。将不同渗透率极差的岩心并联置于岩心夹持器中，重复 1~4 相同的步骤，同时记录驱替流体体积和井口压力变化情况。

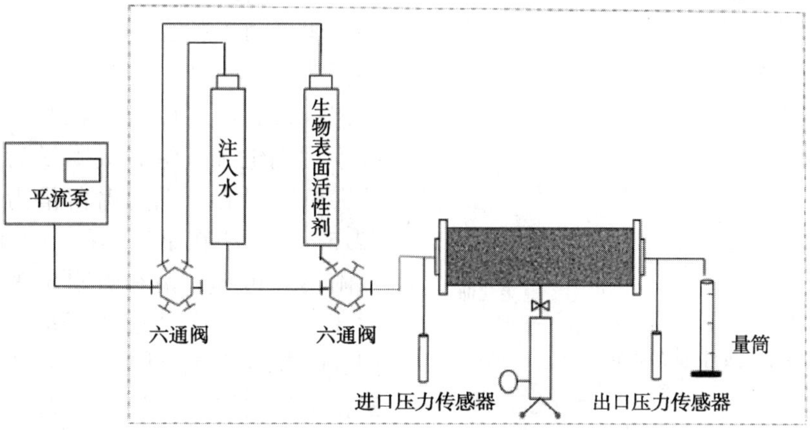

图 1　单一岩心驱替装置示意图

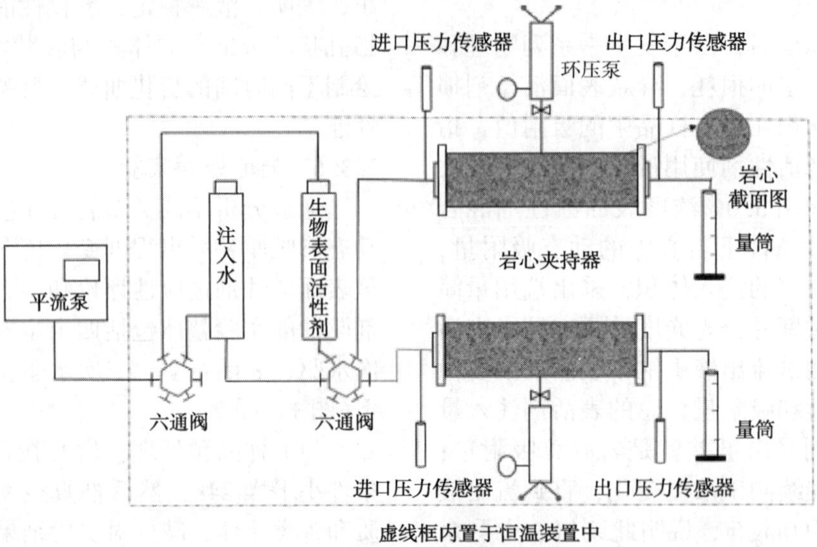

图 2　并联岩心驱替装置示意图

3　表活剂性能分析

3.1　界面张力

从图 2 中看出，表面活性剂溶液可以有效降低油水界面张力，随着浓度增加，油水界面张力先快速下降，后缓慢上升，最终趋于稳定。并且不同老化状态的变浓度溶液的界面张力也呈现相似的变化趋势。当浓度介于 0.08%～0.2%时，界面张力可达 10^{-3}～10^{-4}mN/m 数量级。在浓度 0.2%时，界面张力最低为 10^{-2}mN/m，与浓度 0.1%时相比之下效果不佳，可见在浓度 0.08%至 0.1%时出现转折点，之后在浓度大于 0.1%时降低界面张力效果不佳，界面性能改善不大(图 3)。因此随着浓度增加超过生物纳米活性剂的临界胶束浓度时，浓度增加界面张力反而增大，考虑到现场的吸附损失特性，生物纳米活性剂在 0.1%～0.3%时驱油效果较好。

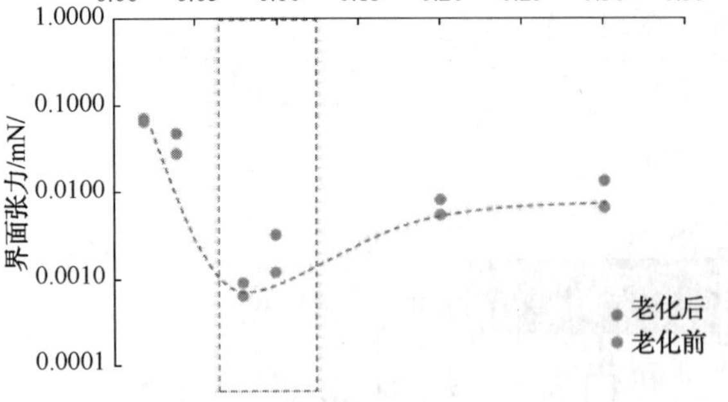

图 3　生物纳米活性剂界面张力图

3.2　防膨率

测试不同浓度的表面活性剂的防膨性能，并通过公式(2)计算出对应浓度的防膨率，实验结果如表 2。可以看出当表活剂浓度小于 0.25%，防膨率持续上升；当浓度大于 0.30%，防膨率基本保持不变，增幅较小，介于 0.25%～0.30%之间时，防膨效果最佳，防膨率保持较高值。

表 2　表活剂溶液对膨润土防膨率　　%

浓度/% / 体积/mL	0.10	0.15	0.20	0.25	0.30	0.35
V_0	0.8	0.8	0.8	0.8	0.8	0.8
V_1	1.5	1.4	1.3	1.2	1.0	1.0
V_2	2.6	2.6	2.6	2.6	2.6	2.6
B_1/%	61.1	66.7	72.2	77.8	88.9	89.0

3.3　吸附性

由于岩心孔喉狭小，结构复杂，内表面积大，导致生物纳米活性剂进入岩心后，大量的溶液会吸附在孔壁上，导致表活剂在渗流通道中运移距离有限，效果减弱，同时也造成大量经济损失。通过测试不同物性条件下驱油剂饱和吸附量和水驱后动态滞留量的差异性，确定表活剂在驱替过程中的损失量。实验结果显示：高渗(4.2mD)岩心在驱替体积为 0.4PV 时，表活剂吸附达到饱和，饱和吸附量为 8.09mg/g，水驱后滞留在岩心中动态滞留量为 2.29mg/g；低渗(2.5mD)岩心在驱替体积为 0.15PV 时，表活剂吸附达到饱和，饱和吸附量为 7.48mg/g，水驱后滞留在岩心中动态滞留量为 2.11mg/g(图 4、图 5)。表面活性剂在不同物性储层中岩心动态滞留量均比较小，平均值仅为 2.2mg/g，说明表面活性剂在驱驱油过程中损失量较小。

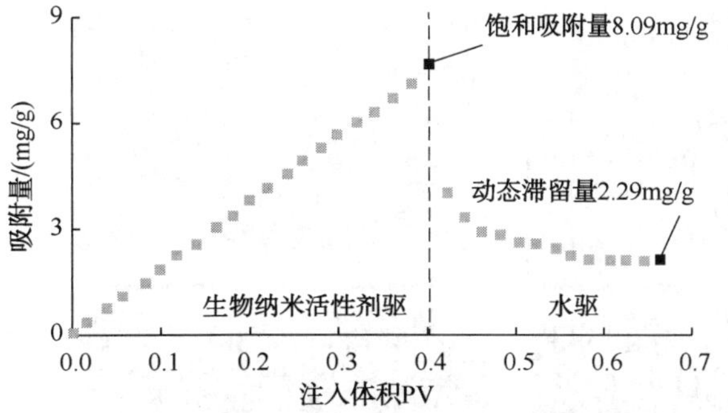

图4　高渗岩心生物纳米活性剂吸附性测试

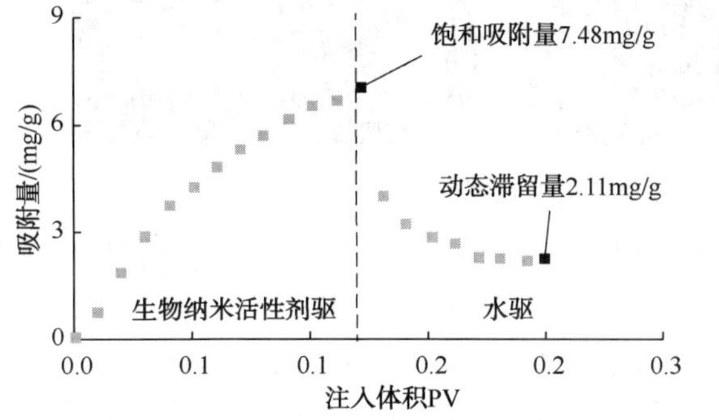

图5　低渗岩心生物纳米活性剂吸附性测试

3.4　润湿性

将饱和模拟原油处理后岩心薄片放在不同浓度的表面活性剂浓度中浸润，间隔固定时间取出薄片，擦拭表面流体，最后用水滴测试岩心薄片表面的润湿角。结果表明，表面活性剂岩石润湿性明显改变，其中水在玻璃表面的接触角值分别通过用表面活性剂处理表面而从115°降低到53°和66°(图6)。说明表面活性剂能有效的改变岩心薄片的润湿性，从最初亲油转变为弱亲水或混合性润湿性，随着浓度的增加，改变幅度增强的趋势，后期趋于稳定。分析认为，随着表面活性剂浓度的递增，溶液中的活性分子增加，滞留在岩心薄片上的活性分子也增加，但是整体占比较小，超低渗岩心物性差，导致最终活性分子吸附量较少，基本都是在基质孔隙中。

3.5　乳化性能(pH、盐度、温度)

岩心样品赋存原油受到表活剂中乳化作用，能够快速分散和剥离岩石孔壁上残存的原油，形成水相或者混合相颗粒乳状的油滴，从而增加波及系数，改善油水两相的流度比值，并且由于表活剂能够在油滴表面吸附，使得油滴难以黏附在地层中，最终被驱替出来。其乳化作用的效果受地层pH、盐度和温度等性质的影响，从动态上反应油水乳状液滴从稳定到失稳的过程，乳状液析水率越小，分散度越大，粒径越小，稳定性越强。通过分析各类储层参数分析表活剂体系与油藏的适用性(图7)。

原油与煤油以体积比1：1混合作为模拟油。采用析水量、析水速度来评价乳化稳定性，液滴平均直径越小，表明乳化能力越好。生物纳米驱油剂配置成0.1%的溶液，取20mL溶液和20mL模拟用油使用乳化仪乳化10min探讨PH、盐类型和浓度、温度对乳化性能的影响。

通过观察不同pH条件下油水乳状液的液滴平均直径来分析表活剂耐酸特性。结果显示油水乳状液的液滴平均直径最大值出现在pH=8时，并随着酸度和碱度的增大而逐渐减小。其强酸性(pH=1)条件下，油水乳状液析水率为19%，在强碱性(pH=12)条件下，油水乳状液析水率为12%，均属于比较稳定的状态，说明表活剂驱替形成的油水乳状液稳定性受pH值变化的影响较小。

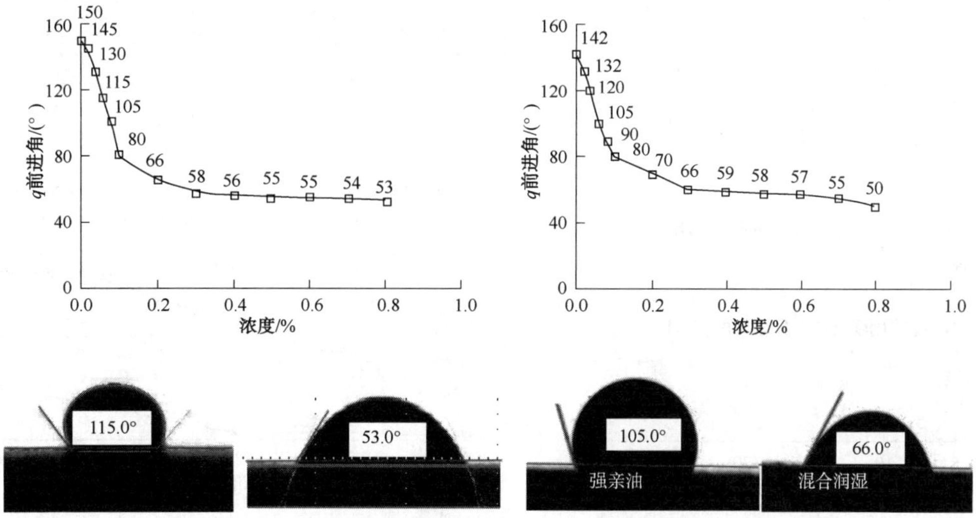

图6　表面活性剂纳米流体处理表面的盐水在玻璃上的接触角

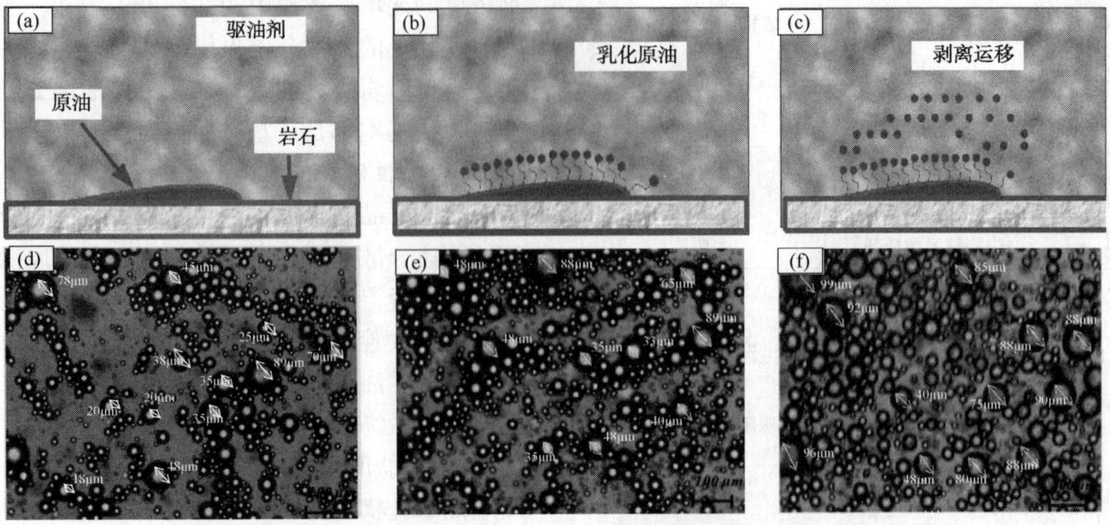

图 7 不同阶段原油乳化作用机理及乳液外观特征

通过对比分析不同浓度不同类型盐对表活剂乳化性能的影响（一价盐 NaCl、二价盐 $CaCl_2$）。结果显示当 NaCl 浓度为 2.5%～10%，乳状液的稳定性影响较大，析水率 7.5↑25%；在浓度为 10%～25%，静置 5 天的析水率基本不变。矿化度在一定范围内对油水乳状液的稳定性有所影响，但在高矿化度条件下，该油水乳状液表现出了较好的抗盐性。

当 $CaCl_2$ 浓度为小于 7.5%，乳状液稳定性较强，其析水率较小（＜11.8%）；在浓度为 12.5%～25.%，静置 3 天的析水率基本不变（＜14.9%）；随着 $CaCl_2$ 浓度的增加，液滴平均直径变大，乳状液稳定性逐渐降低。说明在高矿化度二价盐条件下，油水乳状液抗盐性一般。

温度对表面活性剂溶液性能有重大影响，特别是在储层条件下，因为它可以通过增加分解来降低溶液的化学稳定性。同时，高温加速了表面活性剂的水解，允许更快的吸附。实验结果显示静置 3 天的析水率随着温度上升（45↑90℃），逐渐增加趋势（20↑35%）。同时随着温度逐渐升高，乳状液滴平均直径增大，呈线性增长趋势，稳定性降低。

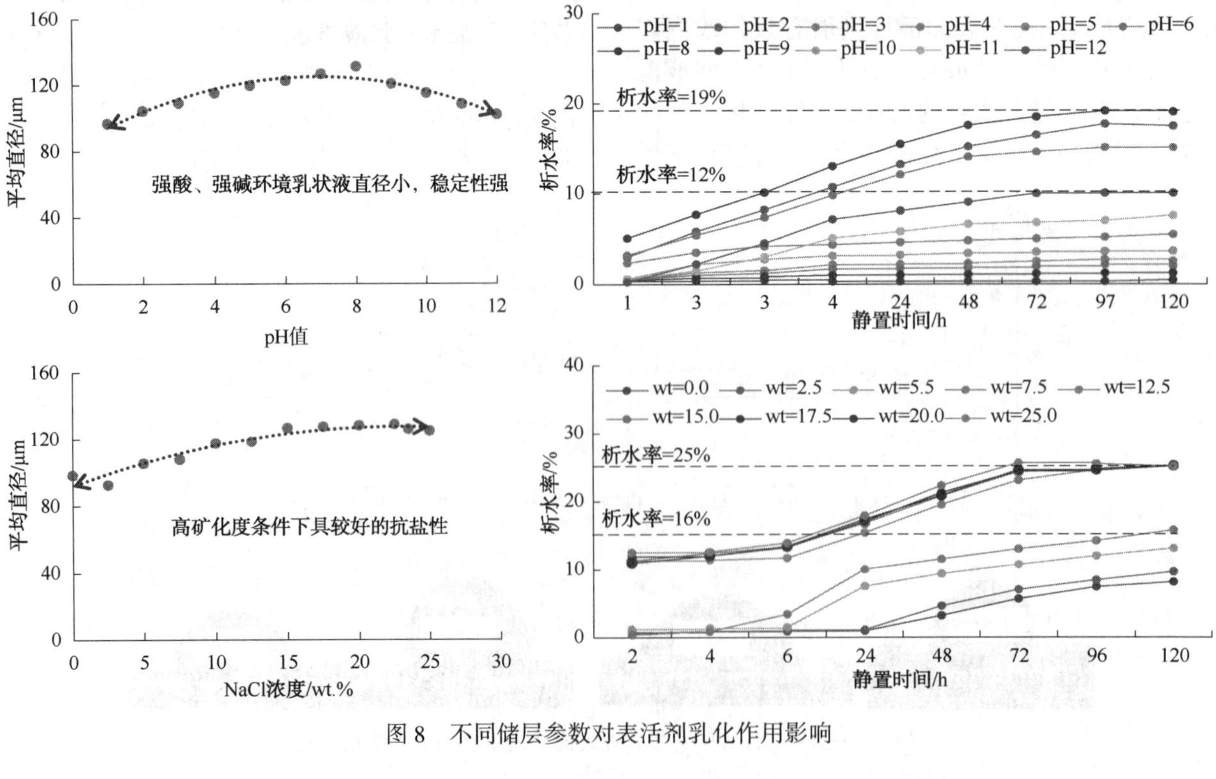

图 8 不同储层参数对表活剂乳化作用影响

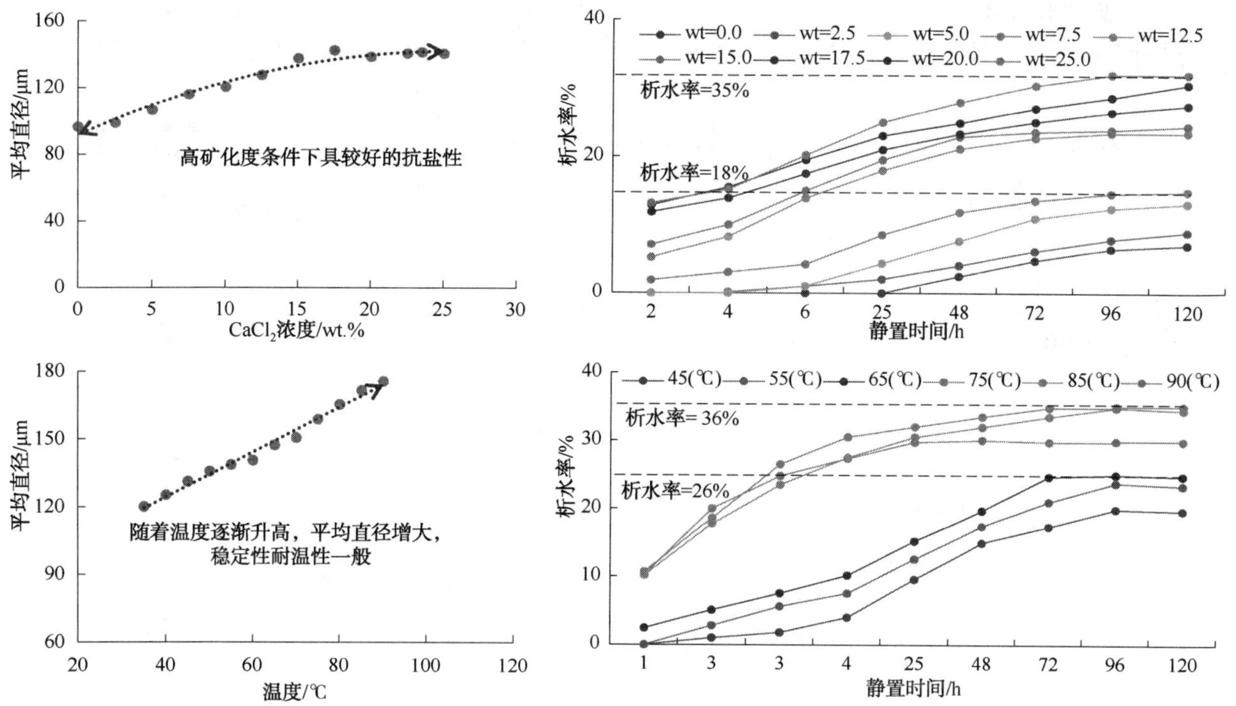

图 8　不同储层参数对表活剂乳化作用影响(续)

4　岩心驱替实验分析

4.1　单一岩心驱油效果

从图 9 中可以看出：高渗透岩心(1.1mD)在一次水驱过程，流体驱替体积 1.0PV，注入压力初期缓慢上升(0.1↑0.5MPa)，后期陡增(0.5↑1.5MPa)，采出程度为 33.5%；然后对岩心进行表面活性剂驱油，驱替体积 1.5PV，注入压力快速上升后，逐渐稳定(1.5↑3.0MPa)，此时表活剂驱较一次水驱提高采出程度 3.1%；对岩心进行二次水驱时，累计驱替体积 3.0PV，注入压力先缓慢下降(3.0↓2.0MPa)，最后压力再次上升，最终稳定在 2.6MPa，该阶段提高采出程度 1.5%。

低渗透(0.5mD)岩心在一次水驱过程，流体驱替体积 1.0PV，注入压力缓慢上升(0.5↑2.0MPa)，水驱采出程度为 22.5%；表面活性剂驱阶段，驱替体积 1.5PV，注入压力缓慢下降(2.0↓1.3MPa)，此阶段提高采出程度 10.5%；对岩心进行二次水驱时，驱替体积 3.0PV，注入压力保持稳定 2.5MPa，该阶段提高采出程度 4.5%(图 10)。

综合分析生物纳米活性剂更加适用于低渗透储层，中-高渗油藏内部孔喉大，优势渗流通道发育，一次水驱后剩余油饱和度低，表活剂驱替阶段注入压力上升快，驱替效率较低(采出程度提高 3.1%)；低渗透油层孔喉小，一次水驱后残余油富集，实施表活剂驱替后乳化洗油效果明显，压力下降，驱油效率好(采出程度提高 10.5%)。

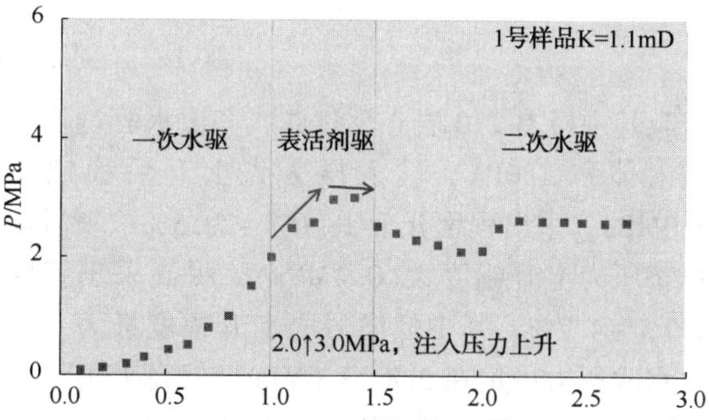

图 9　高渗类型岩心驱替效果评价

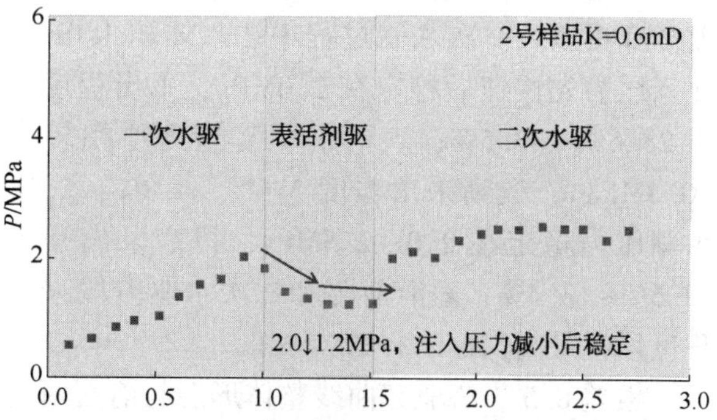

图 10　低渗类型岩心驱替效果评价

4.2 并联岩心驱油效果

进行并联岩心驱油实验时，高渗岩心最先出油，低渗岩心出油缓慢，压力上升较明显，低渗岩心注入压力整体略高于高渗岩心(图 11)。

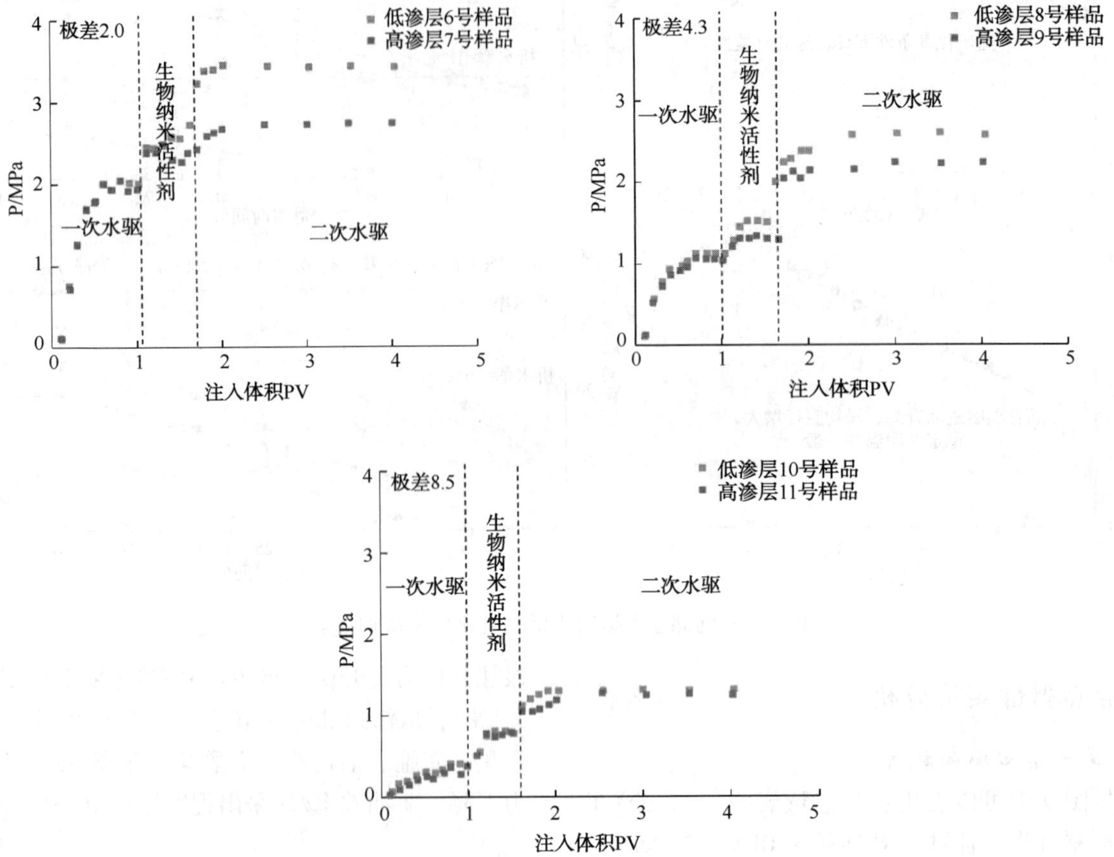

图 11　不同渗透极差岩心驱替实验曲线

其中极差 2.0 岩心驱替曲线一次水驱过程中注入体积 1.0PV，注入压力先上升后稳定在 2.0MPa，采出程度介于 28.6%~29.5%；表活剂驱替压力上升幅度大(0.4MPa)，提高采出程度 3.7%~4.7%，其中低渗岩心上升幅度最大；二次水驱压力稳定在 2.8~3.6MPa，提高采出程度 13.0%；表活剂驱和二次水驱阶段采出程度增幅高(17.1%)。

渗透率极差 4.3 岩心驱替曲线整体形态与极差 2.0 相似。一次水驱过程中注入体积 1.0PV，注入压力先快速后稳定在 2.0MPa，采出程度介于 28.6%~33.5%；表活剂驱替压力增幅较大(0.3MPa)，提高采出程度 3.6%~4.8%；二次水驱压力稳定在 2.0~2.5MPa，提高采出程度 12.5%~13.4%，表活剂驱和二次水驱阶段采出程度增幅最高(16.2%~20.4%)。

极差 8.5 岩心驱替曲线整体形态与前面两类差异大。一次水驱过程中注入体积 1.0PV，注入压力缓慢上升 0.8MPa，采出程度为 20.5%~26.9%；表活剂驱替压力上升幅度小(0.15MPa)，采出程度提高 1.5%~2.6%；二次水驱压力稳定在 1.3MPa，采出程度提高 6.5%~10.6%，一次水驱后采出程度增幅最小(8.0%~13.2%)。

透率极差为 2.0 中表面活性剂驱采收率平均 4.2%(3.7%~4.7%)，提高采收程度 17.1%；极差为 4.3 中表面活性剂驱采收率 4.1%(3.6%~4.8%)，提高采收率 18.3%；渗透率极差为 8.5 中效果最差，表面活性剂驱采收率 2.5%。因此对于渗透率极差为 2.0 和 4.3 的岩心体系具有较好的适应性，极差 8.5 适应性一般。

5 结论

(1) 生物纳米活性剂(ZS-1)在浓度为 0.2%~0.3%范围内有效降低油水界面的张力，可达到 10^{-3}mNm 数量级，改变原油的乳化特性，同时也改变了地层孔隙表面的润湿性，形成稳定的油水乳状液。

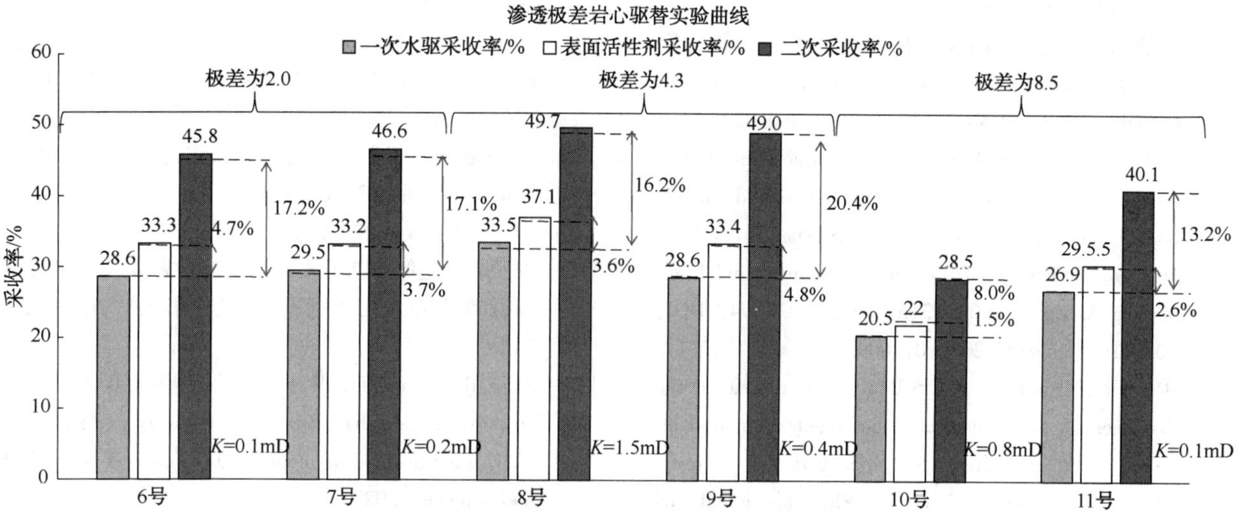

图 12　不同渗透极差岩心驱替采出程度对比图

（2）表面活性剂在强酸、强碱条件下乳状液均表现较好耐受性，对应的析水率最小（<12%）；在高矿化度一价盐（NaCl）条件下表现出较好的耐受性，但高矿化度二价盐（$CaCl_2$）稳定性一般；温度逐渐升高，析水率逐渐增大，稳定性降低，最佳温度介于 65~75℃。

（3）生物纳米活性剂更加适用于低渗透储层，中-高渗岩心内部孔喉大，优势渗流通道发育，一次水驱后剩余油饱和度低，表活剂驱替效率较低（提高采出程度仅 3.1%）；低渗透岩心孔喉狭小，一次水驱后剩余油富集，实施表活剂驱洗油效果明显，驱油效率好（采出程度提高 10.5%）。

（4）生物纳米活性剂对于超低渗油藏渗透率极差为 2.0 和 4.3 的岩心具有更好的适应性，提高采收率 3.6%~4.8%，效果明显；对于渗透率极差为 8.5 岩心效果较差，提高采收率仅为 1.5%~2.5%。

参 考 文 献

[1] Wang, Pan, et al. "Experimental study of the influencing factors and mechanisms of the pressure-reduction and augmented injection effect by nanoparticles in ultra-low permeability reservoirs. "Petroleum Science(2023).

[2] Zhai H, Qi N, Fan J, et al. Research Progress of Relative Permeability Modifiers System Used in Oilfield [J]. Oilfield Chemistry, 2018, 35(2): 375-380.

[3] 胡文瑞，魏漪，鲍敬伟．中国低渗透油气藏开发理论与技术进展[J]．石油勘探与开发，2018，45(4)：11.

[4] Ji, Bingyu, and Jichao Fang. "An overview of efficient development practices at low permeability sandstone reservoirs in China. "Energy Geoscience(2023): 100179.

[5] 罗健辉，王平美，彭宝亮，等．低渗透油田水驱扩大波及体积技术探讨[J]．油田化学，2017，34(4)：5.

[6] Seyed, Farzad, Shariatpanahi, et al. Evaluation of Water-Based Enhanced Oil Recovery(EOR) by Wettability Alteration in a Low-Permeable Fractured Limestone Oil Reservoir [J]. Energy & Fuels, 2010, 24 (11): 5997-6008.

[7] Yu L, Dong M, Ding B, et al. Emulsification of heavy crude oil in brine and its plugging performance in porous media [J]. Chemical Engineering ence, 2017, 178: 335-347.

[8] Liu J, Zhong L, Hao T, et al. Pore-scale dynamic behavior and displacement mechanisms of surfactant flooding for heavy oil recovery[J]. Journal of Molecular Liquids, 2022: 349.

[9] Bai, Yingrui, et al. "Microstructure, dispersion, and flooding characteristics of intercalated polymer for enhanced oil recovery. "Journal of Molecular Liquids 340 (2021): 117235.

[10] Rezaei M E R. Integrating surfactant, alkali and nano-fluid flooding for enhanced oil recovery: A mechanistic experimental study of novel chemical combinations [J]. Journal of Molecular Liquids, 2020, 308(1).

[11] SEPIDEH PALIZDAN, JASSEM ABBASI, MASOUD RIAZI, et al. Impact of solutal Marangoni convection on oil recovery during chemical flooding[J]. 石油科学(英文版), 2020, 17(5): 1298-1317.

[12] Wei, Jianguang, et al. "Experimental study on water flooding mechanism in low permeability oil reservoirs based on nuclear magnetic resonance technology. "

Energy(2023)：127960.

[13] 江建林，岳湘刚，高震，等．聚合物-泡沫调驱影响因素实验研究[J]．断块油气田，2011，18(4)：4. DOI：CNKI：SUN：DKYT. 0. 2011-04-029.

[14] A J S，A L S，B W L，et al. Alkaline consumption mechanisms by crude oil：A comparison of sodium carbonate and sodium hydroxide - ScienceDirect [J]. Colloids and Surfaces A：Physicochemical and Engineering Aspects，2008，315(1-3)：38-43. DOI：10. 1016/j. colsurfa. 2007. 07. 009.

[15] B X S A，B Y B A，C J S B，et al. Performance and displacement mechanism of a surfactant/compound alkaline flooding system for enhanced oil recovery [J]. Colloids and Surfaces A：Physicochemical and Engineering Aspects，580：123679-123679[2023-12-24].

[16] Sakthivel S，Velusamy S，Nair V C，et al. Interfacial tension of crude oil-water system with imidazolium and lactam-based ionic liquids and their evaluation for enhanced oil recovery under high saline environment [J]. Fuel，2017，191(mar. 1)：239-250.

[17] 张舒琴．聚/表复合驱不同驱替阶段孔隙结构及微观剩余油变化规律[J]．大庆石油地质与开发，2020，39(5)：7.

[18] Pereira，J，F，et al. Ionic liquid enhanced oil recovery in sand-pack columns[J]. FUEL-GUILDFORD-，2014.

[19] 曹绪龙，季岩峰，祝仰文，等．聚合物驱研究进展及技术展望[J]．油气藏评价与开发，2020，10(6)：9.

[20] Li X，Yue X，Zou J，et al. Effect of in-situ emulsification of surfactant on the enhanced oil recovery in low-permeability reservoirs[J]. Colloids and Surfaces A：Physicochemical and Engineering Aspects，2022，634：127991.

[21] 周亚洲，杨文斌，殷代印．化学驱原油原位乳化及提高采收率机理研究进展[J]．油田化学，2022，39(4)：8.

[22] [1]李联中，田浩然．适合特低渗透油藏的表面活性剂驱油体系研究及应用[J]．西安石油大学学报(自然科学版)，2022(003)：037.

[23] 方彦超．超低渗油藏表面活性剂动态渗吸规律及作用机制研究[D]．中国石油大学(华东)[2023-12-24].

[24] Zhou R，Zhang D，Wei J. Experimental investigation on remaining oil distribution and recovery performances after different flooding methods[J]. Fuel：A journal of fuel science，2022.

[25] 冷开齐，刘卫东，丛苏男，等．微乳液驱提高采收率研究进展[J]．应用化工，2022(008)：051.

[26] 姚峰，朱霞．SN7-33 井表面活性剂驱油研究与应用[J]．复杂油气藏，2014，7(01)：73-76.

[27] 罗旭．致密油藏纳米表活剂渗吸驱油作用机理及主控因素研究[D]．长江大学，2023.

[28] Li X，Yue X，Zou J，et al. Effect of in-situ emulsification of surfactant on the enhanced oil recovery in low-permeability reservoirs[J]. Colloids and Surfaces A：Physicochemical and Engineering Aspects，2022，634：127991.

[29] Chowdhury S，Shrivastava S，Kakati A. Comprehensive Review on the Role of Surfactants in the Chemical Enhanced Oil Recovery Process[J]. Industrial & Engineering Chemistry Research，2022(1)：61.

[30] COTIA，AHP，DBAOB，et al. Surfactants employed in conventional and unconventional reservoirs for enhanced oil recovery—A review[J]. 2022.

突变理论在靖边气田下古生界马五$_{1+2}$各小层产能评价的应用与实践

贺　刚　陈兴官　白　艳　刘永建　张　超　陈　楠

（中国石油长庆油田公司）

摘　要　靖边气田下古生界碳酸盐岩气藏是典型的“三低”气藏，通过多年开发及测试成果发现，优质储量主要集中在奥陶系马家沟组马五$_{1+2}$各小层，其中马五$_1^3$为主产层，产气贡献达到78.4%，其他各小层为次产层，产气贡献仅21.6%，但地质储量占比主次产层储量基本相当。因此弄清次产层产能是评价储量动用程度、开展储层评价和后续攻关目标的关键，也是保障靖边气田下古生界40亿方持续稳产的关键。本文通过调研多种产量劈分方法，总结其利弊，最终在基于动态生产特征分析，利用法国数学家伦尼汤姆于20世纪70年代创立的突变理论，首次在靖边气田下古碳酸盐岩多层系气藏建立了产量劈分模型，应用该模型计算各层位的产量劈分系数，它是多层气藏动态分析的关键参数之一，根据产量劈分系数较准确的计算出单井各小层产量，最终形成了适合靖边气田下古碳酸盐岩多层系气藏的产量劈分方法，通过该方法计算了靖边下古700余口合层开采单井各小层产量，应用计算结果可进一步计算次产层剩余储量分布特征研究，指导次产层后期开发，从而提高靖边气田下古气藏最终采收率。

关键词　靖边气田；产量劈分；下古气藏；次产层

1　概述

1.1　靖边气田下古气藏开发现状

靖边下古碳酸盐岩规模开发始于1997年，2003年建成50亿方生产规模并稳产至2014年，目前具备年产气40亿方的生产能力，超过90%的气井采用合层改造、合层生产方式开采，历年83口241井次的产气剖面测试结果分析其产气贡献为22%，层间储量动用不均衡，采用容积法分层复算主力产层马五$_1^3$储量占比44%。马五$_1^2$、马五$_2^2$等次产层储量占比56%，马五$_{1+2}$次产层储量占比大，产气贡献低，地质储量与产气能力不匹配，而产气剖面测试井数少，占比仅7.8%，无法准确评价次产层开发指标，计算次产层储量动用程度，鉴于此现状，如何准确劈分各层产量评价次产层合理产能和EUR是次产层高效开发以及提高采收率的基础，也是目前面临的技术难题。

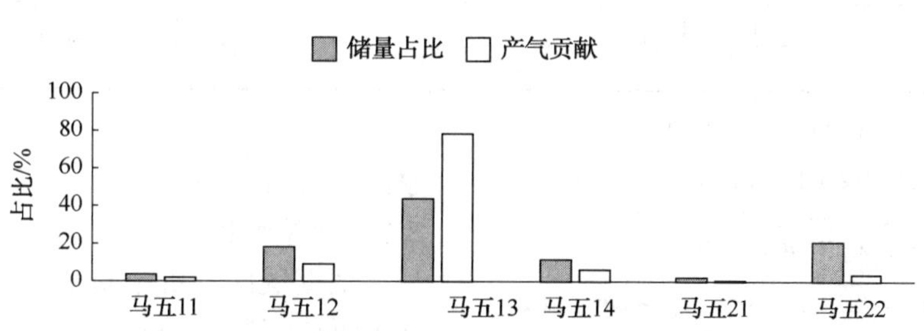

图1　靖边气田分层储量和产气贡献比例柱状图

1.2　产量劈分方法调研

针对靖边下古碳酸盐岩多层系含气的特点，其动态分析的最大难点也恰恰在于分层评价动态参数，即各产层的产量、动用储量及其采出程度、泄流半径等。现场收集到的动态数据日产气量、油压、套压等数据均为井口参数，即多层统筹数据。通过建立多层气藏产量劈分模型确定合采井各贡献层的劈分系数，计算各产层的产量，在此基础上对各主力层动静储量的采出程度和泄流半径进行评价。常规的多层气藏产量劈分方法有产剖测试法、有效厚度法、地层系数法、数值模拟法等，产剖测试法结果可靠，但是费用高，难以规模开展，有效厚度法、地层系数法考虑因素单一，仅考虑到静态参数，数值模拟法直观，可以深度发掘气井产能和生产潜力、预测长期小层产量变化规律，需进行复杂的历史拟合，多解性强，且需要资料繁杂。本文综合考虑多种因素，包括地质因素中的气层中深、含气饱和度、气层厚度、孔隙度、层产气能力、储层类型、渗透率、白云岩含量、储层密度，总计 9 个因素，通过运用数学拓扑学发展而来的突变理论建立了下古气藏小层产量劈分新模型。见表 1。

表 1　常用产量劈分方法及优缺点

常用产量劈分方法	优　点	缺　点	适应性
产剖测试法	实际测试，结果可靠	费用高，通井普遍遇阻难以规模开展	★★★
有效厚度法	方法简单，参数少	适用均质气藏，下古非均质性强，不满足条件	—
地层系数法	方法简单，参数少	准确度低、和产剖对比准确度仅 32%	★★
数值模拟法	直观，可以深度发掘气井产能和生产潜力、预测长期小层产量变化规律	需建立单井模型、历史拟合，过程复杂且多解性强	★★★

2　突变理论及应用

2.1　突变理论

突变理论是由法国数学家伦尼汤姆于 20 世纪 70 年代创立，是一门综合运用拓扑学、奇点理论和结构稳定性研究内部作用不确定系统突变现象的数学学科，也可进行具有相同影响因素的不同物质的排序优选，其包括折叠突变、尖点突变、燕尾突变、椭圆脐突变、双曲突变、蝴蝶突变、抛物突变 7 种突变模型。应用最广泛的突变类型包括尖点突变、燕尾突变和蝴蝶突变模型，其势函数和分歧点集方程见表 2。通过分歧点集方程可以导出归一公式，进而可求出系统总突变隶属函数值，因此归一公式中状态变量和控制变量需要归一到 0~1。

表 2　三种常用突变类型势函数及分歧点集方程表

模型	势函数表达式	分歧点集方程
尖点突变	$V(x)=x^2+ux^2+vx$	$v=-6x^2$，$v=-8x^3$
燕尾突变	$V(x)=\frac{1}{5}x^5+\frac{1}{3}x^3+\frac{1}{2}x^2+wx$	$v=-6x^2$，$v=-8x^3$，$w=-3x^4$
蝴蝶突变	$V(x)=\frac{1}{6}x^6+\frac{1}{4}tx^4+\frac{1}{3}ux^3+\frac{1}{2}vx^2+wx$	$t=-10x^2$，$u=20x^3$，$v=-15x^4$，$w=4x^5$

注：表中 x 为状态变量，u、v、w、t 为控制变量。

上述 3 种常用突变模型的归一公式如下：

$$尖点突变：x_u=\sqrt{u}，x_v=\sqrt[3]{v} \tag{1}$$

$$燕尾突变：x_u=\sqrt{u}，x_v-\sqrt[3]{v}，x_w=\sqrt[4]{w} \tag{2}$$

$$蝴蝶突变：x_u=\sqrt{u}，x_v=\sqrt[3]{v}，x_w=\sqrt[5]{t} \tag{3}$$

首先确定影响突变模型的控制变量，并进行影响大小排序和分类，建立由下到上，即指标层到准则层再到目标层的突变模型架构；对各控制变量进行归一化处理(数值范围为 0~1，并且值越大越优)；根据架构内各层满足的突变模型，分别计算突变隶属函数值，最终求出不同评价对象的系统目标值。

2.2　计算方法

根据层次分析法的基本原理，综合考虑影响下古纵向多层合采井各层产量的含气饱和度、气层厚度、孔隙度、层产气能力、储层类型、渗透率、白云岩含量、储层密度、气层中深等因素，上述因素构成指标层；并对上述指标分为储量特征、开发特征、地质特征三类，构成准则层，最终构成产量劈分突变指标体系(图 2)；根据控制变量个数确定相应的突变模型，建立突变模型架构(图 3)。

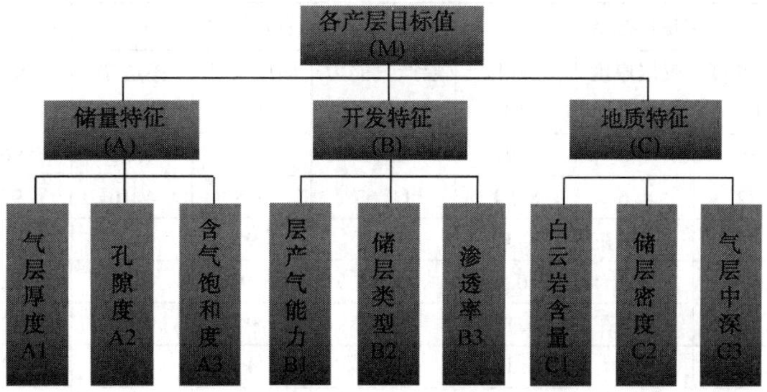

图 2　产量劈分突变指标体系示意图

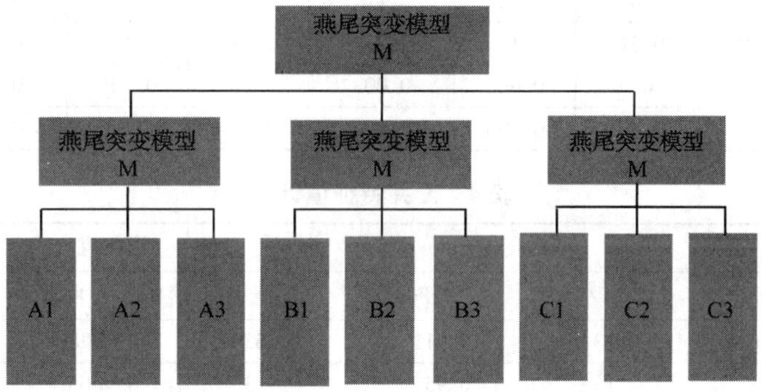

图 3　突变模型架构图

系统突变隶属函数值的计算，需要对所有控制变量，即指标值进行无量纲归一化处理，公式如下：$x=x_i/c_i$(4)当指标值对系统有利时 x_i 为指标值，c_i 为各系统某指标所有样本的最大值；当指标值对系统不利时，x_i 为指标值倒数，c_i 为各系统某指标所有样本倒数的最大值。选取系统中各指标所有样本里对系统最不利的值组合相对突变面(表 2)，以进行后期的产量劈分系数计算。

2.3　理论应用及实践

应用突变理论计算了 700 余口合采井各小层的产量，并与 83 口进行过产气剖面测试的气井进行对比分析，其中 A 井等 72 口井与产气剖面测试结果基本吻合，误差在允许范围内，符合率达 86.7%，证明该方法在靖边气田下古多层系含气气藏计算各小层产量基本适用。下面以 A 井计算为例，详细介绍该理论的应用情况。

2.3.1　确定相对突变面

突变理论在评价具有相同内部影响因素的不同系统时，人为地筛选出一个内部影响因素的最不利组合，称为相对突变面系统，计算结果中某一个系统目标值距离相对突变面目标值越远，说明这个系统越有优势。

2.3.2　归一化计算

对各控制变量进行归一化处理(数值范围为 0~1，并且值越大越优)

计算公式：$x=x_i/c_i$

当指标值对系统有利时，x_i 为指标值，c_i 为各系统某指标所有样本的最大值；

当指标值对系统不利时，x_i 为指标值倒数，c_i 为各系统某指标所有样本倒数的最大值。

2.3.3　目标值及劈分系数计算

通过分歧点集方程导出归一公式，进而可求出系统总突变特征值，按照燕尾突变模型计算各产层目标值 M_i 和相对突变面的系统目标值 M'，最终计算各产层产量劈分系数。见表 3。

2.3.4　特征值计算

按照燕尾突变分别对 A1、A2、A3 计算 A1′、A2′、A3′。A′=(A1′+A2′+A3′)/3，A=A′^(1/2)，同样的方法可以计算得到特征值 B、C，其中 B=B′^(1/3)，C=C′^(1/4)。

表 3　A 井指标值归一化统计结果

序号		层位	储量特征 A			开发特征 B			地质特征 C		
			含气饱和度 A1	气层厚度 A2	孔隙度 A3	层产气能力 B1	储层类型 B2	渗透率 B3	白云岩含量 C1	储层密度 C2	气层中深 C3
原始值	1	马五$_1^1$	72.36	1.8	6.97	2.91	4	1.33	96.6	2.74	3134.9
	2	马五$_1^2$	74.72	4.6	8.54	11.63	6.5	4.16	97.9	2.74	3139.6
	3	马五$_1^3$	80.87	3.9	8.37	60.01	9	4.61	97.6	2.75	3147.95
	4	马五$_1^4$	75.93	2.4	10.1	8.42	6.92	6.15	96.29	2.69	3154
	5	马五$_2^1$	75.13	2.3	6.12	0.17	9	0.65	92.2	2.74	3158.25
	6	突变面	72.36	1.8	6.12	0.17	4	0.65	92.2	2.74	3158.25
归一化值	1	马五$_1^1$	0.895	0.4	0.69	0.048	0.444	0.216	0.987	0.982	1
	2	马五$_1^2$	0.924	1	0.846	0.194	0.722	0.676	1	0.982	0.999
	3	马五$_1^3$	1	0.848	0.829	1	1	0.75	0.997	0.978	0.996
	4	马五$_1^4$	0.939	0.522	1	0.14	0.769	1	0.984	1	0.994
	5	马五$_2^1$	0.929	0.5	0.606	0.003	1	0.106	0.942	0.982	0.993
	6	突变面	0.895	0.391	0.606	0.003	0.444	0.106	0.942	0.982	0.993

表 4　A 井特征值计算

序号		层位	燕尾突变				特征值 A	特征值 B	特征值 C
			A1^(1/2)	A2^(1/3)	A3^(1/4)	平均值 A′	A＝A′^(1/2)	B＝B′^(1/3)	C＝C′^(1/4)
归一化值	1	马五$_1^1$	0.946	0.731	0.911	0.863	0.92894	0.72019	0.99892
	2	马五$_1^2$	0.961	1	0.959	0.973	0.9866	0.77296	0.99954
	3	马五$_1^3$	1	0.946	0.954	0.967	0.98329	1	0.99916
	4	马五$_1^4$	0.969	0.805	1	0.925	0.9616	0.74622	0.99919
	5	马五$_2^1$	0.964	0.794	0.882	0.88	0.93805	0.69726	0.99684
	6	突变面	0.946	0.731	0.882	0.853	0.92369	0.69726	0.99674

2.3.5 目标值 M 及劈分比例计算

$$P_i = \frac{M_i - M'}{\sum_{i=1}^{n}(M_i - M')}$$

说明：i—第 i 层；n—为合采个数；M'—相对突变面产层目标值。

同理计算出 A 井其他各产层的产量劈分系数，该井在 2006 年 6 月 25 日进行了分层产气剖面测试，对比两种方法的结果，用突变理论求出的产量劈分系数较 KH 法要更加接近实际产气剖面测试结果，其劈分结果更加准确可靠。因此采用新建立的产量劈分模型对合采井的产量进行劈分(表 5、表 6)。

表 5　A 井各层系统目标值

层位	储层特征 A	开发特征 B	地质特征 C	目标值 Mi	劈分比例 P	产剖测试结果	差值
马五$_1^1$	0.9289	0.7202	0.99892	0.8827	4.74%	3.50%	1.24%
马五$_1^2$	0.9866	0.773	0.99954	0.9197	22.08%	20.70%	1.38%
马五$_1^3$	0.9833	1	0.9992	0.9942	56.97%	61.10%	-4.13%
马五$_1^4$	0.9616	0.7462	0.9992	0.9023	13.95%	13.80%	0.15%
马五$_2^1$	0.938	0.6973	0.9968	0.8774	2.26%	2.90%	0.64%
突变面	0.9237	0.6973	0.9967	0.8726			

表 6　下古 45 口井计算结果对比表

层位	产气贡献率/%				
	产剖测试法	突变理论法	突变法与产剖法差值	kh 法	kh 法与产剖法差值
马五$_1^1$	1.1	1.7	0.6	4.2	3.1
马五$_1^2$	11.1	11.3	0.2	17.2	6.1

续表

层位	产气贡献率/%				
	产剖测试法	突变理论法	突变法与产剖法差值	kh 法	kh 法与产剖法差值
马五$_1^3$	74.6	70.6	−4	47.9	−26.7
马五$_1^4$	4.5	4.5	0	8.5	4
马五$_2^1$	0	0.2	0.2	0	0
马五$_2^2$	3.6	6.5	2.9	14	10.4
马五$_3^1$	0.1	0	−0.1	0.4	0.3
马五$_4^1$	5	5.2	0.2	7.8	2.8

3　应用与认识

3.1　结算结果在纵向上的特征和在平面上的特征，进一步确定主次产层发育的主控因素

应用突变理论法得到小层产量劈分系数，计算下古多层合采井前五年小层产量、井均累计产气量、井均 EUR，结果显示，在纵向上产量由大至小依次为马五$_1^2$、马五$_1^4$、马五$_1^1$、马五$_2^2$、马五$_2^1$，是后续重点的开发层位。平面上气田本部中部（0.93 万）>西侧（0.81 万）>本部南部（0.78 万）= 东侧（0.78 万）>本部北部（0.76 万），次产层有利区主要分布在气田中部，是后期次产层开发的主要区域。

3.1.1　沉积微相是优质储层发育的基础

综合岩心特征和测井识别岩石类型结果开展了 1181 口井沉积微相解释，马五$_1^3$ 主要为膏云坪沉积，次产层主要以灰云坪为主，马五$_1^3$ 膏云坪微相连片发育，有效储层最为发育；马五$_1^2$、马五$_2^2$ 以云坪为主、膏云坪零星发育，有效储层相对发育；马五$_1^4$ 以泥云坪为主，有效储层发育较差。见图 4。

3.1.2　古地貌是优质储层发育的关键

受地层缺失的影响，侵蚀沟槽内储层厚度整体相对较小；岩溶高地裂缝型储层相对发育，侵蚀沟槽附近的溶孔–裂缝型优质储层相对发育；残丘分布区 I+Ⅱ类储层相对较为发育。见图 5。

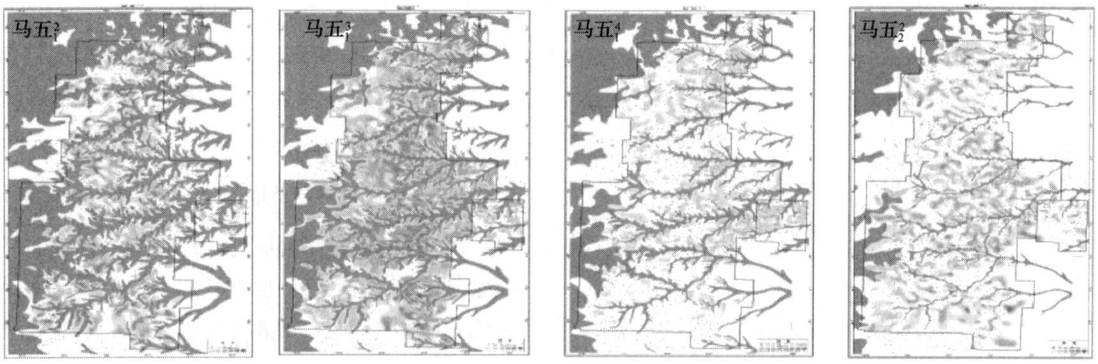

图 4　马五$_{1+2}$有效储层平面分布图

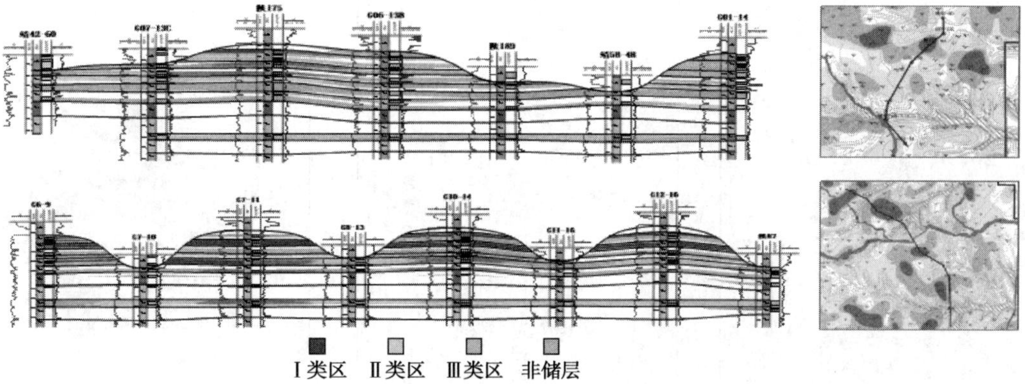

图 5　次产层发育区域连井剖面图

3.2 计算结果与测井、岩心资料结合建立图版，概算储量，确定有利区

3.2.1 解释图版的建立

根据马五$_{1+2}$储层主次产层四性关系特征、各小层产量理论计算结果，再结合开发井试气、试采数据，细分解释单元分别建立主产层马五$_1^3$，次产层马五$_1^4$，马五$_1^1$-马五$_1^2$，马五$_2^1$-马五$_2^2$的气层识别图版。见图6、图7。

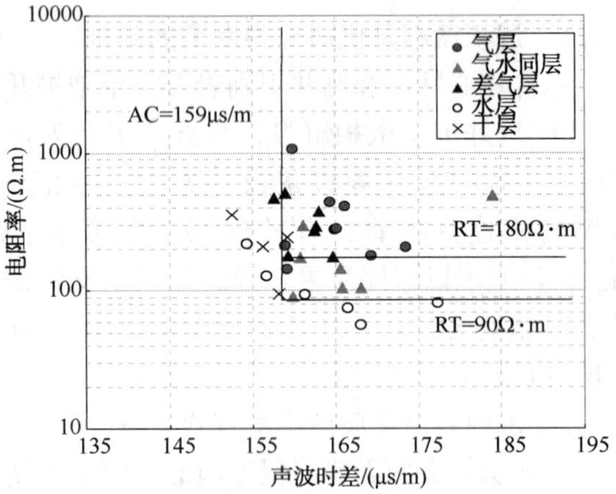

图6　马五$_1^3$电阻率-声波时差交会图

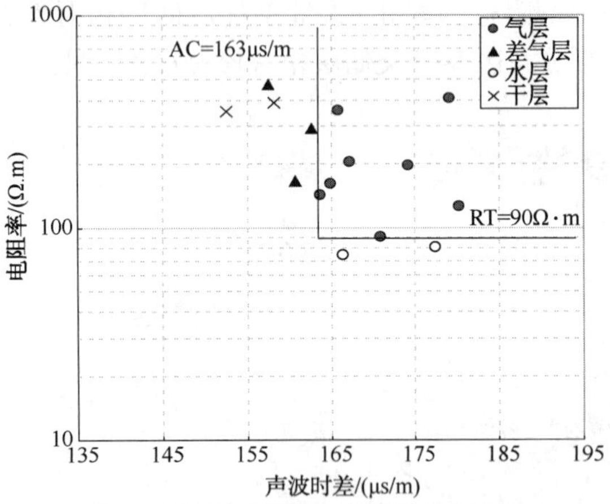

图7　马五$_1^4$电阻率-声波时差交会图

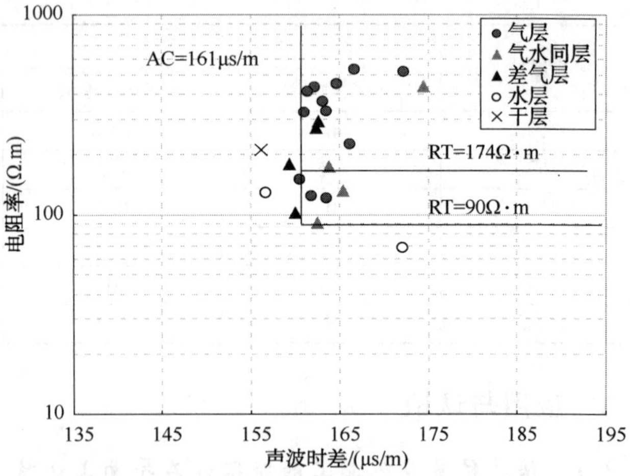

图8　马五$_1^1$-马五$_1^2$电阻率-声波时差交会图

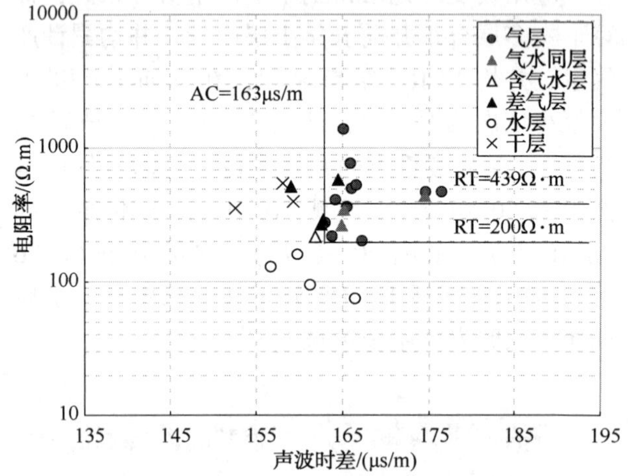

图9　马五$_2^1$-马五$_2^2$电阻率-声波时差交会图

3.2.2 次产层储量概算

结合马五$_{1+2}$残余地层厚度、有效厚度分布刻画，根据马五$_{1+2}$气藏储量计算参数及含气面积，容积法分层复算次产层地质储量。主产层马五$_1^3$储量占比43.8%，次产层储量占比56.2%。见图10。

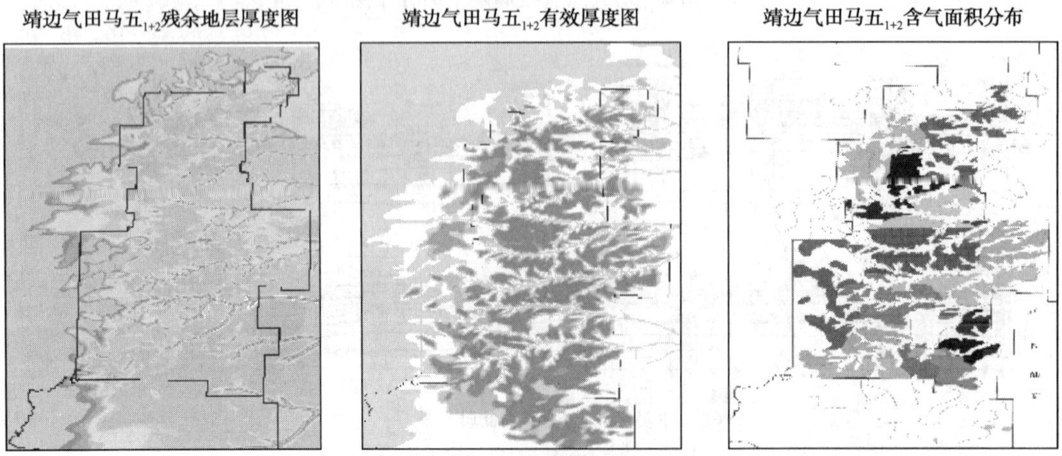

图10　靖边气田马五$_{1+2}$储层纵向分布图

3.2.3　次产层发育有利区

通过识别各小层储层类型，优选次产层有利区，落实次产层溶洞、溶孔－裂缝型优质储量562.9亿方，其中可动用叠合有利区含气面积943km²，可开发储量377亿方。见表7。

表7　靖边下古次产层分层评价结果统计表

层　位	分层计算地质储量		溶洞型储量		溶洞型+溶孔裂缝型类储量	
	储量/亿方	面积/km²	储量/亿方	面积/km²	储量/亿方	面积/km²
马五$_1^1$	147	590.4	11.8	47.2	22.1	88.6
马五$_1^2$	764	2916.7	198.6	758.3	282.7	1079.2
马五$_1^4$	479.7	2352.7	19.2	94.1	110.3	541.1
马五$_2^1$	90.5	815.4	0.0	0.0	0.0	40.8
马五$_2^2$	869.6	4867.7	52.2	292.1	147.8	827.5
合计	2350.7		281.8		562.9	

3.3　利用结算结果开展次产层井网井距评价

3.3.1　次产层储量概算

结合突变理论计算个小层产量，利用单井控制储量劈分法，评价马五$_1^2$、马五$_2^2$等次产层各小层单井泄流半径0.16～0.56km。分别采用经济评价法和井控储量法进行综合测算得出次产层直井合理井距为1.2km；次产层水平井合理井距1.2＊2.7km。见图11、图12。

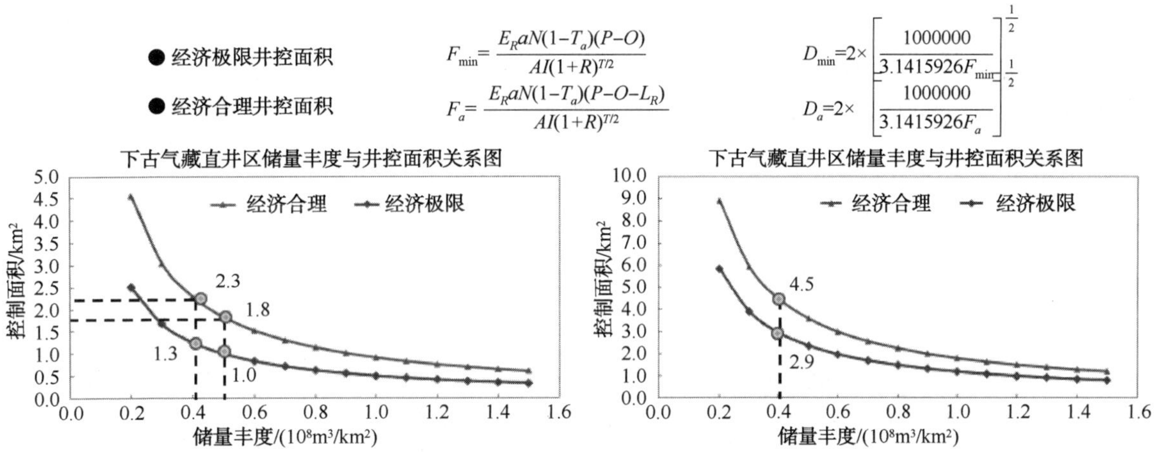

图11　经济极限法井控半径评价结果

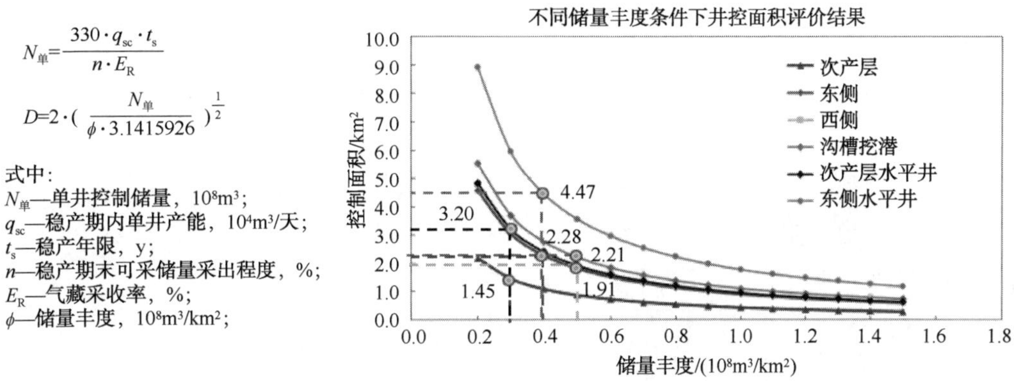

图12　井控储量法井控半径评价结果

4 结论及下步工作

A. 利用突变理论对多层系储层进行产量劈分，具有成本低、效率高、准确率高等特点，对气田的开发指标评价有着重大的意义。

B. 产量劈分结果表明，靖边下古次产层马五$_1{}^2$产量最高，是后期开发的主要层系，有利区主要分布在气田中部，是后期次产层开发的主要区域。

C. 靖边下古次产层储量动用程度极低，针对次产层井控半径仅0.16~0.56km、单井经济效益差等开发难点，应优选开发试验区，并从井网井型、改造工艺技术攻关等方面进一步提高次产层开发效果，为后续开发技术调整和优化提供技术指导。

参 考 文 献

[1] 周永胜，张流．裂缝性储集层岩芯裂缝统计分析[J]．世界地质，2000，19(2)：118-124.

[2] 罗群．致密砂岩裂缝型油藏的岩心观察描述—以文明寨致密砂岩为例[J]．新疆石油地质，2010，31(3)：229-231.

[3] 司马立强，疏壮志．碳酸盐岩储层测井评价方法及应用[M]．北京：石油工业出版社，2009.

[4] 邓模，瞿国英，蔡忠贤．常规测井方法识别碳酸盐岩储层裂缝[J]．地质学刊，2009，33(1)：75-78.

[5] 李善军，汪涵明，肖承文，吴远东．碳酸盐岩地层中裂缝孔隙度的定量解释[J]．测井技术，1997，(03)：51-60+66.

新型生物胶压裂液的性能及应用

袁　杰

（中石化西南石油工程有限公司井下作业分公司）

摘　要　新型生物胶压裂液体系长庆油田区块已经大范围应用，适合70~130℃致密储层的压裂液体系。使用矿化度为3000~4000mg/L浅层地下水配液，实现最高砂比为30%，同区块单井加砂量与瓜胶压裂液加砂量相近。新型生物胶压裂液具有速溶、适应高矿化度水、低摩阻、携砂性能强、残渣低、伤害小、安全环保等特点，与常规瓜胶压裂液相比，具有配方简单、配制方便、水质适应性强、成本低等特点。新型生物胶压裂液的推广，对扩大压裂液配液水源、降低压裂液成本以及保障大规模体积改造的顺利实施有重要意义。

关键词　增产措施；新型生物胶；回收再利用；低成本

1　前言

压裂是油气井增产的主要措施，随着低渗透及非常规储层的开发，油气井改造呈现大规模、大排量、高泵压的模式。压裂技术仍然是向低成本、低伤害、环保、配置简单的方向发展。新型生物胶具有无毒、增黏能力强、假塑性、性能稳定等特点，尤其是分子间缔合作用形成的结构流体具有良好的支撑悬浮性能，尽管因为非交联状态，与冻胶压裂液相比滤失量大，但对于目前主体压裂改造的致密储层，滤失对压裂液造缝影响小，因此新型生物胶从性能上满足压裂液使用需求。压裂液的成功应用，对于改变瓜尔胶压裂液对水质要求高，扩大压裂液配液水源；改变主体压裂液依赖瓜尔胶进口，降低压裂液成本；以及对保障大规模体积改造的顺利实施有着深远意义。

2　新型生物胶的成分及作用原理

2.1　新型生物胶稠化剂的构成

压裂用新型生物胶稠化剂是一种以生物制剂为核心的新型生物胶、清洁、环保型压裂液，主剂、助剂、承载液、隔离保护剂等通过生物法反应、复配而成。是由一种表面活性剂和一种低分子聚合物及其他五种助剂在新型生物胶合成酶的作用下发生生化反应而获得的一种生物复合胶，见图1。

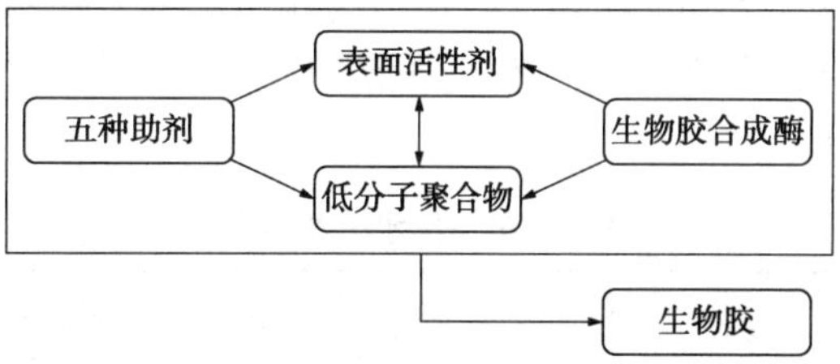

图1　新型生物胶稠化剂成分构成图

2.2　成胶机理

新型生物胶压裂液是通过对菌种、有机物经微生物降解、分离和钝化而来的一种新型生物胶天然高分子压裂液。新型生物胶压裂液在外因给定的适当条件下，遇水在分子主价力、次价力、静电力以及机械作用力等综合作用下形成良好的胶体，随浓度增大，该物体溶液的黏度和弹性会迅速提高。从而使形成的新型生物胶胶体具有耐温流变性、低残渣、低伤害、低摩阻、携砂好等特性。

2.3　破胶机理

新型生物胶在生物酶破胶剂的作用下可以水解新型生物胶的多糖构成，使低分子聚合物裂解形成比原有低分子聚合物更小的小分子单体，黏度变小，使之压裂液残液能从支撑剂充填中更稳定地反排出来，使残渣反排彻底，以提高采油采气的增产效率。

2.4　防膨机理

黏土矿物是低渗透砂岩储层重要的组成部分，油田开发中，注入底层的各种流体，改变了原始储层的环境，在渗透过程中发生固—液、液—液等物理化学变化，使黏土矿物发生膨胀与分散迁移，堵塞多孔介质、增加渗透阻力从而影响油藏开发效果和最终采收率。

新型生物胶可回收压裂液在破胶之后，水分子不从低分子聚合体末端逃逸或脱离，这样就不会有游离态的水分子和黏土结合使其膨胀，同时破胶后形成的低分子聚合物对黏土层可以起到一个保护层的作用，避免其他流体或压裂液中部分水分子对黏土层的破环。这样，保护了地层原有孔道，在放喷或抽吸过程中，新型生物胶液体形成的残渣，压裂液与地层形成的保护膜，在压裂形成的大裂缝孔道而排出，使之压裂改造的效果好，产量有大幅度提升。

3　新型生物胶压裂液的性能

3.1　黏度与稳定性

在实验中，分别利用自来水、2% KCl 自来水溶液和长庆油田苏西区块浅层地下水，配制浓度为 2.5%的新型生物胶，实验用水分析结果见表 1，新型生物胶压裂液的增黏过程如图 2 所示。

表 1　实验用水分析结果

水型	K^+Na^+/(mg/L)	Ca^{2+}/(mg/L)	Mg^{2+}/(mg/L)	总矿化度/(mg/L)
自来水	54	24.5	10.86	330
长庆井水	794	88.0	14.30	2444

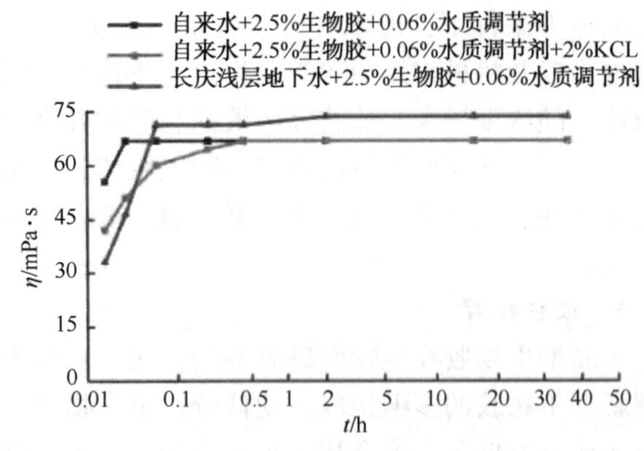

图 2　新型生物胶在不同介质中的增黏过程

表 1 和图 2 的结果表明，随着用水矿化度的增加，新型生物胶的水合增黏速率变慢，5min 后均能达到最高值；矿化度高的水形成的溶液最终黏度相对较高；新型生物胶压裂液放置 48h 黏度基本没有变化，表明新型生物胶压裂液具有良好的放置稳定性。新型生物胶压裂液的配制比瓜尔胶工艺简单，从放置稳定性看，体系不需要添加杀菌剂，这与新型生物胶压裂液特殊的超分子缔合结构有关。

3.2　液体摩阻

使用摩阻仪对新型生物胶压裂液和瓜尔胶溶液的摩阻进行测试，结果见图 3。

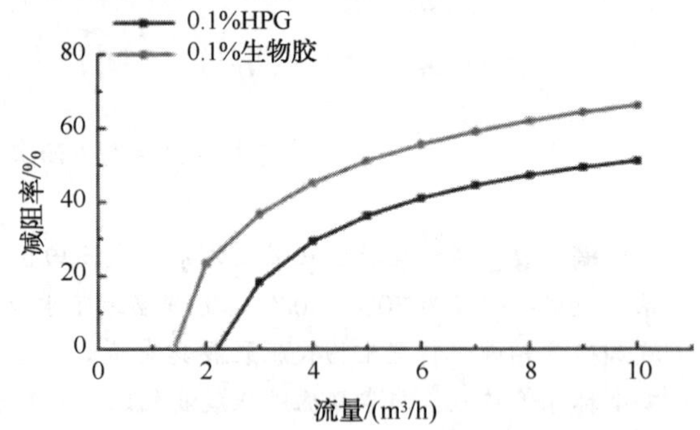

图 3　新型生物胶压裂液与瓜胶压裂液摩阻对比

结果表明，新型生物胶压裂液的降阻性能优于瓜尔胶；新型生物胶压裂液作为压裂液是在非交联状态下使用，而瓜尔胶是交联冻胶，瓜尔胶交联后摩阻会大幅增加。

3.3　耐温流变性能

构象的转变是指新型生物胶分子在水溶液中，有序结构和无序结构之间的转变。新型生物胶的构象变化是一个热力学可逆过程，这个过程与新型生物胶浓度无关，但与新型生物胶的相对分子质量、羧基和缩酮基的含量有关，更主要的是受环境因素（矿化度和温度）支配。在一定温度下呈无序状态的新型生物胶溶液中，加入一定量的盐（一价或二价盐）后，会转变为具有有序结构的溶液。在一定矿化度下，当呈现有序结构的溶液被加热到某一温度（Tm）以上时将转变为无序。Tm 的计算公式如下：

$$Tm=122+30\lg[Na+] \tag{1}$$

$$Tm=310+70\lg[Ca2+] \tag{2}$$

Tm 为摄氏温度，℃。比较式（1）和式（2）可以看出，二价盐对转变温度的影响更为强烈。因为有序结构可以防止对主链的化学进攻，因而有助于保护新型生物胶溶液的稳定性，在应用过程中常常加入一定量的盐，极大地改善了新型生物胶的抗剪切性及恢复能力。

使用 RS6000 高温高压流变仪对改性后新型生物胶 FAD－120 压裂液流变性能进行测试。图 4是将 0.35%FAD－120 压裂液以 170s-1 变温连续剪切 120min 的流变曲线。

从图 3 可以看出，新型生物胶压裂液经过变温连续剪切，从初始室温的 31.65mPa·s 降至 90℃下的 21～22mPa·s，每个温度台阶的黏度

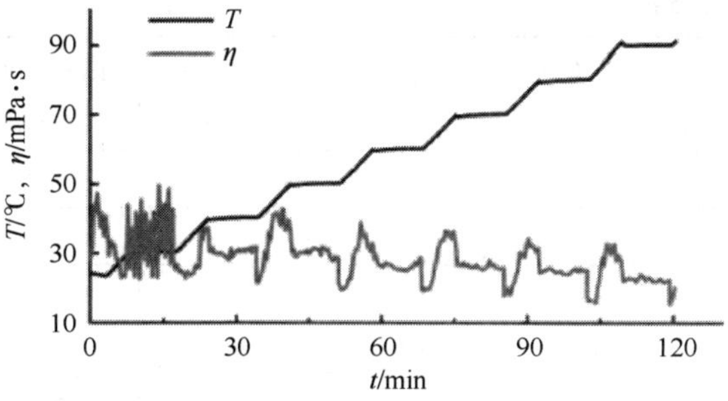

图4　2.5%新型生物胶压裂液的耐温耐剪切性

基本保持不变。新型生物胶压裂液在非交联状态下使用，低黏高弹的特性使新型生物胶压裂液具有良好的耐温和抗剪切性能。

图5是新型生物胶压裂液在120℃下的流变曲线。由图5可以看出，低黏高弹的新型生物胶压裂液表现出良好的耐温和抗剪切性能。

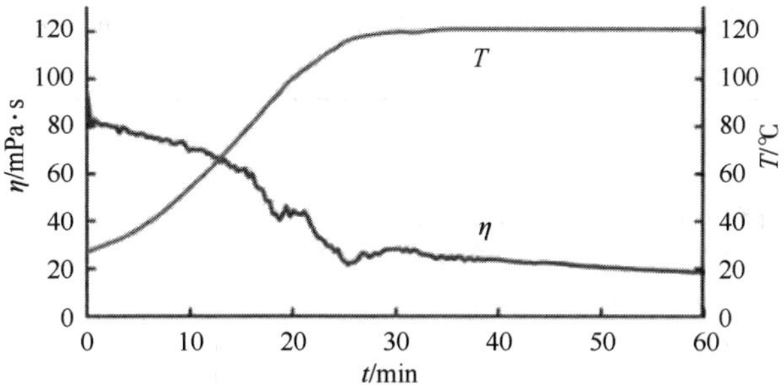

图5　2.5%浓度新型生物胶压裂液耐温耐剪切性能

3.4　携砂性能

对不同浓度新型生物胶压裂液与瓜尔胶冻胶压裂液单颗粒沉降进行了实验比较，结果见图6。由图6可以看出，相应浓度的非交联新型生物胶压裂液在不同温度下的单颗粒沉降速度小于瓜胶压裂液，具有良好的携砂性能。新型生物胶压裂液的高弹性以及良好的携砂性能，与其分子间缔合作用形成的网状结构有关。

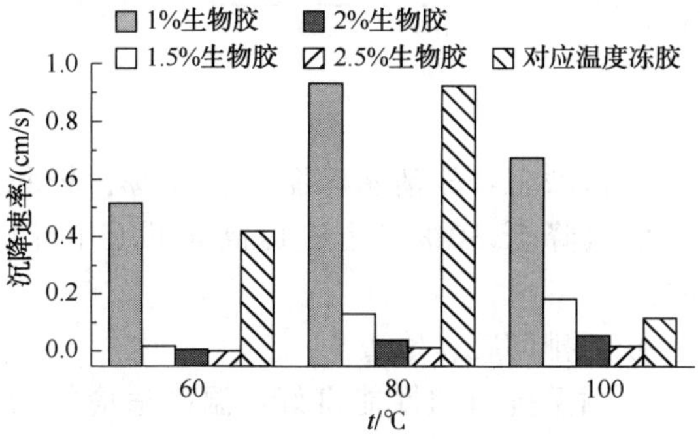

图6　不同浓度新型生物胶压裂液与瓜胶冻胶压裂液携砂性能

3.5　新型生物胶压裂液压返液回收利用

随着环境保护观念的日益增强，对油田压裂返排液的处理提出了更为严格的要求。压裂返排液的重复利用可大幅节约致密砂岩油气藏及页岩气压裂改造施工成本，达到降本减排的目的，同时可缓解干旱缺水地方的施工用水难题。由于新型生物胶水溶液自身结构对 K^+、Na^+、Ca^{2+}、Mg^{2+}等盐具有良好的耐受性，这些离子通过分子内和分子间的盐桥作用联接分子链，促使新型生物胶向双螺旋构象转变，随着盐浓度的升高，金属离子对新型生物胶侧链结构的屏蔽作用会使其分子构象更加稳定。由于返排液回收再利用的关键点就在于压裂液对于水质的适应性，新型生物胶压裂液对水质的适应性满足需求，并通过室内测试表明，利用返排液配制的新型生物胶压裂液性能稳定，满足压裂施工要求。新型生物胶压裂液返排液重复利用技术对于油田的节能减排、稳产和合理开发具有重要现实意义，体系的高强抗盐能力将大面积实现推广应用。

4　现场应用

目前长庆工区已经使用新型生物胶压裂液体系进行80多口井的施工，在长庆工区所施工的苏某某井，使用的新型生物胶压裂液体系进行加砂压裂施工。

新型生物胶压裂液配方：

低黏液配方：1.5%新型生物胶+0.05%～0.06%水质调节剂+清水

高黏液配方：2.5%新型生物胶+0.05%～0.06%水质调节剂+清水

新型生物胶压裂液黏度表：

新型生物胶添加比例/%	黏度值/mPa·s
1.0	30
1.5	45
2.0	60
2.5	75

添加方式：液灌内储存清水，新型生物胶直接用混砂车液添系统按设计比例加入混合桶，大样在5～8s起黏，新型生物胶溶解快，液体性能稳定。

表2　压裂施工泵注程序

工序	液性	注入液量/m^3	注液排量/(m^3/min)	加砂量		含砂浓度/(kg/m^3)	砂比/%	液氮排量/(L/min)	泵注时间/min
				kg	m^3				
低替	低黏液	10.0	0.3~0.5						
坐封	低黏液	2.0	0.5~2.8						
前置液	低黏液	55.0	2.8					100	19.6
	低黏液	20.0	2.8	1750	1.0	88	5.0	100	7.3
	低黏液	50.0	2.8					100	17.9
携砂洲	高黏液	22.3	2.8	3325	1.9	149	8.5	100	8.3
	高黏液	28.2	2.8	7000	4.0	248	14.2	100	10.9
	高黏液	42.7	2.8	14000	8.0	328	18.7	100	16.8
	高黏液	52.8	2.8	21000	12.0	398	22.7		21.2
	高黏液	26.6	2.8	11900	6.8	447	25.6		10.9
	高黏液	12.1	2.8	5775	3.3	477	27.3		5.0
顶替液	低黏液	11.0	2.6						4.2

合计：总液量：332.7m^3；低黏液148.0m^3；高黏液184.7m^3；陶粒：37.0m^3；平均砂比：19.5%；平均含砂浓度：341.3kg/m^3；液氮：8.1m^3。

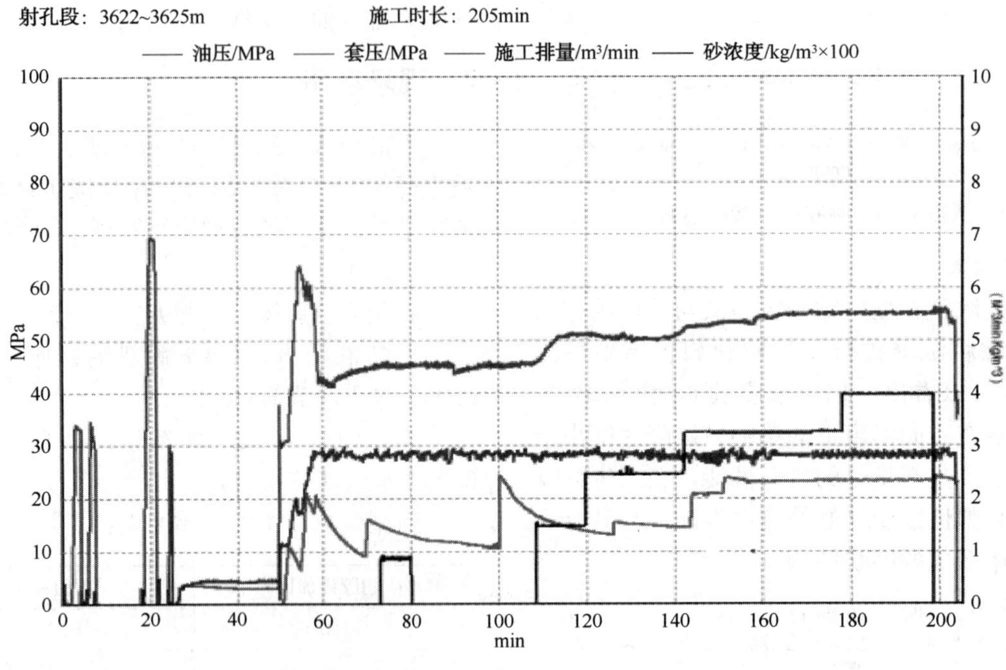

图7　压裂施工曲线

5　认识

①节能环保：可做到压裂返排液不落地，环保性能良好，返排液多次重复使用，实现地面无污染；

②适应性强：所有类型的地表水(矿化度较高、温度0℃以上)、地层水都可用于新型生物胶压裂液的压裂施工，压裂液性能稳定；

③低摩阻：较清水摩阻降低40%，较胍胶施工摩阻降低30%以上，提高了设备的使用效率；

④返排彻底、残渣少；

⑤耐温抗剪切性能良好：温度适应能力可达130℃以上；

⑥携砂性能好，施工稳定：压裂液黏度可通过混砂车比例泵的排量随时进行调整；

⑦ 抗屈服：抗屈服能力优于其他液体。经过研究，砂堵未必完全是因为滤失量大造成的，也可能是在高温、高压复杂的环境下液体屈服，导致黏度降低，这也是有些液体砂比提不上去的主要原因之一；

⑧ 施工工艺简单：新型生物胶压裂液施工无需专用设备，采用常规压裂设备直接混配、连续施工，施工前无需配液，也不存在剩液，省去配液和清罐环节；

⑨ 油田开发综合成本比目前使用的任何一种压裂液体系都要低；

⑩ 返排液可持续多次重复使用，只需除渣处理。

参 考 文 献

[1] 李超颖，王英东，曾庆雪．水基压裂液增稠剂的研究进展[J]．内蒙古石油化工，2011，(5)：8-10.

[2] 明华等．改性新型生物胶压裂液的制备与应用[J]．钻井液与完井液，2016，33(2)：117-121.

[3] 任宏洋，王新惠．黄原胶的特性、生产及应用进展[J]．酿酒，2010，37(2)：17-19.

[4] 江丽丽，张庆，徐世艾，等．黄原胶降解的研究进展[J]．微生物通报，2008，35(8)：1292-1296.

低成本小修拓展作业技术研究与应用

徐峰阳　陈　宁　邓茂攸　丁　帅　李承森　林　爽　谢　敏　屈艳飞

（中国石油吉林油田公司油气工程研究院）

摘　要　吉林油田随着开发时间的延长，套管整形、弃置井封井、井下落物等井况问题数量众多，但作业保障和技术能力相对较差，修井作业效率和成功率相对较低，作业成本相对较高。为此，开展小修作业拓展技术研究，形成套管整形、一体化封井、震击解卡等低成本高效小修修井技术，替代现有的大修技术，提高油田修井作业成功率，大幅提高作业效率，降低作业成本，助力油田井况治理降本提效，有利地支撑油田开发效果的进一步提高。

关键词　小修作业；液压整形；一体化封井；震击解卡

1　技术现状及需求

1.1　套管整形技术现状

截止 2022 年末，吉林油田共有套损套变井 1525 口，严重影响油水井的正常生产，此外，未来三年内将有 17 家合资合作开发区块回归油田，共计有油水井 1958 口，井况普遍较差，未来套变井待治理井数及治理工作量都将急剧增加。根据调研表明，传统套管整形以大修冲胀整形和钻磨铣扩径为主，存在适用范围窄、作业周期长、对套管伤害大等问题。为此开展小修液压整形技术研究，提高整形作业效率，节约作业成本。

表 1　近三年套损套变井治理工作量统计表

年度	新增井数/口	治理修复井数/口	报废井数/口	存量井数/s 口
2020	301	238	140	2212
2021	201	405	100	1908
2022	123	416	90	1525

1.2　封井作业技术现状

截止 2022 年末，吉林油田报废油气水井总数为 7544 口井，已封堵井总数为 5381 口，待报废封井数存量为 2163 口，随着油田开发的深入，待报废弃置井封井工作量会逐年增加。根据调研表明，现场普遍采用 Y341 封隔器管柱进行封井，作业周期长，作业成本高，且存在卡井的风险。为此开展了一体化封井技术攻关研究，研究形成低成本挤水泥桥塞，降低封井作业成本。见图 1。

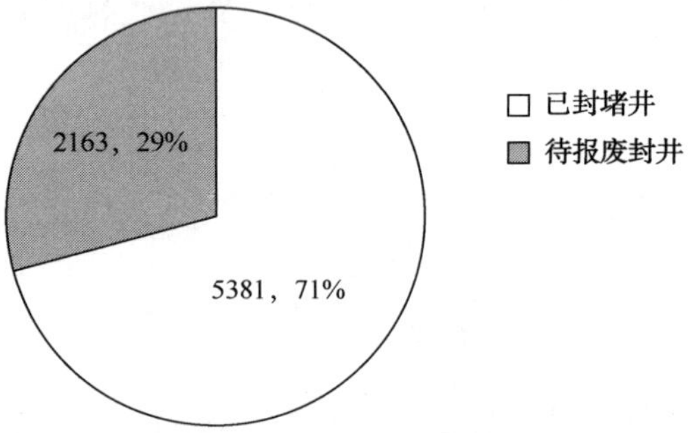

图 1　报废油气水井封堵统计图

1.3　解卡打捞技术现状

随着油田持续开发，井况逐年变差，修井工作量逐年增多，吉林油田的年修井数始终在 12000 井次以上，且在套损井井况统计中，井下落物井占近 60%，工作量多，难度大。根据调研表明，现场普遍采用大修作业机强拔，配合窜动、旋转管柱等方式处理管柱卡井事故，存在提升负荷不能有效传递，解卡困难，人员和设备安全隐患高等问题，为此开展震击解卡技术研究，提高解卡成功率。见图 2。

2　小修拓展作业技术

2.1　液压整形技术

液压整形技术的核心为液压整形器，2022 年在第 1 代样机的基础上优化形成第 2 代样机，即三级液缸整形器，2023 年根据试验情况对工具结构进行了优化，设计形成了第 3 代样机，进一步提高了工具的整形能力和作业效率。见图 3。

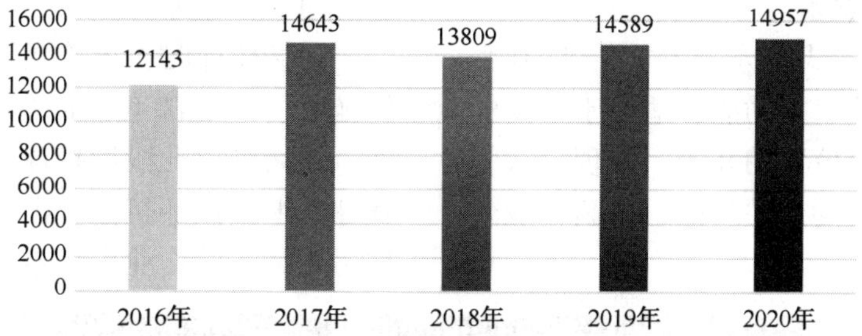

图 2　吉林油田“十三五”期间小修井工作量统计

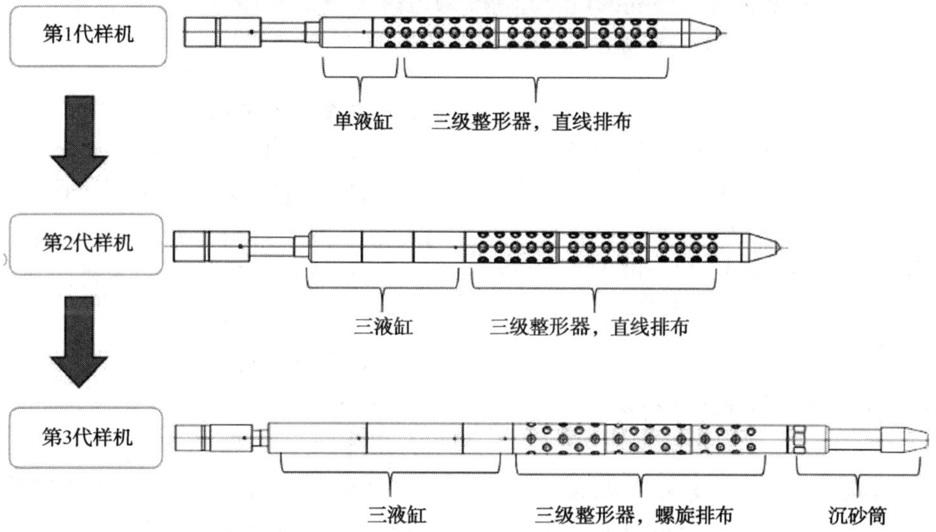

图 3　三代液压整形器

（1）工作原理

整形作业时，先将液压整形器通过油管下入至井下套变位置，再在地面使用泵车向油管内注入清水，清水推动液压缸带动工具外套向上移动，从而使钢球上移，将钢球从中心管的斜面低处移动至斜面高处，让钢球产生径向上的凸起，此时工具将以点接触的方式对套管套变部位进行挤胀整形。见图 4。

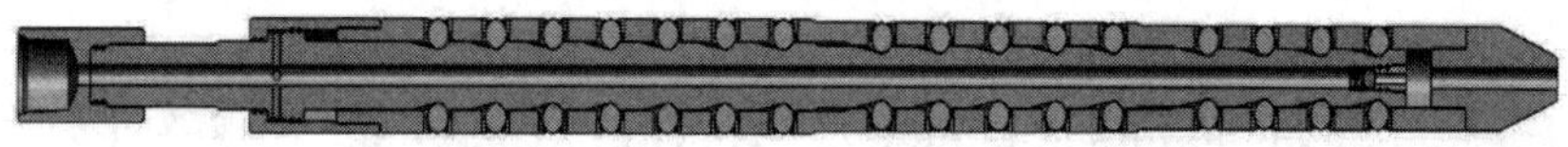

图 4　液压整形器结构示意图

（2）技术特点

1）相较于其他液压整形技术，该技术液压整形器通过外套向上移动的方式带动钢球凸起，无需搭配水力锚，泄压后上提管柱可实现钢球回收，可以实现长距离连续整形作业，能有效提高作业效率和安全性，避免出现卡井事故；

2）相较于传统大修整形技术，该技术液压整形器外径采用三级变径设计，通过一个工作行程就可将套管由较小通径逐级恢复到较大的通径，有效增加了工具的整形范围，减少起下管柱的次数，节省施工周期和作业成本；

3）该技术仅需要使用小修作业机和泵车即可实现套管整形，从而实现小修替代大修，有效节约成本。

（3）技术参数(表 2)

表 2　液压整形器技术参数

整形器级数	整形器-110		整形器-120	
	技术参数	最大外径	技术参数	最大外径
第一级/mm	88	100	98	110
第二级/mm	93	105	103	115
第三级/mm	98	110	108	120
长度/mm	1725		1725	
最大挤压力/kN	37		39	

2.2 一体化封井工艺技术

设计研发形成一体式挤水泥桥塞，具有密封、锚定、注水泥及丢手等功能，适用于井筒较完整，工具可下至预定位置的井筒，实现一次管柱完成封堵油层及井筒的封井目的，提高作业效率，降低作业风险。

（1）工作原理

现场作业时，该工具下入封堵层段上方，打压坐封、打开滑套，向射孔段挤注水泥浆、替液，封堵完射孔段后投球、打压上提丢手，上提管柱后继续循环挤注水泥浆封井筒，实现一次管柱封层封井筒作业，降本提效。见图 5。

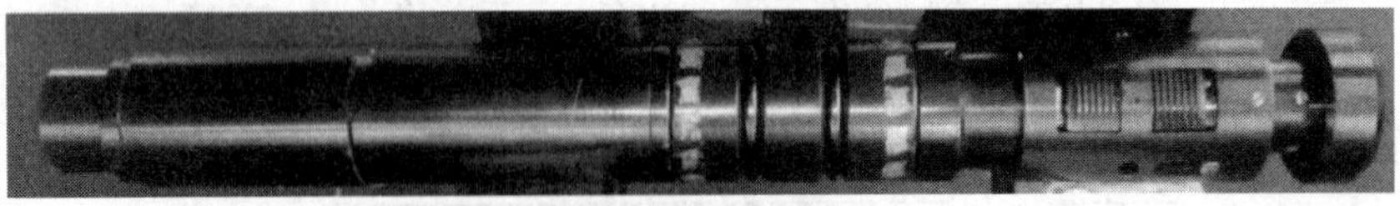

图 5　一体式挤水泥桥塞实物图

（2）技术特点

1）该挤水泥桥塞有两处采用反扣连接，能保证在井筒内意外坐封卡井时将工具顺利捞出，有效提高该工艺技术的安全性；

2）该挤水泥桥塞费用比同等功能的水泥承流器低 50%，有效降低封井作业成本。

（3）技术参数(表 3)

表 3　一体式挤水泥桥塞技术参数

名　　称	参数	名　　称	参数
工具外径/mm	Φ112	启动压力/MPa	7
工具内径/mm	Φ48	丢手压力/MPa	11
工具长度/mm	1300	滑套打开压力/MPa	23
丢手上提力/t	1	工作压力/MPa	35

2.3 震击解卡工艺技术

震击解卡技术主要的配套工具为液压上击器和液压加速器，对井斜小于 70 度井段的砂卡、垢卡或工具不解封等井况进行解卡打捞作业。该技术采用管柱上提下放的方式，利用液压蓄能原理在近卡点产生向上的动载荷，进行反复震击，为被卡落鱼提供巨大的震击力，实现解卡打捞作业。见图 6、图 7。

（1）工作原理

作业时。通过上提管柱压缩工具中的液压油储能，当上提至工具释放腔时，高压液压油会瞬时卸荷，使工具的撞击面发生猛烈撞击，从而对落鱼产生向上的动载荷。见图 8。

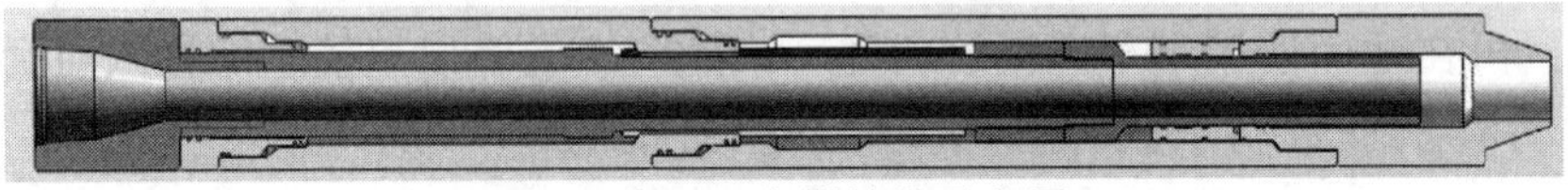

图 6　液压上击器结构示意图

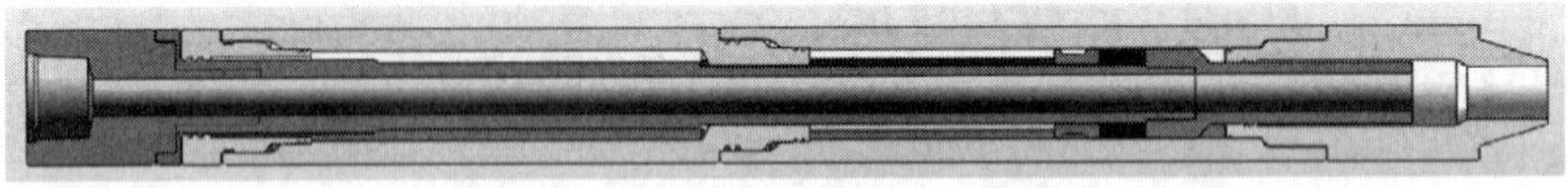

图 7　液压加速器结构示意图

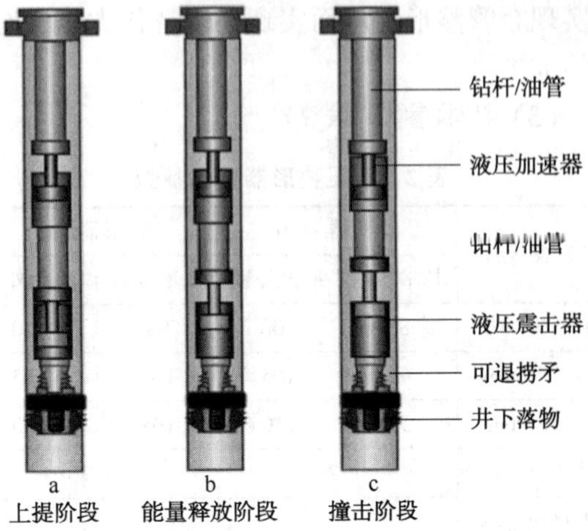

图 8　震击解卡技术原理示意图

（2）技术特点

液压上击器和液压加速器设计有花键与花键槽相嵌合，能够传递扭矩，实现旋转作业，作业时配套使用旋转可退式打捞工具，可有效提高工艺管柱的安全性。

（3）技术参数(表 4)

表 4　震击解卡技术配套工具技术参数

液压加速器		液压上击器	
名　　称	参数	名　　称	参数
外径	ϕ114mm	外径	ϕ114mm
内径	ϕ32mm	内径	ϕ38mm

续表

液压加速器		液压上击器	
名　　称	参数	名　　称	参数
工具总长	3690mm	最大行程	305mm
最大行程	328mm	闭合总长	3430mm
拉开力	300kN	许用释放力	250kN
最大抗拉负荷	700kN	最大抗拉负荷	800kN
最大工作扭矩	10kN·m	最大工作扭矩	10kN·m

3　现场应用

3.1　液压整形技术现场应用

近两年，液压整形技术共成功开展8井次的现场试验，试验结果表明，该技术可实现通过小修作业对变径 ϕ100 以上、钢级 N80 及以下的套管进行有效整形，相比大修作业，节约作业成本60%以上。见表5。

表5　液压整形技术现场作业统计表

序号	井号	套变点钢级	套管内径/mm	套变位置/m	套变量/mm	整形效果
1	吉+1-15井	N80	121.36	1123~1125	ϕ104	ϕ120mm以上
2	吉+32-8	J55	124.26	649~650	ϕ95	ϕ120mm左右，整形器无阻通过
3	吉+3-1	J55	124.26	612~613	ϕ96	ϕ120mm左右，整形器无阻通过
4	吉+6-019井	J55	124.26	386~389	ϕ110~115	ϕ123mm左右，整形器无阻通过
5	吉+4-19井	J55	124.26	393~394	ϕ89 射孔枪遇阻	ϕ123mm左右，整形器无阻通过
6	吉+4-03	J55	124.26	573~581 643~648	最小变径 ϕ88 最小变径 ϕ80	ϕ110mm左右，整形器无阻通过
7	吉12-018	N80	124.26	699~700 700~701	ϕ108~140 ϕ103~145	ϕ120mm左右，整形器无阻通过
8	吉+218-0404	P110	124.26	1154.6~1157.9	ϕ121.8~108.9	ϕ120mm左右，整形器无阻通过

3.2　一体化封井技术现场应用

近两年，一体化封井技术共推广应用11井次，现场结果表明，该技术可实现了一趟管柱封层封井筒作业。在封层作业中，水泥浆凝固后，地面打压15MPa，稳压30min，压力不降，验封合格。该工艺与常规封井工艺相比，减少了一趟管柱的下入，有效缩短了作业周期，降低了作业成本。见表6。

表6　一体化封井技术现场作业统计表

序号	井号	作业目的	射孔段/m	桥塞位置/m	水泥浆量/m^3	灰面位置/m
1	老19-25	侧钻封层	1310.2~1349	1051.5	10	1028
2	老10-13	侧钻封层	1224.8~1308.6	950.96	31.5	950
3	老11-8	侧钻封层	1255.6~1323.8	1054.3	18.7	1024.6
4	老18-28	侧钻封层	1283.2~1389	918.5	35.5	918
5	木125-7-7	报废封井	521~560	390	52.3	全井筒
6	木125-19-17.1	报废封井	565~618	540	53.6	全井筒
7	木1-21	报废封井	665~690.6	635	21.5	全井筒
8	木137井	报废封井	753~844.8	587	27	全井筒
9	木139井	报废封井	753~785.6	602.5	45	全井筒
10	木123	报废封井	718~826	663	37.4	全井筒
11	木1-019	报废封井	690~788	635	51.4	全井筒

3.3　震击解卡技术现场应用

近两年，震击解卡技术成功开展现场作业14井次，全部应用于新立采油厂平台井Y445+Y341压裂组合管柱的解卡打捞。现场应用结果表明，在捞住鱼头后，震击 3~5 次即可实现解卡，有效提高了解卡成功率，与大修作业对比，节约作业成本 60%以上。见表 7。

表 7　震击解卡技术现场作业统计表

序号	井　号	打捞井下工艺管柱情况
1	吉北 38-018	一封丢手位置 1345.67m+1 根管+二封 1357.12m+3 根管+4m 短接+三封 1391.31+定压滑套
2	吉北 38-022	一封丢手位置 1578.63m+1 根管+二封 1590.06m+定压滑套
3	吉北 48-34	一封丢手位置 2154.13m+二封 2166.04+定压滑套 2176.1
4	吉 18-044	一封丢手位置 1552.21m+二封 1563.25m+三封 1593.16+定压滑套 1603.17
5	吉+24-028	一封丢手位置 1664m+2 根管+二封 1684.97m+2 根管+6m 短接+三封 1711.01+1 根管+定压滑套
6	吉北 48-26	一封丢手位置 1590.98m+二封 1602.39m+三封 1623.04m+定压滑套 1633.11m
7	吉 22-028	一封丢手位置 1490.61m+2 根管+二封 1511.64m+1 根管+定压滑套
8	吉+18-40	一封丢手位置 1416.4m+二封 1427.89m+三封 1458.09m+定压滑套 1468.13m
9	吉 26-36	一封丢手位置 1692.33m+2 根管+二封 1713.37m+1 根管+定压滑套
10	吉北 56-28	一封丢手 1629.64m+二封 1641.08m+三封 1608.81m+1 根油管+定压滑套
11	吉北 60-28	一封丢手位置 1586m+1 根管+二封 1597.5m+三根管+1.5m 短接+三封 1638.55+1 根管+定压滑套
12	吉北 48-30	一封丢手位置 1833m+二封 1844.14m+三封 1884.14+定压滑套 1894.17
13	吉北 56-34	一封丢手位置 1996.96m+二封 2008.41m+三封 2029.1+定压滑套 2039.19
14	吉北 46-24	一封丢手位置 1757.58m+二封 1768.94m+三封 1804.23+定压滑套 1814.28

4　结论

（1）液压整形技术利用小修作业设备即可完成现场施工。该技术具有适用范围大、一次整形量大的特点。经现场应用验证能够满足变径 ϕ100 以上、钢级 N80 及以下的套管套管的整形需求。

（2）一体化封井工艺核心技术为注水泥桥塞，利用小修作业机即可实现一次管柱完成封层、封井筒作业，简化工艺流程，实现降本提效。

（3）液压震击解卡工艺采用小修作业即可完成解卡打捞，与大修强拔或上下窜动管柱方式解卡相比，能够大幅提高解卡成功率，与大修作业相比可节约作业成本 60%以上。

（4）下一步重点开展水平井解卡打捞、井筒高效除砂等工艺及工具研究，进一步提高水平井作业效率。

低渗透油藏提高采收率的探索与实践

刘　丽　赵　博　杨艳凤　王富叶　赵政飞　唐小林

(中国石油吉林油田公司)

摘　要　低渗透油藏由于注入水波及效率低导致采收率低，而低渗透油藏储量在难以开采储量中占有很大比例，因此如何提高其采收率已成为当务之急。通过减氧空气与泡沫的结合，具有封堵、转向、增黏、洗油的作用，进而扩大波及体积、提高驱油效率及采收率。研究区大老爷油田属于典型的低孔低渗油藏，投产初期储层脱气严重，导致原油黏度增加，可动油减少，水驱调整潜力有限，提高采收率难度大，急需攻关三次采油技术提高其采收率。本文通过物理模拟实验，证实减氧空气驱在低渗透油藏具有较好的适应性，能大幅度提高低渗透油藏采收率并且改善注入水指进现象，提高整体采出能力。矿场上，地质通过深化剩余油认识及优势通道识别，制定合理的工艺参数。工程保障上，在注气前将配水器水嘴逐一捞出，并逐层开展试挤工作，确保井筒内各层段注气畅通；将受效井安装高压盘根盒，注气井更换350井口，确保安全施工；注入速度控制在1000~1700方/时，防止气窜风险；并制定压力监测控制范围，确保风险可控。通过探索与实践取得了较好效果：试验井组日降液10t，日增油3.4t，含水下降1.9%，采收率预计提高12.6%，表明减氧空气驱对提高大老爷府油田采收率具有较大的潜力。

关键词　低渗透油藏；减氧空气驱；驱油效率；采收率

低渗透油藏采收率低的原因主要是由于是注入水的波及效率低，而减氧空气驱具有很多优越性。表现在氮气与泡沫剂形成的泡沫液视黏度比地层水高得多，使得泡沫较容易进入高渗透性的孔道，随着注入泡沫量越来越多，流动的阻力也越来越大，可以看做是降低了高渗孔道的渗透率，使得后期注入的泡沫或者水转变方向，进而进入到渗透率较低的孔道。由于剪切力的存在，泡沫在低渗孔道内的黏度小于高渗孔道内黏度，由于低渗孔道先前未有效动用，剩余油丰度较高，而泡沫具有遇油后稳定性下大幅下降的特点，在低渗孔道内泡沫易破灭，封堵能力低。因此均匀推进的泡沫在油藏中克服了注水指进的问题，从而提高了波及系数。泡沫还能够提高洗油效率，因为泡沫中含有某些表面活性剂，可以降低油和水的界面张力，增加原油和岩石表面之间的润湿角。以上两种机理相结合，使得减氧空气驱有望成为显著提高低渗透油藏采收率的一项技术。

1　减氧空气驱驱油效率室内实验

1.1　实验装置

实验装置主要由注入系统、恒温系统、驱替系统等组成。注入系统由注入减氧空气的注入泵、气体质量流量计、液体样品盒以及温控烘箱组成(图1)。注入泵是ISCO高压柱塞泵，用来提供不间断的无脉冲驱动力。液体样品盒用来容纳实验液体。温控烘箱用来把实验液体和实验设施维持在设定的温度之下。

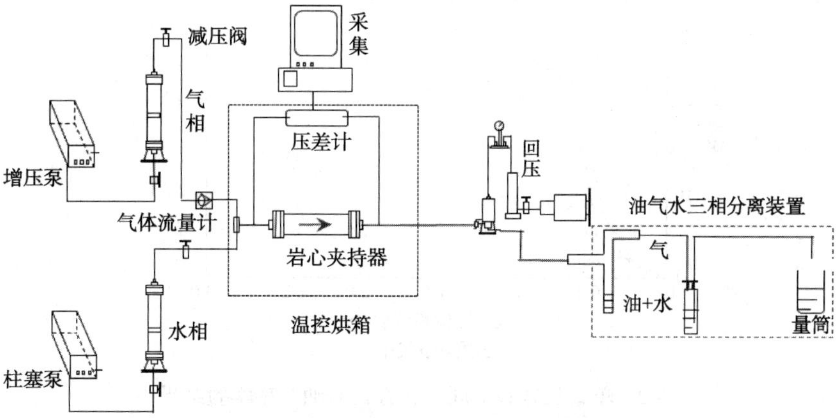

图1　减氧空气驱驱油效率实验装置流程图

1.2　实验方法

分为单管长岩心驱油实验以及不同渗透率级差的双管岩心驱油实验。根据储层物性特征，制作总长度约为40cm的长岩芯模型开展注减氧空气驱实验，在清洗和干燥天然岩芯后，测量了渗透率和孔隙度。选择五个物性条件大致相似的岩心，并按一定方式排列，从而形成一个长岩芯。出口端第一位岩芯：其渗透率与$\overline{K}$最接近，这里的$\overline{K}$即是全部岩芯渗透率的调和平均值(由下式可算出)；出口端第二位岩芯：其渗透率与剩余的(n-1)块岩芯的$\overline{K}$最接近，依次类推，岩芯顺序即可得出。

$$\frac{L}{\overline{K}}=\frac{L_1}{K_1}+\frac{L_2}{K_2}+\cdots+\frac{L_i}{K_i}+\cdots+\frac{L_n}{K_n}=\sum_{i=1}^{n}\frac{L_i}{K_i} \tag{1}$$

式中，L为所有岩芯总长度，cm；$\overline{K}$为岩芯渗透率的调和平均值，$10^{-3}\mu m^2$；L_i为第i个岩芯长度，cm；K_i为第i个岩芯渗透率，$10^{-3}\mu m^2$。

减氧空气驱实验步骤如下：首先将干燥后的岩心抽空饱和地层水；之后样品桶放入原油、实验室模拟的地层水、压缩的氮气+泡沫剂，并且温控烘箱设定实验温度，待原油建立起束缚水，静置24h后将ISCO高压活塞泵设定为恒定速度，并且打开岩芯夹持器的出入口端的阀门，用实验室用模拟地层水驱替岩芯到含水值98%时，注入氮气+泡沫，再换为水驱，从而对比不同驱替方式下的采收率。

1.3　实验结果分析

1.3.1　单管长岩心驱油实验

通过比较水驱、气水交替驱和减氧空气驱这三种不同驱替方式的驱油效率可知，该类油藏低渗透长岩心水驱采收率为30%左右，单段塞气水交替可提高采收率5.2%，双段塞气水交替可提高采收率8.1%，同等条件下减氧空气驱单段塞可提高采收率9.8%，双段塞可提高采收率13.5%(图2)，因此将整个泡沫驱分为多段塞进行注入，以确保泡沫剂的充分混合，从而降低气体在介质内的窜流速度，提高驱油效果。

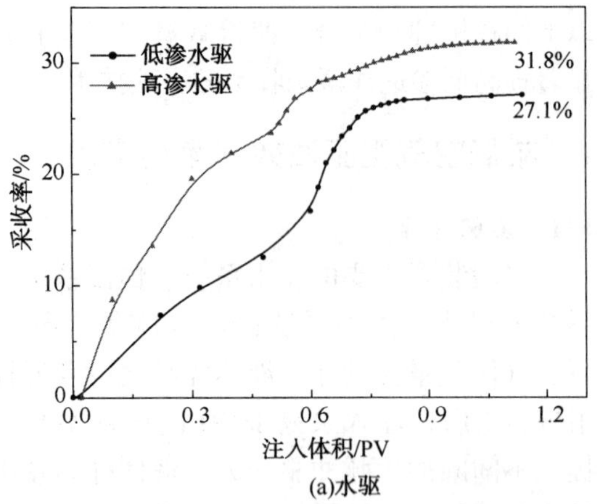

(a)水驱

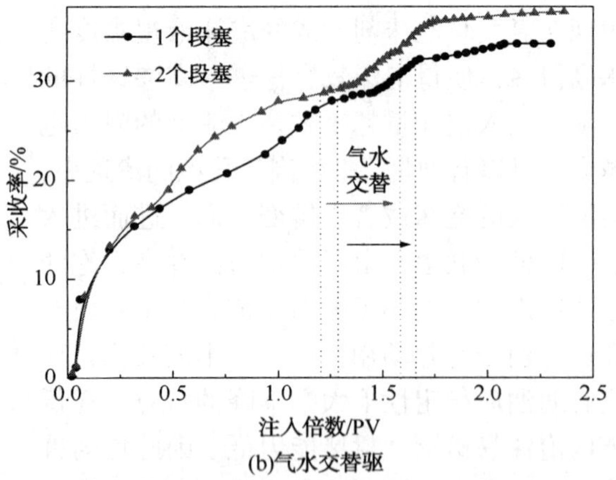

(b)气水交替驱

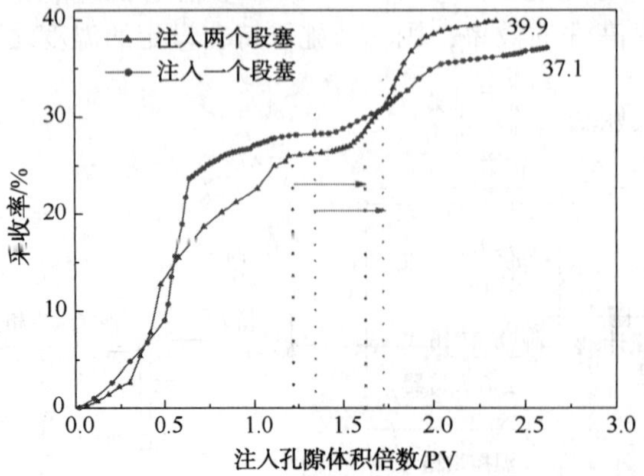

(c)减氧空气驱

图2　单管长岩心不同驱替方式驱油效率实验结果

1.3.2　非均质并联双管泡沫驱油实验

在生产中非均质性对油藏水驱效率的影响很大，注入水往往沿着大孔道指进，造成小孔道内的原油难以动用，本项实验的目的就是通过双管岩心模型评价减氧空气改善这种指进现象、提高整体采出程度的能力，共设计了4组渗透率级差，分别是3.13、4.67、8.08、11.42。

实验结果显示(表1)：无论级差大小，减氧空气都能起到较好的调驱作用，改善不同渗透率岩心渗流能力的差异。在第一个水驱阶段，两块岩心总含水率达到98%以上时，高渗岩心采出程度均达到了较高程度(35.32%~37.50%)，而低渗岩心采出程度随着渗透率级差的增大而大幅减少，由17.36%下降至4.38%，说明渗透率级差较大时，低渗岩心受水驱效果差，总采出程度由26.50%下降至22.30%。注入减氧空气后继续水驱，高、低渗岩心采出程度均大幅上升，总采出程度达到32.91%~39.57%，增加10.61%~14.04%。

表1　不同渗透率级差驱油实验结果对比表

不同渗透率级差	高渗采出程度/%			低渗采出程度/%			总采出程度/%		
	水驱阶段	注泡沫后	提高采出程度	水驱阶段	注泡沫后	提高采出程度	水驱阶段	注泡沫后	提高采出程度
3.13	35.32	44.87	9.55	17.36	34.07	16.71	26.50	39.57	13.07
4.67	35.77	45.74	9.97	9.85	27.96	18.11	22.81	36.85	14.04
8.08	37.16	47.30	10.14	7.35	21.69	14.34	22.89	35.04	12.15
11.42	37.50	46.96	9.46	4.38	16.33	11.95	22.30	32.91	10.61

2　减氧空气驱的矿场应用情况

试验区大老爷府油田位于中央坳陷区东南坡，华字井阶地中南部，属于西北倾单斜，次级构造为穹隆、断鼻，纵向构造继承性较好。目前主要开发高台子和扶余两套油层，总体以低孔-中孔、低渗-特低渗为主。经过多年注水开发，目前综合含水已达到97.2%，进入到特高含水开发阶段。注入水沿优势渗流通道快速推进，无效水循环严重，水驱采收率仅为14.4%。参照国内外矿场试验效果，吉林油田具备实施减氧空气驱的条件为砂岩、碳酸盐岩、砂砾岩储层，油层厚度大于3m，油藏埋深大于500m，平均渗透率大于0.1mD，地层温度大于50℃，地下原油黏度小于130mPa·s，原油相对密度小于0.93g/cm^2，含油饱和度大于30%(表2)。对比矿场试验参数筛选指标，大老爷府油田具备实施减氧空气驱的条件。

表2　减氧空气驱油藏筛选标准

序号	油藏参数	推荐油藏参数筛选指标	大老爷府油田指标
1	岩性	砂岩，碳酸盐岩，砂砾岩	砂岩
2	油层净厚/m	>3	5.2
3	油藏埋深/m	>500	1200~1400
4	平均渗透率/mD	>0.1	6.4
5	温度/℃	>50	62~64
6	地下原油黏度/mPa·s	<130	5.13~9.16
7	原油相对密度/(g/cm^2)	<0.93	0.872
8	含油饱和度	>30%	37.2%

2023年在大老爷府油田南部试验一口老16-22井，GⅢ、GⅣ砂组两段注入，结合室内试验，采取气液交替、双段塞注入，气液比1∶1，注气速度4000m^3/d，注泡沫剂速度34.0m^3/d，注泡沫液时间60天，注氮气时间60天。实施减氧空气驱后，老16-22井的启动压力上升，吸水指数下降，井组内油井地层压力及矿化度上升，受效井数增加5口，表明注入的泡沫对高渗透条带产生封堵作用，液流转向，扩大了波及体积。注气压力比注水时的井底压力小4.0MPa，说明气体在地层中的渗流能力比水好。老16-22井组内一线井12口，有效10口，日降液10t，日增油3.4t，含水下降1.9%，年增油890t(图3)，采收率预计提高12.6%，表明减氧空气驱提高采收率具有较大潜力。

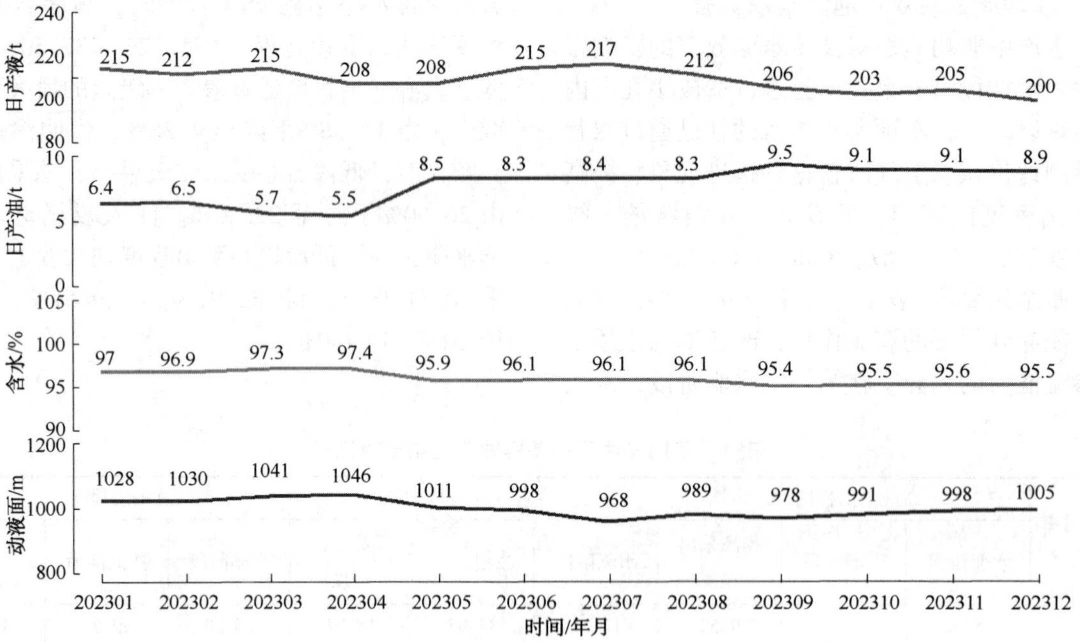

图 3　减氧空气驱试验井组生产曲线

3　结论

（1）室内物理模拟实验表明，相对水驱、气水交替驱，减氧空气驱提高采收率的幅度是较大的。并且减氧空气驱能够改善注入水指进现象，提高整体采出能力。

（2）减氧空气驱可以明显改善吸水状况，泡沫表面活性剂增强洗油效率，均匀推进的泡沫提高波及系数。现场施工结果表明减氧空气驱可显著提高大老爷府油藏的采收率，幅度可达 10%～15%，表明减氧空气驱在低渗透油藏具有较好的适应性。

参 考 文 献

[1] 张泉，付美龙，孙晶，廖月敏．特低渗油藏减氧空气驱油效率实验研究及其现场应用[J].《西安石油大学学报(自然科学版)》，2019，34(2)：54-59.

[2] 曾保全，程林松，李春兰，等．特低渗透储层活性水驱实验研究[J]．辽宁工程技术大学学报：自然科学版，2009，28(增刊)：25-27.

[3] 赵长久，么世椿，鹿守亮，等．泡沫复合驱研究[J]．油田化学，2004，21(4)；357-360.

[4] 马涛，王海波，邵红云．烟道气驱提高采油率技术发展现状[J]．石油钻采工艺，2007，29(5)：79-84.

[5] 吴捷．减氧空气驱在辽河油区裂缝性油藏的应用[J]．新疆石油科技，2015，2(25)：24-26.

[6] 栾春芳．空气泡沫驱油技术在低渗透油藏中的应用研究[J]．石油化工高等学校学报，2015，3(28)：51-55.

[7] 王艳秋．特低渗透油田注空气驱油调研及认识[J]．中外能源，2012，4(17)：59-63.

[8] 刘中春，汪勇，侯吉瑞，罗旻，等．缝洞型油藏泡沫辅助气驱提高采收率技术可行性[J].《中国石油大学学报(自然科学版)》，2018，42(1)：113-118.

[9] 张旭，刘健仪，孙良田，等．注空气低温氧化提高轻质油气藏采收率研究[J]．天然气工业，2004，24(4)：78-80.

[10] 任韶然，于洪敏，左景栾，等．中原油田空气泡沫驱提高采收率技术[J]．石油学报，2009，30(3)：414-416.

[11] 刘丽杰．胜二区砂二段 3 砂层组减氧空气驱提高采收率技术研究[J]．石油天然气学报，2014，36(4)：143-148.

[12] Watts B C，Hall T F，Petri D J. The horse creek air injection project：An overview [R]. SPE 38359，1997.

[13] Pascual M，CrostataD，Lacentre P，et al。Air injection into a mature water flooded light oil reservoir：Laboratory and simulation results for Barrancas Field，Argentina[R]. SPE 94092，2005

[14] 文浩，付美龙，刘德华，等．特低渗油藏减氧空气调驱适应性研究[J].《西安石油大学学报(自然科学版)》；2019，34(4)：52-59.

[15] 苑刚，谢颖．大老爷府油田水驱规律研究方法[J]．中国石油和化工标准与质量，2013，5(22)：106-107.

复杂地质条件气藏型储气库建库物探关键技术与实践

赵　丹　胡　佳　王建一　滕家铭　苗　露

（中国石油吉林油田公司）

摘　要　面对复杂地质条件气藏型储气库建设中的地球物理技术需求，针对储气库研究选址、可研、初设及方案实施等过程提出了一体化地球物理技术方案。并且结合实际应用，提出了针对储气库圈闭密封性评价技术系列，在STZ储气库的研究中得到较好应用储气库地球物理研究技术，指导储气库选址、可研、初设及实施等方面研究，形成了复杂断块气藏型储气库研究方法。

关键词　储气库地球物理技术；复杂断块微小型气藏储气库

1　引言

地下储气库对促进天然气贸易、保障工期稳定有积极意义，根据国际天然气联盟IGU分析，未来地下储气库需求增长主要驱动力来自以下几个方面：①各国对天然气战略储备的重视。受政治、经济、外交、军事等方面因素，天然气供应中断将直接影响到居民生活、厂矿生产，对社会稳定和经济发展产生重大影响，建立适当规模的天然气储备是提高天然气供应安全的重要措施。②优化气田生产。储气库有的消峰填谷作用可以使气田相对平稳生产，避免因市场用气波动造成负荷因子加大，进而影响气田的开发效果。③短期天然气贸易的需要。短期贸易需要利用地下储气库进行有效周转。④管网系统的进一步平衡，优化天然气基础设施开发，提升管输效率。

JL油田建库类型丰富，管网条件优越。目前已投运气藏型储气库1座STZ储气库，评价库气顶油藏型储气库1座CC储气库、准备库CL地区高含CO_2火山岩气藏储气库，包括气藏、油藏、含水构造3类，按照技术需求，针对复杂地质条件特点和储气库周期性大流量强注强采交变载荷的特殊工况，将储气库研究分为三个重要阶段：新建库库址筛选研究技术，已建库安全评价技术，老库达容扩容技术。按照不同阶段对于技术需求的不同，目前我们初步总结地球物理技术：构造精细解释，储层预测，封堵性评价（断层、顶底板），监测井设计，随钻地震、地质导向，气库动态监测等。通过落实区域构造特征，圈闭有效性，断层封闭性评价等物探配套技术系列，科学指导JL油田气藏型储气库规模化建设。

2　储气库筛选原则

松辽盆地气藏型储气库具有以下典型地质特点：①气藏构造破碎，构造沉积环境复杂，经历多期次构造运动，导致地质构造破碎、气藏内部和周边发育不同规模的断层。部分断层均断穿了直接盖层。断层的发育不仅影响储气圈闭密封性，增加库址筛选评价难度，而且对钻完井和储气库交变工况下气体安全存储风险预警和控制提出了更高的技术要求；②储气层埋藏深。筛选优质气藏埋深均超过2000m。③储集层非均质性强、建库前地层流体分布复杂。目标气藏库多数已处于中后期开发阶段。储集层非均质性越强、水体能量越大，建库前地层流体分布越复杂，增加了储气库高速注采有效库容量、储气圈闭密封性评价工作气量、井注采气能力等关键指标设计难度。

针对以上特点，地下储气库库址的选取应主要遵循四项基本原则：①地质条件适用性即库址的地质条件符合建库要求；②技术条件适用性即应用的气库研究与设计技术和气库建设工艺技术能够实现建库要求；③环保条件适宜性即气库建设符合安全环保的建库要求；④经济效益条件适宜性即气库建设的投资与效益回报符合经济指标的建库要求。

2.1　库址类型

储气库址应尽量选择气藏型改建，其次选择

油藏型、水藏型改建。枯竭型气藏库址在建库前已经是气藏，与气库具有相近的流体渗流特性和气库封闭特性，因此改建气库的成功率高，可作为优选目标。

2.2　库址构造圈闭条件

1）构造形态：储气库址应尽量选择构造形态完整的背斜构造或单斜构造型，构造范围大、构造形态陡适于改建储气库。地层型圈闭具备高陡特征时可以进行选址评价；

2）构造幅度：选择已是油气构造成藏改建储气库，通常在原始油气范围内可以作为气库库容，幅度 140~277m；

3）圈闭面积：受地质条件、流体类型、建库投资、需求规模等多方面因素影响，满足建库规模既可以由 1 个较大圈闭体实现也可以由相邻的多个较小圈闭群联合实现，面积 9~64km^2；

4）库址封闭条件：储气库址应具备较强的封闭性，对气体的封闭方式包括盖层与底层的纵向封堵、致密岩性与断层的侧向封堵、油水流体的底部封堵等；

（1）盖层与底托层：盖层与底板隔层岩性应选择属于具有强密封性的纯泥岩、膏岩或其他致密性岩性，盖层在横向上应为连续分布全覆盖储层，平面最薄处厚度应大于 10m。对于气藏型或油藏型改建的气库，盖层能够承受注气后的原始地层压力水平。底板隔层致密岩层厚度最少达到 5m，平面上保持连续分布；

（2）断层封闭性：地下储气库选址应尽量选择断层少的地质构造，这是因为小断层发育在储层内部，通常不破坏气库封闭性，但却容易影响储层连通程度和连通范围，对流体渗流影响较大，致密岩性对非致密岩性具有较强的侧向封堵作用。气库低部位水体封堵的现象十分普遍，通常呈现底水或边水分布状态。而水体封堵强度越弱对气顶形成越好。当用气藏或油藏改建储气库时，若边部水体弱则边水内侵强度弱，地下储气库易实现大库容和纯气体生产。因此，储气库库址的选择通常以定容气藏、油藏为好；

（3）库址流体条件：储气库址选择时应实现库内流体中不含有高浓度的有毒有害物质，如 H_2S、CO_2 等；

（4）库址埋藏深度：库址储层埋藏深度与地层压力、地层温度正相关，进而与气库所有关键指标和钻采工艺、地面设施、建设投资相关。地层压力的高低与单井产能、气库容量、工作气量正相关，800~3500m；

（5）老井封堵条件：由于在油气田开发老区老井数量较多，年代久远井况差，在储气库的强注强采、周期交替过程中可能会使老井发生泄漏，为了保证地面安全，必须对每一口钻达储层的老井进行封堵；

（6）地理条件及地面条件：储气库址应尽量靠近天然气用户，一般以距离 150km 以内为佳，或距离主输气管道较近，以便于市场调节和管网连接。储气库址地面应远离人口稠密区、重要工商业区，避免气库泄露隐患造成地面的安全隐患。储气库址地面应避开恶劣的自然环境以及人文环境不适宜地区，保证气库建设和运行管理人员的生活环境质量。见表 1。

表 1　JL 油田储气库选址应用标准

地质条件	构造	简单，构造圈闭幅度较大，内部断层不多、密封性好
	储层	分布稳定，物性较好，孔隙度>10%，渗透率>$10\times10^{-3}\mu m^2$
	盖层	具有一定厚度(10m 以上)，岩性为泥岩，封闭性好
	埋深	3500m 之内
	含 H_2S	不含 H_2S，或含量不超标(小于 20mg/m^3)，不高含 CO_2
气库规模	单库	储量规模大，地质储量>10 亿方
	库群	具体参考库容量与封井数和工作井数的关系
管网	距离管道距离<100km	
建库时机	气藏开发采出程度较高，且目前区块总产量较低为宜	

3　储气库圈闭密封性评价技术

储气库选址评价是在综合考虑气藏地下和地面等多因素条件下，通过对气藏地质构造、圈闭密封性、储集层物性和流体分布等特征的分析评价，采用最优化方法确定出适宜建库气藏。其中，圈闭密封性是决定气藏是否适合建库的首要因素。因为将天然气大规模注入埋深 2000~5000m 的储气圈闭中必须首先保证气体“存得住”。见图 1。

3.1　构造精细解释技术

STZ 油气田位于 CL 断陷 CL1 号气田南部，STZ 构造为泉头组至基底长期继承性构造。在断

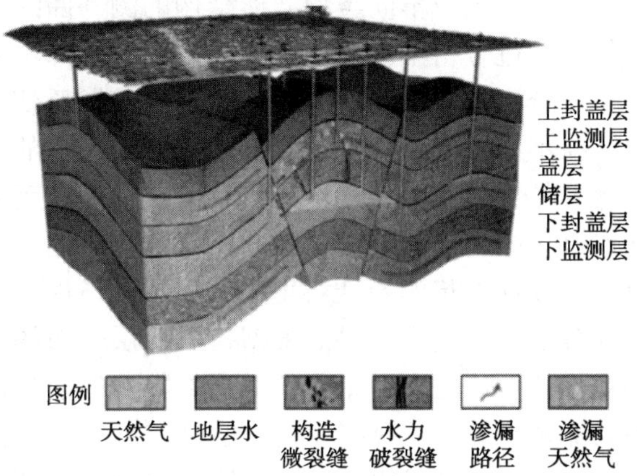

图 1　气藏储气库储气地质体结构组成示意图

陷期，东部伏龙泉为伏龙泉洼槽，西部查干花洼槽，整体表现为两洼夹一隆的构造格局，成藏特征有利。在坳陷期，受明末反转影响，STZ 构造继续隆生为近北东倾向的长轴背斜，受多期断层切割，疏导油气藏，是油气长期运移的指向区。

3.1.1　相对等时解释质控技术

根据地震反射特征，对泉一段顶面及泉一段Ⅷ砂组顶界面进行了区域追踪解释，保证了研究区内层位解释的一致性，断层和层位的空间高度闭合。通过对三维地震资料精细解释后，编制的 1：25000 比例尺的深度域构造图，编制的构造图经完钻井校正，构造误差小于 3‰，精度较高，STZ 构造为长期发育的继承性构造，各反射层界面清楚，容易追踪，目的层泉一段顶面反射特征表现为强反射，连续性强，内部表现为强弱反射交互出现。泉一段Ⅷ砂组顶面反射特征表现为中-强反射，连续性较强，内部多呈弱反射特征。纵观 STZ 构造主体区，自深层至浅层圈闭面积由小变大，闭合幅度由大变小，圈闭类型由穹窿到独立的断块再到长轴背斜。见图 2。

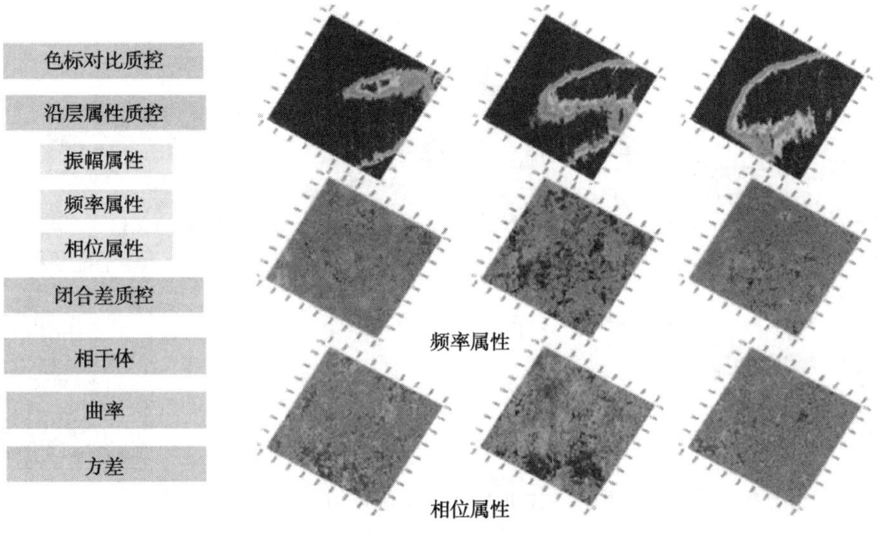

图 2　相对等时解释流程

3.1.2　平剖及三维可视化断裂解释技术

本区的断裂系统的发育具有一定继承性，根据断裂规模、成因及展布特点，大体上可划分三期断裂，第一个时期为断陷期断裂，表现为低角度的拉张正断层，发育在 T5-T4 界面，一部分断层消失在 T4 界面上，一部分断层继承性发育，形成同生断层，为油气聚集提供了良好的通道。第二个时期为坳陷期断裂，表现为高角度的同生正断层，发育在 T3-T2 界面，该时期发育的断层除了继承性发育的同生断层外，又产生新的断裂，这些断裂沟通浅部储层，形成次生油气藏，由于断裂大部分消失在泉二段，所以形成的深源次生气藏大部分都富集在泉二段以下；第三个时期为反转期断裂，表现为高角度的剪切正断层，发育在青山口组以上，只有部分深大断裂活跃，断层延伸至泉三段，形成断块气藏。边界控制、继承性断层及内部断层，走向北东-南西，倾向北西、南东，在平面上把气藏分割成若干个封闭小断块，形成各自系统，使构造、气水关系进一步复杂化。总之，断裂系统的发育对本区的油气运移和富集起到控制作用。见图 3。

3.2　储层预测技术

由于本区以曲流河道沉积为主，河道叠置分布，呈条带状和网状分布，河道边界模糊。利用波形指示地质统计学反演来进行储层预测。具体为首先通过奇异值分解实现井旁地震道波形动态

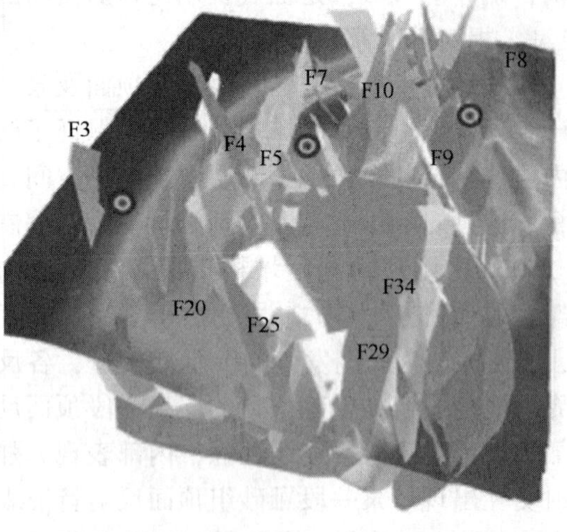

图 3　STZ 储气库断裂发育与层位立体显示图

聚类分析，建立地震波形结构与测井曲线结构的映射关系，生成不同类型波形结构的测井曲线样本集；通过分析不同类型波形结构对应的样本集分布，分别建立不同地震相类型的贝叶斯反演框架；在不同贝叶斯框架下，分别优选样本集的共性部分作为初始模型进行迭代反演；最后在反演迭代过程中，充分利用地震的低频和测井的中频成分，以样本集的最佳截止频率为约束条件，得到高分辨率的反演结果。根据指示储层分布的优势数据体，确定研究单元的敏感参数门槛值，使用最优属性值累积时间厚度，通过与已知井所揭示的储层厚度进行比例换算，从而获得反演储层平面厚度。TS5 区块泉一段Ⅷ砂组储层预测绝对误差 1.0~3.7m，平均 2.03m，相对误差 10.4%~18.8%，参与反演井符合率 73.04%~94.17%，平均 86.18%。见图 4。

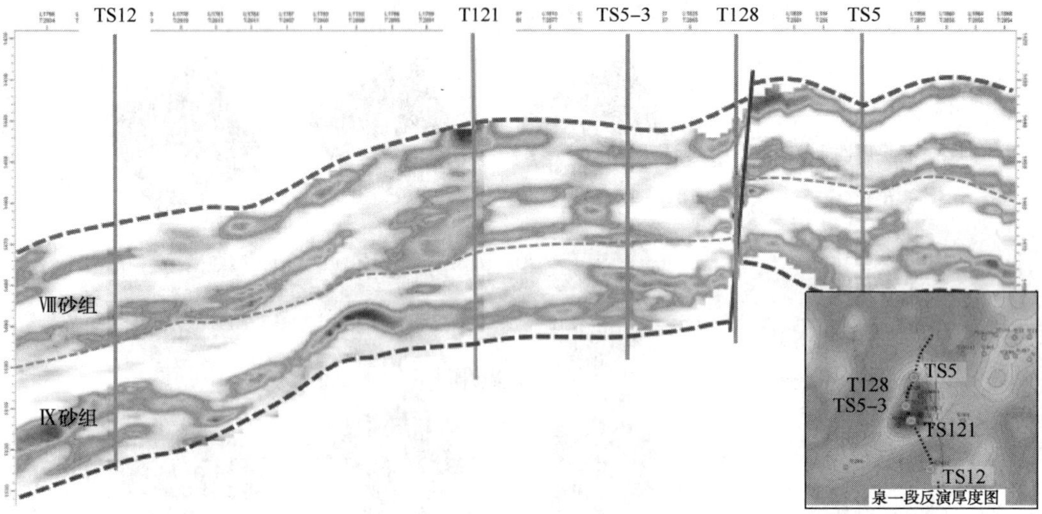

图 4　STZ 地区 TS5 地区反演剖面图

3.3　圈闭静态密封性评价

3.3.1　圈闭溢出点评价

STZ 地区泉一段顶面共计发育 9 个构造圈闭，其中 1 号圈闭面积为 33.49km²，幅度 186m，高点海拔 -1534m，最大圈闭线 -1720m，为近南北走向的断背斜构造圈闭；3 号圈闭面积为 0.48km²，幅度 45m，高点海拔 -1745m，最大圈闭线 -1790m，为走滑断层与拉张断层共同遮挡的断块构造圈闭；6 号圈闭面积为 0.16km²，幅度 15m，高点海拔为 -1685m，最大圈闭线 -1700m，为北北东走向的断鼻构造圈闭，9 号圈闭面积为 0.16km²，幅度 19m，高点海拔 -1801m，最大圈闭线 -1820m，为北北西走向的断块构造圈闭。整体落实静态最高容量 45.8 亿方，气体逸散临界压力 21MPa。

3.3.2　盖层密封性评价

直接盖层为泉二段的暗色砂泥岩互层，岩性以滨浅湖、三角洲前缘相的暗色泥岩为主，夹泥质粉砂岩、粉砂岩，分布稳定。登二段地层总厚 94~167m，平均 133.3m；其中泥岩厚度 63.1~120.4m，平均 86.32m；泥岩占盖层厚度>70%，预测厚度>100m，为砂泥薄互层，属Ⅱ类盖层。从宏观特征来看：盖层具有厚度大，分布稳定的特点，具有较好的宏观密封性。

3.3.3　断层密封性评价

断层密封性评价包括侧向和纵向密封性评价两个方面。通过地质、地震、测井等资料综合解释，采用砂泥比、泥岩涂抹系数等指标可对侧向密封性进行较为准确的评价。

断面的泥质涂抹层使断层本身形成一个高入口压力，在断层两盘储集层与储集层(如砂岩与砂岩)全部或部分对接的情况下，泥质涂抹层越厚，断层封堵性越强。泥质涂抹程度受下列因素控制：①较厚的泥岩层会产生较厚的泥质涂抹；②涂抹厚度随着与泥岩层距离的增大而减小；③涂抹厚度随着断距增大而减小。主要有三种，即泥岩断层泥比率(Shale Gouge Ratio)，即 SGR 方法、黏土涂抹潜力(Clay Smear Potential)，即 SSP 方法)、泥岩涂抹因子(Shale Smear Factor)，即 SSF 方法。密封箱体确定主库区面积 23.5km^2，幅度 120m，TS3 面积 7.1km^2，幅度 60m。见表 2。

表 2　STZ 储气库断层密封性评价

	类别	重点断层	断距	倾角	地层厚度	砂岩厚度	砂地比	SGR	CSP	SSF
泉三段	继承性	T126 断层	131.12	45.4	100	40	0.36	0.34	17.6	2.21
		T129 断层	127.54	57.9	92	44	0.478	0.376	18.048	2.657
	断块划分	T116 断层	61.35	40.6	89	54.3	0.590	0.615	23.186	1.627
		T17 东断层	54.61	40.2	85	51	0.5	0.59	22.46	1.64
		T106 断层	54.13	50.7	92	57.9	0.629	0.63	21.483	1.698
泉一段	继承性	T126 断层	51.35	33.3	285	59	0.207	4.401	994.626	0.227
	断块划分	T116 断层	35.28	30.9	285	70	0.246	6.094	1310.21	0.164

4　结论

面对复杂地质条件气藏型储气库建设中的地球物理技术需求，本文针对储气库研究选址、可研、初设及方案实施等过程，针对性提出了一体化地球物理技术方案。并且结合实际应用，提出了针对储气库圈闭密封性评价技术系列，在 STZ 储气库的研究中得到较好应用储气库地球物理研究技术，指导储气库选址、可研、初设及实施等方面研究，基于地震约束的储气库研究技术，形成了复杂断块气藏型储气库研究方法。

参　考　文　献

[1] 丁国生，魏欢，中国地下储气库建设 20 年回顾与展望，油气储运，2020，39(1)：25-31.
[2] 马新华，邓得文，申瑞臣等，中国复杂地质条件气藏型储气库建库关键技术与实践，石油勘探与开发，2018，45(6)：489-499.
[3] 丁国生，土皆明，邓得文，含水层地气储气库，石油工业出版社 .

超深高含硫水淹井排液复产工艺研究

姚广聚　刘　通　倪　杰　姚麟昱

（中国石化西南油气分公司）

摘　要　YB 超深高含硫气藏存在边底水，开发中后期会因水侵导致气井水淹假死，针对气井高温、高矿化度、油套环控封隔器导致的排液难题，本文自研耐温抗盐泡排剂，耐温达 180℃、抗盐 200000mg/L，与井下流体配伍性好。配套建立了液氮增能诱喷复产工艺，形成了氮气充满井筒所需液氮用量与泵压关系、注氮量与氮气柱推进深度速查图版，设计了不同环空保护液密度、不同封隔器下深对应的井底限压值，为安全高效施工提供了技术保障。该工艺在井深 7200 米的 YB 某井成功获得应用，累计增产 2×10^8m^3天然气，工艺简单，适应性良好，经济效益显著，在超深高含硫水淹井排液复产方面具有推广潜力。

关键词　YB；超深井；水淹；排液复产；高温泡排

YB 高含硫气田年产净化气 34 亿方，是中石化西南油气分公司第一大气田，承担着川气东送的历史使命，气藏稳定开发意义重大。目前开井数 35 口，平均油压 14.1MPa，日产气 1150 万方，平均单井日产气 32.9 万方，日产水 690 方。随着开发深入，水气比不断增加，由投产初期的 0.2 方/万方增加至 0.61 方/万方。13 口井见水，其中 6 口井的产水量超过了 50 方/天，边底水快速水侵，部分气井产水量大幅增加，井筒压降加大，水淹停产，需要采取排水采气保持气井稳产。但是，受高含硫气井超深、高温、高矿化度、高含硫、井型限制，目前的超深高含硫气田排水采气工艺尚不成熟，多种工艺不适用。

为解决以上问题，研发了酸强化耐温抗盐泡排剂，并开展药剂性能评价，配套相应的排采工艺，现场开展试验和应用效果评价，本工作开展了探索研究。为超深高含硫水淹假死井复产提供技术支持和保障，最终实现提高气田稳产的效果。

1　排水采气工艺选择

超深层高含硫气井采用永久式封隔器+井下安全阀+油套环空含保护液的完井管柱，动管柱作业难度大、风险高、施工费用高，由于超深（>5000m）、高温（>150℃）、高压、高含硫（>5%），限制了井下工具、药剂的使用，气井水淹后油管是唯一的生产通道，排液复产难度大。常用排水采气技术综合对比分析后，仅有油管加注泡排工艺具备实施条件。见图 1、表 1。

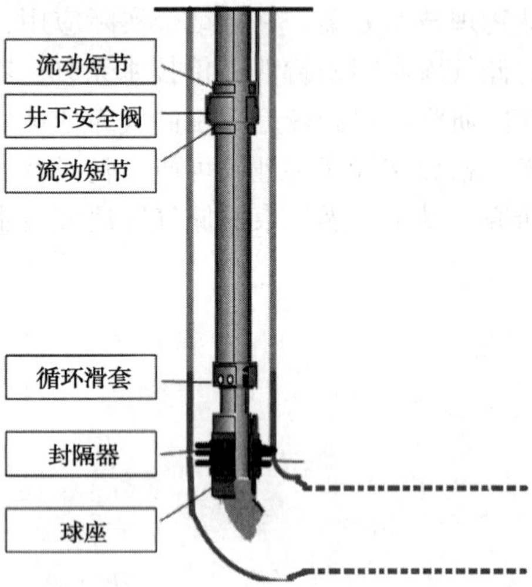

图 1　YB 典型气井管柱结构示意图

表 1　国内常用排水采气技术应用界限

项目 \ 举升工艺	利用自身能量型(无法强排液)			人工补充能量型		
	优选管柱	泡排	柱塞	气举	机抽	电潜泵
最大排液量/(m^3/d)	100(小油管)	120	20	400	70	500
最大应用井深/m	4951	5235	4957	5092	4200	4078
斜井或弯曲井	适宜	适宜	受限	适宜	受限	适宜
油套管连通性	无要求	无要求	要求连通	要求连通	要求连通	要求连通

续表

项目＼举升工艺		利用自身能量型(无法强排液)			人工补充能量型		
		优选管柱	泡排	柱塞	气举	机抽	电潜泵
高温(>120℃)		适宜	耐温不足	适宜	适宜	适宜	一般适宜
地面及环境条件		适宜	需要气源	适宜	适宜	一般适宜	需高压电
开采条件	高气液比	很适宜	很适宜	很适宜	很适宜	较适宜	一般适宜
	含砂	适宜	适宜	受限	适宜	一般适宜	一般适宜
	结垢	化防较好	适宜	受限	化防较好	化防较差	化防较好
	腐蚀	缓蚀适宜	缓蚀适宜	适宜	适宜	较差	较差
	含油	适宜	抗油较差	适宜	适宜	适宜	适宜
维修管理		很方便	方便	方便	方便	较方便	较方便
投资成本		低	低	低	较低	较低	较高

2　泡排剂性能评价

针对 YB 气田长兴组气藏实际工况，优选水热稳定胺键、醚键和长疏水链基团，研制了“酸响应非离子、阴离子及两性离子”的三元复合耐温抗盐泡排剂，满足了气井排水采气的需求。见图 2。

2.1　抗高温性能

药剂热重分析显示，表面活性剂在温度达到 205℃才会明显热分解失重，高温结构稳定性较好。见图 3。

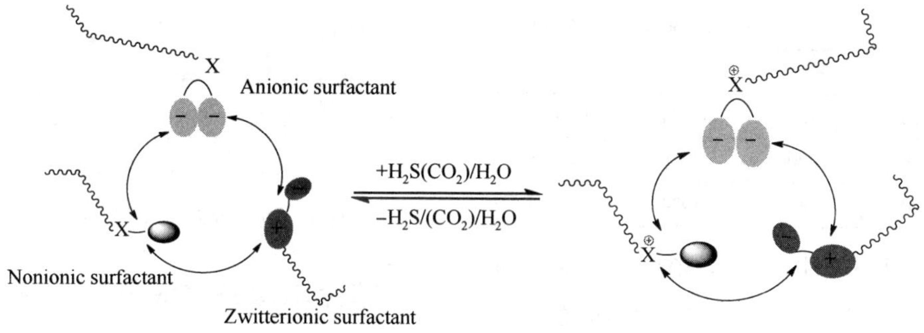

图 2　三元复合相互作用示意图

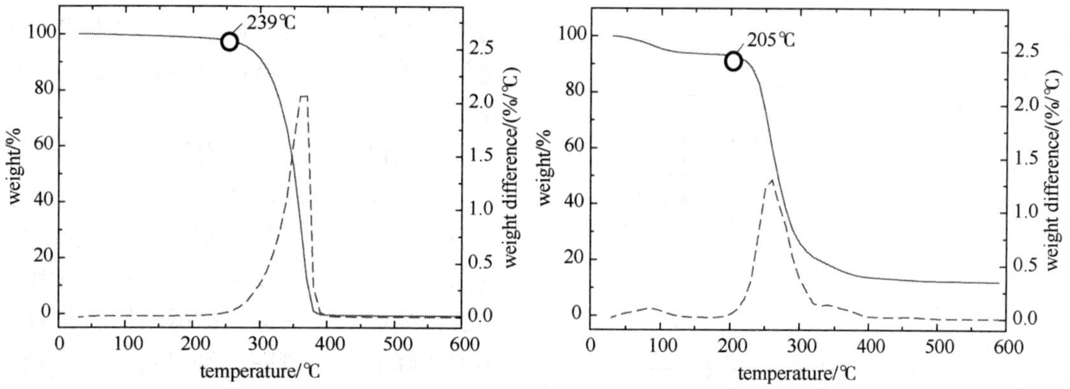

图 3　表面活性剂 TGA 图

2.2　起泡力、稳泡力评价

实验介质采用 YB 气井的真实地层水，模拟井下极限工况(150℃，pH=3，矿化度 200g/L)，开展自研新药剂与市场采购药剂室内性能评价对比。当温度到达 150℃时，新药剂的起泡能力和稳泡能力都明显优于其他药剂；另一方面，当新药剂浓度到达 0.5%时，起泡能力和稳泡能力不会再随浓度的增加而明显增加，此时达到临界胶束浓度，因此推荐药剂最佳使用浓度为 0.5%。见图 4。

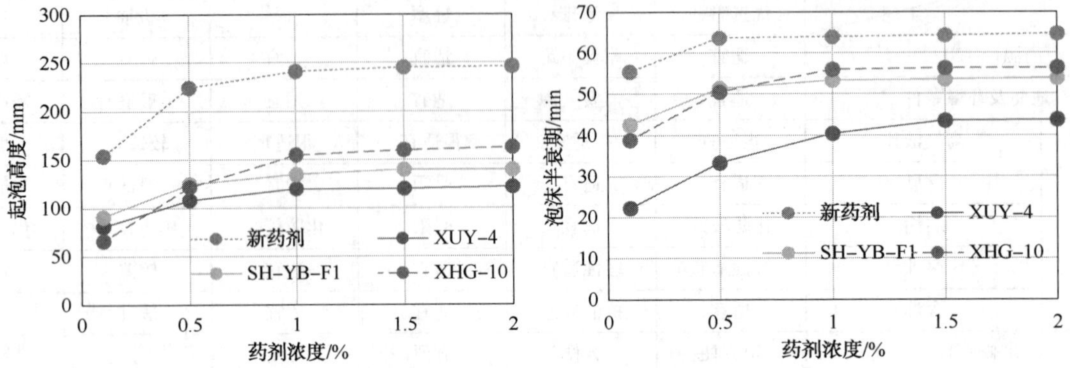

图 4　温度 150℃下泡排剂起泡、稳泡性能对比

2.3　抗盐性能评价

设置从去离子水 a 到矿化度 155000mg/L 的模拟水 f，不同浓度二价钙离子等，如表 2 所示。

表 2　模拟水无机盐离子含量

盐水	Na^+/（mg/L）	Ca^{2+}/（mg/L）	Cl^-/（mg/L）	TDS/（mg/L）
a	0	0	0	0
b	0	10000	17750	27750
c	20000	5000	39744	64744
d	39316	0	60684	100000
e	50000	5000	86048	141048
f	50000	10000	94924	154924

采用 2151 罗氏泡沫仪测定 50℃、泡沫剂有效浓度 0.15wt%、不同矿化度下，自研药剂在 30min 内的泡沫衰减曲线，药剂起泡高度≥14cm，3min 泡沫高度≥14cm。见图 5。

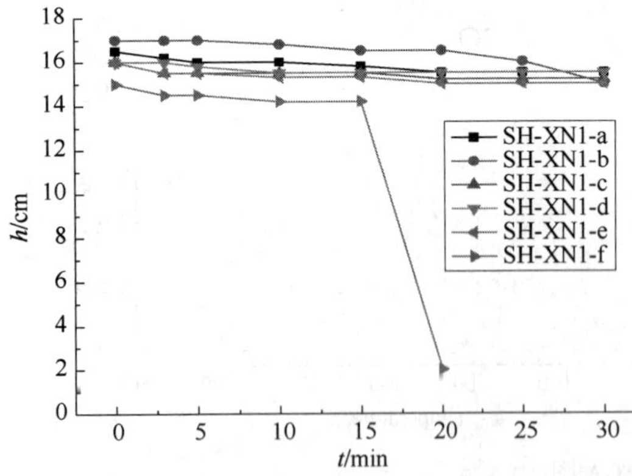

图 5　不同矿化度条件下泡沫剂形成泡沫衰减曲线

2.4　配伍性试验

自研药剂与地层水配伍性良好，均能完全溶解，无沉淀和絮凝状物质产生；泡排剂的加入均会增加地层水 COD 值，但是自研药剂影响程度相对较低。见图 6。

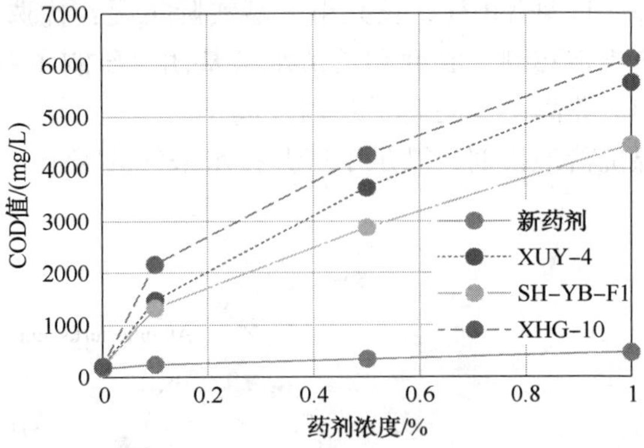

图 6　泡排剂对产出地层水 COD 值的影响

3　超深水淹井排液复产工艺

针对水淹假死井的泡排复产面临 3 个难题：①泡排剂进入井底后，缺乏气流扰动，难以产生泡沫；②地层自身能量不足，排液启动困难；③超深井诱喷过程可能造成短时井底压力过低，封隔器解封。

为此设计了混气水泡排液氮增能诱喷复产工艺：先向井下加注泡排剂溶液，再用液氮+水顶替泡排剂溶液至井底，然后开井放喷实现复产，见图 7。可以实现如下效果：一是利用氮气增加井底诱喷能量、增加气流搅动加速起泡；二是利用泡沫降低气液滑脱辅助排液；三是通过液氮+水混注，防止井底压力过低造成封隔器解封。

该工艺关键参数包括泡排剂用量、液氮用量。泡排剂的用量依据药剂有效浓度和井底积液量的乘积确定，液氮用量则以将液氮顶替至井底为依据。

基于井筒质量、能量守恒方程，结合井筒容

积、氮气高压物性参数，绘制了氮气充满井筒所需液氮用量与泵压关系速查图版，以及注氮量与氮气柱推进深度速查图版，见图 8、图 9。应用该图版时，首先根据实际地层压力查询对应的液氮用量；其次根据现场注氮过程中的泵压实时查询注氮深度，判断液氮是否已推至预定深度；当液氮已达到预定深度时，则停止泵注，焖井后等待诱喷。

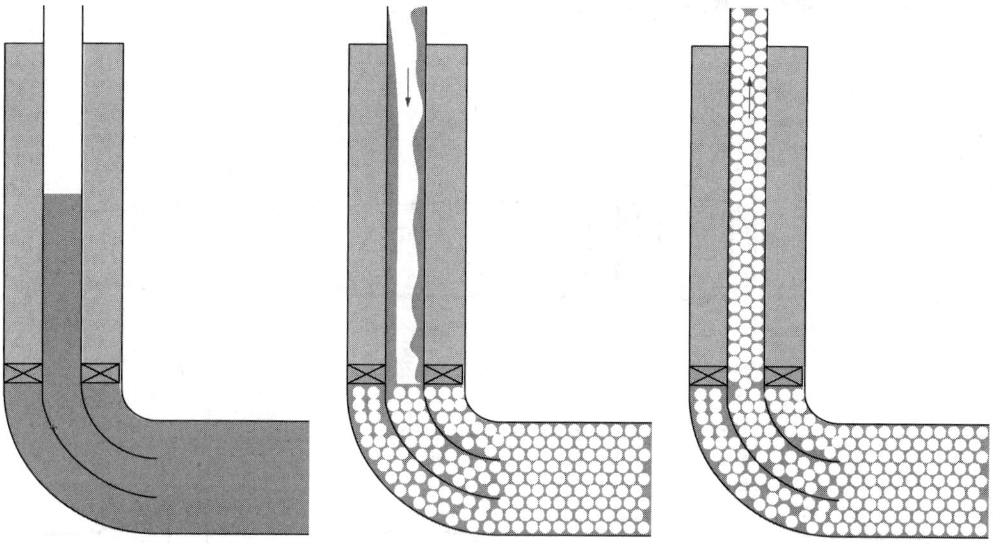

(a)水淹停产　(b)泡排液氮增能　(c)开井诱喷

图 7　混气水泡排液氮增能诱喷工艺

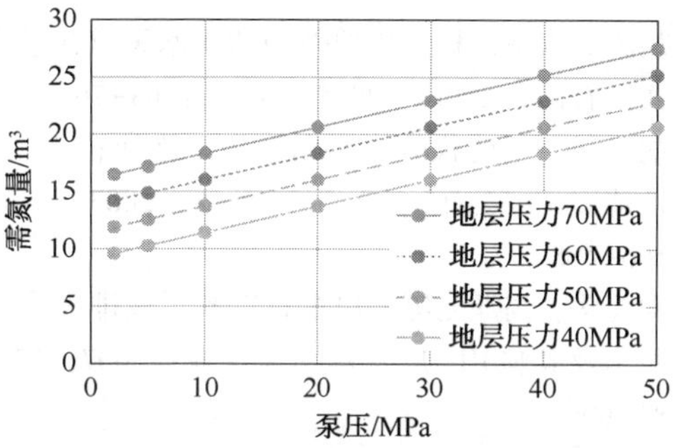

图 8　需氮量与地层压力关系速查图版

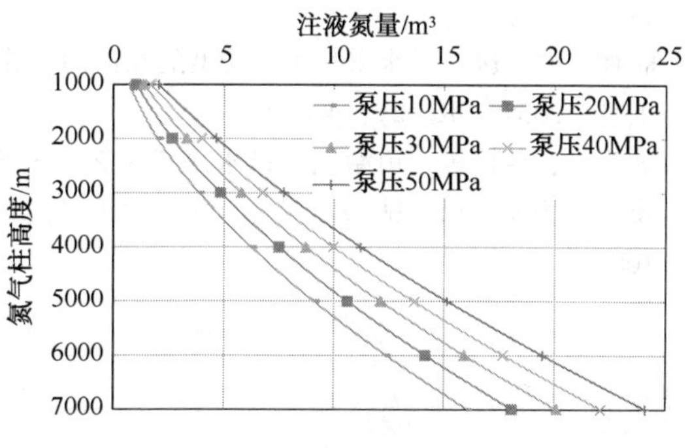

图 9　注氮量与推进深度关系速查图版

该工艺在注氮过程中还需要伴注水以控制井底压力，防止封隔器解封。封隔器额定压差 70MPa（上部压力-下部压力），考虑 20%的安全系数，封隔器安全压差在 56MPa，超过该压差则封隔器有解封的风险。计算不同环空保护液密度、不同封隔器下深对应的井底限压，见图 10。对于超深井封隔器深度超过 5500m 的情况，诱喷过程封隔器有解封风险，尤其当环空保护液密度在 1.3g/cm^3 时，需要对井底压力保压在限压值以上；或者将环空保护液密度降至 1.1g/cm^3，以降低井底限压值。

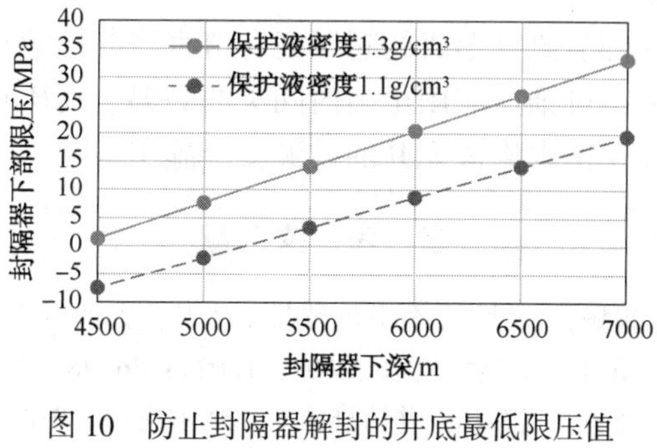

图 10　防止封隔器解封的井底最低限压值

4　现场应用及效果评价

YB 某井井深 7200m/垂深 6800m（井斜 35.1°），造斜点深 6300m，裸眼完井，采用永久式封隔器完井管柱，封隔器深 6600m，环空充满保护液，采用组合油管内径 70mm（5197m）+内径 76mm（6656m）生产。该井 2018 年 1 月发生水侵，产水量 10.7↑31.6m^3/d，产气量（40.26↓

31.77)×$10^4m^3/d$，分别于 2022 年、2023 年发生水淹停产，应用新工艺均成功实现复产，目前油压 12MPa，产气量 19.8×$10^4m^3/d$，产水量 59.3m^3/d，累计增产 2×10^8m^3天然气，见图 11。

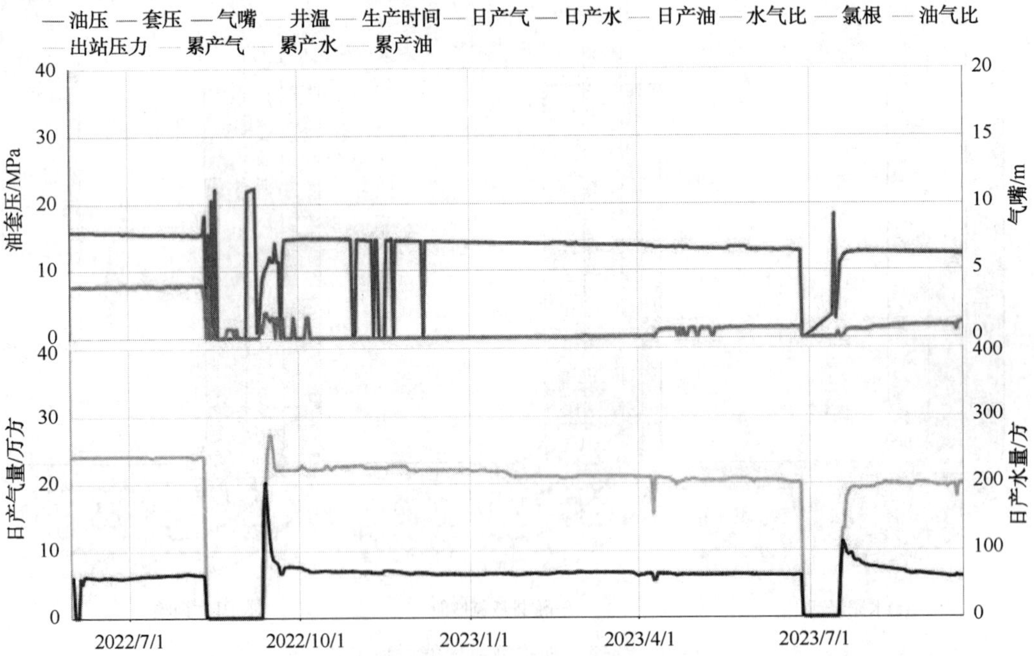

图 11　YB 某井水淹复产曲线

5　结论

（1）自研的三元复合耐温抗盐泡排剂，满足 YB 气田超深高含硫气井排液复产技术需求。

（2）配套形成的"泡排携液+液氮增能"排水采气工艺，有效实现了 7200m 超深水淹假死井的复产。

（3）研究形成的超深高含硫水淹井排液复产工艺，可推广应用至国内同类的高温、高矿化度酸性气田水淹假死井的排液复产施工。

参 考 文 献

[1] 巫扬，刘世常．气井泡沫排水中起泡剂的研究与应用[J]．天然气技术，2007，1(02)：46-48.

[2] 博古．气井积液井筒排液采气技术应用．中国石油大学(北京)[J]，2016，12(01)：13-18.

[3] 胡腾．水平井积液规律及泡沫排水采气工艺研究．西南石油大学[J]，2015，8(05)：68-76.

[4] 胡世强，刘建仪等．高温高压下泡沫稳定性和 PV 性能的研究[J]．天然气工业，2007，27(06)：106-108.

[5] 向建华，高泽立等．川东石炭系气藏排水采气工艺技术及其应用[J]．天然气工业，2007，27(09)：87-90.

[6] 路芳，谭永生．气水同产井采气工艺在川西气田开发中的实践与认识[J]．钻采工艺，2005，28(02)：43-45.

[7] 曲林，曲俊耀．排水采气工艺选型的探讨[J]．钻采工艺，2005，28(02)：49-51.

[8] 钟晓瑜，黄艳等．川渝气田排水采气工艺技术现状及发展方向[J]．钻采工艺，2005，28(02)：99-100.

基于模糊逻辑控制的页岩气井智能化调产预警

何春艳

（中国石化西南油气分公司勘探开发研究院）

摘　要　随着大数据技术的发展，生产管理的数字化和智能化是油气田发展的必然趋势。由于页岩气井存在积液、出砂和强应力敏感等问题，产量调整需要考虑因素较多，传统方法由于存在人工工作量大、调产预警效率偏低的问题，从而无法兼顾多重因素实施最优化调产。为解决该问题，采用模糊逻辑推理的数据分析方法，基于Python编制了考虑初期产能、携液、出砂、压降速度、单位压降产气量五类因素的自动计算模型，结合气井调产现场经验，建立每种调产因素不同程度的调产因素集合和相应的隶属度集合，根据气井排液输气、稳产降压、定压递减间开阶段的典型生产特征，制定气井全生命周期差异化的调产模糊逻辑规则，根据此规则，建立基于模糊逻辑的气井智能化调产预警模型，遵从最大隶属度原则选取最终调产预警结果。该方法在威荣页岩气田应用了百余口井，调产预警时间仅需30秒，而传统方法需要5~7天；智能化预警气井的稳产期较传统调产方法提高15%左右、单位压降产气量提高10%左右，取得了较好的应用效果。在未来可结合远程控制的油嘴或者节流阀来自动化调节油气井生产制度，为智能化油气田提供技术支撑。

关键词　模糊逻辑；智能化；页岩气井；调产预警

合理调配产量是提高页岩气井生产效果、增加页岩气田效益的关键之一。房大志等学者提出页岩气井具有强应力敏感性，过高配产将导致裂缝闭合速度加快，影响气井可采储量。刘华等对涪陵页岩气田的实验分析研究表明放压生产气井的稳产期累产气比控压生产减少约17%。Fred等对Haynesville地区11口页岩气井的研究表明控压生产气井的EUR比放压生产提高约30%。而过低配产将导致气井携液能力不足、市场需求产量不达标等问题。

在页岩气井合理调配产方法的研究领域，国内外学者已经开展了广泛的研究。湛小红提出了采用临界携液流量配产法、临界携砂气量配产法分别为合理配产的下限值和上限值，并以采气指示曲线配产法、无阻流量-配产系数经验关系法、解析法综合取值进行合理配产。胡浩等学者提出了以临界携液流量配产法为配产低限值，初期采用无阻流量-配产系数经验关系法配产，试采阶段根据单位压降产量配产法优化气井配产。祝启康等学者用基于LSTM神经网络的产量预测模型预测页岩气单井未来5天产量变化，自动间歇开关井和积液监测工作。Kevin等学者提出使用IPR曲线的节点分析进行合理配产。这些调配产方法都有其适用场景和局限性，目前仍存在一些问题与挑战，例如缺少对不同调产方法计算结果冲突时调产取值明确性、高效率调产预警的自动计算方法、页岩气排液输气期的调配产方法等，而且解析法、数模法、人工智能法在地质-工程数据获取和模型训练上要求较高，目前难以推广至每口单井的即时调配产应用。这些问题导致了气井调配产过程的复杂性，即气井调配产方法存在适用性不明确、调配产目标复杂、多个方法计算工作量大等方面的挑战。因此当前的气井调配产方法仍然需要进一步的完善和改进，以实现更加高效和可持续的气井生产管理。

油气田智能化生产被广泛认为是石油工业未来的重要发展趋势之一。为应对巨大的工作量挑战，本文采用了SQL Server数据库和Python编程技术，构建了一个高效的算法框架，从而实现了自动化和可重复性，显著提升了工作效率和数据处理准确性。同时，为确保数据的安全性，本文采取了严密的数据加密措施。另一方面，针对调产需求复杂且存在不确定性的问题，本文借鉴了Frota等学者提出了基于模糊逻辑的油井产出水回注流量控制和Gorjizadeh等学者提出了在操作/物理约束条件下实现恒定井底压力钻井的模糊控制器设计，通过引入模糊逻辑控制作为一种有效的控制方法，本文成功处理多种调产方法计算结果与最终调产取值之间的模糊关系，实现了清晰而有效的处理过程。综上所述，本文结合页岩气井生产规律，将考虑积液、控压等多种调产方法步骤、算法、公式等编程为可执行的代码程序，并基于各调产指标计算结果建立调产预警模糊逻辑控制模型，这一方法在威荣页岩气田实现了动态即时的调产决策，对于在实际油气井开发中的推广具有重要意义。

1　基本原理及思路

本文旨在构建基于模糊逻辑控制的气井智能化调产预警模型，并进行相关应用研究。具体而言，本文的模型建立主要包括以下流程步骤：

（1）针对多种调产方法计算过程进行算法实现。

1）利用 SQL Server 数据库、Python 技术编程，针对临界携液流量、临界出砂流量、稳产期压降、单位压降产气量、经验图版法、递减间歇阶段调配产这六种方法进行算法实现。

2）针对这六种方法的适用性进行算法实现，即代码实现筛选满足适用条件的数据。

3）将实际产量相对于每个方法参考值的偏差比例即作为调产指标，并进行算法实现。

（2）针对(1)里面的调产指标等建立模糊逻辑控制模型。其中模糊逻辑运算主要通过 Python 软件的 scikit-fuzzy 库进行计算。

1）通过隶属函数将模型的输出变量转化为五个语言变量：大幅上调、小幅上调、不调、大幅下调、小幅下调。同时，将六种调产指标、气井生产阶段等作为输入变量，每个调产指标输入变量范围转化为与明显上调、小幅上调、不调等输出语言变量相对应的语言变量。

2）模糊推理。结合井场调产规范建立模糊规则，依据最大最小原则(Max-Min Principle)建立调产影响输入量到调产输出量之间的模糊关系 R。对于单独个体规则，例如某一条规则为“if A1 then B1”，我们进行模糊集运算取交集，即取其隶属度值的最小值，则该条规则的模糊关系 R1 为：

$$R1=\mu(A1)\cap\mu(B1) \tag{1}$$

式中，μ(A1)、μ(B1)分别为 A1、B1 对应的隶属度值，

如果个体规则的条件部分或者结论部分有“and”关系的取交集∩运算、“OR”关系的取并集∪运算，“NOT”关系的取补集运算。

然后，汇总每条规则的结果取并集运算，即取其隶属度值的最大值。总的模糊关系 R 为：

$$R=R1UR2\cdots\cdots Rn$$

根据给定的事实输入模糊集合 A’和模糊关系 R 的进行模糊合成运算：

$$B'=A'oR$$

式中，o 为模糊集合的合成运算符号。

下一步是解模糊化，前面步骤得到的是一个离散论域的模糊集合 X，需要通过解模糊化来输出一个清晰值 y，本文采用重心解模糊法，可理解为集合元素的隶属度的加权平均，公式如下：

$$y=\frac{\sum_{i=1}^{n}\mu(x_i)x_i}{\sum_{i=1}^{n}\mu(x_i)} \tag{2}$$

式中，x_i 为集合 X 中每个输出点，$\mu(x_i)$ 是 x_i 对应的隶属度值。

根据气田现场需求，可将输出进一步从标准论域缩放到具有真实调产意义的单位或语言。

2　调产指标及算法代码实现

2.1　页岩气井生产阶段划分及调产原则

页岩气井的生产过程依次可主要划分为排液输气、稳产降压和定压递减三个阶段，针对不同阶段的生产特征制定相应的调产原则。

（1）在排液输气阶段，气井以套管生产为主，其特点是排液量大、压降快速，调产的目标应以排液为主、控制压力为辅，同时避免出现砂堵的问题。

（2）在稳产降压阶段，气井在压力适中时将由套管生产转为油管生产，此时液量较小、产量稳定、压降较缓，调产的目标主要是控制压降速度、提高采收率，并且为满足市场需求，要保证稳定生产制度和固定的稳产期。

（3）在定压递减阶段，前期需要连续降产以保持不低于输压，后期能量不足支撑连续生产，则进行间歇开关井生产。

2.2　调产指标方法原理

（1）临界携液流量

李闽临界携液流量模型认为在高速气流作用下，液滴前后存在压力差变为椭球体，相较于 turner 模型增加了有效受力面积，在临界流状态下，液滴相对于井筒不动。液滴的重力等于浮力

加阻力。其公式为：

$$u_c=2.5[\sigma(\rho_l-\rho_g)/\rho_g^2]^{0.25} \quad (3)$$

换算成标况下的气井流量公式：

$$q_c=2.5\times10^8Au_c\frac{p}{ZT} \quad (4)$$

式中，q_c 为气井临界携液流量，m^3/d；σ 为气液表面张力，N/m；ρ_l 为液体密度，g/cm^3；V_l 为液体流速，m/s；A 为生产管柱横截面积，m^2；p 为井筒当地压力，MPa；T 为井筒当地温度，K；Z 为气体压缩因子；q_c 为气井携液临界产量，m^3/d。

（2）临界携砂流量

李小益等学者认为在临界流状态下，砂粒相对于井筒不动，砂粒的重力等于液滴对砂粒的拖曳力、浮力。其临界携砂流量模型公式为：

$$V_S=V_l-\sqrt{\frac{4}{3}d_s g\frac{\rho_s-\rho_l}{\rho_l}\frac{1}{C_D}} \quad (5)$$

如果设定 $V_S=0$，则计算得到临界出砂对应的液体流量 V_l。

通过改进后的 Turner 模型计算临界携液流速 V_l 状态下的临界携砂产量 q_{sc}。

$$q_{sc}=2.5\times10^8AV_l\frac{p}{ZT} \quad (6)$$

式中，d_s 为主体砂粒直径，mm；ρ_s 为主体砂粒密度，g/cm^3；C_D 为阻力系数，取 0.45；V_l 为液体流速，m/s；V_S 为砂粒速度，m/sq_{sc}为气井携砂临界产量，m^3/d。

（3）稳产期压降法

根据气田开发方案和实际生产确定稳产期，按排液输气阶段、试采阶段分别设置稳产期压降配产法参考值。

1）在排液输气阶段，气井主压裂缝流体弹性释放，导致大液、高压及压降速度较大，随后返排液、压降速度逐渐减小并相对稳定。为获取这一阶段压降速度参考值，可以分析近两年控压标杆井在该阶段的压降速度与天数相关性，得到压降速度经验公式。见图 1。对于本文实例中的威荣气田典型页岩气井，其经验公式如下：

$$P'=0.96-0.009\times T \quad (7)$$

式中，P' 为压降速度，MPa/d；T 为生产天数。

开井后的 40 天内因通井扫塞产能不稳定，不纳入统计。

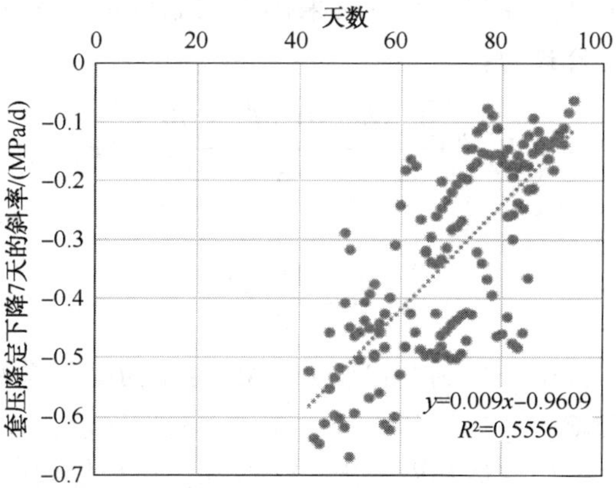

图 1 威荣气田较稳定的 7 日套压压降速度 vs 生产天数散点图

2）在试采阶段，根据当前压力和近期压降速度确定稳产期。为了避免气井工况变动导致的压降异常，可以选择 7 天、15 天和 30 天压降速度中线性拟合相关性 R^2 最大的作为近期压降速度。

（4）单位压降产气法

与稳产期压降法相比，该方法侧重于单位压降产气而非稳产期，能够减少气井工况变动对计算结果的影响。该方法通过筛选近期压力-累产气曲线线性拟合较好的 7 个点来计算单位压降产气值。在该方法中，以相近地质-工程条件下的标杆井在试采阶段的单位压降产量作为参考值，本文实例的单位压降产气参考均值为 $55\times10^4m^3/d$。

（5）经验图版法

无阻流量与配产经验关系法在多个页岩气田已有广泛应用，本文实例威荣气田的经验公式为：

$$q=(0.0024\times Q_{aof}+0.2792)\times Q_{aof}$$
$$(10<Q_{aof}\leqslant70\times10^4m^3/d) \quad (8)$$

式中，Q_{aof} 和 q 分别为无阻流量和配产，$10^4m^3/d$。

页岩气井因初期液量大引起的二项式产能曲线倒置，需要引入修正项，公式为：

$$P_e^2-P_{wf}^2=Aq+Bq^2+C \quad (9)$$

式中，P_{wf}和 P_{wf}为分别为地层边界压力和井底流压，MPa；A、B 分别为受流体性质、地层系数影响的系数，C 为考虑启动压力梯度、滑脱效应、应力敏感、多相流等多种因素的修正项常数。

针对未开展产能测试的气井需要进行井底流

压折算。油管生产阶段采用平均温度-偏差系数法，公式为：

$$P_{wf}=\sqrt{P_{tf}^{2}e^{2s}+\frac{1.324\times10^{-18}f\left(q_{sc}TZ\right)^{2}}{d^{5}}\left(e^{2s}-1\right)} \tag{10}$$

$$s=\frac{0.03418r_{g}H}{TZ} \tag{11}$$

式中，P_{tf}为井口压力，MPa；f为摩阻系数，无量纲；q_{sc}为气井产量，m^3/d；S为指数，无量纲；r_g为气体相对密度，无量纲；H为气层中部垂深，m；T为平均流动温度，K；Z为在P、T条件下的天然气偏差系数，无量纲。

套管生产阶段采用学者谭聪提出的 H—B 简化模型法，公式为：

$$P_{wf}=\sqrt{P_{tf}^{2}e^{2s}+\frac{1.324\times10^{-18}f\left(q_{sc}TZ\right)^{2}}{d^{5}}\left(e^{2s}-1\right)}+\frac{V_{w}}{q_{g}\times B_{gi}+V_{w}}H\rho g \tag{12}$$

$$B_{gi}=\frac{3.447\times10^{-4}\times Z\times T_{井筒中部}}{P_{wf}} \tag{13}$$

式中，ρ为液体密度，kg/m^3，B_{gi}，气体体积系数，无量纲。

（6）间歇阶段开关井预警法

当井口压力接近输压或者有积液水淹风险时关井，一旦压恢相对稳定且无积液水淹风险时开井。在本文所述气田案例中，关井条件分为两种情形，当q_w<=5 时，满足下式：

$$P_{井口}\leqslant P_{输压}+0.3 \tag{14}$$

当q_w>5 时，则为：

$$P_{井口}\leqslant P_{输压}+0.3 \text{ 或 } q<q_{c} \tag{15}$$

开井分为两种情形，当q_w<=5 时，需满足两天$P_{井口}$不变或者以下不等式：

$$P_{井口}\leqslant P_{输压}+3 \tag{16}$$

当q_w>5 时，增加压恢条件以防止开井后积液淹井，需满足两天$P_{井口}$不变或者以下不等式：

$$P_{井口}\leqslant P_{输压}+3 \quad 且 \left|P_{井口}-P_{上一次开井最大值}\right|<1 \tag{17}$$

式中，q_w为日产液，m^3/d；q为目前配产，$10^4m^3/d$；q_c为气井临界携液流量，$10^4m^3/d$；$P_{井口}$为井口压力，MPa；$P_{外输}$为外输压力，MPa；$P_{上一次开井最大值}$为上一次间歇生产最大压力，MPa。

2.3 调产指标代码实现

利用 SQL Server 数据库、Python 对算法框架进行编程，这种代码化操作可以使整个过程更加自动化和可重复，提高工作效率和准确性。具体如下：

第一步，通过 Python 的 pyodbc 库连接到 SQL Server 数据库，并执行 SQL 查询来获取所需的气井生产动态、静态数据。为了保障数据保密性，需要提前对关键指标进行别名、缩放、调序等。

第二步，使用 pandas、numpy、LinearRegression 等库来加载、筛选合适的气井数据段。明确各方法的适用关键指标，所有方法均需满足近期的、近期无调产的、线性拟合好条件，结合威荣气田现场实际，明确筛选数据段的关键指标，算法实现为常见的数学运算函数。以实现按井号分组数据段且滚动窗口计算线性相关性 r^2 的功能为例，可以使用 group［'井号'］. rolling（window=滚动窗口）. corr（group［数据段］）来预设函数，并使用 groupby. apply 函数按井号分组数据调用该函数进行相应数据筛选。同理，可实现其他滚窗函数运算功能。见表 1。

表 1　合适的气井数据段筛选统计表

筛选方法		临界携液流量	临界携砂流量	经验图版法	稳产期压降法	单位压降产气法	间歇开关井法	本文实例气田关键指标参考
粗筛井	排采阶段的	√	√	√	√	√		生产天数<600，近 7 日平均压力>输压，近 7 日日均产气$>3\times10^4m^3$
	递减间歇阶段的						√	生产天数>=600，近一个月关井次数>=5 次
	近期无调产的	√	√	√	√	√		近期指定天数期间日产气变化幅度不超过 20%

续表

筛选方法		临界携液流量	临界携砂流量	经验图版法	稳产期压降法	单位压降产气法	间歇开关井法	本文实例气田关键指标参考
细筛井与阶段	近期的	√	√	√	√	√	√	经验法近期 40~60 天，临界法、动态法 10~15 天
	稳定的	√	√	√	√	√		在近期筛选 7 个线性相关性连续点（r^2>0.6）、日均产气>$3\times10^4m^3/d$
	试采初期的			√				近 3 日平均压力>27MPa；近 3 日日均产气>$5\times10^4m^3/d$；近 3 日日均产液<120 方

第三步，使用 pandas、numpy、LinearRegression 等库中的常见的数学运算函数，对每一种方法的流程算法进行编码。以实现计算数据段的单位压降产气为例，可以使用 groupby ('井号'). apply(lambda x: np. polyfit(x[‘压力’], x[‘累产气’], 1)[0])进行计算。

第四步，编码运算实际产量相对于每个方法参考值的偏差比例，参考下式：

偏差比例=(实际产量-参考值)/参考值 (18)

3 调产预警模糊逻辑控制模型

3.1 输入参数、输出参数模糊化

将前文的调产指标计算结果作为输入参数，将调产预警作为输出参数，结合页岩气井生产特征及调产原则，建立输入、输出参数模糊集合（见表 2）。模糊集合的设置主要采用了 Gbellmf（钟型）、sigmf(S 形）这两种隶属函数，隶属函数的选择及相关函数参数设置主要依据气井生产特征及调产原则等。

表 2 输入参数、输出参数隶属函数统计表

参数	低配	中低配	合适	中高配	高配
临界携液流量法（排液输气阶段）	sigmf(−0.7, −40)	gbellmf(0.15, 5, −0.55)	sigmf(−0.4, 40)	\	\
临界携液流量法（其他阶段）	sigmf(−0.4, −100)	gbellmf(0.2, 15, −0, 2)	sigmf(0, 100)	\	\
临界携砂流量法	\	\	sigmf(−0, −100)	gbellmf(0.2, 15, 0.2)	sigmf(0.4, 100)
稳产期压降法（排液输气阶段）	sigmf(−0.9, −40)	gbellmf(0.3, 5, −0.6)	gbellmf(0.3, 5, 0)	gbellmf(0.3, 5, 0.6)	sigmf(0.9, 40)
稳产期压降法（其他阶段）	sigmf(−0.45, −60)	gbellmf(0.15, 5, −0.3)	gbellmf(0.15, 5, 0)	gbellmf(0.15, 5, 0.3)	sigmf(0.45, 60)
单位压降产气法	sigmf(−0.45, −60)	gbellmf(0.15, 5, −0.3)	gbellmf(0.15, 5, 0)	gbellmf(0.15, 5, 0.3)	sigmf(0.45, 60)
经验图版法	sigmf(−0.45, −60)	gbellmf(0.15, 5, −0.3)	gbellmf(0.15, 5, 0)	gbellmf(0.15, 5, 0.3)	sigmf(0.45, 60)
间歇开关井法	sigmf(−0.2, −10)	\	gbellmf(0.2, 20, 0)	\	sigmf(0.2, 10)
其他输入参数	(1)生产天数(阶段划分)：排液输气 gbellmf(30, 10, 70)，稳产降压 sigmf(100, 0.5) (2)间歇阶段日产液：≤5 方/天 sigmf(5, −5)，>5/天 sigmf(5, 5)				
调产预警输出	sigmf(−0.45, −60)	gbellmf(0.15, 5, −0.3)	gbellmf(0.15, 5, 0)	gbellmf(0.15, 5, 0.3)	sigmf(0.45, 60)

临界携液流量法、稳产期压降法在排液输气阶段和其他阶段设置为两套隶属函数，这是因为在排液输气阶段和其他阶段采用的计算方法或理论适用性不同，使得它们在排液输气阶段的调产精准度相对较低，因此在排液输气阶段的“合适”对应的隶属函数的核更宽。见图 2。

3.2 模糊规则

页岩气井生产阶段划分及调产原则详见本文 2.1 节，扼要概述为前期以排液为主、控压为辅，中期以控压、提产为主，后期依次进行稳压

递减、间歇开关。结合阶段划分、调产原则及现场经验设置模糊规则。见表 3。

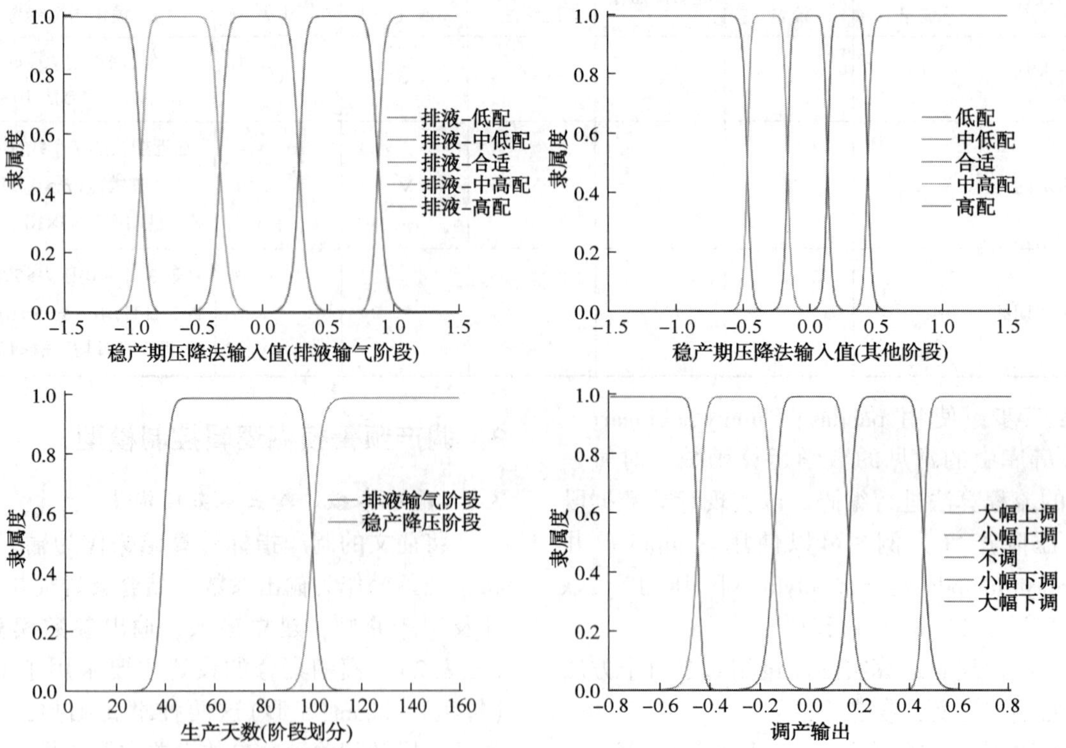

图 2　部分调产指标隶属度设置图

表 3　模糊规则示意表

<table>
<tr><th>临界携液流量法</th><th>临界出砂流量法</th><th>生产阶段</th><th>稳产期压降法</th><th>单位压降产气法</th><th>经验图版法</th><th>间歇</th><th>输出结论</th></tr>
<tr><td>低配</td><td>\</td><td>排液输气</td><td>\</td><td>\</td><td>\</td><td>\</td><td>大幅上调</td></tr>
<tr><td>低配</td><td>\</td><td>其他阶段</td><td>\</td><td>\</td><td>\</td><td>\</td><td>大幅上调</td></tr>
<tr><td>中低配</td><td>\</td><td>排液输气</td><td>\</td><td>\</td><td>\</td><td>\</td><td>小幅上调</td></tr>
<tr><td>中低配</td><td>\</td><td>其他阶段</td><td>\</td><td>\</td><td>\</td><td>\</td><td>小幅上调</td></tr>
<tr><td rowspan="14">合适</td><td>高配</td><td>\</td><td>\</td><td>\</td><td>\</td><td>\</td><td>大幅下调</td></tr>
<tr><td>中高配</td><td>\</td><td>\</td><td>\</td><td>\</td><td>\</td><td>小幅下调</td></tr>
<tr><td rowspan="12">合适</td><td rowspan="5">排液输气
（主要指 40~100 天）</td><td>高配</td><td>\</td><td>\</td><td>\</td><td>大幅下调</td></tr>
<tr><td>中高配</td><td>\</td><td>\</td><td>\</td><td>小幅下调</td></tr>
<tr><td>合适</td><td>\</td><td>\</td><td>\</td><td>不调</td></tr>
<tr><td>中低配</td><td>\</td><td>\</td><td>\</td><td>小幅上调</td></tr>
<tr><td>低配</td><td>\</td><td>\</td><td>\</td><td>大幅上调</td></tr>
<tr><td rowspan="5">稳产递减
（主要指>100 天）</td><td colspan="3">2 个及以上高配</td><td>\</td><td>小幅下调</td></tr>
<tr><td colspan="3">2 个及以上中高配</td><td>\</td><td>大幅下调</td></tr>
<tr><td colspan="3">2 个及以上合适</td><td>\</td><td>不调</td></tr>
<tr><td colspan="3">2 个及以上中低配</td><td>\</td><td>小幅上调</td></tr>
<tr><td colspan="3">2 个及以上低配</td><td>\</td><td>大幅上调</td></tr>
<tr><td>递减间歇</td><td>\</td><td>\</td><td>\</td><td>合适</td><td>不调</td></tr>
<tr><td rowspan="2">\</td><td rowspan="2">\</td><td rowspan="2">递减间歇</td><td>\</td><td>\</td><td>\</td><td>关井</td><td>大幅下调(关井)</td></tr>
<tr><td>\</td><td>\</td><td>\</td><td>开井</td><td>大幅上调(开井)</td></tr>
</table>

模糊模型输出结论没有直接指出调产幅度，幅度具体分三类设置如下：

（1）对于临界流量法直接控制输出值得，需调产至临界达标值。

（2）对于间歇阶段，大幅上、下调即分别指开井、关井。

（3）其他情况下，第一种方法为以与输出结论一致的调产指标的加权平均值为调产幅度，并考虑以避免与其他调产指标明显矛盾为上限、以现场实际操作精度限制为下限进行修正。第二种方法为结合调产经验，直接固定小幅、大幅调产比例值，本文实例威荣气田分别为幅度10%、20%。

3.3 模型推理及可视化

根据已设置好的输入、输出模糊集合及模糊规则，利用Python软件的scikit-fuzzy库建立模糊模型，原理详见章节1，此处不再赘述。为了更好地观察理解推理模型，我们选取部分输入参数，分析其对输出结果的影响程度。假设临界携液流量法、临界出砂流量法、单位压降产气法的偏差比例输入值均为0（表示配产合适），经验图版法偏差比例输入值为-0.5，选取生产天数、稳产期压降法偏差比例分别为变量x，y，分析其对调产预警结果的影响，并绘制三维曲面图。从图中可知，稳产期压降法预警信息由小变大，输出结果由低配指向高配信息，且排液输气阶段（主要为40~100天）相较于稳产降压阶段（主要为100天之后）合适不调范围更大，在排液输气阶段稳产期压降法高能单独控制调产结果为高配下调，而在稳产降压阶段中稳产期压降法则不能单独控制调产结果，敏感性分析结果与相应模糊规则一致。

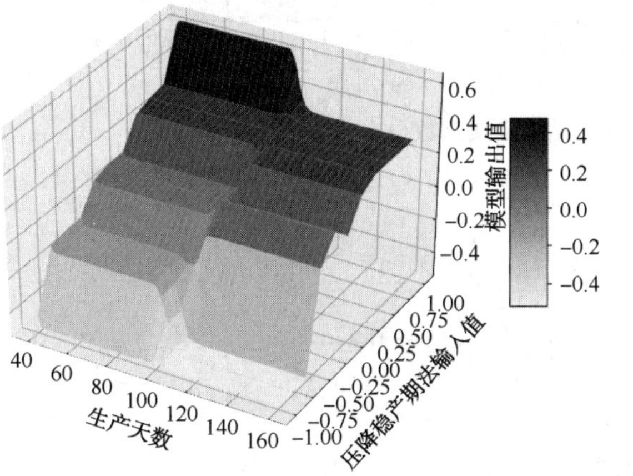

图3　生产天数（阶段划分）vs稳产期压降法敏感性分析

4 实例结果分析及讨论

4.1 实例概况

威荣页岩气田位于四川盆地南部低陡构造带白马镇向斜构造，目的层为上奥陶统五峰组-龙马溪组一段，为暗色富有机质泥页岩，埋深超3500米，压力系数介于1.7~2.1，属于超高压、深层页岩气藏。2018年开始建产，已全面完成建产，气井主体初期配产$6\sim22\times10^4 m^3/d$，目前不同生产阶段的气井都有一定井数占比。

4.2 单井多阶段预警应用

A井于2021年3月21日投产，通过选取了四个生产区间进行模型调产预警，结果显示：在第45天，模型预警小幅上调，与气井初期排液提产需求一致。其中经验图版法无数据，即表明该方法在此阶段不适用，被调产指标算法自动过滤（见表4）；在第90天，模型预警小幅下调，这表示调产需求由排液为主转变为了控压为主；在第200天，模型预警不调，这表示主体调产指标满足配产原则；在第1080天，模型预警大幅下调，在间歇阶段即预警关井，与当日实际关井操作一致。综上，调产预警模糊模型在A井多个阶段生产数据的预警应用结果符合生产动态认识。见图4、图5。

4.3 多井近期预警应用

调用调产指标算法程序对威荣气田百余口井进行筛选、计算，其计算原理及代码实现方法已在章节2中详细阐述，得到44口井的调产指标，建立气井编号与调产指标散点分布图，图中显示编号前33口气井处于排液输气、稳产降压阶段，编号后11口气井处于间歇开关井阶段。其中针对排液输气、稳产降压阶段的前33口井中多数气井，根据图中临界携液流量法指标反映配产偏低，根据临界携砂流量法反映适当，根据经验图版法、稳产期压降法、单位压降产气法反映则调产偏高，该阶段需以排液为主、控压为辅，当引入模糊逻辑推理将得到一个清晰的综合值。见图6。

调用本文模糊模型对调产指标进行模糊推理，结果显示排采阶段应该上调井5口、不调井17口、下调11口；递减的间歇推荐关井5口，开井6口。

表 4　模糊模型输入、输出表

生产天数	经验图版法	临界携液流量法	临界携砂流量法	稳产期压降法	单位压降产气法	间歇开关井法	模型输出值	调产输出
45	\	-0. 12	-0. 71	-0. 31	0. 57	\	-0. 17	小幅上调
90	0. 86	0. 04	-0. 62	0. 32	0. 07	\	0. 2	小幅下调
200	0. 69	-0. 25	-0. 65	-0. 03	-0. 09	\	0	不调
1080	\	0. 04	-0. 63	\	\	0. 5	0. 68	大幅下调

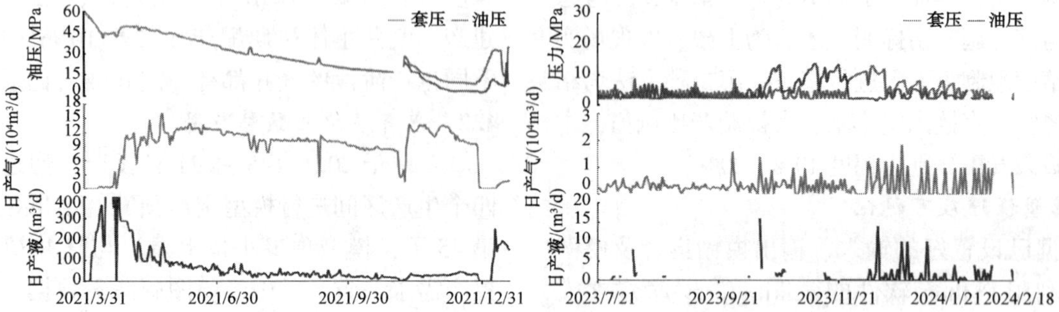

图 4　A 井生产曲线(左图为排液输气、稳产降压阶段，右图为间歇生产阶段)

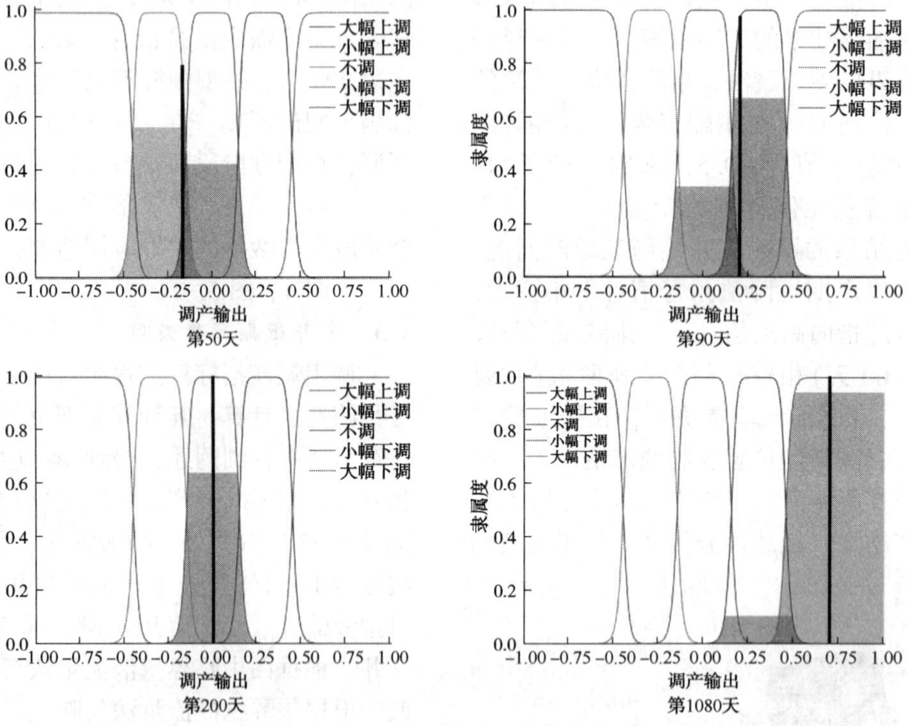

图 5　A 井在不同生产时期模型输出结果隶属函数分布图

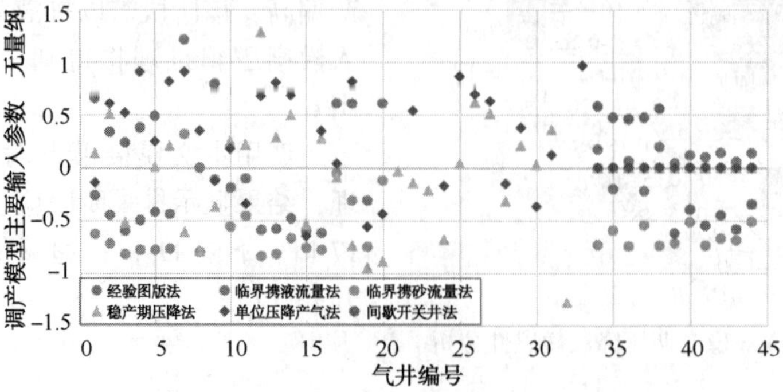

图 6　气井编号与调产指标散点分布图

百余口井调产预警时间仅需 30 秒，而 1 名熟练技术人员采用传统方法计算需要 5~7 天，在有限的人力资源下，通过效率提升，气井的调产需求被及时预警，生产效果也有一定提升，智能化预警气井的稳产期较传统调产方法提高 15%左右、单位压降产气量提高 10%左右，取得了较好的应用效果。

5 结论

本文以威荣页岩气田为例，分析了多种不同的调产预警方法及其适用性，梳理了典型页岩气井的不同阶段生产特征及相应的调产规则，并建立了模糊逻辑推理模型，实现了准确有效、快速的调产决策，利用 SQL Server、Python 实现了快速、准确、有效的多种调产预警方法计算。多种调产预警方法自动化程序在 30 秒之内即可完成数百口井生产数据的加载与运算。结合现场经验实际建立了调产模糊逻辑推理模型，实现了快速、准确、有效的油气井排采、间歇开关井生产阶段现场调产预警决策。模型与现场经验规则一致，在数秒内即可完成多种调产预警方法模糊决策。未来可结合远程控制的油嘴或者节流阀来自动化调节油气井生产制度，为智能化油气田提供技术支撑。

参考文献

[1] 熊亮，赵勇，魏力民，等．威荣海相页岩气田页岩气富集机理及勘探开发关键技术．石油学报，2023，44(8)：1365-1381.

[2] 房大志，曾辉，王宁，等．从 Haynesville 页岩气开发数据研究高压页岩气高产因素[J]．石油钻采工艺，2015(2)：58-62.

[3] 刘华，王卫红，陈明君，等．涪陵龙马溪组页岩储层应力敏感实验研究[J]．石化技术，2019(5)：155-158.

[4] Fred P, Wang U H, Li Q H. Overview of Haynesville shale properties and production. AAPG Bulletin, 2013; 105 : 155-177.

[5] Kainz S, Snyder J, McCullagh A, et al. Haynesville Midstream: Capacity Constraints and Differential Pressures[C]//Unconventional Resources Technology Conference, 22 - 24 July 2019, Denver, Colorado, USA. DOI: 10.15530/urtec-2019-607.

[6] 湛小红．涪陵页岩气田合理配产方法对比优选研究[J]．石油地质与工程，2019，033(001)：67-71.

[7] 胡浩，汪敏，隆辉，等．一种页岩气井全生命周期合理配产新方法——以泸州地区页岩气为例．复杂油气藏，2023，16(2)：137-143.

[8] 祝启康，林伯韬，杨光，等．低压低产页岩气井智能生产优化方法．石油勘探与开发，2022，49(4)：770-777.

[9] Rewbenio A. Frota[a]; Ricardo Tanscheit[b]; Marley Vellasco[b]. Fuzzy logic for control of injector wells flow rates under produced water reinjection. Journal of Petroleum Science and Engineering. 2022. 215 (PartA): 000-000.

[10] H. Gorjizadeh[a]; M. Ghalehnoie[b]; S. Negahban[a]; A. Nikoofard[c]. Fuzzy controller design for constant bottomhole pressure drilling under operational/physical constraints. Journal of Petroleum Science and Engineering. 2022. 212(000): 000-000.

[11] 王立新著，王迎军译．模糊系统与模糊控制教程[M]．北京：清华大学出版社，2003.

[12] 沈金才，董长新，常振．涪陵页岩气田气井生产阶段划分及动态特征描述．天然气勘探与开发，2021，44(1)：111-117.

[13] 郭建林，贾爱林，贾成业，等．页岩气水平井生产规律．天然气工业，2019，39(10)：53-58.

[14] 陈学忠，郑健，刘梦云，等．页岩气井精细控压生产技术可行性研究与现场试验．钻采工艺，2022，45(3)：79-83.

[15] 向耀权，辛松，何信海，等．气井临界携液流量计算模型的方法综述[J]．中国石油和化工，2009(9)：4.

[16] 李小益．涪陵页岩气井出砂机理研究及合理工作制度确定．中国石油和化工标准与质量，2020(11)：153-154.

[17] 张修明，李晓平，张健涛，等．靖边古潜台东侧气田气藏产能评价方法研究．海洋石油，2009，29(2)：65-68.

[18] 张涛，陈岩，李君，等．M 气田系统试井解释方法研究．石油天然气学报，2016，38(4)：73-79.

[19] 王林，彭彩珍，倪小伟，等．气井井底流压计算方法优选．油气井测试，2011，20(4)：25-26.

[20] 谭聪．焦石坝区块页岩气井井底流压计算方法评价．江汉石油职工大学学报，2022，35(4)：14-17.

[21] 李华昱，曹林，张国平，等．一种基于 SQL Server 的企业数据仓库实现方案．微型机与应用，2001，20(12)：49-50.

[22] 顾晓东，梁琰，李静叶，等．浅析 Python 在油气勘探开发中的应用与发展．天然气与石油，2023，41(4)：131-137.

[23] 夏钦锋．涪陵焦石坝页岩气井调产分析及预测．现代计算机，2019，25(24)：7-12.

[24] 袁力，姜琴．隶属函数确定方法探讨．郧阳师范高等专科学校学报，2009，29(6)：44-46.

[25] 陆奎，汤培榕，杨为民．用简化模糊规则数的方法设计模糊 PID 控制系统．石油大学学报：自然科学版，2004，28(5)：126-130.

基于含水饱和度预测气藏原生水水气比的方法

杨丽娟

（中国石化西南油气分公司）

摘　要　大部分低渗、致密气藏或非均质性较强的气藏气水分布复杂、产水来源不明、产水预测困难，为了分析原生水产出量的问题，分别从物质平衡原理和气水两相渗流两个方面，计算了原生水在弹性膨胀能作用下的累积水气比和受流动条件控制的瞬时水气比。基于封闭气藏物质平衡原理，利用无外源边底水水驱作用的气藏考虑原生水膨胀和孔隙体积缩小的物质平衡方程式，得到了由流体膨胀、储集空间压缩决定的天然气和地层水的最大产出量及累积水气比；同时利用气水两相渗流理论，推导了由两相渗流决定的最大瞬时水气比，达到了预测生产水气比的目的。研究结果表明：①原生水饱和度大于束缚水饱和度的情况下，气井投产即会产水，原生水饱和度等于束缚水饱和度的情况下，随着气藏压力的降低由于流体膨胀、岩石孔隙压缩及天然气的采出，部分束缚水变成可动水，也会有原生地层水的产出；②对于不存在外部边底水的气藏，气藏中的原生水是气井产水的主要来源，生产水气比同时受弹性膨胀和气水两相渗流共同决定；③若河坝嘉二气藏含水饱和度为50%，其累积生产水气比理论上最大可以高达2方/万方。结论认为：对于未识别到明显边底水的气藏，气井仍然会产地层水，且其生产水气比通常也可以达到较高水平。

关键词　产水来源；孔隙原生水；累积水气比；瞬时水气比；弹性膨胀；物质平衡；气水两相渗流

通常低渗、致密气藏或非均质性较强的气藏气水分布复杂，部分井测井等地质资料均未有水层显示、试气阶段也无产水迹象；但生产一定时间后仍旧会产出地层水；而采用容积法和水侵动态法计算求得的地层水体积均较小（水体倍数往往小于1），难以解释在地层水流度及膨胀能量远小于天然气、且小水体倍数情况下地层水会侵入气藏导致气井产水。这就给准确判断产水来源、评价产水风险、预测产水趋势带来困难。因此计算来自于气藏内源的产水量，对推断气藏产水来源、制定气藏开发方案有重要意义。

常规无边底水的定容或封闭气藏的物质平衡方程，认为气藏不产水，文献[7-8]认为对于没有边、底水的气藏，气井产水的主要来源为气藏中的孔隙原生水。文献[9-10]阐述了原生水产水机理和层内次生可动水流动临界条件。文献[1,11]等通过统计分析气井产水特征与可动水饱和度之间的关系，提出用可动水饱和度表征气井的产水特征。张杰等通过气驱水、核磁共振等实验，揭示了储层可动水饱和度与产水特征之间的关系。王雯娟等结合气水相渗曲线及渗流理论，建立了生产水气比和可动水饱和度关系，得到南海西部气藏可动水饱和度小于25%，计算水气比约在2.3方/万方以下。但文献[13]仅考虑了原始可动水部分的产出，并未考虑来自包括束缚水在内的所有原生水由弹性膨胀能引起的产出水。

本文分别从物质平衡原理和气水两相渗流的达西定理两个方面，分析来自气藏内源的生产水气比。基于封闭气藏的物质平衡原理，得到由流体膨胀、储集空间压缩决定的天然气和地层水的最大产出量及累积水气比；同时利用气水两相渗流理论，推导考虑两相渗流的流动条件下的最大瞬时水气比。为预测生产水气比和推测产水来源提供参考。该方法能综合考虑产水来源和产水条件两方面分析气藏可能的生产水气比，能一定程度上解释未识别到明显边底水的气藏，其生产水气比仍然较高的原因。

1　方法原理

气藏开采过程中，地层压力下降会引起气藏中天然气及原生水的膨胀和孔隙体积的缩小，这为封闭气藏产水提供了物质来源；气水两相渗流机理决定了原生水产出的时间及产水量多少，实际复杂孔隙介质中地层水的产出由气水产量及流动条件共同决定。

1.1　累积水气比

1.1.1　含水饱和度变化

假设一均质、无边底水侵入的封闭气藏，原

始条件下气藏地层压力为 P_i，孔隙体积为 V_{pi}，原始含水饱和度为 S_{wi}。

气藏的原生水体积为：

$$V_{wi}=V_{Pi}S_{wi}$$

当地层压力下降到 P 时，气藏孔隙体积的缩小量为：

$$\Delta V_p=V_{pi}C_p(P_i-P)$$

气藏原生水体积的膨胀量为：

$$\Delta V_w=V_{wi}C_w(P_i-P)$$

气藏的天然气的膨胀量：

$$\Delta V_g=V_{gi}C_g(P_i-P)$$

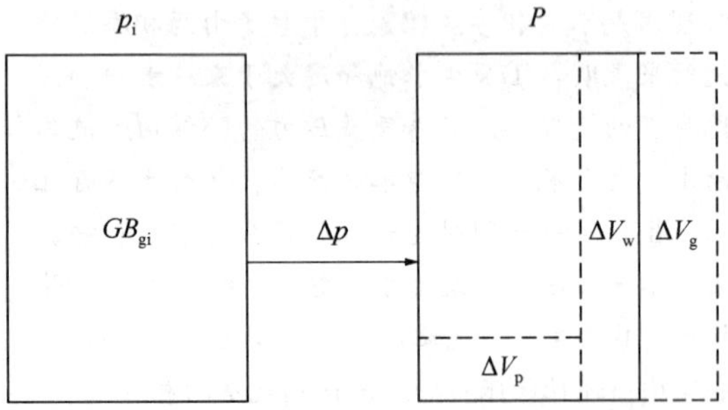

图 1　封闭气藏随压力下降发生的体积变化

对于原始含水饱和度等于临界含水饱和度的封闭气藏，在衰竭式开采过程中，假如只产气不产水，则当地层压力下降到 P 时气藏目前含水饱和度 S_w 为：

$$S_w=\frac{V_{wi}+\Delta V_w}{V_{pi}-\Delta V_p}=\frac{S_{wi}[1+C_w(P_i-P)]}{1-C_P(P_i-P)} \tag{1}$$

式中，S_w，目前含水饱和度，f；S_{wi}，原始含水饱和度，f；P，气藏目前地层压力，MPa；P_i，气藏原始地层压力，MPa；V_{pi}，气藏原始孔隙体积，m^3；V_{wi}，原始条件下气藏的原生水地下体积，m^3；ΔV_p，气藏孔隙体积的减小量，m^3；ΔV_w，气藏原生水体积的膨胀量，m^3；C_p，岩石压缩系数，MPa^{-1}；C_w，地层水压缩系数，MPa^{-1}。

可见随着地层压力下降原始含水饱和度会逐渐增大，若部分束缚水变成可动水，当达到一定的流动条件就会开始流动产出地面、无水采气期结束。若原始含水饱和度大于临界含水饱和度，即 $S_{wi}>S_{wc}$，气井投产即产水、没有无水采气期。

1.1.2　累积水气比

由式(1)可知随着地层压力下降，假如只产气不产水，原始含水饱和为 S_{wi} 逐渐增大为目前含水饱和度 S_w。增大的部分地层水如果产出地面，则可以根据物质平衡原理求得累积水气比。采出天然气体积记为 G_P、采出地层水体积记为 W_P；则地下体积分别为 G_PB_g、W_PB_w；根据物质平衡原理，产出流体的地下体积=原始体积+膨胀体积-剩余体积。

产出气的地下体积：$G_p\cdot B_g=V_{gi}+\Delta V_g-(1-S_w)(V_{pi}-\Delta V_p)$

产出水的地下体积：$W_p\cdot B_w=V_{wi}+\Delta V_w-S_w(V_{pi}-\Delta V_p)$

则来自气藏原生水的累积生产水气比，记为 R_{cwg}：

$$R_{cwg}=\frac{W_P}{G_P}=\frac{S_{wi}[1+C_w(P_i-P)]-S_w[1-C_p(P_i-P)]}{(1-S_{wi})[1+C_g(P_i-P)]-(1-S_w)[1-C_p(P_i-P)]}\cdot\frac{B_g}{B_w} \tag{2}$$

式中，R_{cwg}，累积水气比，$m^3/10^4m^3$；W_P，累产水量，m^3；G_P，累产气量，10^4m^3；B_g，目前条件下天然气体积系数；B_w，目前条件下地层水体积系数；C_p，天然气压缩系数，MPa^{-1}。

该式未考虑气水两相渗流的流动条件，仅考虑气藏中弹性膨胀能引起的天然气及原生水膨胀和孔隙体积缩小、假设膨胀的原生水和天然气均全部采出的累积水气比。

1.2　瞬时水气比

实际孔隙介质中，气相和水相的产出还受两相渗流的相对渗透率的控制。通过引用地层中水相分流率的概念来考虑气水两相渗流的流动条件。

地层中水相分流率即地层中水相的流量与总流量之比。该概念有两种表达方式，第一种为基于气水两相渗流的达西公式，求地下水相流量和总流量，是相对渗透率和黏度的函数；第二种为将地面水气比换算到地层中，并变形为分流率的公式。

根据气水两相渗流达西公式，地层中水相的流量与总流量之比 f_w 为：

$$f_w=\frac{K_{rw}/\mu_w}{K_{rw}/\mu_w+K_{rg}/\mu_g} \tag{3}$$

式中，f_w，为地层中水相分流率；μ_g、μ_w，分别为气、水黏度，$mP_a\cdot s$；K_{rg}、K_{rw}，分别为气、水相对渗透率。

同时，地层中水相分流率 f_w 还可以用瞬时水气比 R_{wg} 表示，即将水气比换算到地层条件，为：

$$f_w=\frac{q_w/B_w}{q_w/B_w+q/B}=\frac{R_{wg}B_w}{R_{wg}B_w+B_g} \tag{4}$$

式中，q_g、q_w，分别为气井产气量、产水量，m^3/d；R_{wg}，瞬时水气比，$m^3/10^4m^3$。

将水相分流率的两种表达方式(3)和(4)相结合，可得瞬时水气比：

$$R_{wg}=\frac{K_{rw}\mu_g B_g}{K_{rg}\mu_w B_w} \tag{5}$$

式(5)中的气水相渗之比可以根据气水相渗实验得到，通常可以得到气水相渗之比与含水饱和度的关系式为：

$$\frac{K_{rw}}{K_{rg}}=A_{kr}e^{B_{kr}S_w} \tag{6}$$

将式(6)代入式(5)中得到受水相与气相的流度比控制的瞬时水气比：

$$R_{wg}=A_{kr}e^{B_{kr}S_w}\frac{\mu_g B_g}{\mu_w B_w} \tag{7}$$

式中，A_{kr}、B_{kr}，气水相渗之比与含水饱和度的回归参数。

式(7)反应了在地层水可动水饱和度足够大的情况下，受水相与气相的流度比控制的瞬时水气比计算公式；该式是基于气水相渗实验结果，含水饱和度和气水相相对渗透率是主要控制因素。

1.3　累积水气比与瞬时水气比的关系

由式(2)可知，累积生产水气比 R_{cwg} 为累积产水量与累积产气量之比，而瞬时水气比 R_{wg} 为日产水量与日产气量之比，则累积水气比与瞬时水气比的关系可以表示为：

$$R_{cwg}=\frac{W_p}{G_p}=\frac{\sum_{j=1}^{n}(q_w)_j}{\sum_{j=1}^{n}(q_g)_j}=\frac{\sum_{j=1}^{n}(R_{wg}\cdot q_g)_j}{\sum_{j=1}^{n}(q_g)_j}$$

一般投产初期定产气量生产，即日产气量不变，则上式可简化为：

$$R_{cwg}=\frac{\sum_{j=1}^{n}(R_{wg})_j}{n} \tag{8}$$

通常在扣除掉返排液的情况下，气井的瞬时水气比在早期呈增加趋势，不同气井增加幅度有差异，但从增加幅度来看，瞬时水气比与累积水气比一般不超过一个数量级。

由此可见，对于含水饱和度等于临界含水饱和度的井区，生产初期受气水两相渗流的影响，原生孔隙水不能流动、水气比为0；当含水饱和度增大至大于临界含水饱和度($S_w>S_{wc}$)，部分原生孔隙水开始流动，产水量由(2)式的可采出量和(7)式的流动条件共同决定；同样的，对于原始含水饱和度大于临界含水饱和度($S_{wi}>S_{wc}$)的井区，气井投产即产水，产水量也由(2)式的可采出量和(7)式的流动条件共同决定。

2　实例应用

以川东北 YBCX 气藏和 HBJ 气藏为例，利用其生产动态等相关资料，推算原生水的产出情况。YBCX 生物礁气藏属于台地边缘生物礁沉积，为局部存在边(底)水、受礁滩体控制的构造—岩性气藏，于2014年投入开发，目前38口生产井中有12口井产地层水；其中4口产水井测井解释并无非纯气层、测试均不产水，但目前生产水气比0.5方/万方~3方/万方(换算成累计水气比为0.47方/万方~1.09方/万方)。HBJ 气藏为致密-低渗、超高压、中含硫、弹性气驱、构造岩性气藏；于2010年试采，6口生产井测井解释无非纯气层、测试不产水，生产均产地层水，目前水气比0.5方/万方~5方/万方(换算成累计水气比为0.8方/万方-4.6方/万方)。

2.1　含水饱和度变化

岩石压缩系数采用李传亮老师提出的公式，即根据弹性模量、泊松比和孔隙度进行计算。YBCX 气藏和 BHJ 气藏储层岩性主要为白云岩，结合孔隙度计算气藏的岩石压缩系数分别为 $0.02\times10^{-4}MPa^{-1}$、$0.013\times10^{-4}MPa^{-1}$。

根据气藏天然气高压物性实验结果得到天然气体积系数和压缩系数随地层压力变化关系式，并与地层水压缩系数和岩石压缩系数一起代入式(1)，得到气藏在不同原始含水饱和度条件下、仅产气不产水的情况下，当地层压力下降到P时的含水饱和度。为了覆盖气藏有可能的极端情况，原始含水饱和度取值0.05~0.95、目前地层压力P取值为$(0.15\sim0.95)P_i$。

从计算结果(表1)看出，随着地层压力下降，含水饱和度基本呈线性增加。两个气藏地层压力下降到$0.95P_i$时含水饱和度与原始含水饱和度相比分别增加0.22%和0.21%，当地层压力下降到$0.15P_i$时分别增加0.4.25%和4.7%。

表1　两个气藏含水饱和度随地层压力变化

%

目前 P/原始 Pi	元坝长兴	河坝嘉二
0.95	0.22	0.21
0.9	0.44	0.43
0.85	0.66	0.66
0.8	0.89	0.90
0.7	1.36	1.39
0.6	1.85	1.92
0.5	2.36	2.48
0.4	2.88	3.08
0.3	3.41	3.70
0.25	3.69	4.03
0.2	3.97	4.36
0.15	4.25	4.70

2.2　累积水气比

将目前地层压力 P[取值为(0.15~0.95)P_i]和不同原始含水饱和度(0.05~0.95)代入式(2)计算累积水气比，并得到相应图版(图2、图3)。该图版反应了气藏的原始含水饱和度为束缚水饱和度、且不随空间和时间变化的理想情况下，累积水气比随地层压力的变化情况。见表2。

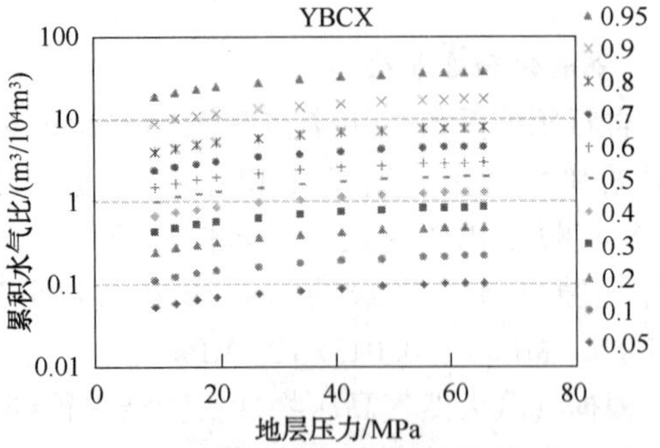

图2　YBCX气藏累积水气比曲线图版

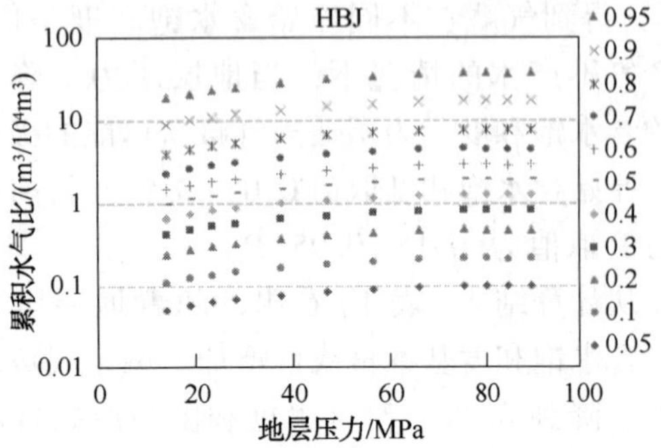

图3　HBJ气藏累积水气比曲线图版

表2　各气藏理论累积水气比对比表

气藏	原始含水饱和度	累积水气比/($m^3/10^4m^3$)	
		0.95Pi	0.15Pi
YBCX	0.1	0.22	0.11
	0.95	37.98	19.01
HBJ	0.1	0.21	0.11
	0.95	36.78	18.92

由图1图2可见，开采初期，若原始含水饱和度为10%，地层压力下降到 0.95P_i 时和 0.15P_i 时YBCX气藏累积水气比分别为0.22方/万方和0.11方/万方、HBJ为0.10方/万方和0.11方/万方；若原始含水饱和度为95%，地层压力下降到0.95P_i 时和0.15P_i 时YBCX气藏累积水气比分别为37.95方/万方和19.01方/万方、HBJ为36.78方/万方和18.92方/万方。在同一原始含水饱和度情况下，该理论值随地层压力下降而减小；在同一地层压力情况下，该理论值随原始含水饱和度增加而增大。

由此可见，在不考虑气水两相渗流的流动条件的情况下，即使原始含水饱和度很低，理论上由于储集空间的收缩和流体的膨胀仍然会有地层水产出。分析两个气藏发现在含水饱和度为40%~50%时，由弹性膨胀能产出的地层水的累积水气比能达到1~2方/万方。

2.3　瞬时水气比

利用式(7)计算由气水两相渗流条件决定的水气比。地层水的黏度引用经验公式(8)(当地层压力小于68.95MPa时，该式精度为96%)：

$$\frac{\mu_w}{\mu_{wi}}=0.9994+5.8443\times10^{-3}p+6.5342\times10^{-5}p^2 \tag{8}$$

根据天然气高压性实验结果，可回归出黏度与压力 P 的关系(R 平方值大于0.99)：

$$\mu_g=A_\mu P+B_\mu \tag{9}$$

将式(8)、式(9)式带入式(7)则可得到瞬时生产水气比：

$$R_{wg}=\frac{A_{kr}e^{B_{kr}S_w}(A_\mu P+B_\mu)B_g}{(0.9994+5.8443\times10^{-3}p+6.5342\times10^{-5}p^2)\mu_{wi}B_w} \tag{10}$$

根据YBCX、HBJ气藏气水相渗实验结果，由于储层非均质性较强，各岩心样品的水相渗透率与气相渗透率之比相差较大；水相与气相渗透率之比与含水饱和度的回归参数 A_{kr}、B_{kr} 的变化范围较大，其中 YBCX 气藏的回归参数 A_{kr} 从 1×10^{-10} 到 4×10^{-5}，HBJ、HBF 气藏的回归参数 A_{kr} 从 1×10^{-10} 到 3×10^{-6}，由式(10)计算得到的水气比变化较大，从 7×10^{-10} 到 1×10^{5}。选取两个气藏的典型相渗曲线得到生产水气比计算式：

$$\text{YBCX}: WGR=\frac{3\times10^{-6}e^{16.598S_w}(0.0004P+0.0128)\times0.0881P^{-0.828}}{(0.9994+5.8443\times10^{-3}p+6.5342\times10^{-5}p^2)\mu_{wi}}$$

$$\text{HBJ}: WGR=\frac{2\times10^{-10}e^{27.746S_w}(0.0003P+0.0135)\times0.087P^{-0.813}}{(0.9994+5.8443\times10^{-3}p+6.5342\times10^{-5}p^2)\mu_{wi}}$$

通过计算发现，瞬时水气比随地层压力下降而增大、随原始含水饱和度增加而增大。其中受含水饱和度影响更大。在不同原始含水饱和度(0.05~0.95)条件下、当地层压力下降到 P[取值为(0.15~0.95)P_i]时，YBCX 气藏瞬时水气比为 0.0004~540 方/万方、HBJ 气藏瞬时水气比为 0.000003~32 方/万方。

由此可见，对于实际气藏中非均质性引起的含水饱和度及非均匀分布的气井，瞬时水气比决定了气井产水时间及初期产水量；而累积水气比决定了气井最大产水量。同时也说明了初始含水饱和度等于束缚水饱和度区域或气井开井初期产水量，即气井会有无水采气期，而初始含水饱和度大于束缚水饱和度区域的气井投产就会产地层水。

3　应用效果

将 YBCX 气藏 4 口没有发育有非纯气层的产水井(图 4)、HBJ 气藏的 6 口产水井(图 6)的实际累积生产水气比与地层压力的变化关系分别投影到对应图版。既验证了累计水气比的理论计算结果的合理性，又反映出实际储层中的流体饱和度的非均匀分布情况。

3.1　YBCX 气藏

从图 4、图 5 可以看出 YBCX 气藏 4 口没有发育有非纯气层产水井的累积水气比曲线均位于该气藏的累积水气比曲线图版内，且实际生产累积水气比呈上升趋势；反映出在实际开采过程中，随着地层压力的下降，压降波及范围内复杂孔隙介质中越来越多的原始含水饱和度较大或初始含水饱和度大于束缚水饱和度的孔隙参与流动，符合实际储层中的流体饱和度的非均匀分布的现象。

4 口井目前累积水气比为 0.47~1.09 方/万方，推测平均含水饱和度约为 18%~39%。该认识可以用测井解释结果得以印证，从表 2 可以看出，虽然这 4 口井的测井解释无气水同层和含气水层，测试也不产水，但测井解释含水饱和度较大。例如水平井 CX1021 测井解释全部为纯气层，但其整个有效段长内平均含水饱和度为 22.1%，

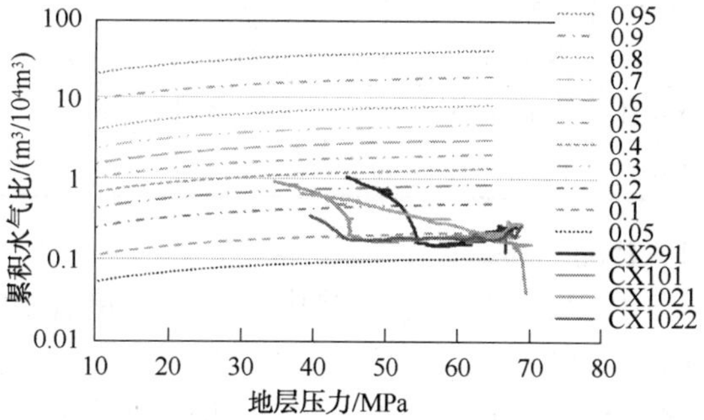

图 4　YBCX 气藏 4 口产水井实际生产累积水气比曲线与水气比曲线图版

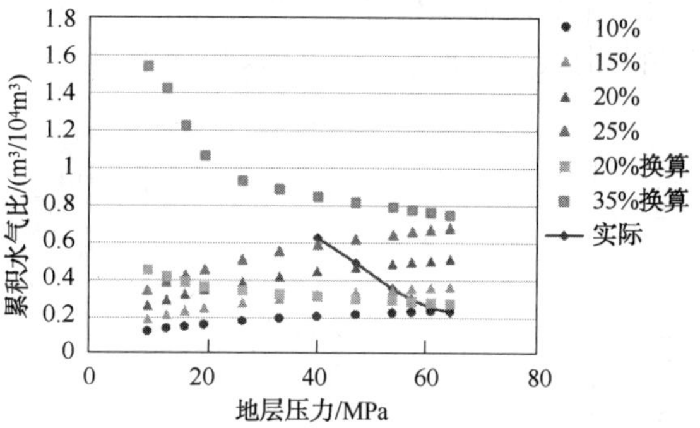

图 5　CX1021 井实际生产累积水气比与理论水气比曲线对比图

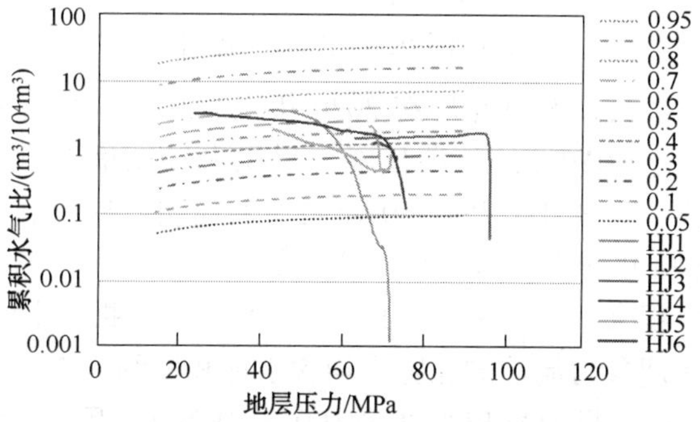

图 6　HBJ 气藏 6 口产水井实际生产累积水气比曲线与水气比曲线图版

并且有 27.43m 平均含水饱和度为 28.5%的高含水饱和度段。从图 5 看出，在含水饱和度为 20%～30%时，由弹性膨胀能引起的累计水气比可以高达 0.5～0.8 方/万方。而该井实际生产 262 天后开始产水，目前累积水气比为 0.71 方/万方，说明更多高含水饱和度的区域参与流动。

表 3　YBCX 气藏 5 口不发育非纯气层的产水井测井解释与累积水气比统计表

井名	全部测井段		测井高饱和度段(大于 20%)			实际生产			备注
	有效段长/m	平均含水饱和度/%	厚度/m	最大含水饱和度/%	平均含水饱和度/%	无水采气期/天	目前累积水气比/(方/万方)	预测目前含水饱和度/%	
CX291	38.59	8.7	6.32	58.2	33.96	981	1.09	39	大斜度井
CX1011	624.55	6.4	27.6	41.5	30	784	1.25	38	水平井
CX1021	60.07	22.1	27.4	36.6	28.5	262	0.71	29	水平井
CX1022	232.3	10.3	19.55	45.1	32.3	1234	0.47	18	水平井

3.2　HBJ 气藏

HBJ 气藏 6 口生产井中 WHJ3 井最先投产(2010 年 11 月)，投产就产水，实际累积水气比呈递减趋势，初期为 1.7 方/万方，目前为 1.41 方/万方，与理论累计水气比大小及趋势均吻合(图 7)，由此也可以推断出该井波及范围内的原始含水饱和度分布相对比较均匀稳定。由于该井无测井曲线，反推平均含水饱和度约为 48.2%。

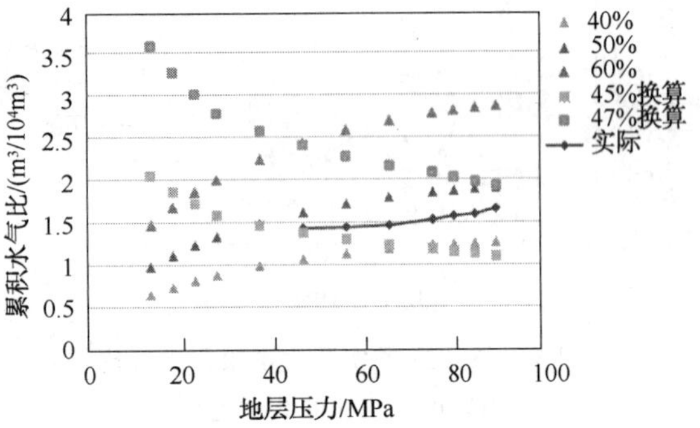

图 7　WHJ3 井实际生产累积水气比与理论水气比曲线对比图

其余 5 口井均在 2020 年之后投产，均存在超过 20MPa 的先期压降。累积水气比呈上升趋势；除 WHJ1 井有 40 天无水采气期之外，其余 4 口井均投产即产水，且累积水气比较大。初期累积水气比为 0.5～0.66 方/万方，可推测投产初期参与流动的孔隙平均含水饱和度约为 25%～28%。目前累积水气比为 0.8～4.6 方/万方，说明更多高含水饱和度的区域参与流动，平均含水饱和度约为 33%～71%。

分析原因，认为由于该气藏储量较小，WHJ3 井波及范围较大；又由于地层水流度远小于天然气流度，其他井区仅天然气被动用、原生水被滞留在地层中，造成含水饱和度增加，故后期投产井累计水气比较大；而距离 WHJ3 最远的 WHJ4 井受影响相对较小，故累积水气比最小(0.79 方/万方)。

4　认识与结论

(1) 对于不存在外部边底水的气藏，气井生产水气比同时受弹性膨胀能量和气水两相渗流共同决定；初始含水饱和度等于束缚水饱和度区域或气井开井初期产水量由瞬时水气比决定，气井会有无水采气期，而初始含水饱和度大于束缚水饱和度区域的气井投产就会产地层水。而气井的最大产水量则由累积水气比决定，不同气藏由于其天然气及地层水的高压物性的差异而有所不同。

(2) 对于 YBCX、HBJ 气藏，最大累积水气比可达到 37.95 方/万方、36.78 方/万方；因此虽然其生产水气比已高达 4.6 方/万方，但气井产出水更可能来自于内源夹层水或原生可动水甚至束缚水而非外部边底水；解释了这些气藏(某些井区)在未识别到明显边底水的情况下，生产水气比较高的问题。

(3) 该方法以物质平衡理论和两相渗流理论为基础，既有理论基础，计算结果又与成藏机理、测井解释和实际生产情况相符，说明该方法可靠。

参 考 文 献

[1] 高树生，叶礼友，熊伟，等．大型低渗致密含水气藏渗流机理及开发对策[J]．石油天然气学报，2013，35(7)：93-99.

[2] 胡勇，邵阳，陆永亮，等．低渗气藏储层孔隙中水的赋存模式及对气藏开发的影响[J]．天然气地球科

学，2011，22(1)：176-181.
[3] 杨丽娟，张明迪，王本成，等．基于数值模拟的生物礁气藏地层水分布研究[J]．西南石油大学学报(自然科学版)，2020，42(5)：118-126.
[4] 杨丽娟，王勇飞，张明迪，刘成川，任世林．元坝气田复杂生物礁气藏气水分布精细表征方法[J]．断块油气田，2022，29(03)：373-377.
[5] 黄炳光．气藏工程分析方法．[M]．北京：石油工业出版社，2004：215-217.
[7] 胡勇，李熙酷，卢祥国，等．砂岩气藏衰竭开采过程中含水饱和度变化规律[J]．石油勘探与开发，2014，4l(6)：723-726.
[8] 叶礼友，高树生，杨洪志，等．致密砂岩气藏产水机理与开发对策[J]．天然气工业，2015，35(2)：41-46.
[9] 高树生，侯吉瑞，杨洪志，等．川中地区须家河组低渗透砂岩气藏产水机理的[J]．天然气工业，2012，32(11)：40-42.
[10] 邓勇，陆燕妮，李进，任泽坤．低渗透气藏层内次生可动水流动临界条件研究[J]．天然气勘探与开发，2011，34(1)：36-38.
[11] 王丽影，杨洪志，叶礼友，等．利用可动水饱和度预测川中地区须家河组气井产水特征[J]．天然气工业，2012，32(11)：47-50.
[12] 张杰，高树生，叶礼友，刘华勋，李奇，杨懿．储层可动水饱和度与气藏产水特征关系研究[C]//．第31届全国天然气学术年会(2019)论文集(02气藏开发)．[出版者不详]，2019：70-80. DOI：10. 26914/c. cnkihy. 2019. 071912.
[13] 王雯娟，鲁瑞彬，雷霄，张乔良，胡琳．高温高压低渗气藏可动水饱和度及水气比定量评价方法．中国海上油气，2022，34(3)：91-97.
[14] 周德志．束缚水饱和度与临界水饱和度关系的研究[J]．油气地质与采收率，2006，13(6)：81-83. DOI：10. 3969/j. issn. 1009-9603. 2006. 06. 025.
[15] 汪周华，王子敦，郭平，等．地层压力和产水对低渗透气藏气井产能的影响．地质科技情报，2016，35(4)：133-138.

海上油田化学驱技术探索与展望

张 健[1,2] 刘义刚[1,3] 张 鹏[1,4] 徐文江[1,4] 李先杰[1,2] 唐恩高[1,2] 王秀军[1,2] 易 飞[1,5] 李 翔[1,6]

（1. 海洋油气高效开发全国重点实验室；2. 中海油研究总院有限责任公司；3. 中海石油中国有限公司天津分公司；4. 中国海洋石油有限公司勘探开发部；5. 中海油能源发展股份有限公司；6. 中海油田服务股份有限公司）

摘 要 我国海上油田化学驱可动用储量高达13亿吨，资源潜力巨大，但面临地质油藏条件复杂、平台时空严重制约、大井距大段多层合注合采等巨大挑战。经过20年攻关与试验应用，创建了海上油田早期注聚高效开发模式、理论和技术体系，矿场应用取得显著效果，证明了海上油田化学驱的技术可行性和经济有效性，为海上油田高效开发探索出一条崭新的道路。针对在产主力油田进入"双高、双特高"严峻形势和非均质性加剧难题，创建了海上高含水油田非连续化学驱模式、理论和技术体系，将化学驱技术适用范围拓展到地层黏度150mPa·s以上可流动稠油油田，矿场试验效果良好。提出化学驱提高采收率和经济效益"双指标"最大化及绿色低碳开发理念，研发了以疏水缔合聚合物、稠油活化剂等为代表的适于不同油藏条件的多功能驱油技术，建立了适于海上油田特点的早期注聚效果评价和聚合物筛选指标体系，研发了聚合物溶液管式化快速配制、化学驱采出液管式化高效处理、地层非均质性调控等配套技术系列，有效保障油田"吃饱、排好、均驱"。积极探索并初步形成高温高盐、低渗和地下可流动稠油化学驱技术，为海上油田化学驱全面应用做好技术支撑。

关键词 海上油田；早期注聚；非连续化学驱；非均质性调控；聚合物溶液管式化快速配制；采出液管式化高效处理

我国海洋石油资源量超过240亿吨，约占全国总量的23%。近四年，中国海油国内累计超产1100万吨，原油增产量连续4年占国内原油总增量的60%左右，为我国原油产量上产2亿吨作出积极贡献。海洋油气资源将成为国家能源战略重要接替区。

由于海水阻隔，海上油田开发具有"三高"和"三有限"的特点，即投入高、风险高和技术要求高以及研究资料有限、平台寿命有限(30年左右)和平台空间有限；此外，还存在航道、渔业、生态等用海矛盾问题，以及复杂海况、井型等巨大挑战。所以，海上油田开发策略是"少井高产、高速高效"，主要采用反九点或行列式井网，大井距(300~400m)，多段分注合采或段内合注合采；而陆地油田是五点法、井距100~200m、初期笼统注入、后期分注分采。为了进一步提高采收率和加快开采速度，创建了海上油田早期注聚高效开发模式与理论，建立了海上稠油聚合物驱技术体系，用30年的时间拿出传统模式40年以上才能拿出的石油。针对目前在产海上油田综合含水率86.8%、动用储量采出程度20.4%的控水稳油、提高采收率难题，创建了海上高含水油田非连续化学驱模式与理论，研发了非连续化学驱技术及配套技术，进一步大幅度提高采收率。

1 海上注水油田主要特征与开发现状

我国海上油田以陆相稠油和海相砂岩为主，前者数量占比50%以上，主要采取注水方式开发；后者则主要以天然水驱开发。储层以特高孔高渗、中高渗为主，地下黏度1000mPa·s以下原油储量约占93%；单井控制储量平均50~60万吨；分段注入、多层合采开发致使层间矛盾极为突出；单井注入量、产液量高，日注量最高可达数千吨；具有初期采油速度高(约2%)、单井累产油量高(约20万吨)、产量自然递减大(10%~15%)、稳产期短(2~3年)等特点。

进入"双高、双特高"阶段的在产油田采出程度普遍不高，部分采出程度在32%以下；优势渗流通道发育，渗透率甚至高达数十达西，储层非均质性加剧，低效和无效循环严重；剩余油高度分散，精细挖潜难度大；一些平台的地面处理能力和管输能力达到设计上限，影响油田潜力的释放。

为此，必须创建海上油田高效开发新的模式、理论和技术体系，为海上注水油田开发方式转变奠定技术基础，实现更大幅度提高采收率。

2　海上化学驱面临的主要技术挑战

2.1　油藏地质精细刻画要求更高

与水驱相比，由于化学药剂在油藏中将发生一系列反应和变化，对油藏地质精细刻画提出更高要求，需要建立以单砂体为对象的精细等时地层格架，含油范围内识别低级序小断层，细分层系开发，评价复合沉积垢的地质成因，重点刻画大孔道或优势渗流通道的空间定量展布特征以及化学驱可波及的剩余油规模与分布。但探井/评价井少，仅为陆地油田的 1/5 ~ 1/3，录取资料少；平台作业面积小，作业数量大，测试数量少，所得数据较少或者较稀疏，为准确刻画油气藏带来诸多难题和挑战。

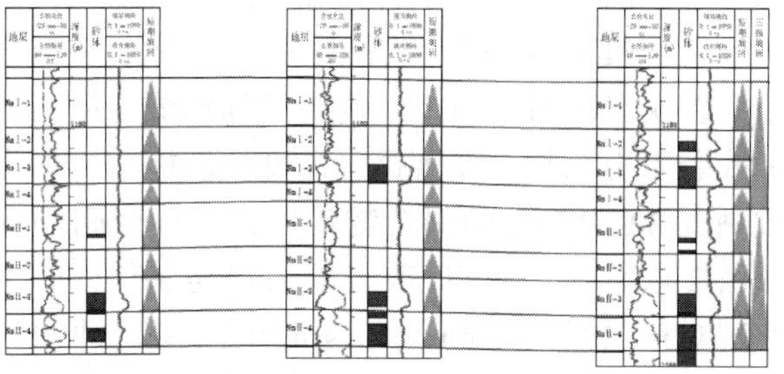

图 1　曲流河储层油田精细地层划分与对比图

2.2　海上油田化学驱油体系要求多功能于一体

海上油田平台空间小、寿命有限、负载有限，井距大、油稠、水硬、非均质性强，大排量注入以及筛管砾石充填完井等对化学驱体系带来严苛要求：①能速溶、速配；②耐温抗老化性、耐盐、抗剪切；③易注入、注得够；④适宜的运移与动态动力黏滞特性，驱得均；⑤采出液易处理；⑥高有效固含量，低使用浓度，减少运-吊频次和加注工作量；⑦可低成本、宏量制备、经济有效；⑧多效一体，避免色谱分离；⑨绿色低碳特征。

2.3　海上平台聚合物溶液配制要求大液量小型化

传统聚合物溶液配制系统主要包括分散溶解、母液输送、母液熟化、注入系统与自动控制等部分，占地面积大。由于海上平台时空限制，必须加速聚合物溶解，缩短聚合物熟化时间，减小降低熟化系统占地面积与运行重量，发展小型化、轻量化、高效化、多能化的海上平台聚合物溶液配制技术。

2.4　海上油田化学驱注采能力要求注得进采得出

聚合物溶液是高黏度、易吸附的流体，在油层中流动阻力较大，其注入与产液能力下降是客观的。海上油田地层原油黏度大，储层疏松，非均质性强，井距大且大段合采，化学驱实施时机相对于陆地油田更早，对注采能力及水平提出了更高要求。如何有效保持与提升化学驱注采能力，对提高和保障化学驱开发效果至关重要。

2.5　海上平台化学驱采出液处理要求高效能小型化

海上油田物流依托中心处理平台处理，空间狭小、处理流程短。随着加密调整、提液增油等措施的实施，产液量已达到或超过采出液处理流程设计上限的平台越来越多，但由于平台空间和桩基承载受限，常规处理装置难扩容。因此，海上平台化学驱采出液处理是世界性难题。为解决平台液处理难题，需要装备、工艺、药剂联动持续创新，互为基础和补充。

3　海上油田化学驱探索历程

中国海油自 1993 年开始评估海上油田化学驱可行性。2000 年起依托国家课题成功研制疏水缔合聚合物和模块化撬装注聚设备等创新成果，为化学驱实施奠定基础。2003 年 9 月起，针对黏度 150mPa · s 以下常规稠油，选取中高含水阶段的 S 油田(含水率 68%)、低含水阶段 L 油田(含水率 8.9%)、高含水阶段 J 油田(含水率 80%)等 3 个区块开展矿场试验，历经单井先导试验→井组试验→扩大试验等阶段，共实施化学驱井 44 口，一线受效井 161 口，动用地质储量 1.1 亿方，累增油 798 万吨，提高采收率 7.2%，高峰年增油 80 万吨，证实了海上油田化学驱技术可行性、经济有效性。

3.1　海上油田化学驱资源潜力

基于海上油田的特殊条件和挑战，依据地下原油黏度、温度、矿化度、钙镁离子含量等主要技术指标，提出了海上油田化学驱资源筛选和分类标准(见表 1)。综合考虑边底水特征、注采井网完善程度、流体和储层物性特征等因素，评价得出化学驱可动用储量 13.28 亿吨，按 30% ~ 82%实施率，提高采收率 6.41%，预计可增加可采储量 8500 万吨以上，海上油田化学驱资源潜力大。

表 1　海上油田化学驱油田筛选技术指标

油藏单元分类	主要技术指标			
	地下原油黏度/cp	地层温度/℃	矿化度/(mg/L)	钙镁离子含量/(mg/L)
Ⅰ	<50	<65	<5000	<200
Ⅱ	50~150（普Ⅰ-1）	65~75	5000~18000	200~1000
Ⅲ	地层原油黏度 150~350cp（普 I-2-A）或地层温度 75~90℃或矿化度 18000~50000mg/L			
Ⅳ	地层原油黏度 350~1000cp（普 I-2-B）或地层温度>90℃或矿化度>50000mg/L			

3.2　海上油田早期注聚模式与理论

3.2.1　海上油田早期注聚高效开发模式

针对海上平台时空受限难题，为在有限时间内早拿油、快拿油、多拿油，提出了海上油田聚合物驱高效开发模式，主要内涵如下：(1)打破三次与二次采油界限，创新二次与三次采油技术集成；(2)从油田开发全周期分析，注水与注聚协同，提前配套完善地面、井筒等工艺，可使注聚更高效。海上稠油注聚新模式开发 30 年可实现陆地油田传统模式下 40 年以上的开发效果(图 2)。

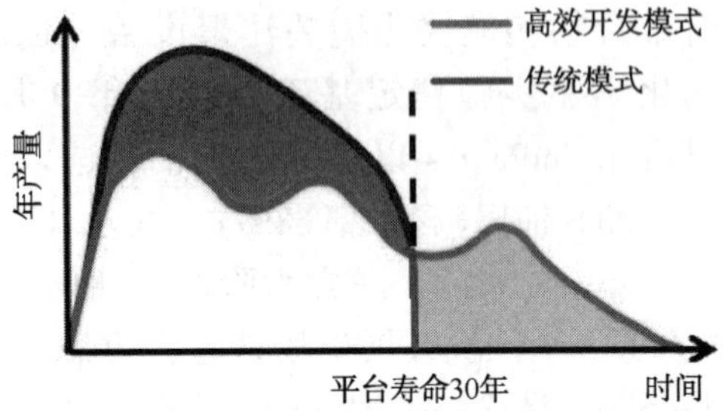

图 2　海上油田早期注聚高效开发模式示意图

3.2.2　海上油田早期注聚高效开发理论

(1) 发现最佳注聚时机

通常，聚合物驱在高或特高含水阶段实施。研究发现：早期注聚效果更好，但并非越早越好，存在最佳注聚时机。因为投产即注聚不利于提高波及效率和保持注入能力，而推迟注聚不利于有效利用水驱作用和保持聚合物段塞前缘的驱替性能。基于聚驱两相渗流机理，首次发现最佳注聚时机为含水上升率高峰期，且原油黏度越大，最佳注聚时机越早。对于地层原油黏度 25.9~122.8mPa·s，最佳注聚时机为含水率 10%~45%(图 3)。水驱油时换油效率随着含水上升而下降，当含水上升率达到高峰期时，换油效率下降速度最大；含水上升率高峰期之后注聚，意味着注入水低效驱油，且地层中大量存水将严重稀释聚合物段塞前缘，削弱驱油性能。

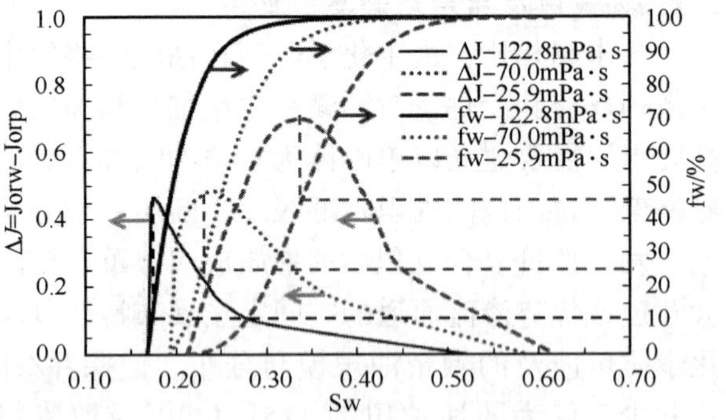

图 3　水聚采油指数差、含水率与含水饱和度的关系

(2) 增“残阻”保“注入”提高中高渗稠油油藏波及效率

对稠油，仅增加聚合物黏度降低流度比，必然因高浓度和高黏度带来高成本、难注入等难题。首次发现对于海上中高渗稠油油藏，适当增加残余阻力系数可显著提升流度控制能力，如有效黏度 20mPa·s 的聚合物溶液，当残余阻力系数由 2 增至 6，流度比改善能力提高 3 倍，即可实现对地层黏度 150mPa·s 的中高渗稠油油藏流度的有效控制，提高纵向波及效率，并确保聚合物溶液的注入能力。因此，对于海上大井距大排量大段合注合采情况，考虑注入性，更趋向于“高残阻、低黏度”体系。见图 4。

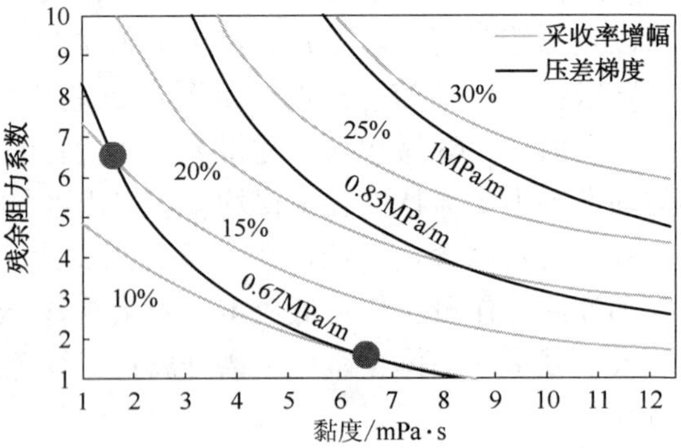

图 4　聚合物溶液性能与提高采收率关系图版

(3) 增大油水界面黏度，可显著提高微观驱油效率

黏度相近时，疏水缔合作用导致缔合聚合物弹性高于普通部分水解聚丙烯酰胺(HPAM)，从而获得更高的微观驱油效率；疏水基团提高油水

界面黏度增强对油相“拖拽”作用，如弹性相近且黏度低(100mPa·s)的疏水缔合聚合物(HAWSP)微观驱油效率比高黏度(300mPa·s)的HPAM高8.8个百分点。因此，疏水缔合作用增加弹性和疏水亲油作用增加油水界面黏度的双重效果显著提高HAWSP的微观驱油效率。

3.3 海上油田早期注聚技术探索

为有效支撑海上油田早期注聚高效开发模式与理论实施，经过20多年攻关，形成了海上油田早期注聚技术体系，为实现海上化学驱“注得进、采得出、处理得了、经济有效、可推广”提供技术保障。

3.3.1 建立了化学驱全过程油藏工程技术体系

针对海上油田早期注聚的开采特殊规律，建立了早期聚合物驱广适霍尔曲线，解决多层稠油早期聚驱无稳定水驱阶段注入有效性评价难题。研发新型高效算法(FASP)、集成了分支井功能，研发出具有自主知识产权的海上油田聚合物驱油藏数值模拟软件(SOCF)，成为海上聚驱数值模拟核心工具之一。制定了《海上油田化学驱油藏工程方案设计与效果评价技术要求》等4部企业标准，建立了化学驱全过程油藏工程技术体系，形成自主开展油藏方案研究及评价能力。

3.3.2 研发出耐盐抗剪切疏水缔合聚合物驱油剂并工业化生产

针对海上油田油稠、水硬、剪切强、井距大的客观实际对聚合物性能的要求，设计出疏水缔合聚合物(HAWSP)并实现万吨级工业化生产。HAWSP溶液黏流活化能17.16kJ/mol小于HPAM溶液40.75kJ/mol，比HPAM具有更好的抗温性能；相同条件下，其黏度是超高分子量HPAM的3~5倍，耐硬水能力提高3倍，剪切和老化保留率提高1.6倍，阻力系数和残余阻力系数提高2~3倍，突破了传统聚合物驱的“禁区”，引领着驱油用新型聚合物的研发方向。在渤海S油田油藏条件下，疏水缔合聚合物溶液的主要性能与国内同类产品的对比见表2。

表2 疏水缔合聚合物和国内同类产品溶液性能比较

评价内容	疏水缔合聚合物	国内同类产品
溶解速度/min	≤50	≈120
1750mg/L黏度/(mPa·s)	≈150	≈46
剪切黏度保留率/%	>68	>80
90天老化黏度保留率/%	>90	>40
特性黏数	1502	1276
静态吸附量/(μg/g)	157	205

3.3.3 发明了聚合物强制拉伸水渗速溶方法，研制出国内外首套聚合物在线溶解装置

针对平台面积和空间狭小、承重与公用资源受限的问题，发明了聚合物强制拉伸水渗速溶方法，强制拉伸聚合物溶胀颗粒、增大比表面积、增加水聚接触面，高压水定向喷射、加速溶胀颗粒水化，提高水聚双向扩散渗透能力，协同实现快速溶解，聚合物溶解时间从120min缩至40min以内。同时，创新设计熟化罐内部结构，使聚合物溶液呈S形流向，增加熟化时间增加2倍以上，并研制出国内外首套聚合物在线溶解装置，在相近配注量条件下，与传统工艺相比，占地面积减小86%，重量减少80%，实现小型化、轻型化、模块化和高效化，可有效保障海上油田聚合物驱的规模化应用。

3.3.4 研发含聚采出液“药剂+工艺”一体化高效处理技术

针对海上平台含聚采出液处理这一世界性难题，设计合成出以“类胶质沥青质”为核的新型聚醚破乳剂，与商业破乳剂相比，用量降低20%~30%，分离的污水含油量降低60%以上；打破传统“静电中和”除油净水理念，提出“浊点絮凝，除油留聚，净水减泥”新思路，成功研制出非离子型清水剂，解决了商用阳离子清水剂产生大量油泥($100m^3/d$)严重影响生产的顽疾，水质处理达标并实现油泥固废减量90%以上；发明了化学-热-机械复合处理技术，实现油泥中90%的油和水返回处理系统，剩余10%的污泥研磨细化后与聚合物溶液均匀混合回注地层，发挥调剖作用，变废为宝。

3.3.5 增注及产能释放技术

探索出注聚井采用通过“组合段塞、多级交替”实现“剥洋葱式”的逐层剥离深度解堵工艺技术，通过对解堵剂小段塞液量设计、不同功能解堵剂段塞的组合优化，采用多段多剂组合交替注入方式，实现堵塞物的逐层多级分离、无机溶蚀、有机降解和溶解效率，实现了深度解堵，生

产井采用“过筛管压裂”和“水力旋流喷射+化学组合解堵”技术，形成“物理+化学”2大类解堵技术，配套研发13种药剂，匹配6种工艺。注聚井应用249井次，成功率83%，累增注118万方，生产井应用118井次，成功率90%。

3.4　海上油田早期注聚技术实践

3.4.1　早期注聚

L油田于2005年投产，2006年综合含水8.9%时实施化学驱，2017年12月底结束注入，是首个实施早期化学驱的油田。截至2020年3月底，油井见效率87.5%，实现累增油137.6万吨，采收率提高5.3个百分点，吨剂增油65.7吨/吨。早期注聚开发特征是含水率未出现明显降水漏斗，但有效控制了含水上升速度，提高了采油速度(图5)。

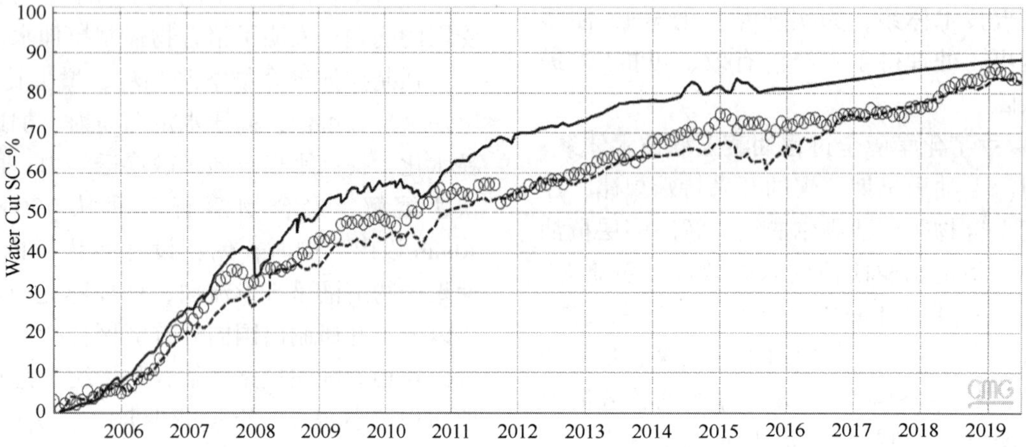

图5　L油田聚驱含水率变化曲线

3.4.2　中高含水阶段注聚

S油田于2003年9月开始单井注聚矿场先导试验，是我国海上最早开展注聚试验的稠油油田，开启了海上油田聚合物驱的先河，2020年3月停注聚。聚合物驱区块与水驱区块的含水率、采出程度与含水率关系曲线对比表明(图6)，聚合物驱有效控制了含水率上升趋势，提高了原油采收率。试验区见效老井含水率下降幅度8%～12%，含水稳中有降持续10年；该试验显示，在中高含水阶段注聚(含水约68%)呈现含水稳定保持的特点，未见明显含水下降漏斗。截至2021年12月底，实现累增油556万吨，高峰年增油67万吨，阶段采出程度提高7.4%，吨剂增油56.5吨/吨。

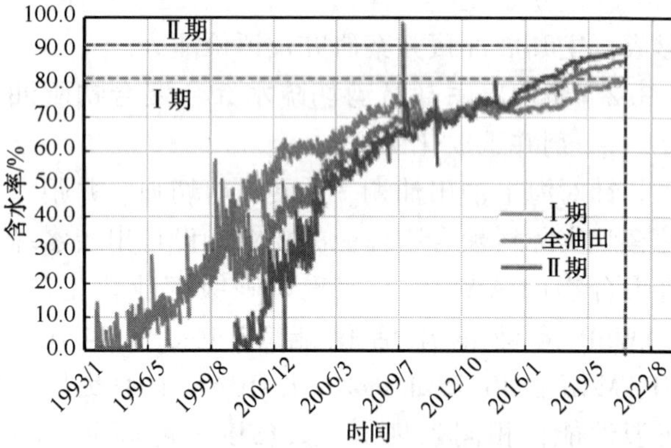

图6　S油田聚合物驱含水率变化曲线

3.5　海上油田聚表二元复合驱试验

为了试验海上Ⅰ类油田中高含水期提高采收率技术及持续提高采收率可行性，在J油田西区聚合物驱基础上开展二元复合驱矿场试验。自2007年综合含水78%开始注聚，2010年和2013年分两批转二元复合驱，2019年11月停注化学剂，开创了海上油田聚表二元复合驱先河。试验区综合含水下降10.4个百分点，且平稳保持4年以上，日产油最高增幅60%；其动态特征与其他高含水阶段注聚一样，出现含水下降漏斗，注入二元体系延长漏斗期。截至2020年3月底，实现累增油108.3万吨，采收率提高8.4个百分点，吨剂增油31.2吨/吨。见图7。

上述三项矿场试验证实了海上油田早期实施化学驱在技术上和经济上是可行的，同时也显示不同阶段实施化学驱，含水率的变化规律显著差异，整体上看在高含水阶段注聚将出现明显的含水下降漏斗，在中高含水阶段注聚含水率保持稳定不升，在低含水阶段注聚则可延缓含水上升速度。

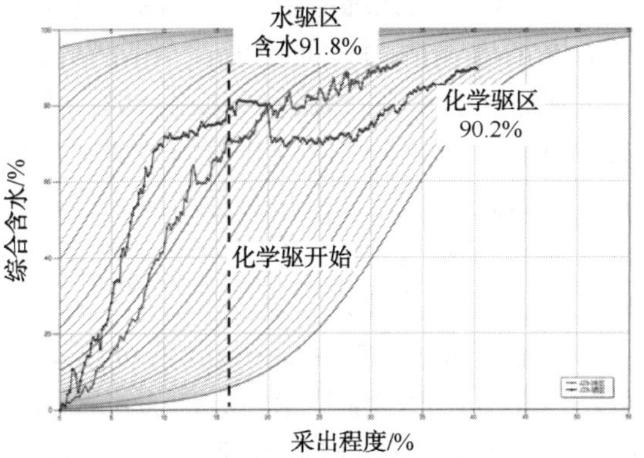

图 7　化学驱区块、非化学驱区块采出程度与含水率关系曲线对比

4　海上高含水油田化学驱技术发展方向

4.1　海上高含水油田非连续化学驱模式与理论

目前海上在产主力油田进入“双高、双特高”阶段，储层特性、生产动态等显著变化，非均质性加剧。为此，提出了海上高含水油田非连续化学驱模式与理论，将传统的“单一技术驱到底”模式转变为多技术组合“接力”驱，让不同药剂进入适宜小层发挥准均衡驱替作用，非连续实施，在驱替效率和采油速度降幅最大时刻前实施技术接替，确保提高采收率全过程高速、高效(图 8)。在大段多层合注合采方式下，将具有不同功效的技术协同使用，充分发挥每个技术的“强项”，更大程度提高未动用、难动用小层的原油采收率。结合 Poiseuille 定律及驱油体系流变特征，将多孔介质等效为毛细管模型，分流率曲线揭示，其机理是主段塞扩大小层动用程度进而提高采收率。室内实验表明，非连续化学驱均衡驱替度较连续化学驱提高 6%以上，减缓了含水上升速度，最终可以更大幅度提高采收率。

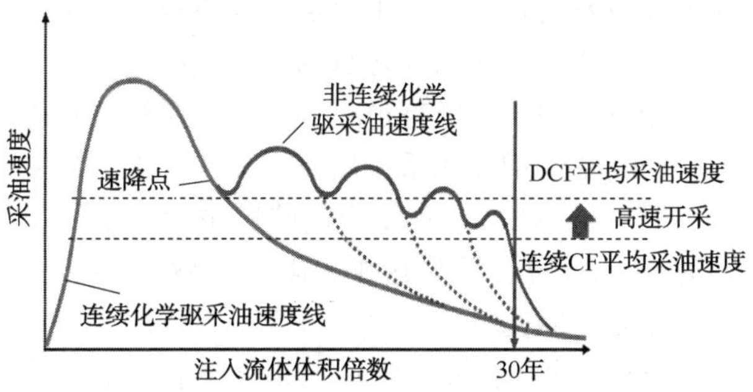

图 8　非连续化学驱采油速度特征曲线示意图

4.2　非连续化学驱技术探索与先导试验

4.2.1　稠油活化水驱技术与先导试验

为检验非连续化学驱模式提高采收率的效果，在渤海 G 油田稠油储层开展矿场试验。该区块厚度大、含油砂层多，非均质严重，平均地层原油黏度为 300mPa · s，实施前区块综合含水 88.4%，含水呈持续上升趋势。

试验采取多段塞组合设计，以具有“水相增黏、油相降黏”多重功能的稠油活化剂为主段塞驱替，以大孔道治理段塞和深部调驱段塞为次段塞调整非均质性，配合注采优化，减弱开发矛盾，提升试验效果。于 2019 年 1 月陆续开展矿场试验，形成 6 注 14 采规模，试验区整体含水率由高峰的 94.4%下降至 92.2%，产油量由 201t/d 升至 335t/d，阶段提高近 67%，阶段增油量为 5.50 万吨。

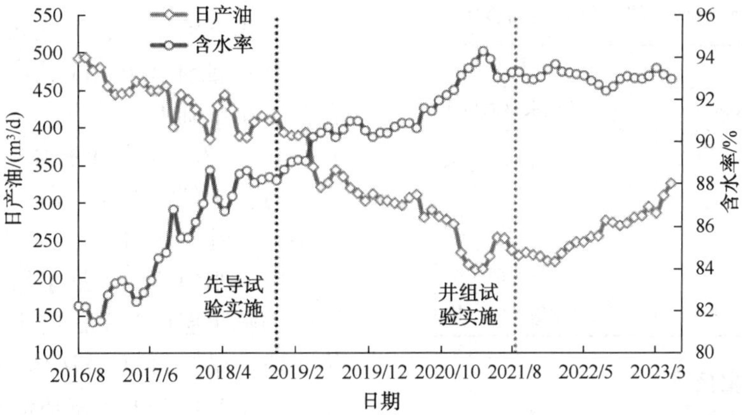

图 9　试验井区生产动态

4.2.2　水平井非连续化学驱技术与先导试验

水平井是海上油田主力井型。以渤海 A 油田 1100 砂体为目标开展了水平井非连续化学驱矿场试验。该砂体为浅水三角洲前缘沉积，高孔高渗储层，平均渗透率为 1883mD，孔隙度为 30.3%，地下原油黏度为 12mPa · s，综合含水

率为 90%，日产油 170t/d。

因该砂体优势通道发育与局部注采能力低并存，所以，按照"前-主-次-辅"设计段塞组合，其中前段塞为较强凝胶用以治理优势通道；主段塞是聚合物溶液用以驱替目的层；次段塞是相对较弱凝胶，用于对驱替过程中的非均质性进行微调；辅段塞为增注体系，用以启动注采能力较差的小层。于 2020 年 1 月开始矿场试验。受注采连通程度和物性差异影响，4 口受效井逐步见效，见效时间为 2~10 个月不等，平均 5 个月；高峰日产油增幅平均 84%；高峰含水率下降平均 11%。截止至 2023 年底，该砂体相比基础水驱，实现增油量 9.8 万吨，投入产出比为 1∶6，证实了非连续化学驱技术的可行性和经济性。

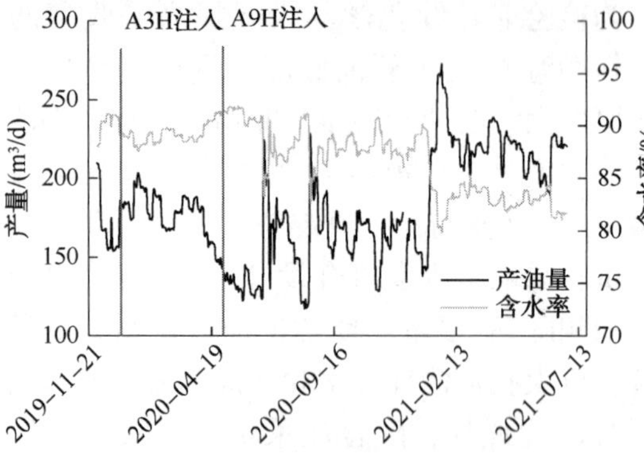

图 10　1100 砂体生产动态曲线

4.3　非连续化学驱主体技术发展方向

根据海上油田特征及分类，研发了兼具针对性和可推广性的非连续化学驱主体技术，见表 3。

表 3　适应不同类型油藏的绿色化学驱油技术

序号	油藏条件	主体技术
1	地层原油黏度<150mPa·s	Ⅰ型活化水驱油技术
2	地层原油黏度>150mPa·s 可流动稠油	Ⅱ型活化水驱油技术
3	高温高盐油藏	Ⅲ型活化水驱油技术
4	低渗油藏	活性纳米驱油技术
5	地层可流动原油	地层原位制备驱油技术

4.3.1　Ⅰ型活化水驱技术

主要针对地下黏度 150mPa·s 以下原油和油藏特点，研发耐盐、速溶、易注入、采出液易处理、具有油-水-岩界面活性但亲水亲油亲固差异值不同的驱油体系。对于渗透率大、变异系数大、有优势渗流通道的油藏，Ⅰ活化水驱聚合物通过共聚调节增强黏滞阻力，在高渗透层内吸附滞留增加渗流阻力，促使液流转向中低渗透层，达到储层非均性长效深层调控目的；对于中高渗、中渗油藏，Ⅰ则通过共聚调节增强原位乳化能力，提高洗油能力，并通过形成不稳定乳液扩大波及。

4.3.2　Ⅱ型活化水驱油技术

针对地下黏度 150mPa·s 以上可流动稠油而研发。Ⅱ活化水驱油技术一方面通过提高溶液本体黏度，增大水相动态黏滞阻力；另一方面通过对稠油重质组分的拆解降黏作用，提高稠油渗流能力、洗油效率；两种作用叠加进一步改善油水流度比。矿场试验显示，该技术对稠油降黏率达 70%~90%以上，有效期长，采出液易处理。

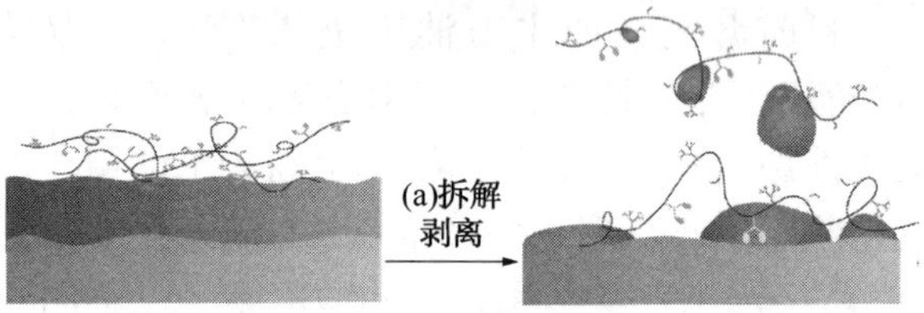

图 11　活化剂对稠油拆解降黏机制示意图

4.3.3　Ⅲ型活化水驱油技术

针对地下可流动的更稠稠油油藏而研发。通过引入功能单体和调控体系分子量，设计研发出一剂多功能的Ⅲ活化水驱油技术，该体系耐温能力可达 120℃以上。在热水中加入化该剂，采用热增效或热水化学驱的方式，可实现近井端热致增黏，远井端对稠油高效降黏，一体化解决耐高温耐盐、调节非均质性、长效改善流度以及采出液问题，在持续补充地层能量的同时，通过化学剂有效改善流度比，终实现提高采收率的目的。渤海某稠油油田热水化学驱(80℃)方案预计可在热水驱基础上进一步提高采收率 6.5%。

4.3.4　活性纳米驱油技术

对于中低渗储层，研制了调驱、渗洗、增注等系列活性纳米体系，通过"多技多剂接力"非连续纳米驱模式，发展了活性纳米驱技术。纳米调驱剂解决层内与平面突进、微观驱替不均等多维矛盾；纳米降压增注体系起到降压增注的作用；渗洗剂提升低渗基质渗吸能力同时提高洗油效率，室内评价活性纳米驱可提高采收率达 15%以上。

4.3.5　地层原位制备驱油技术

针对传统高分子聚合物注入能力差，地层工

作液性质因分子链被剪切破碎而劣化的局限性，用油藏天然热能，把地面的聚合物加工厂搬到地下，制备高效、经济环保、具有高、低渗自适应能力的功能与反应双活性驱油链元，在油藏原位扩链，低渗层内产物具有驱、洗、剥离油膜的功效；高渗层的产物具有剥离油膜、暂堵、调剖、驱替的功效，来同时解决平台配注、速溶、剪切、均衡驱替、采出液处理等多方面问题。见图12。

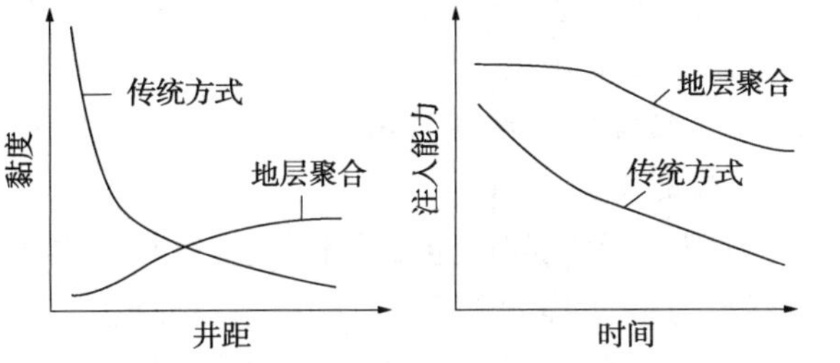

图12　地层原位制备驱油技术原理示意图

4.4　化学驱油藏非均质性调控技术

在大段多层合注合采、强注强采的开发方式下，储层非均质性不断加剧，耗水率不断攀升，平均达到10m³/m³，高者可达20~30m³/m³，因此，储层非均质性调控尤为关键。海上油田优势通道渗透率大，平均10达西左右，部分可达数十达西，加之防砂筛管的限制，“强胶进不去，弱胶堵不住”的问题突出，治理难度巨大；另外，优势渗流通道向油藏深部延伸，小段塞近井调剖(一般调剖深度30m以内)收效甚微，而大段塞深调则因药剂性能严重衰减效果不佳。为此，提出了“调深、堵大、治精”的理念和模式，研发了以增加封堵深度为主要目标的分级组合深部调剖和微泡凝胶深部调驱技术，以增大封堵渗透率为主要目的的大孔道治理技术。

分级组合深部调剖技术通过对储层渗透率和堵剂进行分级，对药剂体系组合，实现调剖体系与油藏孔喉精准匹配，克服了常规调剖剂注入性能与封堵性能之间的矛盾，多轮次调剖效果变差的难题。研制出利用分子链间作用形成超分子聚集体结构并具有“凝胶”特性的自交联自适应凝胶，结合地下自生气体系，构建了微泡凝胶深部调驱体系，可对20倍极差的优势通道进行约200m的深部封堵。克服传统化学交联凝胶油藏深部成胶效果差或不成胶的问题。自主研发了具有抗剪切和可交联特性的超支化聚合物和双网络纳米颗粒复合凝胶体系、弱固结强窜流通道封堵药剂体系，实现对数十达西大孔道的有效治理，破解“堵剂强度与封堵距离”的突出矛盾，降低堵死风险。见图13。

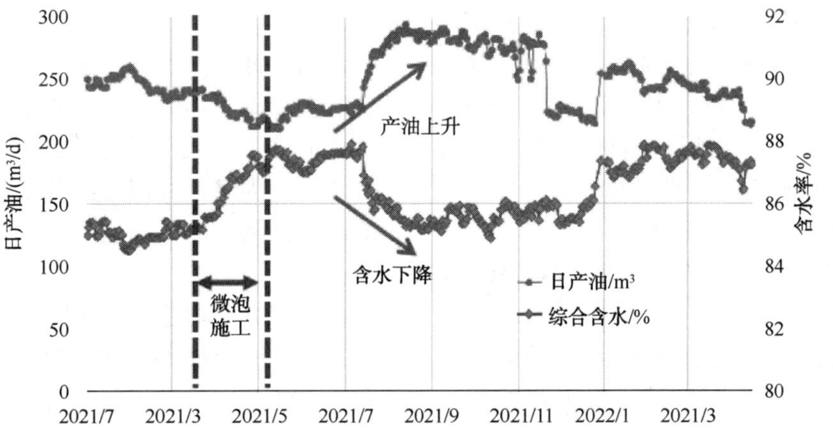

图13　微泡凝胶深部调驱试验井组生产曲线

自2014年以来，化学驱油藏非均质性调控技术开展矿场试验应用21井次，累计增油15万吨，其中微泡凝胶深部调驱试验单井净增油量突破1.3万吨，有效期超过12个月，投入产出比超过1：10。

4.5　管式化聚合物溶液快速配制技术

围绕配制技术“设备小型化、配注宏量化”核心需求，聚焦聚合物干粉颗粒加速水化、高效均匀混合，研发了强制拉伸与强力分散工艺，将聚合物颗粒通过强烈挤压、摩擦、撞击、研磨、湍流和空化等综合作用，在极短时间内实现均匀精细分散混合；研制加工了管式化聚合物溶液快速配制装置，试验测试显示，可将聚合物时间熟化时间缩短至2分钟以内，母液配注能力达到25~30m³/h，核心配液模块占地面积20平方米，空重10吨。第三代配制工艺将连续配液的1~2个熟化罐省去，大幅减少占地，极大缩短配液时间，提高配注效率，推动海上聚合物规模化应用。

4.6 化学驱采出液管式化高效处理技术

管式化设备是平台提效扩能、流程再造的必然选择和重点发展方向。如管式化破乳设备、管式化水处理设备。前者典型代表包括管式井下分离设备、T型管油水分离装置和管式气液分离设备、管式电场破乳分离设备，后者包括多管并联静态水力旋流器、柱状水力旋流器以及管式涡流设备。以管式涡流设备为例，该设备具有高适气、耐污堵、单管大处理量(高达420m^3/h)、体积小、重量轻的特点，相比于“斜板+气浮”的传统采出液处理设备重量可减轻95%、占地面积可减少90%以上，秒级停留时间除油率达95%以上。可通过与原流程“串、并、替”实现提效扩能，提液增产，对于高成本、高碳排的新建平台，具有广泛应用前景。

5 认识与思考

5.1 海上化学驱提高采收率潜力巨大

海上探明地质储量中在地层条件下可流动、地层黏度1000mPa·s以下的原油储量占比93%，是化学驱提高采收率的“资源家底”。根据海上化学驱筛选标准，目前有48个油田适宜化学驱，覆盖储量25亿吨以上，可增加可采储量超过8500万吨，平均提高采收率幅度6.4个百分点，少产液13亿方以上，储量资源巨大，发展前景可观。但这些储量在地质特征、油藏条件、开发特点乃至井筒结构等各有不同，需要针对不同类型油田建立具有较强适用性的主体技术。

5.2 化学驱提高采收率和经济效益“双指标”最大化

受时间、空间、载重等严重制约，只有提高采收率幅度和经济效益“双指标”最大化的技术才能具有生命力。首先，化学驱技术要有多重功能，协同把剩余油和残余油都采出来，实现提高采收率幅度最大化。其次，要保持较高的采油速度，让每项技术都在其效能最高时发挥作用，在有限的油田全寿命周期内拿出更多原油。最后，海上油田化学驱技术还要更“皮实”，施工简单，调整性作业少，从而进一步提高其经济效益。

5.3 不断深化油藏精细描述、动态监测和优化调控研究

要进一步深化高含水阶段储层时变定量表征、剩余油定量精准预测等技术攻关，找对、找准剩余油。需要持续完善化学驱多相多组份动态检测模拟技术及基于人工智能的高效参数反演方法，形成一体化化学驱动态监测解释方法，加强研究光纤检测等实时检测方法，强化对储层再认识。需要深化攻关化学驱与加密综合调整、注采精细调整以及整体调驱等技术，最大限度地提高平面和纵向均衡驱替程度；要根据化学驱生产动态变化适时、适量采取调控措施，以便取得更好的提高采收率效果。

5.4 节能降耗与减污降碳“双降”模式是绿色低碳的必然要求

海上平台空间严重受限且承重有限，地下稳油控水与地面提效扩能一体化是“双降模式”的必然技术选择。地下控水稳油方面应大力发展可大排量短时注入、有效长效的调剖调驱体系，配套无罐速溶配制装备，大面积协同实施整体调剖技术。地上提效扩能方面，需以“占地少、重量轻”原位改造技术为基础，配合采出液处理药剂的持续优化升级，同时，充分借用物联网、大数据、人工智能等新技术，推动采出液系统“自、数、智”管控、全流程智能优化，从而实现增产、双降目标同时实现。

6 结论

(1) 针对海上油田显著特点和巨大挑战，建立海上油田化学驱高效开发模式、理论和技术体系，证明了海上油田化学驱的技术可行性和经济有效性，为海上油田高效开发探索出了一条崭新的道路，具有广阔的应用前景和巨大的提高采收率潜力。

(2) 针对海上平台时空受限等严重制约瓶颈，创建海上油田早期注聚高效开发模式、理论和技术体系，研发工业化的疏水缔合聚合物产品及早期注聚效果评价、聚合物快速溶解、复杂采出液高效处理等配套技术；针对在产油田“双高、双特高”严峻形势和非均质性加剧难题，创建海上高含水油田非连续化学驱模式、理论，构建了非连续化学驱技术体系，研发了适于不同油藏条件的多功能驱油体系，将化学驱技术适用范围拓展到地层黏度150mPa·s以上可流动稠油，矿场试验成效显著。

(3) 研发了聚合物溶液管式化快速配制、化学驱采出液管式化高效处理、非均质性调控等配

套技术系列，有效保障油田“吃饱、排好、均驱”，支撑化学驱主体技术高效、长效、经济、可行，为海上油田化学驱规模化应用奠定基础。

（4）海上化学驱可动用储量13亿吨，资源潜力大，但油藏条件复杂多变且新发现储量劣质化，提出化学驱提高采收率和经济效益“双指标”最大化及绿色低碳发展理念，要完善针对主力在产油田的化学驱主体技术和配套技术体系，也要积极探索高温高盐、低渗和地下可流动稠油的化学驱提高采收率技术，为海上油田化学驱全面应用做好技术支撑。

参考文献

[1] 孙福街．中国海上油田高效开发与提高采收率技术现状及展望[J]．中国海上油气，2023，35(5)：91-99.

[2] 周守为．海上油田高效开发技术探索与实践[J]．中国工程科学，2009，11(10)：55-60.

[3] 周文胜，李倩茹，耿站立，等．合采井层间干扰现象数学模拟研究[J]．西南石油大学学报(自然科学版)，2017，39(6)：109-116.

[4] 王德民，程杰成，吴军政，等．聚合物驱油技术在大庆油田的应用[J]．石油学报，2005，26(1)：74-78.

[5] 朱江，周文胜．中国近海油气田区域开发战略思考[J]．中国海上油气，2009，21(06)：380-382.

[6] 刘晨．考虑储层参数时变的相对渗透率曲线计算方法[J]．西南石油大学学报(自然科学版)，2019，41(02)：137-142.

[7] 吕金龙，刘长龙，李彦阅，等．渤海稠油油藏组合调驱增油效果及作用机理[J]．油田化学，2023，40(2)：257-263.

[8] 曹伟佳，卢祥国，闫冬，等．海上油田深部调剖组合方式实验优选[J]．中国海上油气，2018，30(5)：103-108.

[9] 张健．海上高含水油田非连续化学驱模式研究[J]．中国海上油气，2023，35(1)：70-77.

[10] 刘超，赵春明，廖新武，等．海上油田大井距条件下曲流河储层内部构型精细解剖及应用分析[J]．中国海上油气，2014，(1)：58-64.

[11] 孙焕泉，杨勇，王海涛，等．特高含水油藏剩余油分布特征与提高采收率新技术[J]．中国石油大学学报(自然科学版)，2023，47(5)：90-102.

[12] Chen Liu，Zhou Wensheng，Jiang Junzhe，et al. Remaining Oil Distribution and Development Strategy for Offshore Unconsolidated Sandstone Reservoir at Ultrahigh Water - Cut Stage [J]. Geofluids，2022，20221-11.

[13] 未志杰，康晓东，孙哲，等．海上稠油聚合物驱剖面返转机理及影响因素[J]．西安石油大学学报(自然科学版)，2018，33(5)：57-63.

[14] 张健，陈家庆，王秀军，等．海上油田聚合物驱采出液高效处理一体化模式与关键技术[J]．石油学报(石油加工)，2023，39(4)：809-819.

[15] 周守为，韩明，向问陶，等．渤海油田聚合物驱提高采收率技术研究及应用[J]．中国海上油气，2006，18(6)：386-389，412.

[16] 张凤久，姜伟，孙福街，等．海上稠油聚合物驱关键技术研究与矿场试验[J]．中国工程科学，2011，13(05)：28-33.

[17] 张健，梁丹，康晓东，等．海上稠油油田热水化学驱油技术研究[J]．中国海上油气，2021，33(05)：87-93.

[18] 张凤久．海上稠油油藏早期注聚最佳时机的确定[J]．中国海上油气，2018，30(3)：89-94.

[29] 刘睿，姜汉桥，张贤松，等．海上中低黏度油藏早期注聚合物见效特征研究[J]．石油学报，2010，31(2)：280-283.

[20] 谢晓庆，康晓东，张贤松，等．海上稠油油田化学驱潜力评价方法及其应用[J]．中国海上油气，2016，28(1)：69-74.

[21] 杨光，张凤英，康晓东，等．多孔介质中两亲聚合物驱稠油渗流规律实验研究[J]．中国海上油气，2016，28(5)：61-65.

[22] 梁守成，吕鑫，李强，等．渤海S油田窜流通道封堵技术[J]．油田化学，2017，34(1)：53-57，63.

[23] 陈铁龙，周晓俊，赵秀娟，等．弱凝胶在多孔介质中的微观驱替机理[J]．石油学报，2005，26(5)：74-77.

[24] 王秀军，张健，华朝，等．一种油田采出液管式预分水系统：CN202310565654[P].

[25] 张健，苏彦春，王秀军，等．一种低剪切动态起旋元件的设计方法：CN202310565656.7[P].

[26] 潘亿勇，张健．低压损管式动态旋流分离器分离性能数值模拟研究[J]．中国海上油气，2023，35(02)：212-219.

碎屑岩“双高”开发单元剩余油挖潜技术研究及应用

赵　行　陶正武　刘加元　韩　于　胡靖婉　孙　侃　陈仲旭　李红波

（中国石油塔里木油田公司）

摘　要　塔中4油田CⅢ油藏具有高采出程度、高含水、低采油速度、剩余油极度分散、注采调整难度大、措施效果变差等开发特点，如何在现有技术及开发条件下进一步提高采收率是制约塔中4油田稳产的关键点。从动静态矛盾入手指出储层物性、微构造、微断裂是当前开发阶段下影响剩余油分布的主要因素，在此基础上提出了物性遮挡剩余油、构造高部位剩余油、断控剩余油三种剩余油富集模式，并通过该研究高效指导注水调整、注气调整和剩余油挖潜。该研究不仅对塔中地区老油田开发中后期提采有指导作用，同时对国内外所有处于“两高一低”阶段的油田后期开发具有一定的借鉴意义。

关键词　“两高一低”开发阶段；剩余油富集模式；剩余油挖潜；注水调整；注气调整

塔中4油田作为塔里木油田第一个稀井高产高效开发的整装油田，含油目的层为石炭系，自上而下划分为CⅠ、CⅡ、CⅢ三套油油组，CⅠ、CⅢ油组为主要开发层系。塔中4油田历经28年的开发，历经多次的层系调整和开发方式的转变，地质储量采出程度43.32%，可采储量采出程度99.35%，综合含水87.11%，整体进入“双高”开发阶段。在此背景下，摸清复杂的油水关系，进一步提高采收率，是当前油田面临的最大的问题。

其中CⅢ油组地质储量占比79.9%，为塔中4油田的主力油藏。CⅢ油组划分为均质段和含砾砂岩段，开发方式历经衰竭开发、注水开发、注气开发三个阶段，整体开发效果好，地质储量采出程度高。主要存在以下难点：(1)小断裂、微幅构造识别刻画难度大，地质认识难以支持高含水阶段开发工作。(2)剩余油高度分散，剩余油规律复杂，挖潜难度大。

针对上述难题，通过测井、地质、油藏一体化攻关，开展构造断裂精细解释下的剩余油分布研究，攻克了在剩余油分布复杂和动静态矛盾尖锐背景下的剩余油挖潜工作，形成了“双高”开发阶段一整套成熟的剩余油挖潜技术和提采思路。

1　概况

塔中402CⅢ油组整体为北西南东向长轴背斜，油藏埋深3540～3570m，含油井段长一般在30m左右。纵向上分为2段13个小层，含砾砂岩段0～5小层，均质段6～12小层，岩性以细砂岩为主(图1)。1～3小层为层状边水油藏，在塔中402区块带气顶，平均砂体厚度3.5m左右，内部隔夹层稳定发育，小层间具有明显分异，连续性差。发育三角洲前缘亚相，早期河道发育规模较大，后期河流作用减弱，以河口坝微相为主。受三角洲分流河道展布形态控制，储层非均质性强，平均孔隙度为10%，渗透率为110.6mD，为低孔中渗储层。3～4小层间隔层发育较稳定，起到阻隔下部油水的作用，局部存在天窗。4～10小层为块状底水油藏，油水分布主要受构造控制。表现为前滨亚相沉积，水退造成CⅢ-4发育前滨滩，非均质性弱，平均孔隙度为17.6%，平均渗透率为400MD，为中孔中渗储层。11～12小层由泥岩夹层遮挡形成的微构造强底水油藏，三角洲前缘沉积，以水下分支河道微相为主，多期河道叠置特征明显，河道间沉积在局部位置相对较稳定；泥质夹层较发育，井间连续性较好，基本上能延伸超过2～3个井距，在底水油藏中形成局部遮挡型剩余油；平面非均质性变强，总体上仍属于中孔中渗储层。

CⅢ油组1993年开始试采，1996年正式投入开发，先后历经均质段水平井衰竭式开发、均质段注水开发、均质段均质段水平井见水后，上返CⅢ_4+5重构井网、注采井网上返CⅢ_1～3

小层实施注水开发、塔中 402 区块 CⅢ_1～3 小层注气开发，开发调整效果好，地质储量采出程度 45.14%，可采储量采出程度 98.9%，综合含水 87.1%，采油速度 0.2%，目前整体处于“两高一低”开发阶段。

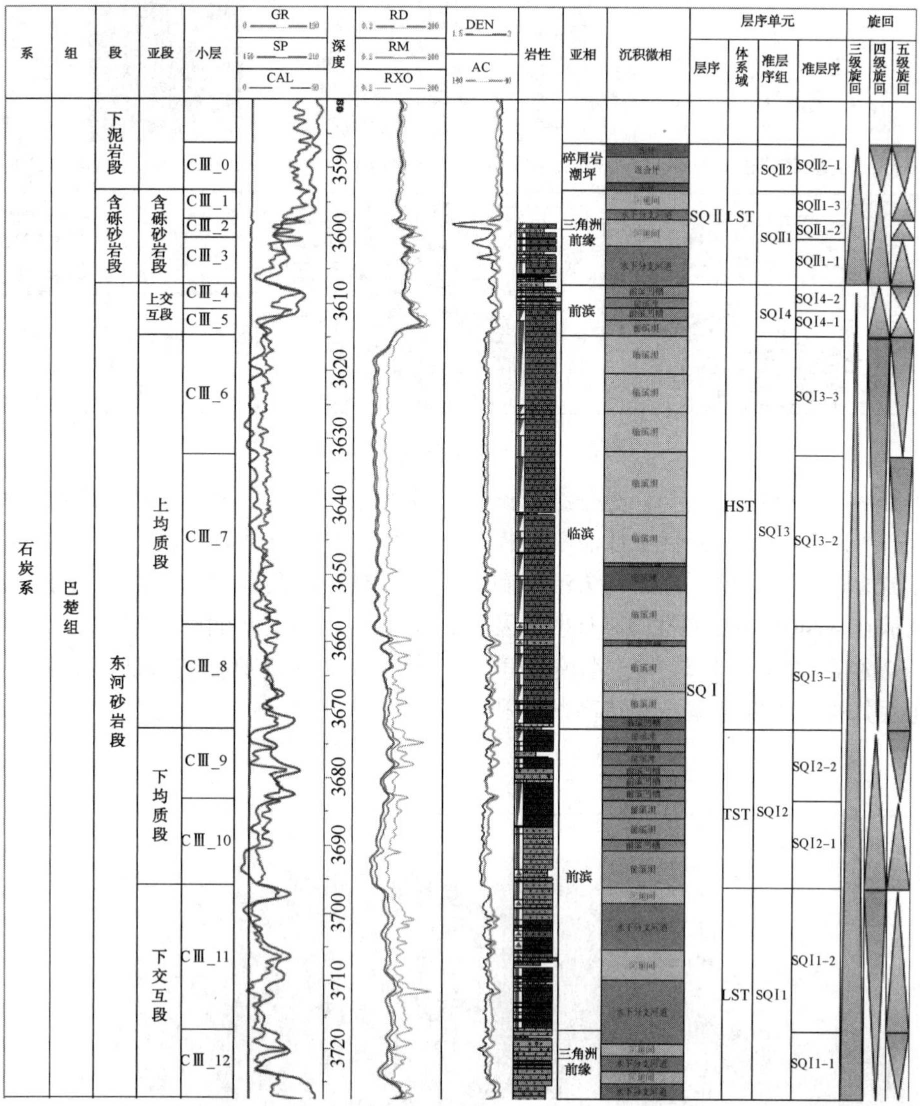

图 1　塔中 4 井 CⅢ油组沉积微相综合柱状图

2　主要研究内容

CⅢ经过多次的层系调整和开发方式的转变，以及复杂的构造、断裂、油砂体相变的影响，油水关系极为复杂，动静态矛盾日趋严重（单井超产、注水注气“三大矛盾”突显、措施实施效果与认识不符等），剩余油分布认识不清，注采调整及措施挖潜难度大。围绕以上难点，以进一步提高采收率为目标，把油藏地质认识为核心，系统开展剩余油分布研究。

本次研究发现微构造、断裂虽在油气成藏过程中作用不大，但对于油藏开发后期剩余油分布有较大的影响。将油砂体、断裂精细识别刻画为重点，开展构造断裂精细解释。利用地震资料拓频处理，提高构造解释精度，建立断层识别模版，结合常规的地震剖面、地震属性图、地震反射倾角等多种地震解释方式，通过梳理梳理构造运动背景，把握全局，再对应力背景进行分析，建立断裂模型，连接物探与钻井，进行时深标定；纵向上统层，梳理断裂形成期次，精细刻画断裂系统，细化 4 级断层（断距 5m 左右）和低幅度构造（构造幅度 5m 左右），形成了一套综合地震解释技术（图 2），使断裂组合特征更加合理。本次研究同早期相比，主要构造断裂一致，但在断块内部断层解释、断裂类型、组合方式、位置变动条数发生了差异，构造上也在局部进行了调整。

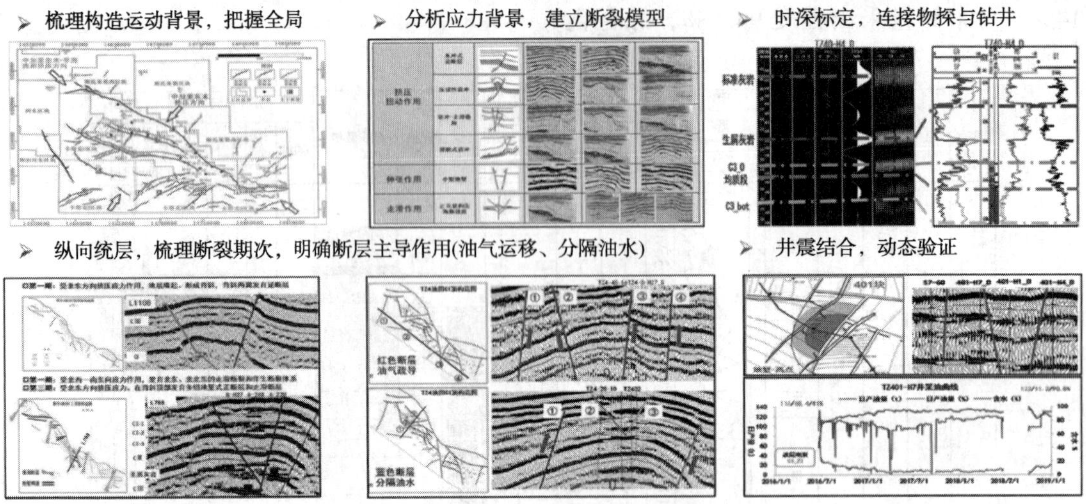

图2　地震解释方法研究思路图

在构造断裂精细刻画的基础上，充分结合试油、试采、生产等动态资料，开展CⅢ油藏值模拟(图3)，落实油藏含油面积，总结剩余油分布规律，结果显示在TZ401、422CⅢ_1～3小层及TZ402CⅢ_1～2小层边水能量较弱，水淹程度低，剩余油连片分布，主要富集在构造高部位和物性相对较差区域，CⅢ_4小层及以下边底水能量强，水淹整体程度高，剩余油零散分布，在断裂控制区域及局部构造高位富集。根据以上认识总结出三种剩余油富集模式，即“构造高部位剩余油”、“物性遮挡剩余油”、“断控剩余油”。

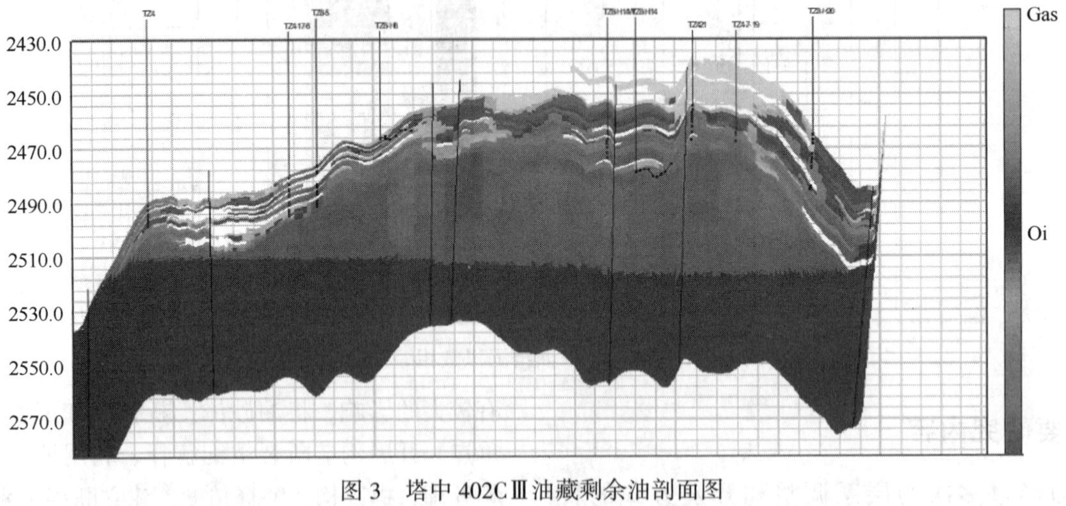

图3　塔中402CⅢ油藏剩余油剖面图

3　应用

(1) 注水调整

塔中422、401区块CⅢ油组以注水开发为主，但注采“三大矛盾”(即层间矛盾、平面矛盾、层内矛盾)突出，本次研究应用精细油砂体识别、微断裂刻画技术结合注采动态分析，准确识别井间连通性和判断水窜通道，精细刻画剩余油，在深层大井距复杂油藏的独特背景下，因地制宜开展注采优化、井网调整、调剖调驱等一系列综合治理技术，有效提高水驱效率，实现效益开发。例如塔中422断块西部一直注水不见效，通过精细砂体、断裂刻画认为西部断块整体物性差，且局部断裂发育，大井距注水受效可能性小，2022年6月转注TZ4-6-26X井缩小注采井距，构建1注5采井网(图4)，转注后井组动态响应好，注水增油0.7万吨。

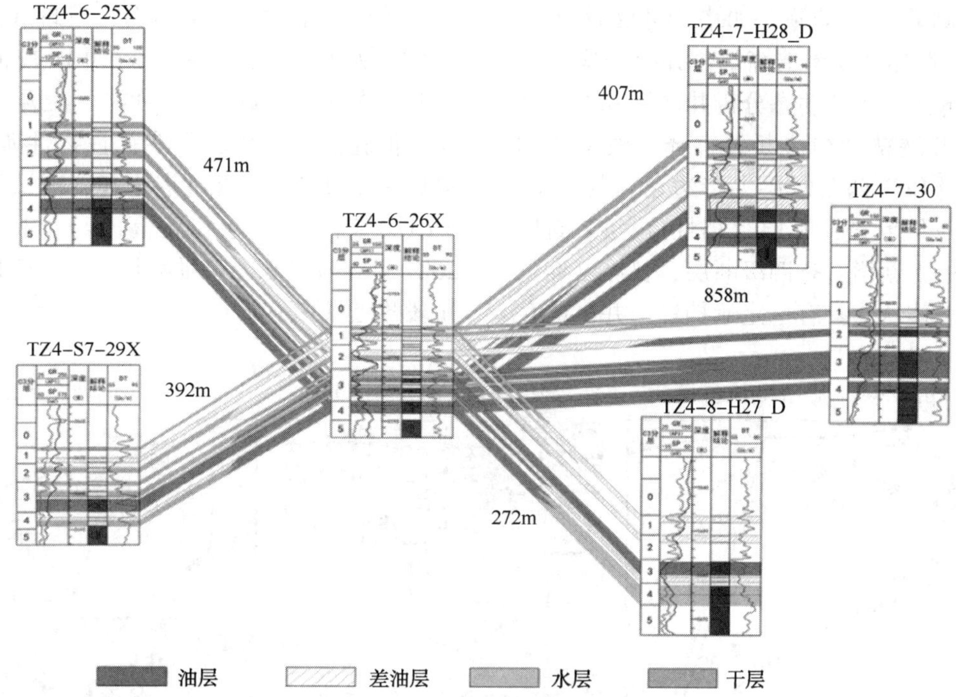

图 4 TZ4-6-26X 井组 CⅢ油组注采栅状图

（2）注气调整

塔中 402 区块 CⅢ油藏含砾岩段 1~3 小层为带凝析气顶的层状边水油藏，地质储量大，层系井网多次调整，累产高，但注水效果差，仅南边 4 口正常注水，但油井以单向受效或不受效为主，北东方向储层物性差，非均质性强，3 口井注不进，注水困难，地层压力保持程度低（66.8%），水驱采收率低（29.41%），亟需转变开发方式。研究表明，含砾岩段 1~3 小层油层厚度层薄层多、丰度低、储层物性相对较差、非均质性相对较强、3 小层底隔夹层全区发育且具有一定遮挡性，具有明显的层状开发特征。目前含砾岩段 1~3 小层气顶大幅度收缩、剩余油整体富集，物质基础靠实，剩余油主要集中在构造高部位和北东方向储层物性差区域，根据室内实验研究认为，利用轻烃段塞，一方面可以有效补充气顶能量，另一方面可以大幅降低混相压力降低剩余油动用难度；结合数值模拟机理研究，考虑合理利用现有井网、同时动用多个小层、降低层间和层内隔夹层的影响，最终实现效益开发，因此选择含砾岩段 1~3 小层全区都作为段塞气驱试验区，顶部注气、注烃交替，边部采油提高采收率。2020 年 7 月正式投注气，构建 4 注 17 采注采井网，明显见效井 8 口，注气累积增油 4.3 万 t（图 5）。

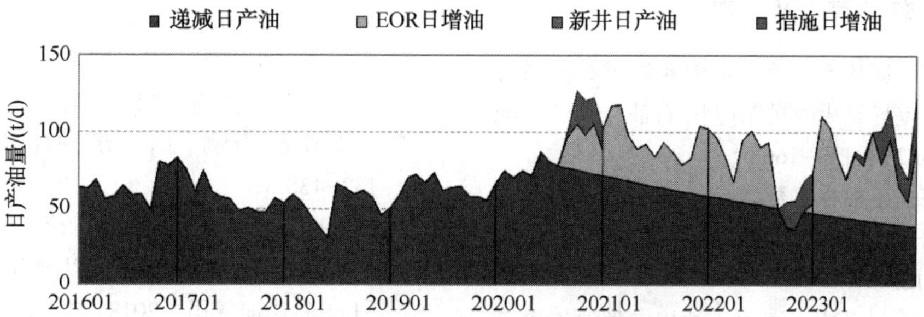

图 5 塔中 402CⅢ油藏注气增油效果图

（3）措施挖潜

2018 年以来通过地质油藏一体化研究，开展三种剩余油挖潜，累计摸排措施 20 井次，已实施 15 井次，阶段增油 10.35 万 t，形成形成成熟的剩余油挖潜思路：动静态矛盾→构造精细刻画→动态监测验证→措施。如塔中422区块的TZ4-7-30井在邻井及构造高部位井生产或试油均高含水或低产，生产动态分析井区已基本无潜力，2020年开展精细构造断裂解释，根据新的构造解释该井位于两条断层夹持边角，其中F1断层为区块三级断裂，断层封挡性好；F2断层为原构造基础上新增一条四级断层，整体延伸长度有限，但总体认为具有一定遮挡性，井区应存在一定"断控剩余油"富集。同时通过细化小层对比，刻画单砂体平面展布，发现底水油藏CⅢ4小层物性在塔中4-7-30井区较低，其顶部2.5m油层，孔隙度10.9%，渗透率19.8mD，属于低孔低渗储层，可能存在物性遮挡剩余油。最后对TZ4-7-30井开展饱和度测试显示CⅢ2-4小层整体含油饱和度高，与分析结论相符。2021年6月改层至CⅢ4生产，初期日产油51t，阶段累增油1.07万t。

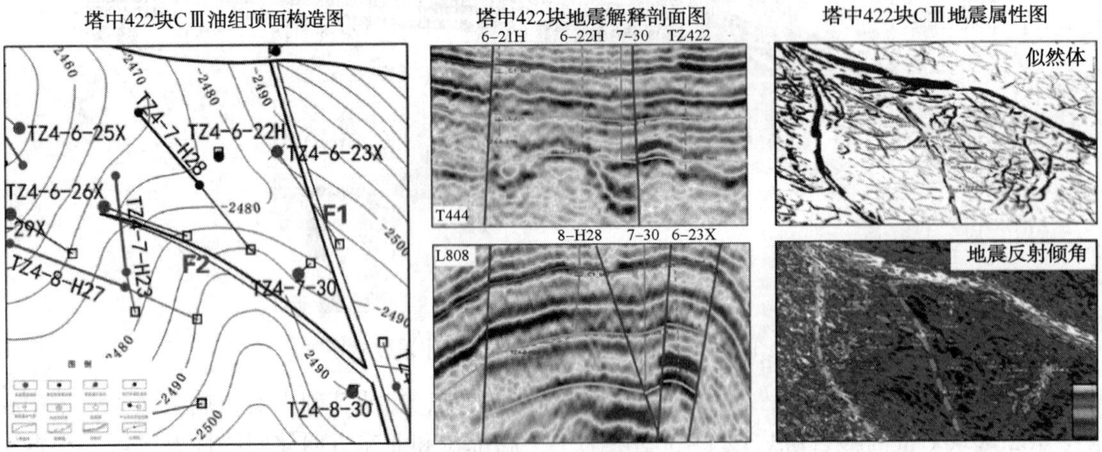

图6　TZ4-7-30井区构造断裂研究成果图

4　结论

（1）利用多种地震解释方法，精细刻画断裂系统，形成了一套综合地震解释技术，使断裂组合特征更加合理。

（2）地质油藏一体化，总结了"双高"开发阶段背景下三种剩余油富集模式，即"构造高部位剩余油"、"物性遮挡剩余油"、"断控剩余油"。

（3）通过三种剩余油认识高效指导注水、注气调整及措施挖潜，进一步提高油藏采收率。

参　考　文　献

[1] 姜振学，杨俊，庞雄奇，等．塔中4油田石炭系各油组油气性质差异及成因机制[J]．石油与天然气地质，2008，29(2)：159-166.

[2] 刘义坤，王亮，王福林．数值模拟技术在塔中4油田井网调整研究中的应用[J]．岩性油气藏，2010，22(1)：119-125.

[3] 王全，章成广，刘兴礼．塔中4油田CⅢ油组含砾砂岩段储层四性关系研究[J]．石油天然气学报，2009，31(5)：86-89.

[4] 杨太伟，刘义坤，刘桥禹．塔中4油田低储采比开发阶段数值模拟研究[J]．新疆石油天然气，2009，5(4)：30-33.

[5] 王延章，林承焰，温长云，等．夹层分布模式及其对剩余油的控制作用[J]．西南石油学院学报，2006，28(5)：6-10.

[6] 范坤，朱文卿，周代余，等．隔夹层对巨厚砂岩油藏注气开发的影响-以塔里木盆地东河1油田石炭系油藏为例[J]．石油学报，2015，36(4)：475-481.

[7] 孙盼科，徐怀民，黄娅，等．滨岸相碎屑岩储集层隔夹层分布预测方法-以塔里木盆地东河油田东河砂岩为例[J]．西北大学学报(自然科学版)，2016，46(5)：725-734.

[8] 张振杰，张国浩，瞿朝朝，等．高含水期剩余油控制因素及调整挖潜研究-以辽东湾J油田东营组东二下亚段为例[J]．录井工程，2023，34(3)：132-138.

[9] 颜冠山，刘宗宾，宋洪亮，等．海上三角洲相油田剩余油控制因素及挖潜：以渤海湾盆地JZ油田为例[J]．断块油气田，2018，25(5)：598-603.

[10] 田博，李云鹏，贾晓飞，等．渤海SZ油田剩余油控制因素及挖潜策略研究[J]．西南石油大学学报(自然科学版)，2018，40(5)：28-36.

碎屑岩油藏烃类气驱开发效果评价体系建立与应用

陶正武　周代余　汪如军　伍藏原　闫更平　邵光强　张　亮　李　杨　杜虹宝

（中国石油天然气集团有限公司超深层复杂油气藏勘探开发技术研发中心）

摘　要　中华人民共和国石油天然气行业标准《油田开发水平分级》(SY/T 6219)建立了中高渗透率层状砂岩油藏、低渗透率(含裂缝型低渗透)砂岩油藏、裂缝型碳酸盐岩油藏、砾岩油藏、复杂断块油藏和热采稠油(蒸汽吞吐阶段)开发水平分类指标，不适用于碎屑岩油藏烃类气驱开发效果评价；通过密切跟踪塔里木油田东河1CⅢ油藏天然气重力辅助混相驱、塔中402CⅢ油藏天然气重力辅助复合驱重大开发试验，提出6项受效单井开发效果评价指标，11项受效井组/油藏开发效果评价指标，从受效单井、井组/油藏两个方面首次制定中国石油天然气股份有限公司企业标准《碎屑岩油藏烃类气驱开发效果评价方法》(Q/SY TZ 0587)。由于烃类气驱开发效果单指标评价方法是针对某一指标的评价，片面性较强，无法综合反映油藏烃气驱整体开发效果；因此有必要在碎屑岩油藏烃类气驱开发效果评价单指标体系构建的基础上进行综合评价研究。基于碎屑岩油藏烃类气驱开发效果评价指标及水平分级，通过确定烃类气驱开发效果评价指标权重、归一化处理烃类气驱开发效果评价指标实际值、绘制改进雷达图并构建综合评价指数，从而实现碎屑岩油藏烃类气驱开发效果综合评价。该评价体系提高了气驱油藏开发效果评价的可信度，客观、综合地反映碎屑岩油藏烃类气驱的整体开发效果及存在的不足，为制定下步合理开发政策技术界限提供有效指导。

关键词　碎屑岩油藏；烃类气驱；重大开发试验；开发效果；综合评价方法；评价体系

塔里木油田碎屑岩主力油藏整体进入开发中后期阶段，面临综合含水高、可采储量采出程度高、采油速度低等严峻形势，继续水驱或精细注水提高采收率空间有限；同时受到油藏超深(埋深普遍4500m以上)、高温(110℃以上)、高盐(15×10^4mg/L以上)、稀井网等不利因素影响，国内外目前成熟应用的化学驱不适用；因此，亟需转变开发方式，探索三次提高采收率技术以增加可采储量。

室内实验研究表明注烃类气可有效降低原油黏度、加强其流动能力，增大原油体积系数、增加原油膨胀能力，更进一步地，通过注气混相驱或近混相驱可大幅提高驱油效率；东河1CⅢ油藏天然气重力辅助混相驱重大开发试验现场实施效果显著；以上都表明烃类气驱是三次提高采收率有效手段。

然而，碎屑岩油藏烃类气驱与常规水驱有很大区别，《油田开发水平分级》(SY/T 5367)不再适用于碎屑岩油藏烃类气驱开发效果评价。因此，需要针对性建立碎屑岩油藏烃类气驱开发效果评价体系。通过密切跟踪东河1CⅢ油藏天然气重力辅助混相驱、塔中402CⅢ油藏天然气重力辅助复合驱重大开发试验，提出6项受效单井关键开发效果评价指标、11项受效井组/油藏关键开发效果评价指标并制定开发效果分级水平，从受效单井、井组/油藏两方面首次制定中国石油天然气股份有限公司企业标准《碎屑岩油藏烃类气驱开发效果评价方法》(Q/SY TZ 0587)。由于单指标评价方法是针对某一指标的评价，片面性较强，无法综合反映油藏烃气驱整体开发效果；因此有必要在碎屑岩油藏烃类气驱开发效果评价单指标体系构建的基础上进行综合评价研究。综合评价通过确定评价指标权重、归一化处理评价指标实际值、绘制改进雷达图、计算综合评价指数实现。

1　评价体系建立

通过密切跟踪塔里木油田东河1CⅢ油藏天然气重力辅助混相驱、塔中402CⅢ油藏天然气重力辅助复合驱重大开发试验生产实践，提出6项受效单井关键开发效果评价指标、11项受效井组/油藏关键开发效果评价指标并制定开发效果评价指标水平分级，从受效单井、井组/油藏两方面首次制定中国石油天然气股份有限公司企业标准《碎屑岩油藏烃类气驱开发效果评价方法》(Q/SY TZ 0587)。

其中碎屑岩油藏烃类气驱受效单井开发效果评价指标及受效描述见表1。

碎屑岩油藏烃类气驱受效井组/油藏开发效果评价指标及受效描述见表2。

表1　受效单井开发效果评价指标及受效描述详表

评价指标	受效描述
井口油压	烃类气驱后，单井无措施或保持工作制度不变，井口油压上升，注气见效
动液面	烃类气驱后，单井无措施或保持工作制度不变，动液面上升，注气见效
含水率	烃类气驱后，油井含水率下降越明显，气驱效果越好
气油比	烃类气驱后，油井生产气油比上升速度缓慢，效果好；若气油比快速上升，气驱效果变差
采油指数	采油井生产层位和打开厚度不变，采油指数增大越高，气驱效果越好
增油倍比	指烃类气驱稳定见效后三个月的平均日产油量与见效前三个月得平均日产油量之比。烃类气驱后，单井增油倍比越大，气驱效果越好。

表2　受效井组/油藏开发效果评价指标及受效描述详表

评价指标	受效描述
地层压力	地层压力增加越大，气驱效果越明显
油井见效率	指烃类气驱后，见效生产井井数与井组/油藏内生产井总数之比。油井见效率越高，烃类气推进越均匀，气驱效果越明显
综合含水率	井组/油藏综合含水率下降幅度越明显，气驱效果越好
综合气油比	随着油气过渡带向井组/油藏生产井推进，生产井气油比逐渐上升；上升速度越快，注气效果越差
累积存气率	指地面条件下，累计存留在地层中的烃类气量与累计注入地层中的烃类气量之比。累积存气率越高，注入气利用率就越高，气驱开发效果越好
增油倍比	增油倍比越大，气驱效果越好
烃类气驱相对增油率	指相同时间内，烃类气驱累计增油量与不采用烃类气驱的累计产油量之比。相对增油率越大，气驱效果越显著
吨油耗气率	指烃类气驱每产出一吨原油需要消耗的烃类气量，即烃类气驱后累计注入气量(地面体积)与烃类气驱后累计产油量之比。吨油耗气率越低，注入气利用率就越高，气驱开发效果越好
储量动用程度	储量动用程度越高，气驱效果越好
提高采收率程度	指井组/油藏烃类气驱后采收率相对于气驱前标定采收率的增加值。提高采收率程度越高，气驱效果越好
烃类气驱投入产出比	指烃类气驱总投入与烃类气驱总产出的比值

基于塔里木油田碎屑岩油藏地质特征，结合东河1CⅢ、塔中402CⅢ等油藏烃类气驱开发效果以及室内实验、数值模拟等结果，制定具体量化指标，将烃类气驱开发效果评价指标水平细分为三级(表3)。

表3　烃类气驱开发效果评价指标水平分级表

分类	评价指标	分级水平		
		一级	二级	三级
单井	井口油压增大/MPa	>5	3~5	<3
	动液面上升高度/m	>500	300~500	<300
	含水率下降幅度/%	>30	10~30	<10
	气油比上升速度/[(m^3/t)/mon]	<5	5~20	>20
	采油指数增大/[(m^3/d)/MPa]	>3	0.5~3	<0.5
	单井增油倍比	>1.5	1.1~1.5	<1.1

续表

分类	评价指标	分级水平		
		一级	二级	三级
井组/油藏	地层压力上升值/MPa	>5	3~5	<3
	油井见效率/%	>70	50~70	<50
	综合含水率下降幅度/%	>10	5~10	<5
	综合气油比上升速度/[(m^3/t)/mon]	<5	5~20	>20
	累积存气率/%	>65	50~65	<50
	油藏增油倍比	>1.5	1.1~1.5	<1.1
	相对增油率/%	>0.5	0.2~0.5	<0.2
	吨油耗气率/(m^3/t)	<1500	1500~2500	>2500
	储量动用程度/%	>70	55~70	<55
	提高采收率程度/%	>15	10~15	<10
	投入产出比	<1∶1.5	1∶1.5~1∶1.1	>1∶1.1

2　综合评价研究

单指标评价方法是针对某一特定指标的评价，片面性较强，无法综合反映油藏烃气驱整体开发效果；因此有必要在烃类气驱开发效果评价单指标体系构建的基础上进行综合评价研究。综合评价方法研究通过层次分析法确定评价指标权重、归一化函数处理评价指标实际值、绘制改进雷达图、计算综合评价指数实现。

2.1　评价指标权重确定

为使得评价指标权重更为客观，基于层次分析法确定烃类气驱开发效果评价指标权重。首先，构建评价指标的判断矩阵；具体是将评价指标进行两两比较，比较时采用相对重要程度1~9进行标定，标定方法见表4。

表4　相对重要程度标定表

标度	含　义
1	表示两个因素相比，具有同样重要性
3	表示两个因素相比，一个因素比另一个因素稍微重要
5	表示两个因素相比，一个因素比另一个因素明显重要
7	表示两个因素相比，一个因素比另一个因素强烈重要
9	表示两个因素相比，一个因素比另一个因素极端重要
2，4，6，8	上述相邻判断的中值
倒数	因素 i(每行)较因素 j(每列)标度为 a_{ij}，则 j 较 i 的标度为 $1/a_{ij}$

其次，进行一致性检验。构建的判断矩阵需要先通过一致性检验，方可进行下一步计算。引入一致性比率 CR 进行一致性检验，一致性比率 CR 定义为一致性指标 CI 与随机一致性指标 RI 的商值。若一致性比率 CR 小于0.1，则视为通过一致性检验。

$$CR=\frac{CI}{RI} \tag{1}$$

其中，一致性指标 CI 定义如下：

$$CI=\frac{\lambda_{max}-n}{n-1} \tag{2}$$

式中，λ_{max} 为判断矩阵的最大特征值；n 为判断矩阵阶数。

随机一致性指标 RI 通过查表得到，见表5。

表5　随机一致性指标

n	1	2	3	4	5	6	7	8	9	10	11
RI	0	0	0.58	0.90	1.12	1.24	1.32	1.41	1.45	1.49	1.51

2.2　评价指标实际值归一化处理

由于各评价指标的单位量纲不同，仅通过单评价指标实际值和分级水平无法将其所反映的开发效果定量化。为消除量纲的影响，将评价指标的实际值基于归一化函数进行处理，当评价指标实际值达到Ⅰ类时，归一化的结果为1；当评价指标实际值为Ⅱ类时，将实际值与指标分级界限的接近程度作为其归一化的结果；当评价指标实际值为Ⅲ类时，归一化的结果为0。归一化函数包括越大越优型和越小越优型。

越大越优型评价指标归一化函数如下：

$$r_{ij}=\begin{cases}1 & x_i \geqslant s_j \\ \dfrac{x_i-s_{j+1}}{s_j-s_{j+1}} & s_{j+1}\leqslant x_i \leqslant s_j \\ 0 & x_i \leqslant s_{j+1}\end{cases} \tag{3}$$

越小越优型评价指标归一化函数如下：

$$r_{ij}=\begin{cases}1 & x_i \leqslant s_j \\ \dfrac{s_{j+1}-x_i}{s_{j+1}-s_j} & s_j\leqslant x_i \leqslant s_{j+1} \\ 0 & x_i \geqslant s_{j+1}\end{cases} \tag{4}$$

式中，r_{ij}为评价指标归一化值；x_i 为评价指标实际值；s_j为Ⅰ类与Ⅱ类分级界限；s_{j+1}为Ⅱ类与Ⅲ类分级界限。

2.3　改进雷达图绘制

在确定评价指标权重后，可转化为改进雷达图的扇形圆心角。

$$\theta_i=2\pi\omega_i \tag{5}$$

式中，θ_i 为第 i 个评价指标对应的扇形圆心角(弧度制)，w_i 为评价指标权重。

将评价指标实际值归一化结果转化为改进雷达图的扇形半径。这样，所有评价指标代表的扇形构成了改进雷达图；基于改进雷达图，可计算出扇形弧长之和、填充面积之和。

$$L=\sum_{i=1}^{n} r_i\theta_i=\sum_{i=1}^{n}(2\pi r_i\omega_i) \tag{6}$$

$$S=\sum_{i=1}^{n}\frac{1}{2}r_iL_i=\sum_{i=1}^{n}(\pi r_i^2\omega_i) \tag{7}$$

式中，r_i 为第 i 个评价指标对应的扇形半径；L 为扇形弧长之和；S 为扇形填充面积之和。

2.4　综合评价指数计算

权重越大且达到Ⅰ类水平的评价指标，其代表的扇形填充面积越大，说明该项指标反映的效果越好。当所有评价指标均达到Ⅰ类时，所有评价指标代表的扇形组成了一个半径为 1 的圆，此时油藏开发达到最理想状态。从所有评价指标实际填充面积和理想填充面积角度构建面积综合评价向量：

$$v_1=S/S_{max} \tag{8}$$

式中，v_1 为面积综合评价向量，范围 0~1；S_{max}为理想填充面积，为 π。

v_1 越大，说明评价指标填充面积越大，油藏整体开发效果越好。

在综合评价中，若部分权重大的评价指标且其归一化评价值为 1，会弱化部分权重小且归一化评价值未达到 1 的指标影响，使得评价结果不科学；因此，需构建可反映烃类气驱各项指标间发展协调程度的弧长综合评价向量。

$$v_2=L/L_{max} \tag{9}$$

式中，v_2 为弧长综合评价向量，范围 0~1；L_{max}为扇形理想弧长，在相同的填充面积 S 下，半径相等的扇形其弧长和最大，因此理想弧长等于面积为 S 的圆周长，为 $2\pi\sqrt{S/\pi}$。

v_2 越大，说明各项评价指标间发展越协调。

由于面积综合评价向量 v_1、弧长综合评价向量 v_2 均与烃类气驱开发效果呈正相关，因此构建综合评价指数。

$$f(v_1,\ v_2)=10\sqrt{v_1v_2} \tag{10}$$

式中 f 为综合评价指数，范围 0~10。

基于正态分布原理对综合评价指数进行分级，为使分级标准更科学合理，令Ⅰ类、Ⅱ类、Ⅲ类综合评价指数范围所占百分比为 30%、40%、30%，因而确定综合评价指数的分级界限(表 6)。

表 6　综合评价指数分级

评价类别	Ⅰ类	Ⅱ类	Ⅲ类
评价标准	$7\leqslant f\leqslant 10$	$3\leqslant f<7$	$0\leqslant f<3$

3　实例应用

塔里木油田东河 1CⅢ油藏由于构造倾角大(4.5~12°)、储层厚(最厚 120m)、原油物性好(原油密度 0.85~0.87g/cm³、原油黏度 5.23~12.47mPa·s)，经过前期评价研究表明该油藏适合开展注天然气重力辅助混相驱并于 2014 年转烃类气驱。以该油藏 2021 年年底(注：东河 1CⅢ油藏注天然气重力辅助混相驱重大开发试验项目验收时间为 2022 年 4 月份)实际生产数据开展实例计算，根据第二部分提供的综合评价方法，先确定评价指标的权重。根据判断矩阵的构建方法，东河 1CⅢ油藏烃类气驱受效油藏评价指标的判断矩阵建立如表 7。

该判断矩阵最大特征值为 11.4919，矩阵阶数为 11，一致性指标 CI 计算为 0.04919；随机一致性指标 RI 查表值为 1.51；因此一致性比率 CR 计算结果为 0.03258，小于 0.1，构建的判断矩阵通过了一致性检验。将该判断矩阵列向量进行归一化处理，再将处理后的矩阵对每一行求平均值，得到各评价指标的权重(表8)。

接着处理评价指标实际值的归一化数值，计算改进雷达图扇形圆心角、弧长、面积，具体计算结果见表8。

表7　烃类气驱受效油藏评价指标的判断矩阵

	地层压力上升	油井见效率	综合含水率降幅	综合气油比上升速度	累积存气率	增油倍比	相对增油率	吨油耗气率	储量动用程度	提高采收率程度	投入产出比
地层压力上升	1	0.5	0.5	0.33	1	0.25	0.25	0.33	2	0.2	0.5
油井见效率	2	1	1	0.5	2	0.33	0.5	0.5	3	0.25	1
综合含水率降幅	2	1	1	0.5	2	0.5	1	1	4	0.33	1
综合气油比上升速度	3	2	2	1	3	0.5	1	1	4	0.33	1
累积存气率	1	0.5	0.5	0.33	1	0.25	0.33	0.33	2	0.2	0.5
增油倍比	4	3	3	3	4	1	1	4	4	0.5	3
相对增油率	4	2	2	2	3	1	1	3	4	0.5	3
吨油耗气率	3	2	1	1	3	0.33	0.33	1	4	0.33	0.2
储量动用程度	0.5	0.33	0.25	0.25	0.5	0.25	0.25	0.25	1	0.2	0.33
提高采收率程度	5	4	3	3	5	2	2	3	5	1	4
投入产出比	2	1	1	1	2	0.33	0.33	0.5	3	0.25	1

表8　东河1CⅢ油藏烃类气驱开发效果评价计算结果综合表

评价指标	指标权重	指标实际值	评价类别	实际值归一化	扇形圆心角	扇形弧长	扇形填充面积
地层压力上升	0.04	5.5	Ⅰ类	1	14.4	0.2512	0.1256
油井见效率	0.06	88	Ⅰ类	1	21.6	0.3768	0.1884
综合含水率降幅	0.07	8.4	Ⅱ类	1	25.2	0.4396	0.2198
综合气油比上升速度	0.1	18	Ⅱ类	1	36	0.628	0.314
累积存气率	0.04	64.5	Ⅱ类	0.87	14.4	0.218544	0.095067
增油倍比	0.17	1.62	Ⅰ类	1	61.2	1.0676	0.5338
相对增油率	0.14	56	Ⅰ类	0.86	50.4	0.756112	0.325128
吨油耗气率	0.08	536	Ⅰ类	0.54	28.8	0.271296	0.07325
储量动用程度	0.02	78	Ⅰ类	1	7.2	0.1256	0.0628
提高采收率程度	0.22	17.5	Ⅰ类	1	79.2	1.3816	0.6908
投入产出比	0.06	1.1	Ⅱ类	0.5	21.6	0.1884	0.0471

根据东河1CⅢ油藏烃类气驱受效油藏评价指标权重和评价指标实际值归一化结果，绘制改进雷达图(图1)。

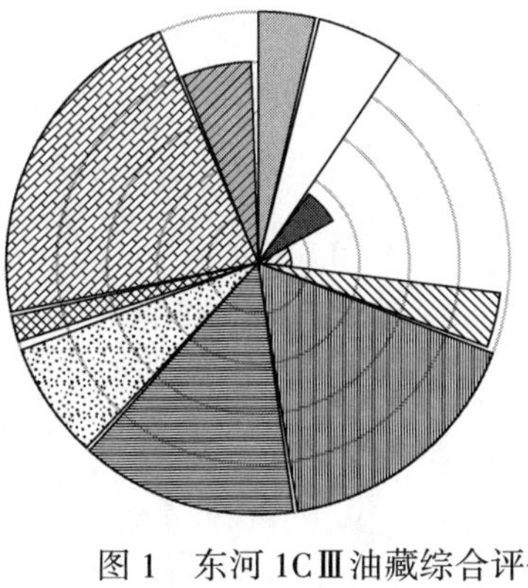

图1　东河1CⅢ油藏综合评价改进雷达图

计算东河1CⅢ油藏烃类气驱受效油藏改进雷达图扇形弧长之和5.7048，扇形填充面积之和2.6757，扇形理想弧长5.7972，扇形填空理想面积3.14，弧长综合评价向量0.9231，面积综合评价向量0.9841，综合评价指数9.5309；根据综合评价指数分级表6的评价标准，该油藏综合评价结果为Ⅰ类，表明烃类气驱开发效果显著。

东河1CⅢ油藏烃类气驱截至2021年12月底，累计注气8.26亿方，累计存气4.59亿方，注气累产油104.62万吨，累增油52.37万吨；实现年产油14万吨以上持续稳产5年，SEC储量增加 145 万吨，提高采收率 12.6%；并且注气受效井 19 口，其中转自喷生产 10 口，培育百吨井 3 口、50~100 吨井 8 口，单井日产量增加 2~4 倍。以上表明东河 1CⅢ油藏注烃类气现场实施效果显著，验证了碎屑岩油藏烃类气驱开发效果综合评价方法的准确性。

4　结论

（1）提出 6 项受效单井关键开发效果评价指标、11 项受效井组/油藏关键开发效果评价指标，从受效单井、井组/油藏两方面首次提出碎屑岩油藏烃类气驱开发效果评价方法。

（2）基于可同时考虑评价指标权重和实际值的改进雷达图，构建综合评价指数，建立了碎屑岩油藏烃类气驱开发效果综合评价体系并在东河 1CⅢ油藏开展矿场应用，其综合评价指数判定开发效果为Ⅰ类，表明烃类气驱效果显著。

参 考 文 献

[1] 李孟涛．低渗透油田注气驱油实验和渗流机理研究[D]．河北：中国科学院研究生院(渗流流体力学研究所)，2006.
[2] 宫汝祥．冀东油田烃类气驱室内实验研究[D]．山东青岛：中国石油大学(华东)，2009.
[3] 许清华．东河塘油藏烃气混相驱机理及混相特征研究[D]．四川成都：西南石油大学，2017.
[4] 穆凌雨．气驱过程中提高混相程度和波及系数方法研究及应用[D]．北京：中国石油大学(北京)，2020.
[5] 韩海水，周代余，王丽，等．超深巨厚油藏顶部注烃气提高采收率调控机制[J]．中国石油大学学报(自然科学版)，2021，45(2)：104-110.
[6] 罗彪．让纳若尔油田烃类气驱油藏工程参数优化[D]．北京：中国石油大学(北京)，2018.
[7] 王烁．L 断块烃类气驱注入参数优化及方案设计[D]．黑龙江大庆：东北石油大学，2022.
[8] 周炜，张建东，唐永亮，等．顶部注气重力驱技术在底水油藏应用探讨[J]．西南石油大学学报(自然科学版)，2017，39(6)：92-100.
[9] 刘美灵．东河塘油藏顶部注气重力稳定驱开发方案研究[D]．北京：中国地质大学(北京)，2016.
[10] 李协．DH 油田注烃类气辅助重力驱机理研究及方案调整[D]．四川成都：西南石油大学，2019.
[11] 汤勇，张皓川，何佑伟，等．一种新型油藏气驱采收率预测图版[J]．石油勘探与开发，2022，49(3)：530-537.
[12] SY/T 6219—1996，油田开发水平分级[S].
[13] Q/SY TZ 0587—2019，碎屑岩油藏烃类气驱开发效果评价方法[S].

超低渗碳酸盐岩储层水平井分段压裂一体化开发技术支撑伊拉克某油田S油藏百万吨产能建设

李沛桓[1,2]　吴宣达[1,2]　刘亚东[1]　徐　炜[1]　蔡　磊[1,2]　刘照伟[1,2]

［1. 中国石油(伊拉克)哈法亚公司；2. 中国石油国际勘探开发有限公司］

摘　要　伊拉克某油田S油藏属于中孔、超低渗透碳酸盐岩油藏，地质储量高，常规酸化和酸压无法达到理想产能，难以形成有效动用。

本文中，基于“逆向设计、正向施工”思路，阐述了S油藏“设计-实施-评价-提升”思路，建立了地质-工程-经济一体化水平井开发设计流程。综合沉积、成岩、岩石物理特征等识别地质甜点，根据甜点厚度，优化了四个等级甜点区分类体系，通过优选试验井位。根据岩石力学性质、产能预测和工程技术条件，落实地质与工程复合甜点，针对性地提出了压裂-完井-钻井逆向实施方案。2019年S油藏先导试验井SAH1成功实施水平井多段水力压裂后，初产达2000桶/天以上，产能提升3~5倍，稳定后月递减率降低至3%~1%，单井产能和稳产能力显著提高，实现了快速回收成本，保证了良好的开发效果和经济效益。此后，先导试验由一类甜点逐步向二、三、四类拓展，不同类型甜点的产能评价为规模部署奠定了基础。按“先导试验，扩大规模，整体部署，滚动开发”的开发策略，开发效果显著。至2023年底，25口S油藏分段压裂水平井成功投产，油藏产量快速上升至2.6万桶/天(年产133万吨)。经过八年自主攻关，创建了适用于超

低渗透碳酸盐岩储层的水平井分段压裂一体化开发技术，大幅提升了开发效果，填补了伊拉克同类油藏开发技术空白，实现了伊拉克S油藏开发里程碑突破。

关键词　超低渗碳酸盐岩；甜点识别；水平井分段压裂；一体化开发技术

1　背景介绍

1.1　S油藏地质特征

伊拉克某油田S-T层为晚白垩系桑托-坎帕阶地层，埋深2600~2900m，地层厚度约90m，划分为SA、SB1、B2、B3和T等5个层，其中SB3又进一步细分为SB3-1、3-2、3-3和3-4等4个小层。SA为致密灰岩和泥质灰岩，沉积于外陆架环境，属于非储层。SB-T总体为碳酸盐岩低能缓坡沉积，其中SB1-B2为中外缓坡浮游及底栖有孔虫灰岩沉积，有孔虫体腔孔发育但相互不连通，形成超低渗-致密储层；SB3-T为内缓坡生屑灰岩沉积，水深较浅，旋回变化快，灰泥岩夹层多，储层以粒间孔为主。每个小层顶部的泥页岩表明发育泻湖和沼泽沉积环境，在T和SB3地层中充当屏障和遮挡。

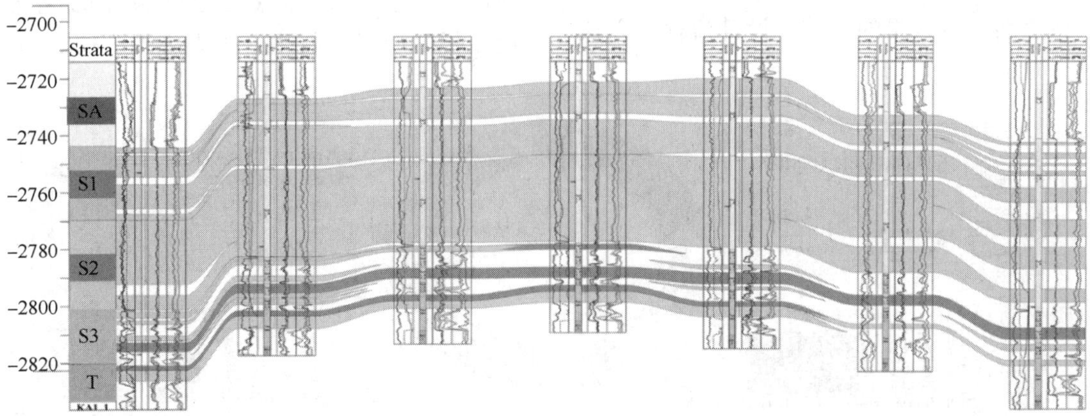

图1　伊拉克某油田S-T油藏剖面图

SB1-B2 岩性主要为粒泥灰岩，渗透率较低，多为基质支撑，孔喉半径较为狭窄，主要发育孤立的体腔孔和微孔，属于中孔隙度(15.5%和 17.6%)超低渗(0.03mD 和 0.04mD)储层。SB3-T 属于中孔(15.2%和 15%)和低渗透(2.29mD 和 2.15mD)储层。

1.2 开发历程

在 1976 年经某井试油发现 S 油藏后，该油藏长期处于封存状态，由于其超低渗透特性，加大了油藏开发难度。自 2010 年中石油接管开始，为了提高单井产能，伊拉克某油田先后在 S 油藏开展了不同的增产措施，包括酸化、酸压、水平井、直井水力压裂等，积累了技术和经验。

对直井实施酸压措施后，增油效果是未酸压井的 2~3 倍，但稳产持续时间短，只能间歇生产。酸压效果相对较差的主要原因为：杨氏模量低(18~27.5Gpa)和矿物均质性强。由于储层闭合压力达到 42MPa，酸压后，杨氏模量较低的储层在闭合过程中，缺少有效支撑，无法保持有效裂缝导流能力。而矿物的均质性，致使酸压后难以在裂缝壁面形成有效的酸蚀沟槽。同样，采用水平井开发效果仍不理想，SH1 与 SH7 投产后产量低，递减快，生产不连续。开展鱼骨井等开发方式论证，因钻完井和措施改造难度大、经济效益不理想而未实施。

如图 2 所示，在直井 NAA 中实施水力压裂措施后，由间开生产上升到 600 桶/天并维持连续生产，采油指数提高 5 倍，月递减率 3%左右，增强了水力压裂技术开发 S 油藏的可行性，并努力探索和研究水平井分段压裂方式提升单井产能和开发效果。

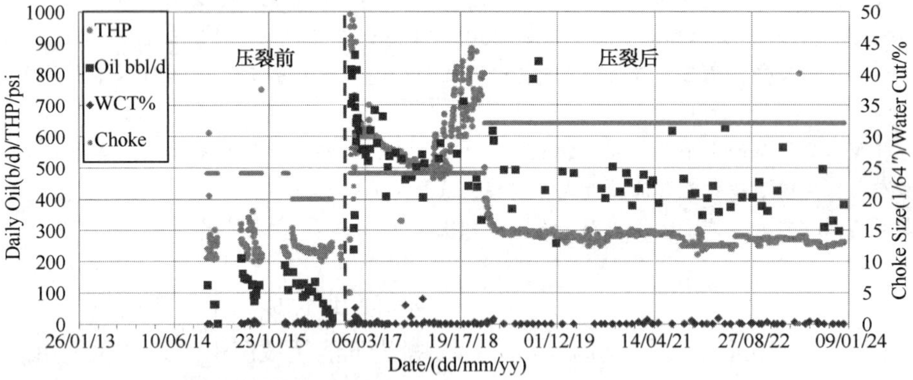

图 2　某油田 NAA 井直井水力加砂压裂前后生产动态

2　水平井分段压裂一体化开发技术的建立与实践

油田 S 油藏地质储量高，采出程度不足 0.3%，具有很大的开发潜力。因此，需要建立一套适合于 S 油藏高效开发动用的开发技术，制定水平井分段压裂提高开发效果的一体化设计流程，以快速实现上产，使其成为油田的重要产能接替。

2.1 “设计-实施-评价-提升”循环开发

为了进一步加深超低渗透碳酸盐岩油藏水力分段压裂认识、深化 S 油藏储层分类评价，提出了基于“设计-实施-评价-提升”的循环开发思路(如图 3 所示)，确保先导试验井的成功实施，逐步提升质量和效率，扩大施工规模。

图 3　“设计-实施-评价-提升”的 PDCA 循环工作思路

因地质风险小，工程难度大，因此，在设计阶段，采用“逆向设计、正向施工”的策略，以满足工程需要、顺利完成工程施工为优先，依次开展压裂、钻完井设计和井位部署。在实施阶段，除主压裂作业外，先进行小压裂以校准模拟模型，优化并确保主压裂方案。在完成分段水力压裂施工后，及时开展实施后评价，包括裂缝几何模拟、试采评价等，以改进未来新井设计。

2.2 建立地质-工程-经济一体化开发流程

为确保先导试验井的顺利实施并达到预期效果，建立起S油藏水平井分段压裂的一体化开发设计流程，包括地质甜点识别、工程优化(压裂、钻完井等)和经济评价。

2.2.1 四类地质甜点分类体系

为先导试验井部署在最有利区域，确保试验成功，分别对SB3-T和SB1-B2进行岩石类型(RT)分类。对于SB3和T，根据沉积相和成岩作用进行四类地质相(GF，geological facies)的划分，如GF1对应“浅滩+强溶蚀”，GF4对应“泻湖/沼泽+弱中溶蚀”。根据压汞曲线(MICP)划分为三个岩石物理组(PG，petrophysical groups)，如图4所示。根据孔隙度和渗透率交会图上的GF和PG分布，进一步分为三种岩石类型。如GF1&2和PG1被归为岩石类型1(RT1)，具有最好的储层物性。

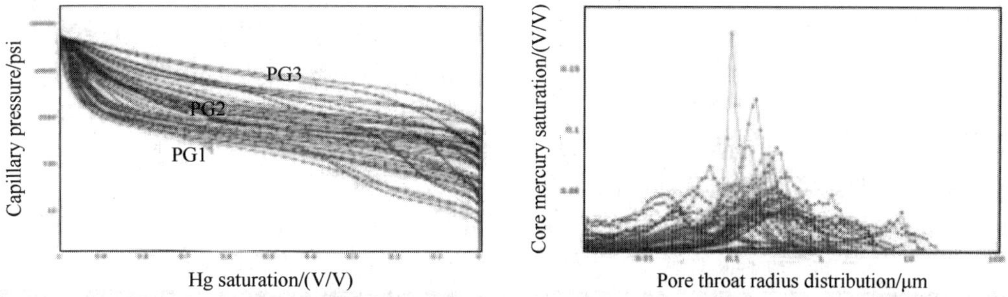

图4 MICP上的PG分布及相应的SB3和T孔喉曲线

同理，SB1和SB2依据沉积和成岩作用，将地质相分为两类。根据压汞曲线分出两个岩石物理组。结合地质相和岩石物理划分为2种岩石类型。其中GF1和PG1归为岩石类型1(RT1)。

根据岩石类型表征甜点区域。对于SB3和T储层，岩石类型1具有最好的储层物性，其最小孔隙度(15%)作为甜点区域的孔隙度下限，如图5所示。对于SB1和SB2储层，岩石类型1具有最好的储层物性，甜点位于岩石类型1内，同时由于弱胶结储层的孔隙度起始值为18%，如图6所示，SB1和SB2甜点的孔隙度下限值设置为18%。另外，整个S-T甜点的含油饱和度下限值设定为75%。主要根据孔隙度和含油饱和度这两个标准，可以分别生成如图所示的SB1-B2和SB3-T的甜点区分布，叠合后可以计算出整个S-T的甜点分布。结合甜点区厚度，进一步将甜点区分为四种类型。

落实不同甜点区储量基础，按照“边试验，边评价，边开发”的策略，首先在一类甜点开展先导试验，根据试验结果，不断优化设计，快速向二、三、四类甜点扩大试验规模。如表1所示。

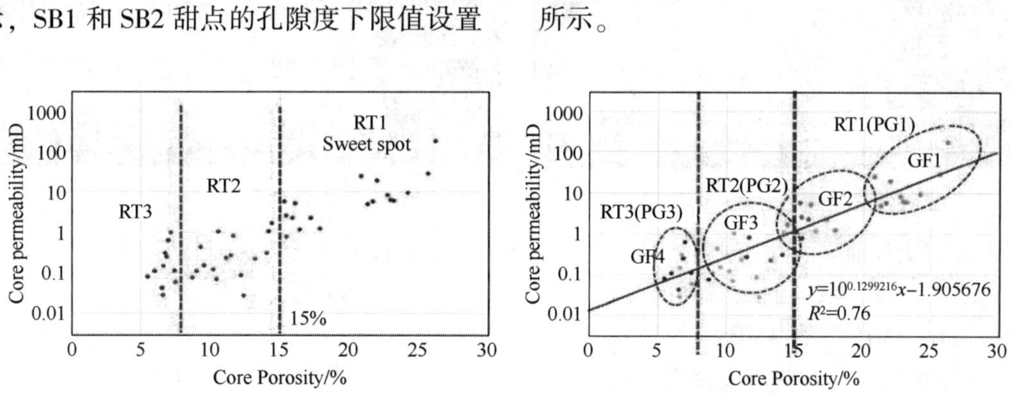

图5 SB3和T甜点和岩石类型分布对应的孔渗关系图

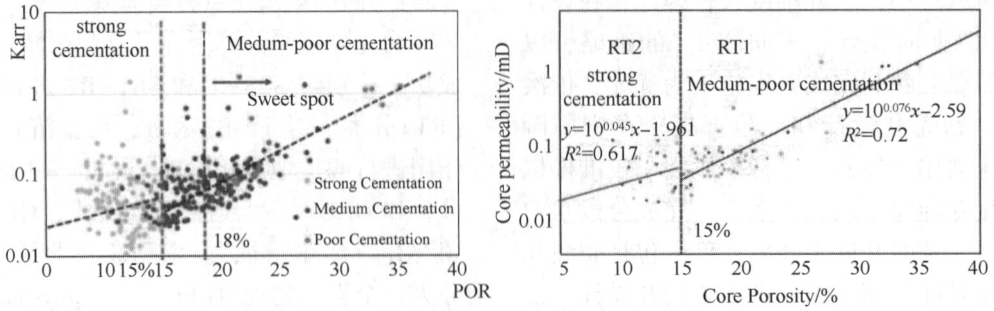

图 6　SB1 和 SB2 甜点和岩石类型分布对应的孔渗关系图

表 1　S 油藏不同类型甜点储量计算结果

储量	甜点区储量/亿桶				非甜区储量/亿桶
类型	1 类	2 类	3 类	4 类	
SB1-B2	>3	>4	>0.6	>4	>10
SB3-T	>0.9	>1	>2	>1.5	>4

2.2.2　工程设计

设计原则：横向上充分改造整个水平段，纵向上充分贯通 S-T 各小层，最大限度的提高单井产能；控制裂缝高度，确保裂缝底部不沟通下部 K 地层。

（1）岩石力学和地应力研究

结合室内岩心实验、实际钻完井数据，利用声波、密度、伽马等测井数据，通过不同的经验模型计算岩石力学参数，构建一维岩石力学、三维岩石力学和地应力模型。如图 7 所示，整个构造的杨氏模量、泊松比、最小水平应力和最大水平应力分布比较均匀。最大水平应力方向为 NE5-15°左右。

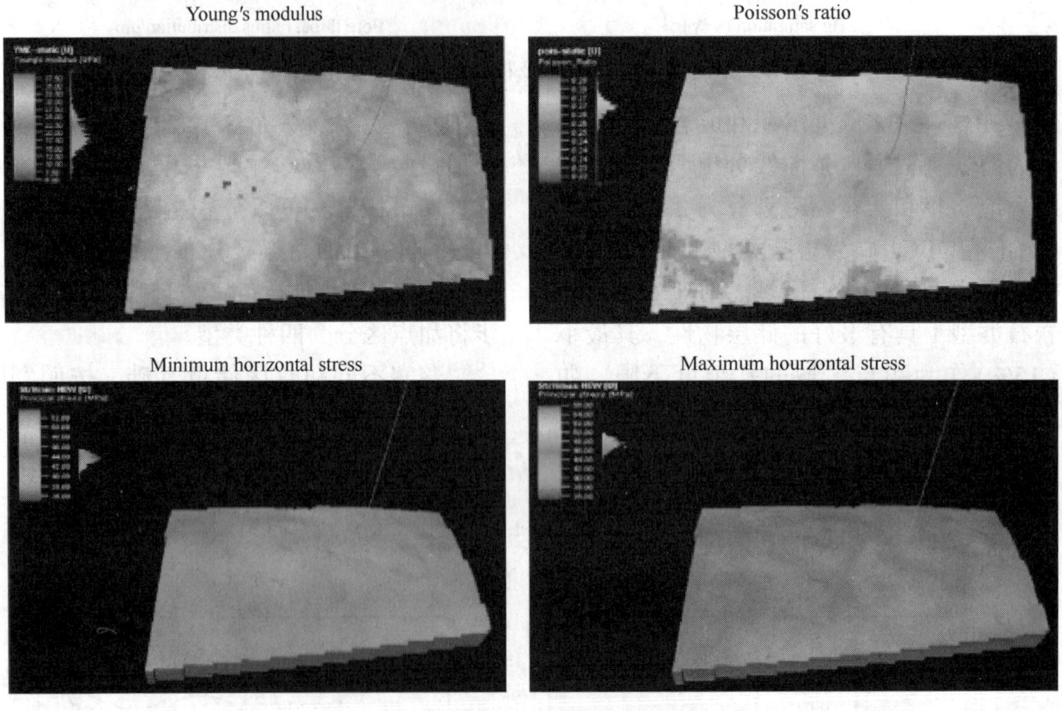

图 7　S 油藏三维岩石力学和地应力模型

由图 8 地应力剖面图可以看出，S-T 与上、下储层 H、K 之间发育稳定的应力隔层，其地应力差分别约为 6~8MPa、3~4MPa，厚度约 50m、15~20m，可有效控制缝高的过度延伸。而在 S-T 储层内部，未发现明显的应力隔层。虽然 SB3 中有少量应力相对较高，但厚度薄的夹层，不会对断裂垂向延伸产生显著影响。

（2）钻井设计

为了确保水力裂缝处于有利方位，水平井水平段的延伸方向为垂直于最大水平应力方向（NE5-15°），如图 9 所示。为确保先导试验井能获得较高的产量，所有储层均能有效动用，因此，压裂时裂缝需尽可能沟通 SB1 至 T 的所有储层。考虑到 SB3 和 T 层段地应力稍高，水平段位置设计在 SB2 底部，保证裂缝垂向延伸。

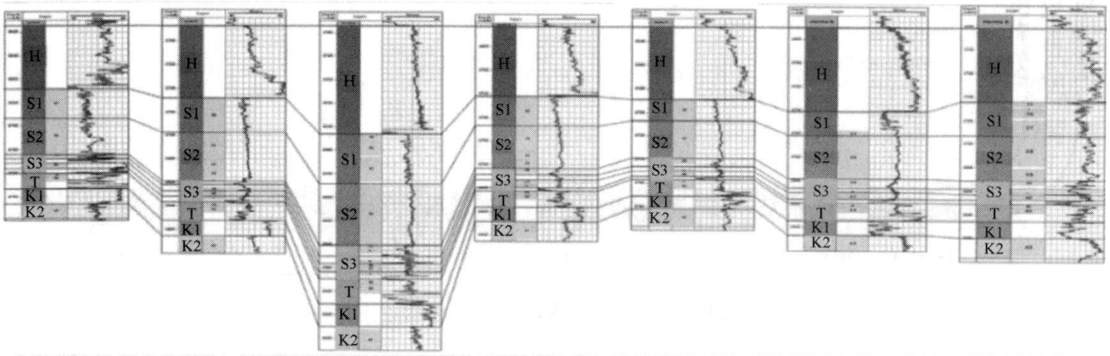

图 8 H-S-T-K 地层地应力横截面图

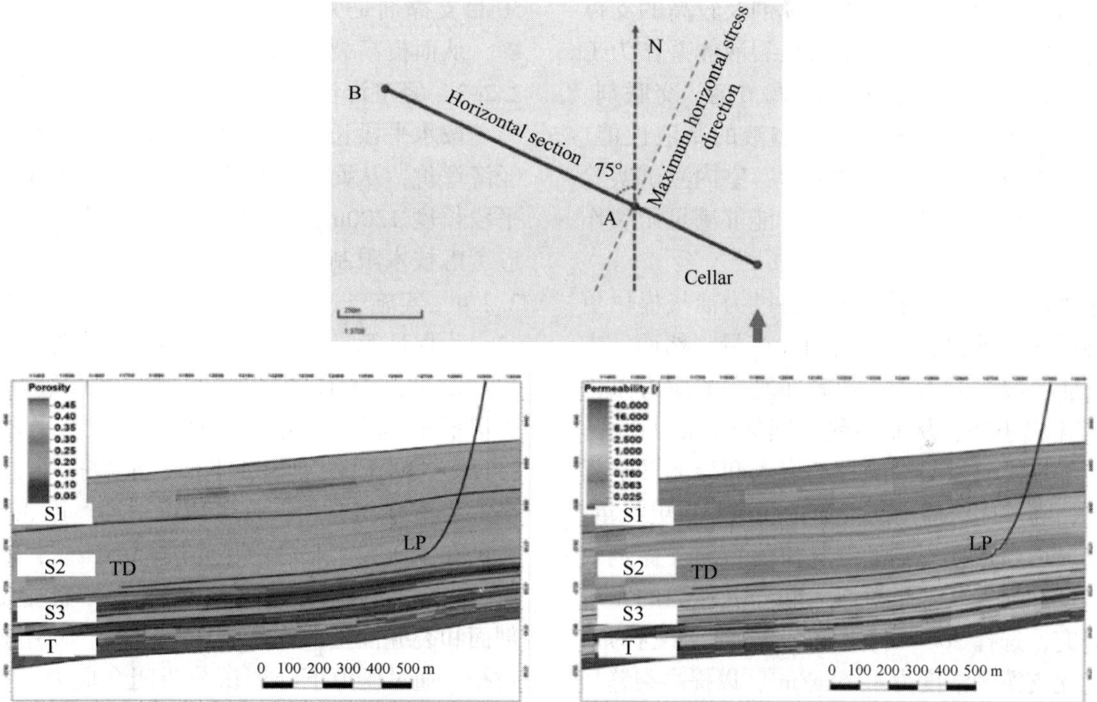

图 9 S 油藏 SAH1 井轨迹设计

为确保完井管柱顺利下入，以摩阻最小为原则优化井眼轨迹设计，采用 RSS 工具，控制水平段造斜率不超过 3°/30 米，从源头降低完井管柱下入的阻力；为提高携岩屑和井筒清洁能力，优化钻井参数和泵排量，采用低黏度无固相钻井液体系；为保证钻孔轨迹光滑，优选西瓜皮铣锥工具，设计包括单铣锥、双铣锥的通井措施；为了使裸眼井段获得良好的润滑性，通井结束在钻井液中混入固液复合润滑剂。

（3）完井设计

钻井采用 20″、13⅜″、9⅝″、7″四种尺寸套管，目的层段为 6″裸眼完井，采用裸眼封隔器分段完井技术，该项技术成熟且已在全球 2 万多口井中得到应用，如图 10 所示。完井管柱由裸眼封隔器和滑套组成。第一个压裂滑套是压力滑套，其他压裂滑套是投球滑套。球是由可溶解于水的合金材料制成，压后返排过程中在水中溶解，不会影响后续生产。球的尺寸级差为 0.0625″。封隔器和滑套的定位有两个原则：封隔器应安装在声波时差较低、扩径较小的部位，以保证密封质量；滑套最好放置在声波时差高、泥质含量低、应力较小更容易压开裂缝的位置。此外，需要适当优化封隔器和滑套之间的空间，以降低完井管柱的刚性，从而实现平滑下入。

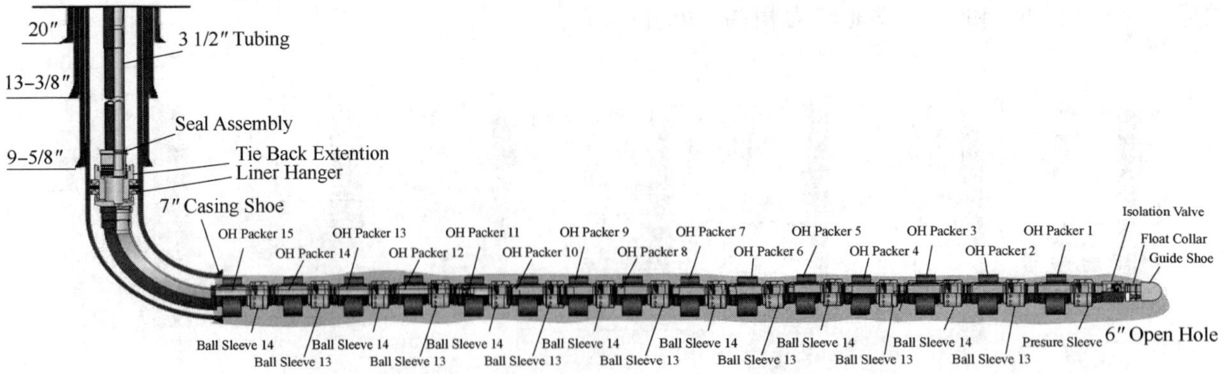

图 10　SAH1 井裸眼封隔器完井示意图

(4) 压裂液与支撑剂

为了确保压后水力裂缝能够保持足够的导流能力，需要选用粒径较大的支撑剂及较高的支撑剂铺置浓度。选用硼交联瓜胶压裂液体系作为工作液，优化了瓜胶稠化剂、pH 调节剂、交联剂、破胶剂等添加剂。在测试了压裂液的基液性能、交联性能以及耐温耐抗剪性能后，室内测试实验表明该压裂液具有良好的性能，能够满足压裂作业的要求。

水力压裂的支撑剂填充层通过为油气提供更大的渗透性流动路径来提高油井产量，然而，支撑剂可能会嵌入岩石中，或者在复杂的应力条件下被压碎成小块，从而导致裂缝导流能力损失。此外，低杨氏模量与高支撑剂嵌入和导流性能损失相关，随着闭合应力的增加，嵌入变得更严重。因此，应适当选择影响裂缝导流能力的支撑剂尺寸、浓度和强度。基于对嵌入和导流能力的系统模拟研究，选择 20/40 目支撑剂作为主要支撑剂，平均优化支撑剂浓度为 4~6kg/m^3，以提高裂缝导流能力。根据地层闭合应力(42~45MPa)选择陶瓷作为支撑剂，最高可抵抗 52MPa 应力。

(5) 施工泵入程序

根据选定的支撑剂和压裂液，利用数值模拟设计泵入程序，以满足以下要求：确保裂缝延伸至 S-T 各层，不压窜相邻地层，实现最大裂缝长度，产生良好的裂缝导流能力。前期选择 30/50 目支撑剂是为了让支撑剂容易进入狭窄的裂缝，从而提高裂缝的导流能力。

2.2.3　经济评价

按水平段长度和压裂段数进行敏感性分析及经济评价，从而确定最优压裂规模。本例选择水平段长度 1200m，压裂 15 级，此外，现阶段还应考虑技术限制。

2.2.4　实施

为保证第一口水平井能够顺利实施，并取得较好效果，SAH1 井部署于物性甜点最好区域，为保证顺利下入完井工具，完钻水平段长度 811m，水平段位于 SB2 下部，平均孔隙度 20%，平均渗透率 0.1mD，合计甜点平均厚度 36.5 米。

在主压裂作业之前，先进行小压裂，如图 11 所示，包括升压试验和降压试验，以标定地应力剖面和裂缝模型，优化主压裂方案。使用获得的数据，通过压力下降测试分析闭合应力。并通过静置试验对球座引起的节流摩擦和复杂断裂特征引起的曲折摩擦进行诊断。根据结果，如果需要的话可以使用 2~3 个段塞来消除曲折以降低泵送压力。从图 11 所示的主压裂施工曲线来看，各级泵送压力不同，各级滑套开度压力响应明显。

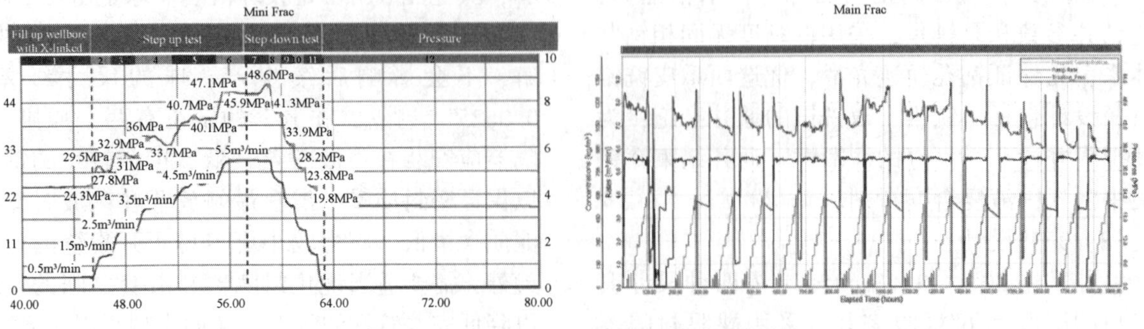

图 11　SAH1 井小压裂和主压裂施工曲线

2.2.5 试验井实施后评价

（1）压后评价

通过净压力匹配和裂缝几何模拟可以模拟各阶段的裂缝剖面，从而得出裂缝延伸形态和几何参数。图12是SAH1井的模拟结果。根据裂缝剖面可以看出，裂缝延伸基本达到设计预期，沟通本油藏所有储层。

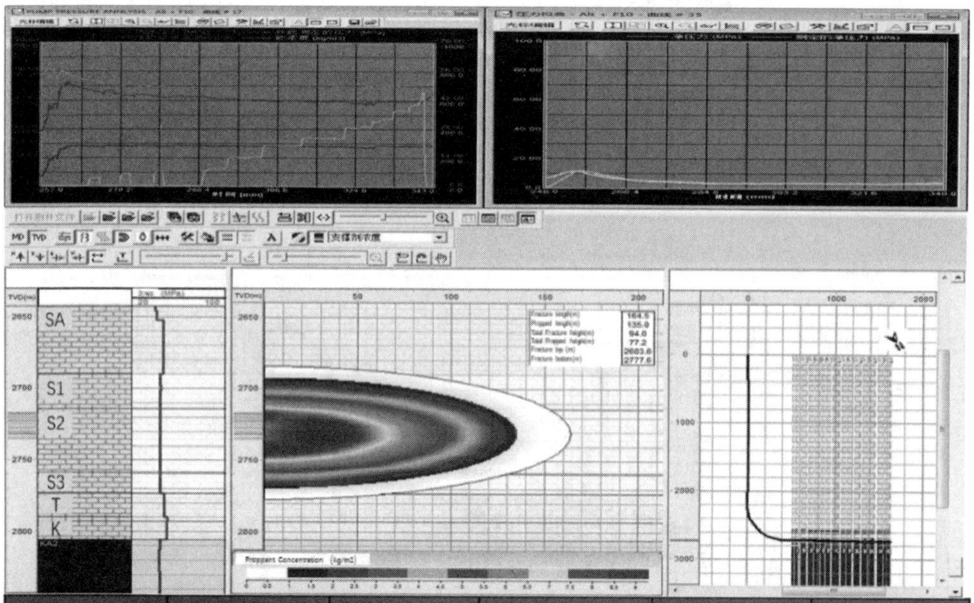

	Fracture length/m	Propped length/m	Total fracture height/m	Avg Prog Conc/(kg/m²)	Conductivity/(mD·m)
Analysis	164.5	135.0	94.0	5.15	483.8
Design	156.6	132.8	92.5	5.12	422.9

图12 净压力匹配和裂缝几何模拟

（2）试采评价

SAH1井为S–T油藏的第一口分段压裂水平井，初期产量在2000桶/天以上，如图13所示，相比未压裂水平井，维持连续稳定生产，采油指数提升近5倍。生产动态呈现出超低渗透油藏特征，初期月递减较高(6%)，生产半年后月递减降至3%以下，当前月递减仅1%。经过3年的生产，产量仍保持700桶/天以上水平，累计生产原油110万桶，表明水平井分段压裂开发技术可有效提高S油藏开发动用。

2.2.6 优化提升，扩大试验

为加快S油藏的规模开发动用，提前做好不同类型甜点的评价，在一类甜点试验井取得成功后，提前部署二、三、四类甜点区评价井。因储层性能逐渐变差，进一步确立改造主体工艺，需加大试验井压裂规模、优化参数，保证良好产能，在水平段长度、压裂段数、压裂液、支撑剂和施工参数等方面进行优化，为整体开发部署优化和施工提供依据。

对于水平井分段压裂开发技术进行了一系列优化和改进，在不同类甜点区域部署新井开展评价，如表2所示。水平段长度由800m增加至1500m，压裂段数由8段增加至18段。相应地，压裂液用量由3871立方米增加至7259m^3，支撑剂用量由452立方米增加至894立方米，优化更大尺寸的20/40目支撑剂替代最初的支撑剂(30/50和20/40目)，垫液比也由43.2%减少到37.3%。

部署于二三四类甜点区的评价井，初期产量均在1500桶/天以上水平，采油指数在1.0b/d/psi以上，投产3~6个月后，产量递减率降至3%以下，生产能力和稳产能力均能得到保障，开发效果良好。

3 整体部署、滚动开发策略

水平井多段加砂压裂试验获得成功后，基于不同类别甜点区的试采动态和评价认识，对S油藏采用“先导试验，扩大规模，整体部署，滚动开发”策略，由一类甜点向二类、三类、四类甜点区滚动开发，同时，从甜点区向非甜点区逐步开展试验，实现规模开发和快速上产，形成接替。

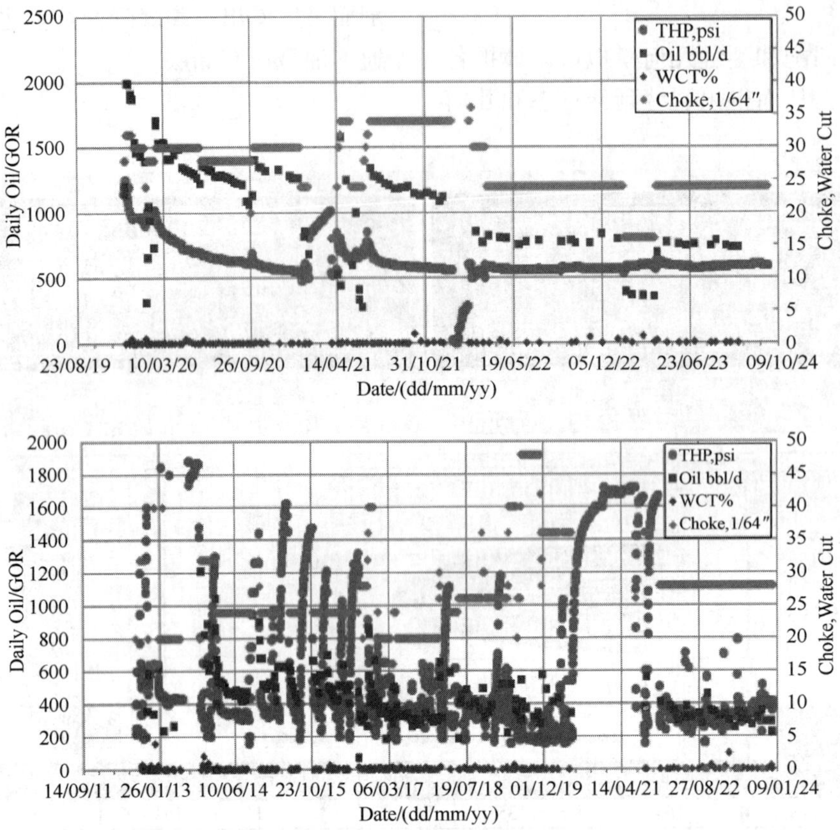

图 13　压裂水平井(SAH1)与未压裂水平井(SH7)对比

表 2　不同甜点类型评价井试采动态

序号	井号	甜点类别	级数	水平段长度/m	投产初期			当前动态			累产油 Oct-2023/千桶	当前月递减/%
					油嘴 1/64″	油压/psi	日产油/(b/d)	油嘴 1/64″	油压/psi	日产油/(b/d)		
1	SAH1	Ⅰ	8	811	30	970	1，537	24	590	731	1185	0.6
2	SAAH1	Ⅰ	12	1005	28	1350	2，282	20	640	621	1140	0.3
3	SBH1	Ⅰ	15	1198	24	1020	1，525	24	610	848	649	2.1
4	SCH1	Ⅰ+Ⅱ	15	1001	24	1420	1，667	24	945	1，222	605	2.4
5	SDH1	Ⅱ+Ⅲ	15	1500	20	1500	1，340	24	1100	1，197	460	2.4
6	SEH1	Ⅳ	18	1497	24	1680	2，288	24	1360	1，474	42	0.6

3.1　整体井网部署

初期，根据 S 甜点、储层分布情况对储层进行的分类和 SAH1 试采动态，按照水平段 1000m、SB1+B2+B3/T 合压，进行多方案对比，推荐 1000m×1500m 井网，水平段 1000m，后期按 750m 的排距进行加密，共部署基础井网 40 口和加密井 40 口。

随着一体化开发试验的深入，在不同类甜点区开发评价取得进展，水平井长度增加至 1500m，压裂段数增加至 15 段，评价裂缝延伸和有效供给半径，对井网部署不断进行优化，井距缩短至 300~400m，加密后的排距仍保持不变，总井数约 80 口，后期考虑吞吐或注气提高采收率。

3.2　滚动开发实施与效果

2022 年共投产 7 口新井，主要位于一、二类甜点区，并进行三类甜点区评价，油藏产量水平迅速提升至 7 千桶/天。三类甜点区的某 S 井投产超过一年，日产保持在 1200 桶以上。

2023 年在一、二、三类甜点区规模动用，在四类甜点区开展评价，提升工作效率，如图 14 所示，产量水平由 7 千桶/天上升至 2.6 万桶/天。

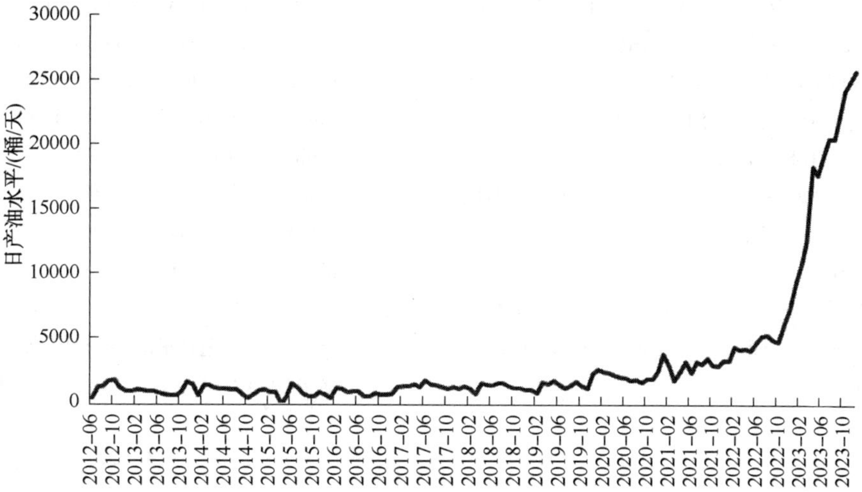

图 14 S油藏开发历程与产量水平提升

4 主要经验和认识

(1) 伊拉克某油田S油藏地质储量大，采出程度低，为深化S油藏储层分类评价，提高油藏开发动用，提出了S油藏“设计-实施-评价-提升”思路，推动了S油藏开发先导试验研究。

(2) 通过建立地质-工程-经济一体化开发流程，优化S油藏四类地质甜点分类体系，快速扩大了甜点区试验规模，最大限度的提高单井产能，为整体开发部署优化和施工提供了依据。

(3) 通过对S油藏采用“先导试验，扩大规模，整体部署，滚动开发”策略，由一类甜点向二类、三类、四类甜点区滚动开发，同时，从甜点区向非甜点区逐步开展试验，实现了伊拉克某油田规模开发和快速上产，形成了良好的产能接替。

参 考 文 献

[1] Yingzhe M, Guofeng W, Yuan F. Application of multi-stage hydraulic fracturing of horizontal well in Halfaya Oilfield, Iraq[J]. China Petroleum Exploration, 2022, 27(5): 138.

[2] 王小敏，陈昭年，樊太亮，等．巴麦地区晚石炭世碳酸盐岩台内滩储层综合评价[J]．吉林大学学报(地球科学版)，2013，43(02)：371-381.

[3] 王小敏，樊太亮．碳酸盐岩礁滩相储层分类[J]．中南大学学报(自然科学版)，2012，43(05)：1837-1844.

[4] Duan Haigang, Zhou Changqian, Zhang Qingchun, et al. The players character of the abundant hydrocarbon area in the Middle East and their exploration potential [J]. Earth Science Frontiers, 2014, 21(3): 118-126.

[5] Han H, Zhao L, Xu X, et al. Characteristics and genesis of low to ultra-low permeability carbonate rocks: A case study in late cretaceous S formation in H Oilfield, Southeast of Iraq[C]//SPE Reservoir Characterisation and Simulation Conference and Exhibition. SPE, 2015: D021S002R003.

[6] 段海岗，周长迁，张庆春，等．中东油气富集区成藏组合特征及其勘探领域[J]．地学前缘，2014，21(3)：118-126.

[7] 苟波，马辉运，刘壮，等．非均质碳酸盐岩油气藏酸压数值模拟研究进展与展望[J]. Natural Gas Industry, 2019, 36(6).

[8] 牟建业，张士诚．酸压裂缝导流能力影响因素分析[J]．油气地质与采收率，2011(2)：69-71.

[9] 聂臻，于凡，黄根炉，等．伊拉克H油田S油藏鱼骨井井眼布置方案研究[J]．石油钻探技术，2020，48(1)：8. DOI：10.11911/syztjs.2019120.

[10] 叶双江，姜汉桥，朱国金，等．鱼骨井产能预测及影响因素分析[J]．断块油气田，2010(3)：341-344.

[11] 吴奇，胥云，张守良，等．非常规油气藏体积改造技术核心理论与优化设计关键[J]．石油学报，2014，35(4)：706.

[12] 戴勇，郝力博，康克利，等．北特鲁瓦油田H814井钻完井及储层改造一体化设计及应用[J]．新疆石油天然气，2017，13(1)：45-48.

[13] 章敬，罗兆，徐明强，等．新疆油田致密油地质工程一体化实践与思考[J]．中国石油勘探，2017，22(1)：12.

[14] 刘乃震，何凯，叶成林．地质工程一体化在苏里格致密气藏开发中的应用[J]．中国石油勘探，2017，22(1)：53.

[15] 廖东良．页岩气层“双甜点”评价方法及工程应用

展望[J]. 石油钻探技术，2020，48(04)：94-99.
[16] 郭旭光，何文军，杨森，等. 准噶尔盆地页岩油“甜点区”评价与关键技术应用——以吉木萨尔凹陷二叠系芦草沟组为例[J]. 天然气地球科学，2019，30(8)：1168-1179.
[17] 杨智，侯连华，陶士振，等. 致密油与页岩油形成条件与“甜点区”评价[J]. 石油勘探与开发，2015，42(5)：555-565.
[18] 王玉满，李新景，陈波，等. 海相页岩有机质炭化的热成熟度下限及勘探风险[J]. 石油勘探与开发，2018，45(3)：385-395.
[19] Zhu D，Cui M，Chen Y，et al. First successful application of multi-stage proppant fracturing on horizontal well in carbonate reservoirs in Iraq[C]//SPE International Hydraulic Fracturing Technology Conference & Exhibition. OnePetro，2022.
[20] 问晓勇，李宪文，张燕明，等. 致密碳酸盐岩应用“体积加砂”压裂技术探讨[J]. 钻采工艺，2020，43(2)：61-63+67.
[21] 王文东，苏玉亮，慕立俊，等. 致密油藏直井体积压裂储层改造体积的影响因素[J]. 中国石油大学学报(自然科学版)，2013，37(3)：93-97

阿布扎比超长水平井优化设计与开发配套技术

赵向国　谷孟哲　饶良玉

（中国石油阿布扎比公司）

摘　要　为最大限度避免有限地面空间矛盾，降低资本性支出，提高油藏空间动用能力，阿布扎比陆上项目和海上项目开始大力推行水平段2500~3000m以上的长水平段水平井，配合不同类型的完井改造工艺及调流控水技术，在不同油田的先导试验中取得较为成功的应用。随着MRC超长水平井(Maximum Reservoir Contact)技术在阿布扎比陆上和海上项目的投入使用，总结了超长水平井地质工程一体化设计方法与流程，指出水平段优化设计须引入多学科多专业一体化研究，设计时以经济效益为目标函数，实现钻井数量和单位开发成本(UTC)最小化，最终采收率最大化，单井产液/注入能力最大化，形成详细设计方法和流程并成功应用于B资产组的MRC优化设计。同时选择合适的下部完井工艺尽可能延长稳产期，延缓气水突破，研判不同区块、不同油藏、不同井型的长水平段水平井可行性，确定最优水平段长度及最佳完井改造方式，实现低渗碳酸盐岩储层单井产注能力最大化、储层动用最大化以及采收率最大化。MRC长水平段均衡流量控制技术、MRC井高效储层改造酸化技术等完井相关的关键技术被发展应用在阿布扎比海上项目。超长水平井的优化设计和开发配套技术成功在阿布扎比陆上和海上项目应用并取得良好开发效果，具有加速累计产量、最大化储量和最小化钻井成本的显著成效，具有良好的应用前景和推广价值。

关键词　碳酸盐岩油藏；水平井；钻井优化；地质工程一体化设计；储层改造酸化技术；限流筛管

1　研究背景

阿布扎比陆上项目和海上项目包含超薄致密性碳酸盐油藏，典型特征是渗透率低，约在$(1\sim3)\times10^{-3}\mu m^2$之间，部分地层渗透率低于$1\times10^{-3}\mu m^2$；有效产层厚度薄，约为8ft；油气资源密度相对较低等。随着开发的时间增长，海上油田面临人工岛可使用井口槽数量减少、密集井口槽造成的未来潜在井轨迹碰撞、钻机资源短缺以及油田产能随时间下降等一系列问题。因此，如何高效高产地开发超薄致密性碳酸盐油藏成为阿布扎比陆上和海上油田项目开发的重中之重。

MRC(Maximum Reservoir Contact)超长水平井技术是一种以尽量大的储层接触面积和泄流面积为目的的建井方式，以达到最大程度提高油井产能的目标，维持生产可持续性，最终降低桶油成本目的一种钻完井方式。主要有以下三点优势：一是可以最大限度避免有限地面空间矛盾，减少地面管汇及处理设备数量；二是大幅降低基础设施成本，减少钻井数量，节省井口槽，国外研究统计显示应用该技术可以减少20%以上的钻井和地面设施的CAPEX支出；三是可以有效提高油藏接触面积，提高单井产液/注入能力。

陆上项目钻井效率整体较高，主要得益于平台设备性能良好，泥浆密度窗口稳定，广泛使用旋转导向，平均水平段机械钻速可达44.5m/h。造斜段以混合式旋转导向为主，可以输出与马达媲美的高井眼曲率，水平段对钻井效率要求较高，轨迹调整要求低，一般采用指向式旋转导向。各类旋转导向技术可以在提高钻井效率的同时避免常规马达定向钻具带来的钻具屈曲导致钻井效率降低问题，避免滑动定向-复合钻进模式带来的局部井眼曲率高、计算的井深轨迹与实际出入较大等问题，避免滑动定向易出现井下粘卡、托压等复杂情况，出现螺旋井眼等不规则井眼问题。全程旋转钻进的轨迹剖面比马达更平滑，不仅可以单趟钻完成复杂的三维水平井，还可以在井眼任意位置完成侧钻作业，大幅降低井下摩阻扭矩，使钻压更有效地传输到钻头，最大化机械钻速，同时可以延长水平段长度，降低机械卡钻和压差卡钻的风险。由于上述技术优势，阿布扎比国家石油公司2019年开始大力推行超长水平井，在超长水平井钻井作业领域一直处于国际领先水平。

本文总结了陆上和海上项目MRC井优化设计和应用情况并分析了应用前景，以期为类似油田高效开发提供指导和借鉴作用。

2　超长水平井地质工程一体化设计方法

水平井长水平段设计需要开发地质、油藏工程、钻井工程及采油工程专业共同参与，设计时以经济效益为目标函数，实现钻井数量和单位开发成本(UTC)最小化，最终采收率最大化，单井产液/注入能力最大化，同时选择合适的下部完井工艺尽可能延长稳产期，延缓气水突破。钻前设计一般分为油藏数值模拟方案优化、钻井可行性评估、单井轨迹优化设计和完井生产效果评价优化四个步骤，设计流程如图 1 所示。

自 2021 年，中方开始评估 B 资产群在主力油藏过渡带二期实施长水平段水平井的可行性，主导对水平段进行设计优化，主要考虑日产油、水平段长度、轨迹位置等因素(图 2)，完井方式考虑不同分段数量下的主动控流装置。经过最终评估，最终确定在该区域采油井不适宜使用长水平井作业，但 8 口注入井可以采用 4 口长水平井代替，该方案已获批复，目前一口长水平段注入井 D36 正在施工。

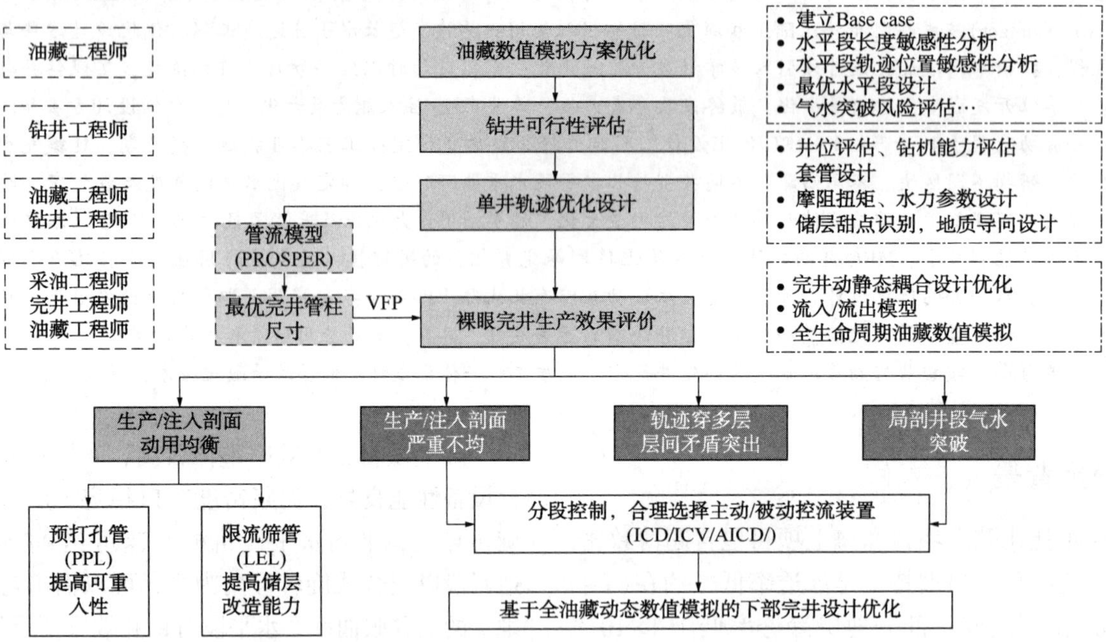

图 1　超长水平井地质工程一体化设计流程

No.	Optimization Scenarios	Description
0	Basic scenario	• Original BP scenario without MRC wells
1	MRC wells with different oil production rate	• MRC-P1 ORAT: 2000~2500 bbl/d • MRC-P2 ORAT: 2500~3500 bbl/d
2	MRC wells with different horizontal section length	• Horizontal section length ranges from 7000 ft to 11000 ft
3	MRC wells with different productive layer	• MRC-P1 layer: BIIIU (K30~K31) • MRC-P2 layer: BIIIU (K27~K30)
4	MRC wells with different well trajectory	• Injector heel – Producer toe • Injector toe – Producer heel • Injector heel – Producer heel • Injector toe – Producer toe
5	Optimized MRC with 6 segmentations_AICD	• Lower completion design based on properties and simulated production performance
6	Optimized MRC with 22 segmentations_AICD	• Small interval design of lower completion (22 intervals) as per TC's suggestion
7	Optimized MRC with 22 segmentations_ICV/FCV	• Small interval design of lower completion (22 intervals) using ICV

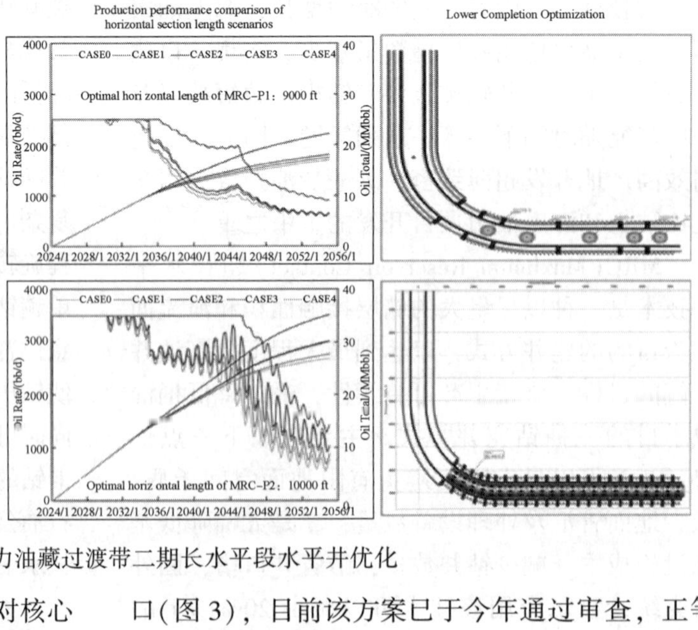

图 2　B 资产群主力油藏过渡带二期长水平段水平井优化

基于该方案认识和试验区实施效果，对核心北部区域加密进行了超长水平井可行性研究，初步研究成果显示可累计减少注入井钻井数量 10 口(图 3)，目前该方案已于今年通过审查，正等待进一步评估。

为满足 ADNOC P5 上产需求，整体设计完成了B资产群两大主力油田之一的R油田主力油藏全区长水平段水平井加密方案，并正式写入油藏开发方案，其中：包括31口长水平段水平井(生产井)，预计提高高峰产量10~15MBD，合同期末RF提高4%~7%。作为全区加密方案的先导试验区计划于2023年初实施，计划实施2口长水平段水平井和7口转注井(图4)。

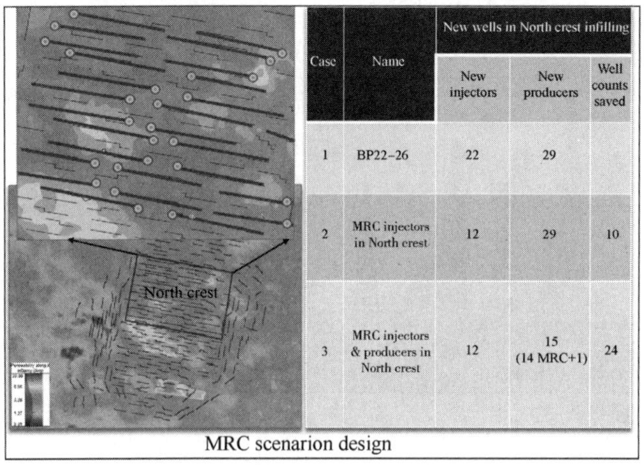

Scenario Description						Case Results(To Y2055.1)						
Scenarios	Total Wells	Producers		Injectors		Plateau Rate	Plateau Period	Cum.Oil	Recovery	Cum. Gas Inj.	Cum. Water Inj.	Max. Gas Inj. Rate
	no.	MRC	Normal	MRC	Normal	MStb/d	yrs	MMStb	%	Bct	MMStb	MMscf/d
BP22-26	212	0	119	0	93	174	15.42	2188.58	47.11	3080	4892	200
MRC injectors in North crest	202	0	119	12	71	174	17.17	2193.70	47.22	3109	4862	200
MRC injectors&producers in North crest	188	14	91	12	71	174	16.50	2177.49	46.87	3109	4864	200

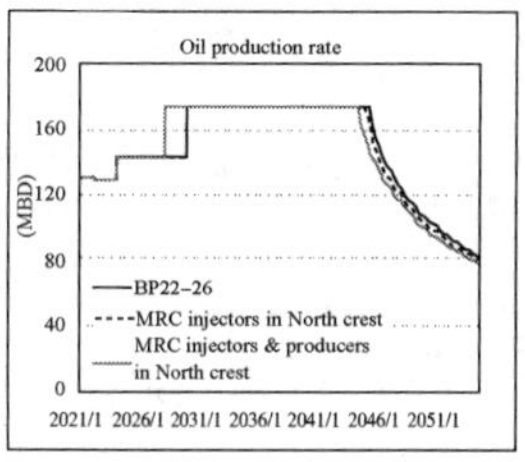

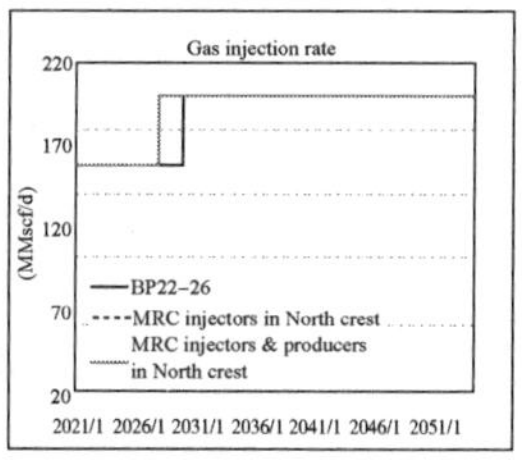

图3　B资产群N油田主力油藏北部加密区长水平段水平井扩大方案及预测效果

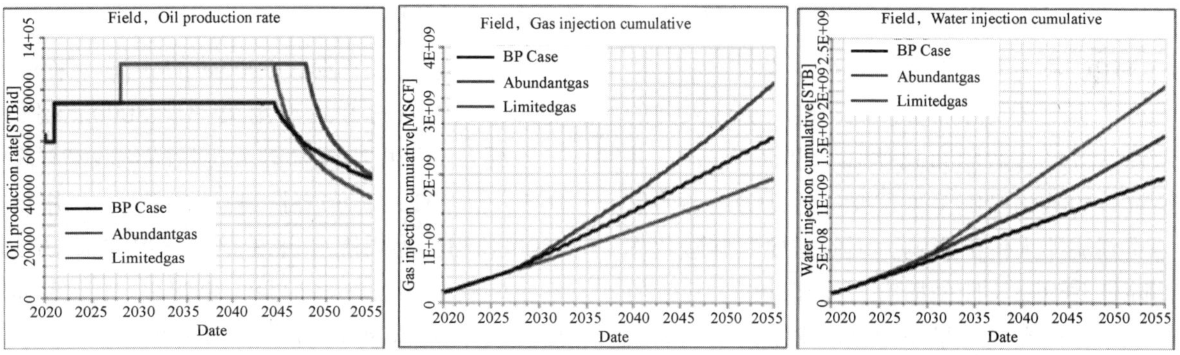

图4　B资产群R油田主力油藏全区长水平段水平井加密方案指标比较及预测效果

3　超长水平井开发配套技术

3.1　MRC长水平段均衡流量控制技术

多层封隔器和ICD均衡流量控制技术是通过高效封隔器和ICD联合使用，使非均质储集层获得均匀泄油或注水，再通过限制各段不同采油指数达到出液或注入的平衡。该项技术的优势是可以延长油井寿命，并提高注水的效果，同时达到优化井数和槽口数的目的。MRC井下部完井示意如图5所示。

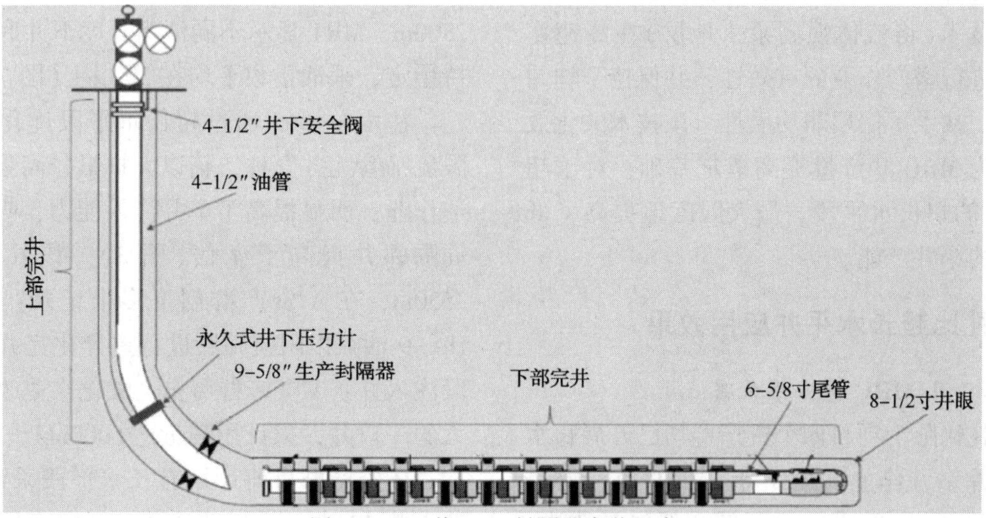

图5　MRC井ICD+封隔器完井示意

通过分析实际井眼轨迹和油藏数据，利用NETool模型进行ICD完井均衡流量对比，并开展多组敏感性分析，对生产剖面进行优化，最终确定的完井设计方案为使用25个ICD+12个膨胀封隔器将水平井段分为11段。生产段流量预测如图6所示。

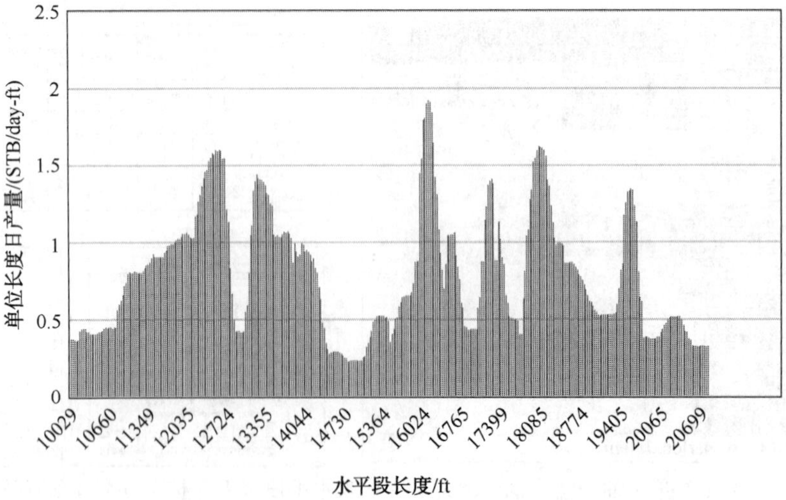

图6　MRC井使用ICD生产段流量预测

3.1 MRC井高效储层改造酸化技术

为了实现高实际产量、高产能、少注入井的油田开发战略，对阿布扎比陆上和海上MRC井实施有效的酸化措施至关重要；且低渗透超薄储层易受到流体入侵的影响，因此需要实施酸化作业消除钻井对储层段的损害，提高储层岩石基质的渗透率，以在建井早期建立沿水平段的均匀生产剖面。因此MRC井酸化增产措施采用PPL+LEL+ICD的综合高效储层改造酸化完井管柱设计方案，以达到减少储层表皮系数、提高储层渗透率、增加产量、缩短作业时间、降低复杂性的目的。通过LEL均衡酸化技术，实现了沿MRC长水平段均匀进行酸化布置和改善虫孔生长，提高了冲砂技术(将流体强制泵入地层)在高速率和高压下进行增产作业的有效性，并保持了均匀产量贡献，减少了储层非均质性。该技术酸化效果明显，为MRC井产量提高奠定基础；对于超过16000ft的超长水平段，最大限度地提高了低渗透地层的单井产能。

4　阿布扎比超长水平井应用效果

4.1　陆上项目MRC井应用效果

阿布扎比陆上项目四个资产群均已开展长水平段水平井钻井作业。2021年，在B资产群采出程度低的S1气顶边水油环低孔低渗油藏中，设计并实施了水平段长3000m的一注一采井组，北部区域提出的B资产组第一口3000m超长水平段配合变密度限流筛管大排量酸化改造试验井D253于2022年12月23日投产，单井产量1800bbl/d，为周围邻井3倍。该井的成功实施不仅刷新单井日产油记录，更帮助S1致密油藏历史突破首次实现日产油4000bbl产量目标。2022年，计划在主力油藏块状底水低渗低粘反韵律油藏实施5口长水平段水平井(3口采油井，2口注入井)，目前完钻两口采油井，生产效果待进一步评估。

A资产群目前有长水平段采油井5口，注入井10口。其中典型采油井A58水平段长度2800m，MRT显示不同油嘴开度下井底流压均保持稳定，采油指数平均在30以上(图7)。

注水井B65通过超长水平段优化设计配合限流筛管完井管柱，辅以大排量、高强度酸化改造作业，明显提高了单井注入能力，吸水指数较周围邻井提高了4倍(图8)。该井水平段长2530m，在A资产群创下多个记录：第一口在HA-9油藏以限流筛管进行差异化完井的长水平段注入井；A资产群历史上酸化作业改造规模最大的一口井，累计用酸量达6000bbl。

H资产群目前计划有长水平段采油井5口，注入井12口，主要集中在S，主力层位等。其中采油井 H78 水平段长度 2600m，是周围邻井水平段长度的 5 倍，产油指数较周围邻井提高了 7.5 倍，该井应用随钻超深电阻率边界探测技术成功识别出两段高含水井段，指导后期完井作业采用盲管封堵高含水段 435m，成功避免了水窜（图 9）。目前该井日产量约 3000bbl/d，未见明显含水上升。

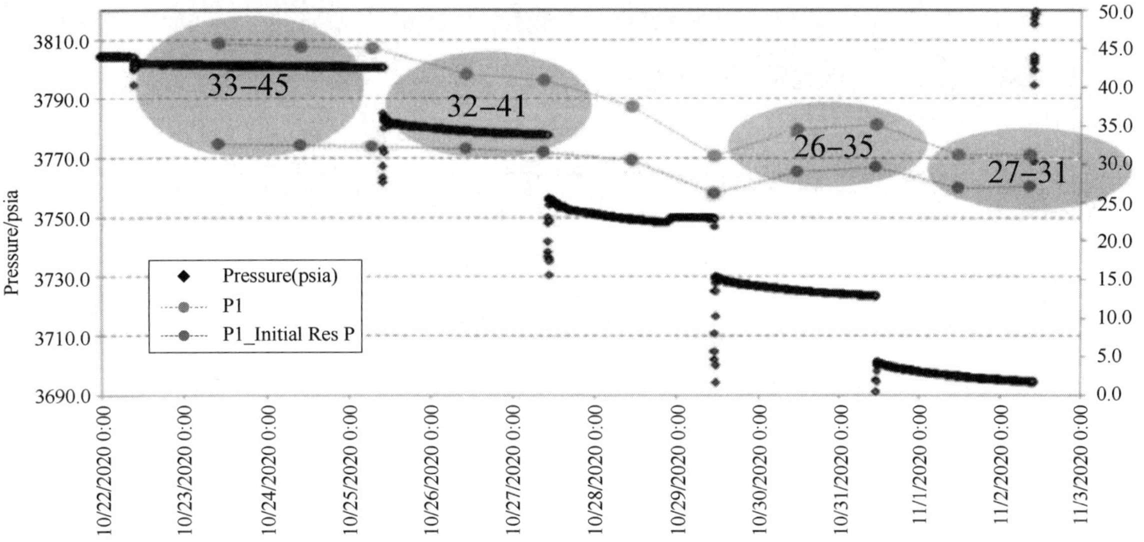

图 7　某典型采油井测试结果

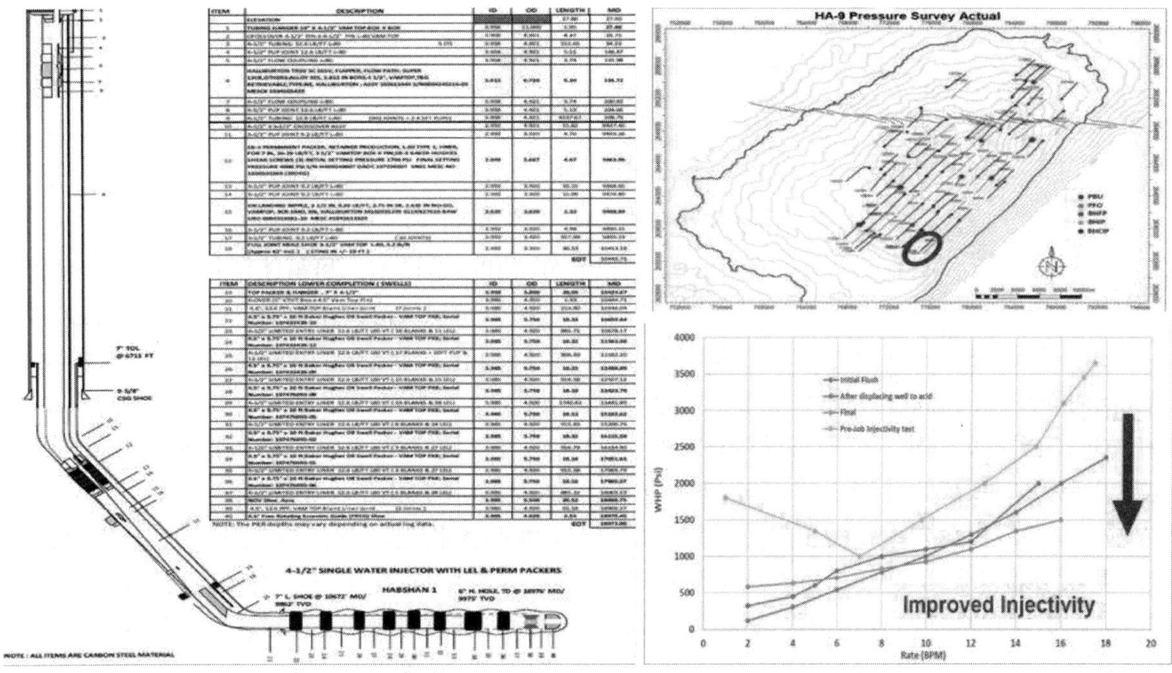

图 8　B65 注水井完井管柱及测试结果

4.2　海上项目 MRC 井应用效果

阿布扎比海上项目共计投产 15 口 MRC 井。2020 年完钻 2 口 MRC 井，L41 井和 L42 井。两口井的关键工程指标均领先邻井，且两口井的长水平段均实现一趟完钻，机械钻速平均达 70ft/h。L41 和 L42 井的平均 NPT 为 5.7%，远远低于阿布扎比海上项目的平均 NPT 21%，两口井的建井周期为 50 天，远低于海上项目的平均建井周期 97 天。

已投产的 15 口 MRC 井平均产量超过 4000bbl/d，约是常规水平井的 2.5 倍。阿布扎比海上人工岛的 MRC 井平均钻完井成本为

1200~1500万美元，相比钻完两口常规水平井可节约大约1200万美元。

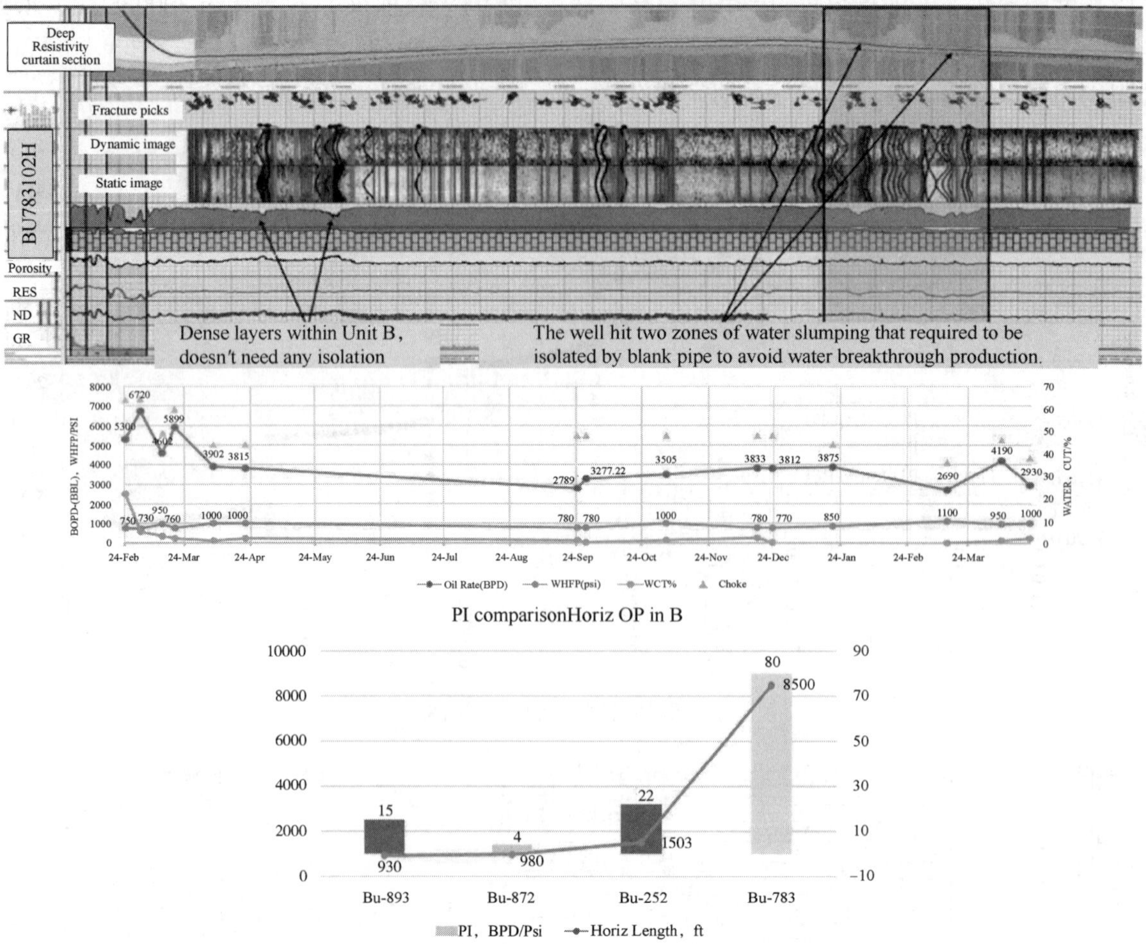

图9　H78采油井实时地质导向、生产情况及测试结果对比

5　结论与建议

超长水平段MRC井的概念旨在最大化单井产能，同时减少井的总数量，有效缓解钻机资源和井口槽数量短缺的困难，从而实现高效的项目资本支出。MRC井在低渗透率的储层(1~3)×$10^{-3}\mu m^2$，和油气资源密度低的薄储层致密性碳酸盐油藏应用效果显著。MRC系列所采用的技术和专业知识旨在为项目提供更大的经济价值，特别是在克服致密油藏开发的难题中。

超长水平井水平段优化设计须引入多学科多专业一体化研究，开发地质、油藏工程、钻完井工程及采油工程专业共同参与，以经济效益为优先目标，实现钻井数量和单位开发成本最小化。持续优化长水平段水平井地质工程一体化设计流程，研判不同区块、不同油藏、不同井型的长水平井可行性，并确定最优水平段长度、最佳完井方式和改造措施，尽可能延长稳产期，延缓气水突破，实现低渗碳酸盐岩储层单井产液/注入能力最大化、储层动用最大化、最终采收率最大化。

经过实践与总结，阿布扎比区块形成了适合海上项目的MRC井开发配套技术，包括MRC井均衡排流量控制及高效酸化增产完井配套技术等。通过阿布扎比海上项目现场MRC井的先导试验，其钻井周期、ROP、NPT等关键指标远优于同区其它水平井，证明了MRC井技术的可行性与优势。目前阿布扎比的MRC井应用达到了加速产量累计、最大化储量和最小化钻井成本的显著成效。阿布扎比海上项目L区块LTDP-1阶段计划未来钻完井共计222口，其中MRC井达到92口，占比41.4%。

未来应进一步积极开展各类“长水平段水平井+下部完井”现场试验的推进，根据试验区实施效果及时调整方案，确保油田开发效益最大化。

参 考 文 献

[1] Mohand A, Basma S, Anupam T, et al. Successful Utilization of Extra-Long Lateral MRC Wells in Optimized Development of Tight and Thin Carbonates, Abu Dhabi International Petroleum Exhibition & Conference, SPE-193264-MS, 2018.

[2] Mohand A, Jamie D, Atif S, et al. Challenges and Achievements of Drilling Record MRC Wells for Appraising and Developing an Offshore Tight Carbonate [R], Abu Dhabi International Petroleum Exhibition & Conference, SPE-207708-MS, 2021.

[3] M. Alabed, N. Alsuwaidi, J. Duguid, et al. Longest Extended Reach Drilling Well Worldwide Drilled in Middle East, Offshore Abu Dhabi, UAE[R], Abu Dhabi International Petroleum Exhibition & Conference, SPE-216326-MS, 2023.

[4] Y. Shbeb, A. Ibrahim, A. Al-marzouqi, et al. Production Enhancement Strategy by Combining Ultralong Horizontal Wells with Single-Phase Retarded Acid [R], Abu Dhabi International Petroleum Exhibition & Conference, SPE-216964-MS, 2023.

[5] Charles K, AbdelAziz B, Praffula G, et al. Phased Redevelopment of a Giant Mature Offshore Field Using Maximum Reservoir Contact MRC Wells[R], SPE Reservoir Characterisation and Simulation Conference and Exhibition, SPE-196698-MS, 2019.

[6] John Jorden, Alfred Jackson, Stu Keller, et al. Pre-perforated Liner Design and Coiled-Tubing Acidizing of Maximum-Reservoir-Contact (MRC) Wells Offshore Abu Dhabi, SPE/IADC Drilling Conference and Exhibition, SPE-140244-MS, 2011.

[7] A. S. Dossary, A. A. Mahgoub, Challenges and Achievements of Drilling Maximum Reservoir Contact (MRC) Wells in Shaybah Field [R], SPE/IADC Middle East Drilling Technology Conference and Exhibition, SPE-85307-MS, 2003.

[8] Han Jia, Min Tong, Hui Peng, et al. Assessment of Different Field Development Strategies Deploying Maximum Reservoir Contacting (MRC) Well in Carbonate Reservoir: A case study of Oilfield R [R], SPE/IATMI Asia Pacific Oil & Gas Conference and Exhibition, SPE-215478-MS, 2023.

[9] Sara Abdulla Al Shkeili, Khalid Javid, Noureddine Benourkhou, et al. Maximum Reservoir Contact (MRC) Water Injector Well Performance in ADNOC Onshore Carbonate Reservoir Equipped with Limited Entry Liner (LEL) Smart Completion[R], Abu Dhabi International Petroleum Exhibition & Conference, SPE-211169-MS, 2022.

厄瓜多尔雨林地区老油田精细开发技术与实践

许翔麟[1]　周天航[2]　张克鑫[1]　刘　剑[3]　张超前[3]

（1. 中国石油(厄瓜多尔)安第斯公司；2. 中国石油国际勘探开发有限公司；3. 中国石油勘探开发研究院）

摘　要　安第斯公司作业区块属于典型的大型低幅度构造与复杂岩性叠合油藏。开发45年来，主产油田已处于高含水、高采出程度的“双高开发阶段”，针对主力油田面临的储层分布认识不清、剩余油挖潜困难和作业环保严苛等挑战，创新建立了河口湾砂坝被潮汐冲沟细粒沉积充填改造的异步沉积演化模式，形成了针对低幅度构造河口湾储层的油藏精细描述方法；创新形成了低幅度强边底水油藏特高含水期井网调整技术，指导不规则井网老油田开发后期综合调整，形成边缘+点状注水为主，局部面积注水的差异化转注开发调整模式；集成创新了地质工程一体化丛式平台钻井和地面降本提效配套技术，形成了适用于雨林地区的特高含水期稳产优化配套方法。研究成果直接指导实施新井94口，转注15口，进攻型措施25井次，支撑公司在“双高”阶段和国际油价持续低迷的严峻形势下实现原油200万t/a以上效益稳定开发和“双正”经营效果。

关键词　河口湾储层；剩余油分布；不规则注采井网；雨林工程配套技术；效益开发

安第斯项目是中国石油担任作业者的老油田合资开发项目，位于南美洲厄瓜多尔东部雨林地区(图1)，以低幅度构造边底水油藏为主。项目于1978年投入开发，历经多任作业者经营，2006年中方接管。受雨林环境极高环保要求，采用丛式平台开发，油田基础井网不规则。目前，项目综合含水超过90%，可采储量采出程度超过80%，主力油田分布如图2所示。随着开发程度不断深入和国际油价长期在低位震荡，项目生产运营面临着严峻的开发稳产和作业成本控制挑战。面临问题包括：①河口湾储层沉积模式认识不清，低幅度构造油藏描述难度大；②油田作业历史复杂，丛式平台不规则井网开发导致水驱不平衡，剩余油高度分散，老油田后期调整受到基础不规则井网的严重制约；③雨林地区作业条件复杂，环保要求高、建设周期长，油田作业成本居高不下。

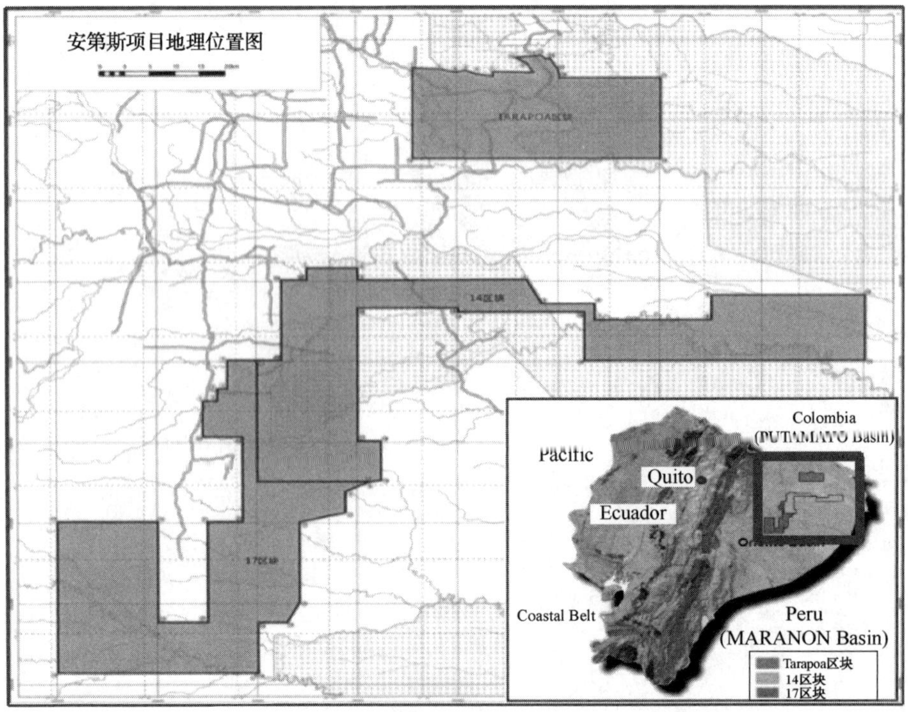

图1　安第斯项目地理位置图

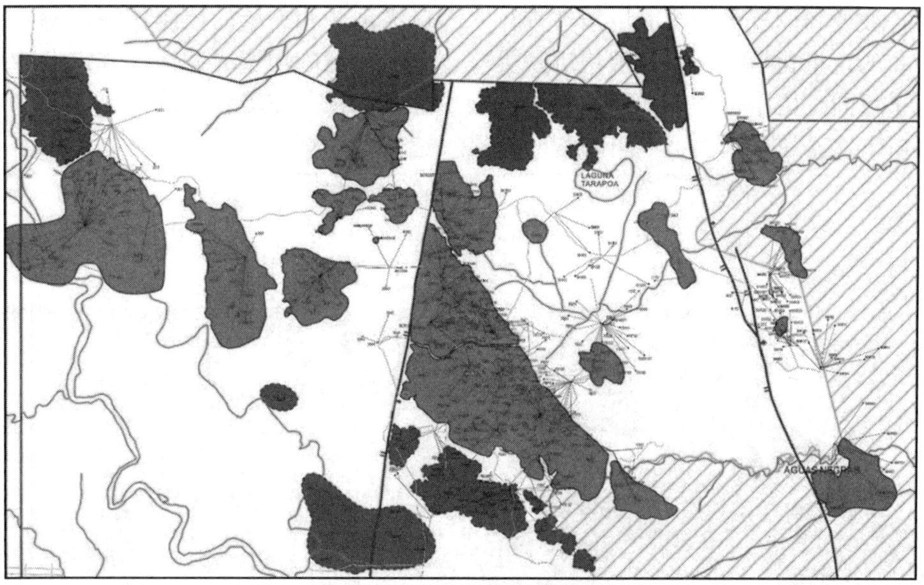

图 2　主力 T 区含油面积及主要油田分布

已有的研究表明，奥连特盆地斜坡带原油主要为海相母源，原油地化分析显示油藏主要为两期充注成藏，且对油源断层等成藏因素进行讨论；借鉴前陆盆地斜坡带复合型隐蔽方法，对地震资料进行精细处理，得到可靠的基础构造特征，识别出多个构造-岩性圈闭；区块 D-F 油田白垩系 M1 砂岩组中可以识别出潮汐砂坝、潮汐水道、砂坪、混合坪和潮汐砂坝间等 5 种沉积微相，其沉积模式为河流相和潮控河口湾相、完整的潮控河口湾相、潮控河口湾相和小规模的陆棚相、发育含海绿石砂岩和泥岩的陆棚相；通过河流-潮汐耦合控制下的河口湾坝体沉积特征开展数值模拟结果表明，区块河口湾坝体与夹层的形成与分布受潮汐作用更显著；此外泥岩墙的形成影响了砂体分布的连续性。对油藏天然水体的研究，主要采用物质平衡法，以各单井流压变化近似地层压力变化，得到天然水体倍数；对于水驱效果评价，主要是引入模糊综合评判法，确定对注水开发影响参数的权重，隔夹层的分布对高含水底水油藏的剩余油分布有重要的影响；对于 D-F 油田剩余油开采策略，建立不同类型注采单元下的指标体系，指导并实施不同的调整措施；通过数值模拟方法研究优化高含水老油田的生产制度，形成自动化注水管理方法(PFM)优化油田生产制度；对于雨林作业方面，基于历史完钻数据，对钻井设计流程进行优化，控制施工风险并压减投资；此外还形成了一套以地质旋转导向为核心的水平井钻进技术，以较好的控制井眼轨迹。

上述研究成果对本区块的直接应用起到了一定的作用，但是随着开发的深入，项目面临的开发经营形势和技术挑战越来越复杂，因此，亟需适用于雨林地区“双高”油田有限合同期内效益开发的综合调整技术，控制油田产量递减，实现海外作业项目在合同期内的采出程度和经济效益最大化。通过研究，本文提出了适用于 T 区块老油田精细开发的河口湾储层油藏精细描述、不规则井网注水优化调整、雨林地质工程一体化配套技术等三项技术，支撑项目在“双高”阶段和国际油价持续低迷的严峻形势下实现原油 200 万 t/a 以上效益稳产和“双正”经营。

1　河口湾储层油藏精细描述

河口湾环境沉积动力条件复杂，储层砂体和隔夹层分布规律认识不清，而传统储层建模方法精度低，难以精细描述薄夹层空间分布，影响新井部署效果和剩余潜力描述，对此，开展河口湾沉积模式研究，并以沉积动力学为约束进行多点地质统计建模。

1.1　沉积演化模式

根据区块多口取心井的岩心观察结果与测井相、地震相的识别分析，建立了河口湾潮汐冲沟被泥质充填，切割砂坪和砂坝砂体的“坪坝相连、垂向叠置，冲沟间隔、泥质充填”沉积演化模式(图 3)，明确了内河口湾砂泥混杂，中河口湾泥岩切割连片砂体，外河口湾泥岩零星分布的砂泥分布规律。

在沉积微相的研究基础上，建立理想化的潮控河口湾模型，应用沉积动力学数值模拟方法，设定不同流量、坡度和潮差等潮汐能量条件进行内部隔夹层分布的定量化模拟，并与现代沉积类比分析，形成了不同工区条件下的沙坝和夹层的几何参数图版(图 4)，定量刻画了不同因素对河口湾坝体和夹层的控制作用，明确了潮汐水道切割河口湾砂坝形成冲沟，并被潮汐水流所携带细粒沉积物所充填，形成砂体侧向中断的河口湾构造岩性油藏的成因。

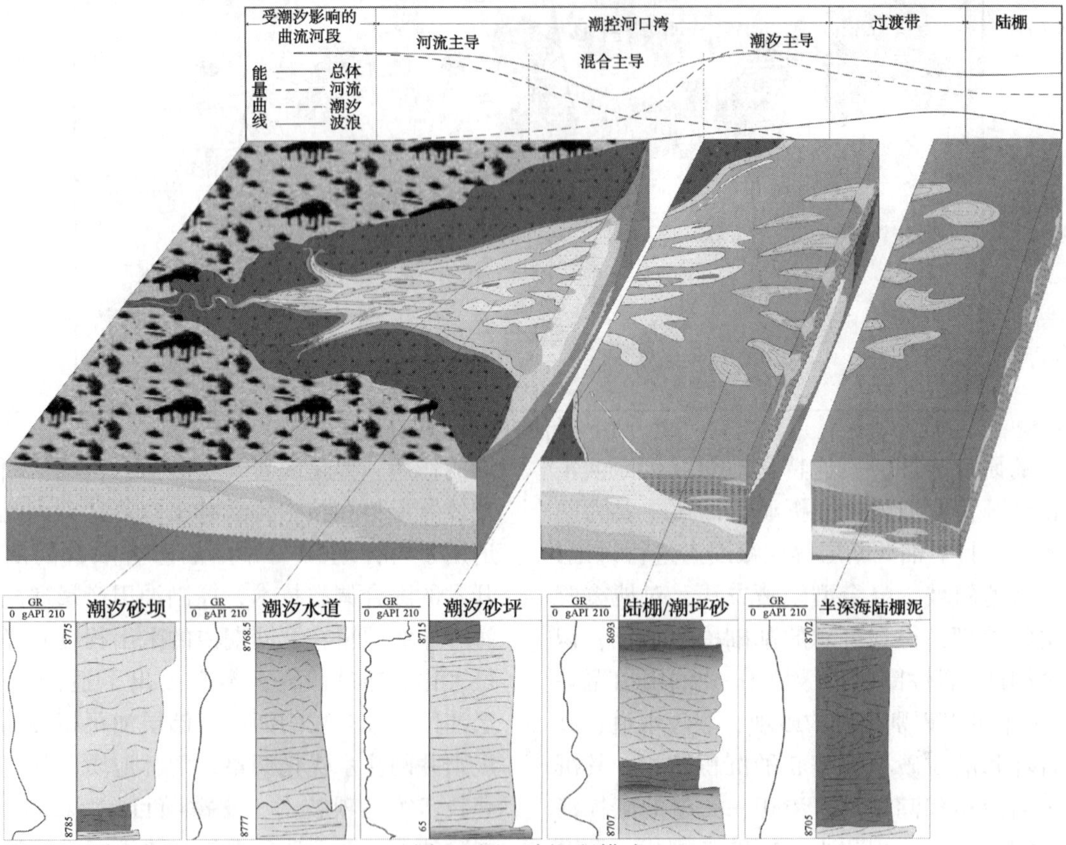

图 3　河口湾沉积模式

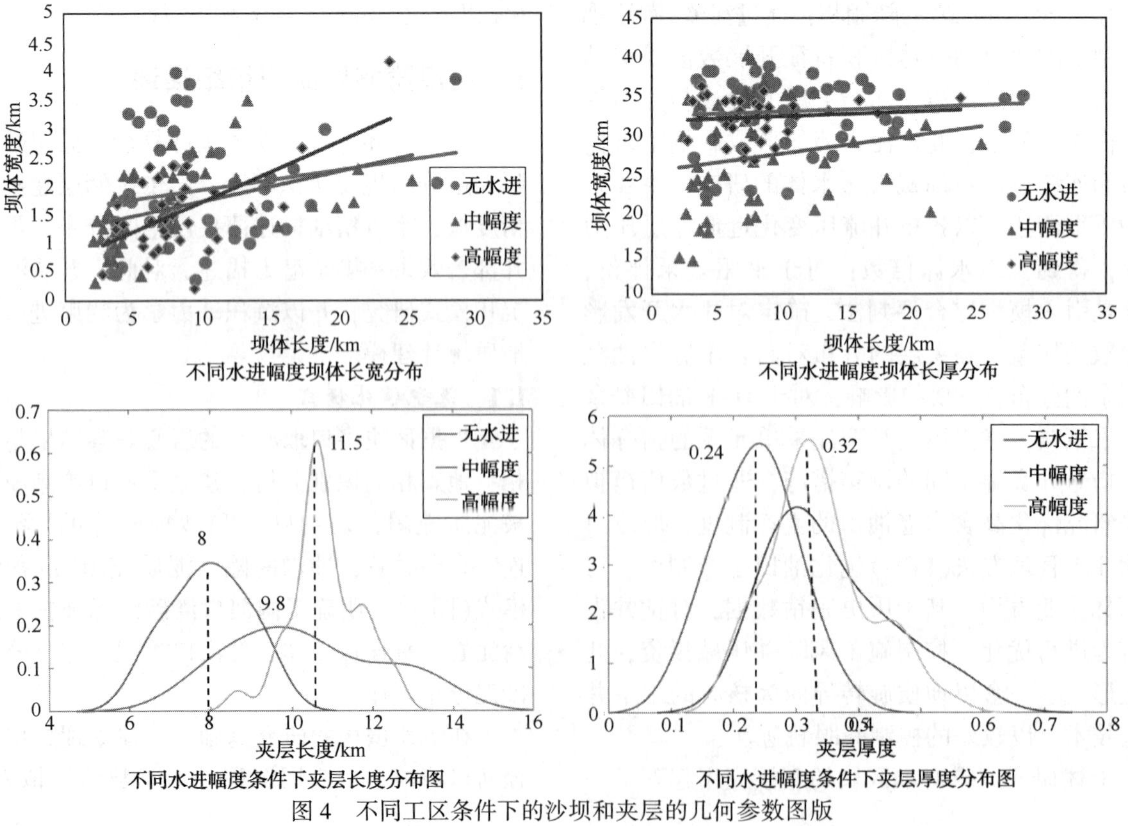

图 4　不同工区条件下的沙坝和夹层的几何参数图版

1.2 储层地质建模方法

基于典型的砂体井震垂向叠置关系和侧向组合对比，分别与河口湾构型单元对应，确认了内河口湾、中河口湾以及外河口湾识别特征，以井数据为约束，结合地质信息，建立适用于河口湾的多点地质统计学随机模拟三维训练图像库，反映河口湾不同部位砂体和泥岩的空间配置关系，进行地质建模时，联合地震反演结果，进一步提高地质模型可靠性(表1)。

表1 河口湾不同部位砂体和泥岩的空间配置关系

亚相	主要特征	垂向叠置关系	侧向组合样式	典型训练图像
内河口湾	河流作用为主 强水动力条件 大量陆源泥质 砂泥混杂	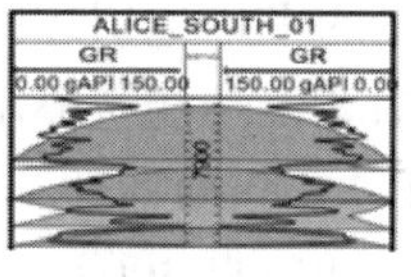	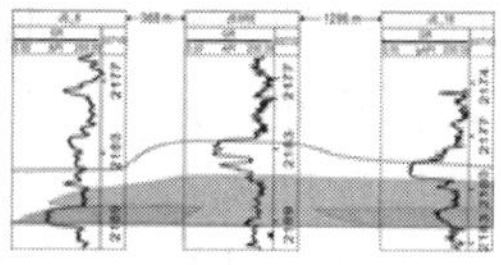	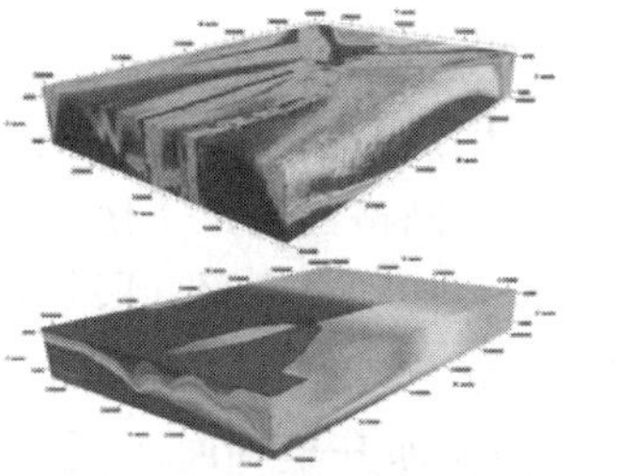
中河口湾	潮汐河流为主 中强水动力 砂坝平纵叠置 冲沟泥质充填	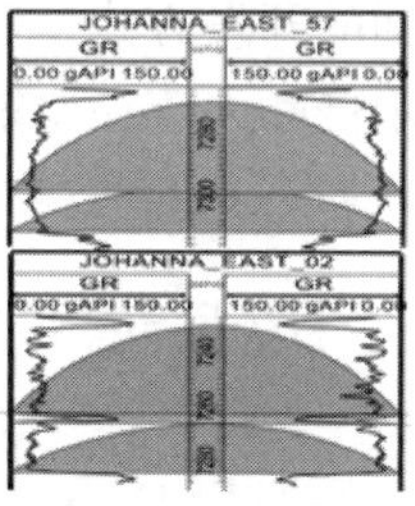	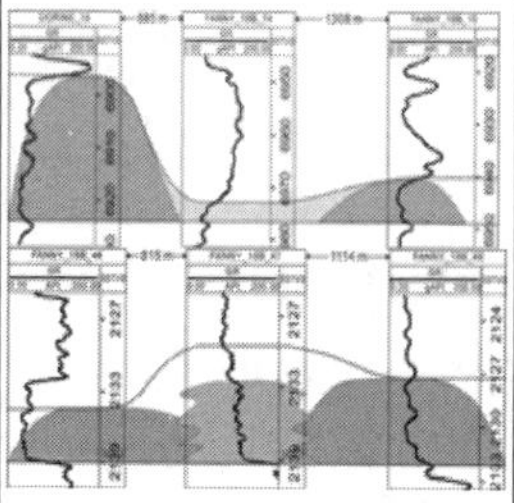	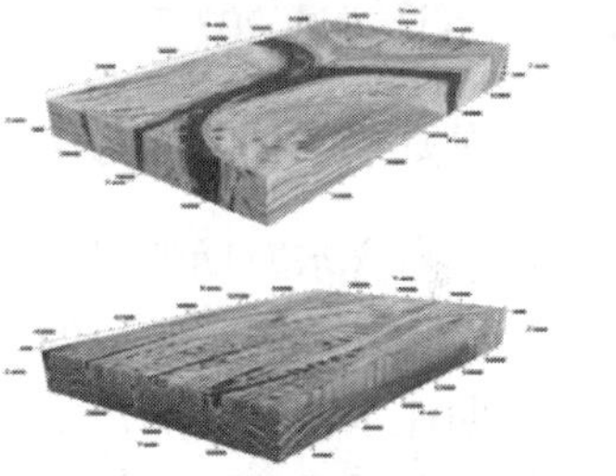
外河口湾	潮汐波浪为主 强水动力条件 砂体连续分布 夹层零星分布	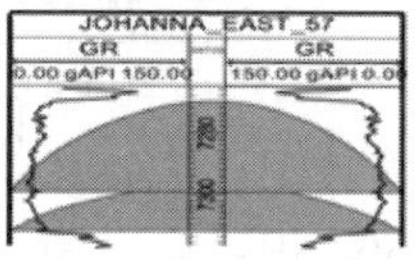	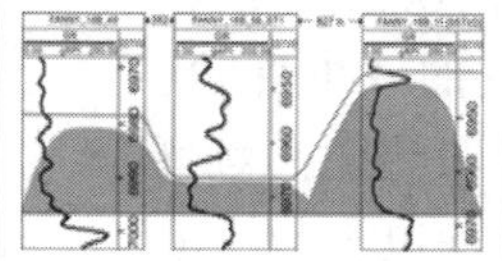	

以D-F油田M1油藏建模为例，由于前期已经对构型进行了分类，即砂坝、潮坪和混合坪，形成的砂体分布广阔、分异完善、展布模式清楚，故选用确定性建模方法，完成工区内的25个构型单元精细构造建模(图5)，较好刻画了潮汐砂坝、砂坪的空间展布特征，潮控砂体内部各个单砂体之间的叠置关系，完善建立地质构型模型(图6)。

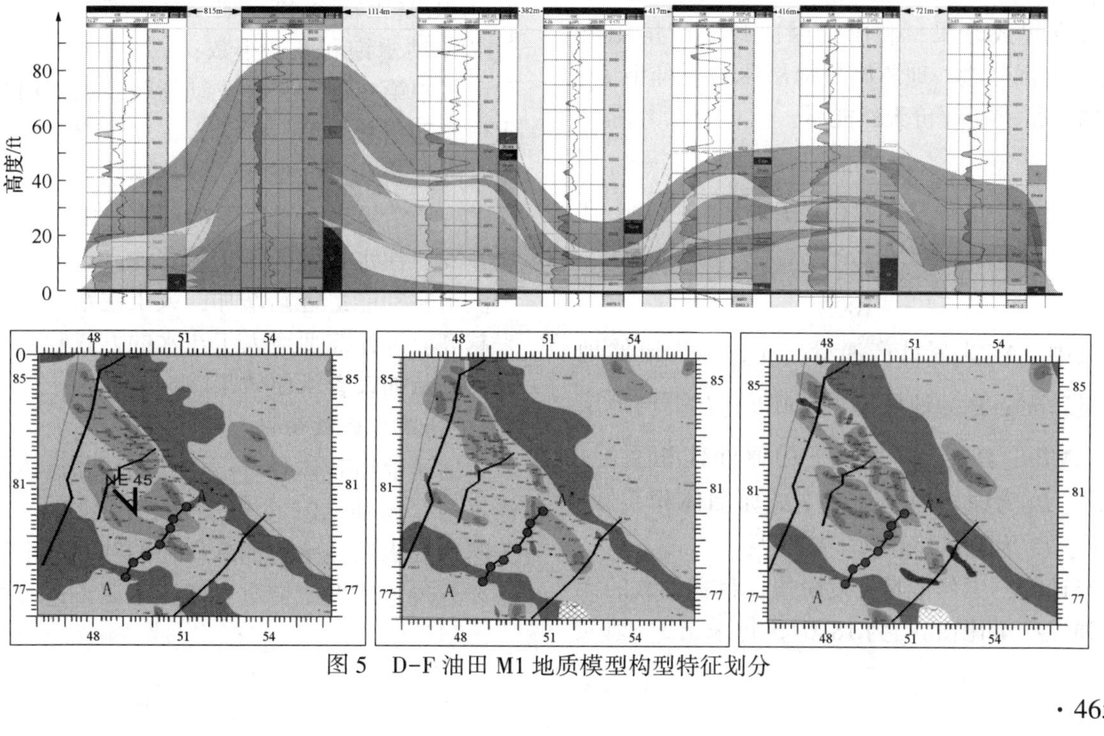

图5 D-F油田M1地质模型构型特征划分

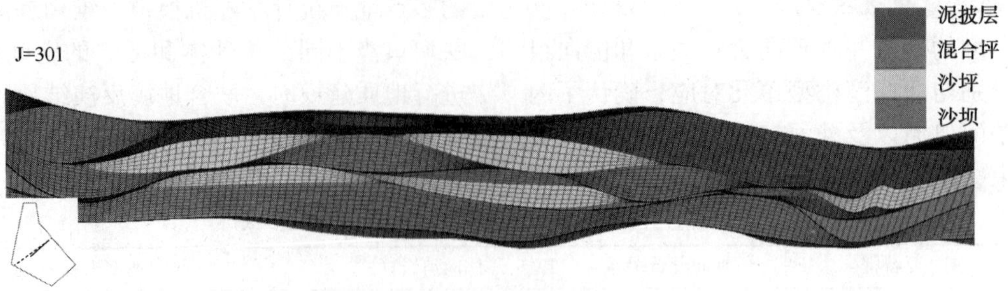

图6　D-F 油田 M1 地质构型模型

应用该方法完成全区主要油田的精细地质建模工作，网格数超 1.7 亿，有效提高新井地质设计质量，特别是水平井段钻后分析砂体顶面构造与预测误差控制在 2m 以内，水平段油层的钻遇率由 79%提升至 90%，近 5 年来指导部署新井 94 口，累计增油 207 万 t。

2　不规则井网注水优化调整

对于高含水时期油田，注采结构调整是挖潜剩余油潜力、提高采收率的主要方式之一，但区块经长期注水开发，剩余油分布高度分散，且丛式井场的开发模式，导致注采井网不规则，调整难度大。对此，首先进行注水开发的效果评价，深化开发机理认识，结合剩余油分布特征，对整体注采井网综合调整提供指导，下面以主力注采油田 D-F 的 M1 油藏为例进行说明。

2.1　低幅度构造边底水油藏注水评价

2.1.1　天然能量评价

根据前期地质认识，D-F 油田具有天然边底水能量。自 1978 年投入开发，主要以天然能量进行衰竭式开采，利用无因次弹性产量比值 N_{pr} 与采出百分之一地质储量地层压力下降值 D_{pr} 之间的关系进行评价天然能量。

$$N_{pr}=\frac{N_pB_o}{NB_{oi}C_t(P_i-\bar{P})}$$

$$D_{pr}=\frac{N(P_i-\bar{P})}{100N_p}$$

其中，N_{pr} 为累计产油量，m^3；N 为原始地质储量，m^3；P 为地层压力，MPa；$\bar{P}$ 平均地层压力，MPa；B_o 为压力 $\bar{P}$ 下的原油体积系数，m^3/m^3；B_{oi} 为原始地层条件下的原油体积系数，m^3/m^3；C_t 为总压缩系数，MPa^{-1}；

经计算，天然能量开发阶段，目标油藏的无因次弹性产量比值 N_{pr} 为 18.07，每采出 1%地质储量的平均地层压降值 D_{pr} 为 0.67，表明开发初期油藏天然能量驱动水平高，天然能量较充足。

2.1.2　驱动指数

油田自 2002 年开始投转注水井，通过注水补充地层能量，形成以天然水驱为主、人工注水为辅的开发方式。利用驱动指数分别对弹性、天然水侵和人工注水能量进行分析，建立物质平衡方程如下：

$$\frac{N(B_o-B_{oi})+NB_{ti}\left(\frac{C_wS_{wc}+C_f/\varphi}{1-S_{wc}}\right)\Delta p}{N_pB_t+W_pB_w}+\frac{W_eB_w}{N_pB_t+W_pB_w}+\frac{W_iB_w}{N_pB_t+W_pB_w}=1$$

其中，B_o，B_{oi} 为地层压力为 P 和 P_i 时，原油的体积系数，m^3/m^3；B_w 为地层水体积系数，m^3/m^3；B_t，B_{ti} 为地层压力为 P 和 P_i 时，地层原油的两相体积系数，m^3/m^3；W_e 为天然水侵量，m^3；W_i 为人工累计注水量，m^3；W_p 为地面累计产水量，m^3；N_p 为地面累计产油量，m^3；C_w，C_f 为孔隙压缩系数，地层水压缩系数 MPa^{-1}；S_{wc} 为束缚水饱和度，小数；

式中第一项为弹性驱动指数，第二项为天然水侵驱动指数，第三项为人工注水驱动指数，利用实际生产动态数据计算得到驱动指数变化趋势(图 7)。结果表明，开发初期主要依靠边底水能量开发；注水开发阶段，随着注入量的增加，人工注水驱动能量逐渐增加，人工注水驱动占比越来越高，因此需要对人工注水的方式和效果进行研究，从而改善水驱效果。

2.2　油藏连通性研究

由于油田砂体分布不均，储层和流体物性如渗透率、原油 API 度等也存在区域差异，导致天然边底水和注水对油藏压力的补充不平衡，有必要开展连通性研究对后期注水调整进行指导。

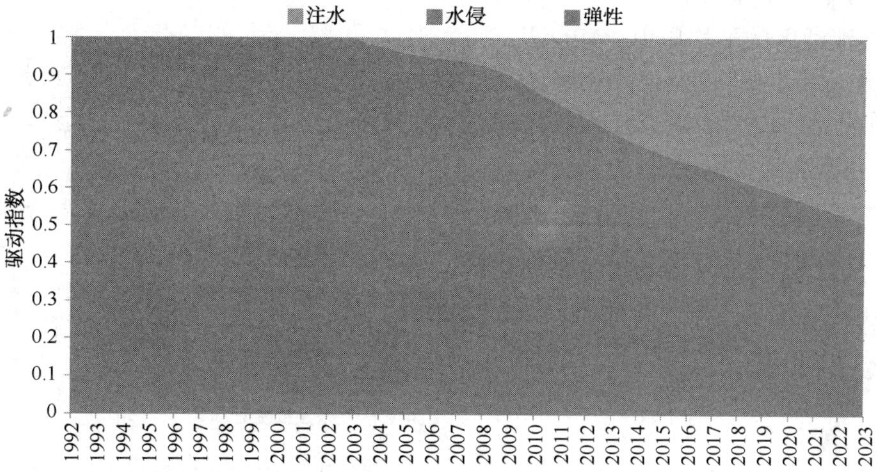

图 7　能量驱动指数变化趋势

2.2.1　油藏边缘连通性

通过监测转注井与油井动态压力数据响应与油水界面标定进行连通性评价，结合地震资料反演后得到的油藏砂体分布图与测井曲线连井剖面图，细化区域砂体连续和尖灭情况。研究结果表明：①油藏西部断层不封闭，连通性好，西侧注水后，断层附近生产井见效迅速；②主体南部储层发育变差，连通性较弱；③东部存在岩性尖灭区，不连通。油藏与周边连通性表现为“西强南弱，东部不通”。

2.2.2　通过动态监测研究井间连通性

根据转注井周围生产井的产液变化、压力响应等动态数据，进行注采受效分析，此外，在现场开展了示踪剂监测(图 8)，根据监测结果可计算出水驱前缘推进速度，结果表明，油水井间连通性整体较好，见效速度快，且多向受效；局部连通性呈现出方向性特征，存在受效不均匀的现象(图 9)。

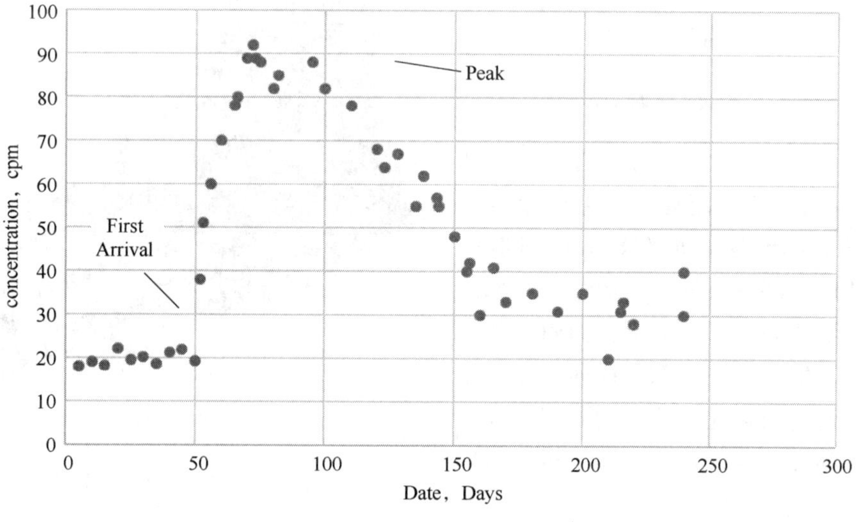

图 8　F18B_ 10 示踪剂监测图

2.2.3　通过简化注采模型研究井间连通性

整个油田连通性主要通过简化注采模型方法评价。首先，在生产层位对应的基础上，以渗透率为参考条件，初步分析井间连通条件；然后，基于井间层位对应分析，利用动态连通性模型，计算井间连通系数；最后，基于动态分析的结果，确认井间连通性。

$$\sum_{k=1}^{N_1}\sum_{j=1}^{N_W} T_{ijk}(t)(p_j(t)-p_i(t))+q_i(t)=\frac{\mathrm{d}p_i(t)}{\mathrm{d}t}\sum_{k=1}^{N_1} C_{tk}V_{pik}(t)$$

公式中，N_w 为井数；i 和 j 为井的下标；t 为生产时间，d；T_{ijk} 为井间的传导率，m^3 d^{-1} MPa^{-1}；p 为单井泄油区的平均压力，MPa；q 为单井产液量或注入量，产液为正，注入为负，m^3/d；C_{tk} 为单井泄油区的综合压缩系数，MPa^{-1}；V_{pi} 为单井泄油区体积，m^3。

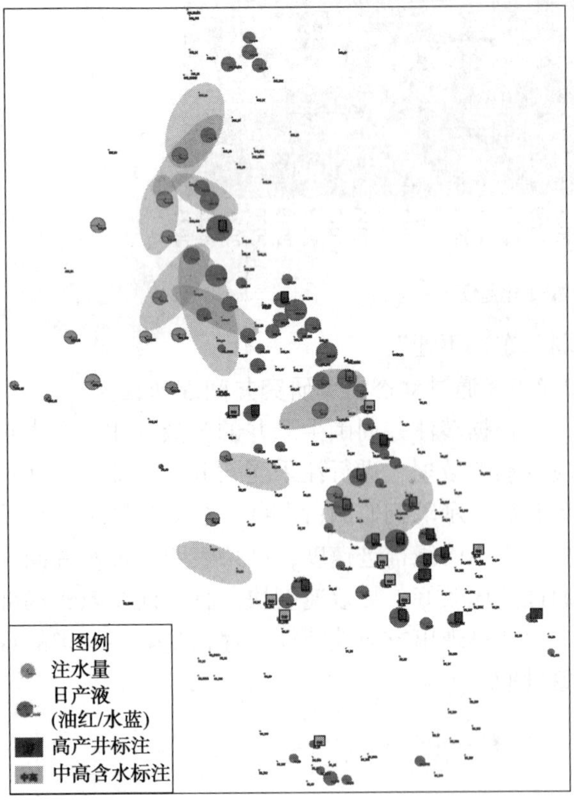

图9　M1油藏油水井井间动态响应示意图

根据分析结果，M1油藏井间连通性关系如图10所示，分析认为井间连通性受储层影响明显，油井生产动态与储层特征有较好的对应关系；整体上，油田东部具有较好连通性，局部注采单元之间已经形成高渗优势通道，而西部和南部连通效果较差，但也存在局部高连通单元，是调整重点之一。通过简化注采模型的研究，提升了对主力油田井间连通性的认识，便于指导后期转注井筛选及注采关系调整。

2.3　剩余油潜力分布

剩余油的分布主要通过数值模拟方法研究，利用大量详实的生产动态数据，对模型进行历史拟合，使其能够较好的体现真实油藏的开发动态，明确剩余油分布的规律。对M1油藏划分小层并根据模拟后网格饱和度分布数据，绘制出各小层剩余可采储量丰度分布图，进一步细化剩余油纵向和平面上的分布潜力。

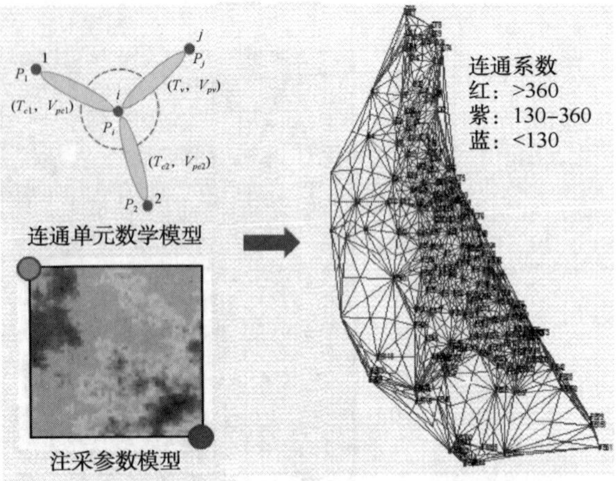

图10　通过注采模型建立的油藏井间连通性模型

剩余油分布特征与连通性研究有较好的一致性(图11、图12)。纵向上，油藏受边部注水和边底水影响，剩余油主要集中在中东部的构造高部位、砂岩尖灭处和隔夹层遮挡部位；平面上，主要分布在沿泥岩墙遮挡的高部位、注采不完善的东部区域以及储层物性较差的南部稠油区。

图11　主力油田M1油藏剩余油饱和度栅状图

2.4　不规则注采井网调整

区块采用丛式井场开发，井网极不规则，且受限于地面注水设施，无法采用典型的注采井网进行调整。基于前期连通性和剩余油的分布研究，需要改善的重点为油田东部和南部。针对性的调整、细化不同区域调整策略，以当前井网为基础，通过油井转注，形成边缘+点状注水为主、局部面积注水的差异化调整模式。

在油藏内部形成切割注水井网，并在局部形成不规则面积注水井网；对剩余油富集、面积较大、井网不完善的 F 油田东南部，通过转注，形成不规则面积注水井网，高效挖潜剩余油；对于剩余油分布变化大、平面矛盾突出的油藏中部区域，通过转注形成切割注水井网，分区挖潜剩余油；对剩余油富集、面积较小的 F 油田南部，增加转注井，进行不规则点状注水，驱替井间剩余油；对于水淹程度高的 D 油田西部，剩余油分散，挖潜难度大，可转注部分井处理污水(图 13)。

基于上述思路，指导现场实施转注作业 15 井次，恢复油藏压力，有效延缓产量递减趋势，累计实现注水增油 44.4 万 t(图 14)。

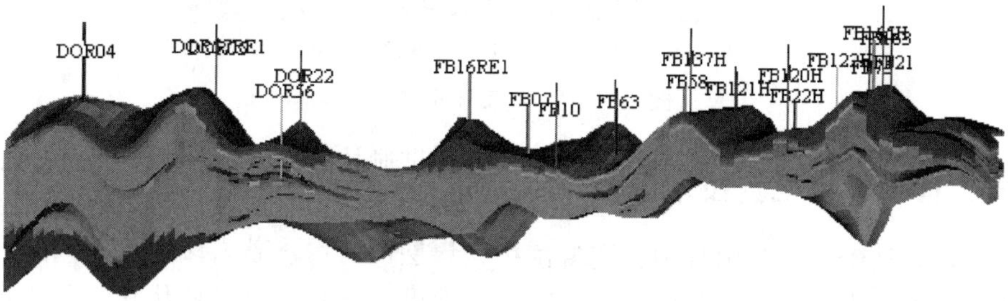

图 12　主力油田 M1 油藏剩余油分布示意图

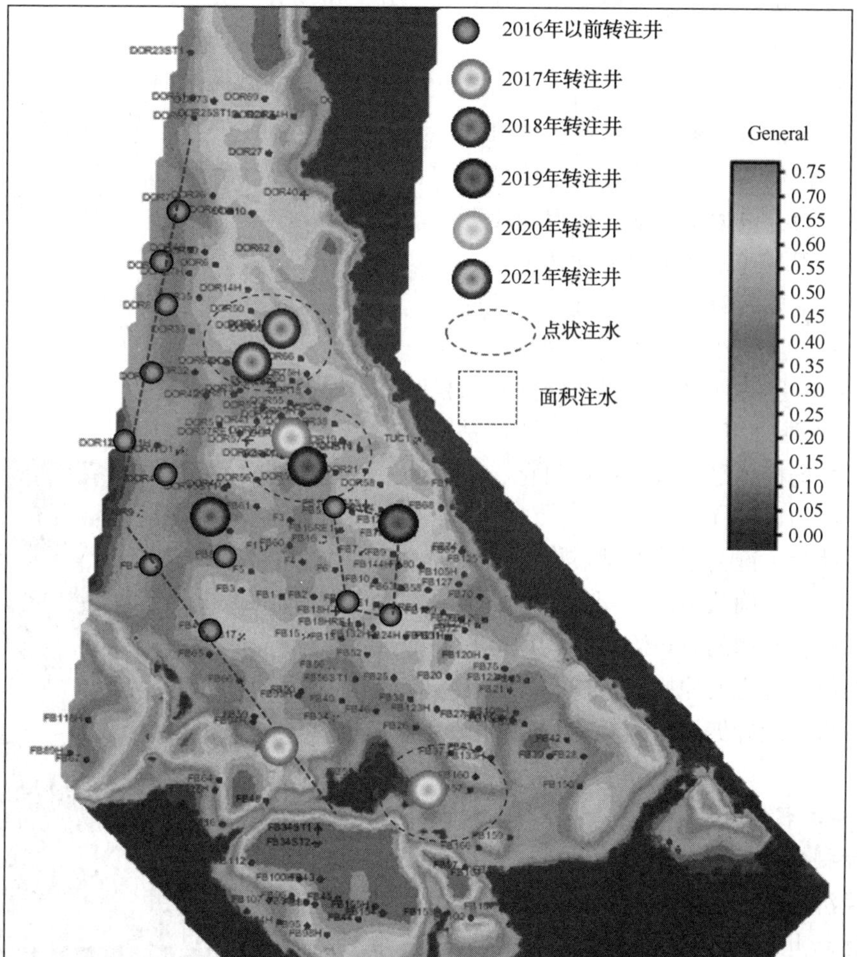

图 13　主力油田历年转注调整

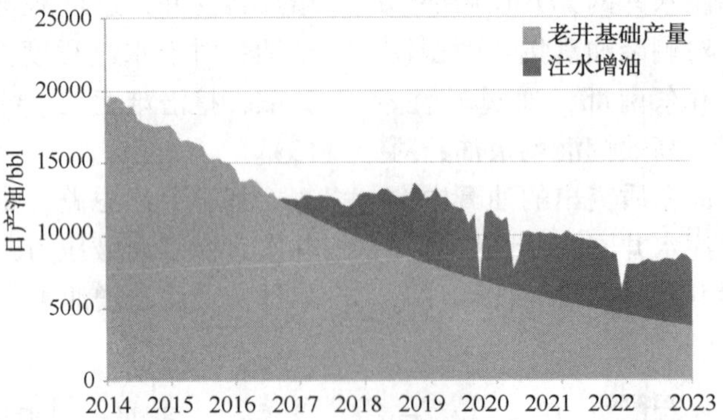

图14　主力油田注水增产效果

3　雨林地质工程一体化配套技术

鉴于作业区块均处于亚马孙雨林中，资源国对作业有严苛的环保要求，对于油公司申请的平台建设、钻井地面工程作业审批极严格，且周期长，雨林工程作业成本投入大，且常常受到周边社区的影响。经过多年经验积累，形成一套适配雨林地区的工程配套技术。

3.1　丛式平台优选

在深化地下油藏认识基础上，基于服务合同和国际油价，综合评价丛式平台可控制范围的合同期内油藏开发潜力，根据雨林地区环保建设要求和经济评价，实现丛式钻井平台最优选址。

安第斯区块内主要发育低幅度构造-岩性圈闭，具有“数量多、幅度小、面积小、距离近、资源量小”的特点，且钻井平台的审批周期长，建造成本大，故主要采用丛式平台进行批量钻井，用一个丛式井场控制尽量多的钻探目标，关键在于控制圈闭群的评价优选。

以圈闭可靠性为关键要素，对地震资料品质和圈闭规模进行分析，确认风险后圈闭资源量大小，以单一钻井平台控制的总风险和平均风险后圈闭资源量大的位置优先的原则，依次排序选出优势平台，然后再继续开展平台内钻探目标的顺序优选。

3.2　钻井、地面工程提效

以地质目标剩余开发潜力描述为基础，开展不同井型开发经济评价，基于地质目标和平台及老井情况，优化新井钻井轨迹和井身结构设计，降低绕障风险和提高钻井效率，形成地质目标、钻井工艺和丛式平台状况“三结合”的定向井、水平井联合开发新井部署与地质工程设计方法。

钻井工程提效方面，一是优化钻井液体系，强抑制环保钻井液体系的应用，包括防塌高效封堵剂、强抑制成膜剂等，有效控制了钻进过程中煤层段垮塌、砂岩段漏失等问题，大幅提高钻井速度；二是井身结构优化，基于可靠的地质信息预测，通过地质和工程紧密结合，应用旋转导向先进技术，简化钻井设计，实现水平井四开变三开，定向井三开变两开，大大缩短钻井周期；三是对钻机搬迁的优化，一方面对钻机底座进行滑动改装，缩减搬迁时间，另一方面实施同一平台的批量化钻井安排，减少搬迁频率(图15)。

经过现场实践，避免造成安全事故和环境影响的同时，实现了在雨林敏感区的钻井作业。历年来钻井相关指标不断提升，2023年单井平均钻井周期(从开钻到交井)为比自公司组建以来的历年平均值缩短44%，单井平均钻井成本降低21%和每米进尺平均钻井成本大幅度下降24%。(图16)。

图15　钻机底座滑动装置

地面工程提效方面，通过油藏和地面工程结

合优化产液和注水结构，充分发挥已有设施和注水管线潜力，以高压注水泵等设备的灵活挪用，降低注水配套工程建设成本和周期。此外，多相密闭混输结合燃气发电机改造，收集高压气和低压气进行发电，减少火炬燃烧排放和柴油采购量，使油田伴生气利用效率达到 90% 以上(图 16)。

图 16　多相泵输送节约地面投资和实现伴生气集中发电

4　结论及认识

针对厄国雨林区典型的大型低幅度构造强天然水驱“双高”油田效益开发关键技术开展攻关，取得如下认识：

(1) 形成了低幅度构造河口湾储层的油藏精细描述方法、低幅度强边底水油藏特高含水期井网调整技术，实现了对成熟油田剩余油的精准刻画和挖潜。

(2) 研究成果直接指导新井部署 90 余口，转注水井作业 15 井次，进攻性措施 25 井次，累计增油超 250 万吨，老油田剩余油潜力得到有效动用，助力油田稳产开发。

(3) 通过多年雨林作业经验积累，形成满足环保要求和降本增效的系列工程建设配套技术，钻井、地面工程投资成本大幅度节约，实现了油田整体的效益开发。

(4) 安第斯公司雨林地区 T 区块老油田的精细开发技术与实践，对同类型油藏开发具有借鉴意义。

参　考　文　献

[1] 张志伟，马中振，周玉冰，等．奥连特盆地斜坡带原油地化特征、充注模式及勘探实践[J/OL]．地学前缘，2021：1-12.

[2] 何彬，刘毅，赵刚锋，等．厄瓜多尔奥连特盆地 T 区油气成藏主控因素分析[J]．石油地质与工程，2014，28(03)：5-8+145.

[3] 李涛，魏春光，何雨丹．南美前陆盆地隐蔽油气藏勘探[J]．地球物理学进展，2012，27(01)：320-325.

[4] Hu，Quan，Zhang，Xing，Lin，Jincheng，et al. " Tarapoa West Exploration Project - Integrated 3D Seismic Acquisition，Processing，and Interpretation Solution. " SPE-177192-MS.

[5] 刘慧盈，张克鑫，国殿斌，等．厄瓜多尔 Oriente 盆地 D-F 油田白垩系 M1 层沉积特征[J]．东北石油大学学报，2018，42(06)：32-40+72+7.

[6] 刘雪萍，卢双舫，唐明明，等．河流-潮汐耦合控制下河口湾坝体沉积动力学数值模拟[J/OL]．地球科学 2021：1-18.

[7] 李晨晖，薛海涛，卢双舫，等．潮控河口湾环境下的沉积相特征研究——以 D-F 油田 M1 油藏为例[J]．西安石油大学学报(自然科学版)，2017，32(02)：20-28.

[8] 杨金秀，张克鑫，陈和平，等．Oriente 盆地 D-F 油田泥岩墙成因及其对油藏分布的影响[J]．石油与天然气地质，2017，38(06)：1156-1164.

[9] 李小东，任飞，杨勇，等．用物质平衡法结合流压速率确定天然水体规模[J]．中外能源，2021，26(02)：35-38.

[10] 庞琴，张建楠，胡泊．模糊综合评判法在水驱开发效果评价中的应用[J]．石油化工应用，2020，39(03)：76-82.

[11] Rao，Liangyu，Wu，Xianghong，and Hui Wang. " Remaining Oil Distribution Pattern of Massive Matured Oilfield with Strong Bottom Water：An Integrated Reservoir View. " IPTC-16558-MS.

[12] Liu J. Different Tapping Solutions for Remaining Oil in Sandstone Oil Field at Ultrahigh Water Cut

Stage. Proceedings of the International Field Exploration and DevelopmentConference 2018. IFEDC 2018. Springer Series in Geomechanics and Geoengineering. Springer, Singapore.

[13] Okon, Edet Ita, Adetuberu, et al. " Maximising Oil Recovery in Mature Water Floods Using Automated Pattern Flood Management. " SPE-198797-MS.

[14] Garcia, J. Vicente. " Proper Management of Risk, Helps To Reduce Drilling Cost. " SPE-177199-MS.

[15] Zhang, Haikuan, Zhang, Xing, Zhao, Xinjun, et al. " Applying Horizontal Wells to Develop Oilfields with Complex Low Relief Structure in High Water Cut Stage in Tarapoa. " SPE-177170-MS.

[16] Thurber, Mark William, Ayarza, et al. " Canopy Bridges along a Rainforest Pipeline in Ecuador. " SPE-96504-MS.

[17] Sandoval Maya, D. F. " Mariann 48 Well, an Extended Reach Well Drilled in the Ecuatorian Jungle. " SPE-177185-MS.

基于产出气循环回注的“零碳”深水 CCUS-EOR 开发模式研究

余　洋[1,2]　刘成彬[1,3]　李云波[1,2]　郝强升[1,3]　许必锋[1,3]　杨朝蓬[1,2]

（1. 中国石油国际勘探开发有限公司；2. 中国石油勘探开发研究院；3. 中国石油巴西公司）

摘　要　深水油田由于其自身的地理位置、开发环境等独特特征，导致存在诸如平台质量及空间限制、提高采收率方案限制等诸多约束，面临着经济与环境的双重挑战。因此，探索一种既能提高油气产量又能实现碳减排的开发模式显得尤为重要。本文对 CCUS-EOR 模式要点进行了概述，在此基础上引出了基于产出气循环回注的“零碳”深水 CCUS-EOR 开发模式，该模式在深水油田开发过程中，将产出天然气中的 CO_2 捕集并回注到油藏中，实现了 CO_2 的循环利用与埋存。这一过程不仅提高了油气产量，还通过减少 CO_2 排放量，达到了“零碳”开发的目标。此外，产出气循环回注技术还能够减少对外部 CO_2 源的依赖，降低 CCUS 项目的成本。深水 CCUS-EOR 开发模式采用了基于产出气多级处理的产出-捕集-利用-埋存流程，在浮式生产储卸油装置上利用 CO_2 膜分离等技术实现了高含 CO_2 产出气分离、外输以及回注油藏的全过程；建立了以 FPSO 为中心的零碳排放全海式油气水闭环处理体系，实现了油气开采、处理、储存和运输过程中的碳排放最小化；形成了 FPSO 产出流体全海式闭环处理下的生产约束，生产与注入首先需满足 FPSO 整体的约束限制；实施了高含 CO_2 产出气混相与海水交替驱油开发方式，充分发挥出两种注入介质协同提高采收率的优势。深水 CCUS-EOR 开发模式下需开展合理注入参数优选，以期达到最佳的提高采收率与 CO_2 埋存效果。综上所述，基于产出气循环回注的“零碳”深水 CCUS-EOR 开发模式为深水油田的绿色开发提供了一种新的解决方案，对于推动全球能源行业的低碳转型具有重要意义。

关键词　深水；CCUS；提高采收率；循环回注；水气交替

在当今世界，气候变化及能源需求的增长对环境和经济构成了双重挑战。科学证据表明，人为温室气体排放是导致气候变化的主要原因。为了应对上述挑战，世界范围内的研究学者们越来越关注温室气体减排与能源效率提高并行的议题。学者们逐渐达成共识，认为世界范围内的能源系统亟需向绿色低碳、高效的方向快速转型，而石油和天然气行业在这方面扮演着重要角色，因为其最终排放量占全球排放量的 40% 以上，并且其中三分之二来自上游运营过程。在此背景下，碳捕集、利用与封存（CCUS）技术应运而生，成为实现这一目标的关键核心技术之一。其中，CCUS 技术与提高原油采收率（EOR）技术的结合，即 CCUS-EOR 技术，具体做法是将捕集到的 CO_2 注入油藏以提高原油采收率，该项技术不仅能够提高油田开发效益，同时能够完成注入 CO_2 的地质封存，助力实现碳减排目标。

考虑到 CO_2 捕集、运输的便利性、成本等现实问题，目前有关 CCUS-EOR 技术的研究多集中在陆上油田，而着眼于海上特别是深水油田的研究较少。实际上，随着常规陆上油气资源的日益枯竭，深水油气资源逐渐成为全球油气勘探开发的新前沿与增长引擎。全球海洋油气资源十分丰富，绝大部分位于深水区，且未动用比例高；近 10 年新发现的 101 个大型油气田中，深水油气田数量占比 67%，储量占比 68%；深水油气储量产量实现稳步增长，已成为全球油气资源的战略接替区，瞄定深水油田开展 CCUS-EOR 技术研究具有重要的战略意义。

综上所述，本文针对深水油田离岸 CCUS 气体运输及成本上存在的难题，优选出高含 CO_2 深水油田作为研究目标，探索基于产出气循环回注的“零碳”深水 CCUS-EOR 开发模式，在实现 CO_2 净零排放的同时提高原油采油率，以期达到碳减排与提高采收率的双赢目标。

1　CCUS-EOR 模式要点

CCUS-EOR 模式，顾名思义，是在实现 CCUS 过程的同时达成 EOR 目标，具体囊括了如图 1 所示的 5 个步骤内容。首先是埋存碳源，

CCUS-EOR 过程中的一个重要概念是“源汇匹配”，即需要考虑排放源与提高采收率/封存场地间的地理位置关系和环境适宜性；这一内容对应的即是 CCUS-EOR 过程中的“CC”（CO_2 capture)，在实际操作过程中可以考虑多种来源，如工业过程中产生的 CO_2、从空气中直接捕集的 CO_2等。其次是埋存碳源的输送过程，为了将埋存碳源输送到注入井口，通常有罐车拉运、管道运输、船舶拉运等方式。

之后是埋存碳源的注入过程，在这个过程中，往往要根据生产现场的实际情况考虑 CO_2的注入相态，譬如液相注入、密相注入、超临界注入等，当然 CO_2的注入相态的确定也需与上一步的输送过程结合考虑。再次是 CO_2的驱油与埋存过程，这一内容对应的即是 CCUS-EOR 过程中的“US-EOR”，即在 CO_2利用的过程中同时实现驱油提高采收率与埋存的目标。

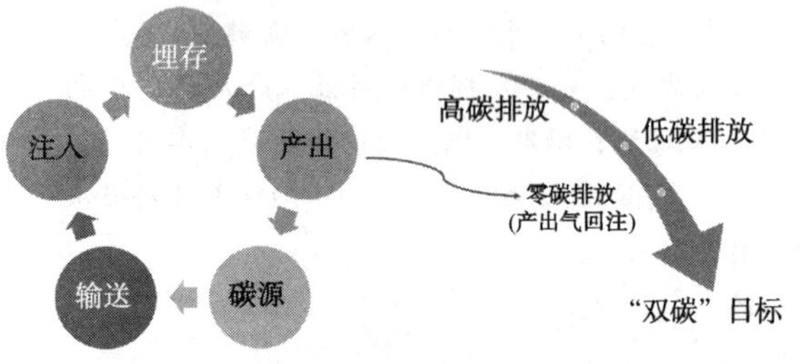

图 1　CCUS-EOR 模式要点示意图

传统的原油上游开采过程通常伴随着高碳排放，如通过蒸汽辅助采油的热力采油方法会产出大量的 CO_2，而通过 CCUS-EOR 模式，可以实现 CO_2的减排，逐渐达成低碳排放的目标。值得注意的是，在 CCUS-EOR 过程中，若不考虑产出气循环回注，产出气中 CO_2仍会排放至系统外；而若考虑产出气循环回注，则能实现全 CCUS 过程的零碳排放闭环生产，加速迈向碳达峰、碳中和的“双碳”目标。

2　基于产出气循环回注的深水 CCUS-EOR 开发模式特点

在中国石油吉林油田的 CCUS-EOR 矿场实践过程中，将长岭气田伴生的 CO_2注入邻近油藏提高原油采收率，油藏开发过程中采出的伴生 CO_2再循环注入地下，实现了 CO_2的净零排放。与陆上油田不同的是，海上油田特别是深水油田在碳源获取及输送两个环节存在经济成本、便利性、输送安全等方面的重大制约。综合考虑项目整体的经济性、CO_2输送过程中的安全性等多因素，在目前阶段来说，上述陆上油田的 CCUS-EOR 模式并不适用于深水油田。

中国首个海上 CCS 项目-恩平 15-1 油田为 CO_2气顶油田，6 口井伴生气 CO_2含量高达 95%，为响应双碳目标，将高含 CO_2伴生气由放空改为回注地层封存，实现了开发过程中的净零排放，但是缺少了利用 CO_2驱油的过程。

巴西桑托斯盐下深水油田高气油比高含 CO_2，CO_2储量丰富，具备得天独厚的“原位源汇匹配”优势，将高含 CO_2产出气循环回注到油藏中，可在实现净零排放的同时提高原油采收率，最终完成 CO_2的埋存。

2.1　基于产出气多级处理的产出-捕集-利用-埋存流程

为了实现深水 CCUS-EOR 开发模式下的产出气循环回注，首先需要完成高含 CO_2产出气的多级处理，简化示意处理流程如图 2 所示。首先，油藏伴生气从生产井产出（产出），通过主压缩机进入天然气脱水模块，之后进行露点控制；脱水后的伴生气通过 CO_2膜分离技术完成 CO_2与烃气的分离（捕集）；其中分离气主要有三个去向，一部分通过外输气压缩机进入气体外输管线，运输回陆地进行销售，一部分作为燃烧气为 FPSO 提供直接能源供应，最后一部分作为剩余气进入注气模块。

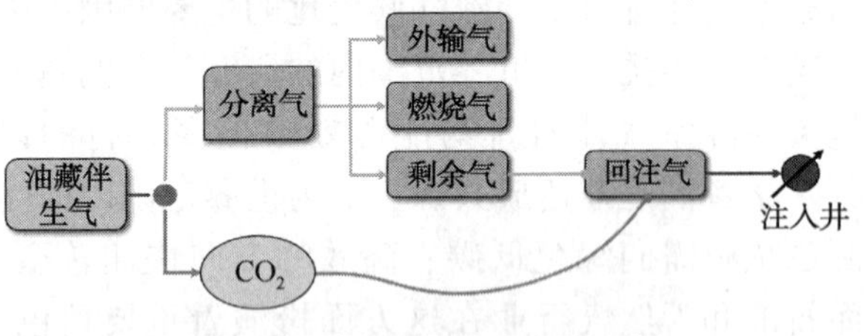

图 2　产出气多级处理流程示意图

分离出的 CO_2首先进入 CO_2压缩机，再进入注气模块与上述过程中的剩余气混合，最后 CO_2与剩余气一起通过注入井回注到油藏中，发挥驱油的作用并实现 CO_2埋存（利用-埋存）。至此即在 FPSO 上实现了产出气的多级处理，通过天然气脱水、外输气压缩、回注气压缩等单元实现了高含 CO_2产出气分离、外输以及回注油藏的全过程。

2.2　以 FPSO 为中心的零碳排放全海式油气水闭环处理体系

为了保证 CCUS-EOR 过程的顺利实施，巴西桑托斯盐下深水油田建立了以 FPSO 为中心的零碳排放全海式油气水闭环处理体系(图 3)，绝大多数的操作都在 FPSO 上进行。

储层流体通过生产井产出后经超长流动距离的立管、海管集输到 FPSO 上，通过 FPSO 上的各个模块分别处理。产出流体通过三相分离装置实现油、气、水的分离，其中分离出的原油经过原油处理模块，通过四级分离处理成为合格商品原油，最后通过穿梭游轮拉运至原油交易市场，直至销售完成。

如上节所述，上述产出流体分离出的高含 CO_2 产出气将经过增压、脱水、脱烃和脱碳等处理流程，处理后不含 CO_2 的天然气部分将作为平台用户自用气，实现能源供应等功能，值得注意的是气举工艺所用的天然气亦取自经过脱碳处理并增压的天然气，从回注天然气汇管前接出后接入服务管线汇管，利用服务管线实现气举作业；部分通过水下天然气管网进行外输；剩余部分与增压的 CO_2 气体一同回注地层，以达到补充地层能量，同时实现高含 CO_2 产出气驱油提高原油采收率。

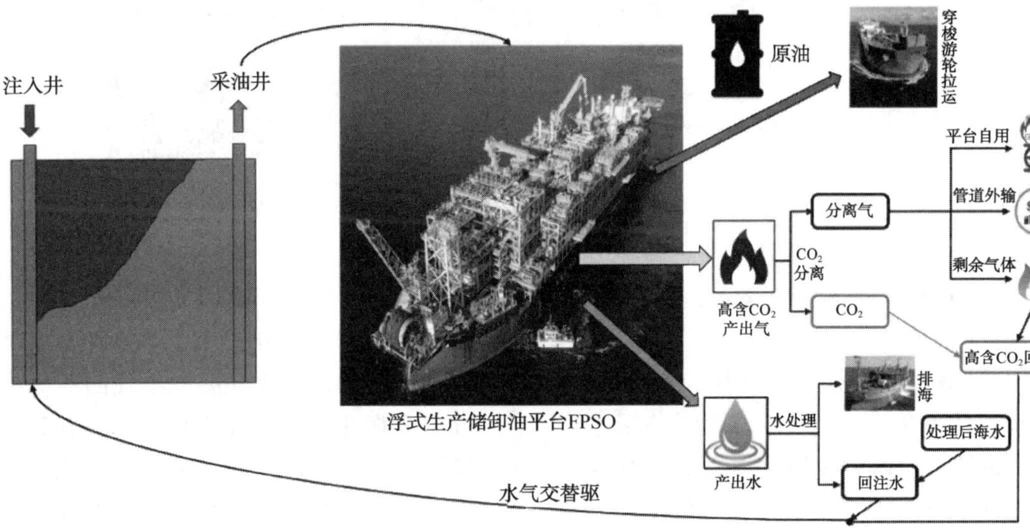

图 3　全海式油气水闭环处理体系示意图

产出流体中分离出的产出水进入水处理系统，达到排海或回注水质标准后进行排海或者回注地层。在油田开发初期，产出水量少，通常将处理合格的海水用于注水，而随着油田开发的持续进行，产出水量逐渐增大，此时根据合理回注水量的研究结果，将处理合格的产出水一同通过注入井回注地层，以保持地层压力，并实现水驱开发的效果。在此，对于单口注入井来说，通过水下注水/气管线的切换，可以实现水气交替驱油的开发方式。至此，即建立了以 FPSO 为中心的零碳排放全海式油气水闭环处理体系。

2.3　FPSO 产出流体全海式闭环处理下的生产约束

FPSO，是集生产、储油、外输、生活、发电等功能为一体的海上浮式生产装置，主要由系泊立管系统、船舶系统和上部模块三部分组成。船体内舱是成品原油储存空间，上部十几个功能模块主要完成油气水分离、成品油存储和外输、天然气脱水除碳和除硫、天然气外输和注入、采出水水处理和注入、海水处理和注入、天然气发电、尾气排放和消防等任务。

FPSO 是深水 CCUS-EOR 开发模式下油气集输、处理、外输以及水下控制的核心设施。通常生产井可采用卫星井的布置方式，每口生产井通过独立的生产管线、服务管线、脐带缆与 FPSO 相连，各井产物分别通过生产管线输送到 FPSO 进行处理；而水气交替注入井的布置方式主要包括单井双管布置、双井双管环路布置及水气交替管汇布置等方式。

由上述描述可知，在 FPSO 产出流体全海式闭环处理体系下，油藏的生产与注入都将受到 FPSO 处理能力的约束。如图 4 所示，在这种体系下，1 艘 FPSO 所对应的就是 1 个生产单元，每个单元的液体处理能力、原油处理能力、天然气处理能力，乃至注水能力、天然气外输能力都将受到限制。随着工程技术的不断进步，FPSO

可实现的处理能力也随之增加，目前全球范围内 FPSO 的油气处理能力从 20000～250000bbl/d 不等。各 FPSO 生产单元的生产与注入首先需满足 FPSO 整体的约束限制，其次各单井亦存在相应的生产限制条件。

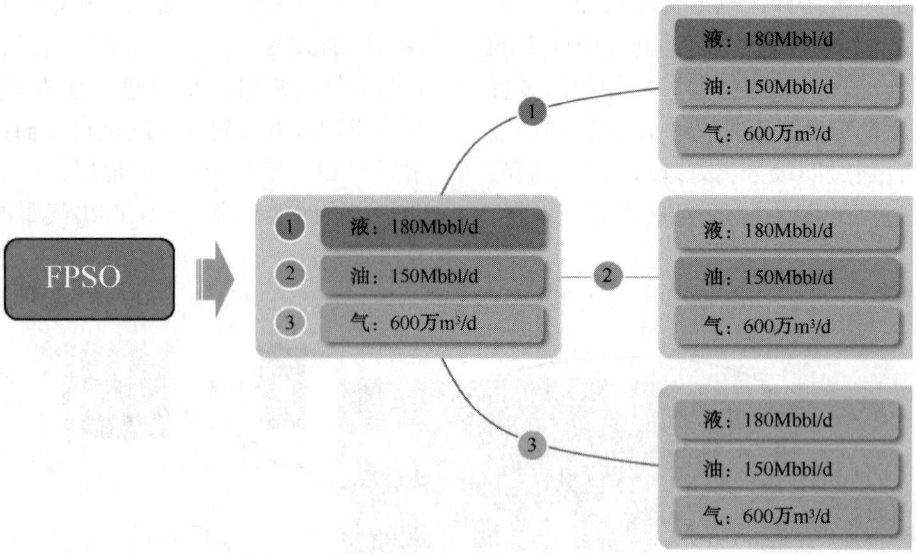

图 4　全海式油气水闭环处理体系示意图

2.4　高含 CO_2 产出气混相与海水交替驱油开发方式

CO_2 含量是气体与原油最小混相压力的主控因素之一，通常情况下，气体中 CO_2 含量越高，最小混相压力越低。巴西桑托斯盐下深水油田高气油比高含 CO_2，储层原始压力高，地饱压差大，原始地层压力远高于最小混相压力，可实现多次接触蒸发型混相，具备高含 CO_2 产出气体混相驱油的先天优势条件。在高含 CO_2 产出气混相驱油的条件下，产出气与原油混相降低界面张力，提升驱油效率；高含 CO_2 产出气与原油多次接触，能够抽提轻质组分与过渡组分，充分发挥抽提机理；高含 CO_2 产出气回注溶解使原油膨胀，增大原油膨胀系数；高含 CO_2 产出气与原油混合降低原油黏度，增强原油流动性；产出气中的 CO_2 与水、岩石作用可以改善油藏渗透率。

值得注意的是，仅开展产出气回注，一方面不足以完全弥补地层能量亏空，另一方面连续注气容易沿高渗通道发生气窜现象，为此进一步考虑注水补充地层能量，注水来源为处理合格的海水或产出水。如图 5 所示，研究结果表明高含 CO_2 气驱相比水驱可显著提高驱油效率，而水气交替驱油通过水气交互作用，在气驱基础上可进一步提升驱油效率。在水气交替驱过程中，含水率呈往复波动上升的趋势（S 型–凹型），含水率上升速度远低于水驱；在水气交替驱过程中，气油比上升速度和气体突破时间也明显滞后于连续注气驱。

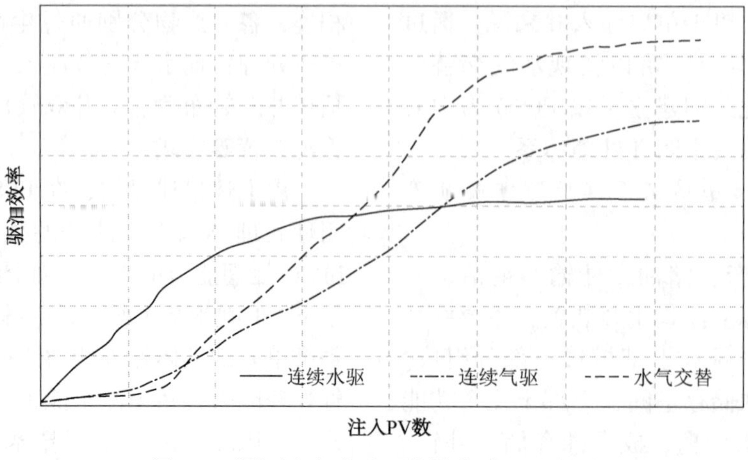

图 5　不同开发方式下驱油效率对比示意图

因此，采用高含 CO_2 产出气混相与海水交替驱油开发方式，可以充分发挥出两种注入介质协同的优势，其主要作用机制如下：水气交互作用可有效控制含水与气油比上升，防止水窜和气窜的过早发生，提高波及系数；同时能够充分发挥高含 CO_2 产出气与地层原油混相的优势，提高驱油效率；最终，实现 CCUS-EOR 提高采收率的目标。

3 深水 CCUS-EOR 开发模式注入参数优选

综上所述，深水 CCUS-EOR 开发模式建立了基于产出气多级处理的产出-捕集-利用-埋存流程与以 FPSO 为中心的零碳排放全海式油气水闭环处理体系，在实际运行过程中需考虑 FPSO 产出流体全海式闭环处理下的生产约束，执行高含 CO_2 产出气混相与海水交替驱油开发方式。

在深水 CCUS-EOR 开发模式下，产出气根据外输气限额部分外输，部分根据需求满足平台自用需要，剩余产出气与分离出的 CO_2 一道回注油藏，同时向油藏中注入处理合格的海水或产出水。在此考虑用水气交替驱开发过程中的累计注采比参数(累计注入流体与累计产出流体在地下条件的体积比)作为关键指标进行优选，由于回注气量受到产出气量的约束，注采比变化主要影响的是水气交替开发过程中的注水量。

以某深水高气油比高含 CO_2 碳酸盐岩油田(气油比大于 $200m^3/m^3$，气体中 CO_2 含量大于 20%)为例建立多相多组分数值模拟模型，考虑高含 CO_2 产出气混相与海水交替驱油过程中累计注采比分别为 0.6、0.7、0.8、0.9、1.0 情景开展研究。

不同注采比条件下的地层压力变化。如图 6 所示，若注采比过低，地层压力将会下降到最小混相压力之下，此时高含 CO_2 产出气与原油脱离混相，只能发挥出非混相驱油的效果；甚至进一步地，地层压力会下降到饱和压力之下，此时原油中的溶解气将在地层中析出，地层中出现复杂的多相流，原油渗流能力下降，严重影响开发效果。

不同时期不同注采比条件下的采收率对比如图 7 所示，在开发早期，各注采比条件对应的采收率值基本接近，而到了开发中期，各注采比条件对应的采收率出现明显差距，最后在合同期末，各注采比条件下对应的采收率差异进一步增加，其中，注采比为 1 条件下对应的期末采收率最高。

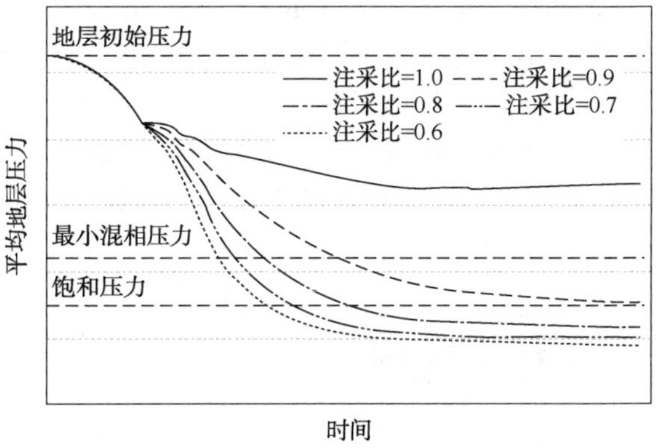

图 6 不同注采比条件下的地层压力变化

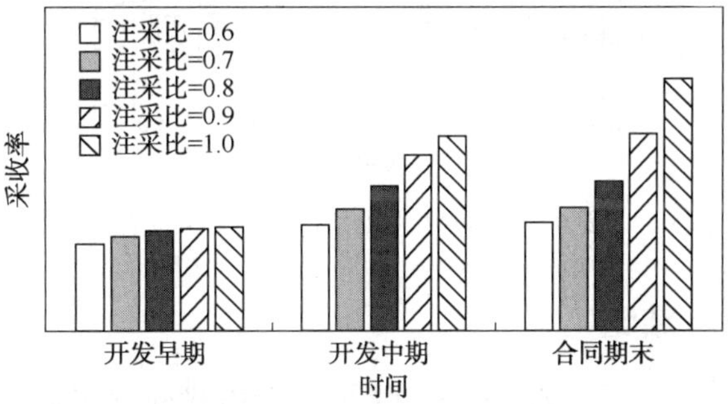

图 7 不同时期不同注采比条件下的采收率对比

不同注采比条件下的含水率变化如图 8 所示，在一定范围内增加注采比(加强注水)可能会导致含水率增加，但经过比对分析，确认产出水量仍处于 FPSO 的处理能力范围内，不影响平台的采油能力。同时，通过适当的注水管理策略，可以在不影响平台采油能力的情况下处理增加的产水量，这将允许作业者通过加强注水维持较高的原油产量，同时最大限度地提供储层压力支持，更好地助力实现 CCUS-EOR 模式提高采收率的目标。

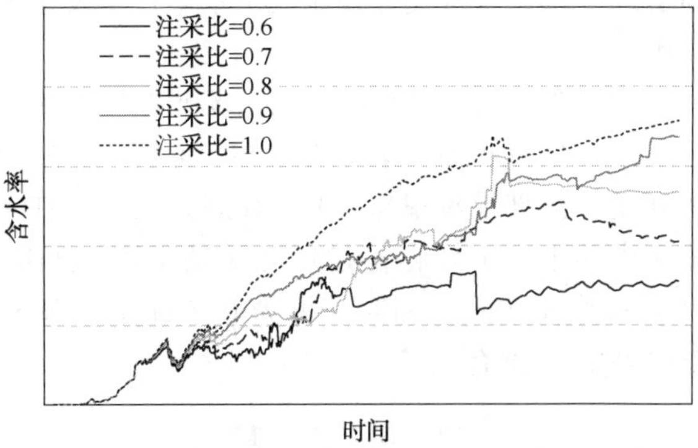

图 8 不同注采比条件下的含水率变化

不同时期不同注采比条件下的 CO_2 埋存量对比如图 9 所示，在开发早期与开发中期，由于产气量、回注气量等开发指标的差异，注采比高的 CCUS-EOR 方案 CO_2 埋存量并不一定高于注采比低的方案；但从长期来看，注采比越高，合同期末的 CO_2 埋存量越高，在本案例中注采比较高方案的 CO_2 埋存量甚至超过 2 亿 t，具有巨大的 CCUS 潜力。

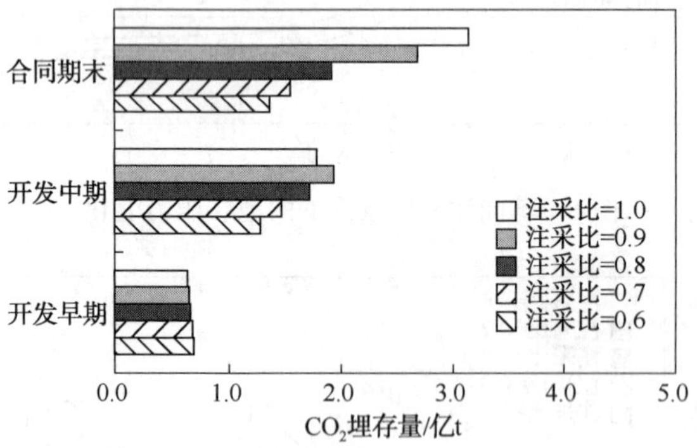

图 9　不同时期不同注采比条件下的 CO_2 埋存量对比

4　结论

（1）深水 CCUS-EOR 开发模式建立了基于产出气多级处理的产出-捕集-利用-埋存流程与以 FPSO 为中心的零碳排放全海式油气水闭环处理体系，在实际运行过程中需考虑 FPSO 产出流体全海式闭环处理下的生产约束，实施高含 CO_2 产出气混相与海水交替驱油开发方式。

（2）深水 CCUS-EOR 开发模式下需开展合理注入参数优选，以期达到最佳的提高采收率与 CO_2 埋存效果。在本文中，对注采比参数进行了优选，研究表明注采比不能过小，应设置较高的注采比以保持地层压力在饱和压力及最小混相压力之上开采，充分发挥高含 CO_2 产出气混相驱油的机理，以及水气交互抑制气窜水窜过早发生的作用。

（3）深水高气油比高含 CO_2 碳酸盐岩油田采用基于产出气循环回注的“零碳”CCUS-EOR 模式开发，提高采收率与 CO_2 埋存潜力巨大，在本案例中期末 CO_2 埋存量过亿吨，是实现“双碳”目标的绝佳实践，同时也可为其余深水 CCUS-EOR 项目提供有益参考。

参 考 文 献

[1] Dang Viet Quang, Dia Milani, Mohammad Abu Zahra. A review of potential routes to zero and negative emission technologies via the integration of renewable energies with CO_2 capture processes[J]. International Journal of Greenhouse Gas Control, 2023, 124: 103862.

[2] Hydra W L, Rodrigues, Eric J Mackay, et al. Arnold. Multi - objective optimization of CO_2 recycling operations for CCUS in pre - salt carbonate reservoirs [J]. International Journal of Greenhouse Gas Control, 2022, 119: 103719.

[3] Qingyang Lin, Xiao Zhang, Tao Wang, et al. Technical perspective of carbon capture, utilization, and storage[J]. Engineering, 2022, 14: 27-32.

[4] 宋新民，王峰，马德胜，等．中国石油二氧化碳捕集、驱油与埋存技术进展及展望[J]．石油勘探与开发，2023，50(1)：206-218.

[5] 袁士义，马德胜，李军诗，等．二氧化碳捕集、驱油与埋存产业化进展及前景展望[J]．石油勘探与开发，2022，49(4)：828-834.

[6] 张功成，屈红军，张凤廉，等．全球深水油气重大新发现及启示[J]．石油学报，2019，40(1)：1-34，55.

[7] 王陆新，潘继平，杨丽丽．全球深水油气勘探开发现状与前景展望[J]．石油科技论坛，2020，39(2)：31-37.

[8] 窦立荣，温志新，王建君，等．2021 年世界油气勘探形势分析与思考[J]．石油勘探与开发，2022，49(5)：1033-1044.

[9] 陈希，王作乾，顾硕，等．全球深水油气开发特征、潜力分布及发展趋势[J]．石油科技论坛，2023，42(6)：69-76.

[10] 中国石油勘探开发研究院．全球油气勘探开发形势及油公司动态（2022）[M]．北京：石油工业出版社，2022.

[11] 向勇，侯力，杜猛，等．中国 CCUS-EOR 技术研究进展及发展前景[J]．油气地质与采收率，2023，30(2)：1-17.

[12] 衣华磊，郭欣，贾津耀，等．恩平 15-1 油田开发 CO_2 回注封存工程方案研究[J]．中国海上油气，2023，35(1)：163-169.

[13] 何文渊，史卜庆，范国章，等．巴西桑托斯盆地深水大油田勘探实践与理论技术进展[J]．石油勘探与开发，2023，50(2)：227-237.

[14] 赵健，赵俊峰，任康绪，等．巴西桑托斯盆地 CO_2 区域分布及主控因素[J]．地球科学，2021，46(9)：3217-3229.

柴西北大风山新近系下油砂山组湖相致密碳酸盐岩储层岩性识别新进展

李显明[1]　谢　琳[1]　何　辉[2]　薛雨见君[1]　乔　亮[1]

(1. 中国石油青海油田公司 2. 中国石油勘探开发研究院)

摘　要　柴达木盆地西部坳陷大风山地区新近系下油砂山组 N_{21} 为高频振荡的咸化浅湖-半深湖沉积环境，以湖相碳酸盐岩沉积为主，由于紧邻油源且具备储集条件，该区是现阶段柴西北陆相湖盆致密油气勘探开发重点目标之一。大风山下油砂山组发育湖相混积型碳酸盐岩，岩石矿物成分混杂、单层薄、非均质性强，前人主要根据岩心观察及少量薄片定义该区 N_1-N_{21} 甜点岩性为藻灰岩，岩性类型及其成岩演化特征存在争议。本次研究在岩心观察基础上，充分利用 X 衍射全岩分析、普通薄片、铸体薄片、荧光薄片、扫描电镜、ECS 岩性扫描测井等资料，明确了该区岩石矿物成分达 23 种，可进一步归纳为四类，分别为陆源碎屑(石英、长石等，平均含量 25.9%)、黏土矿物(平均含量 23.5%)，方解石(平均含量 17.8%)、白云石(含铁白云石，平均含量 26.5%)。根据矿物组分含量特征，采用陆源碎屑、碳酸盐、黏土三端元分类，并考虑白云石和方解石相对含量界限(30%)，将大风山 N_{21} 致密碳酸盐岩储层岩石类型分为两大类六小类，其中碳酸盐岩类包含藻云岩、藻云灰岩、泥晶云岩及泥晶灰岩 4 类；碎屑岩类包含粉砂岩及泥岩 2 类。该区有利甜点岩性以藻云岩(占比 8.8%)为主，其次为藻(云)灰岩(占比 2.7%)，此外泥晶云岩虽然物性较差但占比高(28.3%)，且局部发育晶间微孔、微裂缝及溶蚀微孔，可作为次级甜点岩性类型。该区成岩作用类型主要包括准同生白云石化、自生矿物充填、压实压溶及溶蚀作用，其中准同生白云石化作用形成了该区藻云岩(藻云灰岩)及泥晶云岩两类主要甜点岩性。研究区岩性的细化厘定及其成岩特征分析为甜点分类及油层有效厚度下限标定奠定了坚实的地质基础。

关键词　柴达木盆地；大风山；下油砂山组；碳酸盐岩；藻云岩；准同生白云石化

风西构造位于青海省柴达木盆地西部坳陷区，是大风山背斜构造带上的三级潜伏构造，位于大风山构造的西段，该构造地理位置北邻尖顶山油田，西为小梁山、南翼山油田，南为黄瓜梁构造。风西构造整体为风北、风南两条逆断层上盘夹持的长轴背斜构造，从浅到深均表现为两断夹一隆特征，构造走向与风北、风南断层以及区域构造走向一致，为 N-WW 向展布，在上干柴沟组(N_1)时期已有雏形，到狮子沟组(N_{23})末基本形成现今的构造形态。

大风山地区在下油砂山组(N_{21})沉积时期，离物源较远，整体为湖进砂退、浅湖-半深湖的交互沉积，形成了湖相碳酸盐岩夹薄层陆源碎屑岩沉积为特征的混积型沉积，在浅湖-半深湖高频震荡背景下，湖相碳酸盐岩储层与泥岩交互多期发育，发育浅湖亚相，包括藻坪、云坪及泥坪三种微相类型，横向上，湖相混积岩储层沿构造长轴方向延伸稳定。由于紧邻油源且具备储集条件，该区是现阶段柴西北陆相湖盆致密油气勘探开发重点目标之一。前人根据岩心观察及少量薄片定义该区 N_1-N_{21} 甜点岩性为藻灰岩，但由于下油砂山组发育湖相混积型碳酸盐岩，岩石矿物成分混杂、单层薄、非均质性强，岩性类型及其成岩演化特征存在争议。本次研究在岩心观察基础上，充分利用 X 衍射全岩分析、普通薄片、铸体薄片、荧光薄片、扫描电镜、ECS 岩性扫描测井等资料，对该区岩性类型进行归纳及分类，识别有利甜点岩性，明确储层储集空间特征和成岩作用类型，为甜点分类及油层有效厚度下限标定奠定了坚实的地质基础。

1　地质概况

研究区位于柴达木盆地西部凹陷区大风山构造的西段，其北邻尖顶山油田，西为小梁山、南翼山油田，南为黄瓜梁构造(图 1)。根据区域沉积特征，结合地面地质调查及邻井钻探、地震资料分析，该区自上而下主要钻遇七个泉组(Q_{1+2})、狮子沟组(N_{23})、上油砂山组(N_{22})、下油砂山组(N_{21})、上干柴沟组(N_1)及下干柴沟组上段(E_{32})等6套地层。风西地区N_{21}沉积期，柴西北区整体为大型宽缓斜坡，主要发育咸水湖泊沉积，并长期处于半咸水-咸水环境。该时期来自阿尔金山前北东方向的牛鼻子梁物源逐渐萎缩，整体湖进砂退，浅-半深湖交互沉积。阵发性或季节性洪水流时常注入湖盆，将细粒的泥质和粉砂质带入该区，形成了以陆源碎屑岩夹薄层湖相碳酸盐岩为特征的混积型沉积，湖相碳酸盐岩与泥岩交互发育，泥坪和云坪微相沉积为主，N_{21}早中期藻坪微相发育程度相对较高。其中湖相碳酸盐岩储层在浅-半深湖高频震荡背景下多期叠置，从早期到晚期围绕湖盆中心迁移发育(图2)，横向上，湖相碳酸盐岩储层沿构造长轴方向(北西-南东向)延伸稳定。

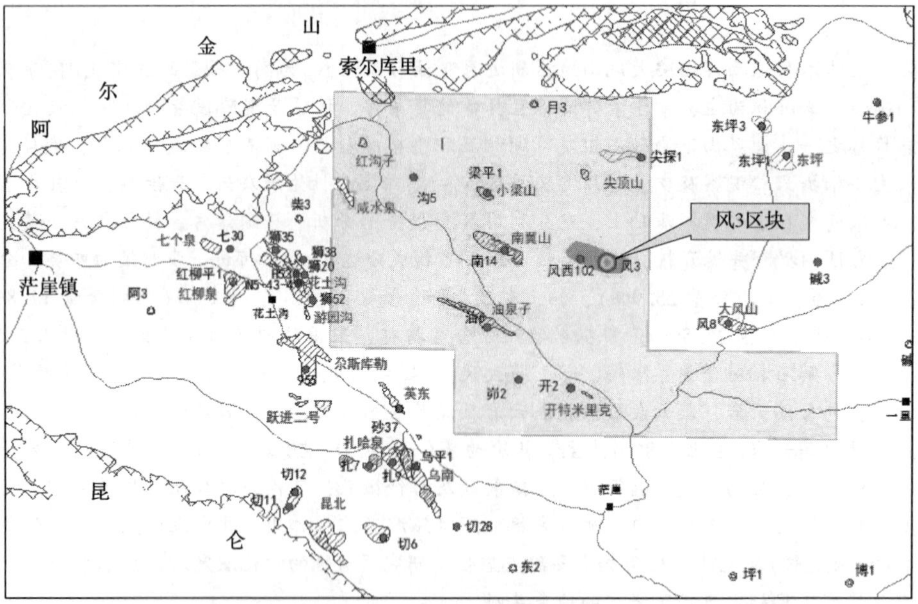

图1　大风山风3区块位置图

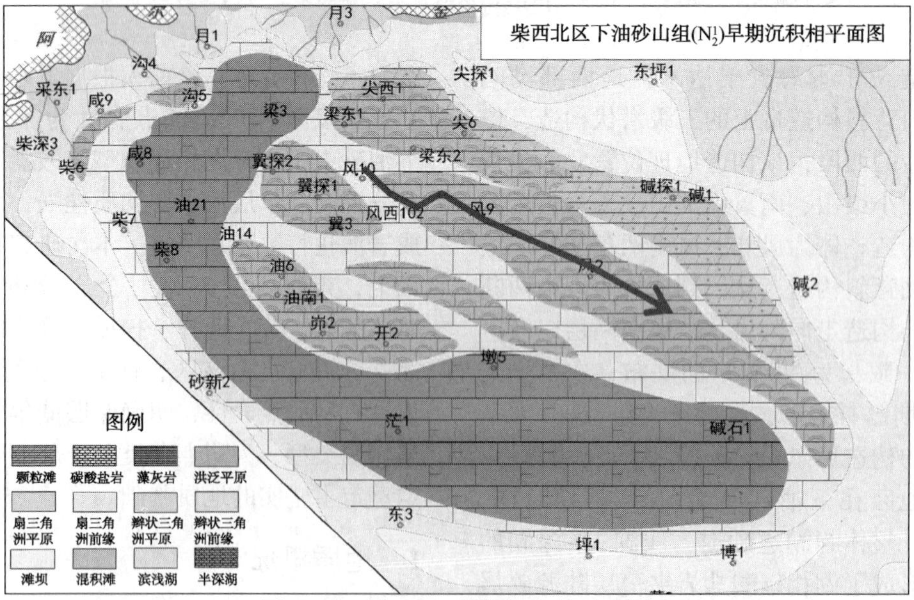

图2　柴西北区N_{21}早期沉积相平面图

2　储层矿物和岩石学特征

2.1　矿物组分

通过对风西地区N_{21}取心井岩心X衍射全岩分析数据统计，该区岩石矿物成分较为复杂，矿物多达23种，可分为盆外和盆内两大类。为便于岩石分类命名及研究工作，将矿物归为6类(图3)：陆源碎屑(石英、钾长石、钠长石、方英石、角闪石、普通辉石)、黏土矿物、方解石(方解石和文石)、白云石(白云石和铁白云石)、盐类矿物(石盐、重晶石、石膏、硬石膏、钙芒硝、无水芒硝)和其他。主要为 4 类：白云石(平均含量 26.5%)、碎屑矿物(平均含量 25.9%)、黏土矿物(平均含量 23.5%)和方解石(平均含量 17.8%)。

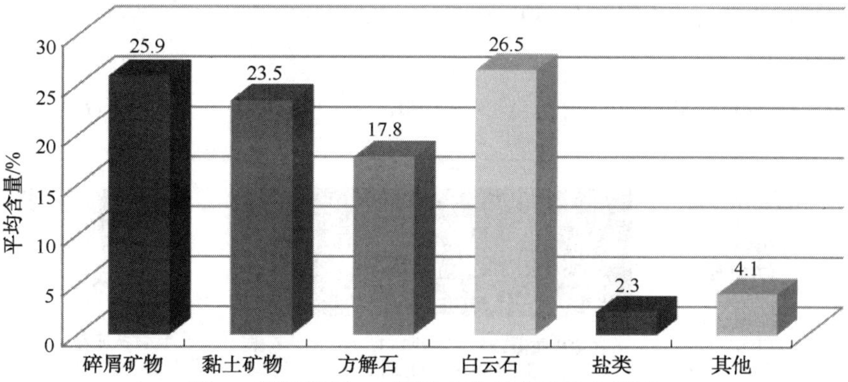

图 3　风西地区 N_{21} 储层矿物组分平均含量图

2.2 岩石类型

将陆源碎屑、黏土矿物和碳酸盐矿物含量作归一化处理(三者含量合计 100%)，投于三端元图上(图 4)。三角图中心附近的投点集中，三个端元含量相近的样品较多，混积岩特征明显。采用陆源碎屑、碳酸盐、黏土三端元分类，并考虑白云石和方解石相对含量，将风西 N_{21} 储层岩石分为 6 类(藻云岩、藻灰岩、泥晶云岩、泥晶灰岩、粉砂岩、泥岩)(图 4)。

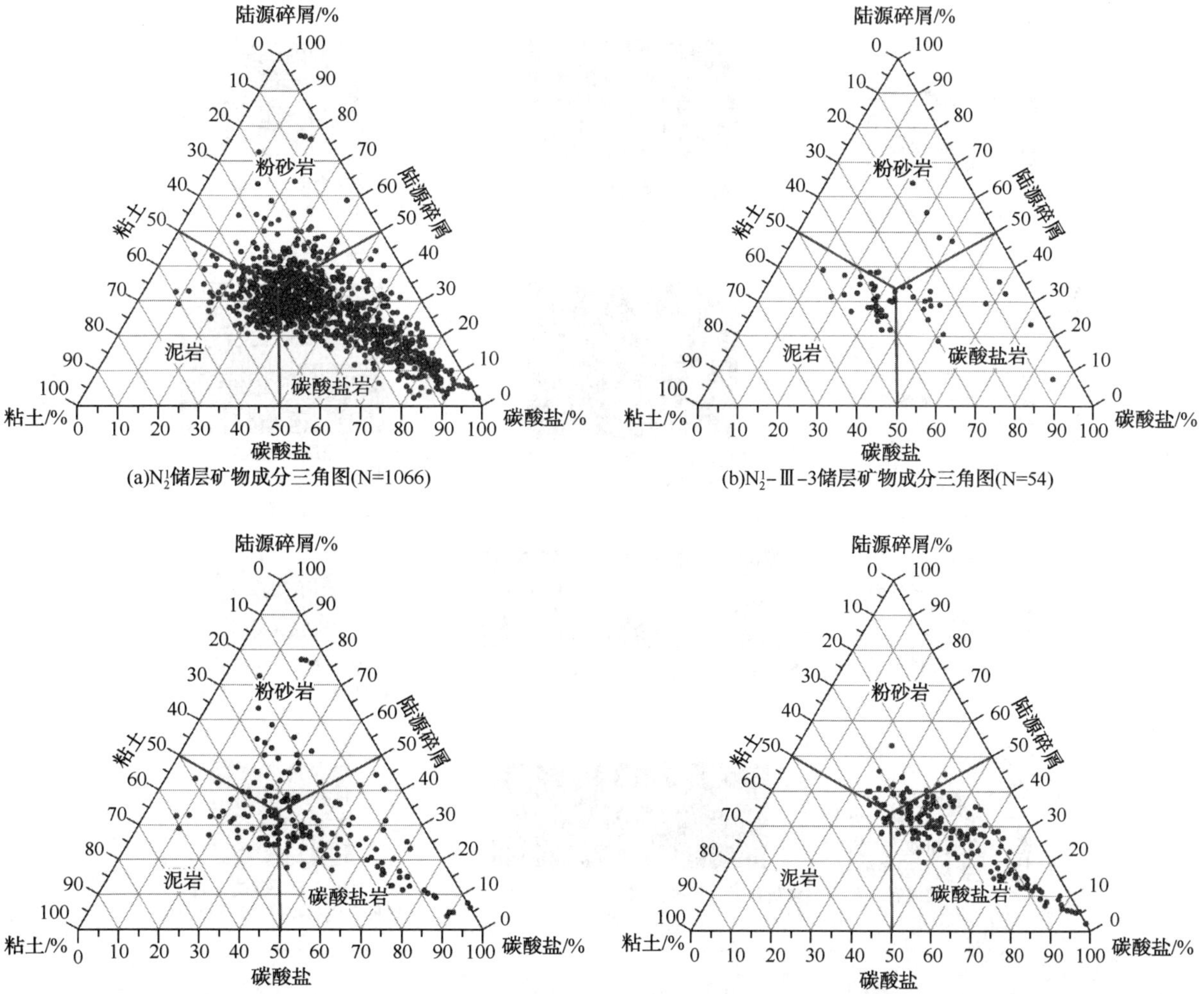

(a)N_2^1储层矿物成分三角图(N=1066)

(b)N_2^1–Ⅲ–3储层矿物成分三角图(N=54)

(c)N_2^1–Ⅳ–5储层矿物成分三角图(N=172)

(d)N_2^1–Ⅴ–5储层矿物成分三角图(N=175)

图 4　风西地区 N_{21} 储层矿物成分三角图(N=1066)

2.2.1　藻云岩

绿灰色，藻粘结结构、藻团块结构，叠层构造、块状构造，裂缝发育，岩心常破裂成碎块状（图5）。矿物成分以白云石（平均含量49.4%）为主，方解石（20.7%）为次，碎屑（12.2%）、黏土（8.9%）含量较低，此外还含有少量盐类矿物（5%）和其他矿物（3.8%）。

岩石类型	细分类型	岩心照片	岩石薄片
藻云岩	藻云岩(方解石≤10%) 含灰藻云岩(方解石10%～25%) 灰质藻云岩(方解石25%～35%)	 含膏灰质藻云岩，风西2-3，N_2^1-V-53341.98~3342.24m	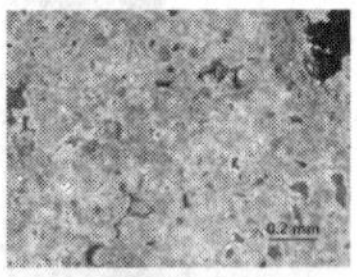 含膏灰质藻云岩 风西2-3，N_2^1-V-53342.14m
藻灰岩	藻灰岩(白云石≤10%) 含灰藻云岩(白云石10%～25%) 灰质藻云岩(白云石25%～35%)	 含云藻灰岩，风西4-3，N_2^1-V-52993.07~2993.29m	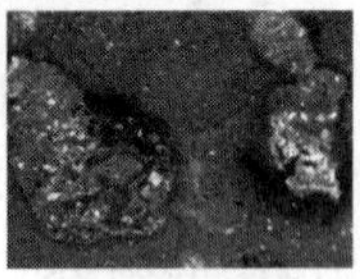 藻团块灰岩 风西103，N_2^1-V-23312.33m
泥晶云岩	泥晶云岩 含灰含粉砂泥晶云岩 泥质泥晶云岩	 泥晶云岩，风西2-3，N_2^1-V-53360.46~3360.64m	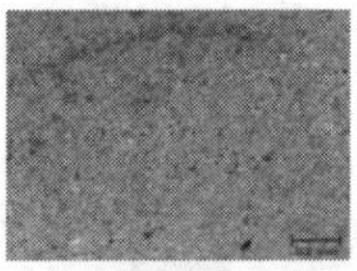 含灰含粉砂泥晶云岩 风西2-3，N_2^1-V-53360.52m
泥晶灰岩	泥晶灰岩 含云泥晶灰岩	 泥晶灰岩，风西2-3，N_2^1-V-53335.96~3336.21m	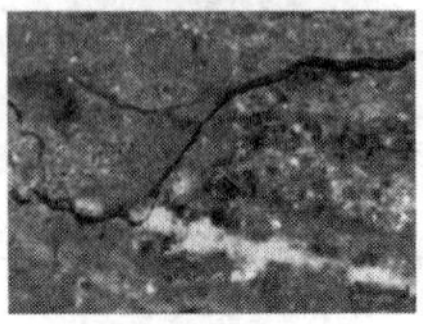 泥质泥晶灰岩 风103，N_2^1-V-23313.67m
粉砂岩	云质粉砂岩 泥质粉砂岩 含灰含云含泥粉砂岩	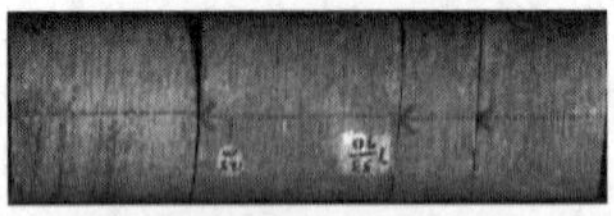 含云含灰泥质粉砂岩，风西2-3，N_2^1-V-63373.42m	 含灰含云含泥粉砂岩 风西103，N_2^1-V-23310.80m
泥岩	粉砂质泥岩 含云粉砂质泥岩 含灰粉砂质泥岩 含灰含云粉砂质泥岩	 含灰含云含粉砂泥岩。风西7-2，N_2^1-V-63385.31m	 含灰含云粉砂质泥岩 风西7-2，N_2^1-V-23267.38m

图5　风西 N_{21} 岩石划分类型

2.2.2　藻灰岩

绿灰色，藻粘结结构、藻团块结构。可含藻团块、内碎屑、生物化石和球粒等。叠层构造、块状构造，裂缝发育，岩心常破裂成碎块状(图5)。矿物成分平均含量以方解石为主(47%)，其次为白云石(23.9%)、碎屑矿物(11.9%)和粘土矿物(11.2%)，此外还含有少量盐类矿物(3.1%)和其他矿物(3%)。

2.2.3　泥晶云岩

灰色、深灰色，泥晶结构，偶见内碎屑、球粒和鲕粒等颗粒。块状层理、水平层理(图5)。白云石晶间孔广泛发育，孔径多小于1μm。矿物成分以泥晶白云石为主(平均含量40.7%)，混有粘土(平均含量16.8%)、粉砂(平均含量20.9%)和泥晶方解石(平均含量15.6%)，混合分散于泥晶白云石中，或呈条带与泥晶白云石组成纹层。粉砂和泥质则来源于周缘辫状河三角洲。

2.2.4　泥晶灰岩

灰色、深灰色，泥晶结构，块状构造(图5)。矿物成分以泥晶方解石为主(平均含量41.5%)，混有泥晶白云石(24.1%)、粉砂碎屑(18.1%)、粘土(10.7%)。

2.2.5　粉砂岩

灰色、深灰色，粉砂结构、泥质粉砂结构。水平层理、块状层理，常与泥质、泥晶白云石构造薄纹层。水平微裂缝发育(图5)。矿物成分以碎屑矿物粉砂为主(平均含量36.5%)，混有粘土(23.7%)、方解石(17.7%)和泥晶白云石(15.5%)。

2.2.6　泥岩

灰色、深灰色、灰黑色，泥质和粉砂泥质结构，水平层理发育。水平微裂缝发育(图5)。矿物成分以黏土为主(平均含量35%)，质不纯，含不等量的碎屑粉砂(26.9%)、白云石(16.5%)、方解石(15.6%)。

2.3　储层岩石类型分布

风西地区 N_{21} 储层岩石以泥岩、泥晶云岩、粉砂岩为主，占比分别为34.4%、28.3%、24.8%，藻云岩和藻灰岩占比较低，分别为8.8%和2.7%，泥晶灰岩占比仅占1%(图6)。

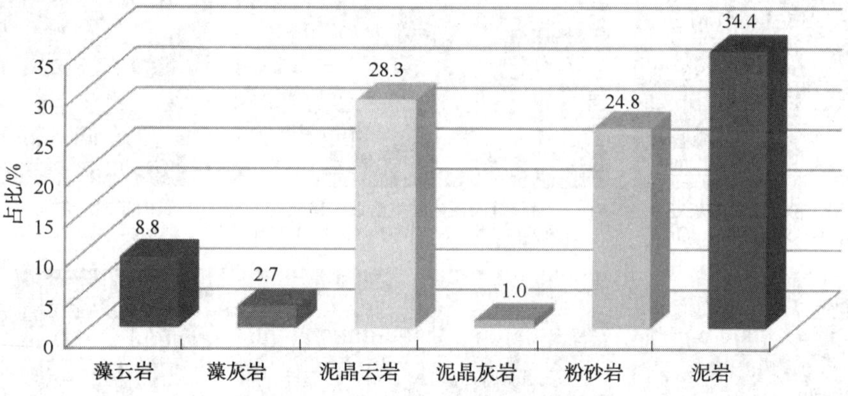

图6　风西地区 N_{21} 储层各类岩石占比

3　储层成岩作用

据岩心观察、铸体薄片鉴定、扫描电镜分析可知，西风地区 N_{21} 储层主要成岩作用类型有：白云石化作用、溶蚀作用、自生矿物充填作用和破裂作用。其中白云石化作用、溶蚀作用和破裂作用增加孔隙，为建设性成岩作用；自生矿物充填作用减少孔隙，为破坏性成岩作用。

3.1　白云石化作用

N_{21} 储层岩石普遍含白云石，白云石含量不等，最高达83.5%，平均26.5%。白云石化普遍，但程度不一。白云石为泥晶结构，扫描电镜下为半自形~自形菱面体晶形，晶间微孔发育(图7)。

湖相白云岩有4种成因模式：原生生物成因模式、准同生交代成因模式、热液交代成因模式以及热液喷流型原生白云石化成因模式。本区 N_{21} 白云石为准同生交代成因。在干旱蒸发环境下，湖盆水体咸化，发生准同生白云石化，白云石交代先前沉积的泥晶方解石和文石。本区 N_{21} 泥晶云岩是较为典型的准同生交代成因白云岩；藻云岩中藻体白云石化作用，与藻类有关；藻体间灰泥白云石化，则为准同生交代成因。藻灰岩白云石含量及白云石化程度不同，物性有差异。

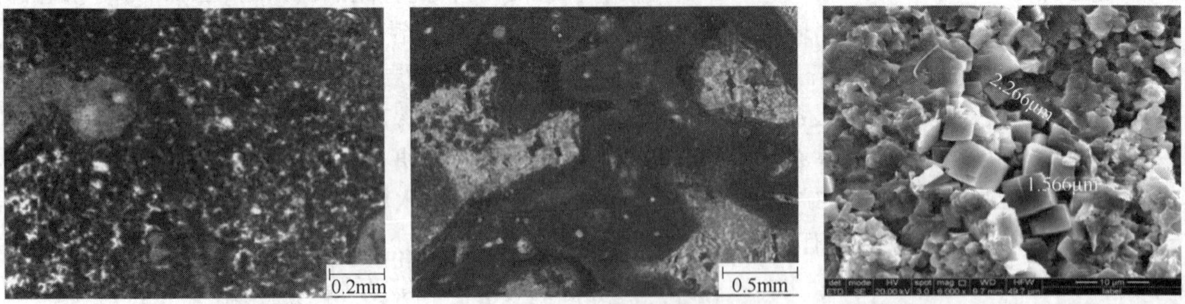

藻体未白云石化，藻体间灰泥白云石化 风西103井，云质藻灰岩，N_2^1–V–2，3323.15m　　藻体未白云石化，藻体间灰泥白云石化 风西103井，云质藻灰岩，N_2^1–V–2，3323.15m　　半自形~自形菱面体白云石风西2–3井，灰质藻云岩，N_2^1–V–5–3，3347.91m

图 7　白云石化作用

3.2　溶蚀作用

$N_2{}^1$ 储层岩石溶蚀作用较为普遍，有两种类型：①准同生期大气淡水溶蚀：湖平面频繁震荡，当湖平面下降时，藻灰岩在湖平面附近，遭受大气淡水溶蚀淋滤，在藻格架孔的基础上，形成大量溶孔和溶缝。蒸发作用咸化水白云石化，同时沉淀石膏等盐类矿物，充填溶孔和溶缝。据薄片观察，藻灰岩和藻云岩虽然有大量溶孔，但绝大多数都被硬石膏、亮晶方解石和沸石等自生矿物充填。②埋藏成岩期有机酸溶蚀；当 $N_2{}^1$ 储层埋藏进入中成岩 A 期，有机质半成熟~成熟，产生的有机酸对方解石、白云石等矿物溶蚀，形成藻内溶孔和白云石晶间溶孔(图 8)。

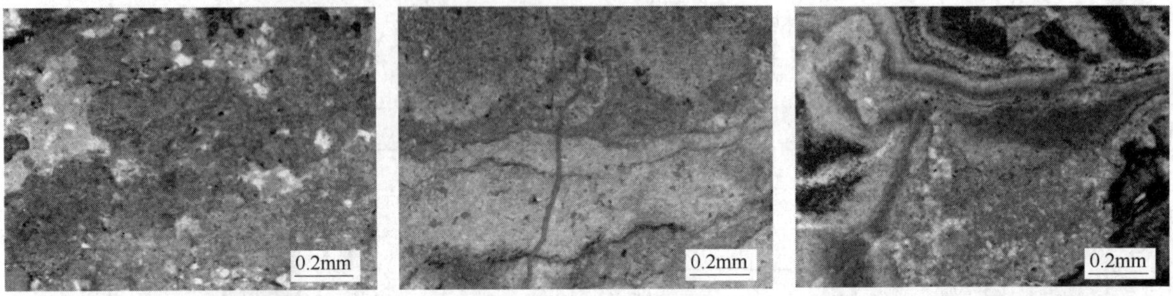

藻内溶蚀。含泥含粉砂云质藻灰岩 风西4–3井，N_2^1–Ⅳ–5–3，3002.26m　　沿裂缝及藻内发生溶蚀。藻云岩 风西4–3井，N_2^1–Ⅳ–5–3，3001.74m　　藻内溶蚀。含泥含粉砂云质藻灰岩 风西4–3井，N_2^1–Ⅳ–5–3，3000.60m

白云石溶蚀。含泥含粉砂泥晶云岩 风西7–2井，N_2^1–V–2，3283.98m　　白云石溶蚀。含灰含泥含粉砂泥晶云岩 风西7–2井，N_2^1–V–2，3271.05m　　溶缝及白云石晶间溶蚀。粉砂质泥晶云岩 风西103井，N_2^1–V–2，3311.39m

图 8　溶蚀作用

3.3　自生矿物充填作用

自生矿物充填作用广泛而强烈(图 9)。充填作用主要发生在藻灰岩和藻云岩中。最常见的是硬石膏充填藻格架孔和藻内溶孔，其次是方解石充填藻内溶孔和溶缝、裂缝。偶见沸石充填藻内溶孔。还见钙质粉砂岩中方解石和硬石膏胶结。

3.4　破裂作用

破裂作用形成微裂缝(图 10)。泥岩和粉砂岩中多为水平缝。藻云岩、藻灰岩中多为网状缝，岩心常见藻云岩破裂成碎块状。

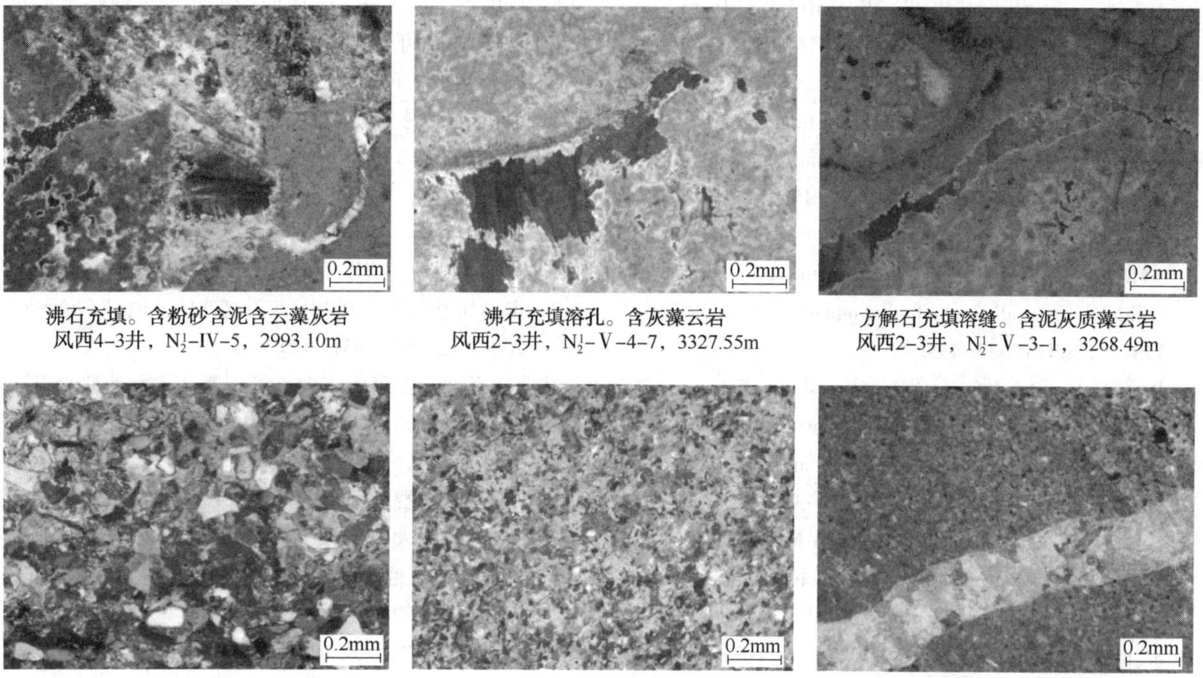

沸石充填。含粉砂含泥含云藻灰岩
风西4-3井，N_2^1-IV-5，2993.10m

沸石充填溶孔。含灰藻云岩
风西2-3井，N_2^1-V-4-7，3327.55m

方解石充填溶缝。含泥灰质藻云岩
风西2-3井，N_2^1-V-3-1，3268.49m

硬石膏胶结。含膏极细细粒岩屑长石砂岩
风6井，N_2^1-IV-5，3046.05m

方解石胶结。含云灰质粉砂岩
风西103井，N_2^1-V-2，3321.55m

方解石充填裂缝。含灰含粉砂泥晶云岩
风西2-3井，N_2^1-V-3-6，3291.01m

图 9　自生矿物充填作用

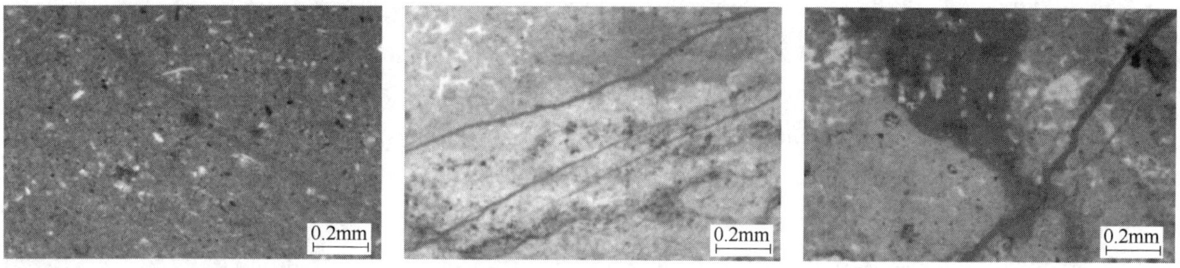

破裂作用。含灰含粉砂含泥晶云岩
风西2-3井，N_2^1-V-4-7，3324.36m

破裂作用。含泥灰质藻云岩
西2-3井，N_2^1-V-3-1，3269.11m

破裂作用。灰质藻云岩
风西2-3井，N_2^1-V-3-1，3269.33m

图 10　破裂作用

4　结论

（1）本研究利用X衍射全岩分析、普通薄片、铸体薄片、荧光薄片、扫描电镜、ECS岩性扫描测井等资料，将柴西北大风山地区新近系下油砂山组（N_{21}）湖相致密碳酸盐岩归纳为四类，分别为陆源碎屑（石英、长石等，平均含量25.9%）、黏土矿物（平均含量23.5%），方解石（平均含量17.8%）、白云石（含铁白云石，平均含量26.5%）。根据陆源碎屑、碳酸盐、黏土三端元分类，并考虑白云石和方解石相对含量界限（30%），将大风山 N_{21} 致密碳酸盐岩储层岩石类型分为6类，包含藻云岩、藻云灰岩、泥晶云岩、泥晶灰岩、粉砂岩及泥岩。该区有利甜点岩性以藻云岩（占比8.8%）为主，其次为藻（云）灰岩（占比2.7%），泥晶云岩虽然物性较差但占比高（28.3%），且局部发育晶间微孔、微裂缝及溶蚀微孔，可作为次级甜点岩性类型。

（2）该区成岩作用类型主要包括准同生白云石化、自生矿物充填、压实压溶及溶蚀作用，其中准同生白云石化作用形成了该区藻云岩（藻云灰岩）及泥晶云岩两类主要甜点岩性。储层储集空间以藻格架孔，藻内溶孔及白云石晶间微孔为主，偶见有微裂缝，白云石化作用、溶蚀作用是使储集性变好的主要成岩作用类型。本研究为优化柴西北大风山下油砂山组致密油藏甜点分类和非均质性表征提供了坚实的地质基础。

参　考　文　献

[1] Bruckner W D. Cyclic calcareous sedimentation as an in-

dex of climatic variations in the past[J]. Journal of Sedimentary Petrology, 1953, 23(4): 235-237.

[2] Button A, Vos R G. Subtidal and intertidal clastic and carbonate sedimentation in a macrotidal environment: an example from the lower Proterozoic of South Africa [J]. Sedimentary Geology, 1977, 18(1/2/3): 175-200.

[3] Mount J F. Mixing of siliciclastic and carbonate sediments in shallow shelf environments[J]. Geology, 1984, 12(7): 432-435.

[4] Brett C E, Baird G C. Carbonate-shale cycles in the Middle Devonian of New York: An evaluation of models for the origin of limestones in terrigenous shelf sequences [J]. Geology, 1985, 13(5): 227-31.

[5] García-Hidalgo J F, Gil J, Segura M, et al. Internal anatomy of a mixed siliciclastic-carbonate platform: the Late Cenomanian -Mid Turonian at the southern margin of the Spanish Central System[J]. Sedimentology, 2007, 54(6): 1245-1271.

[6] 杨朝青，沙庆安．云南曲靖中泥盆统曲靖组的沉积环境：一种陆源碎屑与海相碳酸盐的混合沉积[J]．沉积学报，1990，8(2)：59-66.

[7] 沙庆安．混合沉积和混积岩的讨论[J]．古地理学报，2001，3(3)：63-66.

[8] 张雄华．混积岩的分类和成因[J]．地质科技情报，2000，19(4)：31-34.

[9] 董桂玉，陈洪德，何幼斌，等．陆源碎屑与碳酸盐混合沉积研究中的几点思考[J]．地球科学进展，2007，22(9)：931-939.

[10] 禚喜准，王琪，张瑞，等．柴达木盆地北缘下干柴沟组下段湖相混合沉积发育特征及其对储层的影响[J]．沉积学报，2013，31(4)：724-729.

[11] 丁一，李智武，冯逢，等．川中龙岗地区下侏罗统自流井组大安寨段湖相混合沉积及其致密油勘探意义[J]．地质论评，2013，59(2)：389-400.

[12] 王杰琼，刘波，罗平，等．塔里木盆地西北缘震旦系混积岩类型及成因[J]．成都理工大学学报(自然科学版)，2014，41(3)：339-346.

自动矿物学分析技术在致密砂岩储层中的研究与应用

田伟志[1,2]　殷黎明[1,2]　苏伟明[1,2]　杨　光[1,2]　段志勇[1,2]　张　哲[2]

（1. 中国石油天然气集团有限公司录井技术研发中心；2. 中国石油集团长城钻探工程有限公司录井公司）

摘　要　鄂尔多斯盆地上古生界二叠系为大型河流-三角洲沉积体系，主要含气层段为石盒子组盒 8 段，砂体纵向上多期叠加，横向上复合连片，规模较大，含气性较好，是勘探的有利目标区。但受限于三角洲平原分流河道沉积体系，河道相砂体具有较强的非均质性，砂体易尖灭，这给水平井施工带来了很多的不确定性，直接给储层评价带来了困难，制约了气藏的高效开发。本次研究依靠岩矿扫描技术，选取 Y10-H2 井、Y12-H7 井相同层位的岩屑样品进行了系统采集与测试，定量获取了上述二井的矿物、孔缝数据，并在前人致密砂岩力学建模研究结果的基础上获取了水平井筒的岩石力学数据。通过矿物、物性及岩石力学对两口井的储层进行了对比和初步评价，结合录井含气性数据，建立了本区块储层性质评价标准，采用数学加权的方法实现了单井储层综合评价。在储层评价的基础上对 Y12-H7 井水平段进行了压裂分段和簇点的优化，进一步促进了该平台致密砂岩气的产能提升。

关键词　自动矿物学；岩矿扫描；致密砂岩；储层评价；压裂段簇优化

目前，非常规油气产量占全球油气总量的比例已达 10%，并且有逐年上升的趋势。致密砂岩气储层，通常是指岩性致密，且具有低孔隙度、低-特低渗透率的砂岩储层，无自然产能，需通过大规模体积压裂或特殊工艺才能开采出的天然气藏。据 2021 年不完全统计，全球范围内非常规天然气资源量 921 万亿 m^3，其中，致密砂岩气 210 万亿 m^3，占非常规天然气总资源的 23%，已成为重要的能源战略资源。中国致密砂岩气勘探开发起步较晚，资源空间分布不均匀，主要分布在我国西部地区。近期数据表明，中国致密砂岩气预计可采储量约为 10 万亿 m^3，据中国工程院测算，2030 年前，中国致密砂岩气储量将保持现有的稳定增长趋势，致密砂岩气产量预计可达 800～1200 亿 m^3，成为我国天然气增储上产的重要支柱。

随着勘探手段的不断进步，在鄂尔多斯盆地上古生界二叠系石盒子组及山西组致密砂岩勘探相继取得了一系列进展，探明了例如苏里格、靖边等大型气田。上述大型气田的发现见证了中国致密砂岩气勘探理论及方法上的进步。但随勘探开发的不断深入，发现该类型气藏在物性和展布上存在着较强的非均质性。特别是盒 8 储层，其分布与河道砂体的发育程度密切相关，这就给勘探，特别是水平井施工带来了难度及不确定性。因此，需要在现有地质研究的基础上进一步进行深入探索，加强对二叠系河道砂体的研究，以便对其进行有效的地质评价。

本文以 Y10-H2、Y12-H7 井盒 8 段储层岩石样品为研究对象，利用岩矿扫描技术这一新兴自动矿物学分析手段，对储层的岩石矿物、物性及力学特征进行了分析与研究，实现了致密砂岩储层的综合评价和压裂段簇优化，为该区致密气勘探开发奠定了坚实的地质基础。

1　简介

1.1　岩矿扫描录井技术

岩矿扫描录井技术是一种自动矿物学分析技术，通过扫描电镜和能谱仪的结合，对岩石样品进行全自动面扫分析，定量获取组成岩石的矿物含量、孔隙度及孔隙结构特征，进而获取岩石力学参数的一项实验室分析技术，主要应用于岩石属性识别，非常规储层甜点识别与评价，水平井地质导向，压裂方案优化等研究领域，目前已成为非常规油气储层六性评价不可或缺的重要组成。

1.2　区域构造背景

鄂尔多斯盆地位于华北地块西部，是一个稳定沉降、坳陷迁移、扭动明显的多旋回克拉通盆地，经历了中、晚元古代坳拉谷阶段、早古生代浅海台地阶段、晚古生代滨海平原阶段、中生代内陆盆地阶段以及新生代盆地周边断陷阶段五大发展阶段，最终形成了现今古生代-中生代大型复合的含油气盆地。鄂尔多斯盆地现今构造格局始于燕山运动中期，定型于喜山运动。现今构造面貌为一南北翘起、东翼缓而长、西翼短而陡的不对称向斜。依据现今构造特征，盆地内划分为六大二级构造单元，即伊盟隆起、伊陕斜坡、天环坳陷、晋西挠褶带、西缘冲断带和渭北隆起（图 1）。Y10 井区位于鄂尔多斯盆地伊陕斜坡西北侧，盒 8 段顶部构造图展示该区构造形态为一由北东向西南倾斜的单斜构造，地层倾角较大，且地震资料显示与 Y12 井区间有一组正断层穿过，导致含气砂体厚度分布不均匀。

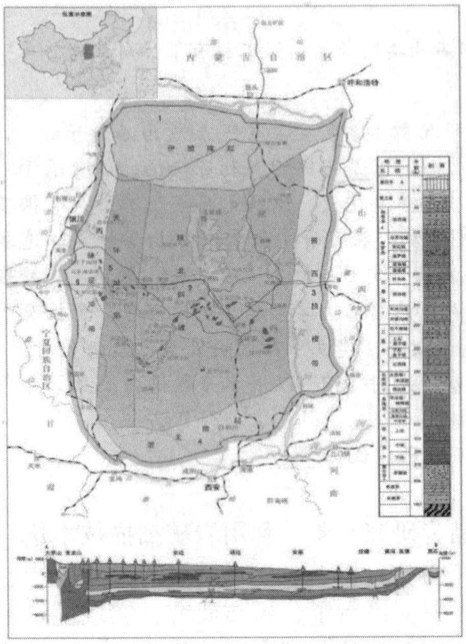

图 1　鄂尔多斯盆地大地构造及地层格架图

2　样品分析

本次分析的样品来同一平台的 Y10-H2 井以及 Y12-H7 井盒 8 段钻井岩屑样品，严格按照《QSY GWDC 1271—2022 岩矿扫描录井技术规范》进行过程管控，按照标准要求进行了样品筛选、树脂包埋、抛光、烘干、镀碳及扫描，获取了上述两口井的基础数据，共计分析样品 361 样次(图 2)，样品信息见表 1。

图 2　烘干加热台上的部分岩屑样品

表 1　岩矿扫描录井样品分析统计表

井名	层位	取样井段	样品类型	取样间距	分析点数
Y10-H2	盒 $8_{下2}$	4171～5034m	岩屑	3m/点 6m/点	262
Y12-H7	盒 $8_{下2}$	2724～3960m	岩屑	2～8m/点	182

3　技术应用

3.1　*矿物分析与评价*

通过分析，两口井的矿物种类基本一致，但 Y10-H2 井(图 3)水平段砂体中石英含量更高，明显要好于 Y12-H7 井(图 4)。

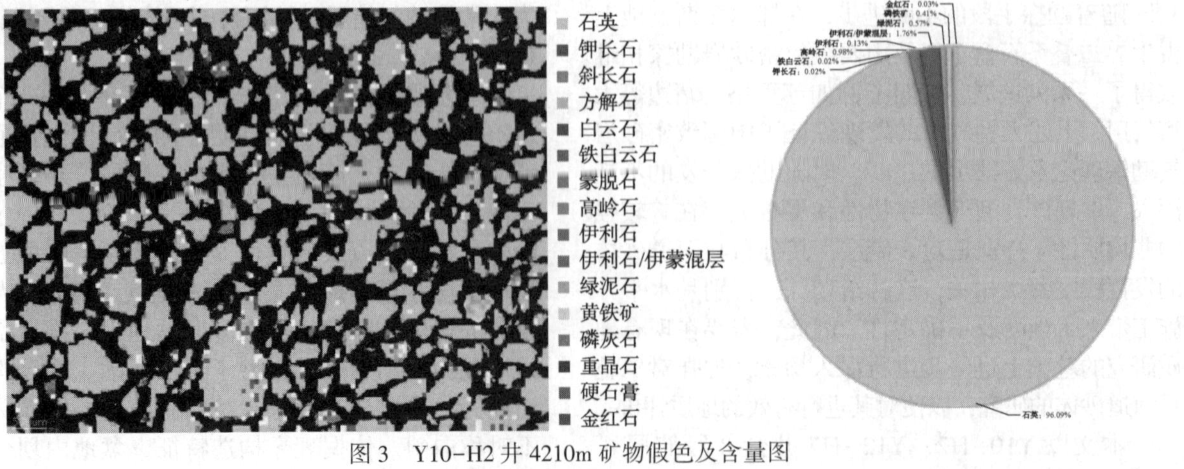

图 3　Y10-H2 井 4210m 矿物假色及含量图

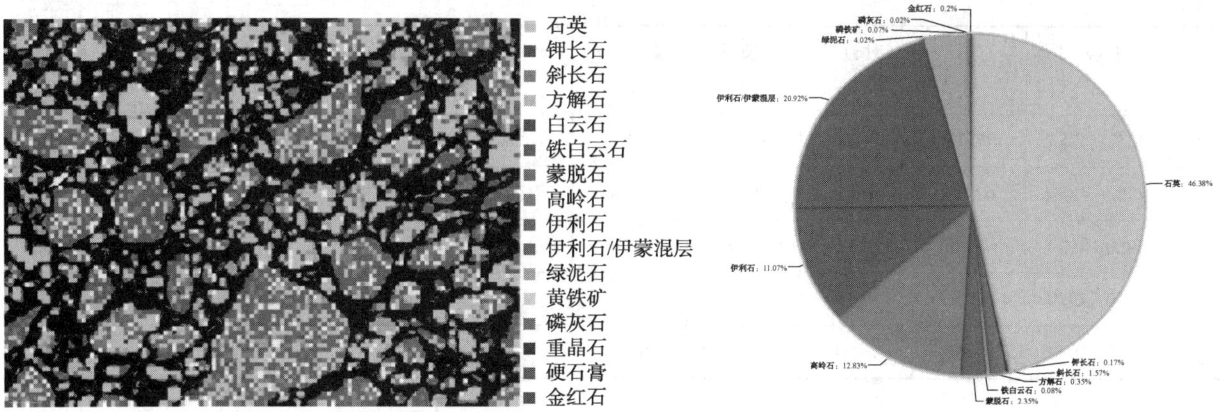

图 4　Y12-H7 井 2936m 矿物假色及含量图

下面以 Y10-H2 井为例，对该井水平段矿物进行进行评价，如图 5 所示，本井水平段根据矿物种类及含量的变化，可划分为硅质相(高石英段)、黏土质相(高黏土段)以及石英黏土相混合相。

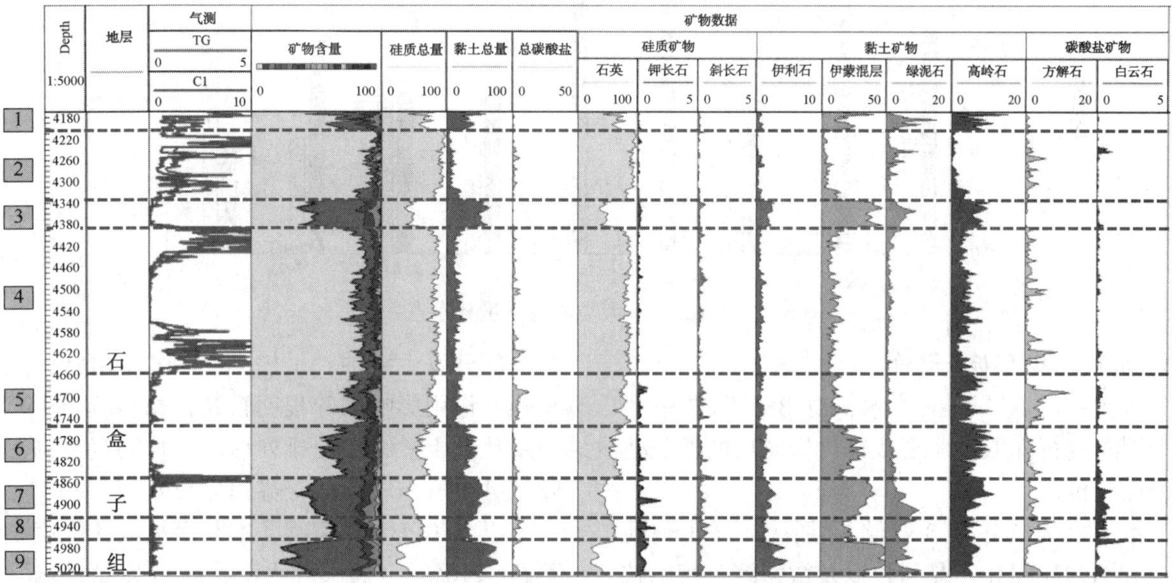

图 5　Y10-H2 井矿物含量分布图

其中，硅质相(第 2、第 4、第 5 段)以硅质矿物石英为主，石英+长石含量普遍大于 70%(表 2)，而粘土矿物主要以胶结物的形式存在，含少量碳酸盐岩；黏土质相(第 3、第 7、第 9 段)黏土矿物含量普遍大于 65%，硅质矿物含量≤30%，碳酸盐矿物几乎不发育；石英黏土混合相(第 1、第 6、第 8 段)：石英及黏土矿物二者含量接近，或石英含量略高于黏土矿物含量，多由调整轨迹造成。

表 2　Y10-H2 井分段矿物均值统计表

分段	井段/m	石英/%	钾长石/%	斜长石/%	高岭石/%	伊利石/%	伊蒙混层/%	绿泥石/%	方解石/%	白云石/%
1	4171~4203	65.06	0.08	0.12	7.14	0.61	20.58	5.50	0.34	0.03
2	4203~4337	90.07	0.05	0.07	1.38	0.37	4.83	1.71	0.99	0.08
3	4337~4382	44.16	0.19	0.22	7.64	2.11	39.70	4.71	0.14	0.11
4	4382~4653	82.53	0.06	0.18	4.02	0.71	9.56	1.13	1.35	0.08

续表

分段	井段/m	石英/%	钾长石/%	斜长石/%	高岭石/%	伊利石/%	伊蒙混层/%	绿泥石/%	方解石/%	白云石/%
5	4653~4753	77.11	0.18	0.29	5.51	0.82	11.28	0.87	3.35	0.18
6	4753~4850	62.33	0.15	0.31	7.19	1.40	24.46	1.97	1.48	0.16
7	4850~4920	45.79	0.38	0.38	7.74	1.98	34.99	5.01	1.86	0.55
8	4920~4970	60.56	0.51	0.53	5.37	1.43	21.02	5.52	3.27	0.65
9	4970~5034	32.58	0.50	0.32	6.09	3.05	48.35	6.07	1.89	0.24

通过数理统计分析，第 2、第 4、第 5 段硅质矿物含量均值>75%，粘土矿物含量均值<20%，具有较好的矿物特征，如图 6 所示。

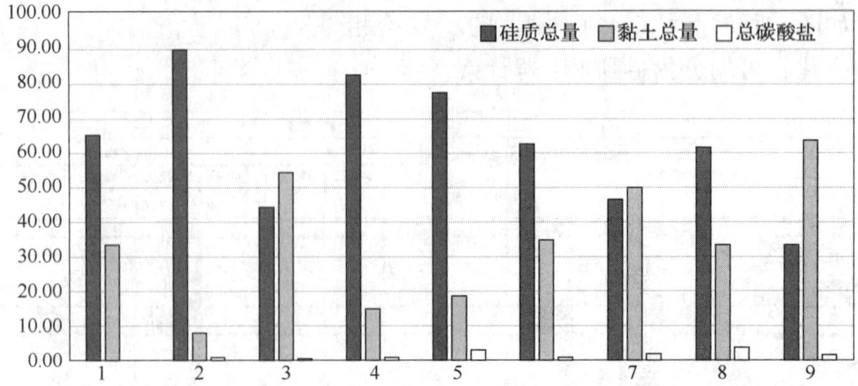

图 6　Y10-H2 井三大类矿物含量分布直方图

3.2　孔隙类型分析与评价

本次利用岩矿扫描技术，对 BSE 图像中孔隙和裂缝进行提取，实现致密砂岩储层的微观孔隙结构评价。

本平台两口井盒 8 段储层主要发育 3 种孔隙，分别为粒间孔、晶间孔以及微裂缝。其中粒间孔(图 7)多见于碎屑颗粒周围，多由石英颗粒自身或与黏土矿物胶结构成；而晶间孔(图 8)多见于胶结较好石英颗粒晶体周围，石英晶型较明显，部分发生溶蚀，呈棱角状-次棱角状，受钻头碎岩作用影响破碎程度较高；微裂缝(图 9)多为层状黏土矿物定向排列形成的片间缝，高黏土段及黏土段与石英段交界面处较发育。

以 Y10-H2 井为例，本井水平段孔隙度整体不高(<10%)，储层较致密，高石英段普遍孔隙度较高，高黏土段孔隙度则呈现出较低的趋势。本次针对气测显示好的 4 段砂体(图 10)的孔隙度进行了统计见表 3。

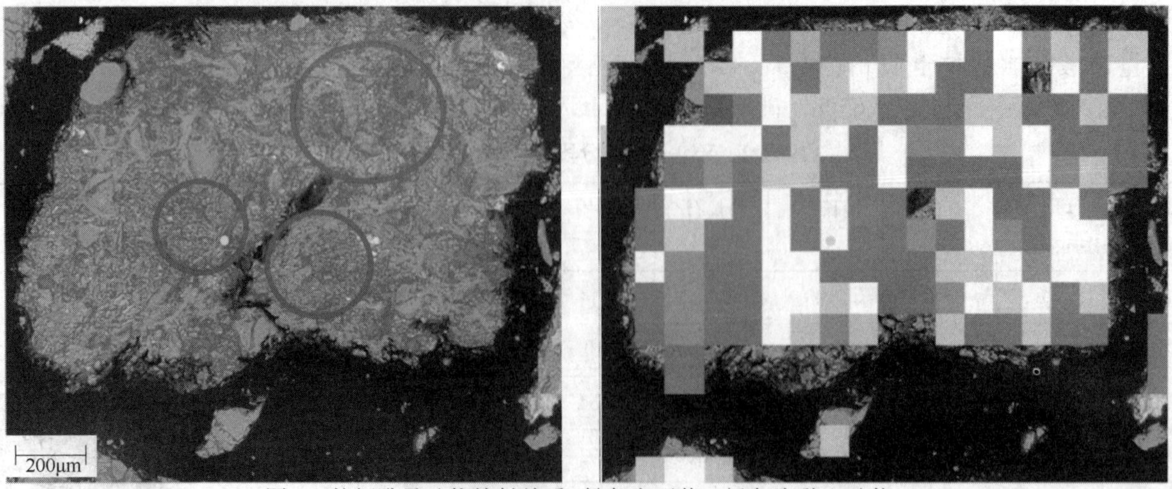

图 7　粒间孔及矿物接触关系(粉色为石英，绿色为黏土矿物)

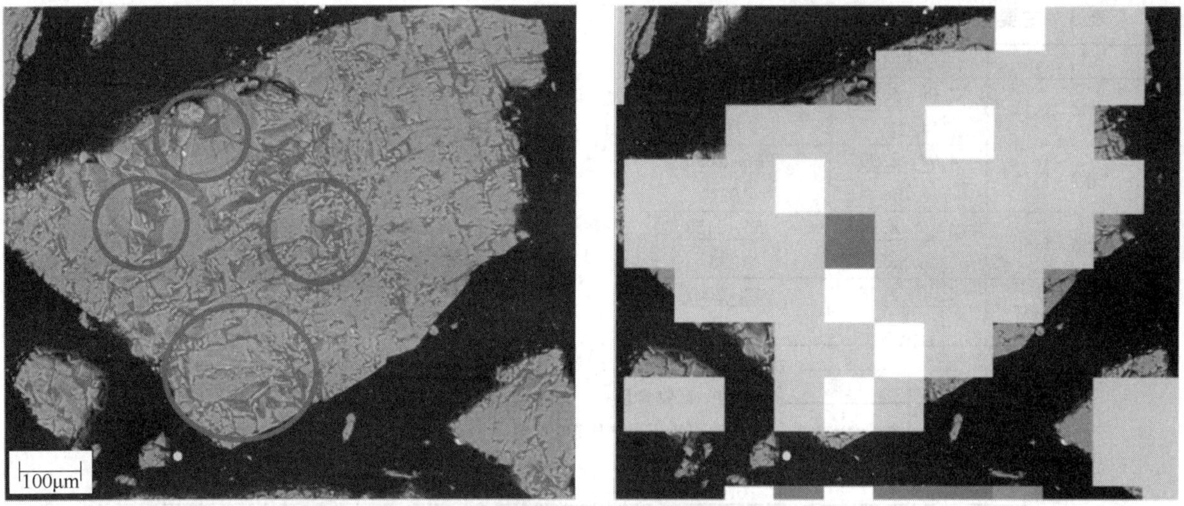

图 8　石英晶间孔

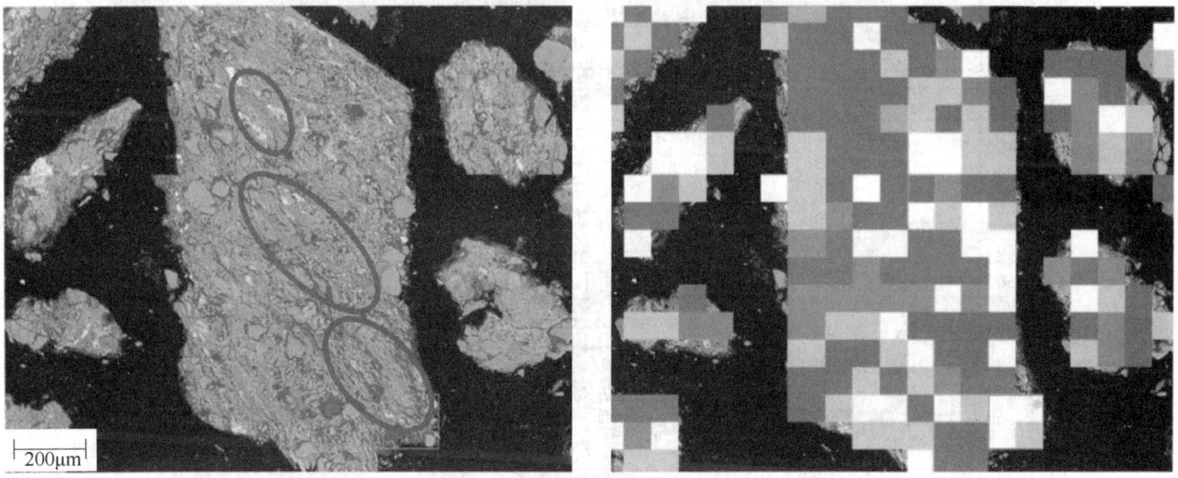

图 9　黏土矿物片间缝

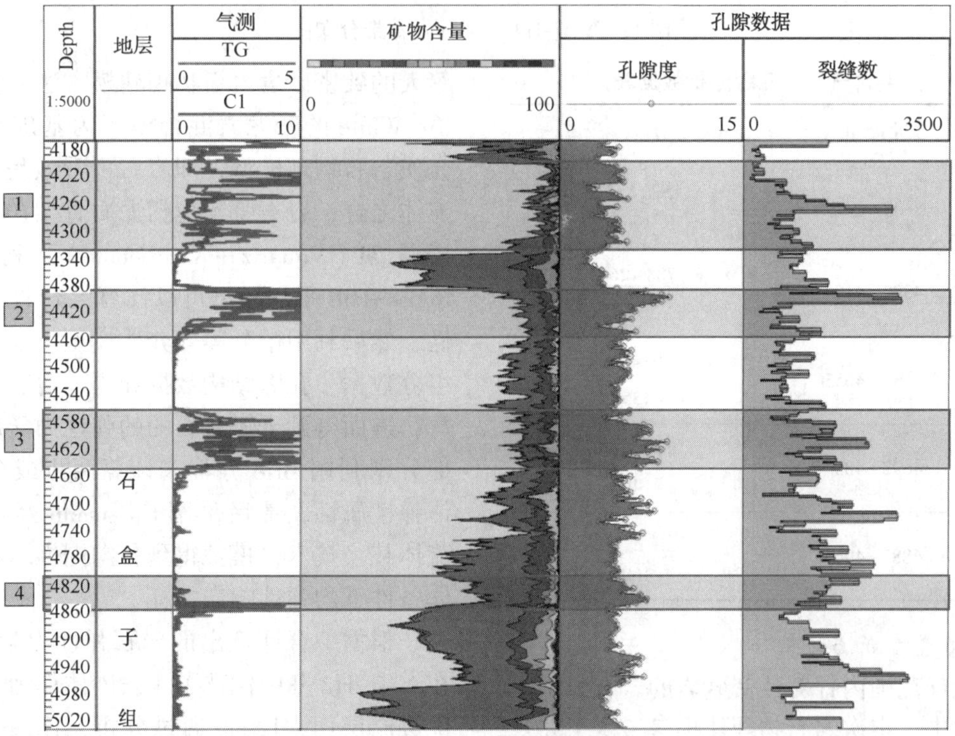

图 10　Y10-H2 井孔隙裂缝分布图

表 3　主要含气砂体孔缝分析数据表

砂体	井段/m	孔隙度/%	裂隙数/(cm²/条)
1	4204~4324	2.08~5.61/4.21	108~2544/712
2	4387~4435	4.75~8.99/6.49	266~2696/1034
3	4566~4650	3.77~8.86/6.56	455~2153/1233
4	4815~4857	4.40~7.26/5.74	913~2002/1361

此外，本井水平段高黏土段及黏土石英交界面的裂缝较为发育，为天然薄弱面，压裂施工时可选择裂缝发育处进行射孔压裂，有利于造缝以及单向裂缝的延展，沟通水平段轨迹上下含气砂体，在此基础上找出了 5 处裂缝发育带(图 11)，并进行了统计(表 4)，供完井压裂射孔参考。

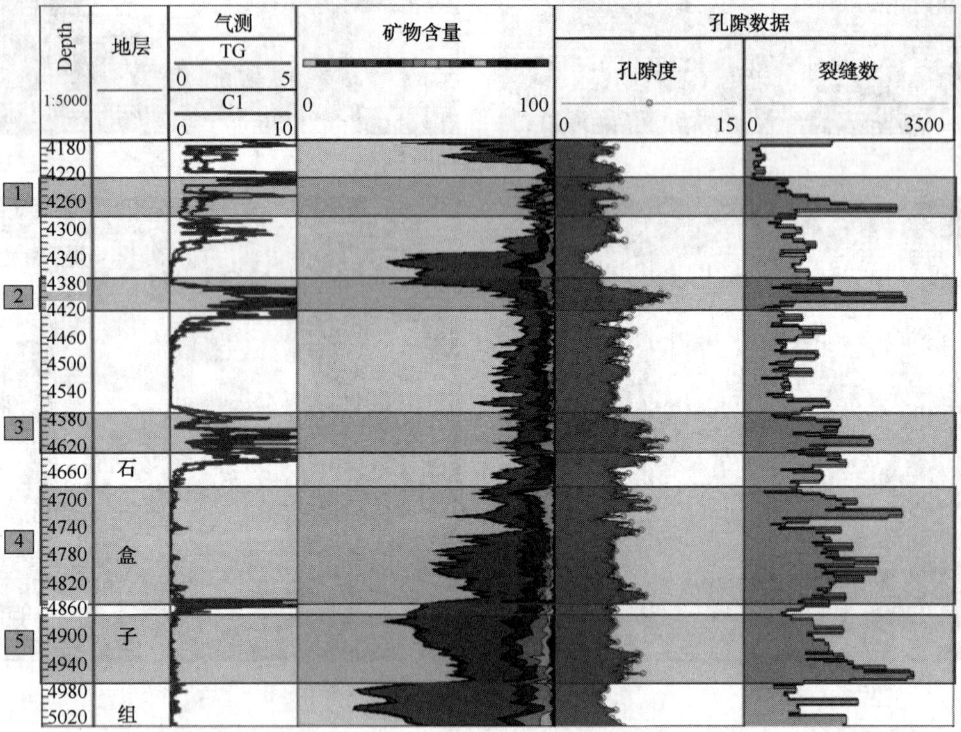

图 11　Y10-H2 井裂缝发育带分布图

表 4　主要含气砂体孔缝分析数据表

砂体	井段/m	裂隙数/(cm²/条)
1	4255~4270	1058~2544/1540
2	4390~4405	788~2696/1869
3	4584~4653	710~2153/1355
4	4692~4857	442~2640/1408
5	4887~4965	1027~2848/1695

3.3　岩石力学分析与评价

目前全球范围内针对致密砂岩的岩石力学模型仍在探索中，本次岩石物理建模参考了王大兴等人的致密砂岩岩石物理建模方法，该方法选择 Xu-White 的砂泥岩混合模型为基础来建立有效介质岩石物理模型，即岩石可看做是岩石骨架和流体之合，岩石骨架包括泥质骨架(Vshale)和砂岩骨架(Vquartz + Vcarbonate)，利用 Voigt-Reuss-Hill 平均模型可以计算混合骨架的弹性属性，然后利用微分等效介质模型将盒 8 骨架矿物组分数据、孔隙结构数据加入，再次进行混合计算，进而得到干燥岩石的的弹性力学属性；流体部分则利用 Brie 方程来计算两相或多相混合流体弹性属性，最后采用 Gassmann 经典方程中的流体替换技术，模拟得到各向同性岩石在饱含流体条件下的弹性响应特征 .

根据拟合计算出的岩石弹性力学参数结果，在 Y10-H2 井中优选了 4 段砂体作为本井的力学优势储层(图 12)，通过分析、比对，4 段砂体砂体普遍具有高脆性、中高波速、高杨氏模量和低泊松比的特征，且破裂压力相比于高黏土部位相对较低，有利于压裂施工。

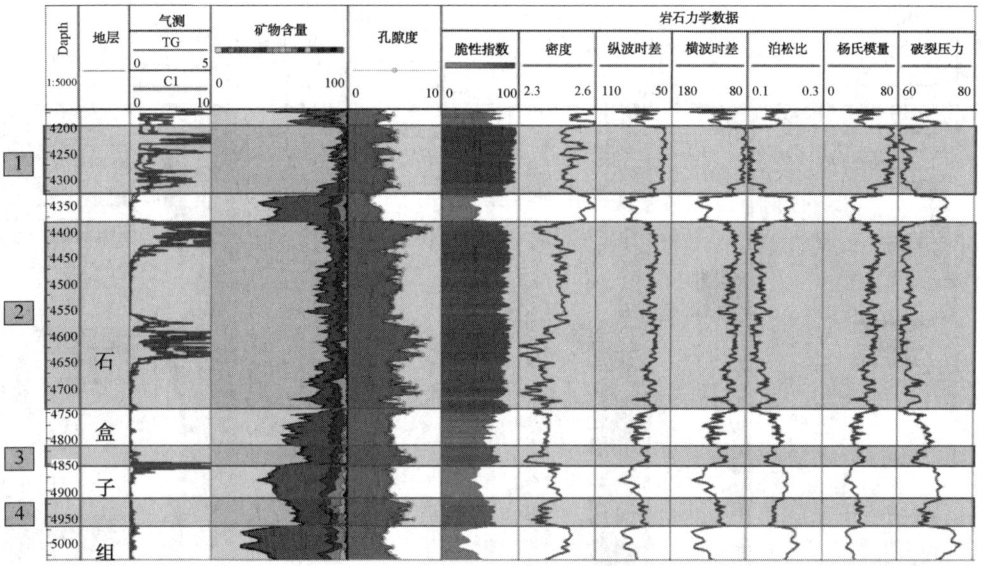

图 12　Y10-H2 井水平段岩石力学评价图

3.4　储层综合评价

根据前期研究结果，结合区域地质资料，优选矿物、物性、力学、含气性参数作为致密砂岩储层敏感因子，利用数学加权的方法(公式 1)进行致密砂岩综合品质求取，并建立本井储层评价标准(表 4)，实现水平段储层优选，为试油气设计大段划分提供数据支撑。

$$致密砂岩储层品质=\sum 参数权重*数值权重 \tag{1}$$

公式 1　致密砂岩储层品质计算

表 5　储层品质划分标准

储层类别	矿物		物性		力学		含气性
	石英/%	黏土矿物/%	孔隙度/%	裂缝数/(cm^2/条)	杨氏模量/Gpa	泊松比	气测全烃/%
权重系数	0.2	0.1	0.1	0.15	0.1	0.1	0.25
1.0	>85	<15	>6.0	>1350	>60	<0.15	>3.0
0.7	70~85	15~30	5.0~6.0	750~1350	40~60	0.15~0.18	1.0~3.0
0.5	<70	>30	<5.0	<750	<40	>0.18	<1.0

根据上表进行权重计算，给出了该平台储层品质(CQ)评价标准，其中：Ⅰ类储层 CQ>0.70(对应测井解释气层)；Ⅱ类储层 CQ 区间为 0.50~0.70(对应测井解释差气层)；Ⅲ类储层 CQ<0.50(对应测井解释干层或未解释层)。

按照以上评价标准，Y10-H2 井共解释出Ⅰ类、Ⅱ类、Ⅲ类层共 55 层，其中：

Ⅰ类层(红色)154.0m/16 层，Ⅱ类层(黄色)470.0m/27 层，Ⅲ类层(浅蓝色)240.0m/12 层，且与测井解释对应关系较好，如图 13 所示。

相比于 Y10-H2 井，Y12-H7 井由于砂体含量沿水平井井筒方向变化较大，黏土矿物含量较高，导致储层品质较差，如图 14 所示。

3.5　压裂段簇优化

针对 Y12-H7 井水平段非均质性较差的情况，决定对该井进行压裂分段及簇点优化。本井 A 点位置 2724m，人工井底 3816m，狗腿度大于 4 度附近 30m 内不射孔压裂。本次压裂主体段长度采用 60~90m 左右，综合考虑储层品质，把储层品质相似的井段划分在一起，以降低储层的非均质性。综上，Y12-H7 井水平段建议试油井段：2724~3816m，长度 1092m，应按 15 段进行压裂分段(图 15)。但考虑到第 4 段(90m)、5 段(88m)、6 段(82m)、15 段(72m)黏土矿物含量高，物性差且全烃值较低，储层品质差，破裂压力较高，不建议进行压裂施工，因此建议只压裂11段，并对这11段进行了射孔簇位置优化。

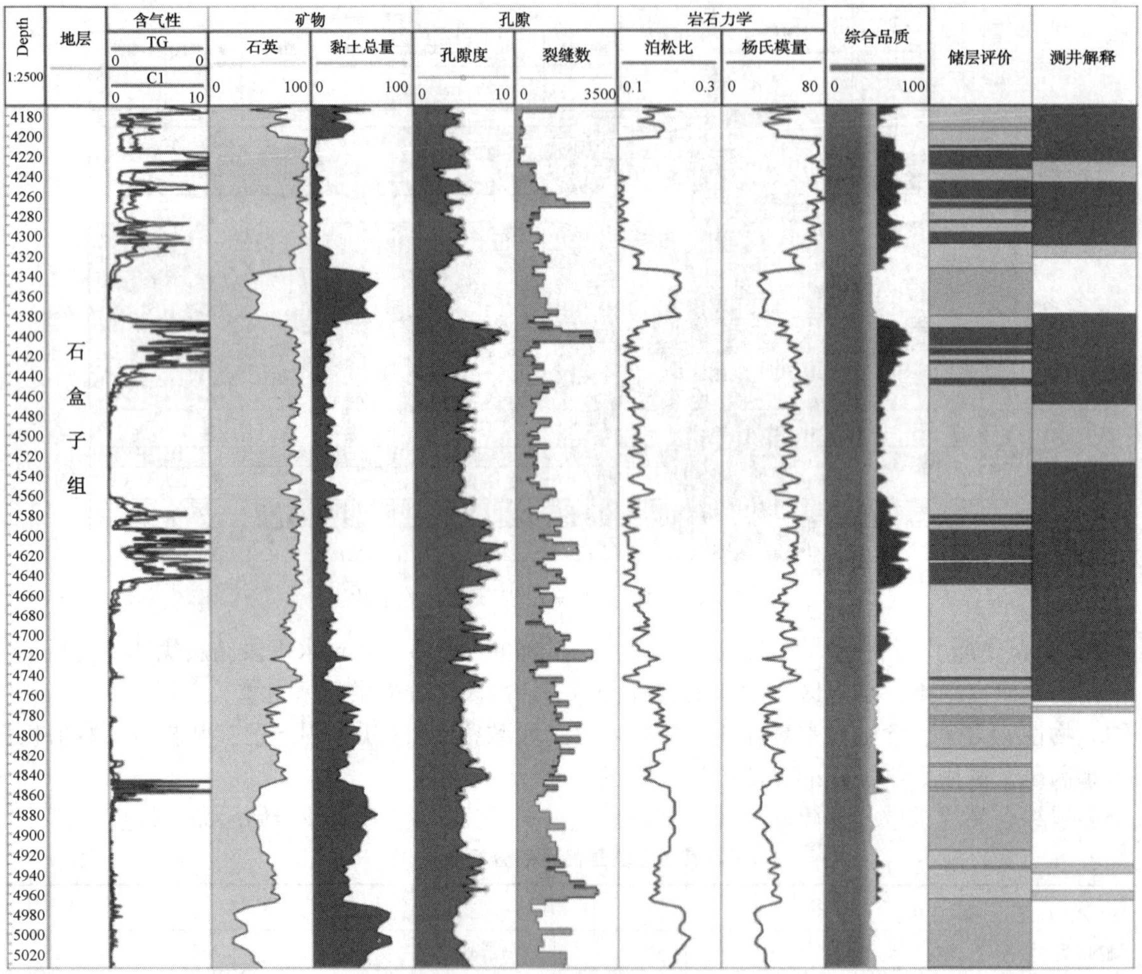

图 13　Y10-H2 井储层综合评价图

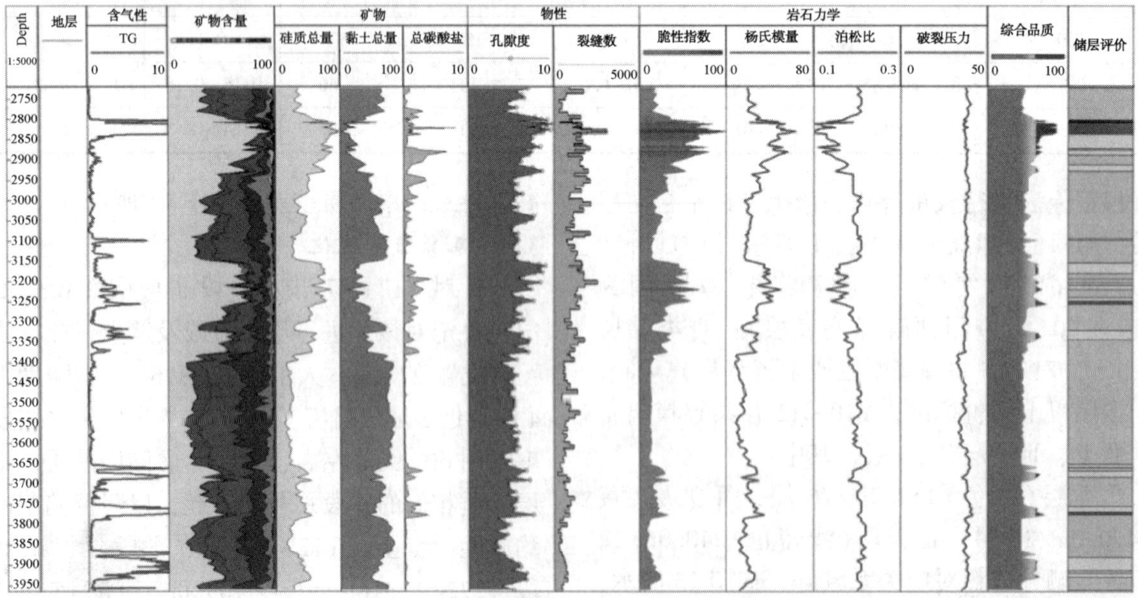

图 14　Y12-H7 井储层综合评价图

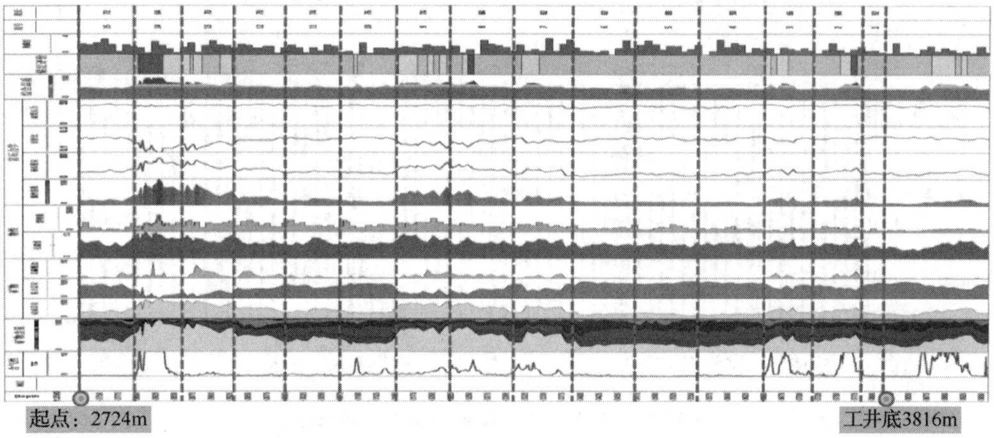

图 15　Y12-H7 井建议压裂分段图

由于射孔簇受限于样品点及个数，因此利用数学方法对破裂压力进行了数值离散处理，以获取各个簇点精确的破裂压力(图 16)，并在此基础上进行簇点位置微调，降低段内簇点的破裂压差(表 6)，以提高簇点打开率。本次采用段内多簇的射孔方式，单段簇数 5-8 簇，增强造缝能力，使裂缝最大化接触气藏，扩大泄流面积，提高单井产量；首段采用连续油管打压射孔，分 2 簇。经过调整后的射孔簇方案如下图所示(图 17)。

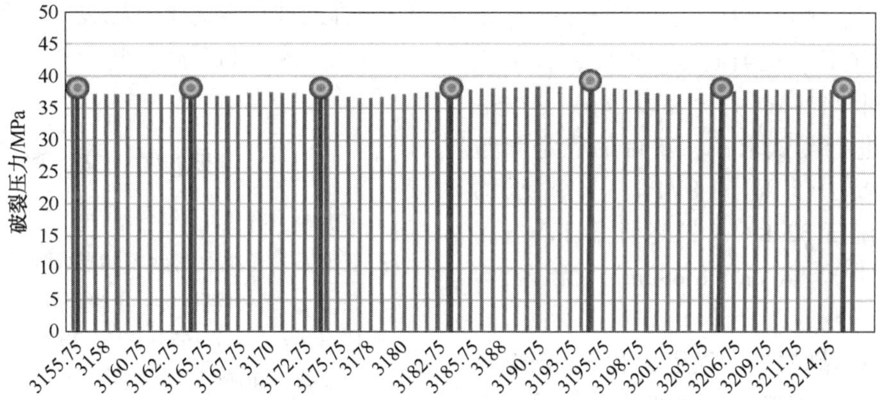

图 16　Y12-H7 井第 9 段簇点破裂压力分布图

表 6　Y12-H7 井第 9 段簇点破裂压力统计表

段号	分段/m	段长/m	簇点位置/m	簇间距/m	破裂压力/MPa	最大破裂压差/MPa
9	3150~3224	74	3156	10	37. 25	1. 22
			3166	10	36. 87	
			3176	10. 2	36. 80	
			3186. 2	10. 8	38. 00	
			3197	10	38. 02	
			3206	10	37. 65	
			3216	10. 2	38. 00	

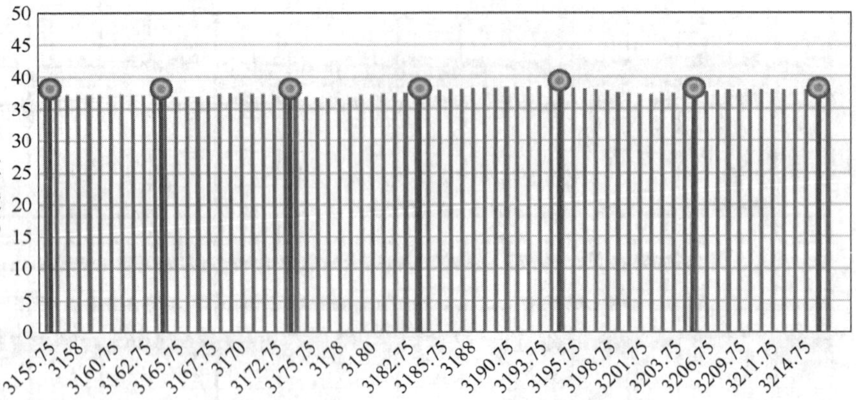

图 17　Y12-H7 井建议射孔簇位置分布图

4　应用效果

2023 年 8 月 3 日对 Y10-H2 井盒 8 段 4222-4958m(736m/10 层)采用“一点法”进行测试求产：井口-全，针阀-1/4，孔板 18mm，流动时间历时 8h，稳定时间历时 4h，油压 11.4MPa，套压 12.3MPa，上流压力 1.1MPa，上流温度 34.5℃，日产气量 89618m^3，累计产气量 29873m^3，无阻流量：629191m^3。8 月 8 日采用相同工作方式对 Y12-H7 井盒 8 段 2466~3775m(725m/10 层)进行测试求产，获得的稳定参数为油压 9.4MPa，套压 11.8MPa，上流压力 1.0MPa，上流温度 32.8℃。最终获得日产气量 41675m^3，累计产气量 13892m^3，无阻流量：256780m^3。

可以看出致密砂岩井产气量受水平井筒储层品质影响较大，Y12-H7 由于水平段储层品质相较差，因此产气量要明显低于 Y10-H2 井，但通过对 Y12-H7 进行压裂分段及簇点优化，使得 Y12-H7 井测试结果与同平台同侧的 Y12-H5 井相比基本持平，而从测井资料来看，Y12-H5 井储层的矿物成分和物性要明显优于 Y12-H7 井，说明 Y12-H7 井压裂分段及簇点的优化对产气量增加作用明显，同时采纳建议舍弃压裂的 4 个压裂段节省了施工时间和成本，促进了该气井提前投产。

5　结论

本次借助岩矿扫描技术对两口致密砂岩井进行研究后，得出如下结论：

(1) 高石英井段为致密砂岩储层的优势储层，具有高石英、低黏土、低碳酸盐的特征；本区块孔隙度普遍较低，储层致密，其中孔隙以石英与黏土矿物之间的粒间孔为主，裂缝较为发育，力学性质较好。

(2) 本井水平段中高黏土部位及岩相变化处普遍裂缝较发育，完井施工可针对裂缝发育带进行射孔造缝，沟通井筒周边潜在气层。

(3) 岩矿扫描技术实现了致密砂岩储层的综合评价，进一步优化了压裂分段及簇点分布，在节约施工成本和提高气井产能方面发挥了重要的作用。

参 考 文 献

[1] 王海燕，孙维昭，张智，等．鄂尔多斯盆地临兴地区上石盒子组致密砂岩储层特征及优质储层形成机制[J]．桂林理工大学学报，2018，38(3)：9. DOI：10.3969/j.issn.1674-9057.2018.03.004.

[2] 费世祥，崔越华，刘莉莉，等．鄂尔多斯盆地致密砂岩气藏开发关键技术及规模应用[J]．中国科技成果，2020(5)：3.

[3] 邹才能，张国生，杨智，等．非常规油气概念、特征、潜力及技术—兼论非常规油气地质学 [J]．石油勘探与开发，2013，40 (4)：385-399.

[4] 赵红格，刘池洋，王峰，等．鄂尔多斯盆地西缘构造分区及其特征[J]．石油与天然气地质，2016，27 (2)：173-179.

[5] 姚泾利，周新平，惠潇，等．鄂尔多斯盆地西缘古峰庄地区低级序断层封闭性及其控藏作用[J]．中国石油勘探，2019，24(1)：72-81.

[6] 马尚伟，魏丽，王一军，等．鄂尔多斯盆地南部盒 8 段致密砂岩储层微观孔隙结构表征与评价[J]．地质与勘探，2022，58(6))：1321-1330.

[7] 毕明威，陈世悦，周兆华，等．鄂尔多斯盆地苏里格气田苏 6 区块盒 8 段致密砂岩储层微观孔隙结构特征及其意义［J］．天然气地球科学，2015，26

(10)：1851-1861.

[8] 赵家锐，祝海华，冯小哲．鄂尔多斯盆地苏里格地区下石盒子组致密气储层孔隙结构分类及影响因素[J]．地质论评，2020(S01)：112-114.

[9] 赵兰．致密砂岩储层微裂缝发育特征及对物性的影响—以杭锦旗地区十里加汗区带为例[J]．油气藏评价与开发，2022(002)：285-291.

[10] 王大兴．致密砂岩气储层的岩石物理模型研究[J]．地球物理学报，2016，59(12)：20.

[11] 张益明，秦小英，郭智奇，等．针对致密砂岩气储层复杂孔隙结构的岩石物理模型及其应用[J]．吉林大学学报：地球科学版，2021，51(3)：13.

[12] 贾凌云，李琳，王千遥，等．致密砂岩储层岩石物理模型的优化建立[J]．地球科学进展，2018，33(4)：416-424.

[13] 代鹏，丁文龙，尹帅，等．基于Xu-White模型TZ地区致密砂岩弹性波速测井解释[J]．科技通报，2016(1)：5.

[14] Jia，Fu，Hao，et al. Elastic constants and homogenized moduli of manganese carbonate structure based on molecular dynamics and Reuss - Voigt - Hill methods [C]，2018.

[15] 蔡克汉，刘峰，张娜，等．鄂尔多斯盆地中东部盐下储层预测关键技术[J]．石油地球物理勘探，2018，53(6)：8.

[16] Gassmann Consistency for Different Inclusion - Based Effective Medium Theories：Implications for Elastic Interactions and Poroelasticity [J]. Journal of Geophysical Research：Solid Earth，2020，125(3).

深层裂缝型致密气层裂缝宽度随钻录井解释方法

游利军　杨宇童　康毅力

（西南石油大学石油与天然气工程学院）

摘　要　深层裂缝型致密气层地质条件复杂、天然裂缝发育，钻井液漏失风险大，加入随钻堵漏材料是预防裂缝型地层钻井液漏失、控制储层损害的重要手段，储层裂缝宽度是选择防漏堵漏材料的首要地质因素，为系统研究储层裂缝宽度随钻录井解释方法，以渤中某区块深层变质岩裂缝型致密气藏为研究对象，基于地层裂缝真实产状与气测录井原理，建立了裂缝型致密气层裂缝宽度录井解释模型与基于应力敏感系数的裂缝宽度预测模型。结果表明：针对裂缝宽度<1mm 的天然裂缝，模型预测精度平均 50.87%；裂缝宽度>1mm 的天然裂缝，模型预测精度平均 78.36%，这是由于微裂缝/小缝多为方解石充填，烃类气体含量小，气测录井难以反映真实裂缝宽度，预测值均偏小。该计算模型实际应用时，可以随钻预测储层天然裂缝宽度，为制定防漏堵漏对策、优选随钻防漏材料提供早期决策依据，对深部裂缝型致密气层高效钻井有指导意义。

关键词　裂缝宽度；天然裂缝；裂缝型致密气层；气测录井；随钻防漏

深部油气藏的埋深大、油气丰度高、地质历史时期长，以天然气藏为主，主要分布在古生界，储层以碳酸盐岩、变质岩为主，在多次地质构造运动中往往形成基块致密、天然裂缝发育的裂缝性/裂缝型致密气藏。裂缝型致密油气藏指油气储集空间与运移通道主要为天然裂缝的一类储层，基块致密，供气能力极差。因此，钻开这类储层时往往极易诱发钻井液漏失，导致固相侵入、相圈闭等储层损害问题。向钻井液中加入随钻堵漏材料或下堵漏浆进行专项堵漏是控制钻井液漏失的常用手段。

在制定防漏堵漏方案时，储层裂缝宽度是选择防漏堵漏材料的首要地质因素，选择与储层裂缝宽度匹配的防漏堵漏材料是钻井防漏堵漏的前提，然而，储层裂缝宽度的确定一直是防漏堵漏的首要技术难题，目前常用的方法包括岩心观测、漏失资料反演、测井、试井、有限元模拟等方法，但预测结果往往滞后，并且预测精度偏低，与原地条件下的裂缝宽度可能存在较大误差，导致一次堵漏成功率普遍小于 40%，极易诱发大型漏失。

以渤中某区块深层变质岩裂缝型致密气藏为研究对象，明确深层变质岩储层工程地质特征，基于地层裂缝真实产状与气测录井原理，建立了裂缝型致密气层裂缝宽度录井解释模型，结合钻进时与测井时的有效应力变化对成像测井解释裂缝宽度进行校正，通过实例计算与校正值验证模型的准确度，建立了深层裂缝型致密气层裂缝宽度随钻录井解释方法。

1　储层工程地质特征

（1）岩石学特征：研究区内深层变质岩储层岩性以花岗片麻岩为主，埋深 5000m 左右，矿物中石英含量占石英和长石总含量的 20%～60%，以多期构造运动控制下形成的各种裂缝为主要储集空间，主要发育裂缝型储层，致密段较长。

（2）物性特征：不同井深变质岩样品孔隙度分布在 1.2%～11.0%，平均孔隙度为 3.63%；渗透率分布在（0.01～0.22）$\times10^{-3}\mu m^2$，平均为 $0.07\times10^{-3}\mu m^2$；储层物性较差。属特低孔特低渗储层、超低孔超低渗储层。

（3）裂缝特征：根据电成像、声成像资料，认为该区块深层变质岩储层裂缝普遍发育。根据成像测井资料：裂缝倾角主要分布在 30°～70°，以中—高角度裂缝为主；裂缝密度主要分布在 1～5 条/m，宏观裂缝开度 100～400μm（图 1）。

（4）温压环境：地层压力系数 1.09～1.15，属于正常压力油气藏；地层温度 155.9～187.4℃，属于超高温系统油气藏。

基于测井资料、岩心观察、铸体薄片、扫描电镜、岩心压汞等分析，研究区储层裂缝发育。

裂缝既是储层重要的渗流通道，也是油气的主要储集空间，同时也是工作液漏失通道。在钻完井过程中，储层中发育的裂缝可能成为工作液漏失的通道，进而引发多种储层损害。

研究区块已钻井资料显示，井漏发生时普遍采用随钻堵漏或停钻专项堵漏，储层裂缝宽度确定采用漏失资料反演计算方法，然而预测结果往往偏小，选择堵漏材料粒径与裂缝宽度不匹配，导致堵漏作业时间长，一次堵漏成功率小于40%，延长了建井周期。

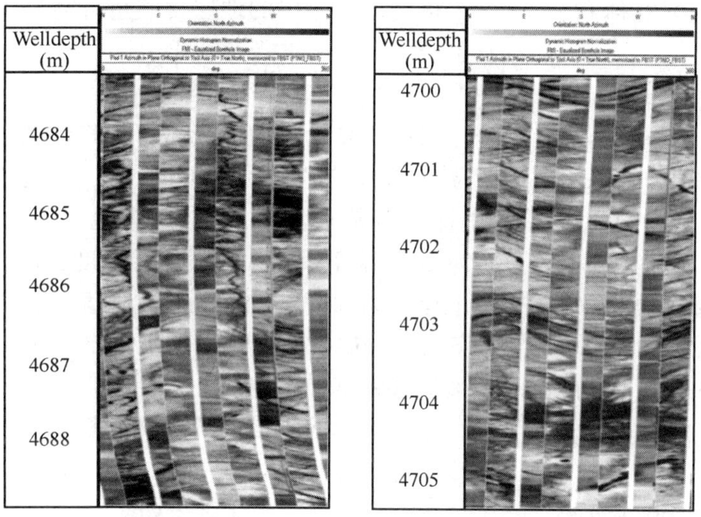

(a)诱导裂缝　(b)高阻缝　(c)断层

图 1　B-1 井变质岩储层裂缝成像测井响应

2　裂缝型致密气层裂缝宽度录井解释模型

2.1　模型建立

根据成像测井中的天然裂缝解释图像，研究区深层变质岩裂缝型致密气层中的天然裂缝为椭圆形，形态为具有一定厚度(裂缝宽度)的“椭圆柱”，由图像可知，裂缝一般与井眼斜交，形成椭圆短轴为井眼直径，长轴则随裂缝倾角变化。致密气层裂缝宽度录井计算物理模型如图 2 所示，具体计算椭圆形天然裂缝长短轴关系与裂缝体积见式(1)、式(2)所示。

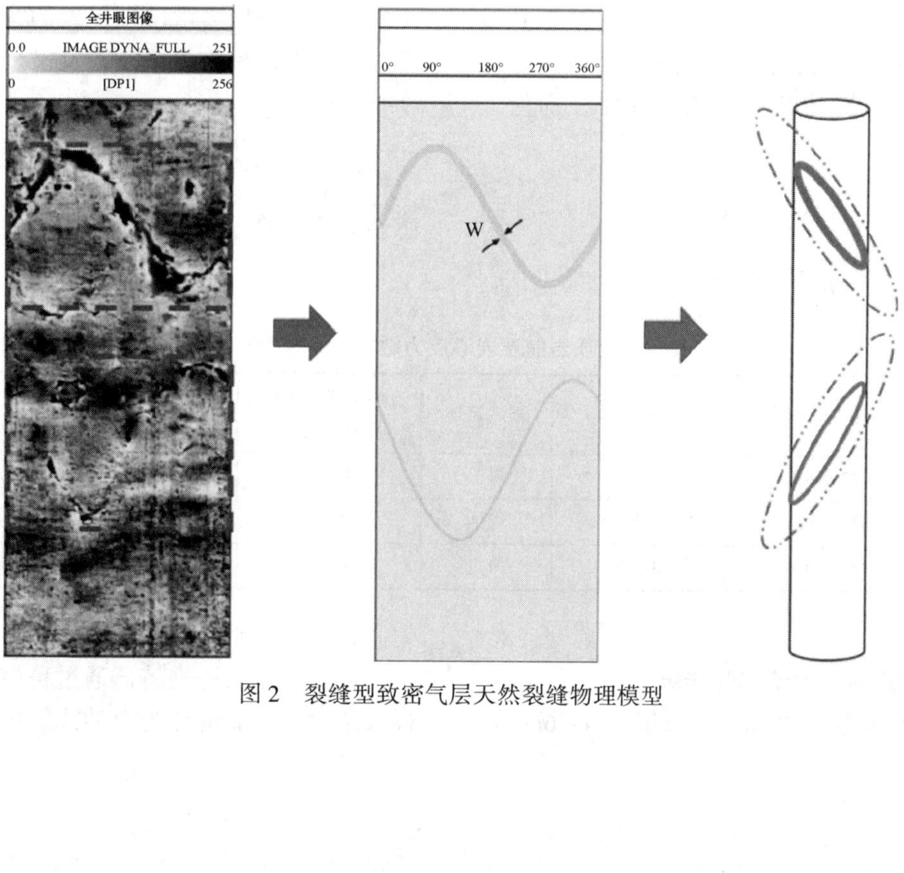

图 2　裂缝型致密气层天然裂缝物理模型

$$r_w = b = a\cos\alpha \tag{1}$$

$$V_{裂缝} = \frac{\pi r_w^2}{\cos\alpha} w \tag{2}$$

式中，r_w为井眼半径，m；a为椭圆形天然裂缝半长轴，m；b为椭圆形天然裂缝半短轴，m；α为裂缝倾角，(°)；$V_{裂缝}$为天然裂缝体积，m^3；w为裂缝宽度，mm。

根据气测录井原理，钻进时被破碎岩石中的烃类气体进入钻井液，出现气测显示即全烃值异常，而裂缝型致密气层中的烃类气体主要富集于天然裂缝中。因此假设：①破碎每米地层岩屑释放的烃类气体全部进入钻井液；②破碎每米地层岩屑释放的烃类气体体积与天然裂缝体积相等；③地面除气设备正常运转，脱气效率不变；④忽略其他工程因素对气测录井结果的影响；⑤储层天然裂缝在垂向上成组分布且线密度稳定；⑥井筒中轴线与裂缝中心重合。

基于上述假定，得到每米储层的地面含气量计算公式：

$$V_1 = Qt\frac{L_1}{\eta L_2}T_g \tag{3}$$

式中：T_g为全烃值,%；L_1为样品泵抽气量，mL/min；L_2为电动脱气器脱浆量，mL/min；η为电动脱气器脱气效率,%；V_1为破碎每米地层钻井液中地面烃类气体含量，mL；Q为钻井液泵排量，L/min；t为钻时，min/m。

当烃类气体随钻井液从地层随钻井液返到地表时，气体体积会随温度压力变化发生改变。已知地面状态与地层状态下的气态方程分别为式(4)与式(5)：

$$P_f V_1 = \frac{M}{u} RT_f \tag{4}$$

$$P_s V_s = \frac{M}{u} RT_s \tag{5}$$

深度为H的地层压力为：

$$P_s = GH \tag{6}$$

由式(2.4)、式(2.5)可得：

$$\frac{P_f V_1}{P_s V_s} = \frac{T_s}{T_f} \tag{7}$$

得到每米储层的地层含气量计算公式：

$$V_s = \frac{P_f T_s}{GHT_f} V_1 \tag{8}$$

式中：M为每立方米岩石中气体的质量，g；u为气体摩尔质量，g/mol；P_f为地表压力，MPa；T_f为地表温度，K；P_s为地层压力，MPa；T_s为地层温度，K；H为地层深度，m；G为上覆地层压力梯度，MPa/m；V_s为每米储层的地层含气量，mL；R为普氏气体恒量，无量纲；ρ_L为裂缝线密度，条/m。

结合裂缝线密度，得到裂缝型致密气层裂缝宽度录井计算公式：

$$\rho_L V_{裂缝} = V_s \tag{9}$$

$$w = \frac{QtL_1 T_g P_f T_s \cos\alpha}{10\pi\eta L_2 GHT_f \rho_L r_w^2 S_g} \tag{10}$$

2.2　成像测井解释裂缝宽度校正

为验证模型预测天然裂缝宽度的准确性，采用成像测井解释的裂缝宽度与模型预测值进行对比，然而，钻进时与成像测井时井筒的有效应力不同会导致裂缝宽度动态变化，成像测井解释的裂缝宽度不能反映钻进时的原始情况。这本质上是由于储层的应力敏感性导致的，由于有效应力的改变导致储层物性(裂缝参数、孔隙度、渗透率)变化。

2.2.1　实验岩样与基础物性参数

选取B-2井变质岩储层岩心，开展应力敏感性评价实验，岩样基础物物性参数见表1。

表1　变质岩储层岩心应力敏感实验基础数据

井号	深度/m	样品号	测试流体	初始渗透率/($\times10^{-3}\mu m^2$)	空气渗透率/($\times10^{-3}\mu m^2$)	孔隙度/%
B-2	4429.20	Ar-M-8	煤油	0.741	0.200	5.13
	4429.20	Ar-M-9(裂缝)	煤油	249.27	—	—
	4429.20	Ar-M-10	氮气	0.832	0.335	6.41

2.2.2　应力敏感性评价实验步骤

(1) 钻取直径为2.5cm，长度为4~6cm的岩心柱塞，磨平端部。

(2) 采用岩心夹持器通过稳态法测定裂缝岩样渗透率，实验流体为煤油或氮气。

（3）设定装置入口压力 1.6MPa，分别测量围压 3MPa、5MPa、10MPa、15MPa、20MPa、30MPa、35MPa 下的渗透率。

（4）绘制无因次渗透率与有效应力的变化关系曲线，采用应力敏感系数法评价岩样应力敏感程度。

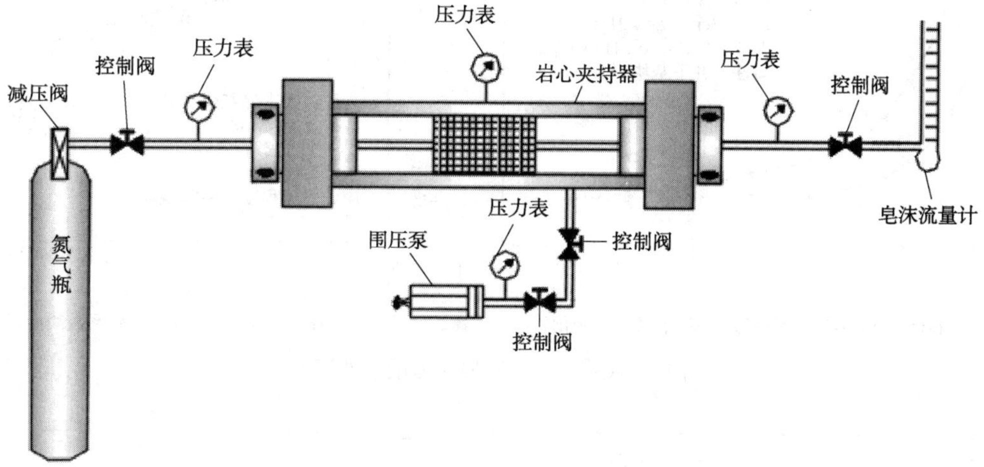

图 3　应力敏感评价实验装置

2.2.3　应力敏感系数法的评价思路和评价标准

行业标准中常采用渗透率损害系数评价应力敏感性，渗透率损害系数最大值所对应临界应力远低于大多数油气储层有效应力，使得临界应力定义没有实际工程意义。

经过大量实验研究，采用无量纲渗透率(K/K^*)能够对实验结果进行更好的评价。为了更清晰地反映应力敏感性，采用渗透率立方根与有效应力的对数作图，得到$(K/K^*)^{1/3}$与$\log(\sigma/\sigma^*)$存在如式(11)线性关系。

$$S_s = \frac{\left[1-\left(\frac{k}{k^*}\right)^{\frac{1}{3}}\right]}{\lg \frac{\sigma}{\sigma^*}} \tag{11}$$

其中 S_s为斜率；K 为对应有效应力 σ 下岩样渗透率；S_s值由有效应力与无量纲渗透率值决定，反映了两者之间的线性相关性。S_s为应力敏感系数，并推荐表 2 中的 S_s值范围为应力敏感性实验结果评价标准。

表 2　应力敏感程度评价标准

S_s	≤0.05	0.05~0.3	0.3~0.5	0.5~0.7	0.7~0.9	>0.9
应力敏感程度	无	弱	中等偏弱	中等偏强	强	极强

2.2.4　应力敏感性评价实验结果

基于应力敏感系数法评价该井区 3 块变质岩岩心的应力敏感性，评价结果如表 3 和图 4~图 6 所示，对于基块岩心，应力敏感系数分别为 0.35 和 0.49，表现为中等偏弱~中等偏强应力敏感性，对于裂缝岩样岩样，裂缝宽度为 170μm 时表现为中等偏弱应力敏感性，应力敏感系数为 0.32。

表 3　变质岩储层应力敏感评价实验结果

样品号	岩性	渗透率/($\times10^{-3}\mu m^2$)	裂缝宽度/μm	S_s	应力敏感程度
Ar-M-8	花岗片麻岩	0.741 煤油	-	0.35	中等偏弱
Ar-M-9(裂缝)	花岗片麻岩	249.27 煤油	170	0.32	中等偏弱
Ar-M-10	花岗片麻岩	氮气	-	0.49	中等偏强

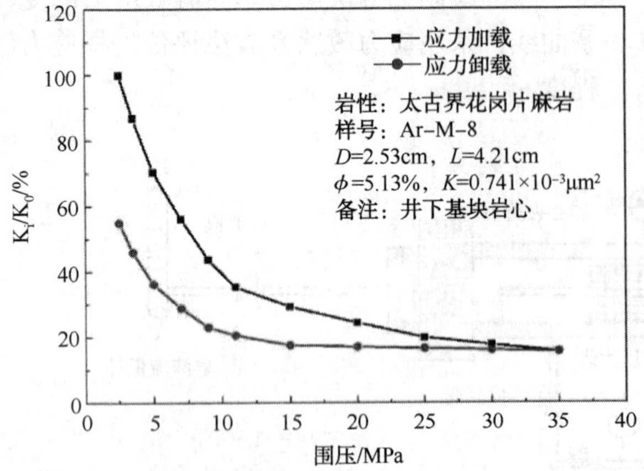

(a)Ar-M-8岩样无量纲渗透率随有效应力变化

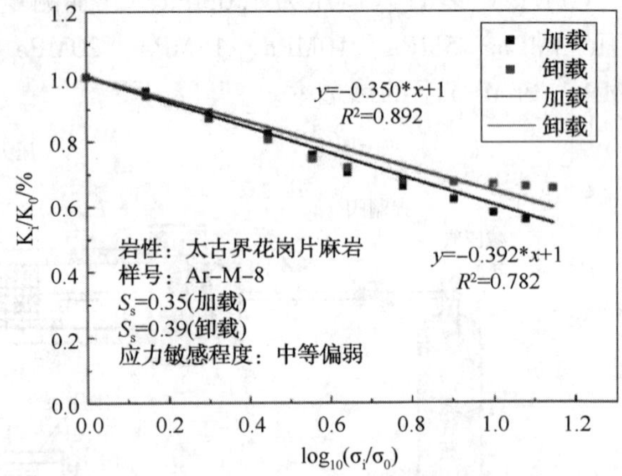

(b)Ar-M-8岩样应力敏感系数线性拟合

图 4　Ar-M-8 变质岩应力敏感性评价

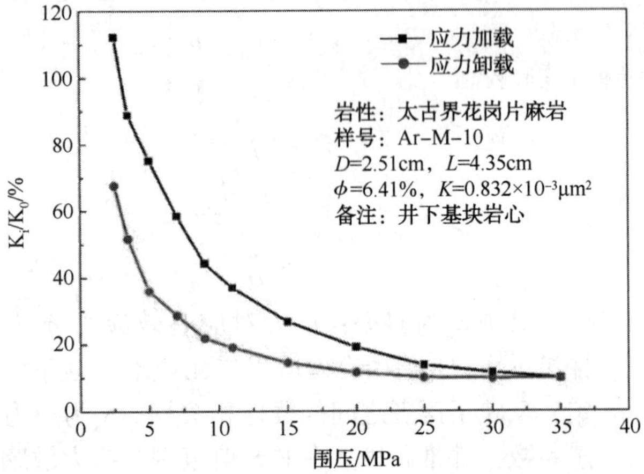

(a)Ar-M-10岩样无量纲渗透率随有效应力变化

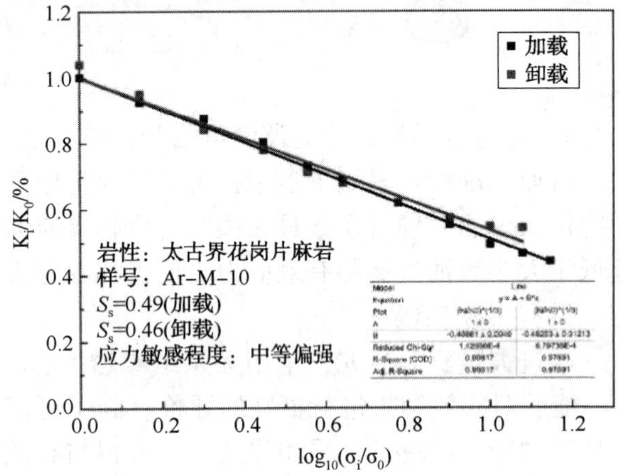

(b)Ar-M-10岩样应力敏感系数线性拟合

图 5　Ar-M-10 变质岩应力敏感性评价

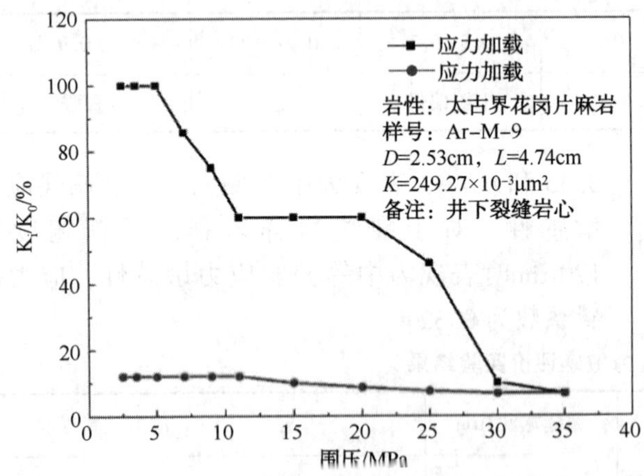

(a)Ar-M-9岩样无量纲渗透率随有效应力变化

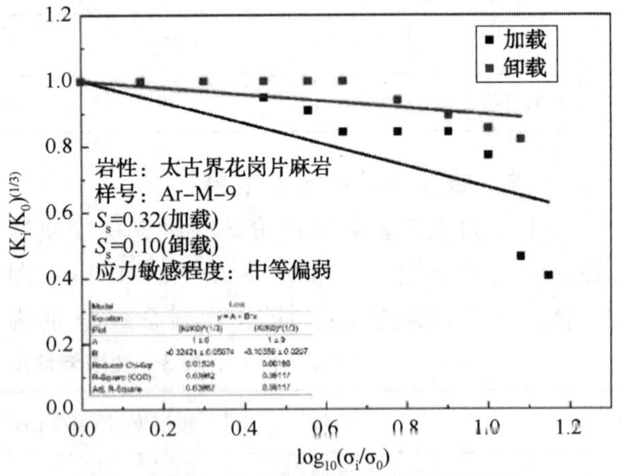

(b)Ar-M-9岩样应力敏感系数线性拟合

图 6　Ar-M-9 变质岩应力敏感性评价

基于应力敏感性评价实验得出变质岩储层的应力敏感系数，结合式(11)与高尔夫—拉特公式(式 12)可以得到不同有效应力条件下的裂缝宽度，见式(13)，如图 7 所示，Ar-M-9 变质岩岩样造缝后 3MPa 围压时初始缝宽为 170μm，加载至 35MPa 后缝宽为 69μm，卸载至 3MPa 后缝宽为 84μm。

$$k=\frac{\varphi}{12}w^2 \tag{12}$$

$$\frac{w}{w^*}=\left(1-S_s\lg\frac{\sigma}{\sigma^*}\right)^{\frac{3}{2}} \tag{13}$$

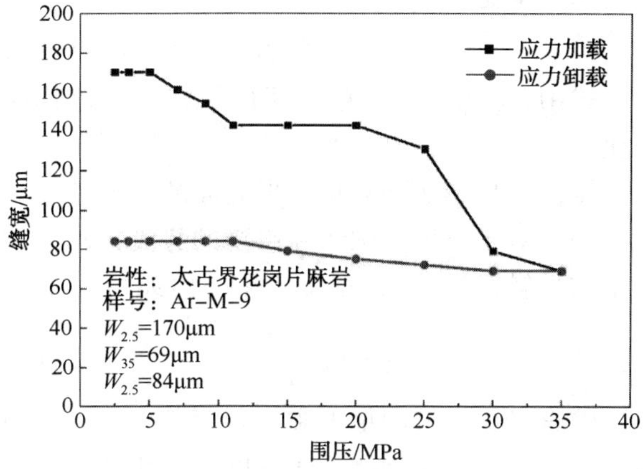

图 7　Ar-M-9 变质岩裂缝宽度动态变化

结合式(13)，可得出研究区变质岩储层钻进时与成像测井时天然裂缝宽度的关系式：

$$\frac{w_{钻进}}{w_{测井}}=\left(1-0.32\lg\frac{\rho gH}{P_{静压}}\right)^{1.5} \tag{14}$$

式中：ρ 为钻井液密度，g/cm^3；$P_{静压}$ 为成像测井时某深度的井底静压，MPa；g 为常数，等于 0.000981。

2.3　模型实例应用与误差分析

根据本文建立的裂缝型致密气层裂缝宽度录井解释模型，可以随钻预测储层天然裂缝宽度，为制定防漏堵漏对策提供早期决策依据，实现深层裂缝型致密气层随钻防漏。

以渤中某区块 B-3 井为例，排除单根气与后效气后，选取全烃异常的井深，基于钻时气测数据、钻井工程参数、钻井液参数、储层工程地质特征、成像测井解释裂缝宽度结果对裂缝宽度录井解释模型进行检验，输入的固定参数见表 4，模型预测结果见表 5 所示。

表 4　B-3 井储层工程地质参数

地表压力/MPa	0.1013	上覆地层压力梯度/(MPa/m)	1/100
储层温度/K	426	井眼半径/m	0.10795
地表温度/K	298	脱气器脱气效率/%	10
样品泵抽气量/(mL/min)	500	电动脱气器脱浆量/(mL/min)	1500
储层段钻井液密度/(g/cm^3)	1.15	井底静压/MPa	48.597

表 5　模型预测结果与误差

井深/m	排量/(L/min)	钻时/(min/m)	全烃/%	裂缝倾角/(°)	裂缝密度/m	计算缝宽/mm	成像缝宽/mm	准确度/%
4729	1106	6	17.2137	65	3.2	3.11229	2.53932	81.59
4730	1106	2.87	22.4383	68	3	2.26351	1.79292	79.21
4731	1106	4.5	22.207	57	3.5	3.01294	2.40583	79.85
4747	1106	9.86	7.1942	62	4	1.86326	1.49507	80.24
4748	1106	8.12	5.5509	63	2	2.36741	1.71661	72.51
4749	1106	8.3	0.9868	65	1.5	0.43019	0.86703	50.45
4763	1106	9.32	1.9231	51	2	0.93843	1.21479	77.25
4764	1106	8.08	1.9361	55	2.1	0.81889	1.15367	70.98
4854	1098	7.39	10.13	45	2.3	3.81825	3.25784	85.32
4963	1106	0.52	0.52	68	1.8	0.13091	0.25524	51.29

注：裂缝倾角与裂缝密度均由成像测井解释直接得出。

3　结果与讨论

3.1　裂缝水力学宽度和力学宽度

基于漏失动力学和渗流力学计算出的漏失裂缝宽度为水力学宽度，而实际地层裂缝表面粗糙不平，若将裂缝水力学宽度等视为实际地层裂缝宽度，作为防漏/堵漏配方设计的参考裂缝宽度值便会出现误差，给防漏/堵漏施工作业带来不便(图8)。

本文提出的裂缝型致密气层裂缝宽度录井解释模型，主要基于气测录井原理与地层裂缝真实产状预测储层天然裂缝宽度，预测结果相当于裂缝水力学宽度，因此在制定防漏堵漏方案时，有必要将裂缝水力学宽度转化为力学宽度(图9)。

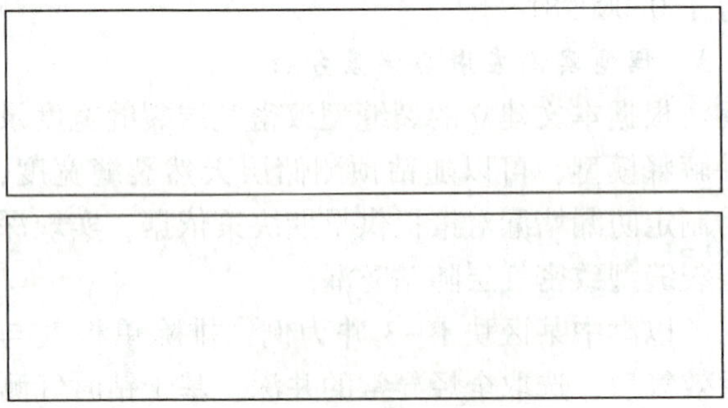

图8　裂缝水力学开度

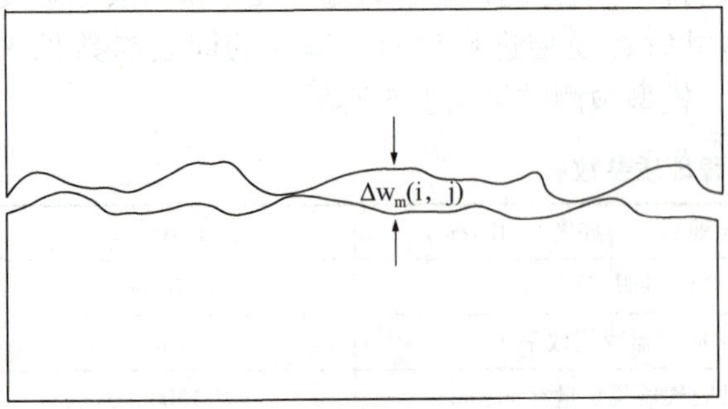

图9　裂缝力学开度

实际地层裂缝有粗糙的壁面和可变的孔径，同时，裂缝壁面存在相互接触的区域。由于透过率与w^3成正比，流体在饱和条件下，在变孔径裂缝中流动时，会倾向于遵循阻力最小的路径，即最大孔径的路径，从而偏离平行板模型的直线流线即偏离立方定律。可以假设透过率计算公式中的缝宽为水力学宽度，这时粗糙裂缝的透过率计算公式被另一公式代替。

$$T=\frac{hw_h^3}{12} \tag{15}$$

式中，w_h为裂缝水力学宽度；T为透过率。

基于N-S方程，Zimmerman(1996)考虑了粗糙裂缝面的各个点的裂缝力学宽度分布特征，假设裂缝力学宽度服从对数正态分布，推导得出裂缝水力学宽度计算公式。

$$w_h^3=\overline{w_m}^3\left(1-1.5\frac{\sigma^2}{w^2}\right) \tag{16}$$

式中，$\overline{w}_m$为裂缝平均力学宽度；σ为裂缝力学宽度分布标准差。

地层裂缝会受到来自裂缝面法向的应力，在这个应力条件下，裂缝面发生接触，从而影响裂粗糙裂缝面的渗流。

根据有效介质理论，Kirkpatrick(1973)发现裂缝水力学宽度为：

$$w_h^3=\overline{w_m}^3(1-2c) \tag{17}$$

式中，c为裂缝的接触面积与裂缝的标称面积比值。

接触面积确实会对粗糙裂缝面的渗流特征产生影响，对于绕单一圆形障碍物的势流，水力学宽度与接触比的关系公式为Walsh(1981)：

$$w_h^3=\overline{w_m}^3\frac{1-c}{1+c} \tag{18}$$

综合考虑裂缝粗糙度和接触面积，可以得到裂缝水力学宽度和裂缝力学宽度的转化公式。

$$w_h^3=\overline{w_m}^3\left(1-1.5\frac{\sigma^2}{{w_m}^2}\right)\frac{1-c}{1+c} \tag{19}$$

3.2　裂缝倾角、裂缝密度对裂缝宽度预测模型的影响

结合模型预测结果与误差(表5)与式(10)，裂缝倾角与裂缝密度在很大程度上影响预测结果的准确性，研究区块深层变质岩储层裂缝倾角主要分布在30°~70°，以中-高角度裂缝为主；裂缝密度主要分布在1~5条/m，高角度天然裂缝成组发育，裂缝倾角越小、裂缝密度越大，模型预测结果的准确性越高，这是由于裂缝倾角越小，越接近理想平直缝，即越能反映裂缝水力学宽度；裂缝线密度越大，裂缝越发育，即形成网状裂缝带，裂缝中富集的烃类气体越多且更容易进入钻井液中，表现为高全烃值，裂缝宽度大。

3.3　预测结果误差分析

由模型预测结果可知，预测原地条件下裂缝宽度<1mm的天然裂缝，预测模型的准确度仅为50%左右，而预测裂缝宽度>1mm甚至达到3mm的天然裂缝，模型预测准确度均>70%，最高85.32%。这是由于小缝/微裂缝多被方解石全充填或半充填，特别是倾角分布主要在60~70°的高角度裂缝，如图10所示，裂缝面参差不齐，为拉应力作用形成；而倾角为30°~60°的斜交裂缝，裂缝面平整，伴有擦痕，该组裂缝发育两个方向，呈共轭关系，填充物少，为变质岩储层主要储集空间，气测录井全烃值响应良好，与裂缝宽度具有强相关性。

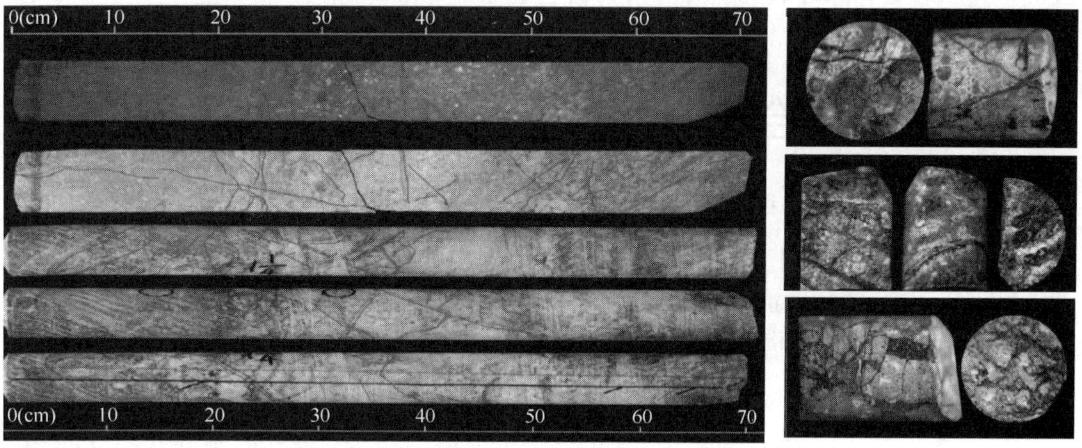

图 10　变质岩储层岩心荧光影像及构造裂缝特征

4　结论

(1) 基于地层裂缝真实产状与综合录井参数，建立了裂缝型致密气层裂缝宽度录井解释模型，并开展了裂缝倾角与裂缝密度的敏感性分析，结果显示：裂缝倾角越小、裂缝密度越大，模型预测结果的准确性越高，越能反映裂缝水力学宽度。

(2) 开展了变质岩储层应力敏感性评价实验，对于基块岩心，应力敏感系数分别为 0.35 和 0.49，表现为中等偏弱~中等偏强应力敏感性，对于裂缝岩样岩样，裂缝宽度为 170μm 时表现为中等偏弱应力敏感性，应力敏感系数为 0.32。

(3) 建立了基于应力敏感系数的裂缝宽度预测模型，得出研究区变质岩储层钻进时与成像测井时天然裂缝宽度的关系式，结合钻进时与测井时的有效应力变化对成像测井解释裂缝宽度进行校正。

(4) 通过实例计算与校正值验证模型的准确度，预测原地条件下裂缝宽度<1mm 的天然裂缝，预测模型的准确度仅为 50%左右，而预测裂缝宽度>1mm 甚至达到 3mm 的天然裂缝，模型预测准确度均>70%，最高 85.32%。这是由于微裂缝/小缝多为方解石充填，烃类气体含量小，气测录井难以反映真实裂缝宽度，预测值均偏小。

(5) 应用实例表明，按照本文计算模型结果设计防漏堵漏配方时，还需考虑裂缝水力学宽度和裂缝力学宽度间的转化，实际应用时，预测结果相当于裂缝水力学宽度，需转化为力学宽度才能有效指导防漏堵漏配方设计，有效降低钻井液漏失量。

参考文献

[1] 薛永安，李慧勇．渤海海域深层太古界变质岩潜山大型凝析气田的发现及其地质意义[J]．中国海上油气，2018，30(03)：1-9.

[2] 郭明宇，谭忠健，姬建飞．渤中凹陷 X 构造深层变质岩潜山含油气性录井评价方法研究[J]．石油地质与工程，2023，37(01)：50-55.

[3] 李战奎，郭明宇，马金鑫，等．录井技术在渤海油田太古界变质岩裂缝识别中的应用[J]．录井工程，2023，34(01)：121-129.

[4] 郭明宇，姬建飞．渤海太古界变质岩潜山裂缝型储集层随钻评价方法[J]．录井工程，2021，32(02)：83-89.

[5] 张杜杰，金军斌，陈瑜，等．深部裂缝性致密储层随钻堵漏材料补充时机研究[J]．特种油气藏，2020，27(06)：158-164.

[6] 刘敬寿，丁文龙，肖子亢，等．储层裂缝综合表征与预测研究进展[J]．地球物理学进展，2019，34(06)：2283-2300.

[7] 王汉青．溶孔-裂缝性灰岩地层承压堵漏力学机理研究[D]．中国石油大学(北京)，2023.

[8] 刘强国．录井方法与技术[M]．北京：石油工业出版社，2017.

[9] 黄志龙．低渗透储层流体随钻快速识别方法与应用[M]．北京：石油工业出版社，2020.

[10] BROWN S R. A note on the description of surface roughness using fractal dimension [J]. Geophysical Research Letters, 1987, 14(11): 1095-1098.

[11] ZIMMERMAN R W, BODVARSSON G S. Hydraulic Conductivity of Rock Fractures[J]. 1996.

[12] KIRKPATRICK S. Percolation and Conduction [J]. Rev. Mod. Phys, 1973, 1(45): 574-588.

[13] TSANG Y W. Hydromechanical behavior of a deformable rock fracture subject to normal stress[J]. 1981.

仿生自愈合水泥浆体系及评价方法研究

王福云[1,3]　敬兴胜[2]　李文哲[1,3]　王学强[1,3]　郑友志[1,3]　黄　娟[4]
郭枫林[1,3]　何　浪[1,3]　焦利宾[1,3]　张占武[1,3]　孙　坤[1,3]

（1. 中国石油西南油气田分公司工程技术研究院；2. 中国石油西南油气田分公司；
3. 国家能源高含硫气藏开采研发中心；4. 四川科宏石油天然气工程有限公司）

摘　要　随着固井水泥浆技术的持续进步，自愈合水泥浆技术成为预防与治理油气窜流、提升水泥环长期密封能力的关键技术。油气井在长时间的运营过程中，水泥环密封性能的失效是一个棘手的问题，可能引发环空油气窜流，给油气田的安全生产和长期稳定运行带来严重威胁。为了解决这一技术难题，基于“先防后堵”的技术策略，研发了一种仿生自愈合水泥浆体系。为了科学评估仿生自愈合水泥浆体系的性能，综合考虑了水泥石的力学性能、自愈合效率以及渗透率恢复率等多个关键指标，建立了水泥浆自愈合性能评价方法，为体系的实际应用提供了有力的数据支持。室内评价结果表明：该自愈合水泥石具备优异的理学性能，在抗压强度降低15%的情况下，水泥石的弹性模量减少41%，显示出良好的韧性。这种韧性使得水泥石在受到外力作用时，能够更好地抵抗变形和破裂，从而起到“先防”的作用。当水泥石受到破坏后，其独特的遇烃激发特性能够迅速生成一种溶黏型凝胶状酯类物质，这种物质能够有效粘合水泥石骨架，使水泥石实现自我修复。在甲烷养护条件下，自愈合水泥石的抗压强度恢复率高达94.5%，抗折强度恢复率也能达到58.6%，同时气测渗透率恢复率高达99%，液测渗透率恢复率达到了100%。证明了自愈合水泥石在“后堵”方面的作用。为解决固井水泥环长期密封性能失效引发的环空油气窜技术难题提供了新的解决方案。

关键词　自愈合；仿生；水泥浆；评价方法；先防后堵

油气井固井水泥石与建筑领域的水泥基材料类似，是一种天生带有“缺陷”的脆性材料。在油气井的实际应用中，尽管通常会采用添加增韧材料的方法来改善水泥石的力学性能，但在井底压力和温度的综合影响下，水泥环的完整性仍然可能遭受破坏。因此，如果能在水泥环发生破坏并形成窜流通道后，赋予其自我修复的能力，将有可能有效阻止油气的窜流，并恢复水泥环的密封性能。在建筑领域中，已经存在多种混凝土自愈合方法，如水化胶凝渗透结晶、液芯纤维法、微生物法、微胶囊法等。然而，油气井固井水泥浆与建筑用混凝土之间存在显著的差异，这些差异体现在外部环境、流体介质、配制条件、界面条件以及性能要求等多个方面。例如，固井水泥浆的配制过程中需要高速剪切，这使得液芯纤维法与微胶囊法这两种方法在固井领域并不适用。

随着固井水泥浆技术的不断进步，固井自愈合技术已成为预防和治理油气窜流、提高水泥环长期密封能力的关键手段之一。据调研资料显示，固井水泥环的自愈合技术尚处于起步阶段，大约发展了五六年时间。目前，这一领域的研究大多借鉴了建筑行业的自愈合技术。尽管国外在这一领域的研究领先，国内也在积极效仿，但整体上，这些技术都尚未成熟。同样，当前自愈合水泥浆的评价方法并不统一，缺乏统一的评价标准。这使得不同研究者之间的实验结果难以进行比较和验证，也限制了自愈合水泥浆技术的进一步应用和发展。为了推动这一技术的进步，有必要对现有的评价方法进行深入研究和改进，建立更加科学、客观、统一的评价标准。这将有助于更准确地评估自愈合水泥浆的性能，推动其在油气田开发中的广泛应用，为能源行业的可持续发展贡献力量。

1　实验材料及方法

1.1　实验材料

G级油井水泥（四川嘉华水泥厂）；仿生自愈合剂（自研）；油井水泥外加剂（安钮诺斯公司）。

1.2　实验仪器

常压稠化仪（沈阳航空航天大学应用技术研究所）；YA－300型电子液压试验机；JSM－6490LV型扫描电子显微镜（日本JEOL公司）；PKZ-5000电动抗折试验机（无锡建仪仪器机械有限公司）；瓦楞搅拌器；RTR－1000型三轴岩石力学测试系统（美国GCTS公司）；DKS－Ⅱ型岩心孔渗联测仪（常州市易用科技有限公司）。

1.3　实验方法

测试过力学性能和渗透率的试模在充满甲烷气体的高温高压养护装置中进行养护，在测试模的底端放置一定水位的清水保持养护环境的湿度。将养护到一定龄期的水泥石降温冷却后取出，继续测试水泥石力学性能和渗透率，计算水泥石力学性能恢复率和渗透率的降低率。其中渗透率测试前先通过自研的方法进行造缝。最后通过光学显微镜和扫描电子显微镜(SEM)对自修复材料以及水泥石的微观结构和内部形貌进行观察分析。

2　实验结果与讨论

2.1　自愈合水泥浆体系工程性能评价

2.1.1　密度测试

保持水泥浆液固比 0.44 不变，进一步探索了加量 5%～25%(BWOC)的仿生自愈合剂对水泥浆体系密度的影响。测试结果见表 1。

表 1　不同仿生自愈合剂掺量的水泥浆密度

自愈合剂加量/%	0	5	10	15	20	25
密度/(g/cm^3)	1.90	1.88	1.86	1.84	1.82	1.80

由表 1 可以看出，随着自愈合剂的增加，水泥浆密度减小。其原因是自愈合剂的密度为 $1.90g/cm^3$，比纯水泥($3.15g/cm^3$)密度低，在水泥浆中相当于减轻材料，因此在液固比不变的情况下，随着自愈合剂的增加，水泥浆密度减小。在实际应用过程中，水泥浆密度是可以通过外加剂和水灰比进行调节。

2.1.2　稠化时间测试

将加入不同量自愈合材料的水泥浆分别在低温、中温、高温和超高温条件下进行稠化实验，实验结果如表 2 和图 1 所示。

表 2　不同自愈合剂加量在不同温度下的稠化时间

序号	温度/℃	自愈合剂加量/%	缓凝剂加量/%	稠化时间/min
1	50	10	0	239
5	90	10	0.6	230
8	130	10	2.5	220
11	170	10	4	356

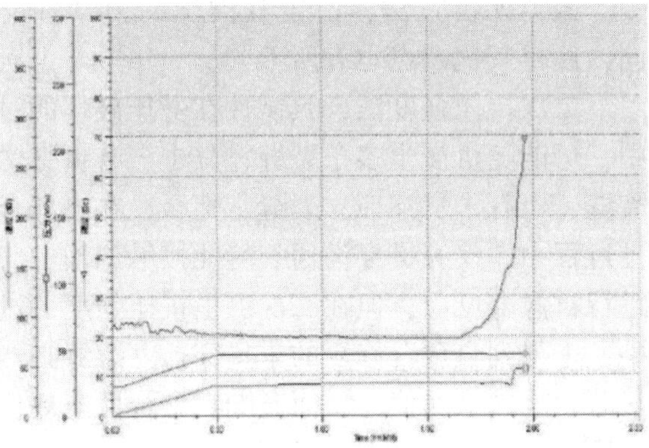

50℃稠化曲线

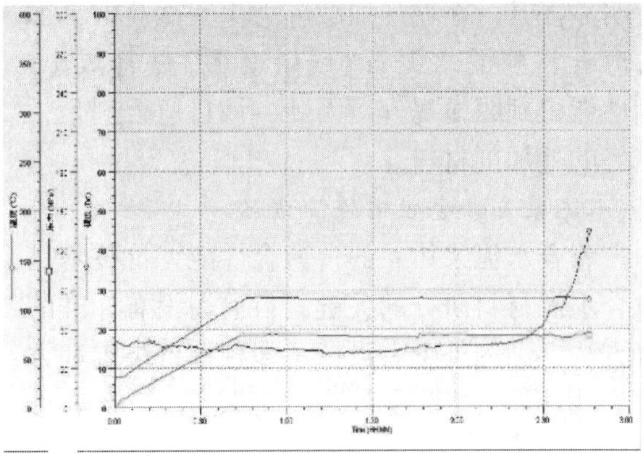

90℃稠化曲线

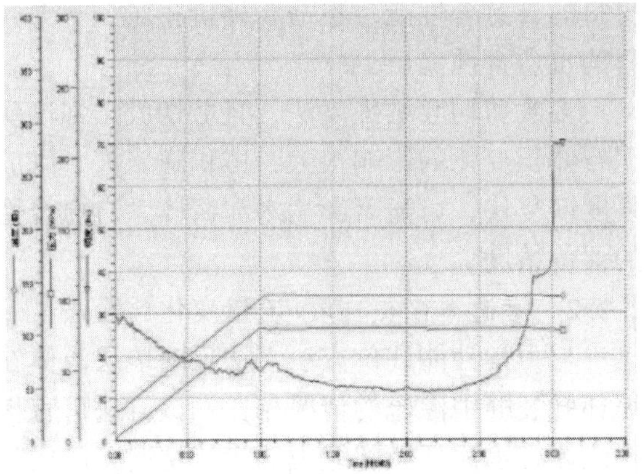

130℃稠化曲线

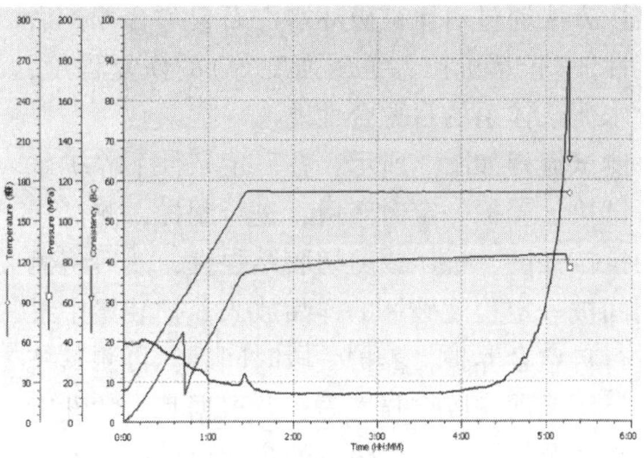

170℃稠化曲线

图 1　不同温度下的自愈合水泥浆稠化曲线

由表 4 和图 1 可以看出，从低温到中温到高温再到超高温，自愈合水泥浆稠化时间可调，稠化曲线平滑，无鼓包或者包心的现象，对稠化曲线的线性也没有影响。

2.1.3　力学性能测试

选取纯水泥与自愈合材料加量 10%、20%的水泥石进行对比。结果如表 3 和图 2 所示。

表 3　不同自愈合剂加量的水泥石力学性能

自愈合剂加量/%	7d 抗压强度/MPa	7d 抗折强度/MPa	7d 抗拉强度/MPa	泊松比	弹性模量/MPa
0	37.9	3.85	2.06	0.289	9363
10	35.2	4.05	2.72	0.145	6757
20	32.2	4.68	3.21	0.145	5957

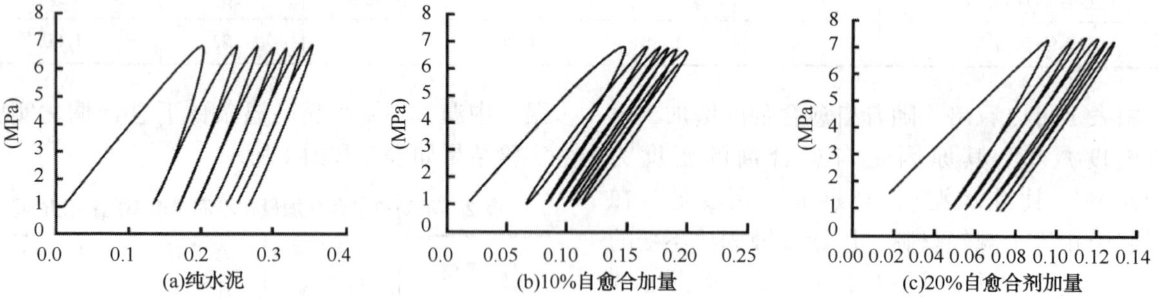

图 2　不同自愈合剂加量的水泥石循环应力应变曲线

由表 3 和图 2 可以看出，随着加量的增加，低水泥石抗压强度降低了 15%，水泥石弹性模量降低了 41%，但水泥石的抗折强度和抗拉强度有明显提升。在循环加载应力应变试验中，加入自愈合材料的水泥石“残余变形”显著减小，力学性能得到明显提升。因此，该自愈合剂是一种较好的外加剂材料。

2.2　水泥浆自愈合性能评价方法

自愈合水泥浆体系的自愈合性能评价技术是自愈合水泥材料研究的关键，目前尚没有标准的评价方法，国内外学者设计了多种评价装置和方法，如力学法、渗透率法、声发射法及电性能等。

2.2.1　力学性能恢复程度评价法

该方法通过对比被破坏水泥石自愈合养护后力学性能(包括抗拉、抗压强度等)的恢复程度，评价水泥浆体系的自愈合性能。

测试流程如图 3 所示，在一定条件下养护水泥石试块，养护一定时间后，进行制样，测试样品的抗拉强度、抗压或剪切胶结强度，然后将测试期间被一定程度破坏的样品放入养护装置中继续进行自愈合养护，养护一段时间后，再测其抗拉、抗压或剪切胶结强度等，并根据其力学性能的恢复情况评价水泥浆体系的自愈合性能，通常将愈合前后力学性能数据比值作为自愈合水泥愈合指数，计算公式为：

$$\text{愈合指数}=\frac{\text{愈合后力学性能}}{\text{愈合前力学性能}}\times 100\% \qquad (1)$$

该类评价方法，由于其测试的力学性能不同，使得其优缺点也有所不同。

二次抗压强度法，其试件在受压破坏的过程中，可能随机产生多条裂缝，其中，有贯穿沟通裂缝，也有未贯穿孤立裂缝，那么，在自愈合养护过程中，仅有贯穿沟通裂缝能接触到油、气并进行自愈合反应，但在二次测量抗压强度的过程中，未得到自愈合修复的未贯穿孤立裂缝必然会显著影响二次测值，从而影响自愈合性能评价的精度。

二次抗拉强度法，适用于评价粘接型自愈合材料的自愈合性能，不适于评价膨胀型自愈合材料的自愈合性能(图 3)。

多次剪切胶结强度法，且剪切胶结强度受水泥石体积变化的影响很大，体积膨胀大、则胶结强度恢复快，可显著影响水泥浆体系自愈合性能的评价精度。

2.2.2　渗透率恢复程度/流量变化评价法

与力学性能评价方法无法反映地层流体在水泥环微裂缝中渗流的情况相比，该方法可直接反映流体在水泥环微裂缝中的渗流情况，已成为目前最为接受的水泥石自愈合性能评价方法，如图

4 所示。在一定条件下养护水泥石试块，通过不同程度损伤模拟微裂缝，然后在水泥石渗透率测定仪上连续监测水泥石渗透率变化趋势，记录自愈合材料响应时间和水泥石微裂缝愈合时间，根据水泥石渗透率的恢复情况，评价水泥浆体系的自愈合性能。目前已形成切割、预埋造缝和劈裂造缝等造缝技术，其中切割、预埋法所造缝的形态、缝宽可控，但与实际裂缝随机形成差异大；而劈裂造缝与实际缝最为接近，但可控性较差。同时，课题组前期研究也发现，现有造缝方法容易导致掉块现象形成新缺陷，与井下固井水泥环收到地层岩石包围及压力变化所成缝存在明显差异。

图 3　抗拉强度和抗压强度恢复法

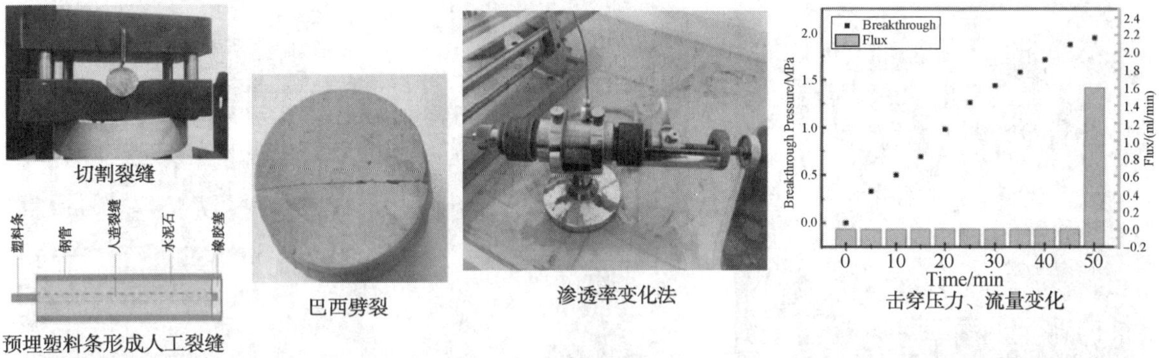

图 4　渗透率/流量变化评价水泥石自愈合效果

2.2.3　力学强度/渗透率评价法

本文结合前两种评价方法的特点，通过劈裂法造缝后对比被破坏水泥石自愈合养护后力学性能(包括抗拉、抗压、抗折强度等)和渗透率(包括气测和液测等)的恢复程度，评价水泥浆体系的自愈合性能。

在一定条件下养护水泥石试块，养护一定时间后，进行制样，将劈裂造缝前水泥石模块用热缩管塑封后直接使用液压试验机进行劈裂，可较好的模拟制造水泥石裂缝，便于开展后续实验。如图 5 所示，劈裂后的水泥石裂缝是穿透性裂缝，但水泥石模块表面没有切刀劈裂后的宽大裂缝，如图 6 所示，在进行水泥石渗透率测试时能更加准确测试水泥石渗透率及自愈合后的渗透率数据。

图 5　塑封直接劈裂造缝

图6　塑封劈裂造缝后水泥石表面贯穿缝

为模拟自愈合水泥石在井下高温高压、甲烷和水湿环境中的养护情况，本文自制了甲烷气体养护装置，如图7所示。装置由釜体、温控系统、加热系统组成。将测试期间被劈裂造缝的水泥石样品放入养护装置中继续进行自愈合养护，通入一定压力的甲烷并升温至需要温度，养护一段时间后，再测其抗拉、抗压或抗折强度和渗透率等，并根据其力学性能和渗透率的恢复情况评价水泥浆体系的自愈合性能。

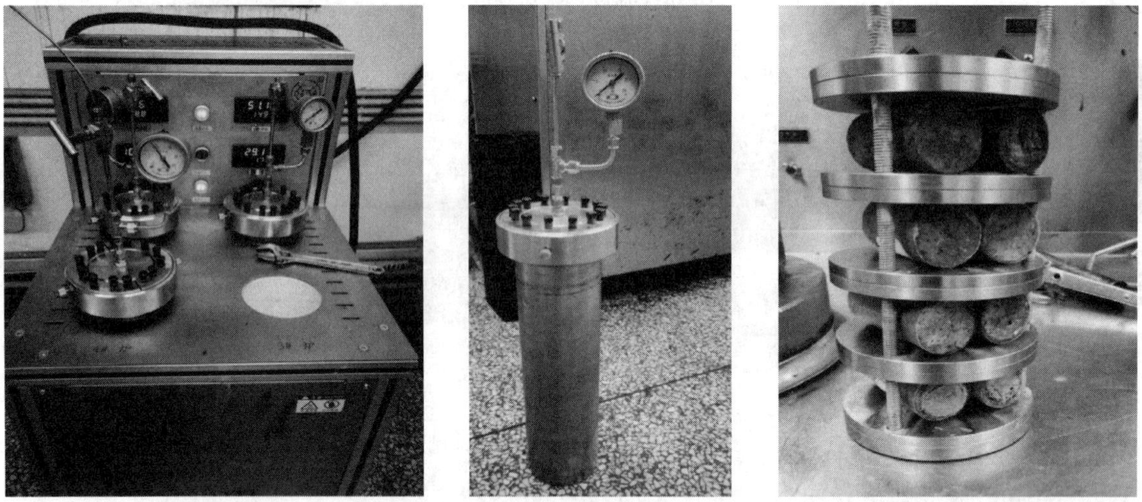

养护装置全貌　　养护釜体　　养护釜体内部

图7　自愈合水泥石甲烷环境养护装置

2.3　仿生自愈合水泥石愈合性能评价结果

2.3.1　力学性能愈合测试实验测试步骤

将养护成型的水泥石模块分别测试其抗压强度、抗折强度和劈裂抗拉强度；将测试后的水泥石在甲烷气体中保持90℃恒温养护愈合3天、7天、14天和28天；分别测得不同养护龄期的水泥石抗压强度、抗折强度和劈裂抗拉强度；分别计算水泥石不同强度的恢复率。测试结果见表4至表6。

表4　仿生自愈合水泥石抗压强度恢复率

样品名称	抗压强度/MPa					最大恢复率/%
	0d	3d	7d	14d	28d	
纯水泥	37.9	0	1.3	2.5	3.4	8.97
10%自愈合剂含量水泥石	34.2	5.2	12.6	18.4	30.7	89.7
20%自愈合剂含量水泥石	30.9	8.5	15.6	21.3	29.2	94.5

表5　仿生自愈合水泥石抗折强度恢复率

样品名称	抗折强度/MPa					最大恢复率/%
	0d	3d	7d	14d	28d	
纯水泥	3.65	0	0	0	0	0
10%自愈合剂含量水泥石	3.98	0	0	0.9	1.2	32.9
20%自愈合剂含量水泥石	4.33	0	0.2	1.8	2.54	58.6

表6　仿生自愈合水泥石劈裂抗拉强度恢复率

样品名称	劈裂抗拉强度/MPa					最大恢复率/%
	0d	3d	7d	14d	28d	
纯水泥	2.06	0	0.25	0.42	0.63	30.5
10%自愈合剂含量水泥石	2.58	0	0.68	1.59	2.04	79.1
20%自愈合剂含量水泥石	2.72	0.32	0.87	1.86	2.31	84.9

水泥石水化是一个长期漫长且持续的过程，即使是纯水泥，本身也有一定的仿生自愈合功能。由表4至表6可以看出，纯水泥的抗压强度最大恢复率为8.97%，体现了纯水泥本身具有一定的自愈合能力，但愈合程度不高。加入10%和20%的仿生自愈合剂，抗压强度的恢复率都超过60%，最大恢复率达到94.5%，几乎恢复到接近劈裂前的水平。抗折强度的恢复率远不如抗压强度高，即使是抗压强度恢复率达94.5%的低密度水泥石，抗折强度的最高恢复率也只有58.6%。纯水泥的劈裂抗拉强度恢复率为30.5%，添加20%自愈合剂的水泥石28d劈裂抗拉强度恢复率达到84.9%。这种恢复率的差异主要是由实验方法决定的，抗折强度折断后只有一条裂口可以接触油气激发自愈合剂发生作用产生自愈合，这与前人研究的遇烃膨胀类自愈合剂完全不同，不是靠膨胀堵塞微裂缝达到阻止油气水通过的目的，而是油气激发生成黏性流体黏合水泥石裂缝，因此可以有一定的力学性能恢复。

2.3.2　渗透率愈合测试

实验测试步骤：记录水泥石未造缝前的渗透率K0和造缝后的水泥石渗透率K1；将测过渗透率带缝的水泥石在高纯度甲烷气体（有效含量99.99%）中保持90℃恒温养护愈合7天、14天和28天，分别测得不同养护龄期的水泥石气测和液测渗透率，计算水泥石渗透率的恢复情况，结果见表7和表8。

表7　仿生自愈合水泥石气测渗透率

配方	造缝前/$10^{-3}\mu m^2$	0d/$10^{-3}\mu m^2$	7d/$10^{-3}\mu m^2$	28d/$10^{-3}\mu m^2$	渗透率恢复率/%
纯水泥	0.002	8.944	7.416	5.211	47.9
加量10%的低密度	0.001	6.571	3.225	0.002	98
加量10%的常规密度	0	6.543	3.221	0.003	97
加量20%的常规密度	0	5.982	1.985	0.001	99

表8　仿生自愈合水泥石液测渗透率

配方	造缝前/$10^{-3}\mu m^2$	0d/$10^{-3}\mu m^2$	7d/$10^{-3}\mu m^2$	28d/$10^{-3}\mu m^2$	渗透率恢复率/%
纯水泥	0.001	6.548	5.468	4.352	56.48
加量10%的低密度	0	4.321	2.365	0	100
加量10%的常规密度	0	4.225	1.587	0	100
加量20%的常规密度	0	3.854	0.564	0	100

由表7和表8可以看出，纯水泥石和自愈合水泥石都非常致密，造缝前，纯水泥石的气测渗透率仅$0.002\times10^{-3}\mu m^2$，液测渗透率仅$0.001\times10^{-3}\mu m^2$，自愈合剂加量10%以上的自愈合水泥石的气测和液测渗透率均为0；纯水泥石虽然具有一定的自愈合功能，但造缝后纯水泥石的渗透率的降低效果甚微，即使在甲烷养护28天后气测渗透率也只从$8.944\times10^{-3}\mu m^2$降低到$5.211\times10^{-3}\mu m^2$，液测渗透率也只从$6.548\times10^{-3}\mu m^2$降低到$4.352\times10^{-3}\mu m^2$；随着自愈合剂加量增加，自愈合水泥石渗透率逐渐降低到0，造缝后立即测试的渗透率也逐渐降低，高温高压甲烷养护3天后，自愈合水泥石渗透率有少量降低，养护14天后渗透率降低幅度增大，养护28天后渗透率降低90%以上，自愈合剂加量超过15%后，自愈合水泥石的渗透率降低了99%，液测渗透率降低了100%。因此，自愈合水泥石在高温高压甲烷环境中养护28天后渗透率几乎跟造缝前一样，具有很好的致密性，能阻止油气窜流。

由表7和表8对比可以看出，不管是纯水泥石还是自愈合水泥石，在液体介质中测试的渗透率比在气体介质中测试的渗透率要低，特别是自愈合水泥石，自愈合后的渗透率也为0，完全恢复到造缝前的致密性。这一方面是因为液体黏度比气体大，另一方面是因为自愈合剂在水湿环境中更容易与甲烷反应生成新的物质愈合裂缝阻止窜流。

2.4 仿生自愈合性能作用机理

为了揭示自愈合水泥的在遇烃激发完成自愈合的机理，首先采用光学显微镜对自愈合水泥石裂缝进行宏观上的观察，然后采用SEM扫描电镜对水泥石自愈合前后进行造缝和遇烃激发自愈合的水泥石进行断面微观形貌观察。结果如图8和图9所示。

由图8可以看出，对水泥石进行热塑后劈裂造缝，形成的水泥石缝隙比较自然，跟线切割形成的规则裂缝不一样，更能真实反应井下水泥环在后期生产等作业时由于应力集中对水泥石破坏产生微裂缝的情况。图9反应的是自水泥石愈合前的裂缝断面有较多不规则的囊状颗粒，囊壁光滑透明但并未受到激发，呈不规则囊状分布于水泥石内部。

对高浓度甲烷气体养护3天后的自愈合水泥石裂缝进行光学显微镜观察，如图10和图11。

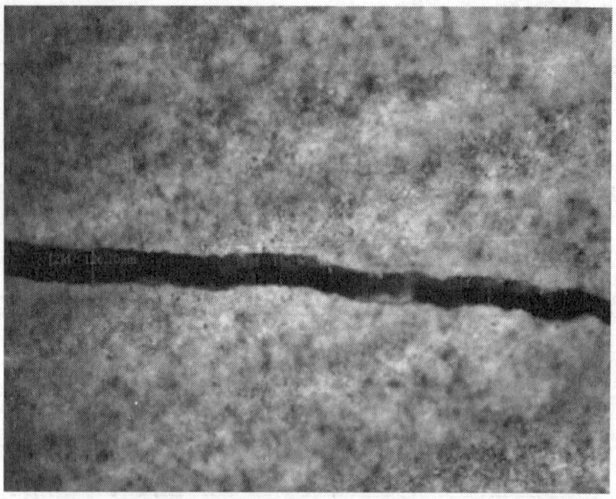

图8　自愈合前的水泥石缝隙

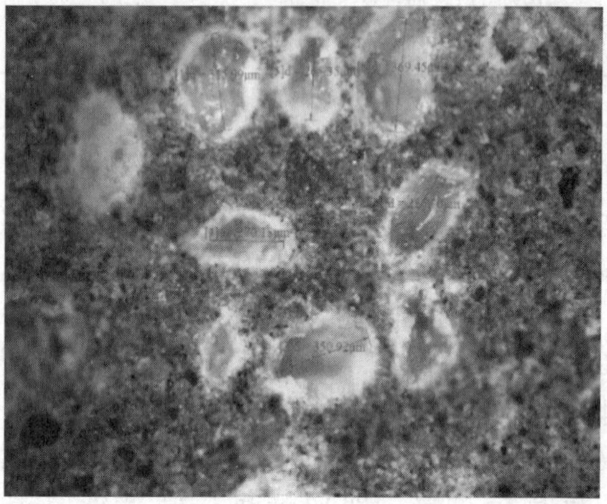

图9　自愈合前水泥石断面形态

图10　高浓度甲烷养护3天后水泥石微裂缝

由图10可以看出，在高浓度甲烷气体中养护3天的水泥石微裂缝中有多条黏性透明状凝胶物体将缝隙粘合。自愈合水泥石开始表现出自愈合性能，自愈合材料被甲烷气体激发，反应生成了一种新的物质粘合水泥石裂缝。随着反应时间的延长，透明的凝胶状物质增多(图11)，裂缝开始愈合。

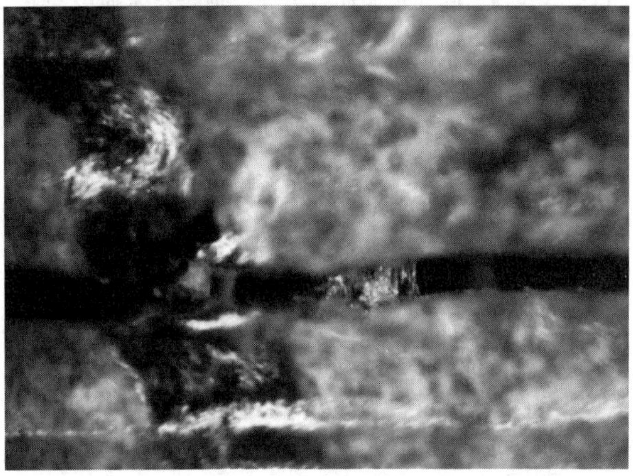

图 11　高浓度甲烷养护 7 天后水泥石微裂缝

通过 SEM 观察自愈合水泥在自愈合前后的微观形貌，如图 12 和图 13 所示。

图 12　自愈合水泥愈合前的微观形貌

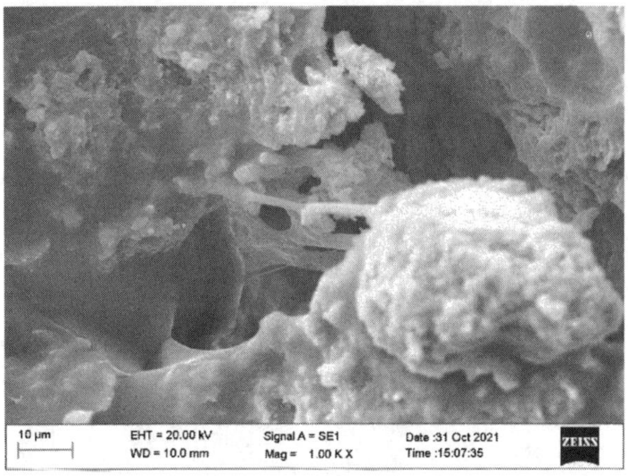

图 13　自愈合水泥愈合后的微观形貌

由图 12 和图 13 可以看出，自愈合水泥石内部自愈合材料在自愈合前是以“须状”或“囊状”结构存在于裂缝中。当破坏的水泥石在甲烷气体中养护，自愈合材料遇甲烷自动激发，自愈合剂与甲烷发生反应，生成一种凝胶状物质连接破损的水泥骨架。随着反应的继续进行，生成凝胶状产物逐渐增多，直到重新粘合水泥石骨架，恢复水泥石力学性能，堵塞水泥石微裂缝，阻止气体窜流。

3　结论与建议

（1）自愈合材料对水泥石的常规性能并未造成不利影响。

（2）与纯水泥石相比，自愈合水泥石的力学性能有了显著的提升。在抗压强度下降 15% 的情况下，其弹性模量降低 41%，这种特性为水泥环的后期气窜问题提供了有效的“先防”手段。一旦水泥石与烃类物质接触并启动自愈合机制，其抗压强度恢复率可达 94.5%，同时气测渗透率降低率达到 99%，液测渗透率降低率达到 100%，从而实现了“后堵”的效果。因此，仿生自愈合水泥石在应对水泥石后期气窜问题时，具有“先防后堵”的作用。

（3）通过电子显微镜和 SEM 等测试手段可知，在油气的激发下，均匀分布于水泥石中的自愈合材料会反应生成一种凝胶状的酯类物质。这种物质不仅能够封闭通道，还能粘合水泥石的骨架，从而实现自愈合。这一自愈合机制能够有效地阻止油气的窜流，并恢复水泥环的密封性能。

参 考 文 献

[1] 王璐．SAPS 制备自愈合梯度 $MoSi_2$ 基抗氧化涂层的研究[D]．西北工业大学，2018.

[2] 袁海．基于微波加热的沥青混合料断裂愈合性能研究[D]．重庆交通大学，2020.

[3] 石达．矿物掺合料对 UHPC 自愈合的影响[D]．湖南大学，2020.

[4] Zhang X，Zhu P，Aemail Z Z C C. A chemo-mechanically coupled continuum damage - healing model for chemical reaction-based self-healing materials[J]. International Journal of Solids and Structures，2021：111346.

[5] Manoj A A，Ramachandran R A，Menezes P L A P. Self-healing and superhydrophobic coatings for corrosion inhibition and protection[J]. International Journal of Advanced Manufacturing Technology，2020，106(5-6)：2119-2131.

[6] Pal S A C C，Mohanty I A C C，Panda I A C C. Self-healing Conventional Concrete Using Bacteria [J]. Lecture Notes in Civil Engineering，2021，75：441-451.

[7] 杨振杰，齐斌，刘阿妮，等．水泥基材料微裂缝自修复机理研究进展[J]. 石油钻探技术，2009，37(3)：124-128.
[8] Moroni A, Hoang-Kim A, Lio V, et al. Current augmentation fixation techniques for the osteoporotic patient [J]. Scandinavian journal of surgery: SJS: official organ for the Finnish Surgical Society and the Scandinavian Surgical Society, 2006, 95(2): 103-109.
[9] Moroni A, Rocca M, Faldini C, et al. Hydroxyapatite fully coated conic hip prosthetic stem: a long term animal study[J]. Annales chirurgiae et gynaecologiae, 1999, 88(3): 198-204.
[10] 赵宝辉，石凌龙，邹建龙，等．自愈合防窜水泥技术在 G103 井 φ177.8mm 尾管固井中的应用[C]//2015 年度钻井技术研讨会暨第十五届石油钻井院(所)长会议，北京，中国石油学会，2015.
[11] 赵建锋．固井水泥环微裂缝自愈合技术研究与开发[J]. 科技向导，2010，(4)：288-291.
[12] 姚晓，陈亚雷．国内外水泥环自愈合材料技术评析[C]. 2012 年全国固井研讨会议论文集．石油工业出版社，2012.
[13] 万浩东，杨远光．储气库井弹性自愈合水泥浆体系及其性能评价[J]. 石油钻采工艺，2018，40(06)：730-735.
[14] 李宁，赵宝辉，周波，等．一种固井自愈合水泥浆性能评价实验方法探析[J]. 钻采工艺，2021，44(04)：35-38.
[15] 王泳丹，刘子铭，郝培文．综论沥青的疲劳损伤自愈合行为：理论研究，评价方法，影响因素，数值模拟[J]. 材料导报，2019，33(09)：1517-1525.

CO_2 驱油与封存动态调控机理实验研究

郑文宽[1,2] 李宗阳[1,2] 张 东[1,2] 王传飞[1,2]

（1. 中国石化胜利油田分公司 勘探开发研究院；2. 山东省碳捕集利用与封存重点实验室）

摘 要 非均质、粘性指进是决定 CO_2驱开发效果的关键因素，调整注采方式是控抑气窜、扩大波及的有效手段，而 CO_2驱不同注采方式在开发实践中仍存在提高采收率效果未知且适应性不明确等问题。本文通过 CO_2驱相似物理模拟实验，对比了 CO_2连续气驱、轮换开采和注采耦合的开发特征差异，并分析了 CO_2驱不同注采模式的适用性。实验结果表明：连续气驱模式下不同渗透率区域开发效果差异大，低渗部位见气后的增油潜力很低，适合相对均质油藏开发；轮换开采通过采油井交替开启，改变注采井间主流线方向，有效改善非均质储层中低渗区开发效果，适合强非均质油藏或见气后的开发调整阶段；注采耦合利用注采交替引起的压力场交替变化，可以较均衡的提高全区波及范围，提高难动用边角区储量动用率，适合弱非均质油藏或初期开发阶段。

关键词 CO_2驱；相似物理模拟；注采耦合；适用性分析

国内外 CO_2驱提高采收率实践表明，非均质、粘性指进是决定 CO_2驱开发效果的关键因素。非均质严重、粘性指进强时气体波及系数明显降低，从而导致水气无效-低效循环，驱油效率降低。近年来胜利油田水驱及 CO_2驱矿场实践表明，轮换开采、注采耦合等方式是控抑驱替相窜进、扩大波及、提高驱油效率的一种有效手段。

目前国内外对轮换开采、注采耦合技术的研究主要集中在水驱油藏，在气驱领域研究较少。2018 年，崔传智等应用数值模拟方法分析了注采调控开发效果影响因素，给出了水驱条件下注采调控技术的适用条件。2018 年，王瑞等借助数值模拟方法研究了注采耦合方式下注水和采油过程中各特征区液流方向的变化，研究结果表明，注采耦合技术可以扩大波及 10%左右，有效提高断角滞留区剩余油的动用程度。2020 年，杨勇等应用物理模拟与数值模拟相结合的方法，明确了 CO_2驱轮换开采和注采耦合在气驱中的作用机理。

调整注采方式是控抑气窜、扩大波及的有效手段，但现阶段仍然存在一些突出的难题需要解决，例如：不同注采方式下的提高采收率效果、适应性等尚不明确。目前针对 CO_2驱轮换开采、注采耦合的研究多以数值模拟为主，然而数值模拟尚不能很好的表征不同注采方式的扩大波及机理，研究成果的可靠性受到限制，因此需要开展物理模拟研究解决上述问题。本文开展了 CO_2驱相似物理模拟实验，对比了连续气驱、轮换开采、注采耦合的开发效果差异，分析不同注采方式的提高采收率机制，并明确了连续气驱、轮换开采、注采耦合的适用油藏，以期为胜利油田低渗油藏 CO_2驱开发技术研究及示范应用提供技术支撑。

1 CO_2驱物理模拟相似准则体系

根据 CO_2驱油、气、水三相渗流特点，采用以下基本假设：

（1）考虑油、气组分的相间传质，水组分不参与传质。

（2）考虑流体压缩性，忽略岩石压缩性。

（3）不考虑吸附作用。

（4）不考虑注入流体与油藏、岩石的化学反应。

（5）油藏为恒温环境，且能瞬时达到热力学平衡状态。

基于 CO_2混相驱组分模型，考虑几何、运动及动力相似，采用方程分析法推导了 CO_2驱物理模拟相似准则体系见表 1。

表 1　CO_2驱物理模拟相似准数体系

相似准数	表达式	定义	作用目的
π1～π3	x/L、y/L、z/L	无量纲化空间位置	空间的几何相似性
π4	r_w/L	井筒半径与特征尺度之比	井筒与油藏尺度关系的相似性
π5～π7	$K_x/\bar{K}$、$K_y/\bar{K}$、$K_z/\bar{K}$	无量纲化渗透率分布	渗透率各向异性及非均质分布相似性
π8	$\phi/\bar{\phi}$	无量纲化孔隙度分布	孔隙度分布相似性
π9～π10	K_{ro}/K_{rg}、K_{ro}/K_{rw}	油、气、水相对渗透率之比	不同相流体渗流能力相似性
π11	μ_o/μ_g、μ_o/μ_w	油、气、水相黏度之比	不同相流体黏性阻力相似性
π12	$\Delta\gamma\Delta L/\Delta p$	重力压差与注采压差之比	超覆作用相似性
π13～π14	$\frac{D_{ig}}{D_{(i+1)g}}$，$\frac{D_{io}}{D_{(i+1)o}}$	不同组分扩散系数之比	扩散作用相似性
π15	$\frac{K\Delta P}{\mu_o D_{ig}\phi}$	对流速率与扩散速率之比	运移传质过程相似性
π16	$t/\left[L\phi/\left(\frac{K}{\mu_o}\cdot\frac{\Delta P}{L}\right)\right]$	无量纲化时间	时间过程相似性

其中 x、y、z 为对应方向空间位置坐标，m；L 为特征长度，m；r_w 为井筒半径，m；K_x、K_y、K_z 为对应方向渗透率，μm²；$\bar{K}$为特征渗透率，μm²；ϕ 为孔隙度，无量纲；$\bar{\phi}$为特征孔隙度，无量纲；K_{ro}、K_{rg}、K_{rw}分别为油、气、水相相对渗透率，无量纲；μ_o、μ_g、μ_w 分别为油、气、水相黏度，mPa·s；$\Delta\gamma$ 为重度差，N；Δp 为注采压差，MPa；D_{ij}为 i 组分在 j 相中的扩散系数，m²/s；t 为模拟时间，s。

2　实验方案

2.1　实验参数设计

根据 CO_2驱物理模拟相似准则体系，可将实际油藏按比例缩小至实验室物理模型，并实现油藏开发与物理实验主要注采参数之间的相互换算，换算原则是使得实际油藏开发和物理模拟实验中的π1～π16 这 16 个相似准数取值相同。本实验以史深 100 油藏为目标区块，根据实际油藏的物性及注采参数，利用相似准则计算得到物理模拟实验的模型参数和注采参数，如表 2 所示。

表 2　实际油藏开发与物理模拟实验参数对应表

	实际油藏	物理模拟
注采井距	300m	20cm
特征渗透率/10^{-3}μm²	20	40
开发时间	30 年	3600min
井筒半径/m	0.1m	0.6cm
地层油密度/(g/cm³)	0.791	0.747
地层油黏度/(mPa·s)	1.98	1.17
最小混相压力/MPa	31.8	18.9
单井注入速度	20/(t/d)	0.56/(mL/min)
注采压差/MPa	20	1.25

2.2　实验装置

本实验采用高温高压三维物理模拟装置，主要包括：恒温箱、大模型夹持器、高压恒速恒压泵、压力传感器、三相流体流量计量器等，其中大模型夹持器尺寸 Φ400mm×60mm。实验流程如图 1 所示。

2.3　非均质物理模型

设计非均质模型分为四个区域，渗透率分别为 5×10^{-3}μm²、10×10^{-3}μm²、20×10^{-3}μm²、40×

$10^{-3}\mu m^2$。将70～140目的砂子、石英砂、环氧树脂、固化剂、酒精等按照不同的比例混合放置平铺在四个区域，然后放入岩心制备装置，最大压实压力60MPa，加压12个小时以上压制而成，并在物理模型内设置1注4采的五点法井网。布井完成的非均质物理模型实物图如图2所示。

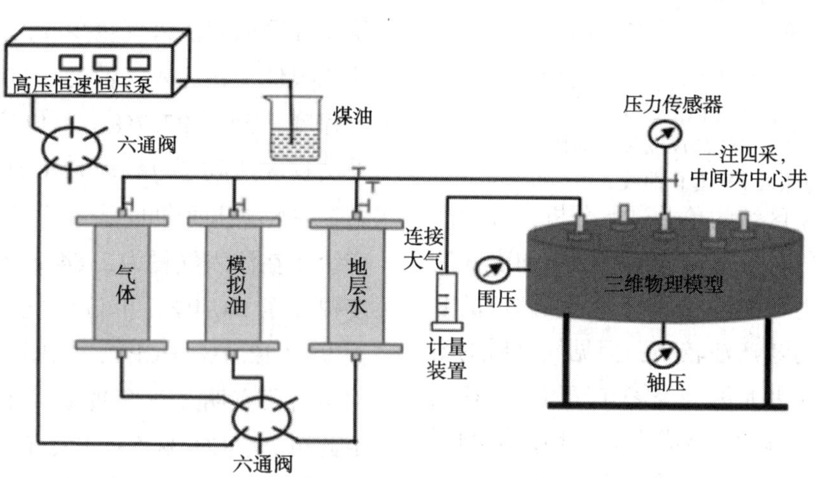

图1　三维物理模拟实验流程图

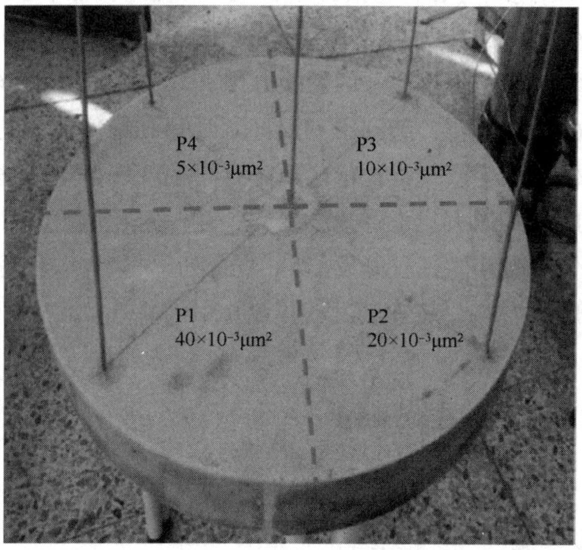

图2　三维砂岩岩心

2.4　对比方案设计

设计相同压力、温度下的连续气驱、轮换开采、注采耦合进行对比实验。实验压力保持水平为20MPa，高于最小混相压力，确保全程全域混相驱替；实验温度为80℃。

连续气驱实验为中心井连续注气，生产井P1井、P2井、P3井、P4井全部开井生产。

轮换开采实验为中心井连续注气，生产井按照P1井、P2井、P3井、P4井的顺序轮换生产，循环2轮，其中第1轮采出井见气时转下一口井，第2轮采出井不出油时转下一口井。

注采耦合实验为注采井轮换开启，注采不见面：注入阶段中心井注气，生产井P1井、P2井、P3井、P4井全部关闭，直至模型达到1.3倍最小混相压力；采出阶段中心井关闭，生产井P1井、P2井、P3井、P4井全部开井生产，直至模型达到0.7倍最小混相压力；依次循环至不出油为止。

3　实验结果与分析

3.1　连续气驱

CO_2连续气驱实验的产油速度及气油比随注入倍数的变化见图3。从图3中可以看出，CO_2连续气驱见气前，产油速度不断升高，峰值达到17.57mL/min，对应的累积注入气量为0.44HCPV，此时的生产气油比为297.58cm^3/mL；继续注入，当注入气量约0.5HCPV时开始见气，对应产油速度快速降低，见气时累积采出程度约43.2%。至驱替实验结束，产油速度降到2.64mL/min，累积采出程度51.9%。驱替压差由见气前的峰值1.25MPa，下降到驱替结束时的0.24MPa；单位注气量所能获得的采出程度，由采油速度峰值对应的43.26%/HCPV，下降到驱替结束时对应的25.55%/HCPV，气驱效率降低约40%。

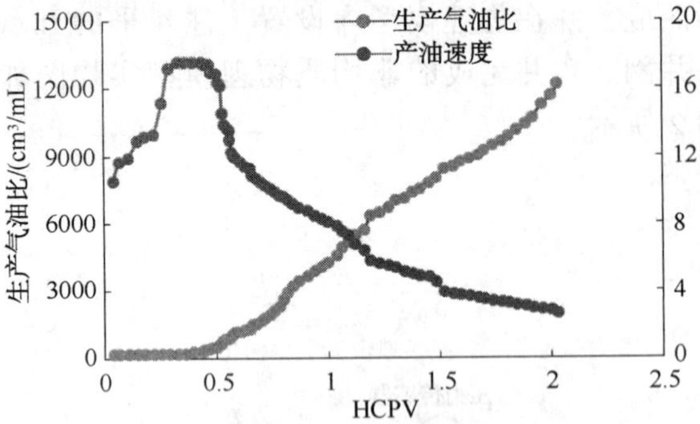

图 3　连续气驱产油速度及气油比随注入 PV 变化曲线

对不同渗透率区域的单井进行分析，各生产井见气时间及见气、气窜时的累产油量如表 3 所示。可以看出：对于非均质油藏，低渗部位的井见气较晚，见气时累产油较高，但见气以后的增油潜力很低，这主要是因为高渗井气窜后，在高渗区形成快速通道，CO_2形成无效循环，抑制了低渗区的流动。四口井(渗透率由高到低)对总产量的最终贡献占比分别为 28.1%、26.7%、23.7%和 21.5%。因此，若要提高采收率，就需要延缓高渗层位的见气时间。

表 3　连续气驱实验生产井见气时间及见气时的累产油量

井号	见气时间/HCPV	见气时累产油量/mL	气窜时累产油量/mL
P1($40\times10^{-3}\mu m^2$)	0.40	7.0	21.6
P2($20\times10^{-3}\mu m^2$)	0.48	12.7	20.5
P3($10\times10^{-3}\mu m^2$)	0.58	13.9	18.2
P4($5\times10^{-3}\mu m^2$)	0.70	14.9	16.5

3.2　轮换开采

轮换开采的特征是注入井保持高压注入，采油井轮换开采。轮换开采实验的产油速度及气油比变化如图 4 所示。从图 4 中可以看出：第 1 轮轮换开采期间注入气量少，产油速度高，生产气油比很低，在注入气量为 0.30HCPV 的情况下采出程度达到了 27.7%，单位注气量所能获得的采出程度达到了 92.3%/HCPV，气驱效率很高；第 2 轮轮换开采期间注入气量多，采出程度增幅变缓，在注入气量为 2.84HCPV 的情况下采出程度提高了 34.4%，单位注气量所能获得的采出程度为 12.1%/HCPV，气驱效率明显降低，表明该阶段有明显气窜现象发生，采油效果变差。由此可见，CO_2驱轮换开采有助于提高气体利用率，但首轮效果要明显好于后轮效果。相较于CO_2连续气驱，轮换开采在见气后虽然也出现了生产气油比大幅增高、产油速度大幅降低的现象；但是随着油井的轮换开采，注采井间主流线的不断变化，起到了一定抑制气窜和聚集能量的作用，生产气油比依次下降且增幅变缓，产油速度依次增大且下降速度变缓，在一定程度上提高气驱效率、延长开发周期。轮换开采最终采出程度 62.1%，较连续气驱提高 10.2%。

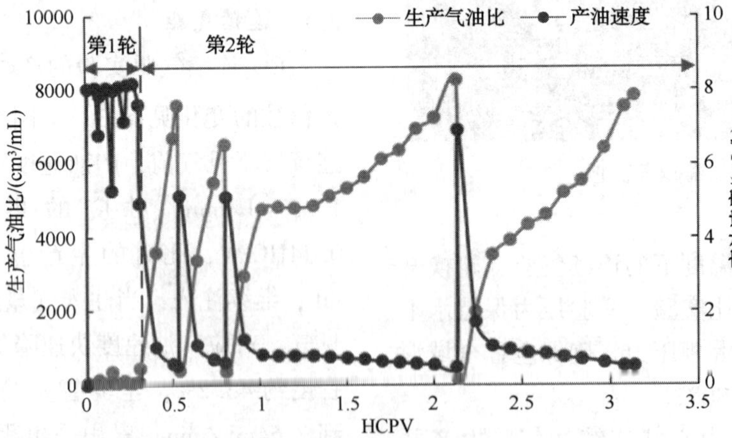

图 4　轮换开采产油速度及气油比随注入 PV 变化曲线

对不同渗透率区域的单井进行分析，各生产井第一轮及第二轮末累产油量如表 4 所示。可以看出，相较于连续气驱，四口井(渗透率由高到低)的累产油量均有了不同幅度的提高，提高幅度分别为 1.0%、1.4%、24.2%、30.3%，对总产量的贡献占比分别为 25.1%、24.0%、26.0%和 24.7%。这说明相较于连续气驱，轮换开采增加的产量主要为难动用的低渗区贡献。这主要是因为连续气驱形成的渗流场在注采井之间，一旦有高渗通道就极易发生严重气窜，但在轮换开采模式下，关井区域内的积聚能量会逐渐增大，从而使得注气驱动力的作用方向发生变化，即由在注采井连线间的渗流区内部作用，转变为在渗流区和滞流区之间作用，从而使液流方向随之发生改变。因此，轮换开采可以调整气驱方向，改善难动用的低渗区开发效果，从而提高注采井网的整体开发效果。

表 4　轮换开采各生产井累积产油量

井号	第一轮末累产油量/mL	第二轮末累产油量/mL	较连续气驱增油量/mL
P1($40\times10^{-3}\mu m^2$)	15.7	21.8	0.2
P2($20\times10^{-3}\mu m^2$)	15.1	20.8	0.3
P3($10\times10^{-3}\mu m^2$)	13.4	22.6	4.4
P4($5\times10^{-3}\mu m^2$)	13.0	21.5	5.0

3.3　注采耦合

注采耦合的特征是注采井交替开启，注采井不见面。注采耦合实验的采出程度及气油比变化如图 6 所示。从图 5 中可以看出：注采耦合见气早于连续气驱，注入气量约 0.24HCPV 时即见气，初期气油比上升较快，见气时采出程度约 29.1%，大幅低于连续气驱见气时采出程度 43.2%；见气后气油比上升速度明显低于连续气驱，待耦合 43 个周期，累积注入量达 2.0HCPV 时，气油比也仅为 5311m^3/m^3，远低于连续气驱和轮换开采，此时累积采出程度约 60.2%，较连续气驱提高 8.3%。

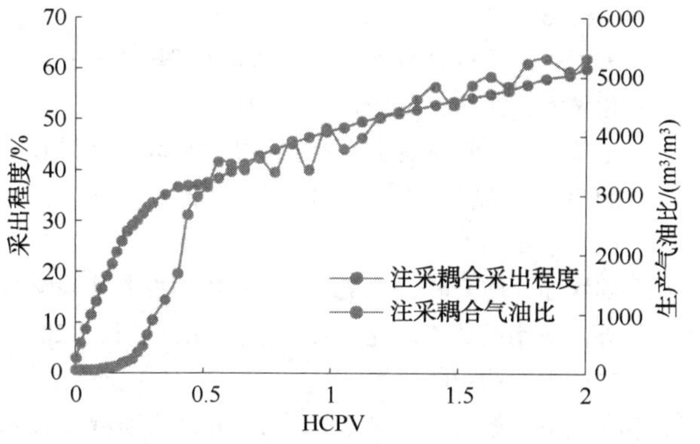

图 5　注采耦合采出程度及气油比随注入 PV 变化曲线

对不同渗透率区域的单井进行分析，各生产井见气时及气窜时累产油量见表 5。可以看出，相较于连续气驱，注采耦合四口井的增产幅度较为平均，累产油提高幅度分别为 15.3%、15.1%、15.4%、17.0%，四口井对总产量的贡献占比分别为 28.0%、26.5%、23.6% 和 21.7%。这主要是因为注采耦合并没有改变非均质储层中的流线强弱分布，而是利用注采交替引起的压力场变化，通过高压扩容、传质降黏等作用，均匀的扩大波及。

表 5　注采耦合各生产井累积产油量

井号	见气时累产油量/mL	气窜时累产油量/mL	较连续气驱增油量/mL
P1($40\times10^{-3}\mu m^2$)	12.1	24.9	3.3
P2($20\times10^{-3}\mu m^2$)	11.6	23.6	3.1
P3($10\times10^{-3}\mu m^2$)	10.2	21	2.8
P4($5\times10^{-3}\mu m^2$)	9.2	19.3	2.8

使用核磁共振技术测试了主流线上连续气驱与注采耦合模式开发后的剩余油饱和度分布，测试结果如图 6 所示。对于大中孔隙，注采耦合与连续气驱的采出程度接近，都在 90%左右；对于小孔隙，注采耦合的采出程度约 85%，要明显高于连续气驱的 75%。这主要是因为注采耦合通过反复的憋压-泄压引起压力场交替变化，强化了弹性能释放过程，使得 CO_2可以通过溶解扩散进入这些常规气驱难以进入的微小孔喉中并挤出或带出其中的原油，从而提高了微观驱油效率。

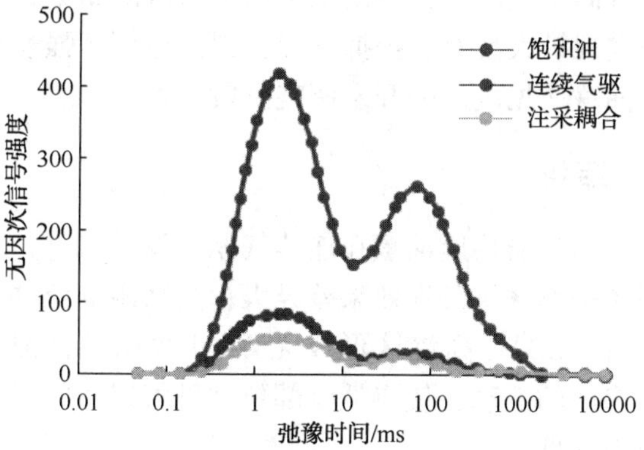

图 6　主流线上不同开发模式下的 T_2谱图

注采耦合模式下不同耦合周期的单次采出程度变化如图 7 所示。由图 7 可以看出，注采耦合的单周期采油量是先增大后减小，这主要是因为注采耦合是注采不见面的，能量从注入井到采出井的积聚及传递需要一定时间。注采耦合在第 10 个耦合周期的单次产量达到峰值，此时累积产油量为 29.5mL，采出程度为 20.0%。单次耦合产量峰值过后两个周期开始见气，此后单次耦合产量缓慢下滑但仍相对稳定，产量下降阶段累积产油量58.9mL，最终采出程度60.2%，说明注采耦合开发有较长的稳产期，产量下降阶段也可提供较大的增产潜力。

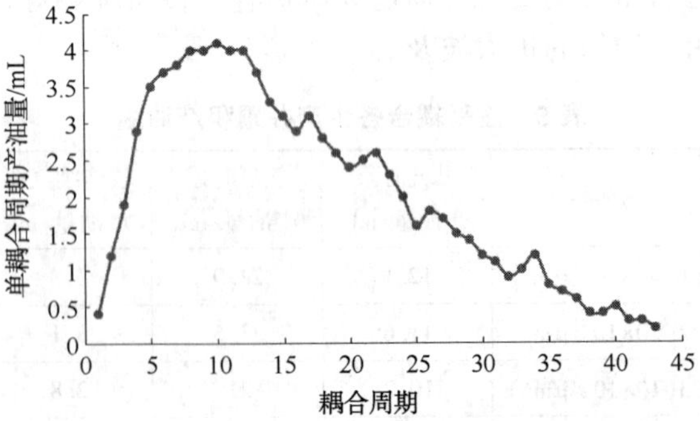

图7　单耦合周期产油量变化曲线

3.4　适用性分析

针对本次实验取得的结果和认识，对连续气驱、轮换开采、注采耦合三种不同的气驱开发方式的适用性进行了分析和总结。

（1）由于连续气驱开发周期短、工作制度简单，对于均质油藏来说各区域注采情况较为均衡，因此适用于相对均质油藏；

（2）由于注采耦合开发可以较均衡的提高全区波及范围，动用难动用边角区储量，因此适用于弱非均质油藏或初期开发阶段；

（3）由于轮换开采可以调整气驱方向，使液流方向发生改变，动用难动用低渗区的储量，从而实现扩大波及、控抑气窜，因此适用于强非均质油藏或见气后的开发调整阶段。

4　结论

（1）非均质油藏在连续气驱开发模式下，不同渗透率区域开发效果差异大；当高渗部位井气窜后，CO_2在高渗区形成无效/低效循环，抑制低渗区的流动，使得低渗部位井见气以后的增油潜力很低。

（2）CO_2驱轮换开采通过采油井的转换改变注采井间主流线方向，使得注气驱动力的作用由在注采井连线间的渗流区内部作用转变为在渗流区和滞流区之间作用，增加的产量主要为难动用的低渗区贡献。

（3）CO_2驱注采耦合利用注采交替引起的压力场变化，高压扩容、传质降粘，可以较均衡的提高全区波及范围，提高难动用边角区储量动用率。

（4）对于相对均质油藏，推荐采用连续气驱；对于弱非均质油藏或初期开发阶段，推荐采用注采耦合方式开发；对于强非均质油藏或见气后的开发调整阶段，推荐采用轮换开采方式开发。

参　考　文　献

[1] 王建．注采耦合技术提高复杂断块油藏水驱采收率——以临盘油田小断块油藏为例[J]．油气地质与采收率，2013，20(03)：89-91.

[2] 曹绪龙，吕广忠，王杰，等．胜利油田CO_2驱油技术现状及下步研究方向[J]．油气藏评价与开发，2020，10(03)：51-59.

[3] 杨勇，吕广忠，张东，等．胜利油田特低渗透油藏CO_2驱技术研究与实践[J]．油气地质与采收率，2020，27(01)：1-9.

[4] 崔传智，高敏，张戈，等．注采耦合挖潜断层夹角区剩余油效果与优化[J]．中国科技论文，2018，13(23)：2648-2653.

[5] 宋志超．极复杂断块油藏层间注采耦合技术优化研究[J]．石油技术，2018，25(01)：145-146.

[6] 宋志超．极复杂断块油藏平面注采调整技术政策优化研究[J]．化工管理，2017，(36)：18.

[7] 邹桂丽，袁成武，李祥珠，等．高含水油藏整体注采耦合参数优化方法[J]．石油化工应用，2017，36(06)：28-33.

[8] 刘文涛，陈旭，孙致学，等．砾岩油藏聚合物驱注采耦合调控方法及参数优化[J]．石油钻采工艺，2020，42(03)：356-362.

[9] 王瑞，袁士宝，王建，等．复杂断块油藏注采耦合技术提高采收率机理[J]．大庆石油地质与开发，2018，37(06)：38-42.

[10] 宋力．注采耦合技术提高采收率机理研究[J]．石化技术，2019，26(05)：91-92.

[11] 王瑞．复杂断块油藏注采耦合技术提高原油采收率的力学机制研究[J]．中国科技论文，2020，15(01)：60-66.

[12] 刘婉如，施安峰，王晓宏，等．压力控制注采交替方法效率的数值研究[J]．工业控制计算机，2019，32(10)：91-93.

[13] 郑文宽，杨勇，吕广忠，等．CO_2驱注采耦合技术提高采收率[J]．西安石油大学学报（自然科学版），2021，36(05)：77-82.

[14] 孙志刚，杨海博，张红欣，等．断块油藏注采耦合物理模拟实验[J]．石油地质与工程，2019，33(03)：68-70.

[15] 杨勇，姜汉桥，马康．断块油藏平面动用均衡程度实验研究[J]．科学技术与工程，2016，16(16)：168-172.
[16] 崔丽萍，王耕．耦合注水在高含水油藏的有效应用[J]．辽宁化工，2018，47(02)：113-115.
[17] 李宗阳，谭河清，李林祥，等．聚合物驱后期油藏注采耦合技术提高采收率研究及应用[J]．油气地质与采收率，2019，26(06)：115-121.
[18] 徐莎，乐平，柳敏，等．注采耦合技术提高构造-岩性油藏开发效果[J]．特种油气藏，2016，23(03)：110-112.
[19] 尹思琪．开展注采耦合先导试验，改善断块-岩性油藏开发效果[J]．石油和化工设备，2016，19(01)：76-77.
[20] 赵北辰．断块油藏水驱油注采耦合机理及参数优化[D]．北京：中国地质大学，2020.

驱油用微囊化聚合物的研制及性能改善研究

巩锦程　徐　辉　董　雯　宋　倩

（中国石化胜利油田分公司）

摘　要　聚合物在注入中低渗油藏的过程中受炮眼剪切和孔喉尺寸的影响，面临降解损失和注入困难的问题。为此，以微胶囊包封聚合物，研制了微囊化聚合物。在胜利Ⅱ型油藏条件下，研究了聚合物在微囊化前后的增黏性能、抗剪切性能和注入性能，并考察了微囊化聚合物的驱油特征。结果表明，微囊化聚合物增粘时间由25min延长至9d，具备缓释增黏特性。经模拟炮眼剪切后，微囊化聚合物的黏度损失率由54.92%降低至2.6%，抗剪切性能大幅提高。在$100\times10^{-3}\mu m^2\sim500\times10^{-3}\mu m^2$的岩心渗透率范围下，微囊化聚合物的注入压力无明显变化，注入性能大幅提高。随着老化时间的延长，微囊化聚合物由低粘易注入转变为高黏扩波及，提高采收率幅度逐渐由4.32%增加至19.29%，起到靶向驱油的作用。

关键词　聚合物驱；微囊化；缓释增粘；抗剪切性能；注入性能；靶向驱油

1　前言

以聚合物为基础的化学驱技术是提高采收率的重要技术，在矿场上已得到了广泛应用，并取得较好的降水增油效果。聚合物主要是靠高分子氢键缔合作用增大水相黏度，改善油水流度比，以扩大驱替相在地层多孔介质中的波及体积，其增粘能力是驱替效果的关键。然而，聚合物在注入过程中经过炮眼剪切，发生明显的降解，导致其在地下的黏度大幅度下降。并且随着常规石油资源的减少，中低渗油藏成为开采的接替资源阵地，这使得高分子聚合物面临注入性能的挑战。如何提高聚合物的抗炮眼剪切性能和注入性能，是进一步大幅度提高采收率所亟需解决的重要问题。微胶囊由于其特有的缓释功能，目前已在医药、食品、建材、油田等领域均得到了广泛应用，可为解决上述聚合物驱难题提供思路。因此，胜利油田提出聚合物缓释增黏的概念，通过将聚合物封装于微胶囊之中，利用微胶囊的缓释功能，将增黏过程由地面转至地下，旨在利用微胶囊壳层的刚性保护驱油剂避免炮眼剪切，并利用微胶囊的纳米级尺寸提高驱油剂对于小孔喉的注入性能。本文以机械性能优异的聚氨酯作为壳层包封聚合物，制备微囊化聚合物，在胜利Ⅱ型油藏条件下，与常规乳液聚合物进行对比，研究了微囊化技术对于聚合物的增粘性能、抗剪切性能、注入性能的改善，并考察了微囊化聚合物作为驱油剂的驱油特征。通过本文研究，可为微囊化聚合物在油田提高采收率中的推广应用奠定理论基础。

2　实验部分

2.1　实验材料

丙烯酰胺（AM）、2-丙烯酰氨基-2-甲基丙烷磺酸（AMPS）、氢氧化钠（NaOH）、失水山梨醇单油酸酯（Span80）、失水山梨醇单油酸酯聚氧乙烯醚（Tween80）、白油、过硫酸铵（APS）、亚硫酸氢钠（SHS）、聚氨酯预聚体、1，4-丁二醇（BDO）、胜利Ⅱ型油藏模拟地层水（总矿化度为19334mg/L，钙镁含量460mg/L）。

2.2　实验方法

微囊化聚合物制备：将13.6g AM和2.4g AMPS溶于8g去离子水中，用NaOH溶液调节pH值至7.5，加入0.003g APS，得到水相。将3.8g Span80和1.2g Tween80与19g白油混合，得到油相。利用均质机将油水相乳化，通氮除氧后，加入0.0015g SHS，升温至60℃，反应7h，得到乳液聚合物。在800r/min的搅拌速度下，将4g聚氨酯预聚体加至乳液聚合物中，混合搅拌20min。在N_2氛围下，缓慢加入0.16g BDO，升温至50℃，并在400r/min的条件下反应4h，得到微囊化聚合物。

表征方法：将制备的产物进行提纯，去除油相和表面活性剂，对提纯物进行扫描电镜（SEM）、透射电镜（TEM）、动态光散射（DLS）、红外光谱（FTIR）测试。

微囊化聚合物分散液配制：在500r/min的搅拌速度下，将微囊化聚合物滴加至模拟水中，搅拌 30min，配制微胶囊所含乳液聚合物浓度为 2000mg/L 的微囊化聚合物分散液。

增粘性能评价方法：将微囊化聚合物分散液除氧后封装于安瓿瓶中，置于 75℃烘箱中老化，定期采用流变仪测试不同老化时间微囊化聚合物分散液的粘度，测试温度为 75℃，剪切速率为 7.34s^{-1}。

抗剪切性能评价方法：将乳液聚合物溶液和微囊化聚合物分散液置于吴茵搅拌器中剪切搅拌 10s，转速为 18000r/min，之后采用流变仪测试乳液聚合物溶液的黏度和微囊化聚合物分散液增黏后的黏度。

注入性能评价方法：利用单岩心驱替实验装置，对不同渗透率的岩心进行水驱，注入速率为 0.5mL/min，记录水驱稳定注入压力。之后，将乳液聚合物溶液和微囊化聚合物分散液注入到岩心中，注入速率为 0.5mL/min，直至注入压力趋于稳定，之后转后续水驱，监测注入压力的变化。

驱油性能评价方法：将微囊化聚合物分散液在 75℃条件下老化至一定时间后取出。在 75℃条件下，利用单岩心驱替实验装置，以 0.1mL/min 的注入速率对岩心进行油驱水至岩心出口端出油，在 0.5mL/min 的注入速率下，先水驱岩心至采出液含水率达到 95% 以上，之后注入 0.5PV 的不同老化时间下的微囊化聚合物分散液，最后进行后续水驱至含水率达到 95%以上。过程中记录注入压力、含水率和采收率的变化。

3 结果与分析

3.1 微囊化聚合物的表征

利用 SEM 和 TEM 对产物的形貌特征进行表征，结果如图 1 所示。可以看到，微囊化聚合物为规则的圆球状颗粒，具有明显的核壳结构。壳层表面光滑无破损，厚度约为 44.6nm，对内核的包封性能较好。产物以大颗粒为主，尺寸在 1μm 以下。利用 DLS 对产物的粒径分布做进一步明确，产物的粒径呈双峰分布，大颗粒占比居多，峰值位于 90nm 和 400nm，与微观图像一致。为深入分析产物的成分信息，利用 FTIR 表征产物的特征官能团，结果如图。在乳液聚合物的红外光谱中，出峰位置在 1176cm^{-1} 和 1031cm^{-1}处为 AMPS 的磺酸基中 O=S=O 的对称与反对称伸缩震动所引起的特征峰，3307cm^{-1}处为酰胺基上 N—H 键的伸缩振动峰，1665cm^{-1}处为酰胺基中 C=O 的伸缩振动峰。在微囊化聚合物的红外光谱中同样可观察到明显的磺酸基的吸收峰，此外在 1553cm^{-1}和 1117cm^{-1}处观察到了聚氨酯氨基甲酸酯键和聚醚官能团的吸收峰，这说明产物的内核为乳液聚合物、壳层为聚氨酯。

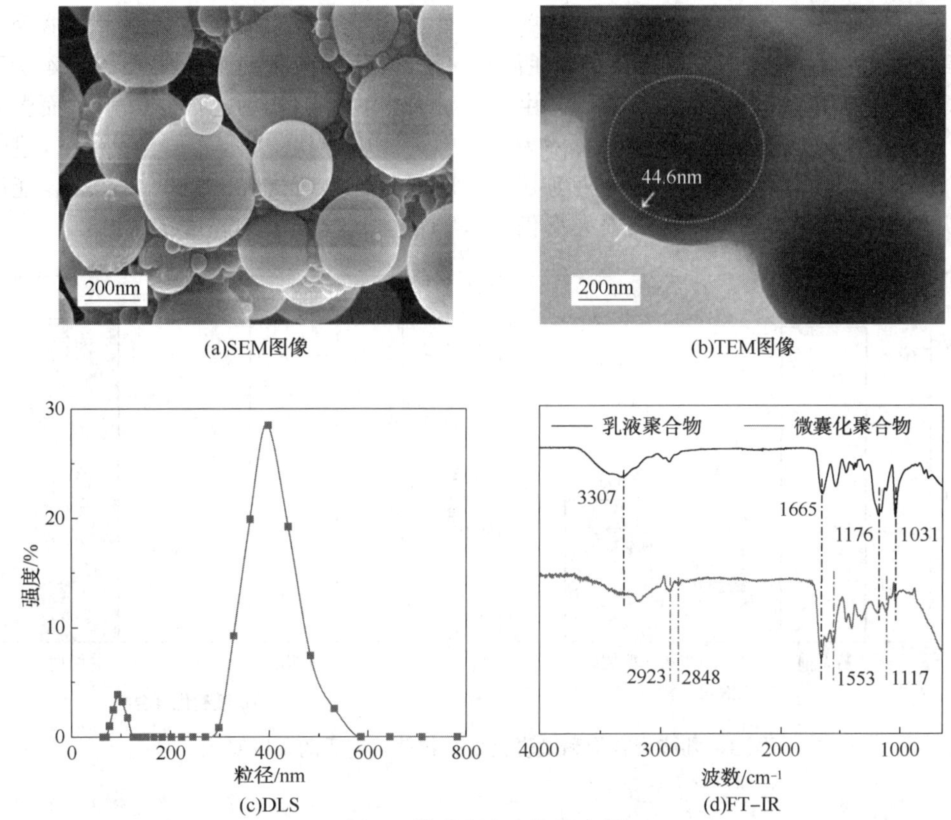

图 1　微囊化聚合物的表征

3.2 微囊化前后的增黏性能

将乳液聚合物和微囊化聚合物分散于水中，对比二者在水相中的黏度变化曲线，结果如图 2 所示。室内实验发现，乳液聚合物分散至水中后即快速溶解、增黏，而微囊化聚合物在水中只分散而不增黏。由图也可看出，乳液聚合物溶液的黏度快速增加，并在 25min 黏度达到稳定，增粘值约为 22mPa·s。而微囊化聚合物分散液的黏度在 3d 内没有明显变化，与水的黏度相近，在 3d 后逐渐增加，并在 9d 达到稳定，增黏值约为 23mPa·s。这表明微囊化聚合物具有缓释增黏特性，并且其黏度稳定值与乳液聚合物相当。其缓释增黏特性得益于微囊化的作用，3d 内未增黏是由于聚合物被包封于微胶囊中，限制了聚合物向水中溶解。3d 后黏度逐渐增加是由于微胶囊聚氨酯材料的水化降解作用，使聚合物得以释放溶解。此特性为其抗剪切性能和注入性能的提升奠定了基础。

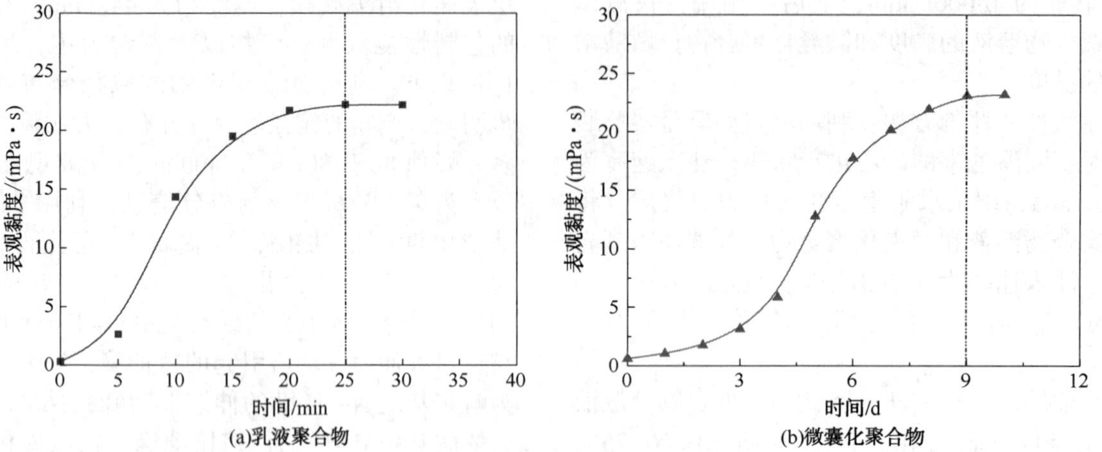

图 2　乳液聚合物和微囊化聚合物的粘度变化曲线

3.3 微囊化前后的抗剪切性能

利用吴茵搅拌器的高速搅拌模拟聚合物在注射泵和炮眼所经受的剪切作用，将剪切后的微囊化聚合物在 75℃ 下老化，测定增黏值，并与剪切后的乳液聚合物黏度进行对比，结果如图 3 所示。乳液聚合物经高速剪切后，黏度由 21.5mPa·s 下降至 9.69mPa·s，黏度损失率为 54.92%。相比之下，微囊化聚合物经高速剪切后，增黏值并没有发生明显变化，黏度损失率仅为 2.6%。并且实验发现，高速剪切之后，微囊化聚合物依然可保持低初始黏度和 9d 左右的缓释时间，说明其缓释增黏特性没有受到影响。此外，利用原子力显微镜观察了乳液聚合物和微囊化聚合物的微观形貌，结果如图 4 所示，发现乳液聚合物经剪切后已严重降解，而微胶囊壳层依然为完整球状，且表面光滑平整，进一步表明微胶囊外壳具有优异的抗剪切性能，能够避免聚合物在注入过程中的黏度损失。

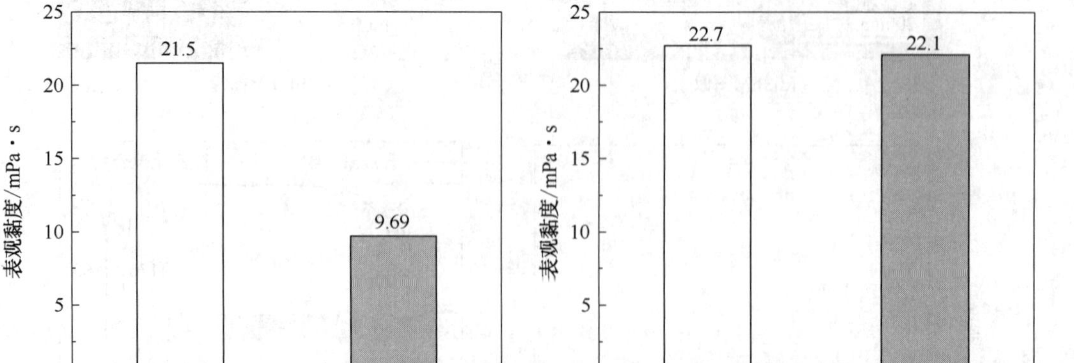

图 3　乳液聚合物和微囊化聚合物剪切前后的黏度对比

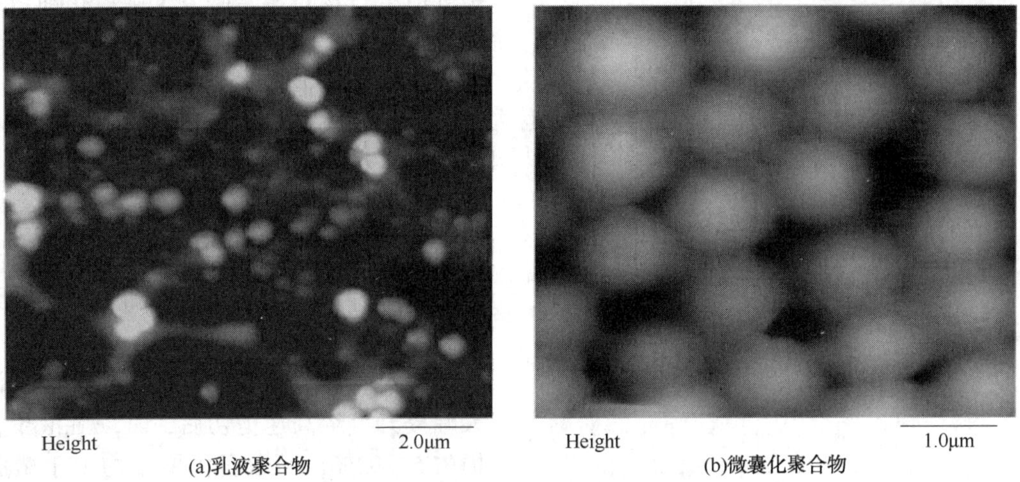

(a)乳液聚合物　　(b)微囊化聚合物

图 4　乳液聚合物和微囊化聚合物剪切后的微观形貌

3.4　微囊化前后的注入性能

在不同渗透率岩心中进行了水驱后乳液聚合物和未增黏微囊化聚合物的注入实验，结果如图。乳液聚合物驱阶段的注入压力随着注入量的增大而升高，并且渗透率越小，注入压力升高越明显，表明乳液聚合物的注入阻力较大。而微囊化聚合物驱阶段在 $100\times10^{-3}\mu m^2$ ~ $500\times10^{-3}\mu m^2$ 的范围内注入压力升高并不明显，表明微囊化聚合物的阻力系数低，易注入。这是由于，一方面低黏度的微囊化聚合物相较于高黏度的乳液聚合物在孔喉中的流度明显提高，不易滞留形成渗流阻力。另一方面，岩心在渗透率 $100\times10^{-3}\mu m^2$ ~ $500\times10^{-3}\mu m^2$ 范围内的平均孔喉直径约为 3.53 ~ 7.53μm，明显大于微囊化聚合物的粒径，说明微囊化聚合物不易在孔喉中形成堵塞。因此，未增粘的微囊化聚合物具有良好的注入性能。

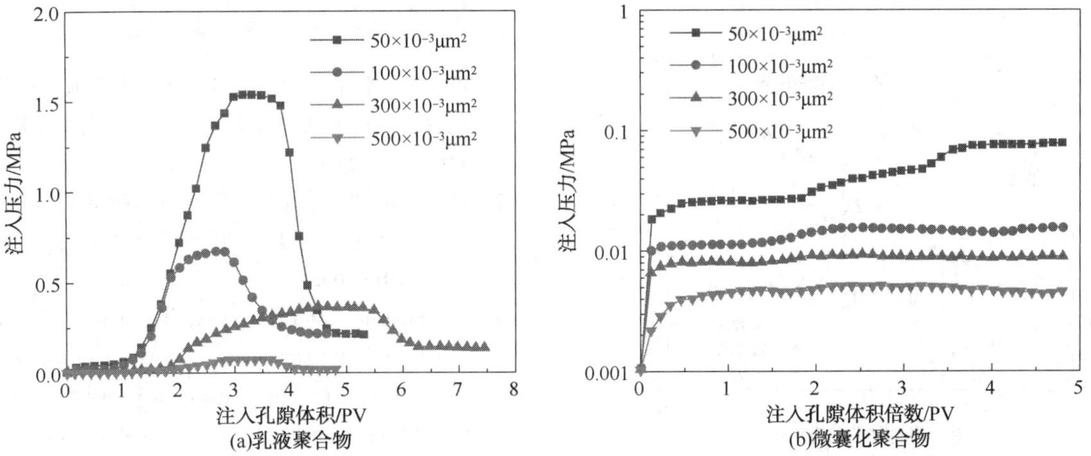

(a)乳液聚合物　　(b)微囊化聚合物

图 5　乳液聚合物和微囊化聚合物在不同渗透率下的注入压力

3.5　微囊化聚合物的驱油特征

提升微囊化聚合物的抗剪切性能和注入性能，是为了保证其在地层中达到预期的驱油效果。将不同老化时间的微囊化聚合物注入饱和油的岩心中，考察增黏过程中微囊化聚合物驱油性能的变化，结果如图 6 所示。注入未老化的微囊化聚合物，注入压力和含水率较水驱没有明显变化，提高采收率幅度仅为 4.32%，这是由于聚合物被包封于微胶囊中，驱替相粘度低，优先进入水驱形成的流道，表明微囊化聚合物易于注入岩心。注入已老化的微囊化聚合物，注入压力较水驱明显提高，含水率较水驱明显下降，提高采收率幅度明显增大，并且老化时间越长，驱油效果越明显，老化时间为 5 天和 9 天的提高采收率幅度分别为 8.63% 和 19.29%。这是由于老化后聚合物逐渐释放增黏，流度降低迫使液流转向，扩大波及体积，从而提高采收率。因此，微囊化聚合物可以由低黏易注入逐渐转变为高黏扩波及，逐渐提高采收率，起到靶向驱油的作用。

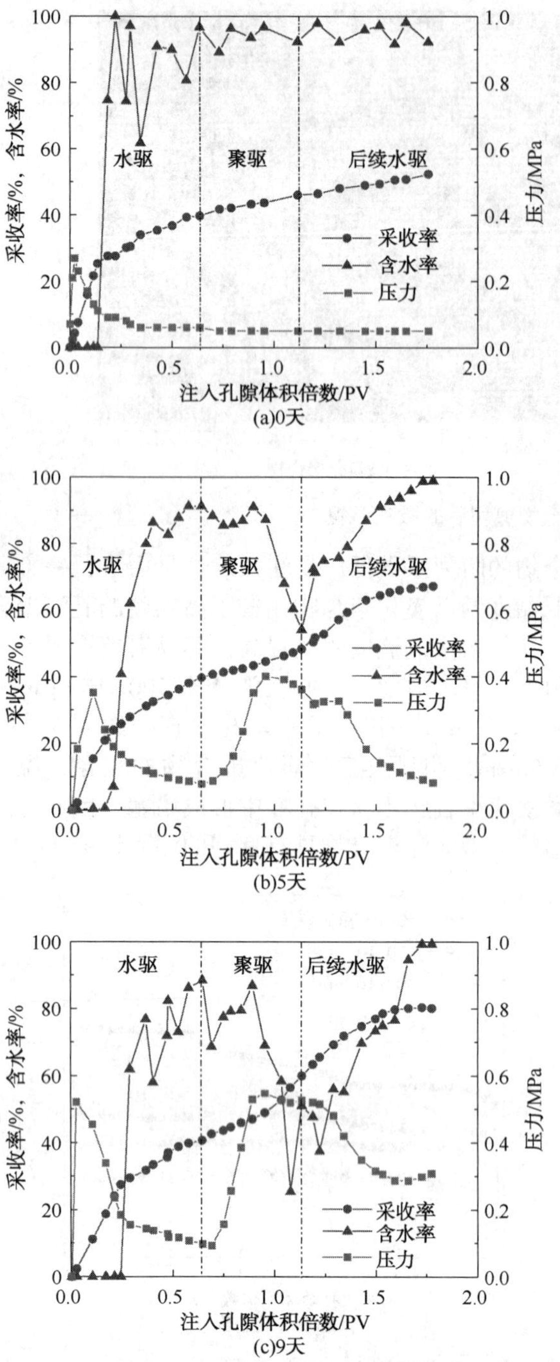

图6 不同老化时间微囊化聚合物的驱油性能

表1 不同老化时间微囊化聚合物驱油实验结果对比

老化时间/d	水驱采收率/%	最终采收率/%	提高采收率/%
0	40.31	44.63	4.32
5	39.77	48.40	8.63
9	40.69	59.98	19.29

4 结论

本文研制了微囊化聚合物驱油剂，通过与常规乳液聚合物对比，研究了微囊化前后聚合物的增黏性能、抗剪切性能和注入性能，并考察微囊化聚合物的驱油特征，结果表明：

（1）微囊化聚合物具备缓释增黏特性。常规乳液聚合物在25min黏度稳定于22mPa·s，相较而言，微囊化聚合物在3天内不增黏，聚合物被包封于微胶囊中，在3d后微胶囊逐渐水化降解释放聚合物，水相逐渐增黏，并于9天黏度稳定于23mPa·s。

（2）微囊化聚合物的抗剪切性能和注入性能大幅提升。经高速剪切后，常规乳液聚合物黏度损失54.92%，而微囊化聚合物由于微胶囊壳层的保护作用，黏度损失率仅为2.6%。在$100\times10^{-3}\mu m^2 \sim 500\times10^{-3}\mu m^2$的岩心渗透率范围下，常规乳液聚合物的注入压力较高，而微囊化聚合物由于粒径远小于孔喉直径，注入压力不明显。

（3）微囊化聚合物具备靶向驱油的作用。微囊化聚合物在老化前黏度低，易于注入，老化后缓释增黏，逐渐扩大波及，提高采收率，随着老化时间的延长，微囊化聚合物提高采收率幅度由4.32%增加至19.29%。

参 考 文 献

[1] 卢祥国，何欣，曹豹，等．聚合物驱吸液剖面反转机制、应对方法及实践效果[J]．石油学报，2023，44(6)：962-974.

[2] 徐辉，宋敏，孙秀芝，等．新型耐特高温抗水解型聚合物驱油性能[J]．油气地质与采收率，2021，28(4)：101-106.

[3] Du Yingzhe，Zhu Yangwen，Ji Yanfeng，et al. Effect of salt-resistant monomers on viscosity of modified polymers based on the hydrolyzed poly-acrylamide (HPAM)：A molecular dynamics study[J]. Journal of Molecular Liquids，2021，325：1-13.

[4] CHEN Cancan，SUN L，LIU XG. Effect of degree of hydrolysis of polyacrylamide on the micromorphology of its solution[J]. Journal of Applied Polymer Science，2022，139(3)：1-11.

[5] Wang Tongyu，Kang Wanli，Yang Hongbin，et al. An advanced material with synergistic viscoelasticity enhancement of hydrophobically associated water-soluble polymer and surfactant[J]. Macromolecular Rapid Communications，2021，42(11)：1-9.

[6] 杨勇，曹绪龙．高含水老油田化学驱综合治理新方法及工程实践路径[J]．油气地质与采收率，2024，31(1)：63-71.

[7] 舒政，齐勇，王同旺，等．驱油聚合物快速溶解方法研究进展[J]．应用化工，2023，52(5)：1514-1518.

[8] JOuenne S. Polymer flooding in high temperature, high salinity conditions: Selection of polymer type and polymer chemistry, thermal stability[J]. Journal of Petroleum Science and Engineering, 2020, 195: 1-15.

[9] Gbadamosi A, Patil S, Kamal M S, et al. Application of polymers for chemical enhanced oil recovery: A review [J]. Polymers, 2022, 14: 1433.

[10] Zhang Huichao, Gou Shaohua, ZHOU Lihua, et al. Modified polyacrylamide containing phenylsulfonamide and betaine sulfonate with excellent viscoelasticity for EOR [J]. Journal of Applied Polymer Science, 2019, 136: 47971.

[11] Sarsenbekuly B, Kang Wanli, Fan Haiming, et al. Study of salt tolerance and temperature resistance of a hydrophobically modified polyacrylamide based novel functional polymer for EOR[J]. Colloids and Surfaces A: Physicochemical and Engineering Aspects, 2017, 514: 91-97.

[12] Wang Dongping, Tan Jiawen, Han Yuhao, et al. Synthesis and properties of temperature-resistant and salt-tolerant tetra-acrylamide copolymer[J]. Journal of Macromolecular Science Part A Chemistry, 2019, 56(12): 1148-1155.

[13] Sandengen K, Wideroe H C, Nurmi L, et al. Hydrolysis kinetics of ATBS polymers at elevated temperature, via C-13 NMR spectroscopy, as basis for accelerated aging tests[J]. Journal of Petroleum Science and Engineering, 2017, 158: 680-692.

[14] 束宁凯，汪卫东，曹嫣镔，等．化学驱聚合物溶液配注工艺技术及矿场应用效果[J]．石油学报，2022，43(5)：668-679.

[15] Gbadamosi A, Yusuff A, Agi A, et al. Mechanistic study of nanoparticles-assisted xanthan gum polymer flooding for enhanced oil recovery: A comparative study[J]. Journal of Petroleum Exploration and Production Technology, 2022, 12(1): 207-213.

[16] Nodland O, Lohne A, Stavland A, et al. An investigation of polymer mechanical degradation in radial well geometry [J]. Transport in Porous Media, 2019, 128(1): 1-27.

[17] Zhang Yan, Feng Yujun, Li Bo, et al. Enhancing oil recovery from low-permeability reservoirs with a self-adaptive polymer: A proof-of-concept study [J]. Fuel, 2019, 251: 136-146.

[18] Hincapie R, Rock A, Wegner J, et al. Pore-scale visualization of oil recovery by viscoelastic flow instabilities during polymer EOR[C]. Stavanger: European Symposium on Improved Oil Recovery, 2017.

[19] 胡俊，金诚，施雷庭，等．用于中低渗油藏的表面活性聚合物驱油剂[J]．精细化工，2023，40(9)：2064-2072.

[20] Chaabane D, Yakdhane A, Vatai G, et al. Microencapsulation of olive oil: A comprehensive review[J]. Periodica Polytechnica - Chemical Engineering, 2022, 66(3): 354-366.

[21] Jincheng Gong, Yanling Wang, Xulong Cao, et al. Synthesis and the delayed thickening mechanism of encapsulated polymer for low permeability reservoir production[J]. Journal of Molecular Liquids, 2022, 360: 119394.

[22] 季岩峰，杨勇，曹绪龙，等．微胶囊乳液型聚合物驱油剂研制与评价[J]．石油学报，2023，44(6)：975-982.

纳米接枝改性聚合物微观驱油机制研究

张向峰[1,2*]　张　星[1]　史树彬[1]　韦　雪[1]　吴　昊[1,2]　郭洪宾[1,2]　朱妍婷[1]　胡秋平[1]

（1. 中石化胜利油田分公司石油工程技术研究院；
2. 中石化胜利油田分公司博士后科研工作站）

摘　要　随着油藏开发条件的日益严苛，不断提高聚合物驱油体系的耐温耐盐性能成为三次采油领域的迫切需求。研究团队通过研发了刚性/活性改性的纳米功能单体，并将其引入聚合物分子链段，构筑了具有耐温耐盐和抗剪切性能的纳米接枝聚合物（P-SiO_2），有望用于高温高盐油藏化学驱。由于纳米功能单体的引入，其与原油相互作用机制较部分水解聚丙烯酰胺（HPAM）存在显著差异，提高采收率机理尚不明确。研究设计了玻璃刻蚀微观模型，通过微观模拟驱替实验对比研究了纳米接枝改性聚合物与HPAM原油驱替效果、残余油分布规律、残余油启动机制以及原油液滴运移规律。结果表明：纳米接枝改性聚合物驱具有较好的原油分散、乳化携油以及残余油启动效果，水驱后纳米聚合物驱替采收率为91.24%，大幅度由于HPAM的69.37%。

关键词　纳米材料；接枝共聚；聚合物；微观机理；提高采收率

1　引言

胜利油田中低渗高温高盐油藏储量达5亿t，目前采用水驱开发，面临注不进、采不出的难题，暂未形成主导的化学驱提高采收率技术。调研发现纳米化学驱是中低渗油藏提高采收率的重要措施。将纳米材料与聚合物相结合，有望在提升化学剂注入性、补充地层能量的同时，改善水油流度比，增大波及体积。该技术研发成功可大幅降低注水压力，同时有效补充地层能量；减少驱替介质窜流问题，提高波及范围内的洗油效率，可大幅促进中低渗高温高盐油藏化学驱技术的提质增效，具有广阔的推广应用前景。

本研究设计了玻璃刻蚀微观模型，通过微观模拟驱替实验对比研究了纳米接枝改性聚合物与HPAM原油驱替效果、残余油分布规律、残余油启动机制以及原油液滴运移规律，探索引入纳米功能单体后聚合物的提高采收率机制及其构效关系，为纳米接枝改性聚合物在中低渗高温高盐油藏三次采油中的应用提供指导和借鉴。

2　实验材料与试剂

2.1　实验材料

玻璃刻蚀模型由两片0.2cm的玻璃片构成，尺寸为6.3cm×6.3cm，内部模型的尺寸为4.0cm×4.0cm，孔隙横截面直径为50~200μm，如图1所示。

由玻璃刻蚀模型、微流量泵、光学显微镜及摄像头、六通阀门、中间容器及管线组成微观驱替控制及观察装置，如图2所示。

图1　微观刻蚀模型

具体实验步骤如下：

（1）将微观模型抽真空后饱和胜利模拟地层水。

（2）饱和微观玻璃板模型胜利稠油。

（3）设置微流量泵流速为0.05mL/min，进行微观水驱油实验，观察微观模型波及体积变化情况。

(4) 观察其水驱稠油过程中油水分布状况。

(5) 设置微流量泵流速为 0.05mL/min，进行微观聚合物驱油实验，分析水驱后剩余油赋存方式，明确油水微观渗流通道、微观水驱稠油特征及油水运移规律，探究水驱动用程度。

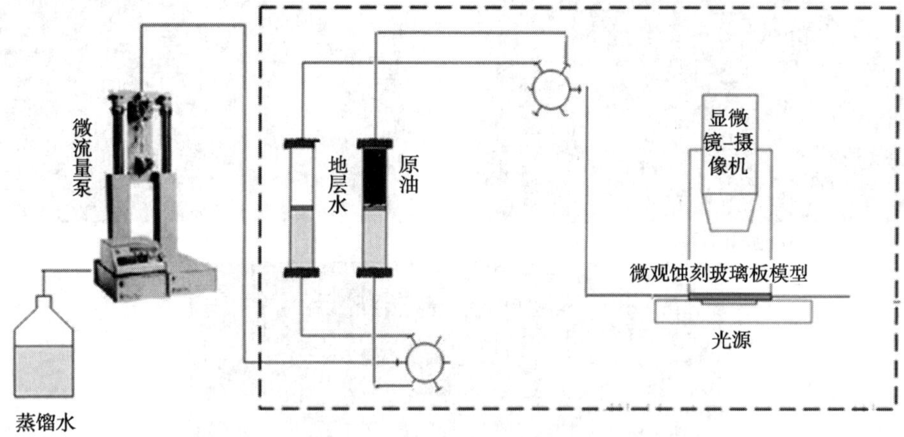

图 2　微观驱替装置示意图

3　结果与讨论

3.1　微观驱油实验结果

针对胜利油田油藏条件，通过微观可视化驱替实验，探究纳米接枝改性聚合物驱替提高采收率的效果，探究纳米接枝改性聚合物驱后油滴在多孔介质中的运移规律、剩余油分布状况等。前置水驱至采出端不出油时，水驱后微观照片如图 3(b) 中所示。由于水与原油黏度差异很大，导致水驱时波及区域小，偏于主流线两侧的剩余油无法有效波及被驱出，采收率低；且水剥离油的能力较低，导致在水波及到油的区域洗油效率也低，导致整个的微观水驱采收率偏低，玻璃平板中存在很多残余油，且残余油多以柱状或膜状残余油形式存在。待水驱至采出端不出油时，转聚合物驱，注入纳米接枝改性聚合物，由于纳米接枝改性聚合物具有较高黏度，减小了水油流度比，具有较高的波及体积；且改性纳米聚合物具有一定低界面张力以及高活性的特点，剥离微观喉道壁面油膜的能力强，整体采收率可以看出明显的提高。

对比 HPAM 与纳米接枝改性聚合物，HPAM 与纳米接枝改性聚合物具有相同的粘度，但纳米接枝改性聚合物效果更好，主要是其活性较高，乳化油能力强，降粘明显，油易启动；而 HPAM 为普通聚合物，其主要为流度控制剂，剥离油主要在于乳化作用，其降黏效果较差，纳米接枝改性聚合物能够更好的乳化原油，大分子降黏剂能够降低油膜内聚力、黏附力，在流体剪切力作用下，能够更好的分散成乳液起到降粘作用，从而携带更多的油，因此纳米接枝改性聚合物具有更好的提高采收率的效果。

图 3、图 4 分别为饱和油后、水驱后、HPAM 驱后以及纳米接枝改性聚合物驱后的残余油分布情况。对几种驱替方式下的微观图用辅助线、面积法等手段进行量化处理。根据驱油效率定义定义微观驱油效率 ER，表达式为：

$$E_R = \frac{As_{wor} - As_{or}}{As_{wor}}$$

式中：E_R 为微观驱油效率，%；As_{wor} 为原始含油面积；A_{sor} 为残余油含油面积。

应用表达式计算出水驱采收率为 51.82%，HPAM 驱采收率为 69.37%，纳米接枝改性聚合物驱采收率为 91.24%。由此看见，微观驱油中纳米接枝改性聚合物驱驱油效果最好。

对比几种驱油剂驱替后残余油分布，表 1 可明显看出，驱油效果：纳米接枝改性聚合物驱>聚合物驱>水驱。其中水驱过程中由于水优先进入大孔道及高渗层发生指进现象，波及面积最小，残余油分布最多，主要分布在小孔道及低渗区，大孔道及高渗层残留较少，如图 4(b) 所示；相比水驱，聚合物驱由于流度比减小，得以波及到小孔道，波及面积有所增加，残余油饱和度降低，如图 4(c) 所示。

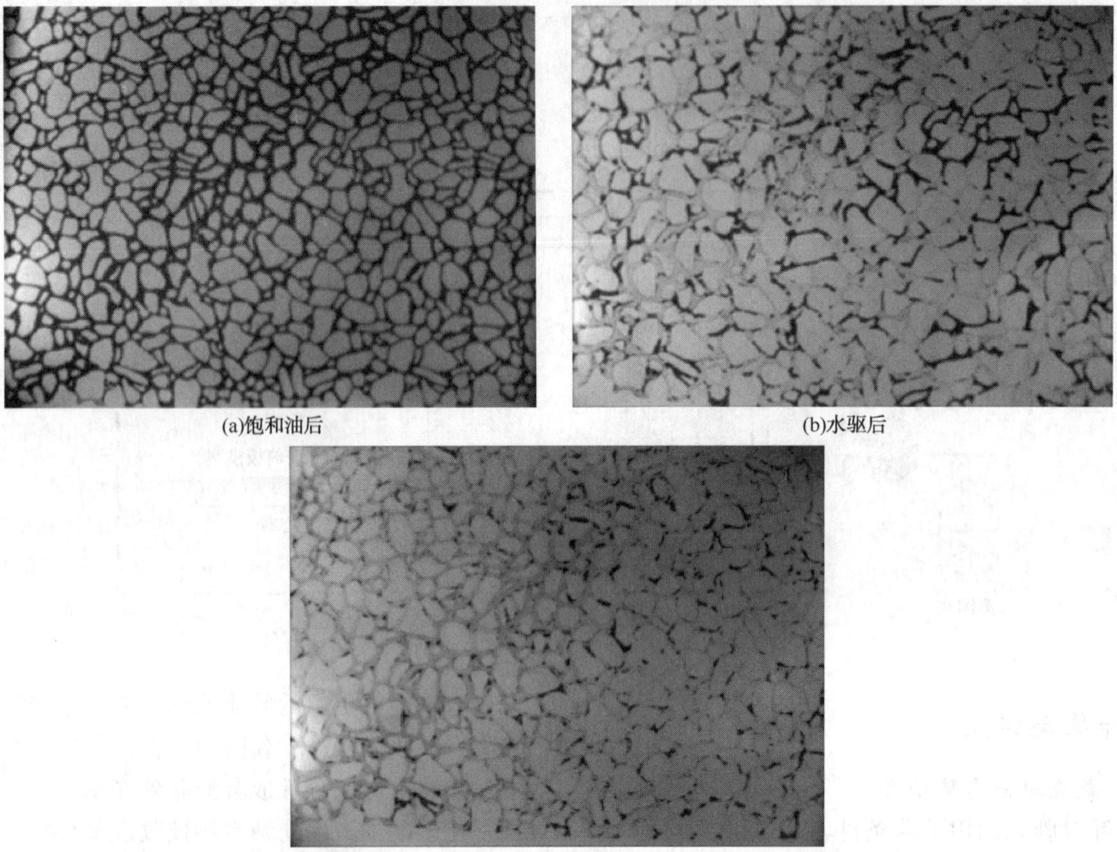

(a)饱和油后　　(b)水驱后

(c)HPAM驱后

图 3　HPAM 微观驱替照片

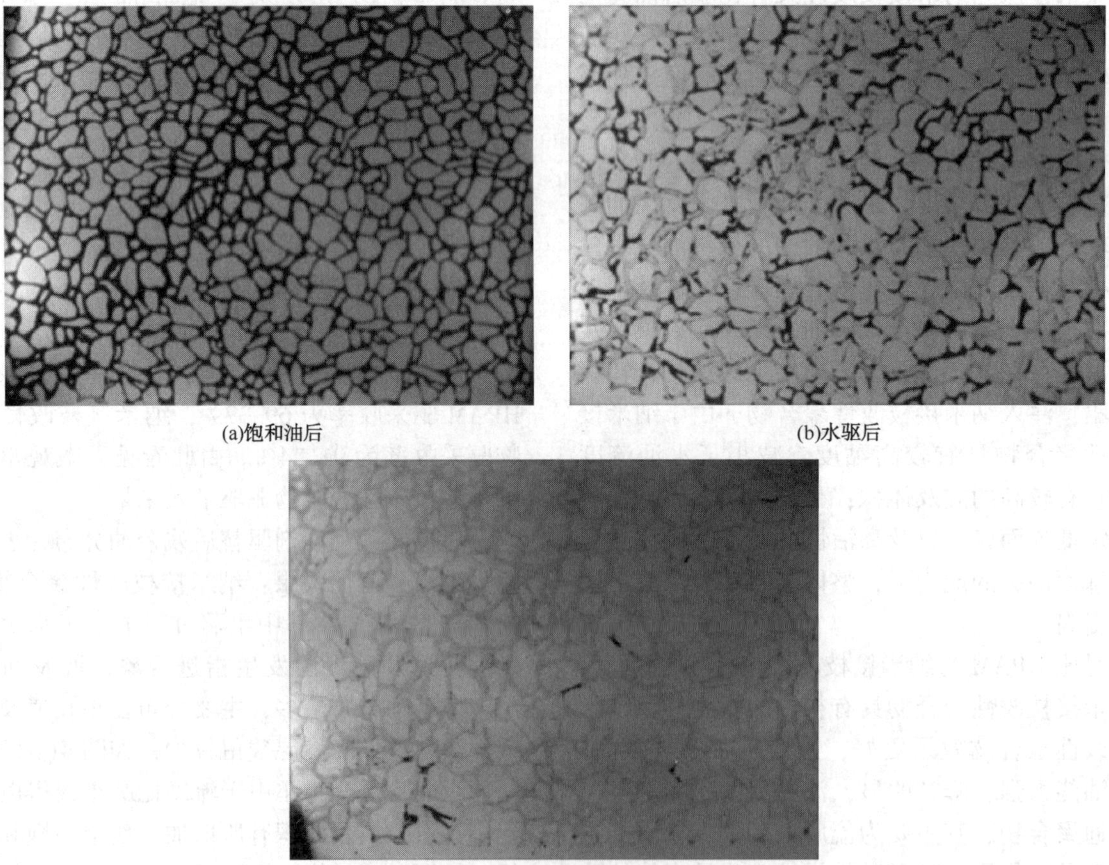

(a)饱和油后　　(b)水驱后

(c)聚合物驱后

图 4　纳米接枝改性聚合物微观驱替照片

表 1　微观驱替提高采收率效果

类别	水驱采收率/%			总采收率/%			聚驱提高采收率/%		
	区域 1	区域 2	区域 3	区域 1	区域 2	区域 3	区域 1	区域 2	区域 3
HPAM	7.89	8.12	18.87	17.02	17.98	23.25	9.13	9.86	4.38
P-SiO_2	7.56	8.34	22.21	22.90	23.97	28.79	14.57	15.63	6.58

3.2　残余油分布

聚合物驱后的油层中，残余油主要以膜状、簇状、柱状及盲端残余油的形式分布在油层孔隙中，如图 5 所示。

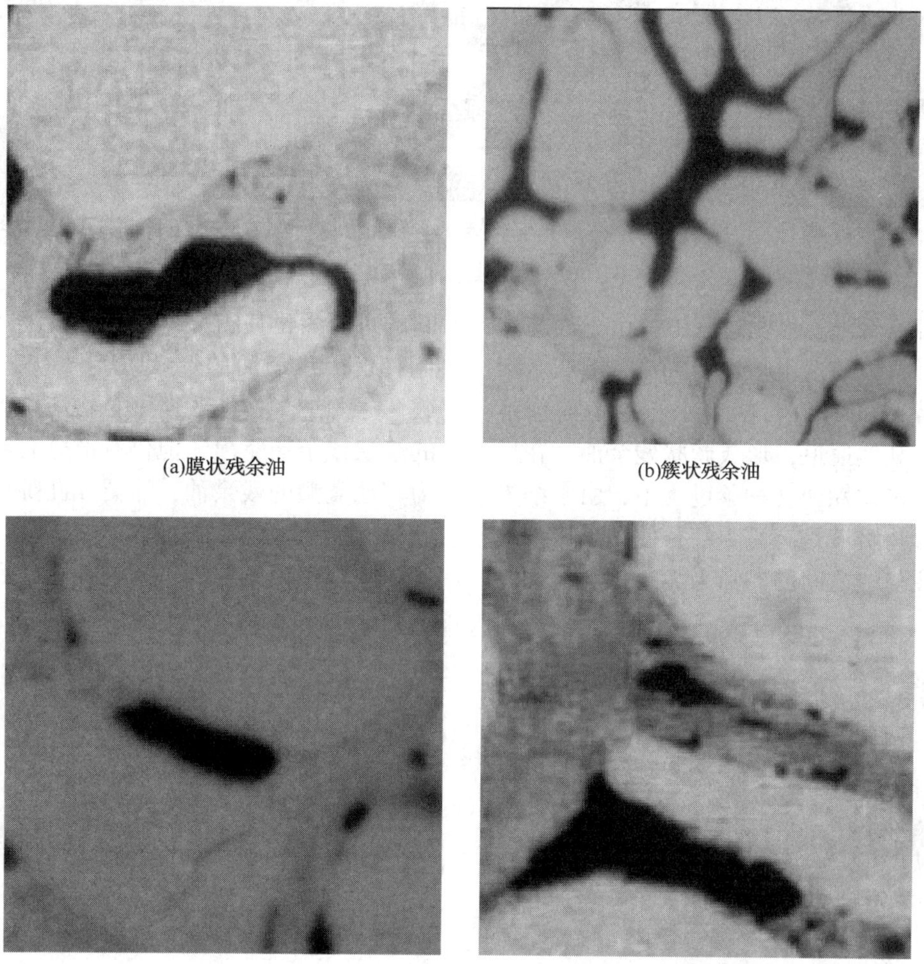

(a)膜状残余油　(b)簇状残余油　(c)柱状残余油　(d)盲状残余油

图 5　聚合物驱后残余油分布形态

（1）膜状残余油。在亲油性岩石表面有一层膜状的残余油难以被水驱替出来，如图 5(a)所示。聚合物溶液对膜状残余油的“剥离”作用能够显著降低该类型残余油饱和度；且聚合物驱后岩石表面变性，驱油效果进一步增强，所以该类型剩余油存含量较低。

（2）簇状残余油。水驱后簇状残余油一般残留在彼此联通的簇状小孔道中，且被优势大孔道包围，聚合物驱时能够形成连续的油丝或油膜而被驱替出来，如图 5(b)所示。尽管聚合物驱可使一定程度上减少簇状残余油的余量，但由于油藏局部低渗透等导致聚合物溶液难以波及一些区域，簇状剩余油含量仍较高。

（3）柱状残余油。若是油藏孔隙中残余油两端的油水界面与聚合物溶液的流线方向相同，由于局部压力梯度过小以及毛管阻力的作用导致这部分残余油难以流动，即形成柱状残余油，如图 5(c)所示。

（4）盲状残余油。水驱后一定量的残余油以塞状或柱状形态残留在联通程度较差的死孔隙的喉道处，形成盲状残余油，如图 5(d)所示。聚合物的粘弹驱油作用能够拉拽出一部分这种类型的残余油。但在聚合物溶液进入比较困难的小孔道中，盲状残余油会被“卡”在孔喉处难以驱替出来，因此聚合物驱后仍有一定量的盲状残余油残留。

3.3 残余油启动机理

通过对不同类型的残余油启动规律进行分析，明确纳米接枝改性聚合物提高采收率作用机制。

3.3.1 簇状残余油

簇状残余油启动过程，如图 6 所示。

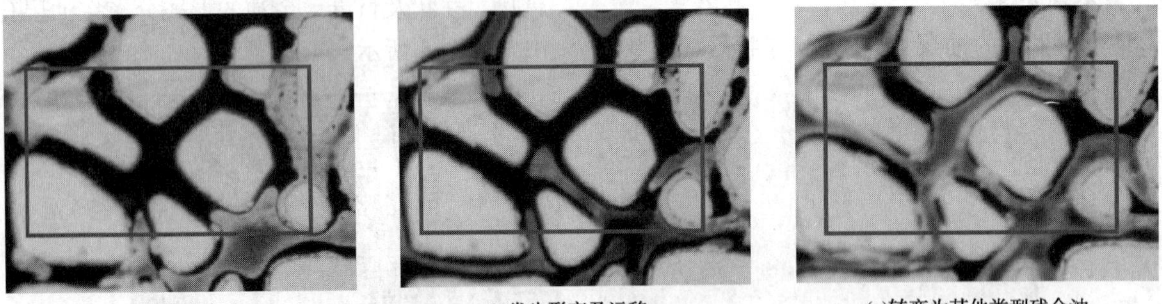

(a)簇状残余油　(b)发生形变及运移　(c)转变为其他类型残余油

图 6　簇状残余油启动机理

由图 6 可以看出，水驱过程中，由于油与水黏度相差较大，极易发生指进和绕流。形成水窜通道后，驱替相(水相)将沿着水流通道向前运移，很难进入其他通道，形成簇状残余油。在后续进行纳米接枝改性聚合物驱过程中，由于纳米接枝改性聚合物溶液具有黏弹性，使纳米接枝改性聚合物溶液与油之间的黏滞力大于水与稠油之间的黏滞力，使得束缚簇状残余油的平衡力被破坏，簇状残余油的形状发生改变，直至前段突破。尽管纳米接枝改性聚合物溶液可以将大部分的簇状残余油驱出，但仍有部分簇状残余油转变为其他类型的残余油，滞留在孔隙中。

3.3.2 膜状残余油

膜状残余油启动过程，如图 7 所示。

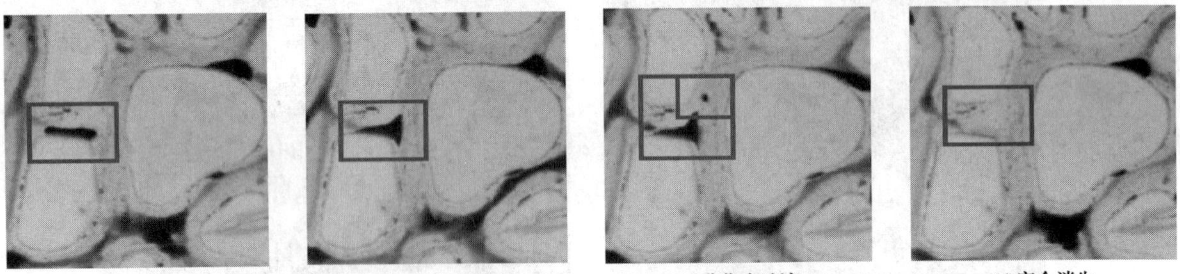

(a)膜状残余油　(b)发生变形　(c)乳化小油滴　(d)完全消失

图 7　膜状残余油启动机理

由图 7 可以看出，水驱后在孔喉表面形成的膜状残余油相对较厚，在水驱过程中剪切应力很难将膜状残余油驱出。在后续进行纳米接枝改性聚合物溶液驱时，由于纳米接枝改性聚合物溶液具有黏弹性，使得纳米接枝改性聚合物溶液与稠油之间的界面黏度大于水与稠油之间的界面黏度，此时，膜状残余油顺着驱替相(纳米接枝改性聚合物溶液)流动方向运移并发生形变。此外，纳米接枝改性聚合物溶液还具有乳化作用，发生形变的膜状残余油还会被乳化形成小油珠，被纳米接枝改性聚合物溶液携带流动。这个过程循环进行，直至膜状残余油完全被驱出。

3.3.3 盲端残余油

盲端残余油启动过程，如图 8 所示。

由图 8 可以看出，水驱过程中，盲端采收率较低。在后续进行改性纳米聚合物溶液驱过程中，由于改性纳米聚合物溶液具有黏弹性，降低了盲端残余油滴的内聚力，盲端残余油发生变形、拉伸，形成油丝，沿着改性纳米聚合物溶液流动方向发生运移。由于改性纳米聚合物溶液还具有乳化性能，有的油丝被乳化形成小油珠被改性纳米聚合物溶液携带发生运移。改性纳米聚合物溶液驱后，盲端内残余油含量减少，呈现一个较深的凹面。但改性纳米聚合物溶液对盲端残余油的驱油效果有限，仍有大部分盲端残余油不能被驱出。

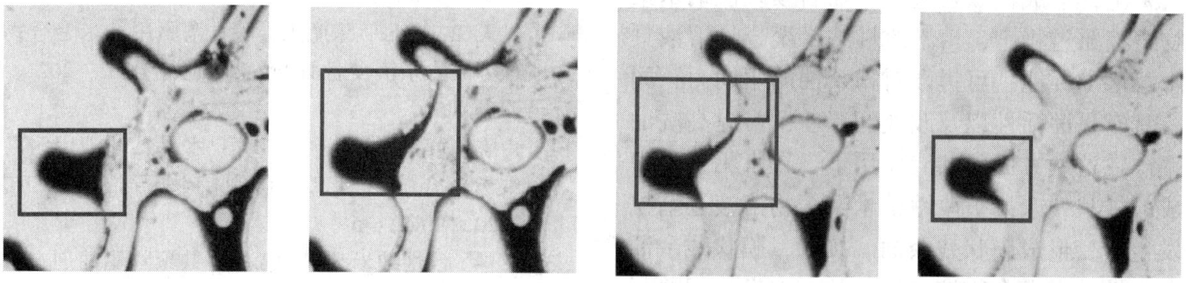

(a)盲端残余油 (b)拉丝 (c)拉伸成小油滴 (d)大部分滞留在盲端

图 8　盲端残余油原图启动机理

3.3.4　滴状残余油

滴状残余油启动过程，如图 9 所示。

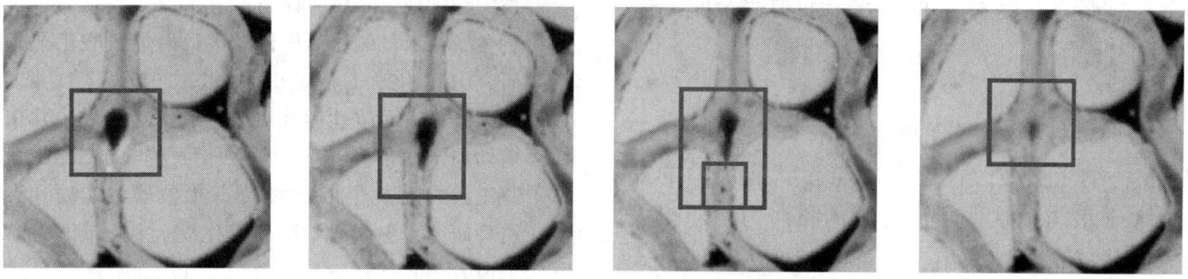

(a)滴状残余油 (b)发生形变 (c)拉丝成小油滴 (d)运移至基本消失

图 9　滴状残余油启动机理

由图 9 可以看出，水驱过程中，在孔隙内形成体积较大的滴状残余油后，由于流动阻力较大，后续驱替相(水相)会优先选择沿水流通道流动，滴状残余油无法被驱出。在后续改性纳米聚合物溶液驱过程中，由于改性纳米聚合物溶液具有黏弹性，滴状残余油被逐渐拉伸，形成尖端，并发生运移。此外，通过乳化作用形成小油珠，随着改性纳米聚合物溶液流动的方向发生运移。这个过程循环进行，直至滴状残余油完全被驱出。

3.3.5　柱状残余油

柱状残余油启动过程，如图 10 所示。

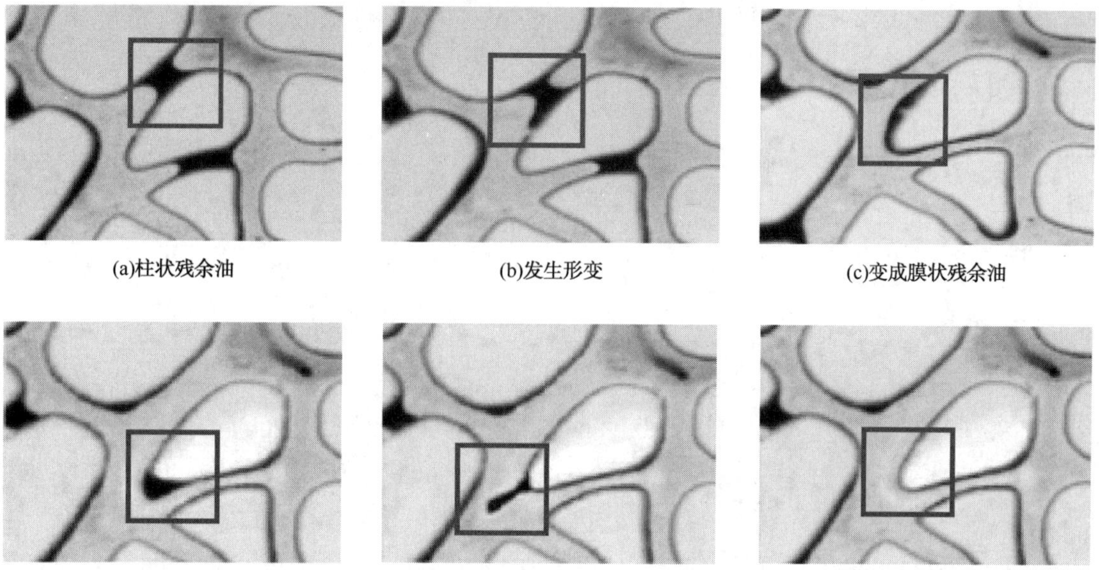

(a)柱状残余油 (b)发生形变 (c)变成膜状残余油

(d)膜状残余油运移至前端 (e)拉丝 (f)完全消失

图 10　柱状残余油启动机理

由图 10 可以看出，在水驱过程中，在孔隙中会滞留一部分油，在当前注入条件下已经不能将其采出，形成柱状残余油。在后续改性纳米聚合物溶液驱过程中，由于改性纳米聚合物溶液具有水相增黏性能，可提高对残余油的驱动力，同时，具有界面活性以及改变润湿性，可提高洗油效率。在这两方面的共同作用下，在水驱过程中形成的柱状残余油被改性纳米聚合物溶液逐渐拉伸发生形变形成膜状残余油。接着，膜状残余油随着改性纳米聚合物溶液流动的方向发生运移至孔隙壁前端。在孔隙壁前端拉长生成油丝发生运移，部分被乳化形成小油珠，随着改性纳米聚合物溶液携带发生运移。直到残余油被完全驱出。

4 结论

纳米接枝改性聚合物提高采收率效果好于 HPAM；纳米接枝改性聚合物与簇状残余油的黏滞力大于水与簇状残余油之间的黏滞力，使得大部分簇状残余油被驱出，少部分转变为其他形式的残余油；纳米接枝改性聚合物与膜状残余油间的界面黏度大于水与膜状残余油间的界面黏度，使其发生形变和运移；纳米接枝改性聚合物具有界面活性和改变润湿性，对柱状残余油具有较好的启动效果；纳米接枝改性聚合物可以使滴状残余油被拉伸和乳化形成小油珠，随着纳米接枝改性聚合物流动的方向发生运移；纳米接枝改性聚合物溶液可以降低盲端残余油的内聚力，使得残余油发生变形和拉伸，提高驱油效率。

参 考 文 献

[1] 吴天江，程辰，宋昭杰，等．调驱用纳米聚合物微球分散体系流变性评价[J]．应用化工，2021，50(10)：5.

[2] 卢震，黄贤斌，孙金声，等．水基钻井液用耐高温纳米聚合物封堵剂的研制[J]．石油钻采工艺，2020，42(5)：5.

[3] 彭琴．改性纳米 SiO_2/AA/AM 共聚物驱油剂在中低渗透油藏的可行性研究[D]．西南石油大学，2014.

[4] 刘浩洋，郜慧冬，刘玉慧，等．纳米 SiO_2 作为驱油用 HPAM 溶液流变控制剂的适应性研究[J]．能源技术与管理，2016，41(6)：4.

[5] 黄冬．纳米二氧化锰催化降解聚丙烯酰胺工艺条件研究[J]．化学工业与工程技术，2017.

[6] 李志豪．表面改性程度对改性 SiO_2/AM/AA 共聚物剪切稳定性影响研究[D]．西南石油大学，2015.

[7] 赵玉武．低渗透油藏纳微米聚合物驱油实验和渗流机理研究．中国科学院研究生院(渗流流体力学研究所).

[8] 王光辉．铁基核/壳结构磁性纳米球的合成及应用[D]．大连理工大学，2012.

[9] 李娜．氧化石墨烯纳米复合材料的制备及其摩擦学性能研究[D]．江苏大学，2013.

[10] 何晓英，韩锐，李光照，等．聚合物/无机纳米粒子复合微球化学制备的研究进展[J]．复合材料学报，2022，39(2)：544-558.

胜利海上油田化学驱提高采收率技术研究与应用

徐 辉 潘斌林 赵方剑 孙秀芝

（中石化胜利油田分公司）

摘 要 胜利海上埕岛油田环境潮湿、注采井距大、平台空间受限、配注水还原性硫化物高，开展化学驱难度大，无法照搬陆上化学驱模式，为此，通过优选抗吸潮高粘弹超高分子质量聚合物，解决了常规聚合物易吸潮和大井距下扩波及难题，研究了含硫复杂产出水配聚失黏对聚合物性能影响，提出由“治”到“防”保黏思路，设计全密闭配注工艺，破解了海上复杂产出水配注黏度损失大的难题，创建短流程快速溶解熟化技术，聚合物母液浓度由5000mg/L提升至15000mg/L，实现了有限空间规模化注聚，大幅度减少化学驱注聚设备占用空间。2020年11月海上埕北22F试验区实施化学驱，已累注0.23PV，注入压力升高6.6MPa，在浓度2200mg/L条件下井口粘度保持50mPa·s以上，试验区日油由825t/d上升至1418t/d，含水由90.5%下降到79.1%，已累增油超过46万吨，注聚完成后，预测提高采收率达14.2%，实现了海上油田化学驱高效开发。

关键词 海上油田；化学驱；高粘弹聚合物；抗吸潮，快速溶解

1 前言

胜利海上埕岛油田位于山东省东营市河口区渤海湾南部极浅海水域，水深为2~18m，构造位置位于济阳坳陷与渤中坳陷交汇处的埕北低凸起的东南端。胜利海上油田从1993年投产以来，产量逐年上升，特别是2007年以来通过细分加密、均衡提液等开发调整，实现快速上产，年产油量逐渐达到300万t以上,；目前剩余井槽有限，平台处理能力饱和，老区调整及提液难以为继。目前综合含水已达87%，高含水期吨油成本急剧增加，采出程度仅27%，亟需在平台有效期内转换开发方式，大幅度提高采油速度和采收率，支撑高质量发展。

化学驱技术是陆上油田大幅度提高采收率的重要方式，在大庆，胜利，河南等油田取得了较好的应用效果，发展形成了聚合物驱技术，二元复合驱技术，三元复合驱技术，非均相复合驱技术，应用油藏温度由40℃发展到115℃，矿化度由1000mg/L发展到500000mg/L。国外海上油田化学驱也已经在现场开展试验，但注聚规模较小，注入时间短，注入井数少。国内海上化学驱在中海油渤海油田绥中36-1，旅大10-1和锦州9-3开展了较大规模的化学驱应用，且取得了一定的化学驱效果，提高采收率5%~9%。

渤海油田开展的化学驱项目主要在早期和中高含水期开展，同时配注仍以传统的配注方式为主，且配注水水质较好(不含硫化物)，胜利海上埕岛油田化学驱在特高含水90%左右开展，且选择了在采修一体化平台开展规模化注聚，配注空间更小，且配注水中含有较高的硫化物，对聚合物粘度影响更大，因此面临更大挑战，一是油藏相变快、注采井距大、环境潮湿，对驱油体系的均衡驱替、抗吸潮等性能提出挑战；二是海上没有清水水源，必须用产出水配聚，受历史注海水开发影响，产出水含硫高，对化学驱油体系保粘带来严峻挑战；三是海上平台空间有限，陆上传统化学驱配注系统流程长、设备占地面积大，照搬陆上模式需新建平台，海工建设投资高，施工周期长投产滞后，长距离输送粘度损失大，对区块整体规模化注聚带来挑战。通过优选抗吸潮高粘弹超高分子量聚合物，构筑海上油田高效驱油体系，创建新一代全密闭配注工艺，保障了海上化学驱注入质量，创建短流程快速溶解熟化技术，形成了海上一体化平台集约化注入新工艺，为海上化学驱高质量发展及大规模推广应用奠定了基础。

2 海上油田化学驱提高采收率技术研究

2.1 抗吸潮高粘弹超高分子量聚合物优选

优化聚合物造粒工艺和粒度分布，设计优选相对分子质量超过3200万的超高分聚合物，同

时加入阴非两性表面活性剂，形成海上驱油体系，并和陆上聚合物和驱油体系黏弹性能，吸潮前后的休止角和提高采收率进行对比。

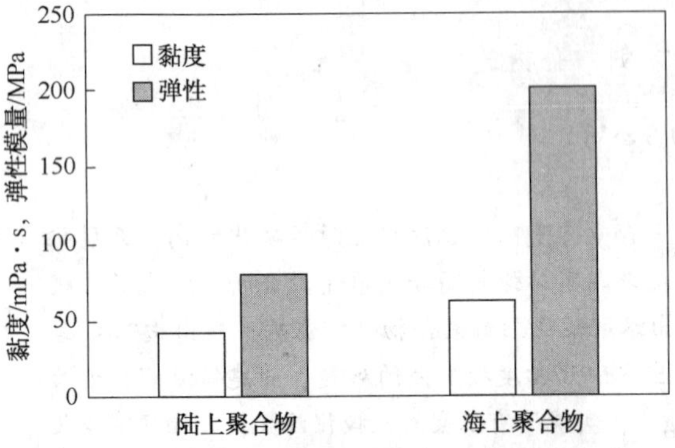

图 1　海上和陆上驱油聚合物粘度和弹性对比

2.1.1　海上和陆上驱油聚合物黏弹性对比

由于海上聚合物相对分子质量更高，且粒度分布更均匀，相对于陆上聚合物，海上聚合物 2500mg/L 条件下，粘度由 42mPa·s 提升至 62mPa·s，弹性由 80mPa 提升至 200mPa，黏度增加 47.6%，弹性增加 1.5 倍，大幅提升了聚合物扩波及能力。

2.1.2 海上和陆上聚合物抗吸潮能力对比

设定恒温恒湿箱湿度为 90%，温度为 25℃，把陆上聚合物和海上聚合物放入恒温恒湿箱中 0.5h 后，利用霍尔流速仪测定吸潮前后聚合物的休止角(图 2、图 3)。

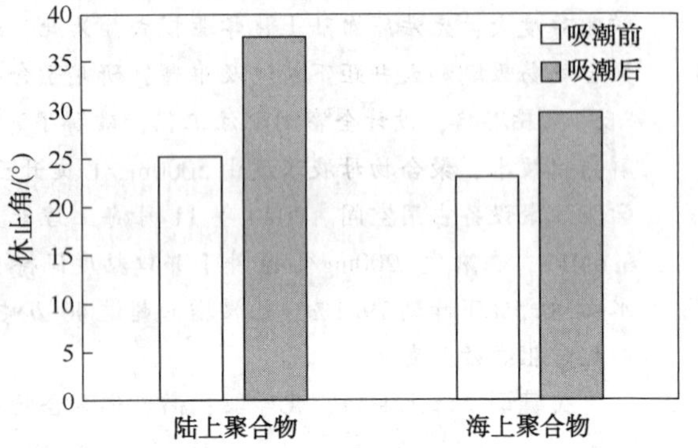

图 2　海上和陆上驱油聚合物吸潮前后休止角对比

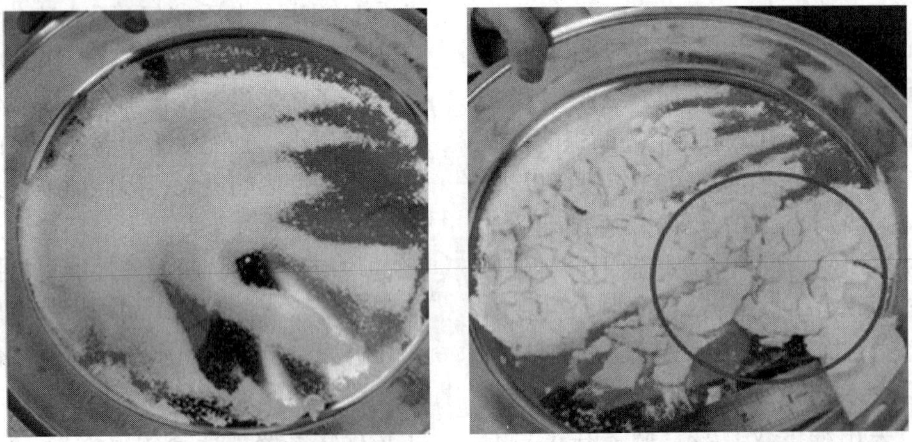

(a)海上聚合物吸潮后形态　　(b)陆上聚合物吸潮后形态

图 3　海上和陆上驱油聚合物吸潮前后形态对比

由吸潮前后海上和陆上聚合物的休止角和形态对比可知，吸潮前，海上聚合物休止角稍低于路上聚合物，表明吸潮前，海上聚合物具有良好的流动性能，吸潮后陆上聚合物休止角大幅增加至 37.6%，流动性能大幅降低，配注过程中易结块堵塞，海上聚合物休止角仅增加至 29.6%，仍呈现颗粒状，表明海上聚合物吸潮后仍具有良好的流动能力，配注过程不易结块堵塞。

2.1.3　海上和陆上驱油体系提高采收率对比

利用 10cm×10cm 微观蚀刻模型，分别评价海上驱油体系(0.25%海上高粘弹聚合物+0.3%表面活性剂)和陆上驱油体系(0.25%陆上聚合物+0.3%表面活性剂)扩波及能力(图 4)。

由海上和陆上驱油体系驱油效果对比可知，海上驱油体系波及系数达到 87%，扩波及和洗油能力较强，而陆上驱油体系波及系数仅为 60%，波及系数比海上驱油体系低 27%，表明陆上驱油体系扩波及和洗油能力都不如海上驱油体系，海上驱油体系具有更好的驱油性能。

2.2　海上复杂产出水配聚保粘方法

海上油田产出水含有较多的硫化物，室内研究表明直接配注条件下，含有 3mg/L 的硫化物可使聚合物的分子量由初始的 3200 万降低至 500 万，主要原因是产出水中还原性硫化物与氧气发生反应，产生高活性自由基使聚合物断链失黏，因此抑制水中自由基产生可以高效保黏。基于聚合物失黏机理认识，氧和硫同时存在是产生自由基的必要条件，因此改变传统曝氧除硫保黏思路，提出全程密闭绝氧的保黏途径，抑制自由基产生的条件，从源头阻断还原性 S^{2-} 和氧气的接触，防止发生氧化降解反应，聚合物分子链不发生断裂，有效保障聚合物配注粘度。

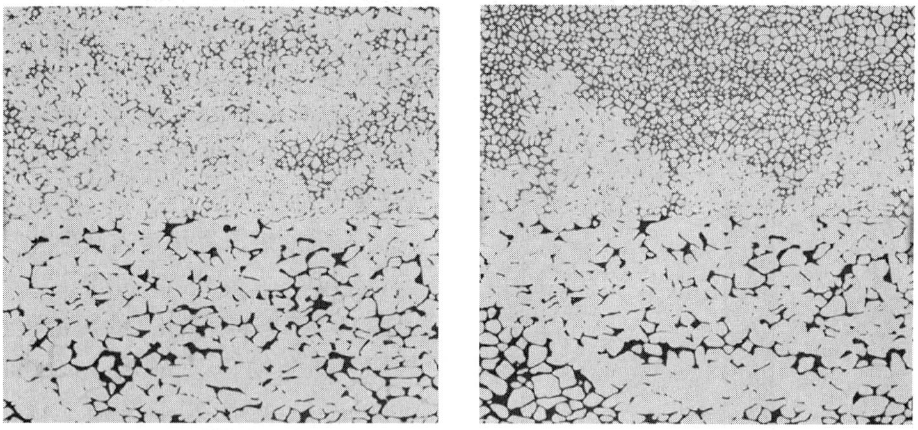

海上驱油体系驱油效果　　陆上驱油体系驱油效果

图 4　海上和陆上驱油体系驱油效果对比

2.2.1　全密闭配注系统设计

陆上常规化学驱配注系统为水射流配注，配注过程中易引入氧气，由于埕北油田配注水中含有较多的硫化物(含量 2～3mg/L)，硫化物易和氧气结合，产生羟基自由基，对聚合物产生极大降解。由于传统的曝氧工艺只是消除了硫化物，无法消除硫酸盐还原菌，导致后续仍产生大量硫化物，无法从根本上抑制硫化物对聚合物粘度的影响。因此创新设计了全密闭配注系统(图 5)。

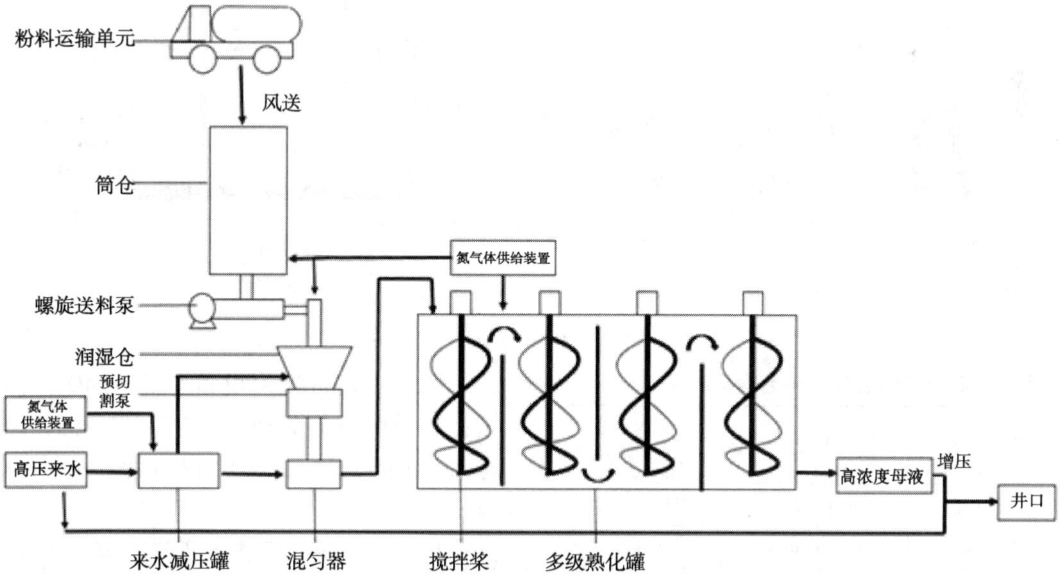

图 5　海上全密闭配注系统

由全密闭配注系统设计可知，通过对下料、分散、溶解、熟化配聚全过程充氮隔氧密闭，可以从源头阻断还原性 S^{2-} 和氧气的接触，整个配注过程完全在无氧条件下进行，因此可以抑制自由基的产生，防止发生氧化降解反应，聚合物分子链不发生断裂，可有效保障聚合物的配注粘度。

2.2.2　现场井口配制黏度评价

对比了现场全密闭配注井口粘度，室内水中无硫状态下理想粘度，常规有氧条件下的配注黏度，结果表明，现场配注浓度为 2500mg/L 条件下，井口黏度达到 61.2mPa·s，室内水中无硫状态下理想黏度为 64.1mPa·s，井口黏度达到室内无硫理想条件下的 95%以上，而直接有氧条件下配注，黏度为 8.5mPa·s，仅为室内无硫理想条件下的 14.1%，因此利用全过程全密闭配注系统，可以大幅提升聚合物的配注黏度（图 6）。

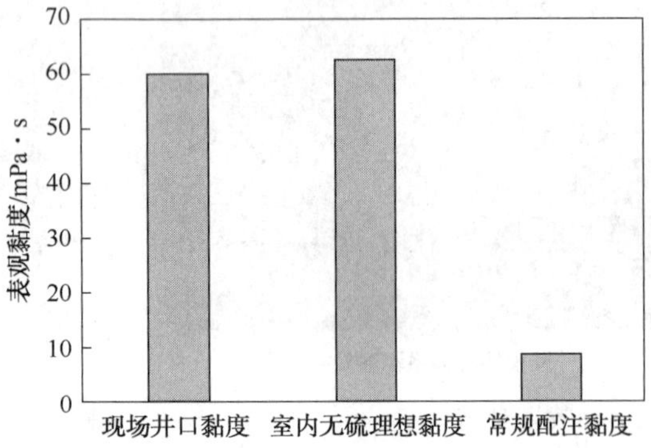

图 6　不同配制方式粘度对比

2.3　海上有限空间规模化注聚技术

传统陆上配注工艺设备一般包括清水罐、分散溶解装置、熟化罐、加药泵房、母液外输泵、注聚泵、管汇和注聚井口，配注流程长、占地面积大（占地一般大于 5000m^2），而海上采修一体化平台空间小，利用传统陆上配注工艺无法满足海上有限空间平台规模化注聚要求，需要对母液配注设备、母液罐、注聚泵进行集约化和智能化改造，满足海上有限空间平台规模化注聚要求。

2.3.1　母液短流程快速溶解熟化技术

创建“一级定量润湿、二级剖切分散（PSU）、三级连续熟化”的短流程快速溶解熟化技术，聚合物母液浓度由 5000mg/L 提升至 15000mg/L，配制效率提升 3 倍，熟化时间由 120min 降低至 40min，母液罐体积由 300m^{3}降低至 40m^3，实现了母液配制的集约化、小型化和连续配制（图 7、表 1）。

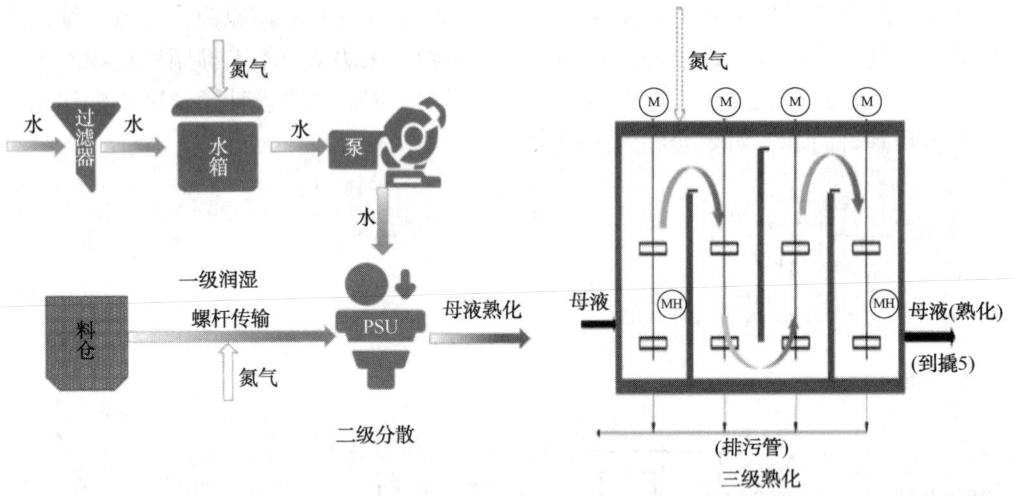

图 7　海上母液短流程配注工艺

表 1　海上和陆上配注工艺指标对比

序号	指标参数	传统陆上配注工艺	海上短流程配注工艺
1	母液浓度	5000mg/L	15000mg/L
2	熟化时间	120min	40min
3	母液罐体积	300m^3	40m^3

2.3.2　集约化、撬装化配注装备设计

设计优化集装箱式储料装置，储料占地面积相比吊装投料工艺节约 70%，且能够实现全自动下料，攻关形成了海上平台多层立体化布管工艺，减少占地空间，实现现场无障碍巡检（图 8）。

创新工艺将配聚设备整合至 40 尺标准集装箱，泵类设备集装成撬，实现陆地工厂化预制、海上模块化安装，大幅提升海上施工效率（图 9）。

2.3.3　“一泵多井”注入工艺，实现全过程智能化管理

陆上注聚工艺一般为一台注聚泵对一口注入井，由于海上平台空间小，且注入井数多，按照陆上的注聚工艺无法满足海上有限空间注聚需要。通过设计“一泵多井”注入工艺，实现两台注聚泵对 22 口井同时注入，且设计了井口低剪切调配阀组，全流程粘度损失控制在 15%以内。

应用全自动配注系统，实现母液制备、聚水配比、压力控制、流量调控全过程智能化管理，人工定员减少80%，进一步减少了稀释过程的占地面积(图10)。

多层集装箱式密闭料仓　　螺杆自动下料　　多层立体管网结构

图8　集约化、撬装化配注装备

图9　海上平台集装箱式配聚站

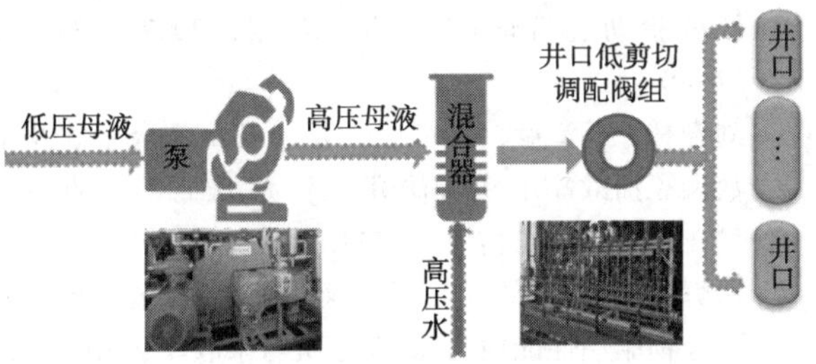

图10　海上平台一泵超多井流程示意图

3　海上油田化学驱试验效果

海上化学驱试验区块选在埕北22F进行，共设计22口注入井，57口生产井，采用二元复合驱油体系，设计注入段塞尺寸0.42PV，其中聚合物质量浓度为0.3%，表面活性剂注入质量浓度为0.4%。注聚前区块综合含水90.8%，采出程度26.8%，2020年11月埕北22F试验区投注聚合物，2021年8月转二元段塞，至2023年11月，已累注0.23PV，目前注入压力由注聚前的3.6MPa增加到10.2MPa，在聚合物配制浓度仅为2200mg/L条件下，井口粘度保持50mPa·s以上，与传统工艺相比黏度提高20%以上(图11、图12)。

试验区日油由825t上升至1418t，增加593t/d，含水由90.5%下降到79.1%，降低11.4%，培养了1口100t井和4口50t以上高产井，2023年增油27.8万t，已累增油超过46万t，采油速度提高1.7%(达到3.2%)，项目结束后，预测提高采收率14.2%。

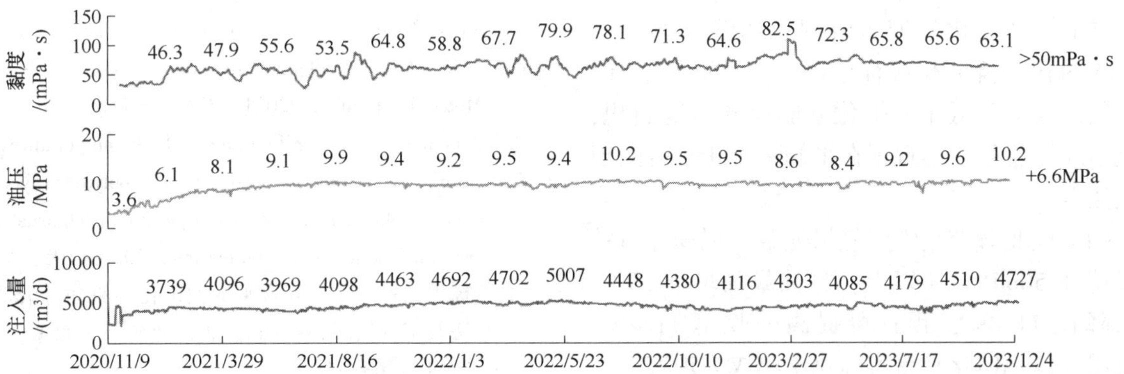

图11　海上埕北22F区块注入曲线

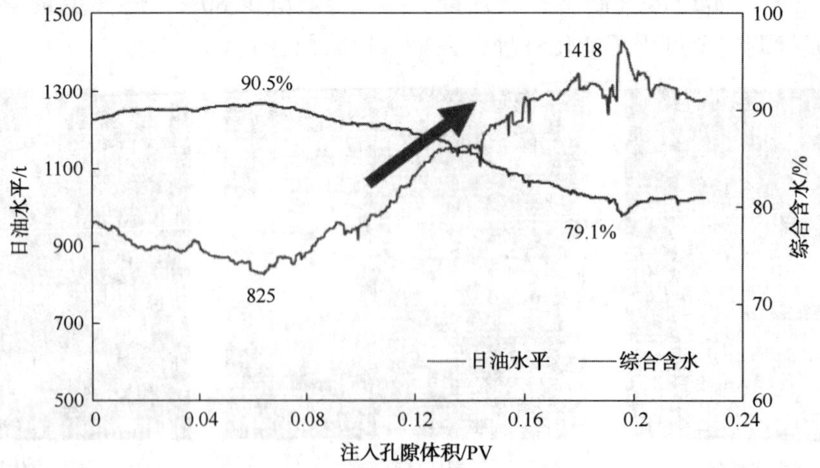

图12　海上埕北22F区块生产曲线

4　结论

本文针对胜利海上埕岛油田环境潮湿，聚合物易吸潮，注采井距大，聚合物长期扩波及难，配注水还原性硫化物高，聚合物配注保粘困难，采修一体化平台空间有限，规模化注聚难实现，开展了抗吸潮高黏弹超高分子量聚合物优选，海上复杂产出水配聚保黏方法，海上有限空间规模化注聚技术研究，在CB22F平台开展先导试验，取得良好效果。

（1）优化聚合物造粒工艺和粒度分布，改善了聚合物的抗吸潮能力，设计优选分子量超过3200万的超高分聚合物，同时加入阴非两性表面活性剂，形成高粘弹长效海上驱油体系，扩波及和洗油能力相对于陆上体系提高27%。

（2）基于聚合物失黏机理认识，改变传统曝氧除硫保黏思路，提出全程密闭绝氧的保黏途径，抑制自由基产生的条件，设计了全密闭配注系统，配注过程聚合物分子不断链，现场配注浓度为2500mg/L条件下，井口黏度达到61.2mPa·s，有效保障聚合物的配注黏度。

（3）设计优化母液短流程快速溶解熟化技术，集约化、撬装化配注装备，“一泵多井”注入工艺，大幅降低了海上化学驱设备占地面积，简化了配注流程，实现了在采修一体化平台的规模化注聚。

（4）埕北海上化学驱效果显著，现场井口粘度保持在50mPa·s以上，日油最高增加593t，含水降低11.4%，预计可提高采收率11.4%，使采用采修一体化平台实施化学驱成为现实。

参考文献

[1] 康红庆．聚合物驱优化提质提效配套技术体系[J]．大庆石油地质与开发，2019，38(2)：93-98.

[2] 朱友益，侯庆锋，简国庆，等．化学复合驱技术研究与应用现状及发展趋势[J]．石油勘探与开发，2013，40(1)：90-96.

[3] 孙焕泉．胜利油田三次采油技术的实践与认识[J]．石油勘探与开发，2006，33(3)：262-266.

[4] 孙焕泉．聚合物驱后井网调整与非均相复合驱先导试验方案及矿场应用[J]．油气地质与采收率，2014，21(2)：1-5.

[5] 程杰成 王德民 李群，等．大庆油田三元复合驱矿场试验动态特征[J]．石油学报，2002，23(6)：37-40.

[6] 刘春林，杨清彦，李斌会，等．三元复合驱波及系数和驱油效率的实验研究[J]．大庆石油地质与开发，2007，26(2)：108-111.

[7] 徐辉，宋敏，孙秀芝，等．新型耐特高温抗水解型聚合物驱油性能[J]．油气地质与采收率，2021，28(4)：101-106.

[8] Du Yingzhe，Zhu Yangwen，Ji Yanfeng，et al. Effect of salt-resistant monomers on viscosity of modified polymers based on the hydrolyzed poly - acrylamide (HPAM)：A molecular dynamics study[J]. Journal of Molecular Liquids，2021，325：1-13.

[9] Jouenne S. Polymer flooding in high temperature，high salinity conditions：Selection of polymer type and polymer chemistry，thermal stability[J]. Journal of Petroleum Science and Engineering，2020，195：1-15.

[10] 杨勇，曹绪龙．高含水老油田化学驱综合治理新方法及工程实践路径[J]．油气地质与采收率，2024，31(1)：63-71.

[11] 李宗阳，王业飞，曹绪龙，等．新型耐温抗盐聚合

物驱油体系设计评价及应用[J]. 油气地质与采收率, 2019, 26(2): 106-112.
[12] 孟祥海, 杨二龙, 韩玉贵, 等. 海上油田二元复合驱末期段塞优化提效室内物理实验[J]. 油田化学, 2019, 36(2): 337-342.
[13] 周长静, 陈定朝, 曹宝格, 等. 渤海绥中油田 J3 井疏水缔合聚合物驱注入程序及段塞优化设计[J]. 钻采工艺, 2005, 28(6): 40-42.
[14] 周守为, 韩明, 张健, 等. 用于海上油田化学驱的聚合物研究[J]. 中国海上油气, 2007, 19(1): 25-29.
[15] 周守为, 韩明, 向问陶, 等. 渤海油田聚合物驱提高采收率技术研究及应用[J]. 中国海上油气, 2006, 18(6): 386-389.
[16] 兰夕堂, 赵文森, 刘长龙, 等. 渤海 S 油田化学驱驱油体系渗流机理及提高采收率特性[J]. 特种油气藏, 2020, 27(1): 148-154.
[17] 束宁凯, 汪卫东, 曹嫣镔, 等. 化学驱聚合物溶液配注工艺技术及矿场应用效果[J]. 石油学报, 2022, 43(5): 668-679.
[18] 吴华晓, 刘敏, 邹明华, 等. 海上油田聚合物熟化过程双搅拌器的优化[J]. 化学工程, 2013, 41(12): 48-50.
[19] 杜春安, 潘永强, 徐鹏, 等. 硫离子对聚丙烯酰胺黏度影响机制研究[J]. 中国石油大学学报(自然科学版), 2016, 40(5): 166-172.
[20] 王其伟. S^{2-}对聚合物黏度的影响[J]. 中国石油大学学报(自然科学版), 2011, 35(2): 157-161.
[21] 施雷庭, 史保录, 叶仲斌, 等. 硫离子与部分水解聚丙烯酰胺溶液性能的研究[J]. 应用化工, 2021, 50(10): 2672-2676.
[22] 赵方剑, 曹绪龙, 祝仰文, 等. 胜利油区海上油田二元复合驱油体系优选及参数设计[J]. 油气地质与采收率, 2020, 27(4): 133-139.

枯竭气藏注入 CO_2 提高天然气采收率影响因素数值模拟研究

姜　艺　李隆新　王　蓓

（中国石油西南油气田公司）

摘　要　为了高效地开发枯竭气藏中的天然气，考虑向地层中注入 CO_2，不仅能提高天然气采收率，还能实现 CO_2 稳定埋存，是可以实现 CO_2 减排和利用的双赢举措。当前我国利用气藏注 CO_2 还处于探索阶段，仍缺乏针对性的理论评价基础，因此，开展注入 CO_2 提高枯竭气藏天然气采收率具有重要的意义。本次研究在川渝地区筛选适宜开展 CO_2 埋存的气藏，建立三维地质模型并完成历史拟合，以较高精度的数值模拟模型为基础对注气过程中各项影响因素进行分析，预测注气后提高采收率效果，结果表明：控制 CO_2 从生产井突破速度是提高天然气采收率的关键，目标气藏渗透率不宜过高，同时应控制注气速度和注入气 CO_2 纯度，最大限度的延长注入气增加地层压力的效果。模拟论证对比了不同注气井的效果差异，明确了目标气藏合理的日注气量、适宜的注入气 CO_2 纯度，预测了提高天然气采收率效果。

关键词　枯竭气藏；二氧化碳；地质埋存；提高采收率；数值模拟

随着国家提出“双碳”战略目标，石油天然气企业明确推动了碳达峰工作和绿色低碳转型发展目标，确定了实现“碳达峰”和“近零”排放的时间点。对川渝地区天然气开发企业而言，规模化实施 CO_2 捕集与埋存利用技术（Carbon Dioxide Capture and Utility Storage，简称 CCUS）是公司实现 2030 年前碳达峰的最现实选择，可以有效实现较大规模的碳埋存。国外少数气藏已开展，国内尚未有气藏埋存 CO_2 的先例，本文从埋存目标筛选出发，分析了 CO_2 埋存过程的主要影响因素，预测了埋存提高采收率的效果。

在气藏中实施注入 CO_2 提高天然气采收率（Carbon Sequestration with Enhanced Gas Recovery，简称 CSEGR）可以实现将 CO_2 封存在储层中的同时，保持地层压力、驱替天然气，达到既封存 CO_2 又提高气藏采收率的目的。目前全球实施 CO_2 提高油藏采收率的项目较多，但注 CO_2 提高气藏采收率应用于气藏的案例较少。20 多年来，将 CO_2 注入油藏以提高石油采收率已在技术和经济上取得成功。但将 CO_2 注入气藏，实现 CO_2 的封存和提高气藏采收率的技术仍处于研究探索阶段。目前，将温室气体 CO_2 注入枯竭气藏中进行埋存并提高采收率是世界研究的热点之一。CO_2 埋存研究主要目的是减少大气中的温室气体排放，并将其埋存于枯竭的气藏或含水层中。已有不少科研人员针对枯竭气藏开展了 CO_2 埋存的模拟研究工作，证明在枯竭气藏中注入 CO_2 可一定程度提高天然气采收率，但在国内气藏的实际数值模拟工作尚未开展。

本文从 CO_2 封存目标气藏及注气井筛选出发，建立气藏三维地质模型，用数值模拟方法分析对比不同情况下 CO_2 封存影响因素，优选实施注气井及合理注气量，预测注气后提高采收率效果，为 CO_2 封存和提高采收率提供依据。

1　注气目标筛选

1.1　CO_2 封存气藏筛选

1.1.1　筛选原则

结合常规储气库的优选原则，初步确定筛选原则总体要求是注入的气体能封的住，有一定的储气规模，工程技术及经济上可行。

1.1.2　地理位置要求

CO_2 封存气藏主要是用于回注净化厂处理后所产生的 CO_2，考虑 CO_2 回注有无利用现有管网，是否需新建专用管线，从经济角度考虑管线距离不宜过长，建议 CO_2 封存气藏选择距离净化厂较近的气田更为合适。

1.1.3　注气能力及库容

气藏原有单井产能较高，能够满足气库强注的需要。同时需要具有一定储气规模，能够满足

CO_2回注的需要。

1.1.4　气藏地质条件要求

对于开采后期气藏改建CO_2封存气藏，在进行地质目标优选时应满足以下条件：①气藏采出程度：采出程度高或枯竭的气藏最为合适，这类气藏地质认识清楚，静态参数可靠。②气藏埋深：从国内外已建成的CO_2封存项目来看，一般1000~2500m左右。考虑以深度1500m左右较经济，最深不宜超过3000m。但是当地质条件好时也可适当放宽。③气密性：构造落实，要求有完整的闭合构造和一定的隆起幅度及圈闭面积。④储层物性：所选气藏储层分布较稳定，厚度不宜太薄，孔隙度高、渗透性和连通性较好。

通过对三种CO_2封存点方案的有利、不利因素分析(表1)，卧龙河嘉五^1-嘉四^{3}气藏储量规模更大，距离引进分厂更近，虽气藏尚未枯竭，但总体投资和可实施性更有利。卧龙河嘉二^3-嘉三与卧龙河嘉五^1-嘉四^{3}气藏较类似，但目前产量为$5×10^4m^3/d$，累计产气量比嘉五^1-嘉四^{3}小，因此，能够回注的二氧化碳量少，其余投资费用相近。张家场嘉陵江组气藏基本枯竭，但储量较小，距离引进分厂较远，且与引进分厂分属四川和重庆管辖，投资费用高，并且翻越明月山，总体协调和实施难度大。针对以上对比分析，建议二氧化碳封存选择卧龙河嘉五^1-嘉四^{3}气藏。

表1　碳封存点方案对比

气藏	有利因素	不利因素
卧龙河 嘉五^1-嘉四^3	1. 地质储量$xxx×10^8m^3$，储量规模大； 采出程度高96.40%，认识较清楚 2. 距离引进分厂近6km，并且可回注鼎发、长寿工业园区的二氧化碳 3. 引进分厂与卧龙河封存点属地均位于重庆市，地企关系协调较容易	气藏目前尚未枯竭，日产气量8.22万m^3/d
卧龙河 嘉二-嘉三	1. 技术可采储量较大，采出程度高，认识较清楚；可回注引进厂和鼎发，以及长寿工业园区的二氧化碳 2. 引进分厂与卧龙河封存点属地均位于重庆市，地企关系协调较容易	1. 气藏目前尚未枯竭，日产气量5.0万m^3/d 2. 嘉二^{3}气藏受边水影响严重
张家场 嘉陵江组	1. 采出程度高96.3%，认识较清楚 2. 气藏基本枯竭，日产气量0.70万m^3/d	1. 气藏为裂缝性气藏，储层物性较差 2. 动态储量xxx亿m^3，储量规模较小 3. 距离引进分厂较远，30km，且需要翻越明月山 4. 引进分厂和张家场封存点属地分别为重庆和四川，地企关系协调难度较大

1.2　回注气井筛选

选择卧龙河嘉五^1-嘉四^{3}气藏，井区产层渗透性好，裂缝发育，剩余储量较大。结合动静态参数比选的优选原则，筛选回注气井原则为优选气藏边部、低部位，且单井储层物性较好，产能较高、储量规模大，与邻井井间连通性较好的气井。气井储层条件具体为储层厚度不宜太薄，大于10m，孔隙度高、渗透性较好；储层分布较稳定，与邻井储层具有连续的地质基础。气井产能及储量具体为单井测试产量大于$10×10^4m^3/d$，无阻流量大于$50×10^4m^3/d$；单井动态储量大于$1×10^8$；单井生产稳定，稳定产量大于$0.5×10^4m^3/d$，累产气量大于$0.5×10^8$；尚未封井且与邻井井间连通性较好。

卧龙河嘉五1-嘉四3组气藏钻遇井86口，完成试油井39口，工业气井37口。依据上述回注气井筛选原则，对完钻工业气井进行逐一筛选，优选W45井和W28井作为回注井。优选的原因主要是这2口井累产气较其他边部气井高，且附近无生产井，这2口井目前仍在生产。

2　气藏特征

2.1　气藏地质特征

卧龙河嘉五^1-嘉四^{3}气藏发现于70年代初期，目前进入递减阶段。气藏类型为构造-岩性气藏，卧龙河整体构造为一狭长状低陡背斜，属于断层-背斜圈闭，地层厚度分布变化大，约120~235m，2021年核算卧龙河嘉五^1-嘉四^{3}组气藏探明储量$xxx×10^8m^3$。气藏储层岩性以白云岩为主，储层类型以裂缝-孔隙型为主，总体具有中孔特征，平均为孔隙度4.84%，以Ⅱ、Ⅲ类储层为主，平均储层厚度为17.49m，气藏中部埋深 2070m，各井之间连通性好，嘉五^1-嘉四^{3}两层之间大面积连通，为同一压力系统。气藏为常温、常压，高含硫、低含二氧化碳湿气气藏，气藏压力为 23.31MPa，温度为 56.52℃，天然气组分以甲烷为主，平均含量 91.92%。

2.2 气藏生产特征

卧龙河嘉五^1-嘉四^{3}气藏目前处于开发后期，气藏 1973 年 8 月投入生产，投产至今，已生产 48 年，截至 2022 年 1 月 20 日，投产气井 37 口(嘉五^{1}26 口，嘉四^{3}11 口)，目前开井 9 口，气藏日产气 $8.22\times10^4m^3/d$，油压 0.39~2.10MPa，累产气 $153.75\times10^8m^3$，投产至今仅产少量凝析水，未产地层水。

3 数值模拟模型建立

首先建立气藏地质模型，在其基础上，加入动态参数和生产数据，利用 PETREL-RE 软件对 46 口生产井 50 多年的生产进行历史拟合，建立精度较高的气藏预测模型。容积法整体原始储量 xxx×10^8m^3，模拟模型整体原始储量 xxx×10^8m^3，模拟模型储量相对容积法储量误差 3.11%。气藏平均地层压力 1.5MPa，与实际较为吻合(图 1、图 2)。

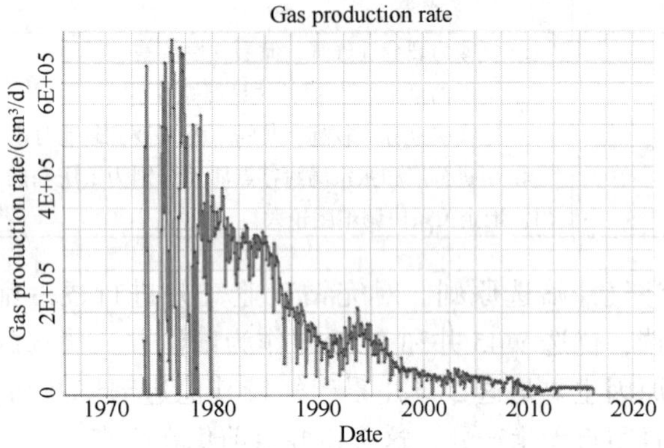

图 1　W11 井产量历史拟合产量曲线

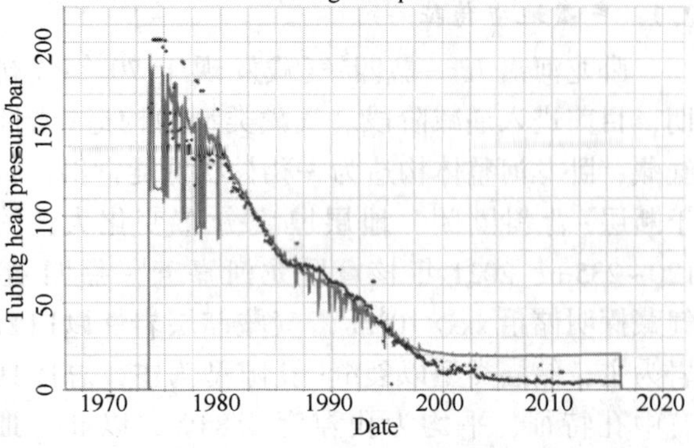

图 2　W11 井油压历史拟合产量曲线

4 CO_2埋存提高采收率影响因素分析

4.1 注气井

分别模拟 W45 和 W28 单独注气的效果，结果表明，当 W28 井单独注气时，CO_2更快突破，4.5 年即到达 W12 井，6 年到达 W26 井，均比 W45 井单独注气时到达生产井的时间更早。CO_2突破后，在产出气中的组分含量迅速升高，并导致超过净化分离的能力上限，注气只能被迫中止，无法起到延长生产井稳产时间、提高采收率的效果。因此推荐 W45 井单独注气方案(图 3、图 4)。

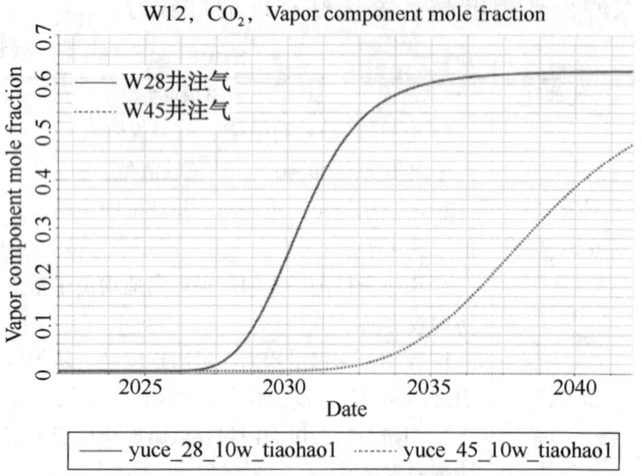

图 3　W11 井产量历史拟合产量曲线

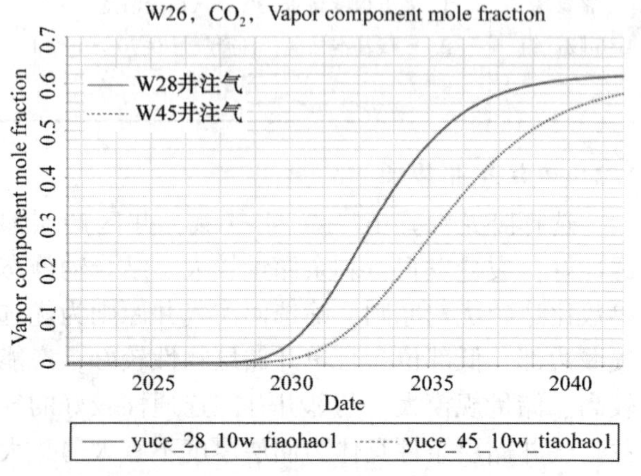

图 4　W11 井油压历史拟合产量曲线

4.2 注气量

对比结果显示，随着注入量增大，注入气波及范围增大，如图 5~图 6 所示。

井口注气压力也随着注气量增大而增加，从图 7 可以看出，随着 W45 井注气量日注气规模的提高，相邻天然气生产井的稳产能力也随之也相应提高，如图 8 所示，当 W45 井日注气量 20

$\times10^4m^3/d$ 时，W26 井具备 $1.8\times10^4m^3/d$ 稳产的能力。

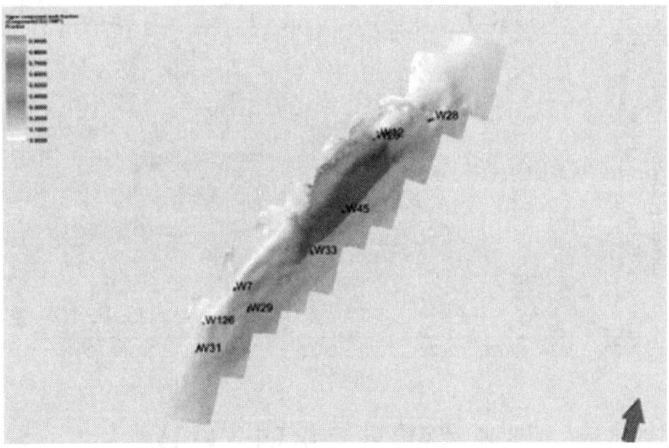

图 5　W45 井注气 5 万方/天时含碳尾气波及范围

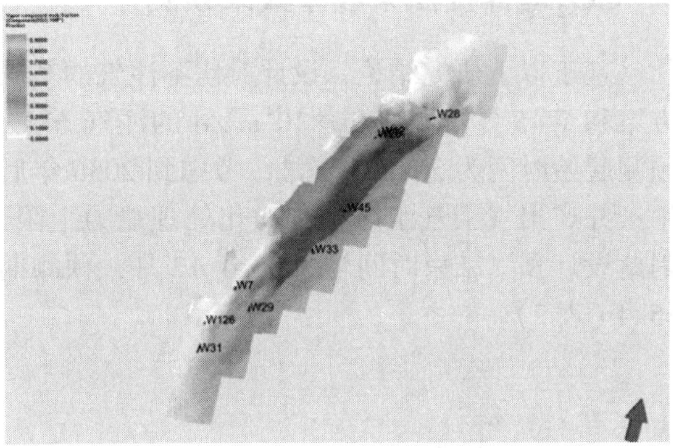

图 6　W45 井注气 20 万方/天时含碳尾气波及范围

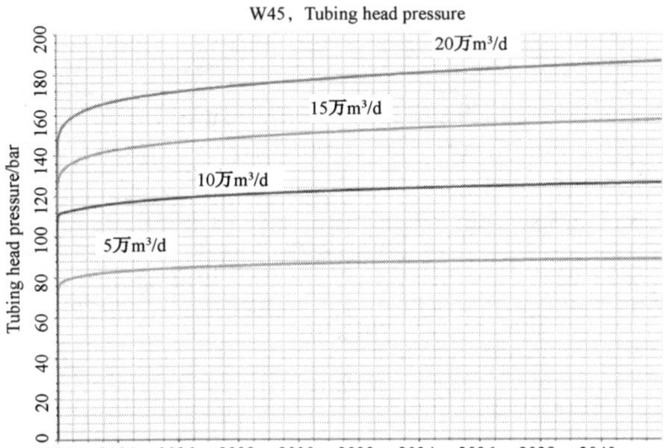

图 7　W45 井不同日注气量井口压力预测对比图

模拟结果表明，生产井天然气产出量和注气速率并不成正相关，如图 9 所示，4 种注气速率下，$10\times10^4m^3/d$ 的注气量下 W26 井的天然气累产量最高，$5\times10^4m^3/d$ 的注气量方案次之，$15\times10^4m^3/d$、$20\times10^4m^3/d$ 注气量下则生产井天然气累产出量更低。

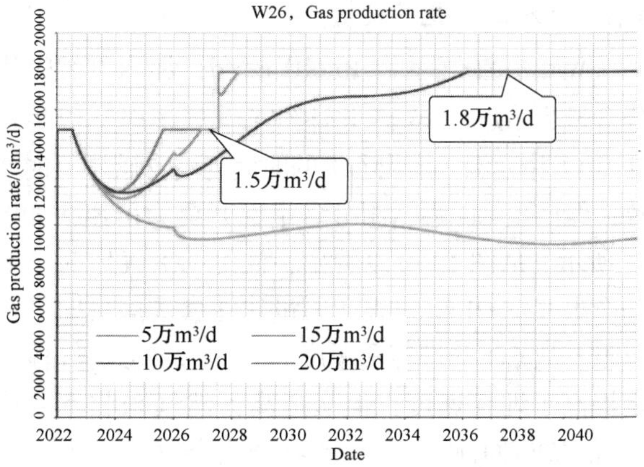

图 8　W45 井不同日注气 W26 井日产气量预测对比图

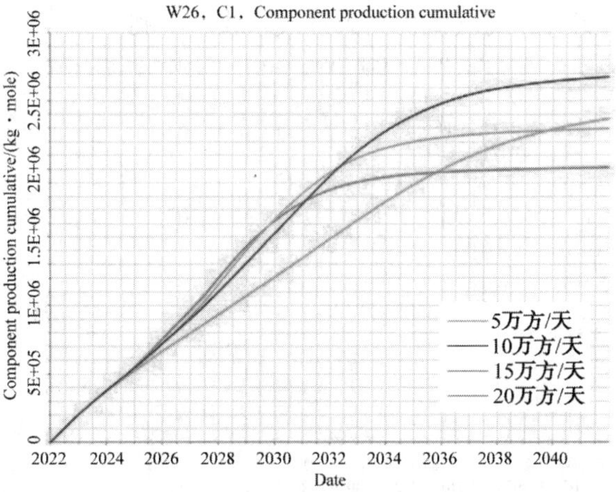

图 9　W45 井不同日注气量井口压力预测对比图

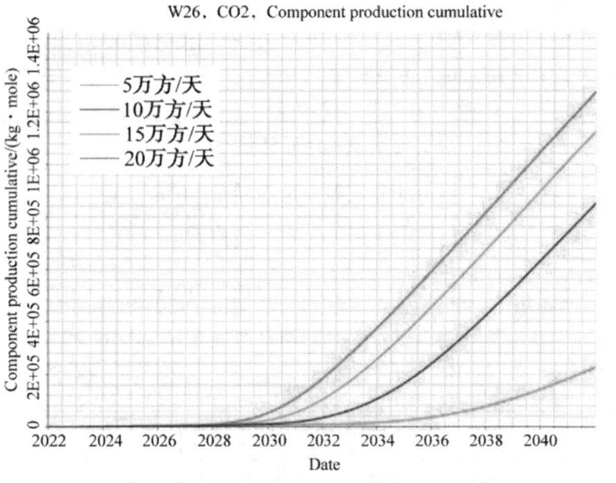

图 10　W45 井不同日注气量 W26 井日产气量预测对比图

随着注气速率的增大，相同时间内注入气藏的CO_2量更大，使生产井产出气中CO_2的含量也相应增加，如图 10 所示。因此，从提高天然气采收率角度来看，存在合理的注气速率，在提高气藏压力、增加气井稳产能力的同时，延缓CO_2的产出时间，减小CO_2在产出气中的组分含量占比。对于本气藏，在 W45 井注气的情况下，$10\times10^4m^3/d$ 的注气速率更为合适，提高采收率效果更好。

4.3 注入二氧化碳纯度

W45 井注气量为 $10\times10^4m^3/d$，注入气 CO_2 组分含量为 100%。W45 井注纯 CO_2 气体时，以生产井 W12 井为例，产出 CO_2 的时间与注含碳尾气时一致，但产出 CO_2 后，组分含量上升更为迅速，如图 11 所示。从图 12 可以看出，注纯 CO_2 气体时 W12 井产出气中 C1 组分累产出量比注含碳尾气时增量有限。从 CO_2 的埋存量角度看，注入纯 CO_2 气体一定提高了埋存速度，但从提高天然气采收率角度来说，纯 CO_2 使生产井更早产出杂气，增加天然气净化负担，超出净化能力后气井无法继续生产而关井，对气藏提高天然气采收率不利。

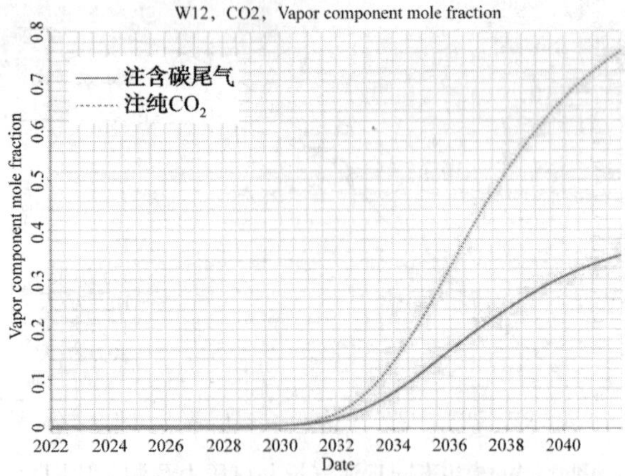

图 11　W12 井产出气中 CO_2 组分含量预测对比图

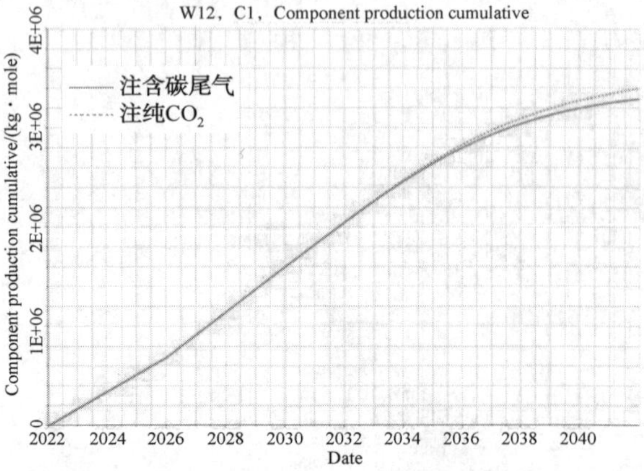

图 12　W12 井产出气中 C1 组分累产出量预测对比图

5　CO_2 埋存提高采收率效果预测

基于以上研究结论，设计对比不注气的基础方案和 W45 井日注气 $10\times10^4m^3/d$ 的注气方案，预测起始时间为 2022 年 1 月，考虑到 2036 年后生产井产出气杂气组分达到净化处理能力上限，因此设计预测结束时间为 2036 年 12 月，预测期 15 年(表 2)。

表 2　卧龙河气田嘉五 1–嘉四 3 气藏各方案预测结果表

方案		基础方案	W45 井注气方案
气藏原始地质储量/10^8m^3		xxx	xxx
2021 年底剩余地质储量/10^8m^3		xxx	xxx
规模	注气井	无	W45
	日注气/10^4m^3	0	10
	初期日产气/($10^4m^3/d$)	6.85	5.85
	初期年产气($10^4m^3/d$)	2260	1930
预测起始时间(年 · 月)		2022.01	
预测结束时间(年 · 月)		2036.12	
预测期	预测期末累产混合气/10^8m^3	2.75	2.94
	预测期末累产天然气/10^8m^3	2.73	2.83
	较 2021 年底采出程度增加/%	1.52	1.58

图 13 预测结果显示，基础方案气藏日产气量持续下降，注气方案气藏稳产能力显著提高，气藏可长期维持 $5\times10^4m^3/d$ 以上稳产。注气方案预测期末累产气量高于基础方案，去除杂气后累产天然气 $2.83\times10^8m^3$，比基础方案提高 $955\times10^4m^3$；从图 14 可以看出，采出程度较 2021 年底增加 1.58%，相较基础方案，预测期末气藏提高采收率 0.06%。注气 15 年，累计注入二氧化碳 40.75×10^4t，累计产出二氧化碳 2.18×10^4t，可实现二氧化碳埋存量 38.57×10^4t。

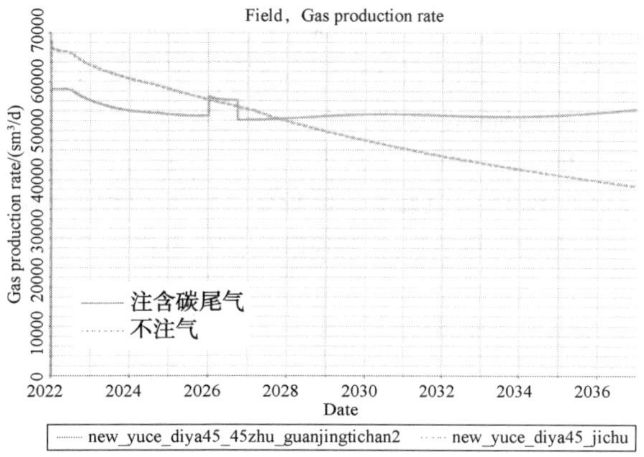

图 13　各方案日产气量预测图

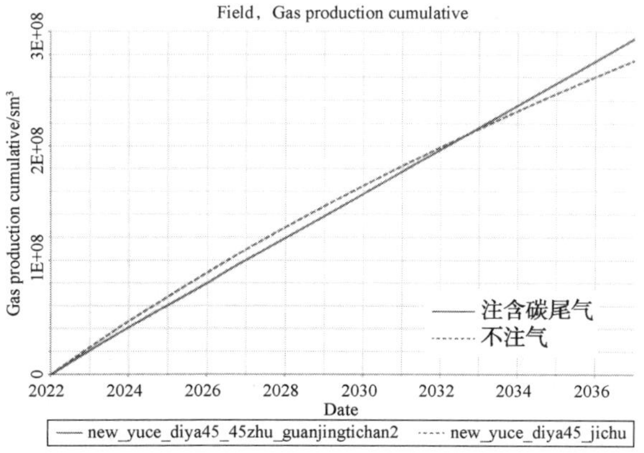

图 14　各方案累产气量预测图

6　结论与建议

（1）CO_2封存气藏选择采出程度高或枯竭的气藏最为合适，埋深一般1000~2500m左右，气密性好，储层分布较稳定，连通性较好，渗透率不宜过高，同时气藏位置距离净化厂较近更为合适。

（2）CO_2埋存过程的主要影响因素有注气井位置、日注气量、注入CO_2纯度等，注气井距离生产井越近、井间渗透性越好，CO_2突破速度越快，卧龙河嘉五^1-嘉四^{3}气藏注入CO_2突破时间最短为4.5~6年；日注气量与CO_2突破速度成反比，日注气量增大会导致井口注气压力升高，对压缩机能力和井筒安全性提出更高要求；注入高纯度CO_2会提高埋存效率，但同时使CO_2突破速度加快，对气藏提高天然气采收率不利。

（3）卧龙河嘉五^1-嘉四^{3}气藏单井合理注气量为$10\times10^4m^3/d$，注入含碳尾气中CO_2组分含量42%，预测注入15年后，气藏增加天然气产量955万方，气藏提高采收率将提高0.06%。由于气藏渗透率性较好，CO_2突破较快，提高采收率效果一般。

参　考　文　献

[1] 孙扬，杜志敏，孙雷，等.CO_2的埋存与提高天然气采收率的相行为[J].天然气工业，2012.

[2] 孙晓岭，曾凡桂，刘贺娟.CO_2地质封存和提高天然气采收率[J].科技通报，2012，28(10)：4.

[3] 俞宏伟，李实，陈兴隆.盐水层二氧化碳封存主控因素数值模拟研究[J].科学技术与工程，2012，20(28)：4.

[4] 郭勇.边底水气藏注CO_2提高采收率技术[J].中外能源，2019，24(1)：9.

[5] 孙扬.天然气藏超临界CO_2埋存及提高天然气采收率机理.西南石油大学，2012.

[6] 高冉，吕成远，伦增珉，等.二氧化碳驱替与埋存一体化数值模拟[J].特种油气藏，2021.

[7] 刘树阳，孙宝江，宋永臣，等.CO_2提高天然气采收率的重力效应与气藏压力影响模拟[J].中国石油大学学报(自然科学版)，2020，044(003)：81-89.

[8] OLDENBURG C M，BENSON S M. CO_2 injection for enhanced gas production and carbon sequestration [R]. SPE 74367-MS，2002.

[9] Ganzerl，Reitenbachv，Pudlo D，et al. Experimental and numerical investigations on CO_2 injection and enhanced gas recovery effects in Altmark gas field (Central Germany) [J]. Acta Geotechnica，2013，9：39-47.

[10] AL-HASAMIA，REN S，TOHIDIB. CO_2 injection for enhanced gas recovery and geo-storage：reservoir simulation and economics[R]. SPE 94129，2005.

[11] 郭平，许清华，孙振，等.天然气藏CO_2驱及地质埋存技术研究进展[J].岩性油气藏，2016，028(003)：6-11.

[12] 朱跃钊.二氧化碳的减排与资源化利用[M].北京：化学化工出版社，2010.

[13] 沈平平，廖新维.二氧化碳地质埋存与提高石油采收率技术[M].北京：石油工业出版社，2009.

[14] 任韶然，李德祥，张亮，等.地质封存过程中CO_2泄漏途径及风险分析[J].石油学报，2014，35(03)：591-601.

[15] 朱仲谦.牙哈凝析气藏二次注气抑制反凝析机理及相态特征[J].天然气工业，2015，35(5)：60-65.

[16] Oldenburg C M，Stevens S H，Benson S M. Economic feasibility of carbon sequestration with enhanced gas recovery (CSEGR) [J]. Energy，2004，29(9-10)：1413-1422.

[17] 汤勇，张超，杜志敏，等.CO_2驱提高气藏采收率

及埋存实验[J]. 油气藏评价与开发，2015，5(5)：8.

[18] Khan C，Amin R，Madden G. Economic modelling of CO_2 injection for enhanced gas recovery and storage：a reservoir simulation study of operational parameters[J]. Energy and Environment Research，2012，2(2)：65-82.

[19] Gou Y，Hou Z，Liu H，et al. Numerical simulation of carbon dioxide injection for enhanced gas recovery (CO_2-EGR) in Altmark natural gas field[J]. Acta Geotechnica，2014，9(1)：49-58.

[20] 景莎莎，何俊江，周小涪. 注 CO_2 提高致密气藏采收率机理及其影响因素研究[J]. 重庆科技学院学报(自然科学版)，2014(16)：91-94.

注 CO_2 提高海上低渗油藏采收率效果评价

李彬册　张乔良　王　磊　岳绍飞　王彦利

[中海石油(中国)有限公司湛江分公司]

摘　要　南海西部北部湾盆地乌石区域探明地质储量超1亿m^3，但储量动用率仅44%，存在大量的低渗油藏难以经济有效动用。这些低渗油藏储层物性差、产能低，且属于强水敏储层，注水开发存在“注不进、采不出”的问题，导致低渗油藏补能不及时、开发效果差。由于乌石区域低渗油藏埋深普遍大于2500m，且以异常高压为主，压力系数为1.3~1.8，注CO_2易混相，并且乌石区域离岸仅20km，周边工业企业聚集，包括宝钢、中科炼化、大唐、巴斯夫等排碳企业，CO_2气源充足，具备实施CO_2驱油的必要条件。为了分析乌石区域低渗油藏CO_2驱油效果，本文开展不同岩性、驱替介质、压力条件、驱替方式下的微观驱油、核磁驱替和启动压力梯度实验，明确CO_2混相驱具有微观波及更均匀、驱油效果好于其他驱替方式的特点，并且CO_2混相驱相较于非混相驱的启动压力梯度大幅减小，有助于提高油气两相渗流能力，同时，基于微观和核磁驱油实验有效量化CO_2混相作用和超临界作用对驱油效果的影响。在此基础上，利用建立的考虑储层孔喉差异和油气界面张力变化的模拟表征方法，开展岩心尺寸模拟和典型低渗油藏的数值模拟研究，分析认为：CO_2混相驱能够较好的提高油藏开发效果，相较于水驱提高采收率10%以上。因此，CO_2驱油能够有效提高南海西部北部湾盆地乌石区域低渗油藏的开发效果，推动低渗油藏的经济有效动用，此外，可以实现中海油湛江分公司的“双碳”战略目标，具有很好的推广应用前景。

关键词　低渗油藏；CO_2混相驱；孔喉差异表征；油气界面张力表征；提高采收率

近年来，我国海上油田开发面临的储层地质条件愈趋复杂。乌石油田群位于南海北部湾盆地乌石凹陷东部，水深约14~28m，东距广东省雷州半岛乌石镇乌石港约13~20km，储量规模可观，但其未动用储量以低渗油藏为主，亟需探索经济有效的开发方式。低渗透油藏储层物性差、孔隙结构复杂、非均质性严重、天然能量低，且开发实践表明，低渗透油藏水敏性黏土矿物较多，遇水后容易出现膨胀，导致孔隙堵塞，常规水驱容易出现注水受效差、驱油效率低、剩余油动用难等问题。

乌石区低渗油藏埋深普遍大于2500m，且以异常高压为主，压力系数在1.3~1.8之间，注CO_2易混相，且具有离岸近、水浅的特点，周边碳源充足，源汇优势显著，具备经济有效开展海上油气田注二氧化碳开发的先决条件。CO_2混相驱提高原油采收率技术适应性广、增油效果显著、可循环利用，能够有效打破“水注不进、油采不出”“采油速度低、采收率低”等瓶颈制约，大幅提高石油产量。注气提高采收率的主要作用机理包括：原油体积膨胀与黏度降低、降低界面张力、溶解气驱、萃取和汽化原油中的轻质烃、改善油水流度比、分子扩散作用、混相效应、酸化解堵、提高注入能力和CO_2的超临界作用等。$CO_{2驱}$作为低渗油藏三次采油技术的重要手段之一，通过其降黏、膨胀原油、溶解萃取、降低界面张力等特性，可以有效注入并提高原油采收率，受到研究人员的广泛关注。1958年，壳牌率先在美国二叠系储层中开展井组规模的CO_2驱油矿场试验；1972年，雪佛龙在美国投产了世界首个CO_2驱油商业项目——德克萨斯州Kelly-Snyder油田SACROC区块；20世纪90年代以来，美国注气项目贡献原油产量稳步上升，并且注气提高采收率技术逐步趋于成熟；2015年，美国能源部发布了下一代CO_2驱技术报告，主要关注驱油与封存方向。学者Don Winslow通过统计三次采油项目确定北美地区的CO_2驱油提高采收率幅度为7%~18%(平均12.0%)。在国内，20世纪60年代，大庆油田开展了CO_2驱油室内研究和小井距矿场试验，但受气源限制，后续矿场试验停止；2005年，《中国的温室气体减排战略与发展》香山会议上提出CO_2捕集、利用与埋存相结合的概念(CCUS)，后续在大庆油田的树101区块/芳48区块/海拉尔、吉林油田的黑79

区块/黑46区块/黑59区块/伊59区块、胜利油田的高89-1区块、江苏草舍油田、中原濮城油田、冀东柳北油田等开展了矿场试验，加快注CO_2提高采收率技术的规模化应用；2022年，胜利油田百万吨级CCUS示范工程建成投产。目前，注CO_2驱油技术已处于工业试验向规模化推广的关键阶段。

注CO_2气驱提高采收率具有很好的应用前景，但仍然存在CO_2驱油效果不明确、机理认识不清等问题。不同类型储层微观孔喉差异明显，流体在储层中的渗流能力和油水/油气两相渗流特征存在较大的差异，而海上油田开发初期探井较少，结合探井资料往往不能有效刻画储层孔喉分布，严重影响注CO_2微观驱油效率、油藏合理开发方案编制和开发指标预测。除此之外，在CO_2气驱过程中，油气界面张力在非混相到混相的过程中会产生动态变化，常规气驱数值模拟无法有效表征这一动态过程。

为了解决以上问题，本文结合微观孔隙结构实验结果，建立不同类型储层孔喉差异表征方法，精细刻画储层特征。引入相渗加权因子表征注气时非混相到近混相再到混相油气界面张力的动态变化。再通过基于真实砂岩的微观模型驱替实验、岩心核磁共振驱替实验，研究不同岩石类型储层在不同驱替方式下的驱油效果。最后进行岩心尺寸和油藏尺度的数值模拟研究，进一步揭示CO_2驱替提高采收率效果，为后续开发方案的制定和海上低渗油田开发奠定理论基础。

1 理论基础

1.1 不同储层孔喉差异表征方法

本文从微观孔隙结构出发，统计研究区高压压汞、核磁共振、覆压渗透率、覆压孔隙度关系图版，将目标靶区孔喉半径分布关系转化为覆压渗透率分布关系，结合服从0~1上平均分布的中间随机属性模型，建立覆压渗透率属性模型、孔隙度属性模型，最后构建表征储层孔喉差异的地质模型。

1.1.1 区域规律统计

以北部湾盆地流沙港组为例，统计84口探井岩心样品的高压压汞、核磁共振和覆压孔渗实验数据，根据高压压汞或核磁共振结果绘制平均孔喉半径与常压气测渗透率关系图版如图1(a)所示，拟合关系式为：

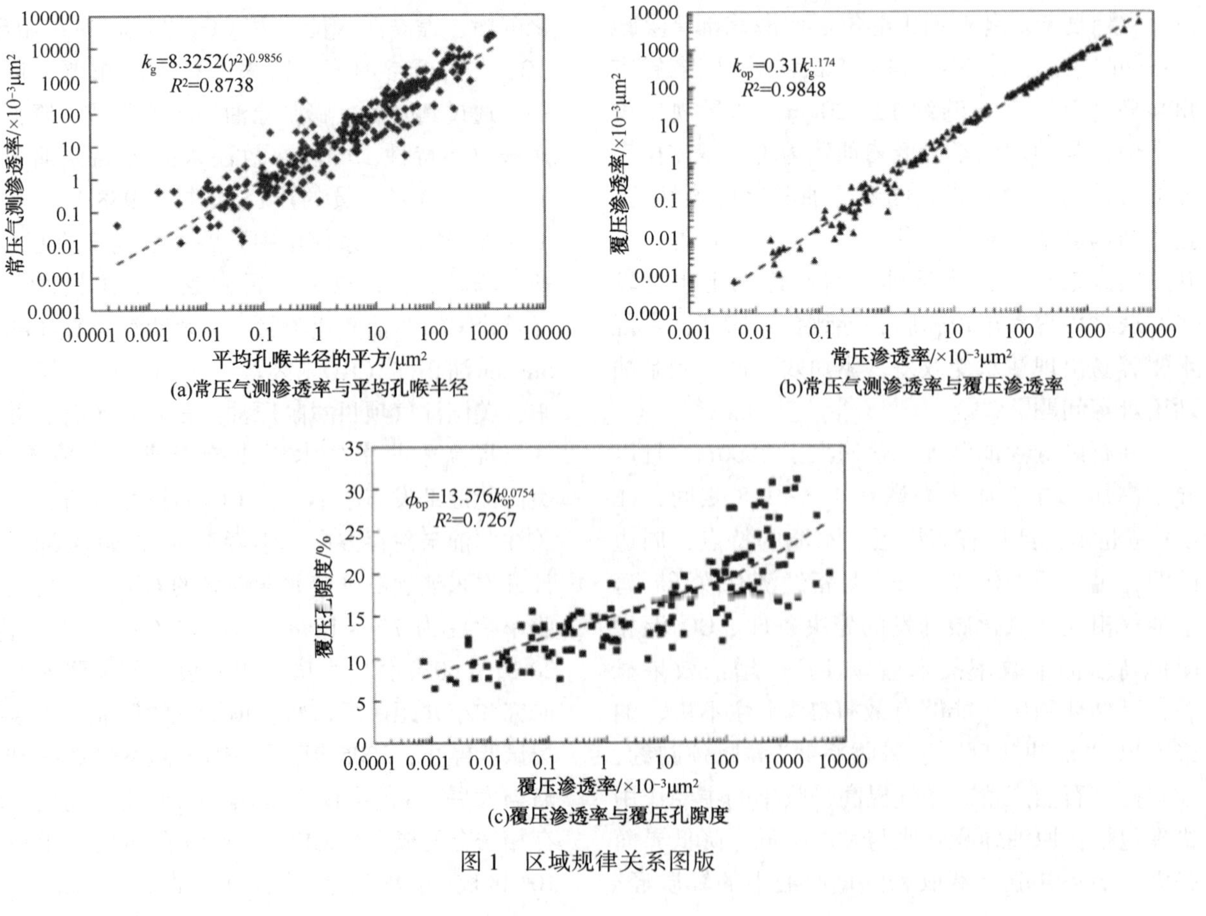

(a)常压气测渗透率与平均孔喉半径

(b)常压气测渗透率与覆压渗透率

(c)覆压渗透率与覆压孔隙度

图1 区域规律关系图版

$$k_g = 8.3252(\bar{r}^2)^{0.9856} \quad (1)$$

根据覆压孔渗实验数据结果绘制常压气测渗透率与覆压渗透率关系图版[图 1(b)]，拟合关系式为：

$$k_{op} = 0.31k_g^{1.174} \quad (2)$$

同时可绘制覆压渗透率与覆压孔隙度关系图版[图 1(c)]，拟合关系式为：

$$\Phi_{op} = 13.576k_{op}^{0.0754} \quad (3)$$

式中，$\bar{r}$ 为平均孔喉半径，k_g 为常压气测渗透率 k_{op} 为覆压渗透率，Φ_{op} 为覆压孔隙度。

1.1.2 岩心地质模型建立

建立岩心地质模型，网格数目 200×51×51＝520200 个，其中无效网格 109600 个，网格步长 0.5mm，形成近似圆柱岩心模型，长 10cm，直径 2.55cm，旨在对岩心储层微观孔喉分布特征进行精细刻画。分别选取细砂岩和砂砾岩岩心高压压汞实验结果，绘制两块岩心的孔喉半径分布关系(图 2)，利用建立的区域关系图版分别计算获得细砂岩和砂砾岩的覆压渗透率分布关系。利用平均孔喉半径与常压气测渗透率关系式将孔喉半径分布关系转化为常压气测渗透率分布关系，然后利用常压气测渗透率与覆压渗透率关系式将常压气测渗透率分布关系转化为覆压渗透率分布关系。

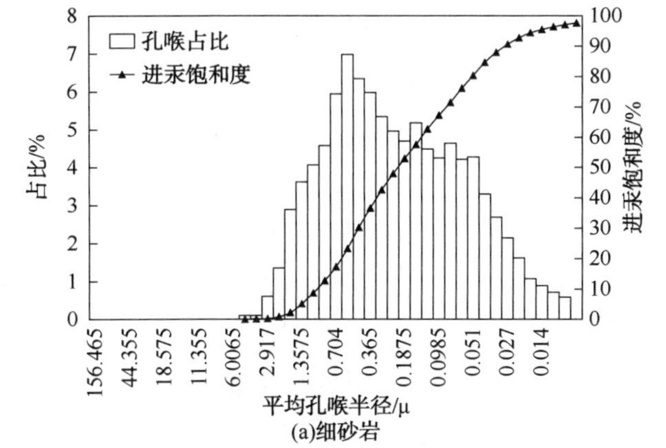

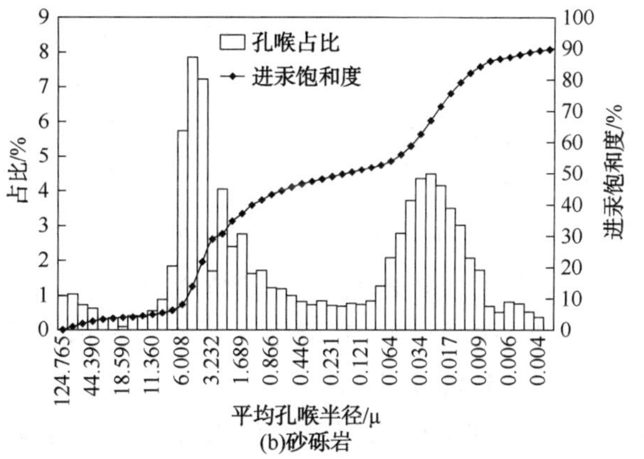

图 2 平均孔喉半径分布图及其进汞饱和度

1.1.3 岩心属性模型建立

对岩心地质模型中的有效网格建立服从 0~1 上平均分布的中间随机属性模型，并利用目标岩心覆压渗透率分布关系计算覆压渗透率累积分布，将中间随机属性模型中每个网格数值与覆压渗透率累积分布结果匹配，建立渗透率属性模型。同时，利用覆压渗透率与覆压孔隙度的关系图版，建立孔隙度属性模型，得到属性模型中的实际数值。将模型实际值与上步得到的公式理论值进行对比可知，模型实际值与公式理论值误差很小(图 3)，满足精度要求。

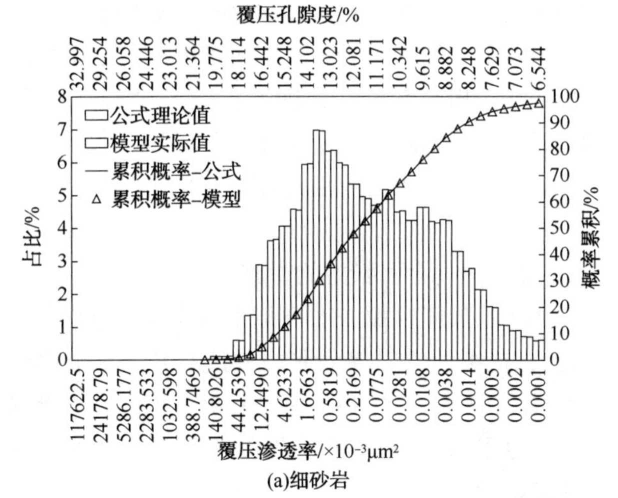

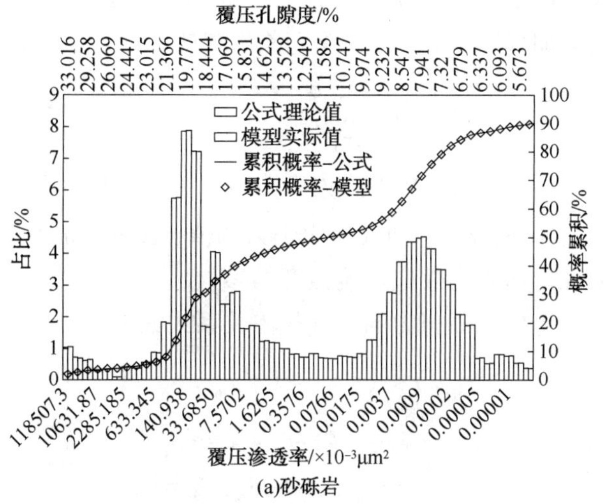

图 3 覆压孔渗公式理论值及模型实际值分布对比

基于岩心地质模型，对岩心半径大于 2.55cm 以外的网格填充无效网格，孔渗赋值为 0。将属性模型有效网格孔渗数值与无效网格数据进行重新排列，分别建立细砂岩与砂砾岩岩心孔渗属性模型，渗透率模型如图 4 所示。

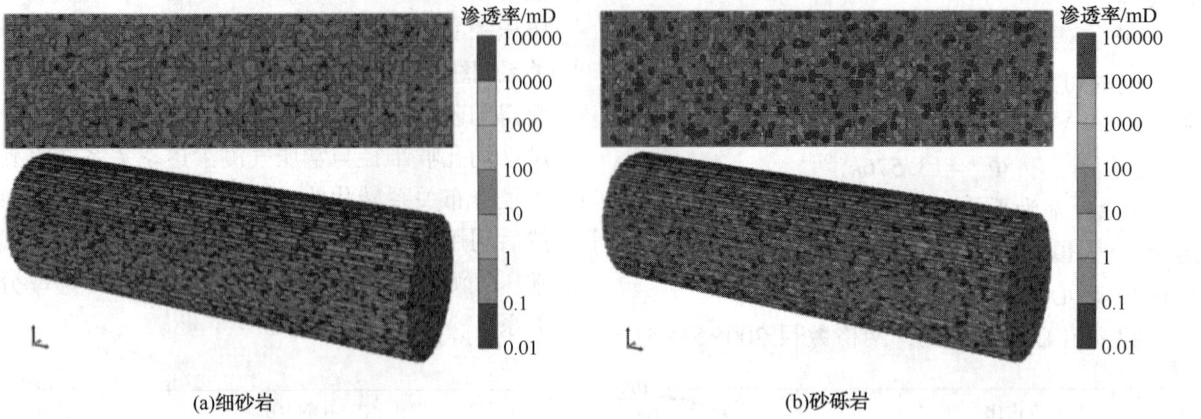

图 4　渗透率属性模型

1.2　油气界面张力表征方法

在一定的条件下，CO_2 可以与原油混相而不形成界面，提高驱替性能。然而，在实际矿场应用中很难实现一次接触混相，通常需要多次接触达到混相。在 CO_2 驱油过程中，存在一个非混相到近混相再到混相的动态过程。近混相概念由 Shyeh-Yung 在 1995 年扩展，注入气体并非与地层原油完全混相，只是接近混相状态，这时，注入气体与地层原油在汽化、凝析双重作用下界面张力降低到某一不为 0 的低值。校正这部分界面张力对流体流动的影响，能够显著提高后续研究的准确性。

1.2.1　界面张力对油气相渗的影响表征

通过引入相渗加权因子 f 来校正油气相渗曲线，以表征非混相→近混相→混相的动态过程，相渗加权因子 f 和相渗校正关系式如下：

$$f=\begin{cases}1, & \sigma_{go}>\sigma_{go}^0\\ (\sigma_{go}/\sigma_{go}^0)^n, & \sigma_{go}\leqslant\sigma_{go}^0\end{cases} \tag{4}$$

式中：f 为相渗加权因子；σ_{go} 为油气界面张力，N/m；σ_{go}^0 为油气界面张力阈值，N/m；n 为表征界面张力效应影响强度的参数。

考虑界面张力的油气相渗关系式如下：

$$k_{rog}=f*k_{ro}+(1-f)*k_{rh}*\bar{S}_o \tag{5}$$

$$k_{rg}=f*k_{rog}+(1-f)*k_{rh}*\bar{S}_g \tag{6}$$

$$k_{rh}=0.5*(k_{roi}(S_o=1-S_w,\ S_g=0)+k_{rgi}(S_g=1-S_w,\ S_o=0)) \tag{7}$$

$$\bar{S}_o=\frac{1-S_g-S_{wc}-S_{org}^*}{1-S_{wc}-S_{org}^*} \tag{8}$$

$$S_{org}^*=f*S_{org}^{imm} \tag{9}$$

$$\bar{S}_g=\frac{S_g-S_{gcr}^*}{1-S_{wc}-S_{grc}^*} \tag{10}$$

$$S_{gcr}^*=f*S_{gcr}^{imm} \tag{11}$$

式中，k_{roi} 为初始非混相下油相相对渗透率；k_{rog} 为界面张力影响下的油相相对渗透率；k_{rgi} 为初始非混相下气相相对渗透率；k_{rg} 为界面张力影响下的气相相对渗透率；k_{rh} 为烃类相对渗透率；S_w 为水相饱和度；S_g 为气相饱和度；S_{wc} 为束缚水饱和度；S_{org}^{imm} 为初始非混相下残余油饱和度；S_{gcr}^{imm} 为初始非混相下残余气饱和度；S_{gcr}^* 为混相下残余气饱和度；S_{org}^* 为混相下残余油饱和度。

模型中加权因子 f 由界面张力阈值、界面张力比值、相对渗透率无因次指数三个参数决定。CO_2 波及区域油气界面张力分布各异，每一网格根据油气界面张力比值遵循各自的油气相渗曲线（图 5）。

1.2.2　油气界面张力的影响

利用数值模拟方法模拟平板实验中连续注入 CO_2，连续注气时界面张力效应动用更多优势通道原油(图 6)，注 CO_2 达到 1.0PV 时，不考虑界面张力采收率 69.9%，考虑界面张力后采收率提高 4.8%。

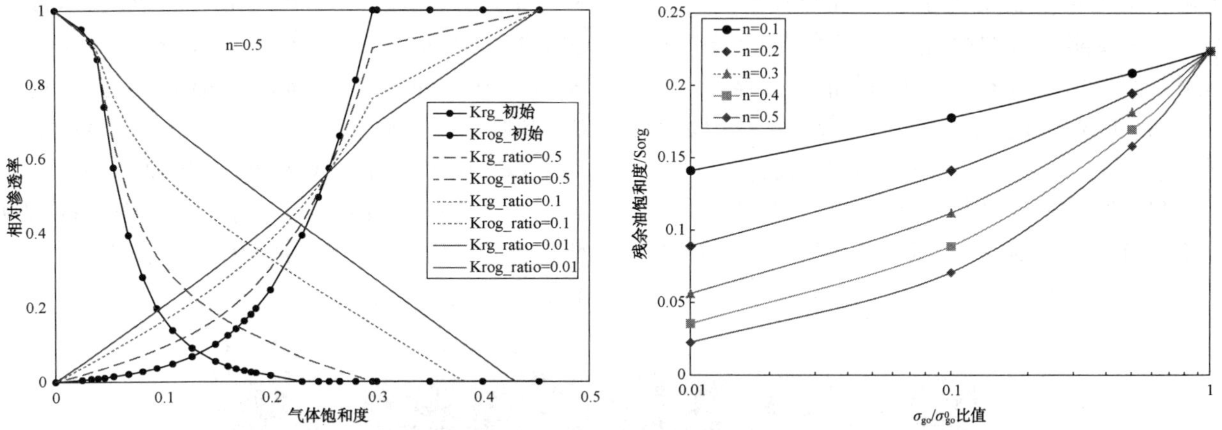

图 5　油气相对渗透率曲线变化图(左)和残余油饱和度变化图(右)

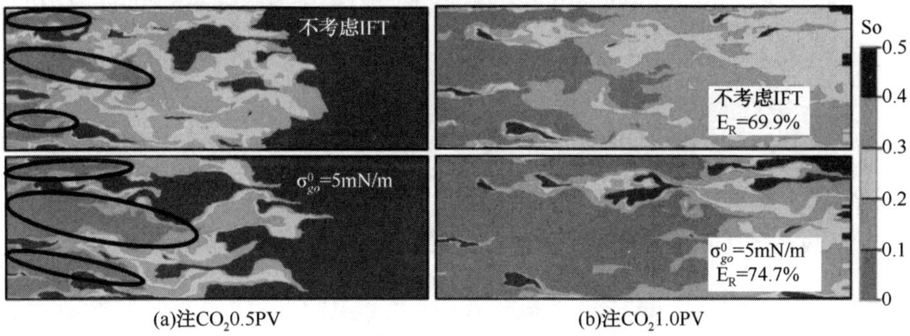

图 6　连续注气界面张力效应作用效果

2　实验分析

2.1　微观驱油实验

开展不同驱替介质、驱替实验条件、驱替方式下的细砂岩、粗砂岩、含砾砂岩样品的微观驱油实验，分析微观驱油效果的差异。由于玻璃蚀刻模型的孔喉尺寸大于 40μm，模型相对简化，与真实岩心存在差异，并且真实砂岩模型的颗粒多层叠覆，上下层孔隙相互干扰，孔隙内油水难识别。

2.1.1　实验方法及样品

考虑玻璃蚀刻模型和真实砂岩模型存在的问题，本研究探索了基于真实砂岩的微观模型制作技术，实现了高清晰微观图像定量表征。实验样品与实验条件见表 1。

表 1　微观可视化驱油实验样品参数与实验条件

样品编号	岩性	井深/m	渗透率/$10^{-3}\mu m^2$	孔隙度/%	水驱、水驱后转注 CO_2 混相驱、CO_2 混相驱实验条件	CO_2 非混相驱实验条件	烟道气非混相驱实验条件
1-1	含砾砂岩	2780.0	65.0	10.6	120℃，36MPa	120℃，18MPa	120℃，36MPa
1-2			87.4	11.2	120℃，36MPa	—	—
2-1	粗砂岩	2704.0	11.2	24.4	120℃，36MPa	120℃，18MPa	120℃，36MPa
2-2			8.7	24.2	120℃，36MPa	—	—
3-1	细砂岩	2934.0	0.2	11.8	120℃，36MPa	120℃，18MPa	120℃，36MPa
3-2			0.1	16.2	120℃，36MPa	—	—

2.1.2　实验结果及分析

引入形状因子和接触面积比参数定量识别不同类型剩余油，其中，形状因子是单块剩余油的体积与单块剩余油表面积的 1.5 次方的比值，形状因子越小，形状越不规则；接触面积比是剩余油和孔隙的接触面积与剩余油的表面积的比值，接触面积比越小表明剩余油与孔隙接触程度越差。基于真实砂岩的微观驱油实验结果(图 7)，利用图像分析技术定量识别剩余油的赋存量、赋存形态、赋存位置。结合上述参数，定量识别不同类型剩余油，实现微观剩余油定量表征。

利用图像分析技术获得不同驱替条件下的微观驱油效率如图 8 所示，水驱驱油效率为 58.3% ~ 61.2%，CO_2 非混相驱为 59.8% ~ 67.7%，CO_2混相驱为 70.6% ~ 78.7%，水驱转注 CO_2的驱油效率为 60.2% ~ 68.8%。CO_2混相驱的微观驱油效率最高(达 70%以上)，由于 CO_2超临界作用影响，非混相驱稍差于混相驱，而烟道气中 CO_2 含量仅 5.7%，与原油相互作用微弱，微观驱油效率最低。水驱后转注 CO_2混相驱提高微观驱油效率的幅度较小，在 1.3% ~ 4.5%。

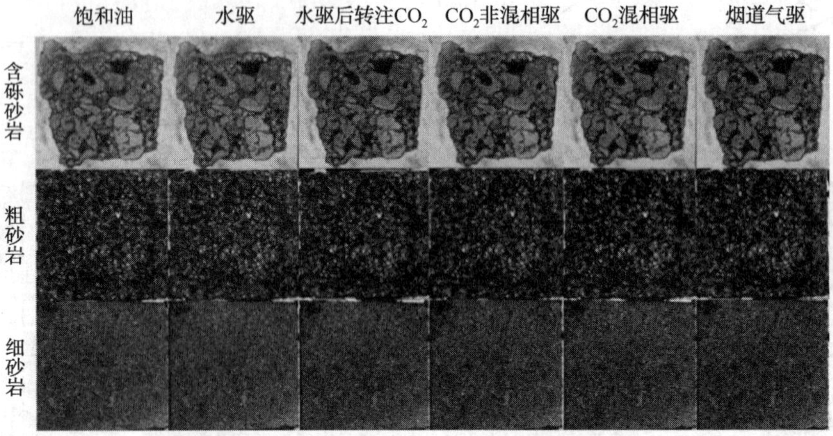

图 7　微观驱替实验图像

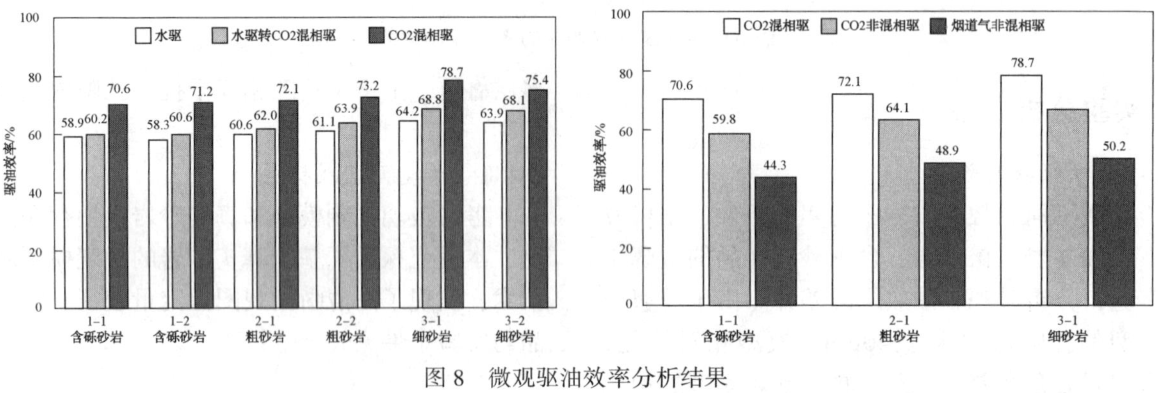

图 8　微观驱油效率分析结果

2.2　岩心驱油实验

2.2.1　实验方法及样品

核磁共振技术(NMR)具备无损、无害的特点，通过共振信号直接反映岩石孔隙流体分布和间接反映岩石孔隙结构变化，在岩石物理测试、孔隙结构表征、孔隙流体识别等方面具有突出优势。低场核磁共振目前主要有两种分析手段，即核磁共振弛豫谱和核磁共振成像，主要研究目标为：氢原子核，主要是对孔隙中含氢流体(油/气/水)进行直接测试，以此来反映实验前后氢原子核含量的变化。本文利用核磁共振驱替实验研究驱油过程中流体分布变化。

表 2　核磁驱替实验样品及实验类型表

实验类型	岩心编号	长度/cm	直径/cm	渗透率/$10^{-3}\mu m^2$	孔隙度/%
水驱转混相驱替	4-1	5.323	2.450	1.680	23.87
	4-2	6.589	2.484	0.524	12.55
50%混相压驱替	5-1	7.578	2.472	0.549	13.93
100%混相压驱替	5-2	6.310	2.465	0.672	11.50
150%混相压驱替	5-3	6.670	2.482	9.890	9.420

2.2.2　实验结果及分析

实验获得不同岩心驱替介质、驱替实验条件、驱替方式下的不同岩性岩心样品的核磁驱替成像实验结果如图 9 和图 10 所示。

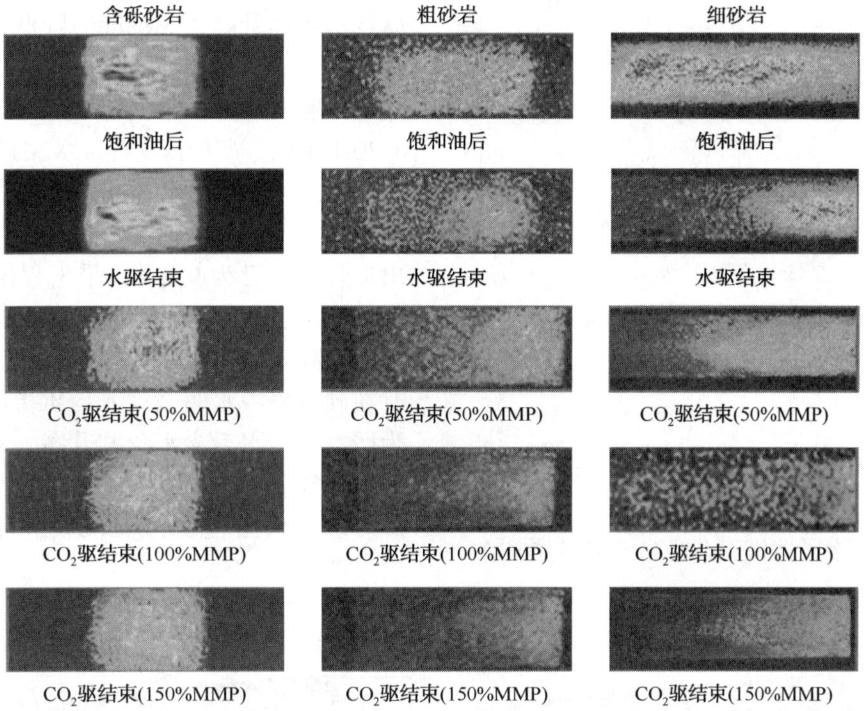

图 9　核磁驱替成像图

CO_2 混相作用和超临界作用能够有效提高微观驱油效果(图 9)。相较于水驱，CO_2 混相驱的驱油效率增加 10%~15%，此外，实验条件能够达到混相的情况下，增加压力对驱油效率的影响不大(图 10)。

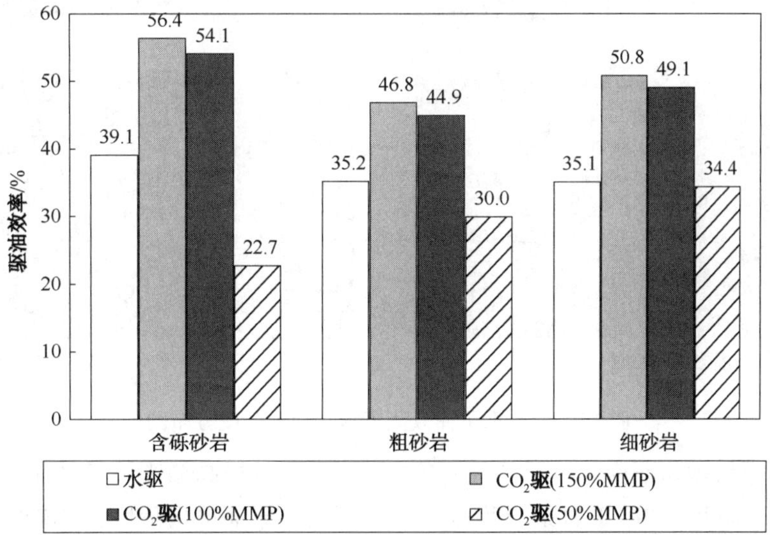

图 10　核磁驱替成像实验分析结果

2.3　*启动压力梯度实验*

CO_2 混相与非混相驱条件下的不同岩性的启动压力梯度实验分析结果如图 11 所示。从图中可以看出：CO_2 非混相驱的启动压力梯度远远大于混相驱的启动压力梯度；从 50%MMP 增加到 100%MMP，启动压力梯度降低幅度超过 70%，最高可达 95.9%；CO_2 混相能够有效提高原油在储层中的渗流能力，最终提高油藏产能。

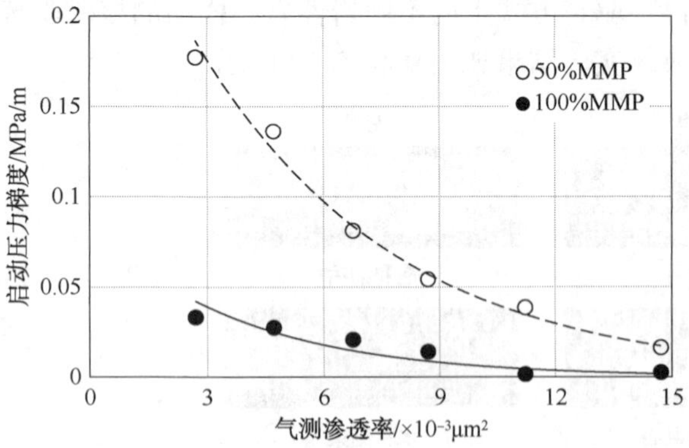

图 11　启动压力梯度实验分析结果

3　模拟表征

3.1　岩心尺寸模拟

3.1.1　岩心水驱油数值模拟研究

根据岩心孔渗属性模型(图 4)，建立砂砾岩和细砂岩数值模拟模型，开展不同岩性岩心的水驱油数值模拟。由模拟结果(图 12)可知，细砂岩水驱油过程注入水在 0.38HCPV 时突破，突破后含水快速升高，驱油能力降低，水突破时采出程度为 43.5%，含水期采出程度增加约 19.7%，而砂砾岩水驱油水突破时注入倍数为 0.30HCPV，早于细砂岩，水突破时采出程度为 29.4%，含水期采出程度仅增加 14.9%，且在细砂岩采出端刚见水时，砂砾岩注入同一 PV 下采出端含水率已为 9.2%，采出程度为 35.9%，反映出砂砾岩孔隙结构复杂，砂砾岩存在大量孔喉盲端及死孔隙等，水难以进入从而有效驱替，同时在砂砾岩中水驱微观非均质指进和水窜现象更为严重，见水后含水急剧升高，驱油能力大幅降低，导致砂砾岩开发效果远低于细砂岩。最终细砂岩水驱采出程度为 63.2%，而砂砾岩水驱采出程度为 44.3%。

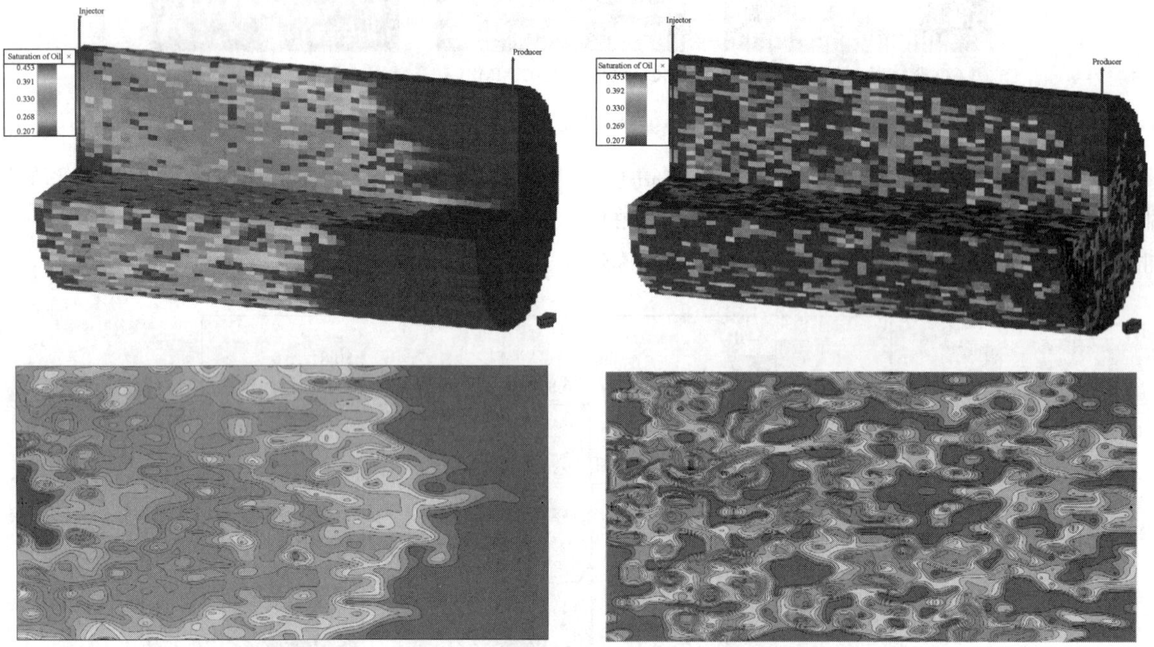

(a)细砂岩见水时　　　　(b)砂砾岩注入相同PV时

图 12　岩心水驱油数值模拟含油饱和度分布图

3.1.2　岩心注 CO_2 数值模拟研究

岩心注 CO_2 后，细砂岩和砂砾岩采出程度显著增加，驱油波及范围明显增大，最终采出程度可分别达到 74.8%和 56.9%。表明随着 CO_2 的注入，原油在 CO_2 的降黏、膨胀、萃取及驱替作用下被采出，同时 CO_2 穿透水膜扩散进入原油中，可以有效提高微观波及效率，在溶解和膨胀作用下增加原油采出程度，相较于水驱，注 CO_2 可使细砂岩和砂砾岩采出程度分别提高 11.6%和 12.6%。对比砂砾岩注水和注 CO_2 图像可以看到，CO_2 能够进入孔喉盲端和死孔隙中，有效驱替这部分原油，提高采出程度(图 13)。

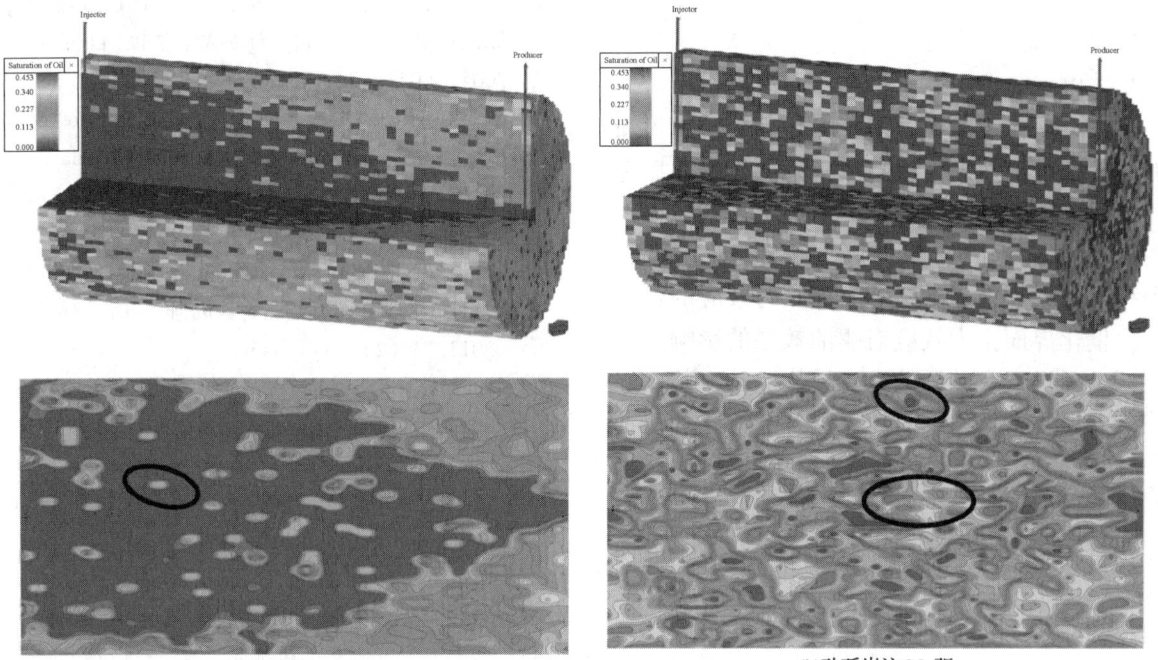

(a)细砂岩注CO_2驱 (b)砂砾岩注CO_2驱

图 13 岩心水驱及转注 CO_2 驱油数值模拟结果图

3.2 典型低渗油藏模拟

乌石油田群 WS17-N 井区流三段整体上以低渗为主，且具有一定的储量规模。油藏埋深在 2400～3000m，以轻质油为主，油藏压力为 28.0～35.0MPa，温度为 120～150℃，适合采用 CO_2注气采油开发。因此，本文以 WS17-N 井区流三段为注 CO_2 提高采收率数值模拟研究靶区。分别采用注水、注 CO_2和注水转注气模拟开发生产。同时，模拟注水转注 CO_2在不同含水率下的生产情况，对比注水、注 CO_2和注水转注 CO_2生产效果。

3.2.2 数值模拟结果

水驱数值模拟生产 30 年累产油 $66.1\times10^4 m^3$，采出程度 14.7%，水驱存在“注不进、采不出”风险，注水开发见效慢，渗流阻力大导致压力传导慢、地层能量衰竭快等问题。分别在 50%、60%、70%、80%含水率时注水转注 CO_2 模拟，累产油分别为 $97.1\times10^4 m^3$、$93.9\times10^4 m^3$、$89.8\times10^4 m^3$ 和 $81.3\times10^4 m^3$，采出程度分别为 21.6%、20.9%、20.0%和 18.1%，相较于水驱提高采收率 6.9%、6.2%、5.3%和 3.4%，结果表明，转注 CO_2时机越早，取得的最终采收率越高。CO_2驱累产油达 $113.6\times10^4 m^3$，采出程度 25.3%，采出程度在三种方案中最高，靶区地层压力下，CO_2 与地层原油能够达到混相状态，CO_2混相驱能够有效提高油藏开发效果，最终采收率相较水驱提高 10.6%(图 14)。

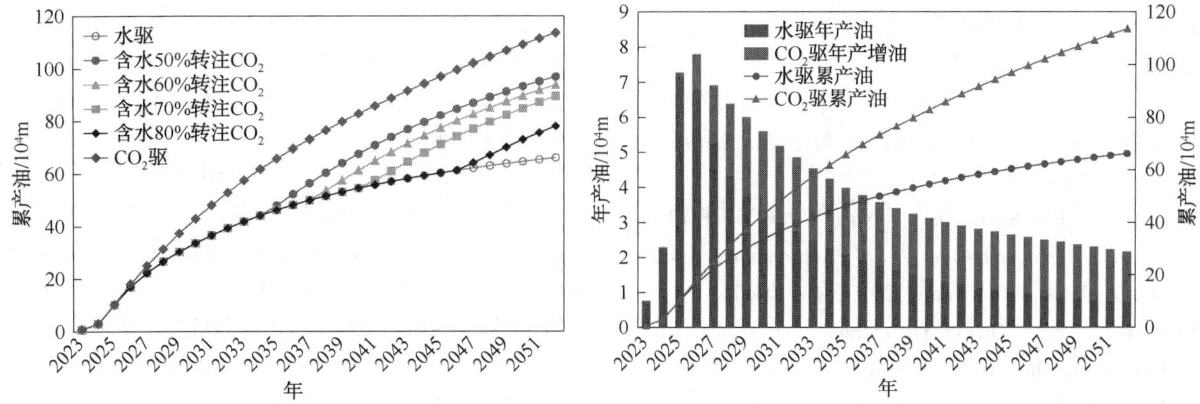

图 14 各方案数值模拟结果对比

4 结论

基于以上研究成果，得到如下结论：

(1) 本文建立考虑储层孔喉差异和流体界面张力变化的模拟技术。将高压压汞、核磁共振等表征储层微观孔喉特征的实验结果引入到地质建模中，考虑微观孔喉分布的孔渗模型建立方法，引入相渗加权因子建立考虑界面张力效应的数学模型，量化界面张力效应对驱油效果的影响。

(2) 通过真实砂岩的微观模型驱替实验、岩心核磁共振驱替实验，对比不同补能方式的驱油效果。CO_2混相微观波及更均匀，微观驱油效果最好，驱油效率达 70%以上(70.6%～78.7%)；岩心驱替实验中，相较于水驱，CO_2混相驱的驱油效率增加 10%～15%。CO_2混相启动压力梯度降幅超 70%，有助于提高原油动用程度。

(3) 结合理论基础，本文分别进行了岩心尺寸和油藏尺度的数值模拟。岩心尺寸模拟表明，注 CO_2驱能够显著提高波及范围，细砂岩和砂砾岩较岩心水驱实验分别提高采出程度 11.6%和 12.6%。在典型油藏注 CO_2驱油数值模拟研究中，对比不同方案开发效果，注入 CO_2驱替的效果最好，最终采收率为 25.3%，最终采收率较水驱提高 10.6%，CO_2混相驱对于靶区低渗油藏有很好的增产效果。

参 考 文 献

[1] 周伟，曾晓华，管琳，等．乌石凹陷流沙港组薄储层特征及砂体预测[J]．石油地质与工程，2021，35(02)：5-10.

[2] 李阳．低渗透油藏 CO_2 驱提高采收率技术进展及展望[J]．油气地质与采收率，2020，27(01)：1-10.

[3] 周万山．辽河油区低渗透油藏特征及潜力分析[J]．特种油气藏，2008(05)：7-12+106.

[4] 蔡国新．强非均质低渗油藏 CO_2 驱注采参数优化研究[D]．中国石油大学(北京)，2020.

[5] 胡永乐，郝明强，陈国利，等．中国 CO_2 驱油与埋存技术及实践[J]．石油勘探与开发，2019，46(04)：716-727.

[6] Bruce L H，XiaoChun L，Ning W．CO_2－EOR in China：A comparative review[J]．International Journal of Greenhouse Gas Control，2020，103103173-.

[7] Zhao J，An X，Qiao S. The extraction effect of CO_2 injection on the flow properties of crude oil [J]. Petroleum Science and Technology，2019，37(06)：710-717.

[8] 耿宏章，陈建文，孙仁远，等．二氧化碳溶解气对原油粘度的影响[J]．石油大学学报(自然科学版)，2004，(04)：78-80.

[9] Sun G.，Liu D.，Li C.，et al. Effects of dissolved CO_2 on the crude oil/water interfacial viscoelasticity and the macroscopic stability of water-in-crude oil emulsion [J]. Energy&Fuels，2018，32(9)：9330-9339.

[10] 冷振鹏，吕伟峰，马德胜等．利用 CT 技术研究重力稳定注气提高采收率机理[J]．石油学报，2013，34(2)：340-345.

[11] Han H，Li Z，Chen X，et al. Volume expansion prediction of supercritical CO_2 + crude oil [J]. Fluid Phase Equilibria，2017，439：9-17.

[12] Du F，Ma H，Gu Y. Three different periods of CO_2 dissolution into a light crude oil [J]. The Canadian Journal of Chemical Engineering，2019，97(1)：330-343.

[13] 李孟涛，单文文，刘先贵，等．超临界二氧化碳混相驱油机理实验研究[J]．石油学报，2006，(03)：80-83.

[14] Roper M K，Pope G A，Sepehrnoori K. Analysis of tertiary injectivity of carbon dioxide [C]. Permian Basin Oil and Gas Recovery Conference. Society of Petroleum Engineers，1992.

[15] 冷振鹏，吕伟峰，马德胜，等．利用 CT 技术研究重力稳定注气提高采收率机理[J]．石油学报，2013，34(2)：340－345. DOI：10.7623/syxb201302017.

[16] 秦积舜，韩海水，刘晓蕾．美国 CO_2 驱油技术应用及启示[J]．石油勘探与开发，2015，42(02)：209-216.

[17] Whorton L P，Brownscombe E R，Dyes A. B. Method for producing oil by means of carbon dioxide：US，2623596 [P]. 1952-12-30.

[18] 胡伟，吕成远，王锐，等．水驱转 CO_2 混相驱渗流机理及传质特征[J]．石油学报，2018，39(02)：201-207.

[19] Wang G.，Pickup G.，Sorbie K.，et al. Analysis of near－miscible CO_2－WAG displacement：the distinction between compositional and interfacial tension effects[J]. SPE-193907-MS.

[20] 郭平，罗玉琼，何建华，等．注水开发油田进行注气开发的可行性研究[J]．西南石油学院学报，2003，25(04)：37-40+3.

[21] 刘小波．CO_2 混相驱技术在特低渗透滩坝砂油藏的开发实践及效果评价[J]．油气地质与采收率，2020，27(03)：113-119.

[22] 秦积舜，李永亮，吴德彬，等．CCUS 全球进展与

中国对策建议［J］. 油气地质与采收率，2020，27(01)：20-28.
［23］袁士义，王强，李军诗，等. 注气提高采收率技术进展及前景展望［J］. 石油学报，2020，41(12)：1623-1632.
［24］江怀友，沈平平，陈立滇，等. 北美石油工业二氧化碳提高采收率现状研究［J］. 中国能源，2007，(07)：30-34.
［25］江怀友，沈平平，卢颖，等. CO_2 提高世界油气资源采收率现状研究［J］. 特种油气藏，2010，17(02)：5-10+120.
［26］仵元兵，胡丹丹，常毓文，等. CO_2 驱提高低渗透油藏采收率的应用现状［J］. 新疆石油天然气，2010，6(01)：36-39+54+104.
［27］Langston M V，Hoadley S F，Young D N. Definitive CO_2 flooding response in the SACROC unit［C］. SPE 17321，1988.
［28］Mohan H，Carolus M，Biglarbigi K. The potential for additional carbon dioxide flooding projects in the United States［C］. SPE 113975，2008.
［29］张蕾，何先华. 美国 CO_2 驱油补充项目的潜力分析［J］. 国外油田工程，2010，26(09)：6-10.
［30］DON Winslow. Industry experience with CO_2 for enhanced oil recovery［R］. Chevron：Workshop on California Opportunities for CCUS/EOR，2012.
［31］胡文瑞. 中国低渗透油气的现状与未来［J］. 中国工程科学，2009，11(08)：29-37.
［32］罗二辉，胡永乐，李保柱，等. 中国油气田注 CO_2 提高采收率实践［J］. 特种油气藏，2013，20(02)：1-7+42+151. DOI：10.3969/j. issn. 1006-6535. 2013. 02. 001.
［33］高云丛，赵密福，王建波，等. 特低渗油藏 CO_2 非混相驱生产特征与气窜规律［J］. 石油勘探与开发，2014，41(01)：79-85. DOI：10.11698/PED. 2014. 01. 10.
［34］Patzek T W. Verification of a complete pore network simulator of drainage and imbibition［J］. SPE-71310-PA，2001，6(2)：144-156.
［35］吴胜和，李宇鹏. 储层地质建模的现状与展望［J］. 海相油气地质，2007，12(03)：53-60.

新型耐温抗盐堵水剂的研发及应用

濮兰天　朱秀雨　文　波　毛小倩　党杨斌　扈福堂　王晓桐　星占龙

（中国石油青海油田公司）

摘　要　针对常规堵水剂在高温高盐油藏中存在强度低、稳定性差、成胶时间短等问题，利用丙烯酰胺(AM)、2-丙烯酰胺基-2-甲基丙磺酸(AMPS)、甲基丙烯酰氧乙基三甲基氯化铵(DMC)和乙烯基吡咯烷酮(NVP)为原材料合成新型耐温抗盐的四元两性聚合物 P(AM-AMPS-DMC-NVP)，进一步优选了四元聚合物堵水体系，优化 126℃下配方为 0.6%聚合物+0.45%交联剂+0.2%除氧剂+0.2%助剂。该冻胶体系在高温高盐条件下，封堵率可达 95%，老化 60 天后体系保留率可达 90%以上，显示出较好的耐温抗盐及封堵能力。现场开展了 1 井次的堵水现场试验。Y1 井产液量由堵水前的 $44m^3$ 下降至 $6.23m^3$，含水由 99%下降到 81%，日产油由 0.07t 增加到 0.85t，降水增油效果显著。

关键词　耐温抗盐；堵水体系；室内试验；现场试验

我国部分油气田已进入开发后期，各种开发矛盾突出，“稳油控水”难度越来越大。如青海油田尕斯 E_3^1 油藏平均温度高达 126℃，地层水总矿化度高达 149~217g/L，为异常高温高盐油藏。该类油藏面临常规堵水剂存在强度低、稳定性差、成胶时间短等问题，无法满足实际需求，堵水工艺技术作业成功率低等问题。因此，有必要研发一种新型的耐温抗盐堵水体系，分析其性能效果，补充和完善高温高盐油藏的调堵工艺技术，为高温高盐油藏堵水作业提供理论指导。

丙烯酰胺类聚合物已经在油藏开发中广泛应用。但高温高矿化度油藏中，聚合物水解程度严重，容易从溶液中沉淀出来，粘度保留率低。研究发现通过丙烯酰胺与其他功能单体共聚，在聚合物中加入具有抗高温、抗盐性能的官能团，可以提升堵水体系的耐温抗盐性能。通过引入具有苯环和过渡金属的有机交联剂以及引入能抑制丙烯酰胺水解的功能单体可以通过空间效应以及分子间作用来提高聚合物凝胶的耐温性和抗盐性。

本文综合考虑高温高盐油藏条件，根据分子结构设计原理，设计了一个具有潜在交联基团的单体，将其与丙烯酰胺单体进行共聚得到水溶性的聚合物。优选了以丙烯酰胺(AM)为单体，引入2-丙烯酰胺基-2-甲基丙磺酸(AMPS)、甲基丙烯酰氧乙基三甲基氯化铵(DMC)、乙烯基吡咯烷酮(NVP)为功能单体，通过水溶液自由基聚合法合成四元聚合物 P(AM-AMPS-DMC-NVP)。该方法所需的实验设备简单、成本低，且副反应少。

1　实验部分

1.1　试剂与药品

试剂：青海油田尕斯 E_3^1 油藏注入水，乙烯基吡咯烷酮(NVP)，N，N-二甲基丙烯酰胺(DMAA)，甲基丙烯酰氧乙基三甲基氯化铵(DMC)，2-丙烯酰胺基-2-甲基丙磺酸(AMPS)，酚醛交联剂(SD109)，助剂 SD-ZH，除氧剂。均为分析纯。

仪器有：恒温水浴锅、老化罐、安瓿瓶、恒温干燥箱、岩心流动实验装置、AVANCE Ⅲ 600MHz 超导核磁共振波谱仪、MAGNA750 红外光谱仪等。

1.2　四元聚合物的合成

在烧杯中加入少量的蒸馏水，称取一定量的 AMPS 于烧杯中搅拌使其溶解，用碳酸钠调节 pH 值至预定值；称取一定量的 AM 单体及疏水单体(DMC、NVP)加入烧杯中，搅拌其充分溶解，加入添加剂尿素和 EDTA，待完全溶解后，加入一定量的蒸馏水，使溶液中的单体总浓度达到设计值；向溶液通入 1h 氮气除氧；加入一定量的引发剂体系，搅拌使其混合均匀，将烧瓶放入设计温度的恒温水浴中充分保温聚合，得到胶状的聚合产物；将产物用无水乙醇充分洗涤，干燥、粉碎，得到白色细颗粒状聚合产物。图 1 为该四元聚合物的合成路线。

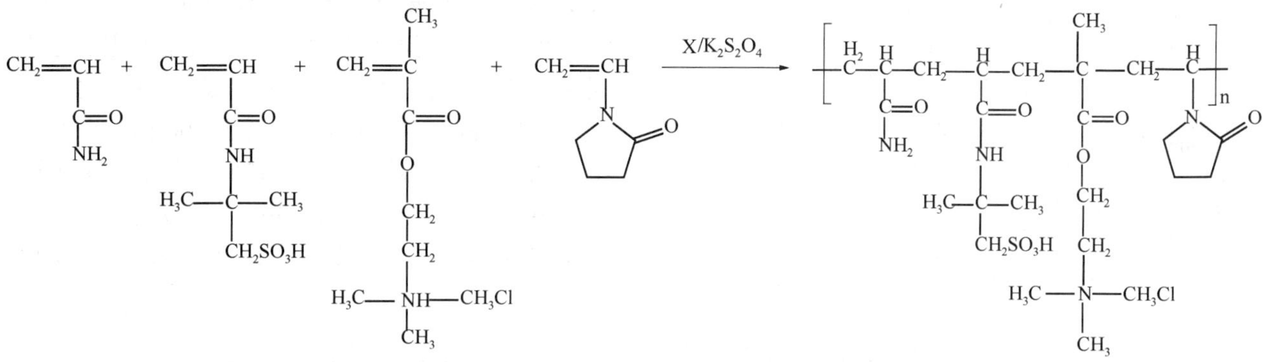

图 1　新型聚合物 P(AM-AMPS-DMC-NVP)合成路线及合成方法

1.3　四元聚合物堵水体系的合成

选用新型四元共聚物作为冻胶交联用聚合物主剂，加入酚醛交联剂和适当的稳定剂，合成一种适用于高温高盐油藏的冻胶类堵水剂。其中酚醛交联剂分别为 SD-109-1、SD109-2，采用多元酚加延迟交联剂组成改进的固体酚醛树脂凝胶。按不同配方设计要求，得到组成不同的成胶液，并分别测试其成胶时间、耐温耐盐性以及封堵性能。

1.3.1　成胶时间的测定

取 20mL 成胶液注入安瓿瓶中，熔烧密封后放置于 126℃恒温箱，每隔一段时间取出观察其成胶情况。

1.3.2　耐温耐盐性的测定

老化罐内注入堵剂 40mL，高温下成胶后继续注入 20mL 尕斯 E31 油藏注入水，然后继续放置在 126℃条件下，定期取出观察其强度变化，并记录脱水率。

1.3.3　封堵性能的测定

首先用尕斯 $E_3{}^1$油藏注入水采用湿填法得到不同渗透率填砂管岩心，水驱至压力稳定后测注入堵剂之前的渗透率 K0；再注入 0.1PV 的清水段塞；反向注入 0.3PV 的堵剂；并再次反向注入 0.1PV 的清水段塞；然后将填砂管岩心放置在 126℃下恒温 24h，堵剂成胶后用模拟水驱测定堵后渗透率 K1，计算封堵率。

2　结果与分析

2.1　四元聚合物聚合条件筛选

选用水溶液聚合方式，设计了 6 因素 5 水平正交试验，系统研究单体的质量浓度、引发剂浓度、V50/KPS 的比例、引发温度、pH 值、单体比例对聚合物性能的影响。选用 25℃时 500mg/L 的聚合物溶液在 6r/min 剪切速率下的表观黏度衡量其性能。结果见表 1。

表 1　$L_{25}(5^6)$正交因素水平表

	A	B	C	D	E	F
水平	单体浓度	引发剂浓度	V50：KPS	温度	pH	AM：AMPS：DMC：NVP
1	15%	0.3%	1：0	45℃	6	15：2：2：1
2	20%	0.25%	1：1	40℃	8	12：5：2：1
3	25%	0.2%	1：2	30℃	5	10：7：2：1
4	30%	0.15%	2：1	50℃	7	8：9：2：1
5	40%	0.1%	1：3	60℃	9	6：11：2：1

通过表 1 可知，最适宜聚合条件为溶液中 V50/KPS 比例为 2：1，引发剂浓度 0.1%，单体浓度为 30%，引发温度为 45℃下反应，AM：AMPS：DMC：NVP 质量比为 10：7：2：1，体系 pH 值为 8。

2.2　四元聚合物结构表征

采用红外光谱仪、核磁共振波谱仪、元素测定仪定性分析所得聚合物的分子结构，结果见图 2、图 3、表 2。

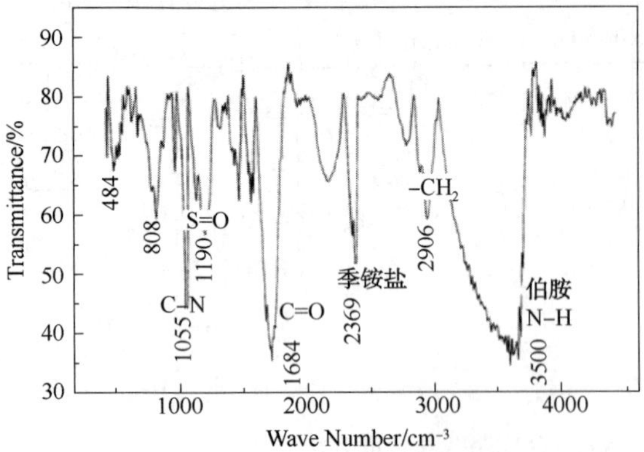

图2　红外光谱图

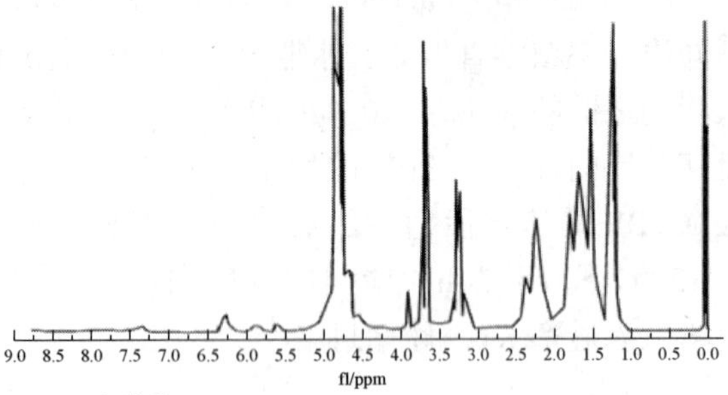

NVP氢位移：δ=8.38、δ=6.57、δ=6.91、δ=7.64
AMPS($-CH_2$、$-CH_3$)氢位移：δ=4.24、δ=4.68、δ=1.34
DMC($-CH_3$)氢位移：δ=1.94、δ=3.60

图3　核磁氢谱图

表2　聚合物元素分析结果

元素	Wt%	At%
C	43.61	59.72
N	9.78	10.05
O	10.36	12.17
Na	1.12	0.80
S	19.65	10.08
Cl	15.48	7.18

对合成的四元聚合物进行红外光谱测试，结果见图2。在所得聚合物的红外光谱中发现了所需的官能团。进一步对合成的四元聚合物进行核磁氢谱测试，结果见图3。发现聚合物氢的化学位移符合聚合物分子结构特征，证明合成了所需的四元聚合物。对聚合物进行元素分析，结果见表2。聚合物中C、N、O、S的质量分数和原子分数所占比例与预计合成单体各元素所占比例误差≤5%，元素分析结果证明所合成的聚合物为所需的目标产物。

2.3　四元聚合物耐温抗盐性能评价

聚合物在高温高盐油藏中不适用的主要原因是粘度下降，因此黏度是考察聚合物的主要条件。分别将聚合物用模拟地层水配制质量分数为0.6%的聚合物溶液，并在126℃恒温干燥箱中养护6h、12h、24h、2d、3d、5d、7d、10d，用Brookfield黏度计测其黏度，并计算其黏度保留率。

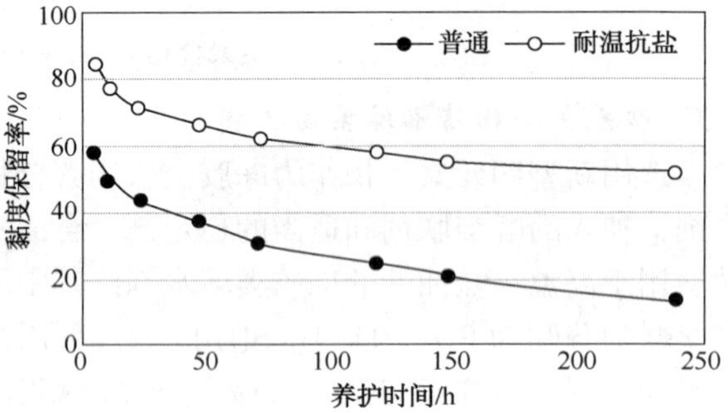

图4　126℃下黏度保留率

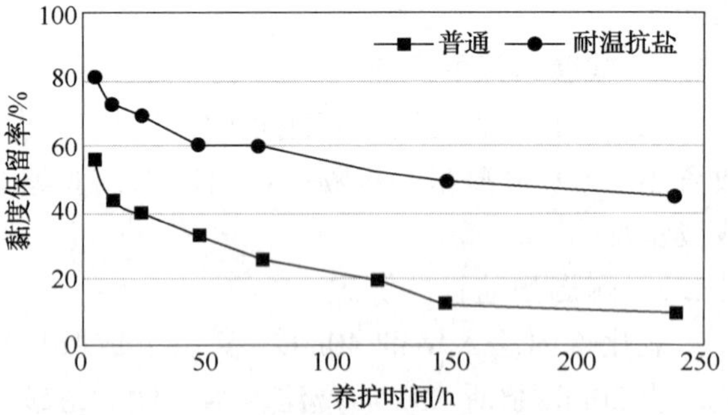

图5　126℃下黏度保留率

从图4、图5可知：从矿化度131192.45mg/L到213044.49mg/L的地层条件下，随着高温养护时间的增加，聚合物黏度保留率降低。相同条件下，耐温抗盐单体共聚聚合物比普通聚合物的黏度保留率高30%，具有良好的耐温抗盐性能。

2.4　四元聚合物堵水体系配方筛选

2.4.1　聚合物浓度筛选

耐温耐盐聚合物是堵水剂的主体，其质量分数直接关系到堵剂的成胶性能。固定交联剂、助剂、除氧剂的质量分数分别为0.45%、0.2%、0.2%，使用清水配制不同浓度的聚合物，密封放置于126℃恒温箱中观察堵剂成胶性能，实验结果如表3、图6所示。

表 3　聚合物质量分数的影响表

浓度/%	交联剂/%	除氧剂/%	成胶时间/h	成胶强度	稳定性(破胶)
0.4	0.45	0.2	25	E	60 天
0.5			15	F	75 天
0.6			13	G	150 天
0.8			11	G	120 天

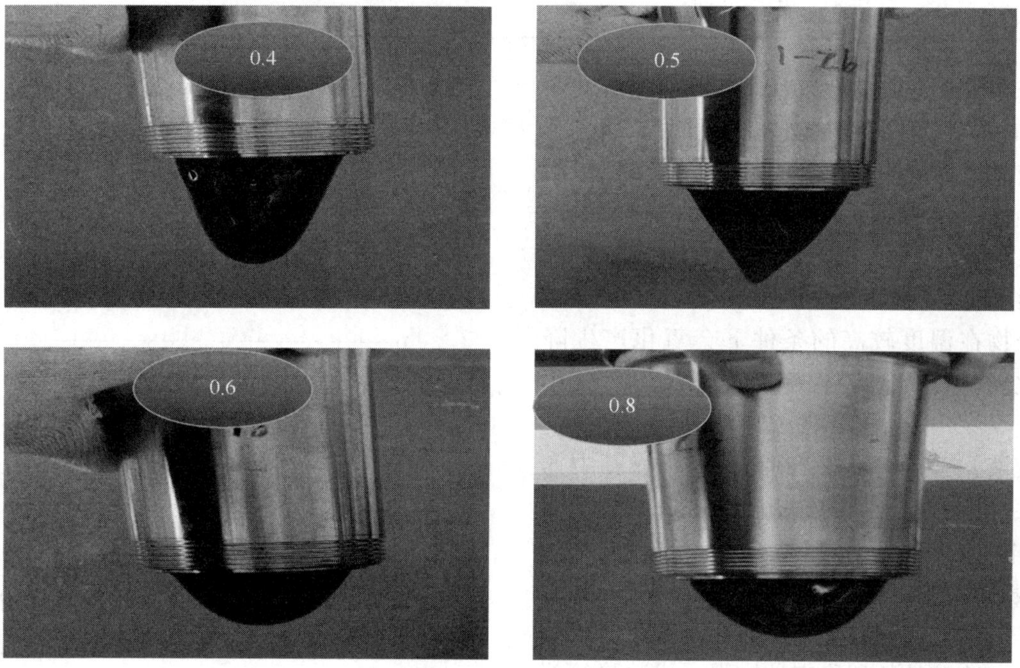

图 6　不同聚合物浓度的冻胶老化 126℃，15 天的成胶效果图

从表 3 和图 6 可知，聚合物浓度增大，交联点增多，成胶时间缩短，稳定性增强。聚合物浓度为 0.6%时，交联形成流动性较好的冻胶，成胶时间 13h，可以稳定 100 天。聚合物浓度继续增加，冻胶的成胶时间继续缩短，但是冻胶的长期稳定性没有明显增加。考虑聚合物用量会增大成本，综合考虑选取聚合物的使用浓度为 0.6%。

2.4.2　交联剂浓度筛选

交联剂为冻胶的空间网状结构提供了足够的交联点。使用清水配制 0.6%聚合物溶液，加入 0.2%助剂，0.2%除氧剂配制成胶液，密封放置在 126℃恒温干燥箱中养护，考察加入不同用量的交联剂对冻胶成胶性能的影响(图 7)。

从图 7 可知，交联剂浓度增加，冻胶的成胶时间缩短，成胶稳定性先增大后减小。当交联剂浓度偏低时，提供的交联点数量不足，聚合物分子中的$-CONH_2$与酚醛树脂预聚体中的$-CH_2OH$不能充分反应，形成的空间网状结构疏松；当浓度过高时，发生过交联，造成脱水，强度降低。因此优选交联剂浓度为 0.45%。

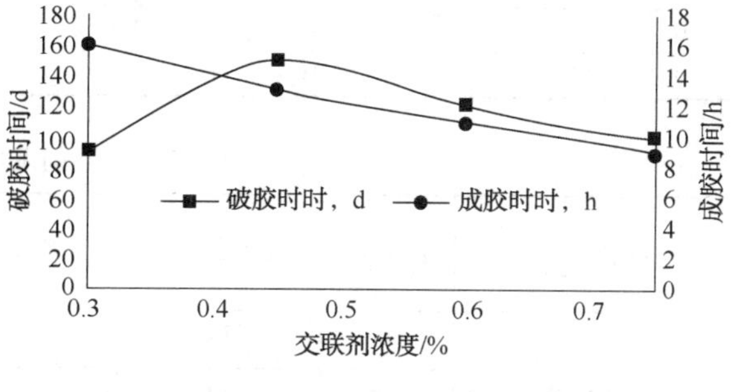

图 7　不同交联剂浓度的影响效果图

2.4.3　助剂浓度筛选

选取成胶强度高，稳定性好的 SD-ZH 作为助剂，实验过程中固定聚合物质量分数为 0.6%，交联剂 0.45%，除氧剂 0.2%，研究不同浓度助剂对冻胶性能的影响(表 4)。

表 4　不同助剂浓度对冻胶性能的影响

浓度/%	成胶时间/h	成胶强度	不同时间脱水率/%				
			30 天	60 天	90 天	120 天	150 天
0.05	16	H	2	8	16	30	–
0.1	13	H	0	6	13	23	30
0.2	10	H	0	0	4	10	15
0.3	8	H	0	0	5	9	14
0.5	15	H	0	5	8	15	20

从表4可知，质量分数<0.3%时，随着助剂浓度增加，冻胶的成胶时间由16h降至8h，有利于冻胶体系的成胶；质量分数>0.3%，过量加速了聚合物的降解，脱水率上升。因此优选助剂浓度为0.2%。

2.4.4　除氧剂浓度筛选

聚合物在温度较高的条件下会氧化产生降解，因此需要向聚合物溶液中加入除氧剂。使用清水配制0.6%聚合物溶液，加入0.45%交联剂配制成胶液，密封放置在126℃恒温干燥箱中养护，考察加入不同用量的除氧剂对冻胶成胶性能的影响(表5，图8)。

从表5和图8可知，随着除氧剂质量分数的增加，冻胶的成胶黏度先增加后减小，而成胶时间未改变，冻胶的长期稳定性增强。优选除氧剂的质量分数为0.2%。

表 5　不同除氧剂浓度对冻胶性能的影响

浓度/%	成胶时间/h	成胶强度	稳定性(破胶)
0	13	H	75 天
0.1	13	H	100 天
0.2	13	H	150 天
0.3	13	H	150 天

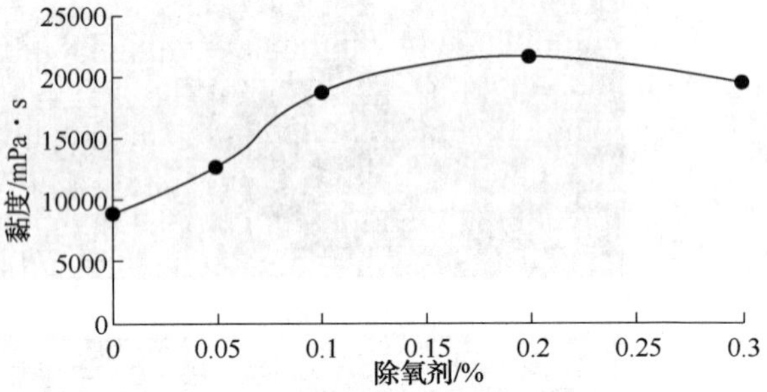

图 8　不同除氧剂浓度的影响效果图

上述实验表明，该体系在126℃条件下性能较好的配方为：0.6%聚合物+0.45%交联剂+0.2%除氧剂+0.2%助剂。

2.5　四元聚合物堵水体系耐温抗盐性能评价

2.5.1　四元聚合物堵水体系耐温性能评价

在高温高盐条件下，冻胶强度与老化时间存在矛盾关系，老化时间越长，冻胶体系就会发生降解、脱水等现象。本实验使用清水配制0.6%的聚合物溶液，分别加入0.45%的交联剂、0.2%除氧剂和0.2%SD-ZH，放入126℃恒温干燥箱中老化。不同温度下冻胶性能的变化见表6。

表 6　不同温度下冻胶性能的变化

冻胶名称	温度/℃	成胶时间/h	成胶强度	不同时间脱水率/%				
				0 天	30 天	60 天	90 天	120 天
研究冻胶	115	16	H	0	0	1	5	9
	126	13	H	0	1	4	9	16
	135	10	H	2	6	15	30	破胶
调研冻胶	126	10	I	0	2	7	—	—

从表6和图9可知，本文筛选出的研究冻胶随着温度的升高，冻胶成胶时间缩短，冻胶稳定性减弱。当温度小于126℃，满足现场需求；当温度大于135℃时，冻胶稳定性急剧下降，这是因为温度升高，加快了分子间的运动，增大了碰撞机率，加快了交联剂的释放速度，导致聚合物大分子链断裂，从而破坏了聚合物冻胶的网状结构，产生脱水，导致冻胶稳定性降低。

图 9　不同老化时间冻胶的脱水变化图

同时对比调研冻胶热稳定性能，由表 6 可知，在温度均为 126℃时，研究冻胶成胶时间(13h)明显长于调研冻胶(10h)，更有利于现场施工；同时，在温度 126℃，30 天研究冻胶的脱水率 1%，调研冻胶的脱水率 2%；60 天时研究冻胶脱水率 4%，调研冻胶的脱水率 7%，研究冻胶的脱水率低于调研冻胶，研究冻胶热稳定性能明显优于调研冻胶。

2.5.2　四元聚合物堵水体系抗盐性能评价

为了评价冻胶在高温高盐油藏中的稳定性，采用静态模拟法，即在老化罐中将成胶后的冻胶浸泡于高矿化度地层水中，重新密封后置于126℃高温环境，考察冻胶的耐温耐盐性能，实验结果如表 7 和图 13 所示。

表 7　不同配方下冻胶脱水率的变化

冻胶名称	配方	不同时间的脱水率/%		
		10 天	30 天	60 天
研究冻胶	清水配液	0	2	6
	清水配液+注入水	1	3.8	9
调研冻胶	清水配液+注入水	1	4	10

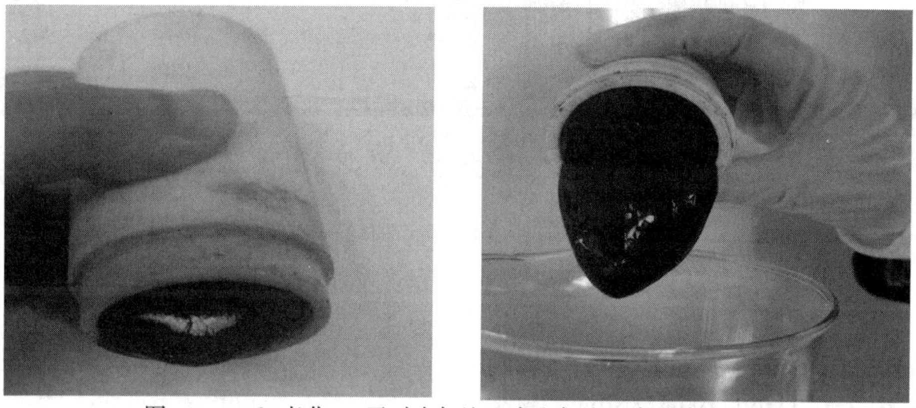

图 10　126℃老化 10 天时未加注入水和加注入水的冻胶状态

从表 7 和图 10 可知，本文筛选出的研究冻胶在高温高盐环境下放置 60 天会陆续出现少量脱水现象，高矿化度对冻胶产生了一定影响，但体积保留率仍达到 90%以上，且保持较好的整体性，显示出较好的耐温抗盐性能。

同时对比调研冻胶耐盐性能，由表 7 可知，在相同配液方式下(清水配液+注入水)，研究冻胶与调研冻胶的脱水率在 10 天、30 天时的差异不大，分别为 3.8%、4%；在 60 天时，研究冻胶脱水率小于调研冻胶，分别为 9%、10%。由此可知，研究冻胶耐盐性能优于调研冻胶。

2.6　四元聚合物堵水体系封堵性能评价

采用填砂管岩心，将 1pv 凝胶液注入三根渗透率相近的岩心管中，考察冻胶的封堵率，评价冻胶在高温高盐环境中的封堵能力。实验结果如表 8 所示。

表 8　冻胶封堵实验效果

冻胶名称	填砂管编号	孔隙度/%	注剂前渗透率/($\times10^{-3}\mu m^2$)	注剂后渗透率/($\times10^{-3}\mu m^2$)	封堵率/%
研究冻胶	1	22.06	450	20.6	95.7
	2	21.25	485	16.9	96.3
	3	24.06	599	10.8	98.2
调研冻胶	1#	——	224	12.8	94.3
	2#	——	653	41.8	93.6

从表 8 可知，本文筛选出的研究冻胶对高温高盐地层具有较强的封堵能力，对高于 $450 \times 10^{-3} \mu m^2$以上的渗透率封堵效果明显，封堵率大于 95%。渗透率越大，封堵效果越明显，说明聚合物胶液容易进入高渗透层。同时对比调研冻胶封堵性能，调研冻胶的封堵率最佳为 94.3%，研究冻胶最佳封堵率可达 98.2%，优于调研冻胶。

2.7　四元聚合物堵水体系现场应用效果

2023 年在青海油田采油一厂 Y1 井利用该四元聚合物堵水体系开展堵水现场实验。

Y1 井，于 2002 年 12 月射开小层Ⅲ-4、4、6、7 投产，初期日产液 42t，日产油 15.8t，含水 62.4%；目前该井日产液 7.9t，日产油 0.08t，含水 99%。堵水设计中主段塞采用弱温控凝胶+强温控凝胶+强冻胶三段式设计，以达到有效控制水流优势通道的目的。

现场施工过程中累计注剂 530m³，施工最高压力达到 38MPa，爬坡压力 6MPa，堵水后压降曲线明显减缓，证明优势通道得到有效封堵。目前，Y1 井投产后生产保持稳定，产液量由 44m³下降至 6.23m³，含水由 99%下降至 81%，日产油由 0.07t 上升为 0.85t，效果显著，降水增油效果显著。Y1 井生产曲线如图 11 所示。

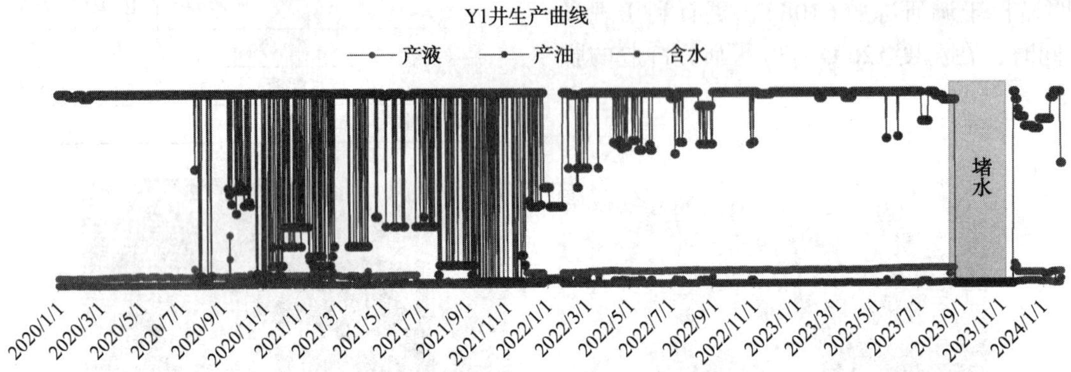

图 11　Y1 井生产曲线

3　结论

（1）以 AM、AMPS、DMC 和 NVP 为原料制备四元聚合物 P(AM-AMPS-DMC-NVP)。制备条件：V50/KPS 比例为 2∶1，引发剂浓度 0.1%，单体浓度为 30%，引发温度为 45℃下反应，AM∶AMPS∶DMC∶NVP 质量比为 10∶7∶2∶1，体系 pH 值为 8。红外、核磁、元素分析结果表明产物为所设计的共聚物。

（2）合成了一种由耐温抗盐聚合物、酚醛交联剂、助剂及除氧剂组成的耐温抗盐堵水体系。通过室内静态评价实验，优化了 126℃下配方：0.6%聚合物+0.45%交联剂+0.2%除氧剂+0.2%助剂。

（3）室内性能评价结果表明，该冻胶体系在高温高盐条件下，封堵率可达 98.2%，老化 60 天后体系脱水率率可达 90%，耐温抗盐性能较好，各项性能好于国内目前使用的冻胶体系，可以满足高温高盐油藏现场应用的需求。

（4）现场开展了 1 井次的堵水现场试验。Y1 含水由堵水前的 99%下降到 81%，日产油由堵水前的 0.07t 增加到 0.85t，降水增油效果显著。

参　考　文　献

[1] 刘献东，王兴宏，何桂，等．区块整体深部调剖技术在尕斯油田 E31 油藏的应用[J]．青海石油，2007，(2)：79-84.

[2] 孙金声，白英睿，程荣超，等．裂缝性恶性井漏地层堵漏技术研究进展与展望[J]．石油勘探与开发，2021，48(3)：630-638.

[3] 熊春明，唐孝芬．国内外堵水调剖技术最新进展及发展趋势[J]．石油勘探与开发，2007，34(1)：83-88.

[4] ZHU H J，ZHAN D X，LUO J H，et al. Technologies of waterand gas shutoff in horizontal wells：An overview [J]. Oilfield Chemistry，2004，21(1)：85-96.

[5] 刘强，朱卓岩，薛俊杰，等．水平井用耐高温堵剂的制备及性能评价[J]．油田化学，2017，34(4)：617-621.

[6] 王俊，王为，李翠勤，等．一种新型耐高温堵水剂的研制及性能评价[J]．化学与生物工程，2010，27(12)：76-79.

[7] MICHAEL F M, KRISHNAN M R, ALSOUGHAYER S, et al. Thermo-elastic and self-healing polyacrylamide -2D nanofiller composite hydrogels for water shutoff treatment[J]. Journal of Petroleum Science and Engineering, 2020, 193: 107391.

[8] Gu C, Lv Y, Fan X, et al. Study on rheology and microstructure of phenolic resin cross-linked nonionic polyacrylamide (NPAM) gel for profile control and water shutoff treatments [J]. Journal of Petroleum Science & Engineering, 2018, 169(1): 546-552.

[9] Muntasheri G A, Hussein I A, Nasr-El-Din H A, et al. Viscoelastic properties of a high temperature cross-linked water shut-off polymeric gel[J]. Journal of Petroleum Science & Engineering, 2007, 55(1-2): 56-66.

[10] 安维丹. 新型化学堵水剂研发及实验性能评价[J]. 云南化工, 2018, 45(7): 22-23.

[11] 张超, 张亚楠, 饶冬冬, 陈永强, 卢旭东, 吕法阳. 新型选择性堵水剂的合成及性能评价[J]. 现代化工, 2023, 43(S1): 200-204.

[12] 张亚楠, 张荣军, 张超, 林鹏, 丁乾申. 新型延迟交联堵水剂体系的制备及性能评价[J]. 应用化工, 2023, 52(07): 2080-2083.

[13] 徐国瑞, 郐婧文, 代磊阳, 杨航, 苏程, 徐谦. 缓交联高强度封堵剂研究进展[J]. 精细石油化工, 2024, 41(01): 76-78.

英东油田本源采油功能菌 YD1 对不同性质原油的降黏效果评价及应用

韩春春　杨建轩　魏晓霞　孙培耀　星战龙

（中国石油青海油田公司）

摘　要　原油在采出过程中，由于压力、温度等因素的影响，其中重质组分从原油中析出来，给原油的开采和运输带来了很多问题，最终导致原油的采收率降低，原油的采出程度底，极大的降低了原油开采的经济效益。从油藏内部油水样中分离出来的本源采油功能菌作为一种能够有效降解、乳化原油的微生物，同时能够快速适应油藏环境受到了大家欢迎，但是同一采油功能菌对不同原油的作用效果存在较大的差异。利用青海油田英东油藏中的本源微生物群落进行筛选，分离出能适应青海油田高矿化度条件又能有效解降解或乳化原油的采油功能菌 YD1。针对筛选分离出来的 YD1 菌株，采用三种不同黏度的原油为碳源，开展原油降黏实验评价，确定 YD1 菌株对不同原油的降黏效果及该菌株适用的油藏。室内实验结果表明：YD1 菌株在不同黏度的原油为碳源的条件下培养，YD1 菌株对不同黏度的原油都具有一定降黏效果，但其对不同黏度原油的降黏效果差异较大。同一性质的原油，在不同温度下的降黏效果差异不大。在 30℃以及 35℃条件下，YD1 菌株对 1 号原油的降黏率分别为 90.37%、94.47%，对 2 号原油的降黏率 58.76%、68.08%，对 3 号原油的降黏率在 49.79%、39.35%。原油的黏度越高，YD1 菌株对其降黏率越高，原油黏度越低，降黏率越低。现场应用有明显的增油及延长洗井周期的效果。

关键词　YD1；原油；降黏；菌株

目前石油行业新增石油地质储量越来越困难，面临开采的油藏品质越来越差，常规石油开采技术一般只能采出石油可采储量 30%～50%。如何进一步提高采收率，一直是困扰着全世界石油工作者的挑战性难题，而微生物采油正是这挑战性难题中极具特色的一项。微生物采油技术（microbial enhanced oilrecovery，以下简称 MEOR）是一项利用微生物及代谢产物来提高原油产量和采收率的综合技术，与其他三次采油技术相比，MEOR 具有适用范围广、工艺简单、投资少、见效快、功能多、费用低、不损伤油层和无污染等优点。MEOR 将现代生物技术开拓性的应用在采油工程领域，对于中高含水和近枯竭的老油田来说是目前最具发展前景的一项提高原油采收率技术。

英东油田位于青海省柴达木盆地西部茫崖坳陷区英雄岭冲断隆起带南缘油砂山-大乌斯构造带，油砂山大断裂东段的上盘，北邻油砂山油田，西邻尕斯库勒油田，南接乌南油田，油田受断裂的控制呈北西向展布。根据油藏精细构造解释成果，英东油田整体为一纵向叠置的复杂断块层状构造油藏，构造南北翼均较陡，南翼陡带较窄，次级断层发育，北翼分两部分，由陡到缓。各个断块被次级断层分割而复杂化，构造形态存在较大差异，主要为断背斜及断鼻构造圈闭。

英东油田原油样品含水率低，所采集的原油多数为油包水状态。原油黏度均随温度升高而降低。当温度高于 40℃时，原油黏度变化较小，当温度低于 40℃时，随着温度降低，原油黏度急剧增加。不同井位原油的碳数分布状况基本一致，碳数大于 16 的组分含量较高。原油中机械杂质含量较高，平均 27.73%，最高达 48.50%。这些数据揭示了英东油田油井结蜡主要是由于其含水率低、采出过程中脱气严重、碳数较高、不溶性物质含量高等多种因素协调作用所引起的。

1　实验目的

从青海油田英东油藏中分离出来的 YD1 菌株在 LB 培养基的培养下，菌液 E24 值能达到 100%，菌液的表面张力 26.3mN/m，说明该菌株产表活剂性能非常好，有应用于现场提高采收率的潜力。用不同黏度的原油作为营养物质对该菌株进行培养，测定该菌株对不同黏度原油的降黏效果，评价该菌株对不同黏度原油的降黏效果，确定该菌株的最佳应用油藏。

2　实验器材

2.1　试验器材

高压灭菌锅、超净工作台、恒温培养箱、250ml 锥形瓶、流变仪、天平、除菌过滤器

2.2　试验药品

培养基 P2：葡萄糖 30g　蛋白胨 7g　酵母粉 3g　磷酸氢二钾 .3 水 2.62g　磷酸氢二钾 1g　硫酸镁 .7 水 0.1g　氯化钠 20g 硝酸钠 4.5g

2.3　试验菌株

YD1 菌株

3　实验方法

3.1　株菌复活

配置液体 LB 培养基灭菌备用，在无菌环境下，LB 培养基中加入 2% YD1 菌种，37℃下、120 转培养 4 天，确保菌液浓度在 107 以上，培养好的菌液至于 4℃的冰箱内备用。

3.2　微生物与原油作用

分别配置 P2 培养基，装入 250ml 锥形瓶内，灭菌备用。250ml 的锥形瓶装去离子水灭菌备用。在 P2 培养基中加入 25%的 YD1 菌株，加入 40%的原油，在灭菌的去离子水中加入 40%的原油(空白对照样)。将上述锥形瓶均放入恒温震荡器中，在 37℃下、180 转的条件下培养 7 天。

3.3　测原油黏度

用流变仪测量微生物作用前后原油黏度，分别测量不同培养基培养后的原油以及空白对照样的原油黏度，测试数值为 30℃、35℃以及 20~50℃变温条件下的原油黏度。

4　实验结果与分析

图 1 显示：1 号原油在 30℃下，原始原油的黏度大约在 15000mPa·s 左右，微生物作业后的原油黏度在 1200mPa·s，原油黏度降低了约 13800mPa·s。说明微生物 YD1 能有效降低 1 号原油黏度，且降黏效果非常好。

图 2 显示：1 号原油在 35℃下，原始原油的黏度大约在 5500mPa·s 左右，微生物作业后的原油黏度在 300mPa·s，原油黏度降低了约 5200mPa·s。说明微生物 YD1 能有效降低 1 号原油黏度，且降黏效果非常好。

图 3 显示：1 号原油在 20−50℃变温条件下，原始原油的黏度明显大于微生物作业后的原油黏度。说明微生物 YD1 能有效降低 1 号原油黏度。

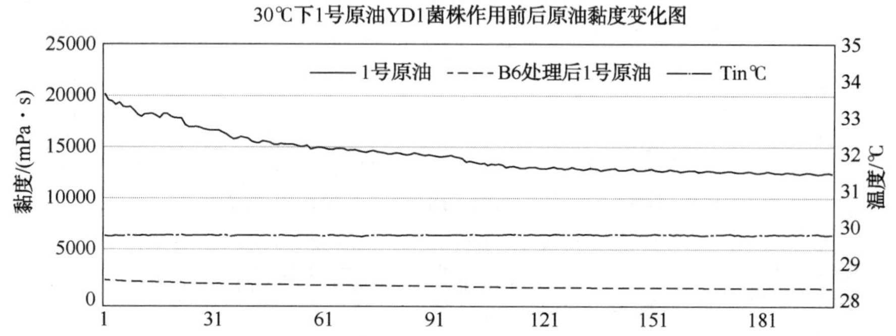

图 1　30℃下 YD1 菌株作用前后 1 号原油黏度变化图

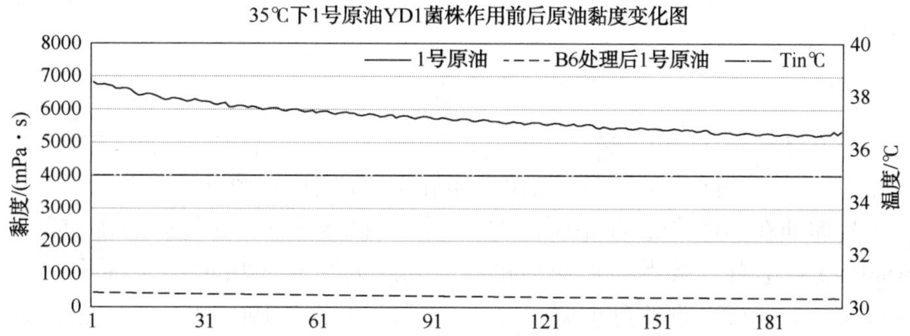

图 2　35℃下 YD1 菌株作用前后 1 号原油黏度变化图

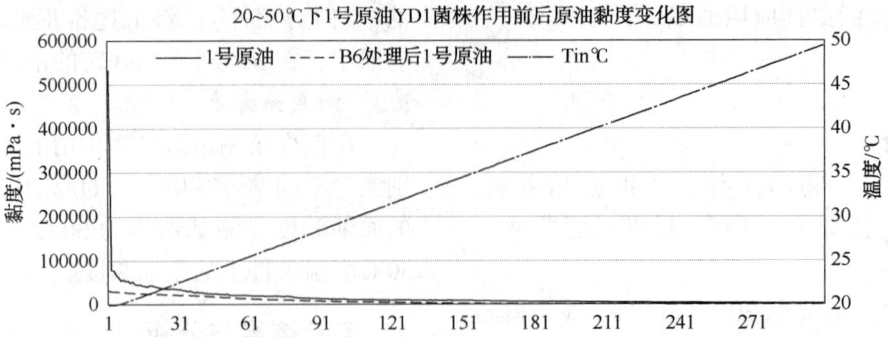

图 3　20-50℃下 YD1 菌株作用前后 1 号原油黏度变化图

图 1、图 2、图 3 说明无论是在恒温条件下还是变温条件下，微生物 YD1 都能有效降低 1 号原油黏度。

图 4 显示：2 号原油在 30℃下，原始原油的黏度大约在 960mPa · s 左右，微生物作业后的原油黏度在 320mPa · s，原油黏度降低了约 6400mPa · s。说明微生物 YD1 能有效降低 2 号原油黏度，且降黏效果比较好。

图 5 显示：2 号原油在 35℃下，原始原油的黏度大约在 320mPa · s 左右，微生物作业后的原油黏度在 100mPa · s，原油黏度降低了约 220mPa · s。说明微生物 YD1 能有效降低 2 号原油黏度，且降黏效果比较好。

图 6 显示：2 号原油在 20-50℃变温条件下，原始原油的黏度明显大于微生物作业后的原油黏度。说明微生物 YD1 能有效降低 2 号原油黏度。

图 4、图 5、图 6 说明无论是在恒温条件下还是变温条件下，微生物 YD1 都能有效降低 2 号原油黏度。

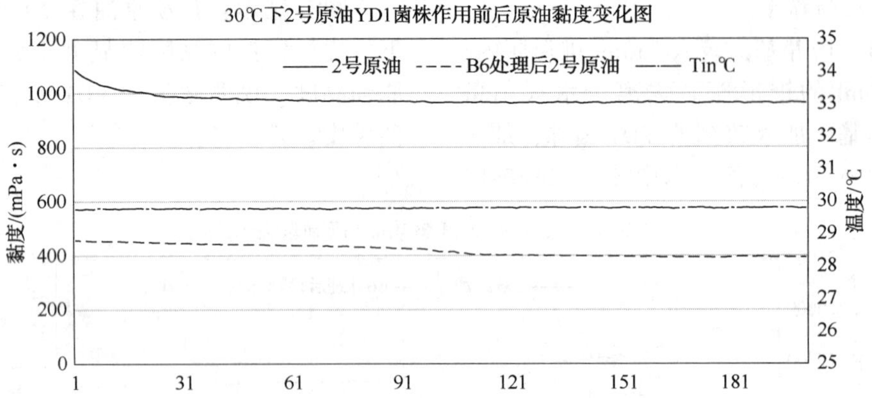

图 4　30℃下 YD1 菌株作用前后 2 号原油黏度变化图

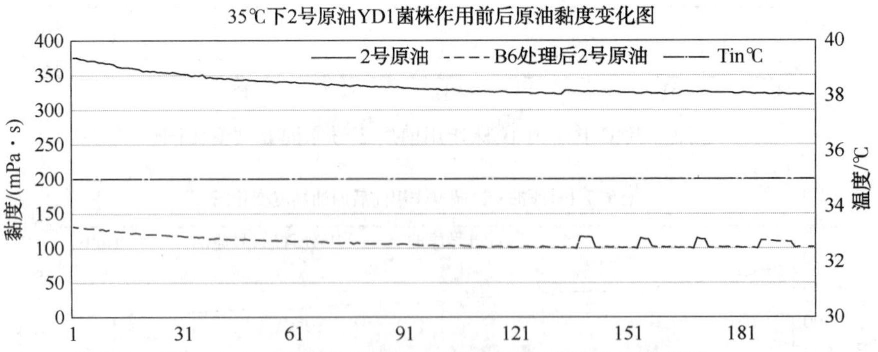

图 5　35℃下 YD1 菌株作用前后 2 号原油黏度变化图

图 7 显示：3 号原油在 30℃下，原始原油的黏度大约在 480mPa · s 左右，微生物作业后的原油黏度在 260mPa · s 左右，原油黏度降低了约 220mPa · s。说明微生物 YD1 能降低 3 号原油黏度，且降黏效果比较好。

图 8 显示：3 号原油在 35℃下，原始原油的黏度大约在 320mPa · s 左右，微生物作业后的原油黏度在 190mPa · s 左右，原油黏度降低了约 130mPa · s。说明微生物 YD1 能降低 3 号原油黏度，且降黏效果比较好。

图9显示：2号原油在20-50℃变温条件下，原始原油的黏度明显大于微生物作业后的原油黏

度。说明微生物YD1能有效降低3号原油黏度。

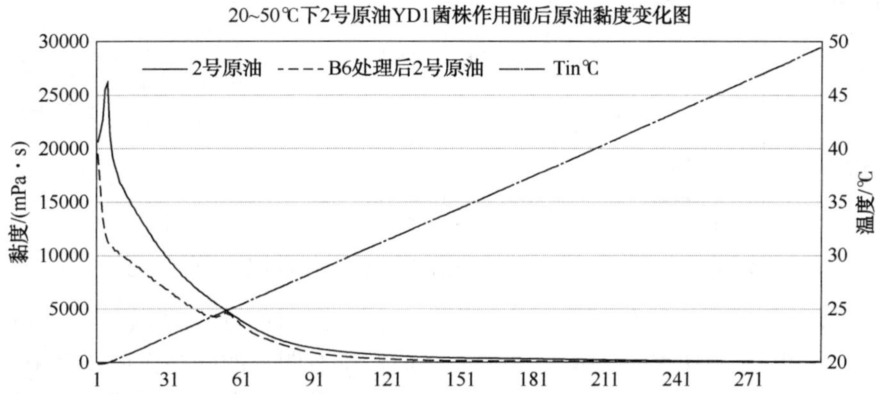

图6　20-50℃下YD1菌株作用前后2号原油黏度变化图

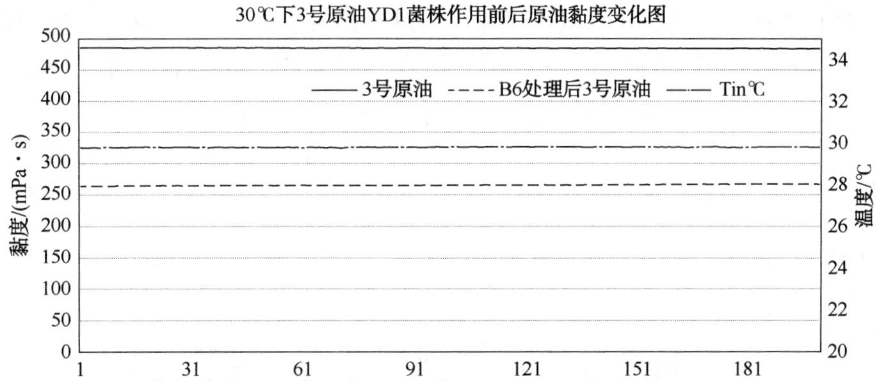

图7　30℃下YD1菌株作用前后3号原油黏度变化图

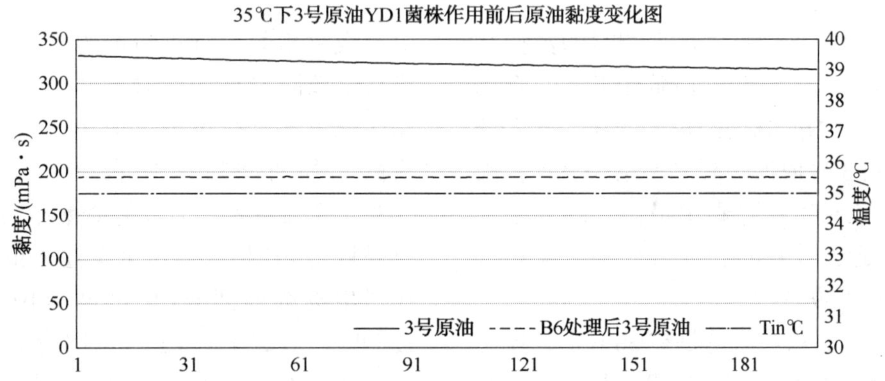

图8　35℃下YD1菌株作用前后3号原油黏度变化图

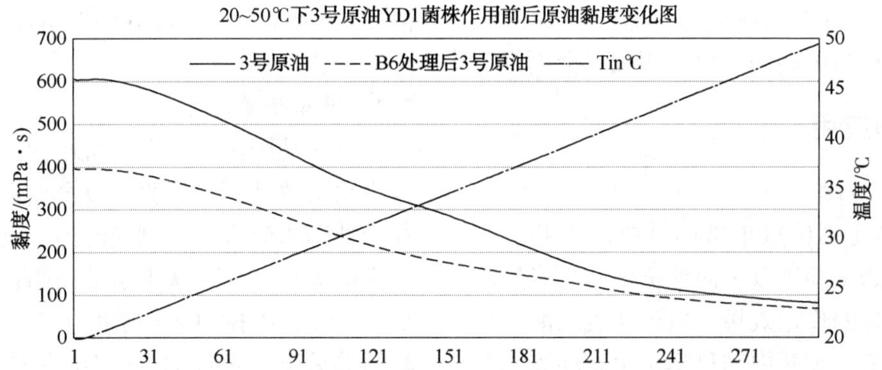

图9　20-50℃下YD1菌株作用前后3号原油黏度变化图

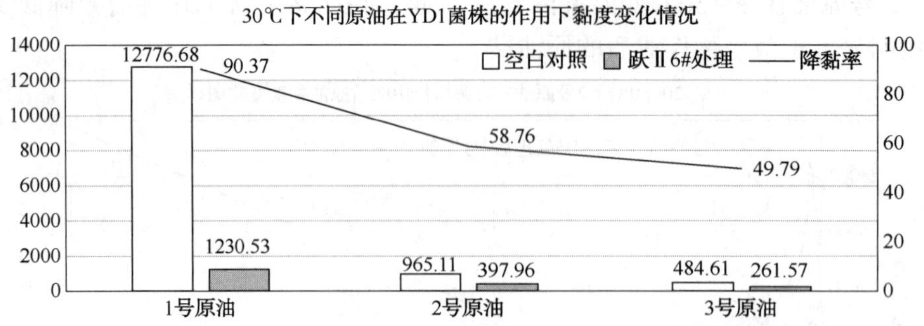

图10 不同原油在YD1菌株作用前后黏度变化及降黏率图(30℃下)

图7、图8、图9说明无论是在恒温条件下还是变温条件下，微生物YD1都能有效降低2号原油黏度。

图10显示：本文所实验使用的三种原油黏度差异较大，其中1号原油黏度最高，其次是2号原油黏度较高，3号原油黏度最低。在30℃的条件下测得的数据显示，微生物YD1对这三种原油都有明显的降黏作用，其中1号原油的黏度降低最明显，其次分别是2号原油和3号原油。降黏率结果显示：微生物YD1对1号原油的降黏率最高，降黏率为90.37%，其次是2号原油和3号原油，降黏率分别为58.76%和49.79%。

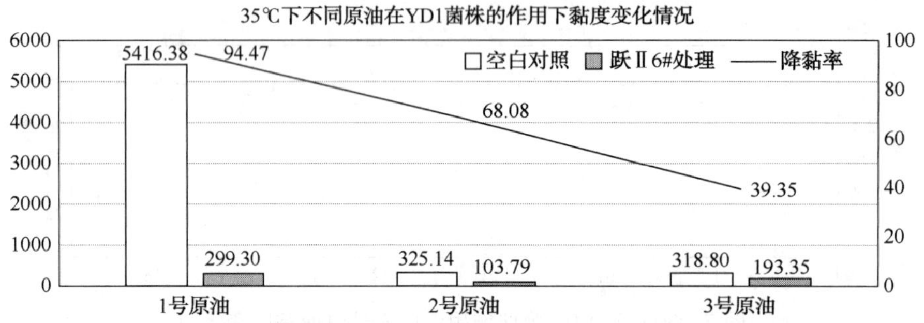

图11 不同原油在YD1菌株作用前后黏度变化及降黏率图(35℃下)

图11显示：在35℃的条件下测得的数据显示，微生物YD1对这三种原油都有明显的降黏作用，其中1号原油的黏度降低最明显，其次分别是2号原油和3号原油。降黏率结果显示：微生物YD1对1号原油的降黏率最高，降黏率为94.47%，其次是2号原油和3号原油，降黏率分别为68.08%和39.35%。

图10、图11显示：无论是在30℃下，还是在35℃下，原油的原始黏度越高，微生物YD1对其降黏效果越明显，降黏率越高。这可能是由于微生物YD1在降解长碳链方面效果较好的原因。YD1菌株在黏度高的油藏应用效果会更好。

5 YD1现场应用

5.1 微生物清防蜡

优选21口功图传输正常的结蜡严重井，开展微生物清防蜡试验，以全面评价微生物清防蜡菌液对结蜡油井的作用效果。应用从英东油田筛选出来的本源菌，委托中国科学院生态环境研究中心发酵培养后对所筛选的21口结蜡严重油井进行了清防蜡现场试验。这21口井作业前均采用热洗方式进行维护，洗井周期45天。其中本次微生物清防蜡作业单井使用菌液0.5t，按50%浓度稀释后，加入葡萄糖作为营养剂，使用烧碱调整pH值，通过泵车注入油套环空内，共用微生物浓缩菌液(菌浓度≥10^8)12t，葡萄糖1250kg，氢氧化钠100kg，用清水稀释。

2023年微生物清防蜡23井次，其中13口井有增油效果，累计增油1277.92t，平均单井增油率12.85%，平均洗井周期由原来的45天延长至90天。

5.2 微生物单井吞吐

优选功图传输正常，有增油潜力的井，开展微生物清单井吞吐试验，以全面评价微生物菌液在增油降水改善油井供液能力，延长洗井周期等方面的效果。应用从英东油田筛选出来的本源菌YD1、B6，委托中国科学院生态环境研究中心发酵培养后对所筛选的15口油井进行了微生物单井吞吐现场试验。作业前均采用热水方式洗井，排液完成后加注浓度为 25% 的微生物采油菌剂，采用从油套环空注入的方式，不动井筒内生产管杆柱，注入排量控制在 0.2～0.3m^3/min，注入压力控制在 20MPa 以内。本次微生物单井吞吐共用微生物菌液（菌浓度 ≥ 10^8）131t，葡萄糖 23.6t，氢氧化钠 1075kg，用清水稀释。

主要依据油井作业前后产量、含水、示功图中载荷及面积变化情况来判定微生物单井吞吐是否有效。微生物单井吞吐 15 口井累计增油 3046.6t，平均单井增油率 67.58%，平均洗井周期延长至 100 天，目前还有 4 口井在有效期内。

6　结论

（1）无论是在恒温条件下还是变温条件下，微生物 YD1 都能有效降低 1、2、3 号原油的黏度。

（2）无论是在 30℃ 下，还是在 35℃ 下，原油的原始黏度越高，微生物 YD1 对其降黏效果越明显，降黏率越高。

（3）YD1 菌株在英东油藏现场开展微生物清防蜡实验，延长洗井周期 45 天，同时具有明显的增油效果。

（4）YD1 菌株在英东油藏现场开展微生物单井吞吐实验，平均单井增油率 67.58%，增油效果明显，同时延长洗井周期 55 天。

（5）采油功能菌 YD1 适合现场推广应用。

参　考　文　献

[1] 伍晓林，等．大庆油田微生物采油现场试验进展[J]．微生物学通报，2013：40(8)：1481.

[2] 周玲革，等．青海油田微生物采油技术研究[J]．生物技术，2004.14(6)：58.

[3] 徐登霆，苏俊杰，王静，等．微生物防蜡技术在小营油田的应用[J]．石油天然气学报，2009，31(03)：309-3110.

[4] 于洋，刘琦，彭勃，等．微生物降解稠油中沥青质的研究进展[J]．化工进展，2021，40(03)：1574-1585.

渤海油田一体化开发理念研究与实践

朱梦影　胡　勇　杜　娟　贾　雍　杨　锁

[中海石油(中国)有限公司天津分公司]

摘　要　随着渤海整装油田的减少，为应对渤海油田产能的持续性接替，迫切需要加速储量向产量的转化速度。随着渤海油田不断开发，复杂性与不确定性不断提升，对技术研发、商务运维、生产管理等均提出了更高的要求。管理历程在不同历史背景下不断更迭，从早年“列车式”观念后随着渤海油田挖潜要求的提高，“一体化”的理念得到进一步明确，模糊管理界面，精简逻辑结构，管理团队能力得到进一步提升。到“七年行动计划”的推进和一体化管理需求层级的不断加深，2018 年成立首个全专业“开发项目组”，全面创新管理模式，做实“勘探、开发、设计、建设、生产”全过程一体化管理，为新时代的全面油田开发提供助力。同时，最新的一体化开发理念充分考量国内国际形式的复杂性变化，推动“浅水水下模式”的科研生产一体化项目，提升公司技术自主性，并同时响应国家环保政策，建立绿色低碳企业发展规划。在此过程中，秉持一体化开发理念，立足于前期管理角度，对开发模式、开发方案、资源调度规划进行整体协调，紧跟当前管理学发展方向，以营造良好的效益为发展导向，逐步形成了以“一体化”为核心思想的具有渤海油田特色的开发管理体系，为渤海油气田开发提供一定的借鉴作用。降低了渤海油田开发的储量动用门槛，加大了渤海油田开发建设规模，契合了国家和公司的发展需求，脚踏实地践行了能源安全战略，可以被海洋石油相关领域所借鉴，为即将到来的油田开发高峰贡献力量。

关键词　一体化；开发模式升级；管理创新；开发理念；统筹规划

1　背景介绍

新形势下内外部环境日趋复杂，从公司外部挑战看，国内油气对外依存度高，对公司增储上产提出更高要求。用海状况均面临严峻调整，约91%的海域面积不同程度地受到国防建设、港口锚地、习惯性航路、生态保护区、海洋功能区、海上风电规划等用海相关方的影响，协调难度明显增大，受限探明地质储量达 4.06×10^4t，难以经济有效转化为产能。科技创新领域的大国博弈日益激烈，对公司关键核心技术提出更高要求。“双碳”目标推动中国能源体系发生深刻变革，节能降碳压力巨大。从公司内部挑战看，2025 年渤海油田上产 4000×10^4t。从上产形势上看，油气勘探对象日趋复杂。储量方面：低渗、热采稠油、潜山等复杂类型储量占比 29%，潜在资源量占比 48%，快速建产、经济有效开发难度大。产量方面：油田综合含水达 89%，部分油田递减快(17%~21%)，液量不断增加，局部提液受限，稳产难度大。依托工程设施：整体完善成熟，但局部存在卡堵点，需统筹在产、在建及待发现整体建设、利用，优化提升工程设施效能。在这样的背景下，天津分公司开发部前期项目管理一路迫切需要精益管理模式以适应现在不断完善的法律法规，日趋严格的国家监管，任务艰巨的增储上产任务，以渤海油田高质量发展为目标，以实际行动保障国家能源安全。

2　一体化开发理念的内涵与做法

2.1　开发模式构建与升级创新

2.1.1　边际小油田开发

基于“一条海底管线+一条海底电缆+一座简易平台”的组合形成了依托于一座大型整装油田的开发模式。随着开发技术不断创新突破，针对海管掺水输送需求、化学药剂循环注入或无人平台海管置换等问题，在混输海管的基础上捆绑一条小管径的子管，单独建造一体铺设，在满足需求的同时最大程度上降低工程开发投资，实现“三一”开发模式 2.0 版。

2.1.2　稠油油田开发

(1) 先导试验区开发模式即通过整体试验作业，为后续的大规模稠油油田开发积累经验与工程数据。(2)稠油热采即为通过注入热量，提高油藏温度、降低原油粘度来达到开采的目的，是面向稠油油田的主要开发采收模式，其具备的高地层油藏适用性可对高粘度的稠油及特稠油进行有效采收，极大地拓展了冷采的限制范围，是当前国内外主流的稠油开发模式，且又以蒸汽吞吐应用最为广泛。

2.1.3 综合调整开发

(1) 高含水油气田开发

对渤海油田中高含水期注水开发油田根据采液速度和采油速度的变化分为提液稳产、稳液降产两种开发模式。提液稳产主要通过增加开发井数、改善渗流条件、扩大生产压差等措施实现开采，但带来频繁的升级改造，导致原油成本增加。稳液降产主要是采液速度变化不大，稳产时间较短，涉及的改造少，原油成本增长缓慢，效益较好。

(2) 低渗注气开发

在油田的综合调整流程中低渗油田的压裂与注气开发是保障稳产与上产重要切入点。为实现该目标的有效达成，需建立在以底层实际为基础的管理方法应用方法论的前期管理优化路径，从而实现高效采收目标的顺利达成(图1)。

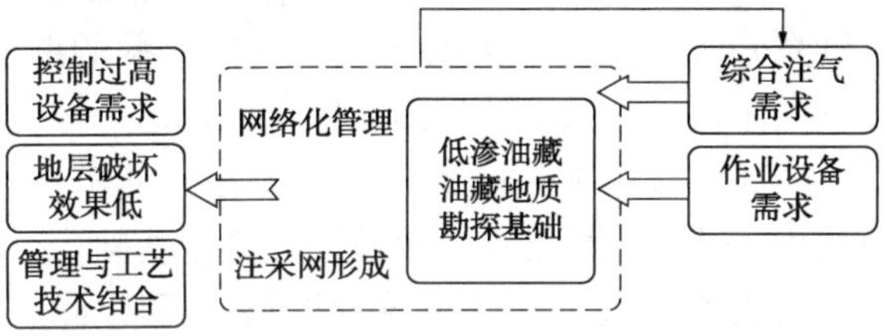

图1 低渗油藏采收前期管理逻辑框架示意图

2.1.4 受限区油田开发

(1) 水下开发模式

水下生产模式主要通过水下布置生产管汇、工艺设备、水下通信控制设施以及海底管道实现，将生产物料输送纸附近设施或陆地进行处理，且可有效规避海上因恶劣天气或海况造成的显著影响、不占据海面生产生活面积空间、能降低对海上或陆地支持系统的依赖，从而令水下生产系统具有长期海洋油气工艺技术发展战略中的重要站位(图2)。

(2) 大位移井开发模式

为解决油藏潜在产能开发与受限区之间的矛盾，渤海油田进行了大位移井大尺寸井眼表层开路预斜技术、高效携岩钻具组合设计等钻完井关键技术的研究与应用，取得了基于整体大位移井技术的受限区油气资源开发的成果。

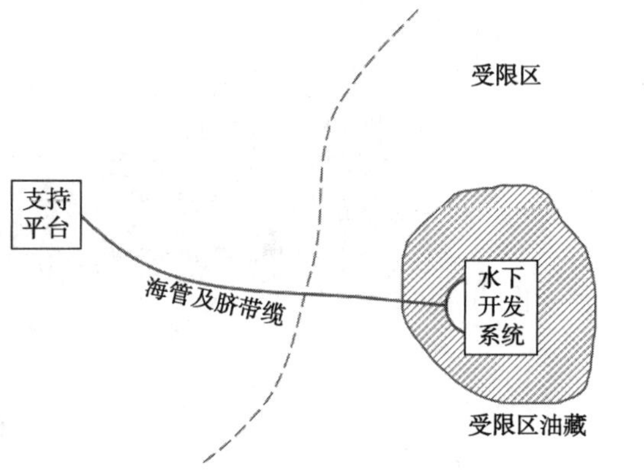

图2 通过水下开发模式进行航道受限区开发示意图

渤海油田大位移井开发模式发展至今，现已通过对井壁稳定、管柱力学、钻井水力学等方面开展深入的综合研究，形成了进一步精确预测安全钻井泥浆密度窗口与井壁稳定周期的数据库技术体系，并建立了更符合油田实际工程条件的水力携岩模型、管柱摩阻扭矩和延伸极限预测模型，对充分挖掘受限区与边际小油田的良好作业模式现于渤海油田作业区域进行推广，对增储上产 4000×10^4t 的战略规划具备一定的推动意义与价值。

2.2 管理模式创新提升项目效益

2.2.1 打破壁垒，形成开发项目组管理理念

随着前期管理的淡化界面与提前介入的管理理念的深入研究，并结合当前工艺技术，继续推动一体化进程，全力协调各部门各环节人力资源，通过成立联合项目组的形式，推动了“勘探开发一体化”，同时推动了“设计建造一体化”与“生产科研一体化”进程，创新管理模式，成立首个全专业“开发项目组”，做实“勘探、开发、设计、建设、生产”全过程一体化，大大提升了项目整体生产力(图3)。

2.2.2 集成管理，力促边际油田“短平快”开发

贯穿于边际小油田整体开发脉络的“滚动式”开发理念是基于一体化发展模式而来，其立足于“开发评价目的及需求”，将开发评价井与开发方案井位设计进行结合，实现评价与开发的有效联动。

集成创新理念主要立足于基于一体化推动形成的采收工艺设备的成本控制。为了保证边际小油田开发成本在可控范围内，应充分围绕依托设施的理念，在新增设施最少的基础上，尽可能最大释放产能(图4)。

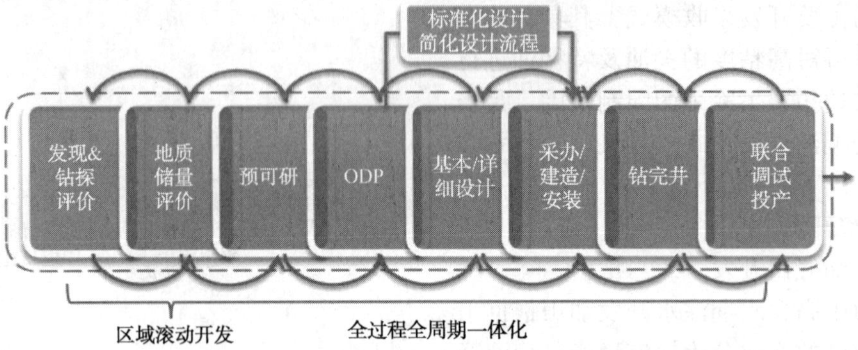

图3　项目全过程周期一体化图

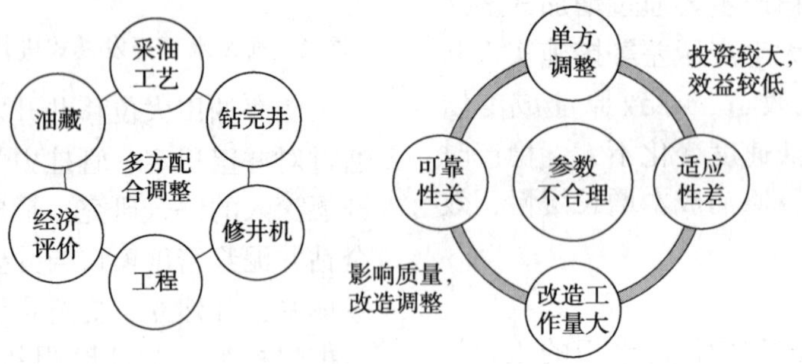

图4　多专业相互制约与集成管理示意图

2.2.3　建立示范工程，充分挖掘稠油油田采收潜力

基于我国陆地稠油热采的相关经验，通过建立先导试验区的方式，依托国家与集团公司重大攻关项目，在开展技术论证与现场实验基础上，首次提出海上采用过热蒸汽锅炉、同心管射流泵+注采一体化管柱等新工艺，提高热采效率约10%、降低操作成本30%以上。

1）常规热采

目前渤海油田主要采用蒸汽吞吐方法进行稠油热采收，在该油田热采作业环节，开发部充分应用一体化管理思路，实现前期作业项目组相关人员充分信息交互，实现针对于目标油藏的勘探开发一体化，并就设计目标实现设计建造一体化，在生产环节应用新型商务模式，充分调动市场活动的积极性，为最终整体效益提升奠定基础。

旅大5-2北油田作业管理思路示意图如图5所示。

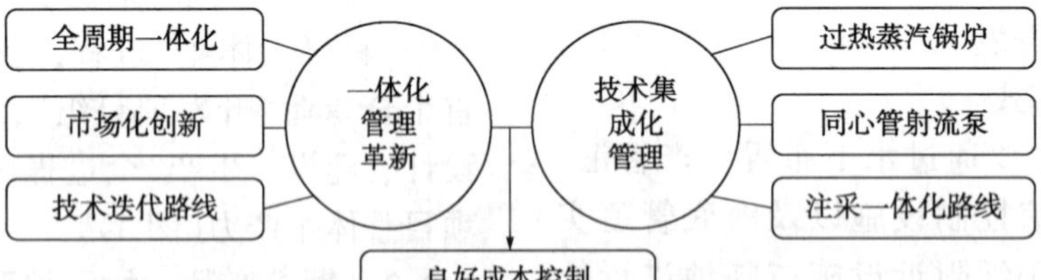

图5　旅大5-2北油田作业管理思路示意图

在旅大5-2北油田Ⅰ期采用“注采一体化管柱”和“过热蒸汽锅炉”等新技术，累计降低了操作费1.17亿元，同时增加了可采储量10×10^4t；通过全面市场化招标，工程和钻完井的5个主要服务合同对应概算节余2.53亿元，平均节余率17%，市场化降本效果明显；旅大5-2北稠油热采“规模试验”方案，桶油成本由100美元/桶降至47美元/桶；“低边稠”有效开发初见成效，系统规模开发在逐步走向胜利。

2）模块化热采

模块化管理思路在前期管理中的设计建造环节中具有独特的设计管理优化空间与建造成本控制优势。通过在前期作业环节中积累的相关作业数据库，形成稠油油藏分类并制订相关采收设备标准，即可通过模块化设计方法针对于目标油藏进行所适用的采收设备的选型性设计，节省了大量的针对性设计的时间成本与作业成本。对经济成本控制要求较高的稠油采收作业中，模块化应用具有较高的应用价值。

稠油热采微观管理结构示意图如图 6 所示。

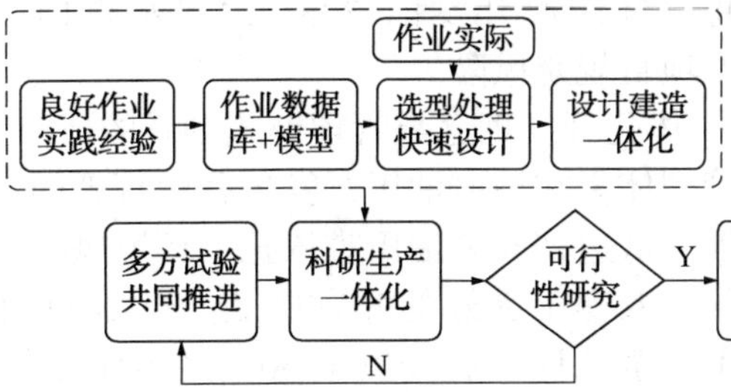

图 6　稠油热采微观管理结构示意图

2.2.4　创新商务模式，加快稠油规模经济开发

在基于市场化形成控本成效的特稠油开发的新型商务模式实践进行落实的同时，开发部采用传新型商务和制作模式，创新性地积极推进“甲乙双方新型命运共同体”模式，建立甲乙双方风险共担、收益共享的合作机制；在旅大 5-2 北油田开发进程中，除了应用市场化招标模式进行源头控本以外，采用了“甲乙双方新型命运共同体”模式，在油价 60 美元/桶情况下，有限公司 IRR 达到 23%，专业公司 IRR 达到 8%。

2.2.5　统筹规划，成本控制，争取实现老油田稳产

1）高含水油气田管理控制思路

在高含水油气田开发管理体系中，主要针对于该类型高技术密集度的特别作业环节中，基于先期作业经验的科研-生产一体化成果形成的良好作业体系达成当前的前期管理优化目标。

高含水油气田开发管理体系逻辑结构示意图如图 7 所示。

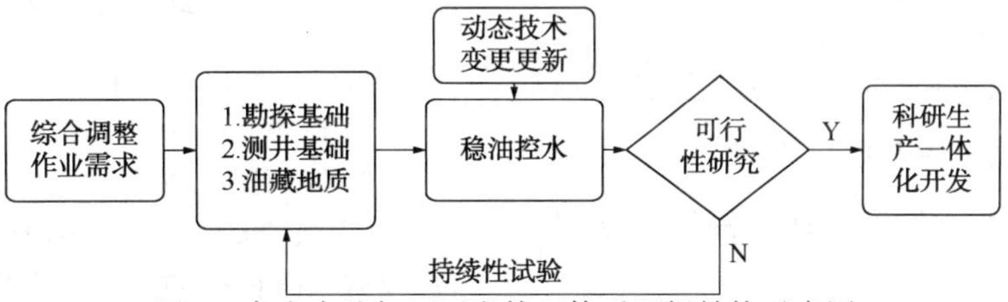

图 7　高含水油气田开发管理体系逻辑结构示意图

2）低渗注气管理管理控制思路

对于低渗油田的综合开发管理流程来讲，如何形成良好的采收效能，实现经济成本容许范围内的稳产上产目标的达成，是管理及前期管理领域中所应关注并执行综合调控的核心理念。在油田的综合调整流程中低渗油田的压裂与注气开发是保障稳产与上产重要切入点。为实现该目标的有效达成，需建立在以底层实际为基础的管理方法应用方法论的前期管理优化路径，从而实现高效采收目标的顺利达成。

低渗油藏采收前期管理逻辑看框架示意图如图 8 所示。

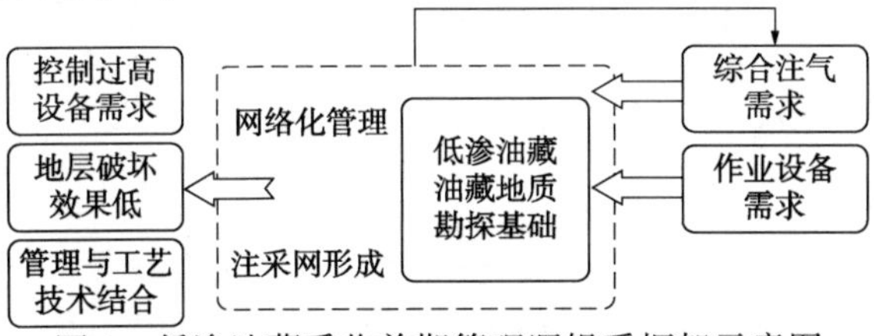

图 8　低渗油藏采收前期管理逻辑看框架示意图

3）二次调整管理管理控制思路

通过二次调整扩展潜能，为实现油田作业效能进一步优化的调整方案已逐步开始向传统老油田展开实施。在此过程中，开发部持续基于前期管理优化及“一体化”管理思想为领衔的管理界面淡化、科研生产一体化及标准化设计思想等，瞄准于一次调整后的层间剩余油情况进行二次调整综合上产作业的管理优化潜力进行作业。

在二次调整流程中，开发部遵循地层实际与当前生产技术研发实际，在现有油田及一次调整结果的基础上，进一步探求底层状况与潜能挖掘可能性，着眼于老油田实行试验区开发，推动老油田稳产与上产，为进一步的规模性二次调整提供良好作业实践与技术应用基础。

二次调整综合上产思路示意图如图 9 所示。

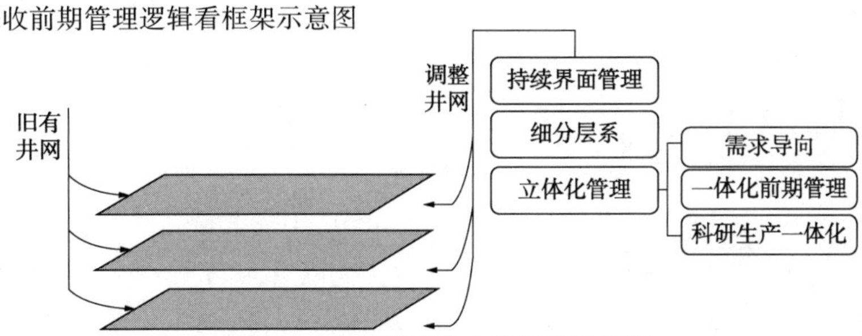

图 9　二次调整综合上产思路示意图

2.2.6　外委协调集成管理，全面融合缩紧开发周期

1）积极推进内外协调，解决项目制约因素

① 加强沟通，提前介入，大幅提升外委工作效率

路由调查审批、环境影响评价审批和海域使用证等证照办理处于项目关键路径，决定着项目投产时间。通过对政府各类政策及文件保持实时关注，加强协调沟通，统筹多部门意见，整合油田开发全周期需求，制定出最合理的前期研究项目进度计划，确保项目稳定推行，减少反复，提高工作效率(图 10)。

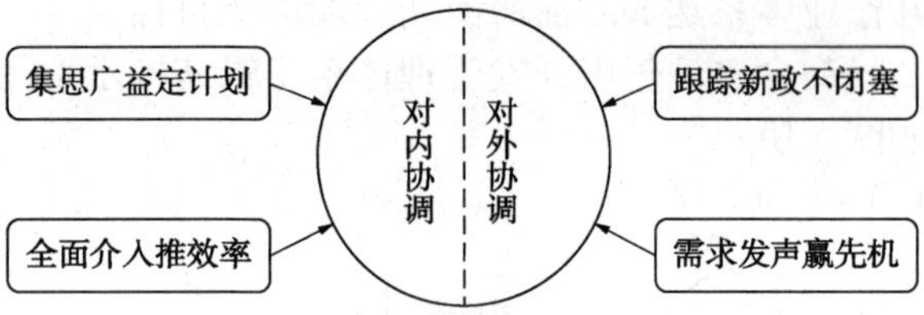

图 10　内外协调解决项目制约

② 联合协调，统一共识，动态跟踪相关政策要求

在方案编制过程中，通过与作业协调部、质量健康安全环保部等部门捆绑联动，对政府法律法规深刻解读，使项目环境影响评价等报告编制契合政府要求。在建立良好部门合作的契机下，力求与政府保持良好沟通交流，利益共享。将能源开发的规划提前通过分公司对外部门合作“发声”，使前期研究项目需求融入政府顶层规划范畴，努力赢在海域规划和环境政策的起跑线，从而最大限度推行探井目标与海域与环境管控的兼容性，将美好能源开发前景融入“绿水青山”，护航开发项目规避风险。

③ 一体化开发理念与管理模式创新的成效

该管理体系在渤海油田开发进程中打破固定投资增加、低边稠及老油田难依托、环境风险等各项制约，取得了良好的开发成效。自 2011 年至今，不完全统计顺利开发了 50 余个油田，高峰年产油达到 3638 万吨，桶油成本从 49 美元/bbl 降至 28.8 美元/bbl，有效促进了渤海油田的增储上产。

参考文献

[1] 杨晓刚．海上边际油气田简易设施设计思路[J]．中国海上油气，2005，25(2)：124-127.

[2] 王越淇．渤海边际油田集成创新理念及实践[J]．化工管理，2021(5)：197-198.

[3] 华强．稠油-水混合体系声化学降粘试验研究[D]．东营：中国石油大学(华东)，2008.

[4] 刘颖萍．萨中油田高含水后期开发趋势及调整技术研究[D]．大庆：大庆石油学院，2003.

[5] 崔国杰．渤海油田大位移井提速提效创新技术与实践[J]．中国海上油气，2019，31(5)：133-138.

稠油热采井掺稀油降黏辅助超频模式增产技术研究与实践

李建良　张　潮　张立波　张海军　唐海元　孙立波

[中海石油(中国)有限公司天津分公司]

摘　要　稠油作为最难勘探开发的原油之一，其稠油储量占全球原油储量的70%，渤海湾作为我国稠油主要分布地区之一，稠油探明储量占原油探明地质储量一半左右，但每年稠油产量占比不足1%，如何将稠油储量变产量，提高稠油采收率，是我国海洋石油事业高质量发展的重要课题。渤海湾某油田作为规模化热采技术集成示范油田，同时也是热采技术集成创新应用开发的示范工程，对实现稠油高效开发起着重要的指导意义。该油田主要通过蒸汽吞吐的采油技术实现稠油的高效开发，而自从该油田投产之后，面临着技术攻关项目多、热采经验欠缺，稠油井产量下降等诸多的难题。尤其在注热完成后的机采阶段，随着机采工作的推进，被蒸汽加热的稠油不断被开采出来，井底稠油黏度也逐步升高，最高地面原油黏度可达到60000mPa·s(50℃)。高黏度的稠油不断造成机采电泵电机高温、电泵过载、产量下降、电机断轴等一些列的问题，严重影响着稠油的采收率，制约着稠油有效开发。为了解决上述问题，该油田通过参考国内外文献相关处理方法，并结合本油田现有资源及优势，自主创新探索出稠油热采井掺稀油降黏辅助超频模式增产的技术措施，从而解决了稠油井机采后期阶段带来的一系列问题，大大的提高稠油的采收率，实现了稠油的高效开发。

关键词　稠油；蒸汽吞吐；黏度；采收率

渤海油田数十亿吨的石油地质探明储量中，一半以上是稠油，而每年渤海油田的稠油产量占比不足1%，如何实现稠油的有效开发，提高稠油采收率显得极为重要。渤海湾某热采油田作为稠油高效开发的主战场，同样面临着诸多难题，尤其注热完成后的机采后期阶段，稠油黏度大幅上升，频繁出现电泵过载停泵、电机高温、产量下降等一系列的难题，严重影响着稠油的采收率。因此要想实现稠油热采井的采收率稳定，探索出一条新的提高稠油热采井采收率的技术措施显得至关重要。

1　开发技术的选择

通过对稠油热采井的生产周期进行数据统计分析，结合稠油的相关物性特性，发现稠油井机采末期黏度较高是影响采收率降低的主要原因，因此通过参考国内外降低稠油黏度方法的相关文献，并结合油田现场实际运行工况，最终归纳总结出了以下几种方案：

1）环空补液生产：充分利用本平台流程向稠油热采井的油套环空注入地热水，对井底稠油进行稀释，从而降低稠油黏度。

2）外委降黏作业：通过外委施工作业，向稠油热采井的油套环空注入降黏剂，从而降低稠油热采井井底黏度。

3）自主降黏作业：充分利用本油田现有的设备和流程，向稠油热采井的油套环空注入降黏剂，实现降黏剂的自主注入，从而降低井底稠油黏度。

4）掺稀油作业：充分利用本平台上游平台稀油(常规油)黏度较低、物性较好的特性，向稠油热采井的油套环空注入上游平台的稀油，实现井底稠油黏度降低。

5）超频模式运行作业：根据稠油井电泵的参数，对稠油热采井电泵变压器档位进行调整，实现电泵功率有效上调，从而实现稠油热采井的增产。

2　开发技术评选原则标准

方案确立完成后，为了保证方案的有效性和可行性，能够切合实际的实现稠油热采井采收率的提高，需要对以上几种方案进行现场试验和优选，从而最终确定稠油增产的有效措施。为了保证最终确立的方案具有说服力和得到有效推广普及，需要对方案实施过程中的情况进行跟踪统计，并根据建议要求，对以上几种方案制定了相应的评选原则：

1）增油效果：能够切合实际的增加原油产量，提高稠油热采井采收率。

2）节约成本：本着节约，降本增效的目的开展，因此不能造成成本的增大。

3）安全系数：安全可靠，不能造成安全隐患，影响平台的安全平稳运行。

为了直观的反应方案的有效性和可行性，对每条评价标准制定了相应的评选等级，即优秀、良好、较好、差、较差五个等级，并根据等级差异设定相应分数，即优秀 5 分，良好 4 分，较好 3 分，差 2 分，极差 1 分，通过现场评定直观的反映处理效果，最终优选出最佳方案。

3　开发技术方案论证

3.1　环空补液作业

环空补液是指在油套环空注水辅助电泵井举升产液，对于产液具有高黏度、高含蜡、高含盐等特点且井下供液不足，启动困难的高故障率采油井，环空补液生产是一种简单易行，效益明显的生产措施。

而根据油田稠油井生产实践，发现环空补液对电流周期性大幅波动的稠油井效果有限，很难改变油井周期性波动生产工况。

最终通过实践发现环空补水效果不明显，而且会导致产出液含水变化大，结果就是产量没有增加，反而由于产出液的变化导致电机电流波动大，出现过载的情况。其主要原因是稠油物性特殊，蒸汽吞吐开采方式使油井井底温度在机采期仍可长期维持高温，远高于注入水温，注入水进入井筒反而造成井液温度下降，且油水互不相容，加剧井底原油黏度升高情况，无法缓解电流波动工况，且补液期间产液含水会大幅上升，副作用明显。

虽然在成本节约和安全系数上表现突出，但最终没有实现增油的效果，因此对该项技术措施进行综合评估，评估情况见表 1。

表 1　环空补液作业评估表

	优秀(5 分)	良好(4 分)	较好(3 分)	差(2 分)	较差(1 分)	总分
增油效果					1	10
节约成本	5					
安全系数		4				

由上表可知，环空补液作业方式综合得分为 10 分，环空补液生产方式不能对稠油起到有效增油效果，稠油采收率没有得到提高，因此该项方案措施被否定。

3.2　外委降黏作业

为有效降低特稠油井井液黏度，延长电泵机采期运行稳定性，油田同样采用了井筒环空降黏作业，按照 1：20 比例将降黏剂和生产水进行在线提前预热混合，将混合液通过临时管线经采油树套管翼阀注入到油套环空，实现稠油与降黏剂在泵吸入口充分混合实现降黏(图 1)。

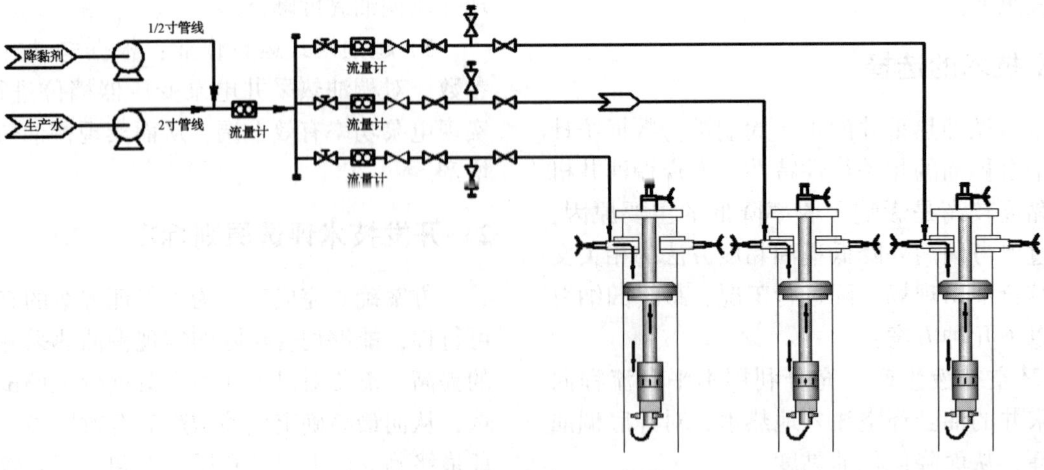

图 1　降黏作业流程示意图

根据外委降黏作业实施后产生的效果，发现油套环空外委降黏作业实施后，有一定的效果，对稠油井黏度起到了一定的作用，但是由于外委作业高昂的人工成本和药剂成本，约 42.5 万元/月/井次，并且管线连接都是高压管线，存在药剂刺漏伤人的风险，综合考虑后对该项作业进行有效评估，评估结果见表 2。

表 2　外委降黏作业评估表

	优秀(5 分)	良好(4 分)	较好(3 分)	差(2 分)	较差(1 分)	总分
增油效果	5					9
节约成本					1	
安全系数			3			

最终外委降黏作业由于在成本节约方面和安全方面的弊端，综合评估后最终得分 9 分，外委降黏作业还需进一步优化，因此该项方案措施也被否定。

3.3　自主降黏作业

由于外委降黏作业在一定程度上对稠油井的黏度起到了积极作用，考虑长期注入以及甲板空间的限制，充分利用平台现有流程设备对降黏注入作业进行优化改造，实现自主降黏剂注入作业，达到节省甲板空间、降本增效的目的。

1）首先对自主降黏作业进行设计改造

利用本油田现有的降黏剂 P－3606A/B 泵，在降黏剂与注水管线汇合处增加一台管道混合器，使药剂与水混合充分后去热采平台油井，通过新增流量计调节掺水量，最终将降黏剂浓度调整为 1%的药剂，通过热采平台药剂管汇的改造实现降黏剂到单井的注入(图 2)。

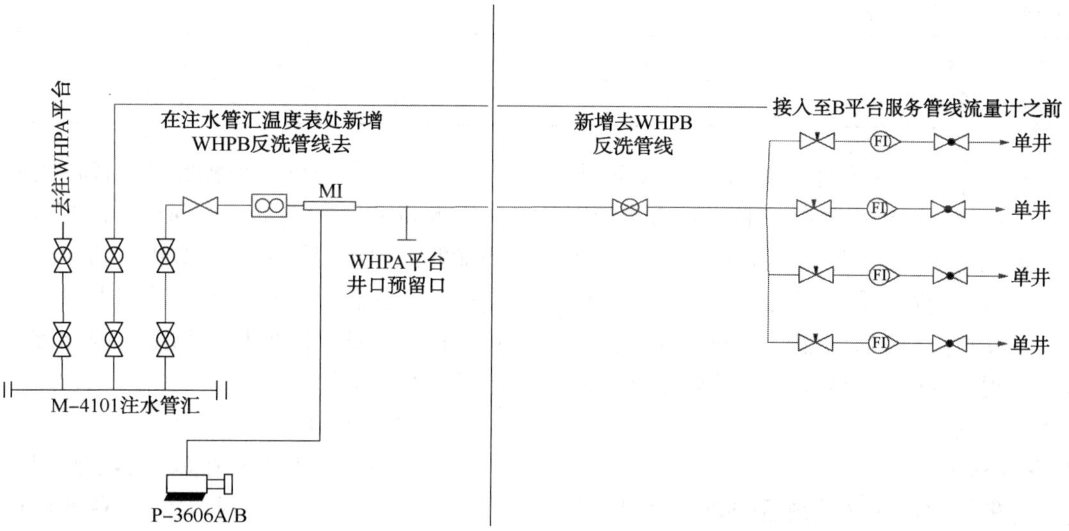

图 2　降黏剂自主注入简图

2）可行性分析

a. 药剂罐储量的可行性：根据注入浓度的需求 1%，折算出需要注入降黏剂的总量，并根据药剂罐储量的大小，可知药剂罐能够满足降黏剂储量的需求。

b. 药剂注入速度的可行性：根据注入浓度的需求 1%，折算出需要注入药剂的速度，并根据药剂泵参数的要求，得出药剂能够满足注入速度的需要；

c. 操作压力的可行性：根据药剂注入时最大操作压力的需求，结合药剂泵参数的设定要求，可知药剂泵能够满足药剂注入时的操作压力。

d. 管道设计尺寸可行性：根据《QHS 3053—2018(19220)-海上油(气)田上部设施管道尺寸计算设计规则》中液相管道计算通常液相管道采用最大流速作为尺寸计算的主要确定标准。最终计算出现有 6 分管线可满足需求。

3）风险管控及措施

通过 JSA 分析会确保作业安全，分析作业过程中存在的风险，并根据风险类别制定相应的管控措施。

a. 风险：隔离不到位，现场区域没有搭设隔离带进行区域隔离，无关人员进入导致人员伤害；

措施：提前进行区域隔离，搭设隔离带，并配专人监护。

b. 风险：信号未旁通，触发平台生产一级关停；

措施：每次作业前监护人向中控确认是否具备作业条件。

c. 风险：作业过程中造成设备损坏和人员伤害；

措施：严格穿戴 PPE 和做好设备防护。

d. 风险：热工作业，现场防护措施不到位，引发火灾；

措施：热工作业中有专人监护。

4）现场开始实施

在进行可行性和作业过程风险分析后，根据自主降黏作业设计方案，开始按步骤对自主降黏剂注入流程进行优化改造，改造完成后，开始对稠油井进行降黏剂的自主注入（B6H 井为例）。

5）效果验证

B6H 井实施降黏剂自主注入后，对 B6H 井的生产参数进行统计分析后发现。

① 电流由之前的波动逐渐趋于稳定；

② 产油与外委降黏作业时效果一致，得到明显提升；

③ 稠油井黏度得到明显下降；

④ 稠油井井下压力由之前的波动开始缓慢下降；

6）评估结果

自主降黏作业评估表见表 3。

表 3-3　自主降黏作业评估表

	优秀(5 分)	良好(4 分)	较好(3 分)	差(2 分)	较差(1 分)	总分
增油效果	5					11
节约成本			3			
安全系数			3			

根据稠油井自主注入降黏剂后的效果发现，自主降黏作业相对与外委降黏作业，对油井产生了同样的效果，并且在成本方面节约了人工成本，但是高昂的药剂费用依然存在，约 15 万元/月/井次，同时存在药剂刺漏伤人的风险，因此综合评估总得分 11 分，该项方案措施依然存在一定的优化空间。

3.4　掺稀油作业

通过对稠油井注入降黏剂后的效果发现，降黏剂的注入确实对稠油井起到了一定的降黏增油效果，但由于作业成本和安全因素的制约，降黏剂的注入需要进一步优化提升，通过研究发现稠油井掺稀油也可起到同样的效果。

掺稀油降黏技术是将低黏度稀油按照一定比例掺入高黏度的稠油中，稀油（常规油）可以起到稀释剂的作用，根据相似相溶的原理，对稠油中的沥青和胶质进行溶解，减弱沥青质胶束间的相互作用，从而降低稠油黏度，因此该项技术措施可进行研究论证。

1）可行性研究

由于该项技术措施在稠油热采油田还未曾有作业的先例，为了保证掺稀油作业的可行性，验证稠油井井筒掺稀油的效果，因此该油田首先在化验室进行稠油掺入不同比例稀油的降黏效果进行试验。试验效果见表 4。

表 4　不同比例掺稀油后油样黏度

实验组	稀油/g	稠油/g	黏度/(mPa·s)(50℃)	降黏率/%(50℃)	黏度/(mPa·s)(60℃)	降黏率/%(60℃)	黏度/(mPa·s)(70℃)	降黏率/%(70℃)
稠油	0	30	21440	—	11620	—	5529	—
稀油	30	0	5.925	—	4.81	—	4.699	—
实验 1(1：9)	3	27	2907	86	1874	84	1086	80
实验 2(1：4)	6	24	528.8	97	378.3	97	244.1	95
实验 3(3：7)	9	21	189.7	99	147.7	98	104.7	98
实验 4(2：3)	12	18	132.4	99	86.78	99	60.72	99

由上表可知，少量掺入稀油即可使稠油黏度大幅度下降，10%掺稀量可使稠油黏度下降约85%；随掺入稀油比例增加，稠油油样黏度下降，但下降幅度变小，因此理论上掺稀油方案可行。

2）方案设计

由于上游平台稀油气油比较高，海管运行压力较高，直接将物流引入单井，极易造成套压骤升，沉没度下降，严重时造成电泵关停。结合平台现场工艺流程进行工艺流程设计，原流程上游平台原油会在本平台高效分离器进行一次脱气，从高效分离器液相出口引流至本平台放喷分离器进行二次降压脱气，放喷分离器液相输送至运行压力更低的燃料油日用罐进行三次降压脱气，再经由供给泵增压后导入单井环空完成掺稀作业，物流经三次脱气后脱气效果显著，不再引发掺稀井套压升高，掺稀工艺设计合理。因此将脱气稀油注入热采井环空实施掺稀降黏（以 B16H 井为例）。试验方案设计流程简图如图 3 所示。

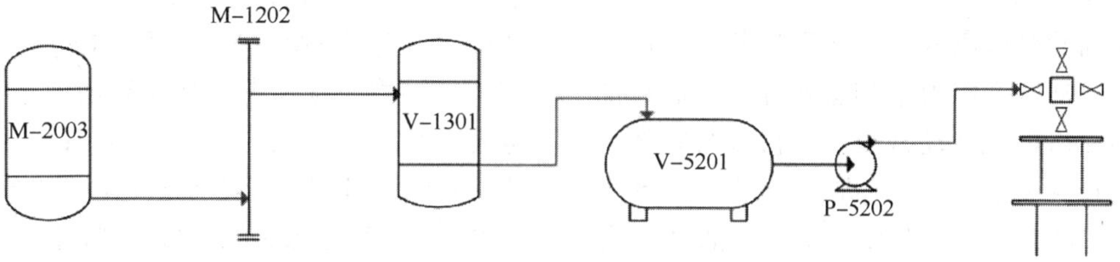

图 3　试验方案设计流程简图

3）现场实施

为测试 B16H 井的最佳掺稀量，首先通过现场试验，在频率 45Hz 时，尝试不同掺稀油量对油井生产的影响。统计结果见表 5。

表 5　掺稀油量试验表

掺稀量/（m^3/h）	产油量/（m^3/d）	产出液黏度/（mPa・s）	运行电流/A
0	80. 16	6000	20～50
1	85. 3	2600	22～40
1. 5	84. 6	860	25～35
2	88. 2	200	27～28
2. 5	86. 7	200	26～28
3	85. 4	200	25～26

根据上表试验数据可知，当掺稀油 2m^3/h（稀稠比约 1：2）时，产出黏度和电泵运行电流表现效果较好，因此以此注入比例持续对 B16H 井进行环空掺稀油试验。

4）效果验证

B16H 井在以掺稀油 2m^3/h 进行掺稀油作业后，运行电流相对更稳定，井底流压、电机温度有所下降。电流由 20～50A 波动持续下降至 27A 左右稳定。化验原油黏度由 6000mPa・s 降至 200～1000mPa・s，产出液明显变稀，日增油约 10m^3/d 左右，并且解决了电泵运行阶段电流波动大无法提频运行的问题。

5）验证结果分析

① 稀油掺入后，B16H 井在 45Hz 时运行电流明显趋于稳定，提高了电泵运行质量，解决了电流波动大无法提频运行的问题。

② 稀油掺入后，B16H 井产出液黏度由 6000mPa・s 降至 200～1000mPa・s，产出液明显变稀，保障了电泵稳定运行。

③ 掺稀油日增油约 10m^3/d 左右，实现了增油效果。

6）进一步验证

为了进一步验证掺稀油作业的有效性，油田随后又对 B1H、B4H、B5H、B12H 井持续开展掺稀油降黏作业，试验结果表明 B1H、B4H、B5H、B12H 井进行掺稀油过后，产量实现了单井日平均增油约 10m^3，截止 2024 年 2 月，累计增油已达 2500m^3，大大提高了稠油井的产量。通过油井的持续掺稀作业试验证明，掺稀油作业在提升稠油井采收率方面切实可行。

7）评审结果

根据验证结果对该项措施进行综合评估见表 6。

表6　掺稀油作业评估表

	优秀(5分)	良好(4分)	较好(3分)	差(2分)	较差(1分)	总分
增油效果	5					14
节约成本	5					
安全系数		4				

综上表可知，掺稀油作业在增油效果、节约成本、安全方面表现都比较突出，因此综合得分 14 分，该方案在实践过程中也得到了有效验证，证明切实可行，因此可进一步推广。

3.5　超频模式运行

1）可行性分析

由于稠油井黏度高的影响，稠油井只能低频低功率运行，油井产能得不到有效释放，而稠油井掺稀油降黏后电流波动减小，电机运行状态趋于稳定，因此可以通过提频进一步增产，鉴于 50Hz 运行时观察电泵各项参数发现，油井仍有进一步提频空间，因此尝试探索通过超频运行模式实现大幅增产。

由于该项措施为该油田自主创新提出，因此对电泵厂家和变频器厂家进行咨询，并参考了作业指导书，根据电泵厂家、变频器厂家和作业指导书的建议，最终得出该项方案理论上确实可行。

2）模拟实验测试

为了长久有效的解决高黏度流体导致的问题，选择一口稠油井采用超频模式进行生产试验（以 B16H 井为例）。B16H 井变频器容量为 160kW，变压器容量 200kVA；电泵功率 125kW。电泵厂家为贝克休斯，变频器为施耐德，经与电泵厂家和变频器厂家详细咨询后，明确可以超频运行，并由电泵厂家出具 55Hz 和 60Hz 超频运行指导书。

（1）55Hz 最高上限运行模式

a. 依据电泵厂家给出电泵 55Hz 上限超频运行计算书。

b. 根据计算书可得知，若要超频运行，达到增产的效果。需调整变压器档位以及重新设置变频器参数，将变压器档位由 2170V 档位调整为 2387V 档位，高速频率由 50HZ 改为 55Hz。

c. 注意事项：由于 2387V 档位下变压器额定电流为 48.4A，比电机额定电流 51A 要小，因此设置过载保护时按照变压器额定电流的 1.05 倍进行设置，防止变压器过载运行，过载保护设置 51A。

（2）60Hz 最高上限运行模式

a. 依据电泵厂家给出电泵 60Hz 上限超频运行计算书。

b. 根据计算书调整变压器档位，重新设置变频器参数，将变压器档位由 2387V 档位调整为 2626V 档位，高速频率由 55Hz 改为 60Hz。

c. 注意事项：由于 2626V 档位下变压器额定电流为 44A，比电机额定电流 51A 要小，因此设置过载保护时按照变压器额定电流的 1.05 倍进行设置，防止变压器过载运行，过载保护设置 46A。另变压器档位调整后相应额定电流降低，变压器带载率接近满载，需时刻关注变压器运行温度，保证房间有效通风，加密对变压器测温检查。

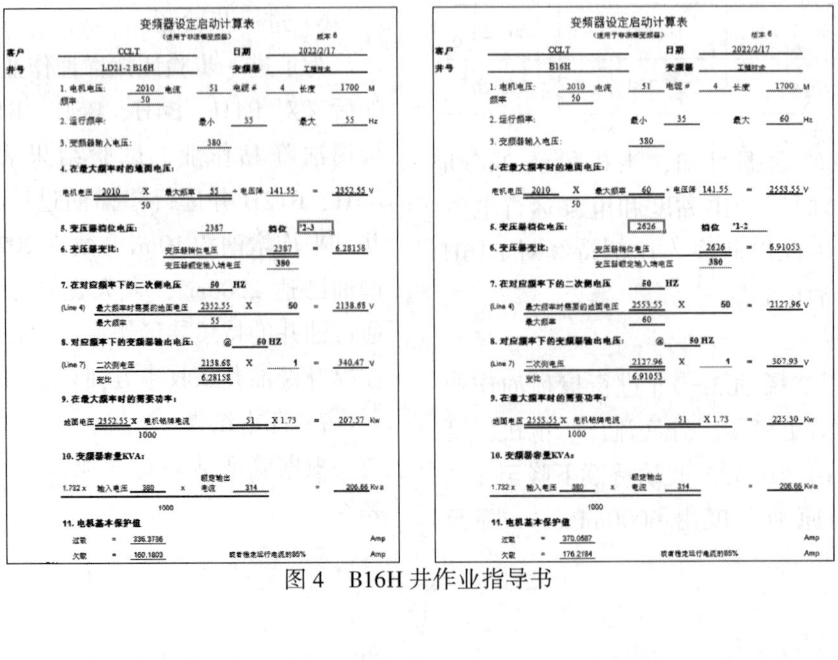
变频器设定启动计算表
客户 CCLT　日期 2022/2/17
井号 LD21-2 B16H
1. 电机电压: 2010 电流 51 电缆# 4 长度 1700 M
频率 50
2. 运行频率: 最小 35 最大 55 Hz
3. 变频器输入电压: 380
4. 在最大频率时的地面电压:
电机电压 2010 X 最大频率 55 / 50 + 电压降 141.55 = 2352.55 V
5. 变压器档位电压: 2387 档位 2-3
6. 变压器变比: 变压器档位电压 2387 / 变压器额定输入端电压 380 = 6.28158
7. 在对应频率下的二次侧电压 50 HZ
(Line 4) 最大频率时需要的地面电压 2352.55 X 50 / 最大频率 55 = 2138.68 V
8. 对应频率下的变频器输出电压: @ 50 HZ
(Line 7) 二次侧电压 2138.68 / 变比 6.28158 X 1 = 340.47 V
9. 在最大频率时的需要功率:
地面电压 2352.55 X 电机铭牌电流 51 X 1.73 / 1000 = 207.57 Kw
10. 变频器容量KVA:
1.732 x 输入电压 380 x 额定输出电流 314 / 1000 = 206.66 Kva
11. 电机基本保护值
过载 = 336.3736 Amp
欠载 = 160.1803 或者稳定运行电流的85% Amp

变频器设定启动计算表
客户 CCLT　日期 2022/2/17
井号 B16H
1. 电机电压: 2010 电流 51 电缆# 4 长度 1700 M
频率 50
2. 运行频率: 最小 35 最大 60 Hz
3. 变频器输入电压: 380
4. 在最大频率时的地面电压:
电机电压 2010 X 最大频率 60 / 50 + 电压降 141.55 = 2553.55 V
5. 变压器档位电压: 2626 档位 1-2
6. 变压器变比: 变压器档位电压 2626 / 变压器额定输入端电压 380 = 6.91053
7. 在对应频率下的二次侧电压 50 HZ
(Line 4) 最大频率时需要的地面电压 2553.55 X 50 / 最大频率 60 = 2127.96 V
8. 对应频率下的变频器输出电压: @ 50 HZ
(Line 7) 二次侧电压 2127.96 / 变比 6.91053 X 1 = 307.93 V
9. 在最大频率时的需要功率:
地面电压 2553.55 X 电机铭牌电流 51 X 1.73 / 1000 = 225.30 Kw
10. 变频器容量KVA:
1.732 x 输入电压 380 x 额定输出电流 314 / 1000 = 206.66 Kva
11. 电机基本保护值
过载 = 370.0687 Amp
欠载 = 176.2184 或者稳定运行电流的85% Amp

图4　B16H 井作业指导书

通过计算得出的作业指导书(图4)可知，变压器档位及变频器参数的调整能够达到B16H井超频运行的条件，因此可知稠油井可实现超频生产增油的运行模式。

3）结果评分

超频作业评估表见表7。

表7 超频作业评估表

	优秀(5分)	良好(4分)	较好(3分)	差(2分)	较差(1分)	总分
增油效果	5					15
节约成本	5					
安全系数	5					

根据反馈结果可知，稠油井若能实现超频的运行模式，即可提高电泵的功率，从而提高稠油井的产量，因此超频运行模式可实现稠油井的有效增油，并且只是对变频器参数进行调整，无成本支出，无风险，因此对超频运行模式进行综合评估，最后综合得分为15分，表现突出，可以得到进一步实践推广。

3.6 掺稀降黏辅助超频模式运行探索

掺稀油降黏试验使稠油井电泵电流运行趋于稳定，从而推动了稠油井能够提频的可能性，而超频模式运行的提出，进一步扩大了稠油井增产的可行性，因此为了进一步验证稠油热采井掺稀油降黏和超频模式增产措施的有效性，可对稠油井同步开展掺稀油降黏辅助超频模式运行技术。鉴于B16H稠油井相继进行了掺稀油降黏测试和超频模式运行的测算，因此对B16H井同时进行掺稀油降黏辅助超频模式进行增产试验。

在B16H井掺稀油降黏的基础上对该井进行超频模式运行，并如实记录该井的运行参数，关注该井的运行状态。该井运行结果见表8。

表8 掺稀辅助超频模式运行后参数记录表

参数	井底流压/MPa	井底流温/℃	电流/A	频率/Hz	计量产油/(m^3/d)
掺稀油前	6.88	61.7	20-50	45	79.1
掺稀油后	6.71	61.7	27	45	88.8
超频后	6.50	61.9	34	52	100.5

1）B16H井掺稀油后，电泵电流波动由20~50A之间波动稳定至27A左右，产油增加约9.7m^3/d。

2）B16H井掺稀油后，对该井档位、电压进行调整，采用超频模式运行，提频至52Hz，电流由27A逐步升至34A左右，运行稳定，超频增油约11.7m^3/d左右。

3）B16H井经过掺稀油和超频模式运行后，总体增油21.4m^3/d左右，并且电流趋于稳定，生产压差得到有效控制。

根据B16H井进行掺稀降黏后进行超频模式运行反馈结果可知，B16H井掺稀油降黏辅助超频模式后，计量产油得到明显提升，增产效果明显，采收率得到大幅提高，该项技术措施可在稠油开发生产过程中进一步实施开展。

4 现场结论

(1) 稠油井掺稀油后，稠油井产出液黏度得到明显下降，产出液明显变稀，产量得到明显提升。

(2) 稠油井掺稀油后，稠油井电流明显趋于稳定，提高了电泵运行质量，解决了电流波动大无法提频运行的问题。

(3) 充分利用上游平台稀油资源，掺稀油辅助电泵举升措施可作为井筒化学降黏的补充技术，在提高产量的同时，大幅降低作业成本。

(4) 稠油井超频生产保证油井生产压差持续下降，一旦下降到一定压力能够通过调整频率实现生产压差的稳定。

(5) 掺稀降黏辅助超频模式运行后产油量明显增加，产出液含水基本稳定，采收率得到明显提升。

最终通过稠油热采井掺稀油降黏辅助超频模式运行后，不仅使稠油井黏度得到明显下降，稠油井电泵运行更稳定，而且使稠油井产油量得到明显提高，从而大大的提高了稠油井的采收率，因此该项技术措施可进一步得到推广应用。

参 考 文 献

[1] 吕哲．国内外稠油开发现状及稠油开发技术发展趋势[J]．中国化工贸易，2014(23)：174.

[2] 史毓泉，鲁晓华．提高采收率技术研究[J]．中国石油和化工标准与质量，2014，34(1)：47-47.

[3] 赵素惠，王永清，赵田红．稠油化学降黏法概述[J]．化工时刊，2005，19(8)：64-66.

[4]王佳中，刘艳涛．海上油田油井环空补液生产方式探究[J]．天津科技，2019，1-2.

[5]曹畅，甄恩龙，彭振华，张园，柏森，丁雯．掺稀电泵井系统效率影响因素分析及对策研究[J]．石油石化节能，2016，6(10)：1-3.

第三篇　信息化、智能化、装备和新能源篇

当前，全球能源格局正在发生深刻变化，以人工智能为代表的新一代信息技术成为推动能源行业变革的加速器，国际上各大石油公司都纷纷将数字化转型、智能化发展作为未来发展战略方向之一，必将引领行业实现颠覆性技术创新，重塑行业格局。油气行业作为传统工业产业，面对能源革命和能源转型加快推进的新形势新趋势，必须有效利用云计算、大数据、物联网、5G、人工智能等新一代信息技术，驱动业务模式重构、管理模式变革、商业模式创新与核心能力提升，实现产业转型升级和价值增长。本篇收录了大量新技术、新能源、新装备等方面的优秀文章，例如基于大数据技术的钻完井参数优化、基于数据挖掘的岩性识别、深度学习、知识图谱等新一代人工智能技术的注采完井、排水采气、油气藏建模等方面研究与应用等。这些文章围绕业务需求、解决生产痛点、实现了技术创新，对推动企业生产方式转变、提高生产效率、实现管理模式变革起到了巨大推动作用。

国产一体化智能化油气藏地质建模软件研发

何治亮[2]　孙建芳[1]　段太忠[1]　刘彦锋[1]　龚蔚青[1]　陈　苏[3]　詹自新[4]　吕心瑞[1]
曹　晋[1]　彭　成[1]　吴　博[1]　田　淼[1]　黄　渊[1]　张文彪[1]　李少华[5]

（1. 中国石化石油勘探开发研究院；2. 中国石化科技部；3. 中国石化胜利油田地质院；
4. 中国石化胜利油田物探院；5. 长江大学 湖北 武汉）

摘　要　油气藏三维地质建模模型对于油气勘探开发决策和全生命周期油气藏管理至关重要。然而，目前国内油气藏地质建模行业严重依赖国外商业软件，存在潜在风险且难以满足国内特殊油气藏地质建模的技术需求。为此，联合国内多个技术团队设计并研发了一款一体化国产油气藏地质建模软件，名为 iDRS。iDRS 采用微内核插件式架构，通过内核部分提供接口约束，并以插件形式实现各种数据读写、显示和功能模块，以降低模块之间的耦合性。该软件主要功能包括油藏地质建模相关的数据管理和显示、通用数据计算器、测井储层参数解释、地震属性提取、层面插值、角点网格构造建模、速度建模、时深转换、序贯指示建模、离散裂缝建模、储层参数建模、储量计算等常规模块。此外，还包括机器学习测井解释、断溶体储层地震雕刻、叠前地震反演、碳酸盐岩地层沉积过程模拟、多点地质统计学建模、河流相地质过程建模、模型不确定性分析、储层知识库等特色模块。同时，iDRS 还具备 Python 脚本式二次扩展架构，方便用户快速实现自定义的功能算法，并可以调用预训练的深层神经网络，实现深度学习地质建模。研发国产地质建模软件 iDRS 对于提升国家自主创新能力、适应国情和地质特点、加强数据安全保护以及促进地质科研和教育发展等方面具有重要意义。它将推动地质科学的进步，为油气藏的合理开发和利用提供支持。

关键词　地质建模软件；国产化；软件研发；深度学习

1　引言

三维油气藏地质建模软件对油气勘探决策和全生命周期管理的重要性。随着勘探技术的不断发展，油气藏地质三维建模技术作为地质科学与信息技术的交叉学科引起了广泛重视。该技术通过对油气藏实际地质条件的数值描述和数字重建，为油气勘探决策提供支持，并对于全生命周期油气藏管理具有指导意义。

然而，在目前的实践中，国内油气藏三维地质建模主要依赖于国外商业软件。这种依赖性不仅存在数据安全隐患，还难以满足国内特殊油气藏地质条件的技术需求。许多国外商业软件在油气藏建模方面具有一定的优势，如 Schlumberger 的 Petrel、Paradigm 的 RMS、GOCAD 等。然而，因为用户需要将敏感的地质数据存储在第三方服务器上，这些软件存在数据安全风险。由于地质条件的差异，这些商业软件在应对国内特殊油气藏地质条件时可能存在局限性。此外，由于单一软件开发商垄断市场，技术创新和完善的动力也受到一定的限制。因此，研发国产油气藏三维地质建模软件具有重要意义，开发适应国情和地质特点的国产三维地质建模软件势在必行。

在国内，一些研究机构和高校已经开始关注和投入力量进行国产三维地质建模软件的研发。已经出现了多种地质建模软件，比如 Direct、GPT-Model 等，这些软件结合了不同专业的开发需求，各具特色。不过，与国外软件相比，国内三维建模软件的研发还处在探索阶段，集成化、一体化和职能化程度低，产品尚不成熟，并且商业化程度很低。

本文旨在介绍一款由央企、高校和软件公司联合研发的一款国产一体化智能化油气藏地质建模软件 iDRS。在具备地质建模完整流程和常用基本功能基础上，具有沉积模拟、多点地质统计学、python 脚本开发等特色模块，可支撑整装砂岩、断块、礁滩型、缝洞型等常见油气藏地质建模工作。由于篇幅限制下面将主要阐述该软件的主要功能、特色功能和典型应用案例。

2　iDRS 软件的架构与主要功能

2.1　iDRS 软件架构

iDRS 三维地质建模综合软件是由我国科研团队自主设计和开发的一款具有一体化建模功能的软件。在调研国内外先进工业软件的基础上，为了满足灵活多变的实际需求，采用了开放式架构，通过内核接口和插件形式实现了不同功能模块的集成(图 1)，从而降低了模块之间的耦合性，提高了多团队协同开发的效率。

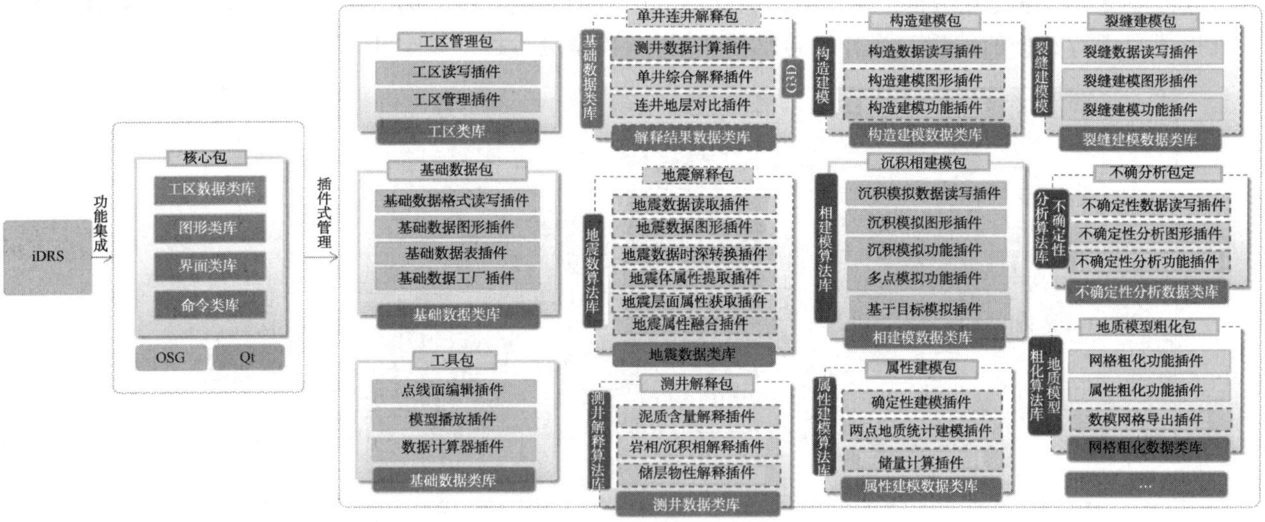

图 1　iDRS 软件微内核插件式插件式架构

2.2　主要功能模块

iDRS 三维地质建模综合建模软件具有多个功能模块，通过这些模块的集成和配合，用户可以进行基础数据处理、数据编辑、二维三维显示、数据计算器、测井解释、单井综合解释、连井地层对比、地震属性分析、构造建模、离散裂缝建模、相建模、属性建模、储量计算、不确定性分析、模型粗化、知识推送、基于 python 脚本的二次开发等一体化的地质建模操作。这使得软件在地质领域的应用具有高度的灵活性和功能全面性，可以满足大部分油藏类型的三维地质建模(图 2，图 3)。

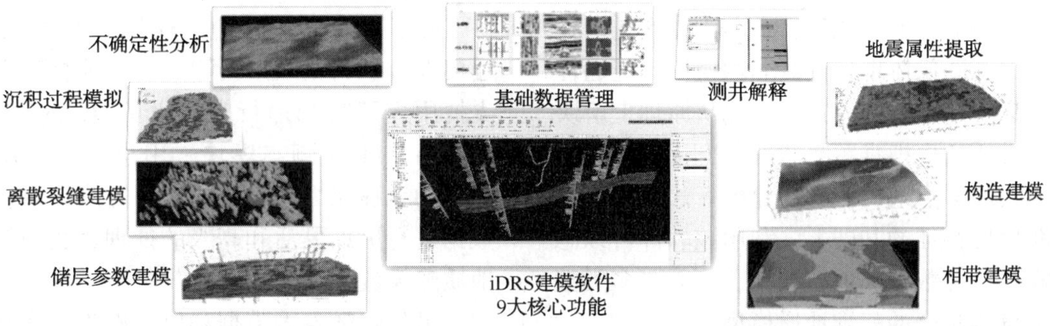

图 2　iDRS 建模软件主要功能

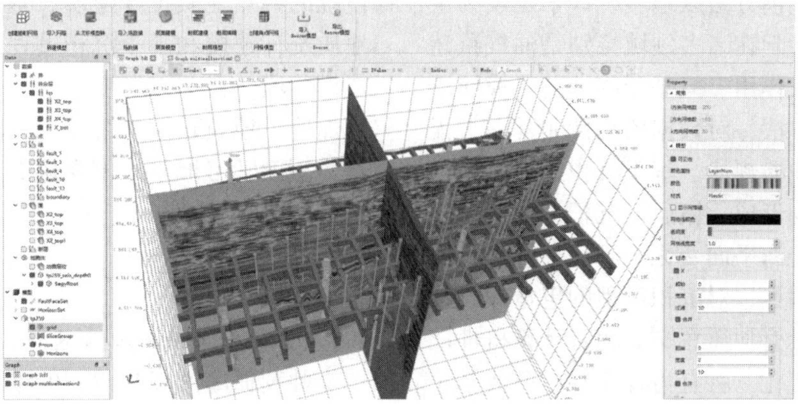

图 3　iDRS 建模软件界面

软件提供了数据表编辑功能，用户可以对点、线、面等数据进行属性值的修改和调整。此外，软件还支持三维交互编辑，用户可以直接在三维视图中进行数据的编辑和操作，包括添加、删除、移动和旋转等。支持单井综合解释和连井地层对比(图4)。基础数据的计算器功能，用户可以对点、线、面、测井曲线和角点网格等属性模型进行各种数学和逻辑运算。

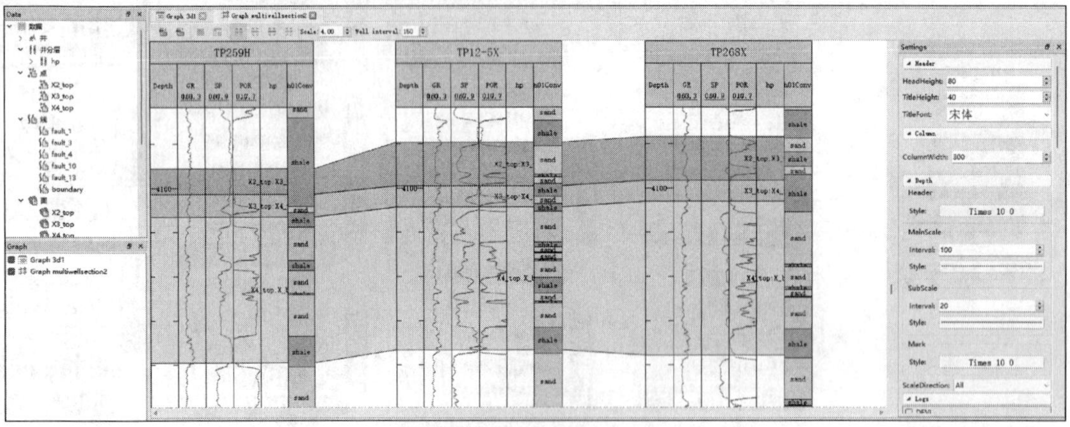

图4　交互式连井剖面解释

3　特色建模模块

3.1　多点地质统计学建模模块

在地质建模领域，传统的两点地质统计学建模方法的优势在于表征两点之间的相关关系，难以刻画复杂的地质特征，多点地质统计学建模方法采用训练图像替代两点地质统计学建模方法的变差函数，融合了图像模式识别和图像重构技术，由于训练图像体现了油藏非均质性、连通性和结构特征等复杂空间模式，因此从原理上解决了复杂地质体的模拟难题。软件包含了多种基于概率和模式的多点地质统计学建模算法模块。在了解油藏地质特征的基础上，利用该软件可以融合地质模式、井数据和地震数据，建立与多类型多尺度信息相吻合的三维地质模型。

3.2　碳酸盐岩地层沉积过程模拟模块

传统的地质建模方法以地质统计学建模为主流，基于地质统计学在诸多领域特别是油气藏建模领域发挥了巨大作用。但基于统计的建模属于数据驱动性建模方法，对数据依赖性非常强，无法从根本上体现地质规律。基于沉积过程的建模方法考虑了沉积物形成、搬运、沉积、再搬运过程以及构造运动、海平面变化、沉积环境、重力均衡补偿等主控因素，对沉积过程的定量刻画使得所建立模型更具有地质意义。随着计算机性能的提升和算法的优化，将有力补充甚至取代基于地质统计学的方法，并为深度学习地质建模方法提供数据基础。

碳酸盐岩地层沉积过程模拟模块提供了一组功能，用于模拟碳酸盐岩的沉积过程和地层发育。用户可以根据地质条件和沉积模型参数，生成碳酸盐岩地层的模拟结果，并进行分析和预测。主要功能包括沉积正演模拟、参数敏感性分析和基于优化策略的沉积反演模拟。

3.3　Python 脚本模块

除了上述提到的功能模块，iDRS 三维地质建模综合软件还提供了 Python 脚本模块，用于支持用户编写和运行自定义的 Python 脚本。通过使用 Python 脚本模块，用户可以利用 Python 强大的编程能力和丰富的第三方库，对软件中的数据进行更加灵活和高级的处理，实现定制化的地质建模流程和分析任务。

另外，随着大数据和以深度学习为基础的人工智能技术的快速发展，油气藏地质建模逐步从传统的两点地质统计建模、基于目标建模、多点地质统计建模和基于沉积过程建模进入智能地质建模阶段。目前以深度学习为代表的人工智能技术加速了地质建模向智能化方向发展。Python 脚本为深度学习地质建模模块的开发和推广提供了便捷的途径。

4　案例研究

4.1　整装砂岩油藏地质建模

胜利孤岛油田是典型的整装砂岩油藏，经历了50多年的开发历程，目前处理开发后期阶段，为了实施精细水驱和三次采油提高采收率，需要建立精细的三维地质模型，为合理决策提供地质依据。

由于井网密度大，在层面差值构造建模的基础上，采用确定性层面赋值法建模了建立沉积微相模型，在微相内部建立了岩性模型，并通过相控序贯高斯建模建立了储层孔隙度模型(图5)。

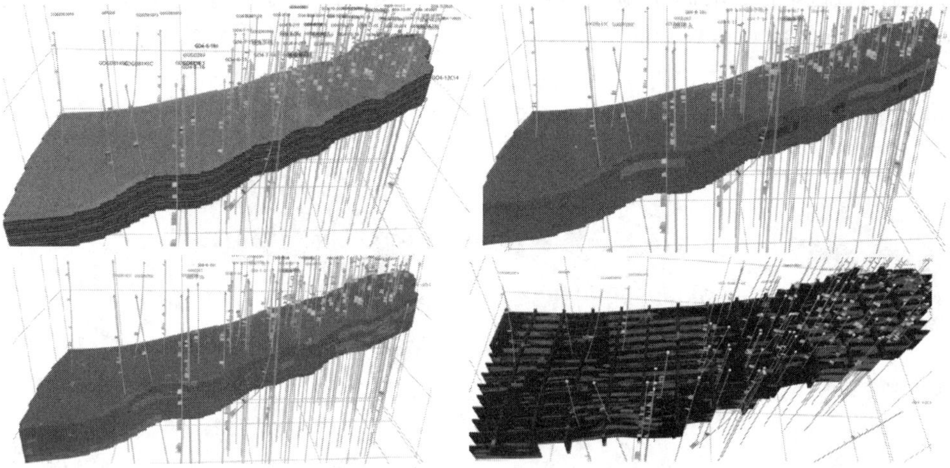

图5　胜利孤岛油田某区块相控储层建模

4.2　复杂断块油藏地质建模

辛50断块区位于山东省东辛油田中部，构造上位于济阳坳陷东营凹陷中央隆起带中段，东营穹隆构造与辛镇背斜构造间的过渡带西南部，是个典型的断块砂岩油藏。对辛50断块的断层控制作用明显和含油层段长的特征，重建精细地质模型，对后续剩余油分布和细分开发层系，有重要指导作用。

根据前期资料解释断层数据和分层数据建立了断层模型、层面模型和网格模型。并根据前期获取的沉积相展布规律建立了训练图像模型，采用多点地质统计学建模方法建立了沉积相模型，采用相控储层建模建立了储层参宿模型(图6)。

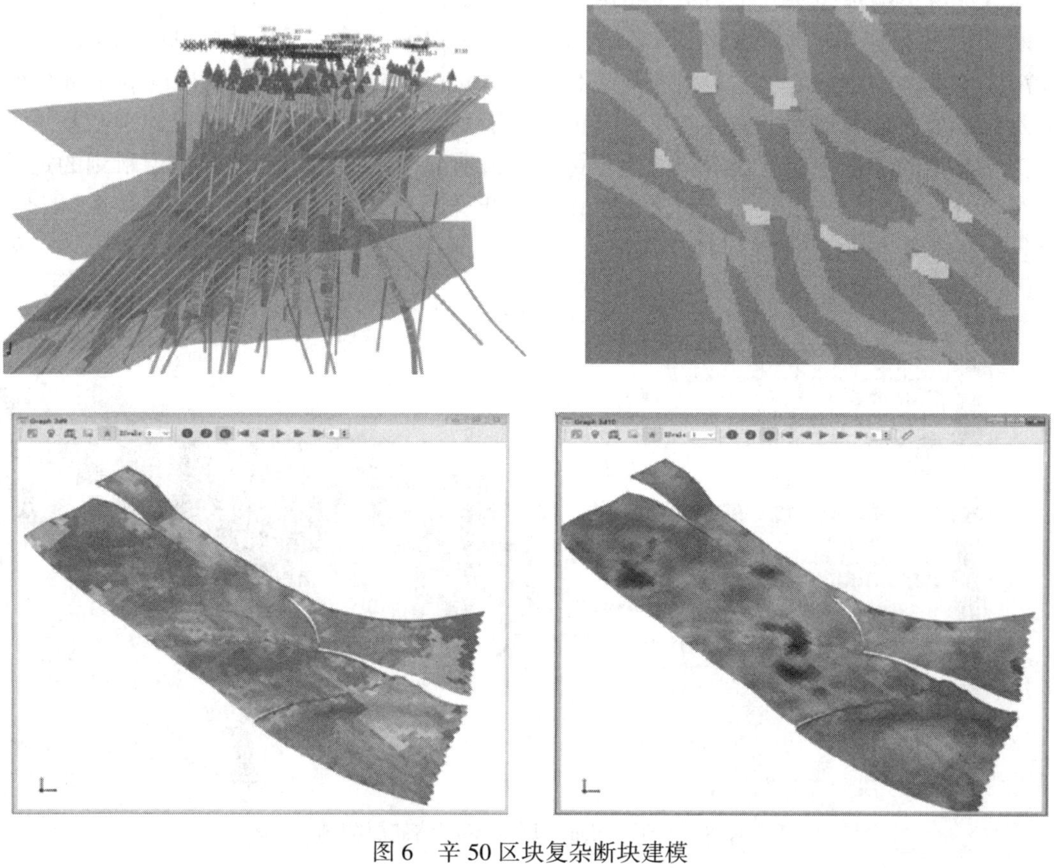

图6　辛50区块复杂断块建模

4.3　碳酸盐岩油气藏地质建模

川东北开江-梁平海槽东侧普光地区上二叠统长兴组深层礁滩储层叠置关系复杂，钻井少、地震资料品质欠佳，制约了深部储层预测精度。井间沉积相规律待深化认识，长兴末期古地貌特征待进一步研究，成因机制不明。

采用碳酸盐岩地层沉积正演模拟模块，结合钻井和地震数据的标定，再现了长兴组沉积期沉积过程。长一段早期碳酸盐岩缓坡低能沉积发育期，长一段晚期碳酸盐岩平顶无镶边台地发育期，长二段早期弱镶边碳酸盐岩台缘生物礁滩发育期，长二段晚期镶边碳酸盐岩台缘生物礁滩发育期(图 7)。

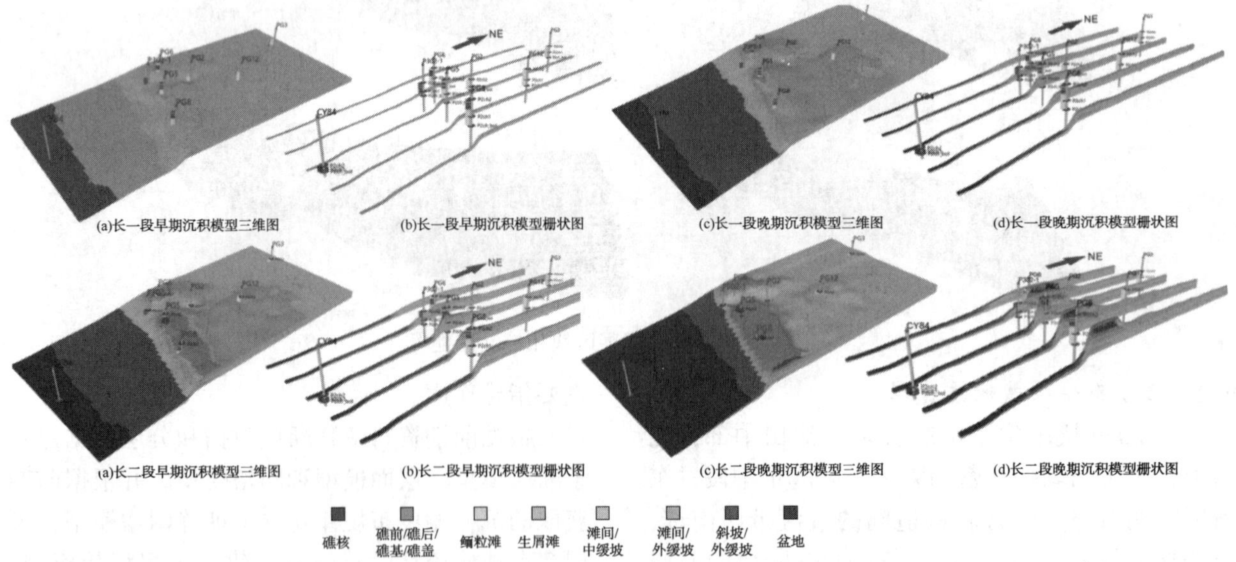

图 7　沉积模拟获取的普光区块长兴组沉积演化规律

4.4　顺北断溶体油藏地质建模

顺北地区深层奥陶系储层分布与主干走滑断裂及主干断裂活动相伴生的次级(隐伏)断裂密切相关断溶体内部结构非常复杂，包括洞穴、孔洞、裂缝及其组合，地震剖面上储层的反射特征多为几种储层类型的综合响应。断溶体的边界可以作为三维可视化雕刻的约束条件，同时也可作为储量估算时的边界依据。优选何种地震属性，如何确定阈值刻画不同类型的储层边界，仍存在多解性。

根据这类油气藏储层刻画的实际需求，采用 python 脚本模块编写了相应的 python 代码，实现了基于深度学习的断裂系统识别和基于大津法的阈值分割。实现了断溶体储层雕刻的定量化，降低了人为参数调整引起的不确定性(图 8)。

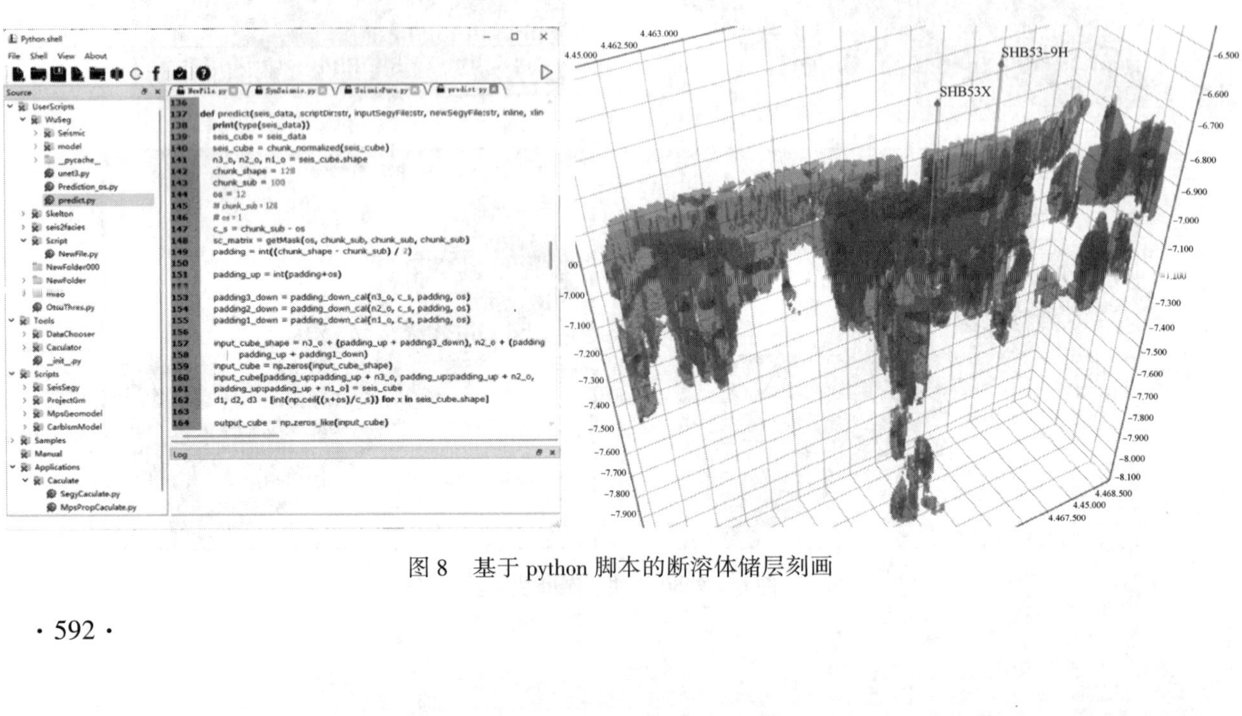

图 8　基于 python 脚本的断溶体储层刻画

5 结论

三维油气藏地质建模软件对油气勘探决策和全生命周期管理具有重要意义。随着国内需求的增长，研发国产三维地质建模软件将是趋势和必然。iDRS 软件作为一款国产一体化智能化油气藏地质建模软件，具有以下优势：

（1）架构设计采用开放式模型，模块之间耦合度低，便于扩展和迭代更新。

（2）实现了基本的地质建模功能，如数据处理、编辑、显示、解释等。

（3）增设了多点地质统计学、碳酸盐岩沉积模拟等特色功能模块，有利于复杂油气藏地质特征的模拟。

（4）内置 Python 脚本功能，支持用户开发定制化算法和工作流程，助推地质建模向智能化方向。

（5）典型案例显示该软件能够很好支撑不同类型油气藏的三维地质建模工作。

总之，iDRS 软件是国内一款功能全面、特色突出的三维地质建模软件，将有利于推进国内油气藏地质建模水平和提高决策质量。但与国际先进软件相比，还需要在用户体验、算法优化和产业化方面进行持续改进。

参 考 文 献

[1] 张文彪，段太忠，刘彦锋，等．定量地质建模技术应用现状与发展趋势[J]．地质科技情报，2019，38(03)：270-281.

[2] 吴胜和，李宇鹏．储层地质建模的现状与展望[J]．海相油气地质，2007，(03)：53-60.

[3] 贾爱林，郭智，郭建林，等．中国储层地质模型 30 年[J]．石油学报，2021，42(11)：1506-1515.

[4] 刘文岭，韩大匡．数字孪生油气藏：智慧油气田建设的新方向[J]．石油学报，2022，43(10)：1450-1461.

[5] 李青元，张洛宜，曹代勇，等．三维地质建模的用途、现状、问题、趋势与建议[J]．地质与勘探，2016，52(04)：759-767. DOI：10.13712/j.cnki.dzykt.2016.04.018.

[6] 张国强，于作刚．利用 Petrel 软件建立油藏地质模型[J]．地下水，2015，37(04)：208-210.

[7] 宋文娟．基于插件技术的油藏模拟软件底层框架设计[J]．科技视界，2017，(01)：318+330. DOI：10.19694/j.cnki.issn2095-2457.2017.01.239.

[8] 凌咏红，黄小微．油田三维地质建模技术及其软件实现[J]．计算机工程，2009，35(01)：237-239.

[9] 赵利民，赵永军，许亚权，等．基于组件技术开发三维地质建模软件的探讨[J]．地质与勘探，2008，(02)：92-96.

[10] 段太忠，王光付，廉培庆，等．油气藏定量地质建模方法和应用[M]．石油工业出版社，2019.

[11] 刘彦锋，张文彪，段太忠，等．深度学习油气藏地质建模研究进展[J]．地质科技通报，2021，40(04)：235-241. DOI：10.19509/j.cnki.dzkq.2021.0417.

[12] 刘彦锋，段太忠，黄渊，等．沉积过程模拟驱动下的深度学习地质建模方法[J]．石油与天然气地质，2023，44(01)：226-237.

[13] 段太忠，张文彪，何治亮，等．塔里木盆地顺北油田超深断溶体深度学习地质建模方法[J]．石油与天然气地质，2023，44(01)：203-212.

一种基于巨磁阻效应的井下定向方位判断方法

吴　瑶　杨　皓　孟卓然　成淑云　马正江　刘湘政

（中国石油集团测井有限公司）

摘　要　随钻测量（MWD）是指在钻头附近测得某些信息，不需中断正常钻进操作而将井下仪器姿态信息传送到地面的过程，姿态信息包括井斜角、方位角和工具面角，对这些数据的测量可以准确、实时确定当前井眼轨迹和钻头位置，确保井身质量及调整下一步钻进方向。目前普遍使用磁通门磁力计测量井下仪所在位置的磁场强度分量，解算出井下仪的方位角，使用加速度计测量井下仪所在位置的重力场，解算出井下仪的倾角和工具面角，但磁通门磁力计成本高、需要定期返厂刻度且所占空间较大。本文提出一种基于巨磁阻效应的井下定向方位判断方法，利用地球近地空间内任意一点的磁场矢量与该点的地理经纬度和离地心的高度一一对应这一特性，分析井下仪在不同方位时磁场矢量和巨磁阻传感器电阻值之间的变化规律，实现井下定向方位判断。该方法结构简单、所占空间小、灵敏度高、工作稳定、不需要刻度并且成本低，基于该方法还可实现井下仪钻进方式及转速的测量。

关键词　随钻测量；方位；巨磁阻传感器

随钻测量 MWD（Measurement While Drilling）一般是指钻井工程参数测量，如井斜、方位和工具面等的测量。目前国内外普遍使用磁通门磁力计测量井下仪所在位置的磁场强度分量，计算出井下仪器的方位角，使用加速度计测量倾角及工具面角。但磁通门磁力计成本高、需要定期返厂刻度并且所占空间较大。1988 年法国巴黎大学物理系 Fert 教授的科研组首先在 Fe/Cr 多层膜中发现了巨磁阻（GMR）效应，多层膜巨磁电阻是由厚度为几纳米的非磁性金属层和铁磁性金属层交替制成的层状结构，同一磁层中原子的磁矩方向一致，而相邻磁层的磁矩反平行，外加磁场可以改变磁层的磁矩，当两个磁性层的磁矩相互平行时，电子与自旋有关的散射最小，巨磁阻（GMR）传感器具有最低电阻状态，而当两层的磁矩反平行时，与自旋有关的散射最强，巨磁阻（GMR）传感器具有最高电阻状态，且磁场的微弱变化可引发电阻率显著改变。对于各种材料的研究和生产，磁性材料一直名列前茅，而巨磁阻材料是其中发展最快也是应用最迅猛的新型磁性材料，巨磁阻传感器目前主要应用于弹体姿态、汽车定位等方面，石油钻采行业应用较少。

地球近地空间内任意一点的磁场矢量与该点的地理经纬度和离地心的高度一一对应，且巨磁阻的电阻值改变对应输出电压也发生变化，利用这一特性将井下仪的方位测量转化为巨磁阻传感器的输出电压测量，实时解算出井下仪器的方位角。井下仪钻进状态（滑动/复合）通常需要根据转盘转速、大钩悬种等多种数据综合分析判断，由于钻头处的黏滞效应，这种判断方法往往会误判滑动时长，而基于巨磁阻的井下定向方位判断方法还可以更准确的获得井下仪钻进方式及转速。

1　测量原理

AAH002－02 是 NVE 公司研制的巨磁阻（GMR）传感器，该器件测量范围：−3～+3Gs（地磁场范围+0.6～−0.6Gs），灵敏度：11～18mV/Gs，工作电压：5V，其内部结构如图 1 所示。

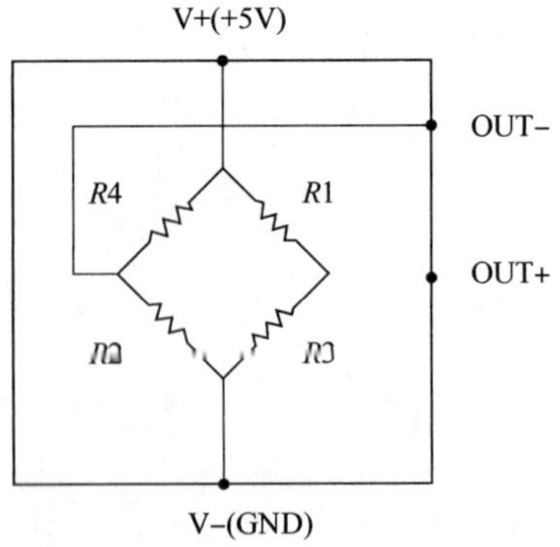

图 1　AAH002-02 内部结构示意图

AAH002-02 内部由四个相同的巨磁电阻组成惠斯通电桥 $R_1 = R_2 = R_3 = R_4 = R$，其中，$R_1$、

R_2 被高磁导率的材料（坡莫合金层）覆盖屏蔽，阻值对外磁场无响应，$R_1=R_2=R$；阻值受外部磁场影响的是 R_3、R_4，当传感器处于外界磁场时，$R_3=R_4=R-\Delta R$，ΔR 为外磁场磁感应强度为 B 时，单个巨磁阻的电阻改变量，当外加磁场方向与巨磁阻传感器磁矩方向相同时，ΔR 为正，反之为负。输出电压为：

$$U_{\text{out-}}=U_{\text{in}}\frac{R-\Delta R}{2R-\Delta R} \tag{1}$$

$$U_{\text{out+}}=U_{\text{in}}\frac{R}{2R-\Delta R} \tag{2}$$

$$U_{\text{out}}=U_{\text{out+}}-U_{\text{out-}}=U_{\text{in}}\frac{\Delta R}{2R-\Delta R} \tag{3}$$

由于巨磁阻的 ΔR 和磁场强度 H 为线性变化关系，则：

$$\Delta R=kH \tag{4}$$

井下传感器供电 5v，则输出电压 U_{out} 为：

$$U_{\text{out}}=5\times\frac{kH}{2R-kH}=\frac{5k}{\frac{2R}{H}-k} \tag{5}$$

式中，k、R 为固定常数，显然，输出电压和磁场强度绝对值成正比关系。

信号处理电路对 GMR 芯片的输出电压进行放大、滤波等处理，得到最终的输出电压信号，当外加磁场不断增大时，传感器输出电压 U_{out} 的标准波形如图 2 所示。

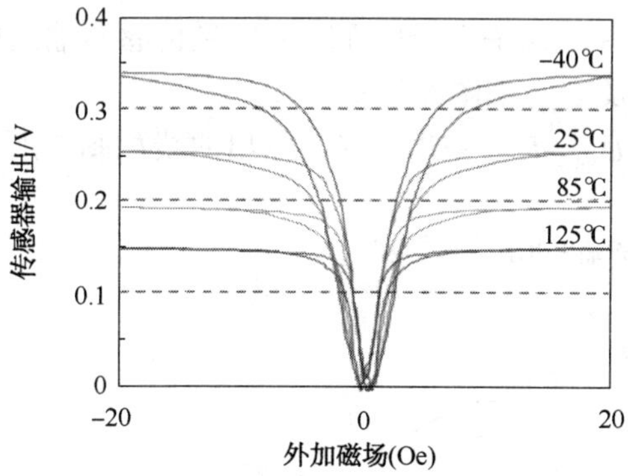

图 2　AAH002-02 传感器输出及温度性能

图 2 分别显示了 -40℃、25℃、85℃ 和 125℃时的四种测量结果。由于磁滞现象的存在，当磁场强度从零增大，使磁化强度增大至一定值，此时若将磁场慢慢减小，则磁化强度并不沿原来的变化曲线回复原状，而是沿另一曲线变化，出现磁滞的现象。当巨磁阻传感器所在的井下仪器方位发生变化时，在地磁场的作用下，巨磁电阻磁层的磁矩发生变化，导致巨磁阻阻值发生变化，因此传感器差分输出电压 $U_{\text{out+}}$ 和 $U_{\text{out-}}$ 发生变化，通过对 U_{out} 随方位变化的规律进行研究分析，获得一种基于巨磁阻传感器的井下定向方位判断方法。通过 TS3021H 轨对轨高速比较器对 $U_{\text{out+}}$ 和 $U_{\text{out-}}$ 进行比较。当仪器每旋转时，比较器输出电压变化一次，当仪器持续旋转时，比较器输出 5V 方波信号，将电压信号送入微控制器进行 A/D 转换，并将处理后的数字信号进行解算并实时上传。

2　电路设计

巨磁阻传感器具有方向性，地磁场平行于地面并始终指向北方。AAH 系列器件提供全极性输出，沿灵敏轴的正、负方向均有输出。如图 3 所示，图中 AAH002-02 的标准灵敏轴与地磁场北极重合时，此时输出电压最大。

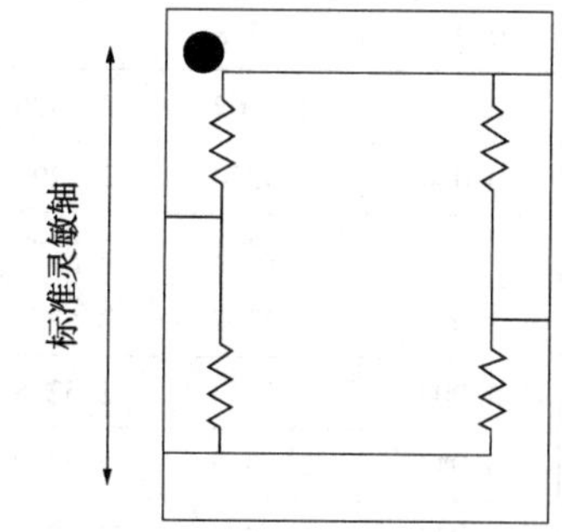

图 3　AAH002-02 传感器灵敏轴方向

建立大地坐标系如图 4 所示，以重力方向为垂直方向（Z 轴）、水平面朝北（X 轴）、朝东（Y 轴）的三维坐标系，AB 为井下仪器轴向方向，OB 为井下仪器在水平面上的投影，OB 与地球磁北间的夹角 β 为方位角，井下仪器与垂直面之间的锐角 α 为倾斜角。

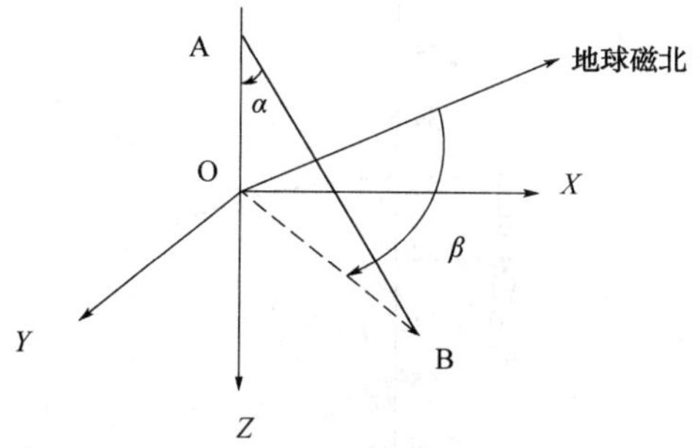

图 4　大地坐标系

3　测试试验

AAH002-02 传感器在印制电路板的安装方

向示意图如图 5 所示，印制板安装在仪器骨架上。该系列器件工作温度：-50~150℃，可满足井下高温工作要求。

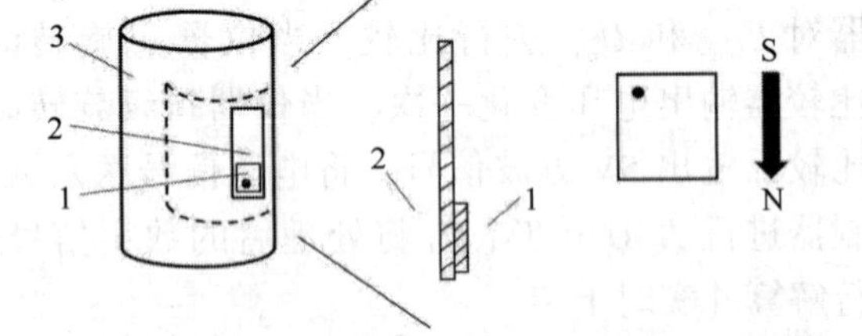

图 5　仪器垂直于地面时安装方式及初始位置示意图

供电电压为 5V 时，测得 U_{out-} 和 U_{out+} 的电压如表 1 所示，试验条件：北纬 34°13′49″，东经 108°58′9″，海拔 418.7m，气压 968.5hPa。

表 1　仪器垂直于地面时与地磁场夹角变化电压输出

方位	输出电压/V	U_{out+}/V	U_{out-}/V	U_{out}/V
北 0°	0.004	2.5255	2.5314	-0.0059
北 10°	0.004	2.5258	2.5311	-0.0053
北 20°	0.004	2.5262	2.5306	-0.0044
东北 30°	0.004	2.5270	2.5299	-0.0029
东北 40°	不定	2.5281	2.5287	-0.0006
东北 50°	5.004	2.5297	2.5272	0.0025
东北 60°	5.004	2.5314	2.5258	0.0056
东北 70°	5.044	2.5332	2.5242	0.009
东 80°	5.044	2.5354	2.5223	0.0131
东 90°	5.044	2.5378	2.5199	0.0179
东 100°	5.044	2.5398	2.5178	0.022
东 110°	5.044	2.5424	2.5152	0.0272
东南 120°	5.044	2.5445	2.5131	0.0314
东南 130°	5.044	2.5464	2.5112	0.0352

续表

方位	输出电压/V	U_{out+}/V	U_{out-}/V	U_{out}/V
东南 140°	5.044	2.5482	2.5094	0.0388
东南 150°	5.044	2.5495	2.5082	0.0413
南 160°	5.044	2.5505	2.5072	0.0433
南 170°	5.044	2.5512	2.5066	0.0466
南 180°	5.044	2.5514	2.5063	0.0451
南 190°	5.044	2.5511	2.5067	0.0444
南 200°	5.044	2.5506	2.5072	0.0434
西南 210°	5.004	2.5486	2.5082	0.0404
西南 220°	5.044	2.5481	2.5097	0.0384
西南 230°	5.004	2.5467	2.5110	0.0357
西南 240°	5.004	2.5450	2.5128	0.0322
西 250°	5.004	2.5426	2.5153	0.0273
西 260°	5.004	2.5412	2.5166	0.0246
西 270°	5.004	2.5385	2.5194	0.0191
西 280°	5.004	2.5359	2.5220	0.0139
西 290°	5.004	2.5336	2.5241	0.0095
西北 300°	5.004	2.5315	2.5260	0.0055
西北 310°	5.004	2.5297	2.5274	0.0023
西北 320°	0.006-0.008	2.5283	2.5289	-0.0006
西北 330°	0.004	2.5272	2.5301	-0.0029
北 340°	0.004	2.5265	2.5307	-0.0042
北 350°	0.004	2.5263	2.5310	-0.0047
北 360°	0.004	2.5261	2.5308	-0.0047

井下仪垂直于地面时，巨磁传感器输出电压 U_{out+} 及 U_{out-} 如图 6 所示：

$U_{out}=U_{out+}-U_{out-}$，$U_{out}$ 输出曲线如图 7 所示。

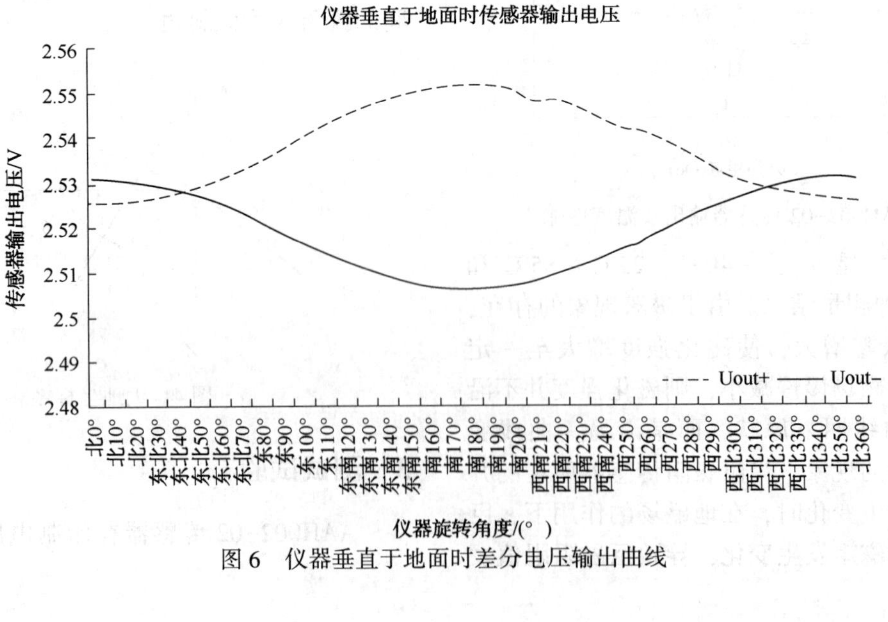

图 6　仪器垂直于地面时差分电压输出曲线

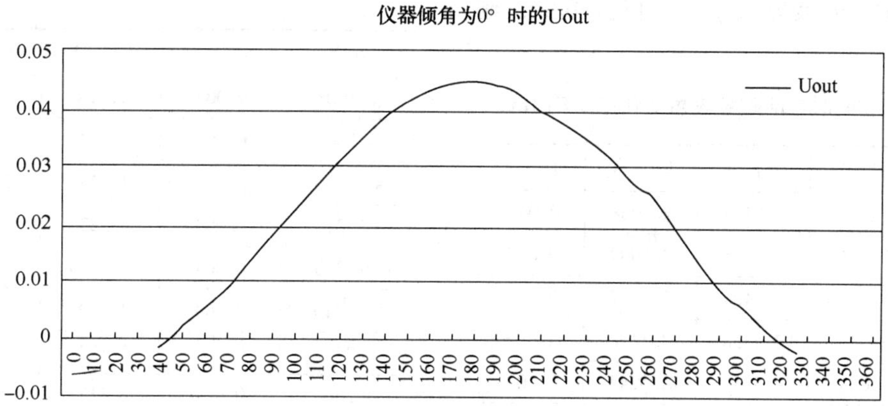

图 7　仪器垂直于地面时 U_{out} 曲线

利用 MATLAB 进行傅里叶曲线拟合，得到方位角 x 与 U_{out} 测量点的函数关系，R^2 值为 0.99944，拟合图像为图 8，拟合结果为：

$$U_{out}=0.0198-0.0248\cos(0.0181x)-0.0032\sin(0.0181x) \tag{6}$$

比较器输出波形如图 9 所示，当仪器垂直于地平面时，输出电压占空比约为 0.72T，T 为仪器转一圈的时间，且仪器旋转一周，正脉冲数量为 1 个，根据脉冲个数可计算得到一定时间内仪器的转速。

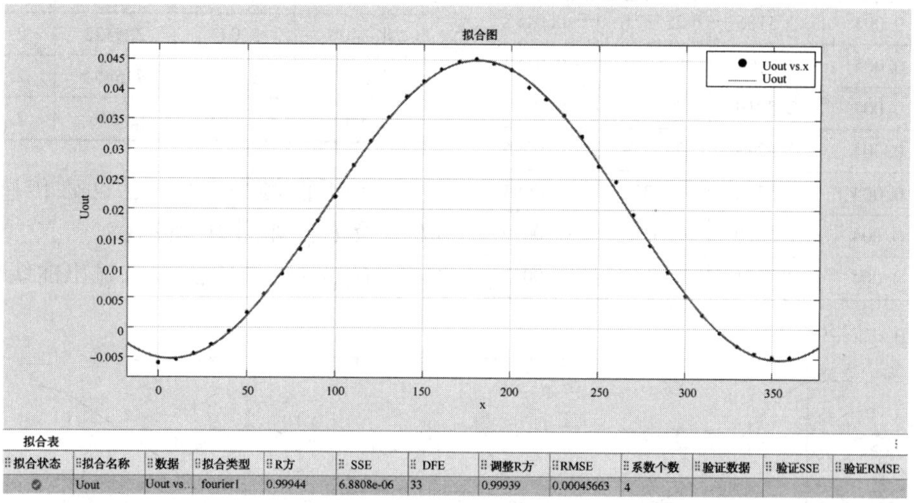

图 8　MATLAB 拟合结果

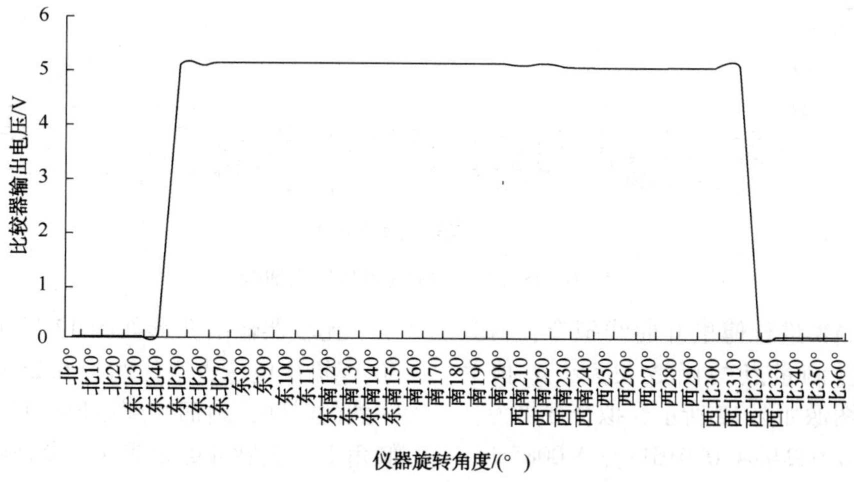

图 9　仪器垂直于地面时比较器输出电压

将仪器倾斜 30°，安装方式不变，位置不变，输出电压见表 2。

表 2　仪器倾斜 30°时与地磁场夹角变化电压输出表

方位	输出/V	U_{out+}/V	U_{out-}/V	U_{out}/V
北 0°	5.043	2.5486	2.5068	0.0418
北 10°	5.043	2.5456	2.5099	0.0357
北 20°	5.043	2.5409	2.5147	0.0262
东北 30°	5.043	2.5358	2.5198	0.016
东北 40°	5.043	2.5312	2.5244	0.0068
东北 50°	0.005	2.5271	2.5278	-0.0007
东北 60°	0.004	2.5239	2.531	-0.0071
东北 70°	0.004	2.5212	2.5339	-0.0127
东 80°	0.004	2.5193	2.5361	-0.0168
东 90°	0.004	2.5180	2.5376	-0.0196
东 100°	0.004	2.5173	2.5382	-0.0209
东 110°	0.004	2.5174	2.538	-0.0206
东南 120°	0.004	2.5186	2.5371	-0.0185
东南 130°	0.004	2.5204	2.5357	-0.0153
东南 140°	0.004	2.5219	2.5346	-0.0127
东南 150°	0.004	2.5233	2.5329	-0.0096
南 160°	0.004	2.5238	2.5323	-0.0085
南 170°	0.004	2.5239	2.5318	-0.0079
南 180°	0.004	2.5241	2.5318	-0.0077

续表

方位	输出/V	U_{out+}/V	U_{out-}/V	U_{out}/V
南 190°	0.004	2.524	2.532	-0.008
南 200°	0.004	2.5237	2.5323	-0.0086
西南 210°	0.004	2.5232	2.5328	-0.0096
西南 220°	0.004	2.5224	2.5335	-0.0111
西南 230°	0.004	2.5215	2.5345	-0.013
西南 240°	0.004	2.5204	2.5356	-0.0152
西 250°	0.004	2.5188	2.5368	-0.018
西 260°	0.004	2.5177	2.5377	-0.02
西 270°	0.004	2.5177	2.5371	-0.0194
西 280°	0.004	2.521	2.5334	-0.0124
西 290°	0.004	2.5254	2.529	-0.0036
西北 300°	5.043	2.529	2.5259	0.0031
西北 310°	5.043	2.533	2.5225	0.0105
西北 320°	5.043	2.537	2.5184	0.0186
西北 330°	5.043	2.5403	2.5149	0.0254
北 340°	5.043	2.5432	2.5121	0.0311
北 350°	5.043	2.5454	2.5099	0.0355
北 360°	5.043	2.546	2.5092	0.0368

井下仪倾角 30°时，巨磁传感器输出电压 U_{out+} 及 U_{out-} 如图 10 所示：

$U_{out}=U_{out+}-U_{out-}$，$U_{out}$ 输出曲线如图 11 所示。

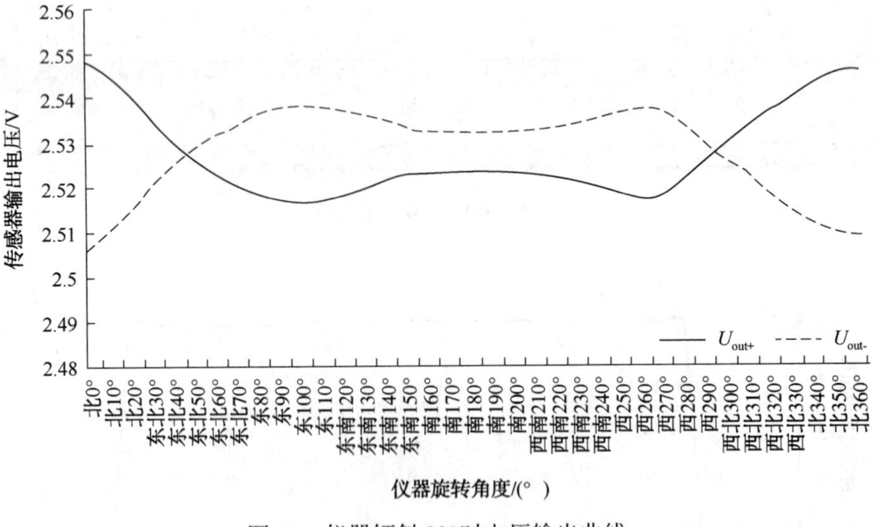

图 10　仪器倾斜 30°时电压输出曲线

利用 MATLAB 进行傅里叶曲线拟合，得到方位角 x 与 U_{out} 测量点的函数关系，R^2 值为 0.99099，拟合图像如图 12 所示，拟合结果为：

$$U_{out}=0.0013+0.0224\cos(0.0161x)-0.0085\sin(0.0161x)+0.0140\cos(0.0322x)-0.0091\sin(0.0322x) \tag{7}$$

比较器输出波形如图 13 所示，当仪器倾角 30°，输出电压占空比约为 0.25×T，T 为仪器转一圈的时间，地面收到波形可判断仪器旋转，该倾角下，负脉冲数量为 1，代表旋转一周，根据负脉冲个数可判断仪器旋转圈数。

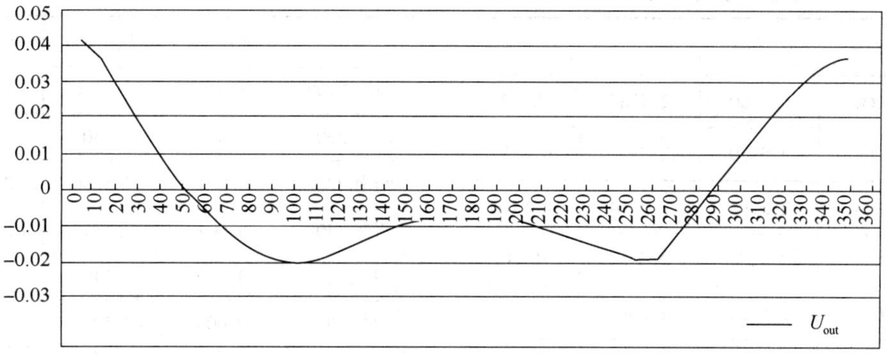

图 11　仪器倾角 30°时 U_{out} 曲线

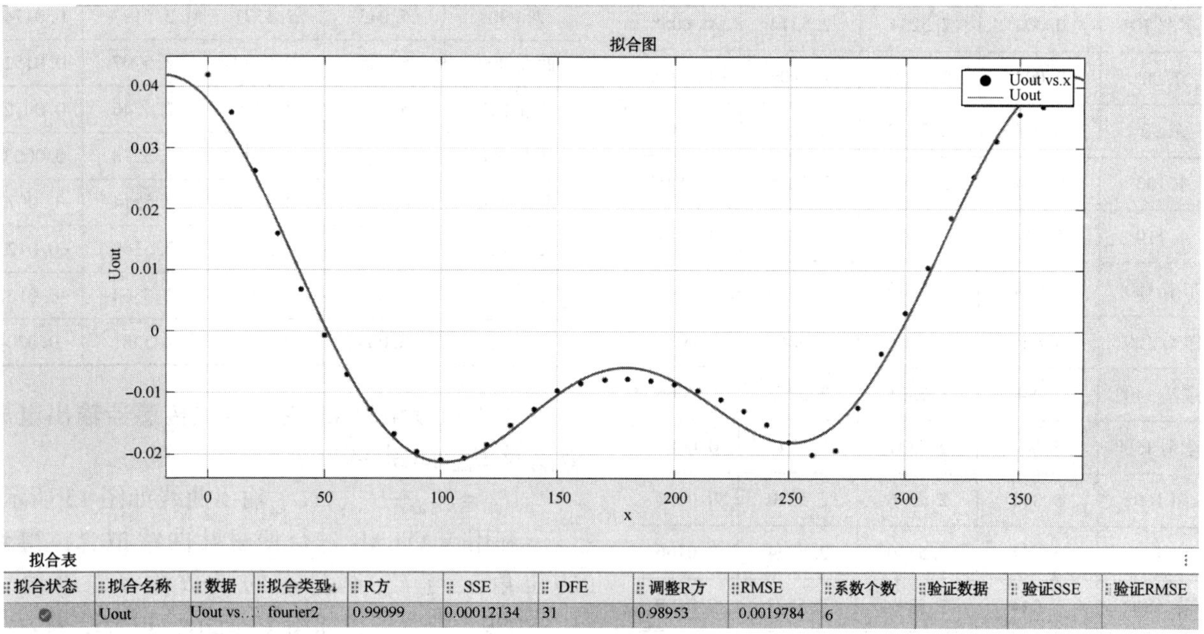

拟合状态	拟合名称	数据	拟合类型	R方	SSE	DFE	调整R方	RMSE	系数个数	验证数据	验证SSE	验证RMSE
	Uout	Uout vs...	fourier2	0.99099	0.00012134	31	0.98953	0.0019784	6			

图 12　MATLAB 拟合结果

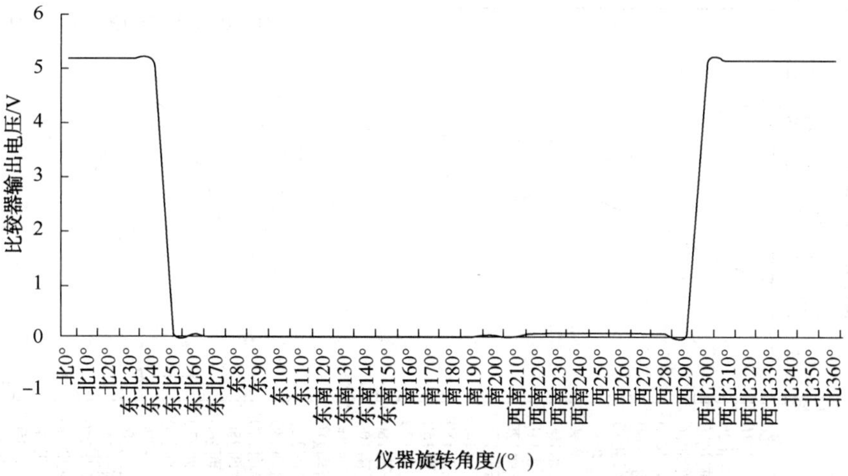

图 13　仪器倾斜 30°时比较器输出电压

仪器倾角 45°，安装方式不变，输出电压见表 3。

表3　仪器倾斜45°时与地磁场夹角变化电压输出表

方位	输出/V	U_{out+}/V	U_{out-}/V	U_{out}/V
北 0°	0.004	2.5180	2.5380	-0.02
北 10°	0.004	2.5189	2.5371	-0.0182
北 20°	0.004	2.5198	2.5364	-0.0166
东北 30°	0.004	2.5207	2.5357	-0.015
东北 40°	0.004	2.5222	2.5344	-0.0122
东北 50°	0.004	2.5234	2.5331	-0.0097
东北 60°	0.004	2.5247	2.5318	-0.0071
东北 70°	0.004	2.5254	2.5312	-0.0058
东 80°	0.004	2.5260	2.5306	-0.0046
东 90°	0.004	2.5273	2.5293	-0.002
东 100°	0.004	2.5283	2.5285	-0.0002
东 110°	5.044	2.5296	2.5277	0.0019
东南 120°	5.044	2.5305	2.5268	0.0037
东南 130°	5.044	2.5313	2.5262	0.0051
东南 140°	5.044	2.5321	2.5255	0.0066
东南 150°	5.044	2.5331	2.5244	0.0087
南 160°	5.044	2.5336	2.5240	0.0096
南 170°	5.044	2.5340	2.5234	0.0106
南 180°	5.044	2.5342	2.5233	0.0109
南 190°	5.044	2.5337	2.5236	0.0101
南 200°	5.044	2.5335	2.5240	0.0095

续表

方位	输出/V	U_{out+}/V	U_{out-}/V	U_{out}/V
西南 210°	5.045	2.5330	2.5244	0.0086
西南 220°	5.045	2.5309	2.5264	0.0045
西南 230°	0.004	2.5260	2.5307	-0.0047
西南 240°	0.004	2.5216	2.5349	-0.0133
西 250°	0.004	2.5190	2.5367	-0.0177
西 260°	0.004	2.5257	2.5302	-0.0045
西 270°	5.045	2.5314	2.5248	0.0066
西 280°	5.045	2.5352	2.5213	0.0139
西 290°	5.045	2.5371	2.5197	0.0174
西北 300°	5.045	2.5359	2.5207	0.0152
西北 310°	5.045	2.5318	2.5246	0.0072
西北 320°	不定	2.5281	2.5278	0.0003
西北 330°	0.004	2.5242	2.5314	-0.0072
北 340°	0.004	2.5217	2.5340	-0.0123
北 350°	0.004	2.5197	2.5364	-0.0167
北 360°	0.004	2.5177	2.5381	-0.0204

井下仪倾角为45°时，巨磁传感器输出电压 U_{out+} 及 U_{out-} 如图14所示：

$U_{out}=U_{out+}-U_{out-}$，$U_{out}$ 输出曲线如图15所示。

利用MATLAB进行傅里叶曲线拟合，得到方位角 x 与 U_{out} 测量点的函数关系，R^2 值为0.99099，拟合图像如图16所示，拟合结果为：

$$U_{out}=-0.0005-0.0081\cos(0.018x)-0.0033\sin(0.018x)-0.0071\sin(0.36x)-0.0071\cos(0.054x)-0.0035\sin(0.054x) \tag{8}$$

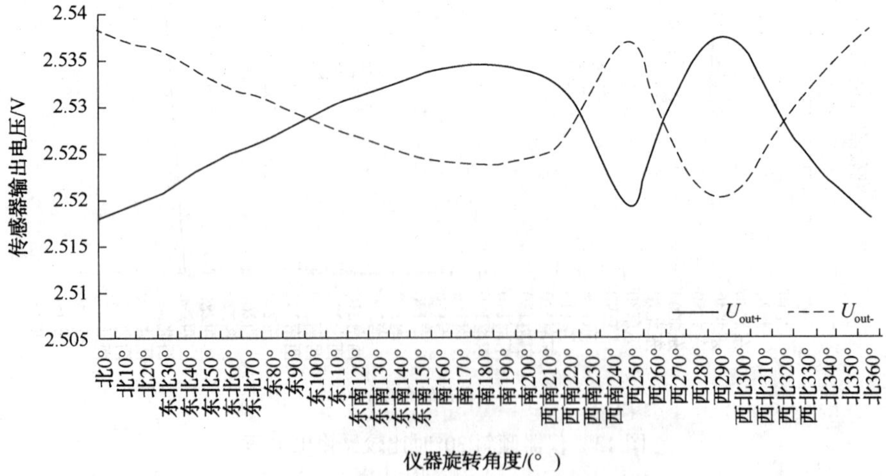

图14　仪器倾斜45°时电压输出曲线

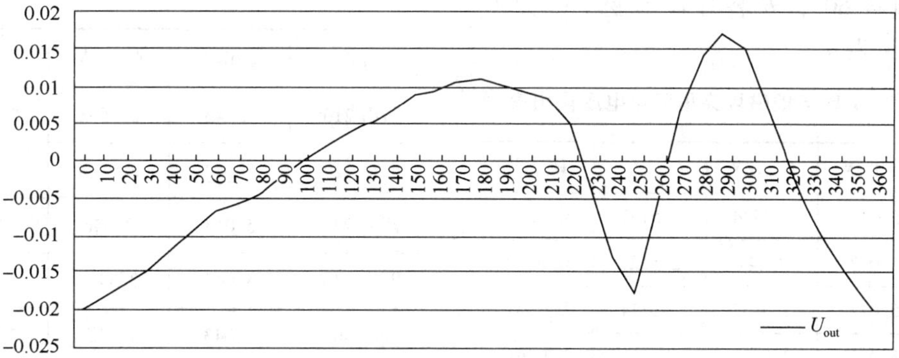

图 15　仪器倾角 45°时 U_{out} 曲线

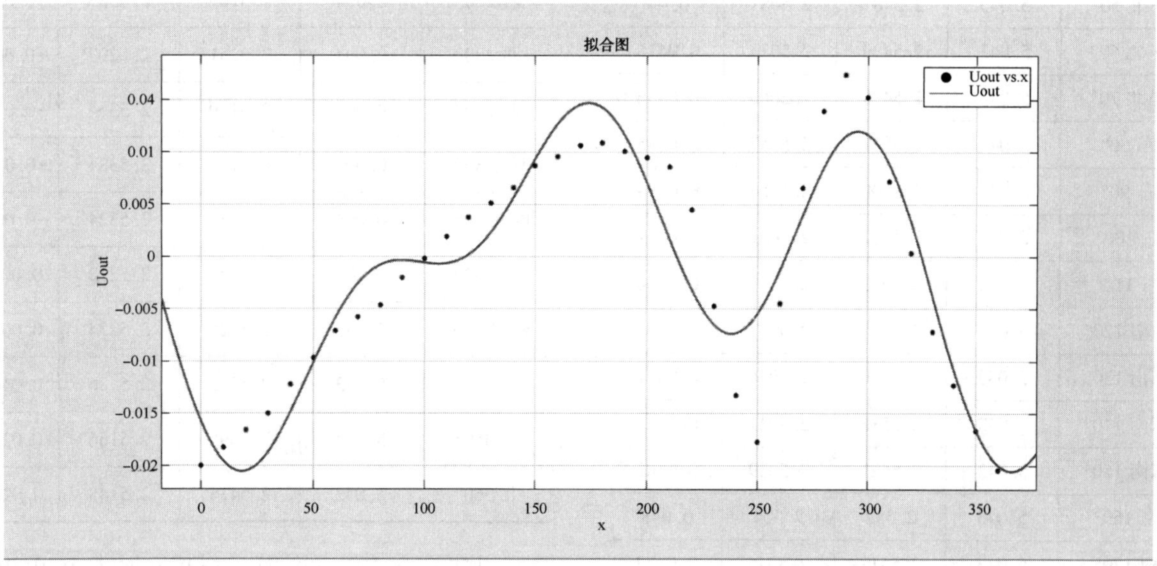

拟合表

拟合状态	拟合名称	数据	拟合类型	R方	SSE	DFE	调整R方	RMSE	系数个数	验证数据	验证SSE	验证RMSE
✔	Uout	Uout vs...	fourier3	0.87341	0.00057208	29	0.84286	0.0044415	8			

图 16　MATLAB 拟合结果

比较器输出电压如图 17 所示，当仪器以垂直为起点，倾斜 45°，输出电压占空比约为 0.39 ×T，T 为仪器转一圈的时间，地面收到波形可判断仪器旋转，且可以得到仪器倾斜角度，该角度下，仪器旋转一周有两个正脉冲，根据正脉冲数量可得仪器转速。

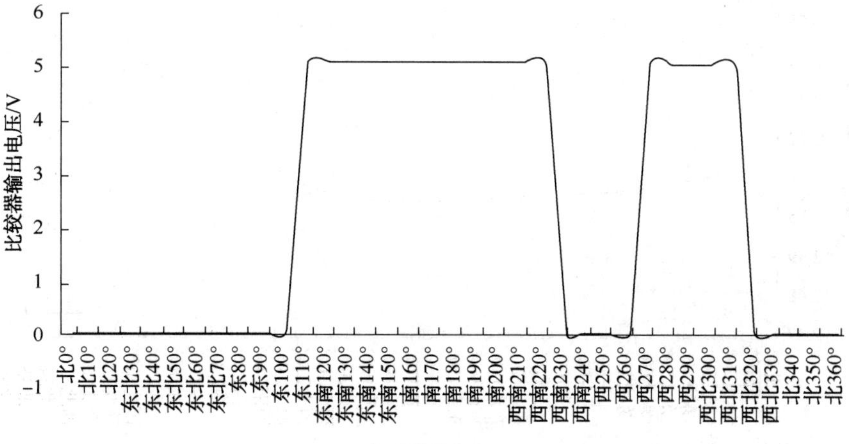

图 17　仪器倾斜 45°时比较器输出电压

将仪器倾斜 60°，安装方式不变，位置不变，输出电压见表 4。

表 4　仪器倾斜 60°时与地磁场夹角变化电压输出表

角度	输出/V	U_{out+}/V	U_{out-}/V	U_{out}/V
北 0°	5. 043	2. 5424	2. 5137	0. 0287
北 10°	5. 043	2. 544	2. 5121	0. 0319
北 20°	5. 043	2. 5452	2. 5111	0. 0341
东北 30°	5. 043	2. 5461	2. 51	0. 0361
东北 40°	5. 043	2. 5471	2. 5089	0. 0382
东北 50°	5. 043	2. 5481	2. 5081	0. 04
东北 60°	5. 043	2. 5489	2. 5073	0. 0416
东北 70°	5. 043	2. 5499	2. 5063	0. 0436
东 80°	5. 043	2. 5502	2. 5057	0. 0445
东 90°	5. 043	2. 5508	2. 5054	0. 0454
东 100°	5. 043	2. 5512	2. 5051	0. 0461
东 110°	5. 043	2. 5513	2. 5049	0. 0464
东南 120°	5. 043	2. 5515	2. 5047	0. 0468
东南 130°	5. 043	2. 5516	2. 5044	0. 0472
东南 140°	5. 043	2. 5518	2. 5041	0. 0477
东南 150°	5. 043	2. 5521	2. 5039	0. 0482
南 160°	5. 043	2. 552	2. 504	0. 048
南 170°	5. 043	2. 5517	2. 5045	0. 0472
南 180°	5. 043	2. 5521	2. 5038	0. 0483
南 190°	5. 043	2. 552	2. 5042	0. 0478
南 200°	5. 043	2. 5514	2. 5045	0. 0469

续表

方位	输出/V	U_{out+}/V	U_{out-}/V	U_{out}/V
西南 210°	5. 043	2. 5503	2. 5057	0. 0446
西南 220°	5. 043	2. 5484	2. 5077	0. 0407
西南 230°	5. 043	2. 546	2. 51	0. 036
西南 240°	5. 043	2. 5407	2. 5153	0. 0254
西 250°	5. 043	2. 5322	2. 5239	0. 0083
西 260°	0. 004	2. 5227	2. 5322	−0. 0095
西 270°	0. 004	2. 5169	2. 5385	−0. 0216
西 280°	0. 004	2. 5251	2. 5297	−0. 0046
西 290°	0. 004	2. 5189	2. 5364	−0. 0175
西北 300°	0. 004	2. 5175	2. 5384	−0. 0209
西北 310°	0. 004	2. 5237	2. 5324	−0. 0087
西北 320°	不定	2. 5284	2. 5272	0. 0012
西北 330°	5. 043	2. 5325	2. 5234	0. 0091
北 340°	5. 043	2. 5373	2. 5186	0. 0187
北 350°	5. 043	2. 5395	2. 5166	0. 0229
北 360°	5. 043	2. 5414	2. 5148	0. 0266

井下仪倾角为 60°时，巨磁传感器输出电压 U_{out+} 及 U_{out-} 如图 18 所示。

$U_{out}=U_{out+}-U_{out-}$，$U_{out}$ 输出曲线如图 19 所示。

利用 MATLAB 进行傅里叶曲线拟合，得到方位角 x 与 U_{out} 的函数关系，R^2 值为 0. 97582，拟合图像如图 20 所示，拟合结果为：

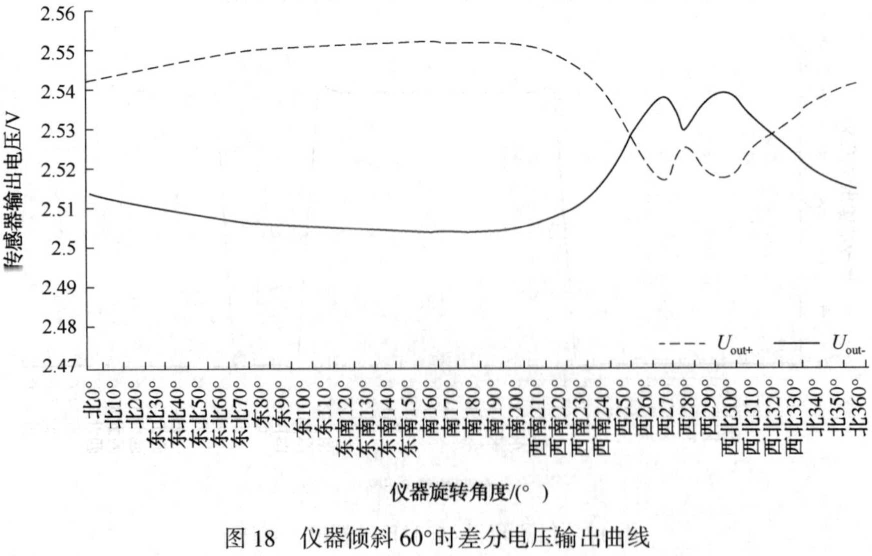

图 18　仪器倾斜 60°时差分电压输出曲线

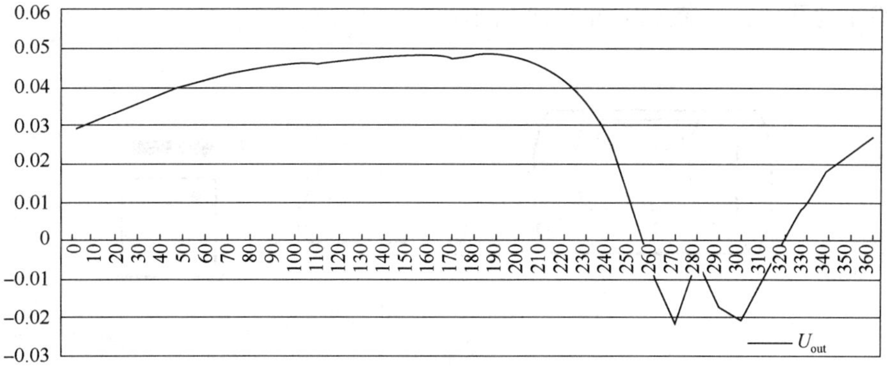

图 19　仪器倾斜 60°时 U_{out} 输出曲线

$$U_{out}=0.0285-0.0152\cos(0.0177x)+0.0234\sin(0.0177x)+0.0097\cos(0.0354x)+0.0097\sin(0.0354x)+0.0045\cos(0.0531x)-0.004\sin(0.0531x) \quad (9)$$

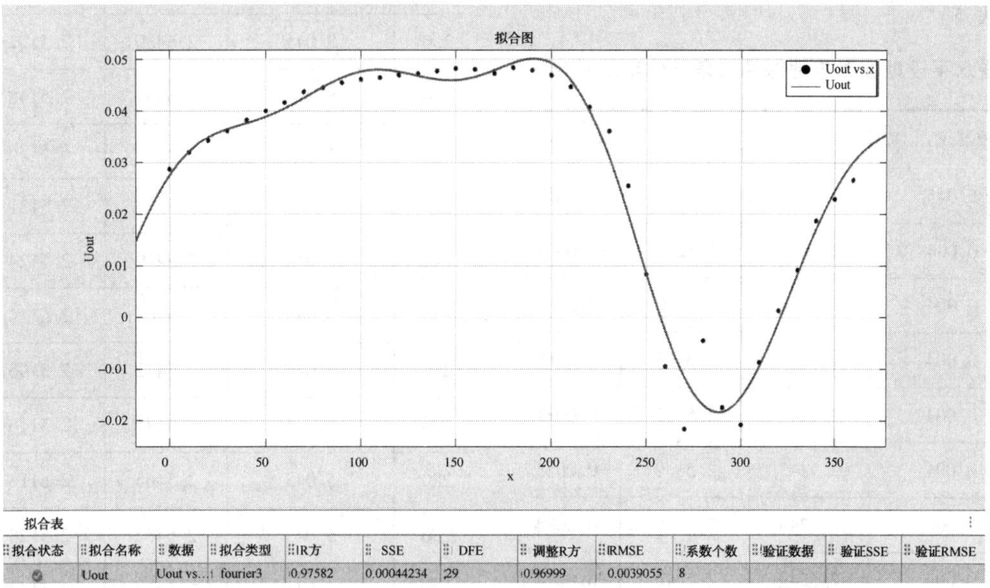

图 20　MATLAB 拟合结果

比较器输出电压如图 17 所示，当井下仪倾角 60°，输出电压占空比约为 0.56×T，T 为仪器转一圈的时间，仪器旋转一周有一个负脉冲，根据负脉冲数量可得到转速，地面收到波形可判断仪器旋转。

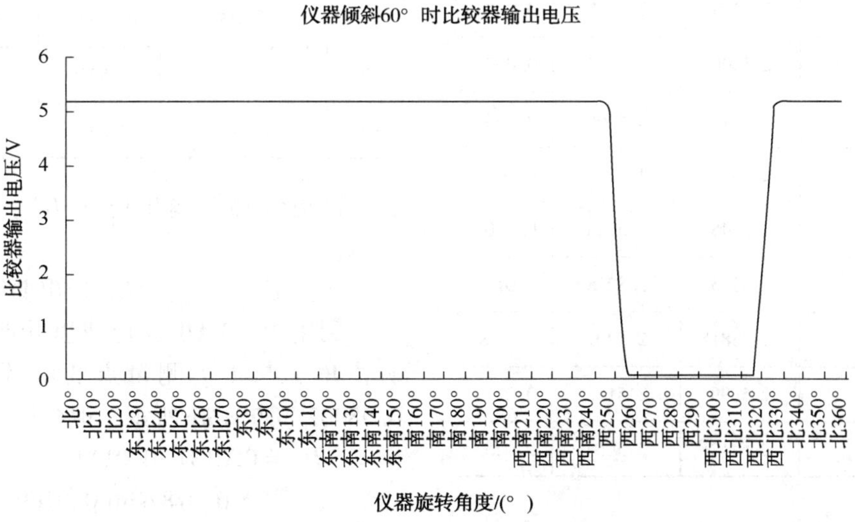

图 17　仪器倾斜 60°时比较器输出电压

将仪器水平于地平面，安装方式如图 18 所示：

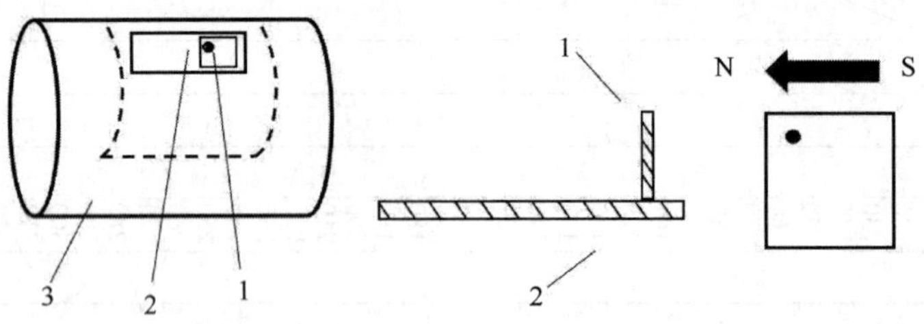

图 18　传感器安装方式及初始位置图

仪器水平于地面，初始方向朝西，顺时针旋转 360°，供电电压为 5V 时，测得得 U_{out-} 和 U_{out+} 的电压见表 5。

表 5　仪器水平于地面时与地磁场夹角变化电压输出

角度	比较器输出/V	U_{out+}/V	U_{out-}/V	U_{out}/V
0°	5.045	2.5295	2.5277	0.0018
10°	0.004	2.5276	2.5298	−0.0022
20°	0.004	2.5264	2.5310	−0.0046
30°	0.004	2.5253	2.5323	−0.007
40°	0.004	2.5246	2.5327	−0.0081
50°	0.004	2.5245	2.5330	−0.0085
60°	0.004	2.5246	2.5330	−0.0084
70°	0.004	2.5249	2.5326	−0.0077
80°	0.004	2.5256	2.5317	−0.0061
90°	0.004	2.5266	2.5309	−0.0043
100°	0.004	2.5277	2.5298	−0.0021
110°	跳变	2.5289	2.5285	0.0004
120°	5.045	2.5300	2.5275	0.0025
130°	5.045	2.5311	2.5268	0.0043
140°	5.045	2.5326	2.5255	0.0071
150°	5.045	2.5345	2.5238	0.0107
160°	5.045	2.5365	2.5218	0.0147
170°	5.045	2.5381	2.5201	0.018
180°	5.045	2.5399	2.5182	0.0217
190°	5.045	2.5417	2.5164	0.0253
200°	5.045	2.5430	2.5152	0.0278
210°	5.045	2.5439	2.5142	0.0297
220°	5.045	2.5446	2.5136	0.031
230°	5.045	2.5450	2.5131	0.0319
240°	5.045	2.5459	2.5124	0.0335
250°	5.045	2.5467	2.5114	0.0353
260°	5.045	2.5472	2.5106	0.0366
270°	5.045	2.5474	2.5106	0.0368
280°	5.045	2.5465	2.5114	0.0351
290°	5.045	2.5452	2.5128	0.0324
300°	5.045	2.5433	2.5148	0.0285
310°	5.045	2.5411	2.5170	0.0241
320°	5.045	2.5389	2.5192	0.0197
330°	5.045	2.5366	2.5216	0.015
340°	5.045	2.5343	2.5238	0.0105
350°	5.045	2.5326	2.5255	0.0071
360°	5.045	2.5302	2.5272	0.003

巨磁传感器输出电压 U_{out+} 及 U_{out} 如图 19 所示：

$U_{out}=U_{out+}-U_{out-}$，$U_{out}$ 输出曲线如图 20 所示。

利用 MATLAB 进行傅里叶曲线拟合，得到方位角 x 与 U_{out+} 测量点的函数关系，R^2 值为 0.98902，如图 21 所示，拟合结果为：

$$U_{out}=0.0131-0.0114\cos(0.0169x)-0.0187\sin(0.0169x) \tag{10}$$

比较器输出波形如图22所示，当仪器水平，方向朝西，输出电压占空比约为0.61×T，T为仪器转一圈的时间，地面收到波形可判断仪器旋转。

将仪器水平于地平面，方向朝南顺时针旋转360°，输出电压变化如表6所示：

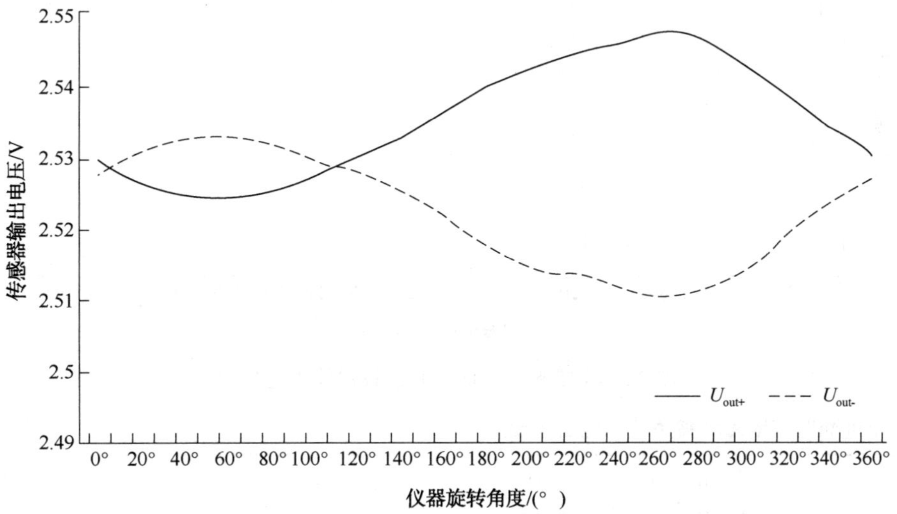

图19　仪器水平于地面时电压输出曲线

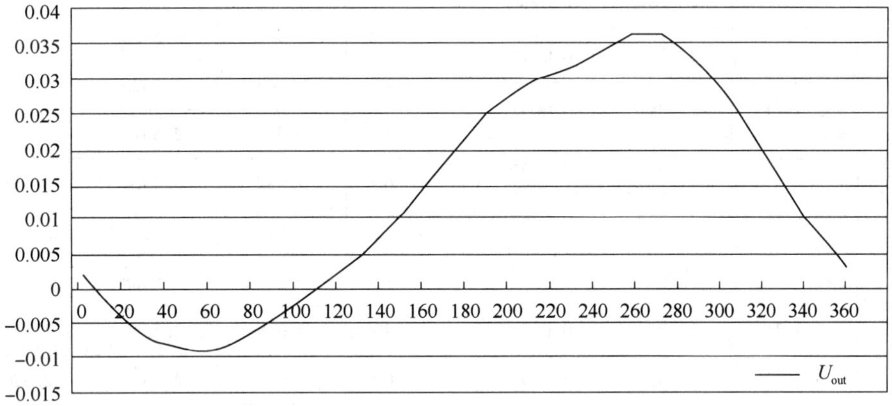

图20　仪器水平于地面时 U_{out} 输出曲线

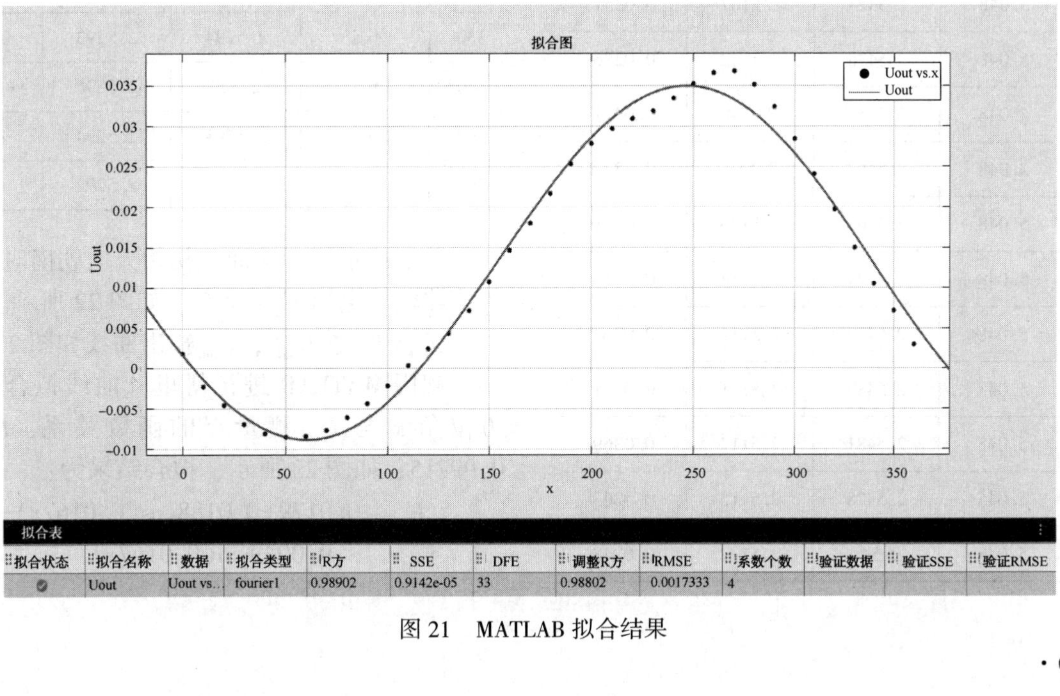

图21　MATLAB 拟合结果

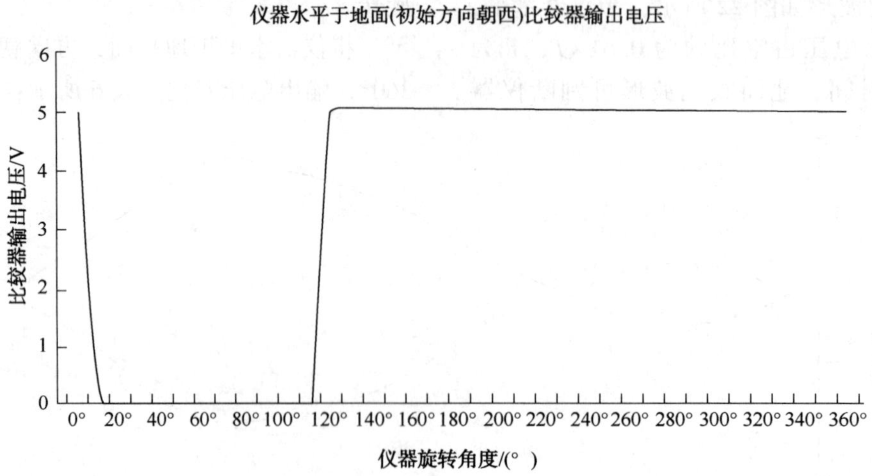

图 22　仪器水平于地面时比较器输出电压

表 6　仪器水平于地面时与地磁场夹角变化电压输出

角度	输出/V	U_{out+}/V	U_{out-}/V	U_{out}/V
0°	0.005	2.5274	2.5286	-0.0012
10°	不定	2.528	2.5282	-0.0002
20°	5.048	2.5304	2.5288	0.0016
30°	5.049	2.5314	2.5282	0.0032
40°	5.049	2.5328	2.527	0.0058
50°	5.048	2.5341	2.5254	0.0087
60°	5.048	2.5354	2.524	0.0114
70°	5.048	2.5371	2.5223	0.0148
80°	5.048	2.5388	2.5205	0.0183
90°	5.048	2.5405	2.5184	0.0221
100°	5.048	2.5424	2.5167	0.0257
110°	5.048	2.5438	2.5152	0.0286
120°	5.048	2.5451	2.514	0.0311
130°	5.048	2.5462	2.513	0.0332
140°	5.048	2.5467	2.5126	0.0341
150°	5.048	2.5474	2.5118	0.0356
160°	5.048	2.5478	2.5114	0.0364
170°	5.048	2.5482	2.5111	0.0371
180°	5.048	2.5481	2.5112	0.0369
190°	5.045	2.5478	2.5115	0.0363
200°	5.048	2.547	2.5122	0.0348

续表

角度	输出/V	U_{out+}/V	U_{out-}/V	U_{out}/V
210°	5.048	2.5459	2.5135	0.0324
220°	5.048	2.545	2.5142	0.0308
230°	5.048	2.5433	2.5152	0.0281
240°	5.048	2.5425	2.5163	0.0262
250°	5.048	2.5416	2.5174	0.0242
260°	5.048	2.5404	2.5187	0.0217
270°	5.048	2.5385	2.5208	0.0177
280°	5.048	2.5368	2.5224	0.0144
290°	5.048	2.5349	2.5245	0.0104
300°	5.048	2.5332	2.5263	0.0069
310°	5.048	2.5318	2.5275	0.0043
320°	5.048	2.5304	2.5286	0.0018
330°	不定	2.5294	2.5293	0.0001
340°	不定	2.529	2.5296	-0.0006
350°	不定	2.5291	2.5294	-0.0003
360°	不定	2.5292	2.5292	0

井下仪水平于地面，初始方向朝南时，巨磁传感器输出电压 U_{out+} 及 U_{out-} 如图 22 所示。

$U_{out}=U_{out+}-U_{out-}$，$U_{out}$ 输出曲线如图 23 所示。

利用 MATLAB 进行傅里叶曲线拟合，得到方位角 x 与 U_{out} 测量点的函数关系，R^2 值为 0.99715，如图 23 所示，拟合结果为：

$$U_{out}=0.0179-0.0188\cos(0.0167x)+0.0049\sin(0.0167x) \tag{11}$$

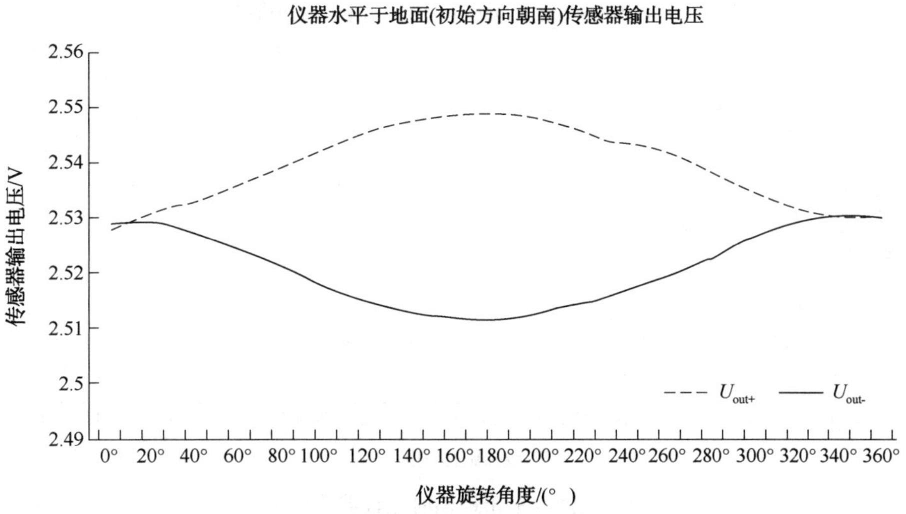

图 22　仪器水平于地面时电压输出曲线

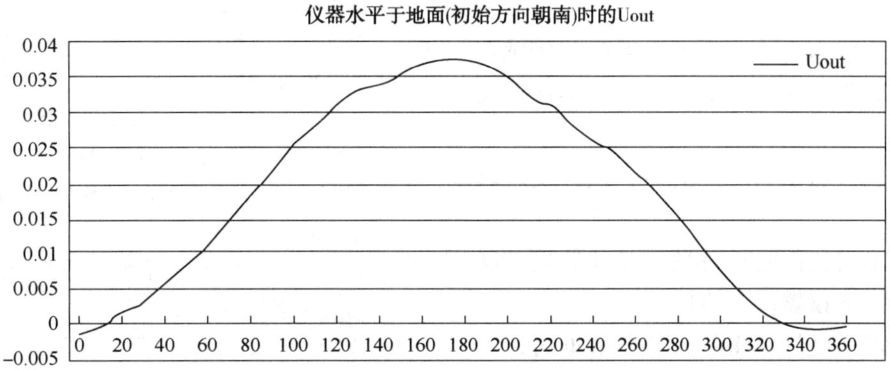

图 23　仪器水平于地面时电压输出曲线

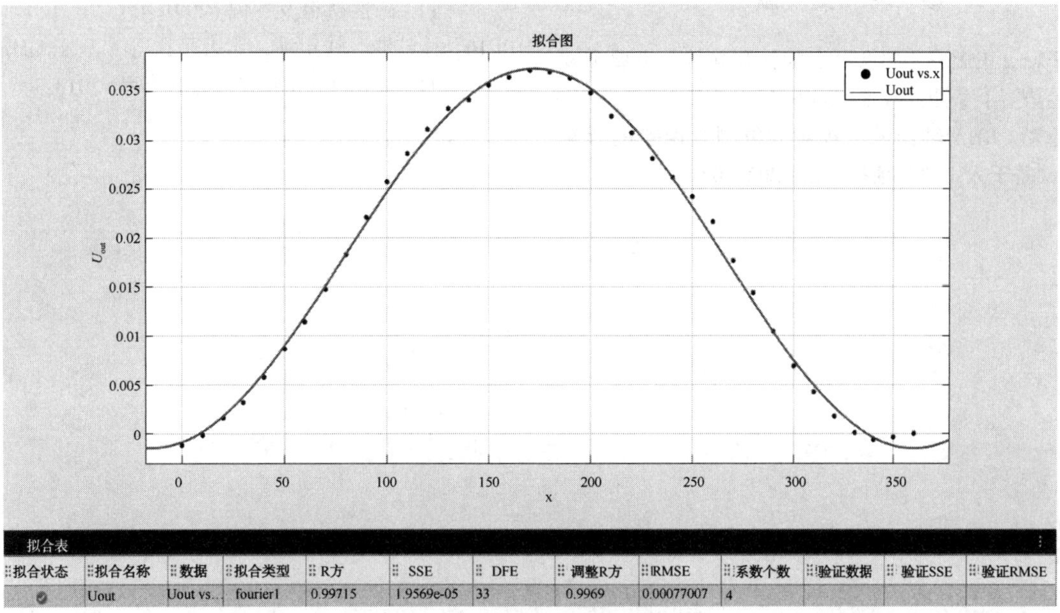

拟合表

拟合状态	拟合名称	数据	拟合类型	R方	SSE	DFE	调整R方	RMSE	系数个数	验证数据	验证SSE	验证RMSE
	Uout	Uout vs...	fourier1	0.99715	1.9569e-05	33	0.9969	0.00077007	4			

图 23　MATLAB 拟合结果

比较器输出波形如图 24 所示，当仪器水平，方向朝南，输出电压占空比约为 0.83×T，T 为仪器转一圈的时间，地面收到波形可判断仪器旋转。

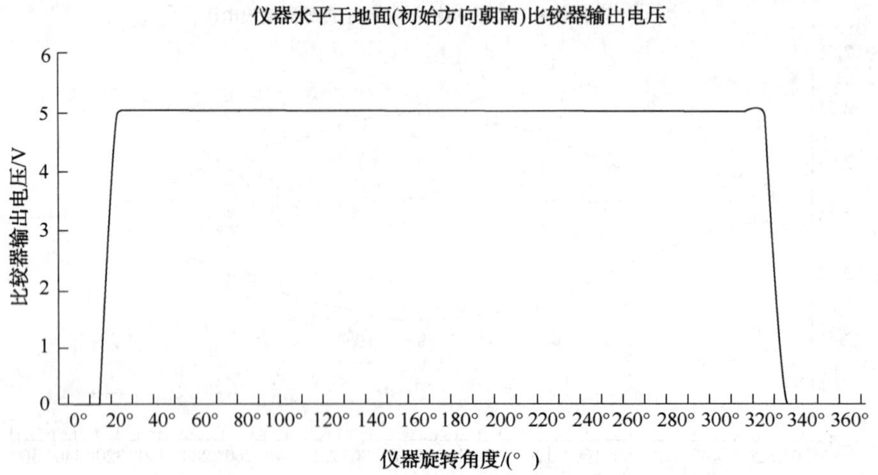

图 24　仪器水平于地面时比较器输出电压

4　结论与展望

（1）从测量数据上可以看出，巨磁阻传感器测量数据与地球磁场强度的电压响应可实现仪器方位判断。

（2）根据比较器输出电压的占空比，实现转速测量。

（3）采用小封装巨磁传感器测量仪器旋转状态可大大节省井下仪器所占空间。

（4）结合加速度计测得的倾斜角数据可以提高方位测量精度。

参　考　文　献

[1] 张辛耘，王敬农，郭彦军．随钻测井技术进展和发展趋势》[J]．测井技术．2006. 2.

[2] 孟卓然．BHA 轴向磁干扰对方位测量误差的影响[J]．基于人工磁场模拟方法．2020. 08.

[3] 胡松清，杨谓．巨磁电阻应用的现状及展望[J]．青岛大学学报．2003. 3.

[4] 李文涛，谢致薇，杨元政，等．薄膜巨磁电阻效应及其研究进展[J]．材料导报．2010. 8.

[5] 张子瑜．中外能源[J]．2023. 28.

[6] 许爱东，王志明，李鹏，等．基于巨磁阻效应的微型电流传感器装置研发及应用[J]．南方电网技术．2020. 8.

[7] 陈文渊．随钻测量系统信号测量的关键技术研究[J]．重庆大学硕士论文．

[8] 谭宁，钱政．巨磁电阻传感器综合特性测试装置的研制[J]．电测与仪表．2014. 12.

[9] 肖又专，曾荣伟，王林忠．巨磁电阻传感器的应用[J]．磁性材料及器件．2001. 4.

[10] 林乾浩，钱正洪，龚天平，等．基于 GMR 传感器的三轴电子罗盘[J]．机电工程．2013. 1

基于机器学习的油井换泵排量优化方法

王治国　杨冰冰　刘健康　王元庆　丛　欣　郭军辉　王海涛　梁鸿雁

（大庆油田有限责任公司勘探开发研究院）

摘　要　针对油井换泵排量难以准确确定的问题，系统梳理换泵效果的影响因素，建立M油田历史换泵样本库，利用斯皮尔曼秩相关分析，结合专家经验确定换泵效果7项主控因素，优选机器学习算法，建立换泵初期日增油预测模型，将预测模型与穷举搜索算法相结合，以换泵后含水不升、日增油量最大为目标，确定最优排量。该方法指导换泵井实施，见到了较好的增油效果，且含水基本不升，为换泵井排量的优化提供了新手段。

关键词　机器学习；油井；换泵；排量；优化

油井换泵是调整地层压力、改善平面矛盾的重要方式之一。油田开发过程中由于注入井的调整、油井的措施改造，导致油井生产动态发生变化，当油井目前泵的最大排量难以满足产液能力需求时，则需要通过换大泵来提高排量。如果排量选择过小，则产液能力发挥不充分，排量选择过大，则地层能力供给不足、原油脱气。目前关于换泵排量的选择，主要是现场人员根据油井流压、动液面、泵效、产液量等指标进行经验判断；也有学者根据抽油机上下冲程过程中的载荷、扭矩分析，对合理的冲程、冲次进行计算，但是过程过于繁琐。本文基于两相流达西公式，系统梳理影响换泵效果的六大方面23项影响因素，以M油田历年油井换泵数据作为分析样本，采用大数据相关分析与专家经验相结合，优选确定7项主控因素，通过多种机器学习算法试算，建立基于多层感知神经网络算法的换泵初期日增油预测模型，以换泵后日增油最大、且含水不升为目标，将预测模型与穷举搜索算法相结合，建立换泵井排量快速定量优化方法，现场试验应用见到了较好的增油效果，该方法为准确确定换泵排量供了新手段。

1　油井换泵效果影响因素设计

油井换泵是通过改变泵型调整理论排量，来降低井底流压、放大生产压差，以满足油井生产需求。依据油水两相径向流公式(1)可知，式中所有因素都会对产量产生影响，油井换泵效果充分考虑式中因素，同时结合泵型及层间干扰的影响，将影响因素归纳为以下六大方面：

$$Q=2\pi Kh\left(\frac{K_{rw}}{\mu_w}+\frac{K_{ro}}{\mu_o}\right)\frac{\Delta P}{Ln\frac{r_e}{r_w}} \tag{1}$$

式中，Q 为产量；K 为渗透率；h 为厚度；K_{rw} 为水相渗透率；K_{ro} 为油相渗透率；μ_o 为油相黏度；μ_w 为水相黏度；ΔP 为生产压差(地层压力-流压)；r_e 为泄油面积。

(1) 与 Kh 相关的物性因素：油井生产层位厚度、渗透率。

(2) 与 $\frac{K_{rw}}{\mu_w}+\frac{K_{ro}}{\mu_o}$ 相关的含油性因素：反映本井含油性的生产层位含油饱和度、日产油、含水率；反映井区含油性的周围连通水井吸水动用比例、周围油井日产油。(同一区块内流体粘度差异不大，不作为分析因素)。

(3) 与 r_e 相关的泄油面积因素：注采井距、连通方向。

(4) 与 ΔP 相关的地层能量因素：反映压力水平的地层压力、流压，反映产液能力的动液面、沉没度、日产液、日产液强度。

(5) 泵型相关因素：换泵后排量/换泵前排量(简称排量比)、泵效。

(6) 层间干扰相关因素：生产层位渗透率变异系数、厚度变异系数。

综合以上六大方面因素，考虑因素特征的细化，按照指标以获取原则，共设计影响因素23项(表1)。

表 1　换泵效果影响因素设计表

因素分类		具体指标
物性	生产层总厚度	砂岩厚度、有效厚度、折算厚度
	生产层渗透性	平均渗透率、地层系数
含油性	本井含油性	日产油、含水率
	井区含油性	水井吸水比例平均值、最大值，周围油井日产油、含水率
泄油面积	注采井距	最小井距、平均井距
	连通方向	平均连通方向
地层能量	压力水平	流压、动液面、沉没度
	产液能力	日产液、日产液强度
泵型泵效	排量及泵效	排量比、泵效
层间干扰	非均质性	渗透率变异系数、厚度变异系数

2　油井换泵效果主控因素分析

搜集整理因素计算所涉及的动、静态方面的基础数据，针对 M 油田 2010—2022 年期间已实施的换泵井，通过多元数据关联计算，得到各项因素的数值，建立包含换泵初日增油及各项因素的换泵效果分析样本库，共计样本条数 690 条。

由于各项因素与换泵初期日增油直接不存在明显的线性关系，且部分因素数值分布不服从正态分布，因此，采用 Spearman 相关算法计算换泵日增油与各项因素之间的定量关系大小(图 1)。

依据相关性分析得到如下认识：

(1) 油层物性因素中，生产层位的折算厚度影响较大。

(2) 含油性类因素中，换泵前本井日产油以及周围油井日产油影响程度较大。

(3) 地层能量因素中，换泵前日产液、沉没度的影响程度相对较大。

(4) 排量及泵效因素的影响程度较大。

(5) 泄油面积及层间干扰因素的影响程度相对较小。

在相关程度大于 0.2 的 12 项因素中，综合考虑各项因素之间的相关性，结合人工专家经验分析，确定主要的压裂效果影响因素 7 项(表 2)。

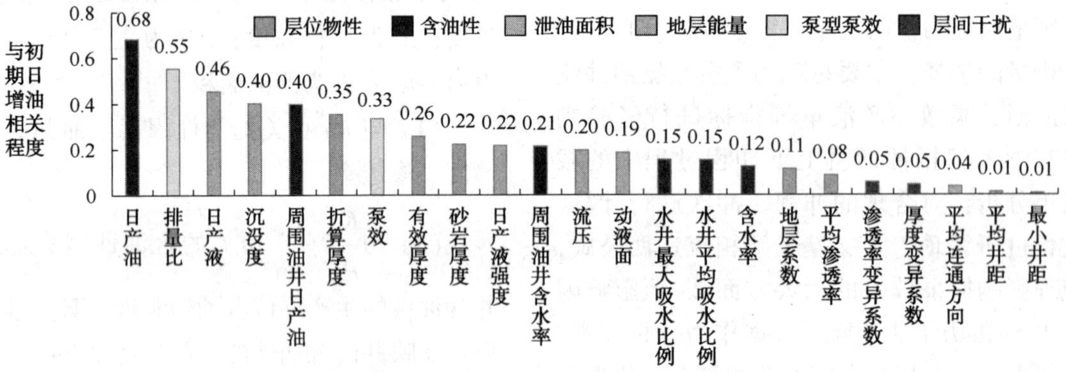

图 1　各项因素与换泵初期日增油的相关程度大小

表 2　换泵效果主控因素筛选表

因素分类	相关性分析初选主控因素(相关程度大于 0.2 的前 12 项)	专家经验优选确定的主控因素
油层物性	生产层砂岩厚度、折算厚度、有效厚度	折算厚度
含油性	日产油 周围油井日产油 周围油井含水率	日产油 周围油井日产油
地层能量	日产液 日产液强度 沉没度 流压	日产液 沉没度
泵型泵效	排量比 泵效	排量比 泵效

3　基于机器学习的油井换泵效果预测建模

3.1　基于 Kmeans 聚类算法的数据样本降噪

样本数据中通常存在一定比例的噪声数据，会影响机器学习的精度。为优化数据质量，通过 Kmeans 聚类进行降噪处理，遴选可使用的数据样本，提高机器学习模型的精度。

首先对样本数据按 7 项主控因素的欧式距离进行 Kmeans 无监督聚类，得到每个聚类的质心和日增油均值，作为中心参考样本，根据中心参考样本的日增油大小，设定日增油变化范围的阈值，确定同簇直径，剔除离群点进行除噪(图 2)。从 M 油田的数据统计看，离群样本点比例约占 25%，除噪后日增油极大值和极小值比例明显降低。

3.2 机器学习初期日增油预测模型优选

对各项主控因素的数值，按照最大最小值法进行归一化处理。

$$x_{归一}=\frac{x-x_{min}}{x_{max}-x_{min}} \tag{2}$$

式中，$x_{归一}$为某一主控因素归一化后的值；x为某一主控因素的实际值大小；x_{max}为样本数据中某一主控因素的最大值；x_{min}为样本数据中某一主控因素的最小值。

设计常用的机器学习算法对除噪后的样本进行训练和测试，测试与训练样本数随机按照 8∶2 比例抽取，以 MSE 均方误差进行模型精度计量，分别计算各种算法的训练及测试的误差，计算结果表明多层感知神经网络 MLP 算法训练及测试平均 MSE 最小，精度最高(表 3)。

表 3 不同机器学习模型训练及测试误差表

机器学习模型	训练集 MSE	测试集 MSE	MSE 平均值
Ridge gression	1.25	1.89	1.57
Lasso 回归	0.69	1.35	1.02
SVR	0.98	1.02	1.00
Random Forest	0.68	1.69	1.19
XGBoost	0.96	1.36	1.16
GBDT	0.68	1.22	0.95
LightGBM	0.55	1.05	0.80
MLP	0.53	0.92	0.73
CNN	1.23	1.56	1.40

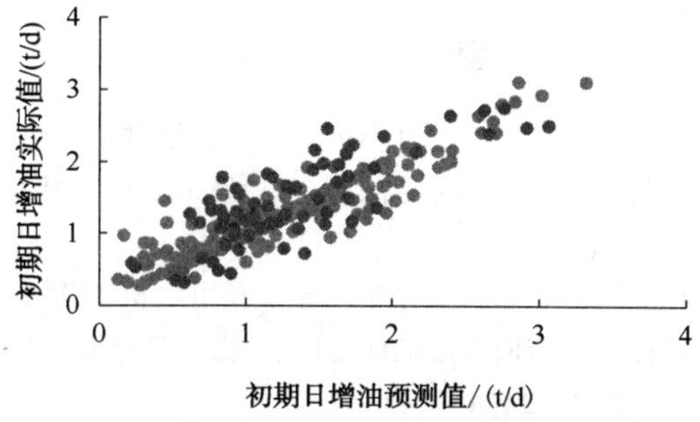

图 3 MLP 算法预测日增油与实际值的交汇图

4 基于 MLP 预测模型的换泵排量优化方法

将 MLP 预测模型与穷举搜索算法相结合，对即将实施换泵的井，设定不同的排量比，预测换泵后的日增油，考虑泵效不变的情况下，进而可计算出换泵后的含水率，以含水不升及增油最大为目标，优选确定最佳的换泵排量。

步骤 1：计算影响换泵初期日增油的主要因素数值，假定泵效值不变，排量比按照一定的范围，以 0.1 为步长，设定 n 个值。

步骤 2：将不同排量比数值与其他换泵初期日增油的主要因素数值，输入到日增油预测模型中，共计 n 组，可输出 n 个换泵初期日增油值 Δq_o。

步骤 3：根据 n 个排量比，可计算 n 个换泵后的油井日产液量。

$$q_{l1}=q_{l2} * k \tag{3}$$

式中，q_{l1}为换泵后的日产液；q_{l2}为换泵前的日产液；k为设定的不同排量比。

步骤 4：计算 n 个换泵后的油井含水率 f_w。

$$f_w=1-\frac{q_o+\Delta q_o}{q_{l1}} \tag{4}$$

式中，q_o为换泵前日产油；

步骤 5：从 n 个换泵后初期日增油值和含水率值中，优选出含水率不高于换泵前含水率、且日增油最大对应的排量比，作为最优排量比。

步骤 6：用换泵前排量乘以最优排量比，得到最优换泵排量。

5 现场应用

以将要实施换泵的油井 S748 为例，计算除换泵排量比外的其他 6 项主要影响因素大小(表 4)，将排量比在 1.1～3.0 范围内，设定变化步长 0.1，共设计排量比 20 组，对 20 组因素值输入到换泵初期日增油模型中，进行效果预测(表 5)。预测结果表明，随着排量比的增加，预测的初期日增油值增加，同时含水率也在增加，优选出换泵后含水率不升条件下的最大日增油量为 1.89t，对应的最优排量比为 1.8。该井换泵前排量为 43.8m³/d，用最优排量比乘以换泵前排量，即为最优换泵排量 78.8m³/d。该井依据计算结果，实施了换泵，换泵后初期日增油达到 2.0t/a，含水基本不升，取得了较好的效果。

表 4　油井 S748 换泵主要影响因素数值表

井号	换前日产油/t	换前日产液/t	换前沉没度/m	换前周围油井平均日产油/t	生产折算厚度/m	泵效/%
S748	2.23	31.43	511	1.56	3.9	65.1

表 5　油井 S748 换泵后生产动态预测及排量比优选结果表

排量比	预测日增油/t	换后日液量/t	换后日产油/t	换后含水/%	换后含水变化/%	最优结果
1.1	1.25	34.58	3.48	89.93	−2.97	
1.2	1.32	37.72	3.55	90.58	−2.32	
1.3	1.35	40.86	3.58	91.23	−1.66	
1.4	1.42	44.01	3.65	91.70	−1.20	
1.5	1.46	47.15	3.69	92.17	−0.73	
1.6	1.62	50.29	3.85	92.34	−0.56	
1.7	1.75	53.44	3.98	92.55	−0.35	
1.8	1.89	56.58	4.12	92.71	−0.18	√
1.9	1.95	59.72	4.18	93.00	0.10	
2.0	1.89	62.87	4.12	93.44	0.55	
2.1	1.92	66.01	4.15	93.71	0.81	
2.2	1.93	69.15	4.16	93.98	1.08	
2.3	2.01	72.30	4.24	94.13	1.24	
2.4	2.03	75.44	4.26	94.35	1.45	
2.5	2.03	78.58	4.26	94.58	1.68	
2.6	2.05	81.73	4.28	94.76	1.86	
2.7	2.05	84.87	4.28	94.95	2.06	
2.8	2.06	88.01	4.29	95.12	2.23	
2.9	2.08	91.16	4.31	95.27	2.37	
3.0	2.08	94.30	4.31	95.43	2.53	

6　结论与认识

（1）大数据分析换泵效果主控因素时，应以油藏工程理论为基础，充分结合量化分析结果及专家经验进行综合确定，共优选出换泵效果主控因素 7 项。

（2）通过多种机器学习算法优选，建立了 M 油田基于 MLP 算法的换泵初期日增油预测模型，MSE 平均值 0.73。

（3）以换泵后油井含水不升、产量最大为目标，建立基于穷举搜索的换泵排量优化方法，现场实施见到较好效果。

参　考　文　献

[1] 张公社，汤广才，万小勇，等．捞油井液面恢复预测与工作制度的确定[J]．石油钻采工艺．2010，32(1)：120-122.

[2] 杨胡坤，张岩，王守龙，等．利用电机工作参数预测油井动液面深度的研究[J]．北京石油化工学院学报．2016，24(4)：48-52.

[3] 张德明．高含水后期提液方法的认识[J]．中国石油和化工标准与质量，2012(4)：189.

[4] 郑俊德，梅思杰，孟宪君．聚驱电泵井选泵方法及其应用[J]．大庆石油地质与开发，2001，20(08)：54-56.

[5] 李双成，楼振英，李广超．潜油电泵井参数优选设计[J]．河南石油，1999，13(02)：34-36.
[6] 周庆军，戴庆，马华丽，等．油井节点分析方法在生产实际中的应用[J]．国外油田工程，2002，18(11)：30-32.
[7] 姚春冬，张树江．用回归分析方法优选有杆泵抽油机的抽汲参数[J]．数学统计与管理，1997，16(1)：9-15.
[8] 李江鹏．安塞油田长10油藏油井合理工作制度研究[D]．西安石油大学，2011：1-52.
[9] 韩国有．采油用单螺杆泵排量的优化设计[J]．石油矿场机械，2013，42(2)：18-21.
[10] 石海亮．潜油电泵井选泵及应用优化研究[D]．东北石油大学．2018：1-53.
[11] 吉文辉，李景辉，潘国辉．油井机采参数优化研究应用[J]．石油化工与应用．2022，41(12)：63-65.
[12] 徐向前，周好斌，徐生辉．支持向量机建模及游梁式抽油机抽汲参数优化[J]．石油矿场机械．2016，45(9)：1-4.
[13] 杨盼，卢路，王继保，等．基于主成分分析的spearman秩相关系数法在长江干流水质分析中的应用[J]．环境工程，2019，37(08)：76-80.
[14] 万黎，毛炳启．Spearman秩相关系数的批量计算[J]．环境保护科学，2007，34(5)：53-55.
[15] 李嘉菲，孙小玉．基于谱分解的不确定数据聚类方法[J]．吉林大学，2017，47(5)：1604-1610.
[16] 刘晋胜．基于熵降噪优化相似性距离的KNN算法研究[J]．计算机应用与软件，2015，32(09)：254-256.

基于开发数据质量控制规范的数据质控方法的研究与应用

孔明华

（大庆油田有限责任公司勘探开发研究院）

摘　要　本文在2021年发布的《开发数据质量控制规范》的基础上，提出了基于开发数据质量控制规范设计、部署与实施数据中心汇交数据库质量检查的方法。通过对质控元数据模型、质控模型的设计入手，介绍了质控的整个闭环操作流程。在此基础上应用Oracle PL/SQL存储过程开发了数据质控软件，并应用此软件开展了汇交库的质控部署与实施。此项技术的研究与应用，对油田数据中心的数据资产起到了质量提升作用，提供了有效的技术保障。

关键词　质量控制规范；元数据；数据中心；汇交库；Oracle

数据中心作为大庆油田最大的数据资产库，依托现有的数据资源，为勘探开发、地震测井等专业的科研人员提供了专业数据的资源共享服务。为了保证数据的应用质量，中心一直致力于数据质控技术的研发。随着数据质控标准《开发数据质量控制规范》在2021年的正式颁布，如何把质控技术与质控标准融合应用就成为当务之急。为了实现标准的深度应用，本文以现有的质控技术为基础，结合标准和元数据设计了质控模型和质控流程。应用Oracle PL/SQL存储过程开展了质控软件的研发，并实现了软件的部署与实施。下面从元数据模型设计、质控模型设计、质控流程设计、质控软件开发与质控实施共五个方面介绍基于质控标准的质控方法的研究与应用。

1　元数据模型设计

元数据，又称中介数据、中继数据，为描述数据的数据，主要是描述数据属性的信息，用来支持如指示存储位置、历史数据、资源查找、文件记录等功能。元数据是关于数据的组织、数据域及其关系的信息，简言之，元数据就是关于数据的数据。对于数据中心，元数据可以理解为描述数据资产的数据字典。以质控为例，可以对质控元数据做以下的分类：数据结构类、数据部署类、报表语义类、质量稽核日志类和数据访问日志类等。数据结构类包括参与质控的质控对象的数据结构，包含数据集名称、关系、字段、约束等。数据部署类包括质控参与专业和质控的数据库信息等，指的是数据集的物理位置。报表语义类包括数据质量控制规则、数据质量分析报表的指标的规则、过滤条件物理名称和业务名称的对应等。质量稽核日志类包括质控的执行时间、执行维度和质控结果。数据访问日志类包含数据和质控结果被人访问的相关日志记录。

在数据中心质控程序的研发中，质控的元数据定义为包含数据质量控制规则、质控对象的数据结构、质控参与单位、质控参与专业和质控的数据库信息等描述性的字典类信息。数据质量控制规则表在检查表名、检查字段、错误类型、SQL规则、参照表、主键信息和检查日期的基础上，新增了《开发数据质量控制规范》标准中的核心信息：质量元素、数据质量约束和业务规则详细描述。另外，还新增了质量数据评估时需要的错误分级数据内容，包含错误原因、错误分类和错误优先级信息。

质控对象的数据结构存储了不同模型下不同数据库的数据字典信息。以汇交数据库为例，存储的是汇交库下的所有数据表的表名、字段名、字段类型、字段长度、精度、主键、外键、索引和单位等内容。由于Oracle的系统表all_ tab_ columns中涵盖了上述全部内容，而且数据是随着数据结构的改变而动态改变的，所以可以由all_ tab_ columns动态生成数据字典。

质控参与单位和质控参与专业两张元数据表的设计目的在于实现质量分析报表的生成。质量分析报表统计的基本指标包含数据所在专业和数据源单位，这两张表存储的就是统计指标信息。

质控的数据库信息元数据包含数据库信息数

据表、数据库实例数据表、数据库服务名数据表和数据库用户数据表。其中数据库信息数据表用于描述数据库基本信息。集群数据库作为一个数据库考虑，认为集群中每个节点的数据库版本、操作系统版本为一致的。数据库实例数据表用于描述数据库实例信息，主要记录配置数据库信息中的 IP 地址以及端口号。数据库服务名数据表用于描述数据库访问使用的 SID 或 SERVICE_ NAME。单实例数据库维护 SID，多实例数据库或集群数据库维护 SERVICE_ NAME。数据库用户数据表用于描述数据中心可管理数据库用户信息。

2　质控模型设计

质控模型存储的是质控结果表、错误日志信息表和质量分析报表集合三大部分内容。质控结果表存储的是数据质量控制结果，内容包含专业、单位、数据库用户、错误类型、错误实体名、检查日期、主键信息、检查表名、质量元素、数据质量约束、业务规则详细描述、SQL 规则等内容。错误日志信息表存储了专业、单位、数据库用户、SQL 规则、检查日期、检查程序名称等信息，用于错误信息与检查内容的快速定位和分析。质量分析报表集合是所有分析报表的汇总集合，根据质控业务范围的不同，质量分析报表设计为汇交库质控、质控场景、白皮书质控和数据中心月报四大类报表。

汇交库质控分析报表以汇交库季度检查为任务来源，报表包含分单位汇总的汇交库数据统计报表、数据常规检查报表和数据专项检查报表。常规检查是可以用 SQL 语句描述业务规则实现的检查，所有常规检查存储在一张质控结果表里。专项检查是完钻井检查、外围错误坐标检查和水平井缺射孔数据检查等相对复杂，无法用 SQL 语句实现的检查，检查结果未与常规检查结果存储在一起。

质控场景分析报表以质控场景设计中用到的图表为基础，设计了能生成场景所有展示图表的质量分析报表。内容包含检查情况表(分新井和整库)、数据整改情况表、数据质量情况表、检查整体情况表、质控规则统计表、数据质量情况穿透结果表、专业数据质量情况表、开发数据质量规范文档和密闭取芯井数据台账文件等内容。实现了季度检查情况、数据整改情况和质量排名、按质量元素统计数据质量情况、统计问题总量、季度新增量和季度整改量、统计各专业质控规则数等统计功能。其中质量排名以柱状图的形式呈现，季度检查情况和数据整改情况以折线图的形式呈现，开发数据质量规范文档和密闭取芯井数据台账文件则以非结构文档的形式展示。图 1 为质控场景分析报表的数据模型：

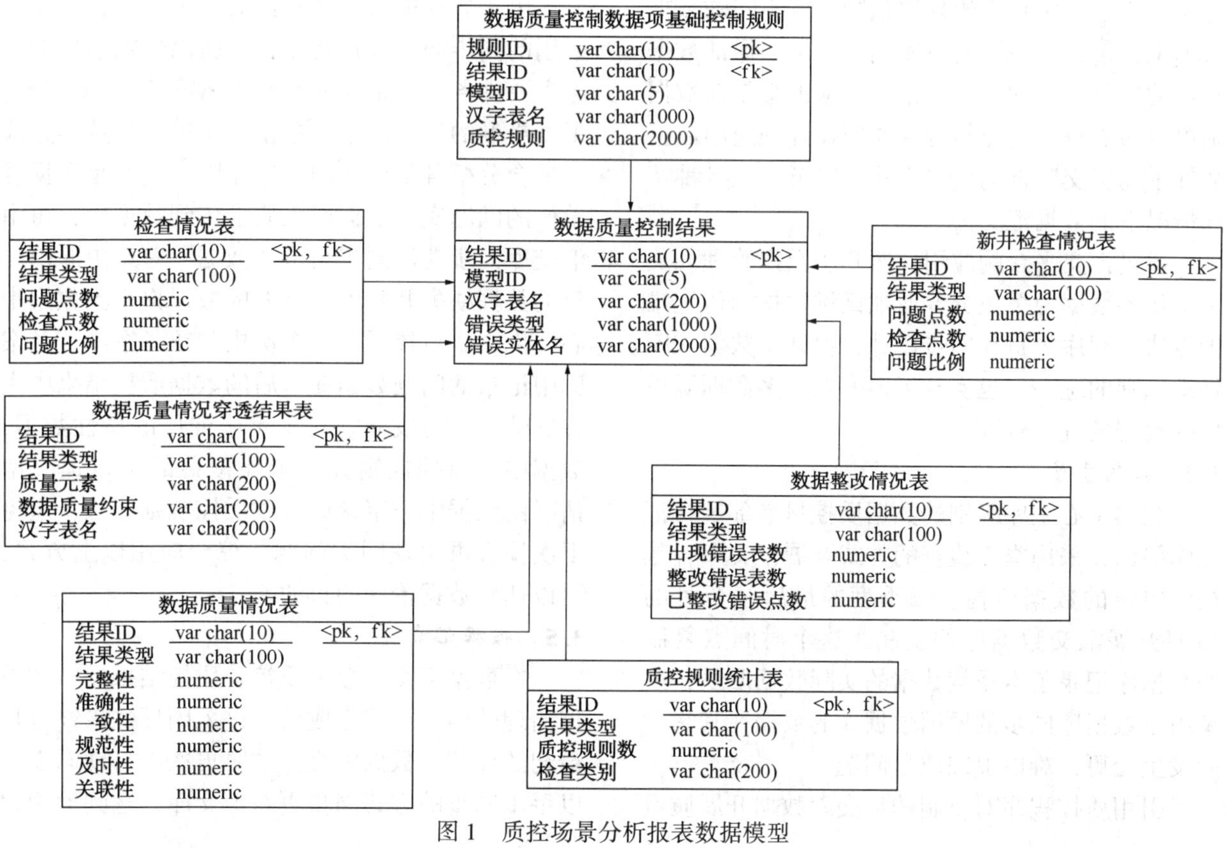

图 1　质控场景分析报表数据模型

白皮书质控和数据中心月报以分专业的数据白皮书中的质控报表和数据中心月度的数据统计报表为设计基础，分专业设计了质控和数据库情况展示报表的内容。

3　质控流程设计

整个质控流程采用从各单位的数据汇交为起点，到数据质控、质控结果下发、数据治理，再循环到数据汇交的闭环管理设计流程。下面从这 5 个方面分别介绍质控流程设计思路。

3.1　数据汇交

大庆油田数据中心在数据采集、数据管理、数据服务的不同层面均研发有专项的共享工具软件。在数据采集阶段应用汇交平台面向全油田各数据源单位开展数据汇交。汇交采用自动汇交和手动汇交两种方式。自动汇交是由数据源单位在汇交平台的本单位页面按数据表配置好需要同步的数据源和字段映射，由数据中心的服务器定时自动同步数据到汇交数据库中。自动同步采用两种同步方式，一种是按任务的每日同步方式，另一种是整库的月度同步方式。按任务的同步方式是按照任务列表中的新井同步，数据量小，所以执行频度设置为日度。整库的同步方式由于一次实现采油厂所有汇交数据表的数据同步，数据量庞大，所以采用月度的频率执行。按不同的数据源单位分别设计不同的整库同步日期，保证数据同步的执行效率和同步质量。手动汇交是在数据源单位因服务器故障等特殊原因设计的应用数据文件手动提交数据的汇交方式，以解决在各种特殊情况下的数据汇交需求。

通过汇交平台的应用，改善了数据管理人员手工从各数据源单位分专业加载维数据的传统维护方法。程序的自动同步设计，保证了数据入库处理原则的统一，也实现了多专业、多数据源单位的数据的统一管理。

3.2　数据质控

数据中心主库级别的数据质控目前部署在汇交库层面，采用季度检查的方式开展汇交库各数据源单位的数据质控。每季度的最后一个月的 25 日开展汇交数据库的复制，这个时间点复制的数据库记录了本季度数据的实际数据质量，避免由于数据库同步的原因数据库的数据在其它时间发生变更，难以追踪质量问题。

引用质控程序对复制的汇交库数据开展质量检查，所有质控结果表均按数据源单位的文件夹输出多文件的压缩包。数据质控公报统计分析了各单位的汇交库季度维护情况和季度检查状况，加上专项检查结果、检查总结和公司级别的质量分析报表统一构成了当前季度的质控结果。检查总结分厂级和公司级分别编写，里面详细分析各单位的上季度的质量整改情况、本季度的质量检查情况、各单位的质量问题构成、质量排名、问题分析汇总等信息，并附有测井曲线专项检查等附录表的信息。检查总结的发布，可以使不同层面的数据管理者快速预览本单位的数据质量状况，并可以与其它单位横向分析对比，迅速指明数据质量治理的侧重点和方向，参照质控结果压缩包和数据质控公报，可以实现数据质量情况的数字画像和质量问题的定位，为数据治理和数据质量提升打好基础。

3.3　质控结果发布

质控结果发布采用邮件与汇交平台下载两种方式。由于数据安全升级的要求，文件的传送和发布都要满足各级安全要求。采取邮件发布质控总结，汇交平台下载全部质控压缩包的方式，可以在数据安全的前提下让不同的数据管理层和应用层各取所需。

3.4　数据治理

由于数据中心不是数据的产生单位，汇交库采用的同步的方式自动更新，所以数据治理的任务主要由各数据汇交单位的数据管理人员完成。根据季度的检查结果，数据汇交单位的数据整改人员会分析各条错误的产生原因，确实是数据源单位的问题实现数据修正后上传到数据库，再由汇交库同步功能同步至最新数据。有历史原因导致的数据缺失并且无法补充的数据提交到数据中心，由中心审核后维护至历史问题备案库。备案库中记录的问题数据在以后的数据质控结果中实施屏蔽，不再发布。对于是采油厂的特性数据，数据中心质控规则算法未能覆盖的可以提交申请，由数据中心审核后修改质控规则算法，避免下次检查再出现同类问题。综合应用以上方式，可以达到数据治理的目的。

3.5　数据汇交

在数据汇交、数据质控、质控结果发布和数据治理的四个步骤完成后，进入闭环的最终也是最初的环节：数据汇交。这时再次以自动同步辅以手工同步的方式同步更新汇交库，达到治理后的数据更新到相应数据表，再次准备应对下一次的质量检查。在下一次的检查中，上季度的数据整改和本季度的检查结果会呈现在新版本的数据检查总结中。

4　质控软件开发

由于汇交库采用 Oracle 数据库实施存储和管理，所以经过综合对比各种软件的执行效率后决定选取 PL/SQL 存储过程开展质控软件的开发。应用基于汇交库分用户复制、分专业单表设计质量检查过程、在过程中嵌入 SQL 规则，统计输出质检结果的方式开展软件开发。在单表检查过程中为公司级和厂级的不同算法分别编写处理侧略，同时兼顾《开发数据质量控制规范》中关于质量元素、数据质量约束和业务规则的定义，编制了基于质控标准的质控结果和质量分析报表的处理过程。

对于季度检查中检查日期信息的处理，采用专表记录检查日期，本季度检查调用系统时间，上季度检查调用专表，本季度执行完后更新时间专表的处理方式。在所有涉及到上季度的检查表的调用时，选取的表名的后缀都有上季度的时间标识，解决了不同检查时间的季度数据的正确获取，在此基础上计算中正确的包含时间属性的质量分析报表。

质控软件采用程序包的方式开发，程序包中按逻辑定义了数据库复制、数据质控、数据检查公报和大量质量分析报表的过程执行顺序。每次执行时可以无需修改任何参数，全部一次性执行出结果。文件输出方面，采用 Oracle 的 spool 输出方式。spool 命令是将在这期间 oracle 所有的操作结果写入到指定的文件中。其实可以理解为 spool 命令将创建一个新文件，在接下来对 oracle 所有的操作及操作接口都将输入到该文件中。应用 spool 结合存储过程生成的文件路径，可以实现数百个文件在几十秒内迅速输出，极大的提高了文件输出的执行效率。

5　质控实施

质控软件部署在 Oracle 服务器上，采用 Oracle 作业的方式定期执行。全程不需要任何人工参与，是当前应用层面最高效的质量控制软件。软件的执行生成线上和线下两种方式的质控结果，线下是检查结果压缩包、检查公报和检查总结，线上是质控场景的 web 页面展示。两种方式的质控结果采用线下分发和线上查询的联合应用方式，为质控的不同群体提供了各自需要的质控结果获取方式。Oracle 作业的执行页面如图 2 所示。

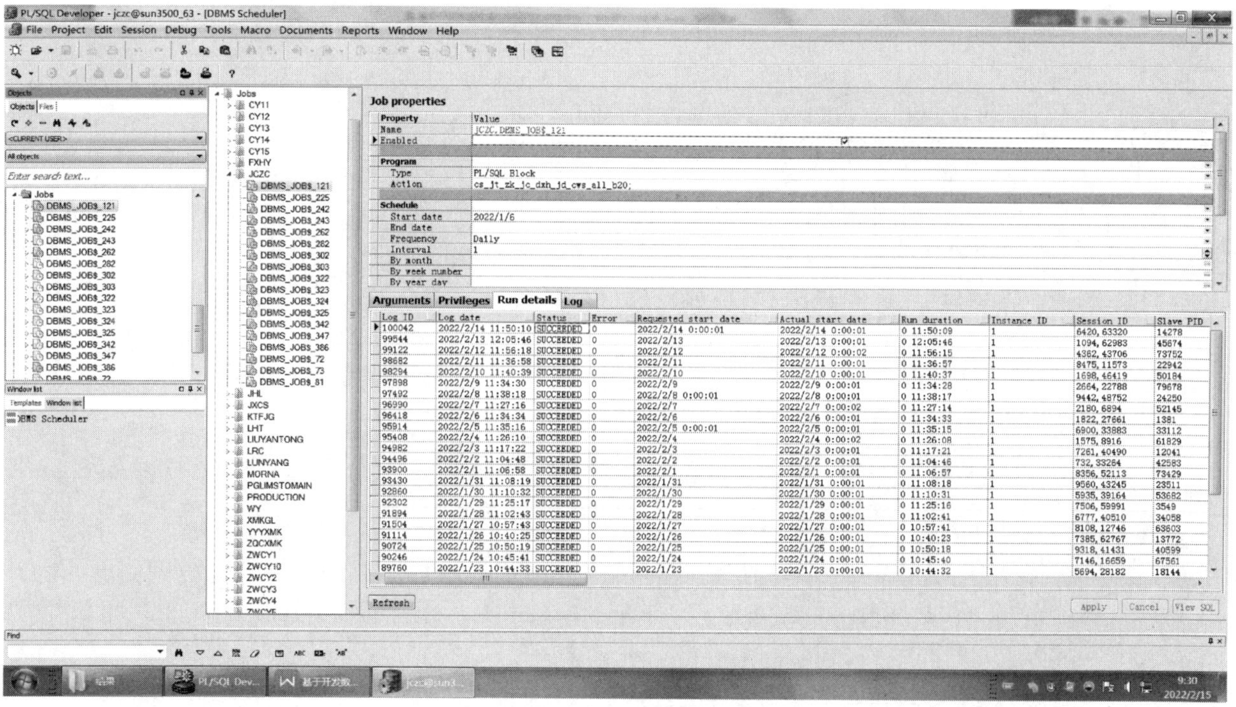

图 2　质控软件作业执行页面截图

6　结论

综上所述，数据中心主库的现有质控在融合《开发数据质量控制规范》标准的基础上，提出了一种全程无需人工干预的数据质量控制方法。在油田各项业务全部面向数字化转型的大趋势下，为数据中心的数据质量管理和应用提出了一种新思路和方法。除了质控，还可以应用到数据维护、数据服务等各个方面，具有极大的推广价值。

参考文献

[1] 主数据库勘探开发综合数据(PCEDM) A1 数据模型[R]. 中国石油天然气股份有限公司 A1 标准化组，2009.

[2] 石油勘探开发关系数据库逻辑结构[R]. 中国石油天然气股份有限公司，2006.

GPU 并行技术在已有油藏模拟软件的应用探索

何　鑫　赵国忠　石　亮　匡　铁　李椋楠

(大庆油田有限责任公司勘探开发研究院)

摘　要　提高计算速度是油藏模拟软件的技术发展方向之一，GPU 的特点是处理密集型数据和并行数据计算，在浮点计算处理能力和存储器带宽上相对于 CPU 有明显优势，在成本和功耗上有一定优势，现在单个高端 GPU 的性能已经达到了传统多核 CPU 集群的性能，基于 GPU 的 CUDA 技术使油藏数值模拟速度大幅提高成为可能。DQDUAL 软件是大庆油田自主研发的低渗透油藏串行模拟器，计算速度和规模都无法满足模拟需求，本文基于 DQDUAL 模拟器源代码，利用 NVIDIA 提供的 AmgX 计算库开发了模拟器线性求解的接口程序，进行了线性稀疏矩阵从 DIA 格式到 CSR 格式的转换，成功将模拟器从 CPU 平台迁移到 GPU 平台，实现了 DQDUAL 模拟器线性代数方程组的 GPU 计算求解。使用 CUDA 编程对 DQDUAL 模拟器主要计算模块进行了 GPU 并行化开发，并进行了异步传输优化，实现了 DQDUAL 模拟器的 CPU+GPU 并行计算。通过 4 个实际模型算例测试，新版 DQDUAL 模拟器运算结果正确，线性求解速度提高 10 倍以上，模拟器速度提高在 6 倍以上，部分模型提高速度可达到 30 倍。该项目证实了已有油藏模拟器可以通过代码改造升级为 GPU 并行版本，但未按 GPU 设计框架的模拟软件升级后速度提高低于预期，大量 CPU 版本的工业化油藏模拟软件都有通过技术突破来提高速度的需求，该项研究对已有模拟软件 GPU 并行化改造提供了有价值的参考。

关键词　GPU；油藏模拟器；并行；线性求解

0　引言

油藏数值模拟可以虚拟实施各种开发方案，再现油气田的开采动态，是预测投资回报、评价开发方案和提高油气采收率的重要手段，也是优化油气资源资产价值的有效工具之一。效率和精度一直是油藏工程师的目标，对于已开发油田，如果能提高模拟计算的速度，则能大大缩短历史拟合的时间，从而更早进行方案调整，指导生产，而且，油藏内部一直在变化，如果油藏模拟的结果和建模数据的采集时间相距太远，油藏模拟结果的可靠性也会进一步下降。对于新开发油田，数值模拟是方案设计的必要前提，快速的模拟对筛选、设计方案更有利，从而更科学的进行生产。油藏数值模拟是随着电子计算机的出现和发展而成长的一门学科，计算机技术的发展对油藏数值模拟软件的性能影响重大，GPU 加速计算的发展使油藏数值模拟计算速度成倍提高又成为可能。

GPU 并行计算是指同时利用图形处理器(GPU) 和 CPU，加快应用程序的运行速度。GPU 设计的初衷是进行图形图像处理，所以需要大量的晶体管被用于算

术逻辑单元(ALU，Arithmetic Logic Unit)，需要的控制单元相对较少，并且对缓存的要求相对较低。而传统的 CPU 需要处理大量控制任务，比如逻辑结构、分支结构等，大量的晶体管用于复杂的控制单元和缓存(Cache)，而用于 ALU 的晶体管就相应变少。所以，同样面积大小的芯片上 GPU 与 CPU 相比拥有更多的支结构等，大量的晶体管用于复杂的控制单元和缓存(Cache)，而用于 ALU 的晶体管就相应变少，同样面积大小的芯片上 GPU 与 CPU 相比拥有更多的计算资源，使得 GPU 的计算速度与 CPU 相比有了突破性的飞跃，GPU 加速器于 2007 年由 NVIDIA 率先推出，现在单个高端 GPU 的性能已经达到了传统多核 CPU 集群的性能，有的应用通过 GPU 加速相比传统的多核 CPU 来说可以达到 100 倍的加速。相对于传统的服务器集群，相同规模的 GPU 超级计算机在性价比、占地空间、功耗等方面占据非常明显的优势。GPU 用于通用计算的另一个重要因素是可编程性，GPU 用于通用计算是在 GPU 的可编程性诞生之后，可编程性允许用户编制自定义的程序，使得 GPU 可以完

成 CPU 所完成的工作。

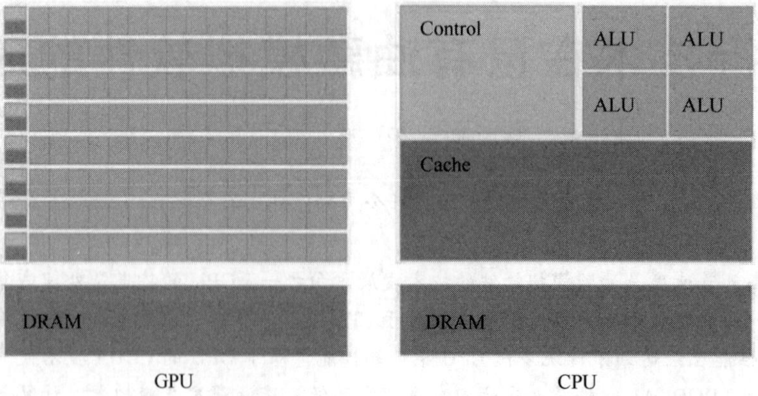

图 1　GPU 与 CPU 架构对比图

GPU 用于通用计算可以归纳为以下几点优势：①高效的并行性；②高密集的运算；③超长流水线。未来发展方向是形成高效快速的数值模拟非线性、线性求解技术及 GPU/CPU 并行技术，实现 2000+核的大规模并行，从而改善复杂油藏数值模拟的运行性能，满足油藏模拟的快速和高保真、高分辨率的模拟。Echelon Stoneridge Technology 公司的 ECHELON 油藏数值模拟软件，利用 GPU 加速在 SPE10 的计算时间能提高 10 倍到 50 倍。Ridgeway Kite 公司的 6X 数值模拟器，使用 GPU 进行 530 万网格的复杂模型并行计算，计算速度大幅提高。俄罗斯 RFD 公司的 tNavigator 油藏模拟器使用 CPU+多 GPU 并行计算，速度相对 CPU 并行提高了数倍。

基于 GPU 在大规模运算带来的优势，以及油藏模拟软件对于提高计算速度的要求，本文原 CPU 计算的自主模拟器 DQDUAL 改为 GPU 计算，进行了工业化油藏模拟软件 GPU 并行化的尝试。

1　已有模拟器的 GPU 并行化研究

改进应用程序的性能是一项非常耗时耗力的工作，但是究竟程序中是哪些函数消耗掉了大部分执行时间，通常都不是非常明显的。作者使用 gprof 工具分析 DQDUAL 模拟器的一次模拟得出分析结果，确定了线性求解器、雅克比矩阵生成模块、传导率计算模块三个主要优化目标函数。

1.1　硬件设备和环境搭建

英伟达是市场主要的 GPU 供应商，研发服务器包含 4 块 NVIDIA 的 Tesla V100 GPU 和 2 块 Intel CPU。操作系统选择了 Linux Ubuntu18.04，安装了 CUDA 开发平台 12.1 和最新版本的 AmgX 计算库，用于开发 GPU 并行计算的程序，安装了 HPC-SDK 用于程序编译。

1.2　原模拟器代码升级

DQDUAL 的源码标准为 Fortran77，属于固定格式 Fortran，古老的语言标准极大的拖累了程序运行速度和二次开发的便捷程度，为此将原 Fortran77 修改为 Fortran90 版本。

DQDUAL 源码通过 COMMON 块在不同程序单元间共享信息，然而 COMMON 块通过对内存直接编排的方式极为容易发生数组错位和类型错配，且块内变量不能被 GPU 程序所利用。为此将所有通过 COMMON 块共享的数据变量统一改写，储存如对应原名称的 module 中。

1.3　基于 CUDA 技术的线性系统 GPU 求解器的 Fortran 接口

原模拟器使用 CPU 资源，调用的 PETSc 进行线性系统的求解计算，要想由调用 CPU 资源改为调用 GPU 资源进行计算，必须改造原模拟器的线性求解模块，才能实现平台的迁移，可通过编写线性求解器的接口程序实现。

1.3.1　矩阵格式转换

DQDUAL 数模拟软件线性系统可表示为如下形式：

$$\begin{pmatrix} A & G \\ H & D \end{pmatrix}\begin{pmatrix} \delta X \\ \delta X_w \end{pmatrix}=\begin{matrix} R \\ Z \end{matrix}$$

式中，A 为雅可比矩阵的网格部分，为带状稀疏方阵，阶数为网格数 NB 与变量数 NV(与模型有关的变数)的乘积；D 为雅可比矩阵的井部分，也为对角方阵，阶数为井数；G 为网格方程与井方程的关联，为很稀疏的非方阵，阶数与 A

和 D 匹配；H 为井方程与网格方程的关联，为很稀疏的非方阵，阶数与 A 和 D 匹配；Z 为井方程的右端项；R 为网格方程的右端项。

稀疏矩阵常用几种存储格式：①DIA 对角线存储；②CSR、COO、ELL 行压缩；③BSR 块压缩。DQDUAL 数模软件原始线性系统解法器是用的对角线存储格式(DIA)，通过把 A 分为对角线和非对角线两部分存储。在 AmgX 中需要通过接口将系数矩阵拷贝给计算资源，在 AmgX 中支持稀疏矩阵存为 CSR 和 BSR 格式进行计算，因此，模拟器中增加了 DIA 格式到 CSR 格式的转换(表 1)。

表 1　AmgX 接口数据格式(CSR)

CSR	类型	含义
nnz	整数形	非零元素数
scrValA	浮点数组	非零元素值
csrRowPtrA	整数组	每行第一个非零元素位置
csrColIndA	整数组	每个非零元素所处列位置

1.3.2　求解器的选择

在 Linux 开发环境下配置基于 CUDA 库并行优化的基于 C 语言的线性方程求解器 AMGX，通过修改基于 CUDA 库并行优化的基于 C 语言的线性方程求解器 AMGX 矩阵格式以满足模拟器的矩阵格式要求。

在 AmgX 库函数中包含了 Krylov 子空间算法、代数多尺度(AMG)算法，以及 BLOCK_JACOBI、MULTICOLOR_ILU、MULTICOLOR_GS 等可并行化的解法器，在装配时可在解法器、预条件子和平滑器中嵌套装配使用，扩展了解法器配置的灵活性和适用性。虽然 muticolor ILU 做预调节器在普遍性上有更好的收敛性，单次求解步骤更少。但对于 DQDUAL 算例实测，BLOCK_JACOBI 虽然收敛性差，单次求解收敛步数多，但并行程度高，单次求解每步耗时少，计算总耗时更少（求解器为 FGMRES）。在使用 AmgX Library 求解大型稀疏线性系统时，可以通过 JSON 文件向 solver 传递配置参数，通过测试，优化了解法器配置的参数，提高了计算速度。

1.3.3　调用 AmgX 线性求解

AmgX 线性求解的过程包括：①通过 Resource 对象分配 GPU 计算所需要的资源；②通过 Matrix 和 Vector 对象向 GPU 传入所需求解的线性稀疏系统；③通过 Config 对象来传入解法器配置；④Solver 对象负责执行解法来求解线性系统。

由于英伟达 GPU 的物理计算单元以 32 个核心为一组，所以当程序并行簇以 32 的因数为单位时（如 2、4、8），能达到最好的并行效果和稳定性。对于分块矩阵的 GPU 并行计算往往是以一个块为一个计算单位，一个 4x4 的块矩阵正好可以两两占用一个 GPU 物理计算单元，这时速率效果可能是最好的，也是健壮差错少的。当分块矩阵块大小小于 4 的时候，设置矩阵块大小为 4。接着对原 DQDUAL 矩阵的四个部分进行格式转换．当块状矩阵块大小小于 4 而被扩充为 4 时，扩充部分为 0 填充，扩充部分对应的右端项也为 0。

编写了基于 CUDA 技术的线性系统 GPU 求解器的 Fortran 接口，将 GPU 求解器的 FORTRAN 接口代码编译到 DQDUAL 模拟器中，代替原模拟器中的求解代码，实现了原模拟器在 GPU 平台求解计算。

1.4　主要计算模块的 GPU 并行计算

主要计算模块为雅克比矩阵生成的 2 个耗时较多的模块，传导率计算模块虽然只在模型初始化运行一次，但由于比较独立，也进行 CUDA 并行加速开发。

1.4.1　CUDA FORTRAN 加速计算

CUDA FORTRAN 支持两种 GPU 代码运行方式，一种类似于 OpenACC 的导语方式，在不改变或微小变动原 CPU 端代码的情况下，用注释的方式添加 CUDA FORTRAN 导语，PGI 编译时将自动依据导语将其 GPU 并行化；另一种方式同 CUDA C 一致，通过将原 CPU 代码核函数化，并规划适当的主机与设备之间的数据传输和 GPU 核函数运行。

调用内核必须指定执行多少个并行实例，每个实例将由不同的 CUDA 线程执行。CUDA 线程被组织成多个线程块，并且每个线程在其线程块中都有一个全局线程块索引和一个本地线程索引。

1.4.2　异步传输优化

NVIDIA GPU 的计算单元和显存调度单元是相对独立的，这就意味着在 GPU 的计算单元进行计算的时候，显存调度单元能够同时在 GPU 设备端和 CPU 主机端进行设备传输。由此而来便可以进行异步传输计算处理，也就是当计算步骤 i 的核函数的同时，可以同时上传步骤 i+1 的所需要用到的计算数据；并且在计算步骤 i+1 的同时，除了上传步骤 i+2 的数据外，还可下载上一步骤 i 的数据。图 2 为 BLKFLW 函数异步传输执行效果时序图。蓝色为 GPU 计算核函数，黄色为数据传输，它们同时执行。

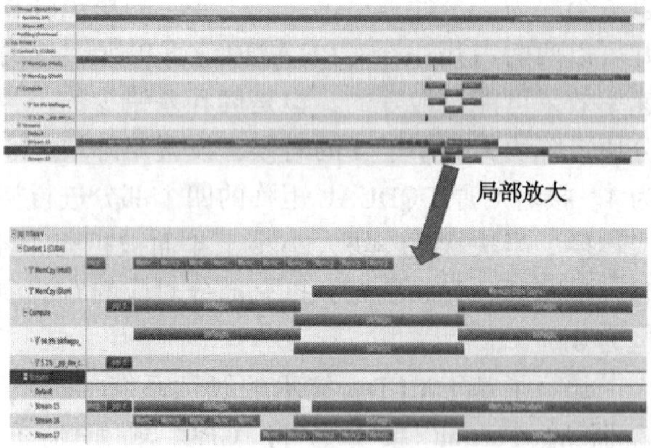

图 2　BLKFLW 函数异步传输执行效果时序图

2　GPU 模拟实际模型测试

使用 4 个实际模型进行测试，模型具体情况见表 2，主要进行了准确性验证，加速比测试和不同硬件测试。

表 2　测试模型基本情况表

模型	总网格/万	有效网格/万	模拟时间/年	CPU/s
1	51.5	5.5	10	15937
2	58.3	9.3	12	20854
3	85.8	22.8	50	243197
4	256.4	91.5	51	2005241

2.1　准确性验证

准确性验证主要是验证该模型在 CPU 计算结果和 GPU 计算结果对比，以确定 GPU 并行计算和原模拟器一致。模型定液生产的情况下，对比 4 个模型的累积产油和平均孔隙压力曲线完全重合，累积误差小于 0.01%（图 3）。

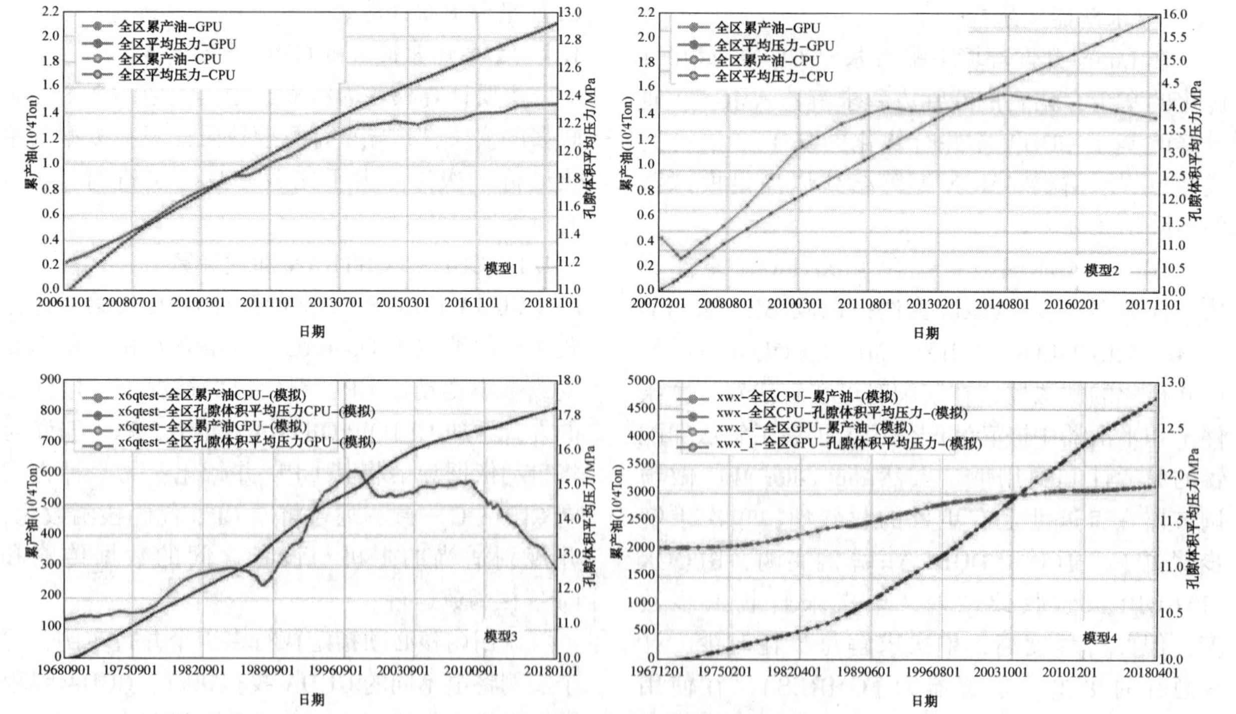

图 3　测试模型计算结果曲线对比

通过模型 1 计算结果同一时间点含油饱和度场对比，统一到相同时刻、相同色标后，CPU 计算结果和 GPU 计算结果完全一致（图 4）。

2.2　加速比测试

分别进行了线性求解器的加速比测试和模拟器的加速比测试，通过 4 个模型测试对比，调用 AMGX 模块的解法器实现了 10~29 倍的加速，模拟器整体实现了 7~30 倍的加速比，从结果可以看出，加速比并不是和模型规模直接相关，和井数和模拟时间以及模型复杂程度也有关系（表 2）。

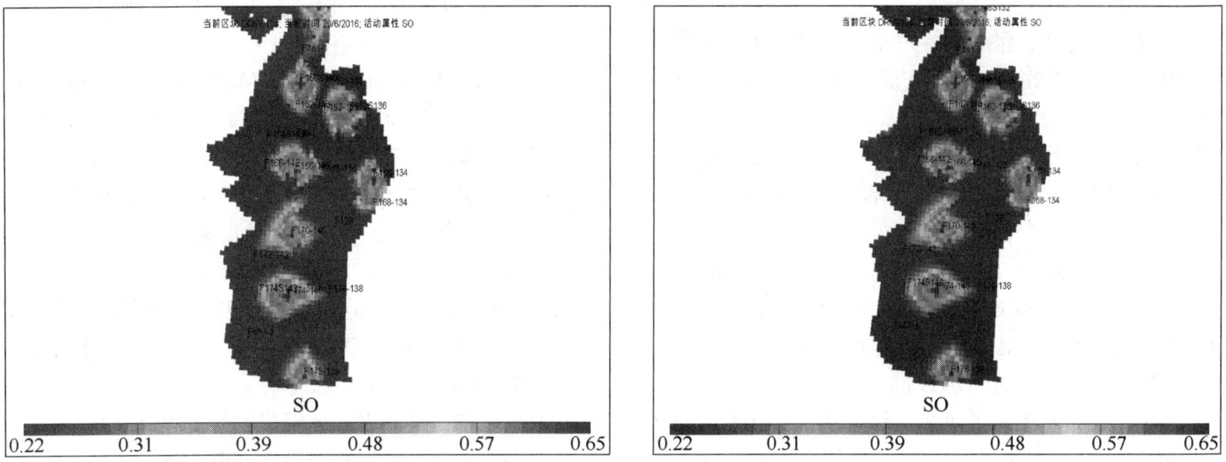

CPU计算结果　　GPU计算结果

图 4　模型 1 计算结果含油饱和度场

表 2　CPU 和 GPU 加速比测试对比结果

模型	有效网格/万	模拟时间/年	线性求解			模拟器		
			耗时/s		加速比	耗时/s		加速比
			CPU	GPU		CPU	GPU	
1	5.5	10	1118	38	29.4	15937	522	30.5
2	9.3	12	2227	97	23.0	20854	1207	17.3
3	22.8	50	18191	1802	10.1	243197	34939	7.0
4	91.5	51	46321	4560	10.2	2005241	95602	21.0

2.3　不同硬件对比测试

针对测试模型 1，使用 3 款 GPU 设备进行了计算对比，分别是英伟达的 Tesla V100，P100，K80，在不同浮点计算性能级别的 GPU 上进行测试，在确保 GPU 显存足够的前提下，得到的测试计算可以看出，GPU 性能和模拟器计算速度正相关。

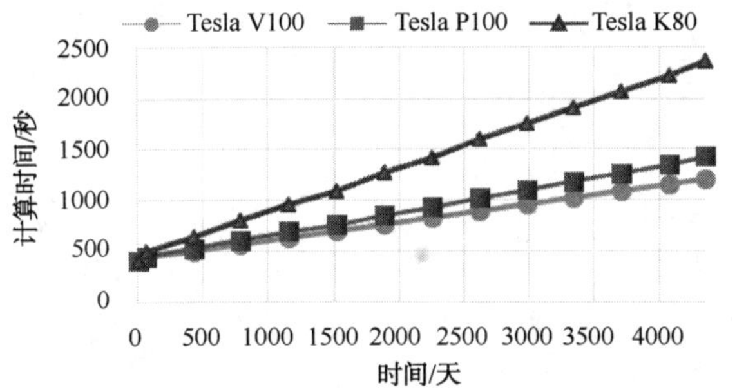

图 5　不同 GPU 设备计算时间对比图

3　结论

（1）利用 AmgX 计算库开发了模拟器线性求解的接口程序，成功将模拟器迁移到 GPU 服务器平台，实现了 DQDUAL 模拟器线性代数方程组的 GPU 计算求解。

（2）使用 CUDA 编程对 DQDUAL 模拟器主要计算模块进行了 GPU 并行化开发，实现了已有工业油藏模拟器的 CPU+GPU 并行计算。

（3）在 GPU 平台进行了模拟器试算，通过 4 个实际模型测试，GPU 版 DQDUAL 模拟器运算结果和 CPU 一致，模拟器速度相对串行提高在 6~30 倍之间。

（4）对于已有模拟器，可以移植到 GPU 计算平台进行并行计算。但是，由于原模拟器架构设计问题，线性求解的矩阵格式转换浪费了大量时间，由于各模块的前后数据依赖较复杂，各模块间的并行化并不顺利，相对 GPU 的计算能力，速度提升程度还是远低于预期。因此，GPU 并行技术更适合在全新油藏模拟软件开发上应用。

参考文献

[1] 赵国忠．分布式并行油藏模拟高效求解器的构建［J］．大庆石油地质与开发．2016.35（5）．

[2] 王宝华，吴淑红，韩大匡，等．大规模油藏数值模拟的块压缩存储及求解［J］．石油勘探与开

发.2013，40（4）.
[3] 李政，冯春生，张晨松.一种针对GPU上的油藏数值模拟的高效SpMV.数值计算与计算机应用[J].2016，37（4）.
[4] 魏晓辉，朱彤，李洪亮，等.地下多相流动数值模拟的GPU并行优化[J].吉林大学学报（理学版）.2013，51（2）.
[5] John Nickolls，Willian J. The GPU Computing Era[J].Micro，IEEE. 2010. 30（2）：56-69.
[6] 张杰.2016. 多GPU并行计算及其在粒子模拟中的应用[D]：[硕士]，成都：电子科技大学.
[7] 孟小华，黄丛珊，朱丽莎，等.基于CUDA的热传导GPU并行算法研究[J].计算机工程.2014.40（5）.
[8] 殷荣网.2019. 多段压裂水平井地层压力并行计算及参数识别[D]：[博士].合肥：中国科学技术大学.
[9] Yusuke Ishizawaa，Keita Matsumotoa，Kozo Sato，et. al. Accelerating of the Reservoir Simulator TOUGH2 by GPU，Energy Procedia. 2013，37.
[10] 赵国忠，尹芝林，匡铁，等.大庆油田水驱油藏模拟特色技术[J]，大庆石油地质与开发.2019. 38（5）.
[11] 许栋，徐彬，David PAyet，等.基于GPU并行计算的浅水波运动数值模拟[J].计算力学学报.2016. 33（1）.
[12] 赵旭东，梁书秀，孙昭晨，等.基于GPU并行算法的水动力数学模型建立及其效率分析[J].大连理工大学学报.2014. 54（2）.

过钻具偶极阵列声波测井仪器

陶　钧　张炳军　朱涵斌　王　雨　阚洪阁　杜英伟

（中国石油集团测井有限公司）

摘　要　过钻具测井凭借高时效、低风险、低成本的优势在水平井、大斜度井等复杂井筒环境中发挥着越来越重要的作用。偶极阵列声波测井仪器能够进行岩性识别、井眼稳定性分析、压裂效果评价等重要工程和地质应用，是过钻具测井系统最重要的成像测井仪器之一。本文对中油测井研发的FITS过钻具存储式测井系统中的偶极阵列声波测井仪器进行了详细介绍，结合数值模拟和现场试验对过钻具偶极阵列声波研制与应用过程中出现的问题进行详细分析和阐述，并通过与同类型仪器的对比，说明该仪器的应用价值和市场价值。该仪器具有55mm的超小外径，具有良好的温压性能，支持电缆、过钻具多种施工工艺，具有电缆和存储两种测井模式。该仪器能够一次下井实现常规和远探测测量，能够实时提供高质量三波时差，能够进行岩石力学评价、各向异性评价、远探测评价等精细解释处理，能够对水平井的储层品质和完井品质进行全面精准评价，为水平井的优化分级和压裂施工提供指导。该仪器满足了水平井、大斜度井等复杂井筒环境的测井施工需求，补齐了FITS过钻具测井系统地质工程一体化评价的短板，打破了复杂井高端测井依赖购买租赁进口装备的被动局面，已在长庆、大庆、西南、新疆等地成功投产应用。

关键词　过钻具测井；存储式测井；偶极阵列声波测井仪；水平井；大斜度井

近年来，随着全球能源需求的急速增长和常规油气储量的日益减少，非常规及致密油气成为稳油增气主要领域，中深层油气藏成为勘探开发的重点对象。水平井、大斜度井成为主力井型、钻具组合的多样化、井眼轨迹复杂化、井眼尺寸的系列化导致传统测井仪器和工具入井困难、测井时效低、工程复杂处置困难，急需满足复杂井筒环境下安全、快速、高效的多模式测井工具和工艺技术（张炳军等 . 2022）。过钻具存储式测井使用超小直径的系列化组合测井仪器，配套模块化组合的过钻具系列工具和工艺技术，具有高时效、低风险和低成本的优势，满足水平井、大斜度井等复杂井筒环境取全取准地质工程测井资料的需求（文荣辉 . 2019）。近几年国内外过钻具测井技术迅速发展，逐渐成为非常规油气藏的测井利器（Slocombe R，2015. ）。

偶极阵列声波测井仪器可以进行地层纵波、横波、斯通利波测量，能够为油藏勘探开发提供重要的储层信息，能够进行岩石的机械特性分析（高崇飞，苗贝 . 2023. ），井眼稳定性分析，地层孔隙压力预测，裂缝有效性评价（陆云龙，等 . 2022. ），压裂施工压力设计和压裂效果评价（陈斌，等 . 2021. ）。对非常规及致密油气藏的油气准确识别、分段分级精细评价、甜点优选具有重要作用（谭礼洪，等 . 2022；刘航，等 . 2023. ），同时对提高作业效果、规避施工风险、优化决策方案具有重要的工程意义，对水平井和大斜度井的稳定安全生产和油气识别有重要意义。

FITS过钻具测井系统（简称FITS）是中国石油集团测井有限公司自主研制CPLOG统一品牌下的过钻具测井装备。FITS由一套能够通过钻具水眼的，小直径完井测井系列仪器和一套过钻具特殊工具组合而成，具有电缆测井和无缆存储测井双模式测井功能（张炳军，等 . 2021. ）。TDAT（Through-drilling-tool Dipole Array Acoustic Logging Tool）是FITS测井系统中的偶极阵列声波测井仪器。本文围绕TDAT仪器的研制和推广应用进行展开。

1　过钻具偶极阵列声波测井仪器

1.1　过钻具阵列声波测井仪器总体设计

TDAT偶极阵列声波测井仪由5部分组成，从上到下分别是接收电路短节、接收声系短节、隔声扶正器一体化短节、发射声系短节和发射电路短节，仪器结构如图1所示。仪器发射短节包括一个单极发射和两个交叉偶极发射换能器，接收短节包含8组间隔为0.5ft的接收单元，每个接收单元包含 4 个周向相隔 90°的接收换能器共计 32 个接收换能器。单极换能器用不同频率的信号激励获得高频单极和低频单极波形。高频单极波形用于计算纵波、横波时差。低频单极波形用于计算斯通利波时差，并可以进行与斯通利波相关的地质评价应用。交叉偶极发射换能器发射时采集到的波形可以用于计算偶极时差、各向异性以及进行声波远探测处理。

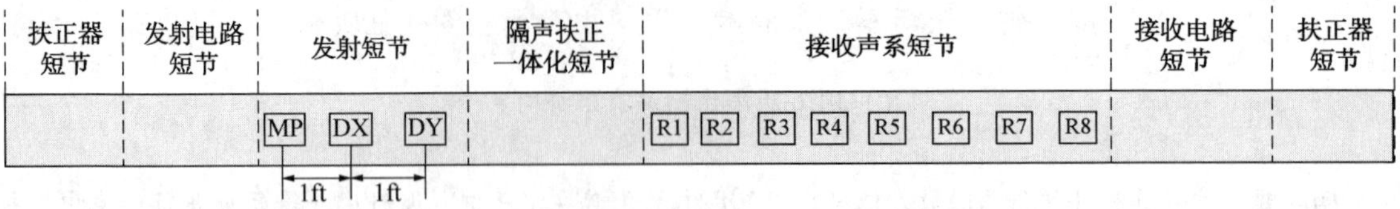

图 1　过钻具偶极阵列声波测井仪器结构图

常规电缆测井时，声波测井仪器都要求居中测量，而过钻具测井仪器多应用于水平井大斜度井，实现居中测量的难度大。在过钻具偶极阵列声波测井仪器的研发过程中，通过数值模拟试验、物理模拟试验和现场试验证明，当仪器与井壁平行时能在井周围岩各向同性的水平井、大斜度井测得准确的地层声波时差。当水平井上下围岩差异明显时，所得时差更多的反映的是距离仪器较近的下部围岩的地层时差。因此过钻具偶极阵列声波仪器在水平井、大斜度井测井时保证仪器与井壁平行很重要。挠度表征的是在受力或非均匀温度变化时，杆件的截面型心在垂直于轴线方向上的线位移。最大挠度与截面惯性矩成反比。下式为圆柱状外壳的截面惯性矩的计算公式。

$$I=(D^4-d^4)\pi/64 \tag{1}$$

式中，I 为截面惯性矩；D 为圆柱外径；d 为圆柱内径；π 为圆周率。上式说明过钻具系统中的圆柱状外壳的截面惯性矩主要受 D 和 d 影响，其中 D 的大小由过钻具系统尺寸决定，d 变化的空间也有限。这个公式说明了因为仪器外径小，过钻具阵列声波测井仪器更容易发生仪器弯曲和偏心的情况，进而影响测井质量。为了保障仪器居中效果，工程师需在仪器两端配接扶正器短节，和扶正隔声一体化短节一起使用共计 3 组扶正器对仪器进行扶正。扶正隔声一体化短节使用高强度刚性隔声体并与扶正器进行一体化设计，实现隔声效果并满足过钻具系统施工工艺的要求的同时，保证仪器居中效果。

1.2　过钻具声波测井仪器发射采集系统

接收电路的硬件框图如图 2 所示，由采集电源板、差分前放板、信号处理板、数据采集板和数据存储板组成。接收电路在上电后，向发射电路发送命令控制换能器发射。然后，接收电路按照不同的工作模式对 32 道接收探头的声波信号进行滤波放大、波形合成和自动增益控制，在数据采集板进行模数转换、滤波、压缩等处理后根据不同测井模式进行实时存储或上传到遥测短节；在水平井存储模式下，数据存储电路板中的数据在地面通过 USB 口进行读取。

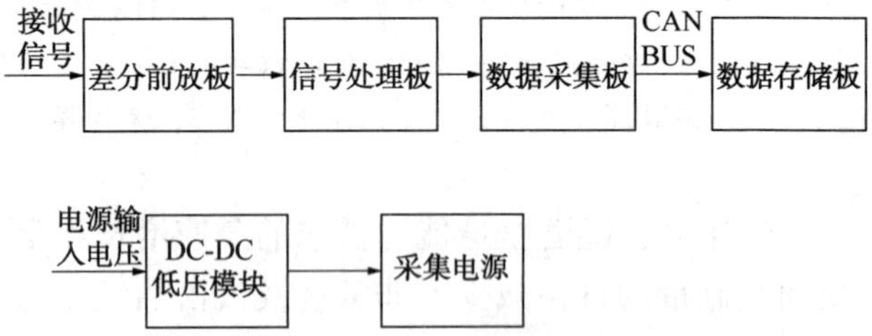

图 2　接收电路硬件框图

发射电路的硬件框图如图 3 所示，主要由发射控制电路、发射驱动电路和发射电源电路组成。发射电路接收仪器上端接收电路发送的 CAN 命令根据不同的发射参数依次进行单极发射、偶极 X 发射、偶极 Y 发射和低频单极发射。

1.3　斯通利波时差测量影响因素分析

目前斯通利波的在评价裂缝等方面具有较广泛的应用。前人对斯通利波响应特征和测量影响因素进行了大量研究，研究表明斯通利波的应用要考虑井径、岩性、爱瑞相等因素影响（章成广，王冠贵 . 1990. ）。在进行过钻具偶极阵列声波的研制和现场试验过程中发现：过钻具偶极阵列声波测井仪器与常规电缆偶极阵列声波测井仪器在同一口井进行对比测量时，过钻具偶极阵列声波仪器与电缆偶极阵列声波测井仪器测得的单极纵波时差、横波时差结果一致，但是斯通利波时差的值有差异，如图 4 所示。这种情况在同类型的过钻具偶极阵列声波仪器的现场应用中同样出现了。

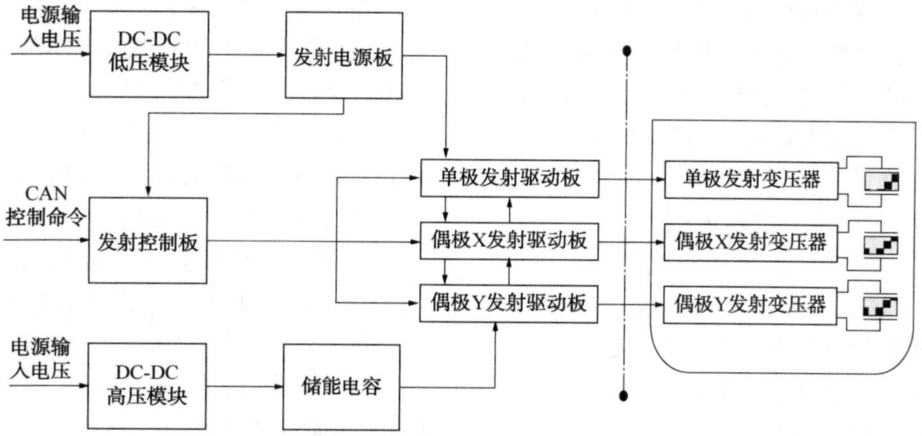

图 3　发射电路硬件框图

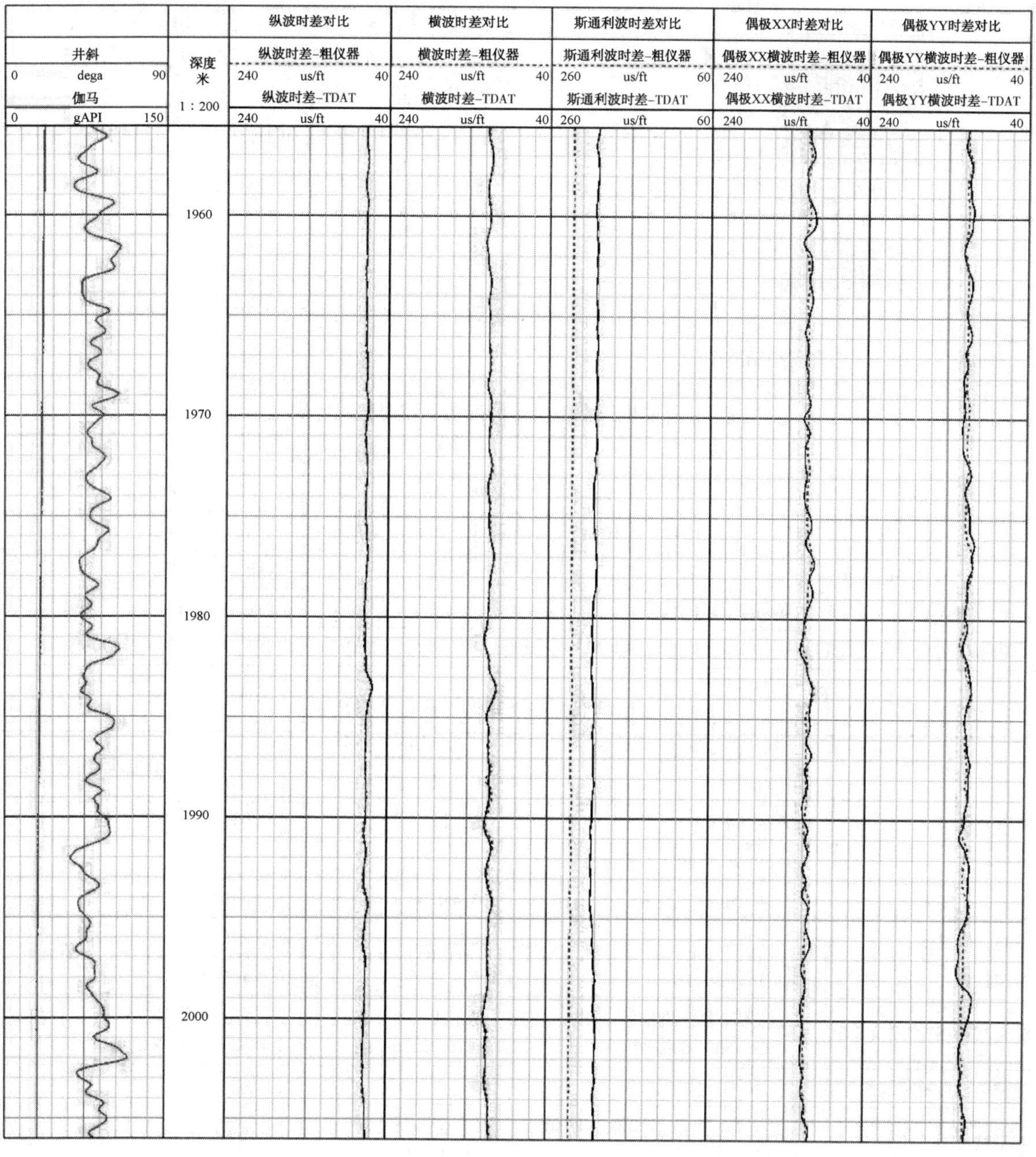

图 4　时差对比图

本文通过二维轴对称有限差分数值模拟计算了不同频率单极源发射时所得波形，并通过 STC（慢度-时间-相关系数）算法计算波形的斯通利波时差。为避免第二斯通利波的影响，正演模型使用实心圆柱放置在充液井孔中，二维轴对称模型在 rz 坐标系下的模型结构如图 5 所示。沿井径的方向从内向外模型介质依次为实心圆柱（仪器）、水、地层，实心圆柱和地层均为线弹性材料。声源为位于实现模型底部实心圆柱外侧水中的环状声源，用红色 * 表示。接收位于实心圆柱外侧的水中用红色十字表示。

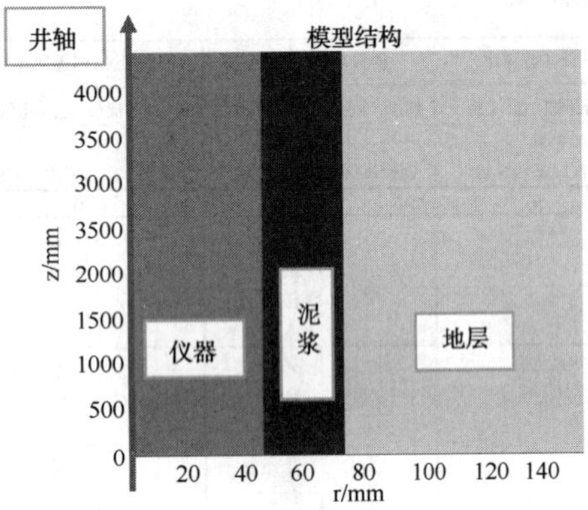

图 5　正演模型结构图

在地层和井内圆柱性质不变的情况下，改变井内圆柱的外径和井眼大小和声源频率，得到不同情况下的斯通利波时差，结果见表 1。

上述研究结果表明声源频率、仪器外径以及和井径都对斯通利波的测量和应用产生影响，不同外径的偶极阵列声波测井仪器在同一口井测量的斯通利波时差有差异符合斯通利波的传播特性。我们在应用不同仪器采得的斯通利波信息时，既要考虑井径、岩性、爱瑞相等因素影响又要考虑仪器设计的影响。

1.4　仪器性能对比

威德福公司的过钻具偶极阵列声波测井仪器 CXD 和斯伦贝谢公司 Thrubit 过钻具偶极声波仪器是当前应用较多的过钻具偶极阵列声波测井仪器（刘航，等 . 2020. ）。通过与这两支仪器的性能进行对比可知，TDAT 过钻具阵列声波测井仪器具有良好的性能。相关性能对比见表 2。

表 1　不同模拟参数所得的斯通利波时差统计表

项目	斯通利波时差								
井内实心圆柱外直径/mm	52	54	56	58	54	54	90	92	94
井眼内直径/mm	104	104	104	104	108	144	144	144	144
水环厚度/mm	26	25	24	23	27	45	27	26	25
5k 单极源发射斯通利波时差/（μs/ft）	198	195	200	198	197	190	197	199	183
8k 单极源发射斯通利波时差/（μs/ft）	197	198	200	198	197	193	199	193	183

表 2　过钻具偶极阵列声波仪器性能对比表

	FITS 系统偶极阵列声波仪器 TDAT	威德福偶极阵列声波仪器 CXD	Thrubit 偶极阵列声波仪器
仪器外径	55mm	57. 2mm	54mm
仪器长度	10. 6m（含三组扶正器）	7. 904m	8. 87 米
最高工作压力	140MPa	103. 4MPa	120MPa
最高工作温度	175℃	150℃	175℃
存储容量	16G	16G	16G
纵波/偶极横波测量范围	DTC：30～250μs/ft DTS：60～660μs/ft	DTC：40～250μs/ft DTS：70～600μs/ft	Monopole DTC&DTS：<170μs/ft Dipole DTS：<200μs/ft
低频单极斯通利波测量	有	无	有
测量精度	±2μs/ft 或者 2% 中的最大值	2%，CAL<355mm 5%，CAL>355mm	±2μs/ft 或者 2%中的最大值

续表

	FITS 系统偶极阵列声波仪器 TDAT	威德福偶极阵列声波仪器 CXD	Thrubit 偶极阵列声波仪器
纵向分辨率（处理分辨率）	3.5ft	1.4m（4.5932ft）	3.67ft
接收器间距	0.5ft	0.2m	4in
推荐测速	1800ft/h	1181ft/h（6m/min）	1800ft/h
井眼适用范围	3.5~12in	2.8~15.7in	3.625~8.75in
各向异性测量	能够进行裸眼井各向异性分析和套管井压裂效果评价，能够同时提供时差各向异性和能量各向异性结果。	能够进行裸眼井各向异性分析和套管井压裂效果评价，能够提供时差各向异性结果，但不能提供能量各向异性结果。	能够进行裸眼井各向异性分析，能够在裸眼井提供时差各向异性和能量各向异性结果。
偶极横波远探测	一次下井能实现常规和远探测测量。常规数据实时上传，远探测数据存储在井下仪器中。远探测偶极波形最大时长为 30880μs。	无远探测模式，偶极波形最大时长达为 10240μs。	无远探测模式，偶极波形最大时长达为 7680μs。

深井、长水平段对测井仪器高温高压指标及作业时长要求越来越高，当前国内外超小直径仪器的温压性能已经成为油气资料取全取准的主要瓶颈。TDAT 过钻具阵列声波测井仪器相较于同类产品，具有良好的温压性能和测量性能。

各向异性分析是偶极阵列声波测井仪器最常用的功能，TDAT 是目前唯一能够进行裸眼井各向异性分析和套管井压裂效果评价，并且同时提供时差各向异性和能量各向异性结果的过钻具偶极阵列声波测井仪器。过钻具偶极阵列声波仪器 TDAT 能够实现一次下井同时取得常规和远探测两个模式数据，仪器具有明显的功能优势。

通过在长庆、大庆、吐哈等地区进行大量的现场应用证明仪器在水平井、大斜度井等恶劣井筒环境下能够进行稳定、高效的测量。

2 过钻具偶极阵列声波测井仪器的推广应用

过钻具偶极阵列声波测井仪器 TDAT 能够在水平井、大斜度井等复杂井筒环境下实现高效、低成本采集的同时，具有常规电缆偶极阵列声波测井仪器的全部功能，能够测量纵波、横波、斯通利波时差，声波时差曲线可以划分不同的岩性地层，可以计算岩石力学特性参数，进行井壁稳定性研究，为钻井设计计算最佳泥浆比重、压裂施工方案设计，完井工艺和方法设计等，这对保证水平井的长期稳定生产尤其重要。图 6 是 TDAT 进行岩石力学评价的成果图，结果符合地区特性，具有重要的工程应用价值。

图 7 是过钻具偶极阵列声波仪器 TDAT 在压后的套管井进行压裂效果评价的成果图，从图中可以看出 TDAT 测量得到的能量各向异性和时差各向异性结果均与常规电缆偶极阵列声波测井仪器结果相同，同时也与压裂施工工程信息相符。

图 8 和图 9 是过钻具偶极阵列声波仪器 TDAT 在一口水平井采集的远探测数据进行裂缝精细成像的效果图。在这口井，使用 TDAT 测量的数据实现了 0~3m 内近井筒和 3~35m 远井筒裂缝精细成像，很好识别了 3865~3920m 北偏东 30°走向、距井筒达 25m 的一组裂缝。

3 结论

过钻具偶极阵列声波测井仪器 TDAT 具备过钻具存储测井和电缆测井双模式测量功能，能够满足水平井、大斜度井等复杂井筒环境的施工需求，大大提高了水平井测井成功率和时效，有效降低了成本和安全风险。同时 TDAT 具有良好的温压性能，一次测井能同时采集常规和远探测模式数据。通过在裸眼井和套管井进行大量的地质评价和工程应用，证明过钻具偶极阵列声波测井仪器具有常规电缆偶极阵列声波测井仪器的所有功能，且采集的声波测井资料质量稳定可靠。能够进行岩性划分、岩石机械力学特性评价、地层各向异性分析、压裂效果评价、远探测等地质和工程应用，是过钻具系统不可缺少的关键成像测井仪器。

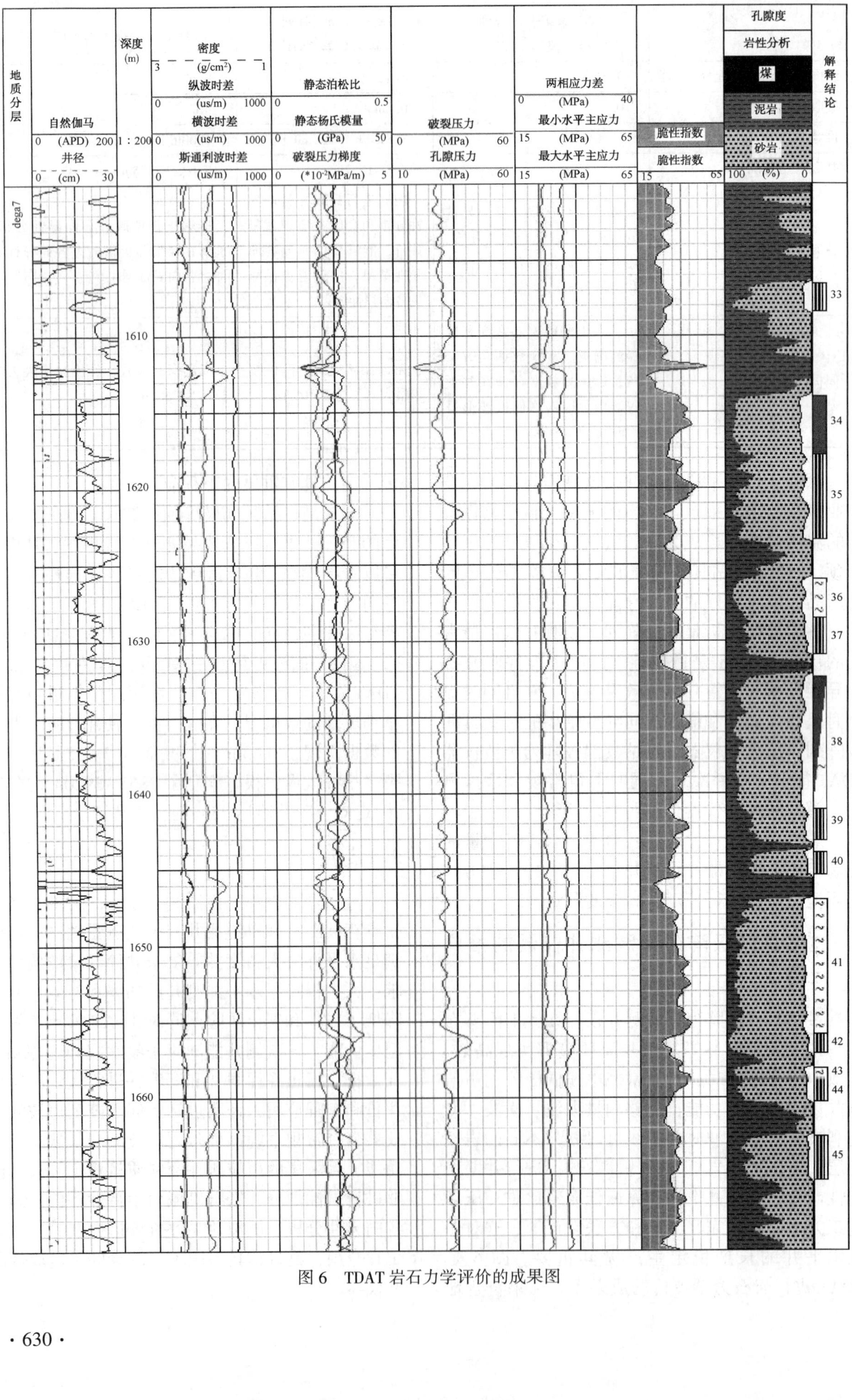

图 6　TDAT 岩石力学评价的成果图

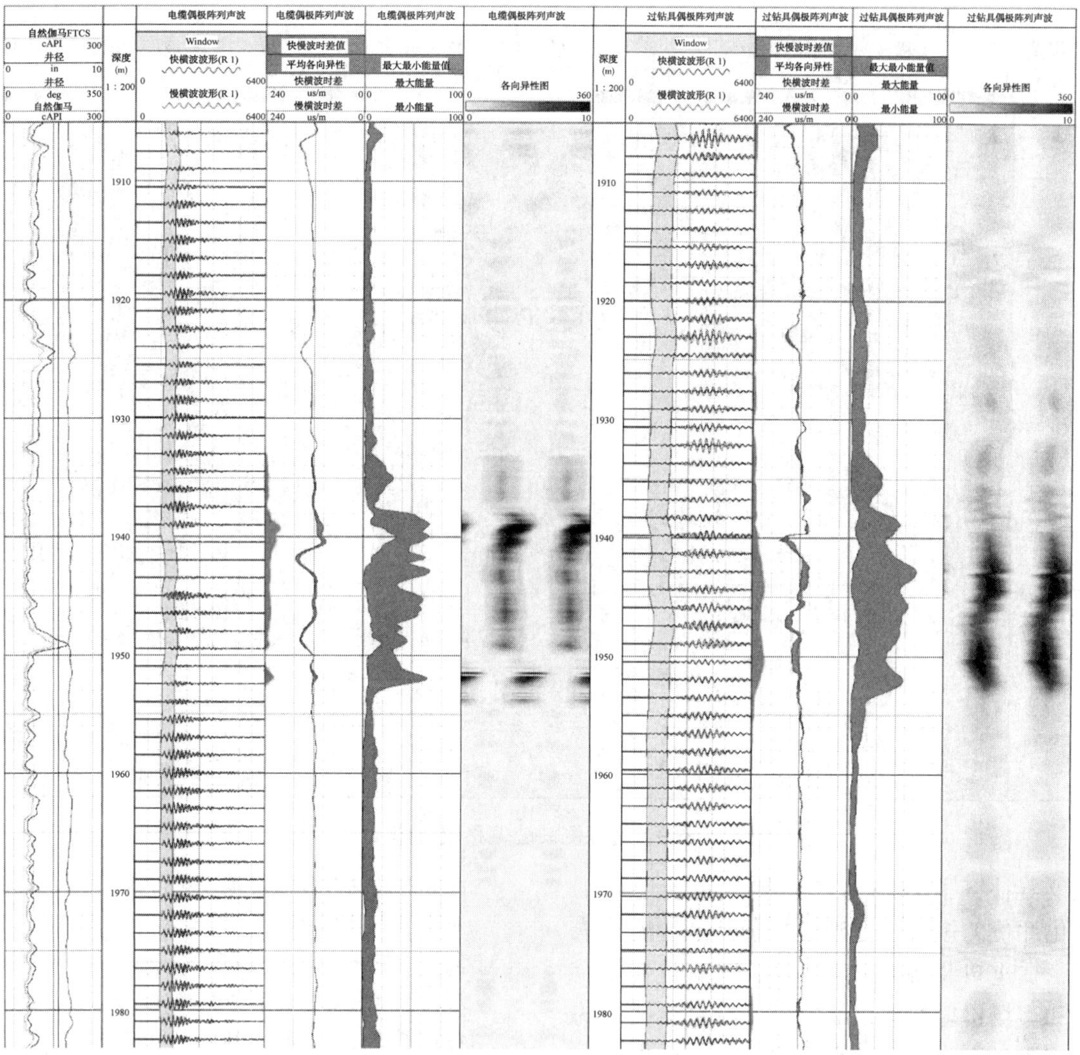

图 7　套管井压后各向异性评价成果图

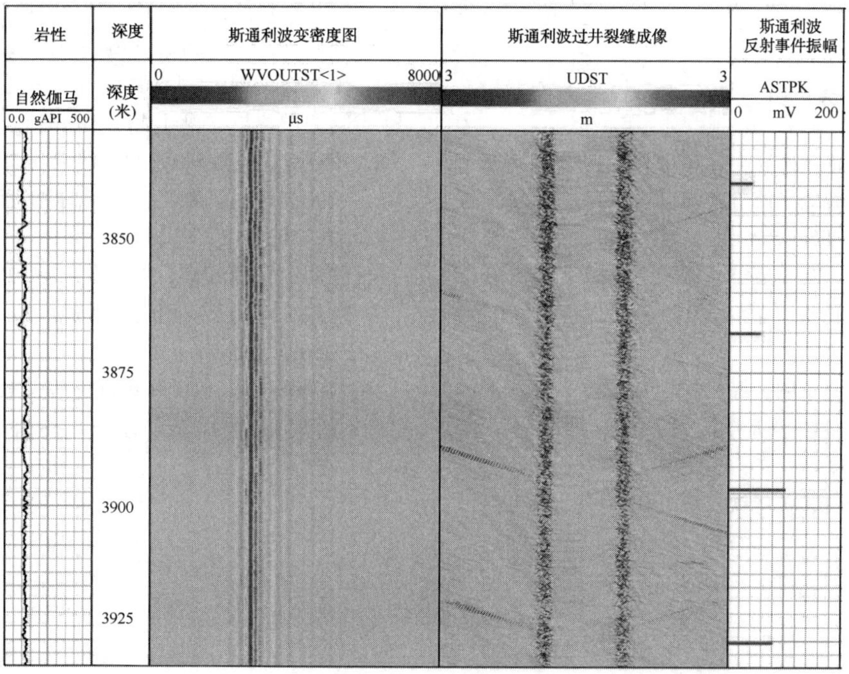

图 8　近井筒裂缝成像图

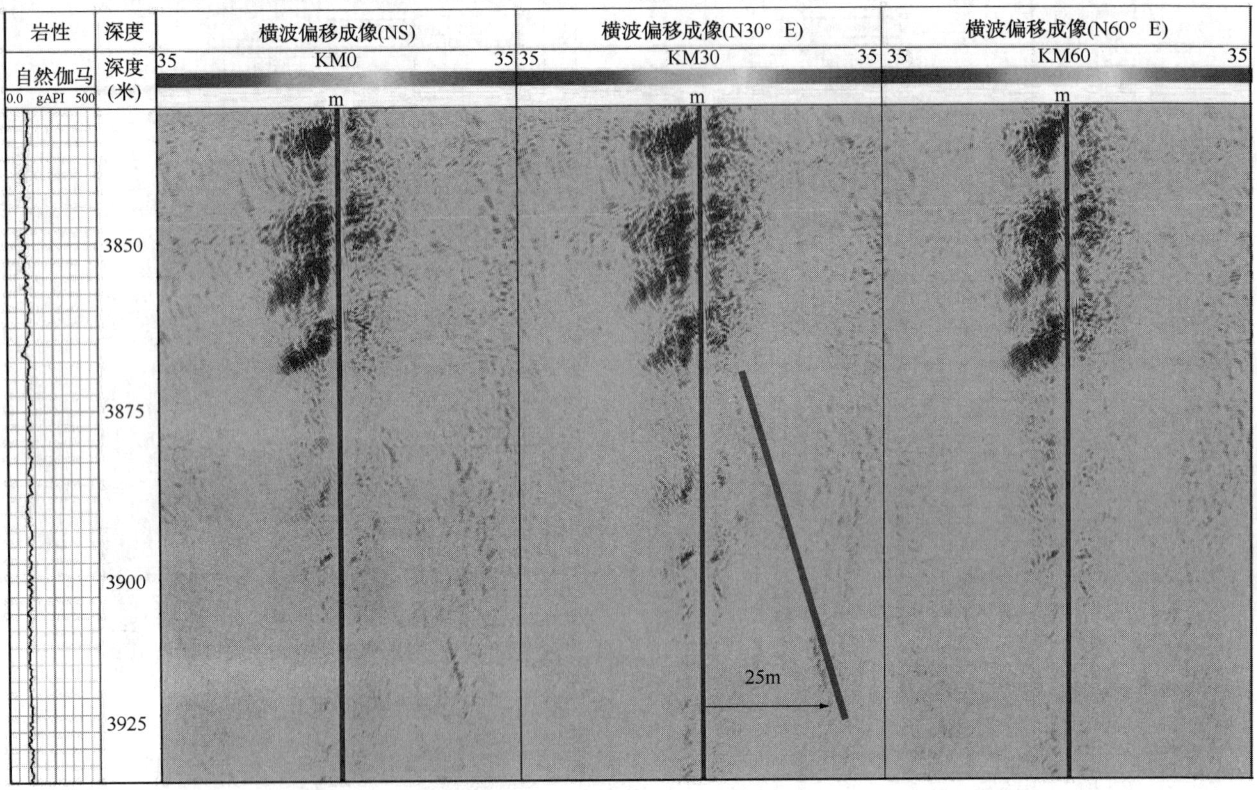

图 9　远探测裂缝偏移成像图

该仪器补齐了 FITS 过钻具测井系统地质工程一体化评价的短板，打破了复杂井高端测井依赖购买租赁进口装备的被动局面，具有重要的应用价值和市场价值。该仪器实现了在页岩油井的规模化应用，助力长庆陇东页岩油、大庆古龙页岩油等国家示范区的建设。为非常规油气藏持续稳产和页岩油气产量的快速增长做出了贡献。

参 考 文 献

[1] 陈斌，蔺敬旗，李兆春，等 . 2021. 阵列声波测井在页岩油体积压裂效果评价中的应用［J］. 断块油气田，28（04）：550-554.

[2] 高崇飞，苗贝 . 2023. 交叉偶极子阵列声波测井在裸眼井中的应用研究［J］. 能源与环保，45（03）：68-74.

[3] 刘航，罗利，赵中明，等 . 2020. ThruBit 偶极声波测井资料处理方法及应用［J］. 测井技术，44（02）：172-177.

[4] 陆云龙，崔云江，关叶钦，等 . 2022. 基于阵列声波测井的裂缝有效性定量评价方法［J］. 测井技术，46（01）：64-70.

[5] 刘航，吴煜宇，贺洪举，等 . 2023. 阵列声波测井处理新技术在碳酸盐岩储层评价方面的应用［J］. 地球物理学进展，38（01）：220-228.

[6] 谭礼洪，张国强，谭忠健，等 . 2022. 利用阵列声波测井资料评价变质岩储层有效性［J］. 石油地球物理勘探，57（06）：1464-1472+1263.

[7] 文荣辉 . 2019. 过钻具多极子阵列声波测井仪主控电路的设计与实现［D］. 荆州：长江大学 .

[8] 章成广，王冠贵 . 1990. 伪瑞利波和斯通利波特性及横波首至的研究［J］. 地球物理测井，014（006）：385-391.

[9] 张炳军，曹孟鑫，李华锋，等 . 2021. FITS 过钻具测井系统性能及应用效果评价［J］. 测井技术，2021（006）：045.

[10] 张炳军，宋宇，马正江，等 . 2022. 测井工艺技术的发展与探析［J］. 测井技术，46（06）：651-655.

分层配注井井下工具智能识别方法研究

龚　华

（大庆油田有限责任公司）

摘　要　油田开发过程中，注产剖面测试是综合评价油水井产能状况的重要手段，注入剖面解释中工具识别是关键步骤，工具类型识别及工具位置标注决定解释过程中流量段划分、吸水量解释等，影响注入剖面综合解释。批量化、自动化井下工具识别是实现注入剖面智能化解释的关键步骤。分层配注井注入剖面测井中，用磁性定位曲线解释井下工具，注入剖面井下工具的智能识别依赖于精准的形态特征提取与高效的数据处理算法。井下工具如接箍、短套、封隔器、配水器等其磁性响应曲线带有显著特征，能够反映出井下各类工具的形态与位置信息。自动化识别的基本原理是通过分析磁性定位曲线，提取具有代表性的特征值，包括工具长度、峰值、极差及其对应的曲线形状并结合机器学习算法进行分类判断。在此基础上，通过非监督学习算法对磁性数据进行初步分类，剔除明显的非井下工具干扰信号；随后利用监督学习算法训练特征模型，对不同井下工具磁性响应特征进行学习，以提高识别的准确度。结合 S-H-ESD 算法，可以有效识别曲线中的异常点，即井下工具的位置。对异常点数据通过差值聚类、特征值提取等处理手段，应用计算机程序和数据库，实现对磁性定位曲线井下工具的批量化自动识别及标注，实时返回井下工具的种类和位置信息，极大提高了资料解释质量和工作效率。

关键词　磁性定位；工具智能识别；异常点检测；特征值提取

1　前言

在油田开发过程中，生产测井是油藏动态监测的重要手段，注产剖面、试井压力信息结合油藏静态信息，可综合评价油水井产能状况，为油田及时调整油水井生产参数及措施方案提供可靠依据，保障油田生产。注入剖面测井是大庆油田注水开发以来占据主导地位的动态监测手段，大庆油田每年的注入剖面测井数约为 1.6 万井次，同时，随着油田开发的深入，平面及层间的矛盾也日益突出，因此，资料解释评价面临着解释任务繁重和评价难度加大的双重挑战。

目前，注产剖面的测井资料解释，仍然依靠解释软件完成，智能化程度低，大量工作需要人工完成。基于磁性定位曲线的工具识别及标注是资料解释的重要环节，主要依靠解释人员的专业识别技能，手动标注来完成，不仅工作效率低，人工成本高，且无法保证解释质量。近年来，计算机领域的大数据挖掘、机器算法、人工智能等技术得到前所未有的迅猛发展，为井下工具识别向智能化发展提供了技术保障。本文利用 S-H-ESD 异常点检测算法对井下油井工具的大数据集进行分析，能够有效地从磁性定位曲线中识别出目标井下工具的异常点信息。同时，本文采用差值聚类和特征值提取等多种数据处理技术，构建起一套完备的井下工具自动识别处理流程。借助该技术，我们可以快速准确地从海量数据中提取有效信息，辅以高效的计算机程序和数据库系统，最终实现了高度智能化的井下工具识别与标注工作。这一方法有效避免了人工操作中可能存在的疏漏和误判，保障了解释质量，显著提高了工作效率。通过系统的可靠性验证和实践应用，检测结果以及与传统方法的对比测试表明，新方法在井下工具识别的正确率和效率方面均有显著的提升。

2　注入剖面井下工具形态特征及智能识别基本原理

2.1　磁性定位测井基本原理及曲线形态

磁性定位曲线是井下工具识别的依据，对于油套管柱结构及工具的位置能够提供准确解释，为射孔、大修、压裂等精准定位，调整井下工具位置提供指导性建议。磁性定位器是由系统中的线圈及同极性相对排列的两个磁感组成，磁钢会在系统周围建立磁场，当仪器沿井筒移动时，由于井筒内油套管接箍、封隔器、配水器等内径和管壁厚度的变化，导致仪器周围介质磁阻的变化从而使测量线圈中的磁力线重新分布，磁通量发生变化，在线圈两端产生感应电动势。磁通变化率越大，测量线圈中产生的感应电动势就越大。

井下工具磁性定位曲线形态特征是自动识别的关键基础，结合先进的图像处理技术，可以实时捕捉到井下工具的特定信号，根据这些信号来区分各类工具特性与位置。井下工具对应的磁性定位曲线段具有明显的形态特征。封隔器、配水器等工具对应的形态特征主要表现在波峰组数量，波峰间的距离，以及整个特征段的长度。但从整体上来看，接箍一般存在一个波峰，短套存在两个较近波峰，封隔器存在两个分离较远的波峰，而配水器的波峰个数较多且较为集中(图 1、图 2)。

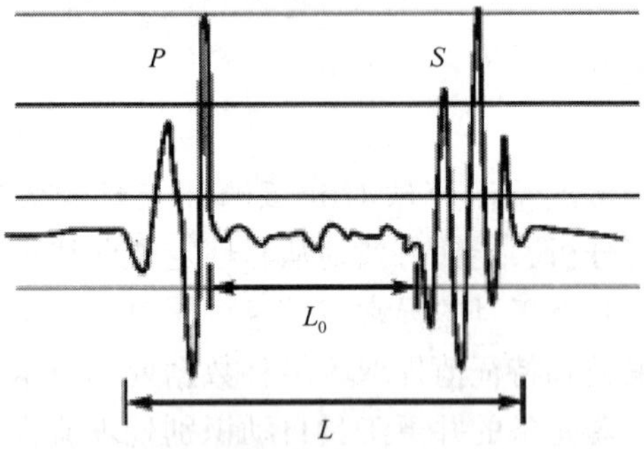

图 1　某型号封隔器曲线形态

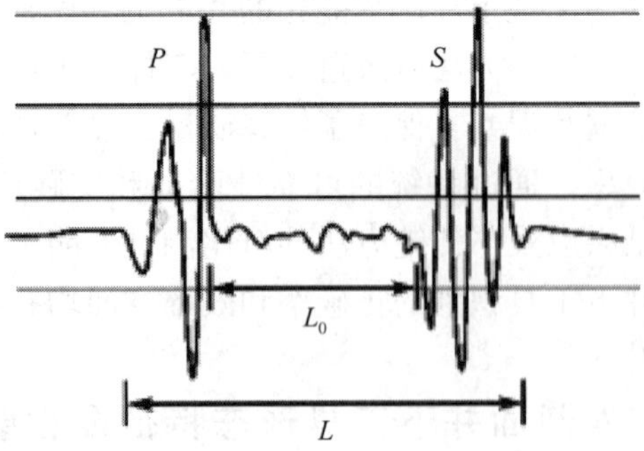

图 2　某型号配水器曲线形态

2.2　井下工具识别基本原理

注入剖面井下工具的智能识别依赖于精准的形态特征提取与高效的数据处理算法。井下工具如接箍、封隔器、配水器等，其磁性响应曲线带有显著特征，能够反映出井下各类工具的形态与位置信息。自动化识别的基本原理是通过分析磁性定位曲线，提取具有代表性的特征值，包括工具长度、峰值、极差及其对应的曲线形状并结合机器学习算法进行分类判断。在此基础上，结合 S-H-ESD 算法，可以有效识别曲线中的异常点，即井下工具的位置。通过差值聚类，将连续的磁性响应值进行分区，从而判定异常点的具体类型与位置。具体来说，首先通过非监督学习算法对磁性数据进行初步分类，剔除明显的非井下工具干扰信号；随后利用监督学习算法训练特征模型，对不同井下工具磁性响应特征进行学习，以提高识别的准确度。为了验证所提方案的可靠性，对大量井下工具磁性响应曲线数据进行了回归测试，结果表明，该自动识别方法相比传统人工解释，能将解释效率提升 25 倍，且识别准确率达到了 95%以上。在实际生产中，该智能识别方法已经成功应用于注入剖面井下工具的快速识别，大大减少了人力资源消耗，提高了工作效率。总而言之，井下工具的智能识别方法，主要是以磁性定位曲线为基础，通过算法模型进行深入学习与数据分析，实现高效精准的井下工具定位与识别。

3　注入剖面井下工具智能识别方法

3.1　井下工具识别具体方案

在注入剖面井下工具的识别工作中，自动化方法为处理大量测井数据提供了新的解决途径。本研究采用 S-H-ESD（Seasonal-Hybrid Extreme Studentized Deviate）算法对井下工具的磁性定位曲线中的异常点进行检测，从而定位接箍、封隔器、配水器及短套等关键井下工具的位置。S-H-ESD 算法以其高灵敏度和优异的异常检测性能，成为识别工作的核心。磁性定位曲线通常包含了井下工具形成的磁场异常信号，而 S-H-ESD 算法可以准确识别出这些异常信号，进而确定工具的位置。算法通过计算平均偏差和标准差，结合 Grubbs' Test 对数据中的异常值进行有效识别。在分析过程中，不仅对异常点进行定位，还通过差值聚类和特征值提取等处理手段对这些点进行进一步的数据分析，从而提取出更多的信息内容。例如，差值聚类能够根据异常点的差异性将其分组，使得具有相似特征的井下工具能够被相对集中地标注。而特征值提取则侧重于从聚类后的数据中提炼更具代表性的信号特征，这对于区分不同种类的井下工具具有决定性意义。完成这些复杂的数据分析过程后，利用计算机程序和数据库进一步实现了磁性定位曲线井下工具的智能化识别与标注。此外，集成了异常点检测的智能化系统能够实时返回井下工具的种类及其具体位置信息，极大地提高了资料解释的质量和工作的效率。为验证方法的可靠性和准确性，本研究以大量实际测量数据进行了模型训练和测试，结果表明，在多种情况下本系统的识别结果与专业人工解释高度吻合，识别准确率达到了98%以上。

3.2 S-H-ESD算法异常点检测算法在井下工具自动识别中的应用

3.2.1 数据预处理

通过非监督学习算法对磁性数据进行初步分类，剔除明显的非井下工具干扰信号数据预处理阶段，再通过小波滤波消除曲线中的部分干扰噪声，可以在一定程度改善识别环境。统一测井曲线的采样间隔，要统一使用油田测井采用的最小采样间 0.025m。不满足时，要进行插值。

3.2.2 异常点识别

利用时间序列异常检测算法 S-H-ESD 可以将工具信号作为异常点检测出来，形成由索引值表示的异常点序列，记为 Y，例如图 3 所示。

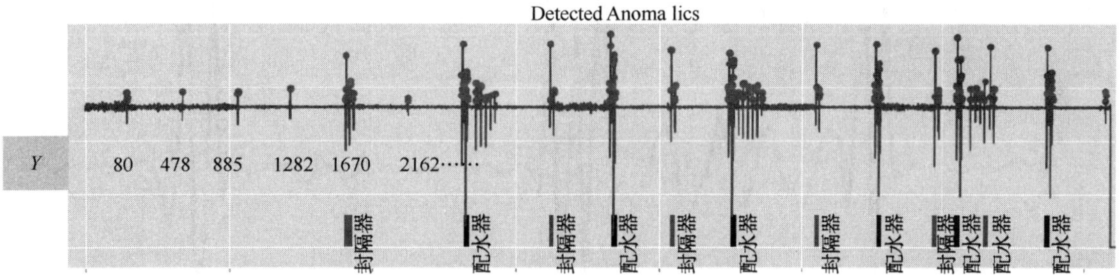

图 3　某井异常点识别示意图

3.2.3 工具的初步分离

对异常点位置序列 Y 向前逐项做差处理，可以得到差值序列 ΔY，通过设定门限（序列中所有大于等于 60 的点作为分段点，不包含分段点），将 ΔY 进一步分离成多段数据，由于接箍位置的数值大，且段内异常点数目少，首先将其从 ΔY 排除出去，最后形成多组数据，记为 $\Delta X=(\Delta X_1, \Delta X_2, \Delta X_3, \cdots \Delta X_n)$。其中 $\Delta Xi=(a_1, a_2, a_3, \cdots, a_m)$ $(i=1, \cdots, n)$ 为一组有序差值数据，此时，ΔX_i 分别指示封隔器（fg）、配水器（ps）、短套（dt），以及三者以不同方式组合在一起的暂时无法区分的差分序列，称为混合序列（ΔX_H），完成工具的初步聚类。

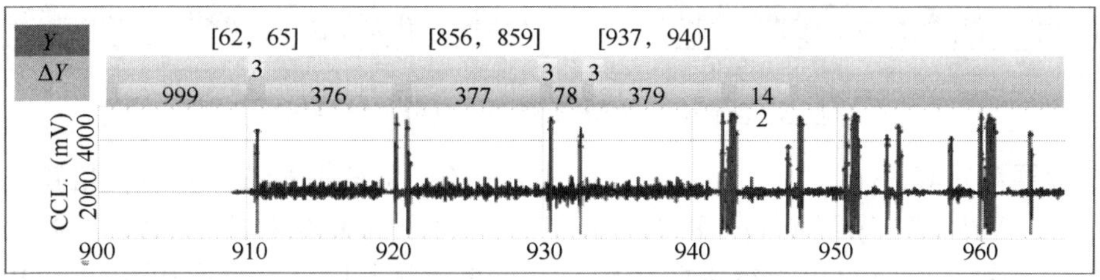

图 4　某井工具初步分离示意图

对每个差值序列 ΔX_i 分别提取工具长度 L_i、序列异常点数目 Num_i 及序列异常点特征间距 MKi，形成三个特征序列 $L_{en}=(L_1, L_2, L_3, \cdots, L_n)$，$Num=(Num_1, Num_2, Num_3, \cdots, \mathrm{Numn})$，$MK=(MK_1, MK_2, MK_3, \cdots, MK_n)$，其中，$L_i=\Sigma(\Delta X_i)$，$Num_i$ 为序列中数据的数量，MK_i 为序列中数值大于等于 10 的数据。

3.2.5 混合序列分离处理

特征序列 L_{en} 中 L_i 值大于 80 所对应的 ΔX_i 为混合序列 ΔXH_i。对 ΔXH_i 以其 MKH_i 值为分割点（包括分割点），将其分为多个序列，然后按顺序以最终组合为 2-4 段为目标，穷举全部组合，对每种组合包含的序列分别求和，形成和值序列，求和值序列的变异系数（$CV=\sigma/\mu$），比较所有 CV，当 CV 取得 CV_{min} 时，即得到最优分离组合。

利用混合序列分离结果更新 ΔX 序列组，对每个差值序列 ΔX_i，重复步骤 4，取得更新的特征序列 L_{en} 和 Num 序列。

3.2.6　识别配水器

将 Num 序列重新定义为数集，$Num=\{Num_1, Num_2, Num_3, \cdots, Num_n\}$，从中分离出 $Num_1=\{a\in Num \mid Q_1\leqslant a\leqslant Q_2\}$ 和 $Num_2=\{b\in Num \mid b\geqslant Q_3\}$，其中，$Q_1$ 为下四分位数，Q_2 为中位数，Q_3 为上四分位数，则得到封隔器和配水器的最优分割参数为 SPnum，见公式（1）：

$$SP_{num}=\frac{\overline{Num_1}+\overline{Num_2}}{2} \tag{1}$$

利用 SP_{num} 可以首先将配水器分离出来，Num 序列中的值与 SP_{num} 比较，如果 $Num_i>SP_{num}$，则判断 Numi 对应的 ΔX_i 是配水器，同时 Num 序列被分成两部分，即配水器序列 Numps 和其它序列 Numqt。相应的 Len 序列也对应分成两部分，Lenps 和 Lenqt（图 5）。

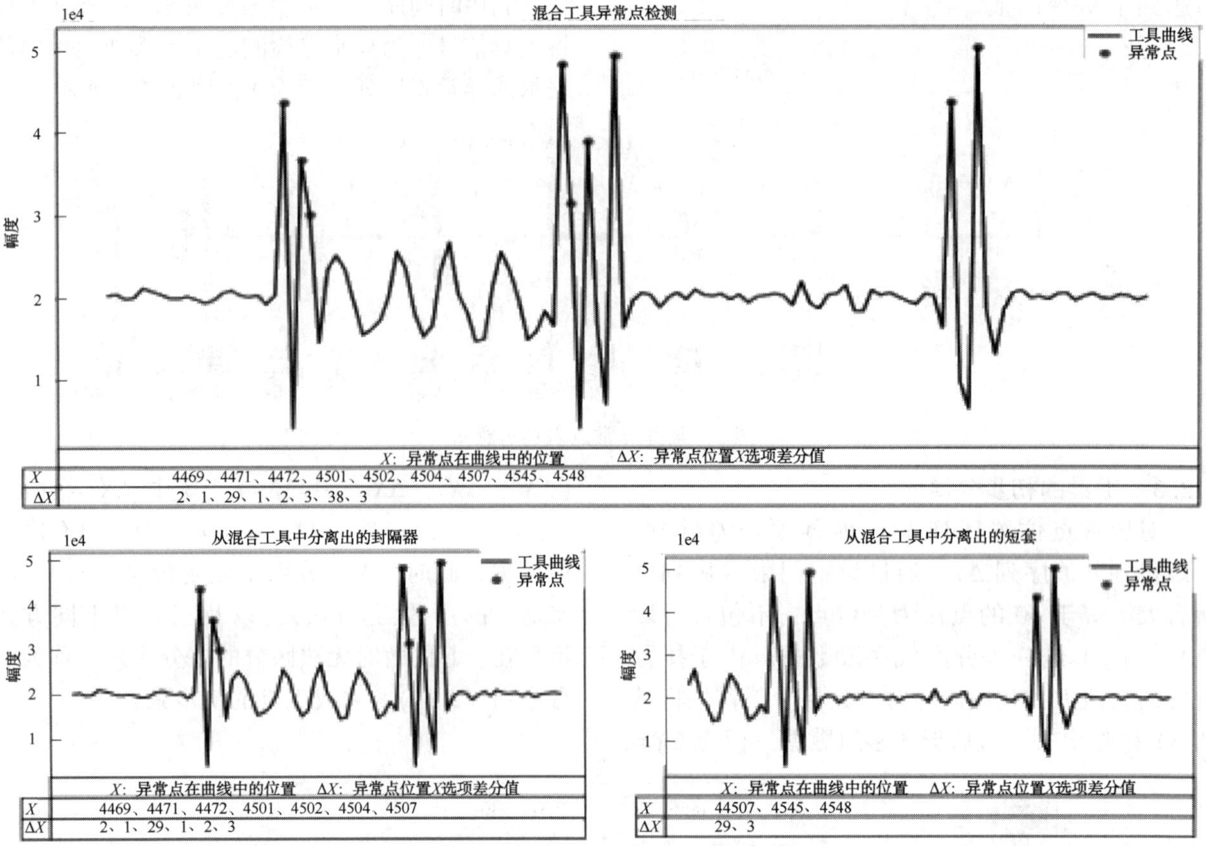

图 5　封隔器与配水器混合工具分离结果图

3.2.7　识别封隔器和短套

对步骤 2.3.6 所述两个序列 Lenps 和 Lenqt 分别应用公式（2）进行计算可以求得本曲线中最精确的封隔器和配水器长度值，记为 PsLen 和 FgLen，在序列 Lenqt 中搜索满足 | FgLen−Li | ≤5 的值，判断与其下标对应的 ΔX_i 是封隔器。序列 Lenqt 中剩余的元素对应的 ΔX_i 判断为短套（图 6）。

$$\min_{1\leqslant j\leqslant p}\sum_{i=1}^{p}\mid d_i-d_j\mid \tag{2}$$

3.2.8　工具相对位置匹配性检查

进行工具相对位置匹配性检查，同时在存在严重干扰井段，综合应用 SP_{num}、PsLen 和 FgLen 三个参数查找遗漏的的封隔器或配水器，完成全井管柱工具的自动识别。

4　自动识别方法可靠性检验及实际应用效果

磁性定位曲线井下工具智能识别的方法经过研究团队深入开发与多轮迭代优化后，面临严格的可靠性验证程序。验证过程遵循数学统计与试验统计的双重考验，首先，从统计学原理出发，应用 Bootstrap 重抽样技术对识别算法进行稳健性分析。这种做法能对算法在不同样本集下的表现进行评估，其结果显示，在 95% 的置信水平下，算法对井下工具的识别率均高于 98%，且标注准确率稳定在 97% 以上。其次，将智能识别方案应用到实际的注入剖面井下生产解释井中。与传统的人工解释方法对比，通过分析超过 200 口井的现场数据，实现了对接箍、封隔器、配水器及短套等井下工具的快速准确标注。高级资料解释员人工识别与标注一口井约需要 3min，自动识别标注系统完成一口井仅需要 7s，效率提高 25 倍，现场应用结果证实，该方法在实际应用中的效果与理论与模拟结果具有高度一致性，不仅节约了大量的人力资源，亦显著提高了工作效率和解释数据的准确性。通过这一系列的验证过程，智能识别方法的可靠性得到了充分的论证。图 7 给出了三口工具复杂井的磁性定位曲线井下工具自动识别的结果，左图 1021m 附近有一个封隔器与短套的混合工具，中图 1101m 附近是封隔器与配水器混合工具，工具自动识别程序均可准确的将混合工具分离并识别出来。右图是存在较强干扰情况下的工具自动识别情况，工具也得到了准确识别。从应用效果来看，井下工具自动识别方法是稳定可靠的，可以在实际测井解释中推广应用，它的出现解放了繁重的人工劳动，提高了解释效率和质量，为实现同位素注入剖面测井解释的智能化奠定了基础。

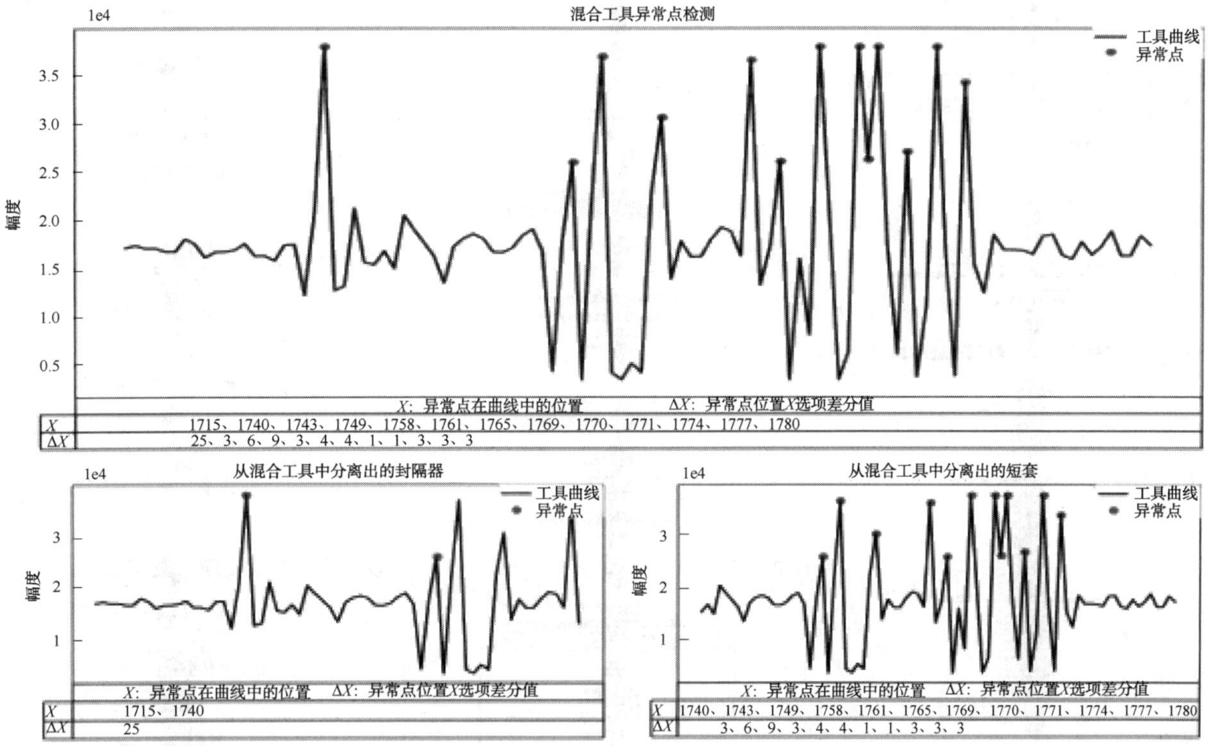

图 6　封隔器和短套混合工具分离结果图

5　结论

井下工具智能识别方法通过磁性定位曲线异常点检测，将识别井下工具信号过程转换为分析异常点位置差值序列的特征，无需复杂的曲线形态识别，经简单的数据处理和分离运算，在一维数据维度下，就可对井下工具信号实现聚类识别。从应用效果来看，采用的方法符合磁性定位测井曲线的特点，简单而可靠。在算法程序方面，采用了模块化设计方案，具有计算速度快，占用资源少，易于移植的特点。与传统的井下工具人工标注相比整个工具识别过程都由计算机程序智能完成，无需人工干预，工作效率和解释质量都得到了极大提高。

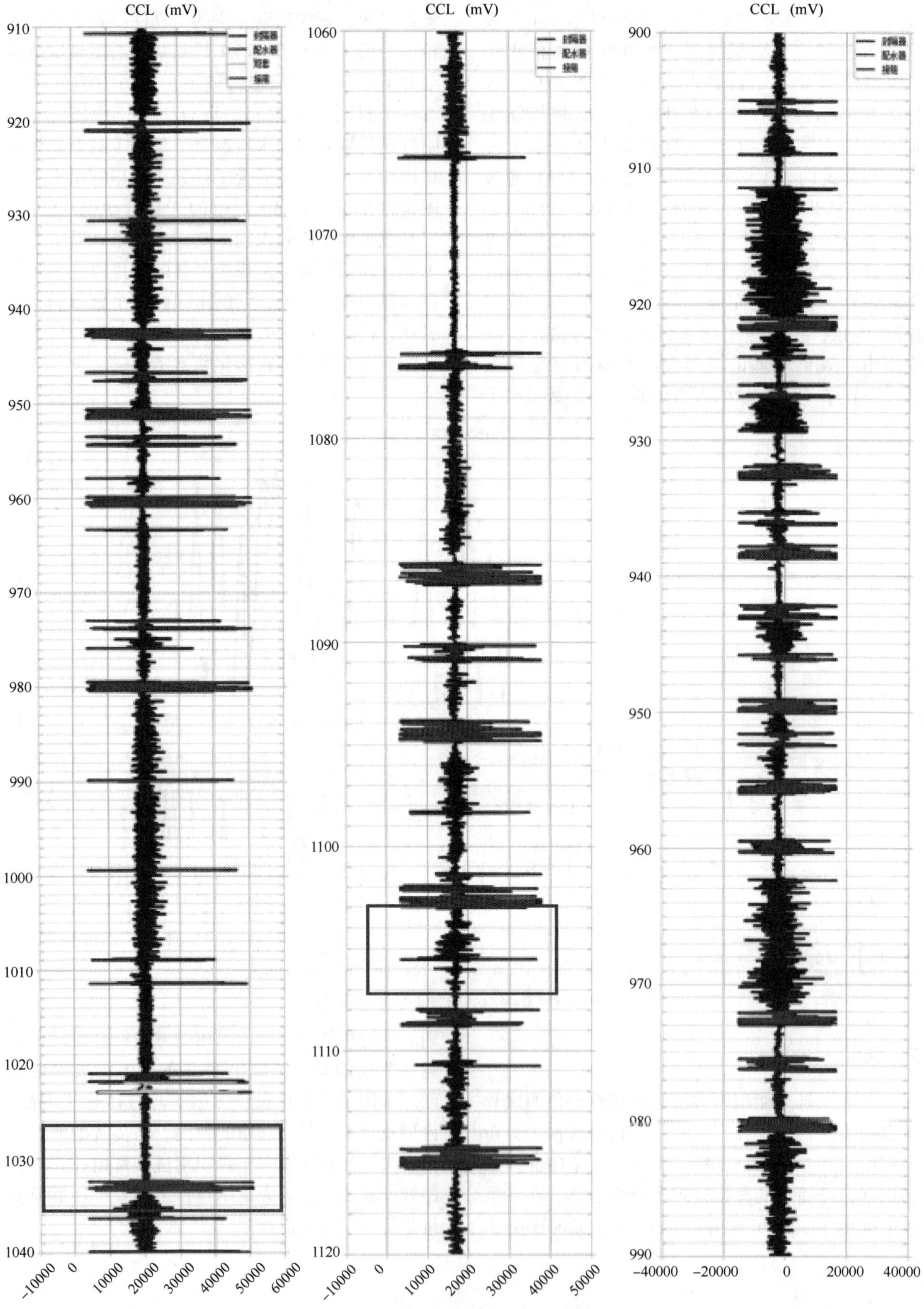

图 7　磁性定位曲线井下工具自动识别曲线图

参 考 文 献

[1] 刘登元．磁性定位在不同测井方法中工具深度误差原因分析［J］．石化技术，2017（10）：255-256.

[2] 尚福华，赵擎华．基于形态-变长夹角链码的测井曲线识别［J］．计算机与数字工程，2014，42（9）：1589-1590.

[3] 师世健．大型椭球类复杂曲面逆向工程加工关键技术研究［D］．北京：北京交通大学，2020.

[4] Frank-E Grubbs. Procedures for Detecting Outlying Observations in Samples.［J］. Technometrics，1974，11（1）：52-53.

[5] Frank-E Grubbs. Sample Criteria for Testing Outlying Observations［J］. Annals of Mathematical Statistics，1950，21（1）：26-58.

[6] Jordan Hochenbaum，Vallis Owen-S，Kejariwal Arun. Automatic Anomaly Detection in the Cloud Via Statistical Learning［J］. ArXiv preprint：1704.07706，2017.

[7] 马建鹏，王召巴．基于小波变换的信号去噪研究［J］．机械管理开发，2010，25（1）：195-196.

[8] 刘亮，叶进．基于小波理论的动平衡信号滤波方法研究［J］．机械制造与研究，2010，40（1）：51-54.

基于数字油田机采井智能化管理的探索与实践

张云辉

（大庆油田有限责任公司）

摘　要　机采井作为油田生产重要的机械采油设备，其管理的好坏直接关系到企业的经济效益。为此，某大型采油厂积极探索生产数据采集传输、设备工况分析诊断、设备运行参数优化等方面的智能化管理，同时，建立配套智能化管理平台，具备数据动态监测、工况诊断推送、设备故障预警、参数自动优化等多项功能。机采井智能化管理通过电参数的数字化采集、高效率传输、智能化分析和远程控制，实现生产数据自动采集传输、设备工况智能分析诊断、生产运行参数自动优化调整等目标，有效缓解企业用工压力和降低人工成本，持续节约设备运行能耗及生产成本，进一步延长机采井全生命健康周期。通过积极探索建立基于数字油田机采井智能化管理新模式，实现了机采井精细化、优质化、智能化管理。

关键词　“机采井；智能化；管理转型”

1　前言

随着油田开发进入中后期，机采井作为油田生产的主要举升设备，在日常生产管理中存在的一些问题也逐渐显现：一是生产数据人工采集工作量大，且数据传输层级多、速度较慢；二是设备运行工况靠人工经验分析判断，不规范、不准确；三是受常规技术限制，参数优化和间抽运行无法实现精细化，导致设备运行能耗较高。同时，由于近年来企业员工退休进入高峰期，机采井管理缺员的问题较为突出，导致日常管理难度加大，管理水平亟待提升，为此，某大型采油厂积极开展基于数字油田机采井智能化管理模式的探索实践。

2　建立生产数据实时采集传输智能化

2.1　实现生产数据自动采集

生产数据采集智能化是建立机采井智能化管理的基础，因此，建立相应配套的电参采集装置成为关键环节。抽油机井电参采集装置主要包括曲柄位置传感器、电机转速传感器、辅助控制装置等设备。在曲柄上安装曲柄位置传感器主要用来监测并采集曲柄位置及角度，在电动机上安装电动机转速传感器主要用来采集电机转角、速度变化及运行方向。抽油机井电参采集装置通过电机转速传感器和曲柄位置传感器，实时掌握曲柄位置，建立以曲柄为坐标的精确定位系统，标定位置，通过电机转速传感器、曲柄位置传感器对抽油井的电流、电压、功率因数、消耗功率、耗电量等数据实时采集，从而绘制示功图、计算冲程、冲次、产液量、动液面。而螺杆泵井可从原井控制柜中直接读取电参数、扭矩和转速（表1）。

表1　油井参数采集方式表

井别	采集参数	采集设备	计算参数
抽油机井	电参数	电参传感器 位置传感器 角位移传感器	示功图、产液量、动液面、功率因数、消耗功率、消耗电量
	冲次		
螺杆泵井	电参数	电参传感器 转速传感器	扭矩曲线、功率因数、消耗功率、消耗电量
	扭矩		
	转速		

2.2 实现数据信息高效传输

基于ZigBee数据传输技术，通过数据传输层，配合无线设备每10min传输一组数据，实现无线组网传输，油井现场数据采集后，根据A2、A5数据库格式完善平台采集频次，打包传送到临近油井数据处理与智能组网模块，一起上传至终端“系统处理层”服务器进行后续应用，操作人员通过后端的“应用层”在机采井智能化综合管理平台对数据进行处理和二次计算（图1），同时制定《厂电参数字化油井管理规定》形成满足杏北开发区生产需求的智能化管理体系。

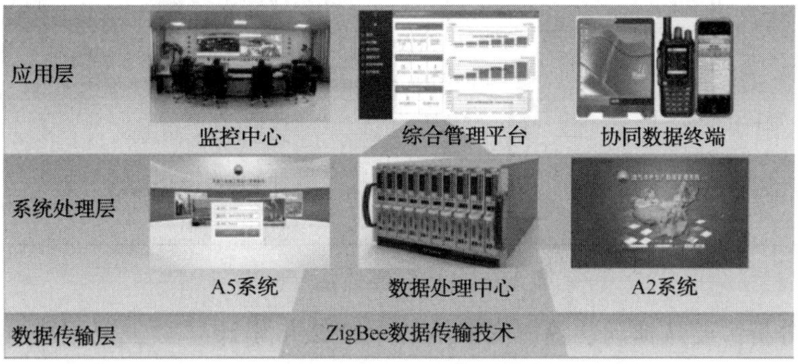

图1　数据信息高效传输技术

综合管理平台将原来每天上万条数据的人工采集、填报，转变为自动采集、上传，降低一线员工的劳动强度，提高工作效率（图2）。为进一步减少岗位工人数据录取的工作量，推行电参数据单轨运行，目前可实现每日电流、产量一键获取至智能终端后一键推送至A2数据库，每月功图、动液面批量下载上传至油藏动态数据库，机采井系统效率每年自动推送一次至A5数据库，减少人工量油、测试等工作量16092井次/月，实现报表高效传输（表2）。

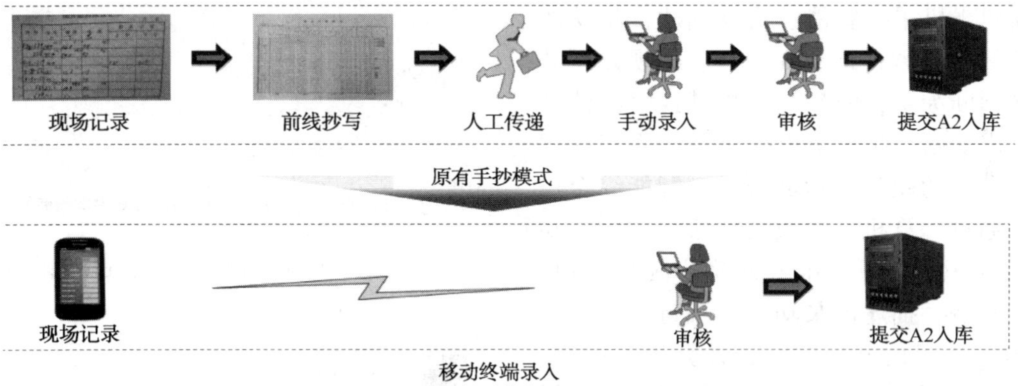

图2　现场数据人工采集与自动采集对比

表2　油井参数采集方式表

项目	审核上传人	上传频次	复核频次	录取方式及位置
电流	采油工	每天1次	超范围复核	终端一键获取至A2数据库
产量	计量工	每旬1次	每1月复核	终端一键获取至A2数据库
电参示功图	资料员	每月1次	每月复核	批量下载上传至油藏动态
动液面	资料员	每月1次	每2月复核	批量下载上传至油藏动态
系统效率	节能管理	每年1次	/	自动推送至A5数据库

3　建立设备工况在线分析诊断智能化

3.1 实现能耗管控在线分析

某采油厂部分机采井存在系统效率偏较低、能耗较高的问题，为了有效解决能耗高、效率低的问题，科学精准地分析出影响机采井能耗相关因素至关重要。影响机采井能耗因素量多而且较为复杂，根据机采系统的特点，通过智能控制综合管理平台智能大数据，利用能耗控制图、单井电量等数据，创新实施机采井地面设备和井下工艺能耗“1+1 整体化分析”工作法（图 3），进行能耗剖析、监控和预警，逐步构建机采井能耗立体化管控分析新模式。

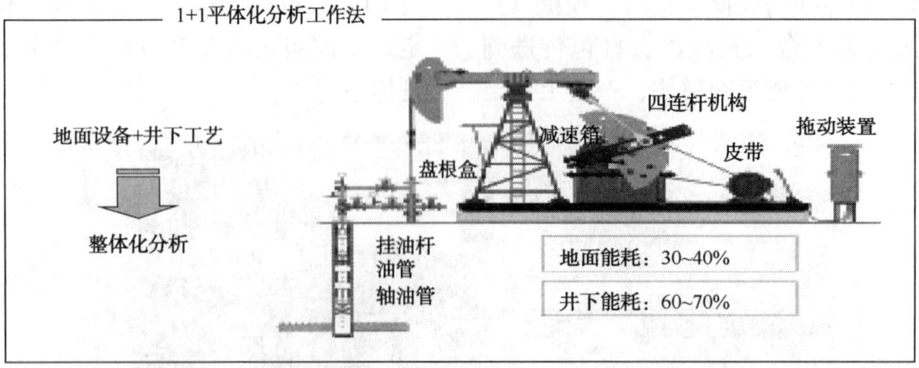

图 3　“1+1”整体化分析法

地面设备管控分析主要从拖动装置、皮带传动、减速箱、四连杆、盘根盒等方面进行能耗分析，井下工艺管控分析主要从抽油杆、油管、泵挂深度、抽油泵径等方面进行能耗分析，通过能耗分区控制图分析影响能耗关键因素，查找确切原因，制定科学对策，进一步提升机采井系统效率，从而达到节能降耗的目的。

3.2　实现异常工况精准诊断

创新建立机采井智能综合诊断法，将功图诊断与液量计算紧密结合在一起，实现以深井泵的工作诊断为主，液量计量为辅，解决油井求产、工况诊断、生产历史分析等一系列问题的新一代油井功图计量诊断技术。智能综合诊断法技术通过计算机模型成功地实现了对泵功图的获取与识别，可以准确地确定凡尔开启、关闭的关键点，描述出泵功图的关键点、关键线和关键面积等的几何特征，计算出产液量，并且准确地运用几何特征、矢量特征实现对泵示功图故障正确诊断。

结合生产管理需求，通过综合管理平台实现故障报警与推送，基于电参采集数据及平台显示可以直观显示机采井运行情况，有效识别皮带断、杆断脱、漏失等异常工况，并在中油即时通讯的推送功能中增加冲次变化超 1 次、皮带断、停机、杆断报警推送（图 4）。故障井的发现从原来每日两遍井上巡检，到现在每十分钟电参功图数据回传、中控室随时巡检、问题井发现报警推送等手段。根据预警数据信息，基于电参数据在线分析诊断，查找故障原因，制定处置方案，大大提高了泵况的发现速度和有效处置速度，2022 年累计异常工况报警 406 井次，大大提高了运行时率（图 5、图 6）。

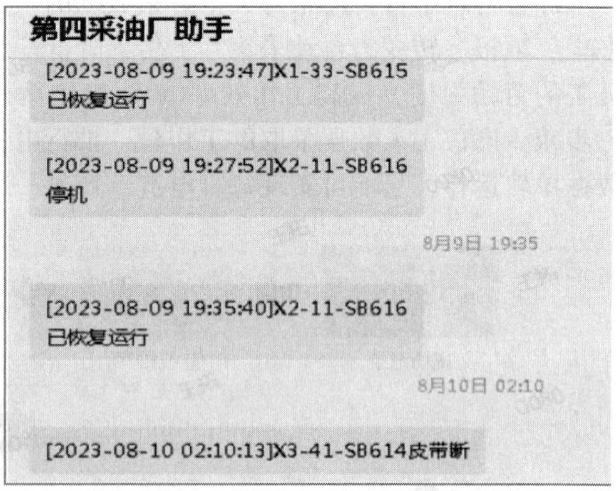

图 4　即时通增加推送功能

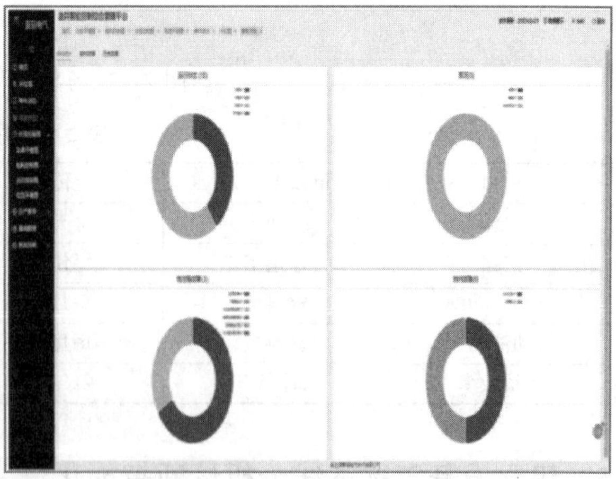

图 5　油井智能预警模块图

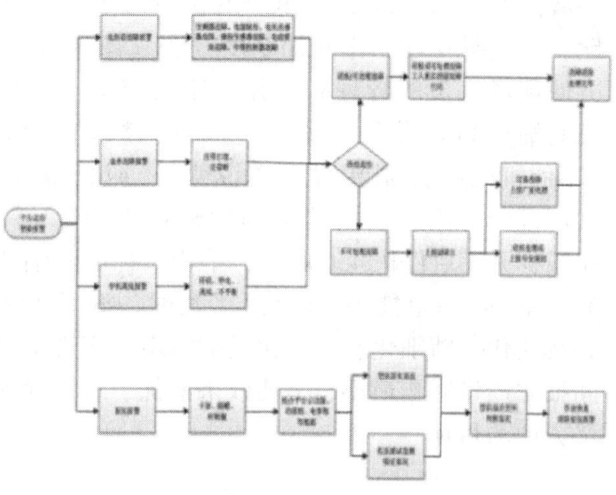

图 6　油井异常状态处理流程

4　建立设备运行参数自动优化智能化

4.1　实现精细调参自动优化

针对目前供排关系不合理、能耗高井较多的问题，同时，以往人工调参存在无法连续跟踪产量变化、调参幅度依靠人为制定、调参不合理易影响产量等缺陷，为了实现单井冲次更优、能耗更低的目标，依托电参示功图，诊断供液情况，通过自动优化调整冲次，实现抽油泵充满度的优化控制技术，创新机采井精细调参智能化管控模式。依据气液两相流理论，建立抽油机井泵充满度数学模型，对不同工况条件下泵充满度进行仿真分析，确定最佳充满度区间为 85%~90%。考虑机采井产液量、冲次等边界条件，在配电箱中设置控制程序，以最佳充满度区间为优化目标，自动调节抽油机冲次：达到最佳充满度区间，固定冲次生产；精细调小参冲次已调到最小，仍未达到最佳充满度区间，转不停机间抽；精细调大参冲次已调到最大，仍未达到最佳充满度区间，推送换大泵，使泵充满度始终保持合理范围，形成了智能优化运行控制模式（图 7）。

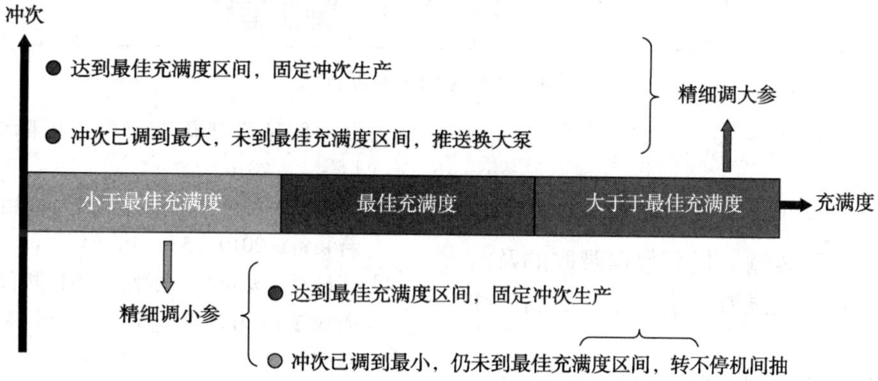

图 7　智能优化运行控制模式

截至目前，在配套智能控制装置机采井上已完成智能精细调参 482 口，其中已处于优化状态 130 口；调大参井 105 口；调小参井 247 口，节电率 22.33%，平均系统效率提高 7.87 个百分点，平均日产液增加 7.86 吨（表 4）。

表 4　智能精细调参效果统计表

优化类别	井数/口	项目	冲次/(min^{-1})	充满度/%	功图日产液/(t/d)	功图沉没度/m	日耗电/(kW·h)	泵效/%	系统效率/%	吨液百米耗电/(kWh/t·100m)
精细调小参	247	优化前	5.41	49.64	19.38	97.61	160.93	36.16	26.32	1.03
		优化后	3.67	70.99	19.64	101.02	124.98	52.8	34.19	0.8
		差值	-1.74	21.35	0.26	3.41	-35.95	16.64	7.87	-0.23
精细调大参	105	优化前	4.95	97.44	40.33	194.53	174.53	68.23	45.65	0.6
		优化后	6.16	93.92	48.19	139.26	213.7	65.25	47.93	0.57
		差值	1.21	-3.52	7.86	-55.27	39.17	-2.98	2.28	-0.03

4.2　实现智能间抽动态运行

若机采井沉没度较低，容易发生供液不足现象，导致泵充满系数较低，产液量下降，且下冲程易产生液击现象，影响设备寿命。针对间歇出油、沉没度低、严重供液不足的低产低效井较多的实际情况，某厂率先提出“不停机智能间抽”的理念。不停机间歇采油技术是指曲柄以连续整周运行与低能耗摆动运行组合的方式工作，将长周期的集中式间歇采油转变成多次短周期分散式间歇采油，将常规间抽停机运行改为曲柄低能耗小角度摆动运行，实现井下泵停抽、地面设备不停机的间抽工艺，可以有效解决常规间抽由于停机时间长导致液面波动大影响油井产量、间抽制度执行难度大、冬季停机易结蜡、冻井口等问题，保证机采井保持合理产量和较高的系统效率。同时，在工作制度优化方面，针对低产间抽井液面波动大，间抽工作制度执行难度大等问题，自主研发智能化间抽制度方法（图 8）。为方便现场人员的管理和操作，还制定了《不停机间抽控制装置管理规定（试行）》，编制了《不停机间抽控制装置操作说明》。截止目前，某厂推广应用不停机间抽制度模板 1045 口井，年减少人工启停机 45000 次，平均日耗电降幅达 35.6%，年节电能力 1400 万千瓦时，满足了单井智能化、精细化、个性化间抽需求，实现了对间抽井产量影响最小、节能效果最优、日常管理最方便的目标。

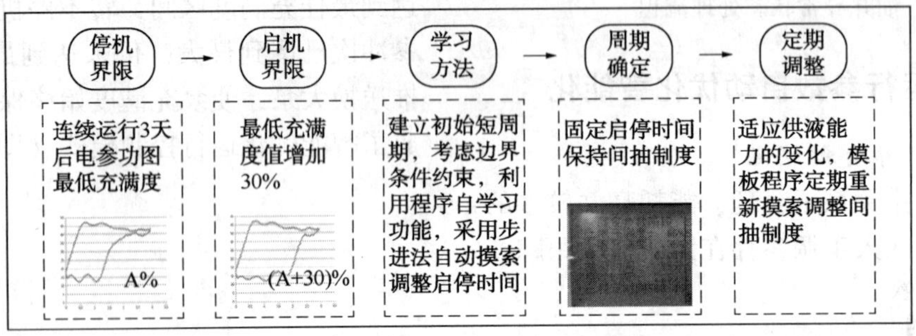

图 8　智能化间抽制度方法

5　结论

（1）机采井智能化管理的应用与实践，实现电参数据高效采集和传输，提高数据录取的及时性、准确性，减轻人工录取大量工作，提高工作效率。

（2）机采井智能化管理的应用与实践，实现能耗智能在线，异常工况精准诊断，科学指导设备高效平稳运行。

（3）机采井智能化管理的应用与实践，实现机采井智能精细调参、智能间抽动态运行，实现节能降耗、提质增效。

（4）机采井智能化管理的应用与实践，确保了机采设备高效优质运行，实现机采设备精细化、优质化、智能化管理。

（5）机采井智能化管理的应用与实践，实现设备的智能运维与监测诊断技术，进一步促进设备管理水平的提升。

参　考　文　献

[1] 刘宝军 . 智能油田建设构想 [J] . 胜利油田党校学报，2015（06）：99-101.

[2] 李清辉 . 智能油田的实现技术与实施策略 [A] . 第二届信息化创新克拉玛依国际学术论坛论文集 [C] . , 2016.

[3] 王亚楠 . 不停机间抽技术现场应用 [J] . 化学工程与装备，2019（5）：78-81.

[4] 魏显峰，易正昌，李健 . 不停机间抽装置电参示功图现场应用试验 [J] . 中外能源，2019（12）：45-48.

[5] 关天势 . 抽油机系统节能措施分析 [J] . 石油石化节能 . 2015，5（01）：4-5.

[6] 胡鑫 . 数字化油田的管理模式探讨 [J] . 才智 . 2012（02）：255.

[7] 张波 . 机采井智能采油技术研究进展及趋势 [J] . 中外能源 . 2021，26（09）：45-51.

[8] 孙桐建 . 低能耗机采系统优化设计技术应用效果分析 [J] . 采油工程 . 2021（04）：28-42.

[9] 丁健，王怀远，易正昌，等 . 抽油机井能耗分区控制图的研制与应用 [J] . 石油石化节能 . 2021（11）：35-38.

[10] 秦忠诚 . 有杆泵抽油机井节点能耗及系统效率优化仿真模型及应用 [J] . 中外能源 . 2012，17（08）：83-87.

[11] 张云辉 . 以“四化”管理体系降低机采井能耗的应用实践 [J] . 石油石化节能 . 2022，12（06）：53-57.

基于岩电实验的致密油藏岩石电阻率与饱和度相关性研究

赵学思

[陕西延长石油（集团）有限责任公司研究院]

摘　要　延长油田长7致密油储层岩石结构复杂、物性差、孔隙度和渗透率低、非均质性强、测井响应差异小等特点严重阻碍了该层的勘探开发。现有的常规储层测井评价方法和体系不能满足长7致密油的甜点预测，且目前没有一套完善地、适合本地区长7油层段的精细评价方法和流体判别技术。本次研究以定边长7油层为例对研究区域样品开展岩石电阻率测试包括常温常压岩石电阻率测试、高温高压岩电测试等技术实验。实验结果表明，在双对数坐标系下，地层因素与孔隙度呈线性关系、含水饱和度指数与电阻率增大率呈线性关系。在高温高压下阿尔齐公式中孔隙度指数 m 增大，岩石电阻率指数减小，即饱和度指数 n 减小。因此，高温高压条件模拟的阿尔齐公式参数更为准确。此研究结果可以用来修正初始电阻率−含油饱和度关系模型，为致密油储层测井解释提供了支持。

关键词　阿尔齐公式；岩石电阻率实验；电阻率增大系数；含水饱和度

1　引言

定边长7致密油藏具有储层孔隙度低、渗透率更低，孔隙结构更复杂，非均质性极强，油水分布规律复杂的特征，这些特征使得利用测井资料评价油层的精度大幅度降低，主要表现为：测井采集资料信噪比低，分辨能力低等，使得利用测井资料识别高伽马储层、薄储层、致密储层困难；部分油藏油水关系比较复杂，有效储层的划分和流体类型的准确识别困难；储层的非均质性强，孔隙度、渗透率、饱和度等储层参数的定量计算难度大，传统方法建立的测井解释模型无法使用。传统的确定储层含油饱和度的方法很多，有油基泥浆取心法、密闭取心法、压汞法、相渗透率法等。但是这些方法局限性较大，只能用于局部储层的含油饱和度计算，大量的含油饱和度确定尚需借助于测井资料。利用测井资料确定饱和度的基本方法，通常以岩电关系为基础，建立电阻率与饱和度及孔隙度的关系。但是已有的测井解释模型主要适用于高孔高渗储层或者只考虑单一因素对阿尔齐公式的影响，目前还没有针对长7致密油储层系统研究和准确的测井解释模型。而且有学者指出影响岩石电阻率的因素有很多，包括孔隙喉道的大形状分布、压力和连通性等。此外，有研究提出流体饱和度分布、润湿性和温度对电阻率都有重要影响。

因此需要通过岩电实验研究压力和温度对岩石电阻率的影响，明确不同因素对岩石电阻率的响应特征。同时利用阿尔齐公式建立相适应的饱和度方程，探究不同压力下储层的岩电参数变化规律，以及不同温度条件对岩石电阻率的影响。从而较好地模拟地下环境，建立更为准确的饱和度解释参数模型。只有建立正确的测井参数解释模型，才能正确有效地认识地层情况和识别致密油层。因此本次岩电实验主要研究两个方面：不同温度压力条件下地层因素与孔隙度的关系以及电阻率增大系数与饱和度的关系。

2　岩石电阻率测试实验

2.1　*实验原理*

2.1.1　地层因素测试

地层电阻率的高低不仅与其含油性有关，而且与地层的孔隙度、孔隙结构、地层水矿化度等因素有关。因此，为了消除地层水矿化度的影响，通常采用地层因素（F）这一概念来说明孔隙度等地层特性对电阻率的影响。

$$F = S_w = n\sqrt{\frac{abR_w}{\Phi^m R_t}} \tag{1}$$

式中，R_t为地层电阻率，Ω · m；R_w为地层水电阻率，Ω · m。

根据阿尔奇的实验证明，地层因素与孔隙度之间的关系式为：

$$F = \frac{a}{\Phi^m} \tag{2}$$

式中，a是与区域地层有关的岩性系数；m为胶结指数，与岩石的胶结程度有关。对于特定地层，a、m反映地层特性，该参数的准确求取成为确定地层因素与孔隙度之间关系的核心问题。

2.1.2　电阻率增大系数测试

由于电阻率受诸如孔隙大小、地层水矿化度、含油饱和度等因素的影响，为了确定电阻率与含油饱和度的关系，引入电阻率增大率（I）的概念，即含油岩石的电阻率与该岩石饱含水时的电阻率的比值。

$$S_w = n\sqrt{\frac{abR_w}{\Phi^m R_t}} \tag{3}$$

式中，I为电阻率增大率，无量纲；R_w为地层水的电阻率，Ω · m；R_t为地层电阻率，Ω · m。

实验测定，电阻率增大率I与含水饱和度之间存在下列关系：

$$I = \frac{b}{S_w^{\ n}} \tag{4}$$

式中，n、b为与岩性有关的区域参数。因此，n、b的准确确定是评价饱和度的基础。

2.2　实验材料

实验材料来源于定边油区长7致密油储层天然岩心，共35块岩心材料。孔隙度范围在2.3%~21.3%。共分为两组，一组20块岩心，进行常温常压岩石电阻率测试，另一组15块岩样进行高温高压岩石电阻率测试。

2.3　实验装置

实验设备采用油气资源与探测国家重点实验室岩石物理实验室SCMS-SD型高温高压声电测量系统。该系统组成包括：岩心夹持器、数据采集、控制箱、声电柱塞、压力传感器。

2.4　实验流程

用苯+酒精（3：1）对岩心洗油洗盐，直到岩心室溶剂无色透明为止；之后使岩心在104℃温度条件下烘干4h，在围压大于孔隙压力1.5~2MPa，稳定40min后测量岩心物性。电阻率测量时，在围压10MPa条件下，使用氮气驱替，逐步增压至8MPa，计量出水量。高温高压条件下电阻率测试原理流程相同，参考研究区域含油层的温度及围压资料，设计高温高压岩电实验温度为60℃，围压为45MPa（图1）。

执行标准：SYT-5336-2006岩心分析方法、SYT-5385-2007岩石电阻率参数实验室测量及计算方法。

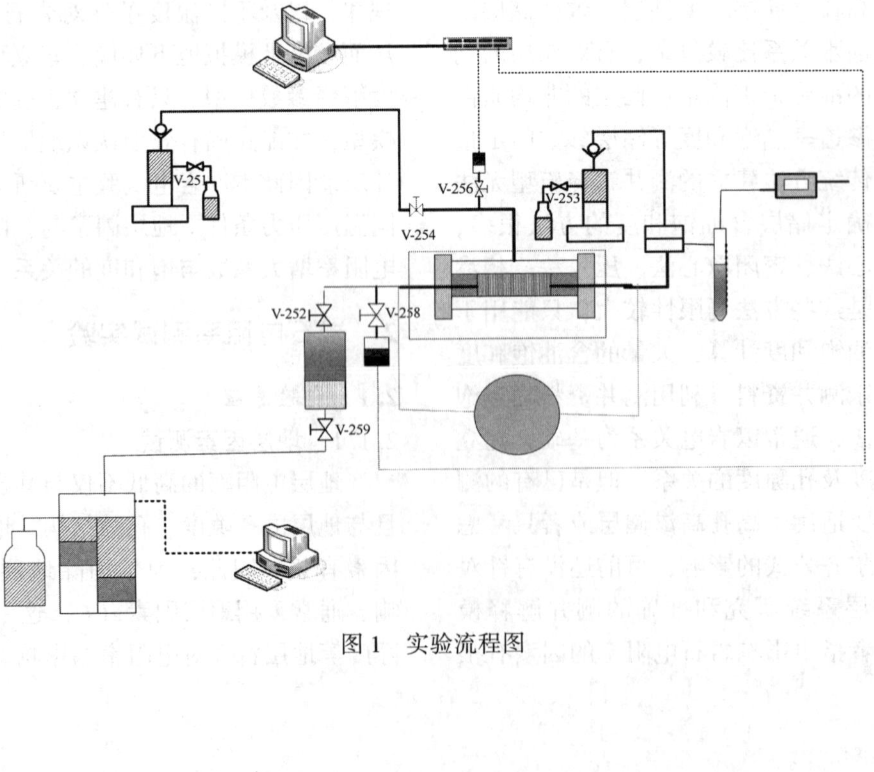

图1　实验流程图

3 实验结果分析

3.1 地层因素与孔隙度关系

采用长7储层10口井20块岩样进行常温常压岩石电阻率测试，测量出常温常压下20组地层因素（F）和孔隙度（Φ）对应的实验数据。以及高温高压下长7储层11口井15块岩样进行高温高压岩石电阻率测试，测量出15组地层因素（F）和孔隙度（Φ）对应的实验数据见表1。根据两组数据建立地层因素—孔隙度关系（图2），并拟合其货柜公式分别得到常温常压下和高温高压下的地层因素-孔隙度关系公式。

表1 岩样孔隙度与地层因素测试实验数据

常温常压				高温高压			
实验号	井号	孔隙度	地层因素，F	实验号	井号	孔隙度	地层因素，F
1	1383	0.023	379.08	1	1783	0.032	400.19
2	1383	0.047	126.16	2	1783	0.025	771.45
3	1391	0.033	236.54	3	2173	0.034	478.21
4	1391	0.025	354.83	4	2173	0.031	450.2
5	1392	0.121	29.47	5	6200	0.213	27.02
6	1392	0.026	317.86	6	6274	0.062	107.82
7	1394	0.07	81.82	7	6274	0.034	293.25
8	1394	0.037	226.75	8	1383	0.031	499.06
9	1783	0.024	344.83	9	1391	0.075	99.59
10	1783	0.053	95.75	10	1391	0.051	304.32
11	2173	0.083	69.83	11	1392	0.036	365.83
12	2173	0.043	151.83	12	1394	0.058	77.09
13	6200	0.04	149.05	13	7046	0.036	476.51
14	6200	0.027	327.85	14	44085	0.074	102.33
15	6274	0.068	84.06	15	3386	0.044	291.97
16	6274	0.063	86.16				
17	7046	0.029	251.83				
18	7046	0.032	239.86				
19	48055	0.075	66.18				
20	48055	0.029	275.8				

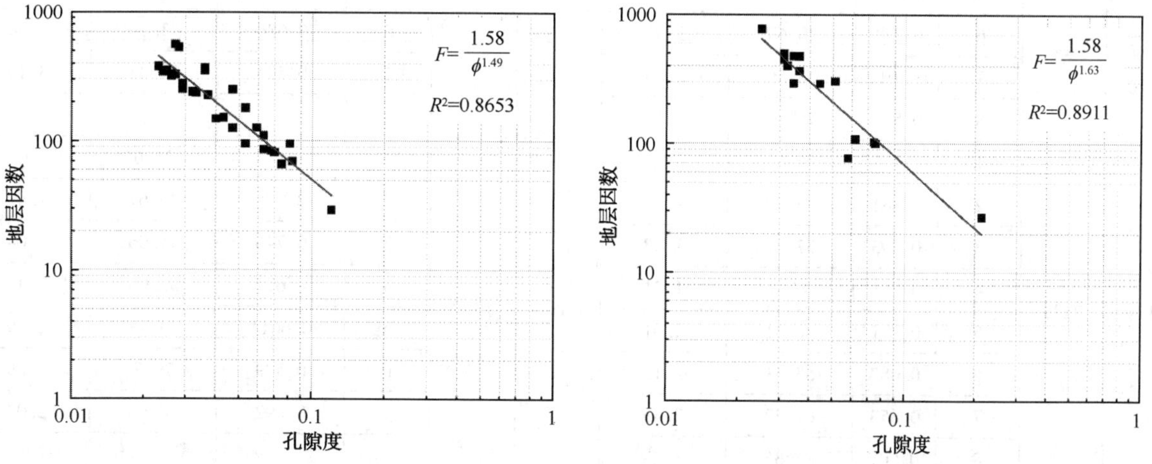

(a)常温常压地层因素-孔隙度关系图 (b)高温高压地层因素-孔隙度关系图

图2 长7储层地层因素与孔隙度关系图

从图3-1中可以看出，常温常压下和高温高压条件下，在双对数坐标系中地层因素与孔隙度成线性关系，且随着孔隙度增加地层因素变小。从拟合结果看，常温常压与高温高压实验结果产生差异主要是受温度影响的。其原因是温度升高使岩石内部孔隙体积减小，孔隙通道曲折度变大，孔喉结构更复杂；同时增强了岩石的亲水性。m值反映了岩石导电截面积大小的变化率，即孔喉比大小；n值反映了孔隙中油水赋存状态。因此在高温高压岩电实验中，孔隙度指数m增大，饱和度指数n降低；而与岩性相关的系数a、b并无太大变化。

3.2 电阻率增大率与含水饱和度关系

根据长7储层29块岩样34组常温常压下电阻率增大系数与含水饱和度实验分析数据统计，在双对数坐标中，I与S_w呈线性关系［图3（a）］，实验数据表2。同时根据长7储层3块岩样（序号1、9、11）20组高温高压下电阻率增大系数与含水饱和度实验分析数据统计，在双对数坐标中，I与S_w呈线性关系［图2（b）］，实验数据见表2。根据实验数据分别拟合其回归曲线公式。

表2　岩样电阻率增大系数测试实验数据

常温常压						高温高压					
实验号	井号	测试组	含水饱和度，S_w	样品电阻率/Ω·m	电阻率增大指数，I	实验号	井号	测试组	含水饱和度，S_w	样品电阻率/Ω·m	电阻率增大指数，I
5	1392	1	1	21.06	1	1	1783	1	1	22.7	1
		2	0.952	23.8	1.13			2	0.841	34.73	1.53
		3	0.843	29.06	1.38			3	0.671	54.93	2.42
		4	0.822	30.96	1.47			4	0.461	92.16	4.06
		5	0.814	32.64	1.55			5	0.753	36.09	1.59
		6	0.801	34.96	1.66			6	0.718	44.49	1.96
		7	0.726	40.65	1.93						
		8	0.708	44.65	2.12						
		9	0.564	61.5	2.92						
7	1394	1	1	23.7	1	9	1391	1	1	22.4	1
		2	0.916	27.02	1.14			2	0.912	28.22	1.26
		3	0.833	30.1	1.27			3	0.782	32.93	1.47
		4	0.786	37.68	1.59			4	0.774	34.27	1.53
		5	0.732	42.9	1.81			5	0.761	36.29	1.62
		6	0.711	46.69	1.97			6	0.686	43.46	1.94
		7	0.7011	48.59	2.05			7	0.524	70.34	3.14
		8	0.569	75.37	3.18						
11	2173	1	1	25.03	1	11	1392	1	1	21.6	1
		2	0.881	33.29	1.33			2	0.876	30.67	1.42
		3	0.793	37.29	1.49			3	0.746	44.06	2.04
		4	0.758	42.8	1.71			4	0.671	52.06	2.41
		5	0.711	50.31	2.01			5	0.6611	53.78	2.49
		6	0.687	53.31	2.13			6	0.529	79.7	3.69
		7	0.653	61.32	2.45			7	0.692	44.06	2.04
		8	0.501	87.35	3.49						

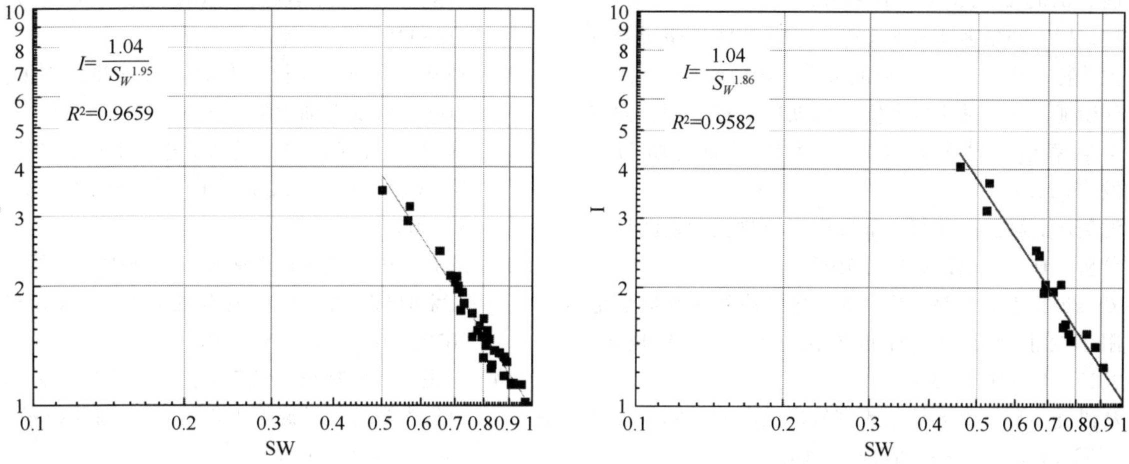

(a)常温常压电阻率-饱和度关系图　　(b)高温高压电阻率-饱和度关系图

图 3　长 7 储层地层电阻率增大率与含水饱和度关系图

从图中看出，长 7 致密油储层地层电阻率增大率与含水饱和度呈线性关系。随着饱和度增大，电阻率增大系数逐渐变小。同时在高温高压条件下，饱和度指数 n 减小。分析认为，由于温度升高，孔隙中两相流体的热效应差造成流体的重新分布；同时，岩石的亲水性增强，岩石的电阻率指数降低，故饱和度指数 n 降低。

3.3　饱和度测井解释模型

根据以上地层因素-孔隙度关系及电阻率增大率-含水饱和度之间的关系，利用感应测井和声波时差测井曲线，采用阿尔奇公式（2）计算含水饱和度：

得到常温常压下的阿尔齐参数分别为：$a=1.58$，$b=1.02$，$m=1.49$，$n=1.95$。高温高压下的阿尔齐参数分别为：$a=1.58$，$b=1.02$，$m=1.1.63$，$n=1.86$

综上所述，阿尔齐公式是定量解释原始含油饱和度的基础，准确测量岩电参数 a、b、m、n 便成为了解释地层中原始含油气饱和度的关键。对比两组实验结果可知，高温高压岩电实验模拟了更加真实的地层环境，获得了高温高压条件下的阿尔齐参数（表 3），建议使用高温高压条件下的 a、b、m、n 对原始含油饱和度模型进行修正。

表 3　长 7 储层阿尔齐参数

参数		a	b	m	n
长 7	常温常压	1.58	1.02	1.49	1.95
	高温高压	1.58	1.04	1.63	1.86

4　结论与建议

（1）利用常温常压岩石电阻率测试和高高温高压岩石电阻率测试结果可知，在双对数坐标下，地层因素与孔隙度呈线性关系。电阻率增大率与含水饱和度参数呈线性关系。

（2）对比两组实验结果可知，温度与压力变化引起阿尔齐公式中孔隙度指数 m 变化。分析认为在高温高压条件下，m 指数随温度升高而增大。同时，压力增大导致地层因素增大，且高孔隙度样品在同样条件下，地层因素增加量较小，低孔隙度样品地层因素增加量较为明显，此时 m 指数也相应增大。

（3）对比两组实验结果可知，高温高压条件下，饱和度指数 n 减小。是因为，随着温度的提升，影响了岩石孔隙内的流体分布，同时引起了岩石亲水性增强，造成了岩石电阻率降低。

（4）综合实验研究表明，影响岩石电阻率的因素不仅包括含油性、同时地层因素及温度压力都会有影响。因此高温高压条件更能模拟真实的地下环境，建立的饱和度解释模型更为准确。

参　考　文　献

[1] 郑庆华，刘乔，梁秀玲，等．鄂尔多斯盆地上三叠统延长组长 7 油层组沉积相分析［J］．地层学杂志．2020.44（1）：35-45.

[2] 张鹏．延长油区定边长 7 致密油微观孔隙结构及储层评价［D］．2019. 西北大学．

[3] 石玉江，张小莉，申贻博，等．鄂尔多斯盆地东南部长 6 储层岩电关系特征［J］．地球物理学进

展.2010，25（5）：1716-1722.
[4] 樊云峰．鄂尔多斯盆地志丹一子北油区长储层岩电关系特征研究［D］．西北大学，2012.
[5] 侯玢池，等．基于岩电实验的储层岩石毛管压力与电阻率相关性分析［J］．大庆石油地质与开发.2022.
[6] 池美瑶．高温高压状态下致密岩石物性参数测试与分析［D］．长江大学，2019.
[7] 刘志远，李浩，郭宇豪，等．含钙质致密油储层电阻率校正及饱和度评价方法［J］．测井技术，2022，46（03）：326-333.
[8] 丛洪尧．环江地区长7致密砂岩油藏测井解释方法研究［D］．西安石油大学，2015.
[9] 匡立春，孙中春，欧阳敏，等．吉木萨尔凹陷芦草沟组复杂岩性致密油储层测井岩性识别［J］．测井技术，2013，37（06）：638-642.
[10] 雷宇，王凤琴，刘洪军，等．鄂尔多斯盆地中生界延长组长7泥页岩岩电关系［J］．西安石油大学学报（自然科学版），2012，27（02）：27-35+118-119.
[11] 孙栋．靖安地区长7有效储层测井识别方法研究［D］．西安石油大学，2018.
[12] 师调调，杜燕，党海龙等．志丹油区长7页岩油储层CO_2吞吐室内实验［J］．特种油气藏，2023，30（06）：128-134.
[13] 陆骋．彬长区块长7油层组致密砂岩储层“四性”关系研究［J］．中国石油和化工标准与质量，2020，40（13）：155-156.
[14] 王宪刚，任晓娟，张宁生，等．低渗透率气藏岩石电性参数特征及影响因素［J］．测井技术，2010，34（01）：6-8+30.
[15] 高翔．定边地区长7储层四性特征研究［J］．陕西水利，2017，（02）：97-99.
[16] 徐永强，等．鄂尔多斯盆地陇东地区长7致密砂岩储层微观孔喉特征及分类评价研究.

利用智能化系统激发老油田成本潜能实践研究

曹存东　李逍遥　殷　雷

（大庆油田有限责任公司）

摘　要　大庆萨南油田已经开发60年以上，目前处于特高含水期，综合含水达到95.1%。油田面临开发潜力小，稳产难度大，效益水平低等诸多问题，2022年萨南油田以第A作业区为试验区开展降本增效试验，力求克服生产环境恶劣，雨季施工难度大；开发程度高，稳产难度大；生产规模大，成本控制潜力小；人员老龄化严重，接替力量不足等突出问题。利用油田内部高速基础网络集合WIA-PA无线传输技术创建智能化油田，实现以数据自动采集、生产实时监控、日常生产预警为基础，附加DSS视频作业施工监控系统、自动参数调整系统、注水自动调控及掺水调控系统等多个辅助系统，建立“3C+N”智能化油田。

配合油田数字化建设，作业区强化队伍组织建设，成立数据处理中心和生产指挥中心，组建专业资料班，优化岗位分工，使工作运行更为扁平高效，同时创建区域合作的工作管理模式，实现巡检区域合作，故障处理区域合作，计量计产区域合作，极大减少无效工时损失，弥补节假日管理漏洞，促进同一工种内技术水平的提升，最终实现在数字化条件下油田的管理水平的提升。

数字化模式改革后，第A作业区管理水平明显提升，故障发现处理变得更为高效，施工质量提升，检泵率下降，实现参数自动匹配，系统效率提升，通过组织运行优化，人员工作效率提升。充分的满足了开发的需求，操作成本进一步降低，经济效益水平有明显改善，有力激发老油田后期开发挖潜效能。

关键词　智能化；开发水平；成本挖潜；管理模式；融合

萨南油田第A作业区位于大庆长垣南部南五区纯油区，地处南四路、南五路、东干线及创业大道围绕的矩形区域内，区域内包含龙须泡和老冯家泡两块低洼水淹地带。自1969年投产以来，区块采用两种驱替开发方式，布置四套井网和两个区块同时开发，主要开采萨尔图、葡萄花和高台子油层组。随着开发的深入，目前仅有一套低含水区块，其他区块井网均处于特高含水期，全区综合含水达到95.1%以上。

表1　萨南油田第A作业区目前开发现状

驱替方式	区块	投产日期	油水井井数/口	综合含水/%
水驱	基础井网	1969	82	96.4
	一次加密井网	1984	145	96
	二次加密井网	1995	216	94.3
	三次加密井网	2005	199	93.9
聚驱	聚驱一类区块	2005	257	98
	聚驱二类区块	2014	583	90.17

1　老油田开发后期面临的挑战

1.1　生产环境恶劣，雨季生产施工难度大

受龙须泡和老冯家泡两处湖泊影响，全区低洼井比例达到30%以上，在每年4月返浆及8~10月雨季期间，低洼井区无法通车，导致生产制度调整困难，生产维修减缓，与全年正常生产时段相比，平均有效时率低3.7个百分点。同时，月度进行的测试、测调等基础工作受泥泞道路、井场环境影响工作效率大为降低，导致员工的工作强度增加，数据采集的实效性有所降低。

图 1　第 A 作业区地理分布图

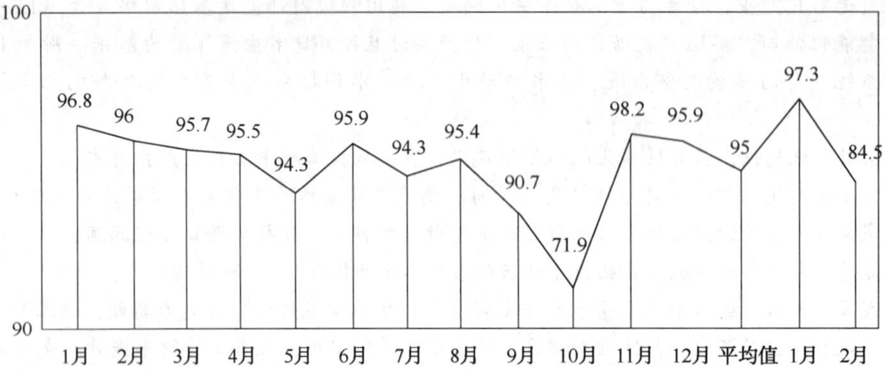

图 2　2022 年第 A 作业区时率情况

1.2　开发程度高，稳产难度大

截至 2022 年底第 A 作业区一类油层葡 1-4 油层组、二类油层 7～12 油层先后完成聚驱开发，目前通过补孔挖潜，开展三类油层聚驱开发上产。10 年间，第 A 作业区水驱向聚驱转移地质储量 3061.77 万 t，占地质储量的 59.82%。目前第 A 作业区年产油 54.9 万 t，综合含水达到 95.1%，沉没度 177.8m，累计采出程度达 60%，稳产难度较大。为保证产量完成，油田生产需要更为精准的管理，一是停机故障及时发现，二是井下故障及时诊断，三是生产制度及时调整（图 3、图 4）。

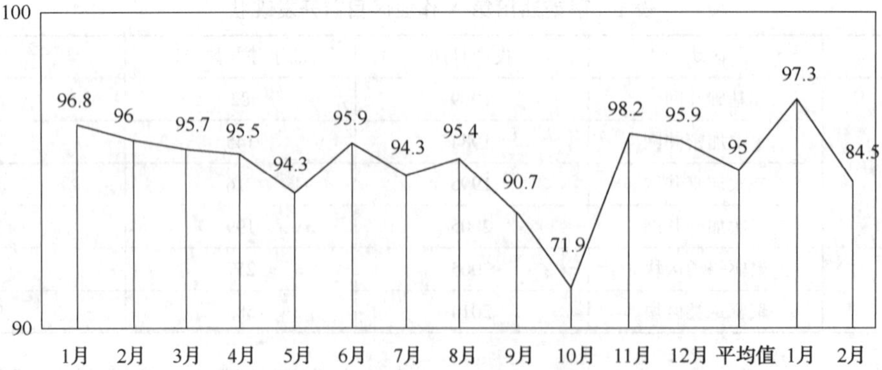

图 3　第 A 作业区水驱专业情况

1.3　生产规模大，成本控制潜力小

自投产以来，第 A 作业区不断通过系统调整提升水聚驱控制程度，有力的保障了作业区产量任务的完成。目前作业区油水井数达 1482 口，与十年前相比油水井生产规模上升了 212.3%。受开发控制低效无效循环，控制套损形势影响，整体区域沉没度偏低，机采井年检泵 384 井次，皮带月消耗 138 条。同时受聚驱驱替剂高成本限制，在保障产量完成的前提下，作业区整体成本控制难度较大（图 5、图 6）。

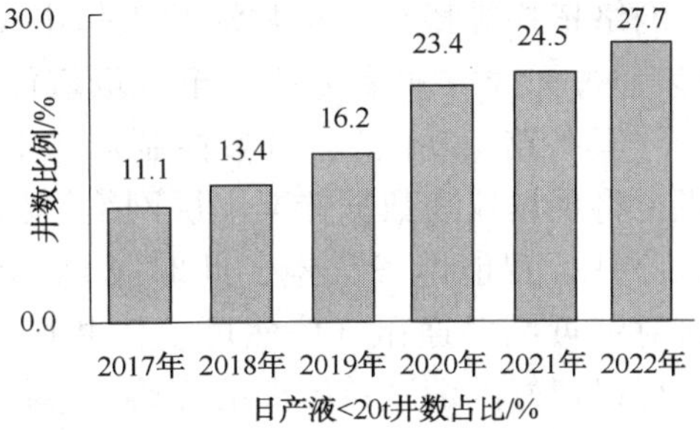

图 4　第 A 作业区低效井情况

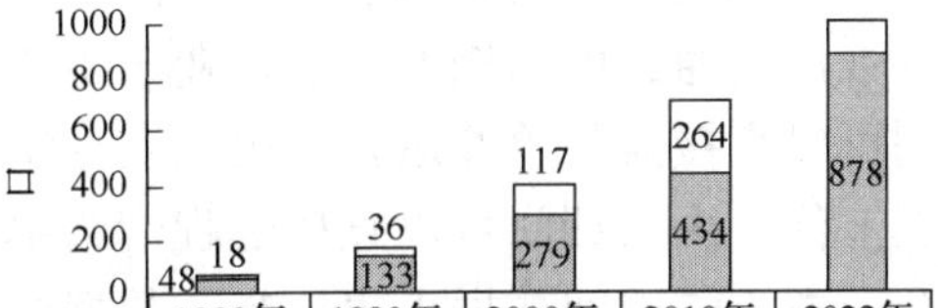

	1989年	1990年	2000年	2010年	2022年
□水井	18	36	117	264	604
■油井	48	133	279	434	878

■油井　　□水井

图 5　投产以来第 A 作业区油水井情况

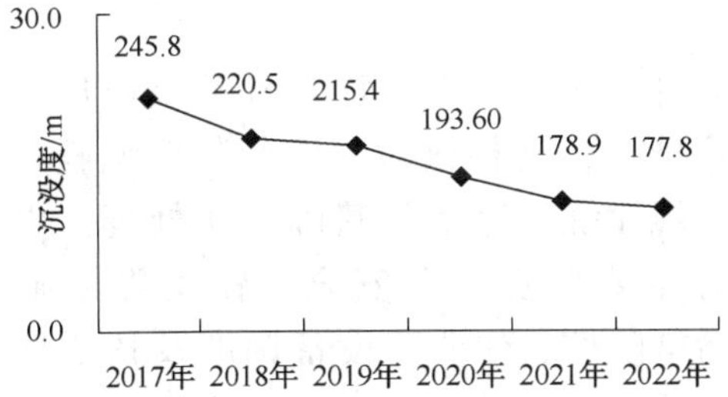

图 6　近五年第 A 作业区沉没度

1.4　人员老龄化严重，接替力量不足

目前第 A 作业区拥有各类站所 16 座，下设“两室一中心”及 12 个基层班组，共有员工 612 人。主要群体为 2000 年以前技校生为主，平均员工年龄 46 岁，5 年内离退休员工占用工总数的 11.15%，35 岁年轻员工比例仅为 24.83%，每年几乎没有新增员工。在安全环保严峻的形势下，作业区内巡检员工缺失，维修力量不足问题突出，因此，在现有人力资源的条件下，通过优化工作制度，在现有员工内部挖潜，加快释放员工生产力，提升工作效率亟待解决（图 7、图 8）。

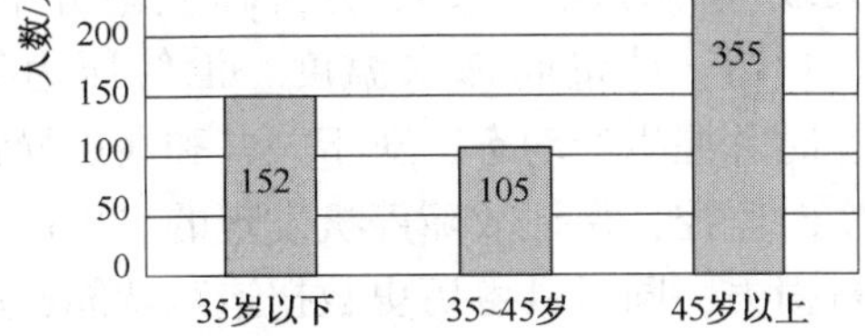

图 7　第 A 作业区人员结构分布图

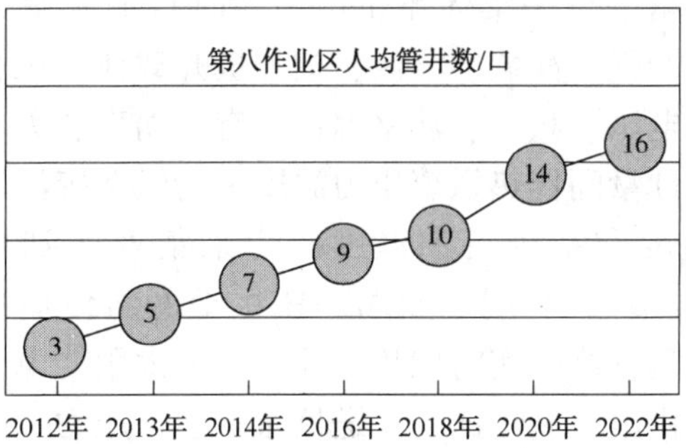

图 8　十年内第 A 作业区人均管井数情况

2　智能化油田设施建设

伴随着 5G 数字网络的快速发展，新一代智能技术革命的浪潮席卷全球。物联网、云计算，大数据等新时代信息技术展现其无与伦比的优势，大庆油田第二采油厂第 A 作业区利用独立的生产网络优势，完备的设施条件及丰富的人才队伍，利用大数据、云计算实现数据自动采集，自动诊断，自动操控，辅助决策，极大的促进老油田的现代化升级。

2.1　智能化油田硬件建设情况

智能化油田是建立在油田生产数字化基础上，以油田生产网络为主线，以单井数据采集为基本单元，以数据处理中心服务器为核心建立的高效信息处理体系。围绕着油水井、计量间、转油站、注水站和处理站实现油气从地下到地上，从生产到尤其分离，从基层采集单元到作业区管理单元再到厂内决策单元，3 个数据中心垂直管理实现日常基础生产数据自动采集汇总生成日报，非正常停机报警，管道冻堵报警，热洗全过程跟踪，井下工况时时监测及诊断主体功能，同时在主体外可以附加融合 N 个相关辅助系统，单元可以根据后期需要与主体设备进行融合，截至目前已集合作业井视频实时监督系统，注入井水量自动控制系统，机采井自动调参和启停系统。通过主体网络构架和辅助系统建设实现开发生产全过程数据采集数字化，网格化和智能化。

基础采集单元：基础采集单元主要由集采井智能综合电参采集控制器、压力变送器、抽油机无线工况采集单元、智能电磁流量计 16MPa 一体型聚四氟乙烯 IP65 普通 WIA-PA 水平式、数字稳定变送器、POE 以太网防雷单元、智能无线 IO 适配器、智能无线工业物联网关、WIA-PA 智能无效信号中继单元组成。在采油井利用配电箱进行采集体系供电，实时将油井单井油压、冲程、冲数、电流、抽油机井载荷、三相电流、电压、频率、功率因数、有功功率、无功功率、计量间伴热系统压力温度、清蜡系统温度压力温度和系统集油温度压力采集发送到单井RTU 模块，利用 5.8GMESH 主干网络传输单元进行远程终端实时回传。注入井由太阳能电池板进行供电，利用压力变送器录取注入压力、智能电磁流量计录取瞬时流量发送到 RTU 模块进行实时远传（图 9、图 10）。

图 9　现场集采井基础采集单元

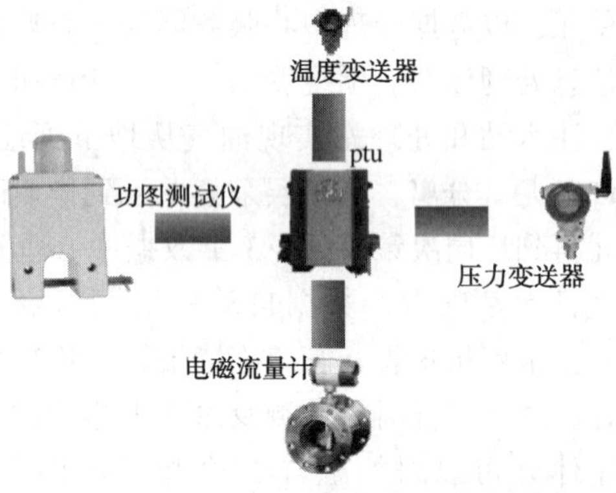

图 10　现场采集资料流程图

通讯网络单元：目前油田拥有完整、高速、独立的油田内部网，油田内部万兆网络可以延伸到各个采油班组，实现油田内信息高速交流共享。智能化设施利用油田内的网络优势，利用 WIA-PA 网技术打通单井到油田班组之间的信息交流新通道。WIA-PA 网技术是由中科院沈阳自动化所推出的具有自主知识产权的高可靠、超低功耗的智能多跳无线传感器网络技术。该技术提供一种自组织、自治愈的智能 Mesh 网络路由机制，能够针对应用条件和环境的动态变化，保持网络性能的高可靠性和强稳定性，具有自主安全可控，网络拓扑等特点。正常油井工作中 WIA-PA 仪表通过无线方式上传数据至现场智能电参控制器（具备路由功能），电参控制器与上层网关通讯，将现场仪表数据传至上层网络。如现场抽油机停井，智能电参失电，此时 WIA-PA 仪表直接对就近网关通讯，依然可上传井场数据，同时也可以很好的消减单方向的障碍物遮挡造成的信息屏蔽影响。第 A 作业区将 WIA-PA 网络数据由机采班组完整的融入油田万兆网络中，实现单井数据互通，由前期的厂、作业区指挥班组拓展到可以直接监督单井运转状况，实现实时单井数据上传，决策部门可以直接远程端给单井发送指令，省去了中间数据采集环节、数据录入环节和数据汇总分析环节。智能化系统可以利用 WIA-PA 技术、油田万兆网络直接将数据发送到厂信息中心、作业区生产指挥中心、资料处理中三个数据中心进行不同层次的决策跟踪处理（图 11）。

资料处理中心主要负责日常检修反馈、井下故障排查，资料核对、生产制度调整、数据跟踪、规律统计等相关基础工作处理，生产指挥中心主要负责应急安全、较大规模施工决策，污染防控、作业区设备调度及核实抓产等临时性重要工作处理；厂信息中心主要为厂工程、地质及生产系统调整，措施改造及产量规划提供支持。

2.2　智能化油田软件投用情况

目前，第 A 作业区 1484 口正常生产注入井和采出井及 54 个计量间已经全部投运智能化油田设备，设备上线率 100%。

数据自动采集功能：依靠采集与监控子系统软件平台，已实现全部井和计量间油压、电流、电压、载荷、温度、功率自动化录取监控，可以自动形成日报表，根据实时采集及历史数据生成开发曲线，分析开发趋势，打通数据互通（A2、A5 等），使数据可以上下互通，使未实现自动录取的数据可集中采集（图 12）。

生产实时监控系统：系统可以根据生产情况定时录取生产资料，每 15 分钟监测单井油压、电流、功图、计量间掺水温度、汇管压力等信息，实时掌握生产动态，对于关井和通讯异常异常井实时监控，保证故障停机发现的实效性，减少产量损失，同时具备历史数据追踪功能，可以对故障完整过程进行追踪推进，对于井间应用的措施效果进行总结分析。对于现场运行参数，系统实时监控，保障运行制度执行到位，提升采油效率（图 13、图 14）。

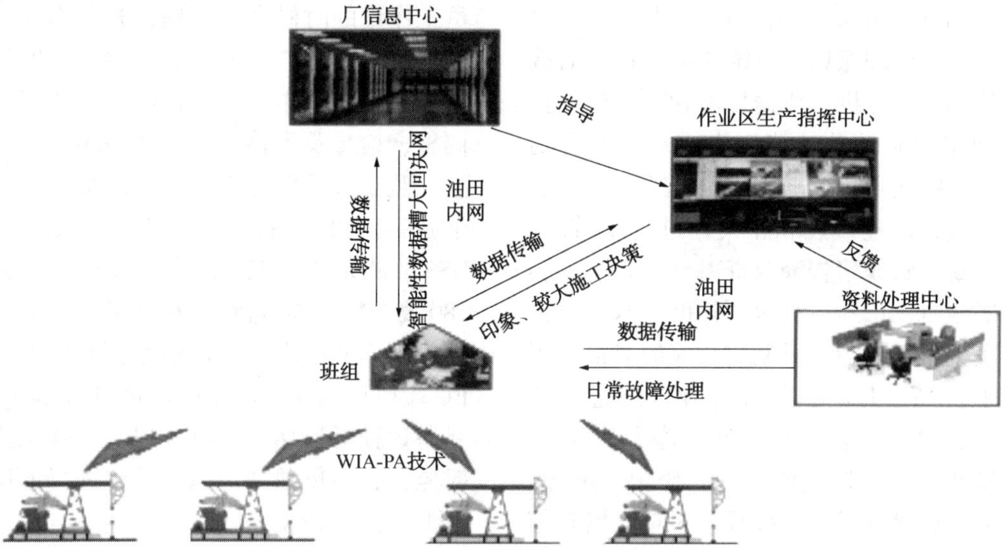

图 11　第 A 作业区现场采集资料流程图

图 12　第 A 作业区数据一体化平台

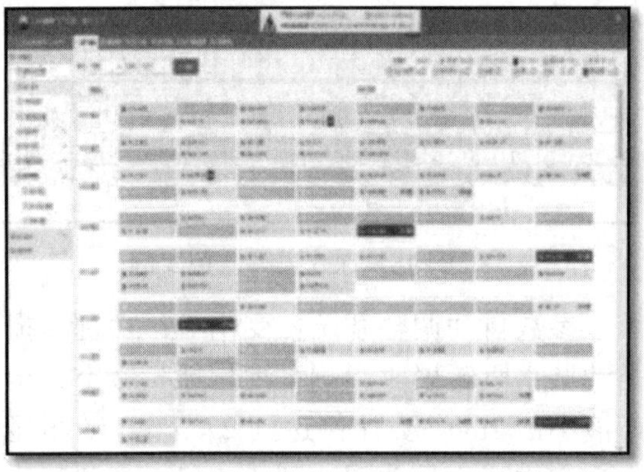

图 13　第 A 作业区机采井监测平台

图 14　第 A 作业区单井追踪系统

日产生产系统预警系统：系统可以结合抽油机全过程对数据点进行采集，对于功图面积载荷计算，自动与历史正常功图对比、进行工况诊断，并提供预警处理意见。系统还可以自动对载荷、电流数据进行分析，依据技术管理人员设置的界限范围来达到油井结蜡、热洗超期预警功能，此外，系统还可以根据油压、套压、电流、载荷等相关数据的连续性和相关性进行皮带断、停电生产告警、管线堵告警及资料异常告警，实现现场井况全自动诊断，有效的辅助技术人员针对故障早发现、早处理、早制定相应的对策。投产智能化平台一个月间，第 A 作业区通过智能化平台生产告警系统发现皮带断、停电故障 10 项，油井结蜡、超周期预警 3 项，压力、电流、载荷仪表异常告警 6 项，工况异常 3 项，资料超过波动范围 6 项（图 15、图 16）。

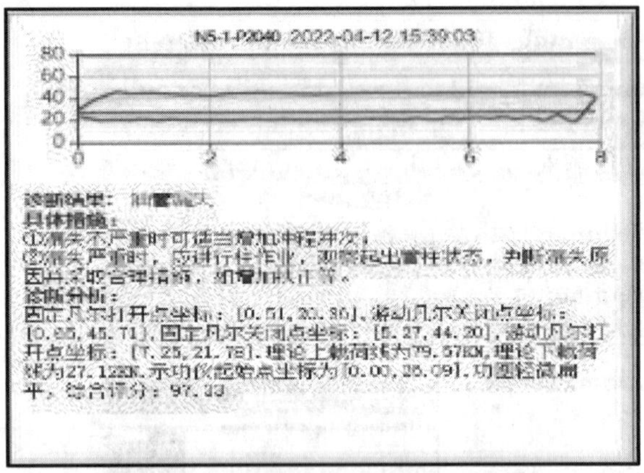

图 15　断漏功图诊断预计实例

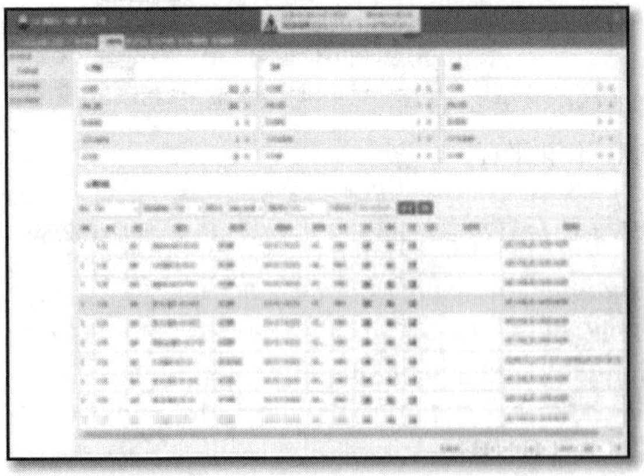

图 16　第 A 作业区单井预计系统

在以建立的资料处理中心、生产指挥中心和信息中心为主体的“3C”资料采集预警和处理的系统模式外，作业区拓展挂接 N 个附属模块，利用智能化平台对可视化数据采集、作业施工视频监控和参数自动化调整等相关领域，实现进一步油田管理可视化、高效化和智能化，在减少人员工作量的时候完成管理提升工作。

DSS 视频监控系统：第 A 作业区近年来受开发系统调整影响，每日同时补孔、封堵、水井调整、检泵及大修等施工井达到 25 口以上，作业区监督人员仅有 2 人，无法实现辖区内所有井下施工同时监督。针对这一问题，作业区引进 DSS 监测系统，该系统采用高清摄像头，可进行 180 度视频方向调整，在智慧油田网络环境下，挂接到作业区生产指挥中心，监督人员进行利用 PC 端或移动端对施工队伍可进行 24h 实时监控，具备远程对话功能，可实现所有施工队伍远程同时监督，对单独特定施工单位进行远程通化指导（图 17、图 18）。

图 17　DSS 视频监控系统界面

图 18　DSS 视频监控实例

参数自动调整系统：受南五区西部套损及三类油层水驱转聚驱影响，地层能量亏空，全区日产液小于 20t 井数比例达到 27.7%，功图显示气影响和供液不足功图达到 404 口，占井数比例的 46.01%，整体机采井理论排量过大，额定功率过高，“大马拉小车”情况严重。针对这一问题，第A作业区引入智能抽汲条件系统，该系统通过采集抽油机电动机的电流和电压信号，经过放大器进入信号处理系统进行数据运算处理后，根据功图变化，设备输出端口输出4-20ma电流信号及485数字信号，利用多个方案控制变频器调节运行频率、调控电动机的转速，进而达到控制抽油机冲次的目的，实现对油井供液能力的判断、从而针对低产低效的抽油机实现以泵效为控制变量的运行模式控制。当抽油机井严重供液不足、泵效下降时，装置能够自动下调参数，当供液能力充足时，能力自动放大生产压差，达到体液增产的目的，系统根据功图图形面积进行计算，始终让抽油机井保持到功图饱满的临界点处，保证不压产、不浪费的目的。设备可以把数据利用智慧油田将调整的信息实时传输到数据处理中，远程可以对参数自动调整系统自动化控制，运行参数实时监控，从而减少了人工调参带来的工作量，控制了因为工作制度执行不及时带来的产量损失和能耗浪费。

此外，第A作业区还集合了其他多个智能化控制系统，如注入井注入量自动控制系统，实现了低注井的精准注水；智能掺水控制系统，实现了每口井伴热掺水量的精准控制，有利于作业区生产系统压力的建立和无效能耗的控制；高空高清监控系统，利用定点高空高清摄像头对全区的机采井进行监控，结合智能化油田实现故障远程可视化判别，安全环保隐患早发现早处理。

3　智能化油田队伍建设

与智慧化油田设施建设相匹配，第A作业区加强组织机构改革，加强人才队伍建设，达到最大限度的辅助好智能油田设施，最高效的完成工作任务，最大可能的降低操作成本，达到降本增效的目的。

3.1　作业区组织重构

第A作业区将原有的部门及人员进行组织调整。一是抽调年轻高学历人才组建数据处理中心，将资料辅助人员集中管理，专业负责日产资料的计算、审核、发布，与基层班组采取点对点交流，及时对日产生产情况进行反馈，保证日常工作检查到位、督促到位。将地面工艺队和资料班合并在一起，形成一个具备低压测试、产量运行、产量分析、资料管理、采出井管理、注入井管理、套损管理、信息管理、工艺管理、化验管理等日常职能的资料处理中心。资料处理中心负责基础采油队日常管理，对日常数据进行直接核实分析。建立窗口服务大厅式的职能单位极大促进了数据高效处理，问题高效解决，人员高效交流、更利于不同层次人员间的差缺补漏，人才强企（图19、表2）。

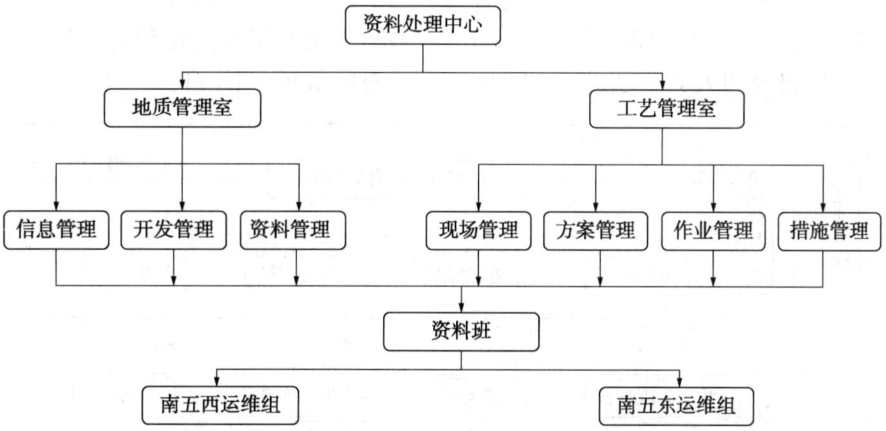

图19　第A作业区数据处理中心人员组织构架

表2　运维组远程监督内容表

主要工作	监管项目	监管内容
平台监控	上线率	发现上线率异常变化，简要分析、上报数据处理中心
	开关井情况	发现开关井井数变化，汇总导出、上报数据处理中心

续表

主要工作	监管项目	监管内容
单井监控	油压	发现油压异常，联系注采班现场核实、发现数据缺失，上报数据处理中心
	电流	发现电流异常，联系注采班现场核实、发现数据缺失，上报数据处理中心
	电压	发现电压异常，联系注采班现场核实、发现数据缺失，上报数据处理中心
	功图	发现功图异常变化，简要分析，上报数据处理中心进行泵况核实
	回油温度	发现回油温度异常联系管井工现场核实、发现数据缺失，上报数据处理中心
	数据采集情况	发现数据采集有误，联系管井工检查设备状态，上报数据处理中心
计量间监控	总掺水压力、温度	发现异常联系管井工现场核实是否措施、管线是否泄露，上报数据处理中心
	总回油压力、温度	发现异常联系管井工现场核实是否措施、管线是否泄露，上报数据处理中心
报警处置	油井报警	接收报警，电话联系管井工核实情况，监督报警处置过程，实现闭环管理
	计量间报警	接收报警，电话联系管井工核实情况，监督报警处置过程，实现闭环管理
生产管理	措施井数据变化	汇总导出热洗、调参、压裂等措施井前后数据变化，上报数据处理中心

二是成立生产指挥中心。将电力、抢修、计量间、注入站运行、转油站运行、土地管理、安环环保管理集中起来统一管理，设立生产办主任，集中力量处理应急、突发故障。生产指挥中心设立调度室，利用智能化油田对临时突发事件核查，常规生产问题直接反馈给数据处理中和基层班组，重点问题组织全区力量处理。生产指挥中心是一个加强核心力量建设，减少了沟通成本，而形成一个具有统一构架的综合性管理部门，既可减员增效又可攻坚克难（图 20）。

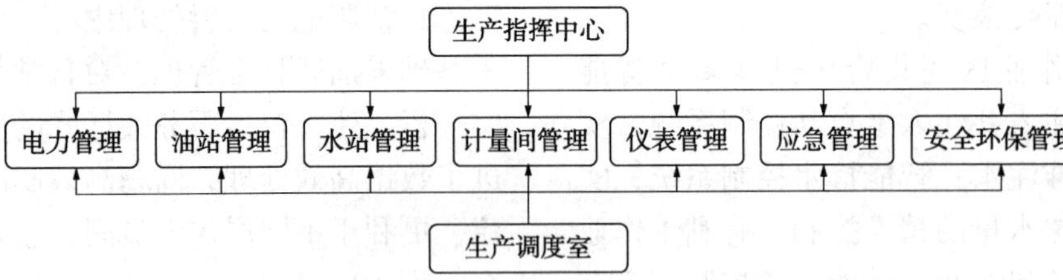

图 20　第 A 作业区生产指挥中心人员组织构架

两级中心建立后，明确作业区各级人员的管理职责，第 A 作业区重点对泵况问题、管线问题、传输问题、停机报警四大类问题进行 24h 监控，把工作重点做在常规，把故障处理做到时效最高，把产量影响做到规模最小，把设施闲置做到时间最短（图 21）。

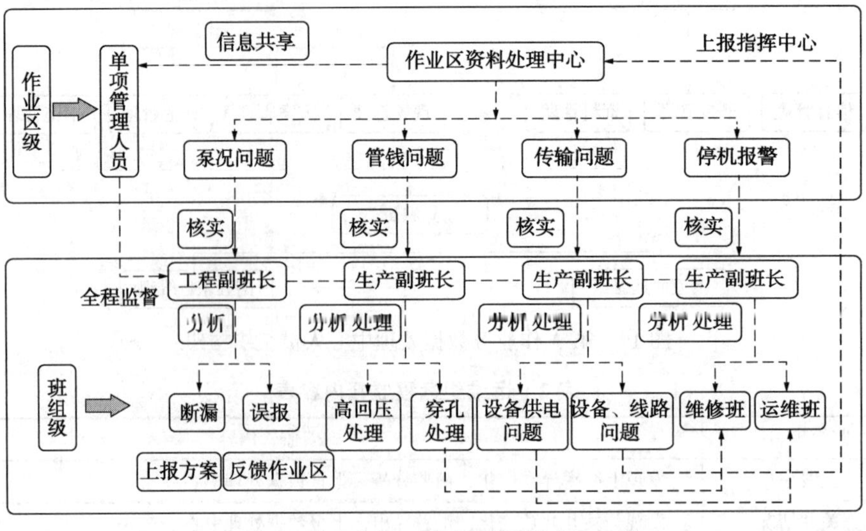

图 21　第 A 作业区重点问题处理流程图

三是创建区域合作模式。一是建立网格单元化巡检新模式，第 A 作业区自创立以来是以井网为基础进行组建基层采油队，采油队横向跨越20KM，在纵向上开采萨尔图、葡萄花和高台子不同层位，在横向上不同采油队辖区之间相互重叠，采油工人巡检路线高度重叠。第A作业区对班组进行改革，打破原有的采油队界限，改变以井网定人员的传统，改为以区域定网格的新模式，改革后采油工巡检井数提升30%以上。二是建立生产值班互助模式。传统上对人员要求是“一专多能”，然后在实施过程中由于人员素质的差异导致“一专多能”模式很难实施，出现副班组不懂技术，技术不会生产，书记不懂现场等诸多情况，尤其在节假日期间严重影响地面和井下处理故障的速度。针对这一问题，第A作业区创立生产值班互助模式，将第A作业区基础班组分为两个区域，每个区域有3~4个基层队，纵向上小队内部自由安排值班计划，横向上考虑各队之间职能互补，即每个区域保证一个技术员、一个副队长和一个队长同时值班，遇到问题时区域内互助，保证现场故障有人管，井下故障有人诊断有人上报方案，突发问题有人能现场指挥解决，通过区域值班互助模式，有效减少假日加班问题，同时也能保障生产运行更为稳定。三是实施专业动态计量模式。作业区利用智能化系统实现了90%以上的资料自动录取工作，目前原油计量工作仍需要手工完成，第A作业区组建两个区域原油计量班组，以智能化油田为抓手改变之间固定周期量油制度，改为以功图形状改变、载荷大小变化3KN为判断依据的动态计量新模式，同时坚持每月一次计量一次以上的基本计量要求，实时后减少无效计量1000余井次(图22)。

图22　第A作业区网格分布图

4　智能化效益潜力

2022年通过应用智能化油田并实施相应的组织机构改革以来，作业区以智能化油田设施为抓手，进行资料历史过程追溯，对处理时效进行考核，整体的产量损失得到有效控制，检泵率进一步降低，能耗水平有所下降，人员操作成本得到极大的优化。

故障发现处理变得更为高效。运用智能化油田系统后机采设施有效时率较投用前有极大的提升，做到人为停机不超过2h，地面故障不超过1天，井下故障不超过3天，全面杜绝机采井报表假开，井下故障空运作等情况。应用前两个月后抽汲时率水平提升1.31个百分，按时率提升幅度最低的2月份计算，年可减少因时率问题带来的产量损失7191t，按当前大庆原油2528元/t计算，可以增加产量带来的效益1818万元。

传统发现井下故障发现主要手段来源于低压数据，而人为低压测试周期1月1次，结合聚驱5天一量油取样导致井下故障发现周期普遍在5天左右，通过运行智能油田诊断系统，可以做到30min以内发现井下故障，按每年第A作业区检泵井数389井次、平均单井2.46t/d计算预计可以减少3828t，折合人民币968万元，两者算下来产量可增加效益2786万元。(图23、图24)

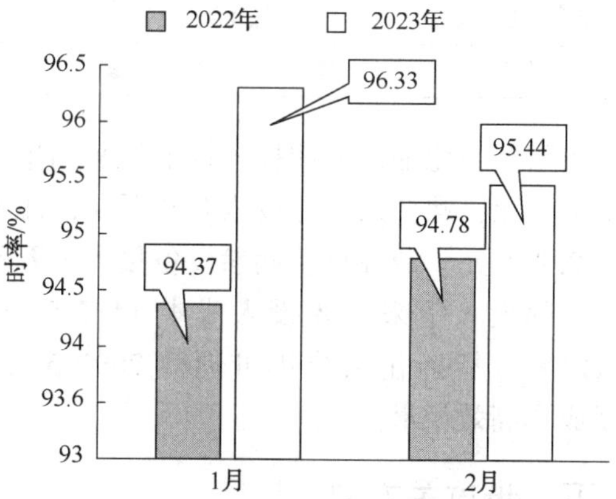

图23　智能化油田实施前后时率对比

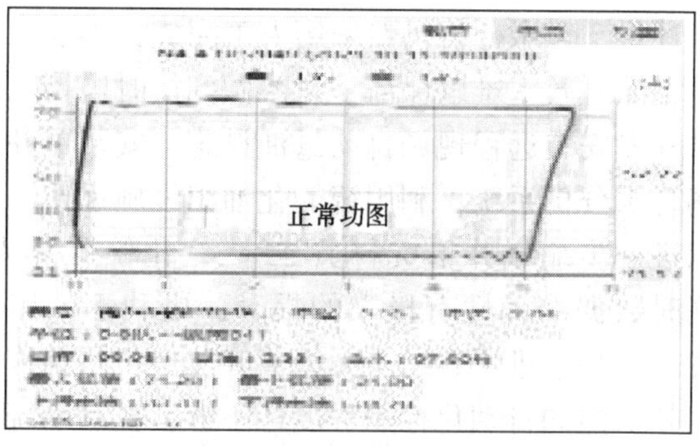

图24　功图诊断情况应用实例

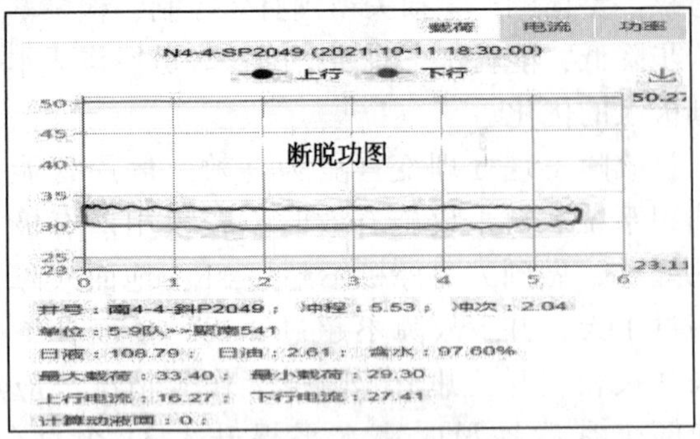

图 24　功图诊断情况应用实例（续图）

施工质量提升，检泵率下降。应用智能化远程作业监控系统后，所有井作业施工均能实时监督，施工历史可长久追溯，第 A 作业区可实现所有作业施工井工序执行到位，杆管安装到位，作业监督员远程指导到位，2023 年实施后，2 个月减少作业施工井 22 井次，算下来全年作业井数 25%，按单井施工费 2.2 万元，管材费 4 万元计算，因管理提升带来的作业成本效益可达到 818 万元。

参数自动匹配，系统效率提升。目前第 A 作业区优选 160 口供液不足或气影响油井安装自动参数匹配系统，安装前后对比产量不降，依据功图面积做到排量匹配最优，依据安装前后电表数据来看，平均单井可降低能耗 40kW · h，日可节电 6400kW · h，按大庆工业用电 0.7061 元/kW · h 时计算，年可节省用电成本 165 万元。

组织运行优化，人员工作效率提升。第 A 作业区利用数字化油田建设实现主要数据采集自动化录取，与改革前对比，运维人员减少 8 人，计量间资料员减少 20 人，低压测试人员 6 人全部取消，以上人员经过改革全部补充日产巡检维护人员，巡检人员将录取资料功能剥离出来，专门负责巡检工作，员工的缺口问题得到极大的缓解，按单人年薪 10 万元计算，每年可节省人工成本 340 万元以上。

表 3　智能化油田投运前后人员情况表

岗位	改革前		改革后	
	工作内容	人数/人	工作内容	人数/人
运维人员	录入日数据、维护数据库	16	数据核对、维护数据库	8
井组资料员	量油、写班报表	42	量油	22
低压测试人员	低压测试	6		0
巡检人员	数据录取、巡检维修	426	巡检维修	460

按照数字化油田前期投入抽油机平均单井投入 1.1 万元，螺杆泵单井投入 0.9 万元，注入井投入 0.9 万元，油井自动调参设备投入 1 万元计算。全部投入下来需要投入成本 1417.5 万元，投入之初，智能化系统年可创效 2691.5 万元，实现成本高效挖潜。

5　下一步攻关方向

一是完善井间资料录取全面智能化。井间产量计量、含水分析仍然采用人工完成，不仅工作量大而且效率难以保证，无法做到实时监控。通过开发安装远程现场自动量油设施，安装单井现场含水分析系统，利用智能化油田设施远传，可以进一步缩减井组资料员 22 人，化验员 6 人，同时数据准确性有极大的提升，更利于油田开发。二是推进所有站所无人值守改造。目前作业区站所内的自动化控制程度还不够，控制系统仍需要人为调控，下一步作业区将积极推进站所无人值守建设，实现所有站所无人值守，建立三个应急处理队伍，积极应对突发状况，无人值守投运后预计可以减少人工 48 人，进一步提升人员效率。

6　结语

智能化油田建设是时代发展的必然产物，可以有效的助力油田精准开发，极大的促进老油田焕发新的生命，与之相对应的生产关系需要对应的调整，促进油田生产力的发展，同时需要加强人才队伍建设，培养具备一定素质的专业技术人员来服务油田建设，老油田智能化建设易早不易迟，早投入早改革可以激发老油田的效益潜能。

参 考 文 献

［1］车品觉．决战大数据：大数据的关键思考［M］．杭州：浙江人民出版社，2016.
［2］克里斯托弗．苏达克．数据新常态［M］．杭州：浙江人民出版社，2015.
［3］韩小军，郑峰，李兴华．油田数字化向智能化转变的前景［J］．科技风，2016.

过钻具测井仪器井下振动特性分析

于　昊[1]　袁彩华[1]　魏　威[1]　姚春明[1]　王金刚[1]　李　兵[2]

（1. 中国石油测井有限公司测井技术研究院；2. 中国石油测井有限公司质量安全监督中心）

摘　要　过钻具测井的施工作业中，仪器穿过钻具由钻井液泵送至井下目的层，在工作过程中与钻具及地层间产生多次的碰撞，对仪器抗振的可靠性设计提出了特殊要求，需要制定专用的检验标准。本文主要探讨了过钻具井下仪器的振动特性，通过详细剖析各作业步骤中仪器的工作状态，揭示了振动和冲击产生的原因及强度。仪器承受的振动主要来自勘测过程中仪器与地层的滑动摩擦；仪器承受冲击主要来自泵出、钻具解卡过程中仪器与钻具或地层之间的碰撞。通过施工过程的振动冲击分析，我们发现振动的指标与电缆仪器的基本相同，但冲击表现为多次的双向往复碰撞，是过钻具仪器可靠性验证与其他类仪器的主要差别。本文结合过钻具仪器的工作特性，提出了仪器振动冲击的试验指标，设计了振动冲击试验流程，选取仪器进行了X、Y、Z三轴0.5h的3g的随机振动试验，X、Y各轴正反方向10次和Z轴正反方向20次的40g半正弦冲击试验，验证了FITS过钻具测井仪器抗振动冲击的可靠性。

关键词　过钻具测井；振动；冲击；井下；FITS

当前国内非常规油气田比例逐渐提高，井型结构呈现复杂化、多样化的特点，常规水平井与大斜度井测井工艺不能满足施工要求，为此开发了过钻具测井系统。该系统是将钻杆保护套、过钻杆（头）等测井工艺技术一体化融合，通过工器具的标准化、模块化设计配套，按照一井一工艺的施工原则优选相适应的工器具及工艺流程来满足不同条件系列化的测井作业仪器。施工作业时，仪器通过钻杆通道下放至井底，或利用钻杆携带保护仓和专用钻头到井底，再依钻井液泵送仪器至钻具底部进行地层测量。

过钻具仪器在施工过程中与钻具内壁及地层间会频繁发生碰撞，如遇复杂井况反复循环钻井液产生多次惯性冲击，碰撞等可能导致仪器性能的下降或损坏，传感器的灵敏度降低、测量误差增加，引起仪器紧固件松动、连接件的松脱甚至仪器损坏，对仪器的抗振设计提出很高的要求。但目前行业没内没有形成过钻具类井下仪器的振动冲击检验标准，国外有代表性的威德福公司Compact系列和斯伦贝谢公司ThruBit系列，其检验标准均为企业标准，具有明确的产品特性。尽管仪器功能类似，但由于工艺设计要求不同，同类仪器的可靠性要求也存在一定差异。因此，对过钻具测井仪器井下工作的振动特性进行分析，应结合产品的自身特点，制定配套的工艺检验标准，对于提高过钻具仪器的抗振能力，提高仪器稳定性具有重要指导意义。

1　仪器施工流程

分析仪器振动的产生原因和影响因素，我们首先讨论过钻具测井仪器的工作方式和工艺特点，从而确定了其振动特性的产生原因。过钻具测井是一种”时钻时测”的测量方式，兼具电缆和随钻测井二者的优点。以中国石油测井公司的FITS过钻具测井仪器为例，仪器有两种模式三种工艺方法，电缆模式和存储模式，三种工艺为电缆输送、过钻杆输送、保护套输送。电缆模式条件下仪器使用电缆连接下放同时进行数据传输，施工工艺与电缆仪器相同，可按照传统电缆仪器可靠性要求进行设计。存储模式条件下仪器采用过钻杆输送或保护套输送，仪器经过钻具通道输送完成穿钻杆、释放、过钻头等多个特殊步骤，到达钻头下面的裸露井孔内进行地层勘探，最后将仪器回收至保护套或拉出井眼，具体施工流程如图1所示。

2　振动冲击特性分析

与传统仪器相比，过钻具的施工工艺工序较电缆仪器复杂，但仪器承受的振动冲击没有随钻类仪器那样严苛，每个作业步骤受到的影响因素不同，因此不能套用某一类产品设计要求，需要针对过钻具仪器存储模式工况逐步分析。

2.1　仪器输送阶段

从图1作业过程可以发现，过钻杆输送时，仪器串通过上下吊挂器连接在钻杆通道内输送，

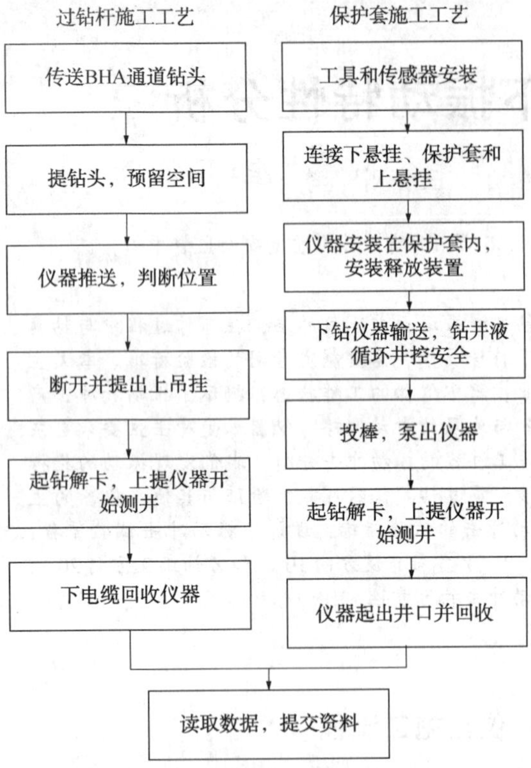

图 1　过钻具存储模式作业工艺流程图

下送过程中钻头不进尺，钻机不工作，仪器下送时，在重力和泵送压力作用下沿钻具内壁滑行，将仪器送达裸眼井段准备测量时上下吊挂分离，过程中仪器与钻杆内壁会发生反复的摩擦碰撞，但钻杆内壁摩擦小，仪器产生的振动小；保护套输送时，钻机开启工作，仪器装入专用保护套随钻杆同步下放，到达测量位置后开启释放器。这两种情况仪器串在井筒的钻井液的运送过程环境稳定，不会受到强烈的振动冲击。

2.2　仪器泵出阶段

进入泵送阶段后，利用钻井液压力将测井仪器推出钻头，仪器需要承受泵出过程中的仪器与钻具或井壁间的碰撞。实际施工过程中，泵送仪器可能无法一次到位，在泵出过程中可能会发生与地层的多次碰撞，在仪器到达限位位置后会再次造成反向冲击。此外由于井下环境复杂，钻进液中大颗粒物造成仪器阻塞，或者泵出效果判定问题需要多次循环泵送。如果仪器释放失败，或者仪器从钻具中出去轨迹控制不好，速度过快就会造成仪器损坏，再或悬空释放距离不准确，同时循环泵压、排量控制过大等诸多情况均可能造成施工中仪器与井壁或井底产生随机性多次碰撞冲击，在计算泵出阶段冲击时应考虑极限状态。

当仪器到达卡点泵出时，受瞬时钻井液的压力产生冲击。钻井液泵性能良好，应能够提供 5~20MPa 泵压。仪器释放后被钻井液推出的的过程可以简化为活塞运动，推送力计算见式（1）。

$$F=\pi\times r^2\times P \qquad (1)$$

式中，P 为最大泵压，r 为仪器有效半径，以截面面积 55mm 的仪器为例，若选取仪器串总质量为 200kg 组合，在极限泵压状态泵送时发生碰撞，根据牛顿第二运动定理 $F=ma$，计算产生瞬时加速度

$$a=F/m=237\mathrm{m/s^2} \qquad (2)$$

可以得到约为 24g 的冲击强度，每次下井的仪器串组合不同，质量范围约为 160~400kg，得到加速度范围为 11.8g~30g。振动强度安全系数按经验取值 $n=1.3$，仪器的抗冲击上限约达到 40g。

冲击破坏的特性表现为循环次数少，通常不足以引发疲劳，但位移、速度、加速度和应力的快速增加，会导致部件松动，导致电子元件在冲击脉冲期间出现故障，产生瞬时的通断或永久失效，大应力值的积累可能导致永久变形，所以模拟冲击试验时，应在各轴双方向进行反复试验。

2.3　上提测井阶段

开始地层测量后，仪器的悬挂在钻杆下方通过钻杆上提完成整个测量过程，该阶段仪器主要受到地层摩擦的影响产生随机振动，工作状态与传统电缆仪器相同，因此这个阶段的振动强度指标可以参考电缆仪器标准。当前版本电缆类仪器的振动冲击行业标准已经执行了十余年，经过国内多家公司系列产品现场使用验证，满足井下作业需求，可以作为振动试验的指标要求。

2.4　特殊状况

通常井眼是非铅垂的，任何井眼都会有一定的井斜。钻具也非完全居中，尤其是在钻具静止时，这种现象越明显，即钻具会贴近井壁。而过钻具仪器的安装、泵送过程中易出现钻具的停留或低速转动，越是静止钻具越容易靠近井壁，越易被泥饼黏附，因此卡钻解卡会经常发生。此外由于地层不可能预测因素或人为因素可能造成更多振动影响，如钻井液的冲刷和地层流体影响造成的钻柱不稳定，导致仪器产生跟随钻柱震荡产生随机性的碰撞。总体来说，过钻具仪器由钻具装载，应满足钻柱稳定的基本要求，通常若加速度为 20~40g，冲击次数超过 10 次，认为井下工具的失效风险很高，司钻会调整钻压及扭矩来避免冲击过载。因此在考虑碰撞冲击强度时，可以

将钻柱的稳定性要求作为过钻具仪器在井下特殊状况的耐冲击基础指标。

3　振动冲击试验标准

3.1　试验指标的建立

根据以上过钻具仪器工作状态的分析，结合《SY5099—2016 石油测井仪器环境试验及可靠性要求》中振动冲击试验要求，形成过钻具振动冲击试验标准。其中冲击试验考虑到仪器在井下作业中承受的随机多次碰撞的特点，根据累计失效模型，应进行单轴多次双向的冲击试验，累计失效和应力来验证产品的可靠性。具体参数见表1。

表 1　过钻具振动冲击试验指标

振动（非包装状态）	频率循环范围/Hz	5~500
	加速度/（m/s^2）	29.4
	扫频速率/（oct/min）	≤1
	持续时间 min	≥30
	方向	X、Y、Z 三轴
冲击	加速度/（m/s^2）	392
	脉冲持续时间/ms	11±1
	冲击次数	X、Y 各轴正反方向 10 次 Z 轴正反方向 20 次
	工作状态	不工作

3.2　试验验证

按照以上振动冲击试验指标，我们选取 FITS 过钻具系统仪器进行了型式检验。试验依据《GJB150-2009 军用装备实验室环境试验方法》中振动试验和冲击试验的基本方法，使用 20 吨电动振动试验系统，压电式 IEPE 加速度计及振动控制仪，分别进行了 X、Y、Z 三轴 0.5h 的 3g 的随机振动试验，X、Y 各轴正反方向 10 次和 Z 轴正反方向 20 次的 40g 半正弦冲击试验，试验装置如图 2 及图 3 所示。

实验数据清晰显示了过钻具测井仪器在不同工况下的振动冲击性能。以某仪器的试验曲线为例，由于 5~10Hz 阶段频率过低仪器未起振，试验选取了 10~500Hz 进行了三轴振动试验；冲击过程试验使用半正弦脉冲波形的冲击激励，试验曲线如图 4 所示。试验结束后对试验曲线及仪器进行检验，结果曲线符合试验设计要求，仪器外观检测完整，仪器功能正常。

图 2　振动试验装置

图 3　冲击试验装置

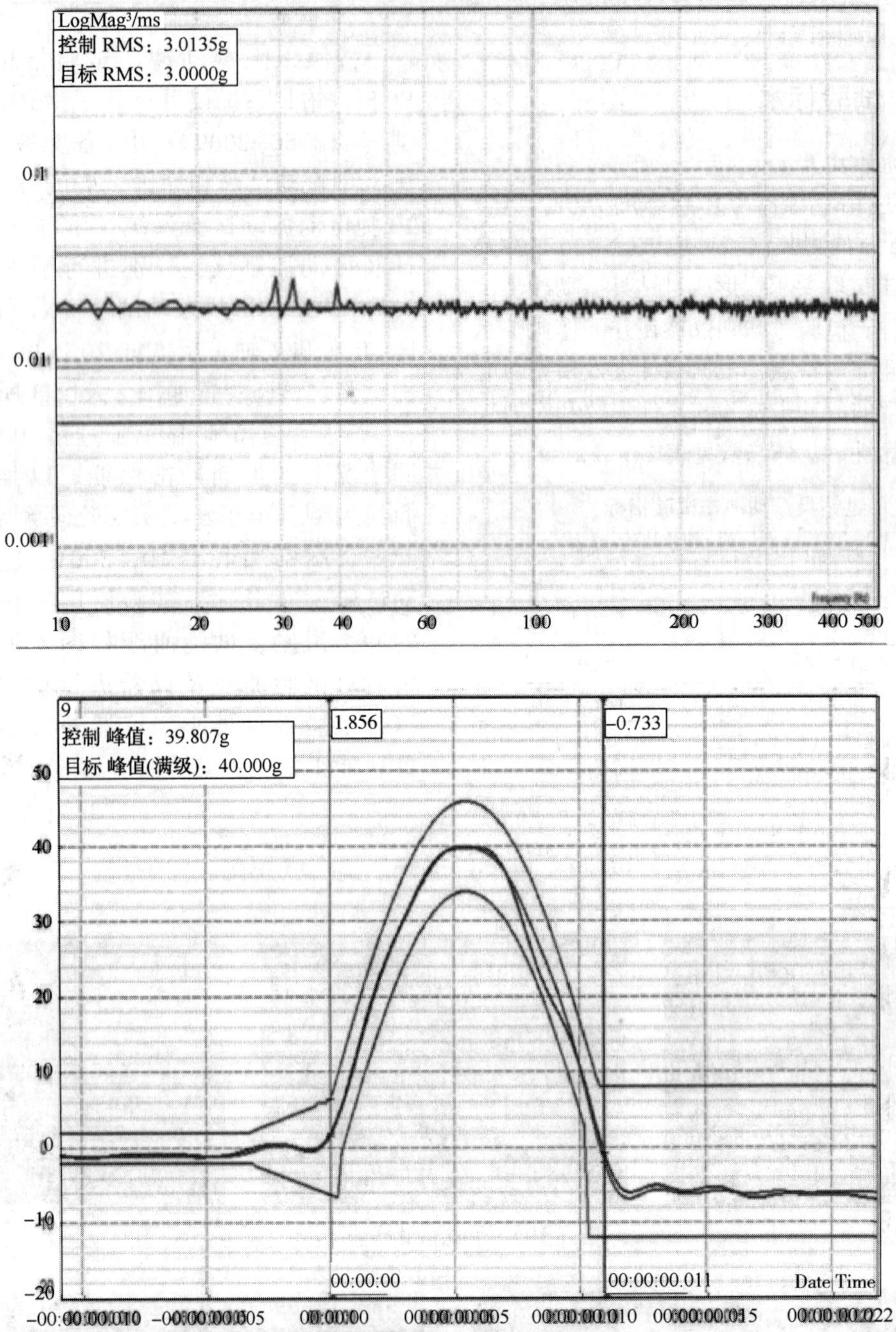

图 4　振动冲击试验曲线

4　结论

（1）仪器可靠性试验是仪器设计制造质量的重要检测手段，不应简单套用同类型或相似仪器的指标，在进行仪器设计时应充分结合仪器自身的应用环境和功能要求，设计对应的试验检验标准。

（2）本文通过对过钻具测井仪器作业过程的梳理，分析了过钻具模式和保护套模式不同施工工艺条件下，仪器在井下作业过程承受的振动冲击的规律及特性，着重分析了冲击仪器产生的影响。

（3）根据仪器井下振动冲击强度，利用等效原则建立了过钻具振动冲击试验的基础指标，对 FITS 过钻具测井仪器进行了试验验证。该套指标补充了当前过钻具类测井仪器可靠性检验中环境试验缺乏依据的问题，不仅为施工作业的安全性和效率提供了有力保障，也为未来仪器的优化和改进提供了宝贵的参考数据。

参 考 文 献

[1] 张炳军，宋宇，马正江，等，测井工艺技术的发展与探析［J］．测井技术，2022，46（6）：651-655.

[2] 唐永坤．威德福 COMPACT 测井系统介绍［J］，国外测井技术．2010 年第 4 期 60-62.

[3] 杨兴琴，王环，过钻头测井［J］．测井技术，2012 年第 4 期 396-396.

[4] 赵平，周利军，过钻头测井技术进展［J］．国外测井技术．2011 年第 4 期 9-12.

[5] 张建波，吕港建，何艳海，等，Φ70 泵出式测井系统应用分析［J］．石油和化工设备，2023 年第 1 期 71-74.

[6] 彭刚，杨世军，先齐．加压解卡工艺在 XS1 井的应用［J］．天然气工业．2012 年第 10 期 71-73，115-116.

[7] 郭先敏、侯芳．国外钻井装备与技术新发展［J］．石油机械，2016，44（7）：20-26.

IH数据库批量核对功能的开发与应用

单雪薇　宁晓波　兰明菊　韩菲　乔龙巴特

（中国石油新疆油田公司风城油田）

摘　要　数据质量是物联网应用的基础，数据核对是确保物联网数据准确率的重要措施，定期进行物联网数据核对可以有效保障数据的准确率、提高生产效率。目前依靠传统的数据核对方式时效长效率低、人工分析难度大、准确率难以得到有效保证。本文以开发数据核对软件为目的，过核模型的建立改变数据核对方式、缩短核对时间，实现数据高准高效的核对，以信息化手段助力物联网数据的应用管理。

关键词　物联网；数据核对；IH；流程优化

1　前言

油田物联网技术可用于监测油田生产过程中的各种参数和设备状态，提高生产效率和安全性，同时物联网技术还可以应用于油气田的开采、输送、储存等各个环节，提高整个油气田领域的生产效率和经济效益。

物联网覆盖面广、数据量大，数据核对是确保数据准确率的重要措施。定期进行数据核对可以有效保障数据的准确率，提高生产效率。目前采油厂每年开展2次数据核对，涉及2万多点数据，传统数据核对需对现场图片数据与同时段的SCADA系统截图数据进行比对，时效长效率低，核对结果根据个人经验上下浮动较大，迫切需要数据核对软件，通过数据的自动匹配和比对，生成精准的数据核对报告。

2　存在问题及研究思路

2.1　存在问题

在物联网数据核对的过程中，依靠传统的数据核对方式时效长效率低、人工分析难度大。采油厂监控人员、各生产单位专职人员同步进行监控系统画面截图和现场仪表数据拍照，最终由监控人员逐一核对截图与照片中的数据，但核对结果根据个人经验上下浮动较大，准确率难以得到有效保证。人工数据核对成本高，完成一次全部数据核对至少需要30个员工4周时间，既耗时，准确率也难以得到有效保证，且储存数据的IH数据库只与SCADA系统配套使用，而基于IH数据应用开发数据核对软件，需要与SQLserver数据库协同使用。

因此，需要通过开发一个软件，建立一个标准化的数据核对模板，使其可以自动调取数据库所需时间段的数据，通过比对就可实现数据的自动化核对，生成精准的核对报告。

2.2　研究思路

借助互联网、大数据、结合IH数据库及网页开发技术实现数据核对电子化。首先对数据核对流程进行梳理优化，其次通过开发数据核对软件，建立标准化数据核对模板，使其可以自动调取IH数据库里所需时间段数据，通过比对可实现现场数据与数据库数据的线上批量核对，即保障了数据的安全传输，又能辅助生产技术人员及时跟踪、处理数据异常问题，提高工作效率．研究思路如图1所示。

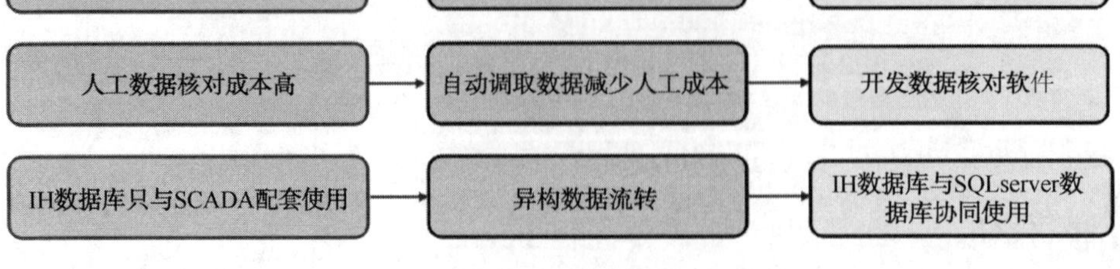

图1　研究思路

3　核对软件功能设计与研发

3.1　数据核对流程优化

3.1.1　核对流程优化前

基层属地单位数据核对负责人组织属地人员拍摄、收集、整理本单位在核对过程中拍摄的照片，要求同一时间同一设备，中控室 SCADA 监控系统拍摄一张、现场控制器显示屏拍摄一张，照片要求清晰，照片存储名称规范："站名+井号+空格+时间"，属地单位数据核对负责人收集整理照片后与中控室技术人员通过照片对比方式，按提供的表格配合完成核对数据工作。

基层属地单位数据核对负责人收集整理照片后，约定数据核对日期，在约定日期到采油厂中控室与中控室技术人员通过照片对比方式，按照中控室提供的表格配合完成核对数据工作。核对完成后，基层属地单位数据核对负责人及中控室核对人员共同签字确认。

3.1.2　流程优化方法研究

1）关键成功因素

关键成功因素（criticalsuccessfactors，CSF）是指能够影响企业绩效、决定企业行业地位的因素。不同的行业、不同的企业、企业的不同发展时期，关键成功因素一般不同。运用关键成功因素法来分析流程，可以确定流程优化的关键环节，为流程优化的实施提供指导。

2）约束理论

约束理论（theoryofconstraints，TOC）是通过逐个识别和消除企业在目标实现过程中所遇到的制约因素，即约束，帮助企业确定改进方向和改进策略，从而更有效地实现目标。约束理论认为任何系统都存在一个或多个约束，系统中产出率最低的环节决定着整个系统的产出水平，即木通原理。根据约束理论，在业务流程中，流程的效率取决于效率最差的环节，要提高流程质量、实现流程优化必须首先改善这些环节。

3）作业成本法

作业成本法（activity－basedcosting，ABC）以活动为中心，通过对活动成本的计算，对所有活动进行追踪，尽可能地消除不增值活动，改进可增值活动。作业成本法是对现有业务进行分解，找出基本活动，侧重于对各个活动的成本，特别是活动所消耗的人工、时间等分析，因为流程费用和流程周期是评价流程的重要指标，使用作业成本法计算出流程每项活动的费用，并以此确定需要优化的关键活动或流程。

3.1.3　核对流程优化后

通过使用自动化数据核对方法，简化了数据核对工作流程，减少了现场工作人员和中控室人员的工作量，并提高了数据核对的准确性。首先不需要同时截取两地参数，现场工作人员可在规定时间内完成数据收集，工作灵活度提高，节省了相应时间。其次是被核对数据时间的唯一，避免了现场照片和 SCADA 系统照片的时间差，有效提高了数据准确率，减少错误信息。

3.2　自动化数据核对模型建设

建模思路。数据核对工具总体架构设计为数据存储层、数据交换层、应用层 3 层，数据存储层是以存储自动化采集数据的 IH 数据库、存储标签表数据的 SQLserver 数据库存储基础数据，数据交换层首先将自动化采集数据和标签表数据进行关联整合，再写入到从应用层上传的 Excel 现场数据，形成比对结果文件，应用层主要进行文件的上传和结果下载，数据的整体流向（图 2）。

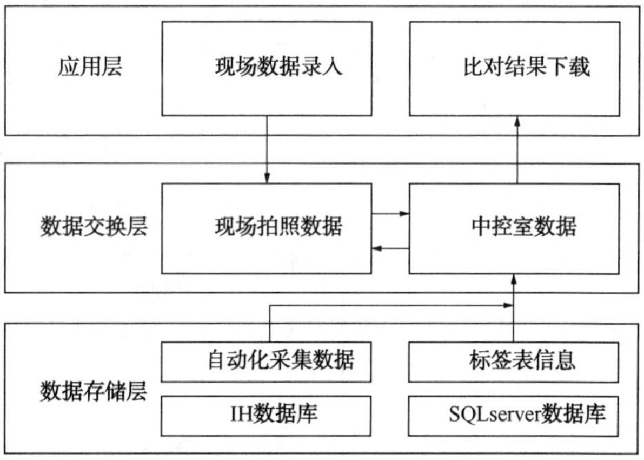

图 2　三层异构数据交换

将数据核对流程与数据架构结合，采用数据存储层、数据交换层、应用表现层三层技术架构，制定数据核对模型，基于数据源的数据深化应用，将传统人工核对方式系统化、自动化，优化整合数据核对流程。

构建的数据核对模型使业务流程和数据流转紧密贴合，以新的数据应用模式推动数据核对业务流程的简化，数据核对模型关系简单、数据流向清晰。

在应用软件使用方面，首先上传已经录入现

场数据 Excel 文件，软件检测文件是否符合模板要求，通过检测后后台执行数据核对，待核对完成，返回结果文件。在 SQLserver 数据库中建立点表信息，按照不同工艺建立不同的数据表，包括过热锅炉、常规锅炉、稀油井、稀油水平井、SAGD 井、稠油吞吐井、管汇、密闭站、集输站等，并将 Excel 数据文件模板上传至应用系统中进行数据核对。

3.3 数据核对软件的研发

应用 Servlet+Jsp 软件开发技术，实现核对数据上传下载的动态交互功能。JSP（全称 JavaServer Pages）是一种动态网页技术标准。JSP 部署于网络服务器上，可以响应客户端发送的请求，并根据请求内容动态地生成 HTML、XML 或其他格式文档的 Web 网页，然后返回给请求者。JSP 技术以 Java 语言作为脚本语言，为用户的 HTTP 请求提供服务，并能与服务器上的其它 Java 程序共同处理复杂的业务需求。

基于 JAVA 接口数据通讯技术（图 3），建立 IH 数据库与 SQLserver 数据库的通讯连接（图 4）。使用 JAVA 数据接口，将存储在 IH 里的自动化采集数据与存储在 SQLserver 里的点表数据建立数据关联关系，保障了数据安全传输，实现了线上批量数据的快速核对。这里将 IH 数据库和 SQLserver 两种不同存储类型、不同业务属性的数据库里的数据，使用数据接口方式结合应用，做到了异构数据的快速流转和使用，打破了数据应用物理边界。

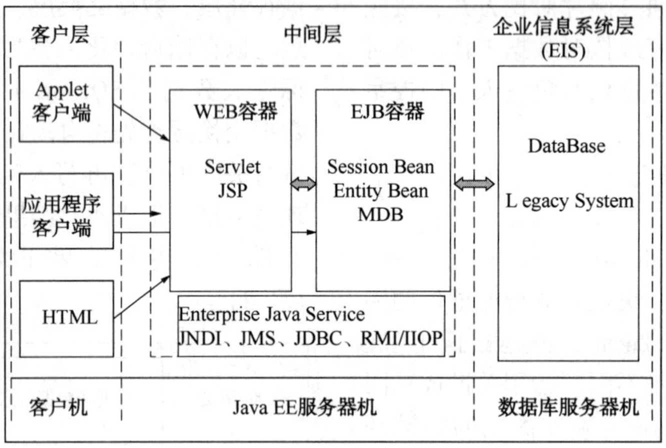

图 3　JAVA 接口数据通讯

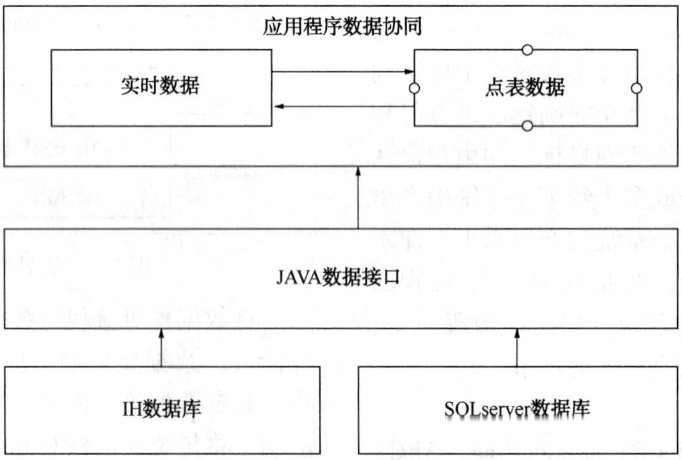

图 4　JAVA 接口数据链接

jsp 中写了一些 java 代码来辅助处理渲染页面，而这些 java 在经过服务器处理之后最终在浏览器上只会以 html 显示。Servlet（Server Applet）是 Java Servlet 的简称，称为小服务程序或服务连接器，用 Java 编写的服务器端程序，具有独立于平台和协议的特性，主要功能在于交互式地浏览和生成数据，生成动态 Web 内容。这也是 java 中请求路径的设置方式，第一种在代码中加入注解，负责处理这些请求的代码归在同一个包下这些包的常用名字有 controller，action，web 等。第二种就是在配置文件中配置出来，配置文件根据使用的代码框架不同写法也不同。比较常用的做法是使用 MVC 模式来使用 jsp 和 servlet。当请求到达服务器由 servlet 来调用代码的业务层来处理此次请求。把处理的结果发送给 JSP，由 JSP 来进行展示。

4　应用效果分析

4.1　应用效果

1）软件部署发布后的工作

① 软件部署发布后已应用于监控数据核对工作中，涵盖大型集输处理站、软化水处理站、中型密闭接转站、小型密闭站、常规接转站、注汽锅炉、SAGD 井、计量撬、注水撬、油井、注水井等 14 个工艺模块（图 5）。

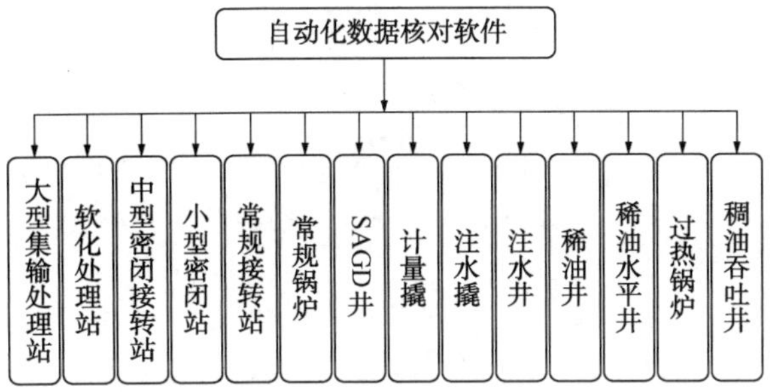

图 5　工艺模块

2）改变了传统的数据核对模式

通过研发数据核对软件，直接应用于自动化数据，改变了仪器仪表和控制系统拍照对比的传统数据核对模式，数据核对环节减少，现场和中控室数据核对人员的工作量大幅降低，数据核对准确率提升。目前，使用自动化数据核对软件，已核对 14 个工艺 2 万多个点位，简化了数据核对流程，有效减少数据核对时间，与往年相比，工作效率提升 3 倍。核对准确率有了大幅度提升，保障了生产监控系统精准化、高效化运行。数据核对界面如图 6 所示。

3）创新数据核对流程，形成监控数据自动核对的新模式

自动化的数据核对方式，扩宽了物联网实时数据的应用思路和范围，是数据颗粒度应用到到秒级，发挥出了实时数据的实时属性和价值，积累了实时数据流转和深化应用经验。创新 IH 数据的应用方式，构建业务流与数据流结合的自动

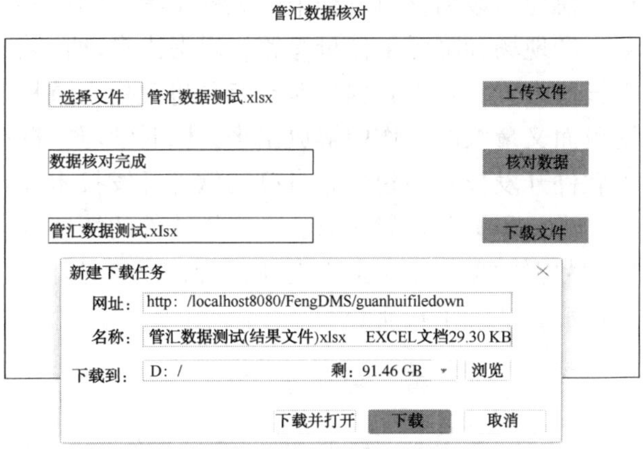

图 6　数据核对界面

化数据核对模型，使原本只能和 SCADA 系统配套使用的数据独立应用，扩宽了物联网数据应用思路和范围，为实时数据的深化应用积累了经验。

4）有效提升数据质量，确保物联网数据准确率

软件的开发，实现了线上批量数据快速核对，核对报告的精准生成，可辅助生产技术人员及时跟踪、处理数据异常问题，有效提升数据质量，确保物联网数据的准确率，提高生产效率。

4.2　经济社会效益

通过对应用效果分析，实现的经济社会效益如下：

（1）减少数据核对工时，降低现场人员和中控室人员工作量。传统数据核对方式完成一次数据核对至少需要 30 个员工 4 周时间，约为 4800 个工时，使用数据核对软件后，时间缩短为 30 个员工 1 周时间，约为 1200 个工时，工作时长减少 75%。

（2）在此数据核对功能的基础上扩展软件功能，丰富了数据的应用。该数据核对软件建立了一个完整的软件框架，预留了可扩展的目录树结构，在今后可直接简单快捷地扩展软件功能，在报表展示、数据整合、关联应用等方面具有丰富的应用场景。

（3）数据核对方法具有向其他油气生产单位的推广价值，多家油气生产、储运单位拥有自动化数据，该自动化数据核对方法和软件具有向其他油气生产单位推广应用的价值，进一步将成果转化为品牌效益。

5　结论及认识

通过研发基于 IH 数据库的数据批量核对软

件，梳理出数据核对流程中的关键步骤，围绕服务生产现场和降低工作量思路，思考出自动化数据核对方式，减少数据核对环节，将现场人员从简单而又量大的工作中解放出来，同时学习掌握了软件开发技术，建立起自己的软件开发技术体系，进一步提升自研能力，在应用软件的快速开发和数据的深化应用上迈上新台阶，减少对外协的依赖，节约了科研经费。

参 考 文 献

[1] 李万峰. 基于 Java EE 的数据可视化平台设计及主要功能实现 [J]. 信息科技，2017 年第 10 期.
[2] 欧艳剧. 企业数据核对平台的设计 [J]. 电子制作，2015，(01)：110-111.
[3] 汪君宇. 基于 JSP 的 Web 应用软件开发技术分析 [J]. 科技创新与应用，2018，(16)：158-160.
[4] 赵晨. 简析 JSP 技术及其在 WEB 应用软件开发中的应用 [J]. 计算机产品与流通，2017，(11)：27.

无电网覆盖边远井场清洁供能模式优选方法及实践

李进雅　周　勇　袁　绮　姚秀龙　邵鑫鑫

（中国石油新疆油田公司工程技术研究院）

摘　要　目前在油田无电网覆盖边远井场利用清洁供能方式主要有光伏供能模式、光伏+风电供能模式、光伏+光热供能模式、光伏+燃气发电供能模式以及光伏+柴油发电供能模式。由于边远井场用能特征不同，且影响清洁供能方式选择的因素众多，导致现场技术人员难以科学地作出合理选择。因此本文提出运用层次分析法优选无电网覆盖边远井场清洁供能方式，在对边远井场清洁供能方式进行定性和定量分析的基础上，选择井场太阳能资源、风能资源、井场用电负荷、井场用热负荷、井场距离最近工业配电网距离、油井伴生气产量、油井预计可生产年限作为一级评价指标，在确定指标权重的基础上，采用综合评价方法完成对清洁供能模式的优选排序。以新疆油田某边远井场生产特征和清洁资源为例，最终5项清洁供能模式的优选排序为光伏发电供能模式、光伏+光热供能模式、光伏+风电供能模式、光伏+柴油发电供能模式、光伏+燃气发电供能模式。

关键词　边远井；清洁供能；层次分析法；综合评价

随着油田的滚动勘探，探井逐步向人迹罕至的沙戈荒腹地延伸，各探井零散分布且生产年限受可采储量的影响，电网难以延伸到各井场。无电网覆盖边远井多以自喷方式生产，随着边远井地层能量的衰减，自喷能力逐渐减弱，亟须进行转抽作业恢复油井产量，但受制于架设电网投资成本高的问题，目前新疆油田针对无电网覆盖边远井已逐步采用柴油发电机+抽油机的生产模式进行人工举升，利用柴油发电机带动井口加热设备维持原油温度。但在“双碳”时代背景条件下，该生产模式存在碳排放量大、发电成本高、人员劳动强度大的问题。

为了解决该问题，专家学者提出利用新能源技术进行清洁供能，降低单位油气碳排放强度。其中，2011年李桂青等人针对中原油田内蒙古油区边缘区块油井用电困难的问题，设计了风力独立发电方案，与农网供电方案对比，有效降低了边缘油井用电成本。2015年赵德银针对塔河油田偏远井场用电难与用热成本高的问题，设计了光伏+柴油发电互补供电模式和光热+燃气互补供热模式，与单一的柴油发电和燃气供热模式对比，在一定程度上节约了柴油和天然气的消耗。2020年郝芸等人将太阳能光伏和光热效应相结合，设计了适用于油田井口的光伏光热一体化原油加热系统，在保证白天利用太阳能加热的前提下，利用光伏系统所产生的电量满足井场物联网用电以及原油夜间加热，达到了可节约天然气的目的。

随着新能源技术逐渐成熟，其应用成本逐年下降，针对边远井场用电和用热清洁替代的问题，有必要对能源供应形式进行新的评价，建立无电网覆盖井场各种清洁供能模式的优选模型，在满足井场用能需求的同时，指导新能源技术在井场低成本应用，助力油气生产清洁转型。

1　无电网覆盖边远井场清洁供能方式适应性评价

目前，在油田无电网覆盖边远井场利用清洁供能方式主要有光伏供能模式、光伏+风电供能模式、光伏+光热供能模式、光伏+燃气发电供能模式以及光伏+柴油发电供能模式。

光伏供能模式是利用光伏组件发电，拖动井场机采设备及通讯设备白天运行，多余电量充入储能电池组，供应通信设备夜间运行，并作为在连续阴雨天气的应急电源。该模式适用于距离电网较远、抽油机间开运行且用能负荷较小的井场。

光伏+风电供能模式是通过风光互补形式增强电能供应的稳定性，同时降低储能电池组配备容量。白天利用光伏与风电共同出力为井场供电并对储能电池充电，夜间利用风电与储能电池共同为井场供电。该模式适用于风光资源均相对丰富、油井供液良好、抽油机需连续运行的井场。

光伏+光热供能模式是将太阳能光伏和光热效应相结合，同时为无电网覆盖边远井场提供电能和热能。白天利用光伏发电为抽油机供电并对储能电池充电，利用光热为油井采出液保温，夜间储能电池带动保温设备运行。该模式适用于油井采出液需要加热保温、油井供液较差、抽油机间开运行的井场。

光伏+燃气发电供能模式是利用光伏发电与燃气发电互补的形式为井场提供稳定的电力供应。其运行模式是将油井伴生气回收于储气罐中，带动小型燃气发电机夜间运行，与白天光伏发电结合实现井场稳定持续的电力供给。该模式适用于油井气液比较高、抽油机需连续运行的井场。

光伏+柴油发电供能模式是通过光伏发电与柴油发电相融合的形式为井场提供稳定的电力供应。夏季模式采出液无需电加热，光伏出力基本覆盖全天用能，柴油发电机作为应急电源，极少使用，冬季光伏发电不足且采出液需电加热，需要柴油发电机进行电力耦合互补，降低单纯柴油发电机运行出力。该模式适用于井口采出液冬季需加热保温、抽油机需连续运行且用能负荷较高的井场。

2　边远井场清洁供能方式优选方法

由于边远井场用能特征不同，且影响清洁供能方式选择的因素众多，导致现场技术人员难以科学地作出合理选择。因此本文提出运用层次分析法优选无电网覆盖边远井场清洁供能方式。层次分析法是将决策中有关的元素分解成目标、准则、方案等层次，在此基础之上进行定性和定量分析的决策方法。这种方法的特点是在对复杂决策问题的本质、影响因素及其内在关系等进行深入分析的基础上，利用较少定量信息使决策的思维过程数学化，从而为多目标、多准则或无结构特性的复杂决策问题提供简便的决策方法，尤其适合于对决策结果难于直接准确计量的场合。该方法可以综合评价各种无电网覆盖边远井场清洁供能方式的主要指标，在综合考虑技术、工艺和经济等诸多因素的基础上，选出最合适的边远井场清洁供能方式。备选的清洁供能方式为光伏、光伏+风电、光伏+光热、光伏+燃气发电和光伏+柴油发电。

2.1　建立层次结构模型

将决策的目标、考虑的因素和决策对象按属性的逻辑关系组层分解，形成目标层、准则层、方案层三层结构，层次结构如图 1 所示。

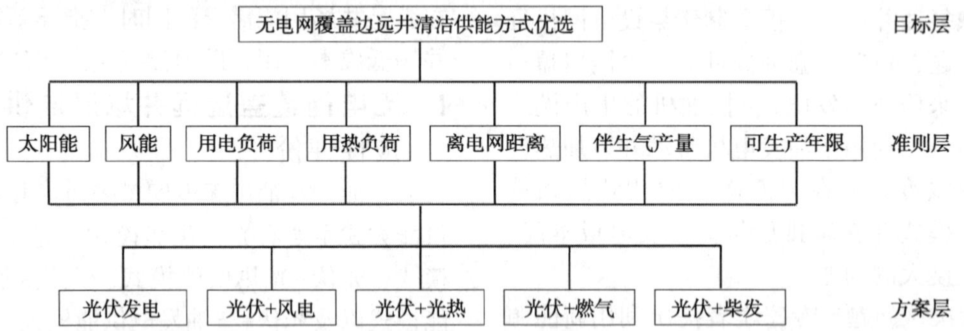

图 1　层次结构图

2.2　构造判断矩阵

以矩阵的形式表述每一层次中各要素相对其上层某要素的相对重要程度。针对上层要素 U_i，假设 A_1，A_2，$\cdots A_n$ 是 n 个与 U_i 相关联的下层要素，可构造一个 n 阶的判断矩阵。

表 1　层次分析法判断矩阵表

U_i	A_1	A_2	…	A_n
A_1	α_{11}	α_{12}	…	α_{1n}
A_2	α_{21}	α_{22}	…	α_{2n}
…	…	…	…	…
A_n	α_{n1}	α_{n2}	…	α_{m}

其中：a_{kj} 表示针对 U_i 而言，要素 A_k 对 A_j 的相对重要程度的数值，即重要性的比较标度。当数值是 1 代表两个要素相比，它们具有同样的重要性，数值是 9 代表两个要素相比，一个绝对比另一个重要，1～9 之间的数值代表两个要素相比，重要性介于它们之间。倒数代表两个相比较要素的不重要程度。

依据图 1 所示的层次结构图，构建判断矩阵，边远井场清洁供能模式优选的判断矩阵构建示意图如 2 所示。

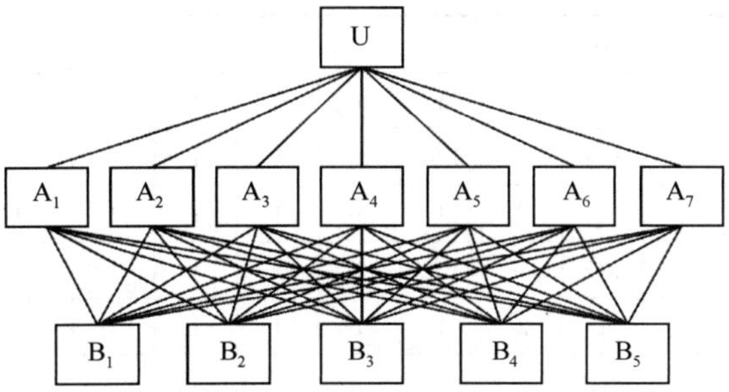

图 2　边远井场清洁供能模式优选示意图

图 2 中 U 代表优选目标，A_1、A_2、A_3、A_4、A_5、A_6、A_7 分别代表太阳能资源，风能资源，井场用电负荷，井场用热负荷，井场距离最近工业配电网距离，油井伴生气产量，油井预计可生产年限；B_1、B_2、B_3、B_4、B_5 分别代表光伏、光伏+风电、光伏+光热、光伏+柴油发电和光伏+燃气发电五种供能方式。

2.3　一致性检验

保持判断思维的一致性非常重要，甲比乙稍微重要 $a_{12}=2$，而乙又比丙重要一点 $a_{23}=2$，则 $a_{13}=a_{12}\times a_{23}=6$ 就具有完全一致性。事实上，由主观判断得到的矩阵很难保证完全一致性，尤其是在准则或者方案比较多时，更难以保证。我们可以对完全一致性的要求放宽，只要保证一致性达到一定的要求就可以。

一致性检验指标 $C.I.$ 计算如式 1 所示：

$$C.I.=\frac{\lambda_{\max}-n}{n-1} \tag{1}$$

其中：$\lambda_{\max}$ 为判断矩阵的最大特征值，n 为判断矩阵的阶数。

平均随机一致性指标 $R.I.$ 与判断矩阵阶数 n 的对应关系见表 2：

表 2　Saaty 给出的 *R.I.* 值

n	1	2	3	4	5	6	7	8	9	10
$R.I.$	0	0	0.58	0.90	1.12	1.24	1.32	1.41	1.45	1.49

随机一致性比率 $C.R.$ 计算如式 2 所示：

$$C.R.=\frac{C.I.}{R.I.} \tag{2}$$

若 $C.R.<0.1$，通过一致性检验，认为判断矩阵具有令人满意的一致性；若 $C.R.\geq 0.1$，需要重新调整判断矩阵，直至 $C.R.<0.1$。

2.4　层次排序

计算各判断矩阵最大特征值对应的特征向量，经归一化后即得到各因素对于上一层次某一因素的相对重要性的排序权值。

计算步骤：步骤 1：计算判断矩阵最大特征值对应的特征向量 W；步骤 2：特征向量归一化处理得到排序权值 W'。

上面我们得到的是一组元素对其上一层中某些元素的权重向量。我们最终要得到最底层中各方案对于目标的排序权重，从而进行方案选择。所以总排序权重要自上而下地将单准则下的权重进行合成。合成公式见表 3：

表 3　总排序权重计算方法

	A_1 a_1	A_2 a_2	… …	A_m a_m	B 层总排序权值
B_1	b_{11}	b_{12}	…	b_{1m}	$\sum_{i=1}^{m} a_i b_1 i$
B_2	b_{21}	b_{22}	…	b_{2m}	$\sum_{i=1}^{m} a_i b_2 i$
…	…	…	…	…	…
B_n	b_{11}	b_{12}	…	b_{1m}	$\sum_{i=1}^{m} a_i b_n i$

3　应用实例分析

新疆油田玛湖井区某边远井以游梁式抽油机方式间抽生产，油井 4~11 月份日均间开时长 8h，12~3 月份为避免地面生产管线冻堵关井恢复地层压力。抽油机电机额定功率 37kW，该抽油机井场无用热负荷。

井场太阳年总辐射量 1409kW · h/m²，属于太阳能很丰富区域；井场 70m 高度处风功率密度在 326.9~352W/m²，属于风能资源较丰富区域。

依据井场用能需求、油井生产情况以及井场清洁资源情况，并结合各影响因素对清洁供能方式优选的重要程度，构造判断矩阵：

$$U=\left\{\begin{matrix} 1 & 1 & 4 & 5 & 8 & 5 & 6 \\ 1 & 1 & 4 & 4 & 7 & 5 & 6 \\ \frac{1}{4} & \frac{1}{4} & 1 & 1 & 2 & 1 & 2 \\ \frac{1}{5} & \frac{1}{4} & 1 & 1 & 2 & 1 & 1 \\ \frac{1}{8} & \frac{1}{7} & \frac{1}{2} & \frac{1}{2} & 1 & \frac{1}{2} & \frac{1}{2} \\ \frac{1}{5} & \frac{1}{5} & 1 & 1 & 2 & 1 & 1 \\ \frac{1}{6} & \frac{1}{6} & \frac{1}{2} & 1 & 2 & 1 & 1 \end{matrix}\right\}$$

表4　判断矩阵构造表

A_1					A_2					A_3					A_4				
1	2	8	6	4	1	9	2	2	3	1	4	1	2	1	1	1	1	1	1
1/2	1	4	3	2	1/9	1	1/4	1/4	1/3	1/4	1	1/4	1/2	1/4	1	1	1	1	1
1/8	1/4	1	1	1	1/2	4	1	1	1	1	4	1	2	1	1	1	1	1	1
1/6	1/3	1	1	1/2	1/2	4	1	1	2	1/2	2	1/2	1	1/2	1	1	1	1	1
1/4	1/2	1	2	1	1/3	3	1	1/2	1	1	4	1	2	1	1	1	1	1	1
A_5					A_6					A_7									
1	1	1	3	6	1	1	1	6	1	1	1/3	1/5	1/6	1/4					
1	1	1	3	6	1	1	1	6	1	3	1	1/2	1/2	1					
1	1	1	3	6	1	1	1	6	1	5	2	1	1	1					
1/3	1/3	1/3	1	2	1/6	1/6	1/6	1	1/6	6	2	1	1	2					
1/6	1/6	1/6	1/2	1	1	1	1	6	1	4	1	1	1/2	1					

依据一致性检验方法，编制程序分别计算各判断矩阵的随机一致性比率，结果见表5。

表5　判断矩阵一致性检验结果

判断矩阵	随机一致性比率
U	0.007
A_1	0.016
A_2	0.009
A_3	0
A_4	0
A_5	0.001
A_6	0.001
A_7	0.011

表5所示各判断矩阵的随机一致性比率均小于0.1，证明构造的判断矩阵具有令人满意的一致性。

针对构造的判断矩阵分别计算最大特征值及其对应的特征向量，特征向量经归一化后即得到各因素对于上一层次某一因素的相对重要性的排序权值，依据总排序权重合成公式得到最底层中各方案对于目标的排序权重，具体结果见表6。

表6　总排序权重计算结果

评价指标	指标权重	光伏发电	光伏+风电	光伏+光热	光伏+燃气	光伏+柴发
太阳能资源	0.34	0.49	0.25	0.08	0.07	0.11
风能资源	0.33	0.41	0.05	0.19	0.21	0.14
用电负荷	0.08	0.27	0.07	0.27	0.13	0.27
用热负荷	0.07	0.20	0.20	0.20	0.20	0.20
离电网距离	0.04	0.29	0.29	0.29	0.10	0.05
伴生气产量	0.07	0.24	0.24	0.24	0.04	0.24
可生产年限	0.06	0.05	0.16	0.27	0.32	0.20
总排序权重	/	0.371	0.158	0.169	0.148	0.154

根据总权值排序结果可以看出针对该边远井场清洁供能方式中光伏发电供能方式的权值最大，为0.371，其次为光伏+光热供能方式，为0.169。因此，选择该井利用光伏发电方式进行清洁供能。

4　结论

针对无电网覆盖边远井场清洁供能方式优选，选择井场太阳能资源，风能资源、井场用电负荷、井场用热负荷、井场距离最近工业配电网距离、油井伴生气产量、油井预计可生产年限作为一级指标，在新疆油田玛湖井区某边远井场清洁供能方式选择中所占比重分别为0.34，0.33，0.08，0.07，0.04，0.07，0.06。在确定指标权重的基础上，采用综合评价方法完成对清洁供能模式的优选排序，5项清洁供能模式的优选排序为光伏发电供能模式、光伏+光热供能模式、光伏+风电供能模式、光伏+柴油发电供能模式、光伏+燃气发电供能模式。

参 考 文 献

[1] 熊战，何悦峰，张闯，等．青海油田深探井优快钻井关键技术［J］．石油钻采工艺，2021，43（06）：698-704.

[2] 李桂青，李桂学，田雪莲，等．内蒙油区边缘油井供电分析［J］．油气田地面工程，2011，30（07）：48-49.

[3] 赵德银．偏远单井太阳能综合利用技术应用［J］．石油石化节能，2015，5（11）：12-14.

[4] 郝芸，吕少华，李慧，等．太阳能光伏光热系统在原油集输中的应用研究［J］．石油石化绿色低碳，2020，5（03）：69-72+77.

[5] 张和平．双碳背景下新能源技术发展现状及展望［J］．现代化工，2022，42（08）：7-9.

[6] 张晨阳，王福焕，魏华，等．“双碳”目标下塔里木油田油气与新能源融合发展实践［J］．新疆石油天然气，2022，18（02）：16-20.

[7] 阚长宾．非并网风网互补智能供电系统在浅滩海油田的应用与效益评价［J］．可再生能源，2014，32（12）：1812-1815.

[8] 刘沛含，刘虎成，寇巍，等．寒冷地区农业废弃物厌氧消化技术模式的评价与筛选［J］．可再生能源，2021，39（05）：582-586.

[9] Song Ju，Yankai Liu，Zhanwu Dong，et al. Research on Quality Evaluation Method of TRD Cement-soil Continuous Wall Based on Analytic Hierarchy Process［J］. IOP Conference Series Materials Science and Engineering，2020，780（4）.

[10] 汪湘晋，黄滢，蒋金琦，等，李振坤．基于层次分析法的储能综合评估及类型选择［J］．浙江电力，2022，41（11）：1-8.

[11] N V Abdulkina，I P Sitdikova. Application of analytic hierarchy process for selection of heat transfer meters［J］. IOP Conference Series Materials Science and Engineering，2020，860（1）.

[12] 王智伟，徐海超，郭相阳，等．基于卷积神经网络和层次分析的新能源电源调频能力智能预测方法［J］．山东大学学报（工学版），2022，52（05）：70-76.

[13] 赵耀，刘闯，刘振翼，等．基于事故树-层次分析法的原油储罐泄漏风险识别［J］．新疆石油天然气，2023，19（03）：80-85.

[14] 钱啸，章姝俊，陈楚楚，等．多应用场景下基于云模型直觉模糊层次分析法的储能技术综合评估方法［J］．电工电能新技术，2022，41（09）：68-80.

[15] 邵烨楠，晏阳，汪曦，等．基于层次分析法的分布式光伏经营模式分析［J］．电工技术，2022（16）：66-67+70.

准噶尔盆地吉木萨尔凹陷芦草沟组页岩油立体井网压裂地质工程一体化探索

李嘉成[1]　李建民[1]　李　杰[1]　田　刚[1]　王明星[1]　蒲平凡[1]　夏　安[1]

（中国石油新疆油田公司）

摘　要　准噶尔盆地吉木萨尔凹陷芦草沟组陆相陆页岩油资源丰富，开发潜力巨大。为实现国家级页岩油示范区规模建产和效益开发，遵循地质工程一体化理念和研究思路，在下甜点（P_2l_1）吉305井区探索开展井网部署模式和压裂改造参数的协同优化。结果表明：立体井网、高强度改造下，水平两向应力差可降低4~5MPa，显著提升裂缝复杂程度。沿水力裂缝延伸方向周缘地应力场抬升幅度呈现强-弱-强的变化规律，结合22~24m的缝高模拟结果，证实水平井压后实现穿层改造。但生产3年，水平井井周、井间孔隙压力场呈现明显的异步下降特征，表明现有工艺条件下难以长期维持同层合采特征。对比12组模拟方案，立体交错100m井距下，采收率可达13%以上，但因井间重复改造程度高，提高加砂强度提产效果不明显，且井数多、钻压投资高内部收益率IRR低于6%的效益边界。立体交错150m井距、2.5~4.0m³/m加砂强度，IRR均保持在8%以上，但采收率小于10%，储量整体动用效果不佳。综合考虑产能表现及经济效益推荐采用立体交错130m井距、3.0m³/m加砂强度，采收率突破10%，IRR突破9%。

关键词　吉木萨尔页岩油；地质工程一体化；井网部署模式；压裂改造方案；产能表现；经济效益

准噶尔盆地吉木萨尔凹陷芦草沟组陆相页岩油资源丰富，纵向上，发育上、下两套甜点体（P_2l_{22}、P_2l_{12}），探明石油地质储量为1.53亿吨，开发潜力巨大。2017年，通过水平井+体积压裂技术率先在上甜点实现页岩油有效动用，试验井一年期累产油破万吨。2018—2020年，以上甜点2号层（P_2l_{22-2}）作为目标靶体工业化开发水平井49口，一年期累产油1126~12502t，产能差异大，认识到常规测井方法评价可动油含量的技术缺陷。通过重新构建适用于页岩油的可动性定量评价模型，选择可动性最好的下甜点2号层（P_2l_{12-2}）部署产能试验井15口。一年期累产油5100~13720t，落实下甜点建产潜力。但水平井压后产量递减快，采收率普遍在10%以下，储量有效动用程度存在进一步挖潜空间。

2021年，充分借鉴国内外非常规资源立体开发研究成果及实践经验，以$P_2l_{12-2/2-3}$为目标靶体部署M平台，立体交错100m井距。为强化裂缝穿层改造及整体支撑效果，设计4.0m³/m加砂强度。方案实施后，平台一年期累产油近7.2万t（8口井），预测采收率13%左右，证实页岩油立体开发可行性。但预测平均单井EUR仅3.3万t，小井距条件下动态井控储量与压裂改造规模不匹配，整体开发效益不佳。

因此，本文以吉305-吉251井区N平台为开发实例，基于地质工程一体化理念及研究思路，从产能表现和经济效益角度指导井网部署模式和压裂改造参数的协同优化，力争实现吉木萨尔页岩油规模效益开发，为国家级示范区的顺利建成提供强有力的支撑。

1　研究区概况

吉305-吉251井区整体为东南高西北低的西倾单斜，地层倾角2°~3°，天然裂缝不发育。下甜点油层集中发育在P_2l_{12-1}、P_2l_{12-2}和P_2l_{12-3}，纵向跨度30m，连续单油层厚度不超过2m。其中P_2l_{12-1}油层厚度4.7~11.1m，平均厚度6.9m；P_2l_{12-2}油层厚度6.5~9.3m，平均厚度7.0m；P_2l_{12-3}油层厚度5.0~7.0m，平均厚度达6.2m（图1）。有效孔隙度8.26%~10.50%、含油饱和度69.2%~92.8%。P_2l_{12-2}主要发育一类甜点，可动油储量丰度30~50万t/km²，平均37.5万t/km²。P_2l_{12-3}主要发育二、三类甜点，可动油储量丰度15~30亏t/km²，平均17.5万t/km²。

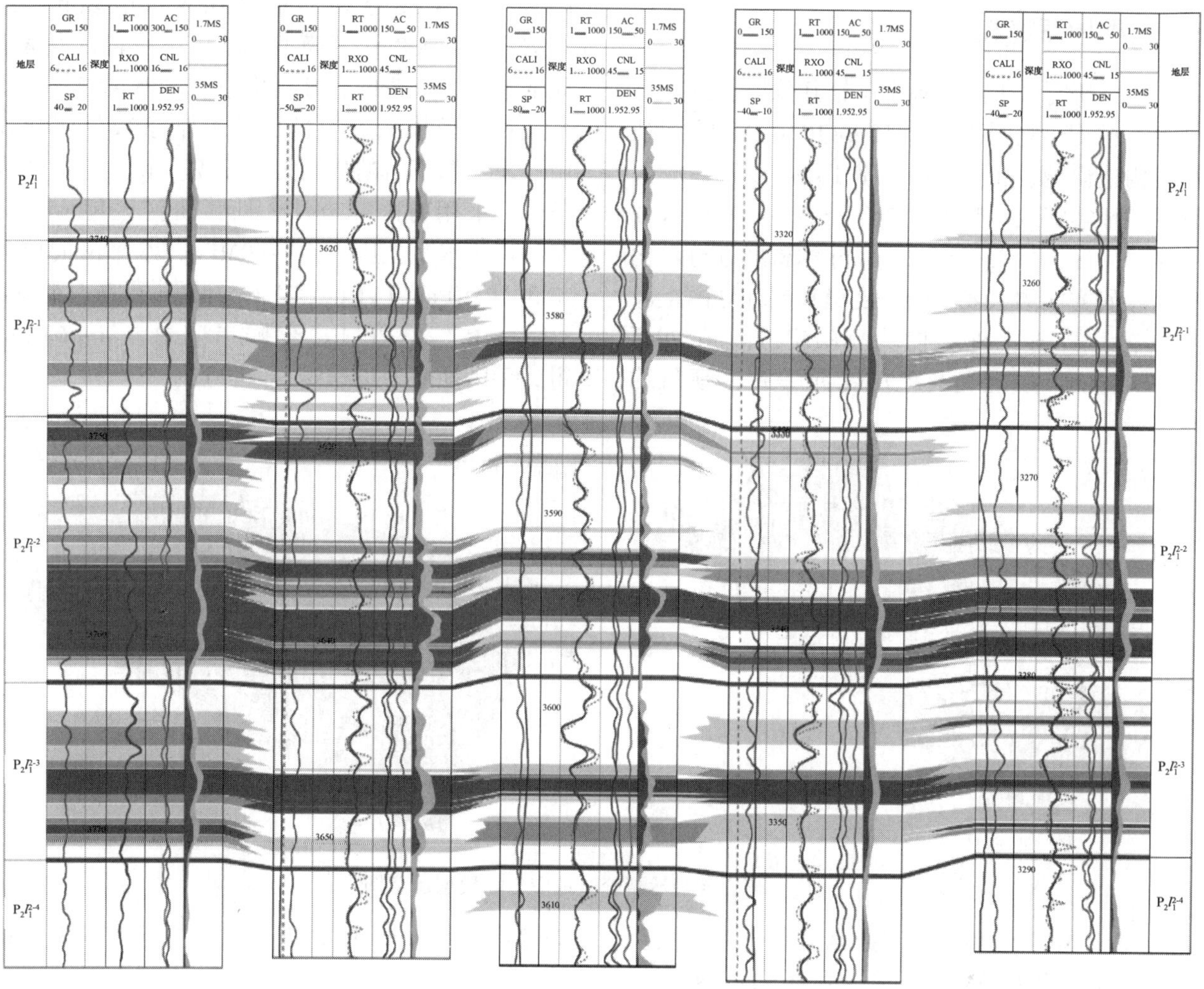

图1 吉木萨尔凹陷二叠系芦草沟组页岩油吉305-吉251井区 P_2l_1 油层连通图

2 研究方法及流程

本次研究采用地质工程一体化工作流，以提高单井产能、提升储量动用程度及采收率、实现区块效益开发为目标导向，通过多学科、多专业融合建立目标区高精度三维地质模型，开展平台井三维压裂模拟、油藏数值模拟和经济效益评价，从而实现井网部署模式及压裂改造参数的协同优化。

具体流程为：①基于前期评价井测井解释资料及储层评价资料，结合地震解释数据，建立目标区三维地质模型，包括断层模型、构造模型、属性模型、天然裂缝模型和岩石力学模型；②利用成像测井、岩心观察及岩石力学测试资料对天然裂缝模型、岩石力学模型进行校正；③在三维地质模型基础上，采用扩展有限元方法考虑储层非均质性、天然裂缝、段间/井间应力干扰对裂缝扩展的影响，得到不同井网井距和压裂参数组合下水力裂缝形态；④采用高精度数值模拟器建立自适应非结构化水力裂缝网格进行产能模拟，预测单井最终累计采油量（EUR）和井组采收率（E_R），评价产能表现；⑤运用内部收益率（IRR）评价开发效益，IRR越高，项目的经济效益越好；⑥建立兼顾产能表现和经济效益的综合评价标准，首先排除 $E_R<10\%$ 或 $IRR<6\%$ 的方案，在余下方案中优选经济效益最佳的。

IRR 计算式为：

$$\sum (CI_t - CO_t)(1 + IRR)^{-t} = 0 \qquad (1)$$

式中，t 表示计算年份，$t \leqslant 20$；CI 表示现金流入，万元；CO 表示现金流出，万元；IRR 表示折现率。

现金流入主要为页岩油销售收入，现金流出主要包括投资（钻完井及地面工程费用）、生产成本（操作成本和设备折旧费等）以及相应的税费。

3　三维地质建模

根据研究区下甜点各小层钻井分层、测井解释等资料，建立网格大小 10m×10m×2m 的三维精细构造模型、属性模型。基于岩心观察、成像测井和地震蚂蚁体数据，结合分形理论幂函数方法对研究区天然裂缝产状、尺寸和密度进行量化表征。研究区内共发育高角度缝和层理缝两组天然裂缝。高角度缝走向为 NE15°，倾角 79°，0.078 条/m；层理缝与地层走向一致，倾角约 10°~15°，3.38 条/m。采用 DFN 离散裂缝网络方法，建立天然裂缝模型。基于单井岩石力学解释结果，综合考虑岩性、构造、天然裂缝等地质特征对杨氏模量、泊松比等力学参数的弱化作用，建立修正后的岩石力学模型，得到应力边界条件。采用有限元方法，计算研究区地应力分布。最小水平主应力 60~80MPa，水平两向应力差 3~12MPa，P_2l_{12-1}、P_2l_{12-2} 储隔层应力差 2~3MPa，P_2l_{12-2}、P_2l_{12-3} 储隔层应力差 4~6MPa，得到工区地应力场模型（图 2）。

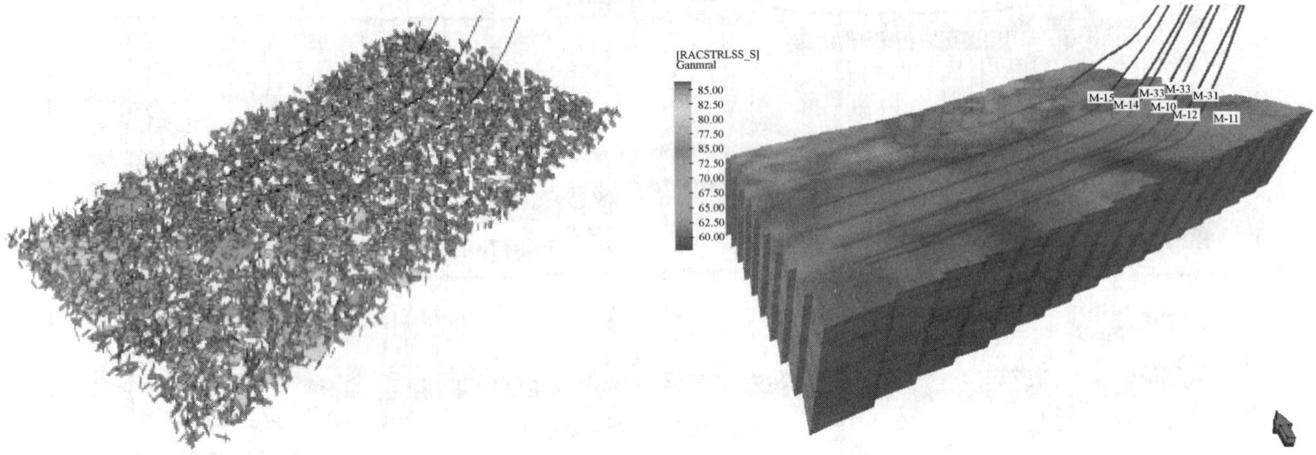

图 2　研究区天然裂缝、地应力场模型示意图

基于 M 平台实际施工数据开展三维压裂反演，典型段水力裂缝形态和微地震事件点空间分布基本一致（表 1），进一步证明地质模型的准确性。

表 1　M 平台 13 井典型段裂缝形态与微地震事件点空间分布对比表

段序	裂缝形态反演结果	微地震叠合俯视图	微地震叠合侧视图
13	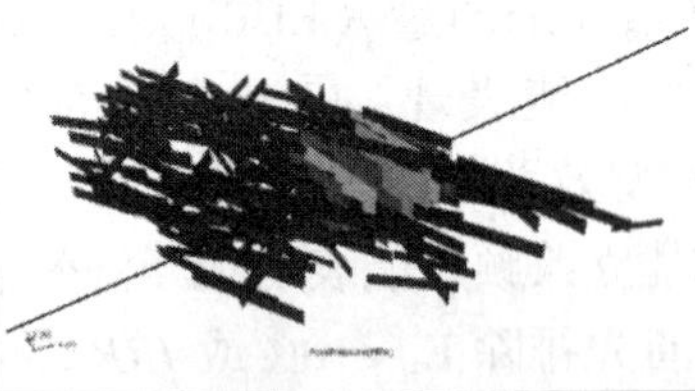	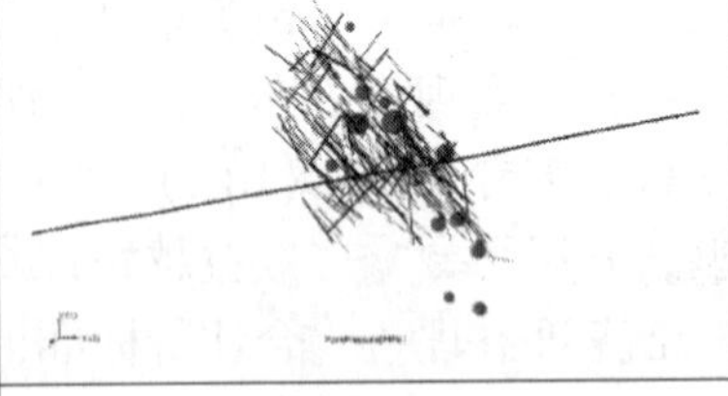	
14	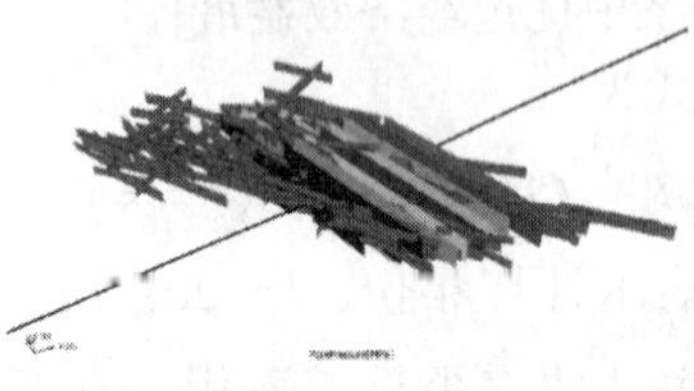	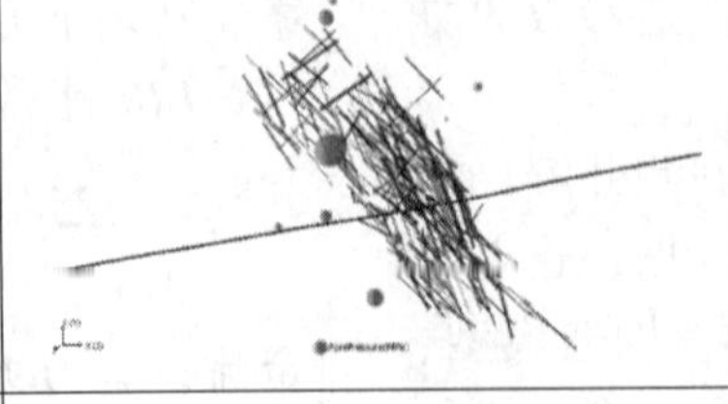	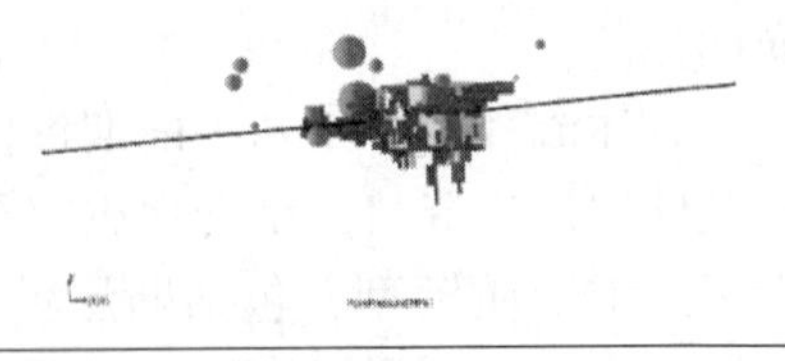
17	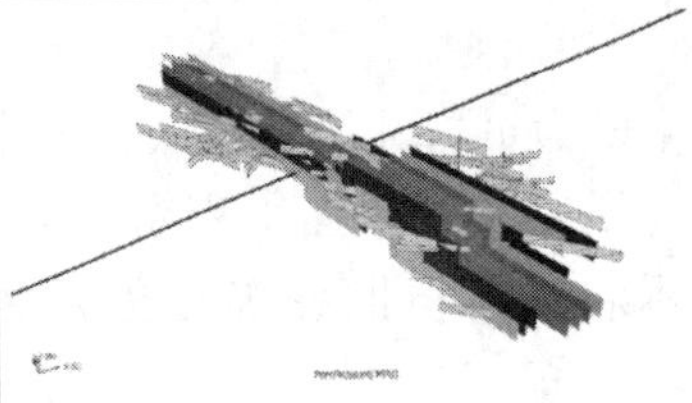	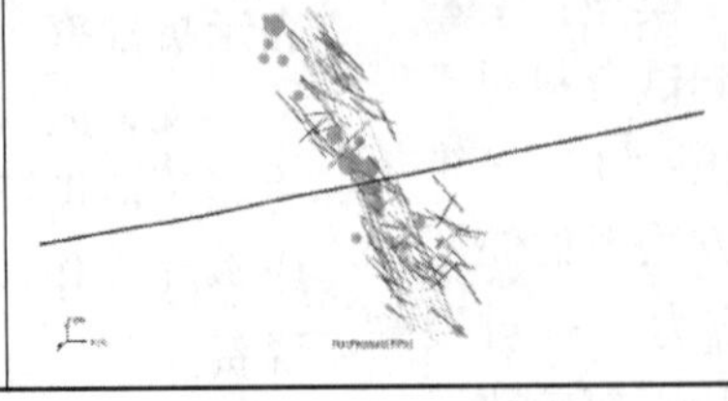	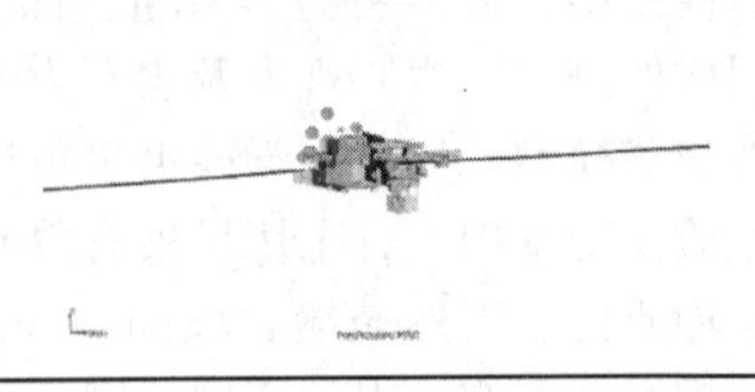

4　整体方案优化

4.1　整体方案设计

井网部署方面，前期 M 平台微地震监测结果显示裂缝半长在 100~150m 之间。井口高频压力监测显示，平台内部 400m 井距下单次压裂作业井间干扰程度小于 1MPa。综合考虑油藏可动性及人工裂缝扩展形态，以 $P_2l_{12-2/2-3}$ 为目标靶体设计立体交错 100m、130m、150m 三种井距，分别部署 7 口、5 口、4 口水平井。压裂改造方面，前期研究成果已从人工干预地应力场提升裂缝复杂程度方向将段簇组合优化至“5~10m 簇间距、段内 6 簇、段长 45m”。从增加井底净压力提升段内多簇均衡起裂和穿层改造效果方面将施工排量优化至 $16m^3/min$、滑溜水比例优化至 50%。从提升平台井整体实施效率方面优化采用拉链作业模式。在下甜点单井组合实施后提产、提效成果显著，初步定型吉木萨尔页岩油水平井体积压裂技术 2.0 工艺参数（表 2）。因此，本文从压裂改造规模是影响井网-缝网匹配的关键因素出发，设计 $2.5m^3/m$、$3.0m^3/m$、$3.5m^3/m$、$4.0m^3/m$ 四种改造规模，结合三种井网部署模式，共设计 12 组模拟方案。基于产能预测结果，以井组控制区域 ER 及 IRR 为评价指标进行方案优选。方案参数如表 3、图 3 所示，剖面图中的灰色区域表示压裂改造区。

表 2　吉木萨尔页岩油水平井体积压裂技术 2.0 工艺参数统计表

单段簇数	簇间距/m	单段长度/m	用液强度/（m^3/m）	施工排量/（m^3/min）	滑溜水比例/%	实施模式
6	5~10	45	20~40	16	50%	拉链压裂

表 3　井网-缝网匹配性试验模拟方案设计表

方案编号	靶体位置/井数/口	井距/m	加砂强度/（m^3/m）
1	$P_2l_{12-2}/4$ $P_2l_{12-3}/3$	立体交错 100	2.5
2			3.0
3			3.5
4			4.0
5	$P_2l_{12-2}/3$ $P_2l_{12-3}/2$	立体交错 130	2.5
6			3.0
7			3.5
8			4.0
9	$P_2l_{12-2}/2$ $P_2l_{12-3}/2$	立体交错 150	2.5
10			3.0
11			3.5
12			4.0

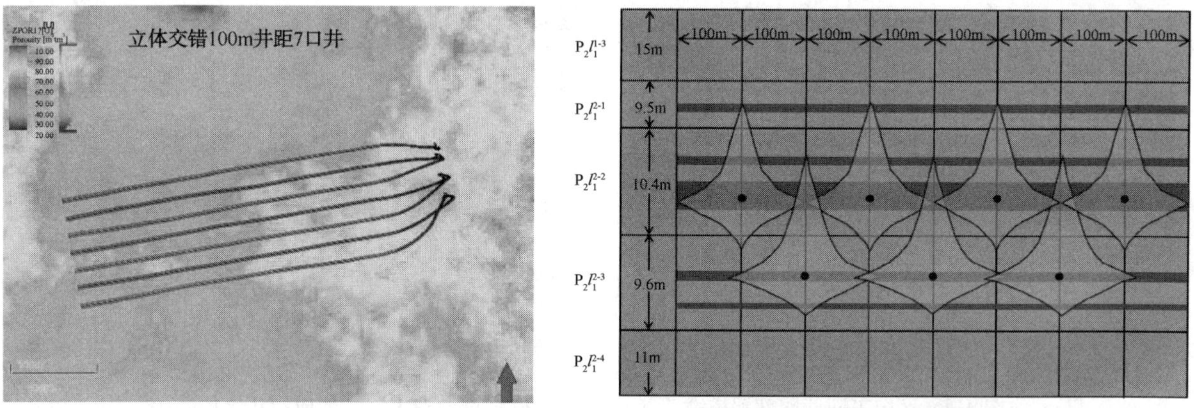

图 3　N 平台不同井网部署模式平面/纵向剖面图

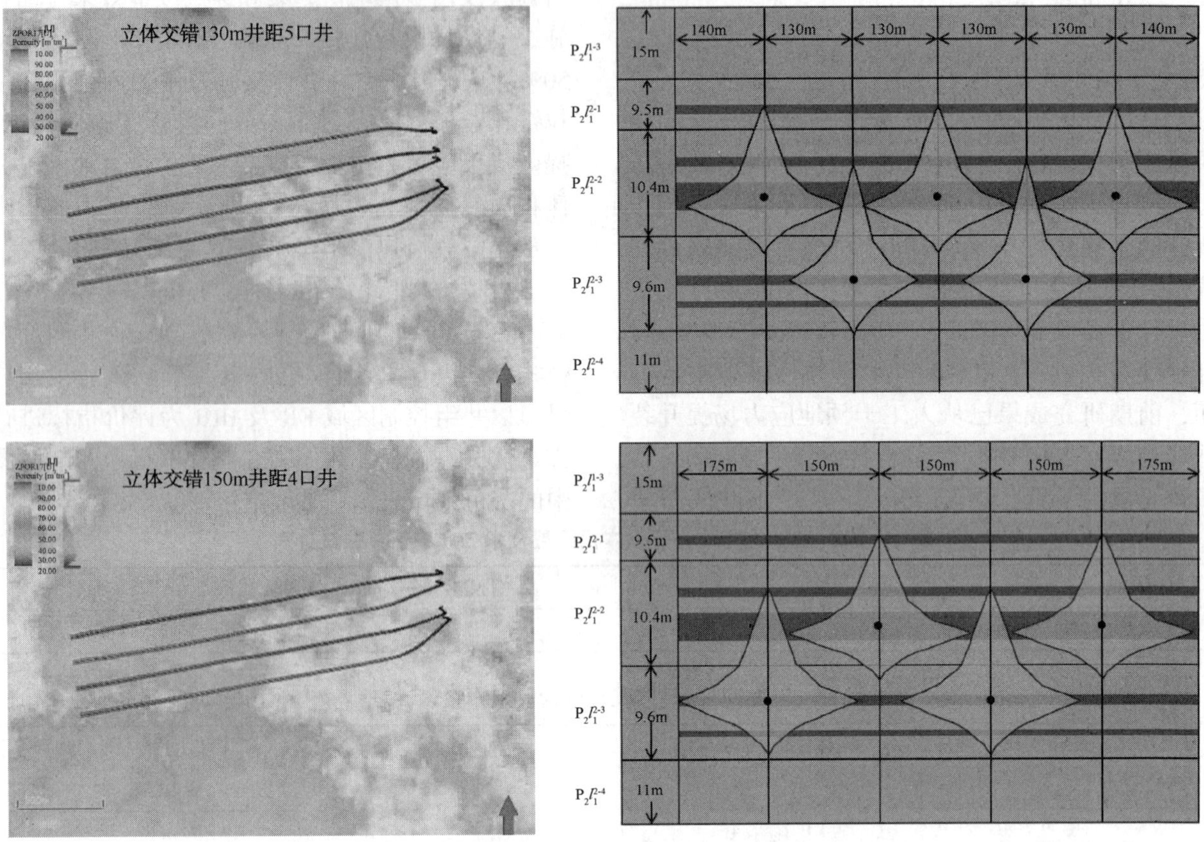

图 3　N 平台不同井网部署模式平面/纵向剖面图（续表）

4.2　整体方案论证

首先对比不同方案下压后地应力场变化及人工裂缝形态。如图 4、图 5 所示，井距越小、加砂强度越大，水平井段间、井间干扰程度越强，水平两向应力差降低幅度越大，裂缝复杂程度（缝网面积/改造体积）越高，但压后井间重复改造程度也越高。例如，立体交错 100m 井距，加砂强度 4.0m^3/m 下最小水平主应力增加 8~9MPa，水平两向应力差降低 4~5MPa。缝网复杂程度较立体交错 150m 井距，加砂强度 2.5m^3/m 下提高 75%，但井间重复改造程度也提高 200%。此外，相较于单层井网下沿水力裂缝延伸方向裂缝周缘地应力场抬升幅度逐渐减弱的特征，立体井网下地应力场呈现强-弱-强的变化规律，结合缝高 22~24m 的模拟结果，分析认为 P_2l_{12-3}水平井压裂人工裂缝穿层扩展至 P_2l_{12-2}，造成 P_2l_{12-2} 水平井井间出现较强的地应力场抬升。

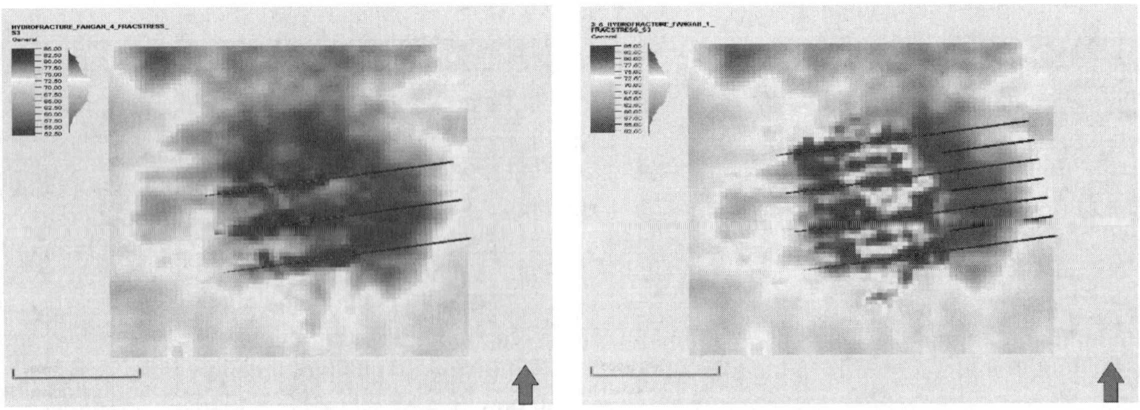

图 4　N 平台不同井网部署模式下 4.0m^3/m 加砂强度改造 P_2l_{12-2}地应力场云图

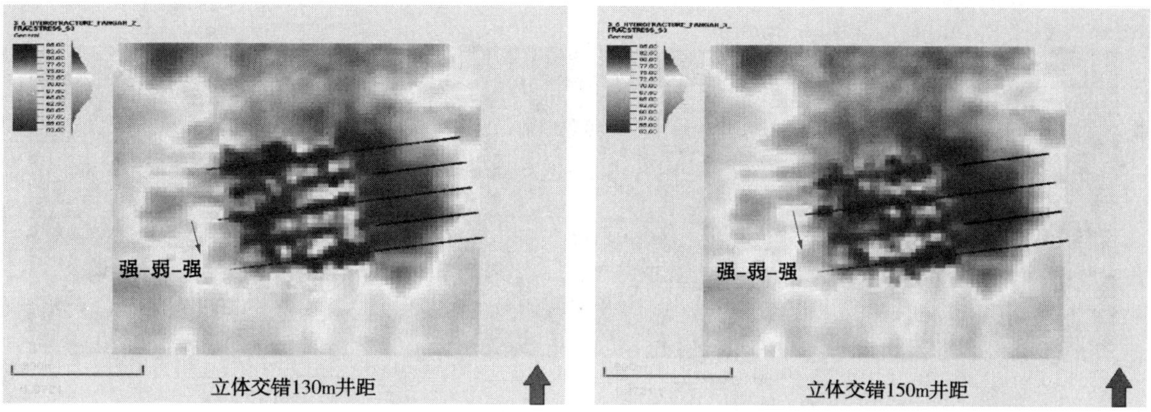

图4　N平台不同井网部署模式下4.0m³/m加砂强度改造P_2l_{12-2}地应力场云图（续图）

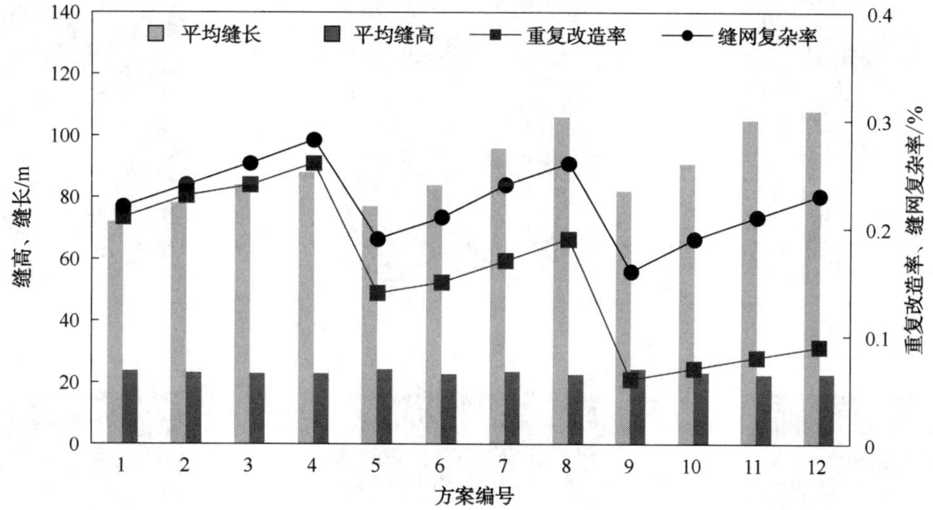

图5　不同井网部署模式及压裂改造方案下裂缝形态对比图

然后对比孔隙压力场变化，井距相等条件下，加砂强度越大，地层改造越充分，井间储量动用效果越好。加砂强度相等条件下，井距越小，井间储量动用效果越好。生产3年，水平井井周、井间孔隙压力场呈现明显的异步下降特征(图6)。结合前期“人工裂缝穿过岩性界面、层理或天然弱面时缝宽明显受限，支撑裂缝体积低于40%”的井下岩心加砂压裂CT扫描结果。表明$P_2l^{12-2/2-3}$水平井虽在压后实现穿层改造，但因支撑剂运移铺置效果不佳，难以维持长期同层合采特征。日后，仍需进一步攻关页岩油复杂裂缝系统全生命周期高效支撑技术，提升纵向多油层整体动用效果。

最后对比产能表现和经济效益。如图7所示，方案1~4均采用立体交错100m井距，部署7口井水平井。当加砂强度从2.5m³/m提高至4.0m³/m，平均单井*EUR*仅提高6%，内部收益率*IRR*从5.3%降低至1.83%，但平台采收率可维持在13%以上。其主要原因是小井距条件下单井井控储量受限，增大改造规模井间重复改造程度明显提高，储量整体动用效果较好。但单井*EUR*提升不明显，同时因钻压投资增加导致*IRR*均低于6%的效益边界。从页岩油规模效益开发角度出发不推荐方案1~4。方案9~12均采用立体交错150m井距，部署4口水平井。当加砂强度从2.5m³/m提高至4.0m³/m，平均单井*EUR*提高25%，且*IRR*均保持在8%以上，单井提产效果显著。但井组采收率均小于10%，储量整体动用效果欠佳。从年产油突破140万t支撑国家级页岩油示范区顺利建成角度出发不推荐方案9~12。方案5~8均采用立体交错130m井距，部署5口水平井。当匹配3.0m³/m加砂强度进行改造时，平均单井*EUR*3.56万t，采收率可达10.2%，*IRR*突破9%，综合考虑井组整体产能表现及经济效益推荐方案6。

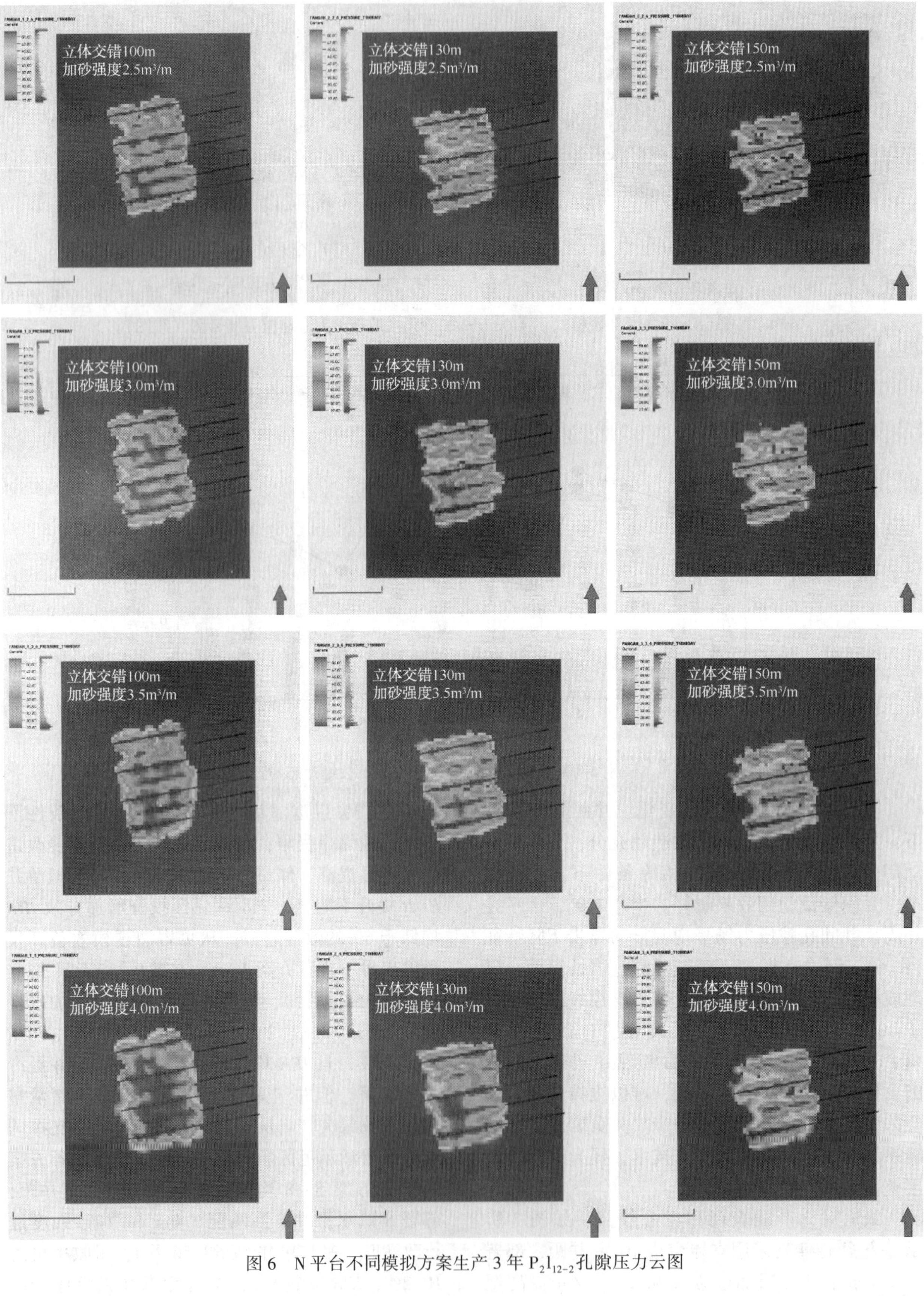

图6　N平台不同模拟方案生产3年P_2l_{12-2}孔隙压力云图

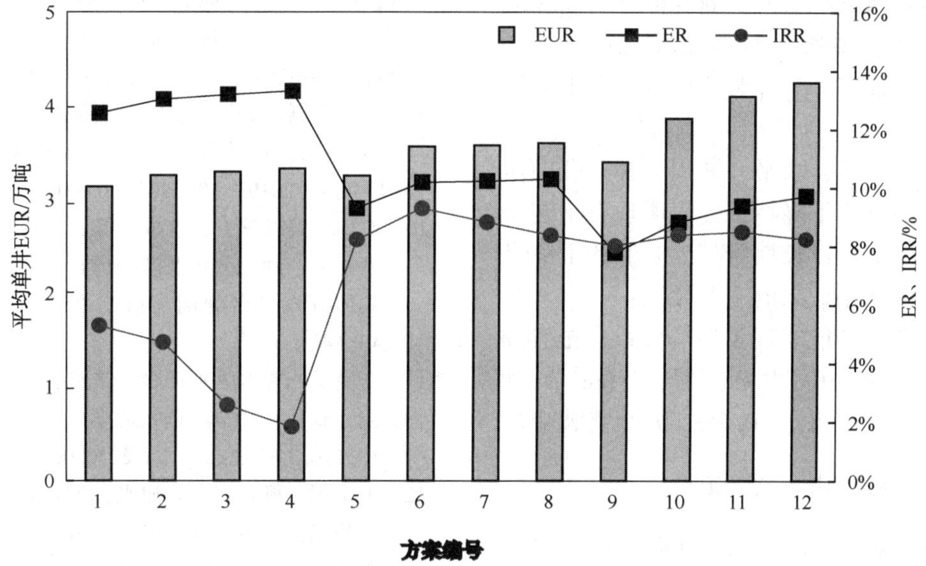

图7 N平台不同井网部署及改造方案 *EUR*、*ER*、*IRR* 对比图

4.3 应用效果评价

基于整体方案优化结果，N平台采用立体交错130m井距，部署5口水平井，共计压裂202段，累计加砂26744m^3，平均裂缝间距8m。目前已开井生产390天，平均吨液压降较M平台降低20%，平均日产油提升8t，预测单井EUR提升近10%，实现页岩油立体井网部署模式和压裂改造参数的高效匹配（图8）。充分证明了地质工程一体化理念及研究思路在非常规资源有效动用方面的优越性，为吉木萨尔页岩油规模建产和效益开发提供了强有力的工程技术支撑。

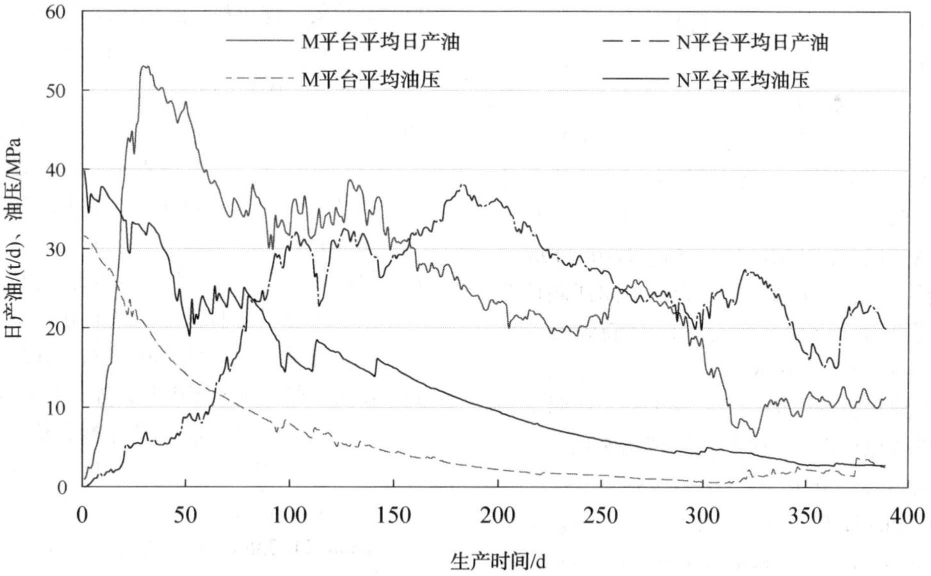

图8 M平台与N平台生产效果对比图

5 结论

为了实现吉木萨尔页岩油立体、高效开发，遵循地质工程一体化研究思路。基于N平台地质条件和油藏物性，建立工区三维地质力学模型。利用有限元方法精细模拟应力场动态变化下人工裂缝扩展过程。构建非结构化裂缝网格对水平井产能进行预测；通过对比不同井网部署模式及压裂改造规模下水平井产能表现和经济效益，优选最佳方案。研究结果表明：

（1）立体交错100m井距，加砂强度4.0m^3/m下最小水平主应力增加8~9MPa，水平两向应力差降低4~5MPa。缝网复杂程度提高75%，但井间重复改造率也提升200%。

（2）立体井网下沿水力裂缝延伸方向周缘地应力场抬升幅度呈现强-弱-强变化规律，结合缝高模拟结果，证实 P_2l_{12-3} 水平井压裂人工裂缝穿层扩展至 P_2l_{12-2}。

（3）生产 3 年后，水平井井周、井间孔隙压力场呈现明显的异步下降特征，表明现有工艺条件下同层合采特征难以长期维持，是制约下甜点纵向多油层整体动用效果的主要原因；

（4）综合考虑产能表现及经济效益，推荐 N 平台采用立体交错 130m 井距部署，3.0m^3/m 加砂强度改造，采收率可达 10.2%，*IRR* 突破 9%。

参 考 文 献

［1］谢建勇，崔新疆，李文波，等．准噶尔盆地吉木萨尔凹陷页岩油效益开发探索与实践［J］．中国石油勘探，2022，27（01）：99-110.

［2］吴宝成，李建民，邬元月，等．准噶尔盆地吉木萨尔凹陷芦草沟组页岩油上甜点地质工程一体化开发实践［J］．中国石油勘探，2019，24（5）：679-690.

［3］张宸嘉，曹剑，王俞策，等．准噶尔盆地吉木萨尔凹陷芦草沟组页岩油富集规律［J］．石油学报，2022，43（09）：1253-1268.

［4］高阳，叶义平，何吉祥，等．准噶尔盆地吉木萨尔凹陷陆相页岩油开发实践［J］．中国石油勘探，2020，25（2）：133-141.

［5］印森林，陈恭洋，许长福，等．陆相混积细粒储集岩岩相构型及其对甜点的控制作用——以准噶尔盆地吉木萨尔凹陷二叠系芦草沟组页岩油为例［J］．石油与天然气地质，2022，43（05）：1180-1193.

［6］郭海平，吴承美，张金风，等．吉木萨尔凹陷芦草沟组混积型页岩油可动性实验［J］．新疆石油地质，2023，44（01）：76-83.

［7］何小东，李建民，王俊超，等．吉木萨尔凹陷页岩油高效改造理论认识、关键技术与现场实践［J］．新疆石油天然气，2021，17（04）：28-35.

［8］Pankaj P，Shukla P，KAVOUSI P，et al. Hydraulic fracture and reservoir characterization for determining optimal well spacing in the marcellus shale［C］//SPE Liquids-Rich Basins Conference-North America，5-6 September 2018，Midland，Texas，USA. DOI.

［9］黄小青，韩永胜，杨庆．昭通页岩气示范区小井距立体开发探讨及实践［C］//第 31 届全国天然气学术年会（2019）.0［2023-09-08］.

［10］曹炜，鲜成钢，吴宝成，等．玛湖致密砾岩油藏水平井生产动态分析及产能预测——以玛 131 小井距立体开发平台为例［J］．新疆石油地质，2022，43（4）：10.

［11］李曼曼．吉木萨尔页岩油储层品质测井评价方法研究［D］．中国石油大学（北京），2020. DOI：10.27643/d.cnki.gsybu.2020.000492.

［12］王小军，杨智峰，郭旭光，等．准噶尔盆地吉木萨尔凹陷页岩油勘探实践与展望［J］．新疆石油地质，2019，40（04）：402-413.

［13］何小东，张景臣，王俊超，等．考虑天然裂缝条件下水平井压裂簇间距优化——以吉木萨尔页岩油为例［J］．深圳大学学报（理工版），2022，39（02）：134-141.

［14］王俊超，李嘉成，陈希，等．准噶尔盆地吉木萨尔凹陷二叠系芦草沟组页岩油立体井网整体压裂设计技术研究与实践［J］．石油科技论坛，2022，41（02）：62-68.

［15］吴承美，许长福，陈依伟，等．吉木萨尔页岩油水平井开采实践［J］．西南石油大学学报（自然科学版），2021，43（05）：33-41.

［16］章敬．非常规油藏地质工程一体化效益开发实践——以准噶尔盆地吉木萨尔凹陷芦草沟组页岩油为例［J］．断块油气田，2021，28（02）：151-155.

［17］邹雨时，石善志，张士诚，等．薄互层型页岩油储集层水力裂缝形态与支撑剂分布特征［J］．石油勘探与开发，2022，49（05）：1025-1032.

［18］杨鹏，张士诚，邹雨时，等．井平台多井压裂裂缝扩展、支撑剂运移规律与参数优化［J/OL］．石油勘探与开发：1-9［2023-09-12］．http：//kns.cnki.net/kcms/detail/11.2360.TE.20230608.1104.002.html

基于机械比能理论的非常规油藏工程甜点识别技术研究与应用

张羽鹏　吕振虎　陈佳萌　董景锋　孔明炜　吕　蓓　赵永昌

（中国石油新疆油田分公司工程技术研究院）

摘　要　针对砂砾岩油田水平井工程甜点识别准确率低的问题，基于钻录数据，并综合考虑水平井钻进时的螺杆及井底摩阻，建立了机械比能计算模型。研究表明：修正的机械比能与砂砾岩储层光纤监测优势进液簇相关性良好，其可用于识别砂砾岩储层的工程甜点；现场应用效果表明机械比能识别工程甜点技术可大幅增加识别的准确率至66.7%，有效降低压裂施工难度，节约压裂液体成本10%以上；机械比能识别工程甜点技术在致密砂岩储层依然有效，证明了本技术可作为其他非常规储层无测井数据水平井工程甜点识别的补救手段。

关键词　机械比能；水力压裂；工程甜点；砂砾岩储层；无测井水平井

准格尔盆地砂砾岩储层，岩相特征复杂，储集层埋藏深，砾石与基质岩石力学差异显著，非均质程度高，动用难度极大。近年采用水平井段内多簇射孔体积压裂技术开发实现了产量突破。该技术虽然可降低砂砾岩油藏的开发成本，提高施工效率，但是根据前人研究发现砾岩储层中砾石含量、分布、大小以及水平主应力差等因素显著影响段内各簇同步起裂、均衡扩展及人工裂缝扩展形态，致使油气井产量受限。目前有效的解决方案为优化水平井的段簇位置，现如今非常规油藏压裂分段分簇思路主要为两种：第1种为先均匀分段，后再段内选取储层地质、工程条件较好的点，作为射孔点；第2种为先延水平段选取储层地质、工程条件较好的点，在考虑地面施工性能限制及裂缝间的干扰分段。但无论如何分段分簇，核心要点均为优选射孔位置，而射孔位置的选择需综合考虑地质甜点与工程甜点的位置，故对工程甜点的准确识别是解决上述问题的难点之一。

机械比能是钻头破碎单位岩石所需要的能量，该指标被广泛应用于石油勘探开发中钻头性能的评价。但其也可利用钻头钻遇不同地层时的钻井参数评价储层物性，由于不需建立适合单一储层的测井解释模型，相较于测井解释方法其具有更高的精确性。其数值的相对大小综合反应了钻遇岩石的强度、钻遇储层的天然裂缝与脆性矿物的分布及渗透率与孔隙压力的分布。自1965年Teale创立了机械比能方法后，后续Rabia，Pessier等学者建立了考虑钻头机械效率的MSE计算模型，Armenta，Rashidi，Mohan等学者在MSE计算中又考虑了钻头水利做功。随着复合钻进成为了主流钻井技术，崔猛等人根据螺杆参数对机械比能计算进行了修正。根据水平井的井下钻压、扭矩与井口数值差异大，国内学者根据水平井钻进摩阻模型对机械比能计算进行了进一步的修正。

目前工程上仍采用砂泥岩测井模型解释砂砾岩储层的岩石物性，针对利用测井数据识别砂砾岩储层工程甜点的研究较少。针对上述问题，本文基于钻录数据，并综合考虑水平井钻进时的螺杆及井底摩阻，建立了机械比能识别工程甜点模型，证明了机械比能参数识别工程甜点的可行性，为砂砾岩储层分段分簇设计提供依据。

1　考虑复合钻井及水平井摩阻的机械比能

1.1　物理模型

1965年，Teale[16]通过研究提出了在钻头钻进岩石过程中的机械比能概念，该机械比能为钻压和扭矩共同做功破碎单位体积岩石时单位时间所消耗的能量：

$$E=\frac{WOB}{A_b}+\frac{120\pi\times R\times T}{A_b\times ROP} \tag{1}$$

式中，E 为机械比能，MPa；A_b 为钻头面积，mm^2；T 为扭矩，N·m；R 为钻头旋离井底时转盘转速，r/min；ROP 为机械钻速，m/s。

1.2 假设条件

由于钻井中所测的钻压、扭矩参数为地面参数，故需对该参数进行矫正，为简化矫正的机械比能数学模型，采用了如下假设：

（1）钻进水平段时钻头水力参数恒定。

（2）钻进水平段时采用螺杆钻具进行提速。

1.3 数学模型

在复合钻进过程中，钻头的驱动由地面驱动（转盘或顶驱）和地下驱动（螺杆钻具）组成，其中地下驱动作为钻头的主要动力。螺杆的理论转速只与流经钻具的流量和钻具每转排量有关，而与工况（钻压、扭矩等）无关，即：

$$R_L=\frac{60Q}{q}=K_NQ \tag{2}$$

如果地面转速为 R 钻头的理论总转速为：

$$R_{\mathrm{T}}=R_{\mathrm{S}}+R_{\mathrm{L}}=R+K_{\mathrm{N}}Q \tag{3}$$

式中，R_L 为螺杆钻具输出的理论自转转速，r/min；Q 为总流量，L/s；q 为钻具每转排量，是一个结构参数，仅与定子和转子的线型和几何尺寸有关，L/r；K_{N} 为动力钻具的转速流量比，r/L。

由于水平井的下段轨迹与常规的切线段相比阻力减小的程度更大，所以钻头的井底钻压与地面指示器所示的地面钻压存在较大差异。表面测量的 WOB 实际上是作用在地面上的井底钻压。因此，通过分析井底钻压在各井段产生的钻柱内力，可以得到井底钻压 WOB_{b} 与地面实测钻压 WOB 之间的关系式：

$$WOB_b=WOB\times e^{-\mu\lambda_b} \tag{4}$$

式中，WOB_b 为井下钻压，MPa；WOB 为井口钻压 MPa；e 为自然对数；μ 为钻头滑动摩擦系数；λ_{b} 为井底倾角，rad。

在不计能量损失时，根据能量守恒原则，在单位时间内钻头输出的机械能量应等于螺杆钻具输入的水力量。因此，钻头理论总扭矩可表示为：

$$T_{\mathrm{b}}=\frac{1}{2\pi}q\Delta P_{\mathrm{p}}+T_{\mathrm{s}} \tag{5}$$

式中，T_{b} 为井底扭矩，N·m；q 为螺杆钻具流量，$\mathrm{m^3/min}$；ΔP_{p} 为螺杆钻具压差 MPa；T_{s} 为地面测量扭矩，N·m

钻头扭矩可以在实验室和现场使用随钻测量系统轻松测量。然而，大多数现场数据是地面钻压、转速和 ROP 测量的形式。因此，通常采用地面扭矩来计算 MSE，这是误差的主要来源之一。MSE 的值最终会因扭转摩擦而增加，在水平井中，基线趋势最终可能会变成岩石 CCS 的几倍。为此，Pessier（1992）引入滑动摩擦的位比系数来表示扭矩作为 WOB 的函数，在扭矩测量不可靠的情况下，广泛应用于计算 MSE 值，虽然此研究计算的扭矩比地面测量的扭矩误差要小得多，但它仍然不是水平井钻头的真实井底扭矩，因为 WOB 是地面测量的。为了得到钻头的井底扭矩，需要在上式中用来 WOB_{b} 改变 WOB。然后，得到钻头的井底扭矩模型：

$$T_b=\frac{\mu_b\times WOB_b\times e^{-\mu\lambda_b}\times D_b}{3} \tag{6}$$

式中，T_b 为井下钻头扭矩；μ 为钻头滑动摩擦系数；WOB_{b} 为井下钻压 MPa；e 为自然对数，λ_{b} 为井底倾角，rad；D_{b} 为钻头直径，mm。

将（2-16）与（2-20）带入（2-41）得到考虑了在水平井钻井中的摩阻及螺杆钻具参数的修正机械比能模型如下：

$$E=\frac{4WOB}{\pi D_{\mathrm{b}}^2e^{\mu\lambda_{\mathrm{b}}}}+\frac{240q\Delta P_{\mathrm{p}}(R+K_{\mathrm{N}}Q)}{\pi D_{\mathrm{b}}^2ROP}+\frac{160\mu WOBD_{\mathrm{b}}(R+K_{\mathrm{N}}Q)}{D_{\mathrm{b}}^2ROPe^{\mu\lambda_{\mathrm{b}}}} \tag{7}$$

式中，E 为机械比能，MPa；T_{b} 为井下钻头扭矩，N·m；μ 为钻头滑动摩擦系数；WOB 为井下钻压 MPa；e 为自然对数；λ_{b} 为井底倾角，rad；D_{b} 为钻头直径，mm；R 为钻头旋离井底时转盘转速，r/min；K_{N} 为动力钻具的转速流量比，r/L；Q 为总流量，L/s；q 为钻具每转排量，是一个结构参数，仅与定子和转子的线型和几何尺寸有关，L/r；ΔP_{p} 为螺杆钻具压差，MPa；ROP 为机械钻速，m/s。

2 机械比能分段分簇可行性分析

2.1 机械比能识别工程甜点可行性分析

射孔位置是影响油气井产量及压裂施工难度、段内各簇裂缝均衡起裂的关键性因素，需结合储层品质、含油气性及岩石物性、水平最小主应力分布共同选取。在前期针对金龙油田砂砾岩储层的管外光纤监测压裂试验中发现砂砾岩储层工程甜点与常规砂泥岩测井解释模型解释的水平最小主应力相关性较低，但与机械比能值相关性较好。

如图 1 所示，对比射孔簇位置处水平最小主应力与光纤监测结果，发现仅第 5、第 8、第 9、第 14 段中水平最小主应力计算低值簇与光纤监测的优势进液簇结果吻合，整体相关性较低，证明了玛湖砂砾岩储层难以通过常规砂泥岩测井解释模型解释的水平最小主应力分布选择工程甜点位置。

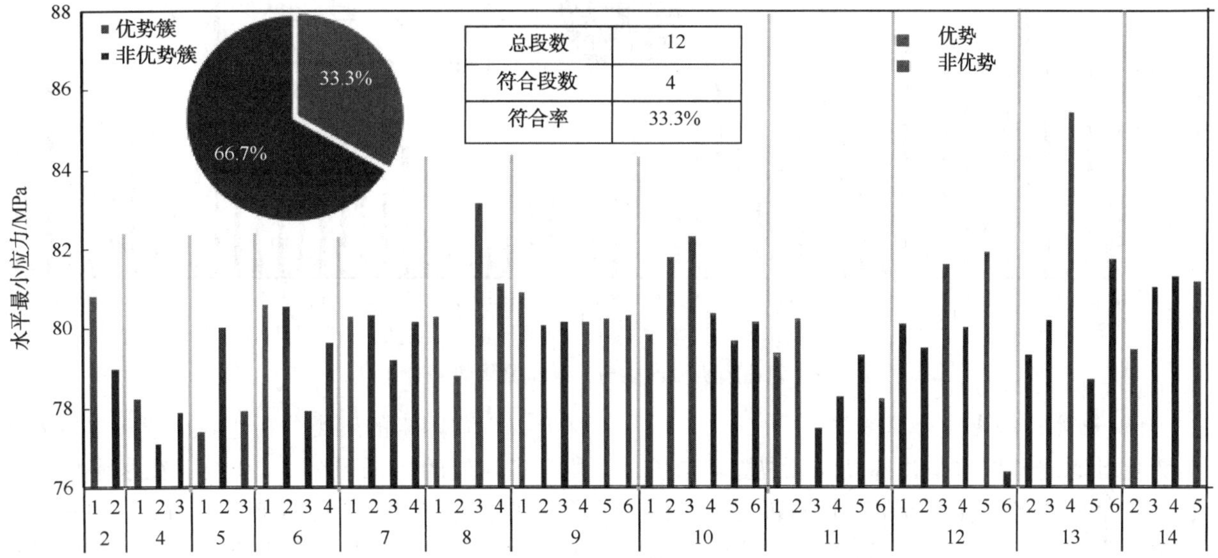

图 1　射孔簇水平最小主应力与光纤监测优势簇分布

机械比能可通过实际钻录数据计算得到钻头破坏井筒岩石所需能量，可以真实反映出该处岩石的物性参数。如图 2 所示，对比段内 3～6 簇的压裂数据，发现在压裂中光纤监测显示进液优势簇处的机械比能值均为段内较低值。值得注意的是，第 13 段第 3 簇与第 4 簇机械比能相差不大，二者处于同一起裂顺位，但是第 4 簇先行起裂后分走了大量液体，致使第 3 簇进液减少。

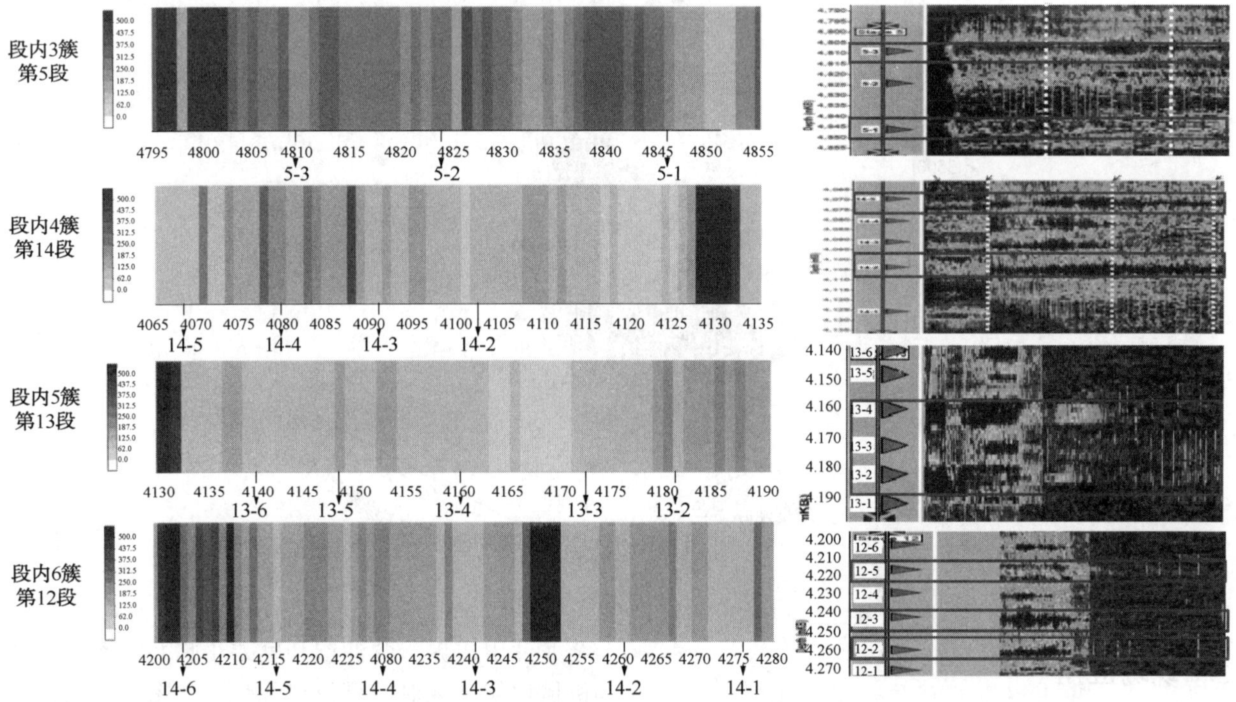

图 2　射孔簇机械比能与光纤监测优势簇分布

如图 3 所示，对比射孔簇位置处机械比能与光纤监测结果，发现仅第 6、第 9、第 10、第 11

段中机械比能计算低值簇与光纤监测的优势进液簇结果不吻合，整体符合度高，可用来指导砂砾岩储层射孔簇的位置选择。

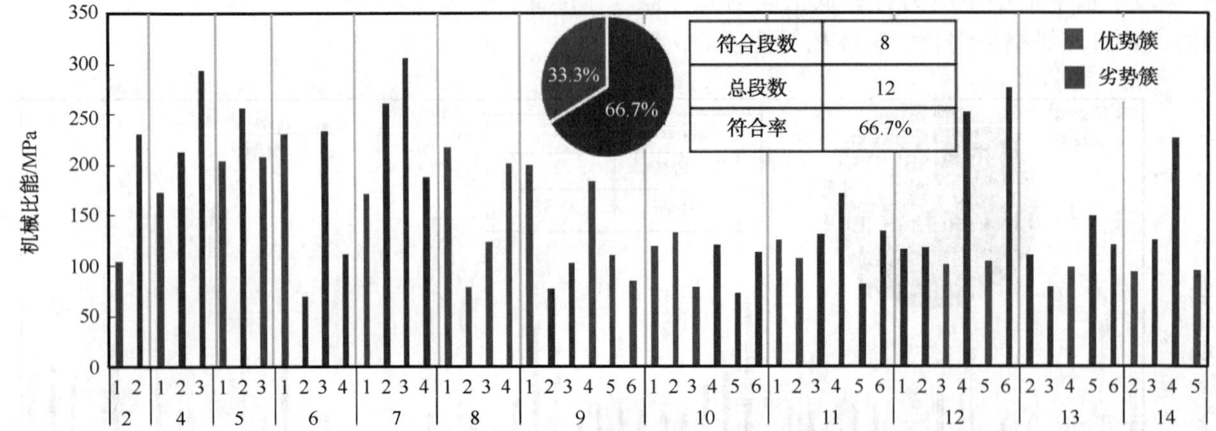

图 3　射孔簇机械比能与光纤监测优势簇分布

2.2　机械比能辅助分段分簇方法

为保证砾岩储层水平井各段人工裂缝均匀扩展，需保证段内各射孔点处的物性特征相近，即保证段内射孔点出的砾石线密度、机械比能值相近。

如图 4 所示，针对金龙油田的 J–1 井，在利用机械比能识别工程甜点的基础上，开展了考虑地质、工程因素的聚类分析进行分段，本井水平段上各点处的特征可分为 10 类，在水平段由跟段向趾端的方向上，将属于一类的点数占优的水平段分为一段。根据储层改造的前期矿场试验确定的簇间距，在段内选取机械比能相对低值且各射孔点处机械比能值接近的位置作为射孔点。

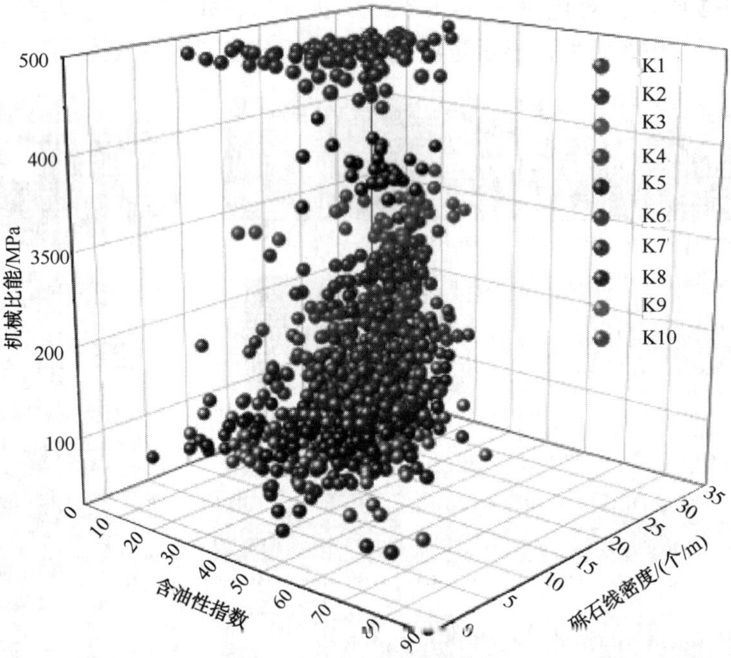

图 4　J–1 井聚类分析结果

3　现场应用

3.1　砂砾岩机械比能辅助分段分簇效果分析

金龙油田储层砾石含量、尺寸、分布不均，致使裂缝扩展不均，整体产量受限。J–1 井位于金龙油田边界，含油饱和度差于临井，本井参考机械比能结果对段簇位置优化。如图 4 所示，J–1 施工过程较邻井平稳，压力波动主要因为施工液体黏度变化。邻井 J–2 井采用常规测井解释进行分段分簇，其施工曲线如图 5 所示，J–2 井施工过程中压力多次跳升，致使多次停砂，施工难度明显大于 J-1 井。如图 6 所示，J-1 井在保证加砂符合率 100%的同时节省压裂液 10%。如图 7 所示，在本井返排结束后，其产量仍高于本层位邻井均值，证明了机械比能识别砂砾岩储层工程甜点的先进性。

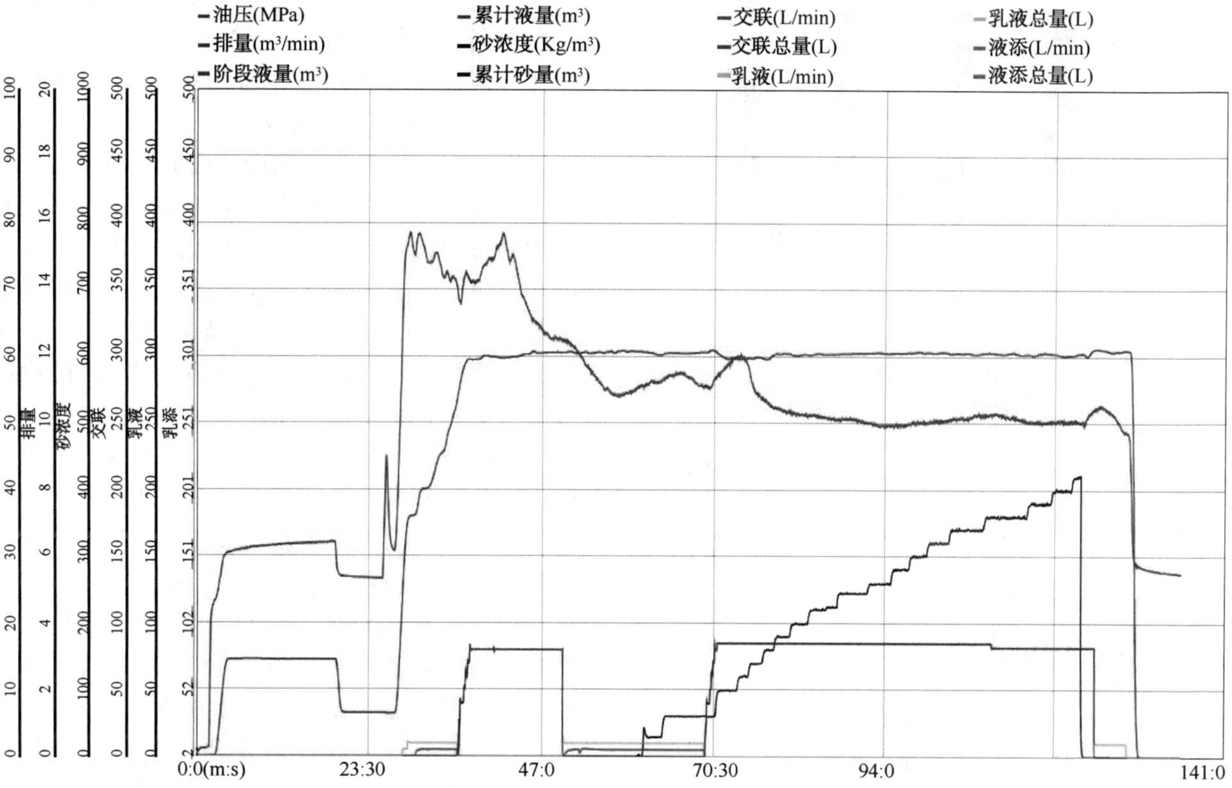

图 5　J-1 井施工曲线

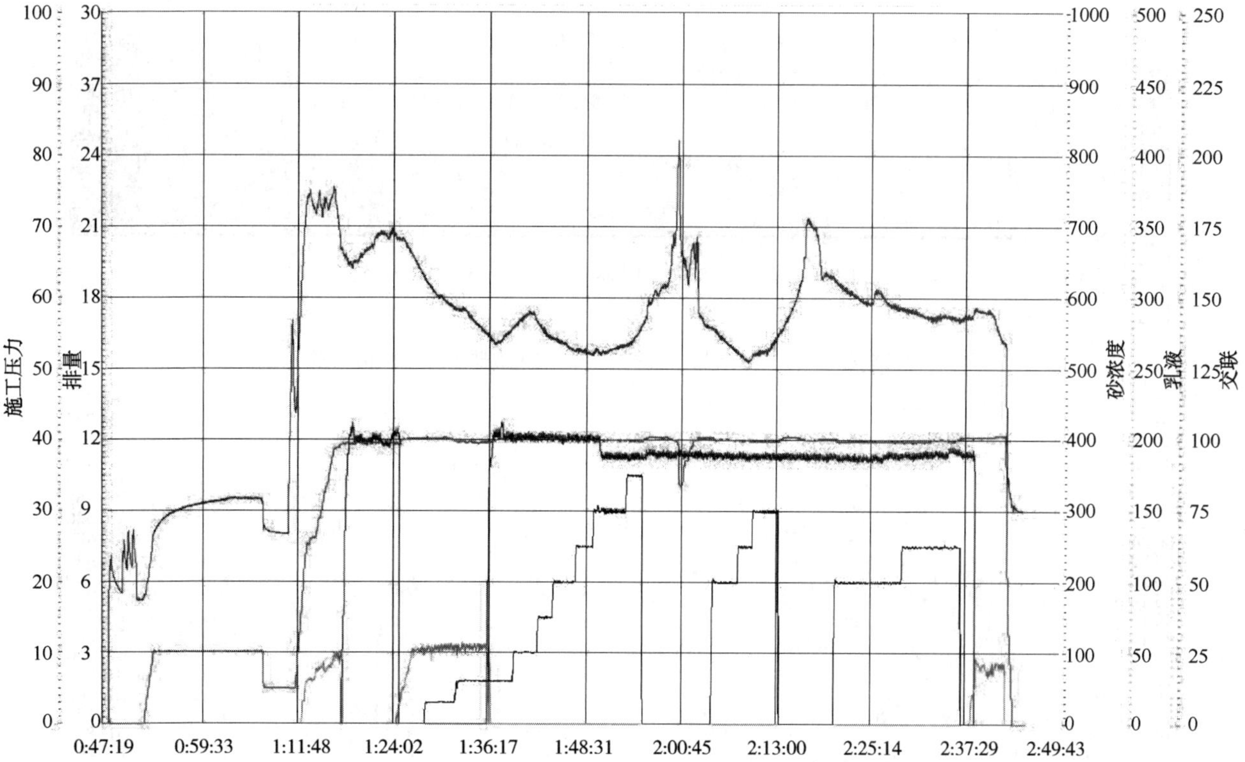

图 6　J-2 井施工曲线

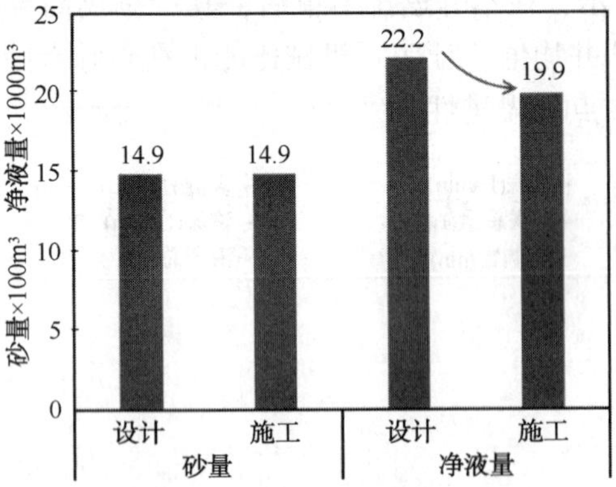

图7 J-1井施工液量总结

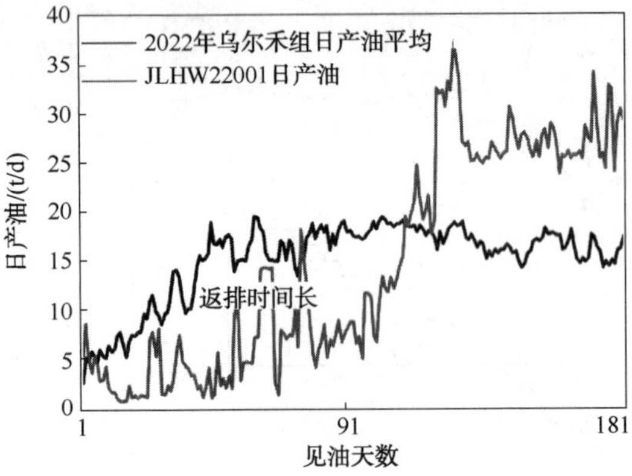

图8 J-1井较邻井产量对比

3.2 致密砂岩机械比能辅助分段分簇效果分析

MH-4油田致密砂岩储层压力高，目的层压力系数与临近地层压力系数差异大，致使钻井出现多次井漏，后续难以进行裸眼测井，难以进行工程甜点的识别。MH-1与MH-2井为本区块的邻井，其地质参数相近，但MH-2井水平段长大于MH-1井，其中仅MH-1井应用了机械比能识别工程甜点的方法辅助分段分簇技术。

如图8所示，上图为MH-1井第5段的机械比能分布图，下图为本段的施工曲线图，由上图可知本段3簇机械比能值较为接近，故下图中施工曲线压力平稳，连续加砂无困难。而MH-2井第2段的机械比能分布图及施工曲线图如图9所示，该井未采用机械比能识别工程甜点的方法辅助分段分簇，由上图可看出，本段3簇处的机械比能值差别较大，意味着本段难以均匀扩展，施工中也多次出现压力波动致使停砂顶替。上述两井的施工液量统计如图10所示，应用了机械比能识别工程甜点的方法辅助分段分簇技术的MH-1井节省了1393.8方液体，但未采用本技术的邻井MH-2井超了945.7方液体。两井日产油如图11所示，可看出开井后，水平段短的MH-1井产量高于MH-2井，证明了机械比能识别砂砾岩储层工程甜点的先进性。

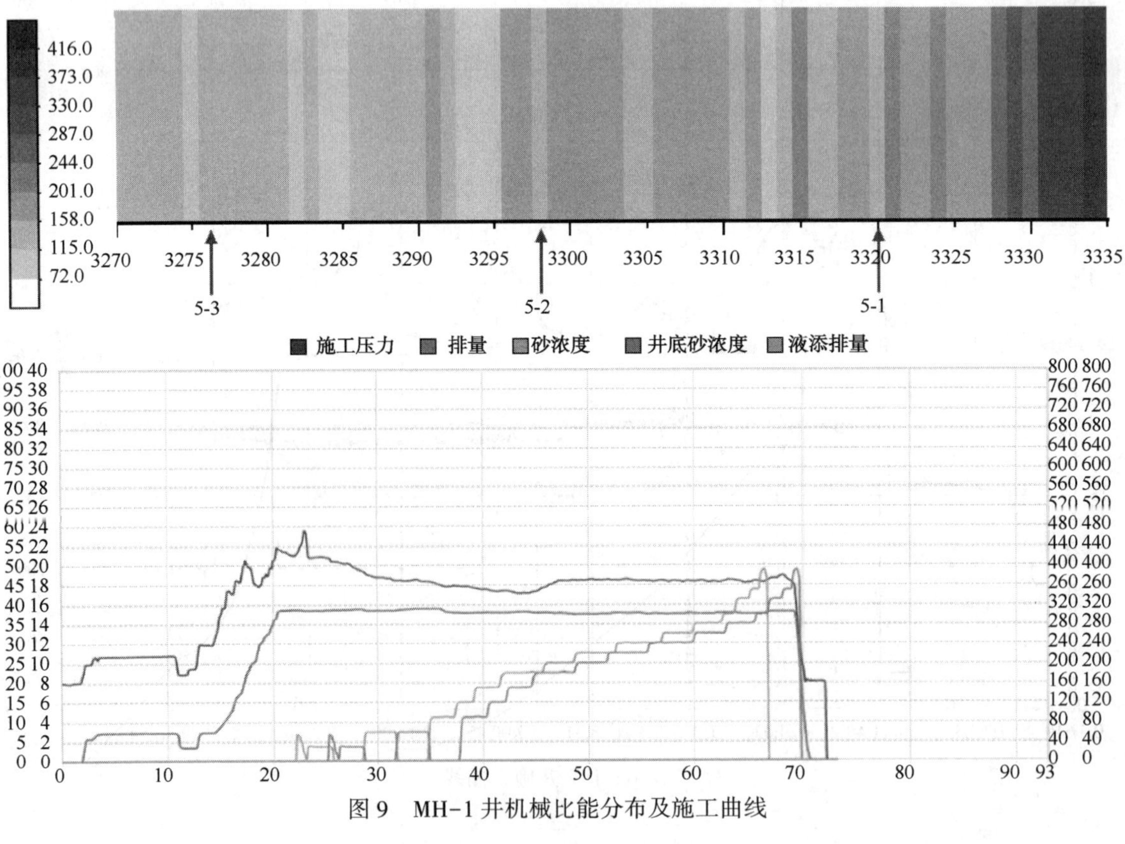

图9 MH-1井机械比能分布及施工曲线

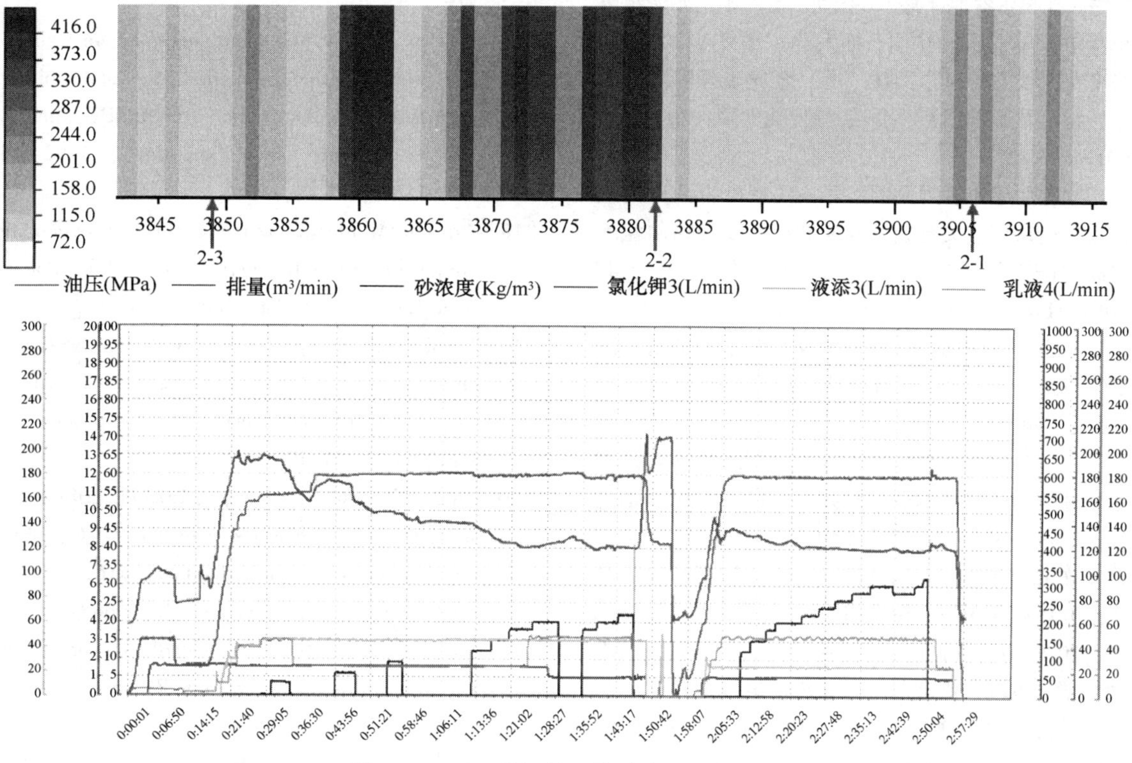

图 10　MH-2 井机械比能分布及施工曲线

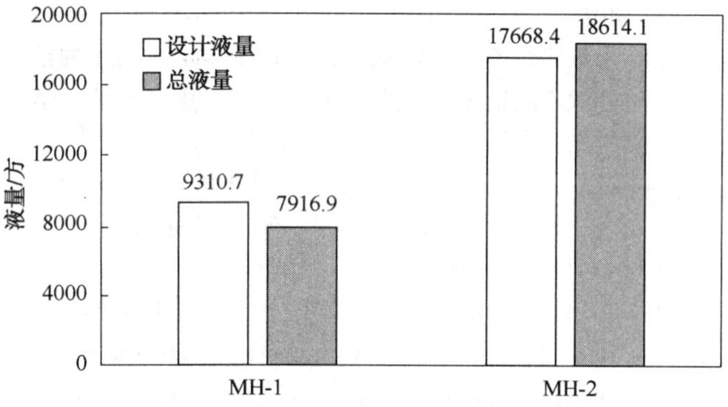

图 11　MH-1/MH-2 井施工液量总结

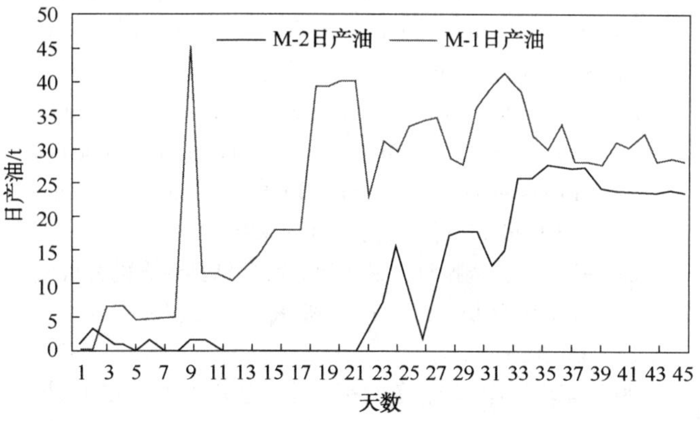

图 12　MH-1/MH-2 井日产油

4　结论

本文基于钻录数据，并综合考虑水平井钻进时的螺杆及井底摩阻，建立了机械比能计算模型，证明了机械比能识别工程甜点的可行性，在一定程度上解决了砂砾岩油田工程甜点识别准确率较低的难题，降低了砂砾岩储层压裂施工难度及成本，提高了单井产量。得到结论如下：

（1）修正的机械比能计算结果与砂砾岩储层光纤监测优势进液簇相关性强，证明了其可用于识别砂砾岩储层的工程甜点。

（2）现场应用效果表明机械比能识别工程甜点技术可大幅增加识别的准确率 66.7%，有效降低压裂施工难度，节约压裂液体成本 10% 以上。

（3）机械比能识别工程甜点技术在致密砂岩储层依然有效，证明了本技术可作为其他非常规储层无测井数据水平井工程甜点识别的补救手段。

参 考 文 献

[1] 周建升．准噶尔盆地金龙 2 油田上乌尔禾组砂砾岩储层特征研究［D］．中国石油大学（北京），2017.

[2] 高亮．准噶尔盆地金龙2井区块二叠系上乌尔禾组沉积储层研究［D］．中国石油大学（北京），2016.

[3] 张喜龙，侯文锋，朱国涛，等．金龙2井区火山岩储层特征及影响因素［J］．特种油气藏，2019，26（01）：18-23.

[4] 李国欣，覃建华，鲜成钢，等．致密砾岩油田高效开发理论认识、关键技术与实践——以准噶尔盆地玛湖油田为例［J］．石油勘探与开发，2020，47（06）：1185-1197.

[5] 胥云，雷群，陈铭，等．体积改造技术理论研究进展与发展方向［J］．石油勘探与开发，2018，45（05）：874-887.

[6] 李建民，吴宝成，赵海燕，等．玛湖致密砾岩油藏水平井体积压裂技术适应性分析［J］．中国石油勘探，2019，24（02）：250-259.

[7] 许江文，李建民，邬元月，等．玛湖致密砾岩油藏水平井体积压裂技术探索与实践［J］．中国石油勘探，2019，24（02）：241-249.

[8] 俞天喜，袁峰，周培尧，等．玛南斜坡上乌尔禾组颗粒支撑砾岩裂缝扩展形态［J］．新疆石油地质，2021，42（01）：53-62.

[9] Rui Z，Guo T，Feng Q，et al. Influence of gravel on the propagation pattern of hydraulic fracture in the glutenite reservoir［J］．Journal of Petroleum Science and Engineering，2018，165：627-639.

[10] 张昌民，宋新民，王小军，等．支撑砾岩的成因类型及其沉积特征［J］．石油勘探与开发，2020，47（02）：272-285.

[11] 王涛，程垒明，项远铠，等．砾石影响下裂缝扩展规律数值模拟［J］．新疆石油天然气，2023，19（01）：42-48.

[12] 王文东，苏玉亮，张凯杰，等．一种体积压裂水平井分段分簇方法和装置：CN109977586B［P］．2022-05-13.

[13] 周长林，马辉运，陈伟华，等．一种页岩油储层水平井分簇设计方法：CN113536706A［P］．2021-10-22.

[14] 张少龙，闫建平，郭伟，等．基于岩石物理相的深层页岩气地质—工程甜点参数测井评价方法——以四川盆地LZ区块五峰组—龙马溪组为例［J］．石油地球物理勘探，2023，58（01）：214-227.

[15] 唐建明，徐天吉，程冰洁，等．四川盆地深层页岩气“甜点”预测与钻井工程辅助设计技术［J］．石油物探，2021，60（03）：479-487.

[16] Teale R. The concept of specific energy in rock drilling［C］．International journal of rock mechanics and mining sciences & geomechanics abstracts，1965：57-73.

[17] Pessier R，Fear M. Quantifying common drilling problems with mechanical specific energy and a bit-specific coefficient of sliding friction［C］．SPE Annual Technical Conference and Exhibition?，1992：SPE-24584-MS.

[18] Armenta M. Identifying inefficient drilling conditions using drilling-specific energy［C］．SPE Annual Technical Conference and Exhibition，2008.

[19] Rashidi B，Hareland G，Fazaelizadeh M，et al. Comparative study using rock energy and drilling strength models［C］. ARMA US Rock Mechanics/Geomechanics Symposium，2010：ARMA-10-254.

[20] Mohan K，Adil F，Samuel R. Tracking drilling efficiency using hydro-mechanical specific energy［C］. SPE/IADC Drilling Conference and Exhibition，2009.

[21] Mohan K，Adil F，Samuel R. Comprehensive hydro-mechanical specific energy calculation for drilling efficiency［J］. Journal of Energy Resources Technology，2015，137(1)：012904.

[22] 樊洪海，冯广庆，肖伟，等．基于机械比能理论的钻头磨损监测新方法［J］．石油钻探技术，2012，40(3)：116-120.

[23] 孟英峰，杨谋，李皋，等．基于机械比能理论的钻井效率随钻评价及优化新方法［J］．中国石油大学学报：自然科学版，2012，36(2)：110-114.

[24] 崔猛，李佳军，纪国栋，等．基于机械比能理论的复合钻井参数优选方法［J］．石油钻探技术，2014，42(1)：66-70.

[25] 苏超，李士斌，王昶皓，等．修正机械比能模型的研究［J］．Journal of Petrochemical Universities/Shiyou Huagong Gaodeng Xuexiao Xuebao，2018，31(5).

[26] Aadnoy B S，Djurhuus J. Theory and application of a new generalized model for torque and drag［C］. IADC/SPE Asia Pacific drilling technology conference and exhibition，2008.

[27] Iversen F，Cayeux E，Dvergsnes E，et al. Monitoring and control of drilling utilizing continuously updated process models［C］. SPE/IADC Drilling Conference and Exhibition，2006：SPE-99207-MS.

[28] 孔凡忠，姚振汉，吕英民．底部钻具组合的井底实际钻压分析［J］．石油机械，2000(08)：4-7+11-3.

[29] 马军，王丽峰，鱼文军，等．金龙2井区无隔层控底水压裂技术的研究与应用［J］．新疆石油天然气，2020，16(03)：56-61+4.

基于管外光纤监测的砂砾岩段内多簇裂缝起裂扩展规律研究

吕振虎　张羽鹏　吴　虎　陈小璐　陈佳萌　文贤利

（中国石油新疆油田分公司工程技术研究院）

摘　要　针对砂砾岩油田水平井段内多簇压裂中存在裂缝难以均衡起裂扩展问题，选取 JL-1 井开展了管外光纤监测试验，分析了段内不同簇数、不同排量、不同暂堵时机条件下各簇裂缝起裂规律及暂堵方案的有效性。研究表明：砂砾岩储层光纤监测优势进液簇与机械比能相关性良好；前置液阶段单段 2~5 簇段内各簇可实现全部起裂，单段 6 簇前置阶段存在非均衡进液现象，需人工干预提高改造均衡性；携砂液阶段随段内簇数增加，段内进液非均衡性增强；大排量有利于各簇开启，段内 2~4 簇排量 $12m^3/min$ 可满足压裂需求，段内 6 簇时，排量 $14m^3/min$ 以上有利于各簇均衡起裂；加砂初期采用暂堵工艺，可提高暂堵有效性，实现各簇均衡改造。

关键词　管外光纤监测；暂堵压裂；分段压裂；砂砾岩储层；裂缝起裂

准噶尔盆地西部金龙油田二叠系上乌尔禾组储集层为典型砂砾岩储层，岩相特征复杂，储集层埋藏深，砾石与基质岩石力学差异显著，非均质程度高，动用难度极大。近年采用水平井段内多簇射孔体积压裂技术开发实现了产量突破。该技术虽然可降低砂砾岩油藏的开发成本，提高施工效率，但是根据前人研究发现砾岩储层中砾石含量、分布、大小以及水平主应力差等因素显著影响段内各簇同步起裂、均衡扩展及人工裂缝扩展形态，致使油气井产量受限。

水力裂缝矿场实时监测是明确裂缝起裂情况、扩展形态的有效手段。目前近井裂缝实时监测主要为分布式光纤监测，压裂过程中在监测井射入脉冲激光，激光由光纤传导并实时感测，并通过声信号的低频滤波获取压裂过程中的光纤应变，从而实现对簇射孔处进液差异的实时监测，得到高精度的、丰富的裂缝的起裂、扩展信息。壳牌、斯伦贝谢等公司在北美页岩储集层水平井压裂中均进行了分布式光纤应变监测试验，证实了分布式光纤应变可有效识别多裂缝扩展动态。

目前针对砂砾岩储层已开展的水力裂缝矿场实时监测较少，对该类储层中压裂裂缝同步起裂、均衡扩展规律的认识尚不完善。针对上述问题，选取了准噶尔盆地金龙砂砾岩油田 JL-1 井开展段内多簇射孔压裂与管外光纤监测试验，分析段内不同簇数、不同排量、不同暂堵时机条件下各簇裂缝起裂规律及暂堵方案的有效性，为砂砾岩储层开发方案、压裂设计提供依据。

1　压裂试验方案

1.1　储集层特征

JL-1 试验井位于准噶尔盆地西部金龙油田，开发层位为二叠系乌尔禾组 P_3w_2，完钻深度 3843.27m。储集层压力系数 1.16~1.33，温度 95.6~100.1℃，平均孔隙度 12.7%，平均渗透率 $1.33\times10^{-3}\mu m^2$ 为典型低渗砂砾岩孔隙型储层，储层中天然裂缝不发育。

1.2　试验方案

JL-1 试验井采用三开井身结构，光纤敷于油层套管外壁随套管固入井中。本井采用射孔桥塞分段压裂工艺，水平段长 1066m，共分为 14 段 59 簇，平均段长 79.2m，从井的趾端到跟段依次为 1~14 段。为避射光纤，每段采用特制射孔枪进行射孔，除射孔方向外其余射孔参数均相同。压裂液采用胍胶冻胶压裂液体系以及变黏压裂液体系，并采用冻胶启缝，免配低黏段塞加砂，冻胶携砂的逆混合泵注工艺。压裂中采用连续加砂工艺，先加入 40/70 目石英砂打磨孔眼，主体支撑剂采用 20/40 目陶粒。暂堵材料均采用绳结。现场实际压裂试验施工方案如表 1 所示。

表 1　现场实际压裂试验施工方案

段序	簇数	排量	暂堵时机
2	2	10~12	—
4	3	10~12	—
5	3	10~12	—
6	4	10~12	—
7	4	10~12	—
8	4	10~12	—
9	6	12~14	—
10	6	12~14	加砂后期
11	6	12~14	加砂前期
12	6	12~14	—
13	5	12~14	—
14	4	12~14	—

因光纤无法下至本井第 1 段所在位置，且在施工过程中第 3 段存在桥塞密封不严的现象，故本文着重对比 2、4~14 段的光纤监测结果。第 13、第 14 段在压裂施工过程中存在补下桥塞舍弃第 1 簇情况，故下文中第 13、14 段射孔簇序号以 2 为始。

2　光纤监测结果

典型光纤压裂实时监测信号显示结果如图 1 所示，其中左侧标记了水平井测深以及临近段的各簇及桥塞位置，右侧显示压裂过程中光纤接收到的声音信号，其中声音信号强的为红色，弱的为蓝色，根据研究发现声信号强的射孔簇进液多。

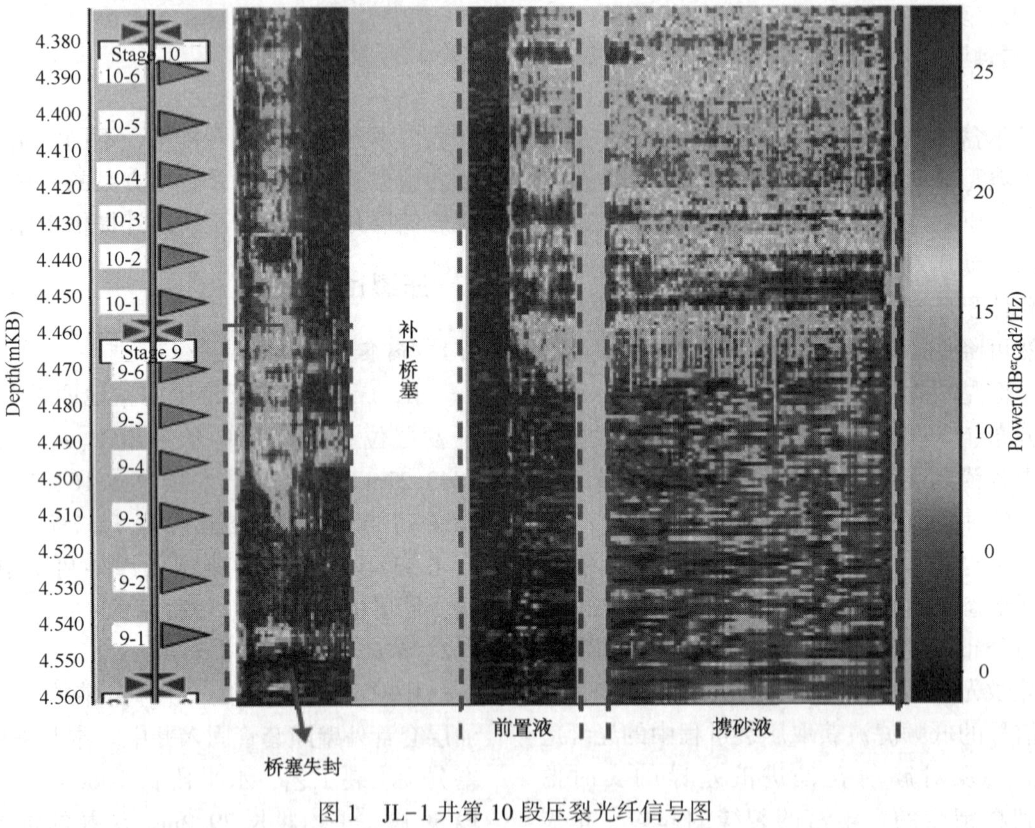

图 1　JL-1 井第 10 段压裂光纤信号图

根据压裂监测信号可知在 JL-1 井第 10 段压裂的初期，第 9 段出现了进液信号，发生了桥塞密封不严的情况，在补下桥塞后的压裂中第 9 段未再出现进液信号。在正式压裂施工中可发现前置液阶段第 1~3、第 6 簇进液信号较强，证明了此 4 簇同时发生起裂，在携砂液阶段第 1~3 簇进液信号依旧较强，但第 6 簇位置信号减弱，这可能是因为第 6 簇位置发生了砂堵，导致进液量下降。

3　试验结果分析

3.1　射孔位置对裂缝均衡起裂的影响

射孔位置是影响油气井产量及压裂施工难度、段内各簇裂缝均衡起裂的关键性因素，需结合储层品质、含油气性及岩石物性、水平最小主应力分布共同选取。如图 2 所示，对比射孔簇位置处水平最小主应力与光纤监测结果，发现仅第 5、第 8、第 9、第 14 段中水平最小主应力计算低值簇与光纤监测的优势进液簇结果吻合，整体相关性较低。一定程度上证明了玛湖砂砾岩储层难以通过常规测井解释模型得到准确的水平最小主应力的分布。

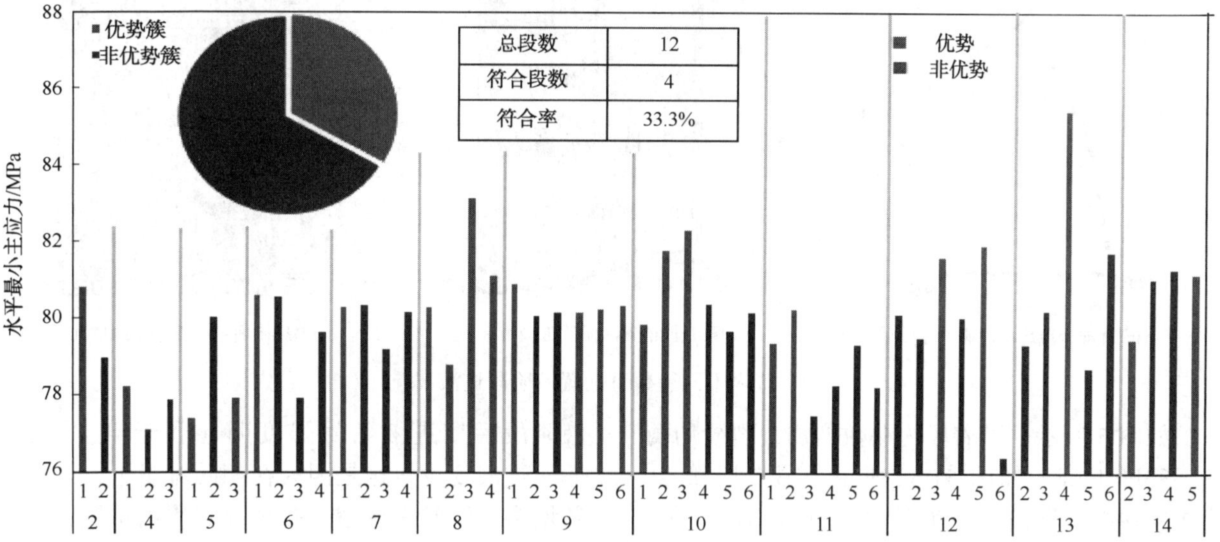

图 2　JL-1 井射孔簇水平最小主应力与光纤监测优势簇分布

机械比能可通过实际钻录数据计算得到钻头破坏井筒岩石所需能量，可以在一定程度上反映出该处岩石的物性参数。如图 3 所示，对比射孔簇位置处机械比能与光纤监测结果，发现仅第 6、第 9、第 10、第 11 段中机械比能计算低值簇与光纤监测的优势进液簇结果不吻合，整体符合度高，可用来指导砂砾岩储层射孔簇的位置选择。值得注意的是，第 13 段第 3 簇与第 4 簇机械比能相差不大，二者处于同一起裂顺位，但是第 4 簇先行起裂后分走了大量液体，致使第 3 簇进液减少。

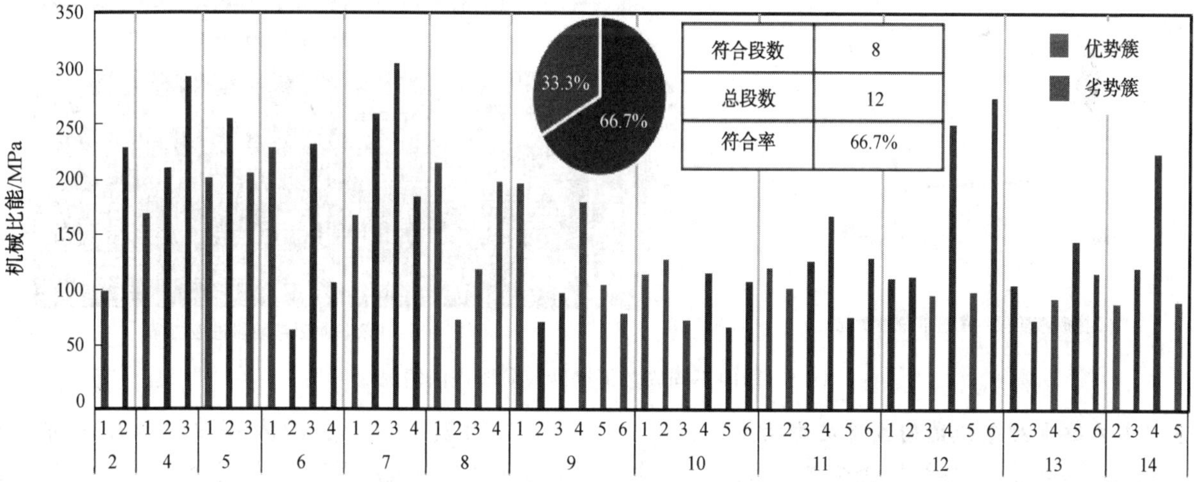

图 3　JL-1 井射孔簇机械比能与光纤监测优势簇分布

3.2　段内簇数对裂缝均衡发育的影响

段内簇数参数决定了水平井的压裂效果，在压裂排量相同下，段内簇数过多会导致各簇难以均衡起裂，而段内簇数过少又会使得压裂成本大幅增加，所以找到适合储层特征的段内簇数至关重要。

如图 4 所示，在排量为 $14m^3$ 条件下，段内簇数为 2~5 簇时，前置液阶段段内各簇可均衡起裂，例如图 4(b) 所示，第 13 段光纤监测结果显示，第 2~6 簇在前置液阶段均成功起裂，进液信号较为连续，且强度均匀。当段内簇数增加至 6 簇时，段内各簇均衡起裂概率下降。例如图 4(c) 所示，第 11 段第 3~6 簇在前置液阶段进液信号不连续，且强度明显弱于第 1、第 2 簇。这是因为在相同排量下，当破裂压力小的射孔簇起裂后，大部分液体均进入此簇，段内再难以达到其他射孔簇所需破裂压力，故其他簇难以起裂。

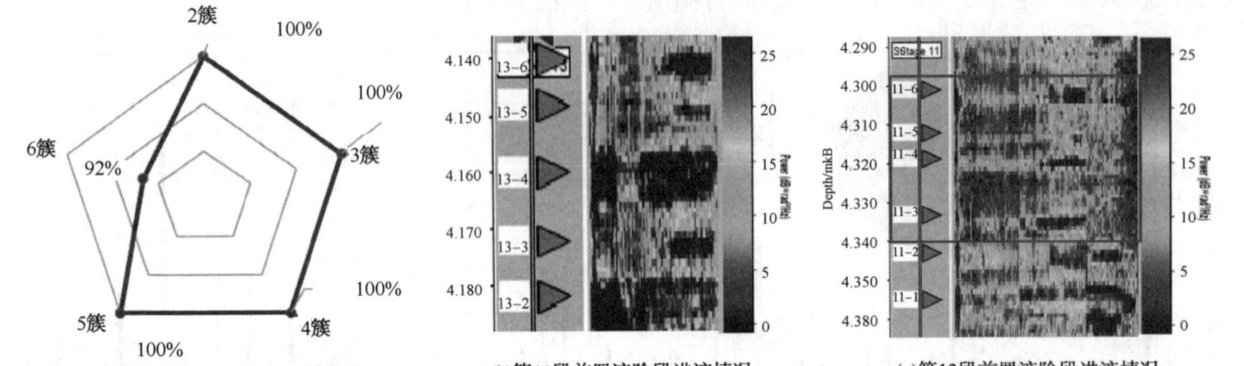

(a)前置液阶段均衡进液统计情况　(b)第11段前置液阶段进液情况　(c)第13段前置液阶段进液情况

图 4　段内不同簇数下前置液阶段进液情况

如图 5 所示，随着段内簇数增加，裂缝均衡扩展程度下降。如图 5(b)所示，第 2 段第 1、第 2 簇在携砂液阶段进液信号连续且强度均匀。当段内簇数增加至 3 簇时，携砂液阶段段内各簇进液不再均衡。第 5 段第 2 簇(图 5(c))在携砂液阶段后期进液信号强度明显弱于第 1、第 3 簇，进液变少。这是因为在相同排量下，随着簇数增多，缝间干扰增强，裂缝非均衡扩展，导致加砂阶段部分簇进液信号变弱。

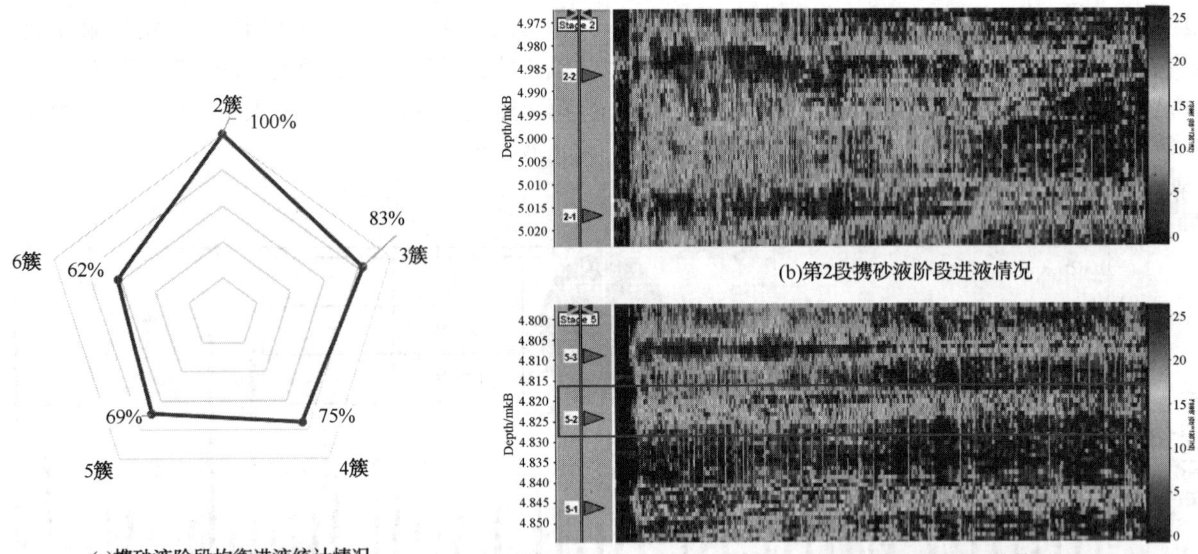

(a)携砂液阶段均衡进液统计情况　(b)第2段携砂液阶段进液情况　(c)第5段携砂液阶段进液情况

图 5　段内不同簇数下携砂液阶段进液情况

3.3　施工排量对裂缝均衡发育的影响

排量是影响段内各簇能否全部起裂的关键性因素。如图 6(a)所示，段内 3 簇条件下，排量逐渐提高至 10m³/min，第 2 簇进液信号由弱变强，证明了该排量可保证段内 3 簇均全部起裂。如图 6(b)所示，段内 4 簇条件下，排量逐渐提高至 12m³/min，各簇进液信号均匀，虽然 3、4 簇信号较 1、2 簇弱些，但依然能保证连续进液，证明了段内 4 簇下 12m³/min 可满足压裂要求。

如图 7(a)所示，段内簇数增至 6 簇时，排量等于 12m³/min 无法使 6 簇全部开启，排量增至 14m³/min 时才达到段内 6 簇全部开启的条件。例如图 7(b)所示，排量由 2m³/min 增至 6m³/min 后，第 3 簇出现进液信号，当排量增至 10m³/min 后第 4、6 簇开始进液，而当排量增至 14m³/min 后第 5 簇发生起裂。这是因为随着排量增大，井筒内压力增加，破裂压力较高的射孔簇被开启。

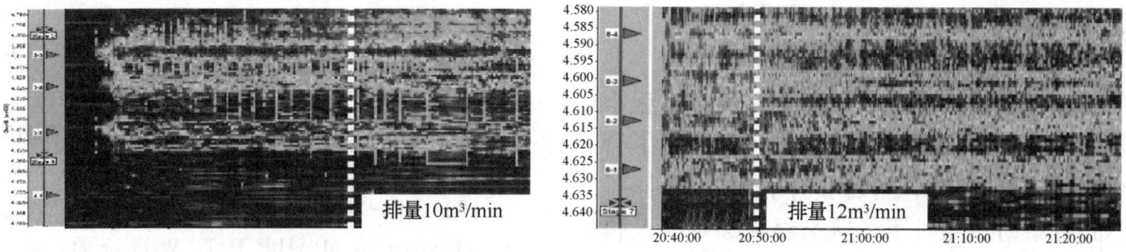

(a) 段内3簇10m³/min下前置液阶段进液情况　　(b) 段内4簇12m³/min下前置液阶段进液情况

图 6　(a)段内 3 簇 $10m^3/min$ 下前置液阶段进液情况；(b) 段内 4 簇 $12m^3/min$ 下前置液阶段进液情况

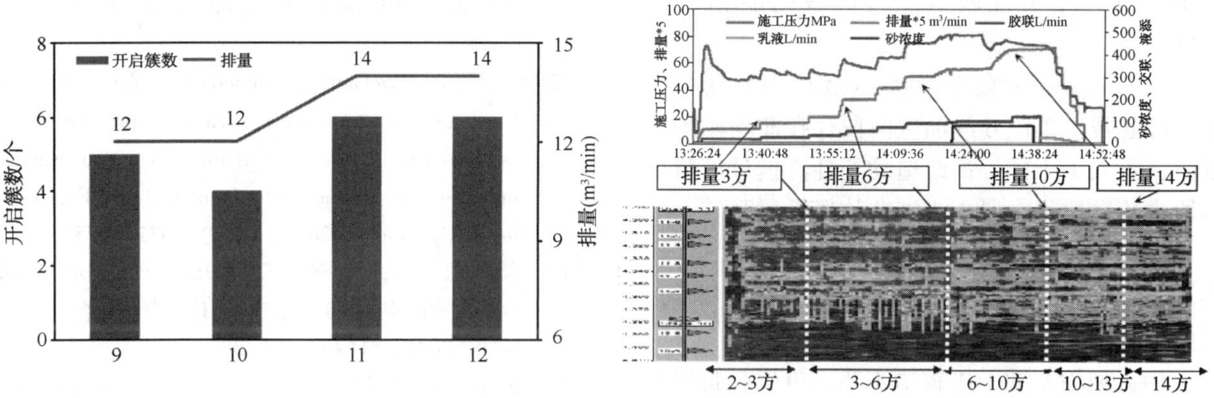

(a)　　(b)

图 7　(a)不同排量下段内 6 簇开启情况；(b)第 9 段阶梯排量前置液阶段进液情况

3.4　暂堵时机对裂缝均衡发育的影响

水平井段内暂堵压裂是解决段内各簇非均匀发育的常用手段，其中暂堵时机是影响暂堵效果的关键因素。图 8 为加砂阶段不同时期暂堵压裂施工光纤信号变化图。如图 8(a)所示，第 10 段在加砂后期采用暂堵压裂工艺，根据光纤信号显示，暂堵前没有进液信号的第 4~6 簇在暂堵施工后仍未出现明显的进液信号。而第 11 段(图 8(b))在加砂初期即采用暂堵压裂工艺，暂堵前未进液的第 3~6 簇在暂堵后出现明显进液信号，但绳结也使得初始优势通道(第 1 簇)被完全封堵。对比上述现象可发现，适当将暂堵时机前移可提高暂堵效果。这是因为，加砂初期，通过射孔孔眼的砂量较少，孔眼冲蚀不严重，相同剂量的暂堵剂可将优势进液簇完全堵住，提升了暂堵的效果。

(a)第10段加砂阶段中期暂堵

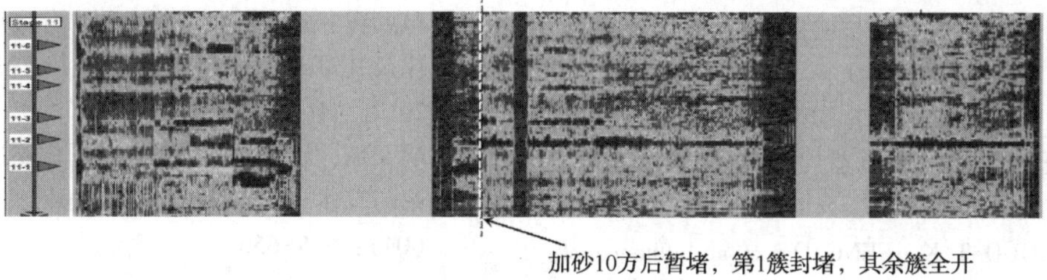

(b)第11段加砂阶段初期暂堵

图 8　加砂阶段不同时期暂堵压裂施工光纤信号变化图

4 结论

针对砂砾岩油田水平井段内多簇压裂过程中裂缝难以均衡起裂扩展，选取JL-1井开展了管外光纤监测试验，分析了段内不同簇数、不同排量、不同暂堵时机条件下各簇裂缝起裂规律及暂堵方案的有效性。得到结论如下：

(1) 砂砾岩储层光纤监测优势进液簇与水平最小主应力相关性较低，与机械比能相关性良好。

(2) 前置液阶段单段2~5簇段内各簇可实现全部起裂，单段6簇前置阶段存在非均衡进液现象，需人工干预提高改造均衡性。携砂液阶段随段内簇数增加，段内进液非均衡性增强。

(3) 大排量有利于各簇开启，段内2~4簇排量$12m^3/min$可满足压裂需求，段内6簇时，排量$14m^3/min$以上有利于各簇均衡起裂。

(4) 加砂初期采用暂堵工艺，可提高暂堵有效性，实现各簇均衡改造。

参考文献

[1] 周建升．准噶尔盆地金龙2油田上乌尔禾组砂砾岩储层特征研究[D]．中国石油大学(北京)，2017.

[2] 高亮．准噶尔盆地金龙2井区块二叠系上乌尔禾组沉积储层研究[D]．中国石油大学(北京)，2016.

[3] 张喜龙，侯文锋，朱国涛，等．金龙2井区火山岩储层特征及影响因素[J]．特种油气藏，2019，26(01)：18-23.

[4] 李国欣，覃建华，鲜成钢，等．致密砾岩油田高效开发理论认识、关键技术与实践：以准噶尔盆地玛湖油田为例[J]．石油勘探与开发，2020，47(6)：1185-1197. [5] 胥云，雷群，陈铭，等．体积改造技术理论研究进展与发展方向[J]．石油勘探与开发，2018，45(5)：874-887.

[6] 李建民，吴宝成，赵海燕，等．玛湖致密砾岩油藏水平井体积压裂技术适应性分析[J]．中国石油勘探，2019，24(2)：250-259.

[7] 许江文，李建民，邬元月，等．玛湖致密砾岩油藏水平井体积压裂技术探索与实践[J]．中国石油勘探，2019，24(2)：241-249.

[8] 俞天喜，袁峰，周培尧，等．玛南斜坡上乌尔禾组颗粒支撑砾岩裂缝扩展形态[J]．新疆石油地质，2021，42(1)：53-62.

[9] RUI Z H，GUO T K，FENG Q，et al. Influence of gravel on the propagation pattern of hydraulic fracture in the glutenite reservoir[J]. Journal of Petroleum Science and Engineering，2018，165：627-639.

[10] 张昌民，宋新民，王小军，等．支撑砾岩的成因类型及其沉积特征[J]．石油勘探与开发，2020，47(2)：272-285.

[11] Molenaar M M，Hill D J，Webster P，et al. First downhole application of distributed acoustic sensing for hydraulic fracturing monitoring and diagnostics [J]. SPE Drilling & Completion，2012，27(1)：32-38.

[12] Cramer D，Friehaurf K，Roberts G，et al. Integrating distributed acoustic sensing，treatment-pressure analysis，and video-based perforation imaging to evaluate limited-entry-treatment effectiveness[J]. SPE Production & Operations，2020，35(4)：0730-0755.

[13] 隋微波，刘荣全，崔凯．水力压裂分布式光纤声波传感监测的应 用与研究进展[J]．中国科学：技术科学，2021，51(4)：371-387.

[14] Jin G，Roy B. Hydraulic-fracture geometry characterization using low-frequency DAS signal [J]. The Leading Edge，2017，36(12)：975-980.

[15] Ugueto G A，Todea F，Daredia T，et al. Can you feel the strain? DAS strain fronts for fracture geometry in the BC Montney，Groundbirch [R]. SPE 195943，2020.

[16] 蒋廷学．水平井分段压裂多簇裂缝均衡起裂与延伸控制方法研究[J]．重庆科技学院学报(自然科学版)，2022，24(02)：1-8.

[17] Mazen Ahmed Z，Rahmanian Nejat，Mujtaba Iqbal M，et al. Effective mechanical specific energy：A new approach for evaluating PDC bit performance and cutters wear[J]. Journal of Petroleum Science and Engineering，2021，196.

[18] 黄卫东，隋泽栋，陈向辉，等．火成岩储集层机械比能物性评价技术研究[J]．录井工程，2019，30(04)：79-83+148-149.

[19] 邹才能，董大忠，王玉满，等．中国页岩气特征、挑战及前景(二)[J]．石油勘探与开发，2016，43(02)：166-178.

[20] 包劲青，刘合，张广明，等．分段压裂裂缝扩展规律及其对导流能力的影响[J]．石油勘探与开发，2017，44(02)：281-288.

[21] 胡文瑞，魏漪，鲍敬伟．中国低渗透油气藏开发理论与技术进展[J]．石油勘探与开发，2018，45(04)：646-656.

采油厂建设中的智能化问题分析

李兵元　宋凤勇　陈子豪　肖　翔

（中国石油新疆油田公司）

摘　要　石油行业技术正逐步由传统石油专业技术向两化深度融合方向发展，从数字化到智能化再到智慧化，已成为世界石油工业现代化发展的必由之路。随着油田信息化建设的深入开展，油田企业如何解决数字化建设过程中出现的难题，完成油田的数字化向智能化的转变，为油田转型升级提供有效支撑，实现节能降耗、提质增效的目标，成为当前信息化建设的工作重心。本文就油田智能化建设过程中存在的问题和应对策略进行逐一分析，为加快这一进程，提升油田市场竞争力指明了方向。

关键词　采油厂；智能化；问题分析；智能油田

1　引言

随着科技的发展，油田企业通过数字化科技建设工作的全面开展而获益良多，与此同时，油田企业的采油厂加快实施数字油田向智能油田转型的发展战略，用信息化助力油田深化改革，采油厂在加强数字化建设的过程中取得了管理模式飞跃、劳动效率提升、生产动态实时管控等良好效果。随着油田数字化的持续推进，油田生产和管理的自动化程度在不断提高，员工的劳动强度日益降低，对自动控制和管理水平的要求也越来越高，为了适应油田生产的需要，大量管理系统、辅助决策系统、优化设计系统应运而生，从而提升了油田的信息化水平。

伴随着科学技术的进步，云计算、大数据、物联网技术日趋成熟，也进一步推进了油田数字化的进程，然而，无论是各油田数字化的建设过程，还是有油田内各单位的建设程度，都还存在这样或那样的一些问题，在数字油田向智能油田的推进过程中，这些问题的解决将进一步推进油田的信息化过程，极大地提高油田生产管理效率和水平。主要包括以下几个方面：

（1）传感器技术，智能油田的建设离不开传感技术，建立覆盖油田各业务环节的传感网络节点，实现对油田生产全过程生产数据和状态信息全面感知。

（2）物联网技术，智能油田通过传感器、物联网设备实现油气井与管网设备控制，对油气管网进行自动平衡与调峰，实现对生产设施自动操控和过程控制。

（3）云计算技术，智能油田通过大数据技术、深度学习算法和强化学习技术模型分析技术进行油藏的动态模拟，实现单井生产状态的分析与预测，实现钻井过程的全过程实时跟踪，利用数学模型提高系统模拟与分析能力、预测和预警能力、过程自动化处理能力，实现对油田生产趋势进行分析与预测。

（4）计算机建模技术，智能油田利用三维技术和述职孪生等技术为油田提供信息整合与知识管理能力，充分利用勘探开发地质研究专家的经验与知识，实现油田勘探和开发的智能优化部署，形成自我学习能力及生产持续优化能力，实现业务、计算机系统与人的智慧相融合，辅助油田进行科学决策、优化管理。

2　智能采油厂建设中存在的问题

智能采油厂建设的工作重点是对采油厂进行大数据挖掘、知识管理、过程控制和人工智能，特征是“全面感知、自动操控、预测趋势、优化决策”。但在智能采油厂建设方案的研究和编制过程中，也面临着诸多的问题，具体如下：

2.1　油气勘探开发中存在的问题

在油气勘探开发方过程中，数据的录入依旧是在智能化发展过程中迫切需要解决的难题：在油气勘探开发中生产中基础数据、成果数据分别存储在各个系统中，需要重复录入，数据共享难，数据利用率低；部分数据录入频次无法满足现场实时分析指导需要，比如钻井、试油部分数据为日报或月报录入；产时间、油嘴、含水等数据仍需人工录入，数据质量主要人工质检，数据质控无法得到保障。

在油气勘探开发方案设计中，评价井位设计、储量报告、产能方案、油气藏工程等方案基础数据分散存储、共享程度低，未全部实现数据一次性源头采集与多专业一体化采集；数据质量有待加强，基础数据获取和统计费时费力，人工调整易出错；方案编制分析主要依靠人工比对、人工分析，对于相同方案成果的共享利用不够，方案编制工作量大，效率低；储量计算涉及生产井、区块较多，储量计算方法繁多且较为复杂，人工计算工作量大，效率慢。

在油藏动态分析方面：储层、构造、油藏研究缺乏统一地质模型，成果数据分散、共享程度低；缺乏精细化地质油藏模型刻画，无法准确对地下情况进行分析，从而影响相关配产计划与措施的制定。

在油气勘探开发现场作业跟踪方面：钻井、石油作业数据主要采用日报反映，无法实时了解现场作业情况，从而影响现场跟踪管理与动态措施调整效果；现场作业涉油藏、地质、工程等多专业，对于现场复杂问题主要通过各专业人员现场查验分析，缺乏多学科专家远程会诊信息化手段。

2.2　油气工艺业务存在的问题

在油气生产采集过程中，数据采集参数不完整，部分数据仍需人工录入，不利于产液量实时计算、生产工况诊断、生产制度调整等工作开展；油水井报警分析类别单一，报警数量多，目前报警仅限于超限报警或单变量分析，关联报警难以实现；单井智能化应用不足，单井状态分析仍以人工分析为主，误报率高，监控工作量大；在单井边缘端没有实时处理及智能分析能力，处置效率低。

在油气生产采集过程中，井场、站库内安全生产预警能力不足，出现紧急情况时难以有效应对；采油厂未实现产量变动一体化联动分析，各种设备数据来源分散，未实现重点动设备预测性维护；采油厂缺乏成熟稳定可靠的站点自动加药及关键设备联动控制系统。

在油气管线自动化控制系统中，油气管线采集控制参数不完善，均未进行压力、温度等参数采集，无法掌握集油干线的运行情况，管理难度大，安全风险高；管道完整性管理基础较差，管线泄漏监测能力较差，误报率高，报警次数多；重点管线未进行腐蚀监测，未实现管道完整性管理，仍需要人工巡检。

油气生产采集设备全面状态信息的缺失，生产设备数据电子化程度不高、运行监测范围不够、数据共享程度低等问题；设备技术或台账资料，多以纸质文字形式存在，未能共享，设备维修作业无技术资料；设备信息不能共享，形成广泛存在的信息孤岛，业务流程有断点，数据集中共享难度大；设备智能诊断与预测性维护能力不足，设备周期保养、故障诊断仍依靠员工经验，智能诊断、预测性维护能力不足。

在井下管理过程中，缺少地质工程一体化井下作业协同环境，未能对措施井开展全程跟踪以及技术指导，实施数据缺失；井下作业没有全流程实时监督，施工变更目前只能在电脑端处理，工作效率低。井下作业承包商分散，未线上统一管理；缺少现场与科研决策线上协同模式，未实现全过程、全方位、全时域实时监督；井筒业务管理数字化流程覆盖率低，各部门协同能力低、影响井井筒工程整体管理水平和工作效率；井下作业用料领用、回收仍采用线下审批，方式落后；缺少井下作业辅助设计系统，目前需要人工从多个数据库查询油水井动、静态数据后手动填入，流程繁琐、效率低；缺少单井施工费用审核辅助系统，目前需要人工从各类定额文件中查找施工对应的结算标准，工作效率低。

在新能源工程建设中，能源管控各节点能耗数据未实现数字化、能源管控响应及时性不强；油气生产各环节能耗无法及时监测，难以查找能耗损失节点和分析原因，无法进行能耗过程精准管控。

在注水井的管理中，注水井日常管理、生产运行、措施管理仍以人工线为主，配产配注优化模式尚未建全的问题；缺少现场与科研决策线上协同工作流程

在经济评价中，部分基础数据需人工录入，例如单井经济效益评价工作之中的“成本数据表”每月由厂各部门人员线下先填报再汇总，需尽快转入线上录入或提取；同质化较高的作业项目需建立统一的线上经济效益评价模式或标准。

2.3　生产运行业务中存在的问题

在生产流程监控方面，油水井日常管理、生产运行、措施管理等仍以人工线下为主动液面数据主要以外包形式按需测量，无法实时评价油井

供液能力的情况。

在综合管理方面，车辆管理方面缺少车辆调度系统，并未对车辆准入实现集中管理和跟踪分析；水电管理方面无法对能耗（水、电、气）、水平衡进行实时监控、智能分析、诊断优化。

在原油产量监控方面，计量交接数据等生产数据未能实现全部采集、数据未能实现透明化。

在生产调度与应急管理方面，缺乏直达一线感知能力，生产和维稳应急状态下，需要具备对现场一线的实时分析预警和管控方面手段。

在土地管理方面，土地管理未完全实现信息化管理，导致部分土地管理数据缺失，存在缴税记录缺失、土地证缺失、无依据无证情况。

2.4　在经营管理中存在的问题

在投资管理方面，投资计划在规划设计阶段存在设计不规范，特别是投资金额较小的项目存在预算项目不齐全、预算金额与工作量核实不清晰等问题，导致后续计划下达、计划执行过程出现超预算计划或者欠预算等情况；投资预算计划制定、执行监督、法律事务等以人工为主，风险管控、实时核算分析能力不足，存在投资执行看不清、过程管不住等问题；在项目投资管理的全过程中，规划设计、计划管理与执行管理未实现全流程线上管理，同时投资管理相关批复金额、合同金额、计划进度、实际进度、实际付款等要素数据分别在预算、计划、合同、项目运行、结算等系统中，无法有效进行跟踪管控，投资计划执行检查、动态调整、风险预判、效益评价等分析能力支撑不足。

在财务管理方面，业务与财务的融合不够，由于职能分工管理属性不同，财务人员基本配置在机关层级，与生产一线有一定脱节，就数据分析数据，缺少对业务一线的深入，无法看到数据背后经济规律，无法从数据中挖掘出有价值信息；财务管理与生产管理中数据衔接不畅，导致财务系统和业务工作是相互分割离的，要想选取指标对某项目进行分析，需要通过各部门自有系统进行处理，包括各自数据的导出，运用各自工作思维分析计算，再得到有关的指标数据当项目内外部环境变化导致的项目计划与生产调整，其调整数据和调整依据往往掌握生产人员手中，财务人员无法及时发现，对其进行分析与相关的风险提示，可能导致一系列的超预算、资金使用不平衡等财务风险；预算管理与业务管理的动态跟踪不紧密，动态预警提示不足。

在区块（单井）效益评价方面，“业财”数据融合不足：勘探开发生产业务数据与投资成本数据分散在不同业务系统中，需要通过数据继承共享的方式，实现末端录入，自动同步至相关系统，开展相应业务分析；缺乏有效评价手段：油气井投资、成本经济效益以及单井成本构成与动因的多维度分析缺乏有效的评价方法和工具支持；决策支撑能力不足：全价值链、全生命周期的成本费用应用不足，挖潜增效、风险管控、决策支持能力提升有限。

在资产管理方面，各采油厂资产管理模式仍然以各部门自制为主，通过人工记录设备台账，由于各部门对于资产管理的细致要求以及相关负责人的工作要求不一样，导致各类资产信息的统计信息存在差异、账物一致性存在出入，不利于资产的全生命周期管理；目前百口泉采油厂资产规模逐年增大，折旧折耗高，规模优势未能有效转化为效益优势，完全成本控降难度大，无法发挥资产的最大价值；在资产管理中面临以下难点：油田资产存量大、分布面广、受地域环境和油区环境影响，资产管理难度大。

2.5　安全环保管理存在的问题

在生产监控方面，视频监控仍以人工分析为主，视频管理方式主要依靠人工24小时查看，监控工作量大、人工远程监控效率低下、问题易遗漏、发现不及时；生产预警与视频预警未实现有机联动，在生产边缘端没有实时处理及智能分析能力，导致网络传输及后端处理工作量大，处置效率低；现场作业监管依赖人员蹲守，作业重点参数无法在线监控，关键流程未实现联锁自动控制，隐患排查及风险识别依靠工作经验和个人能力。

在数据应用方面，安全环保数据上报分散在不同的系统中，存在标准不统一、重复录入、无法及时预警反馈、无法直观查看及发现隐患问题等；亟待通过数据治理、数据整合、数据可视化和大数据分析，提高数据质量、凸显数据价值，实现安全环保数据的资产化。

在风险研判中，在风险研判方面目前无数据库建设、风险评价的水平和智能化能力还有待提升，数据分析与统计依赖人工进行，高后果区无法实现自动识别，风险评价和风险消减缺乏一致性和规范性的响应机制，数据完整性、有效性有待提升。

在设备设施管理中，缺少对于设施设备的预知性管理及健康度评价；缺少现场安全监控与作业质量监控措施；关键流程未实现联锁自动控制，隐患排查及风险识别依靠工作经验和个人能力；SCADA 系统报警总数多，且无效报警占多数。

在职业健康管理方面，井站巡检缺乏有效的巡检管理手段，造成用工劳动强度高，运行管理成本高；缺乏 HSE 相关培训，员工安全意识和素质需进一步强化；尚未通过技术手段来提升员工健康安全管理水平，没有相关的信息化支撑系统。

在承包商管理中，存在承包商工作人员先入场后开展培训，培训未开展考核，培训和能力评估未实现全覆盖且备案资料不全，修井队设备、人员发生变更未评估报备；未能及时发现承包商资质出现不匹配、过期失效等情况。

在 QHSE 体系管理中，质量、安全、环保数据上报分散在不同的系统中，存在标准不统一、重复录入、无法及时预警反馈、无法直观查看及发现隐患问题。

在环境保护管理中，环境保护事件仍以人工到场监督为主。

2.6 智能化指标的问题

智能油田是油田信息化发展的崭新阶段，代表了当今油田发展变革的最新方向，也是新疆油田业务战略的重要环节和建设世界石油城的重要组成部分。随着智能油田建设工作的推进，评估智能油田发展程度，衡量智能油田建设所处的状态以及智能油田所带来的效益和影响，已成为一项必须工作。

智能油田的评估需要一个行之有效的评估指标体系，建立和应用智能油田评估指标体系和评估方法是开展评估的重要基础和依据。

概括的说，智能油田评估指标体系是为了衡量智能油田建设和发展的成熟度所设计的一系列指标。智能油田评估指标体系是科学评估智能油田发展水平和效用的有效工具、是指导智能油田实施工作的载体，是智能油田建设的基础。

评估指标体系的核心内容是全面的、可理解的、明确的定量和定性层次化指标体系，以及与之相配套的评估规则和标准。

智能油田是复杂、高科技、长期的大型建设工程，在 5-10 年的建设过程中，需要一套标准的指标体系进行评估，在长期建设过程中需要解决一下四个问题：

（1）智能油田建设处在什么阶段，有没有统一的可交流的评价标准？

（2）当前水平和目标水平之间的差距在那些方面，差距有多大？

（3）需要在哪些方面进行努力？

（4）正在建设的项目是否符合智能油田的特点，是否有助于指标的提升？

围绕着这些问题，某油田公司建立了一套评估模型和评估指标。如图 1 所示。

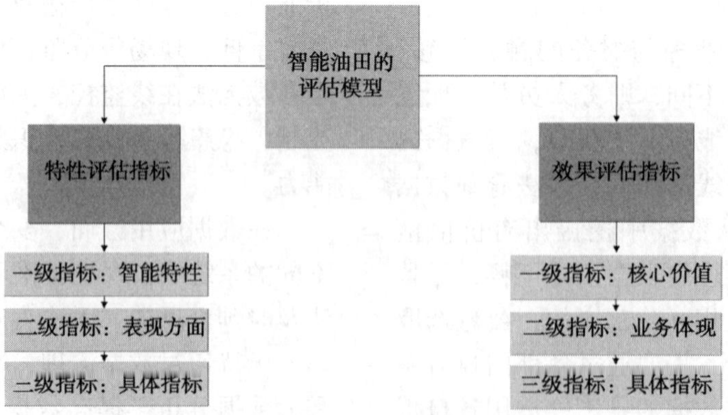

图 1

从整个指标体系的层级来看：一、二级指标是指标的分类，起到综合评估作用，三级指标是具体的可以衡量的评估指标。三级指标主要用于智能化的建设发展情况、具备了什么程度的能力、在业务应用中体现的效果等三个方面。三级指标主要有两种评估方法：定量评估，用量化的数字来衡量，主要后缀词包括“率”“比例”等；定性评估，用专家打分方法来衡量，主要后缀词包括“能力”“程度”“水平”等特性评估指标是与智能化特征密切联系的评估指标，主要从以下 6

个方面(一级指标)进行，包括：全面实时的感知油田实体动态，自动化控制现场运行设备和及时处置现场问题，为研究和管理业务提供深层次数据分析和模拟支持，优化资产运行，生产决策的知识化和结构化、智能的信息化支撑环境。

效果评估指标是与智能油田所体现的业务价值密切联系的评估指标。包括6个核心价值提高生产总量，更有效的控制，生产运行更优化，降低单位成本，更安全环保，更及时的现场反应。在采油厂的智能化方案研究和编制过程中发现，这些指标定性或者定量化很难具体定义出来，因为很多指标在采油厂本身就没有量化过。因此，智能采油厂建设过程中，指标如何制定就成了一个问题。

3 结论

综上所述，智能化采油厂的建设还存在很多问题。油田的智能化建设与未来的发展息息相关，是油田开发过程日臻成熟的必然趋势，整个建设过程不可能一蹴而就相信随着方案和技术的不断完善和发展，未来这些问题也将会得到解决，智能化的采油厂也将朝着更加智慧化的方向不断演进，未来随着智能化采油厂的建设，油气的采集将会更加高效、快捷。

参 考 文 献

[1] 石立斌．在塔克拉玛干大沙漠北缘建起智能采油厂[J]．中国石化，2020(12)：52-53.

[2] 赵大伟，杨帆，刘忠宇．采油厂地面工程智能化建设构想[J]．油气田地面工程，2020，39(09)：75-80.

[3] 滕佳东．企业信息化建设与企业管理创新[J]．商业研究，2004(1)：80-81.

同源闭式注水流量控制装置与方法

赵广渊　李　越[1,2,3]　杨树坤[1,2,3]　任培培[1,2,3]　蔡洪猛[1,2,3]

（1. 海洋油气高效开发全国重点实验室；2. 天津市海洋石油难动用储量开采重点实验室；
3. 中海油田服务股份有限公司）

摘　要　针对多井共享水源层、闭式注水工艺中的注水流量调节难题，分析了不同控制方式的优缺点，采用液压控制方式研制了多级液控流量装置。开展了多级液控流量控制装置的结构设计，优化了动密封的开启和关闭启动压力，分析定位销钉在换档过程中的受力，设计了换档机构的结构参数，通过高温高压模拟井筒实验验证了流量控制装置的性能，大排量流量调节实验测得该装置流量与压差关系曲线，并配套了多井调配技术。结果表明：多级液控流量控制装置动密封启动压力合理、密封可靠，换档机构可满足高频次井下档位调节、换档灵活，工具在井下高温、高压条件下耐温、耐压、换档性能可靠，满足 $3000m^3/d$ 大排量注水需求和 12 级流量精细调节，配套的多井调配技术满足多井、分层配注要求。现场应用表明，研制的多级液控流量智能装置性能可靠，可实现同源闭式注水的地面调控，为闭式注水实现多井、分层精细注水提供了思路。

关键词　多级流量控制装置；闭式注水；液压控制；水嘴调节

随着我国海上油田开发程度的深入，渤海、南海等油田已步入注水开发阶段。海上油田注水开发常利用平台上布置的人工注水设备，注入水来源为水源井和经过处理后的生产水。部分边底水能量充足的油藏在开发初期主要依靠天然能量，海上采油平台在设计时未布置地面注水设备，当油田进入开发中后期，边底水的能量衰减，无法满足生产井地层能量供给需求。为此，海上油田开展了闭式注水工艺探索及应用。

对于多井共享水源的闭式注水工艺，增压后的注入水依靠井下流量调节装置调控，以满足多井、多层的配注要求。常规的井下流量调节装置需要钢丝或电缆作业调节水嘴，拆装井口防喷设备影响注水时效。根据同源闭式注水工艺特点，本文研制了一种液控多级流量控制装置，对动密封启动压力和档位调节机构开展了优化设计，通过高温高压井筒模拟实验和大排量流量调节实验验证了流量调节装置的可靠性，并制定了多井分层调配方法，为同源闭式注水实现多井、多层精细分层注水提供了方法。

1　同源闭式注水工艺

闭式注水工艺是利用同井水源层的采出水在井筒内由电潜泵增压后注入到其他注水层的注水工艺，采出水不经过地面设备，在井筒内实现采出和注入。该工艺的优点是无需增设地面人工注水设备，节省海上平台有限空间，且采出水在全封闭空间中不会发生物理化学变化而引发与地层的不配伍。特别是当水源层能量充足时，可将部分采出水经过地面流程接入到其他水源层能量不足的注水井中，实现多井同源闭式注水。

同源闭式注水管柱如图 1。P1 井水源井的采出水经过带孔油管进入罐装电潜泵，电潜泵增压后的采出水一部分流经流量控制装置水嘴、经油套管环空、定位旁通的桥式通道注入至 P1 井的注水层，另一部分流经流量控制装置的中心通道，经地面管汇接入到 P2 井，P2 井的注入水通过分层注水管柱各层的配水器调节，定量配注至 P2 井各注水层。

P2 井可采用任意方式的分层注水管柱，例如边测边调分注、电控智能分注、压力载波无缆智能分注等管柱，实现 P2 井的分层配注。若水源层能量充足，地面管汇下游可采用三通连接更多的注水井，实现多井同源闭式注水。

其中，流量控制装置是同源闭式注水工艺中的重要组成之一，起到本井注水层和其他注水井注水量的分配调节作用，是同源闭式注水最上游的流量控制装置。

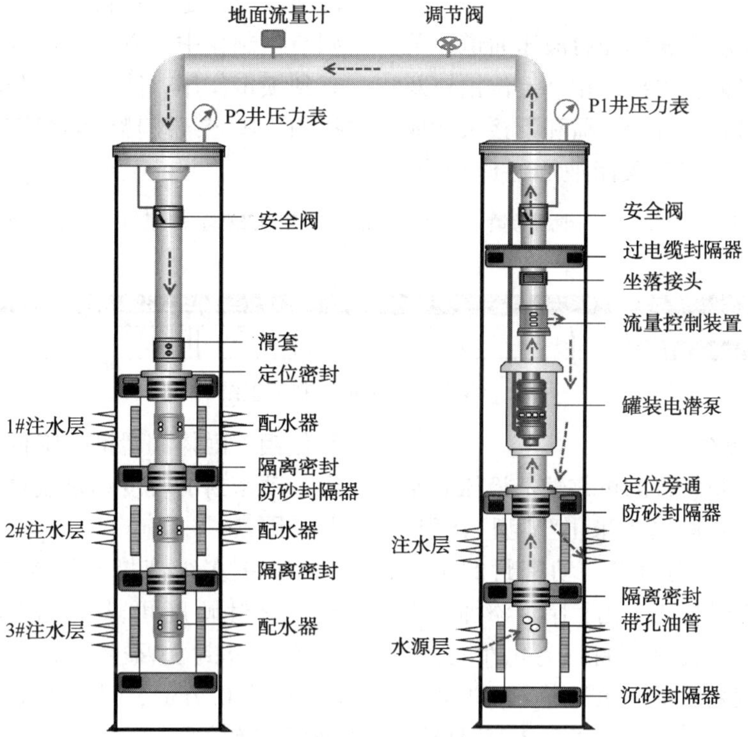

图1　同源闭式注水管柱示意图

2　流量控制装置设计

2.1　控制方式优选

目前，国内外海上油田常用流量控制方式有电控、液控和无线控制。

(1) 电控方式。通过1根单芯电缆控制井下微型电机，自动调节水嘴开度。优点是电缆兼具供电和信号传输两大功能，可实时监测井下参数，缺点是井下电子元器件在长期高温工作环境下可靠性较差，目前耐温级别为120℃，更高耐温级别的电子元器件井下工作可靠性尚需验证。

(2) 液控方式。通过2根液控管线控制井下流量控制装置的滑套位移，从而调节水嘴开度。优点是液压动力方式可靠性高，缺点是油管外敷液控管线数量相对较多，管柱结构复杂。

(3) 无线方式。目前主要是压力波通信方式，通过管柱中流体的注入压力高低脉冲和时长脉宽形成有规律的编码，井下工具接收后，微型电机执行调节水嘴的动作指令。优点是管柱结构简单，缺点是动力来源为井下电池，限制调节频次。

同源闭式注水工艺中的流量控制装置是最上游的流量调节装置，其工作状况关系到下游各井的注水量调节，需要较高可靠性；由于管柱中存在罐装电潜泵系统，压力波无法传递；国内海上油田的水源层采出水温度在110~130℃，在闭式系统中流动热量损失小，井下温度较高。因此，流量控制装置的控制方式优选为液压控制方式。

2.2　设计思路

结合海上同源闭式注水实际工况，为满足高可靠性能、大排量注水、高调节能力、电泵电缆穿越等需求，采用多级液控流量控制装置，设计思路如下：

(1) 档位调节机构采用不同长度的轨道定位不同的开度，定位销钉在轨道槽中滑动，转化为关门套的轴向运动；通过优化轨道空间，增加调节级数。

(2) 在流量控制装置中心轴上预制多个不同孔径的水嘴，通过改变关门套的位置调节水嘴大小。

(3) 液压腔采用组合密封形式，满足双向滑动、动密封的可靠性。

(4) 增大中心通道内径，中心轴上水嘴最大开度当量直径等于中心通道内径，增大工具过液能力。

(5) 流量控制装置本体设计线缆穿越槽及线缆卡扣，满足电潜泵电缆及其他线缆的穿越及固定。

2.3 结构设计

多级液控流量控制装置由开启液压通道、关闭液压通道、防漂移锁、线缆卡扣、定位销钉及滑环、轨道槽、关门套、可调水嘴和下接头构成(图2)。液控管线与开启、关闭液压通道相连，传递液压；定位销钉及滑环、轨道槽、关门套是调节预制在中心管上的可调水嘴机构；防漂移锁起到锁定作用，防止水嘴开度发生漂移；线缆卡扣用于固定线缆槽中的线缆。

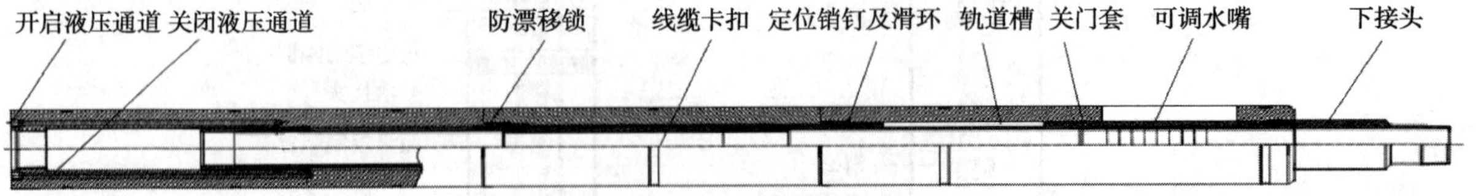

图2　多级液控流量控制装置结构

2.4 动密封启动压力优化

多级液控流量控制装置的可靠性与液压腔密封性能直接相关，液压腔密封采用“V 型+O 型”组合密封，有效提高双向滑动、动密封的可靠性；O 型密封材质选用改性氢化丁腈，添加一定量的氧化镁、氧化锌，提高密封耐老化性能；V 型密封材质选用聚四氟乙烯和聚醚醚酮，加入二硫化钼等固体润滑剂，降低密封的摩擦系数。其中，动密封的硬度和过盈量是影响密封可靠性的关键因素。

根据多级液控流量控制装置结构和材质特点，密封硬度可选取(85±2) RHD、(95±2) RHD，密封过盈量可选取 0.4mm、0.5mm、0.6mm、0.7mm，设计正交实验方案(表1)。

表1　密封模块性能实验正交设计表

序号	实验 1	实验 2	实验 3	实验 4	实验 5	实验 6	实验 7	实验 8
硬度/±2RHD	85	85	85	85	95	95	95	95
过盈量/mm	0.4	0.5	0.6	0.7	0.4	0.5	0.6	0.7

海上油田分注井调配频次要求 4 次/年，每次调配流量控制装置平均动作次数为 18 次，液控流量控制装置设计寿命为 5 年，考虑 10 倍安全系数，性能实验动作次数确定为 3600 次。按照实验方案，制作密封模块测试工装，开展 3600 次开关性能实验，测定关门套开启和关闭的启动压力，及密封模块有效工作次数。若开关 3600 次之后，密封模块仍有效工作，则有效工作次数记为 3600 次。开启和关闭的启动压力最低、有效工作次数最多的方案即为最优密封方案。

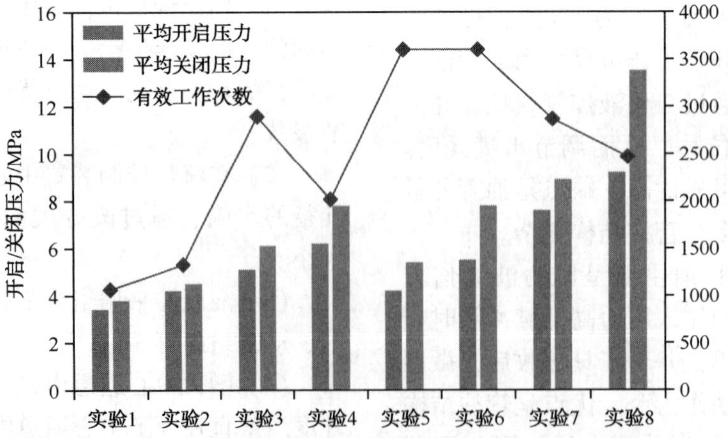

图3　不同密封方案启动压力及有效工作次数对比

由实验结果可知，密封硬度为(95±2) RHD，过盈量为 0.4mm 时，平均开启启动压力为 4.2MPa，平均关闭启动压力为 5.4MPa，密封模块有效工作次数达 3600 次，仍有效工作，为最优密封方案。

2.5 档位调节机构设计

对多级液控流量控制装置的导向销钉在轨道槽中运动做受力分析(图4)。轨道槽沿圆周展开后的长度为轨道槽圆周长度(公式1)。液控管线中的压力是定位销钉在轨道槽中滑动的驱动力，需克服定位销钉与轨道槽之间的摩擦力(公式2)，且定位销钉的强度需高于滑动时受到的剪切力(公式3)。

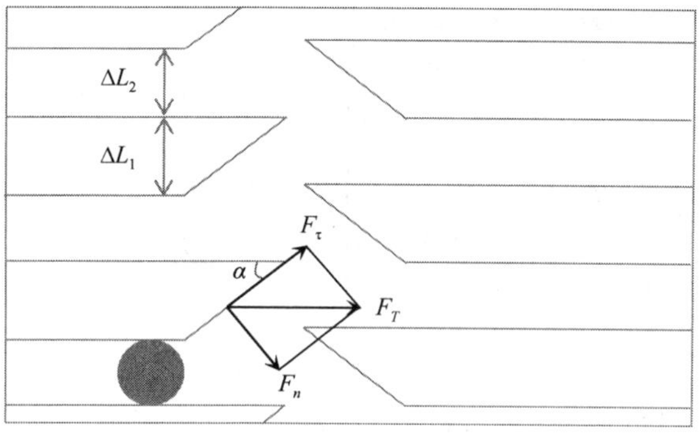

图4　定位销钉在轨道槽中滑动受力分析

$$\Delta L_1+\Delta L_2=\frac{\pi D}{12} \tag{1}$$

$$F_\tau=F_T\cos\alpha\geqslant f\cdot F_n \tag{2}$$

$$F_n=F_T\sin\alpha\leqslant 0.85\sigma\cdot S_{销}=0.8\sigma\cdot\frac{\pi}{4}(\Delta L_2)^3 \tag{3}$$

式(1)、式(2)、式(3)中：ΔL_1 为轨道槽的轨道间距，mm；ΔL_2 为轨道槽的轨道宽度，等于定位销钉的外径，mm；D为轨道槽所在芯轴的外径，mm；F_τ 为定位销钉与轨道槽之间的摩擦力，N；F_T 为施加的液压推力，N；α 为换向角，°；f 为定位销钉与轨道槽之间的摩擦系数，无因次；F_n 为定位销钉对轨道槽的法向正压力，N；σ 为定位销钉的屈服强度，MPa；$S_{销}$ 为定位销钉的横截面积，mm^2。

根据组合密封截面积和开度调节时施加的液压压力，可计算出液压推力。由式2可知，定位销钉能在轨道槽中滑动的条件为 $\tan\alpha\leqslant 1/f$，取 $f=0.15$，即 $\alpha\leqslant 81.5°$。再结合式1和式3，设计换向角为30°，定位销钉外径为10mm，轨道间距为16mm。

2.6 工作原理及技术参数

多级液控流量控制装置的水嘴开度调节是由地面通过2根 Φ9.525mm 液控管线控制，开启管线连接开启液压通道，关闭管线连接关闭液压通道，通过逐次关闭、开启操作，实现水嘴开度的逐级调节。入井前，2根液控管线分别与多级液控流量控制装置2个液压通道连接，安装好液压管线保护罩后，随着油管下入，液控管线贴附在油管外壁下至设计深度。

调节开度时，由地面加压装置首先向关闭液压通道内泵入液压油，关闭液压通道与开启液压通道之间形成压差，压力升至一定值时，推动定位销钉在轨道槽中下行，带动关门套下行，从而关闭水嘴。此后，关闭液压通道泄压，再向开启液压通道内泵入液压油，开启液压通道与关闭液压通道之间压差升至一定值后，定位销钉在轨道槽中换轨并上行，带动关门套上行，此时水嘴开度增大1级。重复如此操作，水嘴开度逐级增大，增大至12级时，再按此操作1次，水嘴开度恢复至初始状态1级。

多级液控流量控制装置最大外径200mm，最小内径76mm，本体材质9Cr1Mo，耐压35MPa，耐温150℃，开启启动压力4.2MPa、关闭启动压力5.4MPa，水嘴可调节级数为12级。

3 地面性能实验

3.1 高温高压模拟井筒实验

为了检验液控流量控制装置在高温高压条件下的耐温、耐压及工作可靠性，设计高温高压模拟井筒实验流程(图5)，开展了性能实验。

实验压力35MPa，实验温度150℃，加热介质采用高温导热油，液控流量控制装置执行开关动作200次。实验结果表明，液控流量控制装置在实验过程中液压系统密封良好，动密封工作状态良好，平均开启启动压力为4.3MPa，平均关闭启动压力为5.5MPa，上下波动不超过0.3MPa，定位销钉滑动平稳，开度调节正常。

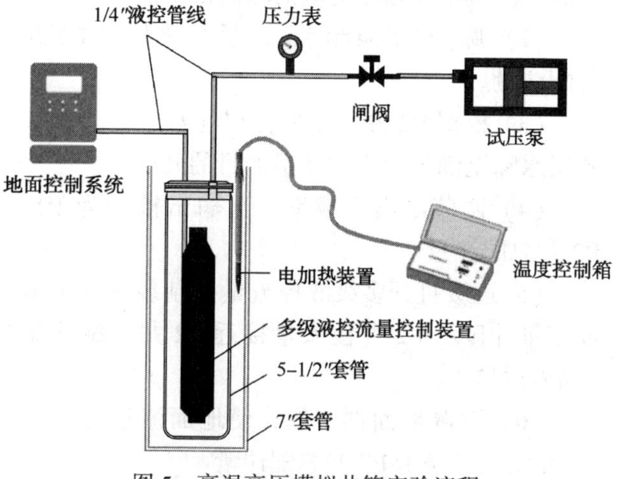

图5　高温高压模拟井筒实验流程

3.2 大排量流量调节实验

为验证液控流量控制装置的流量调节功能，依托中海油服大排量流量标定与测试实验系统，测试了流量与水嘴节流压差的关系，测试结果如图 6 所示。

由图 6 可知，液控流量控制装置在不同开度下流量与水嘴节流压差的平方根近似呈线性关系。在较小开度时，节流压差较大，有利于控制本井注水量；在较大开度时，节流压差较小，满足本井大排量注水要求，可满足最大注水排量为 $3000m^3/d$。

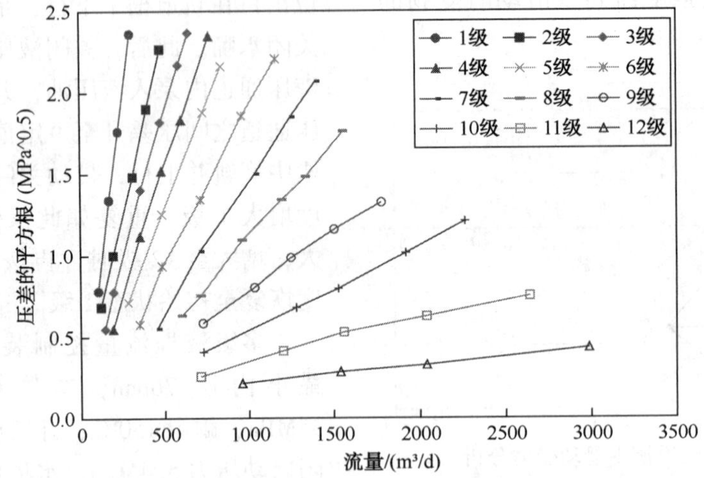

图 6　液控流量控制装置流量与压差测试结果

4 同源闭式注水调配技术

同源闭式注水系统中的水源井无井下流量测试装置，水源层产能无法实时计量，需借助地面流程测试获得。

同源闭式注水调配技术的总体思路是先自下游逐井调节各层配水器水嘴，满足各层配注要求，再调节各井的总注入量满足总配注量。以图 1 为例说明同源闭式注水工艺调配方法。

(1) 关闭多级液控流量控制装置，将 P1 井井口流程接入计量流程，启动电潜泵，待稳定生产时，测试不同频率对应的输出排量。

(2) 调节电潜泵频率，至输出排量为 P2 井总配注量。

(3) 根据 P2 井采用的分层注水工艺，调节各层水嘴至满足分层配注量的目的开度。

(4) 调节电潜泵频率，至输出排量为 P1、P2 井总配注量。

(5)逐级打开多级液控流量控制装置，至地面流量计显示 P2 井注入量接近 P2 井总配注量(误差≤15%)。

(6) 微调地面调节阀，使地面流量计显示 P2 井注入量等于 P2 井总配注量。

(7) 此时，P2 井各注水层满足分层配注量，P1 井注水层满足 P1 井配注量。

4 现场应用

南海某油田为三角洲前缘沉积，构造北部存在半开放式水体，主力油藏为强底水油藏，地层天然能量充足，整体方案设计时，无人工注水井，平台也未预留人工注水设备空间。随着开发程度，该油田天然能量不足，部分生产井提液无效。为了补充地层能量，2020 至 2021 年，该油田陆续投产了 2 口注水井，A15 和 A29 井，均采用闭式注水工艺。

2022 年，A29 井由于自身水源层能量不足，无法满足注水层的配注需求，拟采用 A15 井共享水源层支持 A15 和 A29 井 2 口井注水层的注水需求。2 口井管柱图如图 1 所示，P1 为 A15 井，P2 为 A29 井，A15 井水源层采水，采出水一部分经过电潜泵增压后，注入该井的注水层，另一部分注入 A29 井，A29 井采用边测边调分层注水工艺，分 3 层注水。

为了调节控制 2 口井的注水量，A15 井下入多级液控流量控制装置，水嘴 12 级调节，最小水嘴当量直径为 5mm，最大水嘴开度为 38.89mm。下入后，A15 井配注量 $400.0m^3/d$，A29 井总配注量 $680.0m^3/d$，1#、2#、3#层配注量分别为390.0，120.0m³/d和170m³/d。

采用同源闭式注水调配技术，A15井多级液控流量控制装置先处于全关状态，电潜泵频率调节为53Hz，总输出排量为668.5m³/d，A29井采用一体化测调仪测试调节各注水层的流量，调配后井口注水压力13.2MPa，全井注水量668.5m³/d，1#、2#、3#层的注水量分别为383.4m³/d、115.3m³/d和169.8m³/d，满足配注要求。然后，调节电潜泵频率为58Hz，总输出排量调节至1103.0m³/d，A15井多级液控流量控制装置水嘴逐级调节至6级，从地面流量计显示A29井总注水量由1103.0m³/d降至676.5m³/d，井口注水压力13.3MPa，则A15井注水量为426.5m³/d。2口井、4个注水层均达到配注要求。

5 结论与建议

（1）针对海上多井共享水源层、闭式注水工艺，研制了多级液控流量控制装置，优化了动密封启动压力，设计了换档机构参数，液压控制可靠性高，档位调节灵活，可满足3000m³/d大排量注水要求，实现12级开度精细调节，解决了同源闭式注水工艺多井之间的流量控制难题。

（2）现场应用表明，多级液控流量控制装置应用可靠性高，可实现地面控制调节，且调节精度高，能满足海上油田同源闭式注水分层调配需求。

（3）海上油田注水开发的深入对分层注水工具提出更加智能化的要求，井下流量测试及控制的可靠性是关键，因此要进一步提高井下工具的智能化及可靠性，以满足不同注水工艺的需求。

参考文献

[1] 李汉周，彭太祥，郭振杰，等．连续薄夹层油藏细分注水技术研究与应用[J]．特种油气藏，2019，26(2)：168-173.

[2] 刘合，郑立臣，俞佳庆，等．分层注水井下监测与数据传输技术的发展及展望[J]．石油勘探与开发，2023，50(1)：1-9.

[3] 张旭，韩新德，林春庆，等．有缆智能分注技术在华北油田的应用[J]．石油机械，2019，47(03)：87-92.

[4] 阎洪涛，徐文江，姜维东，等．海上油田注水水质改善技术研究与应用[J]．工业水处理，2020，40(12)：114-118.

[5] 熊书权，程心平，李勇锋，等．自源闭式同井采油注水系统：CN112096356B[P].2020-08-26.

[6] 豆志远，王昆剑，李进，等．渤海油田水平分支井钻完井关键技术[J]．特种油气藏，2020，27(2)：157-163.

[7] 邹信波，杨光，程心平，等．海上岩性油藏自源闭式注水技术矿场实践[J]．中国海上油气，2019，31(1)：119-125.

[8] 姚为英，张海勇，马超，等．南海东部油田低成本高效助流注水技术创新与实践[J]．科学技术与工程，2020，20(5)：1826-1832.

[9] 郭宏峰，杨树坤，段凯滨，等．渤海油田可反洗测调一体分层注水工艺[J]．石油钻探技术，2020，48(3)：101-105.

[10] 王东，王良杰，张凤辉，等．渤海油田分层注水技术研究现状及发展方向[J]．中国海上油气，2022，34(2)：125-137.

[11] 杨玲智，刘延青，胡改星，等．长庆油田同心验封测调一体化分层注水技术[J]．石油钻探技术，2020，48(2)：113-117.

[12] 邢洪宪，张俊斌，张庆华，等．南海EP18-1油田同井抽注技术[J]．海洋石油，2019，39(4)：27-31.

[13] 赵广渊，季公明，苏毅，等．液控智能注水井下预置水嘴尺寸优化设计研究[J]．北京石油化工学院学报，2022，30(2)：30-34.

[14] 赵广渊，王天慧，杨树坤，等．渤海油田液压控制智能分注优化关键技术[J]．石油钻探技术，2022，50(1)：1-6.

[15] 赵广渊，季公明，杨树坤，等．液控智能分注工艺调配及分层注水量计算方法[J]．断块油气田，2021，28(2)：258-261.

[16] 黎伟，夏杨，陈曦．RFID智能滑套设计与试验研究[J]．石油钻探技术，2019，47(6)：83-88.

基于数据驱动的油井产出液含水在线分析技术研究与应用

任桂山　陈学梅　米立飞

（中国石油大港油田公司）

摘　要　油井的产出液含水分析是油田开发生产过程中一项重要工作，油井产出液具有含水变化范围大，且为油、水、气三相混合液的特点，采用气液分离后再进行含水分析的在线分析技术，受制于井口设备安装空间有限，施工维护不便等因素的制约，不适合在油田推广应用；不采用油气分离的产出液含水在线分析技术，在实际应用过程中，由于没有充分考虑气体对含水测量结果的影响，造成含水分析结果与实际值存在较大偏差。本文论述了一种基于数据驱动的产出液含水分析技术，在油井井口安装一种基于同轴相位法的含水检测装置，测量电值上传至油井产出液含水分析系统，通过对油井产出液实时连续测量曲线和特征分析，运用智能分析技术，自动识别含水测量的特征曲线，确定含水分析的参考电值，再通过自动拟合的方式实现油井的含水分析。现场试验表明，运用该技术进行油井产出液的含水在线分析，与人工化验含水相比，平均相对误差 4.57%，适用性强，能够在油田推广应用。

关键词　油井产出液；含水分析；在线分析；数据驱动；同轴相位法；相对误差

1　前言

油井产出液含水分析是油田开发生产过程中的一项重要工作，它关系到地质勘探开发的效果，油井生产措施的制定情况，以及油井开发成本的高低。产出液含水分析目前主要采用人工取样化验的方式。这种方式下人工现场取样和人工化验含水劳动工作量都很大，自动化程度低，工人劳动强度高，不能满足油田老龄化严重，人员大幅降低的现状需求。

近年来，油井产出液含水在线分析技术、油井三相计量技术开始研究应用，主体上是两种技术：一种技术是前端采用气液分离装置，后端再采用分析仪表进行油水两相的含水分析，受制于分离装置的体积大、成本高，现场施工及后期维护难度大等因素，该技术不能在油井上进一步推广应用；另一种技术，前端不采用气液分离装置，后端采用分析仪表直接进行油、水、气三相混合液的含水分析，这种技术在实际应用过程中，忽略了产出液中气体的影响，造成含水分析结果与实际值存在较大偏差。

本文论述了一种基于数据驱动的油井产出液含水实时在线分析技术，通过对油井产出液实时连续测量数据的特征分析，运用智能分析技术，自动识别含水测量的特征曲线，确定含水分析的参考电值，再通过自动拟合的方式实现油井的含水分析，该方法可将气体对含水检测的影响减至最小，适用于在油田推广应用。

2　油井产出液含水分析技术难点

2.1　油井产出液特点

油井的产出液具有含水变化范围大的特点，含水率覆盖区间从 0% 到 100%。产出液为油、气、水三相流混合液，受气体的影响，产出液流态复杂。对于垂直上升的管道来说，随着气体的增加，会出现不同的流态——气泡流、弹状流、搅拌流、环状流和液丝环流。其中前三种情况比较常见，而后两种情况一般大都会出现在自喷井上，含气量非常高。

2.2　油井产出液含水分析在线检测技术

由于油井产出液的含水变化范围大，适用于低含水的电容法和高含水的电导法对油井都是不适用的，γ 射线法由于存在辐射的安全问题不适用，红外光谱法检测由于检测装置和模型比较复杂也不适用于井场，电磁波法是最适用的一种检测技术，从实现方式来分，又可分为空间波法、谐振腔法、传输线法、微波传输法等，无论哪一种方法，都是基于电磁波在混合液中传输会发生衰减的原理，不同含水率的油水混合物介电常数不同，电磁波在其中的衰减程度也不相同，其频率、相位、幅值会发生相应的变化，通过检测其中一种信号的变化大小就可以实现混合液含水率的检测。

实际应用过程中，受油层含气高低、工作制度、油压变化等因素的影响，测量电值会不稳定，出现忽高忽低，忽快忽慢的波动。由于气体与油的介电常数接近，会造成测量结果偏高或很高。图1是采用电磁法进行含水分析的实际测量曲线，从图中可以看出，由于气量的影响，测量曲线表现出不同的形态，此时，任取一点电值或者取一段时间的数据点的平均值作为含水分析值，都不能反映含水的真实值。因此，需要对测量曲线进行分析，尽量减小气体对测量结果的影响，找出能反映含水值的参考电值(图1)。

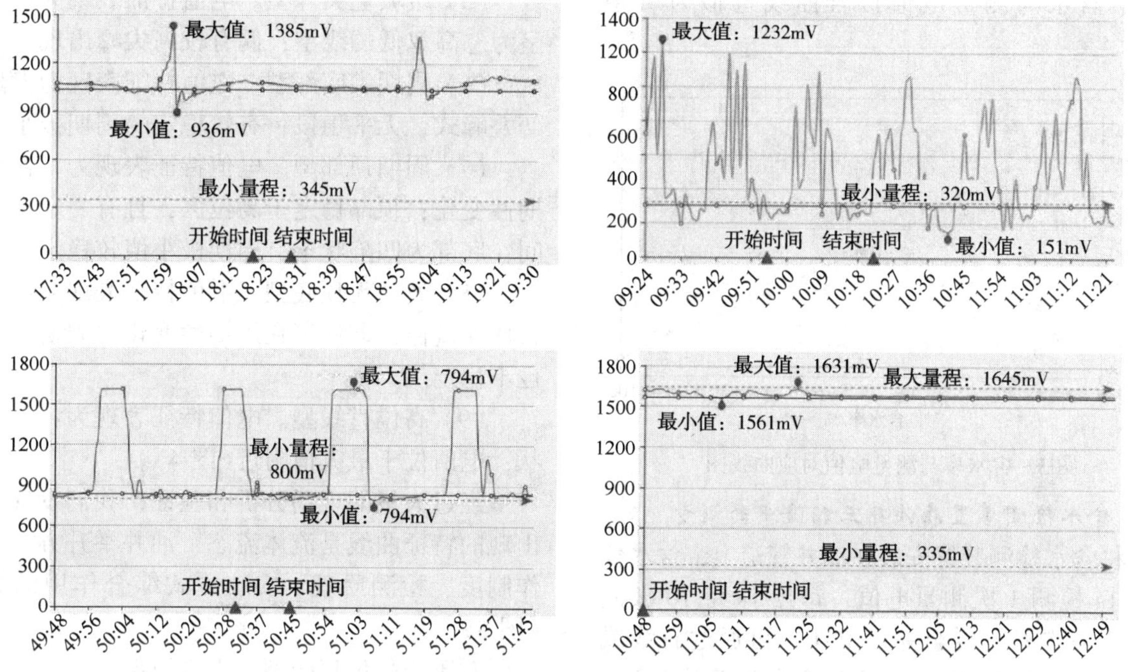

图1 含水分析对应的测量电值曲线

3 基于数据驱动的油井产出液含水在线分析技术

3.1 产出液在线分析装置

基于同轴相位法，我们设计了一种适用于油井的产出液含水检测装置，满足以下三个方面的要求：①0%~100%含水率的测量范围；②装置体积小，易于安装维护；③装置检测频率信号在50~100MHz，成本低，适合在油井推广应用。装置结构如图2所示。

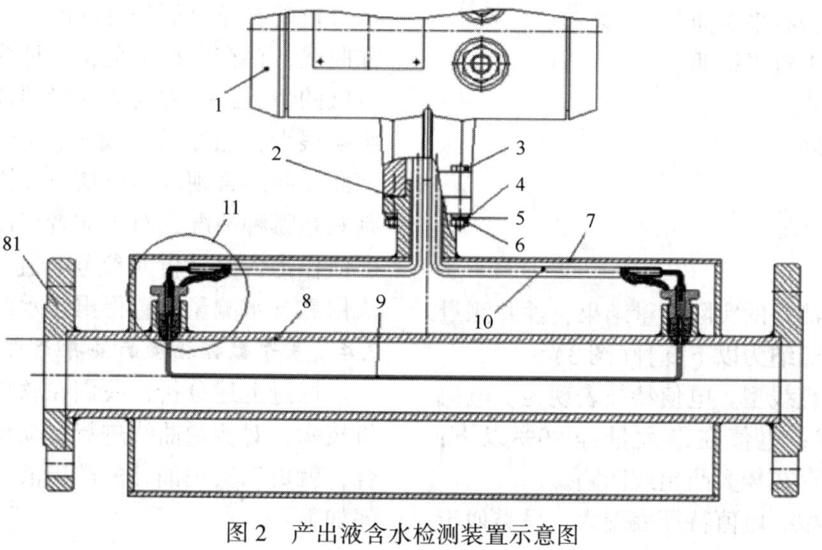

图2 产出液含水检测装置示意图

如图 2 所示，产出液含水检测装置与油井管道采用法兰连接，波导线贯穿测量管道，通过导电柱与前端电磁波发生体连接。导电柱一端卡接于密封接头内，导电柱的另一端与对应的电磁波发生体密封连接，保证了管道与测量电路之间的密封隔离。

3.2 含水检测装置在油水两相流中的测量

实验室模拟不同含水比例的油水两相混合液工况，含水与测量电值拟合曲线近似为一条直线。

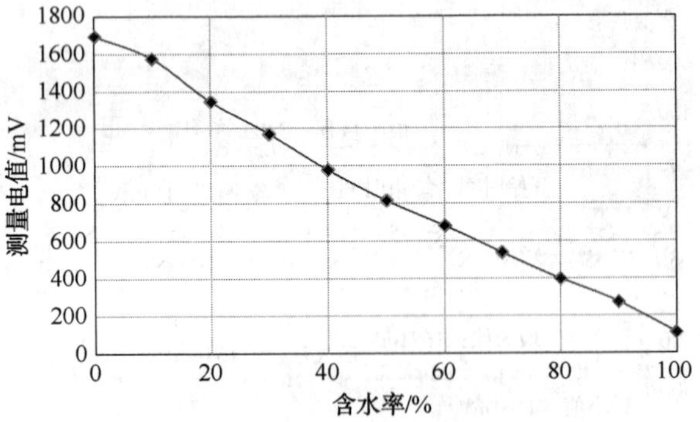

图 3　含水率与测量电值对应曲线图

3.3 含水检测装置在油井三相流中的测量

将含水检测装置安装在油井管道上，含水仪每 0.1s 检测 1 次测量电值，每隔 1s 将 10 次测量电值平均后上传至井口 RTU，再通过有线或无线的方式上传至油井产出液含水分析系统。

油井的产气量并不是保持稳定的，随着油井生产状况的改变，产气量是变化的，溶解在油中的气体也会随着压力的变化而发生变化，因此实际油井的电值曲线呈现出多种特征，根据以下特征，我们对油井测量曲线进行分类：

（1）底部电均值、顶部电均值。

（2）顶部是否有平缓曲。

（3）底部是否有平缓曲。

（4）顶部尖峰。

（5）底部尖峰。

（6）波动率。

（7）周期性。

（8）占空比。

经过对大量油井的实际测量结果，油井测量的特征曲线可以归纳为以下 9 种(图 3)。

（1）非高位直线型。电值特征表现为：电值变化呈平直线状；电值在最大量程 90% 以下；存在毛刺，但不存在较大凸出或凹陷。

（2）类方波型。电值特征表现为：呈类似于方波形状；上半区平稳在高位区；下半区平稳，存在明显底部。

（3）直线上尖峰型。电值特征表现为：存在周期平缓底部；除底部外，存在周期规律变化，且占周期比不小于 20%。

（4）周期底部型。电值特征表现为：存在周期性变化；顶部稳定于高位区，且有一定持续时间；底部为凹陷状态，周期极小值较稳定。

（5）缓坡上尖峰型。电值特征表现为：整体呈为忽高忽低的线型；偶有较高尖峰出现。

（6）周期尖底部型。电值特征表现为：呈山峦叠嶂式，无平稳段；有较稳定的周期极小值。

（7）周期顶部型。电值特征表现为：存在周期性变化；顶部稳定于高位区，且有一定持续时间；底部为凹陷状态，周期极小值较稳定。

（8）波动无顶底型。电值特征表现为：变化整体无规律；即使存在周期性变化，周期极小值也不稳定。

（9）高位直线型。电值特征表现为：呈直线状；电值位于最大值附近(图 4)。

经过大量的现场分析和验证，我们发现油井出现的特征曲线是流体流态、油井举升方式、工作制度、检测原理、安装方式综合作用的结果(图 5)。

对于非高位直线型、类方波型、直线上尖峰型、周期底部型、缓坡上尖峰型特征曲线，含气量相对较少，底部测量电指比较平稳，取测量电值的聚类值作为含水分析的参考电值是合理的。对于周期尖顶部型、周期顶部型、波动五顶底型特征曲线，含气量相对较多，底部测量电值不平稳，越小的电值越接近真实含水，取极小值为含水分析的参考电值是合理的。对于高位直线型特征曲线，存在两种情况，一种为产出液含水本来就低的情况；一种为含气量很高，气体对测量值影响很大，已经无法找出进行含水分析的电值；因此需要结合现场生产情况和人工化验情况综合判断是哪种情况，对于前者可以取测量电值的聚类值作为含水分析的参考电值，对于后者，则无法依靠含水测量装置得出含水结果。

2.4 基于数据驱动的油井产出液含水分析方法

通过上述分析，我们在软件平台运行智能分析技术，对测量曲线进行自动识别分类，自动拟合，就可以实现油井的产出液含水分析。具体步骤如下：

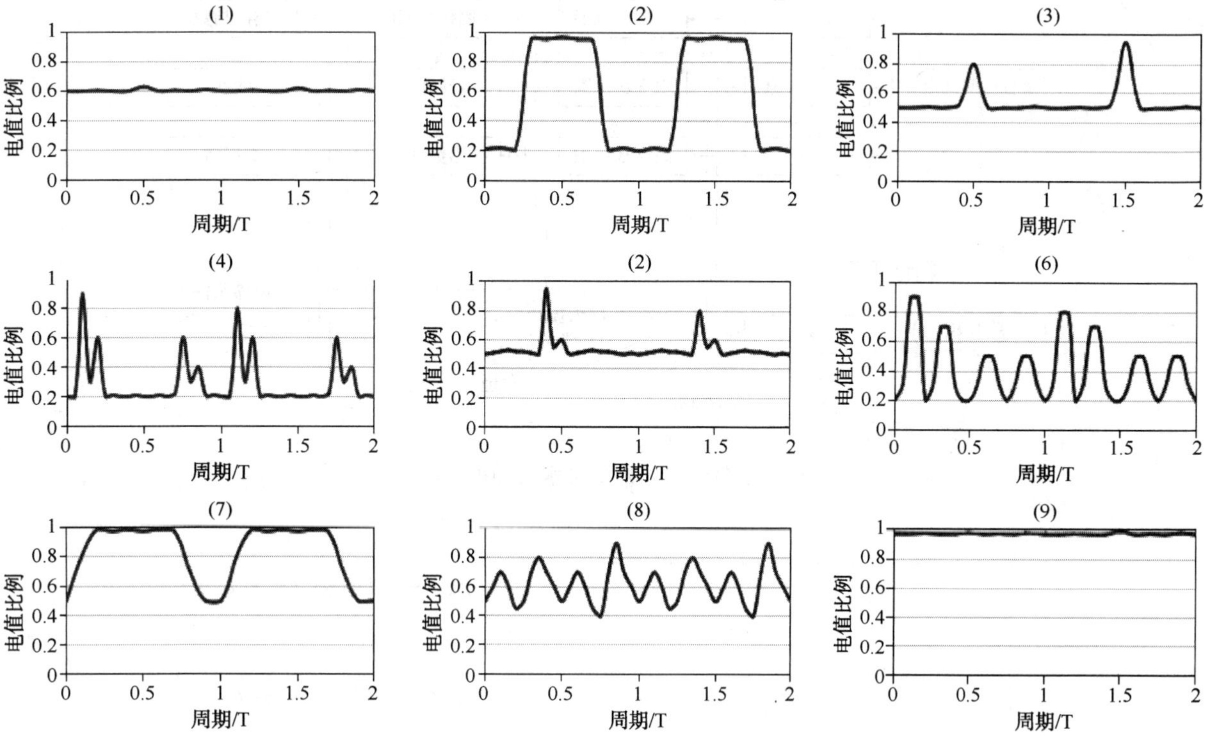

图4　9种不同类型的特征曲线

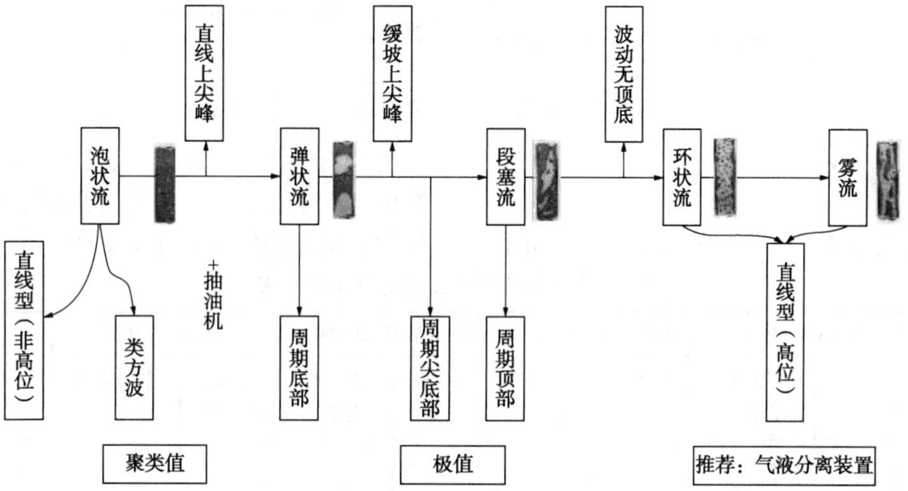

图5　流型与油井特征曲线的关系

（1）自动识别，自动分类：根据9类特征曲线的特征分析，运行智能分析技术，自动识别特征曲线，自动分类，根据分类结果，采取不同方法确定进行含水分析的参考电值。

（2）监督学习，判断含水区域，自动拟合：根据参考电值大小，判断含水所处的区间，采用不同的回归曲线，拟合得出实际含水值。初次安装含水测量装置时，需要结合人工取样化验样本数据，对回归曲线进行调整，得出含水分析值（图6）。

根据实际研究分析，测量电值-含水关系规律曲线并非单纯线性关系，符合复合指数关系，在低含水阶段呈现倒指数关系，在高含水阶段呈现类指数关系，在中含水段，呈现线性关系，如图7所示。

（3）工况改变，自动校正含水分析值：当油井工况发生改变，即特征曲线发生改变时，系统对参考电值重新进行分析，结合人工含水化验的样本数据，根据所在量程范围确定拟合算法，自动校正含水分析值。

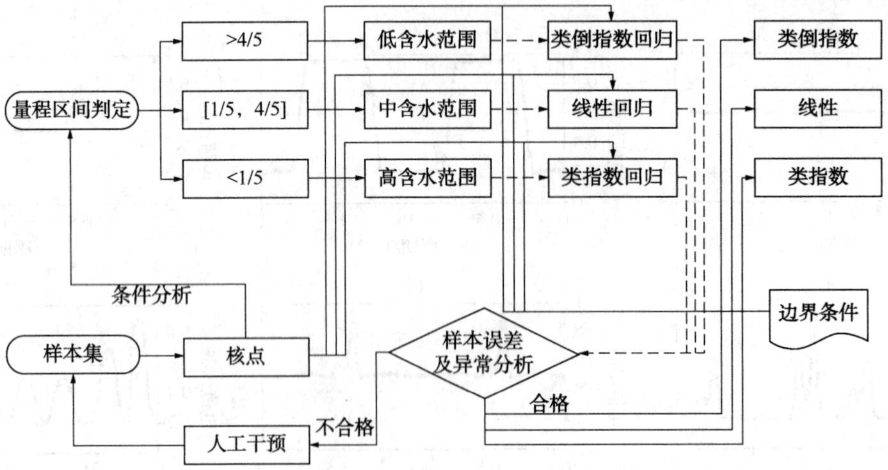

图 6　监督学习，判断含水自动拟合流程

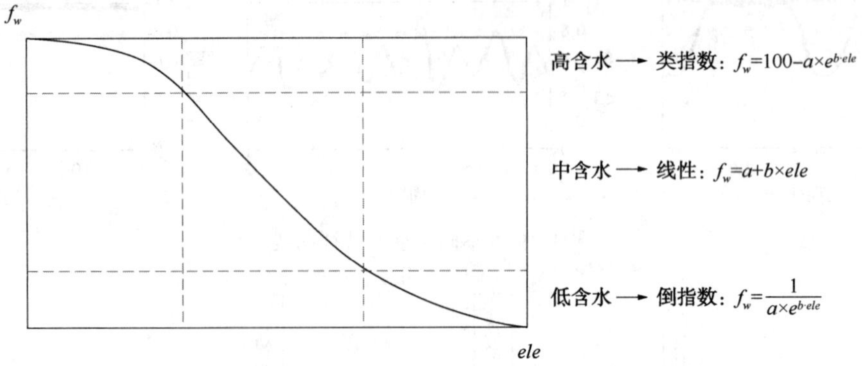

图 7　电值–含水的复合指数关系

4　现场应用情况

我们在大港油田 120 余口井安装了同轴相位法的产出液含水检测装置，采用基于数据驱动的产出液含水分析方法对油井进行了分析，含水分析与人工化验结果对比见表 1。

表 1　含水分析与人工化验结果对比表

含水区域	低液量(<10m³)		中低液量(10–20m³)		中等液量(20–50m³)		高液量(>50m³)		合计 1	
	井数/口	平均相对误差/%	井数/口	平均相对误差/%	井数/口	平均相对误差/%	井数/口	平均相对误差/%	井数/口	平均相对误差/%
低含水（2%~20%）	1	1.62							1	1.62
中含水（20%~60%）	10	13.40	1	6.10					11	12.74
高含水（60%~90%）	11	9.20	13	4.46	15	4.64			39	5.87
特高含水（90%~98%）	1	1.32	12	3.81	23	2.15	9	1.70	45	2.48
极限含水（>98%）			2	1.93	5	1.14	7	1.62	14	1.49
合计 2	23	10.35	28	4.06	43	2.90	16	1.67	110	4.57%

试验结果表明：现场对于日产液量 $10m^3$ 以上的油井适应性高，含水检测与人工化验结果相比，相对误差小于5%，占比79%。其中高液量井相对误差小于2%，中等液量井小于3%，中低液量相对误差<5%，低液量绝对误差<11%，见表1。现场试验表明，基于数据驱动的油井产出液含水分析方法适用性强，适宜在油井上推广应用。

参考文献

[1] 黄芬．基于微波传输特性的原油含水率测量方法研究[D]. 2015. 12.
[2] 陈召．同轴相位法含水率仪系统研究[D]. 2017. 3.
[3] 刘淼，郭新冬，鲁义，等．新型智能原油含水在线检测装置的研究与现场应用[J]．自动化博览. 2022. 12.
[4] 杜馨，孙晓荣，刘翠玲，等．原油含水率的红外光谱快速检测技术[J]．中国测试. 2020. 1.

液控智能注采完井技术研究与应用

赵广渊　李　越　杨树坤　蔡洪猛　廖朝辉　时菅磊

（中海油田服务股份有限公司）

摘　要　针对常规液控分层注水工具在渤海油田应用中暴露出的测调效率低、占用平台有限空间，不满足大斜度井等问题，通过研究利用管线增压顺序激活控制层位的方法研制了数字解码器，通过优化水嘴尺寸、换档结构，研制了小尺寸多级流量控制阀，通过配套新的分层调配解释方法，在不增加井下测试装置的情况下实现分层调配和井下分注参数解释，成功解决了分注层数受限、调节级数少和无法实现分层流量监测的问题。优化后的液控智能分注技术在海上油田应用 90 井次，系统运行稳定可靠，调配解释精度高于 90%，应用效果良好。基于该技术耐高温、满足大排量注采等特点，进一步开展了智能分采、分层注气等方面的研究及先导性应用，拓展了技术适应性。

关键词　液控智能注采；智能完井；井下多级流量控制阀；分层调配；分层采油；分层注气

渤海油田已进入全面注水开发阶段，注水效果的好坏在一定程度上关系到渤海油田的持续稳产。基于常规投捞式分层注水工艺测调效率低、占用平台有限空间，不满足大斜度井应用等问题，近些年渤海油田开始了智能分层注水工艺的矿场试验。液控智能注水技术作为智能注水工艺的一种，其控制方式采用纯液压方式，井下工具无任何电子元器件，长期使用可靠性能高。该技术于 2016 年开始在渤海油田开展应用，取得良好应用效果，但随着作业者对分层注水工艺要求的不断提高，以及工艺自身存在的一些问题：①液控智能滑套调节级数少，最多只能实现 3 级调节，导致分层调配精度低，调配合格率低；②多层注水井液控管线使用数量较多，现场施工难度加大；③海上油田小井眼注水井逐年增多，现有注水工具尺寸不满足下入要求，导致该技术无法大规模推广；④不具备地面监测井下油藏数据的功能，无法直观判断各层注水情况，不满足油藏精细注水要求。

基于以上问题，本文在常规液控智能注水技术基础上，从注水工具整体结构、水嘴设计、控制方式、分层调配解释方法等方面进行了工艺优化研究，提高液控智能分注技术的应用效果，并基于该技术可靠性高、耐高温等特点，开展了智能分采、分层注气、分段注蒸汽等方面的研究及先导性应用，进一步拓展了技术适应性。

1　工艺概述

1.1　工艺原理

液控智能分注系统主要由地面控制系统、可穿越线缆封隔系统、多级流量控制装置（液控智能配水器）组成（图 1）。地面控制器通过液压管线控制井下各层位多级流量控制阀的开度，实现地面对井下各层注水量的调控。

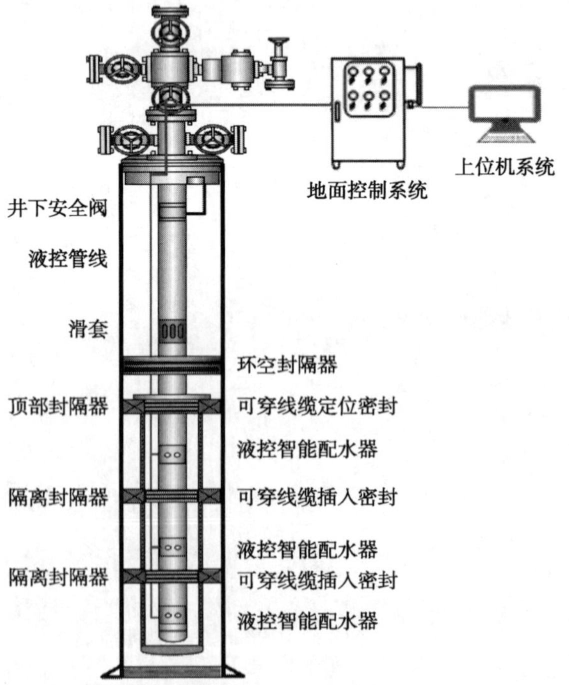

图 1　液控智能分注工艺原理图

1.2　工艺特点

液控智能注水技术可在地面实现多级流量控制

阀在线液压控制。系统采用液力控制方式，推力大，能适应井下复杂工况，通过万向截止轮机构节点控制，实现井下注水流量调节。主要特点：

(1) 分层调配无需钢丝/电缆作业，测调效率高，不占用平台作业空间和时间。

(2) 不受井斜及井眼尺寸限制，满足大斜度井、水平井、小井眼井(3.25in)应用要求。

(3) 纯液压控制，无电子元器件，可靠性高。

(4) 井口可实现手动、自动一体控制，操作系统操作快捷、方便，一台地面控制柜控制多口井，可实现电脑远程控制。

2 工具优化

2.1 “3-2”控制方式设计

常规液控智能注水工艺采用“N+1”控制模式，即利用N+1条液控管线控制井下N层配注。该控制方式操作简单、可靠，一般适用于分层数较少(≤4层)的井。而对于多层(≥4层)注水井，此控制方式所需液控管线数量较多，施工难度及安全风险加大，工艺适用性变差。为此，研制了数字解码器，开发出“3-2”控制方式，以减少液控管线使用数量，增强工艺适用性。

2.1.1 控制原理

“3-2”控制方式是每个多级流量控制阀串联一个解码器，通过地面液控管线打压顺序的变化(不同排列组合)控制选择不同层位的解码器，从而控制该层位流量阀水嘴的开关，通过此方式可实现3条控制管线控制井下6层。

具体控制流程如图2所示，1#控制线与解码器的关闭口连接；2#控制线与解码器的打压口和解码器进入流量阀关闭口连接；3#控制线与解码器保压口和解码器进入流量阀开启口连接。通过地面控制柜给出开启解码器指令时，3#控制线先保压，2#控制线再打压，此时解码器开启；3#控制线打压，流量阀开启；2#控制线打压，流量阀关闭；1#控制线打压，解码器关闭。

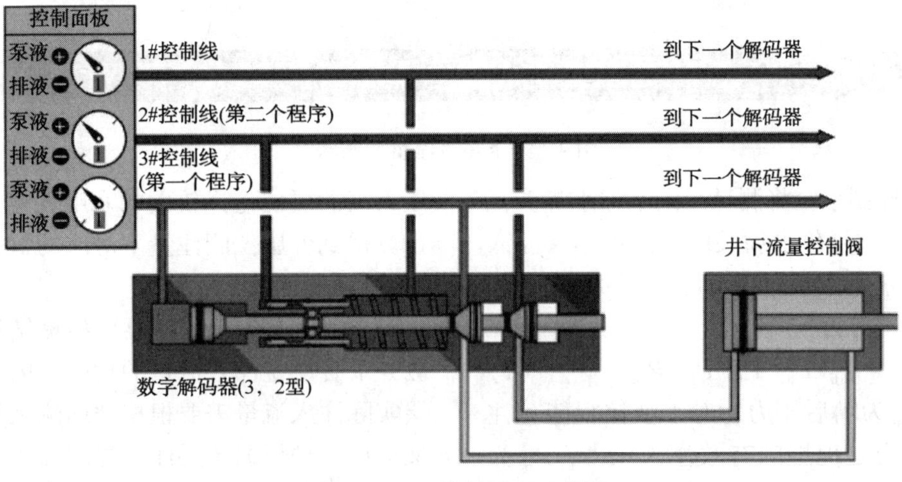

图2 “3-2”控制原理示意图

2.1.2 解码器

解码器是实现井下层位选择的液压解码装置(图3)，主要由一个常开二位二通阀和一个常闭二位二通阀组成，通过与井下多级流量控制阀配合，实现分层控制。根据渤海油田注水井具体需求，配套了适用于防砂内通径为4.75in、3.25in的解码器，工具技术参数见表1。

表1 解码器技术参数

性能指标	参数	
适用密封筒内径/in	4.75	3.25
最大外径/in	4.61	3.15
最小内径/in	1.97	1.18
本体材质	42CrMo	42CrMo

2.2 多级流量控制阀结构改进

针对原有液控智能滑套水嘴调节级数少，不满足小井眼应用要求等问题，研制了适用于3.25in小井眼的井下多级流量控制阀；优化水嘴结构，将不同尺寸流量控制阀调节级数分别增大到11级和9级(图4)。工具技术参数见表2。

表2 井下多级流量阀技术参数

性能指标	参数		
适用密封筒内径/in	4.75	4/3.88	3.25
最大外径/in	4.65	3.74	3.15
最小内径/in	2.32	1.46	0.87
本体材质	42CrMo	42CrMo	42CrMo

续表

性能指标	参数		
密封材质	金属对金属	金属对金属	金属对金属
最大排量(m^3/d)	1200	1100	900
可调节级数	11	9	7
工作压力/psi	5000	5000	5000
密封件耐温等级/℃	≤200	≤200	≤200

3　分层调配及解释方法研究

3.1　分层调配

分层注水的根本目的是实现各注水层位满足分层配注量要求。液控智能分注工艺可利用地面控制系统实现井下水嘴开度的实时调节和开关，但无法监测井下各层的注入流量。因此，该工艺调配的关键在于，一是将水嘴调节至满足分层配注量的目的开度，二是利用地面测试数据计算井下各注水层位的分水量。

图3　解码器

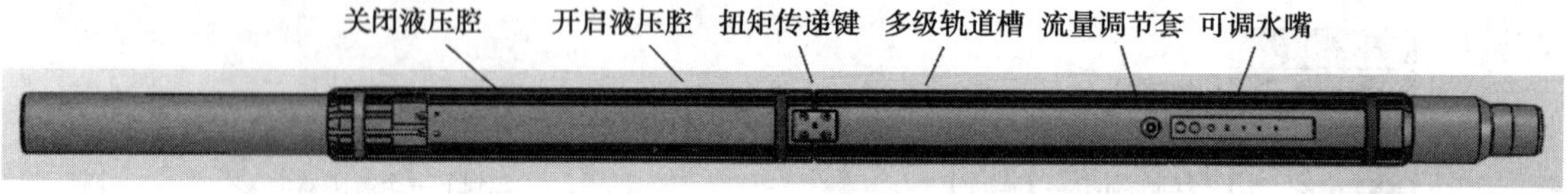

图4　井下多级流量控制阀

利用地面控制系统将测试层配水器水嘴调至任意开度 d，其他层位水嘴关闭，测得单层注入时各层配注量 q_p 下对应的井口注入压力 P_{tb}，各层的有效注入压力为

$$P_{che}=P_{tb}+P_{hy}-P_{fr}-P_{lo}-P_{ch} \tag{1}$$

式中，P_{che} 为嘴后压力，对于液控智能分注工艺，嘴后压力是地层的有效注入压力；P_{hy} 为静液柱压力，P_{fr} 为管柱沿程摩阻压力损失，P_{lo} 为局部压力损失，P_{ch} 为嘴损。

将各层水嘴调节至满足配注量的目的开度 d'后，全井注水时，则

$$\begin{aligned}P_{tb}&=P_{che1}-P_{hy1}+P'_{fr1}+P'_{lo1}+P'_{ch1}\\&=P_{che2}-P_{hy2}+P_{ft2}+P'_{lo2}P'_{ch2}\cdots\\&=P_{chei}-P'_{hyi}+P'_{fyi}+P'_{loi}+P'_{chi}\end{aligned} \tag{2}$$

根据矿场实践，各注水层位纵向跨度较小(小于300m)时，各注水层的沿程摩阻压力损失和局部压力损失接近，式(2)简化为

$$\begin{aligned}P_{tb}&=P_{che1}-P_{hy1}+P'_{ch1}=P_{che2}-P_{hy2}+P'_{ch2}\\&=\cdots=P_{chei}-P_{hyi}+P'_{chi}\end{aligned} \tag{3}$$

在同一时间，同一层位在不同水嘴开度下的有效注入压力相同。将式(1)代入式(3)，注入压力高的层位选择较大的水嘴开度，根据式(3)计算得到各层位配注量下对应的目的水嘴开度。

3.2　解释方法

由于液控智能配水器为机械结构，不具备监测井下各层位注入流量的功能，因此，调配后各层实际注入流量需要根据地面测试数据计算。本文提出一种根据单层注入指示曲线和全井注入指示曲线计算各层实际注入量的方法。

3.2.1　注入测试数据

1）单层注入指示曲线测试

利用地面控制系统将测试目的层位水嘴调节至目的开度，关闭其他层位的水嘴，测试井口注入压力随注入流量的变化数据；然后，打开另外一个测试层位的水嘴，关闭其他层位，测试该层的井口注入压力随注入流量变化数据；依此类推，得到所有注水层位的井口压力随注入流量的变化关系

$$P_{tbi}=f(q_i) \tag{4}$$

根据式(1)，将井口压力折算至嘴后压力，得到有效注入压力与流量变化关系

$$P_{chei}=f_i(q_i) \tag{5}$$

2）全井注入指示曲线测试

将所有层位配水器的水嘴开度调节至目的开度，恢复全井注水。然后，调节井口注入流量，测试不同注入流量下井口压力变化，根据测试数据拟合得到井口注入压力与流量的关系，即全井注入指示曲线。一般地，随着注入流量增加，井口压力呈线性增大，可表示为

$$P_{\mathrm{tb}}=\alpha Q_t+b \tag{6}$$

式中，Q_{t}为全井注水时井口总流量，m^3/d；a、b 为常数；$1/a$ 代表视吸水指数；b 代表注水井开始吸水的启动压力。

3.2.2　解释方法

获取到上述测试数据后，计算各层的分层注入流量，解释得到不同井口注入压力下对应的全井注入流量和各层注入流量，指导注水井工作制度选择。

根据井口压力 P_{tb}、全井流量 Q_{t}得到第 1 注水层的嘴前压力 P_{chf1}。

全井注水时，对于各注水层位，分层注水量 Q_{i}满足以下关系

$$Q_i=I_i\cdot\Delta P_i=\left(\frac{dP_{\mathrm{chei}}}{dQ_i}\right)^{-1}\cdot(P_{\mathrm{chei}}-P_{\mathrm{ri}}) \tag{7}$$

式中，I_{i}为第 i 层吸水指数，$\mathrm{m}^3/(\mathrm{d}\cdot\mathrm{MPa})$；$\Delta P_{\mathrm{i}}$为第 i 层注水压差，MPa；P_{ri}代表第 i 层地层静压，MPa。

对于式(5)，一般地，有效注入压力与流量符合线性关系

$$P_{\mathrm{chei}}=cq_i+e \tag{8}$$

式中，c、e 为常数；$1/c$ 代表第 i 层单层吸水指数；e 代表第 i 层地层静压。

将式(8)代入式(7)，得到第 1 注水层注入流量的关系式

$$\mathrm{Q}_1=\frac{1}{\mathrm{c}}[\mathrm{P}_{chf1}-(0.3652\mathrm{Kd}^{-1.889}\mathrm{Q}_1)^2-\mathrm{e}] \tag{9}$$

式(9)可以计算得到第 1 注水层的分层注入量 Q_1。

再根据第 1 注水层嘴前压力 P_{chf1}、第 1 层以下层位的总流量($Q_{\mathrm{t}}-Q_1$)和式(1)得到第 2 注水层嘴前压力 P_{chf2}。

重复式(7)～式(9)的计算，可求得第 2 注水层的分层注入量 Q_2。

以此类推，计算得到所有层位的分层注入量。根据式(6)得到不同井口注入压力下对应的全井注入流量，然后计算出各层的分层注入量。

3.2.3　解释软件

为了便于计算，根据计算方法，编制了调配设计及分层注水量计算软件，软件包括基础数据输入、测试数据输入和计算分析三个模块。软件输入的基础数据包括注水井井身结构数据、注入水流体数据、注水管柱组合和结构、水嘴参数和嘴损曲线，测试数据包括各层配注量对应的井口注入压力、单层注入指示曲线和全井注入指示曲线，通过计算可输出满足配注要求的各层水嘴目的开度、不同井口注入压力下对应的全井和分层注水量，根据分层配注量要求，给出最能满足配注要求的井口注入压力。

4　液控智能分采技术研究

海上油田已进入开发中后期，层间矛盾凸显，含水上升及产量递减加快。精细分层开采可有效降低层间干扰，显著提高油田开发效果。目前海上油田主要以机械滑套式分采工艺为主，调层作业占用井口、效率低，不满足大斜度井应用，技术适应性差。

基于液控智能分注技术的应用经验，以及该技术耐高温、满足大排量注采的特点，开展了液控智能分采技术研究。

（1）针对采用简易筛管分层防砂完井的定向井，采用 Y 型分采管柱，在中心生产管柱上应用插入密封配合使用，应用液控智能配产器，地面调控分层产液量，达到控水稳油目的，设计方案如图 5 所示。

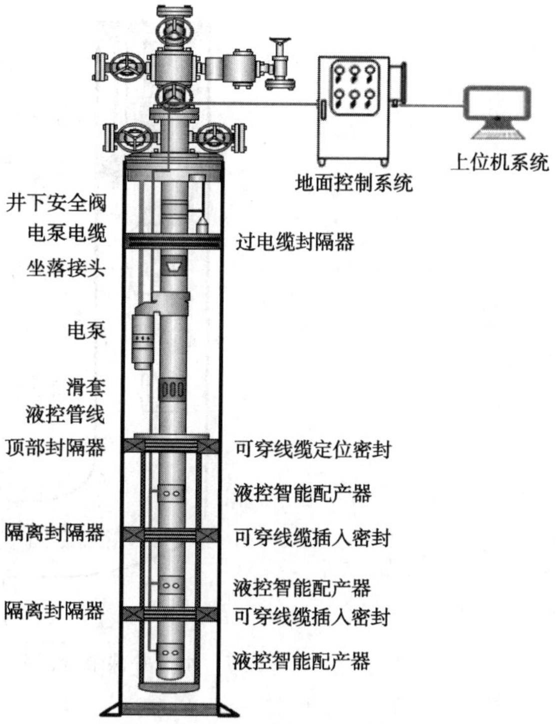

图 5　定向井液控智能分采管柱设计方案

（2）针对裸眼简易防砂或砾石充填防砂完井的高含水生产井，在水平井段挤注化学封隔药剂（ACP）或裸眼分段防砂，实现管外的分层；在中心生产管柱上应用封隔器配合使用，实现管内的有效封隔，同时应用液控智能配产器，集成固体示踪剂，地面调控分层产液量，示踪剂取样监测分段产量及含水，达到控水稳油目的，设计方案如图 6 所示。

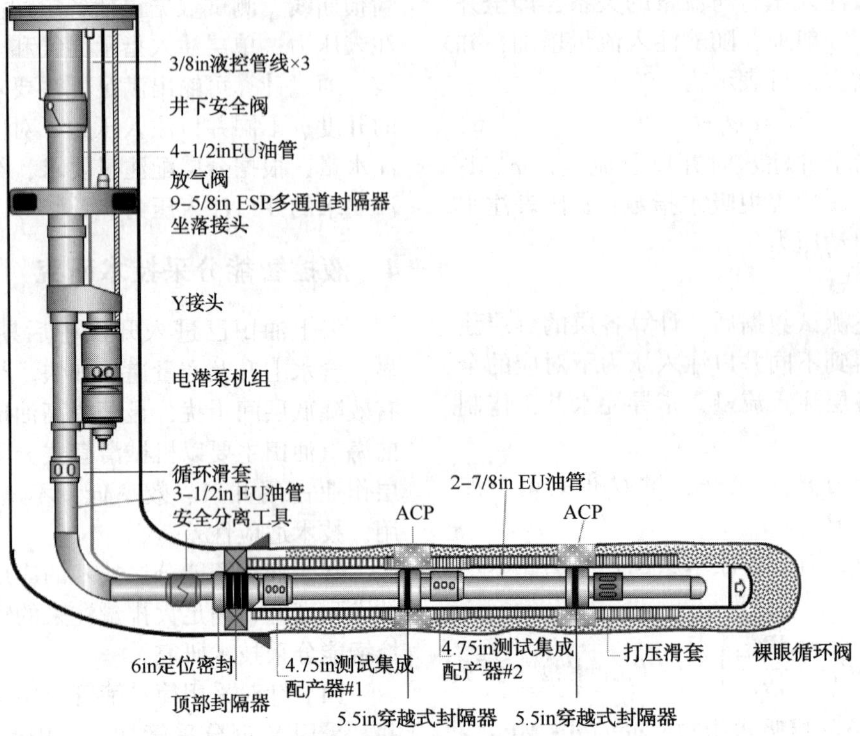

图 6　水平井液控智能分采管柱设计方案

（3）针对水平井裸眼分段防砂完井的新投产井，采用“环空液控滑套+罩式液控滑套”智能分采管柱，实现 2 层智能分采。设计方案如图 7 所示。

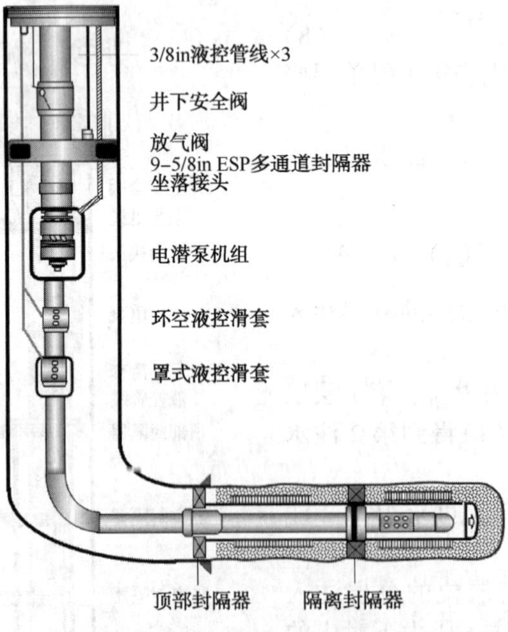

图 7　水平井裸眼分段防砂完井液控智能分采管柱设计方案

5　液控智能分层注气技术研究

采用注气开发方式可大幅度提高油藏采收率，尤其是对于低渗透油藏开发效果更为显著。国内海上部分油田开展了注气开发先导试验，但是对于层间物性差异较大的多层系油藏，笼统注气开发气窜突破后不但影响注气开发效果，还会对电潜泵等生产设施造成伤害。因此，分层注气精细开发对提高油田采收率有重要作用。

5.1　管柱设计

目前海上目标低渗注气开发油田储层温度140~180℃，基于液控智能分层注采技术井下不含电子元器件且耐高温的技术特点，开展了液控智能分层注气技术研究。海上低渗油田注气井一般采用套管射孔完井方式，设计液控智能分层注气管柱如图8所示。

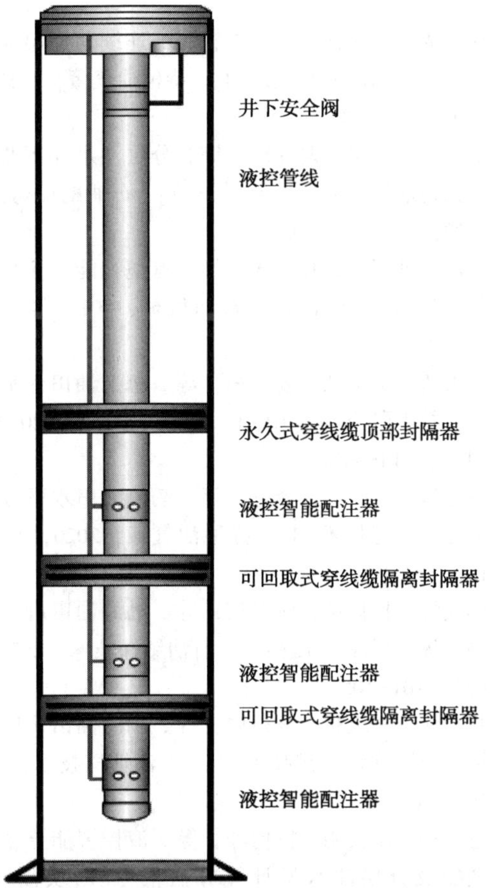

图8　海上油田液控智能分层注气井管柱示意图

5.2　精确定量注气技术

液控智能分层注气技术只具备气嘴开度调节功能，需开发配套精确定量注气技术方可实现精细分注。基于液控智能配注器预制气嘴的特点，在入井前对气嘴根据配注范围定量设计，入井后根据各层吸气能力精确调配，再根据注气井筒温压计算分层注气量，实现精确解释，达到利用理论方法指导分层注气精确计量的目的。具体步骤如下：

（1）液控智能配注器入井前，根据各注气层的配注量范围和吸气能力数据匹配配注器多级可调的气嘴尺寸。

（2）按照步骤(1)设计方案加工定制气嘴。

（3）液控智能配注器与液压管线、层间封隔器、井口穿越密封连接、组装、入井，并接通地面液压控制器。

（4）分层注气过程中，根据各层吸气能力测试数据和气嘴嘴损图版，调节配注器至满足配注量要求的气嘴尺寸。

（5）调节后，根据各层吸气能力测试数据计算解释各层实际注气量。

6　现场应用

液控智能注采完井技术在海上油田应用90井次，其中采油井应用7井次。系统运行稳定，水嘴调节灵活，工具性能可靠；分注井满足海上注水井分层酸化、示踪剂等措施需求，经多次酸化后，系统仍正常运行；完成调配作业280余井次，测调解释精度大于90%；分采井实现分段生产、分段测静压等功能，达到控制含水率上升、稳定产油量的目的。

6.1　液控智能分注井应用

渤海油田XX-1井为了提高测调效率，于2019年3月下入液控智能分注管柱，地面控制系统通过液压控制井下配水器水嘴的开度。该井分2层注水，第1注水层水嘴当量直径6.08~9.05mm，第2注水层水嘴当量直径7.55~10.64mm，2套配水器水嘴均分别设计10个开度等级。2019年6月，第1注水层配注量120m³/d，第2注水层配注量150m³/d，根据配注量下对应的井口注入压力测试结果，第1注水层水嘴开度调节至7.95mm，第2注水层水嘴开度调节至10.64mm。

在水嘴目的开度下进行了单层注入指示曲线和全井注入指示曲线测试，利用前述计算方法计算出不同注入压力下对应的全井注入量和分层注入量。根据渤海油田85%的调配精度要求，从分层注入量计算结果可以得到最能满足配注要求的井口注入压力为12MPa。测调后，为了验证调配精度，该井实施了氧活化吸水剖面测试，计算结果和测试结果对比见表 1。从表 1 结果对比发现，计算结果与实测结果之间存在差异，但满足工程精度要求。因此，该计算方法可以满足现场分层调配作业需求，在实际应用中有较好的效果。

表 3　分层注水量计算与测试结果对比

全井		第 1 注水层		第 2 注水层	
井口压力/MPa	注入量/(m^3/d)	计算注入量/(m^3/d)	实测注入量/(m^3/d)	计算注入量/(m^3/d)	实测注入量/(m^3/d)
13.0	372.8	155.0	155	217.8	216
12.5	330.7	135.0	136	195.7	196
12.0	288.7	115.0	113	173.7	175
11.5	246.7	95.0	95	151.7	150
11.0	204.7	75.0	74	129.7	130
10.5	162.7	55.0	55	107.7	105
10.0	120.7	35.0	35	85.7	85

6.2　液控智能分采井应用

渤海油田 XX-2 井为水平井裸眼砾石充填完井方式，随着提频生产，含水率逐步上升，油田生产水处理设施长期满负荷运转，需要开展水平段分段控水措施，降低油井含水的同时，提高该井产能贡献水平。

根据该井水平段动用情况，以干层及差油层为界，将水平段分为三段，采用液控智能分采技术，初期关闭趾端水淹段，打开第一、第二段生产，后期根据生产情况再进行开关调整。2023 年 5 月下入液控智能分采管柱，措施后日产液从 868m^3 下降至 716m^3，日产油从 26m^3 上升至 28m^3，含水率从 97.1%下降至 96.1%，生产压差从 1.13MPa 上升至 3.24MPa，含水率最低下降 3.8 个百分点，起到了较好的控水增油效果，也缓解了平台水处理设备压力。

7　结论

（1）优化常规井下流量阀水嘴结构、布局，将不同尺寸流量控制阀调节级数分别增大到 11 级和 9 级，提高了测调效率和精度；研制了数字解码器，利用“3-2”控制模式，实现 3 条液控管线控制 6 层注水，减少液控管线使用数量；研制小尺寸井下多级流量控制阀，满足海上 3.25in 小井眼应用要求。

（2）针对液控智能分注工艺无法监测井下各层流量的特点，提出了利用单层注入指示曲线和全井注入指示曲线测试数据计算分层注水量的计算方法，并编制了软件，解释精度高于 90%。

（3）液控智能注采完井技术在海上油田应用 90 井次，其中采油井应用 7 井次，累计调配作业 280 余井次。系统运行稳定，水嘴调节灵活，工具性能可靠。由于该技术耐高温、满足大排量注采的特点，在智能分采、分层注气等领域具有广阔应用前景。

参　考　文　献

[1] 李汉周，彭太祥，郭振杰，等．连续薄夹层油藏细分注水技术研究与应用[J]．特种油气藏，2019，26(2)：168-173.

[2] 刘合，郑立臣，俞佳庆，等．分层注水井下监测与数据传输技术的发展及展望[J]．石油勘探与开发，2023，50(1)：1-9.

[3] 张旭，韩新德，林春庆，等．有缆智能分注技术在华北油田的应用[J]．石油机械，2019，47(03)：87-92.

[4] 阎洪涛，徐文江，姜维东，等．海上油田注水水质改善技术研究与应用[J]．工业水处理，2020，40(12)：114-118.

[5] 豆志远，王昆剑，李进，等．渤海油田水平分支井钻完井关键技术[J]．特种油气藏，2020，27(2)：157-163.

[6] 郭宏峰，杨树坤，段凯滨，等．渤海油田可反洗测调一体分层注水工艺[J]．石油钻探技术，2020，48(3)：101-105.

[7] 赵广渊，王天慧，杨树坤，等．渤海油田液压控制智能分注优化关键技术[J]．石油钻探技术，2022，50(1)：1-6.

[8] 赵广渊，季公明，杨树坤，等．液控智能分注工艺调配及分层注水量计算方法[J]．断块油气田，2021，28(2)：258-261.

[9] 王东，王良杰，张凤辉，等．渤海油田分层注水技术研究现状及发展方向[J]．中国海上油气，2022，34(2)：125-137.

[10] 杨玲智，刘延青，胡改星，等．长庆油田同心验封测调一体化分层注水技术[J]．石油钻探技术，2020，48(2)：113-117.

大港油田长停井转地热利用潜力评价方法及实践
——以沈家铺油田为例

杨佩佩　周　杨　吴　刚

（中国石油大港油田公司）

摘　要　“双碳”战略加速了石油行业的能源结构转型和新能源发展。目前，各大油田均遗留一定数量的长停井，启用长停井转为地热井，可盘活资产、降低建产成本，是清洁能源替代的重要举措。本文通过收集整理钻井、地质资料，系统分析了研究区馆陶组热储分布特征，通过热储法和三维地质建模方法开展了地热资源量评价，建立了长停井转地热利用潜力定量评价方法。研究结果表明：①馆陶组热储厚度大、埋藏适中、分布稳定，热储潜力大。热储温度49.6~64.3℃，表明馆陶组主要发育中低温水热型地热资源。地热资源总量为0.13×10^{18}J、地热水资源量为$2.9\times10^{8}m^{3}$、地热水热量为0.05×10^{18}J，资源丰度为15×10^{15} J/km^2，热储资源丰富；②优选地热资源量、温度、埋深、物性等11项评价参数，建立了长停井转地热利用潜力评价定量指标PCI，对长停井进行分类评价，Ⅰ类为条件优等长停井，PCI大于80分，圈定6口潜力井优先实施；③试水试验结果表明，研究区馆陶组最大允许开采量为55.46m^3/h，为中产产能水平。

关键词　长停井；热储特征；热储温度；地热资源；潜力评价

近年来，随着清洁能源的日益重要和环境保护的迫切需求，我国出台了一系列的“双碳”政策，力争在2030年前实现“碳达峰”，在2060年前实现“碳中和”。“双碳”政策加速推动了地热产业的发展，地热资源的开发利用日益受到关注。

油田蕴藏着大量的地热资源，随着勘探开发的进展，老油田逐步步入高含水期，遗留一定数量的长停井和报废井。一些油气井由于生产成本高、产量下降等原因，已经失去了经济效益。相关统计显示，目前国内废弃井已突破10万口。将这些闲置资产转化为清洁能源，创造经济、社会效益的同时，对环境保护也具有重要的意义。因此，启用这些长停井转为地热井，不仅可以盘活资产、降低建产成本，还可以为清洁能源的替代提供重要的举措。

前人对油田地热资源评价方法及中国地热开发利用技术进行了系统研究，分析了废弃井地热能开发技术现状，并提出了发展建议。但总体上地热资源评价基本参数不全，且缺乏针对油区长停井转地热利用潜力的系统性评价流程及方法，一定程度上制约了油区地热资源的高效开发和规模化利用。

本文通过收集整理钻井、地质资料，以大港油田为主要目标，系统分析研究区馆陶组热储特征，采用传统热储法和三维地质建模分别对地热资源量进行计算，并综合考虑构造形态、热储岩性、埋深、厚度、温度、物性、储地比、地热资源量、资源丰度、井筒条件、井场地面、市场需求和经济效益等指标要素，建立了长停井转地热利用潜力定量评价方法，筛选出6口转地热潜力井。本成果将为深化大港油田馆陶组热储整体认识和推动油区地热资源规模化开发利用提供重要支撑，对于促进油田的可持续利用和推动清洁能源发展具有重要意义。

1　区域地热资源评价

1.1　区域地质概况

本文研究区为大港探区沧东凹陷沈家铺油田，构造位置上位于孔西断裂带上升盘（图1），是一个被孔西断层遮挡的半背斜构造，地层倾角10°，北东向断层为构造主断层。地层发育齐全，从中生界到新生界依次发育孔店组、沙河街组、馆陶组、明化镇组地层，砂泥岩交互频繁，区域分层特征明显[12-13]。据研究区大量钻井、测井、地震和开发资料统计表明，馆陶组水层发育范围大，分布稳定，厚度在300~367m，顶板埋深浅，为1200~1820m。

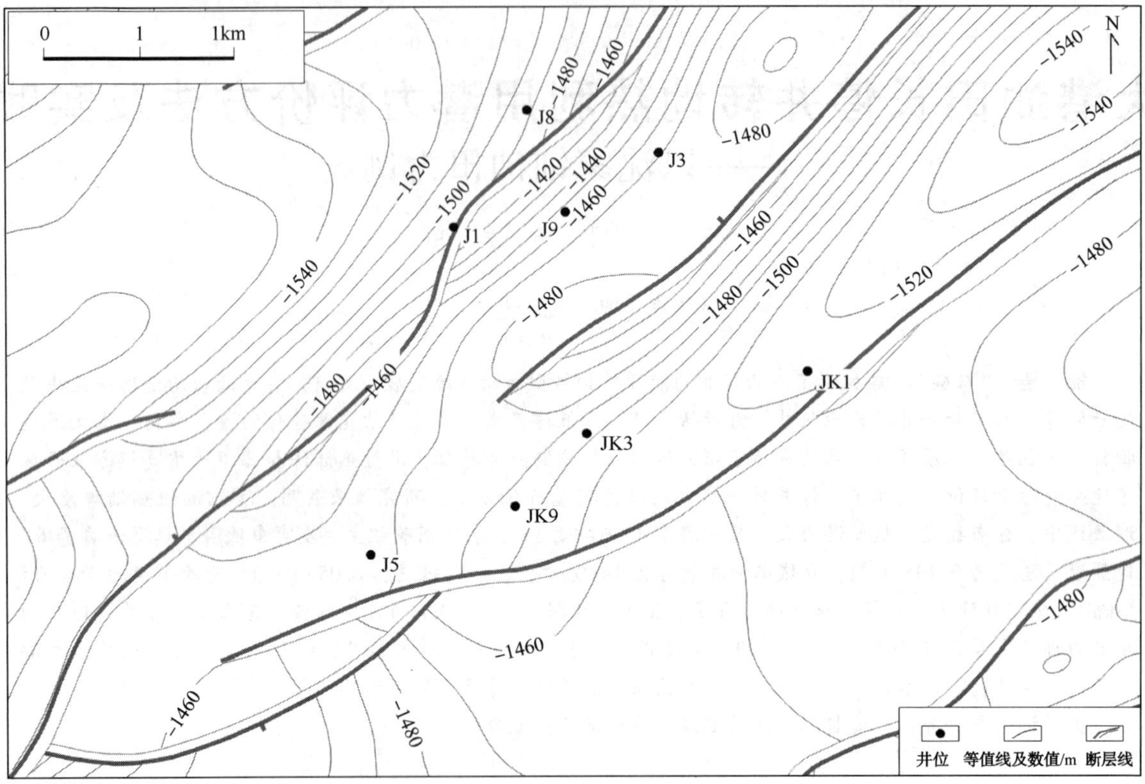

图1　研究区馆陶组底部构造图

1.2　储层特征

1.2.1　热储结构与物性特征

研究区储层岩性总体表现为砂岩夹紫红色泥岩，底部为砾岩和砂砾岩段，电位幅度较大，电阻较高。馆陶砂体横向连续性较好，单井砂体厚度大，为209~263m；储地比高，为60%~69%；储层物性好，孔隙度27%~34%、平均28.3%，渗透率550~1090、平均$645\times10^{-3}\mu m^2$，研究区馆陶组为高孔-高渗储层。

1.2.2　温度分布特征

热储温度是地热资源评价中最重要的参数。前人研究认为该区馆陶组以浅，地温场以传导为主，地层温度随深度总体线性增加。研究区枣Ⅳ、Ⅴ油组为主要油气生产层，测试资料齐全，而馆陶组主体为含水层，实测地温数据少。综合部分单井测温及地温梯度法评价馆陶组温度。统计研究区43口枣Ⅳ、Ⅴ油组试油测温资料，计算地温梯度3.19~3.78℃/100m，折算馆陶组中部静温49.6~64.3℃，平均58℃，表明馆陶组主要发育中低温水热型地热资源，馆陶组热储温度平面分布存在4个相对高温区(图2)。

1.3　地热资源计算

国内外地热资源评价方法很多，主要包括地表热流量法、热储法、最大允许降深法、平面裂隙法、解析模型法、统计分析法、类比法和数值模型法等。针对研究区地质条件及实际资料情况分别采用热储法和三维地质建模法2种方法对地热资源量进行了计算。

1.3.1　热储法

热储体积法是水热型地热资源评价最为常用的方法，计算结果包括岩石骨架和孔隙流体中相对于参考温度的全部热量。该方法主要用于有一定数量深部地热钻井资料的地热资源量计算，计算公式为：

$$Q=A\cdot H\cdot C\cdot(T-T_0) \tag{1}$$

$$C=\rho_r\cdot C_r\cdot(1-\varphi)+\rho_w\cdot C_w\cdot\varphi \tag{2}$$

$$W=A\cdot H\cdot\varphi \tag{3}$$

$$Q_w=\rho_w\cdot C_w\cdot A\cdot H\cdot\varphi\cdot(T-T_0) \tag{4}$$

式中，Q为地热资源量，J；A为热储面积，m^2；H为热储厚度，m；C为热储岩石和水的综合比热容，J/(kg·℃)；T为热储温度,℃；T_0为起算温度,℃；ρ_r、ρ_w分别为岩石和水的密度，kg/m^3；C_r、C_w分别为岩石和水的比热容，J/kg·℃；φ为岩石的孔隙度,%；W为热储层中的地热水资源量，m^3；Q_w为热储层中的地热流体热量，J。

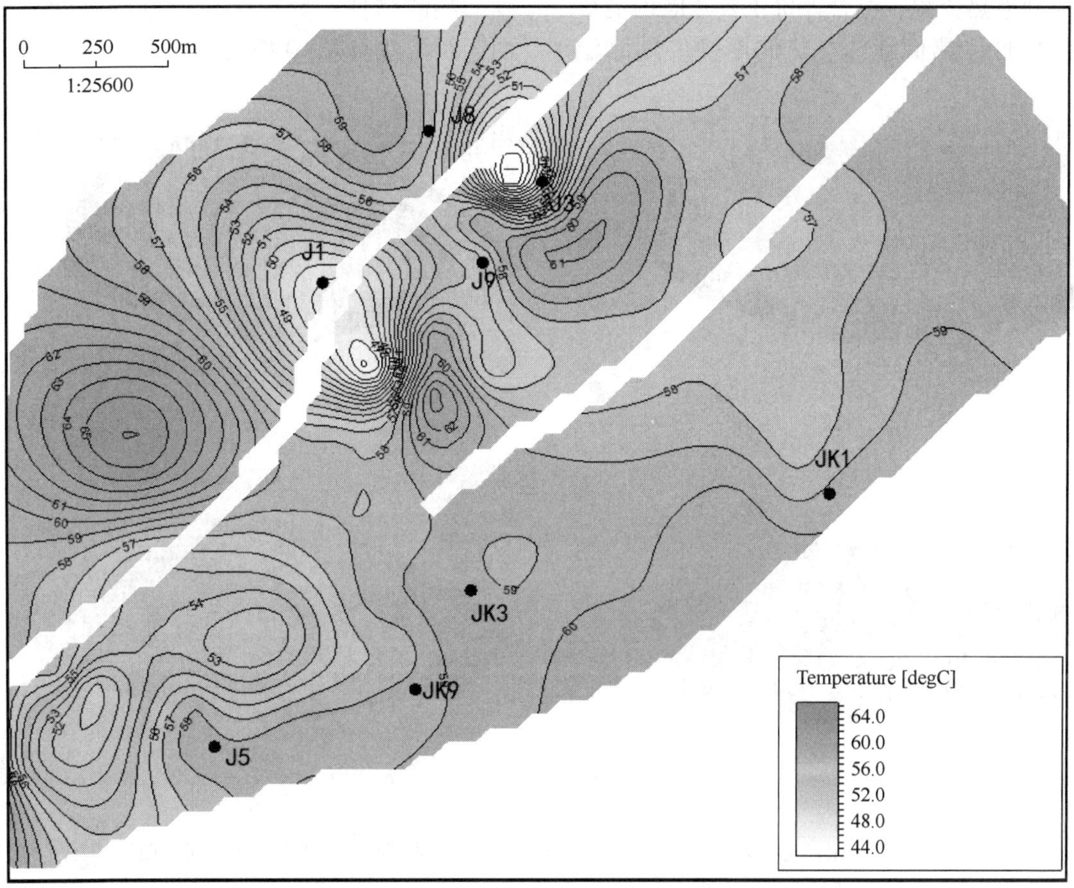

图 2　研究区馆陶组热储温度平面分布图

计算中，岩石、水热物理参数参照《地热资源地质勘查规范》(GB/T 11615—2010)、热储厚度、温度和孔隙度取研究区热储特征参数平均值(表 1)。

表 1　研究区馆陶组热储特征参数表

热储面积/km^2	热储有效厚度/m	热储顶板/m	孔隙度/%	弹性释水系数/10^{-5}	热储温度/℃	流体密度/(kg/m^3)	岩石密度/(kg/m^3)	岩石比热/(kcal/kg·℃)	流体比热/(J/kg·℃)
8.6	120	1200	28	11.84	60	986.17	2600	878	4180

1.3.2　三维地质建模法拟合资源量

本文提出的通过三维地质建模拟合地热资源量是一种改进的热储法，适合计算资料丰富、数据较多情况下的地热资源量。建模面积 8.6km²，以馆陶组顶、底为层面，建立构造框架模型；将研究区划分为 8 万多个 100 * 100 * 5m 的小立方体网格，有井区采用井数据，无井区采用网格插值求评价参数，建立研究区 NTG 模型、孔隙度模型、温度模型和综合比热容模型(图 3)。

提出热储评价关键参数 CpT，描述岩石和流体对热传导的响应，表征非均质储层的热储能力，CpT 通过温度和综合比热容两个参数求取。改进的热储法将模型进行数学运算得到每个立方体网格的地热资源量，最后汇总得到整个研究区的资源量。CpT 热储评价模型在无井区域进行了热储能力预测，再现了三维热储发育特征，使得资源评价结果更加准确。

综合热储法和三维地质建模拟合资源量，结果表明，研究区馆陶组热储面积 8.6km²，地热资源总量 0.13×10^{18}J、地热水资源量 $2.9\times10^{8}m^{3}$、地热水热量 0.05×10^{18}J，资源丰度为 $15\times10^{15}J/km^{2}$，热储资源丰富。

2　长停井转地热利用潜力评价

2.1　评价原则建立

本文针对附近生活区供热需求，选取距离生活区 2km 范围长停井共 48 口，在此基础上进行综合评价筛选重点潜力井。研究区属于沉积盆地内的水热型地热资源，综合评价主要考虑构造形态、热储岩性、热储埋深、热储厚度、热储温度、热储物性、资源丰度、井筒条件、井场地面、经济效益等10项指标要素。

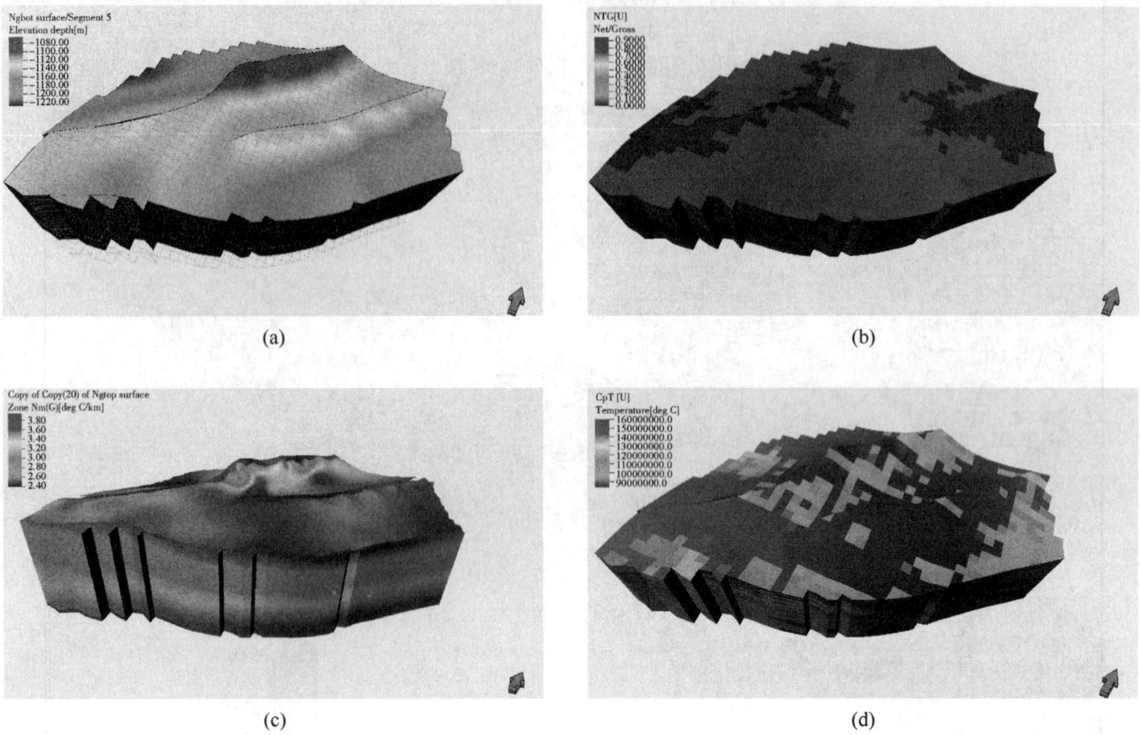

图3　研究区馆陶组热储模型(a：网格框架模型；b：NTG 模型；c：温度模型；d：CpT 模型)

地热开发利用需要丰富的地热资源量，单位面积资源量越高，开发利用的效果越好；热储埋深越浅、温度越高，开发的经济性就越好。重点涉及的评价参数主要为热储面积、厚度、埋深、温度、比热、孔隙度、资源丰度、井筒条件、井场地面等。

2.2　评价方法建立

本文建立了长停井转地热利用的定量评价方法，对长停井转地热利用潜力进行分类评价。以“资源是基础、经济是保证”的理念为指导，将评价指标按重要性排序，赋予不同的权值 w_i，涉及资源和经济指标的综合权重均大于0.1，其他评价指标的权重分配见表2。

定义各指标评语集和对应评语标度 c：优(0.4)、良(0.3)、中(0.2)、差(0.1)。根据专家经验，制定长停井评价要素标准(表3)，赋予待利用长停井评语标度，运用公式5进行矩阵运算得到隶属度 p_j，将隶属度运用公式6进行 Z-score 归一化处理，得出反映长停井利用潜力的综合指标 PCI_j。

$$p_j = \sum_{i=1}^{m} CW_i \tag{5}$$

式中，j 代表待评价井号，$i=1$，$2\cdots$，m(m 为代表评价指标的个数)；w_i 代表第 i 种评价指标的权重值；c 为专家评语标度取值。

$$PCI_j = \frac{(p_j - u) * 100}{\sigma} \tag{6}$$

式中，u 为数据 p_j 的均值；σ 为数据 p_j 的标准差。

表2　长停井转地热利用综合评价指标及分类评价结果

选定评价指标集	构造形态	热储岩性	热储埋深	热储厚度	热储温度	热储物性	储地比	资源规模	井筒条件	井场地面	经济效益	矩阵运算与隶属度计算	计算归一化隶属度	隶属标准	评价级别
给定各指标权重，a	0.025	0.025	0.1	0.1	0.125	0.1	0.1	0.2	0.05	0.05	0.125				
给定各指标评语集	优、良、中、差														
给定评语标度	0.4、0.3、0.2、0.1														

续表

选定评价指标集	构造形态	热储岩性	热储埋深	热储厚度	热储温度	热储物性	储地比	资源规模	井筒条件	井场地面	经济效益	矩阵运算与隶属度计算	计算归一化隶属度	隶属标准	评价级别
J9	0.3	0.4	0.4	0.4	0.4	0.4	0.4	0.4	0.4	0.4	0.4	0.40	99	≥80	Ⅰ类
J3	0.3	0.4	0.4	0.4	0.4	0.4	0.4	0.4	0.4	0.4	0.4	0.40	99		
JK1	0.3	0.4	0.3	0.4	0.4	0.4	0.4	0.4	0.4	0.4	0.4	0.39	97		
JK3	0.3	0.4	0.3	0.4	0.4	0.4	0.4	0.4	0.3	0.4	0.4	0.38	96		
JK9	0.3	0.4	0.3	0.4	0.3	0.3	0.4	0.3	0.3	0.4	0.3	0.33	82		
J5	0.3	0.4	0.3	0.4	0.3	0.3	0.4	0.3	0.3	0.4	0.3	0.33	82		
J8	0.2	0.4	0.3	0.3	0.2	0.3	0.3	0.3	0.2	0.2	0.2	0.27	66	60-80	Ⅱ类
J7	0.2	0.4	0.3	0.3	0.2	0.3	0.3	0.3	0.2	0.2	0.2	0.27	66		
J1	0.1	0.4	0.2	0.2	0.2	0.2	0.3	0.3	0.2	0.2	0.2	0.23	58	<60	Ⅲ类

表3　长停井转地热利用潜力定量评价要素及标准

序号	评价事项	评价要素(A)	要素评价标准(B)			
			好(0.4)	良(0.3)	中(0.2)	差(0.1)
1	地质条件	构造形态	背斜	断鼻	复杂断裂构造	斜坡构造
2		热储埋深(m)	<1500	1500-2800	2800-4500	>4500
3		热储岩性	砂岩	碳酸岩	火成岩	油页岩
4		热储厚度(m)	>150	100-150	50-100	<50
5		热储温度(℃)	>55	50-55	45-50	<45
6		储层物性(%、mD)	Φ≥25K≥500	25>Φ≥20500>K≥300	20>Φ≥15300>K≥100	Φ<15K<100
7		资源丰度 10^{15}J/km²	>15	10-15	5-10	<5
8	井况条件	井筒条件	直接利用	修整利用	修整困难	无法利用
9		地面管线	位于供热区内	供热区 2Km 内	供热区 5Km 内	供热区 10Km 内
10	经济效益	内部收益率	>20	12-20	8-12	<8

2.3　潜力评价结果

对研究区48口长停井进行了综合指标 PCI_j 计算及分类评价，PCI_j 大于80分的长停井条件优等，划分为I类，优先实施；60~80分的条件良好，划分为II类，备选实施；小于60分的暂不实施。圈定出J9、J3、JK1等6口潜力井优先实施，长停井利用潜力分类评价结果见表2。

3　建立现场先导试验

对研究区J9井进行了现场先导试验。通过测井曲线解释成果及成井工艺等分析研究，将馆陶组采用89射孔器进行射孔，共计射开62m/5层。试水试验结果表明：出水量为200~386m³/d，水温为46~52℃，静水位为97m。考虑井筒效应，经过水位校准，绘制涌水量与动水位、水位降深拟合曲线(图4)，确定J9井井流方程：

$$h=0.90Q+79.188 \tag{7}$$

式中，h 为水位埋深，m；Q 为涌水量，m³/h。

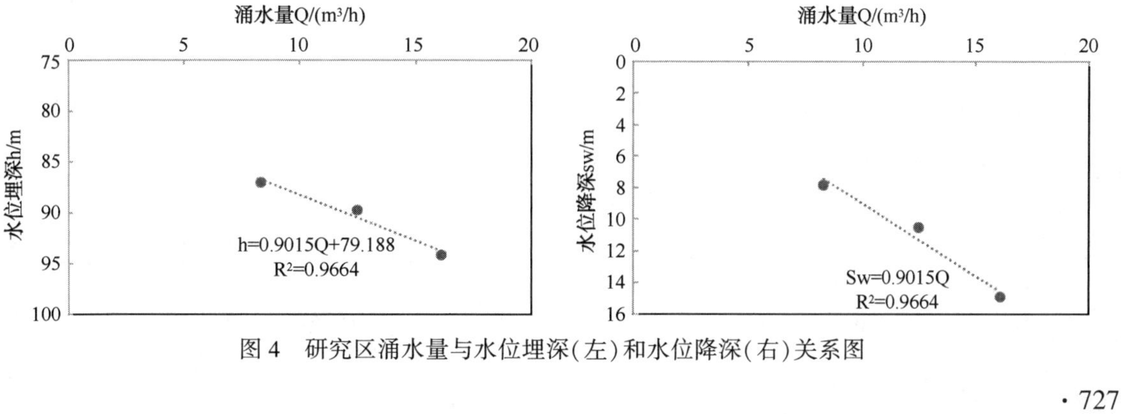

图4　研究区涌水量与水位埋深(左)和水位降深(右)关系图

试水水位最大降深取 50m，最大允许开采量 Q 为 55.46m^3/h，涌水量为 1331m^3，最大允许开采量对应动水位 129.2m，研究区具备中产产能水平。

4 结论

（1）统计研究区枣 IV、V 油组试油测温资料，地温梯度 3.19～3.78℃/100m，折算馆陶组中部静温 49.6～64.3℃，平均 58℃，表明馆陶组主要发育中低温水热型地热资源，馆陶组热储温度平面分布存在 4 个相对高温区。地热资源评价结果表明：研究区馆陶组地热资源总量为 0.13×10^{18}J、地热水资源量为 $2.9 \times 10^{8} m^3$、地热水热量为 0.05×10^{18}J，资源丰度为 15×10^{15}J/km^2，热储资源丰富。

（2）优选地热资源量、温度、埋深、物性等 10 项评价参数，将评价参数按重要性排序，通过矩阵运算建立了长停井转地热利用潜力评价定量指标 PCI，对长停井进行分类评价。结果表明：研究区馆陶组长停井划分为 3 类，Ⅰ类为条件优等长停井，PCI 大于 80 分，圈定 6 口潜力井优先实施；Ⅱ类为条件良好长停井，PCI 为 60～80 分，下步实施；Ⅲ类为条件较差长停井，PCI 小于 60 分，暂不实施。

（3）J9 井试水试验结果表明，馆陶组 62 米水层，出水量为 200～386m^3/d，水温为 46～52℃，静水位为 97m。50m 水位降深条件下最大允许开采量为 55.46m^3/h，研究区地热井具备中产产能水平。

参 考 文 献

[1] 周立宏．“双碳”目标下油气田企业的机遇，挑战与对策——以大港油田为例[J]．世界石油工业，2021，28(4)：8.

[2] 汪集暘，邱楠生，胡圣标，等．中国油田地热研究的进展和发展趋势[J]．地学前缘，2017，24(3).

[3] 王社教，李峰，闫家泓，等．油田地热资源评价方法及应用[J]．石油学报，2020，41(5).

[4] 饶松，高腾，肖红平，等．中国油区地热开发利用进展[J]．科技导报，2022，40(20)：11. [5] 闫家泓，王社教，姚艳华，等．油区地热资源评价与开发利用实践[M]．北京：石油工业出版社，2022.

[6] 蔺文静，刘志明，王婉丽，等．中国地热资源及其潜力评估[J]．中国地质，2013，40(01)：312-321.

[7] 王贵玲，张薇，蔺文静，等．京津冀地区地热资源成藏模式与潜力研究[J]．中国地质，2017，44(6)：1074-1085.

[8] 邹红丽，莫中浩．天津大港地区地热资源特征、开发现状及规划[C]//北京地热国际研讨会．2002.

[9] 唐永香，李媛媛，俞礽安，等．油田区地热资源的集约化开发利用分析：以滨海新区为例[J]．中国矿业，2019(4)：6.

[10] 宋先知，许富强，宋国锋．废弃井地热能开发技术现状与发展建议[J]．石油钻探技术，2020(006)：048.

[11] 李波．天津地热资源可持续开发利用对策研究[D]．天津大学[2023-07-15].

[12] 杨云展．黄骅台陷沧州段馆陶组热储特征及地热资源评价[D]．中国地质大学(北京)，2020.

[13] 董月霞，黄红祥，任路，等．渤海湾盆地北部新近系馆陶组地热田特征及开发实践——以河北省唐山市曹妃甸地热供暖项目为例[J]．石油勘探与开发，2021，48(3)：666-676.

[14] 饶松，肖红平，王朱亭，等．渤海湾盆地馆陶组热储特征与地热资源评价[J]．天然气工业，2023，43(05)：141-152.

[15] Limberger J，Boxem T，Pluymaekers M，et al. Geothermal energy in deep aquifers：A global assessment of the resource base for direct heat utilization [J]. Renewable and Sustainable Energy Reviews，2018，82，Part 1：961-975.

可反馈井下换层信息的分层找卡水采油技术研究与应用

杨天成　舒　畅　王文韬　胡金铜　张秀梅　樊琳琳

(中国石油大港油田公司)

摘　要　针对目前分层找卡水采油技术存在换层操作繁琐、复杂井况管柱坐封困难、生产有效期短、井下换层结果不能验证等问题，开发了一体化液压坐封、可反馈井下换层信息的分层找卡水采油技术，实现分层找卡水采油管柱一体化液压坐封及在不动生产管柱下快速有效完成多生产层任意一层或几层段的找、卡水与安全分层生产，提高分层找卡水采油施工作业成功率和生产有效期，降低生产成本。在大港油田试验了5口井，实现施工作业一次成功、不动管柱连续快速控制多层互换分采，提高了采油效率，节省了生产成本。

关键词　分层找卡水采油；换层生产；液压坐封；反馈井下换层信息；压力信号码

分层找卡水采油技术是为了提高油层动用程度和采收率而研发的新型采油技术。目前抽油机井中应用分层找卡水采油一体化管柱，顶部配套机械式封隔器(Y211、Y221等)，在深斜井、结蜡井等复杂井况中机械封隔器坐封困难，且密封有效期短，影响工艺适用性。而且在地面通过泵车加压控制井下分层控制工具换层，井下换层信息无法反馈，不能直观验证换层结果。为此开展了可反馈井下换层信息的分层找卡水采油技术研究，以实现一体化液压坐封、高效换层生产、及时反馈井下换层信息、直观验证换层结果的目的，减少作业量，降低作业费用，达到降本增效的目的。

1　可反馈井下换层信息的分层找卡水采油工艺研究

1.1　一体化液压坐封及可反馈井下换层信息的分层找卡水采油工艺研究

针对目前分层找卡水采油工艺管柱顶部必须配套机械式封隔器，在复杂井况下坐封困难、生产有效期短、不能直观验证换层结果的问题，研究开发一体化液压坐封及可反馈井下换层信息的分层找卡水采油工艺，提高工艺管柱在深斜井、结蜡井等复杂井况中施工成功率及安全生产有效期，直观验证换层结果(图1、图2)。

1.1.1　工作原理

先下入一体化液压坐封的分层找卡水采油工艺管住至设计位置，油管加压坐封各级液压封隔器后，关闭滑动式双球泵底阀，形成单流阀；再下入抽油杆，按生产方案分采生产；当生产方案调整时，用泵车从油套环空向井下加压，传递压力信号，进行换层生产，同时反馈井下换层信息、直观验证换层结果。

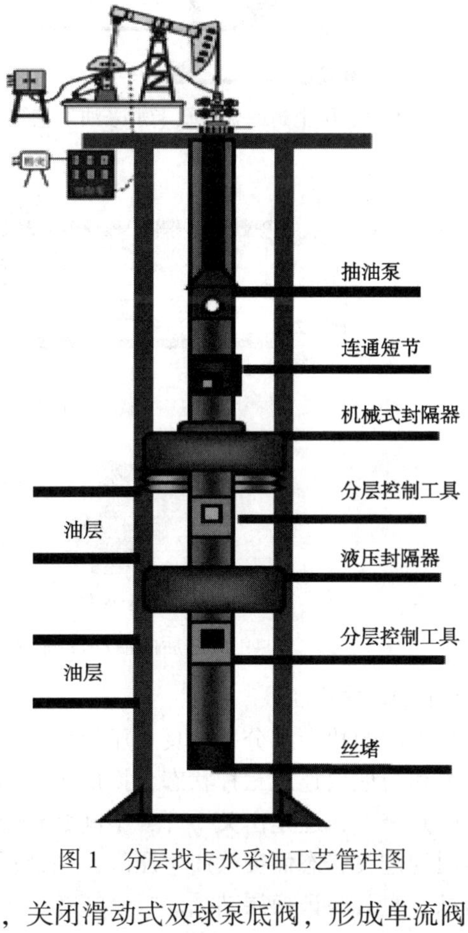

图1　分层找卡水采油工艺管柱图

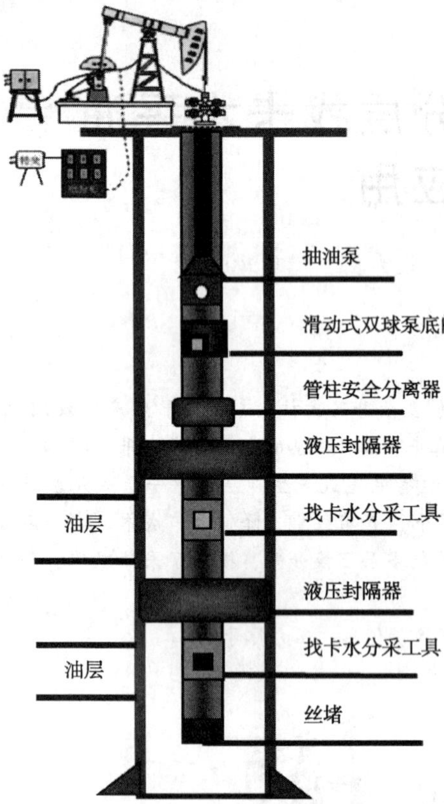

图2　一体化液压坐封的分层找卡水采油工艺管柱图

1.1.2　特点

（1）一体化工艺管柱无需配套机械式封隔器，在深斜井、结蜡井等复杂井况中适应性强、密封有效期长。

（2）找卡水分层工具可实现多次定时自动生产或关闭，无需人工操作实现换层生产。

（3）可从油套环空向井下加压，传递压力信号，进行换层生产。

（4）在进行换层作业同时反馈井下换层信息、直观验证换层结果。

（5）可实现多层（两层以上）任意一层或几层换层分采。

1.2　配套工具研制

1.2.1　可反馈井下换层信息的找卡水分采工具研制

原分层控制工具加压换层时油嘴只有开与关两种状态，且都不与地层连通，井下换层信息无法反馈，不能直观验证换层结果。

研究改进找卡水分采工具结构，结合电机控制技术，实现换层时井下信息反馈，直观验证换层结果（图3、图4）。

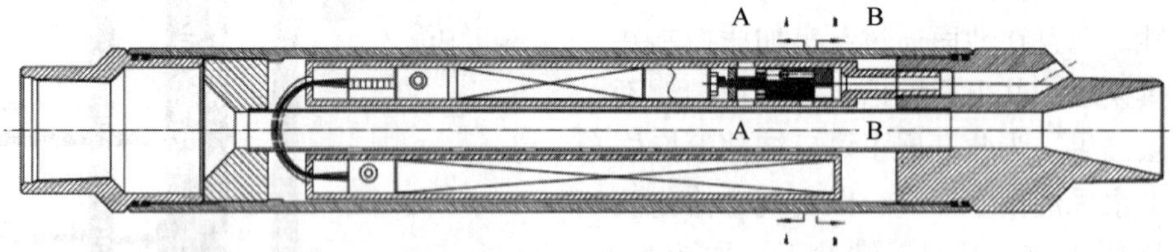

图3　可反馈信息的找卡水分采工具示意图

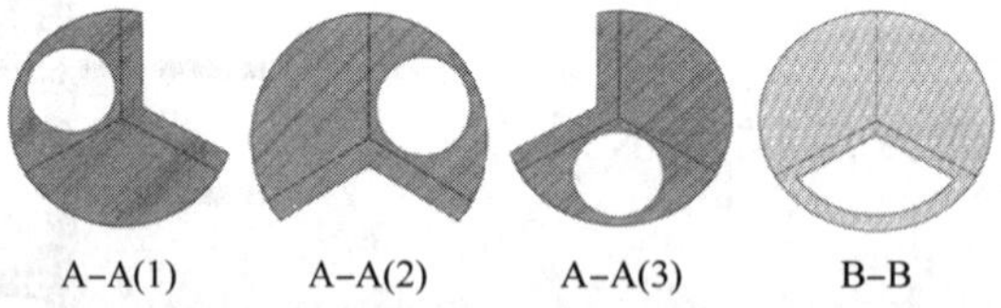

图4　改进后的活动油嘴（A）开启、过度、关闭状态及固定油嘴（B）示意图

1.2.1.1　工作原理

改进后的找卡水分采工具加压换层时油嘴有开、关和与地层连通三种状态，换层施工时，无论是由开→关，还是由关→开，中间必经过与地层连通的过渡状态而突然产生压降，由此反馈换层信息，直观验证换层结果。

1.2.1.2　特点

（1）软件初始化设置找卡水分采工具层号、外加压力、定时开关状态等参数。

（2）通过压力信号码与井下通讯，控制找卡水分采工具开启、关闭状态。

（3）可在地面设置各压电开关多次定时自动开启或关闭。

（4）由开→关，经过1次与地层连通的过渡状态，产生1次压降；

（5）由关→开，经过2次与地层连通的过渡状态，产生2次压降。

1.2.1.3　技术参数

（1）最大外径：Φ114mm。

（2）工作压力：≤35MPa。

（3）工作温度：≤125℃。

（4）工作时间：3年。

1.2.2　滑动式双球泵底阀研制

为解决分层找卡水采油工艺管柱顶部必须配套机械式封隔器，在复杂井况下坐封困难、生产有效期短的问题，研制了滑动式双球泵底阀。

1.2.2.1　工作原理

滑动式双球泵底阀初始处于管内常通、对管外密封状态，便于管柱坐封等措施施工；当加压至设定压力值后，剪切剪钉、内滑套下移，两密封球入座，形成双球座单流阀结构，同时打开反洗井通道，与管外连通(图5)。

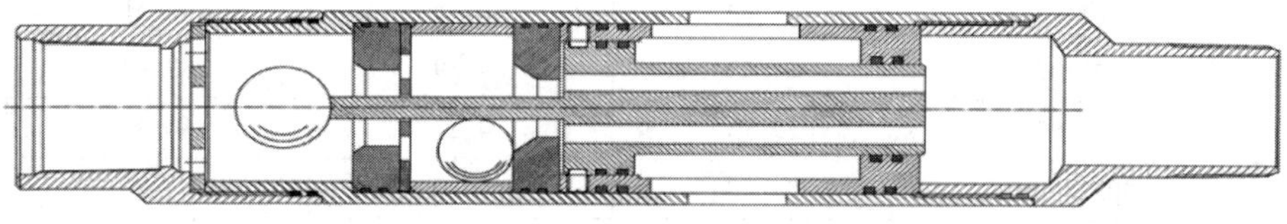

图5　滑动式双球泵底阀

1.2.2.2　特点

（1）双球座密封结构，相对于投球(或投杆)式泵底阀，密封效果安全可靠。

（2）具有反洗井功能。

（3）摆脱了一体化分层找卡水采油管柱必须配套机械封隔器的限制；

1.2.2.3　技术参数

（1）最大外径：Φ114mm。

（2）适应井斜：≤60°。

（3）工作温度：≤150℃。

（4）工作压力：35MPa。

（5）关闭压力：10~30MPa 可调。

1.2.3　管柱安全分离器研制

研制了管柱安全分离器，用于电泵井分层找卡水采油管柱丢手，以便下电泵管柱生产；也可用于油管柱遇卡时，油管柱下部丢手，以利于进一步处理，避免大修(图6)。

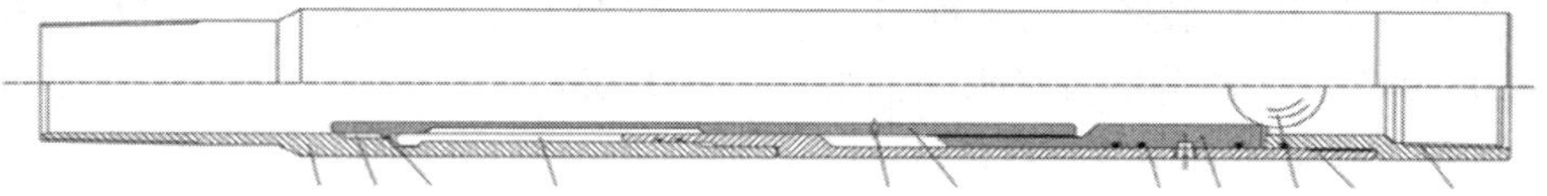

图6　管柱安全分离器示意图其特点

（1）投球加压与正旋转管柱两种脱手方式，更安全可靠。

（2）旋转丝扣无需密封及承受轴向拉力，解决了传统反扣安全接头反旋丝扣不密封易渗漏，及承受轴向大负荷拉力后黏扣不易旋转脱手的问题。

（3）工具脱手后，球座与分瓣爪随上部油管提出，内通径大，便于管柱打捞。

1.3　通信压力信号优化研究

现有分层找卡水采油工艺每次只能操控一组压力信号码控制一层生产状态，换层最短操作时间32min、最长操作时间75min，且每次换层前需要稳压等待50min，平均每换一层生产状态需100min，每口井换层分采操作平均需要4h。结合现场实际条件，优化通讯压力信号，简化换层操作程序，保障换层成功率，每口井换层分采时间控制在1.5h以内，提高换层效率60%以上。

（1）减少稳压等待时间：通过优化，将每次换层前需要稳压等待时间降至10min，极大提高了现场换层作业时间可控性。

（2）增加公用控制信号码：在每层找卡水分采工具油嘴开、关状态一一对应一组压力控制信号的基础上，根据现场应用情况，增加公用控制信号码，每次操控一组公用控制信号码可控制井下多层生产状态。

如全开码控制井下所有层开启生产，全关码控制井下所有层关闭，第一层开码控制除第一层开启外、其他所有层关闭，第一层关码控制除第一层关闭外、其他所有层开启，……，提高换层效率的同时保障换层成功率。

2　现场试验

目前已在大港油田现场试验应用5口井，现场施工作业均一次成功，分层找卡水后增油降水效果显著(表1)。

表1　试验井应用效果对比

井号	生产日期	日产液量/t	日产油量/t	含水率/%	备注
BN3-7井	2021/12/23	93.20	2.85	96.94	分层生产前
	2022/01/12	73.67	39.66	46.17	分层生产后
	2022/04/22	68.52	24.83	63.76	
KX1018-1井	2022/01/25	23.17	0.19	99.18	分层生产前
	2022/02/18	23.20	0.16	99.31	
	2022/02/26	27.30	4.39	83.92	分层生产后
	2022/03/17	27.33	4.27	84.38	
F31-18井	2022/08/23	58.70	0.82	98.60	分层生产前
	2022/08/26	58.70	0.65	98.89	
	2022/08/31	70.10	2.03	97.10	分层生产后
	2022/10/17	69.10	1.93	97.20	
Y2-17-2井	2022/11/01	6.80	1.15	82.96	分层生产前
	2022/11/05	6.75	1.19	82.37	
	2022/11/08	3.80	3.15	17.10	分层生产后
	2022/11/13	3.75	3.19	14.93	
G6-10-2井	2023/06/09	40.17	2.41	94.0	分层生产前
	2023/06/12	50.10	7.38	85.27	分层生产后
	2022/06/22	46.51	6.45	86.13	

其中BN3-7井分层找卡水采油措施前日产油2.85t、含水96.94%，实施分层找卡水采油措施后，初期日产油39.66t、含水降至46.17%，后期日产油9.83t、含水76.72%，已累计增油1363t。

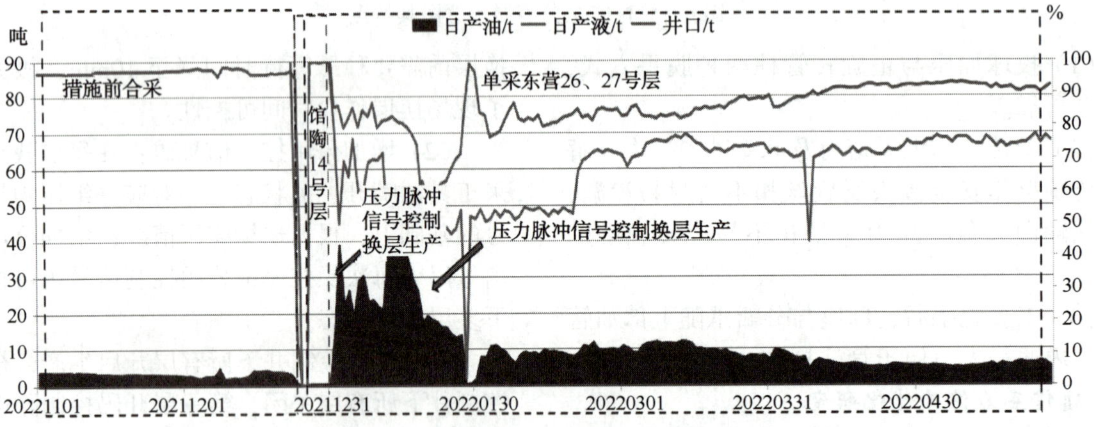

图7　BN3-7井分层找卡水采油生产曲线图

3　结论

研究完善的分层找卡水采油工艺技术，实现一次完井、不动管柱地面更高效控制多套层系找水、卡水及换层分层采油生产，提高采油井生产效率，降低作业量、节省作业费用。

（1）一体化液压坐封工艺管柱无需配套机械式封隔器，在深斜井、结蜡井等复杂井况中适应性强，提高了施工作业成功率和安全生产有效期长。

（2）研究优化的通讯压力信号，可靠性高，保障了换层成功率，提高了作业和生产效率。

（3）现场试验结果表明，在进行换层作业同时可有效反馈井下换层信息、直观验证换层结果，提高了换层可靠性与地层认识。

（4）可反馈井下换层信息的分层找卡水采油

技术的应用，提升了油田开发效果，达到降本增效的目的。

参 考 文 献

[1] 张雷，任厚毅，郑金中，等. 机械防砂与分层采油一体化管柱研究与应用. 石油机械，2006(05)：51-53.

[2] 孟永. 分层采油新技术研究与应用. 广州化工，2013(23)：140-141.

[3] 李志广，闫永维，李风涛，等. 保护油层分层采油工艺管柱试验研究. 石油矿场机械，2014(11)：57-60.

[4] 甄宝生，胡中太. 潜油电泵井“Y”型管柱测试技术. 油气井测试，2002(03)：37-38

[5] 朱洪征，姬园，吕旭，等. 分层采油工艺管柱受力分析及优化. 石油矿场机械，2010. 39(10)：47-50.

[6] 王岩. 基于油田发展阶段的分层采油技术研究. 中国石油和化工标准与质量，2023，43(09)：196-198.

[7] 刘合，郑立臣，杨清海，等. 分层采油技术的发展历程和展望. 石油勘探与开发，2020，47(05)：1027-1038.

智能间抽控制技术的研究与应用

薛良玉 毛 洋 杜宏伟 罗 瑞 周 涛 郅晨旭

（中国石油华北油田分公司二连分公司）

摘 要 低产液油井泵效低，尤其是日产液 $5m^3$ 以下油井，平均泵效不足20%，管式泵空抽，无效举升能耗高，受地面设备的限制，冲次没有持续下调的空间，已达不到连续开井的条件，目前计配站无固定值班人员，依靠人工间抽，劳动强度大，用车成本高，当遇到严寒、风雪等特殊天气，无法保障有效执行，对此根据不同油井的数字化配套条件，开展了区别性智能间抽控制技术研究。在数字化配套完善的油井，根据井口连续监测的示功图充满程度变化趋势确定最佳的停机时机和最佳启抽时机；针对数字化配套不完备的油井，采用电参量模块结合角位置传感器采集数据绘制成一个冲次内的电流图，提取电流图的特征点计算泵充满度变化趋势确定最佳停抽时机和启抽时机。对现有的控制柜进行改造，对RTU程序进行升级，增配智能间抽控制器、活物监测雷达、声光报警、转换开关等，实现了油井的自动启停巡优间抽控制，同时消除了远程启抽时，因现场情况不明存在的安全隐患。智能间抽技术的实施，可以通过传感器和优化算法确定油井的启停时间，动态调整间抽制度，变革了传统的间抽模式，减轻了现场员工劳动强度，提高了生产效率，更有利于释放油井产能，在保证产量不降的前提下，节约运行能耗，经现场应用，综合节电率达30%以上。

关键词 智能间抽；低产油井；间开；示功图；电参

老油田进入开发中后期，处于弹性驱和注水不见效的抽油机井大部分进入供液不足生产阶段，抽油机举升系统受最低冲次的限制，已达不到连续开井的条件。2022年二连油田产液小于 $3m^3$ 油井500多口，平均泵效只有10.6%，举升无效能耗高，这部分井通过常规调参提效空间已非常有限。依靠人工间抽，劳动强度大，用车成本高，且二连油田冬季受严寒、风雪等气候影响，人工间抽实施难度大。近年来，国内部分油田已试验实施智能间抽技术，诸多公开的间抽控制系统和装置通过传感器和优化算法确定油井的启停时间，动态调整间抽制度，起到了很好的节能降耗作用。但在间抽制度优化上主要根据示功图或液面测试仪推测出液面恢复规律或产出液规律，确定固定的停机时间和启抽时间，过程计算误差大、执行难度大，不能有效发挥油井产能，在油井供排关系变化趋势的判断方式上以及间抽周期的智能优化上还存在一定的缺陷。本文根据不同油井的数字化配套条件，分别采用了示功图和电功图改进优化了智能间抽周期确定方法，取得较好的应用效果。

1 根据示功图确定油井最佳间抽周期的方法

1.1 技术原理

应用于低产液抽油机井确定最佳的间抽周期。根据井口连续监测的油井示功图，以示功图充满程度变化趋势代表静液面恢复曲线，油井连续工作时，当示功图充满程度降到一定值不再显著减小时为最佳停井时机；以固定步长增加油井停井时间，绘制散点图趋势线，当停井时间增加，启抽运行时间不再显著增加时为最佳启抽时机，此方法可在基本不影响产量的情况下，最大限度实现节电。所述停机时间为定值，启抽运行时间为变动值。

1.2 硬件配置

示功图采集单元：通过载荷传感器定时采集示功图信息，并通过RTU实现数据的传输。

智能间抽控制单元：分析示功图信息，实现停抽时间寻优获取，停井时间智能分析控制间抽制度，具备智能间抽控制模式、手动设参间抽控制模式。

雷达声光报警单元：在抽油机曲柄、电机、皮带等容易发生机械伤害的区域安装雷达声光报警装置，启抽前扫描附近活物存在，联锁控制，消除了远程启抽时，因现场情况不明存在的安全隐患。活物监测雷达安装在控制柜面向抽油机方向，雷达前方横向120°，纵向65°，纵深6m作为安全探测区域，可覆盖抽油机曲柄、电机、皮带等容易出现机械伤人的区域，通过间抽控制器判断启井时间前10min内如果有人体移动则被探测器检测为预警信号。并延迟10min时间后再做启井判断，保障间抽期间启井前的安全判断。

1.3 间抽控制流程

（1）油井按设计冲次连续生产3天以上，测试示功图计算边界充满程度 σ_b，取2倍 σ_b 设为停机充满程度 σ_s，若循环不能收敛，可适当调整停机充满程度 σ_s 的数值；所述的充满程度=AD/BC。特征点（图1）。

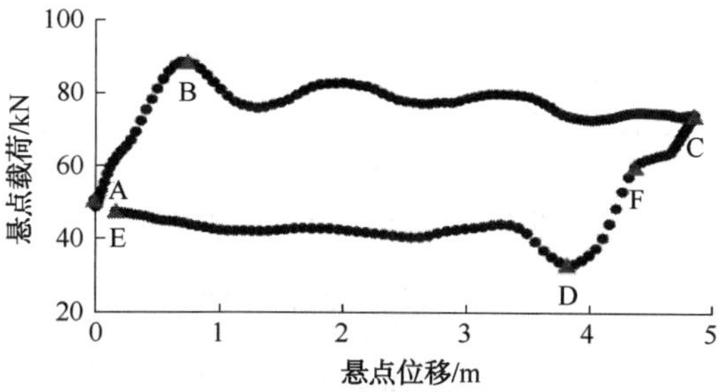

图1　求解示功图充满程度

（2）转为间抽生产，初始停机时间设置为30min，启抽后连续测试示功图计算充满程度，当充满程度连续计算三次降至停机充满程度 σ_s 时停机，记录启抽运行时间 t_1；所述初始停机时间可根据油井供液能力情况进行调整；所述启抽运行时间 t_1 为启抽至停机的运行时间。

（3）停机时间按固定步长增加，重复步骤（2），当停抽时间增加，启抽运行时间不再增加时结束，记录每次的启抽运行时间 t_n；所述固定步长一般为10min；所述 n 大于等于3次。

（4）以停机时间为横坐标，启抽运行时间为纵坐标，将实验数据绘制成散点图趋势线，接近极点时对应的整数时间为最佳停机时间，最佳启抽运行时间为变化值，即为启抽至充满程度降至停机充满程度 σ_s 时的运行时间；所述散点图趋势线一般为幂函数曲线或者二次多项式曲线；所述整数时间一般为10min的整数倍，方便计算一天运行时间以及计算当天产液量。确定最佳停机和启抽时机见图2。

（5）每隔固定时间重复步骤（2）～（4），根据外界条件变化动态优化间抽制度。所述固定时间一般为1个月。根据示功图确定最佳间抽周期的流程如图3所示。

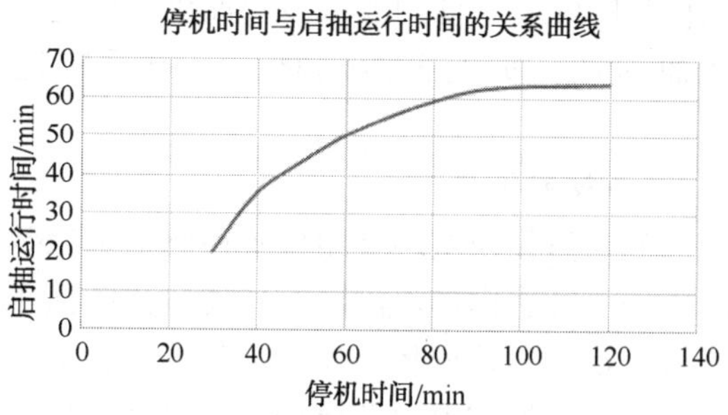

图2　确定最佳停机时间

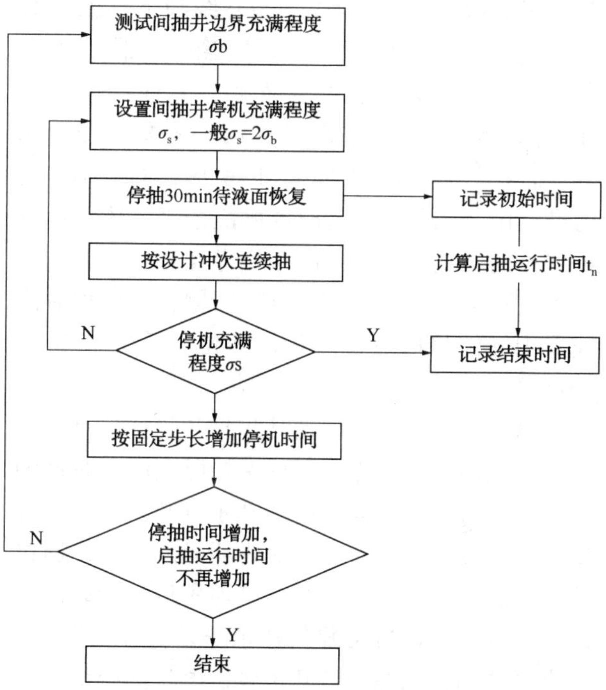

图3　根据示功图确定最佳间抽周期的流程图

2 根据电参量确定油井最佳间抽周期的方法

2.1 技术原理

应用于数字化配套不完备的低产液抽油机井确定最佳的间抽周期。电参量模块结合角位置传感器采集数据绘制成一个冲次内的电流图，提取电流图的特征点可计算泵充满度。根据电流图判断泵充满度变化趋势寻找最佳停抽时机和启抽时机，并可动态调整间抽制度，在保证产量基本不降的前提下，最大限度实现节电。所述停机时间为定值，启抽运行时间为变动值。相比常规的智能间抽控制系统，不需要配套载荷传感器，不需要变频器控制柜，不需要连续采集示功图，适用于在物联网配套较低的低产液抽油机井确定最佳的间抽周期，实现智能间抽，应用适应范围更广。

2.2　间抽控制流程

（1）电参量模块结合角位置传感器采集数据绘制成一个冲次内的电流图；所述电流图横坐标为位移，根据角位移传感器采集数据结合输入冲程换算所得；所述电流图纵坐标为电流，根据电参量模块采集数据所得。

（2）运用最优角度拟合法确定电流图上反映泵游动凡尔打开的特征点。

第一步：采用拟合曲线法取点。具体方法为：每5~8个点拟合成一条直线与下一条拟合直线进行对比，若前一条直线在第一象限，后一条直线在第二象限，即为A点；若前一条直线在第四象限，后一条直线在第三象限，即为B点；若找出多个类似夹角，以所形成的最小夹角为准。由于采集点以等时间间隔采集，故图上等位移点的密度不同，这时采用等点法拟合的曲线找到的点会不准，为解决这一问题，下行程时曲线采用等位移取点，然后再等位移填充成5~8个点。

第二步：确定泵游动凡尔打开的特征点。依据单周期内下行程中在泵柱塞接触到液面时抽油杆释放弹性变形，同时游动凡尔打开，这个过程反馈到电流上，会有一个非常明显的变化，通过数据过滤、波形分析，结合当前角位移计算出当前的位置，A点为泵游动凡尔开始打开位置，B点为泵游动凡尔完全打开位置。电流图中征点A和B如图4所示。

（3）通过角位移传感器获取单井冲程，计算出当前冲次的泵充满度。所述泵充满程度=B点位移/角位移计算的实际冲程。

（4）确定最佳停机时机。

第一步：油井按设计冲次连续生产3天以上，测试电流图计算充满度σ_b作为目标充满度，若循环不能收敛，可适当调整目标充满程度σ_b的数值。

第二步：油井停机一段时间，间开启抽后，泵充满度降至目标充满程度σ_b时为最佳停机时机。

（5）确定最佳启抽时机。初始停机时间设置为30min，按固定步长增加停机时间，测得启抽后泵初始充满度，若随着停机时间n次增加，初始充满度不再显著增加，达到边界充满度σ_s，此时为间抽最佳启抽时机，对应的停机时间为间抽周期最佳停机时间。所述初始停机时间可根据油井供液能力情况进行调整；所述固定步长一般为10min，可根据实际情况进行调整；所述n大于等于3次。

（6）每隔固定时间重复步骤（4）~（5），根据外界条件变化动态优化间抽制度。所述固定时间一般为1个月。根据根据电参量确定最佳间抽周期的流程如图5所示。

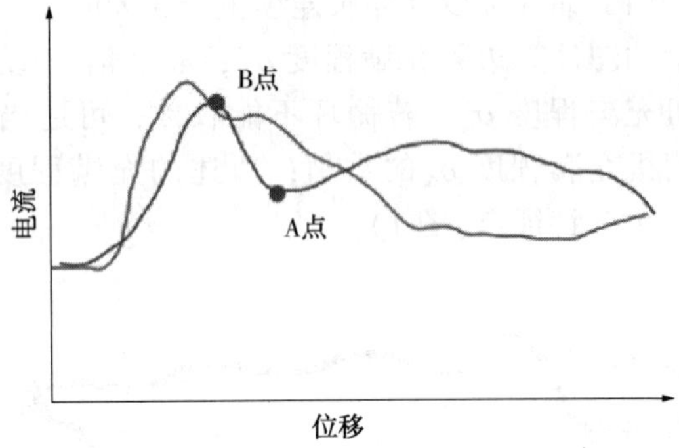

图4　电流图中征点A和B

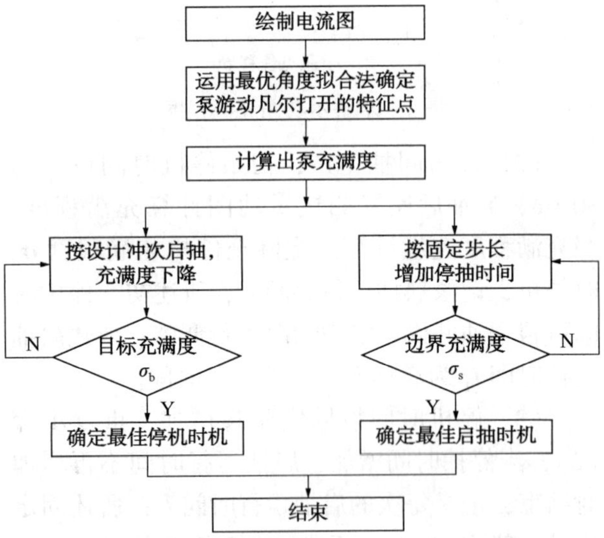

图5　根据电参量确定最佳间抽周期的流程图

3　现场应用及效果评价

3.1　根据示功图确定最佳间抽周期应用效果

2022年在H20井进行了实验：确定最佳停抽时间为160分钟，连续运行时日耗电104.5kW·h，间抽运行时日耗电39.7kW·h，节电率62%。

表 1　H20 井试验数据

<table>
<tr><th>类别</th><th>日期</th><th>冲次/(次/min)</th><th>日液/t</th><th>日油/t</th><th>含水率/%</th><th>日耗电/(kW·h)</th></tr>
<tr><td rowspan="3">工频运行</td><td>1 月 6 日</td><td rowspan="3">4</td><td>1.85</td><td>1.25</td><td>32.5</td><td>99</td></tr>
<tr><td>1 月 7 日</td><td>2.14</td><td>1.44</td><td>32.5</td><td>110</td></tr>
<tr><td>平均</td><td>2.00</td><td>1.35</td><td>32.5</td><td>104.5</td></tr>
<tr><td rowspan="4">智能间抽状态</td><td>1 月 9 日</td><td rowspan="4">停抽 160min，
启抽时间自动寻优</td><td>4.37</td><td>2.95</td><td>32.5</td><td>37.62</td></tr>
<tr><td>1 月 10 日</td><td>2.72</td><td>2.04</td><td>25</td><td>39.56</td></tr>
<tr><td>1 月 11 日</td><td>3.92</td><td>2.94</td><td>25</td><td>41.91</td></tr>
<tr><td>平均</td><td>3.32</td><td>2.49</td><td>25</td><td>39.70</td></tr>
</table>

3.2　根据电参量确定最佳间抽周期应用效果

2022 年在 A2-3 井应用，实现了间抽制度的自动寻优，连续运行时日耗电 71.1kW·h，间抽运行时日耗电 47.3kW·h，综合节电率 37.4%(表 2)。

表 2　A2-3 井试验数据

<table>
<tr><th>日期</th><th>拉油
时间</th><th>拉油称重/
t</th><th>平均日液/
t</th><th>平均日油/
t</th><th>含水率/
%</th><th>抄电表
时间</th><th>日耗电量/
(kW·h)</th><th>备注</th></tr>
<tr><td>3 月 7 日</td><td rowspan="3">7 日 11：40 清罐，
9 日 10：40 拉油称重
(空车 16.42t，
拉油 19.7t)</td><td rowspan="3">3.28</td><td rowspan="3">1.675</td><td rowspan="3">0.74</td><td rowspan="3">56</td><td rowspan="3">7 日 12：30 抄表
底数 1.8kW·h，
9 日 14：04 抄表
148.4kW·h</td><td rowspan="3">71.1</td><td>原态运行</td></tr>
<tr><td>3 月 8 日</td><td>原态运行</td></tr>
<tr><td>3 月 9 日</td><td>原态运行</td></tr>
<tr><td>3 月 10 日</td><td rowspan="3">12 日中午 12 点清罐</td><td rowspan="3" colspan="4">智能间抽巡优，清罐不称重</td><td rowspan="2">11 日 14：54 抄表
233.6kW·h</td><td rowspan="2">41.7</td><td>自动巡优</td></tr>
<tr><td>3 月 11 日</td><td>智能间抽运行</td></tr>
<tr><td>3 月 12 日</td><td rowspan="4">14 日 14：44
抄表 374kW·h；
15 日 15：15 抄表
423.4kW·h</td><td rowspan="4">47.3</td><td>智能间抽运行</td></tr>
<tr><td>3 月 13 日</td><td rowspan="3">15 日 13：30 拉油称重
(空车 16.64t，
拉油 21.6t)</td><td rowspan="3">4.96</td><td rowspan="3">1.62</td><td rowspan="3">0.81</td><td rowspan="3">50</td><td>智能间抽运行</td></tr>
<tr><td>3 月 14 日</td><td>智能间抽运行</td></tr>
<tr><td>3 月 15 日</td><td>智能间抽运行</td></tr>
</table>

选取日产液≤5t 且泵效≤30%的正常生产油井以及现有间开井，共完成 398 口井的智能间抽改造与应用，为保证数据准确性、可比性，现场电表记录电量，随机抽取 47 口井(10%左右)进行对比分析，在产液量基本不变的情况下，单井平均节电率为 34.59%。

4　结论

油井智能间抽技术的规模应用，变革了传统的间抽模式，减轻了现场员工劳动强度，减少用工和车辆使用量，提高了生产效率，盘活了人力资源，助推劳动组织架构的改革，同时实现了在不影响产量的情况大幅降低能耗，减少碳排放，符合当下“碳中和”“碳达峰”的需求。

参考文献

[1] 谢瑛莉．基于示功图的油井智能间抽系统研究[J]．长江大学学报，2017，14(19)：97-99.

[2] 贾志鹏，李盼，念彬，等．基于物联网的油井智能间抽控制系统[J]．物联网技术，2019(4)：59-61.

[3] 曹庆年，张杰，孟开元．基于示功图的抽油机智能间抽系统研究[J]．辽宁化工，2021，50(3)：340-342.

[4] 张乃禄，同志超，陈媛．基于 STM32F429 的新型油井智能间抽控制系统[C]．信息技术与信息化，2021(10)：101-103.

TD-LTE 无线通信系统在沁南煤层气的研究与应用

武永红

（中国石油华北油田公司树智技术公司）

摘　要　为实现山区煤层气生产环境的数据采集、远程控制、视频监控等业务需求，提出一种利用原有基站布局，无扰动替换老化淘汰的 McWiLL 通信模式的 TD-LTE 无线通信系统网络，在不同山地环境的解决方案。

关键词　无线通信系统；煤层气；无线宽带；通信系统

1　引言

沁南煤层气田位于我山西省南部，是我国重要的煤层气资源区之一。该气田地处山区、环境恶劣、井站较多，网络覆盖范围空间受限，综合因素造成了煤层气田与普通油气田自动化网络建设方式、管理模式的不同。为实现煤层气井无线数据采集和视频监控等业务，提高数字化和自动化建设水平，沁南煤层气田建成了 McWiLL 无线通信系统，共包含铁塔 22 座、基站 22 套、通信终端 2000 余套。McWiLL 无线通信系统至今已运行十余年，设备进入严重老化阶段，故障不断、配件迭代，已影响正常的生产工作。

为适应煤层气业务的不断发展，确保在满足当地气候地理条件的情况下煤层气井站高效生产和安全集输，采用基于 4G 技术的 TD-LTE 系统建成一套自下而上的数据采集、自上而下远程控制的 IPv4/IPv6 网络。利用原有铁塔布局 LTE 基站建设和核心网建设，对该地区煤层气井站进行无线信号覆盖。单点带宽为 1～5Mbps，满足覆盖区域内所有井站的生产数据采集、控制指令下达、监控视频等业务需求。

2　TD-LTE 通信技术在山区应用的优势

表 1　多种无线通信方式优缺点对比

序号	传输方式	优点	缺点
1	WiFi	高速、高容量，适合大数据传输	覆盖范围有限，受地形影响较大，且需要电源供应
2	蓝牙	低功耗、低成本，适合小型设备间的短距离通信	蓝牙的覆盖范围较小，且传输速度较慢
3	Zigbee	低功耗、低成本，适合大规模传感器网络	覆盖范围较小，且传输速度较慢
4	LoRa	长距离、低功耗，适合远程监控和追踪	传输速度较慢，且需要特殊的硬件支持
5	卫星通信	受地形干扰小，覆盖范围广	成本较高且延迟较大
6	5G	高速、大容量，适合大数据传输	建设成本较高，且覆盖范围受地形影响较大
7	4G	高速、大容量，适合大数据传输	数据传输，且延迟短，能够满足煤层气井数据实现实时传输

如表 1 所示，对比了常见的 7 种无线通信方式的优缺点，适合煤层气田山区环境条件不增加铁塔、基站的情况下，建设成本不宜扩大的替换 McWiLL 方案中，还保留传输速率、延迟率都要更加优秀的 4G 通信技术为最优解。

TD-LTE 技术作为 4G 技术中的一种，是目前较为先进的无线宽带技术，其中利用了多种无线通信技术，比如多输入技术、多输出技术等，能够在较大程度上提高数据吞吐效率，并且在此基础上使覆盖面积得到大幅提升，有效扩大终端数量。TD-LTE 技术采用了双分工工作模式，可有效节约宽带资源以此满足智能化工作需求。扁平化组网模式是 TD-LTE 技术在无线通信系统的运用过程中较为重要的应用形式，通过减少网元层次以此提高数据的传输效率，从而满足工作需求。

3 TD-LTE 无线通信系统的应用设计

网络规划设计包含网络规模估算、网络规划仿真、网络参数规划和 IP 地址规划四个部分。

3.1 网络规模估算

网络规模估算设计包含小区容量、频率设计、天馈设计、干扰抑制方案、时钟同步、接口设计和功能/网管设计等方面。

此次主要设计内容如下：

（1）小区容量：单基站单小区周围采气井、站平均数量约为 50 个，小于基站设计容量 550 个。

（2）系统吞吐量：无线通信系统在煤层气田主要传输两种业务数据，一种是传输于采气井与厂站控制中心之间，RTU 采集的井站运行状态的实时监控数据与实时业务指令、远程控制数据，每一口采气井 RTU 设备都需要传输 1 路实时业务数据，数据量在 10kbps 以内；另一种是高清视频监控，用于传输采气井及周边的环境监测图像，在多数采气井点位都安装视频监控设备，数据量在 1000kbps 以内。

（3）频率设计：为避免与旧有 McWill 通信设备产生同频干扰，在升级改造期间，LTE 基站临时采用 McWill 临近频段进行同频组网，完全替换 McWill 后再回用授权频段。

（4）天馈设计：对基站站点、天线规格、天线方位角、天线下倾角、天线与基站的连接方式等进行设计。

（5）无线链路模型估算：分别采用开阔地模型、乡村模型和郊区模型来模拟视距环境、山地乡村和山地丘陵环境，得到单个基站最小覆盖半径为 5.15km，满足覆盖要求。

（6）时钟同步：基站采用 GPS 时钟授时方案，核心网及终端采用 NTP 时钟授时方案（图 1）。

3.2 网络规划仿真

网络规划仿真包含控制中心网络规划、基站 IP 规划、终端 IP 规划，无线覆盖仿真规划等方面。

无线系统仿真参数基本配置见表 2：

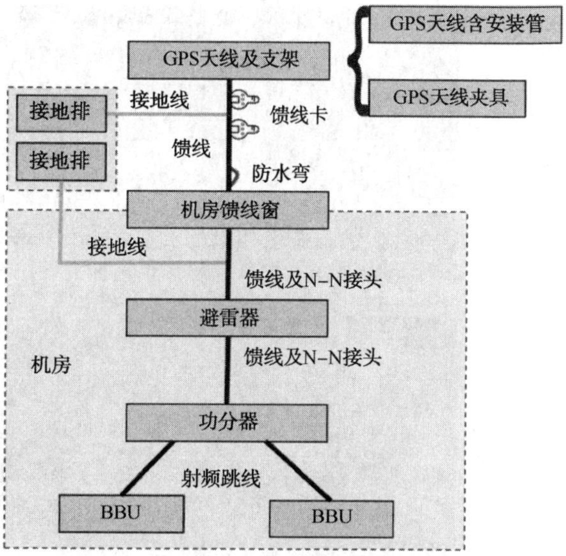

图 1　BBU 时钟授时方案

表 2　无线系统仿真参数基本配置表

序号	系统参数	配置
1	系统带宽	10MHz
2	系统频率	授权频段
3	系统制式	TDD
4	配比	上下行配比 3 : 1
5	基站最大发射功率	43dBm
6	基站天线高度	50m
7	基站天线增益	18dBi
8	终端最大发射功率	23dBm
9	终端天线高度	0.5m
10	终端天线增益	9dBi
11	业务优先级	业务优先级从高到低为：实时控制业务，视频监控业务

3.2.1 区域 RSRP 无线网络仿真

基于现场三维地图地理信息，针对沁南煤层气田已规划的 22 个基站点位进行整体无线网络仿真。如图 2 所示，其中无特殊颜色代表信号强度较差或无信号覆盖，黄色代表 RSRP ≥ -55dBm，绿色代表 RSRP≥-70dBm，浅蓝色代表 RSRP ≥ -85dBm，蓝色代表 RSRP ≥ -100dBm。根据信号覆盖要求，覆盖区域 RSRP ≥ -101.62dBm 即可满足终端注册和业务传输，即颜色覆盖区域（RSRP ≥ -100dBm）黄色、绿色、浅绿色、蓝色代表信号良好覆盖，满足采气井实时控制业务和视频监控业务良好传输的 RSRP 信号强度要求。

图 2　局部站点无线信号 RSRP 三维仿真图

3.2.2　业务信道 SINR 无线网络仿真

业务信道下行 SINR 仿真图，其中无特殊颜色代表业务信道 SINR 低于 15，绿色代表业务信道 SINR≥15，黄色代表业务信道 SINR≥20，红色代表业务信道 SINR≥25。根据信号覆盖要求，覆盖区域 SINR≥10 可满足终端注册和业务传输要求。

如图 3 所示，在业务系统空载条件下，仿真区域内红色、黄色、绿色均满足 SINR≥15 要求，即颜色覆盖区域(SINR≥15)可满足采气井实时控制业务和视频监控业务良好传输的下行 SINR 信号强度要求。

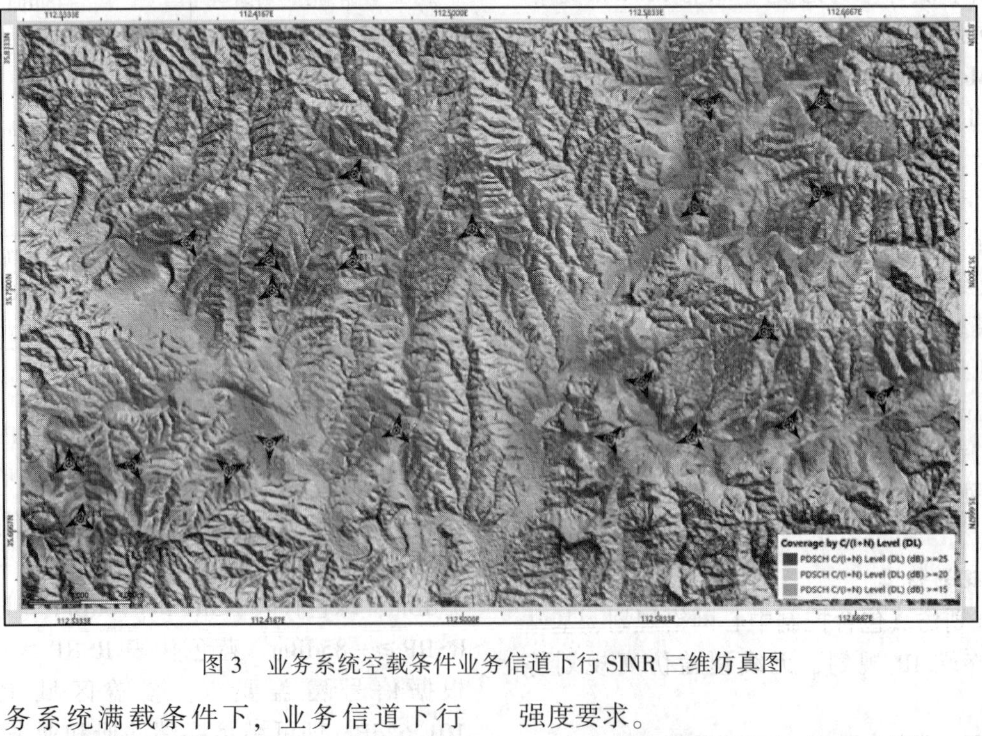

图 3　业务系统空载条件业务信道下行 SINR 三维仿真图

在业务系统满载条件下，业务信道下行 SINR 覆盖仿真，如图 4 所示，其中仿真区域内红色、黄色、绿色均满足 SINR≥15 要求。都表明也许系统满载条件下，可满足采气井实时控制业务和视频监控业务良好传输的下行 SINR 信号强度要求。

由于受地图、传播模型等限制，仿真结果可能会与实际覆盖效果存在差异，在实际工程中，结合现场信号覆盖情况对基站天线的方位角、俯仰角等参数进行优化调整，以更好的满足煤层气井业务需求。

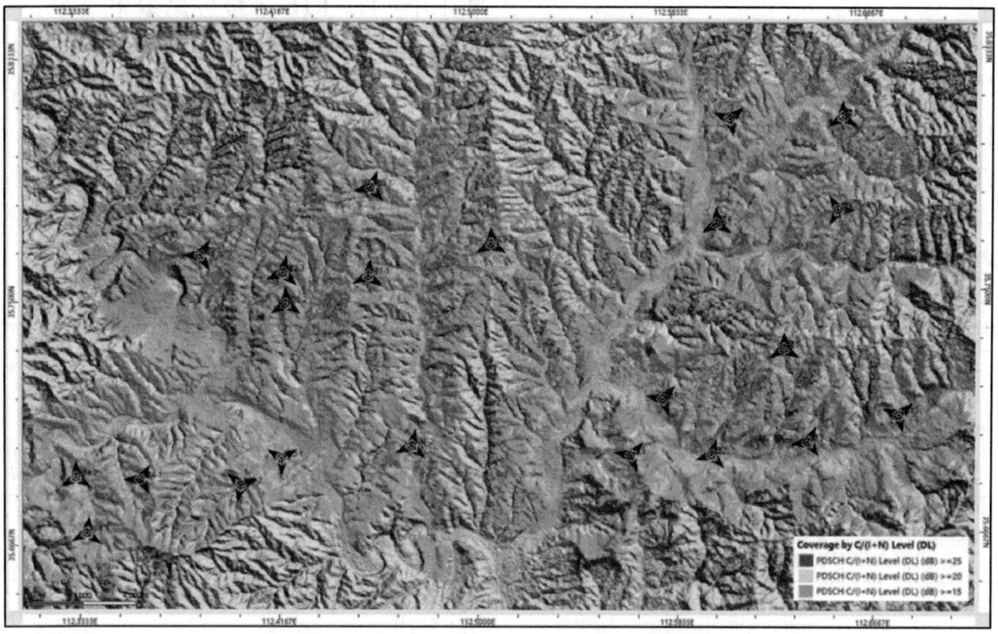

图 4　业务系统满载条件业务信道下行 SINR 三维仿真图

3.3　网络参数规划

网络参数规划包含基站射频参数、开站参数、天馈参数、核心网授权与开户参数、传输系统参数等方面。

3.3.1　优先级保障

无线通信系统中基站单个小区覆盖范围内各业务带宽需求见表 3。

表 3　基站单个小区覆盖范围内各业务带宽需求

序号	业务类别	上行/kbps	下行/kbps	路数
1	自动化数据采集与传输和井站运行状态的实时监控及远程控制	10	10	50
2	高清视频监控	1000	0	1
合计	1500	500		

针对上述业务，采用不同的 QoS 等级，可保障关键的实时业务稳定、可靠传输。业务类型见表 4。

表 4　业务类型与 QoS 设置表

业务类型	QoS 设置				
	QCI	资源类型	优先级	数据时延	数据丢包率/%
自动化数据采集与传输和井站运行状态的实时监控及远程控制	2	GBR	4	100ms	0
高清视频监控	6	Non-GBR	6	100ms	0

3.3.2　系统参数规划

为取得更好的无线覆盖效果，针对每个基站在特定地形下分别设计了无线射频参数，包含基站的经纬度、RRU 命名、射频端口、方位角、下倾角、发射功率等；为了降低小区间干扰、保证小区间切换，设计了小区基本参数和切换参数，小区频点、小区 PCI、子帧配比、切换阈值等；为了保证 LTE 终端获得更稳定数据，设计了小区优化参数。

3.4　网络替代割接

为了保证 4G TD-LTE 系统升级同时不影响原 McWiLL 在用数据传输，特进行了所有井站的踏勘及扫频，重新对单井 IP 进行梳理、每个基站制定了合理的割接方案，新老系统分频段运行，顺利完成了22座基站及2000余口单井数据割接工作。

4　TD-LTE无线通信系统的应用效果

4.1　TD-LTE系统实施成效

TD-LTE无线通信系统割接运行了22个基站，覆盖区域内井场终端2000余套。所有终端已全部完成割接，井场生产数据顺利通过TD-LTE无线专网上传到控制中心。

4.1.1　TD-LTE系统应用效果

通信信号达到自动化数据传输需求，TD-LTE无线专网项目正式运行后提高了整体网络通信成功率，减少全天无数据井100口，数据通信成功率从95%上升到98%，上下位机通信指令执行率提升到98%，支持井场高清视频传输及海量数据传输(表5)。

表5　TD-LTE系统性能提升表

项目	成果
基站问题	基站具备板卡级冗余及故障恢复功能，除网桥传输故障外，未出现基站故障情况导致大规模掉线
上位机故障	上位机配置了专用终端网管系统，用于管理和显示终端实时在线情况，未出现故障情况
IP冲突	核心网、基站和终端有完整、全面的IP规划，为扩容预留IP规划，IP冲突问题已解决
终端故障	在没有直放站情况下，终端在线率达到98%，故障率降低到2%
提质增效	相比McWill，减少全天无数据井100口

4.2　TD-LTE系统应用

4.2.1　典型应用

4.2.1.1　实现自动化数据采集及远端控制

无线数据采集：通过TD-LTE网络所提供的高速数据通道，作业管理中心可以实时监测各油井的状态参数，实现生产数据的上传和控制命令的下达。

远端控制：通过向远端控制设备发送指令，控制中心人员可实现对对生产设备的远程控制，包括油井停开井控制，计量间、注配间远程注水控制及控制设备的工艺参数远程配置。远程控制可高效执行指挥策略，尤其对于偏远井区的生产状况调整具有重要意义(图5)。

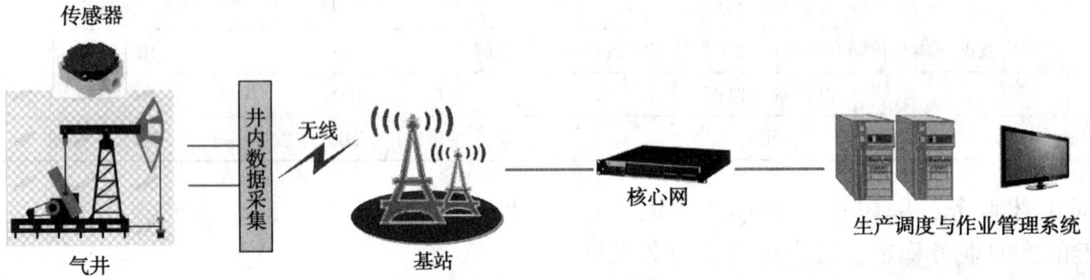

图5　自动化数据采集及远端控制应用示意图

4.2.1.2　高清视频监控传输

为了适应煤层气田人员少、井站分布环境复杂、有线网络建设困难等情况，通过无线方式对采气井、重点管道、集气站、控制中心等关键区域进行布控，实现煤层气田全区域监控(图6)。

4.2.2　应用创新

TD-LTE系统应用后，较原有McWiLL系统增加了便于用户运维和安全管理的多项创新应用。

(1) 运维管理：增加终端网管，对分散的终端进行集中统一管理，实时显示终端在线状态及告警，解决CPE设备管理困难问题，提高维护效率。

(2) 远程操控：增设PDU远程管理系统，在基站机房配置智能PDU，实现对基站、交换机、射频单元的远程电源断开、闭合操作。

(3) 终端安全：井场CPE终端采用eSIM卡方式，eSIM卡为电子SIM卡，即无物理实体的SIM卡，使用方式灵活安全，防震防丢，有效防止非法接入，新井扩容能力强。

(4) 数据保证：采用QoS保证，对数据业务和视频业务采用不同的QoS等级，优先保障井场数据实时、可靠传输。

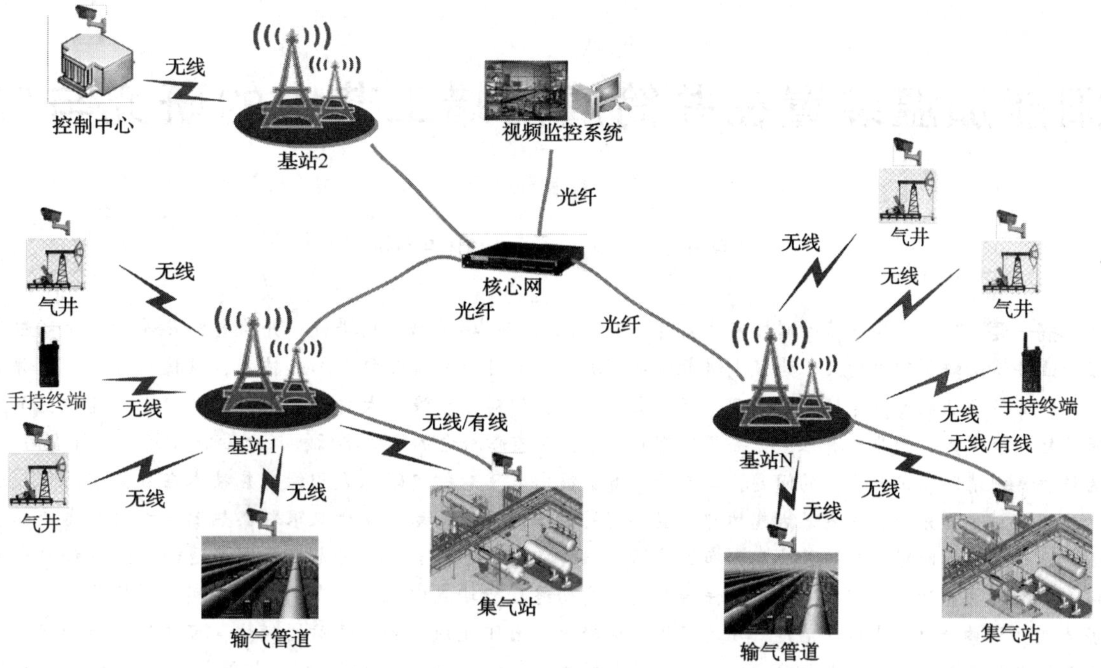

图 6　高清视频监控传输应用示意图

5　结束语

本文所提出的 4G TD-LTE 无线通信系统建设方案，已成功应用于沁南盆地煤层气井的通信传输系统升级，实现了对沁南盆地煤层气井场的无线信号覆盖，验证了 4G TD-LTE 对覆盖区域特别是山区内煤层气井生产数据采集、控制指令下达、监控视频等业务需求意义重大，在行业内起到指导效果。

参　考　文　献

[1] 杨宇玄，李均华，罗劲瑭，等．电力无线专网接入对传输网规划的影响及策略研究[J]．自动化与仪器仪表，2017，(12)：134-136.

[2] 楼正华．TD-LTE 网络规划设计探讨 [J]．中国新通信，2014，16 (17)：98+100.

[3] 赵小龙，赵建霞，王昕．无线网络仿真在铁塔公司站址规划和建设中的应用[C] // 四川省通信学会，通信与信息技术杂志社．2019 四川省通信学会论文集．中国铁塔陕西省分公司；中讯邮电咨询设计院有限公司成都分公司；2019：7. DOI：10. 26914/c. cnkihy. 2019. 049480.

[4] 蒋林．基于 LTE 网络下多对一 D2D 通信技术的研究[D]．南京邮电大学，2021.

太阳能加温装置在井筒清防蜡工艺中的研究与应用

薛良玉

（中国石油华北油田公司二连分公司）

摘 要 传统的油井清防蜡技术主要有热洗、化防、电磁防蜡、刮蜡杆、井筒电加热等，对于高黏高凝的油井清防蜡管理难度大，为减少蜡卡检泵井次，需额外配套空心杆电加热技术，该技术可以加热井筒流体，降低原油黏度，保持井筒温度，有效减少结蜡，但对于产液量大的油井，由于井筒中流速快，加热时间短，温度提升的非常有限，失去了应有的效果，且空心杆电加热效率低，耗电量非常大，运行费用高。为解决常规清防蜡工艺存在的问题，二连油田首次提出采用双槽双跟踪太阳能光热技术在井筒清防蜡领域的应用。该方案充分利用内蒙古锡林郭勒盟丰富的太阳能资源，结合双槽双跟踪集热器竖式安装占地面积小、三维法向实时跟踪集热效率高、布置灵活、维护成本低等优点，利用光热资源将地面低温水加热成高温水，经过井筒油套环空掺入井筒，保持井筒温度始终在析蜡点以上，或者高温掺水实现清蜡降黏，防止原油在井筒举升过程中由于温度、压力下降造成凝堵。太阳能用于油井清防蜡领域，可替代常规的清防蜡工艺，尤其是井筒空心杆电加热工艺，耗电量大幅减少，且不受停电的影响，可持续起到井筒防蜡、清蜡、降黏作用，运行费用低，绿色环保，清防蜡效果显著，经现场应用，替代电加热每口井年节约用电21万kW·h。

关键词 太阳能；电加热替代；节能；清防蜡；光热

原油在从地层采出的过程中，在井筒内随着温度和压力的降低，蜡质、胶质沥青质会析出附着在油管和抽油杆上，导致抽油机负荷增加，耗电量增加，甚至造成油井凝堵，不能正常生产。对于高凝、高黏、高含蜡油井由于清防蜡难度大常采用井筒加温技术，目前该技术公开的案例较少，主要有井筒空心杆电加热工艺、双空心杆循环加热工艺、撬装加热炉热洗装置等。已公开的井筒加温装置和方法虽然能够起到一定的清蜡降黏作用，但由于工具尺寸小，下入深度大，存在无效能耗高的问题，且能量来自电力、伴生气等，不符合当下低碳环保的需求。本方法利用光热资源将地面低温水加热成高温水，经过井筒油套环空将高温水掺入井筒，达到清防蜡的目的，取得很好的现场应用效果。

1 太阳能井筒加温工艺技术原理

1.1 系统构成

现有太阳能回收利用技术主要有太阳能光热和太阳能发电技术，对于油井清防蜡工艺而言，太阳能光热技术转换环节更少，利用效率更高。市面上太阳能光热设备主要有真空管热水器和智能双槽双跟踪太阳能光热节能系统，后者利用全方位跟踪技术，始终保持太阳光垂直入射，集热效率高，柱状竖式安装，占地面积小，更适合井场面积小的情况，不影响油井检泵作业。该系统由集热单元、换热单元、储热单元、辅热单元、控制单元五个部分组成，采用工业撬装模块，降低现场施工工程量(图1)。

集热单元：采用双槽双轴太阳能聚光集热器，布置于地面，三维法向实时跟踪太阳运动轨迹，跟踪精度0.015°，集热效率90%，导热介质使用温度300℃，单组集热面积38.3m^2。

换热单元：导热介质经储热保温水箱内容积式换热器将集热器吸收的太阳能光热能量储存到保温储热水箱中，持续提供热源。

储热单元：采用保温储热水箱。换热介质推荐软化水，防止高温结垢。

辅热单元：采用自调节无极增能热源装置，类似空气源热泵，采用逆卡诺原理，多级增焓，以极少的电能，吸收热水和空气中大量的低温热能，通过高效压缩机的压缩变为高温热能。特点是能效高、速度快、出水温度高、安装简易、无水源消耗。

控制单元：采用智慧能源管控，气象信息实时监测，保证集热器“日出而作、日落而息”，以及9级以上风速自我保护；温度、流量和液位等实时监控，故障实时报警；自动调节用热量，保障最佳用能状态；无人值守、远程运维、故障预警并推送信息。

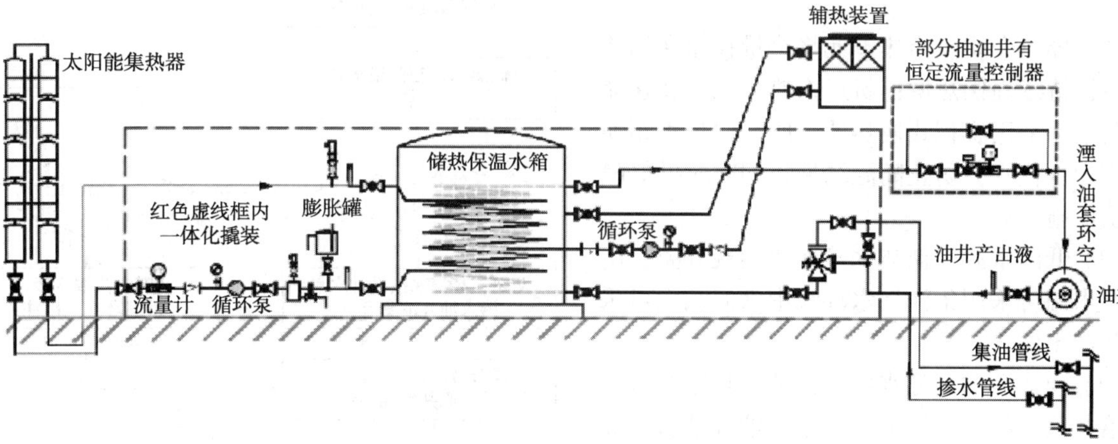

图1　太阳能升温装置构成示意图

1.2　技术特点

（1）集热效率高，利用全方位跟踪技术，集热效率达到90%以上，解决了传统太阳能集热器效率低的问题，聚光后产出液温度可达90℃以上，可以满足油井清防蜡高温需求。

（2）占地面积小，柱状竖式安装，不影响油井维护检泵作业，井场不需要额外征地。

（3）智能程度高，与远程智能控制相结合，实现集成应用和无人值守，运维成本低。

（4）运行可靠性强，可实现防雪、防霜、防尘等功能，同时通过自诊断功能，实时监测分析设备的运行状态，实现了过热保护、过风保护、断电保护等功能，保障设备稳定运行。

（5）运行费用低，利用可再生的太阳能，高温水自压灌入井筒油套环空，不需要额外的能量，运行费用低，绿色环保。

1.3　工作原理

利用双槽双轴太阳能聚光集热器将地面掺水管线中的低温水加热成高温水，经过井筒油套环空将高温水掺入井筒，可以采用连续小排量灌入的方式，提高井筒温度至原油析蜡点以上，达到井筒防蜡降黏的目的；也可以采用间歇大排量灌入的方式，达到溶蜡高温洗井的目的。应用于高凝、高黏、高含蜡原油物性的油井，提高井筒温度防止原油在井筒举升过程中由于温度、压力下降造成凝堵。循环动力来源于掺水管线，热量来源于太阳能，不额外增加能耗，具有节能绿色环保的特点。

2　太阳能井筒升温工艺技术方案

2.1　光热升温能力计算

二连油田地处内蒙古自治区锡林浩特境内，有独特的地理优势，地势开阔，太阳能资源丰富，日照时间长，太阳辐照度高，光能利用潜力十分可观。该地区平均每小时太阳能辐射量约$2MJ/m^2$，一组聚光集热器面积$38.3m^2$，日照按12h计算，集热效率按90%计算，日聚集热量827.28MJ，即230kW·h。由于采用智能双槽双跟踪太阳能聚光集热器，可以始终保持光线法向直射，实际聚集热量要大于此数值，为保持富余量，此处仍按230kW·h计算。

假若低温水35℃、原始油井井底温度60℃、井口22℃、高温水75℃，根据热量公式$Q=cm(t_1-t_0)$，太阳能集热器一天可提供高温水约$5m^3$。目标井口产出液温度35℃，根据能量守恒公式，计算油井日产液应小于$15m^3$。

正常情况下，一组集热器可满足日产液$15m^3$以下油井电加热替代需求，不需额外增加用能。当日照不足，不能满足井筒升温需求时，比如阴天、雨雪天气、冬季光照不足，可启动辅热装置。日产液$15m^3$以上油井，可采用加热自产液高温溶蜡高温洗井的方式。

2.2　工艺流程

（1）利用太阳能光热装置加热导热介质实现集热；所述光热装置应充分考虑井场面积，不能占压已建管线、电缆等，不能影响油井检泵维修作业，建议采用柱状竖式安装结构，采用集热效率较高的智能双槽双跟踪太阳能聚光集热器；所述导热介质使用温度 150℃ 以上，保证集热效果。

(2) 导热介质经换热单元将热量存储在储热水箱中，持续提供热源；所述换热单元安装在储热水箱中，采用容积式换热器；所述储热水箱换热介质为软化水，防止高温结垢，同时应做好隔热保温措施。

(3) 低温水源经储热水箱换热实现升温；所述低温水源可采用集油掺水环线中水源，也可采用油井产出液。

(4) 换热后的高温水经油井油套环空灌入井筒，给井筒加温；所述油套环空为油井油管和套管之间的空间。

若油井日产液<Q_s，则采取高温水连续灌入的方式，保持井筒温度始终在析蜡点温度以上，起到持续防蜡、降黏作用；所述 Q_s 一般为 $15m^3/d$。

若油井日产液≥Q_s，则按照设计水量和温度采取间歇大排量灌入的方式，达到溶蜡高温洗井的作用；所述设计水量接近但不得大于动液面以上油套环空容积 V_s，防止动液面上升冒出井口污染井场；所述设计温度应大于本井原油溶蜡点温度，一般取 80℃以上。

(5) 井筒中混合液经抽油泵产出后进入原井集油系统；所述混合液为原地层产出液和油套环空掺入高温水混合。

(6) 当太阳能光热资源不足，不能满足井筒升温需求时，比如夜晚、阴天、雨雪天气，可启动辅热装置；所述辅热装置可采用电加热、混合增能等可稳定提供热源的装置(图 2)。

2.3 现场方案优化设计

建设方式可采用分布式和集中式。其中分布式建设每套建设规模小，占地面积小，不需要征地，模块化设计，建设速度快，见效快，可分批建设；集中式建设便于管理，但占地面积大，需增加征地，管路铺设多，热损大，需进行二次加温，施工工程量大。

2.3.1　产出液自循环加热方式

工艺描述：产出液经光热系统换热后掺入井筒，循环加热，剩余产出液进集油线。

适应范围：井口没有掺水管线的油井。

2.3.2　外来水源加热掺水方式

工艺描述：光热系统加热掺水环线的外来水

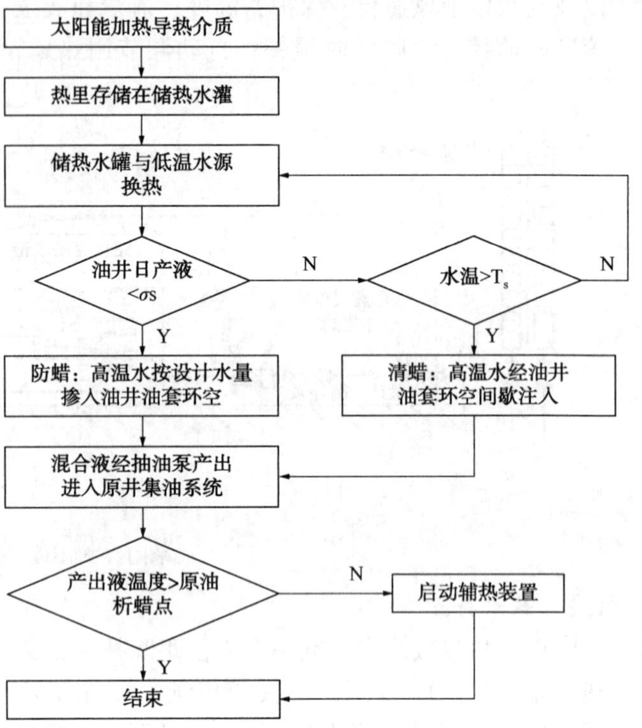

图 2　工艺流程示意图

源后掺入井筒，也可以加热本井产出液作为补充水源，产出液进集油管线。

适应范围：井口有掺水管线的油井，尤其是日产液较低、地层漏失的油井，以及单套设备负责 2 口井以上的情况。

2.3.3　单体罐和井筒同时加热方式

工艺描述：光热系统循环加热单体罐中产出液，同时掺入井筒，产出液进单体罐。

适应范围：单体罐电加热油井。

3　现场应用及效果评价

在井筒空心杆电加热的 H17-19 井试验应用，井筒日掺热水 $4m^3$，日平均掺水温度 78.3℃，掺水前日产液 $3m^3$，掺水后日产液 $7m^3$，井口产出液平均温度 42.7℃，井筒防蜡降黏效果明显，抽油机日耗电由 300kW·h 下降至 275kW·h，空心杆电加热完全停运，日节电 600kW·h，合计日节电 625kW·h，去除装置本身耗能，全年可节电 $21×10^4$kW·h(图 3)。

说明：单台太阳能光热节能系统 3-10 月平均日耗电 25kW·h(耗能设备合计 0.5kW)，11 月至次年 2 月平均日耗电 120kW·h(冬至日耗电 150kW·h)全年耗电约 1.8 万 kW·h。

目前，共推广应用 7 套，替代电加热井 9 口，折算年节电 144.44 万 kW·h，平均单套可节电 20.6 万 kW · h。具体效果见表 1。

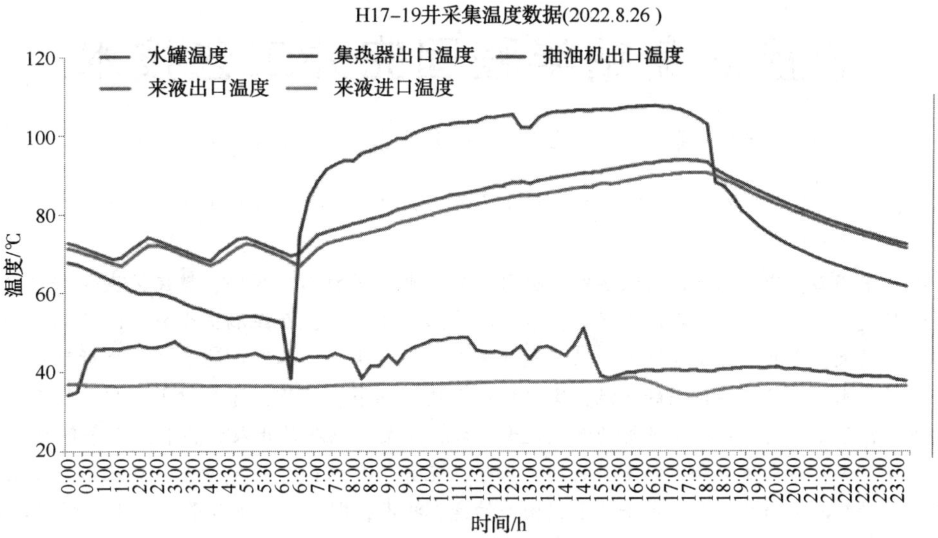

图 3　H17-19 应用温度数据

表 1　太阳能加温装置应用效果

负责油井	设备套数	投运时间	原电加热耗电情况		光热装置耗电情况		年节电/万 kW · h
			日投时长/h	年耗电/万 kW · h	截止 11 月 16 日耗电/kW · h	折算年耗电/万 kW · h	
H34-74X1	1	2023/6/21	16	35.77	1.48	3.652	32.119
H34-82		2023/6/21	12				
H34-68X	2	2023/7/23	9.6	27.59	0.7265	2.286	25.31
H34-75		2023/7/23	12				
H34-76X	2	2023/7/23	12	61.32	1.546	4.865	56.455
H34-79		2023/7/23	12				
H34-91X		2023/7/23	24				
H34-96X	1	2023/7/22	9.6	12.264	0.644	2.008	10.256
H17-19	1	2022/8/20	18	22.995	3.343	2.694	20.3
合计	7		125.2	175.27	7.74	15.505	144.44

4　结论

太阳能加温装置利用太阳能光热资源，清洁环保，运行费用低，基本不耗电，清防蜡效果显著，可广泛适用于太阳能资源丰富地区，用于高凝、高黏、高含蜡原油物性的油井清蜡、降黏开采，符合当下国家和集团公司的清洁能源政策，符合“碳中和”“碳达峰”的需求，应用前景广阔。

参 考 文 献

[1] 张子刚．双空心杆循环伴热技术在超稠油井上的应用[J]．石油石化节能，2014(2)：17-21.

[2] 苗彦平，范秀芹，朱治国，等．保温隔热油管在地面常温集油工艺中的研究与应用[J]．油气田地面工程，2019，38(4)：35-39.

[3] 苗彦平，李金永，刘治河，等．双空心杆内循环热采技术应用[J]．石油钻采工艺，2009，31(2)：96-98.

[4] 丁振武，李艳辉，李海香，等．油井自能热洗清蜡技术研究与应用[J]．新疆石油天然气，2011，7(2)：66-69.

[5] 安党玺．油田清防蜡工艺简述与研究[J]．新型工业化，2021，11(4)：215-217.

打捞式免钻半程固完井工艺技术

吴泽舟[1]　何宏俊[1]　杜志刚[1]　王鑫鑫[1]　张晶晶[1]　孙　晔[2]

（1. 中国石油华北油田公司油气工艺研究院；2. 中国石油华北油田公司第一采油厂）

摘　要　中国石油华北油田山西煤层气分公司，对沁水盆地的郑庄区块、樊庄区块等采取水平井的开发模式。煤层气水平井固完井存在以下问题：水平段(煤层)承压低，存在漏失现象，满足不了全井固井的要求；水垂比较大，完井套管安全下入；煤层气开采采用排采法，排水设备的安装要求对目前完井井身结构提出了新的要求；为了获得较高的产能，需要对煤层进行压裂。为此，综合以上地质、开发等多方面因素，对完井提出了如下要求：提供足够的沉没度和尺寸，满足下电潜泵开采的要求；完井套管尺寸尽量大，降低流动摩阻，满足后期压裂和大排量排液的要求等；完井工具内径尺寸尽量大，满足后期压裂和下电潜泵的要求等。针对以上问题，采用水平井半程固井的完井技术，即煤层以上套管段固井，煤层段(水平段)套管不固井的完井方式。同时，优化研究完井套管管串结构，满足成本控制、井眼尺寸匹配等要求。优化研究完井工具，力求简单可靠，缩短施工周期。优化研究完井工具的内径，和套管内径一致，达到“全内径”。优化研究套管和完井工具的承压能力，满足压裂生产要求；研究半程固井技术与漂浮下套管技术的联作，实现完井套管的安全顺利下入。

关键词　煤层气；免钻；半程固井

1　前言

近年来，在国家新能源政策的扶持下，煤层气产量增速逐年上升，十三五末全国煤层气产量突破百亿方，煤层气在国家能源战略中地位在逐步加强。

华北油田公司煤层气勘探开发涉及高、中、低不同煤阶。高煤阶方面，累计探明煤层气地质储量 3074.36 亿 m^3，占全国探明煤层气地质储量的 40%；中煤阶方面，冀中坳陷大城凸起深层水平井获得万方产量突破；低煤阶方面，实现国内首个低阶褐煤规模储量的探明，为二连盆地低煤阶开发奠定基础。产量方面华北油田沁水煤层气田日产量突破 550 万 m^3，建成国内首个年地面抽采能力超过 20 亿 m^3 的煤层气田。

煤层气作为非常规油气资源，产层存在着低渗、易污染、承压差等特点，以华北油田煤层气新钻井为例，水平井增长尤其是长水平段水平井在今后开发中占的比重有越来越多的趋势。目前的煤层气水平井完井方案中，为降低地面抽采和全程固井对其伤害，越来越多的井采用煤层气井半程固井技术进行完井，以利于减轻水平段污染，提高采收率。

华北油田公司依托国家与中石油集团科技重大专项为平台，通过联合攻关，创新形成一套水平井半程固井作业技术规范，其主要特点为：采用集成打捞式半程固井工具，即盲板、封隔器、分级箍一体化设计，盲板上移至封隔器上部，与分级箍的打开及关闭系统连接，采用液压开关循环孔，不受井斜限制。固井结束后，工作芯筒打捞后实现全通径，整体施工风险相对小。基于工艺优选，可靠性较好、整体施工风险小的煤层气水平井半程固井技术(免钻打捞式)，成为了煤层气井固井技术的优先选择。

该技术自在樊庄-郑庄区块投入使用以来，历经几轮创新、攻关，技术上已完全成熟，应用推广已扩大至亚美大陆煤层气有限公司、中联煤层气有限责任公司、美中能源有限公司等中外合作公司。

2　半程固完井工艺技术研究

2.1　研究方向与技术路线

通过分析华北油田煤层气的地质特征以及开发要求等多方面因素，对完井提出了的要求。开展了以下五个部分的研究：①保护煤层，封固煤层以上干扰层，提供完整的承压系统；②优化井眼、套管、完井工具、排采设备尺寸，满足建井过程中的各项施工要求，比如钻井、套管下入、固井、完井工具、排采和压裂等要求；③设计全新的完井工具，简单可靠，优化井身结构，缩短施工周期，降低完井成本；④完井套管，包括完井工具，承压能力满足后期压裂的技术要求；⑥优化漂浮下套管技术，提高完井施工安全性和技术水平。

最终建立水平井半程固完井技术，即煤层以上套管段固井，煤层段(水平段)套管不固井的完井方式。同时，优化研究完井套管管串结构，满足成本控制、井眼尺寸匹配等要求。优化研究完井工具，力求简单可靠，缩短施工周期。优化研究完井工具的内径，和套管内径一致，达到“全内径”。优化研究套管和完井工具的承压能力，满足压裂生产要求；研究半程固井技术与漂浮下套管技术的联作，实现完井套管的安全顺利下入(图1)。

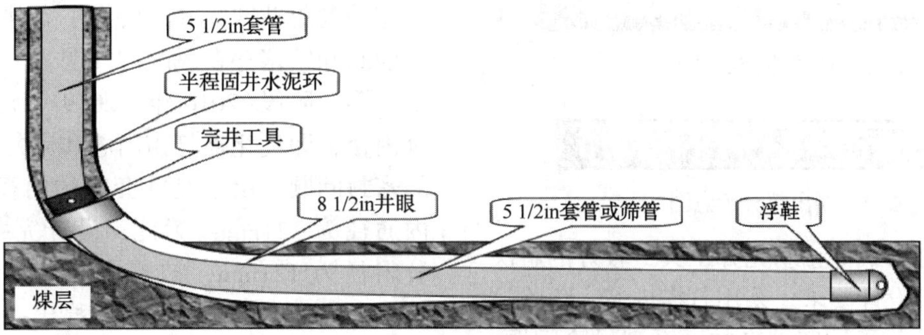

图1　打捞式免钻塞半程固井管柱结构示意图

2.2　优化完井套管管串结构

在华北油田山西沁水区块，2015年前，开发采用的井身结构为三开水平井或者钻塞式二开水平井。生产上对于电潜泵的安全下入和沉没度，要求套管的最小内径为124mm。为此，对7in、6⅝in和5½in三种套管规格进行了二开井方案设计，从中优化出更适合的完井技术套管，满足开发的需要(表1)。

表1　井眼尺寸与完井套管、完井工具规格的方案设计

开采方面要求		钻头(标准井眼)与套管数据匹配关系					钻头(标准井眼)与完井工具尺寸匹配关系		可行性
完井套管最小内径/mm	设计方案	钻头直径/mm	套管规格/in	套管内径/mm	套管外径本体/接箍/mm	套管环空标准间隙/mm	完井工具外径/内径/mm	工具外环空标准间隙/mm	分析结论
124	一	216	7	160	178/195	38/21	212/158	4	下入困难
	二	241			178/195	66/49	212/158	32	成本升高
	三	216	6⅝	150	168/188	48/28	198/147	18	下入困难
	四	216	5½	124	140/154	76/62	190/124	26	满足要求

对以上四个方案进行对比分析，可以得出以下结论。

方案一：钻井采用216mm钻头，可以降低钻井成本，技术套管采用7in套管，套管内径超过124mm的最小内径要求，但完井套管和完井工具相对井眼尺寸间隙过小，最小间隙只有4mm，下入比较困难，该方案不可行。

方案二：钻井采用241mm钻头，技术套管采用7in套管，套管内径超过124mm的最小内径要求，完井套管和完井工具与井眼尺寸匹配较好，但钻井成本增加较多，该方案不可行。

方案三：钻井采用216mm钻头，可以降低钻井成本，技术套管采用6⅝in套管，套管内径超过124mm的最小内径要求，完井套管和完井工具相对井眼尺寸间隙有所提高，最小间隙18mm，但下入存在较大风险，该方案不可行。

方案四：钻井采用216mm钻头，可以降低钻井成本，技术套管采用5½in套管，套管内径满足124mm的最小内径要求，完井套管和完井工具相对井眼尺寸间隙达到最优，完井工具内径与124mm的内径要求达到一致，为目前最优方案，该方案可行。

2.3　优化完井及配套工具

针对以上研究设计指标，调研近年国内外二

开井完井和半程固井技术，设计研发了打捞式免钻塞半程固井完井工具及配套施工技术如图 2 所示。完井工具有留井部分和捞出部分组成，如图 3 和图 4 所示。

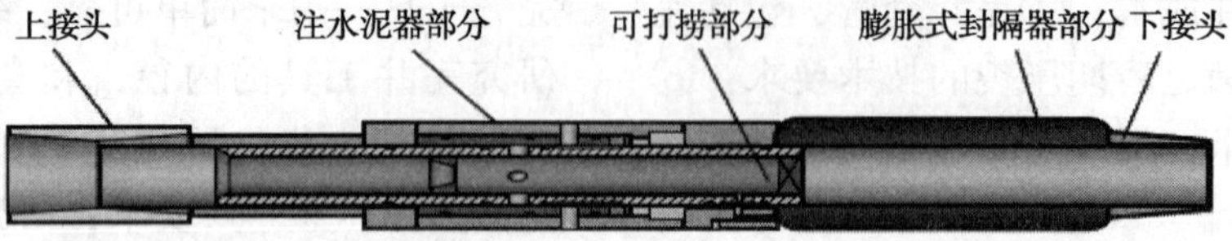

图 2　打捞式免钻塞完井工具示意图

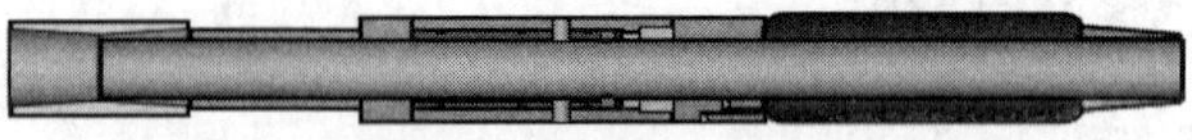

图 3　留井部分示意图

图 4　捞出部分示意图

研究的打捞式免钻塞完井工具，较好的解决了二开固井的设计要求。采用打捞内芯、免除钻塞的设计，避免了钻塞带来的一系列风险问题；同时，免钻塞，缩短了施工周期 3~5 天，降低了综合完井成本。

2.4　优化完井工具内径

针对以上分析，提高完井工具技术内径指标，成为研究的重点，截止到目前，研究经历了三个阶段。

第一阶段(2015 年—2016 年)：实现了从钻塞完井到免钻塞完井，解决了完井工具内部钻塞不彻底和钻塞存在风险的问题。

第二阶段(2016 年—2019 年)：优化完井工具内径，即优化被打捞内芯和完井工具留井部分的密封问题。由于完井套管的内径为 124.3mm，内通径为 121mm。为此，设计完井工具留井部分内径为 121mm，被打捞内芯外径为 118mm，该外径尺寸是内芯被安全打捞出井口的最佳外径尺寸。由于密封间隙单边达到 1.5mm，一般的密封方式(O 形圈)不能满足密封要求。为此，研发设计了组合密封方式(图 5)，工作承压能力达到 30MPa，起下通畅。解决了完井工具内径尺寸从 118mm 提高到 121mm 的问题，达到了“全通径”，满足压裂工具起下的要求。

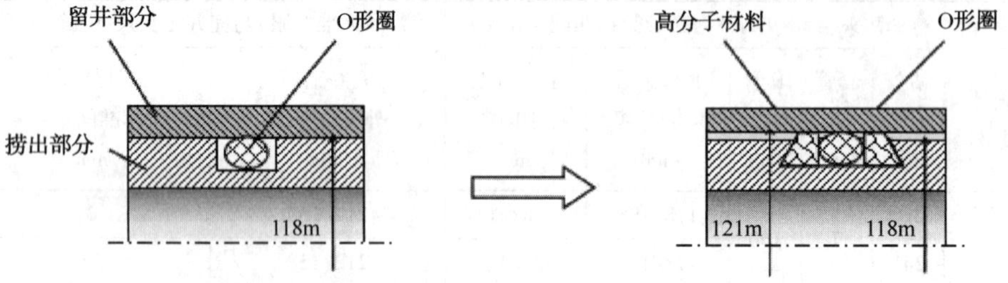

图 5　大间隙密封设计结构示意图

第三阶段(2019 年—2020 年)：根据用户意见，继续增大完井工具留井部分的内径。实现了完井工具井眼尺寸从 121mm 提高到 124mm 的目标，达到了“全内径”，满足压裂、排采工具的顺利起下。主要方法是在完井工具留井部分内部镶套可溶材料，在被打捞内芯被捞出井口后，可溶材料淹没在完井液中，约 5~7 天，可溶材料被溶解，完井工具内径达到 124mm(图 6)。

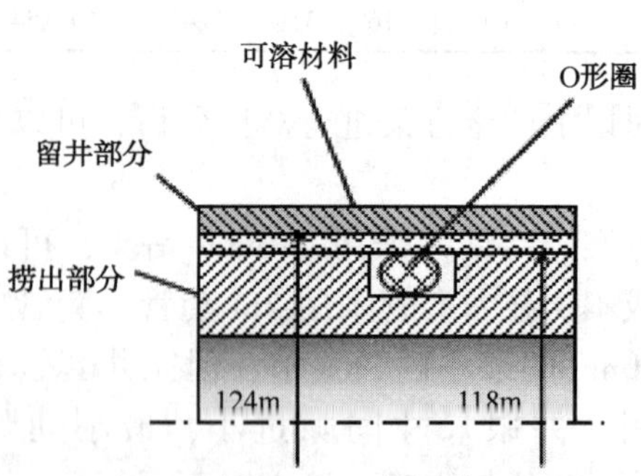

图 6　利用可溶材料提高完井工具内径结构示意图

2.5　完井套管、完井工具承压能力的研究

现场应用的完井套管，采用的是根据 API 标准加工的 5½in 套管，壁厚 7.72mm，钢级 N80，根据 API 设计标准，承压能力在 49MPa，满足后期压裂要求。

完井工具的承压能力，必须进行优化设计，达到后期压裂的要求。针对密封配合结构、密封材料等优化和完善，实现了完井工具承压能力从 20MPa 到 35MPa，最后达到 50MPa 的承压能力，满足压裂对压力的要求。

2.6　完井工具可循环结构研究

完井井身结构在从三开井向二开井过渡的过程中，经历了钻塞式二开井完井阶段，不能满足下套管开泵时的要求。为了解决该问题，研发的打捞式免钻塞完井工具，设计了投球封堵结构，即完井工具在接入完井套管下入时，中心孔是通畅的。当完井管柱下入过程遇阻时，可以开泵正循环洗井。当完井管柱到位置，完井工具需要打压工作时，从井口投球，当球到达完井工具球座时，即可封堵中心孔，实施后续完井施工作业。

2.7　优化漂浮下套管技术

普遍采用的 L 形水平井，水垂比基本大于2，最大达到 3.29。不借助外部条件，下入比较困难。采用的传统方法主要为“下压法”。即当套管下放悬重为零时，通过在井口对套管施加一个向下的推力，达到继续下入套管的目的。有时，下压也解决不了套管继续下入的问题。图 7 是山西煤层气沁水区块一口井的下套管井口载荷模拟计算图。当套管下入到井深 1600m 左右时，井口载荷基本为零，不能继续下入套管。为此，我们开发了半程固井与漂浮下套管联作技术，不仅完全满足半程固井的全部技术指标，还能够实现套管漂浮下入，较好解决了套管安全下入的问题(图 7)。

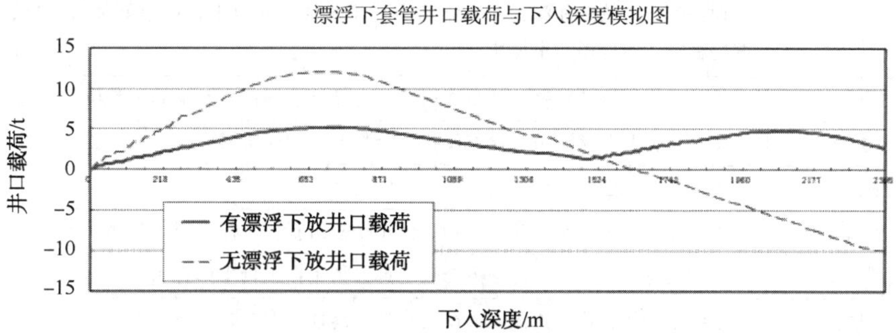

图 7　山西煤层气某口井下入模拟图

2.8　打捞式免钻塞半程固井工具主要设计参数及施工步骤

通过以上研究，研究开发了适合山西煤层气水平井开发的打捞式免钻塞半程固井工具，较好地满足了煤层气开发的多项需求，其技术指标汇总见表 2。

表 2　打捞式免钻塞半程固井工具主要设计参数

技术项目	技术指标	技术项目	技术指标
最大外径/mm	Φ190	完井后通径/mm	Φ121，Φ124
上下联接扣型	51/2LC	工具总长/mm	4.4~4.6
封隔器胶桶长度/mm	1500±50	封隔器开启压力/MPa	6~8
封隔器关闭压力/MPa	9	循环孔打开压力/MPa	15~17
循环孔关闭压力/MPa	5	打捞附加最大悬重/kN	100
整体耐压/MPa	35/50	漂浮憋通压力/MPa	12

其主要完井施工步骤如下：①通井。循环泥浆，进行短起下，处理好井眼下完井管柱。②浮鞋+套管(筛管)+打捞式免钻工具+套管(到井口)③洗井。正循环洗井，做固井准备。④投球。投入封堵球，封堵正循环通道。⑥胀封。升高压力 5~13MPa，打压膨胀封隔器胶筒。⑦打开循环孔。继续升高压力 16~18MPa，打开注水泥循环孔。⑧注水泥。泵入设计水泥量，释放顶替塞，顶替，碰压。⑨打捞。下入带专用打捞工具的打捞管柱，捞出井内附件。⑩下步完井施工。比如压裂、采气等施工。

4　现场应用

4.1　基本情况

针对前文所述，选择一口具有代表性的郑 X1 井，该井应用半程固井与漂浮下套管联作技术完成。

郑 X1 井是华北油田山西煤层气公司的第一口长水平段试验水平井，位于山西沁水盆地郑庄区块，为 L 形单支水平井。该井完钻井深

2400m，完钻垂深 570.75m，水平段长 1600m，纯煤进尺 1460m，水垂比 3.29，水平位移 1879.98m；后续完成的郑 X2 和郑 X3 井，在以上各项记录的基础上，水平段分别又延伸了 174m 和 400m，再次刷新记录。

4.2　基本参数

以上三口井均采用二开井身完井管串结构，一开表层套管为 $9\frac{5}{8}$in，二开完井套管为 $5\frac{1}{2}$in。

以郑 X1 井为例，打捞式免钻工具深度 713m，井斜 70°；漂浮下套管工具深度 896m，井斜 93°。完井套管下深 2395m，井斜 88°。

4.3　施工工艺

（1）管柱组合（自下而上）。旋转导向器+桥式拦击器+套管柱+漂浮下套管工具+套管柱+打捞式免钻工具+套管柱（到井口）

（2）完井管柱下入，井口载荷与下入深度数字模拟。

（3）施工步骤见表 3。

表 3　半程固井与漂浮下套管联作技术

施工阶段	施工步骤	施工细节及注意事项
施工前准备	通井	原钻柱通井，对以往起下钻途中遇卡、阻井段反复划眼，进行短起下，同时循环洗井
	洗井	通井到底，校准井深，大排量充分循环泥浆 2 周以上，调整好泥浆性能，保证井眼无沉砂，井壁稳定，不垮塌，不掉块
	配接管柱	根据提供的测井数据和井眼数据，确定漂浮接箍位置和配套工具位置，配接管柱
	套管通径	丈量套管及调整短节，检查丝扣，套管严格按要求通内径
下完井管柱	下附件	下入漂浮下套管配套工具，下入前检查完好性
	下套管	下入套管，不灌浆，防止落物。公扣涂密封脂，按标准扭矩紧扣
	下漂浮工具	按照设计位置，下入漂浮下套管工具，禁止在工具本体打钳
	下套管及免钻完井工具	继续下套管，边下边灌浆。严防套管内落物，泥浆含砂量<3‰
打开漂浮工具	井口准备	管柱下放到位后，用吊卡座于井口，灌满。连接正打压管汇
	加压打开	逐渐升高压力，打开漂浮下套管工具。边排气，边灌浆，注意高压气体伤人；严防落物
	循环洗井	待气体排空后，小排量建立循环。对于上倾水平段，环空排气较多，注意防喷、防爆和安全
固井	固井	井口安装水泥头，投球，憋压胀封封隔器，打开循环孔，注水泥，投胶塞，碰压
打捞	打捞	下入打捞管柱，捞出固井附件
通井	通井	下入通井管柱，建议带钻头通井
	循环洗井	通井到底后，大排量循环洗井两周

5　结论

（1）研究的水平井半程固井完井技术，解决了山西沁水盆地煤层气开发的矛盾，缩短了施工周期 3-5 天。降低了建井综合成本。

（2）优化研究的打捞式免钻塞半程固井完井工具，其内径达到“全内径”，承压能力达到 50MPa，满足了煤层气开发的需要。

（3）更深入研究的半程固井和漂浮下套管联作技术，不仅实现了水平井半程固井技术，同时，通过漂浮下套管技术，实现完井套管的安全顺利下入。

参　考　文　献

[1] 杨延辉，王玉婷，陈龙伟，等．沁南西——马必东区块煤层气高效建产区优选技术[J]．煤炭学报，2018，43(6)：1620-1626.

[2] 齐奉忠，李合龙，杨贵胜．沁水盆地煤层气井固井技术[J]．石油钻采工艺，2003，25(1)：28-30.

[3] 刘子帅，韩艳，安新朝，等．沁水盆地煤层气水平井固井技术研究与应用[J]．西部探矿工程，2017(9)：34-43.

[4] 刘丁丁，田涛．免钻式分级箍在陕北评价井的应用[J]．石油工业技术监督，2017，33(6)：49-51.

[5] 柳文杨，林建增．免钻式分级箍在滴南 7 井的应用[J]．西部探矿工程，2013(3)：83-84.

[6] 丛金龙，等．打捞式免钻塞筛管顶部注水泥完井技术在高 104-5 平 124 井的应用[J]．化工管理，2015(4)：118-120.

抽油机人工智能采油技术的应用

薛良玉　罗　瑞　苏　波　周　涛　贾　鹏　刘海滨

（中国石油华北油田公司二连分公司）

摘　要　老油田开发中后期普遍存在油井地层能量逐渐衰竭、油水井联通关系以及压力体系复杂变化的生产问题，导致抽油机井呈现产液波动、低产、低效的生产状况，由于冲程、冲次、泵径等生产参数控制不合理，参数优化不及时，泵效普遍偏低，无效举升能耗高，部分井受地面设备限制，参数已无下调空间，能耗远高于平均水平，需开展泵效提升节电降耗工作。常规的节电措施如调冲程、换泵径、换节能电机等人工工作量大，调整不一定到位，需连续调整，存在低产井参数下调空间较小，有效期短，节电效果不明显、操作复杂、成本高等问题，严重制约了提质增效工作的开展。对此，二连油田首次试验应用了人工智能采油控制技术，该技术以高泵效转矩特征作为控制依据，模拟地层供液能力变化，不依托外部任何传感器及上位机的控制，即可实现本地化恒液位智能调参运行，减少设备投资，降低控制故障率，在人工智能 AI 模块+驱动模块智能控制下，可以实现自动调整运行冲次，始终恒定合理沉没度，保持高泵效生产，减少无效冲次，杜绝能源浪费，降低人工管理难度。同时，该技术还具备动液面模拟计算、电参功图模拟、产液量计算、超低冲次生产、自动间抽转换等实用功能，经现场试验数据分析，综合节电率达 30%以上，具有很好的推广应用前景。

关键词　智能采油；泵效；节能；油井

二连油田作为开发三十多年的老油田，近年来持续上产带来的能耗居高不下的局面，已经制约油田进一步提质增效的发展空间。其中抽油机机采配电系统是油气田建设的重要基础设施，为油井举升设备提供动力，是油田生产的重要保障系统。当前二连油田采油系统年用电约 1.4 亿 kW·h，占总体用电的 60%，其建设的好坏直接影响到油气田企业经济效益。常规的节电措施主要有更换电机降低额定功率、调整抽油杆柱配比、更换节能抽油机、采用新型无杆采油技术及设备、调整地面生产参数、采用变频柜等，存在低产井参数下调空间小、节电效果不明显、操作复杂、成本高等问题。人工智能采油控制柜以高泵效转矩特征作为控制依据，锁定合理动液面生产，自动调整参数，减少无效冲次，保持油井在产液量最大化、耗能最小化的状况下生产，应用效果较好。

1　人工智能采油技术原理及方法

1.1　工作原理

抽油机人工智能采油技术是继传统变频调速控制之后研发出来的新一代人工智能调速控制系统，通过对抽油机运行参数、电机参数等其综合数据计算，以动液面在合理位置下的高泵效转矩特征作为控制依据，并根据记忆的转矩特征波谷差值变化实现自动调整运行冲次，与油层供液能力相匹配，此过程不依托外部任何传感器及上位机的控制，即可实现本地化恒液位智能调参运行。该技术由人工智能 AI 模块+驱动模块两部分组成，供采系统工况时刻在变化，这导致抽油机电参也在变化，人工智能 AI 模块分析捕捉这些变化如转矩特征、负载率变化及平衡度变化等，实时给出最佳机采运行参数，通过驱动模块实时驱动控制电机转速最终实现机采过程的智能控制，可以锁定合理沉没度高泵效长期运行。

1.2　技术特点

（1）恒液位自动调节冲次。油井始终工作在设计的合理流压下生产，并根据动液面变化自动调整运行冲次，与地层供液能力相匹配，达到合理沉没度下的供采平衡，减少无效冲次。

（2）无反发电控制。与常规变频控制相比，无需制动电阻即可消除抽油机反发电现象，有效解决抽油机反发电带来危害及其造成的能源浪费，提升功率因素。

（3）柔性驱动控制，超低速运行。依据电动机输出电参特性的变化，修正抽油机运转至上下止点附近的电机速度，柔性变速，从而消除冲击载荷以及换向载荷，提升泵效，并大幅度降低机械运行强度。同时柔性驱动技术具备零速启动的功能，从 0Hz 开始，大扭矩缓慢加速，解决了抽油机的启动死角和启动冲击载荷问题，该技术的应用可实现超低冲次运行，冲次可以降至 0.8 次/min 以下，常规的变频控制一般冲次智能降低至 1.5 次/min。

（4）稳定地面机械平衡。抽油机的平衡度和油井动液面位置以上油管液柱载荷相对应，恒定动液面位置，也就恒定了地面抽油机的机械平衡，实现抽油机的随动平衡节能运行。

（5）抽油杆断脱停机保护。当油井抽油杆断脱时，智能驱动模块能够通过转矩曲线监测到电机运转的异常情况，及时停机保护，最大化的保护油井的安全运行。

（6）蜡卡、砂卡过载保护。当油井抽油杆被蜡卡死或砂卡死时，智能驱动模块通过转矩曲线监测到电机运转的异常情况，立即停机保护，最大化的保护油井的安全运行，避免产生更大的破坏。

2　现场试验效果分析

为了验证该技术的适用性和应用前景，2022 年 3~4 月，在二连油田哈南区块 H13-114 井、H43-223 井、H40 井共计 3 口供液不足的油井进行了抽油机人工智能采油技术现场试验。现场进行了节电效果和产液影响的验证试验，耗电量采取原始的电表读取电量的方法，产量分别采取了质量流量计、拉油称重和单体罐检尺的方法，另外核实了测试过程中的示功图、动液面、含水变化情况。

现场试验数据表明：3 口油井采取抽油机人工智能采油技术后，产液量基本稳定，平均节电率为 48.3%，平均吨液单耗下降幅度为 55.6%，节电效果显著。

2.1　H13-114 井试验效果

3 月 7~9 日工频运行，11~14 日人工智能采油控制柜运行。全程每日测两次功图、液面、产液，每日记录耗电量，见表 1。从测试结果来看：冲次下降明显，由 3 次下降至 0.8~1.5 次；动液面基本不变，保持在 1350m 左右，沉没度约 40m；功图变得饱满，泵效由 18.7% 上升至 41.3%（图 1）；产液量变化不大，基本保持在 3.7t/d；耗电量下降明显，日耗电由 128kW·h 下降至 59kW·h，节电率 54%；吨液耗电由 34.6kW·h/t 下降至 15.9kW·h/t。具体数据见表 1 及图 1。

表 1　H13-114 试验数据

日期	液面/m	冲次/(次/min)	日液/t	耗电量/(kW·h)	备　注
3.7 上午	1330	3	4.72	128.7	工频运行
3.7 下午	1325	3	2.52		工频运行
3.8 上午	1317	3	1.44	127.6	工频运行
3.8 下午	1305	3	3.97		工频运行
3.9 上午	1309	3	3.5	126.8	工频运行
3.9 下午	1320	3	5.4		工频运行
3.10 上午	1332	3	5.14	74.4	工频运行
3.10 下午	1369	3	4.68		10 日 17 点调成人工智能采油控制柜
3.11 上午	1348	0.81	3.93	58.4	人工智能采油控制柜运行
3.11 下午	1350	0.8	3.96		人工智能采油控制柜运行
3.12 上午	1352	0.95	4.01	58.7	人工智能采油控制柜运行
3.12 下午	1346	0.85	4.44		人工智能采油控制柜运行
3.13 上午	1340	1.55	1.73	60.1	人工智能采油控制柜运行
3.13 下午	1342	1.35	4.32		人工智能采油控制柜运行
3.14 上午	1339	1.45	3.55	59.4	人工智能采油控制柜运行
3.14 下午	1347	1.42	4.32		人工智能采油控制柜运行

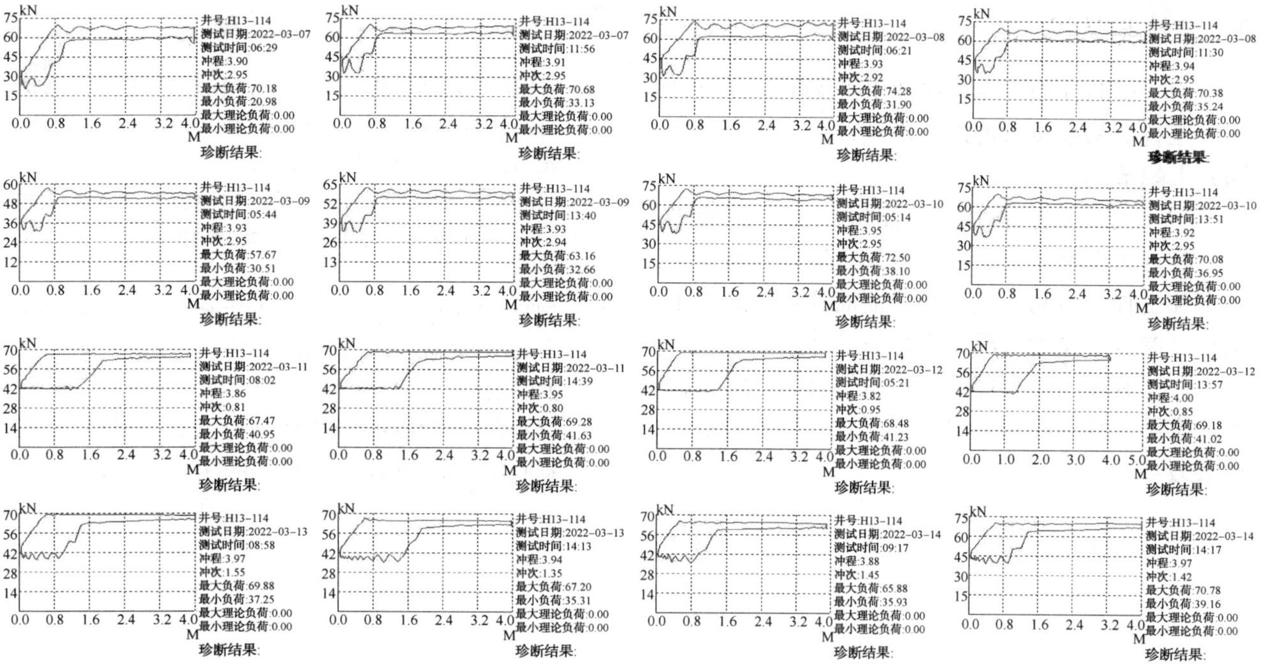

图 1　H13-114 地面示功图变化情况

2.2　H43-223 井试验数果

23~25 日人工智能采油控制柜运行，3 月 26~28 日工频运行。拉油称重折算产液量，每日记录耗电量见表 2。从测试结果来看：产液量变化不大，测试产液量略有上升；耗电量下降明显，日耗电由 263.3kW·h 下降至 171.4kW·h，节电率 34.9%；吨液耗电由 41.33kW·h/t 下降至 24.45kW·h/t。具体数据见表 2。

2.3　H40 井试验数果

23~25 日人工智能采油控制柜运行，3 月 31 日~4 月 3 日工频运行。单体罐检尺折算产液量，每日记录耗电量，见表 3。从测试结果来看：产液量变化不大，测试产液量略有上升；耗电量下降明显，日耗电由 115.1kW·h 下降至 50.5kW·h，节电率 56.1%；吨液耗电由 82.21kW·h/t 下降至 29.88kW·h/t。具体数据见表 3。

表 2　H43-223 试验数据

测试时间	试验设备	电量核实			产液核实			吨液单耗/(kW·h/t)
		电表初值（变比 100：5）	电表终值（变比 100：5）	折算日耗电量/(kW·h)	罐车空车重/t	罐车拉油重/t	折算日产液量/t	
23 日 10：50—25 日 10：50	人工智能采油控制柜	124.22	141.36	171.4	19.2	33.22	7.01	24.45
26 日 14：25—28 日 14：25	工频运行	157.74	184.07	263.3	19.18	31.92	6.37	41.33

表 3　H40 试验数据

测试时间	试验设备	电量核实			产液核实			吨液单耗/(kW·h/t)
		电表初值（变比 100：5）	电表终值（变比 100：5）	折算日耗电量/(kW·h)	空高初值/m	空高终值/m	折算日产液量/t	
23 日 9：10—25 日 9：10	人工智能采油控制柜	25.51	30.56	50.5	2.27	2.09	1.69	29.88
31 日 15：00—4 月 3 日 15：00	工频运行	52.49	69.75	115.1	1.60	1.40	1.4	82.21

3 结论与认识

（1）试验证明，在二连油田供液不足井上采用人工智能采油技术可提高机械采油泵效，实现油井大幅节能。

（2）人工智能采油技术能保证油井供液平衡，实现柔性驱动控制以及超低速运行，减少泵抽空和空抽，自动调整参数保证油井在恒液面下生产，参数下调的情况下不影响油井产量。

（3）利用人工智能采油技术符合二连油田的生产实际，规模应用后将取得很好的经济效益和社会效益。

参考文献

[1] 常鹏刚，高鹏，张胜利，等. 抽油机变速运行智能控制技术深化研究与应用[J]. 石油化工自动化，2020，56(3)：31-35.

[2] 张胜利，吴刚，郭吉民，等. 抽油机井供采协调控制方法及装置：中国，ZL 2015 10983112. 8[P]. 2019.

[3] 周封，胡洋，孙志刚. 抽油机节能方法与变频技术合理应用研究[J]. 节能技术，2010，28(3)：218-221.

[4] 秦和利. 抽油机井工作制度与能耗关系探讨[J]. 石油石化节能，2022，12(8)：44-47.

油田联合站智能化研究现状及发展趋势

池　坤　霍富永　冯　宇　童　炜　张　超

（长庆工程设计有限公司）

摘　要　随着自动化与信息化技术的深度工业融合，智能化已经成为各个行业领域的必然趋势。在石油工业中，联合站的智能化对于提高生产效率、降低运营成本、保障生产安全等方面具有重要意义。本文在探讨智能化联合站内涵的基础上，分析了长庆油田、大庆油田、渤海油田、胜利油田等国内主力油田站场智能化的建设实践，概括了建设智能化联合站关键技术的发展趋势，包括数字孪生、智能预警、智能优化，以实现智能化联合站“全方位感知、综合性预判、一体化管控、自适应优化”的目标，为进一步深入完善站场智能化、保障联合站安全高效运营提供参考。

关键词　联合站；智能化；数字孪生；识别预警；超前预警；自适应优化

1　引言

随着全球能源需求的不断增长，石油工业面临着提高生产效率、降低运营成本、保障安全高效经济运行等压力。智能化技术的出现为解决这些问题提供了新的思路。在全球双碳目标导向下，建设绿色油田、智能油田，运用大数据、人工智能赋能油气行业已成必然。

在自动化与信息化技术深度工业融合的大背景下，油田智能化发展是数字化转型的重要发展趋势。国内各大主力油田在智能化方面已经开展了大量实践，比如：长庆油田、大庆油田、渤海油田、胜利油田，都经历了机械化到自动化、再到数字化的发展历程，为最终趋于智能化夯实了基础。各大油田结合生产需求及能源结构特点，先后提出了适合自身实际情况的智能化发展道路。联合站作为油田生产中的重要环节，其智能化水平直接影响到整个油田的生产效益。因此，对联合站智能化的研究具有重要的实际意义。

2　智能化联合站的内涵及系统构架

智能化是利用先进的传感器、通信、计算机等技术，构建数字孪生体，实现对生产全过程的全面感知、全面互联、全面智控。联合站是油气集中处理联合作业站的简称，是油田原油集输和处理的中枢，主要功能包括原油脱水、原油稳定、天然气净化、轻烃及液化气回收、油田注水、污水处理等，工艺复杂，设备繁多，实现生产全过程智能化内涵众多。通过多维度、大数据融合及功能性应用拓展，高度集成站场数据可视、远程监测、视频监控、移动巡检、作业管控、仿真培训等智慧应用，实现物理站场数字化、数字站场可视化、无人站场自主化、感知站场同景化。智能化站场的发展建设中，加载在数字孪生体上各类工艺过程的机理仿真模型是技术要点，全面系统的各类仿真模型建成，是终极目标“全方位感知、综合性预判、一体化管控、自适应优化”智能化站场达成的有力支撑。

具体来说，联合站智能化包括以下四个方面：

（1）设备智能化：通过安装智能传感器、智能监控设备、执行器等设备，实现对生产现场的实时监控、数据远传、安全预警、巡线和远程指令操作，是智能化联合站的“眼耳鼻手”，实现“全方位感知”。

（2）生产过程智能化：在数字化联合站的基础上，建立联合站各工艺过程的机理仿真模型，搭建联合站全面系统的各类仿真模型，并加载在联合站数字模型上，形成联合站的数字孪生体。基于实时采集数据，自动判断生产过程参数变化趋势，判断生产过程是否正常，实现生产过程的智能化判断，是智能化联合站的“神经系统”，做到“综合性预判”。

（3）安全管控智能化：利用联合站物联网平台历史运行数据，采用大数据分析手段对其进行挖掘，建立站内全部设备联合作业时各设备及其运行参数的逻辑关联。基于各工艺模块机理模型，形成智能控制逻辑算法及程序，是智能化联合站的“心脏”，实现站内全部设备“一体化管控”。

(4) 决策支持智能化：基于联合站生产目标(如：生产平稳、能耗最低、输量最大等)，以目标为导向，借助算法程序，自动运算最优运行方案；判断生产过程异常后，自动运算调整运行参数或自动切换流程，是智能化联合站的“大脑”，实现运行参数“自适应优化”和异常工况“自适应调控”。

联合站智能化是一个系统工程，以联合站信息化、数字化为基础，借助远传仪表、远程控制终端 RTU、站控系统 SCS，以物联网为通信纽带，借助智能算法等进行数据聚类、挖掘，实现数据的采传存管用、实时监控、异常工况报警以及工艺的智能优化和自适应调控。其系统构架可分为3层，如图1所示，分别为信息感知层(实现运行数据的实时监测与远程控制)、云数据支撑层(完成监控操作与各服务器之间的数据交互和调用)以及智能应用层(完成数据互传并运用算法程序实现智能应用)。

3 联合站智能化建设实践与探索

3.1 长庆油田

长庆油田在站库智能化领域做了大量尝试，取得了很多卓有成效的成果，包括站场设计标准化、设备撬装化、自动化、无人值守、智能控制等。提出了“平台+中心站”的三位一体的地面智能化管控模式，如图2所示。通过前端数据采集、中端自动控制、后端智能应用三个方面实现无人值守、有人巡护、自动操控、集中管理、实时预警的地面系统一体化智能运行。通过现场液位、温度、压差等数据的实时采集远传及关键区域高清视频监控，实现站场正常生产流程的实时监测(包括：远程切换、启停、调节外输泵，远程启停加药装置等)、事故流程的应急切换和远程紧急关断以及风险作业远程操控。

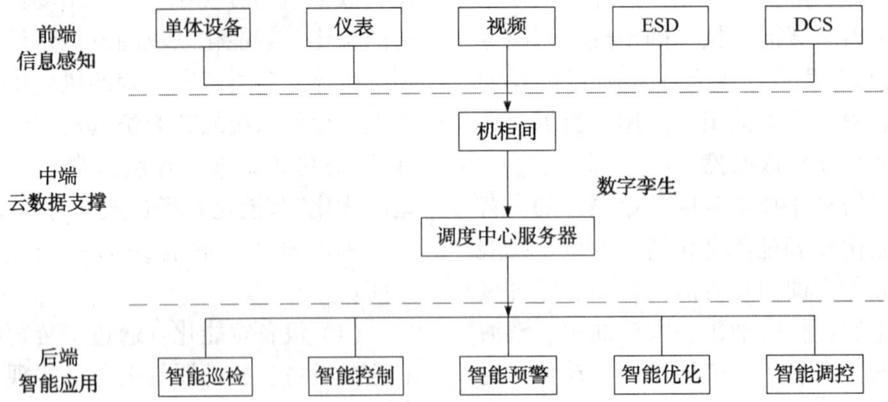

图1　联合站智能化系统组成

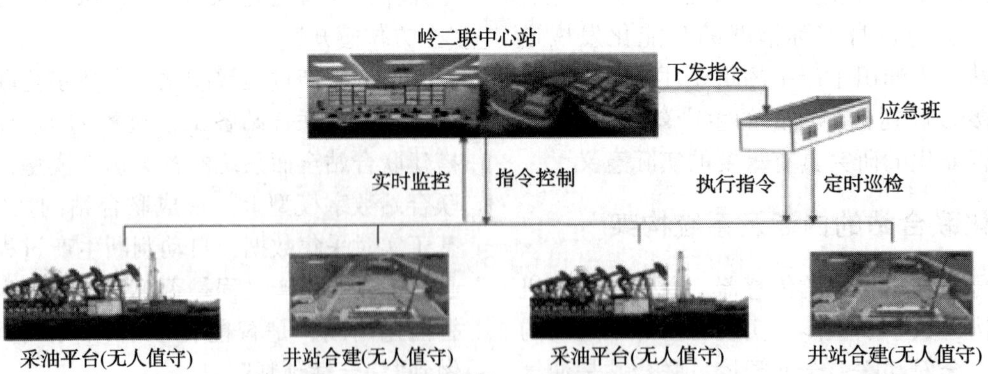

图2　长庆油田页岩油中心站管控模式

3.2 大庆油田

大庆油田联合站智能化建设可分为4个阶段：初始阶段，即利用信息化技术实现智能监控，减少站库员工数量至4人左右，初步实现远程操作、异常工况自动报警及无死角实时监控；第二阶段，进一步发展信息化技术，减少员工数量至2人，主要负责网络信息系统建设，实现三级调度管理(中心控制、站场控制、就地控制)

及视频联动控制；第三阶段，无人值守、区域化管理，实现2级调度(总调度中心和作业区域调度)管理，改造自动控制系统以提高设备可靠性，完善视频联动功能，实现自我监控、安防联动及视频巡检；第四阶段，加入新的智能技术，利用大数据、虚拟现实技术等实现对工艺流程的动态模拟，实现实时监控预警。开发了智慧工地系统和数字化交付系统，构建站场数字孪生体，开发移动办公APP，实现对现场人员聚集、区域入侵、安全帽佩戴、动火作业等行为的实时跟踪报警，形成了站场全生命周期信息化管理模式。大庆油田提出到2035年前，实现油藏、采油、地面三大专业平台的连接整合，基本建成油田开发一体化智能应用平台。若与物联网融合，建立实时数据传输、决策分析、标准规范于一体的智能化管理模式，如图3所示，能进一步促进油田的高质量发展。

3.3　渤海油田

渤海油田是国内首个海上数字化转型油田，充分利用数字技术，借助工业物联网，实现了物资运输全过程检测、区域调配，设备故障预警，人员定位追踪及救援等。对平台各生产工艺环节进行节点化处理，搭建平台采出、集输、注入等工艺一体化节点模型和知识图谱，实现数据互联互通，如图4所示。利用AI识别、云端数据训练等技术，进行故障诊断，初步实现了以数字技术赋能油田发展。

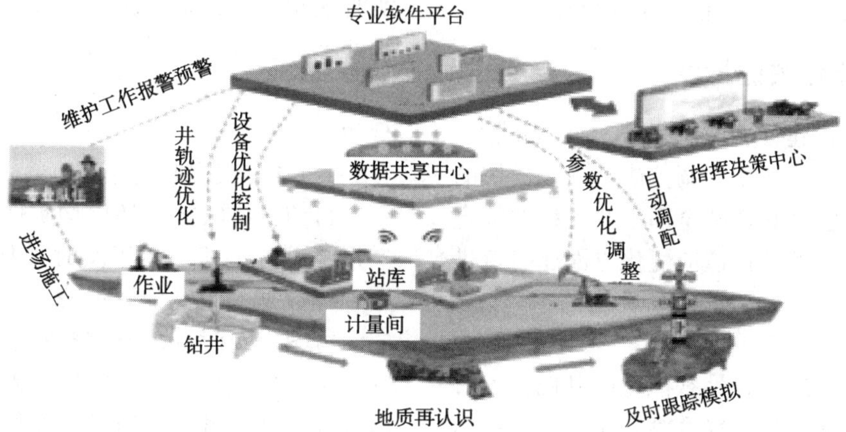

图3　大庆油田智能化管理模式

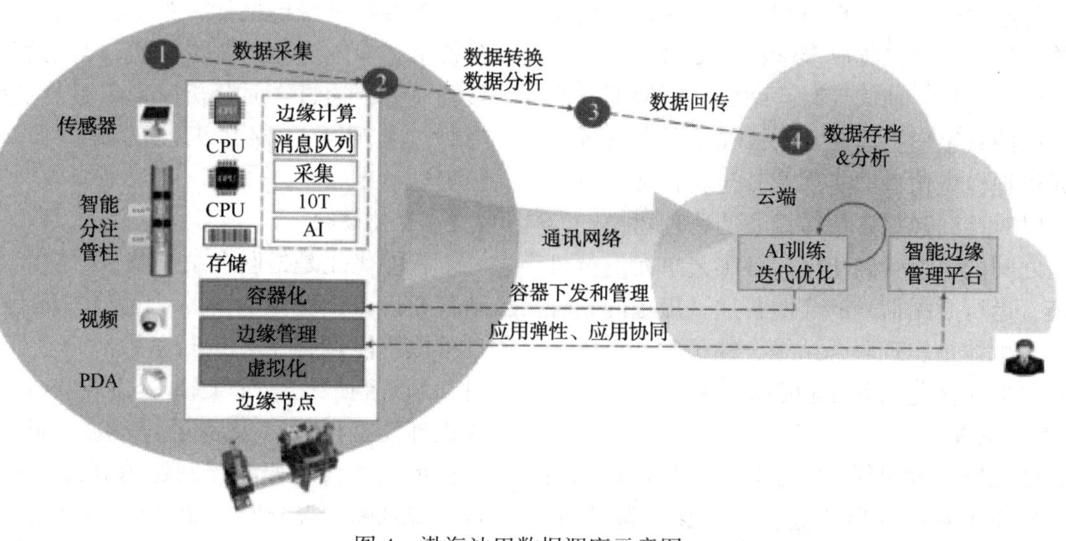

图4　渤海油田数据调度示意图

3.4　胜利油田

胜利油田利用大数据、人工智能技术开展了勘探开发地面处理等不同场景下的一系列探索，实现了三维层位智能提取、岩体岩性自动识别、测井曲线自动生成、生产过程信息互通互联、缓蚀剂智能加注、工艺流程及运行参数优化等。吴德明公布了一套联合站仿真系统，能建立站内各工艺模块运行参数的相互关联，可以动态模拟站内各设备生产运行过程，实现新工艺的优选分析。杨宝山总结了大数据技术在胜利油田的应用价值、应用场景，分析了大数据技术在智能化联合站中的应用，不过仅涉及到压力、流量、液位等现场数据以及安全预警数据的采集分析，旨在给出联合站节能增效、安全处理及无人值守方案。

基于各大油田智能化联合站的建设实践可知，各主力油田基本实现了油田数字化建设及安全预警，在设备智能化、生产过程智能化、安全管控智能化和决策支持智能化四个方面均做了很多工作，为全面建成智能化联合站奠定了坚实的基础。不过，为实现智能化联合站建设的终极目标“全方位感知、综合性预判、一体化管控、自适应优化”，还有很多关键技术需要攻克。

4　联合站智能化关键技术

联合站智能化建设在全方位感知的基础上，基本实现了设备单体智能化调控或某工艺模块的智能化调控，在整个联合站全部工艺过程的综合性研判、一体化管控及自适应优化方面还有待进一步提升。

4.1　数字孪生

数字孪生是实现联合站智能化的基础，通过数字孪生体可以实时反映联合站各工艺单元的运行情况。基于数字化联合站建设基础，建立联合站各工艺过程的机理仿真模型，搭建联合站全部工艺单元仿真模型，集成多学科、多物理量、多尺度的仿真过程，加载到联合站数字模型上，形成联合站的数字孪生体。其关键在于联合站各工艺单元机理模型仿真的实现及其与联合站运行参数的实时对接，包括各单体设备的物理建模、设备相互之间的连接管路建模、各工艺单元运行机理建模、运行数据信号的实时传递。虚拟的联合站数字孪生体是实现联合站综合性预判、一体化管控及自适应优化的前提和必要条件。

4.2　智能预警

智能预警技术包括三方面：一是目标识别预警，主要用于站库周界防范、人员及车辆识别；二是作业场景违规预警，主要用于不同现场作业场景违章操作识别；三是生产异常工况超前预警，主要用于生产异常工况、故障等超前研判。国内各大主力油田都实现了站场的无死角视频监控，为实现站场智能预警提供了硬件基础。

4.2.1　目标识别预警

利用视觉分析技术及深度学习算法等，识别实时采集的视频数据中的目标特征，如：是否正常穿戴工作服及安全帽、异常人员识别、车辆识别等。同时，根据防恐业务特征，确定各场景时目标的结构化特征，通过对运动目标深层次的特征提取，实现准确识别运动目标，实现防恐预警。

4.2.2　作业场景违规预警

针对站场内可能涉及的作业场景(即：动土作业、动火作业、高空作业、受限空间作业、临时用电作业、盲板抽堵作业、起重作业)，基于操作规程要求，建立各作业场景下规范化作业结构模型，形成规范化作业模型库。基于现场作业实时视频数据，采用深度学习算法对其进行结构化处理，获取作业场景的关键特征参量，并与建立的规范化模型库进行对比，智能识别违规作业行为。

4.2.3　异常工况超前预警

目前，各大主力油田均实现了参数阈值等生产报警设置，即：基于实时采集的流量、液位、压差等数据，设置分级报警，并从信息库中确定应对方案，及时处理异常报警情况，以确保系统安全可靠。这种应对策略属于被动防御，不能提前判断、超前预警。若基于各种异常工况时工艺运行参数变化趋势的历史数据，采用大数据分析、多参数预警模型计算等手段，形成异常工况时各工艺参数变化的逻辑算法，建立各异常工况预警模型，通过实时分析所采集工艺参数的变化趋势，实现生产异常工况的提前研判、超前预警。

4.3　智能优化

智能优化是指联合站具备自适应能力，能自动判断运行工况是否异常、运行方案是否最优，且可以智能调整工艺运行参数、自动切换流程、自动调整到最优运行方案。这需要建立各工艺模块机理模型以及各设备运行参数之间的逻辑关联，形成联合站智能控制逻辑算法及计算程序。若系统判断工况异常，能自动运算调整运行参数或自动切换至安全流程，保证工艺运行的安全运行。同时，基于联合站生产运行目标和实时处理量，能自动计算并建议最优运行方案，实现联合站全面系统的一体化调控，使联合站具有自适应优化能力。

5 结论

大数据、云技术等科技进步已进入油气行业多年，油气行业经历了机械化到自动化、再到数字化的发展阶段，正在走向智能化。各主力油田基本实现了油田数字化建设及安全预警，在设备智能化、生产过程智能化、安全管控智能化和决策支持智能化四个方面均做了很多工作，为全面建成智能化联合站奠定了坚实的基础。下一步应进一步完善联合站数字孪生体，确定联合站智能控制逻辑算法及智能控制运算平台，使联合站在全方位感知的基础上，做到综合性预判、一体化管控、自适应优化，保证联合站智能、安全、可靠、高效。

参 考 文 献

[1] 王斐，朱国承，霍富永，等. 庆城油田长 7 页岩油地面工艺技术研究与应用[J]. 油气田地面工程，2023，42(7)：56-60.

[2] 王春辉. 长庆油田中型站场橇装化研究与应用[D]. 中国石油大学(华东)，山东青岛，2016，5.

[3] 王博. 长庆油田大型站场一体化集成装置研究[D]. 中国石油大学(华东)，山东青岛，2016，11.

[4] 霍富永，王晗，朱国承，等. 庆油田页岩油中心站智能化管控技术研究与应用[J]. 油气田地面工程，2022，41(2)：1-5.

[5] 李博. 油气田油气集输智能化站库发展模式探讨[J]. 中国石油和化工标准与质量，2023，(5)：61-63.

[6] 方西盛. 大庆油田地面建设信息化智能化实践与思考[J]. 油气田地面工程，2023，42(3)：1-6，10.

[7] 耿关庆. 大庆油田智能化储运系统建设展望[J]. 油气田地面工程，2022，41(11)：12-17.

[8] 孙崇亮，黄振昊，李颖，等. 大庆油田地面工程智能化应用探索与展望[J]. 油气田地面工程，2023，42(9)：68-72.

[9] 梁文福. 油田开发智能应用系统建设成果及展望[J]. 大庆石油地质与开发，2019，38(5)：283-289.

[10] 李金蔓，周守为，孙金声，等. 数字技术赋能海上油田开发8 渤海智能油田建设探索[J]. 石油钻采工艺，2022，44(3)：376-382.

[11] 杨勇. 胜利油田勘探开发大数据及人工智能技术应用进展[J]. 油气地质与采收率，2022，29(1)：1-10.

[12] 戴永寿，舒华文，李立刚，等. 基于物联网的采油厂智能化高效作业运行系统开发[J]. 油气田地面工程，2018，37(3)：50-54.

[13] 高纯玺. 胜利油田污水站腐蚀监测与系统及其应用[J]. 腐蚀与防护，2015，36(9)：883-887.

[14] 孙思聪. 智能优化算法在联合站优化中的应用[D]. 中国石油大学(华东)，山东青岛，2016.

[15] 郑鑫，段光毅，王新亮. 油田智能化联合站的建设构想[J]. 油气田地面工程，2023，42(6)：8-13.

[16] 吴德明. 胜利油田联合站生产运行计算机仿真系统[J]. 油气田地面工程，2015，34(4)：35-36.

[17] 杨宝山. 油田信息化建设中大数据技术的应用探索[J]. 中国石油大学胜利学院学报，2021，35(4)：81-83.

[18] 聂晓炜. 智能油田关键技术研究现状与发展趋势[J]. 油气地质与采收率，2022，29(3)：68-79.

基于数字孪生的智能气田研究与建设

吴康祁　何顺安　马鹏飞　刘　杰　姬冠华　顾　涛　黄　涛　杨　坤　周哲冬

（中国石油长庆油田公司）

摘　要　基于数字孪生技术的智能工厂研究已广泛应用于航空航天、军事国防、医学分析、工程建设等众多领域。结合资源能源密集、过程机理复杂、生产连续性强等流程性工业突出特点。近年来，国内外石油化工头部企业纷纷部署智能化发展战略，加快技术融合，通过数字孪生技术提高企业开发生产水平及隐患治理能力，涌现出一批具备规模的智能工厂案例，部分已达行业先进水平。但仍面临着对数字化转型认识不够、基础建设水平差异大、仿真建模难度大、与计算机前沿技术融合应用不深入等问题。长庆米脂气田作为中国石油天然气集团批准设立的智能化示范区，充分汲取国内外建设运营经验，从生产现状出发，细致分析了当前气田在工程建设、生产运行等方面的技术需求，提出了智能气田的建设思路及框架结构。致力于构建以“建设交付、生产管理、完整性管理、质量健康安全环保管理、生产经营、协同研究”6大模块为核心，具备“气井、集气站、处理厂和集输管网全生产域；可研、设计、建设、运行全生命期；基本运行、改建扩建、应急处置等全场景库；高精度模拟仿真、工况预测预警、能源合理管控、生产精准高效、各领域协同研究等高水平化”特征的智能气田。预计取得节能增产、降本增效的可观效益。探索形成可复制、可推广的新业态、新模式、新路径。

关键词　石油化工；长庆米脂气田；数字孪生；智能化气田；复杂仿真系统

1　前言

物理体数字孪生化是一个充分利用物理模型、传感器更新、运行历史等数据，集成多学科、多物理量、多尺度、多概率的仿真过程，在虚拟空间中完成映射，从而反映相对应的实体装备全生命周期过程的概念。数字孪生最早由Grieves教授在美国密歇根大学的产品全生命周期管理课程上提出，后广泛应用在航空航天、军事国防、医学分析、工程建设等众多领域。石油石化领域根据自身资源能源密集、过程机理复杂、生产连续性强等流程性工业特点，已开发建设出一批较为成熟的智能化案例。

壳牌自2018年开始将大规模开发和部署AI应用程序，融入油气田、炼化厂、加油站等全产业链应用场景，与微软牵手开发Geodesic平台，通过机器学习和控制算法提高水平井定向控制的准确性和一致性。人工智能应用多次帮助欧洲最大炼油厂Pernis排查风险隐患。埃克森美孚同样与微软合作研发智能云平台。英国石油公司投资研发智能生产平台Sandy。斯伦贝谢作为行业龙头油服公司，提供油气生产智能解决方案，助力企业数字化转型。

随着我国经济快速发展，中国石油、中国石化等行业头部企业均全面部署“企业数字化转型、智能化发展”的战略方向。

中国石油塔里木油田乙烷回收智能工厂具备工艺生产优化、设备全生命周期管理、安全风险管控以及辅助决策等功能。建成实现信息传递和流程审批效率提升50%，数据统计效率提升60%，实验周期缩短33%，异常方案开发效率提高30%以上，减少误操作、降低事故率10%以上。大港油田在港东联合站、马西联合站实现了生产智能监控、工况智能诊断等8项功能，优化岗位员工34%，实现了站库安全管控由“事后报警”向“事前预警”的大跨越。相国寺储气库选取了智能配产配注这一典型场景，建立储气库地下地上一体化动态模拟系统，实现数据流转的自动化，为多周期注采的运行方式提供了有力支持。中国石化的中科炼化研究提出了“成套技术成果软件化、工程建设交付数字化、石化工厂运营智能化”融合创新的数字孪生智能乙烯工厂构建思路以及相应的关键技术。建成预计乙烯装置生产总体效益可提升约2%，NO_x排放量降低3%以上，废碱排放量降低5%～10%，能耗降低2%以上。中原油田普光气田利用云计算、大数据、人工智能等技术实现了预测预警、业务优化和辅助决策，支撑该气田降本增效、安全生产。天津石化采用“数据+平台+应用”的模式，打通数字化交付成果和生产运营数据，融合三维引擎与机理模型，实现工程建设和运营管理一体化。

上述部分油气公司智能化建设已达到行业领先水平，但仍面临着对数字化转型认识不够、基础建设水平差异大、仿真建模难度大、与计算机前沿技术融合应用不深入等问题。长庆米脂智能气田充分汲取国内外建设运营经验，从生产现状出发，细致分析了当前气田在工程建设、生产运行等方面的技术需求，着力构建以“建设交付、生产管理、完整性管理、质量健康安全环保管理、生产经营、协同研究”6 大模块为核心，具备“全生产域、全生命期、全场景库及高水平化”特征的智能示范区。

2　生产现状及需求分析

长庆米脂气田隶属于中国石油天然气集团有限公司长庆油田分公司第二采气厂，坐落于鄂尔多斯盆地陕北斜坡，横跨米脂县、绥德县、佳县及吴堡县，占地面积 2360km^2，是长庆气田“十四五”规划上产的主力区块。目前已建成集气站 5 座、清管站 1 座，处理厂 1 座、大口径管线 6 条、集气支干线 147.29km 的整装规模。在长庆气田已建系统平台功能设计和应用的基础上，针对业务和组织构架，开展米脂智能气田生产现状和技术需求分析。

2.1　生产现状

2.1.1　运行管理现状

（1）自控系统

井场：通过井口通信设备 RTU（Remote Terminal Unit，远程终端单元）监测井口油压、套压及单井外输流量，将生产数据上传所属集气站，实现井场外输截断阀远程截断控制。

集气站：集气站设置一套由 PLC（Programmable Logic Controller，可编程逻辑控制器）和操作站构成的站控系统，实现所属气井的集中监控，完成外输天然气流量、温度和压力参数的自动采集，站内分离器的液位自动控制，异常情况报警等。

处理厂：处理厂中心控制室设置计算机监控系统。计算机监控系统由功能相对独立并互相联系的过程控制系统（DCS）、安全仪表系统（SIS）组成，完成处理厂生产过程的数据自动采集、超欠产数据实时预警、重要生产过程远程控制、异常情况报警、紧急停车等。并通过设置在中控室的专用火灾报警系统（FA）及可燃/有毒气体报警系统（GDS）完成处理厂的火气监测。

（2）通信系统

井场：采用 4G 通信，将生产数据、视频及图像通过加密专网上传至集气站服务器。

集气站：采用光纤通信，随输气管道同沟或架空敷设至上级场站，将集气站生产数据、视频监控图像信号上传至处理厂。

处理厂：厂内设一体化可编程装置一套，装置内带光传输设备，能够提供语音通信、数据传输、局域网/广域网接入等业务。

2.1.2　数据管理现状

气井数据传输采取双通道双协议技术，满足智能气井、设备管理和生产监控多重数据需求。建立了井、站、设备数据规范，PI 系统（Plant Information System，平台信息系统）实现数据集中标准化管理。

2.1.3　数据应用

开发历史数据查询、历史曲线浏览、产量数据图表以及分析报表等功能，具备一定的气井状态大数据分析、集中统计管理水平。

2.1.4　物资管理

建立了各类物资流程化管理系统，实现备品备件、办公设备、办公耗材及易耗品采购、库存、领用、应用等信息化管理。

2.2　需求分析

2.2.1　工程建设

施工需求：建设过程数据未得到有效管理，给后期数据治理、各类报表填报带了较大工作量，且受隐蔽环境、复杂地形以及装置集成等影响，后期数据的可用性不高。需要完善数字化交付、智慧工地系统在源头数据一次采集、共享应用等方面的功能，打通后台数据传输链路，解决多头录取、重复采集、后期填报等耗费人力资源的问题。

管理需求：以数字化交付平台为基础，完善施工过程 APP 数据采集、人员与重型机械定位等功能，提高物资交接验收、人员机械交叉作业安全、隐蔽工程质量管理水平。

交付需求：数字化交付存在数据流不贯通，未与设计数据应用关联，导致设计物资信息重复录入、到位物资信息与设计属性没有关联。需要开发设计属性、建设数据、数字交付与应用各环节数据映射、转换的智能化算法，提高数字交付平台应用价值。

2.2.2 生产运行

气井生产：需要结合气井状态分析，预判气井生产能力，指导配产和调产，降低分析工作量。并结合生产模型快速辨识故障气井，指导精准施措。需要对气井压力、产量递减进行智能分类评估，提高分类管理和统计有效性。有效识别井筒积液，精准控制排采措施，减少无效作业。

管道运行：需要管道运行状态仿真模型，提高预判积液及积液量、段塞流与水合物冻堵状况。在安装智能阴极测试桩等条件下，开发杂散电流数据干扰、保护电流测算管道外破损点分析功能。模拟仿真管网上游增压、下调配产及应急联动的能耗负荷数学模型，提高管网能耗、效益管理水平。需要建立管网场站现有载荷综合分析功能，提高井位部署水平、释放产能发挥潜力。

场站运行：需要作业过程感知功能，提高对作业人员的全程保护、作业过程管理能力。需要对人员、车辆非法靠近、入侵等情况进行实时分析，防止综合事件发生。需要对工艺区气体、液体泄露以及人员作业位置等信息进行智能分析，提高安全运行水平。在数字孪生工艺流程上，按照交付进行属性标识，定制维护周期、配件信息，提高运行维护水平。建立综合信息数据智能分析与工艺仿真模型，分析预判工艺状态变化，提高预防与应急处置能力。在数据高度集成管理基础上，建立管道前后、上下游井站智能联动保护机制，提高应急处置能力。建立压力异常、流量突变等异常情况下的关联区域智能联动保护机制，提高应急反应效率。

2.2.3 完整性管理

管道管理：人员难以满足巡检巡护连续性要求，需要提高管道双高区应力、微位移等状态感知与应急控制能力。管道状态感知、故障预测成本高，需要提升基础信息与运行数据的智能分析应用价值。智能分析检测检验数据，在管道分类变化、态势预测预警方面，发挥腐蚀疲劳预防指导作用。

场站管理：无人值守条件下，需要提高动设备状态感知、故障预判与快速准确处置效率，预判工况变化，指导超前维护。需要静设备风险点智能分析指导，提高员工辨识静设备腐蚀重点部位，减少普查耗时费力现象。

2.2.4 数据管理

报表所需数据杂乱繁多，格式互不相同，需要构建区域数据湖，建立各级报表与数据湖标准化对标、对表、对点关系，降低数据录取工作量。加强数据源头治理，建立交付数据标准和数据提交规范，为中台组件提供真实数据，提高数据唯一性、数据真实性和全局共享共用水平。

2.2.5 安全环保

完善移动终端对讲、北斗 2.0+4G 定位信息提交功能，提高工作安排、跟踪、应急交流应用水平。由机器人在卸车区、回注区及丙烷压缩机等污染、低温、噪音环境进行巡检，保护员工健康安全。需要对危化品基本信息、样品准入情况进行维护，对危化品的安全技术说明书、鉴定报告和使用情况进行展示。需要风险排查辨识、清单建立、等级划分的信息统一管理，生成风险清单数据库。

2.2.6 应用软件

需要提高多相流、水力、热力等模拟计算软件在支撑生产运行分析的应用水平，对比分析理论计算与实际检测数据，不断优化回归算法，提高现场控制效果、节能降耗水平，提升效益运行能力。

3 智能气田建设路径

3.1 建设思路

智能气田是面向油气生产上游板块的新型开发模式，通过夯实模型研发、数据投喂和算力支撑工作，具备“全生产域、全生命期、全场景库及高水平化”的特征。即气井、集气站、处理厂和集输管网全生产域；可研、设计、建设、运行全生命期；基本运行、改建扩建、应急处置等全场景库；高精度模拟仿真、工况预测预警、能源合理管控、生产精准高效、各领域协同研究等高水平化。

智能气田建设的整体思路是基于将地质开发、天然气工艺集输与人工智能、虚拟仿真技术、大数据技术、信息通信技术、建筑信息模型等前沿信息化技术进行深度有机融合，指导创建三维模型、机理模型、大数据模型及业务模型，并将各类数据文档采集整合汇聚为无形资产。各类资产通过数字化交付、智慧工地、工业物联网标识平台等方式迁移至由油气生产物联网(A11 2.0)系统承载的中台组件，由物联网系统计算整合各类离散数据资源，通过轻量化微服务业务应用反馈优化策略等服务。建成将大跨度提升全面感知、自动控制、预测预警、智能优化、协同运营五项关键能力，建设思路如图1所示。

3.2 框架结构

智能气田宏观架构分为边缘层、资源层、平台层和应用层，如图2所示，具备数据精准采集、边缘计算控制、资源整合调度、大规模模型仿真、数据清洗入湖、专家案例编档入库、应用服务简明高效的特征。

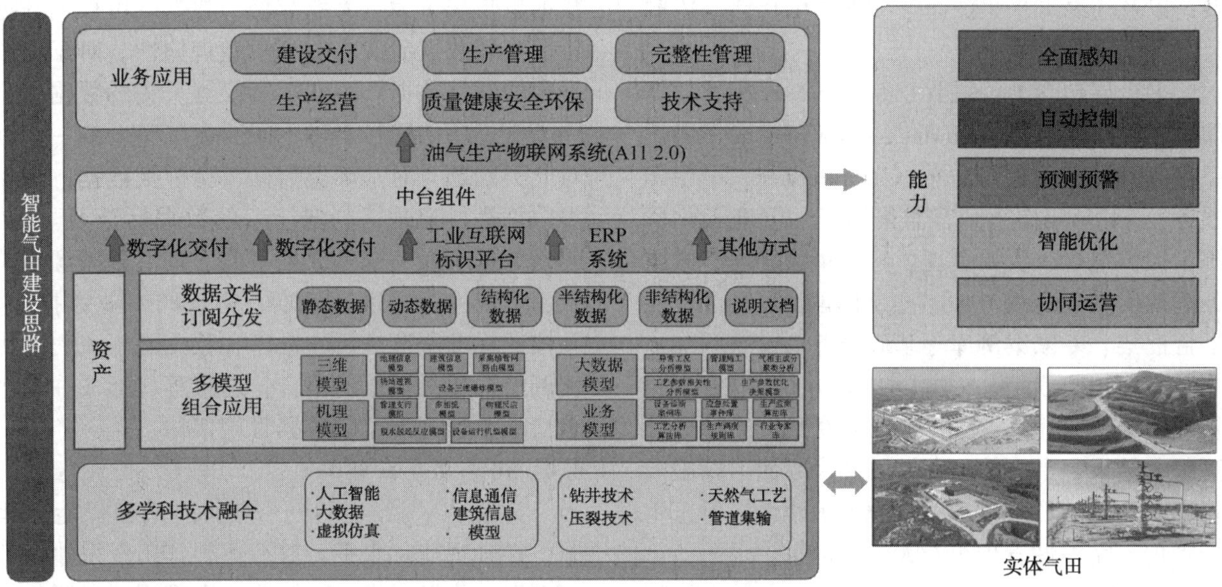

图1　智能气田建设思路

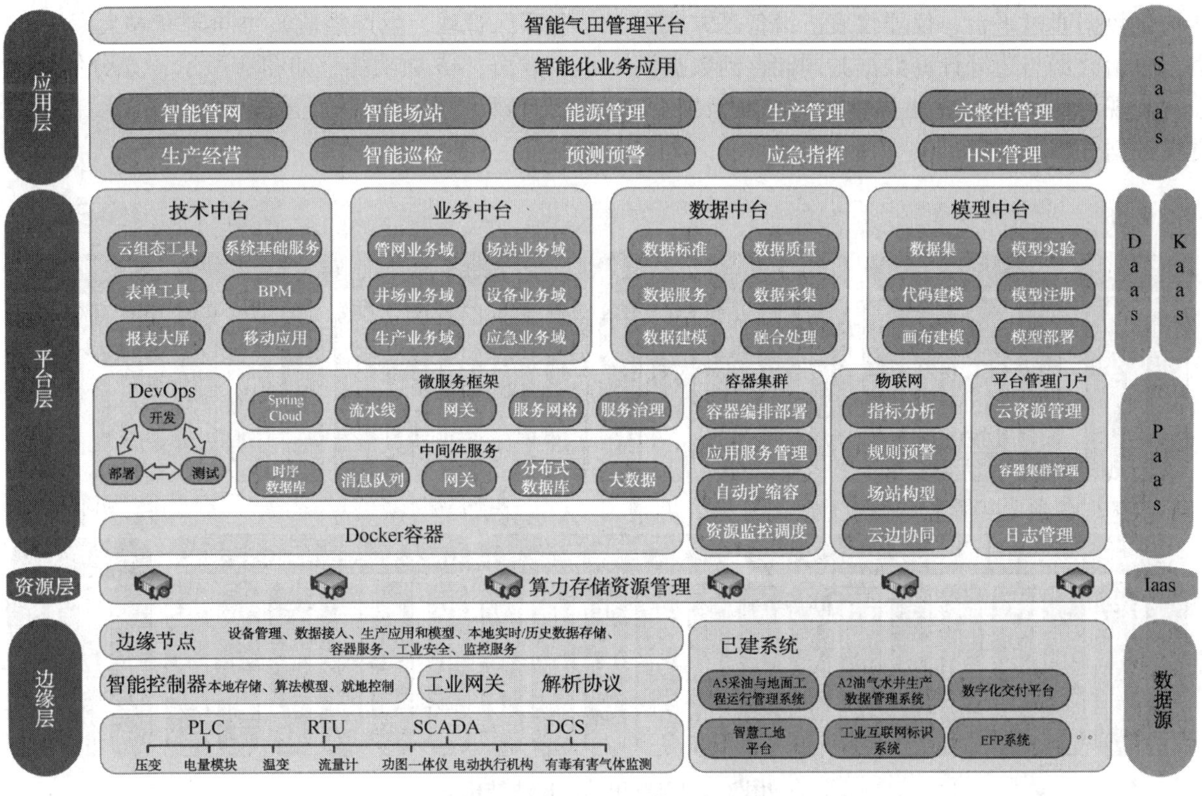

图2　智能气田总体框架图

边缘层负责数据接入、转换、预处理和边缘计算控制等。可实现对生产实时时序数据、设备运行实时时序数据、设计文档、制造参数等各类数据大范围、深层次采集、转换及预处理。具备在边缘侧开展实时计算分析、反馈控制、资源调度、运行维护、开发调试等功能。

资源层即 IaaS 层(Infrastructure as a Service，基础设施即服务)，承载大量运算存储传输设备，负责大规模运算、模型训练仿真、大数据存储及传输等业务。并提供计算过程数据、阶段模型、以及边缘端采集的海量数据集中存储、传输及灾备等服务。

平台层包含 DaaS 层(Data as a Service，数据即服务)、KaaS 层(Knowledge as a Service，知识即服务)和 PaaS 层(Platform as a Service，平台即服务)，平台架构基于容器集群统一管理云化资源，提供包含云资源管理、容器集群管理、微服务框架、数据服务中间件、AI 模型框架、智能平台框架、专家案例库等基础服务。

应用层即为 SaaS 层(Software as a Service，软件即服务)，整合输出数据、模型、策略等计算服务结果，具有简洁友好的交互界面，以虚拟管理驾驶舱的形式呈现，直观展示建设交付、生产管理、完整性管理等 6 大模块信息。

3.3　工业数据湖

建设运营产生的大量结构化、半结构化、非结构化数据通过平台、仪器仪表、设备等方式采集，原始数据与边缘计算数据共同储存到数据湖中，实现清洗对齐、交互共享，供给模型拟合，支撑数据分析及服务。

工业数据湖作为数据集散中心，主要目的是打破数据孤岛，解决异源数据及异构数据的共享问题。实现海量数据存储、数据清洗、统一字典、数据共享、架构可扩展、信息安全等功能。由于当下大规模仿真模型大多基于大数据拟合，数据湖的存在解决了数据存储问题，同时海量的数据也带来了大量无效数据，数据湖可根据数据特征实现数据清洗，提高模型鲁棒性。对于不同平台的迁移数据、不同厂家仪器采集的数据，会因为数据库中代号名称不同而无法整合归一。针对此类问题，对基础类数据、指标类数据、专业类数据进行梳理，制定统一的数据标准及规范，明确数据字段、规范数据字典、理清数据源头关系，形成一张标准、清晰、完备的专业数据表。并按照标准规范进行数据库和数据更新流程的优化调整，通过数据的整合、迁移等，形成一套逻辑清晰、管理规范的数据管理架构。

3.4　工业服务应用

为满足米脂气田应用需求，完善智能化措施，提升智能化水平，打造适合气田开发建设的新型智能化发展模式。智能气田应用层主要包括建设交付、生产管理、完整性管理、质量健康安全环保管理、生产经营、协同研究 6 大模块、10 个方面、45 项功能，如图 3 所示，充分体现“全生产域、全生命期、全场景库及高水平化”的特征。

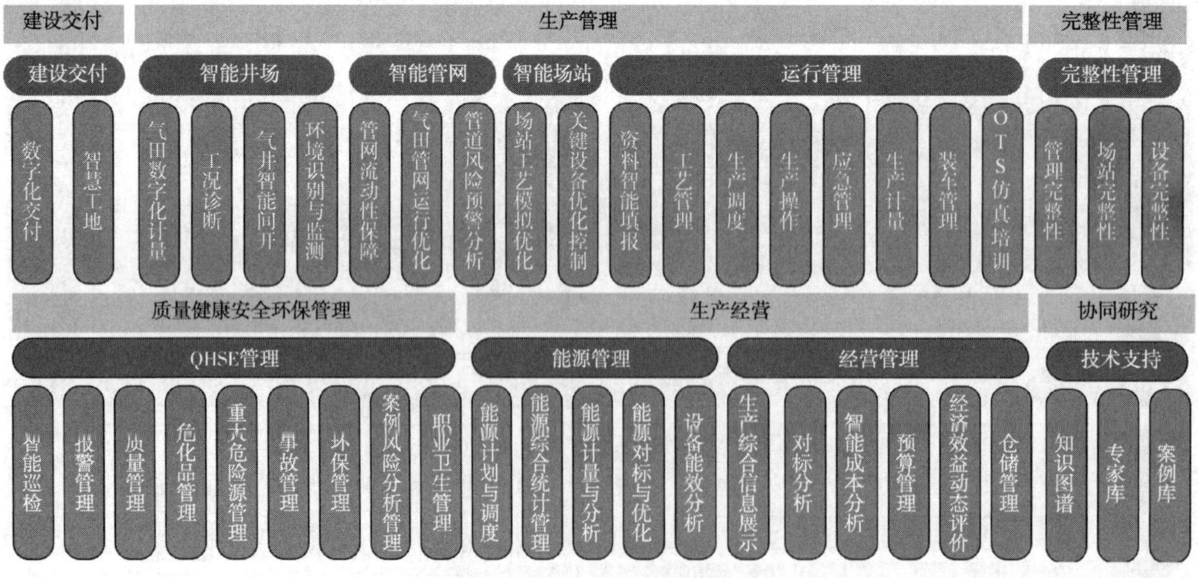

图 3　智能气田功能模块结构图

3.4.1　建设交付

为满足全生命周期管理，构建数字化交付和智慧工地功能，实现智能气田从可研设计开始至竣工交付全流程记录、全数据采集，管理现场组织施工安全，贯彻设计施工终身责任制的理念。数字化交付平台偏向数据采集，智慧工地平台偏向现场管理，两个共同共同构成了气田智能运行的数字底座。在处理厂竣工完成后，建设期所有的数据、模型、文档将迁移向数据湖，为智能气田模型仿真等功能提供基础数据。

（1）数字化交付

数字化交付以三维设计模型为载体，整合设计、采购、施工、监理、检测等全过程环节数据，通过流程化审批及电子签章，工程资料自动整理、组件组卷、审核和移交，实现了施工建设过程数字化管理和竣工资料数字化归档移交两大目标，并形成了服务于工程生产运营期智能化应用的数字基座。

（2）智慧工地

智慧工地将传统的“现场监督”转向“全过程智能监督+现场监督”相结合的模式。利用平台项目管理、智能巡检、进度管理等功能调配无人机、环境监测装置、智能手环、智能安全帽、移动布控球等硬件设施实现智慧巡检、智慧监督，达到“管住现场、管住承包商、管住三违”的目标。保障工程质量及本质安全。

3.4.2　生产管理

生产管理包括智能井场、智能管网、智能场站、运行管理四个方面。该模块作为智能气田的核心部分，主要实现对终端井场、集输管网和处理场站在虚拟空间的孪生体构建，模拟仿真实体气田运行状况，与实体气田双向交互反馈、自动迭代更新，具备工艺参数智能寻优、生产过程智能控制、策略措施自主执行、设备故障预测预警等特征。

（1）智能井场

基于大数据模型和业务模型，运用生产物联网、大数据、自控技术及专家库等，实现气井智能工况诊断与智能措施推送、智能产量预测、动态调产配产等功能，提高人均气井管理量。

（2）智能管网

在井、站生产压力、流量、温度等监控基础上，采集利用管网运行参数信息和措施井运行条件，通过管网仿真模型模拟运行状况、优化运行参数，提高管网利用率、输气效率与生产效益。进而提高管网流动状态分析能力和精准指导处理水平。主要方向包括：

气田管网流动性保障：利用流速携药速度计算模型、抑制剂温度、气体状态方程、气体连续方程等机理模型实现管线积液量计算、药剂有效性分析、投球清管跟踪、水合物冻堵预测和清出液体积预测等。

气田管网运行优化：为了提高采气管网运行效率和平稳输气能力，利用措施产气量数字计算模型、措施产水量数字计算模型、复杂管网多节点压力损失仿真计算模型、节点压力控制模型、产量动态平衡计算控制模型等实现措施气量数字计量、柱塞排液数字计量、插输点压力仿真计算、措施顺序仿真优化、管线积液大数据判断等分析。

管道综合风险预警：在SCADA实时监控基础上，提高管道负荷、能耗、压力损失等状态信息的实时感知，强化管道综合风险预警能力。采集计算实测流量与理论流量、实测压力与计算压力、产量、运行时间等数据，根据管网完整性健康度评价信息，对产量、能耗、压力、负载进行综合评价，计算统计输送效率和可利用能力，计算能耗与产量信息，实现负荷超限预警及压损变化预警。

（3）智能场站

基于场站工艺设计、生产运行、维护保养及历史报警等数据，搭建场站工艺模拟优化、关键设备优化控制模块，实现生产实时监控、场站工艺操作优化分析及模拟仿真等功能，提高场站生产与安全管理智能化水平。主要方向包括：

场站工艺模拟优化：基于场站机理模型和大数据模型，定义优化目标函数，根据约束条件，对工艺和生产操作状态模拟仿真，获得优化目标下的最佳参数。实现生产运行优化、操作方案优化以及控制过程参数优化。

关键设备优化控制：通过机理模型、大数据模型和业务模型，监控关键设备运行情况，实时分析运行状态，优化关键设备运行参数，保障生产平稳运行。从工艺角度对换热器、加热炉、压缩机等关键设备在生产运行过程的投入分解为“人员、资金、技术、资源”表征指标与目标结果指标进行DEA（Data Envelopment Analysis，数据包络分析）投入产出计算，从而达到效能评价。

（4）运行管理

服务应用涵盖工艺管理、生产调度、生产操作、应急管理、生产计量等内容。基于井场、管网和场站的模拟仿真控制，展开针对性的辅助决策制定与自动指挥实施，科学高效解决生产管理各环节中面临的疑难杂症，提升应急响应处置能力和资源调度水平，满足生产运营“精细管理、优化运行”的要求。

3.4.3　完整性管理

（1）管道完整性管理

按照管道管理“五步循环法”，全面整合全生命周期、全要素数据。通过基础数据管理、可视化实时监测、分级分类风险管控、数据挖掘与治理等方法，对管道高后果区分析评价、管道缺陷智能评价，开展内外腐蚀智能预测、剩余强度及剩余寿命预测，并建立安全等级评估模型。实现管道多维度的精细化管理和完整性评价，增强可预见性、针对性和指导性。

（2）场站完整性

包含数据管理模块和场站智能风险评价功能。数据管理模块通过统计分析场站的基础数据与运行管理数据，生成场站失效数据库和失效概率模型。场站智能风险评价功能基于 CFD（Computati－onal Fluid Dynamics，计算流体力动力学），智能分析评估隐患风险点，定量评价风险等级，提供应急响应方案。

（3）设备完整性

涵盖 RBI（Risk Based Inspection，基于风险的检验）分析、SIL（Safety Integrity Level，安全完整等级）评估和检验策略制定，能够基于检测数据，智能推荐最优评估方法与评估模型，评估设备设施在役状态，提供维护维修方案。

3.4.4　质量健康安全环保管理

质量健康安全环保管理模块承担气田日常管理涉及的报警预警诊断分析、巡逻检查维护维修、危化品及危险源使用管控、风险预测辨识及应急处置、职业卫生健康管理等方面的流程优化、资源调度及数据可视化。充分利用现有专家案例库指导工作流程，通过虚拟现实、增强现实、混合现实等前沿技术，赋能检查维修、隐患排查、风险处置等能力，提升企业质量健康安全环保形象。

3.4.5　生产经营

通过建立监测评价指标与预测模型，实现对重点能耗环节的监控、预警、评价、优化、跟踪、考核，提升能源管控决策科学化水平。构建可视化决策展示专题图，实现关键技术经济指标日监控，综合全面掌控内部各运营环节的信息，引入调控指标，结合生产经营数据，进行横向对标、单井效益评价、生产成本分析，提升生产经营科学决策水平。

3.4.6　协同研究

通过智能气田建设，为气藏、井筒和地面三大科研体系一体化协同研究夯实了平台基础，形成数据治理、共享应用标准体系，支撑源头设计数据、建设信息、生产动态数据跨平台共建共享应用，提升学科交叉研究水平。

4　结论及展望

本文阐述了智能气田的建设思路和框架结构，通过认真汲取了国内外智能工厂的建设运营经验，结合生产实际需求展开了细致分析，研究融合人工智能、虚拟仿真、大数据等前沿技术，构建“建设交付、生产管理、完整性管理、QHSE 管理、生产经营、协同研究”6 大模块、10 个方面、45 项功能为核心，具备“全生产域、全生命期、全场景库及高水平化”特征的智能气田应用系统。

目前该技术方案已在中国石油长庆米脂气田开展技术攻关与应用试点，预计单井平均日增产 $500m^3$，预计年增产气量 $7500\times10^4m^3$，产生经济效益 7500 万元。米脂气田按传统生产模式需用工近 200 人，智能化运行模式下用工可控制在 100 人以内，减少用工 100 人，节约成本 2500 万元/年。米脂智能气田是石化领域上游板块智能化发展的重要成果，预计效益可观，但纵观研究建设历程，仍存在诸多不足，今后主要研究发展建设方向可重点从以下方面开展：

（1）技术储备匮乏。我国在智能化建设研究领域未掌握核心技术，大量工业模拟控制过程依赖国外软件算法实现，“卡脖子”问题严峻，如遇技术限令等突发情况，智能业务存在瘫痪隐患。且工业软件封装程度较高，使用过程无法确保数据绝对安全，存在数据泄露风险。

（2）产业技术链条未打通。智能气田需要全产业链的智能化升级，可通过建设单位倒逼物探、钻井、试气、装备制造、建设施工等技术支持服务商加快智能化发展改造，延伸智能化业务起点，实现向建设单位移交符合智能化运营建设要求的数据及模型。

（3）智能领域人才短缺。作为勘探开发的配套专业，上游业务公司采用技术服务商外包数字化、智能化业务的工作模式，导致人才队伍培养偏向业务管理，在智能化领域不具备独立研究创新能力，与国外石油公司存在较大差距。

参 考 文 献

[1] 张力，张航，刘成堃等. 水利数字孪生平台三维模拟仿真技术研究与应用[J]. 人民长江，2023，54(08)：9-18.

[2] Grieves M W. Product lifecycle management：the ne-w paradigm for enterprises [J]. International Journal of Product Development，2005，2(1/2)：71-84.

[3] Glaessgen E，Stargel D. The digital twin paradigm f-or future NASA and US air force vehicles [C]. 53th AIAA/ASME/ASCE/AHS/ASC Structures，Structural Dynamics and Materials Conference. Honolulu，Hawaii. Reston，Virgi-nia：AIAA，2012：1818.

[4] Gockel B，Tudor A，Brandyberry M，et al. Challeng-es with structural life forecasting using realistic mission profiles[C]. 53th AIAA/ASME/ASCE/AHS/ASC Struc-tures，Structural Dynamics and Materials Conference. Honolulu，Hawaii. Reston，Virginia：AIAA，2012：1813.

[5] 刘宇，王学兴，王建平等. 钢结构智慧工厂建设方案研究与探索[J]. 智能建筑与智慧城市，2023(12)：128-130.

[6] 崔晓文. 境外“智慧工厂”发展研究[J]. 竞争情报，2014(03)：38-49.

[7] 罗彩明，唐雁刚，屈洋等. 塔里木油田梦想云协同研究应用与展望[J]. 中国石油勘探，2020，25(05)：50-55.

[8] 何军，崔开阔，许彦明. 塔里木油田实验检测智能管理平台建设[C]. 西安石油大学，陕西省石油学会，北京振威展览有限公司. 2023 国际石油石化技术会议论文集.

[9] 王毅，蒲黎明，李莹珂等. 智能模拟工厂技术在天然气乙烷回收装置的应用[J]. 天然气与石油，2023，41(06)：44-51.

[10] 廖浩然，任科，禹贵成等. 相国寺储气库智能化建设探索与实践[C]，中国石油学会天然气专业委员会. 第 32 届全国天然气学术年会(2020)论文集.

[11] 王子宗，索寒生，赵学良. 数字孪生智能乙烯工厂研究与构建[J]. 化工学报，2023，74(03)：1175-1186.

[12] 高立兵，索寒生. 工业软件的发展推进石化工程设计数字化转型探析[J]. 石油化工设计，2021，38(02)：1-8.

[13] 李德芳，蒋白桦，索寒生等. 石化企业能源优化系统设计与应用[J]. 化工学报，2016，67(01)：285-293.

[14] 王寿平，彭鑫岭，吕清林等. 普光智能气田整体架构设计与实施[J]. 天然气工业，2018，38(10)：38-46.

[15] 邓毕，宁娜. 天津石化的智能工厂实践[J]. 能源，2024(01)：51-53.

[16] 李彦瑞，杨春节，张瀚文等. 流程工业数字孪生关键技术探讨[J]. 自动化学报，2021，47(03)：501-514.

[17] 常镜洳. 基于大数据的智能工厂数据平台架构设计与研究[J]. 软件工程，2019，22(12)：34-36.

[18] 蒋白桦，吕雪峰，刘玉龙. 基于智能体的石化智能工厂信息物理系统实现研究[J]. 化工学报，2021，72(03)：1575-1584.

[19] 罗韶杰，张立臣. 信息物理融合系统体系结构研究[J]. 计算机应用与软件，2019，36(08)：1-7+30.

[20] 范赛特. 基于强化学习的工业过程建模及故障分类[D]. 浙江大学，2023.

数字化交付在油田地面建设中的应用探索

张　珊　李　敏　李育青　李晨琛　杨　倩

(中国石油长庆油田数字和智能化事业部)

摘　要　长庆油田地面建设数字化交付是长庆油田公司引入数字化、智能化技术并结合自身管理特点，通过生产业务和信息化技术的高效融合实现了信息化技术对生产业务的全面支持，数字化交付的应用创新了油气田地面建设生产运行、安全防范管理模式，为长庆油田安全、环保、高效生产运行提供保障。通过说明数字化交付的定义以及对国内外数字化交付发展现状的分析，阐述了油气田地面建设中数字化交付的意义和作用；通过介绍长庆油田地面建设中数字化交付平台的建设以及数字化交付在项目中的实践应用，探索总结了数字化交付在地面建设应用中的优势和特点，并结合数字化交付在油气田地面建设工程中的推广应用经验提出了六项合理化建议。

关键词　数字化；智能化；信息化；油气田地面建设；数字化交付

近年来，物联网、大数据、云计算、人工智能等新一代信息技术的迅猛发展，推动经济社会各领域从数字化、网络化向智能化加速跃升。石油化工行业属于传统流程工业，具有资金、技术、劳动、风险密集的特点。“数字化转型，智能化发展”已成为油气行业下一步发展的必然趋势，而油气田地面建设工程是一个复杂而庞大的系统，是油气田开发的物理基础，承载着油气田生产的各个环节，是油气田生产的基础保障。

随着长庆油田地面建设项目数量日益增多，规模不断增大，建设项目分布更加复杂，各建设单位对于地面建设项目的管理仍处于书面台帐管理模式，已经远远不能满足油气田庞大的地面建设系统。为改变地面建设工程管理的现有管理模式，积极实践集团公司提出的“标准化设计、模块化施工、工厂化预制、机械化作业、信息化管理、数字化交付”的“六化”建设管理方针，实现地面建设工程的全生命周期数据采集、全数字化移交和工程建设精细化管理，长庆油田引入了数字化交付平台。长庆油田地面建设数字化交付平台以三维设计模型为载体，整合设计、施工、监理、检测等环节数据，通过流程化审批及电子签章，工程资料自动整理、组卷、审核和移交。从工程建设合规、安全、质量、进度、投资五大要素出发，构建智能项目管理应用场景设计。

1　油气田地面建设数字化交付现状

1.1　数字化交付的定义

国家于 2018 年 9 月 11 日颁布的《石油化工工程数字化交付标准》对数字化交付的概念作了如下表述：“以工厂对象为核心，对工程项目建设阶段产生的静态信息进行数字化创建直至移交的工作过程。包括信息交付的策略制定、基础制定、方案制定、信息整合与校验以及信息移交和验收。”

在《油气田地面工程数字化交付规范》(报批稿)里对数字化交付也进行了定义，数字化交付是“以实体对象为核心，基于不同目的，对工程全生命周期的数字信息进行传递的行为。”数字化交付是数字化转型的第一步，其本质是数据跨专业、跨平台、跨企业的传递或协同。数字化交付是以数据生态和应用生态为基础、上下游完全贯通、标准规范支撑的完整体系，将助力企业数字化转型，为可持续发展提供保障。

1.2　数字化交付的发展现状

现阶段国外很多大型石油化工企业在数字化交付方面积累了大量丰富的经验，例如英国石油公司(BP)、壳牌公司(SHELL)、沙特基础工业公司(SABIC)等大型石油化工企业都广泛应用了数字化交付。国内流程行业数字化交付则起步较晚，近些年国内的石油化工企业对数字化交付的模式也进行了实践和探索，包括镇海炼化、茂名石化、中海壳牌等企业逐步在新建项目中开展数字化交付，并取得了一定的效果。

1.3　长庆油田地面建设数字化交付发展现状

2020 年 4 月中国石油天然气股份有限公司召开地面工程建设数字化交付推进会，长庆油田分公司快速启动，成立了长庆油田公司数字化交付工作组，明确了“一年示范、两年试点、三年推广”的工作目标。在此基础上认真开展了数字化移交工作的形势、目标、任务及需求分析、研判，理清了思路，梳理了工作的节点、难点和重点，整体规划、分步实施。目前长庆油田数字化交付平台已上线运行，已经在多个项目中进行了实际应用，取得了较好的效果。长庆油田数字化交付平台软件开发、数据库、DMZ 专区及内网等硬件设施已配置到位，满足集团公司关于安全、保密的相关要求。

2　油气田地面建设数字化交付意义与作用

地面工程数字化交付建设是指以工程项目管理为核心，以建设过程数据为基础，以数字编码为纽带，实现工程数据、三维模型、设计图纸、竣工资料等信息的全面采集和有机关联；通过地面工程数字化交付，将工程建设期的数据从采集、汇总、分析、存储到服务应用的全生命周期进行管理，并与后期生产运维数据无缝对接，为项目投产后构建智能运维系统、实现智慧油气田运营管理奠定基础。

2.1　数字化交付的意义

2.1.1　提升项目各参建方的竞争力和管理效率

数字化交付的最大意义，在于能够大幅缩短数字化、智能化转型升级的时间。实施高效的数字化移交，可以有效提升 EPC 承包商的竞争力，帮助业主消除工程信息孤岛，方便业主后期的生产管理、运维和改扩建。同时，全数字交付有助于业主、监理、供应商提升工程建设项目的管理效率，增强工程建设项目的管控力度，且今后运维中更加高效成本更为节约。

2.1.2　提高油气田地面工程建设的管理水平

通过数字化交付平台人员监控打卡、工序跟踪照片、720 全景影像、视频监控、无人机航拍、环境监测等多种可视化手段感知现场，并将可视化感知手段精准定位到三维模型中，实现管线施工现场的智能化监管，从而快速掌握现场施工情况。可以有效提高地面建设过程中的安全管理、合规管理、进度管理、质量管理水平。

2.1.3　促进项目参加单位建设过程资料在线归档

数字化交付平台档案资料在线归档场景设计功能旨在实现对地面建设工程采集的全生命周期数据按照归档标准进行数字化组卷、归档，实现全数字化移交，包括在线电子签章系统、在线归档资料编码、数据采集系统、组卷与归档系统等功能模块的建设，满足数字化移交的功能需求。

2.1.4　为运营期提供数字基座的应用场景设计

传统数字化系统建设，虽然也考虑了设计建设期和生产运营期各自的业务需求，但往往是建立多个独立的系统来满足应用需求，从而使得设计建设期的数据和功能由不同系统负责管理维护。

数字化交付平台通过数据采集前置化，践行“谁产生，谁采集，谁交付”的原则，将传统在线下填报、签字、审批等流程通过平台进行业务的线上流转，减少流程流转的时间，借助施工数据采集 APP 进行伴随式施工数据采集，进入数据中心，按照工程计划详细拆解，构建数字档案图书馆(服务于运营期的数字基座)，通过数据归一整合，建立以工厂对象为核心的模型、数据、文档的交付体系，构建工程建设数字孪生，实现数字化移交，并提升工程资料收集、整理、归档的时效性和准确性。

2.2　数字化交付的作用

数字化交付在油气田地面建设中通过数字化交付，可形成信息的发送、接收、使用的过程管控，促进企业业务流与数据流融合，为企业的业务协同创造条件；通过数字化交付，造就更高效、更科学的地面建设管理和智能化生产运行条件；通过数字化交付，不仅交付数据，而且交付价值，即数据的资产化。

3　数字化交付在长庆油田的实践应用

3.1　长庆油田数字化交付平台的建设

2020 年 4 月长庆油田加快地面建设领域数智化转型发展步伐，成立了数字化交付工作领导小组，负责长庆地面建设数字化交付平台系统的建设、推广应用和升级。2021 年建设完成了长庆地面工程建设数字化移交平台。在长庆油田数字化交付平台建设过程中，严格遵循平台建设标准。如图 1 所示。

目前长庆油田地面工程数字化移交平台已具备辅助项目管理、伴随式进行资料归档、为运营期提供高可用的数据基座的基本架构。地面建设工程可依托现有数字化移交平台，开展应用。通过平台提供的结构化数据、施工沙盘、竣工模型、归档文件管理能力，将施工过程数据采集、空间数据采集、工程沙盘模型，三维竣工模型等内容依托数字化管理平台进行管理。数字化交付平台，提供项目集中管理，主要承担公司地面工程建设期数据的采集与入库工作，建立长庆油田地面建设项目的数据中心，便于提升油气田产能建设的标准。项目分 7 大模块，共计 86 项子功能。通过长庆油田 2021 年多个项目应用过程中不断迭代升级，涉及 6 项子功能优化及 2 项新功能开发，同时可扩充多类型业务场景，致力于打造长庆油田通用、功能完善的项目数字化管理平台。如图 2 所示。

图 1　长庆油田数字化移交平台建设标准

图 2　长庆油田数字化移交平台界面展示

为加强数字化交付管理体系建设，保障数字转型质量，依据集团公司地面建设管理程序及长庆油田建设管理现状，制定了《长庆油田地面工程建设数字化移交工作指导意见》，编制发布了《长庆油田地面工程数字化交付相关管理规定与技术标准》等 9 项暂行数字化交付管理及技术规定，建立了长庆油田数字化交付管理体系，通过 2021 和 2022 年试运行，高效推进了油田公司数字化交付工作，加快了长庆地面建设数智化转型。

3.2　长庆油田数字化交付项目实践应用

长庆油田 2020 年完成数字化交付平台及 2 个示范工程建设，2021 年 14 个试点项目推广应用数字化交付，到 2022 年长庆油田规划在 13 个新建项目开展数字化交付，2023年在7个重点项目中试点应用。

3.2.1　××联合站

自2020年6月XX联合站示范工程启动以来，设计图纸实际入库223册，物资数据实际入库8795条，施工过程实际入库28865条，其中焊口数据采集24571条，线上资料审批4294条，监理数据实际入库270条，检测数据实际入库6940条，项目实施过程中现场数据同步率97%；其中焊接一次合格率99.3%，资料归档完成率90%，为后续运营期奠定坚实数字基座。见表1。

表1　××联合站数据交付情况统计表

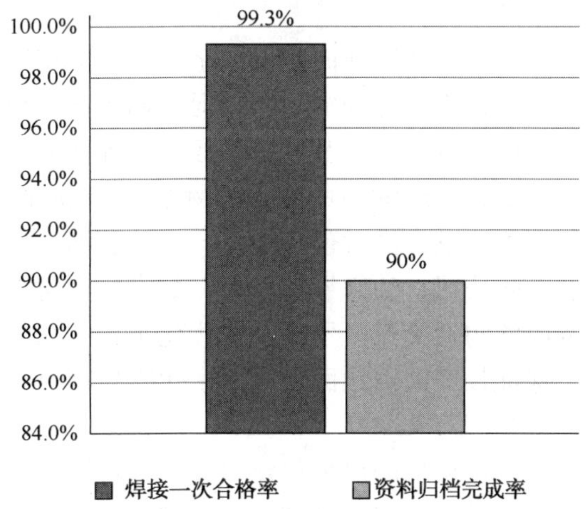

3.2.2　××储气库

自2020年8月××储气库项目启动以来，××储气库项目数字化交付数据采集、植入工作已完成其中设计图纸入库1979册，物资数据入库43165条，施工过程数据共采集5755条，检测数据入库4717条，监理数据入库1070条，其中焊接一次合格率99%，资料归档完成率15%。见表2。

表2　××储气库数据交付情况统计表

项目全流程	入库总量	实际入库数	数据同步率
设计数据	1979	1979	100%
物资数据	43165	43165	100%
施工数据	5855	5755	98%
检测数据	5868	4717	80%
监理数据	1170	1070	91%
可视化资料	—	5171	—

3.2.3　××冬季保供工程

自××冬季保供工程项目开工建设以来，按照长庆油田公司相关要求，充分借鉴兄弟单位的经验，编制了《××冬季保供工程数字化交付技术服务方案》，制定了项目数字化交付平台管理细则，监理了合理的数字化交付组织架构，累计组织开展数字化交付培训学习15次，为项目数字化交付工作开展打牢基础。目前，已录入数据14342条，其中施工数据6139条、检测数据8006条、施工现场可视化数据197条，每周对数据录入的情况进行通报，力争实现数据全过程交付。如图3所示。

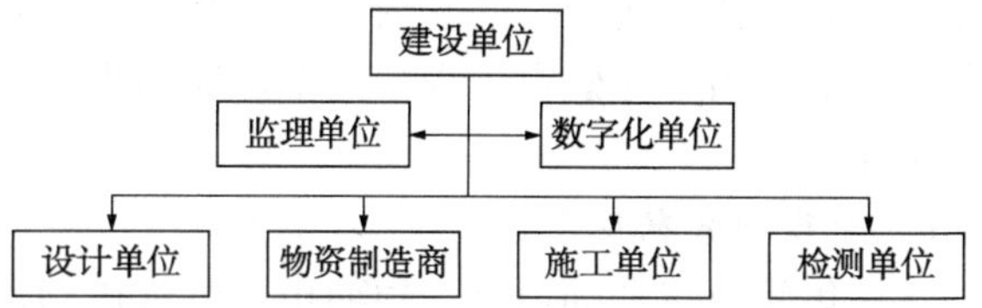

图3　××冬季保供工程数字化交付组织架构图

在项目建设过程中结合项目实际情况，在继承长庆油田数字化交付平台已有常规功能的基础上灵活创新，积极实践探索。对接融合长庆监理数智化管理平台，打通数据壁垒；开发印章审批、费用报销审批、工程造价审批等线上流程，方便多地办公；探索五大员打卡、直播巡飞、问题流转及处理等新功能模块，促进项目质量和进度管理。

4　长庆油田数字化交付应用的探索与思考

长庆油田作为目前国内油气当量最大的油田，经过多年的滚动开发建设和技术创新应用，形成了多项适应于低渗透油气田地面工程建设的核心工艺技术和“标准化设计、数字化管理、模块化建设、市场化运作”的“四化”建设模式，同时融合快速发展的数字化技术，不断优化地面工艺，建成了数字化长庆油田，为进一步的智能化油气田建设提供了良好的技术支撑。经过多年的潜心建设长庆油田具有了良好的数字化交付基础，为大规模推行数字化交付提供了可靠的保障，走在了油气田“数字化转型，智能化发展”的前列。油气田数字化转型的核心工作在于“数据生态建设”和“数据治理”，具体手段是数据的资产化，实现路径是建立数字化交付体系。

油气田地面工程数字化交付是一个完整的体系，跨企业、跨平台、跨业务，是数字化转型和智能化发展的基础，是涵盖数据采集、数据存储、数据移交、数据应用和数据管理的体系化工程，是数字化交付的不可缺少的必备要素，深刻影响数字化转型和智能化发展。数字化交付在长庆油田地面建设中属于新事物，要在后续大规模推广应用中不断完善，随着数字化油气田向智能化油气田的延伸和发展，数字化交付的内涵发生也会不断改变，体现在交付的目的、范围、内容、流程和工具发生了变化，数字化交付在面向档案交付的同时，必须面向应用的可持续。

结合长庆油田数字化交付应用实际借鉴石油化工行业中数字化交付的应用经验，针对数字化交付在油气田地面建设工程中的推广应用提出六项建议：

4.1 管理制度转变

从集团公司和油田公司层面出台油气田地面建设数字化交付管理制度，目前集团公司已经出台《油气田地面工程数字化交付规范》Q/SY 01015—2022，明确项目建设中数字化交付的必要性，形成制度规范约束，关于数字化交付的制度规范需进一步完善。

4.2 工作理念转变

明确数字化交付责任分工，将数字化交付工作与工程项目分离，单独立项，成立专门的数字化交付团队去处理。数字化交付本质是伴随工程设计、采购、施工同步开展的数据整理工作，其在专业分工上更接近于信息管理而非各工程专业，所以应以企业信息部门人员为基础，组织专业交付团队应对数字化交付项目。针对项目设计、采购、施工、检测、监理、建设等项目参建单位和承包商提出明确进行数字化交付的要求，让项目数字化交付理念入脑入心入行，使数字化交付成为能够参加项目建设的必备技能和必要条件之一，最终达到各参建单位由被动接受到主动应用理念的转变。

4.3 安全意识转变

严防死守安全红线，加强数字化交付过程中的安全意识。目前主流设计软件暂无可替代的国产化产品，但数字化交付和数据资产管理的平台应自主创新，确保数据交付安全、存储安全、使用安全和维护安全。

4.4 平台系统融合

在数字化交付平台建设的过程中应注重与已建系统和平台的融合，要放眼未来，超前谋划，例如与长庆油田智慧工地系统、物资管理系统、监理智能平台等的融合，为在建工程最终实现智能工厂搭建好数字底座。

4.5 生产数据融合

数字化交付是一个系统工程，应充分发挥数据资产优势，打破平台之间的壁垒，避免形成“数据孤岛”，同时也避免重复录入数据，达到一次录入，多次调用的效果。

4.6 归档资料融合

在数字化档案、资产的有效性、合法性上出台相关制度，明确数字化移交资料的可用性，与纸质归档资料互为补充，形成更加完备的归档材料。

5 结论

目前长庆油田地面建设数字化交付应用已初具规模，在应用过程中还需督促协调各参建单位积极推广平台应用、及时总结经验、加强交流学习，并结合长庆油田的建设实际提出合理建议，不断完善改进；同时也要强化与中国石油天然气股份有限公司、油田兄弟单位、数字化交付平台服务商的沟通交流，不断完善优化平台的功能需求，保证长庆油田地面建设数字化交付项目工程顺利进行。

数字化交付的出现让建设单位实现了油气田地面建设源头数据的管理，有效提升了行业各参建方的竞争力和管理效率，为后期运维和设备设施管控提供了极大的便利，实现了对油气田地面建设过程的全方位信息化管理，数字化交付必将推动我国石油化工行业的进一步快速发展。

参考文献

[1] 马时霖，秦海良，王晓刚，等. 浅谈智能工厂建设中的数字化应用[J]. 乙烯工业，2021，33(04)：6-10.

[2] GB/T 51296—2018，石油化工工程数字化交付标准[S].

[3] 黄建珍，黄亮，王心慧. 数字化交付的发展前景[J]. 化学工程与装备，2021(02)：157-158.

[4] 吴青. 智慧炼化建设中工程项目全数字化交付探讨[J]. 无机盐工业，2018，50(05)：1-6.

[5] 薛岗，王立宁，陈晓刚，等. 长庆气田地面工程智能化建设探索[J]. 内蒙古石油化工，2020，46(09)：46-50.

[6] 范沙浪. 流程行业工程项目数字化交付实践与思考[J]. 中国勘察设计，2021(07)：79-82.

基于边缘计算的油田井场智能技术研究与应用

马　丽　万晓龙　杨朝玲　赵　睿　苟幸福　李建中　赵海勇

（中国石油长庆油田公司）

摘　要　近年来，长庆油田实施无人值守站建设，有效盘活了站点用工，缩短了管理链条，但井场日常巡检用工占比较高，仍需依靠大量的人力进行巡检维护与数据分析处理，耗时耗力。目前，油田井场已实现功图采集分析、功图计产、压力回传及视频监控，基本已实现了数字化，但仍存在井场数据连通性差、数据采集效率不高、设备无法集中维管等问题。随着大数据、AI、边缘计算、物联网等新技术的发展，油田井场亟需通过数智化手段寻求突破，以提升生产作业管理水平。本项目立足于解决当前存在问题，从数据采集、高速传输、智能分析、自动控制、设备管理五个方面探索智能井场技术科研攻关，实现了五个方面的研究成果。一是基于数据总线机制，实现了井场数据的统一接入；二是应用wifi6技术，实现井场数据高速传输，传输带宽实现倍数级增加；三是引入边缘计算，实现了产液量计算分析、油井工况诊断等算法的边侧应用；四是建立井场智能控制模型，实现智能加药、智能投球、智能照明等功能，实现井场闭环控制、边缘自治、精细化管理；五是开发EIOT平台+移动终端一键巡检APP，实现井场设备远程批量巡检，全面感知井场设备状态，避免了人工巡检的错检漏检，提高了运维效率。油田井场智能技术的应用，使油田井场生产管控向着智能化、智慧化方向发展，是油田数智转型的又一突破。

关键词　油田井场；智能技术；边缘计算；wifi6；智能分析

1　油田井场概况

长庆油田井场已实现了油水井关键生产数据采、集、油井远程启停、注水井远程调配及视频远程监控，实行“远程监控+人工巡检”的运行模式，井场数字化程度高。但仍存在井场数据连通性差、数据采集效率不高、设备无法集中维管、人工巡检维护工作量大等问题。

1.1　井场数据交互

井场各类数据分别接入各独立系统，各类生产数据管理系统多达10余个，油水井、视频、井口自动化设备等多系统数据不连通，井场新增设备无法接入，设备堆叠管理难，需人工在多系统间来回切换查看，数据接入、调取难度大。

1.2　井场数据采集

油井井场内使用Zigbee协议传输数据，ZigBee技术是一种短距离、低功耗的无线通信技术，传输速率20~250kbit/s，采用串口轮询传输机制，指令排队等待下发，数据采集率仅77%~85%，井场内数采效率低、可靠性差。

1.3　井场设备管理

井场数字化设备数量庞大，仪表、网关、RTU、交换机、电器设备等多达几十种，设备管理难度大，故障数据多，全厂年数字化故障2万余次，目前采用故障逐项排查的检维修手段，缺乏设备状态监管及全生命周期管理，事后维护模式维修成本高，故障处理周期长。

1.4　井场工作模式

油田井场采用“远程监控+人工巡检”的工作模式，全年资料录取、巡检维护、加药投球、数字化维护等各类巡检工作量约67.6万人次，日常巡检用工占总人数2/3，维护工作量大。

2　井场智能技术框架

2.1　整体技术框架

研究一套基于边缘计算的智能化闭环管理系统，将无线通信、物联网、人工智能等技术应用到井场生产中，及时掌握关键生产信息，保障生产安全，提升数据采集率，提高生产和管理效率。技术框架如图1所示。

2.2　研究技术路线

针对井场运行中存在的痛点，重点从智能通讯、智能生产、智能安防、设备智能管理等方面开展研究。技术路线如图2所示。

3　智能井场方案

3.1　网络通信方案

为了提高井场数据传输质量，将井场内无线

传输协议由 Zigbee 升级为 WiFi6，原有有线传输方式不做改变，将井场原来的井口 RTU、第三方设备的独立管网取消，统一接入 WiFi AP，井场的网络通信架构如图 3 所示。

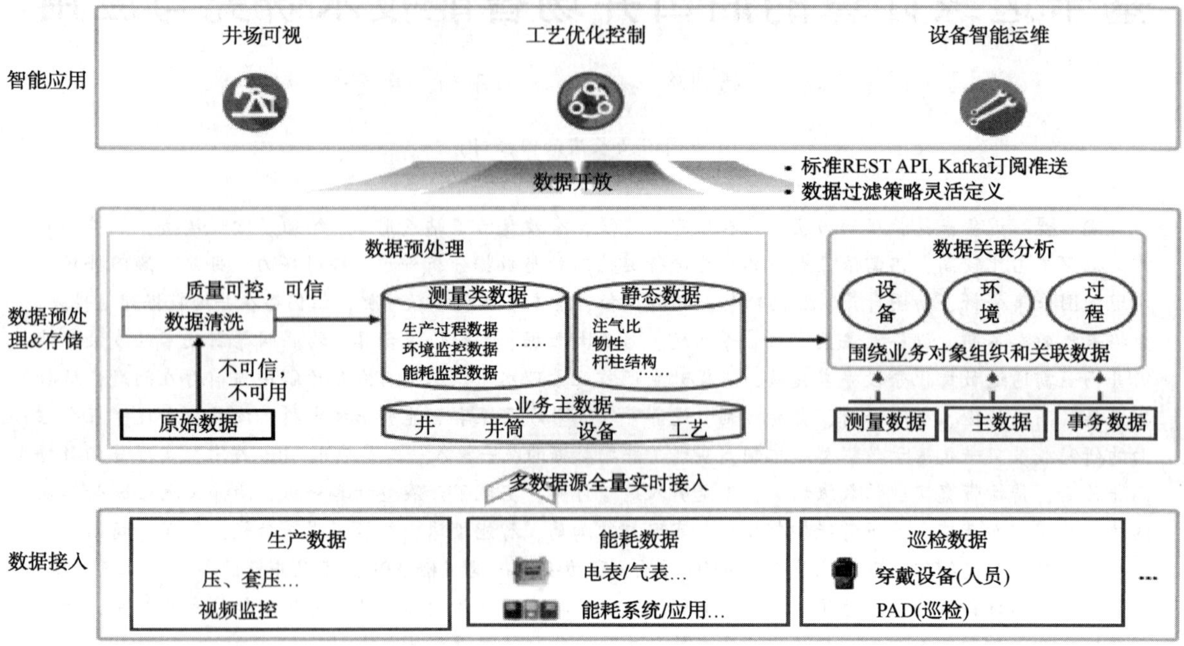

图 1　井场智能技术框架

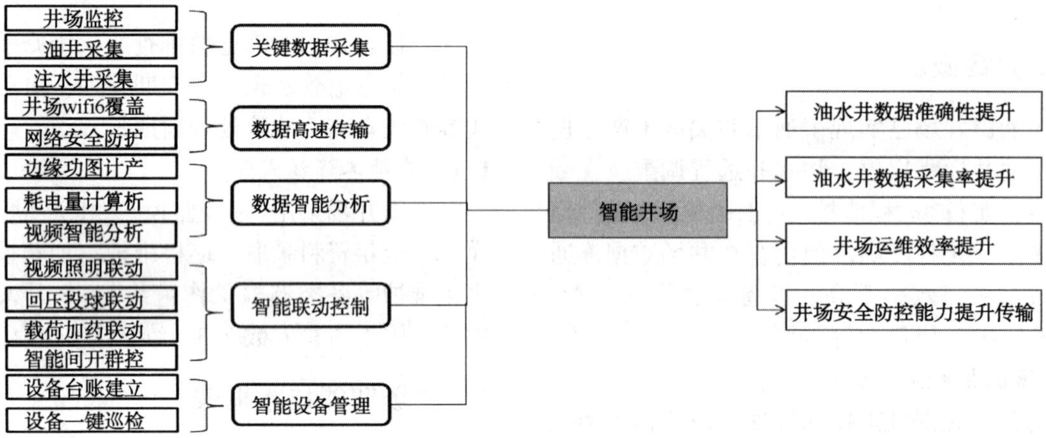

图 2　技术路线

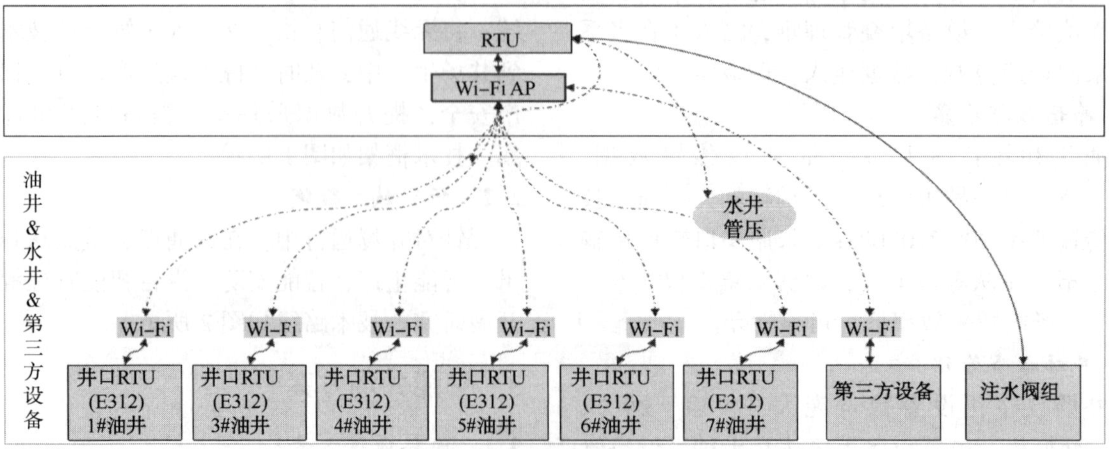

图 3　井场网络通信架构

WiFI 应用，需具有支持 wifi 的井口设备，为降低投入成本，实施过程中提供两种改造方案，对支持 WiFi 的井口 RTU 无需进行硬件改动，对不支持 WiFi 的井口 RTU，将原有 Zigbee 通信模块更换为 WiFi 模块，尽可能的减少硬件投入。

WiFi6 采用多井口并发回传机制，无线速率理论值从 250kbps 提升至 500Mbps+，日采集功图数量由 132 上升至 268 幅。

在镇＊＊井场应用，分别在井场四个位置测试 2.4G 频段、5G 频段下 WiFi 井场传输带宽测试，最远处(70m)带宽分别由 250kbps 提高到 64.8Mbps 和 103Mbps。见表 1。

为保障网络安全，应用的 WiFi6 设备在国内已获得获得工信部，泰尔实验室权威认证，国际通过 PCI DSS/CC/NDCPP 等安全实验测试，满足国际安全要求。其采用 WPA3 无线协议，能够实现机会无线加密 OWE、对等实体同时验证 SAE 及 192 位企业加密密钥算法，同时其具有非法攻击/非法设备识别检测、无线报警上报、动态黑名单等功能，满足当前网络安全防护需求。

表 1　70m 处下行信号测试结果

序号	频率	强度/dB	信道	带宽速率/Mbps
1	2.4G	-67	1	64.8
2	2.4G	-70	1	51.6
3	5G	-56	153	202
4	5G	-65	153	103

3.2　数据接入方案

通过数据总线管理服务，研发了高算力、可扩展的智能融合终端，在提供数采服务、Tcp 上行通信服务基础上，扩展常规数据协议、数据透传、专有设备协议及自定义协议四种接入方式，实现了井场数据的统一接入。数据总线 API 服务架构如图 4 所示。

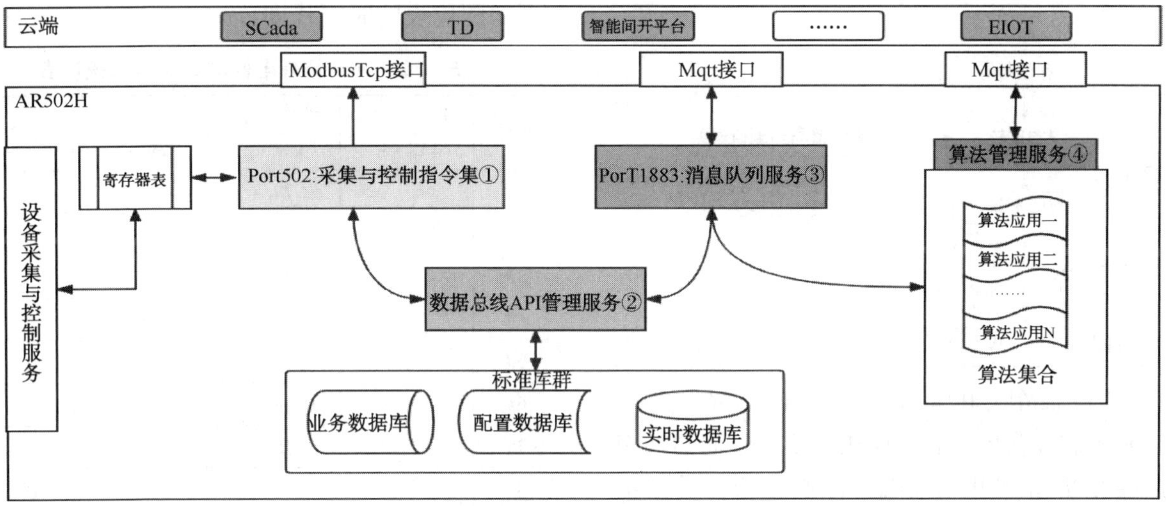

图 4　数据总线 API 服务架构

通过对不同类型、不同厂家设备协议的扩展，实现了第三方算法应用的下载安装和数据通信，摆脱了对特定厂家的依赖，提升了井场数字化系统的兼容性和扩展性。见表 2。

表 2　井场设备接入方式

序号	设备类型	接入方式
1	含水	RS485
2	动液面	RS485
3	投球	WiFi
4	加药	WiFi
5	视频	网口
6	照明	RS485
7	回压	AI
8	协议箱	RS485/WiFi
9	电表	WiFi
10	油井	WiFi

3.3　边缘算法封装

基于稳定可靠高质量的关键传输，将算法边缘移植至井场智能融合终端，实现了产液量计算分析、油井工况诊断等五种算法四种策略的边侧应用。

3.3.1　产液量计算

本文应用混淆回归功图计产模型，是在反向传播神经网络(Back Propagation，BP)、多元线性回归模型以及 SVM 回归模型的基础上，应用灰色关联度法和 setpwise 回归方法，将影响产量的因素因子分别进行计算分析，可得出各因素对产量的关联程度，剔除掉关联度为 0.05 以下的因素因子，然后通过不断迭代确定混淆回归模型的系数。混淆回归模型建立如下：

$$y_{混淆}=w_1y_{bp}+w_2y_r+w_3y_{SVM}$$

其中，表示预测的油井产量，表示 *BP* 神经网络预测的油井产量，表示多元线性回归模型预测的油井产量，表示支持向量机回归模型预测的油井产量，分别表示 BP 神经网络、多元线性回归和 SVM 模型的权值，通过最小二乘法不断迭代可得混淆回归模型最佳回归系数。如图 5 所示。

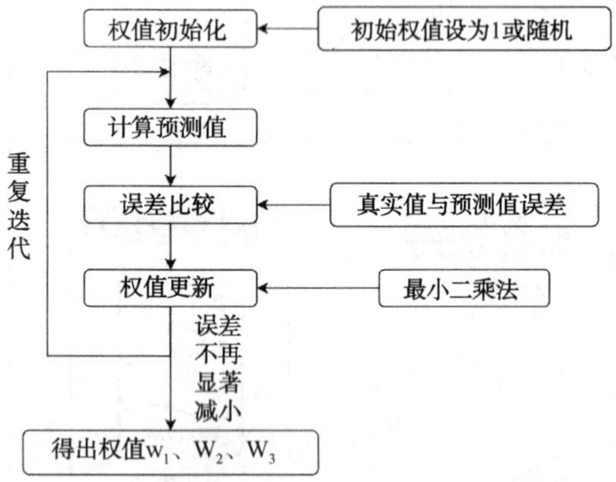

图 5　混淆回归模型的回归系数确定流程图

基于高速传输方式的应用，将混淆回归功图计产模型部署到井场前端，样本更密，质量更高，利用移动单量仪对比 6 口井单量结果与边缘功计结果，偏差小于±0.5m³ 的井有 5 口，偏差大于±0.5m³ 小于±1m³ 的井有 1 口。见表 3。

表 3　镇＊＊井场单量结果与功图计产对比表

序号	油井号	单量液量/m³	功计液量/m³	差值/m³	备注
1	1#	2.1	1.9	−0.2	下封
2	2#	1.9	2.2	0.3	
3	3#	0.6	1.1	0.4	
4	4#	4.3	3.3	−1.0	
5	5#	0.3	0.5	0.2	下封
6	6#	1.1	1.1	0.0	

3.3.2　云边协同智能间开

井场端植入智能间开算法，兼容现有云间开平台，实现云边协同智能间开，在发生离线、断网时仍然可根据沉没度变化进行边缘制度的调整，间开效果更好，耗电降低 30%，系统效率提升 2.5%。见表 4。

表 4　镇＊＊井场不同工作模式耗电及液量对比

模式	油井/口	液量/方	耗电/度	系统效率/%	耗电降低/%
常开	8	20.28	66.26	13.24	—
云间开	8	19.55	49.56	14.54	25.2
边缘间开	8	20.15	46.25	15.74	30.2

3.3.3　能耗分析计算

通过三相电参数据及功图数据，计算单井耗电量，与井场电表对比，相差 8.3 度，基本满足生产监控需求。见表 5。

$$E=\sum_{i=1}^{n}\left(P_i\times\frac{t_i}{14440}\right)$$

式中，E 为耗电量，kW · h；n 为功图个数；P_i为第 i 副功图的功率平均值，kW；t_i为第 i 副功图代表的时间长度，min。

表 5　镇＊＊井场耗电监测数据对比统计表

<table>
<tr><th>井号</th><th>电表统计/kW · h</th><th>计算电量/kW · h</th><th>差值/kW · h</th><th>备注</th></tr>
<tr><td>1#</td><td rowspan="8">414.5</td><td>79.7</td><td>—</td><td></td></tr>
<tr><td>2#</td><td>—</td><td>—</td><td>躺井</td></tr>
<tr><td>3#</td><td>77.6</td><td>—</td><td></td></tr>
<tr><td>4#</td><td>59.1</td><td>—</td><td></td></tr>
<tr><td>5#</td><td>75.7</td><td>—</td><td></td></tr>
<tr><td>6#</td><td>38.7</td><td>—</td><td></td></tr>
<tr><td>7#</td><td>75.4</td><td>—</td><td></td></tr>
<tr><td>8#</td><td>—</td><td>—</td><td>躺井</td></tr>
<tr><td>合计</td><td>414.5</td><td>406.2</td><td>8.3</td><td></td></tr>
</table>

3.4　井场智能控制模型

根据边缘分析结果，建立了井场智能控制模型，实现了智能加药、智能投球、智能照明等功能，实现井场闭环控制、边缘自治、精细化管理。

3.4.1　智能加药模型

动态监测载荷变化情况，载荷上升时，边缘端分析确定加药频次及加药量，控制加药装置自动加药，载荷回归正常后，加药恢复正常。

当载荷比大于 1.85，判断为结蜡严重，提高加药量和加药频次，小于 1.85 按照常规加药量执行。

3.4.2　智能投球模型

动态监测井场回压变化情况，回压上升到设定阈值时，进行智能投球(压力、速度)，疏通管线，提升投球效果。

高回压判断每天 1 小时取一个测量点，24 个点取平均值，当平均值大于 2.5MPa 时，判断为高回压，每 12 小时投球一次，每天 2 次。

3.4.3　智能照明模型

井场配套光度传感器，通过井场实时监测光感强度，结合视频识别结果，确定了井场光照策略，智能控制井场探照灯的开关机光照强度。见表 6。

表 6　探照灯亮度调节策略

因素	时间段	光照强度	原则	亮度
晴天	6：00~8：00	300~1000lux	>=300lux	0%
	8：00~18：00	>=10000lux	>=300lux	0%
	18：00~20：00	300~1000lux	>=300lux	0%
	20：00~6：00	<=100lux	低于 300lux	50%
阴天	6：00~8：00	50~500lux	低于 300lux	50%
	8：00~18：00	3000~10000lux	>=300lux	0%
	18：00~20：00	50~500lux	低于 300lux	50%
	20：00~6：00	<=10lux	低于 300lux	50%
异常闯入	20：00~6：00	—	—	100%
车辆施工	20：00~6：00	—	—	100%

3.5　软件平台搭建

EIOT 系统采用 B/S 架构，使用 .NET Core 程序开发框架，系统页面采用 html5、jQuery 和 Easy UI 技术进行布局，系统数据采用 SqlServer 数据库进行存储，网站发布使用 IIS 6.0 进行管理，链接访问安全采用 SSL 网络协议并进行身份验证和加密传输双重保证。如图 6 所示。

EIOT 平台设计了设备监控、边缘计算管理、智能巡检等七大功能模块，具体如下：

设备监控：井场主设备、回压设备、油井设备、阀组设备、加药设备、投球设备、照明设备、视频设备、点表设备、光伏设备；

边缘计算管理：统计分析、产量计算管理、系统效率管理、间开管理、能耗管理、工况管理、功图算法优化；

智能巡检：井场巡检、巡检统计、巡检项配置；

设备管理：设备台账、设备信息管理；

运维管理：工单设置、工单管理；

配置管理：诊断结果管理、井场网络配置；

系统管理：用户管理、角色管理、油井基础信息、水井基础信息、日志管理。

油田井场目前在用的 23 类设备已全部接入，在前端部署移动终端一键巡检 APP，设备问题可自动快速定位，设备问题发现周期缩短实现井场设备远程批量巡检，全面感知井场设备状态。见表 7。

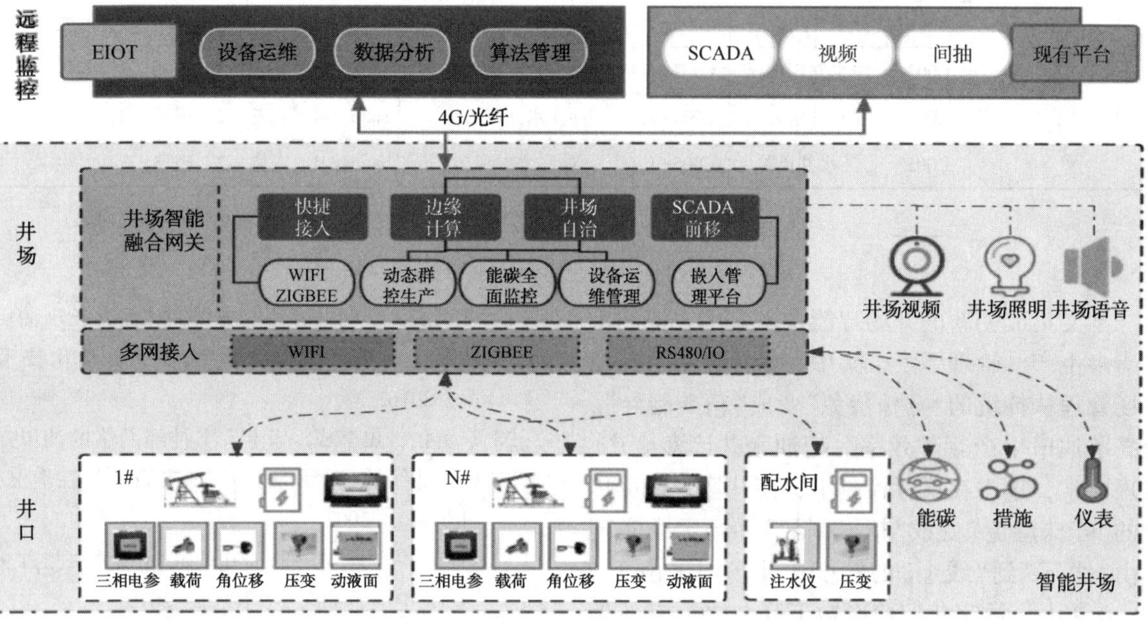

图 6　物联网平台架构

表 7　设备状态报文规则

序号	分类(安装位置)		编号	检查项	细分项	巡检内容	报文状态
1	井场	井场主(A)	A001	运行状态	A001-1	内存	Status：1，正常，2，异常；Value：
					A001-2	磁盘存储	Status：1，正常，2，异常；Value：
					A001-3	日志存储	Status：1，正常，2，异常；Value：
			A002	上行网络链路	A002-1	EIOT 网络	Status：1，在线，2，离线；
					A002-2	SCADA 网络	Status：1，在线，2，离线；
		监控设备(E)	E001	设备接线	E001-1		—
			E002	识别结果	E002-1		—
		照明设备(F)	F001	设备运行状态	F001-1	照明运行状态	Status：1，正常，2，离线，3：低效率；Value：
			F002	照明诊断	F002-1	照明诊断	Status：1，正常，2，不匹配
		措施设备(G)	G001	加药	G001-1	加药通讯状态	Status：1，正常，2，离线，3：低效率；Value：
					G001-2	加药故障	StateCode：1，//按照设备点表解析
			G002	投球	G002-1	投球通讯装态	Status：1，正常，2，离线，3：低效率；Value：
					G002-2	投球故障	StateCode：1，//按照设备点表解析
		回压	H001	回压表	H001-1	回压通讯状态	
		电表	I002	电表	I002-1	电表通讯状态	
2	油井(B)		B001	油井运行状态	B001-1	启停状态	Status：1，停，2 启
				设备故障状态	B001-2	故障标志	
			B002	油井通讯状态	B002-1	通讯状态	
			B003	产量	B003-1	产量	Status：1，正常，2，离线，3：低效率；Value：
			B004	耗电量	B004-1	耗电量	Status：1，正常，2，产量低；Value：
			B008	动液面测量仪	B008-1	动液面设备状态	Status：1，正常，2，电量高；Value：
			B009	含水仪	B009-1	含水仪设备状态	Status：1，正常，2，离线，3，缺失
			B011	油井工况	B011-1	油井工况	StateCode：1//工况代码
3	阀组(C)		C001	协议箱运行状态	C001-1	协议箱运行状态	Status：1，正常，2，异常；Value：
			C002	分水器压力表	C002-1	分水器压力表运行状态	Status：1，正常，2，损坏，3，卡死
			C003	注水井流量仪	C003-1	X#注水井流量仪状态	Status：1，正常，2，损坏，3，卡死
			C004	注水井压力表	C004-1	X#注水井压力表	Status：1，正常，2，损坏，3，卡死
			C005	注水井风险	C005-1	X#注水井风险	Status：1，正常，2，超注，3，欠注

4　结论

本文集成创新的井场智能技术应用，把油水井诸多生产、管理要素，集中在鼠标控制下，使井场管理从传统的“守株待兔”变成“精准制导”，提高了油田生产管理效率。把油水井诸多生产、管理要素，集中在鼠标控制下，使井场管理从传统的“守株待兔”变成“精准制导”井场运维实现了由“线下”到“线上”的转变，井场用工由 1.7 人↓0.2 人，数字化巡检次数下降 80%，有效地降低了井场用工。

参　考　文　献

[1] 李永清，李明江，赵晓龙等. 对提升长庆油田油井功图计产精度的几点思考[J]. 自动化技术与应用，2016.

[2] 李留仁，焦李成. 基于人工神经网络的油田产量多因素非线性时变预测[J]. 西安石油学院学报(自然科学版)，2002.

[3] 卢晨. 基于示功图的油井动液面实时预测方法研究[D]. 中国石油大学(华东)，2019.

[4] 彭玉芬，孙诚，刘宇闲等. 油田数字化背景下物联网技术在井场智能化管理中的应用.

[5] 郑毅，诸葛焕伟，王月明. 基于物联网的智能油田开发运维技术与应用[J]. 中小企业管理与科技，2023(19)：137-139.

[6] 黄凌宇. 边缘计算在海上智能油田建设中的应用研究[J]. 设备管理与维修，2023(07)：141-143. DOI:10.16621/j.cnki.issn1001-0599.2023.04.52.

[7] 万想，马楠，郭小虎. 油田生产智能化管理研究——以长庆油田为例[J]. 中国管理信息化，2023，26(10)：91-93.

[8] 曲艺. 海上油田数字化智能化转型成效初显[N]. 中国电力报，2023-08-02(004). DOI:10.28061/n.cnki.ncdlb.2023.000921.

[9] 霍富永，王晗，朱国承等. 长庆油田页岩油中心站智能化管控技术研究与应用[J]. 油气田地面工程，2022，41(02)：1-5.

[10] 叶铭. 基于5G技术的油田发展探究[J]. 中国管理信息化，2022，25(10)：86-88.

[11] 杨振华. 通信网络技术在智能化油田建设中的应用[J]. 信息系统工程，2022(04)：125-128.

天然气处理装置VOCs治理及回收关键工艺技术应用与实践

刘　昂　何顺安　韩东兴　张占平　季长亮　魏　超　占　赛

（中国石油长庆油田公司）

摘　要　长庆油田天然气开发采取气井采气、小站集气、处理厂净化的天然气生产模式。天然气从气井采出后用管道输送到集气站，在集气站进行汇集并经过预处理后再进入天然气处理厂进行脱水脱烃处理，处理后的合格商品气供下游用户使用。天然气处理厂负责天然气的处理、转输及采出水处理任务，生产单元多、设备设施多，存在挥发性有机液体储罐、挥发性有机液体装载设施、废水集输和处理系统、设备与管线组件连接点、放空系统等VOCs排放源，是天然气生产过程VOCs产生的主要场所。

长庆油田经对典型场站开展VOCs检测与核算工作，发现天然气处理厂存在装卸车、采出水处理、火炬放空、储罐挥发等主要VOCs排放源，且重点装置挥发性有机物排放控制措施未达到《陆上石油天然气开采工业大气污染物排放标准》要求。为了积极响应国家节能减排号召，实现绿色可持续发展，长庆油田积极开展了天然气处理装置VOCs治理工作，2021年至2023年分别自主开发了下装式密闭定量装车、气田采出水系统密闭减量、闪蒸气增压回收、大罐抽气等VOCs治理及回收关键工艺技术。通过3年的现场应用和实践，目前已形成了较为完备的天然气处理装置VOCs治理及回收关键工艺技术系列，保障了油田绿色低碳可持续发展，同时也取得了显著的节能减排效果，为实现“双碳”目标做出了积极贡献。

关键词　挥发性有机物；VOCs治理；回收利用；节能减排

VOCs作为PM2.5和O_3的重要前驱体，已成为导致国内产生严重雾霾天气的重要因素之一，时刻威胁着人类的身体健康。部分挥发性有机物废气排放大气后，还会对臭氧层造成破坏，加剧温室效应，引发全球性气候灾害。

作为“十四五”大气治理的重中之重，环保部2021年正式实施《陆上石油天然气开采工业大气污染物排放标准》，明确了石油天然气生产设施VOCs排放控制要求。长庆油田公司2021年初召开绿色低碳战略年工作会议，按照“挖掘潜力资源、降低生产成本、节能减排”的总体要求全面推进VOCs治理工作。

1　天然气处理装置主要VOCs排放源

长庆油田2020年对典型场站开展了VOCs检测与核算工作，根据《VOCs检测与核算报告》得知，天然气处理厂装卸车、气田采出水处理、火炬放空、储罐挥发排放量占VOCs总排放量的90%以上，是VOCs主要排放源。

1.1　装卸车系统逸散气

集气站产生的含油含醇气田采出水管输或用罐车拉运至天然气处理厂，进入采出水处理系统进行沉降除油、过滤除杂、精馏脱醇等处理，回收的甲醇用罐车拉运至集气站进行循环利用，回收的污油和天然气处理分离出的凝析油进行外销。在甲醇、污油、凝析油装卸车过程中，罐车、卸车池、装车鹤管等设施会产生VOCs逸散气。

1.2　气田采出水处理设施逸散气

气田采出水处理工艺主要以“沉降除油+过滤”工艺为主，处理后的气田采出水通过回注井回注目的地层。气田采出水处理VOCs排放源主要是沉降除油罐、缓冲水罐、净化水罐（回注水罐）、高效旋流分离器等气田采出水处理设施的挥发气或逸散气。

1.3　正常生产放空气

正常生产放空气也称为闪蒸气。天然气处理厂脱水脱烃处理分离出的冷凝液排入闪蒸分离器进行油、气、水三相分离，分离出的油再进入凝析油稳定撬进行处理。闪蒸分离器和凝析油稳定撬分离出的闪蒸气由于重烃气组分含量较多，管输过程有凝析油析出，用作燃料气有闪爆的风险，而且闪蒸气气量也不稳定，所以闪蒸气都被直接排入低压火炬进行燃烧排放。

1.4 储罐挥发气

气田采出水处理的原料水、污油及天然气处理所需的水合物抑制剂甲醇、副产品凝析油等液体物料均需存储在大罐内，储罐挥发气主要是天然气处理厂的采出水罐、污油罐、凝析油罐、甲醇罐等储罐产生的挥发性气体，通过罐顶的呼吸阀直接排放。

2 VOCs治理及回收关键工艺技术应用与实践

天然气生产排放的大气污染物中VOCs和CH_4具有油品储存与装载、采出水敞开液面、设备与管线组件泄漏、火炬系统等共同排放源，依据《陆上石油天然气开采工业大气污染物排放标准》中对VOCs和CH_4协同控制的要求，长庆油田结合自身天然气处理装置工艺流程，通过自主攻关，开发出一套适用VOCs和CH_4同时治理回收的关键工艺技术系列。

2.1 装车系统逸散气治理及回收

2.1.1 现状

凝析油装车计量系统为流量计+顶装鹤管方式，交接计量采用地磅称重。采用顶部装车鹤管，装车过程中密封帽经常与罐车进油口不匹配而无法插入进油口，导致实际上敞口装车，将油气排到大气中，不仅造成损耗而且危害操作人员健康。

天然气处理厂平均每2天装载一次凝析油，一次装车量约38m^3，装车流速约30m^3/h，单套顶装鹤管装车时油气挥发量约33~42m^3/h，每天装载凝析油逸散气量约42~53m^3。

2.1.2 标准要求

标准要求见表1。

表1 挥发性有机液体装载控制要求表

《陆上石油天然气开采工业大气污染物排放标准》GB 39728—2020			
序号	主要条款	控制要求	指标
5.3	挥发性有机液体装载	装载方式	应采用底部装载或顶部浸没式装载方式；采用顶部浸没式装载的，出料管口距离罐(槽)底部高度应小于200mm
		天然气凝液、液化石油气和1号稳定轻烃装载排放	应采用气相平衡系统或采取其他等效措施
		原油和2号稳定轻烃装载排放	真实蒸气压≥27.6kPa的原油和2号稳定轻烃，应符合下列规定之一： a）对装载排放的废气进行收集处理，非甲烷总烃去除效率不低于80%； b）采用气相平衡系统

2.1.2 技术思路

按照《陆上石油天然气开采工业大气污染物排放标准》中关于挥发性有机液体装载的控制要求，将现有的上装鹤管改为密闭下装鹤管，增设防溢流防静电控制器，批量控制器，实现底部密闭装车、防溢流防静电控制等功能。同时将凝析油对标2号稳定轻烃进行装载排放控制，装载过程挥发油气去往油气回收装置进行回收。

2.1.3 关键技术

密闭下装鹤管装车系统构件主要包括：批量控制器、流量计、防爆控制机柜、防溢流防静电控制器、气动两段控制阀、下装鹤管及装车控制系统等。如图1、图2所示。

下装鹤管通过快速接头在装车过程中与新型罐车配合使用实现密闭装车。装车前将下装鹤管的液相装车管快速接头或干式阀与罐车底部装车口对接，同时将下装鹤管的气相回收管接口与罐车底部排气口连接。装车时用电液阀调节流量，流量计将流过的累计流量输入定量装车控制器内，装车控制器根据预先输入的设定装车量，控制电磁阀开关，完成定量装车过程。罐车内少量挥发的油气通过气相回收管连接到油气回收装置。下装鹤管没有油品冲击，油气挥发少，可回收95%在装卸过程中产生的油气。

2.1.4 现场应用

2022年长庆油田对11座天然气处理厂的凝析油装车系统进行了改造，将原上装鹤管更换为密闭下装式装车鹤管，配套批量控制器、质量流量计、防溢流防静电控制器及装车控制系统等。2023年将装载过程挥发油气由鹤管气相回收管连接输往大罐抽气回收装置，实现了凝析油装车过程逸散气的回收。单套顶装鹤管装车时油气挥发量按33m^3/h计算，11套顶装鹤管更换为下装式密闭定量装车系统后，每天可减少逸散气排放462m^3，每年减少油气逸散损耗16.86×10^{4}m^3。如图3、图4所示。

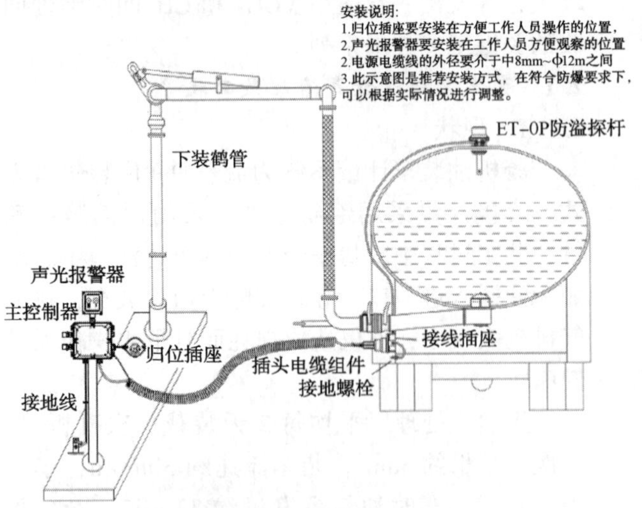

图 1　密闭下装鹤管示意图

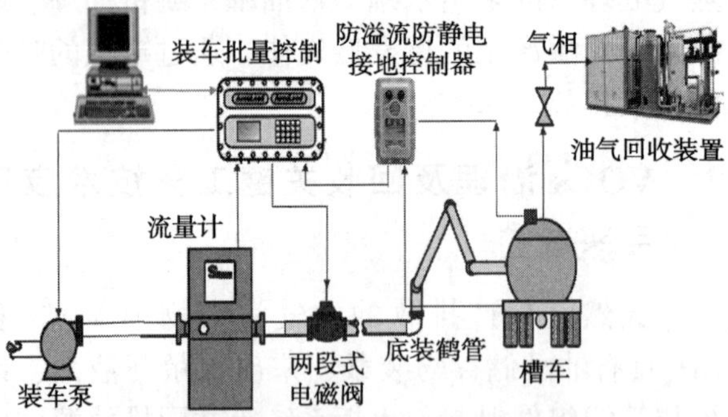

图 2　密闭下装鹤管示意图

图 3　天然气处理厂原上装鹤管图

图 4　改造完成后的密闭下装鹤管装车图

2.2　气田采出水处理系统逸散气治理及回收

2.2.1　现状

气田采出水处理工艺为“沉降除油”或“沉降除油+过滤”工艺，主要存在气田采出水系统储罐呼吸等 VOCs 排放问题。根据现场调研及典型站场 VOCs 检测报告数据显示，气田采出水系统的缓冲水罐、沉降除油罐、净化水罐(回注罐)等储罐逸散排放浓度范围为 300mg/m^3～1800mg/m^3。

2.2.1　标准要求

标准要求见有 2。

2.2.2　技术思路

维持气田采出水处理工艺流程不变的基础上，采用密闭减量工艺实现气田采出水处理系统 VOCs 排放达标治理。

2.2.3　关键技术

通过在立式储罐中加设圆形断面的隔氧膜，利用液面的浮力与自身重力作用，隔绝液面与罐内上部的气相空间，从而抑制 VOCs 挥发，适用于立式储罐 VOCs 排放治理。如图 5、图 6 所示。

表 2　废水集输和处理系统排放控制要求表

《陆上石油天然气开采工业大气污染物排放标准》GB 39728—2020			
序号	主要条款	控制要求	指　标
5.4	废水集输和处理系统排放	油气田采出水、原油稳定装置污水、天然气凝液及其产品储罐排水、原油储罐	排水应采用密闭管道集输，接入口和排出口采取与环境空气隔离的措施
		重点地区敞开液面逸散排放的 VOCs 浓度(以碳计)≥100μmol/mol	a) 采用浮动顶盖； b) 对设施采用固定顶盖进行封闭，收集排放废气中非甲烷总烃浓度不超过 120mg/m^3。收集废气中非甲烷总烃初始排放速率≥2kg/h 的，废气处理设施非甲烷总烃去除效率不低于 80%； c) 采取其他等效措施

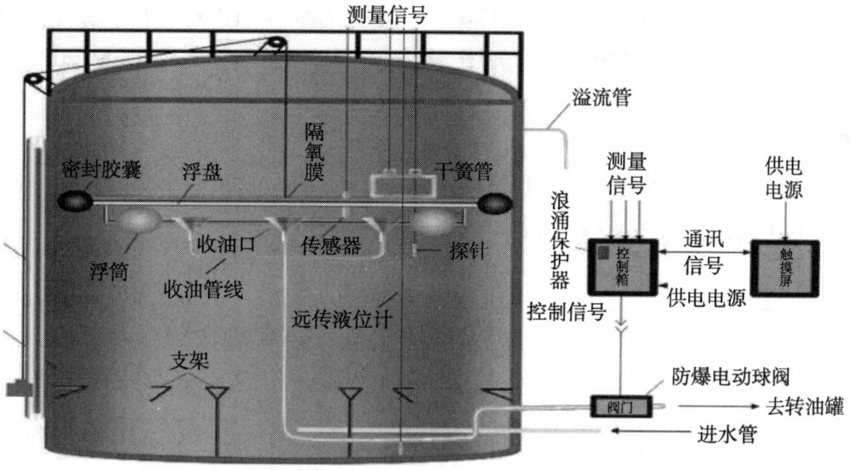

图 5　油水罐防爆收油隔氧装置

图 6　密闭隔氧与 VOCs 挥发抑制装置

2.2.4　现场应用

2022 年对 11 座天然气处理厂气田采出水处理系统进行了密闭减量工艺改造，在沉降除油罐中加设油水罐防爆收油隔氧装置，在立式缓冲水罐、净化水罐等采出水储罐加设密闭隔氧与 VOCs 挥发抑制装置，经对 200m^3沉降除油罐治理前后 VOCs 排放浓度检测，排放浓度由 4570mg/m^3降为 74.7mg/m^3(标准限值 120mg/m^3)，减量效率 98.4%，实现了 VOCs 减排及达标治理。

2.3　正常生产放空气

2.3.1　现状

正常生产放空气(闪蒸气)由于重烃气组分含量较多，管输过程有凝析油析出，用作燃料气有闪爆的风险，而且闪蒸气气量也不稳定，所以闪蒸气都被直接排入低压火炬进行燃烧排放。长庆油田天然气处理厂每年产生的闪蒸气量超过 3850×10^4m^3。

2.3.1　标准要求

标准要求见表 3。

表 3　其他排放控制要求表

《陆上石油天然气开采工业大气污染物排放标准》GB 39728—2020			
序号	主要条款	控制要求	指　标
5.7	其他排放	气井	将气井采出的井产物进行汇集、处理、输送的全过程应采用密闭工艺流程
		放空天然气	对油气田放空天然气应予以回收。不能回收或难以回收的，应经燃烧后放空；不能燃烧直接放空的，应报生态环境主管部门备案
		火炬	a）采取措施回收排入火炬系统的液体； b）VOCs 和天然气进入火炬应能及时点燃并充分燃烧； c）连续监测火炬及其引燃设施的工作状态(火炬气流量、火炬火焰温度、火种气流量、火种温度等)，编制监测记录并至少保存 3 年

2.3.2　技术思路

将闪蒸气作为原料气引入脱水脱烃处理单元进行低温分离处理，脱除其中的重烃组分，就可以将闪蒸气处理成为合格的商品天然气。

2.3.3　关键技术

将闪蒸分液罐和凝析油稳定装置产生的闪蒸气(0.2~0.4MPa)引入闪蒸气回收集成装置，先进入立式分离器分离出闪蒸气中的水和凝析油，然后进入压缩机增压至 2.1~2.7MPa，经计量后出装置输送至原料气管网，与天然气一起处理后外输。由于闪蒸气量波动较大，为了保证压缩机连续运转，将燃料气作为补充气源接入闪蒸气回收装置，闪蒸气压力低于 0.2MPa 时开启调节阀补充燃料气，闪蒸气压力高于 0.4MPa 时，关闭调节阀停止补充燃料气。如图 7 所示。

2.3.4　现场应用

2021 年 10 月底，长庆油田在神木处理厂建成首套自主研发的闪蒸气回收装置（设计处理能力 $0.4\times10^4m^3/d$），试运行 6 个月回收气量 $61.27\times10^4m^3$。2022 年至 2023 年，长庆油田在 11 个天然气处理厂全部配套建成 $1.0\times10^4m^3/d$ 的闪蒸气回收装置，闪蒸气总体回收能力 $12.5\times10^4m^3/d$，年回收闪蒸气量 $3600\times10^4m^3$。如图 8、图 9 所示。

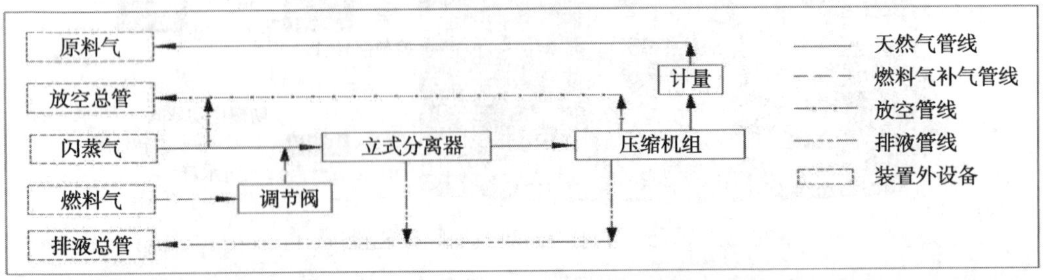

图 7　闪蒸气回收一体化装置工艺流程图

图 8　长庆油田自主研发的闪蒸气回收装置

图 9　新建闪蒸气回收装置

2.4　储罐挥发气

2.4.1　现状

储罐挥发气主要是天然气处理厂的采出水罐、污油罐、凝析油罐、甲醇罐等储罐产生的挥发性气体，通过罐顶的呼吸阀直接排放。储罐单罐容积多在 $100m^3\sim500m^3$，绝大部分为常压固定顶罐。经对不同介质储罐真实蒸气压进行模拟，除含醇原料罐外，其他介质储罐均需进行 VOCs 治理。长庆油田天然气处理厂每年产生的储罐挥发气超过 $900\times10^4m^3$。见表 5。

表 5　处理厂不同介质储罐的真实蒸气压表

储罐名称	物料真实蒸气压	是否需治理
凝析油原料罐	>66.7kPa	是
凝析油产品罐	>60kPa	是
采出水罐	>66.7kPa（上古含油）	是
含醇原料罐	<5.2kPa（已除油）	需与环境空气隔离
产品甲醇罐	>5.2kPa 但≤27.6kPa	是

2.4.2　标准要求

标准要求见表 6。

2.4.3　技术思路

按照《陆上石油天然气开采工业大气污染物排放标准》，对天然气处理厂储罐 VOCs 治理采用大罐抽气。

2.4.4　关键技术

将罐区多个储罐罐顶呼出排放口用气相管路密闭联通，并汇集至缓冲罐，挥发气经缓冲罐分离掉液相后去抽气压缩机增压至 300～400kPa，经抽气压缩机出口空冷器冷却至 40℃ 后进入分离器，分离出的气相一部分经调压后返回储罐补气，另一部分挥发气进入闪蒸气回收系统；同时自系统引接一路燃料气作为缓冲罐的补气气源，以防储罐大呼吸时储罐内形成负压，分离器的液相去未稳定凝析油罐。

2.4.5　现场应用

2023 年 6 月长庆油田在神木天然气处理厂最先建成 $3500m^3/d$ 大罐抽气装置，大罐抽气按照橇装方式设置，设计大罐抽气稳压橇和大罐抽气压缩机橇2个橇，同时配套10000m^3/d闪蒸气回收一体化装置。试运行期间大罐抽气压缩机橇排气压力0.25~0.35MPa，瞬时流量50~160m^3/h，试运行3个月平均回收气量2100m^3/d，累计回收大罐挥发气量18.9×10^4m^3。

2023年底，长庆油田在10个天然气处理厂建成大罐抽气稳压橇和大罐抽气压缩机橇，大罐抽气能力3.5×10^4m^3/d，预计年回收大罐挥发气量900×10^4m^3。如图10、图11所示。

表6 其他排放控制要求表

《陆上石油天然气开采工业大气污染物排放标准》GB 39728—2020			
序号	主要条款	控制要求	指标
5.2	挥发性有机液体储存排放控制要求	天然气凝液、液化石油气和1号稳定轻烃储存 物料真实蒸气压>66.7kPa，现有单罐设计容积>100m^3，新建单罐设计容积>75m^3	a) 采用压力罐或低压罐； b) 采用固定顶罐，采取油罐烃蒸气回收措施； c) 采取其他等效措施
		原油和2号稳定轻烃储存 27.6kPa≤物料真实蒸气压≤66.7kPa 现有单罐设计容积>100m^3 新建单罐设计容积>75m^3	a) 采用浮顶罐。外浮顶罐的浮盘与罐壁之间采用双重密封，且一次密封采用浸液式、机械式鞋形等高效密封方式；内浮顶罐的浮盘与罐壁之间采用浸液式、机械式鞋形等高效密封方式； b) 采用固定顶罐并对排放的废气进行收集处理，非甲烷总烃去除效率不低于80%； c) 采用气相平衡系统； d) 采取其他等效措施

图10 大罐抽气稳压橇图

图11 大罐抽气压缩机橇图

3 效果及应用前景

3.1 取得的效果

经过3年的探索运行，长庆油田天然气处理装置VOCs治理及回收工艺技术获得了良好的应用效果，取得了经济效益和环境效益的双丰收。目前长庆油田在11个天然气处理厂建成11套下装式密闭定量装车系统、38套油水罐防爆收油隔氧装置、36套密闭隔氧与VOCs挥发抑制装置、11套闪蒸气回收装置、10套大罐抽气装置。

安全环保效益：密闭定量装车系统每年减少油气逸散损耗16.86×10^4m^3，减排VOCs 73.25t。闪蒸气和大罐挥发气每年回收气量4500×10^4m^3，减排二氧化碳9.8×10^4t，减排VOCs 3775t。

经济效益：闪蒸气回收和大罐抽气年回收气量4500×10^4m^3，效益5600万元。

社会效益：开展VOCs治理及回收，可有效改善气区环境质量，体现企业社会责任担当，减少因火炬排放产生火雨、黑烟等造成的企地纠纷，促进企地关系和谐发展。

3.2 应用前景

针对天然气处理装置VOCs治理及回收工艺技术取得的显著成效，长庆油田将天然气处理装置VOCs治理及回收工艺技术进一步应用到集气站和储气库进行探索和试验，2023年在集气站已开展了气田采出水系统密闭减量工艺技术和闪蒸气回收工艺技术试验，取得了试验成功，下步将在集气站全面推行VOCs治理及回收工艺技术。

4 结论和认识

长庆油田开展 VOCs 治理，既回收了天然气，又减少了非甲烷烃类有机污染物的排放，解决了社会高度关注的环境危害和人体危害，产生了显著的社会效益和环境效益，同时也满足了国家和地方环保政策、法律法规要求，符合长庆油田绿色低碳发现战略的需要。

（1）长庆油田形成了天然气处理装置 VOCs 治理与回收系列技术，对今后新建项目和其他场站开展 VOCs 治理提供了技术支撑和宝贵经验，有利于长庆油田全面推进 VOCs 治理工作和实现绿色矿山建设。

（2）天然气处理厂生产现场介质种类多，存在大量小容积储罐。小容积储罐排放浓度变化大，排放量小且波动大，VOCs 治理难度大，需要进一步开展小容积储罐 VOCs 治理技术研究与应用。

（3）在开展 VOCs 治理过程中，广大科技工作者和一线员工积极参与、献言献策，促进了长庆油田环境保护方面科技创新工作的开展，催生了“油雾回收常呼器”等一批五小成果和发明创造。如图 13、图 14 所示。

图 13 废润滑油罐排空口喷油临时处理措施

图 14 “油雾回收常呼器”现场安装使用

参 考 文 献

[1] 梁林佐，马滢，毋勇，等. 陆上石油天然气开采中 VOCs 与 CH_4 的协同控制［J］. 油气田环境保护，2022，32(02)：1-6.

[2] 肖经伦，张文宇，卜宪彬. 油田 VOCs 治理技术应用与监管探讨［J］. 化工安全与环境，2023，(08)：40-43.

[3] 生态环境保护部. 陆上石油天然气开采工业大气污染物排放标准：GB 39728—2020［S］2020.

[4] 高小键，占赛，孟凤鸣，等. 神木天然气处理厂凝液闪蒸气回收利用探索［J］. 石油化工应用，2017，36(10)：139-142.

[5] 魏忠昕，马慧明，戴海林，等. 火炬放空气回收技术的研究与应用［J］. 现代化工，2015，35(02)：133-135.

[6] 王新强. 探析放空天然气回收利用方法［J］. 中国化工贸易，2019，(10)(电子版)

苏里格智能化排水采气示范区规划研究及应用评价

王亦鑫　潘占昆　刘博伦　马嘉昕　余梦琪

（中国石油长庆油田公司）

摘　要　苏里格气田西区储层地层水发育，气井生产后期普遍产液。随着生产时间延长，气井积液状况加剧，目前积液井占比53%，管理难度较大。针对生产现状，建设智能化排采示范区，通过升级神经网络智能柱塞、云边计算智能间开、智能泡排精准加注和同步回转智能启停四项智能工艺，开发气井积液智能诊断、智能措施优选、措施井错峰开关和故障智能判识四项智能模块，形成一套智能化管理体系。实现该区块气井智能措施全覆盖，建成苏西智能化排水采气示范区。

关键词　苏里格气田；智能化；排水采气；工艺措施

苏里格气田是典型的致密砂岩气田，储层非均质性强，具有低压、低渗、低丰度的特点，气田主要划分为东区、中区、西区3个部分。其中，中区、东区均已实现规模效益开发并逐步进入井网加密部署提高采收率阶段，西区是气田未来稳产的重要后备储量接替区。但苏里格西区储层气水关系复杂，随着开发时间延长，气井积液现象普遍存在，低产低效井数持续增加，管理难度逐年增大。因此开发一种可规模化应用的智能化排水采气管理体系显得尤为重要。通过升级神经网络智能柱塞、云边计算智能间开、智能泡排精准加注和同步回转智能启停四项智能工艺，开发气井积液智能诊断、智能措施优选、措施井错峰开关和故障智能判识四项智能模块，形成一套智能化排水采气管理体系，建成了苏西智能化排水采气示范区。

1　全面优化数据传输，筑牢数智转型基础

气井智能化排水采气管理体系建设以“解放人工、提高效率”为目标，通过全面开展数字气井升级、柱塞融合改造、数采程序优化、通信信道整合，形成前端远程监测、中端自动控制、后端智能分析的气井智能化、精细化管理模式，夯实智能化排水采气示范区建设基础。

1.1　数字气井升级

改善井场数据采集系统。优化系统多设备集成、不断叠加的建设模式，全面应用4G-APN通讯技术，目前覆盖率达到100%，数据采集、传输等各环节运行效能大幅提升。数字气井升级改善了气井数据通讯时效，提高了井场设备集成程度，降低了井场设备能耗负载和井场设备故障频率。

1.1.1　气井数据通讯时效提升

气井数据通讯支持4G、LTE230等多种传输方式，最大传输速率达到100Mbps，较升级前数传电台传输速度提升5000倍以上。

1.1.2　井场设备能耗负载降低

井场设备能耗负载降低，配套电源管理模块，蓄电池寿命提升50%以上。充放电次数由改造前的500次提升至800次以上。

1.1.3　井场设备集成程度

井场设备稳定性可靠性较数传电台设备提升至90%以上。系统高度集成，做到微型化，适用于苏里格气田生产条件。

1.1.4　井场设备故障频率降低

井场设备建设周期缩短50%以上，可实现各类新工艺设备集中接入，故障率降低至3%以内，维护工作量减低60%以上。如图1、图2所示。

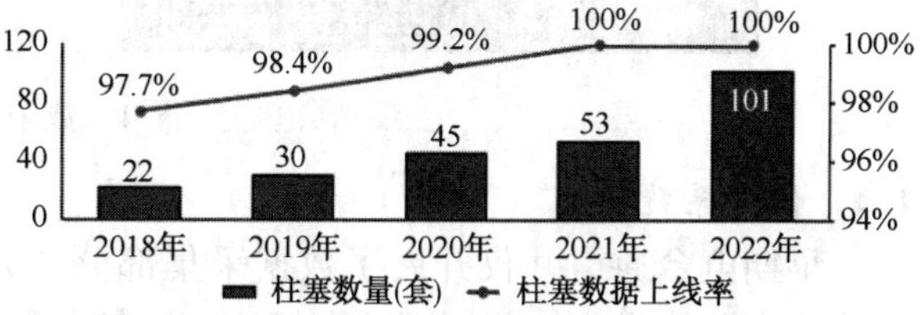

图1　柱塞井上线率对比图

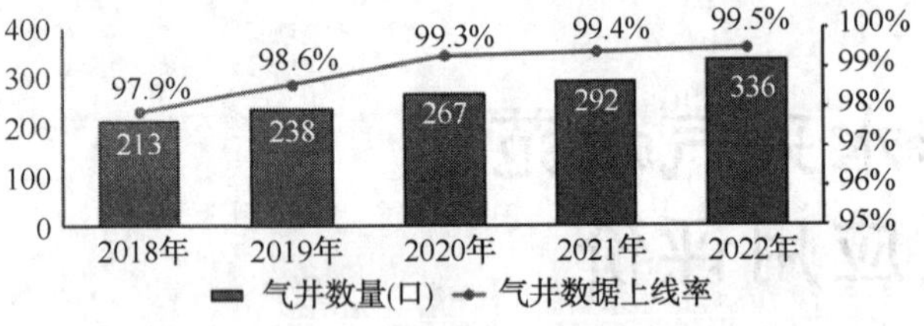

图 2　气井数据上线率对比图

1.2　柱塞融合改造

对传统柱塞进行融合改造，精简井口设备，统一井场数据采集协议、数据应用标准和数据传输方式，并整合控制平台，实现云平台上线率100%。目前已完成传统柱塞融合改造 30 井次。柱塞投用成本由融合改造前的 16 万元下降至 12 万元，整体降低约 25%，后期维护工作量降低 40%。柱塞与集输数据统一通过 APN 专线进入云服务器，再进入网络实现控制。

1.2.1　井场数据采集协议统一化

对 4 种柱塞控制器不同长度、不通类型、不同地址的数据进行统一化。

1.2.2　井场数据应用标准统一化

明确电磁阀控制、油套压监测等 8 项柱塞工艺监测内容，统一井场数据应用标准。

1.2.3　井场数据传输方式统一化

将到达传感器等信号通过柱塞控制器接入井场数据采集系统，实现井场数据统一传输。

1.2.4　柱塞后端应用平台统一化

整合三个柱塞控制操作平台，实现柱塞气举统一监控、集中管理。如图 3 所示。

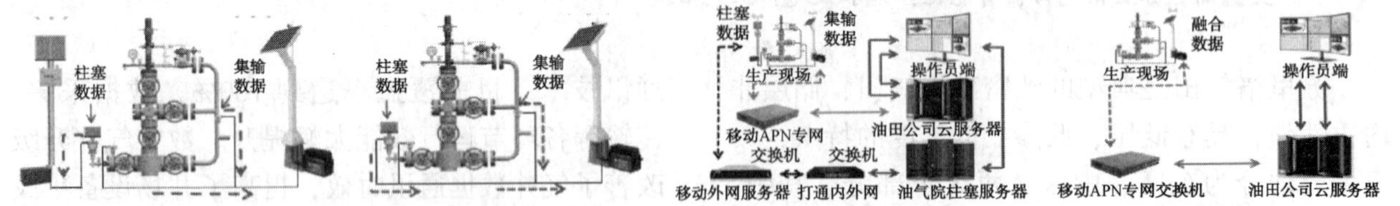

(a)改造前井口数据传输示意图　(b)改造后井口数据传输示意图　(c)改造前柱塞井数据传输示意图　(d)改造后柱塞井数据传输示意图

图 3　柱塞融合改造前后数据传输对比图

1.3　数采程序优化

通过井场数据采集程序优化，将 2 类井场普通压力变送器通讯协议与井场 RTU 柱塞油压传感器采集程序集成，单个设备平均维护成本由 0.42 万元下降至 0.12 万元，设备维护成本下降 75%，进一步降低柱塞气举设备维护成本，提高投入产出比。

1.3.1　通讯程序集成程度提升

将 4 种柱塞控制器不同长度、不通类型、不同地址的数据，编写 RTU 程序，实现采集协议统一。

1.3.2　油压传感器稳定性提升

根据油田公司柱塞气举工艺监测要求，明确电磁阀控制、油套压监测等 8 项柱塞工艺监测内容。

1.3.3　柱塞设备维护成本提升

将到达传感器等信号通过柱塞控制器接入井场数据采集系统，实现井场数据统一传输。

1.3.4　实现柱塞油压现场可见提升

整合三个柱塞控制操作平台，实现柱塞气举统一监控、集中管理。如图 4 所示。

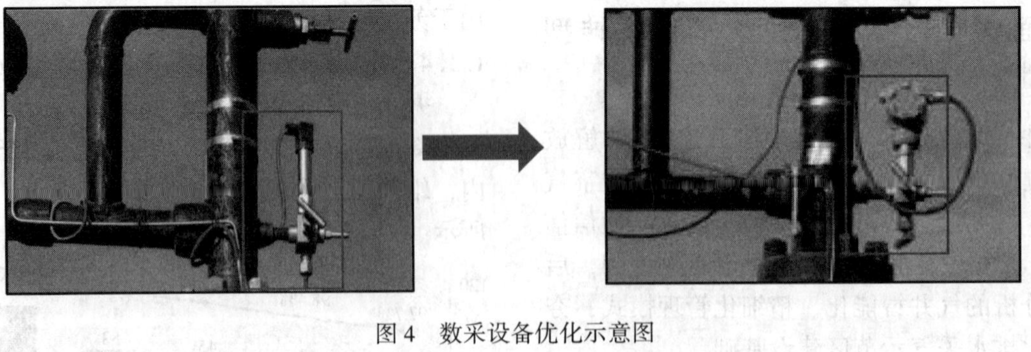

图 4　数采设备优化示意图

1.4　供电系统扩容

早期电台通信井仅开展了数据采集部分 4G 改造，太阳能供电、设备箱(支架)等配套设备老化严重，故障率高、稳定性差。井场供电设备功率不足且配套设施损坏严重。针对以上存在问题，采取措施如下：(1)井场供电循环优化；

(2)电池续航能力扩充；(3)配套更换 8 路 RS485 隔离器，有效降低仪器设备信号干扰，减少设备通讯干扰；(4)完善井场防雷接地。

针对苏 54 区块早期投产气井系统配套设施老旧、供电能力不足导致的系统及智能工艺措施运行不稳定等问题，开展 68 座井场供电设备及标准化升级改造工作，保障气井数字化系统运行稳定性，彻底解决系统配套设施老旧、供电能力不足导致的系统及智能控制装置运行不稳定的问题。

2 工艺措施智能升级，措施管理更趋完备

以降低人工劳动强度、提高措施效果为目标，推动智能柱塞、智能间开、智能泡排、智能同步回转 4 类工艺措施智能化升级。智能化升级后人工劳动强度下降 65%，措施有效率提升 3%，工艺措施由人工干预、现场作业向智能决策、远程控制转变。

2.1 神经网络智能柱塞

柱塞气举是目前苏里格气田应用最广泛的排水采气措施，为解决柱塞井逐年增加造成的人工分析强度大等问题，2020 年依托苏西气井数字化全面升级基础，率先开展智能柱塞研究，引入神经网络柱塞技术，通过建立智能运算模型实现柱塞井制度智能优化，有效降低人工分析工作量、提升措施效果。

智能柱塞投用成本约为 13 万元，对比进口柱塞和 MI 柱塞，节省成本 32 万元和 16 万元。且智能柱塞可以实现生产制度智能优化调参，大幅度降低了人工劳动成本。

2.1.1 神经网络智能柱塞实施思路

神经网络算法可模拟人脑思考，以每一个神经元作为一种参数计算法则，通过不同参数运算获得参数间隐藏规律。以气井动态数据作为学习训练集，建立气井动态生产模型，以最高产气量为目标，对应的生产制度进行预测。结合柱塞载荷系数等条件，对生产制度进行修正优化，得到柱塞科学高效的生产制度。如图 5 所示。

2.1.2 神经网络智能柱塞逻辑流程

建立神经网络模型，学习柱塞生产特征，并以载荷系数等边界条件进行修正，预测柱塞井生产动态，最终通过数值算法获取柱塞井最佳生产制度。

(1) 模型学习训练

建立神经网络模型，收集气井流入、流出数据作为训练集，根据模型预测值与实际值的误差不断修正参数，直至收敛，即模型准确率达到一定阈值后，学习完成。如图 6 所示。

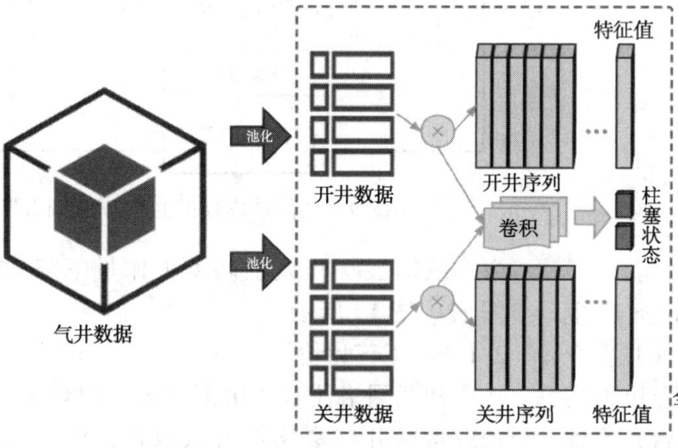

图 5 神经网络算法原理图

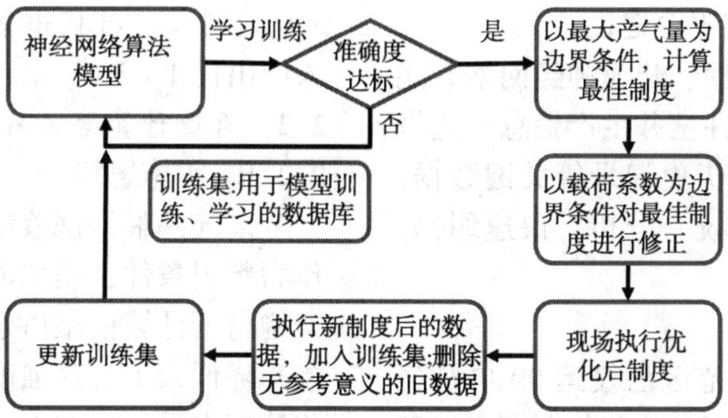

图 6 神经网络计算流程图

（2）生产动态预测

通过对模型进行迭代性学习训练，最终可得到该井的气井生产动态模型，通过这一模型，可对气井生产动态进行预测。如图 7 所示。

（3）最高日产制度

根据模型模拟的关井压力恢复曲线与开井产量曲线预测开井时间利用数值算法，设定边界条件与步长，可以计算出最高日产下对应的柱塞运行制度。如图 8、图 9 所示。

（4）载荷系数修正

在神经网络制度找出的最高日产下生产制度基础上，引入柱塞载荷系数。以载荷系数 0.5 为优化标准，以延长关井时间 5%为优化梯度，对初始制度进一步修正。

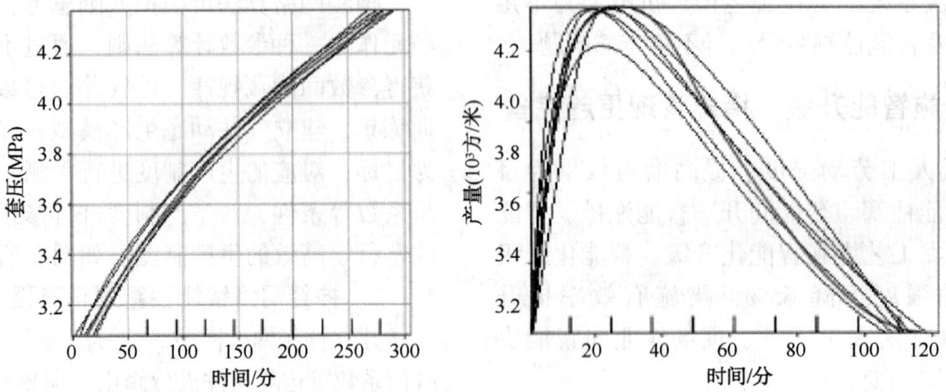

(a)压恢预测值与实际值对比图　(b)产量预测值与实际值对比图

图 7　生产指标预测值与实际值对比图

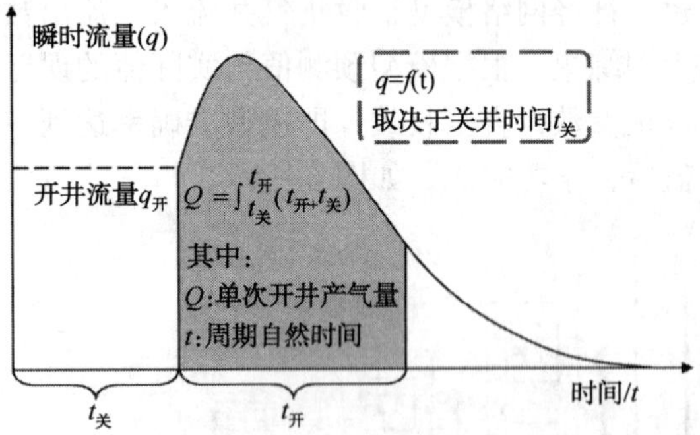

图 8　最高日产制度计算示意图

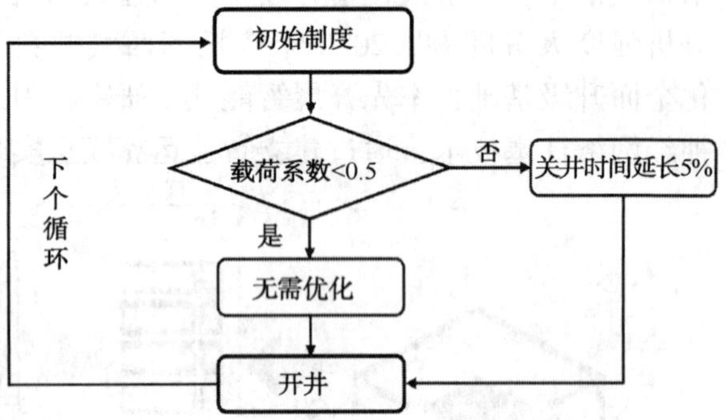

图 9　载荷系数修正生产制度流程图

2.1.3　神经网络智能柱塞设备升级

在井场 DTU 传输模块前端嵌入 AI 运算主机，搭载神经网络柱塞模型，通过采集气井生产数据进行模型数值运算，现场直接下达开关指令，同步将运算结果传输至智能分析平台，实现智能模型与前端硬件配套融合。如图 10 所示。

2.1.4　神经网络智能柱塞平台建设

集成前端模型运算数据，建成神经网络智能柱塞控制平台，实时掌握柱塞井生产信息、边缘计算模型信息、智能优化历史记录等关键数据，便于技术人员高效管理、统一分析、快速纠错。如图 11 所示。

2.1.5　应用效果

目前苏西智能排采示范区已投运 99 口神经网络柱塞，覆盖率达到 100%，井均日增产 300 方，涨幅 23%，人工调参工作量下降 90%。如图 12、图 13 所示。

2.1.6　工艺评价

神经网络柱塞适用范围大，配套 4G 传输常规或特殊井柱塞均可升级改造，单口改造成本 2.42 万，按每日增产 $0.03\times10^4m^3$、一年生产 300 天测算，可获得效益 8.55 万元，一年内投入产出比 1：3.5。

2.2　云边计算智能间开

2.2.1　实施思路

以气井临界携液流量、压力恢复拐点等参数作为判识条件，模拟人工开关井决策，完成算法架构与云计算模型搭建，实现自动间歇井智能调参，降低人工管理强度，提升远程间开气井精细化管理水平。如图 14、图 15 所示。

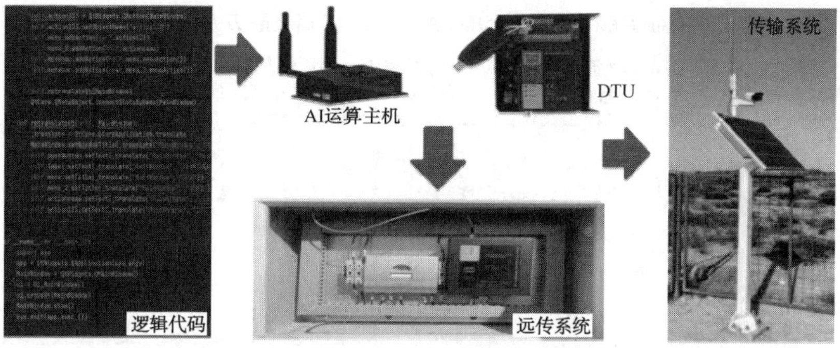

图 10　设备升级示意图

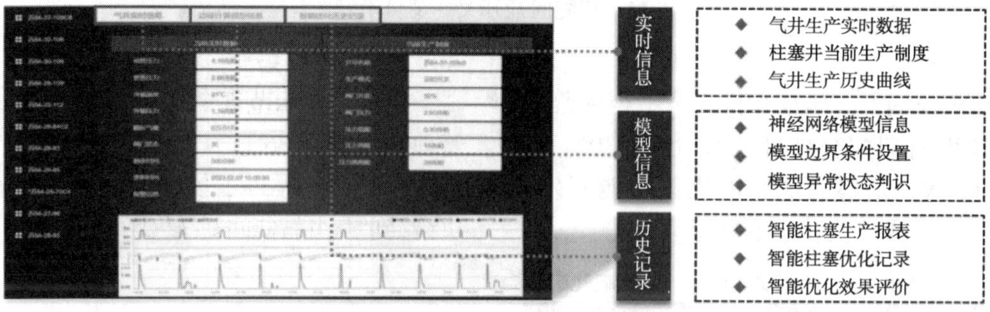

图 11　平台建设示意图

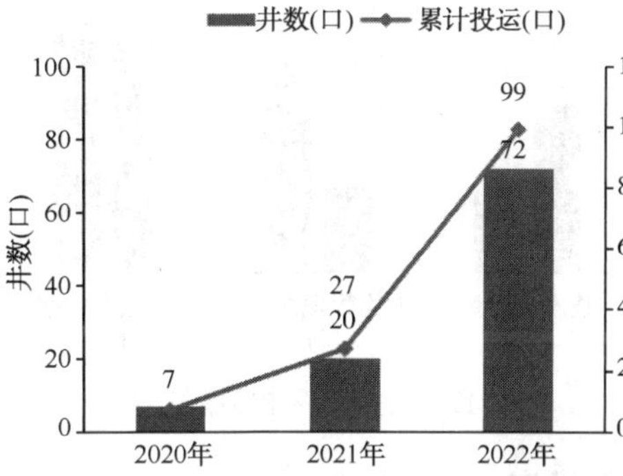

图 12　神经网络智能柱塞历年投运图

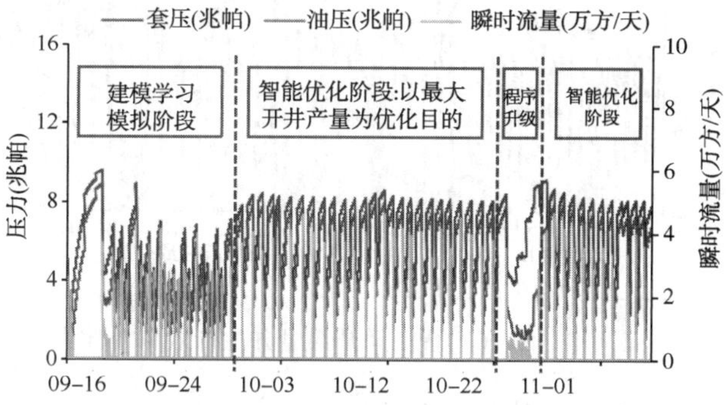

图 13　典型井生产曲线

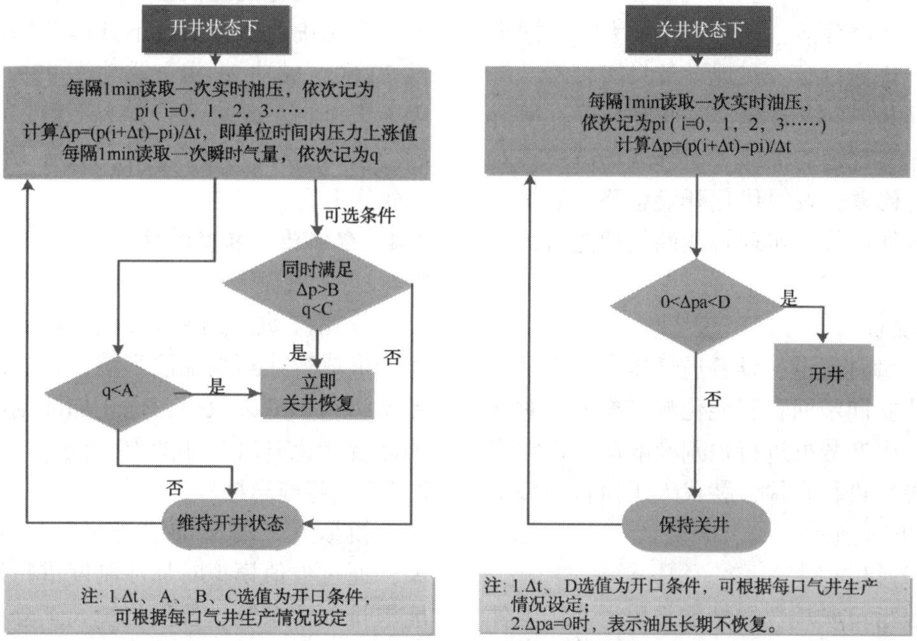

图 14　智能间开运行流程图

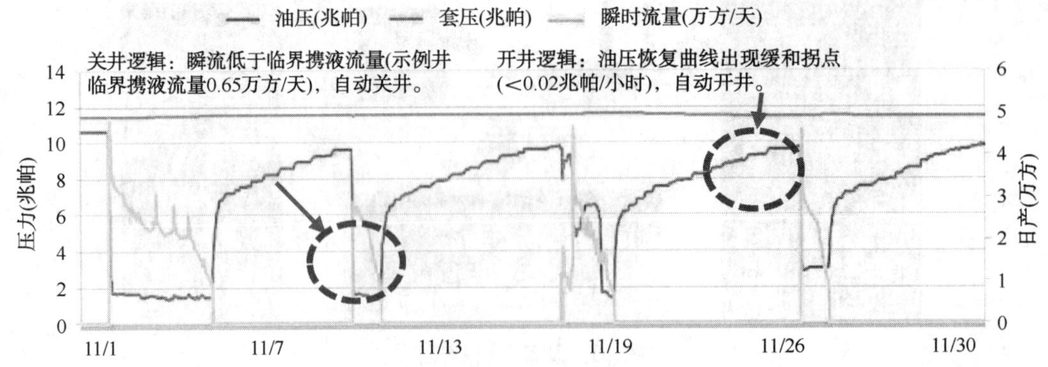

图 15　智能间开开关井逻辑示意图

2.2.2　升级开发

通过将智能间开逻辑模型嵌入云平台预留开发模块，升级前端配套硬件，后台测试 92 天，优化升级 12 次，最终完成智能决策功能开发，实现气井开关智能判识、自主执行。

2.2.3　应用效果

目前已在示范区 72 口远程间开井应用，人均管理井数升高 36 口，人工调参工作量降低 90%，措施有效率提高 3%，实现远程间开井由“人工开关决策”到“气井智能间开”转变。如图 16、图 17 所示。

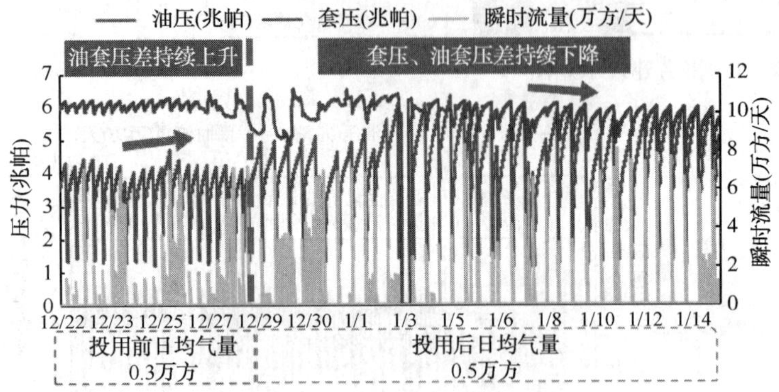

图 16　智能间开典型井生产效果对比图

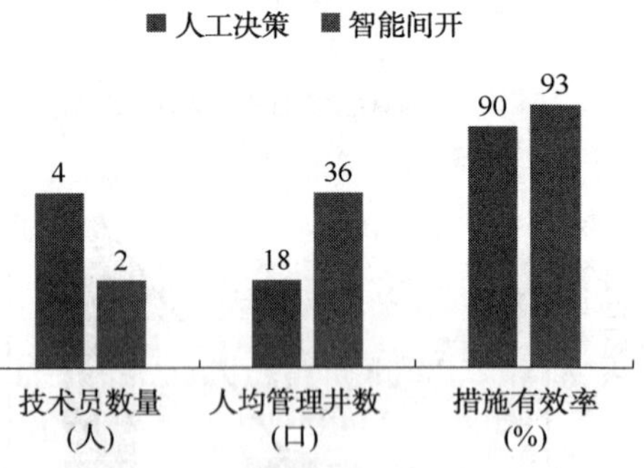

图 17　管理效果提升对比图

2.3　同步回转智能启停

2.3.1　实施思路

同步回转井位分散、启停工作量大。以同步回转管理智能化为目标，实现设备只能启停，自动调频。借助井口间开设备实现联动启停，通过开发调频程序实现智能加载。结合现场试验，对异常设备进行修复，及时优化开发思路。最终实现同步回转智能启停，实现智能调频功能执行率 90%以上。

2.3.2　逻辑流程

选取气井瞬时流量、设备进气压力作为逻辑判识条件，建立同步回转智能化响应模型，对气井开关状态、生产数据进行识别及响应，正常启机后对设备参数进行自检，替代人工执行调频加载指令。如图 18 所示。

2.3.3　设备升级

设备升级后可实现数据精准采集、井场硬件完备、现场测试稳定。且改造方案简单可操作，运行过程安全稳定，具备推广价值。

将智能化响应模型嵌入设备 PLC 控制系统，人员旁站确保安全情况下开展现场试验。累计测试 22 次，成功 21 次，成功率 95%，设备连续 3 天无人干预，现场运行安全平稳。同步回转智能启停安装应用 5 台设备，人工劳动强度降低 30%。

2.4　智能泡排精准加注

2.4.1　实施思路

依托自动注剂装置，搭载智能泡排加注模型，形成智能药剂加注系统，通过实时采集生产数据，判识措施效果，优化加注制度，实现泡排加注智能化升级。如图 19 所示。

2.4.2　实施思路

模拟人工泡排加注逻辑，建立泡排加注模型，通过数值模拟对加注制度进行修正，形成智能泡排加注系统，替代传统人工分析，提升措施效果及措施介入及时性。如图 20、图 21 所示。

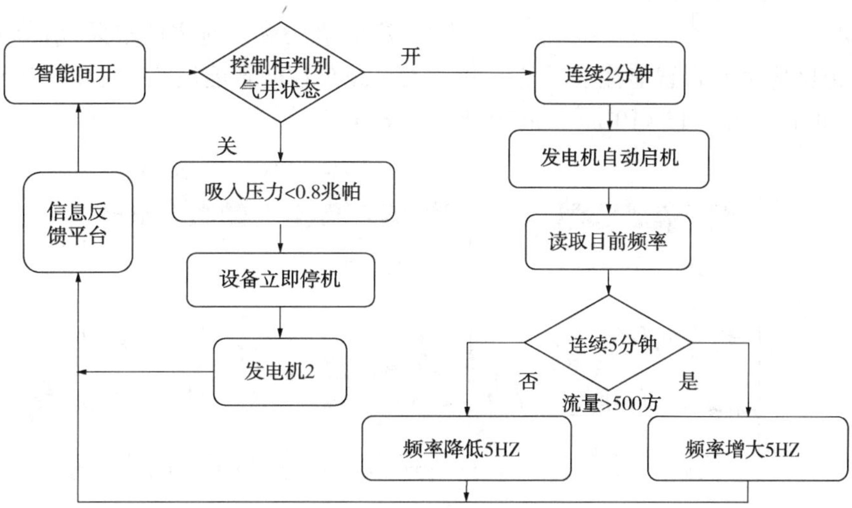

图 18　同步回转启停流程图

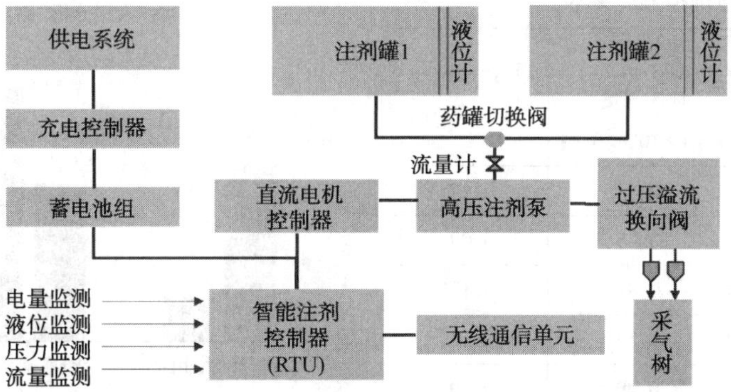

图 19　气井智能泡排加注装置系统结构图

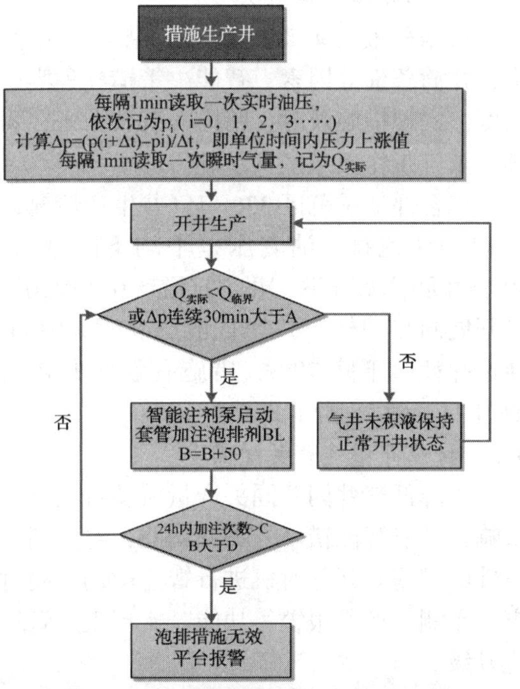

图 20　措施连续井按需自主加注流程图

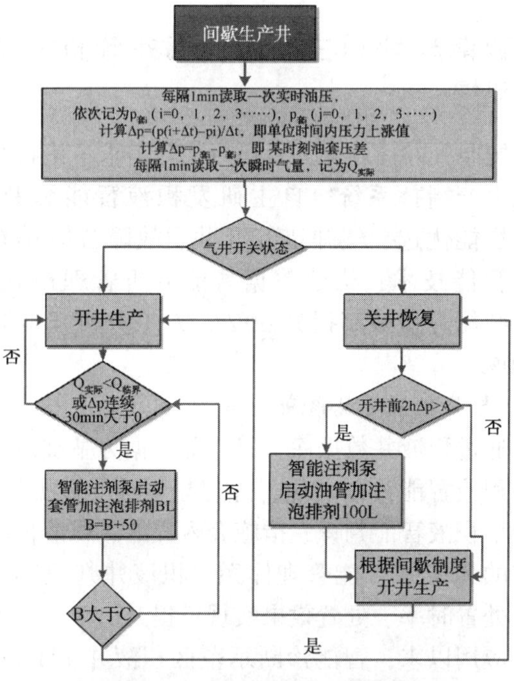

图 21　间歇井联动井口阀门智能加注流程图

2.4.3　应用效果

目前已在示范区应用 5 台智能注剂设备，井均日增产较人工加注上涨 $0.13\times10^4m^3$，措施有效率超 93%，泡沫排水采气措施实现人工分析、车载泵注向智能决策、远程控制转变。如图 22、表 1 所示。

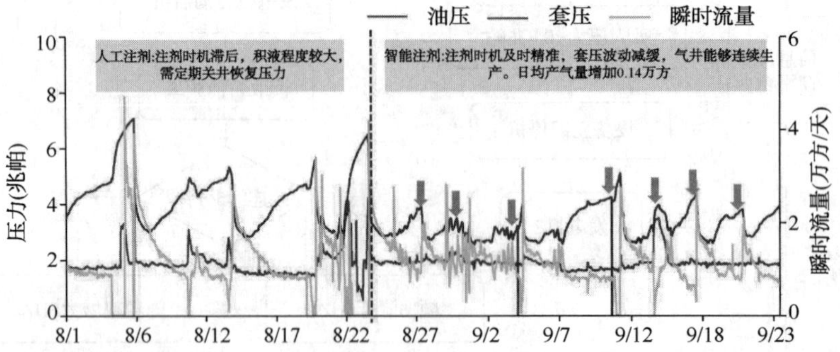

图 22　A 井生产曲线

表 1　智能泡排措施效果表

井号	人工注剂	智能注剂	日均增产/($\times10^4m^3$)
	日产气量/($\times10^4m^3$)	日产气量/($\times10^4m^3$)	
A	0.51	0.65	0.14
B	0.37	0.46	0.09
C	0.64	0.81	0.17
D	0.44	0.59	0.15
E	0.39	0.49	0.10
平均	0.47	0.60	0.13

3　智能模块自主研发，气井分析质效双提

按照气井措施介入及运行优化需求，依托数字化生产指挥系统，自主研发积液智能诊断、措施智能优选、气井错峰开井、故障智能排查四项智能技术，构建数据智能分析管理模式，气井数据分析效率提升 60%，人工分析强度降低 70%。

3.1　气井积液智能诊断

通过积液井数据库，以气井数据为基础研发气井积液智能诊断功能，并建立积液井数据库，构建了积液智能判识、措施介入提醒、积液情况跟踪的积液井智能管理体系，积液井判识准确率、处置时率、处置效果实现三提升。

应用以来，智能诊断示范区积液井 171 口，较人工诊断准确率提高 32%，措施介入、措施优化时间缩短 60%，人工劳动强度整体降低 75%，气井精细化管理水平有效提升。如图 23 所示。

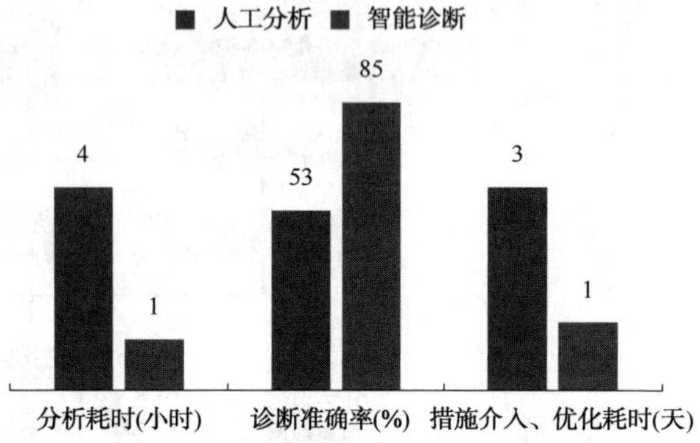

图 23　积液跟踪诊断效果对比图

3.2　措施智能优选模块

根据积液智能诊断结果，结合气井生产情况、井筒条件等因素，智能决策措施种类、初始制度，实现措施及时、精准、有效介入，为后续排水采气工作奠定坚实基础。

综合评估示范区 336 口气井生产情况，优选 42 口加注泡排，油套压差平均下降 0.48MPa，30 口开展柱塞气举，井均日增产 $0.12\times10^4m^3$，5 口开展同步回转，井均日增产 $0.36\times10^4m^3$，措施选井耗时下降 70%，措施有效率上升 0.8%。如图 24、图 25 所示。

3.3　措施井错峰开关功能

为降低气井同开同关产量波动对集输系统的影响，开发智能错峰开关井功能，对达到开关井条件的措施井开井时机进行智能微调，同时整合产量预测、产量报警等功能，实现生产管理智能化升级。

实施措施井智能错峰开关后，气井措施效果保持不变，集气站气量波动趋于稳定，因气量、出液波动导致压缩机停机频次降低 70%，生产运行安全平稳。如图 26、图 27 所示。

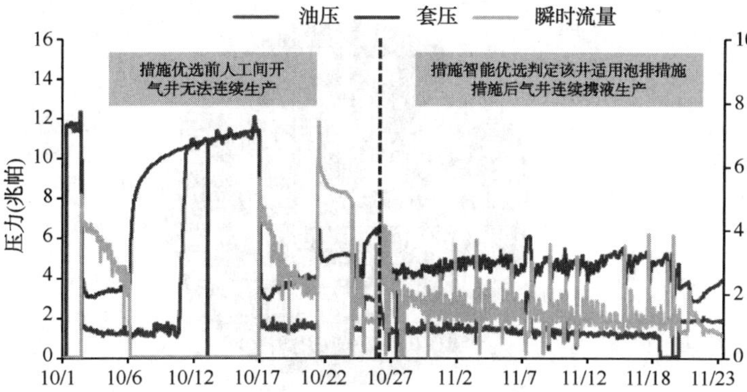

图 24　X 井生产效果对比图

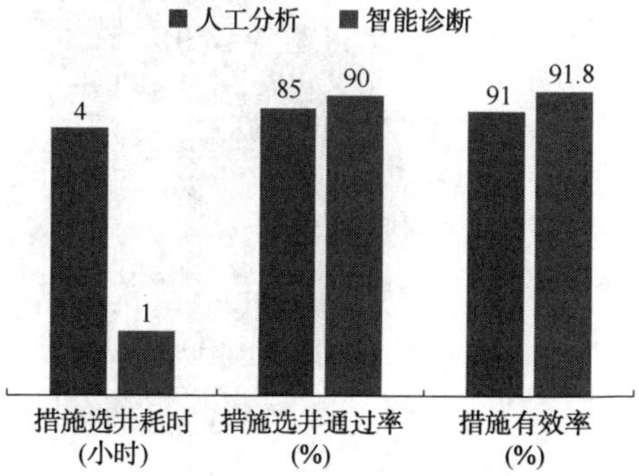

图 25　措施智能优选效果的对比图

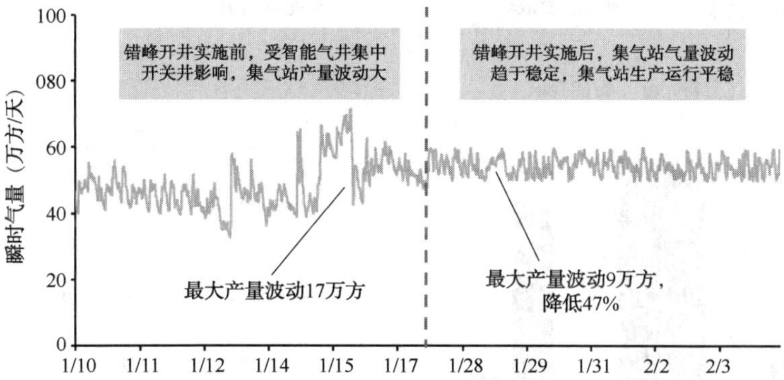

图 26　集气站运行曲线图

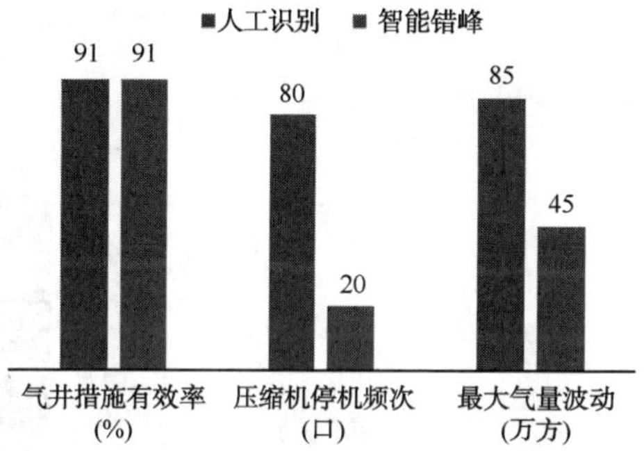

图 27　智能错峰开关模块效果对比图

3.4　故障智能判识

故障智能判识系统运用大数据技术，对柱塞井运行状态进行智能诊断，迅速判别气井生产工况，识别 5 大类故障，输出 10 种处置方式，识别准确率达 90%。

故障智能判识系统应用以来，日常分析耗时减少 1.5 小时，故障处置时效降低 2 小时，设备完好率长期保持 95%，大幅降低人工分析管理工作量，减少无效上井维护次数。如图 28 所示。

4　优化排水采气工作流程，健全完善日常管理机制

通过开展积液井判识、措施井优选、措施效果跟踪、气井错峰开关等 7 项措施智能化升级，人工劳动强度大幅下降，排水采气技术管理模式由人工向智能转变。

5　多角度跟踪评价，示范区规模效益显著

5.1　增产效果评价

通过措施效果评价分析，苏西智能化排采示范区气井井均套压下降 1.4MPa，井均日增产 $0.07\times10^4m^3$，累计增产 $540\times10^4m^3$，措施后井均 EUR 提高 81 万，提升幅度 3.8%。如图 29、图 30 所示。

5.2　经济效益评价

通过开展 3 类 12 项智能化升级，示范区增产 $540\times10^4m^3$，创效 513 万元，人均管理井数增长 59%，人工作业量降低 22%，控降人力物力成本 32 万元，平均投入产出比 1∶4。如图 31 所示。

5.3　管理模式革新

智能化排采示范区的高效建成，推动气井管理方式变革，充分释放基层技术生产活力，用工总人数减少 60%，为智能化排水采气生产建设提供先导经验。

6　结论

（1）积极推进气井数字化改造。实现 4G-APN 通讯技术覆盖率达到 100%，维护工作量减少 60%。完成传统柱塞融合改造 30 口，安装成本降低 25%。普通压力变送器替代油压传感器，单井维护成本降低 75%。完成 68 座井场供电设备及标准化升级改造，设备稳定性提高 40%。

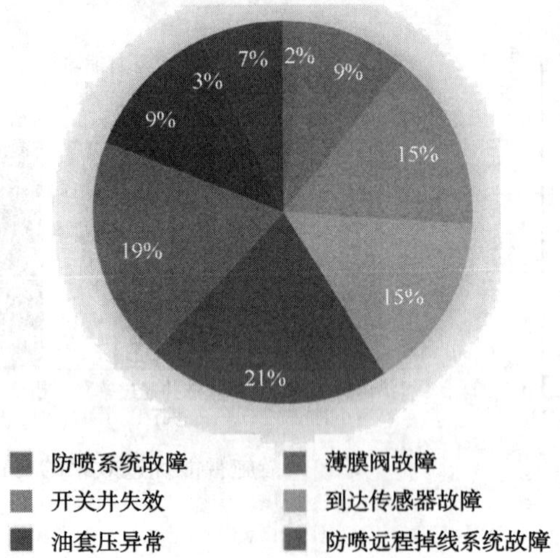

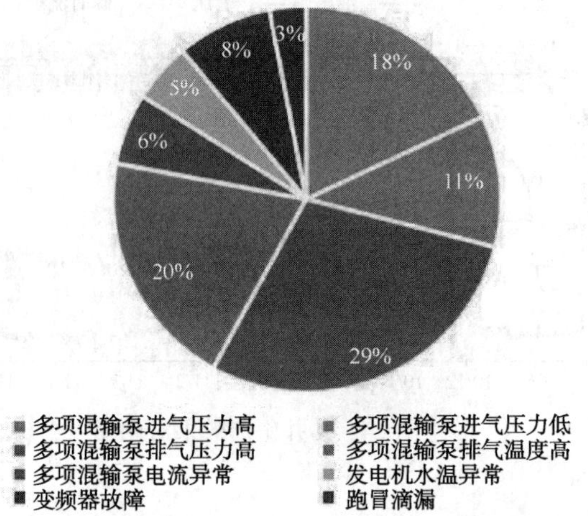

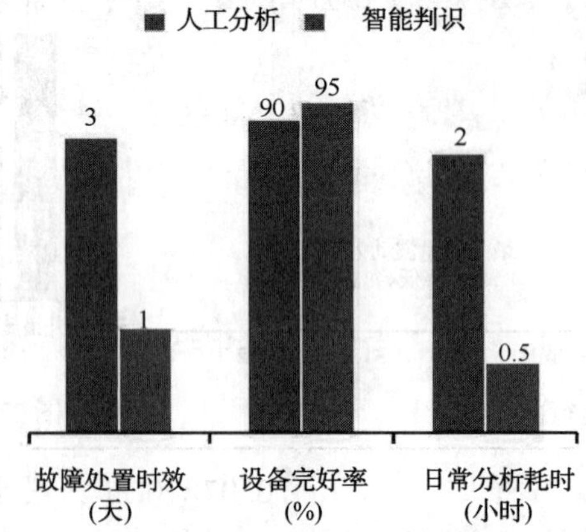

图28　故障智能效果分析对比图

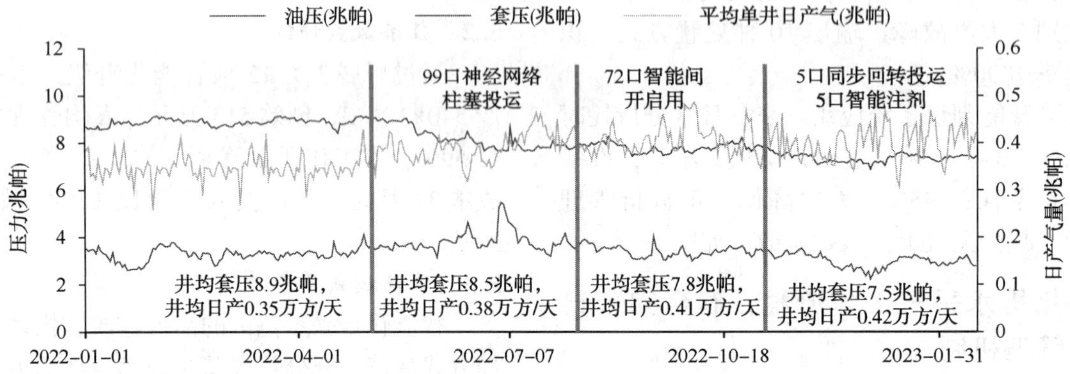

图29　苏西智能化排采示范区气井生产曲线

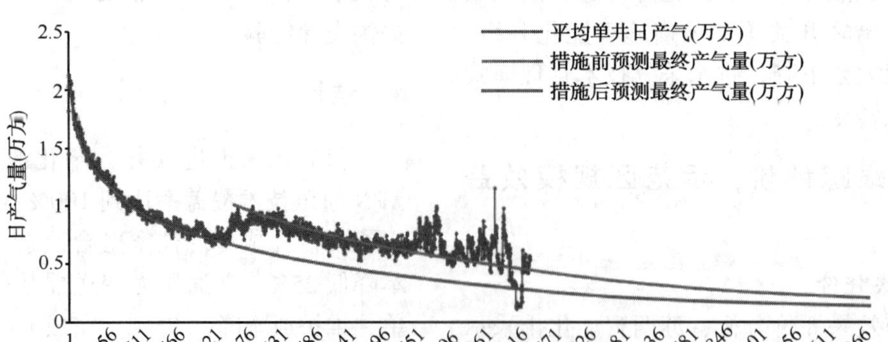

图30　智能化措施应用前后生产情况对比

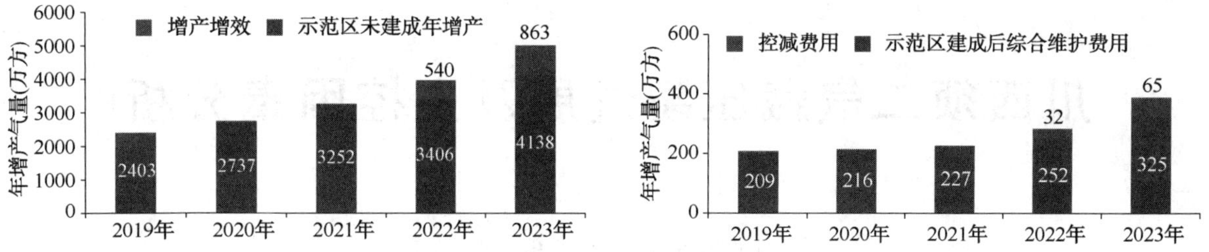

图 31 增产增效与费用控减情况对比

（2）深化工艺智能技术整合。现场应用 99 口神经网络智能柱塞，井均日增产 300 方，涨幅 23%。现场应用 72 口智能间开，人工调参工作量降低 90%。同步回转智能启停安装应用 5 台设备，人工劳动强度降低 30%。智能泡排现安装应用 5 台设备，井均日增产较人工上涨 $0.13\times10^4m^3$。

（3）加速智能成果转化，开发智能功能模块，构建智能化智能化管理体系，建成苏西智能化排水采气示范区。

参 考 文 献

[1] 何东博，贾爱林，冀光，等. 苏里格大型致密砂岩气田开发井型井网技术[J]. 石油勘探与开发，2013，40(001)：79-89. DOI:CNKI:SUN:SKYK.0.2013-01-011.

[2] 付金华，董国栋，周新平，等. 鄂尔多斯盆地油气地质研究进展与勘探技术[J]. 中国石油勘探，2021，26(3)：22. DOI:10.3969/j.issn.1672-7703.2021.03.003.

[3] 李鹏，范倩倩，霍明会，等. 苏里格气田气井配产与递减率关系研究及应用[J]. 西南石油大学学报：自然科学版，2020，42(1)：7. DOI:10.11885/j.issn.1674-5086.2018.12.07.01.

[4] 程立华，郭智，孟德伟，等. 鄂尔多斯盆地低渗透—致密气藏储量分类及开发对策[J]. 天然气工业，2020，40(3)：9. DOI:CNKI:SUN:TRQG.0.2020-03-012.

[5] 王继平，张城玮，李建阳，等. 苏里格气田致密砂岩气藏开发认识与稳产建议[J]. 天然气工业，2021，41(2)：11. DOI:10.3787/j.issn.1000-0976.2021.02.012.

[6] 师浩文，刘捷，罗威，等. 棒状柱塞气举液体漏失模型研究[J]. 西安石油大学学报：自然科学版，2022，37(1)：101-106.

[7] 卫亚明，杨旭东，姚坚，等. 柱塞气举井口简易装置系统研究及试验[J]. 钻采工艺，2019，42(3)：4. DOI:10.3969/J.ISSN.1006-768X.2019.03.25.

[8] 匡立春，刘合，任义丽，等. 人工智能在石油勘探开发领域的应用现状与发展趋势[J]. 石油勘探与开发，2021，48(1)：11. DOI:10.11698/PED.2021.01.01.

[9] 丁景辰. 致密气藏同步回转增压排水采气工艺[J]. 特种油气藏，2017，24(3)：5. DOI:10.3969/j.issn.1006-6535.2017.03.028.

[10] 翟中波，舒笑悦，陈刚，等. 丛式气井智能化泡沫排水采气工艺在延北项目的应用[J]. 天然气技术与经济，2021. DOI:10.3969/j.issn.2095-1132.2021.02.004.

[11] 林生茂，陈家晓，杨智，等. 长宁页岩气自动化泡排加注工艺技术研究与应用[J]. 钻采工艺，2020，43(S01)：5. DOI:10.3969/J.ISSN.1006-768X.2020.

川西须二气藏压裂进展及主控因素分析

缪尉杰　邱　玲　李永明

（中国石化西南油气分公司）

摘　要　川西新场-新盛须二气藏具有埋藏深、低孔致密、非均质性强、构造应力高的特点，前期完井改造工艺上适应性不强，存在储层难压开、排量低、加砂规模小的问题，压后产量不理想。依托地质工程一体化方法，以"双甜点优选+大排量沟通+大规模支撑"为抓手，研究新场-新盛须二气藏的体积压裂工艺。采用数值模拟和物理模拟手段，研究结果表明，双甜点选层和超高压套管压裂能建立 $10m^3/min$ 以上施工排量，增加施工成功率；通过增加裂缝布缝数量可提高储层纵向控制率，提高施工排量增大裂缝沟通数量；采用强铺置支撑理念，优化二级粒径组合支撑剂和变黏压裂液使用实现多级裂缝强支撑。研究成果在新场-新盛须二气藏已成功应用13井次，日产气 $235\times10^4m^3$，平均单井日产气 $18\times10^4m^3$，平均单井压后无阻流量 $57.52\times10^4m^3/d$，EUR 2.65亿方，压后分析表明，施工排量显著作用于产能释放，施工规模对于产能处于次显著作用，另一方面证明该工艺能有效释放川西须二气藏储层产能，为元坝、通南巴等深层须家河组致密砂岩高效开发提供了新思路。

关键词　新场-新盛；须家河组；体积压裂；地质工程一体化；数值模拟

1　前言

四川盆地纵向发育蓬莱镇组、沙溪庙组、须家河组等致密砂岩储层，资源量丰富，已建成川西中江气田、川中秋林气田等多个中浅层主力稳产区，而深层须家河组气藏保有资源量6.85万亿方，已发现广安、安岳、合川、新场4个超千亿立方米气田，探明储量0.97万亿方，但截止2022年累计产量仅15.7亿方，整体储量动用程度低，长期以来表现为"有储量无产量、有气无田"的特征。

川西新场-合兴场须二气藏是中石化重点上产攻关目标，累计提交探明和控制储量超3000亿方，储量动用率5.4%，年产量不足2.5亿方，同比国内外已开发致密砂岩气藏，具有"一深两高两低"特点，即埋藏深（4500～5500m）、地层压力高（压力系数1.4～1.7）、地层破裂压力高（100～165MPa）、特低孔（平均孔隙度3.7%，>5%的仅占18%）、特低渗（平均渗透率0.07mD，>0.1mD的仅占26%）。须家河组气藏勘探开发自1988年的川合100井的发现开始，受限于地质认识和工程工艺手段的不足，气田开发经历了"三上三下"，与国际油服多轮次合作均失利，有效井占比仅23%。主要存在单井产量差异大、气水关系复杂、储层改造效果差的难点，造成了高储量、难开发、低效益的局面。

前期须家河组气藏开发采用裸眼/射孔替喷、燃爆酸化、加重酸化、加砂压裂等完井改造工艺投产。实践和研究表明受埋藏深、储层致密、高破裂压力、高延伸压力、高闭合压力等特征影响，酸化改造井其酸蚀缝长较短，裂缝带改造体积小，导流能力衰减较快，单井产量快速递减，而加砂压裂井存在施工压力高，施工排量较低，加砂困难的问题，施工成功率不到80%，甚至存在压不开的情况，无法达到释放产能的地质需求，急需攻关压裂工艺。

近年来，川西须家河组气藏在气藏甜点识别、裂缝预测上提出了"断缝体"概念，并指出储层改造对于沟通断褶裂缝的必要性。本文以新场-新盛须二气藏近两年实施进展为例，基于地质工程一体化研究，从双甜点识别、裂缝交互延伸机理、裂缝多级支撑出发，提出新场-新盛须二气藏精细分层体积压裂技术。累计实施完成13口井，日产气 $235\times10^4m^3$，平均单井日产气 $18\times10^4m^3$，增产效果显著，压后分析表明，施工排量显著作用于产能释放，施工规模对于产能处于次显著作用。该技术推动了川西须家河气藏的效益开发进程，为致密难动用储量，特别是深层致密气的勘探开发提供借鉴。

2 体积压裂面临挑战

2.1 地质特征研究

新场—新盛地区须二段发育一套以辫状河三角洲为主的中—粗粒沉积体系，纵向上共分9个小层，厚度大平面分布广泛，甜点储层横向相变快，主力开发层系为1、24号小层。须二段气藏埋藏深度4400～5200m，基质孔隙度3.4%～3.8%，渗透率0.1～0.15×10^{-3} μm^2，非均质性强，属于典型低孔致密储层。同时受龙门山推覆作用形成南北向构造带，该构造带区域断褶带裂缝局部发育，以平缝、低角度缝为主，部分层段发育高角度缝；非断褶带裂缝欠发育。前期研究表明南北向断裂控产特征显著，且越靠近断褶带，构造缝越容易发育，裂缝密度和裂缝倾角与气井产能呈现正相关关系。见表1。

表1　深层须家河组储层基本特征

区块	新场-新盛	通南巴	元坝	大邑
深度/m	4500～5200	4900～5300	4600～5000	4800～5200
压力系数/无因次	1.71	1.80	1.82	1.15
天然裂缝	局部发育	欠发育	欠发育	不发育
孔隙度/%	4.6	4.7	3.4	2.9
渗透率/10^{-3} μm^2	0.15	0.19	0.11	0.06

受多期次构造作用影响，川西须二段地层岩石弹性模量平均34.9GPa，泊松比平均0.22，构造应力较强，水平地应力差异较大，最小水平主应力梯度1.89～2.34MPa/100m，水平应力差异系数达到0.37，无法形成复杂裂缝，因此储层改造需要构建更多、更长的支撑缝来增加沟通断褶裂缝带的机率。见表2。

表2　深层须家河组地质力学特征

区块	新场-新盛	通南巴	元坝	大邑
弹性模量/GPa	34.9	45.6	33.2	37.1
泊松比	0.22	0.24	0.21	0.28
脆性指数/%	67.3	58.8	69.0	73.1
垂向应力/MPa	110	114	117	116
最大水平主应力/MPa	147	135	131	128
最小水平主应力/MPa	100	109	102	92
水平地应力差异系数	0.37	0.24	0.28	0.38
水平应力差/MPa	37	26	29	35

2.2 改造难点

（1）新场-新盛须二气藏破裂压力高，施工排量低，实施难度大，对压裂设备和管柱要求高，前期施工成功率仅80%。见表3。

表3　新场-新盛须二储层施工特征

井　　号	X-1B	X-2B	X-3B	X-5B	X-6B
施工压力/MPa	98.5～106.7	100.6～112.3	91.2～97.5	94.5～98.6	82.4～92.8
注入方式	4½″油管	4½″油管	3½″油管	3½″油管	4½″+3½″油管
液体体系	胍胶				
压裂井口/MPa	140	140	105	105	105
施工排量/(m^3/min)	6.0～7.1	5.5～6.0	2.0～2.3	0.9～1.2	5.0～6.0
破压梯度/(MPa/100m)	2.2	2.35	2.61	2.54	2.53
停压梯度/(MPa/100m)	2.1	2.31	2.59	2.42	2.45
测试产量/(10^4m^3/d)	2.14	4.73	1.66	6.55	7.11

（2）深层天然裂缝预测属于世界级难题，其分布复杂、形态多样，裂缝难以有效识别，地质工程一体化实施难度大。

（3）低角度水平缝充填后开启程度低，人工裂缝扩展易受阻，断褶带裂缝激活沟通难度大。

（4）小规模改造人工裂缝有效性较差，泄气半径不足，产能损失大，稳产困难。

3 体积技术进展

以充分沟通断褶裂缝、增大改造范围为目标，新场-新盛须二气藏体积压裂思路主要是，以地质工程一体化为抓手优选双甜点提高储层可压性提高施工成功率，以裂缝扩展模拟明确人工裂缝与天然裂缝的交互机理提高裂缝沟通率，以“套管桥塞分段+大规模+组合粒径支撑剂+变黏液”为核心实现多级裂缝长期稳产。

3.1 地质工程双甜点识别

采用电成像测井识别井壁裂缝，配套偶极声波远探测技术可识别井周30m内裂缝发育情况，结合孔隙度、含气性作为地质甜点选择的主要依据。以储层更易破裂作为工程甜点评价依据，考虑高脆性指数+高垂向水平应力比+低最小水平主应力为参考指标。通过建立前期地质-工程数据库进行回归分析，得到了地质工程影响因素权重的综合可压性指数回归方程：

$$f=0.12\sigma_v/\sigma_h+0.12V_p/V_s+0.11\theta+0.10\beta+0.10B_1+0.10S_H+0.093\Delta\sigma_h+0.086\varphi+0.08AC/GR$$

式中，θ 为裂缝倾角；β 为裂缝线密度；V_p/V_s 为纵横波比；σ_v/σ_h 为最小水平应力与垂向应力比；B_1 为脆性指数；S_H 为泥质含量；$\Delta\sigma_h$ 为水平应力差；φ 为孔隙度；AC/GR 为声波伽马比。

现场应用表明，破裂压力<130MPa，垂向水平应力比>1.05，$AC/GR>0.5$，可压性指数>1.5，声波远探测显示裂缝发育的改造段压裂施工排量高，压后产能好。如图 1 所示为 XS204H 导眼井第六改造段的双甜点识别选择（蓝色为该射孔段），最小主应力 95.83MPa，钻井中未见漏失，成像裂缝发育一般，以低角度缝为主，偶极声波在上部有显示，全烃 18.03，选层段破裂压力 107.14MPa，可压性指数 1.99 为全段最高，后该段施工排量实现 $13m^3/min$，压后产剖表明该层段贡献度为 42.7%（共 6 段）。

3.2 裂缝交互机理

综合考虑储层物性、岩石力学特征和天然裂缝发育特征，以沟通天然裂缝为目标，采用相场法模拟裂缝扩展行为。数值模拟结果如图 2 所示，施工排量对水力裂缝扩展形态控制具有显著作用，施工排量由 $6m^3/min$ 增大至 $12m^3/min$ 增强了水力裂缝在水平最大主应力方向的扩展，长度方向有效增加；同时分支缝数量由 6 条增大至 8 条，水力裂缝带控制范围增加，高排量能够沟通更多的天然裂缝。

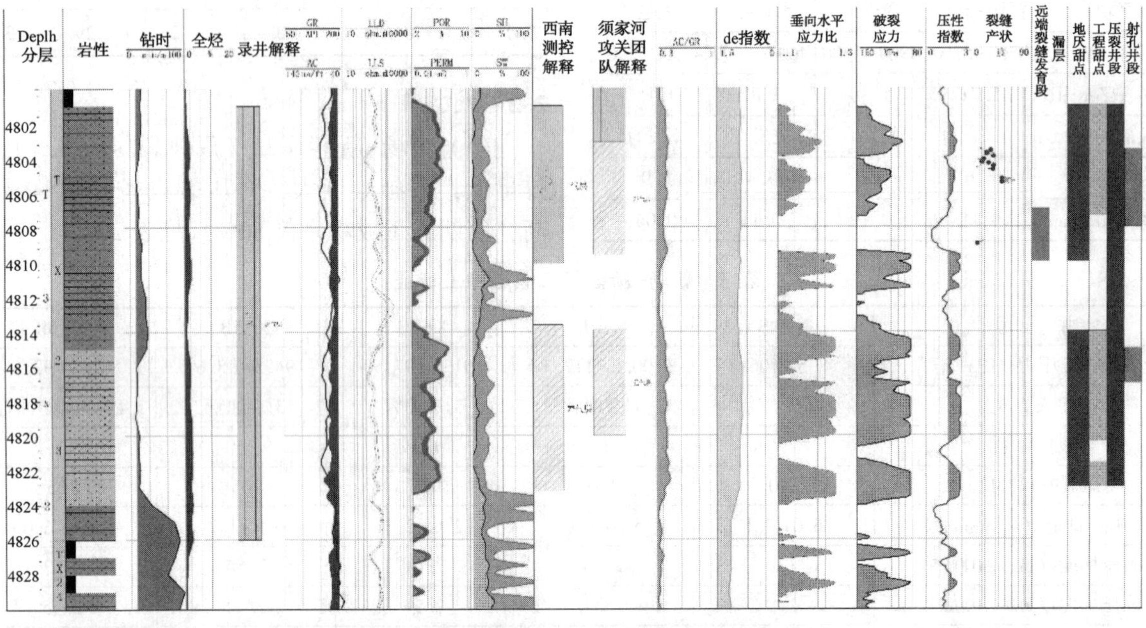

图 1　X-2H 井须二段第 5 压裂段双甜点选择

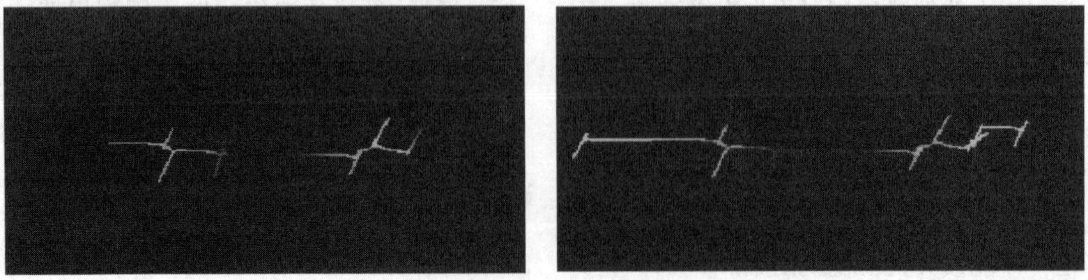

(a)$6m^3/min$　　(b)$12m^3/min$

图 2　不同施工排量下水力裂缝扩展形态

另一方面，前期采用油管+封隔器分层改造控制程度不足，高水平应力差下裂缝复杂程度低，因此需通过增加裂缝数量来缩短渗流距离实现多层高效动用。如图3、图4所示，数值模拟显示多簇裂缝在小簇间距下，应力干扰作用较强，中间裂缝早期发生串联，因此簇间距不宜少于15m。随着簇间距增加，各簇裂缝沿天然裂缝方向发生偏转，沟通天然裂缝几率增加，裂缝复杂程度明显增加。若簇间距大于25m，高水平主应力差占主导作用，各簇裂缝沿最大主应力方向扩展，裂缝沟通能力下降，为增加储层控制程度推荐进行多段少簇保证高净压力有效延伸。

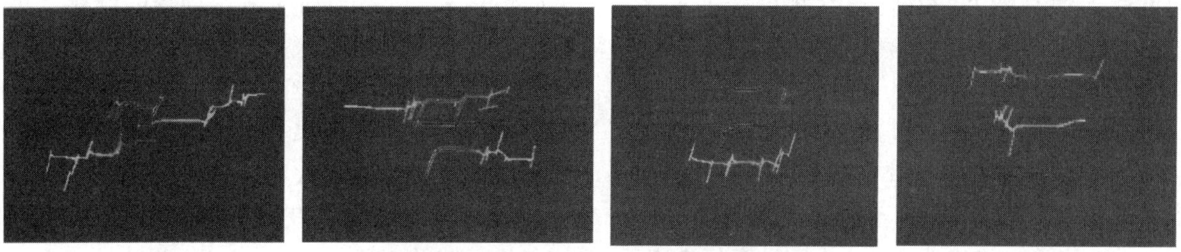

图3　不同裂缝间距下水力裂缝扩展形态

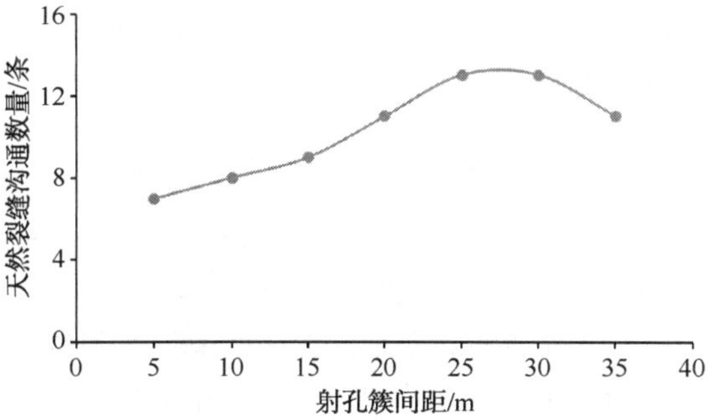

图4　不同裂缝间距下沟通天然裂缝数量对比

3.3　多级裂缝支撑

中江气田体积压裂实践表明，人工裂缝的高强度支撑是降低流动阻力的关键，通过提高排量、小粒径支撑剂、用液量可以有效提高加砂量。采用140MPa井口及高强度1/2 5"套管注入工艺可实现有效排量12~15m^3/min，较前期油管注入的施工排量提高1.14倍，配套超深穿透射孔弹和后效射孔工艺，破裂压力降低幅度在3.7~10.2MPa，施工难度较前期大幅降低。通过裂缝宽度模拟发现如图5，裂缝宽度随杨氏模量的增加而缩小，在35GPa条件下裂缝平均宽度3.25~3.64mm，为40/70目陶粒支撑剂粒径的15~17倍，高强度加砂难度大。采用40/70：70/140=4：6的陶粒组合支撑剂、增加携砂液用量可有效实现天然裂缝和人工裂缝的强铺置支撑。

物模实验表明采用一体化变黏压裂液能有力提高缝内净压力促进裂缝延伸沟通天然裂缝能力同时实现多级支撑剂的铺置，如图6所示，变黏压裂液有效降阻率最高可达90%，平均降阻率在84.7%，较前期胍胶压裂液提高18.5%，摩阻平均降低5.9MPa。施工过程实现黏度动态调整，匹配地层进砂难度，容易进砂则采用低黏液加大滤失沟通裂缝，相对困难则采用高黏-交联液辅助携砂有效造缝支撑。

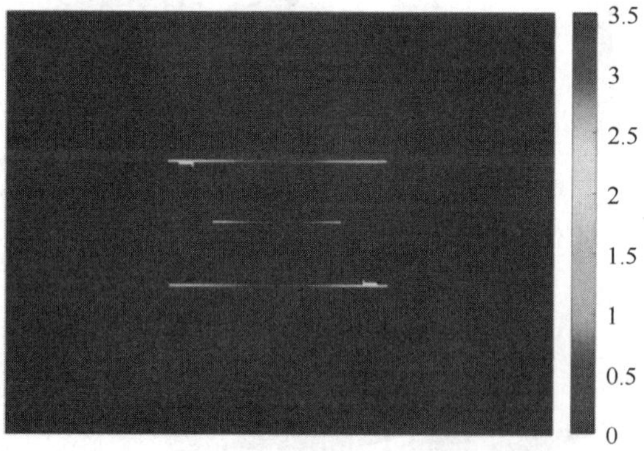

图5　新场-新盛须二段裂缝宽度分析

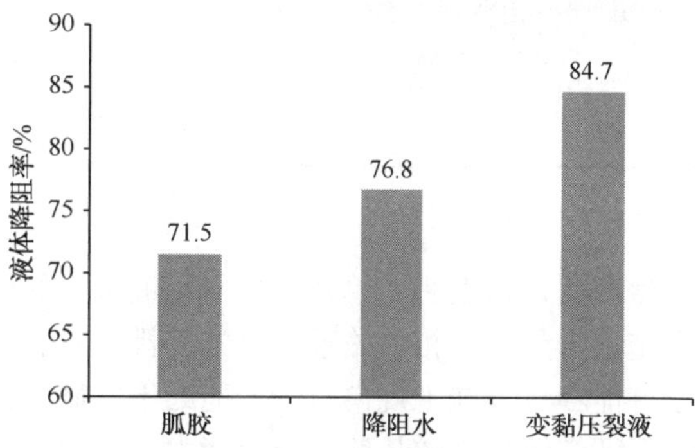

图6　不同液体降阻率

4　压后主控因素分析

通过新场-新盛须二气藏体积压裂工艺的研

究，形成以“双甜点优选+大排量沟通+大规模支撑”为核心的体积压裂技术在川西须家河组气藏持续应用。基于地质工程双甜点的综合选层选段配合超高压完井工艺，压裂施工成功率100%，施工排量可稳定在12~14m^3/min，未出现难压开局面；裂缝布缝从单井4.8簇增加到12.8簇，纵向控制率提高到90.6%；单井规模较前期大幅提升，单井平均用液6838.21方，平均加砂296.93方。

压后反演裂缝平均长度182.86m，平均高度19m，大规模改造沟通裂缝范围广，有效性高。从测试效果来来看，体积压裂产量为邻井常规压裂的6~10倍，实施完成13口井，日产气235×10^4m^3，平均单井日产气18×10^4m^3是方案设计产能的3.6倍，平均单井EUR3.9亿方是方案设计EUR的3.2倍。效益井占比从23%↗92%，建井高产率从9%↗69%，经济指标远超方案设计。

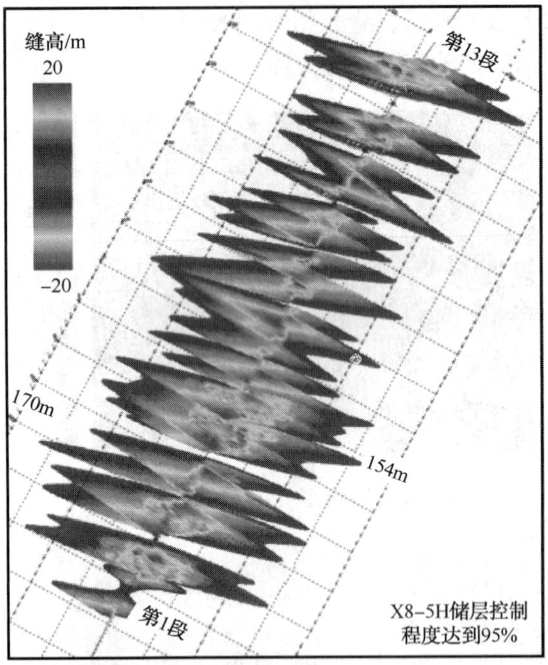

图7　Ⅲ类区水平井广域电磁法压裂监测

生产后评估表明，单井产能与用液量、加砂量和施工排量呈正相关关系，且施工排量显著作用于产能释放，施工规模对于产能处于次显著作用，保证多级裂缝的长期高导流能力，获取较高EUR，持续优化施工排量与施工规模。

5　结论

（1）新场-新盛须二气藏低是低孔致密储层，局部发育低角度裂缝，受制于完井改造工艺上不足，千亿方探明储量难以动用，需采用高动用的体积改造工艺改善压裂效果。

（2）研究与实践表明：双甜点选层和超高压套管压裂能建立10m^3/min以上施工排量，增加施工成功率；通过增加裂缝布缝数量可提高储层纵向控制率；采用强铺置支撑理念，优化二级粒径组合支撑剂和变黏压裂液使用实现多级裂缝强支撑。

（3）体积压裂效果与施工排量显著作用，施工规模对于产能处于次显著作用，保证多级裂缝的长期高导流能力，获取较高EUR，持续优化施工排量与施工规模。

（4）“双甜点识别+大排量+大强度”为核心的体积压裂技术为新场-新盛须二气藏高效益开发提供新手段，也为元坝、通南巴地区须家河组气藏勘探开发提供了思路。

参　考　文　献

[1] 张道伟. 四川盆地未来十年天然气工业发展展望[J]. 天然气工业，2021，41(08)：34-45.

[2] 汪泽成，施亦做，文龙，等. 用超级盆地思维挖掘四川盆地油气资源潜力的探讨[J]. 石油勘探与开发，2022，49(05)：847-858.

[3] 马新华. 四川盆地天然气发展进入黄金时代[J]. 天然气工业，2017，37(2)：1-10.

[4] 段永明，曾焱，刘成川，等. 窄河道致密砂岩气藏高效开发技术——以川西地区中江气田中侏罗统沙溪庙组气藏为例[J]. 天然气工业，2020，40(05)：58-65.

[5] 杨雨，谢继容，曹正林，等. 四川盆地天府气田沙溪庙组大型致密砂岩气藏形成条件及勘探开发关键技术[J]. 石油学报，2023，44(06)：917-932.

[6] 郑和荣，刘忠群，徐士林，等. 四川盆地中国石化探区须家河组致密砂岩气勘探开发进展与攻关方向[J]. 石油与天然气地质，2021，42(04)：765-783.

[7] 曹正林，张本健，杨荣军，等. 川西地区上三叠统须家河组全油气系统成藏模式新认识[J]. 天然气工业，2023，43(11)：40-53.

[8] 唐大海，王小娟，陈双玲，等. 四川盆地中台山地区须家河组致密砂岩气藏富集高产主控因素[J]. 天然气地球科学，2018，29(11)：1575-1584.

[9] 刘君龙，刘忠群，刘振峰，等. 四川盆地新场构造带深层须二段致密砂岩断褶裂缝体特征和地质模式[J]. 石油勘探与开发，2023，50(03)：530-540.

[10] 商晓飞，李蒙，刘君龙，等. 基于源—汇系统的砂

体分布预测与三维地质建模——以四川盆地川西坳陷新场构造带须二段为例[J]. 天然气工业，2022，42(01)：62-72.

[11] 唐大海，王小娟，陈双玲，等. 四川盆地中台山地区须家河组致密砂岩气藏富集高产主控因素[J]. 天然气地球科学，2018，29(11)：1575-1584.

[12] 吕文雅，苗凤彬，张本键，等. 四川盆地剑阁地区须家河组致密砾岩储层裂缝特征及对天然气产能的影响[J]. 石油与天然气地质，2020，41(03)：484-491+557.

[13] 王小娟，钟佳倚，李明秋，等. 四川盆地蓬莱地区须家河组须二气藏气水关系初探[J]. 天然气勘探与开发，2015，38(02)：1-5+7.

[14] 陈涛涛，贾爱林，何东博，等. 川中地区须家河组致密砂岩气藏气水分布形成机理[J]. 石油与天然气地质，2014，35(02)：218-223.

[15] 刘莉萍，林小兵，李丽平. 四川盆地孝泉—丰谷构造带须家河组气藏气水分布控制因素及勘探潜力[J]. 天然气工业，2013，33(06)：16-22.

[16] 唐大海，王小娟，陈双玲，等. 四川盆地中台山地区须家河组致密砂岩气藏富集高产主控因素[J]. 天然气地球科学，2018，29(11)：1575-1584.

[17] 吕文雅，苗凤彬，张本键，等. 四川盆地剑阁地区须家河组致密砾岩储层裂缝特征及对天然气产能的影响[J]. 石油与天然气地质，2020，41(03)：484-491+557.

[18] 刘振峰，刘忠群，郭元岭，等."断缝体"概念、地质模式及其在裂缝预测中的应用——以四川盆地川西坳陷新场地区须家河组二段致密砂岩气藏为例[J]. 石油与天然气地质，2021，42(04)：973-980.

[19] 刘君龙，胡宗全，刘忠群，等. 四川盆地川西坳陷新场须家河组二段气藏甜点模式及形成机理[J]. 石油与天然气地质，2021，42(04)：852-862.

[20] 郭彤楼，熊亮，叶素娟，等. 输导层(体)非常规天然气勘探理论与实践——四川盆地新类型页岩气与致密砂岩气突破的启示[J]. 石油勘探与开发，2023，50(01)：24-37.

多级 139 型无级滑套管柱下入研究与应用

何新星　严焱诚　朱礼平　李　辉　胡大梁　朱　敏

（中国石化西南油气分公司）

摘　要　全通径无级滑套能够替代桥塞分段，节省部分完井工序，提高作业效率，但是外径大（165mm）、刚性强，增加了套管的下入摩阻与难度。为此，分析了无级滑套管柱与实钻井眼的相容性，根据无级滑套管柱的刚性设计刚度强于管柱的通井钻具组合：Φ215.9mm 钻头+Φ165mm 钻铤×1 根+Φ210mm 扶正器+Φ165mm 钻铤×1+Φ210mm 扶正器+Φ127mm 加重钻杆×1+Φ127mm 钻杆，对井筒的通过性进行验证，通井钻具使用清砂工具提高井眼清洁，降低井眼摩阻系数。基于通井钻具对井眼通过性的验证与摩阻系数的反演，应用 Landmark 软件对套管串进行受力分析，理论分析管柱能够顺利下入，不会发生屈曲。管柱下入理论剩余钩载 623kN，实际剩余钩载 593kN，理论计算与实际具有较好的吻合度。本文从管串与井眼的相容性分析，到设计通井钻具组合对井筒通过性的验证，再到力学分析管柱的下入性，对指导水平井套管柱下入具有一定参考意义，可应用于解决同类水平井管柱下入问题。

关键词　无级滑套；相容性；刚度；摩阻

页岩气开需要对储层进行大规模体积压裂增产，目前普遍采用泵送桥塞分段；中石化西南油气分工公司研制了全通径无级滑套，能够通过泵送工具分段，无需进行射孔等作业，节省部分完井工序，提高作业效率。见表 1。

表 1　139 型无极滑套参数

型号	最大外径/mm	最大外径长度/mm	总长度/mm
139 型	165	1062	2030
抗内压强度/MPa	抗外挤强度/MPa	开启压力/MPa	内径/mm
105	105	14~16	115

为探索常压页岩气的效益开发，在中深层常压页岩气 DY12#开展 139 型无级滑试验，该井完钻井深 4580m，水平短长 2100m，垂深 2200m。根据改造需求，需要间隔 30-50m 使用一只无级滑套，全井设计下入 40 只无级滑套。滑套外径远大于套管外径，会增强套管串的刚性，增加管串的下入难度。本文通过计算模型分析了完井管柱与井眼的相容性，根据钻具与完井管柱的抗弯刚度设计了通井钻具组合，通井验证井眼对滑套管柱的通过性，应用 Landmark 软件对滑套管柱下入进行受力分析，为滑套管柱的下入提供理论支撑。

1　下入难点分析

根据地层三压力剖面以及地层埋深情况，DY12#设计导管+二开制井身结构，一开采用 311.2mm 钻头钻至韩家店组，井深 1482m；二开采用 215.9mm 钻头完成造斜与水平段。井身结构示意图（图 1）：

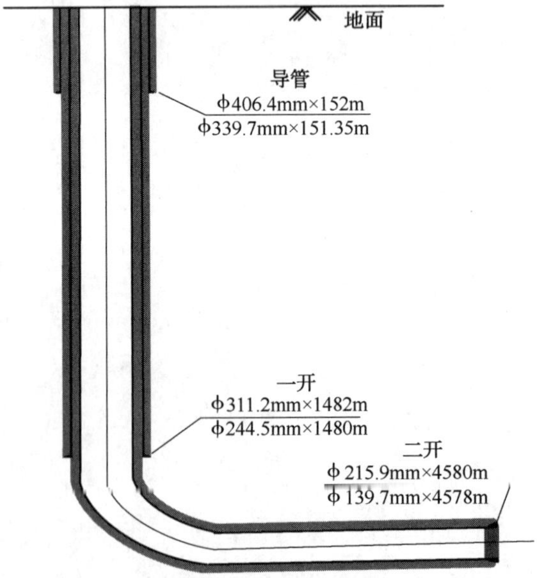

图 1　井身结构示意图

无级滑套管串下入存在的主要难点：（1）滑套外径 Φ165mm，相比常规 Φ139. mm 套管串外径更大，全井下入 40 只无级滑套，会增强完井管柱的刚性，降低管串在造斜段的通过能力；

(2)通井钻具刚度必须满足无级滑套管串刚度要求，验证井筒的通过性，通井钻具组合选择困难；(3)随着斜井段长度的增加，套管与井壁的接触面积增大，滑套会进一步增大管柱与井筒的接触面，增加管柱的下入摩阻，从而增加管柱屈曲自锁的风险；(4)管柱下入前若井筒清洁不干净，下入过程中管柱在水平段推积岩屑，井底沉砂增加管柱下入不到位的风险。

2　套管柱与井眼相容性分析

套管柱能否顺利下入，通常主要考虑管柱摩阻力的限制，常规下入方式下入到位的条件为，管柱自重能够克服摩擦力，当自重能够克服摩擦力的时候管柱就能顺利下入。套管串中加入无级滑套增强了管串的刚性，因此除了要考虑摩擦力外，还要考虑套管柱在弯曲井段的通过能力，即套管柱与井眼需要有良好的相容性才能顺利的下入，要求在井眼曲率最大的情况下管柱可通过的最大不可弯曲长度大于单根套管的长度。

如果井眼曲率较大，下入管柱、附件的尺寸不合适，可能会出现中途阻卡的情况，严重则导致管柱不能顺利下入到位。评价管柱在弯曲井段的通过性，有刚性与弹性模型，刚性模型假设套管为刚性，在井眼中不发生变形，弹性模型考虑井眼弯曲对套管造成的变形。考虑到滑套的外径大，刚性强，且为首次试验，采用刚性模型计算一定井眼曲率下管柱可通过的最大不可弯曲长度。(图 2)描述了管柱在接箍或扶正器等约束支点条件下管柱与井眼的几何关系。图中 B、C 两点是约束点，两个点之间管柱的外径小于支点处的外径。R 是长度为 $L(L=L_1+L_2)$ 的刚性管柱可以通过的最大井眼曲率半径。井眼直径为 D_s、上下两支点的直径分别为 d_{s1}、d_{s2}，管柱外径为 d。

如图 2 所示的弯曲井眼防止硬卡相容性几何关系可得，在某一井眼曲率条件下允许通过的管柱最大长度计算式为：

$$L=\sqrt{\left(R+D_s-\frac{d_{s1}}{2}\right)^2-\left(R+\frac{d}{2}\right)^2}+\sqrt{\left(R+D_s-\frac{d_{s2}}{2}\right)^2-\left(R+\frac{d}{2}\right)^2} \tag{1}$$

$$R=\frac{180\times100}{k\pi} \tag{2}$$

式中，k 为井眼曲率，(°)/100m。

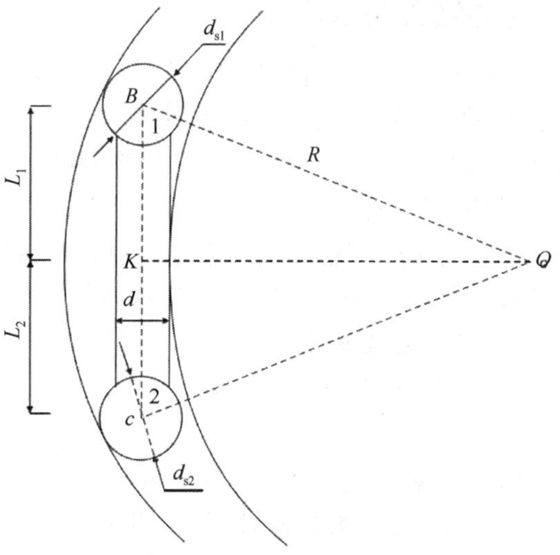

图 2　两端有约束的刚性管柱在弯曲井眼内通过示意图

通过公式(1)计算最大井眼曲率半径处管柱不发生弯曲允许通过的最大总长度，以预测是否会发生中途遇卡。影响管柱通过弯曲井眼的因素有井眼直径、支点处管柱的外径、不变形的管柱长度等。其中最难确定的是不变形的管柱长度，通常认为 9m 是一个刚体可以接受的不变形长度，现场实践表明，不变形管柱的长度可以小于 9m。

实际无级滑套管柱为 3～5 根加一个无级滑套，在对管柱分析过程中选择一根套管连接一个无级滑套，因此 d_{s1} 取无级滑套的外径 160mm，d_{s2} 取套管接箍的外径 159mm；D_s 按 215.9mm 井眼扩大 2%计算(图 3)。

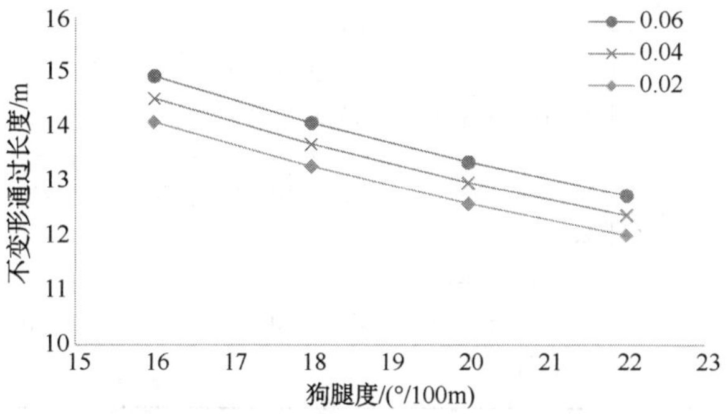

图 3　不同狗腿度条件允许通过不变形长度

实钻轨迹最大狗腿度为 19.3°/100m。使用(1)式计算允许管柱不发生弯曲允许通过井眼曲率最大井段的长度为 13.41m，大于单根套管加一个无级滑套的长度，因此该管串在几何关系上能够顺利通过井眼曲率最大的地方。

3　通井钻具组合设计

为保证无级滑套管柱的顺利下入，在管柱下入前采用与管柱刚度匹配的钻具组合进行通井，验证井眼的通过性。通井钻具与管柱刚度匹配的通用做法是比较两者的抗弯刚度，如果通井钻具的抗弯刚度大于管柱的抗弯刚度，则通井钻具的刚性强于完井管柱，满足刚性需求。

3.1　钻具刚度匹配计算方法

抗弯刚度的计算公式为：

$$W = EI \tag{4}$$

式中，W 为抗弯刚度，kN/mm^2；E 为弹性模量，N/mm^2；I 为管材对中心的惯性矩。

通井钻具组合中的下部钻具除了钻铤、加重钻杆外，还包含扶正器，三者的惯性矩相差较大，尤其是扶正器与钻铤、加重钻杆之间。虽然扶正器的长度短，但是惯性矩大，不能将之与钻铤简化为一体。同理，无级滑套与套管之间存在同样的差异。为此，采用加权平均法计算钻具与完井管柱的等效惯性矩。

$$I_{\mathrm{D}} = \frac{\sum_{i=1}^{n} I_i L_i}{\sum_{i=1}^{n} L_i} \tag{5}$$

式中，I_i为第 i 段的惯性矩；L_i为第 i 段的长度(mm)。

则，钻具与管柱的刚度比为：

$$m = \frac{W_{\mathrm{D}}}{W_{\mathrm{tu}}} = \frac{EI_{\mathrm{D}}}{EI_{\mathrm{tur}}} = \frac{\sum_{i=1}^{n} I_{Di} L_i / \sum_{i=1}^{n} L_i}{\sum_{j=1}^{n} I_{turj} L_j / \sum_{i=1}^{n} L_j} \tag{6}$$

式中，I_{D}为钻具的惯性矩；I_{tur}为套管管柱的惯性矩。

由(6)式计算不同通井钻具组合与所下入管柱的刚度匹配关系，作为通井钻具选择的依据。当 $m \geqslant 1$ 时，说明钻具的刚度大于套管刚度，套管在井下比钻具更柔软，通井钻具能够通过的斜井段，则套管柱也能够通过。

3.2　通井钻具组合选择

套管柱中无级滑套的安放间隔为3~5根一个，设计管串：旋转引鞋+短套管1根+套管2根+浮箍+套管2根+浮箍+套管1根+碰压座+套管1根+趾端滑套+套管串(水平段每3~5根套管加一个无级滑套)+套管串。选择刚性最强的组合方式计算完井管柱的刚度，三根套管之间加两个扶正器，两端各加一个无级滑套。根据刚度匹配模型计算不同通井钻具组合与滑套管柱的刚度比。设计了4种通井钻具组合，不同钻具组合与滑套管柱的刚度比如表2所示。

表2　不同钻具组合的刚度匹配关系

序号	钻具组合	刚度公式	刚度比/m
1	钻头+加重钻杆×1+扶正器(210mm)+加重钻杆×1+扶正器(210mm)+加重钻杆×1+钻杆	$\frac{2I_{S1}L_{S1}+3I_{HWDP}L_{HWDP}}{3I_{cs}L_{cs}+2I_{ht}L_{ht}+2I_cL_c}$	1.13
2	钻头+加重钻杆×1+扶正器(210mm)+加重钻杆×2+扶正器(210mm)+加重钻杆×3+扶正器(210mm)+钻杆	$\frac{3I_{S1}L_{S1}+6I_{HWDP}L_{HWDP}}{6I_{cs}L_{cs}+3I_{ht}L_{ht}+3I_cL_c}$	1.14
3	钻头+钻铤×1+扶正器(210mm)+加重钻杆×1+扶正器(210mm)+加重钻杆×1+钻杆	$\frac{2I_{S1}L_{S1}+I_{DC}L_{DC}+2I_{HWDP}L_{HWDP}}{3I_{CS}L_{CS}+2I_{ht}L_{ht}+2I_cL_c}$	1.53
4	钻头+钻铤×1+扶正器(210mm)+钻铤×1+扶正器(210mm)+加重钻杆×1+钻杆	$\frac{2I_{S1}L_{S1}+I_{HWDP}L_{HWDP}+2I_{DC}L_{DC}}{3I_{CS}L_{CS}+2I_{ht}L_{ht}+2I_cL_c}$	1.95

注：钻铤尺寸为165mm，加重钻杆尺寸为127mm，I_{S}、I_{HWDP}、I_{DC}、I_{cs}、I_{ht}、I_{c}分别表示钻具扶正器、加重钻杆、钻铤、套管、无级滑套、套管扶正器的惯性矩。

通过刚度对比计算可以发现使用双扶正器配合3根127mm加重钻杆与3根套管加一只无级滑套刚度匹配。本井第一次试验，出于保守考虑，将2根127mm加重钻杆替换为165mm钻铤。为强化通井过程中对井筒的清洁，通井钻具组合中推荐加入5只清砂工具，每3柱钻杆安放一只清砂工具，通井起钻在水平段500m分段循环清砂一周以上，起至A点后再模拟下入(图4)。

通过实际钩载可以发现在不同裸眼段的摩阻有差异，水平段可以分为三段，井段2500~

3200m，3200~3700m，3700~4520m。根据实际钩载反演摩阻系数，水平段前半段摩阻系数 0.25~0.35，水平段中段摩阻系数 0.15~0.3，水平段后半段摩阻系数 0.18。

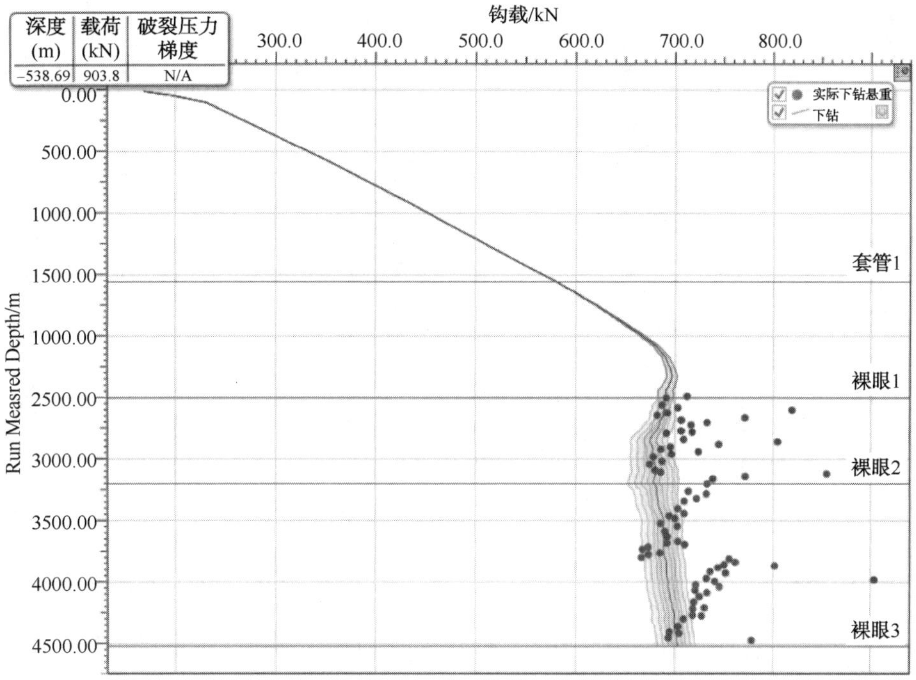

图 4　理论计算钩载与实际下入模拟钩载

4　完井管柱下入分析

在大斜度井、水平井中，管柱下入过程中在自身重力和井眼弯曲作用下发生变形，管柱与井壁接触产生正应力，从而产生摩擦阻力。随着管柱的下入，在管柱自重、钻井液浮力、摩擦阻力的影响之下，管柱所受的轴向力发生变化，有的段处于压缩，有的段处于拉伸状态。当管柱轴向载荷大于屈曲应力时会发生正弦屈曲，压缩力继续增加则会发生螺旋屈曲甚至死锁，管柱在水平井下入过程中发生死锁之后就无法再进行常规下入。因此，需要对管柱下入过程中的摩阻以及弯曲状态进行分析。

采用 Landmark 软件对下入摩阻进行分析，根据通井的钩载反演摩阻系数，水平段前半段摩阻系数取 0.35，水平段中部取 0.3，水平段后半段摩阻系数取 0.2。根据摩阻系数，对加入滑套的套管串进行受力分析(图 5)。

通过对管柱轴向力分析发现，下入过程中，在 2200m 以下井段管柱处于受压状态，以上井段为受拉状态。当轴向载荷超过屈曲应力时管柱就会发生屈曲，通过计算发现管柱下入过程中轴向载荷都小于管柱屈曲应力，因此管柱下入过程中不会发生屈曲。根据对管柱的受力分析计算管柱下入摩阻 176kN。

应用 Landmark 计算套管柱下入钩载，同时取录井钩载数据得理论计算钩载与实际下入钩载的对比图(图 6)。

套管柱下入过程中非常顺利，没有出现明显遇阻点，按照通井钻具处理后的井筒能够顺利下入无级滑套管柱。通过对比发现理论计算钩载与实际钩载吻合度较好，实际剩余钩载 593kN，理论剩余钩载 623kN；实际下入摩阻最大 160kN，与理论计算摩阻也比较一致。

5　结论与认识

（1）套管柱与井眼轨迹的良好相容性是管柱下入的重要前提，根据管柱的刚性设计通井钻具组合验证套管柱的通过性。

（2）摩阻系数对下入摩阻具有较大影响，从而影响管柱的受力与下入性，通井需要做好井筒清洁与钻井液润滑性能的调整。

（3）根据管柱与井眼的相容性，管柱的理论受力分析，指导了无级滑套管串的顺利下入，实际剩余钩载 593kN，理论剩余钩载 623kN，理论计算与实际具有较好的吻合度。

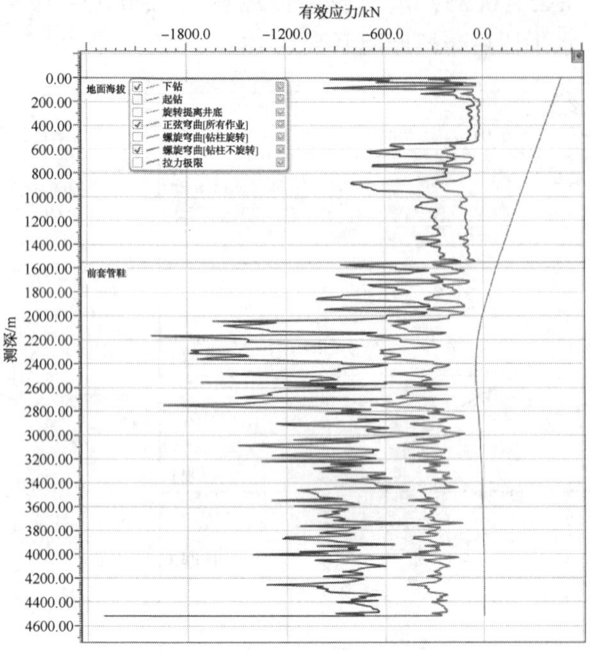

图 5　管柱轴向力分析

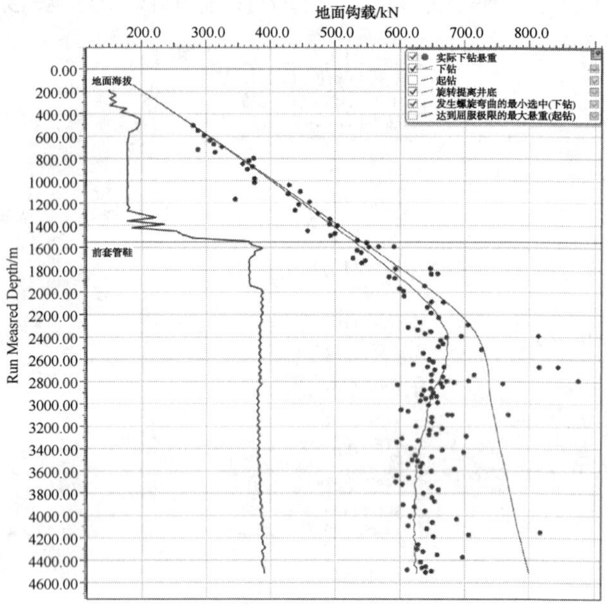

图 6　理论计算钩载与实际钩载

参　考　文　献

[1] 徐凤生，王富平，张锦涛，等. 我国深层页岩气规模效益开发策略_徐凤生[J]. 天然气工业，2021，41(01)：205-213.

[2] 于长录，金有海. 水平井完井管柱摩阻预测模型建立与下入性分析[J]. 石油机械，2009，37(09)：133-135+155.

[3] 陈颖超，石晓兵，吴朗，等. 套管在侧钻水平井弯曲段可下入性分析[J]. 新疆石油科技，2012，22(1)：1-2，8.

[4] 蔡恩宏. 弯曲井段中套管通过能力分析研究_蔡恩宏[J]. 石油和化工设备，2010，13(08)：15-17.

[5] 石崇东. 水平井斜井段井眼与套管相容性分析[J]. 重庆科技学院学报(自然科学版)，2018，20(1)：63-66.

[6] 姚志泉，王希勇，冯培基，等. 川东北地区大斜度井套管可下入研究[J]. 天然气技术，2009，3(2)：40-42，79.

[7] 肖平，张晓东，梁红军，等. 通井钻具组合刚度匹配研究[J]. 机电产品开发与创新，2011，24(3)：33-34.

[8] 康海涛，白俊成，蔡云平，等. 马深 1 井超深小钻孔井眼准备及套管下入技术[J]. 石油钻采工艺，2016，38(5)：583-587.

复杂压力体系地层保压取心技术研究与应用

黄河淳[1]　唐　涛[1,2]　严焱诚[1]　黄　敏[1]　张继尹[1]

（1. 中国石化西南油气分公司；2. 西南石油大学）

摘　要　川西须家河组气藏储量丰富，是增储上产主要阵地。为进一步明确须二气藏流体特征及基质储层含气性，在新 x 井采用保压取心工具进行取心作业，获取储层物性、含气饱和度等地层资料。针对该地层岩石研磨性强、可钻性差、地层压力体系复杂、易出现井壁失稳与井漏等难题，通过优选取心工具、取心钻头，优化钻具组合，施工方案制定与优化等，形成了复杂压力体系地层保压取心技术。首次实现了该区块复杂压力体系保压取心，该技术填补了油田保压取心技术空白。新 x 井累计进行保压取心 2 回次，累计取心进尺 12.1m，心长 12.1m，平均收获率 100%，2 次取心保压均成功。应用结果表明，该保压取心技术适应性强，配套施工工艺完善，保压保气效果好，为气藏高效开发提供技术支持。

关键词　复杂压力体系；保压取心；致密砂岩；取心钻头；取心工具

1　引言

新 X 井位于合兴场~高庙子圈闭中部构造位置，处于高能水下分流河道有利沉积微相内，发育块状、平行层理中粒岩屑砂岩有利岩石相，结合地震预测砂体厚度约 47m，优质储层厚度 20~26m（预测孔隙度 3.2~5.5%）。为落实储层物性、含气饱和度等储量参数，进一步明确须二气藏流体特征及基质储层含气性，明确该层位真实储量，设计在须家河二段进行保压取心，获取地层资料。为充分认识该区块致密砂岩油气构造特征提供可靠资料，使得油藏开发方案的制定更加科学。

该项技术能够使取出的岩心尽量保持在原始地层压力状态的取心技术，它能最大限度的减少岩心中的油气等组分的损失和孔隙结构变化，具有“保油、保气、保形”的显著技术优势，可准确求取井底条件下储层流体饱和度等重要地层参数。尤其对于非常规资源的研究和勘探方面，通过该项技术获取的岩心资料可为储量计算提供最真实可靠的数据，为储层评价、开发、改造提供重要的技术支撑。

2　取心技术

2.1　工具介绍

取心工具选用 GWP194-80，该工具主要由控制系统、分流系统、测量系统和保压系统，如图 1 所示。

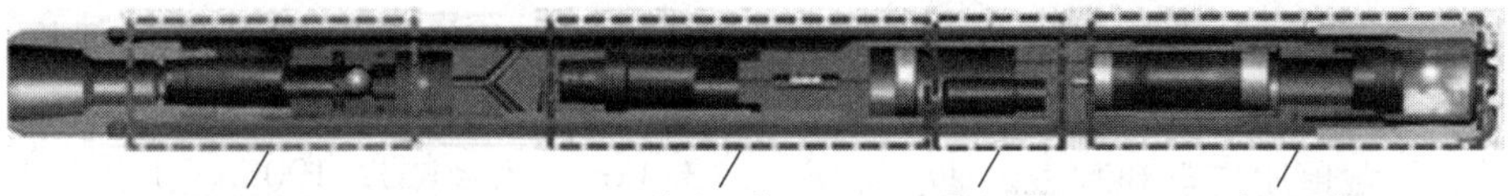

图 1　取心工具结构示意图

保压取心工具内筒下端装有特制的球阀结构，在钻取岩心完成后，通过内外筒的差动作用使球阀关闭，将岩心密封在保压内筒当中，使内筒中的岩心和流体保持在井底压力状态，起钻过程中油气水组分不挥发、不逃逸。

该工具主要参数：可取岩心尺寸直径 80mm，岩心长度 1~6m，保压能力 60MPa，钻头尺寸 Φ215.9mm，单次可取岩心长度 5900mm，外筒直径 194mm。

2.2　技术特点

（1）所钻取岩心直径大，保压能力强，适用于深井、高密度取心作业。保压系统突破了 60MPa 大孔径球阀密封关键技术，岩心直径达到 80mm，为国内外最大，如图 2 所示。而且承压能力达到 60MPa，实现了保压能力和岩心直径的同步提升。保压系统通过了室内高温高压试验，进行了增压、稳压、降压试验。其中最高试验温度70℃，最高试验压力86MPa，稳压15h无压力泄漏，如图3所示。

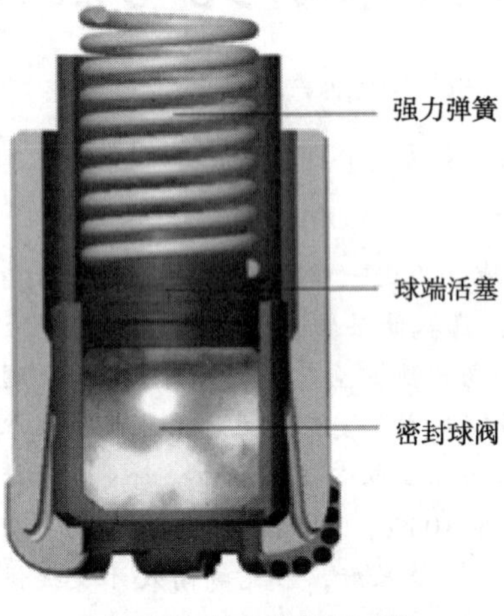

图2 取心工具保压系统

（2）密封性好，保油、保气、测气效果显著，现场可以对保压岩心进行气体收集、解析、测试和点火，保气、测气效果突出。

（3）适应性强，应用范围广，适用于油基、水基钻井液及水平井取心作业。由于普通取心工具的机械式差动控制系统是依靠液力推动外筒下行，进而启动密封球阀机构，这种外筒下移、内筒不动的运动特性导致普通型取心工具难以在水平井保证球阀关闭的成功率。为此，该保压取心工具优化采用内提式差动控制系统，工作时通过投球，利用液压作用剪断销钉并进行差动，在差动过程中外筒不动，内筒在外筒内部完成提升，因而避免了井斜因素对差动效果的影响，可以在大斜度井、水平井等各种井型中开展保压取心作业，适应性获得极大提高。

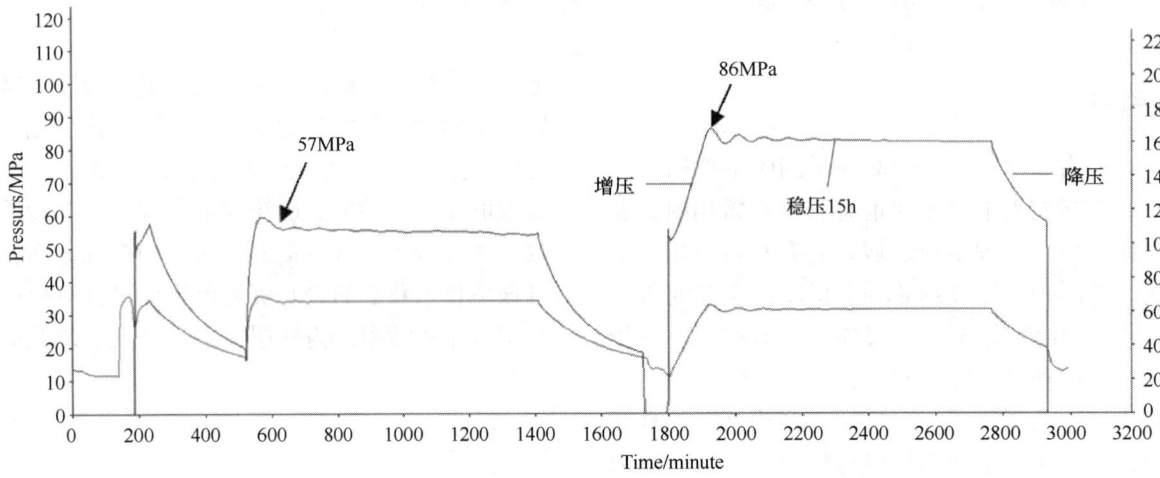

图3 高温高压试验数据图

（4）能够实时测量井底的压力和温度，测量精度高、抗震性强，测量精度及范围见表1。配套技术措施完善，可满足常规及非常规不同保压取心技术需求。保压岩心的现场处理与测试，是获取地层相关参数，进行储层评价与预测的关键。针对不同油气藏地质特点和测试需要，需采用不同类型的处理方法。

表1 测量精度及范围

电源	适应温度范围/℃	-4~160
	连续使用时间/h	300~360
压力传感器	压力传感器精度/MPa	0.01
	最高测压能力/MPa	100
温度传感器	测温精度/℃	0.1
	最高测温/℃	120

3 须家河二组取心难点

3.1 地质难点

新X井位于合兴场-高庙子构造内，圈闭面积为28.5km²，长轴为13.4km，短轴2.4~3.4km，闭合幅度190m。主控圈闭断裂有2条四级断裂F6、F7及1条三级断裂F33，圈闭中部未有井评价。岩心观察裂缝统计显示，发育4种类型裂缝：高角度缝（60~80°）、斜缝（30~60°）、低角度缝（10~30°）、平缝（<10°）。裂缝以低角度缝为主，其主要发育在中、下亚段；高角度缝主要在上亚段发育。成像测井表明南北向断裂附近井以高角度+斜缝为主；其余井以斜缝+低角度缝为主。其中须家河组地层石英含量高，研磨性强，可钻性差。已钻井资料显示，在钻进过程中易出现掉块，井壁失稳情况，同时还

可能钻遇断层与裂缝，井漏或次生井控风险大。而且存在压力体系复杂，喷漏同存。纵向上多压力系统并存，蓬莱镇组和沙溪庙组属低压采空区，白田坝组、须家河组发育裂缝性气层，须家河组异常高压，气层多，压力高，裂缝连通性好，易造成恶性井漏。

3.2 工程难点

依据地质情况，取心时存在以下工程难点：①取心地层存在裂缝气层，一旦取心时发生气侵或者井漏造成溢流的复杂情况，处理难度较大；②取心地层普遍破碎，取心效率低，取心时易出现堵心、掉心现象；③取心筒质地薄弱，循环环空间歇小，遇卡不能强拉硬压，遇漏不能采用大颗粒堵漏；④该区块地层以及岩性条件复杂，对于取心工具的要求较高，因此在取心工具的选择和使用上要尽可能的满足复杂地层条件的取心要求。同时取心目的层主要以页岩为主，机械钻速普遍较低(0.45~1.80m/h)，影响取心效率。

4 保压取心技术及工艺

4.1 钻头优选及钻具组合

根据邻井取心经验及地层情况，钻头选择依据提高钻头使用寿命和机械钻速为原则进行选取。采用单锥式冠部曲线设计，增大冠顶的尖度，以提高钻头吃入地层力，13mmPDC 复合片，5 刀翼，异形切屑齿，钻进稳定性好适用于中软—硬地层。钻具组合：215.9mm 取心钻头+GWY194-80BY 取心工具+165mm 浮阀(挡板式)+165mm 钻挺 6 根+加重钻杆+钻杆(钻铤、加重可根据实际井况进行调整)。

4.2 关键技术措施

4.2.1 下钻

工具须平稳绷至钻台，严防碰撞。工具出入井口时用大钩提吊，无台肩光杆外筒坐于井口时应使用安全卡瓦。内筒螺纹用链钳紧扣，外筒螺纹紧扣扭矩为 13000~15000N·m。下钻速度控制在 1m/s 以内，下放钻具要平稳，遇阻小于 50kN 条件下，可接方钻杆(顶驱)小排量开泵建立循环，尝试采用低转速划眼或通井，不能采用取心钻头长井段划眼。取心工具下到底前最后一个单根，先用小排量(不超 15L/s)建立循环，开泵正常后排量不超过 25L/s 进行充分循环清洗井底。

4.2.2 取心钻进

校对指重表后，下放钻具至井底加压 20~30kN 进行探底，缓慢带动转盘确认真实井底。探底结束后调整钻压至 10~20kN 进行树心，钻进 0.5m 后调整钻压至正常参数钻进，钻进参数见表 2。钻进操作要求：①送钻均匀，增压缓慢，严禁溜钻；②钻进中如遇憋跳，可适当调整钻压和转盘转数；取心钻进如钻遇井漏，应立即割心上提钻具至安全井段观察，并随时保持井内液柱压力平衡地层压力，在具备起钻的安全条件，换堵漏钻具组合进行堵漏，并做承压试验，成功后方可继续取心；③正常取心钻进过程中，无特殊情况钻头不得提离井底，直到取心钻进完为止。如遇井下异常情况，以井下安全为主，及时割心起钻。

表 2　取心钻进参数

	硬地层		软地层	
钻压/kN	树心	20~30	树心	20~30
	钻进	40~100	钻进	50~80
	割心	20~30	割心	20~30
排量 L/s	22~25		16~22	
转数 r/min	50~70		30~60	

4.2.3 割心

割心层应选择成柱性较好的井段。割心前 1m 将钻压增加至 80~100kN，进尺结束后停止送钻进行磨心，将钻压磨至 20~30kN，停转盘、量准方余。缓慢上提钻具，观察悬重，一般悬重超拉 50~100kN 可拔断岩心，如岩心未断，应使钻具在受拉 50~60kN 状态下启动转盘甩断岩心。在井口或泥浆上水管线由壬处，投入 Φ50.8mm 钢球，使用正常钻进排量送球，送球时间为井深(m)的 0.004 倍。钢球落座时，泵压会迅速上升 1~4MPa 并回落。

4.2.4 岩心出筒

钻铤与取心工具螺纹卸扣后，应进行硫化氢探测，确认安全后将安全公接头与钻头处螺纹卸松。将取心工具从钻台转运至场地，并运送到工具车间。按操作规程检查球阀密封情况，将取心内筒从外筒中抽出，关闭上部内筒压力保护机构，对测量机构进行泄压，同时进行硫化氢探测。拆除测量机构，取出测量仪器。读取相关压力数据，进行相关数据分析。将带压内筒与现场集气装置连接，进行游离气收集。游离气收集完毕后，拆卸内筒出心，同时探测硫化氢。地质人员进行取样和吸附气收集。

5　应用情况

取心井段 4599～4605.1m，进尺 6.1m，心长6.1m，收获率100%，保压成功。该筒次取心引心钻进正常，取心工具到底循环时间 1 小时，探底过程中全烃值上升，循环排气约 2 个小时后，气返达到安全值开始引心。引心速度均时 0.7m/h，引心过程正常，引心至 0.4～0.5m 后，缓慢提高钻压至 40kN，转速 60r/min，钻时约为 0.6～0.8m/h。从 5m 开始加压到 80kN 钻至结束，磨心至钻压不归位后继续磨心时间约 60 分钟，钻压降至 30kN，停钻割心，割心较顺利，经过 20 分钟处理岩心爪下部岩心断茬，投入钢球，钢球入座后泵压上升约 0.7MPa，判断球阀关闭成功。现场进行游离气收集 135L 并成功点火。

取心井段 4605.1～4611.1m，进尺 6m，心长6m，收获率100%，保压成功。该筒次取心引心钻进正常，取心工具到底循环时间 1 小时，气返达到安全值开始引心。引心速度均时 0.75m/h，引心过程正常，引心至 0.4～0.5m 后，缓慢提高钻压至 40kN，转速 65r/min，钻时约为 0.7～0.75m/h。从 5m 开始加压到 80kN 钻至结束，磨心至钻压不归位后继续磨心时间约 60 分钟，钻压降至 30kN，停钻割心，割心较顺利，经过 15 分钟处理岩心爪下部岩心断茬，投入钢球，钢球入座后泵压上升约 0.7MPa，判断球阀关闭成功。现场进行游离气收集 181L 并成功点火。

新 x 井累计进行保压取心 2 筒次，累计取心进尺 12.1m，心长 12.1m，平均收获率 100%，2 筒保压均成功。见表 3。

表 3　新 x 井保压取心数据统计表

筒次	井段/m	进尺/m	心长/m	收获率/%	地面压力/MPa	保压是否成功
1	4599～4605.1	6.1	6	100	23.6	成功
2	4605.1～4611.1	6	6	100	28.016	成功
合计		21.9	21.55	98.4		

6　结论与认识

（1）保压密闭取心技术不仅适用油藏，也适用于气藏，保压密闭取心技术在新 x 井应用为在致密气藏推广保压密闭取心技术提供借鉴和经验。

（2）由于保压取心工艺缺少内循环冲刷岩心，当遇到高密度钻井液时，泥浆固相及岩屑随着岩心进入取心内筒，达到一定进尺后可能导致岩心堵塞，造成堵心现象，应进一步优化保压取心工具循环设计，优化内循环通道设计。

（3）保压取心工具要求割心位置严格，建议进一步优化设计岩心爪位置及容错距离设计，提高保压取心工具成功率。

参　考　文　献

[1] 卢宝斌，郑锋，于国伟，等. 保压密闭取心技术在 ST1 井的应用[J]. 西部程矿工程，2023，35(08)：25-28+33.

[2] 李春林，程百慧，张玉龙，等. 保压取心工具内筒举升机构设计[J]. 西部探矿工程，2023，35(02)：80-82.

[3] 姬超，刘宇，张峰. 密闭取心井钻井技术及其问题分析[J]. 石化技术，2024，31(01)：160-162.

[4] 卢宝斌，郑锋，于国伟，等. 保压密闭取心技术在 ST1 井的应用[J]. 西部探矿工程，2023，35(08)：25-28+33.

[5] 汤庆金. 密闭取心井钻井技术及其问题分析[J]. 西部探矿工程，2023，35(04)：86-88.

[6] 向峰，张洪君，张绍先，等. 薄层水平段连续密闭取心技术的应用[J]. 西部探矿工程，2022，34(05)：96-99.

[7] 长城钻探破解难题保压取心技术达到国际先进水平[J]. 石油化工应用，2022，(8)：47.

[8] 邓卫平. 天然气水合物深水浅孔保温保压取心钻具[J]. 企业科技与发展，2010，(3)：56.

[9] 卢宝斌，郑锋，于国伟，等. 保压密闭取心技术在 ST1 井的应用[J]. 西部探矿工程，2023，第 35 卷(8)：25-28，33.

[10] 谢和平，崔鹏飞，尚德磊，等. 深部煤层原位保压取心技术原理与瓦斯参数测定研究进展[J]. 煤田地质与勘探，2023，第 51 卷(8)：1-12.

高含硫天然气管道腐蚀程度判断图版的建立与应用

杨　娜　史雪枝

（中国石化西南油气分公司）

摘　要　针对某气田天然气管线高含硫并且易发生腐蚀穿孔的特点，采用多相流瞬态模型计算出管道沿线流动介质参数的变化情况，利用 Apriori 关联规则挖掘算法确定流动介质参数与腐蚀速率的关联性规则，分别建立液体流速-持液率、温度-P_{CO_2}/P_{H_2S}和液体流速-P_{CO_2}/P_{H_2S}三种腐蚀程度判断图版，并用图版对现场管线的腐蚀情况进行了验证和实例分析。研究结果表明：利用图版对现场管线穿孔点的腐蚀程度进行验证，管线腐蚀程度与利用三种图版查找的腐蚀程度是一致的；结合现场监测数据，将图版查找的腐蚀程度和内检测数据的腐蚀程度进行对比，准确率达 91.67%。该研究证实了图版对于管线腐蚀程度判断方便快捷、可靠性高，对管线的安全运行具有重要的指导意义。

关键词　高含硫天然气；多相流模拟；Apriori 算法；腐蚀程度判断；图版

某气田外输天然气是未处理的湿气，随着输送运行温度、压力的降低变化，在管道低洼段和爬坡段凝析形成积液，CO_2和 H_2S 溶解于管道积液，形成 CO_2-H_2S-H_2O 共存下的电化学腐蚀环境，监测管道点腐蚀速率 0.89mm/a，随着服役时间的延长，管线腐蚀问题日益严重，一旦管道发生腐蚀穿孔，H_2S 气体逸散，极易带来人员中毒风险和恐慌风险，某气田天然气管线腐蚀穿孔如图 1 所示。因此，在高含硫天然气的输送过程中需要及时对管道腐蚀情况进行判断，并采取针对性的防腐措施。

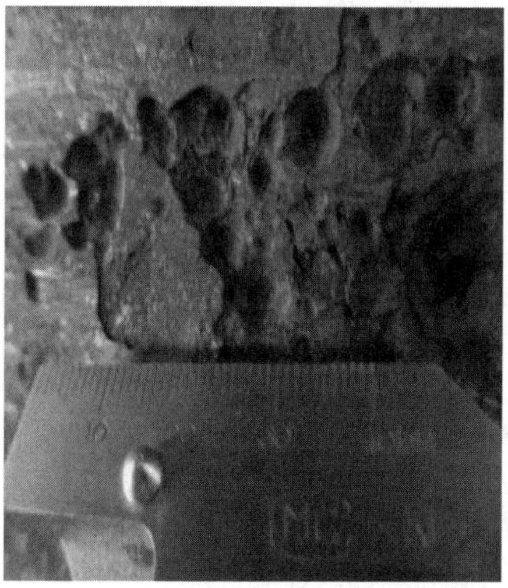

图 1　某气田现场管道腐蚀

在管道腐蚀程度判断方面，前人已经做了大量研究，吴小平等人利用改进的海鸥优化算法（Improved Seagull Optimization Algorithm，ISOA），提出了一种基于 RS-ISOA-KELM 模型的内腐蚀速率预测方法；李文君基于方差分析和响应面实验方法对油气集输管道的腐蚀因素进行了系统的研究，构建了基于模糊神经网络的腐蚀速率预测模型；闫振星采用流体动力学模拟方法、电化学反应速率模型和神经网络技术建立了基于多源数据的冲刷腐蚀情况预测模型，实现了管道冲刷腐蚀情况下的腐蚀速率预测；蒋宏业等人依据腐蚀热力学和腐蚀动力学理论，在 Nesic 等研究的基础上引入腐蚀产物膜对离子传质扩散系数的影响因子，提出了新的 CO_2腐蚀预测机理模型；Peng Shanbi 等人提出了一种结合支持向量回归算法（SVR）、主成分分析算法（PCA）和混沌粒子群优化算法(CPSO)的混合智能算法的多相流管道腐蚀速率预测方法；Chen Wang 等人提出了一种基于支持向量机(SVM)的模型对海底油气管道的腐蚀情况进行预测；陈永红等人利用遗传算法(GA)对参数寻优，构建了应用于管道腐蚀情况预测的 GA-LSSVM 模型。由于含硫天然气的特殊性，上述方法对高含硫天然气管道腐蚀情况的判断误差较大、判断过程较复杂并且判断耗时较长，适用性较低。

为快速判断某气田天然气管线腐蚀严重程度，基于该油田管线气质特征，综合考虑管线腐蚀环境，对影响管线腐蚀的流动和介质参数进行多相流模拟，利用 Apriori 算法对现场腐蚀速率和模拟的流动介质参数进行关联性挖掘，绘制了腐蚀程度判断图版，高效快速的对管线腐蚀严重程度进行判断，及时制定相关防腐措施，为现场管线腐蚀程度的诊断分析和安全运行具有重要的指导意义。

1　多相流计算模型

在高含硫天然气管道流动过程中，管道内流体流速、液相分布、湍动能、压力的大小和分布都产生了变化，造成管壁处某些部位的温度、含液率、湍动能、压力等参数发生变化，加速天然气管道的腐蚀。因此建立基于气液相的一组质量、动量和能量守恒方程构建双流体模型，从而形成六个偏微分方程的系统来描述液相和气相的压力、温度和速度等参数沿线分布。

双流体模型通常包含六个方程：气相和液相的质量方程、动量方程和能量方程。基于以下三个假设建立双流体模型：一维流动；沿管道无轴向热传导或热辐射；液相和气相在管道的相同横截面上具有相同的压力。

质量守恒方程如下：

$$\frac{\partial}{\partial t}(\rho_g\alpha_g)+\frac{\partial}{\partial x}(\rho_g\alpha_g v_g)=\Delta\dot{m}_{gl} \tag{1}$$

$$\frac{\partial}{\partial t}(\rho_1\alpha_1)+\frac{\partial}{\partial x}(\rho_1\alpha_1 v_1)=\Delta\dot{m}_{1g} \tag{2}$$

式中，l 为液相；g 为气相；t 为时间，s；x 为距离 m；ρ 为密度，kg/m^3；v 为速度，m/s；α_g 为蒸气空隙率；α_1 为液体空隙率，并且 $\alpha_g+\alpha_1=1$；$\Delta\dot{m}_{gl}$为每单位体积的液体传质速率，kg/(m^3·s)；$\Delta\dot{m}_{1g}$为每单位体积的气体传质速率，kg/(m^3·s)，并且 $\Delta\dot{m}_{1g}=-\Delta\dot{m}_{gl}$。

动量守恒方程如下：

$$\frac{\partial}{\partial t}(\alpha_g\rho_g v_g)+\frac{\partial}{\partial x}(\alpha_g\rho_g v_g^2)+\tau_{wg}S_g+\tau_i S_i =-\alpha_g\rho_g g\sin\theta-\alpha_g\frac{\partial P_g}{\partial x}+\Delta\dot{m}_{gl}v_i \tag{3}$$

$$\frac{\partial}{\partial t}(\alpha_1\rho_1 v_1)+\frac{\partial}{\partial x}(\alpha_1\rho_1 v_1^2)+\tau_{wl}S_1-\tau_i S_i =-\alpha_1\rho_1 g\sin\theta-\alpha_1\frac{\partial P_1}{\partial x}+\Delta\dot{m}_{1g}v_i \tag{4}$$

式中，i 为液相和气相之间的相间；P 为总压力，Pa；S 为与液相或气相接触的壁周长，1/m；τ_i 为界面处相之间的剪切应力，Pa；τ_{wg}为作用在管壁上的气相的剪切应力，Pa；τ_{wl}为作用在管壁上的液相的剪切应力，Pa；θ 为管道倾角，rad。

能量守恒方程如下：

$$\frac{\partial}{\partial t}\left\{\rho_g\alpha_g\left(u_g+\frac{v_g^2}{2}\right)\right\}+\frac{\partial}{\partial x}\left\{\rho_g\alpha_g v_g\left(u_g+\frac{v_g^2}{2}\right)\right\}+q_i S_i=-\rho_g\alpha_g v_g g\sin\theta-\frac{a(P_g\alpha_g v_g)}{\partial x}+\tau_i S_i v_i-q_{wg}S_g+\Delta\dot{m}_{gl}\left(u_i+\frac{v_i^2}{2}\right) \tag{5}$$

$$\frac{\partial}{\partial t}\left\{\rho_1\alpha_1\left(u_1+\frac{v_1^2}{2}\right)\right\}+\frac{\partial}{\partial x}\left\{\rho_1\alpha_1 v_1\left(u_1+\frac{v_1^2}{2}\right)\right\}-q_i S_i=-\rho_1\alpha_1 v_1 g\sin\theta-\frac{\partial(P_1\alpha_1 v_1)}{\partial x}-\tau_i S_i v_i-q_{wl}S_1+\Delta\dot{m}_{1g}\left(u_i+\frac{v_i^2}{2}\right) \tag{6}$$

式中，u 为内在能量，$u=h-P/\rho$；h 为焓，J/kg；q_{wg}为从管壁传递到气相的热量，J/(m^2·s)；q_{wl}为从管壁传递到液相的热量，J/(m^2·s)；q_i 为在界面处交换的热传递，J/(m^2·s)。

双流体模型是一组拟线性偏微分方程，其中主要变量是 P，α_g，v_g，v_1，u_1和 u_g，其他参数可以从闭合关系中计算出来。与内能相比，温度是一个更直接的参数，可用于描述非平衡两相流，因此，我们可以使用以下方法重新建立双流体模型。

根据链规则，我们可以得到：

$$\frac{\partial\rho}{\partial t}=\left(\frac{\partial\rho}{\partial P}\right)_T\frac{\partial P}{\partial t}+\left(\frac{\partial\rho}{\partial T}\right)_P\frac{\partial T}{\partial t} \tag{7}$$

$$\frac{\partial\rho}{\partial x}=\left(\frac{\partial\rho}{\partial P}\right)\frac{\partial P}{\partial x}+\left(\frac{\partial\rho}{\partial T}\right)_P\frac{\partial T}{\partial x} \tag{8}$$

$$\frac{\partial u}{\partial t}=\left(\frac{\partial u}{\partial P}\right)_T\frac{\partial P}{\partial t}+\left(\frac{\partial u}{\partial T}\right)_P\frac{\partial T}{\partial t} \tag{9}$$

$$\frac{\partial u}{\partial x}=\left(\frac{\partial u}{\partial P}\right)_T\frac{\partial P}{\partial x}+\left(\frac{\partial u}{\partial T}\right)_P\frac{\partial T}{\partial x} \tag{10}$$

公式(7)和(8)表示天然气相对于压力和温度的可压缩性。公式中的剪切应力项(3)和(4)与黏度有关。因此，该模型考虑了天然气的可压缩性和黏度。

控制方程可以用矩阵形式表示成如下：

$$\boldsymbol{B}\frac{\partial U}{\partial t}+\boldsymbol{A}\frac{\partial U}{\partial x}=\boldsymbol{D} \tag{11}$$

其式中 $\boldsymbol{B}$ 和 $\boldsymbol{A}$ 是系数矩阵；$\boldsymbol{D}$ 是源项矢量；$\boldsymbol{U}$ 是解决方案向量。这些矩阵和向量可表示如下：

$$\boldsymbol{U}=[P\alpha_g v_g \nu_1 T_g T_1]^T \tag{12}$$

$$A=\begin{bmatrix} A_1 & A_2 & 0 & A_3 & 0 & A_4 \\ A_5 & A_6 & A_7 & 0 & A_8 & 0 \\ A_9 & 0 & A_{10} & 0 & 0 & 0 \\ A_{11} & 0 & 0 & A_{12} & 0 & 0 \\ A_{13} & A_{14} & A_{15} & 0 & A_{16} & 0 \\ A_{17} & A_{18} & 0 & A_{19} & 0 & A_{20} \end{bmatrix} \tag{13}$$

式中，$A_1=\alpha_g v_g\left(\frac{\partial\rho_g}{\partial P}\right)_{T_g}$，$A_2=v_g\rho_g$，$A_3=\alpha_g\rho_g$，$A_4=\alpha_g v_g\left(\frac{\partial\rho_g}{\partial T_g}\right)_P$，$A_5=(1-\alpha_g)v_1\left(\frac{\partial\rho_1}{\partial P}\right)_{T_1}$，$A_6=-v_1\rho_1$，$A_7=(1-\alpha_g)\rho_1$，$A_8=(1-\alpha_g)v_1\left(\frac{\partial\rho_1}{\partial T_1}\right)_P$，$A_9=\frac{1}{\rho_1}$，$A_{10}=v_1$，$A_{11}=\frac{1}{\rho_g}$，$A_{12}=v_g$，$A_{13}=v_1\left(\frac{\partial u_1}{\partial P}\right)_{T_1}+\frac{v_1}{\rho_1}$，$A_{14}=-\frac{v_1 P}{\rho_1(1-\alpha_g)}$，$A_{15}=v_1^2+\frac{P}{\rho_1}$，$A_{16}=v_1\left(\frac{\partial u_1}{\partial T_1}\right)_P$，$A_{17}=\nu_g\left(\frac{\partial u_g}{\partial P}\right)_{T_g}+\frac{v_g}{\rho_g}$，$A_{18}=\frac{v_g P}{\rho_g\alpha_g}$，$A_{19}=v_g^2+\frac{P}{\rho_g}$，$A_{20}=v_g\left(\frac{\partial u_g}{\partial T_g}\right)_P$。

$$B=\begin{bmatrix} B_1 & B_2 & 0 & 0 & 0 & B_3 \\ B_4 & B_5 & 0 & 0 & B_6 & 0 \\ 0 & 0 & 1 & 0 & 0 & 0 \\ 0 & 0 & 0 & 1 & 0 & 0 \\ B_7 & 0 & B_8 & 0 & B_9 & 0 \\ B_{10} & 0 & 0 & B_{11} & 0 & B_{12} \end{bmatrix} \tag{14}$$

式中，$B_1=\alpha_g\left(\frac{\partial\rho_g}{\partial P}\right)_{T_g}$，$B_2=\rho_g$，$B_3=\alpha_g\left(\frac{\partial\rho_g}{\partial T_g}\right)_P$，$B_4=(1-\alpha_g)\left(\frac{\partial\rho_1}{\partial P}\right)_{T_1}$，$B_5=-\rho_1$，$B_6=(1-\alpha_g)\left(\frac{\partial\rho_1}{\partial T_1}\right)_P$，$B_7=\left(\frac{\partial u_1}{\partial P}\right)_{T_1}$，$B_8=v_1$，$B_9=\left(\frac{\partial u_l}{\partial T_1}\right)_P$，$B_{10}=\alpha_g\left(\frac{\partial\rho_g}{\partial P}\right)_{T_g}$，$B_{11}=v_g B_{12}=\left(\frac{\partial u_g}{\partial T_g}\right)_P$。

$$B=\begin{bmatrix} \Delta\dot{m}_{gl} \\ -\Delta\dot{m}_{gl} \\ \dfrac{-\tau_{wl}S_1+\tau_i S_i-(1-\alpha_g)\rho_1 g\sin\theta+\Delta\dot{m}_{lg}(v_i-v_1)}{(1-\alpha_g)\rho_1} \\ \dfrac{-\tau_{wg}S_g-\tau_i S_i-\alpha_g\rho_g g\sin\theta+\Delta\dot{m}_{gl}(v_i-v_g)}{\alpha_g\rho_g} \\ \dfrac{1}{\rho_1(1-\alpha_g)}\left\{-\rho_1(1-\alpha_g)v_1 g\sin\theta-\tau_i S_i v_i-q_{wl}S_1+q\dot{m}_i+\Delta\dot{m}_{lg}\left[\left(u_1^i+\frac{v_s^{i2}}{2}\right)-\left(u_1+\frac{v_s^{i2}}{2}\right)\right]\right\} \\ \dfrac{1}{\rho_g\alpha_g}\left\{-\rho_g\alpha_g v_g g\sin\theta+\tau_i S_i v_i-q_{wg}S_g-q_i S_i+\Delta\dot{m}_{gl}\left[\left(u_g^i+\frac{v_s^{i2}}{2}\right)-\left(u_g+\frac{v_s^{i2}}{2}\right)\right]\right\} \end{bmatrix} \tag{15}$$

在该模型中，主要参数是 P，α_g，v_g，v_1，T_1 和 T_g。但是，液体和气体温度是不同的，因此，我们可以将其看作是非平衡热力学双流体模型。

$$\det(\boldsymbol{A}+\boldsymbol{B}\lambda)=0 \tag{16}$$

结合方程(13)、(14)和(16)得到：

$$B=\begin{bmatrix} L_{Pg}\alpha_g(v_g+\lambda) & \rho_g(v_g+\lambda) & 0 & \lambda\alpha_g\rho_g & 0 & L_{Pg}\alpha_g(v_g+\lambda) \\ L_{Pl}(1-\alpha_g)(\lambda v_1+1) & -\rho_1(v_1+\lambda) & (1-\alpha_g)\rho_1 & 0 & 0 & 0 \\ 1/\rho_1 & 0 & v_1+\lambda & 0 & 0 & 0 \\ 1/\rho_g & 0 & 0 & v_g+\lambda & 0 & 0 \\ H_{Pl}(v_1+\lambda)+v_1/\rho_1 & v_1P_1/\rho_1(\alpha_g-1) & (v_1^2+P/\rho_1)+\lambda v_1 & 0 & H_{Pl}(v_1+\lambda) & 0 \\ H_{Pg}(v_g+\lambda)+v_g/\rho_g & v_gP/\rho_g\alpha_g & 0 & (v_g^2+P/\rho_g)+\lambda v_g & 0 & H_{Pg}(v_g+\lambda) \end{bmatrix} \tag{17}$$

公式(1)~(6)不包含在系数矩阵 A 和 B 中，并且没有对原始的六个方程作新的假设。因此，双流体模型的数学特征不会受到确定剪切应力和传热系数的特定闭合关系的影响。

基于此次高含硫天然气管道的基本信息，利用计算流体力学的方法，根据管道内部流体流动的规律，建立里程-高程模型，采用多相流计算模型对管道内部流动状态进行模拟，确定管道沿线流动介质参数的变化规律。

2　Apriori 关联规则挖掘算法

设高含硫天然气管道多相流计算参数为基本数据集为 A，$A=\{t_1, t_2, t_3, t_4, t_5\}$，$t_k(k=1, 2, 3, 4, 5)$称为事务，其中 t_1 代表 CO_2 浓度，t_2 代表 H_2S 浓度，t_3 代表持液率，t_4 代表液体流速，t_5 代表温度。每个事务再进行细分，即 $t_k=\{i_1, i_2, i_3, \cdots, i_n, \cdots, i_p\}$，其中 $i_m(m=1, 2, 3, \cdots, p)$称为项。$i_1$ 代表具体的流动介质参数值。

设 $B=\{b_1, b_2, b_3, b_4\}$是 A 中全体项的集合，B 的任意子集 X 称为 A 中的项集。如果项集中项的个数为 k，称为 k 项集。出现次数比较多的项集称为频繁项集。X、Y 均为一个项集，$X \subset B$，$Y \subset B$，$X \cap Y = \varnothing$，则蕴含式 $X \Rightarrow Y$ 就表示一个关联规则。X 表示关联规则前提，Y 表示关联规则结果。

某数据项在一个事务中出现的频度被称为支持度。Support(X)则表示 A 中包含 X 的事务数与 A 的总事务数的比值：

$$Support(x)=\frac{count(x)}{count(A)} \tag{18}$$

关联规则 $X \Rightarrow Y$ 的支持度等于项集 $X \cup Y$ 的支持度，如下式所示：

$$\begin{aligned} Support(X \Rightarrow Y) &= Support(X \cup Y) \\ &= \frac{count(X \cup Y)}{count(A)} \end{aligned} \tag{19}$$

关联规则 $X \Rightarrow Y$ 的置信度表示 A 中包含 X 的事务中同时包含 Y 的可信度，记作 confidence ($X \Rightarrow Y$)：

$$Confidence(X \cup Y)=\frac{Support(X \cup Y)}{Support(A)} \tag{20}$$

最后利用 Apriori 关联规则绘制腐蚀程度判断图版。

3　腐蚀程度判断图版的建立

此气田外输天然气管线腐蚀穿孔位置主要为管线低洼爬坡段，因此主要考虑温度、压力、液体流速、持液率、H_2S 分压 CO_2 分压这些等腐蚀影响因素，分别建立液体流速-持液率、温度-P_{CO_2}/P_{H_2S} 和液体流速-P_{CO_2}/P_{H_2S} 三种腐蚀程度判断图版。

此管线于 2011 年 6 月投产，材质为 L245NCS，全长 23.412km，管径为 273mm，壁厚为 7.1mm。管线沿线地势起伏较大，管线高程里程图如图 2 所示。

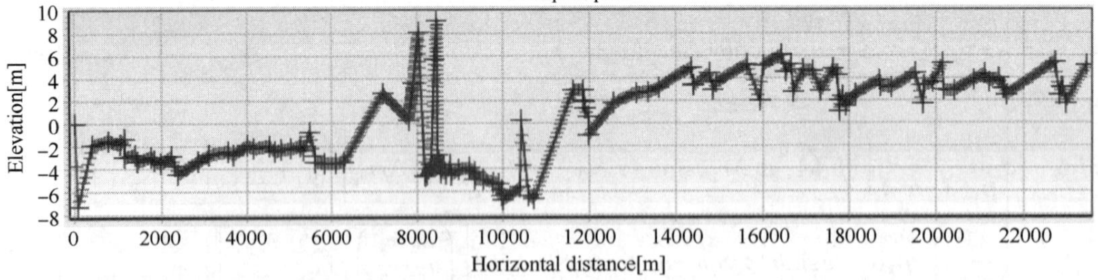

图 2　外输天然气管线高程里程图

此管线的输送介质为气液两相流，管线内气质组分数据如表 1 所示，H_2S 含量为 21824.19mg/m^3。

表 1　T 区天然气主干线气质组分数据

(mol%)

组分	CO_2	N_2	C_1	C_2	C_3	iC_4	nC_4	iC_5	nC_5	C_6
含量	0.54	28.59	56.24	13.03	1.52	0.03	0.01	0.02	0.02	0.54

3.1　多相流模拟与分析

按照 NACE SP0116-2016 Multiphase Flow Internal Corrosion Direct Assessment (MP-ICDA) Methodology for Pipelines 为评价标准，管道划分节点以每段≤50m 为依据，将此气田外输天然气管线划分为 10240 个管道节点，管道进口流量未 $27\times10^4 m^3/d$，进口压力和出口压力分别为 1.07MPa 和 0.34MPa，进口温度为 32.5℃。根据需要建立的三种图版，利用多相流模拟计算软件建立此管线模型，分析液体流速、持液率、温度、H_2S 和 CO_2 分压沿线的变化规律，如图 3 所示。

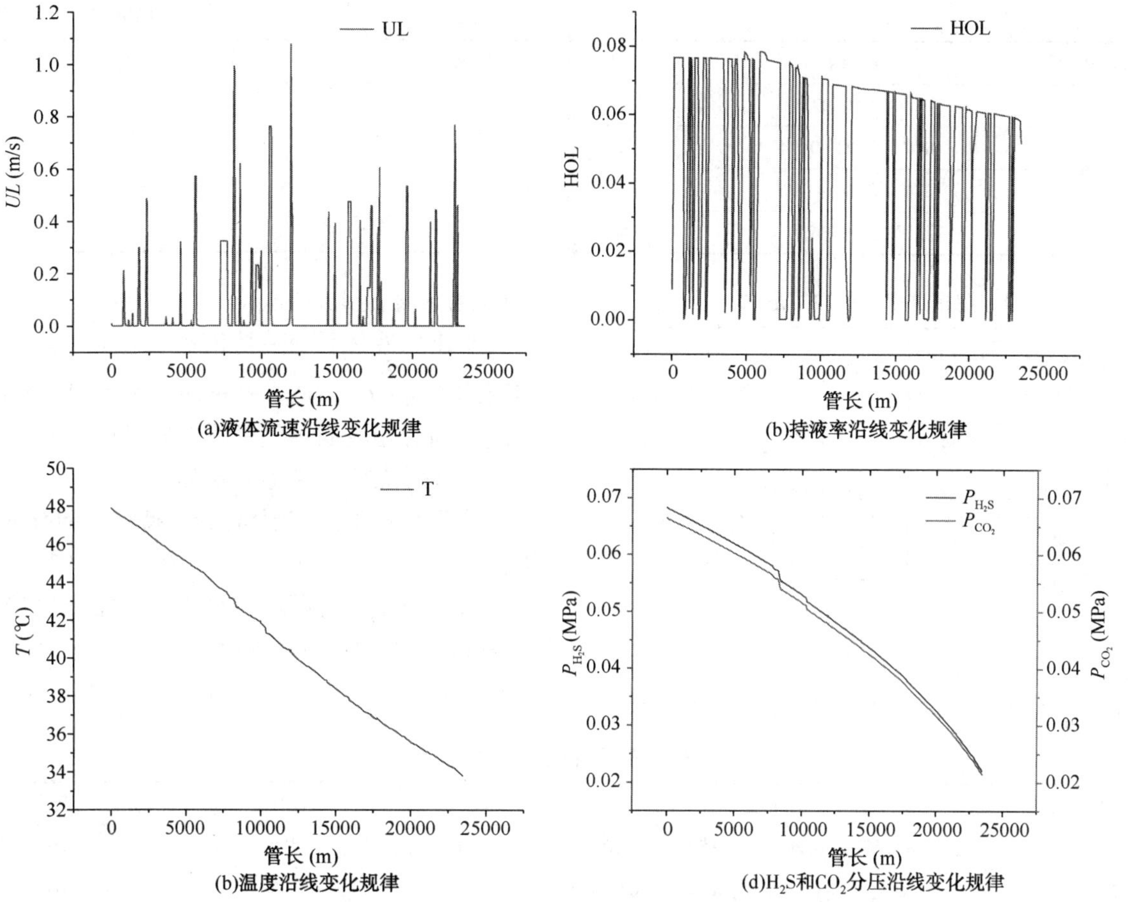

图 3　管道沿线流动介质参数变化规律

3.2　数据预处理

NACE-RP0775-2005 标准中规定了腐蚀速率严重程度分类，采用点蚀速率分类标准。见表 2。

表 2　石油生产系统碳钢腐蚀速率的定性分类

—	平均腐蚀速率/(mm/a)	点蚀速率/(mm/a)
轻度腐蚀	<0.025	<0.13
中度腐蚀	0.025~0.12	0.13~0.20
严重腐蚀	0.13~0.25	0.21~0.38
极严重腐蚀	>0.25	>0.38

结合模拟计算得到的 10240 项多相流参数，将这些参数按照 4 个参数等级分别进行 A、B、C、D 和 11~54 的分类编码，腐蚀影响因素的分类及编码见表 3。

腐蚀速率、温度、液体流速、P_{H_2S}/P_{CO_2}、持液率均按照 4 个参数取值范围，根据划分的编码，构建了 10240 组用于 Apriori 关联规则挖掘的数据样本，用这样的数据样本形式进行 Apriori 关联规则的挖掘。见表 4。

表 3　腐蚀影响因素编码值

腐蚀影响因素	参数值	编码	腐蚀影响因素	参数值	编码
腐蚀速率/(mm/a)	V_{corr}<0.13mm/a	A	温度/℃	T<24℃	31
	$V_{corr}\in$0.13~0.20mm/a	B		$T\in$24~34℃	32
	$V_{corr}\in$0.21~0.38mm/a	C		$T\in$34~44℃	33
	V_{corr}>0.38mm/a	D		T>44℃	34
液体流速/(m/s)	U_L<0.188m/s	11	P_{H_2S}/P_{CO_2}	P_{H_2S}/P_{CO_2}<1.454	41
	$U_L\in$0.188~0.376m/s	12		$P_{H_2S}/P_{CO_2}\in$1.454~2.756	42
	$U_L\in$0.376~0.563m/s	13		$P_{H_2S}/P_{CO_2}\in$2.756~4.057	43
	U_L>0.563m/s	14		P_{H_2S}/P_{CO_2}>4.057	44

续表

腐蚀影响因素	参数值	编码	腐蚀影响因素	参数值	编码
持液率	$HOL<0.02$	21		—	
	$HOL\in0.02\sim0.04$	22			
	$HOL\in0.04\sim0.06$	23			
	$HOL>0.06$	24			

表 4　挖掘过程中的数据形式

序号	液体流速/(m/s)	持液率/%	温度/℃	P_{H_2S}/P_{CO_2}	腐蚀速率/(mm/a)
1	11	23	31	41	A
2	11	23	31	41	A
3	11	23	31	41	A
4	11	23	31	41	A
…	…	…	…	…	…
10240	11	21	31	42	D

3.3　图版的建立

要建立液体流速－持液率、温度－P_{CO_2}/P_{H_2S}和液体流速－P_{CO_2}/P_{H_2S}三种腐蚀程度判断图版，因此分别对相应的参数进行关联性挖掘研究。

3.3.1　液体流速－持液率图版

将此外输管线的液体流速、持液率和腐蚀数据进行挖掘分析，在$T\geqslant44$℃、$P_{H_2S}\geqslant0.031$MPa 和$P_{CO_2}\geqslant0.045$MPa 的限制条件下，挖掘出置信度大于 90%的部分腐蚀分布规律如表 5 所示，根据关联性规则结果建立液体流速－持液率图版如图 4 所示。

表 5　挖掘过程中的数据形式

规则	前项	后项	置信度
1	液体流速<0.263m/s，持液率≥0.06	$V_{corr}>0.38$mm/a	100%
2	液体流速<0.788m/s，持液率在 0.04~0.06	$V_{corr}\in0.21\sim0.38$mm/a	100%
3	液体流速在 0.263~0.526m/s，持液率≥0.06		91.75%
4	液体流速<0.526m/s，持液率在 0.02~0.04	$V_{corr}\in0.13\sim0.20$mm/a	100%
5	液体流速在 0.526~0.788m/s，持液率≥0.04		93.24%
6	液体流速<1.101m/s，持液率<0.02	$V_{corr}<0.13$mm/a	100%
7	液体流速≥0.526m/s，持液率在 0.02~0.04		100%
8	液体流速≥0.788m/s，持液率≥0.04		94.82%

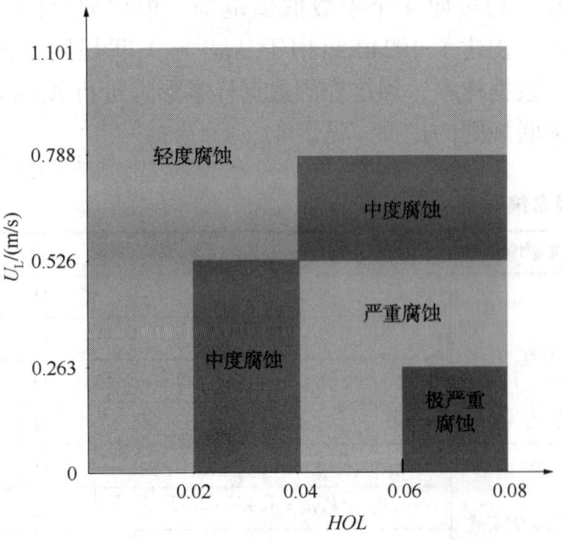

图 4　液体流速－持液率图版

3.3.2　温度－P_{CO_2}/P_{H_2S}图版

将此外输管线的温度、P_{CO_2}/P_{H_2S}和腐蚀数据进行挖掘分析，在$U_L<0.188$m/s 和$HOL\geqslant0.06$的限制条件下，挖掘出置信度大于 90%的部分腐蚀分布规律如表 6 所示，根据关联性规则结果建立温度－P_{CO_2}/P_{H_2S}图版如图 5 所示。

3.3.3　液体流速－P_{CO_2}/P_{H_2S}图版

将此外输管线的液体流速、P_{CO_2}/P_{H_2S}和腐蚀数据进行挖掘分析，在$T\geqslant44$℃和$HOL\geqslant0.06$的限制条件下，挖掘出置信度大于 90%的部分腐蚀分布规律如表 7 所示，根据关联性规则结果建立液体流速－P_{CO_2}/P_{H_2S}图版如图 6 所示。

3.4　图版的验证

选取此气田现场穿孔管线 1 号线对图版进行验证，1 号线穿孔点的流动介质参数如表 8 所示，穿孔点的腐蚀速率为 0.778mm/a。

表 6　挖掘过程中的数据形式

规则	前项	后项	置信度
1	温度≥44℃，P_{CO_2}/P_{H_2S}<1.454	V_{corr}>0.38mm/a	100%
2	温度在 34~44℃，P_{CO_2}/P_{H_2S}<1.454	$V_{corr}\in$0.21~0.38mm/a	100%
3	温度≥44℃，P_{CO_2}/P_{H_2S}≥1.454		93.26
4	温度在 34~44℃，P_{CO_2}/P_{H_2S}≥1.454	$V_{corr}\in$0.13~0.20mm/a	100%
5	温度<34℃，P_{CO_2}/P_{H_2S}<5.359	V_{corr}<0.13mm/a	96.35%

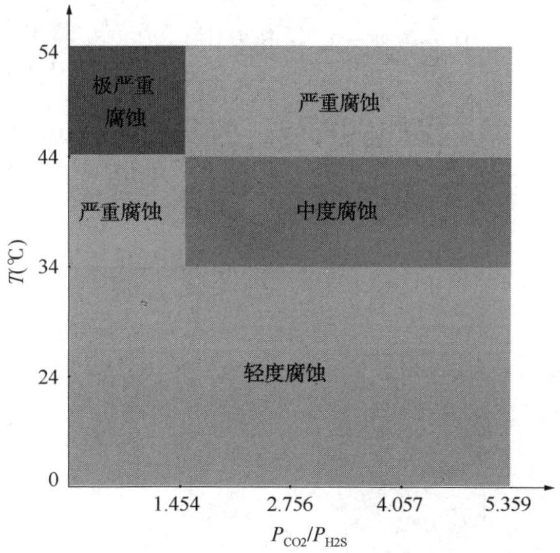

图 5　温度-P_{CO_2}/P_{H_2S}图版

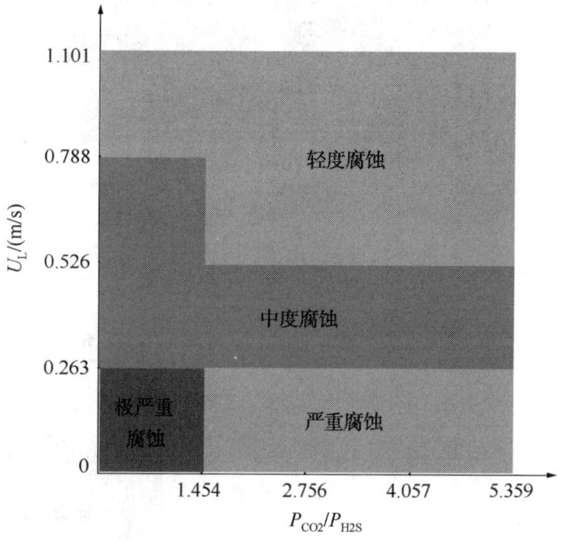

图 6　液体流速-P_{CO_2}/P_{H_2S}图版

表 7　挖掘过程中的数据形式

规则	前项	后项	置信度
1	液体流速<0.263m/s，P_{CO_2}/P_{H_2S}<1.454	V_{corr}>0.38mm/a	100%
2	液体流速<0.263m/s，P_{CO_2}/P_{H_2S}≥1.454	$V_{corr}\in$0.21~0.38mm/a	100%
4	液体流速在 0.263~0.788m/s，P_{CO_2}/P_{H_2S}<1.454	$V_{corr}\in$0.13~0.20mm/a	100%
5	液体流速在 0.263~0.526m/s，P_{CO_2}/P_{H_2S}≥1.454		92.35
6	液体流速≥0.788m/s，P_{CO_2}/P_{H_2S}<1.454	V_{corr}<0.13mm/a	100%
7	液体流速≥0.526m/s，P_{CO_2}/P_{H_2S}≥1.454		95.83

表 8　A-1 站天然气管线穿孔点数据

距起点距离/m	U_L/(m/s)	HOL	T/℃	P_{H_2S}/MPa	P_{CO_2}/MPa
6759.6	0.101	0.076	46.3	0.060	0.058

在满足各图版限制条件的前提下，利用 1 号线穿孔点的数据在图版进行查找，如图 7~9 所示，最终结果显示 3 个图版查找的结果均为极严重腐蚀(V_{corr}>0.38mm/a)，因此 1 号线穿孔点的腐蚀程度与利用图版查找的腐蚀程度是一致的。

4　图版的应用实例

选取此气田的 2 号天然气管线，根据其 2019 年 5 月 24 日监测到的全线温度、液体流速、持液率、硫化氢和二氧化碳分压变化的现场数据，如图 10 所示，结合图版腐蚀程度区域进行判断。

从中间站天然气管线流动介质参数现场监测数据，在三个图版中进行查找，有 12 个管道节点的参数符合图版的极严重腐蚀区域(V_{corr}>0.38mm/a)，如表 9 所示。

根据现场内检测结果，上述利用图版查找的 12 个极严重腐蚀点，有 11 个节点符合内检测结果，因此利用图版判断腐蚀严重程度的准确度为 91.67%。

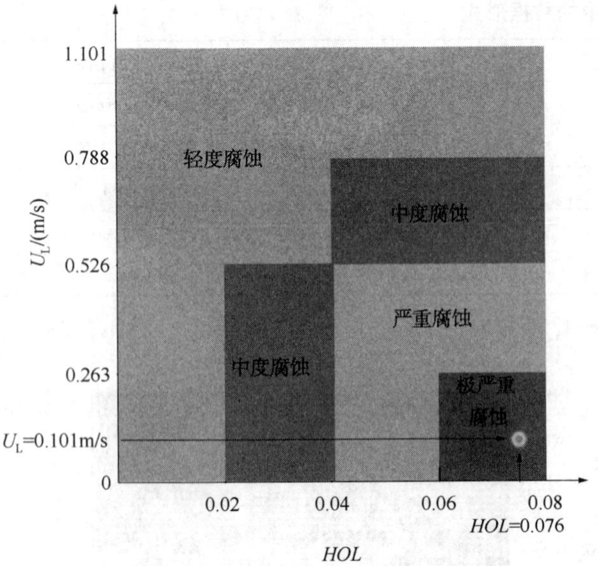

图7　液体流速-持液率图版验证结果

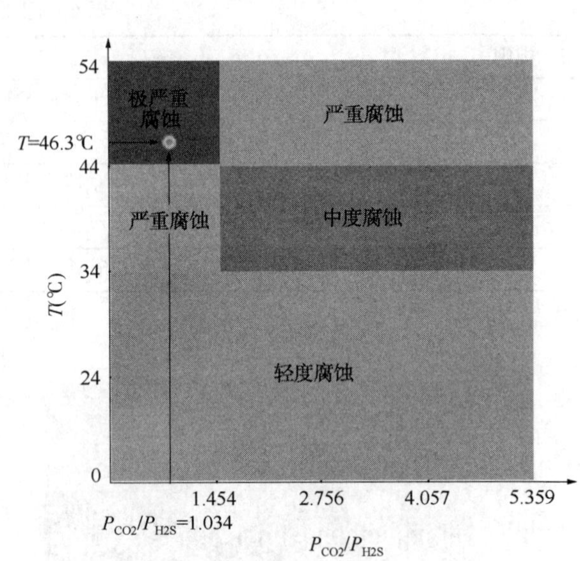

图8　温度-P_{CO_2}/P_{H_2S}图版验证结果

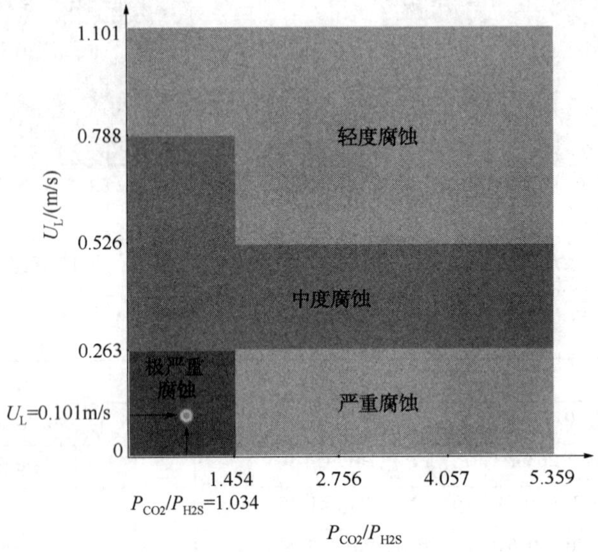

图9　液体流速-P_{CO_2}/P_{H_2S}图版验证结果

表9　极严重腐蚀区域节点数据

序号	距管线起点位置/m	T/℃	U_L/(m/s)	HOL	P_{H_2S}/MPa	P_{CO_2}/MPa	P_{CO_2}/P_{H_2S}	腐蚀速率/(mm/a)
1	166.5	48.9	0.047	0.093	0.040	0.049	1.208	0.47
2	304.9	48.8	0.008	0.093	0.039	0.048	1.239	0.62
3	538.2	48.7	0.058	0.093	0.039	0.048	1.233	0.46
4	704.9	48.6	0.008	0.093	0.039	0.047	1.226	0.53
5	1253.1	48.2	0.032	0.093	0.038	0.047	1.233	0.43
6	1515.2	48.1	0.031	0.092	0.037	0.046	1.239	0.41
7	1648.6	48.0	0.014	0.088	0.037	0.046	1.236	0.44
8	1956.4	47.8	0.031	0.092	0.037	0.046	1.232	0.54
9	2836.0	47.3	0.038	0.092	0.035	0.044	1.248	0.39
10	4388.0	46.3	0.037	0.092	0.034	0.041	1.192	0.44
11	4529.6	46.1	0.008	0.092	0.034	0.041	1.202	0.51
12	6460.9	45.0	0.019	0.091	0.031	0.037	1.166	0.41

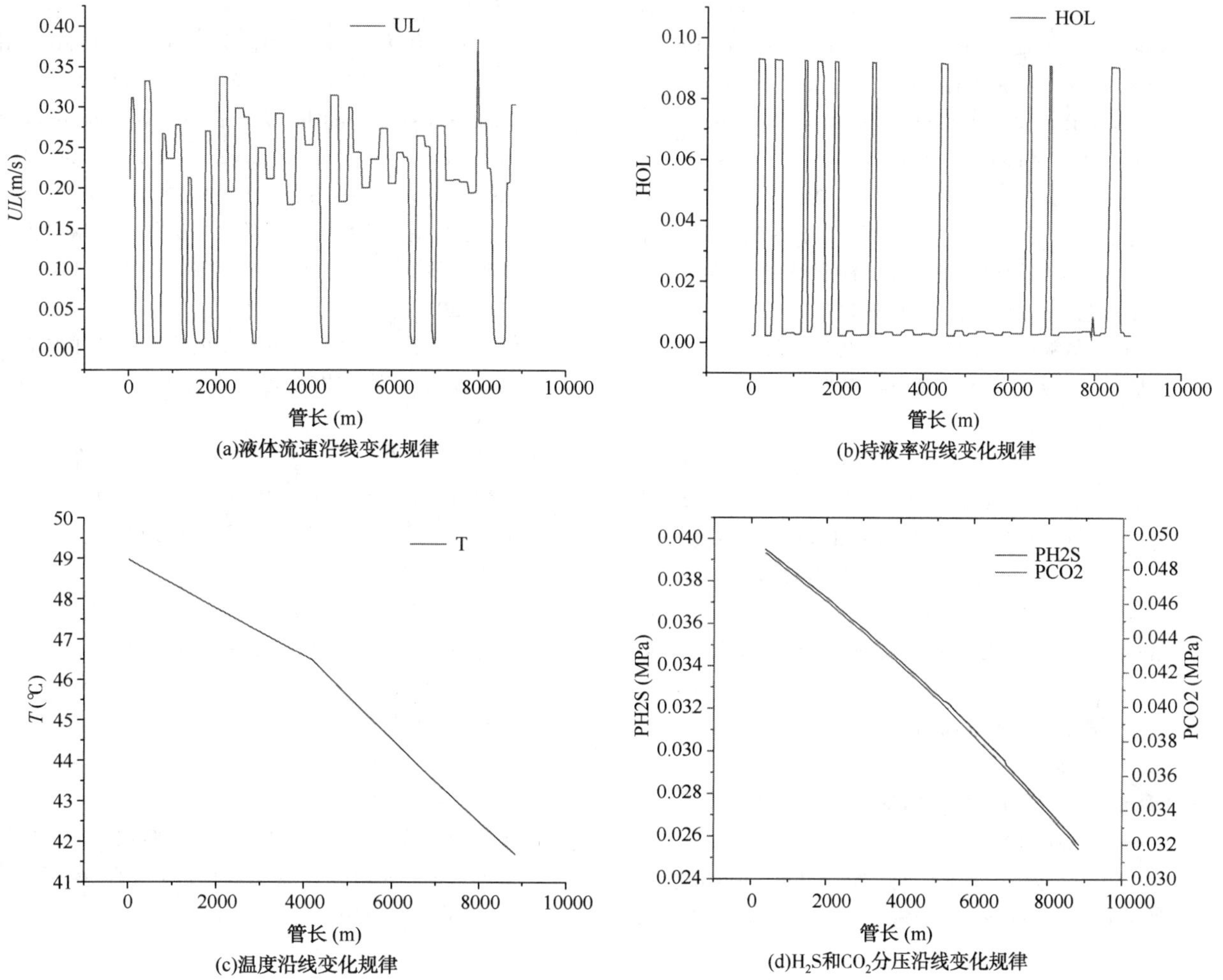

图 10　中间站天然气管线监测数据

5　结论

本文采用多相流瞬态计算模型对管线流动介质参数进行了模拟分析，利用 Apriori 关联规则挖掘算法确定关联性规则，并建立了三种腐蚀程度判断图版，结论如下：

（1）采用多相流瞬态模型计算得到了管道沿线温度、液体流速、持液率、硫化氢和二氧化碳分压的变化情况；

（2）利用 Apriori 关联规则挖掘算法，结合多相流瞬态模型计算得到的数据，建立了液体流速-持液率、温度-P_{CO_2}/P_{H_2S}和液体流速-P_{CO_2}/P_{H_2S}三种腐蚀程度判断图版；

（3）对建立的腐蚀程度判断图版进行验证和应用实例分析，对现场管线腐蚀程度预测准确率达 91.67%，有力地说明了利用图版对管线腐蚀程度的判断是十分可靠的。

参考文献

[1] 周康. 高含硫天然气在管道输送中防腐对策研究[J]. 中国石油和化工标准与质量，2023，43(17)：40-42.

[2] 梁国华. 高含硫天然气集输管道腐蚀与泄漏定量风险研究[J]. 石油化工腐蚀与防护，2022，39(05)：24-27.

[3] 吴小平，杨罗，田晓龙. 基于 RS-ISOA-KELM 的输气管道内腐蚀速率预测方法[J]. 油气储运，2023，21(12)：1-14.

[4] 李文君. 油田油水集输管道腐蚀预警研究[D]. 西安石油大学，2021.

[5] 闫振星. 石油化工管道冲刷腐蚀失效分析与预测研究[D]. 大连理工大学，2021.

[6] 蒋宏业，刘映雪，何莎，等. 集输管道 CO_2腐蚀预测机理模型研究[J]. 西南石油大学学报(自然科学版)，2023，45(02)：178-188.

[7] Peng Shanbi，Zhang Zhe，Liu Enbin，et al. A new hybrid algorithm model for prediction of internal corrosion

rate of multiphase pipeline[J]. Journal of Natural Gas Science and Engineering, 2021, 85(07): 103716.

[8] Chen Wang, Gang Ma, Junfei Li, et al. Prediction of Corrosion Rate of Submarine Oil and Gas Pipelines Based on IA-SVM Model[J]. IOP Conference Series: Earth and Environmental Science, 2019, 242(2).

[9] 周逸轩，彭星煜，耿月华. 基于 LHS-Kriging-DW 的页岩气集输管道内腐蚀预测模型研究[J/OL]. 热加工工艺，2024，(16)：113-117.

[10] 赵鹏，葛鹏莉，贾旭东，等. 含硫湿气管道的内腐蚀直接评价方法[J]. 腐蚀与防护，2023，44(10)：98-102+105.

[11] Wenlong Jia et al. Characteristic analysis of a non-equilibrium thermodynamic two-fluid model for natural gas liquid pipe flow[J]. Journal of Natural Gas Science and Engineering, 2017, 40(12): 132-140.

[12] Tsai Benjamin, Mathieu Antoine, Montellà Eduard Puig, et al. An Eulerian two-phase flow model investigation on scour onset and backfill of a 2D pipeline [J]. European Journal of Mechanics/B Fluids, 2022, 91: 10-26.

[13] Dong Z., Bürgler M., Hohermuth B., Vetsch D. F. Density-based turbulence damping at large-scale interface for Reynolds-averaged two-fluid models[J]. Chemical Engineering Science, 2022, 247(12): 116975.

[14] 李文锋，陈俊贤. 基于动态关联规则的 TApriori 算法[J/OL]. 南京邮电大学报，2021(04)：67-73.

[15] Zhang Xiaoying, and Jian Zhang. Analysis and research on library user behavior based on apriori algorithm. Measurement: Sensors, 2023 14(27): 100802.

[16] 韩杰林. 基于多相流模拟的大牛地气田集输管道腐蚀速率预测[J]. 全面腐蚀控制，2023，37(03)：127-130.

[17] 郭倩，殷丽凤. 基于散列技术的多层关联规则算法的改进[J]. 计算机工程与设计，2021，42(09)：2485-2491.

[18] 曾建强，张翔，田景春，等. 化学元素三角图版法在砂岩命名中的应用：以鄂尔多斯盆地南部镇泾地区延长组为例[J]. 矿物岩石地球化学通报，2020，39(01)：144-150.

[19] 白林坤，李大冬，向超，等. 一种新的气测录井资料解释图版——以南海东部 L 凹陷为例[J]. 广东化工，2021，48(01)：32-34.

[20] 罗鑫，王玉婷，王学强，等. 页岩气井三角图版法判别井筒积液研究[J]. 特种油气藏，2020，27(04)：168-174.

[21] 张庆国，吕星辉，王海娇. TAS 图版法在火成岩岩性识别中的应用[J]. 黑龙江科技大学学报，2019，29(06)：678-681.

滑套可溶开启工具研制及应用

刘　涛　侯治民　胡顺渠　崔警宇

（中国石化西南油气分公司）

摘　要　针对全通径无级滑套分段压裂施工作业后，需动用连续油管设备携带专用打捞工具将提出滑套开启工具从井内逐一打捞出井，施工风险大、成本高，提出一种研制滑套可溶开启工具的新思路。考虑开启工具工作载荷大和可溶性需求，设计开发了一种含稀土 Gd 的高强度可溶镁合金体系，通过成分调整及合金化，形成了 360MPa、400MPa、450MPa 等 3 种抗拉强度级别的材料类型，为开启工具卡挂件、球座及密封球材质选型提供材料支撑。通过可溶开启工具封堵滑套后有限元分析，在 35MPa 压差作用下最大应力 226.7MPa，小于材料屈服强度，能基本满足服役工况。针对可溶镁合金材料基体硬度低、耐磨性差等问题，采用超音速热喷涂工艺在可溶开启工具易磨损的凸齿部位形成一层高硬度耐磨涂层，通过开启工具实物在地面流程开展的泵送磨损试验，优选出耐磨性最佳的涂层方案，优化后可溶开启工具在 1m³/min 排量经过 4000m 行程仅发生轻微磨损，顺利开启滑套。可溶开启工具全尺寸实物溶解表明，在含氯根离子浓度 2106.7mg/L，矿化度 8364/L 压返液中 90℃下一周内全部溶解成末状残渣，具有良好的溶解性。研制的可溶开启工具在四川某气田开实现规模化推广应用，累计应用 12 口井、167 只，滑套开启明显，施工顺利，在 JS33-42HF 井、JS33-41HF 井、JS33-44HF 井等井取得了较显著的应用效果，日均产气大于 $3\times10^4m^3$，压后自然形成全通径，减少连续油管作业时间，较显著地节约了作业成本。

关键词　致密气；滑套；压裂；溶解；耐磨；表面处理；有限元

随着天然气勘探开发的深入，致密气、煤层气和页岩气等非常规天然气已逐渐成为增储上产的重要组成部分。经过二十多年的发展，水平井分段压裂技术已公认为非常规天然气高效开采的主要技术手段，分段改造级数最高达 20 段以上，压裂后单井初期日产量是直井的 4～5 倍。目前应用最多的分段压裂改造技术主要有桥塞/球座+分簇射孔联作工艺、多级滑套分段压裂工艺、连续油管/油管拖动压裂工艺等三大类。其中，多级滑套分段压裂工艺具有定点压裂、不动管柱、施工连续、效率高等优点。近年来，随着滑套工具技术快速发展，国内外各大公司陆续推出了可实现全通径、无限级分段功能的各类滑套产品，以满足水平井分段压裂“细分段、大体积、强加砂”等施工技术需求。全通径无级滑套分段压裂施工作业后，通常需动用连续油管携带专用打捞工具逐个将滑套开启工具从井内打捞出井，存在耗时长、成本高、作业风险大等不足。为实现压裂施工后快速投产，本文拟介绍滑套可溶开启工具研制相关工作，为现场应用提供支撑。

1　全通径无级滑套基本结构及原理

全通径无限级滑套基于“一把钥匙开一把锁”的设计理念，主要包括开启工具与滑套本体两大部件，其结构如图 1 所示。通过分布在滑套本体内壁与开启工具弹片外壁的凸齿-凹槽轮廓唯一性匹配，实现两者的啮合，在一定液压下剪断滑套销钉，从而开启滑套。通过设计不同的凸齿-凹槽轮廓参数，理论上可以实现不受级数限制的滑套与开启工具，且所有滑套保持全通径。如图 2 所示，施工时，根据分段级数设计，按照一定顺序将多个滑套与压裂管柱连接下入到设计井深位置，依序从井口投放开启工具，泵送到匹配滑套后逐一开启实施逐层分段压裂作业。

2　工具本体可溶材料设计

为实现开启工具完全可溶效果，针对其高应力载荷严苛服役工况设计开发了一种含稀土 Gd 的高强度可溶镁合金，其中镁含量超过 80%、Gd 含量为 15.5%～17.5%，剩余部分为其他元素。通过固溶强化、细晶强化、第二相强化、位错强化等多强化机制使材料强度在常规可溶镁基础上提高 30%～50%，溶解性方面通过掺杂 Fe、Ni、Cu 等改性元素，在合金内部形成微电偶腐蚀，为工具在井筒中顺利可溶创造条件。

开启工具由卡挂件、密封球、球座等部件组成，均采用镁基可溶合金制作而成，并且根据不同组件受力状况和溶解速率需求上进行不同的材料选择，如表 1 所示，其中卡挂件选用强度最高的 C 型、球座选择强度次之的 B 型、密封球选择 A 型。

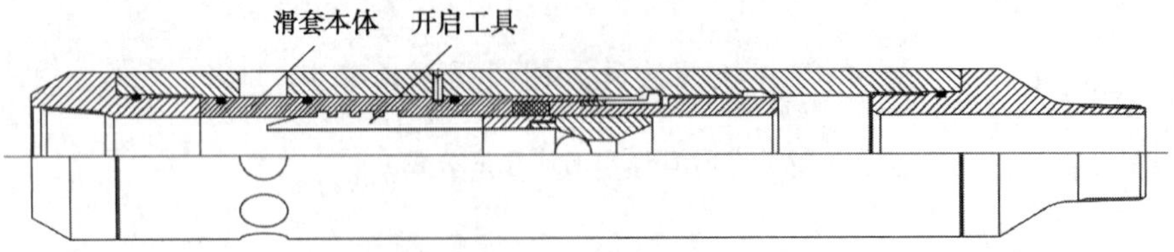

图 1　全通径无限级滑套示意图

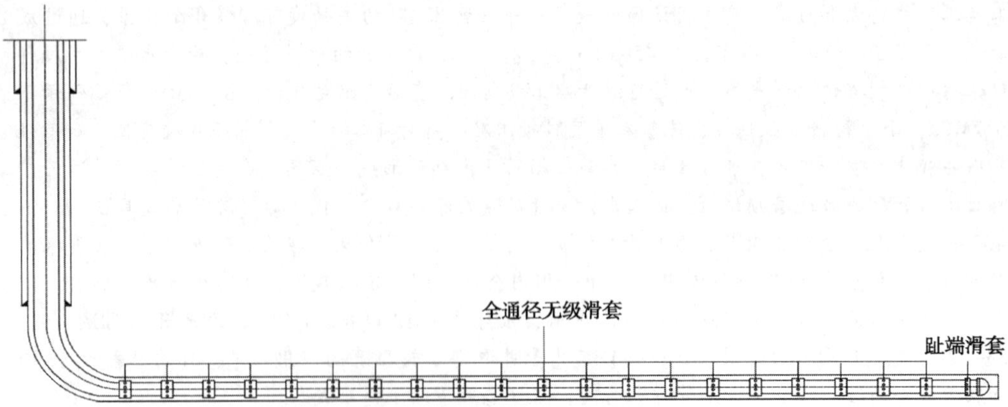

图 2　滑套压裂管柱示意图

表 1　不同种类的镁基可溶合金性能表

材料类型	机械性能				溶解性能	
	抗拉强度/MPa	屈服强度/MPa	延伸率/%	布氏硬度/HB	溶解条件	溶解速率/[mg/(cm² · h)]
A	≥360	≥250	≥3	≥90	93℃/3KCl%	50~80
B	≥400	≥300	≥5	≥100	93℃/3KCl%	40~60
C	≥450	≥350	≥3	≥110	93℃/3KCl%	10~30

3　可溶开启工具受力有限元分析

3.1　模型建立与网格划分

根据开启工具工作状态，聚焦受力关键部位，简化结构并建立三维模型，对模型进行网格划分，获得离散的分析模型，将三维几何模型导入专业的前处理工具进行网格划分，如图 3 所示。

根据计算要求，将工作筒材质设置为 P110 钢材级别，可溶材料参数根据材料商提供的数据，材料属性如表 2 所示。

根据可溶开启工具使用工况情况，主要校核可能发生的断裂点及能够承受的应力极限值，计算边界设置如下：管道外壁固定，内部卡挂位置直接采用绑定接触处理，在轴向截面区域施加压力载荷，计算如图 4 所示。在受力面施加 35MPa 压力均匀载荷时，计算结果如图 5 所示，最大应力值为 226.7MPa，低于可溶材料最小屈服强度，开启工具结构设计合理，应力分布均匀。

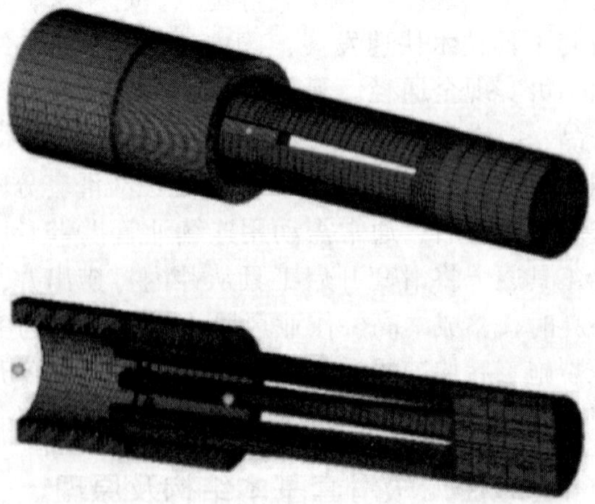

图 3　开启工具工作状态三维模型网格划分图

表 2　计算材料参数表

材料	弹性模量/MPa	泊松比	屈服强度/MPa	抗拉强度/MPa
P110	212000	0.277	355	600
可溶材料	44817.5	0.27	355(max) 340(min)	455(max) 430(min)

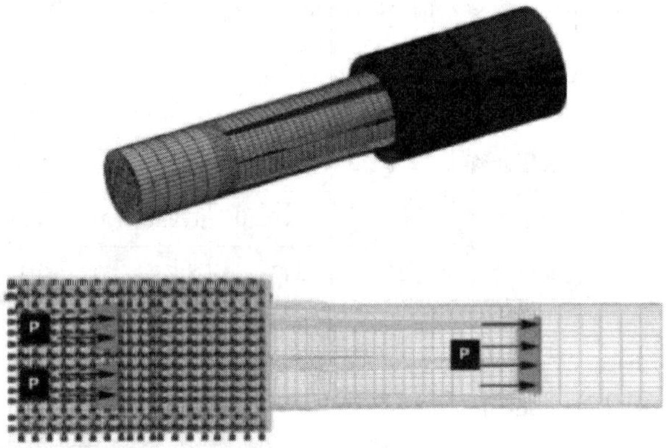

图 4　载荷施加示意图

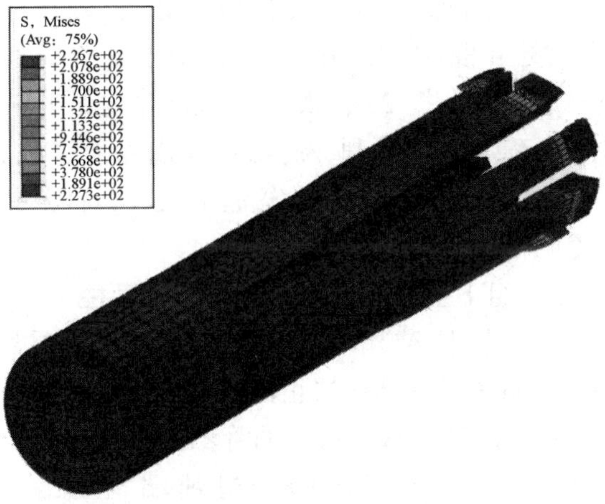

图 5　可溶开启工具 Mises 应力分布云图

3.2　滑套可溶开启工具耐磨设计及功能试验

镁合金材料硬度仅为合金钢硬度的三分之一至四分之一，低硬度导致其耐磨性较差。开启工具从井口投放后，在井筒内泵送数千米后才能抵达目标滑套，泵送时其弹片凸齿始终与井筒内壁贴合，承受一定程度磨损，耐磨性与卡挂可靠性密切相关。为提高开启工具耐磨可靠性，采用超音速喷涂工艺对开启工具易磨损凸齿部位喷涂不同材质的耐磨材料涂层。如图 6 所示，在自主设计的地面管线试验流程上开展了模拟工况下磨损试验。

如图 7 所示，在 $1m^3/min$ 排量下经过 4000m 磨损试验表明，未进行表面耐磨涂层处理的可溶开启工具凸齿磨损覆盖面达 100%，直接导致工具报废，无法正常实现滑套开启功能。采用 NM-1#型涂层、NM-2#型涂层和 NM-3#型涂层进行耐磨处理后，开启工具弹片凸齿磨损量明显下降，经过表明耐磨涂层处理磨损后仅在工具凸齿端面发生轻微圆弧状磨损，总体齿高不变，其中 NM-03#涂层磨损量最少，如图 8 所示，耐磨效果最优，通过喷涂涂层能显著提高工具耐磨性，并确保滑套能顺利开启。如图 9 所示经耐磨处理后可溶开启工具在 $1m^3/min$ 排量开启滑套并露出压裂孔的滑套实物图。

图 6　地面流程实物图

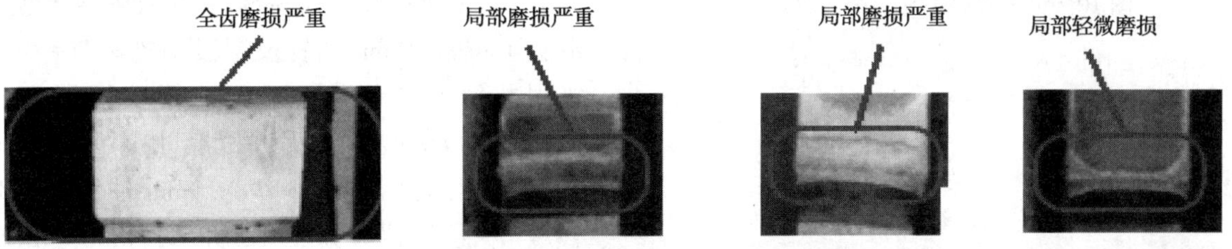

(a)未耐磨处理　(b)未耐磨处理喷涂NM-01#型涂层　(c)喷涂NM-02#型涂层　(d)喷涂NM-03#型涂层

图 7　可溶开启工具耐磨处理前后磨损实物

在大尺寸油浴锅中将某井氯根离子浓度 2106.7mg/L、矿化度 8364mg/L 压返液加温到 90℃后进行可溶开启工具实物溶解试验评价，浸泡约一周时间后，如图 10 所示，工具全部溶解成末状残渣。如图 11 所示，从失重曲线看，开启工具溶解质量几乎呈直线趋势下降。

4　现场应用

可溶开启工具在四川某气田实现推广应用，累计应用 12 口井、167 只，滑套开启迹象明显，施工过程顺利，在 JS33-42HF 井、JS33-41HF 井、JS33-44HF 井等井取得了较显著的应用效果，日产气大于 $3\times10^4m^3$，压后自然形成全通径，减少连续油管作业时间，较显著地节约了作业成本。

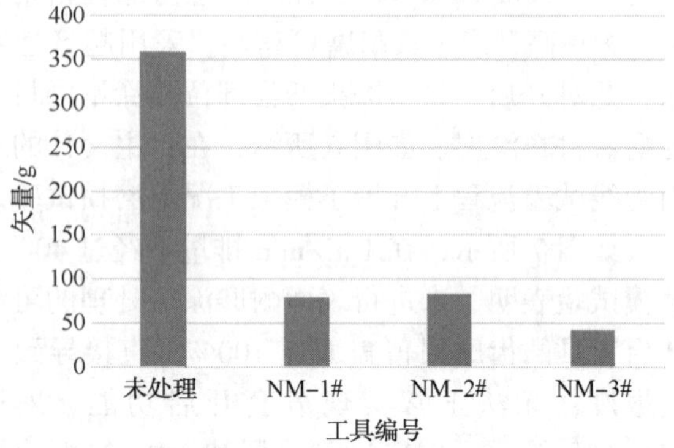

图 8　3 种耐磨涂层工具磨损量统计比较图

图 9　滑套开启实物图

图 10　可溶开启工具完全溶解

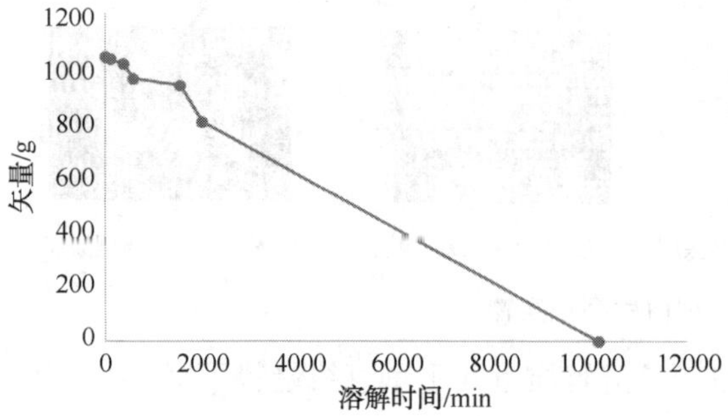

图 11　可溶开启工具溶解质量变化曲线

4.1　典型井应用

JS33-42HF 井是川西坳陷东部斜坡回龙构造部署的一口开发井，完钻井深 3472m，垂深 2293.97m，水平段长 991.93m，完钻层位为下沙溪庙组，完井方式为 Φ89mm 全通径无级滑套一体化完井，井身结构数据如表 3 所示。

表 3　井身结构数据表

开钻程序	套管名称	钻头程序		套管程序		
		井眼尺寸/mm	钻达井深/m	尺寸/mm	下入井段/m	
					起	止
导管	导管	444.5	35.0	339.7	0	34.90
一开	表层套管	311.2	291.0	273.1	0	289.59
二开	技术套管	241.3	2482.0	177.8	0	2480.07
三开	油层套管	152.4	3472.0	88.9	0	3460.39

4.2　施工流程

4.2.1　通井

在组下全通径无级滑套一体化管柱前，采用钻具带单/双扶正器对裸眼段进行通井，通井管柱结构(自下而上)：Φ152.4mm 钻头+双母回压阀+钻杆 3 根+Φ148mm 扶正器+钻杆组合。通井至井底后，上提 2m，大排量循环井内钻井液至井筒平稳。通井顺利，起出钻具进行下步施工；通井不顺，则增加裸眼段短起下次数，直至井段无遇阻情况。

4.2.2　组下全通径无级滑套一体化管柱

（1）管柱结构(自下而上)：89 型浮鞋+Φ88.9mm 短节一根(扶正器)+Φ88.9mm 油管×2 根+89 型浮箍+Φ88.9mm 油管×1 根+89 型浮箍+Φ88.9mm 油管 5 根+89 型趾端滑套 * 1+Φ88.9mm * 短节×1 根++89 型趾端滑套 * 1+Φ88.9mm 油管及层段调整短节+89 型无级固井滑套 1+Φ88.9mm 油管及层段调整短节+89 型无级固井滑套 2+Φ88.9mm 油管及层段调整短节+……+89 型无级固井滑套 13+Φ88.9mm 油管+89 型循环滑套 * 1+Φ88.9mm 油管及井口调整短节+悬挂器。如图 12 所示，JS33-42HF 井完井管柱，如表 4 所示，全通径无级滑套一体化管柱主要工具设计下深数据。

（2）固井施工：严格按照钻井设计、固井设计要求进行固井施工，要求碰压不漏，侯凝 48h 以上进行测井、全井筒试压至 60MPa，稳压 30min，压降小于 0.5MPa，试压合格后，打压至 70MPa 打开趾端滑套。

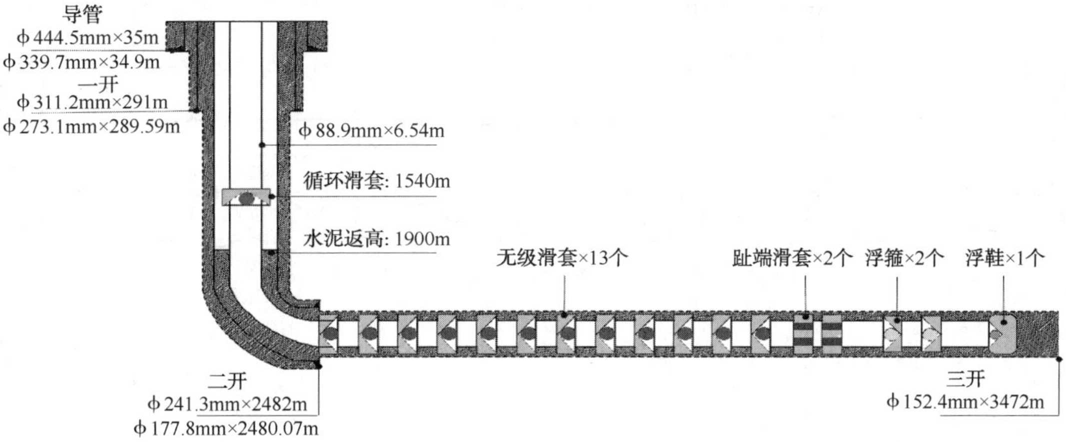

图 12　JS33-42HF 井完井管柱结构示意图

表 4　全通径无级滑套一体化管柱主要工具设计下深数据表

工具名称	设计下深/m	级号	设计下深/m
浮鞋	3460.3	6 号滑套	3087
浮箍 1	3439.8	7 号滑套	3000
浮箍 2	3429.8	8 号滑套	2916
趾端滑套 1	3381.5	9 号滑套	2839
趾端滑套 2	3377.5	10 号滑套	2765
1 号滑套	3380	11 号滑套	2683
2 号滑套	3310	12 号滑套	2621
3 号滑套	3264	13 号滑套	2553.5
4 号滑套	3206	14 号滑套	2496
5 号滑套	3148		

4.2.3　投送可溶开启工具开无级滑套及压裂施工

（1）首段压裂：采用趾端滑套压裂，无需投放开启工具，直接按照加砂压裂设计进行现场压裂施工。

（2）第 2 段压裂：投放开启工具前，以 4~5m^3/min 排量洗井，洗井液大于 1 个井筒容积，洗井结束后以 1m^3/min 排量泵送开启工具，开启滑套后，转入压裂施工。

（3）重复步骤(2)，完成剩余 12 级滑套开启及对应储层改造施工。

（4）投送开启工具，打开循环滑套。

（5）压后排液、试气求产。

4.3　施工情况及应用效果

该井施工过程顺利，组装 14 个全通径无级滑套一体化完井管柱按照设计要求下入到预定深度，完成固井碰压作业，全井筒试压合格，趾端滑套正常开启。13 个压裂无级滑套及 1 个循环滑套正常打开，滑套开启压力 16~19MPa。施工全过程不动管柱，施工连续、高效，平均单段施工时间 1.2h，加砂压裂施工典型曲线如图 13 所示。

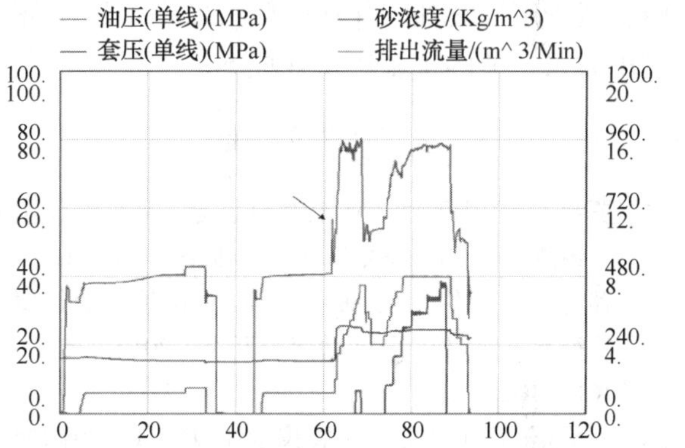

图 13　JS33-42HF 井第二段滑套打开及加砂压裂施工曲线图

该井累计注入地层总液量 2347.3m^3，平均单层入井液量 167.7m^3，累计入地加砂量 252.6m^3，单层最大加砂量 26.5m^3，单层最大施工排量 7.8m^3/min。经过加砂压裂后，累计排液 501m^3，返排率 20.68%，获天然气产量 3.42×10^{4}m^3/d，投产后 45 个月后，累计产气量 5000×10^{4}m^3，累计产油 511t，如图 14 所示。

5　结论与建议

（1）设计优选了一种高强可溶镁合金材料作为开启工具材质，借助有限元模拟分析了工具受力应力分布，其应力小于材料屈服强度，能满足现场服役要求。

（2）地面磨损试验表明，可溶开启工具采用超高音速热喷涂在凸齿表面制备耐磨涂层后，耐磨性能大幅提升，解决了可溶材料硬度低、表面

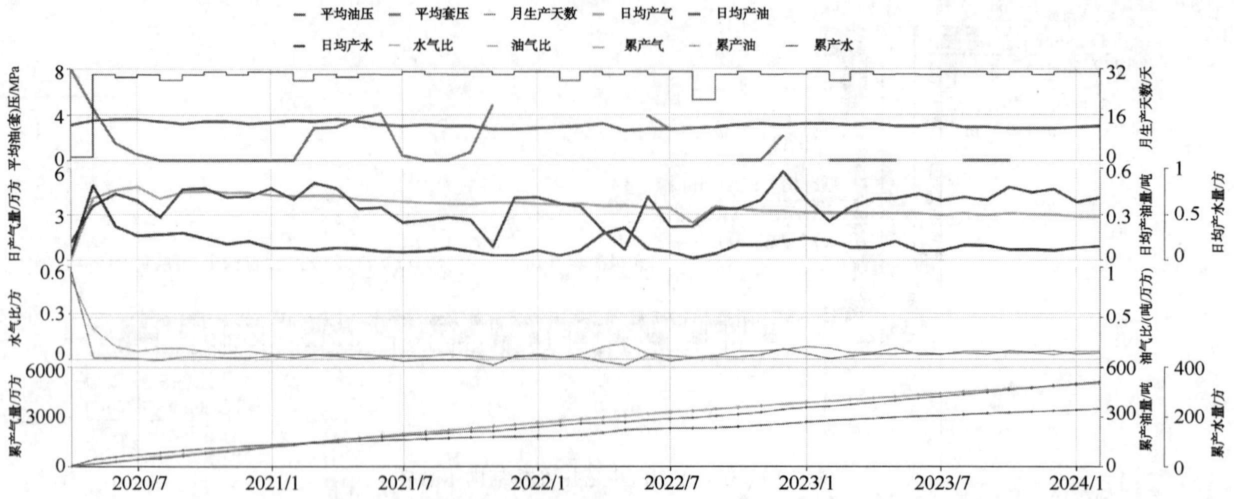

图 14　JS33-42 井综合采气曲线

耐磨性能差的问题，耐磨优化后能顺利实现滑套正常开启。

（3）可溶开启工具在四川某气田实现推广应用，减少了连续油管作业时间，取得了较显著的应用效果，节约了施工作业成本。

参 考 文 献

[1] 贾承造. 中国石油工业上游前景与未来理论技术五大挑战[J]. 石油学报，2024，45(01)：1-14.

[2] 孙龙德，邹才能，贾爱林，等. 中国致密油气发展特征与方向[J]. 石油勘探与开发，2019，46(06)：1015-1026.

[3] 刘成桢. 水平井分段压裂技术在致密气田中的应用[J]. 石化技术，2023，30(09)：89-91.

[4] 付玉坤，喻成刚，尹强，等. 国内外页岩气水平井分段压裂工具发展现状及趋势[J]. 石油钻采工艺，2017，39(04)：514-520.

[5] 张道鹏，谢明，李斌，等. 无限级套管滑套分段压裂工具研制与应用[J]. 钻采工艺，2020，43(04)：82-84，88.

[6] 朱玉杰，郭朝辉，魏辽，等. 套管固井分段压裂滑套关键技术分析[J]. 石油机械，2013，41(08)：102-106.

[7] 蒋廷学. 非常规油气藏新一代体积压裂技术的几个关键问题探讨[J]. 石油钻探技术，2023，51(04)：184-191.

[8] 胡顺渠，戚斌，侯治民等. 全通径无级滑套研制及应用[J]. 钻采工艺，2018，41(4)：73-77.

旋进旋涡流量计湿气计量特征及误差修正

聂　岚　周海川

（中国石化西南油气分公司）

摘　要　针对旋进旋涡流量计在井口湿气计量时计量误差较大，计量精度低的问题，通过室内湿气实验弄清了旋进旋涡流量计“虚低”等湿气计量特征，发现了体积含液率 F_{VL} 分别与虚低系数、脉冲串时间长度之间的规律；基于湿气计量特征，建立了关于体积含液率 F_{VL}、虚低系数、脉冲串时间长度的计量误差修正模型，并通过室内实验和现场试验，对计量误差修正模型进行了双重验证。研究结果表明：①旋涡进动主频率受噪声的影响与液相流量呈正相关，液相流量越大，旋涡信号越弱，在 $F_{VL}=5\%$ 时，无法有效计量；②当体积含液率 F_{VL} 在 $0\leq F_{VL}\leq 0.5\%$ 范围时，其虚低呈现一定的规律性和稳定性，虚低系数越小，偏离真实流量的程度越大；③当一个脉冲串内包含 100 个脉冲时，脉冲串的时间长度与体积含液率具有较好的相关性；④基于湿气计量特征建立的计量误差修正模型稳定可靠。修正后，计量误差大大降低，计量误差在±2%以内的占比由 10%↑97%；⑤计量误差修正模型在气水工况下具有较好的适应性，误差在±10%以内的占比由 39.7%提高至 97.5%。结论认为：本研究只在芯片中植入了计量误差修正模型的算法，不增加流量计硬件成本，具有较高的实际推广应用价值。

关键词　旋进旋涡；湿气计量；误差；修正；脉冲串时间长度

湿气计量工艺改变了传统的轮换计量模式，实现单井连续计量的同时，提高了站场无人值守和信息化水平，并能简化站场工艺，对气田精细、效益开发至关重要。旋进旋涡流量计在气体中含有少量液体时，仍可以输出旋涡频率信号，因此广泛应用于各气田天然气井口湿气计量。分公司从 2012 年开始探索旋进旋涡流量计在天然气井口湿气计量的适应性，在使用过程中发现，天然气中含有液体时，旋进旋涡流量计虽能有效计量，但计量误差较大，难以满足现场生产计量要求。

现阶段，王川红等对影响孔板流量计计量精度的主要因素进行了综合分析；华陈权等开展了槽式孔板湿气计量特性试验研究，提出了基于神经网络的槽式孔板湿气计量修正模型；魏方方等利用 Fluent 软件仿真模拟了单气相、单液相、气液两相在文丘里管内流动特性，提出了文丘里管内湿天然气测量虚高的数值模拟方法。但大多建立的是孔板等差压式流量计的计量误差修正模型，对旋进旋涡流量计的误差修正研究较少。胡艳峰等人定性分析了旋进旋涡流量计起旋器堵塞、磨损情况下相对误差的大小；何馨雨等人对旋进旋涡流量计开展了数值模拟研究；天津大学的王华杰在研究生期间，开展了旋进旋涡流量计湿气测量特征研究，但都停留于室内实验和理论研究阶段，无法从根本上解决现场生产难题。

因此，笔者与天津大学联合开展了旋进旋涡流量计室内湿气实验，弄清了旋进旋涡

流量计的湿气计量特征，发现了体积含液率 F_{VL} 分别与虚低系数、脉冲串时间长度之间的关系；基于湿气计量的“虚低”特征和不同长度信号脉冲串时间长度特征，建立了计量误差修正模型，通过室内实验和现场应用，对计量误差修正模型进行了双重验证，证实建立的计量误差修正模型稳定可靠。修正后计量精度显著提高，且只在芯片中植入了计量误差修正模型的算法，不增加流量计硬件成本，具有较高的实际推广应用价值。

1　湿气实验装置及实验工况参数

旋涡进动频率信号特征的研究在天津大学的湿气实验装置上进行，实验装置采用双路闭环设计，由气相回路和液相回路组成，分别采用风机和增压水泵对气相回路、液相回路进行循环驱动。实验压力、流量、含液率均可调节，实验介质为压缩空气和水，实验所用仪表为华尔威的旋进旋涡流量计，精度等级 1.5 级，仪表系数 K 为 $157121/m^3$，量程为 $10\sim150m^3/h$。装置原理流程图如图 1、图 2 所示，湿气实验工况参数如表 1 所示。

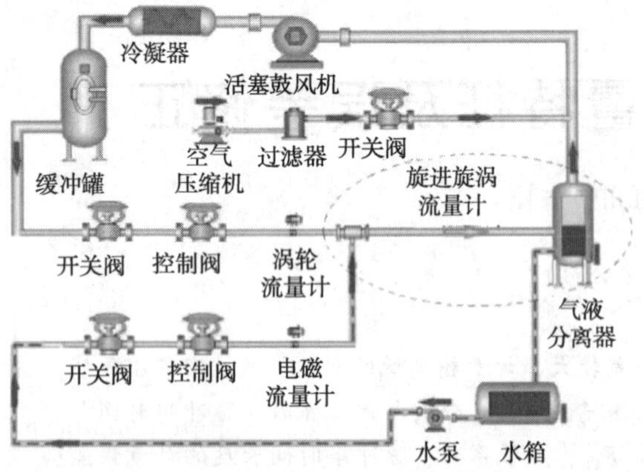

图1　湿气实验装置原理流程图

图2　实验管路安装图

表1　湿气实验工况参数

压力/MPa	气相流速/(m/s)	气相流量/(m^3/h)	F_{VL}/%	压力/MPa	气相流速/(m/s)	气相流量/(m^3/h)	F_{VL}/%
0.4	12	84.8	0	0.6	12	84.8	0
0.4	12	84.8	0.04	0.6	12	84.8	0.04
0.4	12	84.8	0.07	0.6	12	84.8	0.07
0.4	12	84.8	0.1	0.6	12	84.8	0.1
0.4	12	84.8	0.3	0.6	12	84.8	0.3
0.4	12	84.8	0.5	0.6	12	84.8	0.5
0.4	12	84.8	1	0.6	12	84.8	1
0.4	12	84.8	5	0.6	12	84.8	5
0.4	15	106	0	0.6	15	106	0
0.4	15	106	0.04	0.6	15	106	0.04
0.4	15	106	0.07	0.6	15	106	0.07
0.4	15	106	0.1	0.6	15	106	0.1
0.4	15	106	0.3	0.6	15	106	0.3
0.4	15	106	0.5	0.6	15	106	0.5
0.4	15	106	1	0.6	15	106	1
0.4	15	106	5	0.6	15	106	5

通过采集标准表和实验表计量的流量数据，实验表的脉冲信号幅值、时间长度等数据，采用相对误差评价方法、频谱分析等方法对实验数据进行处理分析，从而明确实验表的湿气计量特征。

2　旋进旋涡流量计湿气计量特征

2.1　旋涡进动信号的时频特征

对旋涡进动信号进行频谱分析，可弄清旋涡进动信号的时频特征。频谱分析是指将信号做傅里叶变换从而进行分析，描述信号在各个频率上的分布大小。

分别对压力0.4MPa、气相体积流量84m^3/h条件下，体积含液率F_{VL}为0、0.04%、1%、5%下的旋涡进动信号进行了频谱分析，如图3所示。

从频谱图中可以看出，随着F_{VL}的增大，旋涡进动信号幅值的波动增大，并逐渐变得紊乱，不再具有规律性，具体体现如下：①当管道中为干气($F_{VL}=0$)时，旋涡信号为周期性的正弦信号，频率尖峰明显，频率峰值在150Hz左右，此时旋涡信号稳定，干扰信号很少；②当管道中为极少含液($F_{VL}=0.04\%$)时，正弦信号受到干扰，已呈现出2个峰值，但还可分辨出主频率峰值150Hz；③当管道中为少量含液($F_{VL}=1\%$)时，主频率的尖峰已不明显，旋涡频率集中在

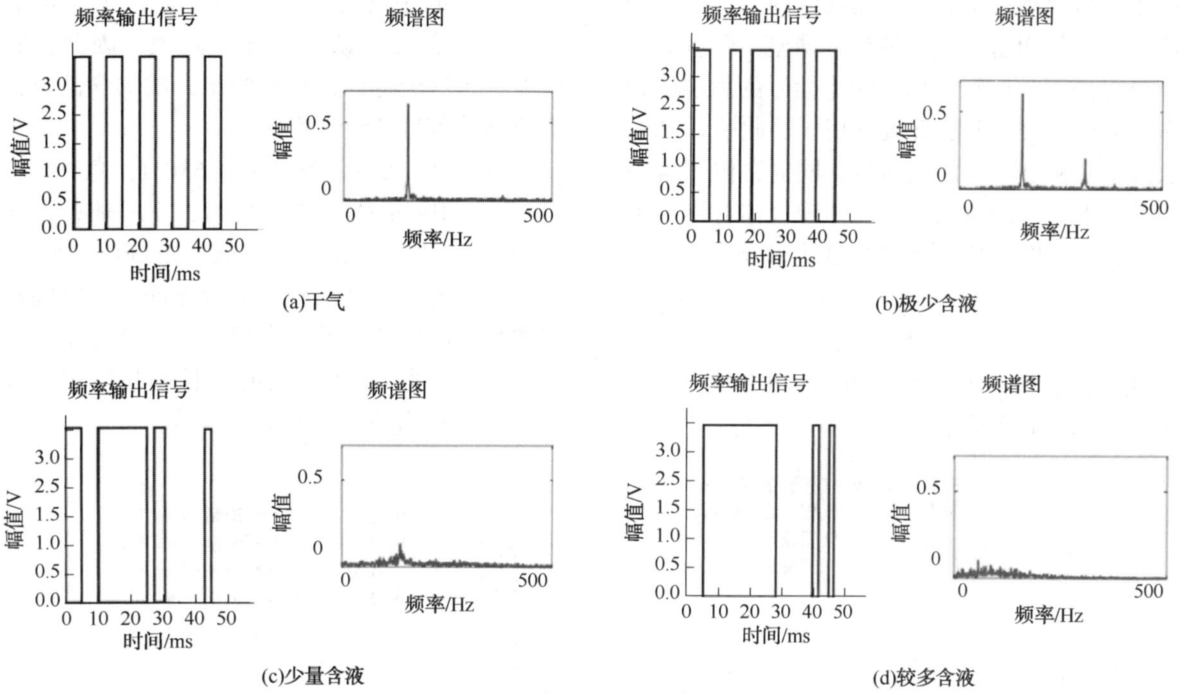

图 3　旋涡进动信号的时域与频域特征

150Hz 左右，此时因液相的存在已经对原始旋涡信号造成了干扰和影响；④在含液较多(F_{VL}=5%)时，频谱图中已经没有频率尖峰，频谱分析无法提取有效的旋涡进动频谱。

从频率输出信号图可以看出，相同时间内(50ms)，随 F_{VL}的增大，脉冲信号的时间长度与间距的变化逐渐增大，规律性逐渐减弱，脉冲个数逐渐减小，从而导致输出的旋涡频率降低。

室内湿气实验结果反映出旋涡进动信号的时频特征：当被测流体为干气时，原始频率信号为规律的正弦信号，具有一定的周期性，绘制的频谱图谱峰明显，频率单一；而被测流体为气液两相流时，原始信号受液相流量的影响夹杂了很多干扰信号，绘制的频谱图不再具有周期性。当管内为气液两相流时，旋涡进动主频率受噪声的影响与液相流量呈正相关，液相流量越大，旋涡信号越弱，甚至被噪声淹没，最终导致旋涡进动效应消失，无法有效计量。

2.2　旋涡进动频率的虚低特征

当采用旋进旋涡流量计进行湿气计量时，由于液相的存在使得流体密度增加，旋涡进动的速度及频率降低，从而导致气相流量的测量值小于真实值，即为旋涡进动频率的“虚低”特征，体现了含液率和测量结果的关系。虚低的定义式如下：

$$\phi=\frac{Q_{测量}}{Q_{真实}} \tag{1}$$

式中，ϕ 为虚低系数，无量纲；$Q_{真实}$为仅为单相气体时的真实流量；$Q_{测量}$为湿气状态下的实测流量(虚低流量)。

分别开展了压力 0.4MPa、0.6MPa、气相流速 12m/s、15m/s 工况条件时，不同体积含液率下的湿气实验，实验发现：当 $0\leqslant F_{VL}\leqslant 0.5\%$时，湿气计量的虚低现象呈现出一定的规律性和稳定性，虚低系数 ϕ 越小，偏离真实流量的程度就越大。如图 4 所示。

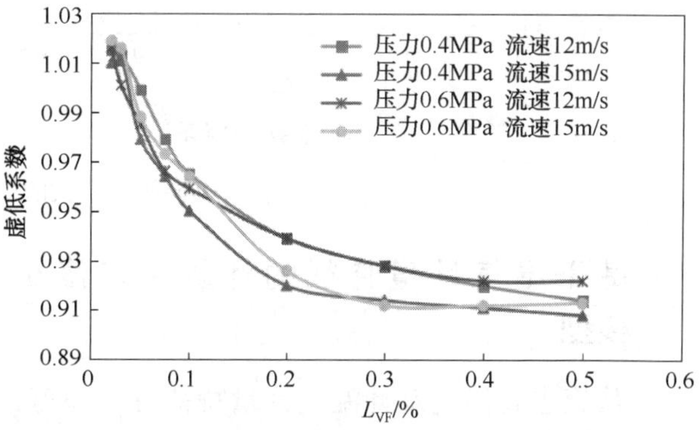

图 4　旋涡进动频率的虚低特征($0\leqslant L_{VF}\leqslant 0.5\%$)

2.3　脉冲串时间长度特征

湿气状态下，与干气状态不同的是，介质的含液除了会影响旋涡进动信号的形成外，还在一定程度上影响信号的稳定性。含极少量液都会导致原始信号出现紊乱，不再是均匀的、周期性的脉冲信号，从而造成较大的计量误差，严重时仪表甚至无法正常运行。由于频率信号的影响因素较多，随机性大，无法直接利用，因此引入脉冲串长度，来减小信号的随机性，同时，体积含液率与脉冲串长度的关系，还能体现气体含液导致信号的紊乱程度。“脉冲串长度变化率”定义如下。

$$R_{n-m}=\frac{1}{m}\sum_{i=1}^{m}\frac{\left|t_i-\bar{t}\right|}{\bar{t}} \tag{2}$$

式中，n 为每个脉冲串内的脉冲个数；m 为脉冲串个数；t_i 为第 i 个脉冲串的时长；$\bar{t}$ 为 m 个脉冲串的平均时长。同样的条件下，含液率 L_{VF} 越高，信号的紊乱程度就越大。因此，我们可以利用这个特性，来推测出介质的含液率，以衡量脉冲信号的紊乱程度。

根据压力 0.4MPa、0.6MPa，气相流量 $84m^3/h$、$106m^3/h$ 工况条件时，不同体积含液率下的湿气实验结果，分别取 20、50、100、200 个脉冲作为一个脉冲串，分析脉冲串的时间长度与体积含液率的关系，发现当一个脉冲串内包含 100 个脉冲时，脉冲串的时间长度与体积含液率具有较好的相关性。如图 5 所示。

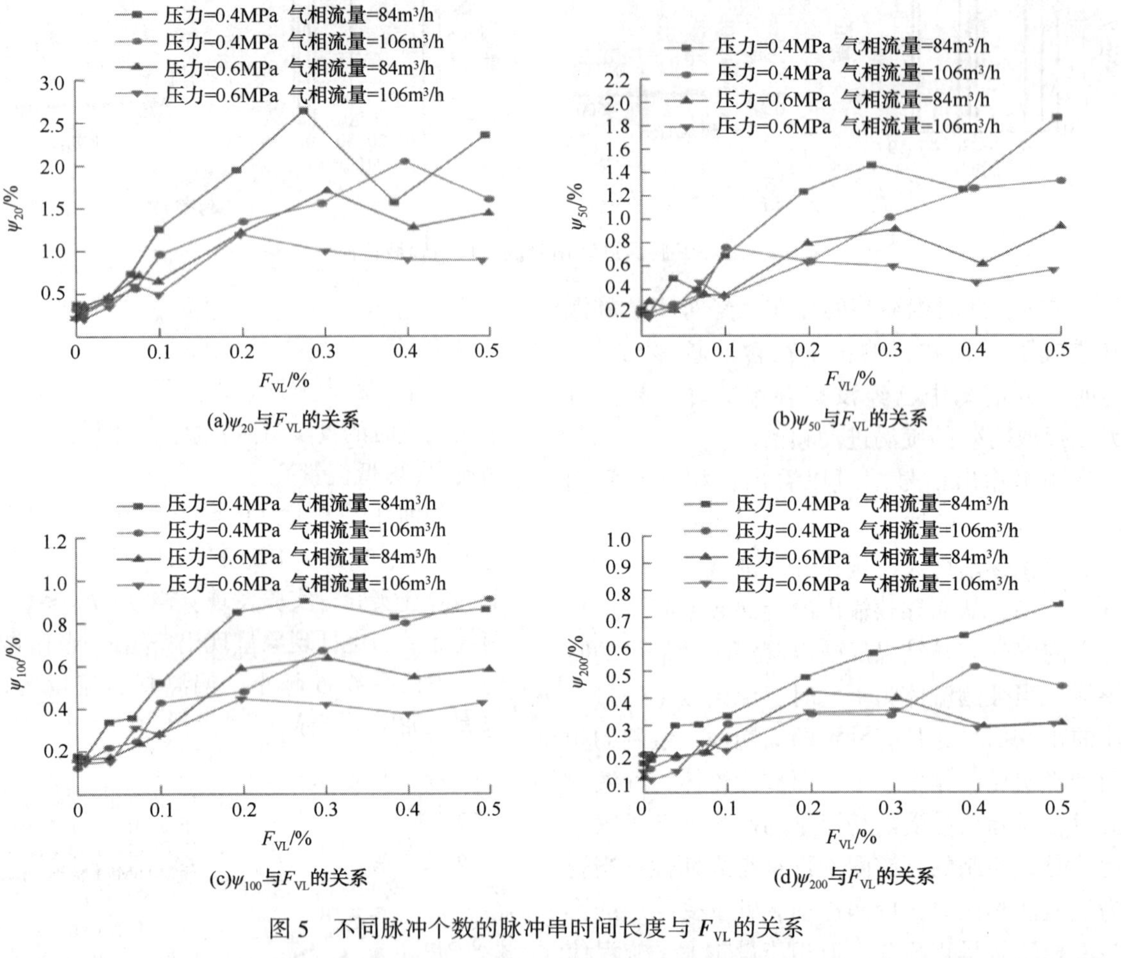

(a)ψ_{20}与F_{VL}的关系　(b)ψ_{50}与F_{VL}的关系

(c)ψ_{100}与F_{VL}的关系　(d)ψ_{200}与F_{VL}的关系

图 5　不同脉冲个数的脉冲串时间长度与 F_{VL} 的关系

3　基于湿气计量特征的计量误差修正模型

从旋进旋涡流量计湿气计量特征可以知道，当 F_{VL} 在 $0 \leqslant F_{VL} \leqslant 0.5\%$ 范围时，其虚低呈现一定的规律性和稳定性；当一个脉冲串内包含 100 个脉冲时，脉冲串的时间长度与体积含液率具有较好的相关性。因此，可以基于湿气计量的虚低特征和脉冲串时间长度特征，采用数据拟合的方式对函数的规律进行描述，从而获得旋进旋涡流量计的计量误差修正模型。

3.1　模型建立

通过对旋进频率进行分析，研究 F_{VL} 的对 ϕ 的影响，最后利用非线性回归方法建立 ϕ 的计算式，再通过式(1)便可求得修正后的气相流量。结合室内湿气实验数据和曲线，基于旋进旋涡流量计湿气计量的虚低特征和脉冲串时间长度特征，以二次函数模型为基础来对计量误差进行修正。计量误差修正模型如下：

$$\begin{cases} L_{VF}=[a(1-\phi)+b(1-\phi)^2]\times Q_{测量}^{c} \\ L_{VF}=(a_1\Delta R_{100-200}^2+b_1\Delta R_{100-200}+c_1)\times\dfrac{P}{P_0} \end{cases} \quad (3)$$

式中，ϕ 为虚低系数，无量纲；$Q_{测量}$为湿气状态下的实测流量，Nm^3/d。Δ 为脉冲串长度变化率 $R_{100-200}$在此点的值与在干气点的值之间的差值，ms；P_0为大气压强，MPa；P 为工况压强，MPa。a，b，c，a_1，b_1，c_1为修正模型中的相关参数。

3.2 模型相关参数确定

3.2.1 参数 a，b，c 的确定

旋进旋涡流量计湿气计量的“虚低”特征体现了体积含液率和测量结果的关系，结合实验结果进行拟合，得到参数 a，b，c 的值分别为 9.73×10^{-4}、0.0164、1.72。

3.2.2 参数 a_1，b_1，c_1的确定

脉冲串时间长度特征反映了体积含液率和信号紊乱程度的关系，由于湿气状态下，介质的含液会对旋进旋涡流量计造成干扰，导致设备的原始信号出现一定程度的紊乱，不再是均匀的脉冲信号。每个脉冲串包含 100 个脉冲时的时间长度与体积含液率 L_{VF}相关性较好。通过实验拟合和理论推导，得到参数 a_1，b_1，c_1的值分别为 -0.352、0.0245、3.73×10^{-4}。

3.2.3 修正模型

将相关参数 a，b，c，a_1，b_1，c_1代入式(3)，再与(1)、式(2)联立，得到基于湿气计量特征的误差修正模型。

$$\phi=\frac{Q_{测量}}{Q_{真实}}$$

$$L_{VF}=[9.73\times10^{-4}\times(1-\phi)+0.0164\times(1-\phi)^2]\times Q_{测量}^{1.72}$$

$$L_{VF}=(-0.352\times\Delta R_{100-200}^2+0.0245\times\Delta R_{100-200}+3.73\times10^{-4})\times\frac{P}{P_0} \quad (4)$$

$$R_{n-m}=\frac{1}{m}\sum_{i=1}^{m}\frac{|t_i-\bar{t}|}{\bar{t}}$$

3.3 模型验证

将计量误差修正模型写入旋进旋涡流量计的芯片中，并在压力 0.4MPa、0.6MPa，气相流量 $84m^3/h$、$106m^3/h$ 工况条件时，开展不同体积含液率下的室内湿气实验，实验结果详见表 2、图 6、图 7。

表 2　室内实验验证结果

气相标准流量/(m^3/h)	压力/MPa	F_{VL}/%	修正前			修正后		
			气相实际标准流量/(m^3/h)	测量值/(m^3/h)	误差	气相实际标准流量/(m^3/h)	测量值/(m^3/h)	误差
84.8	0.4	0.04	84.87	82.92	-2.30%	83.71	84.61	1.08%
84.8		0.07	85.26	82.31	-3.46%	84.25	84.2	-0.06%
84.8		0.1	84.60	80.67	-4.64%	84.58	84.93	0.41%
84.8		0.3	84.62	78.56	-7.16%	83.62	84.13	0.61%
84.8		0.5	84.91	77.68	-8.52%	84.91	83.73	-1.39%
106		0.04	105.88	103.55	-2.20%	104.87	104.22	-0.62%
106		0.07	106.06	102.17	-3.67%	106.06	104.68	-1.30%
106		0.1	105.99	100.80	-4.90%	106.00	107.7	1.60%
106		0.3	106.08	97.05	-8.51%	106.08	106.01	-0.07%
106		0.5	106.09	96.35	-9.18%	106.09	106.13	0.04%
84.8	0.6	0.04	84.14	82.84	-1.54%	84.14	82.89	-1.48%
84.8		0.07	84.26	81.41	-3.38%	84.26	82.95	-1.56%
84.8		0.1	84.39	81.00	-4.02%	84.39	83.48	-1.08%
84.8		0.3	84.26	78.25	-7.13%	84.25	84.69	0.52%
84.8		0.5	84.47	77.85	-7.84%	84.47	83.84	-0.75%
106		0.04	105.47	104.25	-1.16%	106.47	104.6	-1.76%

续表

气相标准流量/(m³/h)	压力/MPa	F_{VL}/%	修正前			修正后		
			气相实际标准流量/(m³/h)	测量值/(m³/h)	误差	气相实际标准流量/(m³/h)	测量值/(m³/h)	误差
106	0.6	0.07	106.19	103.39	-2.64%	106.20	109.49	3.10%
106		0.1	106.28	102.51	-3.55%	106.28	107.3	0.96%
106		0.3	106.53	97.26	-8.70%	105.51	104.62	-0.84%
106		0.5	106.52	97.34	-8.62%	105.51	104.88	-0.60%

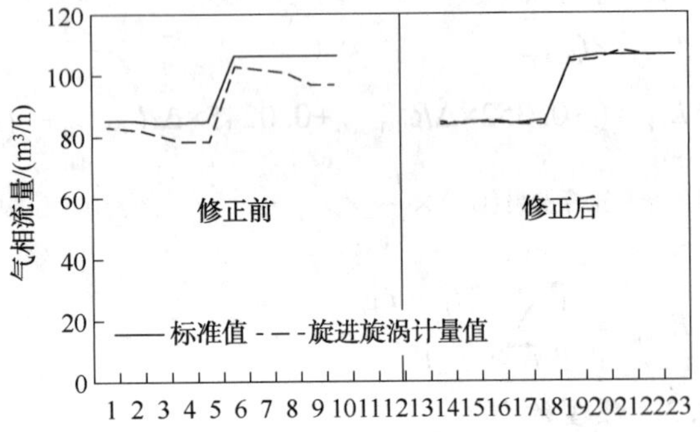

图6　修正前后气相流量对比曲线(0.4MPa)

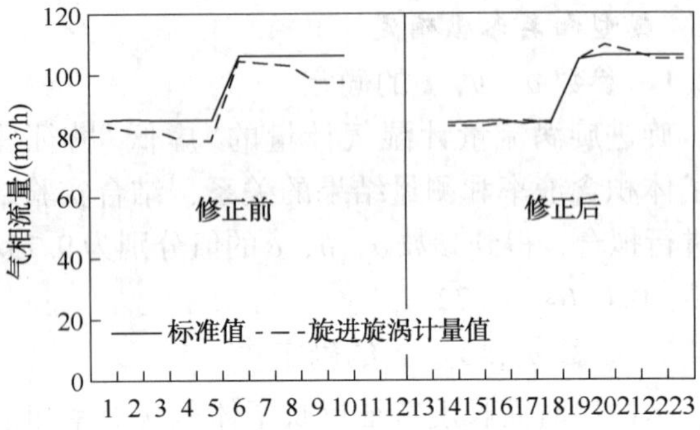

图7　修正前后气相流量对比曲线(0.6MPa)

从图表数据可知：修正前气相流量计量误差较大，最大计量误差高达-9.2%，误差在±2%以内占比仅10%；修正后，计量精度明显提高，误差范围在-1.76%~3.1%，误差在±2%以内占比97%。室内湿气实验验证结果表明：建立的计量误差修正模型是可靠的，可在现场进行试验推广。

4　应用实例

将计量误差修正模型植入到SF31井站旋进旋涡流量计的芯片中开展计量误差修正现场试验。SF31井站共有3口井采用旋进旋涡流量计进行井口湿气计量，计量后合输至分离器进行气液分离后采用孔板计量，气井工况条件详见表3，井站工艺流程图如图8所示。通过将3口井的湿气计量数据与分离器后的孔板计量数据对比，验证修正模型在现场应用的适应性。

SF31井站现场试验结果如图9、表4所示。修正前，计量误差在-7%~-10%的占比为39.7%，计量误差在-10%~-24%的占比为60.3%，误差最大为-23.1%，平均误差为10.59%；修正后，计量精度明显提高，平均误差2.29%，计量误差在±10%以内的占比为97.5%，误差在±5%的占比为90.6%，计量误差在±10%以内的占比由39.7%↑97.5%，现场应用结果表明：基于湿气计量特征建立的计量误差修正模型在川西不含凝析油工况下具有较好的适应性。

5　结论

(1) 旋进旋涡流量计湿气计量特征主要体现在体积含液率 F_{VL} 在<0.5%时，其虚低呈现一定的规律性和稳定性；当一个脉冲串内包含100个脉冲时，脉冲串的时间长度与体积含液率具有较好的相关性。

表3　SF31井站气井工况参数

井号	油压/MPa	套压/MPa	日产气/(m³/d)	日产水/(m³/d)	备　注
SF31-4	2.08	2.37	7993	0.1~0.5	产水量小，产气量大
SF31-5	2.54	3.09	7237	0.2~1	产水量较大
SF31-6	1.70	2.68	852	0.1~1	产量较低，常出现低于下限计量数据为0的现象
平均/合计	2.11	2.71	16082	—	—

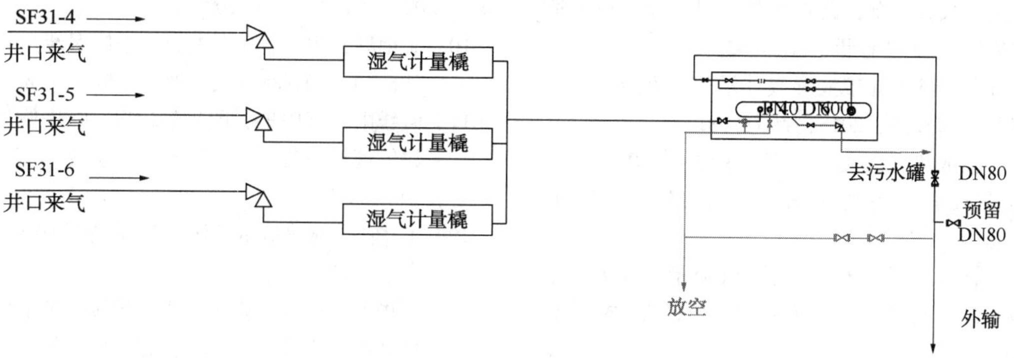

图 8　SF31 井站工艺流程图

表 4　SF31 井站现场试验部分计量数据

项目	孔板计量值/（Nm³/h）	旋进旋涡计量值/（Nm³/h）	误差/%
修正前	955	877	-8. 24%
	939	863	-8. 06%
	936	850	-9. 13%
	902	809	-10. 23%
	916	835	-8. 87%
	832	751	-9. 63%
	816	714	-12. 45%
	829	733	-11. 56%
	823	723	-12. 13%
	…	…	…
修正后	943	963	2. 14%
	890	884	-0. 58%
	901	903	0. 26%
修正后	869	872	0. 35%
	866	861	-0. 47%
	872	873	0. 20%
	838	903	7. 81%
	852	919	7. 91%
	961	955	-0. 57%
	923	960	4. 09%
	932	939	0. 86%
	945	980	3. 79%
	957	1001	4. 64%
	1016	1036	2. 01%
	1054	1047	-0. 63%
	…	…	…

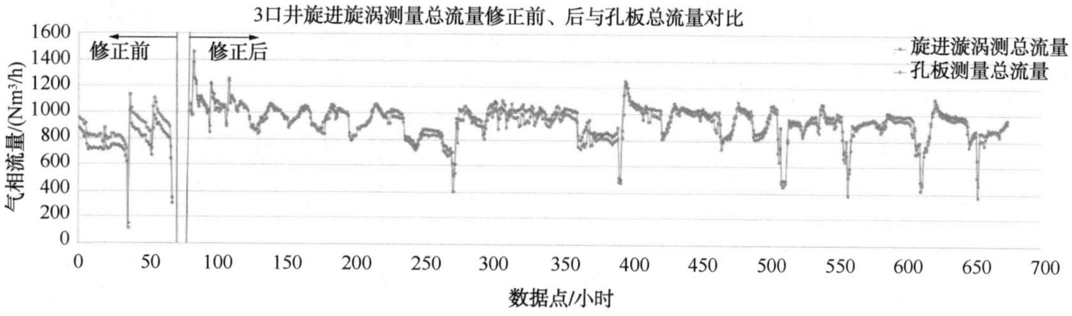

图 9　修正前后 SF31 井站日产量对比曲线

（2）基于湿气计量特征，建立了计量误差修正模型。通过室内实验证实建立的计量误差修正模型稳定可靠，修正后，计量精度大大提高，计量误差在±2%以内的占比由 10%↑97%；通过现场应用初步明确修正模型在气水工况下的适应性较好，计量误差在±10%以内的占比由 39. 7%↑97. 5%。

（3）本研究只需将计量误差修正模型的算法植入在芯片中，不增加流量计硬件成本，具有较高的现场推广应用价值。

（4）建议在含凝析油工况下扩大计量误差修正模型现场试验，进一步完善修正模型。

参 考 文 献

[1] 刘波. 旋进旋涡气体流量计在天然气湿气计量中的应用[J]. 化工设计通讯, 2016, 42(5): 2.

[2] 张强，刘丁发，王辉. 页岩气井口湿气计量技术适应性研究[J]. 工业计量，2018，28(5)：5.
[3] 雷炜. 川西气田单井带液湿气计量适应性分析[J]. 天然气技术与经济，2015，9(3)：3.
[4] 王念榕，骆成松，巴玺立，等. 在线不分离湿气计量技术在页岩气中的应用[J]. 天然气与石油，2020，38(4)：5.
[5] 卓天帆，徐嘉，潘俊宏. 单井湿气流量计在大牛地气田集气站的适用性研究[J]. 科学与信息化，2021.
[6] 刘丁发，张强，王辉. 页岩气井口湿气流量计现场使用性能评价研究[J]. 石油与天然气化工，2022，51(2)：4.
[7] 王川红，闫青松，贾明贵. 天然气孔板计量误差研究[J]. 工业计量，2010(S2)：3.
[8] 华陈权，王昌明，耿艳峰，等. 基于神经网络的槽式孔板湿气计量修正模型[J]. 中国石油大学学报：自然科学版，2009，33(6)：5.
[9] 魏方方，董建宏，张倩，等. 基于文丘里管湿天然气计量虚高系数数值模拟研究[J]. 石油机械，2023，51(1)：95-102.
[10] 胡艳峰，申宏，王岱林. 旋进旋涡流量计计量误差分析[J]. 工业计量，2005，15(3)：2.
[11] 何馨雨，苏中地，殷兴景，等. 旋进旋涡流量计的数值模拟研究[J]. 中国计量学院学报，2008，19(4)：5.
[12] 王华杰. 漩涡流量计湿气测量特性研究[D]. 天津大学，2020.
[13] 王华杰，徐英，张涛，等. 湿气计量中旋进旋涡流量计信号特征与精度补偿[J]. 传感技术学报，2020，33(11)：5.
[14] 彭辉. 探讨影响天然气旋进旋涡流量计计量准确度的因素[J]. 化工管理，2014(26)：1.
[15] 付先惠，姚麟昱，庞训杰，等. 气田带液计量工艺研究[J]. 油气田地面工程，2016(9)：100-103.
[16] 曹彩云，魏克颖. 苏里格气田单井流量计现场对比实验分析[J]. 石油化工应用，2009，28(1)：4.
[17] 杜黎鸣，石海元. 浅谈智能旋进旋涡流量计在油田天然气计量中的应用[J]. 江苏现代计量，2011(4)：4.

海洋天然气水合物钻探井筒安全控制影响因素研究

张恒瑞[1,2]　李　军[2]　刘　伟[1]　李　牧[1,2]　陈业生[1]

[1. 中国石油集团工程技术研究院有限公司；2. 中国石油大学(北京)]

摘　要　天然气水合物的勘探开发是未来国家能源发展的战略制高点，为保障我国能源安全、促进能源结构优化提供重要支撑。钻探作为水合物勘探开发的重要一环，受水合物低温高压的特殊封存状态影响，为了保障钻井过程井筒安全与井壁稳定，亟需对井筒安全影响因素认识不清晰、控制方法不明确等问题开展深入研究。文章通过建立天然气水合物井筒温度分布模型，考虑入口钻井液温度、密度和排量参数影响，研究形成了一套水合物井筒安全控制方法。研究发现：水合物钻探井筒安全应主要考虑温度对井筒中水合物生成和分解的影响；可划定全井筒段天然气水合物易生成区域，通过参数调整和井口压力控制的手段保障井筒流动安全。研究结果可为水合物钻探井筒安全提供理论支撑。

关键词　天然气水合物；井筒安全；控制；温度；压力

1　前言

当前我国碳排放主要来源于化石能源的利用，在“双碳”目标的指引下，如何对化石能源进行清洁高效的利用，是实现“双碳”目标必由之路。相比于石油，天然气作为一种清洁能源，对碳排放的压力较小，是如今我国能源体系“减排”的重要抓手。天然气水合物是天然气的一种特殊赋存状态，全球储量为现有天然气、石油储量的两倍，具有广阔的开发前景。全球分布情况如图1。然而，水合物作为一个新矿种，埋藏浅、地层压力低，且受外部环境影响易分解，在钻井和开采过程中必然存在相应的安全风险、环境风险和地质风险。因此，为实现海域天然气水合物矿藏的商业化开采，加快提升天然气水合物在我国能源结构中的占比，保障天然气水合物在钻采过程中的井筒压力可控，形成一套海域天然气水合物的安全高效低成本的钻井配套技术极其重要，也十分必要。

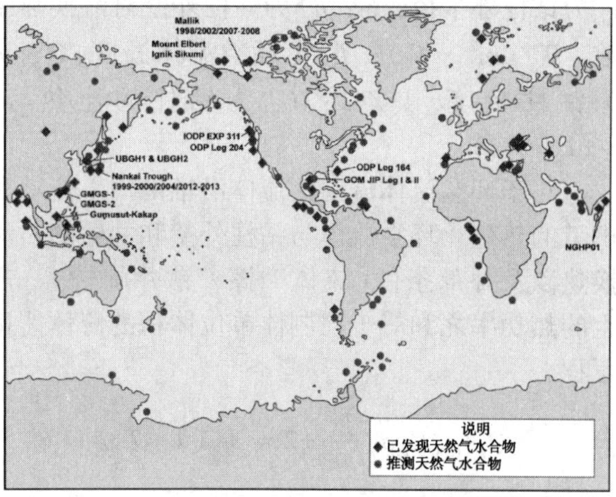

图1　全球天然气水合物分布图(Collett，2014)

水合物因其特殊赋存环境，导致如何在钻井过程中保障井筒安全稳定，成为当前水合物开发的重点和难点。在进行天然气水合物钻井井筒安全方面的研究时，井筒温度分布是水合物在井筒中是否生成与分解的主控因素，压力分布为重要影响因素。

对国内外水合物相关井筒温压研究进展进行调研。Ramey等假设了井筒传热为稳态过程，建立了直井井筒的传热计算模型；Hasan等建立了修井时泥浆循环条件下的温度计算模型；2011年宋洵成等基于深水钻井液循环时井筒与地层和海水的传热机理，建立了全瞬态深水钻井液循环温度计算模型，模型与Holmes实验井实测温度吻合程度较高。2013年Abdollahi等简化了井筒流体传热模型，分析了使用双曲线偏微分方程控制井筒温度分布的可观测性；2018年卢秋平等建立深水天然气水合物水平井钻井井筒多相瞬态流动计算模型，分析井筒中气体分布、运移规律，掌握井筒压力变化和地面流动规律。2019年陈靓等构建了深水天然气水合物水平井钻井井筒温度场计算模型和天然气水合物生成模型，得到了深水天然气水合物水平井钻井井筒温度压力分布，建立了天然气水合物生成温度压力分布图版，得到了天然气水合物生成的温压范围。2020

年 Hu 等对天然气水合物储层泄漏点深度及当量直径等进行了敏感度分析；同年，董胜伟等基于南海神狐海域储层和钻井基本参数，研究了水平井钻井过程中井筒热量传递过程，构建了泥浆循环过程中井筒温度剖面计算模型。

通过以上调研结果可以发现，目前国内外学者对于天然气水合物的研究仅集中在各种井筒温压分布模型的建立，而少有针对水合物井筒压力安全控制方面的研究。本文在前人研究的基础上，结合水合物储层物性参数及井筒热量传递规律，建立了天然气水合物钻井井筒温压分布模型，使用 Matlab 软件编制了水合物钻井井筒压力调控程序，可以实现通过调节入口温度、排量、入口钻井液密度三个自变量输入参数，对井筒温度、压力及 ECD 分布等剖面进行计算。

2　天然气水合物井筒温度分布模型

2.1　假设条件

海水段的井筒温度分布规律参照常规海洋钻井。将水合物井筒地层段分为钻柱内、钻柱壁、环空、井壁和附近地层五个部分，如图 2 所示。根据能量守恒和换热定律，建立不同区域控制方程，井筒轴向用 z 方向表示。由于井筒内的钻井液为非牛顿流体，流变性变化大，钻井液的流态也会受到多种因素的影响。为简化计算、方便应用，在精度允许的范围内对钻井液的流动情况进行简化。根据井筒内部流体的流动特性及热量交换特性，提出假设条件如下：

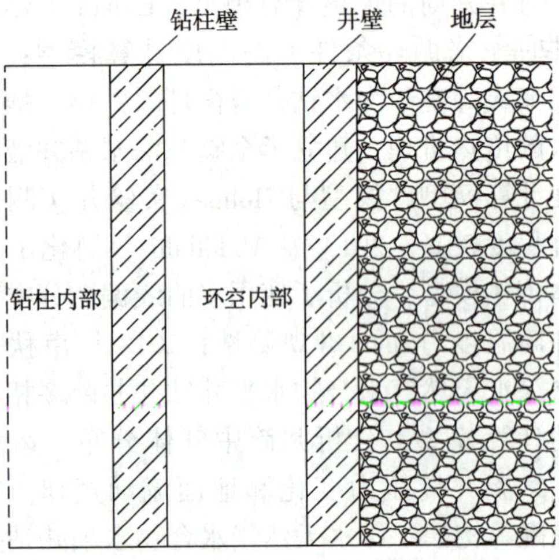

图 2　水合物井筒区域分布划分

（1）因为井筒的轴向长度远大于井筒的径向直径，故将流体在钻柱内和环空的流动视作一维轴向流动；

（2）忽略气液相之间的能量传递，忽略液相介质对气相介质的溶解效应，同时忽略焦耳汤姆逊效应；钻井液为不可压缩流体；

（3）液相及地层的热物理参数均为定值；

（4）地层径向对称，温度梯度恒定；

（5）地层、井壁之间接触良好，无接触热阻，不发生温度降落。

2.2　各区域方程

对于钻柱内部流体流动，外部条件（流动摩擦、钻头旋转等）产生的总热功率 Q_p、流体轴向流动所携带的热量、钻柱内流体与钻柱内壁之间对流换热量之和等于控制体单位体积的流体能量累积。

$$Q_{\rm p}-\rho_{\rm m}q_{\rm m}C_{\rm m}\frac{\partial T_{{\rm m}i}}{\partial z}-2\pi r_{{\rm p}i}h_{{\rm p}i}(T_{{\rm m}i}-T_{\rm p})=\rho_{\rm m}C_{\rm m}\pi r_{{\rm p}i}^2\frac{\partial T_{{\rm m}i}}{\partial t} \tag{1}$$

式中：$\rho_{\rm m}$ 为钻柱内钻井液密度，kg/m³；$q_{\rm m}$ 为钻柱内钻井液的体积流量，m³/s；$C_{\rm m}$ 为钻柱内钻井液的比热容，J/(kg·℃)；$T_{{\rm m}i}$ 为钻柱内钻井液温度，℃；$h_{{\rm p}i}$ 为钻柱内壁对流换热系数，W/(m²·℃)；$r_{{\rm p}i}$ 为钻柱内半径，m；$T_{\rm p}$ 为钻柱温度，℃。

钻柱在轴向上的热传导、钻柱内流体与钻柱内壁之间的热对流以及环空流体与钻柱外壁之间的热对流之和等于单位体积钻柱壁能量累积。

$$\lambda_{\rm p}\frac{\partial^2 T_{\rm p}}{\partial_z^2}+\frac{2r_{\rm po}h_{\rm po}}{r_{\rm po}^2-r_{{\rm p}i}^2}(T_{\rm a}-T_{\rm p})+\frac{2r_{{\rm p}i}h_{{\rm p}i}}{r_{\rm po}^2-r_{{\rm p}i}^2}(T_{{\rm m}i}-T_{\rm p})=\rho_{\rm p}C_{\rm p}\frac{\partial T_{\rm p}}{\partial t} \tag{2}$$

式中：$\lambda_{\rm p}$ 为钻柱传热系数，W/(m·℃)；$r_{\rm po}$ 为钻柱外半径，m；$h_{\rm po}$ 为钻柱外壁对流换热系数，W/(m²·℃)；$T_{\rm a}$ 为环空流体温度，℃；$\rho_{\rm p}$ 为钻柱密度，kg/m³；$C_{\rm p}$ 为钻柱的比热容，J/(kg·℃)。

对于环空流体流动，流体沿轴向向上流动所携带的热量、环空流体与钻柱外壁和井壁的对流换热以及外部条件（流体摩擦、钻井旋转等）产生的热功率之和等于控制体单位体积的流体能量累积。

$$Q_{\rm a}+\rho_{\rm m}C_{\rm m}q_{\rm m}\frac{\partial T_{\rm a}}{\partial z}+2\pi r_{{\rm c}i}h_{{\rm c}i}(T_{\rm c}-T_{\rm a})+2\pi r_{\rm po}h_{\rm po}(T_{\rm p}-T_{\rm a})=\rho_{\rm m}C_{\rm m}\pi(r_{{\rm c}i}^2-r_{\rm po}^2)\frac{\partial T_{\rm a}}{\partial t} \tag{3}$$

式中：r_{ci}为环空半径，m；h_{ci}为井壁对流换热系数，W/(m^2·℃)；T_c 为井壁温度,℃。

井壁在轴向的热传导、井壁与地层热传导以及环空流体与井壁之间的热对流之和等于体积单元的井筒能量累积。

$$\lambda_c \frac{\partial^2 T_c}{\partial z^2}+\frac{2\lambda_c}{r_{co}^2-r_{ci}^2}(T_f-T_c)+\frac{2r_{ci}h_{ci}}{r_{co}^2-r_{ci}^2}(T_a-T_c) =\rho_c C_c \frac{\partial T_c}{\partial t} \tag{4}$$

式中：λ_c 为套管导热系数，W/(m·℃)；r_{co}为套管半径，m；T_f 为井筒附近地层温度,℃；ρ_c 为套管密度，kg/m^3；C_c 为套管比热容，J/(kg·℃)。

地层在轴向上的热传导和地层在径向上的热传导之和等于体积单元的地层能量累积。

$$\frac{\partial^2 T_f}{\partial z^2}+\frac{\partial^2 T_f}{\partial r^2}+\frac{1}{r}\frac{\partial T_f}{\partial r}=\frac{\rho_f C_f \partial T_f}{\lambda_f \quad \partial t} \tag{5}$$

式中：ρ_f 为岩石密度，kg/m^3；C_f 为地层比热容，J/(kg·℃)；λ_f 为地层导热系数，W/(m·℃)。

3　求解条件

3.1　方程求解方法

以上方程组成了天然气水合物井筒温度分布及热流量计算模型，通过数值求解的方法对该模型求解，可以得到水合物井井筒及地层温度分布。求解采用有限差分法进行，对模型方程中的空间域及时间域进行离散化处理，对系统通过全隐式方式处理以保证系统的稳定性。通过将能量方程中的所有未知量使用后一时刻来形成代数方程组，然后求解得到离散后的代数方程组，即可求得温度分布模型的近似解。

在利用有限差分法进行时间域及空间域的离散时，分别采用两点向前差分及两点向后差分来近似代替偏微分方程中的一阶时间及空间偏导，二阶空间偏导采用三点中心差分近似代替。

3.2　初始条件和边界条件

在井底，已设定的每个区域的温度在初始时刻相同。即当 $t=0$ 时，如下式所示：

$$T_f=T_c=T_a=T_p=T_{pi} \tag{6}$$

在钻柱入口处注入井筒的流体温度可以直接通过测量得到，因此钻柱入口处的温度边界条件为：

$$T_p(z=0,\ t)=T_{in} \tag{7}$$

钻柱内流体、钻柱及环空流体在井底位置($z=H$)的温度相等，表示为：

$$T_{pi}(z=H,\ t)=T_p(z=H,\ t)=T_a(z=H,\ t) \tag{8}$$

式中，H 为井底深度，m。

距离井筒径向较远处的周围环境温度为原始周围环境温度，即：

$$\begin{cases} T_c(z,\ r\to\infty,\ t)=T_w(z,\ t=0) \\ T_f(z,\ r\to\infty,\ t)=T_f(z,\ t=0) \end{cases} \tag{9}$$

定义地层的恒温边界在距离钻孔轴线3.05m处。

4　案例分析

以海洋天然气水合物钻井为例，设定基础参数如下。井深2000m，水深1000m，水合物储层位于800~1000m之间，储层厚度200m。选用钻头直径311.1mm，钻杆外径127mm，内径108.6mm，排量40L/s。主要参数如表1、表2所示。

表1　每种物质的热力学参数

名称	密度/(kg/m^3)	比热容/[J/(kg·℃)]	导热率/[W/(m·℃)]
钻井液	1500(地面)	1600	1.75
地层	2640	800	2.25
水合物储层	900	1170	0.91
钻柱	7800	400	43.75

表2　其他参数

参数	值
地温梯度/(℃/m)	0.035
钻井地面温度/℃	20
流体黏度/Pa·s	0.035

在天然气水合物钻井过程中，钻柱内的钻井液温压变化对井筒安全的影响程度极小，环空与地层之间的热量交换是导致井筒及地层中水合物生成或分解的主要因素。因此，本节的模拟结果中的温度场部分仅对环空温度分布予以展示。

4.1　入口处钻井液温度对井筒温压分布影响

基于上述条件，改变入口处钻井液温度为2℃、5℃、8℃、12℃、16℃和20℃，模拟井筒循环温度与地层温度分布如图3(左)所示。在泥线位置，得到地层与海水交界处环境温度为4.4℃，地层段温度随着井深继续增加，在井深2000m处，地层温度为31.4℃。据此，观测不同入口钻井液温度的井筒温度分布，井底温度分别为 12.5℃，13.2℃，13.8℃，15.6℃ 和 16.5℃。对于设定的不同钻井液入口温度，可以观测到在钻井液入口温度差异较大的情况下，井底温度差异较小。在泥线以上和泥线以下的部分井段，井筒温度高于地层温度，热量由井筒传向地层，井筒温度逐渐降低，此部分即全井筒段的水合物易生成区域。

此外，海水段的井筒温度分布受海水温度的影响而变化；地层段，受地层温度影响，井筒温度分布规律基本一致。海水温度会随着季节变化而波动，进而引起海水段井筒温度分布产生差异，但井筒温度分布的规律性一致，不因外部环境变化而改变。

同时，改变钻井液入口处温度，由于不同入口温度条件下的井底温度差异较小，导致井底钻井液密度变化程度小，井筒压力几乎不因入口处钻井液温度的改变而变化，如图 3(右)所示。

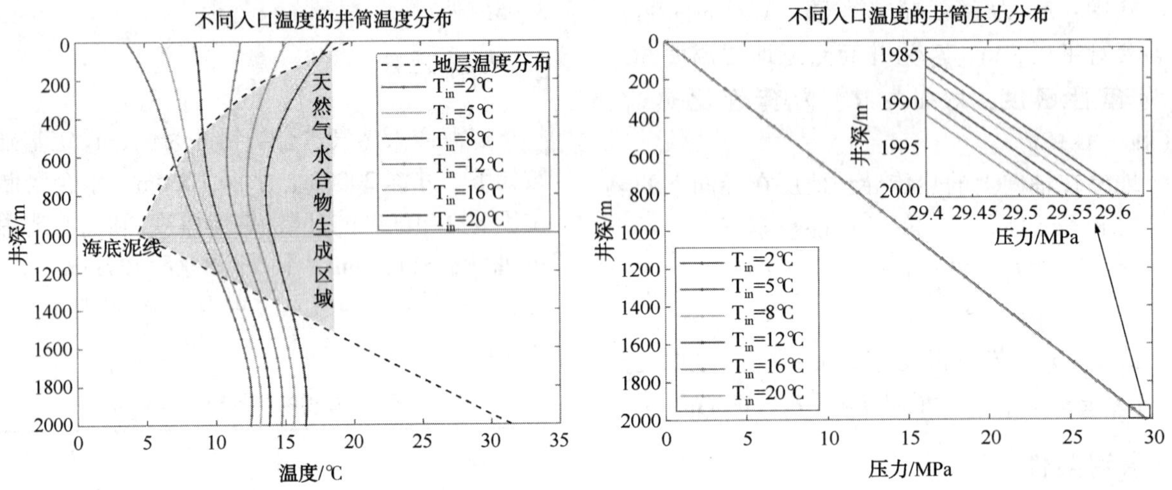

图 3　不同入口温度的井筒温度分布(左)和压力分布(右)

4.2　排量对井筒温压分布影响

在其他条件不变的情况下，改变排量为 15L/s，20L/s，30L/s，40L/s，50L/s 和 60L/s，模拟井筒循环温度与地层温度分布如图 4 所示。排量越小，水合物井筒温度分布越靠近地层温度，不同井段的井筒温度差越大；随着排量不断增大，不同井段的井筒温度差越小。排量为 15L/s 时，全井筒段温差为 26℃；排量升高到 60L/s 时，全井筒段温差仅为 2.5℃。可以发现，随着排量的改变，环空温度高于地层温度的井段也在发生改变，即全井段水合物的生成区域发生改变。

此外，不同排量的井筒压力分布与改变入口处钻井液温度时的规律近似一致，此处及下文皆不再予以展示。

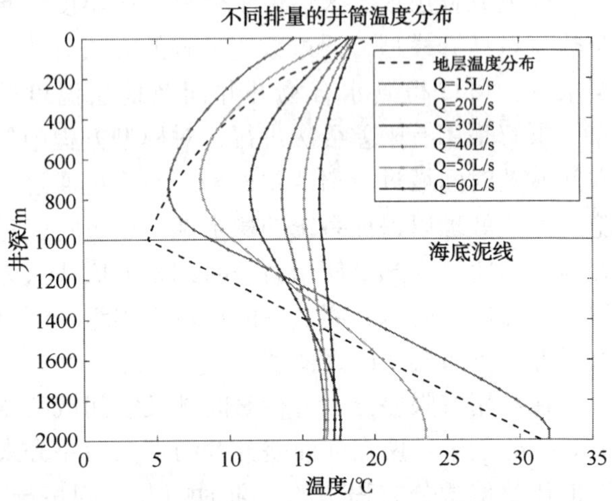

图 4　不同排量的井筒温度分布

4.3　入口处钻井液密度对井筒温压分布影响

在其他条件不变的情况下，改变入口处的钻井液密度为 1300kg/m^3，1500kg/m^3，1600kg/m^3，1700kg/m^3，1800kg/m^{3}和 2000kg/m^3，模拟井筒循环温度与地层温度分布如图 5(左)所示。改变入口处钻井液密度，海底泥线处井筒温度变化最大，随后在泥线以上 200m 的位置温度达到最小，随后开始增大。入口及井底的井筒温度基本一致，井筒温度差异较大部分发生在海水段以上与周围海水温度差较大的井段。此外，改变入口处钻井液密度，由图 5(右)可知，井筒 ECD 的变化规律基本不发生改变。

4.4　水合物井筒安全控制方法

对本节数值模拟结果进行分析，天然气水合

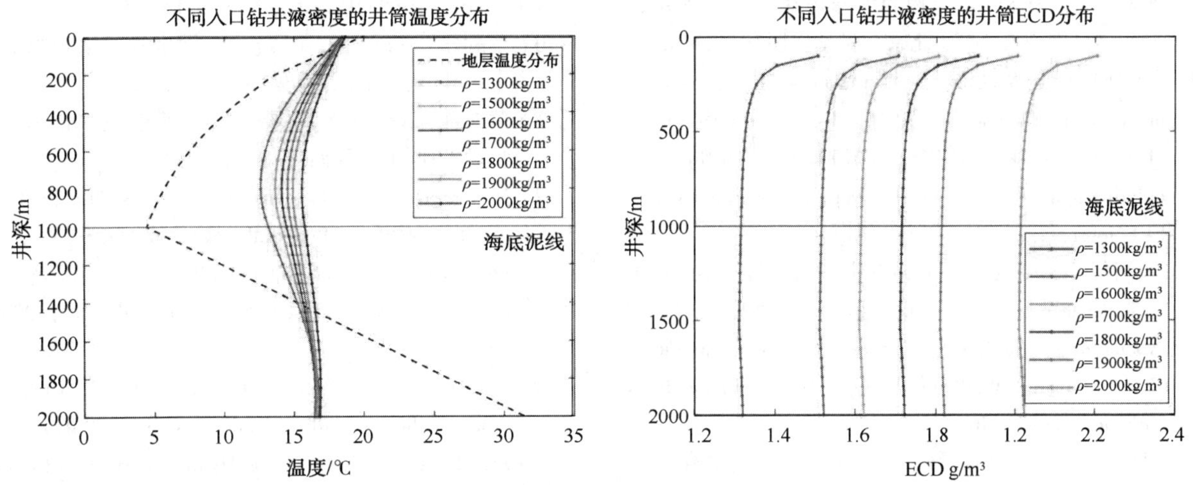

图 5　不同入口钻井液密度的井筒温度分布（左）和 ECD 分布（右）

物钻探过程各个参数变化对井筒压力影响程度极小，而对井筒温度影响较大。因此，在实际钻探过程中，可忽略参数变化对井筒压力分布的影响；着重考虑各参数调整对井筒温度分布的影响。钻井时需要保证水合物在储层中不分解，井筒中不生成。

通过室内实验得到天然气水合物相平衡曲线如图 6 所示。若井筒压力低，引起储层水合物发生大量分解；或水合物井筒温度降低过快，导致井筒中水合物生成几率增大时，可调节井口回压以改变井筒压力分布，使井筒中水合物的生成条件更加严格，避免井筒温压环境突破水合物生成的相平衡温压临界。

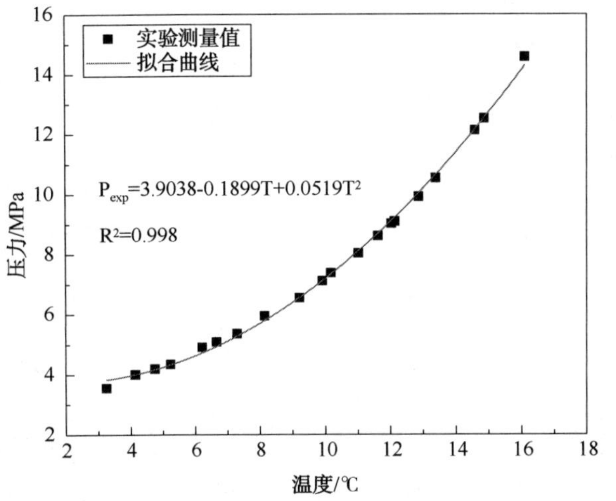

图 6　天然气水合物相平衡压力随温度变化趋势

在调整井筒压力的同时，可考虑调节入口温度、密度和排量参数，快速改变井筒温度分布，维持井筒温度处于安全范围，避免水合物在井筒中快速生成或在储层大量分解，造成水合物钻探井筒安全事故的发生。

基于以上井筒温度和压力双重调节作用，形成了一套天然气水合物井筒安全控制方法，为水合物钻探井筒安全提供理论支撑。实现储层不发生水合物分解，以保障井壁稳定；井筒不发生水合物生成，以保障井筒安全。

5　结论

天然气水合物钻探井筒的安全稳定可以加快未来实现水合物商业化开采的进程，有效保护海洋环境，降低海洋污染风险。本文建立了天然气水合物井筒温压分布模型，形成了水合物井筒安全控制方法，得到相关结论如下：

（1）天然气水合物钻探时，调整入口处钻井液温度、排量、密度和井口回压等参数对全井筒段的压力分布影响极小，不易进行观察。因此，在进行水合物井筒安全影响因素研究时，主要考虑温度对井筒中水合物的生成分解影响。

（2）找到全井筒段天然气水合物易生成区域。可通过调整井筒参数，改变井筒温度分布曲线，缩小水合物易生成区域，降低井筒中水合物大量生成的风险，保障井筒流动安全。

（3）形成一套天然气水合物井筒安全控制方法，通过对井筒温度和压力进行双重调节，保持水合物相态稳定，不生成或分解，以实现保障井筒安全与井壁稳定的目的。

参　考　文　献

［1］唐志远，胡云亭，郭清正，等．天然气水合物勘探开发新技术进展［J］．地球物理学进展，2015，30（02）：805-816.

[2] 郭宏，著. 天然气水合物的地球物理特征与测井数据的多尺度分析[M]. 北京：科学出版社，2018.

[3] RAMEY H J. Wellbore heat transmission[J]. Journal of Petroleum Technology，1962，14(4)：427-435.

[4] HASAN A R，KABIR C S，AMEEN M M. A fluid circulating temperature model for workover operations[J]. SPE Journal，1996，1(2)：133-144.

[5] 宋洵成，管志川. 深水钻井井筒全瞬态传热特征[J]. 石油学报，2011，32(04)：704-708.

[6] Abdollahi J，Dubljevic S. Transient Fluid Temperature Estimation in Wellbores [J]. IFAC Proceedings Volumes，2013，46(14)：108-113.

[7] 卢秋平，邵忠，陆红锋，等. 深水天然气水合物连续管水平井钻井井筒多相流动规律研究[J]. 中国石油和化工标准与质量，2019，39(05)：70-71+74.

[8] 陈靓，边培明，寇贝贝，等. 深水天然气水合物连续管水平井钻井井控风险分析[J]. 石化技术，2019，26(04)：124-126.

[9] HU Zhiqiang，LU Baoping，HOU Xutian，et al Surface diagnosis technology of key parameters of annular leakage point of oil casing in deep gas well[J]Petroleum drilling and production technology，2020，42(05)：632-636. DOI:10.13639/j.odpt.2020.05.018.

[10] 董胜伟，王子健，曹飞，等. 深水浅部水合物储层水平井井筒温度计算模型[J].

[11] 黄文件，刘道平，周文铸，等. 天然气水合物的热物理性质[J]. 天然气化工，2004(04)：66-71.

[12] Max M D. 1990. Gas hydrates and acoustically laminated sediments：Potential environmental cause of anomalously low acoustic bottom loss in deep ocean sediments. U S Naval Research Laboratory Report，9235，66.

[13] Chen，Y. F.，Zhang，H.，and A. M. Chen. A Study of the Hydraulic Extended-Reach Limit of Horizontal Wells in Natural Gas Hydrate Formation Considering the Wellbore Circulating Temperature Profile and Well Stability. Paper presented at the 54th U. S. Rock Mechanics/Geomechanics Symposium，physical event cancelled，June 2020.

[14] Yang，M.，Y. F. Meng.，G. Li.，et al. 2013. A transient heat transfer model of wellbore and formation during the whole drilling process. ACTA PETROLEI SINICA，2：170-175.

基于数据挖掘技术的变质岩潜山岩性识别方法

符　强[1]　谭忠健[2]　李鸿儒[1]　郭明宇[2]　苏朝博[1]

[1. 中海油能源发展股份有限公司；2. 中海石油（中国）有限公司天津分公司]

摘　要　变质岩潜山岩性复杂多变，非均质性强，因其岩性与储集空间存在直接或间接关联，故变质岩类潜山岩性的准确识别对储层快速评价和勘探决策至关重要。井场X射线元素录井可检测17种元素能辅助判别岩性，然而单靠元素含量的变化很难进行准确定名。本文依靠数据挖掘技术，利用X射线元素数据降维及随机森林算法建立了变质岩岩性的判别模型。该模型对13口井的潜山岩性进行了分析识别，结果表明，数据挖掘技术的岩性识别准确率达86.49%，可以实现变质岩潜山岩性的智能识别。

关键词　变质岩潜山；元素录井；数据降维；随机森林

从全球油气发现情况来看，变质岩潜山油气储量占潜山油气藏储量的75%。目前，渤海油田在锦州25-1南、渤中19-6、渤中13-2等太古界变质岩潜山中获得了重大的油气发现，揭示了太古界变质岩潜山巨大的勘探潜力。评价变质岩储层关键在于岩性的准确识别，受风化淋滤及构造作用影响，变质岩潜山岩性往往复杂多变。X射线元素录井是直接获取岩性信息的手段，井场工作中，同一种岩性的矿物含量变化会导致元素含量的巨大差异，依靠简单的元素含量变化来精细判断岩性显然是不现实的，难以在变质岩潜山储层中发挥作用。因此，亟需一种基于元素录井数据细分变质岩岩性的方法。

近年来，数据挖掘技术被广泛应用在医药、金融、天气等各个领域，发挥了巨大作用。它是一种建立在计算机技术基础上的数学算法分析技术，通过统计、在线分析处理、机器学习、专家系统（经验法则）等方式挖掘隐藏在数据中的不易人工察觉的规律和价值。说明融合了各个专业知识的基于知识驱动的数据挖掘技术在常规的数据驱动的基础上引入前期研究的规律，在减少数据冗余的同时能够使模型的效果更突出。本文主要应用数据挖掘技术中的降维和随机森林算法与勘探领域的元素录井技术相结合来实现复杂变质岩潜山岩性智能精细识别。

1　区域资料收集及处理

研究区潜山岩性为厚层花岗变质岩，受构造因素影响潜山内部储层分带明显，同时伴随内部多期次岩浆侵入，使得区域内岩性种类繁多，储集空间类型复杂多变。见图1为该研究区BZ13-X构造多录井手段综合解释岩电响应关系图版，见图2为该构造元素录井岩性解释柱状图。由图1、图2可以看出，研究区内岩性种类繁杂，但井场工作中工程师解释岩性单一，虽发现了元素含量的变化，却无法据此判断细分岩性，使得井场岩性解释不够准确，导致不能满足变质岩储层快速评价和勘探决策的需求。

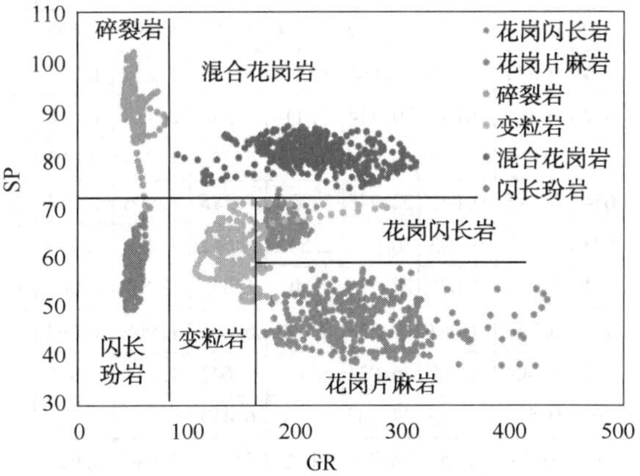

图1　目标区BZ13-X构造岩电相应关系图版

通过搜集研究区20口井500个元素数据点，综合薄片鉴定及测井曲线特征分析，将岩性归纳为九类：1. 二长片麻岩，2. 变晶花岗片麻岩，3. 碱长片麻岩，4. 斜长片麻岩，5. 混合花岗岩，6. 片麻质碎裂岩，7. 变粒岩，8. 闪长玢岩，9. 蚀变辉绿岩。处理形成了初步样本体，如表1所示，包括17种元素（Si、Fe、Al、Na、Ti、Mn、Ca、Mg、K、P、S、Cl、Ba、V、Ni、Sr、Zr）和对应岩性分析结果（RESULT）。

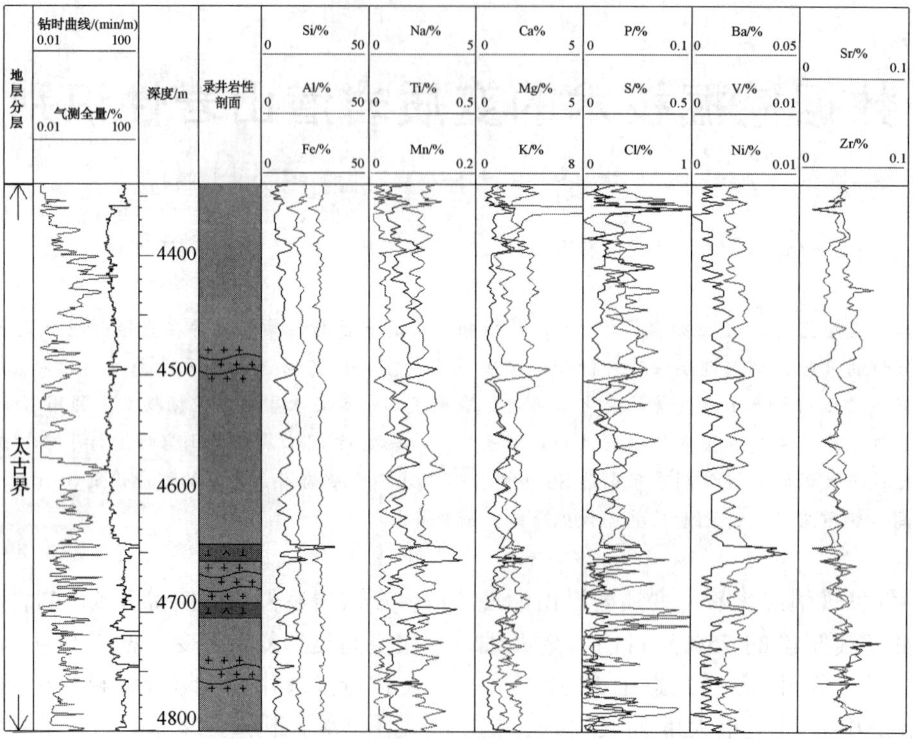

图 2　目标 BZ13-X 构造录井岩性解释剖面图

表 1　元素数据和岩性结果初步样本(部分)

Na	Ti	Mn	Si	Fe	Al	Ca	Mg	K	P	S	Cl	Ba	V	Ni	Sr	Zr	RESULT
1.476	0.1	0.015	21.809	0.982	5.435	0.71	0.586	2.976	0.077	0.019	0.027	0.013	0.004	0.001	0.04	0.026	1
1.686	0.15	0.041	19.752	1.901	5.875	2.145	0.485	2.186	0.083	0.032	0.039	0.017	0.007	0.001	0.038	0.033	1
1.434	0.095	0.026	21.693	1.184	6.081	1.642	0.413	2.174	0.078	0.027	0.043	0.013	0.002	0.001	0.045	0.045	1
2.812	0.316	0.043	25.799	2.974	5.656	5.413	1.633	4.585	0.002	0.192	1.406	0.028	0.008	0.001	0.044	0.032	2
1.389	0.374	0.046	23.696	3.287	5.528	1.227	1.067	3.77	0.001	0.069	0.083	0.028	0.01	0.001	0.05	0.033	2
3.382	0.341	0.041	30.714	3.11	7.348	2.128	1.528	3.939	0.002	0.095	0.058	0.03	0.011	0.001	0.055	0.038	2
0.719	0.23	0.048	18.976	2.523	5.259	1.724	0.705	2.605	0.122	0.029	0.037	0.023	0.011	0.001	0.032	0.031	3
2.654	0.215	0.062	32.248	3.721	7.185	1.676	1.552	2.769	0.001	0.031	0.088	0.023	0.007	0.002	0.056	0.016	3
3.698	0.17	0.043	30.932	2.547	8.662	1.478	1.254	2.761	0.001	0.032	0.004	0.016	0.007	0.002	0.058	0.014	3
2.211	0.317	0.071	27.796	5.48	6.475	2.31	2.164	1.855	0.001	0.064	0.195	0.027	0.009	0.001	0.045	0.011	4
3.477	0.356	0.053	29.395	5.056	6.863	1.965	1.692	1.396	0.002	0.076	0.093	0.027	0.01	0.001	0.046	0.024	4
2.876	0.43	0.062	26.034	5.812	6.642	1.571	1.855	2.105	0.001	0.071	0.243	0.028	0.011	0.002	0.035	0.014	4
2.401	0.524	0.055	27.707	4.216	6.419	2.02	1.773	3.129	0.001	0.065	0.49	0.031	0.011	0.001	0.037	0.016	5
1.895	0.29	0.055	28.754	4.2	7.422	1.644	1.622	2.101	0.001	0.062	0.214	0.025	0.009	0.001	0.035	0.009	5
1.737	0.32	0.059	24.251	4.501	5.905	1.521	1.627	1.5	0.001	0.043	0.016	0.026	0.009	0.001	0.031	0.019	6
2.001	0.294	0.053	20.159	2.136	5.317	2.663	0.562	1.458	0.083	0.038	0.048	0.028	0.012	0.002	0.041	0.041	6
3.825	0.34	0.057	31.809	4.103	6.419	1.325	1.505	1.489	0.001	0.138	0.005	0.028	0.011	0.001	0.05	0.014	6
3.413	0.315	0.079	27.881	5.66	7.170	2.311	2.322	2.07	0.001	0.089	0.214	0.026	0.009	0.001	0.049	0.023	7
1.693	1.069	0.056	28.055	8.669	10.087	3.044	9.019	1.06	0.007	0.509	0.011	0.074	0.02	0.001	0.01	0.003	7
1.895	0.771	0.082	28.84	6.865	10.257	4.257	9.135	2.378	0.033	0.411	0.023	0.056	0.014	0.001	0.01	0.004	7
1.875	0.375	0.035	18.742	1.994	5.711	2.678	0.753	1.843	0.082	0.029	0.053	0.032	0.017	0.001	0.034	0.035	8
1.863	0.142	0.064	22.705	3.445	5.242	6.652	4.363	1.977	0.002	0.513	0.049	0.016	0.006	0.001	0.071	0.011	8
1.908	0.361	0.049	32.647	4.147	11.405	2.782	2.363	2.729	0.007	0.102	0.012	0.032	0.005	0.001	0.012	0.005	9
1.707	0.635	0.064	29.413	5.887	10.969	3.177	5.133	2.252	0.007	0.091	0.011	0.051	0.01	0.001	0.011	0.005	9
2.163	0.464	0.042	30.608	4.399	12.159	3.345	5.056	2.663	0.112	0.106	0.01	0.04	0.008	0.002	0.012	0.005	9

2　基于 PCA 算法的元素数据降维处理

见表 1，元素录井技术虽然可以测量多达 17 个元素参数，但并不是所有元素都能在岩性判别上发挥作用，例如 Ni 元素，9 种岩性在 Ni 含量上无明显变化，为了更好的建立判别模型，祛除不相关的冗余数据，利用数据挖掘中的主成分分析法(PCA：Principal Component Analysis)对元素原始数据进行降维处理。

2.1　数据降维原理

PCA(Principal Component Analysis)是一种常见数据分析方式，常用于高维数据的降维，可用于提取数据主要特征分量。其数学推导可以从最大可分型和最近重构性两方面进行，前者的优化条件为划分后方差最大，后者的优化条件为点到划分平面距离最小，这里从最大可分性的角度进行证明。

2.1.1　向量表示与基变换

两个向量 A 和 B 内积可表示为：

$$(a_1,\ a_2,\ \cdots a_n)\cdot(b_1,\ b_2,\ \cdots b_n)^T = a_1b_1+a_2b_2+\cdots+a_nb_n \quad (1)$$

内积运算将两个向量映射为实数，其计算方式非常容易理解，但无法看出其物理含义。接下来从几何角度来分析，为了简单起见，假设 A 和 B 均为二维向量，则：

$$A=(x_1,\ y_1),\ B=(x_2,\ y_2),$$
$$A\cdot B=|A||B|\cos(\alpha) \quad (2)$$

其几何表示如图 3 所示：

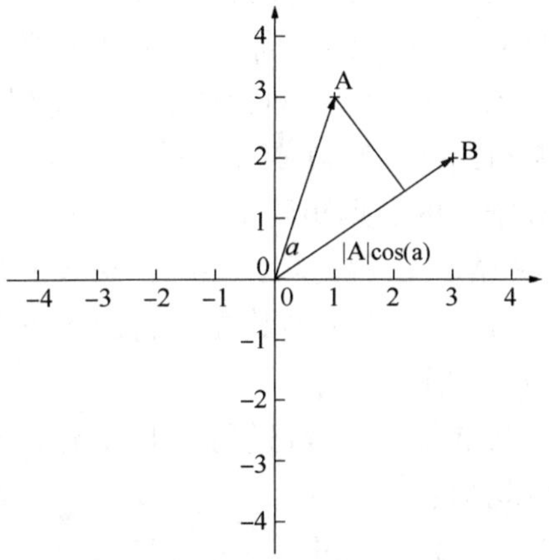

图 3　内积运算几何表示方法

由图可知，A 和 B 的内积等于 A 到 B 的投影长度诚意 B 的模。假设 B 的模为 1，即 $|B|=1$，即内积的几何表示为：A 与 B 的内积值等于 A 向 B 所在直线投影的标量大小，则有：

$$A\cdot B=|A|\cos(\alpha) \quad (3)$$

基变换矩阵可用下式表示：

$$\begin{pmatrix} p_1 \\ p_2 \\ \vdots \\ p_R \end{pmatrix}(a_1,\ a_2,\ \cdots a_M)=\begin{pmatrix} p_1a_1 & p_1a_2 & \cdots & p_1a_M \\ p_2a_1 & p_2a_2 & \cdots & p_2a_M \\ \vdots & \vdots & \ddots & \vdots \\ p_Ra_1 & p_Ra_2 & \cdots & p_Ra_M \end{pmatrix} \quad (4)$$

其中：p_i 是一个行向量，表示第 i 个基，a_j 是一个列向量，表示第 j 个原始数据记录。两个矩阵相乘的意义是将右边矩阵中的每一列向量 a_j 变换到左边矩阵中以每一行行向量为基所表示的空间中去。也就是说一个矩阵可以表示一种线性变换。

2.1.2　最大可分性

上面讨论了选择不同的基可以对同样一组数据给出不同的表示，如果基的数量少于向量本身的维数，则可以达到降维的效果。但如何选择基才是最优的。即：有一组 N 维向量，要将其降到 K 维(K 小于 N)，则如何选择 K 个基才能最大程度保留原有信息？一种直观的看法是：希望投影后的投影值尽可能分散，因为如果重叠就会有样本消失。当然这个也可以从熵的角度进行理解，熵越大所含信息越多。

通常用方差来表述数值的分散程度。一个变量的方差可以看作是每个原始与变量均值的差的平方和的均值，即：

$$Var(a)=\frac{1}{m}\sum_{i=1}^{m}(a_i-\mu)^2 \quad (5)$$

将每个变量的均值都化为 0，因此方差可以直接用每个元素的平方和除以元素个数表示：

$$Var(a)=\frac{1}{m}\sum_{i=1}^{m}a_i^2 \quad (6)$$

上述问题被形式化表述为：寻找一个一维基，使得所有数据变换为这个基上的坐标表示后，方差值最大。

在一维空间中可以用方差来表示数据的分散程度。而对于高维数据，用协方差进行约束，协方差可以表示两个变量的相关性。为了让两个变量尽可能表示更多的原始信息，我们希望它们之间不存在线性相关性，因为相关性意味着两个变量不是完全独立，必然存在重复表示的信息。协方差公式为：

$$Cov(a,\ b)=\frac{1}{m-1}\sum_{i=1}^{m}(a_i-\mu_a)(b_i-\mu_b) \quad (7)$$

由于均值为 0，协方差公式可以表示为：

$$Cov(a,\ b)=\frac{1}{m}\sum_{i=1}^{m}a_ib_i \tag{8}$$

当样本数较大时，为了方便计算，分母取 m。当协方差为 0 时，表示两个变量线性不相关。为了让协方差为 0，选择第二个基时只能在与第一个基正交的方向上进行选择，因此最终选择的两个方向是正交的。

因此降维问题的优化目标：将一组 N 维向量降为 K 维，其目标是选择 K 个单位正交基，使得原始数据变换到这组基上后，各变量两两间协方差为 0，而变量方差则尽可能大(在正交的约束下，取最大的 K 个方差)。

根据降维问题的优化目标，最终要达到的目的与变量内方差及变量间协方差有密切关系。因此将两者统一表示。两者均可以表示为内积的形式，而内积又与矩阵相乘密切相关。假设有 a 和 b 两个变量，将它们按行组成矩阵 X：

$$X=\begin{pmatrix}a_1 & a_2 & \cdots & a_m\\ b_1 & b_2 & \cdots & b_m\end{pmatrix} \tag{9}$$

则有：

$$\frac{1}{m}XX^T=\begin{pmatrix}\frac{1}{m}\sum_{i=1}^{m}a_i^2 & \frac{1}{m}\sum_{i=1}^{m}a_ib_i\\ \frac{1}{m}\sum_{i=1}^{m}a_ib_i & \frac{1}{m}\sum_{i=1}^{m}b_i^2\end{pmatrix}$$

$$=\begin{pmatrix}Cov(a,\ a) & Cov(a,\ b)\\ Cov(b,\ a) & Cov(b,\ b)\end{pmatrix} \tag{10}$$

该矩阵对角线上的分别是两个变量的方差，而其他元素是 a 和 b 的协方差。两者被统一到了一个矩阵中。推广到一般情况：设有 m 个 n 维数据记录，将其排列成矩阵 X_n，m，设

$$C=\frac{1}{m}XX^T \tag{11}$$

则 C 是一个对阵矩阵，其对角线分别对应各变量的方差，而第 i 行和 j 行 i 列元素相同，表示 i 和 j 两个变量的协方差。

根据优化条件，需要将除对角线外的其他元素化为 0，并且在对角线上将元素按大小从上到下排列(变量方差尽可能大)，这样就达到了优化目的。设原始数据矩阵 X 对应的协方差矩阵为 C，P 是一组基按行组成的矩阵，设 $Y=PX$，则 Y 为 X 对 P 做基变换后的数据。设 Y 的协方差矩阵为 D，D 与 C 的关系推导：

$$D=\frac{1}{m}YY^T=\frac{1}{m}(PX)(PX)^T$$

$$=\frac{1}{m}PXX^TP^T=P\left(\frac{1}{m}XX^T\right)P^T=PCP^T \tag{12}$$

优化目标变成了寻找一个矩阵 P，满足 $PCPT$ 是一个对角矩阵，并且对角元素按从大到小依次排列，那么 P 的前 K 行就是要寻找的基，用 P 的前 K 行组成的矩阵乘以 X 就使得 X 从 N 维降到了 K 维并满足上述优化条件。

至此，还需要完成对角化。由上文可知，协方差矩阵 C 是一个是对称矩阵，在线性代数中实对称矩阵有以下性质：

(1) 实对称矩阵不同特征值对应的特征向量必然正交；

(2) 设特征向量 λ 重数为 r，则必然存在 r 个线性无关的特征向量对应于 λ，因此可以将这 r 个特征向量单位正交化。

由上述两条特征可知，一个 n 行 n 列的实对称矩阵一定可以找到 n 个单位正交特征向量 e_1，e_2，…，e_n，将其按列组成矩阵：$E=(e_1$，e_2，…，$e_n)$。则对协方差矩阵有：

$$E^TCE=\Lambda=\begin{pmatrix}\lambda_1 & & & \\ & \lambda_2 & & \\ & & \ddots & \\ & & & \lambda_n\end{pmatrix} \tag{13}$$

其中 Λ 为对角矩阵，其对角元素为各特征向量对应的特征值。则矩阵 $P=ET$ 是协方差矩阵的特征向量单位化后按行排列的矩阵，其中每一行都是 C 的一个特征向量。设 P 按照 Λ 中特征值从大到小，将特征向量从上到下排列，则用 P 的前 K 行组成的矩阵乘以原始数据矩阵 X，就得到了降维后的数据矩阵 Y。

2.1.3　总结 PCA 数据降维步骤包括以下几点

(1) 设有 m 条 n 维数据，将原始数据按列组成 n 行 m 列矩阵 X；

(2) 将 X 的每一行进行零均值化，即减去这一行的均值；

(3) 求出协方差矩阵 C(式 11)；

(4) 求出协方差矩阵的特征值及对应的特征向量；

(5) 将特征向量按对应特征值大小从上到下按行排列成矩阵，取前 K 行组成矩阵 P；

(6) $Y=PX$ 即为降维到 K 维后的数据。

2.2 基于 PCA 算法的元素数据降维

决定变质岩潜山岩性的关键影响因素为造岩矿物，常见造岩矿物一般由 7 种主要元素组成，分别为 Si、Al、Fe、Ca、Mg、Na、K(表 2)。利用降维方法对该 7 种元素进行降维处理(图 4)，得到 4 种敏感性元素，分别为 Si、Al、Na、K，其中 Si 和 Al 主要存在于硅铝酸盐，在变质岩矿物中的占比较大，Na 和 K 分别主要存在于变质岩中的斜长石和钾长石，这与研究区变质岩矿物组分是吻合的。

表 2　XRF 与岩性的相关性系数

数据列	元素	Coefficients of PC1	Coefficients of PC2
A	Na	0.2659	0.4205
B	Si	0.5082	0.3312
C	Fe	−0.3383	0.4411
D	Al	0.4307	0.2
E	Ca	−0.1924	0.4118
F	Mg	−0.2785	0.5552
G	K	0.5065	0.033

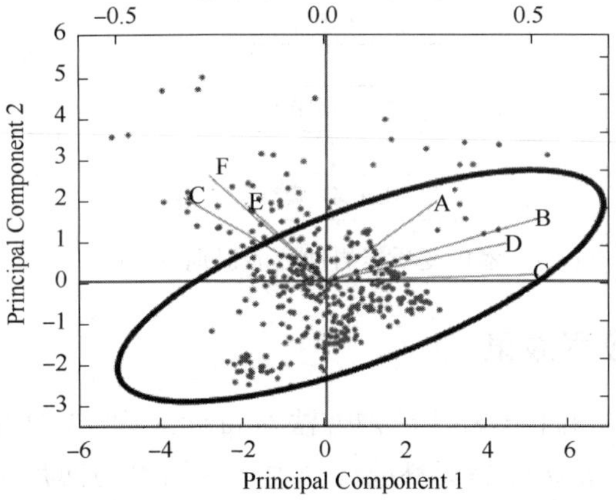

图 4　PCA 对 7 种元素进行数据降维处理结果

结合以上结论我们将表 1 降维处理为表 3，形成降维样本数据。

表 3　降维后的样本数据(部分)

续表

Na	Si	Al	K	RESULT
1.476	21.809	5.435	2.976	1
1.686	19.752	5.875	2.186	1
1.434	21.693	6.081	2.174	1
2.812	25.799	5.656	4.585	2
3.382	30.714	7.348	3.939	2
0.719	18.976	5.259	2.605	3
3.698	30.932	8.662	2.761	3
2.211	27.796	6.475	1.855	4
2.401	27.707	6.419	3.129	5
1.895	28.754	7.422	2.101	5
1.737	24.251	5.905	1.5	6
2.001	20.159	5.317	1.458	6
3.413	27.881	7.178	2.07	7
1.875	18.742	5.711	1.843	8
1.863	22.705	5.242	1.977	8
1.908	32.647	11.405	2.729	9
2.163	30.608	12.159	2.663	9

3 基于随机森林算法的变质岩潜山内幕岩性智能识别

随机森林本质上属于机器学习的分支—集成学习(Ensemble Learning)，是将许多棵决策树(Decision Tree)整合成森林并用来预测最终结果的方法。该方法是用随机的方式建立一个森林，森林里面有很多的决策树组成，随机森林的每一棵决策树之间是没有关联的。在得到森林之后，当新样本输入时，森林中的每一棵决策树分别进行决策判断和分类，得到新样本的多个结果，被分类频率最多的即为最终的输出结果(图 5)。

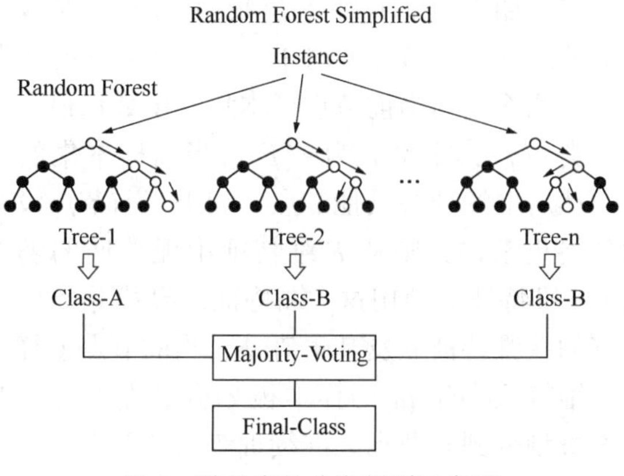

图 5　随机森林分类判别示意图

随机森林主要包括两个过程，训练(即生成判别森林)和预测(分类)。随机森林就是由多棵 CART(Classification And Regression Tree)构成。对于每棵树，它们使用的训练集是从总的训练集中有放回采样出来的，这意味着，总的训练集中的有些样本可能多次出现在一棵树的训练集中，也可能从未出现在一棵树的训练集中。在训练每棵树的节点时，使用的特征是从所有特征中按照一定比例随机地无放回的抽取的，根据 Leo Breiman 的建议，假设总的特征数量为 M，这个比例可以是 sqrt(M)，1/2sqrt(M)，2sqrt(M)(图 6)。

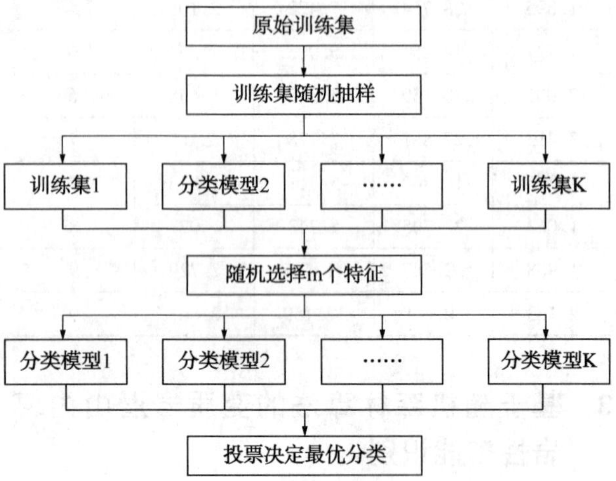

图 6　随机森林模型建立流程

随机森林训练过程：

(1) 给定训练集 S，测试集 T，特征维数 F，使用的 $CART$ 的数量维 t，每棵树的深度维 d，每个节点使用的特征数量为 f，终止条件：节点上最少样本数 s，节点上最少的信息增益 m；

(2) 对于第一棵树，$i=1-t$：从 S 中有放回的抽取大小和 S 一样的训练集 $S(i)$，随机的选择作为根节点的样本，从根节点开始训练；

(3) 如果当前节点上达到终止条件，则设置当前节点为叶子节点，对于分类问题，该叶子节点的预测输出为当前节点样本集合中数量最多的那一类 $c(j)$，概率 p 为 $c(j)$ 占当前样本集的比例。然后继续训练其他节点。如果当前节点没有达到终止条件，则从 F 维特征中无放回的随机选取 f 维特征。利用这 f 维特征，寻找分类效果最好的一维特征 k 及其阈值 th，当前节点上样本第 k 维特征小于 th 的样本被划分到左节点，其余的被划分到右节点。继续训练其他节点；

(4) 重复 2 和 3 直到所有节点都训练或者被标记为叶子节点；

(5) 重复 2、3 和 4 直到所有 $CART$ 都被训练。

随机森林预测过程：

(1) 从当前树的根节点开始，根据当前节点的阈值 th，判断是进入左节点($<th$)还是进入右节点($>=th$)，直到到达某个叶子节点，并输出预测值。

(2) 重复执行 1 直到所有 t 棵树都输出了预测值。对于分类问题，则输出为所有树中预测概率总和最大的那一个类，即对每个 $c(j)$ 的 p 进行累计。

综上，本文变质岩潜山内幕岩性识别方法是将 9 种代表性岩性分别建立相应的决策树，形成随机森林算法判别岩性模型，利用生成的判别森林对实际井资料进行分析，输出判别结果，如图 7 所示为识别方法的技术流程图。

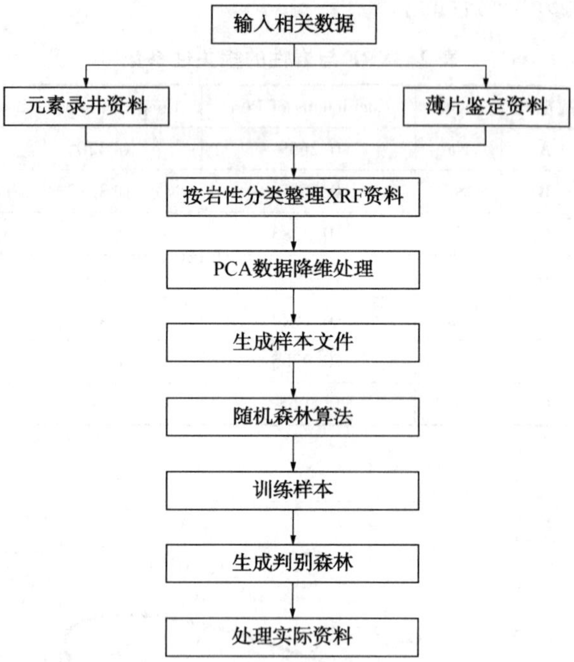

图 7　潜山变质岩岩性智能识别流程图

4　应用效果

应用上述岩性识别方法对目标区内 13 口井 370 个元素样品资料进行处理，将结果与薄片鉴定和测井曲线特征进行对比，其中 320 个符合，50 个不符合，整体符合率达 86.49%。可见，本技术方法在变质岩潜山内幕复杂岩性识别上具有较好的实际应用效果。图 8 所示为渤中 19-B1 井 4088~4122 米井段处理结果，表 4 为符合率统计数据表。

表 4　实际资料处理符合率统计表

序号	井名	符合	不符合	符合率/%
1	B1	17	6	73.91
2	B3	15	7	68.18
3	B4	54	7	88.52
4	B6	9	0	100

续表

序号	井名	符合	不符合	符合率/%
5	B7	22	6	78.57
6	B9	15	8	65.22
7	B10	15	9	62.5
8	B11	3	0	100
9	B12	51	0	100
10	B13	16	2	88.89
11	B15	74	2	97.37
12	B16	15	1	93.75
13	B17	14	2	87.5
总计		320	50	86.49

5 结论

（1）基于数据挖掘技术的变质岩潜山内幕岩性识别方法能有效提高元素数据的岩性解释准确率，有助于储层快速评价和勘探决策。

（2）PCA 算法可以祛除元素数据中冗余数据，减少数据干扰，有效提升元素数据建模的代表性和准确率。随机森林算法可以实现对变质岩岩性的智能识别，进一步提高元素录井技术在变质岩潜山中岩性判别的作用。

（3）丰富了元素数据岩性解释方法，较高的智能识别能力有助于现场工作人员优质完成勘探任务和推动录井解释新技术发展。

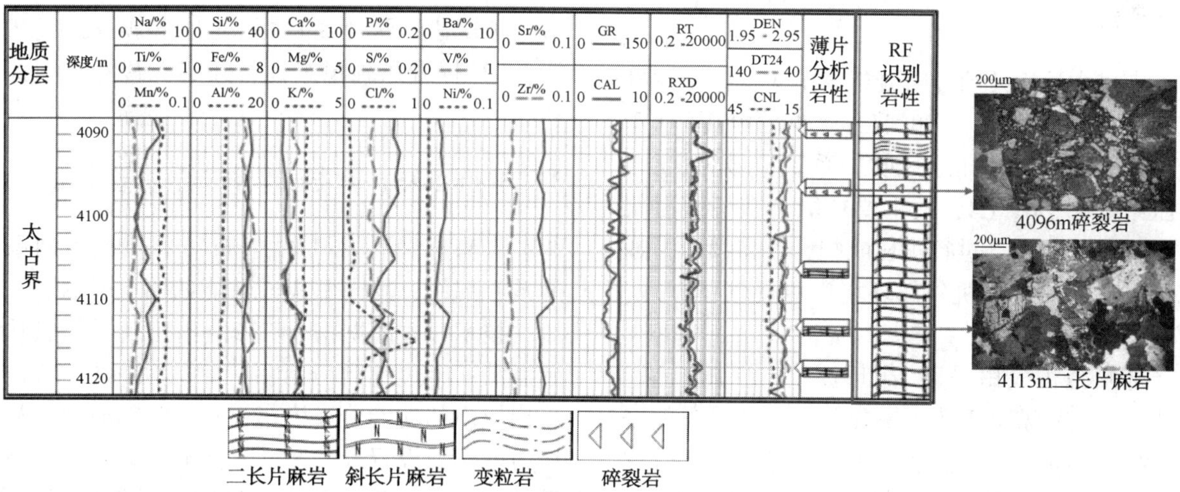

图 8 BZ19-B1 井元素录井资料处理剖面(4088m~4122m)图

参 考 文 献

[1] 杜晓峰，刘晓健，张新涛，等. 渤海海域太古界变质岩储层特征与形成控制因素[J]. 中国海上油气，2021，33(3)：15-27.

[2] 王啟，杨添微，刘永震，等. 基于随机森林算法的复杂碳酸盐岩岩性识别[J]. 工程地球物理学报，2020，17(5)：550-558.

[3] 郭素杰，李景卫，于伟高，等. 基于知识驱动数据挖掘技术在复杂储层评价中的应用[J]. 石油钻采工艺，2022，44(2)：247-252.

[4] 张建斌，谭忠健，李鸿儒，等. 渤海油田潜山界面元素组合识别模式及判别方法[J]. 录井工程，2020，31(3)：28-34.

[5] 刘涛雄，尹德才. 大数据时代与社会科学研究范式变革[J]. 理论探索，2017(06)：27-32.

[6] 郭明宇，崔国宏，马福罡，等. 基于 PCA 和 ReliefF 的潜山界面识别方法研究[J]. 录井工程，2019，30(1)：17-20+136-137.

[7] 王萍，牟冬梅，石琳，等. 领域知识融合驱动下的数据挖掘模型构建与优化[J]. 情报理论与实践，2018，41(09)：114-117+153.

[8] 胡云，谭忠健，张建斌，等. 岩屑成分分析在渤中 19-6 潜山界面识别中的应用[J]. 中国海上油气，2020，32(06)：70-76.

[9] 舒晓灵，陈晶晶. 重新认识“数据驱动”及因果关系——知识发现图谱中的数据挖掘研究[J]. 中国社会科学评价，2017(03)：28-38+125.

一种电机正压通风控制系统

鄢运德　羊　林　李　翔　龙俊汝　张　勇

（中国石油塔里木油田公司）

摘　要　本文通过对当前大型驱动电机正压通风吹扫系统结构和功能进行研究的基础上，提出了一种电机吹扫系统进行智能化改造的方案，该方案中明确了改造所用配件结构及实现功能的程序逻辑，具有投入成本小，适用性高的优点，适合向具有防爆功能要求的电机等电气设备上推广。

关键词　电机；防爆；吹扫；智能化控制；电气设备

1　前言

塔里木油田牙哈牙哈凝析气田 3 台电驱注气机的驱动电机功率 4500 千瓦，驱动电压 10 千伏，原装配备的正压通风吹扫系统型号为 EExP 正压系统 F-361. C4，其主要功能是在机组启机前对电机外罩内部进行正压吹扫，并持续维持通风正压，以防止电机外部环境中可燃气体侵入，达到电机防爆目的。

牙哈凝析气田采用“循环注气，保压开采”方式进行持续高效开发。3 台电驱注气机一般采用“两用一备”模式运行，单日注气量 250 万立方米，占牙哈凝析气田单日最高注气量 50%以上，是牙哈凝析气田持续向地层注气，维持地层压力及在冬季进行天然气“调峰保供”的关键设备。

以上 3 台机组于 2018 年建成投产，至 2021 年初的 3 年时间内，设备驱动电机的正压通风吹扫系统共计出现过 35 次吹扫失败故障，其核心控制部件—型号为 F351-P 的控制器损坏 3 次，导致机组无法正常启机运行，这给牙哈凝析气田正常注气生产和“调峰保供”带来较大影响。

2　正压通风吹扫系统运行现状调查

F351-P 控制器是进口配件，之前该控制器损坏后，现场均采购新配件进行更换，存在配件采购价格高(单个超 21 万元)，采购周期长(至少 6 个月)两大现实问题，不仅消耗较大配件成本，也会影响正常生产注气。此外，根据该正压通风吹扫系统运行状况情况，因其吹扫失败频次较高，说明系统本身也不够稳定可靠。因此，现场技术攻关团队计划对该吹扫系统进行国产化改造，预期达到两方面目标：(1)替换 F351-P 功能；(2)提升系统稳定性，并实现智能吹扫控制功能。

3　进行 F351-P 控制器核心功能分析

F351-P 控制器是注气机正压通风控制系统的核心部件，其内部集成功能如图 1 所示。

技术攻关团队结合 F351-P 控制器集成功能示意图，经过细致分析后，根据实际功能特点，将模块内部功能分成语言设置，吹扫时间、初始压力等参数设置及控制，界面显示设置和管理员设置四项子功能。结合现场实际操作使用需求，最终认定吹扫时间、初始压力等参数设置及控制子功能为该控制器核心功能。技术攻关小组对正压通风控制系统改造最终目标是实现核心功能。模块子功能分区如图 2 所示。

4　通过测试建立控制程序逻辑

以实现核心功能为目标，技术攻关团队结合正压通风控制系统结构流程图对核心功能进行深入分析，并在现场对功能的实现方式开展严谨测试，根据测试结果建立了系统功能程序逻辑。

如图 3 所示为正压通风控制系统结构及流程示意图。其核心功能详细说明如下：(1)在连接现场压缩空气供给装置，并手动打开主气阀及调压阀状态下，吹扫阀、“吹扫量”调整阀和出气阀会被打开。压缩空气依次通过主气阀、调压阀、吹扫阀和“吹扫量”调整阀及并联的控制阀到达电机外罩，并从出气阀排出。吹扫完成后系

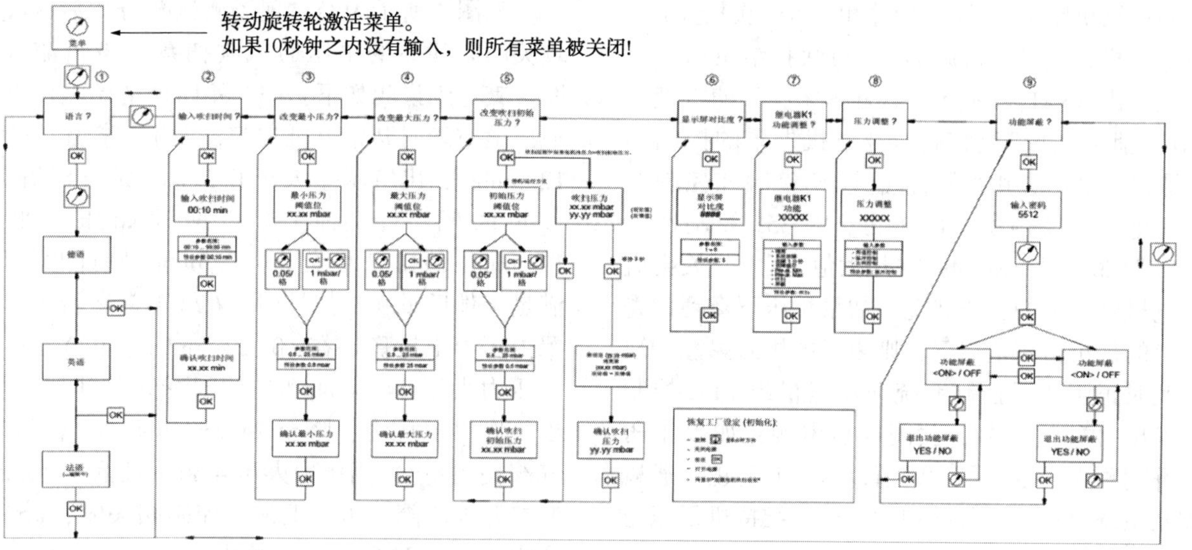

图 1　F351-P 控制器集成功能示意图

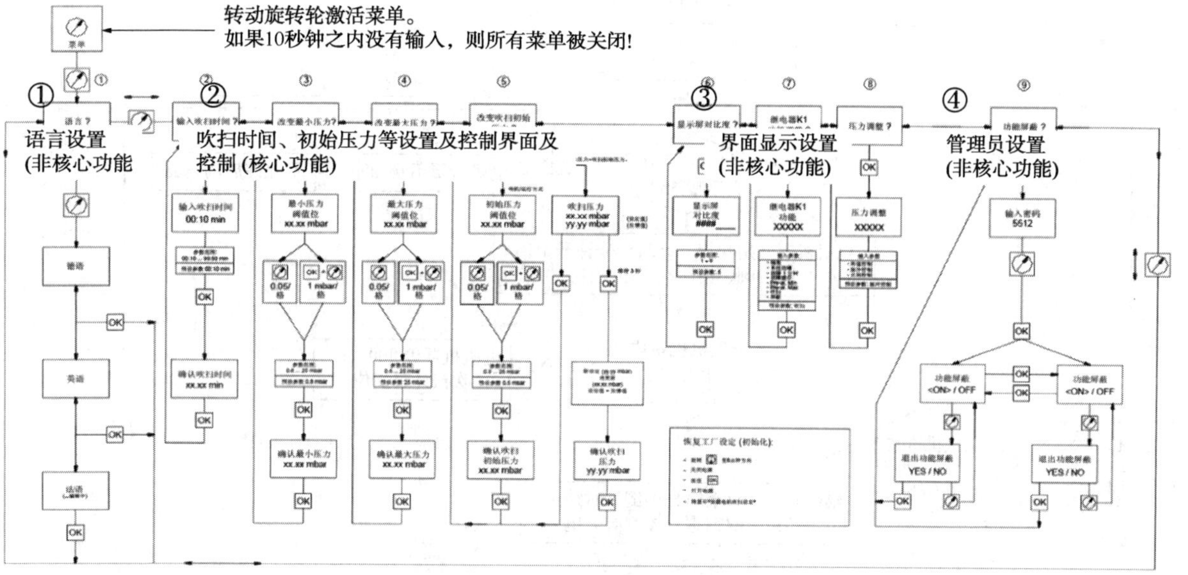

图 2　F351-P 控制器子项功能划分

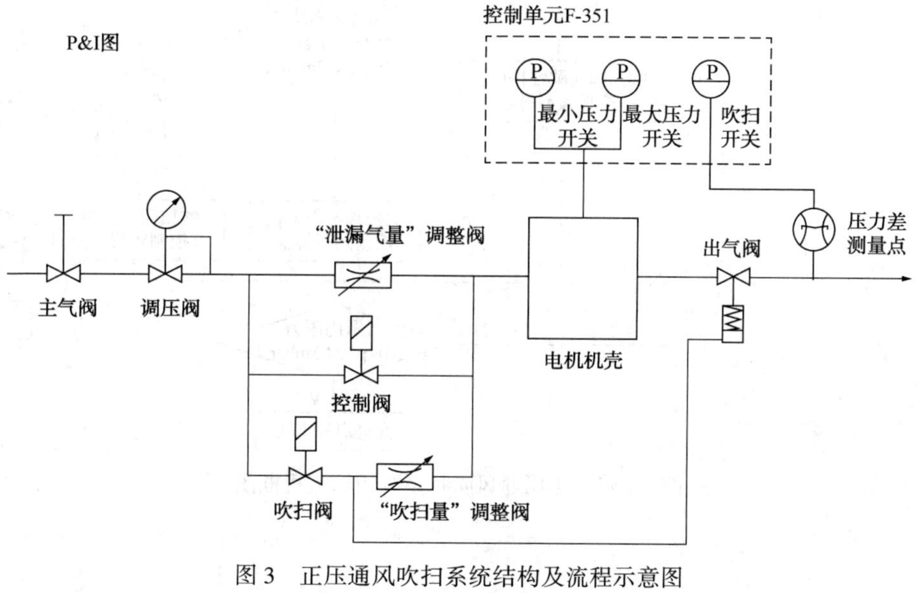

图 3　正压通风吹扫系统结构及流程示意图

统向压缩机组 PLC 控制柜输出一个“吹扫完成”命令，机组方可正常启动；（2）吹扫结束后，吹扫阀、出气阀自动关闭。这样一来，压缩空气只能从“泄漏气量”调整阀以及电机外罩的控制阀中通过。此时，由“泄漏气量”调整阀和控制阀维持电机外罩内所需的压力。F-351 控制器内“Min”（最小值）和“Max”（最大值）压力开关会监控电机外罩内的正压状况。如果正压下降到预先设定的最小值阈值以下，则表示电机防爆性能缺失此时正压通风控制系统向压缩机组 PLC 控制柜发出“停机”信号，关闭电机电源；如果正压上升到预先设定的最大阈值以上，此时正压通风控制系统会重新进行吹扫和出气，维持机罩压力稳定。

如图 4 所示为经过现场测试及分析后，技术攻关团队建立的正压通风吹扫系统逻辑流程框图。其详细说明如下：（1）当 PLC 初始上电并接通压缩空气时开始电机吹扫，如果吹扫压力大于 12. 5mbar，出口压差大于 0. 5mbar 则计时开始，设定时间 54 分钟，吹扫期间如压力低于 12. 5mbar 或出口差压小于 0. 5mbar 则计时复位，满足条件后重新吹扫计时；（2）正常运行中，机罩内压力维持稳定在 10-24. 5mbar；（3）当机罩内压力大于 24. 5mbar 时打开吹扫阀，同时通过出气阀排出压力，降至 24. 5mbar 后吹扫阀和出气阀关闭；（4）当压力大于 4mbar 且低于 10mbar 时打开控制阀补压，正常后控制阀关闭；（5）机罩内压力小于 4mar 时，停电机。

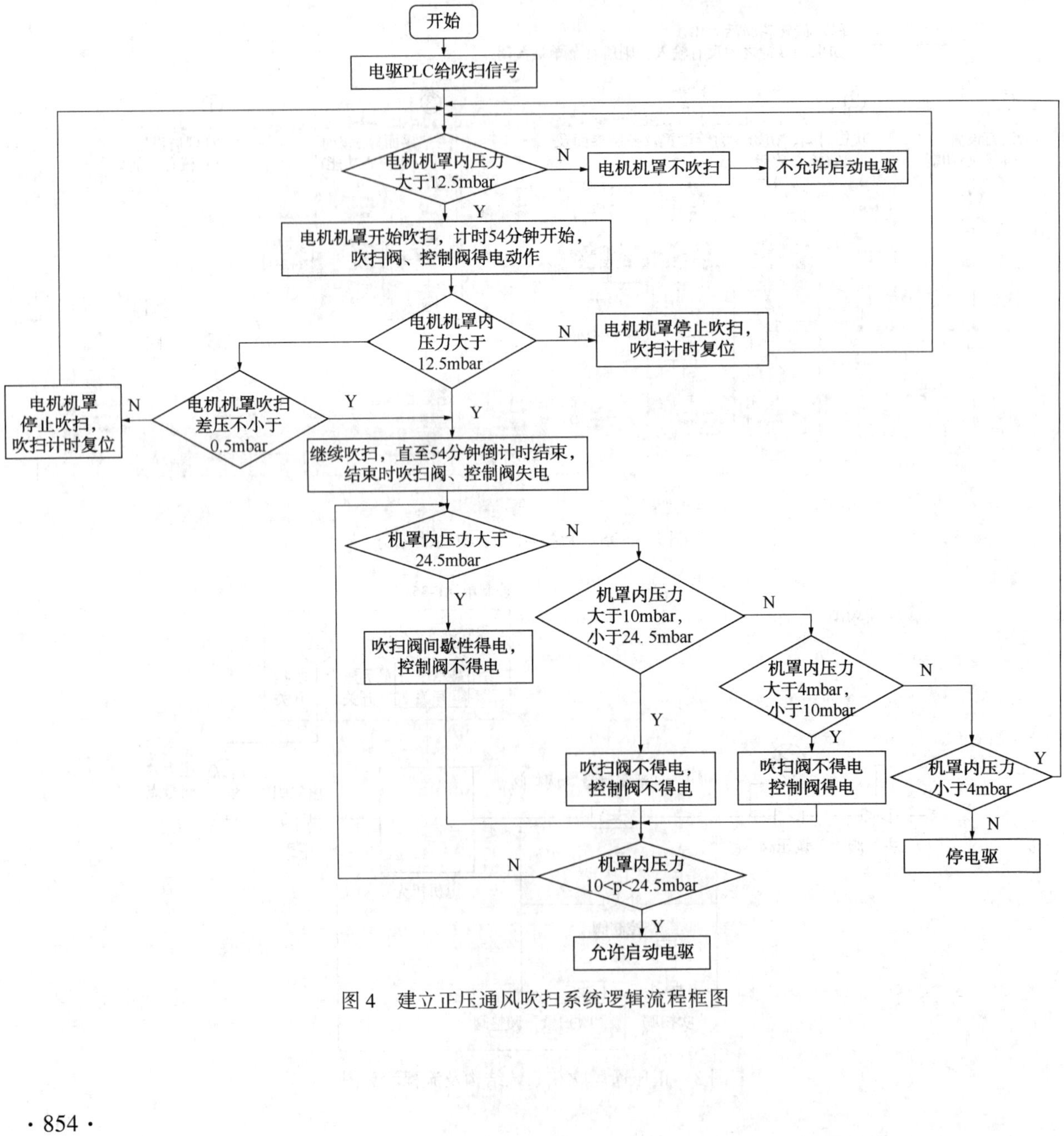

图 4　建立正压通风吹扫系统逻辑流程框图

5 现场技术改造方案

结合现场分析及测试结果，技术攻关小组明确本次改造需处理 2 个模拟量输入(AI)信号和 3 个数字输出(DO)信号，详见表 1。

表 1 电驱压缩机正压系统控制器改造系统点表统计

序号	名 称	类型	数量	备注
1	电机机壳内压力信号	AI	1	
2	出气口流速测量压力差信号	AI	1	
3	吹扫电磁阀控制信号	DO	1	
4	比例控制阀控制信号	DO	1	
5	吹扫成功允许启机(停机)信号	DO	1	

技术攻关小组以西门子 S7-200PLC 控制器为主要配件制定改造方案并开展实施，详细改造材料清单及价格见表 2。

表 2 电驱压缩机正压通风吹扫系统改造材料清单及价格

序号	物资名称规格	单位	数量	价格
1	西门子 S7-200PLC 控制器	台	1	2696
2	西门子 EM231 扩展模块	台	1	1407
3	压力变送器(0-50mbar)	台	1	4620
4	差压变送器(0-10mbar)	台	1	5997
5	1/2NPT 转 Φ10 快速接头	个	10	500
6	继电器 24V	台	1	20
7	机柜内仪表线(红/黑)	米	10	70
8	导轨	米	1	50
9	防爆接线箱	个	1	600
总价(原进口配件购买价格需 22 万，周期至少 6 个月)				15960

6 现场改造实施

以技术改造方案为基础，技术攻关小组在现场施工前编制改造施工步骤如下：(1)对 2#电驱压缩机进行停机并上锁挂签，确保系统改造及测试过程作业安全；(2)根据测试的逻辑编写西门子 S7-200PLC 控制程序，其中 2 路模拟量接入扩展模块，3 路 DO 输出接入西门子 S7-200PLC；(3)程序编写完成后进行模拟测试，确保逻辑正确；(4)对现场正压控制柜进行改造，拆除原有 F351-P 控制器，安装导轨、西门子 S7-200PLC、继电器等；(5)安装固定压力变送器和差压变送器，将原接入控制器的气源管路接入压力变送器和差压变送器；(6)对正压控制柜接线进行改造；(7)接线完成后经仔细检查核对，确认无误后上电调试；(8)正压系统单机调试正常后将吹扫完成的命令接入机组控制系统，并结合电机启停信号进行联合调试，确保改造后的正压系统实现电机防爆功能。如图 5 所示。

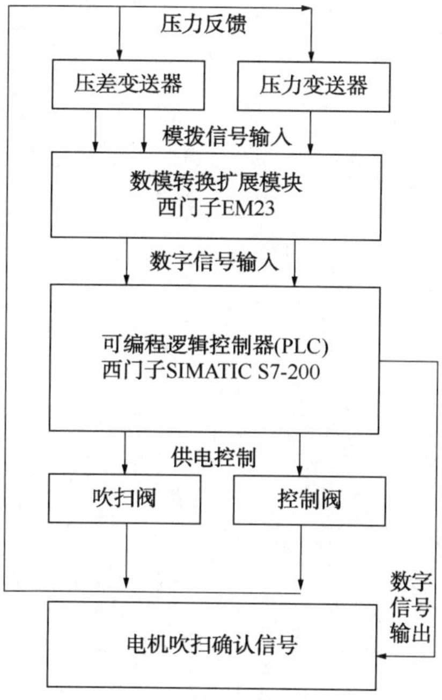

改造系统逻辑图

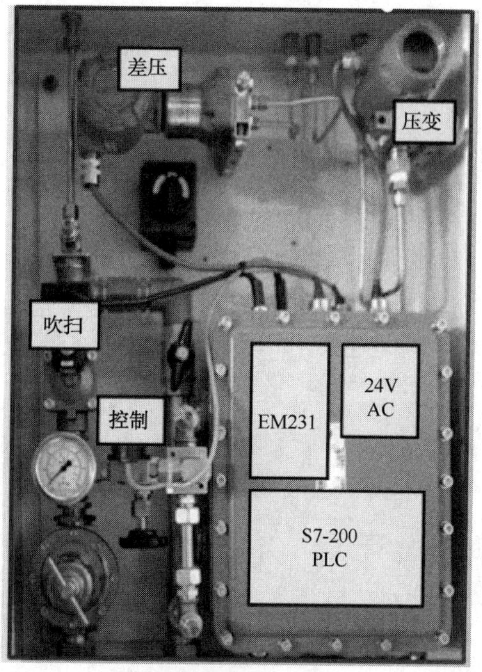

控制柜设备布局

图 5 改造后系统流程逻辑图及设备控制柜布局图

7　改造效果

现场 3 台电驱注气机从 2018 年投运至 2021 年初总运行时间仅 9024 小时，已陆续出现正压通风吹扫系统吹扫失败问题 35 次，核心控制器出现故障 3 次。技术攻关团队实施现场改造以后，2021 年 3 台机组总运行时间为 8786 小时，期间未出现 1 次吹扫失败问题，经过改造后的系统稳定性大幅提升，故障率大幅降低。同时，本次改造使用 PLC 控制柜进行编程，与其它改造配件配合使用，也实现了系统对电机内部压力的智能化控制和调节。达到预期目标。

F351-P 控制器采购成本超过 22 万元，该配件现场实际平均使用寿命为 3008 小时。在全力生产注气状况下，牙哈处理站 3 台电驱注气机采用“2 用 1 备”模式运行，每年总运行时间为 16000 小时。现场采用较小成本进行改造，今后可节约大量配件成本。

8　总结

本次技术改造打破了国外技术垄断，锻炼了队伍，提升了员工能力，顺利解决了现场电机正压通风吹扫系统失效的问题。在“碳中和、碳达峰”国际历史大背景下，电机驱动模式将逐步全面取代燃机驱动模式。“正压通风”是大型大功率电机常用防爆型式，而正压通风吹扫系统是实现其防爆功能的核心技术。本次技术改造经验对应用大型电机或其他大型防爆电气设备行业内都具有重要借鉴意义，可广泛进行推广。

参 考 文 献

[1] 范克明. 一种新型的电机保护的理论和方法[D]. 煤矿现代化，2007，04.

[2] 马可. 电机检查维护及故障处理方法探讨[D]. 科学技术创新，2019，15.

[3] 安海峰. 浅谈防爆电机结构优化设计[D]. 内燃机与配件，2019，02.

[4] 周明. 防爆电机的分类及防爆原理构建分析[D]. 内燃机与配件，2019，02.

[5] 徐宁. PLC 控制步进电机加减速运行的设计[D]. 电子世界，2011，11.

基于数据湖技术的油田数据质量研究

肖　楠[1]　陈　锐[1]　尚新璐[1]　徐秋云[2]　范家伟[1]

（1. 中国石油塔里木油田分公司油气数智技术中心；2. 中国石油塔里木油田分公司勘探开发研究院）

摘　要　塔里木油田以数据源头全覆盖、数据标准全统一、数据治理全方位、业务数据全链接、数据服务全自助、数据通道全可溯的“六全”数据生态为建设目标，通过开展数据生态会战、数据湖建设及数据治理专项行动，已实现数据银行对油田勘探开发等8个业务领域37个专业数据资产进行统一纳管。在开展油田数据治理过程中，存在数据生态治理机制难以落地、数据业务管理及责任单位责任落实不到位的问题，各专业数据在完整性、准确性、唯一性、标准性、及时性等方面存在不同程度质量问题，并且数据质控工具不能满足数据治理需求，部分专业数据质控扫描不全面，数据问题难以快速准确定位，数据质量公报无法按照专业与责任单位快速在线生成，影响数据治理进度和效果。为解决以上问题，塔里木油田在数据银行基础上完善数据质量管理工具，从数据资源目录与质控规则配置，数据质控方案的配置与执行，数据质量公报生成，数据质量分析，到数据治理整改闭环，实现全油田专业数据质量公报在线生成，根据数据质量报告，组织业务与技术人员对数据进行源头治理，包括未入湖数据治理和入湖数据治理，通过定期发布数据质量公报促进油田数据生态机制落实落地，完善数据治理闭环体系，推进油田数据资产质量提升。

关键词　数据质量；数据治理；数据湖；数据生态

数据是企业的重要资产，也是支撑企业数字化转型智能化发展的基础。“数据湖”概念首次于2010年被James Dixon提出，他把数据集比喻为瓶装水，经过清洗、包装和构造化处理后便于饮用，与之相反，数据湖则管理从各类数据源引接汇聚来的原生态数据数据湖技术作为一种不同于原始数据库的数据存储架构，支持所有的数据类型，可以保存大量的结构化、半结构化和非结构化的原始数据，并将原始数据分类存储到不同的数据池，在各数据池里对数据进行优化整合，并转化成容易分析的统一存储格式。塔里木油田从2019年开始以数据银行为核心的数据湖建设，目前数据银行集中纳管了37个专业的数据资产，已入湖结构化数据超过1亿条，对外提供数据服务1.1万个，日均访问量10万次。通过开展数据银行项目建设、数据入湖会战、数据专项治理，入湖数据量和数据质量在持续提升，数据源头全覆盖、数据标准全统一、数据治理全方位、业务数据全链接、数据服务全自助、数据通道全可溯的“六全”数据生态在持续向好。在开展油田数据治理过程中，存在数据生态治理机制难以落地、数据业务管理及责任单位责任落实不到位的问题，影响数据治理进度和效果。基于数据湖技术，在塔里木油田已建数据银行基础上开发数据质量控制模块，实现全油田36个专业数据质量公报在线生成，全面展示油田各业务管理部门、数据产生单位分管的数据入湖率、合格率等，提高各业务管理部门和数据产生单位对分管数据质量的重视，促进数据治理闭环机制落实落地，提升数据资产质量。

1　研究思路

区域数据湖架构包括数据采集层、数据治理层、数据共享层和数据服务层，数据采集层通过物联网采集、标准化采集构建覆盖油田9大业务领域40个专业的数据采集体系，分别在动态库、业务库及历史专业库中存储源头数据。按照数据资源目录确定的数据范围、数据字典构建数据银行数据模型，根据映射关系打通源头数据库至数据银行的数据通道，实现数据入湖。根据业务质控规则和属性规范值对入湖数据进行质量检查和控制，并对问题数据进行数据治理，经过审核后提供统一数据服务支撑9大领域应用场景业务需要。如图1所示。

以在线生成数据质量公报并以此推进数据治理为目标，以塔里木数据湖为基础，依据数据资源目录梳理各专业数据字典建立数据模型，梳理映射关系使用数据服务、数据抓取等方式打通源

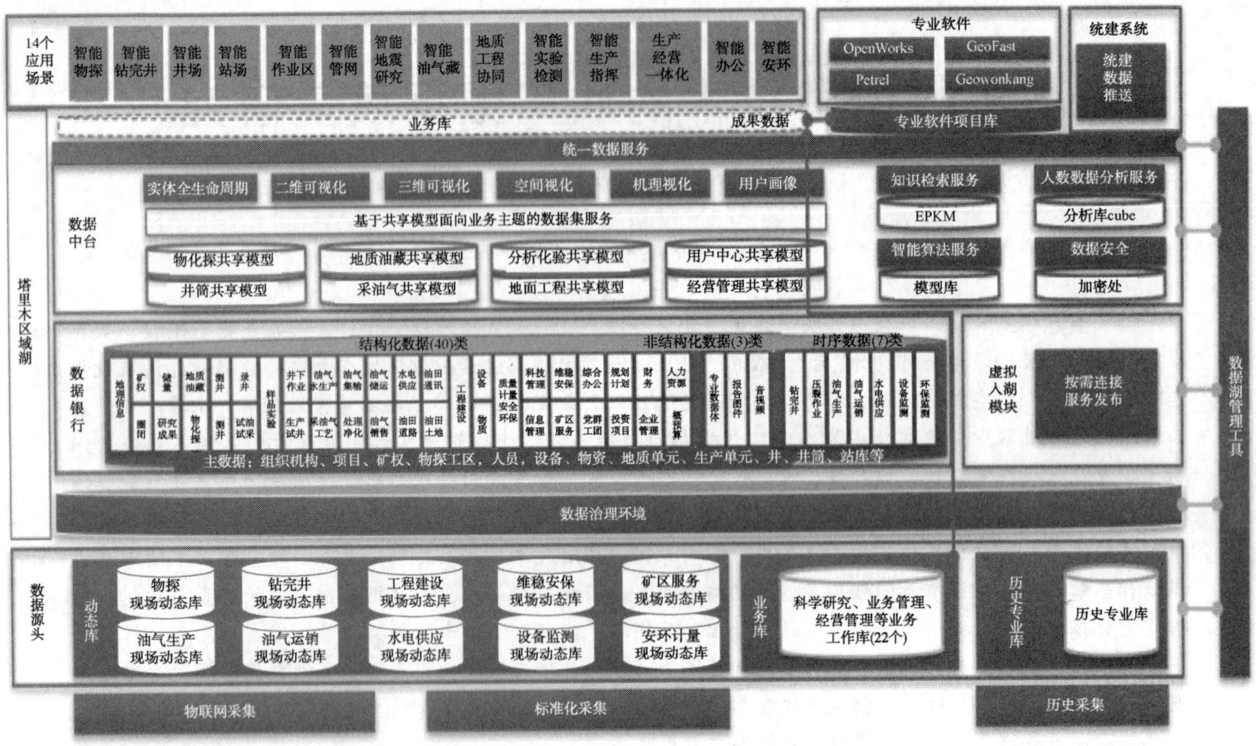

图 1　油田数据湖总体架构图

头数据库至数据银行的数据通道，各专业数据按批次定期入湖，入湖包括数据进入贴原层及治理层，按照业务规则对进入治理层数据进行数据质量检查，生成数据质量公报并由数据责任部门和数据产生单位组织开展数据治理，包括未入湖数据治理和不合格数据治理，通过在线治理工具实现数据治理闭环管理。

2　数据质量控制与分析

油田数据质量控制与分析包括数据资源目录配置，质控规则配置，质控方案配置与执行，数据质量报告生成，再根据生成的质量报告组织业务与技术人员进行数据治理。

2.1　数据资源目录配置

油田完成 37 类专业管理细则编制，数据资源目录、数据字典、数据模型、质控规则等业务梳理，数据接口编制、数据入库及数据管理工具开发，保障数据生态正常运行。数据资源目录按照油气勘探、工程技术、开发生产、油气运销、科学研究、生产运行、安全环保、经营管理、综合办公等 9 大业务领域 37 个专业进行梳理，包括业务名称、数据表、数据权威源、数据业务管理部门、数据采集部门、数据采集岗位、采集频次、数据审核单位、数据分级、数据运维联系人及联系电话。按照数据资源目录在数据银行平台中进行入库和配置，作为数据质量控制的基础，更是油田数据生态的基础，在油田发展以及数智化建设过程中，由于业务拓展和变化、新旧数据源系统替换等原因造成资源目录的变化，为了保证资源目录完整准确，开发数据资源目录注册变更管理模块，实现数据资源目录在线管理。

2.2　质控规则配置

在数据资源目录基础上，从及时性、准确性、完整性、唯一性、标准性五个方面，梳理非空值、代码约束、取值范围、正则表达式、记录内运算、记录间运算、表间运算、记录内逻辑、表间逻辑、对象完整性、计算完整性、唯一性等 12 类共 2000 项业务规则，对数据资源目录内所有入湖数据表进行关联绑定，形成 10000 条规则记录。业务规则及配置的正确性直接影响数据质量检查的效果，在进行油田全专业本年度、本季度数据质控测试过程也是对质控规则优化完善的过程，经过半年的测试已经修改业务规则及相应后台程序 200 余项。

2.3　质控方案配置与执行

数据银行平台开发质控方案、方案执行模块，可以按照专业或者单位灵活配置数据检查范围和周期，实现对不同数据范围、时间维度、数据产生单位的数据进行质量检查，为按照专业、单位生成数据质量周报、月报、季报、年报提供基础。数据质控方案执行的效率受到计算能力和被检查数据量的影响，数据银行使用7台虚拟机搭建的ES集群对一季度全油田37个专业入湖的100余万条数据进行检查，数据质控方案执行平均时间在7小时左右，仍有进一步优化空间。

2.4 数据质量报告生成

数据银行质控报告模块可按业务管理部门、业务专业两个维度统计数据入湖率和入湖数据合格率，在线生成数据质量周报、月报、季报、年报等。数据技术支撑部门负责分发质控报告至相关部门，数据业务管理部门和产生单位负责组织开展数据治理，数据技术支撑部门提供技术支持。数据合格率=(检查记录数-不合规记录数)/检查记录数，数据入湖率=入湖数据记录数/源端数据记录数。目前油田生产全业务全专业的数据质量季报，已经覆盖结构化数据和非结构化数据，物化探、地理信息等专业数据体暂时无法纳入数据银行统一进行数据质量检查。

2.5 数据质量分析

数据入湖率低主要原因包括主数据关联转换、违反模型规范、模型主外键关系、入湖方式等问题。主数据关联转换，数据源主数据及属性规范值与数据银行主数据映射问题，不能将数据源主数据ID转换成数据银行ID，例如分析化验井筒号在井筒主数据权威源中不存在。违反模型规范，字段类型不一致，数据源字符型，模型规范要求数值型，例如分析化验专业重矿物分析项目“重矿物含量”字段值包含“偶见”“极多”，数据银行模型该字段为数值型。

数据合格率低主要集中在数据的完整性和准确性。完整性即数据缺失关键属性，完整性规则要求不一致，例如脱水站生产动态日数据表，“输油耗电量”数据缺失。准确性即客观的业务发展，形成的数据与现有的值域规则不符，例如气分析，“天然气相对密度”值域为(0，1)，实际数据为“1.11”。

3 数据治理

根据数据质量报告，组织业务与技术人员对数据进行源头治理，包括未入湖数据治理和入湖数据治理。

3.1 未入湖数据治理

对入湖失败的数据，形成数据迁移问题报告及清单。因为字段非空限制、字段精度不一致、主数据不规范等IT类问题，由数据银行项目组负责组织处理。因为数据模型差异性过大、数据属性规范值不统一等业务类问题，数据技术支撑部门协调业务专家进行分析讨论，形成建议方案，报业务管理部门确认后，进行数据源端更新后重新入湖。如图2所示。

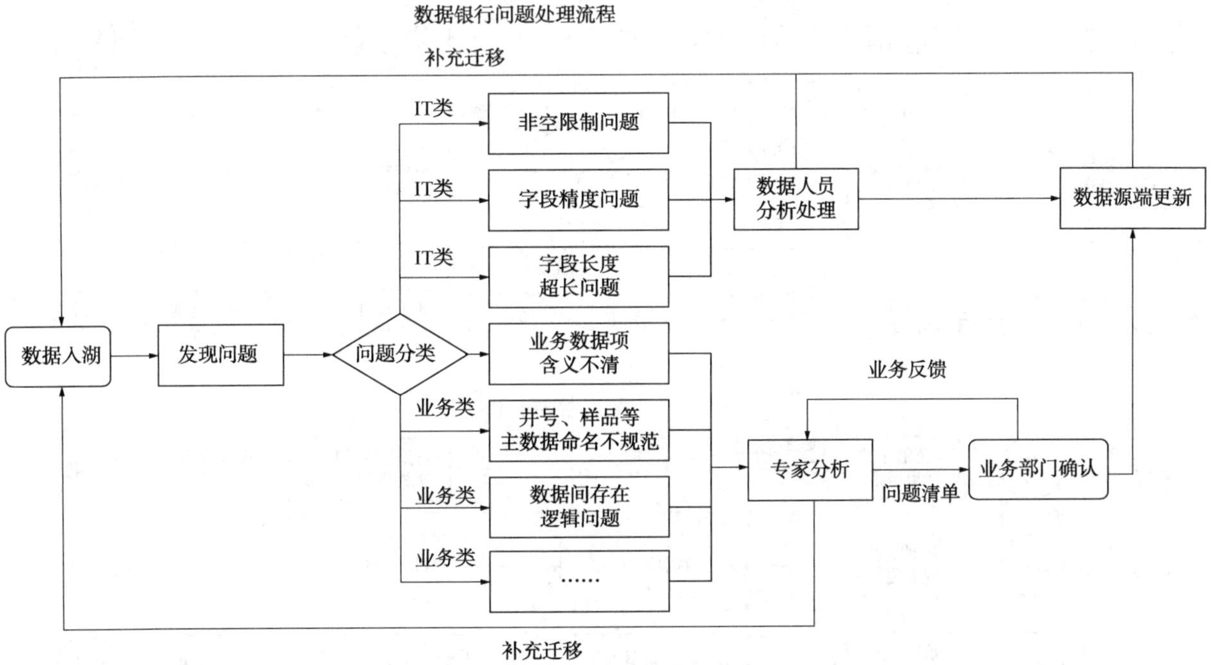

图2 未入湖数据治理流程图

3.2 不合格数据治理

通过数据质控扫描或应用使用问题反馈，形成问题数据清单，经过油气数智技术中心分析排查确认后，将问题数据清单反馈至数据责任单位二次确认，由数据责任单位组织开展源头数据治理，重新入湖。如图 3 所示。

数据生态的良性运转，需要业务管理部门、数据源头单位、数据技术支撑部门全过程参与，形成数据治理闭环，根据需求持续完善数据资源目录、数据字典、数据模型、质控规则、数据规范值字典，同时促进数据源端采集标准、采集程序完善，从源头减少问题数据，持续提升油田数据质量。如图 4 所示。

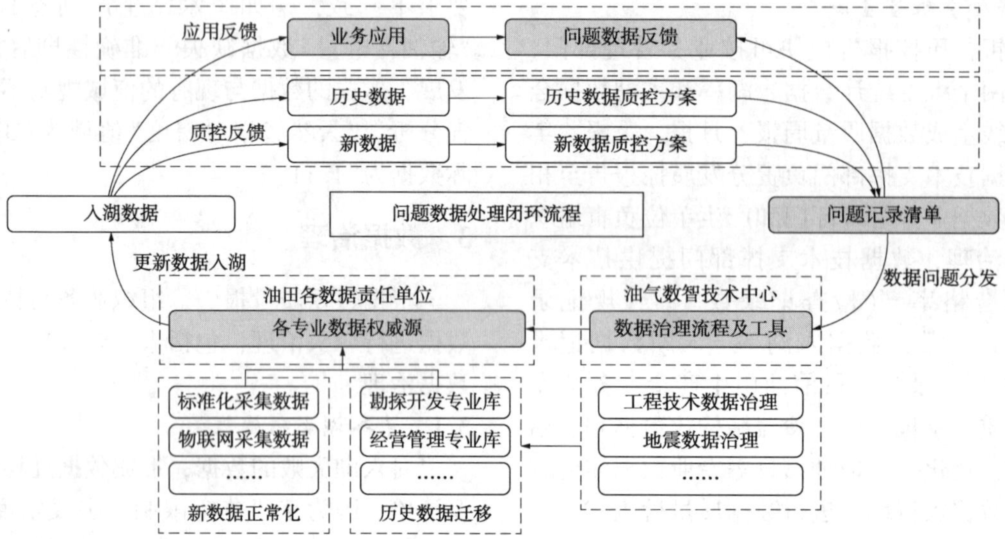

图 3　不合格数据治理流程图

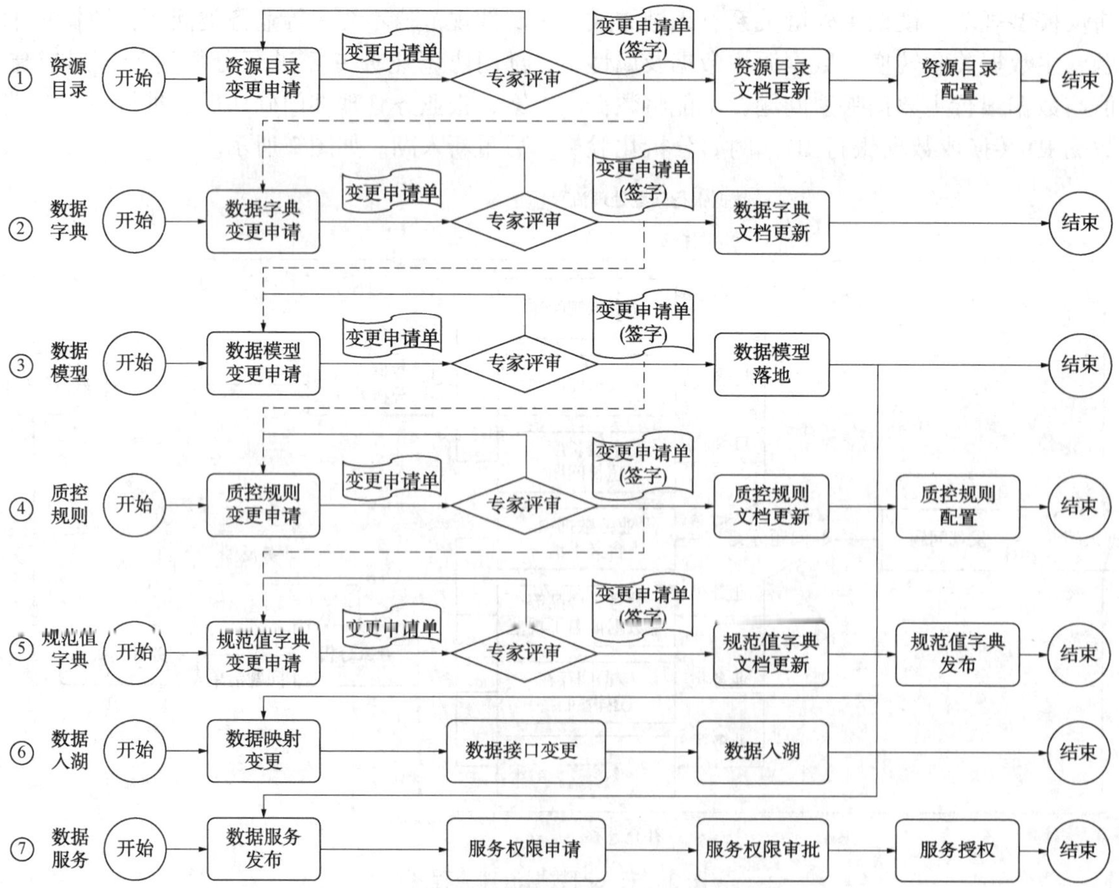

图 4　数据生态各类成果迭代更新流程图

4 结论

坚持按季度定期发布油田数据质量公报，协助数据业务管理部门及数据源单位开展各数据治理及入湖。将各单位的数据合格率、入湖率、问题数据治理情况作为年底信息化考核参考依据。扩展油田数据质量公报范围，将16类主数据、物联网时序数据接入率及时同步更新率、监控视频数据接入情况纳入数据质量公报范围，推进主数据、时序数据及视频信号数据质量提升。

参考文献

[1] 陈永南. 一种基于数据湖的大数据处理机制研究[J]. 计算机与数字工程，2019，10：2540-2541.
[2] ChristophQuix，Rihan Hai. http://crossmark.crossref.org/dialog/. 2010.
[3] 李亚林，张强. 塔里木智能油气田[M]. 2021.
[4] 陈哲. 大港油田勘探开发信息化数据质控体系建设的实践[J]. 中国科技信息，2013，15：80-81.
[5] 陈氢. 融合多源异构数据治理的数据湖架构研究[J]. 情报杂志，2022，5：139-142.
[6] 陈柯宇. 西南油气田数据湖入湖技术研究[J]. 专题技术，2020，12：58.
[7] 向上. 信息系统中的数据质量评价方法研究[J]. 现代情报，2007，3：67-69.
[8] 刘景义. 中国石油A1A2系统数据质量管理体系建设实践[J]. 信息技术与信息化，2011，3：62-63.
[9] 吴信东. 数据治理技术[J]. 软件学报，2019，9：2831-283.
[10] 孙嘉睿. 国内数据治理研究进展：体系、保障与实践[J]. 图书馆学研究，2018，16：2-4.

数字钻头参数感知系统研制与应用探索

黄　哲　刘　爽　黄志明　贾元猛

（中石化胜利石油工程有限公司）

摘　要　高风险、高成本、低效率已经成为了深部与非常规资源钻探的重大挑战。智能钻井决策与主动控制是解决上述问题的重要手段。但受到钻具组合力学特性的影响，安装在螺杆上游的测量装置无法获得钻头位置的真实数据反馈，难以进行针对性提速提效分析，智能模型训练存在数据歧义。本文研制了一种数字钻头参数感知系统，开展了钻头位置真实数据挖掘，基于云图绘制与超前预测的方式，开展了钻井参数的多目标博弈优化决策技术研究；通过胜利工区现场试验，验证了钻头内和近钻头测量数据特征的差异，开展了数字钻头技术钻头工况听诊、钻井参数优化决策等应用探索。

关键词　钻头参数感知；井下工况听诊；钻进参数优化；多目标博弈决策

中国2021年油气消费缺口64.7%，对外依存度分别为72.2%与46.0%。综合深层与非常规资源钻采与人口老龄化影响，高风险、高成本、低效率已成为油气钻探的重大挑战。智能决策与主动控制技术是解决上述问题的重要手段。但由于受到钻具组合力学特性的影响，安装在螺杆上游的测量装置难以获得钻头位置处的真实数据反馈，智能模型的训练样本存在严重的数据偏见，智能钻井在决策控制层面存在不可预测的实施风险。

针对于此，国际石油公司研发了如Black-Box™、MultiSense™、Cerebro™等一系列钻头内参数采集模块，可以在不改变现有钻具组合和施工工艺的前提下安装于钻头内部，直接采集钻头位置处的真实数据反馈，探究钻探功能障碍、预估钻具风险、优化钻具组合与作业参数。目前，国际石油公司已实现数字钻头技术完整的数据采集、分析、优化服务，并开展全球应用130余井次，综合提速最高达200%。国内如中石化胜利钻井院、西部钻探、西北油田等少量机构研制了类似样机产品，但未配合开展数据挖掘与理论研究，未能实现商业化应用。基于微机电传感器，研制开发了数字钻头运动参数采集系统，可以在不改变现有钻具组合和定向施工工艺的前提下直接安装在钻头内部，获得钻头位置处的真实数据反馈，开展现场应用9井次，对数字钻头实测数据开展了分析挖掘与钻井参数优化决策探索。

1　数字钻头参数感知系统

1.1　数字钻头应力参数测量方法

现有技术中，数字钻头参数采集模块具有偏置式与中心式两种安装模式(图1)。其中，偏置式模块通常可以采用过盈配合的装配方式实现与钻头本体结构的刚性连接，从而具备应力应变测量的结构基础。中心式则通常采用扶正支架或螺纹旋紧的形式实现测量模块与钻头本体的连接，在结构上缺乏必要的刚性约束与应变片装配条件，不满足钻头本体应力应变参数的直接测量需求。因此，国际石油公司在二代产品的研发重点逐步向偏置式安装模块倾斜，以顺应后续钻具数字孪生的技术需要。

(a)偏置式安装

(b)中心式安装

图1　数字钻头测量模块安装模式

然而，不可否认的是，偏置式模块虽然具备钻头本体应力应变的直接测量条件，但由于其非对称式安装方式，并不具备使用惠斯通电桥进行误差校正的条件，即无法进行钻头本体尺度上钻压、扭矩、温漂的解耦。此外，偏置式安装要求在钻头本体上开槽，在一定程度上对钻头结构强度存在损坏，增加了施工风险。

针对于此，笔者对中心式安装模块硬连接方案进行了探索，提出了工字形模块结构(图 2)。

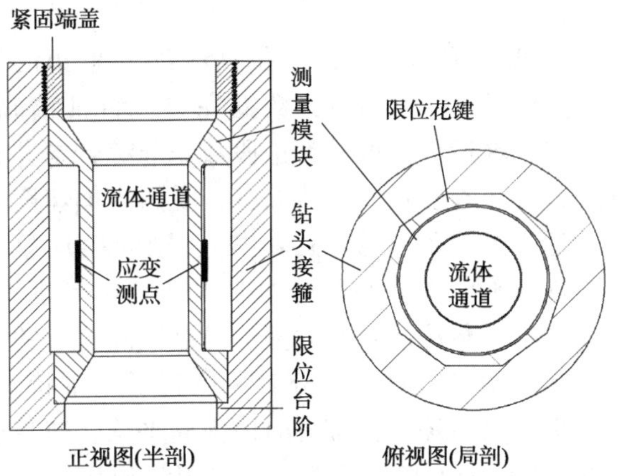

图 2　工字形模块结构示意图

模块采用错位花键配合进行周向限位，上下游分别基于紧固端盖与钻头体台阶进行轴向限位，基于工字形台阶实现与钻头本体间刚性连接。使用有限元软件建立工字形模块力学模型，选取硬质合金材料开展定性分析。依次施加 20～80kN 钻压与 10～20kN · m 扭矩，工字形模块测点位置应力与钻头本体钻压、扭矩呈线性关系，满足钻头本体应力应变参数直接测量的需求。此外，工字形模块在空间中表现为带台阶的中空圆柱，具备中心对称特征，其钻压、扭矩、温漂的解耦可以通过惠斯通电桥进行。

1.2　数字钻头运动参数测量方法

根据刚体运动理论，刚体任意位置运动参数(加速度、角速度、角加速度)可以由公式 1 表示。因此，笔者在前期研究中，结合前文工字形模块结构，提出了一种六棱柱式加速度计空间阵列构型。分别以棱柱轴向与径向构建笛卡尔坐标系，形成阵列载体坐标系 α，其 Z_α 轴与棱柱轴向对齐，X_α 与 Y_α 轴分别指向一侧棱边与侧面。三轴加速度传感器 1-6 上下交错分布于棱柱侧面，各传感器 y_i 轴与 Y_α 同向，z_i 轴垂直侧面指向外侧。

$$\boldsymbol{\Psi}_{i=1\sim6}=[x_i \quad y_i \quad z_i]^T_{i=1\sim6}=\boldsymbol{\Phi\Gamma}$$

$$=\boldsymbol{C}_\beta^{i=1-6}\begin{bmatrix} x_0+\dot{w}_yLz-\dot{w}_zLy-(w_y^2+w_z^2)L_x+w_xw_yL_y+w_xw_zL_z \\ y_0-\dot{w}_xL_z+\dot{w}_zL_x+w_xw_yL_x-(w_x^2+w_z^2)L_y+w_yw_zL_z \\ z_0+\dot{w}_xL_y-\dot{w}_yL_x+w_xw_zL_x+w_yw_zL_y-(w_x^2+w_y^2)L_z \end{bmatrix}_a \qquad (1)$$

$$=\boldsymbol{\Phi}[x_0 \quad y_0 \quad z_0 \quad \dot{w}_x \quad \dot{w}_y \quad \dot{w}_z \quad w_x^2 \quad w_y^2 \quad w_z^2 \quad w_xw_y \quad w_yw_z \quad w_xw_z]^T_a$$

令六棱柱边长为 L，传感器 1-6 上下两两交错，交错间距为 L_z。根据几何关系，各传感器坐标系 1-6 可以看作为阵列载体坐标系 α 分别以 X-Z-Y 三轴为旋转轴逆时针旋转 $\theta_{j=1-3}^{i=1-6}$ 角获得。带入公式 1，求解三轴加速度如公式 2。化简余式得关于 $w_{j=x,y,z}$ 的非线性方程组 $[f_i]=\boldsymbol{\Psi}-\boldsymbol{\Phi\Gamma}$，令 $\boldsymbol{F}=[f_1, f_2, \cdots, f_9]^T$。继而，计算雅各比矩阵 $\boldsymbol{DF}$，继而可迭代求得角速度与角加速度最小二乘解。

2　数字钻头应用探索与案例分析

2.1　数字钻头参数测量系统加工与数据对比

基于上述方案与原理，结合钻井现场实际使用需求，分别研制加工了探管式与阵列式两类数字钻头参数感知系统，具备钻头位置钻压、扭矩、转速、振动、井温、井斜等参数测量能力，耐温 125℃、150℃。在胜利工区牛页、义页等区块开展现场应用 9 井次，验证了数字钻头技术钻头工况识别、井眼轨迹监测、钻井参数优化等功能的可行性与可靠性(图 3、图 4)。

以胜利工区某井为例，使用 Φ215.9mm 数字钻头 + Φ172mm 动力钻具 + 回压阀/扶正器 + Φ172mm 工程参数测量短节的底部钻具组合进行应用对比(图 5)。可以看出，除采样率差异外，钻头位置处运动参数与螺杆上游数据在幅值和曲线形态上存在明显差异，验证了数字钻头参数感知系统研制的必要性。

2.2　应用探索与案例分析

2.1.1　钻头工况识别与提速分析

以胜利工区 YY1-2VF 为例，数字钻头采用

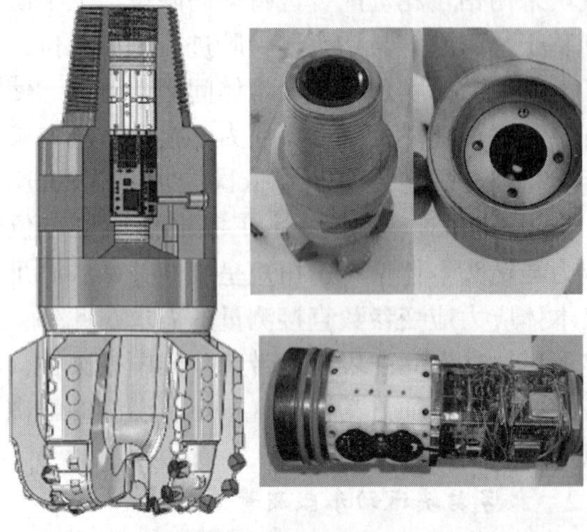

图 3　阵列式数字钻头

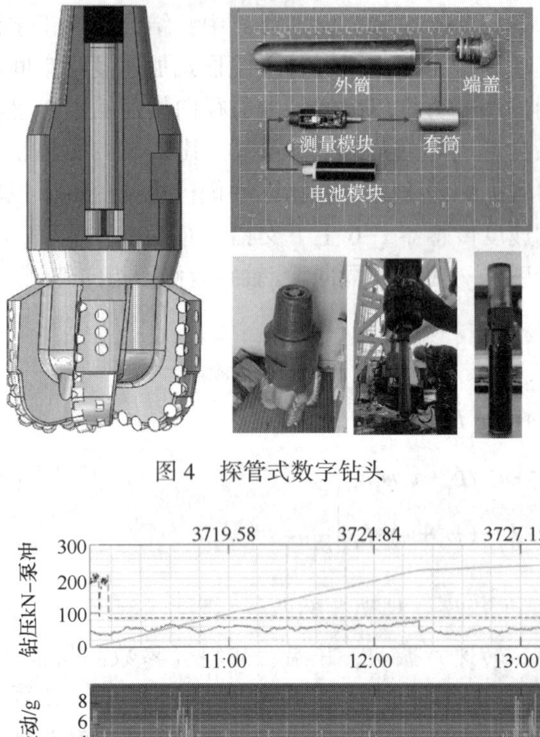

图 4　探管式数字钻头

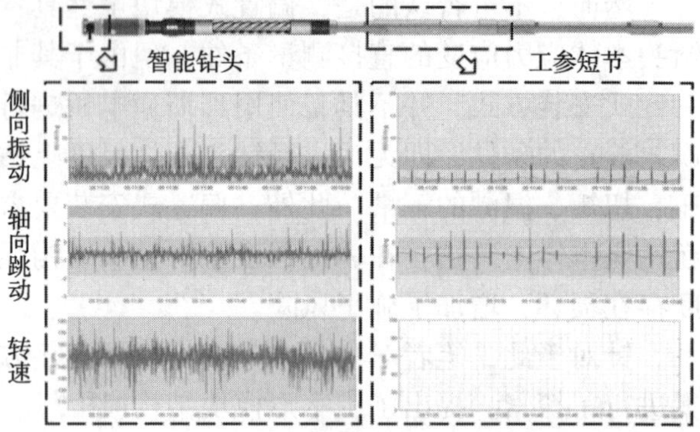

图 5　数字钻头与工参短节采集数字特征对比

整趟钻低频采样、关键层位高频加密采集的策略，连续采集 47 小时，数据完整，特征清晰。经初步解释后，截取其钻进段数据与综合录井数据融合如图 6 所示。整体而言，受重力加速度影响，钻头轴向加速度 1g±0～2g，轴向振动整体处于低水平状态、小部分时段内达到中等水平，无需进行参数控制；侧向振动等级则随取心的进行表现出明显差异，部分时段达到了严重状态，需要进行参数控制；部分时段内筒平均转速趋近于 0，造成 SSI 畸高异常，故采用常规扭转振动评价标准，整体转速变化量±0～40rpm，属于低水平状态。但需要注意的是，除转速变化的直观表现外，扭转、黏滑同样会造成切向加速度的改变；因此，本次测量中黏滑情况在一定程度上可由侧向振动情况体现。

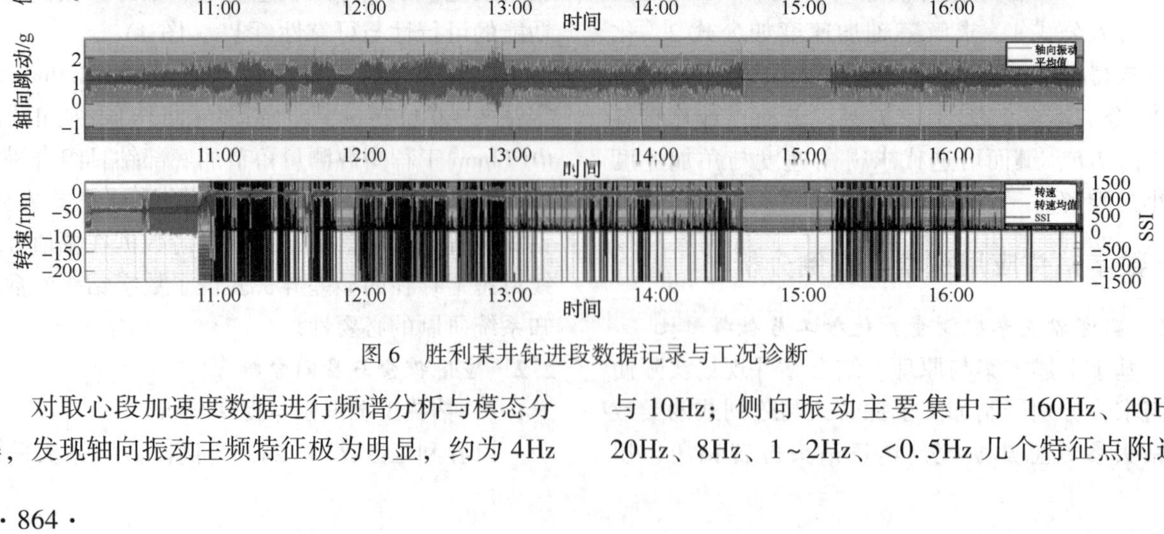

图 6　胜利某井钻进段数据记录与工况诊断

对取心段加速度数据进行频谱分析与模态分解，发现轴向振动主频特征极为明显，约为 4Hz 与 10Hz；侧向振动主要集中于 160Hz、40Hz、20Hz、8Hz、1～2Hz、<0.5Hz 几个特征点附近，

分属扭转共振(160Hz)、涡动(8～40Hz)、黏滑(0～2Hz)；结合相对功率谱密度对比，可以认为，在该井取心段中低等级侧向振动主要由扭转共振与涡动引发，严重等级的侧向振动主要由低频黏滑引发。分析振动情况与钻井参数相对关系(表1)可以看出，底部钻具在整体上服从轴向振动与钻压负相关、侧向振动与钻压正相关的影响规律；同时，随着取心筒内岩心长度的增加，取芯筒自重与刚度相对增强，相同钻压作用下，其轴向振动相对减弱、侧向振动相对增强。因此，建议通过优化钻头齿与刀翼结构的形式提高取心钻头进攻性与抗回旋性，并采用低钻压高转速的参数方案进行取心作业；同时，随着取芯长度的增加，可在不影响钻速的前提下适当降低钻压，以降低振动等级与钻具磨损速度、提高钻进效率与取心率(避免筒内岩心在涡动、侧向撞击影响下的断裂与破碎)。对于本井，建议钻压50～60kN。

表1　取芯钻进段振动特征与作业参数关系

时间 00:00	岩心长度 m	钻压 kN	轴向振动 g	侧向振动 g
10-11	0-5	60-70	0.7	9
11-12	6-10	55-60	1.2	4.5
12-13	10-13	40-45	1.2	5
13-14	13-13.7	55	0.9	9
14-15	13.7-14.3	/	/	/
15-16	14.3-15.3	35-95	0.7	8.5
16-16.5	15.3-16	85-95	0.6	7

2.1.2　钻井参数的多目标优化决策

需要注意的是，前述分析方法通过钻头工况的定性诊断为钻井参数优选提供决策依据，其本质上仅是对已有的实钻参数进行对比分析，在有限范围内选择相对优秀的钻井参数，无法保证其参数方案在全域范围内的最优。因此，笔者在前期研究中对钻井参数的多目标优化决策方法进行了研究。

仍以YY1-2VF为例，统筹钻速、比能、振动、单位进尺成本等关键参数博弈竞争关系，建立神经网络模型，开展目标井段关键参数预测、锁定优化控制边界。基于粒子群算法与多目标博弈模型，获得钻井参数优化云图如图7所示。可以看出，预计钻压62kN时可以实现经济、风险、效率的统一，与前述分析结果基本一致。

相似的，基于同样的神经网络模型与分析方法，结合综合录井数据对GX861井开展钻井参数优化分析与决策(图8)。可以看出，A井段岩性未有明显变化，比能与测井反推基线基本一致，未发生明显偏离，参数控制较佳。B井段测井反演岩石抗压强度降低、地层偏软，比能基线相比A段偏左，钻压下降、钻速轻微下降，比能开始偏离基线，符合基本经验规律。C井段中，钻压稳定上升，但转速维持相对低水平运行，钻速开始提高，比能开始偏离基线。由于C段声波时差与自然伽马等数据均值未有明显变化、测井反衍抗压强度等地质性能参数相对稳定，对C段开展数据挖掘，建立C段钻速预测模型、开展敏感性分析。可以看出，当前井段对钻压、转速、排量敏感性分别为20%、44%、36%。采用前文钻参优化方法，推荐钻参95～105kN、80RPM，与试钻优选结果一致。

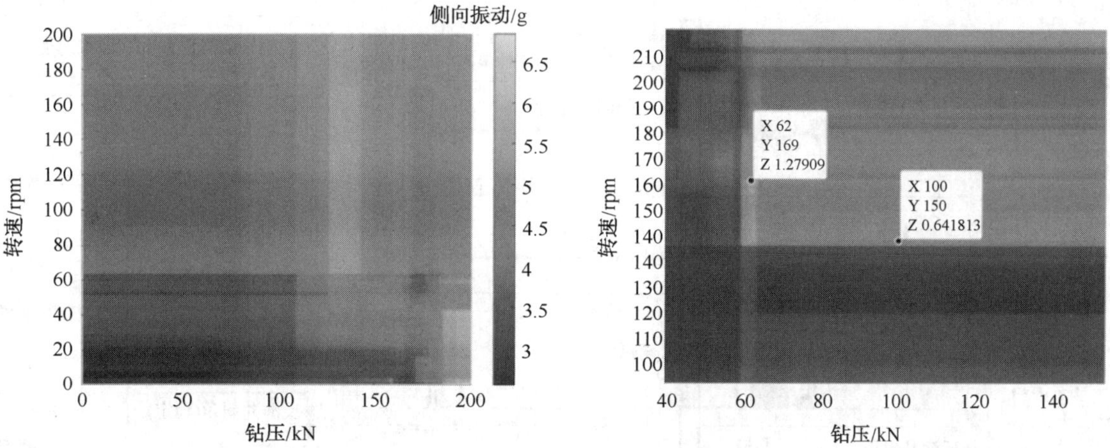

图7　目标井深关键参数预测与多目标博弈量化云图
(部分：振动、多目标博弈量化值)

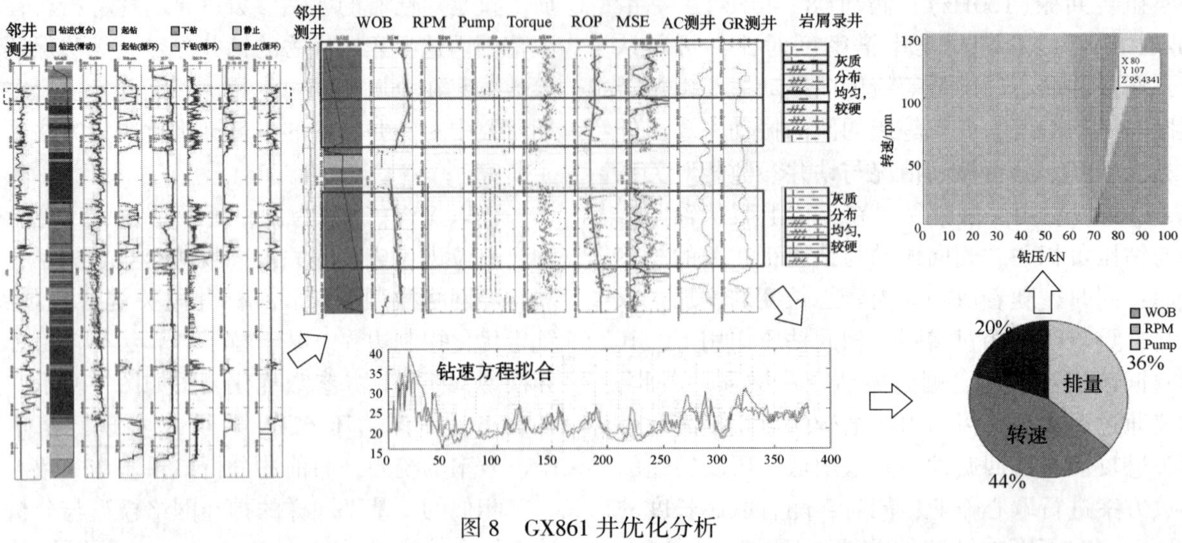

图 8　GX861 井优化分析

2.1.3　轨迹参数监测

根据导航原理，地球空间内任意物体的姿态变化都可以等效为固定在运动物体上的机体坐标系相对于地球地理坐标系的旋转，则其姿态可由两坐标间旋转变换矩阵表示(公式 2)。因此，分别以地球磁场、自转角速度、重力场为参考量，配合代数几何关系，即可得到数字钻头在静态测量条件下的轨迹参数反演公式(公式 3)，其动态测量条件下的轨迹参数则可通过四元数更新的方式采用卡尔曼滤波方法迭代求解。

$$\boldsymbol{R}^n=\boldsymbol{q}_n^m\otimes\boldsymbol{R}^m\otimes\boldsymbol{q}_n^{m*}=\begin{bmatrix} q_0^2+q_1^2-q_2^2-q_3^2 & 2(q_1q_2-q_0q_3) & 2(q_1q_3+q_0q_2) \\ 2(q_1q_2+q_0q_3) & q_0^2-q_1^2+q_2^2-q_3^2 & 2(q_2q_3-q_0q_1) \\ 2(q_1q_3-q_0q_2) & 2(q_2q_3+q_0q_1) & q_0^2-q_1^2-q_2^2+q_3^2 \end{bmatrix}\boldsymbol{R}^m=\boldsymbol{C}_n^m\boldsymbol{R}^m \tag{2}$$

$$\begin{cases} INC=arctan\left(\dfrac{-f_y}{(f_x^2+f_z^2)^{1/2}}\right) \\ AZI=arctan\left(\dfrac{g(B_zf_x-B_xf_z)}{B_y(f_x^2+f_z^2)-f_y(B_xf_x+B_zf_z)}\right) \end{cases} \tag{3}$$

因暂不具备无磁钻头与高精度自校正陀螺应用条件，仅在 FS102 井长筒取芯井段取割芯前 5 分钟静置数据开展了井斜测量试验(图 9)，参数反演后与陀螺投测数据比对基本一致，验证了使用数组钻头进行低成本轨迹监测的可行性。

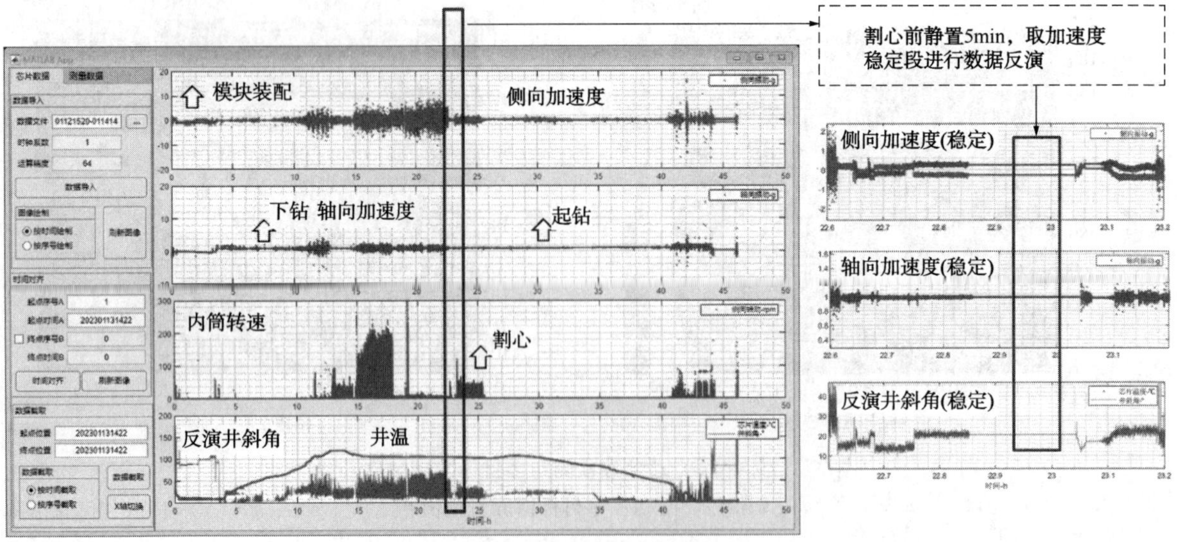

图 9　FS102 长筒取芯井斜监测

3 结论

智能化时代，数据是一切优化与智能的基础。作为破岩钻进的直接执行机构，对钻头的动力学响应数据开展高频采集分析，是挖掘钻具响应、钻进参数、地质特性、风险控制间统筹关系的根本保障。数字钻头是一种跨时代的辅助性技术，其钻头参数感知功能可以在不改变现有钻具组合的前提下直接获取钻头位置处的真实数据反馈，为探究钻探功能障碍、预估作业风险、改进提速工具、指导参数决策等提供可靠数据支撑。

本文基于微机电传感器技术，研制开发了阵列式与探管式两类数字钻头参数感知系统，具备钻头位置处振动、转速、钻压、扭矩、井温、井斜等多参数测量能力。加工了相关样机，在胜利油田牛页、义页等区块开展现场应用9井次，配套对比工程参数短节测量数据，证实了钻头内测量数据与螺杆上游测量数据的差异性，验证了数字钻头参数感知系统研制的必要性；基于实测数据分析挖掘，探索了使用数字钻头开展钻头工况识别、井眼轨迹监测、钻井参数优化的可行性与可靠性。

参 考 文 献

[1] Ledgerwood L W W, Jain J R, Hoffmann O J, et al. Downhole measurement and monitoring lead to an enhanced understanding of drilling vibrations and polycrystalline diamond compact bit damage[J]. SPE Drilling & Completion, 2013, 28(03): 254-262.

[2] Cornel S, Vazquez G. Use of big data and machine learning to optimise operational performance and drill bit design[C]. SPE Asia Pacific Oil & Gas Conference and Exhibition. OnePetro, 2020.

[3] Pelfrene G, Cuilier B, Ezzeddine D, et al. Setting a New Standard: PDC Bits Equipped with Compact Vibration Recorders Monitor Entire Run and Reveal Stick-Slip Mitigation System Dysfunction and Downhole Motor Under Performance[C]. SPE/IADC International Drilling Conference and Exhibition. OnePetro, 2021.

[4] Townsend T, Moss W, Heinisch D, et al. Advanced High Frequency In-Bit Vibration Measurement Including Independent, Spatially Separated Sensors for Proper Resolution of Vibration Components Including Lateral, Radial, and Tangential Acceleration[C]. Abu Dhabi International Petroleum Exhibition & Conference. OnePetro, 2021.

[5] Xiao Y, Qiu H, Butt S D. Measurement and Analysis of Drill - Bit Motions: A Case Study for passive - Vibration Assisted Rotary Drilling(pVARD) Tool[C]. 54th US Rock Mechanics/Geomechanics Symposium. OnePetro, 2020.

[6] Sugiura J, Jones S. A Drill Bit and a Drilling Motor With Embedded High-Frequency (1600 Hz) Drilling Dynamics Sensors Provide New Insights Into Challenging Downhole Drilling Conditions[J]. SPE Drilling & Completion, 2019, 34(03): 223-247.

[7] Chen S, Wisinger J, Dunbar B, et al. Identification and mitigation of friction-and cutting-action-induced stick/slip vibrations with PDC bits[J]. SPE Drilling & Completion, 2020, 35(04): 576-587.

[8] 黄哲. 面向油气钻井振动测量的空间三轴加速度传感器阵列研究[J]. 电子测量技术, 2021, 44(8): 155-160.

[9] Huang Zhe, Yan Xiuliang, Dai Yanan, Vibration Control in Optimized Drilling and Key Issues to be applied in New Clean Geo-energy Exploitation. [C]. The 3rd International Conference on Green Energy, Environment and Sustainable Development. Transdisciplinary Engineering. 2022.

[10] Chen Xiwu, Huang Zhe, Novel tool of In-bit Measurement for New Clean Geo-energy Exploitation. [C]. The 3rd International Conference on Green Energy, Environment and Sustainable Development. Transdisciplinary Engineering 2022.

[11] 黄哲，吴仲华，李成等. 智能钻头技术研究与应用探索[J]. 石油机械，2023，51(10)：67-76.

[12] Huang Z, Huang Z, Su Y, et al. Where the Laterals Go? A Feasible Way for the Trajectory Measurement of Radial Jet Drilling Wells[C]//SPE Asia Pacific Oil and Gas Conference and Exhibition. Society of Petroleum Engineers, 2018.

[13] Huang Zhe, Huang Zhongwei, Su Yinao, et al. A Feasible Method for the Trajectory Measurement of Radial Jet Drilling Laterals[J]. SPE Drilling & Completion, 2019.

[14] Huang Zhe, Huang Zhongwei, Wu Long, et al. Trajectory Measurement of Radial Jet Drilling Wells: Improved Tool and Data Processing [J]. Journal of Energy Resources Technology, 2020, 142(3).

[15] Huang Zhe, Huang Zhongwei. Review of Radial Jet Drilling and the key issues to be applied in new geo-energy exploitation [C]. International Conference of Applied Energy, 2018. Energy Procedia2019 (158): 5969-5974.

基于大数据技术的钻井参数智能优化方法

彭　炽[1]　张洪琳[1]　付建红[1]　李庆峰[2]　苏　昱[3]

（1. 西南石油大学；2. 中国石油塔里木油田公司；3. 中国石油西南油气田公司）

摘　要　机械钻速作为影响钻井作业周期和作业成本的关键因素，直接反映了钻井效率和钻井作业水平。面对愈加复杂的钻井环境和海量的现场数据，原有的钻井参数优选方法无法满足大数据及人工智能时代钻井参数优选的需要。因此，本文基于大数据技术，综合考虑了测井、录井等数据，以机器学习算法为工具提出了一种钻井参数智能优化方法。结合钻井大数据的特征，采用数据清洗、归一化和离散特征编码、降维处理等方法对海量的原始数据进行预处理，以声波时差值、岩石密度测井值、伽马测井值作为输入参数，建立了基于无监督学习的地层聚类模型，计算得到了具有相似地层特征的簇类。选用K-means算法进行地层特征聚类，以误差平方和(SSE)及轮廓系数作为评价函数确定最佳簇类数。通过变异系数对聚类效果进行评价，最终确定了簇类数及其特征。以地层簇类、钻压、转速、泵压、排量、扭矩、钻井液密度和钻头类型作为输入参数，建立了基于GRU神经网络的机械钻速模型，根据簇类分类和机械钻速模型，以提高机械钻速为目标，分层优化了地层机械参数(钻压、转速)和水力参数(泵压、排量)。以南缘构造深部地层为例，基于本文提出的钻井参数智能优化方法可以使机械钻速预测准确度提升25.4%。本研究成果为提高钻井效率提供了一种新思路。

关键词　钻井参数；机械钻速；机器学习；聚类分析；参数优化

1　引言

油气钻井工程正面临着钻井深度增大，施工难度加大，施工环境愈加复杂的问题。提高机械钻速、降低钻井周期是提高钻井效益最为直接和有效的手段。钻井过程是一个受众多参数影响的复杂过程。以往的钻井参数优化方法大多依靠经验，或者通过建立钻速预测模型，或是通过实验获取机械钻速经验模型，进而优化钻井参数。然而许多待定参数难以准确获取，导致模型的适用性较差。面对愈加复杂的钻井环境和海量的钻井数据，传统方法显得低效且难以满足实际需求。目前主要三种钻井参数优化方法：(1)基于机械比能(Mechanical Specific Energy，MSE)的钻井参数优化。(2)基于机械钻速的钻井参数优化。(3)基于智能钻井系统的钻井过程优化。其中，基于MSE的钻井参数优化应用最为广泛。从1964年提出机械比能，经过国内外学者的不断优化和改进，已经形成了多种模型。然而，现有的钻井参数优化方法和优化模型存在的诸多不确定性问题，并未充分考虑地层岩石特征等不可控因素和钻井大数据的应用。

因此，本文基于现场获取的随钻录井数据、地质录井数据、测井数据等钻井大数据，对原始钻井数据进行预处理，采用无监督学习提取地层特征，通过监督学习预测机械钻速等大数据研究方法优化钻井参数，进而提高机械钻速。

2　钻井参数优化模型

见图1为基于大数据的钻井参数优化模型流程图。以声波时差测井值、密度测井值、伽马测井值为输入参数，通过聚类分析可以获取具有相似地层特征的簇类，然后根据测井数据判断各数据点所属簇类。以簇类、密度测井值、声波时差测井值、伽马测井值、钻压、转速、排量、泵压、扭矩、钻井液密度、钻头类型作为机械钻速预测模型的输入参数进行机械钻速预测，通过分析不同参数组合对机械钻速的影响，以机械钻速为目标进行钻井参数优化。

2.1　钻井大数据预处理

钻井大数据是从随钻录井数据、测井数据、地质录井数据等抽取整理而来，类型复杂，数量庞大，因此需要对钻井大数据的进行预处理。首先对错误或冲突的数据进行数据清洗，选用对异常值选择直接删除的处理方式。钻井数据中出现的离散特征主要有地层名称、钻头类型等，这些数据的取值大小无意义，对于这样的离散特征采

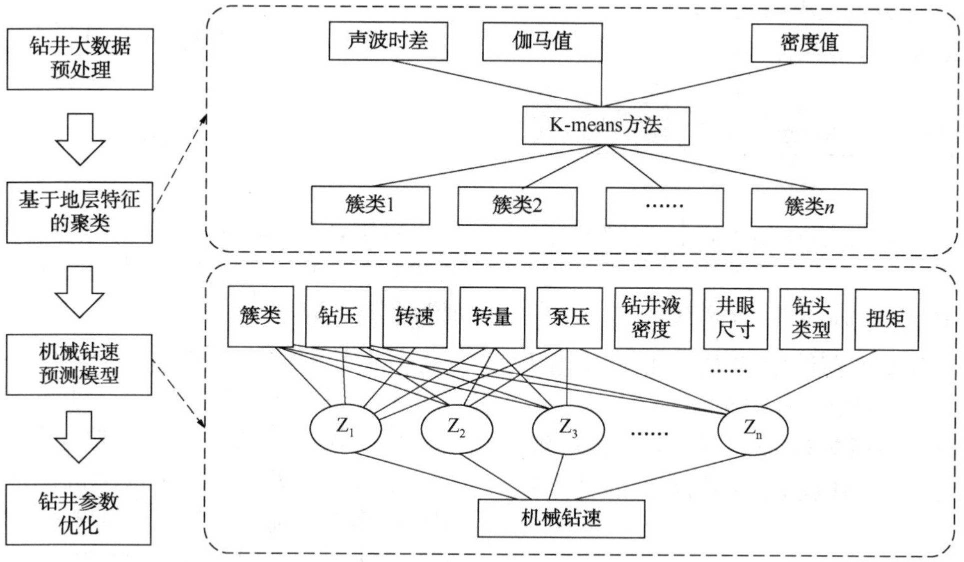

图 1　钻井参数优化模型流程图

用独热编码，即以向量编码特征取值，向量维度就是特征的数量，例如针对地层层系就可以按照数值进行定义，如表 1 所示。

表 1　地层层系独转码部分结果表

井深/m	地层						
	Q	N_2d	N_1t	k_1tg	J_2t	J_2x	J_1b
543	1	0	0	0	0	0	0
1495	0	1	0	0	0	0	0
2019	0	1	0	0	0	0	0
3257	0	0	1	0	0	0	0
3894	0	0	1	0	0	0	0
5962	0	0	0	1	0	0	0
6050	0	0	0	0	1	0	0
6470	0	0	0	0	0	1	0
6905	0	0	0	0	0	0	1

由于钻井数据特征众多，各特征的变化幅度差别也非常大，量纲也各不相同。因此，需要进行归一化，消除量纲影响，使各个数据指标具有可比性。本文采用常用的归一化方法：*Min-Max* 归一化，转换函数如公式 1：

$$x_{ij}^{*}=\frac{x_{ij}-Min_j}{Max_j-Min_j}\quad (i=1,\ 2,\ 3\cdots,\ j=1,\ 2,\ 3\cdots) \tag{1}$$

由于钻井参数特征众多，不加以维度处理，很可能会出现过拟合问题，影响数据分析结果。本文采用最常用的数据降维方法：主成分分析算法(PCA，Principal Component Analysis)。通过线性投影，将高维的数据映射到低维的空间中表示，并期望在所投影的维度上数据的方差最大，以此使用较少的数据维度。

2.2　基于无监督学习的地层特征聚类

2.2.1　钻井参数特征

钻井参数的优选应该是建立在钻井参数与地层岩石特性匹配关系的基础上。同时，由于地层的复杂性，需要多指标共同反映地层特征。这些特征从不同的角度来反映地层性质，各个指标具有一定的联系，但又具有不同的侧重点，所以这些特征可以对岩石性质具有较为清晰的描述和判断。根据研究可知，岩石的性质与测井资料密切相关，如声波纵波时差可以反映岩石的拉伸和压缩变形特性以及强度特性，横波时差可以反映岩石的剪切变形特性，自然伽马值可以反映泥质含量及可塑性，密度测井值反映岩石的压实程度，电阻率反映岩石的致密程度。因此，将密度测井值、自然伽马测井值和声波时差测井值作为反映地层岩石性质的测井参数。

2.2.2　地层特征聚类方法

基于钻井大数据特征较多、数据量较大的特点，本文采用 *K*means 算法进行地层特征聚类。*K*-means 算法本质是将给定的无标签数据集 X 聚类成 $k(k<m)$ 个簇 $C=C_1$，C_2，……，C_k，见公式 2。

$$X=\begin{bmatrix} x^{(1)} \\ x^{(2)} \\ \vdots \\ x^{(m)} \end{bmatrix},\ x^{(i)}\in R^{n} \tag{2}$$

式中，$x^{(i)}$ 为数据集中的元素。

图 2 为 K-means 算法流程图。

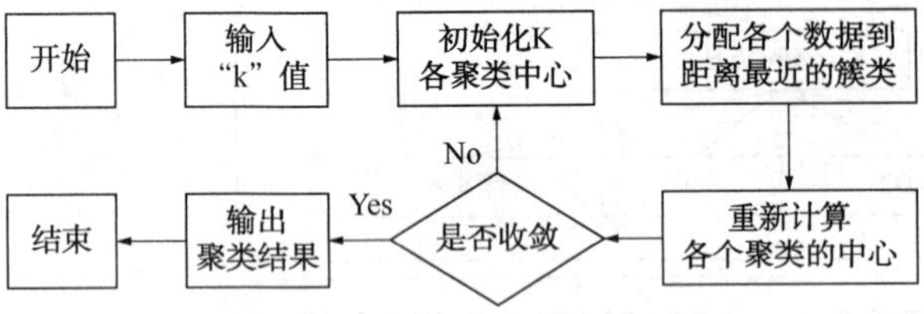

图 2　K-means 算法流程图

K-means 需要提前给定 K 值。本文采用手肘法和轮廓系数法确定最佳 K 值。

手肘法的核心指标是 SSE，即误差平方和，表示每个簇类的点到该簇类质心的距离的平方和（式 3 所示）：

$$SSE=\sum_{i=1}^{k}\sum_{p\in c^{(i)}}|p-m_i|^2 \tag{3}$$

其中，SSE 为误差平方和；$c^{(i)}$ 为第 i 个簇；p 为 $c^{(i)}$ 中的点；m_i 为 $c^{(i)}$ 的质心（即 $c^{(i)}$ 中所有样本的均值）。

手肘法的判定就是当 SSE 的值下降突然变缓时对应的 K 值就是最佳聚类数。如表 2 所示，当 K 值小于 4 时，随着 K 值的增加，SSE 下降较为明显，说明聚类效果优化也明显，而当 K 值大于 4 时，SSE 下降得并不明显，也就是说，$K=4$ 时为 SSE 下降突然放缓的值，4 就是该数据集最佳聚类数。

表 2　误差平方和随簇类数变化值

簇类数	误差平方和（SSE）
1	5.9660459417113465
2	3.145252012965802
3	2.059005970630843
4	1.5611864298380391
5	1.3284557013642595
6	1.151524254332567
7	1.053849767846369
8	0.9735304639961059
9	0.8666200708728475

2.2.3　聚类效果的验证

地层特征的聚类其目的在于从地层特征相似度的角度将岩石特征相似的地层划分为同一簇类。根据振幅 A、标准差 σ 和变异系数 V 判断数据集的相似性，计算公式如 4~6。

$$A=\frac{Max-Min}{Min} \tag{4}$$

$$\sigma=\sqrt{\frac{\sum_{i=1}^{n}(X_i-\overline{X})^2}{n}} \tag{5}$$

$$V=\frac{\sigma}{\overline{X}} \tag{6}$$

式中，A 为振幅，无量纲；σ 为标准差；X_i 为第 i 个样本；X 为样本平均值；n 为样本个数；V 为变异系数。

2.3　机械钻速预测模型

对于机械钻速预测的方法主要有两条途径：（1）通过数学模型建立关于机械钻速的多元方程，通过获取方程参数来预测机械钻速；（2）利用算法模型，通过数据拟合预测机械钻速。以机械钻速为目标导向优化钻井参数，必须提高优化过程的精准度、保证优化的高效性。为此，需要对繁复的钻井数据进行分析，从而筛选出对钻速预测更为有利的钻井数据。通过对钻井大数据的分析发现，影响机械钻速的数据主要包括机械参数（钻压、转速、扭矩）、水力参数（排量、泵压）、钻井液性质、钻具组合（钻头、提速工具）、岩石性质等。通过对这些数据进行分析，选择主要参数作为机械钻速预测模型的输入参数。其中岩石特性可以由测井数据反映，因此，本文选择簇类、钻压、转速、扭矩、排量、泵压、钻井液密度、钻头类型、井眼直径作为输入参数，并基于 GRU 神经网络建立的机械转速预测模型如图 3 所示。

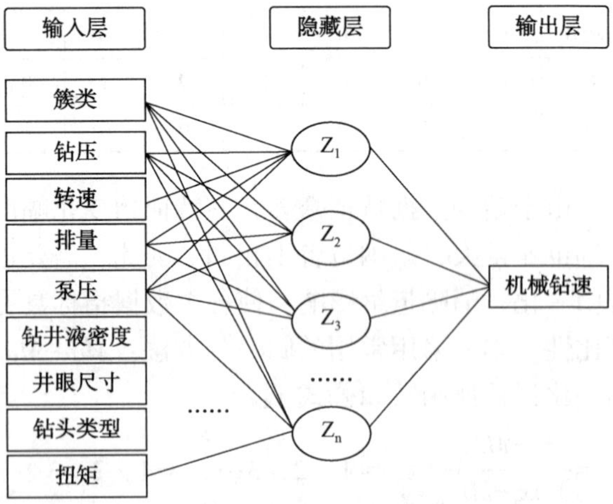

图 3　最佳神经网络预测模型

2.4　聚类对机械钻速预测模型的影响

大部分对神经网络预测机械钻速的研究采取直接优选输入参数进行预测的方式。本文先使用聚类算法对地层岩石特征进行聚类，区分不同地层特征的数据点，将簇类作为预测模型的输入参数之一进行机械钻速预测。两类做法的差别在于是否将簇类数作为机械钻速预测模型的输入参数。

采用两种做法对 HT1 井 5700～7601m 井段进行机械钻速预测，数据集共包含 1901 组数据，同时对应出现了 6 个簇类。两种做法均采用相同的 GRU 神经网络结构，改变隐藏层神经元个数得到的最佳神经网络模型。见图 4 为该井段 6 个簇类的预测结果与实际值的对比图，机械钻速预测结果准确率为 96.7%。见图 5 为直接预测值与实际值对比，预测精度为 71.3%。

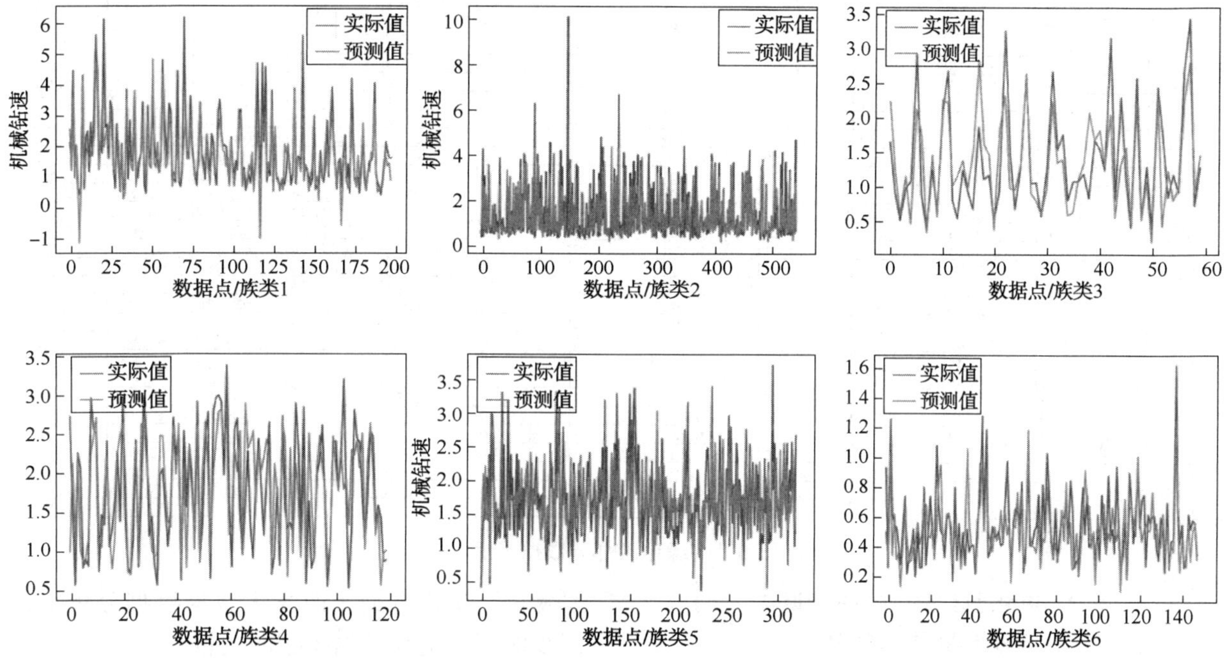

图 4　聚类后各簇类预测结果和实际值对比图

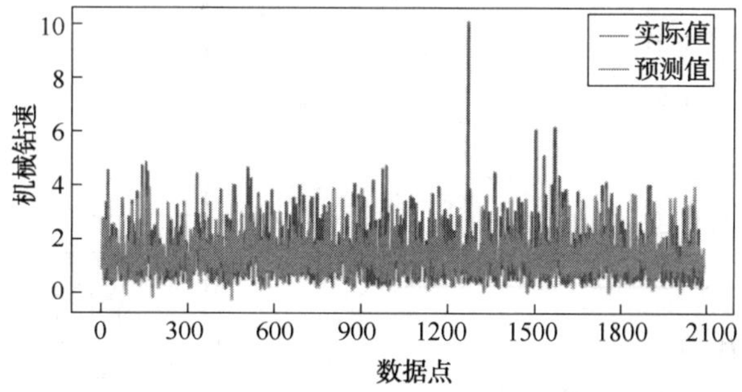

图 5　直接预测值与实际值对比图

可以发现，因为单个簇类内部机械钻速主要受机械参数的影响，数据的规律性更强，数据拟合也更加容易，所以聚类后预测机械钻速的准确率从 71.3% 提升到 96.7%，使机械钻速预测准确度提升 25.4%，聚类后单个簇类内部地层岩石特征相似度较高。因此，本文采用的方法提高了机械钻速回归预测的精度。

3　南缘地区钻井参数优化

3.1　南缘地区地层资料

本文以南缘地区 G101、G102、G103 等 15 口井的 112781 组数据为原始数据集，数据集中包含了该地区主要的地质层系。数据集部分示例如图 6 所示。

南缘地区位于新疆准噶尔盆地，深部地层钻井(井深大于 5000m)具有岩石抗压强度高、可钻性差及钻井液压持效应强等特点，从而导致该地区深层机械钻速低、钻井周期长且钻井复杂情况频发。通过现场资料发现，该地区平均设计井深超过 6700m，已完钻井平均钻井周期 392 天，深部地层平均机械钻速小于 2m/h，部分井资料如表 3 所示。

井号	垂直井深 [m]	大钩高度 [m]	钻时 [min/m]	大钩负荷 [KN]	钻压 [KN]	扭矩 [KN.m]	转盘转速 [r/min]	立管压力 [MPa]	入口密度 [g/cm3]	AC	GR	DEN
G101	3476	13.63	72.2	20.98	0.98	1	90	3.76	1.04	69.51	57.001	2.474
G101	3477	12.63	10.6	16.74	0.99	2	90	7.95	1.04	69.127	56.8	2.478
G101	3478	11.63	4.6	17.32	0.99	1	90	6.45	1.04	68.772	56.563	2.48
G101	3479	10.62	3.6	19.61	0.99	3	90	9.6	1.04	68.371	56.269	2.481
G101	3480	9.63	2.6	20.28	1	4	90	6.8	1.04	67.843	55.87	2.481
G101	3481	8.63	2.6	18.86	0.98	1	90	5.03	1.04	67.224	55.337	2.482
G101	3482	7.63	2.6	19.23	1	1	90	4.04	1.04	66.667	54.805	2.483
G101	3483	6.63	2.8	19.44	0.98	2	90	3.73	1.04	66.327	54.586	2.486
G101	3484	5.63	2.8		0.98	5	90	4.71	1.04	66.233	54.959	2.491
G101	3485	13.35	5.2	20.35	0.98	2	90	5.36	1.04	66.311	56.072	2.498
G101	3486	12.35	3.4	21.8	0.99	4	120	6.97	1.04	66.598	57.969	2.508
G101	3487	11.35	4	19.24	0.99	2	120	6.74	1.04	67.262	60.651	2.517
G101	3488	10.35	2.9	20.29	1	4	120	6.34	1.04	68.296	63.935	2.523
G101	3489	9.35	3.8	22.59	1	3	30	8.96	1.04	69.326	67.446	2.524
G101		8.34	3.9	19.91	1	5	120	8.29	1.04	69.853	70.649	2.521
G101	3491	7.35	2.8	19.16	0.99	5	120	9.14	1.04	69.717	72.863	2.518
G101	3492	6.35	3.4	20.75	0.99	4	120	6.7	1.04	69.223	73.476	2.52
G101	3493	5.35	4.1	19.72	0.99	6	120	5.99	1.04	68.726	72.203	2.526
G101	3494	13.14	6.1	21.38	0.99	15	120	7.29	1.04	68.126	69.21	2.534
G101	3495	12.14	3	21.71	1	4	120	8.6	1.04	67.02	65.108	2.538
G101		11.14	4	21.27	0.99	8	120	10.57	1.04	65.349	60.703	2.536
G101	3497	10.14	3.3		0.99	6	120	6.84	1.04	63.627	56.712	2.53
G101	3498	9.14	3.3	21.24	1	3	150	6.49	1.04	62.501	53.655	2.521
G101	3499	8.14	2.7	20.61	0.99	3	150	7.1	1.04	62.176	51.786	2.52
G101	3500	7.14	4	23.11	1	2	150	5.47	1.04	62.286	50.992	2.519
G101	3501	6.14	2.8	22.62	0.98	3	150	6.24	1.04	62.342	50.913	2.524
G101	3502	12.43	4.1	20.45	0.99	1	20	7.34	1.04	62.235	51.232	2.528
G101	3503	11.44	3.3	19.42	0.99	4	150	9.14	1.04	62.206	51.771	2.534
G101	3504	10.43	3.1	19.93	1	6	150	7.48	1.04	62.439	52.535	2.536
G101	3505	9.44	2.9	20.29	0.99	4	150	7.45	1.04	62.864	53.686	2.535
G101	3506	8.44	2.7	23.46	0.99	3	150	7.68	1.04	63.245	55.33	2.534
G101	3507	7.44	2.7	21.38	1	3	150	7.94	1.04	63.38	57.387	2.535
G101	3508	6.43	3.3	22.64	0.99	8	150	6.93	1.04	63.263	59.666	2.54
G101	3509	5.44	2.8	23.46	0.99	3	150	7.83	1.04	63.028	61.903	2.548
G101	3510	13.19	5	18.91	1	5	150	9.6	1.04	62.787	63.906	2.557
G101	3511	12.2	3.7	22.73	0.98	5	150	9.5	1.04	62.546	65.707	2.565
G101	3512	11.2	2.6	23.99	0.99	7	150	7.38	1.04	62.26	67.406	2.572
G101	3513	10.19	5	26.82	0.99	5	150	4.95	1.04	61.931	69.026	2.576

图 6　南缘地区部分数据集示例

表 3　南缘地区部分井钻井周期与其深部地层机械钻速

井号	井深/m	深层地层井深/m	深部地层平均钻速/(m/h)	钻井周期/d
G101	7000	5900~7000	1.21	395
G102	6100	5600~6100	1.99	347
GQ5	6346	5951~6546	0.98	405
GQ6	6650	6181~6806	2.88	197
HT1	7601	5700~7601	1.41	453

3.2　南缘地区数据集预处理

未进行数据预处理的数据集存在空缺值、重复值、各类异常点，需要处理数据如图 7 所示。该数据集有 1438 条含空缺值的数据条，294 条重复数据，4938 条异常数据，总共 6670 条数据会对算法运算造成影响。由于需处理的数据占数据集总数较少，低于 10%(6.1%)，为将这些无效数据对算法的影响降到最低，采取了直接删除的处理方式。

数据预处理后数据集总共 106111 条数据，见图 8 为进行特征工程处理后的地层特征数据集降维 3 维所作散点图，从该图可以看出，大部分数据具有一定的聚集性，少部分数据较为离散，表明经过数据预处理和降维后的数据集排除了大量噪声，这将有助于改善大数据挖掘分析工作、减少时间、提高数据挖掘的质量。

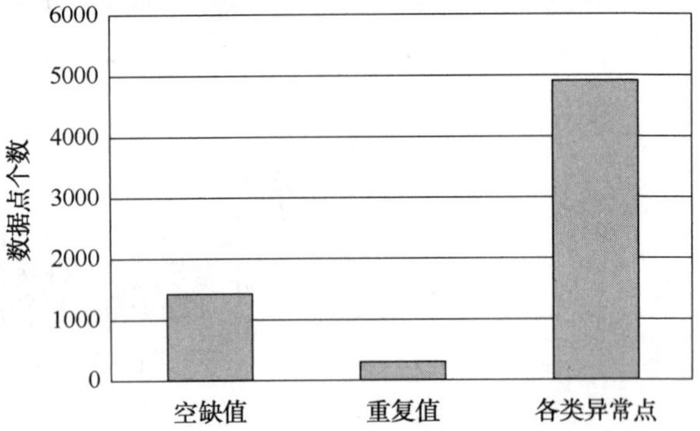

图 7　数据预处理检索的各类数据

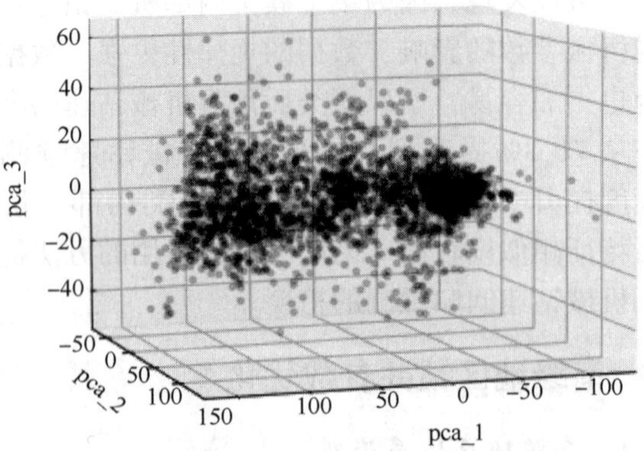

图 8　数据集降维后的数据空间分布图

3.3　南缘地区地层特征聚类分析

以南缘地区数据集106111条数据中的密度测价值、声波时差测价值和伽马测井值为输入参数进行聚类分析，通过肘法判断最佳 k 值（如图9所示），当 k 值取12~14任一值均满足条件。

通过聚类，将南缘地区地层岩石特征聚类为14个簇类。见图10为聚类后各簇类的数据点数量对比图，可以看出，各簇类数据点数量有较大差异，簇类12数据点最多，共12753条数据，簇类5数据点最少，仅有2321条数据。

3.4　南缘深部钻井参数优化

以簇类、密度测井值、声波时差测井值、伽马测井值、钻压、转速、排量、泵压、扭矩、钻井液密度、钻头类型作为机械钻速预测模型的输入参数进行机械钻速预测，通过分析不同参数组合对机械钻速的影响，对钻井参数进行优化。见表4为部分簇各数据点在不同钻压和转速、排量和泵压下的归一化平均机械钻速和变异系数。

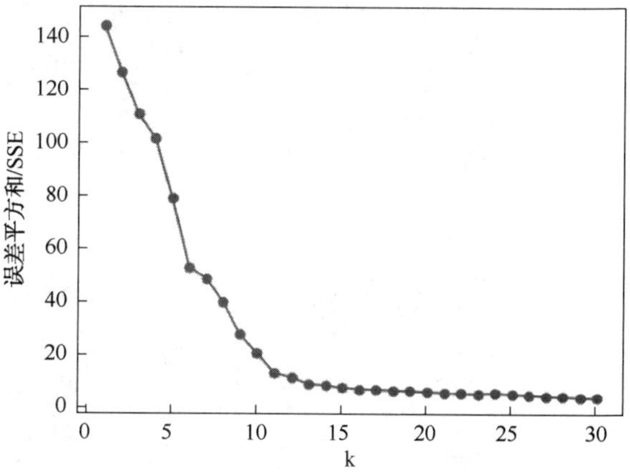

图9　手肘法最佳 k 值确定

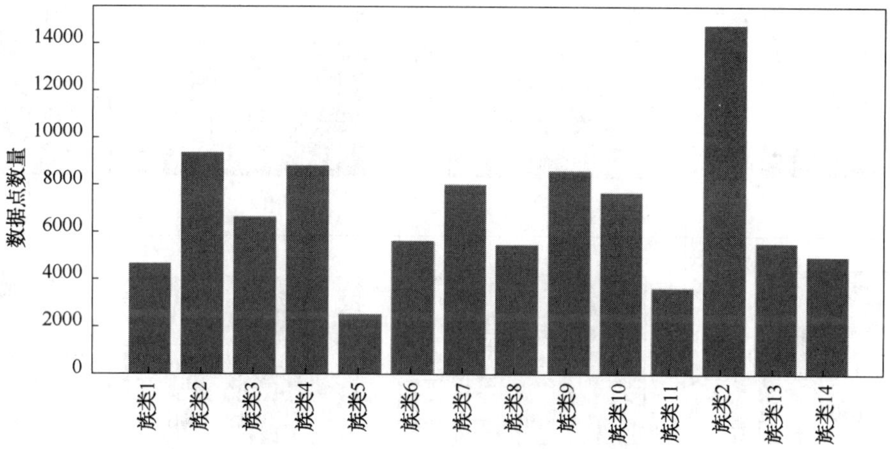

图10　各簇类数据点数量对比图

表4　部分簇各数据点的归一化平均机械钻速和变异系数

簇类	不同钻压和转速下归一化平均机械钻速	不同钻压和转速下归一化机械钻速的变异系数	不同排量和泵压下归一化平均机械钻速	不同排量和泵压下归一化机械钻速的变异系数
1	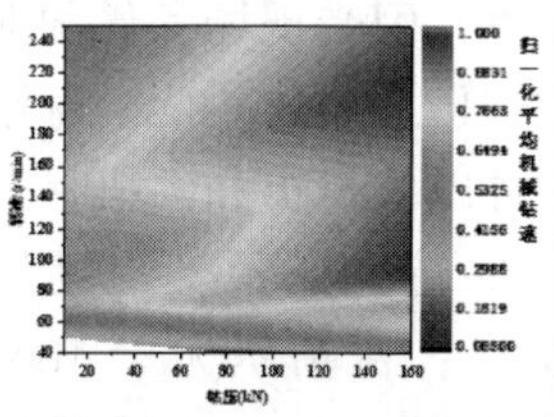	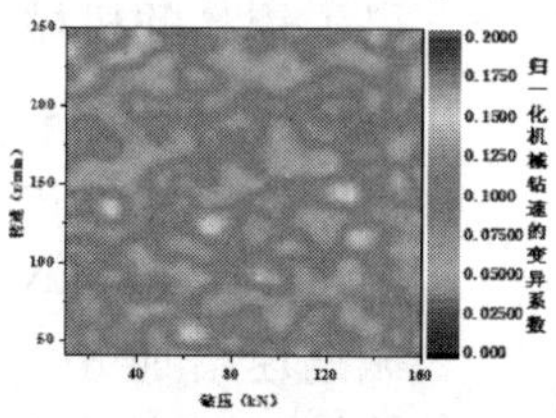	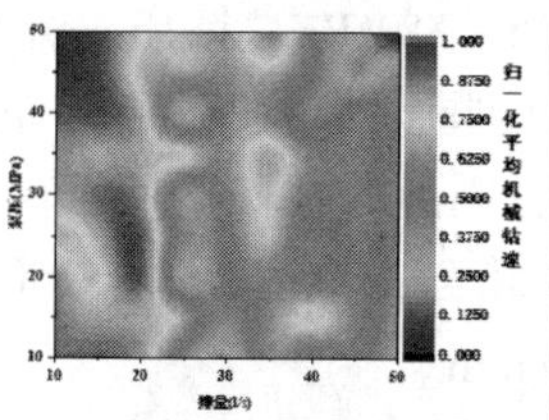	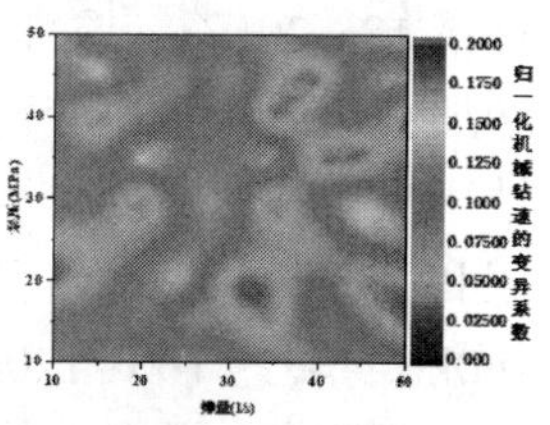
3	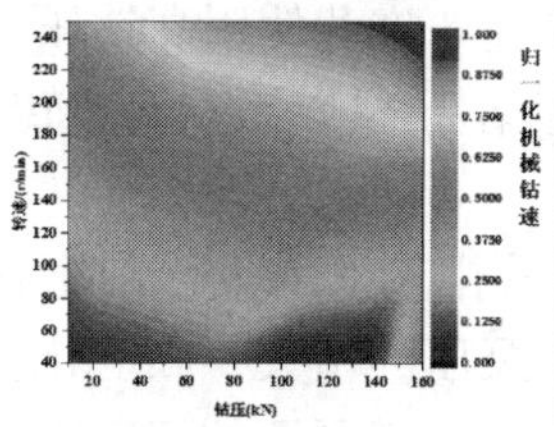	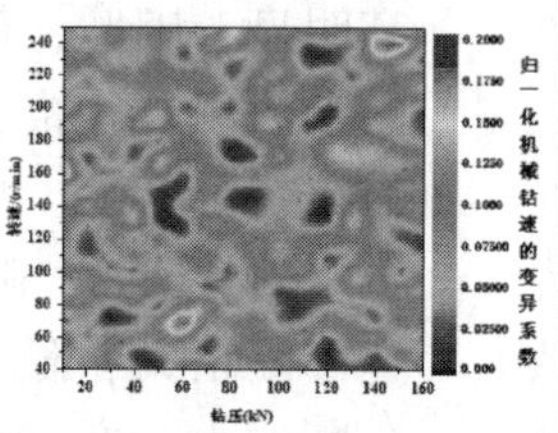	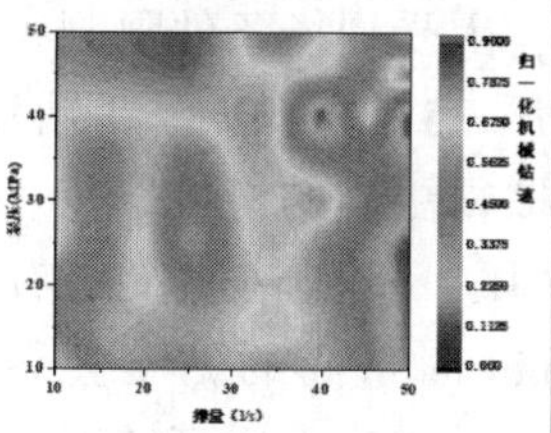	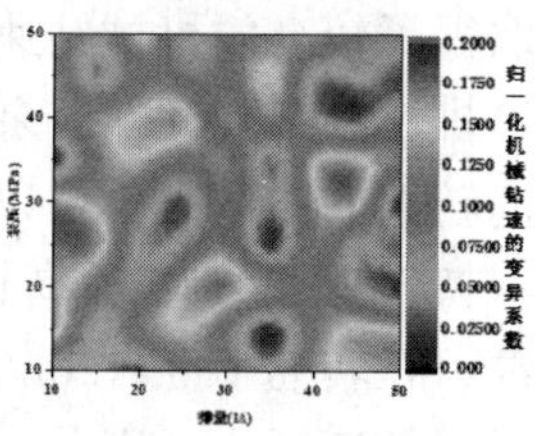

续表

簇类	不同钻压和转速下 归一化平均机械钻速	不同钻压和转速下 归一化机械钻速的变异系数	不同排量和泵压下 归一化平均机械钻速	不同排量和泵压下 归一化机械钻速的变异系数
4	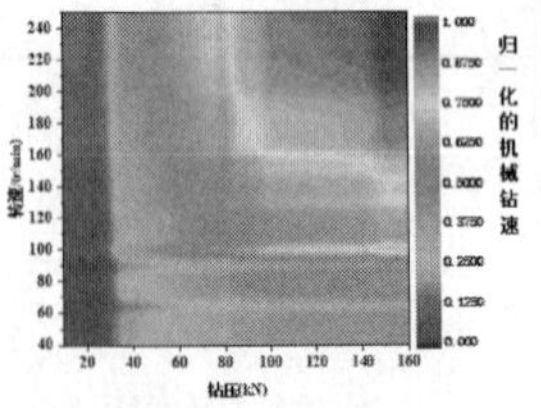	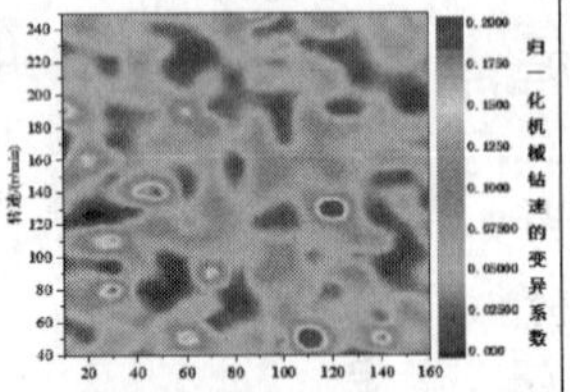	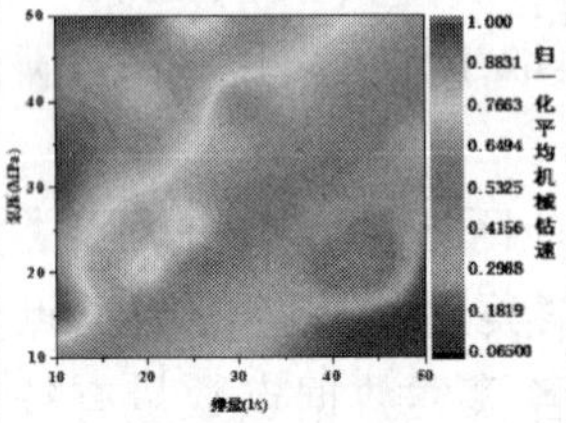	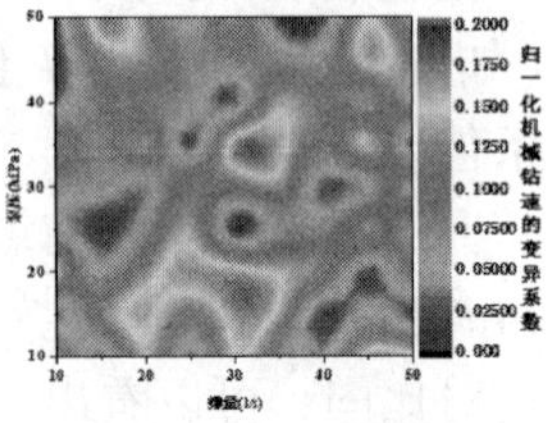
6	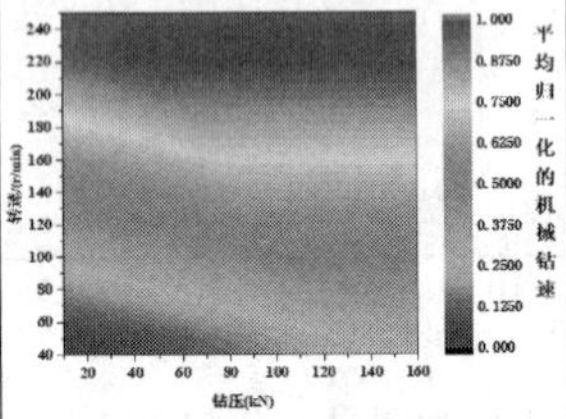	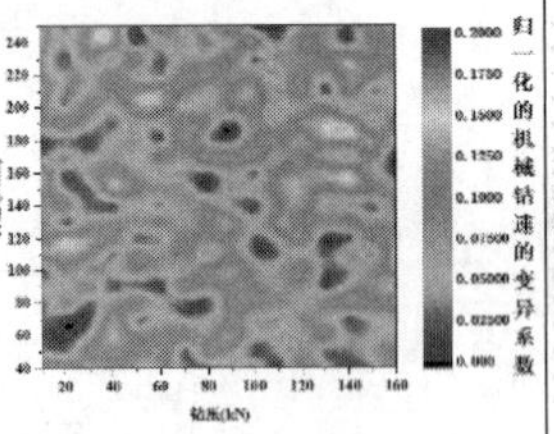	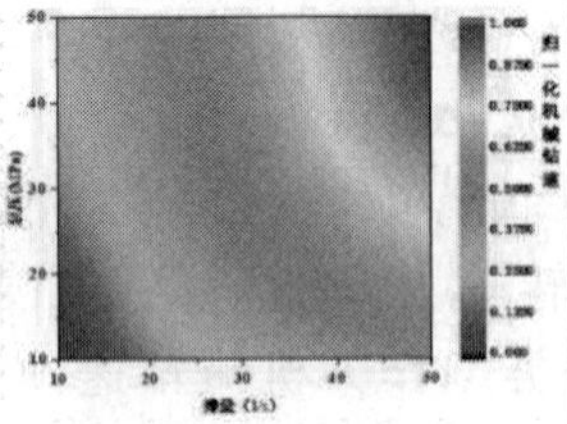	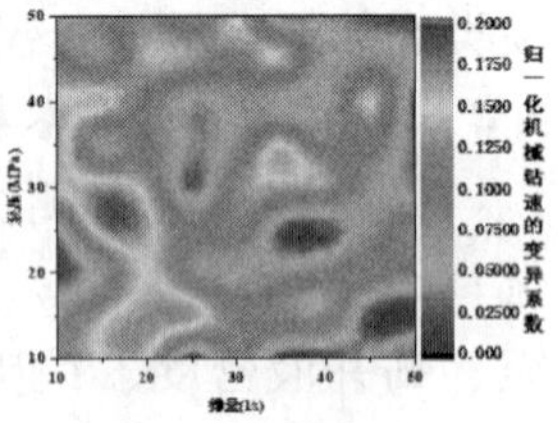
8	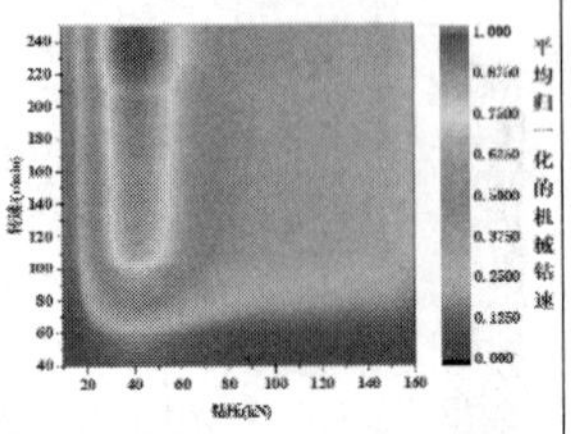	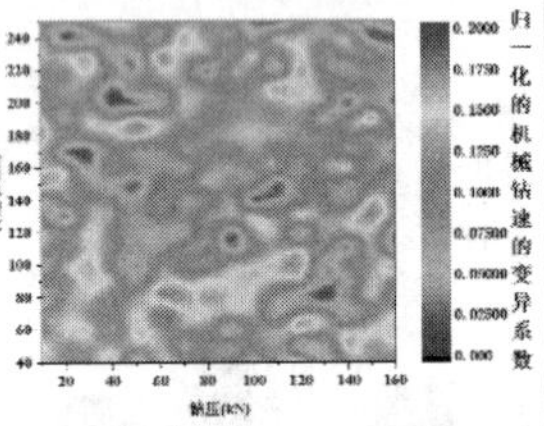	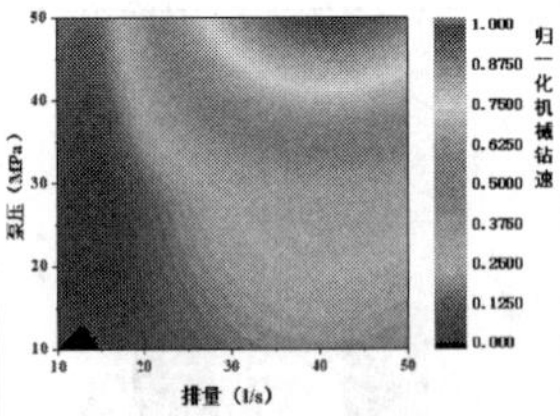	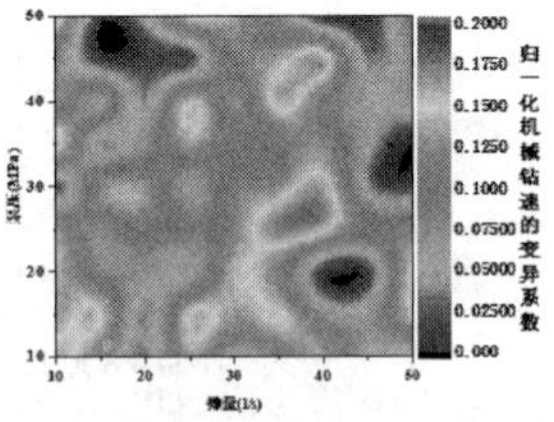
9	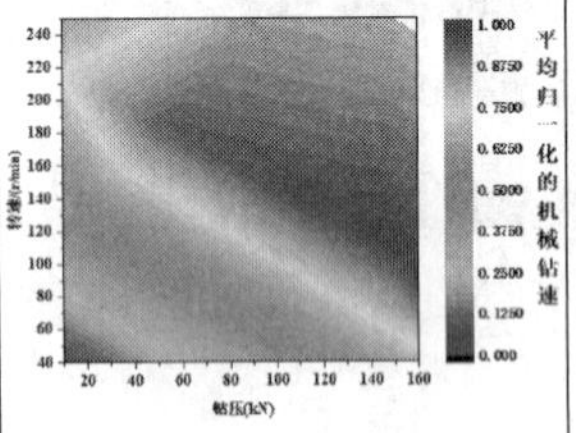	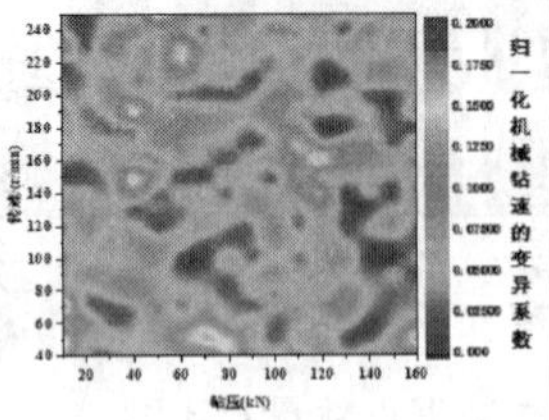	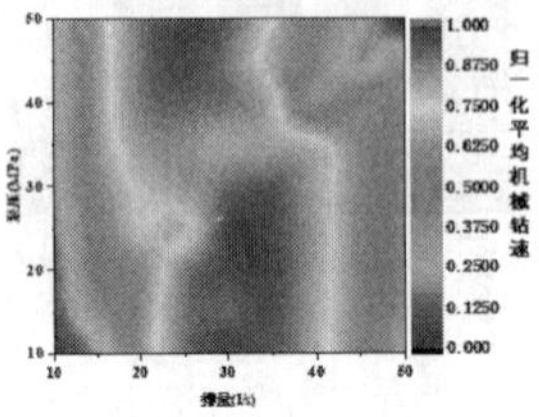	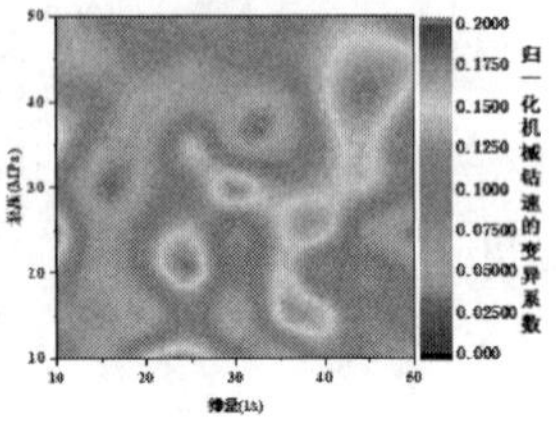

可以看出：

对簇类1，高泵压和适当排量的组合下可以获取更高的机械钻速，因受现场条件限制，推荐排量18～20L/s，泵压35～38MPa。钻压一定时增加转速机械钻速变化不明显，转速一定时提高钻压机械钻速明显提高，因此该井段适用于高钻压和适当转速的参数组合，推荐钻压150～160kN，转速100～120r/min。

对簇类3，在中等排量、高泵压的情况下，取得了较高的机械钻速，因受现场条件限制，推荐排量18～20L/s，泵压35～38MPa。高钻压、高转速的参数组合可以取得更高的机械钻速。在保持转速不变时提高钻压，机械钻速仅略有提高，在转速低于120r/min时过高的钻压会导致机械钻速减小。因此，簇类3应采用高转速，适当钻压的参数组合，推荐钻压140～160kN，转速220～240r/min。

对簇类4，在低排量、高泵压的情况下，取得了较高的机械钻速，因受现场条件限制，推荐排量20～25L/s，泵压35～38MPa。高钻压、高转速的参数组合下可以取得更高的机械钻速。在钻压小于100kN时保持钻压不变提高转速，机械钻速增加并不明显，在钻压大于100kN时保持钻压不变提高转速至160r/min后机械钻速提高明显，因此，簇类4推荐使用高钻压、高转速的参数组合，推荐钻压140～160kN，转速220～240r/min。

对簇类6，随着排量的增大，归一化机械钻速不断增大；随着泵压的增大，归一化机械钻速不断增大。在高排量、高泵压的情况下，取得了较高的机械钻速，因受现场条件限制，推荐排量20~25L/s，泵压35~38MPa。维持转速不变提高钻压，机械钻速没有明显的提高，在转速较高时提高钻压，机械钻速几乎不变，说明钻压对该簇类机械钻速影响较小；而当维持钻压不变时提高转速，机械钻速提高明显。因此，簇类6应该使用高转速和适当钻压的参数组合，推荐钻压60~80kN，转速220~240r/min。

对簇类8，在高排量、高泵压的情况下，取得了较高的机械钻速，因受现场条件限制，推荐排量22~25L/s，泵压35~40MPa。维持转速不变提高钻压，机械钻速先增大后减小，在钻压为40~50kN左右时机械钻速达到最大，之后提高钻压机械钻速下降，说明钻压在40~50kN左右最佳；维持钻压不变提高转速，机械钻速并没有明显的提高。因此，簇类8应该采用适当钻压和高转速的参数组合，推荐钻压30~50kN，转速220~240r/min。

对簇类9，随着排量的增大，归一化机械钻速先增大后减小，在25~35L/s左右达到最大值；随着泵压的增大，归一化机械钻速不断增大，但增大趋势并不明显。在排量为25~35L/s、高泵压的情况下，取得了较高的机械钻速，因受现场条件限制，推荐排量22~25L/s，泵压30~32MPa。高钻压中等转速的情况下，机械钻速更高，钻压一定时，转速升至120~140r/min后，机械钻速开始下降。因此，应使用高钻压和中等转速的参数组合，推荐钻压140~160kN，转速100~120r/min，推荐采用常规钻井。

4 结论

本文基于钻井大数据和机器学习建立了钻井参数优化模型进行钻井参数智能优化，并利用南缘地区钻井数据进行了试验。主要结论如下：

（1）建立了基于 K-means 算法的地层特征聚类模型。利用声波时差、密度、伽马测井数据进行地层特征聚类，聚类后的各簇类具有更为接近的地层岩石特征。

（2）建立了机械钻速预测模型，模型输入参数为簇类、钻压、转速、排量、泵压、钻井液密度、钻头类型、井眼直径，聚类后模型预测机械钻速的准确率从71.3%提升到96.7%。

（3）基于地层特征聚类模型和机械钻速预测模型，建立了钻井参数优化方法，对南缘构造深部地层机械参数和水力参数进行了优化。

参 考 文 献

[1] 李根生，宋先知，田守嶒. 智能钻井技术研究现状及发展趋势[J]. 石油钻探技术. 2020，48(01)：1-8.

[2] Pessier R C. Quantifying Common Drilling Problems With Mechanical Specific Energy and a Bit-Specific Coefficient of Sliding Friction[C]. Washington，D. C：1992.

[3] Rashidi B. Title：Comparative Study Using Rock Energy And Drilling Strength Models[C]. Salt Lake City，Utah：2010.

[4] Sehsah O，Ghazzawi A，Vie G J，et al. Intelligent Drilling System：Expanding the Envelope of Wired Drill Pipe[C]. Abu Dhabi，UAE：2017.

[5] Hutchinson M，Thornton B，Theys P，et al. Optimizing drilling by simulation and automation with big data (Conference Paper)[J]. Proceedings - SPE Annual Technical Conference and Exhibition. 2018.

[6] Islam N，Vijapurapu R，Jones M，et al. Application of Mechanical Specific Energy and At-the-Bit Measurements for Geothermal Drilling Applications in Hot，High Strength，High Modulus Reservoirs[C]. Seattle，Washington：2018.

[7] Hamzah M，Erge O，Chambon S. Automated Drilling Narratives：A Scalable Workflow to Measure the Effectiveness of Drilling Procedures[C]. The Hague，The Netherlands：2019.

[8] Cayeux E，Daireaux B，Saadallah N，et al. Toward Seamless Interoperability Between Real-Time Drilling Management and Control Applications[C]. The Hague，The Netherlands：2019.

[9] Cui M，Zhao J Y，Wang H G. Optimizating Drilling Operating Parameters With Real-Time Surveillance and Mitigation System of Downhole Vibration in Deep Wells[J]. Advances in Petroleum Exploration and Development. 2015，10：22-26.

[10] Waughman R J，Kenner J V，Moore R A. Real-Time Specific Energy Monitoring Reveals Drilling Inefficiency and Enhances the Understanding of When to Pull Worn PDC Bits[C]. Dallas，TX，United States：2002.

[11] Teale R. The concept of specific energy in rockdrilling[J]. International Journal of Rock Mechanics and Mining Sciences and Geomechanics Abstracts. 1965，2：57-73.

[12] Alali A，Akubue V A，Barton S P，et al. Agitation Tools Enables Significant Reduction in Mechanical Specific Energy[C]. Perth，Australia：2012.

[13] Al-Sudani J A. Real-time monitoring of mechanical specific energy and bit wear using control engineering systems[J]. Journal of Petroleum Science and Engineering. 2017, 149: 171-182.

[14] 孟英峰，杨谋，李皋，等. 基于机械比能理论的钻井效率随钻评价及优化新方法[J]. 中国石油大学学报(自然科学版). 2012, 36(2): 110-114+119.

[15] 崔猛，李佳军，纪国栋，等. 基于机械比能理论的复合钻井参数优选方法[J]. 石油钻探技术. 2014, 42(01): 66-70.

[16] 郭志懋，周傲英. 数据质量和数据清洗研究综述[J]. 软件学报，2002,（11）: 2076-2082.

[17] 刘向君，刘堂晏，刘诗琼编著. 测井原理及工程应用[M]. 北京：石油工业出版社，2006.

[18] 梁启明，邹德永，张华卫，等. 利用测井资料综合预测岩石可钻性的试验研究[J]. 石油钻探技术，2006, 34(1): 17-19.

[19] Wang J R, Ma X, Duan G L. Improved K-means Clustering k-Value Selection Algorithm. Computer Engineering and Applications 2019; 55; 27-33.

[20] Aemail, M. S. A. C., V. Bartoš and B. Lee, GRU-based deep learning approach for network intrusion alert prediction. Future Generation Computer Systems, 2022: p. 235-247.

工业智能化背景下
油气开发组织新模式的探索与展望

陈　林　吴云波　陈　强　李　杨　刘业俊　魏　瑞

（中国石油西南油气田公司）

摘　要　智能制造已经上升为国家发展战略。结合油气产业链智能化发展的背景和趋势，概述了智能化技术在油气田开发生产方面的应用现状，智能化油气开发生产具有"全面感知、自动操控、趋势预测、优化决策"四个主要特征，介绍了油气田开发生产智能化关键技术及应用场景和国内外智能油气田应用实践案例。论述了目前油气开发生产智能化转型面临的四个方面的挑战，从操作巡检维护、生产运行组织和技术研发、经营管理决策三个层面展望了未来以业务协作共享、一体化智能协同为主要特色的智能油气田开发生产组织新模式，实现操作巡检维护、开发生产管理、协同研究、经营管理及决策一体化智能运营，提高生产组织效率和科学开发协作水平。建设智能油气田需要坚持以价值驱动和集成共享为导向，借助智能化创新，加快向由数据驱动的组织模式变革，实现一体化智能运营，打造智能化时代核心优势。

关键词　智能制造；石油工业；油气田开发；大数据；共享；生产组织

智能制造是面向产品全生命周期，实现泛在感知条件下的信息化制造，是在现代传感技术、网络技术、自动化技术、拟人化智能技术等基础上，通过智能化感知、人机交互、决策和执行技术，实现设计过程智能化、制造过程智能化和制造装备智能化，具有自感知、自学习、自决策、自执行、自适应等功能的新型生产方式。

近年来，智能制造热潮席卷全球，世界主要发达国家颁布了一系列以"智能制造"为主题的国家战略。2009 年以来，美国先后提出《重振美国制造业框架》，提出先进制造战略和工业互联网理念，加快推动智能制造发展。欧盟是发展智能制造最积极的地区之一，以德国、法国、英国、意大利、瑞典为代表，2013 年德国正式推出"德国工业 4.0"，列入《德国 2020 高技术战略》中所提出的十大未来项目之一。同年法国提出了"新工业法国"计划，并于 2015 年推出"未来工业"计划，明确提出以数字技术推进工业转型升级。2017 年，英国推出了以"工业数字化"为核心的《工业战略白皮书-建设适合未来的英国》，并发布了《让制造更智能-2017 评论》报告，提出英国推进工业数字化的路径与政策建议。日本更早于 1990 年由通产省提出智能制造研究的十年计划，并联合欧洲共同体委员会、美国商务部协商共同成立 IMS(智能制造系统)国际委员会，在 2017 年提出了"互联工业"概念。此外韩国 2015 年公布了《制造业创新 3.0 战略实施方案》，以促进制造业与信息技术相融合，提升制造业的竞争力。

我国在"九五"计划中将智能制造技术及智能制造系统作为重点发展的支柱产业之一，并列入国家 863 计划。近年来也不断通过顶层设计，出台政策和规划支持智能制造业。2012 年，科技部和工业信息化部分别发布《智能制造科技发展"十二五"专项规划》和《高端装备制造业"十二五"发展规划》，2015 年 5 月，中国政府正式印发《中国制造 2025》，部署全面推进实施制造强国战略，将智能制造工程作为制造业强国五大工程之一。2016 年 6 月，国务院印发《国务院关于深化制造业与互联网融合发展的指导意见》，同年底，工业和信息化部与财政部发布《智能制造发展规划(2016—2020 年)》，2018 年 9 月工信部、国标管理委员会发布《国家智能制造标准体系建设指南(2018 年版)》，提出智能制造标准体系建设计划。2020 年 4 月，国家发改委首次明确将人工智能作为新型基础设施建设主要领域。这一系列计划的背后，创新和智能化是关键，核心目的是为了促进先进制造业的发展，提高工业的竞争力，在新一轮工业革命中占领先机。

在万物互联、人工智能、大数据、云计算四

大力量的推动下，以人工智能、机器人技术等为突破口的第四次工业革命已经到来。对于传统企业而言，意味着一个新时代的开启。从“工业4.0”、“工业大数据”，“智能制造”，这些宏观战略的背后始终有一条主轴贯穿中心，那就是信息化发展的趋势是智能化。智能化是强国战略的必备基础，也是企业转型升级的方向。

1　全球油气工业智能化现状

随着大数据、云计算、人工智能和工业互联网等技术蓬勃兴起，全球各大石油公司都积极将先进信息技术与传统产业深度融合，持续推动数字化、自动化、智能化发展，加快实现以智能化主导的运营新模式转变。2017 年 11 月，国际能源署(IEA)发布的石油行业数字化趋势预测报告表示，在油气勘探开发生产上游领域，智能技术的大规模应用，能够让油气生产成本降低 10%～20%，让全球油气技术可采储量提高 5%。全球石油行业正在迈向智能化时代，智能化将成为油企未来核心竞争力。

1.1　石油公司智能化步伐

进入 21 世纪以来，部分大型石油公司已陆续完成单个领域的智能油气田建设，开始整合各领域智能油气田解决方案，开展全面性智能化建设。国外的壳牌、BP、沙特阿美、挪威国家石油、斯伦贝谢、哈里伯顿等公司，国内的三大石油公司快速推动智能化技术在油气领域的应用与实践，带动全球油气业务向数字化、智能化转型。

壳牌石油公司通过油气藏监控、智能井、模型仿真等手段，优化了油气藏开采，提升了油气田经济效益；BP 通过油藏远程监控和诊断、模型仿真、数据管理，实现生产与管理的辅助决策；沙特阿美通过生产运行实时数据管理和油藏智能化管理，形成了集成运营环境；挪威国家石油公司通过远程操控钻井机器人、四维模拟技术、数据集成管理平台的应用，形成了全球化的业务支持中心；斯伦贝谢使用了 DELFI 勘探和生产环境感知系统把人工智能、数据分析和自动化多个技术领域的优势集合在一起，使得勘探开发工作更加智能化；哈里伯顿与微软推出基于 Azure 系统的 Decision Space 365 软件产品通过物联网实时传输油田现场的数据，并通过建立相应的深度学习模型，实现了钻井和生产的优化以降本增效。

目前国内各油气田从数字化走向智能化方面都开始积极试点和探索。中国石油在“两统一，一通用”建设蓝图指引下，梦想云实现了统一数据湖、统一技术平台、通用应用统一建设的设想。统一的数据湖，集中管理了中国石油在过去几十年积累的勘探开发、生产经营等 6 大领域，物探钻井等 15 个专业，结构化、非结构化等 8 类数据，实现了数据入湖、治理、共享、分析等功能；云平台融合了国际最新 IT 技术，具备敏捷开发、应用集成、专业软件共享、智能创新、业务协同五大能力，有效支持油气勘探、开发生产、协同研究、经营管理、安全环保五大业务应用。实现了基础数据自动采集、综合研究智能协同、方案决策智能优化、生产过程智能操控、安全环保智能管控、经营管理精细高效。中国石化坚持新发展理念，积极推进互联网、大数据、人工智能和石化产业深度融合，加快数字化、智能化转型发展，以信息化培育新动能，用新动能推动新发展。推进智能工厂推广建设，对镇海炼化、九江石化等先期智能工厂试点进行技术升级，开展设备腐蚀、工艺及操作优化等大数据应用试点，实现对腐蚀风险、装置运行状态预测预警；利用机器学习、视觉识别等技术，开展异常工况侦别、人员安全行为监测示警、区域异常情况预警等应用试点，提高了安全生产、绿色生产、高效生产水平。中海油基础设施云平台已全面投入使用，网络系统基本实现对公司国内外分支机构和生产现场的全覆盖。通过基础设施统一监控平台实现了对网络、数据中心、应用系统的跨专业监控数据整合、统一分析和综合展示；通过建设勘探开发实时决策系统，构建以“井”为中心，井场与基地多学科协同作战的信息系统平台，有效节约了钻井时间、提高了目的层钻遇率；通过建设海上无人平台，推动台风生产模式常态化，实现内外部、跨空间、跨专业一体化协同，达到结合专家经验实时优化、动态控制现场生产的目的，推动主营业务生产方式转变。

1.2　油气工业领域智能化发展

当前，世界油气工业正处于从自动化走向的智能化的探索起步阶段，未来的研发方向和重点是智能勘探、智能钻井、智能油气开发生产、智能油气管网、智能油气处理厂等 5 个领域(图 1)。

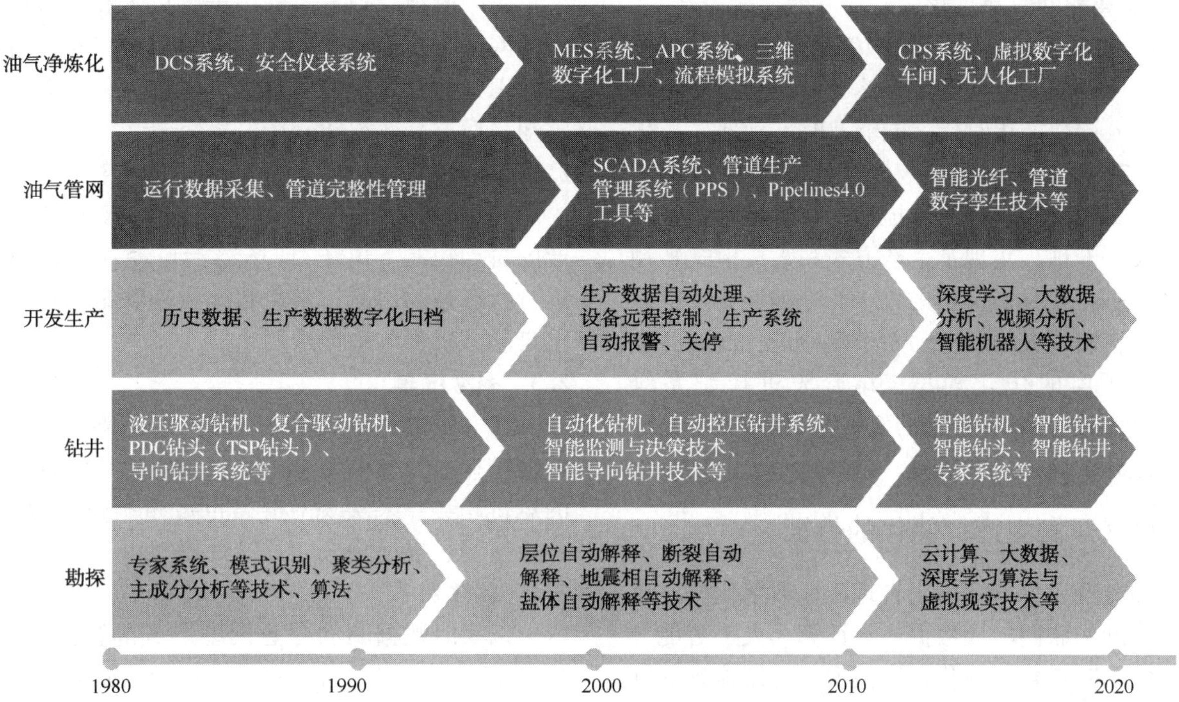

图 1　油气工业信息、自动化和智能化技术发展历程

1.2.1　智能勘探

在油气勘探领域，智能技术应用已经覆盖地震数据、测井资料、重磁电资料、微地震资料的处理与综合解释以及井孔与岩石物理数据分析、油藏表征与油气开发数据分析等各方面。充分缩短了工作周期、降低了工作成本以及对人工经验的依赖性、增强了数据驱动分析的可靠性、提高了解决复杂问题的能力。油气勘探将逐步从自动化处理走向智能化解释，构建智能化系统，最终实现勘探领域的后端并行化、前端可视化、流程自动化和系统智能化。

1.2.2　智能钻井

数字采集传输技术、数字集成分析技术、数字控制技术、3D 打印与虚拟实验技术将钻井工业从自动化带入了智能化时代。配备了智能钻台机器人、智能排管机器人等智能化设备的机器人钻井系统，可取代钻台工人和井架工，据预测目前一部钻机需配置 26 人，到 2025 年左右可能只需要 5 人。中国石油集团工程技术研究院通过将机器学习与梯度搜索及决策树算法结合，研制了钻井智能提速导航仪，荣获了第 45 届美国 EP 工程技术创新奖，目前已应用 50 余井次，机械钻速提高了 18.8%~46.6%。智能钻井将是未来油气工程领域的核心技术和核心竞争力。

1.2.3　智能油气开发生产

智能油气开发生产主要从云数据平台、油气藏一体化管理、单井全生命周期管理和地面生产一体化管理 4 个方面出发，实现了开发生产全过程的数字化运行和智能化管理。通过确立油气田开发过程中的地质、数值模拟与动态分析模型，实现实时监测与分析，用于持续优化开发技术，保证开发过程的高效益，高质量；通过控制、管理单井全生命周期，提高油气藏采收率和产能贡献率；通过结合物联网技术与互联网技术，全方位监控管理错综复杂的地面集输系统。BP 通过未来油田项目，实现了基于实时分析的快速决策，实现了多学科、多地点的远程协同，对其总产量的贡献率达到 50%。

1.2.4　智能油气管网

运用物联网、人工智能、大数据、工业互联网、数字孪生体等技术，以智能运行、智能管理、智能调控为主要标志的智能油气管网已初见端倪，初步实现了数据全面统一、系统融合互联、供应精准匹配、运行智能高效、预测预警可控。2014 年，通用电气和埃森哲公司联合推出全球首个“智能管道解决方案”，帮助全面了解管道的安全性和资产完整性状况，从而做出更为科学的决策。西门子公司开发的 Pipelines 4.0 适用于管道资产建设、运行管理及全生命周期优化的综合配套工具，可以提供更多的决策支持，使管道运行更简便、更经济、更可靠、可视性更强。

1.2.5　智能油气净炼化

以MES系统、流程模拟系统、三维数字化工厂为代表的先进技术将天然气处理、石油炼化行业带入了智能化时代，能够及时准确地采集生产全过程的各类数据，全面准确地掌握产销流程，提高了生产过程的可控性，减少了生产过程中的人工干预，实现了生产方式和管控模式转型升级。ExxonMobil公司的“分子炼油”项目建立了众多炼油装置的反应动力学模型进行优化，进而开发了实时优化模型，结合先进控制系统(APC)实现了炼油装置的实时优化(RTO)，进一步提高了炼油生产效率。

2　油气开发生产智能化的特征

油气开发生产智能化管理是在数字化的基础上，借助物联网、大数据、云计算、人工智能等信息技术，搭建一体化资产模型，持续提升油气田主营业务的智能化管理能力，实现安全生产、科学决策，推动企业降低成本、高效运营，最终达到可持续的、高质量发展。具有全面感知油气田动态，自动操控油气田活动，预测油气田变化趋势，辅助油气田优化决策等四个典型特征。

2.1　全面感知

在压力、温度、流量等生产数据、视频自动采集集中监视基础上，利用传感技术和全覆盖的传感网络，实现对人行为的自动记录，对设备的智能识别，对风险的实时提示和防范，前方实时感知，后方高效智能分析。

2.2　自动操控

利用先进的自动化及信息技术，实现气井生产的自动控制，电子/现场巡检自动执行，设备运行状态自动诊断，紧急状况自动联锁动作，数据自动分析、主动推送。

2.3　趋势预测

在对历史海量数据进行分析的基础上，通过数据挖掘、业务模型分析，根据生产系统各环节的运行趋势，来实现对异常问题进行预测预警、分级报警、提前响应、及时处置。

2.4　优化决策

以实时数据驱动专业模型形成的智能分析、预测结论为依据，通过实时推送的可视化协同工作环境，结合行业专家经验的辅助决策系统实现智能技术与人的经验智慧结合，全面提升优化决策能力。

以四个特征为目标，在基础设施的根本上，构造了“一个中心、一个平台、两个体系”的智能化油气开发生产整体架构，即数据管理中心、一体化协同应用平台、标准规范体系、信息安全体系(图2)。

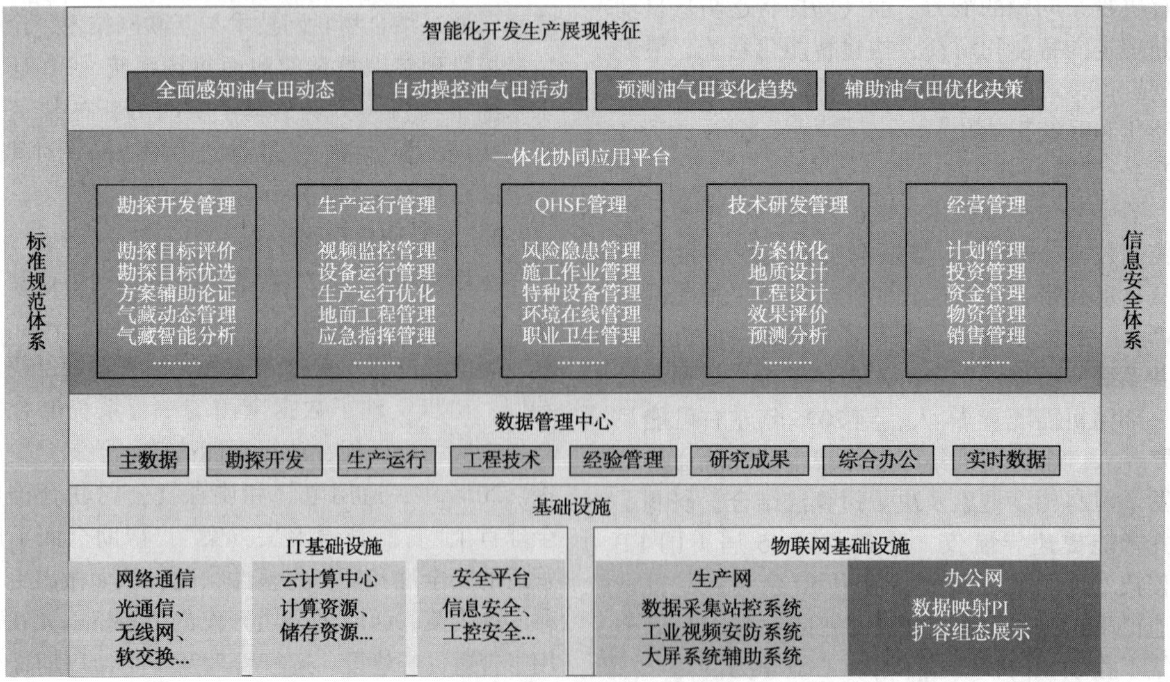

图2　智能化油气开发生产整体架构

3　智能油气田开发组织新模式探索实践

3.1　油气田开发生产智能化关键技术

将新一代智能化关键技术如超级物联网、大数据分析、视频智能分析、AR/VR 及机器人技术引入油气田，解决油气开发生产业务需求，实现与油气田开发生产深度融合，探索优质高效的油气田开发组织新模式，开辟气田开发智能化管理新形态。在开发地质方面，海量的地震、录井、测井等数据较大程度依靠人工进行研究和分析，油气藏动态变化尚不能实时掌控，利用大数据、一体化协同开展地质勘探数据的深度挖掘利用，分析层面实现海量基础数据智能化解释，应用层面实现数据资源的灵活调用、协同共享；在开发生产方面，引入智能机器人巡检，AR 辅助操作等技术，减少对人员技术和经验的依赖。在安全环保方面，利用视频智能分析代替人工巡检，场站入侵智能预警和主动驱离，跑冒滴漏智能识别。在生产运行方面，运用超级物联网、大数据分析实现生产现场万物互联、深度感知，异常工况快速自动诊断、分级智能预警。在管道运行方面，通过光纤传感、次声波检测、无人机等先进技术，实现管道实时监控、异常工况预警、管道自动巡护(表 1)。

表 1　智能化关键技术分类统计表

技术名称	定义内涵	技术关键
超级物联网技术	工艺系统状态、设备状态、周边环境危害、工作流程标准与岗位角色等万物互联、深度感知	射频识别、智能网关技术
大数据分析技术	先进数据管理分析工具对数据采集、处理、分析、建模，利用机器学习技术开展模型自动迭代，实现生产过程监测、工况诊断、设备自动监测预警	人工智能、模型技术
视频智能分析技术	运用数字图像处理技术过滤、分析、学习视频源信息，对生产现场进行全时段视频智能分析	图像识别、深度学习技术
VR 虚拟现实技术	通过计算机仿真，复刻站场 1：1 的三维动态视景，将工艺设备透视化，模拟现场实际操作	三维重建技术
AR 增强现实技术	将操作步骤要点、作业图文提示展示在眼镜上，语音控制操作步骤，同时自动识别作业对象，并将作业步骤以虚拟动画的方式重合叠加在作业部件上面，实现智能巡检、智能作业	人工智能、增强现实、语音识别技术
机器人技术	运用图像识别、激光红外检测技术搭载高清摄像机、传感器等设备实现图像识别巡检、跑冒滴漏检测、设备状态自动识别和数据对比分析	三维导航、图像识别、激光红外技术
无人机技术	通过输入线路坐标，无人机自动执行巡线任务，AI 技术自动识别管线周边第三方施工等可能危害管道的不安全行为	图像识别、人工智能、无人机技术
次声波泄漏检测技术	远程实时监测气管道声音信号，进行数据分析，判断声音信号变化从而定位报警气体泄漏	大数据分析、次声波传感技术

3.2　智能油气田开发生产解决方案与实践

近两年中，数字化、人工智能正在以超乎预期的速度发展，越来越多石油公司开始意识到，智能化战略，将是一场关于未来的竞争。在这一领域的落后者，将在未来的竞争中处于被动。国内外石油公司开始启动智能油气田探索。

3.2.1　荷兰壳牌公司智能油气田解决方案与实践

壳牌在智能化油气田建设上处于国际领先地位，在石油行业大规模推行人工智能(AI)的应用，推动人工智能尝试及变革。壳牌在全球共有 59 个智能化油气田，经济收益已达 50×10^8 美元。2008 年，壳牌公司开始在 Bonga 油田开展智能化油田建设，智能化系统集成了配产、监测、优化、模拟和预测模块，是一个综合的工作平台。通过智能化系统可以采集和分析油气井的测试数据，进行实时的生产监测和优化，提高配产的准确度。智能化油田建立后 Bonga 油田保持了很好的开发效果，取得了非常高的经济效益。自 2012 年起，壳牌在勘探开发领域，以“释放数据价值”为主要目标，通过与 IBM 公司合作，建立数据分析模型，提高专家认知和决策能力，提升勘探开发业务水平。利用 2020 口直井和 702 口水平井的测井数据和产量数据建立数据驱动的水平井产量预测模型寻找甜点区。气井产量预测精度已达 90%，油井预测精度已达 71%。在业务协同领域，以智能油田协同运营为目标，开展智能井、先进协作环境、整体油藏管理等信息系统建设，通过对井下复杂油气藏环境中的传感器和控制阀进行实时监控，使油田生产达到最佳状态，有效提升产量，降低运营成本。壳牌位于文莱的 Champion 西部油田最终采收率提高了 3%～6%，而开发成本降低了 1～1.5 美元/桶。在挪威海上 Draugen 油田项目中，提高了原来注水开发后的剩余储量的动用率，油田开发的采收率提高了 23%。该项目已经在美国、加拿大、欧洲、中东和非洲等地区成功实施。壳牌公司在全球约有 8.4 万名员工，业务遍及全球 80 多个国家，公司和微软合作，应用 Yammer 等智能工具提供企业视频服务，提高企业运作效率。员工可通过工具轻松寻找或创建视频，以实现经验分享、项目分析高效沟通，不同员工、不同部门之间的交流实现更高效的数字化、智能化。

3.2.2　中石油安岳气田磨溪区块龙王庙组气藏智能气田解决方案与实践

国内油气田公司也在数字化气田的建设成果基础上积极探索智能油气田试点，以我国位于四川盆地的安岳气田磨溪区块龙王庙组气藏为例，通过机器人、AR、AI、大数据分析、智能工作流等先进智能技术应用，整体实现自动化生产、初步实现数字化办公、成功探索智能化管理，“三化”管理迈上新台阶，转变了传统生产组织管理模式，优化了业务流程，提升了生产管控水平，提高了运营管理效率，将气田的开发生产管理转型升级到智能化的新形态，打造气田持续高产稳产的新引擎、新动力。

（1）整体实现自动化生产，提升生产管控水平。

充分运用先进、成熟的信息技术完成了云网端基础设施和完整的工业控制系统建设，生产物联网系统实现“生产系统、周边环境、岗位标准”万物互联、深度感知，综合应用次声波泄漏监测、视频智能分析等先进技术，实现由“人防”向“技防”的转变；建立起了“互联网+油气开采”新模式，形成了“单井无人值守、区域集中调控、远程支持协作”生产运行新形式，用工人数仅为传统管理模式的 30%。使用智能巡检机器人、无人机开展站场和管道日常巡检；部署智能主动安防系统，自动驱离非法闯入，实现了生产现场的自动操控，降低了劳动强度和巡检风险，对无人值守井和管道的监管更加方便快捷，能实时掌握无人值守站场和管道安全运行环境，增强了安全生产运行管控能力。

（2）初步实现数字化办公，提高运营管理效率。

气田实现“设计、运营、决策”全生命周期数字化、一体化管理，各阶段数据高度整合，应用流程全面贯通。在勘探开发设计阶段，搭建数字化“井筒、气藏、地面”一体化管控平台，“用数字说话、用数字指挥”，实现勘探开发生产全过程、全方位、全覆盖的数字化管理。在生产运行管理阶段，通过作业区数字化管理平台移动应用，将作业区、气藏调控中心、采集气场站等分散在现场的工作动态、生产变化、决策集成到了同一个应用平台上进行数据共享并运用人工智能、增强现实等智能技术，以 AR/VR 眼镜为载体开展场站日常巡检操作任务，使基层管理人员和一线操作人员从桌面办公中得以解放，生产管理由传统的井站独立管理向一体化协同运行、扁平化管理模式转变。在生产经营决策阶段，建成项目全生命周期实时效益评价系统，实时跟踪反映项目成本及效益情况，整体评价用时由两周缩短至 1 天之内，开发井效益评价周期缩短至 1 次/月。

（3）成功探索智能化管理，重构生产业务流程。

在生产运行方面，以“电子巡井、周期巡检、检维修作业”核心生产业务流程为基础，利用大数据智能分析及生产运行可视化预警功能，将被动告警转变为趋势预警，事后异常处置转变为事前提前预判，提前处理，故障发现和处置效率较传统的人工现场巡检模式提升 75%。在科研与生产协同方面，运用数字孪生理论，构建“气藏-井筒-管网”一体化资产模型，建成以敏感参数驱动、动态边界条件约束的自动化运行、全局化分析、智能化管理的一体化智能工作流，一键式获得最优配产方案，全气藏模型模拟诊断20分钟/次，预测吻合度达98%。通过智能化手段实现业务流程一体化重构，实现事后处置向事前预防转变，减少故障发生，有效缩短各管理环节应急反应时间，提高应急抢险能力。将人工繁琐计算转变为系统智能分析，提高了现场工作效率和分析判断的准确率，协助气田科学高效管理。

4　智能油气开发生产发展面临的挑战与展望

4.1　面临的挑战

4.1.1　各油气田硬件基础设施参差不齐

因新老油气田建设年代不同，从数据收集到传输、储存、运用等信息化硬件条件发展不均衡，导致数据采集标准格式不统一，采集范围不全面；数据传输网络多样；数据基本实现集中存储，数据共享仍需提升；自动化程度差异大，自动执行机构覆盖范围不全，大部分油气田还停留在关键数据采集阶段，未实现远程控制和自动联锁；数据利用层度不够，集成共享应用系统建设需加强。

4.1.2　数据共享与业务协同处于较低水平

目前数字化油气田的基础设施、各专业应用系统已相对完善，但由于数据资源与业务管理集成整合不够，往往出现各项业务信息化建设各自为阵，数据不一致、分散且共享调用不畅，业务处理效率低等诸多问题，距离“智能化管理”还有很大的差距。

4.1.3　传统的油气开发生产模式不适应智能化条件

各石油公司普遍规模大、生产作业分散，各地区油气田公司和下属采气厂(矿)业务管理和技术研发机构大而全，管理层级多、流程复杂，决策和运行效率低、管理和技术优势难以发挥。传统的以作业区-采气厂-油田公司-板块公司为主要架构的油气田开发生产组织模式优势不再。需要进一步探索适应信息化、智能化条件下的生产组织架构新模式，实现油气田的安全、科学、高效、节约开发。

4.1.4　智能化油气田建设运行尚无统一标准可供借鉴

智能化油气田建设起步相对较晚，大多只实现了局部高度自动化和局部智能化，目前还处于进一步探索阶段。建设标准、架构不统一，功能存在多样化。传统的生产管理制度难以满足智能化条件下的运行模式，一定程度上制约了智能化建设效益的发挥。

4.2　未来智能化油气开发展望

随着人工智能、机器视觉、虚拟现实、高速通信等技术的进一步发展和新技术的应用，未来以业务协作共享、一体化智能协同为主要特色将是智能油气田开发生产组织的新模式，实现操作巡检维护、开发生产管理、协同研究、经营管理及决策一体化智能运营，大幅提高生产组织效率和科学开发协作水平。

(1) 在操作巡检维护层面，全覆盖的信息采集、远程操控和生产现场机器人自主巡检、无人机自动巡线，管线和场站智能安防、流体在线分析等技术替代了人工现场操作、巡检和流体采样。通过组建运维共享中心来提供预防性维护和检维修业务需求，新型的共享维护业务解决方案通过重塑业务流程，将由原各个单位分散的巡检维护活动转变为集中统一派遣，并对其进一步标准化，执行标准更加统一，共享服务模式能够更加高质量和高效率的匹配各个油气生产现场需求，各单位不再保留工作内容相近的操作人员队伍和购置高度重复的维护工器具，同时随着油气田开发工作量的变化，根据公司部署更迅速的调配人力、物资、装备资源。

(2) 在生产运行组织和技术研发层面，油气生产、技术研究、实验分析的海量数据汇入数据湖，通过大数据管理、运行监控、智能分析、生产自动调节等功能将技术和管理人员从海量的数据和模型中解放出来，通过建立集数据采集、调度指挥、生产分析、技术管理和协同研究于一体的综合性开发生产管理平台，搭建一体化开发生产协同环境，智能工作流实现生产调度、技术管理、科研分析等各岗位人员的高效协作，采取跨部门的矩阵组织开展工作协同，实现生产优化快速反应、研究成果有效集成和海量数据充分共享。

(3) 在经营管理决策层面，利用云计算、大数据分析、原生数据挖掘、主数据治理、商务智能分析等技术建立各类数据孤岛之间的联系，对开发生产数据与财务经营、人力资源、物资采购、工程建设等全要素耦合，探寻数据与人、生产、政策、利润间，数据与业务间的关联性，业务数据通过数据回归、提炼、建模、计算、分析，变成企业专业管理、经营分析、战略规划与落地的支持依据。由传统的分系统操作、期末算账、事后分析向业务联动、事前预测、事中控制、优化决策转变。用数据驱动管理，实现快速响应市场变化、业务运营智能监测、智能辅助决策的目的。

5　结论与建议

（1）在全球智能制造的大背景下，油气行业全产业链在数字化发展中取得了较大进展并向智能化迈进，但石油工业领域智能应用场景以定制化的人工智能为主，解决特定的工程问题，完整的油气行业人工智能产业链生态尚未成熟，在智能化转型的战略机遇期，将传统石油工程技术和人工智能相结合，才能赢得石油工业的未来。

（2）石油公司应强化智能化发展的整体规划，智能油气田建设运营应结合勘探开发、生产科研和经营管理的业务发展和实际运营状况进行战略部署，坚持以价值驱动和集成共享为导向，统一规划、统一标准、统一设计、统一管理，实现操作巡检维护、开发生产管理、协同研究、经营管理及决策一体化智能运营，提高开发生产效益和运营管理协作水平。

（3）通过智能油气田建设促进油气田开发生产主营业务转型升级。智能化规划与建设对传统观念、已有技能、业务流程、管理制度和组织架构等将带来巨大变化，借助智能化创新应用，加快内部流程、业务模式等方面的变革，打破地区和业务壁垒，逐渐转变成由数据驱动的组织。综合智能技术发展趋势，围绕价值创造点进行智能技术的应用和研发，助力企业稳步实现高质量发展。

参　考　文　献

[1] 闫纪红，李柏林. 智能制造研究热点及趋势分析. 科学通报，2020，65(8)：684-694.

[2] 龚俊波，孙杰，王静康. 面向智能制造的工业结晶研究进展. 化工学报，2018，69(11)：4505-4517.

[3] 王立岩，李晓欣. 日本智能制造产业发展的经验借鉴与启示[J]. 东北亚学刊，2019，47(6)：100-110.

[4] 王莉. 德国工业 4.0 对《中国制造 2025》的创新驱动研究[J]. 科学管理研究，2017，35(5)：100-103.

[5] 唐堂，滕琳，吴杰，等. 全面实现数字化是通向智能制造的必由之路——解读《智能制造之路：数字化工厂》[J]. 中国机械工程，2018，29(3)：366-377.

[6] 周济. 智能制造——“中国制造 2025”的主攻方向[J]. 中国机械工程，2015，26(17)：2273-2284.

[7] 尹建，张琴，谷重山. 中国油气智能化的发展及思考[J]. 中国石油和化工标准与质量，2019，39(07)：130-131.

[8] 刘慧婷，徐华，周东焱. 基于“互联网+”模式下的石化行业智能管网的发展现状研究[J]. 石化技术，2015，22(05)：90-91.

[9] 林伯韬，郭建成. 人工智能在石油工业中的应用现状探讨[J]. 石油科学通报，2019，4(04)：403-413.

[10] 杜金虎，时付更，张仲宏，等. 中国石油勘探开发梦想云研究与实践[J]. 中国石油勘探，2020，25(1)：58-66.

[11] 吴青. 智能炼化建设——从数字化迈向智慧化[M]. 北京：中国石化出版社，2018：1.

[12] 赵改善. 石油物探智能化发展之路：从自动化到智能化[J]. 石油物探，2019，58(06)：791-810.

[13] 闫娜. 石油工程数字化发展现状与策略分析[J]. 石油科技论坛，2019，38(02)：64-70.

[14] 李根生，宋先知，田守嶒. 智能钻井技术研究现状及发展趋势[J]. 石油钻探技术，2020，48(01)：1-8.

[15] 常艳兵，杨帆，胡连锋. 智慧油气田建设在油气开发中的思考与探索[J]. 辽宁化工，2020，49(01)：100-101.

[16] 蔡永军，蒋红艳，王继方，等. 智慧管道总体架构设计及关键技术[J]. 油气储运，2019，38(2)：121-129.

[17] 吴长春，左丽丽. 关于中国智慧管道发展的认识与思考[J]. 油气储运，2020，39(04)：361-370.

[18] 杨金华，邱茂鑫，郝宏娜，等. 智能化——油气工业发展大趋势[J]. 石油科技论坛，2016，35(6)：36-42.

[19] 刘亭亭，赵旭涛. 智能炼化企业建设I. 炼化一体化的智能化[J]. 石化技术与应用[J]. Petrochemical Technology & Application，2020，38(2)：147-152.

[20] 贾爱林，郭建林. 智能化油气田建设关键技术与认识[J]. 石油勘探与开发，2012，39(1)：118-122.

[21] 朱迎辉. 国外深水油田高效开发关键策略与技术[J]. 中外能源，2017(22)：50-54.

[22] 高健祎，安鹏. 海上油气业务智能化发展趋势分析[J]. 海洋工程装备与技术，2019，11(06)：443-445.

[23] 马新华. 创新驱动助推磨溪区块龙王庙组大型含硫气藏高效开发[J]. 天然气工业，2016，36(2)：1-8.

[24] 谢军. “互联网+”时代智慧油气田建设的思考与实践[J]. 天然气工业，2016，36(1)：137-145.

[25] 谢军. 安岳特大型气田高效开发关键技术创新与实践[J]. 天然气工业，2020，40(1)：1-8.

[26] 王宁，莎拉. 共享的分化与共享的逻辑——共享层级、共享单位与共享经济[J]. 学术研究，2020(4). 49-59.

[27] 刘伟，闫娜. 人工智能在石油工程领域应用及影响[J]. 石油科技论坛，2018，000(005)：1-1.

基于ResU-Net混合神经网络与迁移学习的智能识别断层方法及应用

张福利

（中国石化胜利油田分公司）

摘　要　断层智能识别在地震资料精细解释中起到了非常重要的作用，尽管利用卷积神经网络可以实现断层识别，但没有大量可靠的实际断层样本用于训练，人工合成断层地震图像虽然解决了训练样本问题，导致断层识别结果不理想。为此，将ResU-Net混合神经网络与迁移学习结合并应用于断层智能识别。为此，首先构建性能更优秀的ResU-Net混合神经网络训练人工合成的断层样本，然后使用少量实际断层样本进行迁移学习，增强网络的泛化能力，优化网络的识别结果。迁移学习后的网络能够有效提高实际断层的识别准确率，实际地震数据验证了该方法的可行性和有效性。

关键词　ResU-Net；混合神经网络；迁移学习；智能识别断层

断层识别是地震解释的重要一环，早期断层解释主要依靠人工经验，识别的结果会因为地质研究人员的经验和知识的影响而产生人工误差。随着计算及辅助技术在断层识别方面的应用越来越多，逐渐发展出多种断层自动识别方法，如相干体分析技术、边缘增强分析技术、蚂蚁追踪算法等。但是，这些方法都存在一定的局限性，如断层相关属性提取中存在噪声问题，不同工区存在参数优化与适应性问题等。

近年来，随着人工智能领域的发展，深度学习在众多领域，尤其是在图像的分类和特征提取等方面取得了显著的突破。地球物理学者把人工智能技术运用到断层识别上，希望能通过机器学习和深度学习技术，从而使得机器能达到精确、高效地识别断层的目的；自此多种基于卷积神经网络的算法开始用于断层识别。

Huang等应用深度学习的方法，首次将卷积神经网络（CNN）成功应用到断层识别中，同时将多种地震属性作为卷积神经网络的输入进行模型的训练和断层识别。Xiong等将相干体方法和卷积神经网络预测的断层进行比较，证明卷积神经网络预测的识别效果更好。Ronneberger等在全卷积神经网络（FCN）基础上提出了U-Net网络模型，Wu等利用地震数据体的三维空间特征，提出了一种更为高效的端对端的三维UNet方法来自动识别断层。尽管利用卷积神经网络可以实现断层识别，但是目前方法仍存在一定的局限性，主要原因是没有大量可靠的实际断层样本用于训练，人工合成断层地震图像虽然解决了训练样本问题，但合成的断层与实际断层仍存在较大的差异，并且无法包含所有的实际断层类型，导致断层识别结果不理想。

针对上述问题，笔者提出了一种基于ResU-Net混合神经网络与迁移学习的智能识别断层的改进方法。其中ResU-Net混合神经网络是Liu等在Wu等提出的三维U-Net模型基础上，引入了ResNet-34残差模块，U-net兼顾了数据特征的底层和高层信息，Resnet则缓解了模型退化问题，加深了网络的层数（200多层），显著提高了网络模型解决复杂问题的能力。迁移学习是运用已有知识对相关问题进行求解的一种新的机器学习方法，目的是迁移已有的知识以解决目标领域中仅有少量标签样本数据的学习问题。笔者利用ResU-Net混合神经网络增加网络复杂度，利用迁移学习增强网络的泛化能力，使网络能够学习更多的断层特征，更好地适应实际地震数据。

1　核心流程与关键步骤

1.1　核心流程（图1）

Geoplat AI是一款基于人工智能深度学习的地震解释软件，应用先进的混合神经网络，使用超过100，000个包括多种地震属性的数据样本对模型进行了预训练，使其能够适应绝大多数的地质条件，结合特有的迁移学习功能，不但大大

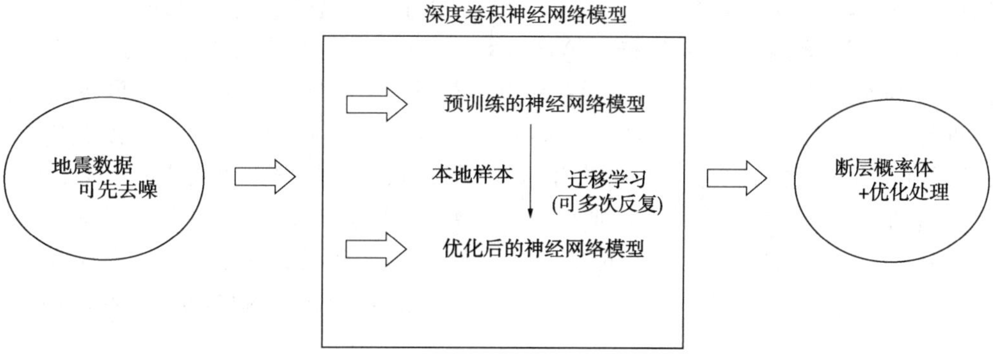

图 1　Geoplat AI 软件的核心工作流程

减少了解释人员的工作量，同时还提高了解释工作的精度与质量。

Geoplat AI 软件的核心工作的主流程为：地震数据(可先去噪)应用深度卷积神经网络模型，最后得到一个优化处理的断层概率体。在应用模型时，可以首先应用预训练的神经网络模型，得到一个优化处理后的断层概率体。然后对比结果，若结果与认识比较吻合，然后构建本地样本，通过迁移学习(可多次反复)的方式把预训练的神经网络进行优化。然后地震数据(可先去噪)应用优化后的神经网络模型，计算得到优化处理后的断层概率体，最后做相关地震剖面的对比分析。

1.2　关键步骤

在实际操作中，运用 Geoplat AI 软件，基于改进的 ResU-Net 混合神经网络与迁移学习方法进行智能识别断层包括以下步骤：

1.2.1　地震数据去噪处理

Geoplat AI 的 ResU-net 模型针对地震数据的噪声进行了大量的预训练，在合成数据和实际数据中深入的学习了噪声的特征，在实际的地震数据规整化应用中，可以很好的去除地震数据中的随机噪声，提高信噪比，增强断裂显示。

1.2.2　断层概率体属性计算

应用软件预训练的 ResUnet-19A 网络模型，直接对地震数据进行神经网络运算，得到断层概率体(0-1 之间的数据体)，指示断裂发育的可能性。通过叠合显示，对断层概率体的质量进行逐剖面检验，断裂构造样式是否合理，断层组合关系是否恰当，特征不明显的断裂是否识别，根据情况进行迁移学习。

1.2.3　神经网络迁移学习

首先构建迁移学习样本：加入研究区的断裂构造样式和组合模式，赋予网络模型以地质思维。然后迁移学习进行多次的循环，根据断层概率体的预测结果，增加断层线的学习样本，进行多次的迁移学习，直到结果符合我们的要求。

1.2.4　断层概率体优化

迁移学习有效性的体现：迁移学习的结果不仅在样本剖面吻合的很好，在其他剖面也有很好的识别效果，表明网络模型能很好的学习了样本的断裂特征。

2　应用实例

2.1　研究区概况

GNWX 是 ZHAX 的一个次级构造单元，总体表现为北断南超的箕状洼陷的构造格局(图 2)。南以垦利凸起与富林洼陷陡坡带相隔，北为孤岛凸起，西与洼陷以一个低鞍状突起分隔，东为孤东和长堤凸起。洼陷内部构造受主断层控制发育数量较多的次级断层(北东向、近东西向和北西向三组断裂)，不同级别断裂组合样式复杂(平行式、雁列式、羽列式、斜交式等)，现今复杂的断裂体系体现了多期次断裂系统的叠加效应。

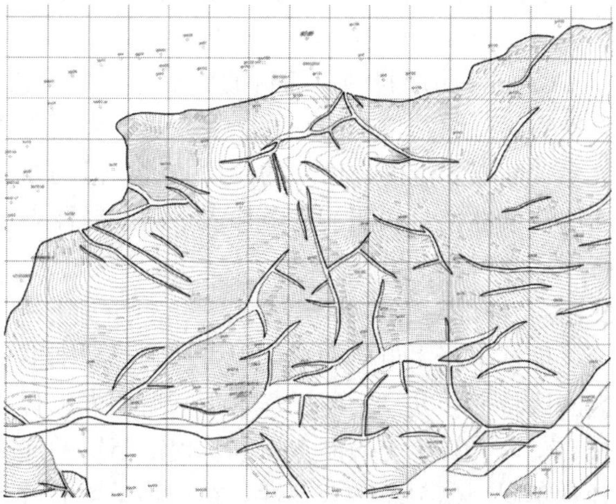

图 2　GNWX 目的层顶面断裂分布图

2.2 GeoPlat AI人工智能断层识别

为了准确地刻画洼陷内部断裂分布，笔者在地震数据去噪的基础上，通过多次迁移学习对预训练的神经网络模型进行优化，然后地震数据(可先去噪)应用优化后的神经网络模型，计算得到优化处理后的断层概率体，精细刻画了洼陷内部断裂分布，取得了良好的应用效果。

2.2.1 地震数据去噪处理

GeoPlat AI是以断裂检测为目的人工智能地震规整化处理，在保持正确振幅比的同时提高地震数据的质量。Geoplat AI规整化处理后，地震资料频谱中的噪声曲线明显下降，S/N由原始的31提升到41，信噪比明显提高，断层面更加清晰。放大断层的视觉显示效果较好。恢复了杂乱区“隐藏”反射，增强同相轴连续性。(图3)。

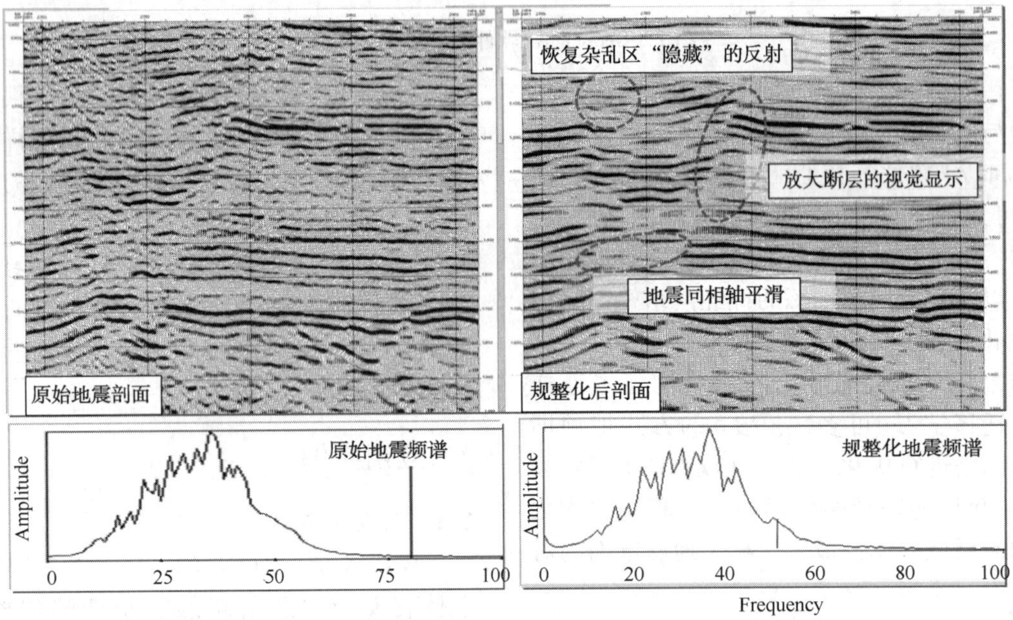

图3　＊＊＊＊＊＊三维地震数据去噪处理效果

2.2.2 断层概率体属性计算

应用软件预训练的ResUnet-19A网络模型，利用去噪后的地震数据，直接对地震数据进行神经网络运算，得到断层概率体。Geoplat AI可以将可能发育的断点进行快速、有效识别，对于中小规模的断层的连续性及断层交切关系清晰、合理，规模较大的断层纵向连续性相对较弱(图4b、c)。

Geoplat断层自动追踪目的层沿层切片分析，自动断层追踪结果中的主要断裂数量、断层交切关系、断层的走向与已有的认识一致。但剖面上断层连续性相对较弱，需要加入手动解释样本进行迁移学习(图4d)。

2.2.3 神经网络迁移学习

根据解释人员的构造认识手动解释识别本工区断层特征，并作为断层样本用于后期人工智能迁移学习，减少无效断点识别，提高断层的连续性和断层交切关系的合理性。在迁移学习的过程中，选定一些断层解释线作为验证样本，训练迭代一定次数后，用验证样本来验证训练效果。通过这种方式，确定合理的迁移学习迭代次数，防止训练产生欠拟合和过拟合。迁移学习之前，目的层断层较乱，断层交切关系不清楚，连续性较差(图5b)；迁移学习后，呈现出与原先认识一致的构造样式，断层连续性明显增强，断层交切关系更加合理(图5c、d)。

3 应用效果

利用迁移学习神经网络的断层概率体，结合地震剖面解释，刻画了GNWX内部目的层断裂体系的平面分布，取得以下应用效果和认识(图6、图7)。

3.1 迁移学习后，断层平、剖面组合合理。

迁移学习后，能识别出局部断块内低序别断层，如东西向①、④号断层在目的层上断点清晰，且断块内部东西向②、③小断层被有效识别。下面以里德尔剪切破裂为手段，通过判识作为走滑断层运动学性质指示器的R剪切面或

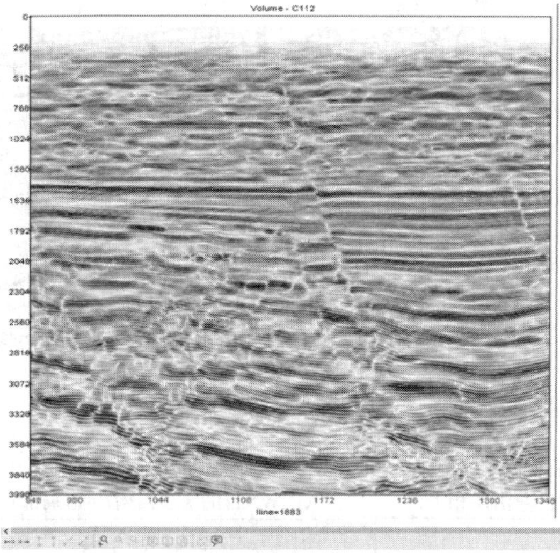

(a)原始地震剖面

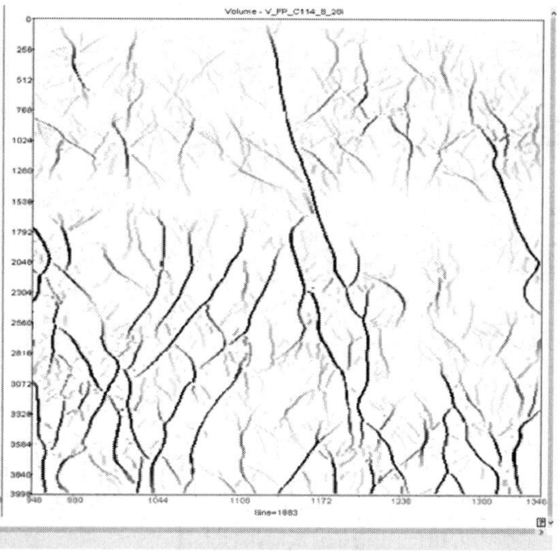

(b)自动追踪断层概率体

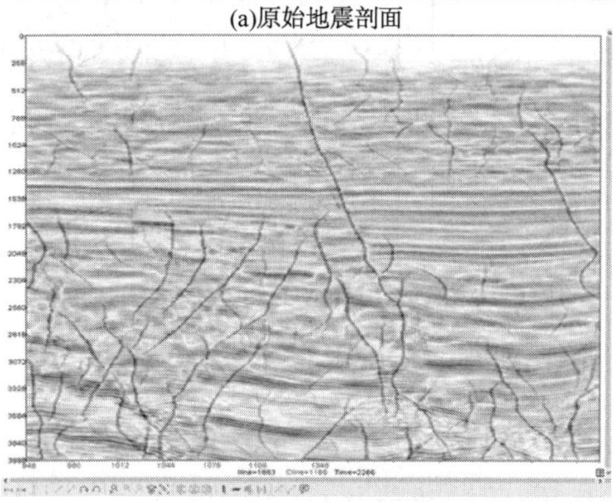

(c)地震与自动追踪概率体叠合

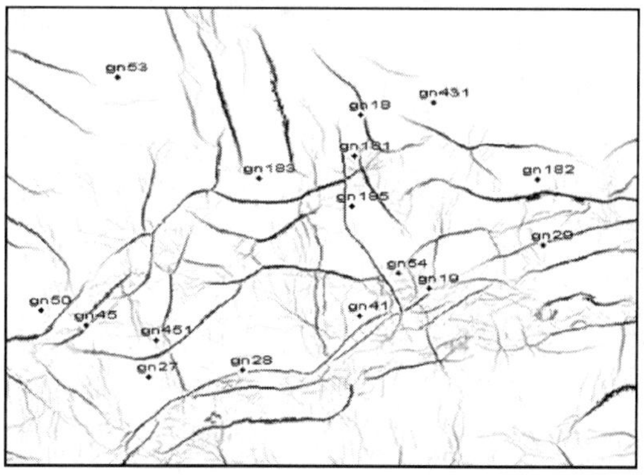

(d)概率体目的层沿层切片

图 4　预训练神经网络模型断层概率体处理效果对比

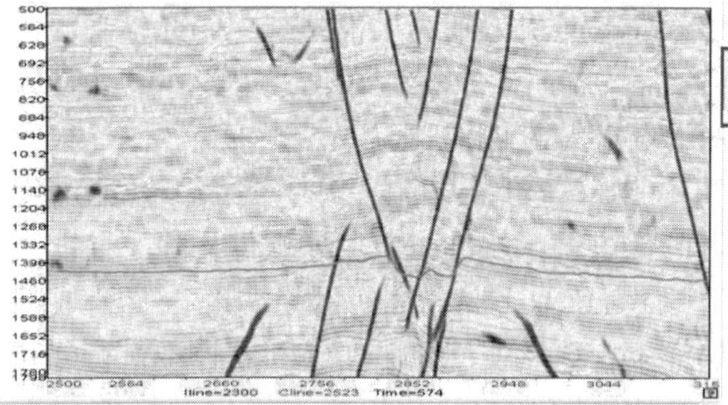

(a)原始地震剖面与概率体剖面叠合(Inline2300)

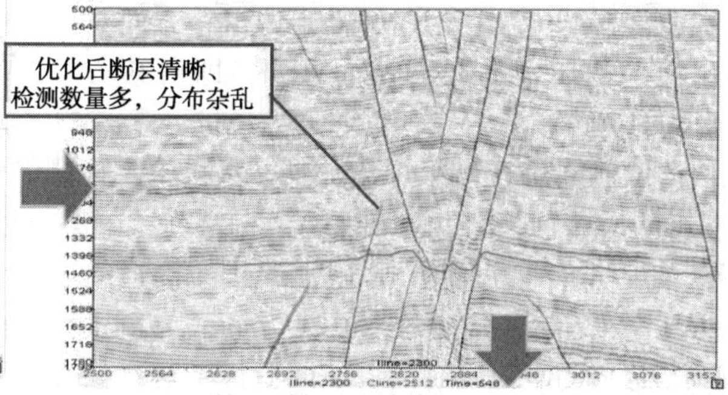

(b)原始地震剖面与概率体剖面—优化后叠合(Inline2300)

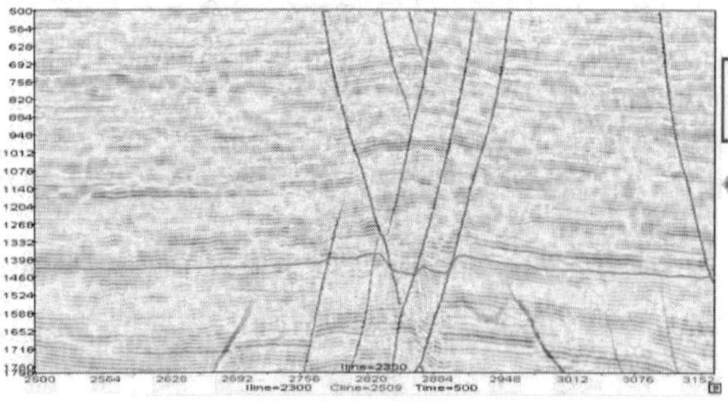

(c)原始地震剖面与最终学习概率体—优化后剖面叠合(Inline2300)

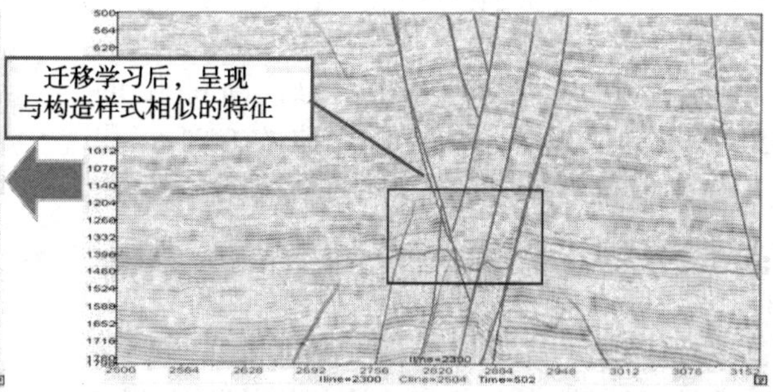

(d)原始地震剖面与第一次学习概率体—优化后剖面叠合 (nline2300)

图 5　神经网络迁移学习前、后断层概率体效果对比

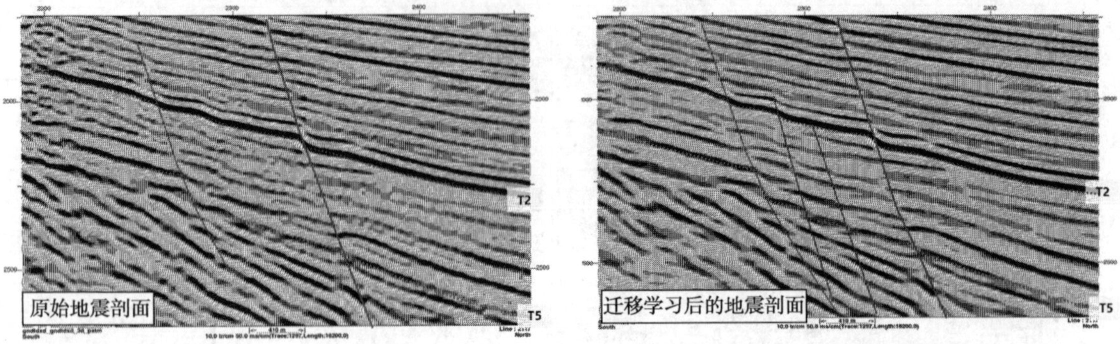

图 6　＊＊＊＊＊＊三维 SN1217 原始地震剖面(左)、迁移学习后的地震剖面(右)

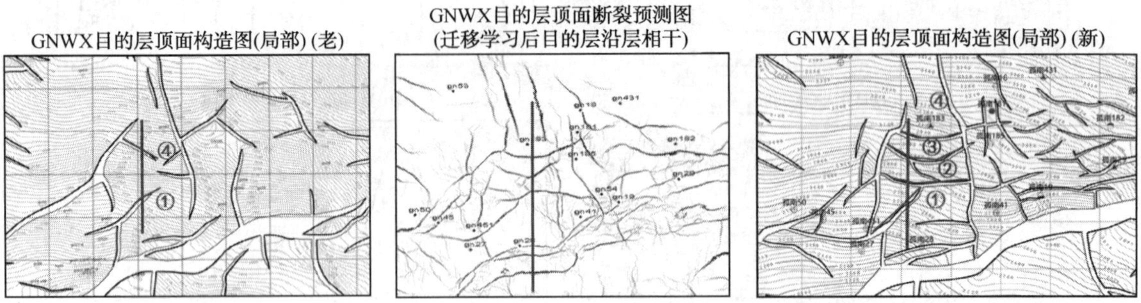

图 7　GNWX 目的层局部构造图(老)、迁移学习后目的层沿层相干、GNWX 目的层局部构造图(新)

P 剪切面，反演局部构造运动学性质，从而确定这套构造的断层平、剖面组合的合理性。在 GNWX 目的层局部构造图(新)上，发育 3 条等间距分布的近 SN 向平行断层，3 条 SN 断层切割 3 条东西向断层，形成 5 个 NNE 向构造圈闭。可以看出 5 个 NNE 向构造圈闭的高点排列为右阶右行，在应变椭球上，这套组合的走向滑移方向对应着里德尔剪切中的 P 剪切面方向，即滑移方向 NNE 向。在＊＊＊＊＊＊三维 SN1217 上，三条东西向北倾断层为张性断层，在应变椭球上对应着 T 断层。因此，初步判断这套构造组合的主要位移带(PDZ)方向为 NE 向，即这套构造组合在第三系处于 NE 向右旋构造应力场，与新生代区域构造应力场是吻合的，从而验证了这套构造的断层平、剖面组合的合理性。

3.2　迁移学习后，断层分布符合现有油藏认识

迁移学习前，在断块内部位，高部位的 GN451 在目的层段为水层，低部位的 GN183 在目的层段均含油气，迁移学习前断层概率体与现有断块油藏特征不匹配。迁移学习后，断块内部东西向②、③小断层被有效识别。GN183 井位于该块构造圈闭的高部位，该块高部位北倾断层遮挡，油气成藏较为有利，该块新增构造圈闭 6 个，可为下部勘探部署提供依据。GN451 位于该块构造圈闭的低部位。因此 GN451 和 GN183 符合现有油藏认识。

4　结论

(1) 尽管利用卷积神经网络可以实现断层识别，但没有大量可靠的实际断层样本用于训练，人工合成断层地震图像虽然解决了训练样本问题，导致断层识别结果不理想，因此笔者提出了将 ResU-Net 混合神经网络与迁移学习结合并应用于断层智能识别。

(2) Geoplat AI 是一款基于人工智能深度学习的地震解释软件，应用该软件构建了性能更优秀的 ResU-Net 混合神经网络训练人工合成的断层样本，然后使用少量实际断层样本进行迁移学习，增强网络的泛化能力，优化网络的识别结果。迁移学习后的网络能够有效提高实际断层的识别准确率，实际地震数据验证了该方法的可行性和有效性。

参　考　文　献

[1] Bahorivh M s, Farmew S L. 3-D seismic discontinuity for fault and stratigraphic features: The coherence cube [C]. SEG TechnicalProgram Expanded Abstracts, 1995, 14: 93-96.

[2] Rande T, Reymond B, Sjulstad HI, et al. New seismic attributes for automated stratigraphic facies boundry

detection[C]. SEG Technical Program Expanded Abstracts, 1999, 18: 628-631.

[3] 严哲，顾汉明，蔡成国，等. 利用方向约束蚁群算法识别断层[J]. 石油地球物理勘探，2011，46(4)：614-620.

[4] Huang L. Dong X. Clee T E. A scalable deep learning platform for identifying geologic features from seismic attributes[J]. The L eading Edge, 2017, 36(3): 249-256.

[5] Xiong, Ji X, MaY, etal. Seismic fault detection with convolutional neutral network[J]. Geophysics, 2018, 83(5): O97-O103.

[6] Ronneberger O, Fischer P, Brox T. U-net: Convolutional networks for biomedical image segmentation[C]. International Conference on Medical Image Computing and Computer-Assisted Intervention, 2015, 234-241.

[7] Wu X, Liang L, Shi Y, et al. FaultSeg3D: Using synthetic data sets to train an end-to-end convolutional neural net-work for 3D seismic fault segmentation CNN for 3D fault segmentation[J]. Geophysics. 2019, 84 (4): IM35-IM45.

[8] Liu N, He T, Tian Y, et al. Common azimuth seismic data fault analysis using residual U-Net[J]. Interpretation, 2020, 8(3): 1-41.

[9] Pan S J, Yang Q. Asurveyontransferlearning[J]. IEEE Transactionson Knowledgeand Data Enginee - ring, 2010, 22(10): 1345-1359.

[10] 庄福振，罗平，何清，等. 迁移学习研究进展[J]. 软件学报，2015，26(1)：26-39.

聚合微纳米封堵井壁稳定剂的制备与性能评价

李　蕾　蓝　强　王　俊　杨龙波　张亚男

（中石化胜利石油工程有限公司）

摘　要　普遍发育的微纳米尺度的孔隙、裂缝和层理是硬脆性泥页岩井壁失稳的主要原因，传统的封堵剂尺度与页岩裂缝、孔隙结构不匹配，难以进入实现有效封堵，且无法在封堵的同时抑制黏土水化膨胀，阻止液相侵入地层，维持井壁稳定。本文先用偶联剂将纳米 SiO_2 粒子表面改性，再将接枝聚合物接枝在改性后的纳米 SiO_2 粒子上，制备得到聚合微纳米封堵井壁稳定剂，通过红外光谱、透射电镜和粒度分析对产品进行了表征，并评价了其封堵性能和抑制性能。结果表明，聚合微纳米封堵井壁稳定剂纳米粒子分散性好，形状规则，粒度均匀，封堵性能显著，抑制性能较好，能改变页岩表面润湿性，使清水河组页岩岩心渗透率降低90%以上，三次滚动回收率均大于90%，8h 页岩膨胀率低于10%。

关键词　泥页岩；微纳米；封堵剂；抑制剂；井壁稳定

随着油气勘探领域的发展，深井、超深井、海洋井及复杂地段井的出现，在钻探过程中遇到泥页岩地层时，泥页岩的水化膨胀、分散将导致井壁失稳、钻头泥包和井眼净化等一系列问题，对井壁稳定剂提出了更高的要求。而易引发井壁失稳的硬脆性泥页岩中普遍发育的微纳米尺度的孔隙、裂缝和层理是其井壁失稳的主要原因，钻井过程中在正压差与毛管压力作用下，液相会优先沿着这些弱面侵入地层，导致泥页岩沿着裂缝面或层理面开裂，并且不断沿着裂缝面纵向横向发展，侵入的滤液会使裂缝面或层理面之间的摩擦系数减小，从而增大井壁失稳现象。而传统的封堵剂粒径在 0.1~1mm 之间，难以在泥页岩表面形成有效的泥饼，只有微纳米级颗粒才能进入微裂缝和层理实现有效封堵，阻止外来流体侵入地层，维护井壁稳定。

纳米粒子由于其粒径小，粒径分布及形貌、尺寸可调节，表面积大等特性，具有优异的封堵性能。本文中制备出的聚合微纳米封堵井壁稳定剂，将聚合物接枝在改性后的纳米粒子上，将聚合物优异的抑制性能和纳米粒子优异的封堵性能有机结合起来，高效抑制泥页岩水化失稳的同时有效封堵纳米级尺寸微裂隙，能够有效解决泥页岩地层钻井过程中的井壁失稳问题。

1　聚合微纳米封堵井壁稳定剂的制备

1.1　纳米粒子的优选

由于纳米粒子比表面能很大、极性较强，在使用过程中极易发生离子凝并、团聚，从而形成二次粒子，使粒径变大，不利于有效分散成纳米级粒子，将严重影响其性能的发挥。因此，室内对纳米 SiO_2、纳米 Al_2O_3、纳米 ZnO、纳米 TiO_2 等纳米粒子的分散性进行了评价和优选。

称取 5g 纳米材料，加入 500ml 水中，通过充足的物理搅拌，以及滴加 1mol/L 的 HCl 和 1mol/L 的 NaOH 调节溶液 pH 值的方法实现纳米粒子的分散，静置 24h 后观察，各纳米材料粒子的团聚沉降情况，如图 1 所示。

(a) 纳米SiO_2(30nm)　(b)纳米Al_2O_3(30nm)　(c)纳米ZnO(20nm)　(d) 纳米TiO_2(30nm)

图 1　静置 24h 后纳米粒子沉降情况

从上述实验结果可知，纳米 ZnO 和纳米 TiO_2 粒子全部沉降至烧杯底部，其沉降稳定性最差；纳米 Al_2O_3 可见部分粒子沉降至烧杯底部，还有部分粒子分散于烧杯中；而纳米 SiO_2 的沉降稳定性是最好的，在烧杯底部未见明显的沉降颗粒，因此，优选纳米 SiO_2 作为聚合微纳米封堵井壁稳定剂的主材料。且这四种纳米材料颗粒分散的最佳 pH 值如下表 1 所示。

表 1　纳米粒子分散最佳 pH 值

纳米粒子	pH 值
纳米 SiO_2	10
纳米 Al_2O_3	10
纳米 ZnO	9-10
纳米 TiO_2	1 或 11

1.2　合成路线及制备方法

先用偶联剂将纳米 SiO_2 粒子表面改性，再将接枝聚合物接枝在改性后的纳米 SiO_2 粒子上，通过共混法得到最终产品聚合微纳米粒子井壁稳定剂，其合成路线及制备方法如图 2 所示。

1.3　制备步骤

改性纳米 SiO_2 粒子的制备步骤：将无水乙醇和一定量的催化剂和改性剂 A 搅拌均匀，混合得到溶液 B，将蒸馏水和溶液 B 分别置于分液漏斗中，升温并持续搅拌，以一定的滴速使两个分液漏斗中的溶液同时滴加至三口烧瓶中，滴加完毕后继续反应一段时间，减压蒸馏除去乙醇和改性剂 A，真空干燥、破碎、筛分即得到白色粉体的改性纳米 SiO_2 粒子。

聚合微纳米封堵井壁稳定剂的制备步骤：将一定量的改性纳米 SiO_2 和引发剂搅拌后加入有机单体 C，在氮气保护下加入催化剂，一定温度下反应一段时间后，冷却、离心、洗涤、超声分离、干燥后得到最终产品。

2　聚合微纳米封堵井壁稳定剂的性能评价

2.1　聚合微纳米封堵井壁稳定剂的表征

2.1.1　红外光谱分析

如图 3 所示聚合微纳米封堵井壁稳定剂的红外光谱，2844.35cm^{-1} 和 2950.50cm^{-1} 峰归属于 C—H 的伸缩振动峰；3429.29cm^{-1} 峰属于 O—H 伸缩振动峰；谱图中存在 1024.37～1161.64cm^{-1} 的宽峰，这是缩醛的 C—O—C 和 C—O 键的特征区域，证实有缩醛结构的存在，表明有机单体 C 成功接枝到了改性纳米 SiO_2 上。

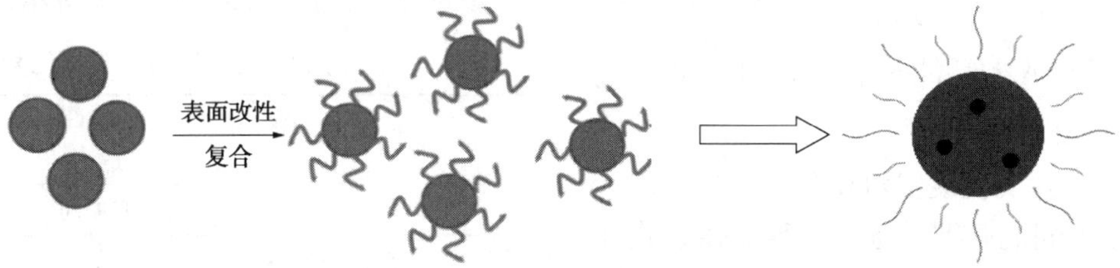

图 2　聚合微纳米封堵井壁稳定剂合成路线

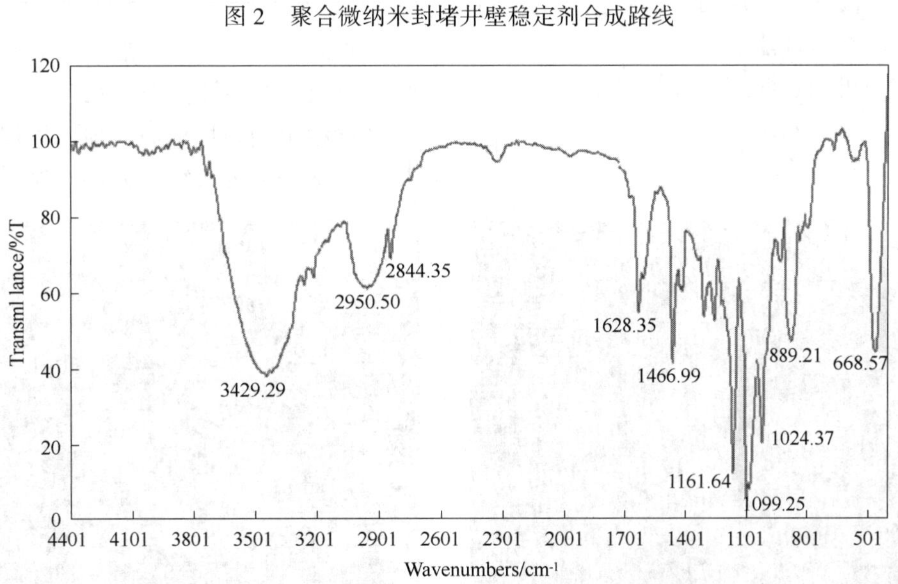

图 3　聚合微纳米封堵井壁稳定剂的红外光谱图

2.1.2 纳米粒子形貌及粒度分析

如图4所示聚合微纳米封堵井壁稳定剂的透射电镜扫描图片。由TEM图像可知，该聚合微纳米封堵井壁稳定剂的分散性好，形状规则(基本为球形)，粒度较为均匀，粒子间不存在团聚黏连现象。使用纳米粒度仪对样品进行粒度测试，由粒度分布曲线(图5)可知，该聚合微纳米封堵井壁稳定剂粒径分布较为集中，曲线呈尖峰型抛物线，90%以上粒径分布在40~200nm之间，D_{50}粒径为91nm；D_{90}粒径为186nm，其平均粒径达到微纳米级别，与透射电镜观察的结果相吻合。

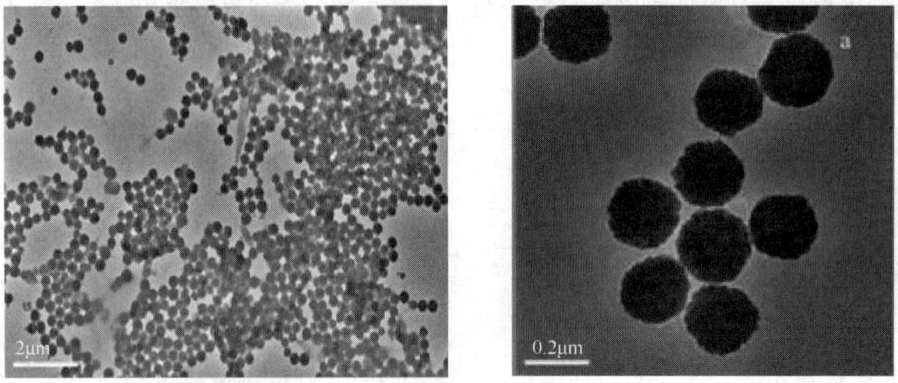

图4 聚合微纳米封堵井壁稳定剂的TEM测试图

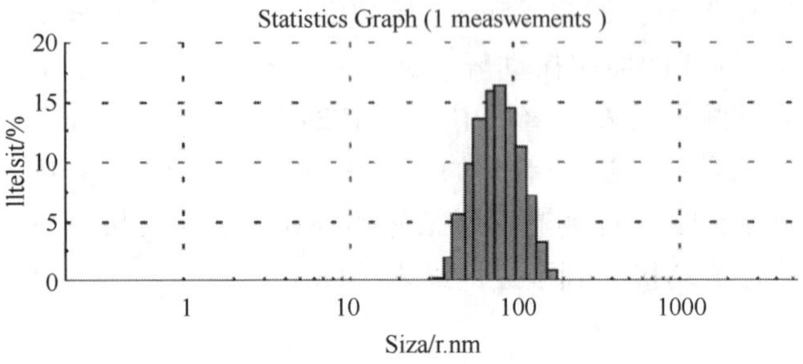

图5 聚合微纳米封堵井壁稳定剂粒度测试

2.2 封堵性能评价

利用岩心驱替实验装置对新疆准噶尔中部区块清水河组岩心进行实验，通过达西定律公式计算得到测试岩心渗透率，从而评价聚合微纳米封堵井壁稳定剂的封堵性能。

岩心渗透率可由达西定律计算得出：

$$K=\frac{Q\mu L}{A\Delta p}\times 10^{-1} \tag{1}$$

式中，K为岩心的渗透率，μm^2；Q为流体在Δp压差下通过岩心的流量，$mL \cdot s^{-1}$；μ为流体的黏度，$mPa \cdot s$；L为岩心长度，cm；A为岩心横截面积，cm^2；Δp为流体通过岩心前后的压差，MPa。

测试聚合微纳米封堵井壁稳定剂污染后的岩心渗透率，其测试结果如表2所示。

表2 岩心渗透率测试结果

测试条件	岩心渗透率/$10^{-3}\mu m^2$	渗透率降低率/%
去离子水	139.26	—
聚合微纳米封堵井壁稳定剂	13.55	90.27

将岩心驱替实验前后的岩心端面在扫描电子显微镜(SEM)下进行观察，考察其在聚合微纳米井壁稳定剂封堵前后孔隙结构以及孔隙内充填物的情况等资料，结果如图6所示。

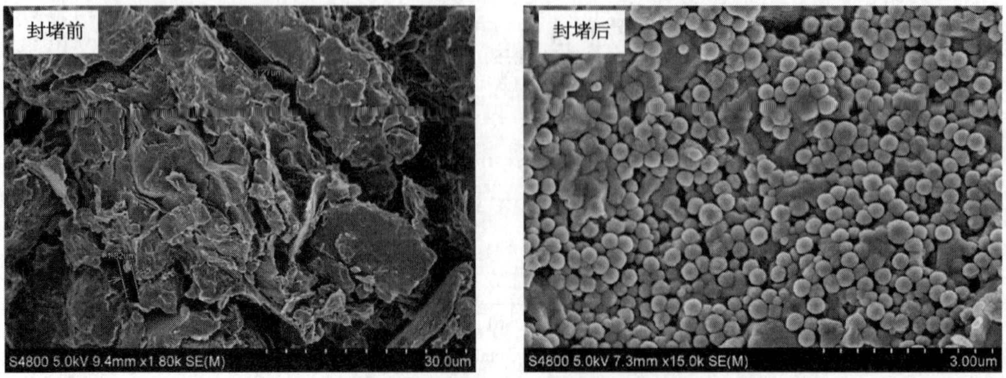

图6 岩心端面封堵前后SEM图像

由上表岩心渗透率测试结果和 SEM 图像可知，污染后的岩心端面，聚合微纳米封堵井壁稳定剂的纳米颗粒紧密堆积在岩样微孔、微裂缝处，球状颗粒清晰可见，端面平整、密实。这种填充、修复功能有效地提高了岩心的致密程度，岩心渗透性降低率在 90%以上，封堵性能突出。

2.3 抑制性能评价

2.3.1 抑制水化分散性能测试

采用三次滚动回收率法测试聚合微纳米粒子井壁稳定剂和聚胺抑制剂的抑制泥页岩水化分散性能，其测试结果如图 7 所示。

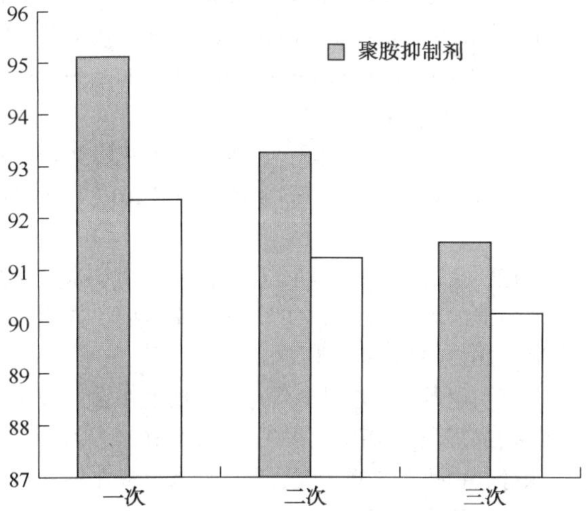

图 7　三次滚动回收率测试结果

由上图 7 测试结果可知，本文研发的聚合微纳米井壁稳定剂的抑制水化分散性能虽略低于聚胺抑制剂，但其三次滚动回收率均大于 90%，具有较好的抑制效果。

2.3.2 抑制水化膨胀性能测试

采用页岩膨胀性测试，评价对比聚合微纳米井壁稳定剂和聚胺抑制剂的抑制泥页岩水化膨胀作用，测试结果如图 8 所示。

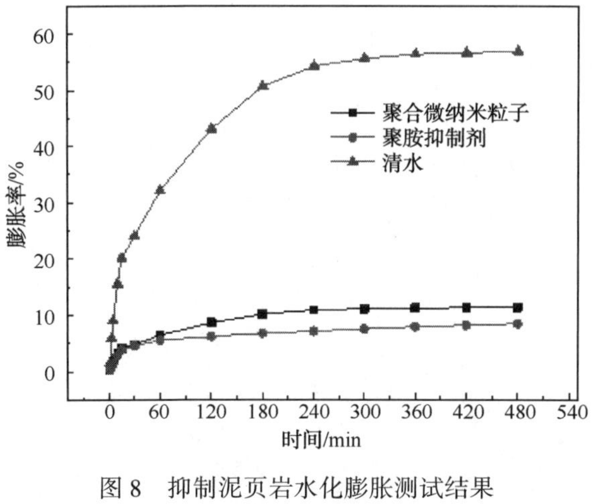

图 8　抑制泥页岩水化膨胀测试结果

由上图 8 测试结果可知，本文研发的聚合微纳米井壁稳定剂的抑制水化膨胀性能接近聚胺抑制剂的抑制效果，其 8h 页岩膨胀率低于 10%，具有较好的抑制效果。

2.3.3 接触角测试

选取新疆准噶尔中部区块清水河组页岩岩心，分别使用接触角测量仪拍照测量模拟的地层水、聚合微纳米封堵井壁稳定剂和岩心的接触角进行测定表征，结果如图 9 所示。

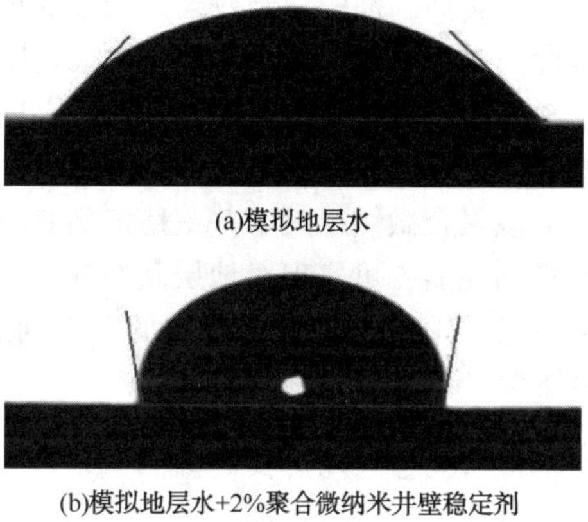

图 9　岩心表面接触角测试图

由上图 9 可知，聚合微纳米封堵井壁稳定剂可显著增大地层水与岩心表面接触角，改变页岩岩样表面润湿性，使岩样表面由亲水转变为中性润湿，表现出亲油疏水性。

综上所述，聚合微纳米封堵井壁稳定剂具有较好的抑制性能，这是由于聚合微纳米封堵井壁稳定剂表面接枝的聚合物具有亲水、亲油的两亲特性，亲水端能够迅速在泥页岩表面大量牢固吸附，疏水端向外形成疏水区，从而在泥页岩表面形成一层类似膜状的封堵层，改变岩石界面润湿性，阻止了流体侵入，抑制泥页岩水化分散和水化膨胀作用，有效缓解压力传递的同时提高了井壁稳定性。

3 结论

（1）优选纳米 SiO_2粒子作为主材料，先用偶联剂将其表面改性，再将接枝聚合物接枝在改性后的纳米 SiO_2粒子上，通过共混法得到最终产品聚合微纳米封堵井壁稳定剂。

（2）透射电镜和粒度测试结果表明，该聚合微纳米封堵井壁稳定剂微球分散性好，形状规则，粒子间不存在团聚黏连现象，粒度较均匀，D_{50}粒径为 91nm；D_{90}粒径为 186nm，其平均粒径达到微纳米级别。

（3）封堵性评价实验结果表明，该聚合微纳米封堵井壁稳定剂的纳米颗粒紧密堆积在岩样微孔、微裂缝处，球状颗粒清晰可见，端面平整、密实，有效地提高了岩心的致密程度，岩心渗透率下降90%以上，封堵性能突出，可对泥页岩微孔、微裂缝实现有效封堵。

（4）抑制性能评价结果表明，该聚合微纳米封堵井壁稳定剂抑制泥页岩水化分散和水化膨胀能力接近聚胺抑制剂的抑制效果，能改变页岩表面润湿性，表现出亲油疏水性，三次滚动回收率均大于90%，8h页岩膨胀率低于10%，具有较好的抑制效果。

（5）该聚合微纳米封堵井壁稳定剂兼具封堵性能和抑制性能，可实现对地层微裂缝的有效封堵，减少易塌地层井壁失稳导致的一系列难题，避免井下复杂的发生。

参 考 文 献

[1] 鲁娇，方向晨，王安杰，等. 国外聚胺类钻井液用页岩抑制剂开发[J]. 现代化工，2012，32(04)：1-5.

[2] 赵凯，樊勇杰，于波，等. 硬脆性泥页岩井壁稳定研究进展[J]. 石油钻采工艺，2016，38(3)：277-285.

[3] 王建华，鄢捷年，苏山林. 硬脆性泥页岩井壁稳定评价新方法[J]. 石油钻采工艺，2006，28(2)：28-30.

[4] 丁乙，梁利喜，刘向君，等. 温度和化学耦合作用对泥页岩地层井壁稳定性的影响[J]. 断块油气田，2016，23(5)：663-667.

[5] 刘玉石，白家祉，黄荣樽. 硬脆性泥页岩井壁稳定问题研究[J]. 石油学报，1999，19(1)：85-88.

[6] Ghassemi A，Tao Q，Diek A. Influence of coupled chemo-poro-thermoelastic processes on pore pressure and stress distributions around a wellbore in swelling shale[J]. *Journal of petroleum Science and Engineering*，2009，67(1/2)：57-64.

[7] 邓明毅，徐琳，郭拥军，等. 纳米封堵剂在钻井液中的应用进展研究[J]. 应用化工，2016，45(04)：742-746.

[8] Sensoy T，Chenevert M E，Sharma M M. Minimizing water invasion in shales using nanoparticles[C]. SPE Annual Technical Conference and Exhibition. Society of Petroleum Engineers，2009.

[9] 马成云，宋碧涛，徐同台，等. 钻井液用纳米封堵剂研究进展[J]. 钻井液与完井液，2017，34(1)：1-8.

[10] 付艳，黄进军，武元鹏，等. 钻井液用纳米粒子封堵性能的评价[J]. 重庆科技学院学报：自然科学版，2013(3)：30-31，38.

[11] 陈斌，赵雄虎，李外，等. 纳米技术在钻井液中的应用进展[J]. 石油钻采工艺，2016(3)：315-321.

[12] 张婷，白小东，肖丁元，等. 纳米材料在钻井液中的应用研究进展[J]. 钻采工艺，2014(2)：89-92.

[13] 冯拉俊，刘毅辉，雷阿利. 纳米颗粒团聚的控制[J]. 微纳电子技术，2003，(7)：536-539，542.

[14] 冯光建，李璐璐，胡兴韦，等. 纳米TiO_2粉体在水体系中稳定分散的影响因素[J]. 山东陶瓷，2008，31(6)：8-11.

基于 TRIZ 理论的智能泡排系统研发与实践

赵梦龙　程长坤　沈　慧　刘彦平　章志轩

（中国石油青海油田公司）

摘　要　TRIZ(Theory of inventive problem solving)理论是由根奇・阿奇舒勒(G. S. Altshuller 1926-1998，前苏联的一位发明家和创造学家)通过对250万份高水平发明专利的研究、分析、归纳总结，形成的一套创新发明理论。该理论包含多种的创新思维工具、分析工具和解题工具，包括：九屏图分析法、最终理想解、因果链分析、资源分析、功能分析、功能裁剪、技术矛盾、物理矛盾、物场模型等等。常常用来解决我们生活中和工作中的发明问题，针对青海油田气区泡沫排水采气工艺出现的问题，我们利用该方法进行设计、研发，试验应用成功 QHZC 系列风光一体化智能泡排作业系统，该系统采用软件学习、大数据分析、手机 APP 管控，形成“在线分析-预警-优化”一体管控平台。在生产现场推广应用 40 套，井均起消比由 1∶14.6 降低至 1∶8，日维护气量 $20.9\times10^4m^3$，日排水量 $321.5m^3$，累计节能 5.18 万度，推动泡排工艺向绿色低碳加快转型。实现气田排采作业战略方向转变的同时为“十四五”碳达峰发展贡献力量。

关键词　TIRZ 理论；风光一体化智能泡排系统；创新设计

中国已投入开发的气田中产水气田占 80% 以上，天然气储量占总储量的 75%，年产气量贡献率超 60%，是天然气稳产、上产的基础。涩北气田位于柴达木盆地，属于第四系浅层生物成因气田，由涩北一号、涩北二号和台南 3 个气田组成，具有储层岩石疏松、气井普遍出砂、气层数多而薄、层间非均质严重、气水分布复杂、压力敏感较强等特点。气、水边界和含气面积各不相同，气、水界面不完全受构造等深线控制。从积液程度分析，涩北气田井筒积液井占比 40%，年影响产气量 $11\times10^8m^3$，年经济损失 12 亿元，气田积液井逐年增多，工艺有效率却在逐年降低，2020 年有效率仅为 84%，见图 1、图 2。如何有效的排出积液，便是提质增效的关键。泡沫排水采气技术是一种常规的排水采气技术，该技术被广泛应用于各油田，整体效果可控，面对日益严重的出水、出砂、低压问题，近年来也作了部分工艺优化、药剂配方研究，但效果不佳。为了加大现场试验的力度，推进工艺的优化及改进，我们利用 TRIZ 创新方法进行研究和分析。

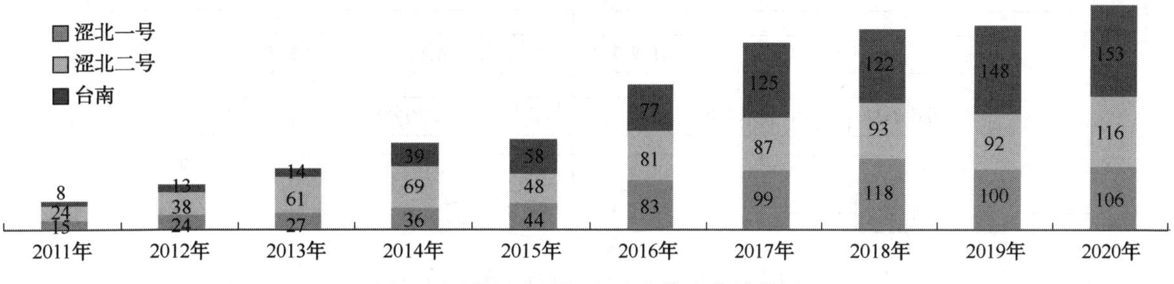

图 1　涩北气田历年积液井数变化趋势图

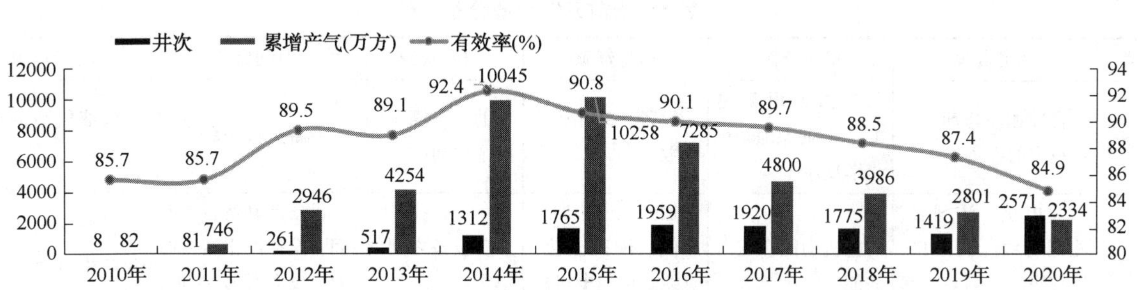

图 2　涩北气田历年助排效果统计图

1　基于 TRIZ 理论的智能泡排系统设计求解策略

针对涩北气田泡排作业有效率日益降低这一缺点，提出基于 TRIZ 冲突解决理论的泡排作业设备具有智能作业能力的设计求解策略，实现现有系统全面升级的目的。图 3 为提出的基于 TRIZ 理论的泡排作业系统设计策略的流程。主要包含以下几个步骤。

(1) 初始形势分析，定义当前系统存在的问题。

(2) 根据(1)的定义，利用 TRIZ 工具进行分析以及解题。

(3) 根据(2)的分析和解题，形成设计方案。

(4) 根据(3)的方案设计，形成最终方案，并进行现场应用。

2　“泡沫排水采气作业”当前系统分析

当前系统的功能及组成

泡排车：拉运设备、药剂；起泡剂：混合积液，形成泡沫；消泡剂：混合泡沫，消除泡沫；井筒积液：压死气井；注剂管线：承载药剂。

技术参数

工作压力：≤16MPa；液体工作温度：-20～55℃；气流速度：≥0.1m/s；井深：≤3500m；凝析油：≤30%；矿化度≤10g/L；含 H_2S≤23g/m³；含 CO_2≤86g/m³。

问题解决目标

满足气井根据自身泡排周期合理化加药的同时根据气井井筒积液情况，实现药剂加注系统升级，降低泡排作业措施成本和工人劳动强度。

限制条件

设备购置投资少、减少井筒管柱措施作业、不能进行压井作业。

3　TRIZ 创新方法应用

3.1　资源分析及功能分析

应用 TRIZ 分析工具中的资源分析，对当前系统的系统、子系统、超系统进行了六个方面的资源分析，认为有 51 项目可用资源，分析结果见表 1。

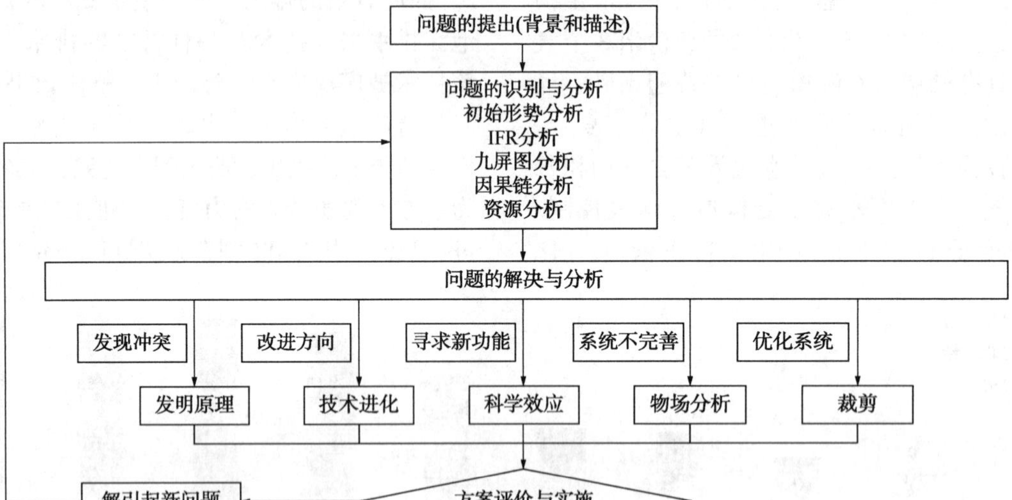

图 3　TRIZ 方法对泡排作业解题策略

表 1　当前系统资源分析

种类	物资资源	能量资源	信息资源	空间资源	时间资源	功能资源
系统	合理加注药剂、采用更多的设备	车载发电机发电、注剂泵压力、化学反应	设备各部件运行参数	助排车辆车厢空余空间	设备运行寿命	携液气泡的产生与消除
子系统	发电机、注剂泵、注剂管线、储液罐、搅拌泵、压力表、起泡剂、消泡剂	电机动能、压力势能	加药压力、加药时间、配药浓度、管线长度、电机运行参数	各设备之间的空间	设备启动运行的时间、设备停止运行时间、设备维护时间、设备故障时间	起泡剂与积液混合产生气泡、消泡剂与气泡混合消泡

续表

种类	物资资源	能量资源	信息资源	空间资源	时间资源	功能资源
超系统	采气树、井下油管、井下套管、集气工艺管线、分离器、压力表接口、操作工人	重力、化学能、风能、光能	产气量、产水量	井场空间、气井管柱空间	自动启停时间	自起泡、自消泡

建立流程功能模型，对系统作业节点进行拆解及流程功能优化，将泡排作业过程分为注起泡剂流程，见图 4；注消泡剂流程，见图 5，系统功能模型，见图 6。

接着对注起泡剂流程功能建模后进行评分，认为操作 4、操作 5 需进行裁剪或者再分配。

对注消泡剂流程功能建模后再评分，认为操作 1、操作 4、操作 5、操作 6 需进行裁剪或者再分配，泡排作业过程的系统功能模型得到 2 条有害作用。

结合系统资源分析和功能模型的建立与分析得到方案 1：设计可移动式撬装集成系统，将储液罐、注剂泵、注剂管线集成安装在移动撬内。方案 2：改变消泡剂加注位置到井口进站管线处，增加消泡剂与携液气泡的混合搅拌，达到更好的消泡效果。

3.2　因果链分析

运用因果链分析法从人、机、料、法、环、测六个方面进行分析，建立分析图，如图 7，图 8 所示。确定系统关键问题是：设备落后、投资控制、支撑数据不足和冬季作业困难。

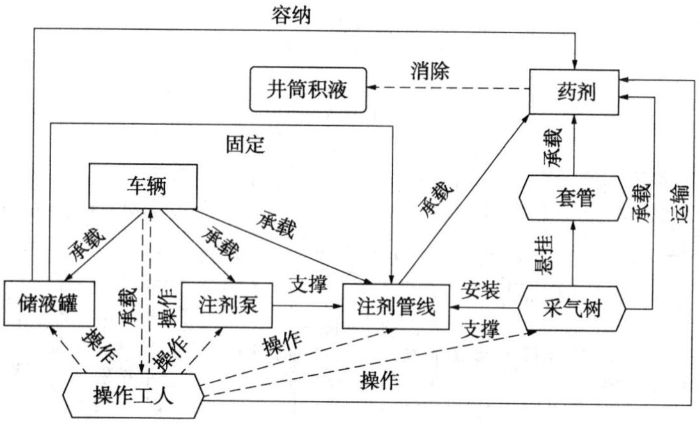

图 4　注起泡剂流程组件分析

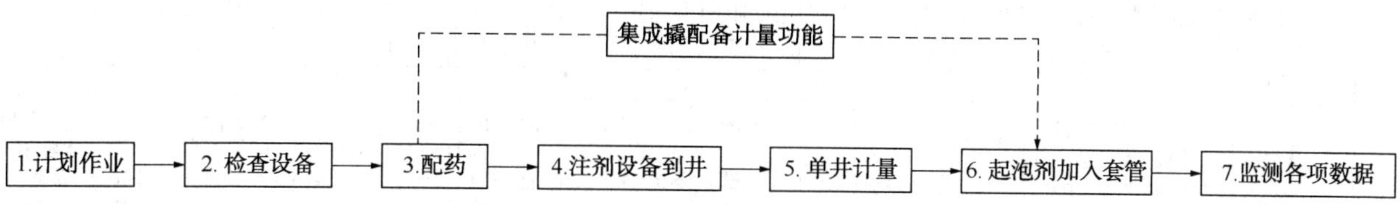

图 5　注消泡剂流程组件分析

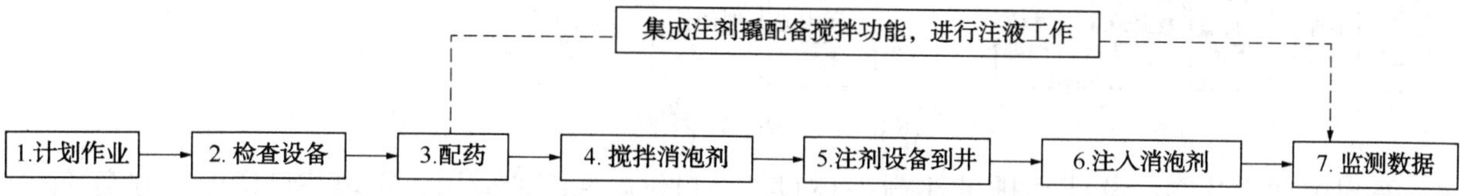

图 6　泡排作业过程系统功能模型

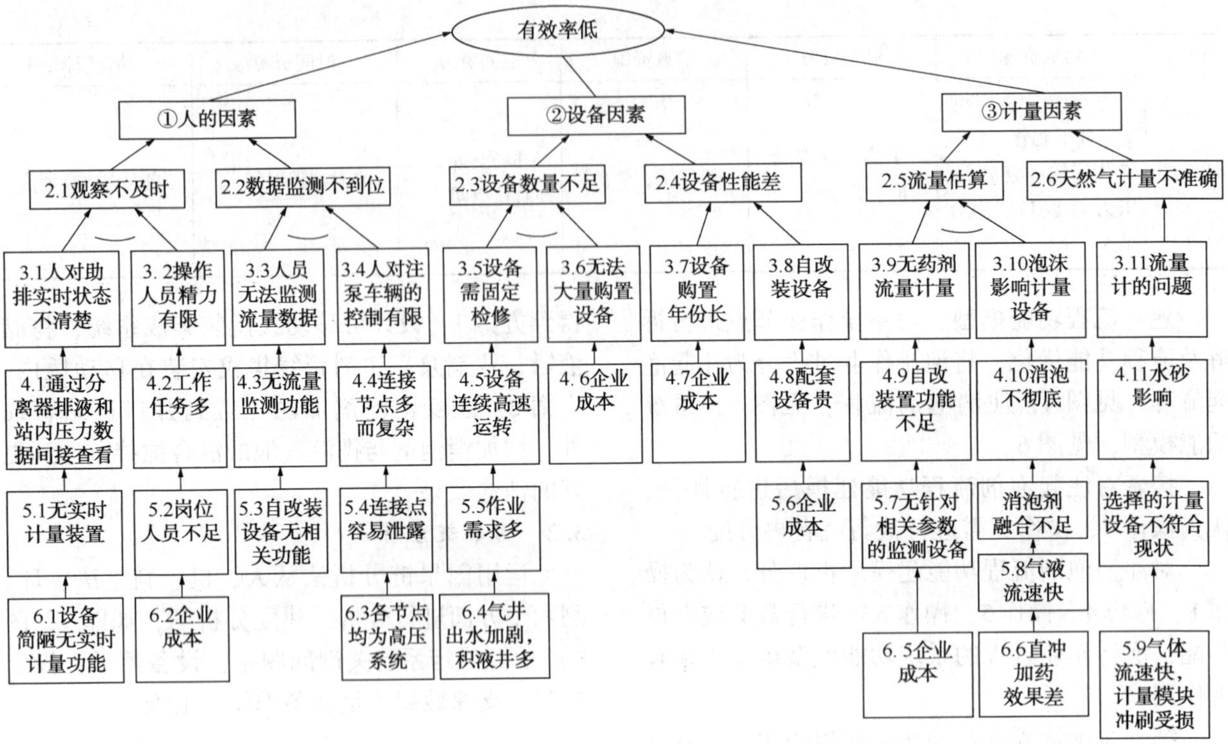

图 7　人、机、料因果链分析

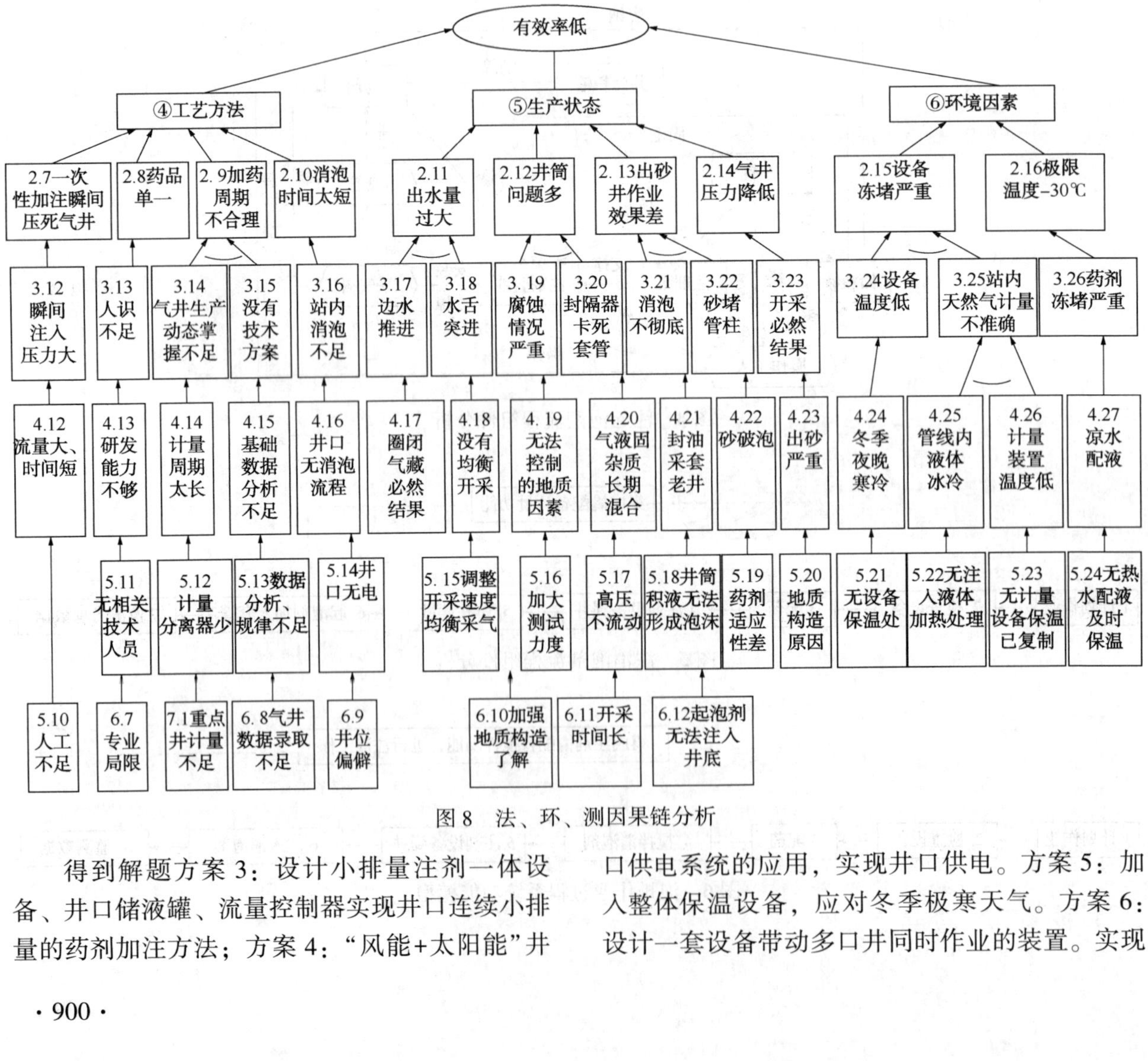

图 8　法、环、测因果链分析

得到解题方案 3：设计小排量注剂一体设备、井口储液罐、流量控制器实现井口连续小排量的药剂加注方法；方案 4：“风能+太阳能”井口供电系统的应用，实现井口供电。方案 5：加入整体保温设备，应对冬季极寒天气。方案 6：设计一套设备带动多口井同时作业的装置。实现

"一拖二、一拖几工作模式"。

3.3 最终理想解

根据因果链分析图8中的5.10和6.7提出针对具体问题的最终理想解，设计的最终目标：气井能够小排量持续加注药剂；最终理想解：气井注剂泵能够自己小排量持续加注药剂；达到理想解的障碍：电力、气井自己加注药剂；出现这种障碍的原因：气井井口无供电系统、气井无加注药剂系统；不出现这种原因的条件：井口建设供电系统、井口建设小排量加药设备；创造这些条件所用的资源：药剂、加药泵、储液罐、加药管线，电能、重力、机械场、流量控制器、风能、太阳能。得到解题方案6：设计井口电力储存和变频系统。以供整体作业系统的持续用电需求。

3.4 物场模型

利用S1.2.3排除有害作用，见图9；S3.1.1创建双多系统，见图10。建立2套模型，得到2条解题方案。

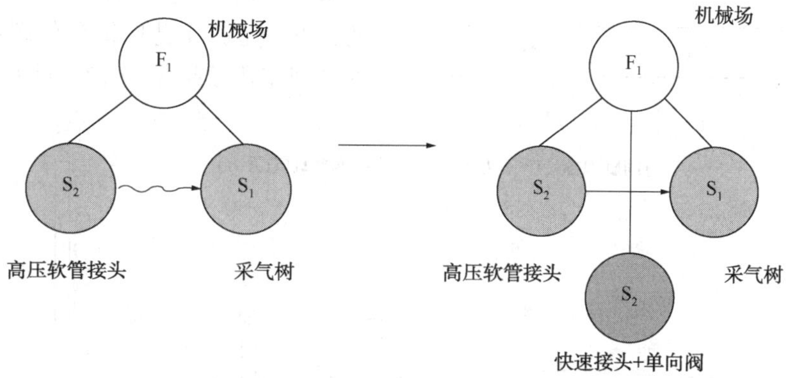

图9 S1.2.3排除有害作用模型

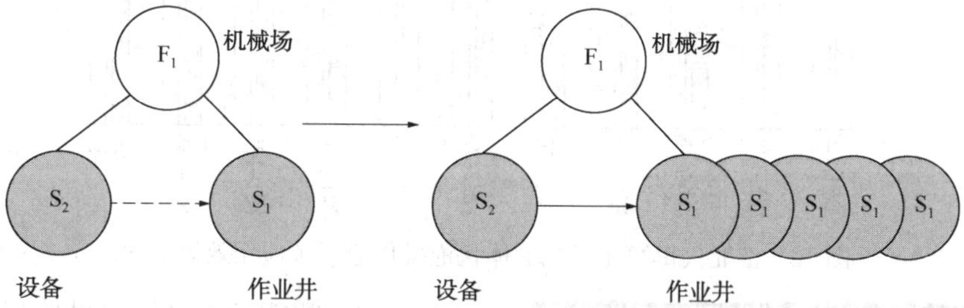

图10 S3.1.1创建双多系统模型

得到解题方案7：设计数据采集传输系统，安装高清摄像头搭配物联网控制器实现数据收集和传输，信息通过5G信号将数据传输到手机APP，实现远程监控。方案8：设计一套设备带动多口井同时作业的装置。实现"一拖二、一拖几工作模式"。

综上，得到可实施方案8条，最后优选出主题方案4项，完成积液液面采集传输、注剂一体设备、小排量注入的功能的主体机构。优选配套方案4项，完成储能供能、设备保温、预警装置及多作用对象的辅助功能。再由理想度公式计算并建立功能价值矩阵，可得8条方案均可进行现场实施，经过不断试验与改进，最终形成风光一体化智能助排系统，如图11所示。智能风光一体化泡排作业系统主要控制参数见表2。

图11 风光一体化智能泡排作业系统

表 2　智能风光一体化
泡排作业系统主要控制参数

双泵最大流量	7L/h	20L/h
最高排出压力	18MPa	7.6MPa
网络室外监控器	录音焦距：6mm	清晰度：4MP
系统工作压力	0~7.6MPa	
快拼箱房	规格：3＊3＊2.8m	
低压电热带	24V	
太阳能发电系统	1600w	
风力发电系统	800W	

4　实践与应用

系统采用软件学习、大数据分析、手机APP管控，形成"在线分析-预警-优化"一体管控平台，系统作业参数按照现场生产井情况进行设计，具体设计参数见表 2。QHZC 系列在涩北气田、南八仙气田、东坪气田泡沫排水工艺中推广应用 40 套，通过现场参数优化，井均起消比由 1：14.6 降低至 1：8，日维护气量 $20.9\times10^4m^3$，日排水量 $321.5m^3$，累计节能 5.18 万度，推动泡排工艺向绿色低碳加快转型，部分气井详细作业效果见图 12。试验现场见图 13。

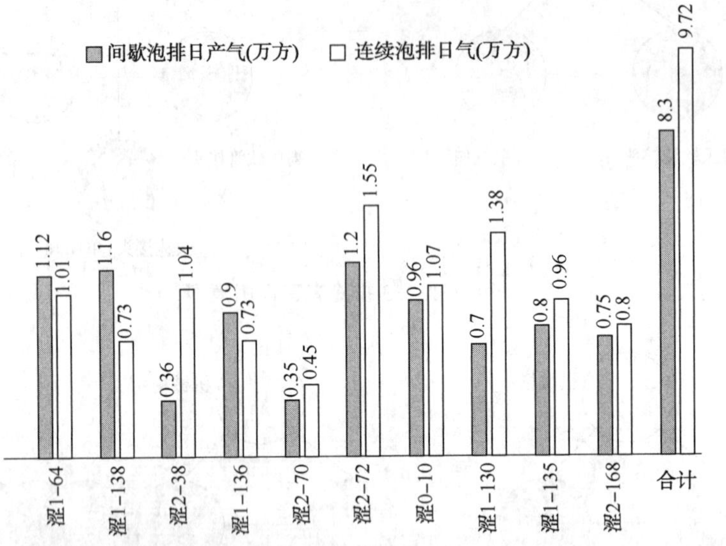

图 12　涩北气田智能风光一体化泡排作业系统应用效果对比

图 13　风光一体化智能泡排作业系统试验现场

5　结论

（1）介绍了一种新型风光一体化智能泡排作业系统，总结了其优点与不足。针对现有工艺技术的不足和缺陷，利用 TRIZ 创新方法进行了改进设计。

（2）设计出的风光一体化智能泡排作业系统在生产现场进行试验后取得良好效果。

（3）智能泡排系统自试验以来多次迎接各级领导的调研，给予了充分肯定，我们将持续升级"分析大脑"使排采管理云端化、智能化。计划建设形成智能泡排作业示范区，采用风光互补能源，全面推进井口注销工艺。形成"一拖几十、一拖几百"的注销模式。

综上所述，基于 TRIZ 理论的智能泡排系统创新设计方案是可行的，将 TRIZ 应用到油气井工艺创新设计中，提高了现有油气生产作业工艺水平。

参考文献

[1] 廖锐全，曾庆恒，杨玲. 采气工程[M]. 石油工业出版社，2012.

[2] 曹光强，李文魁，姜晓华. 涩北气田整体治水思路探讨[J]. 西南石油大学学报：自然科学版，2014，36(2)：7.

[3] 华锐湘，贾英兰，李清，等. 涩北气田气水分布及

气水运动规律分析[J]. 天然气工业, 2009, 29(7): 68-71.

[4] 邓勇, 杜志敏, 陈朝晖. 涩北气田疏松砂岩气藏出水规律研究[J]. 石油天然气学报, 2008, 02(No. 104): 362-364.

[5] 单高军, 杜志敏, 敖科. 涩北一号气田出水动态分析[J]. 新疆石油地质, 2010(1): 3.

[6] 于伟, 李加旭, 张多娇. 涩北气田气井分类评价[J]. 科技信息, 2012(11): 2.

[7] 万玉金, 孙贺东, 黄伟岗, 等. 涩北气田多层气藏储量动用程度分析[J]. 天然气工业, 2009, 29(007): 58-60.

[8] 乐宏, 唐建荣, 葛有琰. 排水采气工艺技术[M]. 石油工业出版社, 2011.

[9] 赵梦龙, 史昆, 赵玉, 等. 疏松砂岩泡沫排水采气工艺应用与展望[J]. 化工管理, 2021(29): 3.

[10] 吴程, 马洪奎, 聂鹏程, 等. 井下涡流排水采气技术在涩北气田的应用[J]. 石油天然气学报, 2014, 36(03X): 2.

[11] 宋维春, 郑俊枥, 景连雨, 等. 低温泡排剂在第四系疏松砂岩气田应用可行性分析[J]. 天然气勘探与开发, 2012, 35(3): 4.

[12] 刘治坚, 熊春明, 李隽, 等. 响应面法在泡排剂研发中的应用[J]. 钻采工艺, 2013, 36(3): 4.

[13] Yanchun C, Zhengxiang X U, Zhenghe X U, et al. 涩北气田地面工艺技术优化[J]. natural gas industry, 2009, 29(7): 99-101.

[14] Altshuller G S, Rodman S. The Innovation Algorithm: TRIZ, Systematic Innovation and Technical Creativity [J]. aseanheartjournal org, 1999.

[15] 刘力萌, 檀润华, 张换高, 张俊磊, 张金璞. 基于情景与 TRIZ 的产品概念设计过程研究[J]. 机械设计, 2021(02).

[16] 孙永伟, 谢尔盖·伊克万科, 伊克万科. TRIZ: 打开创新之门的金钥匙. I[M]. 科学出版社, 2015.

[17] 艾险峰, 胡康, 周红宇, 等. 基于 TRIZ 的工业设计创新流程研究[J]. 机械设计, 2015, 32(11): 5.

微电网项目在英东油田的应用

惠锋利　唐　潍　蔡　炀　林钱龙

（中国石油青海油田公司）

摘　要　随着中国石油集团公司"清洁替代、战略接替、绿色转型"三步走部署，清洁能源在油田的应用愈发受到关注，清洁能源在节能减排方面的先进性是有目共睹的，眼下正是各大油气田从使用传统能源到清洁能源转型的关键时期，抓住转型期间的机遇是至关重要的，清洁能源的应用是现今油田发展的必然趋势，清洁能源设备在油气田中的应用可以替代原本使用化石能源的设备，对企业节能减排、降本增效有着无可取代的作用。本文以微电网在青海油田采油五厂英东油田的应用为研究对象，研究者通过英东油田在清洁能源项目建设使用过程中总结的经验，在清洁能源在油气田中的应用，论述微电网在原油生产中的特点、技术经济及社会环境评价，吸取经验，以期为提高项目管理水平和投资决策服务作出贡献。

关键词　微电网；清洁能源；碳中和

新能源是世界未来能源供给的主要增长点，我国正在加快调整优化能源结构，大力开发利用清洁能源替代传统化石能源(煤炭、石油、天然气等)的消耗，其已成为油气生产企业可持续发展的必由之路。微电网绿色项目以可持续能源为核心，采用成熟的技术和装备，成本逐年下降，在油气田企业利用清洁能源替代油气生产中消耗的火电传统能源，清洁资源优势明显，既可减少企业的用电、用气能耗成本，也有助于企业的节能减排，具有较好的经济效益和良好的社会效益。对企业、社会与国家的发展均具有重要意义。

1　微电网技术概念及特点

1.1　微电网的概念

微电网是指在一个地理范围内，由分布式能源(如太阳能、风能、生物质能等)、储能装置、能量转换装置、相关负荷和监控、保护装置汇集而成的小型发配电系统，可以独立运行或与传统电网并网互动，它能为局部区域提供电能，并在供电中断时维持连续供电。微电网内部可以通过智能管控系统进行效能优化。与传统电网相比，微电网具有自主性、可持续性和高度可靠性的特点。

1.2　微电网的特点

(1) 分散发电。微电网利用原油平台的空地，将多种小型发电和储能设备组成一个配电系统，将交流电经原抽油机至一体橇电缆输送到抽油机。

(2) 能量存储。微电网通常配备电能存储功能，如蓄电池、超级电容器等，以便起到削峰填谷、能量调度、维护系统稳定、减少用户的电能波动等作用。

(3) 数智石油。推进数字化井场建设，采用仪电信一体化设计，集成采集、安防、传输，配套边缘计算模块，实现间抽、柔抽、远程启停等自主管理功能。

(4) 智能管理。直流交换能量，系统效率高；抽油机倒发电互馈，综合节能；设备并机运行，稳定可靠；集成本地 EMS，电能控制灵活配置。

(5) 独立运行。在并网运行过程中，微电网可以为负载提供电能，也能够在主配电网当中吸取电能，若主配电网的电能质量不合格或者出现异常时，微电网系统能够实现自我独立运行，而且不会影响主配电网的运行。

2　微电网的安装及投运

根据英东油田年太阳总辐射量、生产现状、抽油机分布概况等数据，建设多元微电网项目。分布式光伏电站直流侧装机容量为176.58kWp，交流侧额定输出容量150kW，采用545Wp单晶硅双面双玻组件+内置逆变器的多元微电网集成橇，每18块组件组成一个组串，接入多元微电网集成橇，通过多元微电网集成橇逆变单元接入采油平台已建一体化电控橇实现并网送电。光伏组件置于固定角度的优质金属钢件上，以保证斜面上平均月太阳辐射量最大。

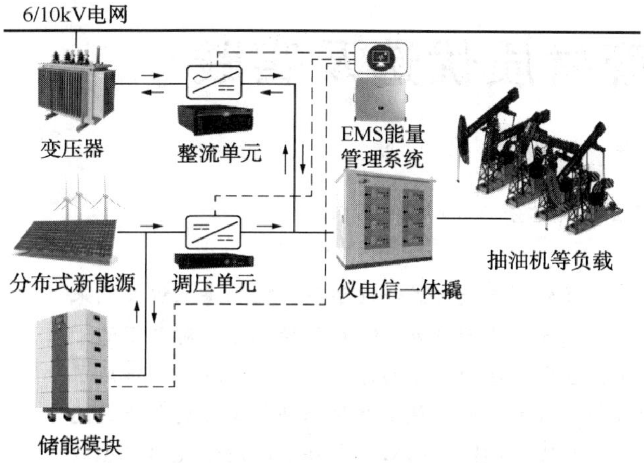

图 1　多元微电网智能集控系统结构图

3　项目效益分析

3.1　技术分析

项目投用后，光伏组件发电良好，各项技术指标均达到要求，年总发电量及年直流侧发电时数满足原油生产的需求，系统综合效率 85%。采用多元微网电网智能集控系统，实现了太阳能发电系统替代采油平台抽油机网电。

3.2　社会环境影响分析

本工程新建光伏系统及线路，周边均无居民区，工频电场强度，工频磁场强度不会对周边造成较大影响。

工程的建设改变了地面的粗糙度，减弱了土壤风蚀，土地整治使部分原来未利用和难利用的土地充分得到利用，使土地利用率有所提高，密目网苫盖，砾石压盖、洒水降尘等措施，水土流失的控制有效地遏止恶化趋势，将使当地生态环境得到一定的改善，对工程建设地区水土保持及生态环境建设具有很好的正面效应。

4　总结与建议

4.1　总结

微电网发展是能源领域的重要发展方向，通过利用太阳能发电，将能量存储技术和智能能源管理系统等关键技术结合，实现能源的可持续、低碳和环保供应。减少传统能源的消耗。

微电网的独立运行与智能管控能力，与分布式原油井场相契合。应用能量存储技术，实现能源的平衡和可持续性，提高供电可靠性；通过智能能源管理系统的监测、优化和调度，提高能源利用效率，降低能源消耗，实现能源的智能化管理；应用能效优化技术，如能源回收利用和节能设备的应用，减少碳排放；实施微网协调控制技术，实现微电网内部各能源组件的协同运行和互操作性，提高能源供应的稳定性和可靠性；推动能源互联网的发展，实现微电网与其他能源系统的互联互通，促进能源共享和优化配置。总之，微电网绿色低碳发展将继续推动能源领域的创新和变革。随着技术的不断进步和应用的推广，微电网在能源的可持续发展、碳排放减少和能源安全方面的作用将越来越重要。

4.2　建议

（1）多远微电网项目自带 EMS 能量管理系统，在项目前期设计时，必须与现有的原油生产辅助系统保持一致性。数据接口、传输方式及内容需满足用户的要求。避免施工时，工期目标不能如期实现。

（2）随着国家政策的不断倡导，能源交易市场的持续发展和完善，微电网系统将积极参与能源市场。以实现能源的最优配置和经济效益最大化，促进可再生能源的销售和购买。

参　考　文　献

[1] 王舒平. 油田微电网技术发展与储能技术分析[J]. 电气时代，2021(09)：39-43.
[2] 李万炯，陈丰波，刘欢. EMS 系统在海上油田微电网中的应用[J]. 中国石油和化工标准与质量，2020，40(17)：159-160.
[3] 鲁宗相，王彩霞，闵勇等. 微电网研究综述[J]. 电力系统自动化，2007(19)：100-107.

海上稠油热采井油管材质优选及实践

尚宝兵　吴华晓　方　涛　戚亚东　王宇飞

[中海石油(中国)有限公司天津分公司]

摘　要　渤海油田稠油储量丰富，蒸汽吞吐是实现稠油开发的有效方式，近年来开展了海上稠油热采开发试验，但受高温蒸汽水热作用等的影响，热采过程中易产生次生 H_2S 和 CO_2 腐蚀性气体，对井下油管安全产生影响。为深入研究热采条件下次生腐蚀气体产生机理及对油管腐蚀的影响，针对渤海 L 油田地层原油，开展了不同反应时间下稠油热解腐蚀气体产生规律研究，并据此开展管材腐蚀评价及管材优选。通过实验方法，研究了不含水稠油、不同含水率的稠油、以及稠油+地层水+岩心等条件下的腐蚀气体产生规律；采用高温高压釜，研究了 TP110H、N80、3Cr 等材质的腐蚀速率及腐蚀形态。研究结果表明，在稠油蒸汽吞吐条件下会产生次生 CO_2 和 H_2S，但随着反应时间的延长，腐蚀气体的发生量趋于稳定，实验得到的 L 油田 CO_2 和 H_2S 分压值最高达 0.19MPa 和 0.0022MPa；针对不同材质的实验管材，在该腐蚀工况下 TP110H 材质表面腐蚀状况良好，以均匀腐蚀为主，未见明显点蚀坑及氢脆现象，可以满足热采工况要求。为此综合考虑管材防腐实验结果和成本等因素，优选 L 油田热采井油管采用 TP110H 材质。油田投产后实践结果表明，蒸汽吞吐后腐蚀气体含量、气体浓度变化规律不尽相同，但油管均未见明显腐蚀问题，TP110H 材质可满足使用要求，现场应用经验也为海上油田稠油热采井的管材选择提供了指导。

关键词　次生；H_2S 和 CO_2；腐蚀速率；腐蚀形态；防腐

渤海稠油储量丰富，其中地层原油黏度大于 350mPa·s 的原油需要采用热采开发方式。根据陆上油田的开发生产经验，蒸汽吞吐是实现稠油开发的有效方式。原油中通常会含有硫醚、二硫化物及其同系物等，在注入高温蒸汽的水热作用下，原油中不同形态的硫化物以及黏土矿物等会发生水热反应，产生 H_2S 和 CO_2 等腐蚀性气体，从而形成 H_2S/CO_2 共存腐蚀环境。腐蚀气体的存在会使井下管柱产生不同程度的腐蚀，严重时会导致腐蚀穿孔、管柱断裂等严重问题，给稠油油藏开发造成较大经济损失，并会影响现场安全生产。

此处以渤海 L 油田为目标，通过实验方法研究了蒸汽吞吐工况下次生 H_2S 和 CO_2 的产生规律。根据采出水成分分析结果配置离子浓度相当的地层水溶液，并在此基础上针对 TP110H、N80、3Cr 材质开展了防腐模拟实验，研究了不同材质的腐蚀形态和腐蚀规律，为海上油田稠油热采井的腐蚀预测及防治提供借鉴。

1　管材 H_2S/CO_2 腐蚀机理分析

在井筒条件下，H_2S 或 CO_2 会溶于水形成酸性溶液，酸液与钢铁发生电化学反应发生腐蚀，不同气体浓度、不同气体类型的腐蚀破坏形式不同。

1.1　CO_2 腐蚀原理

干燥的 CO_2 气体本身没有腐蚀性，但 CO_2 与水反应会形成碳酸，促进钢铁发生电化学腐蚀，并在不同的温度、压力条件下产生不同形式的腐蚀破坏。

CO_2 溶于水后，主要反应包括 CO_2 的溶解和水化形成碳酸。

$$CO_2(g) \Leftrightarrow CO_2(aq)$$

$$CO_2(aq) + H_2 \Leftrightarrow H_2CO_3$$

进一步分离为 HCO_3^- 和 CO_3^{2-} 离子：

$$H_2CO_3 \Leftrightarrow H^+ + HCO_3^-$$

$$HCO_3^- \Leftrightarrow H^+ + CO_3^{2-}$$

CO_2 腐蚀电化学反应的总反应方程为：

$$Fe + CO_2 + H_2O \Leftrightarrow FeCO_3 + H_2 \uparrow$$

根据电化学腐蚀过程，CO_2 腐蚀的主要腐蚀产物为 $FeCO_3$，该产物对基底是否具有保护性取决于环境条件。

1.2　H_2S 腐蚀机理

H_2S 是一种弱酸，它溶于水后反应电离出 H^+、HS^- 和 S^{2-}，对金属发生氢去极腐蚀生成铁离子或者硫化铁。

$$Fe+H_2S+H_2O \longrightarrow FeHS^-+H_3O^+$$
$$FeHS^- \longrightarrow FeHS^++2e$$
$$FeHS^++H_3O^+ \longrightarrow Fe^{2+}+H_2S+H_2O$$
$$Fe^{2+}+HS^- \longrightarrow FeS+H^+$$

若生成的 FeS 致密且与基体结合，对腐蚀有一定的减缓作用。但当生成的 FeS 不致密时，会促进基体金属的腐蚀。当溶液中或金属基体表面有硫化物存在时，硫化物在一定程度上阻止了氢原子向氢分子的转变，这些氢原子在钢材表面层的缺陷部位结合成氢分子并聚集膨胀，产生氢压，在钢材的服役拉力叠加、协同作用下，就导致 SSCC。随着 H_2S 浓度的增加，硫化物破裂的临界应力降低；较高的硫化氢浓度或分压，会产生较大的均匀腐蚀速率。有研究表明，H_2S 含量较低和较高时，钢的腐蚀速率均较低；随着 H_2S 含量的增加，钢呈现出明显的局部腐蚀特征，同时腐蚀倾向与腐蚀形态间也表现出一定的相关性。

2　腐蚀气体产生规律研究

在蒸汽吞吐工况下，H_2S 和 CO_2的产生机理包括水热裂解反应和硫酸根离子与烃类之间发生的氧化还原反应(TSR)2 个方面。稠油本身的热分解反应是比较缓慢的，但在含有水蒸气的条件下，水蒸气可与稠油发生化学反应，使稠油发生一定程度的裂解。同时在深部碳酸盐岩储层中，高温高压条件下硫酸根离子与烃类之间会发生氧化还原反应，硫酸根离子被还原成硫化氢等。

2.1　稠油热解实验方案设计

L 油田原始地层流体中不含腐蚀性气体，原油中硫含量为 0.41%~0.44%，具体如表 1 所示。

表 1　原油组分测试表

原油	含硫/%	含蜡/%	胶质/%	沥青质/%	凝固点
1	0.44	4.56	20.36	4.39	21
2	0.41	2.7	17.17	4.42	20

为了研究不同条件下稠油产生腐蚀气体的变化，分别开展了不同温度、含水率、以及地质条件对腐蚀气体产生影响实验，具体的实验方案如表 2 所示。实验温度设计了 280℃和 350℃两个等级，实验介质采用纯油、油+地层水、油+地层水+岩心几种类型。

实验过程中，每次所用稠油质量约为 200g，放入高压釜反应后持续加热 48h，开始记录釜内压力和温度变化值直至压力达到相对稳定，说明釜内反应已经基本稳定，样品反应完全。反应结束后停止加热并静置冷却，用取气采样袋进行气样获取并利用气相色谱分析仪进行分析，确定产生气体主要成分，并由此确定腐蚀气体分压。

表 2　含硫稠油产生腐蚀气体试验方案

序号	实验类型	实验条件		
	稠油热解	温度	含水率	周期
1	纯稠油	350	0	48h
2	地层水+稠油(再加热)	350	20	48h
3	地层水+稠油+岩心	280	20	48h
4	地层水+稠油+岩心	350	20	48h

图 1 为 200g 纯稠油 280℃条件下的热解压力曲线变化，当反应时间超过 15h 后，釜内压力基本保持恒定，说明此时稠油的热裂解反应已经完成，次生腐蚀气体的量也已经达到极限。

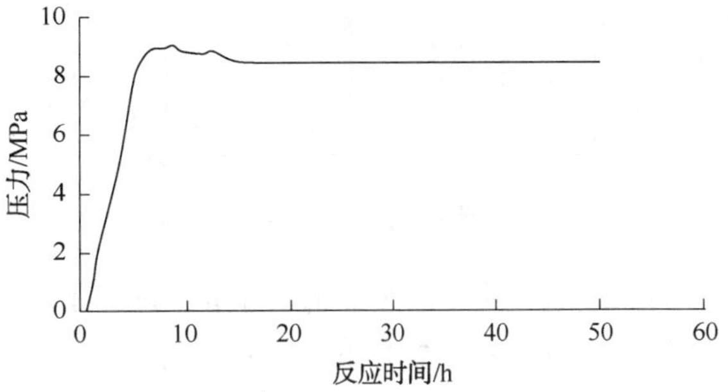

图 1　纯稠油 280℃条件下的热解压力曲线

含水稠油的热解反压力明显高于纯稠油的反应压力，如图 2 所示，纯稠油，200g 纯稠油、350℃条件下的热解温度压力为 18MPa，而加入 20%的水后，反应稳定压力达到 25MPa。反应时间超过 15h 后，釜内压力基本保持恒定。与 280℃条件下纯稠油反应结果对比，可以发现随着温度升高，稠油热裂解程度提高，次生腐蚀气体量也要升高。当反应介质中加入水后，釜内的反应由单纯的稠油热裂解转变为热裂解和氧化还原反应，腐蚀气体量进一步增多。

2.2　稠油热解产出气分析

根据 2.1 中的实验结果，对不同条件下的分解气体采用气相色谱分析仪进行分析，确定具体组分，4 种实验条件下次生气体中 CO_2和 H_2S 含量如图 3 所示。

从实验结果可以看出，在 4 种不同的实验条件下，次生 CO_2含量均超过次生 H_2S 含量，且属于不同的数量级范围，说明 CO_2依然是主要的次

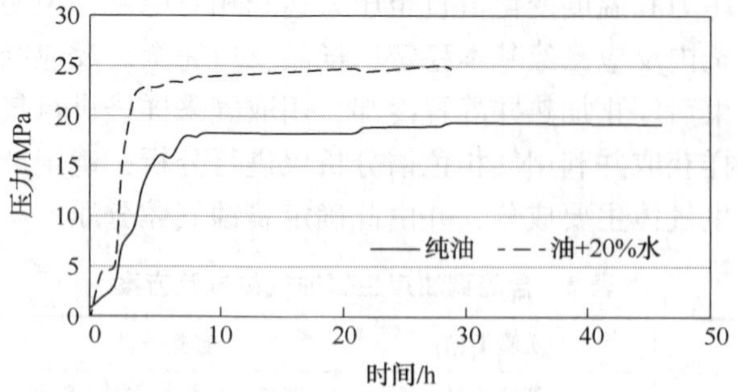

图 2　不同介质 350℃条件下的热解压力曲线

生腐蚀气体。水的存在会促进 CO_2 的产生，温度对腐蚀气体的产生量影响明显。实验 4 结果表明，在有岩心存在的条件下，进一步促进了热还原反应，加剧了腐蚀气体的产生。

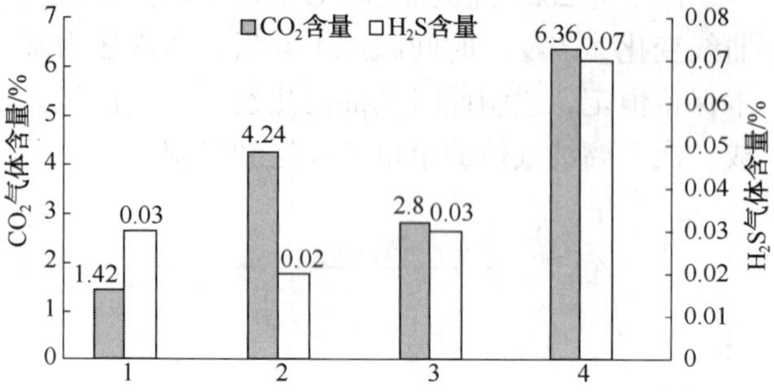

图 3　腐蚀气体含量

根据实验测得的腐蚀气体含量，确定了不同实验条件下腐蚀气体的分压。其中，$p_{CO_2}=0.2MPa$；$p_{H_2S}=0.0023MPa$，而且所有四种条件下的分压比都小于 200，此种工况下将是以 CO_2 主导的腐蚀。

3　管材防腐模拟实验

防腐试验主要研究了热采专用油套管材质 TP110H，以及 N80、110-3Cr 材质的腐蚀性。

腐蚀测试采用失重法，腐蚀介质为油田水模拟采出液。实验前将挂片用砂纸进行逐级打磨，经清水冲洗、丙酮除油，干燥后测量试样的尺寸并称重。将挂片安装在聚四氟乙烯环上并置入装有腐蚀介质的高温高压釜中。密封釜体，升温至设定温度后，首先加低分压气体至设计压力，然后通入高分压腐蚀气体至设定压力，饱和 1h 后用氮气补充至所需压力。打开电机，开始计时，实验时间为 3d。实验结束，将样品取出，用体积比 10∶1 的盐酸清洗腐蚀产物膜，再用清水、丙酮冲洗后电吹风吹 5min 充分干燥。拍摄微距照片，记录表面腐蚀情况，最后用精度为 0.1mg 的电子天平称重并按照规定的方法计算出腐蚀速率。

3.1　腐蚀速率分析

根据腐蚀实验结果，当测试时间为 5d 时，在相同试验条件下 3Cr 的腐蚀速率最低，为 0.54mm/a，TP110H 钢的腐蚀速率最高，为 0.726mm/a，但几种钢的腐蚀速率均处于同一数量级。当测试时间为 10d 时，各种钢的腐蚀速率特征与 5d 条件下相似，均为 TP110H>N80>3Cr。与 5d 的测试时间相比，10d 条件下的各种钢的腐蚀速率略有降低(图 4)。分析认为这主要是由于腐蚀初期表面形成了致密腐蚀产物膜，产物膜附着在表面会阻止腐蚀介质与基体发生反应，从而导致长周期条件下的腐蚀速率低于短周期条件下。

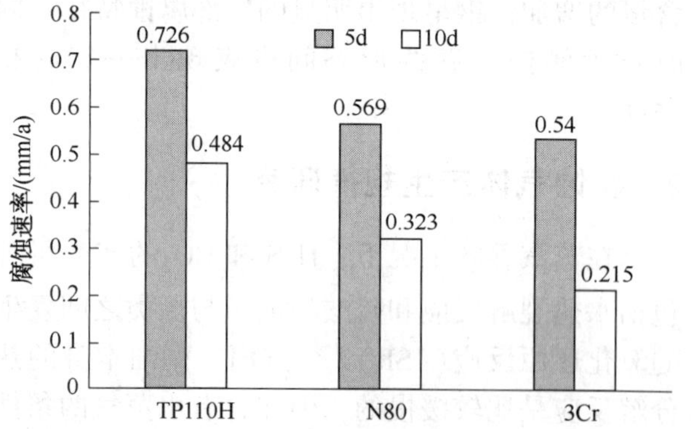

图 4　腐蚀速率对比

3.2　腐蚀形态和腐蚀产物分析

经 5d 腐蚀后，各试验钢表面均覆盖有腐蚀产物膜，其中 N80 钢表面呈黑色，TP110H 钢表面呈灰黑及红褐相间色，3Cr 钢表面亦有产物膜堆积。去除腐蚀产物后，可以看到 N80 钢表面较粗糙，具有点蚀的倾向，TP110H 钢及 3Cr 钢表面较平整，呈现出均匀腐蚀特征，如图 5 所示。

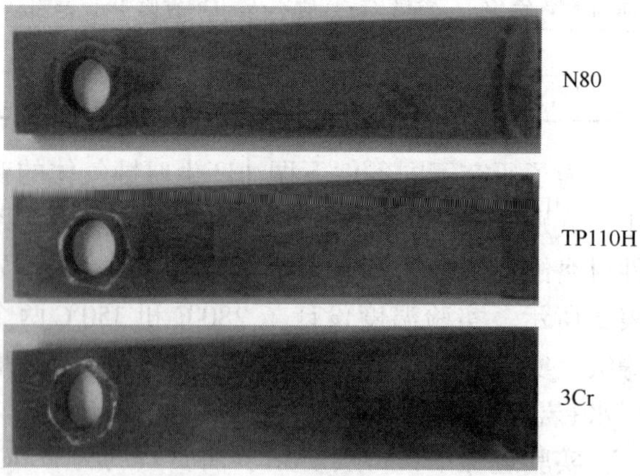

图 5　5d 测试后腐蚀挂片形态

对于腐蚀测试的产物，用能谱仪(EDS)分析各试验钢腐蚀5d后表面腐蚀产物的成分，EDS分析结果(图6)表明：N80钢的腐蚀产物主要为铁氧化物、碳酸亚铁、硫化物及钙的沉积无机盐混合物，表面未出现铬元素富集；在TP110H钢的腐蚀产物中均发现铬元素的富集，且铬的含量远高于基体中的铬含量。

经过10d的腐蚀后，各试验钢去除腐蚀产物后的形态如图7所示。N80钢的表面较为粗糙，出现了点蚀倾向；TP110H钢及3Cr钢表面较为平整，呈现出明显的均匀腐蚀特征，没有点蚀倾向。

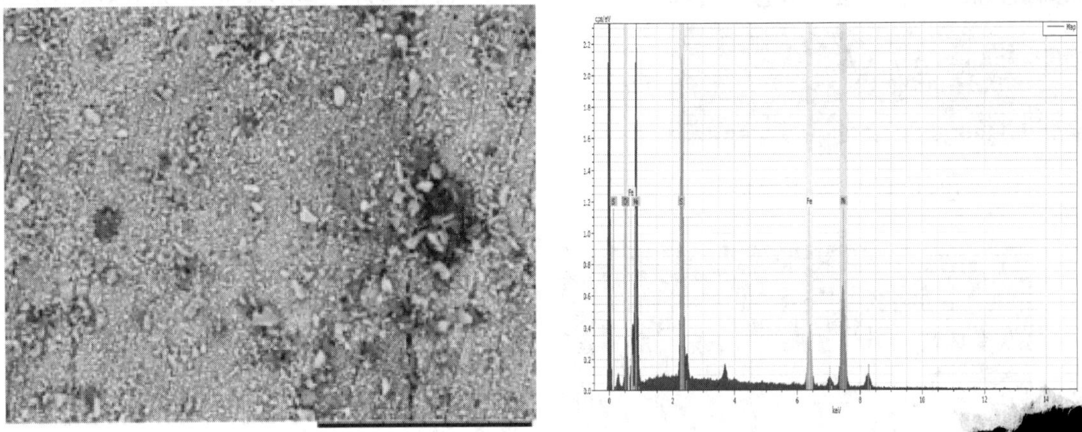

(a)N80的SEM和EDS

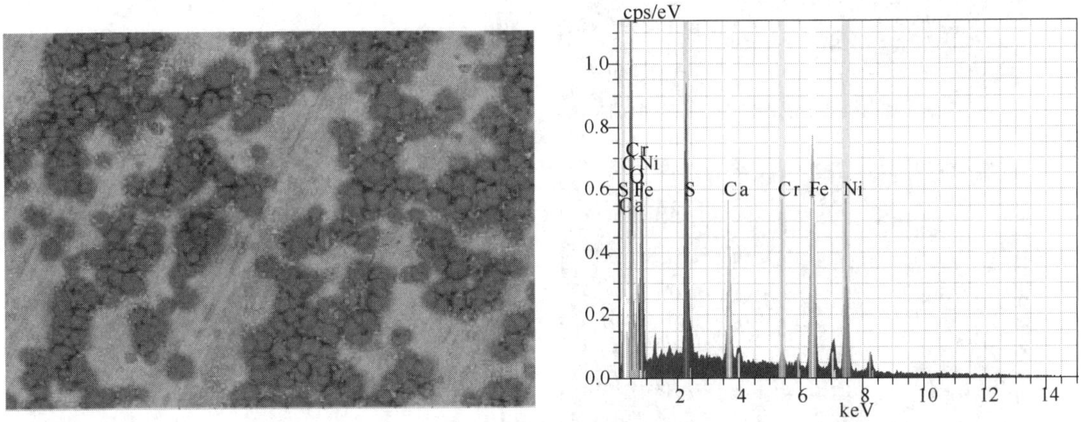

(b)TP110H的SEM和EDS

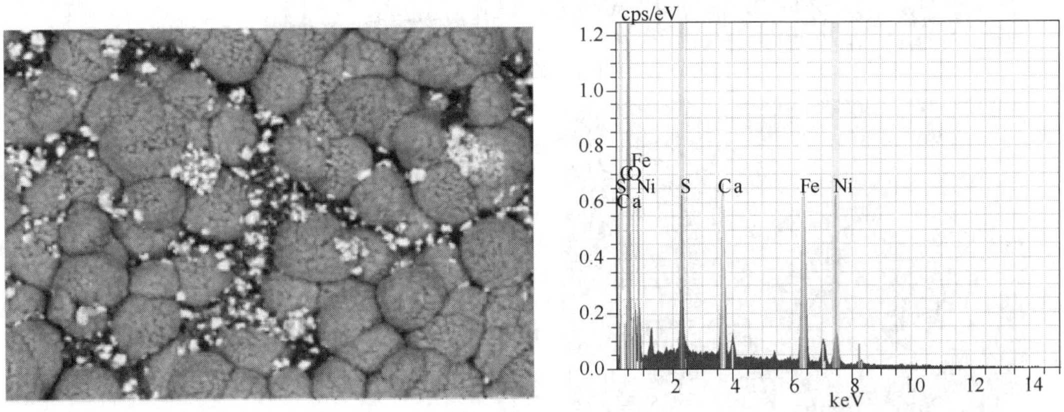

(c)3Cr的SEM 和EDS

图6　腐蚀产物分析图

图 7　10d 测试后腐蚀挂片形态

用能谱仪（EDS）分析各试验钢腐蚀 10d 后表面腐蚀产物的成分，发现 N80 钢的腐蚀产物主要为铁氧化物、碳酸亚铁、硫化物等，表面未出现铬元素富集；在 TP110H 钢的腐蚀产物中均发现铬元素的富集，有利于生产含铬腐蚀产物的保护膜（图 8）。

整体而言，在同时含 CO_2 和微量 H_2S 环境中，几种材料表面腐蚀状况良好，以均匀腐蚀为主，未见明显点蚀坑，这与微量 H_2S 抑制作用有关，同时，可能与渤海区域较低的 Cl^- 离子含量有关。碳钢在最高腐蚀环境中具有鲜明的点腐蚀倾向，而 TP110H 和 3Cr 材质均呈现出均匀腐蚀特征。

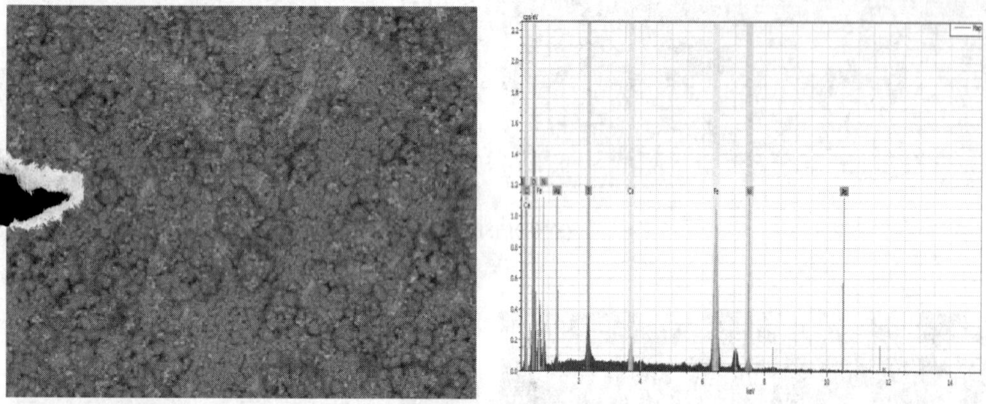

(a)N80的SEM和EDS

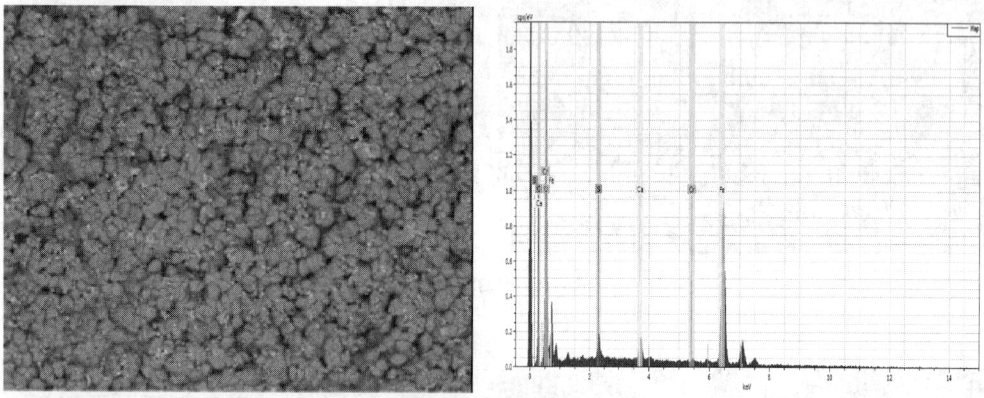

(b)TP110H的SEM和EDS

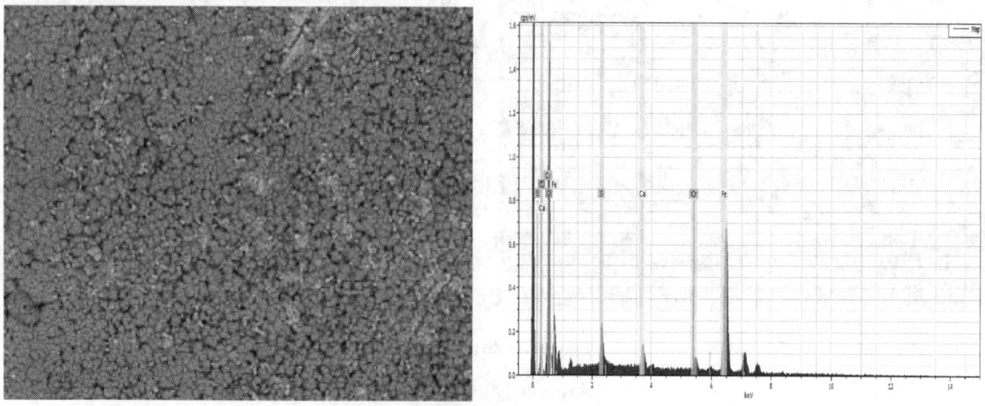

(c)3Cr的SEM 和EDS

图 8　腐蚀产物分析图

最终根据不同材质钢的腐蚀特征，结合油管在注采工况下的强度要求和由于均匀腐蚀引起的油管强度降低，确定采用TP110H材质油管。

4　现场应用跟踪

根据设计结果，该油田油管均采用TP110H材质。油田投产后，所有热采井均检测到CO_2和H_2S产出，但均呈现出放喷阶段浓度高、随生产时间延长而降低的趋势，热采井H_2S浓度平均为91ppm。部分时段的H_2S浓度超过了实验测试值，目前油管还未发现明显的腐蚀问题。目前，油井生产流程中亦预留了化学药剂加入通道，若H_2S含量过高，可从井口加入H_2S抑制剂，降低井筒中H_2S含量，避免井筒管柱发生腐蚀。

部分井H_2S含量变化如图9所示。

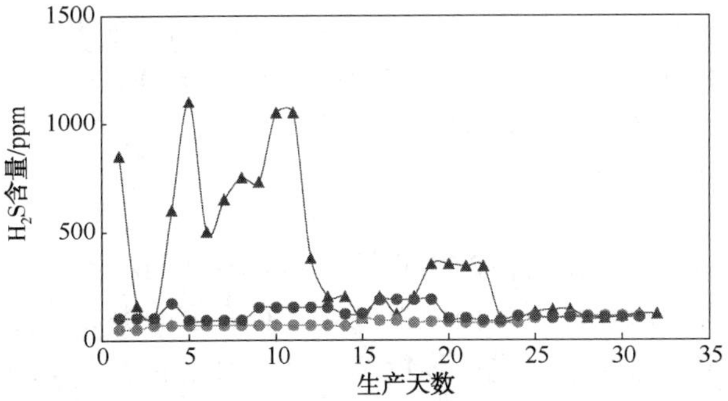

图9　部分井H_2S含量变化

5　结论

（1）在蒸汽吞吐工况下，L油田原油会产生次生H_2S和CO_2，且在不同的含水、地质条件下，次生腐蚀气体的含量不同，其中原油+20%含水+岩心实验条件下产生的腐蚀气体含量最高。

（2）根据腐蚀评价实验结果，TP110H、N80以及3Cr钢的腐蚀速率为TP110H>N80>3Cr。但N80钢的腐蚀表面呈现出非均匀腐蚀特征，TP110H和3Cr呈现均匀腐蚀特征。根据长期腐蚀速率下油管强度校核，井下油管存在腐蚀的工况下，油管强度亦可满足使用要求。

（3）针对生产过程中硫化氢等腐蚀气体的不确定性，在井口预留了化学药剂注入流程，可根据需要向井下加入硫化氢抑制剂等，以保证井下管柱使用安全。目前井下管柱使用过程中暂未发现腐蚀等问题，后续将持续跟踪实际生产动态和管柱应用情况。

参　考　文　献

[1] 宫俊峰，王秋霞，刘岩．不同形态硫化物对稠油热采硫化氢产生的贡献分析[J]．油气地质与采收率，2015，22(4)：93-96.

[2] 李静，林承焰，杨少春，等．稠油开发井套管损坏机理与强度设计问题分析[J]．石油矿场机械，2009，38(1)：9-13.

[3] 闫伟，邓金根，袁俊亮，等．油套管钢长周期CO_2腐蚀速率的测试及准确计算方法[J]．材料保护，2014，47(8)：71-74.

[4] 闫伟，邓金根，董星亮，等．油气井CO_2分压计算方法探讨[J]．钻采工艺，2011，34(5)：19-21.

海上油田永磁电潜泵举升技术研究及实践

尚宝兵　方　涛　吴华晓　戚亚东　周玉刚

[中海石油(中国)有限公司天津分公司]

摘　要　电潜泵是渤海油田最重要的人工举升方式，目前约96%的油井采用电潜泵举升，对油田的高效开发提供了重要保障。电潜泵耗电量约占平台总体耗电量的30%~40%，降低电潜泵举升能耗对于实现海上油田节能提效、推动绿色低碳发展具有重要意义。为解决常规异步电机驱动电潜泵能量转换效率低、举升能耗高的问题，研究应用了永磁电机驱动电潜泵举升技术，该技术具有效率高、能耗低、发热少、电机长度短、产生的旋转扭矩高等特点。通过对井下机组、地面控制设备等的优化研究，形成了与常规离心泵配套的3000rpm的常速永磁潜油电机，可满足3000m及以上的控制要求，地面可兼容现有海上平台使用的变频器控制设备。目前已研发形成350/450/562三种技术系列，驱动电潜泵的排量范围为50~4000m^3/d，最大耐温150℃，电机功率范围80~520kW。该技术在海上油田开展试验应用，实际应用的主要为450系列永磁电机，实际产液量范围为12~1500m^3/d，大部门应用井的日产液在400m^3以下，实际的井底流温均在100℃以内，整体运行较为稳定。与常规异步电机驱动电潜泵技术相比，在同排量、同扬程、同规格机组情况下，永磁电机驱动电潜泵举升技术可实现单井节能20%~30%，取得了较好的节能降耗效果，为海上油田人工举升系统降低举升能耗、提升举升效率提供了指导，具有较大的应用潜力。

关键词　海上油田；人工举升；永磁电机；节能降耗；研究实践

目前，潜油电泵已成为渤海油田最主要的人工举升方式，对油田的高效开发起到了重要作用。但海上油田常用的电潜泵采用的电机绝大多数还是传统的三相异步电动机，它是一种感应电动机，当定子接通三相交流电源后，定子产生旋转磁场，与转子绕组相对运动，转子绕组切割磁力线产生感应电动势，从而使转子绕组产生感应电流，感应电流与磁场作用，产生电磁转矩使转子旋转。三相异步电动机的泵效相对较低、能耗较高，功率因数最大能达到0.85左右，整体耗电量可占整个平台耗电量的30%~40%左右。随着国家对能源需求关注力度增大，“碳中和、碳达峰”需求迫切的背景下，如何进一步降低潜油电泵的举升能耗成为一项重点工作。永磁电机是一种利用永磁体产生磁通量的电机，具有高效率、高功率密度、体积小、质量轻、响应快等优点，因此在近年来得到了广泛的关注和应用。渤海油田针对永磁电机驱动电潜泵举升技术开展了重点攻关，并形成了适用于油井举升需求的系列产品，取得了较为良好的应用效果。

1　永磁电泵技术研究现状

永磁电机驱动电潜离心泵举升工艺是21世纪新兴的一种采油工艺。永磁电机不同于异步电动机，由永磁体产生磁场，不需要励磁电流，没有励磁损耗，从而使电机效率有一定的提高。额定电流减小，进一步提高了电机效率和供电系统的效率，且保证了永磁电机在轻载时仍能保持很高的功率因数和效率。而使用永磁电机即使轻载运行也能保证很高的功率因数和效率，实际运行的效率比使用异步电动机要有很大提高。

20世纪90年代，地面永磁电机开始在俄罗斯、美国等国外油田应用，主要采用的是永磁电机驱动抽油机、永磁电机驱动地面驱动杆驱螺杆泵举升方式，技术逐渐成熟，目前已经累计应用上万井次。而在国内，抽油机、地面驱动螺杆泵用地面永磁电机几乎与国外同步。由于具有明显的节能效果，近年来在一些老油田的抽油机和杆驱螺杆泵系统上逐步取代传统感应电机。1996年，第一台永磁电机应用于电潜泵，并逐步在俄罗斯、美国等的油田尝试应用，其在俄罗斯的应用范围最广，也为该技术的推广奠定了基础。国内相关高校、电潜泵生产制造厂家等也开展了相关的理论研究和产品研制，推动了国内永磁电机技术的持续发展。

2　永磁电机技术原理

永磁电机主要包括定子、转子、轴承等组

成。定子是由具有一定形状的电气级磁性铁芯及绕组线圈组成，铁芯装在电机的外壳里。每一个电机都有两个或两个以上的转子，转子之间用轴承分隔开，转子的数量取决于所需的功率。在每一个转子里有一个防滑径向轴承，它的轴套是合金制造，轴承的主体是由渗氮钢制成。永磁电机的工作原理是利用电磁感应原理来转换电能和机械能，永磁电机的转子直接采用永磁体，如图1所示，交流电在定子产生旋转磁场后无需将转子励磁即可直接驱动其旋转。永磁同步电机中的永磁体产生的磁场具有固定的磁通方向，而定子中的三相线圈通过输入的三相电流，产生的磁场的磁通方向是随时间变化的。因此在定子和转子之间的空隙内，通过磁场的相互作用，就会在转子中感应出电动势，这个电动势会导致电流在转子中流动，如图2所示。正常情况下永磁体的磁场比较稳定，所以在转子中形成的磁场将会定向与永磁体的磁场方向相同，这也就实现了对转子磁通的固定定向。随着定子的三相线圈电流方向的变化，三相磁场随之产生变化，产生变化的转子磁场，导致磁场相互作用产生磁力矩，磁力矩导致转子产生转速和转矩，实现电机的工作。

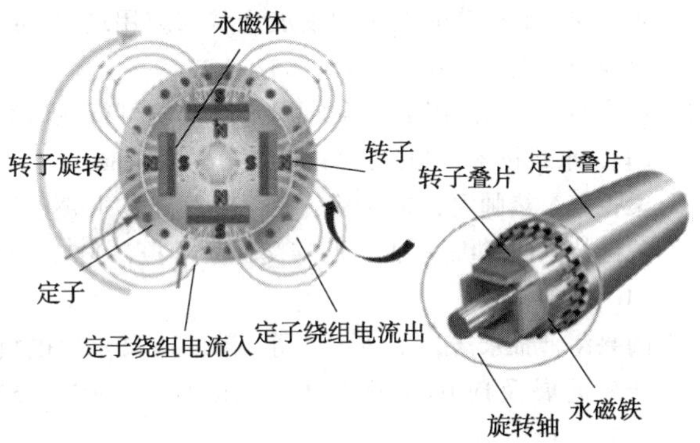

图1　永磁电机工作原理

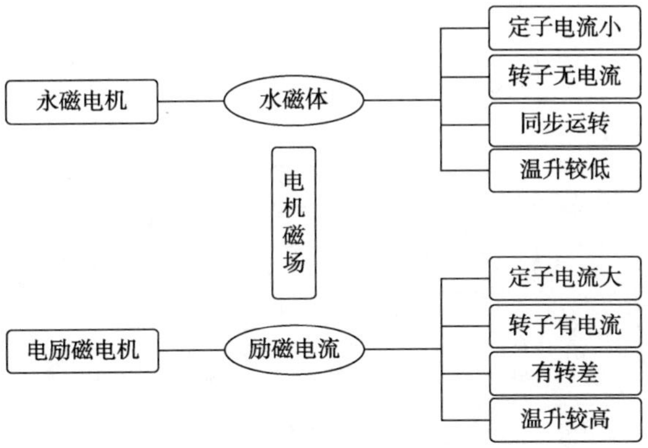

图2　永磁电机工作流程

与感应电机相比，永磁电机工作仅经历1次电磁转换，电能利用率高，最大功率因数、最大运行效率均可达95%，在低负载工况下，功率因数和效率可达90%以上。相比常规电潜泵机组，永磁电机驱动电潜泵机组除电机外其他结构均相同，同种规格的永磁电机外形尺寸不到感应电机的50%，如图3所示。

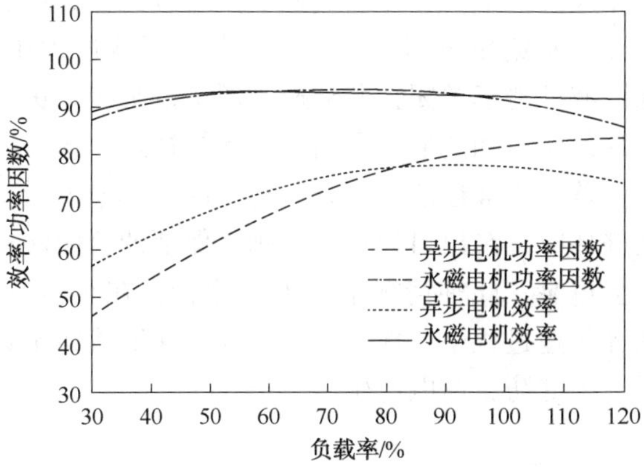

图3　永磁电泵和常规电泵特性曲线对比

3　永磁电泵适用性研究

针对海上油田电潜泵举升需求，分别针对永磁电机及地面控制设备进行了研究优化。目前研发形成的主要为常速化永磁电泵机组，并在渤海油田推广应用。

永磁电机驱动电潜泵举升工艺核心部件主要包含适用于V/F(压频比)控制的常速永磁潜油电机、地面控制系统和永磁安全隔离箱。目前已经形成的技术系列主要如表1所示。

表1　永磁电机驱动电潜泵系列

系列	额定功率		额定电流
	kW	HP	A
350	80~90	107~121	<50
	120~130	161~175	<50
450	80~90	107~121	<40
	120~130	161~175	<50
	160~170	214~228	<60
562	210~220	282~295	<75
	270~280	362~376	<75
	350~360	470~483	<75
	430~440	577~590	<100
	510~520	684~698	<100

与常规异步电机驱动电潜泵相比，永磁电机

停机情况下，管柱液体流动可能引起叶轮和电机自转，从而产生馈电，存在安全风险。为了防止永磁电机馈电对生产管理等造成风险，因此也研发了相应的地面安全隔离装置，如图4所示，并优化了作业工序。在地面设备上，除了地面变频器外，还研发了地面安全隔离装置，在停机或断电后自动延时断开，与地面设备保持电气隔离，保障人员安全。在作业过程中，通过优化作业工序等，避免井液不流经电泵。在下管柱过程中，保持液控滑套常闭，井液通过环空过泵缓慢进入油管，保持油套液面平衡；在起管柱过程中，作业前首先将液控滑套打开，管柱内液体通过滑套流进环空，泵出口设置单流阀，保证油管内液柱不会过泵，此种情况下泵无法旋转；在正挤/反洗等作业过程中，保持滑套打开，保证流体不过泵，由此防止馈电产生。

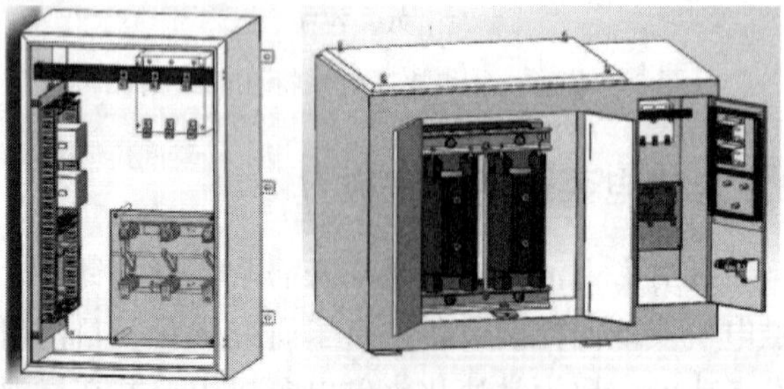

图4　安全隔离装置

4　现场应用及效果分析

永磁电泵在现场应用后，为监测其实际节能效果，分别通过挂表实测、以及与常规电泵举升时的耗能情况进行了对比分析，得到了较为全面的现场数据指标。目前实际应用的以450系列永磁电泵为主，电机功率集中在100kW左右，从实际监测数据分析，各井的节电率在20%～30%左右，如图5所示，且当油井产量越高、所需举升能耗更高的井中，其节电效果更佳。

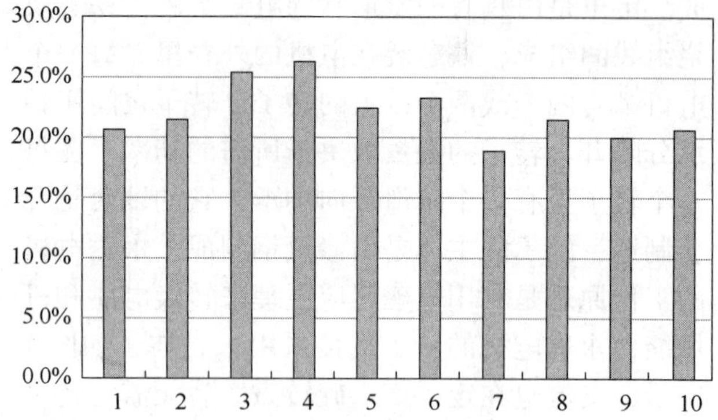

图5　单井节能效果分析

5　研究结论

（1）随着海上油田人工举升系统节能降碳需求的提升，永磁电机驱动电潜泵举升技术的需求日益迫切。目前通过研究，形成了三种系列的永磁电泵举升技术，以及配套的地面安全隔离装置，基本可满足海上油井的排量范围。

（2）现场应用结果表明，永磁电泵举升技术具有良好的节能效果，现场实际井的节电率可达20%～30%，具有良好的推广应用潜力。

参　考　文　献

[1] 张东星. 永磁潜油电机的发展现状与应用现状[J]. 科技与创新，2020，(19)：152-153.

[2] 赵志芳. 渤海油田潜水泵应用永磁电机可行性研究[J]. 水泵技术，2022，267(5)：16-18，36.

[3] 梁得亮，褚帅君，贾少锋，等. 高温高速永磁电机关键技术研究综述[J]. 西安交通大学报，2022，56(10)：31-48.

[4] 阎兴涛，张永涛，王涛涛，等. 潜油电泵永磁电机研究进展及应用现状[J]. 山东化工，2023，52(23)：147-150.

[5] 耿森，范子涛，任和，等. 永磁电泵技术在渤海油田的应用[J]. 石化技术，2023，11：100-103.